EXERCICES
DE GÉOMÉTRIE

EXERCICES
DE GÉOMÉTRIE

COMPRENANT

L'EXPOSÉ DES MÉTHODES GÉOMÉTRIQUES

ET 2000 QUESTIONS RÉSOLUES

Par F. J.

TROISIÈME ÉDITION

TOURS

ALFRED MAME & FILS

Imprimeurs - Libraires.

PARIS

CH. POUSSIELGUE

Rue Cassette, 15.

1896

AVANT-PROPOS

Complément de Géométrie. — Nos *Éléments de Géométrie* sont complétés par un *Livre d'Exercices*, comprenant des théorèmes à démontrer, des lieux géométriques à trouver et des problèmes à résoudre.

Utilité des Exercices de Géométrie. — Nous croyons qu'il est nécessaire d'exercer les élèves à traiter par eux-mêmes un assez grand nombre de *questions*, et l'on peut justifier cette assertion par deux raisons principales :

1º L'exposition synthétique des théorèmes d'un cours élémentaire ne développe pas l'esprit de recherche, car rien n'est laissé à l'initiative de l'étudiant; il faut donc provoquer ses propres réflexions en lui proposant des exercices à résoudre, et le porter ainsi à faire usage de toutes les notions qu'il a acquises.

2º L'extrême variété des exercices géométriques, l'absence de toute méthode assez générale, ou du moins assez pratique, qui conduise d'une manière certaine à la solution d'une question nouvelle, exigent que l'élève se livre à de nombreuses recherches, s'il veut se préparer sérieusement à tenir tête à l'imprévu que lui réservent les Examens à subir.

Après avoir rappelé l'importance qu'il faut attacher à la recherche des questions géométriques, indiquons rapidement l'esprit qui a présidé à la rédaction de notre ouvrage, les principales divisions de ce volumineux recueil et l'usage des diverses parties qui le constituent.

PREMIÈRE PARTIE

Des Méthodes. — Le recueil que nous publions commence par l'exposé des *Méthodes;* nous donnons aussi sous ce titre certaines solutions générales et des exemples de discussion.

M.a

Les *Méthodes* constituent la partie la plus importante de tout l'ouvrage, comme elles en sont d'ailleurs la plus originale. *Tout professeur,* et même tout élève sérieux, *devrait posséder parfaitement ce complément de géométrie;* car l'exposition des méthodes fait naître et développe les idées générales; elle permet de rattacher des milliers d'exercices variés à quelques types principaux, que l'on retient sans peine et que l'on applique avec facilité.

Afin de contraindre le lecteur, autant qu'il dépend de nous, à s'assimiler complètement cette première partie, nous avons proposé comme *Exercices,* dans nos *Éléments de Géométrie* (8ᵉ édition), tous les théorèmes et problèmes donnés en exemples dans l'exposé même des *Méthodes;* puis dans le *Livre d'Exercices,* au numéro qui correspond à telle ou telle question, nous nous bornons le plus souvent à renvoyer à la première partie; par ce moyen, on trouve non seulement la démonstration ou la solution cherchée, mais on voit à quel genre il est possible de les rattacher, et quels sont les Exercices que l'on pourrait traiter d'une manière analogue.

Classement des Méthodes. — Donnons quelques détails sur le classement des méthodes, sur leur importance relative et sur leur emploi.

Analyse et Synthèse. — L'*Analyse* et la *Synthèse* (I, p. 1 à 22) sont les seules méthodes générales; mais par le fait même qu'elles s'appliquent à toutes les questions, il en résulte qu'elles ne dispensent point de chercher des méthodes particulières, des procédés spéciaux pour traiter rapidement certains groupes d'exercices.

Lieux géométriques. — Les *Lieux géométriques* (II, p. 22 à 57) sont si utiles, que nul ne regrettera les développements que nous avons donnés à leur recherche et à leur emploi; les quelques pages consacrées aux *enveloppes* présentent des notions intéressantes sur des questions non traitées dans les *Éléments,* mais qui ont conduit au principe si fécond de la *dualité.*

Emploi des figures auxiliaires. — L'*emploi des figures auxiliaires* (III, p. 57 à 84) est presque indispensable; car la plupart des questions exigent le tracé de certaines lignes, la construction de quelques figures ou la considération de surfaces ou de volumes auxiliaires.

Nous devons ajouter que la *duplication* et les *projections* donnent assez souvent des démonstrations aussi simples qu'élégantes.

Transformation des figures. — La *Transformation des figures* (IV, p. 84 à 109), même en se bornant à ce que nous en avons dit, est le moyen le plus puissant d'investigation que les *Éléments de Géométrie* puissent nous fournir pour découvrir de nouveaux théorèmes, ou pour trouver d'heureuses solutions.

Discussion. — La *Discussion* et l'*Extension* (V, p. 109 à 138) ont bien des points communs, malgré les différences caractéristiques qui les distinguent l'une de l'autre. La *discussion des problèmes* entre de plus en plus dans les habitudes classiques ; car, en réalité, une question n'est traitée d'une manière complète que lorsqu'on a étudié les cas de possibilité, les variations que peuvent subir certaines grandeurs, et, s'il y a lieu, leur maximum ou leur minimum.

Extension. — L'*Extension* est rarement indiquée et plus rarement pratiquée ; cependant elle contribue plus que toute autre étude géométrique à développer les forces de l'esprit, et à produire cet enthousiasme qui rend le travail facile. Il nous semble qu'on rendrait un grand service aux élèves si l'on cherchait à faire naître en eux cette faculté créatrice.

L'extension peut être rattachée à la méthode de transformation des figures.

Méthode algébrique. — La *Méthode algébrique* (VI, p. 138 à 168) offre des ressources qu'on aurait grand tort de négliger ; elle fournit, pour un grand nombre de questions, des solutions parfois peu élégantes, il est vrai, mais toujours faciles à imaginer. En effet, quel que soit le problème proposé, si l'on parvient à lier les inconnues aux données par des équations des deux premiers degrés ou par une équation bi-carrée, on peut regarder la question comme complètement résolue ; car l'algèbre nous donne des règles certaines et invariables pour déterminer les inconnues.

Maxima et Minima. — Les *Maxima* et les *Minima* (V, p. 168 à 201), traités par des moyens à peu près exclusivement géométriques, présentent sans doute une véritable nouveauté ; car le petit nombre d'exemples qu'on pourrait en trouver dans d'autres ouvrages ne constituent ni une méthode ni même un simple procédé susceptible de s'appliquer à quelques exercices ; tandis que l'inscription d'une figure d'aire maxima, celle d'un volume maximum, de même que la circonscription d'une figure d'aire minima ou d'un volume minimum, *n'exigent la connaissance que d'un seul problème :* celui de la *tangente* (n° 310).

DEUXIÈME PARTIE

Recueil d'Exercices. — Après avoir ainsi fait connaître l'utilité de la première partie de l'ouvrage actuel, relative aux *Méthodes,* il nous sera bien permis de passer rapidement sur le reste, consacré aux Exercices proprement dits. Voici néanmoins quelques indications assez importantes.

Choix des Exercices. — Dans chaque livre, on trouve d'abord des théorèmes, puis des lieux géométriques, et enfin des problèmes ; chacune de ces trois grandes sections est à son tour subdivisée, et chaque groupe ainsi formé présente, au début, des exercices très faciles et se termine par des questions offrant plus d'intérêt et plus de difficultés ; il est donc important que le Professeur se rende compte, par avance, des questions qu'il veut proposer à ses Élèves, afin que les exercices soient en rapport avec les connaissances déjà acquises par ceux qu'il instruit.

Nous avouons sans peine que plusieurs questions réputées difficiles ont trouvé place dans notre recueil, parce que l'emploi judicieux des *Méthodes* (p. 1 à 201) conduit à des démonstrations ou à des solutions remarquables par leur simplicité ; d'ailleurs il nous a semblé utile de ne pas nous borner aux questions qu'on rencontre partout, et de laisser à un ouvrage plus élémentaire le soin de fournir de nombreux exercices faciles et d'intéressants problèmes d'application.

Démonstrations ou solutions multiples. — Plusieurs théorèmes ont été démontrés de diverses manières ; quelques problèmes ont été de même résolus par l'emploi successif de plusieurs procédés différents. En agissant ainsi, nous avons voulu montrer l'avantage que peut présenter telle marche sur telle autre, donner quelques exemples de l'admirable fécondité de certaines méthodes, et surtout encourager les chercheurs, en leur prouvant qu'on peut arriver, par bien des voies, au résultat demandé.

Indication des Exercices. — Les théorèmes, les lieux et les problèmes proposés dans les *Éléments de Géométrie* sont indiqués par le titre : *Exercice ;* plusieurs d'entre eux sont accompagnés de questions complémentaires se rattachant autant que possible à l'énoncé principal; parfois même c'est la question déjà traitée, mais présentée sous un autre point de vue, ou bien une scolie du théorème démontré; le Professeur pourra, à son gré, utiliser ce complément ou bien le passer sous silence, car les énoncés qui ne sont pas précédés par le titre *Exercice...* ne se trouvent pas dans le livre de l'Élève.

Ces nouvelles questions offrent néanmoins un grand intérêt, car plusieurs groupes présentent de remarquables exemples d'*extension* ou de *déductions successives :* ainsi le *cercle des neuf points* conduit à une vingtaine de *théorèmes* ou de *remarques.*

Problèmes numériques. — Les *problèmes numériques,* qui se trouvaient dans les premières éditions, n'ont pas été reproduits dans celle-ci, parce que la *Géométrie* du cours supérieur, pour l'enseignement primaire, donne un grand nombre de questions numériques, empruntées, pour la plupart, aux examens du brevet supérieur de ce même enseignement.

Le baccalauréat ès sciences et le baccalauréat moderne (mathématiques) proposent aussi assez fréquemment des questions numériques, mais il faut presque toujours chercher préalablement une solution générale; il est donc nécessaire d'étudier tout ce qui est relatif aux *relations numériques :* aussi avons-nous multiplié les exercices qui s'y rattachent, et les livres III, IV, VI et VII contiennent un assez grand nombre de formules à démontrer et de relations à trouver.

Désignation de certains Exercices. — Plusieurs questions sont désignées par des noms ou des appellations devenues historiques; par exemple, le *Théorème de Ménélaüs,* le *Théorème de Guldin,* le *Problème de Pappus,* le *Problème de la Section déterminée,* etc.; nous en avons publié un assez grand nombre d'autres sous le nom de leur auteur, ou bien nous avons indiqué, après l'énoncé, le nom de l'auteur présumé du théorème ou du problème; puis une courte notice historique vient satisfaire la louable curiosité du lecteur. De même, nous avons cité très fréquemment les ouvrages auxquels nous avions emprunté des *Exercices,* sans pouvoir affirmer néanmoins que la question est due à l'auteur même du livre rappelé; car on sait qu'un très grand nombre d'ouvrages mathématiques ne donnent aucune indication sur la provenance des matériaux mis en œuvre.

Citation des Auteurs. — Nous avons cité les *grands géomètres,* parce que leur nom relève, ennoblit, en quelque sorte, les questions qu'ils ont traitées; nous regardons d'ailleurs comme un devoir de reconnaissance envers ces illustres mathématiciens de rappeler leur souvenir à tous ceux qui bénéficient de leurs travaux.

Beaucoup de savants moins célèbres, sans nul doute, qu'Archimède, Apollonius, Pascal, Descartes, Newton, Desargues, Poncelet, Chasles, etc., méritent d'autant plus d'être mentionnés, qu'ils trouvent rarement place dans les dictionnaires bibliographiques. En effet, la plupart de ces ouvrages, dus à des hommes de lettres, ne veulent point oublier le moindre romancier, le moindre utopiste de quelque renom ; mais ils ne se préoccupent pas au même degré de ceux qui ont voué leur existence aux laborieuses recherches mathématiques.

Enfin, à côté des plus grands noms, se trouvent aussi les noms, parfois très modestes, de certains auteurs que nous avons néanmoins consultés avec profit ; nous n'avons pas hésité à mettre ces hommes estimables dans le cortège des plus illustres géomètres, et nous pouvons même dire que si nous sommes fier de citer les plus grands mathématiciens, nous sommes encore plus heureux de rendre justice à ceux que la gloire ne viendra jamais couronner.

Tables diverses. — L'ouvrage se termine par diverses tables de référence ; on y trouve : un *Lexique géométrique* avec renvois aux numéros correspondants ; l'énoncé de quelques *Problèmes et Théorèmes historiques* ; une *Table* des notes et des remarques principales ; un *Index bibliographique* et un *Index biographique,* destinés à faciliter les recherches et à rappeler les sources où nous avons puisé.

HISTORIQUE

—

Dès le commencement du monde, les hommes ont eu besoin d'évaluer les grandeurs, et ont choisi, à cette fin, des unités convenables ; il n'y a donc pas lieu de rechercher l'origine des idées d'étendue, de mesure, de nombre, et il est impossible d'assigner la date des premières découvertes relatives aux propriétés des figures ; néanmoins on croit communément que la Géométrie proprement dite prit naissance chez les Chaldéens et les Égyptiens. Hérodote, le *père de l'histoire*, fait remonter l'origine de cette science à l'époque où Sésostris fit une répartition générale des terres entre les habitants de l'Égypte ; Aristote place de même dans cette contrée le berceau des mathématiques.

On doit dire cependant que la Grèce est la vraie patrie de la Géométrie, car c'est là qu'elle a été cultivée avec ardeur, que de nombreuses découvertes ont été faites, et que les résultats obtenus ont été coordonnés de manière à former un corps de doctrine.

Au vi^e siècle avant J.-C., **Thalès**, né en Phénicie, va s'instruire en Égypte, y mesure la hauteur des pyramides par leur ombre, porte la Géométrie en Grèce, fonde à Milet l'école Ionienne, et enrichit la science de divers théorèmes sur le *triangle isocèle*, *l'angle inscrit* et *les triangles semblables*.

Pythagore, né à Samos vers 580 avant J.-C., est le plus illustre disciple de Thalès ; comme son maître, il voyage en Égypte. Après avoir parcouru l'Inde, il se retire en Italie, y fonde une école célèbre ; on lui doit la démonstration de l'*incommensurabilité* de la diagonale du carré comparée au côté de cette figure ; la théorie des *corps réguliers*, le théorème du *carré de l'hypoténuse* du triangle rectangle et le premier germe de la doctrine des *isopérimètres*.

Anaxagore de Clazomène, mort vers l'an 430 avant J.-C., s'occupe le premier de la *quadrature du cercle*.

Hippocrate de Chio (vers 450 av. J.-C.), s'adonne aux mêmes recherches, ainsi qu'à l'étude du problème de la *duplication du cube*, et se rend célèbre par la quadrature de ses *lunules*.

Platon (430-347 av. J.-C.) va d'abord s'instruire en Égypte, puis chez les pythagoriciens. De retour à Athènes, le fondateur du Lycée introduit dans la géométrie la *méthode analytique*, les *sections coniques*, la doctrine des *lieux géométriques*, et donne une solution graphique du problème de la *duplication du cube ;* il appelle Dieu l'*Éternel Géomètre*, et inscrit sur la porte de son école de philosophie : « Que nul n'entre ici, s'il n'est géomètre. »

Le pythagoricien **Archytas**, né à Tarente vers 430 avant J.-C., s'occupe le premier d'une *courbe à double courbure* à l'occasion du problème des *deux moyennes proportionnelles*, auquel Hippocrate avait ramené celui de la duplication du cube.

A la même époque, **Dinostrate**, disciple de Platon, résout le problème de la *trisection de l'angle* à l'aide d'une courbe qu'il nomme *quadratrice*.

Perseus recherche les propriétés des *spiriques*, c'est-à-dire des lignes obtenues en coupant par un plan la surface annulaire appelée tore.

Euclide (vers 285 av. J.-C.) enseigne à Alexandrie, et rédige *les Éléments de Géométrie*, en y introduisant la méthode de *réduction à l'absurde*.

Les Éléments comprennent treize livres, auxquels on joint deux autres livres, attribués à **Hypsicle**, géomètre d'Alexandrie, postérieur à Euclide de 150 ans. Les six premiers livres traitent des figures planes ; les quatre suivants sont nommés *arithmétiques*, parce qu'ils traitent des propriétés des nombres, et les cinq derniers s'occupent des plans et des solides. On n'a fait passer dans l'enseignement que les six premiers livres, le onzième et le douzième.

On doit aussi à Euclide un livre des *Données ;* il avait écrit sur les *sections coniques*, et laissé trois livres de *Porismes* qui ne nous sont point parvenus.

Archimède (287-212 av. J.-C.) s'occupe particulièrement de la *géométrie de la mesure ;* il opère la *quadrature de la parabole*, étudie les *spirales*, donne l'expression des volumes des segments des ellipsoïdes et des hyperboloïdes, la proposition de la sphère et du cylindre circonscrit, le rapport de la circonférence au diamètre ; il lègue aux générations suivantes non seulement un grand nombre de théorèmes nouveaux, mais la *méthode d'exhaustion* qu'il avait si bien employée.

Apollonius (vers 247 av. J.-C.) traite de la *Géométrie de l'ordre*, de la forme et de la situation des figures. On lui doit un *Traité des coniques* en huit livres ; sept nous sont parvenus, et le huitième a été rétabli en 1646 par l'astronome Halley, d'après les indications de Pappus. Le *Traité des coniques* fit donner à son auteur le nom de *géomètre par excellence ;* on y trouve les principales propriétés des foyers, le germe des théories des *polaires*, des *développées*, des *maxima* et des *minima*.

Après les grands noms d'Archimède et d'Apollonius, il faut se borner à citer rapidement quelques autres géomètres.

Nicomède (150 av. J.-C.) est connu par la *conchoïde*, courbe qui permet de résoudre par un procédé mécanique le problème des *deux moyennes proportionnelles* et celui de la *trisection de l'angle*.

Hipparque (vers 150 av. J.-C.) considère la *projection stéréographique* et s'occupe des triangles sphériques.

Ménélaüs (vers 80 ap. J.-C.), dans son *Traité des sphériques*, découvre plusieurs des propriétés des triangles sphériques et donne comme *lemme* le théorème fondamental de la *théorie des transversales*.

Ptolémée (vers 125 ap. J.-C.), dans sa *Syntaxe mathématique*, nommée *Almageste*, c'est-à-dire *Très grande*, par les Arabes, donne le premier traité de *Trigonométrie rectiligne et sphérique* qui nous soit parvenu.

Pappus (sur la fin du ive siècle de l'ère chrétienne) rassemble dans ses *Collections mathématiques* les découvertes des mathématiciens les plus célèbres, et une multitude de propositions curieuses et de lemmes destinés à faciliter la lecture de leurs ouvrages. On lui doit le célèbre *théorème de Guldin* et la première mention du *rapport anharmonique*.

Dioclès invente la *cissoïde* pour résoudre le problème des deux moyennes proportionnelles, mais le tracé mécanique de cette courbe est dû à Newton.

Aux grands géomètres succèdent quelques commentateurs plus ou moins ingénieux, et l'on arrive à une période de stagnation qui dure jusqu'au xvie siècle.

Viète, de Fontenay-le-Comte (1540-1643), ouvre l'ère moderne de la science; il complète la *méthode analytique* de Platon par l'invention de l'*Algèbre*, il construit graphiquement les équations du second et du troisième degré, préparant ainsi la voie à Descartes, et il perfectionne la trigonométrie sphérique.

Képler (1571-1631), dans sa *Nouvelle stéréométrie*, introduit le premier la notion de l'*infini* dans la géométrie, fait remarquer la nullité d'accroissement d'une variable au *maximum* ou au *minimum*, et donne une méthode graphique pour déterminer les circonstances d'une éclipse de soleil.

Cavaliéri (1598-1647) publie sa *Géométrie des indivisibles*; il considère les solides comme formés d'une infinité de plans, et les plans, par la réunion d'une infinité de lignes; cette idée féconde, malgré l'inexactitude du fait qu'elle exprime, permet des évaluations nouvelles de surfaces et de volumes, et la détermination géométrique des *centres de gravité*.

Guldin (1577-1643) découvre les théorèmes célèbres qui portent son nom, et que plus tard on a aperçus dans Pappus.

Grégoire de Saint-Vincent (1584-1667) perfectionne la *méthode d'exhaustion* d'Archimède, et l'on peut dire avec raison que le petit triangle différentiel qui apparaît entre la courbe et deux des côtés consécutifs de l'un des deux polygones inscrit ou circonscrit, a conduit Barrow, Leibnitz et Newton au calcul infinitésimal.

Roberval (1602-1673) donne une méthode pour mener les *tangentes*,

*

basée sur la doctrine des mouvements composés, introduite dans la mécanique par Galilée.

Fermat (1590-1663) publie la belle méthode de *maximis et minimis*, en introduisant pour la première fois l'*infini* dans le calcul, comme Képler l'avait introduit dans la géométrie pure; il est sans égal dans sa *théorie des nombres*.

Desargues (1593-1662) étend aux coniques les propriétés du cercle qui sert de base au cône, dont il étudie les sections; il considère les droites parallèles comme concourant à l'infini, et donne le théorème fondamental de l'*involution de six points*, en considérant une sécante qui coupe une conique et un quadrilatère inscrit dans cette courbe. On lui doit aussi le théorème fondamental des deux *triangles homologiques*.

Pascal (1623-1662) écrit à seize ans son *Traité des sections coniques;* à dix-huit, ses découvertes sur la *Roulette* ou *Cycloïde*, et donne le célèbre théorème de l'*hexagramme mystique* relatif à la propriété de l'hexagone inscrit dans une conique.

Descartes (1596-1650), par son inappréciable conception de l'*application de l'algèbre à la théorie des courbes*, change véritablement la face des sciences mathématiques. La physique et l'algèbre elle-même retirent de grands avantages de la doctrine des coordonnées, et l'analyse s'enrichit de la méthode des coefficients indéterminés.

La *méthode analytique* de Descartes est dès lors cultivée par un si grand nombre de géomètres, qu'il faut se borner à en citer quelques-uns.

De Witt (1625-1672), le *grand pensionnaire* de Hollande, donne une description organique des coniques.

Wallis (1616-1703) écrit le premier un *Traité analytique des sections coniques*.

Viviani (1622-1703) propose le problème de la voûte sphérique exactement carrable.

Huyghens (1629-1695), célèbre à bien des titres, rectifie la cissoïde, donne la théorie des *développées*, établit le *principe de la conservation des forces vives*, et publie son *Traité de la Lumière*.

La Hire (1640-1718), continuateur des doctrines de Desargues et de Pascal, donne la *Nouvelle Méthode en géométrie pour les sections des superficies coniques et cylindriques*, un *Mémoire sur les épicycloïdes*, et, en 1685, son grand *Traité des sections coniques*.

Newton (1642-1727), *le grand géomètre*, publie l'*Arithmétique universelle*, modèle parfait de l'application de la méthode de Descartes à la résolution des problèmes de géométrie et à la construction des racines des équations. Le grand ouvrage des *Principes* contient de nombreuses propositions de géométrie pure et la rectification des épicycloïdes; mais tout semble disparaître devant l'invention du *calcul des fluxions* ou *calcul infinitésimal*, dont Newton dispute la gloire à Leibnitz.

Leibnitz (1646-1716) est le principal auteur des méthodes merveilleusement puissantes qu'on nomme *calcul différentiel* et *calcul intégral;* la première est surtout employée pour la détermination des *tangentes* et des *maxima* ou *minima;* la seconde pour les *quadratures,* les *cubatures,* les *rectifications.*

Halley (1656-1742) est non seulement astronome célèbre, mais géomètre distingué. On lui doit la traduction et la restitution de plusieurs ouvrages d'Apollonius.

Maclaurin (1698-1746) montre, dans son *Traité des fluxions,* le grand parti qu'on peut tirer des considérations purement géométriques pour étudier les questions relatives à l'attraction des ellipsoïdes.

R. Simson (1687-1768) publie, dans son *Traité des coniques,* les théorèmes célèbres de Desargues et de Pascal, ainsi que le problème *ad quatuor lineas* de Pappus, et s'occupe de découvrir les *porismes d'Euclide.*

Les **Bernoulli** emploient surtout le calcul infinitésimal.

Jacques **Bernoulli** (1654-1705) est l'un des premiers à faire usage du calcul intégral; il étudie la *spirale logarithmique.*

Le marquis de **l'Hopital** (1651-1704) donne l'*analyse des infiniment petits.*

Jean **Bernoulli** (1667-1748), émule de son frère Jacques, propose le problème de la *brachistochrone,* ou de la plus courte descente, et étudie le problème des *isopérimètres.*

Il faut se borner à nommer **Rolle** (1749-1652) et son théorème d'algèbre; **Riccati** (1676-1754), dont une équation porte le nom; **Taylor** (1685-1731) et sa série; **Moivre** (1667-1756); **Cotes** (1682-1716) et leurs théorèmes; **Cramer** et son *Introduction à l'analyse des courbes algébriques,* pour passer à un des plus grands analystes.

Euler (1707-1783) publie l'*Introduction à l'analyse des infinis* et un grand nombre de mémoires sur les différentes parties des mathématiques.

Clairault (1713-1765) écrit à seize ans le *Traité des courbes à double courbure,* et expose pour la première fois, d'une manière méthodique, la doctrine des coordonnées dans l'espace, appliquée aux surfaces courbes et aux lignes à double courbure qui résultent de leur intersection.

D'Alembert (1716-1783) est surtout connu par son *Traité de dynamique.*

Lambert (1728-1777) publie son *Traité de perspective* et son *Traité géométrique des comètes.*

Bezout (1730-1783), bien connu par son *Cours complet de mathématiques.*

Lagrange (1736-1813), auteur de la *Mécanique analytique* et du *Calcul des variations.*

Laplace (1749-1827), auquel on doit de nombreux travaux d'analyse et la *Mécanique céleste.*

La puissance et la fécondité des *Méthodes analytiques* exerce dès lors un tel attrait sur les intelligences, qu'on ne cultive plus, pour ainsi dire, la géométrie proprement dite; mais un réveil se produit vers la fin du dernier siècle, et reporte l'attention sur les méthodes purement géométriques.

Monge (1746-1818) coordonne les éléments de construction dispersés dans les œuvres de Desargues, de Frézier et de divers praticiens, et crée la *Géométrie descriptive ;* il réduit ainsi à un petit nombre de principes invariables et à des constructions faciles et certaines toutes les opérations géométriques qui peuvent se présenter dans la coupe des pierres, la charpente, la perspective, la gnomonique ; il développe en outre la faculté de percevoir les figures dans l'espace et de découvrir leurs propriétés.

Carnot (1753-1823) donne la *Méthode des transversales* et la *Géométrie de position*, qui permet de déduire d'un cas donné d'un problème proposé, les divers autres cas qui peuvent se présenter.

Legendre (1752-1833), devenu populaire par ses *Éléments de Géométrie*, publiés en 1794, s'adonne aussi à la plus haute *Analyse* et à la *Théorie des nombres*.

Ch. **Dupin**, dans ses *Développements* et ses *Applications de géométrie*, traite par de simples considérations géométriques quelques-unes des questions les plus difficiles de l'analyse.

Brianchon fait connaître les propriétés de l'*hexagone circonscrit à une conique*, et publie son *Mémoire sur les lignes du second ordre*.

Poncelet (1788-1857) devient le principal auteur des méthodes de transformation des figures par les fécondes doctrines de l'*homologie* et des *polaires réciproques ;* son *Traité des propriétés projectives des figures* montre la puissance extraordinaire des instruments qu'il a créés et qu'il met en œuvre. Il est possible, sans nul doute, de trouver, dans des ouvrages publiés antérieurement, quelques germes des méthodes qu'il donne ; mais il y a loin d'un théorème isolé, quelque intéressant qu'il puisse être, à une doctrine complète conduisant à de nombreuses applications.

Poinsot, si connu par sa *théorie des couples*, étudie les *polyèdres étoilés*.

Cauchy traite la même question et ne reste étranger à aucune des branches des mathématiques.

Mobius et **Steiner** appliquent avec succès les méthodes de transformation des figures, et le dernier surtout fait connaître un très grand nombre de théorèmes nouveaux.

Gergonne, dans ses *Annales mathématiques*, propage les nouvelles doctrines ; il formule le *principe de dualité*, en généralisant les résultats donnés par la *méthode des polaires réciproques*.

Chasles reprend toutes les nouvelles découvertes, les étend par ses propres recherches ; puis il les présente d'une manière élégante et rigoureuse, en employant les transformations qu'il désigne sous le nom d'*homographie* et de *corrélation des figures*, et dont le *rapport anharmonique* est la base fondamentale. Sa *Géométrie supérieure*, le *Traité des coniques* et le rétablissement des *porismes d'Euclide*, font époque dans l'histoire de la géométrie.

Cremona, dans sa *Géométrie projective*, résume les principes de la géométrie moderne établie par Poncelet, Steiner, Chasles, et trouve le moyen, *trop négligé par la plupart des auteurs*, de rendre justice aux savants qui l'ont précédé.

L'*inversion des figures* a ses propriétés particulières et obtient des travaux spéciaux des géomètres **Thomson**, **Stubs**, **Liouville**, **Salmon**, etc. Pendant ce temps, **Bellavitis** crée la théorie des *équipollences*, et **Mannheim** développe la *Géométrie cinématique*, dont Roberval avait donné une première notion par sa méthode des tangentes, et que Poinsot avait continuée par la théorie du centre instantané de rotation.

La *transformation des figures*, appliquée aux arts mécaniques, donne lieu à d'intéressants travaux : **Peaucellier**, par son *Inverseur*, ouvre une voie féconde, que suivent avec succès **Kempe**, **Hartt**, **Sylvester**, **Liguine**, **Darboux**.

De nos jours, la *Géométrie du triangle* s'est enrichie d'un chapitre très intéressant, grâce aux travaux d'un grand nombre de géomètres distingués, parmi lesquels il convient de citer d'abord **MM. Lemoine**, **Brocard** et **Neuberg**.

TABLE DES MATIÈRES

MÉTHODES

I. Méthodes générales

II. Lieux géométriques

III. Emploi de figures auxiliaires

IV. Transformation des figures

V. Discussion et extension

VI. Méthode algébrique

VII. Maxima et minima

EXERCICES

LIVRE I

THÉORÈMES

PROBLÈMES

LIVRE II

THÉORÈMES

LIEUX GÉOMÉTRIQUES

PROBLÈMES

LIVRE III

THÉORÈMES

LIEUX GÉOMÉTRIQUES

PROBLÈMES

LIVRE IV

THÉORÈMES

PROBLÈMES

LIVRE V

THÉORÈMES

LIVRE VI

THÉORÈMES

PROBLÈMES

LIVRE VII

THÉORÈMES

PROBLÈMES

LIVRE VIII

THÉORÈMES

PROBLÈMES

PROBLÈMES NUMÉRIQUES

GÉOMÉTRIE DU TRIANGLE

TABLES DE RÉFÉRENCE

MÉTHODES

POUR DÉMONTRER LES THÉORÈMES ET RÉSOUDRE LES PROBLÈMES
DE GÉOMÉTRIE

I

MÉTHODES GÉNÉRALES

Introduction *

1. Il est utile de faire précéder l'exposé des méthodes de quelques indications relatives aux diverses propositions que l'on peut avoir à démontrer. (*Voir n° 10 ci-après.*)

2. Manière d'énoncer les théorèmes. — L'énoncé d'un théorème se compose essentiellement d'une *hypothèse* et d'une *conclusion*.

Exemple. *Tout point de la bissectrice d'un angle est équidistant des deux côtés de cet angle. (Géométrie **, n° 64.)*

L'*hypothèse* consiste à supposer que le point appartient à la bissectrice ; la *conclusion* consiste à dire que le point est équidistant des deux côtés.

3. Remarque. L'hypothèse s'énonce ordinairement au début de la proposition ; mais on peut aussi commencer par la conclusion et dire, par exemple :

Deux triangles sont égaux lorsqu'ils ont les trois côtés respectivement égaux.

4. Diverses sortes de propositions. Deux *propositions* comparées entre elles peuvent être *réciproques, contraires, contradictoires.*

Propositions réciproques. Deux *propositions* sont *réciproques* lorsque l'hypothèse et la conclusion de la première deviennent respectivement la conclusion et l'hypothèse de la seconde.

Propositions contraires. Deux *propositions* sont *contraires* lorsque les conditions de la seconde sont l'inverse ou la négative des conditions de

---

* Dans une première étude, on peut se borner à commencer au § I, n° 11.
** *Éléments de Géométrie*, par F. J., 8ᵉ édition. Les renvois à cet ouvrage seront indiqués par (G., n° .....).

la première; ainsi l'hypothèse de la proposition contraire est l'opposé de l'hypothèse de la proposition directe, et la conclusion de cette même *proposition* contraire est aussi l'opposé de la conclusion de la proposition énoncée directement.

Propositions contradictoires. Deux *propositions* sont *contradictoires* lorsqu'elles ont même hypothèse avec une conclusion opposée, ou des hypothèses différentes et même conclusion.

5. Propositions correspondantes. A toute *proposition donnée directement* correspondent :

1° La proposition *réciproque.*

2° La proposition *contraire* et sa réciproque.

3° Les deux propositions *contradictoires* et leurs réciproques.

Exemples. *Proposition directe.* Tout point de la bissectrice d'un angle est équidistant des côtés de cet angle.

Proposition réciproque. Tout point équidistant des côtés d'un angle appartient à la bissectrice de cet angle.

Proposition contraire. Tout point pris hors de la bissectrice d'un angle est inégalement éloigné des côtés de cet angle.

Propositions contradictoires. 1° Tout point de la bissectrice serait inégalement éloigné des côtés de l'angle ; 2° tout point pris hors de la bissectrice serait également éloigné des côtés de l'angle.

6. Remarques. 1° La *réciproque* d'un théorème peut être une proposition fausse. Ainsi, du théorème connu : *tous les angles droits sont égaux*, on ne peut pas conclure que tous les angles égaux sont droits.

2° La proposition contraire d'un théorème peut être fausse; telle est la suivante : *tous les angles qui ne sont pas droits sont inégaux.*

3° Il est évident que si une proposition est vraie, sa contradictoire est fausse, et réciproquement.

4° La proposition contradictoire est employée lorsqu'on démontre, par la réduction à l'absurde, la réciproque d'un théorème donné.

7. Dépendance des propositions. I. Si le théorème direct et le théorème contraire sont vrais, il en est de même de la proposition réciproque de chacun de ces théorèmes.

Exemple. *Dans le même cercle, ou dans des cercles égaux, les arcs égaux sont sous-tendus par des cordes égales et les arcs inégaux sont sous-tendus par des cordes inégales.*

On peut en conclure que des cordes égales sous-tendent des arcs égaux et que les cordes inégales sous-tendent des arcs inégaux.

II. Si le théorème direct et la proposition réciproque sont vrais, il en est de même de la proposition contraire de chacun de ces théorèmes.

Exemple. *Toute droite perpendiculaire à l'extrémité d'un rayon est tangente à la circonférence, et, réciproquement, toute droite tangente à la circonférence est perpendiculaire au rayon qui aboutit au point de contact.*

Il en résulte nécessairement que toute droite non perpendiculaire à l'extrémité d'un rayon n'est pas tangente à la circonférence, et que toute droite qui n'est pas tangente n'est pas perpendiculaire à l'extrémité d'un rayon.

8. Résumé. En représentant par A et A' une proposition et sa réciproque, par B et B' les propositions contraires de A et A', par C et C' les propositions contradictoires de A', on peut démontrer directement A et B pour en déduire A' et B', ou bien démontrer A et A' pour en déduire B et sa réciproque B'.

Enfin on peut démontrer directement que A étant une proposition vraie, si l'on prouve que l'une des propositions contradictoires C ou C' de la réciproque A' est une proposition fausse, on en conclura l'exactitude de A', et par suite de B et B'.

9. Hypothèses simultanées. Un même théorème peut énoncer ou contenir plusieurs hypothèses devant exister ensemble pour aboutir à une conclusion unique. Dans ce cas, il y a autant de propositions réciproques qu'il y a d'hypothèses.

Exemple. *Deux angles adjacents dont les côtés extérieurs forment une même ligne droite sont supplémentaires.*

La condition d'être *adjacents* forme une première hypothèse, et celle d'avoir les côtés extérieurs en ligne droite en forme une seconde.

On a les deux réciproques suivantes :

1° *Si deux angles supplémentaires sont adjacents, les côtés extérieurs sont en ligne droite.*

2° *Si deux angles supplémentaires ont les côtés extérieurs en ligne droite, ces angles sont adjacents.*

La première réciproque est vraie ; elle correspond aux angles a et b (fig. 1). La seconde ne l'est pas, car si l'on prend l'angle c égal à b, les angles a et c sont supplémentaires, ont deux côtés en ligne droite, et néanmoins ils ne sont pas adjacents.

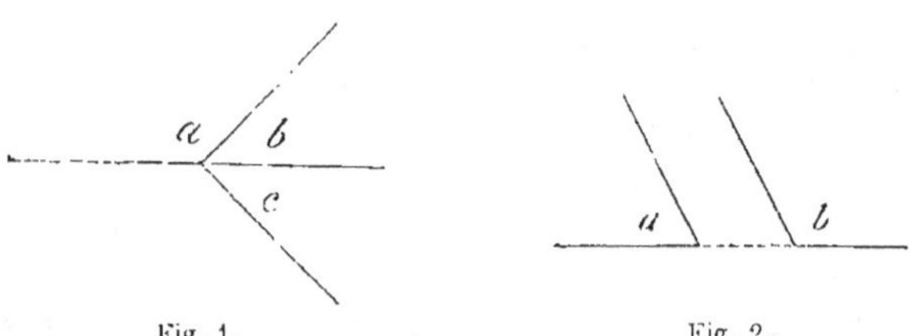

Fig. 1.   Fig. 2.

Dans la figure 2, les angles a et b sont supplémentaires et ont les côtés extérieurs en ligne droite ; néanmoins ils ne sont pas adjacents.

10. Remarque. Les indications que l'on vient de donner sont importantes, et même nécessaires pour prévenir les conclusions et les conséquences inexactes qu'on serait tenté de tirer d'un théorème dont on négligerait d'étudier directement la proposition réciproque ou la proposition contraire. Ainsi « il est bon que les élèves aient des idées générales précises sur les méthodes de démonstration ; ils suivent plus facilement

« les détails d'un théorème, et ils peuvent abréger le travail relatif aux
« propositions contraires, réciproques, etc... ».

J. BOURGET *, *Journal de mathématiques élémentaires* **, 1877, p. 37.

§ I. — Classification des méthodes.

11. But des méthodes. Les méthodes indiquent la marche qu'il faut
suivre pour démontrer un théorème, ou pour résoudre un problème.

En géométrie, il n'est pas possible d'indiquer une même voie qui, dans
tous les cas, conduise inévitablement au but ; mais on peut diriger les
recherches et faire trouver plus facilement les résultats demandés.

12. Principales sortes de méthodes. On classe les méthodes en deux
groupes principaux. On distingue les *méthodes générales* et les *méthodes
particulières*.

Les *méthodes générales* peuvent s'appliquer à toutes les questions.

Les *méthodes particulières* ne peuvent être utilisées que dans un certain nombre de questions. L'emploi de plusieurs d'entre elles est si res-
treint, qu'on doit considérer ces méthodes comme ne constituant que de
simples procédés.

Les *méthodes générales* sont l'*analyse* et la *synthèse*.

13. Analyse *.** L'analyse est la méthode par laquelle une proposition
inconnue A se ramène à une autre proposition inconnue B, puis cette
seconde B à une troisième C, et celle-ci à une quatrième D, etc., jusqu'à
ce que l'on tombe sur une proposition connue.

Entre la proposition d'où l'on part et celle où l'on arrive, il peut se
trouver un nombre quelconque de propositions intermédiaires.

14. Synthèse. La synthèse est la méthode par laquelle on passe d'une
proposition connue D à une autre proposition connue C, puis de cette
seconde C à une troisième B, de celle-ci à une quatrième, etc., jusqu'à
ce que l'on arrive ainsi à la proposition A que l'on devait étudier.

L'analyse et la synthèse suivent des voies opposées : tandis que la
première part de la question à traiter pour arriver à une question connue,
la seconde part d'une question connue pour tomber sur la question proposée.

15. Déduction. Quel que soit l'exercice géométrique à étudier et la
méthode que l'on veut employer, il faut que les propositions *se déduisent*
rigoureusement les unes des autres, et que deux propositions consécutives quelconques soient *réciproques*, au point de vue logique.

---

* M. J. BOURGET, ancien professeur à la faculté des sciences de Clermont, puis recteur
de la même faculté. (Voir ci-après, n° 55, *note*.)

** *Journal de mathématiques élémentaires*, fondé en 1877, publié sous la direction de
MM. BOURGET et KŒHLER. — Depuis 1880, cette utile publication a pour titre : *Journal de
mathématiques élémentaires et spéciales*. M. G. DE LONGCHAMPS, professeur de mathématiques spéciales au lycée Saint-Louis, en a pris la direction en 1888.

*** L'*analyse mathématique* est due à PLATON. — PLATON (430-347 av. J.-C.) alla s'instruire des mathématiques en Égypte, puis en Italie. De retour à Athènes, le célèbre phi-
losophe introduisit dans la géométrie la *méthode analytique* ; il étudia *les sections coniques*,
et fit connaître *les cinq polyèdres réguliers convexes*. On connaît l'inscription qu'il avait
fait mettre à l'entrée de son école philosophique : *Que nul n'entre ici, s'il n'est géomètre*

16. Propositions réciproques. Deux propositions sont *réciproques*, au point de vue logique, lorsque chacune d'elles entraîne l'autre et toutes ses conséquences [*].

Exemple. Lorsque les angles d'un triangle sont respectivement égaux à ceux d'un autre triangle, les côtés du premier triangle sont à ceux du second dans un rapport constant, et il en est de même des hauteurs correspondantes, etc.

Réciproquement, de la proportionnalité des côtés on déduit l'égalité des angles et toutes les propriétés qui en découlent.

Ainsi l'*égalité des angles de deux triangles* et le *rapport constant des côtés homologues* donnent lieu à deux *propositions réciproques*.

L'égalité des côtés de deux triangles et l'égalité des angles opposés ne donnent pas lieu, *au point de vue logique*, à deux propositions réciproques ; car de l'égalité des côtés on déduit bien l'égalité des angles opposés, mais l'égalité des angles n'entraîne pas celle des côtés [**].

17. Exercices de géométrie. Les *exercices* ou *questions de géométrie* comprennent des *théorèmes*, des *lieux géométriques* et des *problèmes*.

Il convient de parler en premier lieu des théorèmes, parce qu'on les utilise pour la résolution des problèmes.

La détermination des lieux géométriques doit venir ensuite, car leur emploi constitue une des méthodes les plus fécondes pour résoudre les problèmes de géométrie.

§ II. — Démonstration des théorèmes par l'analyse.

18. Emploi de l'analyse. Pour démontrer un théorème par l'analyse, on procède ordinairement comme il suit :

Du théorème à démontrer, regardé comme vrai, on déduit une deuxième proposition ; de celle-ci on passe à une troisième, etc., jusqu'à ce que l'on arrive à une proposition connue. Mais il faut que les propositions consécutives, considérées deux à deux, soient toujours réciproques au point de vue logique (nᵒˢ 13 et 16).

Voici quelques exemples de théorèmes démontrés par l'analyse.

Exercice.

19. Théorème. *Par un point quelconque de la base d'un triangle isocèle, on mène des parallèles aux côtés égaux ; prouver que le parallélogramme ainsi formé a un périmètre constant.*

Soient OM, ON deux parallèles aux côtés égaux CB, AB.

---

[*] L'expression *propositions réciproques* n'a pas ici la signification qu'on a déjà indiquée (nᵒ 4). Il est regrettable que les mêmes termes soient employés, en géométrie, avec deux sens différents.

[**] Pour la rédaction de ce paragraphe, nous avons mis à profit les premiers volumes de l'ouvrage : *Des Méthodes dans les sciences de raisonnement*, par DUHAMEL.

DUHAMEL, né à Saint-Malo en 1797, mort à Paris en 1872, professeur à l'École polytechnique, membre de l'Institut.

Il faut prouver que le périmètre du parallélogramme OMBN est constant.

Il suffit de le démontrer pour le demi-périmètre OM + ON.

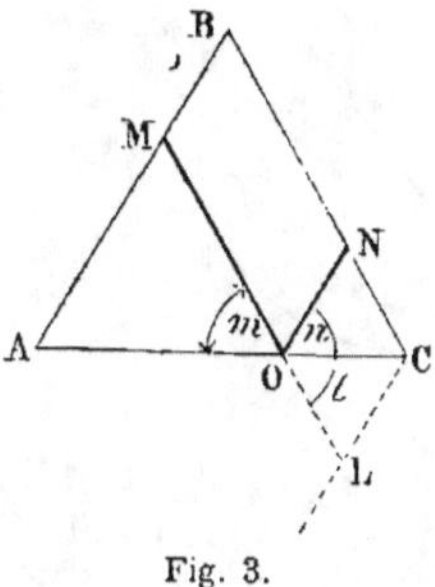

Fig. 3.

1° Pour reconnaître s'il est constant, on peut porter les deux parties sur la même droite et prendre OL = ON.

Les angles l, m sont égaux comme opposés par le sommet; $m = n$ comme étant respectivement égaux aux angles A et C; donc les triangles COL, CON sont égaux comme ayant un angle égal compris entre des côtés égaux; donc l'angle OCL = OCN = A, et les deux droites CL, AB sont parallèles (G., n° 80) et MLCB est un parallélogramme (G., n° 90); donc OM + ON ou ML = BC, longueur constante; donc...

2° Pour avoir la somme OM + ON, on peut remplacer chacune de ces lignes par une droite égale.

Ainsi OM = BN, comme côtés opposés d'un parallélogramme.

Le triangle ONC est isocèle, car l'angle $n = A = C$; par suite, ON = CN; donc...

$$OM + ON = BC. \qquad \text{Quantité constante.}$$

Exercice.

20. Théorème. *La somme des perpendiculaires abaissées d'un point quelconque de la base d'un triangle isocèle sur les côtés égaux, est une quantité constante.*

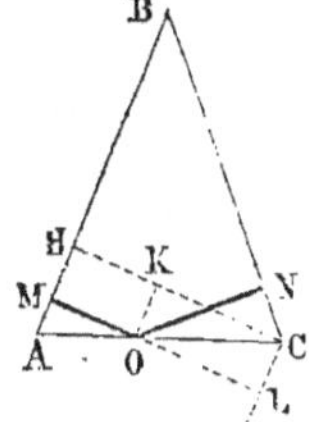

Fig. 4.

1° Une analyse analogue à la précédente nous conduit à prolonger OM d'une quantité OL égale à ON, et à prouver que CL est parallèle à AB; donc la somme OM + ON est constante, car elle est égale à la distance des parallèles AB, CL. Ainsi OM + ON égale la hauteur CH, quantité constante.

2° En menant OK parallèle à AB, on a

$$OM = HK, \quad ON = CK$$

car les deux triangles rectangles CNO et CKO sont égaux (G., n° 54); donc OM + ON = CH.

21. Théorème de Miquel. *Quatre droites, se coupant deux à deux, forment quatre triangles; les circonférences circonscrites à ces quatre triangles passent par un même point.*

Les quatre droites, se coupant deux à deux, donnent six sommets A, B, C, D, E, F. Circonscrivons des circonférences à deux des quatre triangles, par exemple aux triangles ACF, ADE; soit M le second point où les circonférences se coupent, et joignons ce point aux six sommets; il faut prouver que les circonférences circonscrites aux triangles BDF, BCE, passent aussi par le point M.

En admettant que cela ait lieu, on reconnaît que le quadrilatère CBME serait inscrit, et, par suite, que l'angle BCM égalerait BEM (G., n° 148) mais l'égalité de ces deux angles peut s'établir directement. En effet :

angle BCM   ou   FCM = FAM

comme ayant même mesure, $\frac{1}{2}$ FM, car le quadrilatère FACM est de même inscrit ;

angle BEM ou DEM = DAM ou FAM

comme ayant même mesure, $\frac{1}{2}$ DM ;

donc   angle BCM = angle BEM

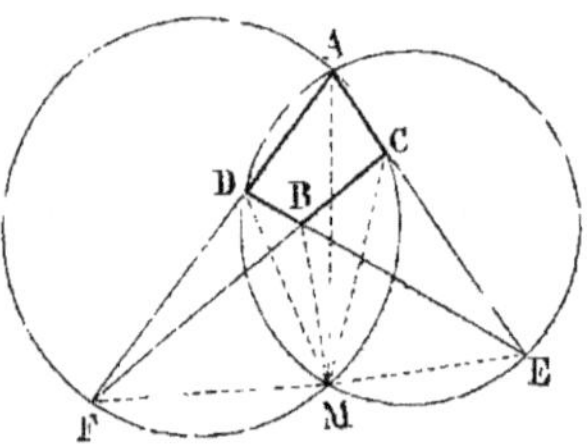

Fig. 5.

Or les angles BCM, BEM étant égaux, il est démontré (G., n°s 154-155) que la circonférence circonscrite au triangle BCE passe par le point M. Il en est de même de la circonférence circonscrite au triangle BDF ; donc...

Remarque. Le point de concours des quatre circonférences circonscrites est nommé *point de Miquel* (voir ci-après n° 689, *note*).

Exercice.

22. Théorème de Simson *. *Si d'un point pris sur la circonférence circonscrite à un triangle, on abaisse des perpendiculaires sur chaque côté du triangle, les trois points ainsi obtenus sont en ligne droite.*

Ce théorème s'énonce quelquefois comme il suit :

Les projections d'un point quelconque de la circonférence circonscrite à un triangle, sur chaque côté de ce triangle, sont en ligne droite.

Soit M un point quelconque de la circonférence circonscrite au triangle ABC ; abaissons les perpendiculaires MD, ME, MF sur les côtés ; il faut prouver que les trois points D, E, F sont en ligne droite.

Si les segments DE, EF *ne formaient qu'une même droite*, les angles AED, CEF seraient égaux comme opposés par le sommet. (G., n° 35.)

Les quadrilatères ADME, CFEM sont inscriptibles : le premier, parce que les angles opposés D et E sont supplémentaires (G., n° 157) ; le deuxième, parce que les deux triangles rectangles MEC et MFC ont même hypoté-

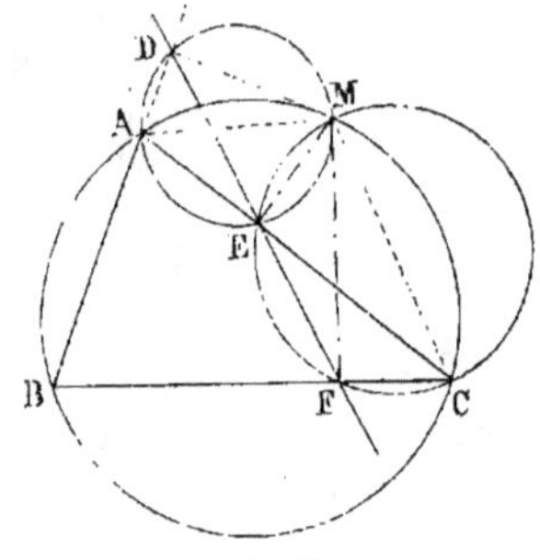

Fig. 6.

---

* Robert Simson (1687-1768), mathématicien écossais, professa à Glasgow. On a de lui un *Traité des sections coniques*. Il rétablit plusieurs *porismes* d'Euclide, ainsi que la *section déterminée* d'Apollonius.

Il ne faut pas confondre R. Simson avec Thomas Simpson (1710-1761). Ce dernier est surtout connu par les formules trigonométriques qui portent son nom (*Trigonométrie*, n° 57) et par une formule de quadrature (*Géométrie*, n° 983).

nuse MC; donc, de l'égalité des angles AED, CEF, on conclurait l'égalité des angles AMD, CMF respectivement égaux aux premiers. Il suffit donc de démontrer directement l'égalité des angles AMD, CMF, ou bien l'égalité de leurs compléments MAD, MCF.

Or l'angle ex-inscrit * MAD a pour mesure moitié de l'arc MAB; ainsi il égale l'angle MCF, qui a aussi pour mesure moitié de l'arc MAB.

Donc l'hypothèse qui a servi de point de départ est vraie, et les trois points D, E, F sont en ligne droite.

23. Remarques. 1º Les propositions consécutives dont nous nous sommes servis dans la précédente démonstration sont évidemment réciproques au point de vue logique (nº 16), car tout repose sur l'égalité des angles; les exercices suivants offriront quelques nouvelles particularités.

2º La droite DEF, qui passe par les trois projections du point M, est appelée *droite de Simson*, parce que le théorème lui-même est dû à *Robert Simson*.

3º Le cercle circonscrit est le lieu des points dont les projections sur les trois côtés d'un triangle sont en ligne droite.

Exercice.

24. Théorème. *Lorsque la demi-circonférence décrite sur le côté oblique d'un trapèze rectangle coupe le côté opposé, chaque point d'intersection divise la hauteur en deux segments dont le produit égale le produit des bases du trapèze.*

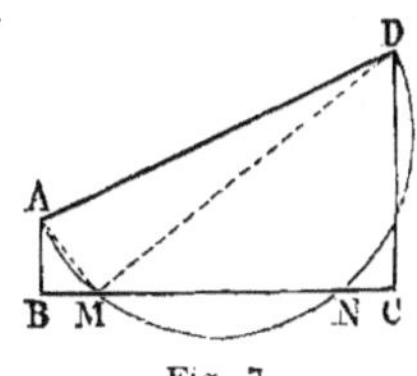

Fig. 7.

Supposons que la demi-circonférence ayant AD pour diamètre coupe la hauteur BC aux points M et N.

Il faut prouver que l'on a, par exemple :

$$BM . MC = AB . CD \qquad (1)$$

En admettant cette relation comme vraie, on peut écrire :

$$\frac{BM}{AB} = \frac{CD}{MC} \qquad (2)$$

Alors les triangles rectangles ABM, MCD seraient semblables comme ayant un angle égal compris entre côtés proportionnels (G., nº 225); il suffit donc de démontrer directement la similitude de ces triangles; or les angles AMB, DMC sont complémentaires, car l'angle AMD est droit.

Donc l'angle AMB égale MDC comme ayant même complément DMC.

Donc les triangles sont semblables, et l'on peut en déduire la proportion (2), et par suite la relation (1).

Remarque. 1º On a de même

$$BN . NC = AB . CD \qquad (7)$$

2º Quand la demi-circonférence AD est tangente à BC, le point de contact est au milieu de la hauteur; le carré de la moitié de BC égale AB . CD.

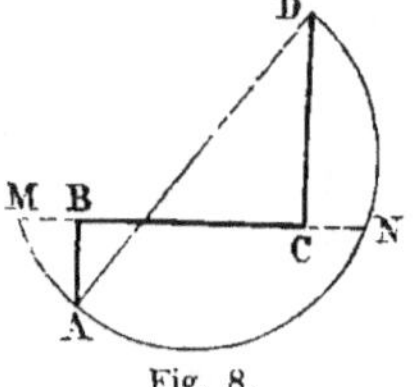

Fig. 8.

3º Lorsque la demi-circonférence ne coupe point BC, on ne peut pas diviser BC en deux segments additifs dont le produit soit égal au produit AB . CD.

4º Lorsque les perpendiculaires AB, CD sont dirigées en sens contraire (fig. 8), il y a toujours intersection; mais les points M, N sont sur le prolongement de BC, et l'on a comme précédemment :

$$BM \cdot CM = AB \cdot CD = BN \cdot CN$$

Exercice.

25. Théorème. *La distance* MP *d'un point quelconque* M *d'une circonférence à une corde donnée* AB, *est moyenne proportionnelle entre les distances* ME, MG *du même point* M *aux tangentes* AC, BC, *menées par les extrémités de la corde donnée.* (2 14)

Il faut prouver que l'on a :

$$MP^2 = ME \cdot MG \tag{1}$$

Regardant cette relation comme étant démontrée, nous pouvons en déduire les rapports égaux

$$\frac{ME}{MP} = \frac{MP}{MG} \tag{2}$$

Mais les angles EMP, PMG sont égaux, car ils égalent respectivement les angles égaux *emC*, *gmC*; donc, en admettant (2), on trouve que les triangles EMP, PMG sont semblables comme ayant un angle égal compris entre deux côtés homologues proportionnels.

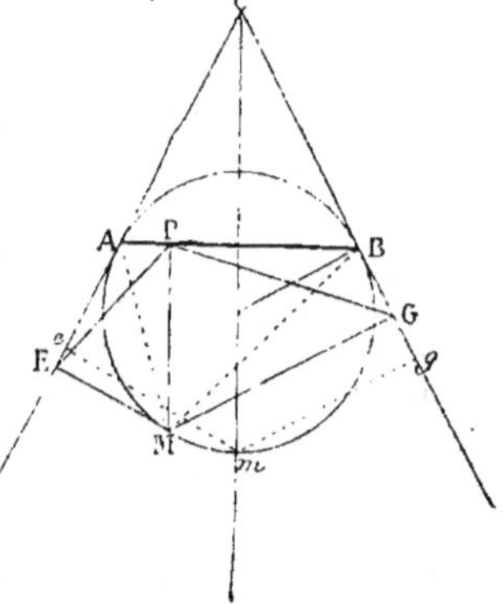

Fig. 9.

Comme conséquence de cette similitude de triangles, on peut dire que l'angle MPE = MGP.

En réalité, pour pouvoir conclure que les propositions intermédiaires et celle du point de départ sont vraies, il suffit de démontrer directement l'égalité des angles MPE et MGP. Or les deux quadrilatères APME, BGMP sont inscriptibles (G., nos 156 et 157), car chacun d'eux a deux angles opposés supplémentaires, puisqu'ils sont droits; donc l'angle MPE = MAE comme correspondant au même arc dans la circonférence circonscrite au quadrilatère APME.

De même l'angle MGP = MBP. Or les angles MAE, MBP ont pour mesure la moitié de l'arc AM; donc ils sont égaux, et il en est de même des angles MPE, MGP.

Le théorème est donc démontré, et l'on peut écrire :

$$MP^2 = ME \cdot MG$$

26. Remarque. Dans le raisonnement ci-dessus, deux propositions consécutives sont toujours réciproques.

Ainsi, de même que, de la similitude des triangles établie par l'égalité de trois angles, on déduit :

$$\frac{ME}{MP} = \frac{MP}{MG}$$

de même, de l'égalité de ces rapports et de l'égalité des angles en M, on déduit que l'angle MPE = MGP, etc.

Exercice.

27. Théorème. — Cercle des neuf points. *Dans un triangle, les milieux des côtés, les pieds des hauteurs et les milieux des droites qui joignent les sommets au point de concours des hauteurs, sont situés sur une même circonférence.*

EULER *, *Mémoires de Saint-Pétersbourg*, 1765.

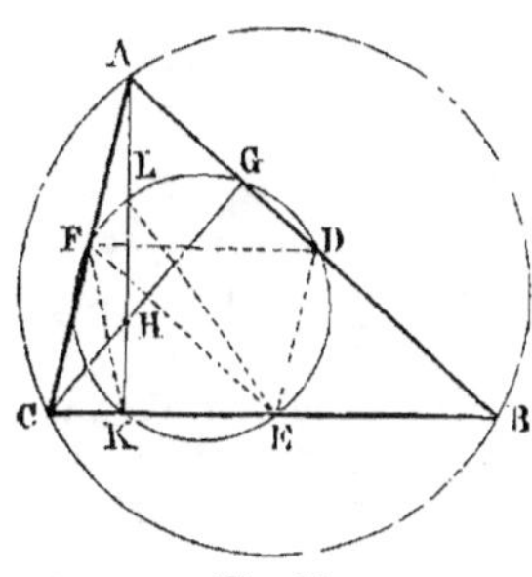

Fig. 10.

Soient D, E, F les points milieux des côtés; AK, CG deux des hauteurs, et L le point milieu de AH.

Circonscrivons une circonférence au triangle DEF.

Pour démontrer le théorème, il suffit de prouver que cette circonférence passe par le pied K, d'une hauteur quelconque, et par le point L, milieu de AH.

1° La droite FK, qui joint le sommet K de l'angle droit au point milieu F de l'hypoténuse, égale la moitié de cette hypoténuse (G., n° 222); donc FK = FC = donc DE.

Ainsi le trapèze EDFK est isocèle; par suite, la circonférence qui passe par E, D, F, passe aussi par le quatrième sommet K.

2° La droite FL, qui joint les points milieux F, L des côtés du triangle ACH, est parallèle à la base CH; d'ailleurs FE est aussi parallèle à AB; donc l'angle EFL égale l'angle AGC, égale donc 90 degrés.

Le quadrilatère EKFL est inscriptible à cause des angles droits EKL, EFL; donc la circonférence qui passe par les trois sommets E, K, F, passe aussi par le quatrième sommet L.   *C. Q. F. D.*

28. Scolies. I. *Le centre du cercle des neuf points est au milieu de la droite qui joint le point de concours des hauteurs au centre du cercle circonscrit à ce triangle.*

---

* EULER, né à Bâle en 1707, mort à Saint-Pétersbourg en 1783, célèbre analyste; il perfectionna le *calcul intégral* et fit connaître les cinq surfaces du second degré. (G., n° 857.)

En effet, le centre se trouve sur les perpendiculaires élevées au milieu de FG et de KE (fig. 11) ; or ces perpendiculaires passent par le point M, milieu de OH.

La droite OH qui contient le centre du *cercle des neuf points* et qui joint l'*orthocentre* *, ou point de concours des hauteurs, au centre du cercle circonscrit, a reçu le nom de *droite d'Euler*.

II. *Le rayon du cercle des neuf points est la moitié du rayon du cercle circonscrit.*

Car $\qquad EM = \frac{1}{2} EL = \frac{1}{2} AO$

Cela résulte aussi des triangles semblables EOM, AHO.

III. *La tangente EJ, du cercle d'Euler, au point milieu d'un côté, et ce même côté sont antiparallèles par rapport aux côtés de l'angle opposé.*

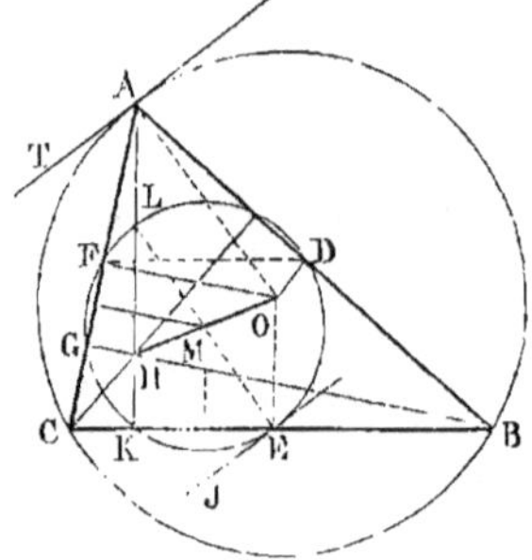

Fig. 11.

Les tangentes EJ, AT sont parallèles, car elles sont perpendiculaires aux rayons parallèles EM, AO ; de plus, l'angle CAT = CBA.

Donc AT et CB ou EJ et CB sont antiparallèles par rapport à l'angle A.

IV. On sait que deux droites AT et CB sont *antiparallèles* par rapport à un angle CAB, lorsque l'angle CAT, que la première forme avec l'un des côtés de l'angle donné, égale l'angle que forme la seconde droite avec l'autre côté. Ainsi l'angle CAT égale ABC.

29. Remarque. 1° Le théorème du *cercle des neuf points* peut être démontré de plusieurs manières différentes, mais il n'en est pas de plus élémentaire et de plus rapide que la précédente (n° 27).

2° C'est par l'emploi judicieux de l'analyse que l'on découvre les relations les plus simples qui rattachent entre elles les diverses parties d'une même question et que l'on trouve, par suite, le meilleur mode de démonstration.

3° L'analyse est aussi très utile lorsqu'il s'agit de la géométrie dans l'espace. Dans bien des cas elle permet de se passer de figure, ou du moins de remplacer par une construction simple une figure compliquée peu facile à étudier. En voici quelques exemples.

Exercice.

30. Théorème. *On donne une sphère et un point fixe P ; par ce point on mène trois plans rectangulaires deux à deux et qui déterminent trois cercles ; prouver que la somme de ces trois cercles est constante.*

Soient a, b, c les rayons de ces cercles, r le rayon de la sphère et a', b', c' les distances du centre de la sphère aux cercles ; il faut prouver que l'on a :

$$\pi a^2 + \pi b^2 + \pi c^2 = \text{constante}$$

---

* Pour l'emploi du mot *orthocentre*, voir ci-après (n° 663, *note*).

ou, ce qui revient au même, $a^2 + b^2 + c^2 =$ une valeur constante

mais $\qquad a^2 = r^2 - a'^2 ; \quad b^2 = r^2 - b'^2 ; \quad c^2 = r^2 - c'^2$

on a donc $\qquad a^2 + b^2 + c^2 = 3r^2 - (a'^2 + b'^2 + c'^2)$

Il suffit de prouver que la quantité à soustraire est constante.

Or les trois distances a', b', c', perpendiculaires deux à deux, menées du centre O sur les trois plans rectangulaires, dont P est le point commun, sont les trois arêtes latérales d'un parallélépipède rectangle ayant PO pour diagonale ; par suite, la somme des carrés de ces arêtes égale PO^2 (G., n° 439), et le théorème est démontré.

31. Remarque. La détermination de la valeur constante n'offre aucune difficulté.

Ainsi $\qquad a^2 + b^2 + c^2 = 3r^2 - PO^2$

donc $\qquad \pi a^2 + \pi b^2 + \pi c^2 = 3\pi r^2 - \pi PO^2$

La somme des trois cercles déterminés par le trièdre tri-rectangle dont P est le sommet, égale trois grands cercles moins le cercle qui aurait PO pour rayon.

Exercice.

32. Théorème. *Lorsque les arêtes opposées d'un octaèdre inscrit dans une sphère sont dans un même plan, les trois diagonales de l'octaèdre se coupent au même point. En menant un plan tangent à la sphère par chaque sommet de l'octaèdre, on forme un hexaèdre circonscrit dont les faces, prises quatre à quatre, concourent en un même point. (G., n° 429.)*

1° Les arêtes opposées étant dans un même plan, les deux diagonales qui joignent les extrémités des arêtes opposées se coupent, car elles sont deux à deux dans un même plan. Les trois diagonales de l'octaèdre ne peuvent être dans un même plan ; car, si cela avait lieu, les six sommets seraient ainsi dans un même plan, et il n'y aurait pas de solide ; or les trois diagonales n'étant pas dans un même plan, et se coupant deux à deux, doivent passer par un même point.

2° Les quatre sommets qui correspondent à deux quelconques des diagonales de l'octaèdre sont dans un même plan. Les plans tangents, en ces quatre points, déterminent quatre faces consécutives de l'hexaèdre circonscrit. Or le plan des quatre sommets considérés coupe la sphère suivant un cercle dont la circonférence peut être considérée comme la courbe de contact d'un cône circonscrit à la sphère ; mais les plans tangents menés par les quatre sommets sont en même temps tangents à la sphère et au cône circonscrit ; donc ces quatre plans passent par le sommet du cône, et par suite se coupent au même point.

33. Remarque. Les six faces de l'hexaèdre, prises quatre à quatre, donnent lieu à trois groupes, et par suite à trois points de concours ; le point de rencontre des diagonales de l'octaèdre inscrit est le pôle du plan des trois points de concours des faces de l'hexaèdre.

§ III. — Synthèse et Réduction à l'absurde.

34. Emploi de la synthèse. Pour démontrer un théorème par la synthèse, *on part d'une vérité connue, on en déduit une deuxième proposition connue, de celle-ci une troisième, etc., jusqu'à ce que l'on tombe sur la proposition à démontrer.*

Comme enchaînement de propositions, la synthèse suit une marche inverse de celle de l'analyse.

Appliquons la synthèse à l'exemple déjà donné (n° 25).

35. Théorème. *La distance MP, d'un point quelconque M d'une circonférence à une corde donnée AB, est moyenne proportionnelle entre les distances MG, ME du même point M aux tangentes AC, BC, menées par les extrémités de la corde donnée.*

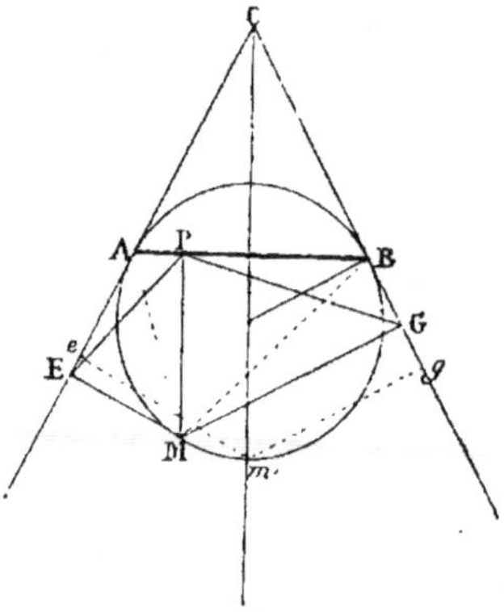

Le quadrilatère APME est inscriptible, parce que deux de ses angles opposés sont droits; donc l'angle MPE = MAE, comme angles inscrits dans un même segment.

De même l'angle MGP = MBP.

D'ailleurs les angles MAE, MBP sont égaux;

donc l'angle $\qquad$ MPE = MGP

et puisque les angles EMP, GMP sont égaux comme étant respectivement égaux aux angles en *m*, il en résulte que les triangles MPE, MGP sont équiangles, et par suite semblables. (G., n° 223.)

Donc $\qquad$ $$\frac{ME}{MP} = \frac{MP}{MG}$$

d'où $\qquad$ $MP^2 = ME \cdot MG$ $\qquad$ *C. Q. F. D.*

Fig. 12.

Remarque. Mais comment est-on conduit à considérer le quadrilatère APME?... pourquoi s'occuper de l'égalité des angles MBP, MAE... et autres questions analogues?

Aucune réponse complètement satisfaisante ne peut être donnée : en réalité, *l'intuition la plus heureuse n'est que la conséquence d'une analyse rapide, parfois inconsciente, mais néanmoins très réelle :* pour rechercher la vérité, il faut donc recourir à l'analyse.

36. Réduction à l'absurde *. *La démonstration d'un théorème par la*

---

* La méthode par réduction à l'absurde est due à EUCLIDE; elle a été employée fréquemment par LEGENDRE.

EUCLIDE, né vers 315 av. J.-C., mort vers 255, se fixa à Alexandrie, auprès de Ptolémée I. Ses *Éléments de géométrie*, composés de treize livres, ont l'inappréciable avantage de réunir en un corps de doctrine les vérités géométriques plus ou moins éparses jusqu'à cette époque;

réduction à l'absurde consiste à admettre provisoirement comme vraie la proposition contradictoire du théorème énoncé, à en déduire une suite de conséquences, jusqu'à ce que l'on parvienne à un résultat évidemment incompatible avec les vérités connues.

Exemple. Pour démontrer le théorème suivant :

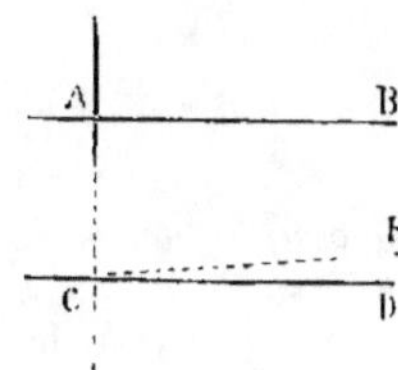
Fig. 13.

Si deux droites sont parallèles, toute droite perpendiculaire à l'une d'elles AB est aussi perpendiculaire à l'autre droite CD. (G., n° 76.)

On admet, ou plutôt l'on raisonne comme si l'on admettait la proposition contradictoire : *Si deux droites AB et CD sont parallèles, une droite AC, perpendiculaire à l'une d'elles AB, n'est pas perpendiculaire à l'autre, CD.*

Par suite, on pourrait élever une perpendiculaire CE sur AC; mais les droites AB et CE seraient parallèles d'après le théorème direct déjà démontré (G., n° 72); il en résulterait que par le point C on aurait deux parallèles à une même droite. Or cette conséquence est évidemment inadmissible d'après le *Postulatum* (G., n° 74); il faut donc que CD soit perpendiculaire à AC.

37. Remarque. Il faut avoir soin d'étudier les cas différents que peut présenter la proposition contradictoire; car, sans cela, de l'absurdité de l'un d'eux on ne pourrait pas conclure la vérité du théorème proposé.

Exemple. On sait que *toute parallèle DE, menée à la base d'un triangle, détermine un second triangle ADE semblable au premier* (G., n° 221); c'est-à-dire détermine un triangle ayant même angle au sommet que le premier et dont les côtés, qui comprennent l'angle commun, sont respectivement proportionnels.

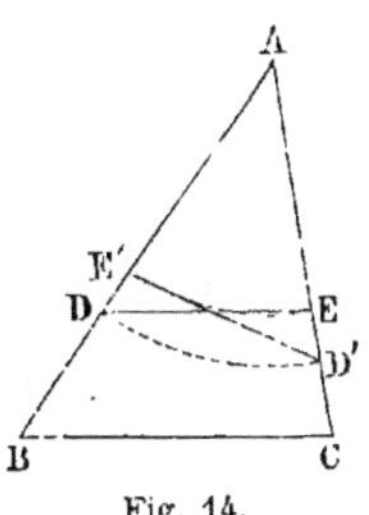
Fig. 14.

La proposition réciproque serait fausse si on l'énonçait comme il suit :

Lorsque deux triangles ont un angle commun compris entre des côtés proportionnels, les bases de ces triangles sont parallèles.

En effet, une droite telle que D'E' obtenue en prenant AD' = AD, AE' = AE donne deux triangles semblables AD'E', ABC, qui remplissent toutes les conditions de l'énoncé de la proposition réciproque; néanmoins D'E' n'est pas parallèle à BC Ces deux autres droites sont antiparallèles (n° 28, IV).

---

et, tout en ajoutant aux découvertes des ouvrages antérieurs, de donner des démonstrations rigoureuses.

Les *Éléments* d'Euclide sont encore classiques en Angleterre; on doit citer le Manuel de TODHUNTER, celui de JOHN CASEY, les Éléments édités par W. COLLINS, et surtout l'édition magistrale de ROBERT POTTS. Ce dernier ouvrage contient un grand nombre d'*exercices* et des *notes* très importantes.

LEGENDRE, né à Toulouse en 1752, mort à Auteuil en 1833, fut membre du bureau des Longitudes. On lui doit plusieurs savants ouvrages : ses *Éléments de Géométrie*, publiés en 1794, ont rendu son nom populaire.

38. Emploi de la réduction à l'absurde. La démonstration par la réduction à l'absurde convainc, mais n'éclaire pas ; elle contraint à reconnaître l'exactitude de la proposition énoncée, néanmoins elle satisfait peu l'esprit, parce qu'elle ne traite pas directement le théorème demandé ; aussi on a rarement recours à cette méthode aujourd'hui [*].

§ IV. — Problèmes graphiques.

39. Analyse. *Pour traiter par l'analyse un problème graphique, on le suppose résolu ; puis on considère les rapports des données et des inconnues, et l'on en déduit des conséquences jusqu'à ce qu'on arrive à des résultats connus.*

On doit avoir soin que les propositions déduites les unes des autres soient *réciproques, au point de vue logique* (n° 16) ; sans quoi on pourrait omettre ou perdre des solutions, ou en introduire d'étrangères à la question proposée.

40. Synthèse. *Pour traiter par synthèse un problème graphique, on indique immédiatement les constructions à effectuer pour arriver au résultat demandé, et l'on justifie successivement les constructions ainsi faites.*

Nous allons appliquer successivement l'analyse et la synthèse à un même problème.

Exercice.

41. Problème. *Construire un carré, connaissant la somme l de la diagonale et du côté.*

1° *Analyse.* Supposons le problème résolu, et soit ABCD le carré demandé.

Menons la diagonale AC, prolongeons cette ligne, et prenons une longueur CE égale à CB ; il faut que l'on ait AE $= l$.

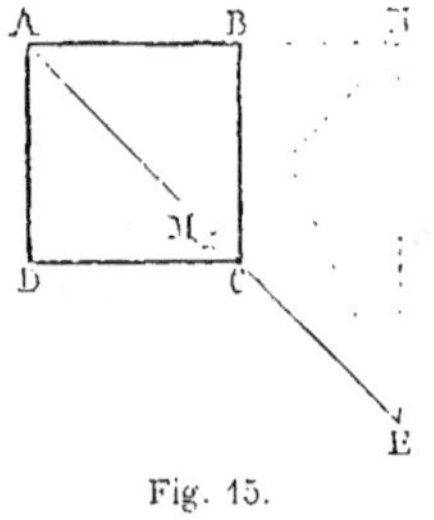

Si l'on mène BE, on reconnaît que le triangle BCE est isocèle ; l'angle BCA, extérieur à ce triangle, étant de 45 degrés, chacun des angles B, E du triangle isocèle BCE égale la moitié de 45 degrés. Ainsi, dans le triangle ABE, on connaît la base AE ou l et les angles adjacents A, E.

On peut donc construire le triangle, et le petit côté AB sera le côté du carré demandé.

Fig. 15.

L'ordre le plus pratique, pour ces constructions, est celui que nous allons indiquer dans la synthèse.

2° *Synthèse.* Sur le milieu d'une droite AE, égale à la longueur donnée l, il faut élever une perpendiculaire ; porter MA de M en N ; tracer

---

[*] D'après DUHAMEL : *Des Méthodes dans les sciences de raisonnement.*

NA et NE ; mener EB bissectrice de l'angle E, puis BC perpendiculaire à AB, et enfin AD et CD qui complètent le carré.

En effet, dans le triangle ABC, l'angle B est droit, l'angle A égale 45 degrés, et, par suite, C égale aussi 45 degrés ; ainsi BC = AB.

L'angle AEN égale 45 degrés ; donc AEB = la moitié de 45 degrés.

Dans le triangle BCE, l'angle B égale l'angle extérieur C moins l'angle intérieur E ;

$$\text{ou} \qquad \text{angle } B = 45^{\circ} - \frac{45^{\circ}}{2} = \frac{45^{\circ}}{2}$$

donc le triangle BCE est isocèle ; CE = CB ou AB, et la ligne AE ou l égale la diagonale AC plus la longueur du côté.

Le problème est donc résolu.

Remarque. Nous allons donner quelques autres exemples de résolution de problèmes, mais en nous bornant à les traiter par l'analyse.

Exercice.

42. Problème. *Diviser un arc de cercle en deux parties, de manière que les cordes des arcs ainsi déterminés soient entre elles dans un rapport donné* $\dfrac{m}{n}$.

Soit ACB l'arc donné. Supposons le problème résolu et admettons qu'on ait :

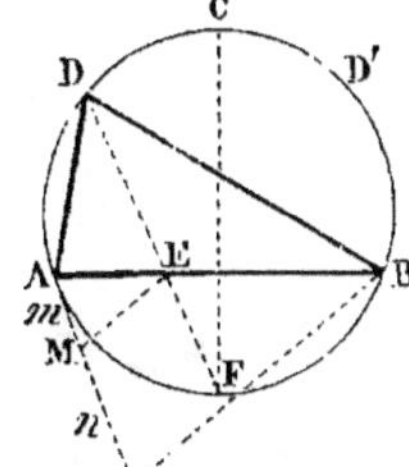

Fig. 16.

$$\frac{AD}{BD} = \frac{m}{n}$$

Pour être conduit à la solution, il suffit d'employer le théorème de la bissectrice (G., n° 215), car on sait que la base est divisée en segments proportionnels aux côtés.

On a donc $\qquad \dfrac{AE}{BE} = \dfrac{AD}{BD} = \dfrac{m}{n}$

On peut dès lors déterminer le point E ; de plus, la bissectrice de l'angle D doit passer par le point milieu de l'arc AFB. On est donc conduit à la construction suivante.

Construction. Sur une droite quelconque menée par le point A, il faut prendre AM = m, MN = n ; joindre B au point N ; par M mener la parallèle ME et joindre le milieu F de l'arc au point E : la droite FED détermine le point D.

Remarque. Le point D′, symétrique de D par rapport au diamètre CF, correspond à

$$\frac{BD'}{AD'} = \frac{m}{n}$$

Exercice.

43. Problème. *Construire un triangle, connaissant deux côtés et la bissectrice de l'angle compris entre ces côtés.*

Soit ABC le triangle demandé ; les côtés BC, BA respectivement égaux aux longueurs données a, c, et la bissectrice BD, égale à une autre longueur connue b.

En menant une parallèle AE à la bissectrice, on forme un triangle isocèle ABE (G., n° 215), dont nous pouvons déterminer la base.

En effet, les triangles semblables CAE, CDB donnent la relation :

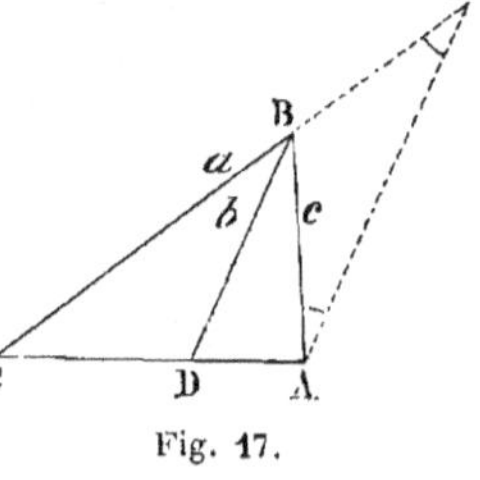
Fig. 17.

$$\frac{AE}{b} = \frac{CE}{a} \quad \text{ou} \quad \frac{AE}{b} = \frac{a+c}{a} \quad \text{car BE} = c$$

d'où
$$AE = \frac{b(a+c)}{a}$$

Ainsi, après avoir déterminé, par une quatrième proportionnelle, la longueur de AE, il faudra construire un triangle isocèle ABE, ayant AE pour base et c pour longueur des côtés égaux.

Par le sommet B du triangle isocèle, mener une parallèle à la base ; prendre BD $= b$ et mener les droites EB, AD jusqu'à leur point de concours.

Exercice.

44. Problème. *Étant donné un triangle* ABC, *ayant trois côtés inégaux, on demande de mener des droites* OM, ON *par un point quelconque de la base, de manière que ces droites* OM, ON, *limitées aux deux côtés, aient pour somme une longueur donnée* l, *et que, pour tout autre point de la base, les parallèles menées aux droites* OM, ON *aient constamment pour somme la longueur* l.

Admettons que la question proposée puisse être résolue, et soit OM $+$ ON $= l$.

Puisque la somme doit être constante pour un point quelconque de la base, il faut que BE, parallèle à ON, égale l ; car, pour le point B, la parallèle menée à OM est nulle, puisqu'elle est complètement hors du triangle. De même CG, menée parallèlement à OM, doit égaler l. Nous sommes donc conduits à la construction suivante :

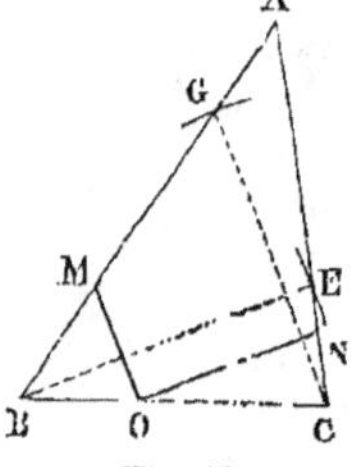
Fig. 18.

Du point B, pris pour centre, avec l pour rayon, il faut couper AC ; du centre C, avec le même rayon, décrire un arc qui détermine le point G ; puis, par un point quelconque O de la base, mener des parallèles aux droites BE, CG.

Il suffit de prouver que OM $+$ ON $= l$.

En effet, les triangles semblables OCN, BCE donnent :

$$\frac{ON}{l} = \frac{OC}{BC} \; ; \quad \text{d'où} \quad ON = l \cdot \frac{OC}{BC}$$

Les triangles semblables OBM, CBG donnent :

$$\frac{OM}{l} = \frac{OB}{BC} \; ; \quad \text{d'où} \quad OM = l \cdot \frac{OB}{BC}$$

Par suite,
$$OM + ON = l \cdot \frac{OB + OC}{BC} = l \qquad C. \; Q. \; F. \; D.$$

45. Remarque. Dans les problèmes précédents, le rappel d'un seul théorème a conduit à la solution ; mais il n'en est pas ainsi pour la plupart des questions ; on peut procéder alors comme il suit :

On cherche à ramener le problème proposé à un problème plus simple, puis ce second à un troisième encore plus facile à résoudre, et ainsi de suite, jusqu'à ce que l'on parvienne à une question connue, ou du moins à un problème qui puisse être résolu immédiatement.

Voici quelques exemples :

Exercice.

46. Problème. *Décrire une circonférence tangente à trois circonférences données* A, B, C *.

Soient *a*, *b*, *c* les rayons respectifs de ces circonférences, et D le centre de la circonférence demandée.

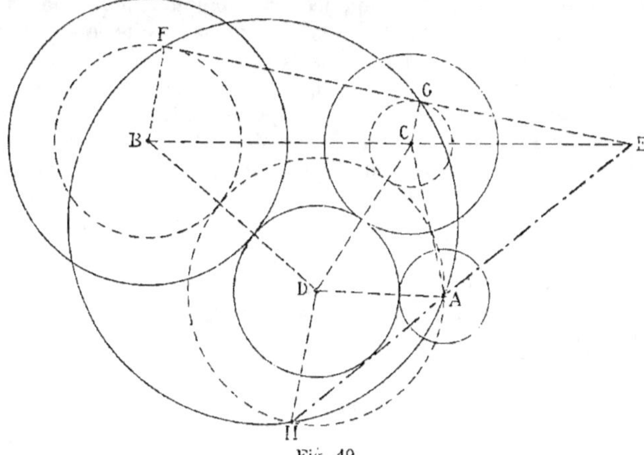

Fig. 19.

En décrivant une circonférence du centre D, avec le rayon AD, on reconnaît qu'elle sera tangente à la circonférence décrite du centre B avec le rayon $b - a$, et à celle que l'on décrirait du centre C avec le rayon $c - a$; donc le problème est ramené au suivant.

Exercice.

47. Problème. *Décrire une circonférence qui passe par un point* A *et qui soit tangente à deux circonférences données* BF *et* CG.

---

* La première solution géométrique du problème : *construire un cercle qui en touche trois autres* est due à VIÈTE ; elle se trouve dans son *Apollonius Gallus* : c'est la solution même que nous donnons ; mais ce savant procède du simple au composé, il traite des cas particuliers et termine par le problème général, tandis que dans le mode d'exposition ci-dessous, on procède à l'inverse, afin d'amener la question proposée à un problème de plus en plus simple : telle a été probablement la marche que Viète lui-même a suivie pour trouver la solution remarquable que nous lui devons (voir ci-après la note du n° 1463).

FRANÇOIS VIÈTE, né en 1540 à Fontenay-le-Comte (Vendée), devint maître des requêtes, mais cultiva les mathématiques avec beaucoup d'ardeur et de succès. Il est le premier qui ait construit géométriquement les formules algébriques. Il mourut à Paris en 1603.

En supposant le problème résolu, menant la tangente commune EGF et joignant le centre de similitude E au point A, on sait que l'on a :

$$EA \cdot EH = EF \cdot EG \qquad (G., n^o\ 819) ;$$

donc, pour déterminer le point H, il suffit de faire passer une circonférence par les points A, F, G ; puis le cercle demandé devant passer par deux points connus A, H, la question est ramenée à la suivante.

Exercice.

48. Problème. *Décrire une circonférence qui passe par deux points donnés A, H, et qui soit tangente à une circonférence donnée.*

On sait (G., n° 299) que ce troisième problème se ramène à ce quatrième : *faire passer une circonférence par trois points donnés.*

49. Remarque. La marche indiquée est complètement analytique ; mais, comme les questions successives ne sont pas réciproques les unes des autres, il faut étudier chacune d'elles avec soin, afin de ne pas omettre certaines solutions. Ainsi le quatrième problème, *faire passer une circonférence par trois points*, n'a qu'une solution ; le troisième, *faire passer une circonférence par deux points et tangente à une autre circonférence*, en a deux ; le deuxième, *faire passer une circonférence par un point et tangente à deux autres circonférences*, en a quatre ; et le premier, *décrire une circonférence tangente à trois autres circonférences*, a huit solutions *.

La méthode synthétique expose en premier lieu le problème le plus simple. Dans l'exemple cité, c'est le quatrième ; puis viendront successivement le troisième, le deuxième et le premier.

Exercice.

50. Problème. *Dans une ellipse, quelle est la distance OL du centre à une corde MN parallèle à AA', et dont la longueur est la moitié du grand axe ?* (Baccalauréat ès sciences ; Toulouse, août 1874.)

1° Considérons le cercle principal de l'ellipse. (G., n° 626.) La corde correspondante mn égale a, rayon de ce cercle ; en joignant les extrémités au centre, on forme un triangle équilatéral nOm. La hauteur de ce triangle égale $\dfrac{a}{2}\sqrt{3}$. (G., n° 316.) Or cette distance est réduite pour la corde de l'ellipse, dans le rapport $\dfrac{b}{a}$ (G., n° 636) ; donc la distance du centre à la corde de l'ellipse égale

$$\frac{b}{a} \times \frac{a}{2}\sqrt{3} = \frac{b}{2}\sqrt{3}$$

---

* Ce bel exemple de *simplifications successives* se trouve dans les *Problèmes de géométrie* de RITT.

GEORGES RITT, ancien inspecteur général, est surtout connu par son *Arithmétique élémentaire* et par les *recueils de problèmes* relatifs à l'Algèbre, aux Éléments de géométrie et à la Géométrie analytique.

2° On peut arriver plus rapidement à ce résultat. Par rapport au cercle décrit sur le petit axe, la demi-corde $\frac{a}{2}$ est l'abscisse DE d'un point D; pour le petit cercle, la demi-corde correspondante $d\mathrm{E} = \frac{b}{2}$. (G., n° 635.) Mais $dc = b$ est la base d'un triangle équilatéral; donc $\mathrm{OE} = \frac{b}{2}\sqrt{3}$.

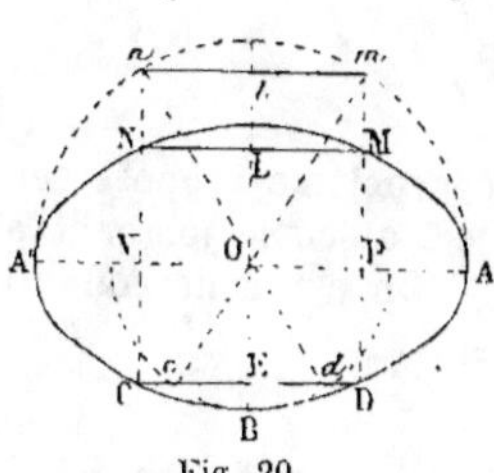
Fig. 20.

3° Le moyen général pour traiter ces questions, c'est d'employer l'équation de la courbe $a^2y^2 + b^2x^2 = a^2b^2$. (G., n° 645.)

Remplaçons x par ML ou $\frac{a}{2}$, d'où $x^2 = \frac{a^2}{4}$, l'équation devient successivement :

$$a^2y^2 + \frac{b^2a^2}{4} = a^2b^2$$

$$y^2 + \frac{b^2}{4} = b^2; \quad y^2 = \frac{3b^2}{4}; \quad \text{d'où} \quad y = \frac{b}{2}\sqrt{3}$$

Exercice.

51. Problème de Castillon. *On donne trois points A, B, C et une circonférence; inscrire dans cette circonférence un triangle DEF, tel que chaque côté passe par un des points donnés* *.

Soit le problème résolu et DEF le triangle demandé. Il suffit qu'un seul sommet soit déterminé. Pour établir aisément certaines relations entre les données et les inconnues, menons FG parallèle à BC et menons GEH.

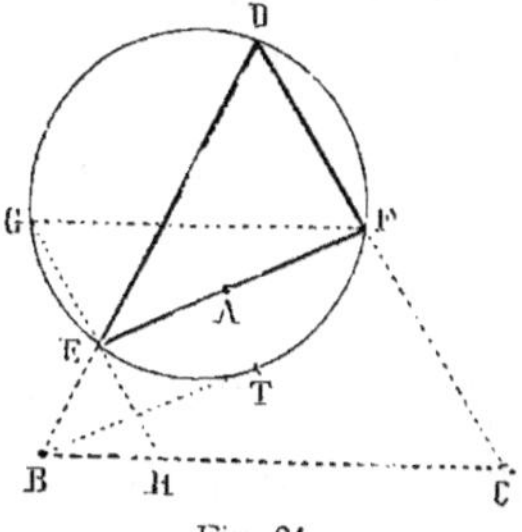
Fig. 21.

Les angles inscrits D, G sont égaux, donc l'angle EHB = D; les triangles BHE, BDC sont semblables, car ils ont un angle B commun et un angle H égal à D; on a par conséquent :

$$\frac{\mathrm{BH}}{\mathrm{BE}} = \frac{\mathrm{BD}}{\mathrm{BC}}, \quad \text{d'où} \quad \mathrm{BH} = \frac{\mathrm{BD}.\mathrm{BE}}{\mathrm{BC}}$$

---

* Ce problème, proposé par CRAMER, a été résolu en 1776 par CASTILLON, géomètre italien (1708-1791). Le problème avait été résolu par PAPPUS dans le cas particulier où les trois points A, B, C, sont en ligne droite. (*Nouvelles Annales mathématiques*, année 1844, page 464.)

CRAMER, né à Genève en 1704, mort à Bagnols-sur-Cèze en 1752. On lui doit l'*Introduction à l'analyse des courbes algébriques* et les formules d'élimination qui portent son nom.

PAPPUS vivait à Alexandrie vers la fin du IV* siècle de l'ère chrétienne. Ses *Collections mathématiques* contiennent les principales découvertes faites jusqu'alors en géométrie, et les recherches personnelles de l'auteur. On y trouve même une question analogue au *théorème de Guldin*, et le théorème fondamental relatif au *rapport anharmonique*.

Les longueurs BE et BD ne sont point connues, mais leur produit égale le carré de la tangente BT ;

d'où
$$BH = \frac{BT^2}{BC}$$

Ainsi le point H peut être déterminé, et le problème proposé serait résolu, si l'on savait déterminer un point E, tel qu'en le joignant aux points A et H, la corde GF fût parallèle à BC. On est donc conduit à résoudre le problème suivant.

Exercice.

52. Problème. *On donne deux points* A, H, *une circonférence et une droite* BC. *Il faut déterminer sur cette circonférence un point* E, *tel qu'en le joignant aux deux points donnés* A, H, *la corde FG soit parallèle à la droite* BC.

Soit le problème résolu et FG parallèle à BC.

Par analogie à la question précédente, menons FL parallèle à AH, puis la ligne LGM, et déterminons la position du point M.

Les triangles MGH, EAH sont semblables. En effet, l'angle H est commun et l'angle M égale l'angle E, car ces deux angles ont pour supplément le même angle L.

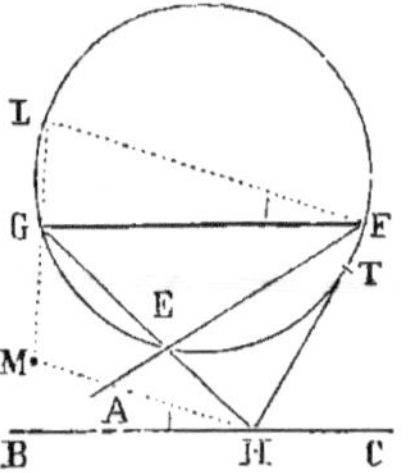

Fig. 22.

On a donc
$$\frac{HM}{HE} = \frac{HG}{HA},$$

d'où
$$HM = \frac{HE \cdot HG}{AH} = \frac{HT^2}{AH}$$

Ainsi le point M est connu de position ; d'ailleurs l'angle LFG = AHB angle donné ; donc il suffit de mener par le point M une sécante MGL telle que l'angle inscrit correspondant LFG soit égal à l'angle formé par les droites données AH et BC.

La résolution complète du *problème de Castillon* n'exige plus que la résolution de l'exercice très simple que voici.

Exercice.

53. Problème. *Par un point donné* M, *mener une sécante telle que l'angle inscrit* LFG, *qui correspond à la corde interceptée* GL, *soit égal à un angle donné* AHB.

Tous les angles inscrits égaux correspondent à des arcs égaux, et par suite à des cordes égales. Il suffit donc de faire un angle inscrit C égal à H, de mener une circonférence concentrique à la première et tangente à la corde DE, puis par le point M de mener à cette deuxième circonférence une tangente MGL. Tout angle inscrit tel que F égalera H.

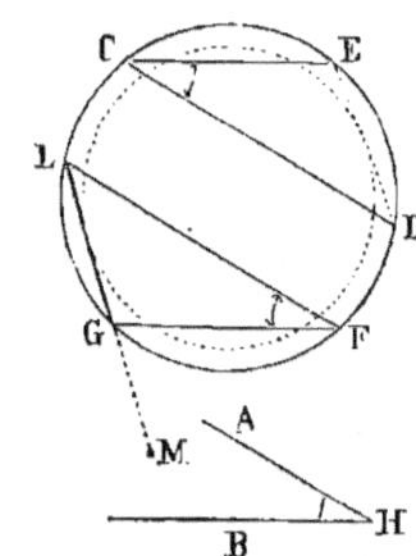

Fig. 23.

Résumé.

54. La *synthèse* permet à celui qui sait d'exposer ce qu'il connaît ; il est d'usage de l'employer, dans les éléments de géométrie, à la démonstration des théorèmes; mais la synthèse ne peut guère être utilisée dans la résolution des problèmes, car rien n'indique, *à priori*, les constructions à effectuer.

L'analyse est, par excellence, la méthode pour découvrir; par suite, on en fait constamment usage dans la solution des questions que l'on n'a pas encore étudiées.

Méthodes particulières.

55. Pour faciliter la démonstration des théorèmes et la résolution des problèmes graphiques, il est à propos d'indiquer plusieurs méthodes particulières qui se rapportent en réalité à l'analyse.

La classification des *méthodes particulières* n'a rien d'absolu, car un grand nombre d'exercices pourraient être rapportés à plusieurs de ces méthodes. Souvent aussi la démonstration ou la résolution d'une question proposée peut exiger l'emploi simultané de plusieurs des procédés spéciaux qui vont être indiqués. On ne doit jamais perdre de vue l'observation suivante :

Il faut, dans chaque cas, employer la méthode qui mène promptement et le plus facilement au but ; mais toujours en conservant l'inexorable rigueur logique qui est l'âme de la science. (TERQUEM, *Nouvelles Annales mathématiques*, 1852, page 447.)

Note. Le journal connu sous le nom de *Nouvelles Annales mathématiques* a été fondé, en 1842, par MM. TERQUEM et GERONO.

M. Terquem, mort en 1862, a été successivement remplacé par MM. E. PROUHET, J. BOURGET. CH. BRISSE. L'honorable et savant M. GERONO a continué jusqu'en 1887; à cette époque, il se fit remplacer par M. E. ROUCHÉ.

Nous aurons à citer fréquemment les *Nouvelles Annales,* car cet ouvrage nous a fourni de nombreuses et intéressantes questions et d'utiles renseignements bibliographiques. Les renvois seront indiqués par N. A., année ..., page ...).

TERQUEM, né à Metz en 1782, mort à Paris en 1862, fut admis à l'École polytechnique en 1801; il occupa la chaire de mathématiques transcendantes, au lycée de Mayence, de 1804 à 1814. A partir de cette époque, il fut bibliothécaire au dépôt d'artillerie à Paris, publia divers ouvrages, et collabora assidûment au journal de M. GERONO.

GERONO, né à Paris le 30 décembre 1799, décédé en 1892, après avoir dirigé les *Nouvelles Annales* pendant plus de 45 ans et publié divers ouvrages, notamment des Traités de Géométrie analytique et de Géométrie descriptive (voir la *Notice* publiée par M. Rouché, *Nouvelles Annales,* 1892, p. 538).

E. PROUHET, décédé en 1867, répétiteur à l'École polytechnique.

J. BOURGET, décédé en 1887, recteur à Clermont-Ferrand, après avoir été recteur à Aix, directeur des études à Sainte-Barbe, et antérieurement professeur à la faculté des sciences de Clermont-Ferrand.

CH. BRISSE, professeur à l'École centrale, répétiteur à l'École polytechnique.

E. ROUCHÉ, professeur au Conservatoire des Arts et Métiers, auteur des *Appendices* si estimés, du *Traité de Géométrie* qui porte son nom et celui de M. DE COMBEROUSSE.

II

LIEUX GÉOMÉTRIQUES [*]

§ I. — Recherche des lieux géométriques.

56. Définition. On sait qu'on appelle *lieu géométrique* l'ensemble des points qui jouissent d'une même propriété.

On a déjà vu dans les *Éléments de géométrie* un assez grand nombre de lieux géométriques, ainsi :

La perpendiculaire élevée au milieu d'une droite est le lieu des points équidistants des extrémités de cette droite. (G., n° 42.)

La bissectrice d'un angle est le lieu des points équidistants des deux côtés de cet angle. (G., n° 66.)

On connaît aussi le lieu des points distants d'une longueur donnée d'une droite ou d'une circonférence. (G., n°s 84, 115, 2°.)

Le lieu des points distants d'une longueur donnée d'un plan ou d'une sphère, est un plan parallèle au premier ou une sphère concentrique à la sphère proposée.

57. Détermination du lieu. Pour reconnaître la nature du lieu des points qui jouissent d'une propriété donnée, et pour reconnaître la position de ce lieu par rapport aux grandeurs connues, on considère quelques points spéciaux du lieu et l'on cherche quelle est la ligne qui peut passer par les points ainsi trouvés, puis on suit un des deux modes ci-après.

Premier mode. 1° On démontre que tous les points de la ligne jouissent de la propriété énoncée.

2° On prouve que tout point pris hors de la ligne considérée n'a pas la propriété demandée.

Second mode. 1° On démontre qu'un point quelconque, jouissant de la propriété voulue, se trouve sur la ligne.

2° On prouve que toute la ligne appartient au lieu, ou on reconnaît quelle est la partie de cette ligne qui appartient réellement à ce lieu.

Remarque. A cause de l'importance de la détermination des lieux géométriques et des difficultés que présente l'application des considérations générales ci-dessus, nous allons traiter quelques exemples avec tous les détails nécessaires.

---

[*] La doctrine des *lieux géométriques*, de même que l'*analyse*, est attribuée à PLATON. (*Aperçu historique*, page 5.)

Exercice.

58. Problème. *Par chaque point d'une circonférence, on mène des droites parallèles sur lesquelles on prend une longueur constante* l ; *quel est le lieu des points ainsi obtenus?*

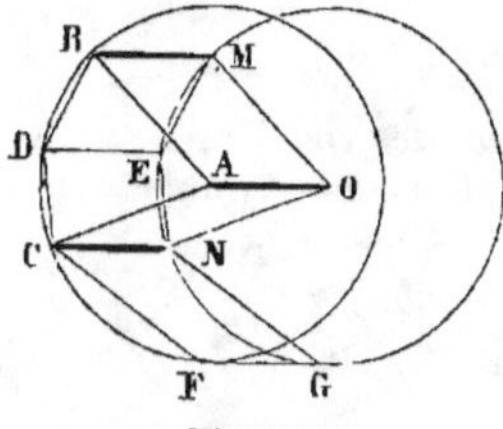

Fig. 24.

Soit CN égale et parallèle à BM.

Par le centre A menons une parallèle AO égale à *l*.

La figure ABMO est un parallélogramme comme ayant deux côtés opposés égaux et parallèles ; donc

$$OM = AB$$

De même $\quad ON = AC = r$

Le lieu est donc une circonférence égale à la première.

59. Remarque. 1° En appliquant les conditions de l'énoncé ci-dessus à une figure quelconque, on obtiendrait aussi une figure égale.

La démonstration générale est la suivante :

Les droites BD et ME sont égales et parallèles, car BM et DE sont égales, et de même DC et EN sont égales et parallèles, et les angles BDC, MEN sont égaux comme ayant les côtés parallèles et de même sens.

Ainsi les figures BDCF, MENG sont égales comme ayant les côtés respectivement égaux et les angles égaux.

Les figures courbes sont égales comme limites de polygones égaux.

2° Dans les applications, on peut considérer la figure MENG comme ayant été obtenue par le déplacement de la figure BDCF, dont tous les sommets ont glissé sur des parallèles. Ainsi on peut dire que la figure MENG a été obtenue à l'aide de BDCF, en employant un *déplacement* ou une *translation parallèle* *.

Exercice.

60. Problème. *Quel est le lieu des points dont le rapport des distances à deux droites égale un rapport donné* $\dfrac{m}{n}$?

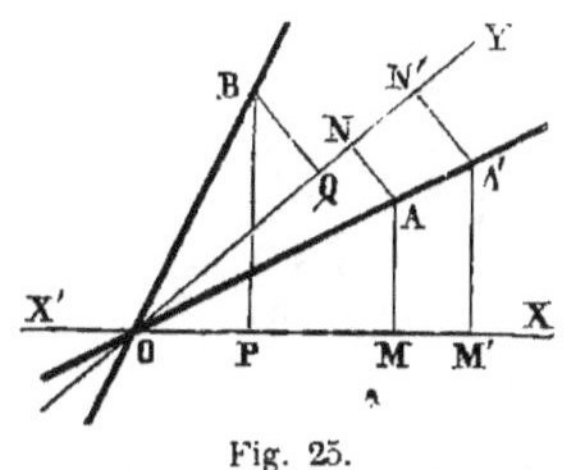

Fig. 25.

Soient OX, OY les droites données.

Le point O appartient au lieu ; soit A un point tel qu'on ait :

$$\frac{AM}{AN} = \frac{m}{n}$$

La droite AO est le lieu demandé, car pour tout autre point A′

on aura $\quad \dfrac{A'M'}{A'N'} = \dfrac{AM}{AN}$

donc $\quad \dfrac{A'M'}{A'N'} = \dfrac{m}{n}$

---

* Le terme *translation parallèle* se trouve dans un ouvrage bien remarquable : *Méthodes et théories pour la résolution des problèmes de constructions géométriques*, par JULIUS PETERSEN, professeur à l'École polytechnique de Copenhague ; traduction de M. O. CHEMIN, ingénieur des ponts et chaussées.

La droite OB *appartient aussi au lieu*, car on peut avoir

$$\frac{BP}{BQ} = \frac{m}{n}$$

Exercice.

61. Problème. *Quel est le lieu géométrique des points dont les distances à deux points donnés* A *et* B *sont dans un rapport constant* $\frac{m}{n}$?

Sur la droite AB et sur son prolongement, détermi- nons les points M et N tels qu'on ait :

$$\frac{MA}{MB} = \frac{NA}{NB} = \frac{m}{n}$$

(G., n° 307.)

Ces deux points M et N ap- partiennent au lieu demandé.

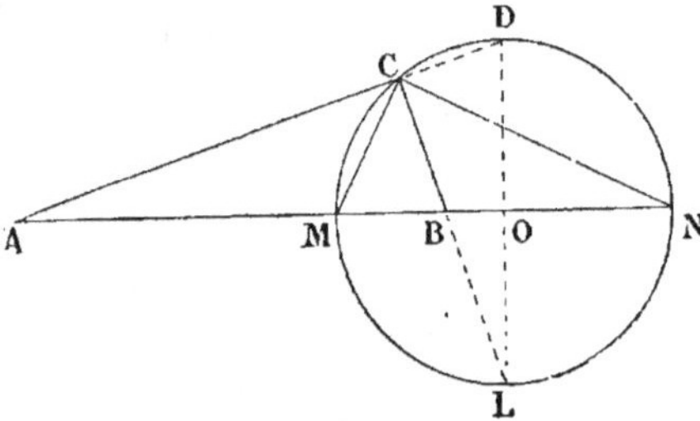

Fig. 26.

Pour un autre point quelconque C du lieu, on a par hypothèse :

$$\frac{CA}{CB} = \frac{m}{n}$$

donc

$$\frac{CA}{CB} = \frac{MA}{MB} = \frac{NA}{NB}$$

Mais la bissectrice de l'angle ACB et celle de l'angle supplémentaire BCD donneraient, sur la base, deux points dont le rapport des distances aux points A et B égalerait $\frac{CA}{CB}$ ou $\frac{m}{n}$; donc les droites CM et CN sont elles-mêmes les bissectrices cherchées.

Les bissectrices des deux angles supplémentaires sont perpendiculaires l'une à l'autre ; donc l'angle MCN est droit, et le point C appartient à la circonférence décrite sur le diamètre MN.

On prouve ensuite que tout point de la circonférence appartient au lieu. (G., n° 307, 2°.)

62. Note. 1° En tenant compte des signes, on écrit :

$$\frac{MA}{MB} = -\frac{m}{n} \quad \text{et} \quad \frac{NA}{NB} = \frac{m}{n} ; \quad \text{d'où} \quad \frac{NA}{NB} = -\frac{MA}{MB} .$$

Les quatre points A, B, M, N, forment une division harmonique. Dans la *Géométrie récente du triangle* (n° 2262 et suivants) on écrit de préférence :

$$\frac{MB}{BN} = \frac{m}{n} \quad \text{et} \quad \frac{MA}{AN} = -\frac{m}{n} .$$

Afin que le rapport qui correspond au point compris entre M et N soit positif.

2° Le lieu des points dont le rapport des distances à un point et à une droite est constant est une conique.

On obtient une ellipse lorsque $\frac{m}{n}$ est < 1. (G., n° 846.)

— une parabole lorsque $\frac{m}{n} = 1$. (G., n° 848.)

— une hyperbole pour $\frac{m}{n} > 1$. (G., n° 850.)

Exercice.

63. Problème. *On joint les divers points M d'une droite à un point donné O, et l'on prend sur chaque ligne ainsi menée une distance ON, telle que* $\dfrac{OM}{ON} = \dfrac{m}{n}$. *Quel est le lieu des points N ?*

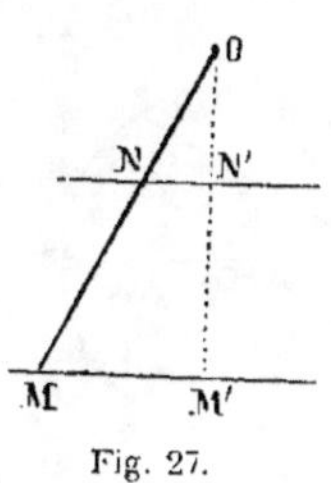

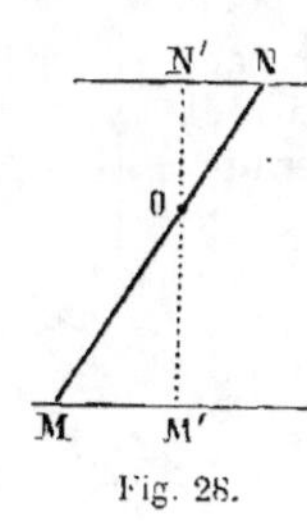

Fig. 27. Fig. 28.

Soient N et N' deux points du lieu.

Les triangles MOM', NON' sont semblables, comme ayant un angle égal compris entre côtés homologues proportionnels, car

$$\frac{OM}{ON} = \frac{m}{n} = \frac{OM'}{ON'}$$

donc les droites MM' et NN' sont parallèles.

64. Remarque. Le point O (fig. 27) est le centre de similitude directe. Le point O (fig. 28) est le centre de similitude inverse. (G., nᵒˢ 305 et 813.)

Exercice.

65. Problème. *On joint les divers points M d'une circonférence à un point donné O, et l'on prend sur chaque ligne ainsi menée une distance ON, telle que* $\dfrac{OM}{ON}$ *égale un rapport donné* $\dfrac{m}{n}$. *Quel est le lieu des points N ?*

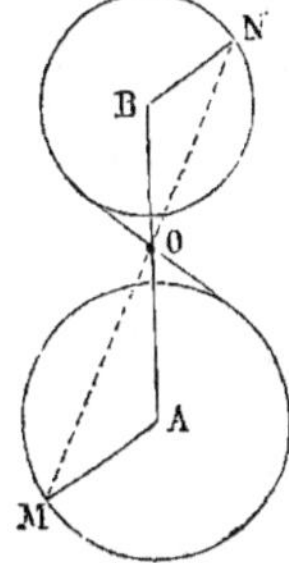

Fig. 29.

Soit N un point quelconque du lieu.

Sur la ligne AO prenons une longueur OB, telle qu'on ait :

$$\frac{OA}{OB} = \frac{m}{n} = \text{donc } \frac{OM}{ON}$$

Les triangles AOM, BON sont semblables comme ayant un angle égal compris entre côtés proportionnels ; donc

$$\frac{AM}{BN} = \frac{OM}{ON} ; \quad \frac{AM}{BN} = \frac{m}{n}$$

d'où $\quad BN = AM \cdot \dfrac{n}{m}$ quantité constante.

Donc le lieu des points N est une circonférence décrite du point B comme centre avec BN ou AM $\cdot \dfrac{n}{m}$ pour rayon.

66. Remarques. 1° Quand le point O est entre M et N, la similitude est inverse ; elle est directe dans le cas contraire.

2° Le théorème s'applique à une figure quelconque ; le lieu des points N est une figure semblable à la première.

Exercice.

67. Problème. *Par un point donné* O, *l'on mène une sécante quelconque ; elle rencontre une droite donnée* AB *en un point* N, *et l'on prend sur la sécante une longueur* OM *telle que le produit* OM . ON *ait une valeur constante* k^2. *Quel est le lieu du point* M ?

Le lieu est évidemment symétrique par rapport à la perpendiculaire OB, abaissée du point O sur la droite donnée ; déterminons donc le point D tel que l'on ait

$$OB . OD = k^2$$

Soit M un point quelconque du lieu, on aura : $\qquad OM . ON = k^2$

Les produits égaux OB . OD et OM . ON donnent :
$$\frac{OM}{OB} = \frac{OD}{ON}$$

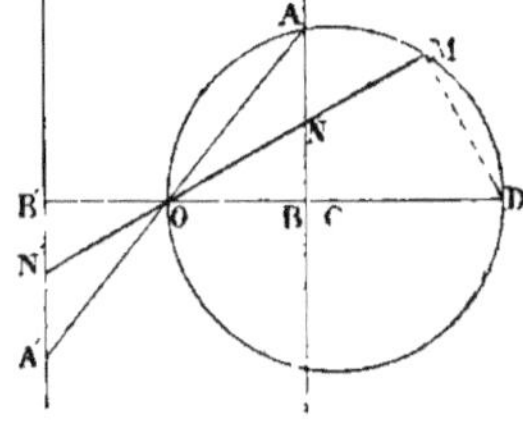

Fig. 30.

Donc les triangles OBN, OMD sont semblables, car ils ont un angle égal compris entre côtés homologues proportionnels ; donc l'angle M est droit, car il égale B. Ainsi tout point M du lieu appartient à la circonférence décrite sur le diamètre OD.

68. Remarques. 1º Il serait facile de prouver que tous les points de la circonférence appartiennent au lieu.

2º En donnant un point O sur une circonférence ayant OD pour diamètre, et déterminant ON par la relation

$$OM . ON = k^2$$

le lieu des points N est la perpendiculaire NB, menée au diamètre par un point B, tel que l'on ait :

$$OB . OD = k^2 \qquad\qquad \text{(G., n}^o\text{ 825.)}$$

3º Lorsque le point O n'est pas sur la circonférence des points M, le lieu des points N, tels que $OM . ON = k^2$, est une seconde circonférence ; les deux courbes ont le point O pour centre de similitude. (G., nº 828.)

Exercice.

69. Problème. *Quel est le lieu des points dont la somme des carrés des distances à deux points donnés égale un carré donné* k^2 ?

Soient A, B les points donnés ; C un point du lieu tel que l'on ait :

$$AC^2 + BC^2 = k^2$$

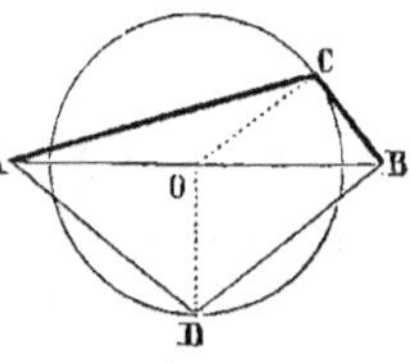

Fig. 31.

Puisqu'on a la somme des carrés de deux côtés du triangle ABC, on est conduit à appliquer le théorème du carré de la médiane. (G., nº 254.) Joignons donc le point C au point milieu O de la base, on aura :

$$AC^2 + BC^2 = 2AO^2 + 2OC^2$$

donc $\qquad 2AO^2 + 2CO^2 = k^2$; d'où $\quad CO^2 = \dfrac{k^2 - 2AO^2}{2}$

Ainsi CO est une longueur constante.

Le lieu est donc la circonférence décrite du point milieu O comme centre, avec OC pour rayon.

70. Remarques. 1º Toute la circonférence appartient au lieu.

2º Pour déterminer le rayon, on peut élever une perpendiculaire au point O sur AB (fig. 31), et du point B comme centre, avec un rayon égal au côté du carré équivalent à la moitié de k^2, couper la perpendiculaire au point D.

3º Il faut que k^2 égale au moins $2AO^2$ ou $\dfrac{AB^2}{2}$.

Exercice.

71. Problème. *Quel est le lieu des points dont la différence des carrés des distances à deux points donnés égale un carré donné k²?*

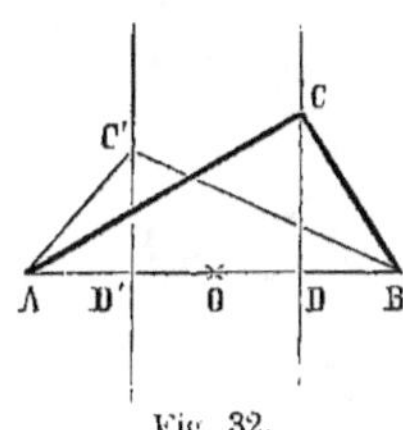

Fig. 32.

Soit $\qquad AC^2 - BC^2 = k^2$

Puisqu'il s'agit de la différence des carrés des deux côtés d'un triangle, on est conduit à étudier les projections de ces côtés sur AB. (G., nº 255, 2º.) Abaissons donc la perpendiculaire CD ; on a :

$$AC^2 = AD^2 + CD^2; \quad BC^2 = BD^2 + CD^2$$

d'où $\qquad AC^2 - BC^2 = AD^2 - BD^2$

Ainsi, quel que soit le point du lieu, la différence $AD^2 - BD^2$ ne varie point, elle égale k^2; donc le point D est déterminé, et la perpendiculaire CD appartient au lieu demandé.

Le lieu complet comprend encore la perpendiculaire C'D' telle que

$$BC'^2 - AC'^2 = k^2$$

Remarques. 1º Les deux perpendiculaires sont équidistantes du milieu O.

2º La différence peut varier de zéro à $+\infty$.

Lorsqu'elle est nulle, les deux droites DC, D'C' se réduisent à une seule perpendiculaire au milieu de AB au point O.

Exercice.

72. *Quel est le lieu des points dont la somme des carrés des distances à deux droites rectangulaires est égale à un carré donné a²?*

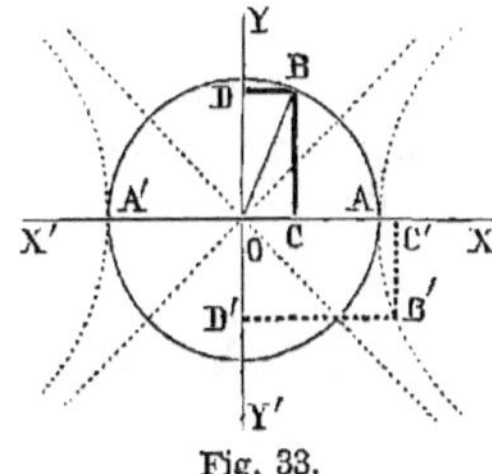

Fig. 33.

Soit $\qquad BC^2 + BD^2 = a^2$

On a $\qquad BC^2 + OC^2 = a^2$;

donc $\qquad OB^2 = a^2$

OB étant une longueur constante, le lieu du point B est la circonférence décrite du centre O avec a pour rayon.

73. Remarques. 1º Pour la différence des carrés ou $B'D'^2 - B'C'^2 = a^2$, le lieu est une hyperbole équilatère ayant $AA' = 2a$ pour axe transverse. (G., nº 676.)

2° Lorsque les axes ne sont pas rectangulaires, le premier lieu est une ellipse et le second une hyperbole à axes inégaux.

3° Le lieu des points dont la somme ou la différence des carrés des distances à un point et à une droite est constante, est aussi une conique.

Exercice.

74. Problème. *Quel est le lieu des points dont la somme des distances à deux droites concourantes égale une longueur donnée l?*

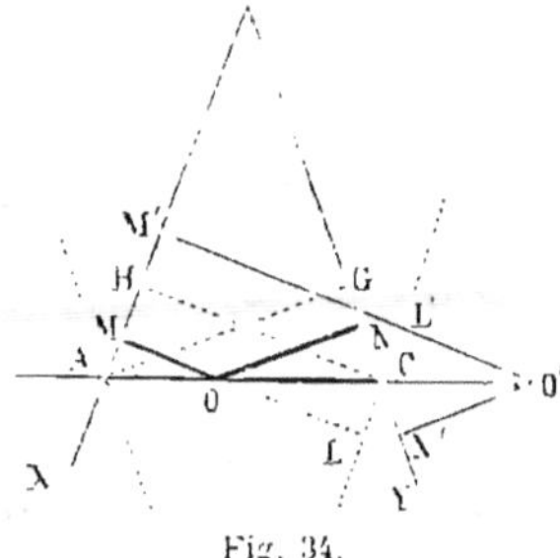

Fig. 34.

Soient deux droites concourantes BX, BY.

Sur chacune de ces droites il y a un des points du lieu; pour BY c'est un point C tel que la hauteur $CH = l$, car la distance du même point C à la droite BY est nulle.

Pour déterminer C, on prend une perpendiculaire M'L' égale à la longueur donnée l, et l'on mène une parallèle L'L.

On détermine de même un point A tel que $AG = l$.

Il suffit d'ailleurs de prendre $BA = BC$, car le triangle ABC est isocèle comme ayant deux hauteurs égales.

1° On est donc conduit à regarder hypothétiquement la droite AC comme étant le lieu demandé.

En effet, on sait que pour tout autre point O de la base on a (n° 20)

$$OM + ON = ML = l$$

2° Il reste à examiner si tous les points de la ligne déterminée par les points A et C appartiennent au lieu.

Or, pour tout point O' pris sur le prolongement de la base AC du triangle isocèle, on a $\qquad O'M' - O'N' = M'L' = l$

Ainsi l'on doit regarder une des perpendiculaires comme étant négative ou modifier l'énoncé, car les points situés sur le prolongement de la base appartiennent au lieu des points dont la différence des distances aux droites données égale l.

Extension. Mais les droites BX, BY sont illimitées; il y a donc lieu de considérer les quatre angles que ces droites forment en se coupant (fig. 35). On trouve ainsi la solution complète qui suit.

75. Théorème. *Le lieu des points dont la somme des distances est égale à l est formé par le périmètre d'un rectangle ACDE; et le lieu des points dont la différence des distances est égale à l est formé par les prolongements des quatre côtés de ce rectangle.*

Figures complémentaires. On nomme *figures complémentaires* les figures qui répondent aux mêmes données et à la même question, mais avec un changement de signe dans la relation : elles constituent l'ensemble complet d'un lieu géométrique. Ainsi le rectangle ACDE, qui correspond à une somme (n° 75), et les prolongements des côtés de ce même rectangle, qui correspondent à une différence, sont des figures complémentaires. Il en est de même du cercle et de l'hyperbole (n° 72).

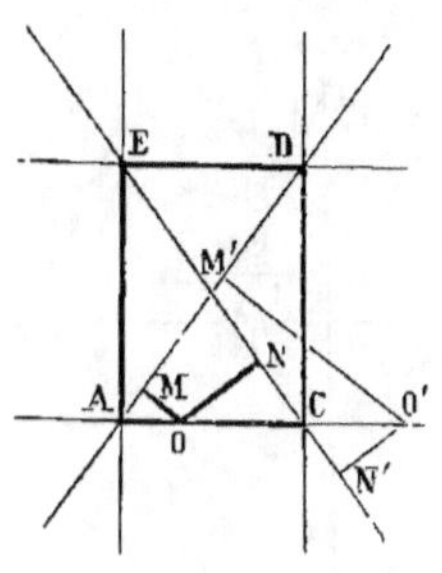

Fig. 35.

Remarque. On sait que le lieu des points dont la somme ou la différence des distances à deux points donnés égale une longueur donnée $2a$, est une ellipse ou une hyperbole. (G., n°s 618 et 653.)

Exercice.

76. Problème. *Quel est le lieu des points dont la somme ou la différence des distances à une droite et à un point donnés est constante ?*

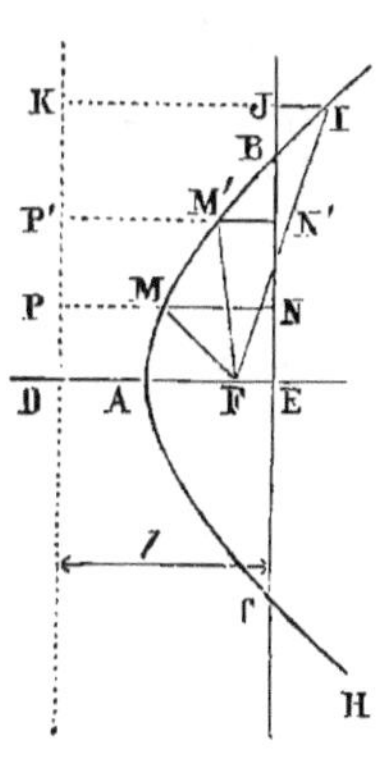

Fig. 36.

Soient F le point et BC la droite donnée.

Soient M, M'... des points du lieu ; on a donc

$$MF + MN = l$$

Pour ajouter les deux droites, il suffit de prendre MP égal à MF, M'P' égal à M'F ;

donc $\qquad PN = P'N' = l$

Le lieu des points P est une droite parallèle à BC ; et les points M, M', étant équidistants d'un point F et d'une droite DP, appartiennent à une parabole ayant F pour foyer et DP pour directrice. (G., n° 681.)

Les points de la parabole compris à droite de BC correspondent à la différence ;

car $\qquad FI = IK$

et $\qquad FI - IJ = JK = l$

77. Remarques. 1° Lorsque l est $< FE$, tous les points de la parabole correspondent à une différence ; la courbe ne coupe point la droite donnée.

2° Si l'on retranchait le rayon vecteur de la distance du point considéré à la droite donnée, la directrice se trouverait entre la droite et le point donnés.

Exercice.

78. Problème. *Quel est le lieu des points dont le produit des distances à deux axes rectangulaires égale un carré donné k²?*

Soit $\qquad MP . MN = k^2$

Le lieu est une hyperbole équilatère rapportée à ses asymptotes. (G., n° 678.)

Tous les rectangles tels que ceux qui ont pour sommets les points M, M' sont équivalents entre eux.

On sait que la tangente DE, à la courbe, est divisée en deux parties égales par le point de contact (voir n° 175, ci-après), et que, par suite, le triangle DOE, double du rectangle OPMN, est équivalent au triangle D'OE'.

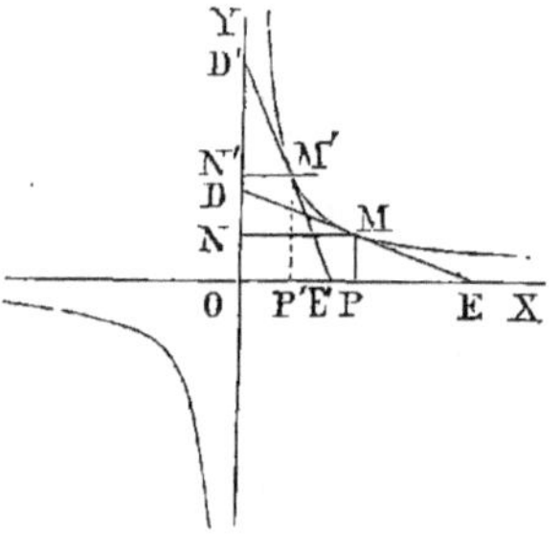

Fig. 37.

79. Note. 1° Lorsque les droites OX, OY ne sont pas rectangulaires, le lieu des points dont le produit des distances aux deux droites est constant est une hyperbole à axes inégaux.

2° En géométrie élémentaire, il n'y a point à s'occuper du lieu des points dont le produit des distances à un point et à une droite est constant, car la courbe est du troisième degré.

3° Le lieu des points dont le produit des distances à deux points donnés est constant est du quatrième degré ; il est connu sous le nom de *courbe cassinienne* et comprend plusieurs variétés, entre autres *l'ovale de Cassini* et la *lemniscate de Bernoulli*.

Pour l'étude de ce lieu géométrique, on peut consulter divers *Traités de Géométrie analytique* : BRIOT, n° 339 ; M. PRUVOST, n° 175, exemple II ; M. G. DE LONGCHAMPS, n°s 27-29. On peut aussi voir nos *Exercices de Géométrie descriptive*, 3° édition, page 550.

Les CASSINI ont été surtout astronomes, et ont travaillé de père en fils, pendant quatre générations, soit au tracé de la méridienne, soit à celui de la grande carte de France, commencée en 1744 et terminée en 1793.

Les BERNOUILLI, voir ci-après, n° 770, *note*.

Exercice.

80. Problème. *Quel est le lieu des points milieux des cordes menées à une circonférence par un même point A ?*

1° Le lieu doit passer par le centre O, milieu du diamètre, et par le point A, car ce point est le milieu de la corde GH, perpendiculaire au diamètre LK ; d'ailleurs le lieu est symétrique par rapport à AO.

2° Pour le point milieu D d'une corde quelconque CB, on sait que la droite OD est perpendiculaire à la corde BC ; donc le point D, sommet de l'angle droit ADO, appartient à la circonférence décrite sur AO, comme diamètre.

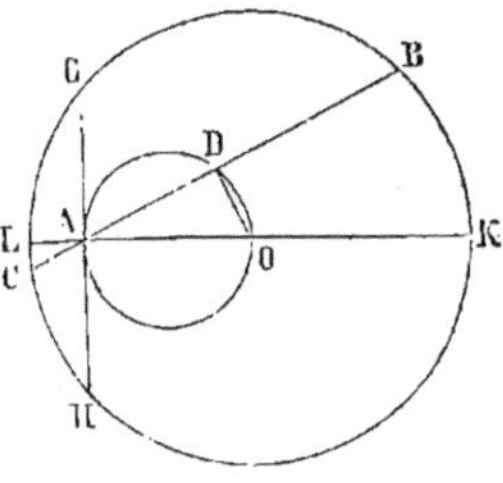

Fig. 38.

3° Lorsque le point A est intérieur (fig. 38), toute la circonférence AO appartient évidemment au lieu ; mais il n'en est pas de même lorsque le point A est extérieur (fig. 39).

Lorsqu'on se place au point de vue de la géométrie élémentaire et des constructions ultérieures qu'on pourrait avoir à effectuer, *l'arc MDON,*

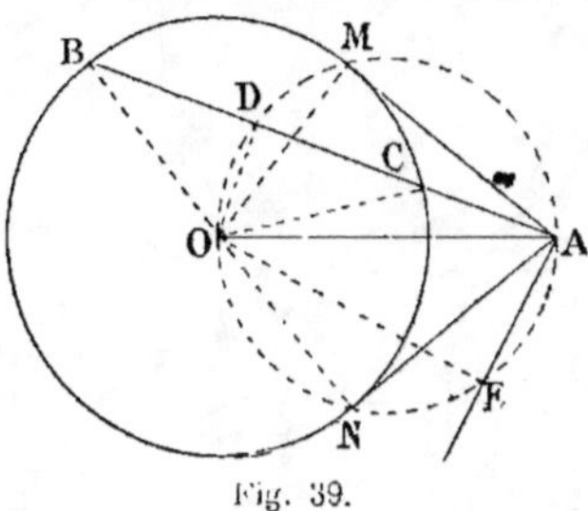
Fig. 39.

limité aux tangentes AM, AN, appartient seul au lieu, puisque, en dehors de ces tangentes, il n'y a point de corde menée par le point A qui puisse rencontrer la circonférence O.

Néanmoins, afin de pouvoir se rendre compte de la présence de l'arc MAN comme lieu, il suffit de remarquer que l'angle ADO est droit et de poser la question comme il suit :

Quel est le lieu géométrique du sommet de l'angle droit d'un triangle rectangle dont AO est l'hypoténuse?

Car, dans ce cas, le point E appartient évidemment au lieu; mais il y a une manière plus générale de se rendre compte de la présence de l'arc MAN.

81. Note. L'équation du cercle rapportée à deux axes rectangulaires menés par son centre est :

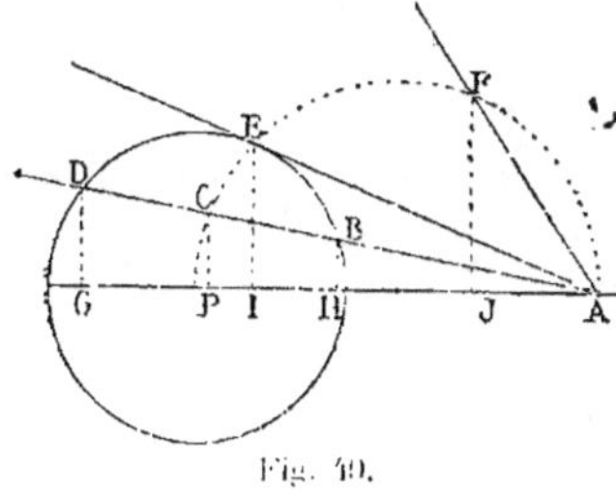
Fig. 40.

$$x^2 + y^2 = r^2. \quad \text{(G., n° 646.)}$$

L'équation d'une sécante quelconque menée par le point A est de la forme

$$y = ax + b. \quad (Algèbre, n° 439\,^*).$$

b est une longueur constante, a un coefficient angulaire variable pour caractériser la position de la droite par rapport à AO.

En éliminant y, on trouve l'équation du second degré

$$x^2 + a^2x^2 + 2abx + b^2 - r^2 = 0$$

ou
$$x^2 + \frac{2ab}{1 + a^2} \cdot x + \frac{b^2 - r^2}{1 + a^2} = 0$$

Les deux valeurs de x correspondent aux abscisses AG, AH des deux points d'intersection; la demi-somme de ces lignes est l'abscisse AP du point milieu de la corde; de même que CP est la demi-somme des ordonnées BH et DG. Or, on sait que la somme des racines égale le coefficient de x, pris en signe contraire; donc l'abscisse AP du point milieu est toujours réelle, même lorsque les racines sont imaginaires, c'est-à-dire lorsque la sécante ne rencontre pas la circonférence. Il en est de même de l'ordonnée; dans ce cas, on dit que les points de rencontre sont *imaginaires.* Ainsi :

Une sécante quelconque menée par le point A rencontre la circonférence en deux points réels ou imaginaires, mais le point milieu de la distance des deux points d'intersection est toujours réel et appartient au lieu.

Exercice.

82. Problème. *On donne une circonférence et un diamètre fixe AB. D'un point quelconque C, pris sur le prolongement du diamètre, on*

---

mène une tangente CT, puis la bissectrice de l'angle ACT ; quel est le lieu du pied de la perpendiculaire abaissée du centre sur la bissectrice ? (Énoncé de BLANCHET *.)

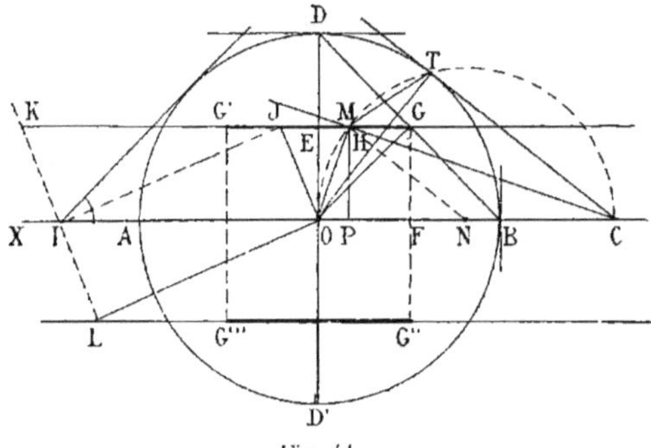

Fig. 41.

1° Étudions les positions particulières de la tangente.

Pour la tangente au point D, la bissectrice est parallèle à la tangente et au diamètre AB ; elle passe par le point milieu E de OD.

La tangente au point B donne une bissectrice BD qui coupe le diamètre sous un angle de 45°. La perpendiculaire OG détermine un triangle OGB, rectangle isocèle ;

donc
$$GF = GE = \frac{R}{2}$$

Les quatre points G, G', G″, G‴ sont les sommets d'un carré ayant le point O pour centre. Le côté GG' passe par le point E déjà déterminé.

2° Pour une tangente quelconque CT, le point M est la projection du centre sur la bissectrice CM. Prouvons que le point M appartient à la droite GEG'.

Menons le rayon NM de la circonférence OTC qui détermine le point de contact ; soit H le point où ce rayon coupe la corde OT,

on a
$$OH = \frac{OT}{2} = \frac{R}{2}$$

Or les triangles rectangles OMP, OMH sont égaux comme ayant l'hypoténuse commune et l'angle MON = OMN.

Donc
$$MP = OH = \frac{R}{2} \qquad\qquad C.\ Q.\ F.\ D.$$

83. Remarque. Le lieu complet, pour le diamètre fixe AB, se compose de deux parallèles illimitées. Les segments GG', G″G‴ correspondent à la

---

* *Géométrie de Legendre*, revue par A. BLANCHET, ancien directeur des études à Sainte-Barbe.

Les théorèmes, lieux géométriques et problèmes proposés dans cet ouvrage, ont intéressé de nombreux élèves. La solution de toutes ces questions est contenue dans un ouvrage publié en 1879.

Applications de Blanchet, par M. NEËL, ancien élève de l'École militaire belge.

bissectrice IJ de l'angle aigu que la tangente fait avec le diamètre, tandis que les prolongements correspondent à la bissectrice IK de l'angle obtus.

Exercice.

84. Problème. *Deux côtés opposés* AB *et* CD *d'un quadrilatère sont donnés ; ils se coupent en un point* O. *Un des côtés* AB *est fixe, l'autre* CD *tourne autour du point* O. *Quel est le lieu du point* M *où se coupent les deux autres côtés* AC, BD, *et le lieu du point* M' *d'intersection des diagonales* AD, BC?

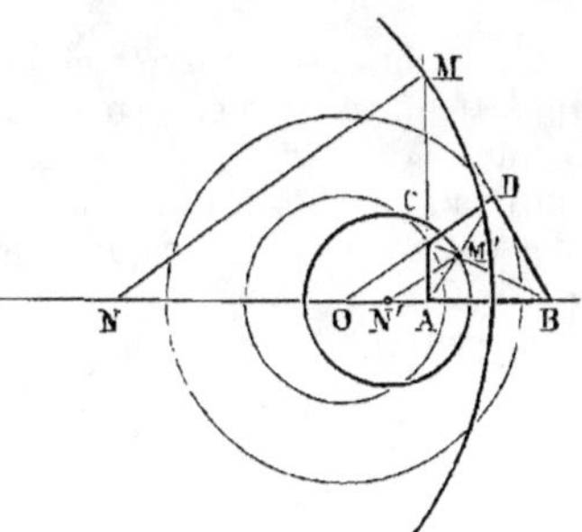

Fig. 42.

Par le point M menons MN parallèle à OCD, et cherchons la relation qui existe entre AN, NM et les longueurs données.

Soient $OA = a$; $OB = b$; AB ou $b - a = l$; $OC = c$; $OD = d$.

Les triangles semblables NBM, OBD ; puis NAM, OAC donnent :

$$\frac{MN}{NB} = \frac{OD}{OB} = \frac{d}{b}\;; \quad MN = NB \cdot \frac{d}{b}$$

$$\frac{MN}{NA} = \frac{OC}{OA} = \frac{c}{a}\;; \quad MN = NA \cdot \frac{c}{a}$$

d'où
$$NA \cdot \frac{c}{a} = NB \cdot \frac{d}{b}$$

mais
$$NB = NA + l\;; \quad \text{donc} \quad NA \cdot \frac{c}{a} = NA \cdot \frac{d}{b} + l \cdot \frac{d}{b}$$

d'où
$$NA \, \frac{bc - ad}{ad} = l \cdot \frac{d}{b}$$

$$NA = l \cdot \frac{ad}{bc - ad} \qquad \text{quantité constante;}$$

puis, de $MN = NA \cdot \frac{c}{a}$, on tire $MN = l \cdot \frac{cd}{bc - ad}$ quantité constante.

Donc *le lieu du point* M *est une circonférence dont le centre* N *est sur* OAB.

Le lieu de M' *est la circonférence dont* N' *est le centre et* N'M' *le rayon.*

L'ensemble des deux circonférences, ayant pour centres respectifs N et N', constitue le lieu complet.

85. Lieu composé. Le lieu géométrique demandé peut être formé par plusieurs lignes d'espèces différentes : par exemple, d'un cercle et d'une hyperbole. Dans ce cas, l'étude en est plus difficile, car on est exposé à omettre quelque partie du lieu.

Soit proposé le problème suivant.

Exercice.

86. Problème. *Un triangle isocèle est donné ; on demande le lieu des points tels que la distance de chacun d'eux à la base du triangle soit moyenne proportionnelle entre les distances du même point aux deux autres côtés.* (Concours des lycées, 1865 ; cours de logique, section scientifique.)

On reconnaît immédiatement que le centre O du cercle inscrit et les centres H, I, J des cercles ex-inscrits appartiennent au lieu demandé, car chacun d'eux est équidistant des trois côtés.

Les points A et B appartiennent aussi au lieu. En effet, la distance de chacun de ces points à la base et à l'un des côtés est nulle, ce qui suffit pour annuler le carré et le produit.

Les six points ainsi trouvés directement ne peuvent évidemment appartenir ni à une même droite, ni à une même circonférence ; les meilleurs élèves ont été arrêtés par cette considération, tandis que ceux qui n'avaient songé qu'aux points A, O, B, H, ont donné pour réponse une circonférence, et telle était bien la solution demandée.

C'est aussi la seule solution qu'indique un ouvrage, d'ailleurs remarquable à bien des points de vue : *Théorèmes et problèmes de Géométrie élémentaire*, par Catalan [*], 6e édit., 1879, probl. XLI, p. 243.

Mais le lieu complet comprend les deux parties indiquées ci-après :

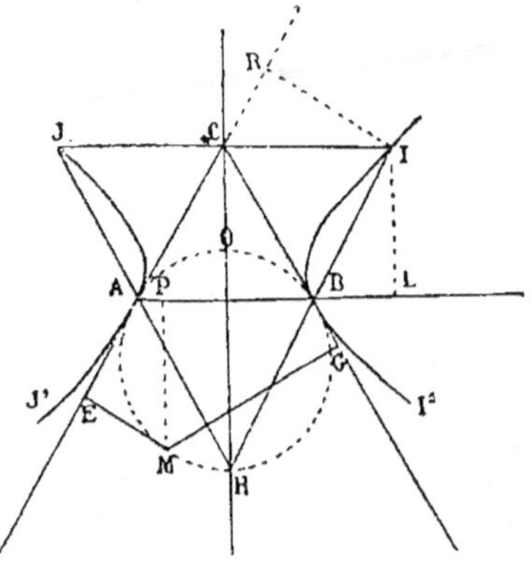

Fig. 43.

1° La circonférence tangente aux deux côtés en A et B ; cette courbe passe par les centres H et O. On sait que tous les points de cette circonférence appartiennent au lieu (n° 25).

La géométrie analytique donne en outre, comme solution :

2° Une hyperbole JAJ', IBI', tangente aux côtés en A et B, et par suite tangente à la première partie du lieu. Cette seconde courbe contient les centres I et J des cercles ex-inscrits aux côtés égaux du triangle isocèle.

Remarques. 1° La circonférence et l'hyperbole sont des figures complémentaires (n° 75).

---

[*] Eugène Catalan (1814-1894), professeur émérite à l'Université de Liège, auteur de plusieurs ouvrages estimés : *Manuel du candidat à l'École polytechnique*, *Éléments de géométrie*, *Théorèmes et problèmes de géométrie élémentaire*, *Nouvelle correspondance mathématique*, de 1874-75 à 1880 ; on lui doit de nombreux et savants mémoires mathématiques. On peut lire à son sujet le *Discours sur les travaux mathématiques de M. E. C. Catalan*, par M. Mansion, professeur à l'université de Gand, membre de l'académie royale de Belgique (*Mathésis*, 1885).

2º Lorsque les droites CA, CB sont parallèles et sont coupées par une perpendiculaire AB, le lieu se compose de la circonférence décrite sur AB comme diamètre, et de l'hyperbole équilatère ayant A et B pour sommets.

§ II. — Emploi des lieux géométriques.

87. Lieux à employer. Les *principaux lieux géométriques* à utiliser dans la recherche des problèmes sont les suivants :

(**a**) Lieu des points dont la somme ou la différence des distances à deux droites données égale une ligne donnée ;

(**b**) Lieu des points dont les distances à deux droites sont dans un rapport donné ;

(**c**) Lieu des points dont les distances à deux points donnés sont dans un rapport donné ;

(**d**) Lieu des points d'où les droites menées d'un point à une droite ou à une circonférence sont divisées dans un rapport donné $\dfrac{m}{n}$;

(**e**) Lieu des points N d'où une droite OM, menée d'un point O, à une droite ou à une circonférence, est divisée en deux parties telles que le produit OM $\times$ ON est constant ;

(**f**) Lieu des points dont la somme ou la différence des carrés des distances à deux points donnés égale une valeur donnée.

88. Détermination d'un point. Dans la plupart des cas, la résolution d'un problème graphique revient à déterminer la position d'un point.

Or, en ne tenant pas compte d'une des *données* de la question proposée, on trouve une ligne contenant le point cherché ; puis, en prenant la condition négligée, mais en faisant abstraction d'une autre *donnée*, on obtient encore une ligne à laquelle appartient le point à déterminer ; donc l'intersection des deux lieux géométriques donne le point demandé.

La détermination d'un point n'exige parfois que *la construction d'un seul lieu* ; cette circonstance se présente lorsque le point doit appartenir à une ligne donnée. En voici quelques exemples.

Exercice.

89. Problème. *Entre deux circonférences données, inscrire une droite de longueur* l, *et qui soit parallèle à une ligne* xy.

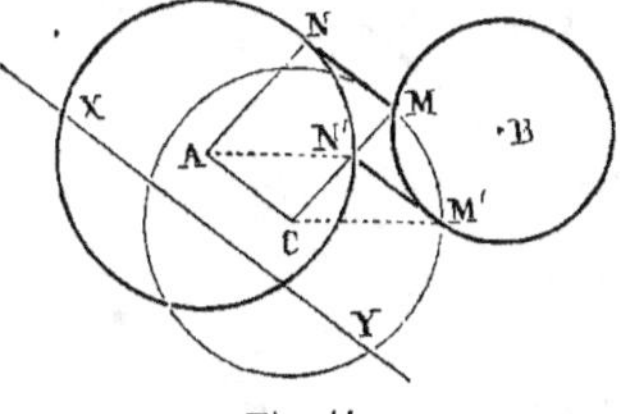

Fig. 44.

Soient A et B les circonférences données, il faut recourir au lieu géométrique qu'on obtient par une *translation parallèle* (nº 59, rem. 2º).

Par le centre A menons la droite AC égale à *l* et parallèle à XY ; puis, du point C comme centre, décrivons une circonférence égale au cercle A.

Les points d'intersection M, M′ donnent les solutions, puisque les figures ANMC et AN′M′C sont des parallélogrammes.

90. Remarques. La circonférence A peut être remplacée par un polygone quelconque, parce que le déplacement pourra être effectué en n'employant que la règle et le compas.

La circonférence B peut être remplacée par une courbe quelconque.

Dans le cas général, il y a quatre solutions.

Exercice.

91. Problème. *On donne deux circonférences extérieures* A *et* B, *ainsi qu'une droite* xy; *mener une sécante parallèle à* xy, *de manière que la somme des cordes interceptées égale une longueur* l.

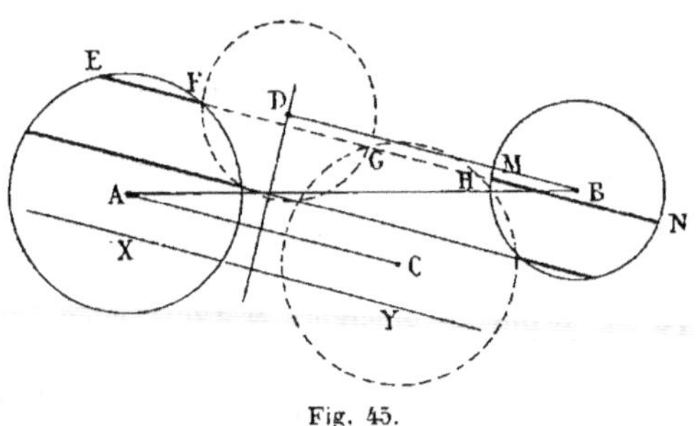

Fig. 45.

Employons une translation parallèle, et, comme à l'exercice précédent, menons la droite AC parallèle à XY et égale à la longueur donnée l, et du point C décrivons une circonférence de même rayon que A. Toute parallèle à XY, telle que EG égale l.

Par un second déplacement parallèle, amenons le cercle B à avoir son centre en D sur la perpendiculaire élevée au milieu de AC.

Les points d'intersection donnent la solution.

En effet, $EG = AC = l$; $FG = MN$; donc $EF + MN = l$

On voit, sur la figure, une seconde solution plus rapprochée de XY.

Exercice.

92. Problème. *On donne un point sur une circonférence ainsi qu'une corde; par le point, mener une seconde corde qui soit divisée en deux parties égales par la première.*

1re *Solution.* Soient A le point donné et BC la corde donnée.

Si ADE est la corde demandée, le point D doit se trouver sur BC et sur le lieu des points milieux des cordes menées par le point A (n° 80). Il suffit donc de décrire une circonférence sur le diamètre AO.

Les points D et D' déterminent les cordes demandées.

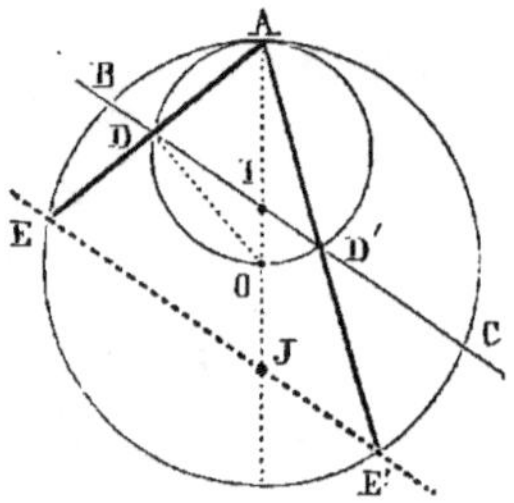

2e *Solution.* Le point E doit se trouver sur la circonférence donnée et sur le lieu, tel que toute ligne menée par le point A se trouve divisée en deux parties égales par BC.

Fig. 46.

Donc, sur une ligne droite quelconque AIJ, il suffit de prendre IJ = AI et de mener une parallèle EE' à BC.

93. Remarques. 1º *Lorsqu'une solution dépend de l'intersection d'une droite et d'un cercle, il peut y avoir deux réponses, une seule, ou aucune.* Nous nous dispenserons parfois de répéter cette observation.

2º La seconde solution peut être employée même lorsque la circonférence est remplacée par une courbe quelconque.

La question proposée n'est qu'un cas particulier de l'exercice suivant.

Exercice.

94. Problème. *On donne un point O et deux droites quelconques ; par le point donné, mener une sécante MON limitée aux deux lignes données, et telle que les segments interceptés OM, ON soient dans un rapport donné* $\dfrac{m}{n}$.

Soient les droites XY. XZ et MON dans le rapport voulu.

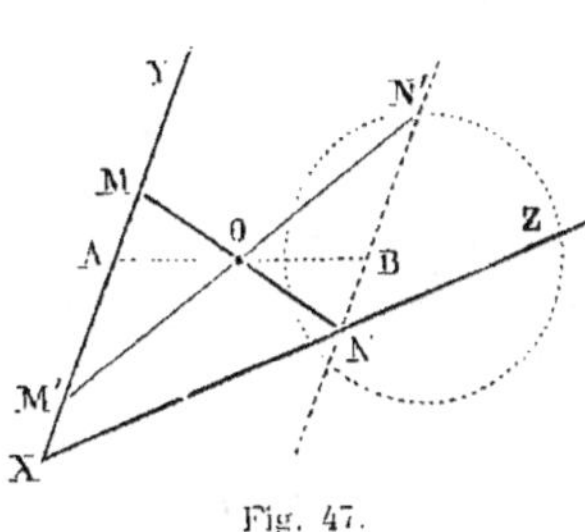

Fig. 47.

Le point N doit appartenir à XZ et au lieu des points tels que toute droite menée par le point O se trouve divisée dans le rapport $\dfrac{m}{n}$. Il faut donc construire ce lieu. Pour cela, menons une droite quelconque AOB, prenons $\dfrac{AO}{OB} = \dfrac{m}{n}$, et par le point B menons une parallèle à XY.

On aura $\dfrac{OM}{ON} = \dfrac{m}{n}$

95. Remarque. Pour une droite XY et une circonférence, le même lieu donne $\dfrac{OM'}{ON'} = \dfrac{m}{n}$

Pour une droite et une courbe quelconque, on procède comme ci-dessus ; pour une circonférence et une courbe quelconque, on procède comme ci-après (nº 96).

Exercice.

96. Problème. *Même question* (nº 94), *mais on donne deux circonférences.*

Soient les circonférences ayant respectivement pour centres les points A et B.

Il faut trouver le lieu des points tels que $\dfrac{OM}{ON} = \dfrac{m}{n}$.

On sait (n° 65) que ce lieu est une circonférence de centre C, telle que le point donné O soit le centre de similitude des circonférences A et C; donc sur la droite AO prenons

$$\frac{OC}{OA} = \frac{m}{n}$$

puis un rayon c, tel qu'on ait

$$\frac{c}{a} = \frac{m}{n}$$

Les points M et M' répondent à la question, car on a :

$$\frac{OM}{ON} = \frac{OC}{OA} = \frac{m}{n}$$

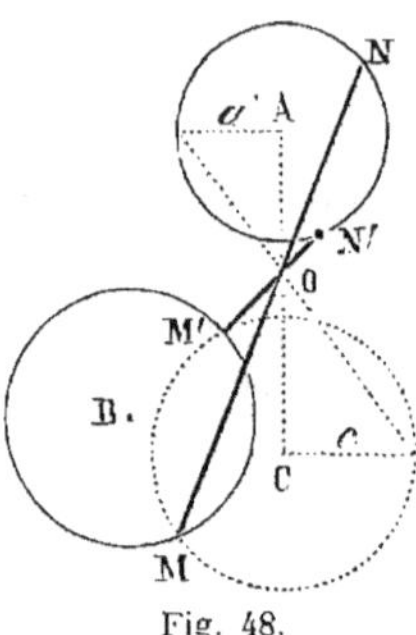

Fig. 48.

Exercice.

97. Problème. *Par un point O, donné dans un angle YXZ, mener une sécante MON, telle que le produit OM . ON ait une valeur donnée k^2.*

Il suffit, comme précédemment, de déterminer directement une des extrémités de la sécante, N par exemple. Or le point N doit se trouver sur XZ et sur le lieu des points tels que

$$OM . ON = k^2$$

Or on sait que, pour déterminer ce dernier lieu (n° 67), il faut abaisser la perpendiculaire OA, prendre OB tel que $OB . OA = k^2$, et sur OB comme diamètre décrire une circonférence. Les points d'intersection N et N' répondent à la question.

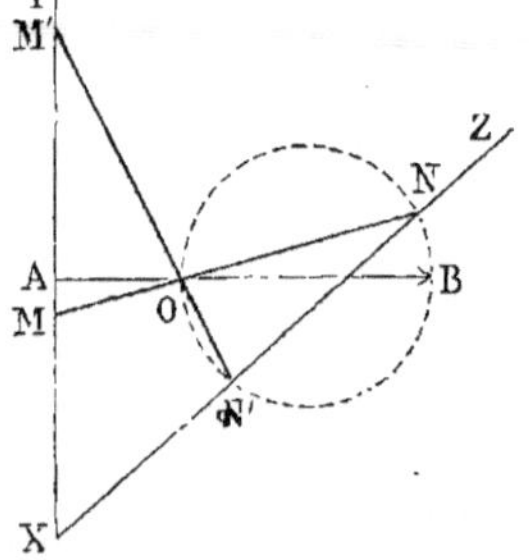

Fig. 49.

98. Remarque. Il peut y avoir deux solutions, une seule, ou aucune.

Une des droites peut être remplacée par une circonférence, ou par une courbe quelconque.

On peut donner deux circonférences, ou bien une circonférence et une courbe quelconque.

Exercice.

99. Problème. *Par un point de l'hypoténuse d'un triangle rectangle, mener des parallèles aux côtés de l'angle droit, de manière que le rectangle obtenu réalise certaines conditions imposées.*

(a) Le périmètre du rectangle doit égaler une longueur donnée 2p.

Soient ABC le triangle rectangle donné; APMN un rectangle tel que le demi-périmètre

$$MN + MP = p \quad \text{(fig. 50)}.$$

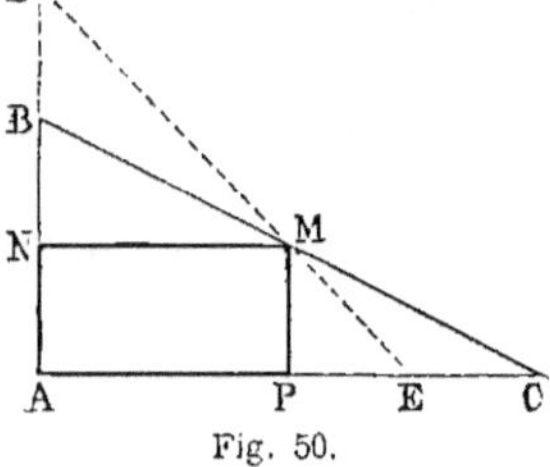

Fig. 50.

Le point M doit appartenir au côté BC et au lieu des points dont la somme des distances aux droiles rectangulaires AB, AC égale p (n° 75) ; donc il suffit de prendre $AD = AE = p$ et de mener DME.

p doit être $< AC$ et $> AB$.

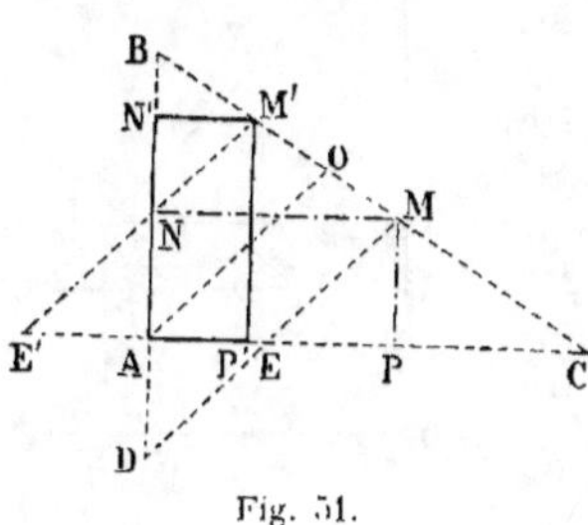

Fig. 51.

(b) *La différence de deux côtés adjacents du rectangle doit égaler une longueur donnée* d.

Il faut employer le lieu des points dont la différence des distances égale une ligne donnée (n° 75), et prendre

$$AD = AE = d. \quad \text{(fig. 51.)}$$

Le point M étant sur le prolongement de la base DE du triangle isocèle ADE, on a

$$MN - MP = d$$

Remarques. 1° E'M' donne une seconde solution : $M'P' - M'N' = d$.

2° La différence peut être nulle ; on obtient alors le carré inscrit ; la ligne AO, à 45°, correspond à ce cas.

Il y a deux solutions lorsque d est moindre que le plus petit des côtés.

Une seule pour $d < AC$, mais $> AB$.

Aucune pour $d > AC$.

(c) *Le rapport des côtés du rectangle doit égaler* $\dfrac{m}{n}$.

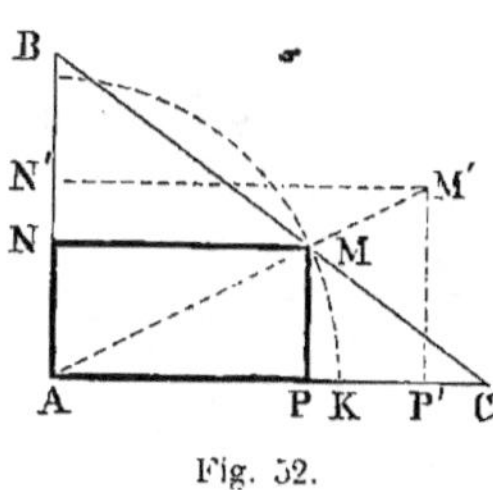

Fig. 52.

Ou bien : *le rectangle doit être semblable à un rectangle donné.*

Le point M doit appartenir au lieu des points dont le rapport des distances aux côtés AB et AC égale $\dfrac{m}{n}$.

Pour construire ce lieu (fig. 52), il suffit de déterminer un point M' dont les distances soient dans le rapport voulu. Pour cela, il suffit de prendre $\dfrac{AP'}{AN'} = \dfrac{m}{n}$ et de mener des parallèles P'M', N'M', ou bien de construire un rectangle AP'M'N' égal au rectangle donné.

Il y a deux solutions, car on peut disposer le rectangle AP'M'N' de manière que la petite base soit sur AC.

(d) *La somme des carrés des côtés adjacents du rectangle doit égaler un carré donné* k^2.

Du point A comme centre, avec une longueur $AK = k$, on décrit un arc de cercle (fig. 52).

Il peut y avoir deux solutions, une seule, ou aucune.

(e) *Dans un triangle rectangle isocèle, inscrire un rectangle dont la surface soit équivalente à un carré donné* k^2.

Il faudrait chercher l'intersection de l'hypoténuse BC et de l'hyperbole

équilatère, lieu des points M de produit constant (n° 78) ; mais l'hyperbole ne pouvant être tracée par des procédés
géométriques, il faut recourir à d'autres constructions.

Le rectangle sera déterminé lorsque le point
P sera connu.

Or le triangle étant isocèle, la somme des
côtés MP, MN est constante ; elle égale AC
(n° 74). Or tous les rectangles qui ont AC pour
somme des côtés, ont pour surface le carré des
diverses ordonnées telles que PE, du demi-
cercle AEC décrit sur AC comme diamètre
(G., n° 256) ; donc il faut prendre AD = k et
mener une parallèle DE. (G., n° 340.)

On aura : AP . PC = EP² ou AP . PM = k^2

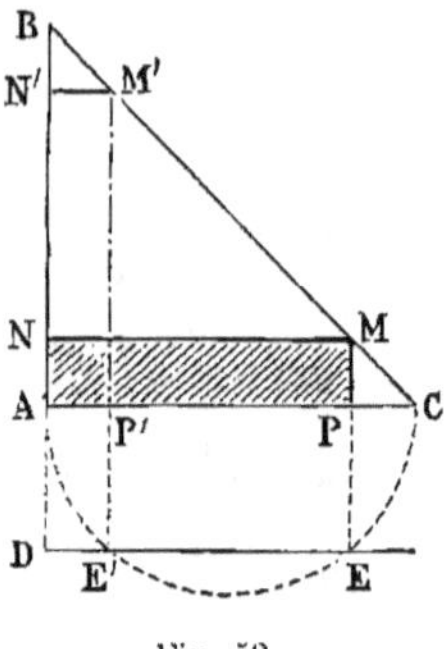

Fig. 53.

Exercice.

100. Problème. *Dans un cercle donné, inscrire un rectangle dont le
périmètre égale une longueur donnée* l.

(**a**) Il suffit évidemment de s'occuper du quart du périmètre et de
poser
$$MP + MN = \frac{l}{4}$$

Le point M doit appartenir à l'arc BMC (fig. 54) et au lieu des points
dont la somme des distances aux droites AB, AC égale $\frac{l}{4}$; donc il faut

prendre AD = AE = $\frac{l}{4}$, et mener DE (n° 99, **a**).

Remarque. Il peut y avoir deux solutions, une seule, ou aucune (n° 93).

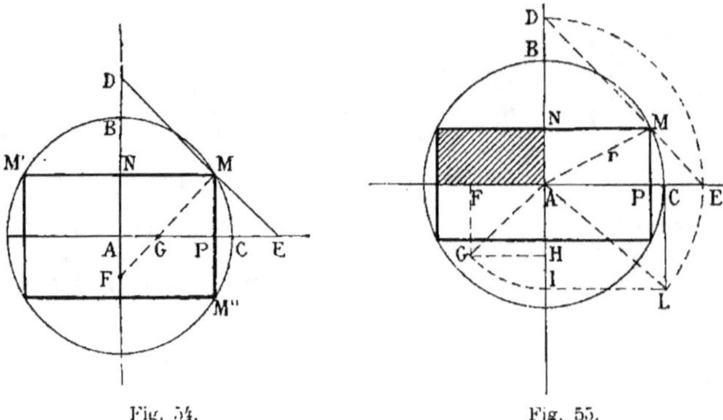

Fig. 54.   Fig. 55.

(**b**) *La différence des côtés adjacents du rectangle doit égaler* d (fig. 54).

On prend   AF = AG = $\frac{d}{2}$ et on mène   FGM.

On trouve MN — MP = $\frac{d}{2}$;   d'où   MM' — MM'' = d.

(**c**) Le rapport des côtés adjacents du rectangle doit égaler $\dfrac{m}{n}$.

On procède comme pour le triangle (n° 99, c).

(**d**) *La surface du rectangle doit égaler un carré donné* (fig. 55).

Puisqu'il suffit de s'occuper du quart APMN du rectangle demandé, représentons la surface totale par $4k^2$.

On aura : $$AP . MP = k^2$$

d'ailleurs $$AP^2 + MP^2 = AM^2 = r^2 \qquad \text{(G., n° 646.)}$$

Donc $AP^2 + 2AP . MP + MP^2$ ou $(AP + MP)^2 = r^2 + 2k^2$

Nous pouvons donc connaître la somme des deux côtés adjacents et retomber sur une question connue (**a**).

Soit AFGH le carré donné ; $AG^2 = 2k^2$

Portons cette longueur AG de A en I, et menons les perpendiculaires IL, CL. On a : $$AL^2 = r^2 + 2k^2$$

donc $$AL = AP + MP$$

Puis portons AL de A en E et en D, et menons le lieu DE.

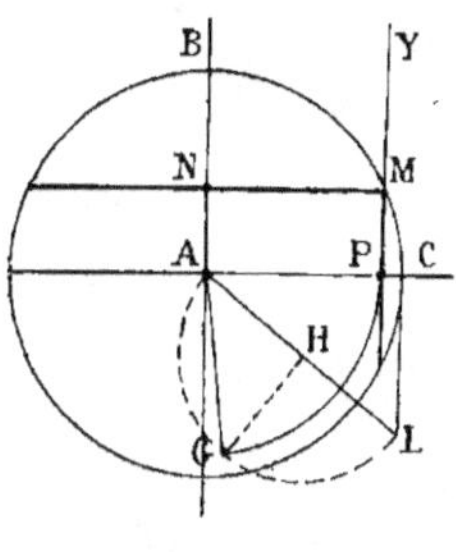

Fig. 56.

(**e**) *La différence des carrés de deux côtés adjacents du rectangle doit égaler un carré donné* (fig. 56.)

Il faudrait, comme au n° 99 (**e**), construire une hyperbole et prendre son intersection avec le cercle donné ; mais on préfère remplacer cette courbe par une droite.

En représentant la différence des carrés par $4k^2$,

on aura : $$MN^2 - MP^2 = k^2$$

d'ailleurs $$MN^2 + MP^2 = r^2$$

d'où, en additionnant $2MN^2 = r^2 + k^2$

$$MN^2 = \frac{r^2 + k^2}{2} \; ; \quad MN = \sqrt{\frac{r^2 + k^2}{2}}$$

Il suffit donc de construire cette longueur.

Il faut prendre $CL = k$; alors $AL^2 = r^2 + k^2$; puis élever une perpendiculaire HG au milieu de AL, jusqu'à la rencontre de la demi-circonférence AGL.

On aura : $$AG^2 = \frac{r^2 + k^2}{2}$$

Enfin, en portant AG de A en P, la droite PY, parallèle à AB, est le lieu des points distants de AB de la longueur MN voulue ; donc M est le sommet du rectangle.

Remarque. Les exercices déjà résolus conduisent à faire les remarques suivantes.

Pour certains problèmes, on utilise immédiatement les lieux géométriques (n°s 89, 92, 94...), tandis que pour d'autres questions il faut préparer la solution.

Les exemples donnés (99, **e**; 100, **d**, **e**) peuvent se rapporter à la *Méthode algébrique* (n° 293), tandis que les deux suivants réclament des *constructions auxiliaires* (n° 135).

Exercice.

101. Problème. *On donne deux points* A *et* B *sur une circonférence, ainsi qu'un diamètre* EF *fixe de position; trouver sur la circonférence un point* C, *tel que les cordes* CA, CB *déterminent sur le diamètre fixe un segment* MN *de longueur donnée* l.

Supposons le problème résolu, et $MN = l$.

Nous connaissons la position des points A, B, et par suite la grandeur de l'angle inscrit C. On connaît aussi la longueur donnée.

Or, en menant des parallèles ND, AD aux droites AM, MN, nous formons un parallélogramme dans lequel $AD = MN = l$; de plus, l'angle $DNB = C$ comme correspondant.

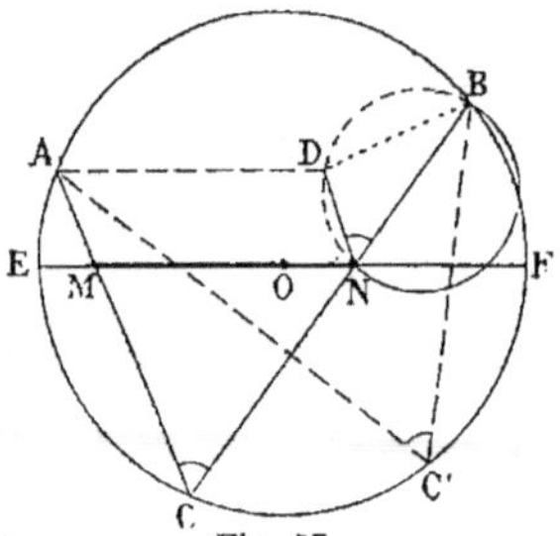

Mais le point D peut être déterminé directement; donc nous sommes conduits à la construction suivante :

Par le point A, il faut mener une parallèle au diamètre fixe, prendre $AD = l$, sur BD décrire un segment capable de l'angle connu C, puis mener BNC et CA.

On aura $MN = l$

Fig. 57.

Exercice.

102. Problème. *On donne deux points* A *et* B *sur une circonférence ainsi qu'un diamètre* EF *fixe de position; trouver sur la circonférence un point* C, *tel que les cordes* CA, CB *déterminent sur le diamètre fixe, à partir du centre* O, *des segments égaux* OM, ON.

Supposons le problème résolu et $OM = ON$.

En menant le diamètre AOD et joignant le point N au point D, nous formons deux triangles AOM, DON qui sont égaux, comme ayant un angle égal, au point O, compris entre deux côtés égaux; donc la droite ND est parallèle à AC, et nous pouvons connaître la valeur de l'angle BND.

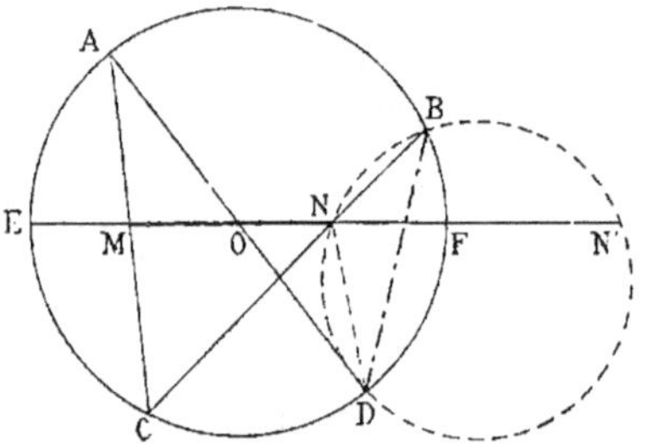

En effet, l'angle $DNC = C$.

Or ce dernier angle est connu, car il a pour mesure la moitié de l'arc AB. Puis l'angle BND, supplément de DNC, est aussi le supplément de C; nous sommes donc conduits à la construction suivante :

Fig. 58.

Il faut mener le diamètre AOD ; sur BD décrire un segment capable du supplément de l'angle connu C.

Le point N se trouve ainsi déterminé ; on mène BNC, et l'on joint C au point A.

Remarque. Le point N' correspond à une seconde solution.
L'angle BN'D supplément de   BND = C.

Emploi des lieux géométriques.

Lorsque le point à déterminer ne doit pas se trouver sur une ligne donnée, il faut recourir à l'emploi simultané de deux lieux géométriques (n° 88) ; mais il faut chercher les lieux les plus faciles à construire, en se rappelant qu'on ne peut tracer directement que des droites et des circonférences.

Voici quelques exemples.

Exercice.

103. Problème. *Dans un triangle, déterminer un point dont les distances* x, y, z *aux trois côtés* a, b, c *du triangle, soient entre elles dans le même rapport que les côtés correspondants.*

Pour deux des sommets, A et B, il suffit de déterminer la droite, qui est le lieu des points dont les distances aux deux côtés correspondants sont dans le même rapport que ces côtés.

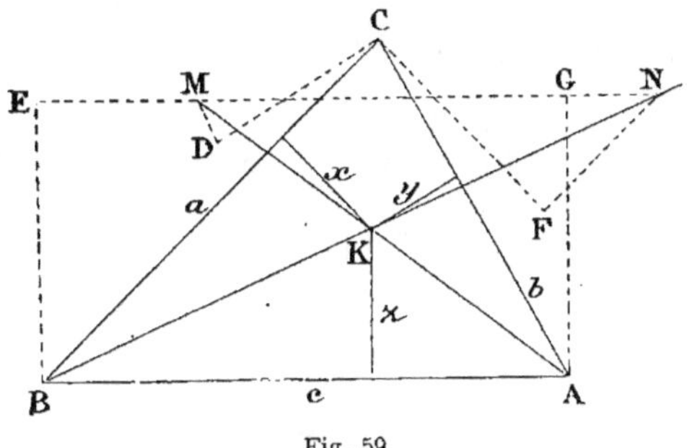

Fig. 59.

Pour A, élevons aux extrémités des côtés b et c des perpendiculaires CD, BE qui soient dans le rapport de ces côtés ; qui en soient, par exemple, la moitié ; puis par D, E des parallèles DM, EM aux côtés correspondants b et c ; le point M appartient au lieu AM.

On procède de même pour le sommet B, et l'on trouve BN ; donc le point K répond à la question, car l'on a :

$$\frac{x}{z} = \frac{a}{c} \text{ et } \frac{y}{z} = \frac{b}{c}$$

ou
$$x : y : z = a : b : c$$

Remarque. Le point K est nommé *point de Lemoine* (voir ci-après, n°^{s} 2352 et suivants).

Exercice.

104. Problème. *Construire un rectangle, connaissant le périmètre 2p et la somme k² des carrés des côtés adjacents.*

Soit un angle droit XAY.

En ne considérant que la première condition, on est conduit à prendre

$$AE = AD = p$$

Le sommet M doit se trouver sur DE.

En ne tenant compte que de la seconde, on décrit un arc de cercle du centre A avec k pour rayon.

L'intersection des deux lieux fait connaître le point M.

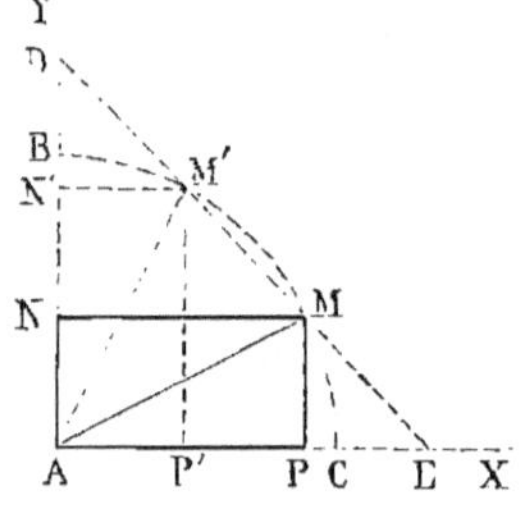

Fig. 60.

En effet,

$$MN + MP = AE = p \qquad \text{(n° 74.)}$$
$$MN^2 + MP^2 = AM^2 = k^2 \qquad \text{(n° 72.)}$$

Exercice.

105. Problème. *Construire un triangle, connaissant la base AB, l'angle du sommet opposé et la hauteur h abaissée de ce dernier point.*

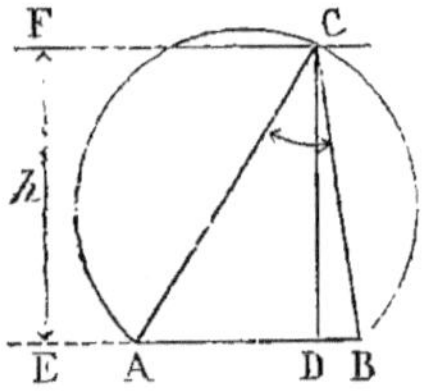

En ne tenant pas compte de la hauteur, le sommet pourrait être en un point quelconque de l'arc ACB, capable de l'angle donné.

Mais tous les triangles ayant AB pour base et h pour hauteur ont leur troisième sommet sur une parallèle FC, distante de la base AB d'une longueur donnée h.

Donc le sommet C est au point d'intersection du segment capable de l'angle donné et de la parallèle FC.

Fig. 61.

Exercice.

106. Problème. *Construire un triangle, connaissant la base, l'angle opposé et le produit a² des deux côtés qui comprennent cet angle*

1° Le sommet doit se trouver sur l'arc du segment capable de l'angle donné. Il en résulte qu'on connaît le diamètre d du cercle circonscrit. Or le produit a^2 des deux côtés du triangle égale le produit du diamètre d par la hauteur inconnue h. (G., n° 270.)

Donc

$$h = \frac{a^2}{d}$$

2° Le sommet se trouvera sur une parallèle à la base, la distance des deux parallèles ayant pour valeur $\dfrac{a^2}{d}$ (n° 105).

107. Problème. *Construire un triangle, connaissant la base* AB, *la hauteur* h *et la valeur* k² *de la somme des carrés des deux autres côtés.*

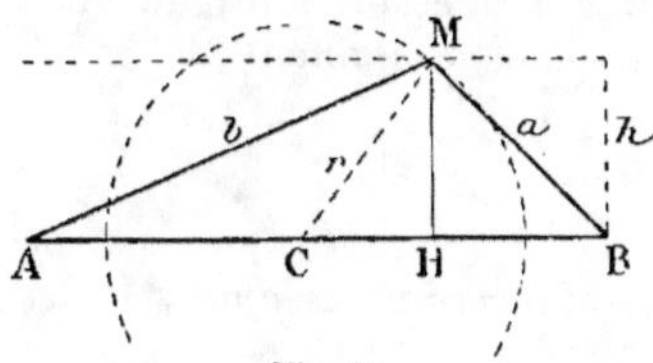

Fig. 62.

En ne tenant pas compte de la hauteur, il ne reste que la relation

$$a^2 + b^2 = k^2 \; ;$$

donc le sommet M doit se trouver sur le lieu des points dont la somme des carrés des distances à deux points fixes A et B a une valeur constante k^2.

On sait que ce lieu est une circonférence décrite du point milieu C, pris pour centre, avec un rayon

$$r = \sqrt{\frac{1}{2}k^2 - AC^2} \qquad (G., \text{n}^o \; 255.)$$

Puis, en négligeant la condition $a^2 + b^2 = k^2$, et en considérant la hauteur donnée h, on voit que le sommet doit se trouver sur une parallèle à AB menée à une distance h de AB. Donc le sommet M sera déterminé par l'intersection de la circonférence et d'une droite parallèle à la base.

108. Problème. *Construire un triangle, connaissant la longueur de la base, une droite sur laquelle cette base doit se trouver, l'angle opposé, et sachant que les côtés qui comprennent cet angle doivent passer par deux points fixes* A *et* B.

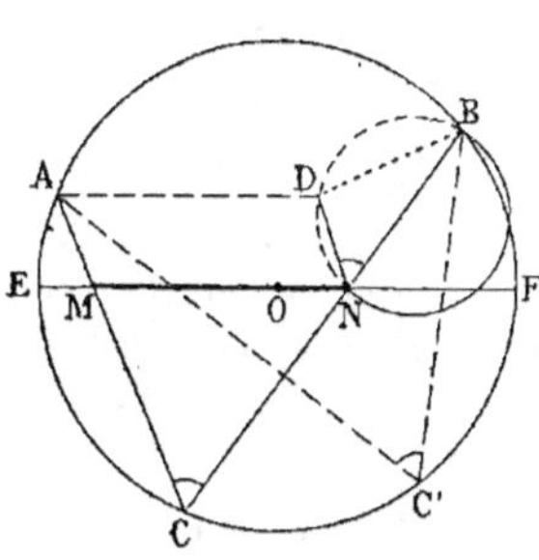

Fig. 63.

1° Le sommet C doit se trouver sur l'arc du segment capable de l'angle donné C et décrit sur la corde AB.

La considération de cet arc ACB suffit pour ramener le problème proposé à une question déjà connue (n° 101), mais où la droite donnée remplace le diamètre fixe. En réalité, on pourra donc se borner aux constructions suivantes.

2° Par le point A, mener une parallèle à EF. Prendre la ligne AD égale à la longueur que la base doit avoir ; sur BD décrire un segment capable de l'angle donné, joindre le point B au point N, où l'arc du segment coupe la droite donnée EF ; mener la droite BNC, et par le point A mener une parallèle à DN.

Le triangle MCN est le triangle demandé.

109. Remarques. 1° Ce problème peut s'énoncer autrement : *Une*

*droite EF et deux points extérieurs étant donnés, ainsi qu'une longueur
l, placer cette ligne sur EF, de manière que l'angle C, formé par les
droites AM et BN, égale un angle donné.*

2° Le nouvel énoncé conduit à poser une question très intéressante,
qui sera traitée au paragraphe relatif aux *maxima* et aux *minima*. Voici
le problème : *Comment varie l'angle C, lorsque le segment MN se déplace sur EF.*

Exercice.

110. Problème. *Construire un trapèze, connaissant les angles et les
diagonales* *.

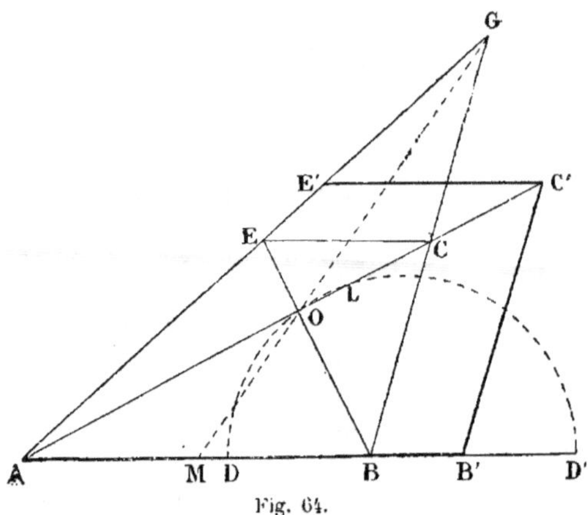

Fig. 64.

On sait que dans un trapèze, à partir du point de concours des diagonales, les segments AO, OB sont dans le même rapport que les diagonales.

Soient d et d' les diagonales. Sur une droite quelconque AB je fais les
angles donnés A et B ; je décris le lieu DD' des points dont les distances
aux points A et B sont dans le rapport $\dfrac{d}{d'}$; et je mène la médiane MG,
qui généralement coupe le lieu en deux points. Menons AOC, BOE ; la
figure obtenue est un trapèze, comme il est facile de le démontrer ; de
plus, il est semblable au trapèze proposé. Portons d de A en C', menons
les parallèles C'E', E'B' ; et AB'C'E' est le trapèze demandé. Le point a
été déterminé par la rencontre de deux lieux géométriques.

111. Remarque. On ne peut employer directement à la résolution des
problèmes que les lieux géométriques constitués par des droites ou des
circonférences (n° 103) ; car on ne sait pas construire d'une manière
continue, par des moyens suffisamment rigoureux, ni l'ellipse, ni les
deux autres courbes du second degré. Lorsque le point à déterminer se
rapporte à un lieu qu'on ne tracerait pas géométriquement, il faut cher-

---

* *Eléments de géométrie de Legendre*, revus par BLANCHET, n° 28 des problèmes à résoudre.

cher une solution particulière qui n'exige point la construction du lieu ; c'est ainsi qu'on a procédé (nº 99, **e** ; 100, **d**) ; en voici quelques autres exemples.

Exercice.

112. Problème. *Construire un triangle, connaissant la base FF', la hauteur h correspondante et la somme 2a des deux autres côtés.*

Soit
$$\mathrm{MP} = h ; \quad \mathrm{MF} + \mathrm{MF'} = 2a$$

Le sommet M est sur la parallèle distante de la base, d'une longueur h, et sur l'ellipse qui aurait F, F' pour foyers et $AA' = 2a$ pour grand axe. Le problème proposé revient donc au problème connu :

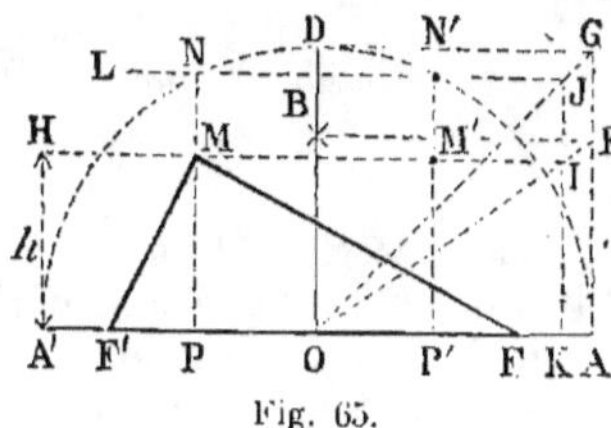

Fig. 65.

Sans construire la courbe, trouver les points d'intersection d'une ellipse et d'une droite MM'. (G., nº 642.)

Sur AA' comme diamètre, décrivons le cercle principal ; cherchons quelle est la droite NN' qui correspond à MM'. Pour cela, déterminons le rapport des ordonnées correspondantes de l'ellipse et du cercle. Du centre F, avec a pour rayon, coupons la perpendiculaire OD au point B ; cette ligne OB est le demi petit axe de l'ellipse ; puis traçant AG, DG, BE et les droites OG, OE, il suffira de mener l'ordonnée du point I. Son intersection J, avec OG, fait connaître la ligne JL, qui correspond à HI. L'intersection de la circonférence et de JL donne les points N et N', et par suite M et M'.

Le point M appartient à l'ellipse, car on a :

$$\frac{\mathrm{MP}}{\mathrm{NP}} = \frac{\mathrm{IK}}{\mathrm{JK}} = \frac{\mathrm{EA}}{\mathrm{GA}} = \frac{b}{a}$$

donc $\mathrm{MF} + \mathrm{MF'} = 2a$, et $\mathrm{FMF'}$ est le triangle demandé.

Exercice.

113. Problème. (a) *Construire un triangle dont la base est donnée, connaissant la différence d des autres côtés et sachant que le sommet inconnu doit se trouver sur une droite donnée.*

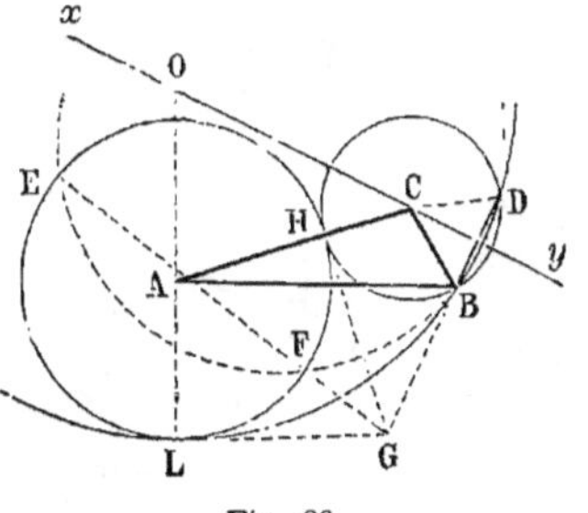

Fig. 66.

Soient A et B les points donnés, xy la droite sur laquelle doit se trouver le troisième sommet.

Supposons le problème résolu et
$$\mathrm{AC} - \mathrm{BC} = d.$$

On reconnaît que le point C appartient à l'hyperbole qui aurait A et B pour foyers et d pour axe transverse.

Le problème revient donc à la question suivante :

Problème. (b) *Déterminer les points où une droite* xy *coupe une hyperbole dont on connaît les foyers* A, B *et la différence constante* d.

En décrivant une circonférence du point A comme centre avec *d* pour rayon, on trouve $$CB = CH$$

Donc on est ramené au problème suivant :

(c) *Décrire une circonférence qui ait son centre sur une droite* xy, *qui passe par un point* B *et soit tangente à une circonférence* AH.

Mais le cercle qui a son centre sur *xy* et passe par le point B passe nécessairement par le point D, symétrique de B.

Donc la question peut s'énoncer :

(d) *Décrire une circonférence qui passe par deux points donnés* B, D *et qui soit tangente à un cercle* AH.

Or cette question est connue. (G., nᵒ 299.)

Par B et D on fait passer un cercle qui coupe le cercle AH, on mène EFG, BDG, puis les tangentes GH, GL, et l'on fait passer une circonférence par les trois points B, D, H, ce qui donne une première solution C ; et une autre circonférence par D, B, L, ce qui donne une seconde solution O ; car $$OB - OA = d$$

114. Remarques. Dans les exemples ci-dessus (nᵒˢ 112 et 113), la considération du lieu que l'on ne peut tracer conduit néanmoins à la solution.

Dans les exemples suivants (nᵒˢ 115 et 117), la solution trouvée directement résout un problème relatif aux coniques.

Exercice.

115. Problème. *Construire un triangle, connaissant la base* AB, *l'angle opposé et la somme* 2a *des côtés qui comprennent cet angle.*

1º Le sommet C appartient à l'arc de segment capable de l'angle donné.

2º Le même sommet appartient aussi à l'ellipse qui aurait A et B pour foyers et 2*a* pour longueur du grand axe ; mais comme on ne peut point utiliser directement cette ellipse, il faut chercher une autre solution.

Supposons le problème résolu, et soit

$$AC + CB = 2a$$

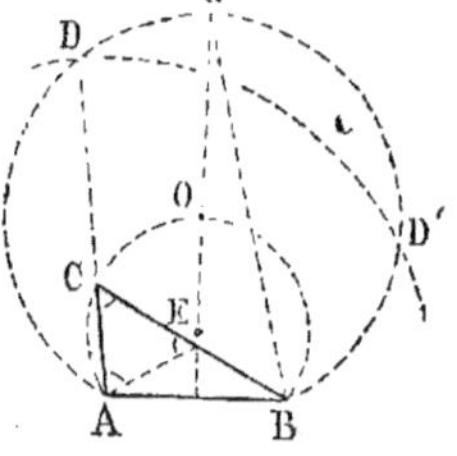

Fig. 67.

En portant CB de C en D, sur le prolongement de AC, nous formons un triangle isocèle BCD ; or l'angle extérieur C égale la somme des angles égaux CBD, CDB ; donc l'angle D est constant, car il égale la moitié de l'angle donné C ; donc sur AB décrivons un segment capable de l'angle $\frac{C}{2}$, et du point A comme centre, avec une longueur 2*a*, coupons en D et D' l'arc décrit, puis menons DA et BC ; ACB est une des réponses.

Le problème résolu donne la solution du suivant :

116. **Problème**. *Sans tracer une ellipse dont on connaît les foyers A et B, la longueur 2a du grand axe, déterminer les points où cette courbe est coupée par une circonférence ACB, dont le centre est sur le petit axe de l'ellipse.*

Remarques. 1° Pour décrire l'arc capable de l'angle $\dfrac{C}{2}$, on prend le point O pour centre et OB pour rayon. Ou bien on se borne à décrire directement le segment capable de l'arc $\dfrac{C}{2}$, et l'on élève une perpendiculaire au milieu de BD jusqu'à la rencontre de AD.

2° Si la différence des côtés était donnée, on porterait CA de C en E.

$$A = E = 90 - \frac{C}{2}; \quad \text{donc} \quad AEB = 90 + \frac{C}{2}$$

Sur AB on décrirait un segment capable de $\left(90 + \dfrac{C}{2}\right)$, et du point B, avec la différence donnée, on couperait l'arc du segment.

Exercice.

117. **Problème**. *Couper les côtés d'un angle droit, par une droite d'une longueur donnée, de manière que le triangle rectangle résultant ait une aire donnée.*

Soit le triangle ABC, tel que sa surface égale $2k^2$, aire donnée, et que BC = la longueur $2l$.

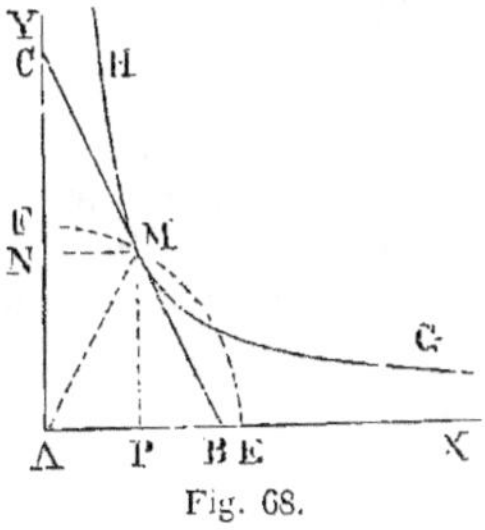

Par M, point milieu de l'hypoténuse, menons des parallèles aux côtés AB, AC.

Le rectangle APMN est la moitié du triangle, il égale k^2, et

$$AM = \frac{1}{2} BC = l$$

Fig. 68.

donc le point M appartient au cercle décrit du centre A, avec l pour rayon; il faut ensuite inscrire un rectangle APMN ayant une aire donnée k^2; c'est une question connue (n° 100, **d**); enfin il faut prendre PB = AP et joindre BMC.

118. **Remarque**. On sait que le lieu des points M, tels que le produit des distances MP, MN à deux axes rectangulaires, égale une quantité constante k^2, est une hyperbole équilatère ayant k^2 pour puissance, et AX, AY pour asymptotes (G., n° 678); donc on a résolu la question suivante :

Problème. *Une hyperbole équilatère étant donnée par ses asymptotes et par sa puissance k², mener une tangente sans construire la courbe, de manière que la droite interceptée entre les asymptotes ait une longueur donnée 2l.*

§ III. — Enveloppes.

119. Définition. On nomme *courbe enveloppe,* ou simplement *enveloppe* d'une droite mobile, la courbe tangente à la droite dans chaque position que cette dernière ligne peut occuper.

Exemple. *L'enveloppe des droites équidistantes d'un point donné est une circonférence ayant ce point pour centre.*

L'*enveloppe* se réduit au point donné, lorsque la distance des droites à ce point devient nulle.

L'*enveloppe* peut être considérée comme formée par la suite des points d'intersection de ses tangentes, prises deux à deux, dans des positions qui diffèrent infiniment peu l'une de l'autre.

120. Droite mobile. La droite qui engendre la courbe enveloppe est assujettie à se mouvoir suivant une certaine loi ; en d'autres termes, chaque tangente jouit d'une même propriété, et l'ensemble de ces lignes constitue une famille de droites, analogue au lieu géométrique formé par l'ensemble des points qui jouissent d'une même propriété.

121. Emploi des enveloppes. De même qu'un point peut être déterminé par l'intersection de deux lieux, de même une droite peut être déterminée par deux enveloppes, car elle est tangente à chacune de ces courbes. Il suffit que l'on connaisse une enveloppe de cette droite et une autre condition à laquelle la ligne demandée est assujettie.

122. Remarque. La connaissance des propriétés des *courbes enveloppes* facilite non seulement la résolution de quelques problèmes, mais elle est indispensable pour arriver à comprendre et à utiliser la théorie des polaires réciproques. Il faut reconnaître néanmoins que les *Éléments de Géométrie* n'offrent que de faibles ressources pour traiter des enveloppes. Nous devons donc nous borner à citer quelques exemples très simples qui, d'ailleurs, seront suffisants pour les questions à traiter ultérieurement.

Exercice.

123. Problème. *Un des côtés* AX *d'un angle droit* XAY *roule sur une circonférence, pendant que le sommet* A *glisse sur une circonférence concentrique à la première ; quelle est l'enveloppe du second côté* AY *de l'angle droit ?*

Soit O le centre commun aux circonférences données OB, OA.

Quelle que soit la position ABX, la perpendiculaire OC forme un rectangle ABOC dont les dimensions ne varient pas, car OA, OB ont des longueurs données, et l'angle ABO est droit ; donc la perpendiculaire OC est constante ; par suite, le côté ACY

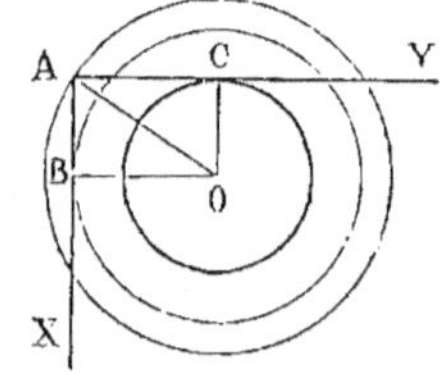

Fig. 69.

sera constamment tangent à la circonférence OC; donc l'enveloppe de AY est la circonférence décrite du centre O, avec OC pour rayon.

Remarque. Quel que soit l'angle A, le côté AY reste à une distance constante du centre O, et l'enveloppe demandée est une circonférence concentrique aux premières.

Exercice.

124. Problème. *Quelle est l'enveloppe de la base BC d'un triangle BAC dont le périmètre est constant, et dont l'angle A est donné de grandeur et de position?*

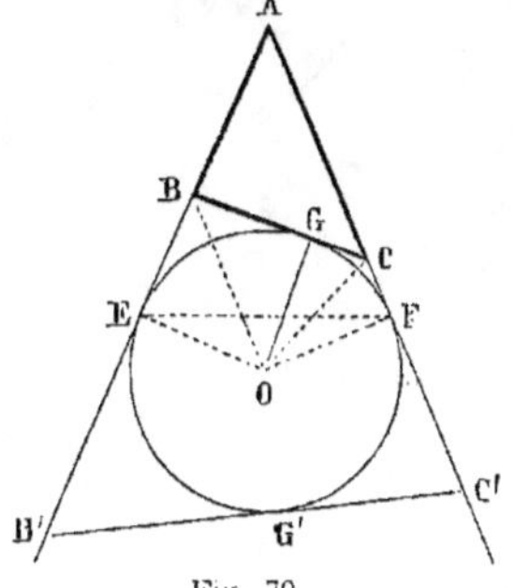

Fig. 70.

Proposons-nous de trouver un triangle isocèle EAF dont la somme des côtés AE, AF égale le périmètre ABC; menons les bissectrices des angles extérieurs B et C.

On aura $\quad AE + AF = AB + BC + AC$

et $\quad\quad\quad OG = OE = OF$

Donc la base BC est tangente à la circonférence ex-inscrite; en d'autres termes, l'enveloppe de la droite BC est l'arc EGF.

Remarque. L'arc EG'F est l'enveloppe de la droite B'C', telle que $AB' + AC' - B'C'$ est une quantité constante.

Exercice.

125. Problème. *Par un point fixe A pris sur une circonférence, on mène deux cordes AB, AC dont le produit k^2 est constant; quelle est l'enveloppe de la base BC du triangle BAC?* (*N. A.* — 1868, *page* 187.)

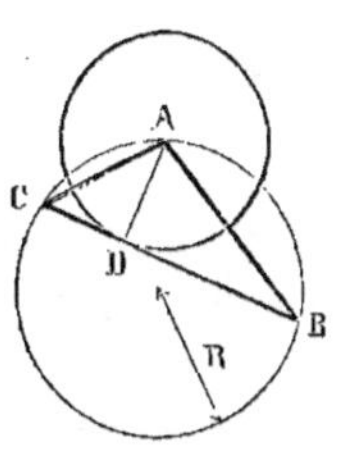

Fig. 71.

En abaissant la perpendiculaire AD, on reconnaît que sa longueur est constante, car le produit des deux côtés d'un triangle égale la hauteur de ce triangle multipliée par le diamètre du cercle circonscrit. (G., n° 270.)

Donc $\quad\quad\quad AD = \dfrac{k^2}{2R}$

Ainsi l'enveloppe de BC est une circonférence décrite du point A comme centre, avec la valeur $\dfrac{k^2}{2R}$ pour rayon.

Remarque. L'enveloppe est la même pour toutes les circonférences ayant R pour rayon et passant par le point donné A.

Exercice.

126. Problème. *Le côté CX d'un angle droit XCY passe par un point fixe F, tandis que le sommet C de l'angle droit glisse sur une droite AC; quelle est l'enveloppe du côté CY?*

En prolongeant FC d'une grandeur CF_1 égale à CF, le lieu des points F_1 sera une droite DF_1 parallèle à AC et telle que AD = AF.

Or on sait que toute perpendiculaire CY, élevée au milieu de FF_1, est tangente à la parabole dont F est le foyer et DF_1 la directrice ; donc *l'enveloppe de CY est une parabole ayant F pour foyer et AC pour tangente au sommet.*

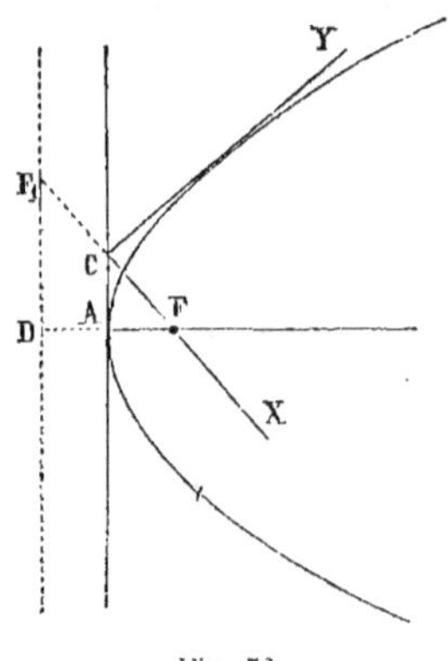

Fig. 72.

Remarque. Il est possible d'arriver plus rapidement à la conclusion, car il suffit de se rappeler que *le lieu des projections du foyer d'une parabole, sur les tangentes à cette courbe, est la tangente au sommet* (G., n° 697) ; mais si les théorèmes relatifs à la directrice et à la tangente au sommet (G., n°s 695 et 697) n'étaient pas connus, les *Éléments de Géométrie* ne conduiraient pas à la connaissance de la courbe enveloppe.

Exercice.

127. Problème. *Le côté CF d'un angle droit FCT passe par un point fixe F ; quelle est l'enveloppe de l'autre côté CT, lorsque le sommet C glisse sur une circonférence donnée* ACA' * ?

Quand le point F est dans le cercle, l'enveloppe de CT est une ellipse ayant AA' pour grand axe et F pour foyer ; car on sait que le lieu de la projection C du foyer F sur les tangentes à l'ellipse est le cercle principal décrit sur le diamètre AA'. (G., n° 626.)

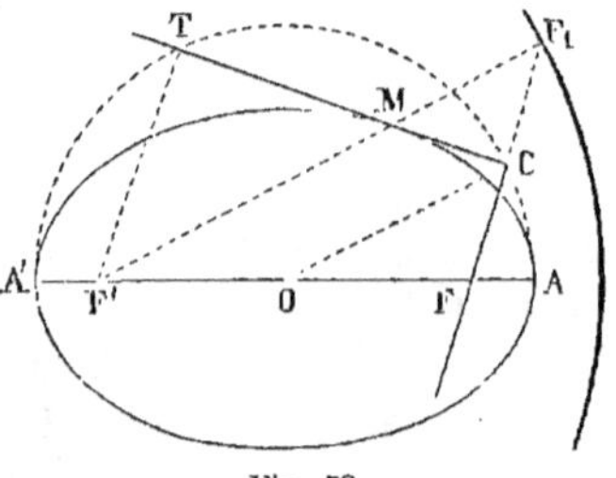

Fig. 73.

Lorsque le point fixe est extérieur au cercle, l'enveloppe est une hyperbole ayant F pour un de ses foyers et le diamètre AA', qui passe par le point fixe, pour axe transverse. (G., n° 667.)

---

* Ce théorème est dû à MACLAURIN. *Traité des propriétés projectives des figures*, tome I, n° 447. Il est attribué souvent à LA HIRE. Voir *Aperçu historique*, page 125.

MACLAURIN ou MAC-LAURIN, né en 1698, mort à York en 1746, donna divers procédés pour le tracé organique des courbes, et publia son *Traité des fluxions*. Cet ouvrage célèbre a été traduit en français par le Père PÉZENAS.

LA HIRE, né à Paris en 1677, mort en 1719, publia, en 1685, un grand traité sur les Coniques. Dans cet ouvrage, il étudiait les propriétés du cercle, considéré comme étant la base d'un cône, et en déduisait des propriétés correspondantes pour les Sections coniques. Il fit un grand emploi de la *proportion harmonique*, et établit les théorèmes principaux de la théorie des polaires.

Dans son *Traité des planiconiques*, il donne la première méthode, suffisamment générale, pour transformer des figures données en d'autres figures de même genre.

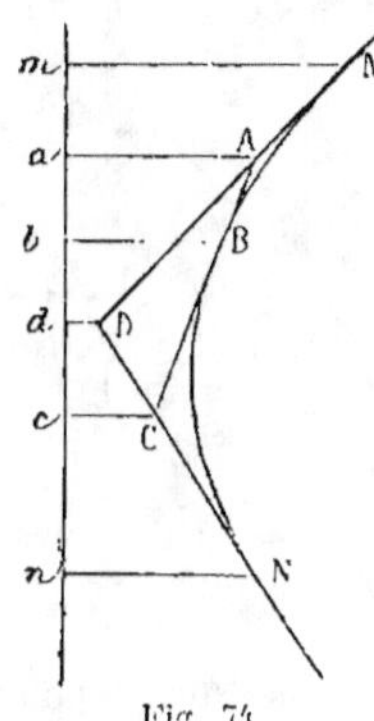

Fig. 74.

Exercice.

128. Problème. *Quelle est l'enveloppe d'une droite AC qui divise deux droites DM, DN, données de longueur et de position, en parties inversement proportionnelles?*

On a :
$$\frac{AM}{AD} = \frac{CD}{CN}$$

L'enveloppe est une parabole, car un théorème connu (G., nº 710) prouve que la parabole tangente en M, N aux lignes données, est tangente à toute droite AC qui divise les côtés DM, DN en parties inversement proportionnelles.

Exercice.

129. Problème. *On coupe les côtés d'un angle droit XOY par une droite DE, de manière que le triangle DOE ait une aire constante a²; quelle est l'enveloppe du côté DE?*

Soit
$$\frac{OD \cdot OE}{2} = a^2$$

Du point M milieu de DE, abaissons les perpendiculaires MN, MP', on aura
$$MN \cdot MP = \frac{1}{2} \cdot \frac{OD \cdot OE}{2} = \frac{a^2}{2}$$

Or le produit MN.MP' des coordonnées du point milieu M, étant constant, le lieu du point M est une hyperbole équilatère ayant OX, OY pour asymptotes et $\frac{a^2}{2}$ pour puissance. (G., nº 677.)

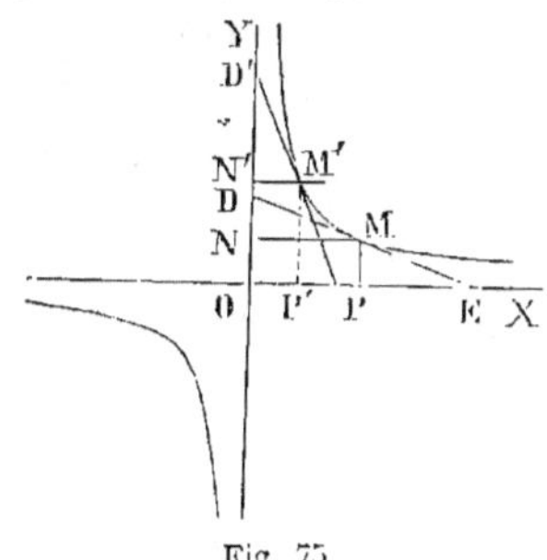

Fig. 75.

On sait d'ailleurs que la tangente, limitée aux asymptotes, est divisée en deux parties égales par le point de contact (nº 75); donc DE est tangente au lieu obtenu; par suite, *l'enveloppe de DE est l'hyperbole, lieu des points M.*

Remarque. Quel que soit l'angle donné, l'enveloppe de la base DE d'un triangle à aire constante est une hyperbole ayant OX, OY pour asymptotes.

Exercice.

130. Problème. *Les hauteurs d'un triangle ABC, inscrit dans un cercle de centre O, se coupent en un point H. Ce dernier point peut servir de point de concours des hauteurs d'une infinité de triangles inscrits dans le même cercle; quelle est l'enveloppe des côtés de tous ces triangles?* (N. A. — 1866, *page* 170.)

1º On sait qu'en prolongeant chaque hauteur jusqu'à la circonférence, chaque côté, BC par exemple, est perpendiculaire au milieu de HL, car l'angle CBL = CAL; mais l'angle CAD = CBE, donc DH = DL, etc.

De même
$$HE = EM; \quad HF = FN$$

2° Il y a une infinité de triangles dont les hauteurs se coupent en un point donné H. En effet, admettons qu'on ne donne que le cercle et le point H, prouvons qu'à toute corde menée par H correspond un triangle dont ce point est le point de concours des hauteurs. Menons une corde quelconque BHM, élevons une perpendiculaire AC au milieu de HM, les trois hauteurs de ABC se couperont au point H, car EH = EM ; donc...

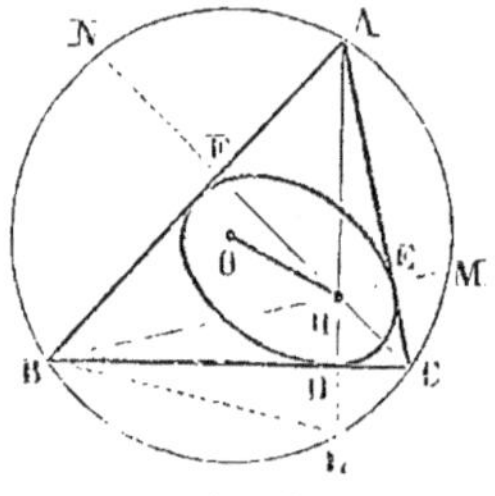

Fig. 76.

3° La propriété connue du cercle directeur (G., n° 624) prouve que les côtés AC perpendiculaire au milieu de HM, AB perpendiculaire au milieu de HN, etc., sont tangents à une ellipse ayant pour foyers les points O et H, et le cercle circonscrit pour cercle directeur ; donc *l'enveloppe des côtés est l'ellipse OH* [*].

Remarque. Lorsque le point de concours des hauteurs est hors du cercle, l'enveloppe est une hyperbole. (G., n° 660.)

131. Enveloppe d'une courbe variable. L'enveloppe d'une courbe qui varie suivant une loi donnée est une seconde courbe tangente à la première dans toutes les positions que celle-ci peut occuper.

Exemple. *L'enveloppe d'un cercle de rayon constant dont le centre décrit une circonférence donnée, est l'ensemble de deux circonférences concentriques à celle que décrit le centre du cercle mobile.*

Lorsque r est le rayon de la circonférence fixe et s le rayon de la circonférence mobile, l'un des rayons de l'enveloppe $= r + s$ et l'autre $r - s$.

Exercice.

132. Problème. *Quelle est l'enveloppe des cercles dont le centre est sur une parabole et qui sont tangents à une corde perpendiculaire à l'axe de cette courbe ?*

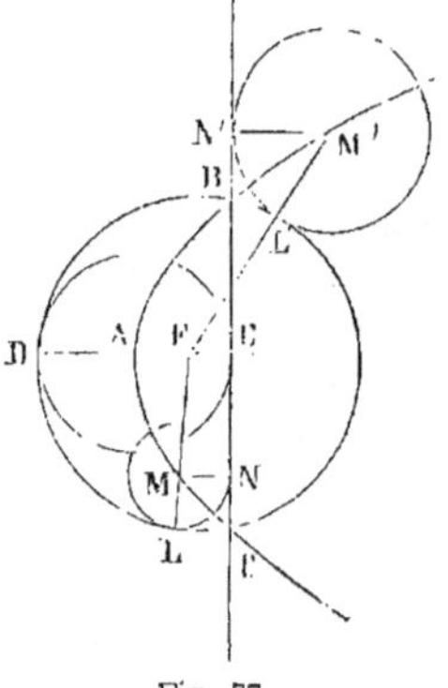

Fig. 77.

La parabole est le lieu des points dont la somme ou la différence des distances au foyer F et à une droite BC est constante (n° 76).

Donc	FM + MN
ou	FL = FA + AE = FD
de même	FM' — M'N'
ou	FL' = FD

Ainsi l'enveloppe est la circonférence DLL', décrite du foyer F pris pour centre avec FA + AE pour rayon.

Remarque. La courbe passe par les points B et C.

Exercice.

133. Problème. *Quelle est l'enveloppe des cercles dont le centre est sur une ellipse et qui sont tangents à une circonférence décrite d'un foyer comme centre ?*

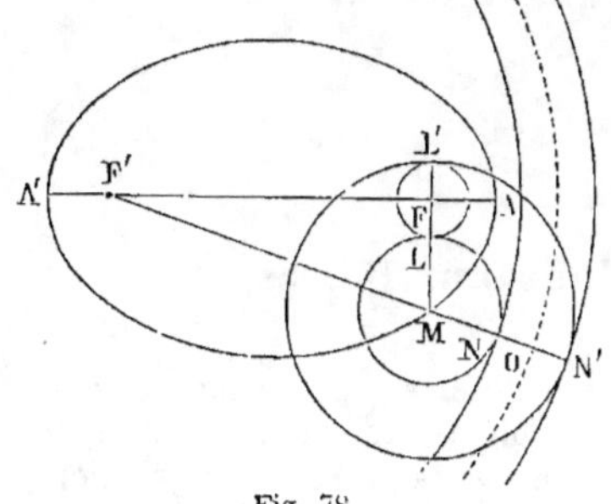

Fig. 78.

Soit MN un cercle quelconque ; décrivons le cercle directeur relatif au foyer F'.

On sait que pour tout centre M, pris sur l'ellipse, la circonférence qui passe par le foyer est tangente au cercle directeur au point O. (G., n° 625.)

Donc l'enveloppe des cercles décrits du centre M, et tangents au cercle LF, est une circonférence concentrique au cercle directeur ; F'N en est le rayon.

Les circonférences auxquelles le cercle F serait tangent intérieurement auraient pour enveloppe le cercle dont F'N' serait le rayon.

Application.

134. Problème. *Construire un triangle, connaissant le périmètre, un angle et la hauteur abaissée du sommet de cet angle.*

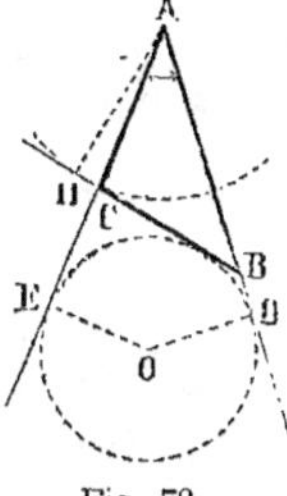

Fig. 79.

Formons un angle A égal à l'angle donné ; déterminons l'enveloppe de la base du triangle à périmètre constant $2p$ (n° 124). Pour cela, prenons AD = AE = p ; élevons les perpendiculaires DO, EO, et décrivons le cercle ex-inscrit au triangle demandé *. Du sommet A, il faut décrire une autre circonférence avec h pour rayon, puis mener une tangente commune aux deux circonférences A, O.

---

* La dénomination de *cercles ex-inscrits* (G., n° 189) est due à LHUILIER, de Genève, en 1812.

SIMON LHUILIER, né à Genève en 1750, eut pour professeur LOUIS BERTRAND, connu par la démonstration des parallèles (n° 425). LHUILIER résida longtemps à Varsovie, puis à Genève, où il publia la *Polygométrie*. Il mourut en 1840, après avoir compté STURM au nombre de ses élèves.

III

EMPLOI DE FIGURES AUXILIAIRES

---

§ I. — Constructions auxiliaires.

135. Le recours à des constructions auxiliaires, soit pour démontrer un théorème, soit pour résoudre un problème, est moins une méthode qu'un procédé dont l'emploi est réclamé par la plupart des questions à traiter. Les exercices déjà proposés en fournissent plusieurs exemples (n°s 48, 49, 51).

Il est impossible d'indiquer d'une manière générale les constructions qu'il convient de faire ; mais parfois une seule ligne donne des rapports inattendus d'où dérive directement la solution.

Dans les exemples que nous allons donner, les lignes auxiliaires seront tantôt une ou plusieurs droites, et tantôt une circonférence.

Exercice.

136. Théorème. *Les côtés opposés d'un quadrilatère inscriptible, dont une des diagonales est un diamètre, se projettent sur l'autre diagonale suivant des longueurs égales.*

Soit ABCD un quadrilatère inscrit, AOC le diamètre, CE, AF les perpendiculaires abaissées sur la diagonale BD.

Il faut prouver que   BE = DF.

En effet, en traçant comme ligne auxiliaire le diamètre parallèle à BD, prolongeant CE, et menant la perpendiculaire OH, on obtient deux triangles rectangles égaux :   OAN, OCM

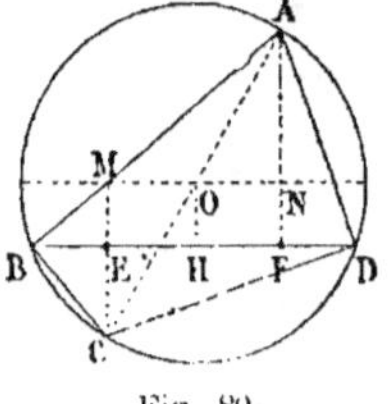

Fig. 80.

donc   OM = ON

Donc   BE = FD

De même   BF = ED   *C. Q. F. D.*

Exercice.

137. Problème. *Une rivière, dont le cours est rectiligne dans la partie considérée, passe entre deux localités inégalement éloignées du cours d'eau. Où faut-il construire un pont perpendiculaire à la rivière, pour*

3*

que les deux localités soient à des distances égales de l'entrée correspondante du pont?

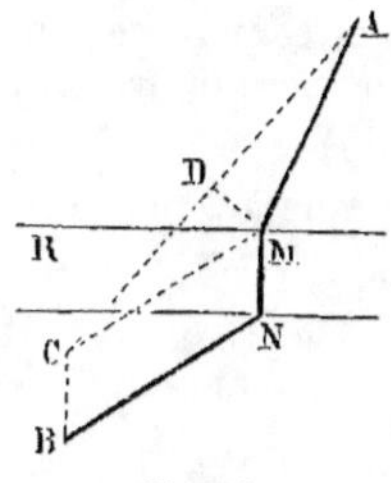

Fig. 81.

Supposons le problème résolu; soit AMNB la ligne brisée telle que MN soit perpendiculaire à RM et que AM = BN.

En menant une droite auxiliaire BC égale et parallèle à MN, on reconnaît immédiatement que le point M sera déterminé par la perpendiculaire DM élevée au milieu de AC; car la figure BCMN est un parallélogramme; donc

$$BN = CM = AM$$

Exercice.

138. Problème. *Étant données deux circonférences sécantes A et B, mener par l'un des points d'intersection E une sécante qui soit divisée par ce point dans un rapport donné $\dfrac{m}{n}$.*

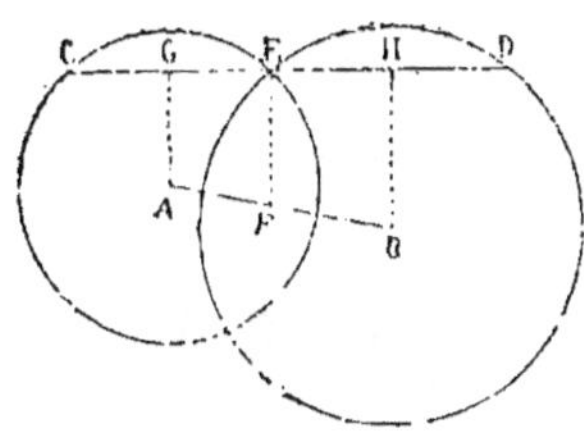

Fig. 82.

Pour résoudre la question proposée, on pourrait recourir à un lieu géométrique déjà étudié (n° 65); mais le problème comporte une solution particulière très simple, qu'il est utile d'indiquer.

Soit le problème résolu et

$$\frac{CE}{DE} = \frac{m}{n} \quad \text{ou} \quad \frac{GE}{HE} = \frac{m}{n}$$

en ne prenant que la moitié des cordes.

Si l'on mène par le point E une perpendiculaire EF à GH, la ligne AB sera divisée dans le rapport donné, et le point F fera connaître la direction de FE; donc il faut diviser AB dans le rapport $\dfrac{m}{n}$.

Joindre le point F au point E, puis élever une perpendiculaire CD à la droite FE.

Exercice.

139. Problème. *Par l'un des points d'intersection de deux circonférences qui se coupent, mener une sécante qui ait une longueur donnée 2l.*

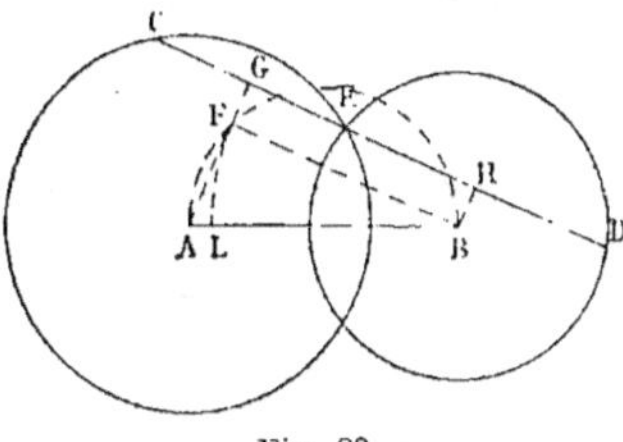

Fig. 83.

En supposant le problème résolu, et CED = 2*l*, on est conduit comme précédemment (n° 138) à ne considérer que la moitié GH de la sécante.

Il suffit de considérer une droite auxiliaire BF parallèle à CD pour reconnaître que le problème est ramené à construire un triangle rectangle AFB dont on connaît l'hypoténuse

AB et la longueur l d'un côté BF de l'angle droit. On est donc amené à faire la construction suivante :

Sur AB comme diamètre, il faut décrire une demi-circonférence ; du point B comme centre, avec un rayon BL égal à l, décrire un arc LF, enfin mener une droite CED parallèle à BF.

Remarque. La longueur donnée $2l$ peut au plus être égale à 2AB ; ainsi la *sécante maxima* est parallèle à la ligne des centres.

Exercice.

140. Problème. *Une droite DF étant donnée de longueur et de position, trouver sur un cercle aussi donné un point C tel qu'en le joignant aux points D, F, la corde interceptée AB soit parallèle à DF* [*].

Supposons le problème résolu et AB parallèle à DF. Il suffit de déterminer un des points A ou B.

Pour rattacher le point inconnu A aux données du problème, menons la tangente AE. Tout serait déterminé si le point E était connu de position. Or les triangles ADE, FDC sont semblables comme ayant un angle D commun, et l'angle A égale F ; car l'angle A, ou son opposé par le sommet, a pour mesure la moitié de l'arc ATC, et il en est de même de l'angle B, auquel l'angle F est égal.

Les triangles semblables donnent :

$$\frac{DE}{DC} = \frac{DA}{DF} \; ;$$

d'où $\quad DE = \dfrac{DA \cdot DC}{DF}$

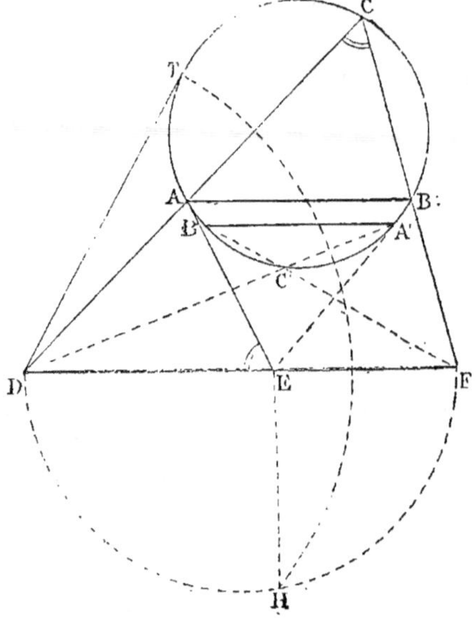

Fig. 84.

Nous ne connaissons ni DA ni DC, mais leur produit est connu ; car en menant la tangente DT, on a : $\quad DA \cdot DC = DT^2$.

donc $$DE = \frac{DT^2}{DF}$$

Il suffit donc de construire une troisième proportionnelle aux lignes connues DT et DF.

---

* Cette question a été choisie par BOURDON dans son *Application de l'algèbre à la géométrie* (nos 20 et 21), pour montrer toute l'utilité qu'on peut retirer de l'introduction de certaines lignes auxiliaires, telles que la tangente AE.

M. BOURDON, ancien examinateur d'admission à l'École polytechnique, est surtout connu par l'admirable clarté qui règne dans tous ses ouvrages : *Arithmétique, Algèbre, Application de l'algèbre à la géométrie.*

Construction. Sur DF décrivons une demi-circonférence; portons DT de D en H, abaissons la perpendiculaire HE; menons la tangente EA, puis les lignes DAC et CF.

Il y a deux solutions.

Exercice.

141. Théorème. *Lorsqu'un parallélogramme* ABCD *de grandeur invariable se meut dans son plan, de manière que deux côtés adjacents* AB, AD *passent respectivement par deux points fixes* M *et* N, *la diagonale* AC *passe aussi par un point fixe.*

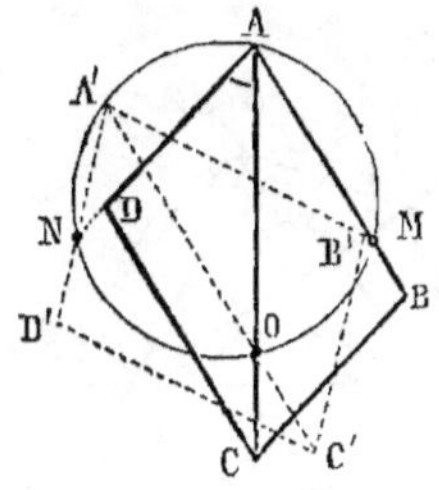

Fig. 85.

L'angle DAB est constant, donc le sommet A du parallélogramme se meut sur l'arc du segment MAN capable de l'angle donné A.

La considération de la circonférence MANO conduit très simplement à la démonstration du théorème.

En effet, l'angle MAO ou DAC est constant, le premier côté A'D' de l'angle passe par le point N; donc le second côté A'C' passera par un point fixe O.

Remarque. Ce théorème si élémentaire conduit à un théorème remarquable de statique : *Lorsqu'on fait tourner deux forces concourantes d'une même quantité angulaire et dans le même sens autour de leurs points respectifs d'application, la résultante tourne de la même quantité et passe par un point fixe*[*].

Exercice.

142. Lieu. *Quel est le lieu des points* M *tels que la droite* AB *qui joint les pieds des perpendiculaires* MA, MB *abaissées de ce point sur deux droites fixes* OX, OY, *ait une longueur constante* l?

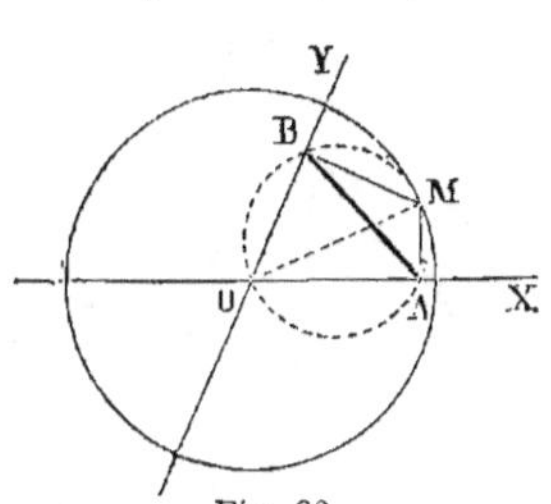

Fig. 86.

Soient M un point du lieu, MA perpendiculaire sur OX, MB sur OY et AB = l.

La considération du cercle circonscrit au quadrilatère AMBO, dont deux angles sont droits, conduit immédiatement à la réponse.

En effet, à cause des angles droits A et B, le cercle circonscrit a pour diamètre MO. Mais AB ayant une longueur constante, on peut dire que l'arc AOB est l'arc de segment décrit sur AB et capable de l'angle donné XOY. Ainsi la circonférence circonscrite change de position, mais non de grandeur; donc le diamètre MO a une longueur con-

---

* Le théorème est dû à M. MAURICE D'OCAGNE, alors élève à l'École polytechnique (N. A., 1880, page 116); actuellement ingénieur des ponts et chaussées; auteur de nombreux articles dans divers recueils scientifiques et de plusieurs ouvrages estimés.

stante ; donc le lieu du point M est une circonférence décrite du centre O, avec OM pour rayon.

Remarque. Pour l'étude complète, on peut voir ci-après n° 801.

Exercice.

143. Lieu. *Les sommets A et B d'un triangle ABC glissent respectivement sur les deux droites fixes OX, OY, dont l'angle XOY est le supplément de l'angle C ; quel est le lieu décrit par ce troisième sommet C ?*

Soit l'angle C supplémentaire de l'angle O.

Comme précédemment, la considération du cercle circonscrit amène facilement à la connaissance du lieu.

En effet, quelle que soit la position du triangle donné ABC, le cercle circonscrit passe par le point O, car le quadrilatère AOBC est inscriptible ; or l'angle BOC égale A ; donc l'angle BOC est constant ; le point C, quelle que soit la position du triangle mobile, se trouve sur une droite ZOZ' formant avec OY un angle égal à l'angle donné A.

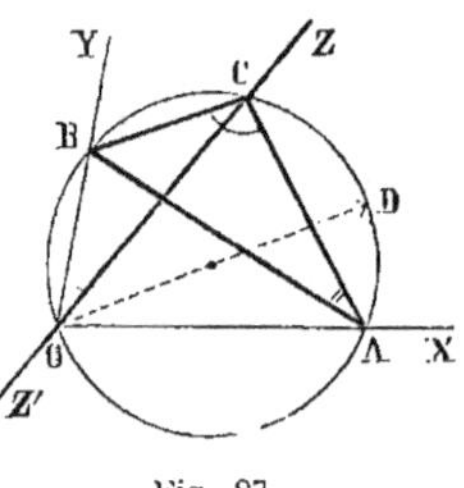

Fig. 87.

Remarque. Pour avoir les positions extrêmes du sommet B, il faut porter sur OZ et sur OZ' des longueurs égales au diamètre OD du cercle circonscrit.

Exercice.

144. Lieu. *Les sommets A et B d'un triangle ABM glissent respectivement sur deux droites fixes OX, OY. Quel est le lieu décrit par le troisième sommet M ?*

Le problème précédent nous conduit à déterminer des points liés au triangle, et dont le lieu soit une droite passant par le point O.

Or tous les points de l'arc EDF se meuvent suivant des droites, car pour le point D, par exemple, l'angle ADB est le supplément de O.

Les points de l'arc AOB donnent aussi des droites, car l'angle

$$ACB = O$$

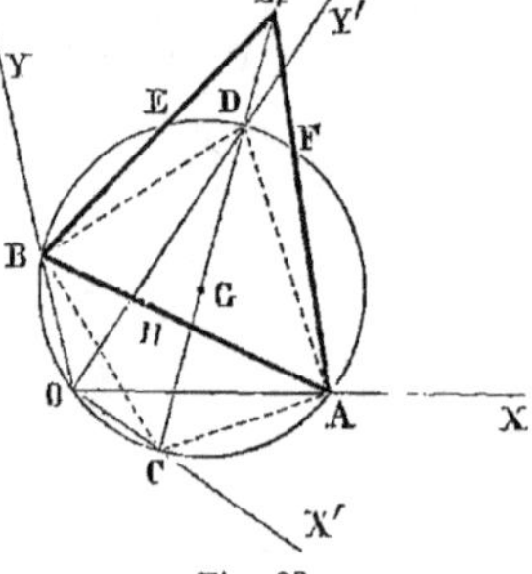

Fig. 88.

Menons le diamètre CM qui passe par le sommet M ; soit D le point où l'arc EF est coupé par CM.

La ligne CDM reste invariablement liée au triangle.

En effet, l'arc ADB, capable d'un angle supplémentaire de l'angle XOY, a un rayon constant et une situation invariable par rapport au triangle donné. Il coupe BM en un certain point E tel que le segment BE ne varie pas de longueur ; de même, le centre du cercle AOBD reste à une distance invariable de la base AB ; ainsi le diamètre MDGC a une position déterminée, et passe constamment par un même point H de la base AB ; donc MDGC participe au mouvement du triangle donné ABM, et le quadrilatère inscriptible ACBD est mobile dans son plan, mais il ne varie point de forme ni de grandeur.

Or l'angle DOC est droit ; donc les extrémités C et D de la droite CD glissent sur deux droites rectangulaires OX' OY'' ; donc tout point M de cette droite décrit une ellipse. (G., nᵒ 643.)

Remarque. O est le centre de la courbe, les axes sont dirigés suivant OX' et OY''. Les longueurs MC, MD font connaître les demi-axes a et b *.

§ 11. — Figures symétriques.

145. L'emploi des *figures symétriques* constitue la *méthode par duplication* ** ou par *retournement*.

Dans certains cas on détermine, par rapport à un axe donné, le point symétrique d'un point donné ; en d'autres circonstances, on remplace une ligne droite ou courbe par la ligne symétrique.

On trouve une application de cette méthode dans la résolution du problème du *chemin brisé minimum* (G., nᵒ 176), et aussi dans le suivant :

Prouver qu'on peut circonscrire une circonférence à tout polygone régulier. (G., nᵒ 163.)

Exercice.

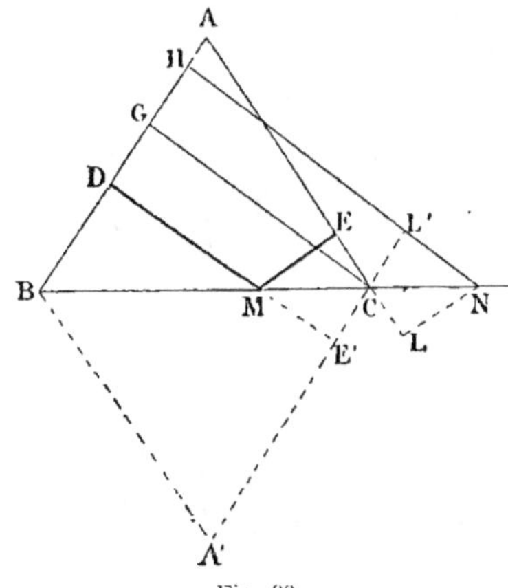

Fig. 89.

146. Théorème. *Dans un triangle isocèle, la somme des distances d'un point quelconque de la base aux deux autres côtés est constante, et la différence des distances d'un point pris sur le prolongement de la base est aussi constante.*

Dans le rabattement, à cause des angles égaux en M, ME devient ME' sur le prolongement de DM.

Or DE' = CG, quantité constante.

De même NL devient NL', et NH — LN = L'H = CG.

<hr>

* La recherche analytique du lieu demandé n'offre aucune difficulté, elle est connue depuis longtemps ; mais la détermination géométrique des diamètres de l'ellipse ne remonte qu'à 1859 ; elle est due à M. Mannheim, alors élève à l'École polytechnique, actuellement professeur à la même école, auteur d'aperçus nouveaux et remarquables sur la *Géométrie cinématique*.

** Les mots *méthode par duplication* se trouvent dans un ouvrage de M. Paul Serret : *Des Méthodes en géométrie*, 1855. Ce livre remarquable nous a été fort utile.

M. Paul Serret a publié divers articles dans les *Nouvelles annales de M. Gérono*. Il professait, de nos jours, à l'Institut catholique de Paris.

Exercice.

147. Problème. *Sur une droite donnée* xy, *déterminer un point C tel que les tangentes menées de ce point à deux circonférences données A et B fassent des angles égaux avec* xy.

Je cherche B′ symétrique de B ; je mène une tangente commune aux circonférences A et B′.

Le point C est le point demandé.

Il y a généralement quatre solutions.

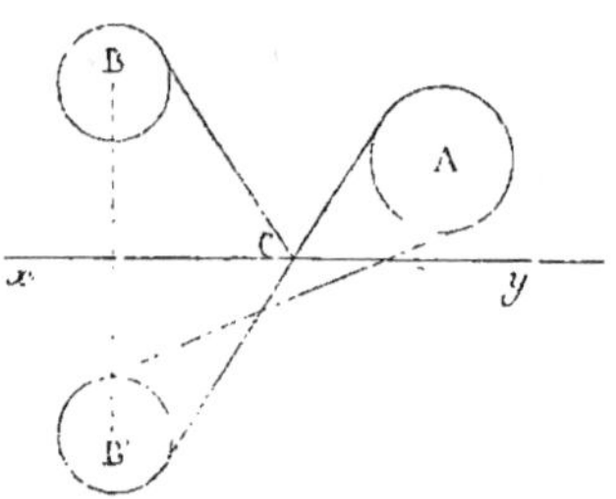

Fig. 90.

Exercice.

148. Problème. *Dans un triangle, déterminer la droite symétrique d'une médiane, par rapport à la bissectrice qui part du même sommet. Prouver que les distances de chacun de ses points aux deux côtés sont proportionnelles à ces mêmes côtés.*

1º Il suffit de prendre $CA' = CA$, $CB' = CB$ et de mener la médiane CM′ du triangle A′CB′.

2º On sait que les distances d'un point quelconque d'une médiane aux côtés qui partent du même sommet, sont inversement proportionnelles à ces côtés (voir ci-après, nº 163) ; donc on a :

$$\frac{MP}{MQ} = \frac{CA'}{CB'} \quad \text{ou} \quad \frac{MP}{MQ} = \frac{CA}{CB}$$

C. Q. F. D.

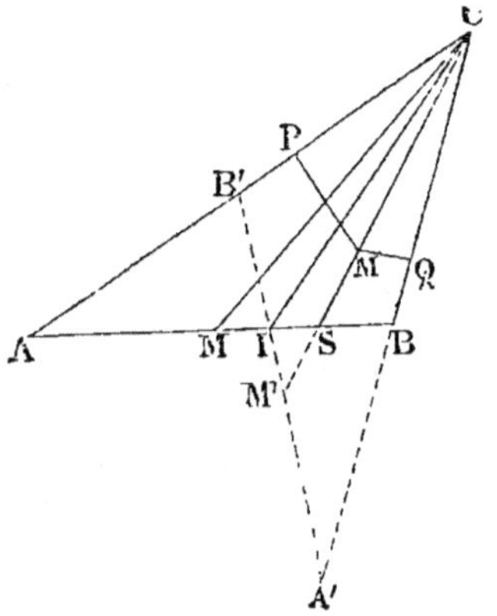

Remarque. La droite CS, symétrique de la médiane CM, par rapport à la bissectrice CI, a reçu le nom de *symédiane*[*] ; elle jouit de nombreuses propriétés. (On peut voir ci-après, nº 2330.)

Fig. 91.

Exercice.

149. Théorème de Fuss[**]. *Quelle que soit la base AB du triangle sphérique ACB, le lieu du troisième sommet C est un grand cercle, lorsque*

---

[*] Le nom de *Symédiane* est dû à M. Maurice d'Ocagne.

[**] Nicolas Fuss (1755-1826), secrétaire perpétuel de l'académie des sciences de Saint-Pétersbourg. (Voir nº 1183, note.)

la somme des arcs latéraux est une demi-circonférence. (*Aperçu historique**, page 326, note 1.)

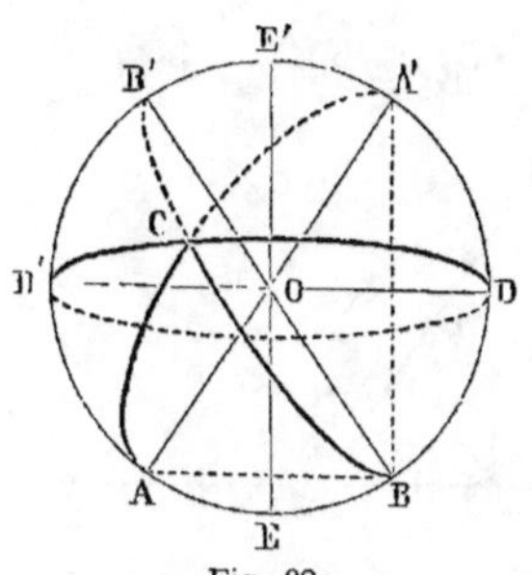

Fig. 92.

Soit $\quad$ arc AC $+$ arc BC $= \pi$R

La somme constante des arcs étant une demi-circonférence, nous sommes conduits à considérer une figure double de celle qui est donnée. Pour cela, déterminons les points symétriques de A et B, par rapport au diamètre parallèle à la corde AB, ou bien menons les diamètres AOA', BOB'.

L'arc $\quad$ AC $+$ arc BC $= \pi$R

égale arc AC $+$ arc CA'

donc $\quad$ arc BC $=$ arc CA'

Ainsi, quelle que soit la longueur de la base AB et la position des demi-cercles ACA', BCB', le triangle sphérique BCA' est isocèle, la corde BA' est perpendiculaire à la corde AB; donc le sommet C a pour lieu géométrique le grand cercle DCD', dont le plan est perpendiculaire au diamètre EE' qui passe par le milieu de la base AEB.

Remarque. A la méthode par duplication, on peut rattacher le procédé qui consiste à disposer les diverses parties d'une figure, de manière à ramener une question proposée à une question déjà connue. En voici deux exemples.

Exercice.

150. Théorème. *Lorsque deux triangles ont deux angles respectivement égaux et deux angles supplémentaires, les côtés opposés aux angles égaux sont proportionnels aux côtés opposés aux angles supplémentaires.*

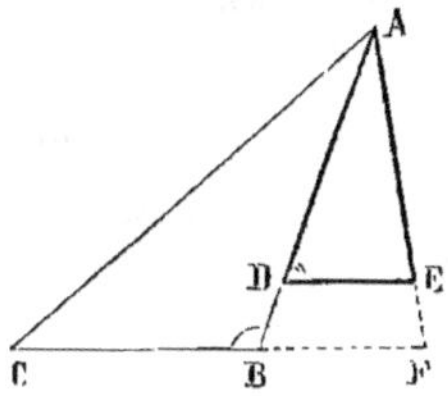

Plaçons les deux triangles en ABC et ADE, de manière que les angles égaux soient adjacents, et que le côté commun soit adjacent aux angles supplémentaires B et D.

A la seule disposition de la figure, on reconnaît le théorème de la bissectrice. (G., n° 215.)

Fig. 93.

On a $\qquad \dfrac{\text{AC}}{\text{BC}} = \dfrac{\text{AF}}{\text{BF}}$

donc $\qquad \dfrac{\text{AC}}{\text{BC}} = \dfrac{\text{AE}}{\text{DE}} \quad$ ou $\quad \dfrac{\text{AC}}{\text{AE}} = \dfrac{\text{BC}}{\text{DE}} \qquad$ C. Q. F. D.

---

* *Aperçu historique sur l'origine et le développement des Méthodes en géométrie,* par M. CHASLES.

Nous avons eu fréquemment recours à cet ouvrage si complet et si riche en renseignements.

M. MICHEL CHASLES (1793-1880) est sans contredit un des plus illustres et des plus féconds géomètres de notre siècle. On doit à cet auteur de nombreux mémoires mathématiques, la *Géométrie supérieure,* l'*Aperçu historique,* un *Traité des coniques.*

Exercice.

151. Problème. *Construire un quadrilatère inscriptible, connaissant les quatre côtés.* (Sturm *.)

Supposons le problème résolu, et a, b, c, d, les quatre côtés donnés.

La propriété caractéristique du quadrilatère inscriptible d'avoir les angles opposés supplémentaires, et l'étude de l'exercice précédent (n° 150), conduisent à placer le triangle BCD en BEF, afin de découvrir quelque relation simple entre les lignes données.

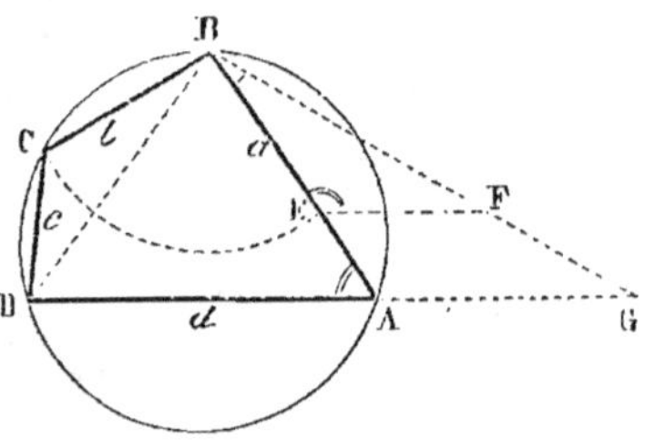

Fig. 94.

EF est parallèle à DA, et le problème serait résolu si l'on pouvait construire le triangle DBG.

Or les triangles semblables ABG et EBF ou CBD donnent :

$$\frac{AG}{CD} = \frac{AB}{CB} \quad \text{ou} \quad \frac{AG}{c} = \frac{a}{b}$$

d'où
$$AG = \frac{ac}{b}$$

Ainsi DG est connu.

On peut déterminer en outre le rapport des côtés BD et BG.

En effet,
$$\frac{BD}{BG} = \frac{BF}{BG} = \frac{BE}{BA} = \frac{b}{a}$$

donc, par rapport aux points D et G, dont la distance DG est connue, il faut décrire le lieu des points B tels que le rapport des distances aux deux premiers égale $\frac{b}{a}$. Puis, du point A comme centre, avec la longueur a pour rayon, couper le lieu, et l'on trouve ainsi le point B.

Enfin circonscrire une circonférence au triangle ABD, et prendre une corde BC égale à b. La corde CD sera égale à la longueur donnée c.

§ III. — Composition ou décomposition.

152. Composition. La méthode par *composition* consiste à compléter une figure donnée, en ne la considérant que comme une partie d'une figure déjà connue.

---

* Sturm, né à Genève, a passé la plus grande partie de sa vie à Paris ; il est mort professeur à l'École polytechnique. On connaît son *Traité de calcul infinitésimal* et son *Traité de mécanique rationnelle*.

Son élégante démonstration du *parallélogramme des forces* se trouve dans la plupart des traités de mécanique.

Exemples. Pour avoir l'aire du triangle, on considère le parallélogramme, dont la première figure n'est que la moitié. (G., n⁰ 314.)

Pour avoir le volume du prisme triangulaire, on considère le parallélépipède de volume double. (G., n⁰ 443.)

Pour obtenir le volume de la pyramide triangulaire, on prouve que
cette pyramide est le tiers du prisme de même base et de même hauteur.
(G., n⁰ 469.)

153. Décomposition. La méthode par *décomposition* consiste à partager
la figure à étudier en plusieurs autres figures connues.

Exemples. Pour trouver la somme des angles d'un polygone, on décompose ce polygone en triangles. (G., n⁰ 94.)

On procède de la même manière pour trouver l'aire d'un polygone.
(G., n⁰ˢ 317 et 319.)

Pour déterminer le volume du tronc de pyramide triangulaire ou du
tronc de prisme, on décompose le tronc en trois tétraèdres. (G., n⁰ 475.) ·

Dans la *Méthode de sommation* (G., n⁰ 943), la surface à étudier est
décomposée en rectangles, et le solide à évaluer est décomposé en prismes.

154. Résumé. Par la *composition* ou par la *décomposition*, la figure
donnée est considérée comme étant la différence ou la somme de plusieurs
figures connues.

(Voir n⁰ 556, construction de polygones, comme application de cette
méthode.)

Exercice.

155. Théorème. *Lorsque deux droites* AC, BD *de longueur donnée
se coupent sous un angle constant, le quadrilatère* ABCD, *formé en
joignant deux à deux les extrémités de ces droites,
a une surface constante.*

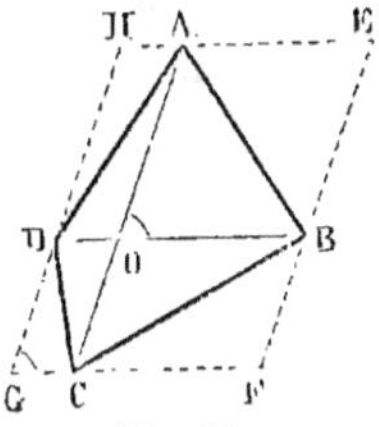

On peut donner plusieurs démonstrations élémentaires de ce théorème, mais la plus simple se
rapporte à la méthode par *composition*.

Par les sommets A et C, menons des parallèles
à la diagonale BD; et par les sommets B et D,
menons des parallèles à AC.

Le parallélogramme ainsi formé est constant, car
l'angle G ou O est donné, et il en est de même

Fig. 95.

des côtés GF, GH. Or le quadrilatère est la moitié du parallélogramme,
car le triangle AOB égale ABE, etc.; donc le quadrilatère a une surface
constante.

Exercice.

156. Théorème. *Lorsque trois droites de longueur donnée* AB, CD, EF
se coupent en un même point O *et sous des angles constants, l'octaèdre,
qui aurait pour sommets les extrémités des trois droites, a un volume
constant.*

En effet, le quadrilatère CEDF qui divise l'octaèdre en deux pyramides quadrangulaires est la moitié du parallélogramme invariable

LMNP, que l'on forme comme à l'exercice précédent. Or, en menant
par les sommets A et B des plans parallèles au parallélogramme LMNP,
et en menant par MN, NP, etc., des plans latéraux
parallèles à AB, on forme un parallélépipède invariable, car les arêtes sont égales et parallèles aux
trois lignes données AB, CD, EF, et ces lignes ont
des longueurs données et se rencontrent sous des
angles constants.

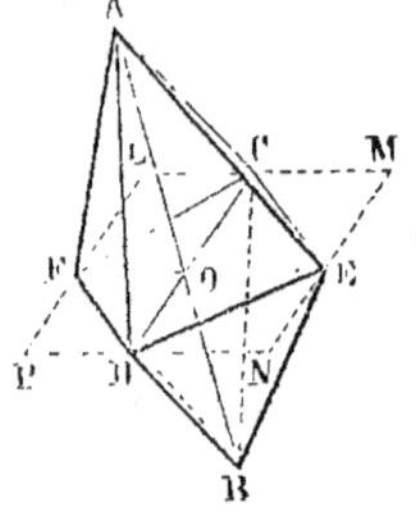

Mais la pyramide A,CDEF n'est que la sixième
partie du parallélépipède de même hauteur et de
base double LMNP, car le volume de la pyramide
s'obtient en multipliant la base CEDF par le tiers
de la perpendiculaire abaissée du point A sur la
base. De même, la pyramide B,CDEF est le sixième

Fig. 96.

du parallélépipède correspondant ; donc *l'octaèdre a un volume constant*, car ce volume est le sixième de celui du parallélépipède total.

Remarque. Dans le cas particulier où les droites données sont rectangulaires deux à deux, on a : $V = \dfrac{1}{6} AB . CD . EF$.

Exercice.

157. Problème. *Par les arêtes opposées d'un tétraèdre, on mène des
plans parallèles ; on forme ainsi un parallélépipède circonscrit ; quel
est le rapport des volumes des deux corps ?*

Par les deux arêtes opposées AB et DC, on peut mener deux plans
parallèles. En effet, si l'on mène CX pa-
rallèle à AB, le plan DCX sera parallèle à
la droite AB, et par cette dernière ligne on
pourra mener un plan parallèle au plan
DCX. (G., n° 378.) De même, par les arêtes
opposées AD, BC on peut mener deux plans
parallèles entre eux. Enfin, par AC et BD,
on peut aussi mener deux plans parallèles,
et former ainsi un parallélépipède circonscrit au tétraèdre donné.

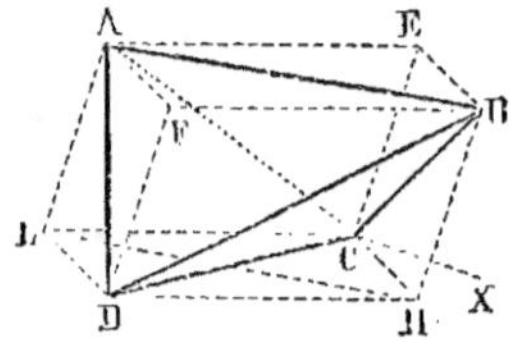

Fig. 97.

Le volume du tétraèdre égale celui du parallélépipède diminué de celui
de quatre pyramides équivalentes, dont chacune est le sixième du parallélépipède.

En effet, la pyramide B,DCH a même hauteur que le parallélépipède, et
sa base DCH n'est que la moitié du parallélogramme LDHC.

En représentant par P le volume du parallélépipède, on a donc :

pyramide $\qquad\qquad$ B,DCH $= \dfrac{1}{6} P$

Il en est de même pour chacune des pyramides A,CDL ; C,AEB ;
D,ABF ; donc le tétraèdre égale $P - \dfrac{4}{6} P = \dfrac{1}{3} P$.

Ainsi le tétraèdre est le tiers du parallélépipède circonscrit.

Exercice.

158. Théorème de Steiner *. *Sur deux droites XX', YY' non situées dans un même plan, on prend respectivement deux longueurs données AB, CD; prouver que le tétraèdre qui aurait pour sommets les quatre points A, B, C, D, a un volume constant, quelle que soit la position de AB sur XX', et celle de CD sur YY'.*

Construisons le parallélépipède circonscrit; il suffit de prouver que le volume de ce corps est constant, car celui du tétraèdre en est le tiers (n° 157).

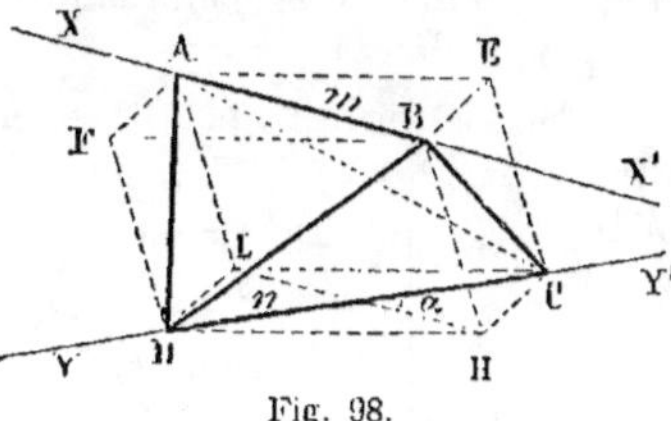
Fig. 98.

Or la diagonale HL est égale et parallèle à AB; donc, quelle que soit la position des segments donnés AB et CD, le parallélogramme de base CHDL a une surface constante, car ses deux diagonales ont des longueurs données et se coupent sous un angle égal à celui que forment entre elles les droites XX' et YY'.

La hauteur ou perpendiculaire abaissée du point B, par exemple, sur la base CHDL, est la longueur de la plus courte distance des lignes XX', YY' (G., n° 411); donc elle ne varie point. Par suite, le volume du parallélépipède est constant, et il est de même de celui du tétraèdre.

Remarque. Dans le cas particulier où les droites CD et LH seraient perpendiculaires l'une à l'autre, et représentées comme longueurs par m et n, la surface de base serait $\dfrac{mn}{2}$. Si d représente la plus courte distance des droites XX' YY', on aurait, pour le parallélépipède,

$$\text{Volume} = \frac{mnd}{2}$$

donc le tétraèdre serait

$$\frac{mnd}{6}$$

Si les diagonales forment entre elles un angle α, on a :

$$\text{Tétraèdre} = \frac{mn \cdot \sin\alpha}{2} \cdot \frac{d}{3} \quad \text{ou} \quad \frac{mnd \cdot \sin\alpha}{6} \quad (\textit{Trig.}, \text{n° 76}^{**}.)$$

Cette expression du volume du tétraèdre étant connue peut servir à démontrer le *théorème de Steiner*; la formule

$$V = \frac{mnd}{6} \cdot \sin\alpha$$

---

* Steiner, professeur à Berlin, auteur de nombreuses questions proposées dans les *Annales de Gergonne* ou dans le *Journal de Crelle*, a publié, en 1832, l'ouvrage intitulé : *Développement systématique de la dépendance des formes géométriques.*

Les *Annales mathématiques* de Gergonne ont été publiées de 1810 à 1831; elles comprennent vingt et un volumes, et contiennent de nombreux articles de Poncelet et de Steiner. On y trouve la première exposition de la méthode si féconde des *Polaires réciproques.*

Le *Journal de mathématiques pures et appliquées* du docteur Crelle, a été fondé en 1826. Il a rendu en Allemagne des services analogues à ceux qu'ont rendus en France les *Annales de Gergonne* et les *Nouvelles Annales de Terquem et Gérono.*

** Voir *Éléments de trigonométrie rectiligne*, F. J., 5e édition.

est due à P. Lenthéric et à Timmermans [*] (*Annales de mathématiques*, 1828, p. 250; d'après Le Cointe, *Fonctions circulaires*, p. 380.)

Exercice.

159. Théorème. *En prenant deux à deux les arêtes opposées d'un tétraèdre, on obtient trois groupes d'arêtes.*

1° *Un tétraèdre peut avoir un, deux ou trois groupes d'arêtes égales.*

2° *Un tétraèdre peut avoir un seul groupe d'arêtes perpendiculaires l'une à l'autre, ou trois groupes d'arêtes perpendiculaires.*

1° Pour que deux arêtes opposées AB et DC ou LH et DC soient égales, il faut et il suffit que la base CHDL soit un rectangle. Dans ce cas, le parallélépipède serait à base rectangle, mais les deux autres faces BHCE, BHDF seraient des parallélogrammes quelconques.

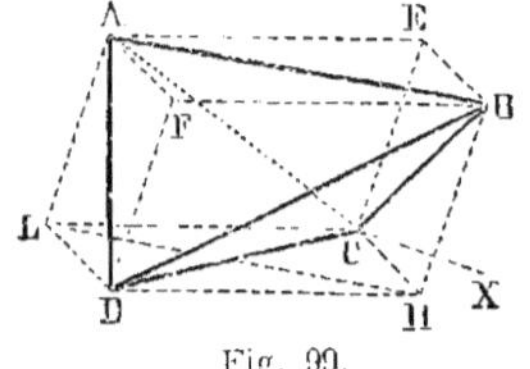

Fig. 99.

Le parallélépipède droit a deux groupes de faces rectangulaires; donc le tétraèdre correspondant aura deux groupes d'arêtes égales.

Enfin le tétraèdre aura trois groupes d'arêtes égales, si le parallélépipède est rectangle.

2° Pour que deux arêtes opposées AB et DC ou LH et DC soient perpendiculaires l'une à l'autre, il faut que la face CHDL soit un losange.

Si dans deux groupes les arêtes opposées sont rectangulaires, il en est de même dans le troisième groupe.

En effet, si AD est perpendiculaire à BC, la figure BHCE est un losange; donc   HB = HC = donc aussi HD

Ainsi la face HBFD est aussi un losange, et l'arête BD est perpendiculaire à AC.

Remarque. On nomme tétraèdre *orthogonal* le tétraèdre dont les trois groupes d'arêtes sont formés par des lignes perpendiculaires l'une à l'autre.

Le tétraèdre orthogonal jouit de nombreuses propriétés pour l'étude desquelles on peut consulter les ouvrages suivants :

Nouvelles Annales, année 1854, pages 296 et 385; année 1871, page 451.

Questions de Géométrie, par M. Desboves. 3ᵉ édition, pages 218 et 219.

Journal de Mathématiques élémentaires et spéciales, année 1881, pages 337 et suivantes.

Exercice.

160. Théorème de Guéneau d'Aumont [**]. *La somme de deux angles*

---

opposés d'un quadrilatère sphérique inscrit est égale à la somme des deux autres angles. (Aperçu historique, page 238.)

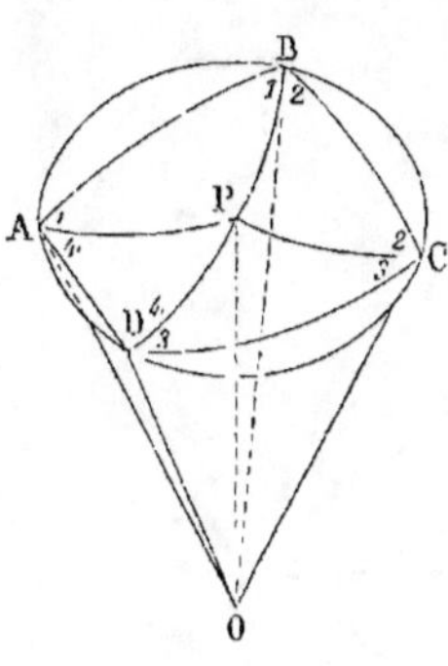

Fig. 100.

Soit O le centre de la sphère ; ABCD le quadrilatère formé par quatre arcs de grand cercle, dont les sommets A, B, C, D se trouvent sur une même circonférence ayant P pour un de ses pôles. (G., n° 544.) Il faut démontrer que les angles dièdres qui correspondent aux arêtes AO, CO, ont une somme égale à celle des dièdres qui correspondent aux arêtes BO, DO.

Par le pôle P et par chaque sommet faisons passer des grands cercles ; chaque côté AB, par exemple, est la base d'un triangle isocèle APB, car

$$\text{l'arc} \qquad PA = PB$$
$$\text{donc l'angle} \qquad BAP = ABP$$
$$\text{ou} \qquad 1 = 1 ; \quad 2 = 2, \text{ etc.}$$

Or la somme de deux angles dièdres opposés se compose de

$$1 + 2 + 3 + 4$$

donc
$$A + C = B + D \qquad\qquad C. Q. F. D.$$

§ IV. — Surfaces auxiliaires.

161. Surfaces auxiliaires. La méthode des *Surfaces auxiliaires* consiste à faire intervenir des surfaces, lorsqu'il s'agit d'établir certaines relations entre des lignes données.

En voici quelques exemples.

Exercice.

162. Théorème. *La bissectrice de l'angle d'un triangle divise le côté opposé en segments proportionnels aux côtés adjacents.*

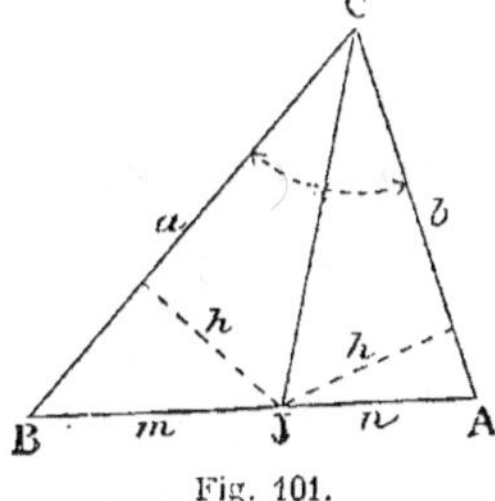

Fig. 101.

En effet, les triangles BCI, ACI ayant même sommet C et leurs bases respectives sur la même droite, sont dans le même rapport que leurs bases m et n.

Ces mêmes triangles ont des hauteurs égales h ; ils sont donc entre eux comme a et b, donc

$$\frac{m}{n} = \frac{a}{b} \qquad C. Q. F. D.$$

De même pour la bissectrice extérieure.

---

puis à la faculté de cette ville, s'est distingué par son zèle pour l'enseignement. Le théorème qui porte son nom a été publié dans le tome XII, année 1821-1822, des *Annales de Gergonne.*

163. Problème. *Dans un triangle isocèle la somme des distances d'un point quelconque de la base aux deux autres côtés est constante, et la différence des distances d'un point pris sur le prolongement de cette base est aussi constante.*

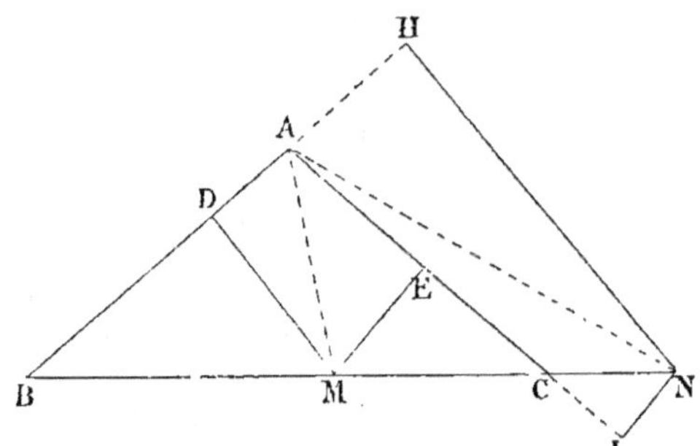

Du point C, abaisser la perpendiculaire CG sur BH.

Fig. 102.

Menons AM et AN, et désignons par CG la perpendiculaire abaissée du point C sur AB.

Le double de l'aire du triangle isocèle peut être exprimé par

$$AB . CG$$

ou par $$AB . MD + AC . ME$$

lorsque l'on considère les deux triangles ABM, AMC; mais AC = AB.

Donc $$AB . CG = AB (MD + ME)$$

d'où MD plus ME égale la perpendiculaire CG abaissée du point C sur le côté AB.

Pour le point N on a :

$$AB . CG = AB . NH - AC . NL$$

d'où $$CG = NH - NL$$

Remarque. La question précédente a déjà été traitée par une autre méthode (n° 146).

Exercice.

164. Théorème. *Les distances d'un point quelconque d'une médiane aux côtés qui partent du même sommet, sont inversement proportionnelles à ces côtés.*

En effet : $$\frac{MP}{MQ} = \frac{M'P'}{M'Q'}$$

Or les triangles CBM', ABM' sont équivalents, donc

$$a . M'P' = c . M'Q'$$

d'où $$\frac{M'P'}{M'Q'} = \frac{MP}{MQ} = \frac{c}{a} \qquad C. Q. F. D.$$

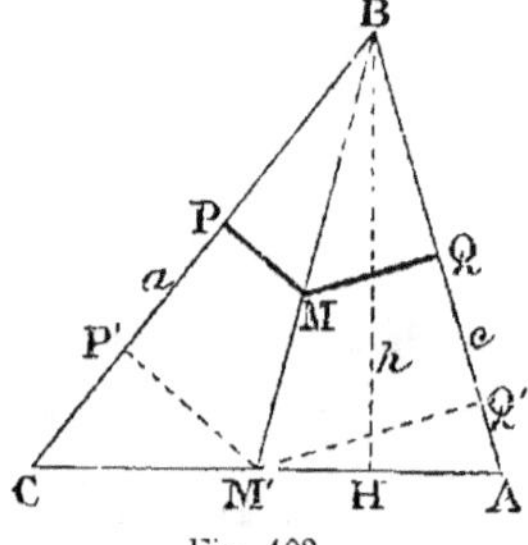

Fig. 103.

Exercice.

165. Problème. *Lorsque trois droites issues des sommets d'un triangle se coupent au même point O, on a la relation :*

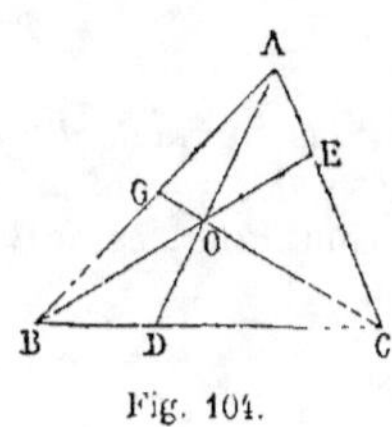

$$\frac{DO}{AD} + \frac{OE}{BE} + \frac{OG}{CG} = 1$$

Fig. 104.

En effet, les triangles BOC et BAC sont entre eux comme leurs hauteurs, ou comme les lignes OD et AD, proportionnelles à ces hauteurs.

$$\frac{BOC}{BAC} = \frac{DO}{AD}; \text{ de même } \frac{BOA}{ABC} = \frac{OG}{CG}$$

et

$$\frac{AOC}{ABC} = \frac{OE}{BE}$$

En ajoutant ces égalités on trouve :

$$\frac{BOC + BOA + AOC}{ABC} \quad \text{ou} \quad 1 = \frac{DO}{AD} + \frac{OE}{BE} + \frac{OG}{CG}$$

On trouverait, par une marche analogue, que :

$$\frac{AO}{AD} + \frac{BO}{BE} + \frac{CO}{CG} = 2$$

Exercice.

166. Théorème de Ménélaüs *. *Lorsqu'une transversale coupe les trois côtés d'un triangle, le produit des trois segments, n'ayant pas d'extrémité commune, égale le produit des trois autres segments.*

Fig. 105.

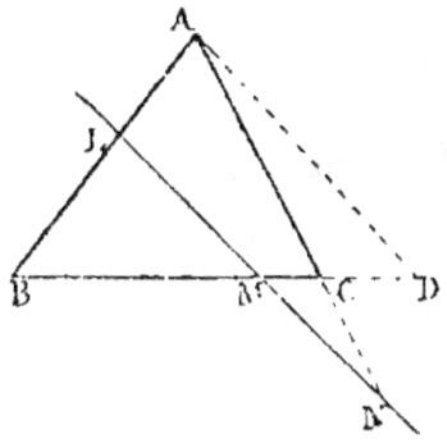

Désignons par A, B, C les triangles ALN, BLM, CMN.

On peut écrire $\frac{A}{B} \cdot \frac{B}{C} \cdot \frac{C}{A} = 1$

Or les triangles qui ont un angle égal, ou supplémentaire, sont entre eux comme les produits des côtés qui comprennent cet angle;

donc (G., nº 329) :

$$\frac{A}{B} = \frac{AL \cdot LN}{BL \cdot LM}$$

$$\frac{B}{C} = \frac{BM \cdot LM}{CM \cdot MN}$$

$$\frac{C}{A} = \frac{CN \cdot MN}{AN \cdot LN}$$

---

* MÉNÉLAUS (vers l'an 80 après J.-C.) a vécu à Alexandrie; il paraît être le premier qui se soit occupé de trigonométrie. On lui doit le théorème fondamental des transversales. Néanmoins ce théorème est fréquemment attribué à PTOLÉMÉE.

PTOLÉMÉE (vers 128 à 168 après J.-C.) résida à Canobe, près d'Alexandrie. Il est surtout connu comme astronome, et c'est par son *Almageste* que le théorème de MÉNÉLAUS est venu jusqu'à nous. On lui doit aussi les premières notions de la doctrine des *projections*.

En multipliant ces égalités membre à membre et simplifiant, on a :

$$\frac{A\,.\,B\,.\,C}{B\,.\,C\,.\,A} \quad \text{ou} \quad 1 = \frac{AL\,.\,BM\,.\,CN}{BL\,.\,CM\,.\,AN}$$

ou $\qquad AL\,.\,BM\,.\,CN = BL\,.\,CM\,.\,AN \qquad\qquad C.\,Q.\,F.\,D.$

Exercice.

167. Théorème de Céva *. *Les droites qui joignent les sommets d'un triangle à un même point O, déterminent six segments tels que le produit de trois d'entre eux, n'ayant pas d'extrémité commune, égale le produit des trois autres.*

Désignons par a, b, c... les triangles AOL, BOM, etc.

Les triangles qui ont même sommet sont entre eux comme leurs bases ; on a donc :

$$\frac{a}{d} = \frac{AL}{BL} ; \quad \frac{b}{e} = \frac{BM}{CM} ; \quad \frac{c}{f} = \frac{CN}{AN}$$

d'où $\qquad \dfrac{a\,.\,b\,.\,c}{d\,.\,e\,.\,f} = \dfrac{AL\,.\,BM\,.\,CN}{BL\,.\,CM\,.\,AN}$

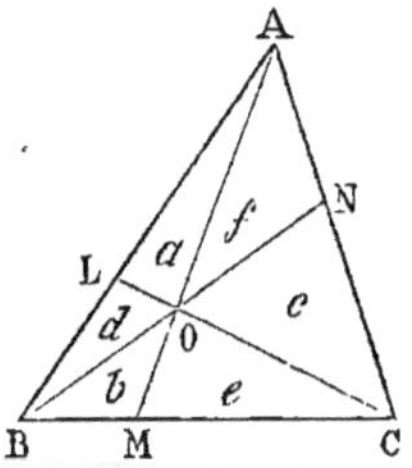

Il suffit de prouver que $\qquad \dfrac{abc}{def} = 1$

Fig. 106.

Or

$$\frac{a}{e} = \frac{OL\,.\,OA}{OM\,.\,OC}$$

$$\frac{b}{f} = \frac{OB\,.\,OM}{OA\,.\,ON}$$

$$\frac{c}{d} = \frac{OC\,.\,ON}{OL\,.\,OB}$$

En multipliant ces égalités membre à membre, on trouve :

$$\frac{abc}{def} = 1 \qquad\qquad C.\,Q.\,F.\,D.$$

Autre démonstration. On peut dire plus simplement :

$$\frac{LA}{LB} = \frac{OCA}{OCB}$$

$$\frac{MB}{MC} = \frac{OAB}{OAC}$$

$$\frac{NC}{NA} = \frac{OBC}{OBA}$$

Produit $\quad = 1$

Remarque. On peut nommer *cévienne* toute droite qui part du sommet d'un triangle pour se limiter au côté opposé. (Voir ci-après, n⁰ˢ 2262 et suivants.)

Cette appellation est utile dans la *Géométrie du triangle.*

---

* Jean Céva, de Milan (1648-1737), publia divers ouvrages de mathématiques, entre autres, en 1678, *De lineis rectis se invicem secantibus statica constructio.*

Son frère, Thomas Céva, construisit un instrument pour opérer mécaniquement la trisection de l'angle.

Exercice.

168. Théorème. *La droite la plus courte que l'on puisse mener par un point donné* E *dans un angle donné, est définie par cette condition que la perpendiculaire* EC *à cette droite, menée par le point donné* E, *et les perpendiculaires* BC, DC *aux côtés de l'angle, menées par les extrémités de la droite* BED, *concourent en un même point* C. (NEWTON *, *Opuscules*, tome I, page 87.)

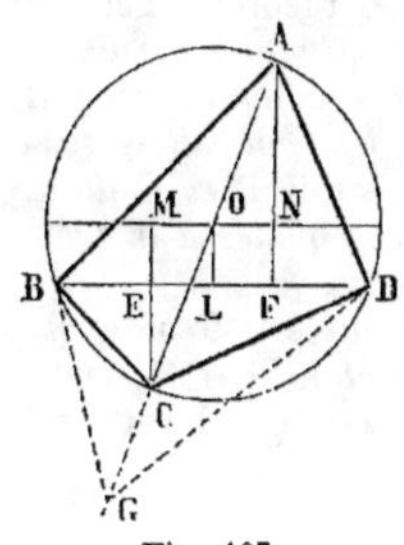

Fig. 107.

En admettant que les droites concourantes CB, CD, CE soient respectivement perpendiculaires aux côtés du triangle ABD, on reconnaît que le quadrilatère ABCD a deux angles opposés B et D qui sont droits ; par suite, AC serait le diamètre du cercle circonscrit, et comme on a déjà prouvé que les côtés opposés BC, AD ont des projections BE, FD égales entre elles (n° 136), le théorème revient au suivant.

La droite la plus courte qu'on puisse mener par un point donné E *dans un angle donné* XAY (fig. 108) *est une droite* BEC *telle que le segment* BE *égale la projection* FC *du côté* AC. (De même, le segment CE égale alors la projection BF du côté AB.)

Démonstration. Soit $BE = FC$

En élevant une perpendiculaire EG à BC et prenant $EG = AF$, on forme un parallélogramme ABGC.

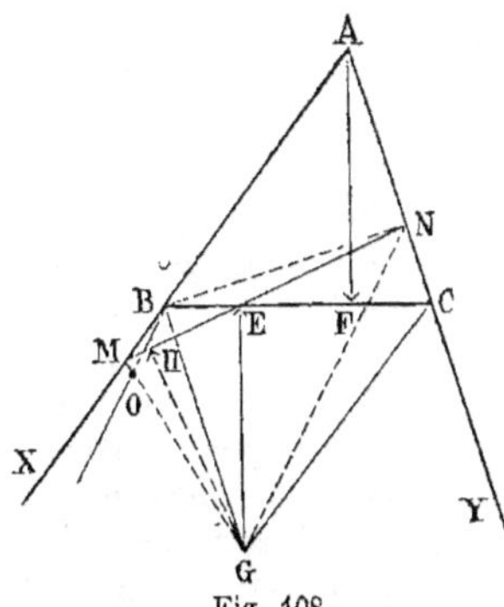

Fig. 108.

Par le point E menons une autre droite MEN ; il faut prouver que BC est < MN.

Comparons les triangles BGC, MGN.

Si nous démontrons que BGC est plus petit que MGN, nous aurons prouvé que BC est < MN, car la hauteur GE du premier est plus grande que la hauteur GH du second.

Or, à cause des parallèles AC et BG, les triangles BGC, BGN sont équivalents, car ils ont même base BG et même hauteur.

Il suffit donc de comparer BGN et MGN ; pour cela menons une parallèle BO au côté NG pris pour base. Le point O se trouve entre M et G, car l'angle GBO, égal à BGN, est plus petit que les angles égaux BGC,

---

* NEWTON (1642-1727) naquit dans le comté de Lincoln, en Angleterre. Un de ses principaux ouvrages a pour titre : *Philosophiæ naturalis principia mathematica.* NEWTON inventa le *calcul des fluxions*, qui ne diffère du *calcul différentiel* de LEIBNITZ que par le point de départ et par la notation. On doit aussi au géomètre anglais une première étude de la classification des *courbes du troisième degré.*

LEIBNITZ, né à Leipzig en 1646, mort à Hanovre, en 1716, est l'inventeur du *calcul différentiel,* nommé aussi *calcul infinitésimal ;* il avait trouvé ce nouveau calcul dès 1674, ou 1675, mais ce n'est qu'en 1684 que parut sa *Nova Methodus pro maximis et minimis.*

GBM ; donc la perpendiculaire abaissée du point B sur GN est plus courte
que la perpendiculaire abaissée du sommet M sur la même base GN ;
ainsi le triangle BGN est plus petit que MGN.

Donc le triangle BGC est plus petit que MGN,

d'où $\qquad\qquad$ BC $<$ MN $\qquad\qquad$ *C. Q. F. D.*

Note. Le théorème précédent n'est qu'un cas particulier du théorème général
de NEWTON : *La droite la plus courte qu'on puisse mener entre deux courbes
données, de manière que cette droite BEC passe par un point donné, ou soit
tangente à une troisième courbe, est celle qui remplit les conditions suivantes : Les normales menées aux courbes par les extrémités B et C de la
droite doivent concourir en un même point avec la normale menée à la troisième courbe par le point de contact E.*

On peut consulter les ouvrages suivants : *Principles of modern Geometry,*
by JOHN MULCAHY, n° 104, page 106; *Questions de Géométrie,* par M. DES-
BOVES, pages 126, 434; et surtout *Des méthodes en Géométrie,* par PAUL SER-
RET, n° 56, page 104.

§ V. — Volumes auxiliaires.

169. Volumes auxiliaires. L'emploi des volumes auxiliaires est analogue à celui des surfaces auxiliaires, mais il est beaucoup plus étendu.
A l'aide des volumes auxiliaires on peut chercher :

1° Des relations entre certaines lignes (n° 170) ;

2° L'aire d'une figure (n° 173) ;

3° Les propriétés d'une figure plane considérée comme section d'un
solide (n° 174).

Premier Cas. *Relations linéaires.*

Exercice.

170. Théorème. *Lorsqu'un tétraèdre a trois faces égales, la somme
des distances d'un point quelconque de la quatrième face à chacune des
trois autres est constante.*

La démonstration est analogue à celle d'un théorème connu (n° 164).
On joint le point donné aux quatre sommets, ce qui décompose le solide
donné en trois pyramides ayant pour base une des faces latérales, etc.

De même le théorème relatif aux droites issues d'un même point
(n° 165) conduit au théorème suivant, facile à démontrer à l'aide de
volumes auxiliaires :

*Lorsque des droites issues de chaque sommet d'un tétraèdre se coupent
en un même point O dans l'intérieur du solide, l'unité est la valeur
qu'on obtient, lorsqu'on divise, par la ligne entière correspondante,
chaque segment compris depuis le point O jusqu'à la face de la pyramide.*

Exercice.

171. *La somme des perpendiculaires abaissées, sur les faces d'un
polyèdre régulier, d'un même point pris dans l'intérieur de ce polyèdre,
est une quantité constante.*

On prend chaque face pour base d'une pyramide ayant en premier lieu le point donné pour sommet, puis on considère un autre groupe de pyramides ayant pour sommet le centre du polyèdre.

Le volume s'obtient tantôt en multipliant le tiers d'une face par la somme des perpendiculaires, et tantôt en multipliant le tiers d'une face par la somme des apothèmes du polyèdre; donc la somme des perpendiculaires est constante, car elle égale celle des apothèmes.

172. Remarque. La méthode par les surfaces ou les volumes auxiliaires est parfois moins élégante qu'une solution directe; mais elle s'applique à un assez grand nombre de questions. Au point de vue des méthodes que l'on peut employer pour démontrer le théorème connu : *La somme des perpendiculaires abaissées d'un point quelconque de la base d'un triangle isocèle sur les côtés égaux est une quantité constante,* on peut faire les remarques suivantes :

La démonstration donnée (n° 20) est ingénieuse, mais ne s'applique qu'à cette question. La méthode par duplication (n° 74) est plus générale, mais ne convient qu'aux figures planes; et l'emploi des surfaces auxiliaires (n° 164) a de bien plus nombreuses applications, et conduit à des démonstrations analogues pour la géométrie dans l'espace.

2° Cas. *On considère des volumes connus, pour obtenir l'aire d'une surface demandée.*

Exercice.

173. Problème. *Trouver la surface convexe d'un cône de révolution coupé par une section oblique.*

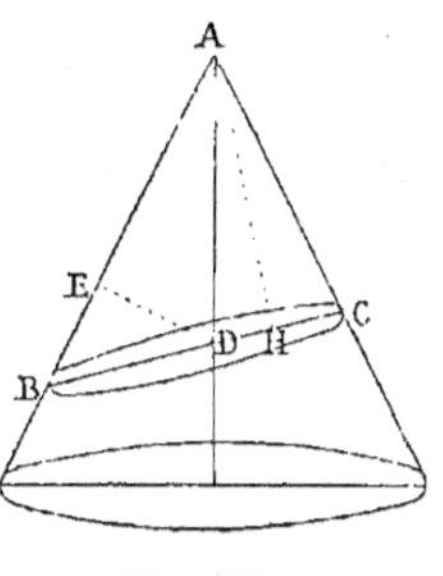

Fig. 100.

La section BC est une ellipse dont on peut mesurer ou calculer les axes. Du point D, où l'axe rencontre la section, abaissons une perpendiculaire DE sur une génératrice; abaissons la perpendiculaire AH sur la section.

Le volume du cône ABC égale

$$\text{ellipse BC} \times \frac{AH}{3} ;$$

mais le point D est à égale distance de toutes les génératrices. Le cône peut donc être regardé comme la limite vers laquelle tend la somme des pyramides triangulaires qui auraient le point D pour sommet, et dont le triangle de base aurait pour côtés deux génératrices voisines et une corde de l'ellipse. Donc le volume peut s'obtenir en multipliant la surface latérale par $\frac{DE}{3}$; donc aussi :

$$\text{Surface convexe BAC} = \frac{\text{ellipse CB} \times AH}{DE} .$$

Cet exercice 173 permet d'obtenir la surface de la *sinusoïde*, connaissant le volume de l'onglet cylindrique*.

3e Cas. *On emploie un volume auxiliaire, afin d'étudier les propriétés d'une figure plane, que l'on peut considérer comme étant une section du solide.*

Exercice.

174. Théorème. *Sur une sécante quelconque, l'hyperbole et ses asymptotes interceptent des segments égaux.*

Considérons le cône formé par la rotation de ON autour de Ox.

Un plan sécant perpendiculaire au méridien principal, et dont la trace serait NN', couperait le cône suivant une ellipse, puisque toutes les génératrices de la même nappe seraient rencontrées. (G., n° 844.)

Soit NHN' le rabattement de la moitié de l'ellipse : le plan qui donne l'hyperbole est éloigné de l'axe du cône de la longueur OB ; donc sa trace sur l'ellipse est une corde HH' parallèle à NN' et telle que EG = OB. Mais, NN' étant le grand axe de l'ellipse, la perpendiculaire élevée au milieu de NN' divise

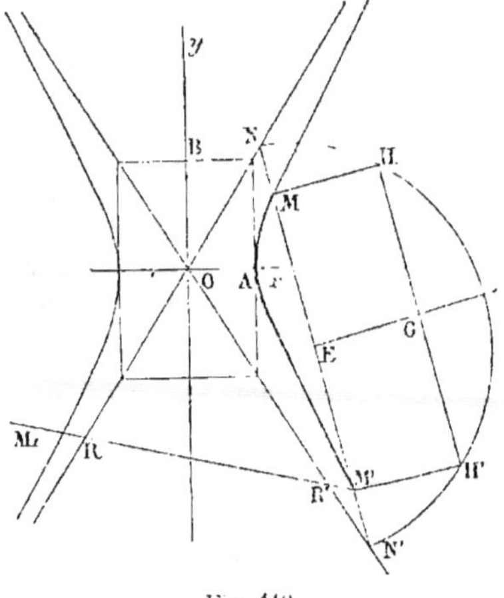

Fig. 110.

toute corde parallèle en deux parties égales : ainsi GH = GH' ; donc MN = M'N'.

Si la sécante coupait les deux branches, la section serait une hyperbole dont RR' serait l'axe transverse ; M'M$_1$ serait la projection d'une corde parallèle ; donc encore, M$_1$R = M'R'.

Application. A l'aide de la propriété démontrée, on construit très facilement une hyperbole lorsqu'on connaît les asymptotes et un point de la courbe.

175. Corollaire. *Toute tangente limitée aux asymptotes est divisée en deux parties égales par le point de contact*.*

Exercice.

176. Théorème de d'Alembert*. *Trois circonférences, considérées deux à deux, ont six centres de similitude ; les trois centres extérieurs sont*

---

* On trouve facilement la plupart des propriétés de l'ellipse lorsqu'on la considère comme étant obtenue par la section oblique d'un cône de révolution. MAC-LAURIN, dès 1742, en donne de nombreux exemples dans son *Traité des fluxions*, tome II, chap. XIV, page 96.

* D'ALEMBERT, né à Paris en 1717, mort en 1783. On lui doit un *Traité de dynamique*, le *Traité de l'équilibre et du mouvement des fluides*, et un grand nombre d'autres écrits.

en ligne droite ; il en est de même de deux centres intérieurs et d'un centre extérieur.

Démonstration de Monge *. Considérons des sphères ayant pour grands cercles les cercles donnés A, B, C. Les cônes, circonscrits à ces sphères prises deux à deux, ont respectivement pour sommets les centres de similitude.

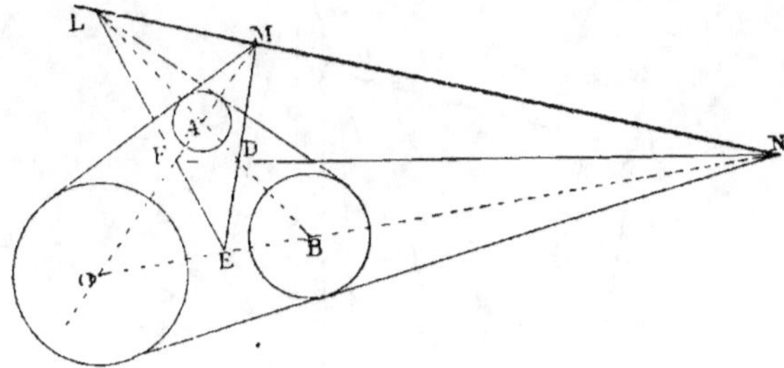

Fig. 111.

Pour démontrer que les trois centres extérieurs L, M, N sont en ligne droite, il suffit de considérer les deux plans tangents qui laissent les trois sphères d'un même côté. Ces deux plans contiennent les trois sommets L, M, N des cônes circonscrits ; or deux plans se coupent suivant une droite ; donc les trois points L, M, N sont en ligne droite.

Remarque. Pour F, D, N, on considère les deux plans tangents qui laissent les sphères B et C d'un même côté, tandis que la sphère A est de l'autre côté, etc.

Exercice.

177 *a.* **Théorème de Desargues** **. *Lorsque les côtés de deux triangles ABC, abc se coupent deux à deux en trois points situés en ligne droite, les droites Aa, Bb, Cc, qui joignent les sommets correspondants, se coupent au même point.*

Admettons que *abc* soit la base d'un prisme triangulaire, dont A'B'C' serait la section par un plan mené par la droite LMN.

Les droites AB, A'B' concourent au point L, car LA'B' est l'intersection du plan sécant et du plan conduit par L*ab*.

Il est évident que les droites AA', BB', CC' concourent en un même point S ; car si par les lignes concourantes LAB, LA'B' on fait passer un

* Monge, né à Beaune en 1746, mort en 1818, élève, puis répétiteur à l'école militaire de Mézières, est le principal créateur de la *géométrie descriptive.* Après avoir accompagné Bonaparte en Égypte, il eut à son retour la direction de l'École polytechnique.

** Desargues, né à Lyon en 1593, mort en 1662, s'occupa surtout de la partie pratique des mathématiques. Pascal, Descartes, Fermat, La Hire, ont profité des idées de cet auteur. On doit à Desargues le théorème relatif à deux triangles dont les sommets sont deux à deux sur trois droites concourantes, théorème que Poncelet a pris pour base de sa théorie des figures homologiques.

premier plan, puis un second par MAC, MA'C', un troisième par NBC,
NB'C', les trois plans se coupent en un même point S.

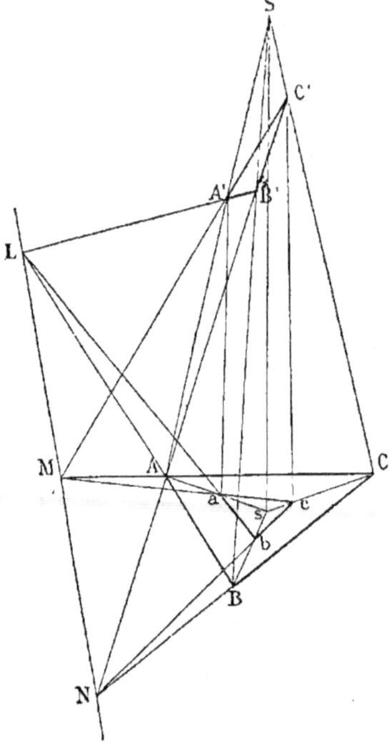

Fig. 112.

Donc les trois droites Aa, Bb, Cc concourent en un même point s, projection du sommet S de la pyramide sur la base ABC.

Exercice.

177 b. Théorème réciproque. *Lorsque les sommets de deux triangles*
ABC, abc *sont deux à deux sur trois droites qui concourent en un*
même point s, *les côtés des triangles se coupent deux à deux, en trois*
points L, M, N *situés en ligne droite.*

Considérons une pyramide dont $s a$A, $s b$B, $s c$C seraient les projections
des arêtes latérales. Les projetantes qui correspondent aux sommets a,
b, c donneraient A', B', C', sur les arêtes correspondantes.

Or le plan de la section A'B'C' coupe celui de la base suivant une certaine droite, et les côtés correspondants AB, A'B' se coupent sur cette
droite, en L, par exemple; donc $a b$ passe aussi par ce point, car $a b$ est
la projection de A'B'.

Remarque. Les deux théorèmes de *Desargues* sont fondamentaux dans
la théorie de l'*homologie* *.

---

* L'*homologie*, comme corps de doctrine et procédé général de transformation des figures,

§ VI. — Projections ou Sections.

178. La méthode des projections ou des sections est, en quelque sorte, la contre-partie de la méthode qui emploie des surfaces ou des volumes auxiliaires pour étudier des questions de géométrie plane. En effet, par la méthode des projections, on se propose d'obtenir une figure plus simple que la figure proposée, ou bien on ramène une question de géométrie dans l'espace à un exercice plan, se bornant à étudier la section obtenue en coupant le solide par un plan convenablement choisi.

Nous ne considérons ici que la *projection cylindrique*, c'est-à-dire la projection obtenue par des droites parallèles entre elles, mais dans une direction d'ailleurs quelconque par rapport au plan de la section. Ainsi, étudier la projection plane d'une figure donnée revient à considérer la section du cylindre formé par les projetantes de cette figure donnée.

Exercice.

179. Théorème. *La bissectrice de l'angle d'un triangle divise le côté opposé en segments proportionnels aux côtés adjacents.*

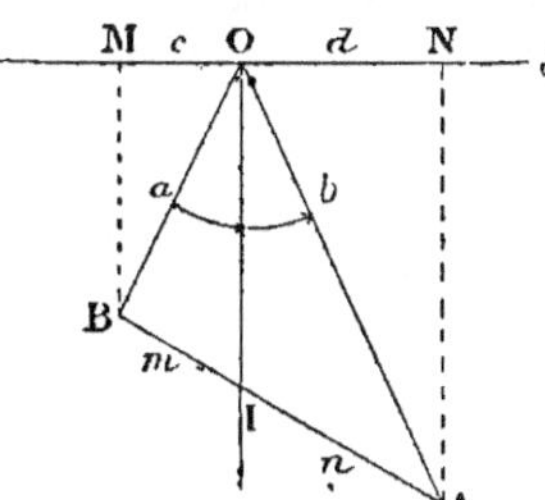

Fig. 113.

Projetons les sommets A et B sur la bissectrice extérieure OJ.

Les côtés a et b étant également inclinés sur OI sont proportionnels à leurs projections c et d.

Il en est de même des segments m et n; donc

$$\frac{a}{b} = \frac{c}{d} = \frac{m}{n} \quad C.\ Q.\ F.\ D.$$

Remarque. Pour les segments déterminés par la bissectrice extérieure, on projette ces segments et les côtés adjacents sur la bissectrice intérieure. La démonstration est tout aussi simple que la précédente.

Exercice.

180. Théorème de Ménélaüs. *Lorsqu'une transversale coupe les trois côtés d'un triangle, le produit de trois segments, n'ayant pas d'extrémité commune, égale le produit des trois autres segments* (n° 166).

---

est due à Poncelet. Pour se rendre compte de la fécondité de cette méthode et de l'esprit investigateur du créateur de l'homologie, il faut lire son *Traité des propriétés projectives des figures*, et les *Applications d'analyse et de géométrie*, du même auteur.

Traité des propriétés projectives des figures, 2 vol. in-4°. La première édition est de 1822, et la seconde de 1865. Les premières recherches datent de 1813, pendant la captivité de l'auteur en Russie; elles furent communiquées dès 1814 à MM. François et Servois, professeurs aux écoles d'artillerie et du génie à Metz.

Quelques fragments de ces recherches ont été publiés en 1817-1818 dans le tome VIII des *Annales de Gergonne*.

Sur une droite quelconque, projetons les trois sommets du triangle par des lignes Aa, Bb, Cc parallèles à la transversale. Le point o est la projection des trois points L, M, N.

On sait que les parallèles divisent les sécantes en parties proportionnelles; on peut donc remplacer le rapport $\dfrac{AL}{BL}$ par $\dfrac{ao}{bo}$, etc.

Mais $AL . BM . CN = BL . CM . AN$

ou $\dfrac{AL}{BL} \cdot \dfrac{BM}{CM} \cdot \dfrac{CN}{AN} = 1$ peut être

remplacé par

$$\frac{ao}{bo} \cdot \frac{bo}{co} \cdot \frac{co}{ao} = 1$$

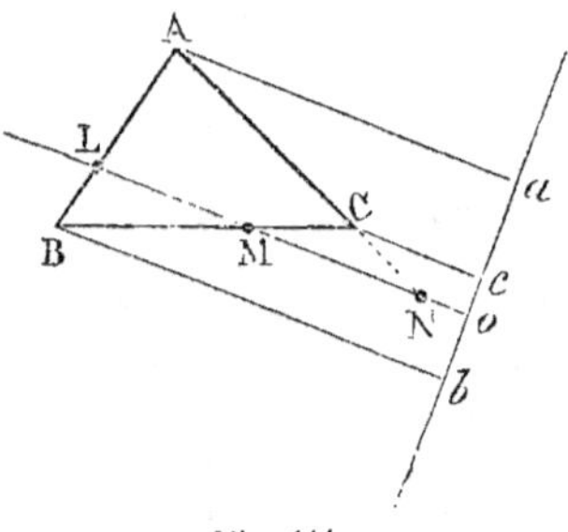

Fig. 111.

Or cette dernière égalité est évidente; la relation demandée est par suite démontrée.

Exercice.

181. Théorème de Carnot *. *Lorsqu'une transversale coupe les côtés d'un polygone plan, chaque côté est divisé en deux segments; le produit de tous les segments, n'ayant pas d'extrémité commune, égale le produit de tous les autres segments.*

Soit, par exemple, un pentagone ABCDE dont les côtés successifs AB, BC,... sont coupés par une transversale en des points H, K, L, M, N.

Projetons la figure sur une droite quelconque xy située dans son plan, par des droites parallèles à la transversale, et soit O le point où cette ligne rencontre xy.

Il faut prouver qu'on a :

$$\frac{AH}{BH} \cdot \frac{BK}{CK} \cdot \frac{CL}{DL} \cdot \frac{DM}{EM} \cdot \frac{EN}{AN} = 1$$

ou

$$\frac{ao}{bo} \cdot \frac{bo}{co} \cdot \frac{co}{do} \cdot \frac{do}{eo} \cdot \frac{eo}{ao} = 1$$

Or cette dernière relation est évidente. La première est donc démontrée.

Remarque. On démontre aussi d'une manière fort simple la généralisation suivante :

Lorsqu'un plan coupe les côtés d'un polygone gauche, chaque côté est divisé en deux segments; le produit de tous les segments; n'ayant pas d'extrémité commune, égale le produit de tous les autres segments.

---

* CARNOT, né à Nolay (Côte-d'Or) en 1753, mort à Magdebourg en 1823, élève de MONGE à l'école de Mézières, publia un *Essai sur les transversales, De la corrélation dans les figures de géométrie*, la *Géométrie de position*.

On ne cite généralement que la *Géométrie de position*, publiée en 1803; mais le théorème ci-dessus, ainsi que son extension à un polygone gauche, se trouve déjà dans l'ouvrage publié en 1801 : *De la corrélation des figures de géométrie*, nos 220 et 221, page 162.

Il suffit de projeter la figure sur un plan non parallèle au plan sécant, en recourant à des droites parallèles à ce même plan sécant; car on retombe sur le *théorème de Carnot*.

Exercice.

182. Lieu. *Une pyramide triangulaire SABC est coupée par un plan qui rencontre le plan de base suivant LMN, et détermine dans la pyramide une section A'B'C'. On fait tourner la section A'B'C' autour de l'axe MN, et l'on joint AA', BB', CC'; quel est le lieu décrit par le sommet de la pyramide ainsi obtenue *?*

Par la hauteur SH menons un plan SHOR perpendiculaire à l'axe de rotation; ce plan détermine deux droites DE, D'E' dont il suffit d'étudier

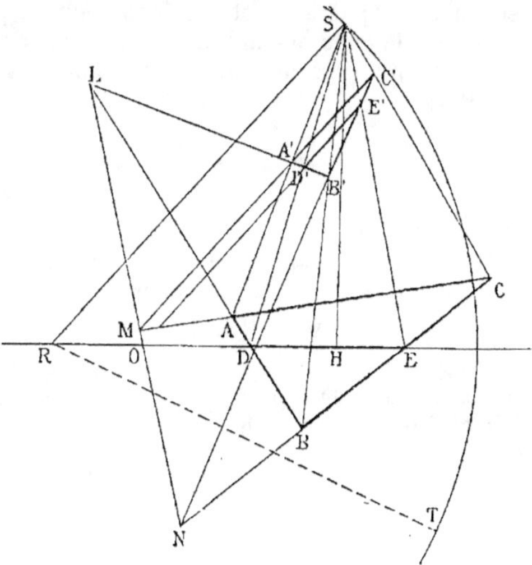

Fig. 115.

la position respective, car elles sont invariablement liées à la base et à la section. Le problème revient donc à une question connue de géométrie plane. *On demande le lieu décrit par le point de concours S des droites DD', EE' (no 84).*

Le sommet S décrit une circonférence dont le plan est perpendiculaire à MN; R en est le centre et RS le rayon.

---

* Ce théorème a été indiqué par PONCELET dans l'étude de l'homologie; mais il est attribué ordinairement à STEINER, qui l'a formulé explicitement dans le *Journal de Crelle*.

La démonstration que nous donnons est très simple; néanmoins on lira avec fruit celle de A. AMIOT, *Leçons nouvelles de géométrie élémentaire*, 2ᵉ édition, page 570.

A. AMIOT, ancien professeur de mathématiques spéciales au lycée Saint-Louis, est surtout connu par les nombreux élèves qu'il a préparés pour l'École normale supérieure et pour l'École polytechnique. On lui doit divers ouvrages classiques, entre autres des *Éléments de géométrie* et les *Leçons nouvelles de géométrie descriptive*.

Remarque. On peut considérer le point S comme le point de vue de deux figures perspectives A′B′C′, ABC, et la question s'énonce fréquemment sous la forme de théorème :

Lorsqu'une figure ABC reste fixe et que sa perspective A′B′C′ tourne autour de la trace du tableau LMN, le lieu du point S est un cercle dont le plan est perpendiculaire à l'axe LMN.

Exercice.

183. Théorème. *Dans un trièdre, les trois plans menés par une arête et la bissectrice de l'angle de la face opposée se coupent suivant une même droite.*

Prenons des grandeurs égales SA, SB, SC sur chaque arête; nous aurons une pyramide ayant pour base ABC et pour faces latérales trois triangles isocèles. La bissectrice de l'angle au sommet de chacun d'eux passe au milieu du côté opposé; donc les traces sur le plan ABC des trois plans menés dans le trièdre sont les médianes du triangle ABC; or ces lignes se coupent en un même point M; par suite, les trois plans se coupent suivant SM.

Exercice.

184. Problème. *Circonscrire un cône de révolution à un trièdre donné.*

D'après le théorème précédent, on voit qu'il suffit de circonscrire une circonférence au triangle ABC, obtenu en prenant

$$SA = SB = SC$$

Les arêtes étant égales, le cône sera de révolution. L'angle au sommet est le double de l'angle aigu d'un triangle rectangle, dont SA serait l'hypoténuse et R le côté opposé à l'angle demandé.

Remarque. On peut traiter par la géométrie plane un assez grand nombre de questions relatives au trièdre (n⁰ˢ 417, 419).

IV

TRANSFORMATION DES FIGURES

---

185. Définition. La méthode dite par Transformation des figures consiste à remplacer une figure donnée par une figure plus simple, liée à la première par des relations de position et de grandeur.

Dans l'exposé des méthodes élémentaires, nous emploierons les transformations qui résultent des modifications suivantes :

1º Le déplacement parallèle ;

2º La réduction et l'inclinaison des ordonnées d'une figure ;

3º La similitude ;

4º Le problème contraire ;

5º L'inversion.

§ I. — Déplacement parallèle.

186. Déplacement d'un sommet. Les théorèmes fondamentaux relatifs à ce mode de transformation sont les suivants :

Deux triangles qui ont même base et même hauteur sont équivalents. (G., nº 315, 2º.)

Deux pyramides qui ont même base et même hauteur sont équivalentes. (G., nº 467.)

On emploie fréquemment le premier de ces théorèmes dans toutes les questions où il s'agit de transformer un polygone donné en un triangle équivalent, et de partager un polygone en parties équivalentes, ou en parties proportionnelles à des grandeurs données.

On emploie le second pour démontrer des théorèmes relatifs au volume du tronc de prisme et du tronc de pyramide. (G., nºˢ 473 et 474.)

Voici la propriété dont nous ferons le plus fréquemment usage.

Exercice.

187. Théorème. *Lorsque le sommet d'un triangle glisse sur une parallèle à la base, le segment déterminé par les deux autres côtés du triangle sur une sécante parallèle à cette base, a une longueur constante, quelle que soit la position du sommet mobile.*

Soit le triangle ABC, dont le sommet est transporté en C′. On doit avoir $\qquad$ $MN = M'N'$

On a $\qquad$ $\dfrac{MN}{AB} = \dfrac{d}{h}$

mais $\qquad$ $\dfrac{d}{h} = \dfrac{M'N'}{AB}$

donc $\qquad$ $M'N' = MN$

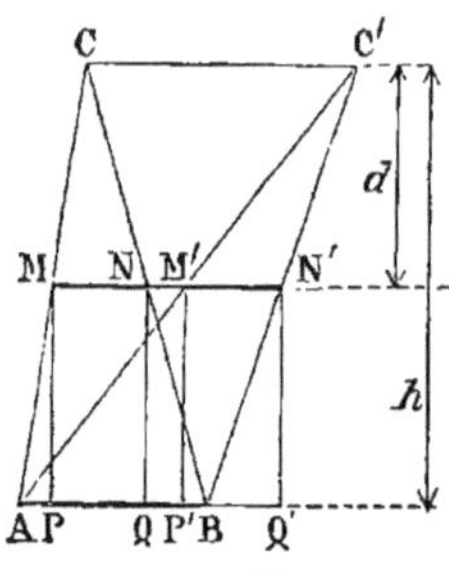
Fig. 116.

188. Scolie. Les rectangles correspondants MNPQ et M'N'P'Q' sont égaux.

Les parallélogrammes qu'on obtiendrait en menant par N et N′ des droites respectivement parallèles aux côtés AC et AC′, seraient équivalents.

Voici une application.

Exercice.

189. Problème. *Dans un triangle ABC, mener une parallèle à la base, de manière que le rectangle inscrit correspondant ait une valeur donnée* r^2 *pour somme des carrés des deux côtés adjacents.*

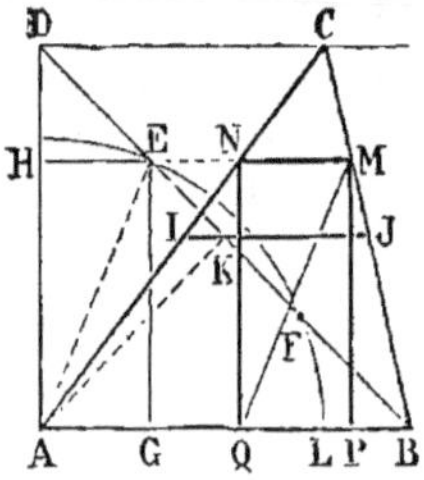

Transportons le sommet C en D, de manière à obtenir un triangle rectangle ABD.

On doit avoir $\quad EG^2 + EH^2 = r^2$

donc $\qquad AE = r$

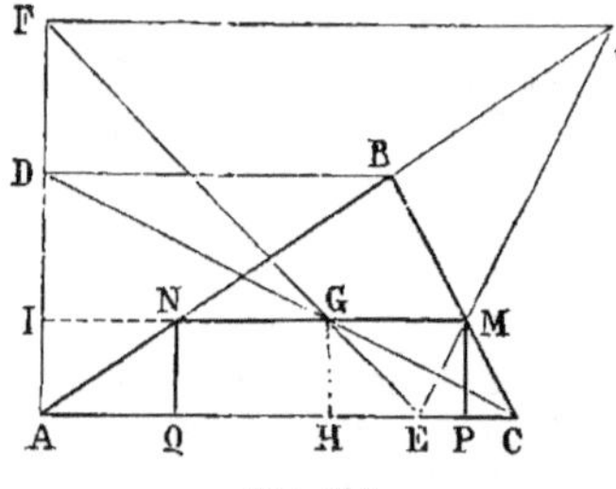

Ainsi du point A comme centre, avec r pour rayon, il faut décrire une circonférence. Cette courbe rencontre BD aux points E, F.

Par le point E, menons une parallèle ENM à la base du triangle, puis abaissons les perpendiculaires MP et NQ.

Fig. 117.

On sait que $\qquad MN = HE$ (n° 187);

donc $\qquad MN^2 + MP^2 = r^2$

Exercice.

190. Problème. *Dans un triangle donné ABC, inscrire un rectangle dont le périmètre égale une longueur donnée* 2l.

En supposant le problème résolu et MPNQ le rectangle, tel que $MN + MP = l$, on reconnaît que la question revient à inscrire le rectangle AHGI dans le triangle rectangle CAD, de même base et de même hauteur que le triangle proposé.

Fig. 118.

Or il suffit de prendre $\qquad AE = AF = l$
et de mener FE (n° 99, **a**).

On a $\qquad GH + GI = l$
donc aussi $\qquad MP + MN = l$

191. Remarques. 1° On peut éviter la construction du triangle CAD, car il suffit de mener une parallèle FJ jusqu'à la rencontre de ABJ, et de joindre le point J au point E.

On a en effet $\qquad \dfrac{MP}{AF} = \dfrac{ME}{JE}$ d'où $\quad MP = l . \dfrac{ME}{JE}$

$$\dfrac{MN}{AE} = \dfrac{JM}{JE} \quad \text{d'où} \quad MN = l . \dfrac{JM}{JE}$$

donc $\qquad MP + MN = l . \dfrac{JM + ME}{JE} = l$

2° Cette seconde construction conduit immédiatement à la solution du problème suivant qui, de prime abord, semble plus difficile.

Exercice.

192. Problème. *Dans un triangle quelconque, mener une parallèle MN à la base, et par les points M et N des droites MP, NQ parallèles à une ligne donnée xy, de manière que le parallélogramme inscrit MNQP ait un périmètre donné 2p.*

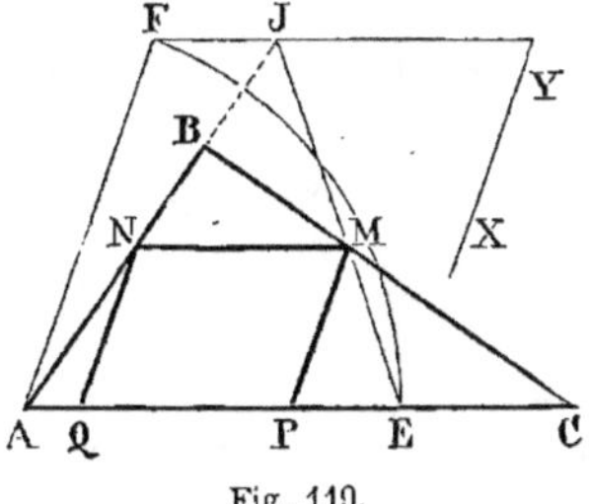

Fig. 110.

La solution développée du problème précédent, et l'emploi des mêmes lettres, permet de nous borner à l'indication des constructions à effectuer.

Par le sommet A menons une parallèle à XY ; prenons

$$AF = AE = p$$

Prolongeons AB jusqu'à la rencontre de la parallèle FJ, la droite EJ détermine le sommet M du parallélogramme.

On aura $\qquad MN + MP = p$

Exercice.

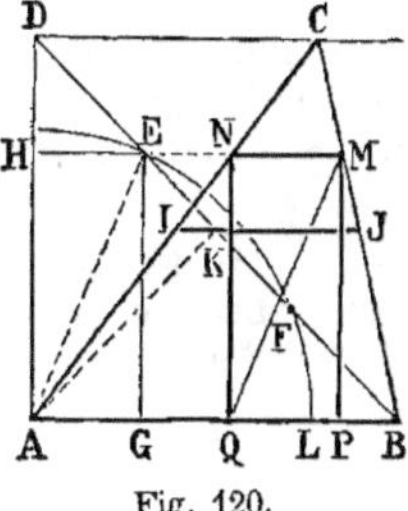

Fig. 120.

193. Problème. *Dans un triangle donné, inscrire un rectangle ayant pour diagonale une longueur donnée.*

On a déjà traité cette question sous un énoncé différent (n° 189).

Considérons le triangle rectangle BAD.

Du point A comme centre, avec la longueur donnée AL pour rayon, décrivons un arc de cercle qui coupera l'hypoténuse en deux points E et F.

Ces points d'intersection donnent la réponse

$$QM = AE = l$$

194. Remarque. Il peut y avoir deux solutions, une seule, ou aucune.

La perpendiculaire AK est la plus petite longueur que l'on puisse prendre pour diagonale du rectangle, et l'on prépare ainsi la question suivante :

Exercice.

195. Problème. *Dans un triangle quelconque, inscrire le rectangle dont la diagonale est minima.* (Fig. 120.)

La perpendiculaire AK détermine IJ, base supérieure du rectangle. (Voir n° 194.)

Note. La *méthode par translation parallèle* indiquée par M. Pétersen, et que nous n'employons que rarement, consiste à transporter toute une figure d'une position donnée à une autre position. Le lieu géométrique connu (n° 58) est la base de cette méthode; les problèmes résolus (n°ˢ 89 et 91) en montrent l'application. Le savant auteur danois propose un grand nombre d'exercices qu'on peut résoudre par la méthode de translation plus ou moins modifiée : *Méthodes et Théories pour la résolution des Problèmes de constructions géométriques,* pages 50 à 60.

§ II. — Modification des Ordonnées.

196. Définition. On sait qu'on nomme *ordonnées* d'une figure les perpendiculaires abaissées des divers points d'un périmètre sur une droite fixe prise pour axe. (G., n° 357.)

L'*abscisse* d'un point est la distance du pied de l'ordonnée à un point fixe, nommé origine, et pris sur l'axe choisi.

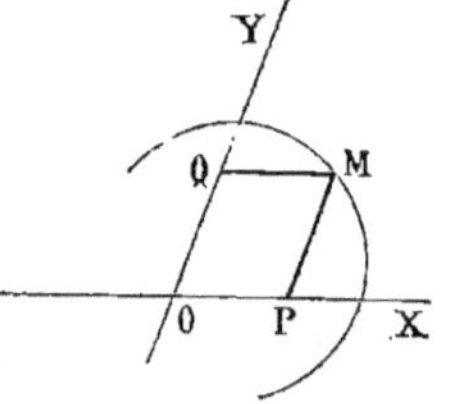

Fig. 121.

On prend plus généralement pour axes deux droites concourantes OX, OY, formant un angle quelconque. Par chaque point du périmètre de la figure étudiée, on mène les parallèles aux axes. Les parallèles à l'axe OY sont les ordonnées, et les parallèles à OX sont les abscisses. Ainsi MP est l'*ordonnée* du point M, MQ, ou son égale OP en est l'*abscisse.*

197. Remarque. Les modes de transformation que l'on va indiquer sont connus sous les noms de *réduction des ordonnées* ou *inclinaison des ordonnées;* mais la modification peut être opérée sur les abscisses aussi bien que sur les ordonnées.

On peut indifféremment *réduire* ou *amplifier* les ordonnées, c'est-à-dire que l'on peut multiplier chaque ordonnée ou chaque abscisse par un *nombre constant,* entier, expression fractionnaire ou fraction.

Exercice.

198. Problème. *Étudier les modifications qui résultent de la réduction des ordonnées d'une figure.*

Il faut distinguer ce qui se rapporte à la géométrie de position et ce qui est relatif aux aires ou aux volumes.

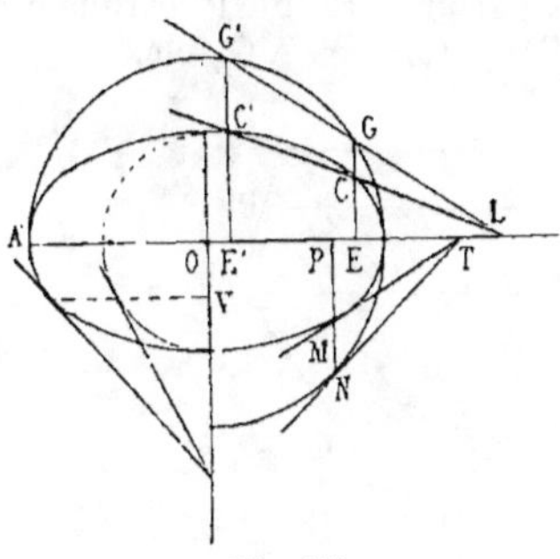

Fig. 122.

1° Pour les mêmes abscisses OE, OE', OP.

Les sécantes correspondantes CC' GG' coupent l'axe au même point L. (G., n° 640.)

Les tangentes MT, NT rencontrent aussi l'axe en un même point T. (G., n° 640.)

2° Les surfaces sont réduites ou amplifiées dans le rapport des ordonnées correspondantes. (G., n° 637.)

3° Les volumes sont réduits ou amplifiés dans le même rapport que les lignes correspondantes (G., n° 911 ').

Exercice.

199. Problème. *Étudier les variations qui résultent de l'inclinaison des ordonnées.*

1° Les sécantes correspondantes concourent au même point du diamètre commun à la figure donnée et à sa transformée; il en est de même des tangentes correspondantes.

2° L'aire de la surface qu'on obtient en inclinant les ordonnées d'une figure donnée s'obtient en multipliant l'aire de cette figure par le sinus de l'angle d'inclinaison. (G., n° 910.)

3° Il en est de même des volumes. (G., n° 913.)

Remarque. Les éléments de géométrie, et surtout les exercices proposés dans l'appendice, offrent un grand nombre d'exemples relatifs à l'ellipse obtenue par l'inclinaison des ordonnées du cercle; mais nous ne pouvons point insister ici sur ce mode de transformation, parce que nous n'y aurons pas recours dans ce travail. (Voir *Appendice aux Exercices de Géométrie* **, n°ˢ 724, 726, 734, 737, etc.)

Exercice.

200. Théorème. *Quand on modifie les ordonnées ou les abscisses d'une figure donnée, les figures inscrites correspondantes sont entre elles dans le même rapport que les figures circonscrites correspondantes.*

---

* Le célèbre peintre ALBERT DURER (1471-1528) transformait le cercle en ellipse en faisant croître proportionnellement toutes les ordonnées de la première courbe. (*Aperçu historique*, pages 216 et 529.)

** *Appendice aux Exercices de Géométrie*, F. I. C., 1877. Cet ouvrage donne la solution des questions complémentaires proposées à la fin de l'*Appendice aux Éléments de Géométrie*, 3ᵉ édition. Il contient quelques développements relatifs aux *coniques*; il donne le volume des segments des corps qui sont limités par une *surface du second degré*, et traite plusieurs questions dont la connaissance est utile en *géométrie descriptive*.

Considérons trois triangles ayant même hauteur, et dont les bases sont sur une même droite ; coupons ces triangles par une droite NP' parallèle à la base, et menons PM parallèle à AC, P'M' parallèle à A'C', etc.

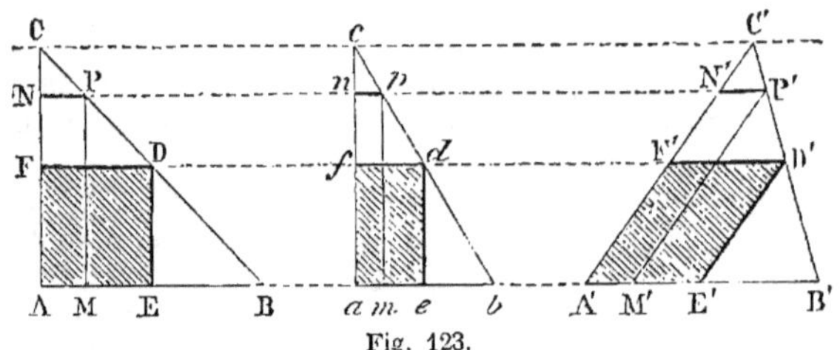

Fig. 123.

On a évidemment

$$\frac{CNP}{CAB} = \frac{cnp}{cab} = \frac{C'N'P'}{C'A'B'}$$

$$\frac{PMB}{CAB} = \frac{pmb}{cab} = \frac{P'M'B'}{C'A'B'}$$

donc

$$\frac{ANPM}{ACB} = \frac{anpm}{acb} = \frac{A'N'P'M'}{A'C'B'} \qquad C.\ Q.\ F.\ D.$$

Exercice.

201. Théorème. *Les figures inscrites de surface maxima sont correspondantes.*

C'est une conséquence immédiate du théorème précédent ; mais le grand parti que nous tirerons de ce corollaire nous conduit à le présenter directement.

Dans un triangle rectangle isocèle ABC, on démontre très simplement que le rectangle maximum inscrit AFDE (fig. 123) a son sommet au milieu de l'hypoténuse, car la somme DE + DF est constante, elle égale PM + PN = CA : or, pour le point milieu D, les facteurs sont égaux. Le rectangle maximum est la moitié du triangle circonscrit.

On a donc

$$\frac{AFDE}{ABC} = \frac{1}{2}$$

et ce rapport du rectangle inscrit au triangle rectangle circonscrit est maximum. Or on a de même

$$\frac{afde}{abc} = \frac{A'F'D'E'}{ABC} = \frac{1}{2}$$

donc, *pour un triangle quelconque, le parallélogramme inscrit maximum est celui qu'on obtient en menant, par le point milieu du côté donné, des parallèles aux deux autres côtés.*

Exercice.

202. Problème. *Dans un triangle quelconque, inscrire un rectangle dont la surface soit équivalente à un carré donné k².*

Nous pouvons remplacer le triangle donné ABC par un triangle rectangle ADC de même base et de même hauteur (n° 187).

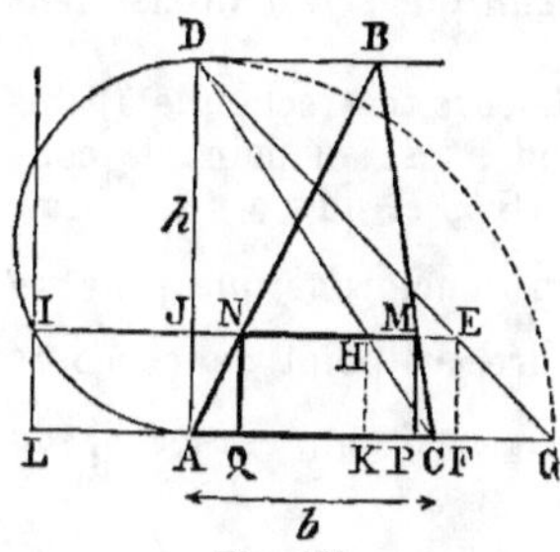
Fig. 124.

Soit $\quad$ AJHK $=$ NMPQ $= k^2$

Si le triangle ADC était rectangle isocèle, la question serait résolue (n° 99, c). Or, en prenant

$$AG = AD = h$$

on a

$$\frac{AJEF}{AJHK} = \frac{JE}{JH}$$

Or

$$\frac{JE}{JH} = \frac{AG}{AC} = \frac{h}{b}$$

d'où $\quad \dfrac{AJEF}{k^2} = \dfrac{h}{b}$; d'où l'on déduit $\quad$ AJEF $= k^2 . \dfrac{h}{b}$

Nous pouvons chercher un carré l^2 qui soit au carré k^2 dans le rapport $\dfrac{h}{b}$ (G., n° 345), puis porter le côté trouvé l de A en L, mener une parallèle LI à AD et abaisser une perpendiculaire IJNM. On a successivement

$$AJ . JE = AJ . JD = l^2 = k^2 . \frac{h}{b}$$

Mais

$$\frac{AJHK}{AJEF} = \frac{AC}{AG} = \frac{b}{h}$$

ou

$$AJHK = AJEF . \frac{b}{h}$$

Remplaçons AJEF ou AJ.JD par sa valeur $k^2 . \dfrac{h}{b}$

On aura $\qquad$ AJHK $= k^2 . \dfrac{h}{b} . \dfrac{b}{h} = k^2$ $\qquad$ *C. Q. F. D.*

203. Parallélépipède inscrit. Lorsque par un point quelconque de la base ABC d'un tétraèdre S,ABC on mène des plans parallèles aux faces latérales, on forme un parallélépipède dont trois faces sont sur les faces de l'angle S et dont un sommet est sur ABC.

Exercice.

204. Théorème. *Quelle que soit la modification apportée à une ou à plusieurs des arêtes de l'angle S, le parallélépipède inscrit est au tétraèdre primitif dans le rapport du nouveau parallélépipède au tétraèdre transformé.*

Bornons-nous à examiner le cas le plus simple. Admettons que dans le tétraèdre S,ABC, dont P est le sommet du parallélépipède inscrit, on réduise l'arête SA de moitié, par exemple, la distance de P′ à la face B′S′C′ ne sera que la moitié de la distance de P à la face BSC, tandis que les deux autres dimensions du parallélépipède ne varient point ; donc, en désignant les solides inscrits par P et P′, on aura :

$$\frac{P}{S,ABC} = \frac{P'}{S',A'B'C'} \qquad C.\ Q.\ F.\ D.$$

205. Corollaire. Au maximum du parallélépipède inscrit dans le tétraèdre S, correspondra le maximum de celui qui serait inscrit dans le tétraèdre S'.

Ainsi, après avoir démontré que dans le trièdre tri-rectangle à trois arêtes égales, le maximum est obtenu quand P est au point de concours des médianes du triangle équilatéral ABC, et qu'alors le parallélépipède est les $\frac{2}{9}$ du tétraèdre, nous en conclurons que pour un tétraèdre quelconque, le sommet P' doit être au point de concours des médianes de A'B'C', et que le solide inscrit maximum est les $\frac{2}{9}$ du tétraèdre considéré.

§ III. — Similitude.

206. Similitude. L'étude des *figures semblables* repose principalement sur le *théorème de Thalès**, relatif aux triangles semblables. (G., n° 221.)

Pour résoudre un problème à l'aide de la similitude, on construit une figure semblable à la figure demandée, et on compare une dimension à son homologue donnée. On opère surtout ainsi lorsque le problème proposé, ou le problème plus simple auquel on a pu le ramener, ne dépend que d'une ligne donnée.

Exercice.

207. Problème. *Construire un carré, connaissant la somme ou la différence de sa diagonale et de son côté.*

Tous les carrés sont des figures semblables ; ainsi toutes leurs dimensions homologues sont dans un même rapport. Or la somme ou la différence du côté et de la diagonale dans un carré quelconque, est homologue à la somme ou à la différence du côté et de la diagonale dans un autre carré. De là on conclut la construction ci-après :

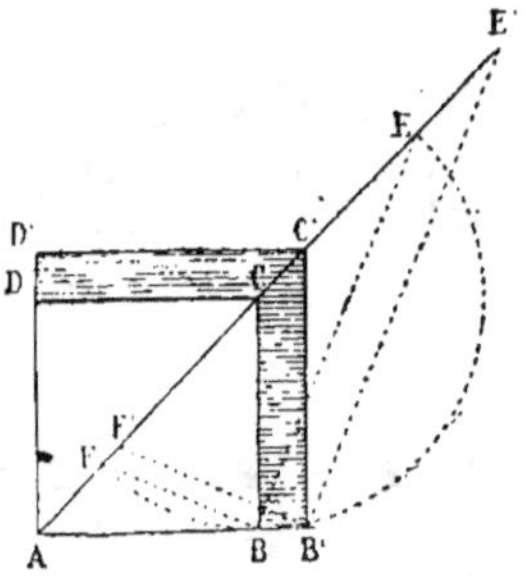

Construire un carré quelconque ABCD ; tracer et prolonger la diagonale AC ; du point C, avec CB pour rayon, décrire la demi-circonférence FBE, ou du moins marquer les points F et E.

Fig. 125.

Porter en AE' ou AF' la longueur donnée pour la somme ou pour la différence du côté et de la diagonale ; mener EB ou FB, puis E'B' ou F'B' parallèle à EB ou FB. On détermine ainsi le côté AB' du carré demandé.

---

* THALÈS, un des sept sages de la Grèce (639 à 548 av. J.-C.), alla s'instruire en Égypte ; il mesura la hauteur des pyramides par le moyen de leur ombre ; aussi lui attribue-t-on les théorèmes relatifs aux triangles semblables. Thalès s'établit ensuite à Millet, et y fonda l'École ionienne. Il eut la gloire de compter PYTHAGORE au nombre de ses disciples.

208. Remarques. 1° L'emploi des figures semblables fournit des solutions faciles à trouver, mais peu élégantes. Ce procédé est utile dans l'inscription d'une figure semblable à une figure donnée.

2° Dans certains cas, il faut combiner l'emploi des constructions auxiliaires à celui des figures semblables.

Exercice.

209. Problème. *Dans un triangle ABC, inscrire un rectangle semblable à un rectangle donné.*

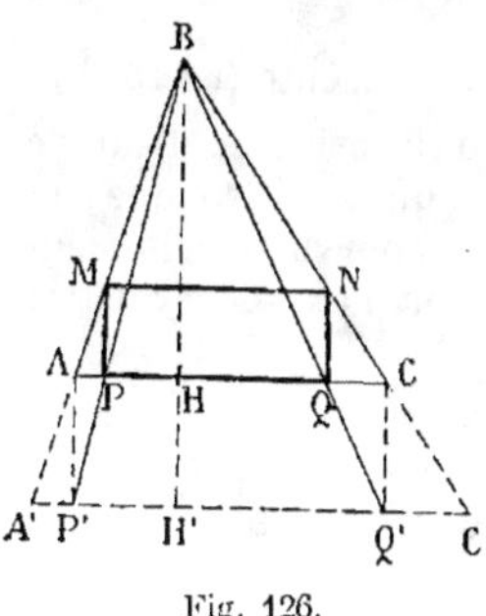

Fig. 126.

Cette question a déjà été résolue (n° 99, *c*); mais la *similitude* est la méthode naturelle, puisqu'on veut une figure de forme donnée.

Sur AC il faut construire un rectangle semblable au rectangle donné, et joindre le sommet B aux points P' et Q'; enfin il faut élever les perpendiculaires PM, QN.

On a
$$\frac{MN}{AC} = \frac{MP}{AP'},$$

d'où
$$\frac{MN}{MP} = \frac{AC}{AP'}.$$

Exercice.

210. Remarques. 1° On peut construire un rectangle sur chaque côté, ce qui donne trois solutions.

2° Comme, sur le côté AC, on peut construire un second rectangle semblable au rectangle demandé, on obtiendra sur AC une seconde solution, et en considérant les trois côtés, on aurait six solutions.

3° Pour inscrire un carré, il suffit de prendre AP' = AC. Il n'y a alors que trois solutions.

Exercice.

211. Problème. *Dans un cercle donné, inscrire un triangle isocèle, connaissant la somme l de la base et de la hauteur.*

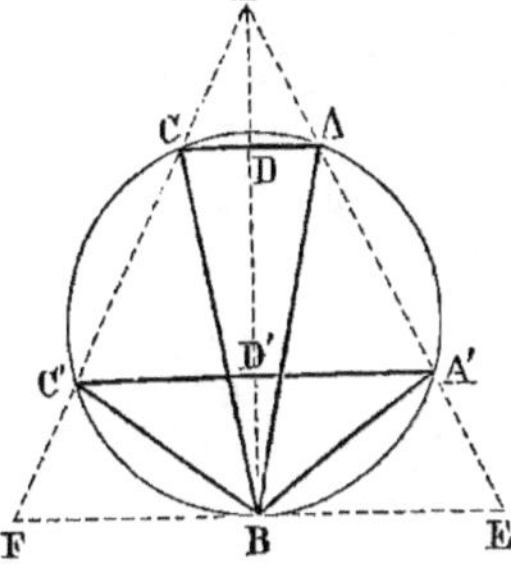

Fig. 127.

Supposons le problème résolu, et soit ABC le triangle demandé, tel que

$$AC + BD = l$$

Portons la base AC de D en L à la suite de la hauteur; alors

$$BL = l$$

Pour tout triangle semblable à LAC, la hauteur égale la base; donc en prolongeant LA, LC jusqu'à la tangente en B, on aura

$$FE = BL \quad \text{ou} \quad BE = \frac{l}{2}$$

De là on déduit la construction suivante :

Sur une tangente, il faut prendre $BE = \dfrac{l}{2}$, puis $BL = l$ et mener LE.

Le point A est déterminé ; on a en effet :

$$AD = \frac{1}{2} DL ; \quad \text{d'où} \quad AC = DL$$

donc $$AC + BD = BL = l \qquad C. Q. F. D.$$

Il y a généralement une seconde solution A′BC′.

212. Remarques. 1° Ce problème sera développé et discuté (n° 1503).

2° On procéderait d'une manière analogue pour inscrire un triangle isocèle, connaissant $b + h$, dans un polygone régulier quelconque, et même dans toute figure ayant un axe de symétrie, pourvu que le sommet du triangle dût se trouver à l'un des points où l'axe de symétrie coupe le périmètre.

§ IV. — Méthode du Problème contraire *.

213. Problème contraire. La méthode du problème contraire consiste à s'occuper d'abord d'un problème opposé à celui qui est proposé, et à revenir ensuite à ce dernier, en construisant une figure égale ou semblable à celle qu'on a d'abord obtenue.

On emploie le *problème contraire* dans la plupart des cas relatifs à l'inscription des figures. Par exemple, pour inscrire une figure A dans une figure donnée B, on circonscrit à la figure A une figure égale ou semblable à la figure B, et l'on cherche les relations de position qui permettent de faire la construction dans un sens inverse.

Exercice.

214. Problème. *A un arc donné* AB *mener une tangente* MCN, *limitée aux rayons* OAM, OBN, *de manière que le segment* CM *soit double de* CN.

Nous pouvons construire une figure *omn* semblable à celle que l'on demande ; pour cela :

Prenons $mc = 2cn$. Sur *mn* décrivons un segment capable de l'angle donné AOB. Élevons la perpendiculaire *co*, et du point *o* comme centre décrivons l'arc *acb*.

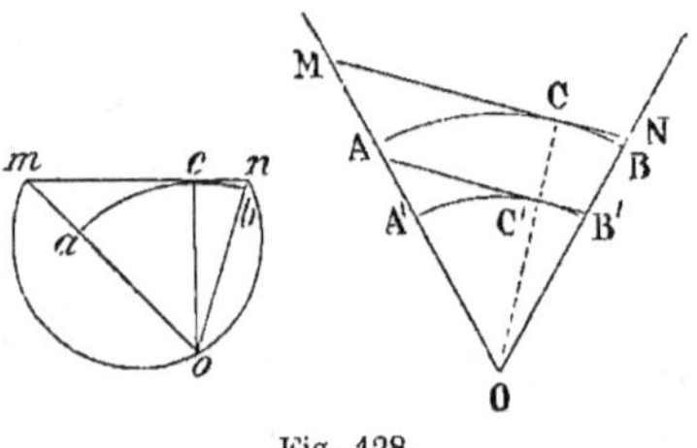

Fig. 128.

Il ne reste plus qu'à revenir à la figure donnée. Nous pouvons décrire, avec *oa* pour rayon, un arc A'C'B', puis prendre l'arc A'C' = *ac*, mener OC'C, et par le point C mener une perpendiculaire MCN au rayon OC.

A cause des figures semblables, on a   MC = 2CN.

Exercice.

215. Problème. *Dans un triangle donné* ABC, *inscrire un triangle égal à un triangle donné* DEF.

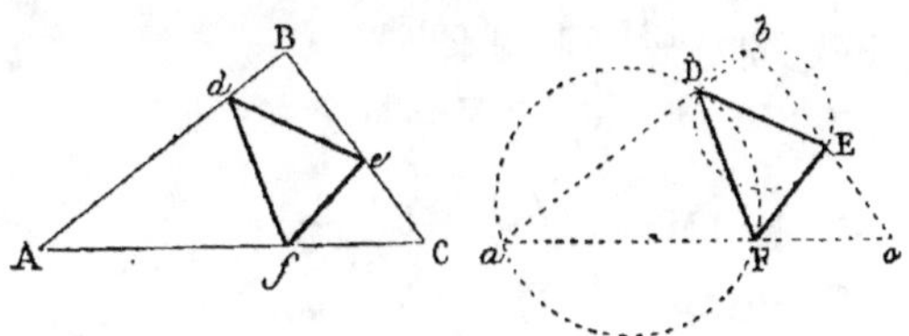

Fig. 129.

Circonscrivons au triangle DEF un triangle égal à ABC.

Sur DE décrivons un segment capable de l'angle B ; sur DF, un segment capable de l'angle A ; par le point D menons une sécante *ab* égale à AB (n° 139).

Les triangles *abc*, ABC sont égaux, comme ayant un côté égal adjacent à deux angles égaux ; donc la figure de droite est semblable à celle qu'on demande. Prenons A*d* = *a*D, etc., et *def* sera le triangle demandé.

Remarque. Dans bien des cas, on se borne à traiter le problème contraire ; car de ce dernier on passe facilement à la question proposée.

Exercice.

216. Problème. *Deux parallèles* AC *et* DB *sont éloignées d'une longueur donnée* d ; *d'un point fixe* O, *distant de* h *de la première, on mène la perpendiculaire commune* OAB. *A quelle distance* y *de cette droite une autre perpendiculaire commune* CD *sera-t-elle vue du point* O *sous un angle maximum* COD ? (*Trigonométrie*, p. 175, n° 13.)

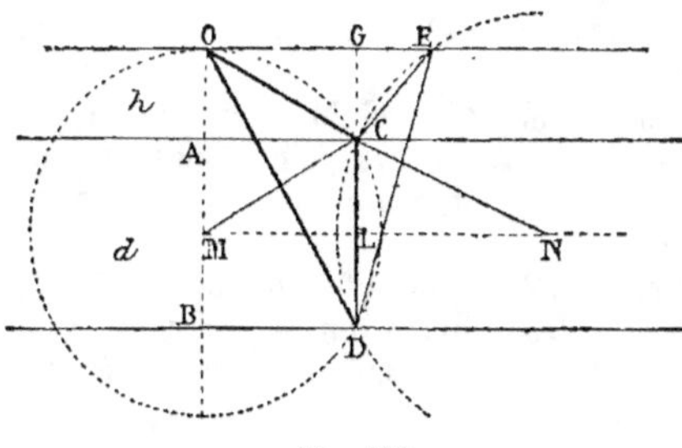

Fig. 130.

Résolvons le problème contraire.

Par le point O menons une parallèle aux droites AC, BD ; et, DC étant donnée de position, cherchons sur OE le point O qui donne l'angle maximum COD.

Pour un cercle quelconque de centre N, qui passe par D et C, et qui rencontre la parallèle, l'angle $E = N$.

Donc il sera maximum lorsque le rayon sera le plus petit possible. Ainsi par DC faisons passer un cercle M tangent à la parallèle, l'angle $O = M$; et, puisque CM est $< CN$, on a : angle $M > N$.

Remarque. On peut facilement calculer les éléments trigonométriques de l'angle maximum COD.

En effet, l'angle inscrit O a pour mesure demi-arc CD, l'angle au centre CML égale demi-arc CD ;

donc
$$\text{angle } O = \text{angle } M$$

Le triangle rectangle CLM a pour côtés :

$$\text{CL} \quad \text{ou} \quad \frac{d}{2} \; ; \quad \text{CM} = \text{MO} = \frac{d}{2} + h$$

donc
$$\text{LM} = \sqrt{\left(\frac{d}{2} + h\right)^2 - \frac{d^2}{4}}$$

Ainsi
$$\text{LM} = \sqrt{dh + h^2} \quad \text{ou} \quad \sqrt{h(h + d)}$$

Sinus O ou sinus
$$\text{CML} = \frac{\text{CL}}{\text{CM}} = \frac{d}{2} : \left(\frac{d}{2} + h\right)$$

donc
$$\text{sinus } O = \frac{d}{d + 2h}$$

Tangente M ou tangente
$$O = \frac{\text{CL}}{\text{ML}} = \frac{d}{2\sqrt{h(h + d)}}$$

§ V. — Inversion.

217. Définition. On appelle *figures inverses* deux figures telles que toute droite OMM' (fig. 131), menée par un point donné O, et coupant l'une d'elles en M et l'autre en M', donne un produit OM . OM' dont la valeur est constante.

On nomme *origine* ou *centre d'inversion* le point fixe donné. Les points correspondants M et M' sont appelés *points réciproques* ou *points inverses*.

Les distances OM, OM' sont connues sous le nom de *rayons vecteurs réciproques*. On appelle *puissance d'inversion** le produit constant des rayons vecteurs de deux points correspondants.

La puissance est *positive,* lorsque les points M et M' sont d'un même côté de l'origine O ; elle est *négative,* lorsque ces points sont de part et d'autre de l'origine. La puissance se représente assez fréquemment par $\pm k^2$.

La transformation d'une figure MNP..... en une autre M'N'P'..... à l'aide de l'inversion, se nomme : *transformation par rayons vecteurs réciproques.* Nous dirons simplement : *transformation par inversion.*

---

* La dénomination : *puissance d'un point* par rapport à un cercle (G., n° 829), d'où est venue *puissance d'inversion*, a été introduite par STEINER.

Théorème.

218. *Deux couples de points inverses appartiennent à une même circonférence. Les cordes correspon-
dantes MN, M'N' sont antiparallèles.*

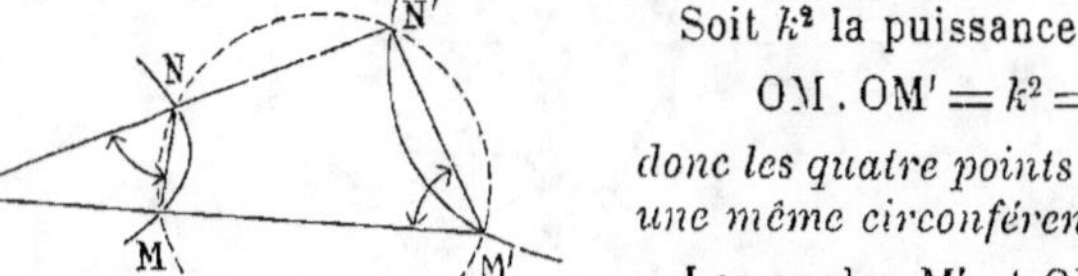

Soit k^2 la puissance, on a :

$$OM . OM' = k^2 = ON . ON'$$

*donc les quatre points appartiennent à
une même circonférence.* (G., n° 260.)

Les angles M' et ONM sont égaux,
il en est de même de N' et de OMN ;
donc les cordes correspondantes sont
antiparallèles par rapport aux rayons

Fig. 131.

OMM' ONN' qui aboutissent à leurs extrémités.

Théorème.

219. *La longueur d'une corde MN s'obtient en multipliant la corde
correspondante par la puissance, et en divisant ce résultat par le produit des rayons vecteurs, qui aboutissent aux extrémités de cette seconde
corde.*

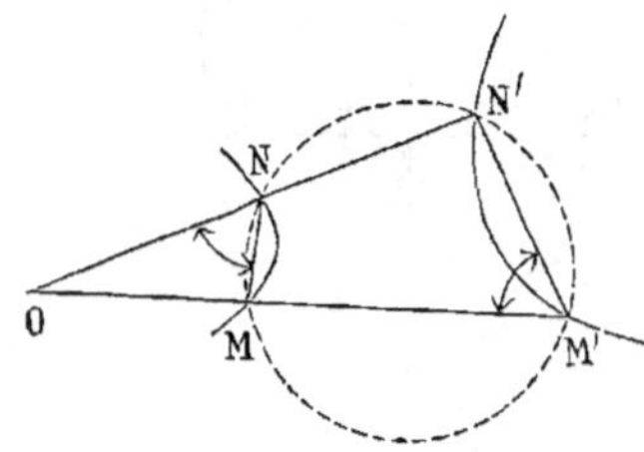

Les cordes MN, M'N' sont antiparallèles ; les triangles OMN, ON'M'
sont donc semblables, d'où

$$\frac{MN}{M'N'} = \frac{ON}{OM'}$$

$$MN = M'N' . \frac{ON}{OM'}$$

Fig. 132.

Il suffit d'exprimer ON en fonction
de la puissance et de ON'.

Or de $ON . ON' = k^2$, on tire : $ON = \dfrac{k^2}{ON'}$

donc

$$MN = k^2 . \frac{M'N'}{OM' . ON'} \tag{1}$$

On aurait de même

$$M'N' = k^2 \frac{MN}{OM . ON} \tag{2}$$

Théorème.

220. *Les tangentes menées à deux courbes inverses, par deux points
correspondants, forment des angles égaux avec le rayon vecteur qui
passe par les points de contact.*

En effet, pour deux rayons quelconques OMM', ONN' (fig. 133), le quadrilatère MM'N'N est inscriptible, les cordes MN, M'N' sont antiparallèles ;

l'angle

$$PMM' = P'N'O$$

A la limite, quand les rayons se rapprochent indéfiniment l'un de l'autre, les cordes deviennent des tangentes en M et M'; on a donc :

$$\text{Angle } TMM' = TM'M \qquad\qquad C.\ Q.\ F.\ D.$$

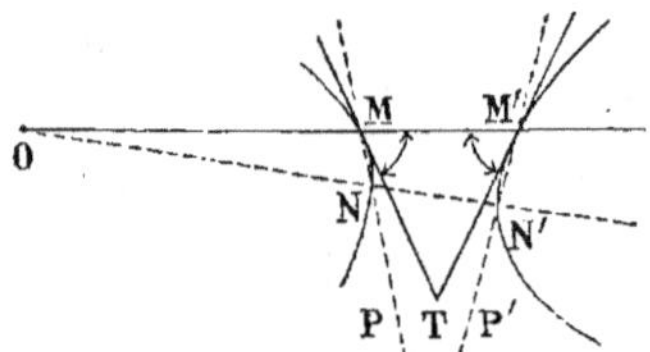

Fig. 133.

Scolie. Deux tangentes TM, TM', et le segment MM' du rayon vecteur des points de contact, forment un triangle isocèle.

Théorème.

221. *L'angle de deux lignes d'une figure donnée égale l'angle des deux lignes réciproques de la figure inverse.*

On sait que l'angle de deux courbes qui se coupent est l'angle des tangentes menées à ces courbes par le point commun.

Soient les courbes MD, ME qui appartiennent à une première figure; M'D' M'E' les courbes inverses des premières.

Il faut prouver que l'angle AMC des tangentes = AM'C'.

Or l'angle

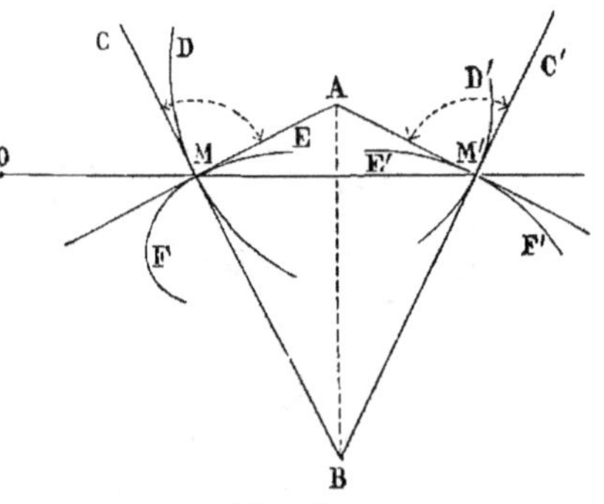

Fig. 134.

$$CMM' = C'M'M \qquad\qquad (\text{n}^\text{o}\ 220)$$

l'angle

$$AMM' = AM'M$$

donc l'angle

$$AMC = AM'C' \qquad\qquad C.\ Q.\ F.\ D.$$

222. Scolie. I. Les deux couples de tangentes donnent un quadrilatère symétrique, par rapport à la droite AB des points de concours.

II. Dans certains cas, la figure inverse d'une circonférence MD est une droite M'C' (n° 223). Le théorème n'en subsiste pas moins.

L'angle des tangentes AMC égale l'angle que la tangente AM' fait avec la droite M'C', inverse de l'arc MD.

III. Il ne faut pas comparer l'angle formé par deux couples de cordes correspondantes, car ces droites ne sont pas inverses, mais bien l'angle de deux couples de tangentes.

M.   5

Théorème.

223. *L'inverse d'une circonférence, lorsque le centre d'inversion est sur cette courbe, est une droite perpendiculaire au diamètre qui passe par l'origine donnée.* (G., n° 825.)

224. Réciproquement : *L'inverse d'une droite donnée est une circonférence qui passe par l'origine ; le diamètre mené par ce point est perpendiculaire à la droite donnée.* (G., n° 827.)

225. *L'inverse d'une circonférence, lorsque le centre d'inversion n'est pas sur la courbe donnée, est une circonférence homothétique de la première, par rapport à l'origine donnée.* (G., n° 828.)

Applications.

226. 1ᵉʳ Théorème de Ptolémée. *Dans tout quadrilatère inscrit, le produit des diagonales égale la somme des produits des côtés opposés.*

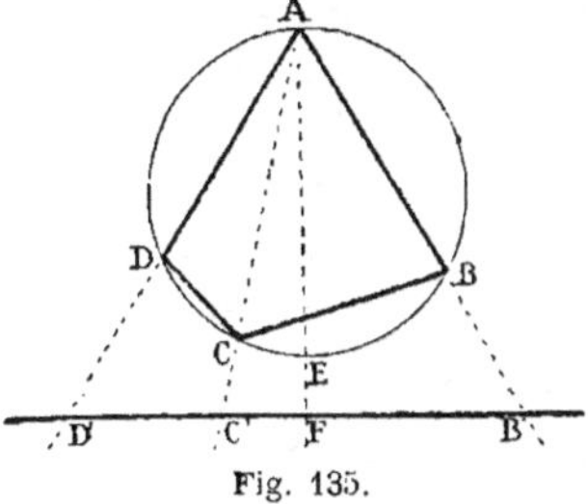
Fig. 135.

Considérons un quadrilatère inscrit. Menons une droite quelconque B'D', perpendiculaire au diamètre qui passe par le sommet A : la puissance égale

$$AE \times AF = k^2$$

Les segments déterminés par les droites AD, AC, AB donnent la relation :

$$D'B' = D'C' + C'B' \qquad (1)$$

Mais (n° 219) $\qquad D'B' = DB \cdot \dfrac{k^2}{AD \cdot AB}$

$$D'C' = DC \cdot \dfrac{k^2}{AD \cdot AC} \ , \qquad C'B' = CB \cdot \dfrac{k^2}{AC \cdot AB}$$

L'égalité (1) devient $\qquad \dfrac{DB \cdot k^2}{AD \cdot AB} = \dfrac{DC \cdot k^2}{AD \cdot AC} + \dfrac{CB \cdot k^2}{AC \cdot AB}$

En réduisant au même dénominateur et simplifiant, on trouve :

$$DB \cdot AC = DC \cdot AB + CB \cdot AD \qquad (2)$$

Donc le produit des diagonales égale la somme des produits des côtés opposés.

Remarque. Quand le triangle ADB est équilatéral, $AD = BD = AB$; l'égalité (2) devient $AC = DC + CB$, ce qui démontre ce théorème connu : *La distance d'un point du cercle circonscrit à un triangle équilatéral à l'un des sommets de ce triangle, égale la somme des distances du même point aux deux autres sommets* (n° 680).

Autre démonstration. Prenons pour origine un point quelconque du cercle ; désignons par a, b, c, d les rayons vecteurs AO, BO, CO, DO.

On sait que pour quatre segments consécutifs, on a *l'identité* suivante :
$$A'B' . C'D' + A'D' . B'C' = B'D' . A'C' \qquad (1)$$

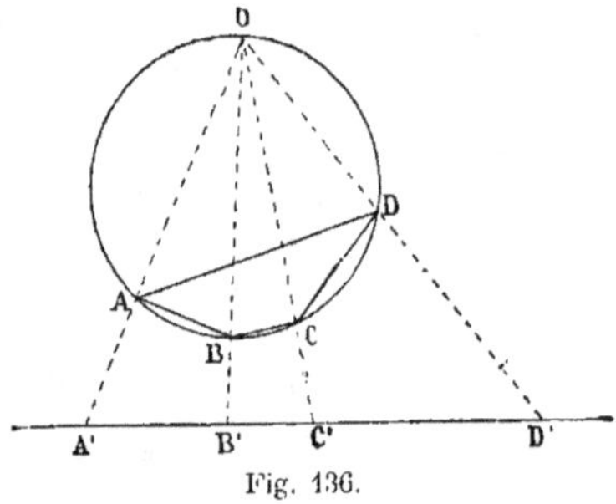

Fig. 136.

Car, en remplaçant les lignes A'D', B'D' et A'C' par les segments qui les
composent, chaque membre de l'égalité (1) a pour valeur
$$A'B' . C'D' + A'B' . B'C' + B'C' . B'C' + C'D' . B'C' \qquad (2)$$

Mais
$$A'B' = \frac{AB}{ab}, \quad C'D' = \frac{CD}{cd}, \quad \text{etc.}$$

En mettant ces valeurs dans (2), on trouve :
$$\frac{AB . CD}{abcd} + \frac{AD . BC}{adbc} = \frac{BD . AC}{bdac}$$

Et, en supprimant le dénominateur commun, on a :
$$AB . CD + AD . BC = BD . AC \qquad C. Q. F. D.$$

Remarque. Lorsque AB . CD = AD . BC, on a aussi :
$$A'B' . C'D' = A'D' . B'C' \quad \text{ou} \quad \frac{B'C'}{B'A'} = \frac{D'C'}{D'A'}$$

Dans ce cas, la droite A'C' est dite divisée *harmoniquement* aux points B'
et D' (G., n° 786) ; réciproquement, B'D' est divisée de la même manière
aux points A' et C'. Les droites qui concourent au point O forment un
faisceau harmonique. On sait que toute droite qui traverse un tel faisceau est toujours divisée harmoniquement (G., n° 794) ; on a donc le
résultat suivant :

227. Théorème. *Lorsque les rectangles formés par les côtés opposés
d'un quadrilatère inscrit sont équivalents, toute droite qui coupe le faisceau formé en joignant les quatre sommets du quadrilatère à un point
quelconque de la circonférence circonscrite est divisée harmoniquement
par ce faisceau.*

Remarque. On nomme *quadrilatère harmonique* un quadrilatère
inscriptible, dans lequel le produit de deux côtés opposés égale le produit des deux autres côtés ; par suite, chacun de ces produits est la
moitié du produit des diagonales.

Le quadrilatère harmonique a été l'objet d'études toutes récentes ; il
jouit de nombreuses propriétés. (Voir ci-après n° 2454.)

Problème.

228. *Par deux points A et B, faire passer une circonférence qui coupe
une circonférence donnée C, sous un angle donné* m.

Soit le problème résolu et l'angle des tangentes, au point D, égal à l'angle donné LMN ou *m*.

Transformons par inversion la figure donnée, par rapport à l'origine A.

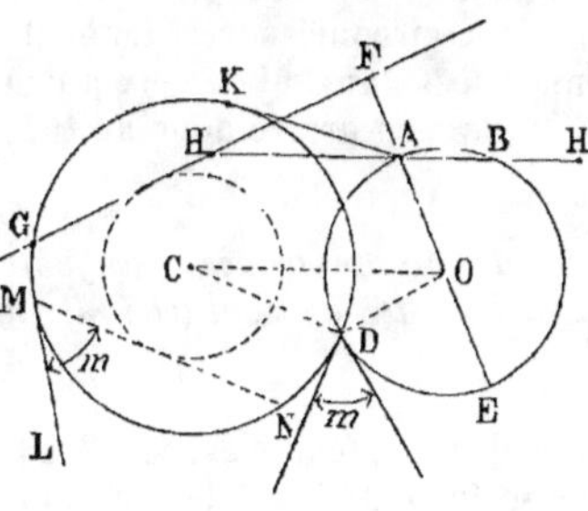

Fig. 137.

Afin de conserver le cercle donné CM, prenons AK^2 pour puissance. L'inverse de la circonférence demandée O sera une droite telle que FG, qui coupera la circonférence C sous un angle égal à l'angle donné. Il suffît donc de déterminer cette sécante FG.

Or, prenons l'inverse du point B, par rapport au point A ; c'est-à-dire prenons

$$AB \cdot AH = AK^2$$

Par le point H il suffira de mener une tangente à la circonférence qui est elle-même tangente à MN, puis le centre O se trouvera sur la perpendiculaire abaissée du point A sur FG. Le diamètre est donné par :

$$AE \cdot AF = AK^2$$

Remarque. Il y a deux solutions, et deux seulement, bien que chaque point H et H′, inverse de B, en donne deux ; mais si l'on fait varier la circonférence passant par A et B, son angle ne passe que deux fois par la valeur *m*.

En réalité H′ correspond à la puissance positive AK^2, tandis que H correspond à $-AK^2$: il faut se borner à considérer un seul de ces deux points H ou H′.

Exercice.

229. Lieu. *Quel est le lieu du point de contact des circonférences tangentes deux à deux et tangentes à deux cercles donnés ?*

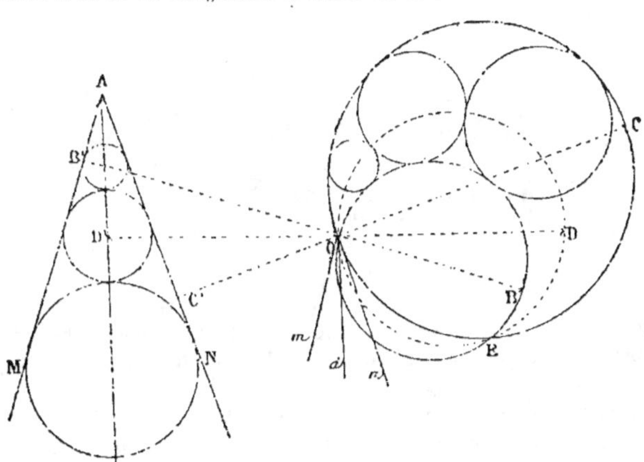

Fig. 138.

Considérons une suite de circonférences tangentes deux à deux et tan-

gentes aux côtés d'un angle A. En prenant dans le plan un point quelconque O pour origine, et une puissance quelconque k^2, les côtés de
l'angle et la bissectrice qui contient les centres ont pour figure inverse
des circonférences qui passent par le même point. On doit avoir :
$OB \times OB' = OC \times OC' = OD \times OD' = k^2$. Les circonférences tangentes
deux à deux ont pour inverse des circonférences tangentes deux à deux
et tangentes aux inverses des côtés de l'angle : on arrive donc au théorème suivant :

Théorème. *Lorsqu'on inscrit une suite de circonférences tangentes
deux à deux, entre deux cercles B et C, les points de contact sont sur
une même circonférence D.*

230. Remarques. 1° Le lieu des points de contact, c'est-à-dire le
cercle OD, étant la figure inverse de la bissectrice AD', est le *cercle bissecteur* des cercles qui se coupent aux points O, E. La tangente Oa, qui
lui correspond, est bissectrice de l'angle mOn.

2° En vue des transformations à faire, il est utile d'indiquer les théorèmes suivants.

Théorème.

231. *Toutes les circonférences qui coupent orthogonalement deux cercles donnés A et B passent par deux mêmes points situés sur la ligne
des centres des cercles A et B.*

On sait que l'axe radical CD est le lieu des centres des cercles tels
que C et D qui coupent orthogonalement deux cercles donnés A et B.
(G., n° 835.)

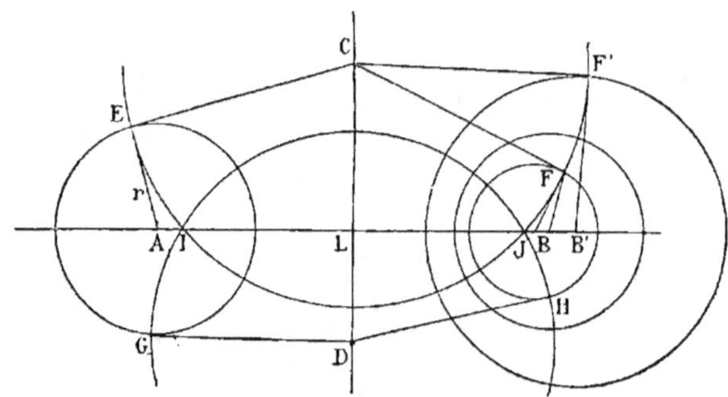

Fig. 139.

Et même, d'une manière plus générale, l'axe radical est le lieu des
centres des cercles qui coupent orthogonalement tous les cercles qui ont
ce même axe radical CD ; car les tangentes CE, CF, CF' sont égales et
perpendiculaires aux rayons AE, BF, B'F'...

Mais deux cercles du second système, ayant pour centres C et D, ont
pour axe radical la ligne des centres AB des premiers, car le point A est
d'égale puissance pour ces deux cercles ; et il en est de même du point B,
car $AE^2 = AG^2$ et $BF^2 = BH^2$.

Or la corde commune des cercles C et D est l'axe radical des deux premiers A et B ; donc les cercles C et D se coupent en deux points I et J de la ligne des centres AB ; car on sait que les points d'intersection de deux cercles sont des points d'égale puissance.

232. Remarques. 1° Poncelet *, à qui l'on doit la considération de ces points remarquables, les nomme *points limites* **.

2° Les points limites sont réels, quand les cercles donnés A, B, B' ne se coupent point ; mais pour les cercles orthogonaux C, D du second système, ils sont imaginaires, parce que les cercles A et B de l'autre système ne rencontrent point la ligne des centres CD.

Théorème.

233. *Deux cercles qui ne se coupent point se transforment par inversion en cercles concentriques, lorsqu'on prend pour origine un des points limites.*

En effet, en prenant, par exemple, le point I (fig. 139) pour origine, tous les cercles orthogonaux du second système se transforment en ligne droite, car ils passent par l'origine (G., n° 825) ; mais les droites, qui sont les transformées des cercles C, D..., doivent couper orthogonalement tous les cercles obtenus par l'inversion des cercles A, B, B'... ; donc ces cercles se transforment en de nouveaux cercles ayant le point I pour centre commun.

234. Scolie. Tous les cercles qui ont même axe radical CD se transforment en cercles concentriques.

Théorème.

235. *Deux cercles qui se coupent, se transforment en cercles égaux lorsqu'on prend pour origine un point quelconque d'un des cercles bissecteurs des cercles donnés.*

En effet, le cercle bissecteur, passant par l'origine, se transforme en une droite qui devient l'axe radical des figures inverses des cercles donnés ; mais ces cercles inverses coupent l'axe radical sous des angles égaux, donc ils sont égaux ; car deux cercles qui coupent sous le même angle leur corde commune ont nécessairement des rayons égaux.

236. Remarque. Le théorème s'applique même lorsque les deux cercles ne se coupent pas. Dans ce cas, le cercle qui correspond au cercle bissecteur de deux circonférences sécantes est le cercle qui passe par les points de contact des circonférences tangentes entre elles deux à deux et tangentes à deux circonférences données (n° 229).

---

* Poncelet, né à Metz en 1788, mort en 1867, fut fait prisonnier pendant la campagne de Russie, et s'occupa dès lors des *Méthodes de transformation des figures*. On lui doit la doctrine de *l'homologie* et celle des *polaires réciproques*. Il est en réalité le principal créateur des méthodes modernes. Au point de vue géométrique, il faut citer avant tout son *Traité des propriétés projectives des figures*, puis ses *Applications d'analyse et de géométrie*.

Un juge bien compétent, M. Mansion, a dit : « Le vrai créateur de la géométrie supérieure est Poncelet. » (Compte-rendu de la 6e édition du *Traité de géométrie*, par MM. Rouché et de Comberousse ; voir *Mathésis*, 1892, à la fin du volume, page 3.)

** Voir *Traité des propriétés projectives des figures*, tome I, n° 76.

Théorème.

237. *Entre deux cercles* A *et* B *non concentriques, et qui n'ont pas de point commun, on inscrit un cercle* C *tangent aux deux premiers, puis un cercle* D *tangent au cercle* C *et aux deux premiers; ensuite un cercle* E *tangent à* D *et à* A *et* B, *etc.*

1° *Les points de contact qu'ont entre eux les cercles inscrits* C, D, E … *sont sur une même circonférence;* 2° *si un dernier cercle* N, *de rang* n, *ferme la série en se trouvant tangent au cercle* C, *une nouvelle série, commençant en un point quelconque, se terminera après* n *cercles consécutifs.*

Il suffit de transformer par inversion les cercles A et B en deux cercles concentriques A' et B'.

Tous les cercles C', D'… seront égaux entre eux; les points de contact seront sur un cercle concentrique à C' et D'. Si n cercles ferment le circuit, on peut les considérer comme inscrits dans n secteurs égaux. Et quel que soit le point de départ d'une nouvelle série, on n'aura qu'à former n secteurs égaux pour revenir au point de départ.

Exercice.

238. Théorème de Fuerbach *. *Le cercle des neuf points est tangent au cercle inscrit et aux trois cercles ex-inscrits.*

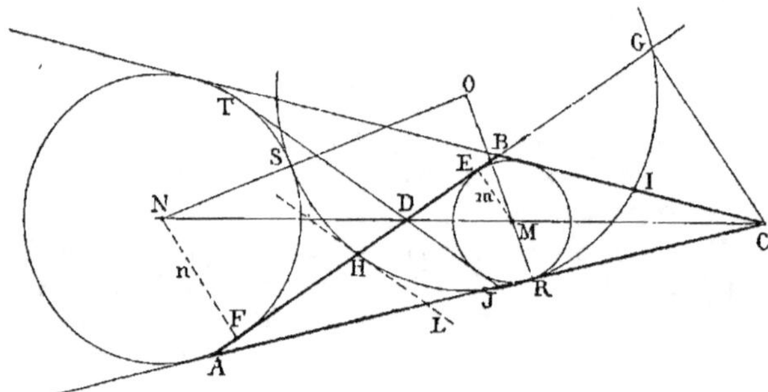

Fig. 140.

Soit ABC le triangle donné, M, N les centres et m, n les rayons du cercle inscrit et d'un cercle ex-inscrit; H, I, J les milieux des côtés.

Menons les rayons des points de contact et projetons le point C en G, sur AB.

On sait qu'on a :

$$\frac{CM}{CN} = \frac{m}{n}\,; \quad \frac{DM}{DN} = \frac{m}{n}\,; \quad \text{d'où} \quad \frac{CM}{CN} = \frac{DM}{DN}$$

(G., nᵒˢ 305 et 306.)

---

* Fuerbach, professeur de mathématiques au gymnase d'Erlangen, est né en 1800 à Iéna, et mort en 1834. On a de cet auteur : *Propriétés de quelques points remarquables du triangle rectiligne et de plusieurs lignes et figures qu'ils déterminent.*

On peut remplacer chaque ligne par sa projection sur AB ; on a donc :

$$\frac{GE}{GF} = \frac{DE}{DF}$$

Ainsi les points D, G divisent harmoniquement le segment EF. (G., nº 786.)

Mais on sait que la moitié du segment divisé, est une moyenne proportionnelle entre les distances de son point milieu aux deux conjugués (G., nº 787) ; d'ailleurs $AF = BE$ (G., nº 351), d'où $HE = HF$; donc $HE^2 = HD \cdot HG$; soit $HE^2 = k^2$.

Ceci établi, transformons la figure par inversion, en prenant H pour pôle et k^2 pour puissance d'inversion. Les cercles M et N se reproduisent, puisque le carré de leurs tangentes respectives HE, HF égale k^2. Le cercle des neuf points, passant par l'origine H, point milieu de AB, se transforme suivant une droite ; mais le cercle des neuf points passe par le pied G de la hauteur CG, or D est le point inverse de G, car $HD \cdot HG = k^2$; donc la droite passe par ce point D.

La droite obtenue par la transformation du cercle des neuf points coupe la base AD sous le même angle que la tangente HL, car on sait que HL et AB sont antiparallèles par rapport à l'angle C (nº 28, III). Or la ligne antiparallèle, menée par le point D, n'est autre chose que la seconde tangente intérieure DT, et puisque cette droite est tangente aux cercles M et N, il en est de même du cercle des neuf points.

Inversion dans l'espace.

239. Considérons les figures inverses dans l'espace, mais en nous bornant à la sphère et au plan.

En faisant tourner une droite et un cercle autour du diamètre perpendiculaire à la droite, on obtient une sphère et un plan.

Deux cercles tournant autour de la ligne des centres engendrent deux sphères, on a donc les résultats suivants :

Théorème.

240. *La figure inverse d'une sphère, par rapport à un point de cette surface pris pour origine, est un plan perpendiculaire au diamètre mené par l'origine.*

La figure inverse d'un plan, par rapport à un point extérieur à ce plan, est une sphère qui passe par l'origine, et dont le diamètre correspondant est perpendiculaire au plan donné.

La figure inverse d'une sphère, par rapport à un point extérieur à cette surface, est une autre sphère, et l'origine est un centre de similitude pour les deux sphères.

Théorème.

241. *Dans deux figures inverses, les angles correspondants sont égaux.*

Soient dans l'espace la courbe M' N' inverse de MN et M'L' inverse de ML. Ces courbes MN et M'N' sont dans un même plan passant par l'origine ; il en est de même des deux autres. Dans chacun de ces plans, on mène les tangentes ; il faut prouver que ces lignes se coupent sous des angles égaux.

Considérons MA, MB et les prolongements M'A', M'B' dirigés en sens contraire.

Les angles trièdres M, OAB et M', OA'B' sont égaux comme ayant un angle dièdre égal compris entre deux angles plans respectivement égaux.

En effet, les dièdres qui ont pour arête commune OMM' sont opposés au sommet. L'angle plan $AMO = A'M'O$, ainsi qu'on l'a démontré (n° 221). De même l'angle

$$BMO = B'M'O$$

Donc le troisième angle plan

$$AMB = A'M'B' \qquad C. \ Q. \ F. \ D.$$

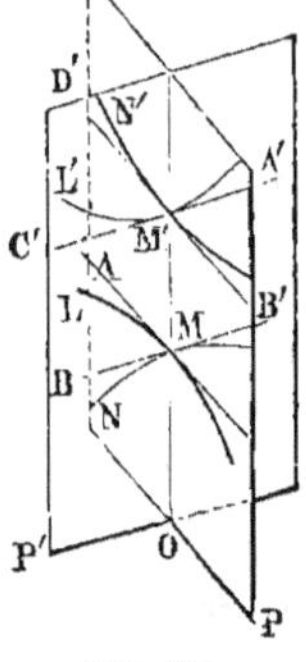
Fig. 141.

Remarque. On étudie les angles opposés afin que les trièdres considérés soient égaux ; mais les angles opposés par le sommet sont égaux ; donc   Angle $AMB = C'M'D'$

Théorème.

242. *L'inverse d'un cercle, par rapport à une origine située hors de son plan, est un cercle.*

Soit AB un cercle, O un point extérieur pris pour origine. Abaissons la perpendiculaire OM sur le plan du cercle. Prenons le plan OMC pour plan principal de la figure à représenter, déterminons l'inverse M' du point M.

La sphère décrite sur le diamètre OM' sera l'inverse du plan P qui contient le cercle donné (n° 240). Donc tous les points inverses du cercle AB se trouvent sur la sphère S. En menant un rayon vecteur quelconque DOD' limité à la sphère, on aura

$$OD . OD' = k^2.$$

Dans le plan OMC faisons passer un cercle par les points A et B et leurs inverses A', B'. La sphère V qui aura pour grand

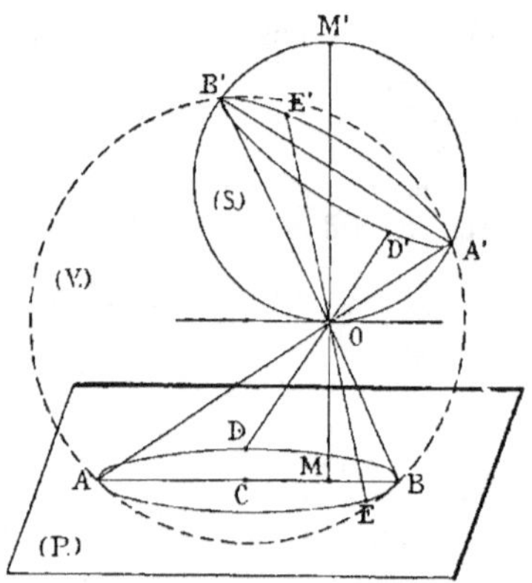
Fig. 142.

cercle la circonférence décrite ABA'B', doit passer par tous les points inverses tels que D', E', car chaque corde menée par le point O donne un produit constant.

L'inverse du cercle AB est donc un cercle A'D'B'E', car cette figure est donnée par l'intersection de deux sphères S et V.

243. Scolie. I. Les cercles inverses AB, A'B' sont les sections antiparallèles du cône dont O est le sommet.

5*

II. Tout plan parallèle au plan du cercle AB donne un autre cercle inverse de A'B', mais avec une puissance différente d'inversion.

III. Le plan tangent à la sphère au sommet O du cône donne un cercle infiniment petit. Sa direction suffit pour déterminer les sections antiparallèles d'un cône oblique OA'B', à base circulaire, inscrit dans une sphère.

IV. En considérant la sphère V on peut dire : tout cône de sommet quelconque O, ayant pour base un cercle AB de la sphère, coupe encore cette sphère suivant un autre cercle A'B'.

V. Avec une puissance positive k^2 égale à $2r^2$, le plan passe par le centre de la sphère inverse.

244. Projection stéréographique. On nomme *projection stéréographique* * d'une figure sphérique, la projection conique obtenue sur un plan diamétral de la sphère, lorsqu'on prend, pour sommet du cône projetant, une des extrémités du diamètre perpendiculaire au plan de projection.

Conséquences. Tout ce qui a été démontré pour les figures inverses dans l'espace s'applique au cas particulier qui constitue la *projection stéréographique.*

Ainsi un cercle AMB a pour projection un cercle A'M'B'.

Les angles sont conservés en vraie grandeur.

Théorème de Chasles.

245. *Le centre N' de la circonférence obtenue par la projection d'un cercle AMB de la sphère est la projection du sommet N du cône circonscrit à la sphère, suivant le cercle considéré AMB **.*

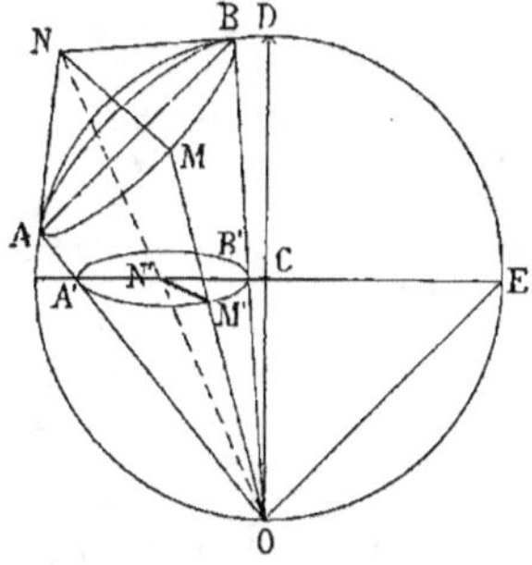

Fig. 143.

En effet, pour un point quelconque M, menons le plan MON qui passe par l'origine O et par le sommet N du cône circonscrit.

La droite NN'O est la projetante du sommet N, et la ligne M'N' est la projection de la tangente MN.

Pour démontrer le théorème proposé et pour fournir en même temps une autre démonstration d'un théorème connu (n° 242), il suffit de prouver que M'N' a une longueur constante.

En effet, l'angle OMN formé par le rayon OM et la tangente MN mesure l'angle que fait le même rayon OM avec l'arc de cercle que détermine le plan OMN.

---

* La dénomination de *projection stéréographique*, que l'on a donnée à la projection employée par PTOLÉMÉE dans son planisphère, est assez récente, car elle est due au P. AGUILLON, de Bruxelles, et se trouve dans son *Optique*, publiée en 1613. (*Aperçu historique*, 516.)

** Le théorème de CHASLES a été donné en 1816. L'énoncé précédent (n° 245) est devenu classique et ne doit pas être modifié ; mais il ne s'agit point de *projection orthogonale*, mais bien de *projection conique* ou *projection centrale*, c'est-à-dire du point d'intersection N' de la droite ON et du cercle A'B'.

L'inverse de cet arc est la droite M'N' (n°s 220 et 223) ; donc les angles OMN et OM'N' sont supplémentaires. Or les côtés opposés aux angles égaux ou supplémentaires sont proportionnels (n° 150) ; donc

$$\frac{M'N'}{MN} = \frac{ON'}{ON} ; \quad M'N' = MN \frac{ON'}{ON}$$

Ainsi la longueur de M'N' est constante ; donc...

Remarque générale.

246. Quelle que soit la position du plan P qui a pour inverse une sphère donnée, l'origine est à une des extrémités du diamètre perpendiculaire au plan, et l'on peut faire les remarques suivantes, en désignant par M' le point du plan que détermine le diamètre OM mené par l'origine.

Tout grand cercle de la sphère qui passe par l'origine O se transforme en une droite qui passe par le point M'.

Tout petit cercle qui passe par l'origine a une droite pour inverse, mais cette ligne ne passe point par M'.

Tout cercle qui ne passe pas par l'origine a un cercle pour inverse.

Les cercles qui passent par M', dans le plan P, sont les inverses des petits cercles qui passent par l'extrémité du diamètre opposé à l'origine.

Toute propriété d'une figure sphérique donne lieu à une propriété correspondante d'une figure plane.

Réciproquement, *toute propriété d'une figure plane donne une propriété correspondante pour une figure sphérique.*

Exemples.

247. Théorèmes. (a) *Dans un même plan, toute sécante menée par un des centres de similitude de deux circonférences, coupe ces deux courbes sous le même angle.*

(b) *Deux points antihomologues peuvent être considérés comme étant les points de contact d'un cercle tangent aux deux premiers.* (G., n° 818 1°.)

(c) *Quatre points antihomologues appartiennent à une même circonférence.* (G., n° 818, 2°.)

(d) *Le lieu des points où l'on peut mener à deux circonférences des tangentes égales est une perpendiculaire à la ligne des centres.* (G.; n° 830.)

Cette droite se nomme *axe radical* des deux circonférences.

(e) *Tout cercle ayant pour centre un point de l'axe radical et pour rayon la tangente menée de ce point à deux circonférences données, coupe orthogonalement ces deux circonférences.* (G., n° 833.)

Théorèmes corrélatifs. (a) *Sur une sphère, tout grand cercle mené par un des centres de similitude de deux petits cercles coupe ces deux courbes sous le même angle.*

(b) *Deux points antihomologues peuvent être considérés comme étant les points de contact d'un cercle tangent aux deux petits cercles donnés.*

(c) *Quatre points antihomologues appartiennent à une même circonférence.*

(d) *Le lieu des points d'où l'on peut mener à deux petits cercles des arcs de grand cercle tangents et égaux, est un grand cercle perpendiculaire à celui qui passe par les centres des deux petits cercles.*

Ce grand cercle se nomme *cercle radical* des deux petits cercles.

(e) *Tout cercle ayant pour centre un point du cercle radical et pour rayon polaire la corde de l'arc tangent mené de ce point aux deux cercles donnés, coupe orthogonalement ces deux cercles.*

(f) *Lorsque par deux points fixes on fait passer une suite de circonférences qui coupent un cercle donné, toutes les cordes communes passent par un même point.*

(f) *Lorsque par deux points fixes d'une sphère on fait passer une suite de circonférences qui rencontrent un petit cercle donné, tous les grands cercles, qui tiennent lieu de corde commune, passent par un même diamètre.*

248. Remarque. L'*hexagramme de Pascal* (G., n° 747), *l'hexagone de Brianchon* (G., n° 807) ont leurs analogues sur la sphère, et l'on peut énoncer les théorèmes suivants :

Théorèmes. *Dans tout hexagone sphérique inscrit à un petit cercle, les points de concours des côtés opposés se trouvent sur un grand cercle.*

Les arcs diagonaux qui joignent les sommets opposés d'un hexagone sphérique circonscrit à un petit cercle, se coupent aux mêmes points.

En d'autres termes, *les trois grands cercles qui passent par les sommets opposés d'un hexagone sphérique circonscrit à un petit cercle, se coupent suivant un même diamètre.*

Voici un exemple d'un théorème sphérique, conduisant à un théorème de géométrie plane.

Le *Théorème de Guenault d'Aumont* (n° 162) devient :

La somme de deux angles opposés d'un quadrilatère plan inscrit, et dont les côtés sont des arcs de cercle de rayon quelconque, égale la somme des autres angles. (BALTZER, §§ IV, n° 4.)

Il est d'ailleurs facile, ainsi que nous l'établirons (*Exercices* du livre II, n° 686), de démontrer directement ce dernier théorème, ainsi que plusieurs autres, qui ont été déduits, par inversion, de théorèmes relatifs aux polygones sphériques.

Note. La projection stéréographique paraît due à HIPPARQUE (150 av. J.-C.). Elle nous a été transmise par PTOLÉMÉE. (*Aperçu historique*, pages 24 et 28.) La méthode de *transformation par inversion* a été proposée par STUBBS en 1843, puis appliquée par WILLIAM THOMSON sous le nom de *Principe des images.* — M. LIOUVILLE a généralisé ce principe en 1849; il l'a traité par l'analyse et l'a désigné sous le nom de *Transformation par rayons vecteurs réciproques.* — Le nom de *Surfaces inverses* a été employé par BRAVAIS lorsque la puissance k^2 égale — 1. (N. A., 1854, pages 227 et suivantes.)

La *méthode de transformation par inversion* est très féconde; on peut même l'appliquer utilement à l'étude de la Trigonométrie sphérique. (Voir PAUL SERRET, *Des Méthodes en Géométrie*, page 30.)

PASCAL, né à Clermont-Ferrand en 1623, mort en 1662, donna, dès l'âge le plus tendre, des marques d'un esprit extraordinaire. A l'âge de seize ans, il publia un *Essai sur les coniques*, ouvrage qui contient l'*hexagramme mystique* et le *théorème fondamental de l'involution.* Il fit connaître le *triangle arithmétique* et étudia les propriétés de la cycloïde.

BRIANCHON, né à Sèvres en 1785, ancien élève de l'École polytechnique, était capitaine d'artillerie en 1817, lorsqu'il publia son *Mémoire sur les courbes du second ordre.* Le théorème qui porte son nom est le 36° de cet ouvrage; mais il l'avait publié en 1810, dans le XIII° cahier du journal de l'École polytechnique.

WILLIAM THOMSON, rédacteur du *Cambridge and Dublin mathematical Journal.*

M. LIOUVILLE, membre de l'académie des sciences et du bureau des Longitudes, fondateur du *Journal de Mathématiques,* cité fréquemment sous le nom de *Journal de M. Liouville.*

A. BRAVAIS. On lui doit divers théorèmes relatifs à la *symétrie.* (G., n° 489-496.) Le *Journal de M. Liouville* a publié plusieurs de ses mémoires.

V

---

§ I. — Discussion d'un Problème.

249. Définition. Discuter un problème, c'est étudier les divers cas qui peuvent se présenter lorsque certaines données varient.

Exercice.

250. Problème. *Mener une parallèle aux bases d'un trapèze, de manière que le segment compris entre les diagonales ait une longueur donnée l.*

Construction. On prend $BE = l$, et on mène EM parallèle à BD ; la droite MN parallèle aux bases est la ligne demandée.

(**a**) Soit $l > BA$

On prend $BE' = l$, puis on mène E'M' parallèle à OB ; par cette construction, l'on obtient une droite M'N' extérieure au trapèze ; mais il y a une solution, quelle que soit la longueur de l.

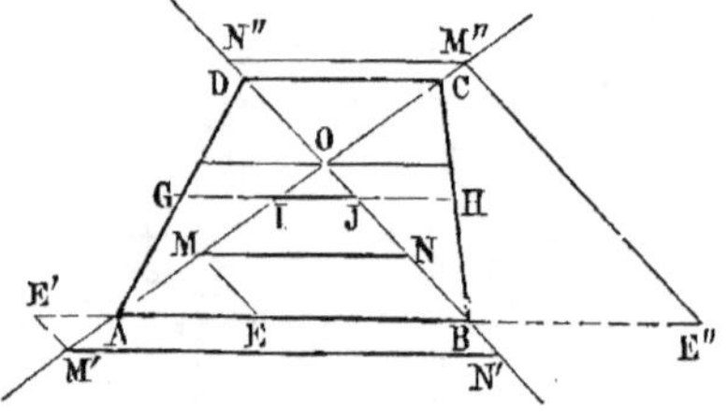

Fig. 144.

(**b**) Soit $$l = BA$$

Dans ce cas, AB répond à la question.

(**c**) Soit $$l = \frac{AB - CD}{2}$$

Lorsque l est la demi-différence des bases, le segment IJ est sur la base moyenne.

En effet $$III = \frac{AB}{2} ; \quad JII = \frac{DC}{2}$$

donc $$IJ = \frac{AB - DC}{2}$$

(**d**) Si $l = $ zéro, on n'a plus que le point de concours des diagonales.

(e) Enfin, pour une valeur négative, on porterait l de B en E″, et l'on obtiendrait M″ N″, dont la direction de droite à gauche est contraire à celle de MN.

Résumé. Le problème admet toujours une solution, et une seule ; la longueur donnée l peut varier de $+\infty$ à zéro, et de zéro à $-\infty$.

Si l'on ne tenait pas compte de la direction de MN, et le point M devant se trouver sur AC, la longueur l ne recevrait que des valeurs positives ; à chacune d'elles correspondraient deux solutions : l'une d'elles serait située dans l'angle AOB, et l'autre dans l'angle COD.

Exercice.

251. Problème. *Soit à décrire une circonférence tangente à trois cercles donnés* A, B, C *.

Le contact peut être extérieur ou intérieur. Dans le premier cas, représentons les cercles par A, B, C ; et dans le second, par a, b, c. On a les huit solutions suivantes :

<table>
<tr><td>(1)</td><td>A, B, C</td><td></td><td></td><td>A, b, c</td></tr>
<tr><td rowspan="3">(2)</td><td>A, B, c</td><td rowspan="3">et</td><td>(3)</td><td>a, B, c</td></tr>
<tr><td>A, b, C</td><td></td><td>a, b, C</td></tr>
<tr><td>a, B, C</td><td>(4)</td><td>a, b, c</td></tr>
</table>

Mais, en réalité, il n'y a que quatre constructions différentes.
En effet (1) donne trois contacts extérieurs.
Le groupe (2) correspond à deux contacts extérieurs et un intérieur.
Le groupe (3) donne un contact extérieur et deux intérieurs.
Enfin (4) a les trois contacts intérieurs.

Remarque. Les huit solutions se correspondent deux à deux comme il suit :

<table>
<tr><td>A, B, C</td><td>A, B, c</td><td>A, b, C</td><td>a, B, C</td></tr>
<tr><td>a, b, c</td><td>a, b, C</td><td>a, B, c</td><td>A, b, c</td></tr>
</table>

Cas particuliers. Un ou plusieurs cercles peuvent se réduire à un point ; car un point peut être considéré comme un cercle dont le rayon est nul ; on peut avoir successivement :
1° Deux cercles et un point.
2° Un cercle et deux points.
3° Trois points.
Un ou plusieurs cercles peuvent être remplacés par une droite, car une droite peut être considérée comme un cercle de rayon infini. On peut donc avoir :

4° Deux cercles et une droite.
5° Un cercle et deux droites.
6° Trois droites.

On doit encore considérer les trois combinaisons suivantes :
7° Un cercle, un point et une droite.
8° Deux points et une droite.
9° Un point et deux droites.

Variétés. Le cas général de trois cercles et chaque cas particulier peuvent offrir des *variétés* relatives à la position des données. Ainsi, pour trois cercles donnés, A, B, C, on peut faire les remarques suivantes :

(a) Trois cercles extérieurs deux à deux, et dont les centres ne sont pas en ligne droite, donnent lieu à *huit solutions différentes.*

(b) Trois cercles extérieurs deux à deux, mais dont les centres sont en ligne droite, donnent *huit solutions* symétriques deux à deux par rapport à la ligne des centres.

(c) Trois cercles, dont deux, A et B, se coupent, tandis que C est extérieur, n'offrent plus que *quatre solutions.* En effet, A et B seront en même temps ou tangents extérieurement ou tangents intérieurement au cercle demandé ; on n'a donc que les groupes ci-après :

$$\left\{ \begin{array}{l} A, B, C \\ A, B, c \end{array} \right. \qquad \text{et} \qquad \left\{ \begin{array}{l} a, b, C \\ a, b, c \end{array} \right.$$

(d) A et B sont extérieurs l'un à l'autre, mais intérieurs au cercle C.

Quatre solutions. Le contact avec C sera toujours intérieur, mais on peut avoir les groupes suivants :

$$\left\{ \begin{array}{l} A, B, c \\ a, b, c \end{array} \right. \qquad \text{et} \qquad \left\{ \begin{array}{l} A, b, c \\ a, B, c \end{array} \right.$$

(e) A et B se coupent et sont intérieurs à C.

Deux solutions : A, B, c et a, b, c.

Remarque. Les indications précédentes suffisent pour montrer l'étonnante variété des aspects différents que peut présenter un problème donné ; mais on aurait à examiner bien d'autres particularités, si l'on voulait rechercher toutes les circonstances possibles.

Exercice.

232. Problème. *Examiner le nombre de solutions que peut avoir la question suivante : Avec un rayon donné c, décrire une circonférence C tangente à deux circonférences A et B.*

Soient a et b les rayons de A et B ; d la distance des centres.
On sait que la plus grande distance des circonférences données égale $a + b + d$; et que la plus petite distance égale $d - (a + b)$. (G., n° 138.)
Admettons en outre que a soit plus grand que b et que les deux circonférences A et B soient extérieures, c'est-à-dire qu'on ait d'une manière générale

$$d > a + b$$

1° $2c > d + a + b$. On a huit solutions, symétriques deux à deux, par rapport à la ligne des centres des cercles A et B.

2° $2c = d + a + b$. On obtient sept solutions; car les deux circonférences symétriques qui enveloppaient A et B dans le cas précédent se réduisent à une seule.

3° $2c < d + a + b$, mais $> d + a - b$, et *à fortiori* $> d + b - a$. On a six solutions.

4° $2c = d + a - b$.   Cinq solutions.

5° $2c < d + a + b$, mais $> d + b - a$.   Quatre solutions.

6° $2c = d + b - a$.   Trois solutions.

7° $2c < d + b - a$, mais $> d - (a + b)$. Deux solutions.

8° $2c = d - (a + b)$.   Une solution.

9° $2c < d - (a + b)$.   Point de solution.

Cas particuliers. Il y aurait ensuite à examiner les réponses que l'on obtient suivant la position relative des deux circonférences données et les diverses valeurs que c peut recevoir.

Ainsi, quand la circonférence B est dans la circonférence A, on peut avoir, suivant la grandeur relative des rayons et la distance des centres, soit quatre solutions, trois, deux, une ou aucune.

Exercice.

253. Problème. *Sur une droite illimitée* **xy,** *se meut un segment* MN *de longueur constante. Deux points fixes* A *et* B *sont donnés; on mène* AMC, BNC; *étudier les variations de l'angle* C *ainsi déterminé.*

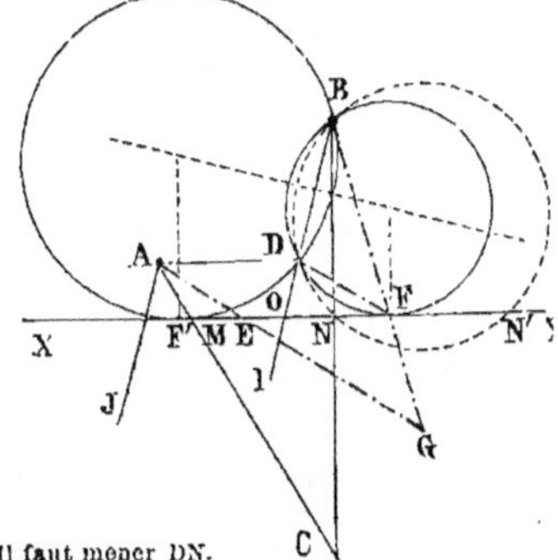

Fig. 145.

Soit MN le segment dans une position quelconque.

Pour simplifier la question, il suffit de mener la droite AD égale et parallèle à MN. Le point D sera ainsi déterminé, et l'angle DNB sera égal à l'angle variable C. Or on sait que l'angle N est d'autant plus grand que le rayon du cercle qui passe par les points fixes B et D est plus petit (n° 216); donc le maximum G est donné par le cercle tangent BDF. Le cercle BDF' donne un second maximum.

Entre les deux maximums, l'angle devient nul pour le cercle de rayon infini, c'est-à-dire pour la corde commune BD. En effet, les droites BDI, AJ sont alors parallèles.

Variations. Lorsque N est situé à l'infini, vers la droite, l'angle est nul; puis, lorsque le point vient en N', l'angle a une certaine valeur, et cette valeur augmente jusqu'à la position où il y a un maximum G; ensuite il diminue en N, jusqu'en O, où il est nul. Depuis le point O jusqu'à l'infini, vers la gauche, l'angle, d'abord nul, augmente, passe par le maximum F', diminue et revient à zéro.

Remarque. Au point de vue de la continuité de la fonction, il n'y a pas deux maximums, car l'angle change de signe; mais il y a, en réalité, un maximum et un minimum.

Exercice.

234. Problème. *Diviser un trapèze en deux parties équivalentes, par une droite menée par un point donné.*

La droite MN, qui joint les points milieux des bases (fig. 146), divise le trapèze en deux parties équivalentes; par suite, toute droite EF, menée par le milieu O de MN, et qui rencontre les deux bases, divise le trapèze en deux parties équivalentes. Il n'en est plus ainsi lorsque le point F tombe sur le prolongement de la petite base; on est donc conduit à déterminer les positions extrêmes de la ligne de division.

(**a**) Menons COC', DOD' (fig. 146). La droite EF passe par le point O et coupe les deux bases du trapèze, lorsque le point P est situé dans l'angle COD ou dans son opposé par le sommet.

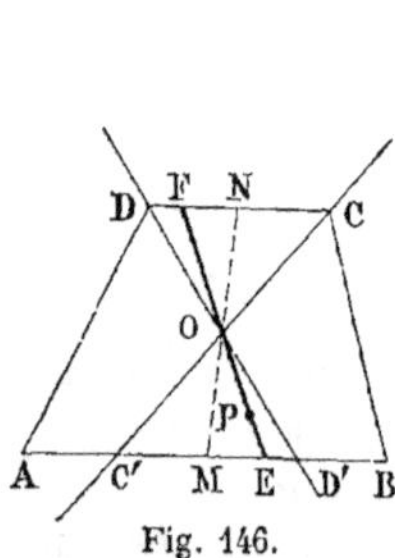

Fig. 146.

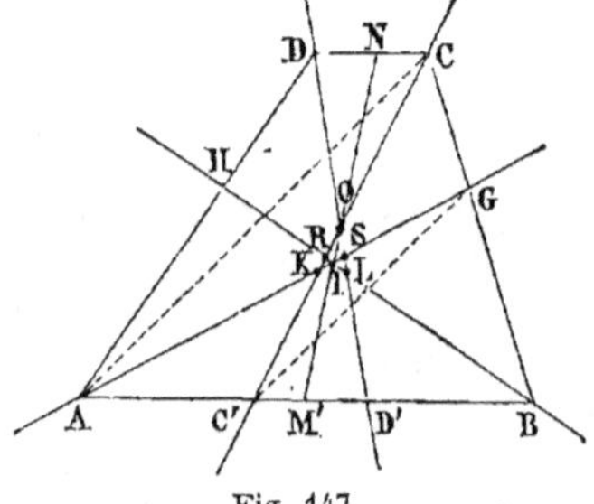

Fig. 147.

(**b**) Déterminons les positions limites de la droite de division, lorsqu'elle coupe la grande base et un des côtés latéraux.

Graphiquement. Il suffit de joindre le point A au point C (fig. 147), de mener la parallèle C'G et de joindre le sommet à G.

Le triangle ABG est équivalent à C'BC.

Numériquement. On peut calculer la hauteur h' du triangle ABG en fonction de la hauteur h du trapèze et de ses bases b et b'.

On doit avoir $bh' = \dfrac{b + b'}{2} \cdot h$; d'où $h' = \dfrac{(b + b')h}{2b}$

Le point H est à la même hauteur que G. Les droites AG, BH se coupent sur MN en un point I. En outre, AG coupe CC' au point K et BH coupe DD' au point L; donc...

La droite de division coupe la grande base et le côté BC, lorsque le point P est compris dans l'angle CKG ou dans son opposé au sommet.

La droite coupe AB et AD, lorsque le point est situé dans l'angle DLH ou dans son opposé.

(c) Enfin la droite coupe les deux côtés non parallèles, lorsque le point P est dans l'angle AIH ou dans son opposé par le sommet.

(d) Soient R et S les points où BH rencontre CC' et où AG rencontre DD'.

Pour tout point compris dans le quadrilatère non convexe OKIL, il y a trois solutions, car le point appartient à trois des positions considérées.

Pour ORIS, la droite peut couper CD et C'D', ou CG et AC', ou bien DH et BD'.

Pour un point P compris dans le triangle RIK, la droite coupe DC et C'D', ou AH et GB, ou bien CG et AC'; remarque analogue pour SIL. On aura : DC et C'D', ou BG et AH, ou bien DH et BD'.

(e) Pour tout point du périmètre du quadrilatère OKIL, il y a deux solutions.

(f) Tout point pris hors du quadrilatère OKIL ne donne qu'une solution.

(g) Le périmètre du trapèze est partagé en huit segments associés deux à deux. La droite de division doit toujours rencontrer deux segments correspondants.

Exercice.

255. Problème. *On donne une circonférence et une droite, mener une corde telle que le carré qui aurait cette corde pour un de ses côtés, ait le côté opposé sur la droite donnée.*

Discuter le problème, en admettant que la droite varie de position par rapport au centre de la circonférence.

Soit XY la ligne donnée.

Puisqu'il s'agit d'inscrire une figure semblable à une figure donnée, on peut recourir à la similitude (n° 206).

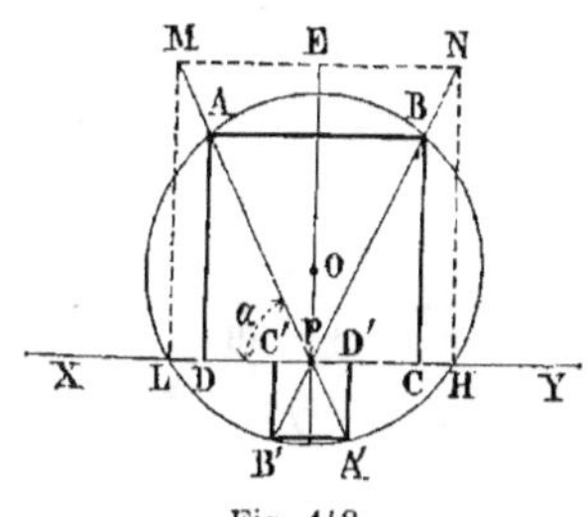

Fig. 148.

Sur XY construisons un carré de côté quelconque, mais dont P, milieu du côté des carrés, soit aussi le milieu de HL, et menons PM, PN.

La figure ABCD est un carré, puisqu'elle est semblable à LMNH.

La corde A'B' donne un second carré.

Remarque. Il suffit de mener le diamètre perpendiculaire à XY, de prendre une perpendiculaire HN, égale au double de PH, et de mener NBPB'. Les perpendiculaires BC et B'C' sont les côtés des carrés.

On peut aussi mener par le point P une droite PN, faisant avec XY l'angle constant α d'un triangle rectangle PHN, dont le côté HN est double de PH.

La droite PN détermine les sommets B et B', et par suite les côtés BC et B'C' des deux carrés.

Discussion. Il suffit de déplacer la droite XY, parallèlement à elle-même, à partir du centre et d'un seul côté de ce point, car les deux positions symétriques de XY, par rapport au point O, donnent des résultats analogues.

(a) XY passe par le centre (fig. 149).

Il y a deux solutions égales AD, BC ; d'ailleurs

$$OD = \frac{AD}{2}$$

donc
$$OD^2 + AD^2 \quad\text{ou}\quad \frac{AD^2}{4} + AD^2 = r^2$$

$$5AD^2 = 4r^2 ; \quad\text{d'où}\quad AD^2 = \frac{4}{5} r^2$$

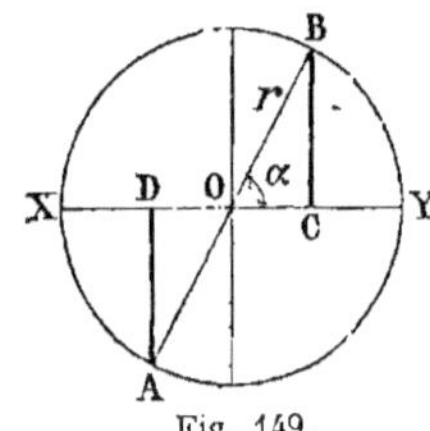

Fig. 149.

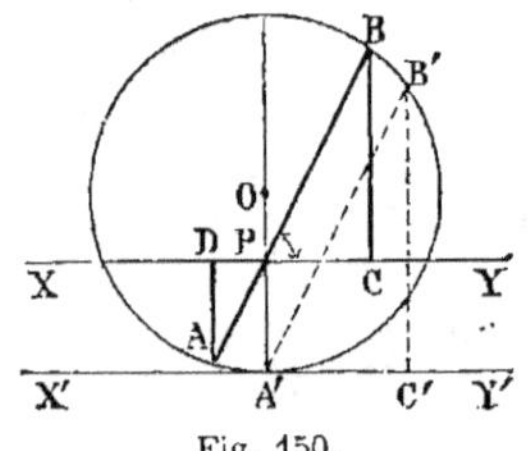

Fig. 150.

(b) Dès que XY s'éloigne du centre, on obtient deux carrés inégaux AD, BC (fig. 150).

(c) Lorsque la droite X'Y' est tangente au cercle, un des carrés s'annule ; il ne reste plus que B'C' (fig. 150).

(d) Lorsque la droite XY devient extérieure, il y a deux carrés de même sens, pourvu que la droite PAB coupe la circonférence en deux points (fig. 151).

(e) Lorsque OP' égale le diamètre, la droite P'B' passe par l'extrémité du rayon OB', parallèle à X'Y' ; alors B'C' donne le carré maximum. Il égale $4r^2$ (fig. 151).

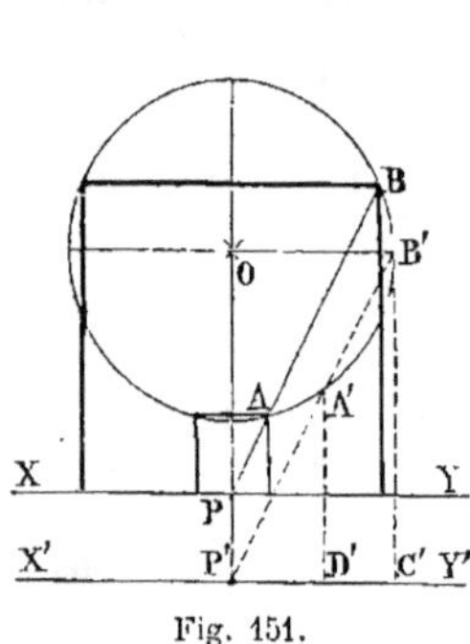

Fig. 151.

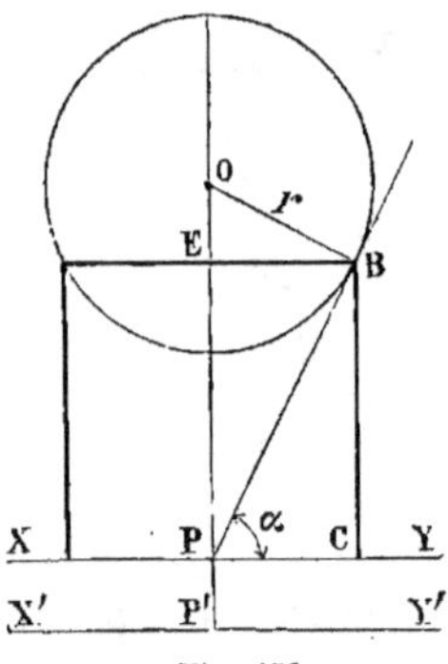

Fig. 152.

(f) XY, s'éloignant encore du centre O, atteint une position pour laquelle la droite PB se trouve tangente à la circonférence. Les deux solutions coïncident ; et, au point de vue géométrique, il n'y a qu'un seul carré. Pour calculer la superficie de ce carré, on peut considérer les triangles rectangles semblables OBE, PBE.

D'abord $\qquad BE = 2 . OE$, puisque $BC = 2 . CP$

$$BE^2 + OE^2 = BE^2 + \frac{BE^2}{4} = r^2 ; \quad \text{d'où} \quad 5BE^2 = 4r^2 ; \quad \text{d'où} \quad BE^2 = \frac{4}{5}\, r^2$$

Or BE est la moitié du côté du carré ; donc

$$BC^2 = \frac{16}{5}\, r^2$$

Le triangle rectangle OBP est semblable à BEP ; donc

$$BP = 2r \quad \text{et} \quad OP^2 = 5r^2$$

Ainsi, à la position limite, $\quad OP = r\sqrt{5}$

(**g**) Pour une valeur de OP plus grande que $r\sqrt{5}$, pour P' par exemple (fig. 152), il n'y a plus de solution *.

Exercice.

256. Problème. *Dans un triangle quelconque* ABC, *inscrire un rectangle de périmètre donné* 2p.

Construction. Élevons une perpendiculaire AF sur AB, menons la parallèle BD.

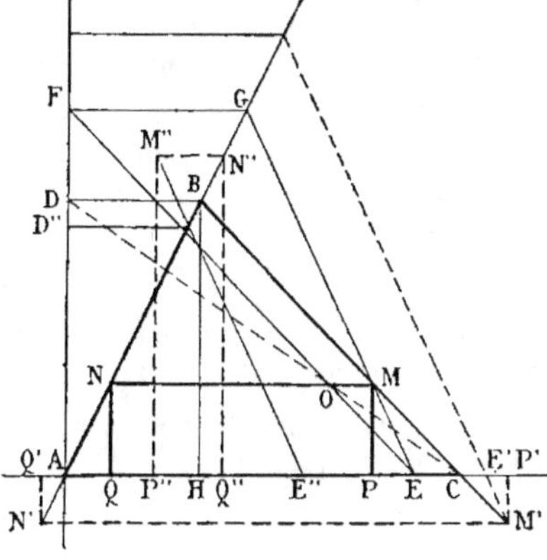

Fig. 153.

On sait qu'on résout le problème pour le triangle rectangle CAD, en prenant

$$AE = AF = p$$

et menant FE. Le point O fait connaître M (n° 99, **a**).

On peut se borner à mener FG et GE (n° 191).

On a : $\quad MN + MP = p$

Lorsque le demi-périmètre variera, il suffira de mener des parallèles à GE.

1° *Soit la base* AC *plus grande que la hauteur* BH *ou* AD.

(**a**) Supposons $p > AC$; par exemple $p = AE'$

La droite E'M', parallèle à GE, coupe le prolongement inférieur de BC.

La hauteur M'P' est de sens contraire à MP, elle doit être regardée comme négative, et, en ne tenant compte que des valeurs absolues, on a, en effet : $\qquad M'N' - M'P' = AE' = p$

(**b**) $\qquad\qquad\qquad\qquad p = AC$

La hauteur est nulle ; le demi-périmètre se réduit à la longueur AC.

(**c**) $\qquad\qquad\qquad p < AC, \quad \text{mais} \quad > AD$

Le point M est donné par une droite GE, qui coupe BC entre les points B et C.

On a la somme proprement dite $\quad MN + MP = p$.

(d) $p = \mathrm{AD}$

Le demi-périmètre se réduisant à la hauteur abaissée du point B sur AC, la base du rectangle est nulle (fig. 153).

(e) $p < \mathrm{AD}$ égale $\mathrm{AD}'' = \mathrm{AE}''$ par exemple.

La parallèle menée par E″ coupe BC en son prolongement M″ (fig. 153).
Le point M″ est à gauche du point N″. La base devrait être regardée comme négative. On a réellement, en ne tenant compte que des valeurs absolues :

$$\mathrm{M''P''} - \mathrm{M''N''} = \mathrm{AE''} = p$$

Pour toute grandeur de p, moindre que AD, la parallèle coupe le prolongement supérieur de CB ; néanmoins il y a encore deux hypothèses à faire.

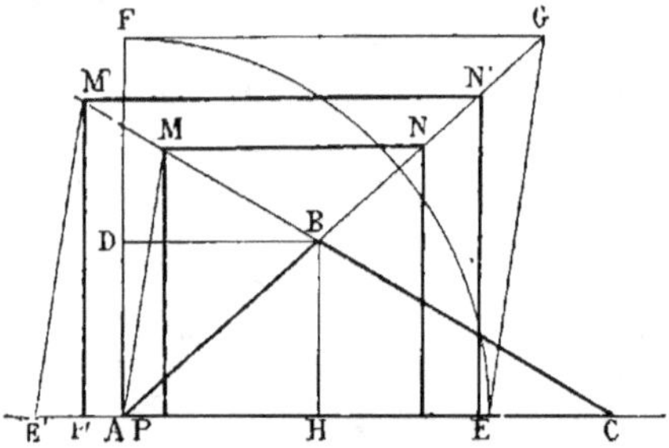

(f) Soit $p = $ zéro

La différence est nulle ;
donc la parallèle AM à EG, menée par le point A (fig. 154), donne un carré inscrit ; car $\mathrm{MP} - \mathrm{MN} = $ zéro.

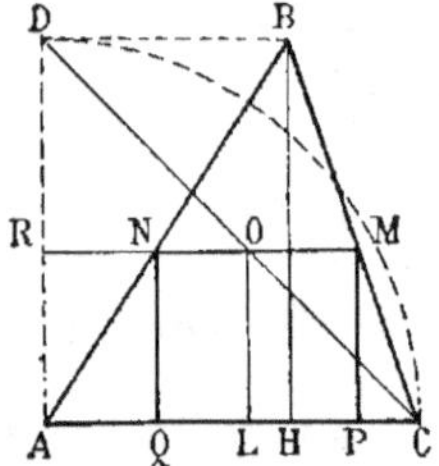

Fig. 154.

L'inscription de ce carré se résout facilement par la similitude (n° 206).

(g) Soit $p = -l$

Portons la longueur donnée de A en E′ (fig. 154) ;
on aura $\mathrm{M'P'} - \mathrm{M'N'} = -l$

En réalité, au point de vue géométrique, on a simplement un rectangle dont la base M′N′ surpasse la hauteur d'une quantité donnée l.

Remarque. **(a)** et **(g)** répondent à la question suivante : Inscrire un rectangle dont la base surpasse la hauteur d'une quantité donnée.

(c) Le périmètre a une longueur donnée.

(e) La hauteur surpasse la base d'une longueur donnée.

(f) Inscrire un carré.

257. 2° *La base du triangle égale la hauteur.*

Le problème est indéterminé, car le triangle transformé ADC est isocèle, et l'on sait que $\mathrm{OR} + \mathrm{OL} = \mathrm{AC}$; et quel que soit le point M sur BC, on aura toujours $\mathrm{MN} + \mathrm{MP} = \mathrm{AC}$.

Sur le prolongement de BC, on a une différence (n° 75).

3° *La base est plus petite que la hauteur.*

La discussion est analogue à celle de 1°.

Remarque. Comme on peut opérer sur un côté quelconque du triangle, les solutions se trouvent triplées. Ainsi, pour un triangle à trois côtés inégaux, si l'on donne à p une valeur comprise entre le côté

Fig. 155.

et la hauteur correspondante qui diffèrent le moins l'un de l'autre, on obtiendra trois rectangles ayant pour périmètre $2p$.

Pour tout triangle quelconque il y a trois carrés inscrits, et *le plus grand carré est celui qui correspond au plus petit côté du triangle* *.

Exercice.

258. Problème. *Étudier les variations de la différence des distances de deux points donnés à un même point d'une droite donnée* **.

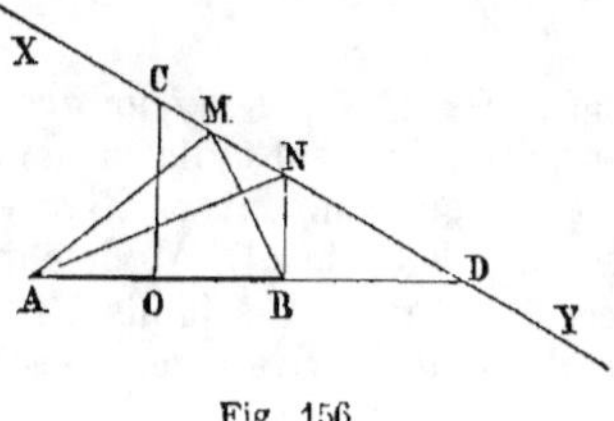

Fig. 156.

1ᵉʳ Cas. *Les deux points* A *et* B *sont d'un même côté de* XY.

Élevons une perpendiculaire OC au milieu de AB, et prolongeons AB jusqu'à la rencontre de XY.

Il y a trois parties à étudier séparément : CD, CX, DY.

(a) *Pour le point* C, *la différence est nulle ;* car   AC = BC.

(b) *De C à D la différence augmente graduellement.*

Prouvons qu'on a   AM — BM $<$ AN — BN   (fig. 156)

On sait que lorsque deux triangles ont même base et que deux de leurs côtés se coupent, la somme des côtés qui se rencontrent est plus grande que la somme des deux autres ;

donc   AM + BN $<$ AN + BM

Mais, aux deux membres d'une inégalité, on peut retrancher une même quantité sans changer le sens de l'inégalité ;

donc   AM — BM $<$ AN — BN   *C. Q. F. D.*

(c) Au point D, on a   AD — BD = AB

(d) *De D à Y la différence diminue graduellement* (fig. 157).

Comme précédemment, on prouve que   AM — BM $<$ AN — BN.

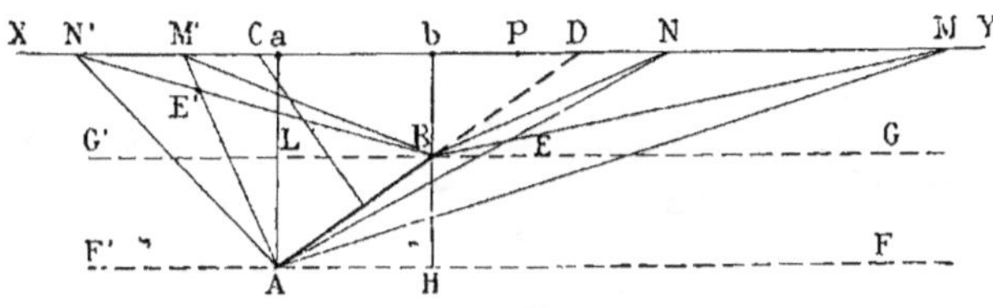

Fig. 157.

A la limite, quand Y tend vers l'infini, les droites AF, BG deviennent parallèles.

Leur différence   = AH = ab,   projection de AB sur la ligne donnée.

(e) De C à X, la distance BM′ surpasse AM′ (G., nᵒ 42) en prenant

---

* Voir ci-après, nᵒ 163 et 302, où le même problème est résolu par la *Méthode algébrique.* Il est d'ailleurs utile de recourir aux *Exercices d'algèbre*, 4ᵉ édit., nᵒ 495, page 242.

** Cette belle étude est due à M. Régis PIALAT, ingénieur civil, sorti de l'*école des Mines de Saint-Etienne* en 1876 avec le numéro 1 ; mort en 1894 frère des Écoles chrétiennes.

BM′ — AM′ pour différence ; on doit dire que la différence augmente lorsqu'on s'éloigne du point C.

En effet, $$BM' + AN' < BN' + AM'$$
d'où $$BM' — AM' < BN' — AN'$$ *C. Q. F. D.*

A la limite, quand X s'éloigne indéfiniment vers la gauche, les droites BG′ et AF′ sont parallèles ; elles ont aussi *ab* pour différence.

(**f**) En prenant constamment AM′ — BM′ pour différence, on doit dire que de C vers X la différence est négative et augmente en valeur absolue jusqu'à égaler *ab*.

259. Résumé. De X vers C la différence est négative ; sa *valeur absolue*, égale d'abord à *ab*, décroît de plus en plus et devient nulle au point C. A droite de ce point, la différence reste constamment positive et augmente graduellement jusqu'au point D, où elle égale AB. Au delà du point D, la différence toujours positive décroît, et pour Y à l'infini, elle devient égale a *ab*; donc *la différence* part de — *ab*, arrive à zéro, croît jusqu'à AB, puis diminue jusqu'à *ab*.

Remarques. 1° De C à D, la différence passe de zéro à AB (fig. 157); donc il y a un point P pour lequel la différence égale *ab*.

2° En ne tenant compte que de la *valeur absolue* de la différence, on peut dire :

De X à P il y a deux positions et deux seulement, pour lesquelles la différence peut avoir une valeur comprise entre zéro et *ab*.

De P à Y il y a deux positions et deux seulement, pour lesquelles la différence peut avoir une valeur comprise entre *ab* et AB.

Donc de X à Y il y a deux positions et deux seulement, pour lesquelles la différence a une valeur donnée, lorsque cette valeur est comprise entre zéro et AB.

Cas particulier. Lorsque XY est parallèle à AB, la projection $ab = AB$. A partir du point C, soit vers la droite, soit vers la gauche, la différence augmente graduellement et varie de zéro à AB.

2ᵉ Cas. *Les deux points donnés* A *et* B *sont de part et d'autre de* XY.

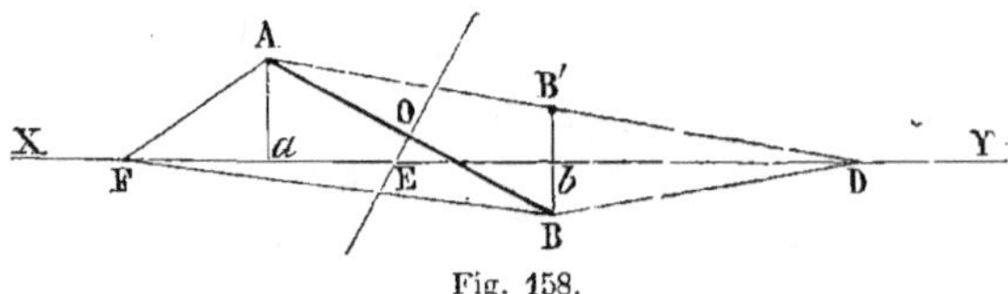

Fig. 158.

On retombe dans le cas précédent, en déterminant le symétrique B′ du point B, par rapport à la droite donnée XY (fig. 158).

Sur la droite donnée, et pour toute différence comprise entre zéro et AB′, on trouve deux points qui donnent la différence demandée.

(**g**) Le point D, tel que XY est bissectrice de l'angle ADB, donne la différence maxima AB′.

(**h**) De D vers Y, la différence diminue de plus en plus et tend à devenir égale à la projection *ab* de AB sur XY. Il est évident que AB′ donne la même projection *ab*.

(i) Au point E, où la perpendiculaire OE, élevée au milieu de AB, coupe XY, la différence est nulle (fig. 158).

(j) De D vers E, la différence diminue depuis sa valeur maxima AB′ jusqu'à zéro.

(k) A partir de E vers X, la différence AF — BF est négative ; en ne tenant compte que de la *valeur absolue*, ou de BF — AF, on peut dire qu'au delà du point E, la différence augmente quand le point s'éloigne de E, et tend à devenir égale à la projection ab.

260. Application. On sait que l'hyperbole est le lieu des points dont la différence des distances à deux points donnés est constante.

Soient F, F′ les points fixes (fig. 159) ; $2a$ la différence constante ; elle doit être plus petite que FF′. Soit donc $AA' = 2a$.

1° L'*hyperbole est une courbe convexe*, car une droite ne peut la couper qu'en deux points. En effet, sur cette droite, on ne peut trouver que deux points dont la différence des distances à F et F′ soit égale à $2a$ (n° 259. *Remarque*, 2°).

2° Toute droite XY qui laisse F et F′ d'un même côté, coupe la courbe en deux points ; car il existe deux positions pour lesquelles la différence des distances est moindre que FF′.

En effet, la droite MN coupe les deux branches, car les différences

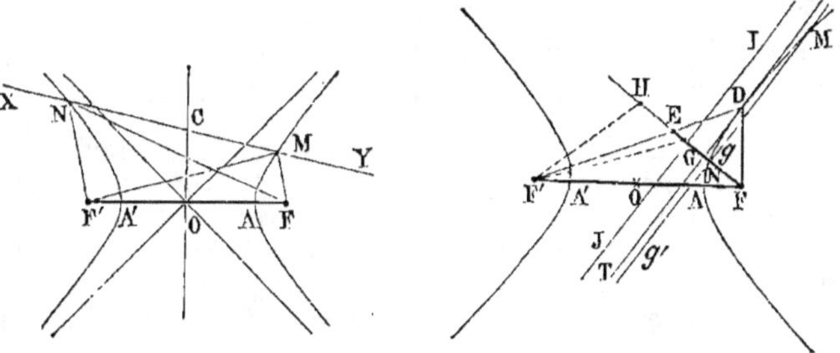

De F′ on abaisse une perpendiculaire F′g′ sur MN.

Fig. 159.   Fig. 160.

F′M — FM et F′N — FN ont même valeur absolue, mais sont de signe contraire, car elles sont de part et d'autre du point C (n° 258, **f**).

3° *Une droite qui passe entre les points F et F′ peut couper l'hyperbole en deux points, lui être tangente ou ne pas rencontrer la courbe.*

En effet, soit MN (fig. 160) ; déterminons le symétrique G du point F par rapport à MN, et projetons les foyers en g et g′ sur la droite donnée.

Lorsque la longueur AA′ ou $2a$ est comprise entre gg' et F′G, il y a deux points d'intersection appartenant à la même branche.

Pour toute parallèle à MN, la projection de FF′ égale toujours gg'.

Or, en déterminant le symétrique E du point F, par rapport à une certaine droite DT, on peut trouver que F′E $= 2a$; alors la droite DT est tangente à la courbe ; les deux points d'intersection se réduisent à un seul.

Enfin, pour IJ, l'on a $2a >$ F′H, et la droite ne rencontre pas la courbe.

4° *Une droite* OD (fig. 161), *qui passe par le centre* O, *ne rencontre la courbe qu'à l'infini, lorsque la projection* DD' *de* FF' *égale la distance* 2a.

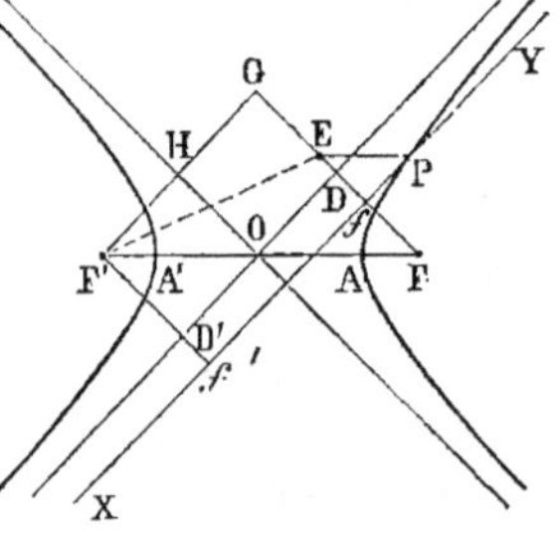

En effet, on sait que pour une droite menée par le milieu O de FF', la différence, d'abord nulle, augmente de part et d'autre du point O, et ne devient égale à la projection de FF' que pour les points infiniment éloignés du centre.

Les droites OD, OH *sont asymptotes de la courbe.* On peut les considérer comme des tangentes dont le point de contact est infiniment éloigné du point O, car en prenant DG = DF pour avoir le symétrique de F, on a :

$$GF' = DD' = 2a$$

Fig. 161.

5° *Toute droite qui ne passe pas par le centre, et telle que la projection* ff' *égale* 2a, *ne coupe l'hyperbole qu'en un seul point.*

En effet, soit $2a = ff' = F'G$. Le point G étant le symétrique du foyer F par rapport à l'asymptote OD, le point E symétrique de F par rapport à la parallèle XY est différent du point G.

On a donc $2a < EF'$

Or on sait qu'à distance finie, il existe un point P et un seul tel que

$$PF' - PF = ff' = 2a \quad \text{(n° 259, } Remarque, 1°).$$

261. Remarque. La droite XY n'est point tangente, quoiqu'elle n'ait qu'un seul point de commun à distance finie avec l'hyperbole ; car par la nature même de la variation de la différence, on reconnaît que le point P n'est pas obtenu par la réunion de deux points infiniment rapprochés (n° 259, *Remarque*, 1°).

Ainsi *une droite qui n'a qu'un point commun* (à distance finie) *avec une courbe convexe non fermée, peut n'être point tangente à cette courbe.*

262. Manières diverses d'envisager un problème.

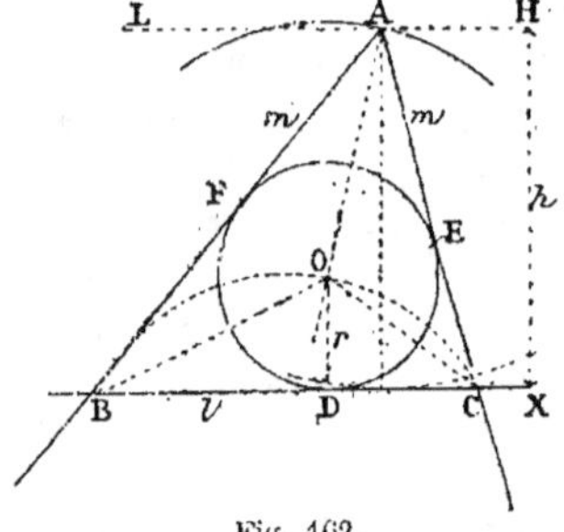

Une question donnée peut être proposée de différentes manières, et chaque énoncé conduit à une solution plus ou moins facile ; il y a donc parfois utilité à transformer l'énoncé proposé. En voici un exemple :

(1) *Un angle* A *constant a ses deux côtés tangents à un cercle donné, de rayon* r. *Quelle position doit occuper cet angle pour que les côtés interceptent une longueur* BC = l *sur une tangente fixe* DX ?

Fig. 162.

(2) *Étant données deux tangentes fixes* AB, AC, *mener une troisième tangente* DX *telle que le segment* BC, *intercepté par les deux premières, égale une ligne donnée* l.

(3) *Construire un triangle connaissant la base* BC, *l'angle au sommet* A, *et le rayon de cercle inscrit.*

Ces divers énoncés correspondent à la même question ; mais ils conduisent avec plus ou moins de facilité à la solution.

1re *Solution.* Supposons le problème résolu et prenons les diverses questions en commençant par (3). L'angle BOC égale $A + \dfrac{B + C}{2}$;

mais $\dfrac{B + C}{2} = \dfrac{180^\circ - A}{2}$; donc $O = \dfrac{2A}{2} + \dfrac{180 - A}{2} = 90^\circ + \dfrac{A}{2}$:

et le problème est ramené à construire un triangle BOC, connaissant la base BC, l'angle au sommet BOC et la hauteur r.

2e *Solution.* La longueur AE ou m peut être regardée comme connue, puisqu'on donne l'angle A et le rayon r. Le périmètre égale $2(m + l)$; car BF $+$ CE $= l$. La surface égale $pr = (m + l)r$; mais elle égale aussi $\dfrac{lh}{2}$. Donc $\dfrac{lh}{2} = r(m + l)$; $h = \dfrac{2r(m + l)}{l}$, 4e proportionnelle. Et le problème est ramené à construire un triangle, connaissant la base BC, l'angle au sommet A et la hauteur h.

En considérant la tangente mobile comme trouvée, on voit qu'elle est déterminée lorsqu'on connaît sa distance au sommet A ; donc, pour construire directement le n° (2), du sommet A, avec h pour rayon, décrivons un arc et menons une tangente commune BC à cet arc et au cercle inscrit.

3e *Solution.* Pour le 1er énoncé, à la tangente fixe DX, menons une parallèle HL à la distance h, et du point O, avec la longueur connue AO, décrivons un arc qui fera connaître la position du sommet de l'angle mobile.

La considération de la hauteur h permet de résoudre directement chaque énoncé.

§ II. — Méthode par extension.

263. Extension. La méthode par *extension* consiste à étendre les propriétés d'une figure élémentaire à une figure de même espèce, mais dont la première n'est qu'un cas particulier.

L'*extension* consiste aussi à passer d'une figure plane à une figure de l'espace ayant certaines analogies avec la première.

Il y a donc deux cas à considérer :

1° *D'une figure plane donnée, passer à une figure plane plus générale que la première.* Par exemple, étendre le théorème de *Ménélaüs* relatif au triangle à un polygone plan quelconque (n°s 180 et 181).

2° *D'une figure plane, passer à une figure de l'espace.* C'est ce qui a lieu quand le théorème de *Ménélaüs* est appliqué à un polygone gauche (n° 181. *Remarque*).

264. Emploi de l'extension. L'extension est une méthode très féconde pour découvrir par intuition de nouveaux théorèmes ; mais il faut une certaine sagacité et une grande habitude pour arriver à généraliser ; d'ailleurs il faut démontrer l'exactitude du résultat auquel on est parvenu.

265. Réduction. La *réduction* est l'opposé de l'*extension*, et constitue une véritable *simplification*. La *réduction* consiste à étudier en premier lieu un ou plusieurs cas particuliers d'une question générale donnée, afin de parvenir à la démonstration du théorème ou à la résolution du problème proposés.

Voici quelques exemples d'*extension*.

Exercice.

266. Problème. *Sur la base* BC *d'un triangle isocèle, on élève, en un point quelconque, une perpendiculaire* PMN *qui coupe les côtés* BA, CA *aux points* M *et* N ; *la somme* PM + PN *est constante. Que devient ce théorème pour un triangle quelconque?*

Pour le triangle isocèle (fig. 163), on a :

$$PM + PN = 2PO = 2AD$$

Pour le triangle quelconque (fig. 164), il faut que la droite MN soit parallèle à la médiane, car on aura :

$$PM + PN = 2PO = 2AD$$

donc :

Théorème. *Dans un triangle quelconque, si l'on mène par un point quelconque de la base une parallèle à la médiane correspondante, et que cette parallèle coupe les côtés en* M *et* N, *la somme* PM + PN *sera constante.*

Autre démonstration. Menons CH parallèle à AB jusqu'à son intersection A' avec la médiane, puis prolongeons NP.

On a :   PN = PH

donc   PM + PN = MH = AA'

ou PM + PN = 2AD = constante.

267. Remarque. *Réciproquement.* Si l'on avait à démontrer le théorème relatif à la parallèle menée à la médiane d'un triangle quelconque, et si la démonstration ne se présentait pas immédiatement, on pourrait établir le théorème pour un triangle

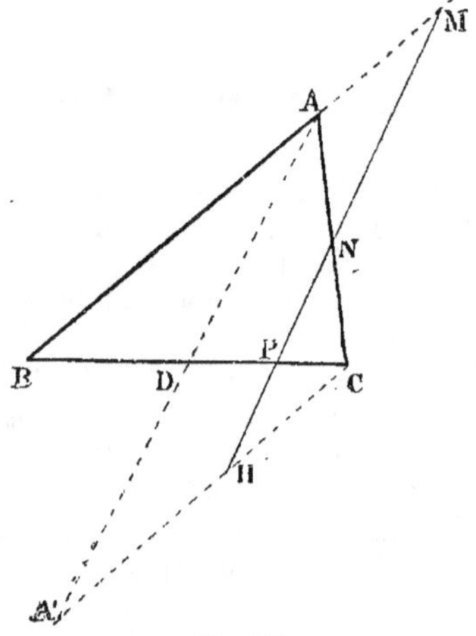
Fig. 165.

isocèle ; le mode employé pour traiter ce cas particulier conduirait presque inévitablement à la démonstration de la question générale.

Exercice.

268. Problème. Généraliser le théorème connu : *La somme des perpendiculaires abaissées d'un point quelconque de la base d'un triangle isocèle sur les côtés égaux est constante.*

1° Extension. La méthode par duplication conduit immédiatement à la généralisation suivante.

Théorème. *Les droites* OP, OQ, *qui rencontrent les côtés égaux sous des angles égaux et constants* P *et* Q, *ont une somme constante, quelle que soit la position du point* O *sur la base du triangle.*

En effet, $OP + OQ = PQ'$ (fig. 166), longueur constante pour un angle donné P, puisque la figure BACA' est un losange.

Corollaire. *Les parallèles menées aux côtés égaux par un point quelconque de la base d'un triangle isocèle ont une somme constante.*

Dans ce cas particulier, la somme égale $AB = AC$ (n° 19).

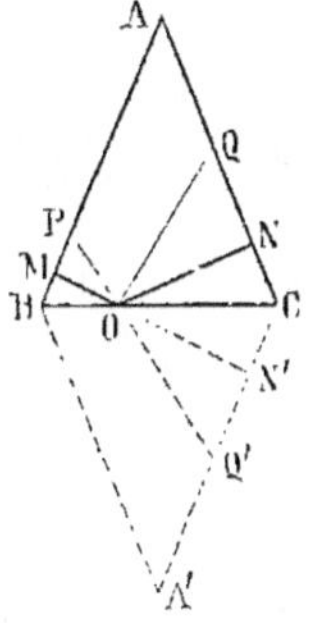

Fig. 166.

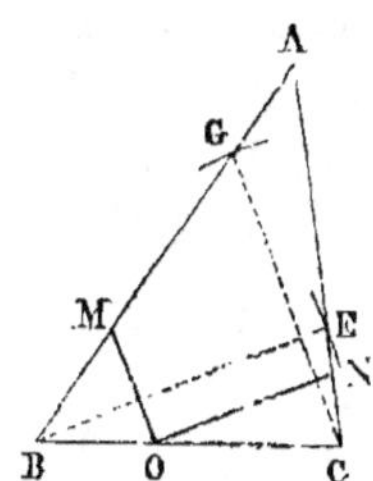

Fig. 167.

269. 2° Extension. Recherchons quelque propriété analogue pour le triangle scalène ABC (fig. 167) et la direction constante à donner aux droites OM, ON, pour que leur somme soit constante et égale à une longueur l.

D'après un problème déjà résolu (n° 44), nous savons qu'en prenant $BE = CG = l$, et menant des parallèles OM, ON aux droites CG, BE,

on a : $$OM + ON = l$$

270. 3° Extension. Prenons pour point de départ le corollaire établi précédemment (n° 268). Bornons-nous au cas d'un triangle dont un des côtés est double de l'autre ; soit $AB = 2AC$.

Prenons $AD = AB$ (fig. 168). Le triangle BAD est isocèle ; donc la somme $PM + PQ$ est constante, elle égale $AB = 2AC$ (n° 20).

Mais $PM = 2MO$; donc, pour OM et ON, on a la relation :

$$2MO + ON = AB; \quad \text{ou} \quad OM + \frac{1}{2}\, ON = AC$$

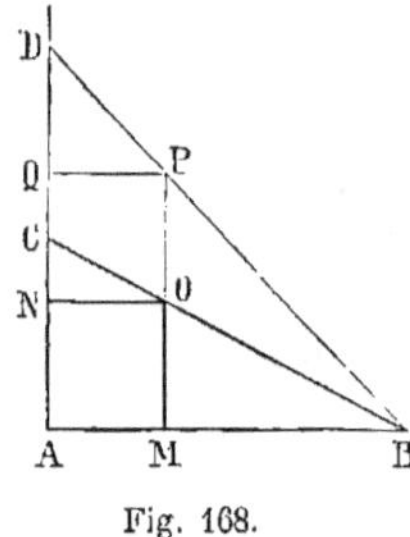

Fig. 168.

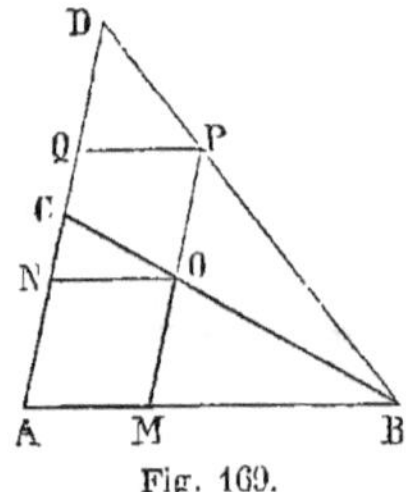

Fig. 169.

En représentant ON par x et OM par y, on écrirait $x + 2y = AB$, et l'on arriverait, en généralisant, au théorème suivant (fig. 169).

271. Théorème. *Dans tout triangle, les parallèles* x *et* y *menées à deux côtés AB et AC par un point quelconque du troisième, donnent une somme constante, lorsqu'on multiplie* x *et* y *par des coefficients* n *et* m *dont le rapport est inverse du rapport de AB à AC; ainsi pour*

$$\frac{AB}{AC} = \frac{m}{n}, \quad \text{on aura} \quad nx + my = \text{constante.}$$

Exercice.

Soit à transformer par extension une question déjà traitée (n° 216); proposons-nous, par suite, les problèmes suivants (n°ˢ 272 et 273) :

272. Problème. *Un point fixe et deux parallèles sont donnés. Mener une sécante CD parallèle à une droite AB, de manière que l'angle COD soit maximum.*

Prenons la question inverse :

Menons une parallèle à AC à une distance CG, comptée sur CD, du point fixe aux parallèles.

Pour une position donnée CD, déterminons le point O de l'angle maximum.

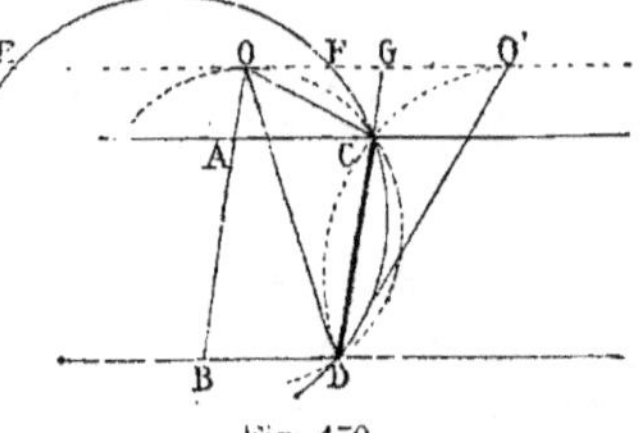

Fig. 170.

Par les points C et D, faisons passer une circonférence tangente à OG.

Il y a deux réponses O et O'.

Lorsque du point E, par exemple, le point s'avance vers la droite, le rayon de l'arc dont CD est la corde diminue constamment jusqu'au point O, puis il augmente; donc l'angle augmente. Au point O a lieu le maximum; puis l'angle diminue. Au point G il est nul; ensuite il augmente jusqu'en O', nouveau maximum, et diminue indéfiniment. On a encore : $OG^2 = CG \times DG$.

Pour calculer l'angle COD, on résout les triangles OGC, OGD, dans lesquels on connaît deux côtés et l'angle G qu'ils comprennent, puis le triangle COD, dont les trois côtés sont alors connus. (*Trig.*, 5° édit., n° 79.)

273. Même problème. *Les deux parallèles sont remplacées par deux circonférences concentriques.*

1° La droite CD peut être normale aux circonférences concentriques ;
2° La droite CD peut rencontrer une de ces circonférences sous un angle donné.

En considérant le *problème contraire*, on reconnaît que la droite CD est donnée de position et que le sommet O doit se trouver sur une circonférence concentrique aux deux premières.

Remarque. Le grand nombre de cas intéressants que présente ce dernier problème nous conduit à le traiter avec quelques développements, au paragraphe des *maxima* et des *minima* (n° 341).

Exercice.

274. Problème. Généraliser le problème suivant déjà résolu (n° 102) : *On donne deux points A et B sur une circonférence ainsi qu'un diamètre EF fixe de position ; déterminer sur la circonférence un point C, tel que les cordes CA, CB interceptent sur le diamètre fixe, à partir du centre O, des segments égaux OM, ON.*

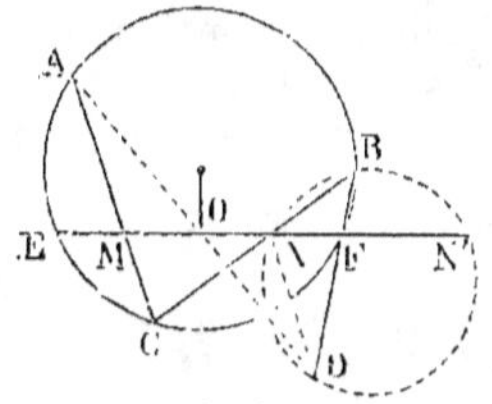
Fig. 171.

1° Remplaçons le diamètre fixe et le centre du cercle par une corde quelconque EF et par son point milieu O.

En procédant par analogie à la solution déjà donnée, on arrive immédiatement à la construction suivante, qui se justifie comme précédemment (n° 102).

Il faut joindre le point A au point O milieu de la corde ; prendre OD = AO, afin d'avoir DN parallèle à AM ; et sur BD décrire un segment capable du supplément de C.

275. Problème. Deuxième extension. *La corde EF étant donnée, ainsi que son point milieu, déterminer le point C de manière que les segments MO, ON soient dans un rapport donné* $\dfrac{m}{n}$.

En se reportant à la figure précédente, on reconnaît immédiatement qu'il faut mener AO ; prendre une longueur OD telle qu'on ait :

$$\frac{AO}{OD} = \frac{m}{n}$$

car alors la parallèle DN donnera

$$\frac{MO}{ON} = \frac{AO}{OD} = \frac{m}{n}$$

Remarque. Une étude attentive de la question montre qu'on peut remplacer le point milieu O de la corde par un point donné sur une droite quelconque, et l'on parvient ainsi à la question beaucoup plus générale qui suit.

276. Problème. *On donne deux points A et B sur une circonférence ainsi qu'une droite EF et un point O sur cette droite ; déterminer sur la circonférence un point C tel que les cordes CA, BC déterminent sur la droite donnée, à partir du point fixe O, des segments OM, ON, qui soient dans un rapport donné $\dfrac{m}{n}$.*

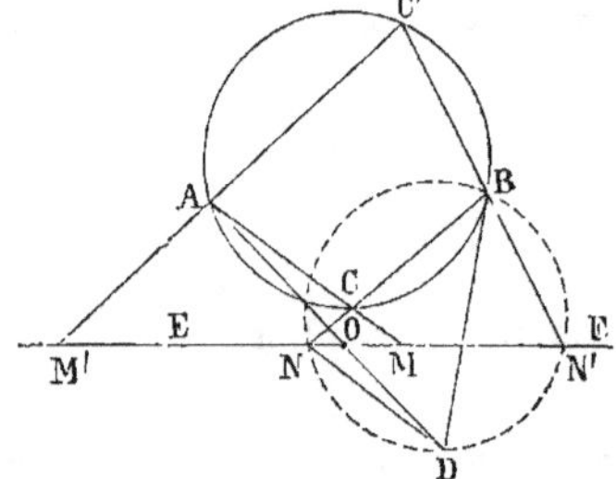
Fig. 172.

Reprenons cette question par l'analyse. Supposons le problème résolu, et soit

$$\frac{OM}{ON} = \frac{m}{n}$$

En menant, par le point N, une parallèle ND à ACM, et menant AOD par le point fixe, on aurait :

$$\frac{AO}{OD} = \frac{OM}{ON} = \frac{m}{n}$$

D'ailleurs, à cause des parallèles AM et ND, l'angle BND est le supplément de l'angle C ; mais ce dernier est connu, puisqu'il a pour mesure moitié de l'arc AC'B ; donc nous sommes conduits à la construction suivante :

Il faut joindre le point A au point fixe O, prendre OD tel que $\dfrac{AO}{OD} = \dfrac{m}{n}$, et, sur BD, décrire un segment capable de l'angle supplément de C.

Remarques. 1° Le point N' donne une seconde solution.

On mène $\qquad$ N'BC' et C'AM'

On a : $\qquad \dfrac{OM'}{ON'} = \dfrac{m}{n}$

2° Pour une droite quelconque, on peut demander de déterminer le point C, de manière que le segment MN ait une longueur donnée l. Il suffit de procéder comme on l'a fait lorsque EF est un diamètre (n° 101).

<h3 align="center">Extension aux figures de l'espace.</h3>

<h3 align="center">Exercice.</h3>

277. Extension du théorème relatif à la perpendiculaire élevée en un point quelconque de la base d'un triangle isocèle (n° 266).

Il suffit d'indiquer les résultats.

Théorème. *On donne une pyramide régulière, en un point quelconque P de la base, on élève une perpendiculaire qui rencontre successivement en M, N, Q, R … les faces latérales de la pyramide ou leur prolongement ; prouver que la somme PM + PN … + PR est constante.*

Si la base a n côtés, la somme égale n fois la hauteur.

Pour une pyramide non régulière, mais à base régulière, il faut mener PMN ... parallèle à la droite qui joint le sommet S au centre de la base.

Exercice.

278. Extension du théorème relatif aux perpendiculaires abaissées d'un point quelconque de la base d'un triangle isocèle sur les côtés égaux de ce triangle isocèle (n° 268).

Théorème. *Les perpendiculaires abaissées d'un point quelconque de la base d'une pyramide régulière sur les faces latérales, ont une somme constante.*

Si la base a n côtés, la somme égale n fois la distance du centre de la base à une des faces latérales.

Théorème. *Lorsqu'on mène par un point quelconque de la base d'une pyramide régulière des droites sur chaque face et rencontrant les faces sous un angle constant, la somme des lignes ainsi menées est constante.*

Exercice.

279. Théorème. *Par un point fixe O, pris sur la bissectrice d'un angle droit, on mène une sécante MON; prouver que la somme* $\dfrac{1}{\text{AM}} + \dfrac{1}{\text{AN}}$ *des inverses des segments AM, AN, déterminés sur les côtés de l'angle, est une quantité constante.*

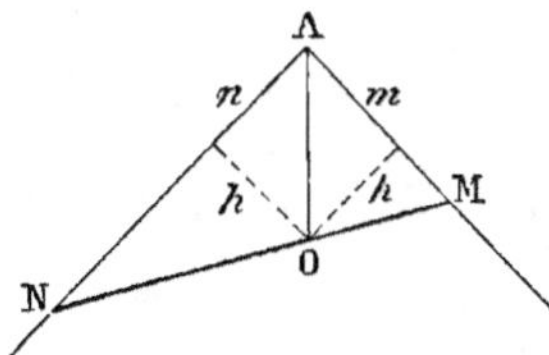

Fig. 173.

Soient m, n les segments, h la perpendiculaire abaissée du point O sur chaque côté de l'angle droit.

Il faut prouver que $\dfrac{1}{m} + \dfrac{1}{n}$ est une quantité constante.

En effet, $\dfrac{1}{m} + \dfrac{1}{n}$ revient à $\dfrac{n+m}{mn}$

Le double de l'aire du triangle rectangle AMN peut être exprimé par $nh + mh$ et par mn;

d'où $$nh + mh = mn$$

en divisant chaque terme par mnh,

on trouve $$\dfrac{1}{m} + \dfrac{1}{n} = \dfrac{1}{h}$$ quantité constante; donc ...

1re Extension.

280. Théorème. *Même question pour un angle α quelconque.*

Le double de l'aire peut être exprimé de deux manières différentes :
$$nh + mh = n \cdot \text{MP} = mn \cdot \dfrac{\text{MP}}{m}$$

Le rapport $\dfrac{MP}{m}$ est constant pour un même angle α.

En divisant tous les termes par mnh, on trouve

$$\frac{1}{m} + \frac{1}{n} = \frac{1}{h} \cdot \frac{MP}{m}$$

quantité constante.

281. Remarque. Il est avantageux d'employer la notation trigonométrique. Sachant que le double de l'aire d'un triangle égale le produit des côtés multiplié par le sinus de l'angle qu'ils forment (*Trig.*, n° 76), on a : $nh + mh = mn$ sinus α ;

d'où
$$\frac{1}{m} + \frac{1}{n} = \frac{\text{sinus } \alpha}{h}.$$

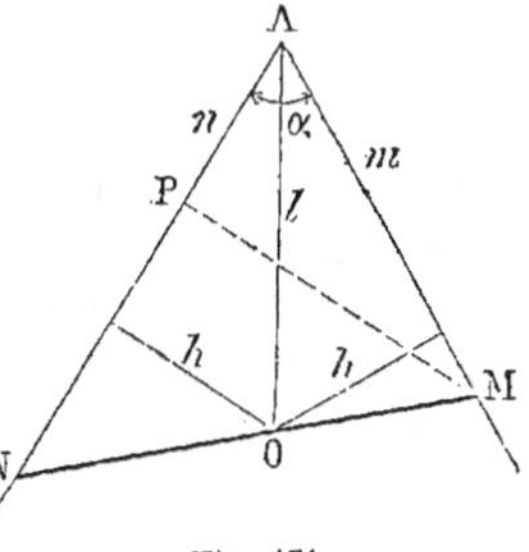

Fig. 174.

282. Valeur de la constante. Proposons-nous d'exprimer la quantité constante en fonction de AO et de l'angle α.

Soit
$$AO = l$$

$$h = l \sin \frac{1}{2}\alpha ; \quad \text{donc} \quad \frac{1}{h} = \frac{1}{l \sin \frac{1}{2}\alpha}$$

. La formule $\dfrac{1}{m} + \dfrac{1}{n} = \dfrac{\sin \alpha}{h}$ (n° 281), devient $\dfrac{1}{m} + \dfrac{1}{n} = \dfrac{\sin \alpha}{l \sin \frac{1}{2}\alpha}$

Mais on sait que $\qquad \sin \alpha = 2 \sin \dfrac{\alpha}{2} \cos \dfrac{\alpha}{2}$ (*Trig.*, n° 37. *R.*, III.)

On peut donc écrire $\qquad \dfrac{1}{m} + \dfrac{1}{n} = \dfrac{2}{l} \cdot \cos \dfrac{\alpha}{2}$

2e Extension.

283. Théorème. *Par un point O de la diagonale SO d'un octaèdre régulier, on mène un plan quelconque qui coupe les quatre arêtes issues du point S ; prouver que la somme des inverses des quatre segments est constante.*

Dans l'octaèdre régulier, les arêtes opposées d'un même angle solide S sont à angle droit ; donc, en désignant par h la distance du point donné O à chacune des quatre arêtes considérées, on aura

$$\frac{1}{SA} + \frac{1}{SC} = \frac{1}{h} ; \quad \frac{1}{SB} + \frac{1}{SD} = \frac{1}{h}$$

d'où
$$\frac{1}{SA} + \frac{1}{SB} + \frac{1}{SC} + \frac{1}{SD} = \frac{2}{h}$$

3e Extension.

284. Théorème. *Tout plan mené par le point de concours O des diagonales d'un octaèdre régulier coupe les douze arêtes ou leur prolongement. La somme des inverses des vingt-quatre segments est constante.*

6*

Chaque arête passe par deux sommets et donne lieu à deux segments additifs ou soustractifs, suivant que le plan sécant passe entre les deux sommets, ou qu'il les laisse d'un même côté.

Or, pour chaque groupe de quatre segments d'un même sommet, on a pour constante $\dfrac{2}{h}$; donc, pour les six sommets, la somme des vingt-quatre segments égale $\dfrac{12}{h}$.

Remarque. Le théorème est vrai pour tout octaèdre ayant les douze arêtes équidistantes du point de concours des diagonales.

4° Extension.

285. Théorème. *Tout plan mené par un point fixe O pris sur la droite équidistante des arêtes considérées deux à deux d'un angle polyédrique S, dont les faces en nombre pair sont opposées et égales deux à deux, détermine des segments dont la somme des inverses est constante.*

En effet, soient SA, SA' les segments déterminés sur deux arêtes opposées, α l'angle qu'elles forment entre elles et dont SO est bissectrice ; représentons par a la perpendiculaire abaissée du point O sur chacune de ces lignes,

on aura :
$$\frac{1}{SA} + \frac{1}{SA'} = \frac{\sin \alpha}{a} \qquad (\text{n}^\circ 281),$$

de même
$$\frac{1}{SB} + \frac{1}{SB'} = \frac{\sin \beta}{b} \qquad \text{etc...;}$$

donc la somme des inverses est constante, car, pour un même point O, $\dfrac{\sin \alpha}{a}$, $\dfrac{\sin \beta}{b}$ ne varient point.

Pour six arêtes, on aurait :
$$\frac{1}{SA} + \frac{1}{SB} + \frac{1}{SC} + \frac{1}{SA'} + \frac{1}{SB'} + \frac{1}{SC'} = \frac{\sin \alpha}{a} + \frac{\sin \beta}{b} + \frac{\sin \gamma}{c}$$

Scolie. Si l'angle polyédrique est régulier $\alpha = \beta = \gamma$ et $a = b = c$, on a pour constante
$$\frac{3 \sin \alpha}{a}$$

5° Extension.

286. Théorème. *Par un point fixe O, pris sur la droite qui se trouve équidistante de toutes les faces d'un angle polyédrique régulier, on mène un plan quelconque ; la somme des inverses des arêtes est une quantité constante.*

Le théorème est justifié quand l'angle polyédrique a un nombre pair d'arêtes (n° 285) ; mais il reste à le démontrer, dans le cas où il y a un nombre *impair* d'arêtes. La difficulté est la même quel que soit ce nombre impair ; considérons, par exemple, un trièdre.

Circonscrivons un cône de révolution à l'angle polyédrique donné ; par chaque arête et par chaque génératrice équidistante de deux arêtes consécutives menons des plans tangents à ce cône ; nous formons ainsi un angle polyédrique régulier à six faces. La section donne un hexagone DEGHI circonscrit à une ellipse ; le triangle ABC correspond au trièdre donné.

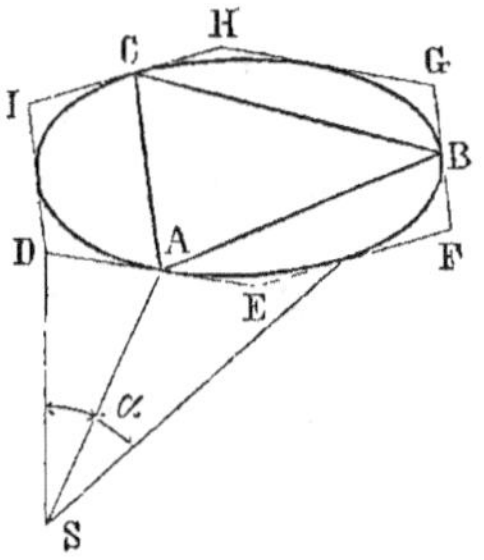

Supposons qu'une des faces de l'angle hexaédrique soit rabattue en DSE ; DS, ES sont deux arêtes de cet angle solide à six faces ; AS, arête du trièdre, est bissectrice de l'angle plan DSE.

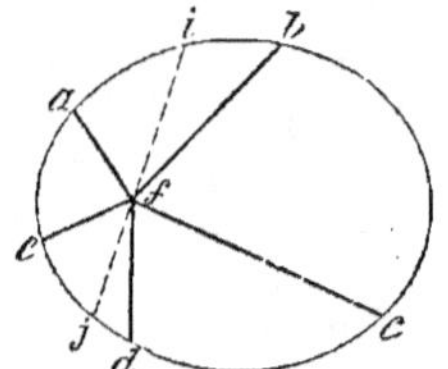

Joindre S au point E.

Fig. 175.

Or on sait qu'on a

$$\frac{1}{SD} + \frac{1}{SE} = \frac{2}{SA} \cos \frac{1}{2} \alpha \qquad (n^o\ 282) ; \text{ donc}$$

$$\left(\frac{2}{SA} + \frac{2}{SB} + \frac{2}{SC}\right) \cos \frac{1}{2} \alpha = \frac{1}{SD} + \frac{1}{SE} + \frac{1}{SF} + \frac{1}{SG} + \frac{1}{SH} + \frac{1}{SI} =$$

constante (n° 285).

Représentons cette constante par $\dfrac{1}{c}$,

on a donc $\quad \dfrac{1}{SA} + \dfrac{1}{SB} + \dfrac{1}{SC} = \dfrac{1}{2c \cdot \cos \frac{\alpha}{2}}$ quantité aussi constante ;

donc...

Application.

287. Théorème. *Par le foyer d'une ellipse, on mène des rayons vecteurs formant des angles consécutifs égaux entre eux ; prouver que la somme des inverses de ces rayons vecteurs est une quantité constante.*

Il suffit de considérer un angle polyédrique régulier ayant autant d'arêtes qu'on a formé d'angles égaux autour du foyer, cinq par exemple, de circonscrire un cône de révolution et de couper tout le système par un plan quelconque ; on aura

Fig. 176.

$$\frac{1}{SA} + \frac{1}{SB} + \frac{1}{SC} + \frac{1}{SD} + \frac{1}{SE} = \text{constante} \qquad (n^o\ 286).$$

En projetant la section sur un plan perpendiculaire à l'axe du cône on obtient une ellipse $abcde$, ayant pour foyer f, la projection du sommet. (G., n° 855.) Les faces égales de l'angle polyédrique se projettent suivant des angles égaux. Les arêtes SA, SB, étant également inclinées sur le plan de projection perpendiculaire à l'axe, seront réduites dans un rapport constant ;

donc $$\frac{1}{fa} + \frac{1}{fb} + \frac{1}{fc} + \frac{1}{fd} + \frac{1}{fe}$$

est aussi quantité constante.

287 (a). Remarques. 1° Le théorème est vrai pour une conique quelconque.

2° Comme cas particulier, on peut mener une corde focale ifj; on aura

$$\frac{1}{fi} + \frac{1}{fj} = \text{constante}$$

et l'on obtiendra le théorème suivant, qui se trouve énoncé dans les traités de *Géométrie analytique*.

217 (b). Théorème. *Dans une conique quelconque, la somme des inverses des segments d'une corde focale est une quantité constante.*

La constante se détermine très simplement lorsqu'on considère le grand axe, car les segments égalent $a-c$ et $a+c$;

or

$$\frac{1}{a-c} + \frac{1}{a+c} = \frac{a+c+a-c}{a^2-c^2} = \frac{2a}{b^2}$$

donc

$$\frac{1}{fi} + \frac{1}{fj} = \frac{2a}{b^2}$$

288. Extension du triangle au trièdre. La plupart des propriétés du triangle plan peuvent conduire à des propriétés analogues pour le trièdre. A son tour, chaque propriété du trièdre donne une propriété correspondante pour le triangle sphérique.

Dans un *triangle*, un côté quelconque est plus petit que la somme des deux autres.	Dans un *trièdre*, une face quelconque est plus petite que la somme des deux autres.	Dans un *triangle sphérique*, un côté quelconque est plus petit que la somme des **deux** autres.
Les trois hauteurs d'un triangle se coupent au même point.	Dans un trièdre, les trois plans menés par chaque arête perpendiculairement à la face opposée se coupent suivant la même droite.	Les trois arcs de grands cercles, menés par chaque sommet perpendiculairement au côté opposé, se coupent au même point.
Les trois bissectrices se coupent au même point.	Les trois plans bissecteurs des dièdres du trièdre se coupent suivant une même droite.	Les trois arcs bissecteurs des angles d'un triangle sphérique se coupent au même point.
A tout triangle on peut inscrire et circonscrire une circonférence.	A tout trièdre on peut inscrire et circonscrire un cône de révolution.	A tout triangle sphérique on peut inscrire et circonscrire un cercle.

289. Extension des relations numériques. Il est facile, par extension, de transformer certaines relations et d'obtenir une autre relation exprimant un théorème nouveau.

On doit distinguer deux cas principaux.

1° *Lorsque la relation, déjà connue, se rapporte à une somme ou à une différence, il faut que chaque terme soit multiplié par une quantité constante.* En voici un exemple très simple.

Exercice.

289 (a). Problème. *Par un point pris dans l'intérieur d'un triangle équilatéral on mène des droites; chacune d'elles coupe respectivement* *le côté correspondant sous un angle donné* α ; *prouver que la somme des lignes menées est constante.*

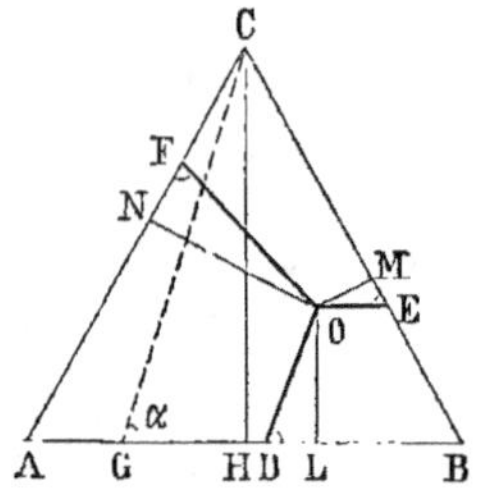

Soient OD, OE, OF les droites coupant les côtés sous l'angle donné α.

Abaissons les hauteurs OL, OM, ON ainsi que CH, et menons CG sous la même inclinaison que les droites OD, OE, OF.

On sait que l'on a :

$$OL + OM + ON = CH \qquad (1)$$

d'ailleurs, pour démontrer cette question bien connue, il suffit de procéder comme on l'a fait pour le triangle isocèle (n° 146).

Fig. 177.

Or les triangles ODL, OEM, OFN, CGH sont semblables ;

donc
$$\frac{OL}{OD} = \frac{OM}{OE} = \frac{ON}{OF} = \frac{CH}{CG}$$

d'où
$$\frac{OL + OM + ON}{OD + OE + OF} = \frac{CH}{CG}$$

Les numérateurs étant égaux, il doit en être de même des dénominateurs ; donc $\qquad OD + OE + OF = CG \qquad$ quantité constante.

289 (b). Remarques. 1° La considération des triangles semblables suffit pour conduire au résultat ; mais il est assez long et peu élégant d'écrire une suite nombreuse de rapports, tandis qu'on peut procéder rapidement comme il suit :

Soit r la valeur du rapport constant $\dfrac{OL}{OD}$, $\dfrac{OM}{OE}$ … ;

on a : $\qquad OL = OD . r, \quad OM = OE . r, \quad$ etc.

Dans (1), remplaçons les termes OL, OM … par leurs valeurs respectives,

on trouve $\qquad OD . r + OE . r + OF . r = CH$

d'où $\qquad OD + OE + OF = \dfrac{CH}{r} \qquad$ quantité constante ;

donc…

2° Le rapport r n'est autre chose que le sinus de l'angle α. *Il serait avantageux d'employer les notations trigonométriques connues :* sin α, sin β, etc. ; *même en géométrie,* pour désigner, d'une manière abrégée, les rapports constants.

290. 2° *Lorsque la relation, déjà connue, est un rapport ou un produit, chaque facteur peut être multiplié par une constante différente.* Exemple :

Exercice.

290. Théorème. *Par un point quelconque M d'une circonférence, on mène une sécante dans une direction donnée ; elle coupe une corde fixe IJ en un point A, et les tangentes menées au cercle par les extrémités de cette corde, en des points B, C ; prouver que le rapport* $\dfrac{MA^2}{MB . MC}$ *est constant.*

Cette question est l'extension d'une solution connue (n° 25).

Soit XY la direction invariable de la sécante ; MD, ME, MF les perpendiculaires abaissées sur les côtés du triangle isocèle HIJ, les angles α, β, γ sont constants pour une direction donnée XY.

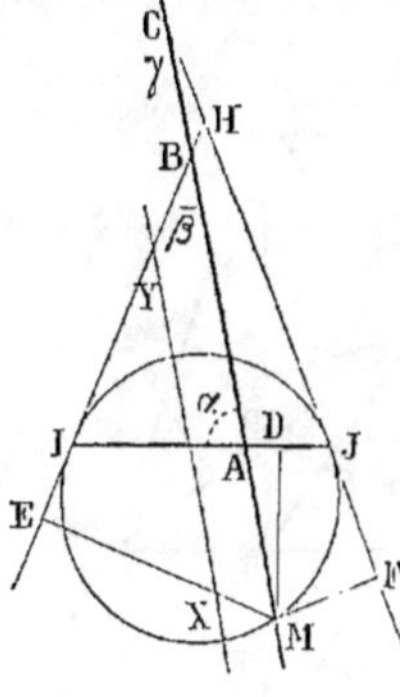

Fig. 178.

En représentant par a, b, c les rapports constants $\dfrac{MD}{MA}$, $\dfrac{ME}{MB}$, $\dfrac{MF}{MC}$, on aura :

$$MD = MA \cdot a ; \quad ME = MB \cdot b ; \quad MF = MC \cdot c$$

Or $MD^2 = ME \cdot MF$, ou $\dfrac{MD^2}{ME \cdot MF} = 1$ (n° 25) ;

remplaçons MD, ME, MF par leurs valeurs $MA \cdot a$, $MB \cdot b$, $MC \cdot c$, on trouve

$$\frac{MA^2 \cdot a^2}{MB \cdot b \times MC \cdot c} = 1$$

d'où $\dfrac{MA^2}{MB \cdot MC} = \dfrac{bc}{a^2}$ quantité constante.

Remarque. En recourant à la notation trigonométrique, on écrirait :

$$\frac{MA^2}{MB \cdot MC} = \frac{\sin \beta \cdot \sin \gamma}{\sin^2 \alpha}$$

§ III. — Déductions successives.

291. A la *Méthode par extension* (n° 263) ou aux *Diverses manières d'envisager un problème* (n° 262), on peut rattacher un genre d'étude dont il est plus facile de donner l'exemple que de formuler le principe.

Indication. *Une question étant donnée, on la considère non seulement sous les différents aspects qu'elle peut présenter, mais on fait varier certaines parties de la figure, on a recours à de nouvelles constructions, etc., et du théorème primitif on arrive ainsi à de nouveaux résultats.*

Le traité de *la Corrélation des figures de géométrie*, de CARNOT, reproduit et développé sous le nom de *Géométrie de position*, en fournit des exemples très remarquables. D'une seule figure bien étudiée dérivent une foule de questions qu'on rencontre dans la plupart des recueils d'exercices géométriques ; mais ces divers théorèmes, étant présentés indépendamment les uns des autres, ne laissent guère soupçonner leur commune origine et les déductions successives qui ont été faites.

Exercice.

292. Problème. *Trouver les rapports existant entre les côtés d'un triangle quelconque, les perpendiculaires menées des angles sur les côtés opposés et les segments formés sur ces côtés et ces perpendiculaires.* (CARNOT, *de la Corrélation des figures géométriques*, n° 142, p. 101.)

Prolongeons les hauteurs jusqu'à la circonférence ; on sait que les trois hauteurs se coupent en un même point D, nommé *orthocentre**.

(**a**) *Chacun des points* A, B, C, D *peut être considéré comme l'orthocentre du triangle formé par les trois autres points.*

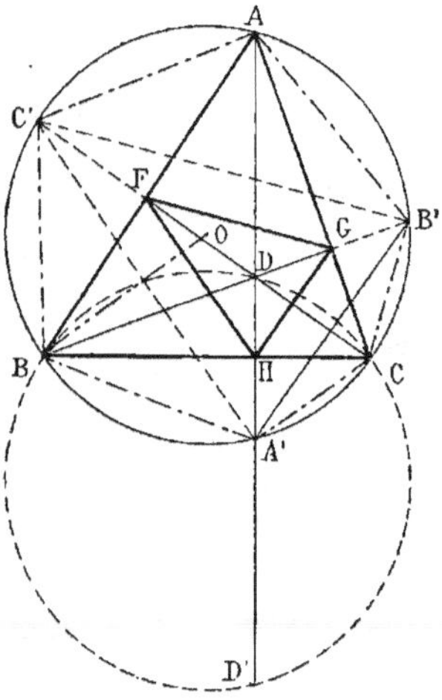

A, par exemple, est l'orthocentre du triangle BCD. En effet, puisque BDG est perpendiculaire sur CGA, CGA sera perpendiculaire sur BDG ; de même CDF étant perpendiculaire sur BFA, BFA sera perpendiculaire sur FDC. Donc A est bien le point de concours des trois hauteurs de BDC.

(**b**) *Les six arcs déterminés par les sommets* A, B, C *et par les extrémités* A', B', C' *des prolongements des hauteurs sont égaux deux à deux.*

En effet, les angles ABC', ACC' ont même mesure ; mais l'angle ACC' égale ABB' comme ayant l'angle BAC pour complément.

Ainsi l'angle $ABC' = ABB'$

donc $AC' = AB'$; $BC' = BA'$; $CA' = CB'$

Fig. 179.

(**c**) *La distance de l'orthocentre à un côté donné, égale le prolongement de la hauteur abaissée sur ce côté ; prolongement compris depuis le côté jusqu'au cercle circonscrit.*

Par exemple : $DF = FC'$

cela résulte de l'égalité des angles ABC', ABB'.

De même, pour le cercle circonscrit au triangle BDC, le point A est le point de concours des hauteurs ; donc $AH = HD'$.

Mais, par rapport au triangle primitif ABC, cette dernière égalité conduirait à l'énoncé suivant :

(**d**) *Lorsqu'on fait passer une circonférence par deux sommets* B, C *d'un triangle et par l'orthocentre, la hauteur* AHD', *abaissée du troisième sommet et prolongée jusqu'à la circonférence, est divisée en deux parties égales par la base* BC.

Ceci peut être regardé comme une simple conséquence du théorème suivant :

(**e**) *Le cercle circonscrit à un triangle, et les cercles circonscrits aux trois triangles ayant respectivement pour sommet l'orthocentre et deux des sommets du triangle donné, sont égaux entre eux.*

En effet, le cercle ABC peut être considéré comme étant le cercle

____

* Actuellement le point de concours des hauteurs est connu sous le nom d'*orthocentre*, que lui ont donné les géomètres anglais. (Voir ci-après, n° 663, *note*.)

circonscrit au triangle BA'C ; or ce triangle égale le triangle BDC, qui donne lieu à un des trois autres cercles ; donc tous les cercles sont égaux.

(f) *Le produit des segments de l'un quelconque des côtés est égal au produit de la hauteur correspondante par la distance de ce même côté à l'orthocentre du triangle.*

En effet, $$AF . FB = CF . FC'$$
donc $$AF . FB = CF . DF$$

(g) *Les trois produits formés en multipliant l'un par l'autre les deux segments d'une même hauteur sont égaux entre eux.*

Il faut prouver qu'on a :
$$AD . DH = BD . DG = CD . DF$$

Or, à cause des angles droits en G et F, les quatre points BCGF appartiennent à une même circonférence *, dont BC serait le diamètre ; donc
$$BD . DG = CD . DF, \quad \text{etc.}$$

On peut encore faire les remarques suivantes :

(h) *La droite qui joint les pieds des hauteurs abaissées de deux sommets est perpendiculaire au rayon du cercle circonscrit mené par le troisième sommet.*

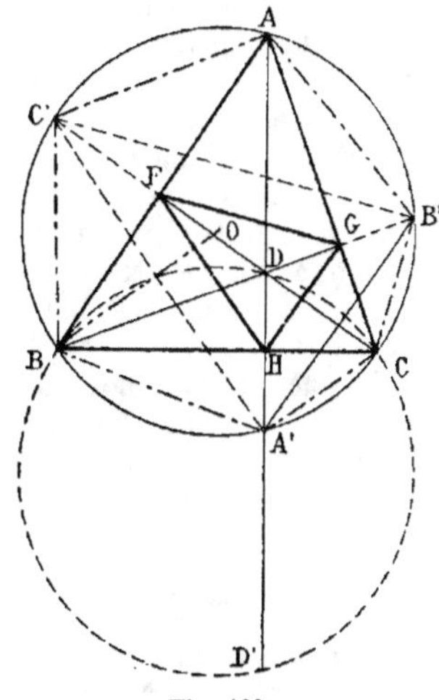

Fig. 180.

Joignons A' à C'. Le rayon BO est perpendiculaire à la corde A'C', car BA' = BC' ; mais les droites FH et C'A' sont parallèles, car F est le milieu de DC' et H le milieu de DA' ; donc le rayon BO est perpendiculaire à FH.

On retrouve aussi le théorème connu :

(i) *Les hauteurs sont bissectrices des angles du triangle FGH formé en joignant deux à deux les pieds de ces hauteurs.*

En effet, CC' est bissectrice de l'angle A'C'B', car l'arc CA' = CB' ; donc CF est bissectrice de l'angle F formé par deux parallèles aux deux premières lignes.

(j) *Le triangle FGH, formé par les pieds des hauteurs, est le triangle de périmètre minimum que l'on puisse inscrire dans ABC **.*

En effet, en admettant les principes que nous démontrerons au paragraphe spécial des *maxima* et *minima* (n° 342), on reconnaît qu'en regardant comme fixes les points G, H, le minimum ne dépend que de la position du sommet mobile F. Or on sait que le chemin GF + FH est

---

* Les auteurs anglais disent simplement : les quatre points sont *concycliques*. M. Neu-Berg avait proposé le terme *homocycliques*.

** De nos jours, le triangle formé en joignant deux à deux les pieds des hauteurs a reçu le nom de *triangle orthocentrique*, ou plus simplement *triangle orthique*.

minimum lorsque les droites GF et FH sont également inclinées sur AB.
(G., n° 177.) Pour la même raison, en rendant mobile successivement
chaque sommet, on reconnaît qu'il faut que FH et HG soient également
inclinées sur BC, etc. ; donc le triangle FGH, qui réalise cette condition
pour chaque côté de ABC, a le périmètre minimum.

Voici de nouvelles propriétés : On sait que le *cercle des neuf points*
d'un triangle ABC passe par les trois points milieu de chaque côté, par
les pieds des trois hauteurs, par le point milieu de chaque segment, tel
que AD, BD, CD, compris entre les sommets et le point de concours des
hauteurs ; le théorème de FUERBACH (n° 238) prouve que le cercle des
neuf points est tangent au cercle inscrit et à chaque cercle ex-inscrit. On
a donc le théorème de W. HAMILTON * :

(**k**) *Les quatre triangles ABC, ABD, BDC, CDA, formés par trois
droites données et par les hauteurs, ont le même cercle des neuf points.
Ce cercle est tangent aux seize cercles inscrits ou ex-inscrits aux quatre
triangles.*

293. Remarque. L'étude attentive de la figure formée par trois droites
se coupant deux à deux, et par les trois hauteurs de ce triangle, conduit,
ainsi qu'on vient de le voir, à un grand nombre de théorèmes. En procédant d'une manière analogue, on peut étudier la figure formée par un
triangle et ses trois médianes ; étudier aussi le système d'un triangle et
de ses bissectrices intérieures, ou d'un triangle et de ses bissectrices
extérieures. Plus généralement, on peut considérer un triangle et les
trois droites qui joignent chaque sommet à un même point donné.

Jusqu'à nos jours, l'étude de ces dernières figures était loin d'avoir
fourni autant de résultats que le problème donné comme exemple
(n° 292), ou du moins ces questions n'avaient pas encore rencontré leur
Carnot ; mais nous sommes heureux de pouvoir ajouter, en 1894, qu'il
en est tout autrement depuis quelques années. En effet, sous le nom de
Géométrie récente, ou de *Géométrie du triangle,* un nouveau chapitre
des plus intéressants et des plus étendus vient d'être ajouté aux Éléments traditionnels de Géométrie. (Voir ci-après, n°s 2262, etc.)

---

* Le théorème de sir WILLIAM HAMILTON a été proposé, en 1861, dans les *Nouvelles
Annales mathématiques,* page 216.
  Le théorème (**k**) peut conduire à son tour à de nouveaux énoncés. On peut voir à ce
sujet l'ouvrage suivant : *Théorèmes et problèmes de géométrie élémentaire,* par Eugène
CATALAN, 6e édition, 1879. Théorèmes CVIII à CXII, page 178.
  M. John CASEY, professeur à l'Université catholique d'Irlande, établit que le *Cercle des
neuf points* est tangent à 64 cercles, et que par le moyen de ceux-ci il est tangent à
256 cercles, et ainsi de suite.

VI

MÉTHODE ALGÉBRIQUE

---

§ I. — Construction des formules.

294. Emploi de l'Algèbre. Pour employer l'algèbre à la résolution des problèmes de géométrie, on prend pour inconnues une ou plusieurs grandeurs à déterminer ; ensuite on établit autant d'équations qu'il y a d'inconnues ; on résout le système d'équations, et l'on construit la valeur trouvée pour l'inconnue conservée dans les éliminations successives.

294 (a). Principales formules. Les principales expressions algébriques à construire sont les suivantes :

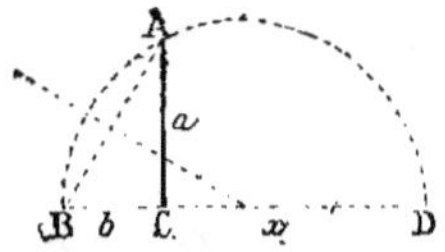

$$\text{(a)} \quad \left\{ \begin{array}{l} x = \dfrac{ab}{c} \\[1.5em] \text{ou} \quad \dfrac{a}{c} = \dfrac{x}{b} \end{array} \right\} \quad \begin{array}{l} 4^\text{e} \text{ proportionnelle.} \\ (\text{G., n}^\text{o}\ 295.) \end{array}$$

$$\text{(b)} \quad \left\{ \begin{array}{l} x = \dfrac{a^2}{b} \\[1.5em] \text{ou} \quad \dfrac{a}{b} = \dfrac{x}{a} \end{array} \right\} \quad \begin{array}{l} 3^\text{e} \text{ proportionnelle.} \\ (\text{G., n}^\text{o}\ 295, 3^\text{o}.) \end{array}$$

Fig. 181.

Outre le procédé de la 4e proportionnelle, on emploie la construction suivante :

On prend $BC = b$, une perpendiculaire $AC = a$, et on fait passer par A et B une demi-circonférence ayant son centre sur BC ; alors $x = \dfrac{a^2}{b}$.

$$\text{(c)} \quad \left\{ \begin{array}{l} x = \sqrt{ab} \\ x^2 = ab \end{array} \right\} \quad \text{moyenne proportionnelle. (G., n}^\text{o}\ 297.)$$

$$\text{(d)} \quad \left\{ \begin{array}{l} x = \sqrt{a^2 + b^2} \\ x^2 = a^2 + b^2 \end{array} \right. \quad \text{et} \quad \left\{ \begin{array}{l} x = \sqrt{a^2 - b^2} \\ x^2 = a^2 - b^2 \end{array} \right. \quad (\text{G., n}^\text{o}\ 347.)$$

$$\text{(e)} \quad x = \sqrt{a^2 \pm bc} \quad \left\{ \begin{array}{l} \text{Il faut remplacer } bc \text{ par un carré, et l'on} \\ \text{est ramené au } 4^\text{e} \text{ cas (d).} \end{array} \right.$$

$$\text{(f)} \quad x = \dfrac{abc}{de}. \quad \text{En posant} \quad \dfrac{ab}{d} = y, \quad \text{on a} \quad x = \dfrac{cy}{e}.$$

Il faut trouver deux quatrièmes proportionnelles (a).

On peut aussi construire directement la valeur de x (fig. 182).

Après avoir pris $OA = a$, $OB = b$, $OC = c$, $OD = d$, $OE = e$, on joint

BD, CE ; par le point A on mène AY parallèle à BD, puis YX parallèle
à CE. OX est la longueur cherchée.

$$(g) \quad \begin{cases} x = a\sqrt{\dfrac{m}{n}} \\[2mm] \dfrac{x^2}{a^2} = \dfrac{m}{n} \end{cases} \quad (\text{G., n}^o\ 345.)$$

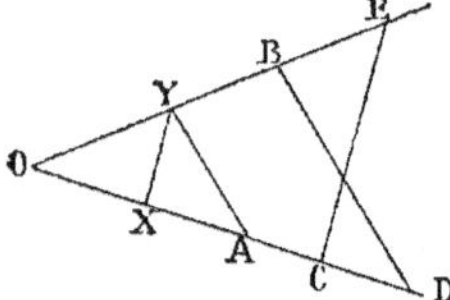

Fig. 182.

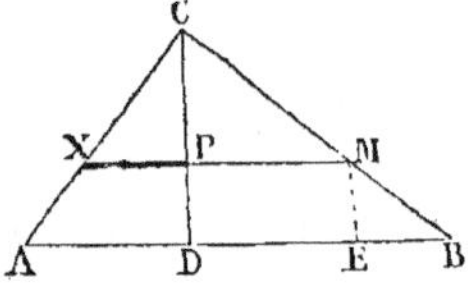

Fig. 183.

$$(h) \quad \begin{cases} x = \dfrac{m \cdot a^2}{b^2} \\[2mm] \dfrac{x}{m} = \dfrac{a^2}{b^2} \end{cases}$$

Sur les côtés d'un angle droit (fig. 183) on prend $CA = a$, $CB = b$; on
abaisse la perpendiculaire CD sur l'hypoténuse ; on porte m de D en E.
Puis les lignes EM, MX donnent : $\dfrac{PX}{PM} = \dfrac{a^2}{b^2}$ (G., n° 345.)

Double radical.

295 (i). $\qquad x = \sqrt{a^2 \pm \sqrt{b^4 - c^4}}$

On peut écrire : $\qquad b^4 - c^4 = (b^2 + c^2)(b^2 - c^2)$ (G., n° 246 et 327.)

Puis, soit : $\qquad b^2 + c^2 = m^2$ et $b^2 - c^2 = n^2$

On a : $\qquad x = \sqrt{a^2 \pm \sqrt{m^2 \times n^2}} = \sqrt{a^2 \pm mn}$

On est ramené au 5° cas (e).

Soit $AB = b$ (fig. 184). Décrivons une demi-circonférence sur AB

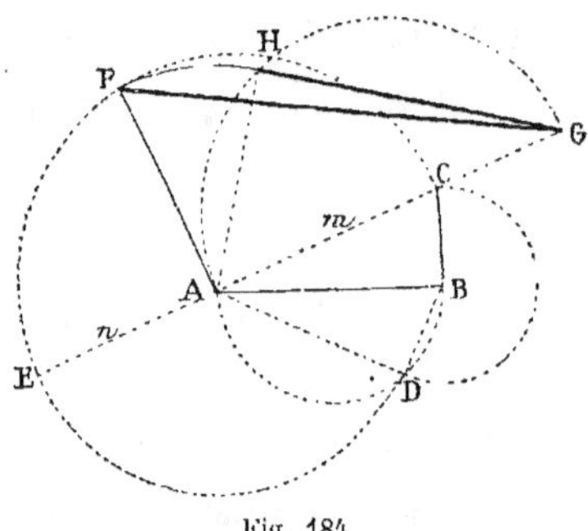

Fig. 184.

comme diamètre, élevons une perpendiculaire au point B, et prenons

$BC = DB = c$; nous aurons AC^2 ou $m^2 = b^2 + c^2$, AD^2 ou $n^2 = b^2 - c^2$.
Prenons $AE = n$, nous aurons $AF^2 = mn$; portons a de A en G. Alors
$FG^2 = a^2 + mn$; et, lorsque $AH = AF$, on a $GH^2 = a^2 - mn$.

(j)
$$x = \sqrt{a^2 \pm \sqrt{b^4 + c^4}}$$

On peut écrire :
$$b^4 + c^4 = c^2\left(\frac{b^4}{c^2} + c^2\right)$$

Posons $\dfrac{b^2}{c} = d$, nous aurons :

$$b^4 + c^4 = c^2(d^2 + c^2), \quad \text{puis} \quad d^2 + c^2 = f^2$$

On aura :
$$b^4 + c^4 = c^2 \times f^2$$

d'où
$$x = \sqrt{a^2 \pm cf}$$

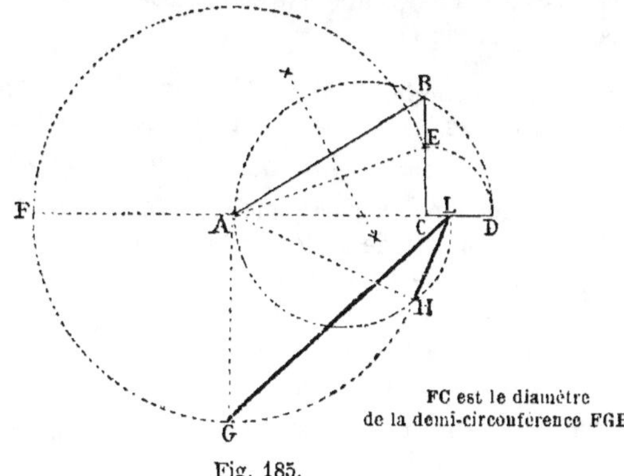

FC est le diamètre
de la demi-circonférence FGHC.

Fig. 185.

Prenons $AC = c$, $CB = b$. En décrivant une demi-circonférence ABD,
on a : $d = \dfrac{b^2}{c}$ (n° 294, b) ou $d^2 = \dfrac{b^4}{c^2}$. Portons d de C en E, nous
aurons : f^2 ou $AE^2 = c^2 + d^2$; puis, prenant $AF = AE = f$, on a :
$AG^2 = AF \times AC = fc$. Et si $AL = a$, on trouve :

$$GL^2 = a^2 + fc \quad \text{ou} \quad GL = \sqrt{a^2 + \sqrt{b^4 + c^4}}$$

et
$$HL^2 = a^2 - fc, \qquad HL = \sqrt{a^2 - \sqrt{b^4 + c^4}}$$

Exercice.

296 (k). *Construire directement les racines de l'équation du second
degré.*

$$x^2 + px + q = 0$$

Il y a quatre cas à considérer.

On peut toujours rendre x^2 positif. Alors, en faisant passer la quantité
toute connue à droite, et en la remplaçant par a^2, afin que tous les
termes soient du même degré, on peut avoir les quatre cas suivants :

$$
\begin{array}{ll}
(1) \quad x^2 - px = -a^2 & (2) \quad x^2 - px = +a^2 \\
(3) \quad x^2 + px = -a^2 & (4) \quad x^2 + px = +a^2
\end{array}
$$

La première équation peut s'écrire :

$$-x^2 + px = + a^2 \quad \text{ou} \quad x(p - x) = a^2$$

Les deux facteurs x et $p - x$ ont pour somme p.

Le problème correspond à l'énoncé suivant (G., n° 340) :

Construire un rectangle, connaissant sa surface a^2 *et la somme* p *de ses côtés.*

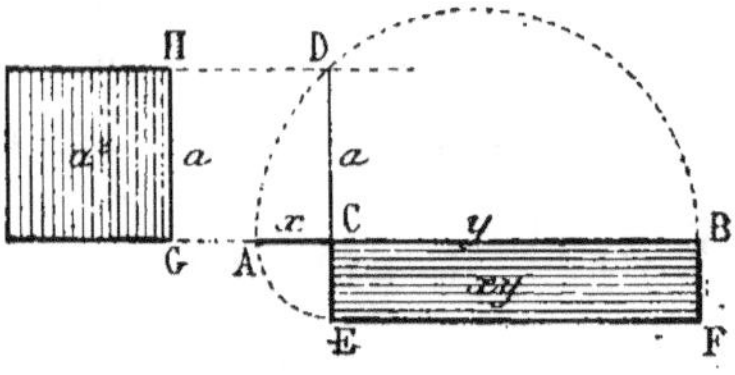

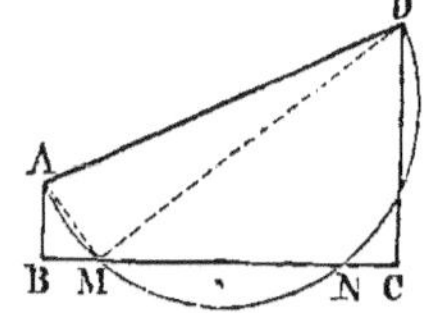

Fig. 186.

On sait qu'il faut décrire une demi-circonférence sur $AB = p$, comme diamètre ; élever une perpendiculaire $GH = a$; mener une parallèle HD, et abaisser la perpendiculaire DC. Les segments AC et BC sont les racines de l'équation (1).

297. Seconde construction *. Dans bien des cas, le terme connu es formé de deux facteurs m, n, par exemple, et l'on a une équation de la

forme $\qquad x^2 - px = - mn \quad \text{ou} \quad x(p - x) = mn$

A l'aide d'une moyenne proportionnelle, on pourrait remplacer mn par a^2 ; mais il est plus simple de trouver directement les racines par la construction suivante :

Aux extrémités de BC, dont la longueur égale p, on élève des perpendiculaires et l'on prend

$$AB = m ; \quad CD = n$$

et l'on décrit une demi-circonférence sur le diamètre AD.

On sait que l'on a, à cause des triangles semblables ABM, DCM,

$$BM \cdot MC = AB \cdot CD = mn \qquad (n° 24).$$

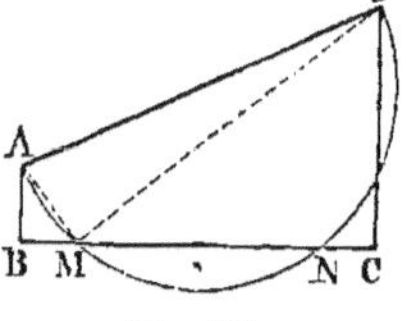

Fig. 187.

Remarque. La construction suivante est aussi simple que la précédente, et elle est plus facile à justifier.

A l'extrémité C de la somme BC des racines, élevons une perpendiculaire et prenons $CA = m$ et $CD = n$.

Élevons des perpendiculaires EO, FO par les points milieux E, F, de AD et de BC.

Enfin du point O, comme centre, avec OD, décrivons une circonférence.

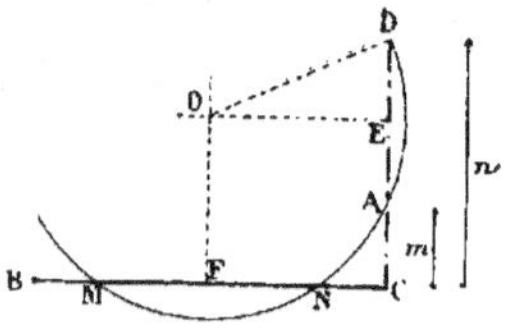

On aura $\qquad CN \cdot CM$

ou $\quad CN \cdot NB = CA \cdot CD = mn$. (G., n° 261.)

Ainsi CN et BN sont les racines demandées.

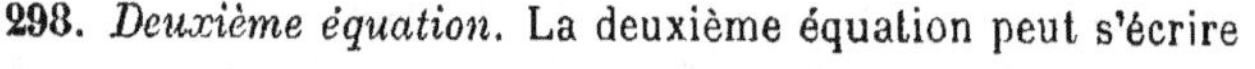

Fig. 188.

298. *Deuxième équation.* La deuxième équation peut s'écrire :

$$x(x - p) = a^2$$

* E. BURAT, *Traité élémentaire d'algèbre*, page 358. Cet ouvrage présente de très beaux exemples de discussion.

La différence des facteurs x et $x - p$ égale p.

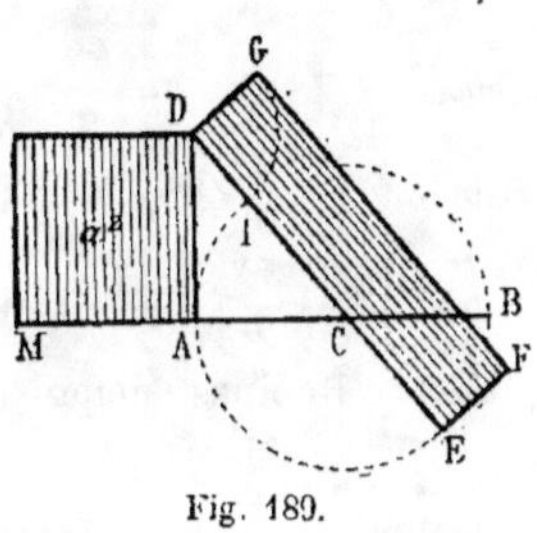

Fig. 189.

On est ramené au problème connu (G., nº 341) :

Construire un rectangle, connaissant sa surface a^2 *et la différence* AB *de ses côtés.*

On sait qu'il faut décrire une circonférence ayant AB ou p pour diamètre, mener une tangente AD égale à la longueur a et mener DC. La sécante DE et la partie extérieure DI sont les racines de l'équation (2).

299. Seconde construction *. On peut construire directement

$$x(x - p) = mn$$

Aux extrémités de BC (fig. 190), dont la longueur égale p, on élève des perpendiculaires de sens contraire, et l'on prend :

$$AB = m ; \quad CD = n$$

et l'on décrit une circonférence ayant AD comme diamètre.

On sait que l'on a (nº 24. *Remarque*) :

$$BM \cdot CM = AB \cdot CD = mn$$

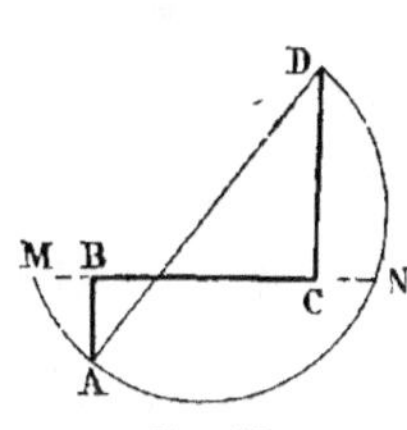

Fig. 190.

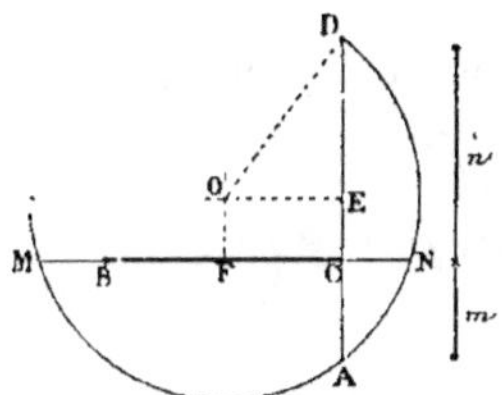

Fig. 191.

Remarque. Nous pouvons indiquer une autre construction (fig. 191).

Il faut élever une perpendiculaire à l'extrémité C de la différence des racines, prendre CA = m et CD = n. Par les points milieux E, F, élever des perpendiculaires aux droites AD et BC ; enfin, du point O comme centre, avec OD pour rayon, décrire une circonférence.

On aura : $$CM \cdot CN = CA \cdot CD = mn \qquad \text{(G., nº 259.)}$$

Équations (3) et (4). L'équation (3) donne les mêmes racines que l'équation (1), mais changées de signe ; de même (4) se ramène à (2).

---

* *Traité élémentaire d'algèbre*, nº 268, par E. BÉRAT.

Exercice.

300. *Construire directement l'équation bicarrée.*

(5) $x^4 - a^2x^2 + b^4 = 0$		(5 *bis*) $y^2 - \dfrac{a^2}{b} y + b^2 = 0$
(6) $x^4 - a^2x^2 - b^4 = 0$	En posant $x^2 = by$ ces équations deviennent :	(6 *bis*) $y^2 - \dfrac{a^2}{b} y - b^2 = 0$
(7) $x^4 + a^2x^2 + b^4 = 0$		(7 *bis*) Racines imaginaires.
(8) $x^4 + a^2x^2 - b^4 = 0$		(8 *bis*) $y^2 + \dfrac{a^2}{b} y - b^2 = 0$

On obtient les racines des équations en y en opérant comme ci-dessus; puis une quatrième proportionnelle donne x.

Exemple pour (5 *bis*). Faisons passer une demi-circonférence par A et B, ayant son centre sur BC, on aura $CD = \dfrac{a^2}{b}$; puis décrivons une demi-circonférence sur CD, prenons $CB' = b$, on aura CE et DE pour les deux racines de l'équation en y : car

$$CE \cdot ED = b^2$$

et

$$CE + DE = \dfrac{a^2}{b}$$

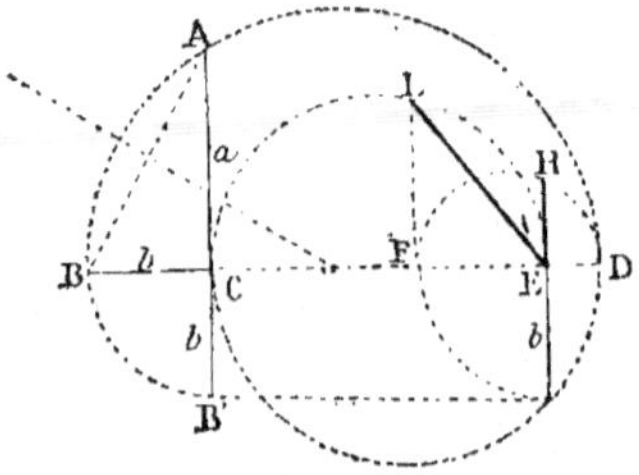

Fig. 192.

Pour avoir x, prenons $EF = b$; on a : $EH^2 = DE \cdot b$. Ainsi $x^2 = HE^2$; de même $x^2 = EL^2$, puisque $EL^2 = b \cdot CE$ ou by.

Les quatre racines sont :

$$\pm EH, \quad \pm EL$$

Remarque. On a recours rarement à la construction directe des racines d'une équation bicarrée, tandis qu'il est très utile de construire celles de l'équation du second degré, dans toutes les questions de Géométrie qui donnent lieu à cette équation.

§ II. — Emploi de la méthode algébrique.

Exercice.

301. Problème. *Dans un triangle donné* ABC, *inscrire un rectangle tel que deux côtés adjacents remplissent une des conditions ci-après :*

(a) *La somme égale une longueur donnée* p.

(b) *La différence égale une longueur donnée* d.

(c) *Le rapport des deux côtés égale un rapport connu* $\dfrac{m}{n}$.

(d) *Le produit des deux côtés, ou l'aire du rectangle, égale* a².

(e) *La somme des carrés des deux côtés égale une valeur donnée* a².

(f) *La différence des carrés des deux côtés égale* a².

En représentant la base par y et la hauteur par z, les relations deviennent :

(a) $\qquad y + z = p$ **(b)** $\qquad y - z = d$

(c) $\qquad \dfrac{y}{z} = \dfrac{m}{n}$ **(d)** $\qquad yz = a^2$

(e) $\qquad y^2 + z^2 = a^2$ **(f)** $\qquad y^2 - z^2 = a^2$

Il suffit de déterminer la position du point D ; prenons donc CD ou x pour inconnue. Exprimons les deux côtés y et z en fonction des quantités connues b, h, et de l'inconnue x.

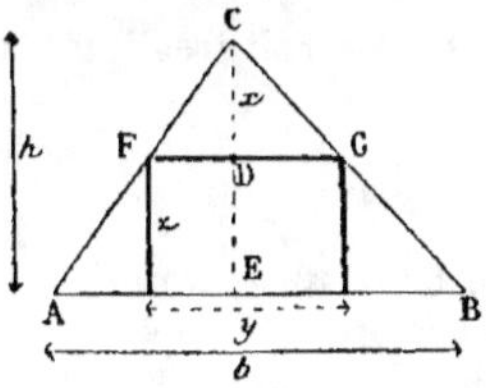

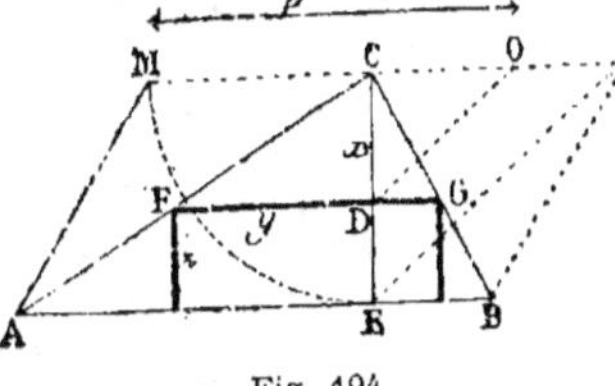

Fig. 193.

On a : $\quad \dfrac{CD}{CE} = \dfrac{FG}{AB} \quad$ ou $\quad \dfrac{x}{h} = \dfrac{y}{b}$

d'où $\qquad y = \dfrac{bx}{h} \qquad\qquad (1)$

d'ailleurs $\qquad z = h - x \qquad\qquad (2)$

Quelle que soit la condition que les côtés adjacents doivent remplir, les relations ci-dessus (1) et (2) peuvent être employées.

Nous allons traiter ensemble les cas analogues.

Exercice.

302. Problème. *Dans un triangle donné, inscrire un rectangle dont la somme ou la différence des côtés ait une longueur donnée.*

Le problème a déjà été résolu par l'emploi des lieux géométriques (n°s 190 et 256) ; en voici la solution algébrique.

(a) Dans le problème précédent (a),

$$y + z = p.$$

donc (1) $+$ (2) ou $\dfrac{bx}{h} + h - x = p$

d'où $\qquad x = \dfrac{h(p - h)}{b - h}$

Fig. 194.

C'est une quatrième proportionnelle à construire ; on a :

$$\frac{b - h}{p - h} = \frac{h}{x}$$

Sur une ligne quelconque passant par le sommet du triangle, prenons CM $= h$, puis MN $=$ AB et MO $= p$; alors CN $= b - h$, CO $= p - h$. Joignons NE, la parallèle OD détermine x.

(b) $\qquad y - z = d$, donc $\dfrac{bx}{h} - (h - x) = d$

$$x = \frac{h(d + h)}{b + h} \quad \text{ou} \quad \frac{h + b}{h + d} = \frac{h}{x}$$

Prenons $CM = h$, $MN = b$, $MO = d$; joignons NE, et menons la parallèle OD. On a :

$$\frac{NC}{OC} = \frac{CE}{CD}, \qquad \frac{h+b}{h+d} = \frac{h}{x}$$

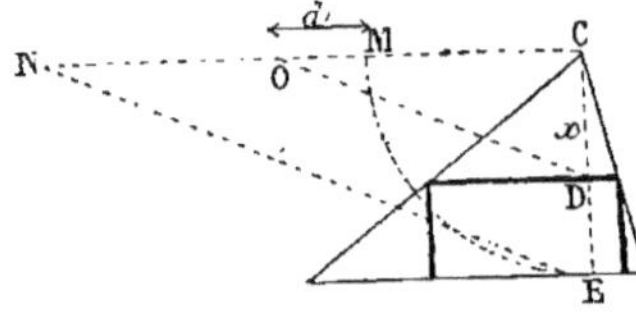

Fig. 195.

La discussion des solutions des problèmes (a) et (b) serait très intéressante.

Exercice.

303 (a). Problème. *Dans un triangle* ABC, *inscrire un rectangle tel :*
1° *Que le rapport des côtés adjacents égale un rapport donné ;*
2° *Que le produit des côtés adjacents égale un carré donné.*

1° **(c)** soit $\qquad\qquad \dfrac{y}{z} = \dfrac{m}{n}$

2° **(d)** soit $\qquad\qquad yz = k^2$

(c) $\quad \dfrac{y}{z} = \dfrac{m}{n}, \quad \dfrac{\dfrac{bx}{h}}{h-x} = \dfrac{m}{n}, \quad \dfrac{bx}{h(h-x)} = \dfrac{m}{n}, \quad bxn = mh^2 - mhx$

$$bnx + mhx = mh^2, \quad x = \frac{mh^2}{mh + nb}$$

Pour construire cette expression, divisons tout par m :

$$x = \frac{h^2}{h + \dfrac{n}{m}\, b}$$

Le dénominateur est la somme de deux lignes.

Déterminons $\dfrac{n}{m}\, b = u$;

d'où $\qquad \dfrac{m}{n} = \dfrac{b}{u}$

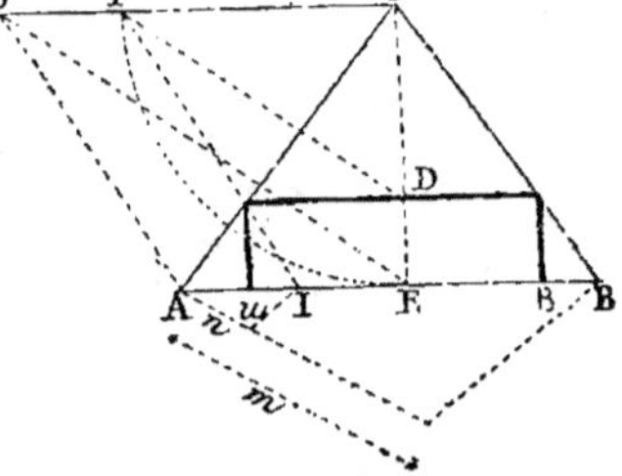

Fig. 196.

Sur une droite quelconque menée par A, prenons les grandeurs m et n, on aura $AI = u$; or $x = \dfrac{h^2}{u+h}$ d'où $\dfrac{h+u}{h} = \dfrac{h}{x}$; prenons $CP = h$ et $PG = u$, joignons GE. La parallèle PD donne la réponse.

303 (b). Remarques. 1° Quand $\dfrac{m}{n} = 1$, la figure est un carré; la valeur de x devient $\dfrac{h^2}{h+b}$. On doit prendre $PG = b$, et continuer comme ci-dessus.

M.7

2° Le problème a été résolu graphiquement par deux méthodes : par *l'emploi des lieux géométriques* (n° 99, **c**), et par la *similitude* (n° 209). L'inscription du rectangle de surface donnée, qu'on va traiter algébriquement, a déjà été faite par d'autres procédés (n° 202).

(**d**) On veut avoir
$$yz = a^2$$

On a $\dfrac{bx}{h} \times (h - x) = a^2$, $\quad bhx - bx^2 = ha^2$, $\quad x^2 - hx = \dfrac{-ha^2}{b}$,

ou
$$x(x - h) = \dfrac{-h}{b} a^2$$

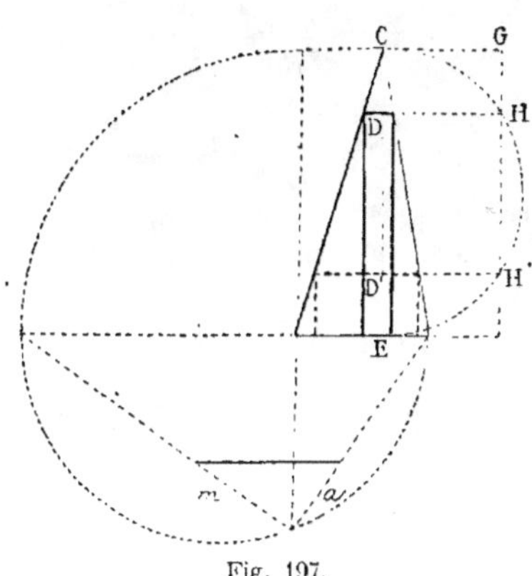

Fig. 197.

Nous pouvons employer la première formule du n° 296 (**k**); mais, avant, il faut trouver un carré m^2 égal à

$$\frac{h}{b} a^2 ; \quad \text{d'où} \quad \frac{m^2}{a^2} = \frac{h}{b}$$

Problème [*g*] (n° 293) et écrire
$$x(h - x) = + m^2.$$

Sur h comme diamètre, décrivons une demi-circonférence; prenons $CG = m$; CD et CD' sont les deux racines.

m ne peut dépasser $\dfrac{h}{2}$

En prenant cette valeur limite, la surface du rectangle donné par

$\dfrac{h}{b} a^2$ devient $\dfrac{h^2}{4}$

ou
$$\frac{h}{b} a^2 = \frac{h^2}{4}$$

d'où
$$\frac{a^2}{b} = \frac{h}{4}$$

Le plus grand rectangle est celui qui est donné par $\quad x = \dfrac{h}{2}$.

3° On parvient ainsi à un théorème que nous aurons occasion de démontrer par diverses méthodes; on peut donc consigner le résultat suivant :

303 (**c**). **Théorème.** *Le rectangle maximum que l'on peut inscrire dans un triangle donné, a pour base supérieure la droite qui joint les points milieux des deux côtés latéraux du triangle.*

Exercice.

304. Problème. *Inscrire, dans un triangle* ABC, *un rectangle tel que la somme, ou la différence des carrés des côtés adjacents, égale un carré donné.*

La première partie du problème a été résolue graphiquement (n° 193), mais il n'en a point été de même de la seconde ; voici d'ailleurs la solution algébrique des deux parties.

$$\text{(e)} \qquad y^2 + z^2 = a^2 \quad \text{ou} \quad \left(\frac{bx}{h}\right)^2 + (h - x)^2 = a^2$$

$$\frac{b^2x^2}{h^2} + h^2 - 2hx + x^2 = a^2, \quad b^2x^2 + h^4 - 2h^3x + h^2x^2 = a^2h^2$$

$$x^2(b^2 + h^2) - 2h^3x = a^2h^2 - h^4, \quad x^2 - \frac{2h^3}{b^2 + h^2}\,x = \frac{a^2h^2 - h^4}{b^2 + h^2}$$

Au lieu de construire directement les racines, résolvons l'équation :

$$x = \frac{h^3}{b^2 + h^2} \pm \sqrt{\frac{h^6 + (b^2 + h^2)(a^2h^2 - h^4)}{(b^2 + h^2)^2}} \quad \text{ou} \quad \frac{h^6 + a^2h^2b^2 + a^2h^4 - b^2h^4 - h^6}{(b^2 + h^2)^2}$$

$$x = \frac{h^3}{b^2 + h^2} \pm \sqrt{\frac{h^2(a^2b^2 + a^2h^2 - b^2h^2)}{(b^2 + h^2)^2}}$$

Cette expression, bien que déjà fort compliquée, se construit cependant aussi facilement que les précédentes ; mais elle exige un plus grand nombre d'opérations.

Le numérateur peut s'écrire : $h^4\left(\dfrac{a^2b^2}{h^2} + a^2 - b^2\right)$. Le premier terme de la parenthèse est le carré de la quatrième proportionnelle $\dfrac{ab}{h}$; puis on ajoute ce carré à a^2, et on soustrait b^2.

Soit m^2 la valeur obtenue, on a alors :

$$x = \frac{h^3}{b^2 + h^2} \pm \sqrt{\frac{h^4m^2}{(b^4 + h^2)^2}} = \frac{h^3 \pm h^2m}{b^2 + h^2} = \frac{h^2}{b^2 + h^2}(h \pm m)$$

Et le problème est l'inverse de (g) ; il consiste à trouver une ligne x qui soit à une autre ligne $(h \pm m)$ dans le rapport des deux carrés h^2 et $(h^2 + b^2)$. On peut écrire :

$$\frac{x}{h \pm m} = \frac{h^2}{h^2 + b^2}$$

(Voir [h], n° 294).

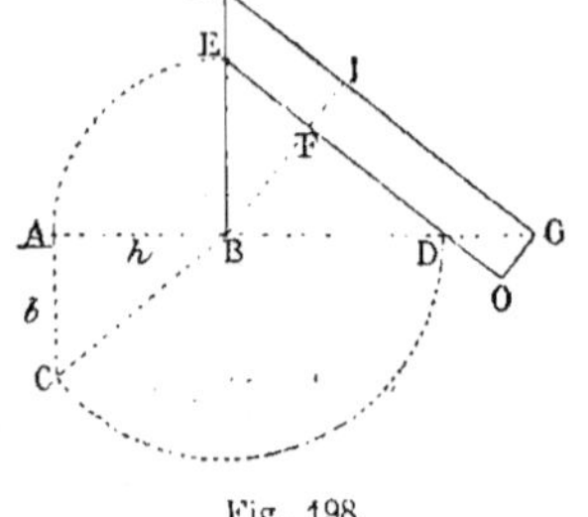

Fig. 198.

Soient AB $= h$, AC $= b$; CB^2 égale donc $b^2 + h^2$. Puis sur les côtés d'un angle droit prenons BD $=$ BC, BE $=$ BA $= h$; abaissons la perpendiculaire BF. On a : $\dfrac{\text{FE}}{\text{FD}} = \dfrac{h^2}{h^2 + b^2}$. Puis prenons FO égale,

par exemple, à $(h + m)$; menons OG parallèle à BF, et GH parallèle à DO.

On aura : $\dfrac{\text{HI}}{\text{IG}}$ où $\dfrac{h^2}{h + m} = \dfrac{h^2}{h^2 + b^2}$

$$\text{(f)} \quad y^2 - z^2 = a^2, \quad \left(\frac{bx}{h}\right)^2 - (h - x)^2 = a^2, \quad \frac{b^2x^2}{h^2} - h^2 + 2hx - x^2 = a^2$$

$$b^2x^2 - h^4 + 2h^3x - h^2x^2 = h^2a^2, \quad x^2(b^2 - h^2) + 2h^3x = h^2a^2 + h^4$$

$$x^2 + \frac{2h^3}{b^2 - h^2}\,x = \frac{h^2(a^2 + h^2)}{b^2 - h^2} \quad \dots \quad \text{Analogue au précédent.}$$

Relations et lieux a utiliser.

305 (a). Relations principales. En employant les lieux géométriques, il est très facile d'imaginer un grand nombre de questions qu'on peut traiter comme la précédente. En appelant x et y les deux parties d'une droite à mener, ou les deux dimensions d'un rectangle à construire, etc., on a les six relations suivantes :

(a) $x + y = p$ La somme ou la différence des variables égale
(b) $x - y = d$ une longueur donnée.

(c) $\dfrac{x}{y} = \dfrac{m}{n}$ Le rapport des variables égale un rapport donné.

(d) $xy = a^2$ Le produit des variables égale une valeur donnée.

(e) $x^2 + y^2 = a^2$ La somme ou la différence des carrés des va-
(f) $x^2 - y^2 = a^2$ riables égale un carré donné.

305 (b). Autres relations. Telles sont les six relations élémentaires que l'on rencontre ordinairement ; mais, dans une question donnée, on pourrait poser : $mx \pm ny = p$ ou $mx^2 \pm ny^2 = a^2$, m et n étant des coefficients quelconques ; ou même établir toute autre relation.

Lorsqu'on choisit une des relations précédentes (a, b, ... f) comme relation fondamentale, les cinq autres relations permettent de poser cinq problèmes différents.

Exemple. Les deux segments d'une corde menée par un point fixe, pris à l'intérieur d'une circonférence, donnent un produit constant. On peut demander les cinq questions suivantes :

305 (c). Problème. *Par un point pris dans une circonférence, mener une corde :*

(a) *qui égale une ligne donnée* $x + y = p$;

(b) *dont la différence des segments égale une longueur donnée ou* $x - y = d$;

(c) *qui soit divisée par ce point, dans un rapport donné ou* $\dfrac{x}{y} = \dfrac{m}{n}$;

(e), (f) *telle que la somme ou la différence des carrés des segments ait une valeur donnée ou* $x^2 \pm y^2 = a^2$.

306. Lieux géométriques. Pour avoir une relation entre deux quantités variables, on peut utiliser les lieux géométriques connus : voici quelques-uns des plus simples et des plus employés.

1. Lorsque la hauteur et la base d'un triangle sont égales entre elles, tout rectangle inscrit a un *périmètre* constant (n° 257).

2. Le rectangle inscrit dans un carré, et dont les côtés sont parallèles aux diagonales du carré, a un *périmètre* constant (n° 19).

3. La *somme* des distances d'un point quelconque de la base d'un triangle isocèle aux deux autres côtés est constante (n° 20).

4. La *somme* des rayons vecteurs d'un point de l'ellipse est constante. (G., n° 613.)

Dans tous ces cas, l'équation générale est : $x + y = p$.

5. Dans les n°⁵ 1, 2, la *différence* des côtés adjacents est constante lorsque le rectangle est ex-inscrit ; il en est de même dans le n° 3 quand le point est pris sur le prolongement du triangle isocèle, et enfin pour l'hyperbole. (G., n° 647.)

On a donc : $x - y = d$.

Le *rapport* est constant lorsqu'on considère :

6. Les distances d'un point quelconque d'une droite à deux autres qui la coupent en un même point (n° 60) ;

7. Les distances d'un point de la circonférence à deux points fixes (G., n° 307 et E. de G., n° 61) ;

8. Les distances d'un point d'une ellipse ou d'une hyperbole à un foyer et à la directrice correspondante (G., n°⁵ 845 et 850) ;

9. Les distances d'un point fixe aux points où toute droite menée par ce point fixe coupe deux parallèles (n° 63).

10. Question analogue pour deux circonférences, en prenant pour point fixe un des centres de similitude ; on a : $\dfrac{x}{y} = \dfrac{m}{n}$ (n° 65).

Le *produit* de deux lignes est constant quand on considère :

11. Les deux segments d'une corde menée par un point fixe (G., n° 259) ;

12. La sécante entière et sa partie extérieure quand le point est fixe (G., n° 261) ;

13. Les rayons vecteurs réciproques des figures inverses (n°⁵ 223, 224, 225) ;

14. Les distances d'un point quelconque d'une hyperbole à ses deux asymptotes (n°⁵ 78 et 79).

Dans tous ces problèmes on a : $xy = a^2$.

La *somme des carrés* des distances est constante :

15. Pour le lieu géométrique connu (n° 69) ;

Pour tout point de l'ellipse par rapport aux deux diamètres conjugués égaux (n° 73, 2°).

16. La *différence des carrés* est constante pour le lieu étudié au n° 71 ;

17. Pour tout point d'une hyperbole équilatère, relativement aux axes (n° 73, 1° et 3°).

307. Remarque sur le choix des méthodes. *Les méthodes particulières n'ont jamais qu'une valeur relative ; le grand art est de savoir les utiliser à propos, suivant la nature de la question à traiter.*

Ainsi il convient de renoncer à l'algèbre lorsque les deux inconnues sont liées par une relation fondamentale trop compliquée ; dans ce cas, on peut recourir aux procédés particuliers ou à l'intersection des lieux géométriques.

En voici un exemple.

Exercice.

308. Problème. *Par le point C, intersection de deux circonférences A et B, mener une sécante EF telle que les cordes CE, CF remplissent certaines conditions.*

Cherchons une relation entre les longueurs AI, BM et les rayons des cercles.

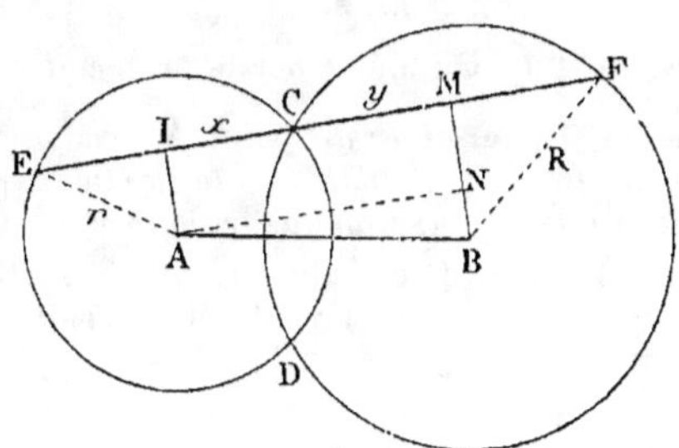

Fig. 109.

Soient $CI = x$, $CM = y$, $AE = r$, $BF = R$.

On peut obtenir une relation entre les deux demi-cordes x et y ; car, en menant AN parallèle à la sécante, on trouve :

$$AB^2 = AN^2 + BN^2 \quad \text{ou} \quad = AN^2 + (BM - AI)^2$$

Mais $AN = x + y$, $BM = \sqrt{R^2 - y^2}$, $AI = \sqrt{r^2 - x^2}$

donc $AB^2 = (x + y)^2 + (\sqrt{R^2 - y^2} - \sqrt{r^2 - x^2})^2$

Cette équation est trop compliquée pour qu'on puisse l'employer ordinairement, bien qu'on en trouve un exemple dans l'Algèbre de BRIOT [*].

Le problème $x + y = p$ est résolu ci-après (n° 878) ; $\dfrac{x}{y} = \dfrac{m}{n}$ (n° 96) ; $xy = a^2$ (n° 1427). On trouve facilement la solution pour $x - y = d$ (n° 880).

Remarque. Il est utile d'étudier aussi l'exemple suivant ; pour certains cas, les solutions directes sont très simples, mais l'algèbre reprend l'avantage pour plusieurs autres cas.

Exercice.

309 (a). Problème. *Par un point A, pris entre les côtés OX, OY d'un angle droit, mener une sécante limitée aux côtés de l'angle, de manière que les deux segments x et y de la droite soient liés par une relation donnée.*

Soient a et b les distances du point A aux côtés OX, OY. On trouve la relation : $x^2 y^2 = a^2 x^2 + b^2 y^2$ (1)

---

[*] BRIOT, maître de conférences à l'École normale supérieure, auteur d'ouvrages classiques très estimés : *Leçons d'algèbre*, de *géométrie analytique*, etc.

En se reportant au n° 305, pour les divers problèmes à se proposer, on connaît les solutions suivantes : (c) $\dfrac{x}{y} = \dfrac{m}{n}$ (n° 94), (d) ou $xy = a^2$ (n° 97).

Le calcul a néanmoins ses avantages spéciaux, car il permet de traiter (c), (d), (e), (f) à l'aide d'une équation bicarrée.

Mais (a) et (b) donnent une équation complète du quatrième degré.

Lorsque dans (1) $a = b$, la relation fondamentale devient :

$$x^2 y^2 = a^2(x^2 + y^2) \qquad (2)$$

et l'on peut résoudre (a) et (b). On tombe sur le problème suivant :

309 (b). Problème de Pappus. *Par un point* A *pris sur la bissectrice d'un angle droit, mener une sécante telle que la partie* (x + y), *comprise entre les côtés de cet angle, ait une longueur donnée* p.

A l'aide de quelques artifices de calcul on résout le système des équations (2) et (a) ou $x + y = p$. En élevant cette dernière au carré, on trouve successivement :

$$x^2 + 2xy + y^2 = p^2, \quad x^2 + y^2 = p^2 - 2xy$$

L'équation (2) devient : $x^2 y^2 = a^2(p^2 - 2xy)$.

On regarde xy comme inconnue.

$$xy = - a^2 \pm \sqrt{a^2(a^2 + p^2)}$$

On connaît donc la somme et le produit des deux inconnues, et le problème peut être regardé comme résolu. (*Algèbre*, n° 231.)

§ III. — Problèmes sur la tangente *.

Exercice.

310. Problème. *On donne une demi-circonférence* ADC *et une perpendiculaire* PF *au diamètre* AC ; *mener une tangente* EDF *limitée à ces deux droites, de manière que les distances* DE, DF *soient entre elles dans un rapport donné* $\dfrac{m}{n}$.

Soient $OP = a$, $OE = x$ et $\dfrac{DE}{DF} = \dfrac{m}{n}$

En prenant DE pour inconnue auxiliaire, on a les relations suivantes :

$$DE^2 = x^2 - r^2 \qquad (1)$$

$$DE^2 = x \cdot HE \qquad (2)$$

Or $\dfrac{HE}{PE} = \dfrac{m}{m + n}$

ou $\dfrac{HE}{x - a} = \dfrac{m}{m + n}$.

$$HE = \frac{m}{m + n}(x - a)$$

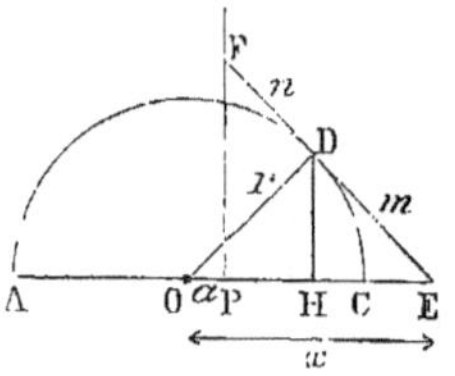

Fig. 200.

---

* Les problèmes relatifs à la tangente (n°s 310 à 319) ne sont donnés qu'à cause des applications nombreuses que nous allons en faire dans les questions de *maximum* et de *minimum* (voir ci-après n°s 359 et suivants).

d'où
$$DE^2 = \frac{m}{m+n}(x^2 - ax) \tag{3}$$

(1) et (3) donnent :
$$x^2 - r^2 = \frac{m}{m+n}(x^2 - ax)$$

d'où
$$nx^2 + m \cdot ax - (m+n)r^2 = 0 \tag{4}$$

donc
$$x = \frac{-am \pm \sqrt{a^2m^2 + 4n(m+n)r^2}}{2n} \tag{5}$$

Quantité facile à construire.

Remarque. Il convient d'examiner avec quelques détails les deux cas que nous aurons à utiliser, et même de les traiter directement.

Exercice.

311. **Problème**. *Mener une tangente* EDF, *limitée à un diamètre prolongé* ACE, *et à une perpendiculaire* PF *à ce diamètre, de manière que le point de contact* D *soit au milieu de la tangente* EDF.

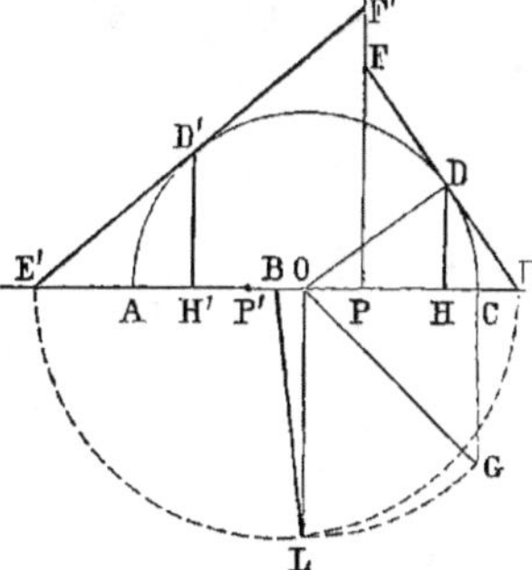

Fig. 201.

Lorsque DE = DF, $m = n$. Dans ce cas, la formule (5)
$$x = \frac{-am \pm \sqrt{a^2m^2 + 4n(m+n)r^2}}{2n}$$

devient
$$x = -\frac{a}{2} \pm \sqrt{\frac{a^2}{4} + 2r^2} \tag{6}$$

Directement on aurait :
$$DE^2 = OE \cdot HE = \frac{x(x-a)}{2}$$

et
$$DE^2 = x^2 - r^2$$

d'où
$$2x^2 - 2r^2 = x^2 - ax$$
$$x^2 + ax - 2r^2 = 0$$
$$x = -\frac{a}{2} \pm \sqrt{\frac{a^2}{4} + 2r^2} \tag{6}$$

ou
$$x = \frac{-a \pm \sqrt{a^2 + 8r^2}}{2} \tag{6 bis}$$

Mais de
$$x^2 + ax - 2r^2 = 0$$
on peut déduire
$$x(x+a) = 2r^2 \tag{7}$$

Construction. (7) revient à construire un rectangle, connaissant la surface $2r^2$ et la différence a des deux côtés $a + x$ et x; mais il est aussi facile de construire (6) que (7).

Prenons $OB = -\frac{a}{2}$ (il suffit de porter vers la gauche, la demi-longueur de OP); élevons une perpendiculaire CG égale à CO $= r$; d'où
$$OG^2 = 2r^2$$

Reportons OG de O en L ; BL représente le radical, car

$$BL^2 = \frac{a^2}{4} + 2r^2$$

puis du centre B, avec BL pour rayon, décrivons une demi-circonfé-

rence

$$OE = -\,OB + BL = -\frac{a}{2} + \sqrt{\frac{a^2}{4} + 2r^2}$$

$$OE' = -\,OB - BL = -\frac{a}{2} - \sqrt{\frac{a^2}{4} + 2r^2}$$

312. *Calcul de* PH *et de* DH ; *de* PH' *et de* D'H'.

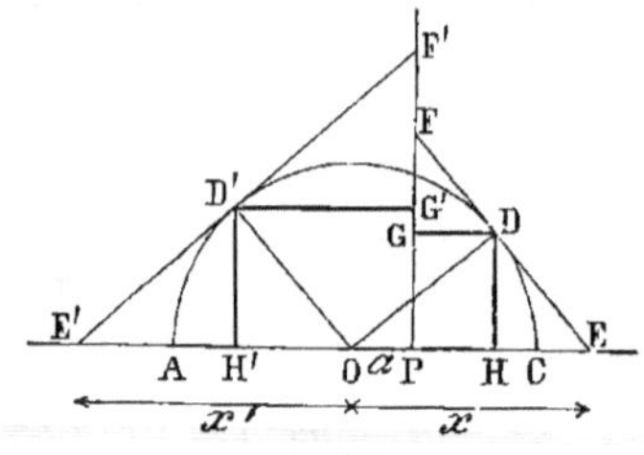

Fig. 202.

1°
$$PH = \frac{1}{2}\,PE = \frac{1}{2}\,(x - a) = \frac{x}{2} - \frac{2a}{4}$$

$$DG \text{ ou } PH = \frac{-a + \sqrt{a^2 + 8r^2}}{4} - 2a = \frac{-3a + \sqrt{a^2 + 8r^2}}{4} \qquad (1)$$

2°
$$DH^2 = OH \cdot HE = \left[a + \frac{x - a}{2}\right]\left(\frac{x - a}{2}\right) = \frac{x^2 - a^2}{4}$$

$$DH^2 = \frac{1}{4}\left[\left(\frac{-a + \sqrt{a^2 + 8r^2}}{2}\right)^2 - a^2\right]$$

$$DH^2 = \frac{-2a^2 + 8r^2 - 2a\sqrt{a^2 + 8r^2}}{16}$$

ou
$$DH^2 = \frac{-a^2 + 4r^2 - a\sqrt{a^2 + 8r^2}}{8} \qquad (2)$$

3° Il suffit de tenir compte de la valeur absolue de D'G', et de prendre PH' ou

$$D'G' = \frac{1}{2}\,(x' + a) = \frac{1}{2}\left(\frac{a + \sqrt{a^2 + 8r^2}}{2} + \frac{2a}{2}\right) = \frac{3a + \sqrt{a^2 + 8r^2}}{4} \qquad (3)$$

$$D'H'^2 = OH' \cdot H'E' = \left[\frac{x' + a}{2} - a\right]\left(\frac{x' + a}{2}\right) = \frac{x'^2 - a^2}{4}$$

$$D'H'^2 = \frac{1}{4}\left[\left(\frac{a + \sqrt{a^2 + 8r^2}}{2}\right)^2 - \frac{4a^2}{4}\right]$$

$$D'H'^2 = \frac{-2a^2 + 8r^2 + 2a\sqrt{a^2 + 8r^2}}{16}$$

ou
$$D'H'^2 = \frac{-a^2 + 4r^2 + a\sqrt{a^2 + 8r^2}}{8} \qquad (4)$$

7*

313. Discussion. Dans la mise en équation, nous avons supposé que la longueur a ou OP, portée vers la droite du centre, était positive. En prenant OP′ = OP, etc., les réponses géométriques seraient identiques aux précédentes, mais la plus petite tangente FDE serait à gauche du centre et réciproquement pour E′F′ ; il suffit donc, comme étude géométrique, de faire varier la longueur a depuis zéro jusqu'à plus l'infini.

1° $\qquad\qquad\qquad\qquad a$ est nul.

C'est-à-dire que la perpendiculaire PF passe par le centre.

La formule (6) ou $\quad x = -\dfrac{a}{2} \pm \sqrt{\dfrac{a^2}{4} + 2r^2}$

donne deux racines égales, car elle se réduit à

$$x = \pm\, r\sqrt{2}$$

ainsi qu'on pouvait le prévoir, car les deux tangentes deviennent les côtés du carré circonscrit.

2° $\qquad\qquad\qquad\qquad a > o$ mais $< r$

Les deux valeurs sont réelles et plus grandes, en valeur absolue, que la longueur r ; par conséquent, on peut mener les deux tangentes.

3° $\qquad\qquad\qquad\qquad a = r$

La formule devient

$$x = -\frac{r}{2} \pm \sqrt{\frac{r^2}{4} + 2r^2} \text{ ou } \left(\frac{9r^2}{4}\right)$$

$$x = -\frac{r}{2} \pm \frac{3r}{2} = \begin{cases} + r \\ - 2r \end{cases}$$

Le point E se confond avec le point C. — Le point E′ donné par $x = -2r$ est le sommet d'un triangle équilatéral dont E′C serait la hauteur.

4° $\qquad\qquad\qquad\qquad a > r$

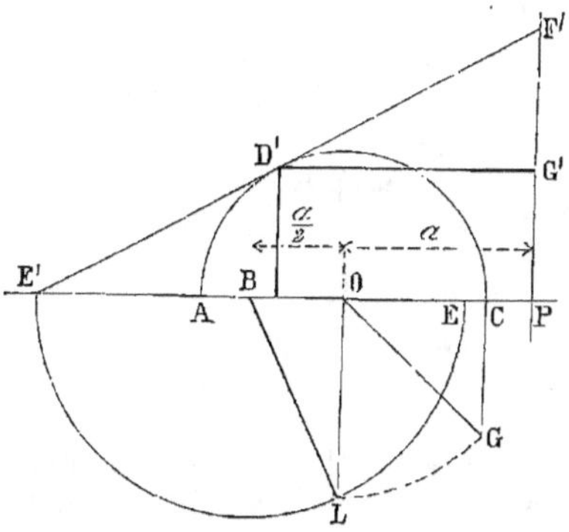

La valeur négative donnée par le signe inférieur du radical sera plus grande en valeur absolue que $2r$, par suite la tangente E′F′ pourra être menée ; mais il n'en est plus de même de EF, car la valeur positive est plus petite que R.

314. Résumé. *Au point de vue géométrique*, quel que soit a, il y a au moins *une tangente* qui répond à la question ; il y a *deux tangentes* lorsque la valeur absolue de a est plus petite que r ; mais il n'y en a qu'*une*

Fig. 203.

lorsque a est plus grand que r (fig. 203), car le point E se trouve entre A et C, et par ce point E on ne saurait mener de tangente à la demi-circonférence AC.

Exercice.

315. Problème. *Mener une tangente, de manière que la partie DE, limitée au diamètre, soit double de DF.*

$$m = 2n$$

La formule
$$x = \frac{-am \pm \sqrt{a^2m^2 + 4n\overline{(m+n)r^2}}}{2n}$$

devient
$$x = \frac{-2an \pm \sqrt{4a^2n^2 + 12n^2r^2}}{2n}$$

$$x = -a \pm \sqrt{a^2 + 3r^2} \qquad (8)$$

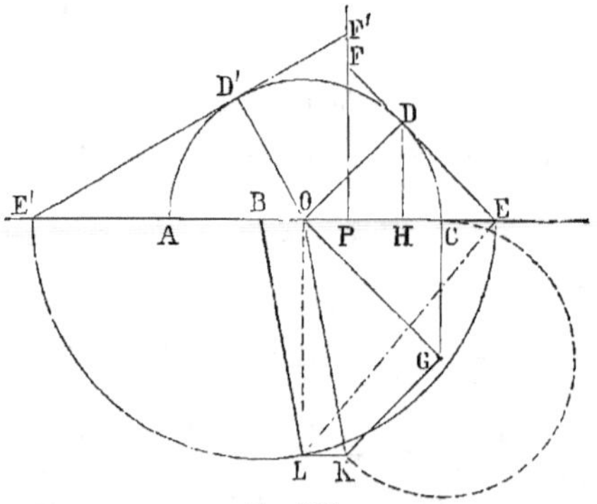

Fig. 204.

Construction. Prenons $\quad OB = -a; \quad CG = r.$

Élevons GK perpendiculaire sur OG ; prenons GK $= r$;

on a :
$$OK^2 = 3r^2$$

On peut aussi, du point C comme centre, couper la perpendiculaire OL avec un rayon égal à AC, car OL serait la hauteur d'un triangle équilatéral dont AC serait la base.

Reportons OK de O en L, puis BL de B en E et en E'.

On a :
$$OL^2 = 3r^2$$

donc
$$BL = \sqrt{a^2 + 3r^2}$$

$$OE = -a + \sqrt{a^2 + 3r^2}$$

$$OE' = -a - \sqrt{a^2 + 3r^2}$$

Remarques. 1° La valeur négative $\quad -a - \sqrt{a^2 + 3r^2}\quad$ est toujours plus grande en valeur absolue que le rayon ; pour avoir la valeur limite de a qui donne une longueur positive plus grande que r, posons

$$-a + \sqrt{a^2 + 3r^2} = r$$

d'où
$$a^2 + 3r^2 = r^2 + 2ar + a^2$$

$$2r^2 = 2ar ; \quad \text{d'où} \quad a = r$$

Ainsi, comme dans l'exemple précédent, lorsque a atteint la valeur de r ou dépasse cette valeur, il n'y a qu'*une seule tangente.*

2° Pour $a = r$, on a :

$$x = -r \pm \sqrt{r^2 + 3r^2}\,; \quad x = -r \pm 2r = \left\{ \begin{array}{l} +\,r \\ -\,3r \end{array} \right.$$

La valeur $+r$ correspond à la perpendiculaire PF (fig. 204), alors tangente à la circonférence.

316 (a). Cas particuliers. 1er Cas (fig. 205). Examinons le cas où les deux droites rectangulaires OE, OF passent par le centre, et calculons OH, OL en fonction du rayon. Sans recourir à la formule générale, on trouve immédiatement :

$$OE \cdot OH = r^2, \quad \text{ou} \quad OE \cdot \frac{OE}{3} = r^2$$

d'où
$$OE^2 = 3r^2 \tag{a}$$

puis
$$OL \cdot OF = r^2 \quad \text{ou} \quad OF \cdot \frac{2}{3} OF = r^2$$

d'où
$$OF^2 = \frac{3}{2} r^2 \tag{b}$$

Mais OH est le tiers de OE ; OH^2 égale donc $\frac{1}{9}$ OE^2

d'où
$$OH^2 = \frac{r^2}{3} \tag{c}$$

$$OL = \frac{2}{3} OF\,; \quad OL^2 = \frac{4}{9} OF^2 = \frac{4}{9} \times \frac{3}{2} r^2$$

d'où
$$OL^2 = \frac{2}{3} r^2 \tag{d}$$

Ainsi
$$OL^2 = 2 \cdot OH^2$$

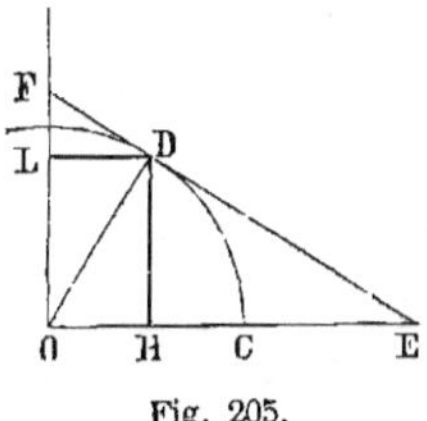

Fig. 205.

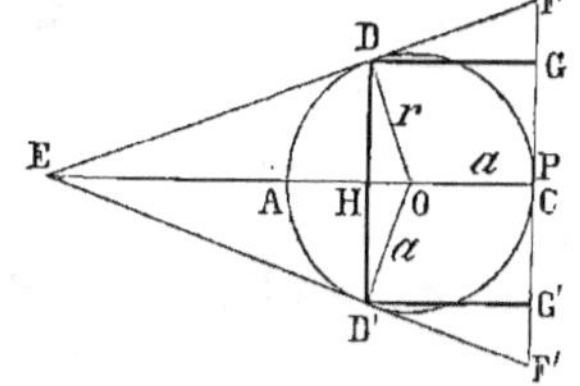

Fig. 206.

316 (b). 2° Cas. (fig. 206). $\qquad a = r$

On a déjà vu que
$$x = \left\{ \begin{array}{l} +\,r \\ -\,3r \end{array} \right. \qquad \text{(n° 315, 2°).}$$

La première valeur correspond au point P ; et c'est la tangente donnée PF elle-même.

La seconde valeur $-3r$ donne OE ; ainsi, en ne tenant compte que de la valeur absolue, on a :

$$OE = 3r\,; \quad PE = 4r\,; \quad AE = AC = 2r$$

Donc
$$OH = \frac{OD^2}{OE} = \frac{r^2}{3r} = \frac{r}{3}\,; \quad CH = \frac{4r}{3} \tag{e}$$

$$DH^2 = OD^2 - OH^2 = \frac{9r^2 - r^2}{9} = \frac{8r^2}{9} \; ; \quad DH = \frac{2}{3} r\sqrt{2} \qquad \textbf{(f)}$$

$$PF = \frac{3}{2} DH ; \quad \text{donc} \quad PF = r\sqrt{2} \qquad \textbf{(g)}$$

317 (a). *Calcul de* PH *et* DH, *lorsque* DE = 2DF.

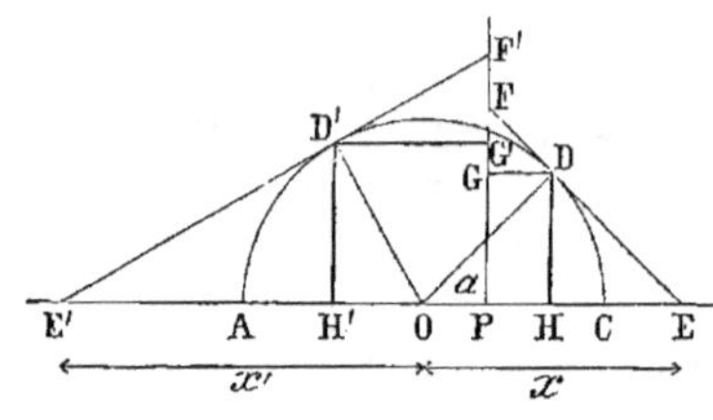

Fig. 207.

$$PH = \frac{PE}{3} = \frac{x - a}{3} ; \quad PH = \frac{-a + \sqrt{a^2 + 3r^2} - a}{3}$$

$$PH = \frac{-2a + \sqrt{a^2 + 3r^2}}{3} \qquad \textbf{(h)}$$

$$DH^2 = OH \cdot HE = (PH + a) \cdot 2PH = \frac{a + \sqrt{a^2 + 3r^2}}{3} \cdot \frac{-4a + 2\sqrt{a^2 + 3r^2}}{3}$$

$$DH^2 = \frac{-2a^2 + 6r^2 - 2a\sqrt{a^2 + 3r^2}}{9} \qquad \textbf{(i)}$$

La valeur absolue de $PE' = OE' + a = + a + \sqrt{a^2 + 3r^2} + a$

$$PH' = \frac{2a + \sqrt{a^2 + 3r^2}}{3} \qquad \textbf{(j)}$$

$$D'H'^2 = r^2 - OH'^2 = r^2 - (PH' - a)^2 = r^2 - \left(\frac{-a + \sqrt{a^2 + 3r^2}}{3}\right)^2$$

$$D'H'^2 = \frac{-2a^2 + 6r^2 + 2a\sqrt{a^2 + 3r^2}}{9} \qquad \textbf{(k)}$$

$$PF^2 = \left(\frac{3}{2} DH\right)^2 ; \quad \text{donc} \quad PF^2 = \frac{-2a^2 + 6r^2 - 2a\sqrt{a^2 + 3r^2}}{4} \qquad \textbf{(l)}$$

$$PF'^2 = \frac{-2a^2 + 6r^2 + 2a\sqrt{a^2 + 3r^2}}{4} \qquad \textbf{(m)}$$

317 (b). **Note**. Nous n'avons résolu le *problème de la tangente* que lorsque les deux droites passent par le centre du cercle (n° 214), ou lorsqu'une des droites passe par le centre et que l'angle des deux lignes est droit (n°s 310 à 317); mais, dans le cas général, les deux droites déterminent quatre arcs différents; il y a quatre solutions, et le problème, dépendant d'une équation complète du 4ᵉ degré, ne peut être résolu en n'employant que la règle et le compas.

On peut obtenir les quatre points de contact par l'intersection d'une hyperbole et de la circonférence donnée.

(N. A., 1869, page 232.) Le problème de la recherche du point brillant d'une sphère lorsqu'on donne la position du point lumineux et celle de l'œil du spectateur peut être ramené à la question précédente (page 235).

Exercice.

318 (a). Problème. *Un segment parabolique ABC est limité par une corde BC perpendiculaire à l'axe de la courbe ; mener une tangente FEG, telle que le point de contact E soit le milieu du segment FG, limité à la corde prolongée et à la droite CG, menée parallèlement à l'axe par l'extrémité C de la corde donnée.*

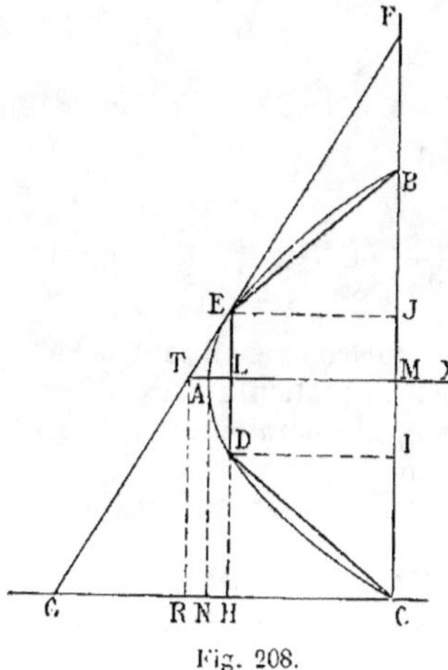

Fig. 208.

Supposons le problème résolu

$$EF = EG.$$

On sait que le sommet A divise la sous-tangente TL en parties égales (G., n° 699) ; prenons pour inconnues AL ou x et $LE = y$; soit $AM = a$; $BM = b$.

Les triangles semblables GRT, TLE donnent :

$$\frac{GR}{RT} = \frac{TL}{LE}$$

ou

$$\frac{a - 3x}{b} = \frac{2x}{y} \qquad\qquad (1)$$

Car $\qquad\qquad GR = GH - TL$

mais $\qquad GH$ ou $HC = AM - AL = a - x$; $\quad TL = 2x$

donc $\qquad\qquad GR = a - 3x$

(1) donne $\qquad ay - 3xy = 2bx$ ou $3xy + 2bx - ay = 0 \qquad (2)$

L'équation de la courbe donne $\dfrac{y^2}{x} = \dfrac{b^2}{a}$ $\qquad$ (G., n° 708)

d'où $$x = \frac{ay^2}{b^2}$$

Cette valeur mise dans l'équation (2) donne :

$$\frac{3ay^3}{b^2} + \frac{2ay^2}{b} - ay = 0 \quad \text{ou} \quad 3ay^2 + 2aby - ab^2 = 0$$

d'où $$y = \frac{-ab \pm \sqrt{a^2b^2 + 3a^2b^2}}{3a}$$

$$y = +\frac{b}{3} \quad \text{et} \quad y = -b$$

La racine positive conduit à $\quad x = \dfrac{a}{9}$; donc AL est le neuvième de AM. Par le point L, ainsi déterminé, il faut mener une corde ELD parallèle à BC.

La racine $y = -b$ donne $x = a$.

On retrouve ainsi la corde CB ; cette valeur ne correspond point directement à la question proposée.

318 (b). Remarques. 1° Au chapitre des *maxima* et des *minima* (n° 365), nous verrons qu'à la corde DE déterminée par la tangente FG, dont le point de contact est le point milieu, correspond le *trapèze maximum* BCDE qu'on puisse inscrire dans le segment parabolique BAC.

L'aire maxima ou $(MB + LE) . LM = \left(b + \dfrac{b}{3} \right) . \dfrac{8}{9} a$

L'aire du trapèze $= \dfrac{32}{27} ab$.

L'aire du segment parabolique $BAC = \dfrac{2}{3} AM . BC$ (G., nᵒˢ 707 et 982)

égale $\dfrac{2}{3} a . 2b = \dfrac{4ab}{3}$ ou $\dfrac{36}{27} ab$;

donc l'aire du *trapèze maximum* est les $\dfrac{32}{36}$ ou les $\dfrac{8}{9}$ du segment parabolique.

2° Pour un segment terminé par une corde quelconque, il faut considérer le diamètre conjugué à la corde donnée. L'équation de la parabole rapportée à un diamètre quelconque et à la tangente parallèle aux cordes conjuguées étant de même forme que l'équation de la courbe rapportée à l'axe et à la tangente au sommet, la recherche du trapèze maximum inscrit est identique à la précédente.

On sait que le *diamètre conjugué* à un système de cordes est le diamètre qui divise en deux parties égales toutes les cordes parallèles à la direction donnée.

Nombre de solutions d'un problème.

319. On sait qu'une équation a autant de racines qu'il y a d'unités dans le nombre qui exprime le degré de cette équation ; néanmoins un problème de géométrie a parfois un plus grand nombre de solutions que le degré de l'équation obtenue pour déterminer l'inconnue.

Nous en donnons un exemple ; mais il arrive encore plus fréquemment que les solutions géométriques sont moins nombreuses que ne le comporterait le degré de l'équation, parce que certaines racines ne peuvent être acceptées.

Exercice.

320. Problème. *Par le point milieu d'un arc de cercle, mener une droite telle que le segment compris entre la corde de l'arc et l'autre partie de la circonférence ait une longueur donnée l.*

(FRANCŒUR, *Cours de Mathématiques*, tome I *.)

Supposons le problème résolu, et $MN = l$.

Prenons OM, ou x pour inconnue ; soit $OA = a$.

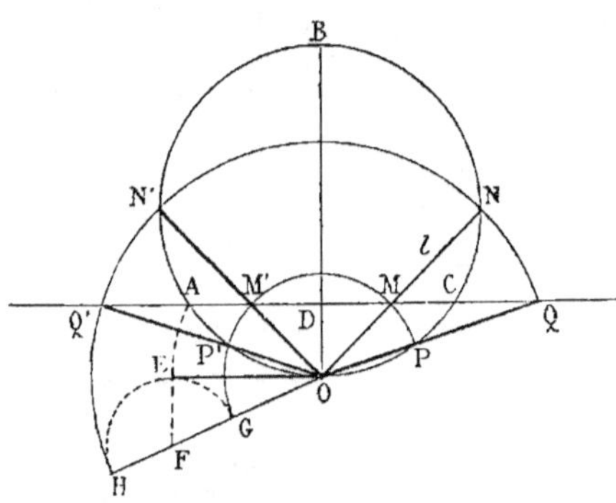

---

* FRANCŒUR, 1773-1849, voir ci-après, nᵒ 1009.

On sait qu'on a : $OM . ON = OD . OB = a^2$ (n° 68, 2°)

$$x(x + l) = a^2$$

On peut déterminer l'inconnue en cherchant les côtés d'un rectangle ayant l pour différence et a^2 pour produit.

On peut aussi résoudre l'équation, et l'on trouve

$$x = -\frac{l}{2} \pm \sqrt{\frac{l^2}{4} + a^2}$$

Construction. Sur une droite parallèle à AC, prenons $OE = OA = a$. Élevons une perpendiculaire EF égale à $\frac{l}{2}$.

On aura $$OF = \sqrt{\frac{l^2}{4} + a^2}$$

Puis reportons $\frac{l}{2}$ de F en G et en H. La longueur OG représente la première racine et OH la seconde. Or il y a quatre solutions géométriques.

Car PQ répond à la question proposée aussi bien que MN. Il y a en outre les deux solutions géométriques M'N', P'Q'.

321 (a). Remarque. Le problème précédent peut s'énoncer comme il suit :

Construire un triangle ANC (ce triangle n'est pas tracé), connaissant la base AC, l'angle N opposé à la longueur l de la bissectrice qui part du sommet N.

Les deux triangles ANC, AN'C ne diffèrent que par leur position.

Les triangles APC, AP'C ne répondent pas à la nouvelle question, car l'angle APC est supplémentaire de l'angle inscrit dans le segment ABC, mais il correspond à la question analogue : *Construire un triangle APC, connaissant la base, la valeur AOC de l'angle opposé P, et la longueur PQ de la bissectrice extérieure qui part du sommet P.*

321 (b). Note. L'emploi du problème contraire (n° 213) et de la question qu'on vient de résoudre (n° 320) donne une solution très simple du *Problème de Pappus* (n° 309); mais cette solution est indirecte; il en existe plusieurs autres plus ou moins algébriques; l'une d'elles est de PAPPUS lui-même. NEWTON en a donné plusieurs. On peut consulter les ouvrages suivants :

Nouvelles Annales, 1847, page 458, note de M. ABEL TRANSON; l'auteur indique six solutions, dont plusieurs s'appliquent à un angle donné quelconque.

Dans les *Examens et compositions de Mathématiques,* par MM. MOMENHEIM et FRANCK, on trouve jusqu'à dix solutions différentes; mais l'angle donné est toujours droit.

Les *Questions d'Algèbre* de M. DESBOVES reproduisent deux des solutions données par Newton, et en indiquent plusieurs autres. (Voir *Questions d'Algèbre,* 2° édition, n° 231.)

Voir aussi nos *Exercices d'Algèbre*, 4° édition, n° 1407 et nos *Exercices de Trigonométrie,* n° 441.

§ IV. — Relations numériques.

322. Recherche des relations. Pour découvrir ou démontrer les relations qui existent entre les diverses parties d'une figure donnée, on a recours aux figures semblables, aux propriétés du triangle rectangle ou à des relations préalablement établies.

Exercice.

323. Problème. *Par un point fixe A, on mène une sécante MAN qui coupe les côtés d'un angle XOY. Quelle est la relation qui existe entre les distances OM, ON ?*

Puisque le point A est donné, on peut mener les parallèles AB, AC et chercher à exprimer OM.ON en fonction des longueurs connues b et c.

Les triangles ABM, NOM sont semblables et donnent :

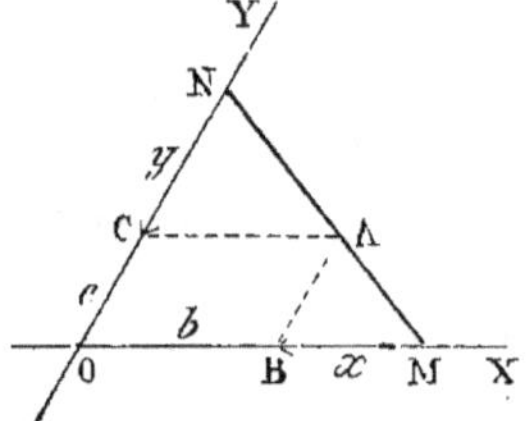

Fig. 210.

$$\frac{AB}{ON} = \frac{BM}{OM} \quad \text{ou} \quad \frac{c}{ON} = \frac{OM - b}{OM}$$

d'où $\qquad OM.ON = c.OM + b.ON \quad$ ou $\quad \dfrac{b}{OM} + \dfrac{c}{ON} = 1.$

324. Remarque. Les points B et C sont connus, on peut donc les prendre respectivement pour origine des distances BM ou x et CN ou y, et l'on trouve une relation très simple entre x et y.

Les triangles semblables ABM, NCA donnent :

$$\frac{AB}{x} = \frac{y}{AC} \quad \text{ou} \quad \frac{c}{x} = \frac{y}{b}$$

d'où $\qquad\qquad xy = bc$

Le produit des segments x et y est constant.

Exercice.

325. Problème. *Du point milieu de la base AB d'un triangle isocèle, on décrit une demi-circonférence tangente aux deux autres côtés ; une tangente MN coupe ces côtés : trouver une relation entre les distances AM et BN.*

Les triangles AOM, BON sont équiangles.

En effet, les angles formés au point O sont égaux deux à deux :

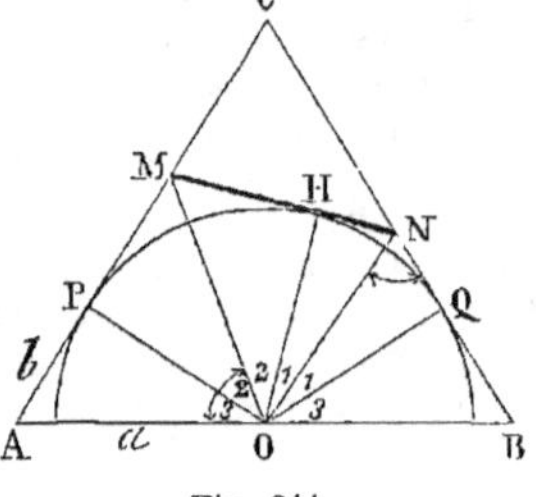

Fig. 211.

$$1 = 1 \quad 2 = 2 \quad \text{et} \quad 3 = 3$$

d'où $\qquad 1 + 2 + 3 = 1^{dr}$

Or l'angle N est le complément de 1 ; mais 1 est aussi le complément de $(3 + 2)$; donc AOM $=$ N, et comme A $=$ B, les deux triangles sont semblables, et on a :

$$\frac{AM}{AO} = \frac{OB}{BN} \; ; \quad \text{d'où} \quad AM.BN = AO^2$$

Ainsi le produit des distances AM, BN est constant.

Exercice.

326. Problème. *Lorsqu'on a deux points fixes A et B sur une circonférence, ainsi qu'une corde EF donnée de position et qu'on joint un point quelconque C de la circonférence aux deux points fixes, la corde EF se trouve divisée en trois segments EM, MN, NF : trouver une relation entre ces trois segments.*

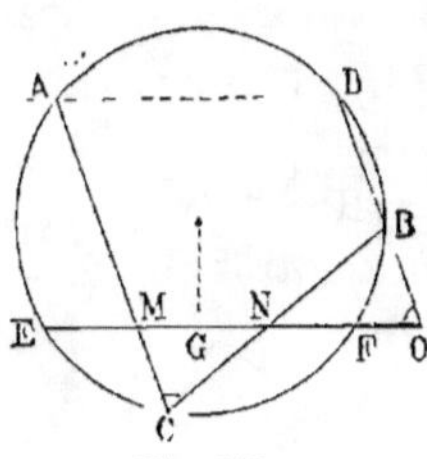

Fig. 212.

Par le point A, menons une parallèle à EF et joignons le point D au point B et prolongeons jusqu'à la rencontre avec EF.

Les triangles MCN, NBO sont équiangles, car les angles N sont égaux, et $C = O$;

En effet,
$$C = \frac{1}{2}\,ADB$$

$$O = \frac{1}{2}\,(EAD - BF) = \frac{1}{2}\,(EADB - DF) = \frac{1}{2}\,ADB$$

donc
$$\frac{MN}{CN} = \frac{NB}{NO} ; \quad MN \cdot NO = CN \cdot NB$$

Mais
$$CN \cdot NB = EN \cdot NF$$

donc
$$EN \cdot NF = MN \cdot NO$$

d'où
$$\frac{EN}{MN} = \frac{NO}{NF} ; \quad \text{d'où} \quad \frac{EN - MN}{MN} = \frac{NO - NF}{NF}$$

$$\frac{EM}{MN} = \frac{FO}{NF} \quad \text{d'où} \quad \frac{EM \cdot NF}{MN} = OF \tag{1}$$

Mais OF est une quantité constante pour les points donnés A et B ; donc (1) exprime une relation entre les segments variables EM, MN, NF et une constante OF.

Exercice.

327 (a). Théorème d'Euler[*]. *Dans tout triangle ABC la distance d du centre du cercle inscrit, ayant r pour rayon, au centre du cercle circonscrit dont R est le rayon, est donnée par la relation*

$$d^2 = R(R - 2r)$$

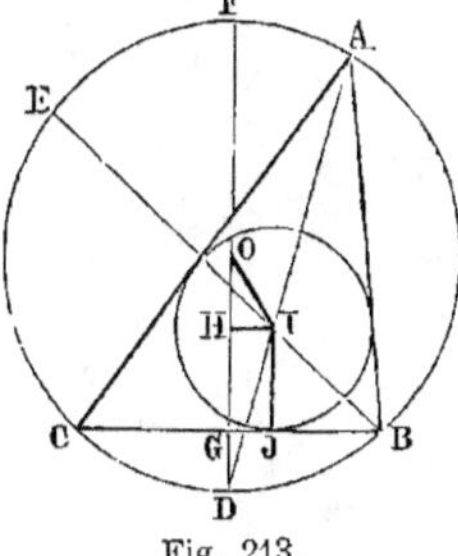

Fig. 213.

Soient $OI = d$; $OD = R$; $IJ = r$

A cause des bissectrices AID, BIE, on a :

$$\text{Arc } BD = CD ; \quad \text{arc } AE = CE$$

donc   l'arc $DCE = DB + AE$

et l'angle $DBE = $ angle DIB ;

d'où $DB = DI$

---

[*] Ce *Théorème d'Euler* a été publié en 1747. (N. A., 1845, page 397.)

Le diamètre DOF est perpendiculaire au milieu de BC ; donc

$$BD^2 \quad ou \quad DI^2 = DG \cdot DF$$

$$DI^2 = 2R \cdot DG$$

Du point I, abaissons la perpendiculaire IH sur le diamètre DF, nous aurons :

$$DI^2 = IO^2 + OD^2 - 2 \cdot OD \cdot OH ; \quad mais \quad DI^2 = 2R \cdot DG$$

donc

$$2R \times DG = d^2 + R^2 - 2R(OG - r)$$

$$d^2 + R^2 = 2R(DG + OG - r) = 2R(R - r) = 2R^2 - 2Rr$$

d'où, en simplifiant, et mettant R en facteur commun, on trouve :

$$d^2 = R(R - 2r) \tag{1}$$

Autre démonstration :

$$d^2 = R^2 + DI^2 - 2R \cdot DH$$

$$= R^2 + 2R \cdot DG - 2R \cdot DH$$

$$= R^2 - 2R(DH - DG)$$

$$= R^2 - 2Rr$$

$$= R(R - 2r)$$

327 (b). Théorème. *En désignant par r_a le rayon du cercle ex-inscrit tangent au côté BC ou a, et par d_a la distance correspondante, on aurait :*

$$d_a^2 = R(R + 2r_a) \tag{2}$$

Applications des relations.

328. Dans la méthode algébrique, les relations jouent un rôle analogue à celui que remplissent les lieux géométriques dans la résolution graphique des problèmes.

La formule obtenue établit une première équation entre les inconnues du problème. En voici quelques exemples.

Exercice.

329. Problème. *On donne deux tangentes à un cercle ; mener une troisième tangente telle que le segment intercepté sur cette ligne par les deux premières ait une longueur donnée l.*

Menons le diamètre perpendiculaire à la droite OC, qui joindrait le centre au point de concours des tangentes.

Soient $AO = a$, $AP = BQ = b$; $PM = x$, $NQ = y$.

On sait que $MN = MP + NQ$

donc

$$x + y = l \tag{1}$$

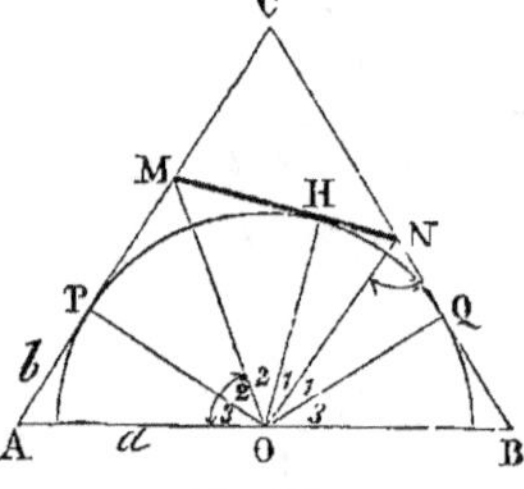

Fig. 214.

d'ailleurs $AM \cdot BN = a^2$ (n° 325)

ou

$$(x + b)(y + b) = a^2$$

d'où

$$xy + b(x + y) + b^2 = a^2$$

Mais
$$x + y = l$$
donc
$$xy = a^2 - b^2 - bl \qquad (2)$$

La question est ramenée à un problème connu, car on connaît la somme et le produit des inconnues (n° 296, et *Alg.*, n° 231).

330. Problème. *On donne une circonférence, une corde fixe EF et deux points* A, B *sur la circonférence ; trouver, sur la courbe, un point* C, *tel que les droites* AC, BC *interceptent sur la corde EF, à partir du point milieu* G *de cette corde, des segments* GM, GN *dont le produit égale un carré donné* k^2.

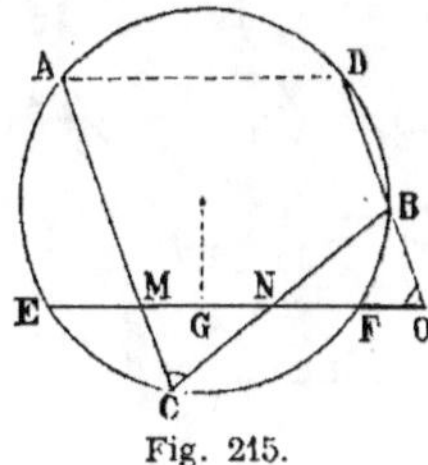

Fig. 215.

Employons la relation connue (n° 326) :

$$\frac{ME \cdot NF}{MN} = FO$$

Soient $GE = GF = a$; $FO = b$; $MG = x$ et $GN = y$

On a
$$\frac{(a - x)(a - y)}{x + y} = b \qquad (1)$$

et
$$xy = k^2 \qquad (2)$$

(1) devient
$$a^2 - a(x + y) + xy = b(x + y)$$

remplaçons xy par sa valeur k^2, nous aurons :

$$a^2 + k^2 = (a + b)(x + y)$$

d'où
$$x + y = \frac{a^2 + k^2}{a + b} \qquad (3)$$

La question peut être regardée comme résolue, car (2) et (3) font connaître la somme et le produit des deux inconnues. (*Algèbre*, n° 231, et *Exercices de Géométrie*, n° 296.)

Construction. Prenons $HI = GF = a$, $IJ = FO = b$,   la perpendiculaire $IK = k$,   on aura $HK^2 = a^2 + k^2$.

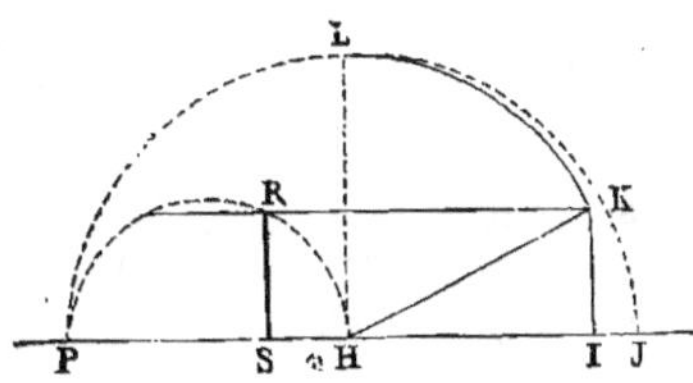

Fig. 216.

Reportons HK de H en L. Décrivons une demi-circonférence ayant son centre sur HJ et passant par L et J, on aura

$$PH = \frac{HL^2}{HJ} = \frac{a^2 + k^2}{a + b} = \text{ donc } PH = x + y$$

puis coupons la demi-circonférence PH par la parallèle KR, on aura PS et SH pour les segments demandés, car $PS \cdot SH = k^2$.

331. Remarque. On a résolu d'une manière très simple les problèmes où l'on demandait qu'on eût $MN = l$ ou $MG = GN$ (n°ˢ 101, 102, 275 et 276, *Remarque*); néanmoins il est utile d'examiner la solution que donne la relation connue (n° 326)

$$\frac{ME \cdot NF}{MN} = FO = b \qquad (1)$$

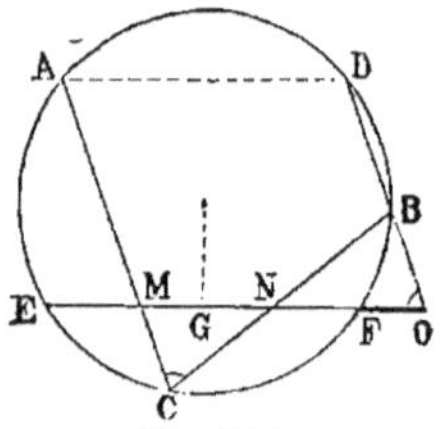

1° *Soit à trouver* $MN = l$

On a (fig. 217) :

$$ME + NF = 2a - MN = 2a - l \qquad (2)$$

Puis (1) devient $\quad \dfrac{ME \cdot NF}{l} = b$

d'où $\qquad ME \cdot NF = bl \qquad (3)$

Fig. 217.

(3) et (2) donnent encore la somme et le produit des inconnues.

2° *Soit à trouver* $\qquad MG = GN$

d'où $\qquad EM = NF$

La relation (1) devient $\quad \dfrac{ME^2}{2a - 2ME} = b$

Équation du second degré que l'on sait résoudre et construire.

3° *Soit à trouver* $\qquad MG - GN = d$

d'où $\qquad NF - EM = d, \quad NF = EM + d$

Ainsi $\qquad MN = 2a - EM - (EM + d) = 2a - 2EM - d$

La relation (1) devient

$$\frac{ME(ME + d)}{2a - 2ME - d} = b \quad \text{Équation du second degré.}$$

4° Pour $\qquad \dfrac{MG}{GN} = \dfrac{m}{n}, \quad$ on trouve $\quad MG = GN\,\dfrac{m}{n}$

$$MN = MG + GN = GN\,\frac{m}{n} + GN = GN \cdot \frac{m + n}{n}$$

$$EM = a - MG = a - GN \cdot \frac{m}{n} = \frac{na - mGN}{n}$$

La relation (1) devient

$$\frac{\dfrac{na - mGN}{n} \cdot (a - GN)}{GN\,\dfrac{m + n}{n}} = b$$

d'où $\qquad \dfrac{(na - mGN)(a - GN)}{GN(m + n)} = b$

$$\text{Équation du second degré.}$$

Problèmes d'Apollonius.

332. *Sur deux droites concourantes* OX, OY *on donne deux points fixes* D, F. *Par un point* A, *mener une sécante* MAN *de manière qu'on ait une des relations suivantes.*

(a) **Problème de la section de raison** *. Les segments DM, FN doivent être dans une raison donnée, c'est-à-dire dans un rapport donné $\frac{m}{n}$.

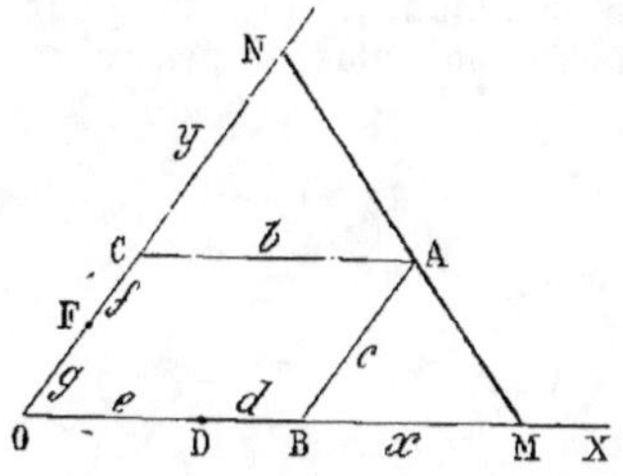

Fig. 218.

Prenons BM, CM pour inconnues, on aura la relation générale (n° 324)

$$xy = bc \qquad (1)$$

puis $\frac{DM}{FN}$ ou $\frac{d+x}{f+y} = \frac{m}{n}$

d'où $nd + nx = mf + my \qquad (2)$

On peut regarder le problème comme résolu, car (1) est du second degré et (2) n'est que du premier.

(b) **Problème de la section de l'espace.** Le produit des distances DM, FN doit égaler un carré donné k^2.

On a donc :

$$(d+x)(f+y) = k^2\,; \quad df + dy + fx + xy = k^2$$

mais $xy = bc$ (n° 324) ; donc

$$fx + dy = k^2 - bc - df$$

Les équations (1) et (3) donnent la solution.

333. Autres Problèmes. Il est facile de proposer plusieurs autres questions.

(c) *On veut avoir* $DM + FN = l$

ou $d + x + f + y = l$, d'où $x + y = l - d - f \qquad (4)$

(4) et (1) donnent la somme et le produit des racines.

(d) $DM - FN = l$

$d + x - (f + y) = l$, d'où $x - y = l - d + f \qquad (5)$

(e) $$\frac{OD \cdot OM}{OF \cdot ON} = \frac{m}{n}$$

ou $\frac{e(x+b)}{g(y+c)} = \frac{m}{n} \qquad (6)$ Premier degré.

Remarque. Nous croyons utile de donner ici un troisième problème célèbre d'Apollonius (n° 334), bien qu'il ne se rapporte point à la relation utilisée pour les deux premiers.

334 (a). Problème de la section déterminée. *Étant donnés quatre points en ligne droite, on demande de déterminer un cinquième point, tel que le produit de ses distances à deux des points donnés soit au produit des distances aux deux autres dans une raison donnée* $\frac{m}{n}$.

* Nous conservons les dénominations données par Apollonius. (*a*) est nommé *section de raison*, parce qu'il faut que les segments soient dans un *rapport* ou dans une *raison* donnée. (*b*) est nommé *section de l'espace*, parce que le produit est un carré, c'est-à-dire une surface. Le troisième problème (n° 334) est appelé *section déterminée*, parce que le rapport des produits est une quantité connue.

Soient A, B, C, D les points donnés, X le point cherché.

Rapportons tous les points à une origine commune ; l'un d'eux pourrait être pris comme point de départ, mais, pour plus de généralité, prenons un point quelconque O.

O   A   B   C   D   X

Fig. 219.

Soient $$OA = a \quad OB = b \dots \quad OX = x$$

On a immédiatement $$\frac{AX \cdot BX}{CX \cdot DX} = \frac{m}{n}$$

c'est-à-dire, en remplaçant AX par $x - a \dots$, DX par $x - d$.

$$\frac{(x - a)(x - b)}{(x - c)(x - d)} = \frac{m}{n}$$

Équation du second degré que l'on sait résoudre et discuter, car elle n'est qu'un cas particulier de l'équation connue

$$\frac{ax^2 + bx + c}{a'x^2 + b'x + c'} = y \quad (E.\ d'A.,\ 4^e\ \text{édit}, \text{p. 367.})$$

Il y a donc deux solutions, une seule ou aucune, suivant le cas. On sait déterminer, quand il y a lieu, le maximum et le minimum de y,

c'est-à-dire de $\dfrac{m}{n}$.

En un mot, on connaît entre quelles limites $\dfrac{m}{n}$ peut varier pour des longueurs connues a, b, c, d.

Lorsque les segments AB et CD empiètent l'un sur l'autre, c'est-à-dire quand le point B, par exemple, se trouve entre C et D, il n'y a ni maximum ni minimum.

334 (b). Note. Apollonius a publié trois traités : *De Sectione rationis* (de la section de raison), *De Sectione spatii* (de la section de l'espace) et *De Sectione determinata* (de la section déterminée). Ce dernier contenait quatre-vingt-une propositions.

Halley a traduit le premier des trois traités, et il a rétabli le second d'après les indications de Pappus. (Voir *Aperçu historique*, pages 21, 41, 154 ; et *Géométrie supérieure*, n°⁵ 281, 296 et 298.)

Les trois *Problèmes d'Apollonius* comprenaient un grand nombre de propositions, parce que les anciens démontraient directement chaque cas, chaque variété, chaque figure différente d'une même question. Les généralisations algébriques et analytiques n'étaient point connues : il fallait donc étudier laborieusement les diverses particularités que pouvaient présenter un théorème ou un problème proposés.

Le problème de la *section déterminée* revient au suivant : *Sur la ligne des centres de deux circonférences données, déterminer un point dont les puissances, relatives à chaque cercle, soient dans un rapport donné* $\dfrac{m}{n}$.

Car $(x - a)(x - b)$ (n° 334) est la puissance du point cherché X au cercle décrit sur AB comme diamètre. (G , n° 829.)

Halley, né à Londres en 1656, mort en 1724 ; célèbre astronome, prédit le retour de la comète qui porte son nom. Comme géomètre, il est connu par son édition du *Traité des coniques d'Apollonius* et par le rétablissement ou la publication des traités *De Sectione spatii* et *De Sectione rationis*, du même auteur.

VII

MAXIMA ET MINIMA

335. Définition. On appelle *variable* une quantité qui peut passer successivement par différents états de grandeur.

Deux variables sont *fonction* l'une de l'autre, lorsque la variation de l'une entraîne la variation de l'autre.

La *variable indépendante* est celle à laquelle on attribue des valeurs arbitraires ; l'autre se nomme *variable dépendante* ou fonction de la première.

Lorsqu'une fonction, variant d'une manière continue, diminue après avoir augmenté, elle passe par une valeur plus grande que les valeurs qui la précèdent et qui la suivent immédiatement ; cette valeur est dite un *maximum*, au contraire, si, après avoir diminué, la fonction augmente, elle passe par une valeur plus petite que les valeurs voisines ; cette valeur est dite *minimum* *.

336. Méthode algébrique. La méthode la plus générale et la plus féconde pour déterminer le *maximum* ou le *minimum* d'une quantité, consiste à traiter la question par l'algèbre, et à discuter le résultat d'après les règles connues (*Alg.*, n° 283) ; mais il convient de réserver cette méthode pour les exercices proposés dans le cours d'algèbre.

Sans recourir aux équations, on peut résoudre d'une manière très simple un grand nombre de questions géométriques, relativement au *maximum* ou au *minimum* qu'elles peuvent présenter.

§ I. — Solution limite.

337. Pour déterminer la solution limite que peut comporter un problème, on résout ce problème pour une *valeur particulière*, et l'on examine pour quelle valeur ou quelle position spéciales le problème cesse d'être possible.

Exercice.

338. Problème. *Dans un cercle donné, inscrire le triangle isocèle dont la somme de la base et de la hauteur a une valeur maxima.*

---

* D'après les exemples donnés par divers auteurs, nous écrivons : les *maxima* et les *minima* ; le *maximum* et le *minimum* d'une quantité. Un rectangle de périmètre *maximum* ou *minimum* ; un rectangle de surface *maxima* ou *minima*. Plusieurs auteurs écrivent : les *maximums* et les *minimums*, et n'emploient jamais ces mots comme qualificatifs.

Examinons en premier lieu si la question comporte un maximum.

Pour une base infiniment rapprochée du sommet B, la somme de la base et de la hauteur est nulle; puis elle prend une certaine valeur quand la base s'éloigne du sommet B. La somme devient égale à 3R, quand la base passe par le centre; mais plus loin elle diminue, car elle se réduit à 2R lorsque la base est à l'extrémité du diamètre mené par le sommet B. Entre ces deux positions, la somme atteint donc une certaine valeur maxima.

Construction. Lorsque la somme doit avoir une longueur déterminée l, on fait la construction connue (n° 211). On prend $BL = l$, $BE = \dfrac{l}{2}$, et la droite EL détermine les points A et A' qui donnent deux triangles isocèles répondant à la question.

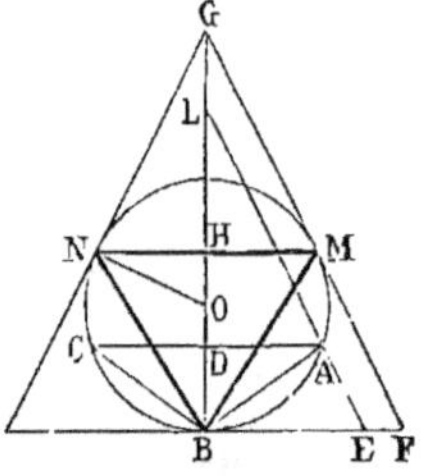

Fig. 220.

Donc le maximum sera donné par la tangente FMG parallèle à EL.

La somme $$BH + MN = BG$$

Valeur du maximum. Les triangles ONG, FBG sont semblables; donc
$$NG = 2NO = 2R, \quad \text{car} \quad BG = 2BF$$
$$OG = \sqrt{R^2 + 4R^2} = R\sqrt{5}$$
$$BG = R + R\sqrt{5} = R(1 + \sqrt{5})$$

Exercice.

339. Problème. *Dans un cercle, inscrire le rectangle de périmètre maximum, ou même : Dans une ellipse, mener deux parallèles équidistantes d'un diamètre donné, de manière que le parallélogramme inscrit ait un périmètre maximum.*

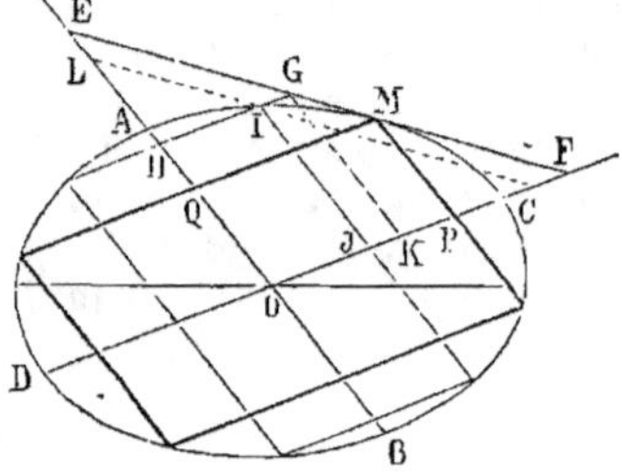

Fig. 221.

On sait que les côtés d'un parallélogramme inscrit sont parallèles à deux diamètres conjugués; menons donc le conjugué DC du diamètre donné AB et une tangente EMF qui détermine un triangle isocèle; le point M est le sommet demandé.

En effet, d'après une propriété connue du triangle isocèle (n° 19), on a :
$$MQ + MP = GH + GK$$
donc
$$MP + MQ > IJ + IH, \quad \text{etc.}$$

Remarque. La question précédente peut être considérée comme n'étant qu'un cas particulier de la suivante.

Exercice.

340. Problème. *On donne deux droites et une courbe; par chaque point de la courbe on mène des parallèles aux droites données; étudier les variations de la somme des parallèles ainsi menées.*

Prenons deux longueurs égales OA, OB; le triangle AOB sera isocèle et donnera

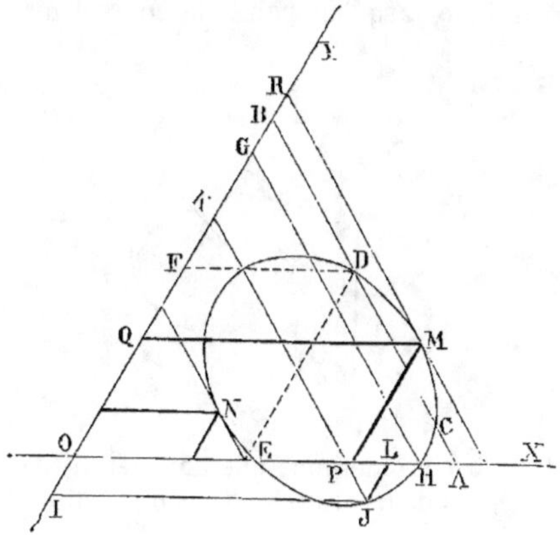

Fig. 222.

$$DE + DF = OB$$

Pour avoir le maximum et le minimum, il faut mener des tangentes parallèles à BA.

M correspond au maximum.

$$MP + MQ = OR$$

Pour le point D la somme diminue.

Le point de contact N donne le minimum.

Pour le point J, on a :

$$JI - JL = OK$$

Pour les points d'intersection, tels que H, une des lignes est nulle.

Remarque. On procède d'une manière analogue lorsqu'on abaisse des perpendiculaires de chaque point de la courbe sur OX et OY.

Exercice.

341. Problème. *On donne de grandeur et de position une circonférence et une droite limitée CD. Pour quel point A de la circonférence l'angle CAD est-il maximum ou minimum ?*

Pour obtenir un angle CAD ayant une grandeur donnée, il faudrait décrire sur CD un arc de segment capable de l'angle donné.

Or l'arc de segment tangent à la circonférence aura, suivant les cas, le plus petit rayon ou le plus grand rayon, parmi les arcs menés par C et D et qui rencontreront la circonférence. On obtiendra donc un maximum ou un minimum.

Il est intéressant d'examiner les principaux cas de cette question.

1° La droite CD est extérieure, et son prolongement coupe la circonférence sur laquelle doit se trouver le sommet (fig. 223).

Par C et D décrivons des circonférences tangentes à la circonférence donnée AB.

Au point A, l'angle est nul; quand le sommet s'élève sur la circonférence, l'angle augmente; le maximum a lieu au point O, puis l'angle diminue jusqu'au point B, où il devient nul; augmente de nouveau : il y a un second maximum en O', et diminue jusqu'au point A.

2° Quand le prolongement de CD ne rencontre pas la circonférence AB (fig. 224), le maximum a lieu au point O; puis l'angle diminue; il arrive à son minimum en O', et augmente de nouveau jusqu'au point O.

3° Quand le prolongement de DC est tangent, le point de contact O'

donne un angle nul ; puis l'angle augmente jusqu'au point de contact O
de la circonférence menée par C et D et tangente à la circonférence : là
a lieu le maximum ; puis l'angle diminue jusqu'au point de contact du
prolongement de la droite.

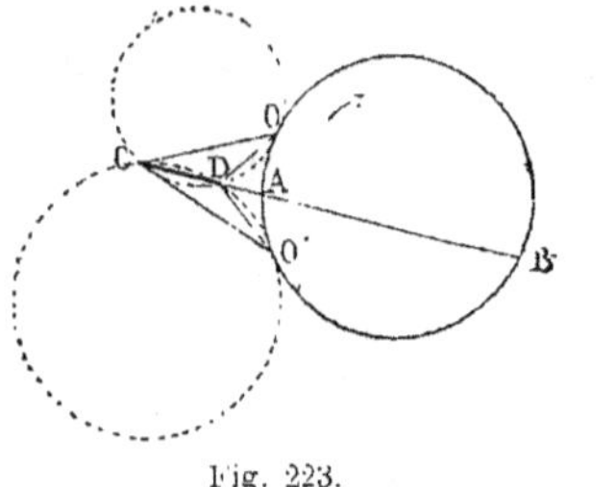

Fig. 223. 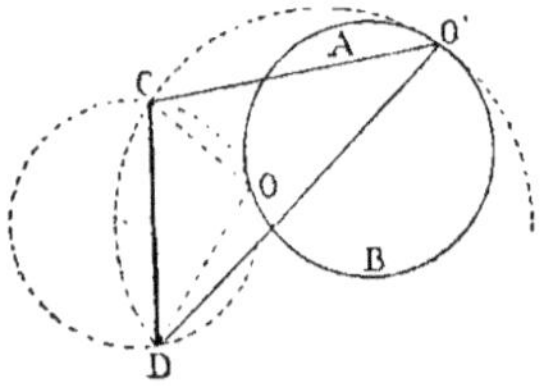   Fig. 224.

4° Quand le contact O de CD et de la circonférence que doit décrire le
sommet a lieu entre C et D. l'angle égale deux droits en O ; puis il diminue, atteint le minimum en O', point de contact intérieur du cercle donné
et de celui qu'on peut mener par D et C, etc.

5° Lorsque la circonférence donnée coupe CD (entre C et D), l'angle
est nul pour le point où le prolongement de CD coupe de nouveau la circonférence ; puis il augmente jusqu'au point où CD coupe la même
circonférence : là il égale deux droits, et diminue jusqu'à zéro.

6° Enfin, quand la circonférence coupe deux fois CD entre C et D, il
y a deux minimum, et les points d'intersection correspondent à deux
droits.

§ II. — Emploi des principes.

342. En géométrie, de même qu'en algèbre, on peut s'appuyer sur
quelques *principes* que l'on invoque fréquemment dans les questions de
maxima et de minima.

Il est facile de démontrer ces principes, ou, du moins, de les justifier
par des voies purement géométriques, car il suffit d'étudier les variations
de quelques figures connues.

Exercice.

343. Premier principe. *Le produit de deux facteurs, dont la somme est
constante, est maximum lorsque ces facteurs
sont égaux entre eux.*

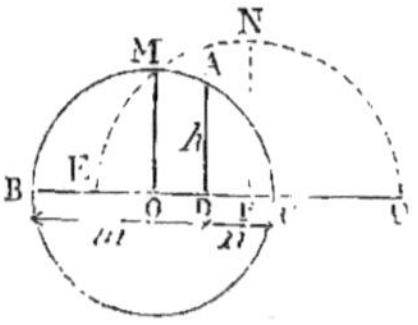

En effet, sur BC, somme constante des deux
facteurs linéaires, m et n, décrivons une demi-
circonférence. On sait que l'on a

$$mn = h^2 \quad \text{(G., n° 256)};$$

donc le maximum du produit a lieu quand les
facteurs BO, OC sont égaux : car alors

$$BO . OC = MO^2$$

or $$MO > AD$$

Fig. 225.

Exercice.

344. Deuxième principe. *La somme de deux facteurs, dont le produit est constant, est minima quand ces facteurs sont égaux.*

Ce principe se déduit du précédent. En effet, soit MO^2 le produit constant. Quand les facteurs sont égaux, on a BC ou 2MO pour somme. Mais, quand ils sont inégaux, on peut les considérer comme obtenus par une demi-circonférence EMNF qui passerait par M (fig. 225), car on a :

$$EO \cdot OF = OM^2$$

Mais $\qquad EF = 2PN, \quad \text{or} \quad PN > OM$

donc on a $\qquad BC < EF$

Exercice.

345. Troisième principe. *Le produit de deux facteurs, dont la somme des carrés est constante, est maximum quand ces facteurs sont égaux entre eux.*

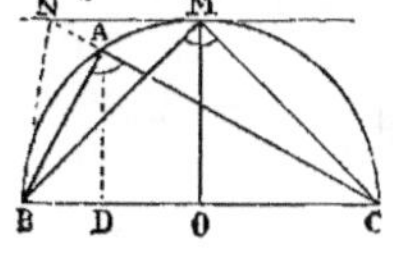

On peut considérer les deux facteurs AB, AC comme les côtés de l'angle droit d'un triangle rectangle dont l'hypoténuse égale la racine carrée de la constante, car on a

$$AB^2 + AC^2 = BC^2 = MB^2 + MC^2$$

Mais le produit $\qquad AB \cdot AC = BC \cdot AD$

tandis que $\qquad MB \cdot MC = BC \cdot MO$

or on a $\qquad MO > AD$

donc le produit $MB \cdot MC$ est plus grand que $AB \cdot AC$. *C. Q. F. D.*

On en déduit le principe réciproque suivant :

346. Quatrième principe. *La somme des carrés de deux facteurs, dont le produit est constant, est minima lorsque ces facteurs sont égaux.*

La démonstration directe de cette réciproque est d'ailleurs très simple. Par le point M (fig. 226), menons une parallèle à la base BC, prolongeons CA et joignons BN.

Les triangles BMC, BNC sont équivalents, car ils ont même base et même hauteur, donc $\qquad BM \cdot MC = BA \cdot NC$

Mais $\qquad BM^2 + MC^2 = BA^2 + AC^2$

donc $\qquad BM^2 + MC^2 < BA^2 + NC^2 \qquad$ *C. Q. F. D.*

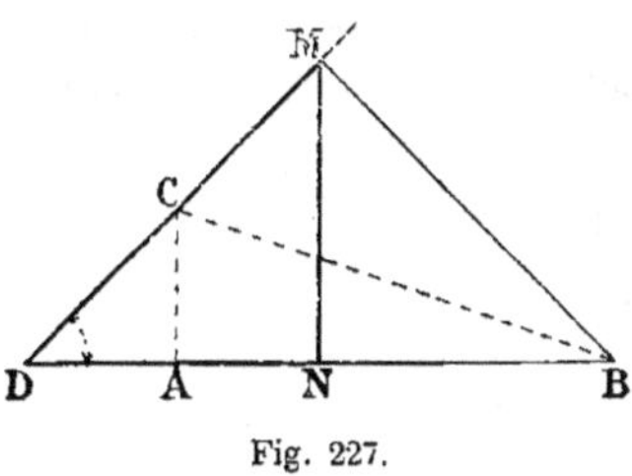

Fig. 227.

Remarque. Cela revient à déterminer *le minimum de l'hypoténuse d'un triangle rectangle dont la somme des côtés de l'angle droit est constante.*

Soit BAC un de ces triangles; prenons $AD = AC$, l'angle BDC vaut 45°; le lieu de C est la droite DM, donc le minimum de l'hypoténuse est la perpendiculaire BM.

Alors $\qquad NM = NB$

347. **Cinquième principe**. *Lorsque deux variables, affectées de coefficients, ont une somme constante, le maximum du produit de ces variables a lieu, lorsque ces dernières quantités sont inversement proportionnelles à leurs coefficients respectifs.*

Soit
$$ax + by = l \qquad (1)$$

Le maximum de xy a lieu pour $\dfrac{x}{b} = \dfrac{y}{a}$.

En effet, posons $xy = k^2$, puis éliminons une des inconnues, y par exemple, on trouve :
$$x = \frac{l \pm \sqrt{l^2 - 4abk^2}}{2a}$$

Le radical s'annule pour
$$k^2 = \frac{l^2}{4ab}.$$

d'où
$$x = \frac{l}{2a}, \quad y = \frac{l}{2b}; \quad xy = \frac{l^2}{4ab} \qquad (2)$$

donc
$$\frac{x}{y} = \frac{b}{a} \quad \text{ou} \quad \frac{x}{b} = \frac{y}{a}.$$

Vérification. Examinons le produit obtenu en posant :
$$x = \frac{l + c}{2a}, \quad y = \frac{l - c}{2b}.$$

La relation imposée (1) est vérifiée, or
$$xy = \frac{l^2 - c^2}{4ab}$$

Évidemment le maximum a lieu quand c est nul.

Remarque. Si l'on pose $l = 2S$ on a :
$$x = \frac{S}{b} \quad \text{et} \quad y = \frac{S}{a}$$

348. **Sixième principe**. *Lorsque deux variables, affectées de coefficients, ont une somme constante, le minimum de la somme des carrés de ces variables a lieu lorsque ces dernières quantités sont proportionnelles à leurs coefficients respectifs.*

Soit
$$ax + by = l \qquad (1)$$

Le minimum de $x^2 + y^2$ a lieu quand on a :
$$\frac{x}{a} = \frac{y}{b}$$

En effet, posons $x^2 + y^2 = k^2$, puis éliminons une des inconnues, en procédant comme ci-dessus ; on reconnaît que le radical s'annule pour
$$k^2 = \frac{l^2}{a^2 + b^2}; \quad \text{alors} \quad x = \frac{al}{a^2 + b^2}, \quad y = \frac{bl}{a^2 + b^2}$$

d'où
$$\frac{x}{a} = \frac{y}{b} \quad \text{et} \quad x^2 + y^2 = \frac{l^2}{a^2 + b^2} \qquad (2)$$

Vérification. En prenant des valeurs qui vérifient la relation (1), par exemple :
$$x = \frac{al + bc}{a^2 + b^2} \quad \text{et} \quad y = \frac{bl - ac}{a^2 + b^2}$$

on trouve, toutes réductions faites :

$$x^2 + y^2 = \frac{l^2 + c^2}{a^2 + b^2}$$

donc le minimum a bien lieu quand c est nul et que l'on prend

$$\frac{x}{a} = \frac{y}{b}$$

Remarque. Pour les applications ultérieures, on peut poser $l = 2S$; dans ce cas :

$$x = \frac{2aS}{a^2 + b^2} \quad \text{et} \quad y = \frac{2bS}{a^2 + b^2}$$

Exercice.

349. Problème. *Dans un triangle isocèle rectangle, inscrire le rectangle de surface maxima.*

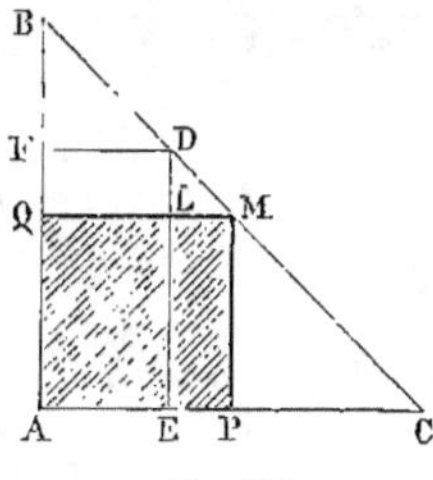
Fig. 228.

1° On sait que pour chaque point de la base d'un triangle isocèle, la somme des perpendiculaires abaissées sur les autres côtés est constante ; donc

$$MP + MQ = DE + DF$$

donc, d'après le premier principe, le rectangle MPAQ est maximum lorsque les côtés MP, MQ sont égaux : par suite, le rectangle maximum a pour sommet le milieu M de l'hypoténuse.

2° On peut encore dire :

Les rectangles MPAQ, DEAF ont une partie commune ; il suffit de comparer MPEL à DLQF.

Or les hauteurs ML, DL sont égales, tandis que

$$MP \quad \text{ou} \quad MQ > LQ$$

donc $\qquad MPEL > DLQF$

Ainsi le carré MPAQ est le rectangle maximum.

Exercice.

350. Problème. *Dans un cercle donné, inscrire le rectangle de surface maxima.*

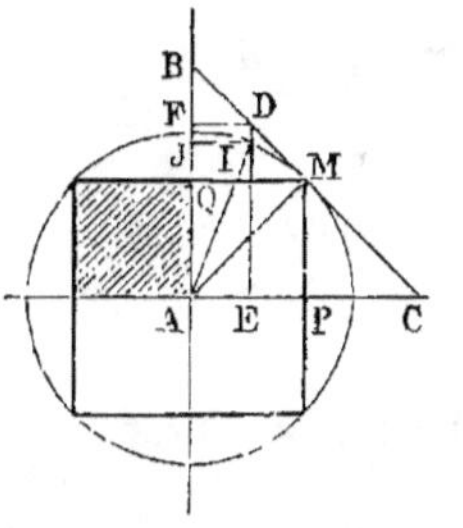
Fig. 229.

1° D'après le problème précédent, on peut mener la tangente BC de manière à former un triangle rectangle isocèle, et le milieu M de l'hypoténuse sera le point de contact.

On aura, en envisageant le $^1/_4$ de la surface,

$$\text{surface } APMQ > AEDF$$

donc *à fortiori*

$$PAQM > AEIJ$$

2° On peut encore dire

$$IE^2 + IJ^2 = R^2 = MP^2 + MQ^2$$

donc le maximum a lieu quand les facteurs sont égaux (3° Principe, n° 345).

Remarque. Le rectangle inscrit maximum est un carré, soit pour le triangle rectangle isocèle, soit pour le cercle.

Exercice.

351 (a). **Problème.** *Par le sommet* M *d'un parallélogramme* APMQ, *mener une droite* BMC *de manière que le triangle* BAC *soit minimum.*

Considérons deux sécantes : l'une quelconque DME, et l'autre BMC, dont le point M est le milieu ; cette dernière donne le *minimum*.

En effet, menons CF parallèle à BD.

A cause de $BM = MC$, les deux triangles MBD, MCF sont égaux. Donc le triangle ABC est équivalent à ADFC.

Donc $\qquad ABC < ADE \qquad C.\ Q.\ F.\ D.$

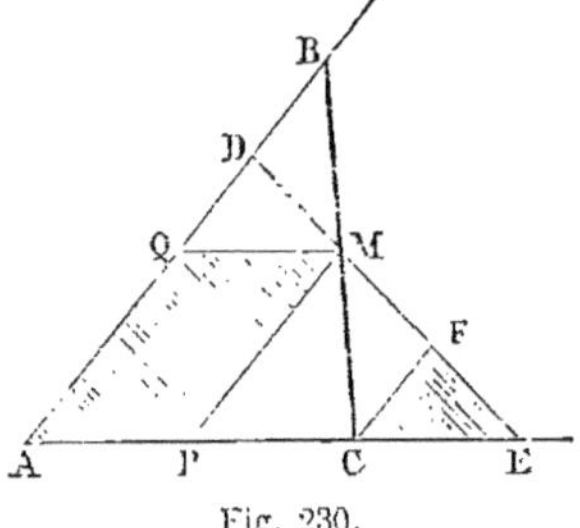

Fig. 230.

351 (b). Ainsi : *Le triangle circonscrit* ABC *est minimum lorsque la base* BC *est divisée en deux parties égales par le sommet du parallélogramme.*

Remarque. *A toute question de maximum répond une question de minimum, et réciproquement,* on pourrait donc tirer de l'exemple ci-dessus la conclusion suivante :

351 (c). **Théorème.** *Le parallélogramme* APMQ, *inscrit dans un triangle* ABC, *est maximum lorsque son sommet* M *est au milieu de la base.*

Ce théorème a d'ailleurs été déjà donné comme application de la méthode de *modification des ordonnées* (n° 201), et déduit aussi d'un problème résolu par la *Méthode algébrique* (n° 303, *d, Remarque*).

Mais l'emploi très fréquent que nous en ferons exige quelques nouveaux détails.

Exercice.

352. **Problème.** *Dans un triangle quelconque inscrire le rectangle maximum.*

Deux des sommets du rectangle doivent être sur la base du triangle, et les deux autres sommets sur les côtés.

1° Fig. (*a*). Pour un triangle rectangle BAC, dont les côtés AB, AC pourraient être inégaux, le rectangle maximum est donné par le point milieu M de BC.

Surface $\qquad APMQ = \dfrac{1}{2} ABC$

2° Fig. (*b*). D'après le théorème relatif à la modification des ordonnées (n° 201), le parallélogramme maximum ALMQ est donné par le point milieu M de BC ; d'ailleurs, comme on peut le vérifier directement, on a $ALMQ = \dfrac{1}{2} ABC$, ainsi qu'on le déduirait du n° 201. Or le rectangle RPMQ est équivalent au parallélogramme ; donc, *pour un triangle quel-*

conque, le rectangle maximum a deux de ses sommets aux points milieux des deux côtés.

Sa surface est la moitié de celle du triangle.

En menant la hauteur on aurait pu dire, d'après le premier cas, le rectangle RHIQ est maximum pour AHB, et il égale sa moitié; de même HPMI est maximum pour HCB et égale sa moitié; donc RPMQ est maximum pour ABC et égale sa moitié.

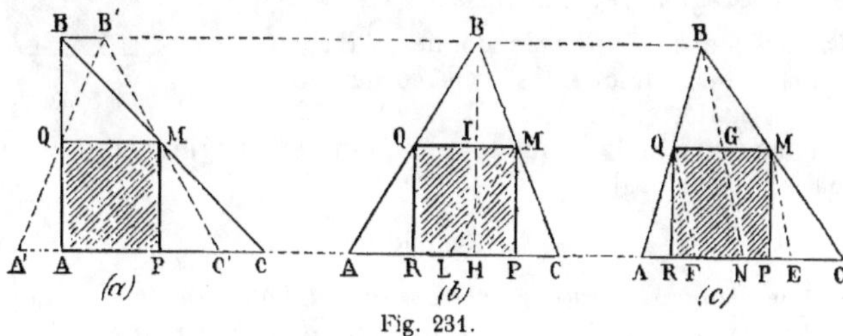

Fig. 231.

3° Fig. (*c*). On peut encore arriver au résultat précédent par une voie qui sera très utile pour l'étude des figures inscrites dans les courbes à diamètres rectilignes. Menons la médiane BN (fig. *c*) et les parallèles ME et QF. Chacun des parallélogrammes NEMG, FNGQ, égaux entre eux, est maximum pour le triangle correspondant; mais le rectangle RPMQ est équivalent au parallélogramme FEMQ; donc le rectangle est maximum.

Scolies. 1° Pour un triangle donné ABC, en prenant successivement chaque côté pour base, on obtient trois rectangles équivalents entre eux, car *chaque rectangle maximum est la moitié du triangle.*

2° Tous les triangles circonscrits au rectangle (fig. *a*) et ayant même hauteur ont aussi même base, car cette ligne égale 2MQ; ils sont équivalents entre eux et correspondent au triangle minimum circonscrit.

§ III. — Variable regardée comme constante.

353. Lorsqu'il y a plus de deux variables, trois, quatre, par exemple, on peut regarder momentanément une ou plusieurs de ces variables comme étant constantes, afin de ne conserver que deux quantités variables; on cherche le maximum ou le minimum relatifs qui peuvent résulter de ces deux variables, puis on en déduit le maximum ou le minimum réels qu'entraîne l'ensemble des variables.

Exercice.

354. Problème. *Dans un demi-cercle, inscrire le quadrilatère de surface maxima, le diamètre du demi-cercle étant un des côtés du quadrilatère.*

Soit un quadrilatère quelconque AECB. Admettons que BC ne change point. Les variations de la surface ne peuvent dépendre que du déplacement du sommet E sur l'arc AEDC; or le maximum du triangle ADC a lieu quand D est au milieu de l'arc, car alors la flèche DH est plus grande que EF ; ainsi le *maximum relatif exige que les cordes AD et DC soient égales entre elles.*

Pour la même raison il faut que C soit le milieu de l'arc DCB ; donc le maximum a lieu quand les trois cordes sont égales.

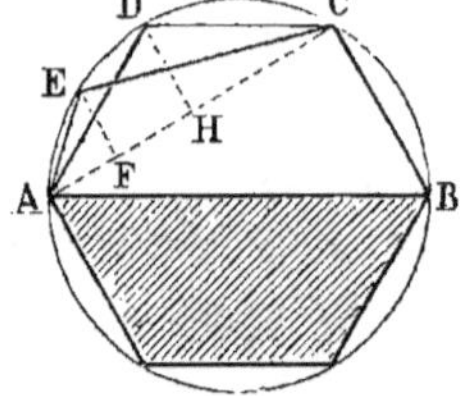

Fig. 232.

Remarques. 1° Le quadrilatère ADCB est la moitié de l'hexagone régulier inscrit.

2° Quelle que soit la corde donnée AB, le maximum a lieu lorsque les trois cordes variables sont égales entre elles.

3° On démontre de la même manière que le triangle inscrit de surface maxima est équilatéral.

Exercice.

355. Théorème. *Dans un cercle donné, et pour un nombre donné de côtés, le polygone régulier inscrit est celui dont la surface est maxima.*

En effet, si deux cordes AB et BC n'étaient point égales entre elles, on augmenterait la surface du triangle formé par ces deux cordes et la diagonale AC en prenant le point milieu de l'arc ; donc les cordes prises deux à deux doivent être égales, le polygone maximum est régulier.

Exercice.

356. Théorème. *De deux polygones réguliers inscrits dans le même cercle, celui qui a le plus grand nombre de côtés est maximum.*

En effet, soit, par exemple, un carré ABCD.

Le pentagone AEBCD a une surface plus grande ; or le pentagone régulier a une plus grande surface que AEBCD ; donc le pentagone régulier inscrit est maximum par rapport au carré, etc.

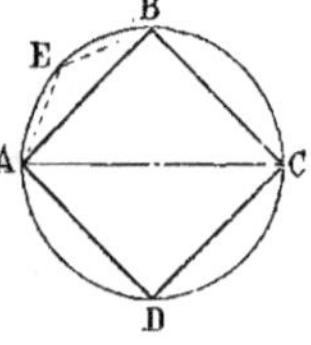

Fig. 233.

Exercice.

357. Problème. *Inscrire dans un demi-cercle, en prenant pour base le diamètre, le quadrilatère de périmètre maximum.*

En regardant un côté BC comme invariable, il suffit de considérer AE et EC, ou leurs moitiés EF, EG obtenues en abaissant du centre des perpendiculaires sur les cordes. Menons la tangente au point milieu D de l'arc. Or on sait que pour chaque point de IJ la somme des perpendiculaires est constante ; donc

$$DH + DL > EF + EG$$

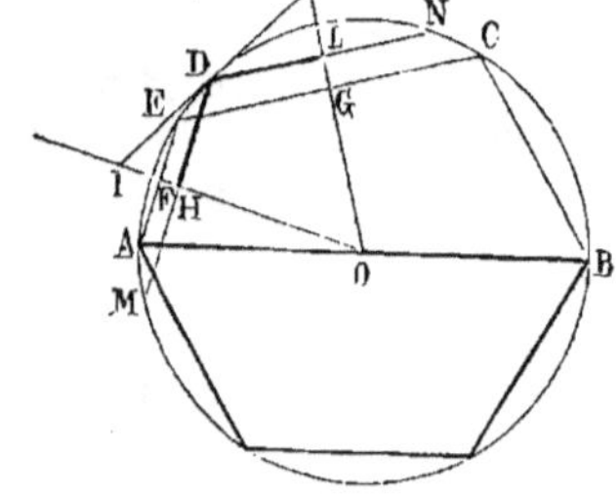

Fig. 234.

puisque E est dans l'intérieur de IOJ (n^{os} **339** et **340**).

Ou
$$DM + DN > AE + EC$$

8*

Mais les arcs AEC, MDN sont égaux ; donc, pour deux arcs dont la somme est constante, la somme des cordes est maxima lorsque les arcs sont égaux.

Donc le *quadrilatère inscrit a le périmètre maximum lorsque les trois côtés variables sont égaux entre eux*. On retombe ainsi sur le demi-hexagone régulier (n° 354).

Scolie. Pour un nombre donné de côtés, le polygone régulier inscrit a le périmètre maximum.

Exercice.

358. Problème. *Trouver un point dans l'intérieur d'un triangle, tel que la somme des carrés de ses distances aux trois sommets soit un minimum.*

Admettons que la somme des carrés de AG et de CG soit constante.

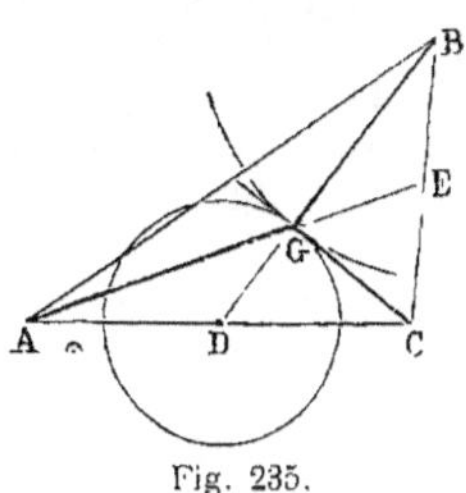

Fig. 235.

On sait que le lieu des points G est une circonférence ayant pour centre le point milieu D de AC ; car le théorème du carré de la médiane (G., n° 254) donne

$$AG^2 + CG^2 = 2AD^2 + 2DG^2$$

La variation de la somme demandée ne peut dépendre que de la position du point G sur la circonférence ; or la plus courte distance du sommet B à la circonférence est donnée par la ligne des centres BD ; donc le point G se trouve sur la médiane BD. Pour une raison analogue, en regardant la somme $BG^2 + CG^2$ comme constante, le point demandé est sur la médiane AE ; donc *le point de concours des médianes donne la somme minima.*

Remarque. Un calcul facile donne :

$$AG^2 + BG^2 + CG^2 = \frac{AB^2 + BC^2 + AC^2}{3}$$

§ IV. — Emploi de la Tangente.

359. Lorsqu'on donne une courbe quelconque et deux droites OX, OY (fig. 236), on peut demander le *maximum* ou le *minimum* du parallélogramme formé en menant par un point de la courbe deux droites parallèles aux axes, ou, ce qui revient au même, on peut demander le *minimum* ou le *maximum* du triangle MON, déterminé par une tangente MN à la courbe.

Dans tous les cas possibles, le maximum ou le minimum sont donnés par une tangente MCN divisée en deux parties égales par le point de contact C.

Remarque. La solution indiquée ci-dessus est générale, mais on doit se rappeler que le problème qui consiste à mener la tangente ne peut pas toujours être résolu géométriquement, quand on n'emploie que la règle et le compas (n° 317, (b)).

Exercice.

360. Problème. *On donne une courbe et deux droites, quel est le parallélogramme inscrit maximum ?*

Menons la tangente MCN telle que le point C soit le milieu de MN. Le parallélogramme OPCQ est maximum. En effet :

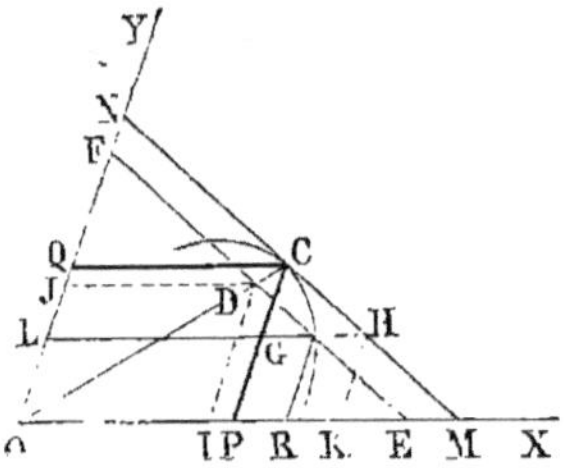

1re *Démonstration.* Pour tout autre point G, on a :

$$ORGL < OKHL$$

mais
$$OKHL < OPCQ \quad (\text{n}^o\ 351);$$

donc
$$ORGL < OPCQ \quad C.\ Q.\ F.\ D.$$

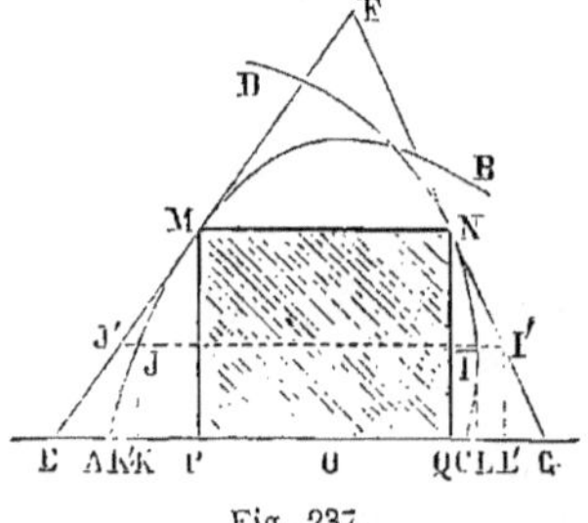

Fig. 236.

2e *Démonstration.* Par le point G, menons une parallèle EF à MN ; on aura DE = DF, c'est-à-dire que D est le point milieu de EF.

Or
$$ORGL < OIDJ \quad (\text{n}^o\ 351),$$

mais
$$OIDJ < OPCQ$$

donc
$$ORGL < OPCQ \quad C.\ Q.\ F.\ D.$$

Remarque. Ces deux démonstrations exigent que la courbe, dans les régions voisines du point C, soit comprise entre la tangente et les axes OX, OY.

Exercice.

361. Théorème. *Lorsqu'on a deux courbes* AB, CD *qui tournent leur concavité vers un même point* O *du segment rectiligne* AC *qui joint deux points de ces courbes, le rectangle maximum inscrit* PMNQ *est celui qui est déterminé par des tangentes* EMF, FNG, *divisées en deux parties égales par les points de contact* M *et* N.

En effet, le rectangle PMNQ est le plus grand qu'on puisse inscrire dans le triangle EFG ; donc tout autre rectangle inscrit dans les courbes donne

$$IJKL < I'J'K'L' < NMPQ \quad C.\ Q.\ F.\ D.$$

Fig. 237.

362. Problème de Newton. *Dans un segment donné d'une courbe quelconque, inscrire un rectangle d'aire maxima.*

A la courbe donnée, il faut circonscrire un angle EFG, tel que les points de contact M, N soient les milieux des côtés EF, FG.

Remarques. 1° On peut arriver à la solution de ce problème en recourant à des considérations infinitésimales assez élémentaires.

(Voir Paul SERRET, *Des Méthodes en Géométrie*, page 105.)

2° Voici quelques applications de l'emploi de la tangente.

Exercice.

363. Problème. *A une circonférence donnée, inscrire le triangle isocèle d'aire maxima.*

On sait que le triangle d'aire maxima est équilatéral (n° 354, *Remarque* 3°). On arrive à la même conclusion en employant la tangente.

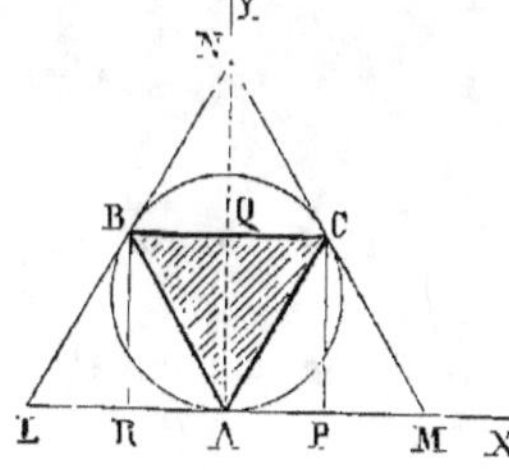
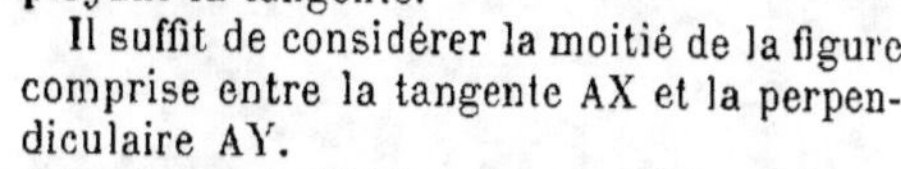

Fig. 238.

Il suffit de considérer la moitié de la figure comprise entre la tangente AX et la perpendiculaire AY.

La tangente MCN telle que MC = CN répond à la question, APCQ est maximum (n° 360), mais les tangentes MA, MC sont égales comme issues du même point; donc

$$LM = MN$$

Puis le triangle ABC est maximum en même temps que le rectangle PCBR; d'ailleurs AC, médiane du triangle rectangle MAN, égale

$$CM = AM = BC$$

Donc, pour les triangles inscrits, le triangle équilatéral ABC est maximum.

Remarque. La tangente MCN, que le point de contact C divise en deux parties égales, donne aussi le triangle circonscrit minimum, ainsi qu'on le démontrera bientôt (n° 367).

Exercice.

364. Problème. *Dans un secteur AOB ou dans un segment EGF, inscrire le rectangle maximum.*

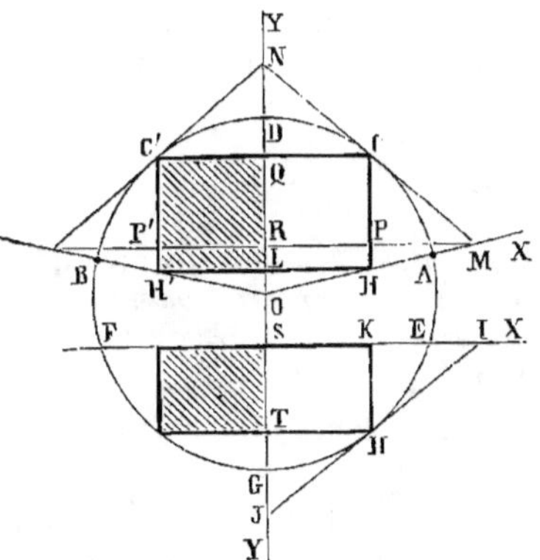

Fig. 239.

Il suffit de s'occuper de la moitié de la figure.

1° Pour le secteur, il suffit de prendre la moitié C de l'arc AD, car la tangente MCN sera divisée en deux parties égales.

RPCQ est maximum pour le triangle RMN.

RPHL est maximum pour RMO.

Donc LHCQ est maximum pour OMN; d'ailleurs C est le seul point du périmètre du triangle qui appartienne à l'arc; donc, *à fortiori*, tout autre rectangle appuyé sur l'arc et sur OA, serait plus petit que LHCQ.

2° Pour le segment, il faut mener IHJ de manière que H soit le milieu. Le calcul du rectangle dépend de la longueur OJ qui détermine la tangente (n° 312).

Soient $OA = r$ et $OS = a$, on a :

$$HK = \frac{-3a + \sqrt{a^2 + 8r^2}}{4} \qquad (\text{n° 312, } formule\ 1).$$

$$TH^2 = \frac{-a^2 + 4r^2 - a\sqrt{a^2 + 8r^2}}{8} \qquad (formule\ 2).$$

$$2TH.HK = \frac{-3a + \sqrt{a^2 + 8r^2}}{2}\sqrt{\frac{-a^2 + 4r^2 - a\sqrt{a^2 + 8r^2}}{8}}$$

Exercice.

365. Problème. *Dans un segment donné, inscrire le trapèze maximum.*

Le trapèze doit avoir pour bases la corde qui limite le segment et une parallèle à cette corde.

La solution très simple que nous allons donner s'applique avec facilité à toutes les courbes qui ont un diamètre rectiligne pour lieu géométrique des points milieux des cordes qui sont parallèles à la base du segment.

Soit le problème résolu, OL le diamètre qui divise en deux parties égales toute parallèle à AB, et AGN une parallèle à OL. On a donc $AO = OB$, $DH = HC$, par

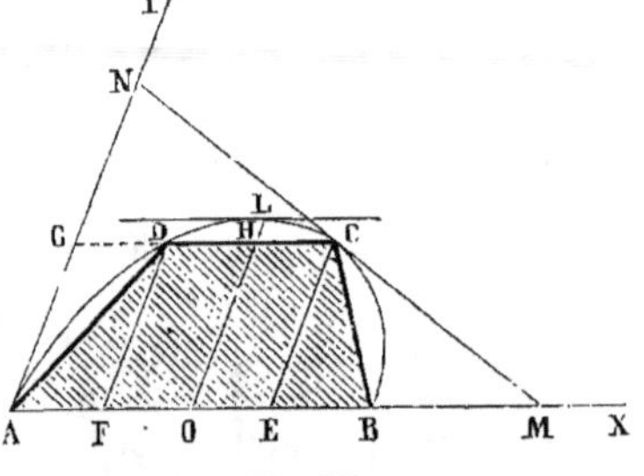

Fig. 240.

suite $AF = EB$. Donc les triangles AGD, CBE sont équivalents comme ayant des bases égales et même hauteur ; donc le trapèze ABCD est équivalent au parallélogramme AECG ; donc encore le maximum est déterminé par la tangente MCN, que le point de contact divise en deux parties égales *.

Exercice.

366. Problème. *Dans une courbe à centre et à diamètres rectilignes, mener une corde BC parallèle à une droite donnée xy, de manière que le quadrilatère ABCD, ayant pour côtés opposés la corde BC et un diamètre AD donné, ait une aire maxima.*

Supposons le problème résolu. (fig. 241). Menons un diamètre parallèle à la droite donnée ; projetons les sommets A et D sur EF par des droites parallèles au diamètre LOL′ conjugué de EF, on aura $OE = OF$. Menons

---

aussi les diamètres BOB' COC'; les cordes BC' et CB' sont parallèles aux projetantes AE, DF.

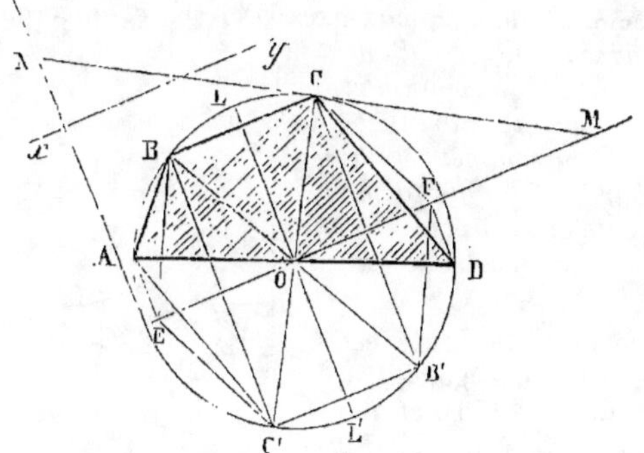

La droite AN ne doit pas être tangente, mais passer par le point E, par le sommet A, être parallèle à LOL'.

Fig. 241.

Donc la figure ABCDB'C'A est équivalente à la figure EBCFB'C'E, car les triangles tels que CFB' et CDB' sont équivalents.

Donc le maximum de ABCD a lieu en même temps que le maximum du trapèze équivalent EBCF ; mais le maximum de EBCF s'obtient en menant la tangente MCN de manière que $MC = CN$; donc, etc. *.

Exercice.

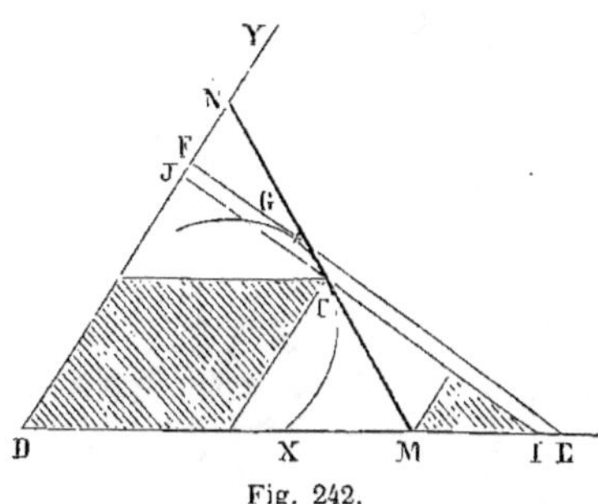

Fig. 242.

367. Problème. *On donne deux axes* DX, DY *et une courbe dont la concavité est tournée vers l'origine* D; *mener une tangente* MN *qui détermine le triangle minimum.*

On mène la tangente MCN telle que $MC = CN$.

Le triangle MDN est minimum.

En effet, la courbe est comprise entre la tangente et l'origine ; toute autre ligne ICJ sera sécante et plus courte que la tangente EGF qui lui serait parallèle ; or le triangle MDN est plus petit que IDJ (n° 349) et à plus forte raison que DEF ; donc MDN est minimum.

---

* Pour la solution analytique, voir N. A., 1879, page 425.

Les solutions analytiques dues à MM. Lez et Moret-Blanc sont remarquables à divers titres ; mais il faut reconnaître aussi qu'*elles font valoir la simplicité et l'élégance* de la solution géométrique que nous donnons.

M. Moret-Blanc, professeur de mathématiques spéciales au lycée du Havre, a résolu un grand nombre de questions proposées par les *Nouvelles Annales mathématiques*.

Exercice.

368. Problème. *On donne deux axes* OX, OY *et une courbe tangente
à ces deux axes ; étudier, d'une
manière générale, le maximum et
le minimum pour le parallélogramme ayant son sommet sur la
courbe, et pour le triangle formé
par une tangente et les axes.*

1° *Hyperbole rapportée à ses
asymptotes.*

On sait que toute tangente est
divisée en deux parties égales par
le point de contact (n° 175), et que
tous les triangles tels que MON,

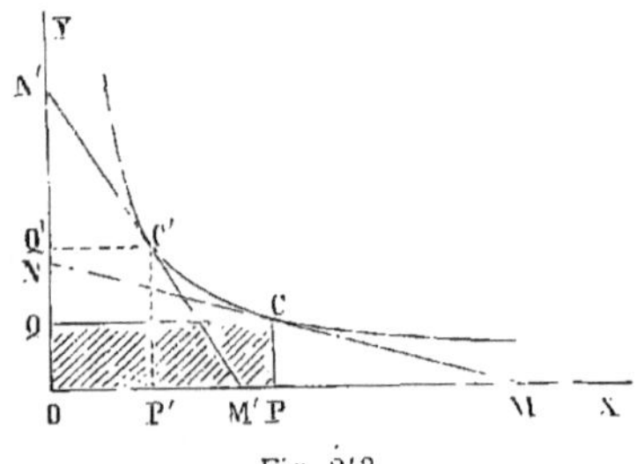

Fig. 243.

M'ON' sont équivalents (n° 78, *Remarque*) ; donc, pour cette courbe tangente aux asymptotes en des points infiniment éloignés de l'origine, il
n'y a ni maximum ni minimum, puisqu'on a :

$$MON = M'ON' \quad \text{et} \quad OPCQ = OP'C'Q'$$

Mais toute autre courbe donnera un maximum ou un minimum, suivant le sens de la concavité de la partie considérée.

369. 2° *Courbe quelconque tangente aux axes, ou coupant les axes.*

1° La tangente MCN telle que $MC = CN$, lorsque la courbe, dans les
environs du point de contact, tourne sa concavité vers les axes, donne le
parallélogramme maximum OP'CQ' et le *triangle minimum* MON
(n°ˢ 360 et 367).

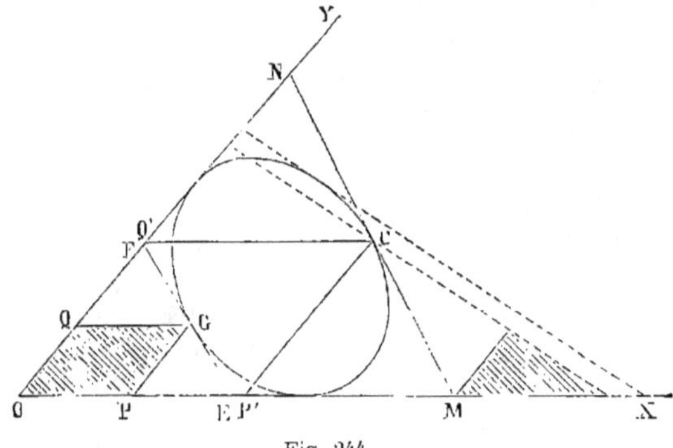

Fig. 244.

2° La tangente EGF, menée à la partie de la courbe qui tourne sa
concavité vers les axes (fig. 244), et telle que $EG = GF$, donne le *triangle maximum* OEF.

En effet, l'hyperbole tangente à FE au point G (fig. 245), et dont OX,
OY seraient les asymptotes, ayant ses points de contact à l'infini, se
trouve à droite de la partie convexe SIGT, par rapport à l'origine O.

Or le triangle OE'F', donné par une tangente quelconque, est équivalent au triangle OEF ; donc

$$OHL < OEF \quad C.\,F.\,Q.\,D.$$

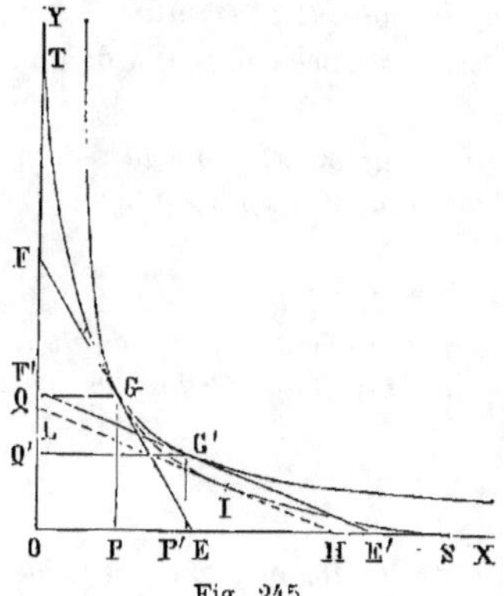

Fig. 245.

Mais OPGQ est aussi *maximum*, car il est équivalent au parallélogramme OP'G'Q' (n° 78), et ce dernier est plus grand que celui dont le sommet serait au milieu de HL, et, à plus forte raison, plus grand que celui dont le sommet serait au point I.

370. Remarque. Les exercices précédents (n°s 367, 368 et 369) répondent d'une manière très simple aux divers cas d'inscription d'un rectangle, d'un parallélogramme, d'un triangle dans une courbe donnée, ainsi qu'au problème du triangle minimum circonscrit. La seule difficulté *est de mener une tangente qui soit divisée en deux parties égales par le point de contact*. On sait néanmoins mener la tangente dans un assez grand nombre de cas (n°s 310 à 319) ; dans les autres circonstances, lorsque la règle et le compas ne suffisent plus pour résoudre géométriquement le problème de la tangente, *la méthode algébrique cesse d'être élémentaire, et il en est de même de l'emploi de la Trigonométrie*.

Un autre avantage de la méthode géométrique est de manifester l'analogie que présentent un grand nombre de questions qui réclament cependant une mise en équation et une analyse différentes.

Enfin, avec de légères modifications, *la méthode de la tangente s'applique aux questions de volume*.

§ V. — Volume maximum et minimum.

371. Pour résoudre les questions de maxima et de minima relatives aux volumes, on a recours aux principes algébriques connus, principes pour lesquels on peut trouver parfois des démonstrations géométriques très simples.

On peut employer aussi des constructions analogues à celles de la Géométrie plane.

Exercice.

372. Problème. *Quel est le parallélépipède de volume maximum dont la somme des trois arêtes égale une longueur donnée* l?

Soient x, y, z les trois arêtes. En admettant que z soit invariable, on aura une somme constante pour $x + y$,

car $$x + y = l - z$$

Or le rectangle xy est maximum lorsque $x = y$.

Donc le parallélépipède doit être à base carrée.

En prenant une face quelconque pour base, on arrive à la même conclusion ; donc *le cube est le parallélépipède de volume maximum*.

Remarque. La question ci-dessus peut être regardée comme la démonstration géométrique du principe suivant.

373. Premier principe. *Un produit de trois facteurs, dont la somme est constante, est maximum lorsque ces trois facteurs sont égaux entre eux.*

On en déduirait le principe réciproque.

374. Deuxième principe. *Pour une valeur donnée a^3, du produit de trois facteurs, la somme des trois facteurs est minima lorsque les trois facteurs sont égaux entre eux.*

Exercice.

375. Problème. *De tous les parallélépipèdes droits qui ont pour base un carré et dont la somme du côté du carré et de la hauteur est constante, quel est celui dont le volume est maximum ?*

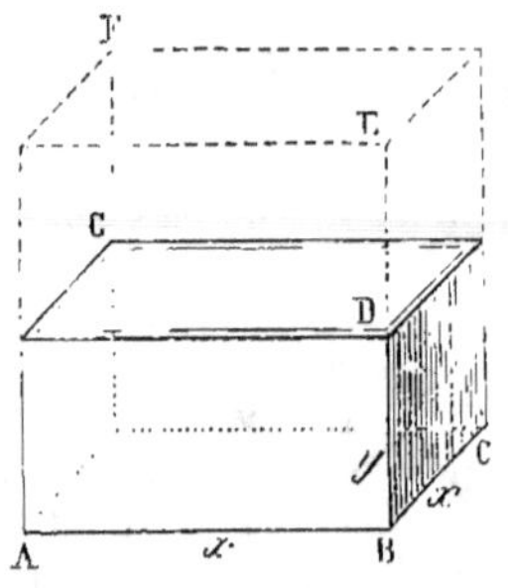

Fig. 246.

Soient x^2 la base, y la hauteur et $(x + y) = l$ la somme constante.

Le volume est exprimé par $x^2 y$.

Prolongeons y d'une quantité DE égale à BD, nous obtiendrons ainsi un solide BF double du précédent BG.

Au maximum du solide ACEF correspondra celui de ACDG. Or la somme des trois arêtes du premier est constante, car

$$AB + BC + BE = 2(x + y) = 2l$$

donc le solide BF est maximum lorsque les trois arêtes sont égales ; donc *le volume BG est maximum lorsque le côté du carré est double de la hauteur.*

Alors
$$V = \frac{4l^3}{27}$$

De l'exercice ci-dessus, on déduit le principe suivant :

376. Troisième principe. *Pour une somme constante l de deux facteurs x et y, le produit $x^2 y$ est maximum lorsqu'on partage l en parties proportionnelles aux exposants 2 et 1 des facteurs x et y.*

377. Quatrième principe. *Réciproquement, pour un produit donné $x^2 y = a^3$, la somme des facteurs $x + y$ est minima lorsqu'on prend x double de y.*

Dans ce cas, $x^2 y = a^3$ revient à $4y^3 = a^3$

d'où
$$y = \frac{a}{\sqrt[3]{4}} \quad \text{et} \quad x = \frac{2a}{\sqrt[3]{4}}$$

Exercice.

378. Problème. *Pour une surface donnée $2a^2$, quel est le parallélépipède rectangle de volume maximum ?*

Soient x, y, z les trois arêtes, xyz exprimera le volume.

$xy + xz + yz = a^2$ est la moitié de la surface ; en prenant xy pour base, et $z(x+y)$ est la demi-surface latérale.

Admettons que la surface de base xy ne varie point, il en sera de même de la demi-surface latérale, car sa valeur $a^2 - xy$ sera constante.

Mais la hauteur z s'obtient en divisant la demi-surface latérale par le demi-périmètre de base

ou
$$z = \frac{a^2 - xy}{x+y}$$

Or la hauteur sera d'autant plus grande et, par suite, le volume xyz sera d'autant plus grand, que le diviseur $x+y$ sera plus petit ; mais on sait que le minimum $x+y$, lorsque le produit xy est constant, a lieu quand les deux facteurs sont égaux. *Donc la base doit être carrée.*

Il en serait de même pour toute autre face ; *donc, pour une surface totale donnée, le cube est maximum.*

Exercice.

379. Problème. *Quel est le volume maximum d'une boîte creuse, dont la surface des cinq faces a une valeur donnée* a^2 ?

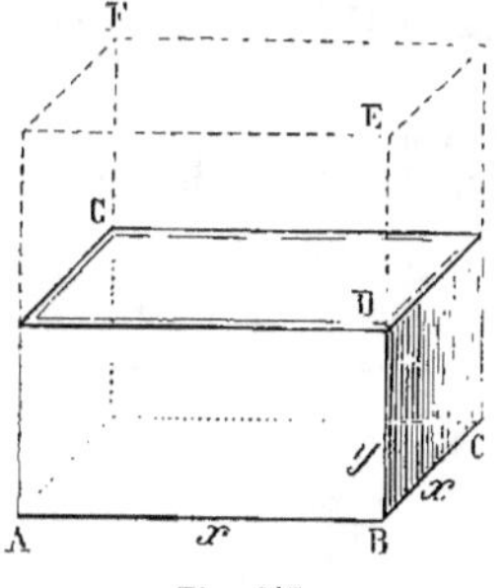

Fig. 247.

Doublons le volume à étudier, en prenant la longueur DE égale à la profondeur de la boîte.

La surface totale du parallélépipède ainsi formé est constante, elle égale $2a^2$, donc ce corps est un cube ; la boîte ACDG est donc la moitié d'un cube, *et la hauteur* y *ne doit être que la moitié du côté du carré de la base* *.

La surface des cinq faces ou
$$x^2 + 4xy = a^2$$

devient
$$x^2 + 4x \times \frac{x}{2} = a^2 \quad \text{ou} \quad 3x^2 = a^2$$

d'où
$$x = \frac{a}{\sqrt{3}} \quad \text{et} \quad y = \frac{a}{2\sqrt{3}}$$

$$V = \frac{a^2}{3} \cdot \frac{a}{2\sqrt{3}} = \frac{a^3}{6\sqrt{3}}$$

Exercice.

380. Problème. *Quel est le parallélépipède à base carrée dont le volume est maximum, lorsque la somme du carré de base et d'une face latérale est une quantité constante* a^2 ?

---

* Il serait utile de comparer cette solution si simple et si élégante, ainsi que plusieurs autres déjà indiquées, aux solutions que donne l'algèbre pour les mêmes problèmes. (Voir *Exercices d'algèbre*, 4° édition, n° 984.)

Soit x le côté du carré, y la hauteur. Le volume égale x^2y, et la surface constante est donnée par

$$x^2 + xy = a^2$$

Pour ramener ce cas au précédent, il suffit de multiplier la surface donnée par 16, ou de poser

$$(4x)^2 + 4 \times 4xy = 16a^2$$

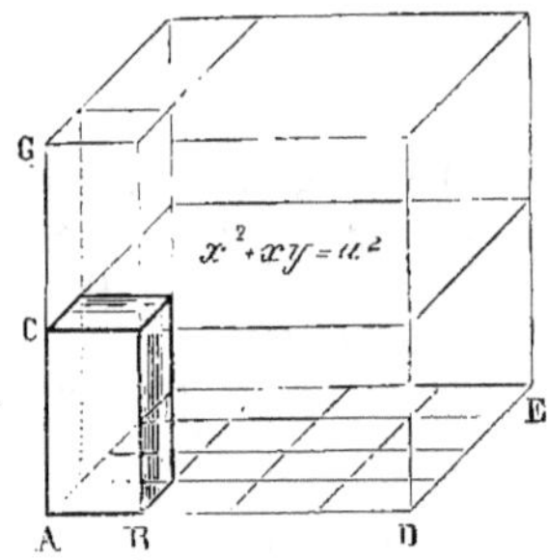

Fig. 248.

car le premier terme représente la surface d'un carré de base ayant $4x$ pour côté, et le second terme est la somme de quatre faces latérales ayant $4x$ pour base et y pour hauteur.

Or le maximum du volume a lieu lorsque le côté du carré de base est double de la hauteur (n° 379), et, par suite, pour l'exemple donné, $4x$ étant le côté du carré, on a :

$$4x = 2y \quad \text{d'où} \quad y = 2x$$

Le maximum a lieu quand la hauteur y *est double du côté* x *de la base du solide demandé.*

$$x^2 + xy = a^2$$

devient

$$x^2 + 2x^2 = a^2$$

d'où

$$x^2 = \frac{a^2}{3}$$

d'où

$$x = \frac{a}{\sqrt{3}} \quad \text{et} \quad y = \frac{2a}{\sqrt{3}}$$

Dans ce cas :

$$V \quad \text{ou} \quad x^2y = \frac{2a^3}{3\sqrt{3}}$$

Exercice.

381. Problème. *Par un point quelconque de la base d'un tétraèdre, dont l'angle au sommet est un trièdre tri-rectangle à trois arêtes égales, on mène des plans parallèles aux faces du trièdre, et l'on forme un parallélépipède rectangle; pour quelle position du point, pris sur la base, ce parallélépipède est-il maximum?*

1° Prenons un trièdre tri-rectangle à trois faces égales entre elles.
Soit $OA = OB = OC = l$; donc ABC est un triangle équilatéral.
Représentons par x, y, z les distances d'un point quelconque de la

base ABC aux trois faces; on sait que cette somme est constante, et égale l (n° 278). Donc le volume xyz est maximum quand les trois facteurs sont égaux entre eux.

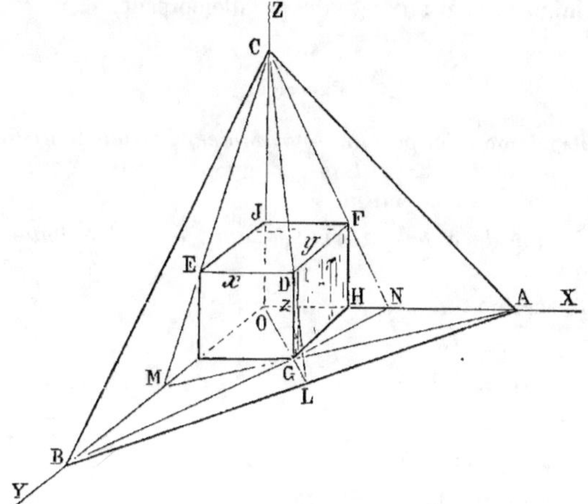

Fig. 249.

Alors
$$x = y = z = \frac{l}{3}$$

$$xyz = \frac{l^3}{27} \quad \text{ou} \quad \frac{2l^3}{54}$$

Le tétraèdre a pour volume

$$AO \cdot \frac{OB}{2} \cdot \frac{OC}{3} \quad \text{ou} \quad \frac{l^3}{6} \quad \text{ou} \quad \frac{9l^3}{54}$$

donc *le parallélépipède maximum est les* $^2/_9$ *du tétraèdre.*

Remarque. Le point D est au point de concours des médianes du triangle équilatéral ABC, aux $^2/_3$ de CL à partir du sommet.

Le point D se projette en E, F, G, aux points de concours des médianes des faces du trièdre O.

382. 2° *Trièdre quelconque.* D'après un théorème connu, quelle que soit la modification apportée à l'une, ou à plusieurs des arêtes de l'angle S, le parallélépipède inscrit est au tétraèdre primitif dans le rapport du nouveau parallélépipède au tétraèdre transformé (n° 204). On peut énoncer le théorème suivant :

Théorème. *Pour un tétraèdre quelconque ayant* O *pour sommet,* ABC *pour base, le parallélépipède formé en menant par un point de la base des plans parallèles aux trois faces de l'angle* O, *a un volume maximum lorsque le sommet* D *est au point de concours des médianes de la base.*

Son volume est les $^2/_9$ *du volume du tétraèdre.*

Exercice.

383. Problème. *Par le sommet* D *d'un parallélépipède, mener un plan* ABC *qui coupe les trois arêtes* OX, OY, OZ *du sommet* O, *opposé à* D, *de manière que le tétraèdre* OABC *soit minimum.*

C'est la réciproque de la question précédente; il faut prendre des arêtes OA, OB, OC, triples des arêtes correspondantes OH, OI, OJ du parallélépipède, et le plan ABC passe par le sommet D et donne le tétraèdre minimum égal aux $\dfrac{9}{2}$ du parallélépipède.

Exercice.

384 (a). Problème. *Couper une pyramide parallèlement à la base, de manière que le prisme, ayant la section pour base, et la hauteur du tronc, ait un volume maximum.*

1er Cas. *Pyramide à base carrée et dont le côté a égale la hauteur de la pyramide.*

Pour toute section on aura

$$IJ = FG$$

ou
$$IJ + GH = FH = a$$

Soient $IJ = x$ et $GH = y$

on a
$$x + y = a$$

Or le volume du prisme $= x^2 y$; mais ce produit est maximum lorsque $x = 2y$ (3e *principe*, n° 376)

d'où $\quad x = \dfrac{2a}{3}$ et $y = \dfrac{a}{3}$

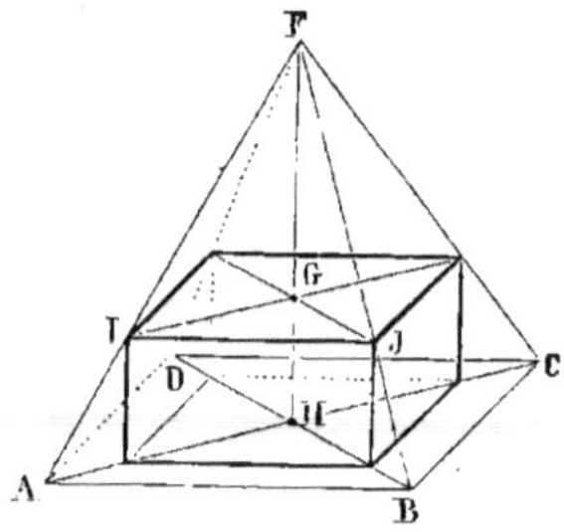

Fig. 250.

Donc *la section doit être faite au premier tiers de la hauteur à partir de la base, ou aux* $^2/_3$ *à partir du sommet.*

$$V = \frac{4a^2}{9} \cdot \frac{a}{3} = \frac{4a^3}{27}$$

384 (b). 2e Cas. D'après les transformations indiquées (n°s 202, 203, 204), on peut dire immédiatement :

Pour une pyramide quelconque, le prisme maximum correspond à la section menée aux $^2/_3$ *de la hauteur à partir du sommet.*

Autre solution. *Considérons d'abord une pyramide triangulaire, ayant pour base AOB.*

Menons une section PJR parallèle à la base, mais à une hauteur quelconque.

Construisons le prisme triangulaire correspondant et le parallélépipède DFJE, GHOI, dont le sommet D est au point milieu de PR, et appartient par suite à la médiane CDL de la face ABC.

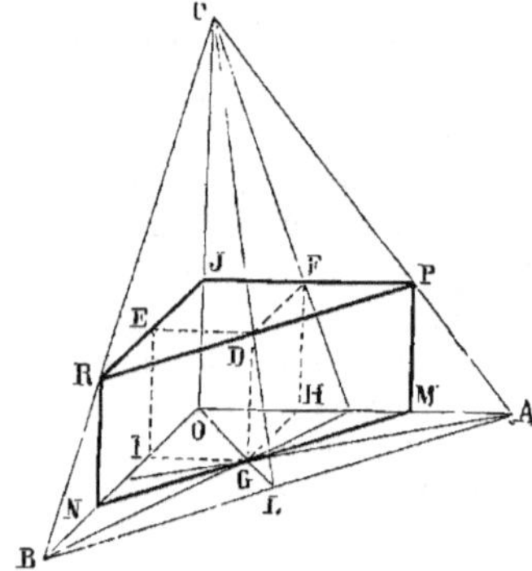

Fig. 251.

1° Le parallélépipède dont DFJE est une des bases est équivalent à la moitié du prisme triangulaire qui a pour base PJR, car ce triangle est double du parallélogramme.

2° Au parallélépipède maximum correspondra un prisme triangulaire double, et, par suite, ce prisme sera maximum; mais le parallélépipède EF, IH est maximum quand le sommet D est au tiers de LC à partir de la base (n° 381); donc le prisme PJR, MON est maximum lorsque la section est faite aux deux tiers de la hauteur, à partir du sommet C.

3° Le sommet D du parallélépipède maximum est aux $^2/_3$ de la médiane CL (n° 381), et CJ est aux $^2/_3$ de CO; donc *le prisme triangulaire est maximum lorsque la section PJR est faite aux $^2/_3$ des arêtes, à partir du sommet, ou bien au tiers de la hauteur, à partir de la base.*

385. Volume du prisme maximum. Soient B et h la base et la hauteur de la pyramide donnée, le volume de cette pyramide $= ^1/_3\,Bh$.

La section PJR étant faite aux $^2/_3$ de la hauteur. on a :

$$\frac{PJR}{AOB} = \frac{\left(\dfrac{2}{3}\right)^2}{1} \quad \text{ou} \quad \frac{PJR}{B} = ^4/_9$$

d'où
$$PJR = ^4/_9\,B$$

La hauteur du prisme
$$= \frac{h}{3}$$

donc
$$V = ^4/_9\,B \cdot \frac{h}{3} = ^4/_{27}\,Bh$$

D'autre part, la pyramide donnée a pour volume $B\dfrac{h}{3}$; donc le prisme est les $^4/_9$ de la pyramide donnée.

Remarque. Ce résultat est conforme à celui qu'on a obtenu par une autre méthode (n° 384). En effet, la pyramide F,ABCD (fig. 250) $= \dfrac{a^3}{3} = \dfrac{9a^3}{27}$; donc le prisme $\dfrac{4a^3}{27}$ est les $\dfrac{4}{9}$ de la pyramide donnée $\dfrac{9a^3}{27}$.

386. *Extension.* Le théorème démontré pour une pyramide triangulaire s'applique, par extension, à une pyramide quelconque, et en particulier au cône; on peut donc énoncer le théorème suivant :

Théorème. *Le cylindre maximum, inscrit dans un cône donné, est celui qu'on obtient en coupant le cône par un plan parallèle à la base, ce plan étant mené aux $^2/_3$ de la hauteur à partir du sommet.*

$$\text{Cône} = ^1/_3\pi r^2 h, \quad \text{cylindre maximum} = ^4/_9 \cdot ^1/_3\pi r^2 h$$

387. Réciproquement. *La pyramide de volume minimum circonscrite à un prisme donné a une hauteur FH triple de celle du prisme.*

Il en est de même pour le cône minimum circonscrit à un cylindre donné.

Exercice.

388. (a) Problème. *Inscrire dans une sphère le parallélépipède de volume maximum.*

Soient x, y, z les trois dimensions du parallélépipède, et d le diamètre de la sphère.

Admettons que z ne varie point ; la face xy est inscrite dans un cercle obtenu en coupant la sphère par un plan éloigné du centre de la longueur $\frac{z}{2}$. Mais, pour une hauteur constante, le solide est maximum lorsque la face xy est maxima ; or le carré est le plus grand rectangle qu'on puisse inscrire dans un cercle ; donc la face xy est carrée. Un raisonnement analogue prouve qu'il doit en être ainsi d'une face quelconque.

Donc le cube est le parallélépipède maximum que l'on peut inscrire dans une sphère donnée.

Remarques. 1º Le cube inscrit a pour diagonale un diamètre de la sphère.

Donc
$$x^2 + y^2 + z^2 = d^2, \quad 3x^2 = d^2$$

d'où
$$x = \frac{d}{\sqrt{3}}$$

$$xyz \quad \text{ou} \quad x^3 = \frac{d^2}{3} \cdot \frac{d}{\sqrt{3}} = \frac{d^3}{3\sqrt{3}}$$

2º La somme des carrés des trois dimensions est constante ; on peut donc en conclure le principe suivant :

388 (b). Cinquième principe. *Lorsque la somme des carrés des trois facteurs d'un produit est constante, le produit est maximum quand les facteurs sont égaux entre eux.*

§ VI. — Emploi de la Tangente.

Exercice.

389 (a). Problème. *On donne trois plans qui se coupent deux à deux suivant les droites OX, OY, OZ ; une surface courbe abc est comprise entre ces plans ; déterminer sur cette surface un point D tel, qu'en menant par ce point des plans parallèles aux faces du trièdre donné, on obtienne le parallélépipède maximum. (La concavité de la surface est tournée vers l'origine O.)*

D'après les théorèmes connus relatifs au tétraèdre et au prisme inscrit (nos 381 et 382), le problème serait résolu si l'on menait un plan tangent ABC tel que le point de contact D fût le point de concours des médianes du triangle obtenu ABC, car le parallélépipède D serait les $^2/_9$ du tétraèdre OABC, tandis que tout parallélépipède ayant son sommet en un autre point quelconque du triangle ABC, donnerait un volume moindre, et puisqu'on admet que la surface est concave par rapport au point O, cette surface est comprise dans le tétraèdre ; tout autre point que D donnera un parallélépipède plus petit que le point correspondant du triangle ABC ; on a donc le théorème suivant :

Théorème. *Le parallélépipède maximum a pour sommet le point de* *contact d'un plan tangent tel, que ce point de contact est le point de concours des médianes du triangle obtenu.*

389 (b). Remarques. 1° Nous allons indiquer la manière de déterminer le point de contact dans les seuls cas que nous aurons à traiter plus tard.

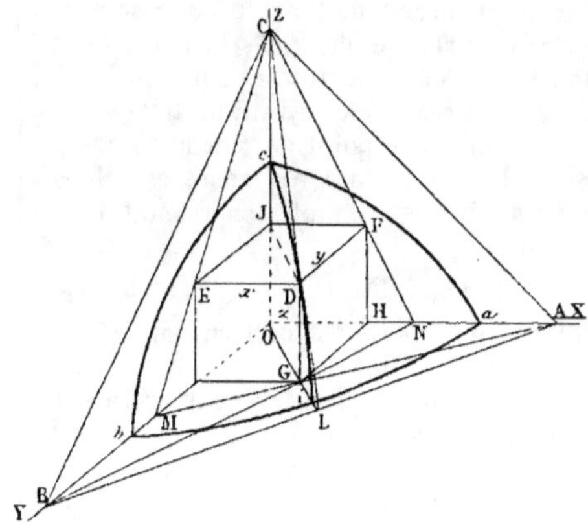

Fig. 252.

La surface courbe sera de révolution, et ordinairement ce sera une zone sphérique.

Soit OC l'axe de la zone de révolution, AOY un plan perpendiculaire à cet axe. Pour inscrire dans la zone ou dans le segment un parallélépipède maximum, il suffit de considérer le quart de la zone, en menant par l'axe OZ deux plans rectangulaires, car pour une même hauteur du parallélépipède le solide maximum a pour base un carré (n° 355). De plus le quart ainsi obtenu est symétrique par rapport au plan bissecteur COL ; par suite, le triangle ABC est toujours isocèle, quand il s'agit d'une surface de révolution. Donc *il suffit de considérer l'arc cDi déterminé par le plan bissecteur COL, et de mener à cet arc une tangente CDL telle que DC = 2DL* (n° 315).

2° En ne considérant que la courbe cDi, la tangente CDL telle que DC = 2DL donne le sommet du parallélépipède DO ; les deux lignes DG et DJ ne remplissent pas la même fonction : DG est une arête du solide, tandis que DJ est la diagonale du carré de base.

Ainsi, dans le cas particulier où DO serait un cube, on aurait

$$DJ^2 = 2DG^2$$

3° Pour inscrire un prisme triangulaire maximum, on mènerait par l'axe OZ trois plans formant entre eux des angles de 120°, car la base du prisme maximum est inscrite dans un cercle, et par suite cette base est un triangle équilatéral (n° 355).

Exercice.

390. Problème. *Dans le segment déterminé par un plan perpendiculaire à l'axe d'un corps de révolution, inscrire le parallélépipède* *maximum.* Une des faces du parallélépipède doit être sur le plan de base du segment.

Il suffit de considérer le quart du segment, c'est-à-dire l'onglet compris entre le plan de base, et deux plans perpendiculaires entre eux et menés par l'axe.

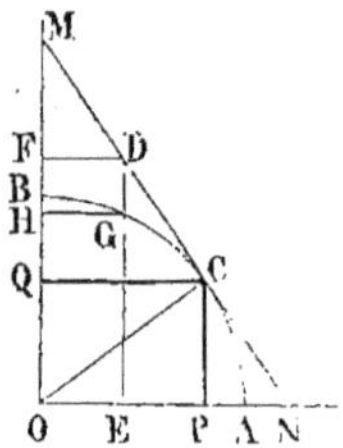

Le solide maximum inscrit doit avoir pour sommet, sur la surface courbe de l'onglet, le point de contact d'un plan tangent à la surface et coupant les trois faces du trièdre tri-rectangle suivant un triangle dont le point de contact est le point de rencontre des médianes (n° 384). Donc, si l'arc AB représente la courbe méridienne de l'onglet, il faut mener une tangente MCN de manière que

$$CM = 2CN \qquad (\text{n° 315})$$

Fig. 253.

car chaque médiane du triangle est divisée par le centre de gravité aux $^2/_3$ à partir du sommet.

Le parallélépipède rectangle ayant CP pour arête et CQ pour diagonale de la face supérieure est maximum. En effet, pour tout autre point G de la courbe, le parallélépipède correspondant à GE et GH est moindre que le parallélépipède DE, DF ; mais ce dernier est moindre que le solide CP, CQ ; donc ce dernier est maximum.

391. Remarque. Pour l'hémisphère, la tangente divisée aux $^2/_3$ à partir du point M donne (n° 316, formules c et d)

$$CP^2 = \frac{r^2}{3} \quad \text{et} \quad CQ^2 = \frac{2r^2}{3}$$

Le parallélépipède inscrit dans la sphère entière est donc un cube. En effet, CP est le côté et CQ la diagonale du carré qui termine le solide (n° 389, *Remarque* 2°) ; car la figure OACB est la section de l'onglet sphérique du parallélépipède inscrit et du tétraèdre circonscrit par le plan diagonal conduit par OB et par la médiane opposée MN.

392. Maximum de x^2y. Le problème précédent conduit d'une manière très simple au maximum du produit x^2y, lorsque la somme des carrés x^2 et y^2 est constante.

Soit donc
$$x^2 + y^2 = a^2$$

Dans l'inscription du parallélépipède rectangle maximum, x ou CQ est la moitié de la diagonale du carré de base, y ou CP est la moitié de la hauteur totale du parallélépipède demandé.

Il suffit de considérer le huitième de ce corps, c'est-à-dire la partie comprise dans un des huit trièdres tri-rectangles déterminés par trois plans rectangulaires deux à deux et menés par le centre de la sphère.

Or le parallélépipède maximum est le cube inscrit dans la sphère, le huitième de ce solide est aussi un cube ayant x pour diagonale du carré de base et y pour hauteur.

Donc x^2 doit égaler $2y^2$.

L'égalité $\qquad x^2 + y^2 = a^2 \qquad$ devient $\quad 3y^2 = a^2$

d'où $\qquad\qquad y^2 = \dfrac{a^2}{3} \qquad$ par suite $\quad x^2 = {}^2/_3 a^2$

M.   9

Mais le cube considéré a pour volume $\frac{1}{2}x^2 \times y$.

Le produit $x^2 y$ exprime le double du cube partiel.

Donc *le produit* x^2y *est maximum lorsqu'on a* :

$$x^2 = \tfrac{2}{3}\,a^2 \quad \text{et} \quad y^2 = \frac{a^2}{3} \quad \text{d'où} \quad y = \frac{a}{\sqrt{3}}$$

d'ailleurs V ou $x^2 y$ égale alors $\tfrac{2}{3}a^2 \cdot \dfrac{a}{\sqrt{3}}$

$$V = \frac{2}{3\sqrt{3}}\,a^3$$

Exercice.

393. Problème. *Dans un secteur sphérique, ou dans un segment sphérique à une base, inscrire le cylindre de volume maximum.*

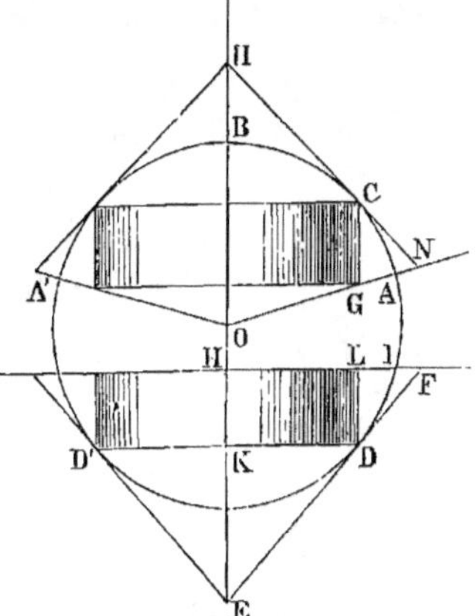

Fig. 254.

Il suffit de considérer la section principale obtenue en coupant le solide par un plan mené par l'axe.

1° Pour le secteur, il faut mener la tangente HCN limitée aux rayons OA, OB, et telle que

$$HC = \tfrac{2}{3}HN \quad (n^o \ 315)$$

2° Pour le segment, il faut mener EDF telle que

$$ED = 2DF$$

Par rapport au cône, dont E serait le sommet et EDF la génératrice, le cylindre est maximum lorsque la section DD' est aux $\frac{2}{3}$ de la hauteur à partir du sommet (n° 386); donc...

Exercice.

394. Problème. *A un segment sphérique ACC'A', circonscrire le cône de volume minimum.*

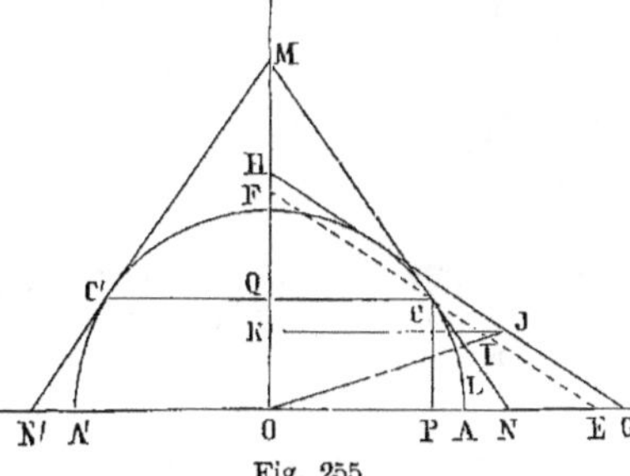

Fig. 255.

Il faut mener la tangente MCN de manière que

$$MC = 2CN$$

(n°s 387 et 390).

Il faut prouver que le cône, ayant M pour sommet et MCN pour génératrice, a un volume plus petit que le cône engendré par une autre tangente quelconque HG.

En effet, le cylindre CPOQ, ayant CP pour hauteur et CQ pour rayon, est les $\frac{4}{9}$ du cône engendré par MON (n° 386).

Ou   cône $MON = \frac{9}{4}$ cylindre CPOQ

Par le point C, menons une parallèle EF à la tangente GH.

Soient I et J les points situés aux $\frac{2}{3}$ de ces lignes, à partir de F et de H.

Dans le cône engendré par FOE, le cylindre CPOQ est moindre que le cylindre IKOL, qui correspond au premier tiers, à partir de la base.

Donc   cône $FOE > \frac{9}{4}$ cylindre CPOQ

ou   cône $FOE >$ cône MON

donc, *à fortiori*,   cône $HOG >$ cône MON

Remarque. La démonstration présuppose que la courbe est concave vers les axes OA, OH.

Exercice.

. **395. Problème.** *Dans un segment à une base, de paraboloïde de révolution, inscrire le cylindre de volume maximum.*

Il faut mener la tangente DEF de manière que $DE = 2EF$ (n° 390).

Pour cela, il suffit de diviser AH en deux parties égales, car on aura $AD = AO$, puisque la sous-tangente est divisée en deux parties égales par la tangente au sommet. (G., n° 699.)

Ainsi le cylindre maximum a pour

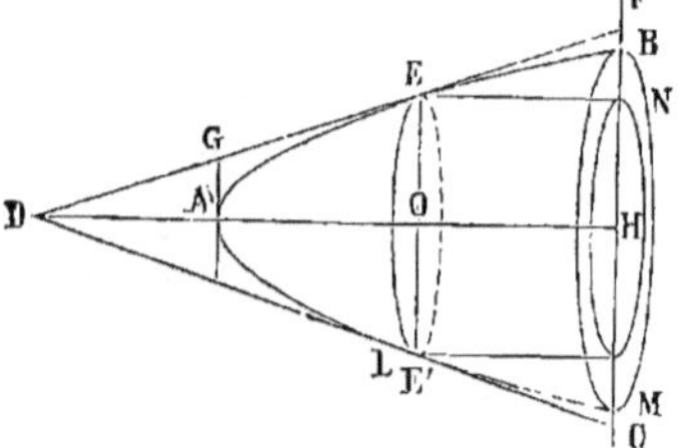

Fig. 256.

base la section équidistante du sommet A et de la base BC du tronc de paraboloïde.

Soient $AH = a$ $BH = b$

Le paraboloïde a pour volume $\dfrac{\pi ab^2}{2}$ (G., n° 953.)

Le cylindre a pour base πOE^2, mais $OE^2 = \frac{1}{2}HB^2$, et $OH = \dfrac{a}{2}$; donc

$$\text{cylindre} = \frac{\pi ab^2}{4}$$

Le cylindre est la moitié du paraboloïde donné.

396. Remarques. 1° Pour un tronc obtenu en coupant un paraboloïde elliptique par un plan quelconque, le cylindre maximum aurait aussi pour base la section équidistante de la base du paraboloïde et du plan tangent parallèle à cette base.

2° Pour le paraboloïde de révolution, DF serait la génératrice du cône minimum circonscrit (n° 394).

Pour avoir le volume de ce cône, il suffit de remarquer que la hauteur

$$DH = \tfrac{3}{2}a$$

On a ensuite
$$\frac{HF^2}{OE^2} = \frac{DH^2}{DO^2} = {}^9/_4 \; ; \quad \frac{HF^2}{\frac{1}{2}b^2} = {}^9/_4$$

d'où
$$HF^2 = {}^9/_8 b^2$$

$$V = {}^9/_8 \pi b^2 \cdot \frac{a}{2} = \frac{9}{16}\,\pi a b^2.$$

Exercice.

397. Problème. *Inscrire, dans une sphère donnée, un prisme régulier maximum, par exemple, un prisme triangulaire.*

Première solution. En appelant y la demi-hauteur du prisme triangulaire inscrit, x le rayon du cercle circonscrit au triangle équilatéral qui sert de base au prisme, a le rayon de la sphère, on a la relation
$$x^2 + y^2 = a^2$$

Il faut exprimer la surface du triangle équilatéral de base en fonction de x.

Or le rayon du cercle circonscrit est les $^2/_3$ de la hauteur de ce triangle ; donc
$$h = {}^3/_2 x \quad \text{d'où} \quad h^2 = {}^9/_4 x^2$$

Mais la surface du triangle équilatéral, en fonction de h, est donnée par
$$S = \frac{h^2\sqrt{3}}{3} \qquad \text{(G., n}^\text{o}\text{ 316.)}$$

$$S = {}^9/_4 x^2 \cdot \frac{\sqrt{3}}{3} = \frac{3\sqrt{3}}{4}\,x^2$$

Alors le volume de la moitié $= \dfrac{3\sqrt{3}}{4}\,x^2 y$, et le volume total du prisme
$$= \frac{3\sqrt{3}}{2}\,x^2 y$$

Le maximum ne dépend que de la fonction $x^2 y$.

Et puisqu'on a
$$x^2 + y^2 = a^2$$

La somme des carrés est constante, et l'on doit avoir :
$$x^2 = 2y^2 \quad \text{d'où} \quad 3y^2 = a^2$$
$$y = \frac{a}{\sqrt{3}} \quad \text{et} \quad x^2 = \frac{2a^2}{3}$$

Pour avoir le volume total du prisme, il faut tenir compte du coefficient $\dfrac{3\sqrt{3}}{2}$.

$$V = \frac{3\sqrt{3}}{2} \times {}^2/_3 a^2 \times \frac{a}{\sqrt{3}} = a^3$$

398. Seconde solution. Soit le problème résolu, et ABCL le demi-prisme triangulaire régulier maximum.

Choisissons pour méridien principal celui qui passe par une arête AL, et menons le grand cercle SS′ perpendiculaire aux arêtes latérales.

Pour ramener le problème proposé à une question connue, menons par PO des plans méridiens PFJ, PGI respectivement perpendiculaires aux faces BAL et ALC du prisme. Le tiers du prisme se trouve compris entre les deux plans ainsi menés (n° 389, *Remarque* 3°). Il suffit de considérer la partie du prisme qui a pour base ADHE et pour hauteur la ligne AL.

Or AD est perpendiculaire à HD; AE, de la droite AC, est perpendiculaire à HEG, donc le prisme (AL, ADHE) inscrit dans le trièdre formé par le plan du grand cercle SS′ et par les méridiens menés suivant HF, HG sera maximum lorsque son sommet A sera le point de contact d'une tangente divisée au tiers, à partir du point M (n° 389, *Remarque* 1°).

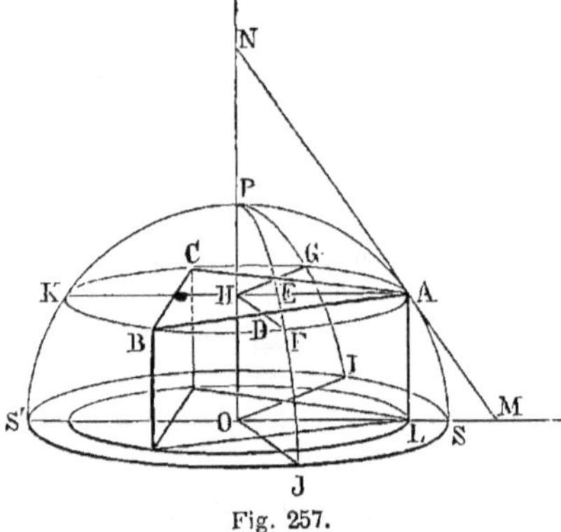

Fig. 257.

Donc le sommet A du prisme maximum est le même point que le sommet du cube inscrit dans la sphère (n° 390).

399. Extension. Il en serait de même pour tout prisme inscrit, ayant la base semblable à un polygone inscriptible donné. En un mot :

La tangente MAN telle que AN = 2AM *fait connaître le cylindre inscrit de volume maximum*, et tout prisme maximum, ayant une base semblable à un polygone inscriptible donné, est inscrit dans le cylindre de volume maximum.

Volume des solides inscrits. Désignons par a le rayon de la sphère.

On sait qu'on a les relations suivantes (n° 316, c et d) :

$$AL^2 = \frac{a^2}{3} \quad \text{d'où} \quad AA' = \frac{2a}{\sqrt{3}} ; \quad AH^2 = {}^2/_3 a^2, \quad \text{ainsi} \quad AH = a\sqrt{{}^2/_3}$$

AA′ est la hauteur commune à tous les solides prismatiques maxima qu'on peut inscrire dans la sphère, et AH est le rayon du cercle circonscrit à la base de ces prismes.

(a) *Cylindre* $\quad V = \pi r^2 h = \pi {}^2/_3 a^2 \cdot \dfrac{2a}{\sqrt{3}} = \dfrac{4}{3\sqrt{3}} \pi a^3$

(b) *Cube* $\quad AH^2$ ou ${}^2/_3 a^2$ égale 2 fois AL^2, car $AL^2 = \dfrac{a^2}{3}$

Ainsi, lorsque le prisme régulier inscrit doit être à base carrée, on obtient un cube ayant AA′ ou $\dfrac{2a}{\sqrt{3}}$ pour côté, et AK pour diagonale d'une face.

$$V = \left(\frac{2a}{\sqrt{3}}\right)^3 = \frac{8}{3\sqrt{3}} a^3$$

(c) *Prisme triangulaire.* Le côté du triangle équilatéral inscrit dans un cercle de rayon AH a pour expression $AH\sqrt{3}$. (G., n° 277.)

La hauteur de ce triangle égale $^3/_2$ HA.

Donc aire de $\quad ABC = ^1/_2 AH\sqrt{3} \times ^3/_2 AH = \dfrac{3\sqrt{3}}{4} AH^2$

mais $\quad AH^2 = ^2/_3 a^2$; donc $\quad ABC = \dfrac{3\sqrt{3}}{4} \cdot ^2/_3 a^2 = \dfrac{\sqrt{3}}{2} a^2$

$$\text{Volume} = ABC \cdot AA' = \dfrac{\sqrt{3}}{2} a^2 \cdot \dfrac{2a}{\sqrt{3}} = a^3$$

Ainsi, *le prisme triangulaire maximum, inscrit dans une sphère, est équivalent au cube du rayon de cette sphère.*

Exercice.

400 (a). Problème. *On donne une sphère, un grand cercle fixe AB, et un plan NT; mener un plan parallèle au plan NT, tel que le cylindre qu'on obtient en projetant le cercle CIDJ sur le grand cercle fixe ait un volume maximum.*

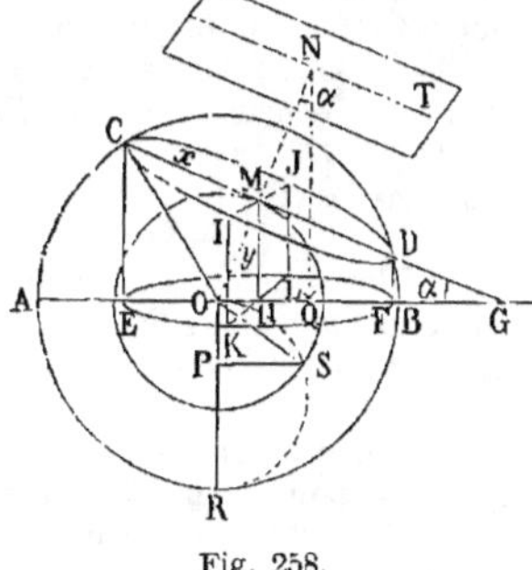

Fig. 258.

Du centre O, abaissons une perpendiculaire OMN sur le plan donné; cette perpendiculaire passe par le centre M de la section.

Abaissons la perpendiculaire NQ.

Les angles ONQ, OGM sont égaux.

Le rapport $\dfrac{NQ}{NO}$ est donc connu, car l'angle α est donné.

Représentons $CM = MJ$ par x, et OM par y.

La projection ELFK du cercle CD est une ellipse. (G., n° 634.)

Le diamètre IJ, parallèle au grand cercle, se projette en vraie grandeur; donc $\quad LH = MJ = x$

$$HF = HE = CM \cos \alpha \quad \text{ou} \quad x \cos \alpha \quad \left(\text{d'ailleurs } \cos \alpha = \dfrac{NQ}{NO} \right)$$

$$V = \pi HE \cdot HL \cdot HM \qquad \text{(G., n}^{os}\text{ 520 et 637.)}$$

Or $\quad MH = y \cos \alpha$, donc $\quad V = \pi x \cos \alpha \cdot x \cdot y \cos \alpha$

$$V = \pi x^2 y \cos^2 \alpha$$

Le maximum ne dépend que de la variation de $x^2 y$.

Or $\quad x^2 + y^2 = r^2$

Donc le maximum a lieu quand $\quad x^2 = ^2/_3 r^2$

et que $\qquad y^2 = \dfrac{r^2}{3} \qquad\qquad$ (n° 392).

Ainsi, en divisant OR en trois parties égales, élevant la perpendiculaire PS, il faudra décrire une circonférence avec OS pour rayon, et mener un plan tangent parallèle au plan donné.

400 (b). Note. Nous venons d'indiquer les méthodes élémentaires que l'on peut employer avec avantage pour démontrer les théorèmes, ou résoudre les problèmes de géométrie.

On sait qu'on distingue la *Géométrie de la mesure* et la *Géométrie de l'ordre*, ou *Géométrie de position*. La *Géométrie de la mesure*, ou *Géométrie d'Archimède*, s'occupe des *quadratures* et des *cubatures*. La *Géométrie de l'ordre*, ou *Géométrie d'Apollonius*, s'occupe des *formes* et des *situations;* on peut l'appeler *Géométrie de position*, mais avec une signification plus étendue que celle que CARNOT a donnée à cette dénomination.

La plupart des méthodes que nous avons données se rapportent à la *Géométrie de position;* cependant la *Géométrie de la mesure* n'a pas été complètement oubliée; ainsi, la méthode par *composition* ou *décomposition* (n°s 152 et 153) ne s'occupe, en quelque sorte, que des surfaces ou des volumes.

La *Méthode par duplication* (n° 145) est employée, sous le nom de *Méthode de retournement*, dans les *Éléments de géométrie* pour démontrer le 3° cas d'égalité des triangles. (G., n° 52.)

L'emploi d'un *volume auxiliaire* peut conduire à la détermination de l'aire de quelques surfaces (n° 173); enfin le chapitre des *Maxima* et des *Minima* (n°s 335 à 401) est surtout relatif aux surfaces et aux volumes.

Les méthodes élémentaires les plus fécondes pour traiter les questions qui se rapportent à la *Géométrie de la mesure* ont été exposées dans l'*Appendice aux Éléments de Géométrie*. On y trouve notamment : les *Théorèmes de Guldin* (G., n° 895, etc.), les *Théorèmes généraux* (G., n°s 909 à 923), et les méthodes de *sommation* (G., n°s 943 à 971) et des *sections comparées* (G., n°s 971 à 982), dont nul ne conteste la simplicité et l'élégance.

Les *Méthodes infinitésimales* proprement dites (sauf les sommations élémentaires) n'ont pas été employées, car elles n'appartiennent pas aux *Éléments;* par suite, on en trouve à peine quelques traces. (G., n° 881, et *Appendice aux Exercices de géométrie*, 1re note.)

Les méthodes données précédemment (n° 1 à 335) pour étudier les questions relatives à la *Géométrie de position* suffisent amplement pour traiter les nombreux exercices qui sont énoncés dans les *Éléments de Géométrie,* et néanmoins c'est avec un vif sentiment de peine que nous avons dû renoncer à exposer, d'une manière élémentaire, les principales *Méthodes modernes*.

L'*Appendice aux Éléments de géométrie* traite, il est vrai, de plusieurs de ces méthodes. Ainsi on y trouve : les *Transversales* (G., n° 743), le *Rapport anharmonique* (G., n° 754), la *Division harmonique* (G., n° 786), les *Polaires* (G., n° 797), les *Figures homothétiques* (G., n° 810), les *Figures inverses* (G., n° 824).

La *Transformation par inversion* a trouvé place dans l'ouvrage actuel (n°s 217 à 249); mais les travaux célèbres de PONCELET, de CHASLES, etc., ne sont pas résumés, car nous n'avons pas exposé les méthodes si puissantes et si fécondes de l'*Homologie*, des *Polaires réciproques*, de l'*Homographie* et de l'*Involution*. Nous ne parlons pas non plus des théories qu'on a nommées *Géométrie cinématique*, de cette méthode qu'on peut faire remonter à ROBERVAL, que POINSOT a enrichie, et dont M. MANNHEIM a grandement étendu le domaine.

Dans cette nouvelle édition des *Exercices de Géométrie*, nous avons introduit un assez grand nombre d'exercices relatifs à la *Géométrie récente du triangle* (Voir ci-après n°s 2262 et suivants); nous espérons par là mettre à la portée des élèves les questions les plus élémentaires relatives aux découvertes contemporaines.

EXERCICES

DE

GÉOMÉTRIE

LIVRE I

Choix des Exercices.

401. La plupart des constructions graphiques se font en employant simultanément la règle et le compas ; on ne peut donc les indiquer qu'après l'étude de la circonférence, c'est-à-dire à la fin du livre II.

Les questions proposées sont groupées en familles naturelles, autant du moins que cela est utile ou possible*.

On peut traiter un groupe donné en ne s'appuyant que sur le paragraphe correspondant des *Éléments de Géométrie*, et sur ceux qu'on aurait déjà rappelés dans les exercices précédents ; néanmoins *il est bon d'accepter toute démonstration satisfaisante, quels que soient les paragraphes invoqués.*

Afin de n'être pas conduit à trop demander aux commençants, le maître doit se rappeler qu'un élève ne traite avec fruit, et surtout avec quelque facilité, les questions de géométrie, que lorsqu'il est parvenu à bien posséder les deux ou trois premiers livres des Éléments.

THÉORÈMES

Angles.

Dans ce paragraphe, il n'est question que de l'angle droit et des angles supplémentaires ou complémentaires.

---

* Comme classement d'*exercices élémentaires*, nous ne connaissons rien d'aussi méthodique que les *Exercices de géométrie élémentaire* de Van den Broeck, décédé en 1887, ancien professeur au pensionnat des Frères des Écoles chrétiennes de Malonne. Cet ouvrage complète le *Cours de géométrie* du même auteur.

9*

Exercice 1.

402. Théorème. *Si deux angles adjacents sont supplémentaires, leurs bissectrices sont perpendiculaires l'une à l'autre, et réciproquement.*

La *réciproque* est vraie et se démontre facilement[*].

Exercice 2.

403. Théorème. *Si l'angle des bissectrices de deux angles adjacents n'est pas droit, les côtés extérieurs ne sont pas en ligne droite.*

404. Théorème réciproque. *Lorsque deux angles adjacents ont les côtés extérieurs non en ligne droite, les bissectrices de ces angles ne sont pas perpendiculaires.*

Exercice 3.

405. Théorème. *Lorsque deux angles, ayant un côté commun, sont placés l'un sur l'autre et que leur différence égale un angle droit, les bissectrices font entre elles un angle égal à la moitié d'un angle droit.*

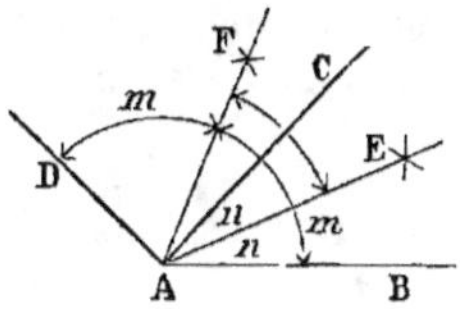

Fig. 259.

$$\text{Soient} \quad BAD - BAC = CAD = 1 \text{ droit}$$
$$\text{On a} \quad 2m - 2n = 1 \text{ droit}$$
$$\text{d'où} \quad m - n = \tfrac{1}{2} \text{ droit}$$
$$\text{Or} \quad EAF = m - n; \quad \text{donc...}$$

Exercice 4.

406. Théorème. *Les bissectrices de deux angles opposés par le sommet sont en ligne droite.*

407. Théorème réciproque. *Lorsque les bissectrices de deux angles égaux ayant même sommet sont en ligne droite, les angles sont opposés par le sommet.*

408. Théorème. *Lorsque deux droites se croisent, les bissectrices des quatre angles forment deux droites perpendiculaires entre elles.*

Exercice 5.

409. Théorème. *La distance du milieu d'une droite à un point quelconque pris sur le prolongement de cette droite, égale la demi-somme des distances de ce point quelconque aux extrémités de la droite.*

Soit O le milieu de la droite AB, et M un point quelconque pris sur le prolongement de la droite.

Fig. 260.

$$\text{On a} \quad MA = MO + OA$$
$$MB = MO - BO$$

additionnant membre à membre,

$$\text{on trouve} \quad MA + MB = 2MO$$
$$\text{d'où} \quad MO = \tfrac{1}{2}(MA + MB) \qquad C.\ Q.\ F.\ D.$$

---

* Nous supprimons les démonstrations d'un assez grand nombre de questions élémentaires; elles ont été données d'ailleurs dans la deuxième édition des *Exercices de Géométrie*, publiée en 1882.

Scolie. Lorsque le point mobile M est en B, la distance MB est nulle, et l'on a encore $MO = \frac{1}{2}(MA + MB)$

410. Théorème. *La distance du milieu d'une droite à un point quelconque pris sur cette droite, égale la demi-différence des distances de ce point aux extrémités de la droite.*

Soit O le milieu de la droite AB, et M un point quelconque pris sur cette droite. On a

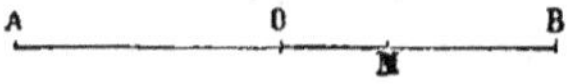

$$MA = OA + MO$$
$$MB = OB - MO$$

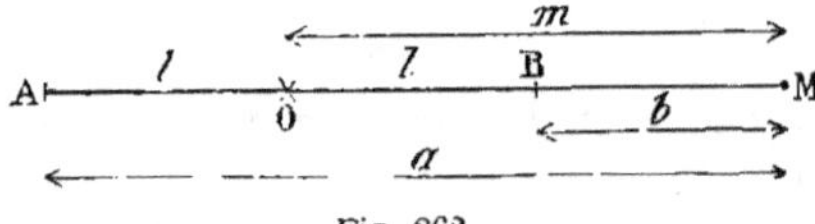
Fig. 261.

soustrayant membre à membre,

on a $MA - MB = 2MO$

d'où $MO = \frac{1}{2}(MA - MB)$

Scolie. Lorsque le point mobile M se trouve en O, la distance MO est nulle, et la différence MA — MB est nulle également; lorsque le point mobile est en B, c'est la distance MB qui est nulle, et on a encore $MO = \frac{1}{2}(MA - MB)$.

411. Discussion. Afin d'obtenir une formule générale, représentons par a la distance AM, par b la distance BM, par m la distance OM du point milieu O au point M, et par l la longueur de la moitié du segment rectiligne donné, AB.

Fig. 262.

On a : $m = a - l$
                $m = b + l$

d'où, en additionnant,

$$2m = a + b$$
$$m = \frac{1}{2}(a + b)$$

Ainsi, quand le point est extérieur, m est la demi-somme des distances a et b. Or cette formule est générale et s'applique quelle que soit la position du point M, pourvu qu'on adopte la convention que nous allons faire connaître.

412. Convention des signes. Une droite peut être parcourue par un mobile en deux sens différents; les distances comptées dans une direction, d'ailleurs quelconque, *de gauche à droite*, par exemple, seront affectées du signe +, et les distances comptées dans le sens contraire auront le signe —.

Ainsi, en regardant comme positives les distances AM, OM, BM parcourues de gauche à droite, on considérera comme négatives les distances telles que MA, MO, MB parcourues en allant de droite à gauche.

Conformément à cette convention, on écrit :

$$AM = - MA$$

parce que les deux longueurs ont même valeur absolue, mais sont parcourues suivant les directions opposées.

Deuxième cas. Lorsque le point M est donné sur le segment AB, on peut encore écrire :

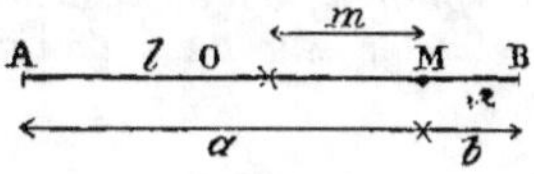

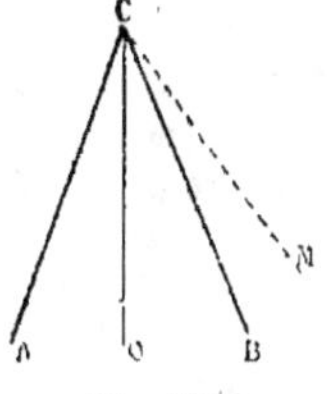

Fig. 263.

$$m = \frac{1}{2}(a + b)$$

En effet, ainsi qu'on l'a vu (n° 410), on a

$$OM = \frac{1}{2}(AM - BM)$$

mais en regardant OM et AM comme des grandeurs positives, BM, dirigée en sens contraire, est négative ; donc la formule

$$m = \frac{1}{2}(a + b)$$

est encore vérifiée ; mais la quantité b est négative lorsque M est sur le segment donné AB ; donc...

On peut énoncer le *théorème général* suivant :

413. Théorème. *Lorsque trois points* A, B, M *sont en ligne droite, la distance* m *de l'un d'eux au point milieu du segment déterminé par les deux autres est la moyenne arithmétique des distances du même point à chacun des deux autres.*

Remarque. Pour que deux des trois points donnés coïncident, il faut que a ou b soit nul.

m est nul lorsque M est au point milieu du segment AB ; dans ce cas, la somme algébrique $(a + b)$ doit être nulle.

En effet, elle devient :

$$OA + OB$$

Or ces deux grandeurs ont même valeur absolue et sont de signes contraires.

La discussion précédente s'applique à l'exercice suivant :

Exercice 6.

414. Théorème. *L'angle formé par la bissectrice d'un angle et une droite quelconque menée hors de cet angle par le sommet, égale la demi-somme des angles que forme cette droite avec les côtés de l'angle primitif.*

Fig. 264.

Soit CO la bissectrice de l'angle ACB, et CM une droite quelconque menée hors de cet angle par le sommet.

On a   angle MCA $=$ MCO $+$ OCA

         angle MCB $=$ MCO $-$ BCO

d'où   MCA $+$ MCB $=$ 2MCO

et   MCO $= \frac{1}{2}$ (MCA $+$ MCB)   *C. Q. F. D.*

Scolie. Pour que ce théorème et le théorème suivant puissent s'appliquer d'une manière générale, les côtés de l'angle donné, la bissectrice et la droite mobile doivent être considérés comme indéfinis, même au delà du sommet.

415. Théorème. *L'angle formé par la bissectrice d'un angle et une droite quelconque menée dans cet angle par le sommet, égale la demi différence des angles partiels que cette droite détermine dans l'angle primitif.*

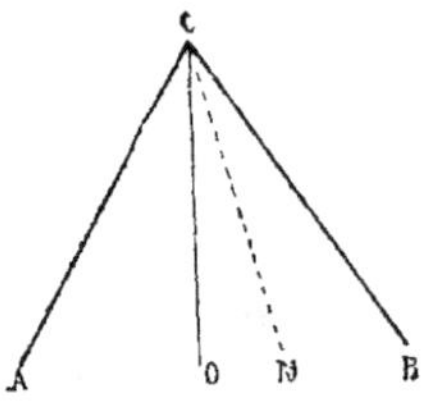

Soit CO la bissectrice de l'angle ACB, et CM une droite quelconque menée dans cet angle par le sommet.

On a $\quad$ angle $MCA = OCA + MCO$

$\qquad$ angle $MCB = BCO - MCO$

d'où $\qquad MCA - MCB = 2MCO$

et $\quad$ angle $MCO = \frac{1}{2}(MCA - MCB) \quad C. Q. F. D.$

Fig. 265.

Extension. On a des théorèmes analogues pour les arcs de circonférence, pour les secteurs circulaires. Il en est de même pour les fuseaux sphériques, les onglets sphériques qui correspondent à un même diamètre, et il en est encore ainsi pour les zones sphériques déterminées par des plans parallèles.

Dans tous les cas précédents, la démonstration est identique à celle des exercices connus (n°ˢ 400. 410 et 413).

Perpendiculaires et Obliques.

416. Il suffit de donner un petit nombre d'exercices, car la plupart des auteurs préfèrent s'appuyer sur les cas d'égalité des triangles, plutôt que de tirer du théorème des obliques toutes les conséquences qu'on pourrait en déduire.

417. Méthode de retournement. Pour démontrer que *deux obliques dont les pieds s'écartent également du pied de la perpendiculaire sont égales*, on a recours à la *méthode de retournement*. (G., n° 38, 2°.) Cette méthode est très simple et peut être considérée comme n'étant qu'un cas particulier de la méthode de superposition, employée par tous les auteurs pour démontrer les deux premiers cas d'égalité des triangles.

Utilisée en premier lieu pour les obliques égales, la méthode de retournement permet de démontrer directement que deux triangles sont superposables lorsqu'ils ont les trois côtés respectivement égaux (G., n° 52), et, par suite, les trois cas d'égalité sont démontrés d'une manière analogue; néanmoins *il est d'usage de ne recourir que rarement au retournement des figures*, bien que cette méthode ne donne prise à aucune objection sérieuse.

Nous avons déjà employé la méthode de retournement à la résolution de plusieurs problèmes. (Voir § II, *Figures symétriques*, n°ˢ 145 à 152.)

Exercice 7.

418. Théorème. *Deux obliques dont les pieds s'écartent également du pied de la perpendiculaire, font des angles égaux avec cette perpendiculaire. Ces obliques font aussi des angles égaux avec la droite qui joint leurs pieds.*

419. Théorème réciproque. *Deux obliques sont égales dans les cas suivants :*

1º Lorsque la perpendiculaire est bissectrice de l'angle qu'elles forment ;

2º Lorsque leurs pieds sont équidistants du pied de la perpendiculaire ;

3º Lorsqu'elles font des angles égaux avec la droite qui joint leurs pieds.

420. Théorème. *Toute perpendiculaire à la bissectrice d'un angle coupe les côtés de cet angle en deux points également éloignés du sommet, et le point milieu de cette perpendiculaire est sur la bissectrice.*

Exercice 8.

421. Théorème. *Démontrer directement que tout point pris hors de la perpendiculaire élevée au milieu d'une droite est inégalement distant des extrémités de cette droite.* (Voir G., nº 41, renvoi.)

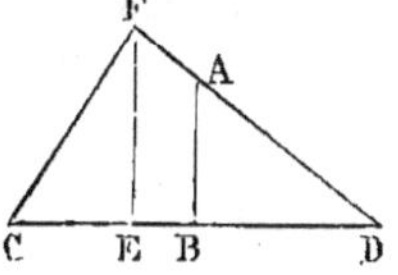

Fig. 266.

La démonstration suivante est très simple.

Soit F le point donné pris hors de la perpendiculaire AB élevée au milieu de CD.

En abaissant une perpendiculaire FE sur CD, le pied E ne peut coïncider avec B, sans quoi il y aurait deux perpendiculaires élevées à une même droite, par un même point ; donc les lignes CE, DE sont inégales, et les distances FC, FD sont des obliques inégales, car elles sont inégalement éloignées du pied E de la perpendiculaire FE. (G., nº 38, 3º.)

C. Q. F. D.

Exercice 9.

422. Théorème. *Si d'un point A, extérieur à une droite MN, on mène à cette droite la perpendiculaire AB et les obliques AC, AD, AE, et si ces droites croissent successivement d'une même quantité, les distances CD, DE iront en diminuant.* (N. A. 1846, p. 479.)

On a, d'après les données :

$$AE - AD = AD - AC$$

d'où
$$AE + AC = 2AD$$

Prolongeons AD d'une quantité égale à elle-même ; prenons $DH = DC$ et menons GH.

Il suffit de prouver que l'oblique AH est $> AE$; car on aura, dans ce cas,

$$DE < DC$$

Or les triangles égaux ADC, HDG donnent

$$HG = AC$$

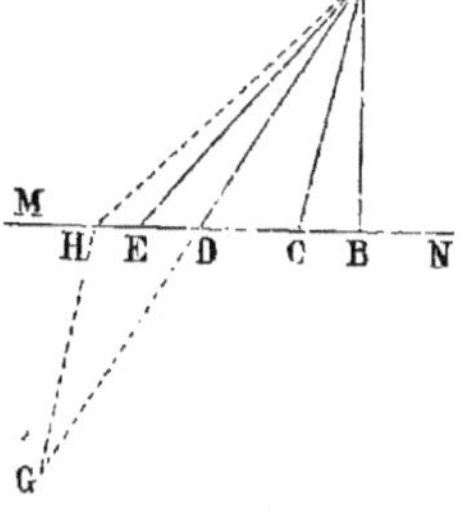

mais $\qquad AH + HG > AG$

donc $\qquad AH + AC > 2AD$

mais $\qquad AE + AC = 2AD$

donc $\qquad AH > AE \qquad C.\ Q.\ F.\ D.$ Fig. 267.

Réciproquement. *Si l'on prend des grandeurs égales* CD, DH... *les différences* AD — AC, AH — AD... *vont en croissant.*

Parallèles.

423. La théorie des parallèles fournit deux théorèmes principaux, que l'on utilise pour résoudre quelques exercices.

Les parallèles coupées par une sécante forment des angles correspondants égaux et des angles alternes-internes égaux. (G., n° 80.)

Les parties de parallèles comprises entre parallèles sont égales. Comme cas particulier de ce dernier théorème, on sait que *les perpendiculaires comprises entre deux parallèles sont égales.* (G., n° 82.)

Sans recourir aux parallèles, on peut établir plusieurs des propriétés du triangle ; mais l'ordre que nous adoptons nous permettra de placer dans un même groupe un grand nombre de questions relatives au triangle.

Théorie des parallèles.

424. Postulatum. Malgré les efforts des plus grands géomètres, les *Éléments de géométrie* ne donnent la théorie des parallèles qu'à l'aide d'un *postulatum*. Voici celui d'Euclide :

Deux droites se rencontrent, lorsque, étant coupées par une sécante, elles forment des angles intérieurs non supplémentaires.

Dans la plupart des traités récemment publiés, on a recours au postulatum suivant, proposé par GERGONNE dans les *Annales mathématiques de Montpellier* :

Par un point on ne peut mener qu'une seule parallèle à une droite donnée.

Démonstration. Pour pouvoir exposer la théorie des parallèles, sans employer de postulatum, il faut recourir à des considérations infinitésimales qui paraissent déplacées, car il faut les présenter au début des éléments de Géométrie. La démonstration que l'on cite le plus fréquemment est celle de BERTRAND de Genève* ; elle considère l'espace plan,

---

* BERTRAND LOUIS, né à Genève en 1731, mort en 1812, élève et ami d'Euler, a publié des *Éléments de géométrie*, et a donné son nom à une *théorie des parallèles* (n° 425-428).

illimité, compris entre les côtés d'un angle, et a recours à des *bandes infinies*, déjà proposées par A. ARNAULD dans ses *Nouveaux Éléments de Géométrie*, publiés en 1667.

I. — Lemme.

425. *Sur l'un des côtés AX d'un angle droit XAA', on prend des longueurs égales AB, BC, CD...; par les points de division, on mène des perpendiculaires BB' CC', etc., au côté AX; les bandes A'ABB' ainsi formées sont illimitées dans le sens de A'; néanmoins il est impossible de recouvrir l'espace angulaire XAA', quelque nombre de bandes que l'on puisse prendre.*

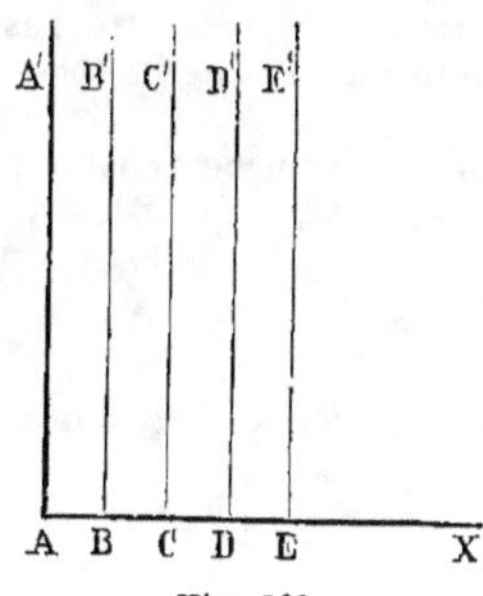

Fig. 268.

En effet, les bandes sont illimitées dans le sens de A'; mais un nombre fini de longueurs telles que AB ne peut jamais égaler la ligne AX qui se prolonge indéfiniment vers la droite; donc les bandes formées par les parallèles AA', BB'... ne peuvent pas recouvrir complètement l'espace angulaire XAA'.

II. — Lemme.

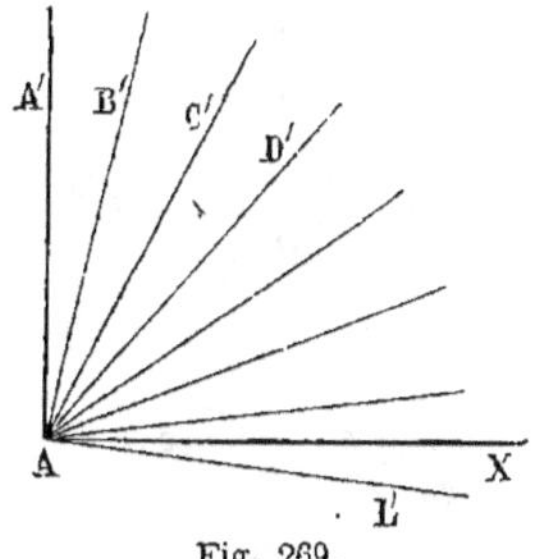

Fig. 269.

426. *Un angle A'AB', quelque petit qu'il soit, étant ajouté successivement à lui-même, peut recouvrir complètement l'angle droit XAA'.*

En effet, les quantités comparées A'AX, A'AB' étant de même espèce, il est évident qu'en prenant la grandeur A'AB' un nombre de fois suffisant, on recouvrira l'espace A'AX.

III. — Théorème.

427. *Deux droites, CD et AB, dont l'une est perpendiculaire et l'autre oblique à une troisième droite AX, sont nécessairement concourantes.*

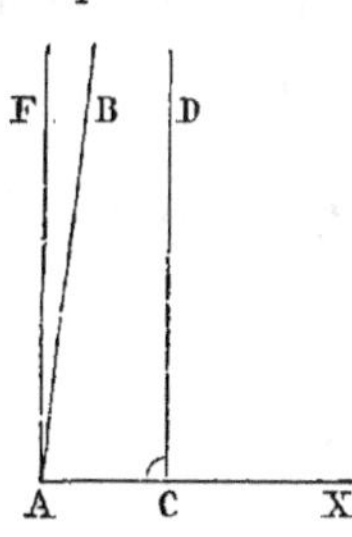

Fig. 270.

En effet, élevons la perpendiculaire AF. Les deux perpendiculaires AF, CD, forment une bande qui ne saurait contenir l'espace angulaire illimité FAB, car un nombre fini de grandeurs telles que FAB peut recouvrir FAX, tandis que le même nombre de bandes égales à FACD ne peut le recouvrir, mais AF est un côté commun à l'angle et à la bande; donc il faut que l'autre côté AB coupe CD, afin que l'espace angulaire FAB puisse se développer hors de la bande.

Donc AB et CD sont des lignes concourantes.

428. Note. 1° Il est plus facile d'entrevoir que d'exprimer tout ce qu'il y a d'étrange dans la démonstration précédente.

En fait, on compare des espaces illimités, un angle et une bande, qu'on ne peut rapporter l'un à l'autre.

S'il est vrai de dire que les *postulata* ne satisfont pas complètement l'esprit, on peut bien en dire autant de certaines démonstrations.

La démonstration que LEGENDRE a donnée du *postulatum*, dans l'*Appendice* de ses *Éléments de Géométrie*, n'échappe pas non plus à une critique sérieuse.

2° On nomme *Géométrie non euclidienne*, la Géométrie qui ne s'appuie pas sur le *Postulatum d'Euclide* : elle est due à LOBATCHEFSKY, géomètre russe (1793-1856); on en trouve un résumé dans l'*Appendice du Traité de Géométrie*, par MM. ROUCHÉ et DE COMBEROUSSE.

La *Géométrie riemanienne*, du nom de son auteur RIEMANN, ne s'appuie pas non plus sur le *Postulatum d'Euclide* (voir *Mathésis*, 1894, page 180, article par M. P. MANSION).

Exercice 10.

429. Théorème. *Si deux angles ont les côtés parallèles, leurs bissectrices sont parallèles ou perpendiculaires.*

Si les angles considérés, ABC et DEF, sont de même nature (aigus ou obtus), ces angles sont égaux (G., n° 85), et leurs moitiés sont aussi *égales*.

Si l'on considère l'angle aigu ABC et l'angle obtus DEG, ces deux angles sont supplémentaires; et la bissectrice MN, perpendiculaire à EK (n° 402), l'est aussi à la parallèle BI. (G., n° 76.)   *C. Q. F. D.*

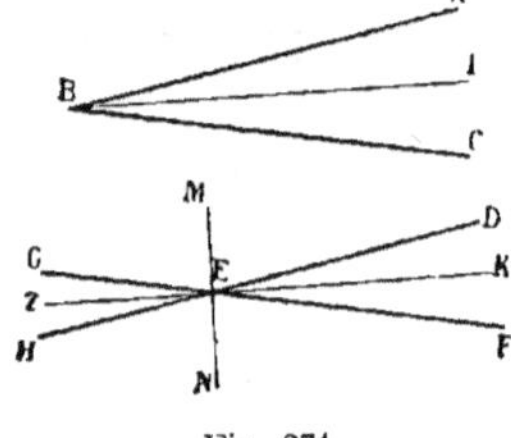

Fig. 271.

430. Théorème. *Si deux angles ont les côtés respectivement perpendiculaires, leurs bissectrices sont perpendiculaires ou parallèles.*

Exercice 11. — I.

431. Théorème. *La droite qui joint les milieux des deux côtés d'un triangle est parallèle au troisième côté, et égale sa moitié.*

1re *Démonstration.* Soit ABC un triangle quelconque (fig. 272). Par le point F, milieu du côté AB, menons FE parallèle à BC, et FD parallèle à AC.

La figure FDCE est un parallélogramme (G., n° 98); ainsi $FE = DC$, et $FD = EC$. (G., n°ˢ 81 et 100.)

Les triangles AFE et FDB sont égaux, comme ayant un côté égal adjacent à des angles respectivement égaux; donc

$$AE = FD = EC, \quad BD = FE = DC$$

Ainsi la droite FE joint les milieux des côtés AB et AC; et cette droite est parallèle au troisième côté BC, et égale à sa moitié.   *C. Q. F. D.*

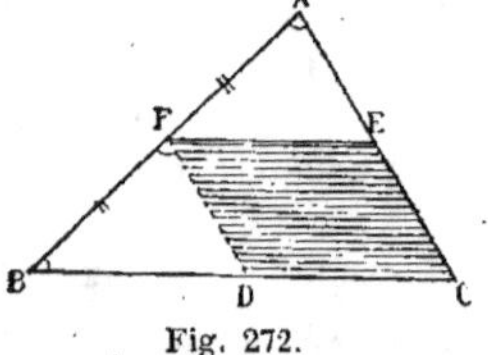

Fig. 272.

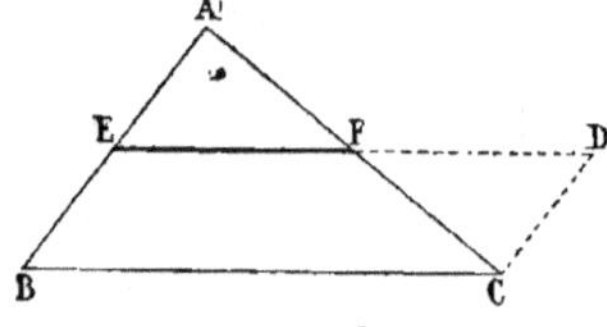

Fig. 273.

2° *Démonstration* (fig. 273). Prolongeons la droite EF d'une longueur

FD égale à EF, et menons CD. Les deux triangles AFE, CFD sont égaux comme ayant un angle égal compris entre côtés égaux ; car

$$AF = CF \quad \text{et} \quad EF = DF$$

donc $\qquad CD = AE \quad$ par suite $\quad CD = BE$

L'angle FCD = FAE ; or ces angles ont la position d'alternes-internes ; ainsi CD est parallèle à BE, et la figure BCDE est un parallélogramme comme ayant deux côtés opposés égaux et parallèles ; donc EFD est parallèle à BC, et EF est la moitié de BC. $\qquad$ *C. Q. F. D.*

Corollaire. *La droite menée par le milieu d'un côté d'un triangle, parallèlement à un second côté, passe au milieu du troisième côté.*

Exercice 11. — II.

432. Théorème. *En joignant par des droites les milieux des côtés d'un triangle, on partage ce triangle en quatre triangles égaux.*

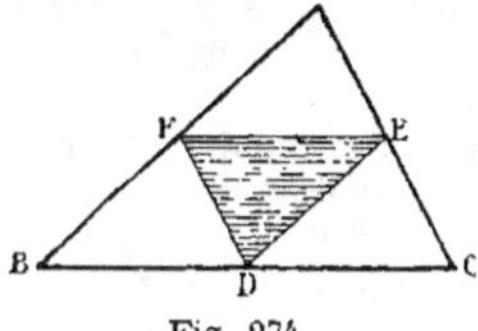

Fig. 274.

Soient D, E, F, les milieux des côtés du triangle ABC. Chacune des droites DE, EF, FD, est la moitié du côté qui lui est parallèle (n° 431). Donc les quatre triangles formés dans la figure sont égaux comme ayant les côtés respectivement égaux...

Remarque. Par rapport à un triangle donné ABC, le triangle DEF obtenu en joignant deux à deux les points milieux des côtés du premier est nommé *triangle médian*, ou *triangle complémentaire*. (Voir ci-après, n° 434 **b.**)

Exercice 12.

433. Théorème. *La droite qui joint les milieux de deux côtés d'un triangle, et la médiane qui aboutit au troisième côté, se coupent respectivement en deux parties égales.*

1re *Démonstration.* En effet, on a déjà vu que la droite FE est parallèle à BC (n° 431) ; et, d'après le corollaire du n° 431, la droite FG, menée dans le triangle ABD par le milieu F, parallèlement à BD, passe par le milieu G de l'autre côté AD ; elle égale aussi la moitié de la base BD ; de même GE est la moitié de DC ; donc FG = GE. Donc le point G est le milieu de la médiane AD et le milieu de FE. *C. Q. F. D.*

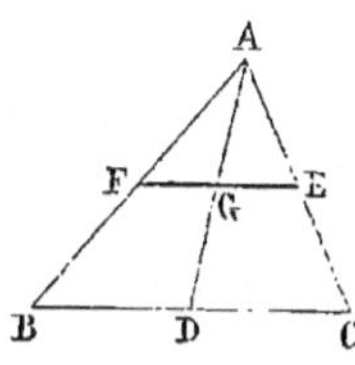

Fig. 275.

2e *Démonstration.* En joignant le point D aux points E, F, on formerait un parallélogramme (n° 432, *corollaire*) ; or les diagonales AD, FE, d'un parallélogramme se coupent respectivement en parties égales. (G., n° 105.) Donc

$$AG = GD \quad \text{et} \quad FG = GE$$

Exercice 13.

434 (a). Théorème. *Les droites menées par les sommets d'un triangle, parallèlement aux côtés opposés, forment un nouveau triangle qui a les sommets primitifs pour milieux de ses côtés.*

Soit ABC le triangle proposé, et DEF le nouveau triangle obtenu.

A cause des trois parallélogrammes ABCE, ACBF et ACDB (G., n°s 96 et 100), on a

$$AE = BC = AF$$

$$FB = AC = BD ; \quad CD = AB = CE$$

Donc les points A, B, C, sont les milieux des nouveaux côtés. *C. Q. F. D.*

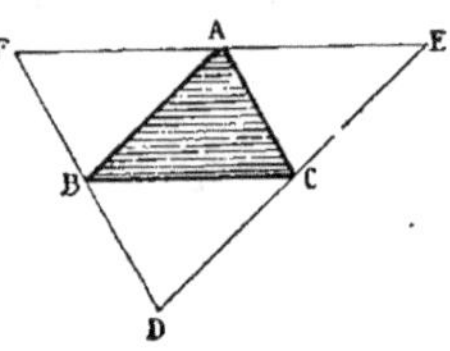

Fig. 276.

Scolie. Le nouveau triangle DEF se compose de quatre triangles égaux au triangle primitif.

434 (b). Note. Par rapport à un triangle donné ABC, le triangle DEF qu'on obtient en menant par chaque sommet une parallèle au côté opposé est appelé *triangle anticomplémentaire*.

Les appellations de *triangle complémentaire* (n° 432) et de *triangle anticomplémentaire* (n° 434) sont dues à M. NEUBERG, professeur à l'Université de Liège, auteur de nombreux et savants mémoires mathématiques; fondateur, avec M. MANSION, professeur à l'Université de Gand, d'une remarquable publication, *Mathésis,* que nous aurons fréquemment à citer.

La *Géométrie récente,* ou *Géométrie du triangle,* a fait introduire un grand nombre d'appellations nouvelles, car il fallait préciser les découvertes et les exposer clairement sans recourir à de trop longues périphrases.

MATHÉSIS. *Recueil mathématique à l'usage des écoles spéciales et des établissements d'instruction moyenne,* par MM. P. MANSION et J. NEUBERG. Cette publication paraît depuis 1881.

435. Théorème. *La droite* ALN, *qui joint un sommet d'un triangle* ADB *au point milieu* L *d'une des médianes des autres sommets, divise le côté* BD *opposé au sommet considéré en deux parties, dont l'une est double de l'autre.*

Par le point C, menons CM parallèle à AN.

On sait que toute parallèle menée à la base d'un triangle par le point milieu d'un côté, divise l'autre côté en deux parties égales (n° 431, *corollaire*).

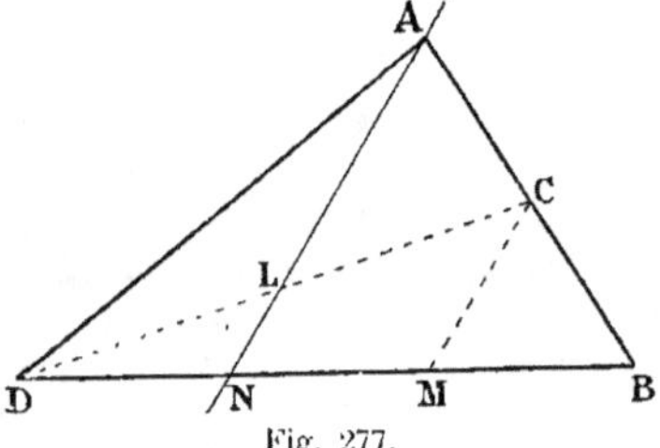

Fig. 277.

Dans le triangle ABN, on a donc

$$NM = MB$$

Dans le triangle DCM, on a aussi $\quad DN = NM, \quad$ car L est le milieu de DC; donc $\qquad DN = NM = MB ; \quad DN = \dfrac{BN}{2}$

Exercice 14.

436. Théorème. *Par les extrémités* A *et* C *d'une droite et par le point milieu* B *de cette droite, on mène trois parallèles limitées à une autre droite* DEF ; *prouver que la ligne* BE *est la demi-somme algébrique des deux autres parallèles.*

Représentons par *a*, *b*, *c*, les trois lignes.

Trois cas peuvent se présenter.

1er Cas. *Les droites* AC *et* DF *ont une extrémité commune* (fig. 278).

On sait que la parallèle BE, menée à la base d'un triangle par le point milieu B d'un des côtés, égale la moitié de la base (n° 431, *corollaire*); et comme la ligne CF est nulle, on peut écrire :

$$b = \tfrac{1}{2}(a + c)$$

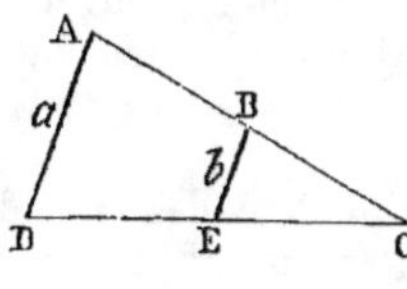

Fig. 278.

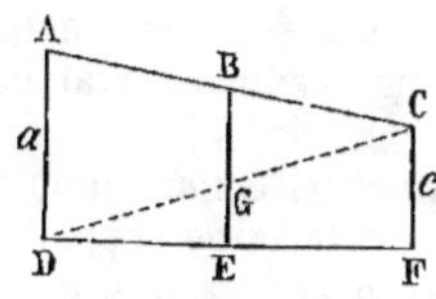

Fig. 279.

2e Cas. *Les droites* AC, DF *ne se rencontrent pas* (fig. 279).

BE est la base moyenne d'un trapèze ; elle égale donc la demi-somme des bases parallèles.

En effet, d'après le 1er cas,

$$BG = \frac{a}{2} ; \quad GE = \frac{c}{2} ; \quad \text{donc} \quad b = \tfrac{1}{2}(a + c)$$

3° Cas. *Les droites* AF, DC *se coupent entre* A *et* F (fig. 280).

Menons FEG.

$$BE = \tfrac{1}{2}AG \quad \text{et} \quad DG = CF$$

donc
$$b = \tfrac{1}{2}(AD - CF)$$

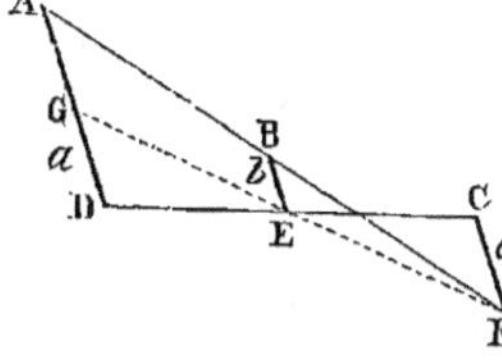

Fig. 280.

En réalité, BE est la demi-différence des lignes extrêmes ; mais, afin de généraliser et de comprendre tous les cas dans un même énoncé, on regarde CF comme ayant une valeur négative lorsqu'elle est de sens contraire à AD ; on écrit donc encore :

$$b = \tfrac{1}{2}(a + c)$$

mais, dans le troisième cas, la valeur absolue de *c* doit être retranchée de la valeur de *a*.

Remarque. Dans un grand nombre de questions, l'énoncé général ne s'applique à certains cas qu'autant qu'on admet des quantités négatives, c'est-à-dire la convention des signes (n° 412).

Exercice 15.

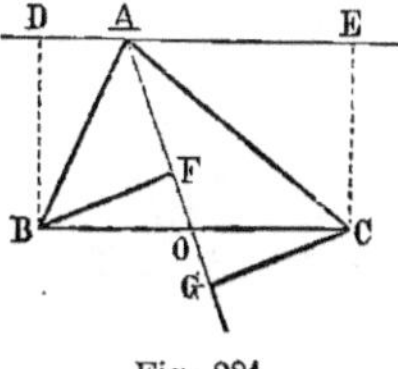

Fig. 281.

437. Théorème. *Dans un triangle, chaque médiane est équidistante des deux autres sommets.*

Puisque AO est médiane, les triangles rectangles BOF, COG sont égaux comme ayant l'hypoténuse égale et un angle aigu égal ; donc

$$BF = CG \qquad C.\ Q.\ F.\ D.$$

438. Théorème. *Dans un triangle, un sommet et le point milieu du* *côté opposé sont équidistants de la droite qui joint les milieux des deux autres côtés, et ces deux points milieux sont équidistants de la médiane qui passe par le milieu de l'autre côté.*

Trois droites concourantes.

439. Dans un assez grand nombre de cas, on doit prouver que trois droites, déterminées par certaines conditions, vont concourir en un même point.

On peut procéder comme il suit :

Après avoir déterminé le point de concours de deux des trois droites et recherché les particularités que présente la situation de ce point, on démontre qu'il doit appartenir à la troisième droite (*Exemples*, nᵒˢ 443, 444), ou bien, par le point de concours des deux premières lignes, on mène une droite qui remplisse certaines conditions imposées aux données, et il suffit de prouver que la ligne ainsi menée jouit de toutes les propriétés de la troisième droite (*Exemples*, nᵒˢ 440, 441). Dès lors on peut conclure que les trois lignes données concourent en un même point.

En résumé, on cherche à démontrer que le point commun à deux droites données appartient au lieu géométrique constitué par la troisième droite.

Exercice 16.

440. Théorème. *Les perpendiculaires menées aux deux côtés d'un angle, à des distances égales du sommet, se rencontrent sur la bissectrice.*

Soit D le point de rencontre des perpendiculaires menées AB et à AC, lorsque AB = AC; joignons le point A au point D.

Les triangles rectangles ABD et ACD sont égaux, comme ayant même hypoténuse AD et un autre côté égal (AB = AC). Ainsi les angles formés en A sont égaux, et AD est bissectrice de l'angle A. Donc *les perpendiculaires...*

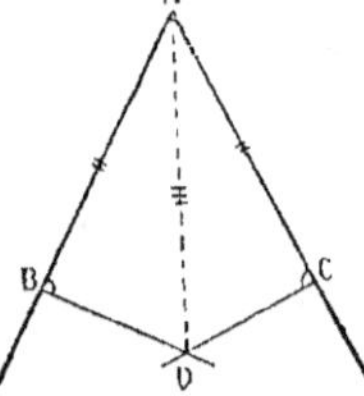

Fig. 282.

Exercice 17.

441. Théorème. *Étant donné un angle quelconque A, si l'on porte sur les côtés des distances égales AB et AD, AC et AE, les droites BE et CD sont égales, et se rencontrent sur la bissectrice.*

Menons AO. D'après les données, les triangles ABE et ADC sont égaux, comme ayant en A un angle égal compris entre des côtés respectivement égaux. Donc BE = CD... De plus, les angles en C et en E sont égaux, ainsi que les angles en B et en D, et les suppléments de ces derniers sont pareillement égaux.

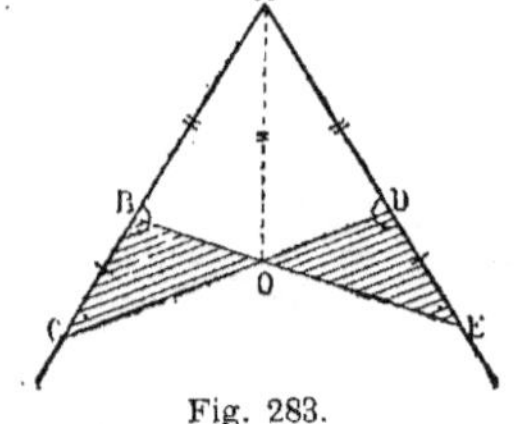

Fig. 283.

Ainsi les triangles OBC et ODE sont égaux, comme ayant un côté égal (BC, DE) adjacent à des angles respectivement égaux ; donc

$$OB = OD$$

Enfin, les triangles AOB et AOD sont égaux comme ayant les trois côtés respectivement égaux ; ainsi les angles en A sont égaux, et la droite AO est bissectrice de l'angle A.　　　　*C. Q. F. D.*

442. Théorème. *Deux droites comprises dans l'intérieur d'un angle sont égales lorsqu'elles se coupent sur la bissectrice, et qu'elles sont également inclinées sur cette bissectrice.*

En effet, si l'angle AOB = AOD (fig. 283), les triangles AOB, AOD sont égaux, comme ayant un côté commun adjacent à deux angles égaux.

Donc　　　　　　　　　　$$OB = OD$$

On a de même　OC = OE.　Donc...

Exercice 18.

443. Théorème. *Les trois perpendiculaires élevées sur les milieux des côtés d'un triangle se rencontrent en un même point, et ce point est équidistant des trois sommets.*

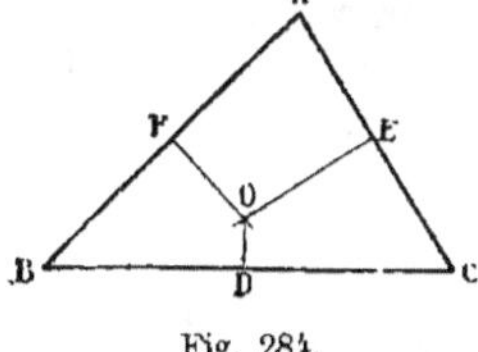

Fig. 284.

M. Neuberg a proposé le terme de *médiatrice* pour désigner la perpendiculaire élevée au milieu d'un côté d'un triangle ; par suite, le théorème peut s'énoncer ainsi : *Les trois médiatrices d'un triangle sont concourantes,* etc.

Exercice 19.

444. Théorème. *Les trois bissectrices des angles d'un triangle se rencontrent en un même point, et ce point est équidistant des trois côtés.*

Exercice 20. — I.

445. Théorème. *Les trois hauteurs d'un triangle se rencontrent en un même point.* (Archimède, *Lemme 5.*)

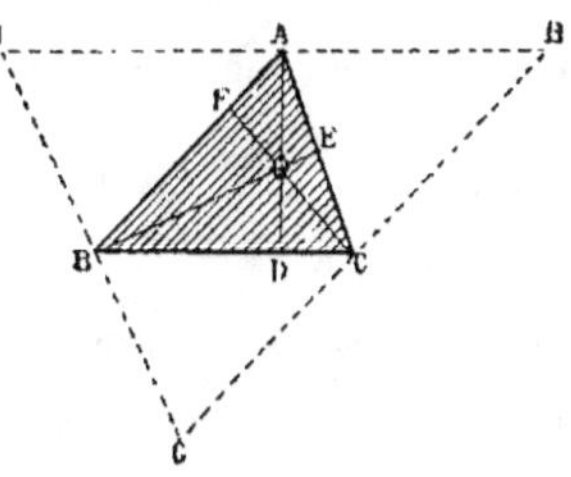

Fig. 285.

Démonstration de Gauss [*]. Soit ABC un triangle quelconque. Par les sommets A, B, C, menons les parallèles aux côtés opposés.

Dans le triangle GHI, les points A, B, C, sont les milieux des côtés (n° 434) ; et les hauteurs du triangle ABC ne sont autre chose que les perpendiculaires élevées sur les milieux des côtés du

---

[*] Gauss, né à Brunswick en 1777, mort à Gœttingue en 1855. Savant astronome mathé-

triangle GHI. Or (n° 443) ces trois perpendiculaires se rencontrent en un même point. Donc *les trois hauteurs...*

Exercice 20. — II.

446. **Théorème**. *Sur deux côtés* AC, BC *d'un triangle quelconque* ABC, *on construit des carrés; prouver que les droites* AD, BE *se coupent sur la hauteur* CF *du troisième sommet.*

Le théorème sera démontré si l'on prouve que les perpendiculaires AM, BN, abaissées respectivement du sommet A sur BE et de B sur AD, se coupent sur la hauteur CF ; car, si cela a lieu, les droites AD, BE, CF seront les hauteurs d'un triangle AOB (n° 445).

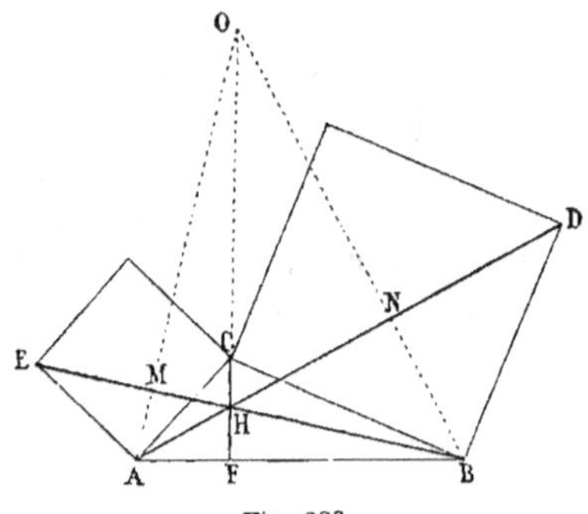

Fig. 286.

Prolongeons AM jusqu'à sa rencontre avec FC ; soit O l'intersection, déterminons la longueur de CO.

Les triangles EAB, ACO sont égaux, comme ayant un côté égal adjacent à deux angles égaux, car AE = AC ; et les angles AEB, CAO sont égaux, comme ayant les côtés perpendiculaires. (G., n° 85, 2°.)

Il en est de même des angles EAB, ACO.

Donc   CO = AB

En prolongeant BN, on obtiendrait un triangle O'CB que l'on démontrerait égal au triangle ABD, et dans ces triangles on aurait

$$O'C = AB = OC$$

ce qui exige que O et O' se confondent.

Donc les droites AD, BE, CF passent par un même point [*].

Exercice 21.

447. **Théorème**. *Les trois médianes d'un triangle se rencontrent en un même point, et ce point est situé aux* $^2/_3$ *de chaque médiane en partant des sommets.*

Soit ABC un triangle quelconque, et soit O le point de rencontre des deux médianes BE et CF.

---

maticien, il a démontré qu'au *moyen de la règle et du compas* on peut inscrire au cercle le polygone régulier de dix-sept côtés.

La démonstration géométrique de ce théorème est attribuée à AMPÈRE. Elle est reproduite dans les *Théorèmes et problèmes de géométrie élémentaire* de M. CATALAN.

AMPÈRE, né à Lyon en 1775, mort en 1836; est surtout célèbre par la théorie *électrodynamique* dont l'expérience d'ŒRSTED fut l'occasion.

[*] Cette belle démonstration, d'une question d'ailleurs connue, est prise dans le *Journal de mathématiques élémentaires*, par M. VUIBERT (année 1879-1880, page 36). Nous aurons occasion de citer encore cet intéressant recueil.

Menons FE ; cette ligne est parallèle à BC, et égale à sa moitié (n° 431). Dans le triangle BOC, menons GH par les milieux des côtés OB et OC ; cette ligne GH est parallèle à BC, et égale à sa moitié.

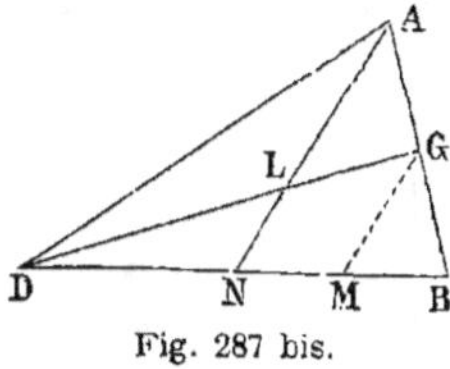

Fig. 287.

Ainsi les deux droites EF et GH sont égales et parallèles, la figure EFGH est un parallélogramme (G., n° 104), et le point O est le milieu des deux diagonales FH et GE. (G., n° 105.) On a donc

$$OE = OG = GB \quad \text{et} \quad OF = OH = HC$$

Et puisque deux médianes quelconques BE et CF se coupent aux $^2/_3$ de leur longueur, c'est au même point O que doit passer la troisième médiane. Donc *les trois médianes...*

Remarque. La démonstration précédente est très ingénieuse, mais elle est peu naturelle. La démonstration la plus simple repose sur le livre III. (G., n° 230.)

On peut en indiquer une troisième, assez simple, et fondée aussi sur le livre III.

Soient deux médianes AN et DG.

On a par construction DN = NB ; puis on obtient MN = MB. Ainsi DN = $^2/_3$DM ; donc aussi DL = $^2/_3$DG.

Fig. 287 bis.

Triangle quelconque.

448. Les propriétés déjà indiquées pour le triangle (n°s 444 à 448) sont principalement des propriétés de position : ainsi les trois hauteurs se coupent au même point ; il en est de même des trois bissectrices, des trois médianes, etc. Il reste à établir les propriétés de relation. Dans le triangle, on a des *relations linéaires* et des *relations angulaires*.

Les relations, entre certains éléments linéaires d'un triangle, n'exigent guère que la connaissance des définitions relatives au triangle, du théorème des obliques (G., n° 38) et du théorème : *Chaque côté d'un triangle est plus petit que la somme des deux autres.* (G., n° 49.)

Les *relations angulaires* se déduisent du théorème fondamental : *La somme des angles d'un triangle quelconque est égale à deux angles droits* (G., n° 92), et des corollaires qui en découlent.

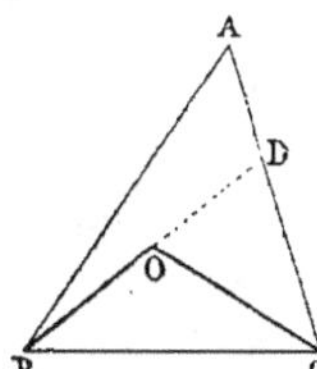

449. Théorème. *Si d'un point O, pris au dedans du triangle ABC, on mène aux extrémités d'un côté BC les droites OB, OC, la somme de ces droites sera moindre que celle des deux autres côtés AB, AC.*

1° En effet, la ligne convexe enveloppée BO + OC est plus petite que la ligne enveloppante BA + AC. (G., n° 36.)

Fig. 288.

2° On peut donner une démonstration directe du théorème proposé. (LEGENDRE, *Éléments de géométrie.* Livre I, Proposition VI.)

Prolongeons BO jusqu'à la rencontre de AC.

On a
$$BO + OD < BA + AD$$
$$OC < OD + DC$$

Ajoutons et simplifions
$$BO + OC < BA + AC \qquad\qquad C.\ Q.\ F.\ D.$$

Exercice 22.

450. Théorème. *Si l'on joint les trois sommets d'un triangle à un point quelconque pris à l'intérieur, la somme des trois lignes intérieures ainsi tracées est comprise entre la somme et la demi-somme des trois côtés.*

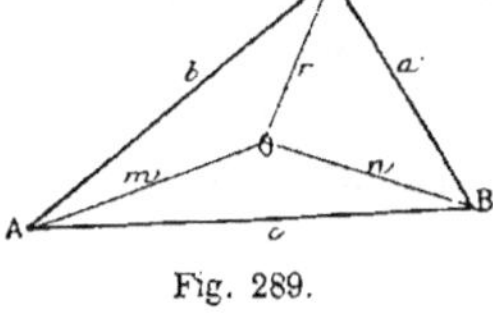
Fig. 289.

On a
$$c < m + n < a + b$$
$$a < n + r < b + c$$
$$b < r + m < a + c$$

d'où
$$a + b + c < 2m + 2n + 2r < 2a + 2b + 2c$$

et enfin
$$\frac{a + b + c}{2} < m + n + r < a + b + c$$

451. Théorème. *La distance d'un sommet d'un triangle à un point quelconque pris sur le côté opposé à ce sommet, est plus grande que la moitié du résultat qu'on obtient en retranchant ce côté de la somme des deux autres.*

Exercice 23.

452. Théorème. *La hauteur d'un triangle est moindre que la demi-somme des deux côtés qui partent du même sommet.*

453. Théorème. *La somme des trois hauteurs d'un triangle est moindre que la somme des trois côtés.*

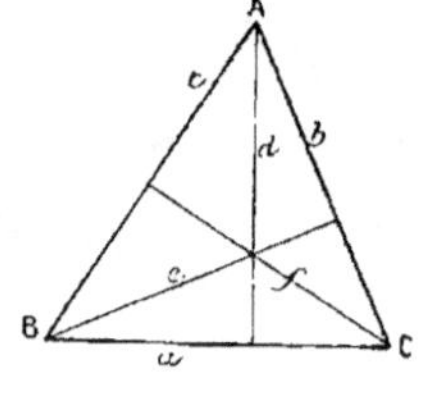
Fig. 290.

On a séparément
$$d < b$$
$$e < c$$
$$f < a$$

d'où, par addition,
$$d + e + f < a + b + c$$

454. Théorème. *La somme des trois hauteurs d'un triangle acutangle est plus grande que la demi-somme des trois côtés.*

Exercice 24.

455. Théorème. *Une médiane quelconque d'un triangle est plus petite que la demi-somme des deux côtés adjacents.*

Soit AO une médiane du triangle ABC. Traçons le prolongement OD égal à AO, et menons BD.

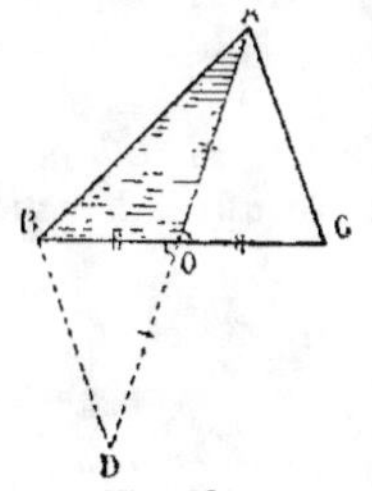

Fig. 291.

Les deux triangles AOC et BOD sont égaux, comme ayant, en O, un angle égal compris entre des côtés respectivement égaux ; d'où $AC = BD$. D'autre part, le triangle ABD donne (G., n° 49) :

$$AD < AB + BD$$

ou

$$AD < AB + AC$$

et, en divisant par 2,

$$AO < {}^{1}\!/_{2}(AB + AC) \qquad C. \ Q. \ F. \ D.$$

456. Théorème. *La somme des trois médianes d'un triangle est comprise entre le périmètre et le demi-périmètre de ce triangle.*

On s'appuie sur le théorème précédent ; mais les limites peuvent être resserrées davantage, ainsi que le prouve le théorème suivant.

Exercice 25.

457. Théorème. *La somme des trois médianes d'un triangle est plus grande que les ³/₄ du périmètre.*

Soient a, b, c, les trois côtés, m, n, p, les trois médianes du triangle ABC.

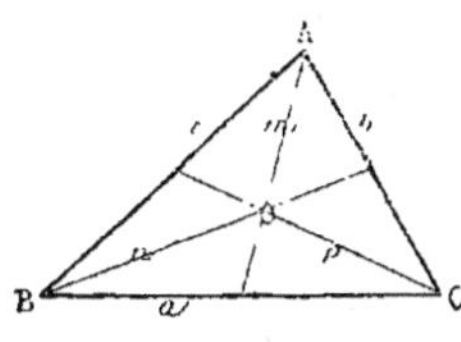

Fig. 292.

Puisque les médianes se coupent aux $^2/_3$ de leur longueur (n° 447, ou G., n° 230), les triangles AOB, BOC, COA, donnent :

$$\tfrac{2}{3}m + \tfrac{2}{3}n > c$$
$$\tfrac{2}{3}n + \tfrac{2}{3}p > a$$
$$\tfrac{2}{3}p + \tfrac{2}{3}m > b$$

d'où $\qquad \tfrac{4}{3}(m + n + p) > a + b + c$

et, en multipliant par 3 et divisant par 4 :

$$m + n + p > {}^{3}\!/_{4}(a + b + c) \qquad C. \ Q. \ F. \ D.$$

458. Théorème. *Si, par le point de concours des bissectrices d'un triangle, on mène une parallèle à l'un des côtés, cette ligne égale la somme des segments déterminés sur les deux autres côtés, et compris entre les parallèles.*

459. Théorème. *Si par le point de concours des bissectrices des deux angles extérieurs d'un triangle, on mène une parallèle GF au côté AC adjacent aux deux angles, la droite ainsi menée égale la somme des segments AF et CG.*

460. Théorème. *Les bissectrices des angles intérieurs et celles des angles extérieurs d'un triangle donnent lieu à quatre points de concours (n° 444). Toute parallèle menée à un côté par un des points de concours, et limitée aux deux autres côtés, égale la somme ou la différence des segments déterminés sur ces côtés par les deux droites parallèles.*

Exercice 26.

461. Théorème. *La somme des distances des sommets d'un triangle ABC, à une droite quelconque MN, égale la somme des distances de cette même droite aux milieux des trois côtés.*

En effet, on a (n° 436) :

$$d = \tfrac{1}{2}a + \tfrac{1}{2}b$$
$$e = \tfrac{1}{2}b + \tfrac{1}{2}c$$
$$f = \tfrac{1}{2}c + \tfrac{1}{2}a$$

d'où $\quad d + e + f = a + b + c \quad$ C. Q. F. D.

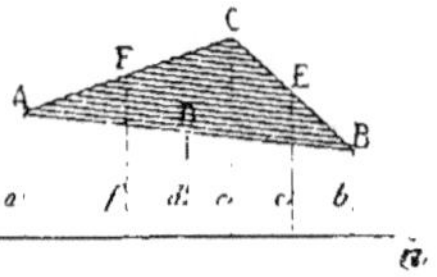

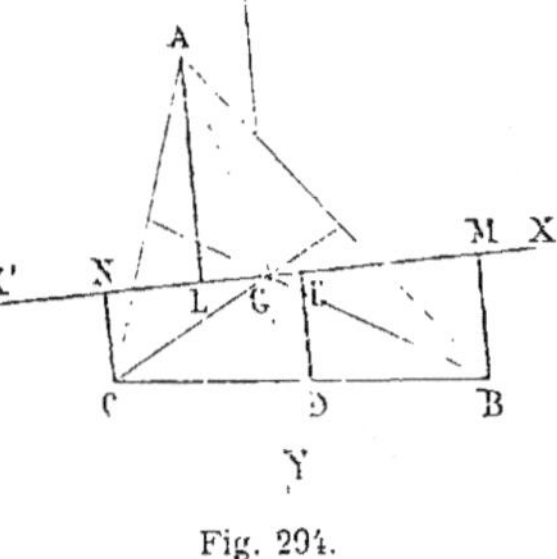

Fig. 293.

Exercice 27.

462. Théorème. *Par le point de concours des médianes d'un triangle, on mène une droite quelconque, la somme des distances des deux sommets situés d'un même côté de la droite égale la distance du troisième sommet à cette même ligne* *.

Soit G le point de concours des médianes, XX' la droite donnée.

On a $\quad$ BM + CN = 2DE $\quad$ (n° 436).

Mais les médianes se coupent aux $\tfrac{2}{3}$ de leur longueur, à partir des sommets ; ainsi AG = 2DG, et par suite AL = 2DE (n° 447, *Remarque*).

donc $\qquad\qquad$ AL = BM + CN $\qquad\qquad$ C. Q. F. D.

Fig. 294.

463. Théorème. *On a aussi* $\quad$ GM = GL + GN.

En effet, ces grandeurs sont les distances des trois sommets à une droite YY' parallèle à AL.

Exercice 28.

464. Théorème. *La somme des distances des trois sommets d'un triangle à une droite quelconque, égale trois fois la distance de la même droite au point de concours des médianes.*

Soient $\qquad$ AA' = a, $\quad$ BB' = b, $\quad$ CC' = c, $\quad$ GG' = g

Il faut prouver que l'on a

$$a + b + c = 3g \quad \text{ou} \quad g = \tfrac{1}{3}(a + b + c)$$

---

* Le point G est le *centre de gravité* de la surface du triangle (*Éléments de mécanique*, n° 75) ; CARNOT (*Géométrie de position*, 269) l'a aussi nommé centre des moyennes distances des trois sommets du triangle. L'introduction dans les *Éléments de géométrie* de la notion du *centre des moyennes distances* nous semble due à BOBILIER (*Cours de géométrie*, pages 55 et 83) ; après lui, divers auteurs l'ont introduite dans leurs ouvrages. On peut citer BALTZER, § 8, n° 4.

1re *Démonstration.* Menons XX' parallèle à ZZ'.

On a (n° 462) $AL = BM + CN$

ou $AL - BM - CN = 0$

Ajoutons $3g$ à chaque membre de l'égalité.

On a $g + AL + g - BM + g - CN = 3g$

ou $AA' + BB' + CC' = 3g$

donc $g = {}^1/_3 (a + b + c)$ *C. Q. F. D.*

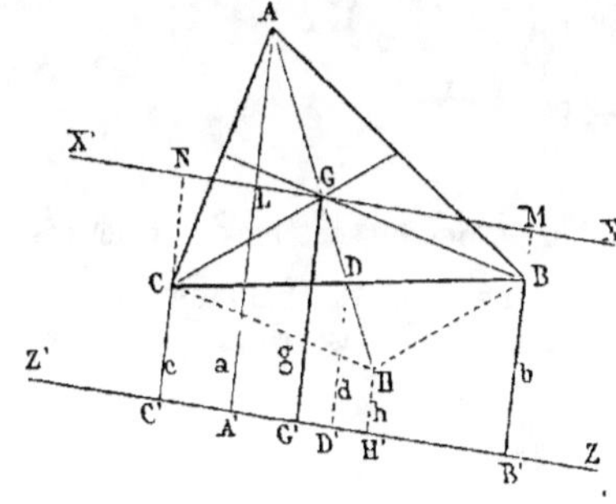

Fig. 295.

2° *Démonstration.* Prenons $DH = DG$ et joignons HB, HC.

On a $b + c = 2d$, $2d = g + h$;   donc $b + c = g + h$

Ainsi $a + b + c = a + g + h$,   mais $a + h = 2g$

car $AG = GH$

donc $a + b + c = 3g$

Exercice 29.

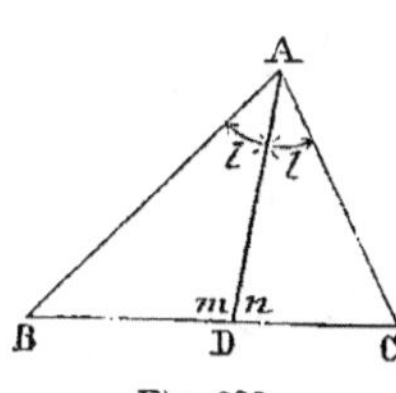

Fig. 296.

465. Théorème. *La différence des angles qu'une bissectrice intérieure forme avec le côté opposé d'un triangle, égale la différence des angles à la base de ce triangle.*

En effet, l'angle extérieur à un triangle égale la somme des deux angles intérieurs opposés (G., n° 93, 1°); donc :

$$m = C + l$$
$$n = B + l$$

d'où $m - n = C - B$ *C. Q. F. D.*

Exercice 30.

466. Théorème. *L'angle formé par deux bissectrices intérieures d'un triangle égale un angle droit, plus la moitié de l'angle du troisième sommet.*

Il faut prouver qu'on a

$$BDC = 90^\circ + \frac{A}{2}$$

En effet, $D = 180^\circ - (DBC + DCB)$

$$D = 180^\circ - \left(\frac{B}{2} + \frac{C}{2}\right)$$

D'ailleurs $\dfrac{B}{2} + \dfrac{C}{2} = 90^\circ - \dfrac{A}{2}$

donc $D = 180^\circ - \left(90^\circ - \dfrac{A}{2}\right)$

$$D = 90^\circ + \frac{A}{2}$$

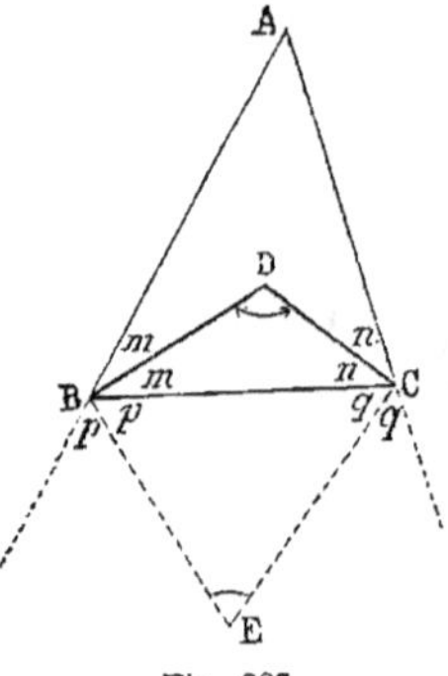
Fig. 297.

467. Théorème. L'angle des bissectrices extérieures $= \dfrac{B}{2} + \dfrac{C}{2}$.

On peut le calculer d'une manière analogue à la précédente ; d'ailleurs le quadrilatère BDCE a deux angles droits ; donc les angles D et E sont supplémentaires.

Exercice 31.

468. Théorème. *L'angle formé par la bissectrice de l'angle d'un triangle et par la hauteur abaissée du même sommet, égale la demi-différence des angles à la base.* (M. Mention, *N. A.* — 1850, p. 326.)

L'angle $\dfrac{A}{2} = \dfrac{180^\circ - (B + C)}{2}$

L'angle $DAE = \dfrac{A}{2} - CAE$

Mais $CAE = 90^\circ - C$

donc $DAE = \dfrac{180 - (B + C)}{2} - (90 - C)$

$$DAE = \frac{180 - B - C - 180 + 2C}{2}$$

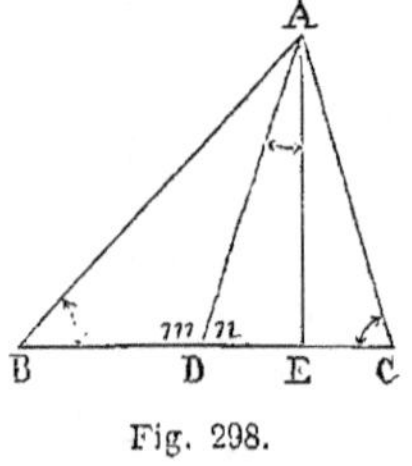
Fig. 298.

d'où $DAE = \dfrac{C - B}{2}$ *C. Q. F. D.*

469. Remarque. D'après un exercice connu (n° 465),

$$C - B = m - n$$

on a donc aussi   Angle $DAE = \dfrac{m - n}{2}$

Vérification. $DAE = 90 - n$

d'où $\dfrac{m - n}{2} = 90 - n$

ou $m - n = 180 - 2n$

$$m + n = 180$$

On peut démontrer directement que

$$DAE = \frac{m - n}{2}$$

Il suffit d'élever une perpendiculaire à BC au point D.

On peut dire aussi : l'angle m, extérieur au triangle rectangle DAE, donne :

$$m = DAE + E = DAE + 90 ; \quad n = 90 - DAE$$

d'où

$$m - n = 2DAE ; \quad \text{donc} \quad DAE = \frac{m - n}{2}$$

Autre démonstration. Menons la bissectrice extérieure AF.

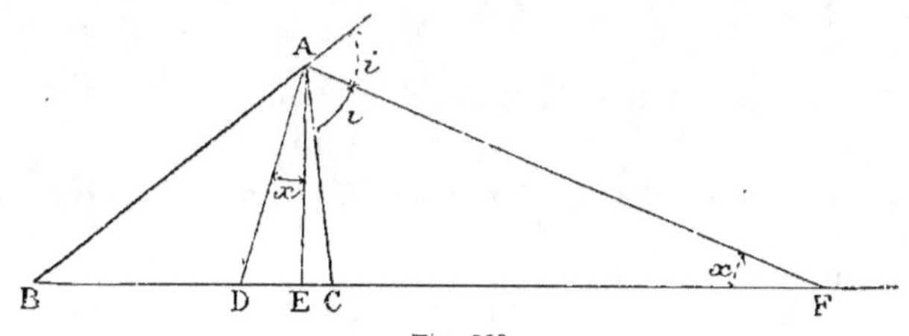

Fig. 290.

Les angles DFA et DAE sont égaux comme ayant leurs côtés perpendiculaires ; les triangles FCA, FAB donnent respectivement :

$$x = C - i$$
$$x = i - B$$

d'où

$$2x = C - B \quad \text{ou} \quad x = \frac{C - B}{2}$$

Triangle isocèle.

470. Toutes les propriétés spéciales au triangle isocèle procèdent de l'égalité des angles à la base et de l'égalité des côtés opposés. Le triangle isocèle est composé de deux parties symétriques par rapport à la hauteur ; il en résulte qu'un assez grand nombre de propriétés peuvent être trouvées si facilement, qu'elles paraissent évidentes. Ainsi, sans recourir à la théorie des lignes proportionnelles, on peut dire :

Les parallèles à la base, qui divisent un des côtés en parties égales, divisent aussi l'autre côté en parties égales ; chacune de ces parallèles est divisée en deux parties égales par la hauteur. Le point milieu de la base est équidistant des deux côtés égaux.

Les perpendiculaires élevées sur la base, en des points équidistants du milieu de cette base, et limitées aux côtés, sont égales entre elles ; la droite qui joint leurs extrémités est parallèle à la base, etc.

La *Méthode par duplication* (n° 145) ou par *retournement* est la méthode naturelle pour étudier les propriétés du triangle isocèle ; elle conduit à des démonstrations très simples ; néanmoins il est d'usage de recourir aux divers cas d'égalité des triangles.

471. Lignes antiparallèles. Rappelons que par rapport à un angle XOY, deux droites AB, CD sont antiparallèles (n° 28, *note*) lorsque l'angle OAB égale l'angle OCD (fig. 300).

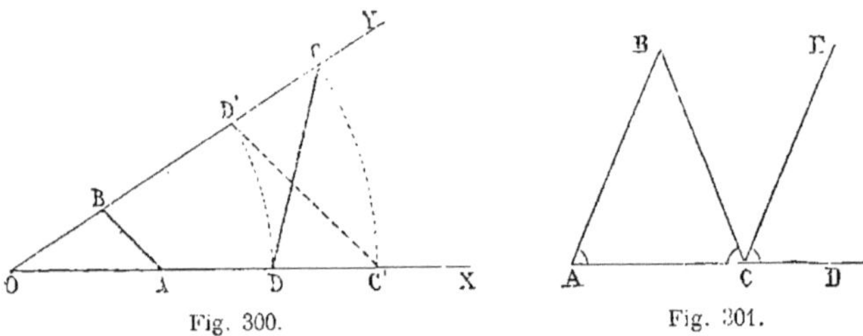

Il en résulte que l'angle B égale l'angle D, et que si l'on prend

$$OC' = OC, \quad OD' = OD$$

les droites AB et C'D' sont parallèles, car les angles OBA et OD'C' sont égaux et correspondants.

Lorsque deux droites AB et CB (fig. 301) forment des angles égaux d'un même côté de la sécante ACD, on les nomme aussi parfois lignes antiparallèles ; prolongées suffisamment, elles forment, avec la sécante, un triangle isocèle ABC.

CB et CE sont aussi antiparallèles par rapport à ACD.

Exercice 32.

472. Théorème. *Un triangle est isocèle lorsqu'une même droite est à la fois médiane et hauteur, ou bien bissectrice et hauteur, ou bien bissectrice et médiane.*

473. Théorème. *Si deux côtés d'un triangle sont inégaux, la hauteur, la bissectrice et la médiane comprises forment trois droites différentes.*

474. Théorème. *Si deux côtés d'un triangle sont inégaux, la bissectrice et la médiane comprises sont l'une et l'autre plus grandes que la hauteur qui part du même sommet.*

Exercice 33.

475. Théorème. *Un triangle isocèle a deux hauteurs égales, deux bissectrices égales, et deux médianes égales.*

Exercice 34.

476. Théorème. *Un triangle est isocèle lorsqu'il a deux hauteurs égales ; il en est de même lorsqu'il a deux médiatrices égales (n° 443).*

477. Théorème. *Un triangle est isocèle lorsque deux médiatrices limitées à leur point de concours sont égales.*

478. Théorème. *A un plus grand côté d'un triangle correspond une plus petite médiane.*

Soit le triangle ABC, et soit le côté $AB > AC$. Pour prouver que la médiane CF est moindre que BE, menons la troisième médiane AOD.

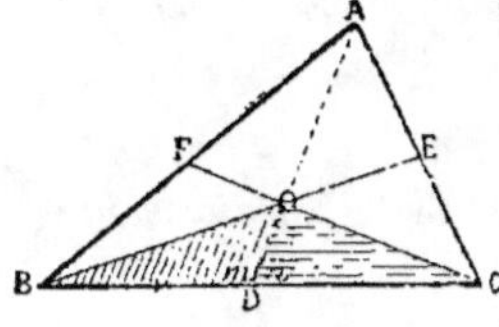

Fig. 302.

Les triangles ABD et ADC ont deux côtés respectivement égaux, et le troisième côté $AB > AC$; il en résulte l'angle $m > n$. (G., n° 56.)

Et alors les triangles OBD et ODC ont deux côtés respectivement égaux, et l'angle compris $m > n$; on a donc le côté $OB > OC$,

ou $^2/_3 BE > {}^2/_3 CF$ (n° 447);   donc $BE > CF$.   *C. Q. F. D.*

Exercice 35.

479. Théorème. *Un triangle est isocèle lorsqu'il a deux médianes égales.*

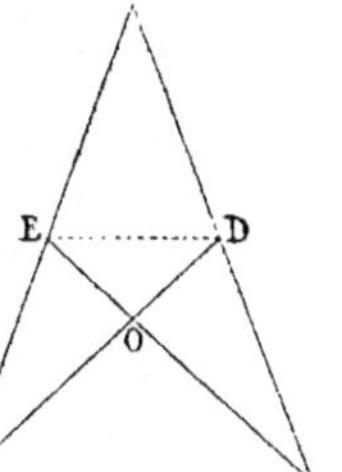

Fig. 303.

Cela résulte du théorème précédent (n° 478).

On peut aussi le démontrer comme il suit :

Soit $BD = CE$

Puisque les médianes se coupent aux deux tiers de leur longueur (n° 447), il en résulte que

$$BO = CO \quad \text{et} \quad OD = OE$$

Ainsi les triangles BOE, COD sont égaux comme ayant un angle égal au point O, compris entre côtés égaux.

Donc $BE = CD$,   d'où $BA = CA$.

Exercice 36.

480. Théorème. *Un triangle est isocèle lorsqu'il a deux bissectrices égales.*

Soit la bissectrice $AD = CE$; il faut prouver que l'angle $A = C$, ou que sa moitié $CAD = ACE$; et comme les deux triangles CAD, ACE ont deux côtés respectivement égaux, il suffit de prouver que

$$CD = AE$$

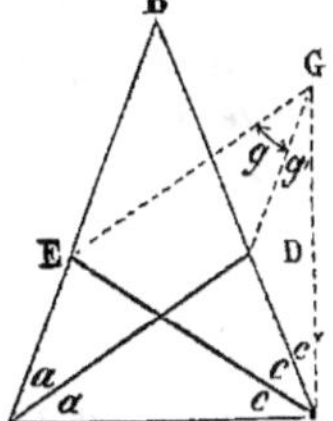

Fig. 304.

Par les points D, E, menons des parallèles aux droites AE, AD; on forme ainsi un parallélogramme: le côté $EG = AD = CE$, $DG = AE$, l'angle $g = a$.

Le triangle CEG est isocèle comme ayant deux côtés égaux $EG = EC$, ainsi l'angle $ECG = EGC$.

Si les angles A et C sont inégaux, supposons que le premier soit le plus grand, d'où $g > c$, et par suite on aurait $g' < c'$; donc le côté DC serait plus petit que DG. Mais puisqu'on suppose $a > c$, on aurait DC plus grand que AE, c'est-à-dire $DC < DG$, ce qui est incompatible avec le premier résultat obtenu $DC < DG$. Ainsi l'hypothèse que les angles A et C seraient inégaux est fausse, puisqu'elle conduit à deux résultats contradictoires ; donc A = C *et le triangle est isocèle* *.

Exercice 37.

481. Théorème. *Dans un triangle isocèle, on mène les médianes qui correspondent aux côtés égaux, puis une parallèle quelconque à la base ; prouver que le segment compris entre un des côtés et une des médianes égale le segment compris entre la seconde médiane et le second côté.*

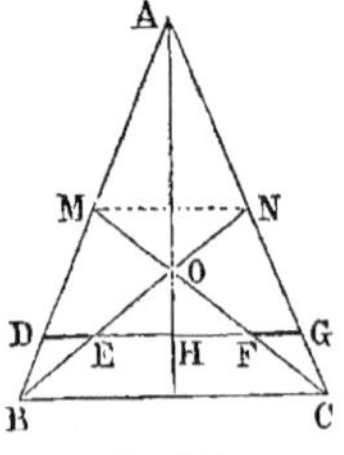

Fig. 305.

Toute parallèle, à la base d'un triangle isocèle, est divisée en deux parties égales par la hauteur ; donc DH = HG (n° 470) ; et comme les médianes se coupent au même point (n° 447), le point O est sur la hauteur élevée au milieu de la base BC ; le triangle BOC est isocèle ; par suite,

$$EH = HF, \quad \text{donc} \quad DE = FG \qquad C. Q. F. D.$$

482. Théorème. *Lorsque deux triangles isocèles ont leurs bases sur une même droite et que les hauteurs sont aussi sur une même droite, les côtés égaux de l'un d'eux coupent les côtés égaux de l'autre en deux points équidistants des bases et symétriques par rapport à la hauteur.*

483. Théorème. *On joint le milieu de la base d'un triangle isocèle au point milieu de chacun des autres côtés, on prolonge les lignes ainsi tracées jusqu'à la droite menée par le sommet parallèlement à la base ; prouver que le triangle ainsi formé est égal au proposé.*

484. Théorème. *Prouver que les perpendiculaires élevées sur les côtés égaux d'un triangle isocèle en des points équidistants du sommet coupent ces mêmes côtés en des points situés sur une parallèle à la base.*

Remarque. Les théorèmes précédents (n°s 481, 482, 483 et 484) se démontrent très simplement par la *Méthode de duplication*, car il est évident que la hauteur du triangle est un axe de symétrie pour les parties de la figure.

Exercice 38.

485. Théorème. *Par un point quelconque de la base d'un triangle isocèle, on mène des parallèles aux côtés égaux ; prouver que le parallélogramme ainsi formé a un périmètre constant.*

(*Méthodes*, n° 19.)

Exercice 39.

486. Théorème. *La somme des perpendiculaires abaissées d'un point quelconque de la base d'un triangle isocèle sur les côtés égaux est une quantité constante.*

---

* Cette démonstration est due à M. Descube, ingénieur. (*Journal de mathématiques élémentaires et spéciales*, 1880, page 538.)

10*

La différence des distances d'un point pris sur le prolongement de la base est aussi constante (voir n⁰ˢ 20 et 146).

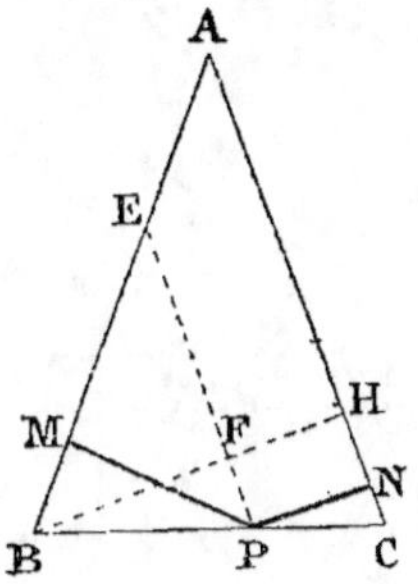

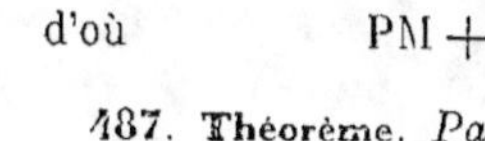

La démonstration par les surfaces auxiliaires (n° 164) se rapporte au livre IV.

Autre démonstration. On mène à AC la parallèle PFE qui détermine le triangle isocèle BPE.

On a : $PM = BF$; $PN = FH$

d'où $PM + PN = BH$

487. Théorème. *Par un point quelconque de la base d'un triangle isocèle, on mène des droites qui rencontrent les côtés égaux sous des angles égaux ; prouver que la somme de ces deux droites est constante.*

(Voir n° 268.)

Fig. 306.

Exercice 40.

488. Théorème. *Pour un point quelconque pris à l'intérieur d'un triangle équilatéral, la somme des distances aux trois côtés est constante et égale à la hauteur du triangle.*

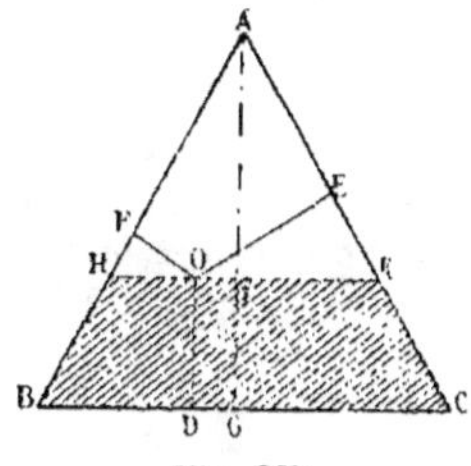

Soit O un point quelconque pris à l'intérieur du triangle équilatéral ABC. Les distances de ce point aux trois côtés sont OD, OE et OF.

Menons HOK parallèle à BC. Les angles aigus H et K sont respectivement égaux à B et C ; et ainsi le triangle AHK est équilatéral. (G., n° 59.) Donc on a (n° 486)

$$OE + OF = AI$$

En ajoutant $OD = IG$

il vient $OD + OE + OF = AG$ *C. Q. F. D.*

Fig. 307.

Scolie I. Si le point mobile O se trouve sur l'un des côtés, l'une des trois distances est nulle ; s'il est à l'un des sommets, deux des distances sont nulles. Le théorème est toujours vrai.

Scolie II. Le théorème qui vient d'être démontré pour les points intérieurs peut être étendu aux points extérieurs, moyennant une convention sur le signe algébrique des distances.

Les trois côtés peuvent être considérés comme trois droites indéfinies ; pour chacune de ces droites, on peut considérer une face *interne* ou *intérieure*, du côté du triangle, et une face *externe* ou *extérieure*, à l'opposé du triangle. La distance sera considérée comme *positive* quand elle tombera à l'*intérieur* du côté, et comme *négative* quand elle tombera à l'*extérieur*.

Par exemple, pour le point P, les distances sont PD, PE et — PF ; or le point P étant sur le prolongement d'un côté du triangle équilatéral AHK, on a (n° 486) $PE - PF = AI$

Si l'on ajoute   PD = IG

il vient

$$PD + PE - PF = AG$$

Pour le point R, les distances sont RE, — RM et — RL. Or le point R étant sur le prolongement d'un côté du triangle équilatéral AST, on a

$$RE - RM = AN$$

Si l'on retranche RL = NG

il vient RE — RM — RL = AG

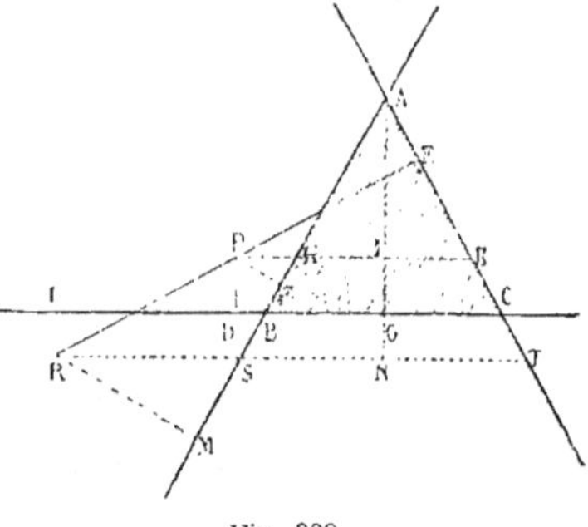

Fig. 308.

489. Remarque. La démonstration par les surfaces auxiliaires est très simple (n° 164), mais elle dépend du livre IV.

Ainsi (fig. 307) soit a le côté du triangle.

Le double de l'aire du triangle équilatéral est donné par

$$a.AG \quad \text{ou par} \quad a.OD + a.OE + .a.OF$$

d'où

$$a.AG = a(OD + OE + OF)$$

ainsi

$$AG = OD + OE + OF$$

Exercice 41.

490. Théorème. *Sur la base BC d'un triangle isocèle BAC, on élève, en un point quelconque, une perpendiculaire PMN qui coupe les côtés BA, CA aux points M et N; prouver que la somme PM + PN est constante.*

(Méthodes, n° 266.)

Triangle rectangle.

491. Les propriétés descriptives du triangle rectangle qu'il est possible d'étudier dans le livre I peuvent être rattachées à la propriété qu'ont les angles à la base d'être complémentaires. Il en résulte, ainsi qu'on va le démontrer, que l'hypoténuse est double de la médiane qui part du sommet de l'angle droit; donc le triangle rectangle peut être considéré comme étant formé par la réunion de deux triangles isocèles ayant pour côté commun un de leurs côtés égaux, et dont les angles au sommet sont supplémentaires.

Exercice 42.

492. Théorème. *La médiane relative à l'hypoténuse d'un triangle rectangle est moitié de cette hypoténuse.*

493. Théorème. *Les médiatrices des deux côtés de l'angle droit d'un triangle rectangle se rencontrent sur l'hypoténuse (n° 443).*

494. Théorème. *Les médiatrices des côtés de l'angle droit d'un triangle rectangle, et la droite qui joint leur point de concours au sommet de l'angle droit, divisent le triangle rectangle en quatre triangles égaux.*

Exercice 43.

495. Théorème. *Si une médiane d'un triangle est moitié du côté sur lequel elle tombe, le triangle est rectangle.*

496. Théorème. *Si un côté de l'angle droit d'un triangle rectangle est moitié de l'hypoténuse, l'angle opposé à ce côté égale* $^1/_3$ *d'angle droit, et réciproquement.*

497. Réciproque. *Si l'un des angles aigus d'un triangle rectangle égale* $^1/_3$ *d'angle droit, le côté opposé à cet angle est moitié de l'hypoténuse.*

Car la médiane qui part du sommet de l'angle droit divise le triangle rectangle en deux triangles dont l'un est équilatéral; par suite, l'un des angles aigus du triangle rectangle vaut $\dfrac{2}{3}$ d'un droit, et l'autre angle aigu vaut $\dfrac{1}{3}$.

498. Théorème. *Un triangle est rectangle lorsqu'un des angles aigus vaut* $^1/_3$ *d'angle droit et que la hauteur du triangle tombe aux* $^3/_4$ *de la base à partir du sommet de l'angle aigu donné.*

499. Théorème. *Dans un triangle rectangle, la médiane et la hauteur qui partent du sommet de l'angle droit font entre elles un angle égal à la différence des angles aigus.*

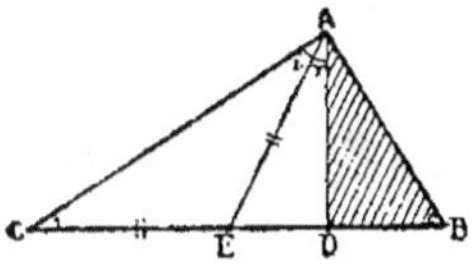

Soit ABC un triangle rectangle, AD la hauteur, et AE la médiane issues du sommet de l'angle droit.

Fig. 309.

La médiane AE est moitié de l'hypoténuse (n° 492); donc le triangle ACE est isocèle, et l'angle C $= i$. A cause des triangles rectangles ABC et ADC. les angles B et CAD sont égaux comme compléments du même angle C. (G., n° 92, 5°.) Donc l'angle r, qui égale CAD $- i$, égale aussi B $-$ C. *C. Q. F. D.*

Exercice 44.

500. Théorème. *Dans un triangle rectangle, la bissectrice de l'angle droit est bissectrice de l'angle formé par la médiane et la hauteur qui partent de cet angle droit.*

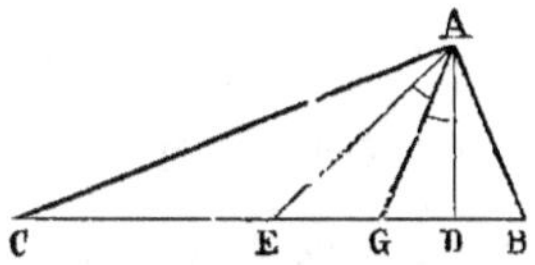

1re *Démonstration.* On sait que l'angle DAE $=$ B $-$ C (n° 499).

Fig. 310.

On sait aussi que l'angle de la bissectrice et de la hauteur égale la demi-différence des angles à la base (n° 468).

D'où   angle $DAG = \dfrac{B - C}{2}$

donc l'angle DAG est la moitié de DAE.   *C. Q. F. D.*

2e *Démonstration.* Le triangle AEC est isocèle (n° 492);

donc   l'angle $CAE = C$

mais l'angle $BAD = C$ comme étant le complément de B;

donc   angle $CAE = BAD$

Ainsi la bissectrice de l'angle droit est en même temps bissectrice de l'angle DAE.   *C. Q. F. D.*

Remarque. Ce théorème n'est qu'un cas particulier d'un théorème relatif au triangle quelconque (n° 646).

501. Théorème. *On donne deux parallèles; d'un point A de l'une d'elles, on abaisse sur l'autre une perpendiculaire AC et une oblique AB;* *si une sécante* BED *est telle que* $ED = 2AB$, *démontrer que l'angle EBC est le tiers de ABC.*

Soit $EM = MD = AB$

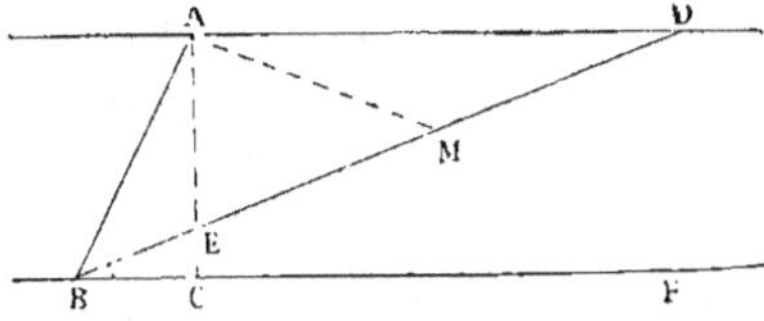

Fig. 311.

Dans le triangle rectangle AED, la médiane AM égale la moitié de l'hypoténuse (n° 492); donc

$$AM = MD = AB$$

Or l'angle AMB extérieur au triangle $AMD = MAD + D = 2D.$

D'ailleurs l'angle $D = DBF$ comme alterne-interne.

L'angle AMB égale ABM, car $AM = AB$;

donc   angle $DBF = \frac{1}{2}ABE$

Ainsi   l'angle $DBF = \frac{1}{3}ABF$ *C. Q. F. D.*

Note. Pour diviser l'angle ABF en trois parties égales, il faudrait mener une sécante BEF telle que $ED = 2AB$; mais on ne peut pas résoudre ce dernier problème en n'employant que la règle et le compas (voir n°ˢ 910 et 913). On pourrait recourir à une *conchoïde*, ayant le point B pour pôle et AC pour droite directrice; on déterminerait une suite de points que l'on réunirait par un trait continu.

Pour le tracé des courbes, voir *Exercices de Géométrie descriptive,* par F. J., chap. iii, page 36.

Parallélogramme.

Pour les exercices relatifs au parallélogramme, on a recours aux divers théorèmes connus. (G., n°ˢ 100 à 108.)

Le rectangle, le losange et le carré sont des variétés du parallélogramme.

Chacune de ces figures peut être considérée comme formée par la réunion de deux triangles égaux; par suite, chaque cas d'égalité établi pour le triangle peut en donner un pour le parallélogramme.

Exercice 45.

502. Théorème. *Deux parallélogrammes sont égaux :*
1° *Lorsqu'ils ont un angle égal compris entre des côtés respectivement égaux ;*
2° *Lorsqu'ils ont deux côtés adjacents respectivement égaux, et une diagonale égale et de même position ;*
3° *Lorsque leurs diagonales sont égales et se coupent sous un même angle.*

503. Théorème. *Deux parallélogrammes sont égaux :*
4° *Lorsqu'ils ont un côté égal et les diagonales respectivement égales ;*
5° *Lorsqu'ils ont une diagonale égale rencontrant les côtés adjacents sous des angles respectivement égaux.*

Exercice 46.

504. Théorème. *Toute droite menée dans un parallélogramme par le point de rencontre des diagonales a ce point pour milieu.*

Exercice 47.

505. Théorème. *Les diagonales de deux parallélogrammes, dont l'un est circonscrit à l'autre, passent par un même point.*

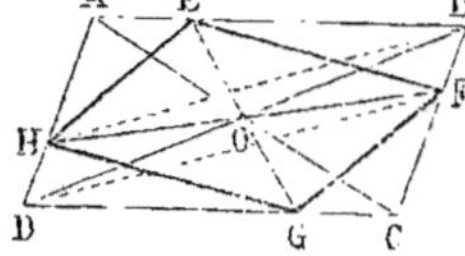
Fig. 312.

Les triangles EBF, GDH sont égaux comme ayant un côté égal adjacent à deux angles égaux, car GH est égal et parallèle à EF.

Ainsi les angles BEF, DGH sont égaux comme ayant les côtés parallèles et de sens contraire ; il en est de même des angles en F et en H ; donc

$$BF = DH$$

Ces deux lignes étant égales et parallèles, la figure BFDH est un parallélogramme ; les diagonales FH et BD se coupant en leur milieu, le point O est donc le point de rencontre de toutes les diagonales.

Exercice 48.

506. Théorème. *A partir de chaque sommet d'un carré, et en parcourant le périmètre dans un même sens, on prend sur chaque côté une grandeur donnée ; prouver que la figure obtenue en joignant deux à deux les points déterminés sur le périmètre est un carré.*

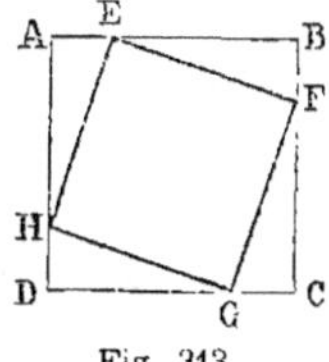
Fig. 313.

Soit　　　　　AE = BF = CG = DH

Les quatre triangles rectangles sont égaux, comme ayant les côtés de l'angle droit respectivement égaux ; donc les hypoténuses sont égales

$$EF = FG, \quad \text{etc.}$$

L'angle   AHE = BEF

donc l'angle   BEF + AEH = 1 droit.

Ainsi l'angle FEH est droit ; donc la figure est un carré.

507. Théorème. *A partir de deux sommets opposés d'un losange, on porte sur chaque côté une grandeur donnée ; la figure formée en joignant deux à deux les points obtenus est un rectangle.*

Exercice 49.

508. Théorème. *A partir de deux sommets opposés d'un carré, on prend sur chaque côté une longueur donnée ; la figure formée en joignant deux à deux les points ainsi obtenus est un rectangle à périmètre constant.*

Soit   AE = AH = CF = CG.

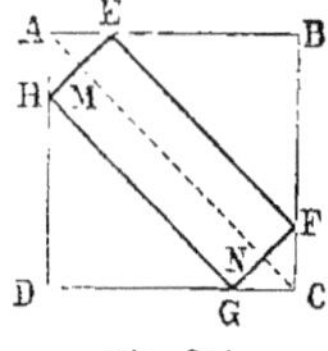

Fig. 314.

. Les quatre triangles AHE, BEF, etc., sont isocèles-rectangles ; donc chaque angle aigu vaut 45 degrés ; ainsi l'angle MEF est droit, et de même pour les autres ; la figure EFGH est un rectangle.

On a, d'ailleurs :

$$ME = AM ; \quad EF = MN ; \quad FN = NC$$

donc le périmètre est constant, car il égale 2AC.

Exercice 50.

509. Théorème. *1° Le point de concours des diagonales d'un losange est équidistant des quatre côtés de ce losange. 2° Les diagonales sont bissectrices des angles que forment entre elles les perpendiculaires abaissées de ce point sur les côtés.*

510. Théorème. *En joignant deux à deux les pieds des perpendiculaires abaissées du point de concours des diagonales d'un losange sur les côtés de ce losange, on forme un rectangle inscrit.*

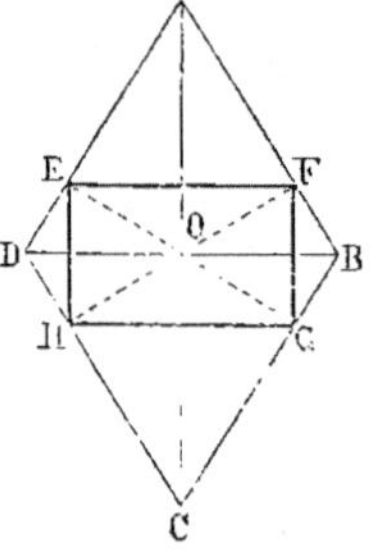

Fig. 315.

511. Théorème. *En élevant des perpendiculaires aux extrémités de deux droites égales qui se coupent en leur milieu, on forme un losange dont les diagonales passent par le point de concours des lignes données.*

Exercice 51.

512. Théorème. *Les bissectrices intérieures d'un parallélogramme se rencontrent de manière à former entre elles un rectangle.*

Soit le parallélogramme ABCD, et soit EFGH le quadrilatère formé par les bissectrices intérieures.

A cause des parallèles AB et CD, et de la sécante BC, on a

$$2b + 2c = 2 \text{ droits}$$

d'où $\qquad b + c = 1 \text{ droit}$

Donc le triangle BCG est rectangle en G. (G., n° 92.)

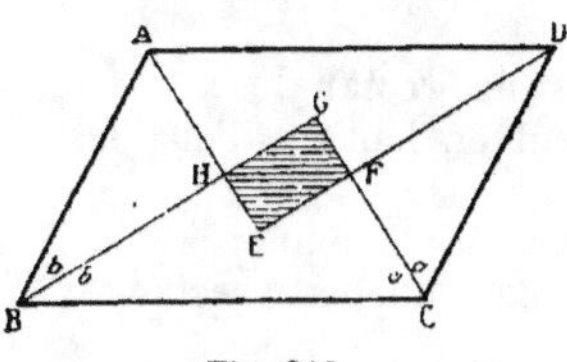

Fig. 316.

Ainsi les bissectrices de deux angles consécutifs sont perpendiculaires l'une à l'autre. Donc la figure EFGH est un rectangle. $\qquad$ *C. Q. F. D.*

513. Théorème. *Les bissectrices intérieures d'un rectangle se rencontrent en formant un carré.*

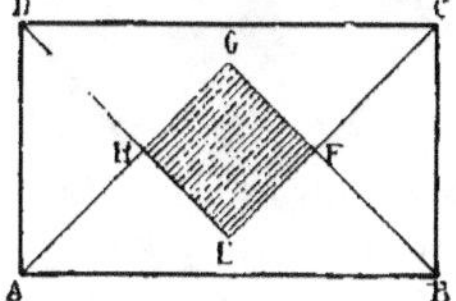

Fig. 317.

Soit le rectangle ABCD. Les quatre angles étant droits, leurs moitiés sont égales; les quatre triangles AGB, CED, BFC et AHD sont isocèles; et les angles E, F, G, H, sont droits. (G., n° 12.)

Les deux premiers triangles sont égaux, ainsi que les deux derniers. (G., n° 50.) Donc les quatre droites GA, GB, EC, ED. sont égales, aussi bien que HA, HD, FB, FC. Il suit de là que la figure EFGH a ses quatre côtés égaux; et comme ses angles sont droits, cette figure est un carré. $\qquad$ *C. Q. F. D.*

Remarque. En menant les bissectrices *intérieures* et *extérieures*, on forme :

Quatre carrés tels que	ME
Quatre	id.	MG
Un	id.	MO
Un	id.	EO

En tout dix carrés et quatre rectangles.

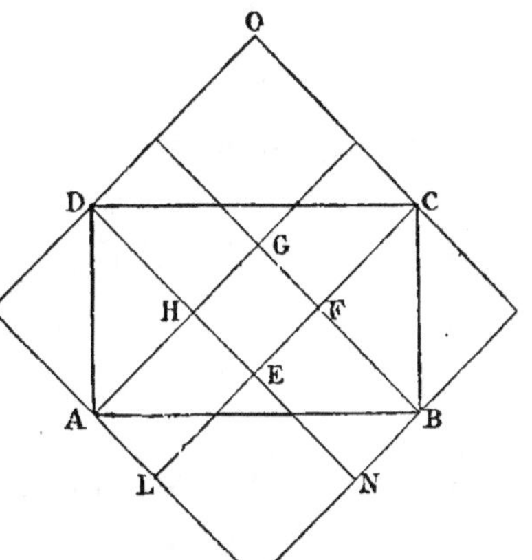

Fig. 318.

514. Théorème. *La diagonale est égale à la différence des côtés du rectangle donné. Il en est de même dans le théorème précédent.*

En menant HF et prolongeant cette ligne, on obtient la médiane des triangles rectangles ABH, CDF (fig. 340); la somme de ces deux médianes égale AB (n° 492); donc

$$HF = AD - AB$$

515. Théorème. *Les bissectrices extérieures d'un parallélogramme se coupent en formant un rectangle dont les diagonales égalent la somme des côtés du parallélogramme.*

Remarque. La question peut être posée comme il suit :

On mène les bissectrices des angles intérieurs et extérieurs d'un parallélogramme, démontrer :

1° Que les bissectrices, en se coupant, forment des rectangles ;

2° Que les diagonales de ces rectangles coupent en leurs milieux les côtés du parallélogramme ;

3° Que la diagonale du grand rectangle est égale à la somme des deux côtés adjacents du parallélogramme, et la diagonale du petit rectangle est égale à la différence des mêmes lignes ;

4° Que la surface du rectangle extérieur est égale à deux fois la surface du parallélogramme, plus la surface du rectangle intérieur.

Examiner dans quel cas les rectangles deviennent des carrés, et dans quel cas le rectangle intérieur se réduit à un point.

Exercice 52.

516. Théorème. *En menant des parallèles équidistantes d'une des diagonales d'un rectangle et en joignant les extrémités de ces parallèles, on forme un parallélogramme inscrit dans le rectangle, et le périmètre de la figure inscrite égale la somme des diagonales du rectangle.*

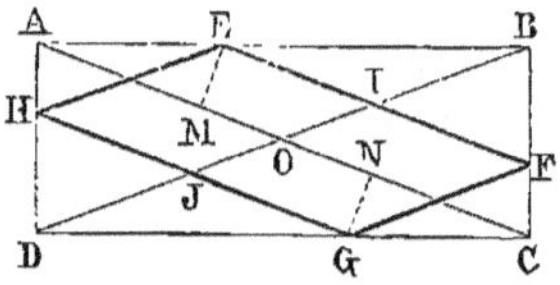

Soient les parallèles équidistantes EF, GH ; on a donc la perpendiculaire

$$EM = GN$$

Les deux triangles rectangles AEM, CGN sont égaux comme ayant un côté égal et un angle aigu égal ; car $EM = GN$, et les angles MAE, NCG sont alternes-internes ; donc on a

$$AE = CG$$

on aurait de même $\qquad AH = CF$

par suite, $\qquad BE = DG$ et $BF = DH$

Les triangles rectangles EBF, GDH sont égaux, parce que les côtés de l'angle droit de l'un d'eux sont respectivement égaux à ceux de l'autre triangle ; donc $\qquad EF = GH$

Ainsi la figure EFGH est un parallélogramme, parce qu'elle a deux côtés opposés EF, GH égaux et parallèles. (G., n° 104.)

2° Le périmètre égale la somme des diagonales, car les triangles BIF, GJD sont isocèles ; ainsi

$$IF = IB, \quad JG = JD$$

d'ailleurs $\qquad FG = IJ$

donc le demi-périmètre $\quad IF + FG + GJ = BD \qquad$ *C. Q. F. D.*

Fig. 319.

517. Théorème. *En menant deux parallèles équidistantes d'une des diagonales d'un rectangle, mais de manière que ces parallèles coupent les prolongements de l'autre diagonale, puis en joignant deux à deux les points où les parallèles rencontrent les prolongements des côtés du rectangle, on forme un parallélogramme dont la différence des côtés adjacents égale la diagonale du rectangle.*

Exercice 53.

518. Théorème. *Par l'un des sommets d'un parallélogramme on mène une droite quelconque xy ; de chacun des trois autres sommets on abaisse une perpendiculaire sur la ligne menée ; prouver que la perpendiculaire abaissée du point intermédiaire égale la somme ou la différence des perpendiculaires extrêmes.*

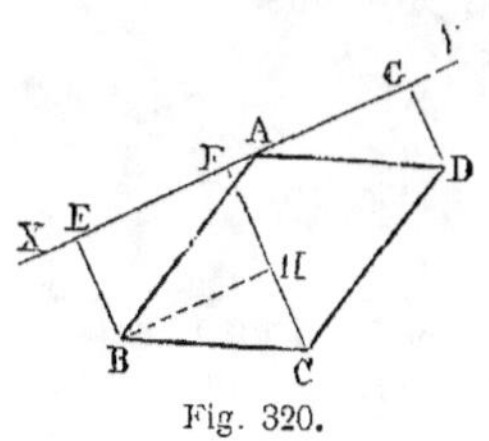

Fig. 320.

Par le sommet B, menons une parallèle BH à xy.

Les triangles rectangles BCH, ADG sont égaux, comme ayant l'hypoténuse égale et les angles égaux ; donc

$$CH = DG$$

mais

$$BE = FH$$

donc

$$CF = BE + DG \qquad C. Q. F. D.$$

Remarque. Quand xy coupe le parallélogramme, on a une différence au lieu d'une somme.

519. Théorème. *La projection de la diagonale d'un parallélogramme sur une droite quelconque égale la somme des projections de deux côtés adjacents sur la même droite.* (VARIGNON [*].)

Soit la diagonale BD et les côtés adjacents BA, BC (fig. 320).
La projection de BD sur XY égale EG ; il faut prouver qu'on a

$$EG = EA + EF$$

Or

$$EF = BH = AG \quad \text{et} \quad EG = EA + AG$$

donc

$$EG = EA + EF \qquad C. Q. F. D.$$

Remarque. L'énoncé est général, pourvu qu'on regarde comme de signes différents les lignes qui vont en sens contraire ; ainsi la projection AF de AC donne

$$AF = AE - AG$$

520. Théorème. *La somme des perpendiculaires abaissées des sommets d'un parallélogramme sur une droite extérieure à cette figure, égale quatre fois la distance de cette droite au point de concours des diagonales.*

(Voir n° 461.)

Exercice 54.

521. Théorème. *La somme ou la différence des perpendiculaires abaissées d'un point donné sur les deux côtés adjacents d'un losange,*

---

* VARIGNON, né à Caen en 1654, mort en 1722. On lui doit un *Projet d'une nouvelle mécanique*, puis la *Nouvelle mécanique ou statique*. C'est dans ces ouvrages que se trouve le célèbre *théorème des moments*. (*Mécanique*, F. J., n° 45.)

*égale la somme ou la différence des perpendiculaires abaissées du même
point sur les deux autres côtés.*

On doit avoir

$$PL + PM = PO + PN$$

En effet, cela revient à

$$PO + OL + PM = PO + PM + MN$$

Or $\qquad OL = MN$; $\qquad$ donc...

Pour que le théorème soit général, il
faut avoir égard aux signes.

Ainsi $\quad QL + QR = QS + (-QO)$

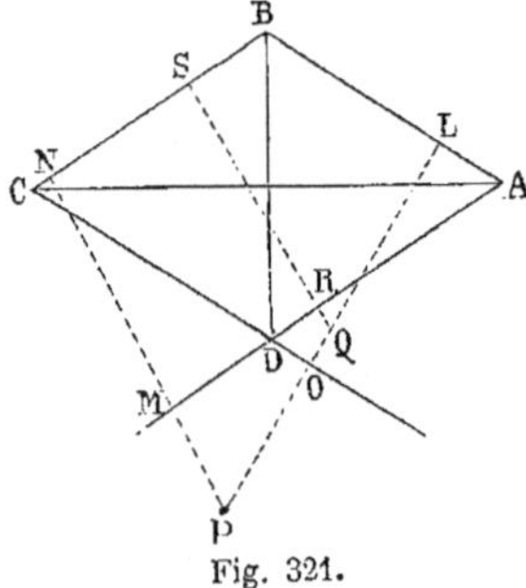

Fig. 321.

Exercice 55.

522. Théorème. *Lorsqu'on joint deux sommets opposés d'un parallélogramme aux points milieux de deux côtés opposés de la figure, une
des diagonales du parallélogramme se trouve divisée en trois parties
égales.* (P. ANDRÉ, *Exercices de Géométrie.*)

1re *Démonstration.* En effet, AF, CG, BO sont les médianes du triangle
ACB ; donc $\quad$ BM $= ^2/_3$ BO $\quad$ (n° 447)

ou $\qquad BM = \dfrac{2}{3} \times \dfrac{BD}{2} = \dfrac{BD}{3}$

de même $\qquad DN = \dfrac{BD}{3}$; $\quad$ donc...

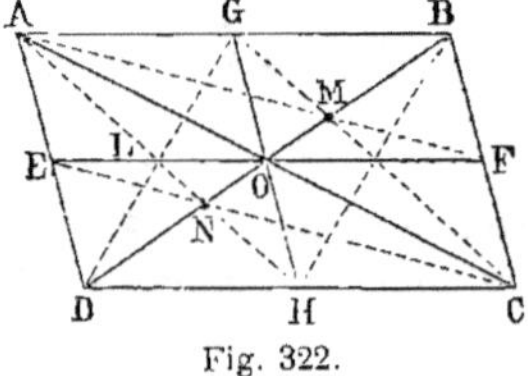

Fig. 322.

2e *Démonstration.* Considérons le triangle
AOB.

La droite AF, diagonale du parallélo-
gramme ABFE, passe par le point milieu de OG ; or on sait que la droite
AM, qui passe par le milieu de la médiane OG du triangle AOB, détermine sur la base OB un segment OM qui n'est que la moitié de BM
(n° 435) ; donc BM est le tiers de BD.

Scolie. *Les droites AF, AH, qui joignent un sommet d'un parallélogramme aux points milieux des côtés opposés à ce sommet, divisent une
des diagonales en trois parties égales.*

<h2 style="text-align:center">Trapèze.</h2>

523. Le parallélogramme et ses variétés ne sont qu'un cas particulier
du trapèze ; néanmoins nous considérerons spécialement le trapèze proprement dit, c'est-à-dire le quadrilatère dans lequel les deux côtés parallèles sont inégaux.

On nomme *trapèze symétrique* ou *trapèze isocèle* le trapèze dont les
côtés non parallèles sont égaux.

Le trapèze isocèle peut être considéré comme obtenu en coupant un
triangle isocèle par une parallèle à la base, car on démontre que les
angles à la base sont égaux entre eux (n° 534). Il en résulte que les côtés
considérés sont des lignes *antiparallèles* (n° 471) par rapport aux bases
du trapèze.

Exercice 56.

524. Théorème. *Dans tout trapèze : 1° la différence des deux bases est plus petite que la somme des deux autres côtés ; chacun de ces côtés est plus petit que l'autre côté augmenté de la différence des bases ; 2° la somme des bases est plus petite que la somme des diagonales.*

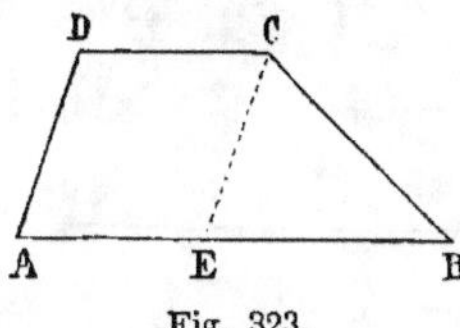

Fig. 323.

525. Remarque. En admettant que ces conditions soient constamment réalisées pour quatre lignes données, et chaque groupe de deux lignes étant pris successivement pour former les bases, on pourrait construire six trapèzes différents.

En effet, soient les quatre lignes *a*, *b*, *c*, *d*, on aurait les trapèzes

abcd	*bacd*
acbd	*badc*
abdc	*dacb*

Exercice 57.

526. Théorème. *Deux trapèzes sont égaux lorsque leurs bases sont respectivement égales chacune à chacune, et qu'il en est de même des côtés non parallèles.*

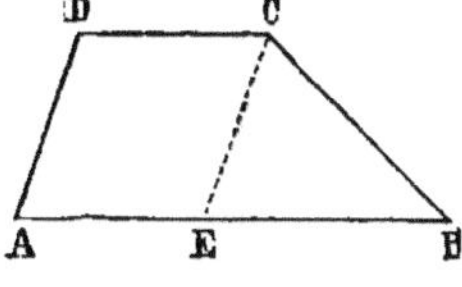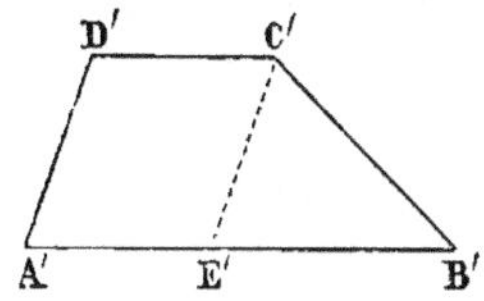

Fig. 324.

527. Remarque. Pour que deux trapèzes soient égaux, il ne suffit point qu'ils aient les quatre côtés respectivement égaux et placés dans le même ordre ; car, avec quatre droites données, on peut parfois former plusieurs trapèzes différents (n° 525). Ainsi les quatre longueurs *a*, *b*, *c*, *d*, prises dans l'ordre indiqué, pourraient donner un premier trapèze ayant *a* et *c* pour bases, et un second trapèze ayant *b* et *d* pour bases.

528. Théorème. *Deux trapèzes sont égaux lorsque leurs bases sont respectivement égales chacune à chacune, et qu'il en est de même des diagonales.*

529. Théorème. *Deux trapèzes sont égaux lorsqu'ils ont trois côtés respectivement égaux et un angle égal.*

Exercice 58.

530. Théorème. *Dans un trapèze, la droite qui joint les milieux des côtés non parallèles est parallèle aux bases, et égale à leur demi-*

*somme ; et la partie de cette droite comprise entre les deux diagonales
est égale à la demi-différence des bases.*

Soit le trapèze ABCD, ayant pour diagonales AC et BD.

1° Dans le triangle BAC, menons la
droite EH par les milieux des côtés AB
et AC ; cette droite est parallèle à BC,
et égale à sa moitié. Son prolongement
HF est parallèle à AD et égal à la moitié
de cette base.

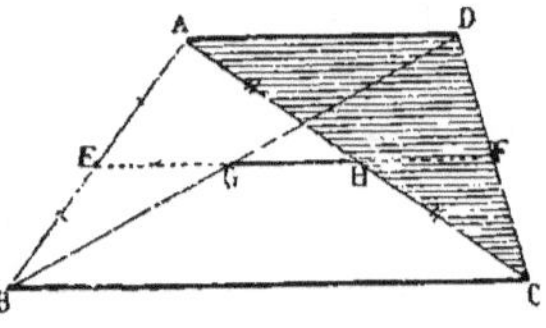

Fig. 325.

Donc
$$EF = \tfrac{1}{2}BC + \tfrac{1}{2}AD = \tfrac{1}{2}(BC + AD)$$

2° Dans le triangle BDC, la droite GF joint les milieux des côtés BD
et DC, et l'on a
$$GF = \tfrac{1}{2}BC$$
Si l'on retranche
$$HF = \tfrac{1}{2}AD$$
il vient
$$GH = \tfrac{1}{2}BC - \tfrac{1}{2}AD = \tfrac{1}{2}(BC - AD).\qquad \text{Donc...}$$

Corollaire. *La droite menée parallèlement aux bases d'un trapèze par
le milieu de l'un des côtés non parallèles, passe au milieu de l'autre
côté.*

531. Théorème. *Lorsque la petite base d'un trapèze est la moitié de
la grande, la base moyenne de ce trapèze est divisée en trois parties
égales par les diagonales.*

En effet, dans ce cas,
$$EG = \frac{AD}{2} \quad \text{ou} \quad \frac{BC}{4}$$

et
$$EH = \frac{BC}{2}$$

donc
$$EG = GH$$

De même
$$GH = HF.\qquad \text{Donc...}$$

Exercice 59.

532. Théorème. *Lorsque la petite base d'un trapèze égale la somme
des côtés non parallèles, les bissectrices intérieures des angles adjacents
à la grande base viennent concourir sur la petite base.*

(Voir n° 458.)

533. Théorème. *Lorsque la grande base d'un trapèze égale la somme
des côtés non parallèles, les bissectrices des angles adjacents à la petite
base viennent concourir sur la grande base.*

On peut consulter avec profit le n° 458, car toutes ces questions ne
diffèrent que par l'énoncé.

Exercice 60.

534. Théorème. *Dans le trapèze isocèle, les angles adjacents à une
même base sont égaux, les diagonales sont égales et se coupent sur la
droite qui joint les milieux des deux bases.*

Soit $AC = BD$.

1° Abaissons les hauteurs CE, DF ; on a :

$$CE = DF$$

Les triangles rectangles ACE, BDF sont égaux comme ayant l'hypo-ténuse égale et un côté égal,

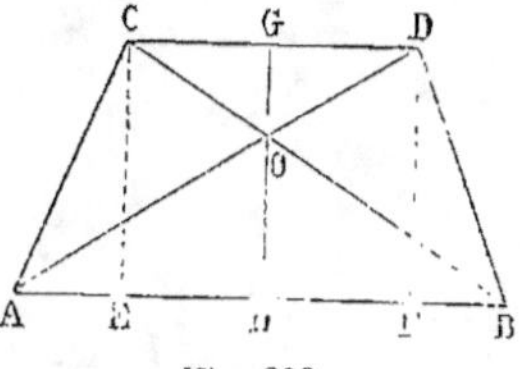

Fig. 326.

$$CE = DE$$

donc   angle $CAE = DBF$

2° Les triangles CAB, DBA sont égaux comme ayant un angle égal compris entre deux côtés égaux ; car l'angle $A = B$; donc

$$AD = BC$$

de plus, l'angle $ABO = BAO$

ainsi le triangle AOB est isocèle, et le sommet O se trouve sur la per-pendiculaire élevée au point H milieu de AB.

Mais le triangle COD est aussi isocèle ; la perpendiculaire HO est aussi perpendiculaire à la parallèle CD (G., n° 76) ; or la perpendiculaire OG, abaissée du sommet d'un triangle isocèle sur la base de ce triangle, passe au milieu de cette base. (G., n° 61.) Ainsi G est le point milieu de CD, et la droite GH, qui joint les deux points milieux, passe par le point de concours des deux diagonales.   *C. Q. F. D.*

535. Théorème. *En joignant deux à deux les points milieux des quatre côtés d'un trapèze isocèle, on obtient un losange.*

536. Théorèmes. 1° *Deux trapèzes isocèles sont égaux lorsqu'ils ont des bases égales et même hauteur ;* 2° *les perpendiculaires élevées au milieu des côtés d'un trapèze symétrique se coupent au même point.*

537. Note. On nomme *contre-parallélogramme* un système articulé de quatre tiges, correspondant aux diagonales et aux côtés non parallèles d'un trapèze isocèle : ainsi (fig. 326) les quatre tiges seraient AD, BC, AC et BD.

Cette figure, dont le parallélogramme n'est qu'un cas particulier, est très usitée dans les *Inverseurs*. De nos jours, les *systèmes de tiges articulées* ont été étudiés et appliqués d'une manière remarquable ; on les nomme suivant le cas, *inverseurs ou réciprocateurs, compas de Peaucellier, compas composé, transformateurs*, etc. (voir ci-après, n° 1203).

Quadrilatère quelconque.

538. Le quadrilatère se rencontre fréquemment dans les Exercices de Géométrie ; il y a donc lieu d'étudier quelques cas d'égalité de deux quadrilatères, ainsi que les propriétés de ces figures.

Pour démontrer l'égalité de deux quadrilatères, on a recours à la superposition ou à la décomposition en deux triangles.

Exercice 61.

539. Théorème. *Deux quadrilatères sont égaux :*

1° *Lorsqu'ils ont trois côtés et les deux angles compris respectivement égaux ;*

2° *Lorsqu'ils ont deux côtés consécutifs et les trois angles adjacents respectivement égaux ;*

3° *Lorsqu'ils ont un angle égal et les quatre côtés respectivement égaux, et placés dans le même ordre.*

Exercice 62.

540. Théorème. *Dans tout quadrilatère convexe, la somme des diagonales est plus grande que la somme de deux côtés opposés.*

$$e + g > a$$
$$f + h > c$$

d'où
$$e + g + f + h > a + c$$

ou
$$AC + BD > a + c \qquad\qquad C.\ Q.\ F.\ D.$$

Remarque. Ce théorème a été présenté sous un énoncé différent. (G., n° 178.)

541. Théorème. *Dans un quadrilatère convexe, la somme des diagonales est comprise entre le périmètre et le demi-périmètre.*

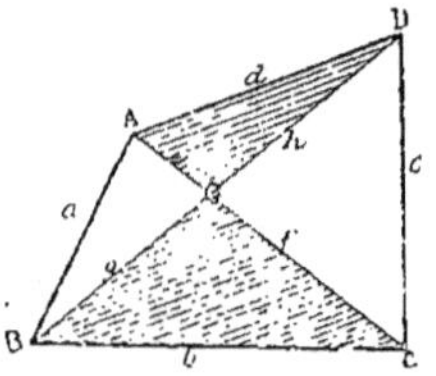

Soient AC et BD les diagonales du quadrilatère convexe ABCD.

1° Appelons $2p$ le périmètre

$$a + b + c + d$$

On a $\quad e + f < a + b, \quad e + f < c + d$.

d'où $\quad 2e + 2f < 2p \quad$ et $\quad e + f < p$

On trouverait de même $\qquad g + h < p$

En additionnant, il vient

$$(e + f) + (g + h) < 2p$$

2° On a $\quad e + g > a, \quad g + f > b, \quad f + h > c, \quad h + e > d$

d'où $\quad 2e + 2f + 2g + 2h > 2p \quad$ et $\quad (e + f) + (g + h) > p$

Donc *la somme des diagonales d'un...*

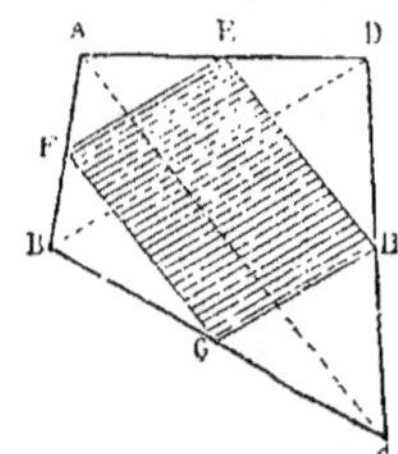
Fig. 327.

Exercice 63.

542. Théorème. *Les points milieux des côtés d'un quadrilatère quelconque sont les sommets d'un parallélogramme.*

Soit ABCD un quadrilatère quelconque, et EFGH la figure obtenue en joignant les milieux des côtés.

Si l'on mène la diagonale BD, le quadrilatère donné se trouve divisé en deux triangles, BDA et BDC. La droite EF joint les milieux des côtés AB et AD, et GH les milieux des côtés CB et CD ; ainsi chacune de ces droites est parallèle à BD et égale à sa moitié (n° 431). Donc ces deux lignes sont égales et parallèles, et la figure EFGH est un parallélogramme. $\qquad C.\ Q.\ F.\ D.$

Fig. 328.

543. Théorème. *Dans un quadrilatère quelconque, les droites qui joignent les milieux des côtés opposés se coupent en leurs milieux.*

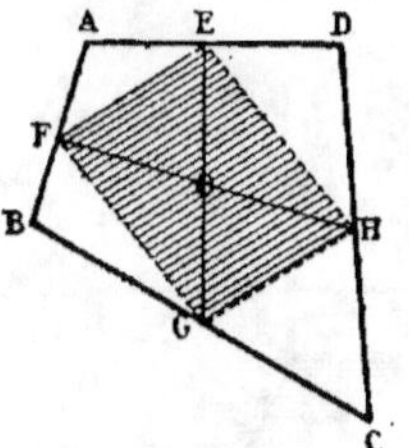

Fig. 329.

Soit le quadrilatère ABCD. Les points E, F, G, H, milieux des côtés, sont les sommets d'un parallélogramme (n° 542), et les droites EG et FH ne sont autre chose que les diagonales de ce parallélogramme; donc ces droites se coupent en leurs milieux. (G., n° 105.)   *C. Q. F. D.*

544. Théorème. *Le parallélogramme obtenu en joignant deux à deux les points milieux des côtés d'un quadrilatère est un rectangle, lorsque les diagonales du quadrilatère primitif sont rectangulaires, ou lorsque les droites qui joignent les milieux des côtés opposés sont égales entre elles.*

545. Théorème. *On obtient un losange lorsque la figure donnée est un trapèze isocèle ou un rectangle. On obtient un carré lorsque la figure donnée est un carré, ou un trapèze isocèle à diagonales rectangulaires égales.*

Exercice 64.

546. Théorème. *Le parallélogramme formé en joignant deux à deux les milieux des côtés d'un quadrilatère quelconque est la moitié de ce quadrilatère.*

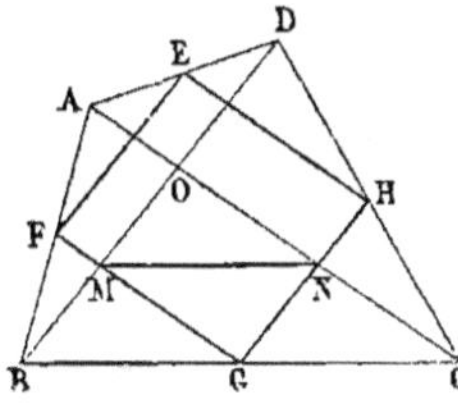

Fig. 330.

Dans le triangle ABO, la droite FG est menée par le point milieu F de AB, de plus elle est parallèle à AC; donc elle passe par le milieu de l'autre côté BO (n° 431, corollaire). Ainsi M est le point milieu de BO; de même N est le point milieu de CO; par suite, la droite MN, qui joint les milieux de OB et de OC, est parallèle à BC et en égale la moitié (n° 431); donc

$$MN = BG = CG$$

Les quatre triangles OMN, BMG, GNC, NGM sont donc égaux comme ayant tous les côtés respectivement égaux; donc le parallélogramme OMGN, qui contient deux de ces triangles, est la moitié du triangle BOC, qui en contient quatre.

Il en serait de même des autres parties des figures comparées; donc le parallélogramme EHGF est la moitié du quadrilatère ABCD.

547. Théorème. *Le parallélogramme formé en menant par chaque sommet d'un quadrilatère des parallèles aux diagonales, est double de ce quadrilatère et quadruple du parallélogramme formé en joignant deux à deux les milieux des côtés du quadrilatère donné.*

Démonstration analogue à celle qui est donnée ci-dessus, mais beaucoup plus simple; on peut aussi consulter les *Méthodes*, n° 155.

Exercice 65.

548. Théorème. *Dans un quadrilatère quelconque, les droites qui joignent les milieux des côtés opposés se rencontrent au milieu de la droite qui joint les milieux des diagonales.*

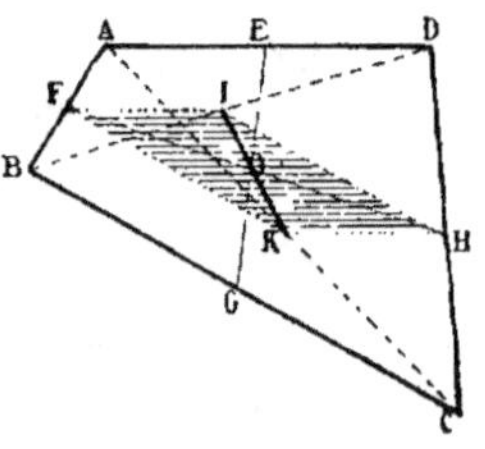

Fig. 331.

Soit ABCD un quadrilatère quelconque, EG et FH les droites qui joignent les milieux des côtés opposés, AC et BD les diagonales, et IK la droite qui joint les milieux des diagonales.

Traçons le quadrilatère IFKH.

Dans le triangle ABD, la droite IF est parallèle à AD, et en est la moitié; dans le triangle ACD, la droite KH est parallèle à AD, et en est la moitié; ainsi les droites IF et KH étant parallèles et égales, la figure IFKH est un parallélogramme (G., n° 104), et les diagonales FH et IK se coupent en leurs milieux (G., n° 105); mais FH et EG se coupent aussi en leurs milieux (n° 543); donc le point O est le milieu des trois droites EG, FH et IK.   *C. Q. F. D.*

Exercice 66.

549. Théorème. *L'angle des bissectrices intérieures de deux angles consécutifs d'un quadrilatère est égal à la demi-somme des deux autres angles de ce quadrilatère ; l'angle des bissectrices extérieures de deux angles consécutifs est égal à la demi-somme de ces deux angles consécutifs.*

1° L'angle
$$E = 180 - \frac{A + B}{2}$$

Mais
$$\frac{A + B}{2} + \frac{C + D}{2} = 180 \qquad \text{(G., n° 94.)}$$

d'où
$$\frac{C + D}{2} = 180 - \frac{A + B}{2}$$

Donc
$$E = \frac{C + D}{2} \qquad \text{C. Q. F. D.}$$

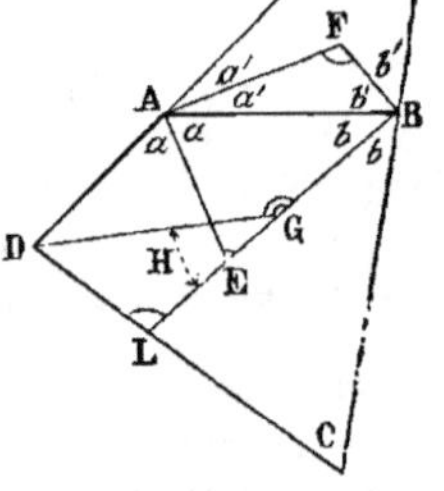

Fig. 332.

2° Les angles supplémentaires de A et B ont pour valeur :
$$180 - A \quad \text{et} \quad 180 - B$$

donc
$$F = 180 - \frac{180 - A + 180 - B}{2}$$

d'où
$$F = \frac{A + B}{2}$$

Vérification. Les angles E, F doivent être supplémentaires, car le quadrilatère AFBE a deux angles droits en A et B ; or
$$E + F = \frac{A + B}{2} + \frac{C + D}{2} = 180°$$

Exercice 67.

550. Théorème. *L'angle aigu des bissectrices intérieures de deux angles opposés d'un quadrilatère égale la demi-différence des deux autres angles.*

Soit G l'angle DGB, et H son supplément formé par les deux bissectrices (fig. 332).

L'angle L, extérieur au triangle BCL $= C + \dfrac{B}{2}$;

donc
$$H = 180 - C - \dfrac{B}{2} - \dfrac{D}{2}$$

Mais 180° peut se remplacer par $\dfrac{A + B + C + D}{2}$ et $- C$ par $- \dfrac{2C}{2}$.

On a donc
$$H = \dfrac{A + B + C + D - 2C - B - D}{2}$$

ou
$$H = \dfrac{A - C}{2}$$
C. Q. F. D.

Exercice 68.

551. Théorème. *Les bissectrices intérieures d'un quadrilatère quelconque se rencontrent de manière à former un nouveau quadrilatère dont les angles opposés sont supplémentaires.*

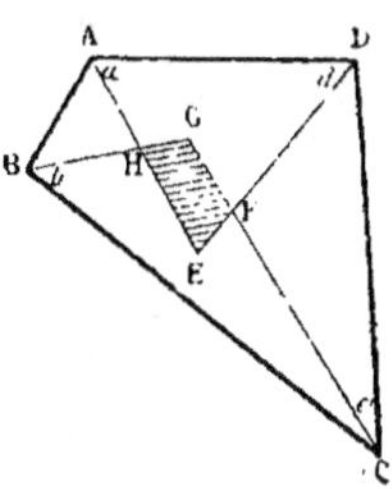

Fig. 333.

Soit ABCD un quadrilatère quelconque, et EFGH le quadrilatère formé par les bissectrices intérieures.

Les quatre angles du quadrilatère ABCD égalent ensemble 4 droits (G., n° 94); on a donc
$$2a + 2b + 2c + 2d = 4 \text{ droits}$$
d'où
$$a + b + c + d = 2 \text{ droits}$$

Pour les deux triangles ADE et BCG, la somme totale des six angles est de 4 droits
$$a + b + c + d + E + G = 4 \text{ droits}$$

Si, de cette égalité on retranche la précédente il vient
$$E + G = 2 \text{ droits}$$

Ainsi les deux angles E et G sont supplémentaires, et il en résulte que F et H le sont aussi. (G., n° 94.)

Donc *les bissectrices intérieures...*

Remarque. Les exercices relatifs aux figures formées par les bissectrices des angles d'un parallélogramme, d'un rectangle (nᵒˢ 512, 513), ne sont que des cas particuliers de celui-ci.

552. Théorème. *Les bissectrices extérieures d'un quadrilatère quelconque se rencontrent de manière à former un quadrilatère dont les angles opposés sont supplémentaires.*

Comme ci-dessus.

Exercice **69**.

553. Théorème. *L'angle des bissectrices des deux angles formés par les côtés opposés d'un quadrilatère égale la demi-somme de deux angles opposés du quadrilatère.*

1re *Démonstration.* Soient EG, FG les bissectrices des angles formés par les côtés opposés du quadrilatère ; par les sommets opposés A et C menons des parallèles aux bissectrices.

Tous les angles marqués 1 sont égaux entre eux ; il en est de même des angles marqués 2.

Les trois angles G, LAM, NCP, ayant les côtés parallèles de même sens, ou tous deux de sens contraire, sont égaux.

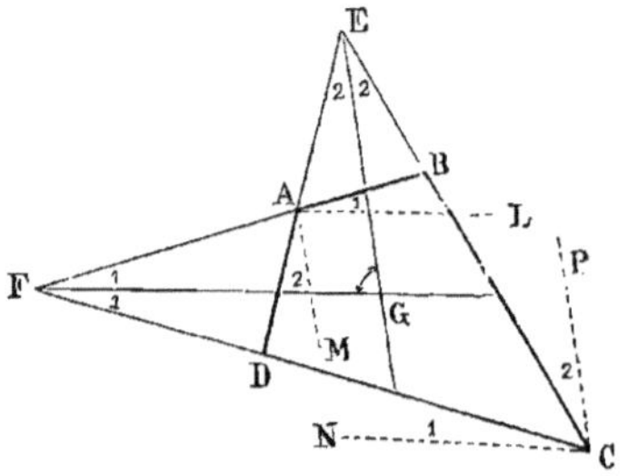

Or l'angle $A = LAM + 1 + 2$

l'angle $C = NCP - 1 - 2$

En additionnant $A + C = LAM + NCP = 2G$

donc   angle $G = \dfrac{A + C}{2}$ *C. Q. F. D.*

Fig. 334.

2e *Démonstration.* Menons FE. Soient m l'angle AEF, et n l'angle AFE.

$$G = 180 - (m + n + 1 + 2)$$

or
$$m + n = 180 - FAE$$
$$m + n + 2(1 + 2) = 180 - C$$

D'où, par addition :

$$m + n + 1 + 2 = 180 - \dfrac{A + C}{2} \; ;$$

Donc $G = \dfrac{A + C}{2} \, .$

3e *Démonstration.* Dans le quadrilatère non convexe EAFG, on a :

$$\text{Angle } EAF = G + 1 + 2$$

Dans EGFC,   Angle $G = C + 1 + 2$

En retranchant la première égalité de la seconde, on trouve :

$$2G = A + C \qquad\qquad C. Q. F. D.$$

Remarques. 1º Le supplément de l'angle $G = \dfrac{B + D}{2} \, .$

2º Lorsque les angles opposés du quadrilatère sont supplémentaires, l'angle G des diagonales est droit. On sait que le quadrilatère dont deux angles opposés sont supplémentaires est inscriptible (G., nº 156) ; par suite, la remarque ci-dessus conduit à l'énoncé suivant :

554. Théorème. *Les bissectrices des deux angles formés par les côtés opposés d'un quadrilatère inscriptible sont perpendiculaires entre elles.*

Exercice 70.

555. Théorème. *La somme des distances des quatre sommets d'un quadrilatère à une droite donnée, égale quatre fois la distance de cette même droite au point de concours des droites qui joignent deux à deux les points milieux des côtés opposés du quadrilatère.*

En effet, en joignant deux à deux les points milieux, on obtient un parallélogramme (n° 542) qui a pour diagonales les droites qui joignent les milieux des côtés opposés ; or la somme des distances des quatre sommets du quadrilatère égale la somme des distances des quatre sommets du parallélogramme, et celle-ci égale quatre fois la distance du point de concours des diagonales ; donc...

556. Théorème. *Un polygone convexe d'un nombre impair de côtés est déterminé par la connaissance des points milieux de ses côtés*.*

1° Si l'on donne les points milieux I, K, L des trois côtés d'un triangle, ce triangle est déterminé. En effet, par chaque point donné, il suffit de mener une parallèle à la droite qui joint les deux autres (n° 434).

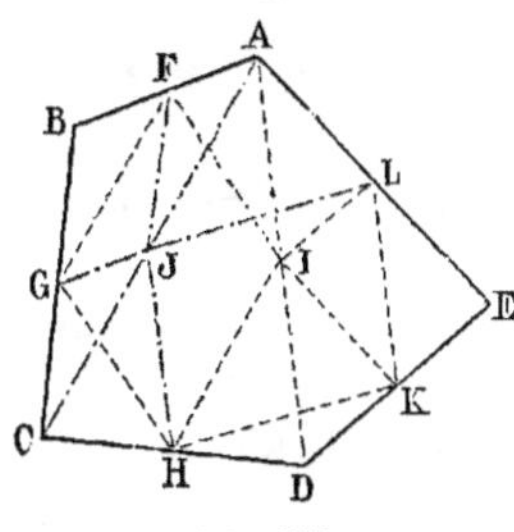

Fig. 335.

2° Lorsqu'on connaît les points milieux des côtés d'un pentagone, la figure est aussi déterminée ; car, soient donnés les points F, G, H, K, L ; en admettant que le pentagone demandé soit construit, on reconnaît, en menant une diagonale quelconque AD, que le point I, milieu de AD et dont la position détermine le triangle ADE et par suite le quadrilatère ABCD, peut s'obtenir à l'aide des trois points F, G, H, car la figure FGHI est un parallélogramme (n° 542).

Il en serait de même pour une autre diagonale, AC par exemple. Le point milieu J est le quatrième sommet d'un parallélogramme HJLK, que les trois points donnés H, K, L déterminent complètement. Ainsi, soit qu'on construise le parallélogramme FGHI, puis le triangle ADE, ou bien le parallélogramme HJLK et le triangle ABC, on n'obtient qu'un seul et même pentagone.

Il en serait de même pour 7 points, pour 9 points, etc... ; donc...

LIEUX GÉOMÉTRIQUES

557. Les constructions n'étant indiquées qu'à la fin du livre II, on doit se borner, dans les questions suivantes, à reconnaître la nature et la position du lieu demandé.

Le lieu peut se composer d'une ou de plusieurs droites, d'une ou de plusieurs circonférences.

---

* A. PROUHET, *Nouvelles Annales mathématiques*, 1844, p. 19. On peut voir ci-après l'*Exercice* 291, n° 1049.

Dans certains cas, une partie seule de la ligne obtenue répond à la question proposée ; l'autre partie répond généralement à une question présentant quelque analogie avec la première (n° 570).

Pour la recherche des lieux et pour leur construction, il est utile de recourir aux développements déjà donnés. (*Méthodes*, n° 56.)

La recherche des lieux géométriques est très importante, parce que la résolution d'un grand nombre de problèmes réclame l'emploi des lieux géométriques.

Exercice 71.

558. Lieu. *Quel est le lieu des points également distants de deux droites parallèles* AB *et* CD ?

Pour chaque point M du lieu, il faut qu'on ait la distance de MG égale à MH. Ainsi le point M se trouve au milieu d'une droite GH perpendiculaire aux deux parallèles AB et CD. Le lieu demandé est la droite indéfinie EF menée par le point M parallèlement aux deux droites données.

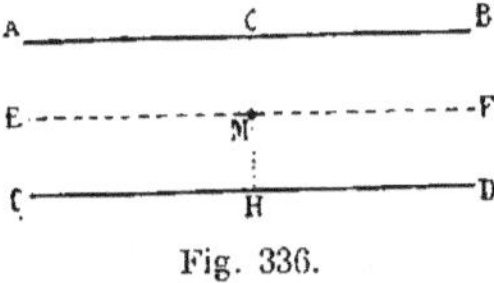

Fig. 336.

559. Lieu. *Lieu du milieu des sécantes comprises entre deux parallèles.*

560. Lieu. *Entre deux parallèles, on mène des perpendiculaires telles que* GH *(fig. 337) ; sur ces perpendiculaires, prises pour bases, on construit des triangles isocèles égaux entre eux ; quel est le lieu du sommet de ces triangles isocèles ?*

561. Lieu. *Même problème. Le triangle est quelconque, mais il est constamment égal à lui-même.*

Le lieu du sommet M est une parallèle aux droites données.

Les triangles rectangles MNH, M'N'H' sont égaux comme ayant l'hypoténuse égale MH=M'H' et un angle aigu égal ; l'angle MHN = M'H'N' comme compléments des angles égaux H et H' ; donc MH = M'H' et les deux droites MM', NN' sont parallèles.

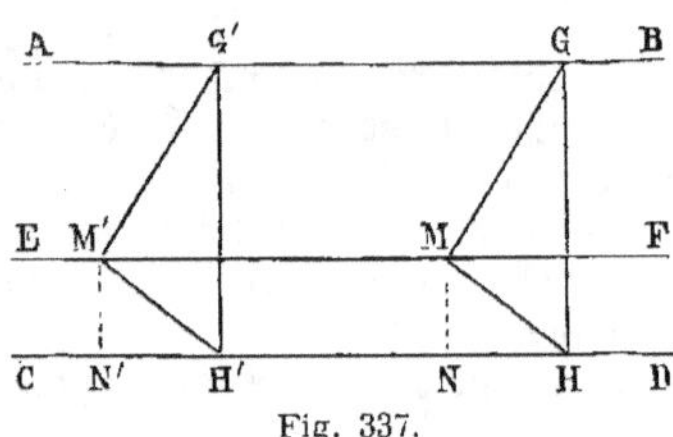

Fig. 337.

Exercice 72.

562. Lieu. *Deux sommets d'un triangle glissent sur deux parallèles données ; quel est le lieu du troisième sommet ?*

Même réponse et même démonstration que précédemment.

Exercice 73.

563. Lieu. *Lieu des milieux des droites menées d'un point donné à une droite donnée.*

Soit A le point donné, et BC la droite donnée ; menons AD perpendiculaire à BC. Le point I, milieu de AD, appartient au lieu demandé.

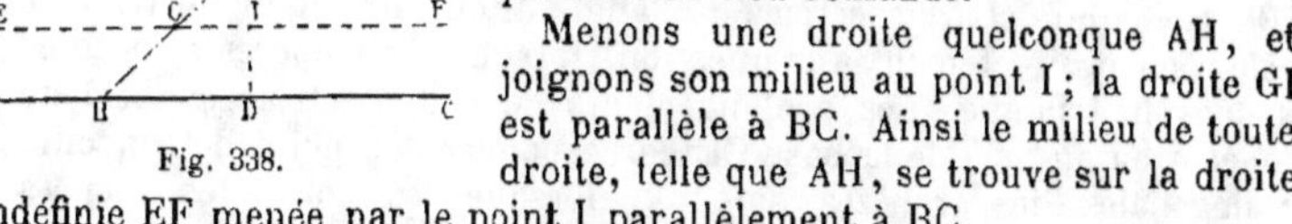

Fig. 338.

Menons une droite quelconque AH, et joignons son milieu au point I ; la droite GI est parallèle à BC. Ainsi le milieu de toute droite, telle que AH, se trouve sur la droite indéfinie EF menée par le point I parallèlement à BC.

Exercice 74.

564. Lieu. *Lieu des centres des parallélogrammes qui ont la même base BC et la même hauteur h.*

C'est une droite, menée par le point milieu de la hauteur, parallèlement à la base.

565. Lieu. *Lieu des centres des parallélogrammes obtenus en coupant deux parallèles données par deux sécantes parallèles entre elles.*

Exercice 75.

566. Lieu. *Lieu des sommets des triangles qui ont même base BC et même hauteur h.*

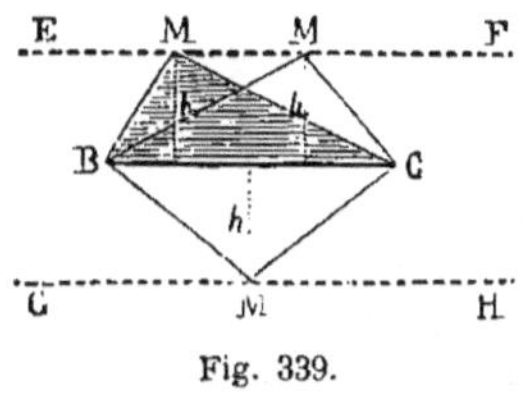

Fig. 339.

Ce lieu n'est autre que le lieu des points situés à la distance *h* de la droite BC ; c'est donc l'ensemble des deux droites indéfinies EF et GH menées de part et d'autre parallèlement à BC, à la distance *h*. (G., n° 84.)

567. Remarque. Après l'étude des superficies, la question précédente peut s'énoncer comme il suit :

Lieu des sommets des triangles qui ont même base et même superficie.

568. Lieu. *Lieu du point de concours des médianes des triangles qui ont une base commune et même hauteur.*

Les médianes se coupent aux $^2/_3$ de leur longueur, à partir du sommet ; le lieu est donc la parallèle menée à la base par le point situé aux $^2/_3$ de la hauteur du triangle, à partir du sommet.

Exercice 76.

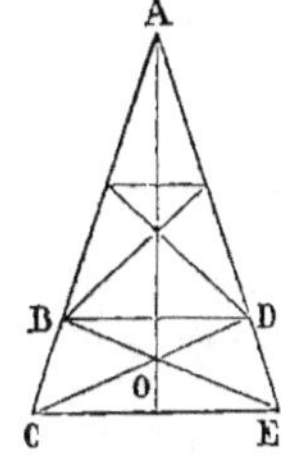

Fig. 340.

569. Lieu. *Lieu des points de concours des diagonales des trapèzes symétriques formés en menant des parallèles à la base d'un triangle isocèle.*

Les parallèles BD et CE donnent lieu à des angles correspondants égaux. (G., n° 78.)

Ainsi l'angle   ABD = ACE

de même   ADB = AEC

mais   C = E

donc   B = D

Ainsi le triangle ABD est isocèle, et le côté AB = AD. Or on sait que les droites telles que DC, BE, se coupent sur la bissectrice de l'angle A (n° 534); donc la bissectrice est le lieu du point de concours des diagonales des trapèzes symétriques.

570. Remarque. La bissectrice de l'angle A ou la hauteur du triangle isocèle répond directement à la question, lorsque les trapèzes sont compris dans le triangle. Les prolongements de la bissectrice au delà du sommet A ou au delà de la base CE correspondent au point de concours des diagonales des trapèzes obtenus, lorsque les parallèles menées coupent les prolongements de AC et de AE.

Exercice 77.

571. Lieu. *Lieu des points dont la somme ou la différence des distances à deux droites données égale une ligne donnée.*

(Voir *Méthodes*, n°s 74 et 75.)

Exercice 78.

572. Lieu. *Lieu des sommets des parallélogrammes à périmètre constant que l'on peut obtenir en coupant un angle donné de grandeur et de position par des sécantes parallèles aux côtés de cet angle.*

La question se ramène à la précédente.

MAXIMA ET MINIMA

573. Avec les faibles ressources que procure le livre I, on ne peut traiter que de la variation des droites.

Voici les théorèmes que l'on utilise le plus fréquemment :

Toute ligne convexe enveloppée est plus petite que la ligne enveloppante. (G., n° 36. — *Exemples;* n°s 574, 589, 591.)

La perpendiculaire est plus courte que toute oblique qui part du même point. (G., n° 38. — *Exemples*, n°s 584, 587.)

On emploie aussi les lieux géométriques déjà étudiés; car tous les points d'un lieu considéré jouissent de la même propriété, tandis que les autres points sont ou plus éloignés ou moins éloignés d'une droite donnée. (*Exemple*, n° 580.)

La méthode par duplication (n° 145) donne parfois des solutions très simples. (*Exemples*, n°s 574, 577, 582, 2° dém.)

Enfin la remarque suivante conduit, dans bien des cas, sinon à la démonstration, du moins à la découverte du maximum ou du minimum demandés : *Lorsqu'un triangle a un côté invariable, ou bien un angle donné, et que les autres parties varient, le triangle isocèle donnera le maximum ou le minimum cherchés ;* car ce triangle est la limite commune de deux triangles égaux entre eux, ayant des positions symétriques par rapport à la perpendiculaire élevée au milieu de la base donnée, ou par rapport à la bissectrice de l'angle donné. Il suffit donc de comparer le triangle isocèle à un autre triangle remplissant les conditions imposées. (*Exemples*, n°s 574, 581, 582, 583.)

Exercice 79.

574. Problème. *De tous les triangles qui ont même base et même hauteur, quel est celui dont la somme des deux autres côtés est minima?*

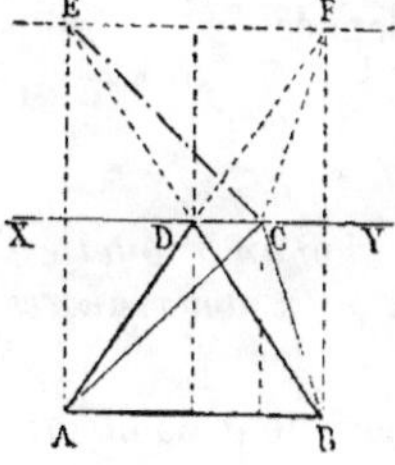

Fig. 341.

Soit ABC l'un de ces triangles ; les sommets des triangles à considérer se trouvent sur la parallèle XY menée à la base.

Cherchons les points symétriques E, F de A et B, par rapport à XY.

La somme AC + CB égale la ligne brisée AC + CF ; donc le minimum demandé correspond à la droite ADF, et l'on obtient ainsi un triangle isocèle ADB pour réponse.

Remarque. Ce problème n'est qu'un cas particulier du *Problème du chemin minimum*. (G., n° 176.)

575. Problème. *De tous les parallélogrammes qui ont une diagonale commune et dont les autres sommets se trouvent sur les droites parallèles à cette diagonale, quel est celui dont le périmètre est minimum?*

C'est le losange, d'après l'exercice précédent.

576. Problème. *De tous les parallélogrammes qui ont même base et même hauteur, quel est celui dont le périmètre est minimum?*

C'est le rectangle.

Exercice 80.

577. Problème. *De tous les triangles ABC qui ont même sommet A et dont les autres sommets sont sur les côtés d'un angle aigu donné O, quel est celui dont le périmètre est minimum?*

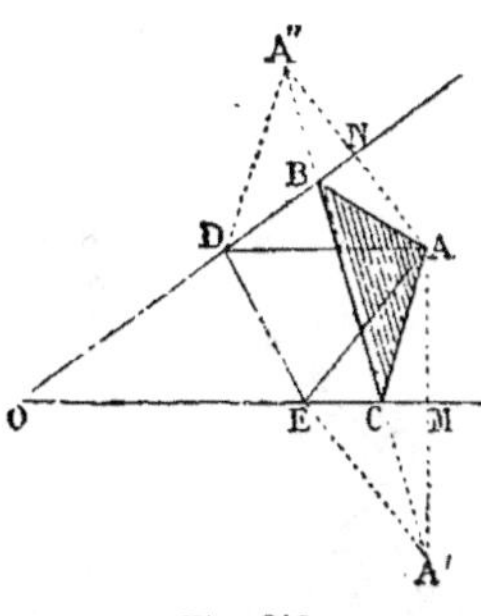

Fig. 342.

Il suffit de recourir à la méthode par duplication, pour reconnaître que le triangle de périmètre minimum est celui qu'on obtient en joignant les points A', A″ symétriques de A par rapport à chaque côté de l'angle, et en menant AB, AC ; car le périmètre du triangle ABC est moindre que celui de tout autre triangle ADE.

En effet, les droites OM et ON sont respectivement perpendiculaires sur les milieux des droites AA' et AA″; on a donc : CA = CA′, EA = EA′, BA = BA″, DA = DA″. Ainsi le périmètre du triangle ABC est égal à la ligne droite A′A″, tandis que le périmètre du triangle ADE est égal à la ligne brisée A′EDA″...

578. Problème. *De toutes les lignes brisées qui partent d'un point A pour aboutir à un point B, et dont les sommets doivent se trouver res-*

pectivement sur deux droites données, quelle est celle dont la longueur est minima?

Solution analogue à la précédente.

On peut poser une question de même genre pour une ligne brisée assujettie à rencontrer un nombre quelconque de droites données.

Exercice 81.

579. Problème. *Étant donné un triangle ABC, on demande quel est le point de BC pour lequel la somme des distances aux deux autres côtés du triangle est minima.*

On sait que la somme des distances est constante pour tout point pris sur la base d'un triangle isocèle (n° 74).

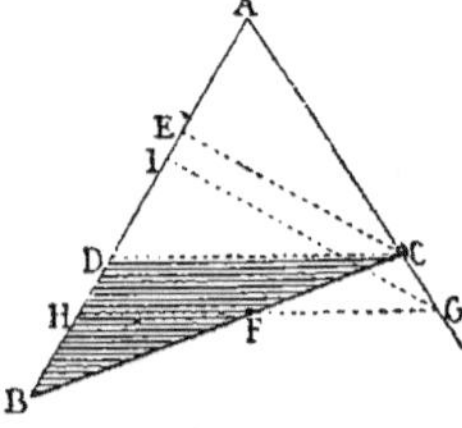

Ainsi, en considérant le triangle isocèle ACD, dont les côtés égaux sont AD, AC, et un second triangle isocèle AGH, on reconnaît que pour tout point de la base CD, la somme des distances aux deux autres côtés est égale à la hauteur (n° 74). De même le triangle AGH est isocèle; et pour tout point de la base GH, la somme des distances aux côtés est égale à la hauteur GI.

Fig. 343.

Ainsi, de tous les points du côté BC, c'est le point C qui donne le minimum pour la somme de ses distances aux deux autres côtés.

Scolies. I. On voit que l'une des deux distances est nulle, et que l'autre est l'une des hauteurs du triangle considéré. Donc, *de tous les points du périmètre d'un triangle, celui pour lequel la somme des distances aux deux côtés opposés est un minimum, est le sommet opposé au plus grand côté.*

II. Dans le cas du triangle équilatéral, il n'y a pas de minimum.

Exercice 82.

580. Problème. *On donne un polygone et deux droites OX, OY; quel est le point du périmètre de ce polygone dont la somme des distances aux deux droites est maxima, et le point où elle est minima?*

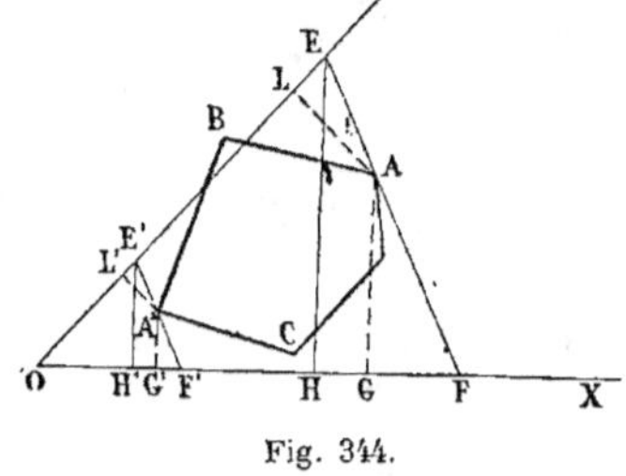

La base d'un triangle isocèle est le lieu des points dont la somme des distances aux deux côtés égaux est constante (n°s 20, 74); on est donc conduit à mener EF de manière que OE = OF. Le sommet A donne le maximum

$$AG + AL = EH$$

Le sommet A' donne le minimum.

Fig. 344.

11*

Exercice 83.

581. Problème. *De tous les triangles qui ont même angle au sommet et dont la somme des côtés qui comprennent cet angle est constante, quel est celui qui a la plus petite base ?*

1re *Démonstration.* Considérons le triangle isocèle BAC et le triangle EAF, tel que BE = CF ; nous allons prouver que toute base telle que EF est plus grande que la base BC du triangle isocèle.

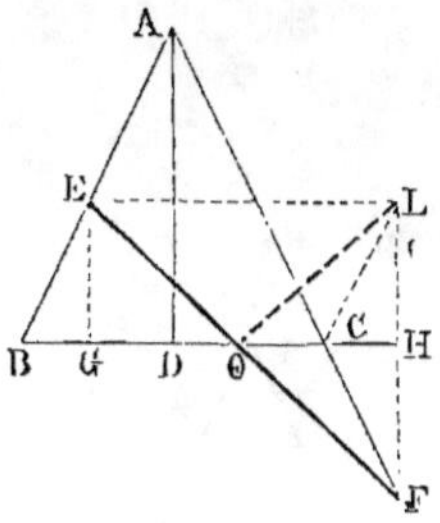

Abaissons les perpendiculaires EG, FH.

Les triangles rectangles BEG, CFH sont égaux comme ayant l'hypoténuse égale et l'angle B = l'angle FCH ; donc

$$BG = CH$$

et par suite, $$GH = BC$$

Or GH est plus petit que EF ; donc

$$BC < EF$$

Fig. 345.

2e *Démonstration.* La méthode par duplication conduit à une démonstration très simple. Déterminons le point L symétrique de F, par rapport à BC ; on aura OL = OF, puis les lignes BE et CL sont égales et parallèles ; il en est donc de même de BC et de EL ; or

$$EL < EO + OL ; \quad donc \quad BC < EF$$

Exercice 84.

582. Problème. *Un angle A est donné de grandeur et de position ainsi qu'un point D sur la bissectrice de cet angle. Par ce point on mène une sécante BDC ; quel est le triangle dont le périmètre est minimum ?*

1re *Démonstration.* Le triangle isocèle ABC, obtenu en menant BC perpendiculaire à la bissectrice, a le périmètre minimum.

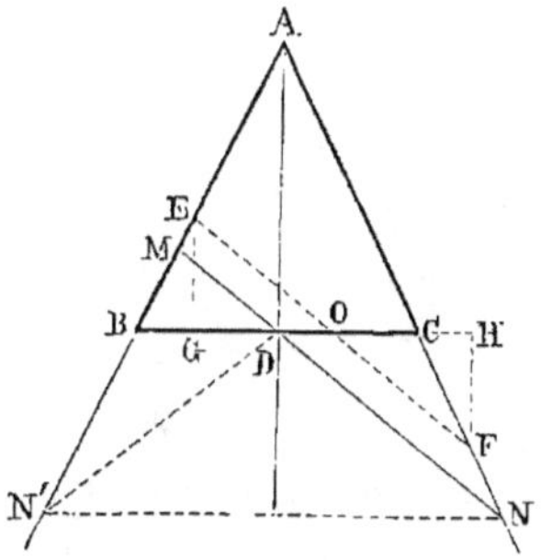

En effet, soit un autre triangle AEF, tel que BE = CF ; on a

$$BC < EF \qquad (n° 581).$$

Or, puisque GE = FH, on a aussi GO = OH, et le point O est sur le segment DC ; la parallèle MDN, menée par le point D, donne MN > EF ; donc, à plus forte raison, MN > BC.

D'ailleurs, AE + AF = AB + AC

donc $$AM + AN > AB + AC$$

Ainsi le triangle isocèle a le périmètre minimum.

Fig. 346.

2e *Démonstration.* La méthode par duplication conduit à une démonstration très simple :

En déterminant le point N' symétrique de N par rapport à la hauteur AD du triangle isocèle ABC, on a   DN' = DN;   d'ailleurs DB est bissectrice de l'angle MDN'.

Or la bissectrice est plus petite que la demi-somme des côtés, car elle est comprise entre la hauteur et la médiane (nos 500 et 646); par suite, elle est plus courte que cette dernière ligne; or la médiane est plus petite que la demi-somme des deux côtés adjacents (n° 455); donc

$$2DB < DM + DN' \quad \text{ou} \quad BC < MN \qquad C.\ Q.\ F.\ D.$$

Exercice 85.

583. Problème. *On prolonge deux côtés d'un triangle donné, au-dessous de la base, de manière que la somme des prolongements soit égale à cette base. Dans quel cas la droite qui joint les extrémités du prolongement est-elle minima?*

Soit un point quelconque D de la base.

Prenons   BE = BD   et   CF = CD.

Joignons E et F.

Le triangle AEF a un angle constant A; la somme des côtés AE et AF est aussi constante, puisqu'elle égale   AB + AC + CB;   donc la base EF est minima lorsque le triangle est isocèle (n° 581).

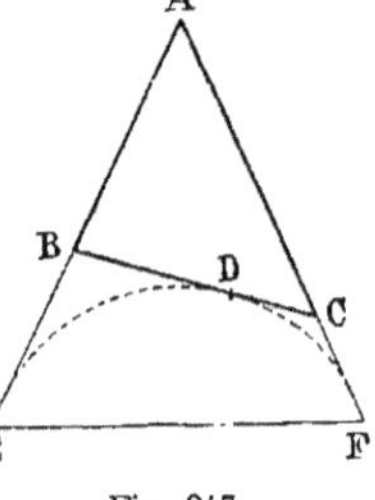

Fig. 347.

Donc il faut prendre $AE = AF = \dfrac{AB + BC + AC}{2}$.

Remarque. Les trois points D, E, F sont les points de contact d'un des cercles ex-inscrits au triangle ABC. (G., n° 190.)

Exercice 86.

584. Problème. *D'un point D de l'hypoténuse BC d'un triangle rectangle ABC, on abaisse des perpendiculaires DE, DF sur les côtés de l'angle droit; dans quel cas la droite EF qui joint les pieds des perpendiculaires est-elle minima?*

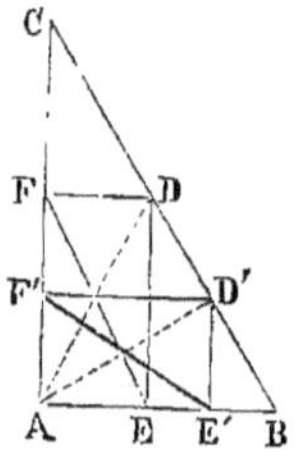

Pour un point D quelconque   FE = AD;   or la plus petite droite qu'on puisse mener du sommet A à un point de l'hypoténuse est la perpendiculaire AD'; donc F'E' est la ligne minima.

Fig. 348.

585. Problème. *Par un point D, pris sur le périmètre d'un losange, on mène des parallèles aux diagonales de cette figure et on termine le rectangle inscrit; pour quelle position du point D la somme des diagonales du rectangle sera-t-elle un minimum?*

Solution analogue à la précédente.

586. Problème. *Pour quelle position du point D le périmètre du rectangle sera-t-il maximum, puis sera-t-il minimum?*

D'après un exercice connu (n° 579), le périmètre sera maximum quand le point D sera à l'une des extrémités de la grande diagonale ; mais, en réalité, le triangle aura une hauteur nulle, et le périmètre se composera de deux fois la grande diagonale. Le minimum a lieu quand le point D est pris à l'une des extrémités de la petite diagonale. Pour toute position intermédiaire du point D, le périmètre du rectangle est plus grand que le double de la petite diagonale et plus petit que le double de la grande.

Exercice 87.

587. Problème. *Une droite XY est menée par le sommet A d'un triangle ABC ; des sommets B et C on abaisse des perpendiculaires sur la droite donnée ; quelle position faut-il donner au triangle, en le faisant tourner dans son plan autour du sommet A, pour que la somme des perpendiculaires soit maxima ? Dans quel cas est-elle minima ?*

1° Du point F. milieu de BC, abaissons une perpendiculaire sur XY ; on a un trapèze. La somme des bases égale le double de la base moyenne,

ou $$BD + CE = 2FG \qquad\qquad (n° 436)$$

donc le maximum de la somme a lieu pour le maximum de FG. Cette droite ne peut être plus grande que l'hypoténuse AF, mais elle peut l'égaler ; donc le maximum a lieu lorsque la droite AF, qui joint le sommet A au point milieu du côté opposé, est perpendiculaire à XY.

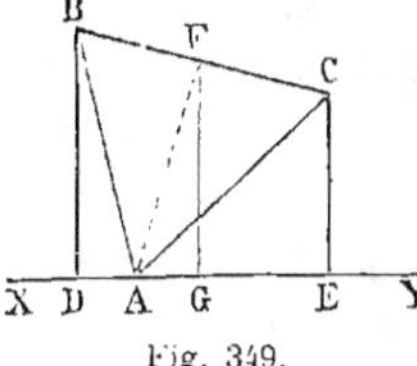
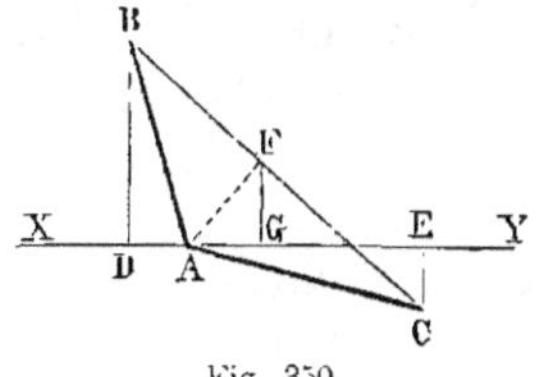

Fig. 349.   Fig. 350.

2° FG diminue lorsque AF se rapproche de XY.

Lorsque C vient sur la droite, $FG = \dfrac{BD}{2}$.

Mais, en réalité, il faut continuer le mouvement et regarder comme négative la perpendiculaire EC (fig. 350), qui tombe en sens contraire de BD (n° 436, 3ᵉ *cas*). On a une différence, car

$$FG = \frac{BD - CE}{2} \,;$$

cette différence s'annule lorsque F vient sur XY.

Le minimum a donc lieu lorsque XY se confond avec AF.

Remarque. Lorsque les deux points B et C sont au-dessous de XY, les deux ordonnées BD, CE doivent être regardées comme étant négatives ; il en est de même de leur demi-somme, dont le *minimum* réel a lieu lorsque la valeur absolue est aussi grande que possible ; il égale alors — AF.

Exercice 88.

588. Problème. *A partir de chaque sommet d'un carré, en suivant le périmètre d'une manière continue, on prend sur chaque côté une longueur donnée, et l'on joint deux à deux les points ainsi déterminés ; trouver le carré minimum que l'on peut obtenir.*

Soit $\qquad AE = BF = CG = DH$

1° Il faut d'abord prouver que la figure est un carré.

En effet, les triangles rectangles AEH, BFE... sont égaux comme ayant les côtés de l'angle droit respectivement égaux ;

donc $\qquad HE = EF = FG = GH$

En outre, l'angle $\;BEF = AHE$

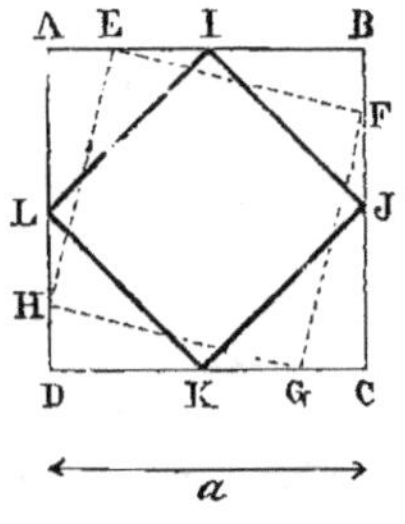

Fig. 351.

Ainsi BEF est le complément de l'angle AEH ; donc l'angle HEF est droit, et il en est de même des angles F, G, H ; donc la figure EFGH est un carré.

2° La grandeur du carré ne dépend que de la longueur du côté ; il faut donc déterminer quel est le carré dont le côté est le plus petit.

Or $\qquad AE + AH = AD \quad$ quantité constante ;

donc le minimum de l'hypoténuse a lieu lorsque les deux côtés de l'angle droit sont égaux entre eux (n° 581).

Ainsi le carré minimum IJKL est celui qu'on obtient en joignant deux à deux les points milieux des côtés du carré donné.

Exercice 89.

589. Problème. *Étudier les variations de la somme des distances de deux points donnés à un même point d'une droite donnée.*

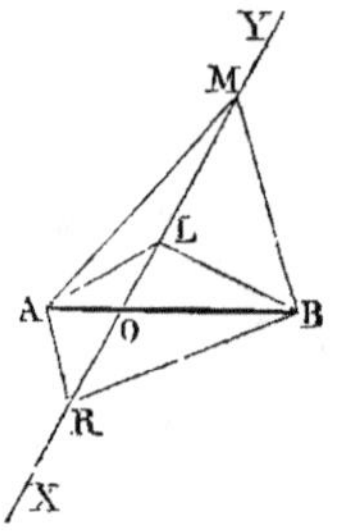

1° *Les points donnés sont de part et d'autre de la droite.*

(a) Lorsque la droite coupe AB, le point d'intersection O donne la plus petite somme ; car

$$AB < AL + LB$$

(b) La somme augmente lorsque le point s'éloigne de AB. En effet, la ligne convexe enveloppée AL + LB est plus petite que la ligne enveloppante AM + MB.

(c) La somme tend vers l'infini lorsque le point mobile s'éloigne indéfiniment dans la direction OX ou dans la direction OY.

Fig. 352.

Résumé. I. La somme peut varier de AB à $+\infty$.

II. Pour une somme donnée $2a > AB$, il y a deux points M, N, et deux points seulement qui donnent

$$AM + MB = AN + NB = 2a$$

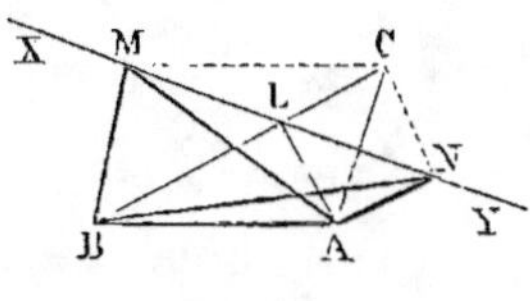

Fig. 353.

2º *Les points donnés sont d'un même côté de la droite.*

Pour ramener ce cas au précédent, il suffit de déterminer le point C symétrique de A par rapport à XY, car AN + BN revient à CN + BN. Donc le minimum de la somme est donné par la droite BC, et la somme peut varier de BC à $+\infty$.

590. Note. De l'étude précédente, on peut déduire plusieurs conséquences qui se rapportent à l'ellipse. (G., nº 613.)

On sait que l'ellipse est le lieu des points dont la somme des distances à deux points fixes est constante; donc, si A et B sont les deux foyers de la courbe et $2a$ la somme des rayons vecteurs, on peut admettre les résultats suivants :

1º La somme $2a$ doit être plus grande que la distance focale AB;

2º Toute droite qui passe entre les foyers A et B coupe l'ellipse en deux points (fig. 352).

3º Une droite qui ne passe point entre les foyers (fig. 353) coupe l'ellipse en deux points lorsque $2a$ est plus grand que la droite BC, qui joint un des foyers au point symétrique du premier par rapport à cette droite;

4º Elle ne rencontre pas la courbe lorsque $2a$ est moindre que AC;

5º Elle est tangente à la courbe quand $2a = AC$, car alors les deux points d'intersection M et N se rapprochent indéfiniment;

6º L'ellipse est une courbe convexe, car une droite ne peut la couper qu'en deux points.

<h3 align="center">Exercice 90.</h3>

591. Problème. *Étudier les variations de la différence des distances de deux points donnés à un même point d'une droite donnée.*

(*Méthodes*, nº 258.)

Remarque. De même que l'étude des variations de la somme des distances de deux points donnés à un même point d'une droite, conduit à la connaissance de plusieurs propriétés de l'ellipse (nº 590); de même, l'étude des variations de la différence des distances de deux points à un même point d'une droite donnée, fait connaître diverses propriétés de l'hyperbole (nº 260); mais la seconde étude est plus longue et plus difficile que la première. On comprend donc pourquoi la plupart des Traités de Géométrie ne démontrent pas d'une manière complète et rigoureuse *qu'une droite ne saurait couper une hyperbole en plus de deux points;* cependant nous avons cru devoir introduire ce complément dans nos *Éléments de Géométrie,* dès la 4ᵉ édition (nº 680).

LIVRE II

THÉORÈMES

Distances et cordes.

592. Pour démontrer facilement les théorèmes de ce paragraphe, il est utile de se rappeler les théorèmes suivants :

La plus courte et la plus longue des distances d'un point à une circonférence se mesurent sur la droite qui joint le point au centre de la circonférence. (G., n° 114.)

La plus courte et la plus longue des distances qui puissent exister entre les divers points de deux circonférences se mesurent sur la ligne des centres.

De deux cordes inégales, la plus longue est la plus rapprochée du centre. (G., n° 125.)

Remarque. Les divers cas d'égalité de deux triangles suffisent pour démontrer les théorèmes proposés dans ce paragraphe ; néanmoins nous admettons que l'on connaît la mesure de l'angle inscrit, car cela donne lieu à des démonstrations beaucoup plus simples que celles qu'on obtient en ne s'appuyant que sur les cas d'égalité de deux triangles.

Un ou deux exercices présupposent aussi la connaissance de la définition de la tangente.

Exercice 91.

593. Théorème. *Toute droite AB qui partage la circonférence en deux parties égales AMB et ANB est un diamètre.*

Exercice 92.

594. Théorème. *La plus grande ligne droite que l'on puisse mener d'un point M à une circonférence donnée est la droite MOA qui part de ce point, passe au centre, et va se terminer à la circonférence.*

Exercice 93.

595. Théorème. *Lorsque deux circonférences n'ont aucun point commun, leurs points les plus rapprochés sont sur la ligne des centres AB.*

1° Soient deux circonférences extérieures. Pour prouver que la distance

EF est plus courte que toute autre GH, menons les rayons AG et BH. La ligne droite AEFB est plus courte que la ligne brisée AGHB; si l'on retranche de part et d'autre les rayons AE et AG, BF et BH, il vient EF < GH.

$$C.\ Q.\ F.\ D.$$

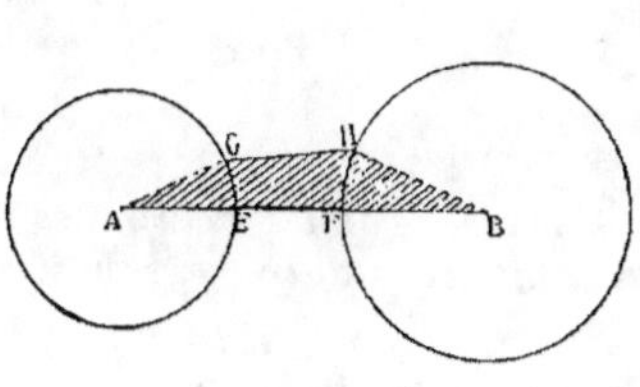
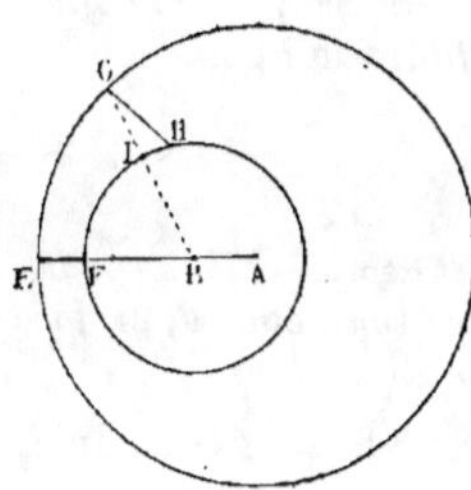

Fig. 354.   Fig. 355.

2° Soient deux circonférences intérieures. Pour prouver que la distance EF est moindre que toute autre GH, menons BG.

Le point G étant sur le prolongement du rayon BI du petit cercle, on a GI < GH. (G., n° 114, 2°.)

Le point B étant sur le rayon AE du grand cercle, on a BE < BG (G., n° 114, 1°); en retranchant BF = BI, on tire EF < GI. On a donc, à plus forte raison, EF < GH.

$$C.\ Q.\ F.\ D.$$

Exercice 94.

596. Théorème. *Quelle que soit la position respective de deux circonférences* A *et* B, *la plus grande sécante que l'on puisse mener de l'une à l'autre est dans la direction des centres.*

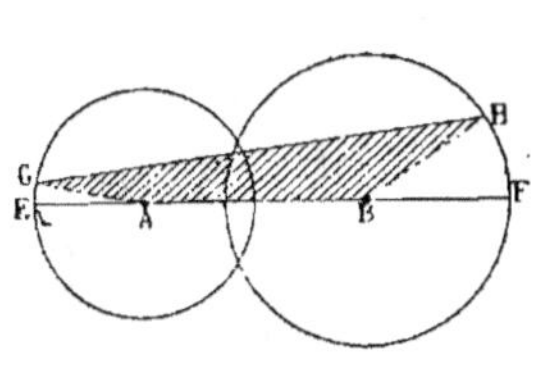
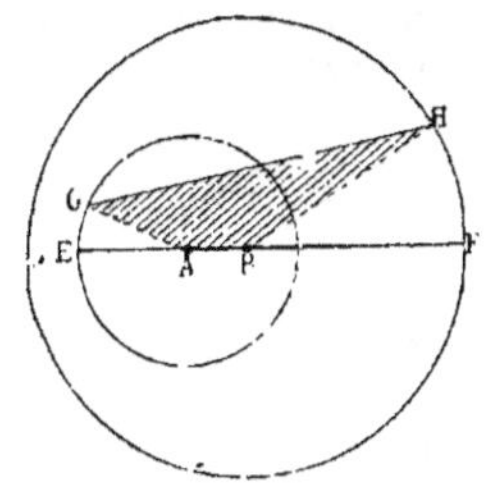

Fig. 356.

Pour prouver que la sécante EF, menée par les centres, est plus grande que toute autre sécante GH, menons les rayons AG et BH.

On a :   Ligne droite GH < ligne brisée GABH

Ou   GH < EABF   *C. Q. F. D.*

Exercice 95.

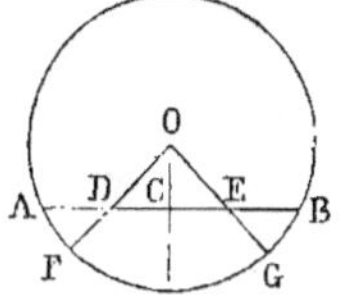

Fig. 357.

597. Théorème. *Les points pris sur une corde à égale distance du milieu de cette corde sont équidistants de la circonférence.*

598. Théorème. *Les points pris sur une tangente,*

à égale distance du point de contact, sont équidistants de la circon-férence.

599. Théorème. *Les points pris sur une même circonférence, à égale distance du point de contact de deux circonférences tangentes, sont équidistants de la seconde circonférence.*

Exercice 96.

600. Théorème. *Les cordes parallèles menées par les extrémités d'un diamètre sont égales, et la droite qui joint leurs autres extrémités est aussi un diamètre.*

1° L'arc BC = AD comme opposés à des angles égaux A et B. Or, si l'on retranche chacun de ces arcs d'une demi-circon-férence, on aura :

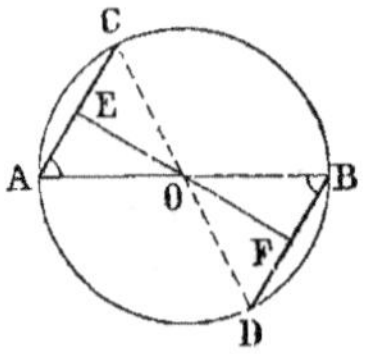

$$\text{arc AC} = \text{arc BD}$$

donc,   corde AC = corde BD   *C. Q. F. D.*

2° L'arc BC + BD égale une demi-circonférence, car BD = AC; donc CD est un diamètre.

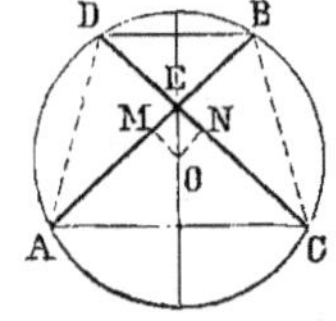

Fig. 358.

Autre démonstration. Lorsqu'on ne veut pas em-ployer les angles inscrits, on abaisse la perpendiculaire EOF.

Les triangles rectangles AOE, BOF sont égaux comme ayant l'hypoté-nuse égale et un angle aigu égal; donc OE = OF, et les cordes sont égales. Le reste comme ci-dessus.

601. Théorème. *Par les extrémités d'une corde, et dans un même segment de cercle, on mène deux cordes également inclinées sur la pre-mière; prouver que ces deux lignes sont égales, et que la droite qui joint leurs autres extrémités est parallèle à la première corde.*

Exercice 97.

602. Théorème. *Deux cordes sont égales lorsqu'elles sont également inclinées sur le diamètre qui passe par leur point de concours.*

En effet, du centre, abaissons les perpendiculaires OM, ON.

Les triangles rectangles OME, ONE sont égaux comme ayant l'hypoténuse commune et un angle aigu égal MEO = NEO.

Donc OM = ON, et les cordes sont égales comme étant également éloignées du centre.

Fig. 359.

Remarques. 1° Le point O est sur la bissectrice EO ;

donc   OM = ON, etc.   (G., n° 64.)

2° On peut recourir à la *Duplication* (n° 145), en faisant tourner une partie de la figure autour de OE.

603. Théorème. *Deux droites, AB et CD, sécantes ou tangentes, qui,* *sans se couper, interceptent sur une même circonférence des arcs égaux AC et BD, sont parallèles.*

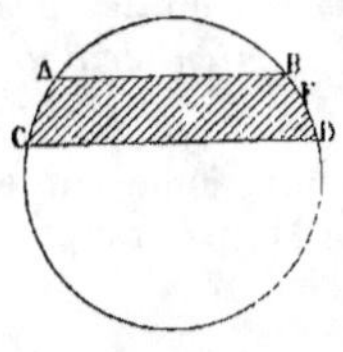

Fig. 360.

En effet, si, par le point A, on menait une droite AF parallèle à CD, on déterminerait un arc FD égal à AC, et par suite égal à BD. Ainsi la parallèle en question se confond avec AB. Donc *les deux droites...*

Autre démonstration. On joint A et D; les angles BAD, ADC sont égaux comme ayant même mesure; donc les droites AB et CD sont parallèles. (G., n° 80.)

Exercice 98.

604. Théorème. *Dans un même cercle, deux cordes égales, AC et BD, qui se coupent, sont les diagonales d'un trapèze isocèle.*

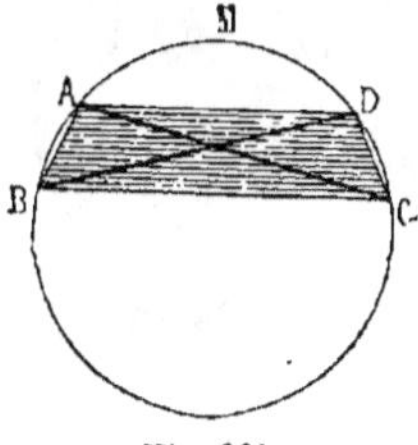

Fig. 361.

En effet, les cordes AC et BD étant égales, les arcs sous-tendus ADC et BAD sont égaux; si l'on enlève la partie commune AMD, les arcs restants AB et CD sont égaux.

Donc les cordes AB et CD sont égales; or les cordes AD et BC qui interceptent les arcs égaux sont parallèles (n° 603).

Ainsi la figure ABCD est un trapèze isocèle.   C. Q. F. D.

Remarque. En procédant comme à l'exercice 97 (n° 602), il n'est pas nécessaire de recourir au *théorème de l'angle inscrit;* mais la démonstration serait beaucoup plus laborieuse que la précédente.

605. Théorème. *Dans un même cercle, deux cordes égales, AB et CD, qui ne se coupent pas, sont les côtés non parallèles d'un trapèze isocèle* (fig. 361.)

Exercice 99.

606. Théorème. *Deux cordes égales d'une même circonférence et les arcs que les cordes sous-tendent interceptent des segments égaux sur toute sécante parallèle à la droite qui joint les milieux des cordes.*

Soient les cordes égales AB, CD; O, le centre du cercle et G le point

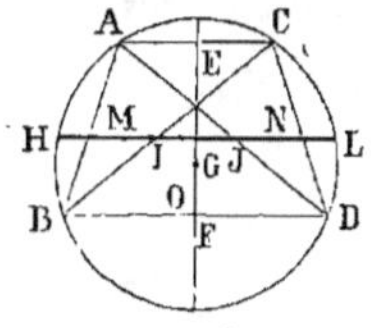

Fig. 362.

où la perpendiculaire OE rencontre la parallèle HL.

La figure ABCD est un trapèze symétrique (n° 604).

La perpendiculaire abaissée du centre divise les trois cordes parallèles en deux parties égales; ainsi le milieu G de la corde HL est sur EF.

D'ailleurs les deux figures EFDC, EFBA sont superposables.

Donc   GN = GM

par suite,   MH = NL   C. Q. F. D.

Remarques. 1° Les cordes égales AD, BC donnent HI = JL.

2° On peut recourir à la *Duplication* (voir *Méthodes,* n° 145).

607. Théorème. *Lorsqu'on fait pivoter une corde autour d'un point fixe, et qu'on mène par les extrémités de la corde mobile des cordes parallèles à une ligne donnée, la droite qui joint les extrémités des parallèles passe constamment par un même point. (Cas particulier d'un problème de* PONCELET. *Voir n° 1236.)*

Soit AB qui pivote autour du point M (fig. 362); la quatrième corde CD passera constamment par le point N symétrique de M, par rapport à la perpendiculaire EOF.

Exercice 100.

608. Théorème. *Par deux points pris sur une corde et équidistants du point milieu de cette corde, on élève deux perpendiculaires limitées au même arc de cercle; prouver que ces perpendiculaires sont égales.*

Remarques. 1° Par rapport à l'arc AFGB et à la corde AB, les perpendiculaires DF, EG sont appelées *ordonnées* des points F et G.

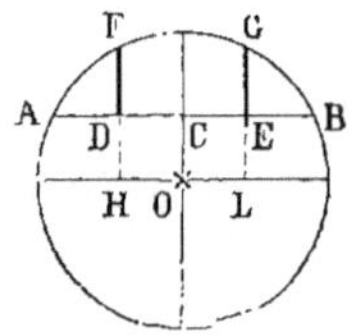

Fig. 363.

2° On peut recourir à la *Duplication* (n° 145); il en est de même pour démontrer le théorème (n° 610).

609. Théorème. *Par rapport à un arc et à sa corde, les ordonnées égales sont équidistantes du milieu de la corde.*

Exercice 101.

610. Théorème. *Les ordonnées sur la tangente, prises à équidistance du point de contact, sont égales.*

Ce théorème est analogue au précédent, mais présuppose la connaissance de la propriété fondamentale suivante. *La tangente est perpendiculaire à l'extrémité du rayon qui aboutit au point de contact.* (G., n° 132.)

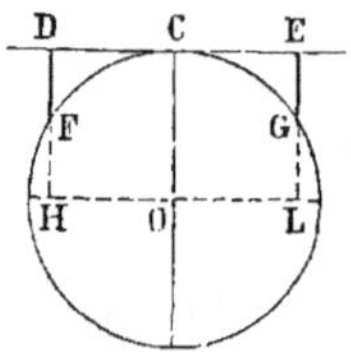

Fig. 364.

611. Théorème. *Les distances égales* CD, CE *déterminent des arcs égaux* CF, CG.

Puisque $\qquad\qquad$ CE $=$ CD

on a $\qquad$ OL $=$ OH, donc HF $=$ LG

Par suite, $\qquad\qquad$ DF $=$ GE $\qquad\qquad$ *C. Q. F. D.*

Exercice 102.

612. Théorème. *La plus grande et la plus petite corde que l'on puisse mener par un point A donné dans un cercle, sont perpendiculaires l'une à l'autre, et l'une d'elles est un diamètre.*

Par le point donné **A**, menons un diamètre EF, une corde CD perpendiculaire à ce diamètre; soit GH une autre corde quelconque et OI la distance du centre à cette corde.

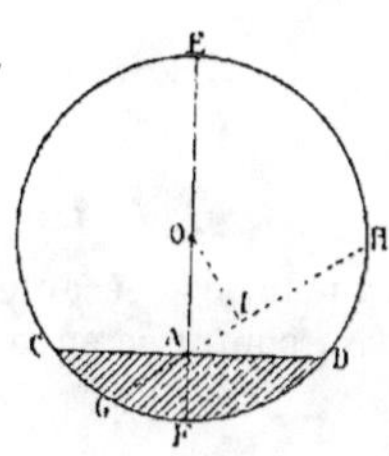
Fig. 365.

Le diamètre EF est évidemment la plus grande corde que l'on puisse mener par le point A. (G., nº 113.) Il reste à prouver que la corde CD est plus courte que toute autre GH.

La droite OA, perpendiculaire sur CD, est oblique sur GH. On a donc OA $>$ OI, et par suite la corde CD plus courte que GH. (G., nº 126, 2º.)

C. Q. F. D.

Remarque. Lorsque le point est extérieur, il n'y a lieu de considérer que la plus grande corde. La sécante qui passe par le centre donne une corde égale au diamètre. A droite et à gauche de cette position, la sécante donne des cordes de plus en plus petites; la corde se réduit à un point lorsque la sécante devient tangente. Au delà de cette position, les droites menées par le point extérieur ne rencontrent pas la circonférence.

613. Théorème. *Deux cordes de longueurs connues l et l' sont inscrites dans la même circonférence; la plus courte et la plus longue distance de leurs points milieux sont données lorsque les cordes sont parallèles.*

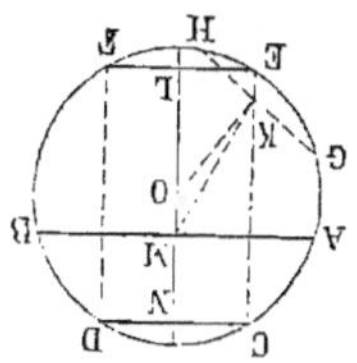
Fig. 366.

Soient les deux cordes AB et GH de longueurs l et l'.

Soit EF = CD = GH, CD et EF étant parallèles à AB.

MN est la plus courte distance,

car $$MN = ON - OM = OK - OM$$

Or MK est $>$ OK $-$ OM; donc MN est le minimum.

ML est la plus longue distance,

car $$MK \text{ est} < OK + OM$$

ou $$MK < ML, \text{ donc...} \qquad\qquad C. Q. F. D.$$

Exercice 103.

614. Théorème. *Lorsque deux circonférences se coupent, et que de chaque centre on abaisse une perpendiculaire sur la sécante menée par un des points d'intersection, la distance entre les deux perpendiculaires est la demi-somme ou la demi-différence des cordes interceptées par chaque circonférence sur la sécante menée.*

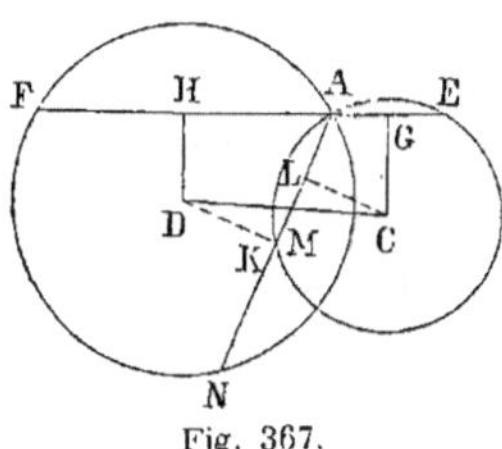
Fig. 367.

1º Pour la sécante EF, telle que le point A est compris entre E et F.

On a : $$AH = \tfrac{1}{2} AF \qquad\qquad (G., nº 121.)$$

et $$AG = \tfrac{1}{2} AE$$

d'où $$HG = \tfrac{1}{2} FE \qquad\qquad C. Q. F. D.$$

2° Pour la sécante AMN, telle que le point A est sur le prolongement de MN.

On a :
$$AK = {}^1/_2 AN$$
$$AL = {}^1/_2 AM$$

d'où, en soustrayant, on trouve
$$KL = {}^1/_2 (AN - AM) = {}^1/_2 MN \qquad C.\ Q.\ F.\ D.$$

Remarque. Dans les applications, on prend pour longueur de la sécante commune aux deux circonférences la partie EF ou MN, comprise entre les points autres que le point commun A.

615. Théorème. *Si deux circonférences A et B se coupent, deux sécantes parallèles EF et GH menées par les points d'intersection C et D sont égales.*

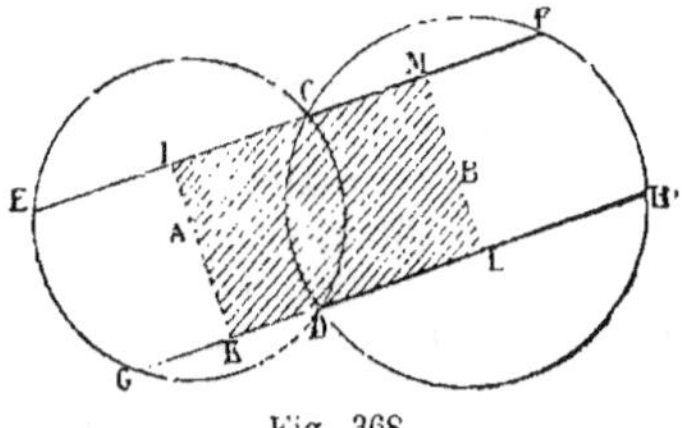
Fig. 368.

En effet,   IM = KL

or   EF = 2IM,   GH = 2KL

donc   EF = GH
$$C.\ Q.\ F.\ D.$$

Exercice 104.

616. Théorème. *De toutes les sécantes que l'on peut mener par l'un des points d'intersection de deux circonférences A et B, la plus grande est celle qui est parallèle à la ligne des centres.*

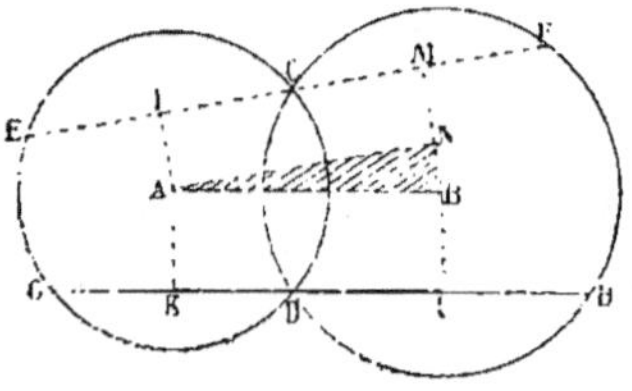

Soit GH une sécante menée par le point D, parallèlement à la ligne des centres AB, et soit EF une autre sécante quelconque, menée, soit par le même point D, soit par l'autre point d'intersection C. Il s'agit de prouver que GH est plus grand que EF.

Des centres A et B, menons les perpendiculaires AK et AI, BL et BM, puis AN parallèle à EF.

Fig. 369.

Les points I, K, L, M, étant les milieux des cordes, on a
$$IM = {}^1/_2 EF, \quad et \quad KL = {}^1/_2 GH$$

Or IM = AN; et par rapport à BM, la perpendiculaire AN est plus courte que AB ou KL. On a donc IM < KL, et, en doublant EF < GH.
$$C.\ Q.\ F.\ D.$$

Tangente.

617. Définitions : 1° *La tangente à une courbe est une droite indéfinie qui n'a qu'un point de commun avec cette courbe.*

Celte définition s'applique exactement à la tangente au cercle, à l'ellipse et aux autres courbes convexes et fermées ; mais elle ne convient ni à l'hyperbole ni à la parabole, car une droite peut n'avoir qu'un seul point commun, *à distance finie,* avec chacune de ces courbes, et n'être cependant pas tangente à ces lignes.

Il faut donc recourir à d'autres définitions.

2º *La tangente est la limite des positions que prend une sécante qui se meut parallèlement à elle-même, jusqu'à ce que les deux points d'intersection se réduisent à un seul.*

Cette nouvelle définition s'applique à toutes les courbes convexes ; elle convient donc à l'hyperbole et à la parabole aussi bien qu'à l'ellipse ; elle permet de démontrer d'une manière très simple la propriété fondamentale de la tangente au cercle.

Toute droite tangente à une circonférence est perpendiculaire au rayon qui aboutit au point de contact. (G., nº 132.)

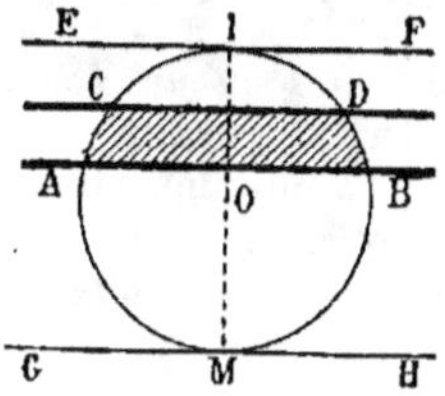

En effet, considérons une corde quelconque AB et la perpendiculaire OI abaissée du centre sur cette corde.

Cette perpendiculaire passe au milieu de la corde, et se trouve également perpendiculaire au milieu de toute corde CD parallèle à la première ; donc quelque position que prenne la corde AB en s'éloignant du centre, mais

Fig. 370.

en restant parallèle à elle-même, elle sera perpendiculaire au rayon, et son milieu se trouvera sur OI, par suite à la limite, lorsque la corde devient infiniment petite et que les deux points tendent à se confondre en un seul I, le rayon passe par ce point et se trouve perpendiculaire à la direction EF de la corde limite considérée.

Réciproquement : *Toute droite EF perpendiculaire à l'extrémité d'un rayon OI est tangente à la circonférence.*

Remarque. La seconde définition ne s'applique point aux courbes à points multiples, qu'on rencontre si fréquemment en géométrie descriptive ; il est donc utile de donner une définition qui convienne à tous les cas, et de reprendre le théorème du cercle en s'appuyant sur la définition générale suivante :

3º *La tangente à une courbe est la limite MT (fig. 371) des positions que prend une sécante MM' tournant autour de l'un des points d'intersection, de telle sorte que le second point M' se rapproche indéfiniment du premier* *.

Une droite peut couper une courbe en plus de deux points, mais la définition précédente présuppose, dans ce cas, qus l'on considère des points d'intersection consécutifs M et M' sur la courbe, lorsqu'on décrit cette ligne d'un mouvement continu.

Démonstration du théorème relatif au cercle. Soit une sécante quelconque MM' (fig. 372) ; du centre, abaissons une perpendiculaire OP sur

---

* Cette définition est due aux grands géomètres du XVIIe siècle : FERMAT, HUYGHENS, NEWTON, LEIBNITZ.

cette ligne ; la perpendiculaire passera au milieu de la corde, quelque rapprochés que soient les points M et M′; donc à la limite, lorsque les deux points d'intersection se rapprochent indéfiniment, la sécante devient la tangente MT ; la perpendiculaire, devant passer au milieu de la corde,

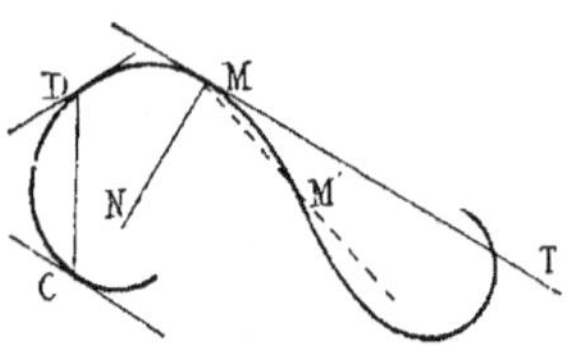

Fig. 371.

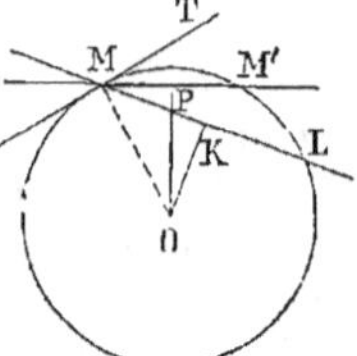

Fig. 372.

n'est autre que le rayon OM du point de contact ; donc la tangente est perpendiculaire au rayon qui aboutit au point de contact.

618. Courbes tangentes. *Deux courbes sont tangentes en un point donné* M, *lorsque ces deux courbes ont même tangente en ce point.*

De cette définition générale, trop rarement donnée, résulte immédiatement que les rayons du point de contact de deux cercles tangents sont en ligne droite, car chacun d'eux doit être perpendiculaire à la tangente commune et au même point.

619. Angle d'une droite et d'une courbe. On nomme angle d'une droite AB et d'une courbe CAB l'angle BAT formé par la droite AB et par la tangente AT, menée à la courbe par le point où elle est rencontrée par la droite.

L'angle ABT est l'angle formé au point B par AB et par la courbe donnée.

On considère généralement le plus petit des deux angles supplémentaires BAT, DAT, que la sécante AD forme avec la tangente AT.

Une droite est *normale* à la courbe, ou *coupe normalement* la courbe, lorsqu'elle est perpendiculaire à la tangente.

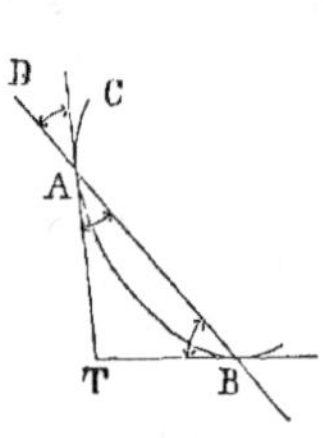

Fig. 373.

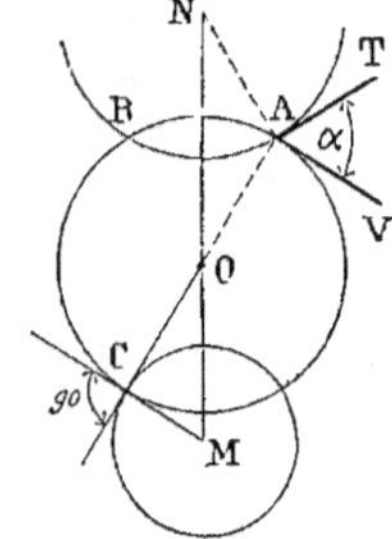

Fig. 374.

Angle de deux courbes. On nomme angle de deux courbes AB, AC qui se coupent (fig. 374), l'angle TAV formé par les tangentes AT, AV menées respectivement à chaque courbe par le point d'intersection.

620. Cercles orthogonaux. On dit qu'un cercle *coupe orthogonalement* un autre cercle lorsque les tangentes menées respectivement à ces cercles, par le point d'intersection, font entre elles un angle droit; les cercles ayant pour centres respectifs M et O sont orthogonaux (voir aussi n° 627).

Dans ce cas, les rayons menés au point d'intersection sont perpendiculaires l'un à l'autre.

Exercice 105.

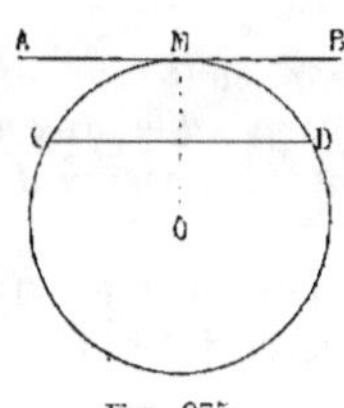

Fig. 375.

621. Théorème. *La tangente AB menée par le milieu d'un arc CMD est parallèle à la corde CD qui sous-tend cet arc.*

Le rayon OM, mené au point de contact, est perpendiculaire à la tangente (G., n° 131); ce même rayon étant mené au milieu de l'arc CMD, est perpendiculaire à la corde CD. (G., n° 122.) Donc les deux droites AB et CD sont parallèles comme étant perpendiculaires à la même droite OM.

Exercice 106.

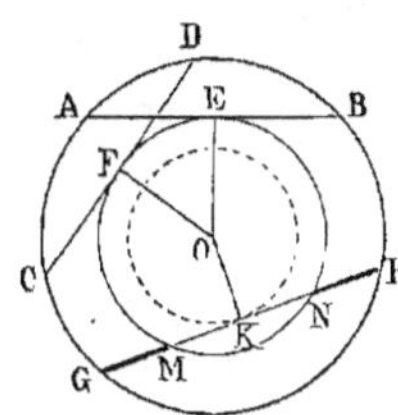

Fig. 376.

622. Théorème. *Lorsque deux circonférences sont concentriques : 1° la plus grande circonférence intercepte des cordes égales sur les tangentes à la circonférence intérieure;*

2° *Pour une corde qui coupe les deux circonférences, les parties GM, NH, comprises entre les deux courbes sont égales.*

Exercice 107.

623. Théorème. *Lorsque, d'un même point, on mène deux tangentes à une circonférence : 1° la corde des contacts est perpendiculaire à la droite qui joint le centre au point de concours des tangentes;*

2° *Les tangentes sont également inclinées sur la corde des contacts.*

Remarque. Le procédé usuel que l'on emploie pour mener une tangente à une circonférence, par un point donné hors du cercle, en décrivant une circonférence sur la droite AO comme diamètre (fig. 377), est

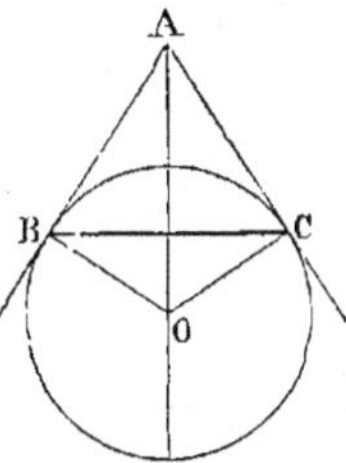

Fig. 377.   Fig. 378.

très simple; mais il ne peut être utilisé pour la sphère, tandis que le suivant conduit à une solution qui est aussi applicable aux arcs tangents sur la sphère.

Du point O comme centre (fig. 378), avec un rayon double de OR, il faut décrire une circonférence concentrique à la première. Du point A comme centre, avec AO pour rayon, couper la circonférence décrite : soient E, F les points d'intersection. La perpendiculaire élevée au milieu de la corde OE est la tangente demandée.

On peut joindre le point C au point A.

Exercice 108.

624. Théorème. *Lorsque deux arcs, ayant même rayon, sont tangents à la même circonférence :* 1° *La corde des contacts est perpendiculaire à la droite qui joint le centre de la circonférence au point de concours des deux arcs ;*

2° *Les arcs sont égaux et également inclinés sur la corde des contacts.*

Soient E, F les centres des arcs tangents à la circonférence O.

1° La ligne des centres EF est per-pendiculaire à la corde commune AA′ (G., n° 137, 2°), les rayons EB, FC sont égaux, et ces rayons passent par le centre O ; ainsi OB = OC ; donc OE = OF, et ces obliques égales donnent aussi PE = PF ; donc les triangles FOE, BOC sont isocèles, et ont un angle opposé par le sommet ; mais la droite OP, per-

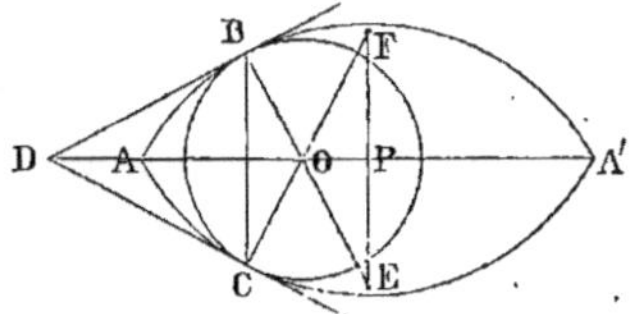

Fig. 379.

pendiculaire au milieu de FE, est bissectrice de l'angle FOE et de son opposé BOC ; donc cette droite AOP est perpendiculaire au milieu de la corde des contacts BC.

2° On sait que l'angle d'une droite BC et d'une courbe BA est l'angle CBD formé par la droite et par la tangente BD (n° 619) ; or l'angle OBC = OCB ; donc l'angle complémentaire CBD = BCD.

Exercice 109.

625. Théorème. *Les tangentes extérieures* CD *et* EF, *communes à deux circonférences* A *et* B, *se rencontrent sur la ligne des centres, et il en est de même des tangentes intérieures* GL *et* KH.

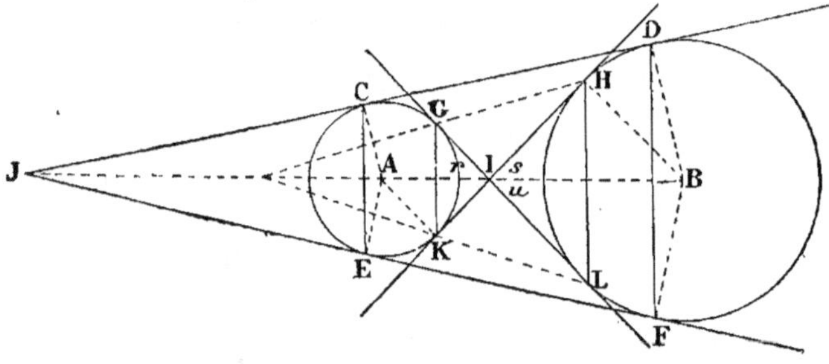

Fig. 380.

Le point A, étant équidistant des tangentes extérieures, appartient à la bissectrice de leur angle, et il en est de même du point B. Donc la bissectrice de l'angle J se confond avec la ligne des centres.

M.   12

On voit de même que les points A et B appartiennent aux bissectrices des angles opposés formés en I par les tangentes intérieures.

Et comme ces angles sont égaux, leurs moitiés sont aussi égales. Or $I + s + u = 2$ droits ; donc $I + s + r = 2$ droits ; et les deux bissectrices IA et IB ne font qu'une même ligne droite qui est la ligne des centres.

Donc *les tangentes...*

626. Théorème. 1° *Les cordes des contacts* CE, GK, HL, DF *sont parallèles.*

2° *Les sécantes* CF, DE *sont égales entre elles ; il en est de même de* GH *et* KL. (Supposer ces diverses lignes tracées.)

1° Les quatre cordes sont perpendiculaires à la ligne des centres (n° 623).

2° La droite AB étant perpendiculaire au milieu des cordes CE, DF, la figure CDFE est un trapèze symétrique, et les diagonales CF, DE sont égales.

Le trapèze GKLH est aussi symétrique ; donc les côtés GH, KL sont égaux.

Remarque. Le point I est le centre intérieur de similitude, et le point J, le centre extérieur. (G., n° 813.)

627. Théorème. *Si l'on mène les trois tangentes communes à deux cercles* I *et* K *tangents l'un à l'autre, la tangente interne* AB *rencontre chacune des deux autres à égale distance des points de contact.*

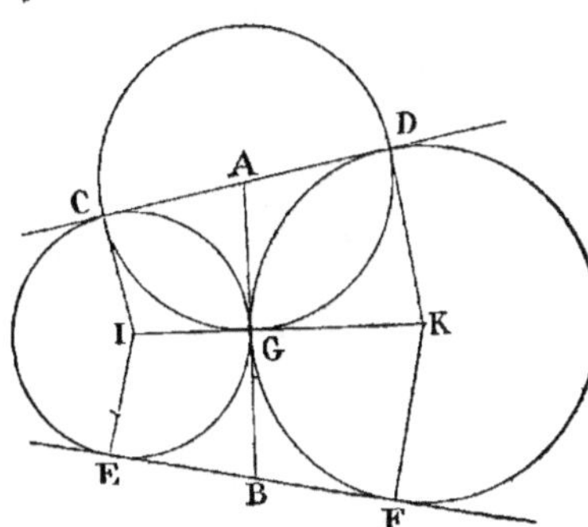

Fig. 381.

En effet, les tangentes menées d'un même point à un même cercle étant égales (G., n° 192), on a AC = AG, et AG = AD ; ainsi le point A est le milieu de CD.

Et de même, le point B est le milieu de EF. *C. Q. F. D.*

Remarque. Si du point A comme centre, avec AG pour rayon, on décrit une circonférence, cette ligne passe par les points de contact C, D et coupe *orthogonalement* les deux cercles donnés.

On sait que deux circonférences sont *orthogonales*, lorsque leurs rayons respectifs AC, IC allant à un point d'intersection, sont perpendiculaires l'un à l'autre (n° 620).

628. Théorème. *Le point de contact des circonférences données, et les points de contact d'une même tangente extérieure, déterminent une demi-circonférence ; les deux demi-cercles qui correspondent aux deux tangentes extérieures sont tangents entre eux.*

En effet, il suffit de prendre A et B pour centres, et AG = GB pour rayon.

Les demi-cercles sont tangents, parce que les rayons AG et GB sont en ligne droite.

Exercice 110.

629. Théorème. *Les points de rencontre des bissectrices extérieures d'un triangle, servent de centres à des cercles tangents aux trois côtés* (on les nomme cercles *ex-inscrits*).

630. Théorème. *Les bissectrices des angles extérieurs d'un triangle forment entre elles un nouveau triangle, dont les hauteurs se confondent avec les bissectrices intérieures du premier triangle* (fig. 411).

En effet, les bissectrices des angles extérieurs forment trois lignes droites perpendiculaires aux bissectrices des angles intérieurs (n° 444, scolie).

De plus, les points de concours des bissectrices extérieures appartiennent aussi aux bissectrices intérieures; car le point F, par exemple, étant équidistant des côtés AB et AC, appartient à la bissectrice AO.

Ainsi le triangle DEF a pour hauteurs les trois droites FA, DB, EC, bissectrices intérieures du premier triangle.   C. Q. F. D.

Exercice 111. — I.

631. Théorème. *Les circonférences décrites des trois sommets d'un triangle ABC, et passant par les points de contact du cercle inscrit, sont tangentes deux à deux.*

En effet, les tangentes menées d'un même point à un même cercle étant égales (G., n° 192), on a AE = AF, BF = BD, CD = CE.

Ces circonférences, ayant un point commun sur la ligne des centres, sont tangentes deux à deux. (G., n° 138, 2°.)

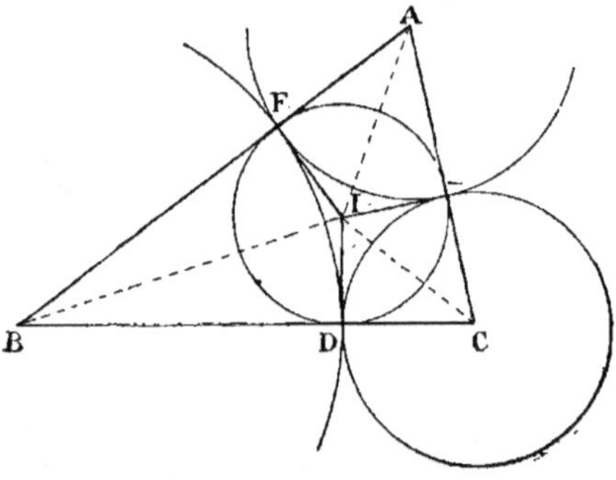

Fig. 382.

632. Théorème. *Les circonférences décrites des trois sommets d'un triangle ABC, et passant par les trois points de contact que détermine chaque cercle ex-inscrit, sont tangentes deux à deux.*

Démonstration analogue à la précédente. On a trois groupes de trois circonférences.

Exercice 111. — II.

633. Théorèmes. 1° *Le cercle inscrit dans un triangle, et chacun des cercles ex-inscrits, coupe orthogonalement le groupe des trois circonférences tangentes deux à deux qui lui correspond.*

Rappelons que deux cercles se coupent orthogonalement lorsque les deux rayons d'un même point d'intersection sont perpendiculaires l'un à l'autre (n° 620).

Or le rayon du cercle inscrit DEF, qui aboutit au point D, est perpendiculaire à CD; donc les angles DEF et CDE sont orthogonaux.

2° Lorsque trois circonférences sont tangentes deux à deux, la circonférence qui passe par les trois points de contact coupe orthogonalement les trois circonférences données.

Mesure des angles.

634. Les démonstrations données pour les angles inscrits (G., n°ˢ 147 à 154) sont très simples ; néanmoins on peut aussi donner les suivantes :

Théorème. *L'angle inscrit a pour mesure la moitié de l'arc compris entre ses côtés.* (G., n° 147.)

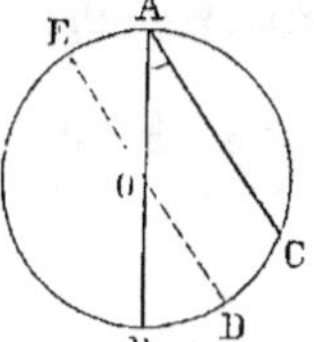

Fig. 383.

Soit A un angle inscrit dont un côté passe par le centre.

Menons le diamètre DOE parallèle à AC. .

Les angles A et O sont égaux comme correspondants, ils auront donc même mesure ; or l'angle au centre O a pour mesure l'arc BD ; mais l'arc BD = l'arc AE comme mesurant des angles au centre opposés par le sommet ; les arcs AE, DC sont égaux comme compris entre parallèles (G., n° 134) ; donc l'arc BD = DC ; par suite, l'arc BD est la moitié de l'arc BC. Ainsi l'angle inscrit a pour mesure la moitié de l'arc BC compris entre ses côtés.

Théorème. *L'angle du segment a pour mesure la moitié de l'arc compris entre ses côtés.* (G., n° 149.)

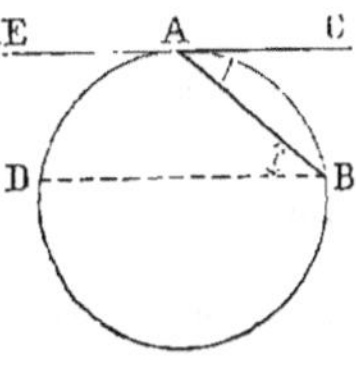

Fig. 384.

Soit BAC un angle du segment ; menons BD parallèle à la tangente ; les arcs AD et AB sont égaux comme compris entre parallèles ; les angles A et B sont égaux comme alternes-internes (G., n° 78) ; or B a pour mesure moitié de l'arc AD ; donc son égal A a pour mesure moitié de l'arc AB.   *C. Q. F. D.*

635. Théorème. *L'angle qui a son sommet entre le centre et la circonférence a pour mesure la demi-somme des arcs compris entre ses côtés et leurs prolongements* *. (G., n° 151.)

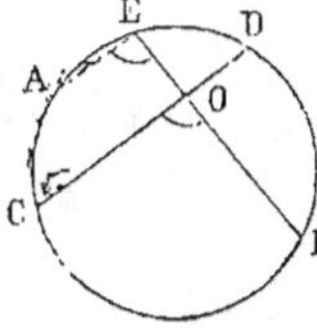

Fig. 385.

Soit l'angle BOC.

Par le point E, menons une parallèle EA à la corde DC ; les arcs AC et DE sont égaux (G., n° 134), les angles O, E sont égaux comme correspondants. (G., n° 78.)

L'angle E a pour mesure $\dfrac{BCA}{2}$ ou $\dfrac{BC}{2} + \dfrac{CA}{2}$

donc O a pour mesure $\dfrac{BC}{2} + \dfrac{DE}{2}$ *C. Q. F. D.*

---

* L'étude de l'angle dont le sommet est dans la circonférence, et de celui dont le sommet est hors de la circonférence, est due à ALHAZEN, l'auteur du problème connu sous le nom de *billard circulaire* ou *miroir circulaire* (n° 1545).

636 (**a**). **Théorèmes.** *L'angle formé par deux sécantes a pour mesure la demi-différence des arcs compris entre ses côtés.* (G., n° 152.)

Soit l'angle BAC ; menons FG parallèle à AC (fig. 386).
L'arc CG $=$ DF ; l'angle A $=$ F.

Or F a pour mesure $\dfrac{BG}{2}$ ou $\dfrac{BC}{2} - \dfrac{CG}{2}$

donc A a pour mesure $\dfrac{BC}{2} - \dfrac{DF}{2}$ $\qquad$ *C. Q. F. D.*

636 (**b**). *L'angle ex-inscrit, formé par une corde et par le prolongement d'une autre corde, et dont le sommet est sur la circonférence, a pour mesure la demi-somme des arcs qui ne sont pas compris entre les deux cordes.*

Ainsi l'angle BAC (fig. 387), formé par une corde BA et par le prolongement d'une autre corde DA, a pour mesure $\frac{1}{2}$ AMB $+ \frac{1}{2}$ AND.

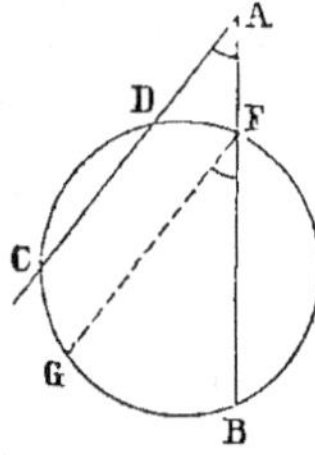

Fig. 386.

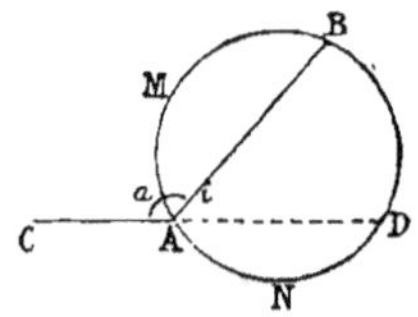

Fig. 387.

Cet angle se présente assez fréquemment ; on le nomme *ex-inscrit.* Pour avoir sa mesure, *on fait la demi-somme des arcs qui ne sont pas compris entre les deux cordes*, dont l'une est un des côtés de l'angle, et l'autre le prolongement de l'autre côté.

Exercice 112.

637. Théorème. *Toute sécante CD, menée par le point de contact de deux circonférences tangentes, détermine des arcs opposés CMG et GND d'un même nombre de degrés. (De tels arcs peuvent être nommés arcs semblables.* G., n° 240.)

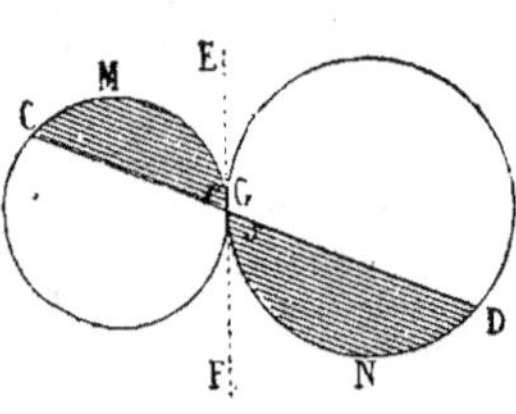

Fig. 388.

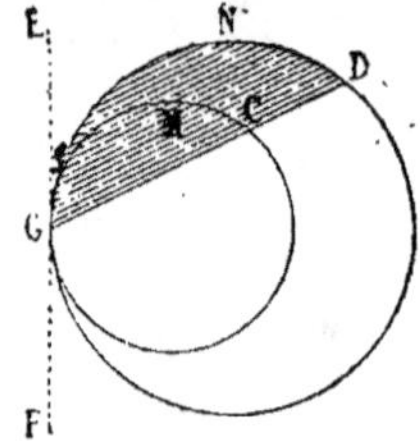

Fig. 389.

Menons la tangente commune EF. Les angles *r* et *s*, égaux comme opposés par le sommet, sont des angles du segment ; donc les arcs CMG et GND, dont les moitiés servent de mesure à ces angles égaux, ont nécessairement le même nombre de degrés.   *C. Q. F. D.*

Scolie. Si les circonférences sont tangentes intérieurement, les arcs semblables GMC et GND sont d'un même côté de la sécante.

Exercice 113.

638. Théorème. *Si deux sécantes* CD *et* EF *se croisent au point de contact de deux circonférences tangentes* A *et* B, *les cordes* CE *et* DF *qui joignent leurs extrémités sont parallèles.*

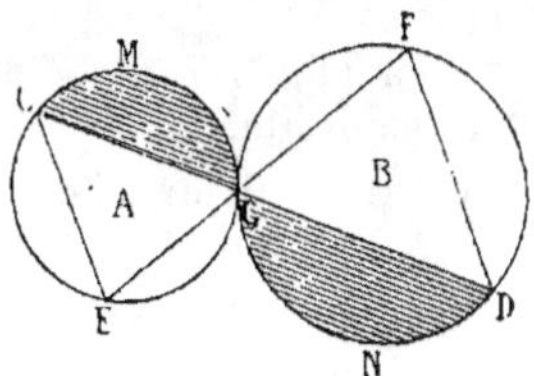
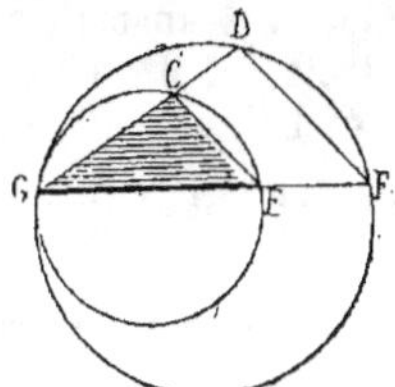

Fig. 390.   Fig. 391.

En effet, les arcs opposés GMC et GND (fig. 390) ont le même nombre de degrés (n° 637). Ainsi les angles inscrits E et F sont égaux ; et comme ces angles ont la position d'alternes-internes, les droites EC et FD sont parallèles.   *C. Q. F. D.*

Scolie. Le théorème est encore vrai pour le cas des cercles tangents intérieurement (fig. 391) : les arcs GC et GD ont le même nombre de degrés ; ainsi les angles E et F sont égaux, et les droites CE et DF sont parallèles.

639. Théorème. *Si l'on mène une sécante commune* CD *par le point de contact de deux circonférences tangentes, les tangentes* EF *et* GH *menées par les extrémités de cette sécante sont parallèles.*

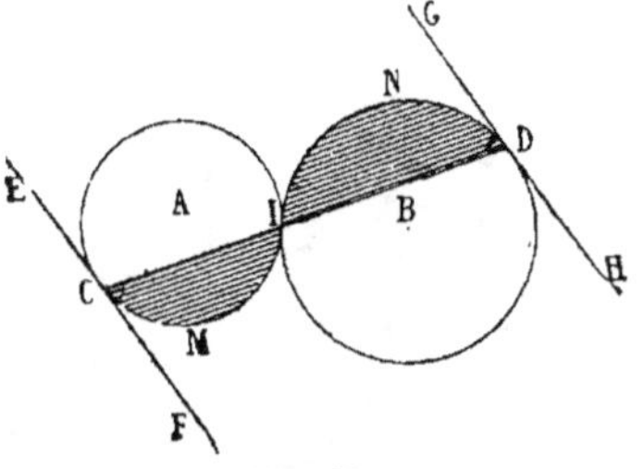

Fig. 392.

Ce théorème n'est qu'un cas particulier du précédent ; il suffit de considérer deux sécantes infiniment rapprochées l'une de l'autre ; les cordes qui joignent leurs extrémités deviennent des tangentes.

Voici d'ailleurs une démonstration directe du théorème proposé.

Les tangentes sont parallèles, car la sécante commune CID détermine des arcs opposés CMI et IND d'un même nombre de degrés (n° 637) ; donc les angles aigus C et D sont égaux (G., n° 149), et les droites EF et GH sont parallèles. (G., n° 80.)   *C. Q. F. D.*

Remarque. L'emploi d'une tangente commune intérieure donne aussi un moyen très facile de démontrer ce théorème.

Exercice **114**.

640. Théorème. *Si deux circonférences* A *et* B *se coupent, et si, par l'un des points d'intersection* C, *on mène un diamètre de part et d'autre, la droite qui joint les extrémités* E *et* F *de ces diamètres passe par le second point d'intersection* D, *et cette droite est double de la distance des centres.*

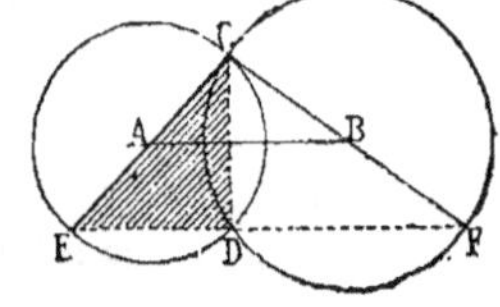

Fig. 393.

Menons la corde commune CD, puis les cordes DE et DF.

1° L'angle CDE inscrit dans un demi-cercle est droit, et il en est de même de l'angle CDF. Donc les deux cordes DE et DF ne font qu'une même ligne droite.

2° Dans le triangle CEF, la droite AB joint les milieux de deux côtés ; on a donc
$$EF = 2AB$$

Donc, *si deux circonférences...*

Remarque. Pour prouver que trois points sont en ligne droite, on peut joindre celui du milieu à chacun des deux autres, et prouver que les deux droites ainsi menées n'en font qu'une.

Exercice **115**.

641. Théorème. *Si deux circonférences* A *et* B *se coupent, et si, par l'un des points d'intersection* C, *on mène une sécante mobile* EF, *la somme des arcs* CGE *et* CF *situés d'un même côté de cette sécante est constante, quant au nombre des degrés.*

En effet, lorsque la sécante mobile passe de la position EF à la position GH (fig. 394), l'arc GE est remplacé par FH ; or ces arcs ont le même nombre de degrés (n° 637), puisque leurs moitiés servent de mesure aux angles égaux r et s.

Donc, *si deux circonférences...*

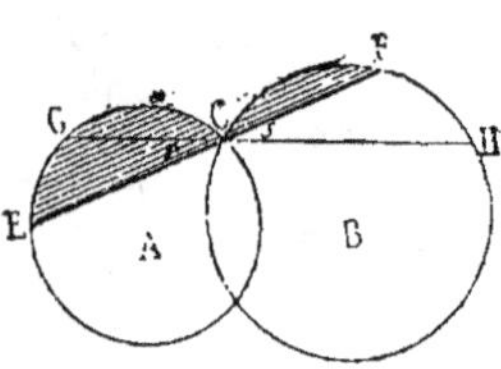

Fig. 394.

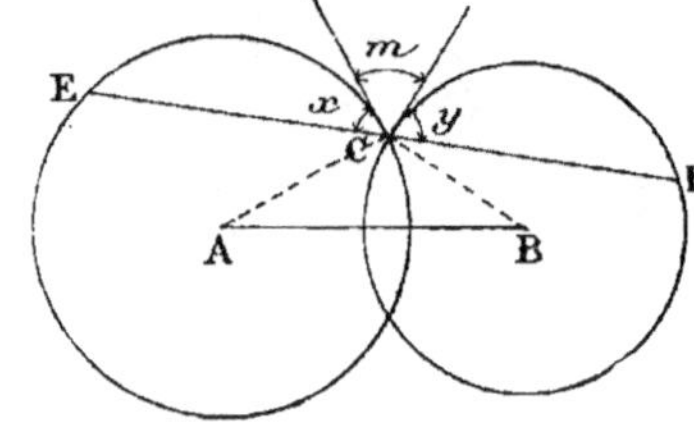

Fig. 395.

Autre démonstration (fig. 395). L'angle m des deux tangentes est constant ; donc la somme supplémentaire $x + y$ est aussi constante.

Scolie. *Discussion.* La sécante étant mobile autour du point C, nous allons nous rendre compte des divers cas qui peuvent se présenter.

Et d'abord, la sécante prenant la position CH', devient tangente au cercle A ; l'arc sous-tendu dans ce cercle est nul, et toute la somme se trouve dans l'arc CNH'.

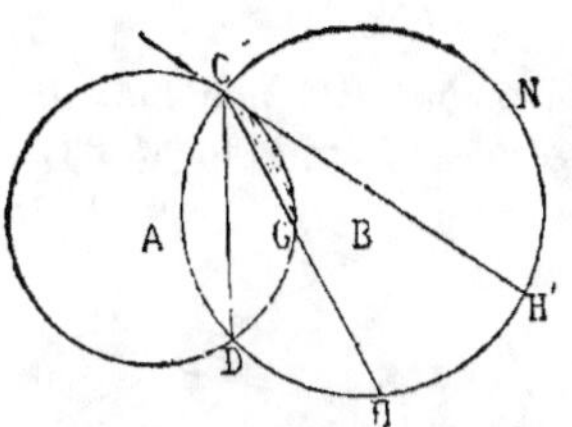
Fig. 396.

Les deux cordes CG et CH peuvent se trouver l'une sur l'autre; le théorème sera encore vrai, à la condition que l'on prendra *négativement* l'arc CG.

Enfin, la sécante mobile peut prendre la position de la corde commune CD ; les deux arcs seront CNHD, que l'on continue à regarder comme *positif*, et CGD, qu'il faut considérer comme *négatif*.

Exercice 116.

642. Théorème. *Une sécante mobile* EF *étant menée par l'un des points d'intersection de deux circonférences* A *et* B, *les droites* DE *et* DF, *qui joignent l'autre point d'intersection aux deux extrémités de la sécante, forment entre elles un angle constant.* (MŒBIUS [*], *Statik*, p. 118. Cit. par BALTZER, § IV, p. 53.)

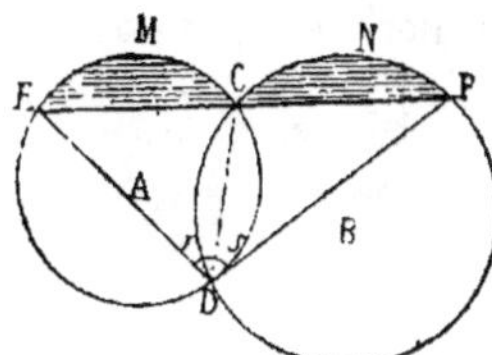
Fig. 397.

En effet, si l'on mène la corde commune CD, l'angle D se trouve décomposé en deux parties r et s, qui ont respectivement pour mesures $\frac{1}{2}$ CME et $\frac{1}{2}$ CNF ; et comme la somme des arcs CME et CNF est constante (n° 641), il en est de même de la somme des angles r et s.

C. Q. F. D.

Autre démonstration. Dans le triangle EDF, les angles E et F sont constants (G., n° 147. E. de G., n° 634); donc l'angle D est aussi constant.

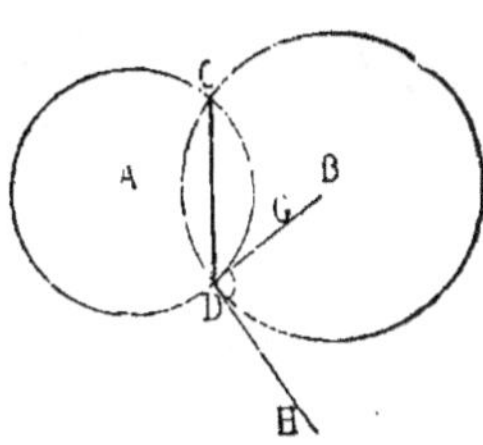
Fig. 398.

Scolie. Si la sécante mobile devient tangente à l'un des deux cercles, l'un des angles partiels r ou s est nul.

Si les deux cordes sont repliées l'une sur l'autre, l'un des deux angles devra être pris *négativement*, comme l'arc qu'il comprend.

Enfin, si la sécante mobile prend la position de la corde commune, et si l'on considère les extrémités mobiles de cette sécante un peu avant qu'elles se réunissent en D, on voit que les lignes DE et DF tendent vers les tangentes DG et DH, qui donnent encore l'angle constant.

Remarque. *L'angle constant est le supplément de l'angle des deux cercles.* En effet l'angle EDF (fig. 397), étant constant, serait le même que l'angle ACB (fig. 398), que forment entre eux les rayons CA, CB : or l'angle ACB est le supplément de l'angle aigu des deux tangentes menées aux cercles par le point C; donc...

---

[*] MŒBIUS (1790-1868), élève de GAUSS et continuateur de ses travaux. (*Histoire des sciences mathématiques et physiques*, par M. MAXIMILIEN MARIE.)

Exercice 117.

643. Théorème. *Si l'on mène une sécante mobile* CD *par l'un des points d'intersection de deux circonférences sécantes, les tangentes* CO *et* DO *menées par les extrémités de la sécante mobile font entre elles un angle constant* O.

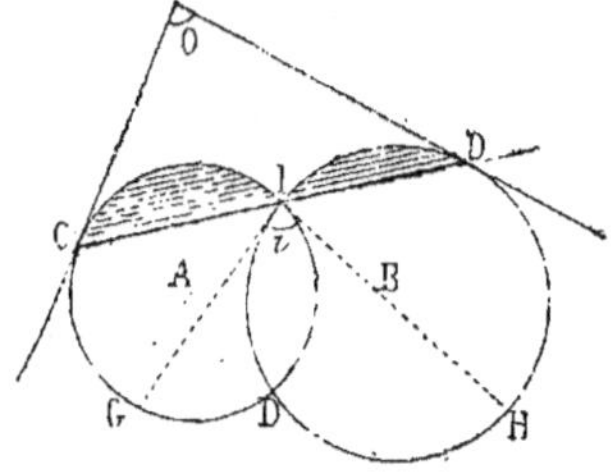

Fig. 399.

En effet, la somme des arcs IC et ID est constante quant au nombre des degrés (n° 637); ainsi, dans le triangle OCD, la somme des angles C et D est constante, et le troisième angle O est constant. (G., n° 93, 2°.)

Scolie. Ce théorème peut se conclure du cas où l'on mène deux sécantes CD et EF (n° 644, qu'on pourrait démontrer en premier lieu); les cordes EC et DF font un angle constant, égal à l'angle t sous lequel se coupent les deux circonférences. Les deux sécantes CD et EF peuvent se confondre; alors les cordes ECO et DFO deviennent des tangentes aux deux cercles A et B.

Exercice 118.

644. Théorème. *Si deux sécantes,* CD *et* EF, *se coupent en l'un des points d'intersection de deux circonférences,* A *et* B, *les cordes* EC *et* DF, *qui joignent leurs extrémités, forment par leurs prolongements un angle constant* O.

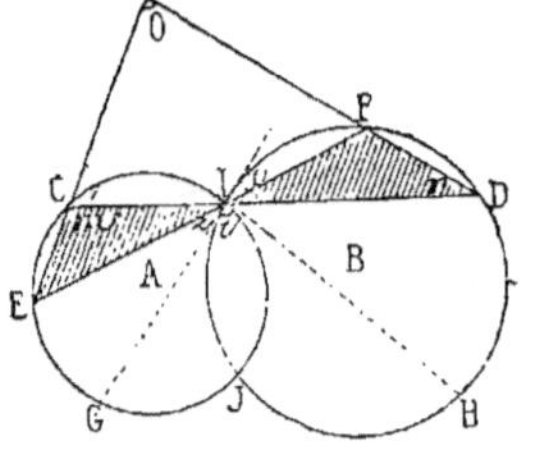

Fig. 400.

Par le point I menons les droites IG et IH tangentes respectivement aux deux circonférences A et B. L'angle t de ces deux tangentes est indépendant de la position des sécantes considérées.

Sur la première circonférence, on voit, par les mesures, que l'angle

$$m = t + z$$

Et sur la seconde circonférence, on voit que

$$r = x \quad \text{ou} \quad z$$

De là on tire, en soustrayant

$$m - r = t$$

Or l'angle m est extérieur au triangle OCD; on a donc $O + r = m$, d'où $O = m - r = t$, quantité constante.

Note. L'étude des divers cas qui peuvent se présenter est très facile; on pourrait d'ailleurs se reporter à la deuxième édition des É. de G. (n° 644, page 312), il en est de même pour d'autres questions très élémentaires; par contre, dans cette troisième édition, nous donnons assez fréquemment de nouvelles démonstrations, des renseignements bibliographiques complémentaires et de nouvelles questions.

Exercice 119.

645. Théorème. *On a deux circonférences tangentes intérieurement en un point A ; si par la seconde extrémité B de la ligne des centres AB on mène une corde BCD, tangente au point C, à la circonférence intérieure, la droite AC est bissectrice de l'angle BAD.*

1° *Démonstration.* Menons la tangente AE et la ligne ACF.

Les tangentes AE et CE étant égales,

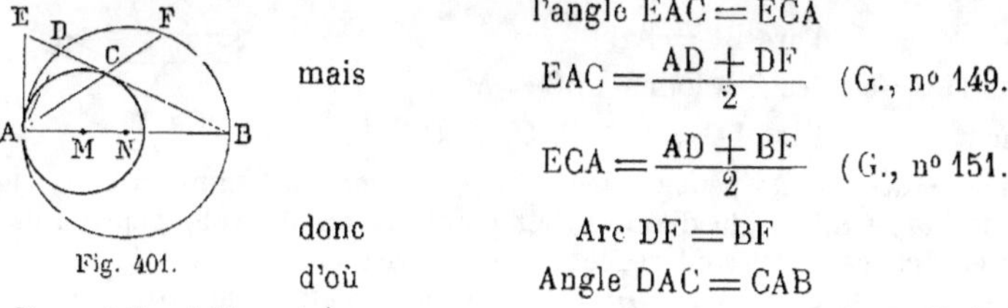

l'angle EAC = ECA

mais $\quad EAC = \dfrac{AD + DF}{2}$ (G., n° 149.)

$\quad ECA = \dfrac{AD + BF}{2}$ (G., n° 151.)

donc $\quad$ Arc DF = BF

d'où $\quad$ Angle DAC = CAB

Fig. 401.

Donc AC est bissectrice. $\qquad\qquad$ C. Q. F. D.

Autres démonstrations. 2° Menons le rayon MC ; le triangle isocèle AMC donne CAM = ACM ; mais MC est perpendiculaire à la tangente BC, par suite MC est parallèle à AD ; ainsi l'angle ACM = CAD comme alternes-internes ; donc l'angle CAD = CAM. $\qquad$ C. Q. F. D.

3° GH est parallèle à DB (fig. 402), à cause des angles droits G et D ; donc C est le milieu de l'arc GH.

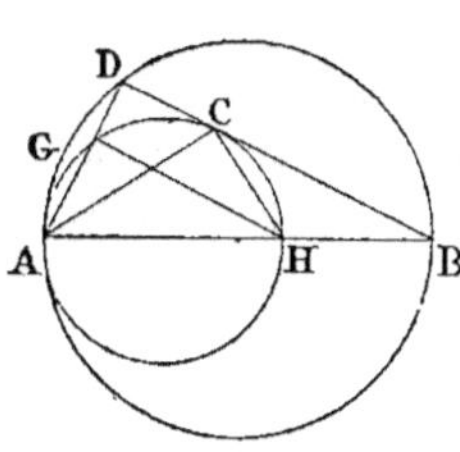
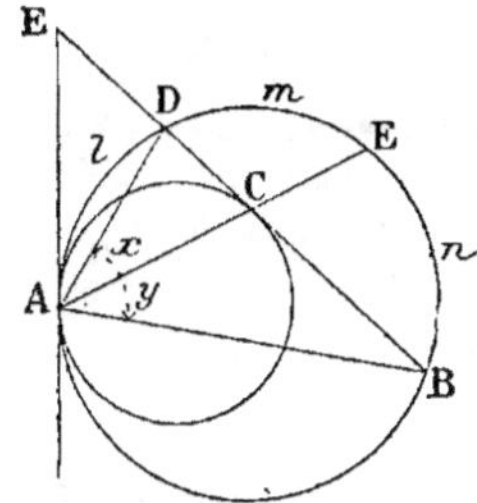

Fig. 402. $\qquad\qquad\qquad\qquad\qquad$ Fig. 403.

4° Les angles en A ont pour complément ACD et AHC, qui ont même mesure.

La propriété est générale.

5° Le triangle EAC étant isocèle (fig. 403),

$$l + n = l + m$$

donc $\qquad\qquad n = m$

et $\qquad\qquad x = y$

646. Théorème. *La bissectrice intérieure de l'angle d'un triangle est bissectrice de l'angle formé par le diamètre du cercle circonscrit, et la hauteur abaissée du sommet de l'angle considéré.*

Soient le triangle ACB. Circonscrivons une circonférence au triangle ;

joignons le sommet C au point milieu de l'arc AB, afin d'avoir la bissectrice de l'angle C ; menons le diamètre CD et la hauteur CH ; prolongeons cette hauteur jusqu'à la circonférence ; soit L le point de rencontre.
L'angle droit CAD a pour mesure

$$\frac{CB + BL + LD}{2}.$$

L'angle droit H a pour mesure

$$\frac{CB + LD + DA}{2}$$

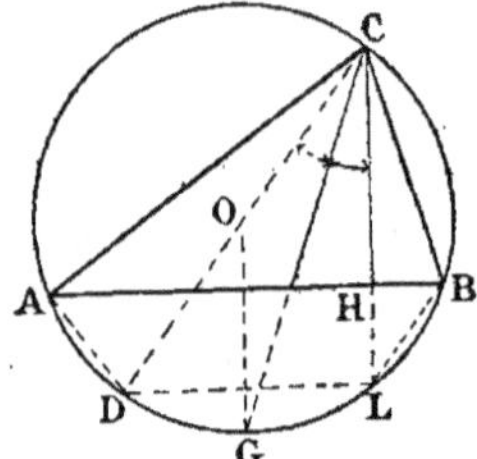

Fig. 404.

donc   l'arc $BL = AD$

Mais la bissectrice CG donne $BG = AG$

donc   l'arc $LG = DG$ *C. Q. F. D.*

Remarques. 1° On peut procéder plus rapidement comme il suit : joignons l'extrémité D du diamètre au point L, où le prolongement de la
hauteur coupe la circonférence ; CLD est droit, il en est de même de
CHA ; donc les côtés AB et DL sont parallèles ; ainsi l'arc $BL = AD$, etc.

2° La question connue : *La bissectrice de l'angle droit d'un triangle
rectangle est bissectrice de l'angle formé par la hauteur et la médiane
issues de ce même sommet* (n° 500), n'est qu'un cas particulier du
théorème ci-dessus, car alors la médiane est un rayon du cercle circonscrit.

3° On peut donner une seconde démonstration du théorème proposé
(voir ci-après, n° 664).

<h3 align="center">Exercice 120.</h3>

647. Théorème. *Lorsqu'un parallélogramme* ABCD, *de grandeur
invariable, se meut dans son plan, de manière que deux côtés adjacents*
AB, AD *passent par deux points fixes, la diagonale* AC *passe aussi par
un point fixe.*

(*Méthodes*, n° 141.)

<h2 align="center">Figures inscrites au cercle *.</h2>

648. Les solutions des exercices relatifs aux angles, aux triangles,
aux quadrilatères inscrits dans le cercle, nécessitent surtout l'emploi
des théorèmes suivants :

*L'angle inscrit a pour mesure la moitié de l'arc compris entre ses
côtés.* (G., n° 147 ; E. de G., n° 634.)

*Aux arcs égaux, aux cordes égales, correspondent des angles au centre
égaux.* (G., n°s 117, 119.)

En combinant ces deux théorèmes, on arrive au suivant, que l'on emploie fréquemment :

---

* *Inscrit* veut dire qui est situé à l'intérieur, qui est dans l'objet considéré ; par suite,
d'après l'exemple donné par M. Catalan (*Théorèmes et problèmes de géométrie élémentaire*), nous disons *figures inscrites au cercle*, au lieu de *figures inscrites dans le cercle*.

Aux arcs égaux, aux cordes égales, correspondent des angles inscrits égaux, et réciproquement.

Pour les exercices relatifs au quadrilatère, on a recours à deux théorèmes principaux :

Dans un quadrilatère convexe inscrit, les angles opposés sont supplémentaires, et réciproquement, *un quadrilatère convexe est inscriptible lorsque les angles opposés sont supplémentaires.* (G., nᵒˢ 156, 157.)

On peut y ajouter les deux théorèmes suivants (nᵒ 658) :

Dans un quadrilatère non convexe inscrit, les angles opposés sont égaux, et réciproquement, *un quadrilatère non convexe est inscriptible lorsque les angles opposés sont égaux.*

On doit remarquer que deux côtés opposés d'un quadrilatère convexe et les deux diagonales constituent un quadrilatère non convexe, auquel on peut appliquer les deux théorèmes ci-dessus.

Exercice 121.

649. **Théorème.** *Aux arcs égaux, aux cordes égales, correspondent des angles inscrits égaux et réciproquement.*

650. **Théorème.** *Lorsque plusieurs angles sont égaux, l'arc opposé à l'angle au centre égale une quelconque des valeurs suivantes :*

1º *La moitié de l'arc de l'angle inscrit ;*

2º *La moitié de la somme des arcs opposés à l'angle dont le sommet est entre le centre et la circonférence ;*

3º *La moitié de la différence des arcs compris entre les côtés de l'angle, dont le sommet est hors de la circonférence, et réciproquement.*

651. **Théorème.** *Lorsqu'un triangle inscrit dans une circonférence a un angle constant, le côté opposé est tangent à une circonférence concentrique à la première.*

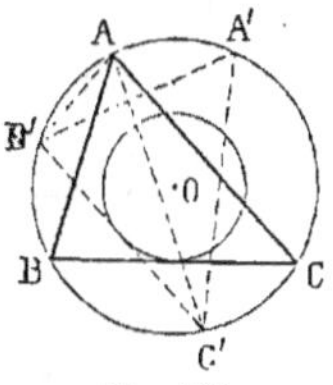

Soit A l'angle constant ; il a pour mesure la moitié de l'arc CB. (G., nᵒ 147.)

Donc, si   A′ = A ,

on a   arc BC = arc B′C′

d'où   la corde BC = B′C′   (G., nᵒ 118.)

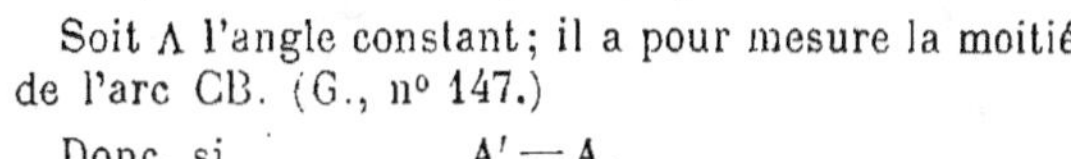

Fig. 405.

Or ces cordes égales sont également éloignées du centre, donc les cordes BC, B′C′... sont tangentes à une même circonférence décrite du point O comme centre.

652. **Théorème.** *Lorsqu'un triangle circonscrit à une circonférence a deux angles dont la somme est constante, le troisième sommet est sur une circonférence concentrique à la première.*

Le troisième angle est aussi constant, et par suite son sommet est toujours à la même distance du centre.

Exercice 122.

653. **Théorème.** *Dans la même circonférence, on a deux angles égaux : l'un est au centre et l'autre est inscrit.*

Lorsque chaque angle égale $^4/_3$ *de droit, les cordes correspondantes sont égales.*

Soit l'angle $AOB = DCE = {}^4/_3$ de droit ; il faut prouver que $DE = AB$.

En effet, tous les angles que l'on peut former autour d'un point O valent quatre droits (G., n° 31) ; or $^4/_3$ est contenu trois fois dans 4 droits ; autour du point O il est donc possible de former trois angles égaux à $^4/_3$ et six angles égaux à $^2/_3$ de droit.

Supposons l'angle AOB égal à $^4/_3$ de droit, et l'angle AOG égal à $^2/_3$.

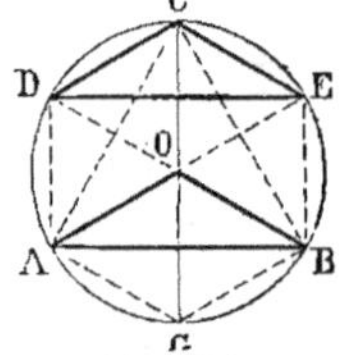
Fig. 406.

Dans le triangle isocèle AOG, l'angle O valant $^2/_3$ de droit, la somme des deux autres angles égale $^4/_3$; chacun d'eux égale $^2/_3$ de droit ; donc le triangle est équiangle et équilatéral (G., n° 60),
et
$$AG = AO = OG$$

L'angle inscrit AGB égale $^4/_3$ de droit, égale AOB ; or ils correspondent à la même corde ; donc...

654. Théorème. *Lorsque chacun des angles égaux donnés est moindre que $^4/_3$, la corde de l'angle au centre est plus petite que celle de l'angle inscrit, mais plus grande que sa moitié.*

Lorsque la valeur de chaque angle est plus grande que $^4/_3$ de droit, la corde de l'angle au centre est plus grande que celle de l'angle inscrit, mais plus petite que le double de cette corde.

Pour un angle plus petit que $^4/_3$, considérons un angle ACB, ayant COG pour bissectrice (fig. 406).
$$L'angle\ AOG = GOB = ACB$$

Or, dans le triangle isocèle AGB, on a :
$$AG < AB$$
et
$$AG > \frac{AB}{2}$$

C..Q. F. D.

La seconde partie du théorème se démontre d'une manière analogue.

Exercice 123.

655. Théorème. *Tout parallélogramme ABCD inscrit à un cercle est un rectangle, et les diagonales sont des diamètres.*

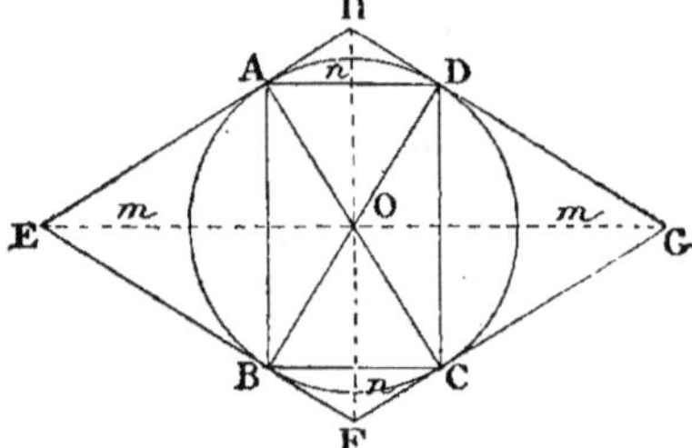
Fig. 407.

En effet, les cordes AD et BC sont égales, comme étant les côtés opposés d'un parallélogramme ; ainsi les arcs AD et BC sont égaux, et il en est de même des arcs AB et CD.

Chacun des quatre angles A, B, C, D, a pour mesure $^1/_2(m+n)$; donc ces angles sont égaux, chacun d'eux est droit (G., n° 95), et la figure est un rectangle.

L'angle D étant droit et inscrit, il faut que l'arc ABC soit une demi-circonférence (G., n° 148, 2°); donc la diagonale AC est un diamètre. Il en est de même de BD.

656. Théorème. *Quatre tangentes, parallèles deux à deux, forment un losange circonscrit, et le quadrilatère obtenu en joignant deux à deux les points de contact est un rectangle.*

657. Théorème. *Les cordes perpendiculaires aux extrémités d'une troisième corde quelconque forment les côtés opposés d'un rectangle inscrit.*

658. Théorème. *Les angles opposés d'un quadrilatère non convexe inscriptible sont égaux.*

Réciproquement. *Un quadrilatère non convexe est inscriptible lorsque les angles opposés sont égaux.*

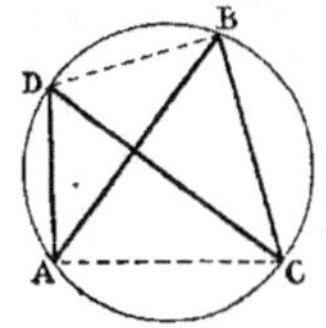

Fig. 408.

Soit ABCD un quadrilatère non convexe inscriptible.

En parcourant le périmètre, à partir d'un sommet quelconque A, pour revenir au même sommet, on voit que les angles A et C occupent le premier et le troisième rang : tels sont les angles *opposés*. Il en est de même de B et D.

1° A $=$ C comme ayant même mesure demi-arc BD.

2° Lorsque A égale C, les deux points A et C se trouvent sur l'arc de segment décrit sur BD et capable de l'angle A (G., n° 154); donc les quatre points A, B, C, D appartiennent à une même circonférence.

Remarque. Deux côtés opposés AD, BC d'un quadrilatère convexe ADBC (fig. 408), et les deux diagonales AB, CD, constituent un quadrilatère non convexe ABCD, auquel on peut appliquer les deux théorèmes précédents.

Exercice 124.

659. Théorème. *Les circonférences qui passent par deux sommets A et B d'un triangle, coupent les côtés du troisième sommet suivant des cordes DE, MN parallèles entre elles.*

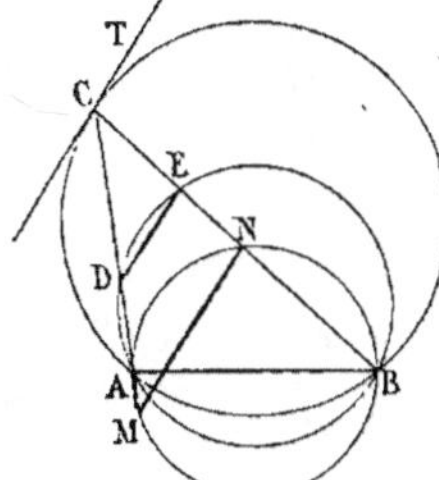

Fig. 409.

Les quadrilatères ADEB, AMNB sont inscriptibles (n° 648); donc l'angle E $=$ N. En effet, l'angle E est le supplément de BAD, et l'angle N égale BAM. Les angles E, N étant égaux et correspondants, les droites ED, NM sont parallèles. *C. Q. F. D.*

Remarques. I. *Les côtés opposés d'un quadrilatère inscriptible sont des lignes antiparallèles* (n° 471).

En effet, les angles opposés étant supplémentaires, les angles CDE et ABC sont égaux; il en est de même des angles BAC et DEC.

II. La tangente CT est parallèle à DE, et par suite, la *tangente* CT est antiparallèle à AB.

III. Le prolongement de AC et de BC donne aussi lieu à une corde parallèle à DE, et par suite antiparallèle à AB par rapport aux côtés de l'angle C.

Exercice 125.

660. Théorème. *Sur une base donnée* AB, *on construit divers triangles* ABC, *tels que l'angle au sommet* C *a une valeur constante ; prouver que la droite* DE, *qui joint les pieds des hauteurs* AD, BE *abaissées des extrémités de la base, a une longueur constante.*

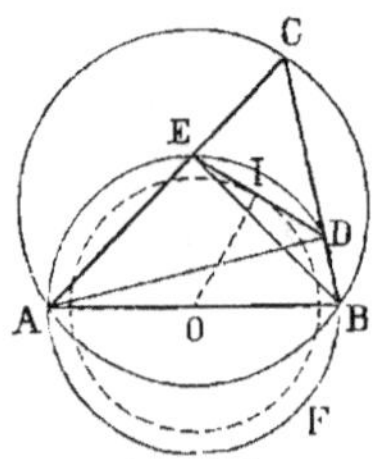
Fig. 410.

L'angle C étant constant aura son sommet sur le segment capable. (G., n° 203.)

La circonférence décrite sur AB comme diamètre passe par les pieds D, E des hauteurs (G., n° 148, 2°), quelle que soit la position du sommet C sur l'arc du segment.

Or, par rapport au cercle ABDE, l'angle extérieur C a pour mesure la demi-différence des arcs. (G., n° 152.)

$$C = \frac{\text{arc AFB} - \text{arc DE}}{2}$$

Mais l'angle C est constant ; il en est de même de la demi-circonférence AFB, donc l'arc DE est aussi constant, et par suite la corde DE a une longueur invariable.

661. Remarques. 1° Soit I le milieu de la corde ; dans chaque position du sommet C, la corde DE est tangente à la circonférence décrite du centre O avec le rayon OI. En d'autres termes : *la circonférence* OI *est l'enveloppe de la droite* DE, *qui joint les pieds des hauteurs* (n° 119).

2° *La droite* DE, *qui joint les pieds des hauteurs, est antiparallèle au côté* AB, *qui joint les sommets d'où partent ces hauteurs.*

En effet, le quadrilatère ABDE est inscriptible (n° 659), et l'angle CDE, supplément de EDB, est égal à l'angle EAB, supplément de EDB.

Exercice 126.

662. Théorème. *Les trois hauteurs d'un triangle servent de bissectrices au triangle qui a pour sommets les pieds de ces mêmes hauteurs.*

Cette question est déjà traitée aux *Méthodes* (n° 292, *i*) ; néanmoins nous en donnons deux autres.

1re *Démonstration.* Soit ABC le triangle proposé (fig. 411), et DEF le triangle qui a pour sommets les pieds des hauteurs du premier triangle.

Sur les côtés AB et AC comme diamètres, décrivons des demi-circon-

férences. La première passe par les points D et E, car les angles droits
ADB et AEB ont leurs sommets sur le demi-cercle ; il en est de même
pour les points D et F.

Les deux angles marqués i sont égaux comme ayant pour mesure la
moitié du même arc AE (G., n° 147) ; les deux angles marqués s sont
égaux comme ayant pour mesure la moitié de l'arc AF. Or, à cause des
triangles rectangles AEB et AFC, les angles i et s de ces triangles sont
égaux comme ayant pour complément le même angle A. (G., n° 93, 5°.)
Donc les deux angles i et s qui constituent l'angle D sont égaux, et la
hauteur AD est bissectrice de l'angle FDE.

Donc *les trois hauteurs...*

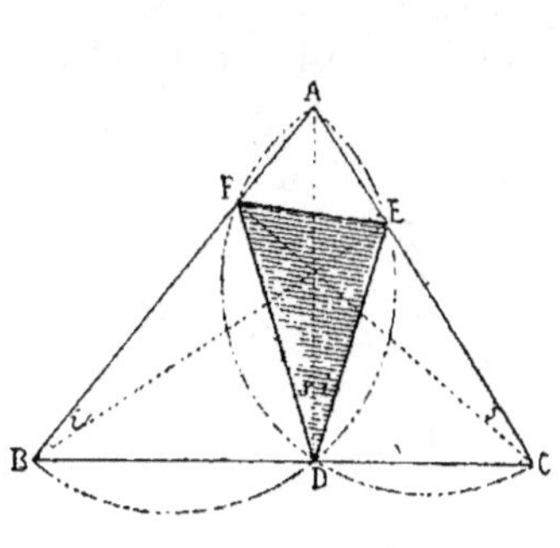

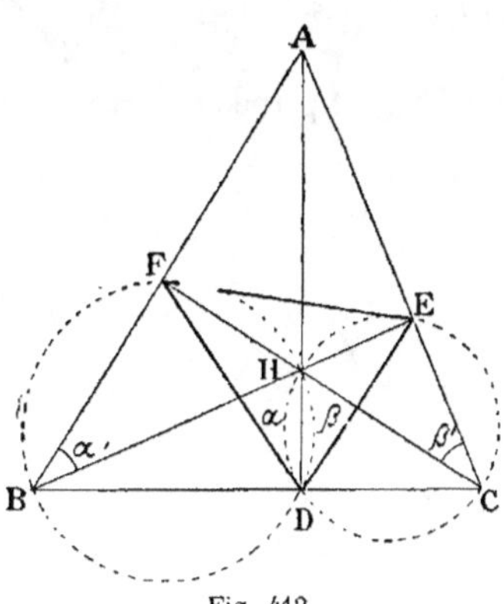

Fig. 411.   Fig. 412.

2° *Démonstration.* Dans les quadrilatères inscriptibles BDHF, DHEC
(fig. 412), on a :

$$\alpha = \alpha' \quad \text{et} \quad \beta = \beta'$$

or $\alpha' = \beta'$ comme ayant les côtés perpendiculaires ;
donc $\alpha = \beta$

Remarque. On peut consulter aussi le théorème du n° 1136 et celui
du n° 1138.

Exercice 127.

663. Théorème de Nagel [*]. *Les rayons qui joignent les sommets d'un
triangle au centre du cercle circonscrit à ce triangle sont respectivement perpendiculaires aux droites qui joignent deux à deux les pieds
des hauteurs du triangle.*

1re *Démonstration.* (Voir *Méthodes*, n° 292, h.)

2e *Démonstration.* (HOUSEL [**], N. A. 1860, page 438.)

---

[*] NAGEL (1803-1882), recteur de l'école industrielle (Real-Schule) d'Ulm.

[**] HOUSEL, ancien élève de l'École normale supérieure, auteur de l'*Introduction à la
géométrie supérieure*, 1865.

L'*Introduction à la G. S.* est un ouvrage qui donne beaucoup plus que ce qu'annonce son
titre modeste.

Le point O étant équidistant de chaque sommet (fig. 413),

$$\text{l'angle } a = a, \quad b = b, \quad c = c$$

Or
$$2a + 2b + 2c = 180^\circ$$

ou
$$a = 90^\circ - (b + c)$$

ou
$$a = 90^\circ - C$$

Mais les hauteurs sont les bissectrices (n° 662) des angles du triangle DEF.

Donc aussi
$$d = 90^\circ - (e + f)$$

Or $(e + f)$ est le supplément de EHF dont C est aussi le supplément ; par suite,

$$e + f = C \quad \text{et} \quad \text{l'angle } a = d$$

Mais AD est perpendiculaire à DC ; donc AO est aussi perpendiculaire à DF. $C. \, Q. \, F. \, D.$

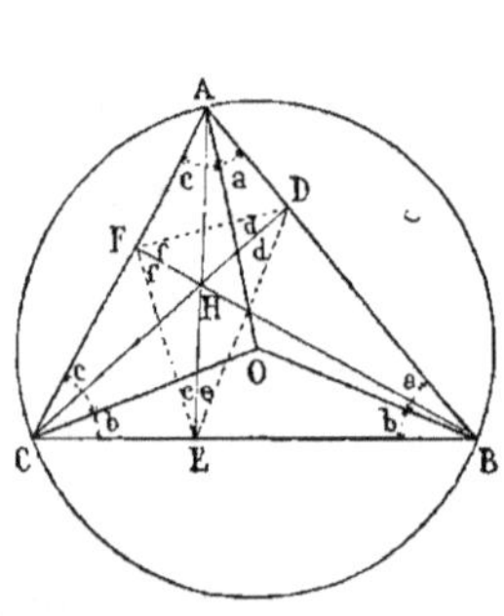

Fig. 413.   Fig. 414.

3ᵉ *Démonstration.* Le quadrilatère inscriptible CFDB (fig. 414) donne :

$$\text{angle } C = D$$

La tangente AT donne C = A, donc D = A ; FD parallèle à AT est perpendiculaire au rayon AO.

664 (a). Corollaire. *La bissectrice d'un angle d'un triangle divise en deux parties égales l'angle formé par le rayon du cercle circonscrit et par la hauteur qui part du sommet considéré.*

En effet, dans B, on a $a = 90^\circ - C$ (valeur trouvée ci-dessus).

Or l'angle CBF égale aussi $90^\circ - C$;   donc la bissectrice de l'angle B est aussi bissectrice de l'angle OBF. $C. \, Q. \, F. \, D.$

On a donc une seconde démonstration d'un théorème déjà démontré (n° 646).

Remarque. Le *théorème de Nagel* n'est qu'un cas particulier d'un théorème plus général.

664 (b). Note. Le point de concours des trois hauteurs d'un triangle a été nommé *orthocentre* par M. Besant, auteur de divers ouvrages mathématiques estimés ; il a employé ce terme dans son livre : *Geometrical Conics,* en 1869.

En France, M. Morel a introduit ce mot : (*Journal de mathématiques élé-*

mentaires, 1879, p. 178, et 1890, p. 106), en traduisant un ouvrage de JAMES BOOTH, *membre de la société royale de Londres,* mort en 1878.

Dans la *Géométrie récente du triangle,* le point de concours des hauteurs est désigné par H.

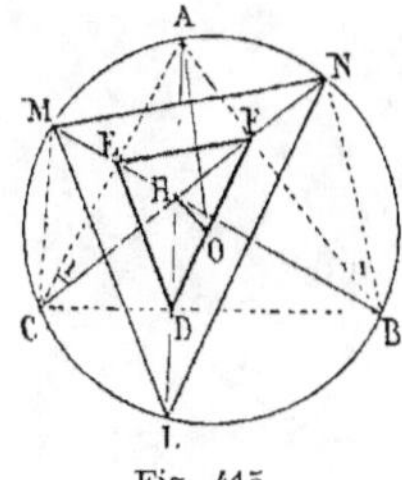

Fig. 415.

Les mêmes auteurs ont nommé DEF, *triangle orthocentrique;* actuellement on dit simplement : *triangle orthique.*

665. Théorème. *Dans un triangle ABC, les trois hauteurs se coupent en un même point. On circonscrit une circonférence au triangle, et l'on prolonge les hauteurs jusqu'à la circonférence ; on obtient ainsi six arcs égaux deux à deux.* (CARNOT, *De la Corrélation des figures en Géométrie,* 1801.)

(Voir *Méthodes,* n° 292, *b.*)

666. Théorème. *La distance du point où les hauteurs se coupent, à un côté donné, égale le prolongement de la hauteur abaissée sur ce même côté.*

Ainsi   DH = DL

(Voir *Méthodes,* n° 292, *c.*)

Exercice 128.

667. Théorème. *1° Les cercles circonscrits à un triangle donné et aux triangles, ayant deux des sommets du premier et le point de concours des hauteurs pour troisième sommet, sont égaux.* (CARNOT.)

(Voir *Méthodes,* n° 292, *c.*)

Exercice 129. — I.

668. Théorème. *Les sommets d'un triangle rectangle inscrit divisent*

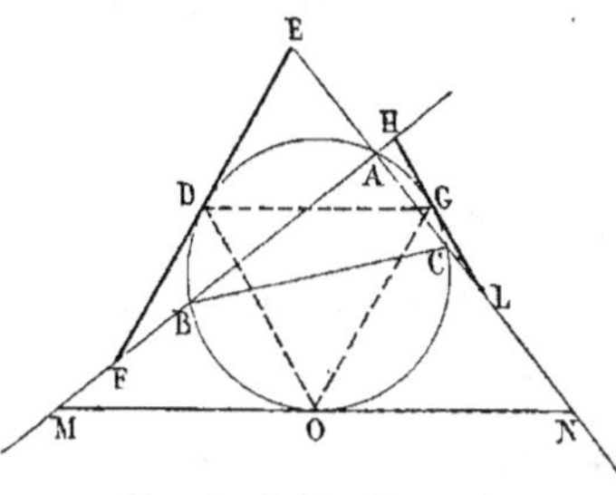

Mener les droites AD et AO.

Fig. 416.

la circonférence en trois arcs ; l'un est une demi-circonférence, et les deux autres sont supplémentaires. Après avoir prolongé les trois côtés du triangle, on mène à chacun de ces trois arcs une tangente telle que le point de contact soit au milieu de la portion de tangente interceptée entre les côtés de l'angle suffisamment prolongés ; démontrer que les trois points de contact sont les sommets d'un triangle équilatéral. (Sir FREDERICK POLLOCK. — N. A. 1855, p. 367.)

Soit l'angle droit BAC, et les tangentes EF, HL, MN, telles que

$$DE = DF, \quad GH = GL \quad \text{et} \quad OM = ON$$

Il faut prouver que l'arc DAG est le tiers de la circonférence, et qu'il en est de même de DBO.

Joignons le point A au point D. Dans le triangle rectangle EAF, la médiane AD égale la moitié de l'hypoténuse ; donc

$$AD = DE = DF$$

donc $$\text{l'angle } DAF = DFA$$

Mais $$\text{l'angle } DAF = \frac{\text{arc DB}}{2}$$

tandis que $$\text{l'angle } F = \frac{\text{arc AD} - \text{arc DB}}{2}$$

donc l'arc BD est la moitié de l'arc AD ; c'est-à-dire que

$$\text{l'arc AD} = {}^2/_3 \text{ de l'arc ADB}$$

De même $$\text{l'arc AG} = {}^2/_3 \text{ arc AGC}$$

Donc $$\text{arc AD} + \text{arc AG}$$

ou $$\text{arc DAG} = {}^2/_3 \text{ demi-circonférence BAC}$$

Ainsi l'arc DAG est le tiers de la circonférence, et DG est la corde du triangle équilatéral inscrit.

On a de même $$\text{l'angle } MAO = AMO$$

donc $$\text{arc BO} = {}^1/_2 \text{ arc ACO}$$

mais $$\text{arc BD} = {}^1/_2 \text{ arc AD}$$

donc $$\text{arc OBD} = {}^1/_2 \text{ arc DACO}$$

ou $$\text{arc OBD} = {}^1/_3 \text{ de circonférence} \qquad C.\ Q.\ F.\ D.$$

669. Remarque. La construction des tangentes de EF, par exemple, exige en réalité la trisection de l'arc ADB ; par conséquent, elle ne saurait être effectuée en n'employant que la règle et le compas ; mais le *théorème de sir Pollock* est néanmoins remarquable, et nous l'utiliserons au livre IV, pour traiter une question de *maximum* (voir ci-après, n° 1719).

670. Théorème. *Lorsque deux des angles d'un quadrilatère sont droits, les projections des côtés opposés sur la diagonale qui joint les sommets des angles droits sont égales entre elles.*

(Voir n° 136.) On a $$BF = DE$$

Exercice 129. — II.

670. Théorème. *Les projections des extrémités d'un diamètre, sur une corde quelconque, sont équidistantes du point milieu de cette corde.*

C'est un nouvel énoncé du théorème précédent.

On a $$HE = HF$$

671. Théorème réciproque. *Si deux droites sont les diagonales d'un quadrilatère inscriptible, et que les projections des extrémités de l'une d'elles sur la seconde soient équidistantes du point milieu de cette seconde diagonale, la première ligne est un diamètre du cercle circonscrit.* (N. A. 1852, p. 156.)

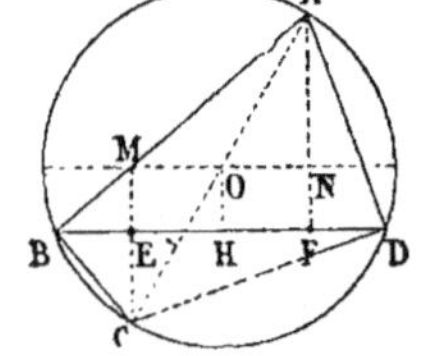

Fig. 417.

Exercice 130.

673. Théorème. *Dans un cercle, on donne une corde AB et un dia-mètre CD perpendiculaire à cette corde* (fig. 418). *On joint un point quelconque O de la circonférence aux extrémités des deux lignes déjà menées. On projette les droites OC, OD sur OA; démontrer que la somme des projections est égale à OA, et que la différence des mêmes projections est égale à OB.* (*Grand concours en 1847. Mathématiques élémentaires.*)

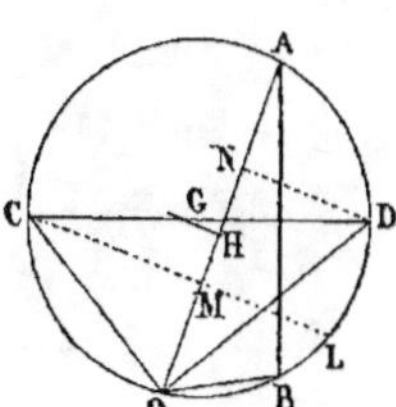

Mener la droite DL.
Fig. 418.

Soient OM et ON les projections des droites OC et OD.

1° Projetons le centre G sur la corde OA. Les lignes égales CG, DG ont des projections égales MH, NH (nᵒˢ 670 et 136). D'ailleurs H est le milieu de la corde; donc

$$OM = NA$$

par suite, $$OM + ON = OA \qquad C.\ Q.\ F.\ D.$$

2° Prolongeons CM jusqu'à la circonférence en L, et joignons L au point D.

A cause des grandeurs égales OM, AN, la corde LD est égale et paral-lèle à MN; de plus on a :

$$\text{Arc } OL = \text{arc } AD = \text{arc } DB$$

d'où $$\text{l'arc } OB = \text{l'arc } LD$$

par suite, $$\text{la corde } OB = LD = MN \qquad C.\ Q.\ F.\ D.$$

Exercice 131.

674. Théorème. *Dans tout quadrilatère inscriptible, les bissectrices des angles formés par les côtés opposés sont parallèles aux bissectrices des angles formés par les diagonales.*

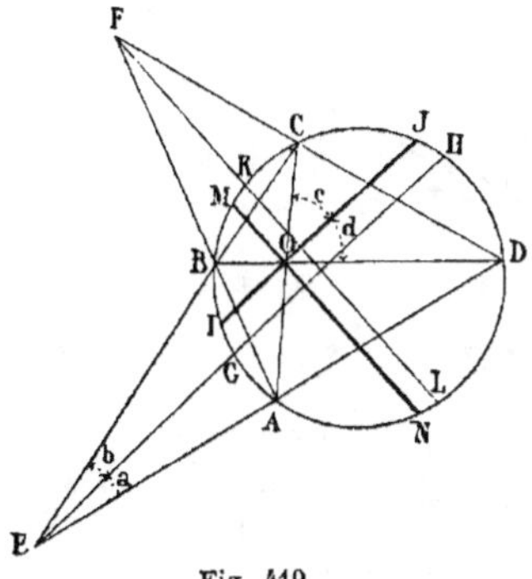

Fig. 419.

Par le point O de concours des dia-gonales, menons des parallèles IJ, MN aux bissectrices EH, FL des angles E, F.

Il faut prouver que IJ et MN sont les bissectrices des angles O.

En effet, $a = \frac{1}{2}(DH - AG)$

mais $\text{l'arc } GI = HJ$

on peut ajouter ou retrancher ces grandeurs égales et écrire :

$$a = \frac{1}{2}(DJ - AI)$$

de même, $b = \frac{1}{2}(CJ - BI)$

mais $$a = b$$

donc $$DJ - AI = CJ - BI$$

d'où $$DJ + BI = CJ + AI$$

Le premier membre est le double de la mesure de l'angle c ; le second est le double de d.

Donc $$c = d \qquad\qquad C.\ Q.\ F.\ D.$$

On prouverait de même que MN est bissectrice de l'angle BOC.

674 (a). Calcul. Posons
$$\text{arc } BM = x, \quad MK = y, \quad KC = z$$
ou
$$AN = x', \quad NL = y', \quad LD = z'$$

La bissectrice KL donne :
$$x' + y' - x - y = z' - z$$
d'où
$$y' - y = z' - z - x' + x \qquad\qquad (1)$$

La bissectrice MN donne :
$$x + y' + z' = y + z + x'$$
d'où
$$y' - y = z + x' - x - z' \qquad\qquad (2)$$

additionnant (1) et (2) membre à membre :
$$2(y' - y) = o ; \quad \text{d'où} \quad y' = y$$

Donc MN et KL sont parallèles.

Exercice 132. — I.

675. Théorème. *Lorsqu'on prolonge les côtés opposés d'un quadrilatère inscriptible, et qu'on mène les bissectrices des deux angles ainsi obtenus, ces lignes coupent les côtés du quadrilatère en quatre points, qui sont les sommets d'un losange inscrit dans la figure donnée.*

Soient EH, FJ les bissectrices des angles E, F formés par les côtés opposés du quadrilatère donné ABCD. Il faut prouver que la figure IGJH est un losange. Pour cela, il suffit de démontrer que les diagonales GH, IJ sont à angle droit et se coupent respectivement en leur milieu. On sait déjà que les bissectrices sont à angle droit (n° 554) ; mais pour démon-

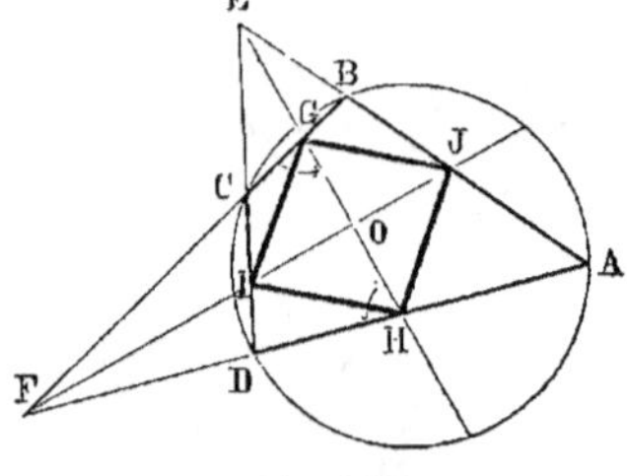

Fig. 420.

trer directement le théorème proposé (n° 675), il suffit de prouver que le triangle FGH est isocèle.

Or les triangles DEH, BEG ont les deux angles CEG et BEG égaux, ainsi que les angles D et GBE, comme ayant même supplément ABC ; donc le troisième angle DHE = BGE = donc CGH. Ainsi le triangle FGH est isocèle ; la bissectrice FO de l'angle du sommet est perpendiculaire au milieu de la base ; ainsi OH = OG. On démontrerait de même que OI = OJ ; donc la figure IGJH est un losange.

Remarque. Les lignes CB et DA sont antiparallèles.

Exercice 132. — II.

676. Théorème. *Par le sommet* A *d'un angle donné et par un point fixe* B, *pris sur la bissectrice de cet angle, on fait passer une circonférence quelconque ; elle coupe les côtés de l'angle en* C *et* D ; *prouver que la somme des segments* AC, AD *est constante.*

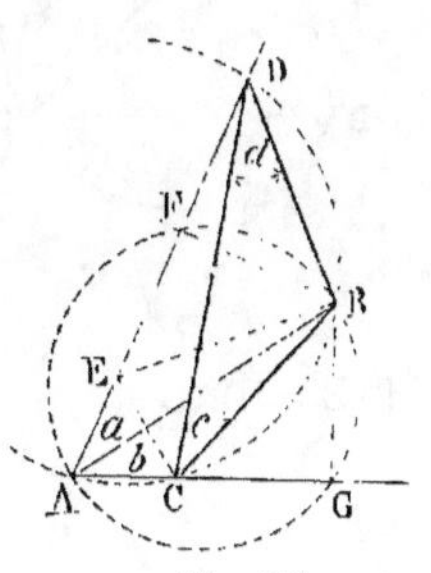

Fig. 421.

En prenant AB pour diamètre, on a AF = AG ; donc la constante doit égaler 2AF.

Il suffit donc de prouver qu'on a

$$AC + AD = 2AF$$

La droite BF est perpendiculaire sur AD ; projetons le point C sur la bissectrice AB, afin d'obtenir AE = AC. Il suffit de prouver que FE = FD.

Or   l'angle $a = c$, $b = d$

donc $c = d$

par suite,   BD = BC = BE

le triangle DBE est isocèle, et la perpendiculaire BF donne

$$FD = FE \qquad\qquad C. Q. F. D.$$

Remarque. Le théorème peut être énoncé comme il suit :

677. Théorème. *Lorsqu'un triangle* CAD *a un angle* A, *donné de grandeur et de position, et que la somme* AC + AD *des côtés qui comprennent cet angle est constante, la circonférence circonscrite au triangle passe par un point fixe.*

678. Remarque. On retrouve ainsi une question connue du livre VIII (nᵒˢ 2170 et 2141), car la base enveloppe une parabole ; le cercle ACD circonscrit au triangle formé par trois tangentes quelconques passe par le foyer B.

679. Théorème. *Lorsqu'un angle* CBD *pivote autour de son sommet, et que les côtés* BC, BD *coupent les côtés d'un angle fixe* A, *supplémentaire du premier et dont la bissectrice* AB *passe par le sommet* B *du premier, les segments interceptés* AC, AD *ont une somme constante.*

Exercice 133.

680. Théorème. *Lorsqu'une circonférence est circonscrite à un triangle équilatéral, démontrer que la distance d'un point quelconque de cette circonférence à un des sommets du triangle égale la somme des distances du même point de la circonférence aux deux autres sommets.*

Il faut prouver qu'on a :

$$MC = MA + MB$$

ou $MD + DC = MA + MB$

1ʳᵉ *Démonstration.* Par le sommet A, menons ADE parallèle à MB; il en résulte :

$$\text{Arc } BE = \text{arc } AM$$

$$\text{Arc } MBE = \text{arc } AMB = \text{arc } \frac{ABC}{2}$$

Le triangle ADM est équilatéral, car il est équiangle.

donc
$$MD = MA$$

Prouvons maintenant que $DC = MB$

Les triangles ABM, ADC sont égaux, comme ayant un côté égal adjacent à deux angles égaux.

$$AC = AB, \quad \text{angle } ACD = ABM \quad \text{et} \quad \text{angle } MAB = DAC$$

donc
$$DC = MB$$

Ainsi
$$MC = MA + MB \qquad\qquad \textit{C. Q. F. D.}$$

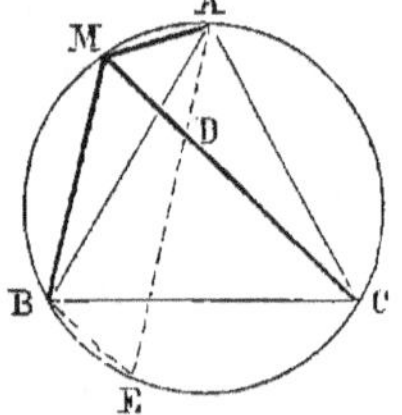

Fig. 422.

681. 2ᵉ *Démonstration.* En regardant comme connu le livre III, on peut s'appuyer sur le *premier théorème de Ptolémée.*

Dans le quadrilatère inscrit ABDC, le produit am des diagonales égale la somme des produits des côtés opposés (n° 1209); on a donc

$$am = ar + as$$

d'où, en divisant par a,

$$m = r + s$$

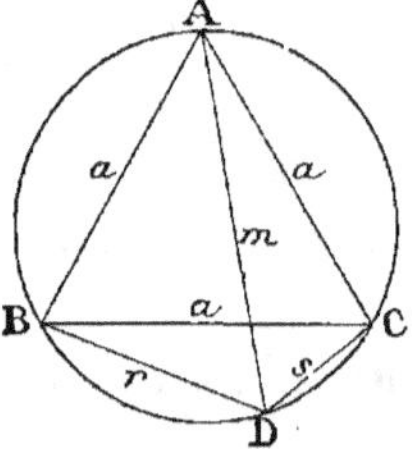

Fig. 423.

Exercice 134.

682. Théorème. *Soient* A, B, C, D, E *les sommets d'un pentagone régulier inscrit dans un cercle, et* M *un point quelconque de l'arc* AE; *démontrer que* MB + MD = MA + MC + ME. (N. A. 1876. P. 383.)

Par le sommet A, menons AF parallèle à MD; il en résulte

$$DF = AM = MI$$

car le triangle AMI est isocèle.

En effet, l'angle MAI a pour mesure

$$\frac{MEDF}{2} \quad \text{ou} \quad \frac{AMED}{2},$$

ou le cinquième de la circonférence;

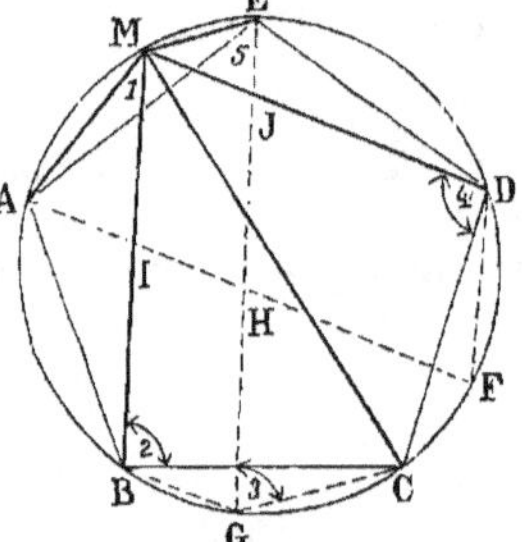

Fig. 424.

$$\text{l'angle } I = \frac{BCF + AM}{2}$$

ou le cinquième aussi;

donc
$$IM = AM$$

De même, en menant par le sommet E la droite EG parallèle à MB,

on a $$BG = ME = MJ$$

et, par suite, $$CG = AM = DF$$

Ainsi les figures HIBG, HIMJ, HFDJ sont des parallélogrammes.

Dès lors, démontrer que

$$MB + MD = MA + MC + ME$$

revient à prouver que

$$(HJ + HG) + (HI + HF) = MA + MC + ME$$

ou, en supprimant les quantités égales, HJ, MA, puis HI et ME, il suffit de prouver que $HG + HF = MC$.

Or le triangle EHF est isocèle, car chacun des arcs AE et GF égale un cinquième de la circonférence;

donc $$HG + HF = EG$$

D'ailleurs $$EG = MC$$

parce que ses deux cordes sous-tendent des arcs égaux EDCG et CBAM; donc *la somme des distances du point M aux sommets de rang impair égale la somme des distances de ce même point aux sommets de rang pair.*

Exercice 135.

683. Théorème. *On divise une demi-circonférence de diamètre AH en un nombre impair de parties égales, en sept, par exemple, A, B, C, D, E, F, G, H. Par les points de division, on mène des parallèles au diamètre AH, l'on joint le centre O aux points du milieu D, E; prouver que la somme des segments DE, LK, MN interceptés par les côtés de l'angle DOE sur les parallèles, égale le rayon.* (Le Cointe [*], N. A. 1842, p. 508.)

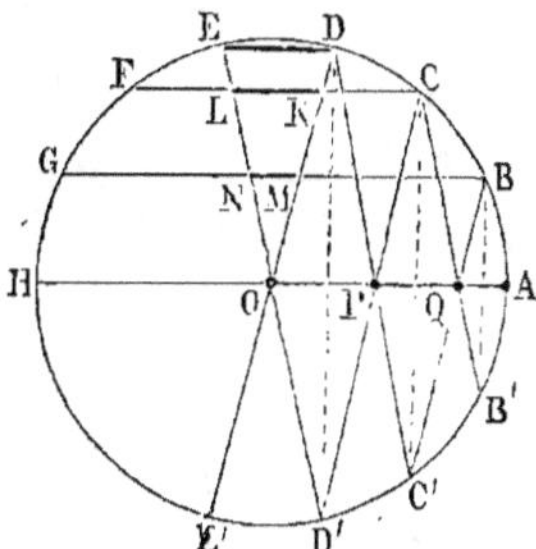

Fig. 425.

Il faut prouver que

$$DE + KL + MN = r$$

Déterminons les points symétriques D', C', B', et menons diverses droites.

On a évidemment.

$$DE = OP, \quad KL = PQ, \quad MN = AQ$$

donc $$DE + KL + MN = r \qquad\qquad C.\,Q.\,F.\,D.$$

---

[*] Le R. P. Le Cointe, durant son séjour à Vals, près le Puy, a publié divers articles dans les *Nouvelles Annales mathématiques*. Ses *Fonctions circulaires* contiennent un grand nombre d'exercices trigonométriques, soit inédits, soit empruntés au *Journal de Crelle*.

Polygones curvilignes.

684. Les polygones plans curvilignes, c'est-à-dire les polygones formés par des arcs de cercle décrits sur un même plan, ont été peu étudiés jusqu'à présent; néanmoins ils offrent un grand intérêt, car ils peuvent conduire à des théorèmes nouveaux, relatifs aux petits cercles de la sphère; tandis que le triangle rectiligne correspond plus directement au triangle sphérique formé par trois arcs de grand cercle.

On sait que l'angle de deux cercles qui se coupent est l'angle formé par les tangentes menées à ces deux arcs par le point d'intersection des courbes données (n° 619).

Les questions sont parfois assez simples pour ne réclamer que la connaissance des deux premiers livres; néanmoins l'étude des polygones plans curvilignes peut tirer un grand secours de *l'inversion* (*Méthodes*, n° 217), car toute propriété connue des triangles sphériques fait connaître une propriété correspondante des triangles curvilignes.

Exercice 136.

685. Théorème. *Lorsqu'un triangle curviligne est inscrit dans un cercle, que la base de ce triangle est invariable, tandis que le troisième sommet se meut sur la circonférence, la somme des angles à la base, étant diminuée de l'angle au sommet, est une quantité constante.*

Quelle que soit la position du sommet B sur l'arc ABC,

on a $\quad\quad l = l, \quad m = m, \quad n = n$

donc $\quad\quad\quad A + C - B = 2l,$

quantité constante.

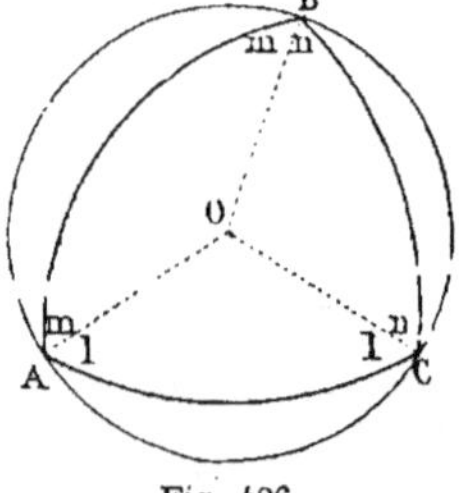

Fig. 426.

Exercice 137.

686. Théorème. *Dans tout quadrilatère curviligne inscriptible, la somme de deux angles opposés égale la somme des deux autres angles.*

Rappelons que l'angle EBF mesure l'angle curviligne B (n° 619).

Joignons chaque sommet au centre du cercle circonscrit.

On a évidemment $b = b$; car les tangentes BF, CF sont égales et se coupent sur la bissectrice de l'angle O.

De même, on aurait $a = a$, etc.

Or $\quad\quad\quad A + C = a + d + b + c$
$\quad\quad\quad\quad\quad B + D = a + b + c + d$

d'où $\quad\quad\quad A + C = B + D.$

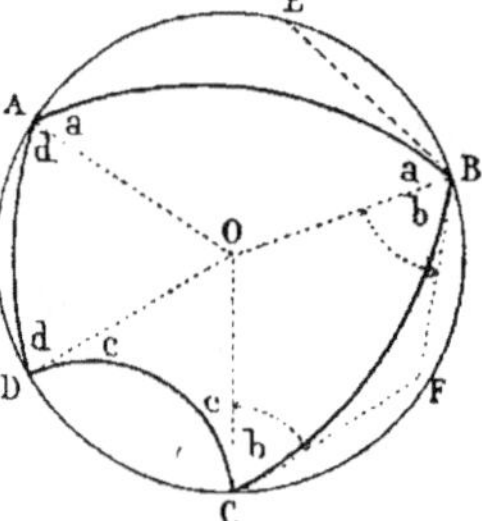

Fig. 427.

C. Q. F. D.

M.

13

687. Remarque. La propriété connue du quadrilatère rectiligne inscriptible n'est qu'un cas particulier de la précédente.

La somme des angles opposés égale deux droits, parce que *la somme de deux angles opposés égale celle des deux autres*, et que la somme des quatre angles de tout quadrilatère rectiligne égale quatre droits.

688. Théorème. *Lorsqu'un polygone curviligne d'un nombre pair de côtés est inscrit dans un cercle, la somme des angles de rang pair égale la somme des angles de rang impair.*

Exercice 138.

689. Théorème. *Lorsque trois circonférences, se coupant deux à deux, ont un point commun, la somme des angles du triangle curviligne ayant pour sommets les trois autres points d'intersection des circonférences est*

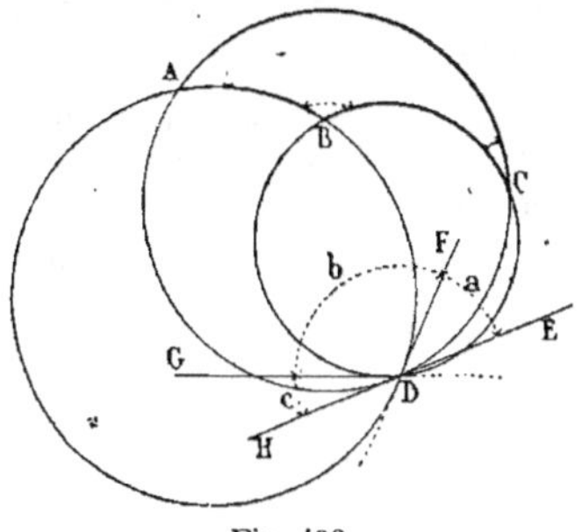

Fig. 428.

égale à deux angles droits. (MIQUEL, *Journal de Liouville*, tome IX, page 24. — Citation de Baltzer, *Planimétrie*, § 3, n° 6.)

Soient trois circonférences passant par un même point D; il faut prouver que la somme des angles du triangle curviligne ABC égale deux droits.

Les angles de ce triangle sont égaux aux angles formés en D.

Ainsi l'angle A égale l'angle ayant D pour sommet, ACD, ABD pour côtés curvilignes; or, si l'on mène les tangentes à ces deux arcs, on aura l'angle $A = a$.

De même $\qquad\qquad B = b; \quad C = c$

donc $\qquad\qquad A + B + C = a + b + c = 2$ droits. $C.\ Q.\ F.\ D.$

Note. MIQUEL, fondateur du journal mathématique : *le Géomètre;* cette publication n'a eu qu'une très courte durée.

On connaît le *Théorème et le Point de Miquel* (n°s 21 et 711). On a du même auteur le théorème suivant : *Si l'on circonscrit des circonférences aux triangles formés par chacun des côtés d'un pentagone et les prolongements des côtés adjacents, les cinq points d'intersection de ces lignes sont sur une même circonférence.* Pour la démonstration on peut voir CATALAN, 6ᵉ édition, Th. XXVII, p. 50; ou JOHN CASEY, 6ᵉ édition, n° 42, p. 151.

M. S. KANTOR, de Vienne, a utilisé le *cercle de Miquel* du pentagramme, pour l'étude de l'hypocycloïde à trois rebroussements. (*Bulletin des sciences mathématiques et astronomiques*, 1879, p. 138.)

690. Théorème. *De chaque sommet d'un triangle équilatéral pris pour centre, on décrit un arc de cercle, avec le côté du triangle pour rayon; prouver que la somme des trois angles du triangle équilatéral curviligne obtenu égale quatre droits.*

En effet, la tangente AE est perpendiculaire à AC; la tangente AF est perpendiculaire à AB; donc l'angle EAF, dont les côtés sont respectivement perpendiculaires aux côtés de l'angle BAC, est le supplément de cet angle; il égale donc 120°.

Or l'angle EAF fait connaître l'angle curviligne A et lui sert de mesure (n° 619).

Donc

$$A + B + C = 3 \text{ fois } 120 = 360° = 4 \text{ droits.}$$

C. Q. F. D.

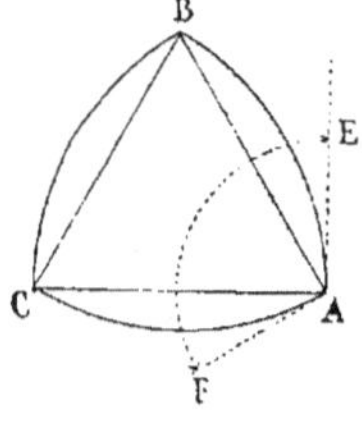

Fig. 429.

691. Théorème. *La somme des angles d'un triangle curviligne convexe est comprise entre deux et six droits.*

Un triangle curviligne est convexe lorsqu'une droite ne peut couper le périmètre en plus de deux points. Dans ce cas, chaque arc de cercle est à l'extérieur du triangle rectiligne formé en joignant deux à deux les sommets du triangle donné ABC; car un arc tel que BGC pourrait donner lieu à quatre points d'intersection (fig. 430).

1° La somme des angles du triangle curviligne a deux droits pour minimum, car cette somme est plus grande que celle du triangle rectiligne ABC, lorsque chaque arc a pour rayon une longueur finie; mais le triangle curviligne tend à se confondre avec le triangle rectiligne, lorsque chaque rayon tend vers l'infini.

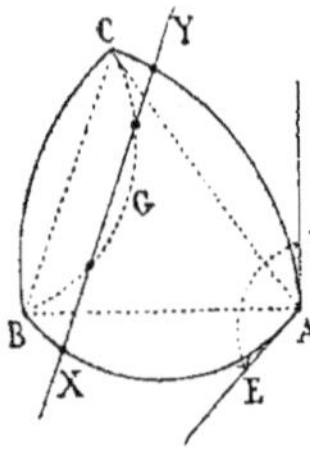

Fig. 430.

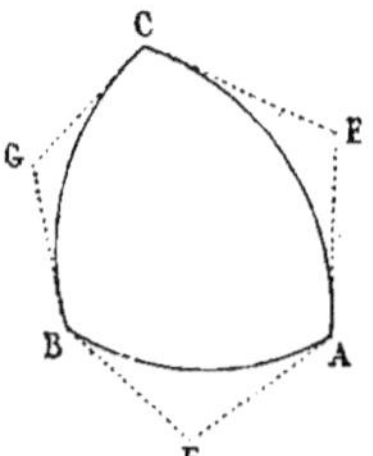

Fig. 431.

2° La somme des angles a six droits pour maximum, car l'angle A, par exemple, a deux droits pour limite lorsque les tangentes AE, AF tendent à être en ligne droite, et les arcs sont de part et d'autre du point de contact. Lorsque chaque angle tend vers deux droits, les trois centres doivent se confondre, et le triangle curviligne devient en réalité la circonférence qui passe par les trois points.

On peut encore démontrer la seconde partie du théorème en procédant comme il suit :

Le triangle curviligne étant convexe, l'hexagone formé par les tangentes est aussi convexe. Or la somme des angles de l'hexagone égale huit droits; or le minimum de E + F + G est deux droits et correspondrait au cas où les tangentes en A, B, C seraient en ligne droite et formeraient un triangle; donc la somme A + B + C a (8 — 2) ou 6 droits pour limite.

692. Théorème. *La somme des angles d'un triangle curviligne non convexe peut varier de zéro à six droits.*

1º Cette somme peut descendre jusqu'à zéro. En effet, quand deux circonférences sont tangentes et que l'on considère les arcs situés d'un même côté du point de contact, l'angle des deux arcs est nul, puisqu'il est la limite d'un angle aigu qui devient infiniment petit.

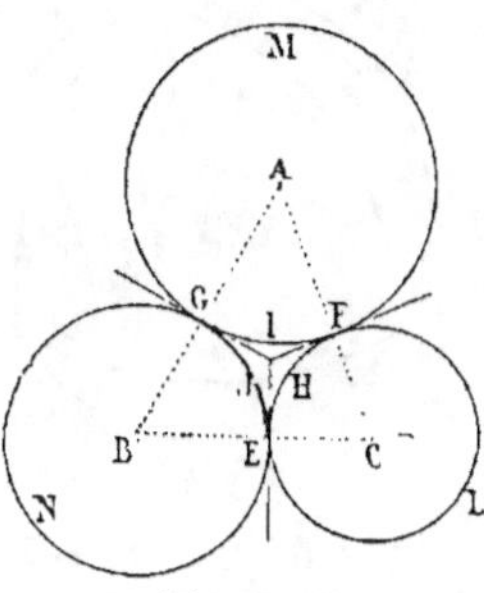
Fig. 432.

Ainsi les circonférences décrites des sommets d'un triangle ABC et tangentes deux à deux donnent un triangle curviligne EHFIGJE dont la somme des angles est nulle.

Il en est de même du triangle non convexe formé par les arcs ELF, FMG, GNE.

D'ailleurs, il est utile de considérer ces deux triangles simultanément.

2º Les arcs tangents GI, GJ donnent lieu à un angle nul; par suite, les arcs tangents GI et GN peuvent être considérés comme formant un angle de 180º; par suite, les trois angles d'un triangle curviligne peuvent égaler au plus trois fois 2 droits ou six droits.

693. Remarque. Trois circonférences qui se coupent deux à deux en six points A, A'; B, B'; C, C' donnent lieu à huit triangles curvilignes. Nous nommerons *correspondants* les triangles tels que ABC et A' B' C', qui n'ont aucun sommet commun.

Voici les quatre groupes de triangles correspondants :

$$\begin{cases} ABC \\ A'B'C' \end{cases} \quad \begin{cases} ABC' \\ A'B'C \end{cases} \quad \begin{cases} AB'C' \\ A'BC \end{cases} \quad \begin{cases} A'BC' \\ AB'C \end{cases}$$

Les triangles correspondants ont les angles respectivement égaux, car l'angle A du triangle convexe ABC égale l'angle A' du triangle non convexe A'B'C', etc.

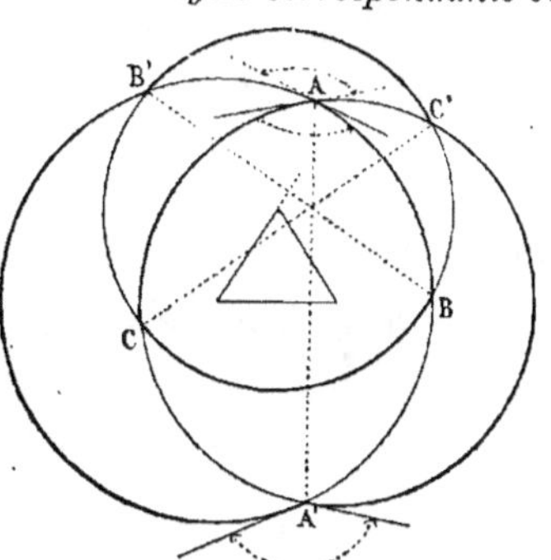
Fig. 433.

Les triangles qui ont deux sommets communs, par exemple ABC, A'BC forment un *bi-segment* ou surface comprise entre deux arcs de cercle ABA', ACA'.

La somme des angles égale quatre droits, plus deux fois l'angle du bi-segment, car les angles en B valent deux droits; il en est de même des angles en C et A' = A.

Les triangles qui n'ont qu'un sommet commun, par exemple, ABC et AB'C', ont un angle égal opposé par le sommet, et la somme des autres angles égale aussi quatre droits, car l'angle AB'C' est le supplément de A'B'C, et, par suite, de l'angle B.

694. Théorème. *Lorsqu'un triangle curviligne ayant une base donnée est tel que la somme des angles à la base, diminuée de l'angle au som-*

*met, est une quantité constante, le lieu de ce sommet est un arc de
cercle qui passe par les extrémités de la base.*

Soient 2*d* la différence donnée, et ABC un triangle dont la base AC est
invariable de grandeur et de position, et tel
qu'on ait $A + C - B = 2d$

Pour reconnaître le lieu du sommet, déterminons le centre O du cercle circonscrit à ABC,
on aura :

$$A + C - B = 2l \quad (n^o\ 685);$$

donc $2l = 2d$ différence donnée.

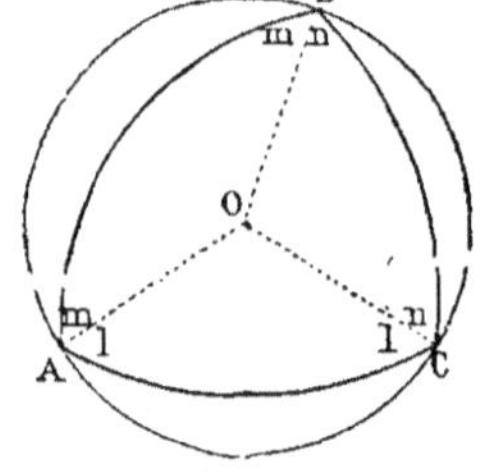

Mais le triangle AOC est isocèle; donc le
point O est sur la perpendiculaire qu'on élèverait au milieu de la corde AC, et la position

Fig. 434.

de ce point sur cette perpendiculaire ne dépend que de la demi-différence *l* ou *d*; donc la position du centre du cercle circonscrit au triangle
est invariable, donc l'arc ABC est le lieu du sommet B.

695. Remarque. La base donnée, AC, peut être remplacée par une
autre base quelconque menée de A à C; mais la différence 2*l* variera
d'après la base, tout en restant constante pour une même base donnée.

696. Théorème. *Un quadrilatère curviligne est inscriptible lorsque la
somme de deux angles opposés égale celle
des deux autres angles.*

Soit $A + C = B + D$.

Menons la diagonale AC, et faisons pas-
ser une circonférence par trois sommets
A, B, C : il faut prouver que le sommet
D se trouve sur cette circonférence.

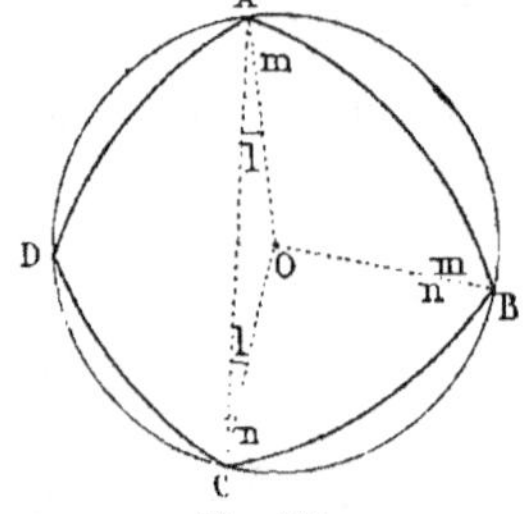

On a $B + D = A + C,$

ou

$$m + n + D = DAC + l + m + DCA + n + l$$

donc $D - (DAC + DCA) = 2l$

Fig. 435.

quantité constante qui correspond au triangle isocèle AOC; donc le
sommet D est sur le cercle décrit du centre O, avec OA pour rayon.

697. Théorème. *Lorsqu'un quadrilatère curviligne, circonscrit à un
cercle, est formé par quatre arcs de même rayon,
et dont la concavité est tournée vers le centre du
cercle, la somme de deux côtés opposés égale celle
des deux autres côtés.* (Il en est de même lorsque
la convexité des quatre arcs est tournée vers le
centre.)

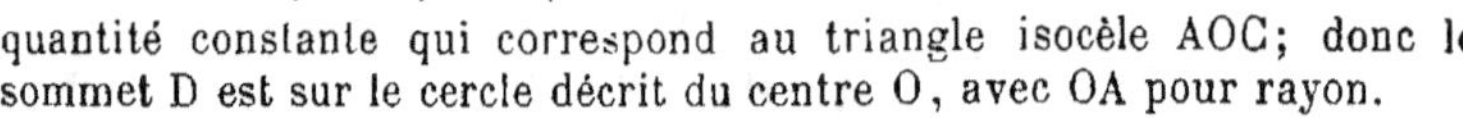

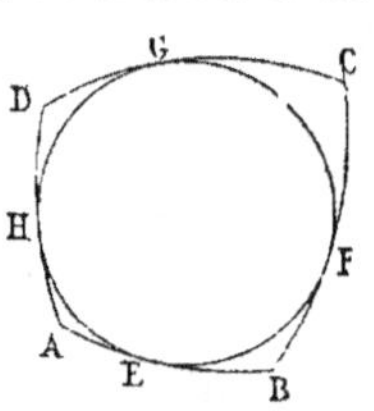

On sait que les arcs décrits avec le même rayon et
tangents au même cercle sont égaux lorsque ces deux
arcs sont concaves par rapport au centre (n° 624);

Fig. 436.

donc

$$AB = BF + AH$$
$$CD = CF + DH$$

d'où

$$AB + CD = BC + AD$$

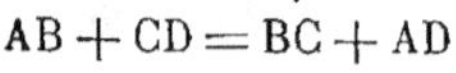

Remarques : 1° La réciproque est vraie; mais la démonstration exigerait l'étude préalable du triangle curviligne et des différents cas qu'il peut présenter; car dans un triangle curviligne, formé par trois arcs décrits avec le même rayon, un côté peut être, suivant le cas, ou plus petit que la somme des deux autres, ou bien plus grand que cette somme.

Comme passage d'un cas à l'autre, on peut considérer la circonstance où un côté est égal à la somme des deux autres.

2° Le théorème précédent (n° 697) aurait pris place naturellement au paragraphe des polygones circonscrits, mais il a paru plus simple de le réunir aux questions précédentes, relatives aux polygones curvilignes inscrits.

Cercle circonscrit à un polygone.

698. Pour démontrer que quatre points appartiennent à une même circonférence, il suffit d'établir que le quadrilatère qui aurait ces points pour sommets est inscriptible.

On sait que le rectangle, le trapèze isocèle et tout quadrilatère dont les angles opposés sont supplémentaires sont des figures inscriptibles.

Les problèmes où l'on donne un plus grand nombre de points, six, neuf, par exemple, se ramènent à la considération du quadrilatère inscriptible.

699 (a). **Théorème**. *Tout trapèze isocèle* ABCD *est inscriptible*.

Les angles opposés sont supplémentaires.

699 (b). **Théorème**. *Lorsque les diagonales d'un quadrilatère se coupent à angle droit, les quatre points milieux des quatre côtés de ce quadrilatère appartiennent à une même circonférence.*

En effet, le parallélogramme formé en joignant les points milieux deux à deux est un rectangle, car ses côtés sont parallèles aux diagonales du quadrilatère.

700. **Points concycliques**. On nomme *points concycliques*, ou *points homocycliques*, quatre points, où un plus grand nombre, qui appartiennent à une même circonférence.

L'expression *points concycliques*, introduite par les géomètres anglais, se rencontre fréquemment dans la *Géométrie récente* ou *Géométrie du Triangle*.

On peut énoncer le théorème précédent comme il suit :

Les points milieux des côtés d'un quadrilatère à diagonales rectangulaires, sont quatre points concycliques.

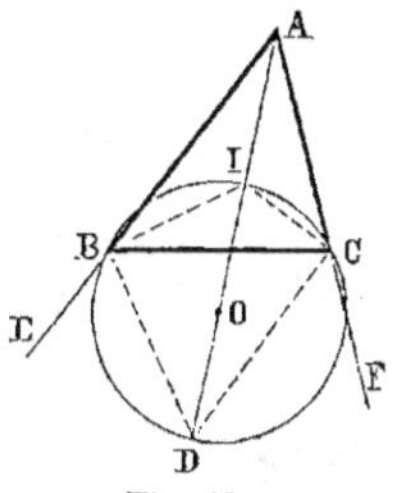

Fig. 437.

701. **Théorème**. *Les sommets* B, C *d'un triangle* ABC, *le centre du cercle inscrit et le centre du cercle ex-inscrit tangent à* BC, *appartiennent à une même circonférence.*

En effet, les bissectrices BI, BD des angles supplémentaires ABC, CBE sont perpendiculaires l'une à l'autre; il en est de même de IC et de CD; donc la circonférence décrite sur ID comme diamètre passe par B et C.

702. Théorème. *Si du milieu de l'arc sous-tendu par une corde AB, on mène deux autres cordes CD et CE coupant la première, et si l'on joint leurs extrémités, on forme deux triangles CDE et CFG équiangles entre eux, et un quadrilatère inscriptible DEGF.*

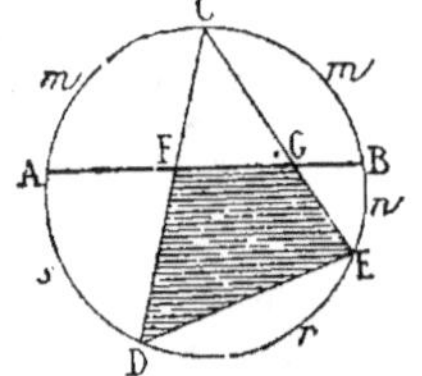
Fig. 438.

1° L'angle C est commun aux deux triangles; l'angle D du grand triangle a pour mesure $\frac{1}{2}(m+n)$, et l'angle G du petit a aussi pour mesure $\frac{1}{2}(m+n)$. (G., n° 151.) Donc les deux triangles sont équiangles. (G., n° 93.)

2° L'angle D du quadrilatère a pour mesure $\frac{1}{2}$CBE, et l'angle opposé G a pour mesure $\frac{1}{2}(m+s+r)$ ou $\frac{1}{2}$CADE; les angles opposés étant supplémentaires, le quadrilatère est inscriptible.   *C. Q. F. D.*

Remarque. Les deux cordes AB et DE sont antiparallèles.

Exercice 139.

703. Théorème. *Un polygone est régulier lorsqu'il est inscriptible et circonscriptible à deux circonférences concentriques.*

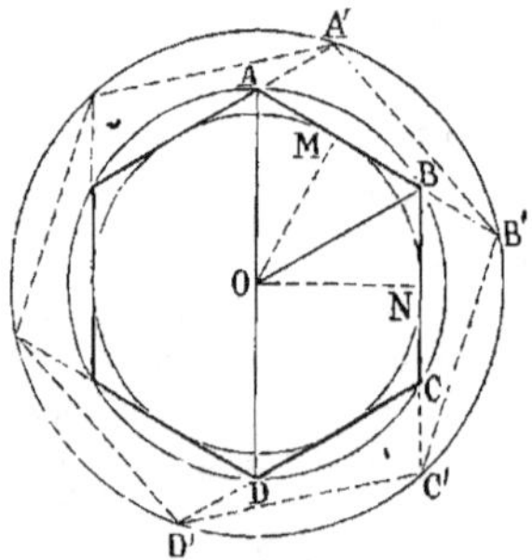
Fig. 439.

Le polygone étant circonscriptible, il en résulte OM = ON; donc les deux cordes AB, BC sont égales comme également éloignées du centre O du cercle de rayon OA.

De l'égalité des cordes résulte l'égalité des angles.

704. Théorème. *Lorsqu'on prolonge chaque côté d'un polygone régulier, dans le même sens et d'une même quantité, on obtient un nouveau polygone régulier A'B'C'... (fig. 439).*

705. Théorème. *On donne un polygone régulier d'un nombre impair de côtés, par exemple un pentagone; on prolonge les apothèmes jusqu'au cercle circonscrit; on obtient ainsi les sommets d'un pentagone égal au premier. Les côtés des deux pentagones, en se coupant deux à deux, forment un décagone régulier (fig. 440).*

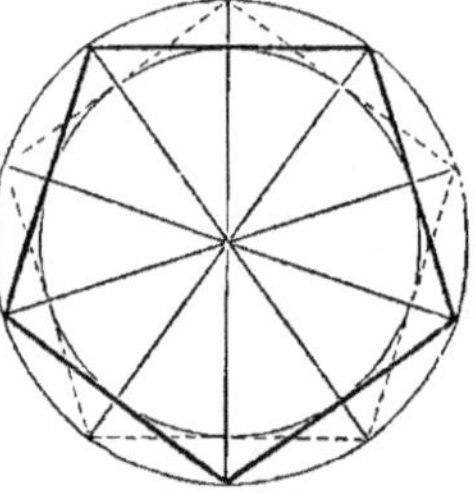
Fig. 440.

Exercice 140. — I

706. Théorème. *Si, par les sommets d'un triangle* ABC, *on fait passer trois circonférences qui se coupent deux à deux sur les côtés de ce triangle en* D,E,F,

1º *Ces trois circonférences passent par un même point* O.

2º *L'angle* AOB *égale la somme des angles* C *et* D, *l'angle* BOC *égale* A *plus* E, *l'angle* COA *égale* B *plus* F.

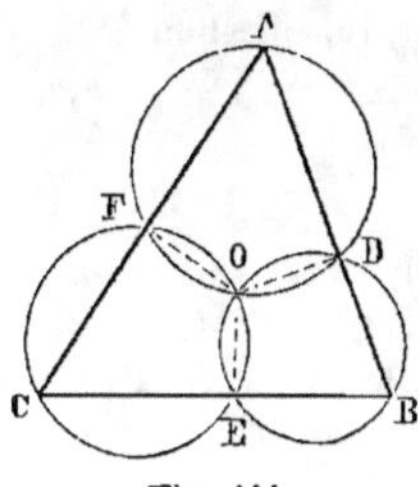

Fig. 441.

1º Soit O le point de concours des circonférences qui passent par les sommets A et B.

A cause des quadrilatères inscrits, l'angle FOD est le supplément de A, DOE est le supplément de B; mais les trois angles au point O et les angles A, B, C valent ensemble 6 droits; or les angles A, B et leurs suppléments donnent 4 droits; donc FOE et C valent ensemble 2 droits; par suite, le quadrilatère CFOE est inscriptible, et la circonférence FCE passe par le point O. *C. Q. F. D.*

2º *Prouver que l'angle* BOC = A + E, *etc.* (fig. 442.)

Représentons 2 droits par π, on a :

$$\text{l'angle BOC} = \alpha' + \beta' = \alpha + \beta.$$

or
$$\alpha = \pi - (C + \gamma), \quad \beta = \pi - (B + \delta)$$

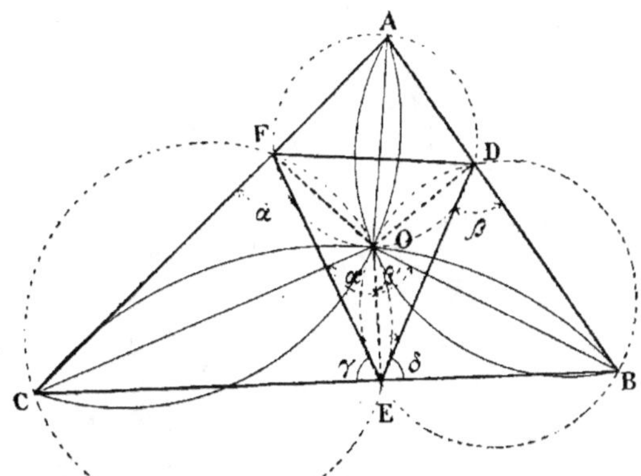

Fig. 442.

d'où
$$BOC = \pi - (B + C) + \pi - (\gamma + \delta)$$

donc
$$BOC = A + E \qquad\qquad C.\ Q.\ F.\ D.$$

706 a. Scolie. *Si le triangle inscrit* DEF, *variable de position et de grandeur, reste semblable à lui-même, le point* O *est invariable de position;* car la somme A + E est constante, etc., donc le point O peut être déterminé par les segments du cercle BOC capable de A + E, et de COA capable de B + F.

706 b. Note. La seconde partie du théorème précédent et la conséquence si remarquable et si féconde qu'on en tire, sont dues, croyons-nous, à M. Neuberg, (J. M. E., 1886, p. 152, n° 8.)

La question élémentaire précédente sera fréquemment rappelée dans les questions relatives au *centre permanent de similitude* (n°ˢ 2476 et suivants).

706 c. Extension. *Si l'on choisit un point arbitrairement sur chaque arête d'un tétraèdre, les quatre sphères passant respectivement par chaque sommet et par les points situés sur les trois arêtes adjacentes ont un point commun.* S. ROBERTS.

Pour la démonstration on peut voir : *Mathésis,* 1884, page 16, question 45.

Exercice 140. — II.

706 d. Théorème. *Sur les côtés* AB, BC, CA *d'un triangle, on prend trois points quelconques* C', A', B', *on décrit les cercles* AB'C', BC'A', CA'B', *qui coupent respectivement en* D, E, F *trois parallèles issues de* A, B, C. *Démontrer que les points* D, E, F *et le point* S *commun aux trois cercles sont en ligne droite.* (J. M. E. de VUIBERT, 1893, 1ᵉʳ oct., p. 4.)

Les quadrilatères inscriptibles SAC'D, SBEC', donnent :

angle $\qquad$ DSC' = DAC'; ESC' = EBC'

or $\qquad$ DAC' = EBC'

donc $\qquad$ DSC' = ESC'

ainsi   DS et ES   se confondent.

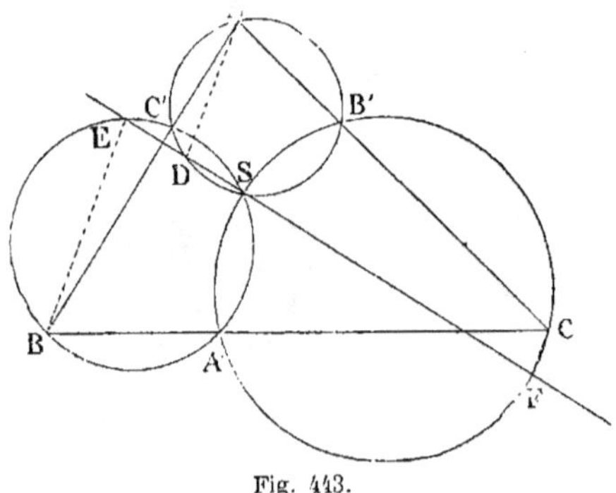

Fig. 443.

De même DS coïncide avec SF, d'où résulte que les quatre points D, E, F, S sont en ligne droite.

707. Théorème. *Une circonférence est circonscrite à un triangle* ABC; *les trois circonférences qui se coupent deux à deux aux points* A, B, C, *et dont les centres sont sur la circonférence circonscrite, passent par un même point.*

Il suffit de se reporter à un théorème précédent (n° 701).

Les trois circonférences, telles que celle dont O est le centre (fig. 437), passent par le point de concours I des bissectrices intérieures.

13*

Exercice 141.

708. Théorème. *Étant donné un quadrilatère, si l'on mène des circonférences tangentes intérieurement aux côtés pris trois à trois, les quatre centres ainsi obtenus sont les sommets d'un quadrilatère inscriptible.*

En effet, les centres en question ne sont autres que les points de concours des bissectrices intérieures du quadrilatère considéré. Or ces bissectrices forment un nouveau quadrilatère dont les angles opposés sont supplémentaires (n° 551); donc ce quadrilatère est inscriptible. (G., n° 157.)

709. Théorème. *A chaque côté d'un quadrilatère et aux prolongements des deux côtés adjacents du côté considéré, on décrit une circonférence tangente; prouver que les centres des quatre cercles tangents ainsi décrits appartiennent à une même circonférence.*

Exercice 142.

710. Théorème. *Sur chaque côté d'un quadrilatère inscriptible pris pour corde, on décrit une circonférence; les quatre circonférences se coupent deux à deux en quatre autres points qui appartiennent à une même circonférence.*

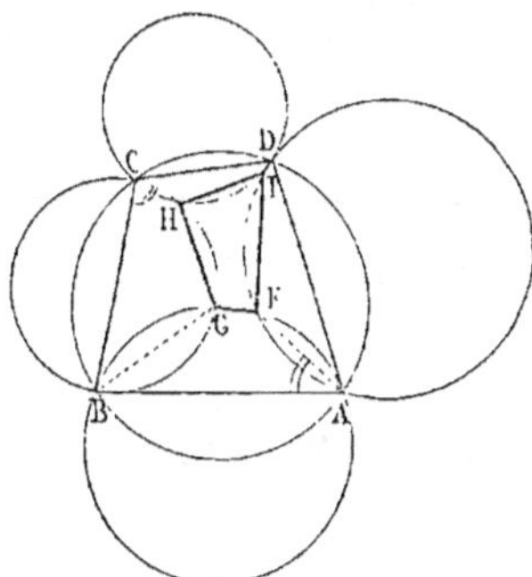

Fig. 444.

Les trois angles formés au point G valent 4 droits; donc, à cause des quadrilatères inscrits, l'angle G du quadrilatère FGHI égale la somme des suppléments des deux autres angles du point G : ainsi

$$HGF \quad \text{ou} \quad G = BAF + BCH$$

De même

$$FIH \quad \text{ou} \quad I = DCH + DAF$$

d'où
$$G + I = A + C = 2 \text{ droits}$$

donc le quadrilatère FGHI est inscriptible.

710 a. Remarque. Ce théorème se rapporte directement aux polygones curvilignes. On sait que la somme de deux angles opposés d'un quadrilatère curviligne inscriptible égale la somme de deux autres angles (n° 686), et que, réciproquement, le quadrilatère est inscriptible lorsque cette relation a lieu (n° 696); d'ailleurs, lorsque deux cercles se coupent, les angles curvilignes aux deux points d'intersection sont égaux entre eux (n° 693). Par suite, ABCD étant inscriptible, on a, pour les angles curvilignes,

$$A + C = B + D; \quad \text{d'où} \quad F + H = G + I$$

Donc FGHI est inscriptible.

710 b. Théorème. *Les centres des cercles inscrits aux quatre triangles* que déterminent les deux diagonales d'un quadrilatère inscrit sont les sommets d'un rectangle. (N. C. M. 1874-75, p. 228.) On peut voir aussi : *Théorèmes et Problèmes*, par M. Catalan, 6ᵉ édition, 1878, p. 50.

Exercice 143. — I.

711. Théorème. *Quatre droites se coupant deux à deux forment quatre triangles; les circonférences circonscrites à ces quatre triangles passent par un même point.* (Steiner, *Annales de Gergonne*, t. XVIII, 1827, p. 302. Citation de Baltzer, Planimétrie, § IV, nº 7.)

(Voir *Méthodes*, nº 21.) Le point commun aux quatre cercles est nommé *point de Miquel* (nº 689, note).

Exercice 143. — II.

711 a. Théorème. *Une transversale quelconque coupe les côtés d'un triangle donné ABC, elle rencontre AB en C', BC en A', CA en B', on circonscrit des circonférences aux triangles AB'C', A'BC', A'B'C, les circonférences se coupent en un même point M du cercle circonscrit au triangle donné.*

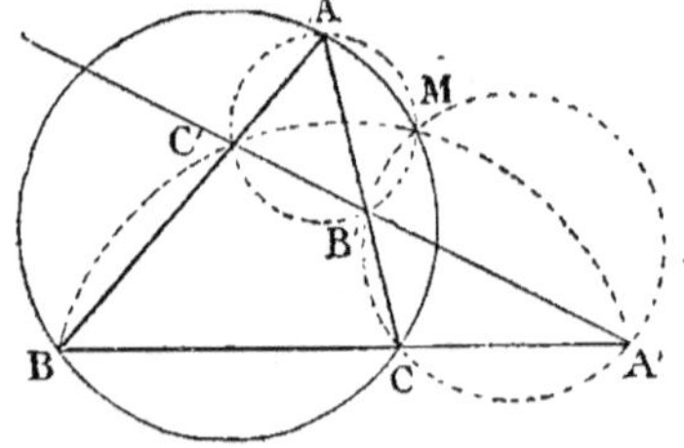

Fig. 445.

C'est la même question que précédemment (nº 711), voir aussi nº 819.

Scolie. *En projetant le point M sur chaque côté du triangle et sur la transversale, on obtient quatre points en ligne droite.* (Voir ci-après, nᵒˢ 767 et 2464, 2º.)

Exercice 144.

712. Théorème. *Les centres des circonférences circonscrites aux quatre triangles formés par quatre droites qui se coupent deux à deux appartiennent à une même circonférence.*

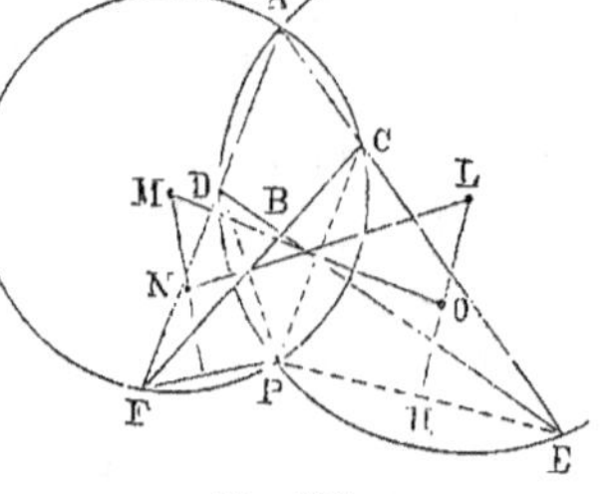

Fig. 446.

On sait que les quatre circonférences circonscrites aux quatre triangles formés par quatre droites se coupent en un même point P (nº 711); les quatre quadrilatères ACPF, ADPE, BCEP, BDFP sont inscrits, ils ont deux à deux une corde commune; pour avoir les centres, élevons des perpendiculaires au milieu de ces cordes.

Pour les quadrilatères ADPE, BCEP, les centres sont sur HOL.

Pour ADPE, DBPF, les centres L et N sont sur les perpendiculaires élevées au milieu de DP, etc.

Or les arcs CPF, DPE sont semblables comme mesurant le même angle A; mais l'angle $L = \frac{1}{2}\,DPE$ et $M = \frac{1}{2}\,CPF$;

donc $L = M$ et le quadrilatère LMNO des quatre centres est inscriptible.

Exercice 145.

713. Théorème. *Dans tout polygone inscrit de 2n côtés, la somme des angles de rang pair est égale à la somme des angles de rang impair.*

En prenant le double de la valeur de chaque angle inscrit, on a :

$$1 = b + c + d + e + f + g$$
$$3 = d + e + f + g + h + a$$
$$5 = f + g + h + a + b + c$$
$$7 = h + a + b + c + d + e$$

$$1 + 3 + 5 + 7 = \text{3 fois la circonférence entière.}$$

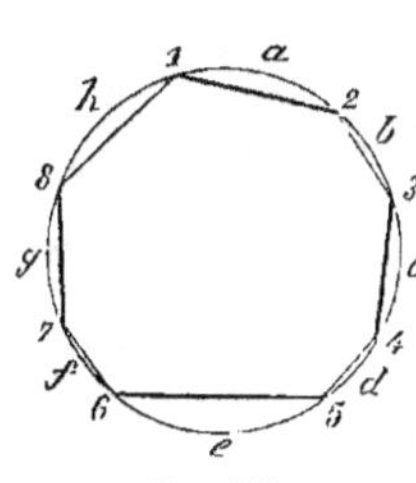

Fig. 447.

Il en serait de même du double de la somme des angles de rang pair; *donc les deux sommes sont égales.*

Dans l'exemple donné, chaque somme égale trois fois la moitié de la circonférence ou six angles droits.

714. Remarque. En général, la somme des angles intérieurs d'un polygone ayant $2n$ côtés est donnée par la formule :

$$2 \text{ droits } (2n - 2)$$

donc la somme des angles de rang pair est donnée par

$$1 \text{ droit } (2n - 2)$$

La somme des angles d'un des groupes égale autant d'angles droits qu'il y a de côtés moins deux.

Exercice 146.

715. 1er Théorème de Poncelet. *Si deux polygones inscrits de 2n côtés ont (2n — 1) côtés respectivement parallèles, les deux derniers côtés sont aussi parallèles.*

En effet, tous les côtés étant donnés parallèles deux à deux, sauf deux d'entre eux, AB et A'B', par exemple, on reconnaît que tous les angles du premier polygone, sauf les angles A et B, sont connus; il en est de même pour le second. Or A et B appartiennent à deux groupes différents et se trouvent déterminés. En effet, supposons que nous ayons des octogones, la somme des angles de rang pair égale six droits; il en est de même de celle des angles de rang impair.

Soit M la somme des trois angles de rang pair qui sont connus, et N celle des trois angles de rang impair; nous aurons

$$A = 6 \text{ droits} - M \quad \text{et} \quad B = 6 \text{ droits} - N$$

or on a aussi $\quad A' = 6d - M \quad \text{et} \quad B' = 6d - N$

donc $A = A'$, $B = B'$ et les côtés AB et A'B' sont parallèles.

716. Remarque. Le théorème peut être énoncé comme il suit :

Si un polygone de 2n côtés demeure constamment inscrit dans un même cercle et que chacun de (2n — 1) côtés se meuve parallèlement à lui-même, le dernier côté se mouvra aussi parallèlement à lui-même. (N. A., 1850, p. 136.)

Exercice 147.

717. 2ᵉ Théorème de Poncelet. *Lorsqu'un polygone de (2n + 1) côtés est constamment inscrit dans un cercle, si 2n côtés se meuvent parallèlement à eux-mêmes, le dernier côté conservera une grandeur constante.*

En effet, soit AB... GA un polygone d'un nombre impair de côtés, dont tous les côtés, sauf AB, se meuvent parallèlement à eux-mêmes et deviennent

B'C'D'E'F'G'.

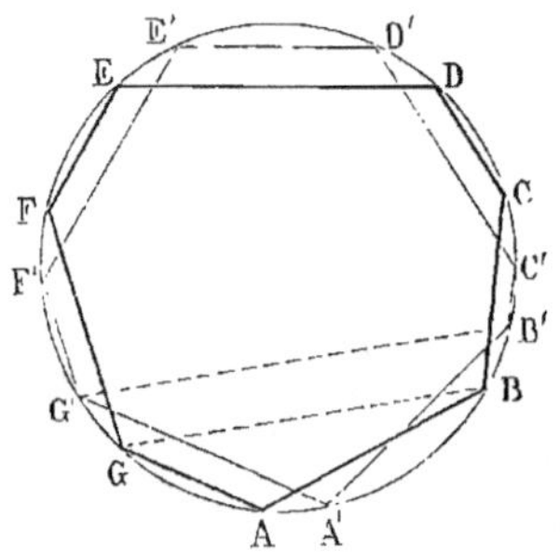

Il faut prouver que A'B' = AB.

Or, en limitant les polygones par les diagonales BG et B'G', on a des polygones d'un nombre pair de côtés; donc B'G' est parallèle à BG (nᵒˢ 715 et 716).

Mais G'A' est aussi parallèle à GA par construction; donc les angles inscrits AGB et A'G'B' sont égaux; par suite, la corde A'B' = AB.

C. Q. F. D.

Exercice 148.

718. Théorème. Cercle des neuf points *ou* cercle d'Euler. *Dans un triangle, les milieux des côtés, les pieds des hauteurs et les milieux des droites qui joignent les sommets au point de concours des hauteurs sont situés sur une même circonférence.* (EULER [*].)

(*Méthodes*, nᵒ 27; on peut voir aussi le nᵒ 720.)

Exercice 149. — I.

719. Théorèmes (a). *Le centre du cercle des neuf points est au milieu de la droite qui joint le point de concours des hauteurs au centre du cercle circonscrit à ce triangle.*

(b). *Le rayon du cercle des neuf points est la moitié du rayon du cercle circonscrit.*

(*Méthodes*, nᵒ 28. Après l'étude du livre III, on peut recourir à une autre démonstration, nᵒ 1262.)

(c). *La tangente du cercle des neuf points au point milieu d'un côté et ce côté sont antiparallèles par rapport à l'angle opposé.*

(*Méthodes*, nᵒ 28.)

---

* EULER, *Mémoires de Saint-Pétersbourg*, en 1765.

Remarque. Il nous paraît avantageux de reproduire ici la démonstration du théorème fondamental, à cause des questions nombreuses qu'on peut rattacher au cercle des neuf points.

720. Cercle des neuf points. *Dans un triangle, les milieux des côtés, les pieds des hauteurs et les milieux des droites qui joignent les sommets au point d'intersection des hauteurs, sont situés sur une même circonférence.*

Soient D, E, F les points milieux des côtés; AK, CG deux hauteurs; H leur point d'intersection, et L le milieu de AH.

Il suffit de prouver que la circonférence DEF passe par K et par L.

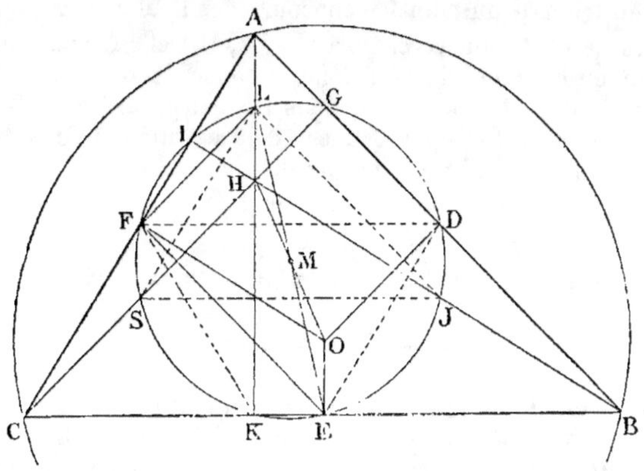

Fig. 449.

1° Menons FK. Le trapèze EDFK est isocèle, et partant inscriptible (n° 699). En effet, dans le triangle rectangle ACK, la médiane FK = FC.

Mais
$$DE = \frac{AC}{2} = FC.$$

donc
$$ED = KF$$

Ainsi la circonférence DEF passe par le point K.

2° La droite FL (fig. 449), qui joint les milieux de AC et de AH, est parallèle à CH; mais FE est parallèle à AB; donc l'angle

LFE égale G = 1 droit

Ainsi le quadrilatère ELFK est inscriptible, et la droite LE est le diamètre du cercle, car les angles LFE, LKE sont droits. Donc...

Autre démonstration. On peut dire plus rapidement : *La circonférence du point milieu* D, E, F

1° passe par le pied K des hauteurs (fig. 450).

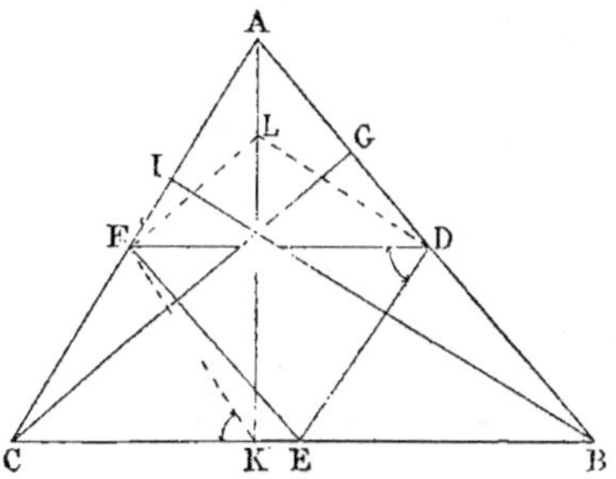

Fig. 450.

car angle $D = C = K$

donc   DEFK est inscriptible.

2° *passe par les points d'Euler, tels que* L

angle   EFL = AGC = 90°

angle   EDL = CIB = 90°

comme ayant leurs côtés parallèles; donc le quadrilatère DEFL est inscriptible.

721. Remarques. 1° La droite LE qui joint le point milieu L, pris sur une hauteur au point milieu E du côté, est un diamètre.

2° Pour simplifier les énoncés et rappeler qu'EULER est le premier qui ait considéré les points tels que L, nous avons appelé *point eulérien* ou *point d'Euler* d'une hauteur AK, le point milieu L de la distance AH du sommet d'un triangle au point de concours des hauteurs ∗.

3° Si O est le centre du cercle circonscrit, DO et FO sont perpendiculaires au milieu de AB et de AC; donc, à cause du diamètre LE, l'angle LDE est droit; il égale donc OFC, mais DE est parallèle à AC; donc DL est aussi parallèle à FO, mais FL est déjà parallèle à CHG, par suite, à DO; ainsi la figure ODLF est un parallélogramme;

donc   DL = OF

et   OD = FL = ¹/₂ CH

De ces remarques on peut déduire les théorèmes suivants :

Exercice 149. — II.

722. Théorème. *Dans un triangle, la droite qui joint le point d'Euler d'une hauteur au milieu d'un des côtés adjacents à cette hauteur, est égale et parallèle à la perpendiculaire abaissée du centre de la circonférence circonscrite au triangle, sur le second côté adjacent à la hauteur considérée.*

En effet, on vient de prouver que la ligne LD est égale et parallèle à la perpendiculaire OF (fig. 449).

723. Théorème. *La distance de chaque côté d'un triangle au centre du cercle circonscrit à ce triangle, égale la moitié de la distance du sommet opposé au côté considéré, au point d'intersection des hauteurs, ou ortho-centre.*

En effet, on a   FL = ¹/₂ CH

mais   DO = FL

donc   DO = ¹/₂ CH

De même   OE = ¹/₂ AH = AL = LH   (fig. 449.)

724. Théorème. *Les trois droites qui joignent le point d'Euler de chaque hauteur d'un triangle au point milieu du côté opposé, sont des diamètres du cercle des neuf points; elles sont égales au rayon du cercle*

---

*circonscrit et se coupent au point milieu de la droite qui joint l'ortho-
centre au centre du cercle circonscrit.*

LE est un diamètre; il en serait de même de FJ.

Les lignes OE et AH sont parallèles;

d'ailleurs $$OE = AL = LH$$

par suite, les figures ALEO, LHEO sont des parallélogrammes;

donc $$LE = AO$$

et LE, HO se coupent respectivement en leurs milieux (fig. 449).

C. Q. F. D.

Remarques. 1° Le diamètre LME, qui aboutit au point milieu d'un
côté BC, est égal et parallèle au rayon AO du cercle circonscrit, rayon
qui aboutit au troisième sommet.

2° La considération des figures semblables établit plus simplement que
le rayon du cercle des neuf points est la moitié de celui du cercle circonscrit, car les deux cercles sont circonscrits aux triangles semblables EDF,
ABC, dont le rapport des côtés égale $^1/_2$ (n° 1119).

Exercice 149. — III.

725. Théorème. *Un triangle donné et les trois triangles qui ont pour
base un des côtés du premier et pour som-
met commun l'orthocentre* H, *ont même
cercle des neuf points.*

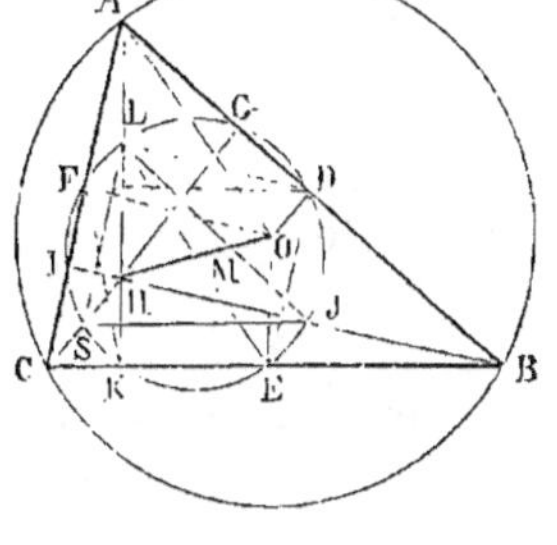

Mener FL et FE.
Fig. 451.

En effet, pour le triangle BCH, par exemple
E, S, J sont les milieux des trois côtés
dont le cercle de centre M est le cercle
des neuf points.

Les trois hauteurs sont HK, BGA et CIA;
ces trois lignes se coupent au point A. Pour
la hauteur BGA, BA est la distance du sommet au point A de concours; donc D, milieu du côté primitif BA, est le *point d'Euler* de la hauteur BG du triangle BHC.

Remarque. Les *points eulériens* des trois
hauteurs d'un triangle donné et les points milieux des trois côtés devaient jouir des mêmes propriétés, puisqu'ils jouent le même rôle dans
la figure d'ensemble formée par les quatre triangles ABC, ABH, BCH,
CAH.

On pourrait déduire bien d'autres conséquences du théorème du cercle
des neuf points; en voici encore une assez remarquable : M est au milieu
de HO, et, par suite, au milieu de la droite qui joindrait le sommet C
au centre du cercle circonscrit au triangle AHB; on a donc le théorème
suivant :

726. Théorème. *Les circonférences circonscrites à chacun des triangles
ABC, ABH, BCH, CAH sont égales. Les quatre droites qui joignent
chaque sommet et le point* H *au centre du cercle circonscrit correspondant passent par le même point; ce point est le milieu de chacune de ces
lignes.*

Remarque. Plusieurs des théorèmes précédents sont de CARNOT. (*Géométrie de position*, n°s 129, 130, p. 162.)

Exercice 149. — IV.

727. Théorème. *Dans un triangle* BAC, *l'angle* DEG, *formé par les droites qui joignent le point milieu* E *d'un côté de ce triangle au pied* G *de la hauteur et au point milieu* D *de* BC, *égale la différence des angles* B *et* C *du triangle.*

En effet, la droite DE, qui joint les milieux de deux côtés, est parallèle au troisième AC; donc

l'angle BDE $=$ C

Le triangle AGB étant rectangle, la médiane GE égale la moitié de la base; ainsi le triangle EBG est isocèle; donc

l'angle BGE $=$ B

Or

l'angle DEG $=$ BGE $-$ BDE
(G., n° 93.)

donc   DEG $=$ B $-$ C

C. Q. F. D.

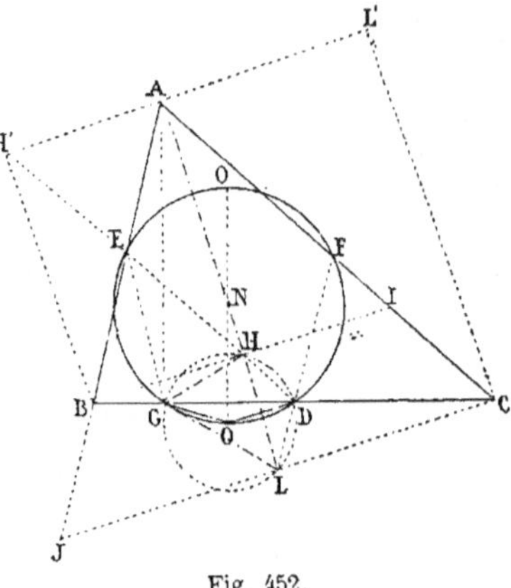

Fig. 452.

728. Théorème. *Si l'on mène la bissectrice* AL *de l'angle* A *et qu'on abaisse les perpendiculaires* BH, CL, *le quadrilatère* DHGL *est inscriptible* (fig. 452).

Prolongeons BH et CL jusqu'à la rencontre des côtés opposés, les triangles ABI, ACJ seront isocèles. La droite DL, qui joint les points milieux de BC et de CJ, est parallèle à AB; elle est donc sur le prolongement de DF; donc l'angle DLH $= \dfrac{A}{2}$.

Le quadrilatère ABGH est inscriptible, car les angles AHB, AGB sont droits.

Ainsi HGD, supplément de   HGB $=$ BAH $= \dfrac{A}{2}$.

Les angles DLH, DGH étant égaux, le quadrilatère DHGL est inscriptible.   *C. Q. F. D.*

729. Corollaires. 1° La droite DH, qui joint les milieux D, H de BC, BI, est parallèle à CA, elle est située sur DE et

l'angle BDH $=$ C

Or,   angle   GLH $=$ GDH $=$ C

Ainsi   l'angle   GLD $=$ C $+ \dfrac{A}{2}$.

2° Lorsqu'on projette les sommets B et C en H′ et L′ sur la bissectrice extérieure de l'angle A, le quadrilatère DGH′L′ est inscriptible.

3° La droite DHE passe par le point H′.

730. Théorème. *Le centre du cercle* DHGL *est sur le cercle des neuf points. Il en est de même du centre du cercle* DGH'L' (fig. 452).

Soit O le centre du cercle circonscrit au quadrilatère DHGL.

L'angle au centre $\qquad$ DOG $= 2$DLG

donc $\qquad$ $$\text{DOG} = 2\left(\text{C} + \frac{\text{A}}{2}\right) = 2\text{C} + \text{A}$$

Mais $\qquad$ l'angle DEG $= $ B $-$ C

donc $\qquad$ DOG $+$ DEG $=$ A $+$ B $+$ C $= 180$

Ainsi le quadrilatère DOGE est inscriptible; donc le centre O est sur le cercle des neuf points, puisque ce cercle passe par D, E, G.

731. Scolies. I. On démontrerait aussi que le centre du cercle circonscrit au quadrilatère DGH'G' est sur le cercle des neuf points.

II. Les bissectrices de l'angle B donneraient lieu à deux nouveaux cercles, dont les centres seraient sur le cercle des neuf points; il en serait de même des bissectrices de l'angle C; donc on a *six nouveaux points* qui appartiennent au cercle connu sous le nom de cercle des neuf points.

III. Les centres O, O' sont aux extrémités du diamètre ONO' perpendiculaire au milieu du segment DG.

Exercice 149. — V.

732. Théorème. *Le cercle des neuf points passe par les centres de vingt-quatre cercles que l'on peut déterminer directement.*

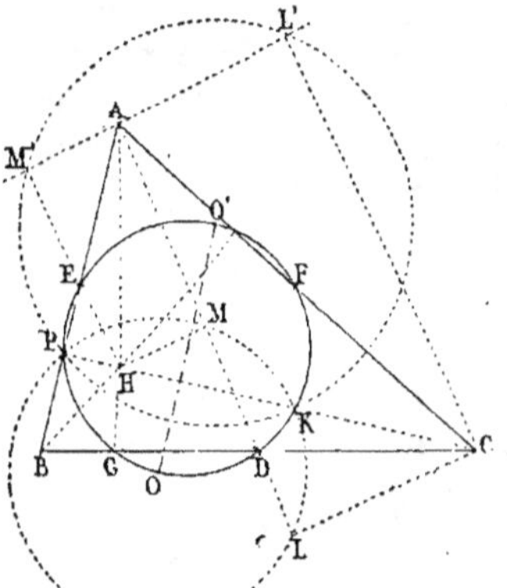

Fig. 453.

On sait que les quatre triangles ABC, AHB, AHC, BHC, ont même cercle des neuf points (n° 725); or chacun de ces triangles donne lieu à six cercles; donc...

Exemple. La bissectrice de l'angle CAH donne les cercles O, O'.

Le cercle O passe par le milieu K du côté CH, par le pied P de la perpendiculaire AP abaissée sur CH et par les projections L, M des sommets C, H, sur la bissectrice AML.

733. Remarques. 1° Rien n'est plus facile que de multiplier indéfiniment le nombre de points que l'on peut déterminer directement, et par lesquels passe néanmoins le *cercle des neuf points* d'un triangle donné ABC.

En effet, le cercle considéré est circonscrit au triangle DEF, que l'on peut nommer *triangle médian*, pour rappeler qu'il passe par les pieds des trois médianes (ou *triangle complémentaire* de M. NEUBERG n° 432). Or, en prenant G, pied de la hauteur AG, comme le point milieu de la base d'un triangle, on peut dire que EFG est le *triangle médian* auquel est circonscrit le cercle des neuf points.

En menant par les sommets E, F, G des parallèles aux côtés opposés,
on obtient IJK pour triangle principal; les points D, E, F, G sont communs aux deux triangles ABC et IJK. Il en est de même du point P,
milieu de BH et en même temps milieu de OJ. Le point R est le milieu

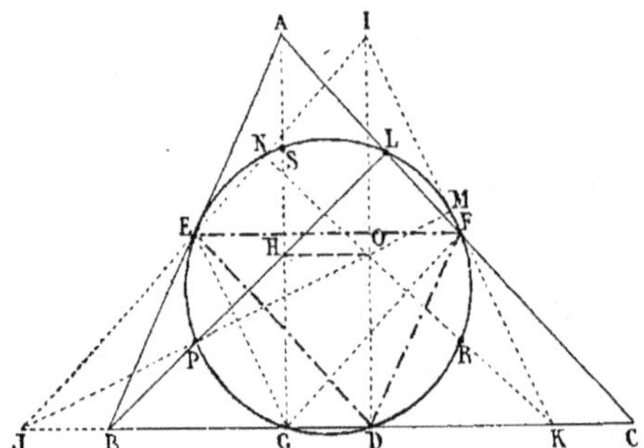

Fig. 454.

de OK et celui de CH; mais il y a trois points nouveaux : le point milieu
de OI et les pieds M, N des perpendiculaires JM, KN.

On peut construire deux triangles analogues à IJK; donc les trois
triangles ainsi formés donnent *neuf nouveaux points*.

734. 2° Le triangle dont ESF serait le *triangle médian* ou *triangle
complémentaire* (n° 432, Rem.) ne donnerait que deux nouveaux points,
car le point milieu de OI serait le pied de la hauteur abaissée sur
le côté parallèle à EF et D serait le *point d'Euler*. Les deux autres
hauteurs passeraient par P, R; mais le triangle correspondant à ELF
donnerait aussi deux points. Il y aurait à considérer quatre autres
triangles analogues pour les côtés DE, DF; donc on aurait *douze nouveaux points*, etc.

Exercice 150.

735. Théorème. *Les quatre centres des cercles inscrits et ex-inscrits à
un triangle étant joints deux
à deux donnent six longueurs;
démontrer que les six milieux
de ces droites sont sur la circonférence circonscrite au triangle donné.* (*The Mathematical monthly*, 1859, États-Unis.
— Théorème indiqué dès 1849
par M. Mension. — N. A., 1850,
p. 324.)

Soient ABC le triangle donné,
O, D, E, F les quatre centres.
Les bissectrices intérieures AD,
BE, CF sont perpendiculaires

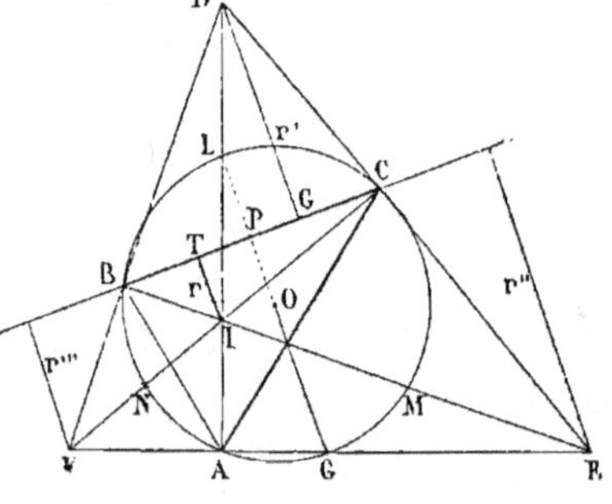

Fig. 455.

aux bissectrices extérieures; elles sont donc les hauteurs du triangle

DEF (n° 662). Dès lors le cercle circonscrit au triangle ABC est le cercle des neuf points de DEF. Il passe donc par le point L milieu de ID (n° 720) et par le point G milieu de FE, etc.

Remarque. On sait que LG est un diamètre du cercle des neuf points (n° 741, 1).

Exercice 151.

736. Théorème. *La somme des rayons des trois cercles ex-inscrits égale le rayon du cercle inscrit, augmenté de quatre fois le rayon du cercle circonscrit.*

Soient (fig. 455) R le rayon du cercle circonscrit, r du cercle inscrit, r', r'', r''' les rayons des cercles ex-inscrits tangents aux côtés a, b, c.

$$\text{IT} = r, \quad \text{DG}' = r'; \quad \text{LG} = 2\text{R}$$

Le point L étant le milieu de DI, on a

$$\text{LP} = \frac{r' - r}{2} \quad (\text{n° 436, 3}^e \text{ cas, fig. 280}).$$

$$\text{GP} = \frac{r'' + r'''}{2}$$

d'où   LG   ou $2\text{R} = \dfrac{r' + r'' + r''' - r}{2}$ ou $r' + r'' + r''' = 4\text{R} + r$

C. Q. F. D.

Exercice 152.

737. Théorème. *Dans tout triangle, la somme des rayons du cercle inscrit et du cercle circonscrit égale la somme des perpendiculaires abaissées du centre du cercle circonscrit sur chaque côté.* (Carnot, *Géométrie de position*, n° 137, page 167. — Démonstration de M. Mension. — N. A., 1850, page 325.)

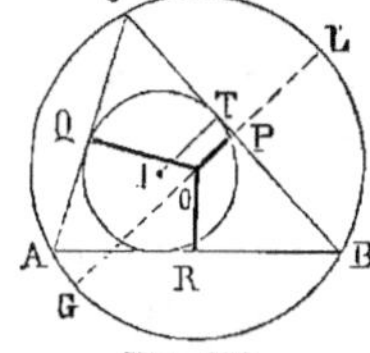

Fig. 456.

Soient d', d'', d''' les distances du centre O aux trois côtés a, b, c.

On a trouvé au théorème précédent :

$$\text{LP} = \frac{r' - r}{2}$$

donc

$$d' = \text{R} - \frac{r' - r}{2}$$

d'où

$$2\text{R} = 2d' + r' - r$$

de même

$$d'' = \text{R} - \frac{r'' - r}{2}$$

d'où

$$2\text{R} = 2d'' + r'' - r$$

$$d''' = \text{R} - \frac{r''' - r}{2}; \quad \text{d'où} \quad 2\text{R} = 2d''' + r''' - r$$

Ajoutons, on a :

$$6\text{R} = 2\,(d' + d'' + d''') + (r' + r'' + r''') - 3r$$

Mais (736) $r' + r'' + r''' = 4R + r$

d'où $6R = 2(d' + d'' + d''') + 4R - 2r$

ou $d' + d'' + d''' = R + r$ *C. Q. F. D.*

Polygones circonscrits au cercle.

738. Les exercices relatifs aux polygones circonscrits demandent fréquemment l'emploi du théorème suivant :

Les tangentes qui partent d'un même point sont égales. L'angle qu'elles forment entre elles est le supplément de l'angle des rayons de contact. (G., n° 192.)

Exercice 153.

739. Théorème. *Un angle quelconque A étant formé par deux tangentes AD et AE à une même circonférence, si l'on mène une troisième tangente BC mobile du côté du sommet, le triangle ABC ainsi formé a un périmètre constant,*

Et l'angle au centre BOC sous lequel est vue cette tangente mobile est constant.

Examiner le cas où l'on mènerait la tangente à l'opposé du sommet, en B'C'. [*]

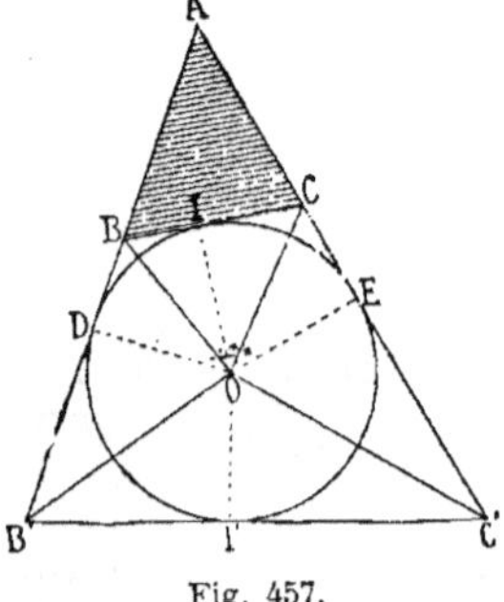

Fig. 457.

1° Menons les rayons OD, OE, OI, aux points de contact des tangentes.

On a $BI = BD$ et $CI = CE$, comme tangentes issues d'un même point. Donc le périmètre du triangle ABC égale la somme des tangentes AD et AE, quantité indépendante de la position de BC.

2° La droite OB est bissectrice de l'angle DOI formé par les rayons qui vont aux points de contact (G., n° 192), et de même OC est bissectrice de l'angle IOE. Donc l'angle BOC est la moitié de l'angle total DOE, lequel est constant et égal au supplément de A.

Scolie. L'angle $BOC + B'OC' = 180°$.

Si l'on considère la tangente B'C', on voit qu'il faut retrancher cette droite B'C' de la longueur $AB' + AC'$ pour avoir la valeur constante $AD + AE$.

Quant à l'angle B'OC', il est constant, car il est la demi-somme des angles constants DOI' et EOI'.

On a donc le théorème suivant :

---

* Le théorème de l'angle au centre constant, qui correspond à une tangente mobile, limitée à deux tangentes fixes, est de PONCELET. (*Traité des propriétés projectives des figures*, n°ˢ 462 et 463.)

L'illustre auteur en a déduit de belles propriétés relatives aux coniques. (G., n° 633; *Exercices*, n°ˢ 2110, 2112.)

740. Théorème. *Lorsqu'un triangle circonscrit à un cercle donné a un angle constant, la somme des côtés qui comprennent cet angle, diminuée du côté opposé, est une quantité constante.*

Le côté opposé est vu du centre sous un angle constant.

Exercice 154.

741. Théorème. *Dans un triangle rectangle* ABC, *la somme des côtés de l'angle droit égale la somme des diamètres des deux circonférences inscrite et circonscrite.*

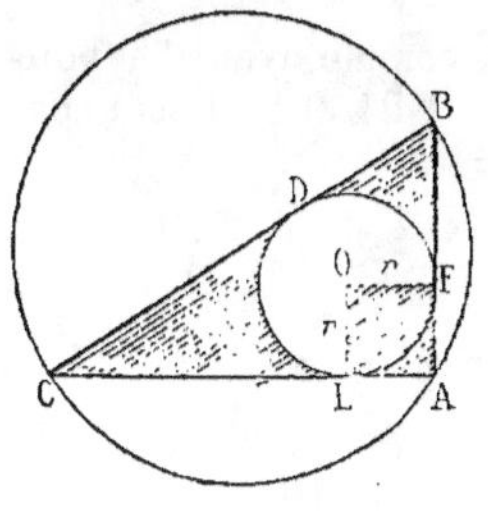

Fig. 458.

La circonférence circonscrite a pour diamètre l'hypoténuse BC du triangle.

Dans la circonférence inscrite, si l'on mène, aux points de contact, les rayons OE et OF, la figure OEAF est un carré. On a, à cause des tangentes qui partent d'un même point,

$$CE = CD$$
$$BF = BD$$

d'où $$CE + BF = BC$$

Ajoutons-y l'égalité $\quad AE + AF = 2r$

Il vient $\quad AC + AB = BC + 2r$ $\qquad\qquad$ *C. Q. F. D.*

742. Théorème. *Le rayon du cercle ex-inscrit tangent à l'hypoténuse d'un triangle rectangle, égale la somme des rayons des deux autres cercles ex-inscrits et du rayon du cercle inscrit.*

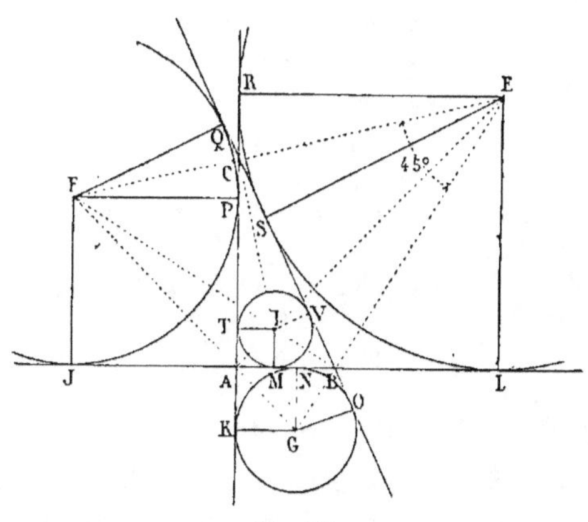

Fig. 459.

Il faut prouver qu'on a

$$EL = FP + GK + IT$$

ou $$AL = AJ + AN + AM$$

Il suffit donc de démontrer que $\quad AM = NB \quad$ et que $\quad AJ = BL.$

1° $AM + AN = KT$ et $BM + BN = OV$

mais $KT = OV$

donc $AM + AN = BM + BN$

d'où $AM = BN$

2° Le triangle EBF est rectangle et isocèle, car l'angle EBF est droit comme angle des bissectrices de deux angles adjacents supplémentaires (n° 402), et l'angle BEF égale 45°, puisque EF et EG sont bissectrices des angles complémentaires RES, SEL.

Donc $BE = BF$

Les triangles rectangles BEL, BFJ sont égaux comme ayant l'hypoténuse égale et les angles aigus égaux, car les angles EBL et FBJ sont complémentaires, puisque EBF est droit, donc $BL = AJ$.

Ainsi EL ou $AL = AN + BN + BL = GN + IM + FJ$

$$C.\ Q.\ F.\ D.$$

743. Remarques. 1° Dans tout triangle, le périmètre égale (fig. 459)

$$2AM + 2BM + 2BS$$

car $AM = AT,\quad BM = BV,\quad BS = CV = CT = BL$

Ainsi, en désignant le périmètre par $2p$, on a

$$AM = p - a$$
$$BM = p - b$$
$$AP = p - c$$

Or $AL = AJ + AB = p - c + c = p$

donc les rayons des cercles inscrit et ex-inscrit aux trois côtés d'un triangle rectangle donnent les relations suivantes :

$$IM \quad \text{ou} \quad r = p - a$$
$$GN \quad \text{ou} \quad r^c = p - b$$
$$FJ \quad \text{ou} \quad r^b = p - c$$
$$EL \quad \text{ou} \quad r^a = p$$

2° *La tangente intérieure* AB, *limitée aux tangentes extérieures, égale les segments* KT, OV, *compris entre les points de contact des tangentes extérieures.*

Car $AN = AK$ et $AM = AT$

Or $AN = BM$

donc $AB = KT = OV$ $C.\ Q.\ F.\ D.$

Exercice 155.

744. Théorème de Pitot *. *Dans tout quadrilatère circonscrit* ABCD, *la somme de deux côtés opposés,* AB *et* CD, *est égale à la somme des deux autres côtés.*

Car les tangentes menées d'un même point à un même cercle sont égales.

---

* PITOT (1695-1771), ingénieur en Languedoc, auteur de la *Théorie de la manœuvre des vaisseaux.*

Exercice 156.

745. Théorème réciproque. *Si un quadrilatère ABCD est tel que la somme de deux côtés opposés AB et CD soit égale à la somme des deux autres côtés BC et AD, ce quadrilatère est circonscriptible à un cercle.*

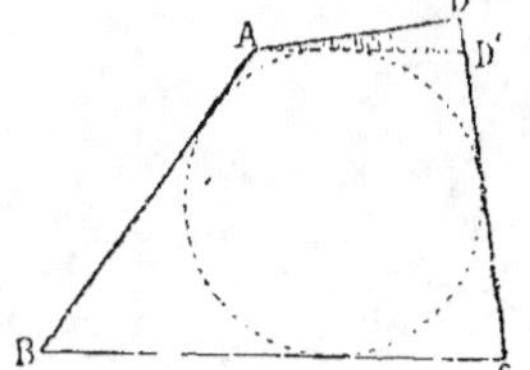

Pour le prouver, menons une circonférence tangente aux trois côtés AB, BC et CD, puis une droite AD' tangente à cette circonférence.

Le quadrilatère ABCD' donne

$$AB + CD' = BC + AD'$$

Mais on a supposé que

$$AB + CD = BC + AD$$

Fig. 460.

En soustrayant membre à membre, il viendrait

$$DD' = AD - AD'$$

Or un côté d'un triangle ne peut être égal à la différence des deux autres (G., n° 49); le triangle ADD' est donc impossible : AD se confond nécessairement avec AD', et le quadrilatère considéré est circonscriptible.   *C. Q. F. D.*

Exercice 157.

746. Théorème. *Lorsque le cercle tangent aux quatre côtés d'un quadrilatère est extérieur à cette figure, la différence des deux côtés opposés de ce quadrilatère égale la différence des deux autres côtés.* (STEINER, *Journal de Crelle*, 1846.)

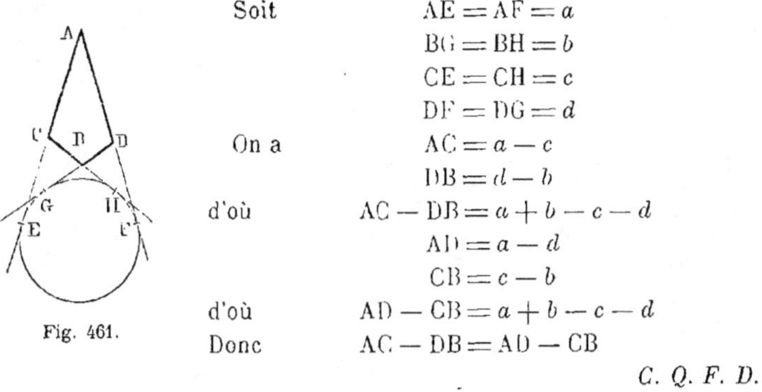

Soit	$AE = AF = a$	
	$BG = BH = b$	
	$CE = CH = c$	
	$DF = DG = d$	
On a	$AC = a - c$	
	$DB = d - b$	
d'où	$AC - DB = a + b - c - d$	
	$AD = a - d$	
	$CB = c - b$	
d'où	$AD - CB = a + b - c - d$	
Donc	$AC - DB = AD - CB$	

Fig. 461.

C. Q. F. D.

Exercice 158.

747. Théorème. *Dans le quadrilatère ex-circonscrit, on a deux côtés adjacents dont la somme égale celle des deux autres.*

Réciproquement, quand ces sommes sont égales, le quadrilatère est circonscriptible.

On a (fig. 462)

$$AC + CB = a - c + c - b$$
$$AD + DB = a - d + d - b$$

Donc
$$AC + CB = AD + DB \qquad C.\ Q.\ F.\ D.$$

La réciproque est analogue à celle de la question connue (n° 745).

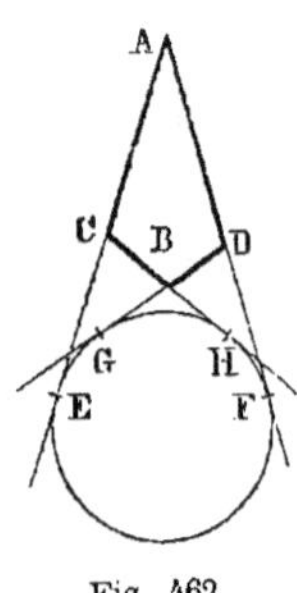

Fig. 462.

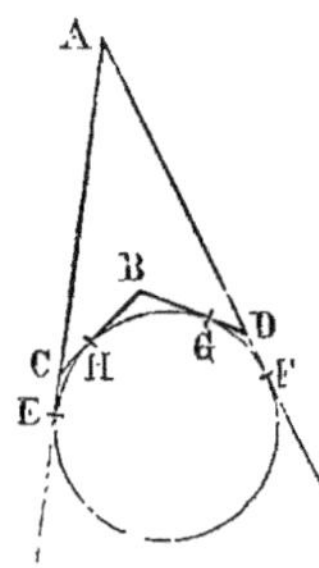

Fig. 463.

Remarques. 1° Il est évident que la somme $BC + BD$ n'égale point $AC + AD$; donc le théorème ne peut pas être énoncé pour deux côtés adjacents quelconques.

2° Le théorème est vrai pour un quadrilatère non convexe.

$$AC + CB = a - c + c + b$$
$$AD + DB = a - d + d + b$$

d'où
$$AC + CB = AD + DB \qquad C.\ Q.\ F.\ D.$$

On a aussi
$$AC - BD = AD - BC$$

748. Note. Le *Théorème de Pitot* (n° 745) remonte à 1725; il a été complété en 1846, par STEINER (Cit. de BALTZER, § 4, n° 10. — *Nouvelles Annales*, 1849, p. 367). M. G. DARBOUX en a fait une étude complète dans le *Bulletin des sciences mathématiques et physiques*, 1879, p. 64. Il parvient au théorème suivant : *Étant donné un quadrilatère ABCD circonscriptible à un cercle, et qui se déforme de telle manière que les sommets A et B demeurent fixes, les grandeurs des côtés étant invariables, le lieu du centre du cercle inscrit est un cercle ayant pour diamètre le segment qui divise harmoniquement les deux diagonales AC, BD du quadrilatère, quand il est amené dans la position où il a ses quatre sommets en ligne droite.*

M. G. DARBOUX, membre de l'Académie des sciences, auteur de nombreuses études mathématiques; nous aurons à le citer à propos des *Inverseurs* (n° 1203), de même que nous avons eu à le citer dans les *Exercices de Géométrie descriptive*, 3ᵉ édition, nᵒˢ 935, 936, *sections du tore.*

Exercice 159.

749 (a). Théorème. *Lorsqu'un quadrilatère inscriptible a ses diagonales rectangulaires, le quadrilatère formé en joignant deux à deux les projections du point de concours des diagonales, sur les côtés de la figure donnée, est à la fois inscriptible et circonscriptible.*

La circonférence qui passe par les quatre projections passe aussi par les quatre points milieux des côtés du quadrilatère donné.

Soient ABCD le quadrilatère donné, O le centre du cercle circonscrit, EFGH la nouvelle figure obtenue. Les quadrilatères AHME, EBFM, etc., sont inscriptibles.

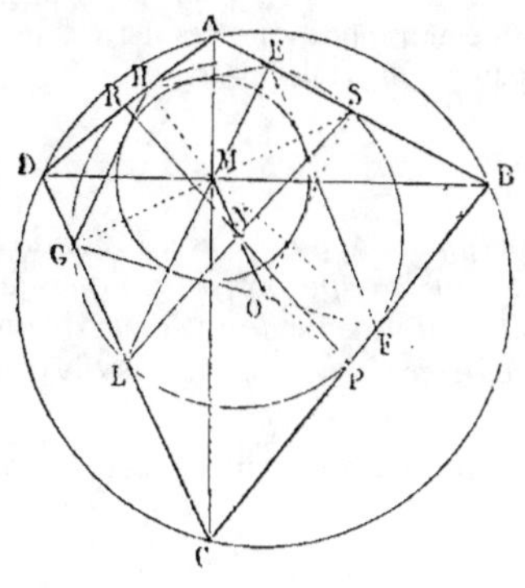

Fig. 464.

Donc   l'angle HEM = HAM

              FEM = FBM

Mais   HAM = FBM

car ces angles ont pour mesure $\frac{1}{2}$ DC.

Donc   HEM = FEM

Ainsi EM est bissectrice de l'angle FEH ; de même FM est bissectrice de l'angle F. Donc le quadrilatère EFGH est circonscriptible, car les quatre bissectrices se coupent au même point M.

1° Les angles

$$\text{HEF} + \text{HGF} = 2(\text{MBF} + \text{MCF}).$$

Mais le triangle MBC est rectangle ; donc   MBF + MCF = 1 droit.

Ainsi HEF + HGF = 2 droits, et le quadrilatère EFGH est circonscriptible.

2° Joignons le point M au point L milieu de DC, et prouvons que ML est dans le prolongement de EM.

Dans le triangle rectangle CMD, la médiane LM = LC ; donc

$$\text{l'angle LMC} = \text{LCM} = \text{MBA} = \text{AME}$$

(Ces deux derniers sont complémentaires du même angle MAE.)

Les angles égaux LMC et AME prouvent que le prolongement de ME passe par le milieu de DC ; de même pour les autres lignes. A cause des angles droits E et G, ces points appartiennent à la circonférence décrite sur LS comme diamètre.

De même F et H appartiennent à la circonférence décrite sur le diamètre RP.

Mais le parallélogramme LRSP est rectangle, car ses côtés sont parallèles à AC et à DB ; donc LS = RP, et les huit points apppartiennent à une même circonférence.

Le centre N du cercle des *huit points* du quadrilatère ABCD est au milieu de MO.

749 (b). Note. La question ci-dessus a été proposée en 1870, au *Concours général* pour les *mathématiques élémentaires* (N. A., 1870, p. 383). Diverses propriétés sont connues depuis fort longtemps, d'autres ont été indiquées par M. SANCERY (N. A., 1871, p. 487) ; on y trouve notamment les suivantes : 1° *La distance d'un côté d'un quadrilatère inscrit au centre du cercle circonscrit, égale la moitié du côté opposé.* (p. 492. *Remarque*) ; 2° Les quadrilatères inscrits ABCD et le circonscrit qu'on obtient en menant des tangentes par les sommets A,B,C,D, sont tels que les quatre points de concours des côtés opposés sont sur une même droite, et cette ligne est la polaire du point M par rapport au cercle circonscrit ABCD ; 3° Le quadrilatère circonscrit dont A,B,C,D sont les points de contact est semblable au quadrilatère EFGH, etc.

La deuxième propriété montre que ABCD est un cas particulier du *quadrilatère harmonique*, considéré de nos jours dans la *Géométrie du triangle*, et que

M est son *point de Lemoine;* mais rien n'indique la propriété fondamentale de ce point. Dans ses *Théorèmes et Problèmes de Géométrie,* 6e édition, en 1879, p. 134, M. CATALAN se borne à établir que les distances du point M, à deux côtés opposés, tels que AB, CD, sont dans le même rapport que ces deux côtés, ce qui résulte immédiatement des triangles équiangles AMB, DMC.

Exercice 160.

750. Théorème. *Par le centre d'un polygone régulier d'un nombre quelconque de côtés, on mène une droite quelconque* xy; *la somme des perpendiculaires abaissées des sommets situés d'un côté donné de la droite égale la somme des perpendiculaires abaissées des sommets situés de l'autre côté de cette droite.*

1° C'est évident quand le polygone a un nombre pair de côtés, car les sommets sont symétriques deux à deux par rapport au centre de figure; par suite, leurs distances à la sécante centrale seront égales.

2° Si le polygone a un nombre impair de côtés, trois par exemple, circonscrivons une circonférence au triangle équilatéral donné ABC; puis, par les sommets A, B, C et les milieux de chaque arc, menons des tangentes afin de former un hexagone régulier circonscrit. (G., n° 161.)

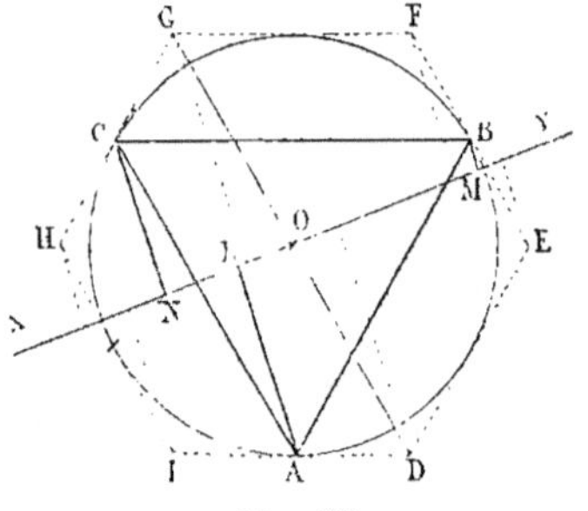

Fig. 465.

Désignons chaque perpendiculaire par une lettre rappelant le sommet d'où elle est abaissée.

Il faut prouver qu'on a $AL = BM + CN$ ou $a = b + c$.

Or on sait que la perpendiculaire menée par le point milieu d'une droite est la demi-somme ou la demi-différence, suivant le cas, des perpendiculaires abaissées des extrémités de la droite (n° 436).

Donc $$a = \frac{d+i}{2}, \quad b = \frac{f-e}{2}, \quad c = \frac{h+g}{2}$$

$$b + c = \frac{f+g+h-e}{2} = \frac{f+g}{2}, \quad \text{car} \quad h = e \ (1°)$$

Donc cette somme égale a, car $d = g$ et $i = f$.

Ainsi $AL = BM + CN$ C. Q. F. D.

Remarque. On aurait de même $OM = OL + ON$,   en projetant les sommets sur un axe parallèle à AL.

Lignes concourantes.

751. Pour démontrer que plusieurs droites concourent au même point, on utilise les remarques déjà faites (livre I, n° 439).

Divers théorèmes établis au livre II fournissent de nouveaux éléments de démonstration. (Voir Exercices 163, 164, nos 757, 758.)

Exercice 161.

752. Théorème. *D'un point quelconque, on abaisse des perpendiculaires sur trois droites données; la circonférence qui passe par les trois pieds des perpendiculaires coupe les droites données en trois autres points qui sont aussi les projections d'un même point.*

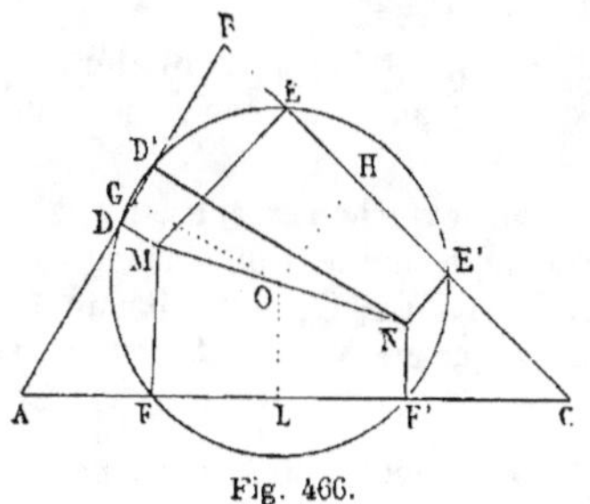

Fig. 466.

Soient M le point et D, E, F ses projections sur les côtés du triangle ABC; les trois autres points d'intersection D', E', F' sont aussi les projections d'un même point N.

En effet, joignons M au centre O du cercle qui passe par D, E, F. Prenons $ON = OM$, la droite NF' est perpendiculaire à AC, car $LF' = LF$; donc NF' est parallèle à MF; de même pour NE' et ND'; donc ..

753. Théorème. *Quel que soit le nombre de côtés d'un polygone qu'une circonférence coupe en A, A'... D, D', etc., si les points A, B, C, D, etc., sont les projections d'un même point, il en est de même des points A', B', C', D', etc.*

Exercice 162.

754. Théorème. *Sur chaque côté d'un triangle on construit un triangle équilatéral, et l'on joint le troisième sommet de chacun de ces triangles au sommet opposé du triangle primitif; démontrer :*

1° Que les trois droites ainsi menées sont égales entre elles;

2° Qu'elles se coupent au même point.

1° Les triangles FAC, BAE sont égaux comme ayant un angle égal compris entre deux côtés égaux.

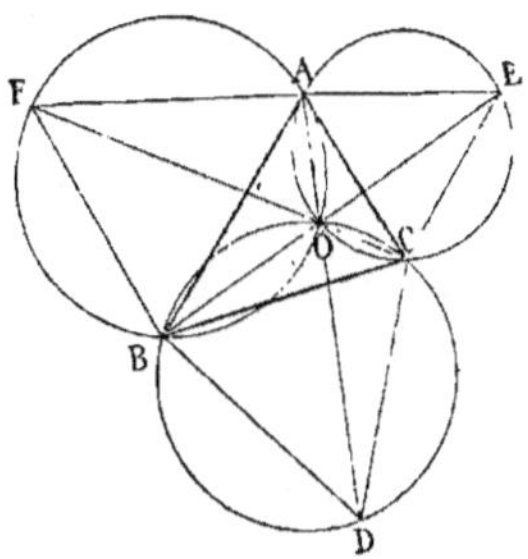

Fig. 467.

L'angle $FAC = BAE$, puis l'arc $FA = B$ et $AC = AE$.

Donc $FC = BE$; on aurait de même $FC = AD$.

2° Les circonférences circonscrites aux deux triangles équilatéraux ABF, AEC se coupent en un point O, tel que les angles AOB, AOC sont égaux entre eux et valent 120°, comme suppléments des angles F, E qui valent 60°; donc l'angle BOC égale aussi 120°, et la circonférence circonscrite au triangle équilatéral BDC passe par le point de concours O des deux premières.

Joignons ce point O aux six sommets, et pour démontrer la seconde partie du théorème, il suffit de prouver que OF et OC sont en ligne droite.

Or chaque angle formé autour du point O vaut 60°, car l'arc BF est le tiers de la circonférence, etc.; donc la somme des trois angles FOB, BOD, DOC vaut 180°, et les côtés extérieurs OF et OC sont en ligne droite.   *C. Q. F. D.*

755. Remarques. 1° Chaque côté du triangle ABC est vu du point O sous un même angle.

2° Le théorème est encore vrai lorsque chaque triangle équilatéral tel que ABF est rabattu sur ABC, au lieu d'être placé à l'extérieur, comme cela a lieu dans la figure précédente.

3° Le théorème subsiste lorsqu'on construit extérieurement sur chaque côté de ABC des triangles semblables, de telle manière que chacun des angles adjacents au sommet A soit égal à l'angle C; que chacun des adjacents à B soit égal à A, et chaque adjacent à C soit égal à B. (J.-M. DE BOURGET, 1879, p. 58.)

756. Note. Les cercles circonscrits aux triangles équilatéraux, ont été nommés *cercles de Torricelli* par M. NEUBERG.

Dans la nouvelle terminologie du triangle, le point de concours des circonférences circonscrites aux triangles extérieurs est désigné par z, et celui des triangles intérieurs par z'; ces deux points sont nommés *centres isogones* du triangle.

Le point z est le point dont la somme des distances aux trois sommets du triangle donné est minima. La recherche du point donnant ce minima avait été proposée par FERMAT à TORRICELLI; ce dernier en donna plusieurs solutions. (*Mathésis*, 1889, p. 173, *renvoi*.)

Exercice 163.

757. Théorème. *Les perpendiculaires abaissées des centres des cercles ex-inscrits sur les côtés du triangle se coupent au même point.*

Soit DEF le triangle donné.

On sait que le triangle orthique DEF, formé en joignant deux à deux les pieds des hauteurs d'un triangle ABC, a ces hauteurs pour bissectrices intérieures et les côtés de ABC pour bissectrices extérieures (n° 662); donc, réciproquement, par rapport au triangle donné DEF, les points A, B, C sont les centres des cercles ex-inscrits.

Mais les rayons qui joignent les sommets d'un triangle ABC au centre du cercle circonscrit sont respectivement perpendiculaires aux droites DE, EF, FD qui joignent deux à deux les pieds des hauteurs de ABC (n° 663); donc les perpendiculaires abaissées des centres A, B, C des

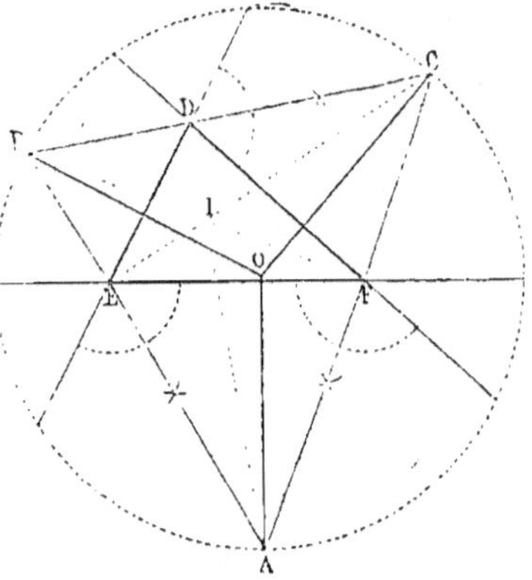

Fig. 468.

cercles ex-inscrits à DEF, ne sont autre chose que les rayons AO, BO, CO de la circonférence circonscrite à ABC; donc ils se coupent au même point O, et ce point est équidistant des trois centres donnés.

On peut démontrer le théorème proposé sans recourir au *théorème de Nagel* (nº 663). Voir nº 1246, 2º *Démonstration*.

Note. Les triangles tels que les perpendiculaires abaissées des sommets de l'un d'eux sur les côtés de l'autre, et réciproquement, concourent en un même point, ont été nommés *triangles orthologiques*. Ces triangles ont été surtout étudiés par M. LEMOINE, principal instigateur des questions actuellement connues sous le nom de *Géométrie du triangle*.

Exercice 164.

738. Théorème. *Trois cercles* L, M, N *sont situés dans un même plan; si trois tangentes intérieures communes aux cercles pris deux à deux,*

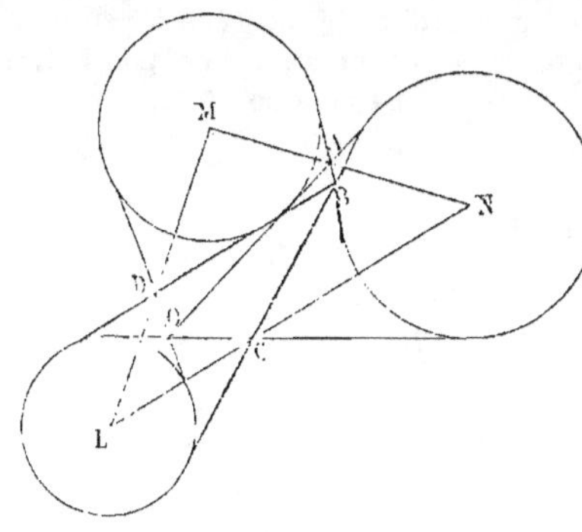

Fig. 469.

passent par un même point, les trois autres tangentes communes passent aussi par un même point. (MANNHEIM. — N. A., 1854, p. 210.)

Supposons que trois tangentes intérieures se coupent en B. Soit O le point de rencontre de deux autres tangentes CO, OA. Par ce point, menons au cercle M la tangente OD; il suffit de prouver que OD est tangente au cercle L, pour que le théorème soit démontré.

On sait que lorsqu'un quadrilatère est ex-circonscrit à un cercle, la somme de deux côtés adjacents égale la somme des deux autres côtés, et réciproquement (nº 747).

Or le quadrilatère BCOA est circonscrit au cercle N; on a donc
$$BC + CO = BA + OA$$
Le quadrilatère BDOA est circonscrit au cercle M; donc
$$BA + AO = OD + BD$$
d'où
$$BC + CO = OD + BD$$
Donc le quadrilatère BCOD est circonscriptible, et comme trois de ses côtés sont tangents au cercle L, il en est de même du quatrième OD; donc...

738. Théorème. *Si une tangente intérieure du groupe* L, M, *une tangente extérieure de* M, N, *une extérieure de* N, A *passent par un même point, il en est de même de la seconde tangente intérieure* L, M *et des tangentes extérieures des groupes* M, N *et* N, L.

Démonstration comme ci-dessus.

739. Théorème. *Les perpendiculaires abaissées du point milieu de chaque côté du triangle orthique, sur le côté correspondant du triangle donné, se coupent au même point.* (Édouard LUCAS [*], N. C. M. 1876, p. 218.)

---

[*] E. LUCAS (1842-1891), savant professeur de mathématiques spéciales au lycée Saint-Louis; ses publications, fort nombreuses, ont eu surtout pour objet l'arithmétique supérieure.

Points en ligne droite.

760. Pour démontrer que trois points sont en ligne droite, on procède fréquemment comme il suit :

On joint un des points à chacun des deux autres, et l'on **prouve que** les deux droites sont dans la même direction, soit en établissant qu'elles sont parallèles à une même ligne, soit en prouvant qu'elles forment avec une autre droite, menée par le point commun, des angles égaux opposés par le sommet.

Malgré la différence apparente des questions, on reconnaît que **pour** démontrer que trois points sont en ligne droite, on procède à **peu près** comme pour prouver que trois droites concourent au même point. Les méthodes modernes rendent compte de cette analogie en établissant que les deux questions sont corrélatives.

Exercice 165.

761. Théorème. *Les projections du sommet d'un triangle sur les quatre bissectrices des deux autres angles sont en ligne droite.* (N. A., 1859, p. 171.)

Soient les perpendiculaires AE, AD sur les bissectrices des angles B ;
les bissectrices BD, BE étant per-
pendiculaires l'une à l'autre, la
figure ADBE est un rectangle.
Par suite, la diagonale DE passe
au point milieu M du côté AB, et
ME = MB, donc on a

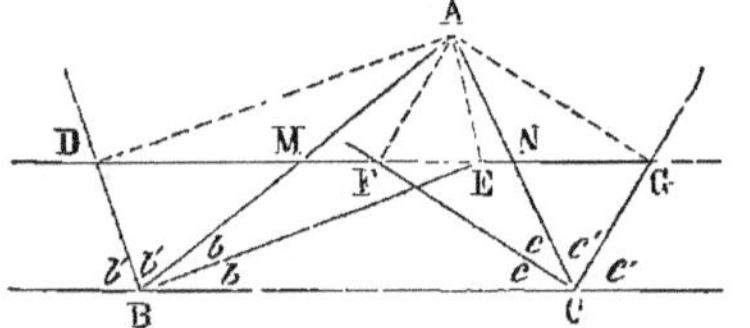

Fig. 470.

angle MEB = MBE = CBE

Donc les droites ME et BC sont
parallèles, et ME passe aussi par
le point N milieu du second côté, et la ligne DE est déterminée de position ; on démontrerait de même que FG est parallèle à BC et qu'elle
passe par le point N ; donc les deux projections F, G se trouvent sur une
même ligne.

Autre démonstration. Soient F' et G' les points ou les prolongements
de AF et de AG rencontrent BC, on a :

$$AF = FF' ; \quad AG = GG'$$

donc FG est parallèle à BC, etc.

Exercice 166.

762. Théorème de Simson. *Si d'un point pris sur la circonférence circonscrite à un triangle, on abaisse des perpendiculaires sur chaque côté de ce triangle, les trois points ainsi obtenus sont en ligne droite.* (Robert SIMSON [*].)

---

[*] Voir le renvoi du n° 22.

On peut donc énoncer le théorème comme il suit :

Les projections d'un point quelconque de la circonférence circonscrite à un triangle, sur chaque côté de ce triangle, sont en ligne droite.
La droite obtenue est nommée *droite de Simson.*

1re *Démonstration.* (Voir *Méthodes*, n° 22.)

Remarque. La démonstration de Baltzer est analogue à celle que nous avons exposée dans les méthodes; mais afin de donner un exemple de concision géométrique, nous reproduisons la figure et la démonstration de cet auteur (*Planimétrie*, § IV, 3) :

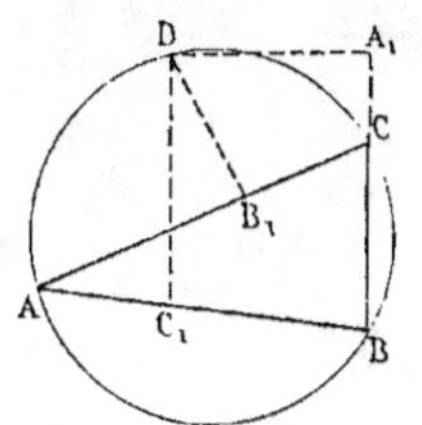

Fig. 471.

« Si quatre points A, B, C, D sont sur une circonférence, et si l'on mène les perpendiculaires DA_1, DB_1, DC_1 sur les côtés BC, CA, AB du triangle ABC, les pieds A_1, B_1, C_1 se trouvent en ligne droite.

« Puisque A_1, B_1, C, D et A_1, B, C_1, D sont respectivement sur une circonférence, on a

$$2DA_1B_1 = 2DCB_1 = 2DCA = 2DBA = 2DBC_1 = 2DA_1C_1$$

« Par suite, on aura $2DA_1B_1 = 2DA_1C_1$; donc les points A_1, B_1, C_1 sont sur une droite. »

763. *Démonstration* (M. Retsin [*]). Prolongeons PE jusqu'à la circonférence et menons BG. Il suffit de prouver que les segments DE, puis EF, sont parallèles à la même droite BG (n° 760).

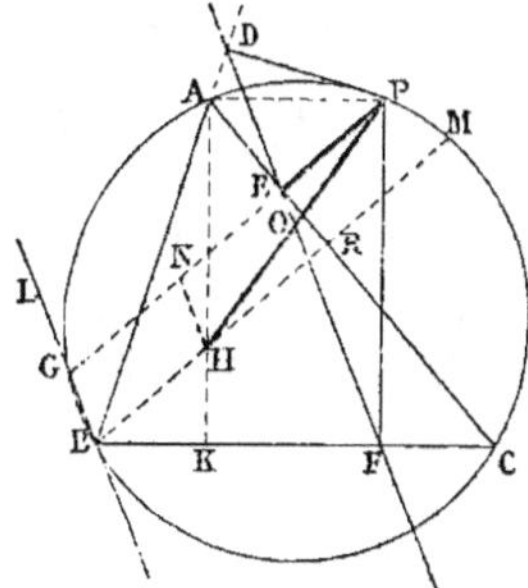

Fig. 472.

Dans le quadrilatère inscriptible ADPE, l'angle DEP = DAP, comme ayant même mesure.

Mais   DAP = LGP = $\frac{1}{2}$ arc BAP

donc   l'angle DEP = LGP

l'angle PEF = 180° — PCF

car le quadrilatère PEFC est inscriptible.

Or angle PCF = $\frac{1}{2}$ arc BAP = angle LGP

Ainsi   l'angle PEF = PGB

donc les segments ED, EF parallèles à BG sont en ligne droite.

C. Q. F. D.

764. Note. Le théorème de Robert Simson n'est qu'un cas particulier d'un théorème bien remarquable; mais nous devons nous borner au simple énoncé de ce dernier théorème et des principales conséquences qui en découlent :

D'un point M on abaisse des perpendiculaires sur chaque côté d'un triangle, et l'on joint deux à deux les pieds de ces perpendiculaires (fig. 473). Le lieu des points M tels que le triangle DEF ait une surface constante donnée, est une circonférence concentrique au cercle circonscrit au triangle primitif.

1° Pour le point O, centre du cercle circonscrit, l'aire de IHJ égale $\dfrac{ABC}{4} = \dfrac{S}{4}$, chacun des côtés de ce triangle étant la moitié des côtés de l'autre.

---

* Retsin, professeur de mathématiques supérieures à l'athénée de Gand.

2º Quand la distance OM croît de zéro à $R = OA = OB = OC$, la surface diminue de $\dfrac{S}{4}$ à zéro; ainsi, *le cercle circonscrit est le lieu des points M qui donnent une aire nulle.* En effet, d'après le théorème de Simson, il n'y a plus de triangle, mais seulement une ligne droite.

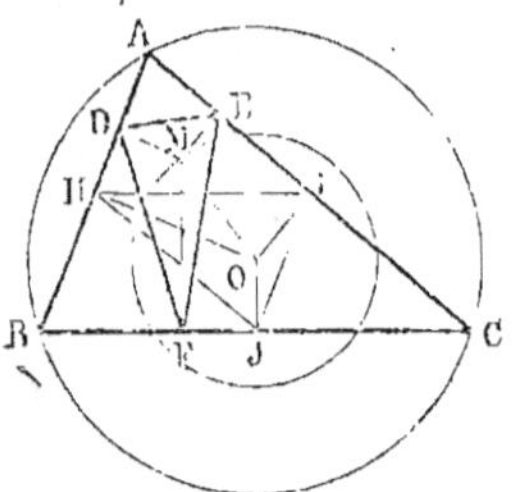

Fig. 473.

3º Quand OM croît indéfiniment à partir de R, la surface part de zéro et augmente indéfiniment.

4º Pour toute valeur de l'aire comprise entre zéro et $\dfrac{S}{4}$, il y a deux réponses: une circonférence intérieure et une circonférence extérieure au cercle circonscrit. La relation des rayons R_1 et R_2 du lieu, et du rayon R du cercle circonscrit, est

$$R_1^2 + R_2^2 = 2 R^2.$$

La proposition relative au triangle est à son tour un cas particulier du théorème suivant.

On donne un polygone quelconque; d'un point M de son plan, on abaisse des perpendiculaires sur chaque côté (ou même des droites également inclinées sur chaque côté et dans le même sens).

Le polygone qui a pour sommets les projections du point M sur chaque côté a une certaine aire. Or, quel que soit le nombre de côtés du polygone primitif, le lieu des points M pour une aire donnée est une circonférence.

Le lieu pour des aires différentes A, A'... est formé par des circonférences concentriques.

(*Revue des sociétés savantes*, tome V, année 1870, page 203. *Étude d'un lieu géométrique*, par M. Combette, ingénieur à Brest.)

On peut voir aussi le journal de *Mathématiques élémentaires*, 1er janvier 1880, p. 49. Art. par M. Vuibert.

Une solution analytique très élégante se trouve dans Briot (nº 113). *Leçons de Géométrie analytique*, par Briot et Bouquet, 13e édition, revue par M. Appel, professeur à la faculté des sciences.

Exercice 167. — I.

765 (a). Théorème. *La droite de Simson divise en deux parties égales la droite qui joint le point P au point de concours H des hauteurs du triangle.*

Soit H le point de concours des hauteurs AK et BR. Il faut prouver que DF passe par le milieu de PH (fig. 472).

Prolongeons la hauteur BR jusqu'en M, et prenons $EN = EP$.

On sait que $RM = RH$ (nº 292, c); donc le trapèze NHMP est isocèle. Il en est de même d'ailleurs de GBMP; donc la droite NH est parallèle à BG et, par suite, à EF. Mais la ligne EF, parallèle à NH et passant par le point E, milieu de PN, passe donc aussi par le point milieu de PH.   *C. Q. F. D.*

Exercice 167. — II.

765 (b). Théorème. 1º *Les droites de Simson relatives à deux points diamétralement opposés du cercle circonscrit à un triangle donné sont rectangulaires entre elles.*

14*

2° *Le lieu des points de concours des droites rectangulaires est le cercle des neuf points du triangle proposé.*

Soient MOM′ un diamètre du cercle circonscrit au triangle donné ABC; $\alpha\beta\gamma$, $\alpha'\beta'\gamma'$ les droites de Simson relatives à M et M′, puis A′B′C′ le cercle des neuf points.

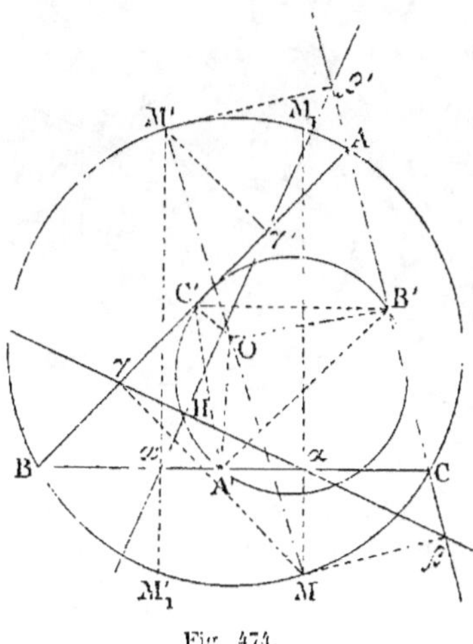

1° A′ est le milieu de $\alpha\alpha'$ comme projection du point milieu O de MM′; de même B′ est le milieu de $\beta\beta'$, et C′ de $\gamma\gamma'$.

$$\text{Arc } CM = BM_1$$

donc

$$\text{angle } CM_1M = BM'M_1' = CBM$$

Le quadrilatère M$\alpha\gamma$B étant inscriptible, angle M$\gamma\alpha$ = CBM; de même M′$\alpha'\gamma'$B est inscriptible, donc

$$\text{angle } B\gamma'\alpha' = \beta'\gamma'A = BM'M_1'$$

donc   angle M$\gamma\alpha$ = $\beta'\gamma'$A

D'ailleurs les angles γMβ et γ'Aβ' sont supplémentaires de BAC,

Fig. 474.

donc les triangles γMβ, γ'Aβ' sont équiangles; or les côtés Mβ, Mγ étant respectivement perpendiculaires à Aβ', Aγ', il en est de même de $\beta\gamma$ et $\beta'\gamma'$; donc $\alpha\beta\gamma$, $\alpha'\beta'\gamma'$ sont rectangulaires.

2° Les triangles αHα', βHβ' étant rectangles, on a :

$$HA' = \frac{\alpha\alpha'}{2} = A'\alpha \quad \text{et} \quad HB' = \frac{\beta\beta'}{2} = \beta B'$$

il s'ensuit   angle A′Hα = A′αH = C$\alpha\beta$ et B′Hβ = HβB′ = C$\beta\alpha$
En additionnant, il vient :

$$A'HB' = ACB = A'C'B'$$

Ainsi le lieu du point H est le segment capable de l'angle A′C′B′ décrit sur A′B′, soit le *cercle des neuf points.* (M. N. Goffart, N. A. 1884, p. 397, et M. Lemoine *, *Journal de M. E. et S.* 18-3, p. 246, X.)

Voir aussi la note sur la *droite de Simson,* par M. Weill, professeur au collège Chaptal. (J. M. S. 1884, pp. 11, 30 et 57.)

Exercice 168.

766. Théorème de Salmon. *Si par un point M, pris sur une circonférence, on mène trois cordes, et que l'on décrive sur chacune d'elles, comme diamètre, une circonférence, ces trois courbes, qui ont un point*

---

* Émile Lemoine, ancien élève de l'École polytechnique, promoteur de la *Géométrie du triangle,* en 1873, par les articles publiés à cette époque dans les N. A., et où il faisait connaître un *point* remarquable et un *cerc'e* qui portent maintenant son nom.

On lui doit de nombreux articles publiés dans les N. A., dans le J. de M. E. et S., dans les comptes rendus de l'*Association pour l'avancement des sciences.*

commun, se coupent en trois autres points situés sur une même ligne droite [*].

Soient les cordes MA, MB. MC.

Elles déterminent un triangle inscrit ABC. Or la perpendiculaire abais-sée du point M sur le côté AB doit couper ce côté en un point situé sur la circonfé-rence dont AM est le diamètre, et pour une raison analogue sur celle dont MB est le diamètre; donc cette perpendicu-laire n'est autre que la corde commune ME. Le point E, où les circonférences se coupent, est situé sur AB, et il se trouve être le pied de la perpendiculaire abaissée du point M du cercle circonscrit sur le côté du triangle ABC. Il en est de même pour les points F et D; donc ces trois points E, F, D sont en ligne droite (nᵒˢ 22, 763, 764).

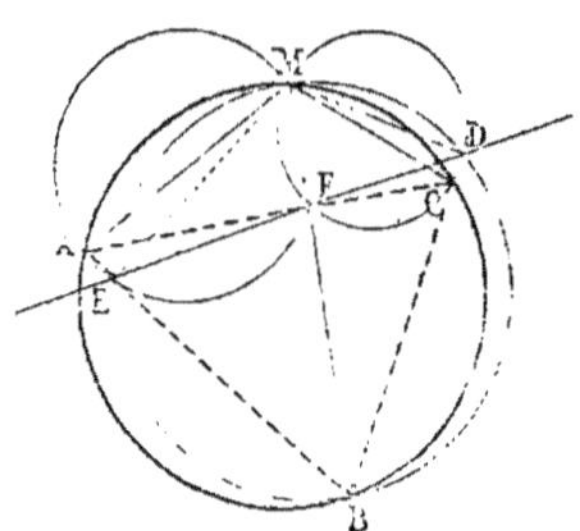

Fig. 475.

Remarque. D'après la démonstration précédente, on voit que le *théo-rème de Salmon* peut être considéré comme le corollaire de celui de *Robert Simson*.

Exercice 169.

767. Théorème d'Aubert. *Les quatre points de rencontre des hauteurs des quatre triangles formés par quatre droites qui se coupent deux à deux sont sur une même droite.*

On sait déjà que les circon-férences circonscrites aux quatre triangles passent par un même point, *le point de Miquel* du quadrilatère. (*Méthodes*, nᵒ 21.)

Du point M abaissons des perpendiculaires sur cha-cune des quatre droites don-nées; les quatre points ob-tenus sont sur une même droite, car ils sont trois à trois en ligne droite d'après le théorème de SIMSON. (*Mé-thodes*, nᵒ 22 et nᵒ 764.)

Or la *droite de Simson*

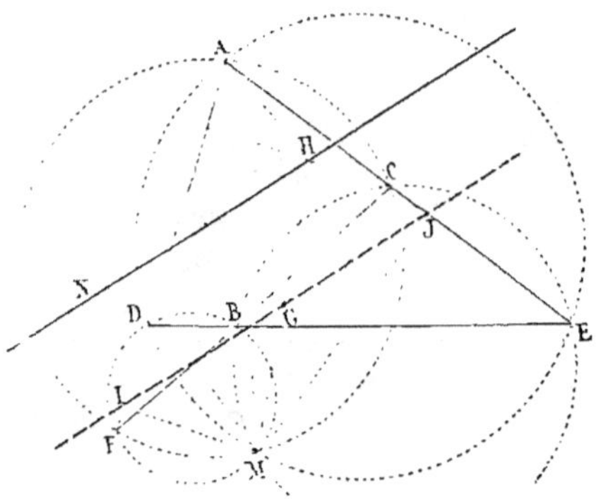

Fig. 476.

IJ passe au point milieu de la droite qui joint le point M au point de concours des hauteurs de chaque triangle (nᵒ 765).

Donc si H est un de ces points de concours, le point milieu G de MH appartient à IJ, et il en serait de même pour le point de concours des hauteurs de chacun des autres triangles; et puisque les quatre points milieux sont sur IJ, les quatre points de concours des hauteurs sont sur HN, parallèle à IJ et passant par le point H.

Note. Ce théorème peut se démontrer sans recourir à celui de Simson, mais la voie à suivre est beaucoup plus laborieuse. On peut consulter les *Nouvelles Annales,* 1846, page 13, et 1847, page 196.

Le théorème est attribué à Steiner (*Journal de Crelle,* 2, page 97) par Baltzer (*Planimétrie,* § 14, nº 11). D'autre part, ce même théorème est attribué à Aubert, par Millet, dans ses *Principales méthodes de la Géométrie moderne,* page 176.

Exercice 170.

768. Théorème. *Si trois circonférences passent par un même point de la circonférence menée par leurs trois centres, ces circonférences se coupent deux à deux en trois autres points situés en ligne droite.* (N. A., 1871, p. 206.)

Soient A, B, C les centres et un point commun P, pris sur la circonférence ABC; il faut prouver que D′, E′, F′ sont en ligne droite.

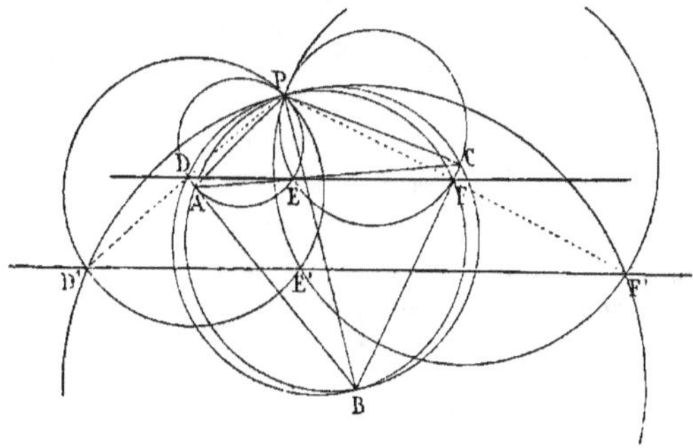

Fig. 477.

En effet, les circonférences de rayon moitié, c'est-à-dire celles qui ont pour diamètre PA, PB, PC, se coupent en trois points D, E, F situés en ligne droite (*Théorème de Salmon,* nº 766), et ces points sont les projections du point P sur les côtés du triangle, car les angles AEP, CEP sont droits comme inscrits dans des demi-circonférences; donc DEF est la *droite de Simson.*

Mais　　　　PD′ = 2PD,　PE′ = 2PE,　2PF′ = PF

Donc D′, E′, F′ sont aussi en ligne droite.

Exercice 171.

769. Théorème. *Le centre du cercle inscrit, celui du cercle circonscrit et le point de concours des perpendiculaires abaissées des centres des* *cercles ex-inscrits sur les trois côtés d'un triangle, sont trois points en ligne droite ; le centre du cercle circonscrit est équidistant des deux autres points.* (NAGEL, N. A., 1860, p. 358.)

Soit le triangle DEF. Les bissectrices intérieures se coupent en I, et les extérieures donnent lieu au triangle ABC.

Les perpendiculaires abaissées des points de concours A, B, C se coupent en un même point O (n° 757), et ce point est le centre du cercle circonscrit au triangle ABC.

Le point I est le centre du cercle inscrit à DEF.

Quant au cercle circonscrit au même triangle DEF, ce sera en même temps le cercle des neuf points du triangle ABC ; car on sait que AD, BF, CE sont les hauteurs de ce triangle (n° 662), et que I est leur point de concours ; or le centre z du cercle des neuf points du triangle ABC est sur IO et à égale distance du point de concours I des hauteurs et du centre O du cercle circonscrit (n° 719) ; donc...

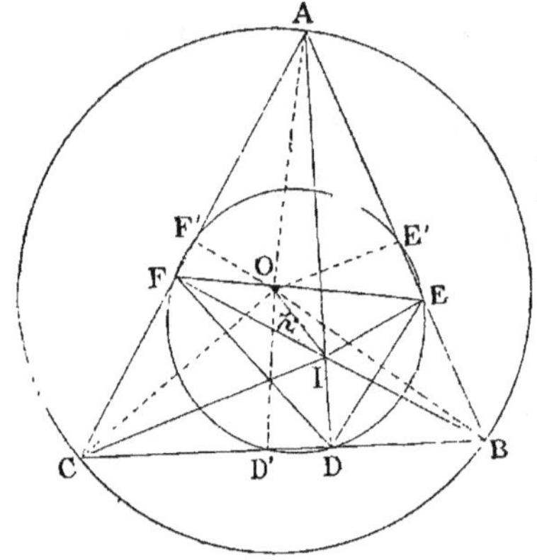

Fig. 478.

Exercice 172.

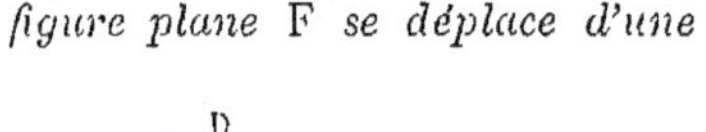

770. Théorème de Chasles. *Si une figure plane F se déplace d'une manière quelconque dans son plan, elle peut être amenée d'une position F à l'autre F' par une rotation autour d'un centre convenablement choisi sur ce plan.*

On suppose que les figures données sont *directement égales,* c'est-à-dire qu'on peut les superposer sans recourir à un retournement.

Le point A peut aller en A' par un arc quelconque ayant pour corde AA' ; le point B peut aller en B' par un arc quelconque ayant pour corde BB'.

Les perpendiculaires élevées sur les milieux de ces cordes donnent, par leur rencontre en O, le centre de rotation cherché.

Car si l'on suppose le point O joint aux divers sommets A, B, C, D, E, les triangles OAB, OBC, OCD, etc. se transporteront simultanément en OA'B', OB'C', etc.

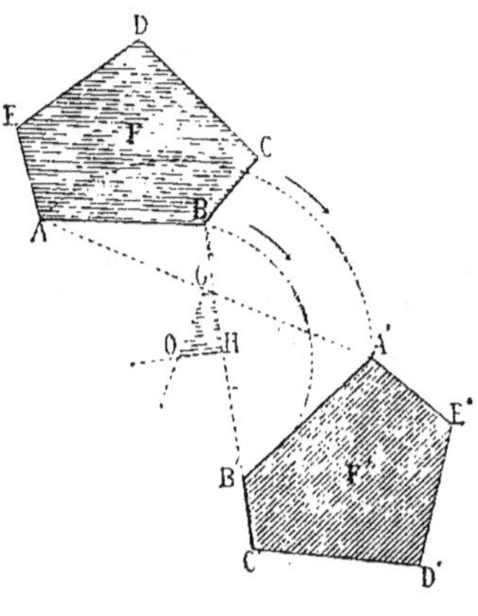

Fig. 479.

771. Note. Le théorème ci-dessus a été énoncé pour la première fois, d'une manière complètement générale et purement géométrique, par M. Chasles, en 1830. Divers cas particuliers ont été donnés par Descartes et Jean Bernoulli.

On sait que le *théorème de Chasles*, relatif au mouvement d'une figure dans l'espace, établit qu'une figure peut être amenée d'une position à une autre par un *mouvement hélicoïdal*, c'est-à-dire en parcourant un arc d'*hélice cylindrique* et combinant ainsi un mouvement de *rotation* avec celui de *translation*.

L'étude des figures invariables de forme, mais variables de grandeur et de position, vient de nous conduire à un théorème dont les précédents ne sont que des cas particuliers : *Deux figures semblables, à trois dimensions, correspondant à des figures égales par superposition* (à l'exclusion des solides égaux par symétrie), *peuvent être considérées comme étant deux positions différentes, d'une même figure restant semblable à elle-même, pendant que chacun de ses points décrit une spirale logarithmique conique.* (7 juin 1894, voir ci-après, n° 2514.)

Descartes, né en 1596 dans la Touraine, mort en 1650 à Stockholm, fait époque, dans l'histoire des mathématiques, par son *Application de l'Algèbre à la théorie des courbes.* Comme exemple, il donna la solution du problème *ad tres aut plures lineas* des anciens, et le désigna sous le nom de *problème de Pappus.* Il fit connaître aussi *une règle générale pour la détermination des tangentes des courbes.*

Jean Bernoulli, né à Bâle en 1667, mort en 1748, frère de Jacques Bernoulli (1654-1705), l'un et l'autre mathématiciens célèbres. Plusieurs de leurs descendants ont aussi fourni une carrière mathématique fort remarquable.

LIEUX GÉOMÉTRIQUES

772 (a). Relation de distance. Dans les questions traitées au livre II, on ne peut guère employer que les trois relations de distance que l'on va rappeler :

1° *Un point peut être à une distance constante d'un point donné ;* le lieu est une circonférence ayant ce point pour centre et la distance donnée pour rayon.

2° *Un point peut être à une distance constante d'une droite ou d'une circonférence ;* le lieu est une parallèle à la droite ou une circonférence concentrique à la première.

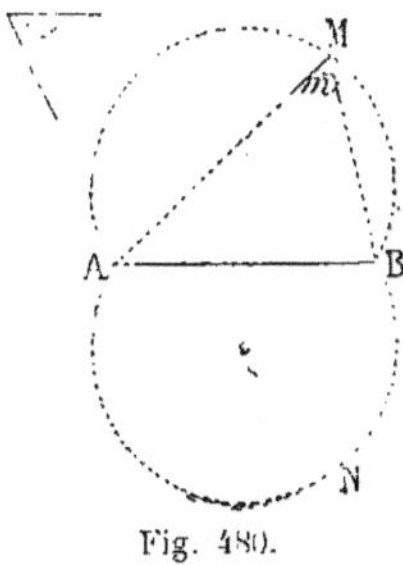

Fig. 480.

3° *Un point peut être équidistant de deux droites ;* le lieu est la bissectrice de l'angle de ces deux droites.

772 (b). Relation angulaire. La relation la plus employée est celle de l'angle constant dont les côtés passent par deux points fixes. Le lieu du sommet de l'angle M est l'arc du segment capable de l'angle donné *m ;* mais le lieu complet se compose de deux arcs symétriques AMB, ANB. Les arcs non tracés des circonférences ci-dessus correspondent à un angle égal à (180° — *m*).

772 (c). Lieux à proposer. Lorsqu'un théorème est relatif à la détermination d'un point remarquable par rapport à une figure donnée, on peut se proposer de chercher le lieu de ce point lorsqu'on fait varier de grandeur ou de position une ou plusieurs des données, tandis qu'un certain nombre d'autres restent invariables.

Voici quelques exemples relatifs au triangle :

Les médianes se coupent au même point ; et ce point, comme on l'établit en statique, est le centre de gravité de la surface du triangle. (*Mécanique* *, n° 75.)

Les trois hauteurs se coupent au même point.

Les trois bissectrices intérieures déterminent le centre du cercle inscrit.

Les bissectrices extérieures font connaître les centres des cercles ex-inscrits.

Les perpendiculaires élevées au milieu de chaque côté se coupent au centre du cercle circonscrit.

Le centre du cercle *des neuf points* est au milieu de la droite qui joint le point de concours des hauteurs au centre du cercle circonscrit.

Ceci rappelé, admettons, par exemple, que le triangle ABC ait une base BC invariable de longueur et de position et que l'angle opposé ait une valeur constante. A chaque position que prendra le sommet mobile A sur l'arc de segment décrit sur BC et capable de la valeur angulaire donnée, le point de concours M des médianes occupera une position différente sur le plan du triangle ; l'ensemble de ces positions est le lieu demandé ; mais, dans bien des cas, l'étude du lieu peut exiger des connaissances plus étendues que celles que donnent les *Éléments de Géométrie*.

Dans l'exemple relatif à un triangle ABC :

Le point de concours des médianes donne un arc de cercle (livre III) ;

Le point de concours des hauteurs donne un segment capable d'un angle constant ;

Il en est de même du centre du cercle inscrit et des centres des cercles ex-inscrits, le livre II suffit ;

Le centre du cercle circonscrit est fixe ;

Le centre du cercle des neuf points décrit un arc de cercle (livre III).

On peut encore proposer d'autres lieux :

Les pieds des hauteurs abaissées des sommets B et C se trouvent sur la demi-circonférence décrite sur le diamètre BC ;

Le point milieu de chaque médiane, menée des sommets B et C, est un arc de cercle.

Emploi d'une relation linéaire.

Exercice 173.

773. Lieu. *Lieu des centres des circonférences tangentes en un point donné P d'une droite AB ou d'une circonférence A'B'.*

La droite AB doit être tangente en P à tous les arcs que l'on veut tracer ; donc les centres peuvent être pris à volonté sur la droite indéfinie EF, menée par le point P, perpendiculairement ou normalement à la ligne donnée AB ou A'B'.

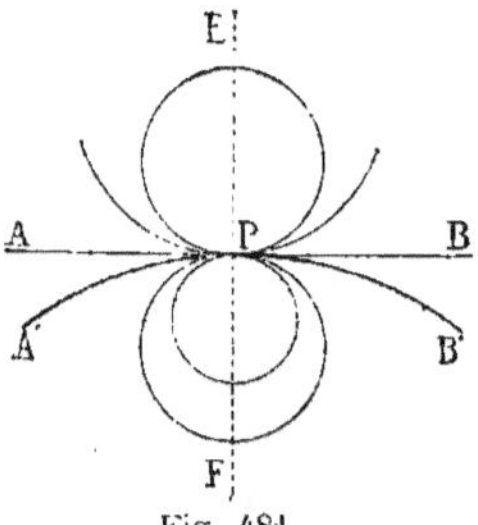

Fig. 481.

774. Lieu. *Lieu des centres des circonférences tangentes à deux droites AB et CD qui se coupent.*

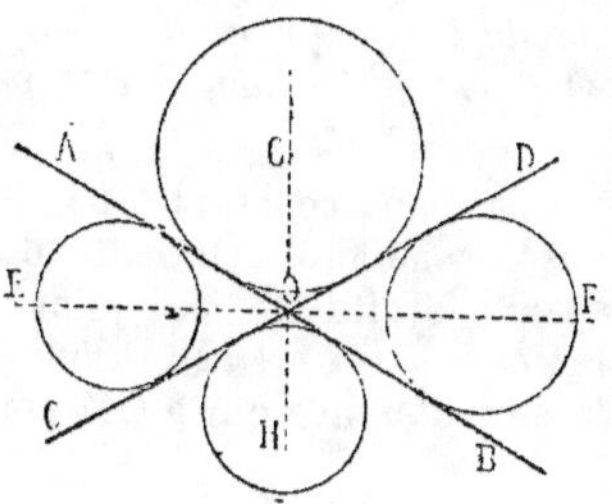

Fig. 482.

Ce lieu est le même que le lieu des points équidistants des deux droites AB et CD : c'est l'ensemble des deux droites indéfinies EF et GH, qui servent de bissectrices aux angles formés en O.

Exercice 174.

775. Lieu. *Lieu des points d'où un cercle C est vu sous un angle donné m.*

On mène deux tangentes faisant entre elles l'angle voulu, et l'on décrit une circonférence concentrique à la première et qui passe par le point de concours des deux tangentes.

776. Lieu. *Lieu des points d'où les tangentes menées à une circonférence donnée A sont d'une longueur donnée m.*

Exercice 175.

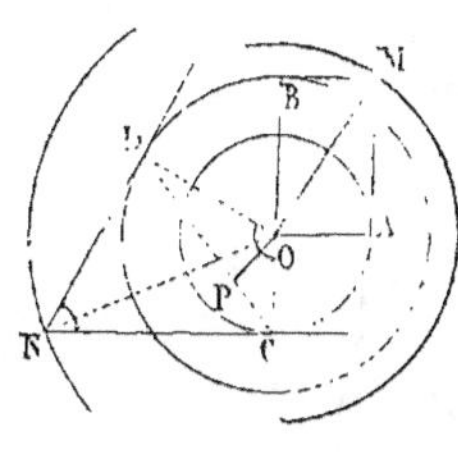

Fig. 483.

777. Lieu. *Deux circonférences concentriques étant données, quel est le lieu du sommet d'un angle droit dont un côté est tangent à une des circonférences, tandis que l'autre côté est tangent à la seconde?*

La figure OAMB est un rectangle dont les côtés sont connus; donc la longueur OM est constante; le lieu du point M est une circonférence concentrique aux premières.

778. Lieu. *Lorsque les tangentes font un angle constant N.*

C'est encore une circonférence concentrique aux proposées, car le quadrilatère OCND est de grandeur connue, les angles et deux côtés adjacents étant connus.

779. Enveloppe. *Quelle est l'enveloppe de la droite CD des contacts, lorsque l'angle N est constant (n° 119)?*

C'est la circonférence décrite avec la perpendiculaire OP pour rayon, car la corde CD reste à une même distance OP du centre; donc cette corde est tangente à la circonférence OP.

Exercice 176.

780. Lieu. *Une corde de longueur donnée AB se meut dans un cercle O ; quel est le lieu décrit par son milieu M ?*

La longueur de la corde étant constante, sa distance au centre est aussi constante. Or cette distance est représentée par la droite OM qui joint le centre au milieu de la corde. (G., nº 121.) Donc le point M se meut sur la circonférence qui a OM pour rayon.

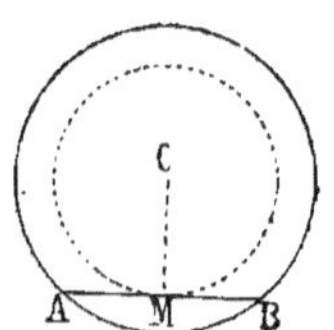

Fig. 484.

781. Lieu. *Un angle ADB de grandeur donnée a son sommet sur une circonférence ; quel est le lieu géométrique du point milieu de la corde qui joint les extrémités des côtés de cet angle ?*

L'angle inscrit a pour mesure la moitié de l'arc compris par ses côtés (G., nº 147) ; donc l'arc AB est constant pour un angle donné ; il en est de même de la corde AB qui sous-tend cet arc ; donc le point milieu M décrit une circonférence concentrique à la première (nº 780).

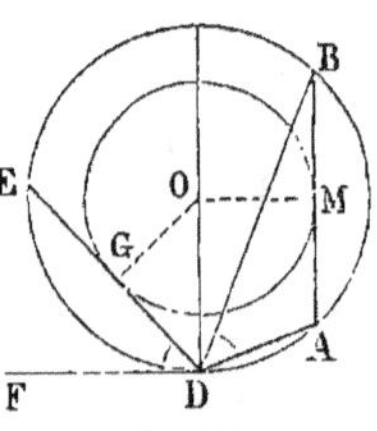

Fig. 485.

782. Lieu. *Un angle de grandeur donnée est inscrit dans une circonférence, un de ses côtés passe par un point donné (non situé sur la circonférence) ; quel est le lieu géométrique du point milieu de la corde interceptée ?*

Le sommet se déplace, mais le lieu est encore une circonférence concentrique à la première.

783. Lieu. *Des points milieux des bases des trapèzes ayant pour diagonales deux sécantes menées par le point de contact de deux circonférences tangentes, lorsque ces sécantes se coupent sous un angle constant.*

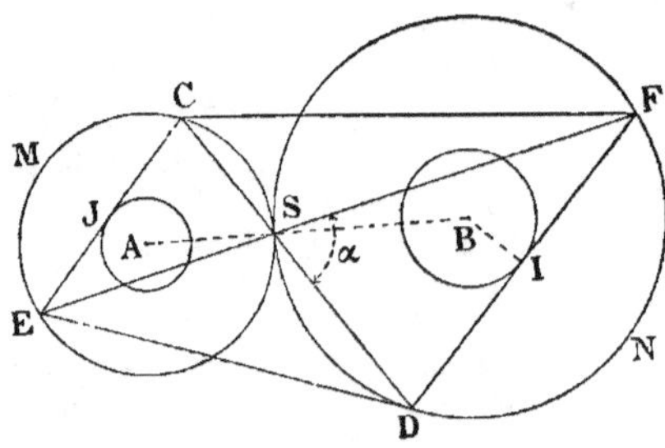

Fig. 486.

Le point milieu de CE est une circonférence concentrique à la circonférence A ; il en est de même pour le milieu de FD.

Remarque. Lorsque les circonférences sont tangentes intérieurement, les sécantes forment les côtés non parallèles du trapèze.

Exercice 177.

784. Lieu. *Lieu des centres des circonférences décrites avec un rayon donné r, et qui interceptent sur une droite donnée AB des cordes d'une longueur donnée m.*

Soit O un point du lieu demandé. Le triangle OGH est déterminé en grandeur par la corde *m* et le rayon *r*. Le lieu cherché est donc le même que le lieu qui serait décrit par le point O, si le triangle OGH glissait sur le plan, en conservant sa base GH sur la droite AB.

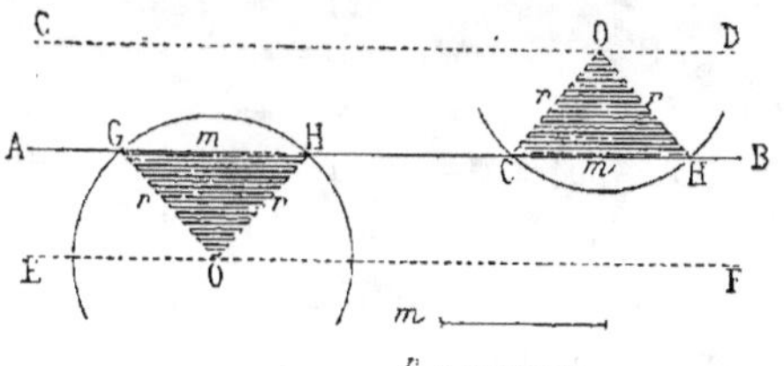

Fig. 487.

Ce lieu se compose de deux droites CD et EF menées parallèlement à AB, de part et d'autre de cette droite.

Pour déterminer un premier point O, on portera la longueur donnée *m* sur la droite AB, en GH, par exemple; des points G et H comme centres, avec *r* pour rayon, on décrira des arcs dont la rencontre donnera le point O.

785. Lieu. *Lieu des centres des circonférences décrites avec un rayon r, et qui déterminent, en coupant une circonférence, une corde commune de longueur donnée.*

On trouvera deux circonférences concentriques à la circonférence proposée.

786. Lieu. *Lieu des centres des circonférences décrites avec un rayon r, et qui coupent orthogonalement une circonférence donnée (n° 620).*

C'est une circonférence concentrique à la circonférence donnée et qui a pour rayon $r' = \sqrt{R^2 + r^2}$.

Il en est de même lorsque les circonférences doivent se couper sous un angle donné, mais de grandeur quelconque.

Exercice 178.

787. Lieu. *Par chaque point d'une circonférence, on mène des droites parallèles sur lesquelles on prend une longueur constante* l; *quel est le lieu des points ainsi obtenus?*

(Voir *Méthodes*, n° 58.)

788. Lieu. Même question. *La figure donnée est quelconque.*

(Voir *Méthodes*, n° 59.)

789. Lieu. *On donne deux circonférences concentriques ; par chaque point de la circonférence extérieure on mène des tangentes à l'autre circonférence ; sur chacune de ces lignes, à partir de la circonférence extérieure, on prend une longueur constante ; quel est le lieu des points ainsi obtenus ?*

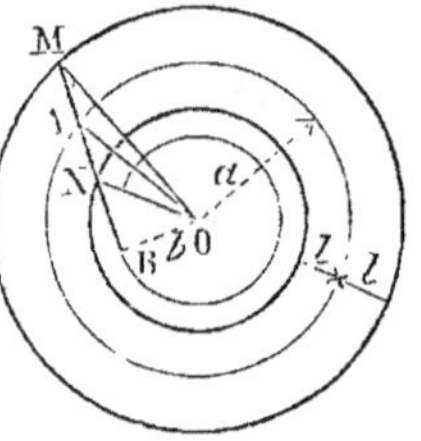

Fig. 488.

Soient OA, OB, les circonférences données.

On obtient deux circonférences concentriques aux circonférences proposées.

Le calcul des rayons OM, ON dépend du livre III.

$$AB^2 = a^2 - b^2 ; \quad AB = \sqrt{a^2 - b^2}$$
$$BM = l + \sqrt{a^2 - b^2} ; \quad BN = -l + \sqrt{a^2 - b^2}$$
$$OM^2 = BM^2 + b^2 = l^2 + 2l\sqrt{a^2 - b^2} + a^2 - b^2 + b^2$$

Ainsi
$$OM^2 = l^2 + a^2 + 2l\sqrt{a^2 - b^2} \tag{1}$$
$$ON^2 = l^2 + a^2 - 2l\sqrt{a^2 - b^2} \tag{2}$$

Vérification. Dans le triangle MON, la droite AO est médiane ; or (1) + (2) donnent, en effet, $OM^2 + ON^2 = 2l^2 + 2a^2$. (G., n° 254.)

790. Lieu. *Lieu du point milieu de chacun des trois côtés mobiles du parallélogramme ABCD.*

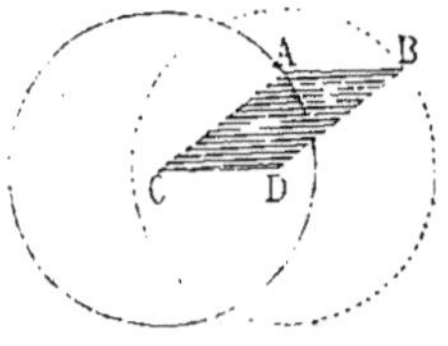

Le lieu du milieu de AB est une circonférence égale aux premières et ayant son centre au milieu de CD.

Le lieu du point milieu de CA est une circonférence décrite du centre C avec la moitié de CA pour rayon ; de même pour DB.

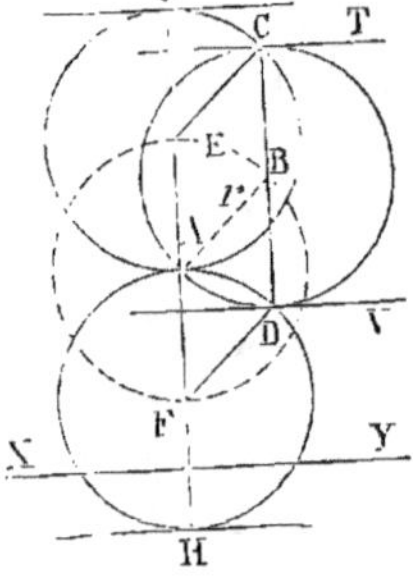

Fig. 489.

Remarque. Le lieu du point de croisement des diagonales dépend du livre III. Ce lieu est celui du point milieu d'une droite qui joint un point fixe C à chaque point d'une circonférence ayant D pour centre (n° 65).

Exercice 179.

791. Lieu. *On fait tourner une circonférence autour de l'un de ses points, et dans chacune de ces positions on lui mène des tangentes parallèles à une droite fixe donnée ; trouver le lieu des points de contact.* (Concours général, 1865 ; classe de troisième.)

Soient XY la direction donnée, A le point fixe, B le centre de la circonférence mobile dans une position quelconque, CT, DV, les tangentes parallèles à XY.

Le lieu des centres, tels que B, est une circonférence décrite du point fixe A, comme centre, avec un rayon égal à celui de la circonférence mobile.

Fig. 490.

Pour avoir les points de contact C et D, il faut mener par le centre B une perpendiculaire à XY. En menant EF perpendiculaire à cette même ligne XY, on reconnaît que les lignes EC, AB, FD sont égales et parallèles ; donc le lieu des points C est la circonférence décrite du centre E avec *r* pour rayon. Le lieu du point D est la circonférence qui a F pour centre.

Remarque. Le lieu est le même que celui que l'on obtient lorsque, par chaque point B d'une circonférence fixe FBE, on mène dans une direction donnée une droite BC d'une longueur connue *r*.

792. Lieu. Même problème. *Lorsque la circonférence mobile est constamment tangente à une circonférence donnée.*

C'est le même lieu que celui qui est rappelé dans la remarque ci-dessus.

Exercice 180.

793. Lieu. *Lieu décrit par le milieu M d'une droite finie AB qui se meut dans un angle droit C, de manière que ses extrémités glissent sur les côtés de l'angle.*

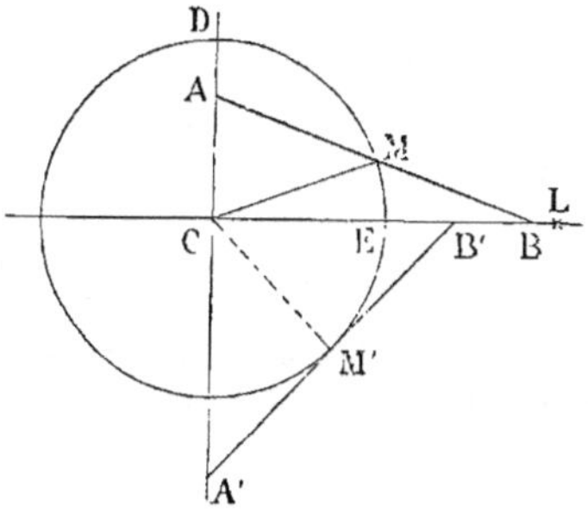

Soit AB une position quelconque de la droite mobile. Joignons son milieu M au point C.

La droite CM, étant médiane sur l'hypoténuse du triangle rectangle ACB, égale $\frac{1}{2}$ AB ; et comme AB est une longueur constante, il en est de même de CM. Ainsi le point M se meut sur l'arc DME, décrit du point C avec CM pour rayon.

Fig. 491.

Remarque. Le lieu du point milieu d'une droite mobile finie, lorsque l'angle C n'est pas droit, est une ellipse, ayant C pour centre.

Le lieu d'un point de AB (autre que le point milieu) est une ellipse, même lorsque l'angle C est droit. (G., n° 643.)

Tout point lié invariablement au segment AB, et situé dans le plan BCD, décrit aussi une ellipse, d'après le *théorème de Schooten* (n°s 144 et 2160).

794. Lieu. *Lieu décrit par le point de concours des médianes d'un triangle rectangle ABC, dont l'hypoténuse de longueur constante a ses extrémités sur deux droites rectangulaires données* (fig. 491).

Les médianes se coupent aux deux tiers de leur longueur à partir des sommets ; or, comme la médiane CM a une longueur constante, il en résulte que le lieu du point de concours est une circonférence décrite du point C comme centre avec les deux tiers de CM pour rayon.

795. Lieu. *Quel est le lieu du point M de contact de deux circonférences tangentes entre elles et respectivement tangentes à une droite en deux points donnés A et B, mais dont les rayons sont variables ?*

Menons la tangente commune MC.

On a $$CB = CM = CA$$

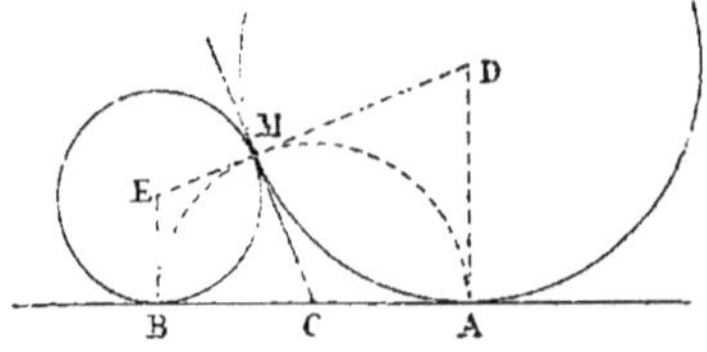

Fig. 492.

donc le lieu est la circonférence décrite du centre C, avec la moitié de AB pour rayon.

Remarque. Ce problème n'est qu'un cas particulier d'une question qui sera traitée ultérieurement (n° 820).

Exercice 181.

796. Lieu. *Lieu du point milieu des cordes menées à une circonférence par un même point.*

(Voir *Méthodes*, n° 80.)

797. Lieu. *Lieu des points milieux des côtés d'un triangle ABC, dont la base est fixe et l'angle au sommet constant.*

Soit AB la base, O le centre du segment capable de l'angle donné ; le lieu se compose des deux circonférences égales décrites sur les diamètres AO et BO.

La partie de ces circonférences comprise entre la base AB et l'arc qui complète l'arc ACB, correspond aux triangles qui auraient 180° — C pour angle au sommet.

Exercice 182.

798. Lieu. *Dans une circonférence, une corde fixe AB est l'une des bases d'un trapèze inscrit ; quel est le lieu géométrique du point milieu de chaque diagonale et de chacun des deux côtés adjacents à la base AB ?*

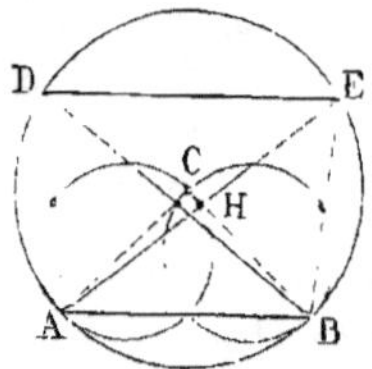

Fig. 493.

Les points milieux des cordes AD, AE se trouvent sur la circonférence décrite sur AC comme diamètre (n° 796).

Les points milieux de BD, BE appartiennent à la circonférence décrite sur BC comme diamètre.

799. Lieu. *Quel est le lieu géométrique du sommet C d'un triangle ayant AB pour base et dont la médiane AD, qui part du point A, a une longueur constante ?*

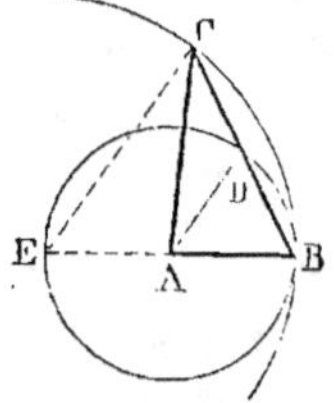

Fig. 494.

Prenons AE = AB ; la droite AD médiane de longueur constante, joignant les points milieux de BE et de BC, est parallèle à EC et en égale la moitié; donc EC égale 2AD; par suite, le lieu du point C est la circonférence décrite du point E comme centre avec un rayon double de la médiane donnée.

Exercice 183.

800. Lieu. *Dans un quadrilatère, un côté est fixe, une diagonale et deux autres côtés sont donnés de longueur; quel est le lieu du point milieu de l'autre diagonale et le lieu du point milieu de la droite qui joint les milieux des deux diagonales?*

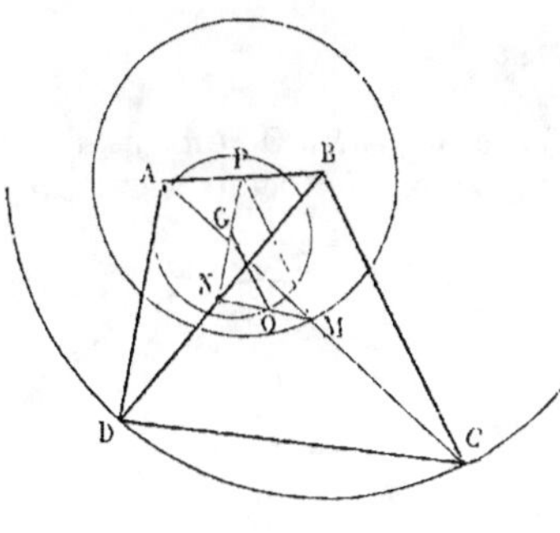

Fig. 495.

Soient AB, BC, AD, BD les côtés et la diagonale donnés.

AB, AD, BD forment un triangle invariable; donc le lieu du point C est la circonférence décrite du centre B.

1° Si, par le point M, nous menons MP parallèle à BC, on aura

$$PA = PB$$

et MP $= \frac{1}{2}$ BC $=$ constante (n° 431). Donc le lieu du point M est la circonférence décrite du centre P avec la moitié de BC pour rayon.

2° Pour le point O on trouve d'une manière analogue que la droite OG menée parallèlement à MP est constante; donc le lieu du point O est une circonférence décrite du point G avec la moitié de MP, ou le quart de BC pour rayon.

Exercice 184.

801. Lieu. *Quel est le lieu des points M,* *tels que la droite AB, qui joint les pieds des perpendiculaires MA, MB, abaissées de ce point sur deux droites fixes OX, OY, ait une longueur constante l?*

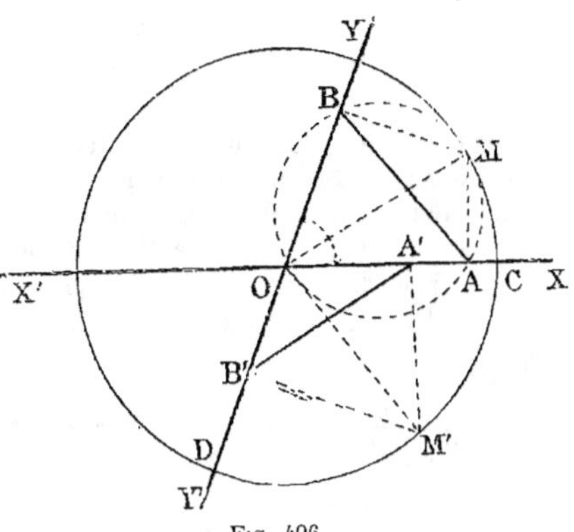

Fig. 496.

On peut voir *Méthodes*, n° 142; d'ailleurs voici :

1° Soit AB $= l$ et M le point qui se projette en A et B.

La droite AB et l'angle opposé O ayant une valeur constante, il en est de même du diamètre OM du cercle circonscrit; donc le lieu du point M est le cercle décrit du point O comme centre, avec OM pour rayon.

2° *Tous les points du cercle MM' appartiennent au lieu.*

Pour la position A'B', on obtient M', or le quadrilatère OA'M'B' reste inscriptible, la diagonale A'B' et l'angle M' ont mêmes valeurs que AB et l'angle aigu O, considérés en premier lieu; donc OM' = OM, etc.

Le point C est donné par l'extrémité A, lorsque AB se trouve perpendiculaire à OY. On obtient le point D, lorsque A'B' est perpendiculaire à l'axe XOX'.

Exercice 185.

802. Lieu. *On donne une circonférence de centre O et un point fixe A ; par ce point on mène une sécante BAC ; par les points A et B, puis A et C, on décrit deux circonférences tangentes à la première et qui se coupent entre elles au point M ; quel est le lieu de ce point?*

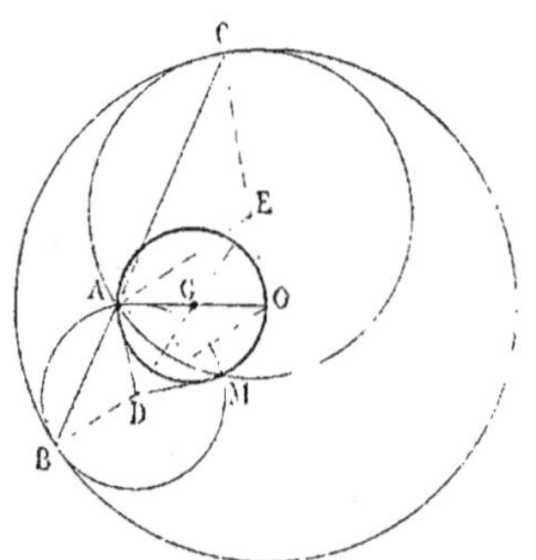

Fig. 497.

Les centres des circonférences tangentes se trouvent en D, E, sur les rayons OB, OC. Les triangles BOC, BDA, AEC sont isocèles et ont les angles égaux; donc la figure ADOE est un parallélogramme, et la droite DE, qui joint les centres des deux circonférences D, E, passe par le point G milieu de AO; donc le point G est fixe.

Or la droite DE est perpendiculaire au milieu de la corde commune AM ; par suite, MG = AG ; par conséquent, le lieu du point M est la circonférence décrite du point G comme centre avec AG pour rayon.

803. Remarques. 1° Le lieu demandé ne diffère pas de celui du point milieu des cordes BAC menées par le point A; on doit faire alors certaines restrictions. Ainsi, quand le point A est situé hors du cercle O, le lieu ne se compose que de la partie extérieure de la circonférence décrite sur AO comme diamètre (n° 80).

2° Pour déterminer le lieu du point M, on peut aussi recourir à une relation angulaire. En effet, la ligne AD est égale et parallèle à OE; d'ailleurs DM est symétrique de AD par rapport à la ligne des centres DE; donc la figure DMOE est un trapèze symétrique; la ligne MO est parallèle à DE, mais la ligne MA est perpendiculaire à cette même droite DE. Par suite, l'angle AMO est droit, et le lieu du point M est la circonférence décrite sur AO comme diamètre.

804. Lieu. *Par l'un des points où deux circonférences B et C se coupent on mène une sécante, à partir du point d'intersection A on prend sur cette ligne des longueurs AM, AN égales à la demi-somme des cordes interceptées ; quel est le lieu des points M et N ?*

En abaissant les perpendiculaires BD, CE sur la sécante MN, la longueur DE égale la demi-somme des cordes.

On sait que si l'on décrit la demi-circonférence BC, la parallèle CG à MN égale DE ; donc on prend   AM = AN = CG.

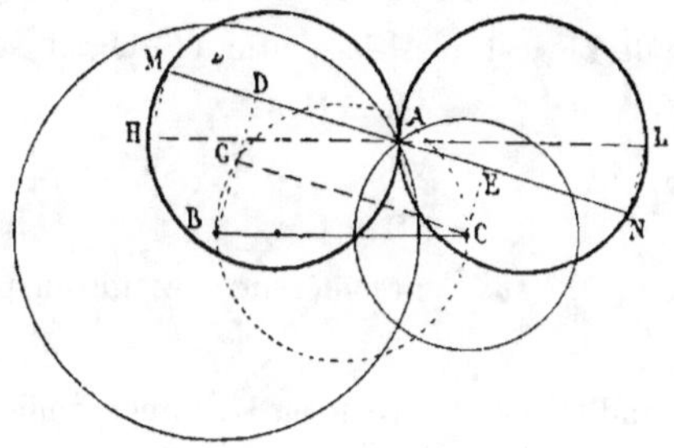

Fig. 498.

Le lieu du point M est donc une circonférence égale à la circonférence de diamètre BC.

Pour construire le lieu, il faut mener une parallèle HL à la ligne des centres, et prendre pour diamètres   AH = AL = BC.

Exercice 186.

805. Lieu. *Dans un triangle* ABC, *la base* AB *est donnée de longueur et de position ; l'angle* C *opposé est de grandeur constante ; du point milieu* E *d'un des côtés variables on abaisse une perpendiculaire* EM *sur l'autre côté variable ; quel est le lieu du point* M *?*

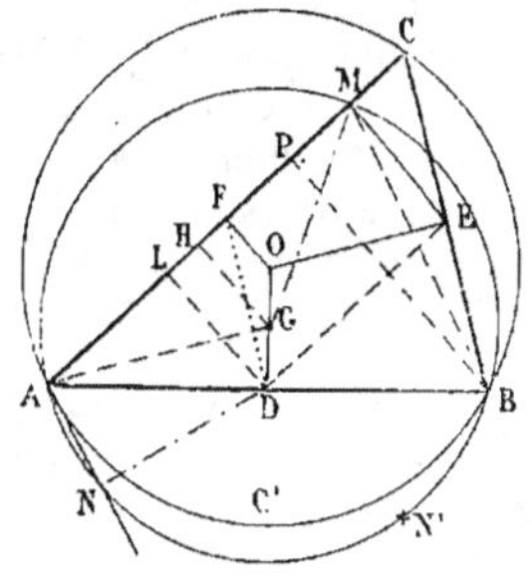

Fig. 499.

1re *Démonstration.* Les perpendiculaires élevées au milieu de chaque côté se coupent au centre O du cercle circonscrit.

Le sommet C se meut sur l'arc ACB, car l'angle C est constant. Du point G milieu de OD et des points D, B, E, abaissons des perpendiculaires sur AC ; menons AG, DF et GM ; nous allons prouver que GM a une longueur constante.

Le point D étant le milieu de AB, E le milieu de BC, on a

$$AL = LP ; \quad PM = MC$$

d'ailleurs $$AF = FC$$

---

* *Mathématiques élémentaires*, journal par M. VUIBERT, tome II, nº 86. Le *Journal de Mathématiques élémentaires* de M. VUIBERT paraît depuis le 1er janvier 1877 : c'est un riche recueil de *questions d'examens* et d'exercices intéressants ; néanmoins nous ne lui avons fait qu'un petit nombre d'emprunts, parce qu'il est d'un prix très abordable et qu'il se trouve en un grand nombre de mains.

Les triangles rectangles LDF, MEC sont égaux, car DF est égal et parallèle à EC, et il en est de même de DL et EM.

Ainsi $\qquad LF = PM = MC$

donc LH, moitié de LF, est aussi la moitié de PM ; et comme

$$AL = {}^1/_2\, AP$$

on aura $\qquad AH = {}^1/_2\, AM$

donc $\qquad AG = GM$

Le lieu du point M est la circonférence décrite du centre G avec le rayon AG.

Remarque. Quand le point C vient en B, la perpendiculaire passe par ce point ; mais quand C vient au point A, la corde AC est remplacée par la tangente AN, menée à la circonférence O. Le point milieu de BC vient en D, et la perpendiculaire devient DN ; donc l'arc BMAN est le lieu obtenu lorsque le point C décrit l'arc ACB. L'arc NB est le lieu lorsque C se meut sur l'arc AC'B.

La perpendiculaire abaissée de F sur BC donne l'arc AMBN' pour lieu cherché.

806. 2° *Démonstration.* La première démonstration précise bien la position du lieu et fait connaître le centre G ; mais elle est longue. La suivante est beaucoup plus simple et plus rapide. Prouvons que l'angle AMB est constant (fig. 499).

Quelle que soit la longueur de la corde BC, comme le point E en est le milieu et que l'angle C est constant, il en est de même de l'angle BMA, qu'on obtient en joignant B au pied M de la perpendiculaire, car le triangle BPC reste semblable à lui-même ; il en est de même de BMC, puisque BM est la médiane du premier ; ainsi l'angle AMB ne varie pas. Donc le lieu du point M est un arc de segment décrit sur AB et passant par un point quelconque M du lieu demandé.

Remarque. La démonstration ci-dessus, qui repose sur les figures semblables, s'applique facilement au cas plus général où E divise BC dans un rapport donné (n° 1372).

807. Lieu. *Sur une corde AB d'une circonférence ABC on décrit une seconde circonférence ayant cette ligne AB pour diamètre ; par le point A on mène une sécante APC ; quel est le lieu du point M milieu du segment PC compris entre les deux circonférences ?*

D'après la question précédente, le lieu est la circonférence décrite du point G milieu de OD avec le rayon AG.

En effet, P est le pied de la perpendiculaire BP ; donc le point milieu M est le pied de la perpendiculaire EM abaissée du point milieu de BC.

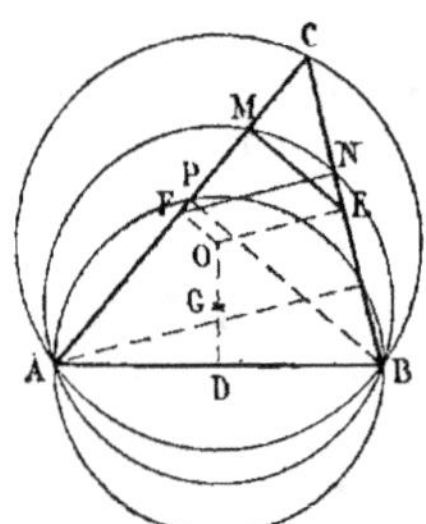
Fig. 500.

M.   15

Exercice 187.

808. Lieu. *Par un point fixe, pris dans un cercle, on mène deux cordes rectangulaires, on joint les extrémités deux à deux de manière à former un quadrilatère inscrit ; quel est le lieu du point milieu de chaque côté du quadrilatère et le lieu des projections du point de croisement des diagonales sur les côtés du quadrilatère ?*

En se reportant à l'Exercice 159 (n° 749), on reconnaît que la circonférence GLFS, de centre N, est le lieu demandé, car les points M et O sont fixes ; or N est le milieu de MO.

Exercice 188.

809. Lieu. *On donne une circonférence et un diamètre fixe AB. D'un point quelconque C pris sur le prolongement du diamètre on mène une tangente CT, puis la bissectrice de l'angle ACT ; quel est le lieu du pied de la perpendiculaire abaissée du centre sur la bissectrice ?*

(Voir *Méthodes, n° 82.*)

Exercice 189.

810. Lieu. *Lieu des points tels que la somme des distances de chacun d'eux aux trois côtés d'un triangle équilatéral ABC soit égale à une longueur donnée z.*

Considérons un point quelconque O en dehors du triangle équilatéral. On sait que, si l'on prend négativement la distance OK qui tombe à l'extérieur du côté BC, on a (n° 488, *scolie II*) :

$$m + n - r = AD, \text{ hauteur du triangle.}$$

Ajoutons $2r$, il vient $\quad m + n + r = AD + 2r = AL$

Et cela sera vrai pour tout point pris sur l'une des lignes FG, HI, JE, menées parallèlement aux côtés, à la distance r.

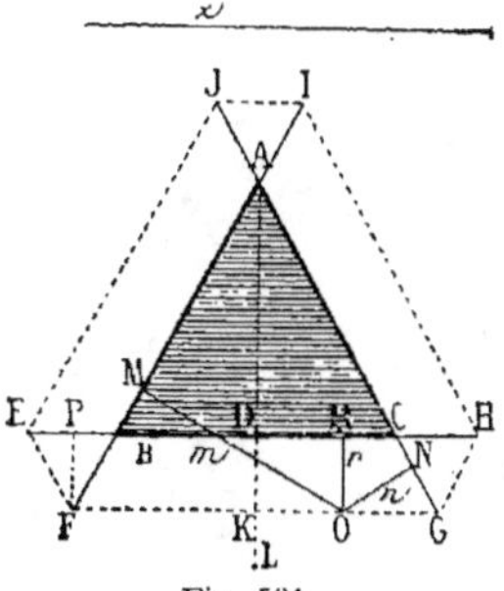

Fig. 501.

Il en est de même pour tout point pris sur l'une des droites EF, GH, IJ ; car, pour un point quelconque pris sur EF, la distance au côté AC est la même que pour le point F, ces deux lignes étant parallèles ; et la somme des distances aux deux autres côtés est égale à FP ou r, l'une des hauteurs égales du triangle équilatéral EFB.

Ainsi la propriété est vraie pour tous les points du périmètre de l'hexagone EFGHIJ.

Il reste à indiquer la construction à faire pour que l'on ait $m + n + r = z$, longueur donnée. Or on a vu que $m + n + r = AD + 2r = AL$; il suffit donc de mener la hauteur AD prolongée, de porter la longueur z en AL. C'est à la distance DK, moitié de DL, qu'il faut mener des parallèles aux côtés.

811. Lieu. *Lieu des points tels que la somme des distances de chacun d'eux aux trois côtés d'un triangle quelconque soit égale à une longueur donnée* r.

Le lieu est analogue au précédent; mais pour déterminer les points extrêmes E, F G... (fig. 501), il faut recourir à une construction déjà indiquée (n° 74), et employer les *lignes proportionnelles*, pour démontrer que pour tout point O du périmètre de l'hexagone EFGHIJ, la somme des distances égale la ligne donnée.

Exercice 190.

812. Problèmes. 1° *Un des côtés d'un angle droit roule sur une circonférence pendant que le sommet décrit une circonférence concentrique à la première; quelle est l'enveloppe du second côté de l'angle droit?*

(Voir *Méthodes*, n° 123.)

2° Même question. *L'angle donné est constant, mais il n'égale pas un droit.*

L'enveloppe est encore une circonférence concentrique aux deux premières.

Exercice 191. — I.

813. Problème. *Quelle est l'enveloppe de la base d'un triangle dont le périmètre est constant et dont l'angle opposé à la base est donné de grandeur et de position?*

(Voir *Méthodes*, n° 124.)

Exercice 191. — II.

814. Problème. *Les sommets d'un rectangle inscrit* CDC'D' *glissent sur la circonférence circonscrite pendant que le côté* CD *passe par un point fixe* F, *quelle est l'enveloppe du côté opposé* C'D'?

L'enveloppe de C'D' se réduit à un point F' symétrique de F, par rapport au centre O. En d'autres termes, le côté C'D' passe par un point fixe F'.

Remarque. L'enveloppe des côtés CD', DC' est une ellipse ayant AA' pour grand axe (n° 127).

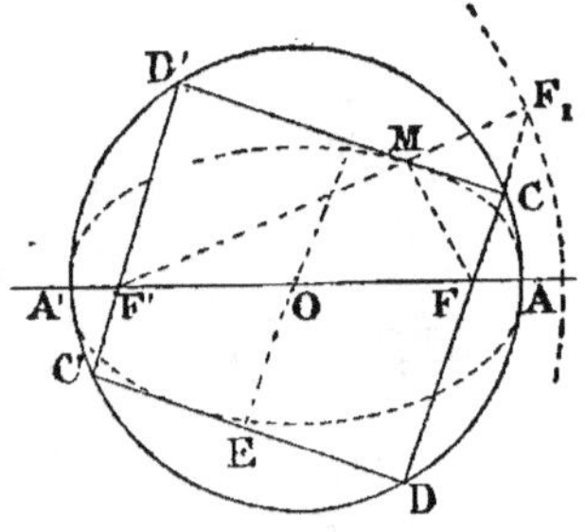

Fig. 502.

815. Problème. *Enveloppe d'un cercle de rayon constant dont le centre décrit une circonférence donnée.*

(Voir *Méthodes*, n° 131.)

Emploi d'une relation angulaire.

Exercice 192.

816. Lieu. *Un triangle a pour base une corde fixe* AB *d'un cercle, et le troisième sommet* M *se meut sur l'arc sous-tendu* AMB; 1° *quel est le lieu décrit par le point de concours des bissectrices du triangle mobile? — 2° Quel est le lieu du point de concours des hauteurs de ce même triangle?*

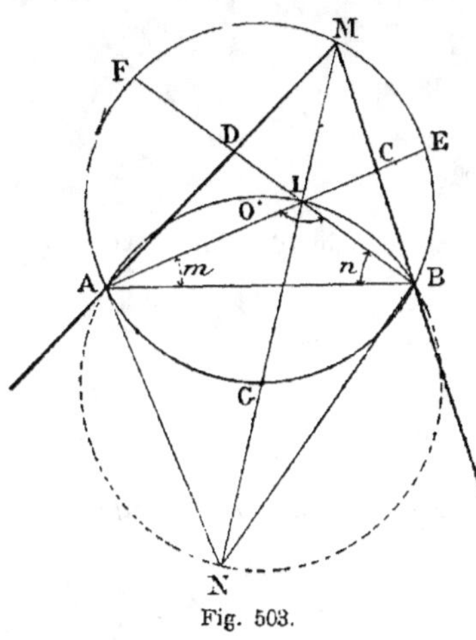

Fig. 503.

1° L'angle M est constant; donc les angles A et B du triangle ont une somme constante, et il en est de même de leurs moitiés m et n.

Ainsi, dans le triangle AIB, l'angle I est constant, et le lieu du point I est l'arc AIB capable de l'angle I.

Cet angle I est le supplément de la somme $m + n$.

La somme

$$A + B + M = 2 \text{ droits}$$

donc $m + n + \frac{1}{2} M = 1$ droit

Ainsi la somme $m + n$ a pour complément $\frac{1}{2} M$, et par suite, pour supplément, 1 droit $+ \frac{1}{2} M$.

Donc l'angle $I = 1$ droit $+ \frac{1}{2} M$.

L'arc AIB est le lieu du point de concours des bissectrices intérieures, le reste de cette circonférence AIB est le point de concours des bissectrices extérieures des angles A et B.

2° L'angle formé par les hauteurs issues des sommets A et B est constant, car il est supplément de M; donc le lieu est un arc AHB, passant par l'orthocentre H et par les sommets A et B.

Cet arc est égal au plus petit des arcs sous-tendus par AB; en un mot, l'arc AHB appartient au cercle symétrique du cercle circonscrit, par rapport au côté fixe AB.

Exercice 193.

817. Lieu. *Dans une circonférence on donne une corde fixe* AB, *une corde mobile* CD *de longueur constante; ces deux cordes sont les côtés opposés d'un quadrilatère; quel est le lieu du point de concours des deux autres côtés et le lieu du point de concours des diagonales?*

L'angle O est constant, car il a pour mesure la demi-somme des arcs AB et DC, qui ne varient pas de longueur.

L'angle E est aussi constant, car il a pour mesure la demi-différence des mêmes arcs.

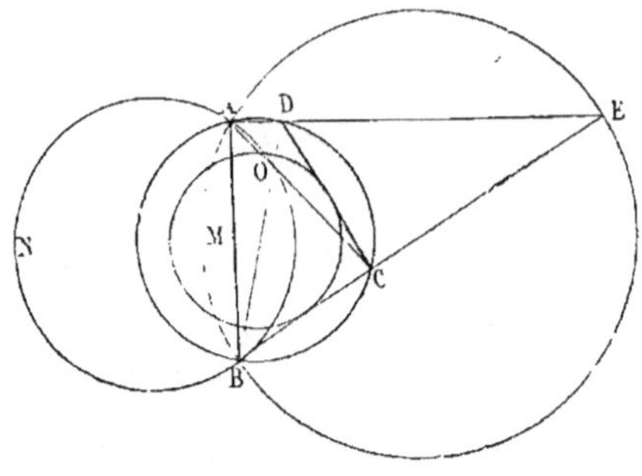

Fig. 504.

Donc chaque lieu est un arc de segment capable d'un angle connu.

Remarque. Lorsque les cordes AB, DC se coupent, il faut les considérer comme étant les diagonales du quadrilatère.

Exercice 194.

818. Lieu. *Par un des points d'intersection de deux circonférences* **A** *et B on mène une sécante mobile MCN, puis l'on joint chaque extrémité de cette sécante au centre correspondant; quel est le lieu des points de rencontre des droites* MAO, NBO? (Concours général de 1873, classe de troisième.)

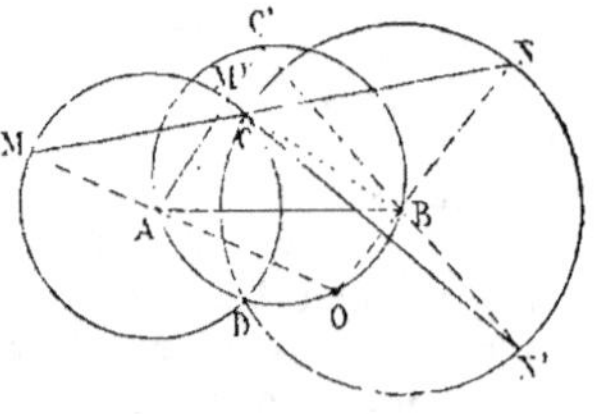

Fig. 505.

Joignons le point C aux deux centres, les triangles MAC, CBN étant isocèles, l'angle ACB est le supplément des angles M + N.

Mais l'angle O est aussi le supplément de M + N; donc l'angle O est constant. Le lieu demandé est le segment de cercle décrit sur AB, capable de l'angle ACB ou ADB.

Remarques. 1° L'arc du segment passe par le point D.

2° Pour la sécante M'N', le point de concours C' de AM' et de BN' est sur l'arc AC'B.

Exercice 195.

819. Lieu. *Par un point B, situé dans un angle XOY, on mène une sécante fixe ABC et une sécante mobile DBE; on circonscrit des circonférences aux triangles ABD, BCE ainsi obtenus; quel est le lieu du second point M d'intersection des deux circonférences?*

Joignons le point M aux trois points A, B, C de la sécante fixe.

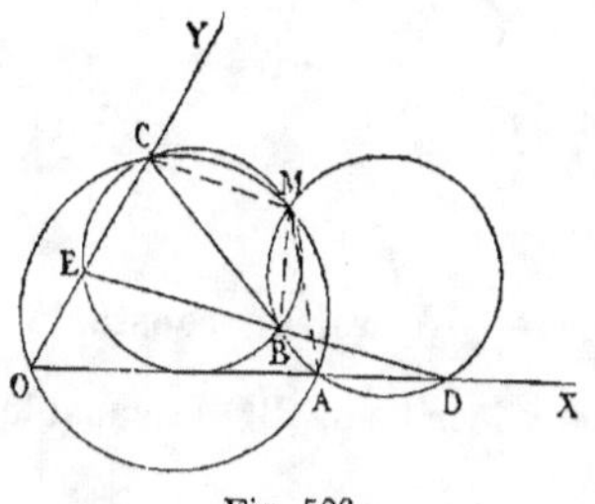
Fig. 506.

Prouvons que l'angle AMC est constant :

$$\text{angle } AMB = D$$
$$\text{angle } BMC = BEO$$

donc
$$AMC = ODE + OED$$
$$AMC = 2 \text{ droits} - DOE$$

Ainsi l'angle M est le supplément de l'angle O ; donc le quadrilatère AMCO est inscriptible. Le lieu demandé est la circonférence circonscrite au triangle invariable AOC.

Remarque. 1° Le lieu est indépendant de la position du point B sur la sécante fixe.

2° Sans démonstration, on peut déduire le lieu d'un théorème précédent (nos 711 et 711 a).

3° Cette question a servi de *thème* à une excellente étude élémentaire : *les Lieux Géométriques en Géométrie élémentaire* (n° 64, p. 39), par M. P. Sauvage, professeur au lycée de Montpellier.

Exercice 196.

820. Lieu. *Sur les côtés d'un angle BAC on a marqué deux points B et C inégalement éloignés du sommet A ; on décrit deux circonférences tangentes entre elles, et dont l'une est tangente à AB au point B et l'autre à AC au point C ; quel est le lieu géométrique du point de contact des deux circonférences?* (Endrès, *Manuel des ponts et chaussées*, sixième édition, tome I, p. 309.)

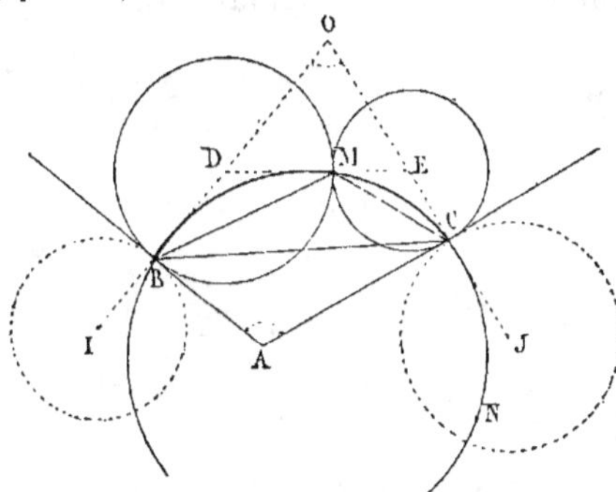
Fig. 507.

Menons MB, MC. Le quadrilatère ABOC a deux angles droits ; donc les angles A, O sont supplémentaires. (G., n° 97.)

Or les triangles BDM, CEM sont isocèles ; ainsi

$$\text{l'angle } DMB = \tfrac{1}{2}\, MDO$$
$$\text{l'angle } EMC = \tfrac{1}{2}\, MEO$$

Or $\qquad$ l'angle $BMC = 180^\circ - (DMB + EMC)$

$$BMC = 180^\circ - \frac{D}{2} - \frac{E}{2} = 180^\circ - \left(\frac{D+E}{2}\right)$$

Mais $(D + E)$ est le supplément de l'angle O ;

donc $\qquad$ $\dfrac{D+E}{2} = \dfrac{A}{2}$

Ainsi $\qquad$ l'angle $BMC = 180^\circ - \dfrac{A}{2}$, valeur constante ;

donc le lieu du point M est l'arc du segment décrit sur BC et capable d'un angle de $\left(180^\circ - \dfrac{A}{2}\right)$.

Remarque. L'arc BNC correspond à un contact intérieur.

821. Lieu. Même problème, *en remplaçant les côtés de l'angle par deux circonférences I, J, les points de contact B et C étant donnés.*

On mène les tangentes BA, CA, et l'on retombe sur le cas précédent.

La détermination du lieu est proposée à l'occasion d'un problème de raccordement de deux lignes droites ou circulaires. (Voir ci-après n°s 957 à 964.)

Exercice 197.

822. Lieu. *D'un point quelconque C de l'arc d'un segment circulaire ACB, on abaisse une perpendiculaire CP sur la corde de l'arc ; du point C, avec cette perpendiculaire pour rayon, on décrit une circonférence à laquelle on mène des tangentes par les extrémités de la corde ; quel est le lieu du point M où se coupent les tangentes AM, BM ?*

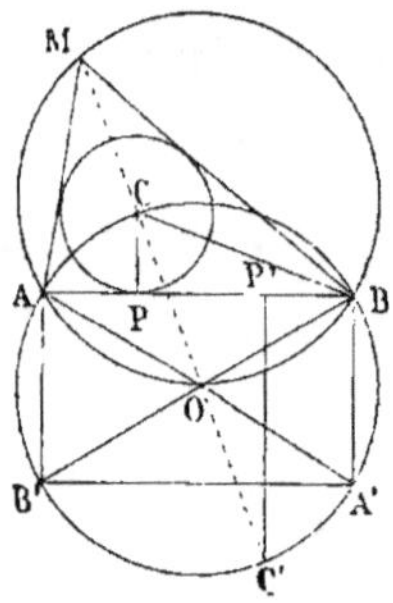

Joignons le centre C aux trois points A, B, M.

On sait que l'angle ACB se déduit de l'angle M, et réciproquement (n° 466). Or le premier est constant ; il en est donc de même du second.

En effet,

$$\text{angle } ACB = 180^\circ - \frac{A}{2} - \frac{B}{2} = 180^\circ - \left(\frac{A+B}{2}\right)$$

$$\frac{A}{2} + \frac{B}{2} = 90 - \frac{M}{2}$$

Fig. 508.

donc $\qquad$ $ACB = 180 - \left(90 - \dfrac{M}{2}\right) = 90 + \dfrac{M}{2}$

d'où $\qquad$ $\dfrac{M}{2} = ACB - 90$

$$M = 2ACB - 180$$

D'ailleurs les points A et B appartiennent au lieu, car ils correspondent au cas où le rayon CP est nul ; donc le lieu est l'arc de segment décrit sur AB et capable de l'angle $2ACB - 180$.

Remarque. On peut étudier les particularités que présente la question, lorsque le point C est sur ACB ou sur A'C'B', et lorsqu'il est sur AB' ou sur BA'.

Exercice 198.

823. Lieu. *Sur les côtés d'un angle droit donné on prend deux grandeurs* OA, OB *dont la somme est constante* $= l$; *quel est le lieu des points* M *où la circonférence circonscrite au triangle ABO est rencontrée par la droite* OM *menée par le sommet* O *parallèlement à la base* AB? (Concours académique, Caen, 1877.)

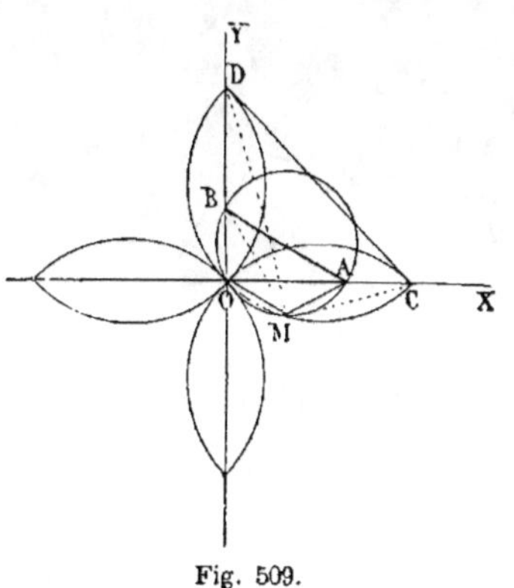

Fig. 509.

Soit $OA + OB = l$, somme donnée.

Prenons $OC = OD = l$ et joignons le point M aux points C et D.

On a $AM = OB = AC$

                   $OA = MB = BD$

donc les triangles MAC, MBD sont isocèles.

Or les angles au sommet MAC, MBD sont égaux comme suppléments des angles égaux OAM, OBM;

donc   angle $OCM = ODM$

Par suite, les quatre points O, M, C, D sont concycliques; donc le lieu de points M est la demi-circonférence décrite sur le diamètre CD.

Remarques. 1° Le lieu complet, pour les quatre angles formés autour du point O, se compose de quatre demi-circonférences.

2° Lorsque l'angle COD n'est pas droit, le lieu est l'arc du segment décrit sur la corde DC et capable de l'angle donné DOC.

Le lieu complet se compose de quatre arcs égaux deux à deux.

824. Extension. Livre VIII. L'enveloppe de AB est une parabole tangente à OD, OC, aux points C et D, quel que soit l'angle des axes OX, OY (n°ˢ 2165 et 2170). Le cercle BOA est circonscrit au triangle AOB formé par trois tangentes; or ce cercle passe par le foyer; donc les cercles tels que AOB passent par un point fixe.

Exercice 199.

825. Lieu. *Les sommets* B *et* C *d'un triangle* ABC *glissent sur deux droites* OX, OY *qui se coupent en faisant un angle supplémentaire de l'angle* A; *quel est le lieu du sommet* A?

Discuter le problème, en admettant que le sommet B *peut glisser sur le prolongement* OX' *de* OX, *et que le point* C *parcourt pendant ce temps la ligne* YOY'.

Soit ABC une position quelconque du triangle donné.

A cause des angles supplémentaires XOY et BAC, le quadrilatère ABOC est inscriptible ;

donc   angle AOX = ACB

Donc le point A se meut sur une droite menée par le point O et qui fait avec OX un angle égal à l'angle C du triangle, et par suite avec OY un angle égal à l'angle B.

826. Discussion. Il est évident que le lieu ne comprend pas toute la droite menée par le point de concours O ; car le point A ne peut pas s'éloigner indéfiniment du point O.

Appliquons CB sur OX. Soit DEO la position du triangle. Pour l'angle XOY, le point E est une position limite du sommet A ; puis ce sommet vient en A et jusqu'à une position extrême M donnée par le triangle LM'P, dont les côtés ML, MP sont respectivement perpendiculaires à OX, OY. Dans ce cas, la diagonale OM du quadrilatère inscriptible est le diamètre même de ce cercle. Puis le sommet glisse de M jusqu'à une autre position limite F, donnée par le triangle OFG.

Angle XOY'. En faisant glisser B sur OX et C sur OY', le sommet A part du point E, glisse jusqu'au point O et continue, vient en H et jusqu'à une position limite F', telle que OF' = OF.

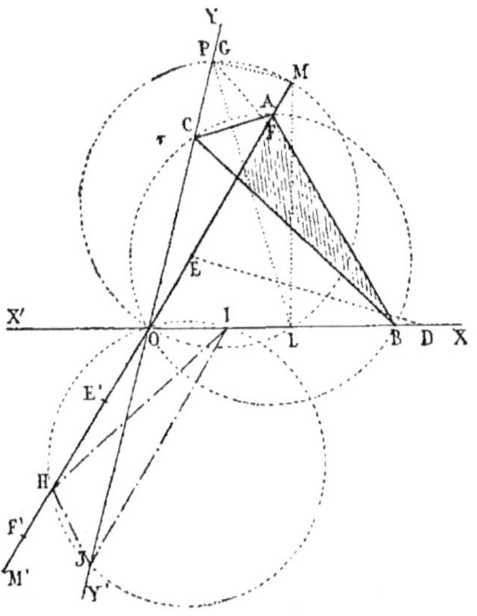

Fig. 510.

Angle X'OY'. En continuant le mouvement, le sommet A glisse de F' jusqu'en M', puis de M' repasse par les positions déjà occupées F', H et s'arrête en E'.

Angle X'OY. Enfin le sommet A part de E', passe en O, E, et s'arrête au point F.

En un mot, le sommet A décrit deux fois la droite MOM'.

Remarques : 1° L'énoncé doit être complété en disant que l'angle O doit être supplémentaire de l'angle A ou être égal à cet angle, car XOY' = A.

2° Lorsque l'angle A n'égale ni XOY ni son supplément XOY', le lieu du point A est une ellipse (n° 144). Le problème précédent n'est qu'un cas particulier de la question plus générale où le triangle ABC est quelconque par rapport à l'inclinaison des axes. Avec l'angle A, supplément de XOY, l'ellipse est infiniment aplatie et se réduit à son grand axe MOM', parcouru deux fois par le point mobile.

PROBLÈMES

Distances diverses.

827. La distance d'un point à une droite est donnée par la perpendiculaire abaissée du point sur la droite. (G., n° 39.)

La distance d'un point à une circonférence est la partie du rayon, ou du rayon prolongé, comprise entre ce point et la circonférence. (G., n° 114.)

La distance de deux circonférences se mesure sur la ligne des centres (n°ˢ 595 et 596).

Exercice 200.

828. Problème. *Un chemin de fer* MN *passe en ligne droite à une certaine distance de deux villages* A *et* B, *qui doivent être desservis par une station équidistante de l'un et de l'autre. Déterminer la position de cette station.*

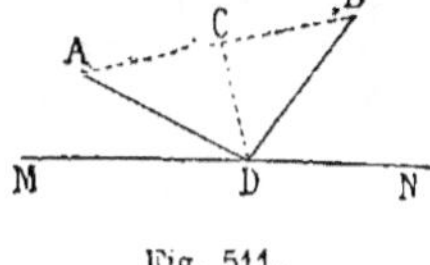

Fig. 511.

La droite CD, perpendiculaire au milieu de AB, détermine sur MN un point D équidistant des deux points A et B, quelle que soit la ligne MN.

Exercice 201.

829. Problème. *Une rivière dont le cours est rectiligne dans la partie considérée passe entre deux localités inégalement éloignées du cours d'eau. Où faut-il construire un pont perpendiculaire à la rivière pour que les deux localités soient à des distances égales de l'entrée correspondante du pont ?*

(Voir *Méthodes*, n° 137.)

830. Problème. Mêmes données : *on demande le plus court chemin qui puisse desservir les deux localités.* (N. A., 1846, p. 45.)

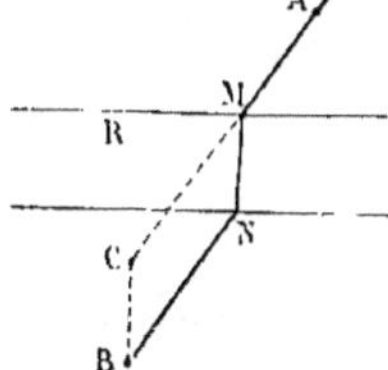

Fig. 512.

On prend la distance BC égale à la largeur de la rivière ; on joint AC ; mais on mène MN par le point où la droite AC coupe la rive la plus proche de A. Le chemin le plus court est

$$AM + MN + BN = AC + BC$$

Tout autre chemin est plus long, car il se composerait de BC et d'une ligne brisée allant du point C au point A.

831. Extension. On peut demander que le chemin ait une longueur donnée 2*a*, la question se rapporte au livre VIII. *Trouver les points* *d'intersection de la droite* RM *et d'une ellipse ayant* A *et* C *pour foyer et* 2a *pour longueur du grand axe.* (G., n° 642.)

Exercice 202.

832. Problème. *Par un point donné* A *mener une droite qui passe à égale distance de deux points donnés* B *et* C.

1° On joint le point A au point milieu de BC ;

2° Par le point A, on mène une parallèle à BC.

833. Problème. *Mener une droite parallèle à une droite donnée et qui passe à égale distance de deux points donnés.*

Par le point milieu D, on mène une droite parallèle à la ligne donnée.

834. Problème. *Mener une droite équidistante de trois points, non en ligne droite.*

Il suffit de joindre deux à deux les points milieux des côtés du triangle formé par les trois points.

Il y a trois droites qui répondent à la question.

Exercice 203.

835. Problème. *Trois points* A, B, C *étant donnés, mener par le point* A *une droite telle que la somme ou la différence des distances des deux autres points à cette droite égale une longueur donnée* l.

Premier moyen. Supposons le problème résolu, et $BM + CN = l$

En prenant $MD = CN$, on reconnaît que $BD = l$ et que l'angle D est droit.

Donc, sur le diamètre BC, décrivons une circonférence. Du point B comme centre, avec l pour rayon, coupons cette circonférence en D, D′, et par le point A menons une parallèle à CD.

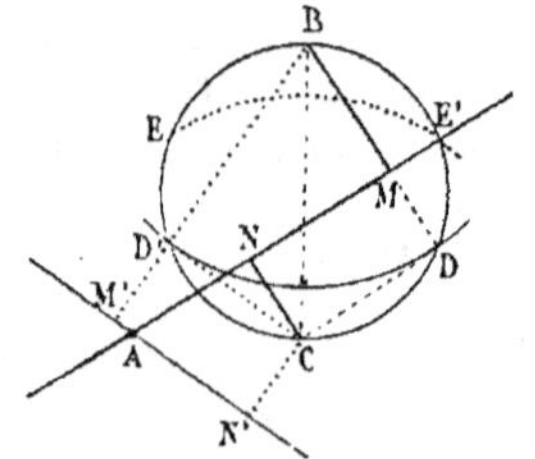

Fig. 513.

Remarques. 1° Lorsque AM passe entre les deux points B et C, on a une somme ; tandis que AM′ correspond à une différence.

En effet,
$$BM' - CN' = l$$

2° En décrivant du centre C un arc avec le rayon l, on obtient deux autres solutions.

Second moyen (fig. 514). En admettant que les deux perpendiculaires BM, CN, dont la somme égale l, soient de même sens, la propriété connue de la base moyenne du trapèze conduit à la construction suivante.

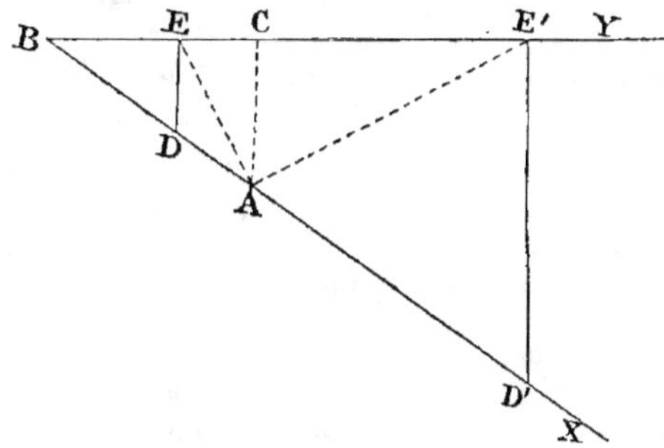

Il faut prendre le milieu O de BC. Sur le diamètre AO décrire une circonférence, et la couper par un arc décrit du centre O avec $\dfrac{l}{2}$ pour rayon. Enfin joindre le point A au point P.

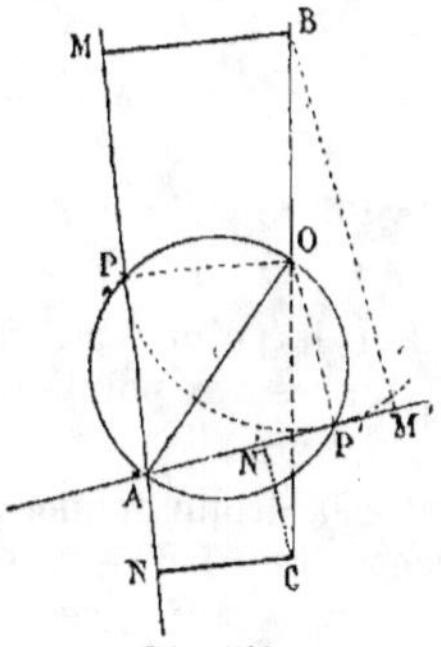

On a $$BM + CN = 2 . PO = l$$

Remarques. 1° On obtient une somme lorsque AP laisse d'un même côté les deux points donnés, et une différence dans le cas contraire.

Ainsi $$BM' - CN' = 2 . OP = l$$

2° Le problème admet généralement six solutions : sommes ou différences.

Fig. 514.

836. Problème. *Un point A étant donné sur l'un des côtés d'un angle B, trouver sur ce même côté un point équidistant du point donné et de l'autre côté de l'angle.*

Fig. 515.

Abaissons la perpendiculaire AC sur BY.

Les bissectrices des angles A déterminent les points E, E' qui répondent à la question, car DA = DE. puisque le triangle ADE est isocèle.

837. Problème. *On donne une circonférence, une droite et un point A sur cette ligne. Trouver un second point sur cette droite qui soit équidistant du point donné et de la circonférence.*

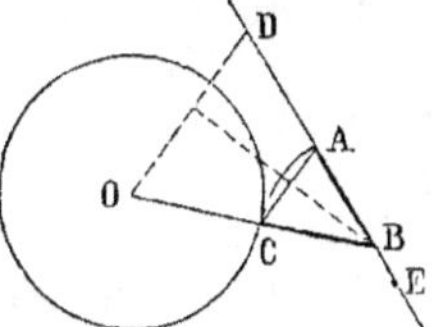

Soit B le point tel que BA = BC.

Le triangle ABC est isocèle; mais on ne peut pas déterminer immédiatement la position du point C, tandis que la parallèle OD donne un triangle isocèle facile à construire, car AD = le rayon.

Fig. 516.

Il faut donc prendre AD = r, élever une perpendiculaire au milieu de OD, afin de déterminer le sommet B demandé.

Remarque. Il y a généralement deux solutions, car on peut porter *r* de A en E.

Exercice 204.

838. Problème. *Par un point* A, *mener une droite équidistante d'un point* B *et d'une circonférence du centre* C.

Soit *r* le rayon de la circonférence donnée. Par le point A, il faut mener une droite telle que la différence de ses distances aux points C et B égale *r* (n° 835).

Soient CE, BD les distances des points C et B à la droite donnée ; si l'on a CE — BD = *r*, la distance de la circonférence étant CE — *r*, sera égale à BD, ainsi qu'on le demande.

839. Problème. *Par un point* A, *mener une droite équidistante de deux circonférences données.*

Soient B et C, *r*, *s*, les centres et les rayons des circonférences données. Par le point A, il faut mener une droite telle que la différence de ses distances aux points B et C égale *r* — *s* (n° 835).

840. Problème. *Par un point* A, *mener une droite dont la somme des distances à deux circonférences données égale une ligne* l.

Avec les données du problème précédent, il suffit de mener une droite, de manière que la somme des distances des centres B et C à cette droite égale *l* + *r* + *s*, car la somme des plus courtes distances des deux circonférences à la droite menée égalera la longueur *l*.

841. Problème. *Avec un rayon donné* r, *décrire une circonférence qui passe à égale distance de trois points,* A, B, C, *donnés non en ligne droite.*

On cherche le centre O de la circonférence qui passerait par les trois points donnés, et de ce point on décrit la circonférence demandée.

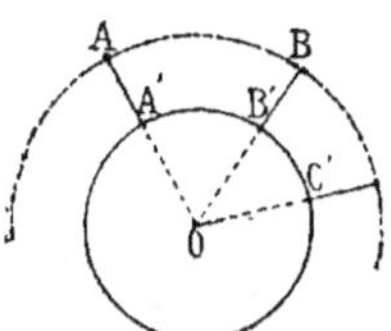

Fig. 517.

Exercice 205.

842. Problème. *Trois points,* A, B, C, *non en ligne droite, étant donnés, décrire une circonférence équidistante de chacun d'eux, et telle que la distance de chaque point à cette circonférence ait une longueur donnée.*

On procède comme on l'a indiqué (n° 841, fig. 517); mais on porte la longueur donnée *l* de A en A' et sur le prolongement du rayon OA, ce qui donne deux solutions.

843. Discussion. Il n'y a que deux solutions lorsque les trois points donnés doivent être hors de la circonférence, ou tous les trois à l'intérieur, ou même sur la courbe; mais le problème général comporte *six* *autres solutions ;* car les points A, B, peuvent être extérieurs et C intérieur, ou réciproquement, ce qui donne deux solutions.

Puis on aurait

A et C d'un même côté et B de l'autre;

ou B et C d'un même côté et A de l'autre.

Supposons le problème résolu et $AA' = BB' = CC'$.

Le problème revient à déterminer sur la perpendiculaire DO élevée au milieu de AB un point O tel que la différence (OB — OC) ou BE de ses distances OB, OC à deux points donnés égale une grandeur donnée BE ou $2l$.

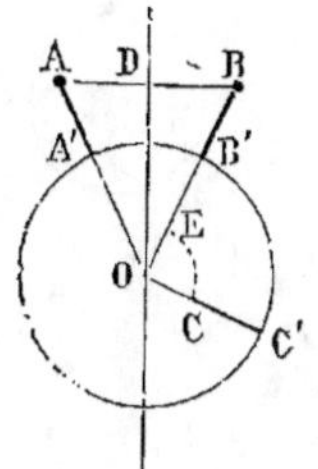

Fig. 518.

Ce *problème auxiliaire* dépend du livre VIII, et revient à déterminer les points d'intersection d'une droite donnée DO et d'une hyperbole ayant B et C pour foyers, et la longueur $2l$ pour axe transverse (n° 113, *b*).

Remarque. L'exemple ci-dessus montre qu'il faut étudier les questions avec soin, pour qu'on puisse indiquer le nombre exact de solutions possibles.

844. Problème. *Décrire une circonférence qui passe à égale distance de quatre points, A, B, C, D, donnés non en ligne droite.*

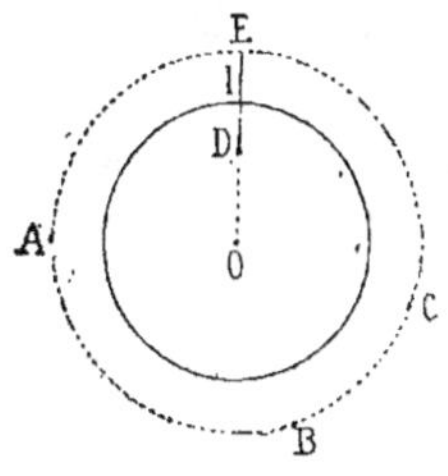

On décrit une circonférence par trois quelconques de ces points, A, B, C, par exemple. Par le centre O et par le quatrième point D, on trace ODE; on prend le point I milieu de DE, et avec OI comme rayon on décrit la circonférence demandée.

Chacun des points donnés pouvant être pris comme quatrième point, on aura, en général, quatre circonférences remplissant la condition imposée.

Fig. 519.

Le problème serait possible lors même que trois des points donnés seraient en ligne droite; mais l'une des quatre solutions disparaîtrait.

Exercice 206.

845. Problème. *Trouver un point qui soit à une distance donnée a, de deux lignes données AC et CMD, droites ou circulaires.*

Pour chacune des deux lignes données, on construit le double lieu des points situés à la distance donnée *a*; les rencontres de ces lieux peuvent fournir huit points remplissant la condition demandée.

Remarque. Chacun des points obtenus peut servir de centre à une circonférence décrite avec le rayon *a* tangentiellement aux deux lignes données.

846. Problème. *Avec un rayon donné r, décrire une circonférence qui passe par un point donné A, et dont la plus courte distance à une circonférence donnée B soit d'une longueur donnée c.*

La distance BD des deux centres doit être égale à la somme des rayons
augmentée de la distance donnée e.
Donc le centre D doit se trouver sur
la circonférence décrite du point B,
avec un rayon égal à cette longueur
totale.

Puisque la circonférence demandée
doit passer par le point A, son centre
doit se trouver sur la circonférence
décrite du point A avec le rayon r.

La rencontre de ces deux lieux géométriques donne généralement deux
points D et E qui peuvent servir de centre à des circonférences répondant à la question.

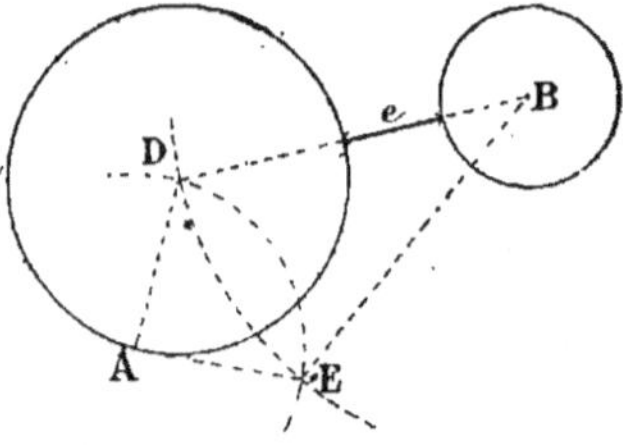

Fig. 520.

Sécantes.

847. Les problèmes sur les sécantes sont nombreux et intéressants.
Pour les résoudre, il faut utiliser non seulement les théorèmes du second
livre des *Éléments de Géométrie*, mais encore plusieurs de ceux que
l'on a proposés pour exercices ; voici les théorèmes qu'on emploie le plus
fréquemment.

Les parties de parallèles comprises entre parallèles sont égales.
(G., nº 82.)

Les cordes égales sont équidistantes du centre de la circonférence.
(G., nº 125.)

*Lorsque deux circonférences se coupent, la sécante commune la plus
longue est parallèle à la ligne des centres* (nº 616).

Exercice 207.

848. Problème. *Étant donnés un point fixe A et deux droites parallèles CD et EF, mener par le point
A une sécante AE telle que la partie CE comprise entre les deux parallèles soit d'une longueur donnée r.*

D'un point quelconque B pris
sur l'une des parallèles, et avec
un rayon égal à la longueur donnée r, on décrit un arc qui coupe
l'autre parallèle en G et H ; on mène BG et BH, puis AE et AF parallèles à BG et BH.

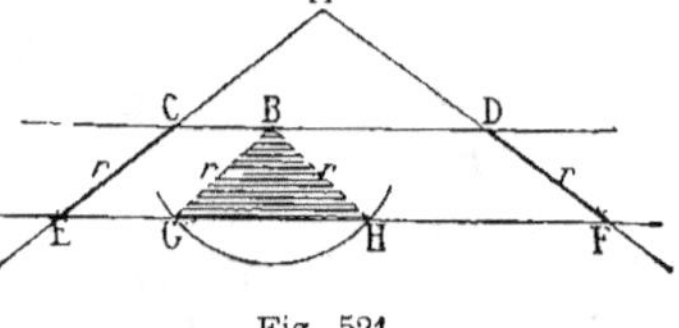

Fig. 521.

On a   CE = BG,   et   DF = BH...

Remarque. La longueur donnée r ne peut être moindre que la distance
des deux parallèles.

Exercice 208.

849. Problème. *Étant donnés un cercle B et un point fixe A, mener par ce point une sécante telle que la partie CD comprise dans le cercle soit d'une longueur donnée m.*

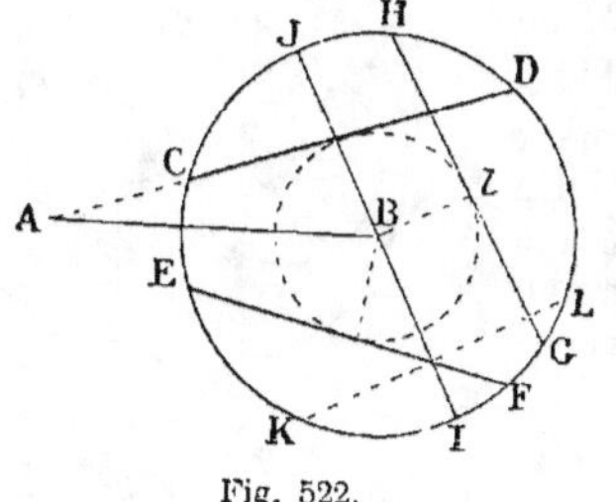

Fig. 522.

D'un point quelconque G, pris sur la circonférence donnée, et avec un rayon égal à la longueur donnée *l*, on décrit un arc qui coupe en H la circonférence donnée; on décrit, du point B, une circonférence tangente à la corde GH, et l'on mène, tangentiellement à cette circonférence auxiliaire, les droites AD et AF, qui satisfont au problème.

Car les cordes CD, EF et GH sont égales, comme également éloignées du centre.

850. Problème. *Par un point donné dans un cercle, mener une corde telle que la somme ou la différence des segments égale une longueur donnée l.*

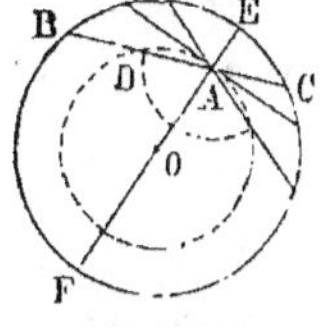

Fig. 523.

1° Pour la somme, on procède comme ci-dessus (n° 849).

2° Pour la différence, supposons le problème résolu.

Soit BAC la corde demandée telle que

$$AB - AC = l.$$

Pour retrancher AC de AB, on peut porter AC de B en D; alors AD = *l* ; mais A et D appartiennent à la circonférence décrite du centre O avec OA pour rayon; donc il faut décrire la circonférence OA; du point A avec *l* pour rayon, couper la circonférence auxiliaire en D, la corde ADBC répond à la question.

Discussion. Il y a généralement deux solutions.

La différence *l* peut au plus égaler 2AO; alors la sécante EOF passe par le centre. La différence peut devenir nulle, alors la sécante MN est tangente à la circonférence auxiliaire.

Dans les deux derniers cas, il n'y a qu'une seule solution.

851. Problème. *On donne un point A et deux circonférences concentriques ; par le point donné, mener une sécante telle que la partie comprise entre les deux circonférences ait une longueur l.*

D'un point B pris sur l'une des circonférences (fig. 523), on coupe la seconde en D avec la longueur *l* ; on décrit une circonférence concentrique aux premières et tangentes à la droite BD prolongée ; puis, par le point donné A, on mène une tangente à la circonférence décrite.

Exercice 209.

852. Problème. *Étant données deux circonférences non concentriques, mais dont l'une est intérieure à l'autre, mener à la circonférence inté-*

*rieure une tangente telle que la corde comprise dans la grande circon-
férence ait une longueur donnée* l. *Entre quelles limites peut varier cette
longueur ?*

Soient A et B les centres des circonférences données, MN, la tangente demandée, égale à *l*.

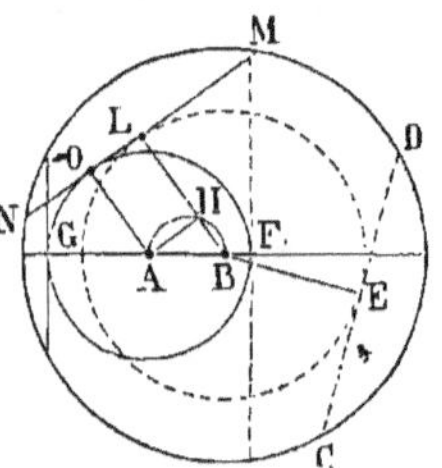

Fig. 524.

1° Toutes les cordes égales sont également éloignées du centre. Donc il faut prendre CD = *l*, décrire une circonférence avec le rayon BE, et mener une tangente commune à la circonférence ainsi décrite et à la circonférence A.

2° La perpendiculaire élevée au point G est la plus petite corde que l'on puisse mener, et la perpendiculaire élevée en F est la plus grande.

Quand le point B n'est pas dans le cercle A, la plus grande corde est le diamètre tangent mené par le point B.

853. Problème. Même énoncé, *mais la différence des segments* OM, ON *déterminés par le point de contact doit égaler une ligne donnée* 2d.

En supposant le problème résolu, et menant les rayons AO, BL, puis la parallèle AH, on reconnaît que

$$OM - ON \quad \text{ou} \quad 2d = 2LO = 2AH$$

ou
$$AH = d$$

Donc, sur le diamètre AB, il faut décrire une circonférence. Du point A comme centre, avec *d*, demi-différence donnée, couper cette circonférence en H et mener une tangente parallèle à AH.

Exercice 210.

854. Problème. *On donne un point sur une circonférence, ainsi qu'une corde. Mener par le point une seconde corde qui soit divisée par la première en deux parties égales.*

(Voir *Méthodes*, n° 92.)

855. Problème. *On donne un point sur une circonférence et une courbe quelconque, etc.*

(Voir *Méthodes*, n° 93, *Remarques*, 2°.)

856. Problème. *On donne un point* A *et deux lignes, mener une sécante* MAN *limitée à ces lignes et telle que* AM = AN.

1° *On donne deux droites.*
2° *Une droite et une circonférence.*
3° *Deux circonférences.*

On peut recourir aux lieux géométriques.

1° Soient les droites BC, BE et le point A (fig. 525).
Sur une droite quelconque AC, prenons AD = AC.

Menons la parallèle DN.

On aura $AN = AM$ (n° 558, 563).

On a fréquemment recours à une construction qui n'emploie pas les lieux géométriques (n° 857).

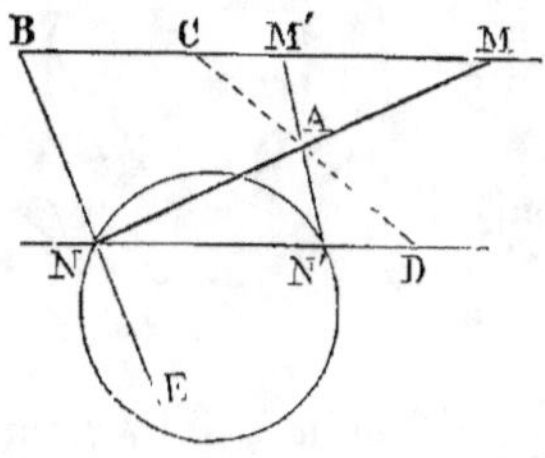

Fig. 525.

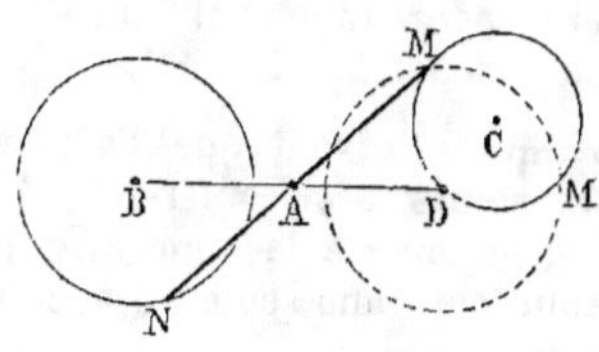

Fig. 526.

2° (Fig. 525). On procède comme dans le 1er cas. La parallèle peut couper la circonférence en deux points, lui être tangente ou ne pas la rencontrer.

On a donc deux solutions, une seule ou aucune (n° 93, 1°).

3° (Fig. 526). Soint les circonférences B et C.

Il faut prendre $AD = AB$, décrire une circonférence D égale à B.

On aura $AM = AN$

857. Remarques. 1° La première question peut se traiter comme il suit :

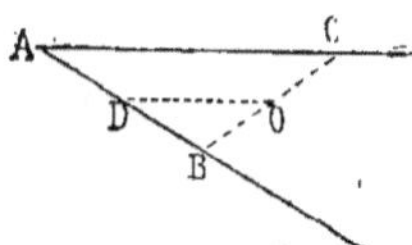

Fig. 527.

Soit O le point donné dans l'angle A.

En supposant le problème résolu et $OB = OC$, on voit que la parallèle OD passe par le milieu de AB (n° 431, *Corollaire*); donc il faut mener la parallèle OD, prendre $DB = DA$, et mener BOC.

2° Le cas particulier suivant est le plus intéressant de tous, et il dépend d'une question déjà traitée (n° 138).

858. Problème. *Par l'un des points d'intersection de deux circonférences A et B, mener une sécante qui ait ce point pour milieu.*

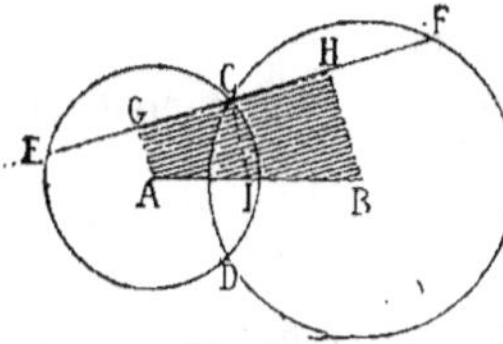

Fig. 528.

Soit EF une sécante qui ait pour milieu le point C. Des centres A et B, menons les perpendiculaires AG et BH, puis CI également perpendiculaire à EF.

Les points G et H sont les milieux des cordes égales CE et CF; on a donc $CG = CH$; et dans le trapèze ABHG, la droite CI étant parallèle aux bases AG et BH, le point I est le milieu de AB (n° 436). Ainsi la sécante EF est perpendiculaire à la droite CI qui joint le point C au point I, milieu de la ligne des centres.

859. Problème. *On donne deux circonférences concentriques; par un point donné sur la circonférence extérieure, mener une corde qui soit divisée en trois parties égales.*

1re *Solution*. Soit AB = BC.

Si l'on élève la perpendiculaire BM, on aura AM = CM.

Mais l'angle B est droit, ainsi COM est un diamètre; donc, du point donné A, comme centre, avec le diamètre de la circonférence intérieure pour rayon, il faut décrire un arc MN, puis mener MOC et AC.

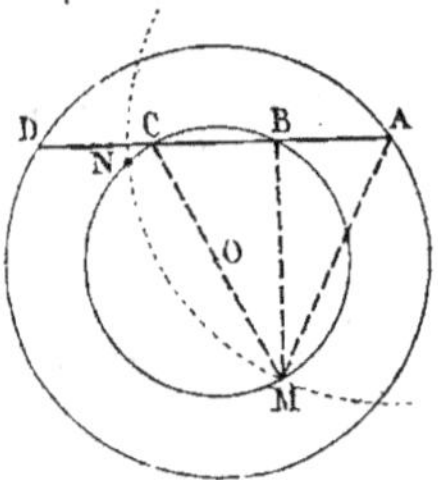

Remarque. Suivant que l'arc décrit coupe en deux points la circonférence intérieure, lui est tangent ou ne la rencontre pas, il y a deux solutions, une seule ou aucune.

Fig. 529.

2e *Solution*. On mène le diamètre qui passe par le point A; sur le premier tiers, à partir de ce point A, on décrit une circonférence dont l'intersection avec le cercle intérieur détermine le point B.

860. Problème. *Par deux points A et B, mener deux parallèles distantes l'une de l'autre d'une longueur donnée l.*

Sur AB, comme diamètre, on décrit une circonférence. Du point A, avec *l*, on coupe cette circonférence en C. On joint B à C, et par le point A on mène une parallèle. La longueur AC ou *l* est la distance des parallèles.

861. Problème. *Par deux points A et B, faire passer deux circonférences concentriques, éloignées l'une de l'autre d'une longueur l.*

On sait en outre que les rayons CA, CB, *qui aboutissent aux points donnés, font entre eux un angle* 2m.

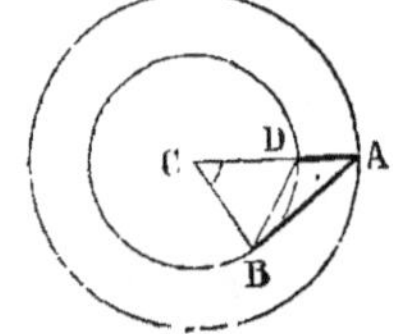

En supposant le problème résolu, on remarque que dans le triangle ABC on connaît le côté AB, la différence AD ou *l* des deux autres et l'angle C. Or chacun des angles égaux CDB, CBD est le complément de la moitié de l'angle C;

Fig. 530.

donc
$$CDB = 90° - m$$
$$ADB = 180 - (90 - m) = 90 + m$$

Ainsi, on peut construire le triangle ADB, dans lequel on connaît un angle et deux côtés. (G., n° 185.)

Exercice 211.

862. Problème. *Mener une parallèle aux bases d'un trapèze, de manière que le segment compris entre les diagonales ait une longueur donnée. Discuter le problème.*

(Voir *Méthodes*, n° 250.)

Exercice 212.

863. Problème. *On donne deux circonférences et une droite; mener une perpendiculaire à cette droite, de manière que le segment déterminé* *par les circonférences soit divisé en deux parties égales par la droite donnée.*

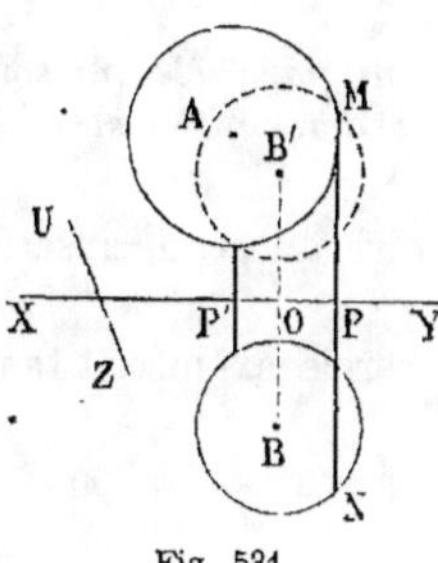
Fig. 531.

La solution est fournie immédiatement en recourant à la duplication. Il suffit de décrire une circonférence B' égale à B et symétrique, par rapport à XY.

MN et M'N' répondent à la question.

Remarque. *On peut résoudre le problème, même lorsque la droite MN doit être parallèle à une droite UZ oblique par rapport à XY.*

Par le point B, on mènerait BOB' parallèle à ZU, et l'on prendrait

$$OB' = OB$$

Exercice 213.

864. Problème. *Entre deux circonférences données, inscrire une droite de longueur l qui soit parallèle à une ligne xy.*

(Voir *Méthodes*, n° 89.)

Exercice 214.

865. Problème. *On donne deux circonférences extérieures A et B, ainsi qu'une droite xy. Mener une sécante parallèle à xy, et telle que la somme des cordes interceptées égale une longueur donnée l.*

(Voir *Méthodes*, n° 91.)

Exercice 215.

866. Problème. *Par deux points A et B donnés sur l'un des côtés d'un angle C, mener deux sécantes parallèles, telles que la somme des segments interceptés sur ces parallèles ait une longueur donnée 2l.*

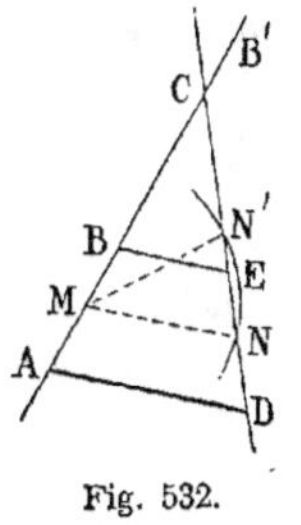

Supposons le problème résolu et $AD + BE = 2l$.

La base moyenne $MN = l$; donc, du point milieu M de AB, avec l pour rayon, il faut couper CD.

Remarques. 1° Il y a deux solutions, une seule, ou aucune, suivant que l'arc coupe CD en deux points, est tangent à cette ligne ou ne la rencontre pas.

2° Pour les points tels que A et B', placés de part et d'autre de C (fig. 532), la construction précédente donnerait deux parallèles, ayant 2l pour différence.

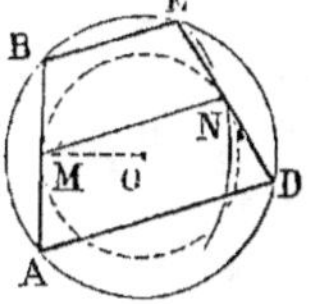
Fig. 532.

867. Problème. Même question. *Les deux points A et B appartiennent à une circonférence.*

Il faut décrire une circonférence avec le rayon OM et prendre $MN = l$.

On aura $\qquad AD + BE = 2l$

Fig. 533.

Exercice 216.

868. Problème. *Mener, à la base d'un triangle, une parallèle qui soit égale à la somme ou à la différence des segments déterminés sur les deux autres côtés, entre les deux parallèles.*

1° La droite parallèle doit être menée par le centre du cercle inscrit (n° 458).

2° La parallèle doit être menée par le centre du cercle ex-inscrit tangent à la base (n° 459).

869. Problème. *Par un point donné P, mener une sécante PBC qui coupe un angle donné A de manière que le périmètre du triangle formé ait un longueur donnée.*

Supposons le problème résolu et soit

$$AB + BC + CA = 2p$$

On sait que toute tangente menée au cercle ex-inscrit O donne un triangle de périmètre constant (n° 739).

Donc il faut prendre $AD = AE = p$, élever des perpendiculaires DO, EO, décrire le cercle et mener la tangente PBC.

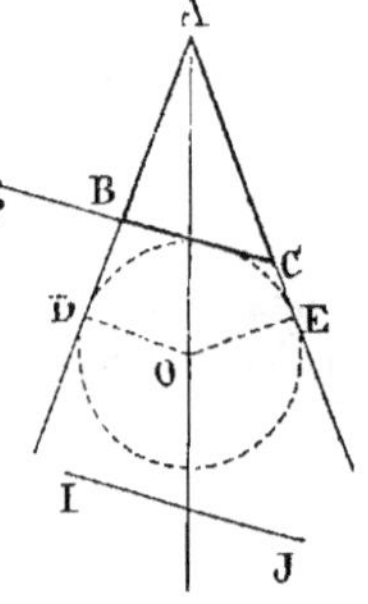

Fig. 534.

870. Problème. *Couper un angle donné A par une sécante BC qui soit parallèle à une droite IJ, et qui détermine un triangle de périmètre donné.*

Il faut, dans ce cas, mener la tangente BC parallèle à IJ.

871. Problème. *Questions analogues, lorsque* $AB + AC - BC$ *doit égaler 2p.*

Il faut mener la tangente PBC de manière que la circonférence O soit inscrite, au lieu d'être ex-inscrite au triangle.

Exercice 217.

872. Problème. *Par un point P, mener une sécante PDE qui coupe les côtés d'un triangle BAC, de manière que DE égale DC + BE.*

Supposons le problème résolu.
De la relation DE = BE + CD, on déduit

$$AD + DE + AE = AB + AC$$

Donc le périmètre du triangle ADE est connu, et l'on retombe sur un exercice connu (n° 869).

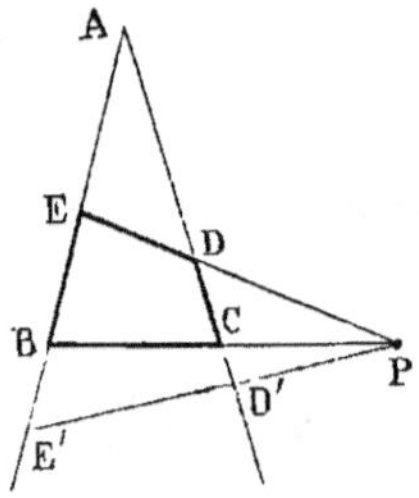

Remarques. 1° Lorsque les segments doivent être extérieurs, on a

$$D'E' = BE' + CD'$$

donc $\qquad AD' + AE' - D'E' = AB + AC \qquad$ (n° 871)

Fig. 535.

2° Solutions analogues, lorsque la sécante doit être parallèle à une ligne donnée (n° 870).

873. Problème. *Inscrire dans un triangle* ABC *une sécante* DE, *de longueur connue* l, *et telle que cette sécante égale la somme des segments* BD *et* CE.

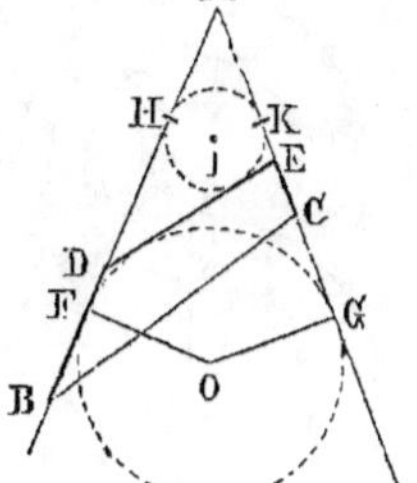

Fig. 536.

Soit le problème résolu, et

$$DE = BD + CE = l$$

En prenant $AF = AG = \frac{1}{2}(AB + AC)$.

Nous savons que tout triangle, tel que ADE, aura pour périmètre AB + AC. Il suffit donc de mener une tangente DE d'une longueur donnée l.

Or on sait qu'un côté DE, compris entre le cercle inscrit et le cercle ex-inscrit, égale FH = GK (n° 743, II); donc il faut prendre FH = GK = l.

Décrire le cercle de centre I, et mener la tangente intérieure DE commune aux deux cercles.

Exercice 218.

874. Problème. *Sur le côté* AB *d'un triangle* ABC, *déterminer un point* D *tel que la somme des parallèles* DE, DF *menées par ce point aux côtés* CA, CB *ait une longueur donnée* l.

Entre quelles limites peut varier l, *suivant la position du point* D.

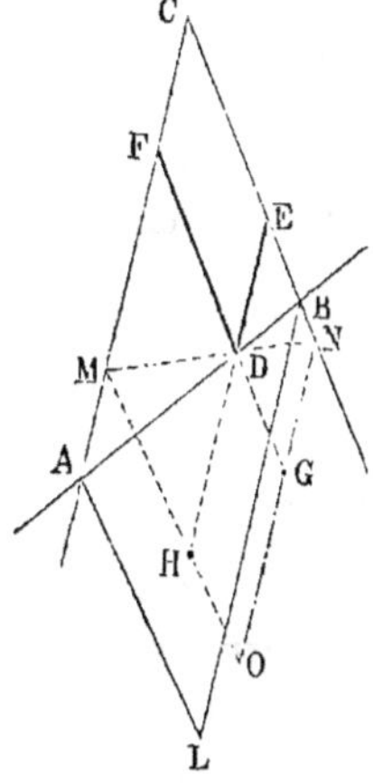

Fig. 537.

Soit le problème résolu, et DE + DF = l.

Par le point D, menons MN de manière à obtenir un triangle isocèle.

On sait que pour tout point de la base, la somme sera constante (n° 268, Cor.); d'ailleurs cette somme égale CM = CN. La construction du losange CMON rend la proposition évidente,

car $$DF + DE = FG = HE = MC$$

On prend donc $CM = CN = l$, et la droite MN détermine le point D.

Pour le point B on a la plus petite longueur, car la somme des parallèles se réduit à BC.

Lorsque le point D glisse vers le sommet A, la somme augmente pour atteindre son maxima AC au point A.

875. Problème. Même problème. *Les droites* DE, DF *doivent être parallèles à deux droites données.*

La solution est analogue à la précédente, mais il faut recourir au III° livre. Le lieu des points à somme constante n'est plus la base d'un triangle isocèle, mais bien celle d'un triangle scalène. (*Méthodes,* n° 269.)

Exercice 219.

876. Problème. *D'un point A donné comme centre, décrire une circonférence qui coupe deux circonférences concen-
triques, de manière que la droite menée par les
deux points d'intersection passe par le centre des
circonférences concentriques.* (RITT, *Problèmes de
Géométrie et de Trigonométrie.*)

En supposant le problème résolu, on reconnaît
que la perpendiculaire AD sur la corde CE passe
par un point D de la circonférence équidistante de
deux circonférences données; donc il suffit de mener une tangente AD à la circonférence équidistante DB, puis mener BD, et prendre AC = AE
pour rayon de la circonférence demandée.

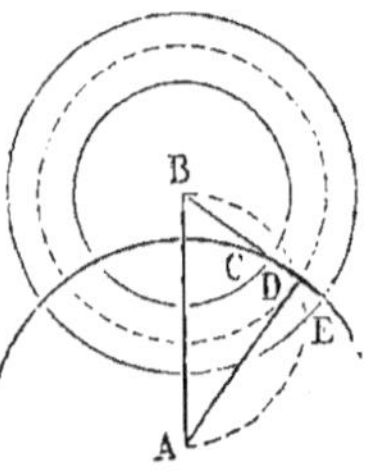

Fig. 538.

877. Problème. *D'un point B donné comme centre, décrire une circonférence qui coupe les côtés d'un angle A de ma-
nière que la corde MN soit parallèle à une
droite CD.*

Supposons le problème résolu. Le milieu de
la corde se trouve sur la perpendiculaire BP
abaissée du centre sur la direction donnée CD,
et si l'on mène AOE, cette droite sera la médiane du triangle ACD; donc il faut joindre le
point A au point milieu E de CD. Du centre B,
abaisser une perpendiculaire sur CD. Par le point O ainsi déterminé,
mener MN parallèle à CD, on aura BM = BN; le rayon de la circonférence demandée sera BM.

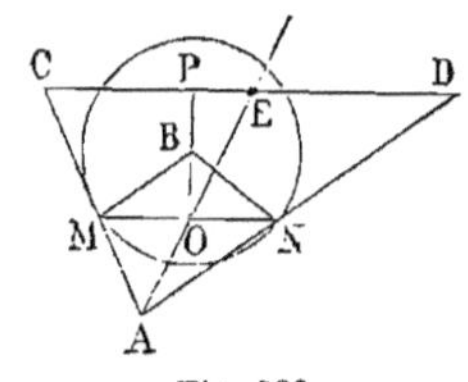

Fig. 539.

Exercice 220.

878. Problème. *Par l'un des points d'intersection de deux circonférences A et B, mener une sécante qui soit d'une longueur donnée.*

(Voir *Méthodes*, n° 139.)

879. Problème. *Par l'un des points d'intersection des deux circonférences A et B, mener la sécante la plus courte
possible.*

C'est la corde commune CD; car toute
autre corde CM, CN, est plus longue comme
étant plus rapprochée du centre.

Variation de la sécante. De la longueur
minima CD, la sécante devenant CM, augmente successivement lorsque le point M se
rapproche de C, jusqu'à la position où cette

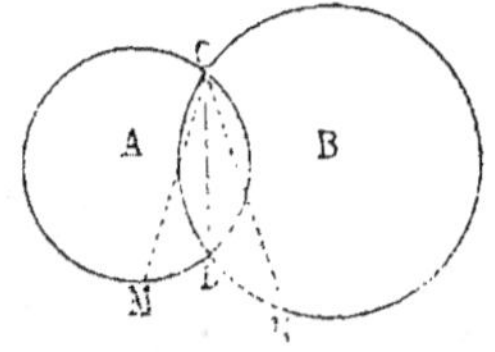

Fig. 540.

ligne devient parallèle à la ligne des centres; à partir de cette position,
où elle est *maxima*, elle décroît, devient CN, et atteint de nouveau la
position limite CD.

880. Problème. *Par l'un des points d'intersection de deux circonfé-rences, mener une sécante telle que la dif-férence des cordes ait une longueur don-née 2d *.*

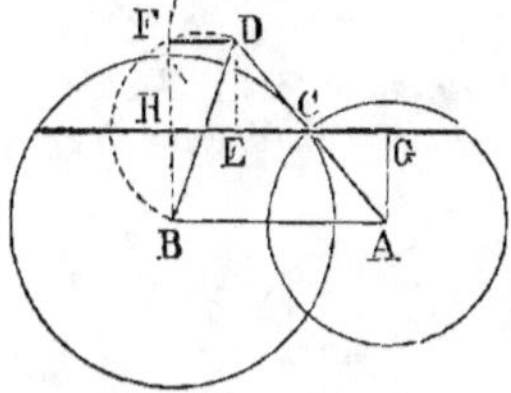

Fig. 541.

Supposons le problème résolu, et soit $CH - CG = d$.

Pour déterminer la différence, on pour-rait porter CG de C en E, ou bien prolon-ger le rayon AC d'une quantité CD égale à CA; puis, abaissant les perpendiculaires DE, DF, on aurait $DF = HE = d$.

Donc, après avoir déterminé le point D, il faut décrire une circonfé-rence sur le diamètre BD; puis du point D comme centre, avec la demi-différence d, couper DFB en F. La sécante demandée doit être menée parallèlement à DF.

Exercice 221. — I.

881. Problème. *Décrire une circonférence qui intercepte sur trois droites données, AB, CD, EF, des cordes égales et d'une longueur donnée.*

On inscrit une circonférence dans le triangle formé par les trois droites; sur l'une de ces lignes à partir du point de contact, on porte une lon-gueur égale à la moitié des cordes que l'on veut obtenir; puis une cir-conférence concentrique au cercle inscrit et passant par le point déter-miné sur la tangente répond à la question.

Scolies. 1° Chacune des trois circonférences ex-inscrites fournit une autre solution.

2° Si deux des droites données sont parallèles, il n'y a plus que deux solutions.

3° On peut aussi proposer la question suivante : *Avec un rayon donné, décrire une circonférence qui intercepte des longueurs données sur deux droites données.*

882. Problème. *Mener une sécante à deux circonférences de manière que la corde interceptée par la première circonférence égale une longueur don-née l, et que la corde interceptée par la seconde égale une longueur aussi don-née l'.*

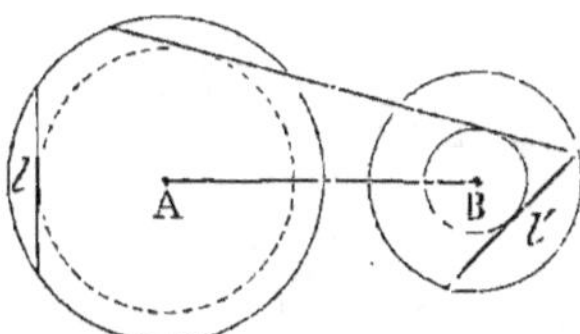

Fig. 542.

Dans la première circonférence, on mène une corde égale à l, et dans la seconde, une corde égale à l'.

La tangente commune aux circonfé-rences tangentes aux cordes menées répond à la question. (G., n° 193.)

Il y a généralement quatre solutions; car on peut mener quatre tan-gentes communes à deux circonférences extérieures. (G., n° 194.)

---

* GUILMIN, *Exercices de géométrie*, page 94.

Exercice 221. — II.

883. Problème. *On donne un angle et deux longueurs* l *et* r. *Détermi-ner sur l'un des côtés de l'angle un point tel que la circonférence décrite de ce point comme centre, avec* r *pour rayon, intercepte sur l'autre côté de l'angle une longueur égale à* l.

Supposons le problème résolu, et soient la corde $AB = l$ et $BC = r$.

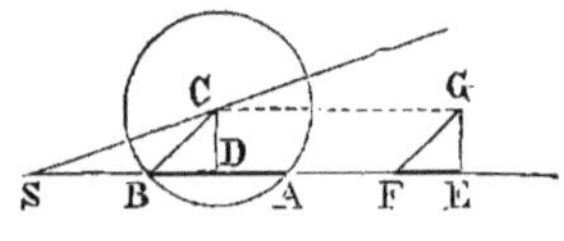

Fig. 543.

Dans le triangle rectangle BDC on con-naît $BD = \dfrac{l}{2}$ et $BC = r$; on peut donc le construire, déterminer sa hauteur et trouver sur l'un des côtés le point C ayant la distance voulue par rapport à l'autre côté de l'angle.

Donc, en un point quelconque E de SE, élevons une perpendiculaire illimitée; prenons $EF = \dfrac{l}{2}$; du point F avec r pour rayon, coupons la perpendiculaire en G; par ce point, menons une parallèle GC à SE, le centre C sera déterminé.

884. Problème. *Avec un rayon donné* r, *décrire une circonférence qui intercepte sur deux droites données* AB *et* CD *des longueurs données* m *et* n.

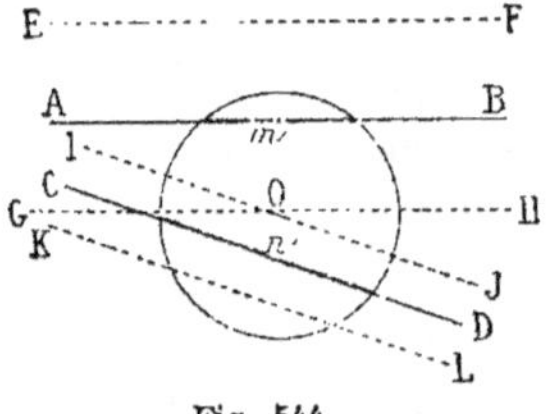

Fig. 544.

Pour chaque droite donnée, on décrit le lieu des centres des circonférences qui, avec le rayon donné, intercepteraient des cordes égales à la longueur donnée (n° 881). Les rencontres de ces lieux donnent quatre centres et, par suite, quatre solutions.

Exercice 222.

885. Problème. *On donne deux droites* AA', BB' *et un point* C. *Du point donné comme centre, décrire une circonférence qui intercepte sur les lignes données des cordes dont la somme égale une ligne donnée* 2l.

Supposons le problème résolu, et

$$AA' + BB' = 2l.$$

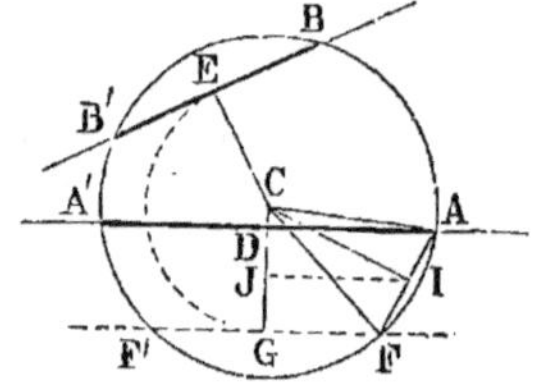

Fig. 545.

Il suffit de s'occuper de la moitié des cordes.

Prenons une corde FF' égale à BB', mais parallèle à AA'.

Prenons $CG = CE$, on aura $AD + FG = l$.

Menons la base moyenne du trapèze AFGD, on aura $IJ = \dfrac{l}{2}$, valeur connue.

Donc il faut joindre le centre C au point I que l'on vient de déterminer,

élever une perpendiculaire AIF à la droite CI, et décrire une circonférence avec le rayon CA = CF.

Remarque. On procède d'une manière analogue quand on donne la
différence; mais la perpendiculaire AF est alors une des diagonales du
trapèze.

Exercice 223.

886. Problème. *Avec un rayon donné* r, *décrire une circonférence qui
coupe en deux parties égales une circonférence* **A**
et une circonférence **B** *données de grandeur et
de position.*

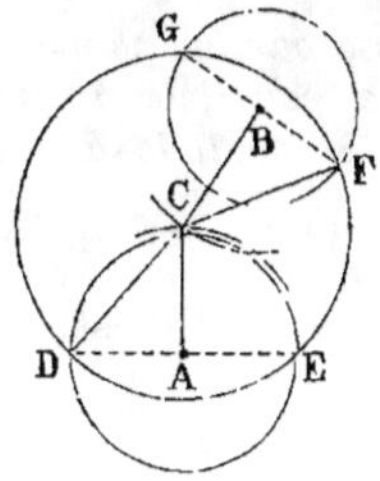

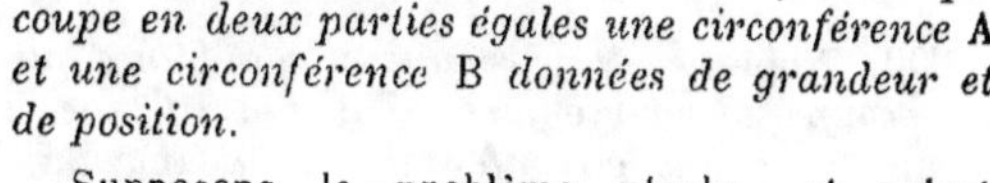

Supposons le problème résolu, et soient
CD = CF = *r* et les diamètres DE, FG.

On peut déterminer AC et BC, car dans chacun des triangles rectangles CBF, CAD, l'hypoténuse égale *r*, et l'un des côtés de l'angle droit
égale AD ou bien BF.

Donc du centre A, avec la distance trouvée AC
pour rayon, on décrit un arc qui coupe en C et

Fig. 546.

C′ l'arc décrit du centre B, avec la seconde longueur obtenue.

Remarque. Il y a deux solutions, une seule ou aucune, suivant que les
arcs décrits se coupent, sont tangents ou n'ont aucun point commun.

887. Problème. *Avec un rayon donné, décrire une circonférence qui
coupe une circonférence de centre* A, *suivant une corde de longueur
donnée, et une circonférence* B, *suivant une corde de longueur aussi
donnée.*

(Solution analogue à la précédente.)

888. Problème. *Avec un rayon donné* r, *décrire une circonférence
qui intercepte, sur une circonférence don-
née* A, *une corde* CD *parallèle et égale à
une droite donnée* m.

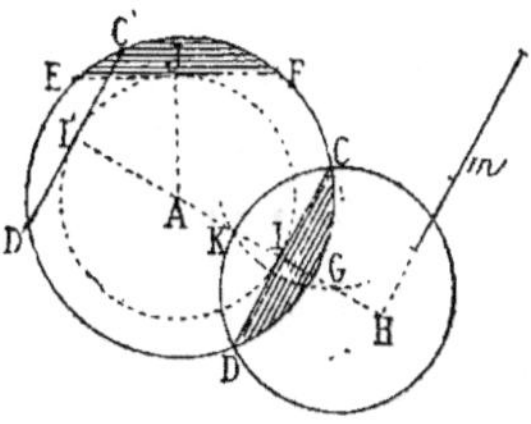

Soit la corde CD égale et parallèle à *m;*
sa distance au centre est facile à déterminer; il suffit de mener une première corde
EF égale à *m*, et d'abaisser la perpendiculaire AJ, qui sera égale à AI.

Les deux droites CD et *m*, devant être
parallèles, sont perpendiculaires à la même
droite AH, perpendiculaire elle-même à *m*.

Fig. 547.

Le centre G de la circonférence demandée doit se trouver sur AH; et
puisque cette circonférence doit passer par le point C, on obtiendra son
centre en coupant la droite AH par un arc décrit du point C avec *r* pour
rayon.

Scolie. La circonférence décrite du point K, avec *r* pour rayon, inter-
cepterait la même corde CD; d'où deux solutions.

La corde pourrait occuper la position C'D', ce qui fournirait deux autres solutions.

889. Problème. *Décrire une circonférence qui passe par deux points donnés A et B, et qui coupe une circonférence de centre C, suivant une corde parallèle à une droite donnée xy.*

Le centre O de la circonférence demandée se trouve sur la perpendiculaire élevée au milieu de AB et sur la perpendiculaire abaissée du point C sur xy. Le rayon égale AO = BO.

890. Problème. *Décrire une circonférence qui passe par un point A, qui coupe une circonférence B suivant une corde parallèle à une droite uv et une circonférence C suivant une corde parallèle à une droite xy.*

Le centre O de la circonférence demandée se trouve sur la perpendiculaire abaissée du centre B sur uv et sur la perpendiculaire abaissée du centre C sur xy. Le rayon égale AO.

Exercice 224.

891. Problème. *Couper les trois côtés d'un triangle ABC par une sécante LMN de manière que LM = MN = l.*

Recourons au problème contraire (n° 213). Soit ABC le triangle donné. Prenons L'M' = M'N' = *l*, et par les points L', M', N', faisons passer trois lignes formant un triangle A'B'C' égal au triangle donné. Sur L'M', il faut décrire un segment capable de l'angle A; sur M'N', un segment capable du supplément de B. Puis par M', menons une sécante A'M'B' égale à AB (n° 878).

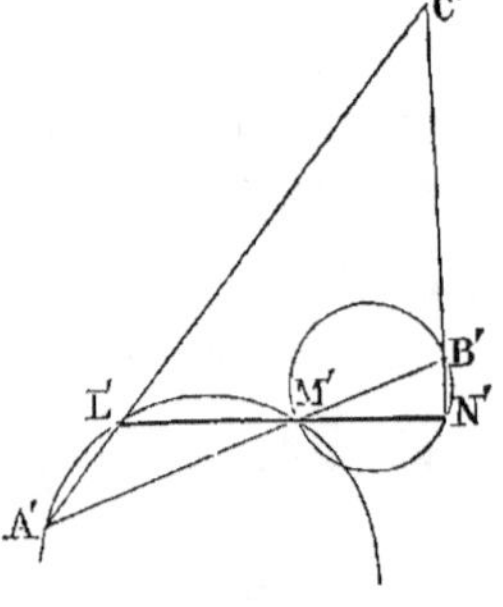

Fig. 548.

Le triangle obtenu A'B'C' sera égal à ABC, triangle donné. Il ne reste plus qu'à prendre AL = A'L' et BN = B'N'. La droite LMN sera égale à L'M'N'.

892. Problème. *Dans un triangle ABC, inscrire un triangle égal à un triangle donné LMN.*

On a recours au problème contraire, et l'on procède comme ci-dessus.

(Voir *Méthodes,* n° 215.)

Exercice 225.

893. Problème. *On donne deux points A et B sur une circonférence, ainsi qu'un diamètre EF fixe de position. Déterminer sur la circonférence un point C, tel que les cordes CA, CB déterminent sur le diamètre fixe un segment MN de longueur donnée.*

(Voir *Méthodes,* n° 101.)

Exercice 226. — I.

894. Problème. *On donne deux points A et B sur une circonférence, ainsi qu'un diamètre EF fixe de position. Déterminer sur la circonférence un point C, tel que les cordes CA, CB déterminent sur le diamètre fixe, à partir du centre O, des segments égaux OM, ON.*

(Voir *Méthodes*, n° 102.)

Exercice 226. — II.

895 (a). Théorème. *Sur un diamètre, à partir du centre, on donne deux segments égaux OM, ON ; on joint un point quelconque C de la circonférence à M, O, N de manière à obtenir A, T, B sur la circonférence, on mène ABG, prouver que GT est tangent à la circonférence.*

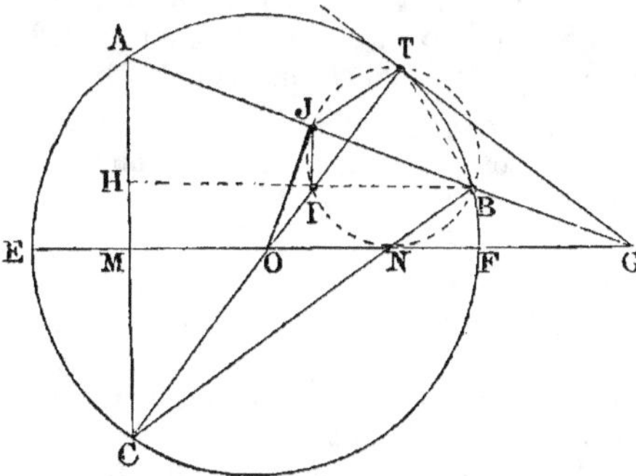

Fig. 549.

Menons la parallèle BH, elle est divisée en deux parties égales par COT.

Du centre abaissons la perpendiculaire OJ sur AB; le point J est le milieu de la corde, donc IJ est parallèle à AM.

On a   angle IJB = CAB = ITB

donc le quadrilatère IJTB est inscriptible.

Par suite, l'angle OTJ = IBJ = OGJ.

Les angles OTJ et OGJ étant égaux, le quadrilatère OJTG est inscriptible; donc l'angle OTG = OJG = 90°.   C. Q. F. D.

(J.-M. Vuibert, 1878, p. 108.)

895 (b). Théorème réciproque. *Pour déterminer un point C, tel qu'en le joignant à deux points donnés A et B, on obtienne des segments égaux OM, ON sur un diamètre donné, il suffit de mener ABG, puis la tangente GT et le diamètre TOC.*

On retrouve ainsi la construction donnée par Georges Ritt dans ses *Problèmes de Géométrie analytique.*

On connaît une solution de ce même problème par *les polaires.*

(*Traité de Géométrie,* par MM. ROUCHÉ et de COMBEROUSSE, 6ᵉ édition, nᵒ 347.)

896. Problèmes. 1ᵒ Même question, *en remplaçant le diamètre par une corde donnée et son point milieu.*

(Voir *Méthodes,* nᵒ 274, 1ᵒ.)

2ᵒ Même question; *la droite donnée est quelconque, et le point O est donné sur cette droite.*

(Voir *Méthodes,* nᵒ 276.)

Angles.

897. Les problèmes proposés peuvent se rapporter à trois groupes principaux :

1ᵒ *Division des angles.* Ce groupe comprend toutes les questions où l'on doit mener la bissectrice d'un angle donné (nᵒˢ 898, 899) et la division d'un arc en trois parties égales (nᵒˢ 910, 912).

2ᵒ *Construction d'un angle égal à un angle donné* (nᵒˢ 900, 901, 917, 919). Dans ce groupe, on peut placer les questions où l'on demande que deux ou trois segments rectilignes donnés soient vus sous un même angle (nᵒˢ 902, 903, 904, 915, etc.).

3ᵒ Quelques exercices étudient la variation d'un angle dont le sommet se déplace, ou dont les côtés varient suivant une certaine loi (nᵒˢ 923, 924, 929).

Pour résoudre les problèmes des deux derniers groupes, on a surtout recours à *l'arc de segment capable d'un angle donné* (nᵒˢ 904, 907, 919, 921, 924, 926) et à la *méthode par duplication* (nᵒˢ 902, 914, 915, 925).

898. Problème. *Étant donnés la bissectrice GH et l'un des côtés AB d'un angle, trouver l'autre côté sans recourir au sommet.*

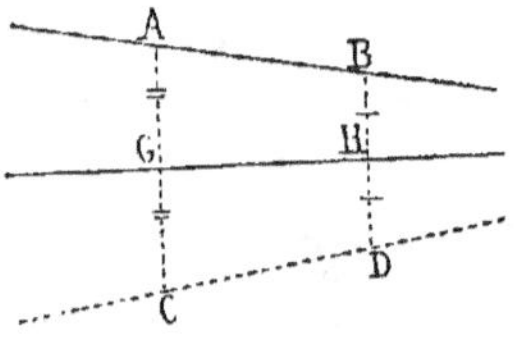

On sait que toute droite menée dans un angle, perpendiculairement à la bissectrice, a son milieu sur cette bissectrice (nᵒ 419).

On mènera donc deux droites quelconques AGC et BHD perpendiculaires à la bissectrice, on portera GA en GC, HB en HD, et on tracera CD.

Fig. 550.

Remarque. Un des problèmes les plus utiles est celui qui consiste à mener la bissectrice de l'angle de deux droites, sans recourir au sommet de cet angle. (G., nᵒ 175).

Exercice 227. — I.

899 (a). Problème. *Diviser un angle A en deux parties égales sans le secours du compas.*

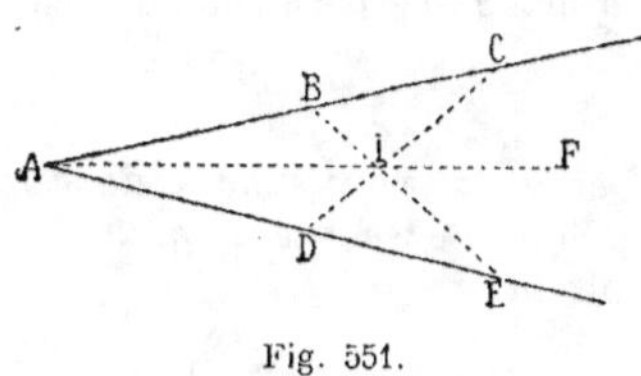

Fig. 551.

A l'aide d'une règle divisée, ou même d'une simple bande de papier, on marque, sur l'un des côtés, des longueurs quelconques AB et BC, que l'on reproduit sur l'autre côté, en AD et DE. On mène BE et CD, puis AIF, qui est la bissectrice cherchée. Car on sait que les droites BE et CD se croisent sur la bissectrice (n° 441).

Exercice 227. — II.

899 (b). Problème. *Dans un triangle, mener une droite qui soit symétrique d'une médiane, par rapport à la bissectrice qui part du même sommet.*

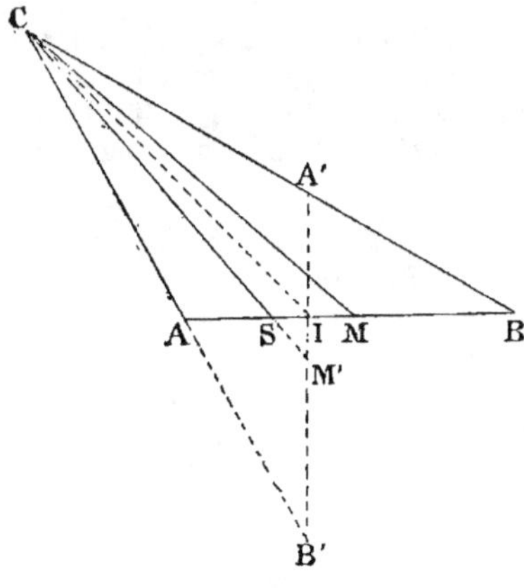

Fig. 552.

Soit AM = BM.

Il suffit de prendre CB' = CB, CA' = CA, joindre B'A' et mener une droite du sommet C au point M' milieu de B'A'.

Les droites CM, CM' sont également inclinées sur la bissectrice CI.

(Voir ci-après n° 1229, II.)

899 (c). Note. La droite CM' d'abord nommée *médiane antiparallèle,* par M. LEMOINE, est connue sous le nom de *symédiane,* que lui a donné M. MAURICE D'OCAGNE (N. A., 1883, pages 450, 459; voir aussi 1884, page 25; 1885, page 360).

M. LEMOINE, dès 1873, dans les N. A., a indiqué plusieurs propriétés du point commun aux trois *médianes antiparallèles* d'un triangle; cette étude peut être regardée comme l'origine des recherches contemporaines qui ont conduit à la *Géométrie du triangle.* (Voir ci-après, n°s 2330 et 2352.)

M. D'OCAGNE a étudié d'une manière toute particulière les propriétés des lignes mêmes qu'il avait nommées *Symédianes,* et ce dernier nom a prévalu.

La *Géométrie du triangle* est cultivée avec ardeur, elle a donné lieu à de nombreux travaux; on en trouvera l'indication dans le *Journal de mathématiques élémentaires et spéciales;* on lira surtout avec intérêt l'*Étude bibliographique et terminologique* de M. VIGARIE, 1887, et l'étude plus complète du même auteur en 1889, au *Congrès de Toulouse;* cette belle étude est donnée comme supplément dans *Mathésis,* 1890.

Nous nous bornerons à la menue monnaie de ces nouvelles recherches, et cela suffira néanmoins pour enrichir notre recueil de plusieurs questions très intéressantes.

Exercice 228. — I.

900. Problème. *Par un point donné* A *, mener une droite qui coupe une droite donnée* BC *sous un angle donné* m.

En un point quelconque de BC, avec cette ligne pour un des côtés, on
fait un angle égal à m; par le point A, on mène une parallèle au second
côté de l'angle formé avec BC.

Il y a deux solutions.

901. Problème. *On donne une droite et deux points hors de cette*
ligne. Déterminer un point sur cette droite de manière qu'une des
médianes du triangle ainsi formé coupe la
droite sous un angle donné.

Soient ABC le triangle demandé; XY et A, B
les données.

1° Pour la médiane DC, il suffit de mener
par le point milieu D de la base AB une droite
DC qui rencontre XY en faisant l'angle donné
(n° 900).

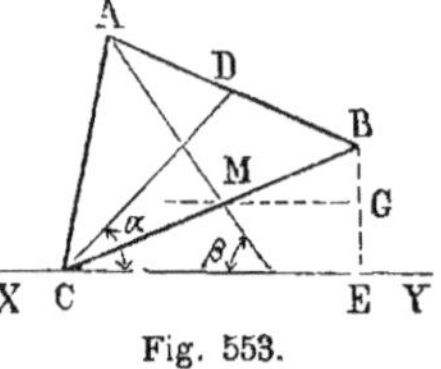
Fig. 553.

2° Si on demande que la médiane parte d'un des deux sommets donnés
de A, par exemple, il faut mener AF formant l'angle donné. Le côté BC
doit être divisé en deux parties égales par la médiane; il suffit donc de
mener une parallèle GM équidistante de B et de XY, puis de mener BMC,
car on aura BM = MC (n° 563).

902. Problème. *Deux murs OC et OD forment un angle quelconque;*
deux personnes placées en A et B dans cet angle sont tournées l'une
vers le mur OC, l'autre vers le mur OB. On
demande où il faut placer deux miroirs E
et F, appliqués aux murs, pour que ces deux
personnes puissent se voir l'une l'autre.

On détermine les points A′ et B′ symétriques de A et B par rapport aux droites OC
et OD, et l'on trace A′B′, qui détermine en
E et F les points demandés.

Car les angles marqués i sont égaux, ainsi
que les angles marqués r; donc le rayon lu-

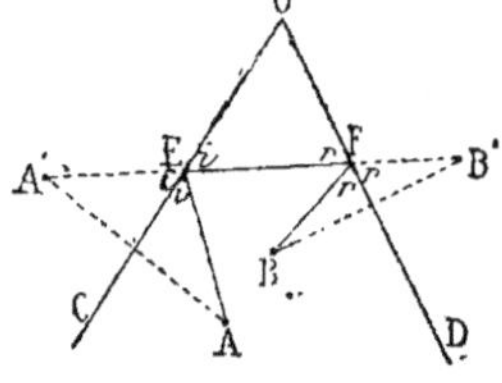
Fig. 554.

mineux AE se réfléchit suivant EF, et celui-ci revient suivant FB. Réciproquement, le rayon lumineux qui part de B suivra le chemin brisé
BFEA.

Exercice 228. — II.

903. Problème. *Dans un quadrilatère quelconque*
ABCD, *trouver les points du périmètre d'où deux*
côtés opposés, AD *et* CB, *par exemple, sont vus*
sous le même angle.

Pour avoir le point situé sur AB, par exemple,
déterminons le symétrique C′ de C (n° 902), et
menons DC′, puis EC; les angles AED, BEC sont
égaux.

De même, en déterminant le point A′ symétrique
de A par rapport au côté DC, on obtient le point
F, d'où les côtés AD, BC sont vus sous des angles
égaux.

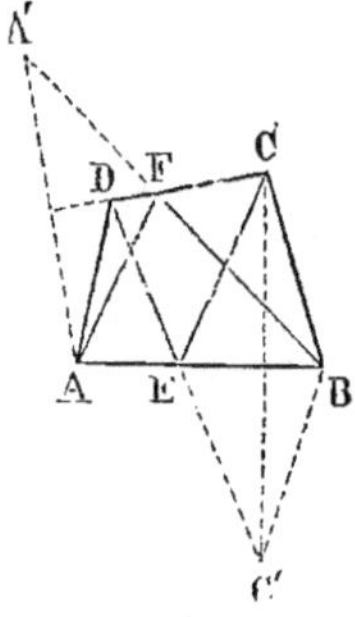
Fig. 555.

Exercice 229. — I.

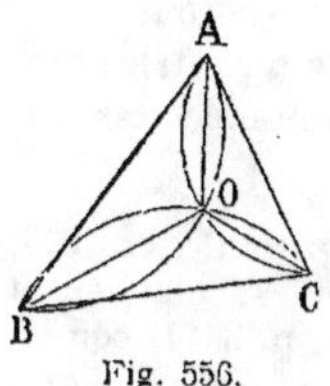

Fig. 556.

904. Problème. *Trouver un point d'où les trois côtés d'un triangle soient vus sous le même angle.*

Soit le problème résolu, et O le point demandé.

Puisque les angles en O sont égaux, chacun d'eux vaut les $^4/_3$ d'un droit. Donc sur deux côtés du triangle, il faut décrire un segment capable de 120°.

Exercice 229. — II.

905. Problème. *Trouver un point d'où le côté AB d'un triangle soit vu sous un angle donné* m, *le côté BC sous un angle* n, *et le côté CA sous un angle* p.

1° Si le point est intérieur, on doit avoir $m + n + p = 4$ droits.

Sur AB, on décrit un segment AOB capable de m; sur AC, un segment AOC capable de n; le troisième angle BOC égalera p.

2° Si le point est extérieur, un des angles doit égaler la somme des deux autres; on procède d'ailleurs comme ci-dessus.

Exercice 229. — III.

906. Problème de Brocard. *Trouver à l'intérieur d'un triangle ABC un point O, tel que les angles OAB, OBC, OCA soient égaux entre eux.* (N. A., 1875, p. 192, question 1166, H. Brocard; résolue p. 286 par C. Chadu.)

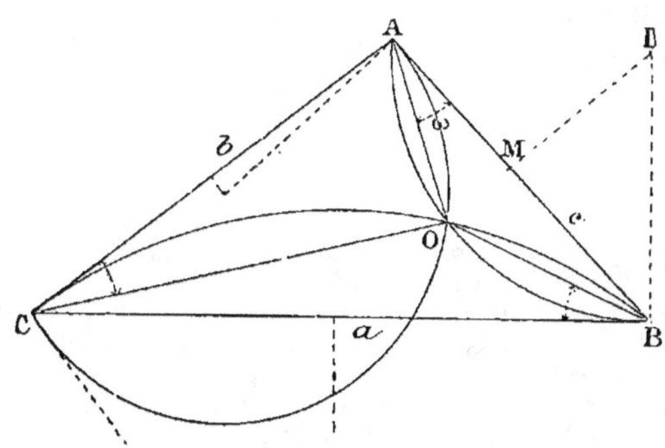

Fig. 557.

Il faut décrire respectivement sur les côtés a, b, c des segments capables du supplément des angles C, A, B.

1° Les trois segments se coupent au même point O, car leur somme correspond à 2π.

2° L'angle OAB = OBC, car ils ont même mesure : demi-arc OB, puisque le segment AOB ou $\pi - B$ est tangent à BC.

De même l'angle OBC = OCA comme ayant pour mesure demi-arc OC.

Remarque. 1º On obtient une seconde solution, en décrivant le segment AO'B tangent à *b*, BO'C tangent à *c*, CO'A tangent au côté *a*.

2º Les circonférences qui passent par deux des sommets d'un triangle, et qui sont tangentes à l'un de ses côtés adjacents, sont nommées *circonférences adjointes*.

907. Note. La question ci-dessus, proposée dans les *Nouvelles Annales* en 1875, est le point de départ de travaux nombreux et remarquables, qui venant s'adjoindre au *point* et aux *cercles de Lemoine* (N. A., 1873, p. 364), constituent les deux principales sources de la *Géométrie récente,* ou *Géométrie du triangle.*

Nous aurons occasion de revenir sur la question précédente et de parler de MM. Lemoine et Brocard.

M. Chadu, professeur au lycée de Mont-de-Marsan, eut l'honneur de résoudre la question proposée au concours d'agrégation en 1874, question qui revenait à celle posée par M. Lemoine en 1873, puis la question de M. Brocard (N. A., 1875, pages 175 et 286); son nom est souvent cité en 1875 et 1876.

Exercice 230.

908. Problème de la Carte. *Trois points*, A, B, C, *étant donnés, trouver un point d'où les distances* AB *et* BC *soient vues sous des angles donnés* r *et* s.

De part et d'autre de la droite AB, on décrit un segment ADFB, AGEB capable de l'angle *r;* on décrit de même, sur BC, les segments BDHC et BEMC, capables de l'angle *s.*

Les points D et E, communs aux arcs de ces segments, sont les points demandés.

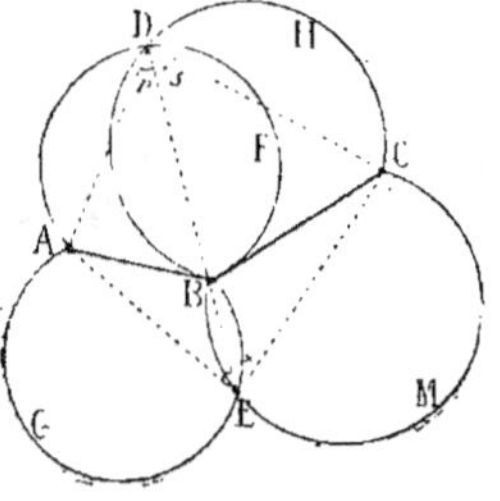

Fig. 558.

909. Note. 1º *Le problème de la Carte* est attribué à Pothenot, qui le publia dans les *Mémoires de l'Académie* en 1692. Pothenot fut adjoint à La Hire pour continuer la méridienne de Paris au Nord.

Les Anglais réclament la priorité pour John Collins, dont la solution se trouve dans les *Transactions philosophiques* de 1671.

Enfin le problème avait été déjà traité par Snellius (voir 3º), dans son *Eratosthenes batavus,* publié en 1624; il indique l'emploi de deux *segments capables* pour déterminer, par une seule station, la position d'un quatrième point, lorsqu'on connaît déjà les distances mutuelles de trois autres points. (N. A., 1857; *Bulletin,* page 89, et *Mathésis,* 1884, p. 64.)

Le *problème de la Carte* se résout d'une manière élégante par la Trigonométrie. (*Trigonométrie,* F. J., nº 92, page 144.)

2º M. Bellavitis indique la construction suivante très simple (fig. 559).

On fait l'angle BCF = *r;* l'angle BAF = *s,* et l'on joint le sommet B au point F.

Le triangle BFC est semblable à BAD; par suite, il suffit de faire l'angle ABD = FBC et BAD = BFC

ou   BCD = BFA

La construction a été suggérée par la *Méthode des équipollences.* Dans cette

16*

méthode, « on considère les droites tracées sur un plan dans des directions quelconques; puis, les représentant par des notations qui impliquent à la fois la grandeur et la direction, et cherchant à exprimer les relations géométriques qui lient entre elles les diverses parties des figures planes, on arrive à établir un calcul (*calcul des équipollences*), dont les règles sont les mêmes que celles du calcul algébrique ordinaire. On voit que, de la sorte, on se trouve mis en possession d'un instrument analytique facile à manier, et dont l'usage est très général en ce qui touche la géométrie plane. » (*Exposition de la méthode des équipollences*, par GIUSTO BELLAVITIS, traduit par C.-A. LAISANT.)

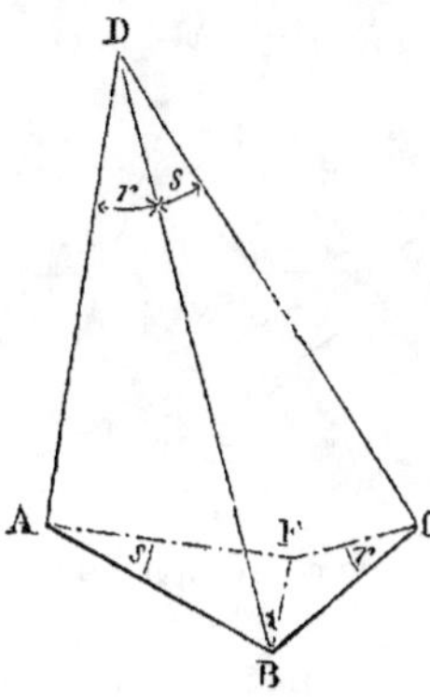

Fig. 559.

3° SNELLIUS (1580, ou 1581 à 1626), géomètre hollandais, né à Leyde, où il professa avec distinction, publia divers ouvrages remarquables; il aurait même découvert, dit *Huygens*, la véritable loi de la réfraction.

Tous les biographes indiquent l'année 1591 comme date de sa naissance; mais des recherches toutes récentes ont démontré qu'il est né en 1580 ou 1581. Nous devons ce renseignement à M. S. W. TESCH de *La Haye*.

M. TESCH, professeur à La Haye, a généralisé le théorème de Joachimsthal, relatif aux normales menées à une conique, par un même point (d'après *Mathésis*, 1887, page 38). Il est un des collaborateurs de M. SCHOUTE pour la publication de l'utile *Revue semestrielle des publications mathématiques*. (AMSTERDAM.)

910. Problème. *En se basant sur la propriété de l'angle inscrit, mener une perpendiculaire à l'extrémité d'une droite AB que l'on ne peut prolonger.*

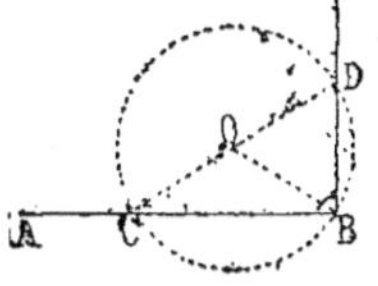

Fig. 560.

D'un point O pris à volonté, et avec la distance OB pour rayon, on décrit une circonférence; on trace le diamètre COD, puis la droite BD, qui est la perpendiculaire demandée.

Car l'angle B, inscrit dans un demi-cercle, est droit.

Remarque. Cette question élémentaire, mais essentielle, se trouve déjà indiquée. (G., n° 169.) La détermination de la perpendiculaire BD n'est satisfaisante que lorsque D est assez éloigné de AB.

Exercice 231.

911. Problème. *Diviser un angle droit en trois parties égales.*

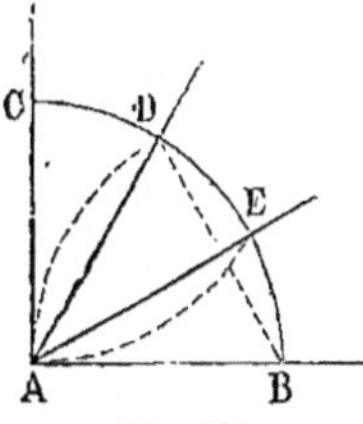

Fig. 561.

Du sommet A, avec un rayon quelconque, il faut décrire un arc de cercle; des centres B et C, avec le même rayon, décrire les arcs AD et AE.

Le triangle DAB a les trois côtés égaux; chaque angle vaut donc $\frac{2}{3}$ de droit; par suite, CAD vaut un tiers de droit.

Exercice 232.

912. Problème. *Par un point* B *donné sur un diamètre* AC, *mener une corde* DBE, *telle que l'arc* CE *soit triple de l'arc* AD.

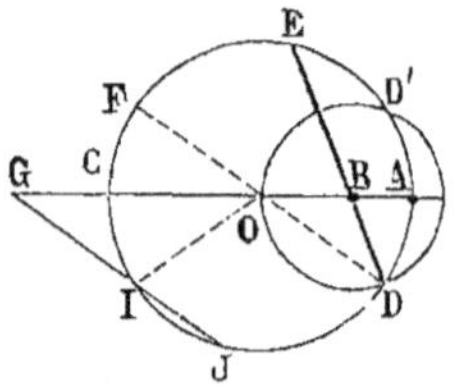

Supposons le problème résolu. Menons le diamètre DOF.

$$\text{L'arc CF} = \text{AD} = \tfrac{1}{3}\,\text{CE} = \tfrac{1}{2}\,\text{FE}$$

Or l'angle D a pour mesure $\tfrac{1}{2}$ FE, et l'angle BOD $=$ COF, qui a pour mesure arc CF $=\tfrac{1}{2}$ FE ; donc l'angle BOD $=$ BDO.

Ainsi le triangle BOD est isocèle ; par conséquent, du point B comme centre avec BO pour rayon, il faut couper la circonférence donnée et mener DBE.

Remarque. Il faut que OB $>$ AB. Le point D$'$ correspond à une seconde solution.

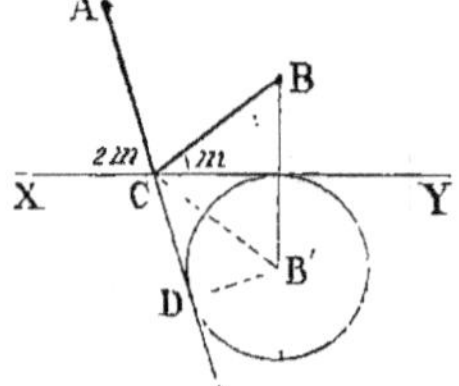
Fig. 562.

913. Problème. Même question, *mais le point donné est sur le prolongement du diamètre.*

Quand le point donné G, par exemple, est extérieur au cercle, il faut couper la circonférence donnée par un arc décrit du point G avec OC pour rayon.

En effet, angle G $=$ GOI, puisque le triangle GIO est isocèle par construction ; l'angle GOI a pour mesure CI ; donc G a pour mesure CI.

Or G a aussi pour mesure $\dfrac{\text{arc AJ} - \text{arc CI}}{2}$

d'où $\qquad\qquad$ arc AJ $= 3$ arc CI $\qquad\qquad$ *C. Q. F. D.*

Exercice 233

914. Problème. *Sur une droite donnée* XY, *déterminer un point* C, *tel que les tangentes menées de ce point à deux circonférences données* A *et* B *fassent des angles égaux avec* XY.

(Voir *Méthodes*, nº 147.)

915. Problème. *On donne une droite* XY *et deux points* A *et* B, *situés du même côté de la droite. Trouver un point* C *sur* XY, *tel que l'angle* ACX *soit double de l'angle* BCY.

La solution est très simple en recourant à la duplication (nº 145).

Après avoir déterminé B$'$ symétrique de B, on décrit une circonférence tangente à XY, et par le point A on mène une tangente ACD.

On a $\quad$ angle BCY $=$ B$'$CY $=$ B$'$CD

d'où $\quad$ angle BCY $= \tfrac{1}{2}$ DCY $= \tfrac{1}{2}$ ACX

Fig. 563.

Remarque. Il y a deux solutions.

916. Théorème. *Déterminer le point C, de manière que la somme des angles ACX et BCY ait une valeur donnée; quel est le minimum de cette valeur?*

Sur AB, il faut décrire un segment capable de l'angle supplémentaire de la somme donnée.

Le minimum de la somme a lieu pour le maximum du supplément; or le maximum de l'angle ACB est donné par l'arc tangent à XY. Il y a deux maximum pour ce supplément; mais il faut savoir décrire les circonférences passant par deux points A, B, et tangentes à une droite XY. (G., n° 299. E. de G., n° 948.)

Exercice 234. — I.

917. **Problème.** *Trouver un point d'où deux cercles donnés A et B soient vus sous un angle donné.*

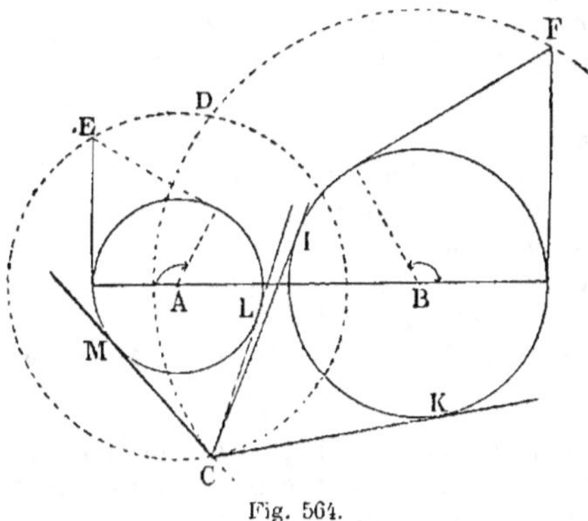

Fig. 564.

Pour chacun des deux cercles, on décrit le lieu des points d'où ce cercle est vu sous l'angle donné (n° 775). La rencontre des deux lieux donne généralement deux points C et D qui répondent à la question.

918. **Problème.** *Trouver un point d'où trois cercles égaux soient vus sous le même angle.*

C'est le centre du cercle qui passe par les trois autres centres.

Remarque. Quand les rayons sont inégaux, le problème se rapporte au livre III.

919. **Problème.** *Deux circonférences égales A et B étant données, ainsi qu'un point C sur l'une d'elles, mener MN parallèle et égale à AB, et telle que l'angle MCN égale un angle donné.*

En supposant le problème résolu et MCN l'angle demandé, on est conduit à la construction suivante.

Sur DE, égale et parallèle à AB, on décrit un segment DOE de centre H, capable de l'angle donné; tel est le segment qu'il faut faire glisser entre les deux circonférences, jusqu'à ce que l'arc passe par le point C.

Il suffit de recourir à une translation parallèle, de manière à amener l'arc DE à passer par le point C.

On peut déterminer la position de MN comme il suit :

On forme un triangle AIB égal à DHE. La figure HIBE est un parallélogramme. Du centre I, avec le rayon IH, on décrit un arc HK, que l'on coupe par un arc décrit du centre C

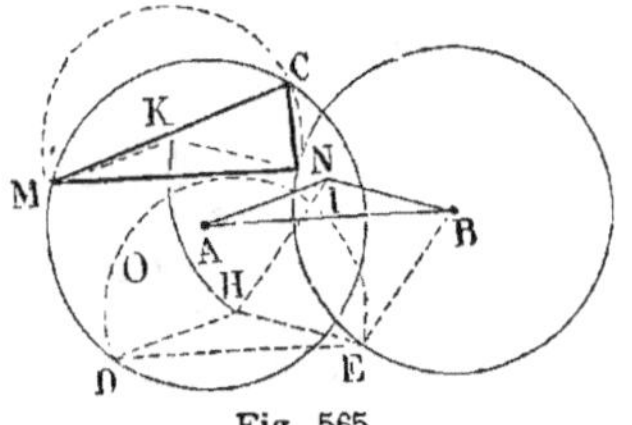

Fig. 565

avec DH pour rayon. K sera le centre de l'arc du segment capable de l'angle donné, et la corde MN sera égale et parallèle à AB.

Exercice 234. — II.

920. Problème. *On donne deux droites égales* AB, A′B′, *et l'on demande d'amener* AB *à coïncider avec* A′B′, *à l'aide d'une rotation autour d'un centre à déterminer.*

Menons AA′ et BB′; élevons des perpendiculaires au milieu de chacune de ces lignes; le point C où les perpendiculaires se coupent est le centre demandé.

En effet, CA = CA′; CB = CB′ comme obliques également éloignées du pied de la

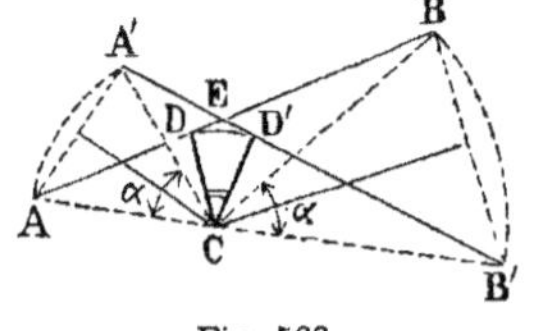

Fig. 566.

perpendiculaire; puis les triangles ACB, A′C′B′ sont égaux comme ayant les trois côtés égaux.

Scolie. I. Les perpendiculaires CD et CD′ sont égales, car les triangles rectangles ADC, A′D′C sont égaux comme ayant l'hypoténuse égale et l'angle CAD = CA′D′; donc, pour opérer la rotation de la droite, il suffit de la considérer comme liée au centre par la perpendiculaire CD, et faire tourner CD d'un angle DCD′ égal à l'angle α.

II. Le quadrilatère DCD′E a deux angles droits; donc l'angle DCD′ ou α égale l'angle BEB′, que les droites forment entre elles.

Remarques. 1° Le problème proposé (n° 920) est celui qu'il faut résoudre pour amener une figure plane donnée à occuper dans son plan une position aussi donnée; d'après le *théorème de Chasles* (n° 770), on sait que ce résultat peut toujours être obtenu.

2° Voir à ce sujet deux articles de M. A. POULAIN dans J. M. S., 1891, p. 193, et J. M. E., 1894, p. 3.

Exercice 235.

921. Problème. *Deux points* A *et* B *étant donnés sur une circonférence* AOB, *trouver sur cette courbe un troisième point* C, *tel que la somme des distances* AC + CB *égale une ligne donnée* l.

Soit C le point demandé, tel que $AC + CB = l$.

En prenant $CD = CB$, on obtient un triangle isocèle BCD, dans lequel l'angle D est la moitié de l'angle ACB; donc il faut décrire un segment ADB capable d'un angle moitié de ACB, ou moitié de AOB, puis, du point A comme centre, avec l pour rayon, décrire un arc DD', joindre AD et CB.

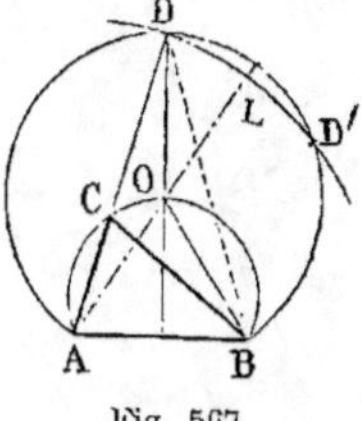

Fig. 567.

Scolie. I. Il y a deux solutions, une seule ou aucune, suivant que l'arc DD' coupe le segment en deux points, lui est tangent ou ne le rencontre pas.

II. Le point O est le centre du segment ADD'B, car l'angle inscrit D est la moitié de l'angle au centre AOB.

III. Le maximum de l est donné par le diamètre AOL; il égale deux fois AO, côté du triangle isocèle inscrit.

IV. Le problème proposé revient à construire un triangle ABC, connaissant la base AB, l'angle opposé C et la somme l des côtés qui comprennent l'angle C.

(Voir *Exercice 266*, n° 989.)

922. Problème. *Déterminer le point C de manière que la différence* CB — CA *ait une longueur donnée.*

Solution analogue au problème précédent; le segment auxiliaire doit être capable d'un angle de $90° + \dfrac{C}{2}$.

Exercice 236.

923. Problème. *Dans un triangle, la base et la médiane correspondantes ont des longueurs données. Comment varie l'angle au sommet?*

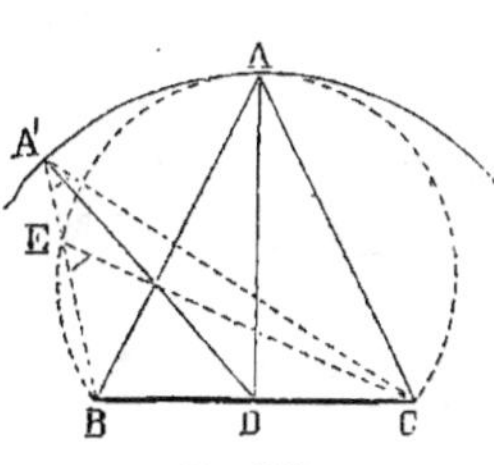

Fig. 568.

Il y a trois cas à examiner, suivant les longueurs relatives des lignes données :

1° *La médiane AD est plus grande que la moitié de la base BC.*

Le triangle isocèle BAC donne l'angle maximum, car si l'on décrit le segment BAC capable de l'angle A, et une circonférence AA' avec la médiane DA pour rayon, on reconnaît que l'angle A' est plus petit que l'angle E, qui égale A.

Ainsi, à partir du point A, l'angle diminue, et il devient nul lorsque le sommet vient se placer sur le prolongement de la base.

2º *La médiane* AD *égale la moitié de la base.*

Dans ce cas, le triangle est rectangle, l'angle est constant.

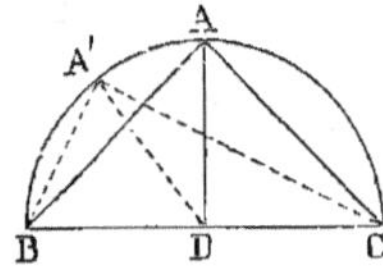

Fig. 569.

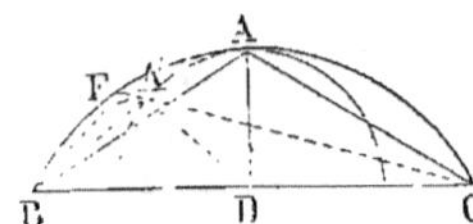

Fig. 570.

3º *La médiane est plus petite que la moitié de la base.*

Le triangle isocèle donne l'angle minimum.

Car on a A′ ou BA′C > BFC. L'angle augmente et tend vers 180º, lorsque le sommet se rapproche de plus en plus de la base BC.

Exercice 237.

924. Problème. *Un segment rectiligne, d'une longueur constante* MN, *glisse sur une droite illimitée. Deux points fixes* A *et* B *sont donnés; on mène* AMC, BNC. *Étudier les variations de l'angle* C *ainsi déterminé.*

(Voir *Méthode*, nº 253.)

925. Problème. *On donne un diamètre fixe* DOE, *un point* A *sur le prolongement de ce diamètre; on mène une corde* MN *parallèle au diamètre. Pour quelle position de cette corde la somme des angles* MAO *et* NAO *est-elle maxima?*

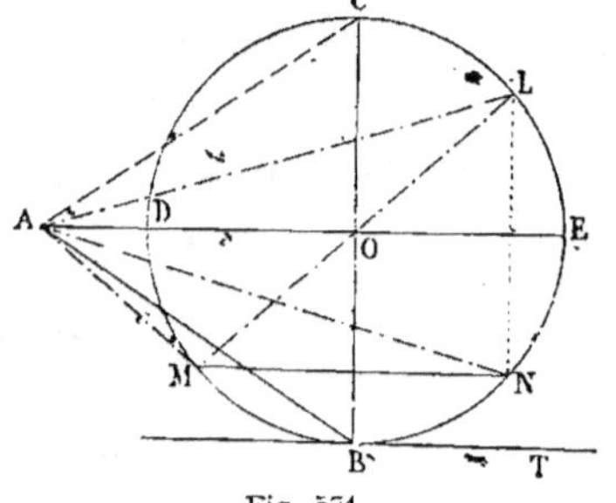

Fig. 571.

En menant le diamètre MOL, nous retombons sur une question précédente (nº 922); car

$$MAO + NAO = MAL.$$

Or la base ML est constante; il en est de même de la médiane AO; donc le maximum a lieu quand le triangle BAC est isocèle, car la médiane AO est plus grande que la moitié de la base ML. Dans ce cas, la parallèle devient la tangente BT, et l'on a

$$2 \text{ fois } BAO > MAO + NAO$$

Remarque. Lorsque le point A est dans la circonférence, le triangle isocèle BAC correspond à la somme minima, ainsi qu'on l'a vu précédemment (nº 923, 3º).

Exercice 238.

926. Problème. *On donne deux parallèles et un point fixe* O. *A quelle distance de ce point faut-il mener une droite* CD *perpendiculaire aux parallèles, pour que l'angle* COD *soit maximum?*

(Voir *Méthodes*, nº 216.)

927. Problème. *Un point fixe O et deux parallèles sont donnés; mener une sécante CD parallèle à une droite AB, de manière que l'angle COD soit maximum.*

(Voir *Méthodes*, n° 272.)

Exercice 239.

928. Problème. *On donne, de grandeur et de position, une circonférence et une droite CD. Pour quel point A de la circonférence l'angle CAD est-il maximum ou minimum?*

(Voir *Méthodes*, n° 341.)

Exercice 240.

929. Problème. *On donne deux circonférences concentriques et un angle droit EAF dont le sommet est placé au centre commun. On projette les points E, F sur un diamètre fixe, et par les points D, G, on mène les parallèles DN et GL. Pour quelle position de l'angle droit EAF l'angle LAN atteint-il son maximum?* (Concours général pour les classes de logique, en 1860. — N. A., 1861, p. 21.)

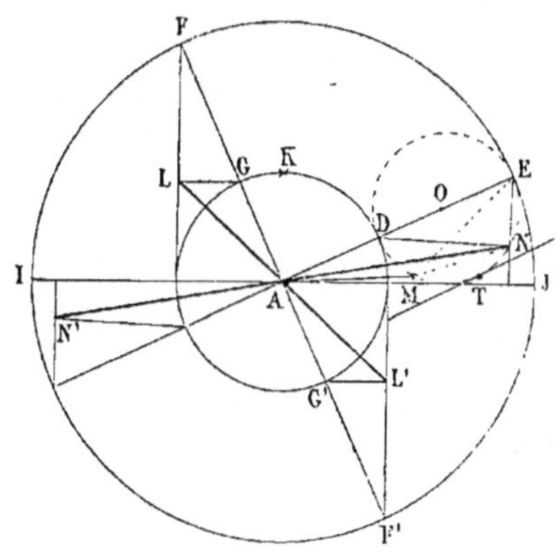

Fig. 572.

Le maximum a lieu lorsque la somme LAG + DAN est aussi grande que possible. Pour ramener cette question à une question déjà connue, il suffit de décrire une circonférence sur DE comme diamètre, et de prendre DM = GL.

Les trois triangles rectangles GLF, END, DME sont égaux comme ayant l'hypoténuse égale; de plus les deux premiers ont des angles égaux, et le premier et le troisième ont le côté DM = GL; donc ce côté égale EN. Ainsi la droite MN est parallèle à DE; l'angle DAM = GAL, et l'on peut remplacer LAG + DAN par MAD + NAD.

Or le maximum de cette somme a lieu quand MN devient tangente. Alors l'angle DET égale 45°; mais pour que la projection du point E fasse 45° avec AE, *il faut que AE fasse aussi 45° avec le diamètre fixe IJ.*

930. Remarque. On sait que LL', NN' sont deux diamètres conjugués de l'ellipse qui aurait AJ et AK pour demi-axes; *donc l'angle maximum que peuvent faire entre eux deux diamètres conjugués est obtenu en projetant les extrémités de deux diamètres rectangulaires du cercle AJ, lorsque ces deux diamètres coupent IJ sous des angles de 45°.*

L'angle NAL' est le supplément de NAL; ainsi à l'angle maximum correspond l'angle minimum.

Droites et Circonférences sécantes.

931. Droite et circonférence. On sait que l'angle d'une circonférence et d'une sécante est l'angle formé par la droite donnée et la tangente à la circonférence au point d'intersection (n° 619).

Lorsque deux circonférences sont concentriques et qu'on mène des tangentes à la circonférence intérieure :

1° *Les cordes interceptées par la circonférence extérieure sont égales entre elles ;*

2° *Chaque tangente coupe la circonférence extérieure sous un angle constant.*

932. Deux circonférences. L'angle de deux circonférences sécantes est l'angle formé par des tangentes menées à chacune de ces courbes par un des points d'intersection (n° 619). Cet angle est le supplément de l'angle formé par les rayons qui joignent le point d'intersection considéré aux centres des cercles donnés.

Lorsqu'on a deux circonférences concentriques et que chaque point de l'une d'elles est pris pour centre d'une circonférence de rayon constant qui coupe la seconde circonférence donnée :

1° *La corde commune aux deux circonférences qui se coupent a une longueur constante ;*

2° *Les deux circonférences sécantes se coupent sous un angle constant.*

Exercice 241.

933. Problème. *Par un point donné* A, *mener une droite qui coupe une circonférence donnée sous un angle donné* m.

On a rappelé qu'on nomme angle d'une droite et d'une circonférence, l'angle m formé par la droite BD avec la tangente BT, menée à la circonférence par un des points B d'intersection (n° 619).

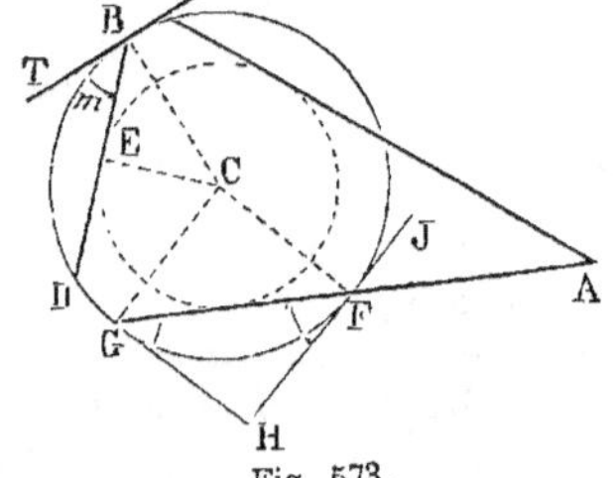

Ainsi, par un point quelconque B de la circonférence, menons une tangente BT ; formons l'angle donné m, et, par le point A, menons une sécante AFG telle que la corde interceptée FG = BD.

Il suffit de mener, du point A, une tangente à la circonférence de rayon CE.

$$\text{L'angle } m = F = AFJ \qquad (\text{n° 931}).$$

934. Problème. *Mener une droite qui coupe une circonférence* A *sous un angle donné* m, *et une circonférence* B *sous un angle* n.

On procède comme ci-dessus, et l'on mène une tangente commune aux deux circonférences auxiliaires.

935. Problème. *Décrire une circonférence qui coupe chaque côté d'un triangle sous un angle donné* m.

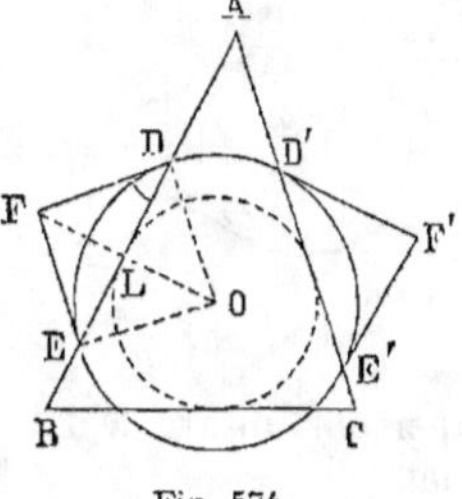

Fig. 574.

Soit le problème résolu et l'angle $D = m$.

Les trois cordes doivent être égales, car alors les triangles DFE, D'F'E' sont égaux; donc le centre est équidistant des trois côtés; par suite, le point O est le point de concours des bissectrices du triangle. Le rayon OD est l'hypoténuse d'un triangle rectangle DLO, dans lequel on connaît OL et l'angle $O = D = m$.

Exercice 242.

936. Problème. *On donne deux droites ; décrire une circonférence avec un rayon donné : le centre doit être sur une des droites, et la circonférence doit couper l'autre droite sous un angle donné.*

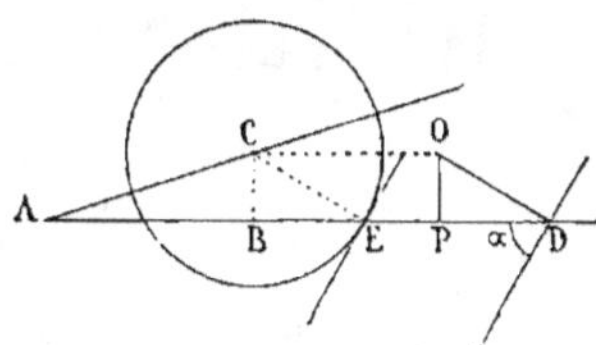

Fig. 575.

En supposant le problème résolu, on voit qu'il est facile de déterminer la distance OP du centre à la droite AB.

Il faut élever au sommet de l'angle α donné une perpendiculaire DO égale au rayon; mener une parallèle OC à la ligne AD; le centre C est déterminé.

937. Problème. *Décrire une circonférence de rayon donné, qui soit coupée sous un angle* m *par une droite, et sous un angle* n *par une autre droite aussi donnée de position.*

Solution analogue au problème précédent (n° 936).

Exercice 243.

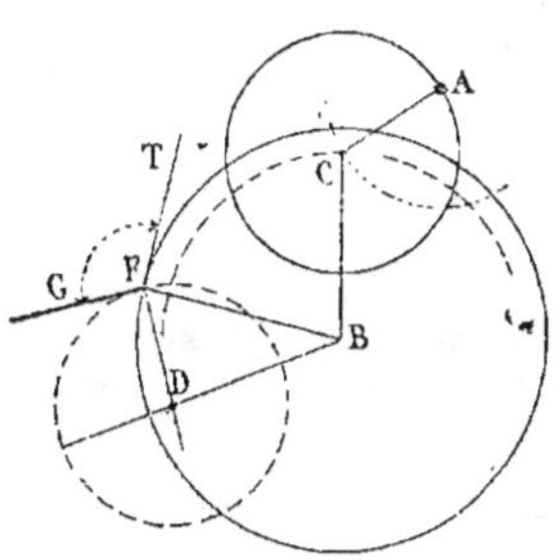

Fig. 576.

938. Problème. *Avec un rayon donné, décrire une circonférence qui passe par un point A et qui coupe une circonférence donnée B sous un angle donné.*

Cherchons le lieu des centres des circonférences coupant la circonférence donnée sous un angle donné.

Avec une tangente quelconque FT faisons l'angle donné TFG; élevons une perpendiculaire à FG, et prenons FD égale au rayon donné r. La circonférence décrite du point B comme centre, avec BD pour rayon, sera le lieu cherché; il suffit alors de le couper avec un arc décrit du point A comme centre avec r pour rayon.

Exercice 244. — I.

939. Problème. *D'un point donné comme centre, décrire une circonférence qui coupe orthogonalement une circonférence donnée ; ou bien, d'un*

*point donné A comme centre, décrire une circonférence telle que la
tangente menée d'un point donné B ait une lon-
gueur l.*

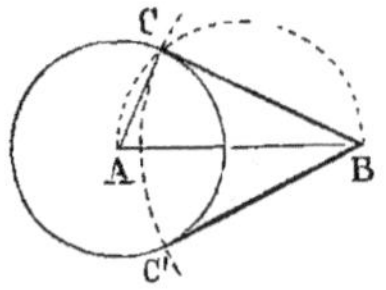

On a déjà dit (n° 620) que deux cercles se
coupent *orthogonalement* lorsque les tangentes
menées respectivement à ces cercles, par un des
points d'intersection, sont à angle droit.

En supposant le problème résolu et la tangente BC = *l*, on voit qu'il suffit de décrire une
circonférence sur AB comme diamètre, et de la couper par un arc décrit
du centre B avec la longueur *l*. AC est le rayon demandé.

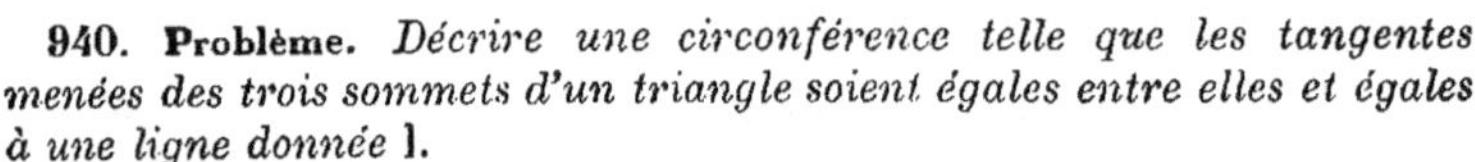

Fig. 577.

940. Problème. *Décrire une circonférence telle que les tangentes
menées des trois sommets d'un triangle soient égales entre elles et égales
à une ligne donnée l.*

Le centre du cercle circonscrit au triangle donné est le centre cherché, et l'on retombe sur le problème précédent.

Exercice 244. — II.

941. Problème. *Avec un rayon donné r, décrire une circonférence qui
passe par un point donné A, et telle que la tan-
gente menée d'un second point B ait une longueur l.*

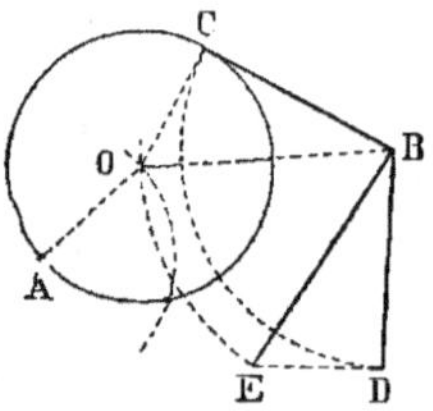

Supposons le problème résolu.

On connaît la longueur de BC et celle du rayon
CO; donc on peut déterminer la longueur de
l'hypoténuse BO.

Pour cela, prenons BD = *l*; DE = *r*; BE est
l'hypoténuse.

Du point B, avec le rayon BE, décrivons un
arc EO et coupons-le par un arc décrit du point A avec *r* pour rayon;
on obtient ainsi le point O comme centre de la circonférence demandée.

Fig. 578.

Remarque. Ce problème n'est qu'un cas particulier d'une question plus
générale (n° 944 ci-après).

942. Problème. *Avec un rayon donné r, décrire une circonférence telle
qua la tangente menée d'un point A ait une longueur k, et la tangente
menée d'un point B ait une longueur l.*

On construit deux lignes analogues à BE, etc.

Remarque. Ce problème peut aussi se ramener à un problème plus
général (n° 945).

Exercice 244. — III.

943. Problème. *D'un point donné A comme centre, décrire une circonférence qui coupe une circonférence donnée B, sous un angle
donné m.*

Supposons le problème résolu et l'angle C = m.

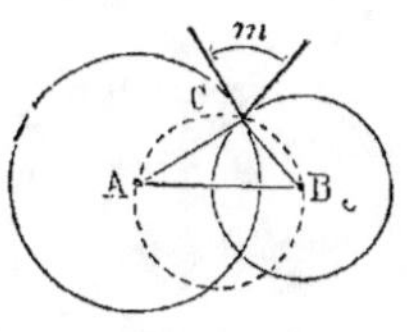

Fig. 579.

Chaque tangente est perpendiculaire au rayon du point de contact; donc les angles ACB et C ou m sont supplémentaires comme ayant les côtés perpendiculaires et de même sens. (G., n° 85.)

Ainsi ACB = 180 — m. Il suffit donc de décrire sur AB un segment capable de (180 — m); il déterminera le point C, et on décrira une circonférence avec AC pour rayon.

Exercice 245.

944. Problème. *Avec un rayon donné, décrire une circonférence qui coupe une autre circonférence et une droite sous des angles donnés m et n.*

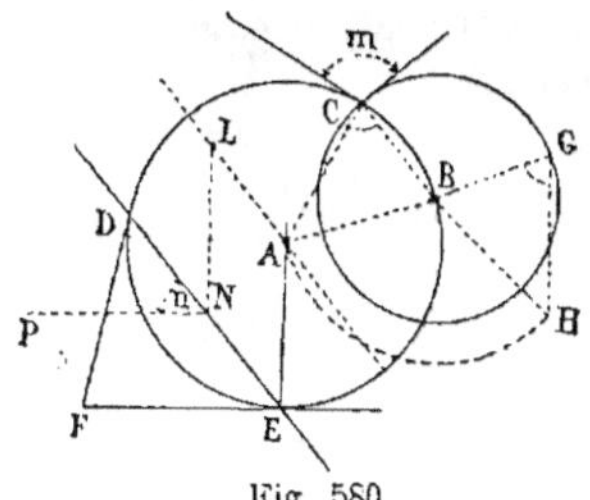

Fig. 580.

Supposons le problème résolu. Soit A la circonférence demandée, et m, n les angles donnés.

1° On peut construire le triangle BGH égal à BCA, car BG est donné; l'angle BGH = 180 — m, et BH égale le rayon aussi donné; donc le centre cherché est sur la circonférence décrite du point B avec le rayon BH.

2° On fait l'angle PND = n; on élève une perpendiculaire NL égale au rayon donné BH; le centre doit se trouver encore sur la parallèle LA à DE; donc...

945. Problème. *Avec un rayon donné, décrire une circonférence qui coupe une circonférence A sous un angle donné m, et une autre circonférence sous un autre angle aussi donné n.*

La question se résout comme précédemment.

Cas particulier. *Avec un rayon donné, décrire une circonférence qui coupe orthogonalement deux circonférences données* (n° 942).

Tangentes et Raccordement des lignes.

946. Le raccordement des lignes droites ou circulaires dépend des problèmes relatifs aux circonférences et aux droites tangentes; néanmoins il est utile de désigner les diverses questions qui s'y rattachent par l'énoncé que l'usage a consacré.

Les éléments de Géométrie fournissent directement la solution des questions suivantes :

Raccordement de deux droites, n°s 197 et 200.

Raccordement d'une droite et d'un arc circulaire, n°s 199 et 201.

Plusieurs questions de raccordement ne peuvent être traitées qu'après les problèmes du livre III.

Exercice 246.

947. Problème. *Avec un rayon donné* a, *décrire une circonférence tangente :*
1° *A deux droites ;*
2° *A une droite et à une circonférence ;*
3° *A deux circonférences.*
Discuter ce dernier cas.

Le problème proposé revient à *trouver un point situé à une distance donnée* a, *de deux lignes données droites ou circulaires.*

(Voir *Discussion*, n° 252.)

Exercice 247.

948. Problème. *Par deux points donnés* A *et* B, *faire passer une circonférence qui soit tangente à une droite donnée* XY.

Supposons le problème résolu et ABC la circonférence tangente.

Déterminons le point E symétrique du point B, et menons AC, BC, CE. Cherchons la valeur de l'angle ACE.

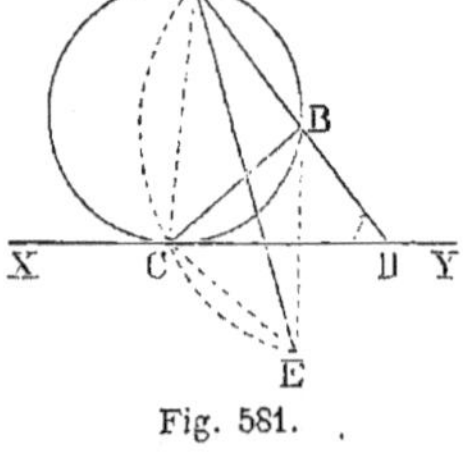
Fig. 581.

$$ACE = ACY + DCE$$
$$ACE = ACY + DCB = ACY + DAC$$

Mais la somme ACY + DAC a pour supplément l'angle D ;

donc
$$ACE = 180 - D$$

Ainsi sur AE il faut décrire un segment capable de l'angle 180 — D, c'est-à-dire un segment capable de l'angle ADY.

Remarque. Cette solution d'un problème connu (G., n° 298) est avantageuse, parce qu'elle n'exige que la connaissance du livre II.

Elle est due à M. E. LEMOINE, ancien élève de l'École polytechnique, principal promoteur de la *Géométrie récente du triangle* (J. M. E., 1879, p. 21).

949. Problème. *Inscrire un cercle dans un secteur circulaire.*

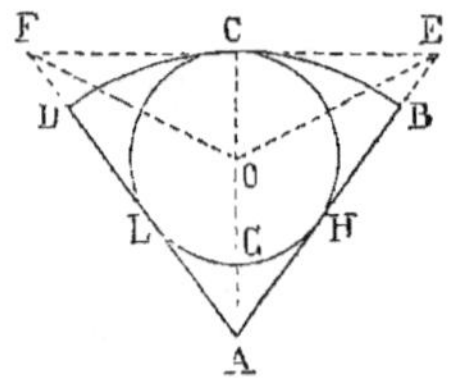
Fig. 582.

En supposant le problème résolu, on reconnaît qu'il suffit de mener une tangente ECF par le point milieu C de l'arc donné BCD, puis de mener les bissectrices des angles égaux E, F du triangle isocèle EAF.

Remarque. On procède comme ci-dessus (n° 949) lorsqu'on veut inscrire un cercle dans le triangle formé par les tangentes AL, AH et par l'arc HGL.

Exercice 248.

950. Problème. *Une circonférence de centre* A *étant donnée, décrire, d'un point* B *aussi donné pris pour centre, une autre circonférence, de* *manière que la tangente commune, mesurée entre les points de contact, ait une longueur donnée l.*

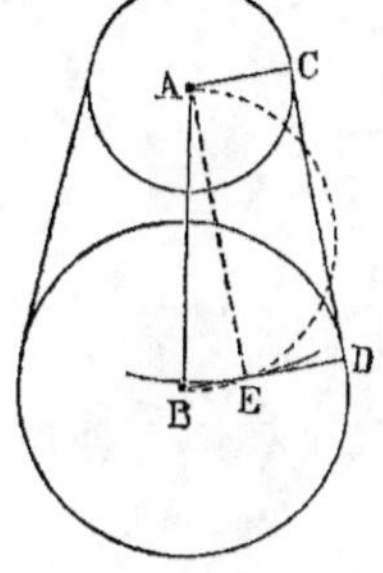

En supposant le problème résolu et $CD = l$; on voit que la parallèle AE égale aussi l.

Donc, sur AB comme diamètre, il faut décrire une circonférence; puis, du point A, la couper avec le rayon l; mener BE, prendre ED = AC.

Remarque. Lorsqu'on porte ED sur le prolongement de BE, la tangente est extérieure; lorsqu'on prend ED sur EB, la tangente est intérieure.

951. Problème. Même énoncé, *mais les deux tangentes doivent se couper sous un angle donné* 2m.

Fig. 583.

Par le point A, on mène AE coupant AB sous un angle m, et l'on abaisse une perpendiculaire BE, etc.

Exercice 249.

952. Problème. *Deux points A et B étant donnés, décrire une circonférence avec un rayon donné, telle que les tangentes menées de A et de B fassent entre elles un angle donné* 2m *et que la différence des tangentes égale une ligne* l.

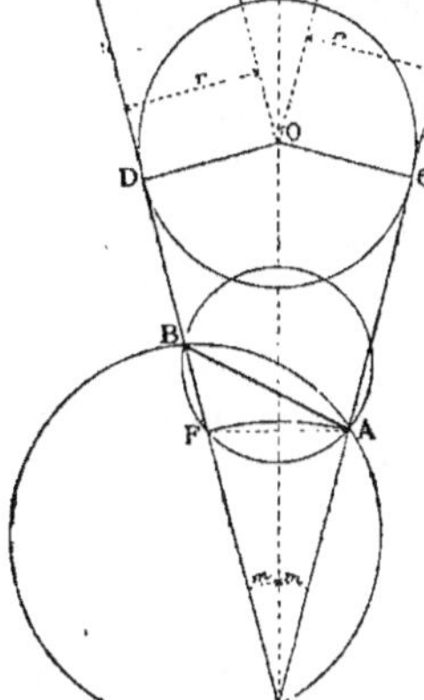

Soit le problème résolu;

$$AC - BD = l$$

et $\quad$ l'angle $AEB = 2m$

Prenons $\quad EF = EA$

on aura $\quad BF = l$

On peut construire le triangle BAF, car on connaît AB, la longueur BF et l'angle AFB.

En effet, $\quad AFE = 90° - m$

donc $BFA = 180 - (90° - m) = 90° + m$

Le triangle ABF étant construit, prolongeons FB jusqu'à la rencontre E du segment décrit sur AB et capable de 2m; puis, entre les côtés de l'angle AEB, on déterminera un point O, tel que OC = OD = r.

Fig. 584.

953. Problème. *Trois points A, B, C étant donnés, du point A, comme centre, décrire une circonférence telle que les tangentes menées des points B et C fassent entre elles un angle donné.*

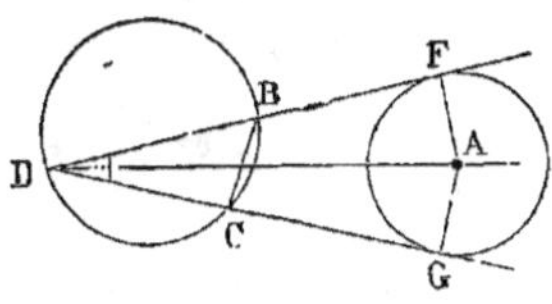

Sur BC il faut décrire un segment BDC capable de l'angle donné; joindre le centre A au point milieu de l'arc BC. Cette ligne AD est bissectrice de l'angle D; donc les perpendiculaires AF, AG sont égales.

Fig. 585.

Exercice 250.

954. Problème. *Décrire une circonférence qui soit tangente à une
droite CD et qui coupe une circonférence donnée en un point A,
sous un angle α.*

Par le point A, menons une tangente AB à la circonférence donnée; faisons l'angle BAC égal à α.
La droite AC doit être tangente à
la circonférence demandée; donc le
centre O se trouve sur la bissectrice
de l'angle C et sur la droite AO
perpendiculaire à la tangente AC.

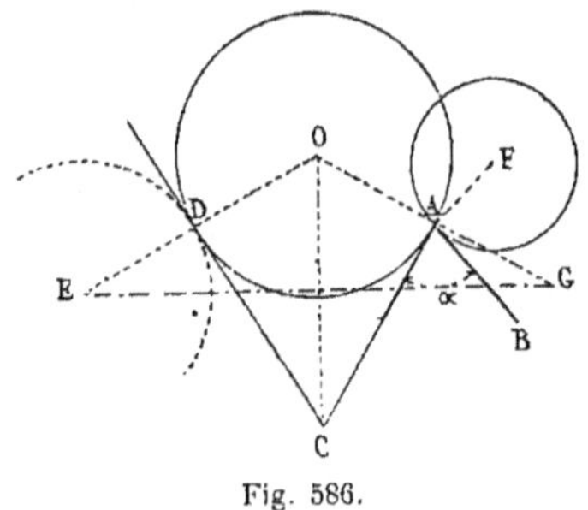

Fig. 586.

955. Problème. *Décrire une circonférence qui soit tangente à une circonférence E qui coupe une circonférence F en un point A sous un angle
donné α (fig. 586).*

Comme précédemment; mais, sur le prolongement du rayon OA, on
prend une longueur AG égale au rayon de la circonférence E; puis on
élève une perpendiculaire au milieu de EG.

956. Problème. *Avec un rayon donné r, décrire une circonférence tangente à une circonférence de centre A et coupant orthogonalement une
circonférence de centre B.*

Soient a et b les rayons des circonférences données, o le centre de la
circonférence demandée.

La distance AO des centres des circonférences tangentes égale $a \pm r$.

La distance BO des circonférences orthogonales est l'hypoténuse d'un
triangle rectangle ayant b et r pour côtés de l'angle droit.

Exercice 251.

957. Problème. *Raccorder deux lignes données, droites ou circulaires,
par un arc d'un rayon donné.*

Pour chaque ligne donnée, on trace le lieu des centres des circonférences qui peuvent être décrites avec le rayon donné, tangentiellement
à la ligne donnée. Les rencontres de ces lieux donnent les centres des
arcs à décrire. Les points de raccordement sont déterminés par des perpendiculaires abaissées des centres sur les droites, ou des normales communes aux deux courbes qui se raccordent (la normale commune passe
par les deux centres).

On peut avoir à raccorder deux droites entre elles, deux arcs entre
eux, ou une droite et un arc.

958. Remarque. Le raccordement des lignes est d'une grande utilité
dans toutes les questions pratiques qui se rattachent au dessin linéaire.
A un autre point de vue, le raccordement des lignes est aussi très important dans les opérations sur le terrain pour le *tracé des routes*. Ces diverses

applications exigent des développements qui ne sauraient trouver place
ici. On doit donc consulter et la *Méthode de dessin* et l'*Arpentage*,
3ᵉ édition, 1888. Pour ce dernier traité, on peut voir le § V (nᵒˢ 613 et
suivants).

Exercice 252.

959. Problème. *Raccorder deux alignements par des arcs tangents
entre eux, ayant respectivement
pour rayon deux longueurs données a et b, les angles au centre
des deux arcs devant être égaux
entre eux.*

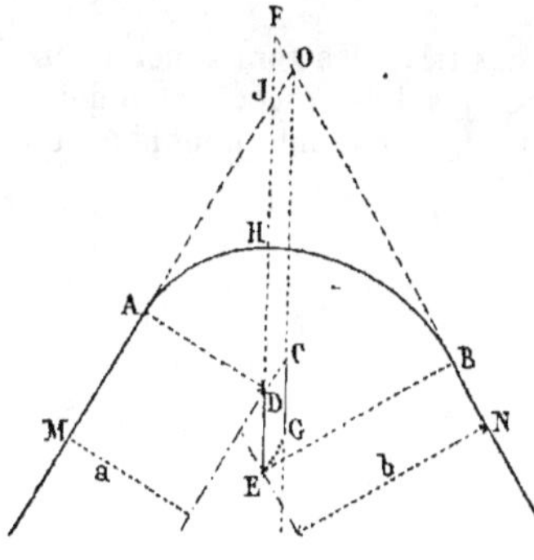

Fig. 587.

Supposons le problème résolu
et l'angle ADH = BEH.

A cause des angles égaux, le
triangle FOJ est isocèle; donc la
ligne des centres est parallèle à
la bissectrice de l'angle O que
forment les alignements donnés
OM, ON; d'ailleurs, la distance
du centre D à la droite OM est
connue, etc.; donc on est conduit
à la construction suivante :

A une distance *a*, il faut mener une parallèle à MO. A une distance *b*,
mener une parallèle à ON; déterminer la bissectrice OCG, prendre CG
égale à la différence ou à la somme des rayons, mener GE parallèle à CD
et ED parallèle à CG. Pour déterminer les points de contact, on abaisse
les perpendiculaires DA, EB.

Problème. *Raccorder deux alignements par deux arcs tangents entre
eux.*

Avec les données suivantes :

960. — 1ᵒ *On connaît les points de contact, le rayon a et l'angle ADH;*

961. — 2ᵒ   —   *les deux points de contact et une tangente à la
courbe de raccordement;*

962. — 3ᵒ *On connait le point de raccordement H et les deux rayons.*

963. — 4ᵒ *Les deux droites à raccorder donnent lieu à deux arcs de
sens contraires, et les arcs doivent être séparés l'un de l'autre par un
segment rectiligne ayant une longueur donnée* l.

Remarque. Ce dernier problème est imposé pour le tracé des chemins
de fer; mais ces diverses questions, 1ᵒ, 2ᵒ, 3ᵒ, 4ᵒ, se traitent surtout par
le calcul. A ce sujet voir notre *Arpentage et nivellement,* 3ᵉ édition, 1888,
nᵒˢ 613 à 618.

Construction des Triangles isocèles ou rectangles.

964. Pour construire un triangle quelconque, il faut connaître trois éléments du triangle, et l'un deux, au moins, doit être linéaire.

La ligne donnée peut être un côté, une médiane, une hauteur, etc.; la somme ou la différence de deux de ces lignes; le rayon du cercle inscrit ou celui du cercle circonscrit.

Les problèmes relatifs à la construction des triangles sont si nombreux et si variés, qu'on utilise successivement la plupart des théorèmes étudiés et des problèmes déjà résolus. Il n'est donc pas possible d'indiquer un mode général de résolution.

Exercice 253.

965. Problème. *Construire un triangle équilatéral, connaissant :*

1º *La hauteur;*
2º *Le rayon du cercle inscrit;*
3º *Le rayon du cercle circonscrit.*

Exercice 254.

966. Problème. *Construire un triangle isocèle, connaissant :*

1º *La base BC et la hauteur AD;*
2º *La base BC et l'angle adjacent B ou C;*
3º *La base BC et l'angle au sommet A.*

967. Problème. *Construire un triangle isocèle, connaissant :*
1º *La base et le rayon du cercle inscrit;*
2º *La base et le rayon du cercle circonscrit;*
3º *La hauteur et l'un des angles égaux.*

Exercice 255.

968. Problème. *Construire un triangle isocèle, connaissant la cir-conférence circonscrite et la position du point milieu, soit de la base, soit d'un des côtés égaux.*

Supposons le problème résolu, et soit M le point milieu du côté.

La perpendiculaire AB, menée au rayon MO, est un des côtés; puis on mène le diamètre BOD et une perpendiculaire ADC sur ce diamètre, etc.

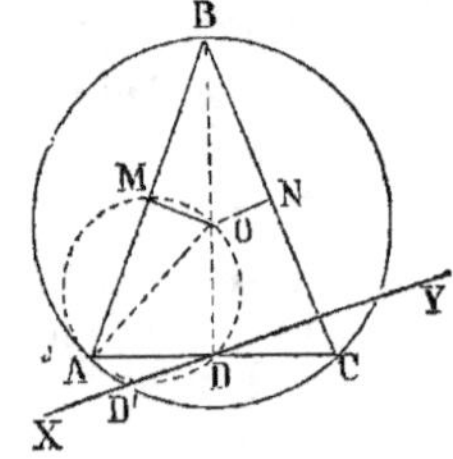

Fig. 588.

969. Problème. *Construire un triangle iso-cèle, connaissant le cercle circonscrit, sachant que le milieu de la base se trouve sur une droite donnée XY, et connaissant un sommet A.*

Sur AO pris pour diamètre on décrit une circonférence, lieu géométrique du point milieu des cordes qui passent par le point A, puis on mène la base ADC et le diamètre DOB.

Le point D' fournit une seconde solution.

Exercice 256.

970. Problème. *Construire un triangle rectangle, connaissant un côté de l'angle droit et la somme ou la différence de l'hypoténuse et de l'autre côté.*

1° La somme $= l$.

Supposons le problème résolu, AB le côté donné et $BC + AC = l$.

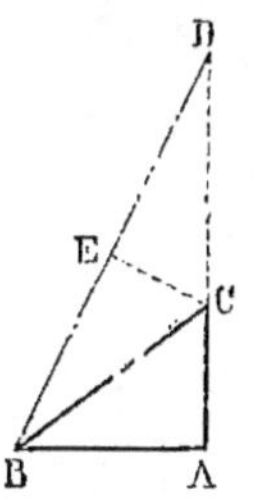

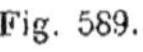

Fig. 589.

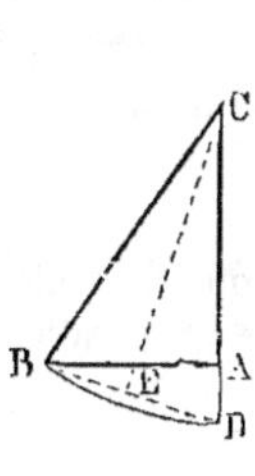

Fig. 590.

Pour avoir la somme (fig. 589), on peut porter BC de C en D. Or le triangle rectangle BAD est déterminé, car $AD = l$; donc il suffit de construire ce triangle et d'élever une perpendiculaire EC au milieu de BD; le point C sera déterminé.

2° Soit d la différence (fig. 590).

Un raisonnement analogue conduit à prendre $AD = d$ et à élever une perpendiculaire EC au milieu de BD.

On aura : $BC - AC = AD = d$

971. Problème. *Construire un triangle rectangle, connaissant l'hypoténuse et la somme ou la différence des côtés de l'angle droit.*

Le problème revient à *trouver un point sur une demi-circonférence, de manière que la somme ou la différence de ses distances aux extrémités du diamètre égale une longueur donnée* (n° 921).

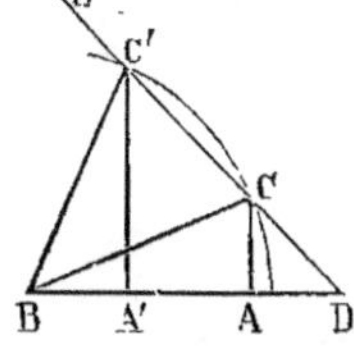

Fig. 591.

On peut aussi employer la construction suivante : Supposons le problème résolu et $AB + AC = l$.

Pour avoir la somme, on peut porter AC de A en D. Or $D = 45°$; donc il faut prendre $BD = l$, faire un angle D de 45°, et, du point B comme centre, avec l'hypoténuse donnée couper DE en C et C'.

Il y a une solution analogue pour la différence, mais on fait un angle de $(180 - 45)$ ou de 135°.

Exercice 257. — I.

972. Problème. *Construire un triangle rectangle, connaissant :*
1° *Les rayons* r *et* R *des cercles inscrit et circonscrit;*
2° *L'un des angles aigus* C, *et le rayon* r *du cercle inscrit.*

Soit ABC le triangle demandé.

1° Si l'on connaît les rayons r et R, on a l'hypoténuse en doublant le rayon R du cercle circonscrit; d'autre part, on aura la somme des côtés de l'angle droit en faisant la somme des deux diamètres $2r$ et $2R$ (n° 741). Dès lors on connaît l'hypoténuse BC, l'angle opposé A, et la somme des deux autres côtés (n° 971).

On tracera donc une droite BD égale à la somme des deux diamètres; on fera en D un angle de 45° (fig. 592); du point B, avec un rayon égal au diamètre du cercle circonscrit, on coupera la droite DC, et une perpendiculaire élevée sur le milieu de CD déterminera le troisième sommet A.

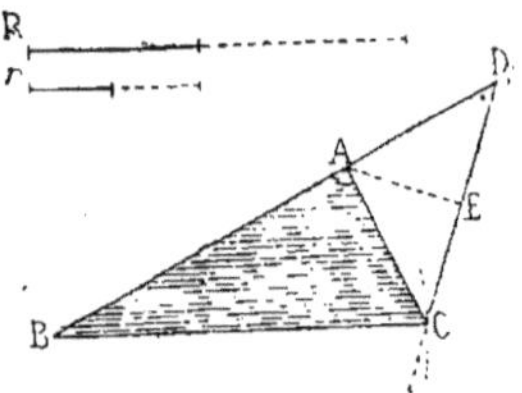
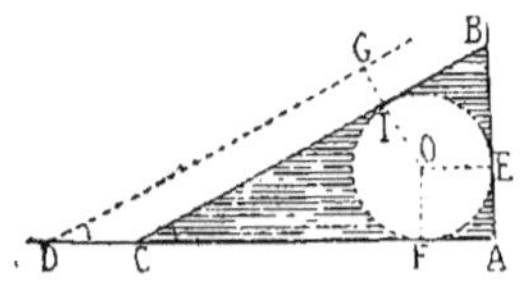

Fig. 592.   Fig. 593.

2° Si l'on connaît l'angle aigu C et le rayon du cercle inscrit (fig. 593), on décrit ce cercle et on mène deux tangentes perpendiculaires AC et AB; en un point quelconque de AC on construit l'angle D égal à l'angle donné; on mène OG perpendiculaire sur DG, et par le point I la parallèle CIB.

973. Problème. *Construire un triangle rectangle, connaissant :*
1° *Un côté de l'angle droit et le rayon du cercle inscrit;*
2° *La somme des côtés de l'angle droit et le rayon du cercle inscrit.*

1° Si l'on connaît le côté AB et le rayon du cercle inscrit (fig. 593), on décrit ce cercle et on mène deux tangentes perpendiculaires AC et AB; on donne à cette dernière la longueur AB, et, par le point B, on mène au cercle inscrit la tangente BIC.

2° Si l'on donne la somme des côtés de l'angle droit et le rayon r du cercle inscrit, on retranche $2r$ de la somme donnée (fig. 592), et l'on a le diamètre du cercle circonscrit, qui n'est autre que l'hypoténuse (n° 741); on rentre alors dans le premier cas ci-dessus.

Exercice 257. — II.

974. Problème. *Construire un triangle rectangle, connaissant :*
1° *Un côté de l'angle droit et la hauteur qui tombe sur l'hypoténuse;*
2° *L'un des angles aigus et la somme ou la différence des côtés de l'angle droit;*
3° *La médiane et la hauteur qui tombent sur l'hypoténuse.*

Soit ABC le triangle demandé.

1° Si l'on connaît le côté AC et la hauteur AD, on trace une droite indéfinie BC, sur laquelle on élève la perpendiculaire DA égale à la hauteur donnée; du point A, avec un rayon égal au côté donné, on coupe BC, ce qui donne un second sommet C; on mène enfin AB perpendiculaire à AC.

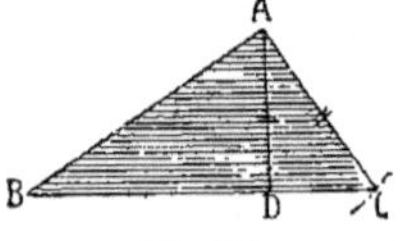

Fig. 594.

2º Si l'on connaît l'angle aigu B et la somme ou la différence BD des côtés de l'angle droit (fig. 595), on construit l'angle B et l'on porte la longueur BD; on fait en D un angle de 45º, et l'on mène EA perpendiculaire au milieu de CD. Le triangle isocèle CAD a deux angles C et D de 45º; donc le troisième angle est droit. ABC est le triangle demandé.

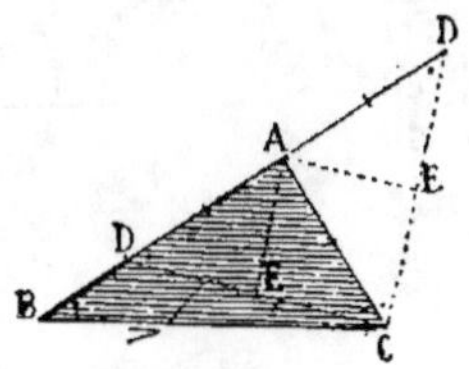

Fig. 595.

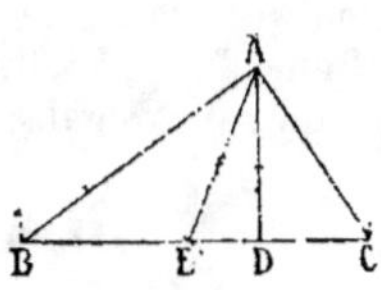

Fig. 596.

3º Si l'on connaît la médiane AE et la hauteur AD qui tombent sur l'hypoténuse (fig. 596), on trace une droite indéfinie BC et une perpendiculaire AD égale à la hauteur donnée; du point A, avec un rayon égal à la médiane donnée, on coupe BC en E; ce point E est le milieu de l'hypoténuse; et, comme l'hypoténuse est double de la médiane (nº 492), on porte EA en EB et EC.

<h3 align="center">Exercice 258.</h3>

975. Problème. *Construire un triangle rectangle* ABC, *connaissant la longueur* a *de l'hypoténuse, le sommet* A *de l'angle droit, et sachant que les sommets* B, C *doivent se trouver respectivement sur deux droites rectangulaires données.*

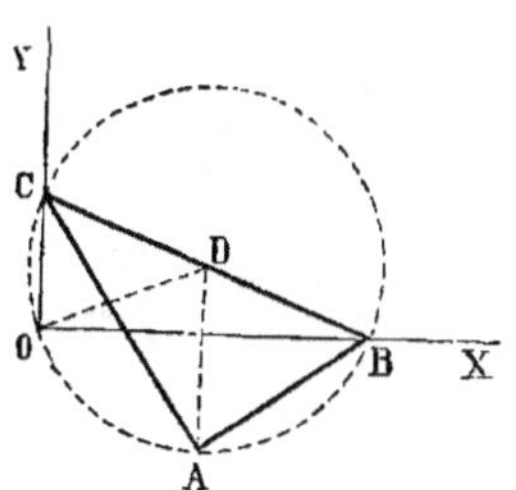

Fig. 597.

Soit XOY l'angle droit donné, A le sommet connu.

Le quadrilatère BAOC est inscriptible, car les angles BOC, BAC sont droits; de plus BC est le diamètre, et cette droite doit égaler a.

Mais, dans le triangle rectangle, la médiane OD est la moitié de l'hypoténuse (nº 492); donc, avec $\frac{a}{2}$ pour rayon, des points A et O comme centre décrivons des arcs; ils se coupent en D, et, de ce point comme centre, décrivons une circonférence avec le même rayon $\frac{a}{2}$; elle fera connaître les points B et C.

Construction des Triangles quelconques.

<h3 align="center">Exercice 259. — I.</h3>

976. Problème. *Construire un triangle, connaissant les milieux des trois côtés.*

Par chaque point on mène une parallèle à la droite qui joint les deux autres.

977. Problème. *Construire un triangle, connaissant deux côtés* a *et* b, *et la projection* n *du troisième côté sur le second.*

Soit ABC le triangle demandé. On trace CB égal au côté *a ;* on porte la longueur *n* en BD ; on élève la perpendiculaire indéfinie DA, et l'on détermine le troisième sommet A, en coupant la ligne DA par un arc décrit du point C, avec un rayon égal au côté *b*.

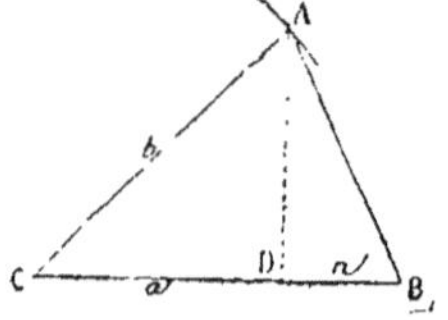

Fig. 598.

Exercice 259. — II.

978. Problème. *Construire un triangle, connaissant les centres* D, E, F, *des cercles ex-inscrits.*

On sait que les centres des cercles ex-inscrits sont les sommets d'un triangle dont les hauteurs se confondent avec les bissectrices intérieures du premier triangle (nº 662). On retrouvera donc le triangle primitif en traçant le triangle DEF et ses trois hauteurs. Les pieds A, B, C, de ces hauteurs seront les sommets du triangle demandé.

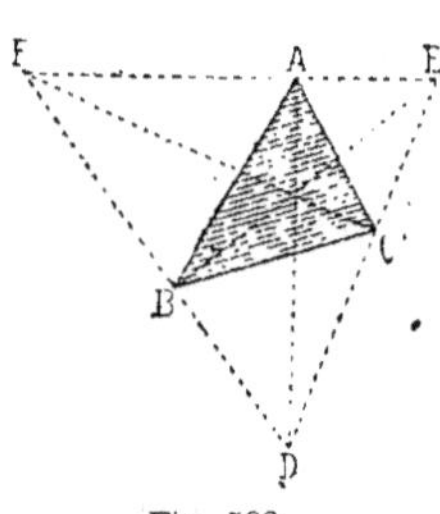

Fig. 599.

Exercice 260.

979. Problème. *Construire un triangle, connaissant les pieds* E, F, D, *des trois hauteurs.*

On sait que les trois hauteurs d'un triangle ABC servent de bissectrices au triangle DEF qui a pour sommets les pieds de ces mêmes hauteurs (nº 662).

On tracera donc le triangle DEF, puis ses trois bissectrices ; par les points D, E, F, on mènera des perpendiculaires à ces bissectrices, ce qui donnera le triangle ABC.

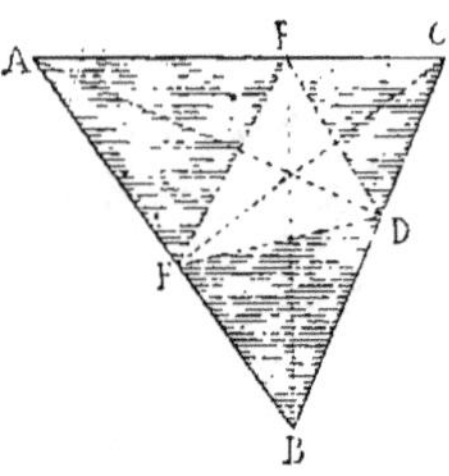

Fig. 600.

Exercice 261. — I.

980. Problème. *Construire un triangle, connaissant :*
1º *Deux côtés* AB *et* BC, *et la médiane* AD *qui tombe sur l'un d'eux ;*
2º *Deux côtés* AB *et* AC, *et la médiane comprise* AD ;
3º *Un côté* BC, *et les deux médianes* BE *et* CF *qui partent de ses extrémités.*

Supposons le problème résolu ; prolongeons la médiane AD de sa propre longueur en DA', et menons BA' et CA', puis, dans le triangle BCA', les médianes BF' et CE'. La figure totale ayant pour diagonales

les droites BC et AA' qui se coupent en leurs milieux, est un parallélogramme. Comme les médianes d'un triangle se coupent aux $^2/_3$ de leur longueur, on a $DO = DO'$, et la figure BOCO' est aussi un parallélogramme.

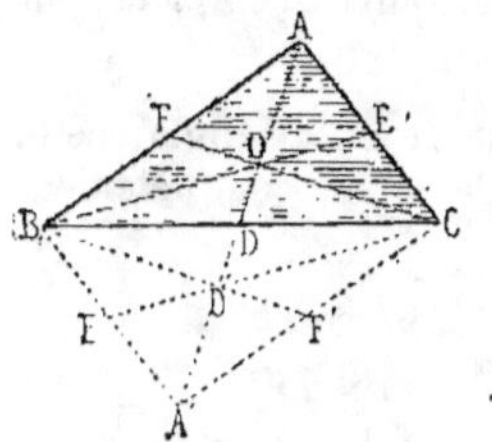

Fig. 601.

Enfin, remarquons que si, avec les données, on peut reproduire l'un quelconque des triangles ou des parallélogrammes de la figure, on achèvera facilement le triangle proposé.

1° Avec les côtés AB et BC, et la médiane AD, on peut construire le triangle ABD, qui permettra ensuite de trouver le sommet C.

2° Avec les côtés AB et AC, et la médiane AD, on peut construire le triangle ABA' (en prenant $BA' = AC$, et $AA' = 2AD$); dans ce triangle ABA', on mènera la médiane BD, que l'on prolongera de sa propre longueur, et on aura le troisième sommet C.

3° Avec le côté BC, et les médianes BE et CF, on peut construire le triangle BOC, en prenant les $^2/_3$ des médianes données; on prolonge ensuite ces médianes de manière à leur donner leur vraie longueur, et l'on trace les droites BF et CE, dont la rencontre détermine le sommet A.

Exercice 261. — II.

981. Problème. *Construire un triangle, connaissant :*

1° *Deux médianes AD et BE, et le côté BC, sur lequel tombe l'une d'elles ;*

2° *Les trois médianes* (fig. 601).

1° Avec les médianes AD et BE, et le côté BC, on peut construire le triangle BOD ; ensuite on donne aux droites BDC et DOA leur vraie longueur, et on a les sommets C et A.

2° Avec les trois médianes, on peut construire le triangle BOO', qui a pour côtés les $^2/_3$ des médianes données. Dans ce triangle, on mènera la médiane BD, que l'on prolongera de sa propre longueur, ce qui donnera le sommet C ; enfin on donnera à DOA la vraie longueur, ce qui donnera le sommet A.

Exercice 262.

982. Problème. *Construire un triangle, connaissant :*
1° *Deux côtés AB et BC, et la hauteur AD, qui tombe sur l'un d'eux ;*
2° *Deux côtés AB et AC, et la hauteur comprise AD.*

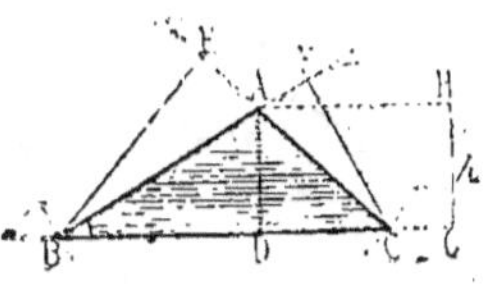

Fig. 602.

Soit ABC le triangle à reproduire.

1° Connaissant les côtés AB et BC, et la hauteur AD, on tracera une droite BC indéfinie, et, en un point quelconque D, on élèvera la hauteur DA ; du point A, avec le côté AB pour rayon, on coupera BC en B, et l'on donnera à BC la longueur voulue.

2° Connaissant les côtés AB et AC, et la hauteur AD, sur une droite indéfinie BC, on élèvera une perpendiculaire AD égale à la hauteur donnée ; du point A comme centre, avec des rayons égaux aux côtés donnés, on coupera BC en B et en C, ce qui déterminera complètement le triangle.

Remarque. Si la hauteur devait tomber en dehors du triangle, cette condition devrait être énoncée pour que le problème fût complètement déterminé.

983. Problème. *Construire un triangle, connaissant :*

1° *Un côté BC et les deux hauteurs BE et CF, qui partent de ses extrémités ;*

2° *Deux hauteurs AD et BE, et le côté BC, sur lequel tombe l'une d'elles* (fig. 602).

1° Connaissant le côté BC et les hauteurs BE et CF, on trace d'abord le côté BC ; des points B et C, avec des rayons égaux aux hauteurs données, on décrit des arcs indéfinis, en E et F, et l'on mène à ces arcs les tangentes BF et CE, dont la rencontre en A détermine le troisième sommet du triangle.

2° Connaissant les hauteurs AD et BE, et le côté BC, on trace ce côté BC ; du point B avec un rayon égal à BE, on décrit en E un arc auquel on mène la tangente CE ; en un point quelconque de la direction BC, on élève une perpendiculaire GH égale à la hauteur qui doit tomber sur BC, et l'on mène parallèlement à BC la droite HA, qui détermine le troisième sommet A du triangle.

Exercice 263. — I.

984. Problème. *Construire un triangle, connaissant la base, l'angle opposé et la hauteur abaissée du sommet de cet angle.*

(Voir *Méthodes*, n° 105.)

985. Problème. *Construire un triangle, connaissant :*

1° *Un angle B, un côté BC de cet angle, et la hauteur BE, qui part du sommet de ce même angle ;*

2° *Un angle B, et les deux hauteurs opposées AD et CF ;*

3° *Un angle B, la hauteur BE, qui tombe sur le côté opposé, et AD, l'une des deux autres hauteurs.*

Soit ABC le triangle demandé.

1° Si l'on connaît l'angle B, le côté BC et la hauteur BE, on peut tracer BC, et construire l'angle B ; décrire, du point B, avec un rayon égal à la hauteur donnée, un arc en E, et mener la tangente CE ; le troisième sommet A est déterminé.

2° Si l'on connaît l'angle B et les deux hauteurs opposées AD et CF, on peut construire l'angle B ; mener à volonté GH perpendiculaire à BC, et égal à l'une des hauteurs données, puis HA parallèle à BC, ce qui détermine un second sommet A. Une construction analogue donne le troisième sommet C.

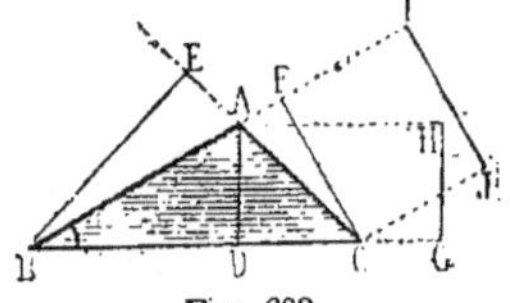

Fig. 603.

teurs données, puis HA parallèle à BC, ce qui détermine un second sommet A. Une construction analogue donne le troisième sommet C.

3° Si l'on connaît l'angle B et les hauteurs BE et AD, on peut construire l'angle B ; mener à volonté GH perpendiculaire à BC, et égal à la seconde des hauteurs données, puis HA parallèle à BC, ce qui détermine un second sommet A ; décrire, du point B, avec un rayon égal à l'autre hauteur, un arc en E, et mener la tangente indéfinie AE, qui donne le troisième sommet C.

Exercice 263. — II.

986. Problème. *Construire un triangle, connaissant :*

1° *Un côté* B C, *un angle adjacent* B, *et la médiane* AD, *qui tombe sur ce côté ;*

2° *Un côté* BC, *un angle adjacent* B, *et la médiane* CF, *qui tombe sur l'autre côté de cet angle.*

Soit ABC le triangle à reproduire.

1° Connaissant le côté BC, l'angle B et la médiane AD, on trace BC, et l'on construit l'angle B ; du point D, milieu de BC, avec un rayon égal à la médiane donnée, on décrit un arc qui détermine le troisième sommet A.

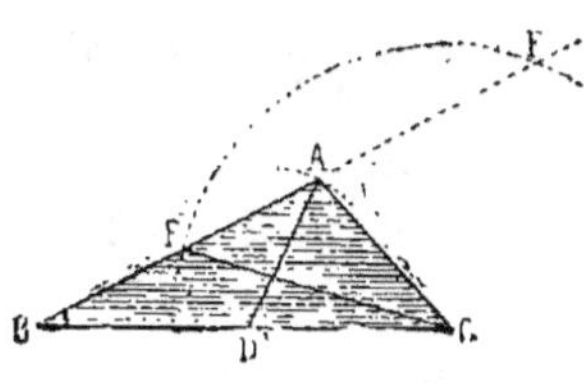

Fig. 604.

Si l'on a DA $<$ DB, l'arc décrit du point D coupe BA en deux points, et il y a deux solutions ; en un mot, on est dans le *cas incertain*. (G., n° 185.)

On connaît la discussion relative à la construction de ce triangle. (G., n° 186.)

2° Connaissant le côté BC, l'angle B et la médiane CF, on trace BC, et l'on construit l'angle B ; du point C, avec un rayon égal à la médiane donnée, on décrit un arc qui détermine le pied F de cette médiane ; en portant FB en FA, on obtient le troisième sommet A.

Si l'on a CF $<$ CB, l'arc décrit du point C coupe BA en deux points, et il y a deux solutions.

Exercice 264.

987. Problème. *Construire un triangle, connaissant le périmètre et les angles.*

Considérons un triangle quelconque ABC ; prolongeons BC, portons BA en BD, et CA en CE, et menons AD et AE.

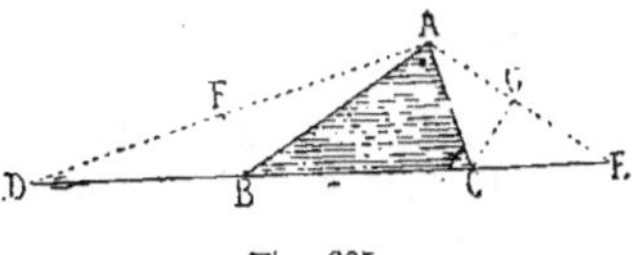

Fig. 605.

Le triangle ABD étant isocèle, l'angle D est la moitié de l'angle B extérieur au triangle ABD. De même l'angle E $=$ ½ C.

On peut donc tracer une droite DE égale au périmètre donné, et construire en D et E des angles qui soient moitié de deux des angles donnés ; cela détermine le sommet A ; les perpendiculaires FB et GC, élevées sur les milieux de AD et AE, donnent les deux autres sommets B et C.

Exercice 265.

988. Problème. *Construire un triangle, connaissant un côté, un angle adjacent, et la somme ou la différence des deux autres côtés.*

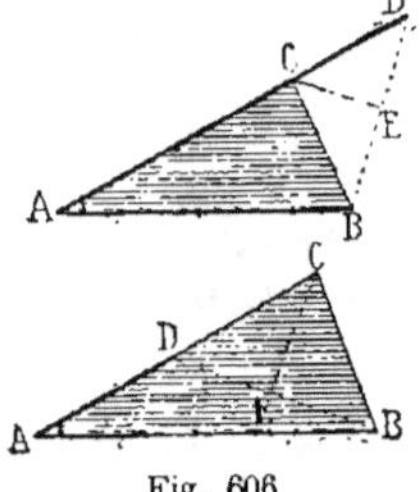
Fig. 606.

Soit le triangle ABC, dont on connaît le côté AB, l'angle A, et la somme ou la différence AD des deux autres côtés.

On peut construire l'angle A, et porter sur ses côtés les longueurs AB et AD. La partie CD étant égale à CB, le triangle BCD est isocèle; on tracera donc BD, et, en son milieu, la perpendiculaire EC fera connaître le troisième sommet du triangle.

Exercice 266.

989. Problème. *Construire un triangle, connaissant un côté* BC, *l'angle opposé* A, *et la somme ou la différence des deux autres côtés.*

Soit ABC le triangle demandé.

1° (Fig. 607.) Prolongeons BA, et portons AC en AD; le triangle CAD est isocèle; la somme des angles égaux C et D égale l'angle A, extérieur à ce triangle; ainsi l'angle $D = \frac{1}{2}A$.

On peut donc construire un angle D égal à la moitié de l'angle donné, prendre DB égal à la longueur donnée pour la somme de deux côtés; décrire, du point B, avec un rayon égal au côté donné, un arc qui coupe DC, ce qui donne un second sommet C; enfin, élever au milieu de CD la perpendiculaire EA, qui détermine le troisième sommet.

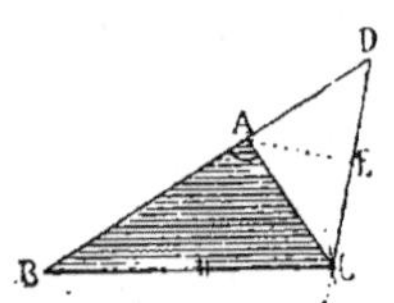
Fig. 607.

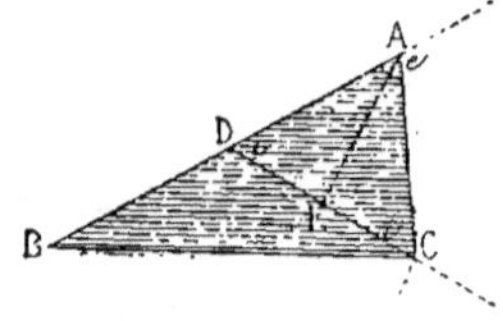
Fig. 608.

2° (Fig. 608.) Portons AC en AD; le triangle CAD est isocèle; la somme des angles égaux C et D est égale à l'angle extérieur *e*, supplément de A; ainsi l'angle $i = \frac{1}{2}e$.

On peut donc construire un angle ADC égal à la moitié du supplément de l'angle donné, et prendre le prolongement DB égal à la longueur donnée pour la différence de deux côtés, ce qui donne un premier sommet B; du point B, avec un rayon égal au côté donné, on coupe DC, ce qui donne un second sommet C; enfin on mène CD, et, en son milieu, la perpendiculaire EA, qui donne le troisième sommet A.

Remarque. Sur BC, on peut décrire un segment capable de l'angle connu A, et le problème peut s'énoncer comme il suit :

Diviser un arc de cercle BAC *en deux parties, telles que la somme ou*

17*

la différence des cordes des deux arcs partiels obtenus ait une longueur donnée.

Ce problème, résolu directement (n° 921), donne une seconde méthode pour construire un triangle avec les données ci-dessus.

(Voir aussi *Méthodes*, n° 115.)

Exercice 267.

990. Problème. *Construire un triangle, connaissant la base, la différence m des deux angles adjacents et la somme l des deux autres côtés.*

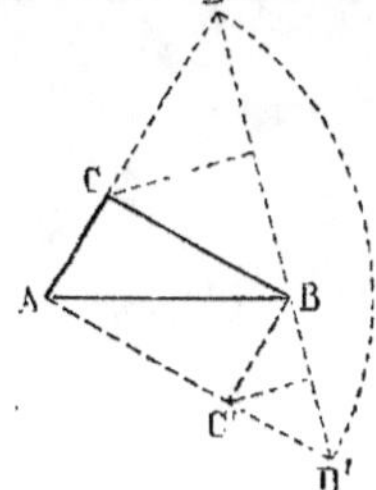

Fig. 609.

Soit ABC le triangle demandé. AB la base donnée ; $AC + CB = l$. A et B les angles adjacents, tels que $A - B = m$.

Prolongeons AC d'une quantité CD égale à BC ; dans ce cas, $AD = l$.

L'angle extérieur $ACB = D + CBD = 2CBD$;

d'où $$CBD = \frac{C}{2}$$

Mais $$\frac{C}{2} = 90 - \frac{A + B}{2}$$

d'où $$CBD = 90 - \frac{A + B}{2}$$

L'angle $$ABD = B + CBD = \frac{2B}{2} + 90 - \frac{A}{2} - \frac{B}{2}$$

d'où $$ABD = 90 + \frac{B}{2} - \frac{A}{2} \quad \text{ou} \quad 90 - \frac{A - B}{2}$$

$$ABD = 90 - \frac{m}{2}$$

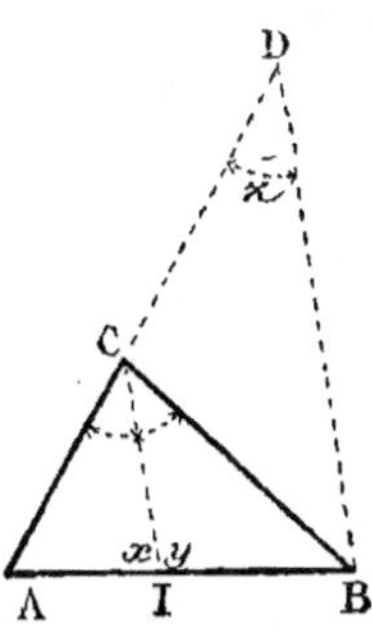

Fig. 610.

Ainsi l'angle ABD est connu. On peut le construire, du point A comme centre, avec une longueur AD égale à l, couper BD en D, puis élever une perpendiculaire au milieu de BD.

Autre construction. On connaît un premier lieu de D, puisque $AD = l$.

En menant la bissectrice CI, on a :
$$x + y = 180°$$
$$y - x = A - B \quad \text{(n° 465)}$$

donc $x = ABD$ est connu et fournit un deuxième lieu BD.

Remarque. On doit avoir AD ou $l > AB$. Le point D' donne un second triangle ABC' égal au premier.

991. Problème. *Construire un triangle, connaissant la base, la somme des deux angles adjacents et la différence des deux autres côtés.*

Cette question revient au problème connu : *Construire un triangle, connaissant la base, l'angle opposé et la différence des côtés qui comprennent cet angle (n° 989, 2°).*

Exercice 268.

992. Problème. *Construire un triangle, connaissant la longueur de la base, une droite sur laquelle doit se trouver cette base, l'angle opposé et deux points par lesquels doivent passer les deux autres côtés.*

(Voir *Méthodes*, n° 108.)

Exercice 269.

993. Problème. *Construire un triangle, connaissant le périmètre, un angle et la hauteur abaissée du sommet de cet angle.*

(Voir *Méthodes*, n° 134.)

Exercice 270.

994. Problème. *Construire un triangle* ABC, *connaissant la base* AB, *la différence* m *des deux angles adja-*
cents, et sachant que le sommet C *doit*
se trouver sur une droite xy. (COMPA-
GNON *; *Questions proposées de Géomé-*
trie, p. 34, n° 158.)

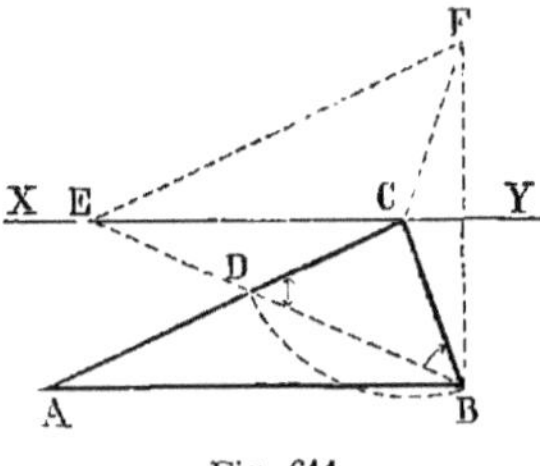

Fig. 611.

Supposons le problème résolu. Soit F
le point symétrique de B, et CD = CB.

Les angles A + B et CDB + CBD ont
même supplément C.

Donc
$$CBE = \frac{A + B}{2}$$

$$ABE = B - CBD = B - \frac{A + B}{2} = \frac{B - A}{2} = \frac{m}{2}$$

On peut donc mener la droite BDE et connaître l'angle BEF.

Or le quadrilatère EDCF est inscriptible, car l'angle EFC égal à EBC est le supplément de EDC.

Donc aussi l'angle ACF est le supplément de l'angle connu BEF.

Ainsi, sur AF, il faut décrire un segment capable d'un angle qui a pour valeur 180° — BEF, et l'on obtiendra le point C.

995. Problème. *Construire un triangle, con-*
naissant la hauteur, la bissectrice qui part
du même sommet et le rayon du cercle ins-
crit.

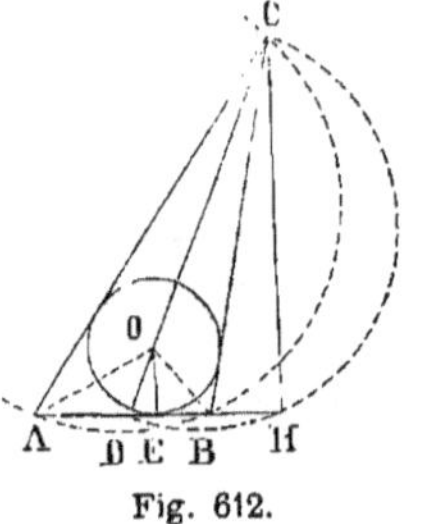

Fig. 612.

Supposons le problème résolu.

On connaît CD, CH et OE.

On construit le triangle rectangle DCH, et l'on détermine le point O tel que OE égale le rayon donné; puis, par le sommet C, on mène les tangentes CA, CB.

---

* M. COMPAGNON, professeur au collège Stanislas, auteur de divers ouvrages relatifs aux *Éléments de géométrie*. Nous prendrons plusieurs énoncés dans les *Questions proposées de géométrie* de cet auteur.

996. Problème. *On donne la hauteur, la bissectrice et l'angle au sommet C.*

On fait l'angle C (fig. 612); sur la bissectrice de l'angle, on prend la longueur donnée CD, et du point C avec la hauteur on coupe en H la demi-circonférence décrite sur le diamètre CD.

Exercice 271. — I.

997. Problème. *On donne la base, l'angle au sommet et le rayon du cercle inscrit.*

(Voir *Méthodes*, n° 262, 3°.)

Exercice 271. — II.

998. Problème. *Construire un triangle, connaissant la médiane AM, la symédiane AS et la distance MS de leurs pieds.*

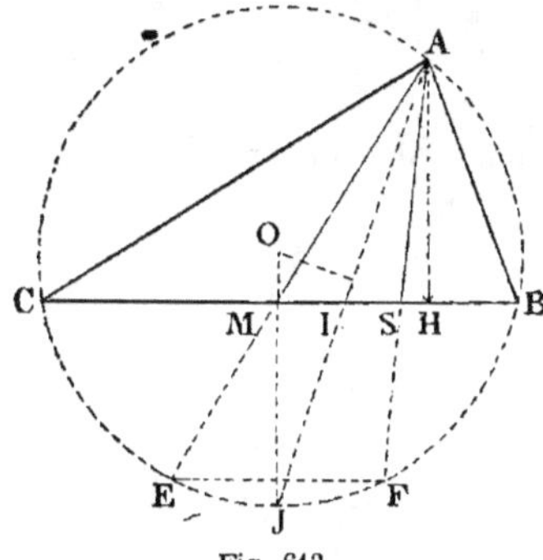

Fig. 613.

En supposant le problème résolu et se rappelant que la bissectrice du triangle est en même temps bissectrice de l'angle MAS et qu'elle passe par le point milieu J de l'arc CJB, on arrive à la construction suivante :

On construit le triangle AMS, on mène la bissectrice AI, que l'on prolonge jusqu'à la médiatrice menée par M; puis sur MJ on détermine le point O équidistant de A et de J; ce point O est le centre du cercle circonscrit au triangle demandé; il suffit alors de prolonger MS jusqu'au cercle circonscrit, en B et C.

999. Problème. *Construire un triangle, connaissant la médiane, la symédiane et la hauteur qui partent d'un même sommet.*

On construit les triangles rectangles AHM, AHS, et l'on retombe sur la question précédente.

Exercice 271. — III.

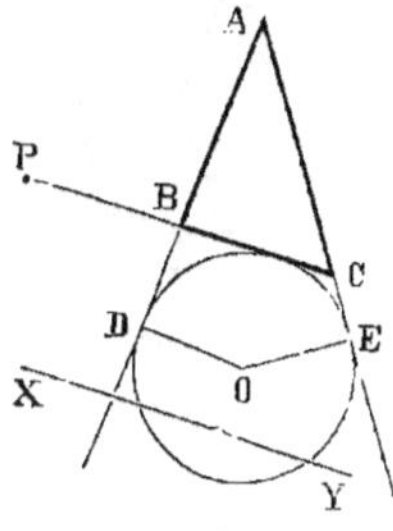

Fig. 614.

1000. Problème. *Couper les côtés d'un angle A, de manière que le triangle déterminé ait un périmètre donné 2p et réalise une autre condition.*

On sait que lorsqu'une circonférence est tangente aux côtés d'un angle A, toute tangente, telle que BC, donne un triangle dont le périmètre constant égale 2AD (n° 739).

Donc il faut prendre   AD = AE = p.

Élever les perpendiculaires DO, EO, décrire la circonférence et mener la tangente PBC.

(a) *On donne le rayon du cercle inscrit.*

Avec le rayon donné, on décrit une seconde circonférence tangente aux côtés de l'angle A, et le côté BC est donné par la tangente intérieure commune aux deux circonférences.

1001. (b) *La hauteur abaissée du sommet A doit avoir une longueur donnée* h. (Voir n° 134.)

Du centre A, avec le rayon h, on décrit une seconde circonférence, et l'on mène la tangente intérieure commune aux deux circonférences.

1002. (c) *La longueur de la bissectrice de l'angle A est donnée.*

Ce problème se ramène au n° 998 ; il en serait de même si l'on donnait la hauteur abaissée du sommet B. Le problème se ramènerait au n° 999, si l'on donnait l'angle B.

Exercice 272.

1003..Problème. *Inscrire dans une circonférence un triangle dont deux côtés soient parallèles à deux droites données, et dont le troisième passe par un point donné* A.

Soient A, xy et yz le point et les droites donnés.

Supposons le problème résolu.

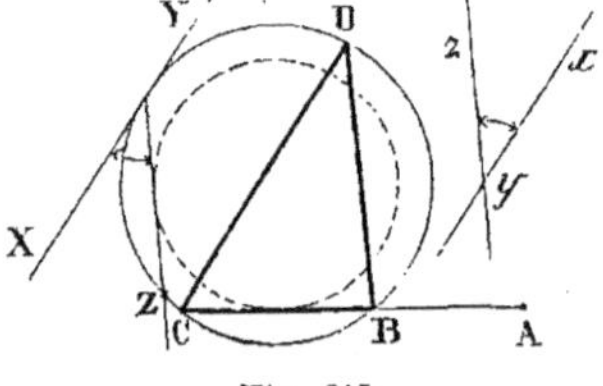
Fig. 615.

L'angle D égale y, donc le segment et sa corde sont connus ; par suite, par un point quelconque Y de la cir-conférence, menons des parallèles aux droites données et, par le point A, une sécante telle que la corde BC = la corde Z ; par le point C, menons CD parallèle à XY, et joi-gnons B à D.

L'angle D égalant Y, le côté DB se trouve parallèle à yz.

1004. Problème. *On donne deux points*, A *et* B, *et une circonférence. Déterminer sur cette courbe un point* C, *tel qu'en le joignant aux points donnés* A *et* B, *la base DE du triangle inscrit DCE ait une longueur donnée* l.

Soit le problème résolu, et DE = l.

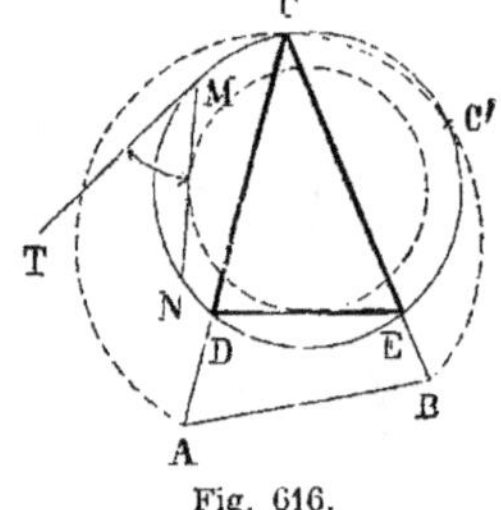
Fig. 616.

Puisque la longueur de DE est connue, il en est de même de l'angle C, car il égale la moitié de l'arc DE. Pour le déterminer, pre-nons une corde MN égale à la longueur don-née l, menons la tangente MT : l'angle M est égal à celui du sommet C ; donc, sur AB, décrivons un segment ACC'B capable de l'angle M.

Remarque. Il peut y avoir deux solutions, une seule ou aucune.

Exercice 273.

1005. Problème. *Inscrire dans un cercle donné un triangle qui ait les côtés parallèles à trois droites données.*

1° Soient *ab*, *bc*, *ca* les trois droites données. Faisons un angle inscrit

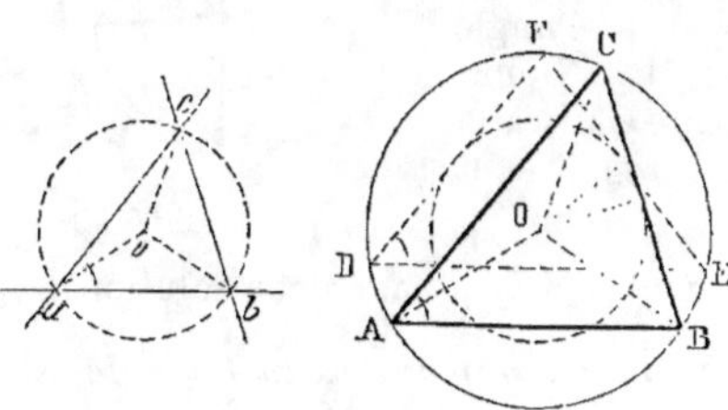

D égal à l'angle *a*; cet angle fait connaître la longueur EF du côté opposé à l'angle A.

Décrivons donc une circonférence O tangente à EF; menons une tangente BC parallèle à *bc*, puis une parallèle AC à la droite *ac*; et joignons B et A. Cette droite sera parallèle à *ba*, car l'angle A $= a$, il a en effet même

Fig. 617.

mesure $\frac{1}{2}$ FE ou $\frac{1}{2}$ CB, C $= c$; donc B $= b$; or CB est parallèle à *cb*; donc BA est parallèle à *ba*.

2° On peut aussi recourir aux figures semblables, circonscrire une circonférence au triangle *abc*, et par le centre O mener des parallèles à *oa*, *ob*, *oc*.

3° On détermine la longueur d'un côté, comme on l'a fait précédemment (n° 1003).

1006. Problème. *On donne deux points A et B, ainsi qu'une circonférence; sur cette courbe, déterminer un point C, tel qu'en le joignant aux points A et B, on forme un triangle inscrit CDE, dont l'un des angles ait une grandeur donnée.*

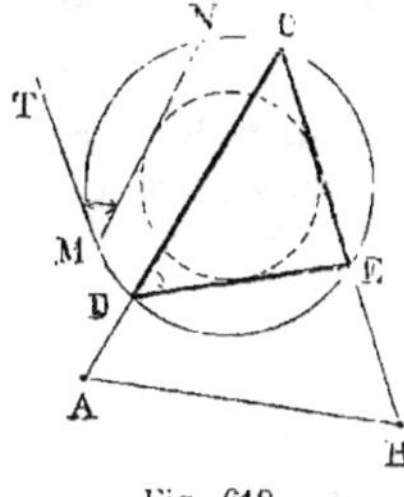

Soit l'angle D égal à l'angle donné.

La corde CE est déterminée, car l'angle D égale la moitié de l'arc CE.

Formons un angle inscrit TMN égal à l'angle donné; décrivons une circonférence tangente à la corde MN, et, par le point B, menons une tangente BEC à la circonférence auxiliaire; on aura D $=$ M.

Fig. 618.

Scolies. 1° Par ce point B, on peut mener deux tangentes, ce qui donne deux solutions; si l'angle donné M doit être au point E, il faut mener les tangentes par le point A, ce qui donne deux autres solutions.

2° Lorsque C est l'angle donné, on procède comme on l'a déjà indiqué (n° 1004), et l'on a encore deux solutions; donc, en tout, on a six solutions.

Exercice 274.

1007. Problème. *Construire un triangle LMN, sachant que ses côtés vont passer par trois points fixes A, B, C; que les sommets M, N sont* *sur un cercle fixe, passant par les points* A *et* B ; *et enfin que l'angle* L *a une valeur donnée.* (Concours général de 1875, classe de seconde.)

Soit le problème résolu, et LMN le triangle demandé.

L'angle L égale la demi-somme des arcs AB et MN ; donc MN peut être connu ; pour cela, faisons l'angle inscrit TAD égal à l'angle donné, on aura l'arc BD = l'arc MN. Donc, par le point C, menons une tangente CMN à la circonférence concentrique à la première et tangente à la corde BD.

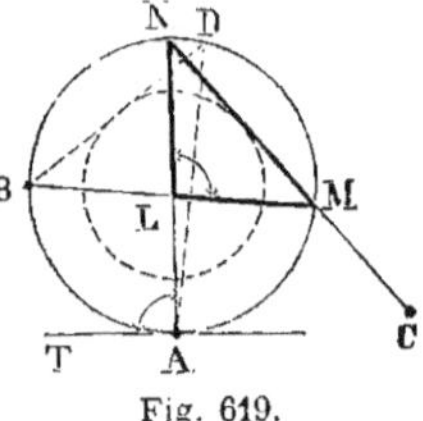

Fig. 619.

Scolie. On peut mener deux tangentes, il y a donc deux solutions.

1008. Problème. *Inscrire, dans une circonférence, un triangle* ABC *dont l'angle* A *est connu et dont les deux côtés* AC *et* BC *sont tangents à deux cercles donnés.* (Concours général de 1875, classe de troisième.)

Soient O, D, E, les centres des circonférences données.

Puisque l'angle A est connu, il en est de même de l'arc BC et de la corde BC ; pour cela, on peut mener une tangente MT, faire l'angle TMN égal à l'angle donné.

Du centre O, décrire une circonférence tangente à MN, et, puisque le côté BC doit être tangent à la circonférence D, il faut mener une tangente commune BC ; puis, par le point C, mener une tangente à la circonférence E.

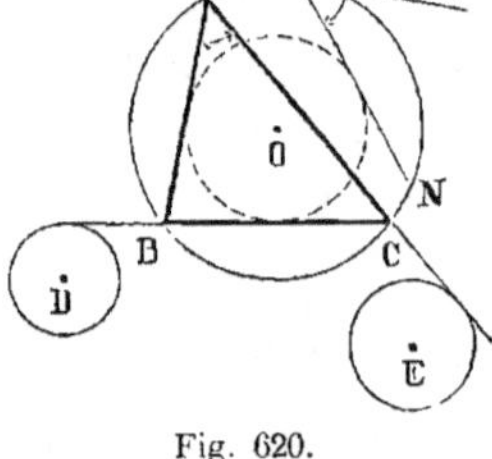

Fig. 620.

Scolie. A la tangente commune BC correspondent deux solutions. Et comme on peut mener généralement quatre tangentes communes à deux circonférences, on peut avoir huit solutions.

Exercice 275.

1009. Problème. *Deux circonférences concentriques étant données, construire un triangle dont les angles sont donnés, et qui ait un sommet sur une des circonférences, et les deux autres sommets sur la seconde circonférence.* (Francœur *, *Cours complet de Mathématiques pures*, t. I.)

Supposons le problème résolu, ABC le triangle demandé.

Prolongeons BA. L'angle inscrit B étant connu, il en est de même de la corde CD. En effet, il suffit de faire avec une tangente quelconque CT

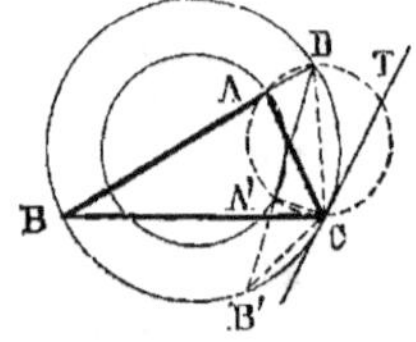

Fig. 621.

---

* Francœur, né à Paris en 1773, mort en 1849 ; membre de l'Académie des sciences, auteur de plusieurs ouvrages mathématiques très estimés : *Cours complet de mathématiques pures*, *Uranographie*, *Traité de géodésie*, etc.

un angle TCD égal à l'angle donné B, puis, sur CD, décrire un segment DAC capable de l'angle supplémentaire de l'angle A.

Remarque. On peut se donner un point quelconque C pour sommet d'un des angles donnés, et l'on trouve deux solutions CAB, CA'B'.

D'ailleurs, chacun des trois angles peut avoir son sommet sur la circonférence intérieure ; on a donc six solutions, lorsqu'un seul sommet est sur la circonférence AA'. On trouve pareillement six solutions, avec la condition qu'un seul sommet doit être sur la circonférence extérieure.

<h3 align="center">Exercice 276.</h3>

1010. Problème. *Dans un triangle donné, inscrire un triangle égal à un triangle donné.*

A l'aide du problème contraire, la question est ramenée à la suivante :

Problème. *Par trois points donnés, faire passer trois droites qui déterminent un triangle égal à un triangle donné.*

(*Méthodes, n° 215.*)

1011. Problème. *A un triangle donné* ABC, *circonscrire le triangle équilatéral maximum.*

Soit GHI le plus grand triangle équilatéral que l'on puisse circonscrire au triangle donné ABC.

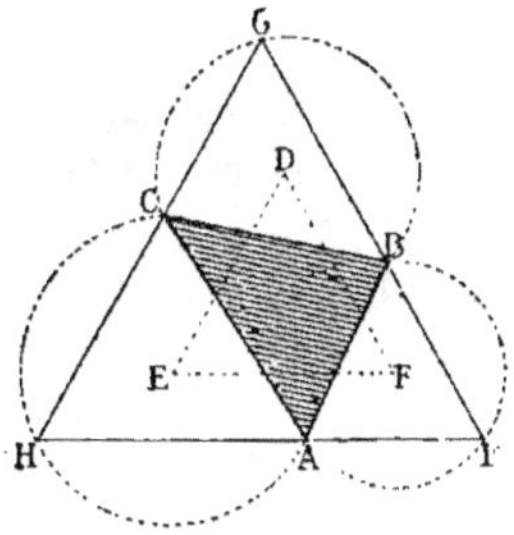

Les sommets G, H, I appartiennent aux arcs décrits sur les côtés BC, CA, AB, et capables d'une valeur angulaire de 60°.

La droite GH est la sécante la plus grande que l'on puisse mener par le point d'intersection C des deux cercles D et E ; donc cette droite GH est parallèle à la ligne des centres DE (n° 139, R). De même HI est parallèle à EF, et GI est parallèle à DF.

Donc, pour avoir le triangle GHI, il faut décrire sur les côtés AB, BC et CA, des arcs capables d'angles de 60°, joindre les centres de ces arcs, et mener, par les sommets du triangle donné, des parallèles aux lignes des centres.

Fig. 622.

1012. Problème. *A un triangle équilatéral, circonscrire un carré ayant pour sommet un des sommets du triangle.*

1013. Problème. *A un carré, inscrire un triangle équilatéral ayant pour un de ses sommets un des sommets du carré.*

Construction des Quadrilatères.

1014. Chaque cas de construction de triangle peut en donner un pour le parallélogramme ; mais comme il est très facile de passer des uns aux autres, nous ne dirons presque rien du parallélogramme.

Le trapèze offre quelques questions intéressantes, surtout quand on connaît le troisième livre de Géométrie. On peut en dire autant du quadrilatère inscriptible et du quadrilatère quelconque.

Exercice 277.

1015. Problème. *Dans un carré donné, inscrire un autre carré ayant pour côté une ligne donnée l. Entre quelles limites peut varier cette longueur ?*

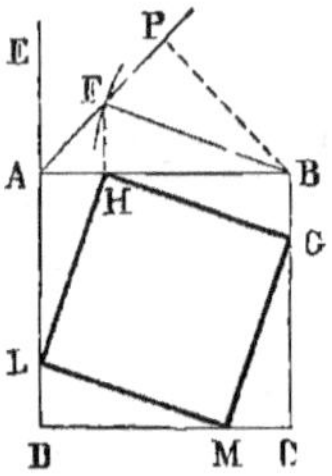

1er Moyen. Du point de rencontre des diagonales du carré donné, il faut décrire une circonférence avec $\dfrac{l}{2}$ pour rayon, puis mener des tangentes parallèles aux côtés du premier carré.

2e Moyen. Menons la bissectrice de l'angle droit BAE. Du point B, comme centre, avec l pour rayon, coupons la bissectrice en F, abaissons la perpendiculaire FH, menons HG parallèle à BF. Puis, sur GH, élevons des perpendiculaires GM, HL.

Fig. 623.

On a GH = BF. La figure GHLM est un carré, car AH = HF = BG ; donc BH = CG, etc.

Le côté BF peut varier de BA à BP, perpendiculaire abaissée sur la bissectrice. On sait que $\quad BP = \dfrac{AB}{\sqrt{2}}$.

3e Moyen. Du côté connu l, on déduit la demi-diagonale, et avec cette longueur pour rayon on décrit une circonférence, ayant pour centre le point de concours des diagonales du carré donné.

Remarque. Le 2e moyen est emprunté à W. COLLINS, *Key to exercises on Euclid's Elements of Geometry*, p. 20.

Exercice 278.

1016. Problème. *Construire un carré, connaissant la somme de la diagonale et du côté de ce carré.*

(*Méthodes*, n° 41.)

Exercice 279.

1017. Problème. *Inscrire un carré dans l'espace compris entre deux circonférences égales qui se coupent.*

Par le point milieu de la partie de la ligne des centres, comprise entre deux arcs égaux des deux circonférences, il faut mener des lignes à 45°. On obtient ainsi les diagonales du carré.

1018. Problème. *Dans un carré, inscrire quatre cercles égaux tangents entre eux et à deux côtés du carré. Exprimer le rayon en fonction du côté a du carré.*

Il suffit de diviser le carré donné en quatre carrés égaux, et inscrire un cercle dans chacun de ces carrés. Le rayon est le quart de a.

1019. Problème. *Construire un carré, connaissant la somme ou la différence de la diagonale et du côté.*

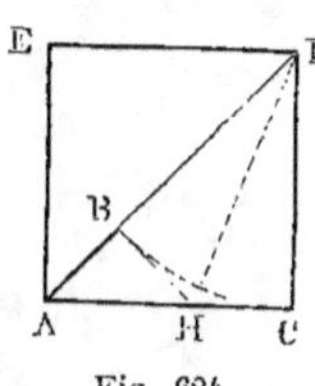

Fig. 624.

Pour la *somme*, voir *Méthodes*, n° 41.

Pour la *différence*, soit AB la longueur donnée, de manière que

$$AB = AD - CD$$

En supposant le problème résolu, et en élevant une perpendiculaire BH à AB, on reconnaît que le triangle ABH est rectangle isocèle, car l'angle A vaut 45°; puis le quadrilatère HBDC est formé de deux triangles égaux, comme étant rectangles ayant l'hypoténuse DH commune et le côté DB = DC.

Donc $$HC = BH = BA.$$

Ainsi, on peut faire un angle droit CAE, mener la bissectrice AD, porter la différence de A en B, puis de B en H et de H en C, élever la perpendiculaire CD, etc.

Exercice 280.

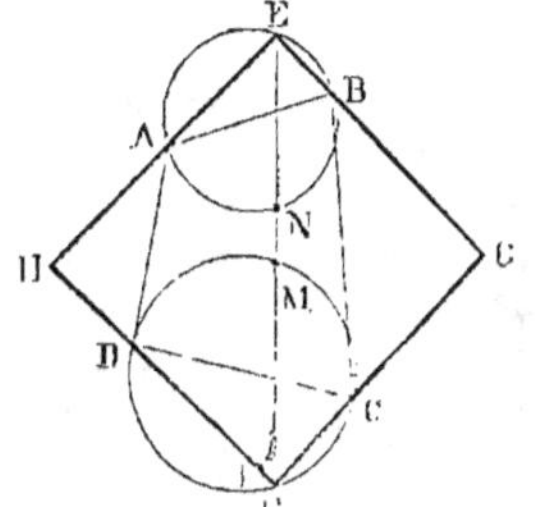

Fig. 625.

1020. Problème. *Circonscrire un carré à un quadrilatère donné.*

Soit ABCD le quadrilatère donné.

Supposons le problème résolu. Le sommet E est sur le cercle dont AB est le diamètre; de même pour F.

La diagonale FE, divisant chaque angle droit en deux parties égales, doit passer par le point N, milieu de ANB, et par M, milieu de DMC. Il suffit donc de joindre ces deux points milieux.

1021. Remarques. 1° *Le problème comporte quatre solutions.* Soient M, M' les points milieux des demi-circonférences décrites sur le diamètre AB (fig. 626), puis N, N' les points milieux relatifs aux demi-cercles CD.

En joignant un des points milieux M ou M' à N ou N', on obtient une droite qui rencontre les deux autres demi-cercles aux extrémités d'une diagonale; on obtient ainsi les quatre solutions qui correspondent aux diagonales PQ, P'Q', RS et R'S'.

2° *Lorsque les diagonales du quadrilatère ABCD sont égales et orthogonales, on peut circonscrire une infinité de carrés;* car par A et C on peut mener deux parallèles dans une direction quelconque; puis, par B et D, abaisser des perpendiculaires sur les deux parallèles, on obtient un carré.

3° Dans le cas des diagonales égales et orthogonales, les quatre cercles décrits sur les côtés AB, BC, CD, DA passent par un même point

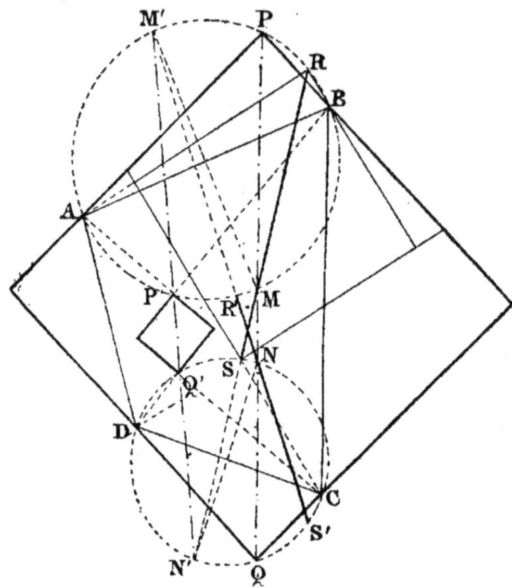

Fig. 626.

qui est le *centre permanent de similitude* des carrés circonscrits (n° 2476).

4° La solution ci-après est d'une extrême simplicité :

Soient A, B, C, D les quatre points donnés.

D'un de ces points B, par exemple, abaissons la perpendiculaire BP sur la diagonale AC ; prenons BL = AC et menons DL, on a la direction d'un côté du carré.

Cette solution est due à M. BIANDSUTTER, de Lucerne. (*Mathésis*, 1881, page 8.)

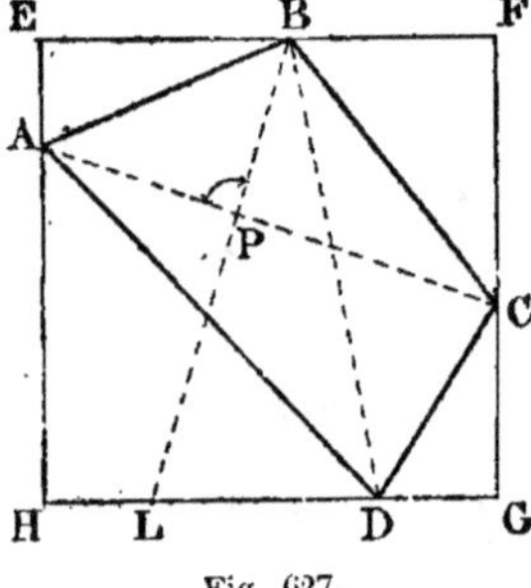

Fig. 627.

Exercice 281.

1022. Problème. *Dans un parallélogramme donné, inscrire un carré.*

Soit le problème résolu ; FE perpendiculaire à EH et FE = EH.

Le carré a pour centre le point de concours des diagonales du parallélogramme.

Abaissons les perpendiculaires OL, FM sur AB, et la perpendiculaire ON sur FM.

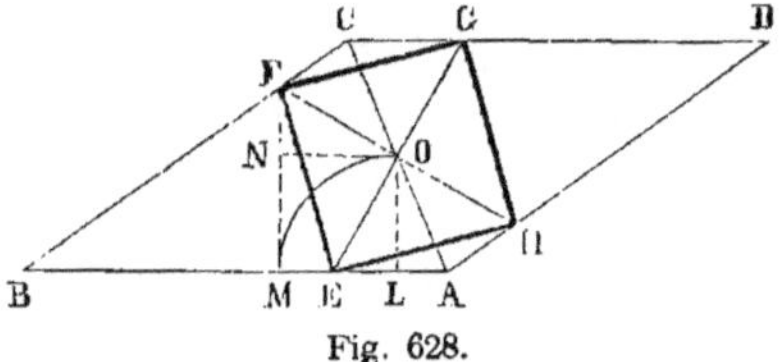

Fig. 628.

Les triangles rectangles OLE, ONF sont égaux, comme ayant les angles égaux et l'hypoténuse égale. En effet, OE = OF, et les angles LOE, NOF ont les côtés respectivement perpendiculaires.

Donc
$$ON = OL$$

De là on déduit la construction suivante.

Du centre O du parallélogramme, il faut abaisser la perpendiculaire OL sur AB; prendre LM = LO, et la perpendiculaire MF détermine le sommet F; puis on porte FN de L en E, et l'on mène FE, etc.

1023. Remarque. La discussion est très intéressante, mais fort longue; elle emploie d'ailleurs la trigonométrie; il n'y a donc pas lieu de la donner ici; mais on peut la lire dans les *Nouvelles Annales mathématiques*, 1859, page 451.

Exercice 282.

1024. Problème. *Construire un rectangle lorsqu'on connaît :*

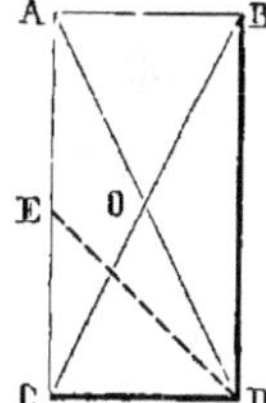

Fig. 629.

1° *Le périmètre et l'angle des diagonales.*

Connaître l'angle O, c'est connaître l'angle BAO et chacun des autres angles. On a donc à construire un triangle rectangle BAC, connaissant les angles et la somme des côtés de l'angle droit (974, 2°).

2° *L'angle des diagonales et la différence des côtés adjacents.*

Soit AE cette différence; on peut construire le triangle AED, car on connaît la base AE et les deux angles adjacents.

Ainsi
$$\text{l'angle DAE} = 90° - \frac{AOC}{2}$$
$$AED = 90° + 45 = 135°$$

3° *Le périmètre et la diagonale.*

On a à construire un triangle rectangle ACD, connaissant l'hypoténuse AD et la somme des autres côtés (n° 989).

On peut aussi donner la diagonale et la différence des côtés adjacents.

1025. Problème. *Construire un losange, connaissant le côté et la somme ou la différence des diagonales.*

En prenant la demi-somme ou la demi-différence, on est encore ramené à construire un triangle rectangle, connaissant l'hypoténuse et la somme ou la différence des autres côtés.

Exercice 283.

1026. Problème. *Par un point de l'hypoténuse d'un triangle rectangle, mener des parallèles aux côtés de l'angle droit, de manière que le rectangle obtenu réalise certaines conditions imposées.*

(**a**) *Le périmètre doit égaler une longueur donnée* (voir n°s 99 **a** et 874).

(**b**) *La différence des deux côtés adjacents doit égaler une longueur donnée* (n°s 99 **b** et 584).

(**c**) *Inscrire un carré* (n° 99 **b**, II).

(**d**) *La diagonale du rectangle doit être aussi petite que possible.*
Du point A, il faut abaisser une perpendiculaire sur l'hypoténuse.

Exercice 284.

1027. Problème. *Dans un cercle, inscrire un rectangle.*

(**a**) *Le périmètre doit égaler une longueur donnée* (voir n° 100, **a**).

(**b**) *La différence des côtés adjacents doit égaler* d (voir **b**).

1028. Problème. *Construire un parallélogramme, connaissant :*

1° *Un côté et les deux diagonales ;*
2° *Deux côtés et l'une des diagonales ;*
3° *Deux côtés adjacents et leur angle ;*
4° *Les diagonales et leur angle.*

Soit ABCD le parallélogramme demandé.

1° On peut construire le triangle BOC, avec le côté donné et les demi-diagonales ; et prolongeant BO et CO, de manière à les doubler, on a les sommets A et D.

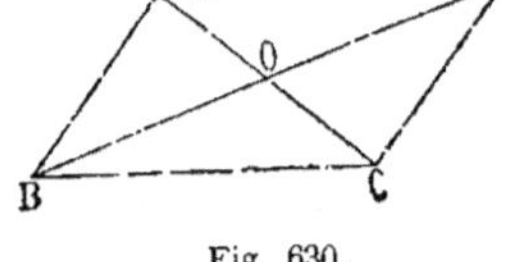

Fig. 630.

2° On peut construire le triangle ABC, et le parallélogramme s'achève par les droites AD et CD, parallèles aux côtés opposés.

Si l'on connaît AB et AD, et la diagonale AC, on remarque que donner AD c'est donner BC, ou le cas qui vient d'être résolu.

3° On construit le triangle ABC, et le parallélogramme s'achève par les droites AD et CD, parallèles aux côtés opposés.

4° Enfin, connaissant les diagonales AC et BD, et leur angle, on trace deux droites indéfinies, se coupant sous l'angle donné, on porte de part et d'autre du point d'intersection les deux moitiés de l'une des diagonales sur l'une des droites, et les deux moitiés de l'autre diagonale sur l'autre droite, et on a les quatre sommets.

Exercice 285.

1029. Problème. *Construire un trapèze ABCD, connaissant les quatre côtés.*

Supposons le problème résolu. En menant par le sommet C une parallèle CE au côté AD, on forme un triangle BCE, dont on connaît les trois côtés, car BE est la différence des deux bases, et BC, CE, les deux côtés non parallèles.

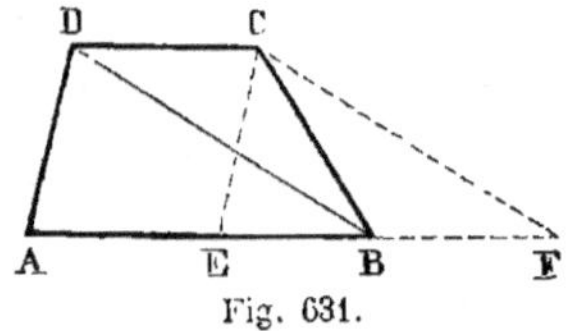

Fig. 631.

Donc il faut construire un triangle BCE ayant pour base la différence

des bases du trapèze et les longueurs BC et AD pour côtés ; puis, par le
point C, mener une parallèle à BE et prendre CD = EA = la petite base
du trapèze.

1030. Problème. *On donne les bases et les deux diagonales.*

Il faut construire un triangle AFC ayant pour base la somme des bases
du trapèze, et pour côtés les diagonales données.

Exercice 286.

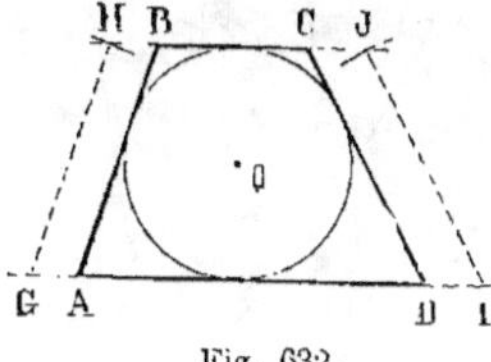

Fig. 632.

1031. Problème. *Construire un trapèze,
connaissant le rayon du cercle inscrit et
les deux côtés non parallèles.*

Après avoir décrit le cercle O et mené
deux tangentes parallèles, il faut mener
une tangente AB égale à un des côtés GH
non parallèles, et une tangente DC égale à
l'autre côté.

1032. Problème. *On connaît le rayon du cercle inscrit, une base et un
des côtés non parallèles.*

Après avoir mené AB, on prend BC de la longueur de la base donnée,
on mène par le point C une tangente CD.

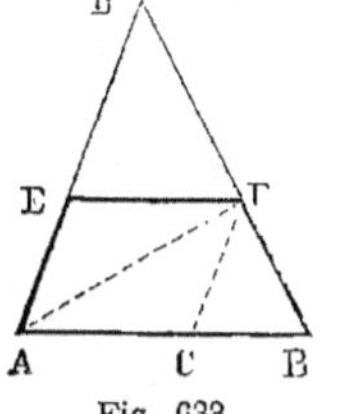

Fig. 633.

1033. Problème. *Construire un trapèze, connaissant les bases et les angles.*

On porte les longueurs données pour bases en
AB et AC, on fait les angles donnés A et B, et l'on
mène CF parallèle à AD, on a :

$$EF = AC$$

1034. Problème. *On connaît les angles, une base AB et un des côtés
non parallèles AE, ou une diagonale AF.*

1035. Problème. *On connaît la base AB, l'angle B, la diagonale AF
et le côté AE.*

1036. Problème. *Construire un quadrilatère, connaissant les milieux
de trois côtés, et une droite parallèle et égale au
quatrième côté.*

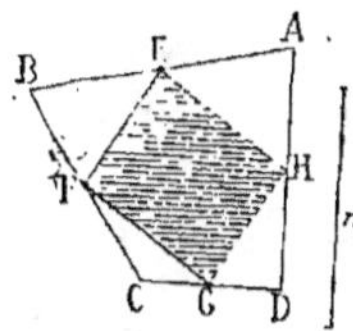

Fig. 634.

Considérons le quadrilatère ABCD ; les milieux
E, F, G, H, des côtés sont les sommets d'un parallélogramme (n° 542).

Donc, on peut construire ce parallélogramme,
et trouver ainsi le milieu H du quatrième côté ; on
mène alors la droite AHD parallèle à *m* ; on
porte la moitié de la longueur *m* en HA et HD, ce
qui donne deux sommets, A et D ; on trace AEB et DGC ; on porte EA
en EB et GD en GC, ce qui donne deux autres sommets.

Exercice 287. — I.

1037. Problème. *Construire un quadrilatère, connaissant les quatre côtés, et l'une des droites EG qui joignent les milieux des côtés opposés.*

Soit ABCD le quadrilatère demandé; E, F, G, H, les milieux des côtés, I et J les milieux des diagonales AC et BD. Traçons les quadrilatères EIGJ et HIFJ.

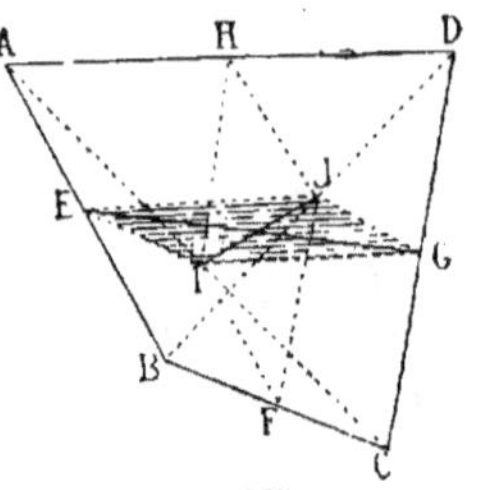

Fig. 635.

Dans le triangle ABD, la droite EJ est parallèle à AD, et en est la moitié; dans le triangle ACD, la droite IG est parallèle à AD, et en est la moitié. Pareillement, chacune des lignes EI et JG est parallèle à BC, et en est la moitié. Ainsi EIGJ est un parallélogramme, dans lequel on connaît les quatre côtés et la diagonale EG.

On peut donc construire ce parallélogramme, et tracer sa diagonale IJ.

On construit de même le parallélogramme FIHJ, dans lequel chacun des côtés HI et JF est moitié de CD, et HJ, IF moitié de AB.

Alors on peut construire le quadrilatère ABCD, car on a les milieux des côtés, avec les directions et les longueurs de ces mêmes côtés.

Remarque. On peut voir le *Journal de Mathématiques* de M. VUIBERT, 1892, page 93, n° 2887; ou CATALAN, *Théorèmes et Problèmes de Géométrie*, 6e édition, P. VIII, page 14.

1038. Problème. *Construire un quadrilatère inscriptible avec les données suivantes :*

1° *Les diagonales, l'angle qu'elles forment et le rayon du cercle circonscrit.*

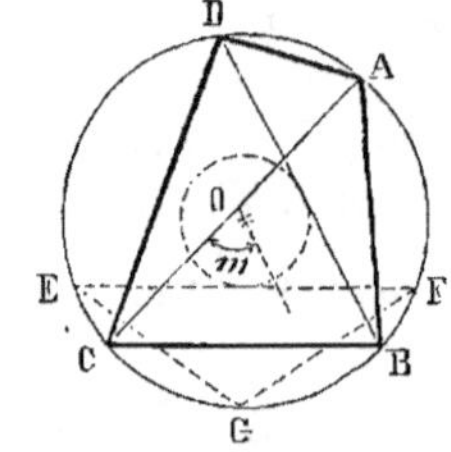

Fig. 636.

Dans le quadrilatère inscrit, les angles opposés sont supplémentaires. Donner une diagonale, un angle opposé à cette ligne, revient à donner le rayon du cercle circonscrit et la diagonale. Ainsi le problème précédent revient à construire un quadrilatère, connaissant les angles, les diagonales et leur angle.

On décrit le cercle avec le rayon donné, on prend AC, EF égales aux diagonales. Il faut décrire une circonférence tangente à la corde EF, et mener pour seconde diagonale une tangente DB formant, avec AC, l'angle donné *m*. On a DB = EF, comme cordes équidistantes du centre.

1039. 2° *Les angles, une diagonale AC et l'angle* m *qu'elle forme avec l'autre diagonale.*

Sur la diagonale connue AC, il faut décrire un segment capable de l'angle opposé D. On obtient ainsi le cercle circonscrit.

La seconde diagonale BD dépend de l'angle A; donc, en un point quelconque G du cercle circonscrit, faisons l'angle EGF égal à l'angle donné A, puis menons une tangente DB, formant avec AC l'angle *m*.

1040. 3° *La diagonale AC, l'angle opposé D, un côté AB et l'angle des diagonales.*

Exercice 287. — II.

1041. Problème. *Construire un quadrilatère quelconque ABCD avec les données suivantes :*

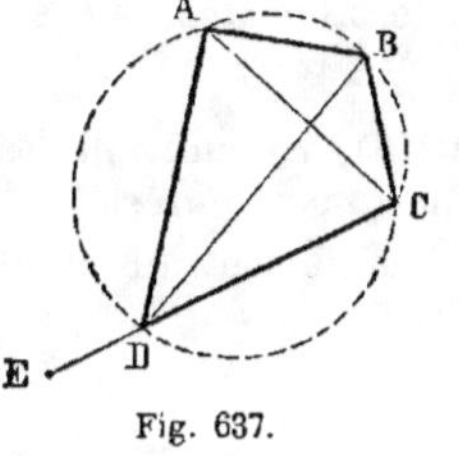

Fig. 637.

1° Une diagonale AC, un côté AB et les angles.

Sur la diagonale AC, je décris un segment capable de l'angle B et un segment capable de D.

Du point A comme centre, avec la longueur AB, je coupe l'arc du segment. Je joint B au point C, et je fais l'angle donné BCD.

1042. 2° *Deux angles adjacents B et C, le côté AB adjacent à l'un d'eux et les diagonales.*

On construit d'abord le triangle ABC, dans lequel on connaît un angle B et deux côtés AB, AC. Puis on fait l'angle donné BCE, et l'on coupe CE par un arc décrit du point B avec la seconde diagonale BD pour rayon.

Exercice 288.

1043. *Construire un quadrilatère, connaissant les deux diagonales, leur angle et deux angles opposés B et D.*

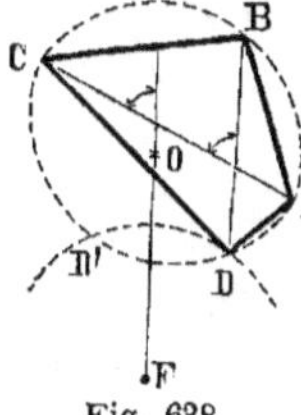

Fig. 638.

Sur AC, on décrit les segments capables des angles B et D. Par le centre O d'un de ces arcs, de B, par exemple, on mène une droite OF égale et parallèle à la seconde diagonale, et l'on décrit une circonférence égale à la circonférence O.

Par le point D, on mène une parallèle à FO, qui donne le sommet B ; on est ramené à une question connue (n° 864).

Exercice 289.

1044. Problème. *Construire un quadrilatère, connaissant deux angles non opposés, les diagonales et leur angle.*

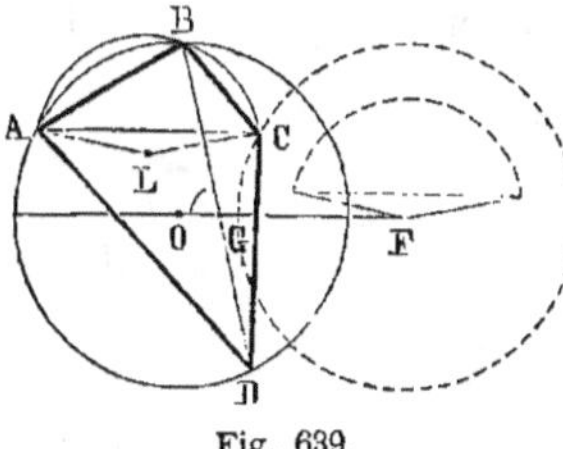

Fig. 639.

Sur la diagonale BD, on décrit un segment capable de l'angle donné BAD. Par le centre O, il faut mener une droite OF qui coupe BD, en faisant l'angle donné pour les diagonales ; prendre OF égale à la seconde diagonale AC, décrire du centre F une circonférence égale à la première. Toute droite AC, parallèle à la ligne des centres, aura la longueur demandée ;

il suffit de la mener de manière que l'angle ABC ait la grandeur donnée (n° 919).

1045. Problème. *Construire un quadrilatère ABCD, connaissant les diagonales, leur angle, un angle A du quadrilatère et un côté DC non adjacent à l'angle connu.*

Comme au problème précédent (1044); mais du point D avec le côté donné, on coupe en C le lieu de centre F, et l'on détermine ainsi la position de la seconde diagonale.

1046. Problème. *Construire un quadrilatère ABCD, connaissant les diagonales, leur angle et les angles opposés A et C du quadrilatère.*

Le point C sera déterminé par l'intersection du lieu de centre F et du segment décrit sur BD et capable de l'angle C.

Exercice 290.

1047. Problème. *Construire un quadrilatère ABCD, connaissant les angles et les diagonales.*

Supposons le problème résolu; sur une diagonale BD, décrivons un segment capable de l'angle A. Soient E, F les points où les côtés sont coupés par cette circonférence; menons la tangente MAN.

Les angles MAE, NAF sont connus, car ils égalent respectivement ABE, ADF, donc la corde FE est connue. De là, on déduit la construction suivante :

A l'aide de la longueur connue BD et de l'angle BAD, on décrit une circonférence. En un point quelconque A, on mène une tangente, on fait les angles connus MAE, NAF. Sur la corde EF, on décrit le segment

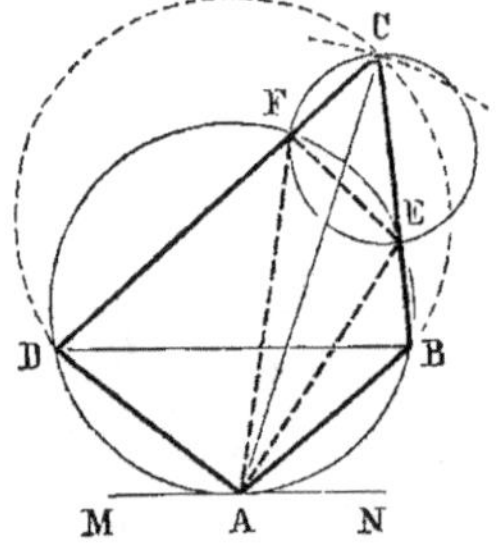
Fig. 640.

capable de l'angle C. Du point A comme centre, avec la seconde diagonale pour rayon, on coupe en C l'arc décrit, l'on mène CFD, CEB, puis AB, AD. (Desboves *, *Questions de Géométrie*, 3e édit., p. 348.)

1048. Problème. *Deux cercles BAD, BCD se coupent suivant BD. Mener une sécante AC, limitée aux deux cercles d'une longueur donnée l, et telle qu'en joignant ses extrémités A et C à un des points D d'intersection, l'angle ADC ait une valeur donnée.*

Même problème que ci-dessus. On connaît les deux diagonales AC, BD et les angles A, C, D du quadrilatère ABCD.

Exercice 291.

1049. Problème. *Construire un pentagone, connaissant les milieux des côtés.* (Lionnet **.)

---

* M. Desboves, professeur au lycée Fontanes, auteur des ouvrages suivants : *Questions de géométrie, Questions d'algèbre, Questions de trigonométrie.*
** Lionnet, professeur à Louis-le-Grand en 1844.

Soit ABCDE le pentagone demandé, et F, G, H, K, L, les milieux des

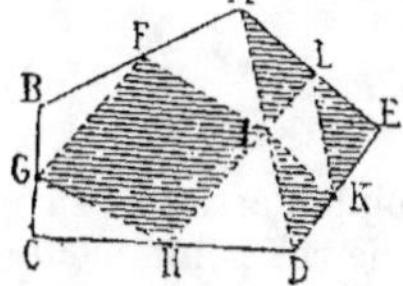

Fig. 641.

côtés. Une diagonale quelconque AD partage ce polygone en un quadrilatère ABCD et un triangle ADE.

Avec les trois milieux F, G, H, on peut construire un parallélogramme FGHI, qui donne le milieu I de la diagonale AD ; et avec les trois milieux I, K, L, on peut construire le triangle ADE, qui donne trois sommets. On trouve les deux autres sommets en traçant AFB et DHC, et en portant FA en FB, et HD en HC.

Remarque. Le pentagone peut être construit en n'employant que le compas. (N. A. 1844, p. 19 ; *solution* par M. A. PROUHET [*].)

Maxima et minima.

1050. Périmètre minimum. Les trois premiers exercices qui vont être résolus se rapportent au livre I. Tout périmètre minimum, étant développé entre deux points fixes, doit donner une ligne droite ou la plus petite ligne brisée que les données du problème puissent comporter.

Angle maximum. Le maximum de l'angle dont les côtés doivent passer par deux points fixes, est celui qui est inscrit dans le segment qui a le plus petit rayon possible, eu égard aux données. Le minimum de l'angle correspond au segment qui a le plus grand rayon. L'angle tend vers zéro, c'est-à-dire que ses côtés tendent à être parallèles lorsque le rayon tend vers l'infini.

Méthodes. Pour résoudre les exercices proposés, on a recours aux diverses méthodes déjà indiquées (n° 325, chap. VII).

Ainsi, suivant le cas, on emploie les *lieux géométriques*, une *constante provisoire* ou les *principes déjà exposés*, etc.

Exercice 292.

1051. Problème. *On donne un point P sur le périmètre d'un quadrilatère ABCD ; quel est le chemin minimum qui, partant du point donné, aboutit à ce même point après avoir rencontré les trois autres côtés ?*

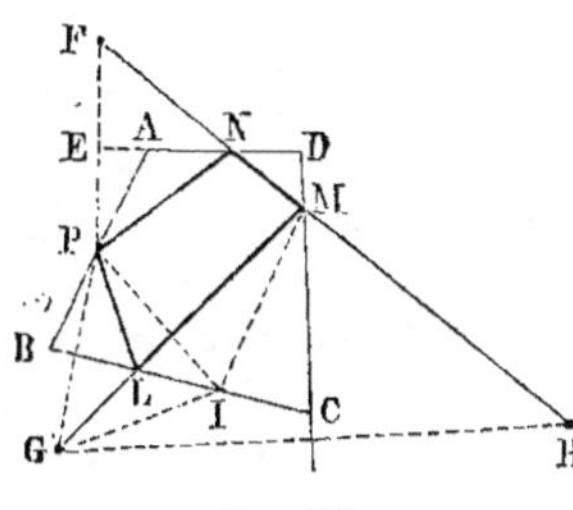

Fig. 642.

Il faut déterminer le point F symétrique de P par rapport à AD. Pour cela, on abaisse une perpendiculaire PE, qu'on prolonge d'une quantité EF égale à PE.

De même, on détermine le point G symétrique de P par rapport à BC, puis le symétrique H du point G par

---

* M. A. PROUHET, professeur à l'École polytechnique, auquel on doit la publication de divers ouvrages de STURM.

rapport à CD. Enfin on mène FH, NP, MG, LP. Le quadrilatère PLMNP
a le périmètre minimum ; il égale FH.

En effet, pour un autre point quelconque I, on a

$$PI + IM > PL + LM \qquad \text{(G., n}^\text{o}\text{ 176.)}$$

Remarques. 1º Dans l'énoncé de la question, le point d'arrivée peut
être différent du point de départ ; d'ailleurs, chacun de ces points peut
être pris à l'intérieur du quadrilatère donné.

2º En prenant le symétrique P_1, de P, par rapport au côté AD ; puis le
symétrique P_2, de P_1, par rapport au côté DC ; le symétrique P_3, de P_2,
par rapport au côté suivant, etc., on peut résoudre le problème pour
un polygone d'un nombre quelconque de côtés.

Exercice 293. — I.

1052. Problème. *Dans un triangle donné* ABC, *inscrire le triangle*
DEF *de périmètre minimum.*

Le périmètre dépend de la position des points D, E, F.

Pour simplifier le problème, supposons qu'il n'y ait que deux sommets
de position indéterminée.

En admettant que le sommet D soit
connu, on aura le chemin minimum
DEFD (G., nº 76) en cherchant le
symétrique G de D par rapport à
AB ; le symétrique H de D par rapport à AC et en menant GH, car
DE + EF + FD égale la droite GH.

Pour résoudre le problème, il suffit
donc de trouver la droite minima
GH ; en menant GBO et HCO, on reconnaît que ces lignes sont fixes de
position, car l'angle ABG = ABD, l'angle ACH = ACB. D'ailleurs
BG = BD, CH = CD ; donc la somme OG + OH des côtés qui comprennent l'angle O est constante, elle égale OB + BC + CO ; donc la
base GH sera minima lorsque le triangle GOH sera isocèle.

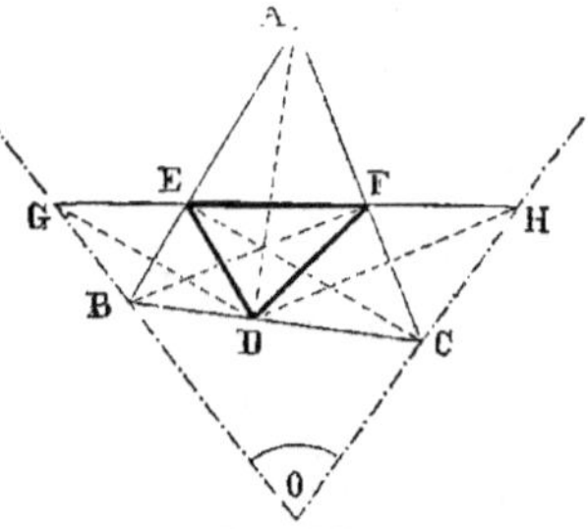

Fig. 643.

Ainsi il faut prendre $\quad OG = OH = \dfrac{OB + BC + CO}{2}$.

Mener GH, déterminer le symétrique D du point G, et le triangle DEF
a le périmètre minimum.

Remarque. Le triangle DEF est le *triangle orthique* de ABC ; on l'obtient en joignant deux à deux les pieds des hauteurs du triangle donné,
car les hauteurs étant les bissectrices intérieures de DEF, les côtés DF,
DE sont également inclinés sur BC, etc.

Note. Cette belle solution est de M. CATALAN (*Théorèmes et problèmes de
géométrie élémentaire*, problème XII, page 17).

Voir une autre solution par M. LAUDI, professeur à la Realschule de Trieste
(*Journal de Mathématiques élémentaires*, 1877, page 170).

La remarque que le triangle obtenu, en joignant deux à deux les pieds des
hauteurs, est le triangle inscrit de périmètre minima, est de FAGNANO JUNIORE.
(Cit. BALTZER, *Planimétrie*, § 4, nº 9.)

FAGNANO CHARLES (1682-0766) est surtout connu par le théorème qui porte son nom et par ses études sur les *Propriétés du triangle rectiligne* et sur la *Lemniscate*.

Le *théorème de Fagnano* est relatif aux arcs d'ellipse. (PAUL SERRET, *Des Méthodes en géométrie*, page 139.)

Le théorème du triangle à périmètre minima est dû à JEAN-FRANÇOIS FAGNANO, fils du précédent.

Exercice 293. — II.

1053. Problème. *Un segment rectiligne* MN *glisse sur une droite* XY *donnée de position ; deux points* A *et* B *sont situés d'un même côté de la droite ; placer* MN *de manière que la ligne brisée* AM + MN + NB *soit minima.*

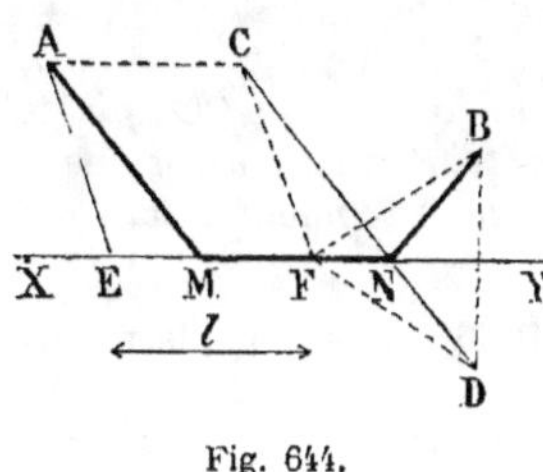

Fig. 644.

En supposant le problème résolu et en se reportant à une question connue (n° 137), on reconnaît qu'il suffit de déplacer le point A parallèlement à XY, d'une quantité AC égale au segment donné *l*, puis de joindre le point C au point D symétrique de B.

Tout autre chemin AEFB ou ACFD est plus long que ACNB ; donc...

1054. Problème. *Placer* MN *de manière que* AM = BN (fig. 644).

Il faut élever une perpendiculaire au milieu de CD jusqu'à la rencontre de XY.

1055. Problème. *Placer* MN *de manière que* $\dfrac{AM}{BN} = \dfrac{m}{n}$ *ou* AM² ± BN² = k².

Par rapport aux points C et D (fig. 644), on décrit le lieu des points dont le rapport des distances égale $\dfrac{m}{n}$. (G., n° 307.) Les points où ce lieu coupe XY répondent à la question.

Pour AM² ± BN² = k², on décrit le lieu des points dont la somme des carrés ou bien celui dont la différence des carrés égale k².

Exercice 294.

1056. Problème. *De tous les triangles qui ont même base et même hauteur, quel est celui dont l'angle au sommet est maximum ?*

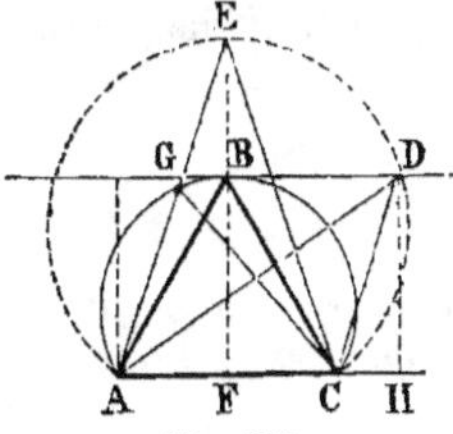

Fig. 645.

C'est le triangle isocèle ABC.

Soient ABC et ADC ayant leur sommet sur une parallèle BD à la base.

Pour tout point D non situé sur la perpendiculaire FB élevée au milieu de la base, l'arc du segment capable de l'angle D coupera FB en un point E tel que FE > DH.

Or l'angle B est plus grand que E ; en effet, B = G ; or G = E + GCE ; donc B est maximum.

1057. Problème. *De tous les triangles qui ont même base et dont le* *point d'intersection des hauteurs se trouve sur une droite donnée parallèle à la base, quel est celui dont l'angle au sommet est minimum?*

Les hauteurs abaissées des sommets A et C se coupent sous un angle égal au supplément de l'angle B ; donc l'angle au sommet est minimum quand l'angle des hauteurs est maximum ; on obtient donc aussi un triangle isocèle.

Exercice 295. — I.

1058. Problème. *On donne une droite* AO ; *un angle constant pivote autour de son sommet placé à un point fixe* P *et intercepte un segment* MN *sur la droite ; pour quelle position de l'angle le segment intercepté est-il minimum ?*

Cet exercice est l'inverse du précédent (n° 1056). Les considérations qui suivent permettent, dans un grand nombre de cas, de déduire un problème de minimum d'un problème de maximum, et réciproquement.

Soit APB l'angle donné ; mais, placé dans une position quelconque, il intercepte un segment AB ; mais, d'après le problème précédent, pour

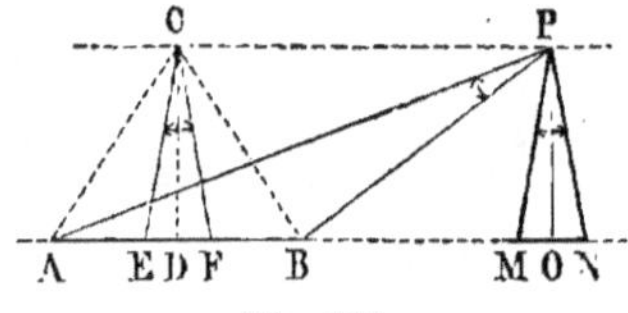

Fig. 646.

un segment AB, l'angle ACB, qui a son sommet sur la perpendiculaire DC élevée au milieu de AB, est plus grand que l'angle APB ; donc ce dernier ne donne pas le segment minimum, et, puisque pour un segment de longueur donnée le maximum de l'angle a lieu quand la perpendiculaire CD est bissectrice, formons l'angle ECF ou MPN égal à APB, mais de manière que la perpendiculaire soit bissectrice.

Ainsi le segment MN est minimum quand le point P se projette au milieu de MN.

1059. Remarque. La plupart des problèmes donnent lieu à une question inverse. Ainsi, pour une base et une hauteur données, l'angle au sommet est maximum quand le triangle est isocèle ; donc, pour une hauteur et un angle au sommet donnés, la longueur de la base est minima quand le triangle est isocèle ; mais pour une base et un angle au sommet donnés, le maximum de la hauteur a lieu quand le triangle est isocèle.

Exercice 295. — II.

1060. Problème. *Parmi les triangles qui ont pour base une longueur donnée et qui sont circonscrits au même cercle, quel est celui dont l'angle au sommet est maximum?*

Considérons le triangle isocèle ABC et le triangle quelconque DEF, tels que AB = DE.

Les bissectrices des angles à la base se rencontrent au centre du cercle inscrit.

D'ailleurs, on sait (n° 466) que

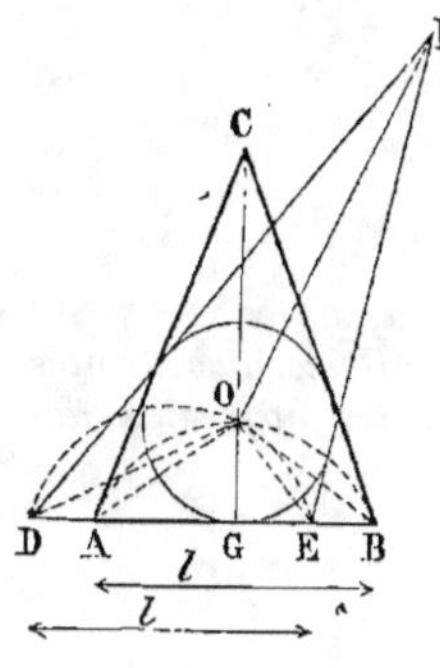

Fig. 647.

$$\text{l'angle AOB} = 90 + \frac{C}{2};$$

$$\text{DOE} = 90 + \frac{E}{2}.$$

Donc, au plus grand angle au centre correspond le plus grand angle au sommet; par suite, il suffit de comparer les angles AOB et DOE.

Or, pour le triangle isocèle AOB, OG est la flèche du segment capable de l'angle AOB, tandis que pour le segment capable de l'angle DOE, OG n'est plus que l'ordonnée d'un point quelconque de cet arc: donc le segment BOA est $<$ que le segment EOD; donc l'angle DOE est $<$ AOB; d'où F $<$ C.

Ainsi l'angle au sommet est maximum lorsque le triangle est isocèle.

Exercice 296.

1061. Problème. *Un mât vertical AB, d'une longueur donnée a, est placé au sommet d'une tour BC, de hauteur b, et qui repose sur un plan horizontal; à quelle distance de la tour faut-il se placer pour voir le mât sous un angle maximum?*

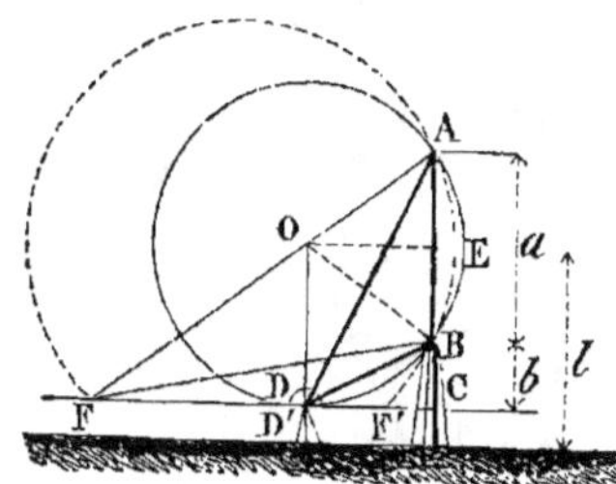

Fig. 648.

Soit le problème résolu; le segment de l'angle capable de l'angle maximum doit être tangent au plan horizontal mené par l'œil du spectateur, car tout segment qui passe par AB et coupe CD a un rayon plus grand que OD; par suite, l'angle F est $<$ D.

Le problème est donc ramené à faire passer une circonférence par les points A et B, de manière qu'elle soit tangente à l'horizontale CD.

Le rayon $OD = b + \dfrac{a}{2}$; donc du point B comme centre avec $b + \dfrac{a}{2}$ pour rayon, il faut couper en O la perpendiculaire élevée au milieu de AB; le point de contact D donne le sommet demandé.

1062. Remarques. 1° De la hauteur totale de la tour, il faut retrancher la hauteur DD′ de l'observateur.

2° L'angle maximum ADB = le demi-angle au centre AOB, ou D = BOF. En supposant connus le troisième livre et la Trigonométrie,

on a
$$DC^2 = (a+b)b; \quad BE^2 = \frac{a^2}{4}$$

donc
$$\frac{BE^2}{OE^2} \quad \text{ou} \quad \text{tang}^2\,BOE = \frac{a^2}{4(a+b)b}$$

Le sinus est encore plus facile à calculer, car il égale $\dfrac{BE}{OB}$.

Mais $$BE = \frac{a}{2}; \quad OD = \frac{a+2b}{2}$$

donc $$\sin D = \frac{BE}{OD} = \frac{a}{a+2b}$$

1063. Problème. *On donne deux droites et une circonférence ; par chaque point de la circonférence on mène des parallèles aux droites données ; étudier la variation de la somme des côtés adjacents des parallélogrammes ainsi formés.*

(Voir *Méthodes*, n° 340.)

Exercice 297.

1064. Problème. *De tous les triangles qui ont même base et même angle au sommet, quel est celui dont le périmètre est maximum ?*

1re *Démonstration*. C'est le triangle isocèle ABC (fig. 649).

En effet, en prolongeant AC d'une quantité CE égale à CB, puis AD d'une quantité DF égale à DB, l'angle $E = \frac{1}{2}\,C$, $F = \frac{1}{2}\,D$; donc les points E, F appartiennent au segment capable d'un angle égal à la moitié de l'angle donné. Or ce segment a le point C pour centre, car CE = CB ; donc le diamètre ACE, qui correspond au triangle isocèle, donne le maximum, car il est plus grand que la corde AF.

Ainsi $$AC + CB > AD + DB \qquad C.\ Q.\ F.\ D.$$

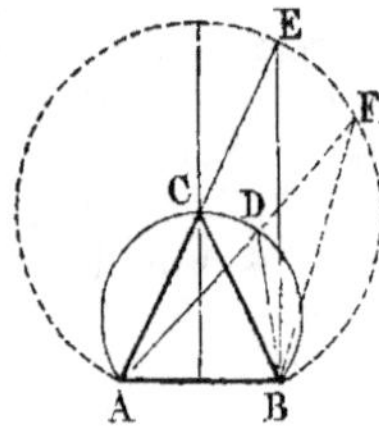

Fig. 649.

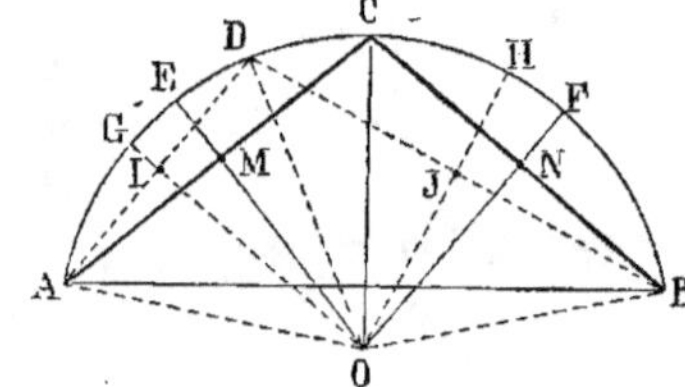

Fig. 650.

1065. 2° *Démonstration* (fig. 650). Du centre, abaissons les perpendiculaires OG, OH sur les cordes AD, DB ; le maximum de la somme de ces dernières lignes est le même que celui de leurs moitiés DI, DJ ; or (n° 339) le maximum de DI + DJ a lieu lorsque le point D est au milieu de l'arc ; donc il faut que les deux cordes AC, CB soient égales.

En effet, dans ce cas, l'angle EOF égale GOH, car chacun d'eux est la moitié de AOB ; or, dans les secteurs égaux EOF, GOH, la somme CM + CN, donnée par le point C milieu de l'arc, est plus grande que DI + DJ. Ainsi, pour un segment donné ADCB, les cordes doivent être égales.

1066. 3e *Démonstration*. La méthode par duplication conduit aussi fort simplement au résultat (fig. 651).

La bissectrice de l'angle D passe au point G milieu de l'arc AGB ; la bissectrice de l'angle extérieur passe par suite par le point C, extrémité du diamètre GOC.

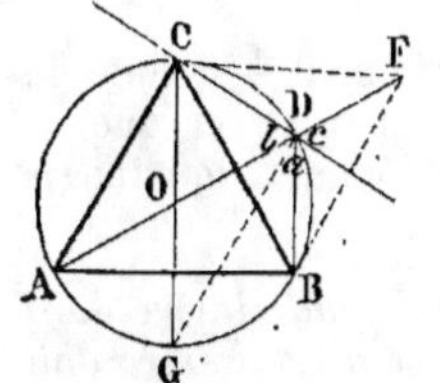

Fig. 651.

En déterminant le symétrique F du point B par rapport à CD, le côté DB viendra dans le prolongement de AD, car les angles *a*, *b*, *c* sont égaux.

En outre, $CF = CB$

Or on a $AF < AC + CF$

ou $AD + DB < AC + CB$ *C. Q. F. D.*

Remarque. Lorsque le sommet D se rapproche du point C, le périmètre AD + DB augmente, car l'angle ACF a deux côtés de longueur invariable, tandis que l'angle compris augmente, lorsque le point D se rapproche de C.

En effet,   angle $ACF = ACB + 2$ fois BCD

Exercice 298.

1067. Problème. *Dans un cercle, inscrire le triangle de périmètre maximum.*

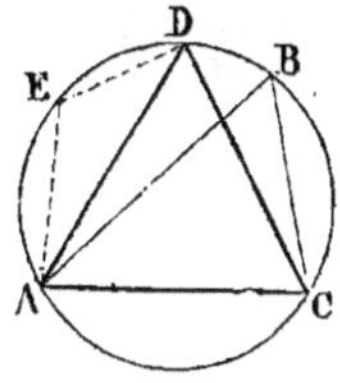

Fig. 652.

Soit ABC un triangle quelconque; regardons momentanément une des variables comme constante, soit donc une base connue AC; il faut trouver le triangle à périmètre maximum inscrit dans le segment ABC; or on sait que le triangle isocèle ADC répond à la question; donc, *quand il y a deux côtés variables AB, CB, ces côtés doivent être égaux entre eux.* Un raisonnement analogue prouve que les côtés AC, AD doivent être égaux entre eux lorsque CD est constant; donc le triangle à périmètre maximum est équilatéral.

1068. Théorème. *Pour un nombre donné de côtés, le polygone régulier a le périmètre maximum.*

C'est une conséquence immédiate de la démonstration précédente.

1069. Théorème. *De deux polygones réguliers inscrits dans le même cercle, le polygone qui a le plus grand nombre de côtés a le périmètre maximum.*

En effet, considérons par exemple le triangle équilatéral ADC et un quadrilatère ACDE; on a $AE + ED > AD$;   donc le périmètre du quadrilatère est plus grand que celui du triangle; mais le carré inscrit dans le cercle donné a le périmètre plus grand que celui du quadrilatère considéré; donc le périmètre du carré est plus grand que celui du triangle équilatéral, etc.

Exercice 299. — I.

1070. Problème. *En prenant pour base le diamètre, inscrire dans un demi-cercle le quadrilatère de périmètre maximum.*

Un raisonnement analogue à celui de l'exercice précédent prouve que les trois côtés variables doivent être égaux entre eux ; le quadrilatère est donc le demi-hexagone régulier inscrit.

Dans les *Méthodes* (n° 357), on a appliqué directement à l'étude du quadrilatère la deuxième démonstration donnée pour prouver que de deux triangles qui ont même base et même angle au sommet, le triangle isocèle a le périmètre maximum (n° 1065).

1071. Problème. *Dans un demi-cercle, inscrire un quadrilatère dont le périmètre ait une longueur donnée ; le côté opposé au diamètre doit avoir une longueur donnée* l. *Quel est le quadrilatère de périmètre maximum ?*

Soit d la différence obtenue en retranchant $2r + l$ du périmètre donné.

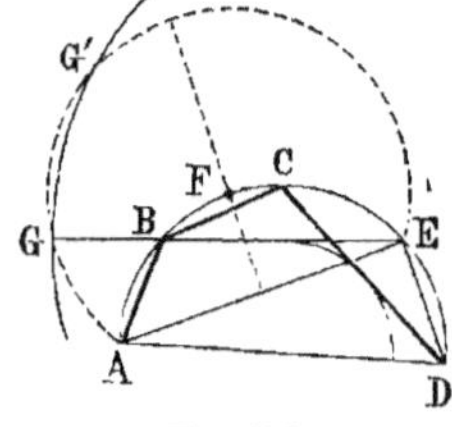
Fig. 653.

En prenant DE égale à la corde donnée l, on voit que le problème est ramené à diviser l'arc AE, de manière que la somme des cordes AB + BE ait une longueur connue d ; ou, ce qui revient au même, à construire un triangle, connaissant la base, l'angle opposé et la somme des deux autres côtés (n°s 921 et 989).

Pour cela, du point F milieu de l'arc AFE, il faut décrire l'arc AGE ; puis, du centre E avec d pour rayon, couper l'arc décrit, enfin mener GE.

On a $$AB + BE = d$$
donc, en prenant $$DC = BE$$
on aura $$BC = DE = l$$

et le quadrilatère ABCD répond à la question.

Maximum. Le maximum est donné par des cordes égales AF, FE. Dans ce cas, la corde donnée l doit être parallèle au diamètre.

Exercice 299. — II.

1072. Problème. *Par un point donné dans l'intérieur d'un angle, mener une droite qui forme avec les côtés de l'angle un triangle dont le périmètre soit minimum.*

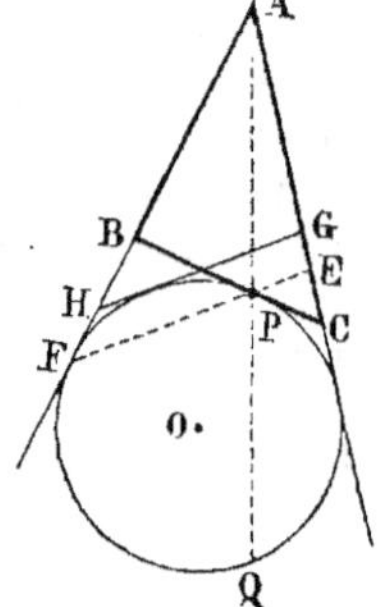
Fig. 654.

Soit P le point donné dans l'angle A. Le théorème du triangle à périmètre constant (n° 739) conduit à la construction suivante : Il faut décrire une circonférence O passant par le point P et tangente aux côtés de l'angle, et mener la tangente BPC (n° 948).

Il suffit de prouver que le périmètre du triangle ABC est moindre que celui de AEF, dont la base est menée par le point donné ; or, BPC étant une tangente, EPF est une sécante, mais on peut mener une tangente GH parallèle à EF. Or le périmètre de AEF est plus grand que celui de AGH, et par suite de ABC ; donc...

18*

Remarque. Il y a deux circonférences tangentes ; on prend la circonférence telle qu'en menant la sécante APQ, le point soit plus rapproché du sommet A que ne l'est le second point d'intersection.

1073. Problème. *Par un point donné dans l'intérieur d'un angle, mener une droite qui forme, avec les côtés de l'angle, un triangle tel que la somme des côtés de l'angle* A, *diminuée de la base du triangle, soit un minimum.*

La circonférence tangente doit être telle que P soit plus éloigné du sommet A que ne l'est le second point d'intersection.

Exercice 300.

1074. Problème. *Pour un arc donné* ABC, *quelle est la tangente à cet arc dont la longueur est minima? la ligne menée est limitée par les rayons extrêmes* OA, OC.

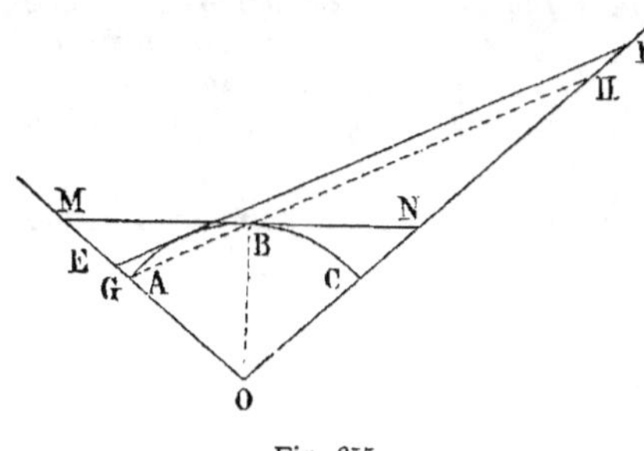

Le point de contact B doit être au milieu de l'arc ; en effet, la tangente EF est plus grande que sa parallèle GBH ; mais cette ligne, menée par le point milieu B de la base d'un triangle isocèle, est plus grande que cette base MN ; donc, à *fortiori,* MN < EF.

Fig. 655.

Remarque. Cette question ne diffère pas d'une question déjà traitée (n° 1058).

Exercice 301. — I.

1075. Problème. *Un arc* ABC *est divisé en deux parties quelconques* AB, BC ; *on mène des tangentes par les points extrêmes* A *et* C, *et on limite ces lignes par le rayon* OB *prolongé ; pour quelle position du point* B *la somme des tangentes est-elle minima ?*

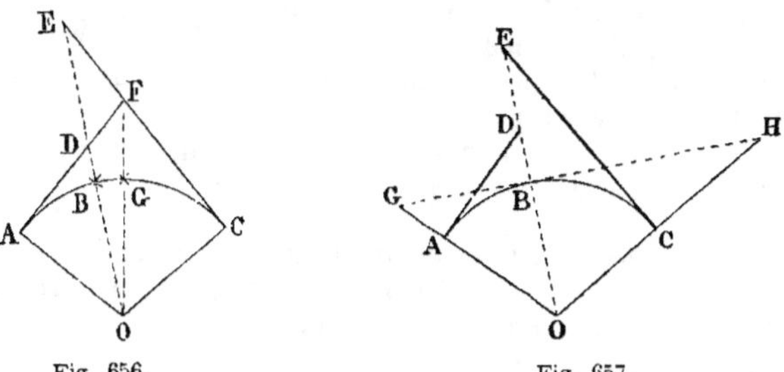

Fig. 656.   Fig. 657.

Soient les tangentes AD et CE (fig. 656), et supposons B plus près de A que de C ; par suite, l'angle AOB est < BOC ; donc l'angle EDF ou

ADO, complément de AOB, est plus grand que l'angle E, complément de BOC ; donc DF, opposé à l'angle E, est moindre que FE ; donc

$$AF + CF < AD + CE$$

Ainsi le minimum $AF + FC$ a lieu lorsque les tangentes sont égales ; donc le point G doit diviser l'arc donné en deux parties égales.

Autre démonstration. Menons la tangente au point B (fig. 657).

On a : $$BG = AD ; \quad BH = CE$$

donc la question revient à la précédente (n° 1074).

Remarque. Des deux questions ci-dessus (n°s 1074 et 1075) découlent les conséquences suivantes :

1076. Théorème. *1° Pour qu'une ligne brisée d'un nombre donné de côtés, circonscrite à un arc et limitée par les rayons qui terminent cet arc, ait une longueur minima, il faut que chaque côté soit divisé en deux parties égales par le point de contact, et que ces lignes soient égales entre elles.*

2° Pour un nombre de côtés et un cercle donnés, le polygone régulier circonscrit a le périmètre minimum.

Exercice 301. — II.

1077. Problème. *Par un point pris sur une circonférence, mener une corde telle que sa projection sur une droite donnée de position ait une longueur minima ; étudier les variations de la projection des diverses cordes que l'on peut mener par le point donné A.*

1° Quand la corde est nulle, la projection est nulle.

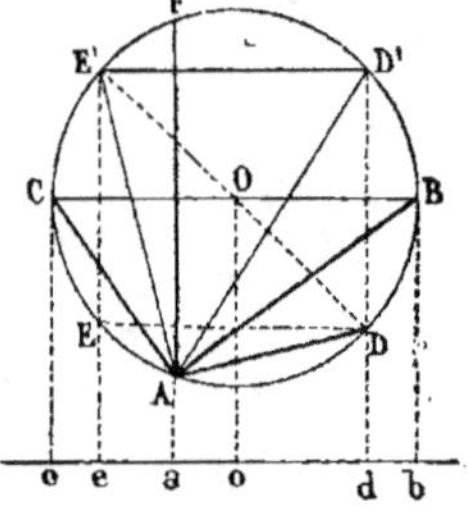
Fig. 658.

En allant vers la droite, AD donne *ad*, et la projection croît jusqu'au point *b* donné par la corde AB menée à l'extrémité du diamètre parallèle à la droite donnée *ab* ; donc *ab* est un maximum, car à partir du point B les cordes telles que AD' donnent une projection plus petite. La projection décroît constamment ; pour la perpendiculaire AF, elle s'annule de nouveau, puis devient *ae*, atteint un nouveau maximum *ac*, en valeur absolue, décroît de nouveau et s'annule en *a*.

Remarque. En tenant compte de la direction des projections et du signe conventionnel qu'on leur attribue (n° 412), on doit dire que *ae* a une valeur négative, et que *ac* est un minimum.

1078. Problème. *Par un point donné A pris dans un cercle, mener une corde telle que la différence des projections des segments de cette corde sur une droite xy ait une longueur maxima.*

Pour une corde quelconque ABC, la différence des projections égale
$ac - ab$, et si l'on prend $CD = AB$, la dif-
férence $= ad$. Or le point D se trouve sur
une circonférence concentrique à la première ; la différence ad est la projection
de la corde AD de la circonférence AO ;
donc le maximum ae est donné par la
corde AE (n° 1077) :

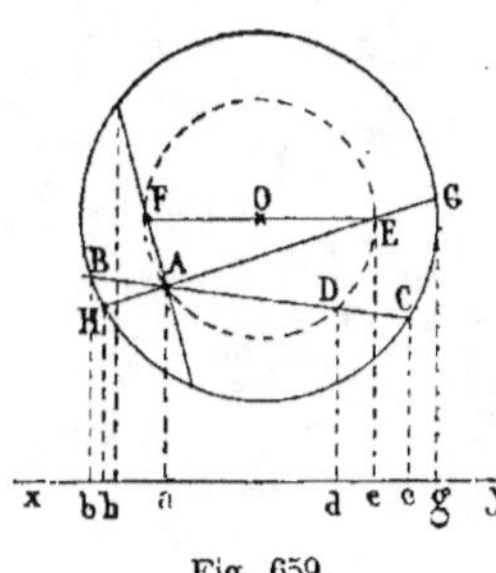

Fig. 659.

$$ag - ah = ae$$

AF donne un second maximum, en valeur absolue ; ou bien le *minimum*, si l'on
regarde ab, ah comme des grandeurs négatives (n° 412).

<h3 style="text-align:center">Exercice 302.</h3>

1079. Problème. *Trouver un point dont la somme des distances aux
trois sommets d'un triangle soit minima.*

Soit O le point cherché, tel que $AO + BO + CO$ soit un minimum.

Si AO est invariable, et par suite si le point O doit appartenir à une
circonférence de rayon donné, le minimum
de $BO + OC$ a lieu lorsque BO et CO sont
également inclinés sur le rayon AO ; car,
pour la tangente DOE, on sait que dans ce
cas $BO + CO$ est un minimum (G., 176) ;
or, pour un autre point F de la circonférence, on aurait à plus forte raison une
somme

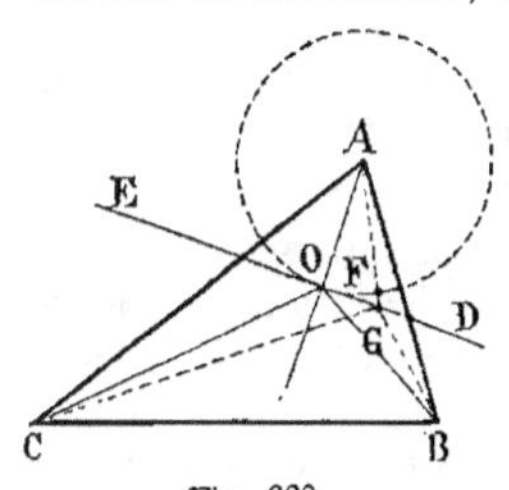

Fig. 660.

$$BF + FC > BG + GC > BO + OC$$

Par un raisonnement analogue, en regar-
dant BO comme fixe, on trouve que BO doit être également incliné sur
AO et CO ; donc le minimum a lieu lorsque les trois angles AOB, BOC,
COA sont égaux ; par suite, sur deux côtés du triangle donné, il faut
décrire des segments capables d'un angle de 120° *.

<h3 style="text-align:center">Exercice 303.</h3>

1080. Problème. *De tous les triangles qui ont une base de longueur
donnée et qui sont circonscrits au même cercle, quel est celui dont le
périmètre est minimum ?*

Le triangle isocèle ABC a le périmètre minimum, car l'angle C est $>$ F
(n° 1060).

Or les triangles rectangles OMC, ONF ont un côté égal ; donc à
l'angle NFO $<$ MCO correspond une oblique OF plus longue que OC et

<hr>

* Cette solution se trouve dans le *Manuel des candidats à l'École centrale*, tome II,
par M. DE COMBEROUSSE, professeur à cette école.

dont la distance NF au pied de la perpendiculaire est plus grande que MC.

Ainsi
$$MC + CL < FN + FP$$
mais
$$DN + EP = DE$$

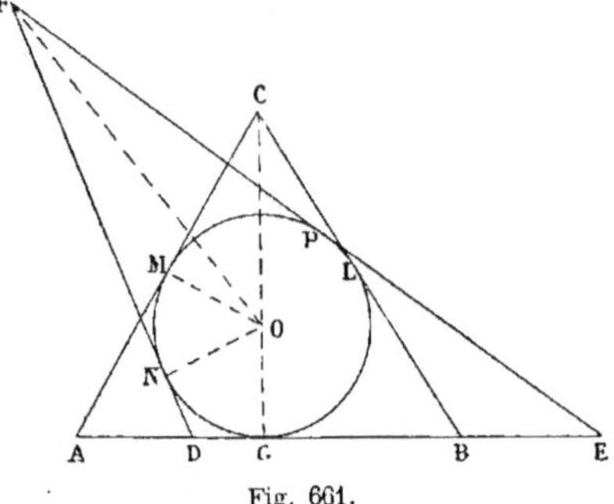

Fig. 661.

AM + BL = AB = DE ; donc les variations de périmètre ne dépendent que de MC et de NF ; donc le triangle isocèle a le périmètre minimum.

1081. Remarques. 1° Le triangle équilatéral circonscrit est le triangle qui a le périmètre minimum ; car, pour AB et AC, on prouverait que le minimum a lieu lorsque ces côtés sont égaux entre eux.

2° Généralement l'étude du périmètre maximum ou minimum est plus difficile que celle des surfaces. Aussi on se borne à déduire le périmètre maximum ou minimum, circonscrit à un cercle, de l'étude de la surface (n° 1694, *Remarque*).

Néanmoins il est avantageux de traiter directement les périmètres sans recourir à des notions qui ne sont présentées qu'au livre IV.

Questions diverses.

Exercice 304.

1082. Théorème. *Soient* A *et* B *les extrémités d'un diamètre,* C *un autre point quelconque de la demi-circonférence décrite sur* AB, *on prend des arcs égaux* BD, DE, *l'on mène* AD *et* BC *qui se coupent en* F, *et les droites* AE *et* CD *qui se coupent en* G : *démontrer que les droites* FG, AE *sont perpendiculaires.* (*Mathésis,* 1892, page 31.)

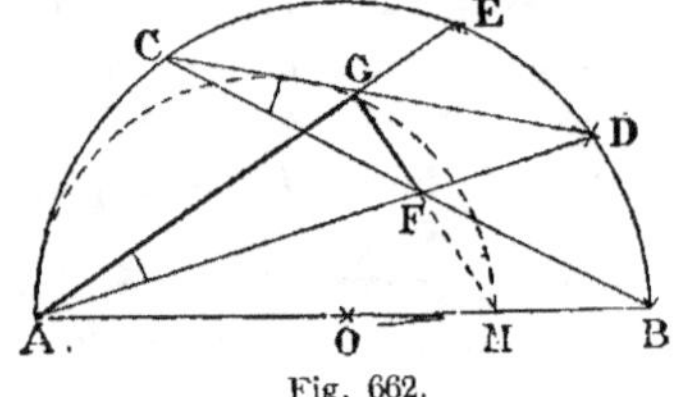

Fig. 662.

Les angles inscrits A et C sont égaux, donc le quadrilatère ACGF est inscriptible ; mais l'angle ACB est droit, il en est donc de même de l'angle AGF.

Exercice 305.

1083. Problème. *1° Déterminer les points équidistants de trois droites qui se coupent deux à deux ; 2° déterminer les droites équidistantes de trois points donnés. Étudier la dualité de ces deux questions, indiquer les solutions qui se correspondent deux à deux.*

Soient A, B, C les points de concours des droites concourantes données de la première question, et les points donnés de la seconde ; soient a, b, c, les côtés opposés aux sommets A, B, C.

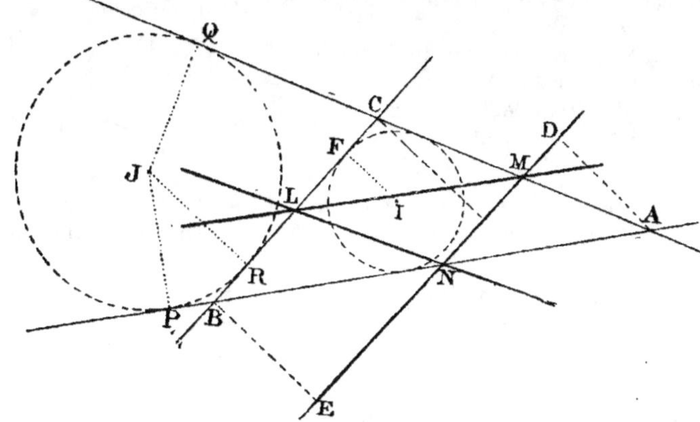

Fig. 663.

1° Les bissectrices intérieures et extérieures donnent quatre points qui répondent à la première question : le centre I du cercle inscrit et les centres tels que J des trois cercles ex-inscrits.

2° Les trois droites qui joignent deux à deux les points milieux de a, b, c, répondent à la seconde question.

Dualité. En tenant compte des signes, le point équidistant J correspond à la droite équidistante MN, car la distance JP, JQ ayant même direction que la distance du point I aux mêmes droites sont considérées comme positives, tandis que JR, de direction opposée à IF, est négative. De même pour MN, les distances de cette droite aux points B et C peuvent être regardées comme positives, et celle de A comme négative : ainsi les trois côtés du triangle médian LMN correspondent aux centres des trois cercles ex-inscrits.

Au point I, dont les trois distances sont positives, correspond la ligne de l'infini ; car aucune droite à distance finie ne saurait être à distance égale, comme grandeur et même signe, de trois points A, B, C qui ne sont pas eux-mêmes en ligne droite.

Exercice 306.

1084. Théorème. *Un triangle isocèle mobile reste semblable à lui-même, un des côtés égaux passe par un point fixe, tandis que les extré-*

*mités de la base glissent sur une circonférence donnée, prouver que le
second des côtés égaux passe aussi par un point fixe.* (J. M. E., 1890,
page 151, LAUVERNAY.)

Soit ABC dans une position quelconque, M le point fixe, O le
centre du cercle donné, AOD la
hauteur du triangle isocèle.

L'angle α est le complément de
l'angle invariable β, donc le lieu
du sommet A est le segment décrit
sur MO, capable de l'angle connu α.

Mais $\alpha' = \alpha$ donc l'arc $ON = OM$
et le point N se trouve déterminé
indépendamment de toute position
particulière du triangle; ainsi le
côté AC passe par un point fixe N.

C. Q. F. D.

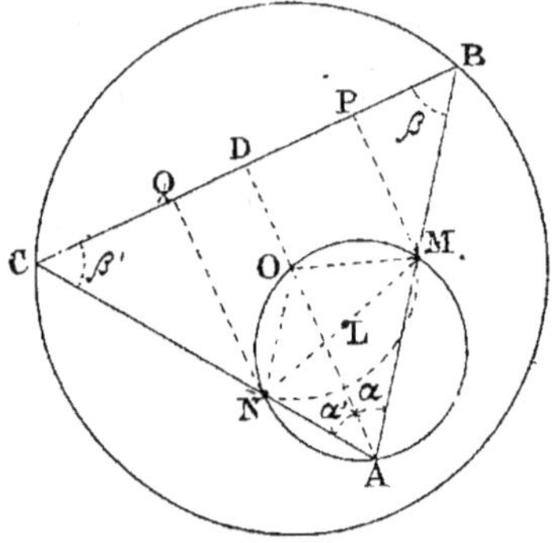

Fig. 664.

1085. Remarques. 1° L'enveloppe de la base mobile BC est une ellipse
ayant M et N pour foyers; cette ellipse est bi-tangente au cercle donné
(n° 2177).

2° Le lieu des projections P et Q des points fixes, sur la base mobile,
est un cercle ayant son centre au point milieu L de MN (n° 1355), car le
triangle MBP reste semblable à lui-même, pendant que B décrit une
circonférence.

Note. Le théorème précédent est l'énoncé simplifié du 176° *porisme d'Euclide*; porisme signalé par M. TARRY, comme pouvant conduire à plusieurs des
propriétés des *points* et du *cercle de Brocard.* (J. M. E., 1890, pages 35 et 83.)

Exercice 307.

1086. Lieu. *Par un point D commun à deux circonférences, on mène
une corde commune ADB, aux extrémités de laquelle on fait des angles
donnés A et B: quel est le lieu
géométrique du sommet C du
triangle ainsi formé?*

L'angle inscrit A, étant constant, intercepte un arc invariable DSE, donc le côté AC
passe constamment par un
point fixe E; de même BC
passe par un point fixe F.

L'angle C est constant, donc
le sommet C se meut sur l'arc
du segment ECF, capable de
$\pi - (A + B)$.

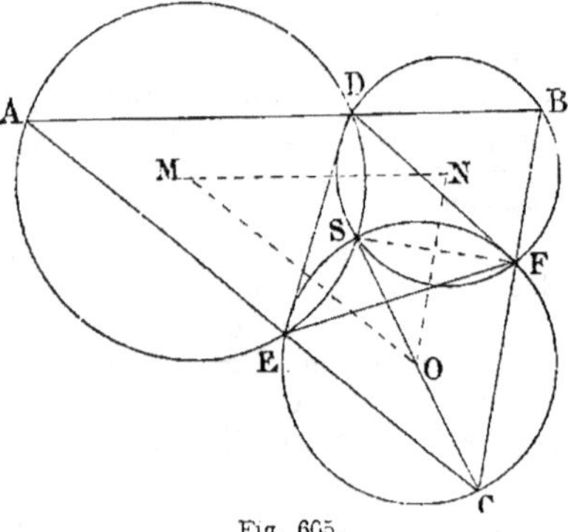

Fig. 665.

1087. Scolies. 1° Le cercle
ECF passe par le point S où se
coupent les cercles donnés M et N, car l'angle $ESF = 2\pi - DSE - DSF$;
il est donc le supplément de C.

2° Lorsqu'on fait tourner la corde commune ADB autour du point D, le triangle maximum correspond au cas où AB est parallèle à la ligne des centres, car AB = 2MN. Le minimum correspond au cas où la corde DS est perpendiculaire à la ligne des centres, alors le triangle circonscrit se réduit au point S.

3° Le diamètre SC est donné par la position C qui correspond au triangle maximum et par le point S qui correspond au minimum.

Exercice 308.

1088. Théorème. *Si les diagonales d'un hexagone sont égales et que les côtés soient parallèles deux à deux, l'hexagone est inscriptible à une circonférence.* (CATALAN, *Mathésis*, 1890, page 94.)

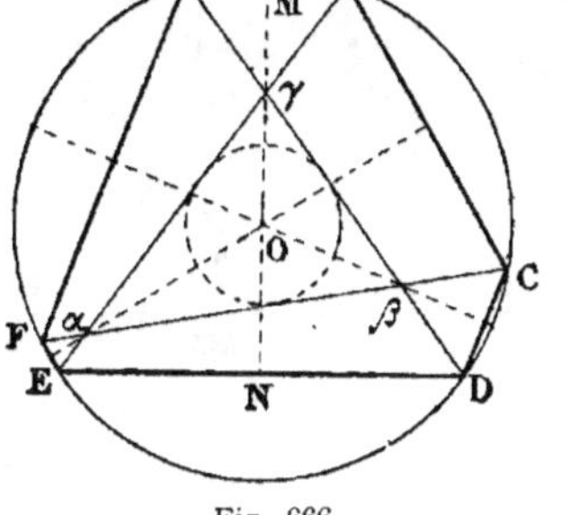
Fig. 666.

Soient α, β, γ, les points d'intersection des trois diagonales égales, considérées deux à deux.

La figure ABDE est un trapèze isocèle, car AB et DE sont des lignes parallèles, et les diagonales AD et BE sont des lignes égales; d'où il résulte que la bissectrice de l'angle AγB est perpendiculaire à AB, DE et passe en leur milieu. En désignant par O le point de concours des bissectrices intérieures du triangle $\alpha\beta\gamma$, ce point est à l'intersection des perpendiculaires élevées aux milieux des six côtés de l'hexagone, et par suite il est à égale distance des six sommets.

1089. Remarques. 1° Ce théorème est la réciproque d'un théorème connu. (CATALAN, *Théorèmes et Problèmes*, 6e édition, p. 132, th. LXV.)

2° Le centre du cercle circonscrit à l'hexagone est aussi le centre du cercle inscrit au triangle $\alpha\beta\gamma$ formé par les diagonales.

Exercice 309.

1090. Théorème. *Si un quadrilatère a deux côtés opposés égaux : 1° ces côtés sont également inclinés sur la médiane des deux autres côtés; 2° la projection sur la médiane est égale à cette médiane.* (CATALAN, *Étude sur le parallélogramme de Watt*, voir *Mathésis*, 1885, page 154 *.)

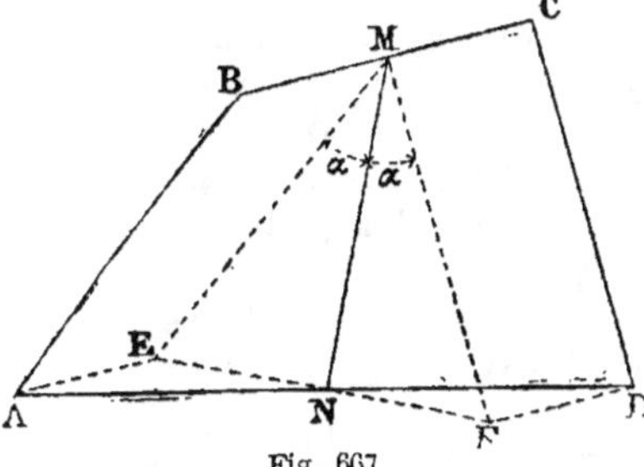
Fig. 667.

Formons des parallélogrammes ABME, DCMF.

On a   ME = MF

Joignons le point milieu N aux points E, F.

---

* La question se trouvait déjà dans *Théorèmes et Problèmes*, 6e édit., 1879. Th. XIII, p. 10.

Les segments NE, NF, sont en ligne droite, car les triangles NAE, NDF ont un angle égal A = D, compris entre deux côtés égaux ; donc les angles en N sont égaux, donc NE = NF et ces deux segments sont dans le prolongement l'un de l'autre.

Dans le triangle isocèle EMF, la droite MN qui joint le sommet au milieu de la base est bissectrice de l'angle M ; donc AB, CD sont également inclinés sur la médiane MN.

2° La projection de BA ou de ME sur la médiane est cette médiane MN, de même pour la projection de CD, donc...

Exercice 310.

1091. Lieu. *Sur les côtés* AB, AC *d'un triangle* ABC, *on prend les distances* BD, CE *égales entre elles, lieu géométrique du point milieu* M *de* DE. (CATALAN, *Mathésis,* 1885, page 222.)

La médiane MN du quadrilatère DBCE est parallèle à la bissectrice de l'angle formé par les côtés BD, CE (n° 1090) ; donc le lieu du point M est la parallèle menée par le milieu N de BC à la bissectrice de l'angle A.

Scolie. La droite MN passe par le point O milieu de la distance AH, qu'on obtient en prenant BH égal au petit côté AC.

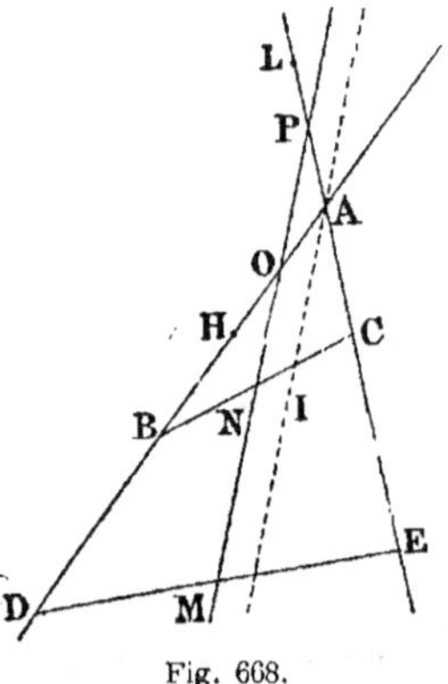

Fig. 668.

Exercice 311. — I.

1092. Théorème. 1° *Dans tout triangle, la distance de l'orthocentre à un côté donné égale le prolongement, jusqu'au cercle circonscrit, de la hauteur abaissée sur ce même côté ;*

2° *La distance d'un sommet à l'orthocentre est le double de la distance du centre du cercle circonscrit, au côté opposé.*

1° Il faut prouver que PH = PL (fig. 669).

On peut voir (*Méthodes*, n° 292, **c**) d'ailleurs $\alpha = \beta$ comme ayant les côtés respectivement perpendiculaires ; puis α et γ ont même mesure, donc $\beta = \gamma$ et PH = PL.

2° On peut voir ci-après (n° 1120) ou mieux (n° 28), car le centre K est au milieu de OH et le point D milieu de AH appartient au *cercle d'Euler*, donc OE = DH = AD.

Exercice 311. — II.

1093. Théorème. 1° *Les cercles circonscrits à un triangle donné, et aux triangles qui ont pour sommets l'orthocentre et deux des sommets du triangle donné, sont égaux entre eux.* (CARNOT.)

2° *Le triangle ayant pour sommets les centres des trois cercles symé-*

triques ci-dessus est égal au triangle donné, et il admet même cercle des neuf points.

3° *Le triangle anticomplémentaire du triangle donné* (triangle obtenu en menant par chaque sommet d'un triangle une parallèle au côté opposé), *admet l'orthocentre du premier pour centre de son cercle circonscrit; ce cercle est tangent aux trois cercles symétriques.*

1° On peut voir (*Méthodes*, n° 292, **e**); d'ailleurs il suffit de se rappeler que les triangles égaux CHB, CLB (fig. 669) admettent des cercles circonscrits égaux. *Le cercle circonscrit à CHB est symétrique,* par rapport à CB, du *cercle circonscrit à CLB,* c'est-à-dire à CBA.

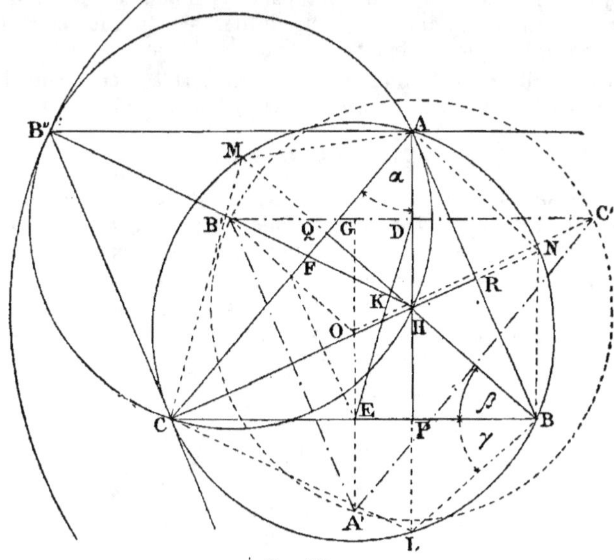

Fig. 669.

2° Le point A′, B′, C′ symétriques du centre O, par rapport aux côtés, sont les centres respectifs des trois cercles symétriques tels que CHA; or EF est parallèle à A′B′ et en égale la moitié, donc A′B′ égale et parallèle à AB, donc...

Le centre K du cercle des neuf points est le centre d'hométie des triangles égaux ABC, A′B′C′.

Les triangles égaux ont même cercle des neuf points.

3° Des remarques précédentes, on peut conclure que H est le centre du cercle circonscrit au triangle A′B′C′ et en déduire 3°; d'ailleurs, on sait que les hauteurs d'un triangle donné ABC sont les médiatrices du triangle supplémentaire A″B″C″, qu'on obtient en menant par les sommets A, B, C des parallèles aux côtés opposés (n° 445), ainsi H est le centre du cercle circonscrit au triangle A″B″C″, de même qu'il l'est pour A′B′C′; les cercles ayant pour centres respectifs H et B′ sont tangents en B″.

Exercice 312. — I.

1094. Théorème. *1° D'un point H on abaisse des perpendiculaires sur les côtés d'un triangle ; on mène, par rapport à chaque côté, les droites symétriques des perpendiculaires, on obtient ainsi neuf droites qui se coupent trois à trois en quatre points (le point H y compris).*

2° Lorsque le point H est l'orthocentre, les trois autres points obtenus sont sur le cercle circonscrit.

1° Soient HP_a, HP_b, HP_c les perpendiculaires abaissées sur les côtés a, b, c et H_a, H_b, H_c les points symétriques de H par rapport à ces mêmes côtés.

Les symétriques de HP_a et de HP_c par rapport au côté a passent par le point symétrique H_a, ainsi les deux droites symétriques et la droite HH_a passent par le même point ; de même pour les autres côtés.

2° Le symétrique de *l'orthocentre*, par rapport à chaque côté du triangle, est sur le centre circonscrit (n° 666), donc...

Exercice 312. — II.

1095. Théorème. *Par les milieux des côtés d'un triangle donné, on mène les symétriques des côtés du triangle, par rapport à une direction donnée ; les trois droites ainsi menées concourent en un point du cercle des neuf points du triangle donné.* (J. M. E., 1890, page 118.)

Soient LMN le triangle donné, ABC le triangle médian ; CD la direction donnée, faisant des angles α et β avec les côtés MN, LN.

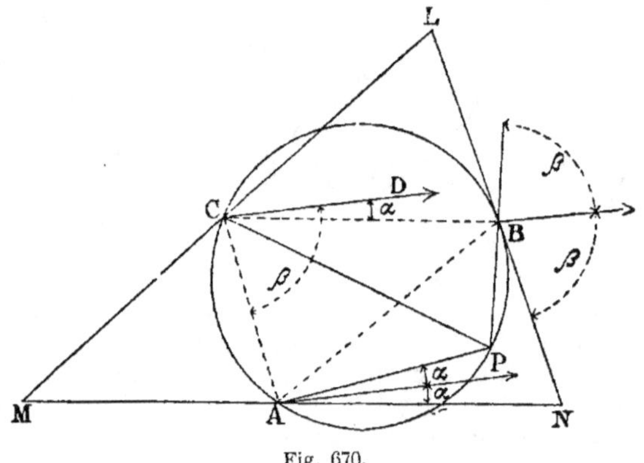

Fig. 670.

Menons les symétriques AP, BP : il suffit de démontrer que le point P appartient au cercle ABC, et pour cela prouvons que l'angle APB est le supplément de ACB ou N.

$$\text{Angle } BAP = M - 2\alpha$$

$$ABP = ABN \quad \text{ou} \quad L - PBN = L - (180° - 2\beta) = L + 2\beta - 180°$$

donc
$$APB = 180 - (M - 2\alpha + L + 2\beta - 180)$$

Mais $\quad M + L - 180 = - N \quad$ et $\quad 2(\beta - \alpha) = 2N, \quad$ donc...

$$APB = 180 - N \qquad \textit{C. Q. F. D.}$$

Remarques. 1° *La question ci-dessus revient au théorème suivant* : *Par chaque sommet d'un triangle ABC, on mène une droite qui soit symétrique du côté opposé, par rapport à une même direction donnée, les trois droites ainsi menées se rencontrent en un même point du cercle circonscrit au triangle ABC.*

2° *Si l'on prend successivement les symétriques par rapport à deux directions à 45° l'une de l'autre, on obtient deux points diamétralement opposés sur le cercle circonscrit, car AP et AP' sont à angle droit.*

3° **Théorème réciproque**. *Les droites qui joignent chaque sommet d'un triangle à un même point du cercle circonscrit, sont respectivement symétriques des côtés opposés par rapport à une même direction.*

Exercice 312. — III.

1096. Lieu. *On donne, en grandeur, deux côtés opposés d'un quadrilatère inscrit dans un cercle donné ; ces deux côtés sont mobiles et glissent sur la circonférence :*

1° *Quel est le lieu des centres des cercles circonscrits aux triangles formés par chacun des côtés donnés et le point de concours des diagonales ?*

2° *Prouver que le rayon du lieu relatif à une des cordes égale le rayon du cercle circonscrit relatif à l'autre corde.*

3° *Même question, en considérant le point de concours des deux autres côtés.*

1° Soient AB, CD dans une position quelconque, I le point d'intersection des diagonales.

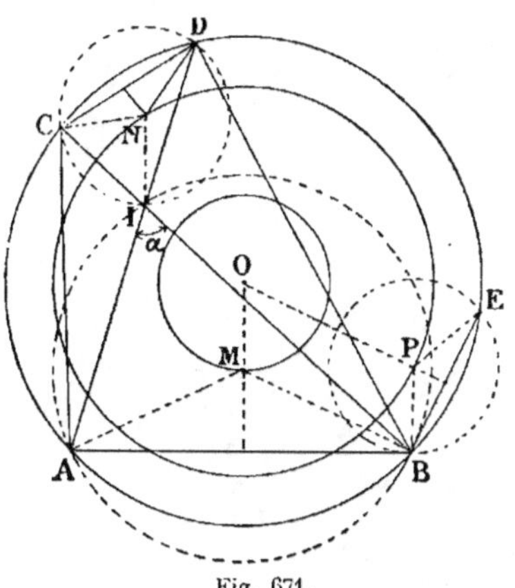

Fig. 671.

L'angle α est constant, car il a pour valeur la demi-somme des arcs sous-tendus par AB, CD, donc chaque cercle circonscrit à un rayon de longueur invariable, quelle que soit la position des cordes AB et CD, car AIB, par exemple, est le segment capable de l'angle α, de même pour CID ; soient M et N les centres du segment, le lieu de M est le cercle décrit du centre O, avec OM pour rayon ; de même pour N.

2° Si l'on prend BE = CD, l'angle ABE est le supplément de α ; donc pour obtenir les centres M, P du segment, il suffit d'élever des droites BM, BP respectivement perpendiculaires aux cordes, on obtient les centres M et P ; or la figure MOPB est un parallélogramme, donc le lieu des centres M a pour rayon la valeur même BP du rayon du cercle circonscrit à CID, et le lieu du point N a pour rayon OP ou MB, rayon du cercle circonscrit au triangle AIB.

3° Pour le point de concours J des côtés AC, BD, l'angle est aussi

constant, il a pour mesure la demi-différence des arcs AB, CD; le lieu
de chaque centre est une circonférence de centre O; le rayon du lieu
relatif à AJB égale le rayon du cercle circonscrit à CJD, et réciproquement. (D'après J. M. E., 1891, page 237.)

Exercice 312. — IV.

1097. Points de Brocard. *Sur les côtés* a, b, c *d'un triangle* ABC, *on
décrit vers l'intérieur du triangle des segments respectivement capables
des suppléments des angles* B, C, A; *les trois segments concourent en un
même point* M, *et les angles* MAC, MCB, MBA *sont égaux entre eux.*

(Voir nº 906). Deux points répondent à la question; on les nomme
Points de Brocard, et on les désigne assez souvent par ω et ω'.

Les segments capables de $\pi - B$, $\pi - C$, $\pi - A$ décrits sur a, b, c
sont tangents à l'un des côtés adjacents; on les nomme *circonférences
adjointes* ou *cercles adjoints.*

Exercice 312. — V.

1098. Théorème. *Les circonférences symétriques, par rapport aux
côtés considérés, des trois circonférences adjointes qui donnent le point
de Brocard* ω, *concourent en un même point* J; *il en est de même des
symétriques des trois autres circonférences adjointes.*

Soient $1 - 3 - 5$ les centres respectifs des cercles adjoints qui
donnent le point ω; pour avoir les centres des circonférences symé-

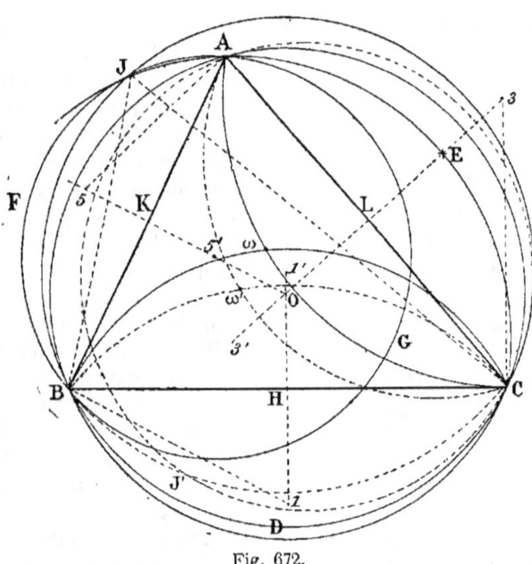

Fig. 672.

triques, on prend $1'$ symétrique de 1 par rapport au côté BC; de même
$3'$ est le symétrique de 3 par rapport à CA, et $5'$ l'est de 5 par rapport à AB.

Soit J le point d'intersection des cercles décrits des centres $1'$ et $3'$, il
suffit de prouver que le cercle décrit de $5'$ passe par J. Or l'arc BDC

égal à BωC, est le double de la mesure d'un angle inscrit égal à B, donc
l'angle BJC = B ; de même AJC = C, et l'angle AGB aurait pour mesure
demi-arc AFB, donc l'arc AGB est le double de la mesure de (180° − C),
c'est-à-dire de (A + B), donc l'arc AFB passe par le point J.

De même les cercles symétriques des cercles adjoints qui se coupent
en ω' donnent un second point J'.

Remarque. Les points J et J' sont les *centres permanents de similitude* de deux triangles circonscrits et semblables au triangle donné
(voir ci-après, n° 2487).

1099. Note. L'emploi des cercles symétriques des cercles qui passent par les
extrémités de chacun des côtés du triangle de référence, a conduit à un nouveau
mode de transformation, car à trois cercles passant par un même point et par
les extrémités de chacun des côtés d'un triangle, correspondent trois cercles
symétriques qui passent aussi par un même point. Les deux points correspondants ont été nommés *points jumeaux.*

La transformation par cercles symétriques a été étudiée par M. Schoute *.

Comme cas particulier remarquable, on peut citer le cercle circonscrit, en
prenant son symétrique par rapport à chaque côté, on obtient trois circonférences égales au cercle circonscrit, et qui passent par *l'orthocentre* H (n° 1093).

Exercice 312. — VI.

1100 (a). Cercles de Neuberg. *Sur chaque côté d'un triangle de référence, et du même côté de ce
triangle, on construit des
triangles équiangles à un
autre triangle donné ABC ;
chaque groupe se compose
de six triangles, dont les
sommets opposés à la base
commune BC appartiennent
à une même circonférence **.*

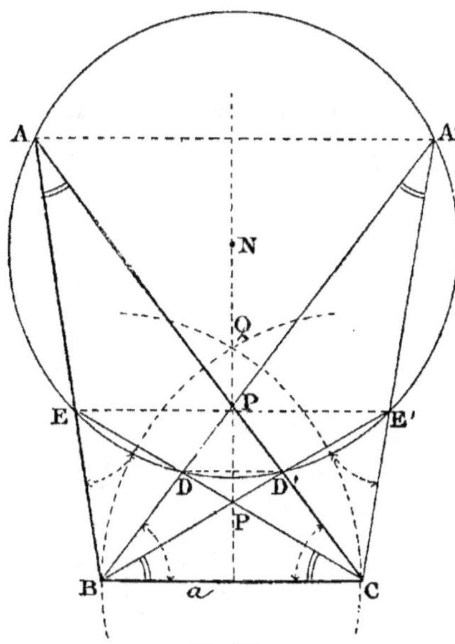

Fig. 673.

Au triangle donné ABC
correspond directement le
triangle symétrique A'CB ;
puis, si l'on fait l'angle BCE
égal à l'angle A, les triangles
BCE, BCD et leurs symé-
triques seront semblables au
triangle donné : il faut prouver que les six sommets A,
A', D, D', E, E' sont sur une
même circonférence. Le trapèze symétrique AE E'A' est
inscriptible, il suffit de prouver qu'il en est de même
du quadrilatère AEDA' ; or

l'angle AA'C, supplémentaire de l'angle obtus B est par suite supplémentaire de l'angle obtus D, donc...

* M. H. Schoute, savant géomètre hollandais, à Groningue.
** *Mathésis*, 1882, p. 94, question 126. J. Neuberg ; voir aussi p. 94, 157, 186 et 216, n° 16.

1100 (b) **Note.** 1° Les six triangles équiangles ont même angle ω de Brocard, on les nomme *triangles équibrocardiens*. Le cercle AED est le *cercle de Neuberg*, relatif au côté BC du *triangle de référence;* on aurait de même des cercles relatifs aux deux autres côtés du premier triangle donné.

Les cercles ci-dessus ont été nommés *Cercles de Neuberg*, du nom du savant professeur de l'université de Liège, qui le premier a étudié ces cercles et en a fait connaître les principales propriétés.

Le théorème a été proposé en 1882, dans *Mathésis*, p. 96, nᵒˢ 126 et 127, et démontré p. 157 et 186.

Le *Journal de Mathématiques élémentaires,* dans divers articles de M. Vigarié, a fait connaître les principales propriétés des *Cercles de Neuberg* (J. M. E., 1887, p. 121, 145 et 169).

2° *Cercles du triangle.* Pour tout triangle donné, on considère actuellement un assez grand nombre de cercles intéressants; voici les principaux :

Cercle circonscrit.

Cercle inscrit et cercles exinscrits.

Cercle des neuf points, ou *cercle d'Euler* (n° 27).

Cercles d'Apollonius, ou cercles ayant pour diamètre le segment déterminé sur chaque côté par les deux bissectrices issues du sommet opposé.

Cercles adjoints ou *circonférences adjointes,* pour déterminer les points de Brocard (n° 1097).

Cercles de Lemoine (n° 2375 et suivants).

Cercles de Tucker (n° 2383).

Cercle de Taylor (n° 2391).

Cercle de Brocard (n° 2428).

Cercles de Neuberg (n° 1100).

Cercle de Longchamps (J. M. S., 1889, p. 19, n° 84).

Cercles de M'Cay (J. M. S., p. 56, n° 91).

Cercles de Schoute (J. M. S., p. 57, n° 93).

Voir l'étude si intéressante de M. Vigarié, sur les points, les droites, les cercles et autres courbes remarquables d'un triangle, dans le *Journal de Mathématiques spéciales,* années 1888 et 1889.

LIVRE III

THÉORÈMES

Lignes proportionnelles.

Exercice 313. — I.

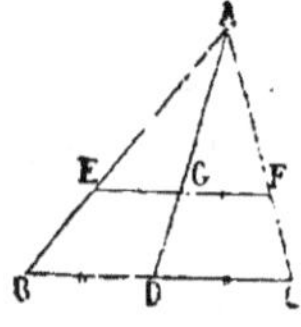

Fig. 674.

1101. Théorème. *Toute parallèle à la base d'un triangle a son milieu sur la médiane qui part du côté opposé.*

En effet, les trois droites AB, AD, AC, forment un faisceau qui divise dans un même rapport les parallèles BC et EF; et puisque la droite BC est divisée en deux parties égales, il en est de même de EF.

C. Q. F. D.

Exercice 313. — II.

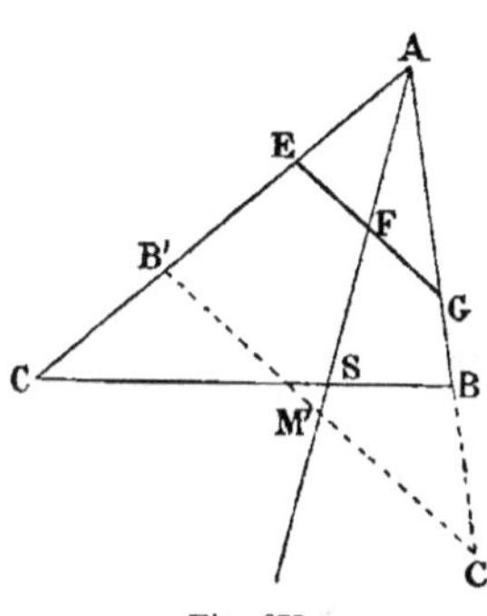

Fig. 675.

1102. Théorème. *Toute antiparallèle à la base d'un triangle a son milieu sur la symédiane qui part du sommet opposé.*

La symédiane AS est la droite symétrique de la médiane par rapport à la bissectrice de l'angle A (n° 148). Pour l'obtenir, on prend AB' = AB, AC' = AC, et l'on mène la médiane AM' de AB'C'; or B'C' est antiparallèle à BC, donc le milieu F de toute droite antiparallèle EG se trouve sur la symédiane AS.

Exercice 314.

1103. Théorèmes. 1° *La droite indéfinie EF, menée par les milieux des bases d'un trapèze AC, passe au point de concours des côtés non parallèles.*

2° *La droite qui joint les points milieux des bases d'un trapèze passe aussi par le point de concours des diagonales.*

Exercice 315. — I.

1104. Théorème. *Le point de concours des diagonales d'un trapèze divise ces lignes en parties proportionnelles aux bases.*

Les triangles COB, AOD sont équiangles ; donc

$$\frac{BO}{OD} = \frac{CO}{OA} = \frac{BC}{AD} = \frac{b}{a}$$

C. Q. F. D.

On peut écrire

$$\frac{CO}{CA} = \frac{b}{a+b}$$

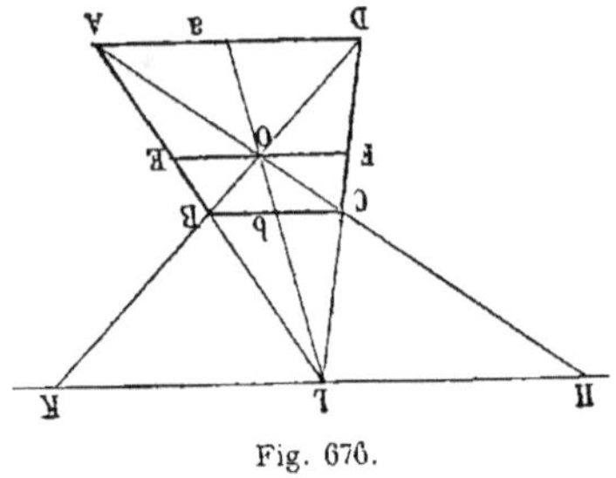

Fig. 676.

Corollaire. La parallèle FOE donne aussi

$$\frac{BE}{AE} = \frac{CO}{AO} = \frac{b}{a}, \qquad \frac{BE}{BA} = \frac{b}{a+b}, \qquad BE = AB \cdot \frac{b}{a+b}$$

de même

$$AE = AB \cdot \frac{a}{a+b}$$

1105. Théorème. *Le point de concours des côtés non parallèles d'un trapèze divise ces lignes en segments soustractifs proportionnels aux bases.*

On a

$$\frac{LB}{LA} = \frac{b}{a} \qquad \text{ou} \qquad \frac{LA}{LB} = \frac{a}{b}$$

On a aussi

$$\frac{LA - LB}{LB} = \frac{AB}{LB} = \frac{a-b}{b}$$

d'où

$$LB = AB \cdot \frac{b}{a-b}$$

de même

$$LA = AB \cdot \frac{a}{a-b}$$

Corollaire. On a aussi

$$\frac{HC}{HA} = \frac{b}{a}$$

1106. Théorème. *Dans un triangle quelconque ABC, on forme des trapèzes par des parallèles DE, FG... à la base. Démontrer que les diagonales de ces trapèzes se rencontrent sur la médiane du triangle.*

Exercice 315. — II.

1107. Théorème. *Par un point A, on mène des sécantes qui coupent deux parallèles données, les points de concours des diagonales des divers trapèzes ainsi formés se trouvent sur une même droite.*

Par le point O, menons MN parallèle à CE.

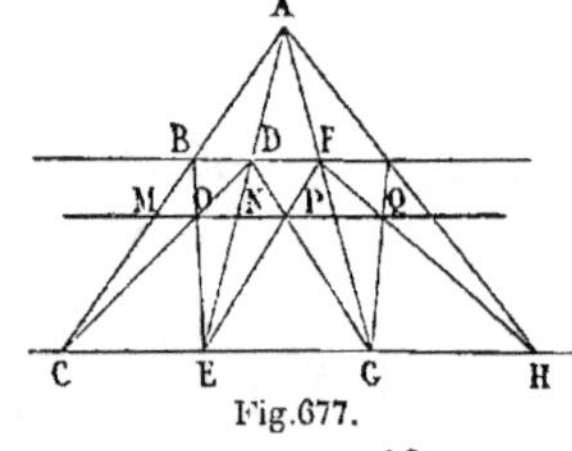

Fig. 677.

M.

19

On a $\qquad \dfrac{DN}{NE} = \dfrac{BD}{CE}$ (G., n° 231, et Ex. de G., n° 1104, *Corollaire.*)

Mais $\dfrac{BD}{CE} = \dfrac{DF}{EG}$; donc la parallèle menée par le point P passe par N et se trouve dans le prolongement de MN, donc tous les points de concours O, P, Q appartiennent à une même droite.

1108. Théorème réciproque. *On donne trois parallèles BF, MQ, CG. Par chaque point de MQ, on mène deux droites telles que BOE, DOC. Prouver que les sécantes CB, ED, GF, etc., passent par le même point.*

Exercice 316.

1109. Théorème. *Dans tout trapèze, la parallèle menée aux bases par le point de concours des diagonales est divisée en deux parties égales par ce point de concours.*

En effet, $\qquad \dfrac{EO}{BC} = \dfrac{AO}{AC}$ ou $\dfrac{EO}{b} = \dfrac{a}{a+b}$ $\qquad$ (n° 1104)

d'où $\qquad EO = \dfrac{ab}{a+b}$

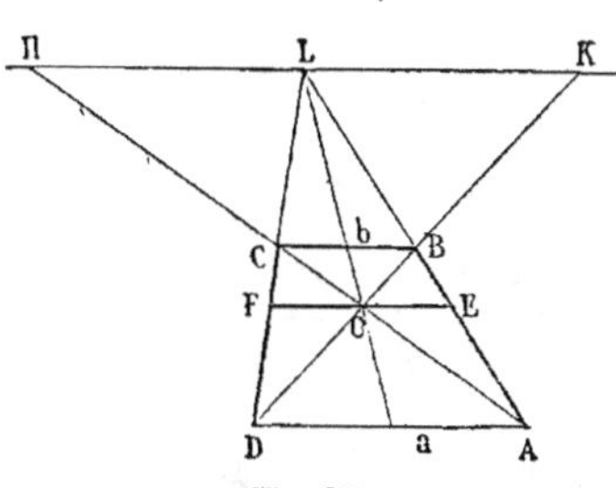

Fig. 678.

De même $\qquad \dfrac{FO}{CB} = \dfrac{DO}{DB}, \quad \dfrac{FO}{b} = \dfrac{a}{a+b}$

d'où $\qquad FO = \dfrac{ab}{a+b}$

Ainsi $\qquad FO = EO \qquad$ *C. Q. F. D.*

Autres démonstrations.

1° On a $\qquad \dfrac{OF}{b} = \dfrac{DO}{DB} = \dfrac{AO}{AC} = \dfrac{OE}{b}$

Donc $\qquad OF = OE$

2° Le faisceau L(DOBK) est harmonique.
Donc FOE parallèle à LK est partagée en deux parties égales.

Scolie. En désignant par l la longueur de FE, on a la relation

$$\frac{2}{l} = \frac{1}{EO} = \frac{a+b}{ab} = \frac{b}{ab} + \frac{a}{ab} = \frac{1}{a} + \frac{1}{b}$$

1110. Théorème. *La parallèle menée aux bases par le point de con-*

cours des côtés non parallèles et limitée aux diagonales prolongées, est divisée en deux parties égales par le point L.

$$LH = \frac{ab}{a-b} = LK$$

Scolie. En désignant HK par l', on a :

$$\frac{2}{l'} = \frac{1}{b} - \frac{1}{a}$$

En combinant les résultats ci-dessus, on obtient :

$$\frac{1}{l} + \frac{1}{l'} = \frac{1}{b} \quad \text{et} \quad \frac{1}{l} - \frac{1}{l'} = \frac{1}{a}$$

Exercice 317.

1111. Théorème. *On mène des parallèles* AB, CD *à une des diagonales d'un quadrilatère. Prouver que les droites* AC, BD *se coupent sur l'autre diagonale.*

On a

$$\frac{AL}{BL} = \frac{EO}{FO} = \frac{CM}{DM}$$

Donc les sécantes AC, LM, BD se coupent au même point. (G., n° 232.)

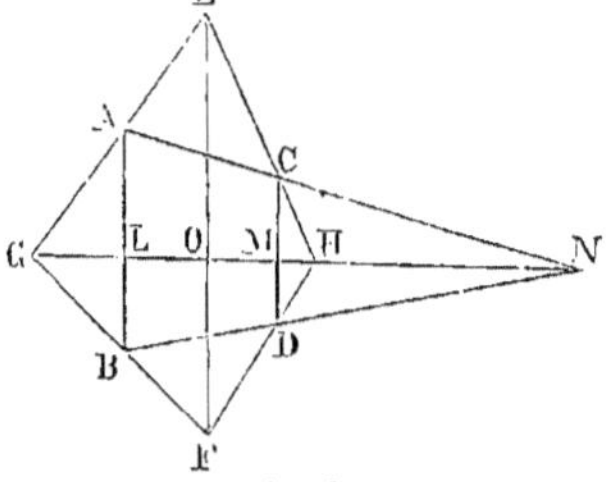

Fig. 679.

1112. Théorème réciproque. *On joint un point* N *d'une diagonale* GH, *aux extrémités* A *et* B *d'une parallèle à la seconde diagonale. Prouver que* CD *est parallèle à* EF.

Exercice 318.

1113. Théorème. *Lorsque deux triangles ont deux angles respectivement égaux et deux angles supplémentaires, les côtés opposés aux angles égaux sont proportionnels aux côtés opposés aux angles supplémentaires.*
(*Méthodes*, n° 150.)

Exercice 319. — I.

1114. Théorème. *Par un point quelconque de la base* BC *d'un triangle* ABC, *on mène une parallèle* PMN *à la médiane qui aboutit au milieu de* BC; *cette parallèle coupe les côtés* BA, CA *aux points* M *et* N. *Prouver que la somme* PM + PN *est constante.*
(*Méthodes*, n° 266.)

Remarque. Lorsque le point est pris sur le prolongement de la base, une des distances doit être regardée comme négative.

1115. Théorème. *Par un point pris dans l'intérieur d'un triangle équilatéral, on mène des droites qui rencontrent chaque côté sous un même angle donné. Prouver que la somme de ces trois droites est constante.*
(*Méthodes*, n° 289 a.)

Exercice 319. — II.

1116. Théorèmes. 1° *Trois droites indéfinies* OA, OB, OC, *passent par un même point; si un point* M *se meut sur l'une d'elles, les distances de ce point aux deux autres droites sont dans un rapport constant.*

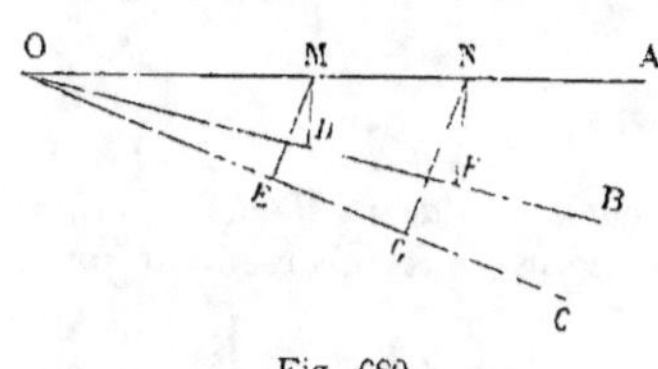

Fig. 680.

Soient M et N deux positions quelconques du point mobile. Il suffit de prouver que

$$\frac{MD}{ME} = \frac{NF}{NG}$$

Les triangles semblables OMD et ONF donnent la proportion

$$\frac{MD}{NF} = \frac{OM}{ON}$$

Les triangles semblables OME et ONG donnent $\dfrac{ME}{NG} = \dfrac{OM}{ON}$

d'où, à cause du rapport commun,

$$\frac{MD}{NF} = \frac{ME}{NG}$$

ou

$$\frac{MD}{ME} = \frac{NF}{NG}$$

2° **Réciproque.** *Si un triangle DME se meut en restant semblable à lui-même, de manière que deux sommets* M, E *glissent sur deux droites données, et que dans toutes les positions les côtés homologues tels que* NG, ME *soient parallèles, le troisième sommet* D *décrit une droite qui concourt en un même point* O *que les deux premières.*

Exercice 319. — III.

1117 (a). Théorème. *On coupe les côtés d'un angle* A *par des parallèles* BC, B'C'; *par* B *et* B' *on mène des parallèles dans une direction quelconque par* C *et* C' *des parallèles qui coupent les précédentes en* M *et* M'; *prouver que la droite* MM' *passe par le sommet de l'angle* A.

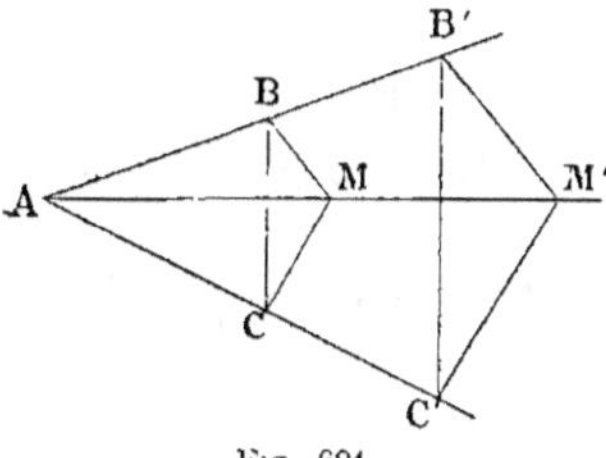

Fig. 681.

Soit B'C' parallèle à BC. Menons AM et par B' une parallèle B'M' à BM, prouvons que C'M' est parallèle à CM.

On a $\dfrac{AB}{A'B'} = \dfrac{BC}{B'C'} = \dfrac{BM}{B'M'}$

donc les triangles CBM, C'B'M' sont semblables comme ayant un angle égal compris entre côtés proportionnels, il en résulte que C'M' est parallèle à CM; donc, si l'on mène directement les droites B'M', C'M' respectivement parallèles aux premières, la droite M'M passera par le sommet A.

1117 (b). Remarque. 1° On utilise ce théorème afin de mener par un point donné M une droite qui concoure avec deux droites BB', CC' dont on ne peut avoir le point de concours A.

2º La considération d'un solide auxiliaire (nᵒˢ 169 et suivants) d'un trièdre coupé par deux plans parallèles BCM, B'C'M' rend compte facilement de la question ci-dessus.

Exercice 319. — IV.

1118 (a). Théorème. 1º *Les distances aux côtés de l'angle de deux points pris respectivement sur deux droites isogonales sont inversement proportionnelles.*

2º *Les pieds des quatre perpendiculaires abaissées des deux points sur les côtés de l'angle appartiennent à une même circonférence.*

3º *La droite qui joint les deux projections d'un des points donnés est perpendiculaire à l'isogonale qui passe par l'autre point.*

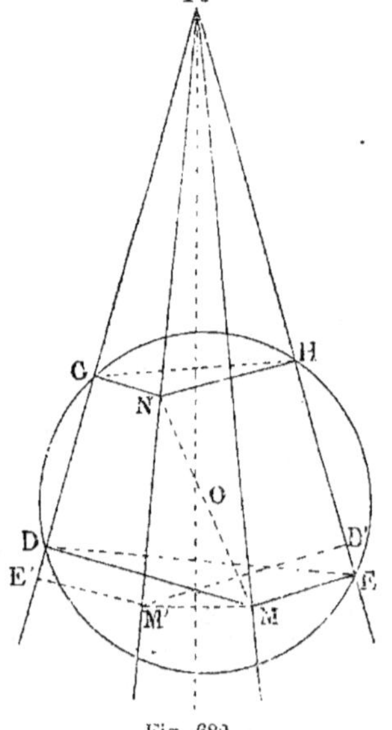

Fig. 682.

On nomme *droites isogonales*, par rapport aux côtés d'un angle DAE, des droites AM, AN menées par le sommet et également inclinées sur la bissectrice de cet angle.

1º Par duplication ou retournement (nº 145), on a évidemment :

$$\frac{M'D'}{M'E'} = \frac{NH}{NG} \quad \text{ou} \quad \frac{MD}{ME} = \frac{NH}{NG}$$

2º $\quad \dfrac{AD'}{AH} = \dfrac{AE'}{AG} \quad$ ou $\quad \dfrac{AD}{AH} = \dfrac{AE}{AG}$

Les droites DE, GH sont antiparallèles; par suite, le quadrilatère DEHG est inscriptible. Le centre est le point milieu de MN.

3º Le quadrilatère AGNH étant inscriptible, l'angle NGH = NAH = GAM; or AG est perpendiculaire sur GN, donc AM est aussi perpendiculaire sur GH. De même DE est perpendiculaire sur AN.

1118 (b). Théorème réciproque. *Lorsqu'on a* $\dfrac{MD}{ME} = \dfrac{NH}{NG}$, *les points* M *et* N *appartiennent à des droites isogonales.*

Exercice 320.

1119. Théorème. *Dans un triangle, le point de concours des perpendiculaires élevées au milieu des côtés du triangle, le point de concours des médianes et celui des hauteurs sont en ligne droite.*

La distance des deux derniers points est double de celle des deux premiers. (EULER, en 1765.)

Soient H le point de concours des hauteurs, M le point de concours des médianes.

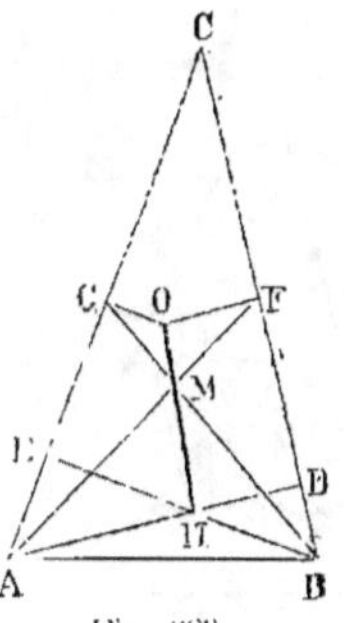

Fig. 683.

Prolongeons HM d'une quantité MO égale à la moitié de HM, et joignons le point O aux points milieux F et G. Il suffit de prouver que OF, OG sont perpendiculaires à BC et à AC.

Les médianes se coupent aux deux tiers de leur longueur. (G., n° 230.)

Ainsi MB = 2MG, mais MH égale aussi 2MO.

Donc les triangles BMH, GMO sont semblables comme ayant un angle égal compris entre côtés proportionnels.

Donc GO est parallèle à BH.

Ainsi GO est perpendiculaire à AC.   *C. Q. F. D.*

De même FO est perpendiculaire à BC; donc le point O est le point de concours des perpendiculaires élevées au milieu des côtés; or les trois points H, M, O sont en ligne droite, et MH = 2MO; donc...

1120. Remarques. 1° La première partie du théorème peut s'énoncer comme il suit : *Dans un triangle, le centre du cercle circonscrit, le centre de gravité et l'orthocentre sont en ligne droite.*

2° *Le centre du cercle des neuf points forme avec* O, M, H *une division harmonique* (voir ci-après, n° 1262, 2°). La remarque est de SALMON (*Géométrie analytique*, p. 109).

3° *La distance d'un sommet à l'orthocentre est double de la distance du côté opposé au centre du cercle circonscrit.*

En effet   BH = 2GO   car   BM = 2GM

Note. Le théorème est dû à EULER en 1765 (*Mémoires de Saint-Pétersbourg*). La droite qui joint l'orthocentre au centre du cercle circonscrit est nommée *droite d'Euler.* (Voir BALTZER, *Planimétrie*, § 14, n° 8.) Cette droite passe par le point de concours des médianes et contient aussi le centre du *cercle des neufs points* (n° 719).

On lira avec fruit un remarquable article de TERQUEM sur les relations linéaires qui existent entre certains points du triangle. (*Nouvelles Annales*, 1842, p. 79.)

Le *Journal de Mathématiques élémentaires spéciales* (années 1879 et 1880) a reproduit une étude très complète du triangle par JAMES BOOTH, membre de la Société royale de Londres. La traduction est de M. MOREL, un des rédacteurs du journal, et dont le nom se trouve fréquemment dans les *Nouvelles Annales* de M. Gérono.

Exercice 321.

1121. Théorème. *Dans tout triangle, le centre du cercle inscrit, le point de concours des médianes, et le centre du cercle inscrit au triangle formé en joignant deux à deux les milieux des côtés du triangle donné, sont trois points en ligne droite, et la distance des deux premiers est double de celle des deux derniers.* (Housel *.)

Soit M le centre du cercle inscrit au triangle ABC, N celui du cercle inscrit au triangle DEF.

---

* Voir *Introduction à la géométrie supérieure*, par HOUSEL, p. 123.

Les bissectrices AM, EN des angles opposés A, E d'un parallélogramme sont parallèles entre elles; il en est de même de BM et FN. Les triangles AMB, FNE sont semblables comme équiangles, car l'angle BAM est la moitié de A comme l'angle NEF est la moitié de E; de même l'angle NFE = MBA.

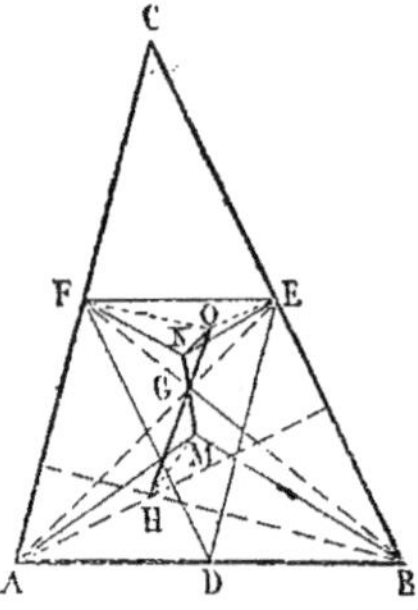
Fig. 684.

Mais $EF = \dfrac{AB}{2}$; donc $EN = \dfrac{AM}{2}$

Soit G le point où la médiane AE coupe MN. Les triangles semblables AMG et ENG donnent

$$\frac{EG}{AG} = \frac{NG}{MG} = \frac{EN}{AM} = \frac{1}{2}$$

Donc G est le point de concours des médianes et MG = 2GN.   C. Q. F. D.

1122. Théorème. *Dans tout triangle, le centre du cercle inscrit, le centre de gravité de la surface et le centre de gravité du périmètre, sont trois points en ligne droite; la distance des deux premiers points est double de la distance des deux derniers.*

C'est un nouvel énoncé du théorème précédent (n° 1121), car le point de concours des médianes est le centre de gravité du triangle (*Mécanique*, n° 75). Le point de concours des bissectrices du triangle formé en joignant deux à deux les points milieux des côtés d'un triangle est le centre de gravité du périmètre de ce dernier triangle. (*Mécanique*, n° 72.)

1123. Théorème. *La distance de l'orthocentre au centre du cercle inscrit est double de la distance du centre du cercle circonscrit au centre de gravité du périmètre du triangle donné.*

En effet (fig. 684) GH = 2GO (n° 1119), et GM = 2GN (n° 1121);

donc   HM = 2ON

Exercice 322.

1124. Théorème. *Si les quatre côtés d'un parallélogramme passent par quatre points fixes en ligne droite, les diagonales passent par deux points fixes de cette même droite.*

(*Nouvelle correspondance mathématique* de CATALAN, 1877, p. 146.)

On a $\dfrac{ME}{MF} = \dfrac{MA}{MC} = \dfrac{MG}{MH}$

Donc, pour obtenir le point M, il suffit de diviser GE en parties proportionnelles à GH et EF. Ainsi le point M est fixe.

Il en est de même du point N.

Exercice 323.

1125. Théorème. *Un triangle ABC reste semblable à lui-même, un sommet A est fixe, tandis que le sommet B glisse sur une droite donnée. Prouver que le troisième sommet C décrit une autre droite.*

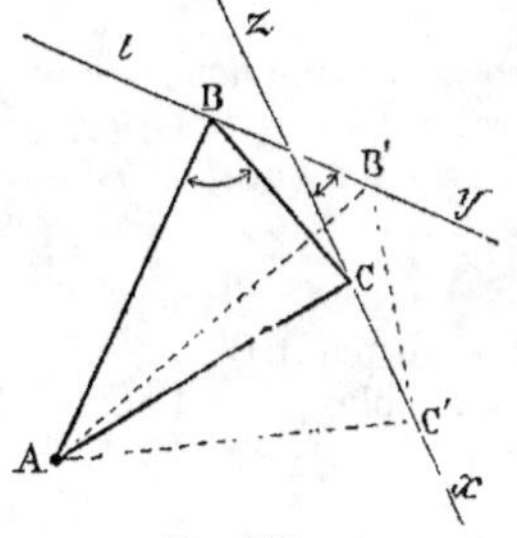

Fig. 686.

1re *Démonstration.* Considérons le triangle dans la position spéciale où le côté AB se trouve perpendiculaire à B*y*. Par le point C, il faut mener *zx* perpendiculaire à AC, et l'on a le lieu demandé.

En effet, si nous menons une ligne quelconque AB′, et formons l'angle B′AC′ égal à l'angle BAC, le nouveau triangle sera semblable à ABC, car les triangles rectangles ABB′ et ACC′, ayant un angle aigu égal, l'angle BAB′ = CAC′ sont équiangles; donc on a les rapports égaux

$$\frac{AB}{AC} = \frac{AB'}{AC'}$$

Donc les triangles ABC, AB′C′ sont semblables, comme ayant un angle égal compris entre des côtés homologues proportionnels; par suite, si l'on construit directement un triangle AB′C′ ayant B′ sur *ty*, et si ce triangle est semblable à ABC, le sommet C′ sera sur *zx*.   *C. Q. F. D.*

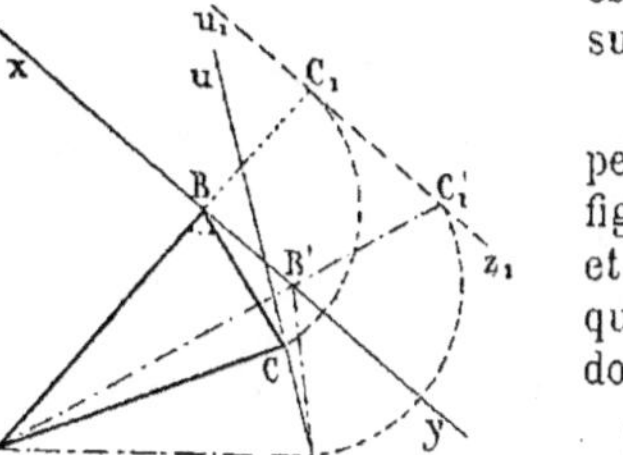

Fig. 687.

2e *Démonstration.* Le mode suivant peut être employé utilement pour toute figure qui reste semblable à elle-même, et dont un sommet reste fixe, tandis qu'un autre sommet décrit une ligne donnée.

Le rapport $\dfrac{AB}{BC}$ ou $\dfrac{AB'}{B'C'}$ est constant; sur le prolongement de AB, prenons $BC_1 = BC$; le lieu du point C_1 est une droite $u_1 z_1$ parallèle à *xy* (n° 63). Lorsqu'on amène C_1 en C, C_1' en C′, en formant un angle $CBC_1 = C'B'C_1'$, la droite $u_1 z_1$ vient en *uz*, et c'est par conséquent le lieu du troisième sommet du triangle.

Exercice 324.

1126. Théorème. *Lorsque la demi-circonférence décrite sur le côté oblique d'un trapèze rectangle, pris pour diamètre, coupe le côté opposé, chaque point d'intersection divise ce côté en deux segments dont le produit égale le produit des bases du trapèze.*

(*Méthodes*, n° 24.)

1127. Théorème. *Deux perpendiculaires AB, CD menées à une droite BC, sont dirigées en sens contraire l'une de l'autre; la circonférence* *décrite sur* AD, *comme diamètre, coupe le prolongement de* BC *en deux points* M, N *tels que chacun d'eux détermine deux segments soustractifs* BM, MC, *dont le produit égale le produit des perpendiculaires.*

(Voir *Méthodes*, n° 24. R. 4°.)

1128. Théorème. *La distance d'un point quelconque d'une demi-circonférence au point de contact d'une tangente fixe, est moyenne proportionnelle entre le diamètre du cercle et la distance du point considéré à la tangente fixe.*

Il faut prouver qu'on a $\qquad a^2 = 2re$

Menons le diamètre MOG; joignons le point A au point G.

Les triangles rectangles AEM, GAM sont semblables, car l'angle G égale l'angle MAE.

Donc $\qquad \dfrac{MG}{MA} = \dfrac{MA}{ME} \quad$ d'où $\quad a^2 = 2re \qquad$ C. Q. F. D.

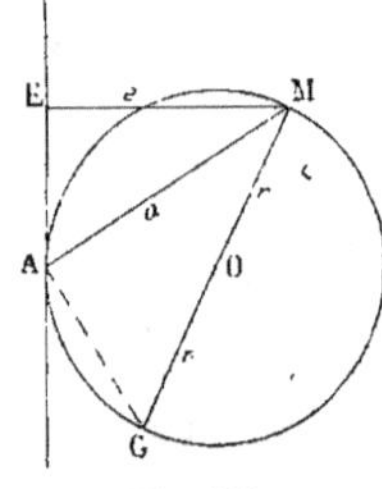

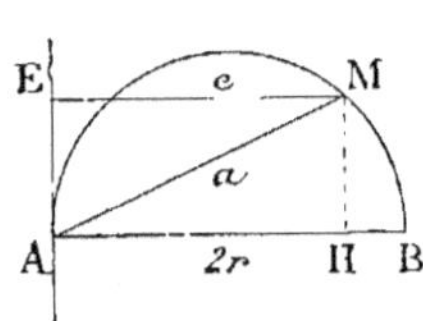

Fig. 688.   Fig. 689.

Autre démonstration. Abaissons la perpendiculaire MH sur le diamètre AB. On a $\qquad a^2 = AH \cdot AB$

$$a^2 = 2re$$

Remarques. 1° On en déduit $e = \dfrac{a^2}{2r}$; c'est d'ailleurs évident d'après la fig. 689.

2° Le théorème précédent peut être déduit, comme cas particulier, du théorème connu :

Le produit de deux côtés d'un triangle égale la hauteur relative au troisième côté, multipliée par le diamètre du cercle circonscrit. (G., n° 270.)

En effet, lorsque les deux extrémités de la base se réduisent à un point, cette base est tangente à la circonférence. Les deux côtés sont égaux entre eux et sont donnés par la corde qui joint le point considéré au point de contact; la hauteur est la perpendiculaire abaissée du même point sur la tangente; donc...

Remarque. Ce théorème n'est qu'un cas particulier du *théorème de Pappus*, relatif au quadrilatère inscrit (n° 1214); mais il convient de le présenter directement, car il conduit non seulement à une démonstration nouvelle du théorème du quadrilatère, mais encore à diverses extensions remarquables (n°s 1176, 1178, 1179, 1222, 1224).

19*

Exercice 325.

1129. Théorème. *La distance d'un point quelconque d'une circonfé-*
rence à une corde donnée, est moyenne proportionnelle entre les dis-
tances du même point aux tangentes menées par les extrémités de la
corde.

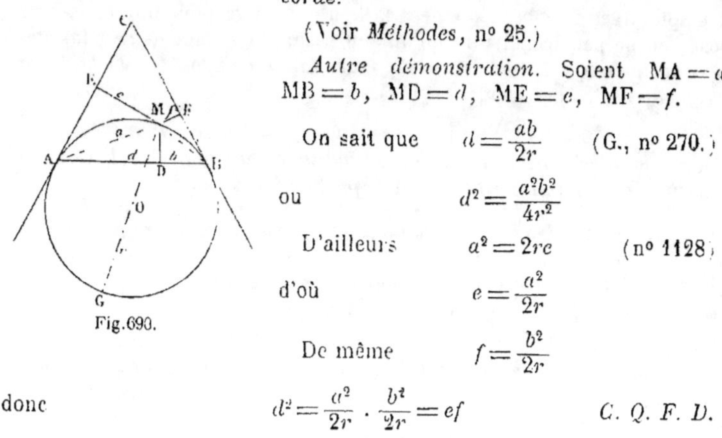

Fig. 690.

(Voir *Méthodes*, n° 25.)

Autre démonstration. Soient $MA = a$, $MB = b$, $MD = d$, $ME = e$, $MF = f$.

On sait que $\quad d = \dfrac{ab}{2r} \quad$ (G., n° 270.)

ou $\qquad\qquad d^2 = \dfrac{a^2 b^2}{4r^2}$

D'ailleurs $\qquad a^2 = 2re \qquad$ (n° 1128)

d'où $\qquad\qquad e = \dfrac{a^2}{2r}$

De même $\qquad\quad f = \dfrac{b^2}{2r}$

donc $\qquad d^2 = \dfrac{a^2}{2r} \cdot \dfrac{b^2}{2r} = ef \qquad$ C. Q. F. D.

Similitude.

1130. Définitions. On sait que deux polygones sont semblables, lorsqu'ils ont les angles respectivement égaux et les côtés homologues proportionnels (G., n° 220). Ces polygones sont composés de triangles semblables et semblablement placés.

Deux figures curvilignes sont semblables, lorsqu'elles peuvent être
considérées comme étant les limites de polygones semblables.

Dans un grand nombre de cas, il n'est pas nécessaire de recourir à la
décomposition en triangles pour reconnaître la similitude de deux figures.
Il suffit d'utiliser les considérations suivantes et les conséquences qui en
découlent (n°s 1131 et 1133).

On nomme *figures homothétiques* les figures semblables et semblablement placées *.

1131. Moye principal. 1° *Après avoir déterminé les conditions néces-*
saires et suffisantes pour que deux figures soient égales, on conserve
l'égalité des angles et on remplace l'égalité des lignes correspondantes
par des rapports égaux.

Exemple. Deux parallélogrammes sont égaux, lorsqu'ils ont un angle

---

égal compris entre deux côtés égaux; donc *deux parallélogrammes sont semblables, lorsqu'ils ont un angle égal compris entre deux côtés homologues proportionnels.*

2° *Les données qui permettent de construire une figure et de n'en construire qu'une seule, conduisent à un cas d'égalité, et par suite à un cas de similitude.*

Exemple. Avec une base donnée, la hauteur correspondante et l'angle opposé, on ne peut construire qu'un seul triangle; donc, *deux triangles sont égaux, lorsqu'ils ont un angle égal, la base opposée et la hauteur correspondante respectivement égales.*

Par suite :

Deux triangles sont semblables, lorsqu'ils ont un angle égal et que la base et la hauteur sont respectivement proportionnelles.

1132. Remarque. *Lorsque les données fournissent plusieurs figures différentes de forme et de grandeur, on ne peut plus affirmer directement l'égalité de deux figures qui auraient les mêmes données, ni la similitude des figures que l'on déduirait des premières.*

Ainsi, lorsqu'on inscrit dans un cercle donné de rayon r un triangle isocèle, connaissant la somme l de la base et de la hauteur, on obtient deux triangles différents (n° 211). On ne ne peut donc pas dire que deux triangles isocèles sont égaux, lorsqu'ils sont inscrits dans des cercles égaux et que la somme de la base et de la hauteur de l'un d'eux égale la somme des éléments correspondants de l'autre. On doit faire une remarque analogue pour la similitude.

Pour énoncer une proposition vraie, on doit dire, par exemple :

Dans deux cercles de rayons r *et* r', *on inscrit des triangles isocèles ayant respectivement* l *et* l' *pour sommes de la base et de la hauteur. On obtient ainsi dans le cercle* r *deux triangles* T *et* V, *dans le cercle* r' *on obtient deux triangles* T' *et* V': *or les triangles* T *et* T' *sont semblables entre eux, et il en est de même de* V *et* V', *lorsqu'on a la relation*

$$\frac{r}{r'} = \frac{l}{l'}$$

1133. Conséquences. 1° *Toutes les figures d'espèce donnée sont semblables, lorsque la figure ne dépend que d'une seule longueur.*

Exemple. Les carrés sont des figures semblables. Il en est de même des triangles équilatéraux, des polygones réguliers d'un même nombre de côtés, des circonférences, des paraboles, des spirales d'Archimède, des cycloïdes.

2° *Les figures d'espèce donnée qui dépendent de deux longueurs sont semblables, lorsque les deux longueurs de la première sont directement proportionnelles aux longueurs correspondantes de la seconde.*

Exemple. Les rectangles sont semblables, lorsque les bases sont proportionnelles aux hauteurs.

Deux ellipses sont semblables, lorsque les axes de l'une sont proportionnelles aux axes de l'autre.

3° *Les figures d'espèce donnée qui dépendent des angles et de certaines longueurs sont semblables, lorsque les angles sont égaux et que les côtés homologues sont proportionnels.*

On peut d'ailleurs, au point de vue des lignes, retomber sur un des deux cas précédents.

Exemple. Deux secteurs circulaires sont semblables, lorsqu'ils ont même angle au centre.

Deux parallélogrammes sont semblables, lorsqu'ils ont un angle égal compris entre côtés homologues proportionnels.

4° La même question peut parfois être énoncée de deux manières différentes, suivant que l'on considère les angles ou les lignes.

Exemples. Deux losanges sont semblables, lorsqu'ils ont un angle égal, *ou bien,* deux losanges sont semblables, lorsque les diagonales de l'un d'eux sont proportionnelles à celles de l'autre.

Deux triangles isocèles sont semblables, lorsqu'ils ont même angle au sommet, *ou bien,* lorsque les bases sont proportionnelles aux autres côtés.

1134. Énoncés à proposer. La considération des cas d'égalité de deux figures, ou celui des données nécessaires pour construire une figure, permet de proposer un grand nombre de questions. Aux exemples donnés, bornons-nous à ajouter quelques cas relatifs aux trapèzes.

Deux trapèzes sont semblables :

1° Lorsqu'ils ont les angles égaux et les bases respectivement proportionnelles ;

2° Lorsqu'ils ont les angles égaux et que les bases moyennes sont proportionnelles aux hauteurs ;

3° Lorsqu'ils ont les quatre côtés homologues proportionnels ;

4° Lorsqu'ils ont les bases et les diagonales proportionnelles ;

5° Lorsqu'ils ont les angles égaux et les diagonales proportionnelles.

Mais on obtient dans ce dernier cas deux groupes différents de trapèzes semblables ; car, avec des angles et des diagonales données, on obtient deux trapèzes différents (n° 1132).

Exercice 326. — I.

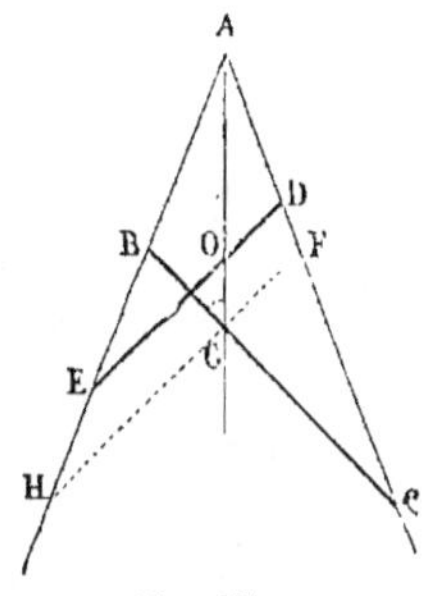

Fig. 691.

1135 (a). Théorème. *Les droites également inclinées sur la bissectrice d'un angle déterminent des triangles semblables.*

1° Les lignes sont parallèles. Le théorème est connu. (G., n° 212.)

2° Les lignes sont antiparallèles ; si les angles AOD, AGB sont égaux, les triangles AOD, AGB ont deux angles égaux ; donc B = D, et les triangles ABC, ADE sont équiangles ; donc ils sont semblables.   *C. Q. F. D.*

On peut aussi mener FGH parallèle à DE.

Les triangles ABC, AFH sont égaux ; donc ABC, ADE sont semblables.

Remarque. Par rapport aux côtés de l'angle A, les antiparallèles BC, DE sont des droites isoclines (voir ci-après, n° 2447).

Exercice 326. — II.

1135 (b). Théorème. *Dans un triangle, toute parallèle à la médiane intercepte sur les côtés correspondants des segments proportionnels à ces côtés.*

Il faut prouver qu'on a

$$\frac{AD}{AE} = \frac{AB}{AC}$$

Menons AN, EH parallèles à la base ; N est le point milieu de DE, car $AN = GE = HG$. Ainsi GN est parallèle à DH, donc $DN = AG$, et par suite $DA = AH$.

Or la parallèle EH divise les côtés en parties proportionnelles, donc

$$\frac{AH \text{ ou } AD}{AE} = \frac{AB}{AC}$$

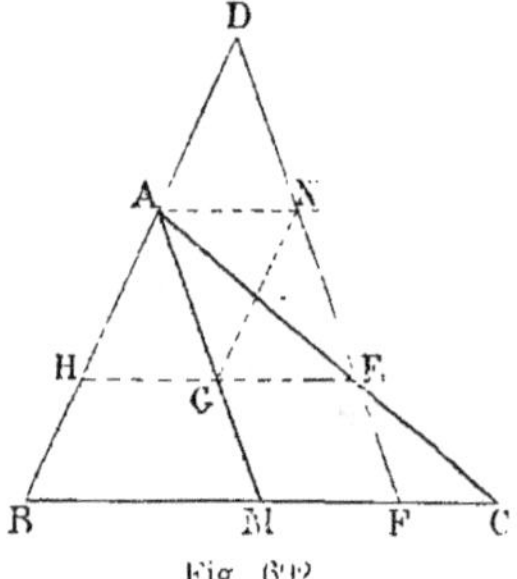
Fig. 692.

Exercice 327. — I.

1136. Théorème. *Les droites qui joignent deux à deux les pieds des hauteurs d'un triangle déterminent trois triangles semblables au triangle primitif.*

La demi-circonférence décrite sur le diamètre BC passe par les pieds E, F des hauteurs ; donc FE est antiparallèle à BC, et les triangles ABC, AEF sont équiangles.

De même pour DBF et pour DCE.

Remarque. On sait que le triangle DEF, obtenu en joignant deux à deux les pieds des hauteurs, est nommé *triangle orthique* (n°s 292 *j** et 664 *b*).

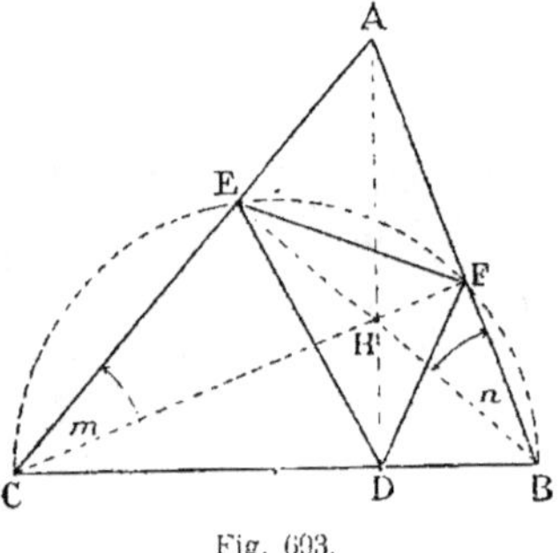
Fig. 693.

Exercice 327. — II.

1137. Théorème. *Les hauteurs sont les bissectrices du triangle orthique.*

Les quadrilatères tels que CDHE sont inscriptibles, parce que les angles opposés D, E sont droits, donc

$$\text{angle } ADE = m ; \quad ADF = n$$

Mais $m = n$, donc $\quad$ angle $ADE = ADF$.

1138. Théorème. *Si dans un triangle ABC, deux droites BM, CN se coupent sur la hauteur AD, cette hauteur est bissectrice de l'angle MDN.*

Abaissons les perpendiculaires MEF, NGH.

Les triangles OME, OGN sont équiangles, car $G = M$ comme alternes-internes, et les angles en O sont égaux.

Donc
$$\frac{ME}{NG} = \frac{OE}{ON} = \frac{DF}{DH} \tag{1}$$

(DF, DH sont les hauteurs des triangles semblables.)

Or
$$\frac{ME}{MF} = \frac{AO}{AD} = \frac{NG}{NH}$$

On peut écrire
$$\frac{ME}{NG} = \frac{MF}{NH} \tag{2}$$

En comparant (1) et (2), on trouve

$$\frac{DF}{DH} = \frac{MF}{NH}$$

Ainsi les triangles rectangles DFM, DHN sont semblables comme ayant un angle égal compris entre côtés homologues proportionnels. Donc l'angle $MDF = NDH$, et la hauteur AD est bissectrice de l'angle MDN.

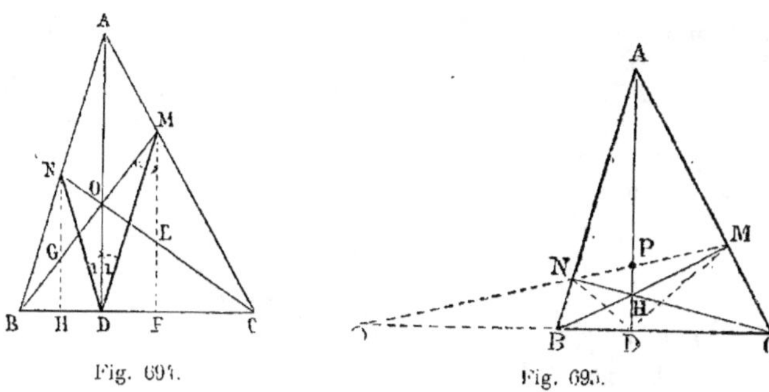

Fig. 694.   Fig. 695.

Autre démonstration. Les points P et Q divisent harmoniquement MN, et l'angle PDQ est droit. Donc DP est bissectrice de l'angle MDN.

Remarque. Le théorème précédent (n° 1137) n'est qu'un cas particulier de celui-ci.

La première démonstration que nous venons de donner (n° 1138) est analogue à celles que l'on trouve dans les ouvrages suivants : *Applications de Blanchet,* par E.-E. NEEL, 1879, p. 11, n° 6, 2ᵉ moyen ; on peut voir aussi le *Journal de mathématiques de Vuibert.*

xcc e (28. — I.

1139. Théorème. *Avec les médianes d'un triangle, prises pour côtés, on construit un nouveau triangle. Démontrer que les médianes de ce second triangle sont les ³/₄ des côtés correspondants du premier.*

Soit ABC le triangle donné ; les médianes se coupent en O aux ²/₃ de leur longueur.

En prenant DM = DO, on forme un parallélogramme BOCM, et le

triangle OCM est formé par les $^2/_3$ des médianes, car $OM = {}^2/_3 AD$, $OC = {}^2/_3 FC$ et $CM = {}^2/_3 BE$.

Donc, si par le point B nous menons BG parallèle à AC, nous avons GC = BE et FG parallèle à OM, car CO et CM sont respectivement les $^2/_3$ de CF et de CG (G., n° 230); donc aussi $OM = {}^2/_3 FG$, d'où FG = AD. Ainsi CFG est le triangle construit avec les médianes du triangle primitif.

Or DH, moitié de DC, égale la moitié de DB. En d'autres termes CH, médiane du second triangle, est les $^3/_4$ du côté CB.

Il en serait donc de même des autres médianes.

Remarque. Les points G, D, E sont en ligne droite, et GL est parallèle à AB.

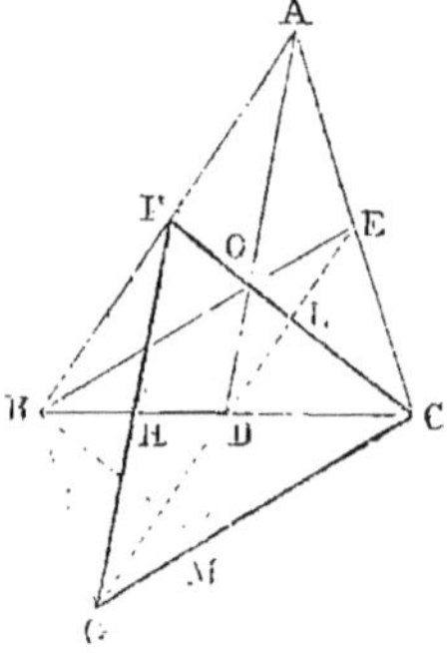

Fig. 696.

Exercice 328. — II.

1140. Théorème. *On donne le triangle 1. Avec les médianes de 1, prises pour côtés, on forme un triangle 2; avec les médianes du triangle 2, on forme un triangle 3, etc. Les triangles de rang impair 1, 3, 5... sont semblables entre eux. Les triangles de rang pair 2, 4, 6... sont semblables entre eux. Dans chaque groupe, les côtés d'un triangle sont les $^2/_3$ des côtés du triangle qui le précède. (N. A., 1863, p. 93.)*

Exercice 329.

1141. Théorème. *Tous les rectangles circonscrits à un quadrilatère dont les diagonales se coupent à angle droit sont semblables entre eux.*

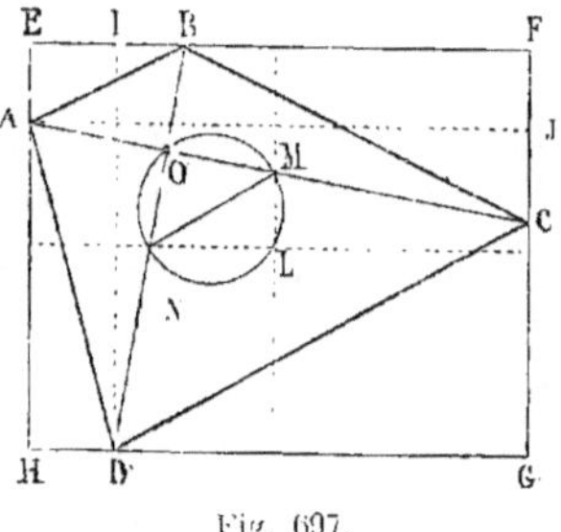

Fig. 697.

Deux rectangles sont semblables, lorsque les côtés adjacents de l'un d'eux sont dans le même rapport que les côtés adjacents du second (n° 1133, 2°).

Soit EFGH un rectangle circonscrit.

Par les points A et D, menons des parallèles aux côtés. Les triangles rectangles AJC, DBI sont semblables, car les côtés sont respectivement perpendiculaires; donc

$$\frac{AJ}{DI} = \frac{AC}{BD} \text{ rapport constant.} \qquad C. \ Q. \ F. \ D.$$

1142. Théorème. *Le lieu du point de concours des diagonales des rectangles circonscrits est la circonférence décrite sur la droite MN, qui joint les milieux des diagonales du quadrilatère donné.*

En effet, le point de concours des diagonales est le même que le point de concours des droites qui joignent les points milieux des côtés opposés du rectangle; or ces droites sont à angle droit et passent par M et N; donc le lieu des points L est la circonférence MON.

Exercice 330.

1143 (a). Théorème. *On joint un point donné O à tous les sommets A, B, C, D... d'une figure donnée; sur chaque droite ainsi menée on détermine un point A', B'... tel qu'on ait*

$$\frac{OA}{OA'} = \frac{OB}{OB'} = \frac{OC}{OC'} = \frac{m}{n}, \quad \textit{rapport donné.}$$

Prouver que les polygones ABCD, A'B'C'D' sont semblables et semblablement placés; c'est-à-dire prouver que ces polygones sont homothétiques (nᵒˢ 1130 et 1145).

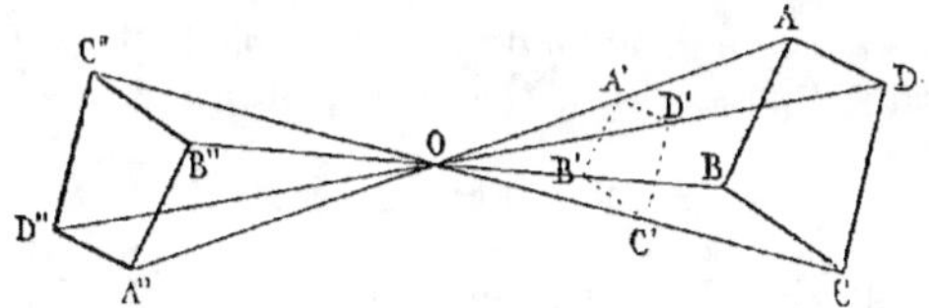

Fig. 698.

Les triangles tels que AOB, A'OB' sont semblables, comme ayant un angle égal compris entre côtés homologues proportionnels.

Donc
$$\frac{AB}{A'B'} = \frac{AO}{A'O} = \frac{m}{n}$$

et $\qquad$ l'angle $OAB = OA'B'$

De même
$$\frac{AD}{A'D'} = \frac{m}{n}$$

et $\qquad$ l'angle $OAD = OA'D'$

donc $\qquad$ l'angle $BAD = B'A'D'$

et les triangles BAD, B'A'D' sont semblables, comme ayant un angle égal compris entre côtés homologues proportionnels; donc les polygones ABCD, A'B'C'D' sont semblables, comme étant composés d'un même nombre de triangles semblables et semblablement placés.

1143 (b). Théorème réciproque. *Les droites menées par les points homologues de deux figures homothétiques concourent au même point.* (G., nᵒ 811.)

1144. Définitions. Le point O est le *centre* de similitude ou d'homothétie. On nomme *axe de similitude* toute droite OA'A qui passe par le centre de similitude *.

L'homothétie est *directe* ou *positive*, quand les polygones ABCD, A'B'C'D' sont d'un même côté du centre O d'homothétie.

---

* La dénomination *centres de similitude* et la considération de ces centres est due à Euler (*Actes de Saint-Pétersbourg*, page 154. — Cit. Baltzer, *Die Elemente der Mathematik*, § 7, nᵒ 3).

Les rayons vecteurs correspondants OA, OA' étant dans la même direction ont le même signe; le rapport $\dfrac{OA}{OA'}$ est positif.

L'homothétie est *inverse* ou *négative* quand les polygones ABCD, A"B"C"D" sont de part et d'autre du centre O.

Les rayons vecteurs correspondants OA, OA" sont dans le prolongement l'un de l'autre, et, par rapport à l'origine O, ils sont de signe contraire; le rapport $\dfrac{OA}{OA''}$ est négatif.

1145. Théorème. *Toute droite menée par le centre d'homothétie de deux polygones coupe les côtés de ces polygones ou leur prolongement en des points homologues, et détermine des segments proportionnels.*

Réciproquement. *Toute droite qui joint deux points homologues est un axe de similitude, et passe par le centre de similitude* *.

1146. Figures semblables. Deux figures sont *directement semblables* lorsqu'on peut les amener à être homothétiques par le simple déplacement de l'une d'elles sur le plan même qui les contient. *Exemple :* ABC, *abc* (fig. 699). Les figures directement semblables correspondent au cas de deux figures égales ABC, A'B'C' que l'on pourrait superposer par le déplacement de l'une d'elles dans son propre plan.

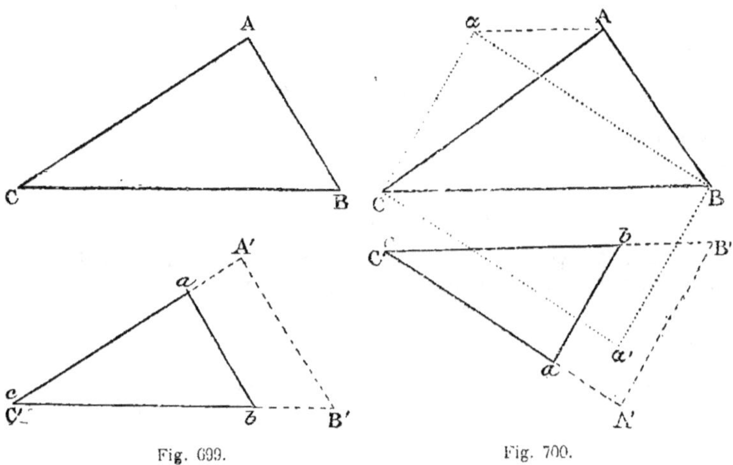

Fig. 699.   Fig. 700.

Deux figures sont *symétriquement semblables* lorsqu'on ne peut les amener à être homothétiques, qu'après le *retournement* de l'une d'entre elles. *Exemple* (fig. 700) : ABC et *abc*; elles correspondent aux figures égales symétriques ABC, αBC ou ABC et α'BC; il faut un retournement dans l'espace pour pouvoir les amener à coïncider.

---

* Dans l'*Appendice aux Éléments de géométrie*, le § 7 (n°s 810 à 823) est consacré à l'homothétie.

Exercice 331. — I.

1147 (a). Théorème. *Deux polygones semblables, ABCD, A'B'C'D', placés d'une manière quelconque sur un plan, ont un centre de similitude.*

Il faut prouver qu'on peut trouver un point O tel que

$$\frac{AO}{A'O} = \frac{BO}{B'O} = \frac{CO}{C'O}, \text{ etc.}$$

et que l'angle AOA' = BOB' = COC' = DOD', etc.

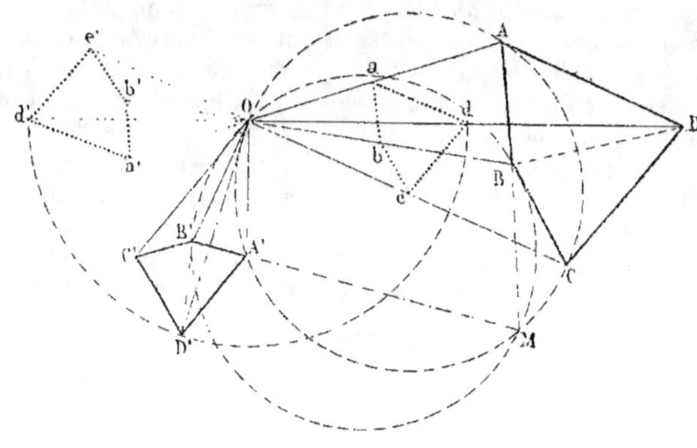

Fig. 701.

Prolongeons deux côtés homologues AB, A'B'; faisons passer une circonférence par AMA' et une autre par BMB'.

Ces deux circonférences se coupent en un point O qui est le point demandé. En effet, à cause des quadrilatères inscrits AOA'M, BOB'M, les angles AOA', BOB' sont égaux, comme ayant le même supplément M: donc l'angle AOB = A'OB'.

D'ailleurs l'angle OAB égale OA'B', car ils ont le même supplément OA'M.

Ainsi les triangles OAB et OA'B' sont semblables, car ils sont équiangles; d'où

$$\frac{OA}{OA'} = \frac{OB}{OB'} = \frac{AB}{A'B'} = \frac{m}{n}, \text{ rapport de similitude.}$$

Mais on a aussi $\quad \dfrac{AD}{A'D'} = \dfrac{m}{n} = \text{donc } \dfrac{OA}{OA'}$

et l'angle BAD = B'A'D', car les triangles BAD, B'A'D' sont semblables par construction.

Ainsi les triangles AOD, A'OD' sont semblables, comme ayant un angle égal A = A' compris entre côtés homologues proportionnels, d'où

$$\text{l'angle AOD} = \text{A'OD'} \quad \text{et} \quad \frac{OD}{OD'} = \frac{OA}{OA'} = \frac{m}{n}$$

Il en serait de même pour deux autres sommets homologues quelconques, donc O peut être considéré comme le centre de similitude des polygones donnés.

$$\frac{AB}{A'B'} \quad \text{ou} \quad \frac{m}{n} \text{ est le rapport de similitude.}$$

Les rayons vecteurs homologues tels que OA, OA', OB, OB' font entre eux un angle constant AOA' supplémentaire de l'angle M formé par deux côtés homologues quelconques.

1147 (b). Remarques. 1° En faisant tourner A'B'C'D' de manière à l'amener en *abcd*, on obtient l'homothétie directe, et en l'amenant en *a'b'c'd'*, on obtient l'homothétie inverse. (Voir n° 1125, 2e *Démonstration*.)

2° En prolongeant deux autres côtés homologues, par exemple BC et B'C' se coupant en un point N, les cercles BNB', CNC', passeraient par le point O déjà obtenu.

3° Le *centre de similitude* de deux polygones semblables est aussi nommé *point double* des deux figures semblables, parce que ce point est formé par la coïncidence de deux points homologues.

4° Les distances du point double à deux côtés homologues quelconques sont dans le même rapport que ces côtés. (Voir ci-après n°s 2500 et suiv.)

5° Lorsque les figures données sont inversement semblables, elles admettent un axe de symétrie et on ne peut les rendre homothétiques qu'en faisant tourner l'une d'elles, *dans l'espace*, autour de cet axe de symétrie. Le *point double*, ou *centre de similitude*, se trouve sur la *droite double* qui est l'axe de symétrie (voir n° 2500 et suivants).

Exercice 331. — II.

1148. Théorème. *On joint un point O à tous les sommets d'un polygone ABCD; on forme des angles constants AOA', BOB', et l'on prend* $\dfrac{OA}{OA'} = \dfrac{OB}{OB'} = \dfrac{m}{n}$, *rapport donné; on obtient ainsi un polygone A'B'C'D' semblable au premier.*

Ce théorème se déduit du précédent (n° 1147). Pour le démontrer, on peut considérer en premier lieu que les points *a, b, c, d* sont situés sur le prolongement de AO, BO,... puisque la figure *abcd* est amenée à la position A'B'C'D' par une rotation autour du point O (n° 1125, 2° D).

Exercice 332.

1149. Théorème. *Les trois centres de similitude de trois polygones homothétiques, pris deux à deux, sont en ligne droite.*

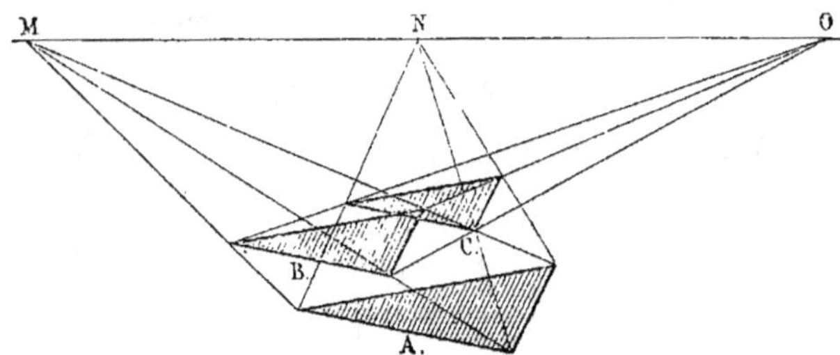

Fig.. 702.

Soient M le centre de similitude des polygones A et B, N celui de A et C. Il faut prouver que la droite MN passe par le point O, centre de similitude de B et C.

La ligne MN, passant par M, est un axe de similitude pour A et B (n° 1145); passant par N, elle est un axe de similitude pour A et C; donc MN est un axe de similitude pour B et C, et doit passer par leur centre O.

Remarque. La proposition peut aussi se démontrer à l'aide des transversales. (G., n° 821.)

Les trois centres de similitude sont externes, ou bien deux sont externes et l'autre interne.

Relations numériques dans le Triangle.

1150. On peut trouver un grand nombre de relations numériques entre les côtés d'un triangle et les lignes principales telles que les hauteurs, les bissectrices, les médianes et les segments déterminés sur ces lignes par les divers points de concours auxquels elles peuvent donner lieu.

On emploie les triangles semblables, et on utilise aussi les relations déjà obtenues. (G., n°s 245 et suivants.) On a recours très fréquemment au *Théorème de Pythagore* *. (G., n°s 247-249)

Exercice 333.

1151. Théorème. *Deux hauteurs quelconques d'un triangle sont inversement proportionnelles aux bases correspondantes.*

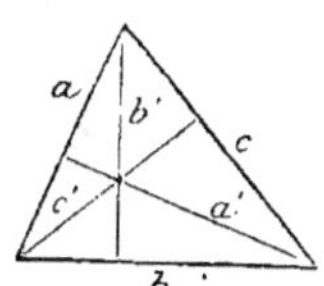

Fig. 703.

Si l'on appelle a et b deux côtés quelconques, a' et b' les hauteurs correspondantes, les triangles rectangles qui ont respectivement pour côtés a, b' et b, a' sont semblables, car ils ont un angle aigu commun; donc

$$\frac{a'}{b'} = \frac{b}{a} \qquad C.\ Q.\ F.\ D.$$

Après l'étude du livre IV, on peut donner cette seconde démonstration : le double de l'aire du triangle est donné par aa' ou bb';

donc $\qquad aa' = bb';\quad$ d'où $\quad \dfrac{a'}{b'} = \dfrac{b}{a}$

Exercice 334.

1152. Théorème. *Deux côtés quelconques a et b d'un triangle sont entre eux comme leurs projections l'un sur l'autre.*

---

* PYTHAGORE, né à Samos en 569 av. J.-C., mort en 470, fut disciple de THALÈS. Il séjourna pendant vingt ans en Egypte, puis il fonda l'*Ecole italique*. Il s'occupa beaucoup de la théorie des nombres. En géométrie, on lui doit le théorème du carré de l'hypoténuse d'un triangle rectangle.

Le mot *hypoténuse* veut dire *sous-tendante*, c'est-à-dire ligne qui sous-tend l'angle droit du triangle rectangle.

Les Grecs nommaient *cathètes* les côtés de l'angle droit; les Italiens ont conservé cette dénomination.

Soient a' la projection du côté a sur b, et b' la projection de b sur a. Les triangles rectangles CDA et CEB sont semblables, car ils ont un angle aigu commun en C. On a donc la proportion

$$\frac{a}{b} = \frac{a'}{b'} \qquad C.\ Q.\ F.\ D.$$

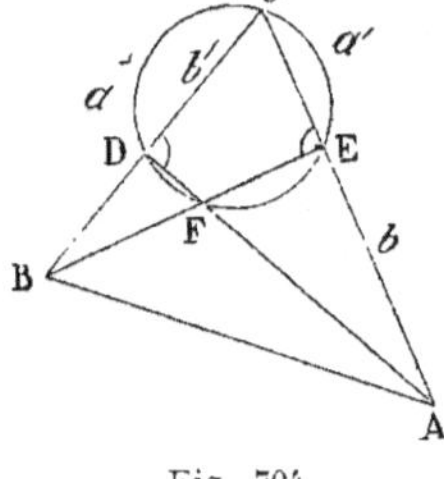

Fig. 704.

1153. Théorème. *Le produit* AC . AE *d'un côté par le segment déterminé par la hauteur abaissée du sommet B, égale le produit* AD . AF *de la hauteur AD par le segment déterminé par la hauteur abaissée du sommet B.*

Le quadrilatère CDFE est inscriptible; on peut appliquer le théorème connu. (G., n° 259.)

(Voir aussi *Méthodes*, n° 292, *f.*)

1154. Théorèmes. *1° Les trois produits obtenus en multipliant l'un par l'autre les deux segments d'une même hauteur sont égaux.*

(*Méthodes*, n° 292, *g.*)

$2° \ AC^2 = BC . DC + BE . BF$

1155. Théorème. *D'un point donné, on abaisse des perpendiculaires sur les côtés d'un angle, on prolonge ces perpendiculaires de manière à rencontrer les deux côtés de cet angle. Démontrer que les côtés de l'angle sont divisés en parties inversement proportionnelles et qu'il en est de même des deux perpendiculaires.*

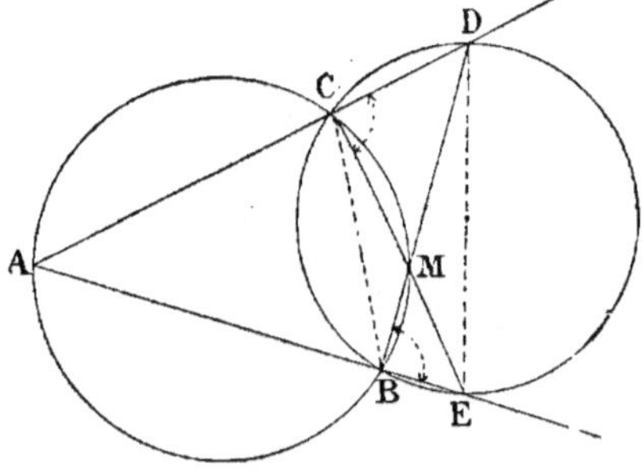

Fig. 705.

Soit M le point donné.

Le quadrilatère BCDE est inscriptible, donc

$$AB . AE = AC . AD$$

et $\quad MB . MD = MC . ME$

Corollaire. On a aussi :

$$DA . DC = DM . DB \quad \text{et} \quad EA . EB = EM . EC$$

Exercice 335. — I.

1156 (a). Théorème. *Lorsqu'on élève une perpendiculaire sur l'hypoténuse d'un triangle rectangle, le produit* PM . PN *des distances de son pied P aux points M et N où elle coupe les côtés de l'angle droit, égale le produit des segments déterminés sur cette hypoténuse par le point P.*

En effet, les triangles rectangles PMB et PCN sont semblables, car les angles M et C sont égaux;

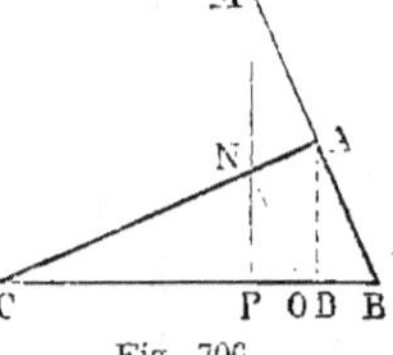

Fig. 706.

donc $\qquad \dfrac{PM}{PB} = \dfrac{PC}{PN}$

d'où $\qquad PM . PN = PB . PC$

Scolie. Si on prend PM . PN = PB . PC et qu'on mène les droites BM, CN, le lieu des points d'intersection A est la circonférence décrite sur BC comme diamètre.

1156 (b). Théorème. *On a les relations :*

$$MA . MB = MN . MP \quad et \quad NA . NC = NP . NM$$

En effet, le quadrilatère ABPN est inscriptible; il en est de même du quadrilatère non convexe ACPM.

Exercice 335. — II.

1157. Théorème. *Lorsque, par le sommet B d'un triangle ABC, on mène BD qui coupe AC ou son prolongement de manière qu'on ait l'angle CBD = CAB, le côté BD est moyen proportionnel entre CA et CD.*

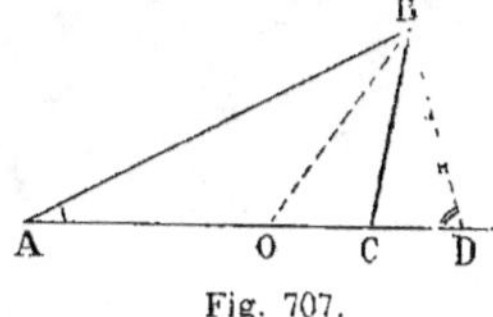

Fig. 707.

Les triangles ABD, BCD sont équiangles;

donc $\dfrac{AB}{BD} = \dfrac{BD}{CD}$; $BD^2 = AD . CD$

C. Q. F. D.

Exercice 336.

1158. Théorème. *Lorsque la différence des angles à la base d'un triangle égale un droit, la hauteur de ce triangle est moyenne proportionnelle entre les distances de son pied aux extrémités de la base.*

Admettons que l'angle AOB — A = 1 droit et que BC soit la hauteur du triangle ABO (fig. 707). L'angle ABC = BOC, car ils ont pour complément le même angle A.

En effet, $BOC = 2d — BOA = 2d — (1d + A)$

d'où $BOC = 1d — A$

Les triangles rectangles ACB, CBO sont semblables, et l'on a

$$\dfrac{AC}{BC} = \dfrac{BC}{CO} ; \quad d'où \quad BC^2 = CA . CO$$

C. Q. F. D.

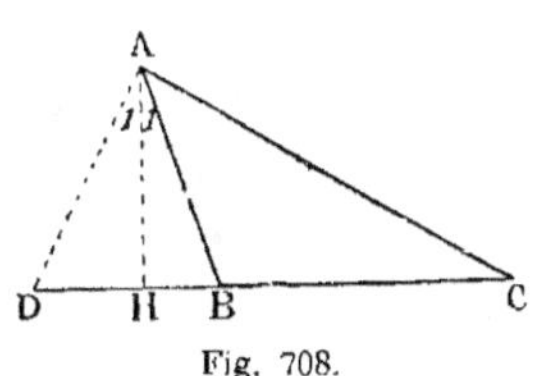

Fig. 708.

Autre démonstration. Prenons HD = HB.

On a   angle HAD = C

d'où   DAC = 90°

donc $AH^2 = HD . HC = HB . HC$

Exercice 337. — I.

1159. Théorème. *Dans tout triangle, les parallèles x et y, menées à deux côtés AB, AC par un point quelconque du troisième, donnent une somme constante lorsqu'on multiplie ces perpendiculaires x et y par des coefficients n et m dont le rapport est inverse du rapport de AB à AC.*

Ainsi, pour $\dfrac{AB}{AC} = \dfrac{m}{n}$, *on aura* $nx + my = constante.$

1160. Théorème. *Par un point quelconque D de la base d'un triangle, on mène des parallèles aux autres côtés ; la somme des rapports obtenus en divisant chaque droite ainsi menée, par le côté qui lui est parallèle, est une quantité constante.*

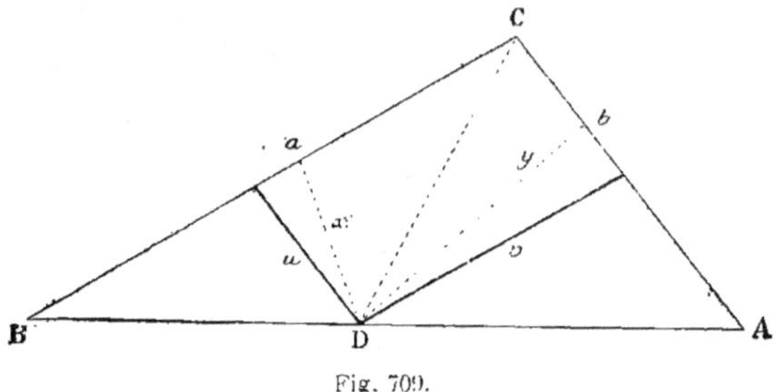

Fig. 709.

Soient u et v respectivement parallèles aux côtés AC, BC ; on a

$$\frac{u}{b} = \frac{BD}{BA} \; ; \quad \frac{v}{a} = \frac{DA}{BA}$$

d'où

$$\frac{u}{b} + \frac{v}{a} = \frac{BD + DA}{BA} = 1. \tag{1}$$

La relation précédente est l'équation de la droite AB par rapport aux axes coordonnés CA, CB.

1160 (a). Scolie. *Par un point quelconque de la base d'un triangle, on abaisse des perpendiculaires sur les autres côtés, la somme des rapports obtenus en divisant chaque perpendiculaire, par le côté qui ne lui est pas relatif, est une quantité constante.*

On a

$$\frac{x}{b} + \frac{y}{a} = \text{constante.} \tag{2}$$

Car les perpendiculaires x et y sont directement proportionnelles aux droites u et v.

La constante dépend de l'angle C. Il est facile de la calculer, car

$$u = \frac{x}{\sin C} , \quad v = \frac{y}{\sin C}$$

donc la relation

$$\frac{u}{b} + \frac{v}{a} = 1$$

devient

$$\frac{x}{b} = \frac{y}{a} = \sin C$$

ou

$$ax + by = ab \sin C = 2S \tag{3}$$

en représentant par S le double de l'aire du triangle donné.

On arrive d'ailleurs directement et rapidement à la relation (3) en procédant comme il suit : ax et by représentent le double de l'aire des triangles CDB, CDA, donc

$$ax + by = 2S$$

Exercice 337. — II.

1161. Théorème. *Dans un triangle isocèle ABC ayant BC pour base, on abaisse la perpendiculaire CD sur un des côtés égaux; prouver que la somme des carrés des trois côtés du triangle égale* $BD^2 + 2DA^2 + 3CD^2$.

(Questions proposées sur les Éléments de géométrie, par P.-F. Compagnon, n° 255.)

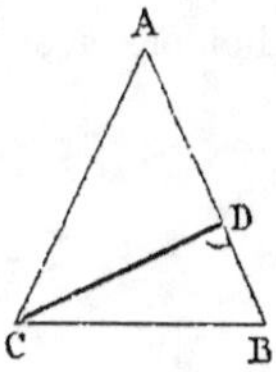

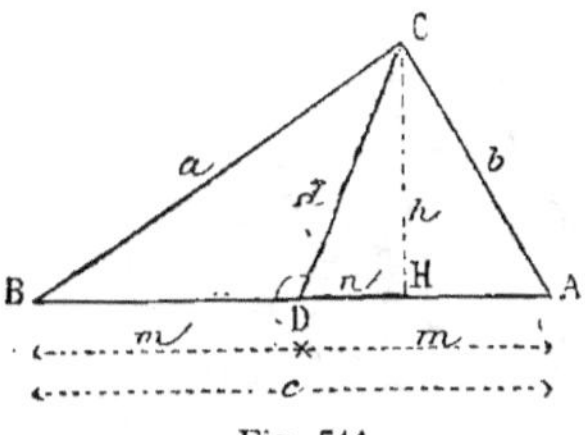

Fig. 710.

$$CB^2 = CD^2 + BD^2$$
$$AC^2 = CD^2 + AD^2$$
$$AB^2 \quad \text{ou} \quad AC^2 = CD^2 + AD^2$$
$$\overline{AB^2 + AC^2 + BC^2 = BD^2 + 2AD^2 + 3CD^2}$$

C. Q. F. D.

Exercice 338.

1162. Théorème. 1° *La différence des carrés de deux côtés quelconques d'un triangle égale la différence des carrés de leurs projections sur le troisième côté.*

2° *La somme de deux côtés quelconques d'un triangle, multipliée par leur différence, égale la somme de leurs projections sur le troisième côté, multipliée par la différence de ces mêmes projections.*

Soient a et b les côtés considérés et a', b' leurs projections respectives sur le troisième côté, on a

1° $$a^2 - b^2 = a'^2 - b'^2$$

2° $$(a + b)(a - b) = (a' + b')(a' - b')$$

Exercice 339. — I.

1163. Théorème. *La différence des carrés de deux côtés quelconques d'un triangle égale deux fois le troisième côté, multiplié par la projection, sur ce même côté, de la médiane comprise entre les deux premiers.*

Fig. 711.

En effet, dans le triangle CDB, on a
$$a^2 = d^2 + m^2 + 2mn \qquad (1)$$
dans le triangle CDA,
$$b^2 = d^2 + m^2 - 2mn \qquad (2)$$
d'où en soustrayant
$$a^2 - b^2 = 4mn = 2cn$$

C. Q. F. D.

Remarque. On peut écrire $n = \dfrac{a^2 - b^2}{2c}$; donc, pour une différence constante, $a^2 - b^2 = k^2$; le segment n est constant; ainsi le lieu des points C est une perpendiculaire HC telle que $n = \dfrac{k^2}{2c}$.

Ce résultat est bien connu (nos 74 et 1163); mais il est utile de montrer qu'on peut y parvenir par différentes voies.

Exercice 339. — II.

1164. Théorème. *Deux triangles peuvent avoir, sans être égaux, les trois angles égaux et deux côtés égaux chacun à chacun.* (GÉLIN, N. C. M., 1876, p. 338 *.)

Dans ce cas, les côtés x, y, z du premier et les côtés homologues y, z, u du second sont en progression par quotient ; on a

$$\frac{x}{y} = \frac{y}{z} = \frac{z}{u}$$

La raison de la progression doit être comprise entre

$$-\frac{1 + \sqrt{5}}{2} \quad \text{et} \quad \frac{1 + \sqrt{5}}{2}$$

mais à l'exception de l'unité.

On peut prendre pour côtés homologues

8	12	18
12	18	27

Exercice 340.

1165. Théorème. *Lorsque deux triangles rectangles sont semblables, le produit des hypoténuses est égal à la somme des produits des côtés homologues.* (DOSTOR **, N. A. 1869, p 433.)

Soient a, b, c les côtés d'un triangle ; a', b', c' ceux du second. Si m est le rapport de similitude des côtés des deux triangles, on aura

$$a' = am ; \quad b' = bm ; \quad c' = cm$$

Or la relation à démontrer, c'est-à-dire

$$aa' = bb' + cc' \tag{1}$$

peut se représenter par $\quad aam = bbm + ccm$

ou $\qquad\qquad\qquad a^2 = b^2 + c^2 \quad$ égalité connue ;

donc la relation (1) est démontrée.

1166. Théorème. *Si, du milieu d'un côté de l'angle droit d'un triangle rectangle, on abaisse une perpendiculaire sur l'hypoténuse, la différence des carrés des segments formés sur l'hypoténuse égale le carré de l'autre côté de l'angle droit.*

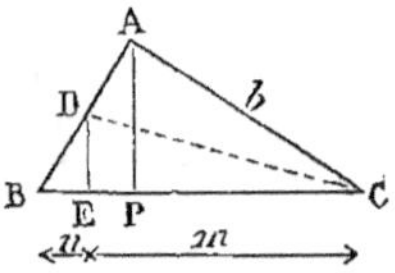

Soit $\text{AD} = \text{DB}$ et $\text{EC} = m$, $\text{BE} = n$

$$m^2 = \text{DC}^2 - \text{DE}^2$$

$$n^2 = \text{BD}^2 - \text{DE}^2$$

Fig. 712.

d'où $\quad m^2 - n^2 = \text{DC}^2 - \text{BD}^2 = \text{DC}^2 - \text{AD}^2 = b^2$

---

* M. l'abbé GÉLIN, professeur au collège Saint-Quirin, à Huy ; auteur d'un *Traité d'arithmétique* très estimé.

** M. DOSTOR, professeur à l'université catholique de Paris, auteur de nombreux articles publiés par les *Nouvelles Annales mathématiques*, les *Archives de mathématiques et de physique*, etc. On lui doit aussi l'ouvrage suivant : *Eléments de la théorie des déterminants.*

1167. Théorème. *Pour avoir la moyenne proportionnelle entre deux lignes données a et b, on peut procéder comme il suit :*

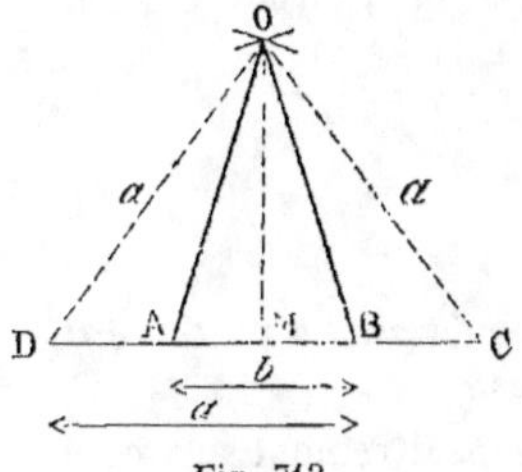

Fig. 713.

Sur une droite, on prend une longueur AB égale à b, la plus petite des lignes données, puis on prend ABC et BAD = a. *Des points* C *et* D *comme centre avec* a *pour rayon, on décrit des arcs qui se coupent au point* O. *La ligne OA = OB est la moyenne proportionnelle demandée.* (N. A., 1857, p. 125.)

Abaissons la perpendiculaire OM.

$$AO^2 = AM^2 + OM^2$$

$$AM^2 = \frac{b^2}{4} ; \quad OM^2 = OD^2 - DM^2 = a^2 - \left(a - \frac{b}{2}\right)^2$$

$$OM^2 = a^2 - a^2 + ab - \frac{b^2}{4} = ab - \frac{b^2}{4}$$

donc $\quad AM^2 + OM^2 \quad$ ou $\quad AO^2 = ab$ $\hfill$ C. Q. F. D.

1167 (a). Note. Cette construction reproduite dans le *Journal de mathématiques élémentaires et spéciales,* 1885, page 75, a été publiée par WALLIS en 1685; elle est due à THOMAS STRODE. (Voir J. M. E. et S., 1885, page 159.) Une construction qu'on peut rattacher à la précédente et qui a donné lieu à diverses notes se trouve dans *Mathésis,* 1892, page 192, n° 11; puis pages 250 et 275; 1893, page 32, renvoi.

L'avantage que présente la construction ci-dessus (n° 1167) est d'exiger moins d'opérations graphiques que la construction classique (G., n° 297).

Exercice 341.

1168. Théorème. *Si du sommet de l'angle droit d'un triangle rectangle on abaisse une perpendiculaire sur l'hypoténuse, les cubes des côtés de l'angle droit sont entre eux comme les projections des segments de l'hypoténuse sur les mêmes côtés.*

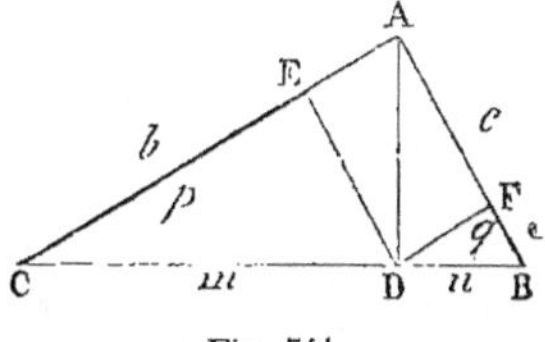

Fig. 744.

Soient $\quad AC = b, \quad AB = c, \quad DC = m,$ $DB = n, \quad CE = p, \quad BF = q.$

On sait qu'on a

$$\frac{b^2}{c^2} = \frac{m}{n} \quad \text{ou} \quad \frac{b^4}{c^4} = \frac{m^2}{n^2}$$

Or les triangles semblables ADC, DEC donnent

$$\frac{m}{b} = \frac{p}{m} ; \quad m^2 = bp$$

de même $\qquad \dfrac{n}{c} = \dfrac{q}{n} ; \quad n^2 = cq$

donc $\qquad \dfrac{b^4}{c^4} = \dfrac{bp}{cq} ; \quad$ d'où $\quad \dfrac{b^3}{c^3} = \dfrac{p}{q}$ $\hfill$ C. Q. F. D.

1169. Théorème. *Soit* m *la projection de* b *sur l'hypoténuse,* m$_1$ *la projection de* m *sur* b, m$_2$ *celle de* m$_1$ *sur l'hypoténuse, etc.; on a :*

$$\frac{b^2}{c^2} = \frac{m}{n}; \quad \frac{b^3}{c^3} = \frac{m_1}{n_1}; \quad \frac{b^4}{c^4} = \frac{m_2}{n_2} \dots; \quad \frac{b^k}{c^k} = \frac{m_{k-2}}{n_{k-2}}$$

Exercice 342. — I.

1170. Théorème. *La somme des carrés des trois médianes d'un triangle égale les* $^3/_4$ *de la somme des carrés des trois côtés.*

Soient d, e, f les médianes qui aboutissent respectivement aux côtés a, b, c.

On sait que la somme des carrés de deux côtés quelconques d'un triangle égale deux fois le carré de la médiane du troisième côté, plus la moitié du carré de ce troisième côté. (G., n° 254.)

Donc
$$2d^2 + \frac{a^2}{2} = b^2 + c^2$$

$$2e^2 + \frac{b^2}{2} = a^2 + c^2$$

$$2f^2 + \frac{c^2}{2} = a^2 + b^2$$

d'où $\quad 2(d^2 + e^2 + f^2) + {}^1/_2(a^2 + b^2 + c^2) = 2(a^2 + b^2 + c^2)$

d'où $\quad\quad d^2 + e^2 + f^2 = {}^3/_4(a^2 + b^2 + c^2)$ $\quad\quad$ C. Q. F. D.

1171. Théorème. *La somme des carrés des médianes des triangles rectangles qui ont même hypoténuse est une quantité constante.*

Soit a l'hypoténuse constante; d, la médiane correspondante, est la moitié de l'hypoténuse (n° 492).

D'ailleurs $\quad\quad\quad\quad\quad b^2 + c^2 = a^2$

donc la formule (1170) $\quad d^2 + e^2 + f^2 = {}^3/_4(a^2 + b^2 + c^2)$

devient $\quad\quad\quad\quad \frac{a^2}{4} + e^2 + f^2 = \frac{3}{4}(2a^2)$

d'où $\quad\quad\quad\quad\quad e^2 + f^2 = {}^5/_4 a^2$ $\quad$ quantité constante.

Exercice 342. — II.

1171 (a). Théorème. *La somme des quatrièmes puissances des médianes d'un triangle est égale aux neuf seizièmes de celle des côtés.* (E. CESARO*, *Mathésis*, 1882, p. 115).

Les équations connues qui donnent les carrés des médianes sont comme on vient de le rappeler (n° 1170) :

$$4d^2 = 2b^2 + 2c^2 - a^2$$
$$4e^2 = 2c^2 + 2a^2 - b^2 \tag{1}$$
$$4f^2 = 2a^2 + 2b^2 - c^2$$

---

* E. CESARO, professeur à l'université de Palerme, auteur de nombreux et intéressants articles publiés par *Mathésis* et par les *Nouvelles Annales mathématiques*.

Élevant au carré ces trois égalités, additionnant membre à membre et simplifiant, on trouve

$$16(d^4 + e^4 + f^4) = 9(a^4 + b^4 + c^4) \qquad (2)$$

1171 (b). Scolie. On a trouvé précédemment (n° 1170)

$$4(d^2 + e^2 + f^2) = 3(a^2 + b^2 + c^2) \qquad (3)$$

En retranchant (2) de l'équation (3) élevée au carré, il vient

$$16(d^2e^2 + e^2f^2 + f^2d^2) = 9(a^2b^2 + b^2c^2 + c^2a^2)$$

donc *la somme des produits deux à deux des carrés des médianes d'un triangle, égale les neuf seizièmes des produits deux à deux des carrés des côtés.*

Les théorèmes précédents ont d'abord été donnés par JAMES BOOTH (*Journal de Mathématiques élémentaires de Bourget*, 1879, p. 272, n° 28).

1172. Théorème. *Dans tout triangle, le carré de la distance du centre du cercle circonscrit au point de concours des médianes égale le carré du rayon du cercle circonscrit, moins le neuvième de la somme des carrés des côtés.*

Projetons les sommets sur la droite OM ; on sait que

$$MH = MI + MJ \qquad (n° 463) \qquad (1)$$

Dans le triangle AOM, on a $\quad R^2 = MA^2 + MO^2 + 2MO \cdot MI$

$\qquad$ » $\quad$ COM $\quad$ » $\quad R^2 = MC^2 + MO^2 + 2MO \cdot MJ$

$\qquad$ » $\quad$ BOM $\quad$ » $\quad R^2 = MB^2 + MO^2 - 2MO \cdot MH$

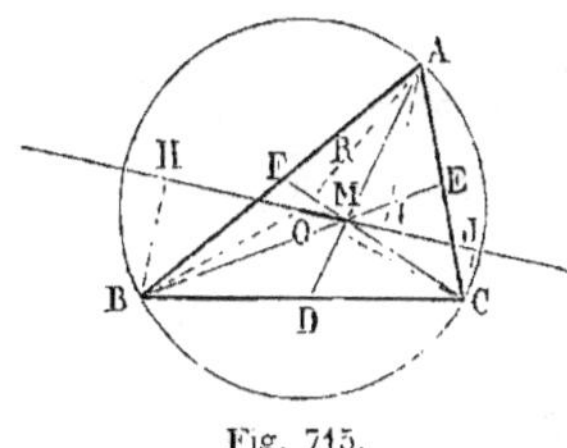

Fig. 715.

En ajoutant et tenant compte de la relation (1), on trouve

$$3R^2 = MA^2 + MC^2 + MB^2 + 3MO^2$$

Mais $AM = {}^2/_3 AD$; donc $AM^2 = {}^4/_9 AD^2$, et de même pour les autres médianes ; ainsi la somme $MA^2 + MC^2 + MB^2$ est les ${}^4/_9$ de la somme des carrés des médianes ; or celle-ci est les ${}^3/_4$ de la somme des carrés des côtés.

Ainsi $\qquad MA^2 + MB^2 + MC^2 = {}^3/_9(a^2 + b^2 + c^2)$

d'où $\qquad 3MO^2 = 3R^2 - {}^3/_9(a^2 + b^2 + c^2)$

donc $\qquad MO^2 = R^2 - {}^1/_9(a^2 + b^2 + c^2) \qquad C. Q. F. D.$

Exercice 343. — I.

1173. Théorème de Stewart. *Si dans un triangle on joint le sommet à un point quelconque de la base, le carré de cette droite, multiplié par la base, égale la somme des carrés des autres côtés, chacun d'eux étant multiplié par le segment opposé de la base, moins le produit obtenu en multipliant la base par chacun de ses deux segments.*

Le théorème proposé est l'extension du théorème connu des médianes, et se démontre d'une manière analogue.

Soient AD ou d la ligne donnée, et AE la hauteur du triangle.

$$c^2 = d^2 + m^2 + 2m \cdot DE$$
$$b^2 = d^2 + n^2 - 2n \cdot DE$$

Multiplions tous les termes de la première égalité par n, et ceux de la seconde par m.

$$c^2 n = d^2 n + m^2 n + 2mn \cdot DE$$
$$b^2 m = d^2 m + n^2 m - 2mn \cdot DE$$

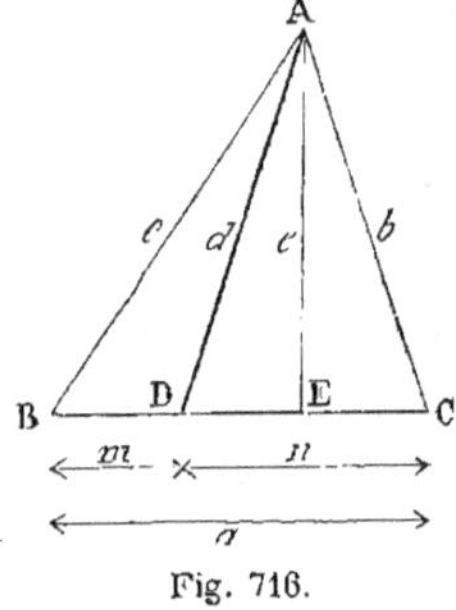

Fig. 716.

d'où

$$b^2 m + c^2 n = d^2(m + n) + m \cdot n(m + n) = d^2 a + amn$$

donc
$$d^2 a = b^2 m + c^2 n - amn \qquad C.\ Q.\ F.\ D.$$

1173 (a). **Note**. La relation précédente est généralement attribuée à STEWART (*Aperçu historique*, page 175, et *Histoire des sciences mathématiques*, par MAXIMILIEN MARIE, VIII, p. 240). CARNOT, dans sa *Géométrie de position*, page 263, a donné ce même théorème.

Le *Théorème de Stewart* se prête à un grand nombre d'applications; voir *Applications remarquables du théorème de Stewart et théorie du barycentre*, 1891, par M. C. THIRY.

Exemples : Pour la *Médiane*, on a : $m = n = \dfrac{a}{2}$, d'où en divisant par m :
$2d^2 = b^2 + c^2 - 2m^2$.

Pour la bissectrice extérieure on a : $\dfrac{m}{n} = \dfrac{c}{b}$.

Le théorème suivant (n° 1174), peut être considéré comme scolie de celui de Stewart.

STEWART (1717-1785), mathématicien écossais, disciple de ROBERT SIMSON et de MACLAURIN, professa les mathématiques à l'université d'Édimbourg.

M. C. THIRY, professeur de mathématiques à Gand. (*Voir Mathésis*.)

1174. Théorème. *L'hypoténuse d'un triangle rectangle est divisée en trois parties égales; on joint le sommet de l'angle droit aux deux points de division. La somme des carrés de ces deux lignes, augmentée du carré du $\frac{1}{3}$ de l'hypoténuse, égale les $\frac{2}{3}$ du carré de l'hypoténuse.* (COMPAGNON, n° 268)

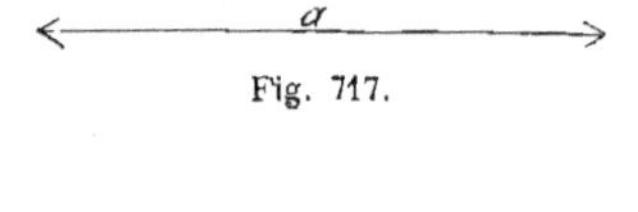

Lorsque $m = \dfrac{a}{3}$ et que $n = \dfrac{2a}{3}$,

il faut prouver que l'on a
$$d^2 + e^2 + DE^2 = {}^2/_3 a^2$$

La formule connue (n° 1173)
$$d^2 a = b^2 m + c^2 n - amn$$

devient, lorsque $m = \dfrac{a}{3}$, $n = \dfrac{2}{3} a$ et qu'on simplifie,
$$d^2 = {}^1/_3 b^2 + {}^2/_3 c^2 - {}^2/_9 a^2$$

de même
$$e^2 = {}^2/_3 b^2 + {}^1/_3 c^2 - {}^2/_9 a^2$$

Fig. 717.

En ajoutant membre à membre ces deux égalités, on obtient successivement

$$d^2 + e^2 = b^2 + c^2 - {}^4/_9 a^2$$

Mais

$$DE^2 = \frac{a^2}{9} \quad \text{et} \quad b^2 + c^2 = a^2$$

donc

$$d^2 + e^2 + \frac{a^2}{9} = a^2 - \frac{4}{9} a^2 + \frac{a^2}{9}$$

ou

$$AD^2 + DE^2 + AE^2 = {}^2/_3 a^2 \qquad\qquad C. Q. F. D.$$

Exercice 343. — II.

1175. Théorème. *On mène une parallèle* LM *à la base d'un triangle inscrit* ABC, *et l'on joint le sommet* C *aux points* L *et* M. *Prouver que le produit* CM . CN *égale le produit* CA . CB *des deux côtés.*

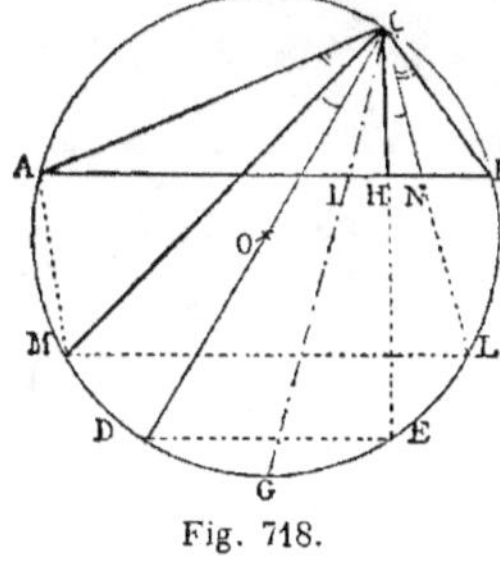

Fig. 718.

Les triangles BCN, ACM sont semblables, car ils sont équiangles.

En effet, l'angle inscrit B = M et l'angle BCN = ACM ;

donc

$$\frac{CA}{CM} = \frac{CN}{CB}$$

d'où

$$CA . CB = CM . CN$$

1175 (a). Scolie. Deux théorèmes connus (G., n⁰ˢ 270 et 268) ne sont que des cas particuliers du théorème que nous venons de donner.

1° *Le produit de deux côtés quelconques d'un triangle égale la hauteur relative au troisième côté, multipliée par le diamètre du cercle circonscrit.*

En effet, l'angle CAD est droit, il a pour mesure $\dfrac{CB + BE + ED}{2}$

L'angle droit H a pour mesure $\dfrac{CB + ED + DA}{2}$.

Donc BE = DA, et la corde DE est parallèle à AB ; donc

$$CA . CB = CD . CH$$

2° *Le produit de deux côtés quelconques d'un triangle égale le carré de la bissectrice intérieure correspondante, plus le produit des segments déterminés sur le troisième côté par cette bissectrice.*

En effet, la parallèle extrême donne le point G milieu de l'arc AGB, et la droite CG est bissectrice de l'angle C. Les droites, telles que CM, CN, coïncident ; donc $CA . CB = CI . CG = CI^2 + AI . BI$

De même pour la bissectrice extérieure.

1175 (b). Note. 1° Le théorème s'énonce facilement comme il suit : *Deux droites isogonales, issues d'un même sommet, d'un triangle, dont l'une est limitée au côté opposé et l'autre à la circonférence circonscrite, ont un produit constant.*

On sait que deux droites sont dites *isogonales* lorsque, partant d'un même sommet d'un triangle, elles sont également inclinées sur la bissectrice qui part de ce même sommet (n° 1118).

2° le théorème précédent (n° 1175) sert de base à l'*Inversion symétrique* (voir ci-après, n° 1342 *a*); nous l'avons donné en 1882 dans les *Exercices de Géométrie*; mais il est probable que cette question élémentaire n'était pas nouvelle.

L'*Inversion symétrique* est de 1890, 1891; elle est due à M. Bernès, ancien professeur de mathématiques à Paris; M. Gob en avait déjà traité quelque temps avant, à *l'Association française pour l'avancement des sciences*. (J. M. E., 1890, 1891, etc.)

Exercice 344. — I.

1176. Théorème. *Le produit des distances d'un point quelconque de la circonférence inscrite dans un triangle aux trois côtés de ce triangle, égale le produit des distances du même point aux trois côtés du triangle formé en joignant deux à deux les points de contact du premier.*

Soient *a*, *b*, *c* les distances du point M aux côtés du triangle inscrit, et *d*, *e*, *f* les distances du même point aux côtés du triangle circonscrit.

On sait que la distance du point M à une corde est moyenne proportionnelle entre les distances du même point aux tangentes menées par les extrémités de cette corde (n°s 25 et 1129).

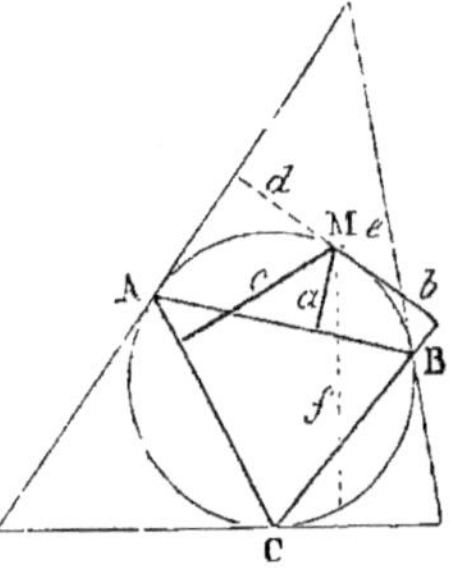

Fig. 719.

Donc
$$a^2 = de; \quad b^2 = ef; \quad c^2 = fd$$
d'où
$$abc = def \qquad\qquad C.\ Q.\ F.\ D.$$

Remarque. On peut démontrer le théorème en utilisant directement les théorèmes connus : *Le produit de deux côtés d'un triangle égale la hauteur multipliée par le diamètre du cercle circonscrit* (G., n° 270); et *La distance d'un point quelconque d'une circonférence au point de contact d'une tangente fixe est moyenne proportionnelle entre le diamètre du cercle et la distance du point considéré à la tangente fixe* (n° 1128).

Ainsi
$$2ra = MA \cdot MB; \quad 2rb = MA \cdot MC; \quad 2rc = MB \cdot MC$$
d'où
$$8r^3 abc = MA^2 \cdot MB^2 \cdot MC^2 \qquad\qquad (1)$$
Mais
$$2rd = MA^2; \quad 2re = MB^2; \quad 2rf = MC^2$$
d'où
$$8r^3 def = MA^2 \cdot MB^2 \cdot MC^2$$
En comparant (1) et (2), on a
$$abc = def \qquad\qquad C.\ Q.\ F.\ D.$$

Exercice 344. — II.

1177. Théorème. *Lorsque les points de contact L, M, N d'un triangle circonscrit ABC sont les sommets d'un triangle inscrit, le rapport des distances du centre à deux sommets opposés de ces deux triangles égale le rapport des distances de ces mêmes sommets aux côtés opposés.* (Salmon [*].)

---

* Salmon, savant géomètre anglais, professeur à l'Université de Dublin, auteur de nombreux mémoires; on lui doit, entre autres ouvrages, un remarquable *Traité de géométrie analytique*.

Il faut prouver que l'on a $\dfrac{AO}{LO} = \dfrac{AF}{LE}$

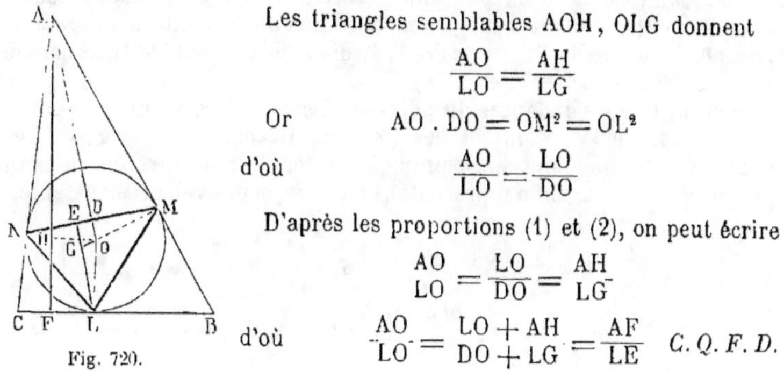

Les triangles semblables AOH, OLG donnent

$$\frac{AO}{LO} = \frac{AH}{LG}$$

Or $\qquad AO \cdot DO = OM^2 = OL^2$

d'où $\qquad \dfrac{AO}{LO} = \dfrac{LO}{DO}$

D'après les proportions (1) et (2), on peut écrire

$$\frac{AO}{LO} = \frac{LO}{DO} = \frac{AH}{LG}$$

d'où $\qquad \dfrac{AO}{LO} = \dfrac{LO + AH}{DO + LG} = \dfrac{AF}{LE} \qquad C.\,Q.\,F.\,D.$

Fig. 720.

1177 (a). Note. *Triangle tangentiel.* On nomme triangle tangentiel par rapport à un triangle donné LMN le triangle ABC qu'on obtient en menant des tangentes par chaque sommet L,M,N au cercle circonscrit.

Le triangle tangentiel de LMN est son *triangle polaire* par rapport au cercle circonscrit.

Dans la *Géométrie du triangle*, on considère fréquemment le triangle tangentiel ABC et le *triangle des contacts* LMN.

Exercice 345. — I.

1178. Théorème. *Par un point quelconque M d'une circonférence, on mène une sécante dans une direction donnée; elle coupe une corde fixe en un point A et les tangentes menées au cercle par les extrémités de la corde en des points B et C; prouver que le rapport* $\dfrac{MB \cdot MC}{MA^2}$ *est constant.*

(*Méthodes*, n° 290.)

1179. Théorème. *On donne un triangle circonscrit à un cercle, et le triangle inscrit formé par les trois cordes de contact du premier (n° 1176); si l'on coupe la circonférence et les deux triangles par des sécantes parallèles à une droite donnée, le produit des distances du point M aux points où la sécante rencontre les côtés du triangle inscrit est au produit des distances du même point M aux points où la sécante rencontre les côtés du triangle circonscrit, dans un rapport constant.*

C'est évident, d'après les théorèmes précédents (n°s 1176 et 1178).

Exercice 345. — II.

1180. Théorème. *Par un point quelconque de la circonférence inscrite dans un triangle, on mène une sécante dans une direction donnée; le produit des distances de ce point aux trois points d'intersection des cordes de contact et de la sécante, étant divisé par le produit des distances de ce même point aux trois côtés du triangle circonscrit, donne un rapport constant.*

Ce théorème, qu'on peut étendre à un polygone circonscrit d'un nombre quelconque de côtés et au polygone inscrit, obtenu en joignant deux à deux les points de contact du premier, se démontre d'une manière analogue au théorème de l'*Exercice* 344, I, mais en utilisant le théorème de l'*Exercice* 345, I (n°ˢ 1176 et 1178).

Soient a, b, c les distances du point de la circonférence aux trois points d'intersection de la sécante et des côtés du triangle inscrit; d, e, f les distances du même point aux points où la sécante rencontre les côtés du triangle circonscrit; enfin représentons par l, m, n des valeurs constantes; on aura :

$$\frac{a^2}{de} = l; \quad \frac{b^2}{ef} = m; \quad \frac{c^2}{fd} = n$$

$$\frac{abc}{def} = \sqrt{lmn} \qquad\qquad C.\ F.\ Q.\ D.$$

1181. Remarques. 1° La constante dépend à la fois du triangle donné et de la direction de la sécante.

2° En représentant par a', b', c', d', e', f' les distances des mêmes points d'intersection au second point où la sécante coupe la circonférence, on aura, *quelle que soit la direction de cette sécante :*

$$\frac{abc}{def} = \frac{a'b'c'}{d'e'f'}$$

Exercice 346. — I.

1182. Théorème d'Euler. *Dans tout triangle, la distance* d *du centre du cercle circonscrit au centre du cercle inscrit est donnée par la relation* $\ \ d^2 = R(R - 2r).$

(Voir *Méthodes*, n° 327.)

1183. Théorème. *En désignant par* r_a *le rayon du cercle exinscrit tangent au côté* a, *et par* d_a *la distance de ce centre au centre du cercle circonscrit, on a* $\ \ d_a^2 = R(R + 2r_a).$

(Voir *Méthodes*, n° 328.)

1183 (a). Note. La *relation d'Euler* est le premier pas qui ait été fait dans une voie où d'illustres géomètres ont marché après lui : il s'agit des polygones à la fois inscrit et circonscrit à deux cercles, ou plus généralement à deux coniques. Nicolas Fuss, en 1792, chercha à résoudre un problème qui porte son nom : *déterminer la relation qui lie les rayons et la distance des centres de deux circonférences dont l'une est inscrite et l'autre circonscrite à un polygone donné,* mais il ne put réussir que pour quelques cas particuliers.

Plus tard, Poncelet, en 1817-1822, traita géométriquement le problème plus étendu de l'inscription et de la circonscription d'un même polygogne à deux coniques, et le résolut dans toute sa généralité.

En 1828, Jacobi s'est occupé du même problème au point de vue analytique.

M. Moutard, en 1862, a traité la même question, mais d'une manière générale. (*Applications d'analyse et de Géométrie,* par Poncelet, tome I, note 3, page 533.)

Jacobi, célèbre analyste de Kœnigsberg, s'occupa, dès 1829, des *fonctions elliptiques;* et son frère Morin-Hermann Jacobi (1790-1874), découvrit la *galvanoplastie* en 1836.

21*

Exercice 346. — II.

1184. Théorème. *Dans tout triangle la somme des carrés des distances du centre du cercle circonscrit aux centres des quatre cercles tangents aux trois côtés du triangle, égale douze fois le carré du rayon du cercle circonscrit.*

$$d^2 = R(R - 2r) \qquad (n^o\ 1182)$$

$$d_a^2 = R(R + 2r_a)$$

$$d_b^2 = R(R + 2r_b)$$

$$d_c^2 = R(R + 2r_c)$$

$$d^2 + d_a^2 + d_b^2 + d_c^2 = R(4R + 2r_a + 2r_b + 2r_c - 2r)$$

Mais on sait que la somme des trois rayons des cercles ex-inscrits, étant diminuée du rayon du cercle inscrit, égale 4R (n° 736); donc le second membre devient

$$R(4R + 8R) \quad \text{ou} \quad 12R^2 \qquad\qquad C.\ Q.\ F.\ D.$$

1185. Théorème. *Si l'on mène un diamètre commun MN aux circonférences inscrite et circonscrite à un triangle ABC, le rayon de la circonférence inscrite est moyen proportionnel entre les segments MP, NQ compris entre les deux circonférences.* (N. A., 1850, page 216.)

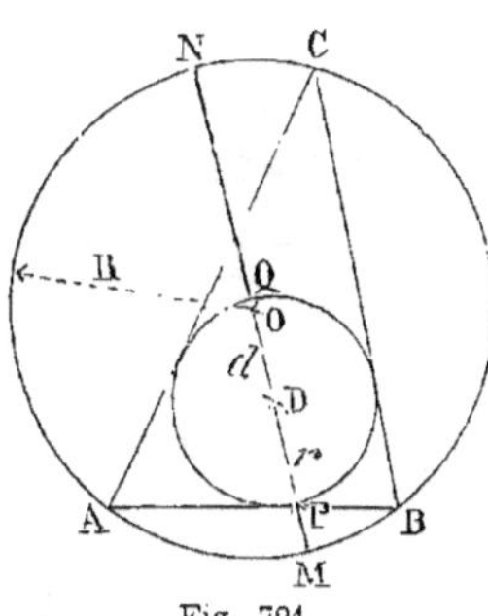

Fig. 721.

Soient $\quad ON = OM = R;\quad OD = d;$

$$DQ = DP = r.$$

$$MP = OM - OD - DP = R - r - d$$

$$NQ = ND - DQ \qquad = R - r + d$$

$$MP\,.\,NQ = (R - r)^2 - d^2$$

Or, d'après le théorème d'*Euler*,

$$d^2 = R(R - 2r) \quad \text{ou} \quad = R^2 - 2Rr$$

donc $\qquad MP\,.\,NQ = R^2 - 2Rr + r^2 - (R^2 - 2Rr)$

ou $\qquad MP\,.\,NQ = r^2 \qquad\qquad C.\ Q.\ F.\ D.$

Remarque. $\qquad MQ\,.\,NP = 4Rr + r^2$

1185 (a). Note. La sixième édition des *Théorèmes et problèmes de Catalan* contient un assez grand nombre de relations; il en est de même des recueils scientifiques que nous avons cités; mais tout ce qu'il y a de plus intéressant, pour la Géométrie traditionnelle ou classique, se trouve réuni dans l'ouvrage suivant de M. Vuibert : *Relations entre les éléments du triangle* (1893). L'ouvrage comprend 110 relations entre les *Éléments linéaires;* 59 entre les *Éléments angulaires;* 104 entre les *Éléments linéaires et angulaires,* en tout, 273 formules avec leurs démonstrations.

Divers articles du *Journal de mathématiques élémentaires* de M. G. de Longchamps, donnent de nombreuses relations pour la *Géométrie récente du triangle,* il en est de même de *Mathésis* et des ouvrages de MM. Casey et Emmerich. (*A sequel to the first six Books of the Elements of Euclid,* by John Casey, et *Die Brocardschen Gebilde,* von Dr A. Emmerich.)

Relations numériques dans le Quadrilatère.

1186. L'étude des relations numériques dans le quadrilatère offre un grand intérêt, par suite de l'emploi des *systèmes articulés* en mécanique. (*Mécanique*, § 3, nᵒˢ 230 à 234.)

Un quadrilatère, dont on connaît les quatre côtés, n'est pas complètement déterminé ; on peut le déformer, rapprocher deux sommets et éloigner les deux autres ; les relations qui peuvent lier certains points fixes pris sur les côtés ou sur les diagonales, permettent parfois de transformer un mouvement donné en un autre mouvement aussi donné. Nous citerons les exemples les plus simples et les plus remarquables, en étudiant d'abord le parallélogramme dont le losange est un cas particulier ; puis le quadrilatère à diagonales rectangulaires, dont le losange est aussi un cas particulier ; le trapèze et le quadrilatère quelconque.

Exercice 347.

1187. Théorème. *Pour tout point pris dans le plan d'un rectangle, la somme des carrés des distances à deux sommets opposés égale la somme des carrés des distances de ce même point aux deux autres sommets.*

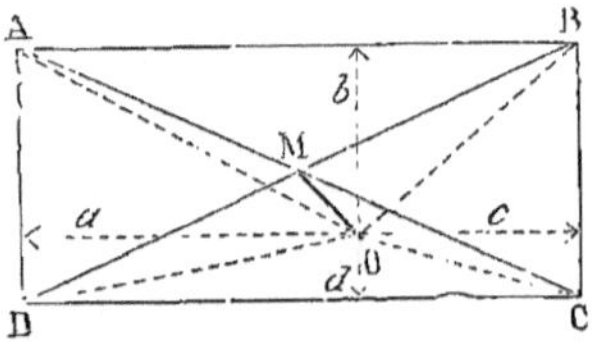

Par le point donné O, menons des parallèles aux côtés du rectangle. Soient a, b, c, d les quatre segments de ces lignes.

$$AO^2 = a^2 + b^2$$
$$CO^2 = c^2 + d^2$$

donc
$$AO^2 + CO^2 = a^2 + b^2 + c^2 + d^2$$

Il en est de même de $\quad BO^2 + DO^2$

donc
$$AO^2 + CO^2 = BO^2 + DO^2 \qquad C.\ Q.\ F.\ D.$$

Fig. 722.

1188. Théorème. *La somme des carrés des distances d'un point O aux quatre sommets du rectangle égale le carré de la diagonale, plus quatre fois le carré de la distance du point donné au point de concours des diagonales.*

$$AO^2 + CO^2 = 2AM^2 + 2MO^2 ; \quad BO^2 + DO^2 = 2BM^2 + 2MO^2$$

Mais $\quad AM = BM \quad$ et $\quad 4AM^2 = AC^2 \quad$ ou $\quad (AB^2 + BC^2)$

donc
$$AO^2 + BO^2 + CO^2 + DO^2 = AC^2 + 4MO^2 \qquad C.\ Q.\ F.\ D.$$

Exercice 348. — I.

1189. Théorème. *Dans un parallélogramme ABCD, les distances ME et MF d'un point quelconque d'une diagonale aux deux côtés adjacents sont entre elles inversement comme ces côtés.*

Menons les droites MG et MH parallèles aux côtés du parallélogramme, et considérons les triangles rectangles MEH et MFG ; leurs angles aigus

G et H sont égaux comme ayant les côtés parallèles ; ainsi ces triangles sont semblables (G., n° 223), et l'on a

$$\frac{ME}{MF} = \frac{MH}{MG \text{ ou } AH}$$

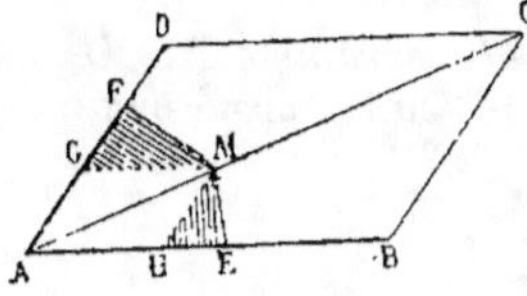

Fig. 723.

Or les triangles semblables AHM et ABC donnent :

$$\frac{MH}{AH} = \frac{BC \text{ ou } AD}{AB}$$

On a donc, à cause du rapport commun,

$$\frac{ME}{MF} = \frac{AD}{AB} \qquad\qquad C.\ Q.\ F.\ D.$$

1189 (a). **Remarques.** 1° De cette relation, on déduit ME.AB = MF.AD. Ainsi les produits des distances ME et MF par les côtés respectifs AB et AD sont égaux.

2° On obtient une démonstration très simple lorsqu'on a recours au livre IV (fig. 724).

On a

$$\frac{e}{f} = \frac{h}{k}$$

Or $AB.h = AD.k,$ d'où $\dfrac{h}{k} = \dfrac{AD}{AB}$

Ainsi

$$\frac{e}{f} = \frac{AD}{AB}$$

3° La ligne AN est la médiane du triangle BAD, donc *la médiane est le lieu des points dont les distances aux deux côtés correspondants d'un triangle sont inversement proportionnelles à ces mêmes côtés.*

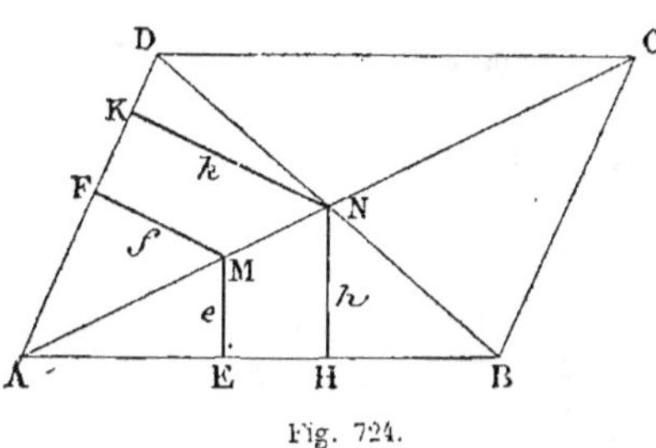

Fig. 724.

4° La symédiane (n° 899 a) étant la droite symétrique, ou la droite isogonale de la médiane, par rapport à la bissectrice (n° 1118), *la symédiane est le lieu des points dont les distances aux côtés correspondants d'un triangle sont directement proportionnelles à ces mêmes côtés.*

Nous démontrerons directement cette intéressante proposition.

1190. Théorème. *Dans tout parallélogramme ABCD, la somme des carrés des côtés égale la somme des carrés des diagonales.*

Cette question est un cas particulier du *théorème d'Euler* (voir ci-après n° 1205) ; pour la démontrer directement, il suffit de recourir au théorème du carré de la médiane (G., n° 254).

Exercice **348**. — **II**.

1191. Théorème. *Par le sommet A d'un parallélogramme ABCD, on mène une sécante AMN qui coupe BC en M et DC en N ; prouver que le produit BM . DN est constant.* (COMPAGNON, n° 222.)

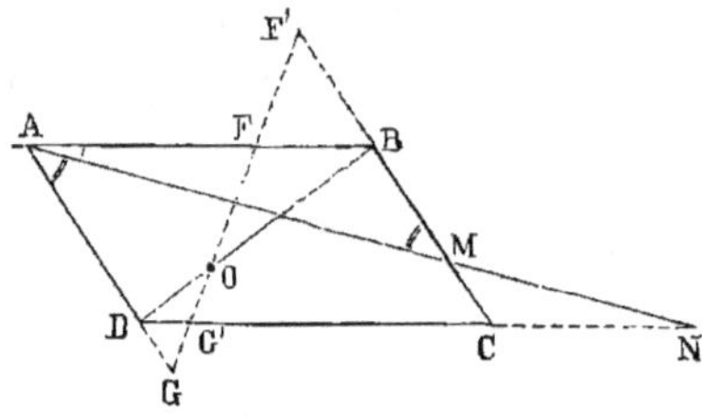

Fig. 725.

En effet, les triangles ABM, ADN sont équiangles ; donc

$$\frac{BM}{AB} = \frac{AD}{DN}$$

d'où $BM . DN = AB . AD$ quantité constante.

1192. Théorème. *Par un point O pris sur la diagonale BD d'un parallélogramme, on mène une sécante qui coupe les côtés adjacents AB, AD en F et G, et qui coupe les deux autres en F' et G' ; prouver que* $OF . OG = OF' . OG'$.

Les triangles OFB, ODG' sont semblables ; il en est de même de OF'B, OGD ; on a donc

$$\frac{OF}{OG'} = \frac{OB}{OD} = \frac{OF'}{OG}$$

d'où $OF . OG = OF' . OG'$

Exercice **349**.

1193. Théorème. *Sur les côtés d'un parallélogramme articulé ABCD, ou sur les prolongements de ces côtés, on prend quatre points L, M, N, O, situés en ligne droite. En admettant que ces points restent fixes sur les côtés respectifs auxquels ils appartiennent, tandis que le parallélogramme se déforme, prouver que le rapport des distances d'un de ces points à deux autres points reste constant.*

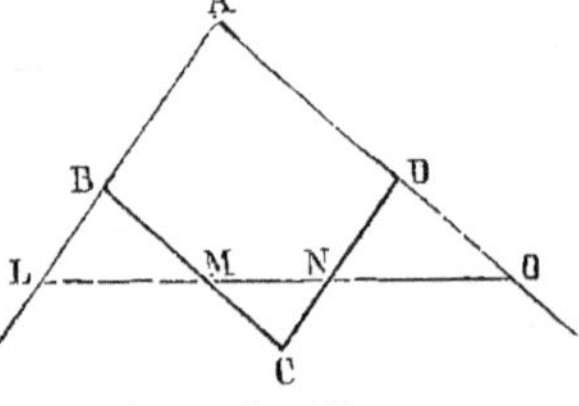

Fig. 726.

Soit, par exemple, L, M, N.
Les triangles semblables MBL, MCN donnent :

$$\frac{ML}{MN} = \frac{MB}{MC}$$ rapport constant ; donc...

De même $\frac{LM}{LO} = \frac{BM}{AO}$ rapport aussi constant, etc.

1194. Pantographe. Le *pantographe* repose sur le théorème précédent.

On sait que le pantographe est un instrument qui permet de reproduire rapidement un dessin, en l'amplifiant ou en le réduisant dans un rapport donné.

En fixant le point M, par exemple, et en faisant décrire au point L une figure donnée, le point N décrira une figure semblable à la première. Les deux figures homothétiques décrites par L et N auront M pour centre intérieur de similitude.

En fixant le point L, les points M et O décriront des figures homothétiques ayant L pour centre extérieur de similitude.

Il en est de même du point N, car on a

$$\frac{LM}{MN} = \frac{MB}{MC}\,; \quad \text{d'où} \quad \frac{LM}{LM + MN} = \frac{MB}{MB + MC} \quad \text{ou} \quad \frac{LM}{LN} = \frac{MB}{BC}$$

rapport constant.

Remarque. Dans les applications mécaniques, ABCD est ordinairement un losange ; mais un parallélogramme jouit des mêmes propriétés.

Exercice 350.

1195. Théorème de Peaucellier*. *Un point quelconque P pris sur la diagonale AC d'un losange ABCD, divise cette diagonale en deux segments dont le produit égale la différence $AB^2 - PB^2$ du carré du côté du losange et du carré de la distance PB du point P au sommet B.* (N. A. 1864, p. 414.)

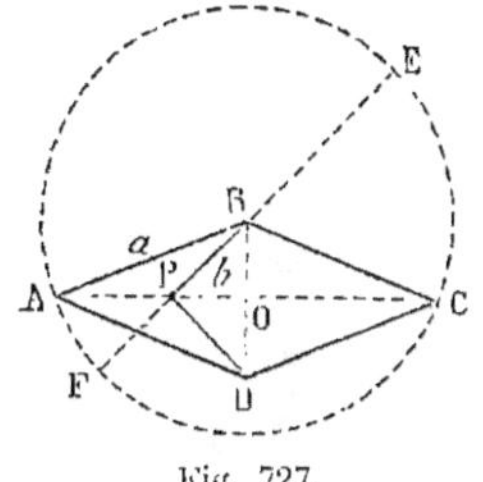

Fig. 727.

Démonstration de M. Mannheim, N. A., 1873, p. 73.

Prolongeons PB jusqu'à la rencontre de la circonférence décrite du centre B avec BA pour rayon :

$$AP \cdot PC = PE \cdot PF = (a + b)(a - b) = a^2 - b^2$$

Autre démonstration. On sait que la différence des carrés des distances d'un point B à deux points donnés A et P, égale la différence des carrés des distances de la projection O du point B aux deux mêmes points A et P (n° 71), ou $AB^2 - BP^2 = AO^2 - PO^2$.

donc $a^2 - b^2 = (AO - OP)(AO + PO)$ ou $a^2 - b^2 = AP \cdot PC$

C. Q. F. D.

1196. Théorème. *Le produit* $AP \cdot CP$ *est constant :*

1° Lorsque le point P est sur le prolongement de la diagonale AC du losange ABCD.

2° Il en est de même lorsque le losange est remplacé par un quadri-

---

latère BAEC, *dont la diagonale* BE *est perpendiculaire au milieu de* AC.

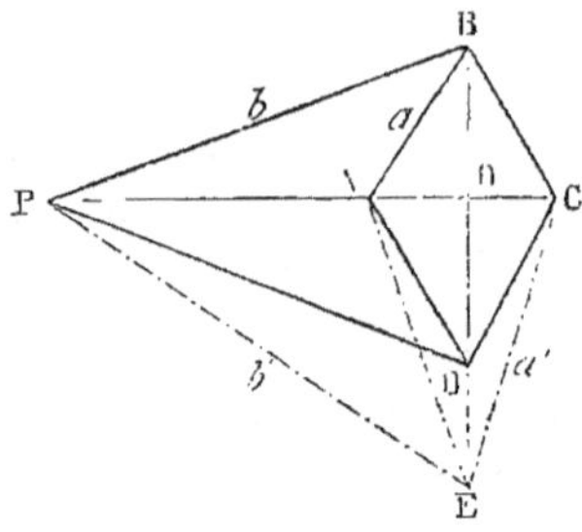

Fig. 728.

$$1° \quad b^2 - a^2 = OP^2 - OA^2 = (OP - OA)(OP + OA) = AP \cdot CP$$
$$2° \quad b'^2 - a'^2 = b^2 - a^2 = AP \cdot CP$$

1197. Théorème. *Lorsque la différence des carrés de deux côtés adjacents d'un quadrilatère égale la différence des carrés des deux autres côtés, et si le grand côté de chaque groupe part d'un même sommet, les diagonales du quadrilatère sont à angle droit.*

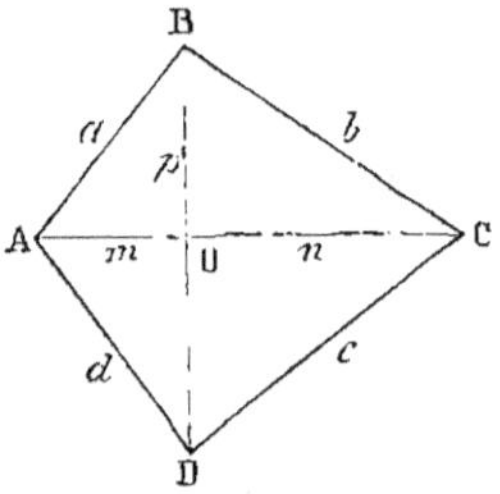

Admettons qu'on ait la relation

$$b^2 - a^2 = c^2 - d^2$$

et que les plus grands côtés b et c partent d'un même sommet C. Il faut prouver que BD et AC sont des droites rectangulaires.

Fig. 729.

Soient O le pied de la perpendiculaire abaissée du sommet B sur AC, et O' le pied de la perpendiculaire abaissée du sommet D sur AC; il suffit de prouver que les points O et O' coïncident.

Or on a

$$b^2 - a^2 = CO^2 - AO^2 \quad (\text{n}° \, 71)$$
$$c^2 - d^2 = CO'^2 - AO'^2$$

donc

$$CO^2 - AO^2 = CO'^2 - AO'^2$$

Or cette égalité n'est possible qu'autant que O et O' coïncident.

Exercice 351.

1198. Théorème. *Dans un quadrilatère ABCD, les diagonales* AC, BD *se coupent à angle droit. Si l'on déforme le quadrilatère en gardant les quatre mêmes côtés, mais en rapprochant deux sommets opposés* A *et* C, *les diagonales de la nouvelle figure se couperont aussi à angle droit* (fig. 729).

Les diagonales se coupant à angle droit, on a

$$a^2 - b^2 = m^2 - n^2 = d^2 - c^2$$

Mais la relation $a^2 - b^2 = d^2 - c^2$ subsiste constamment, car les quatre côtés ne varient pas de longueur; donc les points B et D appartiennent à une même droite perpendiculaire à AC (n° 1197).

1198 (a). **Remarque.** 1° *Les carrés des quatre segments des diagonales donnent une somme constante.*

$$m^2 + n^2 + p^2 + q^2 = \tfrac{1}{2}(a^2 + b^2 + c^2 + d^2)$$

2° On nomme *quadrilatère à diagonales orthogonales*, ou même simplement *quadrilatère orthodiagonal*, le quadrilatère dont les diagonales sont à angle droit. (*Mathésis*, 1894, p. 268.)

Exercice 352. — I.

1199. Théorème. *En désignant par* a *et* b *les bases d'un trapèze, par* d *la longueur de la parallèle menée aux bases par le point de concours des diagonales, on a la relation*

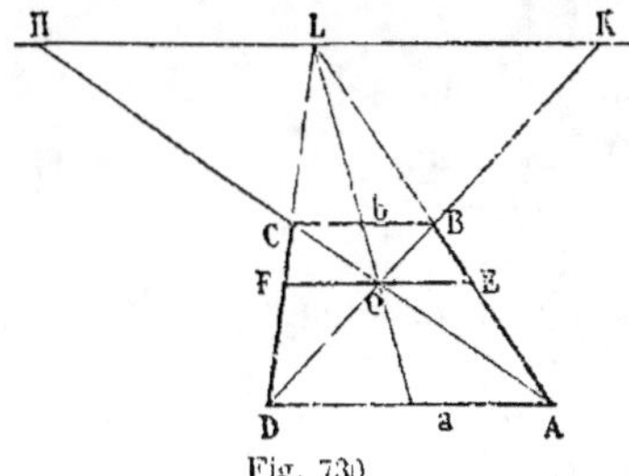

Fig. 730

$$d = \frac{2ab}{a + b}$$

En effet,

$$OE = OF = \frac{ab}{a+b} \quad (\text{n}^\circ\ 1109);$$

donc...

2° *En désignant par* d' *la longueur de* HLK, *on a la relation*

$$d' = \frac{2ab}{a - b}$$

1200. Théorème. *En désignant par* d *la longueur d'une parallèle* DL *aux bases du trapèze, par* $\dfrac{m}{n}$ *le rapport dans lequel cette parallèle divise les deux autres côtés, on a la relation*

$$d = \frac{an + bm}{m + n}$$

Trois cas peuvent se présenter :

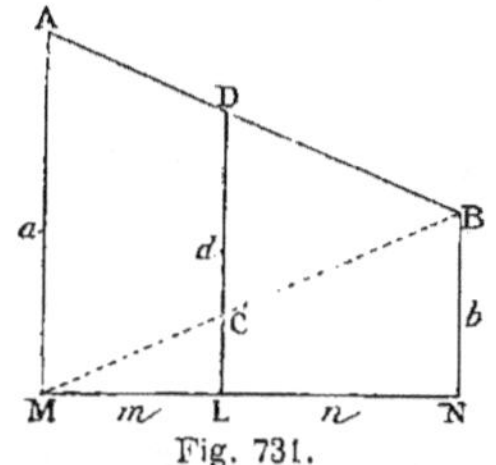

Fig. 731.

1° *Les bases* AM, BN *sont d'un même côté de* MN (fig. 731).

Menons BM. On a

$$\frac{DC}{AM} = \frac{LN}{MN} \quad \text{ou} \quad \frac{DC}{a} = \frac{n}{m+n}$$

d'où

$$DC = \frac{an}{m+n}$$

De même

$$CL = \frac{bm}{m+n}$$

d'où

$$d = \frac{an + bm}{m + n} \tag{1}$$

2° *Une base est nulle* (fig. 732).

La formule (1) se réduit à

$$d = \frac{an}{m+n} \tag{2}$$

La figure donne immédiatement ce résultat.

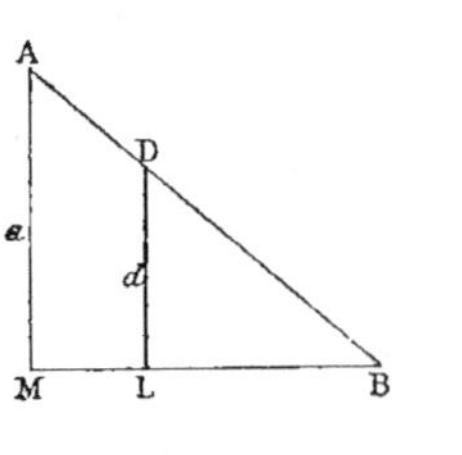

Fig. 732.   Fig. 733.

3° *Les bases* AM, BN *sont de sens contraire* (fig. 733).

$$d \quad \text{ou} \quad DC - CL = \frac{an - bm}{m + n} \tag{3}$$

Remarques. 1° *Pour que la formule* (1) *convienne à tous les cas, il suffit de regarder les bases comme étant de même signe dans le 1ᵉʳ cas, et de signes contraires dans le 3ᵉ* (nᵒˢ 412 et 436).

2° A cause de l'importance de cette question, il convient de la proposer aussi comme problème. (Voir ci-après nᵒ 1436.)

Exercice 352. — II.

1201. Théorème. *En parcourant le périmètre d'un triangle dans un même sens, on divise les trois côtés dans un même rapport. Le triangle qui a pour sommets les trois points de division a même point de concours des médianes que le triangle donné.* (PAPPUS.)

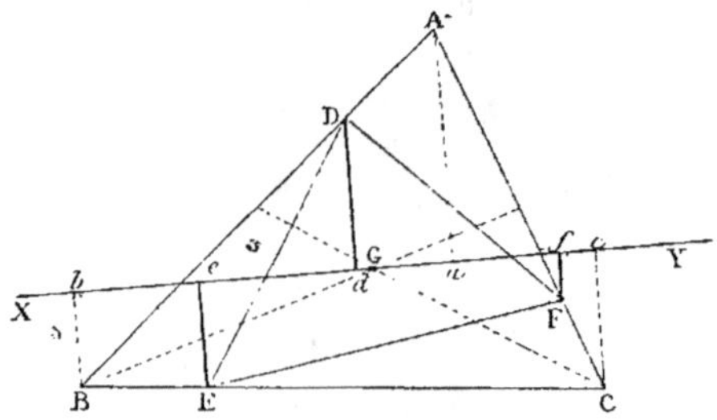

Fig. 734.

Soit
$$\frac{AD}{BD} = \frac{BE}{CE} = \frac{CF}{AF} = \frac{m}{n}$$

Il faut prouver que les triangles ABC, DEF ont même point de concours des médianes.

Par le point G de concours des médianes de ABC, menons une droite quelconque XY et abaissons les perpendiculaires Aa, Bb, Cc, et Dd, Ee, Ef. Représentons ces perpendiculaires par a, b, ... On sait que pour toute droite XY menée par le point G, on a

$$a = b + c \qquad (\text{nᵒ } 462).$$

La somme algébrique $a + b + c$ est nulle, lorsqu'on regarde comme négatives les perpendiculaires b et c.

1201 (a). *Réciproquement.* Si l'on a la valeur absolue $a = b + c$, la droite XY doit passer par le point de concours des médianes ; donc, pour démontrer le théorème proposé, il suffit de prouver que $d = e + f$.

Or
$$d = \frac{an - bm}{m + n} \quad \ldots \ (1200)$$

$$e = \frac{bn + cm}{m + n} \; ; \quad f = \frac{cn - am}{m + n}$$

d'où
$$d = e + f$$

car
$$\frac{an - bm}{m + n} = \frac{bn + cm}{m + n} + \frac{cn - am}{m + n}$$

ou
$$an + am = bn + bm + cn + cm$$

$$a(m + n) = b(m + n) + c(m + n)$$

ainsi
$$a = b + c \quad \text{relation connue ; donc...}$$

1201 (b). **Note.** Le théorème précédent peut donner lieu à diverses observations. Ainsi :

1° *Le lieu du point milieu* L *de* EF *est la droite* MN *qui joint les points milieux des côtés* CA, CB.

Car DGL est médiane du triangle DEF, et puisque les médianes des deux triangles concourent au même point, et que ce point divise chacune d'elles aux deux tiers de sa longueur à partir du sommet, on a :

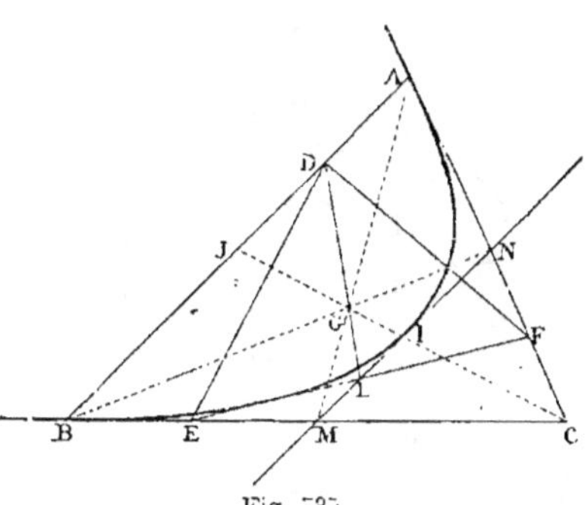

$$\frac{AG}{GM} = \frac{DG}{GL} = \frac{2}{1} \, .$$

Ainsi les triangles AGD, MGL sont semblables ; par suite, ML est parallèle à AD. Ainsi MLN est la droite qui joint les points milieux des côtés CA, CB.

2° On sait que toute droite EF qui divise les côtés CA, CB en parties inversement proportionnelles, à partir du sommet C, est tangente à une parabole qui se raccorde elle-même aux droites CA, CB, aux points donnés A et B. (G., n° 740.) La droite MN est elle-même tangente à la même courbe au point I ; MN est la tangente au sommet lorsque CA = CB.

Fig. 735.

Ainsi *l'enveloppe du côté* EF *est la parabole* AIB.

Chacun des autres côtés DE, DF a aussi pour enveloppe une parabole. Ces trois paraboles que nous avons indiquées dès 1882, sont nommées *paraboles de Artzt,* du nom du professeur qui les a signalées en 1884. On lira avec grand intérêt les articles de MM. Brocard et G. de Longchamps. (*Journal de mathématiques élémentaires et spéciales,* 1885, page 76 et 1890, page 149.)

3° On prouvera, au livre IV, que parmi tous les triangles DEF, le triangle de surface minima est celui qu'on obtient en joignant deux à deux les points milieux J, M, N du triangle donné.

4° Le théorème ci-dessus (n° 1201) est l'énoncé géométrique du théorème suivant de Pappus. *Si trois mobiles égaux placés au sommet d'un triangle partent en même temps et parcourent respectivement les trois côtés; en allant dans le même sens et avec des vitesses proportionnelles à ces trois côtés, leur centre de gravité restera immobile.* (N. A., 1881, page 337.)

D'après le *théorème* de la composition des forces parallèles et la *détermination* du centre de gravité d'un triangle (*Mécanique*, F. J., nᵒˢ 48 et 72), il est très facile de démontrer le *théorème de Pappus.* En effet, admettons que trois poids égaux, p, soient simultanément aux points D, E, F qui divisent les côtés dans le rapport $\dfrac{m}{n}$; on peut remplacer le poids p placé en D, par des poids

$\dfrac{np}{m+n}$, $\dfrac{mp}{m+n}$ placés en A et B et inversement proportionnels aux distances AD et BD. De même le poids p placé en E peut être remplacé par un poids $\dfrac{np}{m+n}$ placé en B et un poids $\dfrac{mp}{m+n}$ placé en C; remarque analogue pour le poids placé en F, or chaque sommet B, par exemple, a les poids $\dfrac{mp}{m+n}$

et $\dfrac{np}{m+n}$ ou p, donc le système correspond aux premières données, chaque sommet a un poids p, par suite G est bien le centre de gravité.

1201 c. Autre démonstration. La considération des solides auxiliaires ou des projections conduit, comme on le sait, à une méthode très utile pour démontrer facilement certains théorèmes. Aux exemples déjà donnés (nᵒˢ 174, 176, 177) on peut joindre le suivant :

On sait qu'un triangle quelconque peut être projeté suivant un triangle équilatéral, ou, ce qui revient au même, qu'un prisme triangulaire qui aurait pour section un triangle donné, peut être coupé suivant un triangle équilatéral (nᵒ 1844, *remarque*); donc nous pouvons remplacer le triangle donné ABC par un triangle équilatéral correspondant, que nous désignons par abc.

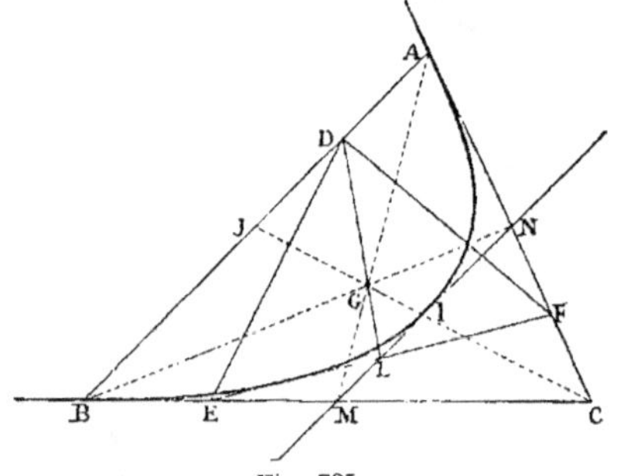

Fig. 735.

Or les rapports se conservent en projection; donc on aura :

$$\frac{ad}{ab} = \frac{AD}{AB} ; \quad \frac{be}{bc} = \frac{BE}{BC}, \text{ etc. ;}$$

mais $\qquad \dfrac{AD}{AB} = \dfrac{BE}{BC} = \dfrac{CF}{CA}$ donc $\dfrac{ad}{ab} = \dfrac{be}{bc} = \dfrac{cf}{ca}.$

Or, dans le triangle équilatéral abc, les côtés ab, bc, ca sont égaux; donc $ad = be = cf$, et le triangle def est équilatéral, car les trois triangles adf, bed, cfe sont égaux; donc $de = ef = fd$. Mais il est évident que les médianes des triangles équilatéraux abc, def, dont le second est inscrit au premier, passent par un même point; donc il en est de même des médianes des triangles ABC, DEF, car à la médiane dl correspond DL, etc.

M. G. DE LONGCHAMPS, professeur de mathématiques spéciales au lycée Charlemagne. Depuis 1882, le *Journal de mathématiques élémentaires et spéciales* est sous sa direction. Dans nos *Exercices de géométrie descriptive* (3ᵉ édition), nous avons eu à citer plusieurs fois la *Géométrie analytique* de ce savant auteur.

M. BROCARD, commandant du génie. Un des principaux auteurs de la *Géométrie du triangle*; il a publié de nombreux articles dans le J. M. E. et S., et dans *Mathésis*.

Exercice 352. — III.

1201 (d). Théorème. *Sur chaque côté d'un triangle ABC, on construit*
des triangles AA'B, BB'C, CC'A ayant même orientation, tous à l'exté-
rieur, ou tous à l'intérieur du triangle donné ; prouver que les médianes
de A'B'C' se coupent au même point que celles de ABC.

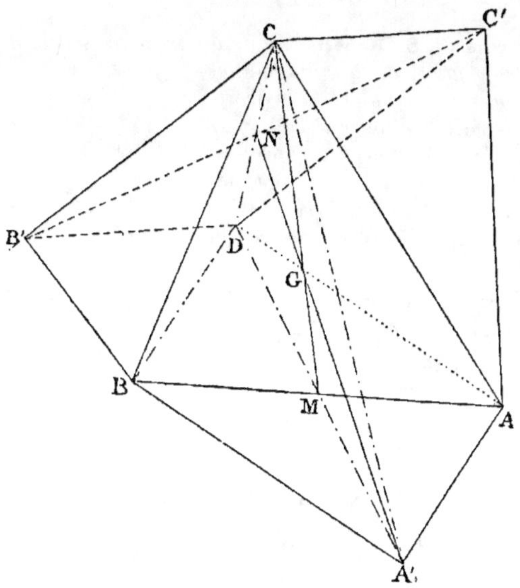

Fig. 736.

Joignons A' au point milieu M de AB, et prenons MD = MA'; le
angle ADB est semblable à BA'A : prouvons que DB'CC' est un paral-
logramme.

1° Les triangles DBB' et CAB sont semblables comme ayant un angle
égal, compris entre côtés proportionnels, car angle   ABC = DBB',
$\dfrac{AB}{BC} = \dfrac{BD}{BB'}$ à cause des triangles semblables ABD et CBB'; il
résulte que l'inclinaison des côtés homologues DB', AC est égale à l'angle
DBA, égal lui-même à C'CA : ainsi les droites CC', DB' sont parallèles
on prouverait de même que DC' est parallèle à CB', et la figure DB'CC'
est donc un parallélogramme.

2° Dans le triangle CDA' les médianes CM, A'N se coupent aux deux
tiers de leur longueur ; or CM est une des médianes du triangle donné
ABC, et A'N est une des médianes du triangle obtenu A'B'C', donc les
deux triangles ont même centre de gravité G.

1201 e. Note. Pour la démonstration on peut voir aussi le traité de Géométrie
de MM. Rouché et de Comberousse, 1891. *Note* par M. Neuberg, page 464,
nº 38.

Le théorème précédent est une généralisation de celui de Pappus (nº 1201 *b*)
à son tour, il prête à diverses généralisations dues à MM. Neuberg, Laisant,

RÉSAL. (*Mathésis*, 1881, pages 166, 167; N. A., 1881, page 337; *Projections et contre-projections*, par M. NEUBERG, p. 52.)

LAISANT, auteur de nombreux articles insérés dans les *Nouvelles Annales*, la *Nouvelle correspondance mathématique*, *Mathésis*; on connaît sa traduction des *Équipolences de Bellavitis* et son *Recueil de problèmes mathématiques* (1893).

RÉSAL, membre de l'Institut, auteur de savants travaux relatifs à la Mécanique.

Exercice 353. — I.

1202. Théorème de S. Roberts. *Dans un trapèze isocèle articulé dont les deux côtés égaux et les diagonales sont des longueurs invariables, une droite MN, menée parallèlement aux bases par un point fixe de AB, donne un produit PM.PN qui est constant, quel que soit le trapèze formé par les quatre droites données.* (*Nouvelle Correspondance de* CATALAN, 1877, p. 132.)

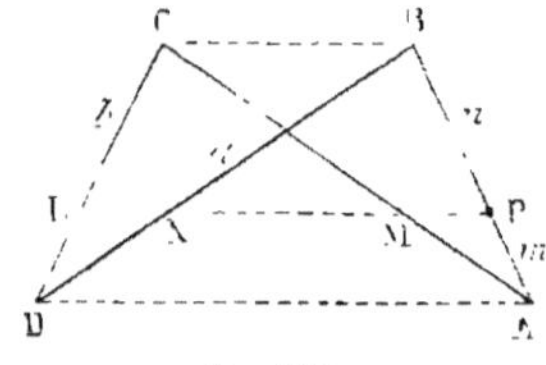

Soient $AP = m$; $BP = n$;

$$AB = CD = b; \quad AC = BD = a.$$

On a

$$\frac{PM}{BC} = \frac{m}{m+n} \; : \; PM = BC \cdot \frac{m}{m+n}$$

$$\frac{PN}{AD} = \frac{n}{m+n} \; : \; PN = AD \cdot \frac{n}{m+n}$$

d'où

$$PM \cdot PN = AD \cdot BC \cdot \frac{mn}{(m+n)^2} \tag{1}$$

Mais le trapèze isocèle est inscriptible : donc le produit des diagonales est égal la somme des produits des côtés opposés, ou

$$AD \cdot BC = a^2 - b^2$$

donc

$$PM \cdot PN = (a^2 - b^2) \frac{mn}{(m+n)^2} \quad \text{quantité constante.}$$

Remarques. 1° $MP \cdot ML = PM \cdot PN$

On peut donc prendre P ou M pour pôle d'inversion (n° 1203).

2° Le quadrilatère non convexe ABDC, dans lequel $AC = BD$ et $AB = CD$ se nomme *contre-parallélogramme* (voir DOSTOR; N. A., 1867, (2) VI, 57, et NEUBERG; *Mathésis*, 1887, p. 227).

1203. Note sur les inverseurs. L'inverseur de M. Peaucellier a résolu pour la première fois la transformation rigoureuse d'un mouvement circulaire en mouvement rectiligne. Cette découverte a été énoncée en termes généraux, et sous forme de question, en 1864, dans les *Nouvelles Annales mathématiques*, page 414. L'auteur en a donné un exposé détaillé, dans le même journal, en 1873, page 71; mais M. LIPKINE, de Saint-Pétersbourg, ayant trouvé la même solution en 1870, avait présenté la description et la théorie à l'Académie de Saint-Pétersbourg 1871.

Depuis cette époque, les études et les découvertes sur les inverseurs se sont succédé avec rapidité : M. SYLVESTER, célèbre géomètre anglais, a fait, en 1874, une lecture aussi belle que savante sur la *transformation du mouvement circulaire en mouvement rectiligne*. Deux autres savants de la même nation, MM. HART et KEMPE, ont établi de nouveaux modèles, pendant que M. PEAUCELLIER continuait à inventer de nouveaux *systèmes à tiges articulées*.

L'inverseur de Hart n'a que cinq tiges; il utilise le théorème de Roberts (n° 1202). *L'inverseur Peaucellier* en a sept; il en est de même de celui de Kempe. (N. A., 1875, page 552.) Ce dernier inverseur repose sur le théorème suivant : *On donne un losange* ABCD, *un point* O *sur une de ses diagonales; on forme ainsi un quadrilatère* AOCD *à diagonales rectangulaires; sur* OC *considéré comme côté homologue de* CD, *on construit un quadrilatère* OCLM *semblable à* DAOC ; *prouver que la droite* AM *est perpendiculaire sur* AB.

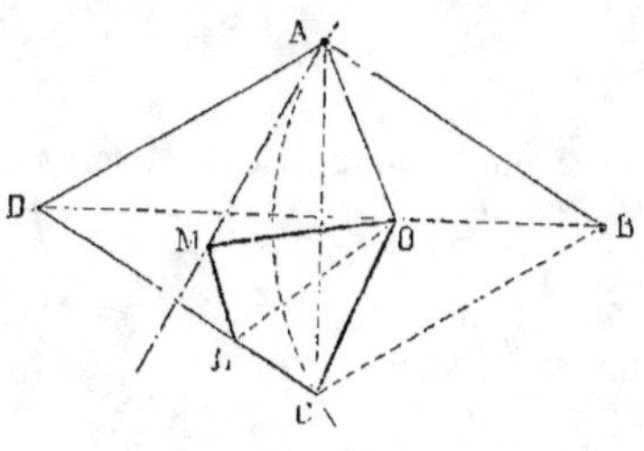

Fig. 738.

On peut recourir à la *Géométrie analytique* pour démontrer le *théorème de Kempe,* ou chercher une démonstration qui ne réclame que la connaissance des Éléments de Géométrie. (Voir à ce sujet N. A., 1875, page 553 et *Conférences de M. Neuberg,* citées à la fin de cette note.)

Depuis la rédaction de cette *note,* 1882, M. Hart a fait connaître un nouvel inverseur à cinq tiges, et de son côté M. Kempe est parvenu au même résultat.

1203 (a). Pôle d'inversion. Dans les *Inverseurs* de Peaucellier, de Hart, etc., on nomme *pôle d'inversion* l'origine P des rayons vecteurs PA, PC (fig. 727 et 728) ou PM, PN (fig. 737), dont le produit est constant.

Dans les inverseurs, à l'exception de celui de Kempe, le pôle d'inversion et les deux extrémités des rayons vecteurs sont en ligne droite.

Pour tout ce qui est relatif aux inverseurs, il est utile de lire les articles suivants : dans les *Nouvelles Annales mathématiques,* 1873, page 71; *Note sur une Question de géométrie de compas,* par M. Peaucellier. — *Sur les Systèmes de tiges articulées,* par M. V. Liguine, professeur à Odessa, du même auteur, 1881, page 153. — *Étude du rapport des vitesses des divers mouvements à considérer dans l'inverseur Peaucellier,* par M. Maurice d'Ocagne, 1881, page 456; 1884, page 199.

On trouve dans la *Nouvelle correspondance mathématique* deux articles très remarquables, 1876, page 129 : *Les Compas composés* de Peaucellier, Hart et Kempe, par M. P. Mansion, professeur à l'université de Gand; puis année 1877, pages 129 et 177; *sur la Production du mouvement rectiligne exact, au moyen des tiges articulées,* par M. A.-B. Kempe, de l'*Inner Temple,* ancien élève du collège de la Trinité, à Cambridge.

En 1879, dans le *Bulletin des sciences mathématiques et astronomiques,* pages 109, 144 et 151, M. G. Darboux a publié de savant articles sur les systèmes articulés.

En 1886, M. Neuberg a donné *deux conférences sur quelques systèmes de tiges articulées; tracé mécanique des lignes* (brochure de 48 pages). La démonstration du théorème de l'*Inverseur de Kempe* (fig. 738) est à la page 18 de la publication du savant professeur de l'université de Liège.

Enfin *Mathésis* (1894, page 111) offre encore une étude sur *quelques systèmes de tiges articulées,* par M. R. Bricard, ingénieur à Dijon.

Exercice 353. — II.

1203 (b). *Si sur deux côtés opposés* AB, CD *d'un quadrilatère, on construit extérieurement et sur les deux autres côtés* BC, DA *intérieurement, les triangles* AA'B, CC'D ; CB'B, AD'D *semblables à un triangle*

donné, la figure A'B'C'D' *sera un parallélogramme.* (H. Van Aubel [*],
Mathésis, 1881, p. 167.)

Démonstration analogue à la première partie de 1201 **d**.

Exercice 354.

1204. Théorème. *Dans un quadrilatère quelconque* ABCD, *la somme
des carrés des diagonales* f *et* g *est double de la
somme des carrés des deux droites* r *et* s *qui
joignent les milieux des côtés opposés.*

Les milieux des côtés sont les sommets d'un
parallélogramme, dont les côtés sont moitié des
diagonales du quadrilatère (n° 542); et dans ce
parallélogramme, la somme des carrés des côtés
égale la somme des carrés des diagonales (1190).
On a donc

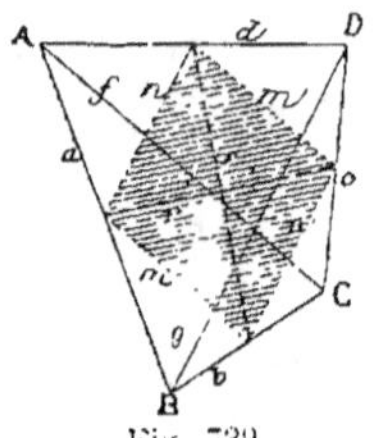

Fig. 739.

$$2m^2 + 2n^2 = r^2 + s^2$$

et
$$4m^2 + 4n^2 = 2(r^2 + s^2) \qquad (1)$$

Mais $\qquad 4m^2 = (2m)^2 = f^2, \quad$ et $\quad 4n^2 = (2n)^2 = g^2$

L'égalité (1) ci-dessus devient donc $\quad f^2 + g^2 = 2(r^2 + s^2)$.

C. Q. F. D.

Exercice 355.

1205. Théorème d'Euler. *Dans tout quadrilatère* ABCD, *la somme des
carrés des côtés égale la somme des carrés
des diagonales, plus quatre fois le carré de
la droite* EF *qui joint les milieux des diagonales.*

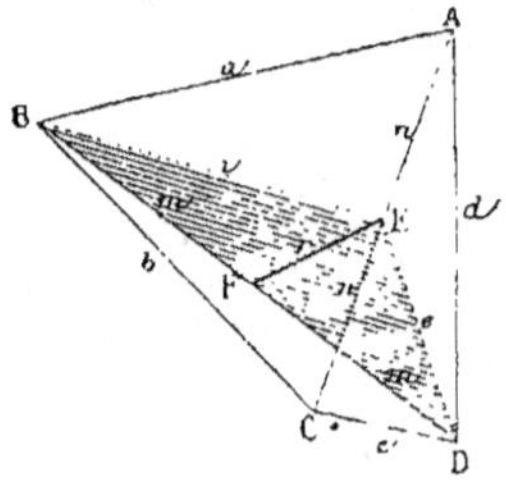

Joignons le point E, milieu de l'une des
diagonales, aux sommets opposés B et D.
La droite BE sera une médiane du triangle
ABC, DE une médiane du triangle CDA, et
FE une médiane du triangle BED.

On aura donc

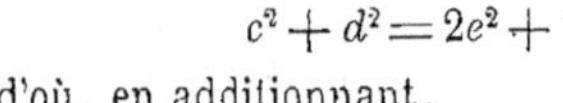

Fig. 740.

$$a^2 + b^2 = 2i^2 + 2n^2$$
$$c^2 + d^2 = 2e^2 + 2n^2$$

d'où, en additionnant,

$$a^2 + b^2 + c^2 + d^2 = 2i^2 + 2e^2 + 4n^2$$

Or $\quad i^2 + e^2 = 2r^2 + 2m^2$; donc $\quad 2i^2 + 2e^2 = 4r^2 + 4m^2$

et enfin $\qquad a^2 + b^2 + c^2 + d^2 = (2m)^2 + (2n)^2 + 4r^2$

ou $\qquad a^2 + b^2 + c^2 + d^2 = BD^2 + AC^2 + 4r^2 \qquad$ C. Q. F. D.

1206. Remarques. 1° Le théorème est vrai pour le quadrilatère gauche

---

[*] H. Van Aubel, professeur à l'athénée d'Anvers; a proposé ou résolu d'intéressantes
questions dans la *Nouvelle Correspondance mathématique* (1874 à 1880).

c'est-à-dire pour le quadrilatère dont les quatre côtés ne sont pas dans le même plan.

La démonstration est identique à celle qu'on vient de donner, bien que les diagonales du quadrilatère ne se rencontrent pas.

2° Le théorème 1190 n'est qu'un cas particulier de 1205; car, si le quadrilatère devient parallélogramme, la ligne qui joint les milieux des diagonales est nulle.

1207. Théorème. *Dans un trapèze quelconque ABCD, la somme des carrés des diagonales égale la somme des carrés des côtés non parallèles, plus deux fois le produit des bases.*

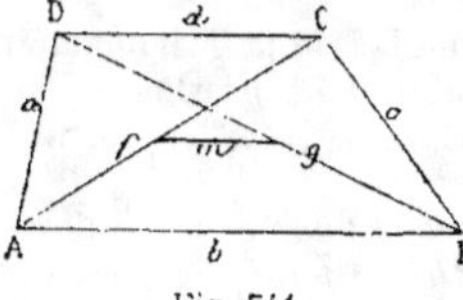

Fig. 741.

Menons la droite m qui joint les milieux des diagonales. En appliquant au trapèze le théorème d'Euler (n° 1205), on a

$$a^2 + b^2 + c^2 + d^2 = f^2 + g^2 + 4m^2 \quad (1)$$

Or la droite m qui joint les milieux des diagonales est égale à la demi-différence des bases (n° 530); on a donc

$$b - d = 2m$$

et, en élevant au carré, $\quad b^2 + d^2 - 2bd = 4m^2 \qquad (2)$

Si l'on retranche cette égalité de la première, il vient

$$f^2 + g^2 = a^2 + c^2 + 2bd \qquad C.\ Q.\ F.\ D.$$

1208. Théorème. *Lorsque, dans un trapèze, la petite base est la moitié de la grande base, la somme des carrés des diagonales égale la somme des carrés de la grande base et des côtés non parallèles.*

La droite m est la demi-différence des bases; elle est donc la moitié de la petite base : $\qquad 4m^2 = d^2$

La formule connue

$$f^2 + g^2 + 4m^2 = a^2 + b^2 + c^2 + d^2$$

se réduit donc à $\qquad f^2 + g^2 = a^2 + b^2 + c^2 \qquad C.\ Q.\ F.\ D.$

Exercice 356.

1209. 1ᵉʳ Théorème de Ptolémée. *Dans tout quadrilatère inscrit ABCD, le produit des diagonales égale la somme des produits des côtés opposés.*

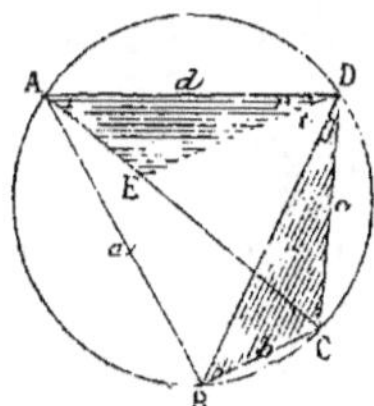

Fig. 742.

Il faut prouver que l'on a

$$AC.BD = ac + bd$$

Construisons l'angle r égal à l'angle s.

Les triangles DEA et DCB sont équiangles, car leurs angles A et B ont pour mesure la moitié de l'arc CD; on a donc

$$\frac{d}{BD} = \frac{AE}{b}; \quad \text{d'où} \quad bd = BD.AE$$

Les triangles CDE et BDA sont aussi équiangles, car leurs angles en

C et B ont pour mesure la moitié de l'arc AD, et l'angle CDE ou $t + s$ de l'un, égale ADB ou $t + r$ de l'autre ; on a donc

$$\frac{c}{BD} = \frac{CE}{a} ; \quad \text{d'où} \quad ac = BD \cdot CE$$

En additionnant les résultats obtenus, on trouve

$$ac + bd = BD(AE + CE) = BD \cdot AC \qquad C. Q. F. D.$$

1209 (a). Note. Le théorème démontré (n° 1209) est celui que PTOLÉMÉE donne dans son *Almageste* pour la construction d'une table de la valeur des cordes inscrites dans le cercle, et répondant à des arcs donnés.

De ce théorème on peut déduire les principales formules de la Trigonométrie rectiligne, ainsi que CARNOT l'a montré dans sa *Géométrie de position*.

On peut voir à ce sujet l'*Aperçu historique* de CHASLES, et l'*Histoire des mathématiques*, par FERDINAND HOEFFER.

Une démonstration très ingénieuse des *Théorèmes de Ptolémée* a été donnée par M. MANSION dans la *Nouvelle Correspondance mathématique*, 1876, page 181.

Cette démonstration dans le cas où les diagonales sont orthogonales est due à BRAHMAGUPTA, géomètre hindou du VII° siècle.

Exercice 357.

1210. 2° Théorème de Ptolémée. *Dans tout quadrilatère non inscriptible* ABCD, *le produit des diagonales est moindre que la somme des produits des côtés opposés.*

Il faut prouver que l'on a $AC \cdot BD < ac + bd$

Faisons passer une circonférence par trois des sommets, A, D, C, par exemple.

Construisons l'angle r égal à s, et l'angle DAE égal à CBD, et menons EC. Le point B n'étant pas sur la circonférence, l'angle CBD n'a pas la même mesure que DAC, et ainsi la droite AE ne se confond pas avec AC.

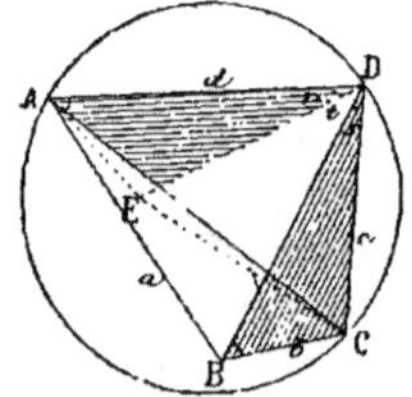
Fig. 743.

Les triangles semblables DEA et DCB donnent

$$\frac{d}{BD} = \frac{AE}{b} ; \quad \text{d'où} \quad bd = BD \cdot AE \qquad (1)$$

Ces mêmes triangles donnent encore $\dfrac{DA}{DB} = \dfrac{DE}{DC}$; et comme l'angle total $t + s = t + r$, les deux triangles CDE et BDA sont semblables, comme ayant en D un angle égal compris entre des côtés proportionnels, et l'on a

$$\frac{c}{BD} = \frac{CE}{a} ; \quad \text{d'où} \quad ac = BD \cdot CE \qquad (2)$$

En additionnant les résultats obtenus (1) et (2), on trouve

$$ac + bd = BD(AE + CE)$$

Et si l'on remplace AE + CE par sa valeur moindre AC, on aura

$$BD \cdot AC < ac + bd \qquad C. Q. F. D.$$

Remarques. 1° Le sommet B peut être indifféremment à l'intérieur ou à l'extérieur du cercle, et l'énoncé n'est pas modifié.

M.   21

2° Des deux premiers théorèmes de Ptolémée, on conclut que *si le produit des diagonales d'un quadrilatère est égal à la somme des produits des côtés opposés, le quadrilatère est inscriptible* (n° 7).

Exercice 358. — I.

1211. 3° Théorème de Ptolémée. *Les diagonales d'un quadrilatère inscrit sont entre elles comme les sommes des produits des côtés qui aboutissent à leurs extrémités :*
$$\frac{m}{n} = \frac{ab + cd}{ad + bc}.$$

(La démonstration qui suit suppose connue la formule qui exprime la surface d'un triangle : l'aire du triangle ADC égale $\frac{1}{2}\,ny$, et l'aire du triangle ABC égale $\frac{1}{2}\,nz$; de sorte que l'aire du quadrilatère est $\dfrac{ny + nz}{2}$).

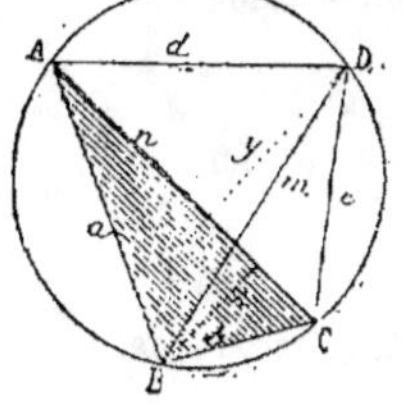

Fig. 744.

Appelons 2R le diamètre du cercle circonscrit.

On sait que le produit de deux côtés d'un triangle égale la hauteur relative au troisième côté, multipliée par le diamètre du cercle circonscrit. (G., n°s 270 et 316, III.)

On a donc, dans les triangles ADC et ABC :

$$cd = 2Ry;\quad \text{d'où}\quad cdn = 2Ryn = 4R\,\frac{yn}{2}$$

$$ab = 2Rz;\quad \text{d'où}\quad abn = 2Rzn = 4R\,\frac{zn}{2}$$

Et en additionnant $n(ab + cd) = 4R \times$ quadrilatère ABCD

On trouverait de même $m(ad + bc) = 4R \times$ quadrilatère ABCD

On a donc $m(ad + bc) = n(ab + cd)$; d'où $\dfrac{m}{n} = \dfrac{ab + cd}{ad + bc}$

C. Q. F. D.

Exercice 358. — II.

1212. Théorème. *Dans tout quadrilatère inscriptible, si on multiplie l'aire du triangle formé par trois des sommets, par le carré de la distance du quatrième sommet à un point quelconque du plan, la somme des produits relatifs aux deux triangles séparés par une même diagonale est égale à la somme des produits relatifs aux deux triangles séparés par l'autre diagonale.* (J. M. E. et S., 1882, p. 217.)

Les *théorèmes de Ptolémée* se déduisent facilement du théorème précédent.

Exercice 358. — III.

1213. Théorème. *Lorsqu'une circonférence passe par le sommet A d'un parallélogramme et coupe la diagonale et les côtés aux points L, M, N, on a la relation* $AC \cdot AL = AB \cdot AM + AD \cdot AN$.

Menons LM, LN, MN.

Le quadrilatère AMLN étant inscrit, on a

$$AL \cdot MN = AM \cdot LN + AN \cdot LM \quad (1)$$

Les triangles ABC, NLM sont semblables ; donc

$$\frac{AC}{MN} = \frac{AB}{LN} = \frac{AD}{LM} \quad (2)$$

On peut multiplier chaque terme de l'égalité (1) par la même quantité ou par des quantités égales (2), et l'on trouve

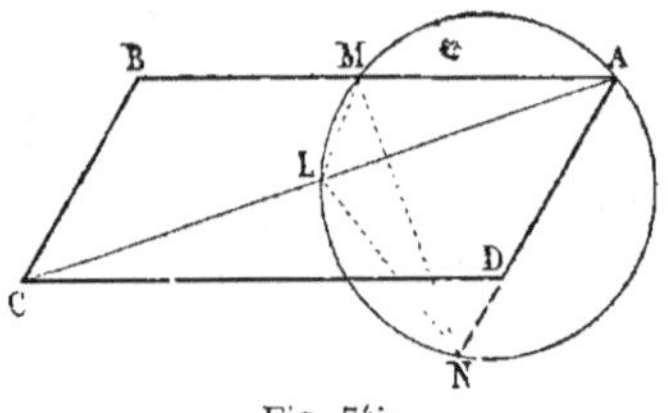

Fig. 745.

$$\frac{AC}{MN} \cdot AL \cdot MN = \frac{AB}{LN} \cdot AM \cdot LN + \frac{AD}{LM} \cdot AN \cdot LM$$

d'où
$$AC \cdot AL = AB \cdot AM + AD \cdot AN$$

Remarque. Les triangles ABC, NLM sont semblables et donnent :

$$\frac{AB}{BC} = \frac{NL}{LM}, \quad \text{d'où} \quad AB \cdot LM = AD \cdot LN$$

Le théorème connu (n° 1189) n'est qu'un cas particulier de celui que nous venons de démontrer.

Exercice 359.

1214. Théorème de Pappus. *Le produit des distances d'un point quelconque M d'une circonférence à deux côtés opposés d'un quadrilatère inscrit ABCD, égale le produit des distances de ce même point aux deux autres côtés.*

Il faut prouver que l'on a $ME \cdot MG = MF \cdot MH$ ou $eg = fh$.

1re *Démonstration.* Joignons le point M à deux sommets opposés, B et D, par exemple, par les droites MB ou r, et MD ou s.

Les triangles MBE et MDH sont rectangles en E et H, et leurs angles en B et D ont l'un et l'autre pour mesure la moitié de l'arc AM ; ainsi ces triangles sont semblables et donnent

$$\frac{e}{h} = \frac{r}{s} \quad (1)$$

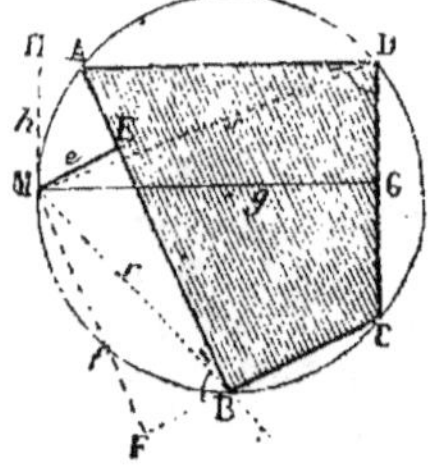

Fig. 746.

Les triangles MDG et MBF sont rectangles en G et H, et leurs angles en B et D ont l'un et l'autre pour mesure la moitié de l'arc CBM ; ainsi ces triangles sont semblables et donnent

$$\frac{g}{f} = \frac{s}{r} \quad (2)$$

En multipliant membre à membre les deux égalités obtenues, on a

$$\frac{eg}{fh} = \frac{rs}{rs} ; \quad \text{donc} \quad eg = fh \qquad C. \ Q. \ F. \ D.$$

2e *Démonstration.* On sait que le produit de deux côtés d'un triangle égale la hauteur abaissée sur le troisième côté, multipliée par le diamètre du cercle circonscrit. (G., n° 270.)

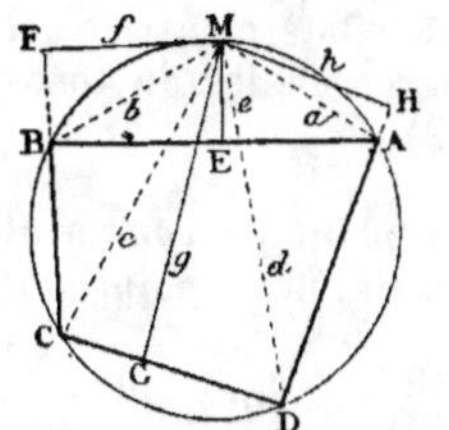
Fig. 747.

Prenons chaque côté du quadrilatère donné pour troisième côté d'un triangle qui aurait M pour sommet.

On aura : $ab = 2re$ et $cd = 2rg$

$bc = 2rf$ et $da = 2rh$

donc $abcd = 4r^2eg$

$bcda = 4r^2fh$

d'où $eg = fh$

C. Q. F. D.

1215. Cas particuliers. *Deux sommets C et D sont au même point.*

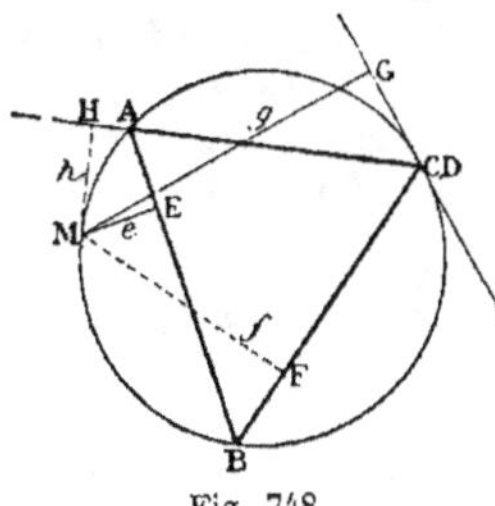
Fig. 748.

Le quadrilatère est remplacé par un triangle, et le côté CD est une tangente ; on a encore

$$eg = fh$$

Ainsi on obtient le théorème suivant :

Théorème. *Lorsqu'une circonférence est circonscrite à un triangle, le produit des distances d'un point du cercle à deux côtés du triangle égale le produit des distances du même point au troisième côté et à la tangente menée par le sommet opposé.*

2° *Deux côtés opposés du quadrilatère AB et CD coïncident* (fig. 749). On retrouve un théorème connu (n° 1129) :

Théorème. *La distance d'un point quelconque d'une circonférence à une corde donnée, est moyenne proportionnelle entre les distances du même point aux tangentes menées par les extrémités de la corde.*

En effet, $eg = fh$ (fig. 749) revient à $e^2 = fh$.

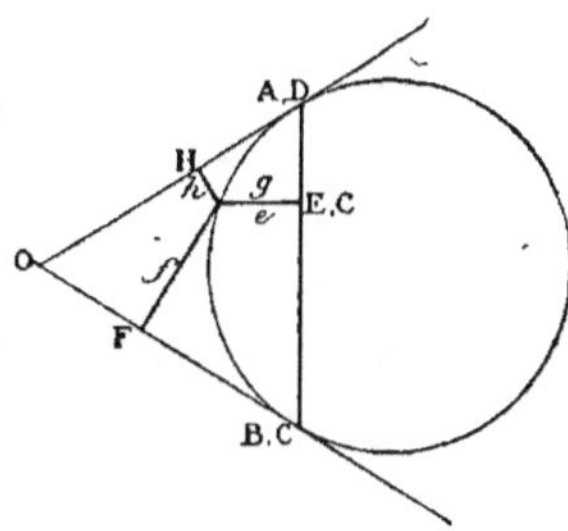

Fig. 749.   Fig. 750.

3° *Trois sommets B, C, D coïncident* (fig. 750).

La question n'offre plus d'intérêt ; mais il est évident qu'on a encore

$$eg = fh$$

1216. 3° *Démonstration.* Le *théorème de Pappus* peut être démontré à l'aide d'un de ses cas particuliers (n° 1215, 2°) établi directement. (*Méthodes*, n° 25.) Cette nouvelle démonstration sera appliquée à une question beaucoup plus générale que celle du quadrilatère inscrit, et cette dernière elle-même deviendra ainsi un simple corollaire du théorème général que nous donnerons plus loin (n° 1222).

1217 (a). Théorème. *Le produit des distances d'un point quelconque M à deux côtés opposés, égale le produit des distances du même point aux deux diagonales.*

Démonstration analogue à celle qu'on a déjà donnée (n° 1214).

D'ailleurs, il suffit de considérer les diagonales comme étant deux côtés opposés d'un quadrilatère.

1217 (b). Mêmes théorèmes (n°s 1214 et 1217). *Par un point quelconque M on mène une droite* e′ *qui coupe AB sous un angle donné* α ; *une droite* f′ *qui coupe BC sous un angle donné* β ; *une droite* g′ *qui coupe CD sous un angle donné* γ, *et* h′ *qui coupe DA sous un angle* δ. *Le rapport du produit des lignes qui coupent deux côtés opposés au produit des lignes qui coupent les deux autres côtés (ou les diagonales) est constant.*

La démonstration est identique à celle du théorème de *Desargues*, ci-après, relatif à l'involution (n° 1219).

1218. Théorème corrélatif du Théorème de Pappus. *Dans tout quadrilatère circonscrit à un cercle, le produit des distances d'une tangente mobile à deux sommets opposés est au produit de ses distances aux deux autres sommets dans un rapport constant.* (Chasles.)

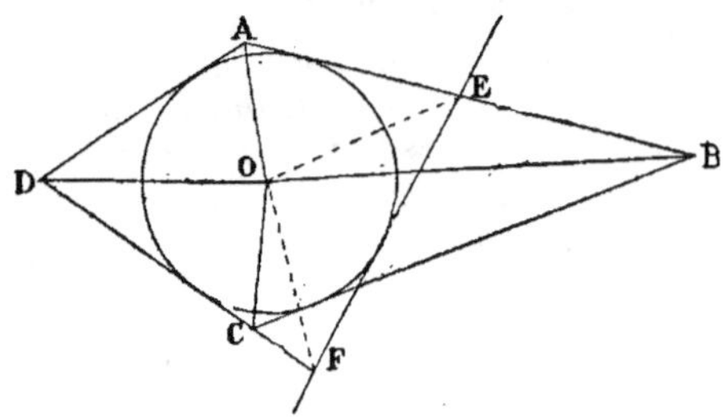

Fig. 751.

Soient a, b, c, d les distances respectives des sommets A, B, C, D à la tangente EF.

Il faut prouver que $\dfrac{ac}{bd} = constante$.

On a
$$\frac{a}{b} = \frac{AE}{BE} = \frac{\text{tg AEO}}{\text{tg BEO}} = \frac{AO \sin AOE}{BO \sin BOE}$$

$$\frac{c}{d} = \frac{CF}{DF} = \frac{\text{tg CFO}}{\text{tg DFO}} = \frac{CO \sin COF}{DO \sin DOF}$$

donc
$$\frac{ac}{bd} = \frac{AO \cdot CO}{BO \cdot DO} \cdot \frac{\sin AOE \sin COF}{\sin BOE \cdot \sin DOF}$$

Or, les angles COB et FOE étant égaux, n° 739), il en résulte

$$COF = BOE$$

De plus, les angles FOE et AOD étant supplémentaires, il en résulte

$$AOE + DOF = 180$$

les sinus disparaissent deux à deux, et il reste

$$\frac{ac}{bd} = \frac{AO \cdot CO}{BO \cdot DO} = constante$$

Exercice 360. — I.

1219. Théorème de Desargues. *Lorsqu'une sécante coupe une circonférence en deux points* M, M', *deux côtés opposés d'un quadrilatère
inscrit en* A *et* A', *les deux autres côtés opposés en* B *et* B', *le rapport
des produits des distances de* M *aux points déterminés sur les côtés
opposés pris deux à deux égale le rapport des produits des distances de*
M' *aux mêmes points.*

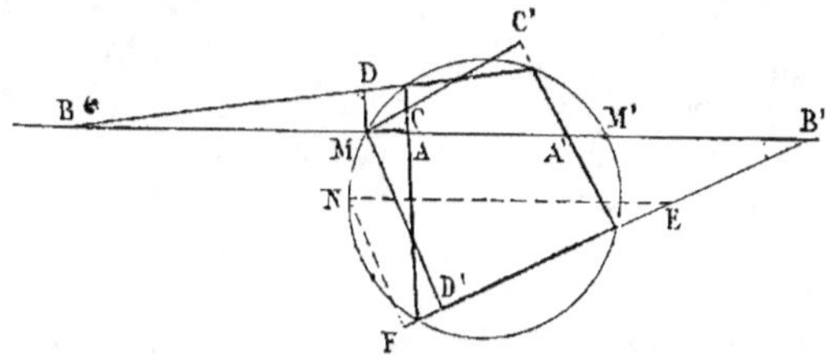

Fig. 752.

Du point M, abaissons les perpendiculaires MC, MC', MD, MD' sur les
côtés du quadrilatère. On a (n° 1214) :

$$MC \cdot MC' = MD \cdot MD' \quad ou \quad \frac{MC \cdot MC'}{MD \cdot MD'} = 1 \qquad (1)$$

Or nous allons prouver que, pour une même direction de la sécante,
le rapport $\dfrac{MA \cdot MA'}{MB \cdot MB'}$ est constant, quel que soit le point M.

Chaque triangle, tel que MD'B', reste semblable à lui-même ; ainsi,
pour un point N, on a le triangle NFE semblable à MD'B' ; donc
MB' = MD' multiplié par un rapport constant qui ne dépend que de
l'angle B' ; on aurait, en effet, $\dfrac{MB'}{MD'} = \dfrac{NE}{NF}$; d'où $MB' = MD' \cdot \dfrac{NE}{NF}$.

(D'ailleurs, le rapport $\dfrac{NE}{NF}$ n'est autre chose que l'inverse du sinus B'

ou $\dfrac{1}{\sin B'}$.) Représentons $\dfrac{NE}{NF}$ par un rapport égal $\dfrac{1}{b'}$; on aura

$$\frac{MB'}{MD'} = \frac{1}{b'} ; \quad d'où \quad MD' = MB' \cdot b'$$

c'est-à-dire $\qquad\qquad MD' = MB' \sin B'$

On obtiendrait de même

$$MD = MB \cdot b ; \quad MC = MA \cdot a \quad et \quad MC' = MA' \cdot a'$$

Dans (1), remplaçons MC, MC', etc., par leurs valeurs respectives;

on trouve $\dfrac{MA \cdot a \times MA' \cdot a'}{MB \cdot b \times MB' \cdot b'} = 1$; d'où $\dfrac{MA \cdot MA'}{MB \cdot MB'} = \dfrac{bb'}{aa'}$.

Or $\dfrac{bb'}{aa'}$ est une quantité constante qui ne dépend que de la direction de la sécante ; on aurait donc aussi

$$\frac{M'A \cdot M'A'}{M'B \cdot M'B'} = \frac{bb'}{aa'}$$

donc $\qquad \dfrac{MA \cdot MA'}{MB \cdot MB'} = \dfrac{M'A \cdot M'A'}{M'B \cdot M'B'}$ $\qquad$ *C. Q. F. D.*

1220. Corollaires. Le *théorème de Desargues* a un grand nombre de corollaires ; il faut se borner à citer les plus importants :

1° *Deux côtés opposés peuvent être remplacés par les deux diagonales.*

Les quatre couples de points A, A' ; B, B' ; C, C' ; M, M' étant pris trois à trois, donnent six points en involution ; on obtient quatre combinaisons différentes.

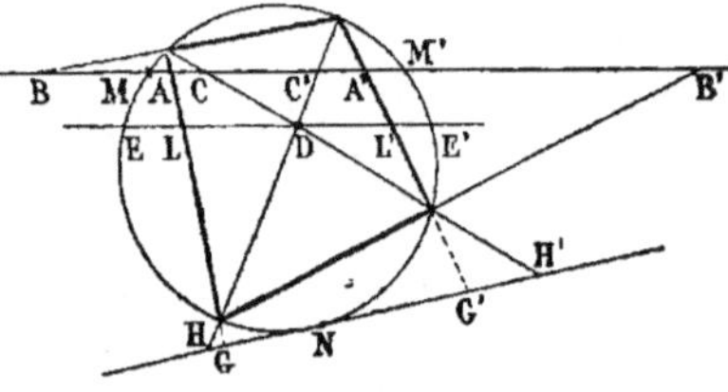

Fig. 753.

2° *Lorsque la transversale EE' passe par un point commun à deux côtés opposés ou aux diagonales, le point D est un point double.*

3° *Dans le cas particulier où le point D serait au milieu de la corde EE', les points L, L' seraient équidistants de D ; il en serait de même des points où la transversale couperait les deux autres côtés opposés.*

4° *La tangente HH' donne un point double N.*

5° *La transversale qui passerait par le point de concours D des diagonales et par le point de concours A de deux côtés opposés et qui rencontrerait la circonférence en M et M', donnerait une involution de quatre points, dont deux, A et D, seraient des points doubles.*

On aurait $\qquad \dfrac{MA^2}{MD^2} = \dfrac{M'A^2}{M'D^2}$

car A et A' se confondent, et il en est de même de D et D'.

La proposition revient à $\qquad \dfrac{MA}{M'A} = \dfrac{MD}{M'D}$.

Ainsi M et M' sont les points conjugués qui divisent harmoniquement la droite AD.

1221. Note sur l'involution. Le *théorème de Desargues* est fondamental dans la *théorie de l'involution*

L'égalité $\qquad \dfrac{MA \cdot MA'}{MB \cdot MB'} = \dfrac{M'A \cdot M'A'}{M'B \cdot M'B'}$ $\qquad$ (1)

qui a lieu entre huit quantités peut se transformer en relations à six termes et donner :

$$AB' \cdot BM' \cdot MA' = A'B \cdot B'M \cdot M'A \qquad (2)$$

Pour passer de la formule (1) à la formule (2), on peut recourir aux propriétés du *rapport anharmonique*. (Voir CHASLES, *Géométrie supérieure*, ch. IX, n° 184.)

On dit que six points, situés en ligne droite, sont en involution, lorsque le

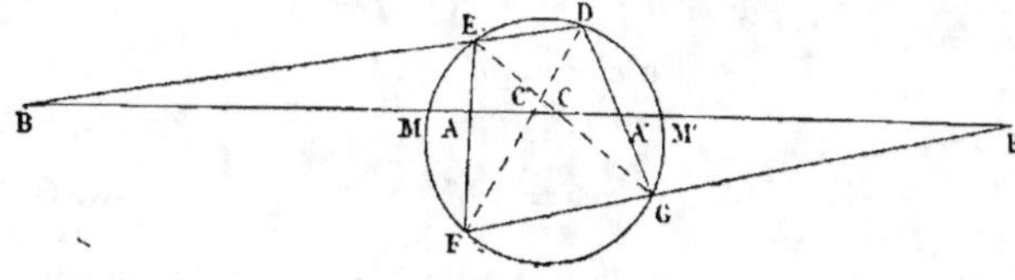

Fig. 754.

produit de trois segments rectilignes, n'ayant pas d'extrémité commune, égale le produit des trois autres segments.

L'involution est une méthode très féconde, surtout pour l'étude des coniques. DESARGUES a établi le théorème fondamental; PASCAL l'a cité dans son *Essai sur les coniques*. CHASLES a rattaché l'involution à la théorie du *rapport anharmonique*.

Les principaux ouvrages que l'on peut consulter sont les suivants :

CHASLES, *Géométrie supérieure*; HOUSEL, *Introduction à la Géométrie supérieure*. — CREMONA, *Géométrie projective*; LENTHÉRIC, *Exposition élémentaire de la Géométrie moderne*. Ces deux derniers ouvrages se complètent l'un par l'autre : le premier est surtout descriptif, tandis que le second utilise principalement les relations algébriques.

On connaît aussi le bel Appendice au livre VIII du *Traité de Géométrie* de MM. ROUCHÉ et DE COMBEROUSSE (6e édition).

Aucun ouvrage n'est plus élémentaire que l'*Introduction à l'étude de l'homographie* de M. REYNAUD, professeur à Toulouse.

LENTHÉRIC, nom porté par trois honorables membres d'une même famille, successivement professeurs de mathématiques à Montpellier. De nos jours, on connaît les *Villes mortes du golfe du Lion*, etc., par M. CH. LENTHÉRIC, ingénieur en chef des ponts et chaussées.

Exercice 360. — II.

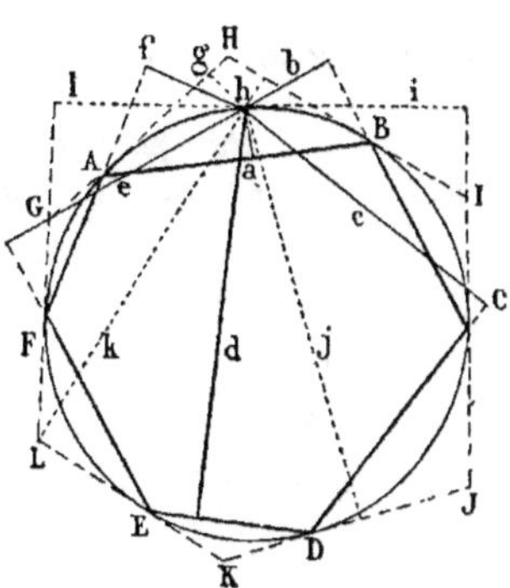

Le point M est le point d'où partent les hauteurs a, b, c,...

Fig. 755.

1222. **Théorème.** *Lorsqu'un polygone d'un nombre pair* 2n *de côtés est inscrit dans une circonférence, le produit des distances d'un point quelconque de la circonférence à n côtés, n'ayant pas d'extrémité commune, égale le produit des distances du même point aux n autres côtés.*

Considérons des hexagones.

Soient a, b, c, d, e, f les distances de M aux côtés de l'hexagone inscrit, et g, h, i, j, k, l les distances de M aux côtés de l'hexagone circonscrit, a étant la perpendiculaire abaissée sur la corde qui correspond aux tangentes dont g, h sont les distances au point M.

On sait que la distance d'un point M à une corde quelconque est moyenne proportionnelle entre les distances du même point aux deux tangentes correspondantes (n° 25); donc

$$a^2 = gh; \quad b^2 = hi; \quad c^2 = ij;$$
$$d^2 = jk; \quad e^2 = kl; \quad f^2 = lg$$

donc
$$a^2c^2e^2 = gh \cdot ij \cdot kl$$
$$b^2d^2f^2 = hi \cdot jk \cdot lg$$

donc
$$ace = bdf \qquad\qquad C.\ Q.\ F.\ D.$$

1223. Remarque. Lorsque le polygone a un nombre impair de côtés $(2n-1)$, on le considère comme étant un polygone de $2n$ côtés, en menant une tangente par l'un des sommets, ainsi qu'on l'a déjà indiqué (n° 1215, 1°).

Exercice 360. — III.

1224. Théorème. *Lorsqu'un polygone a pour sommets les points de contact d'un polygone circonscrit d'un nombre quelconque de côtés, le produit des distances d'un point quelconque de la circonférence aux côtés du polygone inscrit égale le produit des distances du même point aux côtés du polygone circonscrit.*

Soient a, b', c, d, e les distances de M aux côtés du polygone inscrit; g, h, i, j, k les distances du même point aux côtés du polygone circonscrit.

Comme précédemment, on aura :
$$a^2 = gh; \quad b^2 = hi; \quad c^2 = ij; \quad d^2 = jk; \quad e^2 = kg$$

d'où
$$abcde = ghijk \qquad\qquad C.\ Q.\ F.\ D.$$

Exercice 360. — IV.

1225. Théorèmes. 1° Même énoncé pour les polygones inscrit et circonscrit (n° 1224). *Si l'on mène une sécante dans une direction donnée et qu'on désigne par* a, b, *etc.*, g, h, *etc.*, *les distances d'un point d'intersection* M *de la sécante et de la circonférence aux divers points où la sécante coupe les côtés, on aura*

$$\frac{abcde}{ghijk} = \text{constante}$$

2° *En désignant par* a' b' ..... g', h' ..... *les distances du second point* M' *d'intersection de la circonférence aux points où la sécante coupe les côtés, on aura, quelle que soit la direction des sécantes menées,*

$$\frac{abcde}{ghijk} = \frac{a'b'c'd'e'}{g'h'i'j'k'}$$

Remarque. La propriété fondamentale du quadrilatère inscriptible (n°s 1219 et 1221), relative à l'involution, est donc ainsi étendue à un polygone inscriptible quelconque (n° 1225, II).

21*

Transversales.

1226. Pour prouver que trois points donnés sont en ligne droite, ou que trois droites concourent au même point, il est parfois très utile de recourir aux théorèmes de *Ménélaüs* et de *Céva*. D'ailleurs la démonstration de ces deux théorèmes fondamentaux est si simple, qu'il serait très fâcheux d'en priver les élèves.

Exercice 361.

1227. Théorème de Ménélaüs. *Lorsqu'une transversale coupe les trois côtés d'un triangle, le produit de trois segments, n'ayant pas d'extrémité commune, égale le produit des trois autres segments.*

La démonstration donnée dans les *Éléments de Géométrie* (n° 743) est basée sur les lignes proportionnelles.

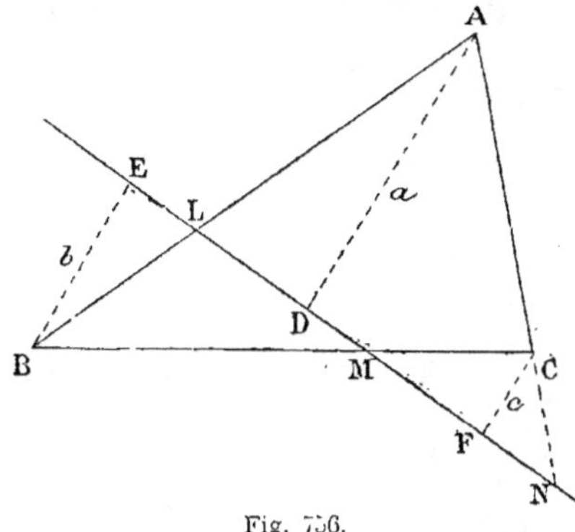

Dans les *Méthodes* (n° 166), on a recours aux surfaces auxiliaires. Au n° 180, la démonstration, extrêmement simple, est basée sur les projections, et se trouve indiquée dans le *Traité des propriétés projectives de Poncelet.*

Enfin, la démonstration suivante ne le cède en simplicité et en élégance à aucune des précédentes.

Par les trois sommets, menons trois droites parallèles entre elles; par exemple, des perpendiculaires a, b, c à la transversale.

On sait qu'on a

$$\frac{AL}{BL} = \frac{a}{b}, \quad \frac{BM}{CM} = \frac{b}{c}, \quad \frac{CN}{AN} = \frac{c}{a}$$

donc la relation à démontrer, ou

$$\frac{AL}{BL} \cdot \frac{BM}{CM} \cdot \frac{CN}{AN} = 1$$

revient à prouver qu'on a

$$\frac{a}{b} \cdot \frac{b}{c} \cdot \frac{c}{a} = 1$$

Or cette relation est évidente; donc...

Exercice 362.

1228. Théorème réciproque. *Si trois points déterminent sur les côtés d'un triangle six segments tels que le produit de trois segments non consécutifs égale le produit des trois autres segments, les trois points sont en ligne droite.*

Un seul des trois points doit se trouver sur le prolongement d'un côté, ou les trois points doivent se trouver sur les prolongements.

On a recours à la *réduction par l'absurde.* (G., nᵒ 745.)

1229. Théorème de Carnot. *Lorsqu'une transversale coupe les côtés d'un polygone plan, chaque côté est divisé en deux segments; le produit de tous les segments, n'ayant pas d'extrémité commune, égale le produit de tous les autres segments.*

(*Méthodes*, nᵒ 181.)

Exercice 363. — I.

1230. Théorèmes. 1ᵒ *Les bissectrices extérieures des angles d'un triangle rencontrent les côtés opposés en trois points situés en ligne droite.*

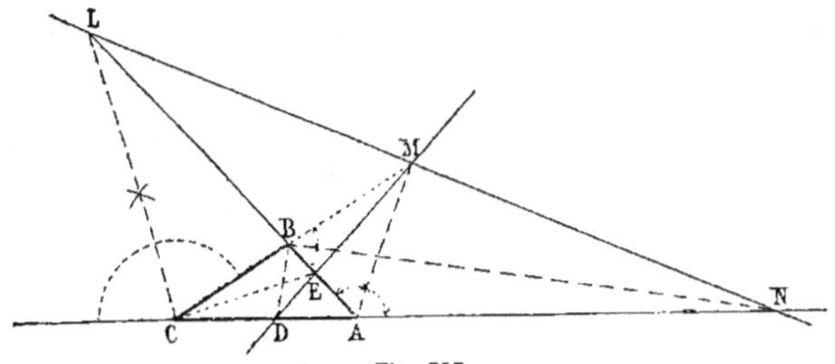

Fig. 757.

La bissectrice extérieure de l'angle C coupe le côté opposé AB au point L, etc. Il faut prouver que L, M et N sont en ligne droite.

Désignons les trois côtés du triangle par *a, b, c.*

Les segments AL, BL, déterminés par la bissectrice CL, sont proportionnels aux côtés AC et BC; on a donc

$$\frac{AL}{BL} = \frac{b}{a} \; ; \quad \frac{BM}{CM} = \frac{c}{b} \; ; \quad \frac{CN}{AN} = \frac{a}{c}$$

d'où

$$\frac{AL}{BL} \cdot \frac{BM}{CM} \cdot \frac{CN}{AN} = \frac{bca}{abc} = 1$$

Donc les trois points L, M, N sont en ligne droite.

2ᵒ *Deux points* D, E *déterminés par les bissectrices intérieures et le point* M *de la bissectrice extérieure du troisième angle, sont en ligne droite.*

Même démonstration que précédemment (nᵒ 1230).

On obtient trois nouvelles droites; ainsi les bissectrices intérieures et les bissectrices extérieures, en coupant les côtés opposés d'un triangle, donnent lieu à six points d'intersection.

Remarque. On peut voir pour ces théorèmes la *Géométrie supérieure* de Chasles, nᵒ 394.

Exercice 363. — II.

1231. Théorème. Transversales réciproques. *Une transversale coupe les côtés* a, b, c *d'un triangle en trois points* L, M, N; *on prend les*

*points symétriques de ces points par rapport au point milieu du côté
considéré, prouver que* L′, M′, N′ *sont en ligne droite.*

La relation
$$\frac{AL}{BL} \cdot \frac{BM}{CM} \cdot \frac{CN}{AN}$$

donne aussi
$$\frac{AL'}{BL'} \cdot \frac{BM'}{CM'} \cdot \frac{CN'}{AN'} = 1$$

donc les trois nouveaux points sont en ligne droite.

1231 (a). **Note.** Les points L, L′ symétriques par rapport au point milieu du
côté *a*, etc., ont été nommés *points isotomiques*; les droites AL, AL′ sont des
droites isotomiques.

Les transversales LMN et L′M′N′ sont nommées *transversales réciproques.*

La théorie des *transversales réciproques* est due à M. G. DE LONGCHAMPS
en 1866; le savant auteur en a donné depuis d'intéressantes et nombreuses
applications : à ce sujet on peut voir le *Journal de Mathématiques élémentaires*, 1880, page 272; le *J. de M. spéciales*, 1882, page 25; *Transformation
réciproque*, même année, pages 49, 77, 97 et 121.

Puis en 1885, *Essai sur la Géométrie de la règle et du compas;* en 1886,
Généralités de la Géométrie du triangle.

Exercice 363. — III.

1231 (b). **Théorème.** *Une transversale donnée* DEF, *coupe les côtés a,*
b, c *d'un triangle* ABC ; *elle divise le côté* a *au point* D *dans un certain*

rapport tel qu'on a :
$$\frac{DB}{DC} = \frac{m}{n}$$

de même
$$\frac{EC}{EA} = \frac{p}{q} \quad et \quad \frac{FA}{FB} = \frac{r}{s}$$

si E′ *divise le côté* CA *dans le rapport* $\dfrac{m}{n}$, F′ *le côté* AB, *dans le rap-*

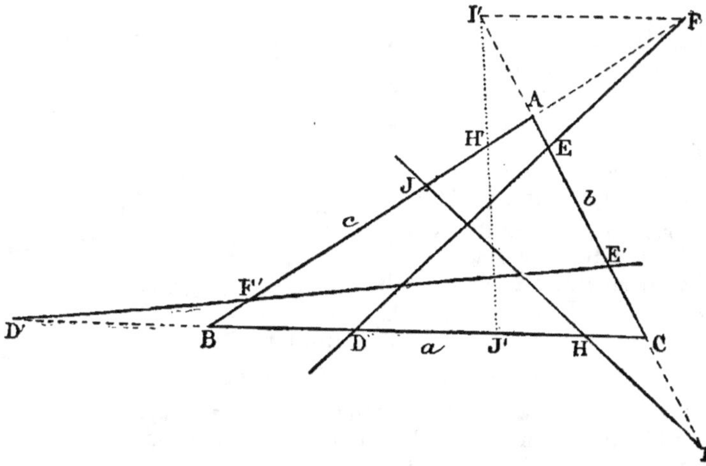

Fig. 758.

port $\dfrac{p}{q}$ *et* D′, *le côté* BC *dans le rapport* $\dfrac{r}{s}$, *les trois points* D′, E′,
F′ *sont en ligne droite.*

En effet, en exprimant chaque segment en fonction du côté correspondant et du rapport donné par le point de division, on peut remplacer

$$\frac{DB}{DC} \text{ par } \frac{am}{an}, \quad \frac{EC}{EA} \text{ par } \frac{bp}{bq} \text{ et } \frac{FA}{FB} \text{ par } \frac{cr}{cs}.$$

La relation connue devient :

$$\frac{am}{an} \cdot \frac{bp}{bq} \cdot \frac{cr}{cs} = -1 \qquad (1)$$

Dans le second cas, c'est le côté b qui est divisé par E' dans le rapport $\frac{m}{n}$, c dans le rapport $\frac{p}{q}$ et a dans le rapport $\frac{r}{s}$; donc on a :

$$\frac{ar}{as} \cdot \frac{bm}{bn} \cdot \frac{cp}{cq} = -1 \qquad (2)$$

car le premier membre de (1) et de (2) sont identiques, puisque chacun d'eux se réduit à :

$$\frac{m}{n} \cdot \frac{p}{q} \cdot \frac{r}{s}$$

1231 (c). Remarque. Avec des rapports donnés, en suivant le périmètre du triangle dans un sens déterminé, on obtient trois transversales, et en suivant le périmètre en sens contraire, on obtient les transversales réciproques des trois premières.

On a donc en tout six groupes de trois points colinéaires.

Extension analogue pour le *théorème de Ceva* ; ce qui permet d'avoir en tout six points de concours, lorsque l'un d'eux est donné.

Exercice 363. — IV.

1232. Théorème. *La médiane* AD *d'un triangle quelconque* BAC *coupe la corde* EF *d'un arc décrit du sommet* A*, et limité aux côtés du triangle en deux parties, dont le rapport est inverse de celui des côtés* AB, AC. (Housel, *Introduction à la Géométrie supérieure,* p. 175.)

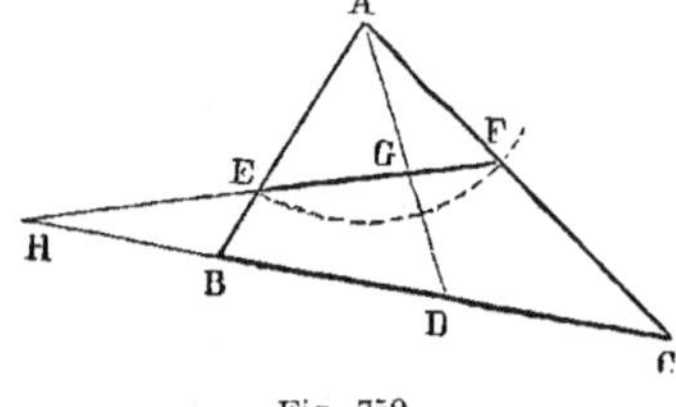
Fig. 759.

Prolongeons EF et BC jusqu'à leur rencontre ; considérons les deux triangles BEH, CFH et la transversale AD ; on a

$$HD . BA . EG = BD . EA . HG$$
$$CD . FA . HG = HD . CA . FG$$

Multiplions ces deux égalités membre à membre, supprimons les facteurs HD, HG communs aux deux termes de la fraction et les facteurs égaux AE, AF et BD, CD ; on trouve

$$BA . EG = CA . FG$$

d'où
$$\frac{AB}{AC} = \frac{FG}{EG} \qquad\qquad C. Q. F. D.$$

Remarque. Lorsqu'on mène AD de manière que $\dfrac{CD}{BD} = \dfrac{BA}{CA}$, on a la relation

$$\frac{FG}{EG} = \frac{AB^2}{AC^2}$$

Exercice 364.

1233. Théorème. *Les milieux des trois diagonales d'un quadrilatère complet sont en ligne droite.* (GAUSS, en 1810 [*].)
Démonstration de M. J. MENSION. (N. A., 1853, p. 420.)

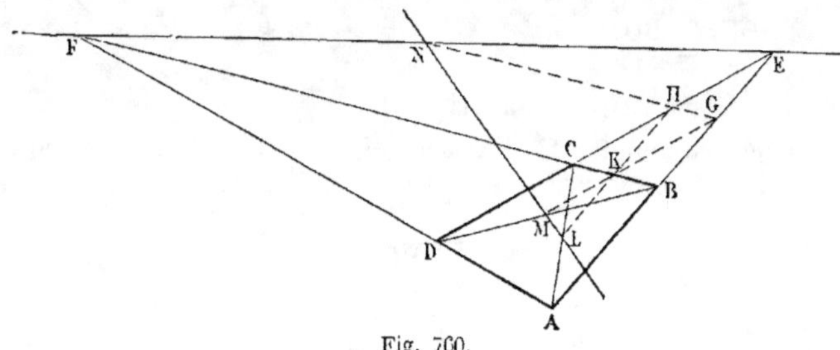

Fig. 700.

Pour prouver que L, M, N sont trois points en ligne droite, considérons le triangle GHK formé en joignant deux à deux les points milieux du triangle BCE.

Le côté HK passe par le point L milieu de AC, GK passe par M milieu de BD, et GH par N.

Il suffit donc de démontrer qu'on a la relation

$$\frac{GM}{MK} \cdot \frac{KL}{HL} \cdot \frac{HN}{GN} = 1 \qquad (n^\circ 1128)$$

Or chacun des six segments ci-dessus est la moitié du segment correspondant que la transversale ADF déterminerait sur les côtés du triangle BCE. En effet, $GM = \frac{1}{2} ED$, $KM = \frac{1}{2} CD$, etc. Donc la relation écrite est exacte, car les segments de longueur double, déterminés par la transversale ADF, donnent une relation analogue.

Ainsi L, M, N sont en ligne droite.

Remarque. Cette belle démonstration est beaucoup plus rapide que celle de BOBILLIER ; cette dernière a été reproduite par BLANCHET, dans son *appendice* aux *Éléments de Géométrie.*

Exercice 365. — I.

1234. Théorème. *Si, d'un point quelconque du cercle circonscrit à un triangle, on mène des droites qui fassent, dans le même sens, des angles égaux avec le côté du triangle, les pieds de ces droites seront sur une même ligne droite.*

---

* Voir *Die Elemente der Mathematik*, von Dr BALTZER, ou *Elementi di Mathematica* del Dr B., § 7, n° 5.

Soit l'angle CEO $=$ CFO $=$ BDO.

Les triangles COE, AOD sont semblables, car E $=$ D, et les angles DAO; ECO sont égaux, comme suppléments l'un et l'autre de l'angle BAO; donc

$$\frac{AD}{CE} = \frac{AO}{CO} \qquad (1)$$

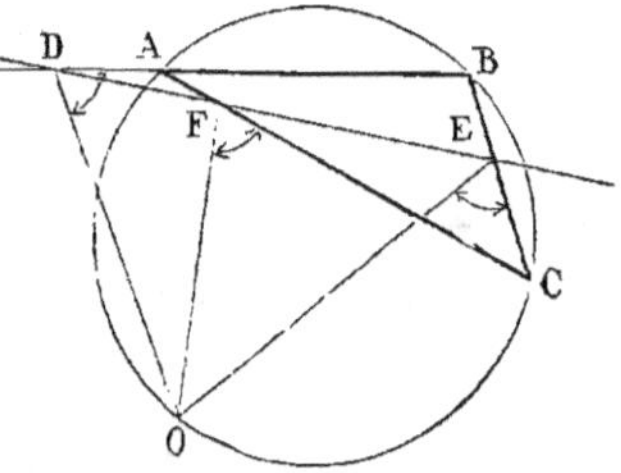

Fig. 761.

Les triangles OBE, AOF sont aussi semblables, car les angles en A et en B sont égaux, et il en est de même des angles en E et en F.

Donc

$$\frac{BE}{AF} = \frac{BO}{AO}$$

Les triangles COF, BOD sont aussi semblables, car les angles F et D sont égaux entre eux, et les angles OCF, OBD ont même mesure.

Donc

$$\frac{CF}{BD} = \frac{CO}{BO}$$

En multipliant terme à terme les trois égalités, on trouve

$$\frac{AD.BE.CF}{BD.CE.AF} = \frac{AO.BO.CO}{CO.AO.BO} = 1$$

Donc les trois points D, E, F sont en ligne droite (n° 1228).

1235. Remarques. 1° Le théorème de *Robert Simson* (n° 22) n'est qu'un cas particulier du précédent.

L'extension ci-dessus (n° 1234) est de CARNOT.

2° Le théorème est intuitif lorsqu'on connaît les propositions relatives aux *lignes isoclines* (n°ˢ 2457 et suivants); c'est-à-dire aux lignes qui, partant d'un même point O, coupent les côtés d'un polygone sous le même angle et dans la même direction, en suivant le périmètre du triangle d'un mouvement continu.

Il suffit de dire :

Les normales issues d'un même point O du cercle circonscrit donnent lieu à un triangle polaire, qui se réduit à une droite; il en est donc de même des isoclines menées par le même point, mais sous une inclinaison quelconque. (Voir ci-après, n° 2464.)

Exercice 365. — II.

1236. Théorème. *On donne une circonférence et deux points fixes A et B ; par ce dernier, on mène une corde quelconque CBD et les sécantes ACC' ADD'. Prouver que la corde C'D' passe par un point fixe.* (PONCELET, *Applications d'Analyse et de Géométrie.*)

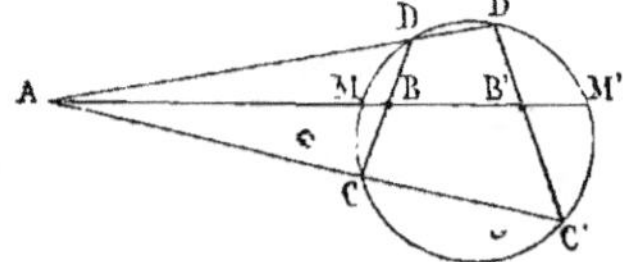

Fig. 762.

1ʳᵉ *Démonstration* (fig. 762). En appliquant l'*homologie* (n° 1249), on fait passer le point A à l'infini ; les droites DD', CC' deviennent parallèles et sont menées dans une direction constante ; dès lors la figure obtenue est un trapèze isocèle, et le côté C′D′ passe évidemment par un point fixe B′, symétrique de B par rapport au diamètre perpendiculaire aux bases (n° 607).

Donc, dans la figure donnée, le côté C′D′ passe aussi par un point fixe.

2e *Démonstration* (fig. 762). Le *Théorème de Desargues*, relatif à l'involution (n° 1219), donne la démonstration sans qu'il soit nécessaire de recourir à l'homologie.

En effet, A, étant le point de concours des côtés opposés du quadrilatère, est un point double de l'involution ; on a

$$\frac{MA^2}{MB \cdot MB'} = \frac{M'A^2}{M'B \cdot M'B'} \; ; \quad \text{d'où} \quad \frac{M'B'}{MB'} = \frac{M'A^2 \cdot MB}{M'B \cdot MA^2}$$

Le membre de droite est constant ; donc le rapport $\dfrac{M'B'}{MB'}$ est connu, et le point B′ est déterminé de position. (G., n° 208.)

1237. **3e** *Démonstration* (fig. 763). Soient O le point des concours de CD et C′D′, puis P le point où la polaire de A coupe AB′. La polaire OP du

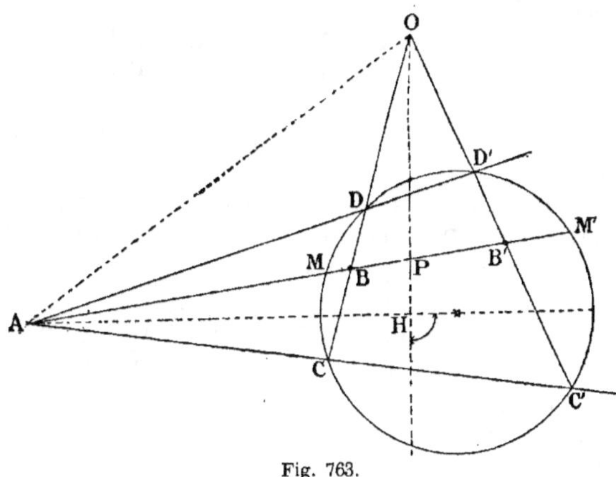

Fig. 763.

point A passe par le point de concours O des droites CD, C′D′ et le faisceau (OA, OP, OM′N′, OMN) est harmonique. Par conséquent, les quatre points A, B′, P, S communs à ce faisceau et à la droite AB forment une division harmonique. Les points B, P, A étant fixes, il en est de même du quatrième B′. (D'après J. M. E., 1890, page 208.)

Exercice 366.

1238. **Théorème.** *Deux cordes AD et BC se coupent au milieu O d'une troisième corde EF. Prouver que les segments OM, ON, interceptés sur EF par les droites AC et BD, sont égaux.*

1re *Démonstration.* Il est possible de démontrer le théorème en se bornant à recourir aux *Éléments de Géométrie*. Les triangles qui ont un angle égal sont entre eux comme les produits des côtés qui comprennent l'angle égal ; donc on a successivement (fig. 764) :

$$\frac{\overline{BON}}{\overline{COM}} = \frac{BO \cdot ON}{CO \cdot OM} \tag{1}$$

$$\frac{\overline{DON}}{\overline{AOM}} = \frac{DO \cdot ON}{AO \cdot OM} \tag{2}$$

$$\frac{\overline{COM}}{\overline{DON}} = \frac{CO \cdot CM}{DO \cdot DN} \tag{3}$$

Multipliant (1) par (3), on trouve

$$\frac{\overline{BON}}{\overline{DON}} \quad \text{ou} \quad \frac{BN}{DN} = \frac{BO \cdot ON \cdot CM}{OM \cdot DO \cdot DN}$$

d'où

$$\frac{OM}{ON} = \frac{BO \cdot CM}{DO \cdot BN} \tag{4}$$

Multipliant (2) par (3), on trouve

$$\frac{\overline{COM}}{\overline{AOM}} \quad \text{ou} \quad \frac{CM}{AM} = \frac{CO \cdot CM \cdot ON}{DN \cdot AO \cdot OM}$$

d'où

$$\frac{OM}{ON} = \frac{CO \cdot AM}{AO \cdot DN} \tag{5}$$

(4) et (5) donnent

$$\frac{OM^2}{ON^2} = \frac{BO \cdot CO \times AM \cdot CM}{AO \cdot DO \times BN \cdot DN} = \frac{AM \cdot CM}{BN \cdot DN} \tag{6}$$

car

$$AO \cdot DO = BO \cdot CO$$

Exprimons $BN \cdot DN$ et $AM \cdot CM$ en fonction de OM, ON et de la constante OF.

Or $BN \cdot DN = EN \cdot NF = (OF + ON)(OF - ON) = OF^2 - ON^2$

     $CM \cdot AM = EM \cdot MF = (OE - OM)(OE + OM) = OE^2 - OM^2$

D'ailleurs $OF = OE$;   donc (6) devient

$$\frac{OM^2}{ON^2} \cdot \frac{OF^2 - ON^2}{OF^2 - OM^2} = 1 \; ; \quad \text{d'où} \quad \frac{OM^2}{ON^2} = \frac{OF^2 - OM^2}{OF^2 - ON^2}$$

$$OM^2 \cdot OF^2 - OM^2 \cdot ON^2 = ON^2 \cdot OF^2 - OM^2 \cdot ON^2$$

$$OM^2 \cdot OF^2 = ON^2 \cdot OF^2 \; ; \quad \text{d'où} \quad OM = ON \quad C.\ Q.\ F.\ D.$$

2° *Démonstration.* On peut utiliser le *théorème de Ménélaüs*, relatif aux transversales (n° 1227).

Le triangle MGN, coupé par BC et par AD, donne

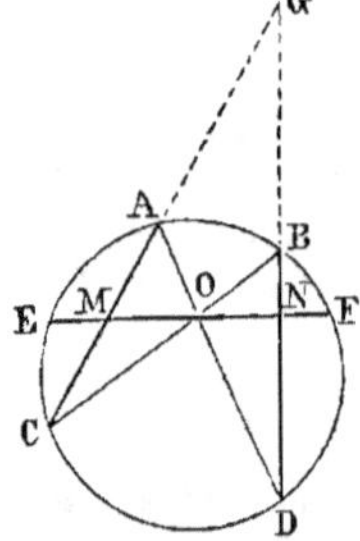

Fig. 764.

$$\frac{OM}{ON} \cdot \frac{BN}{BG} \cdot \frac{CG}{CM} = 1$$

$$\frac{OM}{ON} \cdot \frac{DN}{DG} \cdot \frac{AG}{AM} = 1$$

Multiplions membre à membre, on trouve

$$\frac{OM^2}{ON^2} \cdot \frac{BN \cdot DN}{CM \cdot AM} \cdot \frac{CG \cdot AG}{BG \cdot DG} = 1$$

Nous pouvons supprimer la dernière fraction, car $CG \cdot AG = BG \cdot DG$,

d'où

$$\frac{OM^2}{ON^2} = \frac{AM \cdot CM}{BN \cdot DN}$$

Nous retrouvons l'égalité comme (6)

donc $$OM = ON.$$

3ᵉ *Démonstration* (fig. 764). La question proposée n'est qu'un cas particulier du *théorème de Desargues* sur l'involution (nº 1219). En vertu de ce théorème, en prenant AC et BD comme côtés opposés du quadrilatère inscrit ABCD et AD, BC comme diagonales, on a

$$\frac{EM \cdot EN}{EO \cdot EO} = \frac{FM \cdot FN}{FO \cdot FO}$$

Mais le point O est le point milieu de EF; ainsi les dénominateurs sont égaux, et par suite il en est de même des numérateurs; donc

$$EM \cdot EN = FM \cdot FN$$

d'où $$\frac{EM}{FN} = \frac{FM}{EN}$$

Or cette proportion ne peut être vérifiée que par EM = FN, donc...

4ᵉ *Démonstration*. On a recours aux polaires et aux faisceaux harmoniques. (G., nº 803.)

1239. Remarques. 1º On peut énoncer le théorème comme il suit : *les angles opposés d'un quadrilatère inscrit interceptent des segments égaux sur la perpendiculaire menée du point de concours des diagonales, sur la droite qui joint ce point au centre du cercle.*

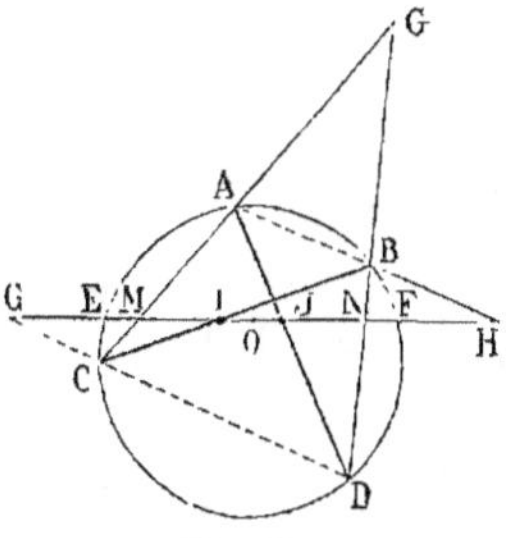

2º En employant le *théorème de Desargues,* on reconnaît que le théorème proposé subsiste, lorsque les points I et J (fig. 765), au lieu de coïncider, sont équidistants du milieu O de la corde.

3º Les côtés opposés AB, CD donnent aussi OG = OH. Il suffit que les deux points d'un des trois couples IJ, MN ou GH soient équidistants du milieu de la corde, pour qu'il en soit de même des points des deux autres couples.

Fig. 765.

1239 (a). Note. L'exemple donné montre combien il est important d'étudier quelques théorèmes fondamentaux, tels que ceux de MÉNÉLAÜS sur les transversales (nº 1227); de DESARGUES, pour les trois couples de points en involution (nº 1219); et il en est de même de celui de CÉVA, pour les droites concourantes (nº 1240), car rien n'est plus facile que de prendre un des cas particuliers de ces théories et de le proposer comme question élémentaire; mais il est souvent difficile de traiter la question à l'aide des seules ressources que fournissent les *Éléments de Géométrie.* Ainsi la 1ʳᵉ *démonstration.* uniquement basée sur les théorèmes les plus connus des *Éléments,* est extrêmement laborieuse; la 2ᵉ *démonstration,* qui utilise les *transversales,* est encore assez longue; tandis que la 3ᵉ *démonstration,* qui se rapporte à l'*involution,* est d'une très grande simplicité; il en est de même de la 4ᵉ, donnée dans les *Éléments.* (G., nº 803) et qui se base sur la *théorie des polaires.*

Exercice 367.

1240. Théorème de Céva. *Les droites qui joignent les sommets d'un triangle à un même point déterminent sur les côtés six segments tels que le produit de trois d'entre eux, n'ayant pas d'extrémité commune, égale le produit des trois autres.*

(G., n° 749 ; *Méthodes*, n° 167.)

Autre démonstration. A cause du quadrilatère complet OMAN, les points L et P sont conjugués harmoniques par rapport à BC.

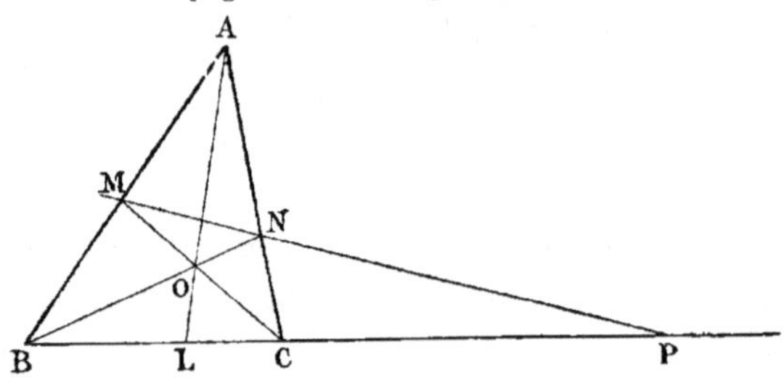

Fig. 766.

On a :
$$\frac{LB}{LC} = -\frac{PB}{PC}$$

donc les relations
$$\frac{NC}{NA} \cdot \frac{MA}{MB} \cdot \frac{LB}{LC} = -1$$
$$\frac{NC}{NA} \cdot \frac{MA}{MB} \cdot \frac{PB}{PC} = 1$$

s'entraînent mutuellement.

1240 (a). Note. On peut nommer *céviennes* les droites qui partent du sommet d'un triangle (n° 167 R) ; alors le théorème s'énonce comme il suit : *Trois céviennes concourantes déterminent*, etc.

Le terme *cévienne* a été proposé par M. POULAIN (voir J. M. E., 1888, p. 278).

M. POULAIN, S. J., professeur à la faculté catholique d'Angers, auteur de nombreux articles dans le J. M. E., et S., ainsi que du remarquable travail intitulée : *Principes de la nouvelle Géométrie du triangle*.

Exercice 368. — I.

1241. Théorème réciproque. *Si trois points situés sur les côtés d'un triangle divisent les côtés en six segments tels que le produit de trois segments non consécutifs égale le produit des trois autres, les trois droites, qui joignent chacun de ces points au sommet opposé, passent par un même point.*

Les trois points sont sur les côtés, ou bien un seul est sur un côté et les deux autres sur les prolongements.

On a recours à la démonstration par l'absurde. (G., n° 751.)

Exercice 368. — II.

1241 (a). Théorème. *Trois droites issues des sommets d'un triangle se coupent en un même point, si elles partagent les côtés opposés en parties proportionnelles aux angles adjacents.*

Le théorème peut être généralisé : il suffit que *les grandeurs soient proportionnelles aux mêmes fonctions des angles adjacents*, ou même à trois grandeurs quelconques, chacune d'elles correspondant à un des côtés. (Général de COATPONT; voir N. C. M., 1879, p. 384 et 438.)

Exemple : Si l'on divise les côtés en parties proportionnelles aux nombres de degrés des angles adjacents, on peut représenter les deux segments de a par $a \cdot B^o$ et $a \cdot C^o$, etc.

On a :
$$\frac{a \cdot B^o}{a \cdot C^o} \cdot \frac{b \cdot C^o}{b \cdot A^o} \cdot \frac{c \cdot A^o}{c \cdot B^o} = 1$$

1241 (b). Remarque. La question précédente offre l'exemple, fort rare, d'une relation directe entre des angles et des lignes, et c'est avec raison que l'auteur de la question appelle l'attention sur cette particularité. (*Nouvelle correspondance mathématique*, 1879, p. 438.)

Exercice 369. — I.

1242. Théorème. 1° *Les droites qui joignent les points de contact du cercle inscrit à un triangle, aux sommets opposés, se coupent au même point.*

2° *Il en est de même pour les points de contact de chaque cercle ex-inscrit.*

1° On a
$$BE = BD$$
$$CF = CE$$
$$AD = AF$$

En multipliant terme à terme, on trouve

$$BE \cdot CF \cdot AD = BD \cdot CE \cdot AF$$

Donc, d'après le *théorème de Céva* (n° 1240), les droites se coupent en un même point O.

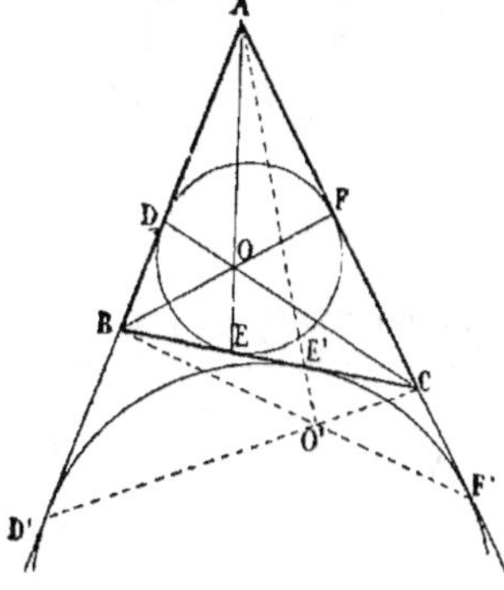

Fig. 767.

2° Les *céviennes* AE′, BF′, CD′, relatives à chaque cercle ex-inscrit, se coupent en un même point O′.

3° Même démonstration pour les trois droites analogues à la ligne AE′, qui joignent chaque sommet au point de contact du cercle ex-inscrit opposé.

1242 (a). Note. 1° Le point de concours des droites qui joignent chaque sommet au point de contact du cercle inscrit est appelé *Point de Gergonne*, parce que ce mathématicien avait proposé comme question, dans ses *Annales*, le théorème ci-dessus.

2° Les trois points tels que O′, relatif à un même cercle ex-inscrit, sont les *points associés* du *point de Gergonne*.

3° Le point de concours des droites qui joignent chaque sommet au point de contact du cercle ex-inscrit opposé est nommé *point de Nagel*.

4° Les points de Gergonne et de Nagel d'un triangle ABC sont des *points réciproques de Longchamps* (voir n° 1242 *d*).

Pour le point de Nagel, on peut voir J. M. E., 1886, page 158, article de M. VIGARIE.

Exercice 369. — II.

1242 (b). Théorème. *Les droites qui joignent les sommets d'un triangle* ABC, *aux points de contact* A', B', C' *des côtés opposés et du cercle inscrit se coupent en un point* K, *tel que*

$$\frac{AK \cdot BK \cdot CK}{A'K \cdot B'K \cdot C'K} = \frac{4R}{r}$$

(*Mathésis*, 1884, p. 245.)

Le triangle ABA' coupé par CC' donne :

$$\frac{AC'}{BC'} \cdot \frac{BC}{A'C} \cdot \frac{A'K}{AK} = 1$$

d'où

$$\frac{AK}{A'K} = \frac{AC' \cdot BC}{BC' \cdot CA'} = \frac{a(p-a)}{(p-b)(p-c)}$$

de même

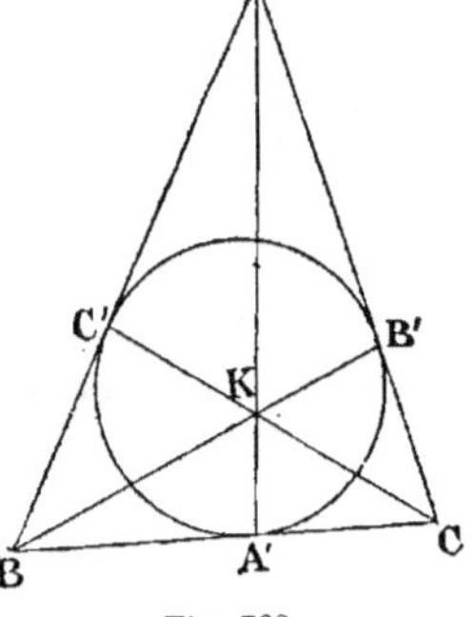

Fig. 768.

$$\frac{BK}{B'K} = \frac{b(p-b)}{(p-a)(p-c)} \quad \text{et} \quad \frac{CK}{C'K} = \frac{c(p-c)}{(p-a)(p-b)}$$

d'où

$$\frac{AK \cdot BK \cdot CK}{A'K \cdot B'K \cdot C'K} = \frac{abcp}{p(p-a)(p-b)(p-c)} = \frac{4RSp}{S^2} = \frac{4R}{r}$$

Exercice 369. — III.

1242 (c). Théorème. *Les trois droites qui joignent respectivement le point milieu de chaque côté d'un triangle au point milieu de la hauteur correspondante se coupent au même point.*

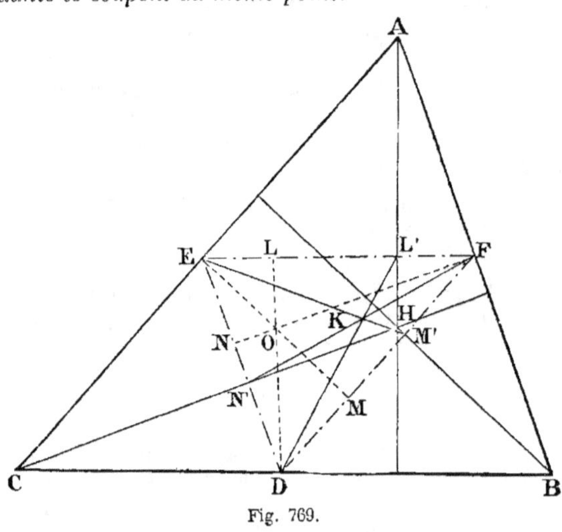

Fig. 769.

Traçons le triangle complémentaire DEF ; ses hauteurs se coupent au centre O du cercle circonscrit au triangle donné ABC, et par suite elles vérifient les relations de Céva ; or EL $=$ FL′, etc., car les triangles DEF, AFE sont égaux ; donc on a aussi $\dfrac{DN'}{N'E} \cdot \dfrac{EL'}{L'F} \cdot \dfrac{FM'}{M'D} = 1$ et les trois droites DL′, EM′, FM′ sont concourantes.

1242 (d). Note. Le théorème n'est qu'un cas particulier du théorème des *Droites isotomiques* (n° 2329) ou droites DL, DL′ qui partent d'un même sommet et aboutissent à des points L, L′ équidistants du point milieu du côté opposé. *Si trois céviennes sont concourantes, en O par exemple, leurs trois isotomiques le sont aussi.*

La considération des droites isotomiques est due à M. G. DE LONGCHAMPS (n° 2330) ; les points O et K sont appelés *points réciproques.*

Le point obtenu K est le *point de Lemoine* (n° 2352). Ainsi le centre du cercle circonscrit et le point de Lemoine d'un triangle ABC sont des points réciproques par rapport au triangle complémentaire DEF.

Le théorème précédent (n° 1242 *b*) est attribué généralement à M. LEMOINE (N. A., 1884, page 27). « La droite qui joint le milieu d'un côté au milieu de la hauteur correspondante passe par le *centre* K *des symédianes.* Cette droite est le lieu du centre des rectangles inscrits dans le triangle et ayant leur base sur le côté considéré » ; ce théorème a été publié en 1873 ou 1874, ainsi que l'indique la *Note sur la symédiane,* par M. MAURICE D'OCAGNE, et celle de M. VIGARIE, dans J. M. E., 1886, page 180.

Dans un article de 1887, M. CESARO attribue la construction précédente du point K à M. SCHLÖMILCH (N. A., 1887, page 223). M. TESCH, de la Haye, a donné antérieurement un renseignement analogue dans *Mathésis,* 1881, p. 151. L'auteur allemand M. SCHLÖMILCH, est bien connu de nom, par les lecteurs du *Journal de mathématiques élémentaires et spéciales* (1889, page 251, article de M. MOREL) et aussi par ceux de *Mathésis* (M., 1890, p. 28, art. de M. MANSION).

Pour démontrer le théorème proposé (n° 1242 *b*) on peut voir aussi J. M. E., 1887, page 113.

Exercice 369. — IV.

1242 (e). Théorème. *Lorsque trois céviennes d'un triangle ABC sont concourantes, et qu'elles rencontrent respectivement les côtés opposés en*

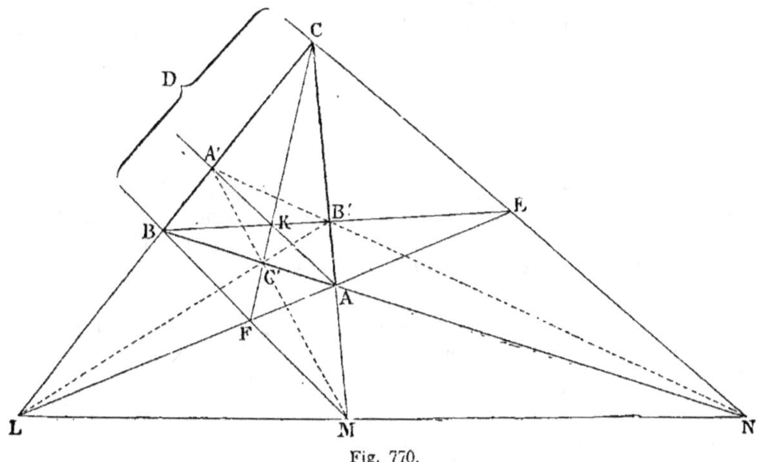

Fig. 770.

A′, B′, C′, *les trois points d'intersection des couples de droite* AB, A′B′, BC, B′C′ *et* CA, C′A′ *sont en ligne droite.*

C'est une simple conséquence des théorèmes de Ménélaüs et de Céva (nᵒˢ 1227 et 1240 .

Soit D le point d'intersection de MB et de AA'; E le point de concours de LA et de BB'; F, celui de MB et de CC', les quatre points L, F, A, E sont en ligne droite; on a de même les droites MFBD et NECD.

On sait aussi que LMN est la polaire du point K de Céva, par rapport au triangle donné ABC.

1242 (f). Remarques. 1º On peut énoncer le théorème comme il suit : *Les côtés du triangle pédal du point de concours de trois céviennes rencontrent les côtés opposés du triangle donné, en trois points en ligne droite.*

2º On nomme *triangle pédal* d'un point donné K, le triangle A'B'C' formé en joignant deux à deux les pieds des trois céviennes de ce point K.

Exercice 370.

1243. Théorème. *Les perpendiculaires abaissées d'un même point, sur les trois côtés d'un triangle, déterminent six segments tels que la somme des carrés de trois d'entre eux non consécutifs égale la somme des carrés des trois autres segments.*

Soient les perpendiculaires OL, OM, ON.
D'après un théorème connu (nᵒ 1163), on a :

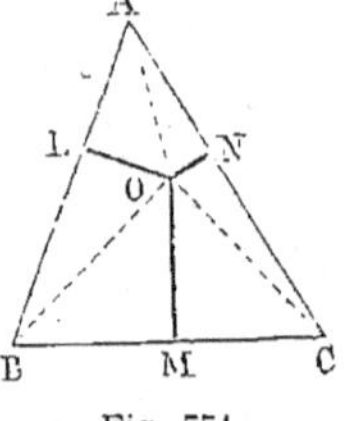
Fig. 771.

$$AL^2 - BL^2 = AO^2 - BO^2$$
$$BM^2 - CM^2 = BO^2 - CO^2$$
$$CN^2 - AN^2 = CO^2 - AO^2$$

En ajoutant ces égalités membre à membre, on trouve
$$AL^2 + BM^2 + CN^2 - BL^2 - CM^2 - AN^2 = 0$$
ou
$$AL^2 + BM^2 + CN^2 = BL^2 + CM^2 + AN^2 \qquad (1)$$
C. Q. F. D.

Exercice 371. — I.

1244. Théorème. Réciproquement. *Lorsque trois points déterminent sur les côtés d'un triangle six segments tels que la somme des carrés de trois d'entre eux non consécutifs, égale celle des trois autres, les trois points peuvent être considérés comme étant les projections d'un même point.*

On le démontre par la réduction à l'absurde, ainsi qu'on l'a fait pour les réciproques des théorèmes de *Ménélaüs* et de *Céva* (nᵒˢ 1228 et 1241).

1245. Théorème. *Les médiatrices des trois côtés d'un triangle se coupent au même point; il en est de même des trois hauteurs de ce triangle.*

1º La relation $AL^2 + BM^2 + CN^2 = BL^2 + CM^2 + AN^2$ (nᵒ 1243) a lieu évidemment, lorsqu'on élève des perpendiculaires au milieu de chaque côté d'un triangle; car, dans ce cas, $AL = BL$, $BM = CM$ et $CN = AN$ par construction; donc les trois perpendiculaires concourent au même point (n° 1244).

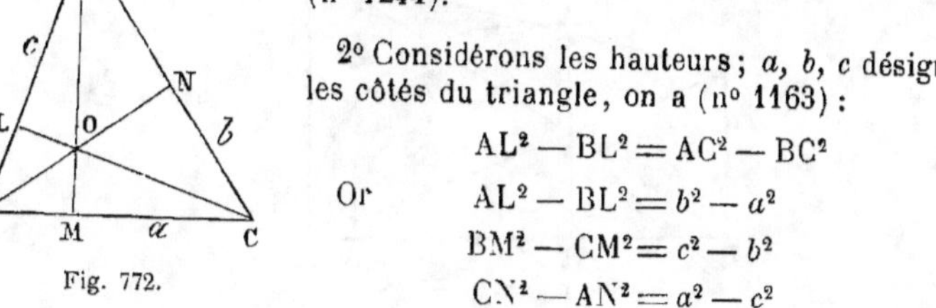

Fig. 772.

2° Considérons les hauteurs; a, b, c désignant les côtés du triangle, on a (n° 1163) :

$$AL^2 - BL^2 = AC^2 - BC^2$$

Or

$$AL^2 - BL^2 = b^2 - a^2$$

$$BM^2 - CM^2 = c^2 - b^2$$

$$CN^2 - AN^2 = a^2 - c^2$$

d'où

$$AL^2 + BM^2 + CN^2 - (BL^2 + CM^2 + AN^2) = 0$$

C. Q. F. D.

Exercice 371. — II.

1246. Théorème. *Les perpendiculaires élevées sur les côtés d'un triangle, aux trois points où les cercles ex-inscrits sont tangents à ces côtés, se coupent au même point.*

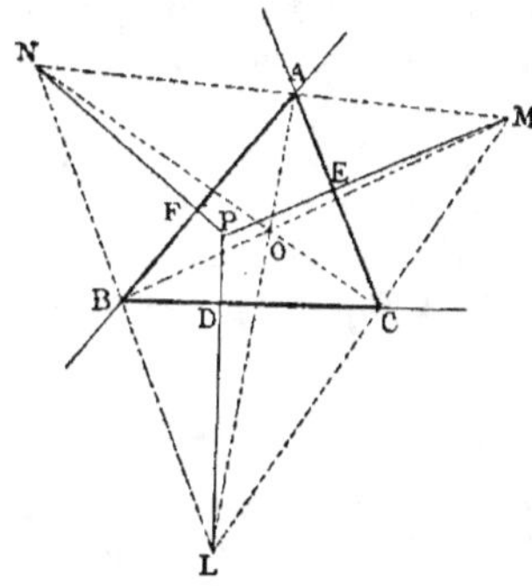

Fig. 773.

1° *Démonstration* (n° 757).

2° *Démonstration.* Soient L, M, N les points de concours des bissectrices extérieures; il faut prouver que les perpendiculaires LD, ME, NF se coupent au même point.

Il suffit de prouver que

$$BD^2 + CE^2 + AF^2 = DC^2 + AE^2 + BF^2$$

Or

$$BD^2 - DC^2 = BL^2 - CL^2$$

$$CE^2 - AE^2 = MC^2 - MA^2$$

$$AF^2 - BF^2 = NA^2 - NB^2$$

Ajoutons, on trouve

$$BD^2 + CE^2 + AF^2 - (DC^2 + AE^2 + BF^2) = BL^2 + MC^2 + NA^2 - (CL^2 + MA^2 + NB^2)$$

Mais les bissectrices intérieures qui donnent le centre O du cercle inscrit sont les hauteurs du triangle LMN (n° 662), et se coupent au même point; donc le second membre de l'égalité ci-dessus égale zéro (n° 1243).

Donc, il en est de même du premier, et l'on a

$$BD^2 + CE^2 + AF^2 = DC^2 + AE^2 + BF^2$$

et les trois perpendiculaires LD, ME, NF se coupent au même point P (n° 1244).

Exercice 371. — III.

1246 (a). Théorème. *Dans un trapèze rectangle circonscrit au demi-cercle décrit sur le côté perpendiculaire aux bases, pris pour diamètre, les diagonales se coupent au point milieu de la parallèle menée aux bases, par le point de contact du quatrième côté.*

Soit F le point où BE rencontre AH, il suffit de prouver que
AF = FH.

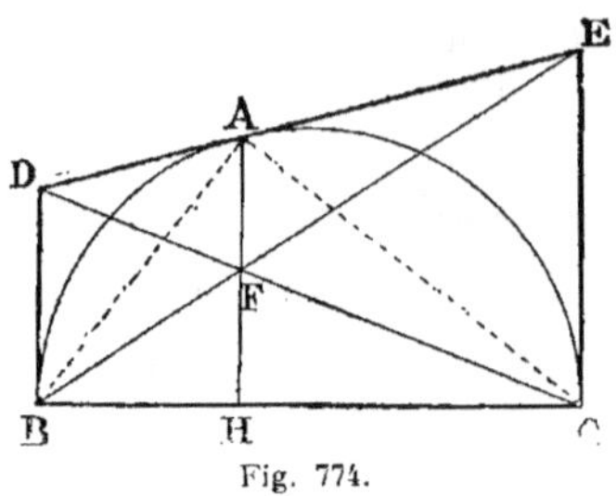

Fig. 774.

On a :
$$\frac{FH}{CE} = \frac{BH}{BC} = \frac{DA}{DE}; \text{ d'où } FH = \frac{DA \cdot CE}{DE}$$

$$\frac{AF}{BD} = \frac{AE}{DE}; \quad \text{d'où} \quad AF = \frac{BD \cdot AE}{DE}$$

donc
$$AF = FH$$

1246 (b). Remarque. 1° Les diagonales et la hauteur AH sont les symédianes du triangle rectangle BAC; or on démontre directement que les
symédianes qui partent des sommets B et C se coupent au point milieu
de la hauteur relative à l'hypoténuse.

2° On pourrait prouver d'abord que les diagonales se coupent sur
AH, puis se rappeler que la parallèle aux bases d'un trapèze, menée par
le point de concours des diagonales, est divisée en parties égales par ce
point (n° 1109). Mais établir la première partie serait aussi long que la
démonstration donnée ci-dessus.

Exercice 372.

1247. Théorème de Desargues. *Lorsque les côtés de deux triangles se
coupent deux à deux en trois points situés en ligne droite, les droites
qui joignent deux à deux les sommets correspondants se coupent au
même point.*

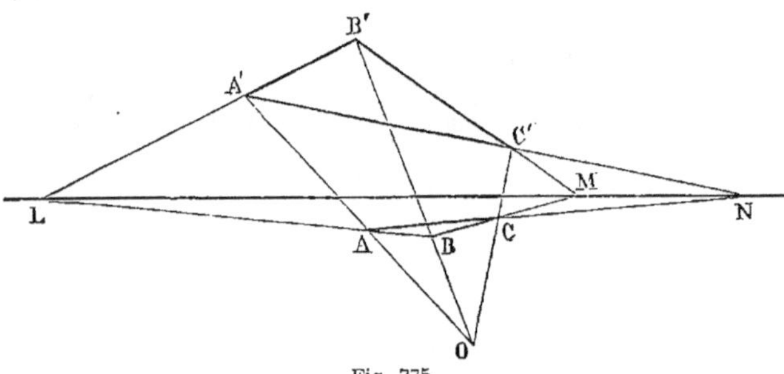

Fig. 775.

Soient les triangles ABC, A'B'C' tels que les points L, M, N soient en
ligne droite; il faut prouver que les lignes A'A, B'B, C'C concourent
en un même point O.

M.   22

1° On peut démontrer ce théorème à l'aide des transversales et du *théorème de Céva;*

2° En employant le rapport anharmonique (G., n° 782);

3° En recourant à un solide auxiliaire. (*Méthodes*, n° 177.)

Exercice 373.

1248. Théorème réciproque. *Lorsque les sommets de deux triangles sont deux à deux sur trois droites qui concourent en un même point, les côtés des triangles se coupent deux à deux en trois points situés en ligne droite.*

1249. Note sur l'homologie. *L'homologie* est due à l'illustre PONCELET. Le *théorème de Desargues* et le *théorème réciproque* (n°ˢ 1247, 1248) servent de base aux recherches et aux constructions relatives à cette méthode. Lorsqu'on met une figure plane en perspective et qu'on rabat le *tableau* sur le plan de projection, on obtient deux *figures homologiques,* c'est-à-dire deux figures telles que les points se correspondent deux à deux et sont situés sur des droites qui concourent en un même point nommé *centre d'homologie.* Les perspectives de deux *figures homothétiques* sont aussi homologiques.

Les droites qui joignent entre eux deux points d'une des figures et les deux points correspondants de l'autre figure, se coupent sur une droite nommée *axe d'homologie.*

L'homologie est un mode de transformation de figures qui permet, par exemple, de remplacer une ellipse ou une hyperbole par un cercle, dont la première courbe pourrait être regardée comme la perspective.

Pour se rendre compte du merveilleux instrument que Poncelet a créé, il suffit de lire le *Traité des Propriétés projectives des figures* de cet auteur.

Exercice 374. — I.

1250. Théorème de Carnot. *Lorsqu'une circonférence coupe les côtés d'un triangle ABC, le côté AB aux points D et D', BC en E et E', CA en F et F', on a la relation suivante :*

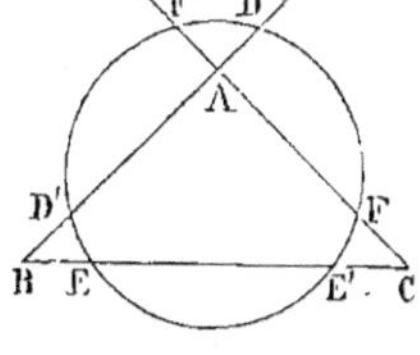

$$\frac{AD \cdot BE \cdot CF}{BD \cdot CE \cdot AF} \times \frac{AD' \cdot BE' \cdot CF'}{BD' \cdot CE' \cdot AF'} = 1$$

En effet,
$$AD \cdot AD' = AF \cdot AF'$$
$$BE \cdot BE' = BD \cdot BD'$$
$$CF \cdot CF' = CE \cdot CE'$$

Fig. 776.

En multipliant ces égalités membre à membre, on trouve la relation ci-dessous.

Remarque. Le *théorème de Carnot* (n° 1250), aussi bien que le *théorème de Pappus* (n° 1214) et le *théorème de Desargues* (n° 1219), ont leurs analogues lorsqu'on remplace la circonférence par une conique quelconque.

Exercice 374. — II.

1251. Théorème de Terquem. *Lorsqu'on joint un point M aux trois sommets d'un triangle, la circonférence qui passe par les trois points*

D, E, F *déterminés sur les côtés par les droites AM, BM, CM, coupe les côtés en trois autres points D', E', F' tels que les droites qui les joignent aux sommets opposés se coupent en un même point M'. N. A. 1842, p. 403.)*

D'après le *théorème de Céva* (n° 1240),
on a

$$BD \cdot AF \cdot CE = CD \cdot BF \cdot AE$$

Mais on peut écrire les égalités suivantes :

$$BD' \cdot BD = BF' \cdot BF$$
$$AF' \cdot AF = AE' \cdot AE$$
$$CE' \cdot CE = CD' \cdot CD$$

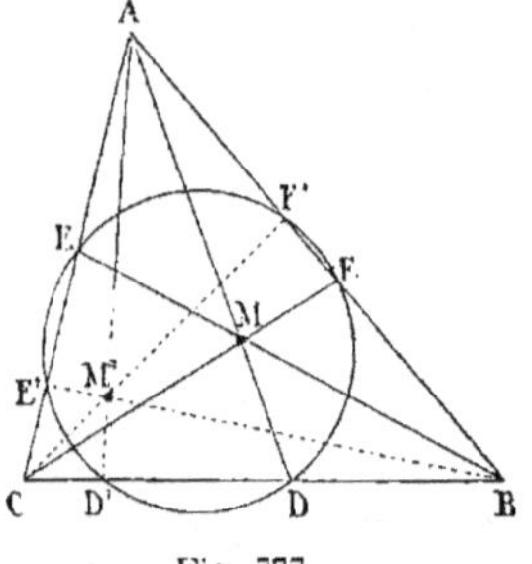

Fig. 777.

Multiplions ces égalités terme à terme, on trouve

$$BD' \cdot AF' \cdot CE' \times BD \cdot AF \cdot CE = BF' \cdot AE' \cdot CD' \times BF \cdot AE \cdot CD$$

Mais, d'après les données, le produit des trois derniers facteurs du premier membre égale celui des trois derniers du second ; donc

$$BD' \cdot AF' \cdot CE' = BF' \cdot AE' \cdot CD'$$

et par suite les droites se coupent en un même point M'.

1251 (a). Théorème de M'Kensie. *On coupe les côtés d'un triangle ABC par une droite quelconque A'B'C' ; par les sommets du triangle donné, on mène des parallèles à la sécante ; les parallèles rencontrent le cercle circonscrit en A", B", C" ; prouver que les droites A'A", B'B", C'C" se rencontrent en un même point M du cercle circonscrit. (J. M. S. 1887, p. 201.)*

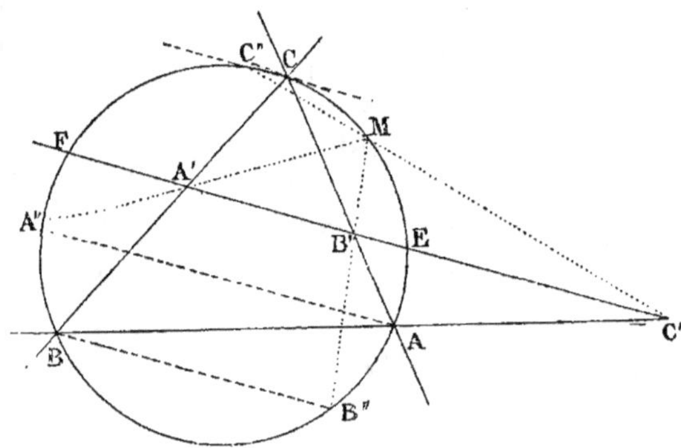

Fig. 778.

On peut ajouter quelques développements au théorème principal, ainsi : le triangle A"B"C" est égal à ABC ; les côtés égaux AB, A"B", etc., se coupent en trois points situés sur une droite perpendiculaire à la sécante ; cette même sécante coupe les côtés de A"B"C" en trois points qui, joints aux sommets correspondants, donnent un point M" du cercle circonscrit et les points M, M" sont équidistants de la sécante.

Circonférences. — Situation.

Exercice 375.

1252. Théorème. *Un rectangle ABCD a pour base une droite AB double de la hauteur BC; on joint le point A au point situé au quart de DC. Prouver que le point M où cette ligne coupe la diagonale BD appartient à la demi-circonférence décrite sur AB comme diamètre.*

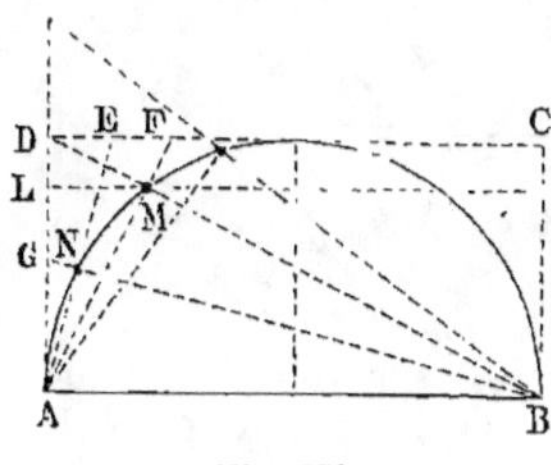

Fig. 779.

Soit   DF = $\frac{1}{4}$ DC.

Le point M appartient à la demi-circonférence AB. En effet :

Les triangles ADF, BAD sont semblables comme ayant un angle droit compris entre côtés homologues proportionnels ; donc les angles DAF, ABD sont égaux, ainsi ABM est le complément de BAM.

Donc l'angle M est droit, et son sommet est sur la demi-circonférence.

1253. Théorèmes. 1° *Le point N appartient à la demi-circonférence, lorsqu'on prend   AG = 2DE.*

Les triangles rectangles ABG, DAE sont semblables, car AB est double de AD, et AG est double de DE.

2° *On prend   AL = $\frac{4}{5}$ AD,   la parallèle LM coupe la diagonale BD en un point M qui appartient à la demi-circonférence.*

Remarque. Ces théorèmes sont utilisés pour mettre une circonférence en perspective. (*Géométrie descriptive* *, n° 568.)

1254. Théorème. *On construit des carrés sur les côtés de l'angle droit d'un triangle rectangle. La circonférence décrite sur l'hypoténuse comme diamètre passe par le point milieu de la droite qui joint les deux sommets opposés des deux carrés.*

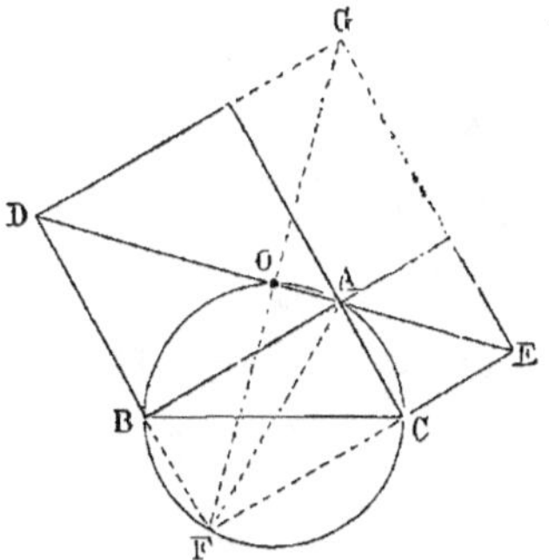

Fig. 780.

Il faut prouver que le point O, milieu de DE, appartient à la circonférence.

En prolongeant les côtés qui aboutissent aux points D, E, on forme un carré DFEG, dont le sommet F est sur la circonférence décrite ; or AF, diagonale du rectangle ABFC, est un diamètre ; donc l'angle droit AOF, formé par les diagonales du carré, doit avoir son sommet sur la circonférence.

---

* Voir *Éléments de géométrie descriptive*, par F. J., 6ᵉ édition.

Exercice 376. — I.

1255. Théorème. *Deux cercles quelconques* A *et* B *étant donnés de grandeur et de position, si deux rayons* AC *et* BD *se meuvent en restant constamment parallèles l'un à l'autre, les droites menées par leurs extrémités rencontrent la ligne des centres en un même point.*

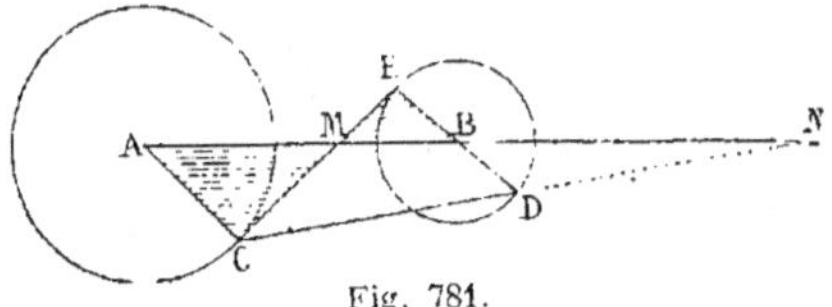

Fig. 781.

Soit CDN la droite menée par les extrémités des rayons, en l'une quelconque de leurs positions. Les triangles semblables NAC et NBD donnent $\dfrac{NA}{NB} = \dfrac{AC}{BD}$; ainsi le rapport $\dfrac{NA}{NB}$ est constamment égal au rapport des rayons AC et BD ; et comme il n'y a, sur la droite AB, qu'une seule position du point N qui donne le rapport $\dfrac{NA}{NB}$ égal au rapport $\dfrac{AC}{DB}$ (G., n°⁸ 208 et 209), ce point N est donc déterminé, car sa distance NA est indépendante de la direction des rayons parallèles.

Scolie. Si les rayons parallèles sont tracés dans des directions opposées AC et BE, la sécante CE rencontre la ligne des centres en un point M dont la position est déterminée par la proportion

$$\frac{MA}{MB} = \frac{CA}{BE}$$

La ligne des centres est divisée *harmoniquement*, car on a

$$\frac{MA}{MB} = -\frac{NA}{NB}$$

Exercice 376. — II.

1256. Théorème. *Trois circonférences sont tangentes deux à deux, on joint le point de contact des deux premières à chacun des autres points de contact ; ces deux droites rencontrent la troisième circonférence aux extrémités d'un même diamètre, et ce diamètre est parallèle à la ligne des centres des deux premières circonférences.*

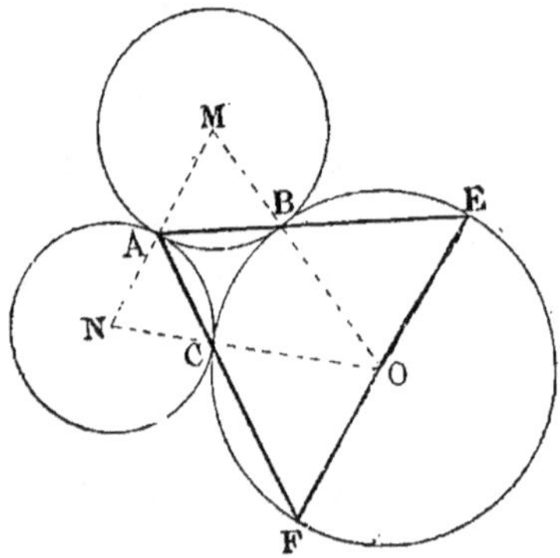

Fig. 782.

Menons ABE, ACF ; joignons OE, OF, et prouvons que EOF est parallèle à MN. Le point B est le centre de similitude des circon férences M et O, donc OE est parallèle à AM; de même OF est parallèle à AN, donc...

(J. M. E., 1890, p. 113. M. BOUTIN *.)

Exercice 376. — III.

1257. Théorème. *Les droites qui joignent un point quelconque d'une circonférence, aux extrémités d'une corde perpendiculaire à un diamètre donné, divisent harmoniquement ce diamètre.* (*Porismes d'Euclide, ou de Chasles*, p. 95 et 255.)

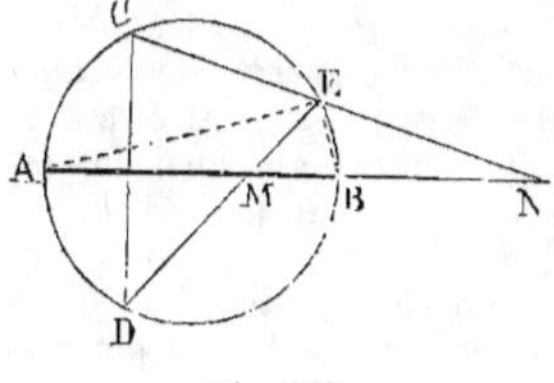

Fig. 783.

Soient CD perpendiculaire à AB, E un point quelconque; il faut prouver que les points A, M, B, N donnent des segments en proportion harmonique. (G., nᵒˢ 219 et 786.)

Joignons le point E aux points A et B.

Les angles AED, AEC sont égaux comme ayant même mesure; donc AE est bissectrice de l'angle CED.

De même
$$DEB = \frac{DB}{2}$$

Or l'angle BEN, supplément de BEC, a pour mesure $\frac{CB}{2}$; mais l'arc DB = CB, donc l'angle DEB = BEN; EB est la bissectrice intérieure de l'angle MEN, donc (G., nᵒ 215)

$$\frac{AM}{AN} = \frac{BM}{BN} \qquad\qquad C.\ Q.\ F.\ D.$$

1258. Note. *Les Trois livres des Porismes d'Euclide*, par M. CHASLES. Pour donner une juste idée de ce qu'il faut entendre par porisme, dans le sens des anciens, nous allons citer textuellement quelques lignes de l'ouvrage même que nous venons d'indiquer. (Pages 54 et 55.)

« *Les porismes sont des théorèmes non complets, exprimant certaines relations entre des choses variables suivant une loi commune*, relations indiquées dans l'énoncé du porisme, mais qu'il faudrait compléter par la détermination de grandeur ou de position de certaines choses qui sont la conséquence de l'hypothèse, et qui seraient déterminées dans l'énoncé d'un théorème proprement dit ou *théorème complet.*

« Exemple de porisme : *Dans un cercle, l'angle sous lequel on voit, du centre, la partie de chaque tangente comprise entre deux tangentes fixes, est constant;* ou bien *est donné* afin d'énoncer le porisme dans le style même d'Euclide.

« *Exemple du théorème complet :* Dans un cercle, l'angle sous lequel on voit, du centre, la partie de chaque tangente comprise entre deux tangentes fixes est égal à la moitié de l'angle formé par les rayons qui vont aux points de contact des tangentes fixes. »

Les porismes sont employés pour déterminer les lieux géométriques et pour résoudre les problèmes.

---

* M. A. BOUTIN, professeur de mathématiques, auteur de nombreux articles insérés dans *J. M. E.* et *J. M. S.*, depuis 1885.

L'ouvrage d'Euclide était en trois livres et contenait 171 propositions. Pappus ramène 171 porismes à XXIX énoncés qu'il appelle *genres*. Pour démontrer les porismes d'Euclide, Pappus établit d'abord XXXVIII lemmes.

De nombreuses tentatives ont été faites pour rétablir le texte d'Euclide, d'après les indications laissées par Pappus.

L'astronome HALLEY s'en est occupé; ROBERT SIMSON a rétabli le texte de trois porismes principaux; M. BRETON DE CHAMP, ingénieur distingué, auquel on doit des traités de levé des plans et de nivellement, a publié en 1855, puis en 1858, ses *Recherches nouvelles sur les porismes d'Euclide*. Enfin, M. CHASLES, en 1860, a donné *les Trois livres des Porismes d'Euclide*, rétablis d'après la notice et les lemmes de Pappus et conformément au sentiment de R. Simson sur la forme des énoncés de ces propositions. Nous devons encore mentionner la réclamation de M. BRETON DE CHAMP (N. A., 1867, page 522), et dire avec PONCELET qu'on attribue, ce semble, un peu trop facilement aux anciens certaines théories, ou certains théorèmes, dont ils n'ont connu peut-être que quelques cas particuliers.

L'assertion de Poncelet a reçu tout récemment une confirmation bien inattendue : ainsi M. TARRY a signalé le 176e *porisme d'Euclide* comme pouvant conduire à plusieurs des propriétés des *points* et du *cercle de Brocard* : questions toutes récentes s'il en fut jamais. (J. M. E., 1890, pages 35 et 83); nous donnons la démonstration la plus simple (n° 1084).

Nous utiliserons un certain nombre de porismes soit qu'ils viennent en réalité D'EUCLIDE, soit qu'ils procèdent de CHASLES; mais dans la forme des énoncés, nous nous conformerons généralement aux habitudes modernes.

M. TARRY, receveur des contributions directes à Alger, a fait de nombreuses découvertes dans le champ de la *Géométrie du triangle*; voir notamment le *point de Tarry* et la *ligne de Tarry* (J. M. E. et S., *Mathésis*; CASEY, p. 142).

<h3 align="center">Exercice 376. — IV.</h3>

1259. Théorème. *Deux circonférences ont pour centres A et B : la circonférence décrite sur* AB, *comme diamètre, passe par les quatre points d'intersection des tangentes intérieures et des tangentes extérieures.* (N. A., 1869, p. 458.)

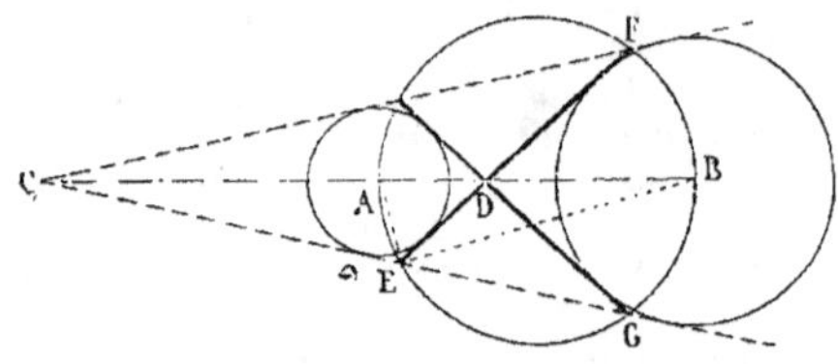

Fig. 784.

Il faut prouver que l'angle AEB est droit.

En effet, le rayon AE est bissectrice de l'angle DEC formé par deux tangentes; de même la droite BE est bissectrice de l'angle supplémentaire FEG; donc AEB est droit. Donc...

<h3 align="center">Exercice 377.</h3>

1260. Théorème de d'Alembert. *Trois circonférences, considérées deux à deux, ont six centres de similitude; les trois centres extérieurs sont* *en ligne droite; il en est de même de deux centres extérieurs et d'un centre intérieur.*

La démonstration est identique à celle qu'on a déjà donnée pour les centres de similitude de trois polygones homothétiques pris deux à deux (n° 1149).

Les transversales donnent aussi une bonne démonstration. (G., n° 821, 2°.)

Enfin l'emploi des *volumes auxiliaires* a conduit MONGE à une démonstration très simple et très élégante. (*Méthodes*, n° 176.)

Exercice 378. — I.

1261. Théorème. *Le rayon du cercle des neuf points est la moitié de celui du cercle circonscrit. Le point de concours des hauteurs, ou orthocentre, est le centre de similitude de ces deux cercles.*

1re *Démonstration.* (*Méthodes*, n° 28.)

2e *Démonstration* (fig. 785). 1° Le cercle des neuf points passe par les points D, G, F, I; son centre est donc en N au milieu de OH. Le cercle des neuf points est circonscrit au triangle DEF, dont les côtés sont les moitiés des côtés de ABC; donc ND doit égaler $\frac{1}{2}$AO.

On peut encore dire : les triangles AHO, DON sont semblables comme ayant un angle égal compris entre côtés homologues proportionnels, car OD $= \frac{1}{2}$AH, ON $= \frac{1}{2}$OH; donc ND $= \frac{1}{2}$AO.

2° H est centre de similitude, car $\quad \dfrac{HN}{HO} = \dfrac{1}{2} = \dfrac{ND}{AO}$.

Ainsi, *toute droite menée par le point* H *est limitée à la grande circonférence, et divisée en deux parties égales par le cercle des neuf points.*

On a prouvé directement que le point I, milieu de AH, appartient au cercle des neuf points (n° 720), et que HG $=$ GL (n° 292, *c*).

Exercice 378. — II.

1262. Théorème. 1° *Dans tout triangle, la distance d'un côté quelconque au centre du cercle circonscrit est la moitié de la distance du sommet opposé à l'orthocentre.*

2° *Le centre du cercle circonscrit, le centre de gravité, le centre du cercle des neuf points et l'orthocentre, forment une proportion harmonique.*

1° On a déjà démontré cette proposition (n°s 666 et 292, *c*), mais il est facile de la prouver directement.

Soient H l'orthocentre, M celui des médianes, O le centre du cercle circonscrit (fig. 785).

D'après le *théorème d'Euler* (n° 1119), on sait que les points H, M, O de la *droite d'Euler* sont en ligne droite.

Or $\qquad\qquad\qquad\qquad$ AM $=$ 2MD $\qquad\qquad$ (G., n° 230);

donc $\qquad\qquad\qquad\qquad$ AH $=$ 2OD

On peut dire aussi : Les triangles FON, BHO sont semblables, or

$$HO = 2NO, \quad \text{donc} \quad BH = 2FO$$

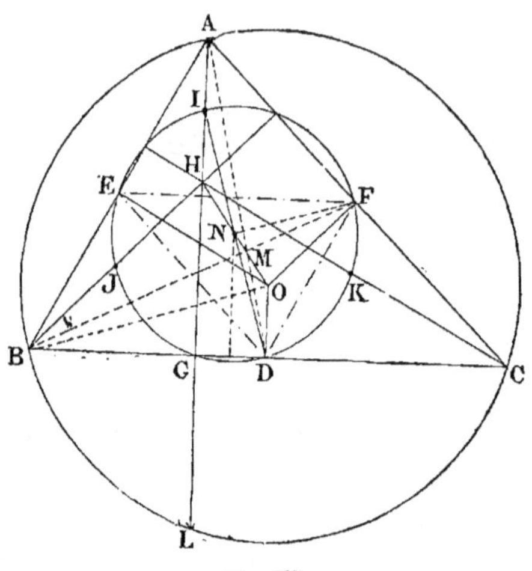

Fig. 785.

2° Les médianes se coupent aux deux tiers de leur longueur, à partir des sommets; donc aussi OM égale le tiers de OH, par suite MN en est le sixième, et MN est la moitié de MO; on a donc la proportion :

$$\frac{MN}{MO} = \frac{HN}{HO} \qquad C.\ Q.\ F.\ D.$$

Exercice 378. — III.

1263. Théorème. *Deux circonférences égales se coupent suivant une corde commune CD. Toute circonférence, tangente à cette corde au point C ou au point D, coupe les deux circonférences en deux points M, N, qui sont en ligne droite avec le point O, milieu de la distance AB des centres des circonférences données.*

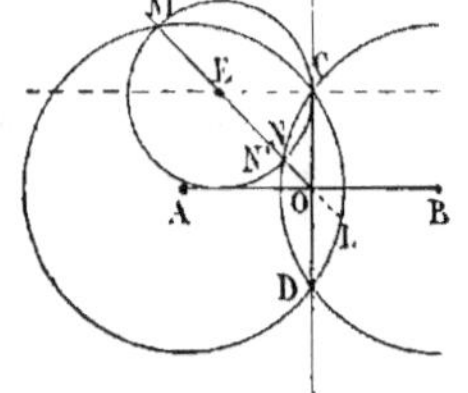

Fig. 786.

Joignons le point milieu O au point M.

Soient N′ le point où cette ligne coupe le cercle E, N le point où elle coupe le cercle B.

La droite OC est tangente au cercle E; donc

$$OM \cdot ON' = OC^2$$

Mais

$$OM \cdot OL = OC \cdot OD = OC^2$$

Donc

$$OM \cdot ON' = OM \cdot OL$$

Mais $OL = ON$; donc $ON = ON'$; ainsi N et N′ se confondent, et les trois points M, N, O sont en ligne droite.

22*

Exercice 379.

1264. Théorème. *Le lieu des points d'égale puissance, par rapport à deux circonférences, est une perpendiculaire à la ligne des centres.*

Ce lieu se nomme axe radical des deux circonférences.

(G., n° 830.)

Exercice 380.

1265. Théorème. *L'axe radical de deux circonférences est le lieu des points d'où l'on peut mener à ces circonférences des tangentes égales.*

(G., n° 833.)

1265 (a). Note. L'expression *axe radical* a été proposée par GAULTIER, de Tours, dans un mémoire sur les contacts des cercles. (*Journal de l'École polytechnique*, XVIᵉ cahier, année 1813.)

(Citation d'après PONCELET et CHASLES : *Traités des propriétés projectives des figures*, tome I, page 41; *Géométrie supérieure*, page 501.)

L'axe radical a été nommé parfois *droite dishomologue*, (RITT, *Problèmes de Géométrie*.

PONCELET a généralisé la notion précédente, en l'étendant à deux coniques quelconques, situées dans un même plan; il a d'ailleurs remplacé l'expression d'*axe radical* qui ne convient qu'à deux cercles, par celle de *sécante commune;* l'étude de deux coniques conduit à dire : *Deux cercles ont deux sécantes communes; l'une à distance finie* (axe radical) et l'autre à distance infinie (droite de l'infini). L'axe radical rencontre chaque cercle en deux points réels ou imaginaires, suivant que les cercles se coupent, ou ne se rencontrent pas. On nomme *points circulaires à l'infini,* les points imaginaires d'intersection de chaque cercle avec la sécante commune de l'infini.

Exercice 381.

1266. Théorème. *Lorsque, par le centre de similitude de deux circonférences, on mène une sécante qui les coupe en quatre points, les quatre tangentes menées en ces points aux circonférences forment un parallélogramme dont l'une des diagonales passe par le centre de similitude et dont l'autre est sur une droite donnée de position.* (*Porismes d'Euclide,* p. 315.)

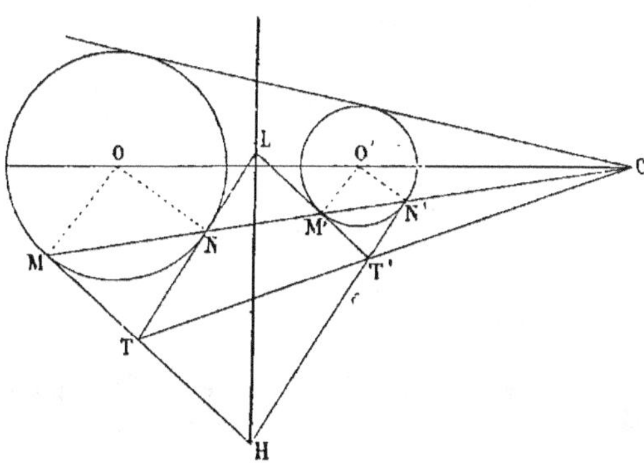

Fig. 787.

Les triangles isocèles MTN, M'T'N' sont semblables, car les angles T, T' sont les suppléments des angles égaux O, O' (n° 1256).

Les triangles MHN', NLM' ont les angles aigus égaux aux angles des deux premiers triangles, ils sont donc isocèles; ainsi LN = LM', MII = HN', et les tangentes étant égales, les points H, L appartiennent à l'axe radical, ligne qui est perpendiculaire à OO' (n° 1265).

Les points T, T' étant homologues, la droite TT' est un axe de similitude et doit passer par le centre C (n° 1146).

Exercice 382.

1267. Théorème. *L'axe radical de deux circonférences est le lieu des centres des circonférences qui les coupent orthogonalement.*

(G., n° 835.)

Exercice 383. — I.

1268. Théorème de Poncelet. *Toutes les circonférences qui coupent orthogonalement deux cercles donnés, extérieurs l'un à l'autre, passent par deux points fixes. Ces points se nomment points limites.*

(Voir *Méthodes*, n° 231.)

La démonstration rappelée présuppose la connaissance des notions relatives à l'axe radical; il peut donc être nécessaire de donner une autre démonstration.

Rappelons qu'une circonférence C coupe orthogonalement une circonférence A, lorsque les rayons AE, CE du point d'intersection sont perpendiculaires l'un à l'autre; chacun de ces rayons est tangent à la seconde circonférence, ainsi CE est tangent au cercle A, de même que AE est tangent au cercle C (n° 620).

La circonférence C coupant orthogonalement les cercles A et B, les tangentes CE, CF doivent être égales, puisque ce sont des rayons.

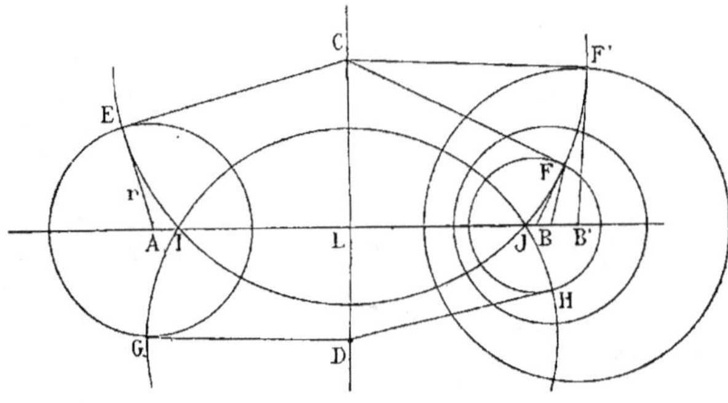

Fig. 788.

Soient I et J les points d'intersection; il suffit de prouver que la position de ces points est indépendante du rayon CE : on sait que

$$LI = LJ$$

Or
$$AI . AJ = r^2$$

d'où
$$(AL - LI)(AL + LI) = r^2$$

d'où
$$AL^2 - LI^2 = r^2, \text{ quantité constante.}$$

On aurait de même
$$BL^2 - LJ^2 = r^2$$

Ainsi la position des points I, J est indépendante du rayon CE.

Exercice 383. — II.

1269. Théorème. *Si, d'un point pris à volonté sur le plan d'une suite de cercles ayant même axe radical, on mène deux tangentes à chaque cercle de la série, le point milieu de chaque corde des contacts se trouve sur une circonférence coupant orthogonalement les premières.* (PONCELET, *Applications d'Analyse et de Géométrie*, t. II, p. 397.)

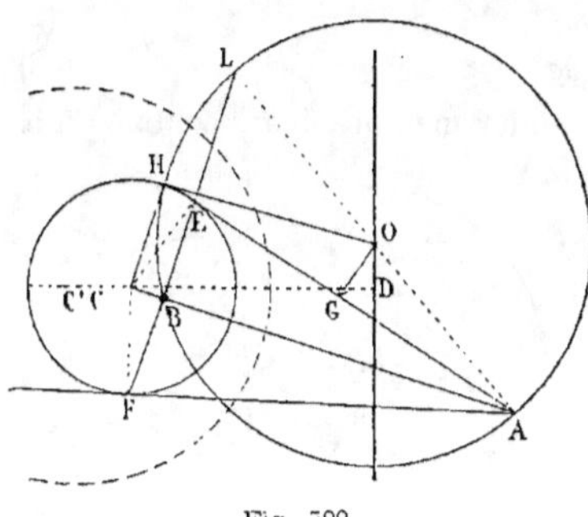

Fig. 789.

Soit C un des cercles dont OD est l'axe radical commun, A le point donné, AE, AF les tangentes, B le point milieu de la corde des contacts.

Tout cercle qui coupe orthogonalement les cercles donnés doit avoir son centre sur OD. Faisons donc passer par les points A et B un cercle dont le centre soit sur l'axe radical; il suffit d'élever une perpendiculaire au milieu de AB. Le théorème sera démontré, si nous prouvons que l'angle CHO est droit, car le cercle de centre O sera le cercle orthogonal qui passe par le point A, et ce cercle passera en outre par le point B.

Or le triangle rectangle CEA donne

$$CE^2 = CB \cdot CA$$

Mais $\qquad CE^2 = CH^2;\quad$ donc $\quad CH^2 = CB \cdot CA$

Ainsi la droite CH est tangente au cercle, car son carré égale le produit de la sécante CA par la partie extérieure CB. Donc l'angle CHO est droit. Le cercle orthogonal de centre O, ne dépendant que du point A et de l'axe radical commun DO, est donc le lieu du point milieu B des cordes de contact de tous les cercles, tels que ceux qui ont respectivement pour centres les points C, C'...

1270. Théorème. *Dans le théorème précédent, toutes les cordes des contacts passent par un même point, quel que soit le cercle considéré.*

En effet, l'angle ABE étant droit, toute corde telle que FE passe par le point L, extrémité du diamètre AOL.

Exercice 384.

1271. Théorème. *Lorsque trois cercles M, N, R se coupent, les trois cordes d'intersection se rencontrent en un même point.* (MONGE *.)

---

* Le théorème est de MONGE, dans le cas où les sécantes sont réelles. (D'après PONCELET, *Traité des propriétés projectives des figures*, tome I, page 40.)

MONGE, né à Beaune en 1746, mort en 1818, est le véritable créateur de la *Géométrie descriptive.*

1re *Démonstration*. Soit O le point de rencontre de deux cordes AB et CD; menons EO, et appelons F et G les points de rencontre de cette droite avec les circonférences N et R.

Désignons par a, b, c, d, e, f, g, les segments des cordes. On a (G., nos 259 et 261) :

Dans le cercle M	$ab = cd$	(1)
Dans le cercle N	$ab = ef$	(2)
Dans le cercle R	$cd = eg$	(3)

Les deux dernières égalités ont le premier membre égal, comme on le voit par la première; on a donc $ef = eg$, et par suite $f = g$, ou $OF = OG$. Ainsi les points F et G se confondent.

2e *Démonstration*. On peut recourir aux *solides auxiliaires* (nos 169 et suivants). Admettons que les trois circonférences données (fig. 790) soient les grands cercles de trois sphères ayant respectivement pour centres les points M, N, R. Les sphères M et N se coupent suivant

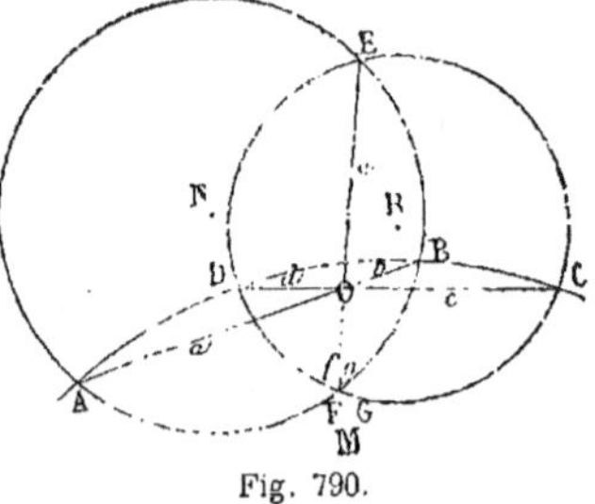

Fig. 790.

un petit cercle qui se projette en AB, les sphères M et R se coupent suivant un petit cercle qui se projette en CD; donc le point projeté en O, et qui se trouve sur le cercle AB et sur le cercle CD, appartient aux trois sphères; donc il doit se trouver sur le cercle EF commun aux sphères N et R; donc EF doit passer par le point O.   *C. Q. F. D.*

1271 (a). Scolie. 1° La rencontre peut avoir lieu sur les prolongements des cordes; la première démonstration ci-dessus s'applique exactement à ce cas.

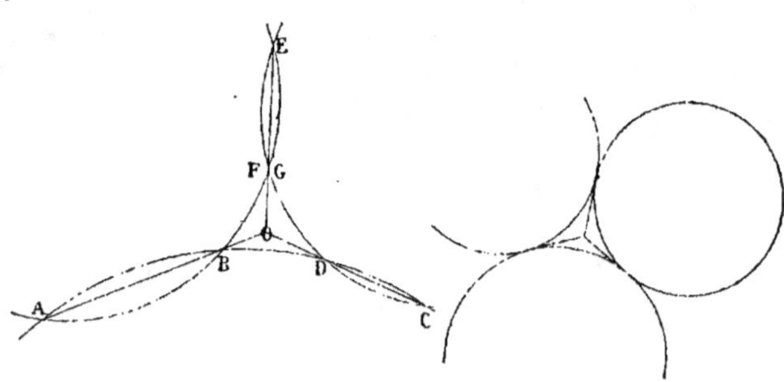

Fig. 791.   Fig. 792.

2° Les cercles peuvent se déplacer de manière à devenir tangents : chaque corde devient nulle en longueur; mais sa direction limite est la tangente commune. Donc, *lorsque trois cercles sont tangents entre eux, les trois tangentes communes se rencontrent en un même point.*

Remarque. Ces deux théorèmes ne sont que des cas particuliers du théorème suivant :

1272. Théorèmes. 1° *Les axes radicaux des trois cercles, pris deux à deux, concourent au même point.*

2° *Le point de concours des axes radicaux,* ou centre radical des trois cercles, *est le centre d'un cercle orthogonal aux cercles donnés.*

(Voir G., n° 838.)

Exercice 385.

1273. Théorème. *La corde commune aux circonférences décrites sur les diagonales d'un trapèze, prises pour diamètre, passe par le point de concours des côtés non parallèles.*

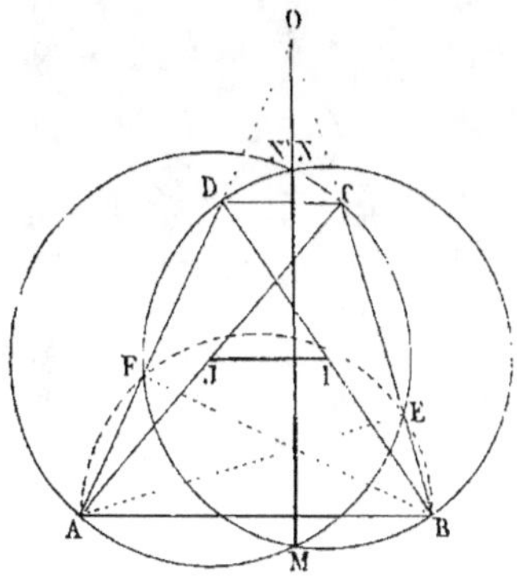

Fig. 793.

La circonférence qui a BD pour diamètre détermine le point F, pied de la hauteur BF, car l'angle BFD est droit.

De même AE est perpendiculaire sur OB; les points E, F appartiennent donc à la circonférence décrite sur AB comme diamètre.

Soient N le point où la droite OM coupe la circonférence MBN et N' le point où OM coupe la circonférence MAN'. Il suffit de prouver que les points N et N' coïncident.

On a
$$OM \cdot ON = OD \cdot OF \qquad (1)$$
$$OM \cdot ON' = OE \cdot OC \qquad (2)$$

Prouvons que les produits OD . OF et OE . OC sont égaux.
Le demi-cercle AFEB donne
$$OB \cdot OE = OA \cdot OF \qquad (3)$$

Les parallèles AB, DC donnent
$$\frac{OB}{OC} = \frac{OA}{OD}$$

d'où
$$OB \cdot OD = OA \cdot OC \qquad (4)$$

Divisons (3) par (4), on trouve
$$\frac{OE}{OD} = \frac{OF}{OC}$$

d'où
$$OE \cdot OC = OD \cdot OF$$

Ainsi, en comparant (1) et (2), on a
$$OM \cdot ON = OM \cdot ON'$$

d'où
$$ON = ON' \qquad C.\ Q.\ F.\ D.$$

Remarque. AE, BF, OE sont les hauteurs du triangle AOB, car la ligne des centres IJ est parallèle aux bases du trapèze.

Exercice 386.

1274. Théorème de Newton. *Les diagonales d'un quadrilatère circonscrit à un cercle et les cordes des points de contact des côtés opposés, se coupent au même point.*

Ou bien : *Lorsqu'un quadrilatère inscrit dans un cercle a pour sommets les points de contact d'un quadrilatère circonscrit à ce même cercle, les diagonales des deux quadrilatères se coupent au même point.*

Démonstration de L. Anne [*]. On sait que lorsque deux triangles ont deux angles égaux et deux angles supplémentaires, les côtés opposés aux angles égaux sont proportionnels aux côtés opposés aux angles supplémentaires (nº 150).

Soit O le point d'intersection de AC et HF.

Les triangles AOH, CFO ont des angles égaux au point O, et les angles en F et H sont supplémentaires, comme formés par des tangentes aux extrémités d'une même corde FH ; donc

$$\frac{AH}{CF} = \frac{AO}{CO}$$

Soit O' la rencontre de AC et de EG, on aura

$$\frac{AE}{CG} = \frac{AO'}{CO'}$$

Mais $AH = AE$, $CF = CG$;   donc

$$\frac{AO}{CO} = \frac{AO'}{CO'}$$

Ainsi les points O et O' se confondent.   *C. Q. F. D.*

1275. Théorème. *Lorsque deux quadrilatères, dont l'un est inscrit et l'autre circonscrit à un cercle, sont tels que les sommets du premier sont les points de contact des côtés du second, les côtés opposés de chaque quadrilatère concourent deux à deux en quatre points situés en ligne droite, et les diagonales des deux polygones concourent au même point.*

Soient les quadrilatères ABCD et EFGH (fig. 795).

1º Soit O le point de concours des cordes de contact EG, FH ; la troisième diagonale MN du quadrilatère complet est la polaire du point O. (G., nº 798, 3º.)

Le point L est le pôle de la corde EG (G., nº 806), K est celui de FH ; donc LK est la polaire du point O (G., nº 805) ; ainsi les quatre points K, L, M, N sont en ligne droite.

2º B est le pôle de EFM, O celui de MK et D celui de HGM.

Or les trois droites ME, MH, MK concourent en un même point M ;

---

[*] Léon Anne, ancien élève de l'École polytechnique, répétiteur au collège Louis-le-Grand. Les *Nouvelles Annales* lui doivent plusieurs démonstrations très ingénieuses.

donc les trois points B, O, D sont en ligne droite (G., n° 804, 2°), et cette ligne BOD est la polaire du point M.

De même AC passe par le point O.

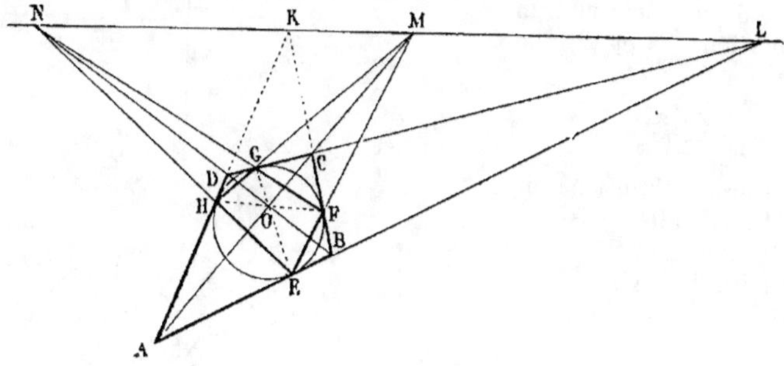

Fig. 795.

3° Les diagonales du quadrilatère circonscrit passent par les points de concours des côtés opposés du quadrilatère inscrit, car les droites HG, AC, EF sont les polaires de trois points D, N et B, situés en ligne droite. (G., n° 804, 1°.)

1275 *a.* **Note.** Le *Théorème de Newton* est vrai pour une conique quelconque.

Ainsi que nous l'avons indiqué, la démonstration que nous avons donnée (n° 1274) est de LÉON ANNE (N. A., 1842, page 186; 1844, pages 28 et 465).

CATALAN, dans ses *Théorèmes et Problèmes de Géométrie,* 6ᵉ édition, 1879, Th. LIX, page 127, reproduit la solution même donnée par NEWTON.

BOBILLER (*Géométrie,* 11ᵉ édition, page 361) reproduit une démonstration donnée par CARNOT dans sa *Géométrie de position.*

Les mots *pôle* et *polaire* ont été employés en 1809, par SERVOIS, ancien professeur de *l'école de Metz,* auteur d'un essai sur la Géométrie de la règle : *Solutions peu connues de différents problèmes de Géométrie pratique.* (Voir M. G. DE LONGCHAMPS, *Géométrie de la règle et de l'équerre,* 1890.)

Exercice 387.

1276. Théorème. *Lorsqu'on prolonge les côtés opposés d'un quadrilatère inscriptible et qu'on mène les bissectrices des deux angles ainsi obtenus, les points d'intersection de ces deux lignes et les points milieux des diagonales du quadrilatère donné sont en ligne droite.* (N. A., 1842, p. 359.)

On sait que la figure IJGH est un losange (n° 675).

Prouvons d'abord que les côtés de ce losange sont parallèles aux diagonales du quadrilatère.

La bissectrice FJ donne
$$\frac{AJ}{BJ} = \frac{AF}{BF}$$

Les triangles semblables AFC, BFD donnent
$$\frac{AF}{BF} = \frac{AC}{BD}$$

donc
$$\frac{AJ}{BJ} = \frac{AC}{BD} \qquad (1)$$

La bissectrice EH et les triangles semblables AEC, DEB donnent

$$\frac{AH}{DH} = \frac{AE}{DE} = \frac{AC}{BD} \qquad (2)$$

A cause du rapport commun aux proportions (1) et (2), on peut écrire

$$\frac{AJ}{BJ} = \frac{AH}{DH}$$

Donc la droite HJ est parallèle à BD, car elle divise en parties proportionnelles les côtés du triangle BAD.

De même HI est parallèle à AC.

Soient M et N les milieux des diagonales.

Menons MB, MD et la droite LK qui joint les deux points obtenus.

BM est la médiane du triangle ABC; donc elle divise la parallèle GJ en deux par

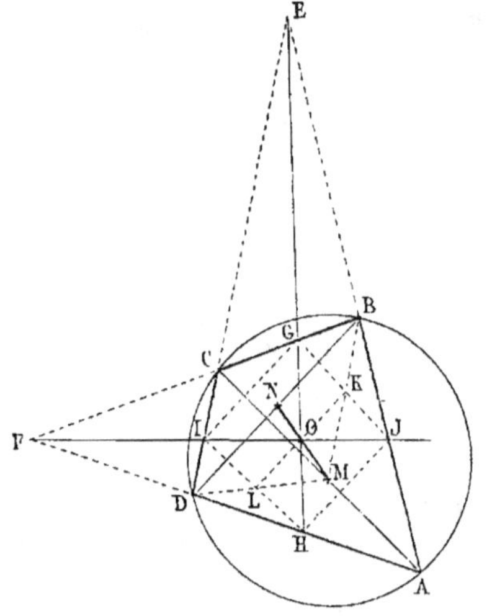

Fig. 796.

ties égales; de même le point L est le milieu de HI.

La droite LK, qui joint les milieux des côtés opposés du losange, passe donc par le point O où les diagonales se coupent, et se trouve en outre parallèle à IG et à BD. Son point milieu O appartient donc à la médiane MN du triangle BMD.   *C. Q. F. D.*

1276 (a). **Théorème.** *Les bissectrices des angles formés par les côtés opposés d'un quadrilatère inscriptible, et les droites qui joignent deux à deux les milieux des côtés opposés de ce quadrilatère, passent par un même point.*

En effet, les droites qui joignent les milieux des côtés opposés se rencontrent au milieu de la droite MN qui joint les milieux des diagonales (n° 548); donc les bissectrices et les droites qui joignent les milieux des côtés opposés passent par le même point O, milieu de MN.

Exercice 388.

1277. Théorème. *Les points de concours des hauteurs des quatre triangles, formés par deux côtés adjacents et par une diagonale d'un quadrilatère inscriptible, sont les sommets d'un quadrilatère égal au premier.*

Soit ABCD le quadrilatère inscriptible, A′ le point de concours des hauteurs du triangle BCD, C′ celui de BAD, B′ celui de ADC et D′ celui de ABC; il faut prouver que A′B′C′D′ = ABCD.

On sait que la distance OP du centre du cercle circonscrit à la base

BD du triangle inscrit BAD est la moitié de la distance AC' du sommet

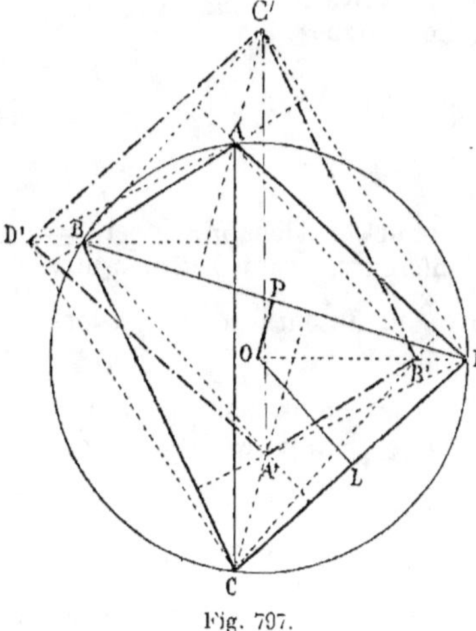

Fig. 797.

opposé (n° 1261) au point de concours des hauteurs.

Donc AC' = 2PO = CA'.

La figure ACA'C', ayant deux côtés opposés égaux et parallèles, est un parallélogramme; donc la diagonale A'C' est égale et parallèle à AC; de même B'D' est égale et parallèle à BD.

Dans le triangle BCD, BA', perpendiculaire à CD, égale 2 . OL.

Dans le triangle CAD, AB', perpendiculaire à CD, égale 2 . OL.

Donc la figure ABA'B' est un parallélogramme, comme ayant deux côtés BA', AB' égaux et parallèles; donc AB et A'B' sont des côtés égaux et parallèles.

On démontrerait de même l'égalité et le parallélisme des autres côtés; donc les quadrilatères ABCD, A'B'C'D' sont égaux.　　　*C. Q. F. D.*

1277 (a). **Théorème.** *Si l'on considère le cercle des neuf points de chacun des quatre triangles formés par deux côtés adjacents et par une diagonale d'un quadrilatère inscriptible, les quatre centres des cercles obtenus sont les sommets d'un quadrilatère semblable au quadrilatère donné.*

On sait que le centre du *cercle des neuf points* d'un triangle BCD est au point milieu de la droite OA' qui joint le centre O du cercle circonscrit au point de concours A' des hauteurs du triangle (n° 28); ainsi le centre d'un second cercle est au milieu de OB', etc.; donc les centres A", B", etc., forment un quadrilatère A"B"C"D" homothétique de A'B'C'D', et semblable, par suite, au quadrilatère ABCD; d'ailleurs

$$A''B'' = {}^1/_2 A'B' = {}^1/_2 AB$$

Exercice 389.

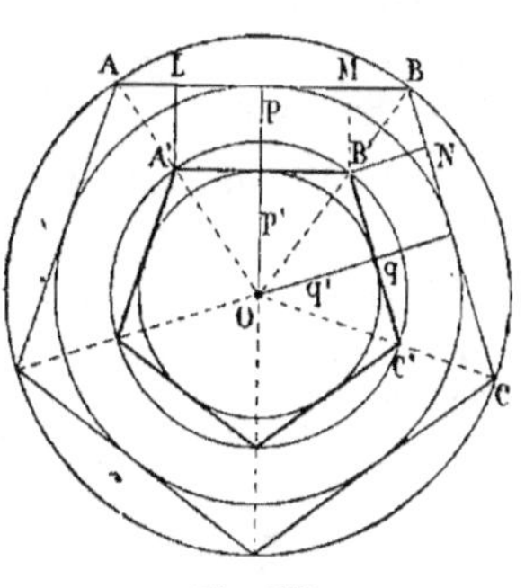

Fig. 798.

1278. Théorème. *Si deux polygones réalisent les conditions suivantes : 1° sont semblables, 2° ont les côtés homologues parallèles, 3° ont des intervalles égaux entre les côtés homologues, ces deux polygones sont circonscriptibles à des cercles.* (BORDONI, professeur à Pavie. — N. A., 1860, p. 306.)

Les deux polygones sont *homothétiques,* c'est-à-dire semblables et semblablement placés.

Soit O le centre de similitude ou d'homothétie.

Abaissons les perpendiculaires p et p' sur deux côtés homologues AB et A'B', et les perpendiculaires q, q' sur les côtés BC, B'C'.

Ces perpendiculaires sont des lignes homologues, ainsi

$$\frac{p}{p'} = \frac{q}{q'}$$

d'où

$$\frac{p - p'}{p'} = \frac{q - q'}{q'}$$

Mais les différences sont égales par construction; donc $p' = q'$ et $p = q$; donc les côtés sont tangents à des circonférences ayant O pour centre.

Remarques. 1° Les polygones donnés (n° 1278) sont inscriptibles lorsque

$$AB = BC, \text{ etc.}$$

2° Le théorème proposé peut être énoncé comme il suit : *Deux polygones semblables dont les côtés homologues sont parallèles et équidistants sont circonscriptibles à des cercles concentriques.*

Exercice 390. — I.

1279. Théorème. *Lorsque trois circonférences ont une même corde commune AB, toute sécante AMON, menée par un des points d'intersection et qui coupe les trois courbes en M, O, N, détermine des segments MO, ON dont le rapport est constant.*

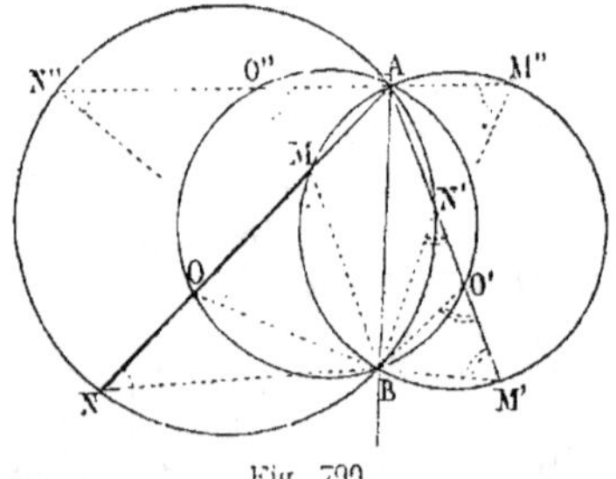

Fig. 790.

Joignons le second point d'intersection B aux trois points M, O, N, et prouvons que la figure MONB reste semblable à elle-même, quelle que soit la direction de la sécante AN.

Les angles M, O, N ont une valeur constante, car M est le supplément de AMB qui égale $\frac{1}{2}$ arc AM''M'B.

$$O = \tfrac{1}{2} \text{ arc AO'B}, \quad N = \tfrac{1}{2} \text{ arc AN'B}$$

Donc le rapport $\dfrac{MO}{ON}$ est constant.   *C. Q. F. D.*

1279 (a). Remarques. 1° Il en est de même des rapports $\dfrac{BM}{BN}$, $\dfrac{BM}{BO}$, etc.

2° Ce théorème peut être déduit comme *remarque* d'un lieu géométrique (n° 1373).

3° La sécante AM' donne $\dfrac{M'O'}{O'N'} = \dfrac{MO}{ON}$, car l'angle $M' = M$, $O' = O$, $N' = N$.

4° La sécante AM'' donne aussi $\dfrac{M''O''}{O''N''} = \dfrac{MO}{O'N'}$, car $M'' = M' = M$, $O'' = O$, $N'' = N$.

Ainsi *toute sécante menée par le point A donne lieu à un rapport constant.*

Exercice 390. — II.

1279 (b). Théorème réciproque. *Lorsqu'on mène une corde quelconque AMN (fig. 799) par l'un des points de concours de deux circonférences sécantes, et qu'on divise MN en deux parties MO, ON qui soient dans un rapport donné, le point O se trouve sur une circonférence AOBO' qui passe par les points de concours des deux circonférences données.*

1280. Théorème. *Lorsque trois circonférences ont une corde commune AB, toute tangente menée par le point A à une des circonférences est divisée par les deux autres et par le point A en deux segments dont le rapport est constant.*

Si une droite mAn est tangente à la circonférence OO'O'' (fig. 799), le point A tiendra lieu du point O, et l'on aura

$$\frac{mA}{nA} = \frac{MO}{NO}$$

Si la droite est tangente à la circonférence MM'M'', le point A tiendra lieu du point M, et l'on aura, par exemple,

$$\frac{Ao'}{o'n'} = \frac{MO}{ON}$$

d'où
$$\frac{mA}{nA} = \frac{Ao'}{o'n'} \qquad C.\ Q.\ F.\ D.$$

Enfin, la droite pourrait être tangente à la circonférence NN'N''.

Exercice 390. — III.

1281. Théorème. *Lorsqu'un triangle LMN se meut dans son plan en restant semblable à lui-même, tandis que deux sommets M, N se meuvent sur deux circonférences ayant une corde commune AB, et que le côté AMN passe par un des points d'intersection A, le troisième sommet L décrit une circonférence qui passe par le point B.*

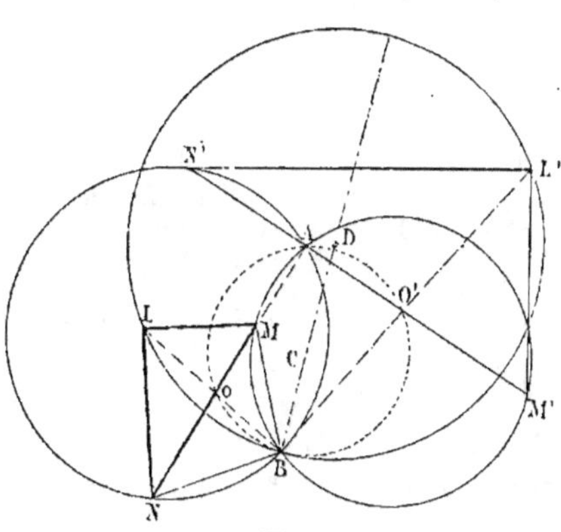

Fig. 800.

Joignons le point B au point L; soit O le point où la ligne BL coupe MN.

Le quadrilatère LMBN reste semblable à lui-même, car tous les angles sont constants, et il en est de même du rapport $\dfrac{BM}{BN}$

(n° 1279). Donc la diagonale BL divise MN en deux segments dont le rapport $\dfrac{MO}{ON}$ est constant; donc le point O décrit une circonférence

AOB qui passe par les points d'intersection A et B des deux premières ainsi qu'on l'a démontré (n° 1279).

Le quadrilatère LMBN restant semblable à lui-même, le rapport $\dfrac{BO}{BL}$ est constant; donc les points L, O décrivent des circonférences ayant le point B pour centre extérieur de similitude (n° 1279 b).

1282. Théorème. *Par un des points d'intersection de deux circonférences qui se coupent, on mène des sécantes ABC; sur chacune d'elles on construit des figures semblables entre elles. Les points homologues de toutes ces figures se trouvent sur une même circonférence.*

Il suffit de combiner les théorèmes déjà démontrés (n°s 1281 et 1147).

Exercice 391.

1283. Théorème. *Lorsqu'une figure se meut dans son plan, en restant semblable à elle-même, et que trois de ses droites passent respectivement par trois points fixes, tout point de la figure donnée décrit une circonférence* (Julius Petersen, N. A., 1867, p. 80.)

Soient A, C, D les trois points fixes, MNP le triangle formé par les trois droites qui passent par les points fixes, L un point quelconque de la figure mobile.

Joignons L à deux sommets M et N.

Le triangle MNP reste semblable à lui-même; donc M se meut sur l'arc de segment AMC, capable de l'angle donné M.

De même, N se meut sur l'arc AND.

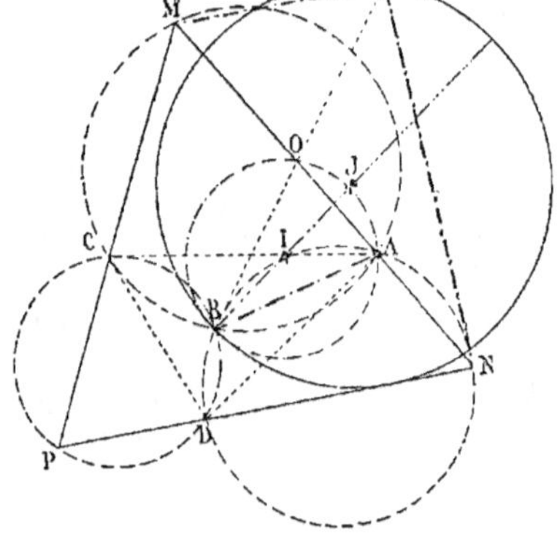

Fig. 801.

Nous retombons ainsi sur la question précédente; soit B le second point d'intersection des circonférences AMC, AND; les points M, N glissent sur deux circonférences; donc le point O décrit une circonférence BAO, et le point L une circonférence ayant son centre J sur le prolongement du rayon BI.

1283 (a). Scolie. *Toutes les circonférences, lieu des points L, passent par un même point B.*

En effet, l'angle $ABC = 2d - M$, $ABD = 2d - N$.

Donc $CBD = 4d - (M + N)$ ou $CBD = 2d - P$

Ainsi le point B appartient à la circonférence CPD et à toute circonférence L.

1284. Note. Nous avons déjà cité l'ouvrage si remarquable de M. Petersen : *Méthodes et Théories pour la résolution des problèmes de constructions géométriques*, 1880.

Cet ouvrage, traduit en français par M. O. Chemin, ingénieur des ponts et chaussées, est bien propre à montrer tout le parti qu'il est possible de tirer de quelques méthodes bien appliquées; cependant nous devons donner quelques renseignements bibliographiques :

Les théorèmes précédents 1281 à 1284, proposés par M. J. P., dans les N. A. de 1866, page 480, et résolus en 1867, page 80, se trouvent indiqués dans le même recueil, dès 1858, page 48, dans un article, par M. DE LAFITTE, professeur, comme cas particuliers des *figures homographiques*.

« Lorsqu'une figure varie de grandeur et de position, en restant semblable à elle-même :

1° Si *trois droites* tournent chacune autour d'un point fixe, toute autre droite tourne autour d'un point fixe, et un point quelconque décrit *un cercle*. Tous ces cercles passent par un même point, qui est un point double commun à toutes les figures.

2° Si *trois points* décrivent chacun une ligne droite, tout autre point décrit une ligne droite, et une droite quelconque enveloppe *une parabole*. »

Les deux théorèmes précédents sont fondamentaux dans l'étude élémentaire des figures qui varient de grandeur et de position, tout en restant semblables à elles-mêmes.

Voir aussi *Nouvelle Correspondance mathématique* de CATALAN, 1880, pages 72, 172, 219, articles de M. NEUBERG; puis page 321, lettre de M. LAQUIÈRE, officier d'artillerie, rappelant la publication en 1872, d'une étude analogue par M. GROUARD, officier de la même arme.

Exercice 392.

1285. Théorème de La Hire. *Si un cercle roule sans glissement à l'intérieur d'une circonférence de rayon double, un point quelconque de la circonférence mobile décrit un diamètre du grand cercle.*

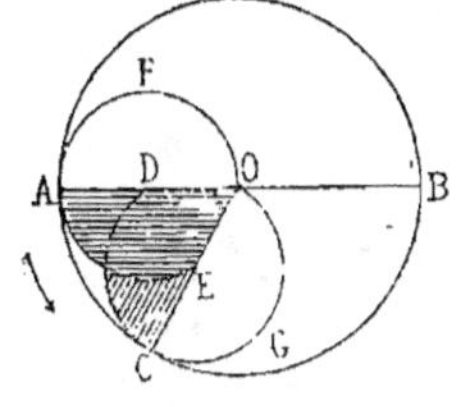

Fig. 802.

Soit OA le rayon de la grande circonférence, et en même temps le diamètre de la petite. Supposons que le petit cercle, placé d'abord en AEOF, roule sans glissement à l'intérieur de la grande circonférence; et soit CGOD une position quelconque du cercle mobile. Menons la droite OC au nouveau point de contact C. Nous allons prouver que le point A décrira le diamètre AB.

On a   angle AOC = arc AC = ¹/₂ arc AE = ¹/₂ arc CD

et comme le petit cercle a un rayon moitié de OA, l'arc d'un degré de la petite circonférence est moitié de l'arc d'un degré de la grande; et ainsi l'arc AC est égal, en longueur absolue, à chacun des arcs AE et CD.

Donc, lorsque le cercle mobile passe de la première position à la seconde, le point E vient en C, et le point A se trouve en D, c'est-à-dire sur le diamètre AB.   *C. Q. F. D.*

Autre démonstration. On peut dire plus simplement : Le point A vient en D, car l'angle DOC = ¹/₂DEC.

Donc   arc DEC = arc AC

1285 (a). Note. Ce théorème, souvent attribué à LA HIRE (N. A., 1843, p. 499; 1854, page 297), l'est parfois à CARDAN (N. A., 1845); mais du moins on doit à La Hire la construction de l'engrenage intérieur, dont le principe repose sur le théorème précédent; cet engrenage permet de transformer un mouvement circulaire en un mouvement rectiligne alternatif.

On sait que tout point d'une circonférence qui roule sur une autre circonférence décrit une *épicycloïde*. (G., n° 892.)

Lorsque la circonférence roule à l'intérieur, on obtient une *hypocycloïde*; dans le cas particulier où le rayon de la circonférence intérieure est la moitié du rayon de la circonférence directrice, l'hypocycloïde se transforme en ligne droite.

CARDAN, né à Pavie en 1501, est mort à Rome en 1576. Il fit connaître la résolution de l'équation du troisième degré, et parvint à résoudre celle du quatrième degré. On connaît le *Joint universel* qui porte son nom.

Relations numériques. — Circonférence.

Exercice 393.

1286. Théorème. *Les diagonales d'un pentagone régulier se divisent mutuellement en moyenne et extrême raison.*

Le triangle COB est isocèle, car les angles en C et en B ont même mesure.

Les triangles isocèles COB, CAB sont semblables, car ils ont un angle commun; donc

$$\frac{CO}{CB} = \frac{CB}{CA}, \quad CB^2 = CO \cdot CA$$

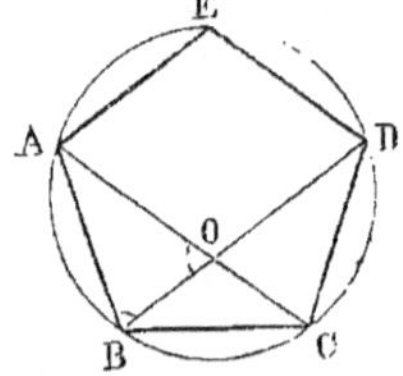

Fig. 803.

Mais le triangle OAB est aussi isocèle, car les angles en O et en B ont même mesure; donc

$$OA = AB = BC$$

Ainsi $\qquad\qquad AO^2 = CO \cdot CA \qquad\qquad$ C. Q. F. D.

1286 (a). Note. On peut donner de nombreuses démonstrations de ce théorème, voir l'*Éducation chrétienne*, 2ᵉ année (1892-1893), supplément, p. 108, question 15. H. M.

L'*Éducation chrétienne*, revue pédagogique hebdomadaire, publie chaque quinze jours un *supplément* relatif à *l'enseignement primaire supérieur* et à *l'enseignement secondaire moderne*. La partie mathématique, la seule dont nous ayons à nous occuper ici, traite les problèmes d'examen avec une rare élégance et avec une grande richesse de développements; par suite, nous renonçons à compléter nos *Exercices de Géométrie* par des problèmes de *brevet supérieur* et de *baccalauréat*, et nous nous bornons à renvoyer à l'utile publication dont nous venons de parler.

(b). Pour la question ci-après (nᵒ 1287) on lira avec intérêt un bel article de M. CLÉMENT THIRY sur *Quelques propriétés d'une droite divisée en moyenne et extrême raison.* (Voir *Mathésis*, 1894, p. 22.)

1287. Théorème. *Lorsqu'une droite est divisée en moyenne et extrême raison, la somme du carré de la ligne entière et du carré du petit segment égale trois fois le carré du grand segment.*

En effet, soit a la ligne entière, m le grand segment et n le petit; m est la différence de a et de n; donc

$$m^2 = a^2 + n^2 - 2an$$

Mais, par définition $\qquad m^2 = an$

donc $\qquad\qquad 3m^2 = a^2 + n^2 \qquad\qquad$ C. Q. F. D.

Remarque. On a aussi $\quad a^2 + n^2 = 3an$

Exercice 394.

1288. Théorème. *La corde qui sous-tend un arc triple de celui qui correspond au côté du décagone inscrit, égale la somme du rayon et du côté du décagone.*

Il faut prouver que $\qquad$ AD $=$ AO $+$ CD

Les angles DCM et DMC sont égaux, comme ayant même mesure, de

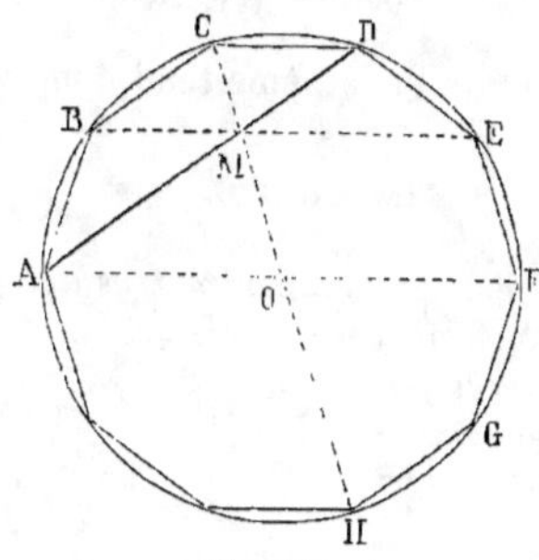

Fig. 804.

même pour les angles en M et en O; donc les triangles CDM, MAO sont isocèles, ainsi $\qquad$ AD $=$ AO $+$ CD

Exercice 395.

1289. Théorème. *Dans la méthode des isopérimètres* *, *si on représente par* r *et* a *le rayon et l'apothème du polygone de* n *côtés et par* r' *et* a' *le rayon et l'apothème du polygone de* 2n, *on a* r' — a' $<$ ¹/₄(r — a) (N. A., 1847, p. 27.)

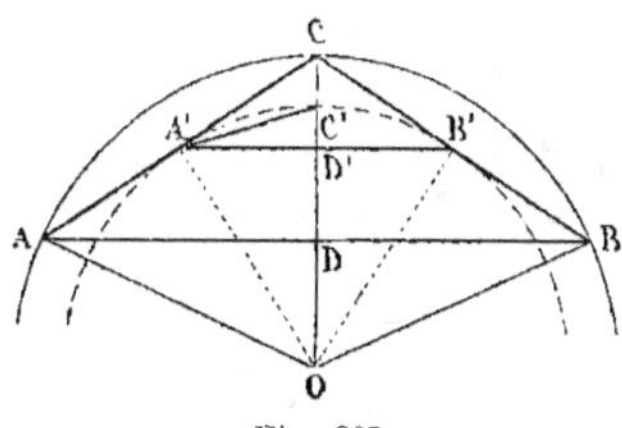

Fig. 805.

Soit AB le côté du polygone inscrit ayant AO pour rayon, OD pour apothème. En joignant les milieux A' et B' des cordes égales AC, CB, on obtiendra A'B' pour côté du polygone isopérimètre d'un nombre double de côtés, car A'B' $=$ ¹/₂AB, et l'angle A'OB' $=$ ¹/₂AOB.

Or $\qquad$ $r' =$ A'O $\quad$ et $\quad$ $a' =$ OD'

donc $\qquad$ $r - a =$ CD; $\quad$ $r' - a' =$ C'D'

Mais CD' $=$ ¹/₂CD, ainsi CD' $=$ DD'. Il suffit de prouver que C'D' est $<$ CC'. La droite A'C' est bissectrice de l'angle du segment CA'D', et, comme A'D' est $<$ A'C, il en résulte C'D' $<$ CC' (n° 182); donc

$$C'D' < ¹/₂CD' < ¹/₄CD \qquad C. \ Q. \ F. \ D.$$

---

* La *méthode des isopérimètres*, attribuée à Schwab, est due à Descartes ; elle a été reproduite par Euler dans un de ses mémoires. (Citation de M. Catalan, N. A., 1864, page 545.)

J. Schwab est né en 1765 à Mannheim ; mais quand il a publié la *Méthode des figures isopérimétriques*, il était citoyen français ; car dès 1793 il avait quitté définitivement l'Allemagne pour venir habiter la France. Sa *Géométrie plane* a été publiée à Nancy en 1813 ; l'auteur mourut dans cette ville le 23 novembre de la même année.

On aurait de même $\qquad r'' - a'' < {}^1/_4\,(r' - a')$

donc $\qquad\qquad\qquad r'' - a'' < {}^1/_{16}(r - a)$ etc.

et généralement $\qquad r_n - a_n < \dfrac{1}{4^n}\,(r - a)$

La différence du rayon et de l'apothème tend donc vers zéro.

Exercice 396.

1290. Théorème. *La différence des périmètres des polygones réguliers de 2n côtés inscrit et circonscrit à un cercle, est moindre que le ${}^1/_4$ de la différence des périmètres des polygones réguliers de n côtés inscrit et circonscrit au même cercle.*
(N. A., 1843, p. 188.)

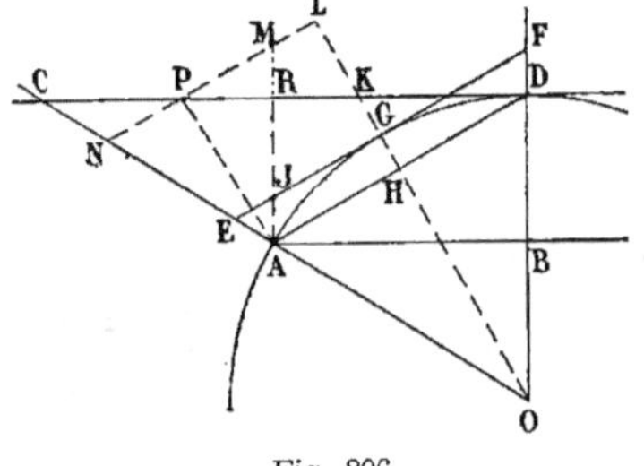

Fig. 806.

Soient AB, CD deux demi-côtés des polygones de n côtés, et AD, EF les côtés des polygones de $2n$ côtés.

Menons le rayon OG perpendiculaire à EF, AP parallèle à ce rayon, AJM parallèle à OD, et PML parallèle à AD.

EJ est la différence des côtés des polygones $2n$, CR la différence des demi-côtés des polygones n.

Il suffit donc de prouver qu'on a

$$EJ < {}^1/_4 CR$$

A cause des triangles égaux OGF, ODK, la ligne DF égale GK; mais la perpendiculaire GH est plus courte que l'oblique DF; d'ailleurs

$$HK = LK$$

car $\qquad\qquad\qquad PK = DK$

donc $\qquad HG < GK$ d'où $HG < {}^1/_2 HK$ ou $HG < {}^1/_4 AP$

Mais les triangles semblables EAJ, NAM ont des bases proportionnelles à leurs hauteurs; donc

$$EJ < {}^1/_4 NM$$

D'ailleurs la perpendiculaire MPN, menée à la bissectrice AP, est plus petite que CR; donc, *à fortiori*, $EJ < {}^1/_4 CR$ $\qquad$ C. Q. F. D.

Exercice 397.

1291. Théorème. *Par l'extrémité d'une corde, on mène deux autres cordes également inclinées sur la première. Par un second point de la circonférence, on mène des parallèles aux trois lignes déjà considérées; prouver que la somme des côtés du premier angle est à celle des côtés du second dans le même rapport que les cordes qui servent de bissectrices à ces angles.* (MACLAURIN, en 1743; *Traité des fluxions.*)

Soit AB bissectrice de CAD; menons le diamètre EF parallèle à AB, et les cordes EG, EH parallèles aux côtés de l'angle CAD.

M.   23

Le triangle GEH sera isocèle. Il suffit de s'occuper des moitiés des cordes; donc, du centre O, abaissons les perpendiculaires OMN, OIJ et OP. Cette dernière sera bissectrice de l'angle LOK; donc

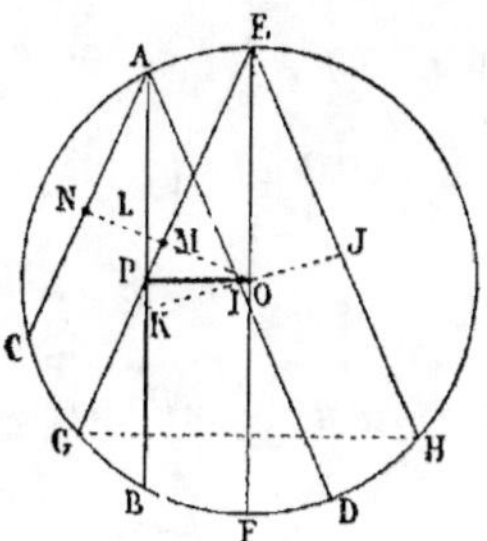

Fig. 807.

$$PL = PK$$

d'ailleurs
$$ME = JE$$

Les triangles semblables LAN, OME donnent

$$\frac{AN}{AL} = \frac{ME}{OE}$$

Les triangles semblables AIK, EJO donnent

$$\frac{AI}{AK} = \frac{JE}{OE}$$

donc
$$\frac{AN}{AL} = \frac{AI}{AK} = \frac{ME}{OE}$$

d'où
$$\frac{AN + AI}{AL + AK} = \frac{ME}{OE}$$

Mais AL + AK revient à 2AP ou AB.

Donc
$$\frac{AN + AI}{AB} = \frac{ME}{OE} = \frac{EG}{FE}$$

ou
$$\frac{AC + AD}{AB} = \frac{EG + EH}{EF}$$

on peut écrire
$$\frac{AC + AD}{EG + EH} = \frac{AB}{EF} \qquad C. Q. F. D.$$

1291 (a). **Calcul.** Tout revient à prouver que

$$\frac{AC + AD}{AB} = \text{constante.}$$

Posons
$$AC = 2c, \quad AB = 2b, \quad AD = 2d$$
$$\text{angle } CAB = BAD = \alpha \quad \text{et} \quad BAO = x$$

On a
$$c = R \cos(\alpha + x), \quad d = R \cos(\alpha - x)$$

et
$$b = R \cos x$$

d'où
$$\frac{c + d}{b} = \frac{\cos(\alpha + x) + \cos(\alpha - x)}{\cos x} = 2 \cos \alpha = \text{constante.}$$

Exercice 398. — I.

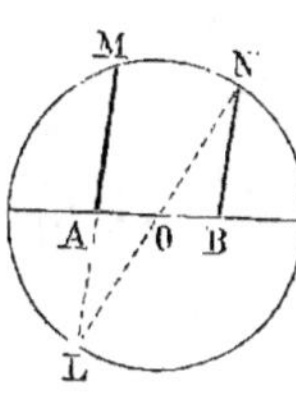

Fig. 808.

1292. Théorème. *Par deux points A et B également éloignés du centre et pris sur un même diamètre, on mène deux droites parallèles AM, BN terminées à la même demi-circonférence; prouver que le produit AM . BN est constant. (Porismes d'Euclide, par* CHASLES, *page 306.)*

Soit OA = OB; prolongeons MA et NO jusqu'à leur rencontre : le point L appartient à la circonférence.

En effet, les triangles AOL, BON sont égaux, comme ayant un côté égal adjacent à deux angles égaux, car $A = B$, comme alternes-internes; donc $OL = ON$; $AL = BN$.

Or $AL \cdot AM$ est une quantité constante pour un même point donné A (G., n° 259); donc il en est de même de $AM \cdot BN$.

Remarque. $AM \cdot BN = r^2 - AO^2$. Ce théorème conduit à une propriété ● bien connue de l'ellipse. (Voir ci-après, n° 2084.)

Exercice 398. — II.

1293. Théorème. *On donne un cercle et une tangente fixe dont* A *est le point de contact; prouvons que deux tangentes parallèles déterminent sur la tangente fixe deux segments* AM, AN *dont le produit est constant.* (*Porismes d'Euclide,* page 305.)

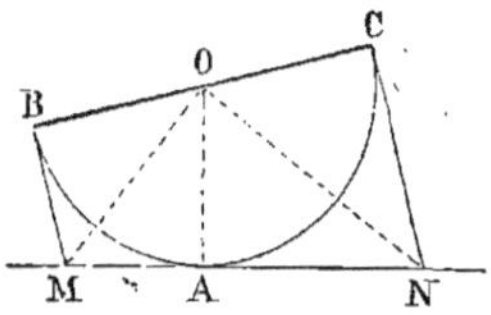

L'angle MON est droit, car les angles MOB, MOA sont égaux; il en est de même de NOC, NOA.

Dans le triangle rectangle MON, on a
$$AM \cdot AN = AO^2 \quad \text{Donc...}$$

Remarque. On a aussi $\quad BM \cdot CN = AO^2$

Fig. 809.

Exercice 398. — III.

1294. Théorème. *Dans un cercle quelconque, on mène une corde* CD *perpendiculaire au diamètre* AB; *par un point* M *mobile sur* CD, *on mène une corde* AME; *démontrer que le produit* AM . AE *est constant.*

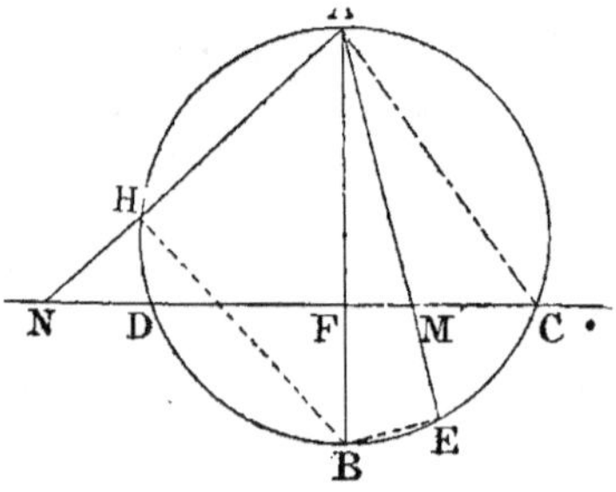

1re *Démonstration.* Menons BE. Le quadrilatère BFME a deux angles opposés droits E et F; donc les deux autres angles B et M sont supplémentaires, et le quadrilatère est inscriptible. (G., n° 157.)

Par rapport au cercle circonscrit à ce quadrilatère, les droites AE et AB sont deux sécantes, et l'on a (G., n° 261).

$$AE \cdot AM = AB \cdot AF \quad \text{quantité constante.}$$

On a de même $\qquad AN \cdot HA = AB \cdot AF = AC^2.$

Fig. 810.

2° *Démonstration.* Les triangles AMF, ABE sont semblables, car ils sont équiangles; en effet, l'angle AMF a pour mesure $\frac{1}{2}(AD + CE)$, l'angle B a pour mesure $\frac{1}{2}(AC + CE)$; mais $AD = AC$; donc l'angle $B = M$. Les triangles semblables donnent :

$$\frac{AE}{AF} = \frac{AB}{AM}, \quad \text{d'où} \quad AE \cdot AM = AB \cdot AF$$

Remarque. La droite CD, infiniment prolongée, est la figure inverse de la circonférence, par rapport à l'origine A. (G., n° 825; E. de G., n° 223.)

Exercice 398. — IV.

1295. Théorème. *Étant donné un triangle rectangle ABC inscrit dans un cercle, on élève, en un point quelconque du diamètre, une perpendiculaire DG allant rencontrer les deux autres côtés du triangle. Démontrer que la partie DF de cette perpendiculaire comprise entre le diamètre et la circonférence est moyenne proportionnelle entre la ligne entière DG et la partie DE de cette même ligne comprise à l'intérieur du triangle.*

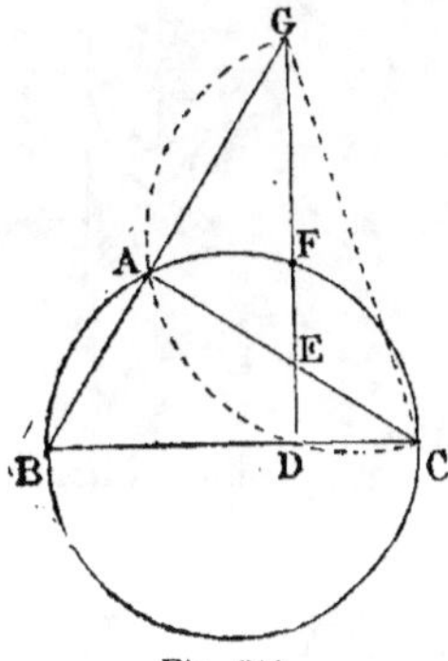

Fig. 811.

Il faut démontrer que

$$\frac{DG}{DF} = \frac{DF}{DE}$$

ou que $\qquad DF^2 = DG \cdot DE$

Or on sait que

$$DF^2 = BD \cdot DC$$

Il faut donc prouver que

$$DG \cdot DE = BD \cdot DC \quad \text{ou que} \quad \frac{DG}{BD} = \frac{DC}{DE}$$

Ce qui est évident, puisque les triangles BDG et CDE sont semblables comme étant rectangles et ayant un angle aigu $C = G$.   Donc.

Remarque. $DE \cdot EG = DF^2 - DE^2 = AE \cdot EC$

Le quadrilatère inscriptible CADG donne : $DE \cdot EG = AE \cdot EC$.

Exercice 399.

1296. Théorème. *Du point milieu de la base AB d'un triangle isocèle, on décrit une demi-circonférence tangente aux deux autres côtés; une tangente MN coupe ces deux côtés; prouver que le produit AM . BN est constant. (Porismes, page 297.)*

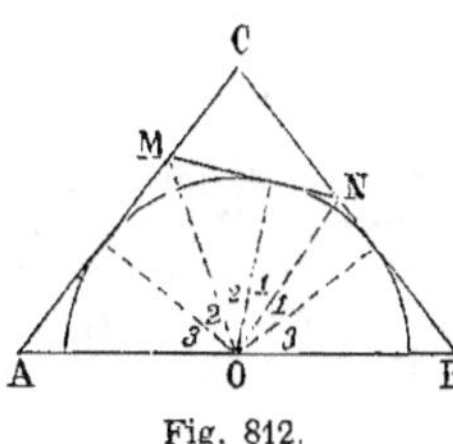

Fig. 812.

Les triangles AOM, BON sont équiangles. En effet, les angles 1, 1, sont égaux entre eux : $2 = 2$, $3 = 3$.

Or N est le complément de 1.

$AOM + 1 = 1$ droit, car les angles au point O valent deux droits;

donc $\qquad \dfrac{AM}{AO} = \dfrac{OB}{BN};$ d'où $AM \cdot BN = AO^2$

1297. Théorème. *Par un point L pris sur un diamètre AB, on mène une corde quelconque CLD et les droites BCE, BDF jusqu'à la rencontre de la tangente EAF menée par le point A; prouver que le produit de AE par AF est constant.*

Menons MLN parallèle à la tangente.

Les droites CM, DN sont antiparallèles.

En effet,   l'angle $M = \frac{1}{2}(BJ - CI) = \frac{1}{2}BC$

mais $\qquad\qquad\qquad D = \frac{1}{2}BC$

donc $\qquad\qquad\qquad M = D$

Ainsi le quadrilatère CMND est inscriptible, et l'on a

$$LM . LN = LC . LD = LI^2$$

donc

$$AE . AF = AG^2$$

quantité constante.

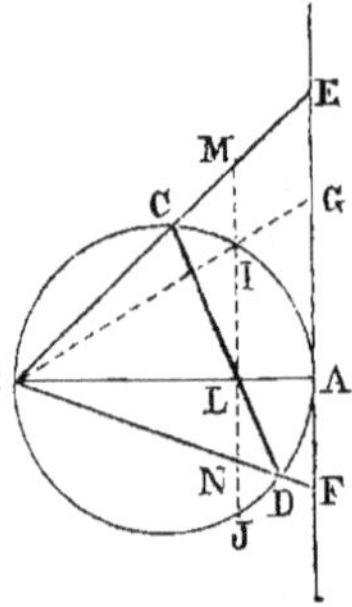

Fig. 813.

Exercice 400. — I.

1298. Théorème. *On donne une droite* XY, *une circonférence et deux points* A *et* B *sur cette courbe; on joint chaque point* M *de la circonférence aux points* A *et* B, *l'on détermine ainsi des points* C, D *sur la droite; prouver qu'il existe sur* XY *deux points fixes* I, J, *tels que le produit* CI . DJ *soit constant.* (*Concours de* 1876, *Mathématiques élémentaires.*)

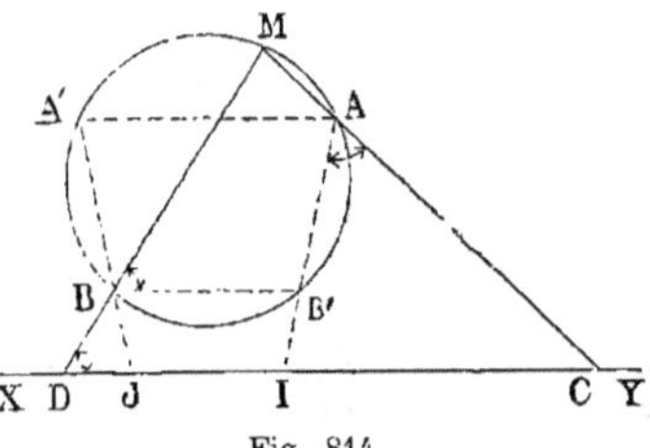

Fig. 814.

On ne peut être conduit à la détermination des points I et J, qu'en présupposant l'existence d'une certaine symétrie dans les éléments de la figure. En menant les parallèles AA′, BB′ et les sécantes AB′I, A′BJ, on obtient deux triangles semblables AIC, DJB; car l'angle I = J, l'angle A = MBB′, parce qu'ils ont le même supplément MAB′; donc l'angle CAI = D.

On a $\qquad \dfrac{IC}{BJ} = \dfrac{AI}{DJ}$;   d'où   CI . DJ = AI . BJ

Or le produit AI, BJ est constant; donc il en est de même de CI . DJ.

1298 (a). Note sur l'homographie. Les côtés d'un angle constant M, qui passent par deux points fixes A et B, déterminent sur une même droite XY deux *divisions homographiques*, c'est-à-dire deux suites de points se correspondant deux à deux, et tels que le produit des distances CI, DJ, de deux points correspondants C et D à deux points fixes I, J, est constant. Les divisions homographiques peuvent appartenir à deux droites différentes.

L'*homographie* est due à M. CHASLES (*Géométrie supérieure*, chap. VI et VII). L'illustre auteur définit l'homographie par la propriété que présentent quatre points quelconques d'une division d'avoir même rapport anharmonique que les quatre points correspondants de la seconde division. Il traite l'involution comme cas particulier de l'homographie (chap. IX), et établit un grand nombre de propriétés nouvelles relatives à une suite de points en involution.

Puis, à l'aide du puissant instrument qu'il a créé, il s'empare des travaux de ses devanciers, et rattache les uns aux autres les théorèmes les plus célèbres relatifs aux coniques : c'est ainsi que l'*hexagramme de Pascal* (G., n° 747), le *quadrilatère de Pappus* (n° 1214), l'*involution de Desargues* (n° 1219), le *théo-*

rème de *Carnot*, relatif au triangle et à une conique (n° 1250), le *théorème de Brianchon* (G., n° 807), le *théorème de Newton*, relatif aux sécantes parallèles, etc., se déduisent facilement les uns des autres. (CHASLES, *Traité des sections coniques*, chap. II et III.)

Dans ses *Éléments de Géométrie projective*, M. CREMONA fait dériver l'*homographie* de la *projection centrale*. Pour cet auteur, une suite de points en ligne droite est une *ponctuelle;* les *divisions homographiques* sur deux droites différentes constituent deux *ponctuelles projectives;* deux divisions sur la même droite donnent lieu à deux *ponctuelles projectives superposées*. Avec cette nomenclature, les théorèmes peuvent être énoncés avec plus de concision.

Les *Éléments de Géométrie projective* de M. CREMONA ont été traduits par M. ED. DEWULF, chef de bataillon du génie. L'ouvrage contient de nombreuses citations; on y rencontre les noms des plus illustres géomètres, et la *France* y est dignement représentée par DESARGUES, PASCAL, LA HIRE, CARNOT, BRIANCHON, PONCELET, CHASLES, etc.

Exercice 400. — II.

1299. Théorème. *Par un point* L *pris sur un diamètre* AB *ou sur son prolongement, on mène une sécante quelconque* CD, *on élève une perpendiculaire* LM *sur le diamètre, et l'on mène les droites* BCM, BDN *jusqu'à la rencontre de la perpendiculaire; prouver que le produit* LM . LN *est constant.* (N. A., 1844, page 502.)

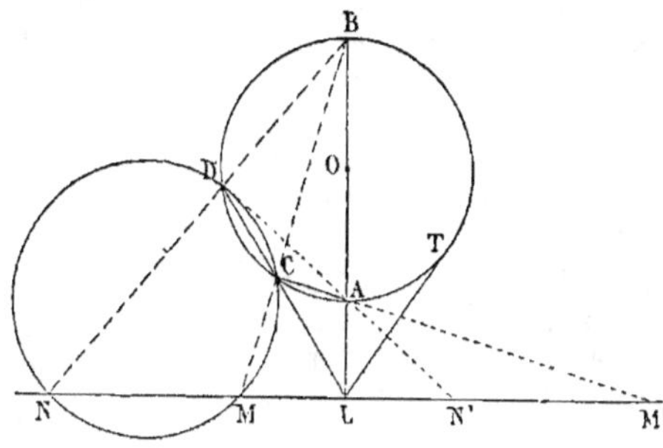

Fig. 815.

Le quadrilatère CDNM est inscriptible.

En effet, l'angle N est le complément de ABD; donc

$$N = {}^1\!/_2 \text{ arc BD}$$

Mais l'angle ex-inscrit est le supplément de BCD, dont la mesure est $^1\!/_2$ arc BD; ainsi les angles N et MCD sont supplémentaires.

Les quatre points C, D, N, M sont concycliques, on a

$$LM . LN = LC . LD = LT^2 \qquad\qquad C. Q. F. D.$$

On trouve aussi $\qquad\qquad LM'. LN' = LT^2$

Remarque. Les points M et N déterminent deux divisions homographiques (1298 a).

Exercice 400. — III.

1300. Porisme. *Si d'un point* P *pris sur le diamètre* AB *d'un demi-cercle, on mène une droite à chaque point* M *de la circonférence, et que*

*par ce point on mène à cette droite une perpendiculaire qui rencontrera
en deux points C et D les tangentes en A et en B, le rectangle AC $\times$ BD
sera donné. (Porismes d'Euclide* ou *de
Chasles,* p. 295, énoncé textuel.)

Il suffit de prouver que

$$AC . BD = AP . PB = \text{constante}.$$

Les angles MCP, MPD sont égaux
entre eux comme étant respectivement
égaux aux angles égaux a et b.

En outre, les angles ACM, BPM
sont égaux parce qu'ils sont supplémentaires du même angle APM; mais
si de ces angles égaux on retranche
les angles égaux MCP et MPD, on a
$c = p$ et les triangles rectangles CAP et PBD sont semblables;

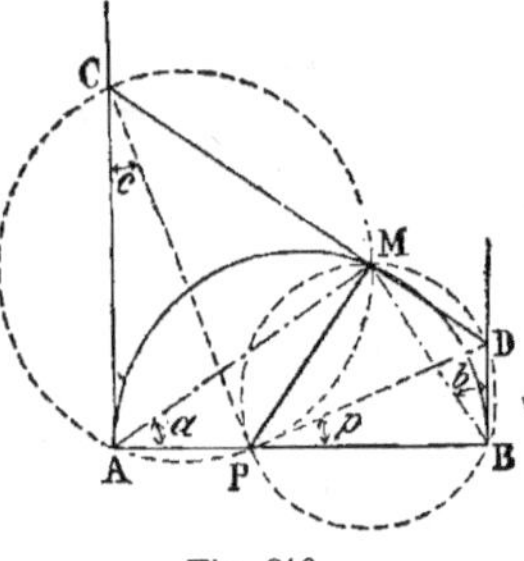

Fig. 816.

donc $$\frac{AC}{AP} = \frac{BP}{BD}$$ C. Q. F. D.

Exercice 400. — IV.

1301. Théorème. *On donne deux cercles, le centre A de l'un d'eux est
sur la circonférence du second; si l'on
mène au cercle A une tangente BMN qui
coupe le second aux points M et N, le produit des distances AM et AN est constant.*
(Porismes, page 305.)

Menons le diamètre AC et le rayon AB du
point de contact; les triangles rectangles
CAN, BAM sont semblables, car l'angle
AMB égale C comme supplément du même
angle AMN;

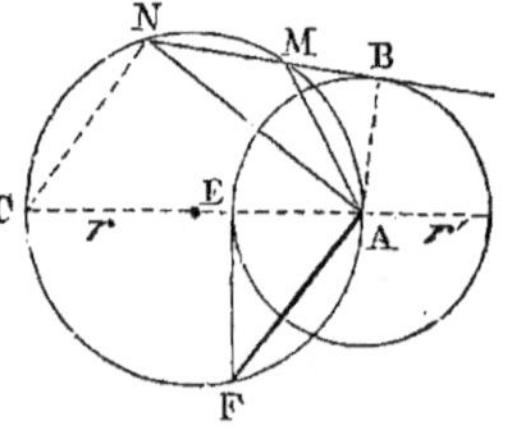

Fig. 817.

donc $$\frac{AC}{AM} = \frac{AN}{AB}$$

d'où $$AM . AN = 2rr'$$ C. Q. F. D.

Remarques. 1º Si on élève la perpendiculaire EF, on trouve

$$AF^2 = 2rr'$$

donc $$AM . AN = AF^2$$

2º Le point F est le point de contact de la tangente commune aux deux
circonférences données.

Exercice 401. — I.

1302. Théorème. *Deux circonférences ont une corde commune* AB; *par
un point* C *de l'une d'elles, on mène une tangente* CD *à la seconde;
prouver que le rapport* $\dfrac{CD^2}{CA . CB}$ *est constant.*

En effet, $\qquad$ $CD^2 = CA \cdot CE$

Mais les triangles CBE, MBN sont semblables, car l'angle au centre M a pour mesure $\frac{1}{2}$ arc AB, aussi bien que l'angle inscrit ACB.

De même, l'angle $E = N$; donc

$$\frac{CE}{CB} = \frac{MN}{MB}; \quad CE = CB \cdot \frac{MN}{MB}$$

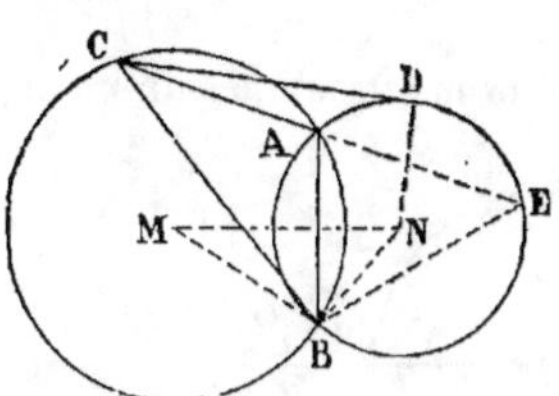

Fig. 818.

Ainsi $\quad CD^2 = CA \cdot CB \cdot \frac{MN}{MB};$

d'où $\qquad \dfrac{CD^2}{CA \cdot CB} = \dfrac{MN}{MB}$

quantité constante.

Exercice 401. — II.

1303. Théorème. *Lorsqu'on joint un point A pris sur une circonférence à deux points M et N équidistants du centre et pris sur un même diamètre EF et qu'on mène les cordes AMB, ANC, la somme* $\dfrac{AM}{BM} + \dfrac{AN}{CN}$ *est constante.*

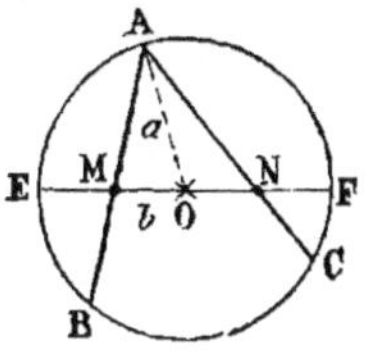

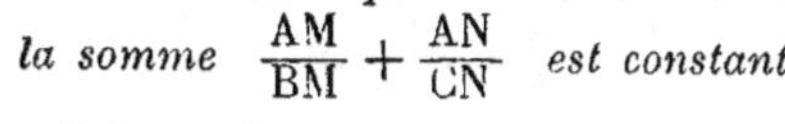

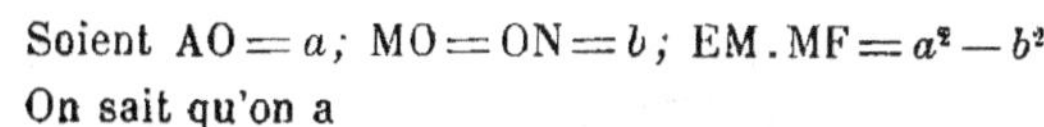

Soient $AO = a$; $MO = ON = b$; $EM \cdot MF = a^2 - b^2$

On sait qu'on a

$$AM \cdot BM = EM \cdot MF = \text{donc } a^2 - b^2 \qquad (1)$$

Fig. 819.

Pour avoir le rapport $\dfrac{AM}{BM}$, on peut poser $AM^2 = AM^2$, et diviser chaque carré par un des membres de l'égalité (1); on obtient ainsi

$$\frac{AM^2}{AM \cdot BM} = \frac{AM^2}{a^2 - b^2}$$

ou $\qquad \dfrac{AM}{BM} = \dfrac{AM^2}{a^2 - b^2}$

De même $\qquad \dfrac{AN}{BN} = \dfrac{AN^2}{a^2 - b^2}$

d'où $\quad \dfrac{AM}{BM} + \dfrac{AN}{CN} = \dfrac{AM^2 + AN^2}{a^2 - b^2} = \dfrac{2a^2 + 2b^2}{a^2 - b^2}$ quantité constante.

1304. Théorème. *Un triangle isocèle ABC a pour base la ligne BC; on mène une sécante ADE qui coupe la base au point D et le cercle circonscrit au point E; prouver qu'on a* $\quad AB^2 = AD \cdot AE.$

Les triangles ABD, EAB sont semblables, car ils ont un angle commun, et l'angle ABD a même mesure que l'angle AEB; donc

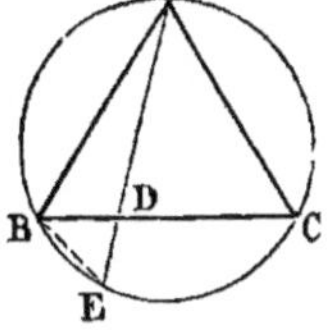

Fig. 820.

$$\frac{AD}{AB} = \frac{AB}{AE}$$

d'où $\qquad AB^2 = AD \cdot AE$

Remarque. Ce théorème se rapporte à une question connue (n° 1294).

Exercice 402.

1305. Théorème. *Lorsque deux cercles sont tangents extérieurement,
la distance des points de contact
d'une tangente extérieure commune aux deux cercles est
moyenne proportionnelle entre
les diamètres des cercles.*

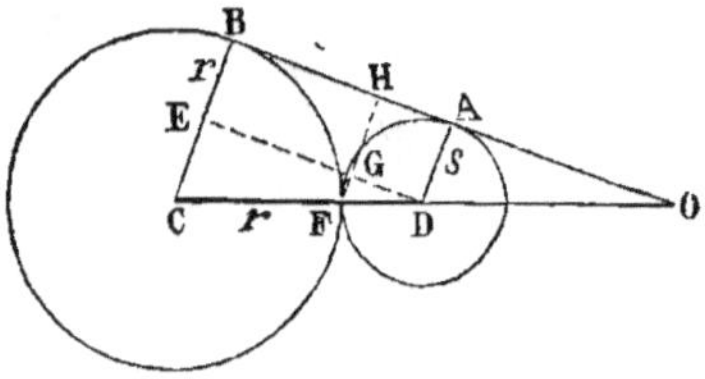

Soient r et s les rayons des
cercles, t la distance AB.

1ʳᵉ démonstration.

$$AB^2 = DC^2 - CE^2$$

mais
$$DC = r + s; \quad CE = r - s$$
$$t^2 = (r + s)^2 - (r - s)^2$$
$$t^2 = r^2 + 2rs + s^2 - r^2 + 2rs - s^2 = 4rs$$
$$t^2 = 2r \cdot 2s \qquad\qquad C.\ Q.\ F.\ D.$$

Fig. 821.

Autres démonstrations. 2° Les triangles équiangles ABN, ABM (fig. 822)

donnent
$$\frac{AB}{AM} = \frac{AN}{AB}, \quad \text{donc}$$

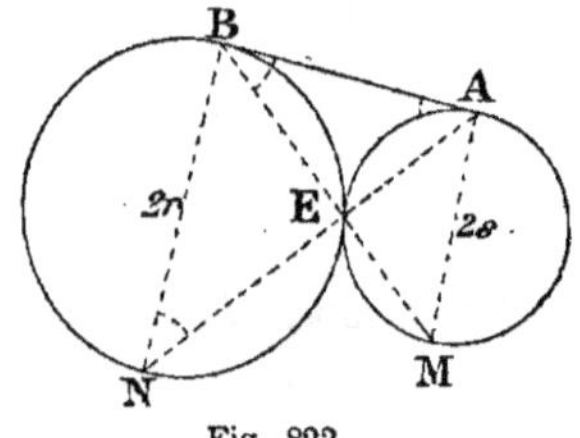

Fig. 822.

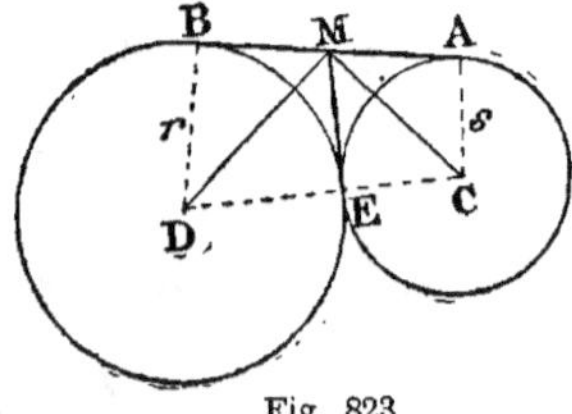

Fig. 823.

3° Le quadrilatère AMEC, BMED sont semblables (fig. 823),

on a :
$$MA = MB = ME = \frac{t}{2}$$

Le triangle rectangle DMC donne :
$$\frac{t^2}{4} = DE \cdot EC = r \cdot s$$

d'où
$$t^2 = 2r \cdot 2s \qquad\qquad C.\ Q.\ F.\ D.$$

1306. Théorème. *La distance* FH *du point de contact à la tangente
extérieure égale* $\dfrac{2rs}{r+s}$; *c'est une quatrième proportionnelle à la demi-
somme des rayons et à chacun de ces rayons* (fig. 821).

$$FH = FG + s$$
$$\frac{FG}{CE} = \frac{DF}{DC}; \quad \frac{FG}{r-s} = \frac{s}{r+s}$$
$$FG = \frac{s(r-s)}{r+s}$$
$$FH = \frac{sr - s^2}{r+s} + s = \frac{sr - s^2 + rs + s^2}{r+s} = \frac{2rs}{r+s} \quad \text{ou} \quad \frac{rs}{\frac{1}{2}(r+s)}$$

1307. Théorème. *La distance FO du point de contact au centre exté-rieur de similitude des deux cercles est donnée par* $\dfrac{2rs}{r-s}$ (fig. 821).

$$\frac{FO}{FH} = \frac{CD}{CE} ; \quad FO = \frac{2rs}{r+s} \cdot \frac{r+s}{r-s} = \frac{2rs}{r-s}$$

Remarque. $\quad \dfrac{1}{FH} + \dfrac{1}{FO} = \dfrac{1}{s} ; \quad \dfrac{1}{FH} - \dfrac{1}{FO} = \dfrac{1}{r}$

$$\frac{1}{FH} : \frac{1}{FO} = \frac{r+s}{r-s} ; \quad \frac{1}{FH} \cdot \frac{1}{FO} = \frac{r^2 - s^2}{4rs}$$

Exercice 403.

1308. Théorème. *Lorsque trois circonférences sont tangentes deux à deux et sont inscrites dans le même angle, le rayon de la circonférence intermédiaire est une moyenne proportionnelle aux rayons des circonférences extrêmes.*

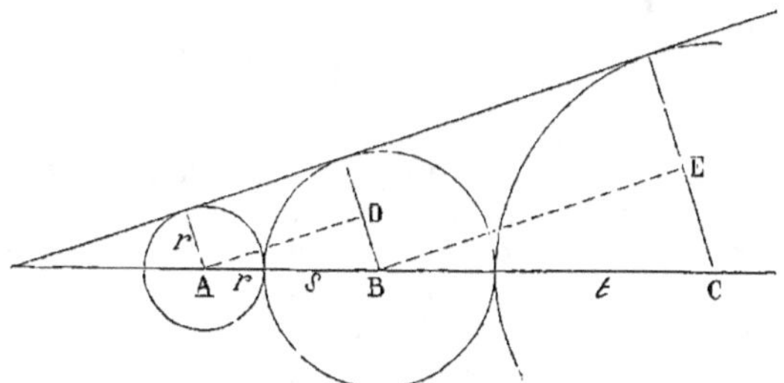

Fig. 824.

Soient r, s, t les rayons donnés. Il faut prouver qu'on a

$$\frac{t}{s} = \frac{s}{r} \quad \text{ou} \quad \frac{t-s}{t+s} = \frac{s-r}{s+r} \quad \text{ou} \quad \frac{CE}{CB} = \frac{BD}{AB}$$

Or les triangles ABC, CBE sont équiangles; donc...

Exercice 404.

1309. Théorème. *Lorsqu'une même circonférence AO est inscrite et cir-conscrite à deux polygones réguliers sem-blables, sa longueur est moyenne proportion-nelle entre la circonférence circonscrite au polygone extérieur et la circonférence inscrite au polygone intérieur.*

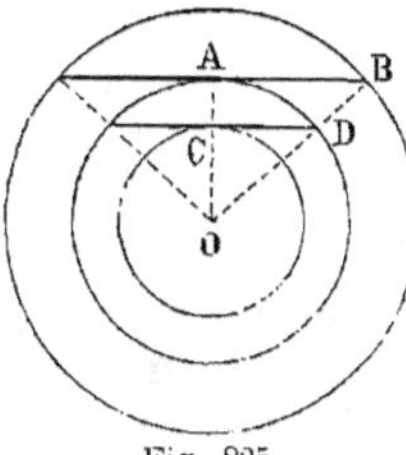

Fig. 825.

OB est le rayon de la circonférence cir-conscrite; CO celui de l'inscrite.

Les circonférences sont entre elles comme leurs rayons; il suffit donc de prouver qu'on a

$$AO^2 = BO \cdot CO$$

Or $\qquad \dfrac{BO}{DO} = \dfrac{AO}{OC} \quad \text{ou} \quad \dfrac{BO}{AO} = \dfrac{AO}{OC}$

d'où $\qquad AO^2 = BO \cdot CO \qquad\qquad$ *C. Q. F. D.*

1310. Théorème. *Toute circonférence tangente à deux circonférences concentriques égale leur demi-somme ou leur demi-différence.*

Soient $\qquad$ $AO = a; \quad OB = b$

Le rayon de la circonférence, dont AB est le diamètre, égale $\dfrac{a+b}{2}$.

Celui de la circonférence, dont BC est le diamètre, égale $\frac{1}{2}(a-b)$.

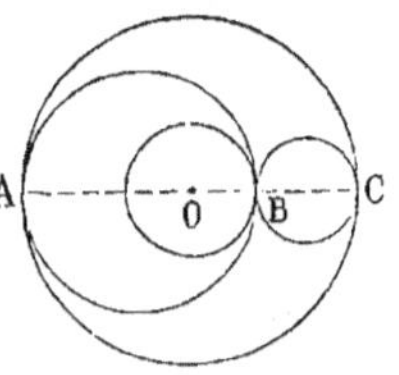

Fig. 826.

1311. Théorème. *La somme des deux circonférences tangentes aux deux circonférences données égale la plus grande des circonférences données; la différence égale la plus petite des circonférences données.*

$$\frac{a+b}{2} + \frac{a-b}{2} = a \quad \text{et} \quad \frac{a+b}{2} - \frac{a-b}{2} = b$$

Exercice 405.

1312. Théorème. *La somme des inverses des distances d'un point fixe aux deux tangentes menées à une circonférence par les extrémités de toute corde qui passe par ce point, est une quantité constante. (Journal de Mathématiques de M. Vuibert, 15 janvier 1878, page 60.)*

Soient $\quad AP = a; \quad PB = b; \quad PO = d; \quad OC = r.$

Les triangles rectangles CAP, OEC sont semblables, car l'angle

$$OCE = APC$$

donc $\qquad \dfrac{CP}{a} = \dfrac{r}{CE}$

En divisant chaque membre par CP, on trouve

$$\frac{1}{a} = \frac{r}{CE} \cdot \frac{1}{CP}$$

de même $\qquad \dfrac{1}{b} = \dfrac{r}{CE} \cdot \dfrac{1}{DP}$

d'où $\qquad \dfrac{1}{a} + \dfrac{1}{b} = \dfrac{r}{CE}\left(\dfrac{1}{CP} + \dfrac{1}{DP}\right) = \dfrac{r}{CE}\left(\dfrac{DP + CP}{CP \cdot DP}\right)$

Mais $DP + CP = 2CE$; on pourra supprimer le facteur commun CE, puis le produit $CP \cdot DP$ des segments d'une corde menée par un point fixe P est une quantité constante (G., n° 257); ce produit égale celui des segments du diamètre mené par le point donné; il égale donc

$$(r+d)(r-d) \quad \text{ou} \quad r^2 - d^2$$

donc $\qquad \dfrac{1}{a} + \dfrac{1}{b} = \dfrac{2r}{r^2 - d^2} \quad$ quantité constante.

Autre démonstration. Les trois triangles rectangles PAC, PBD, CDF sont semblables et donnent

$$\frac{m}{a} = \frac{n}{b} = \frac{2r}{m+n}$$

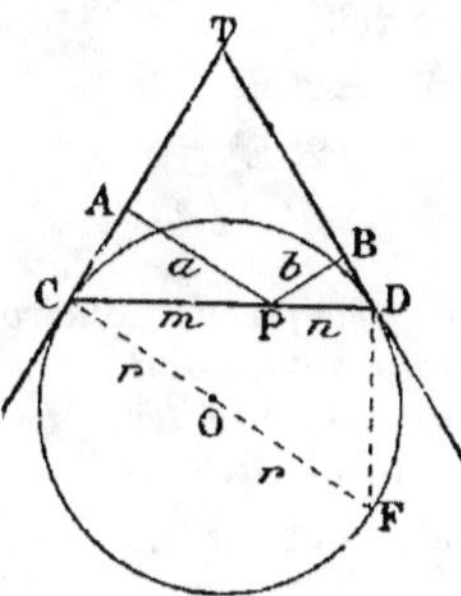

Fig. 828.

d'où
$$\frac{1}{a} + \frac{1}{b} = \frac{2r}{m+n}\left(\frac{1}{m} + \frac{1}{n}\right) = \frac{2r}{mn} = \text{constante.}$$

Exercice 406.

1313. Théorème. *Lorsque deux circonférences égales se coupent à angle droit, la somme des carrés des cordes, interceptées par les circonférences sur une sécante quelconque menée par le point A, est une quantité constante.*

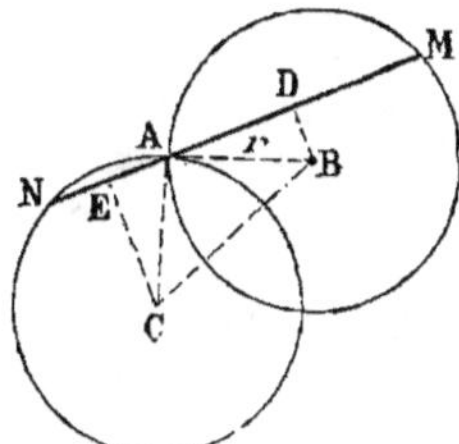

Fig. 829.

Il suffit de prouver que $AD^2 + AE^2$ est une quantité constante.

Les triangles rectangles sont égaux, car $AB = AC$; l'angle $DAB = ACE$ comme ayant les côtés perpendiculaires.

Ainsi $AD^2 + AE^2 = AC^2 + BD^2 = r^2$
$$AM^2 + AN^2 = 4r^2$$

1314. Théorème. *Dans un cercle, par un point donné A, on mène une corde quelconque BAC ; démontrer que le produit des segments de la corde, augmenté du carré de la distance du point fixe au centre du cercle, égale le carré du rayon.*

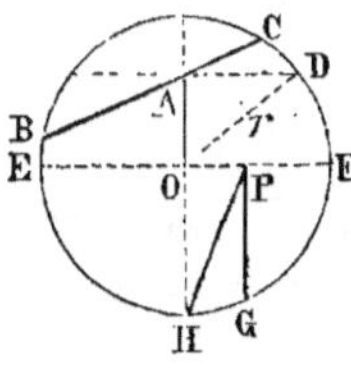

Fig. 830.

Menons la corde perpendiculaire à AO.

On a $\quad AB \cdot AC + AO^2 = AD^2 + AO^2 = r^2$

1315. Théorème. *On élève la perpendiculaire PG et on mène PH ; démontrer que l'on aura* $PG^2 + PH^2 = \frac{1}{2} EF^2$.

En effet, $\qquad PH^2 = PO^2 + r^2$
$$PG^2 = PE \cdot PF = r^2 - PO^2$$

donc $\qquad PH^2 + PG^2 = 2r^2$ ou $\frac{1}{2} EF^2$

Exercice 407.

1316. Théorème. *Lorsqu'une corde ABC coupe un diamètre sous un angle de 45°, la somme des carrés des segments AB, BC égale 2r².*

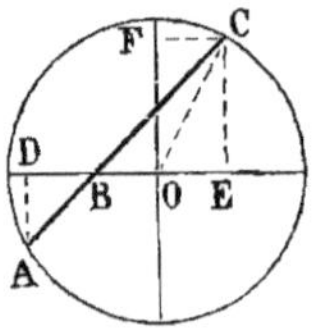

En effet, $AB^2 = 2BD^2 = 2CF^2$

$BC^2 = \qquad\quad 2CE^2$

donc $AB^2 + BC^2 = 2CO^2 = 2r^2$

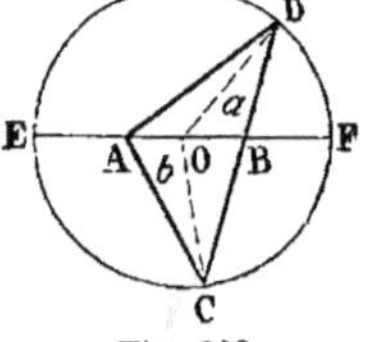

Fig. 831.

1317. Théorème. *Si deux circonférences quelconques sont concentriques, la somme des carrés des distances d'un point quelconque de l'une aux deux extrémités d'un diamètre de l'autre est constante.*

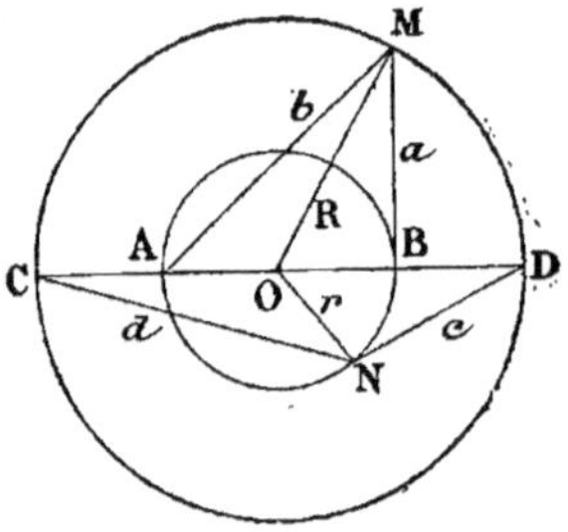

Soit M un point quelconque de la grande circonférence, et AB un diamètre quelconque de la petite. Menons le rayon OM, qui sera une médiane du triangle AMB.

On a donc (G., n° 254)

$$a^2 + b^2 = 2R^2 + 2OA^2 = 2R^2 + 2r^2$$

quantité constante.

De même, le triangle CND donne

$$c^2 + d^2 = 2r^2 + 2OC^2 = 2r^2 + 2R^2 \quad \text{quantité constante.}$$

Fig. 832.

1318. Théorème. *Sur un diamètre, on prend, à partir du centre, des grandeurs égales OA, OB; par un de ces points on mène une corde quelconque CBD, et l'on joint le point A aux points C et D; prouver que la somme des carrés de AC, AD, CD est constante.* (Compagnon, n° 269.)

On sait qu'on a $AD^2 + BD^2 = 2a^2 + 2b^2$

$AC^2 + BC^2 = 2a^2 + 2b^2$

$2DB \cdot BC = 2BE \cdot BF = 2a^2 - 2b^2$

Fig. 833.

quantité constante. $AD^2 + AC^2 + CD^2 = 6a^2 + 2b^2 = 2(3a^2 + b^2)$

Exercice 408. — I.

1319. Théorème. *Étant donné deux cercles qui se coupent orthogonalement, si l'on fait passer un cercle par leurs centres et par leurs points d'intersection, la somme des puissances d'un point de ce cercle, par rapport aux cercles donnés, est nulle.* (H. Faure *, N. A., p. 240.)

---

* M. H. Faure, commandant d'artillerie, décédé en 1892; auteur de nombreux articles dans les *Nouvelles Annales*.

Bien que nous n'ayons pas eu l'honneur de connaître personnellement M. H. Faure, il a fait le compte rendu de la deuxième édition des *Exercices de géométrie* (N. A., 1883, p. 516) dans des termes tels, que nous regrettons vivement de ne pouvoir pas lui offrir cette nouvelle édition comme sincère témoignage de notre respectueuse reconnaissance.

La *puissance d'un point* par rapport à un cercle donné égale le carré de la distance de ce point au centre du cercle, moins le carré du rayon du cercle (G , n° 825); pour un point quelconque D, la puissance par rapport au cercle de centre B égale $DB^2 - AB^2$ *.

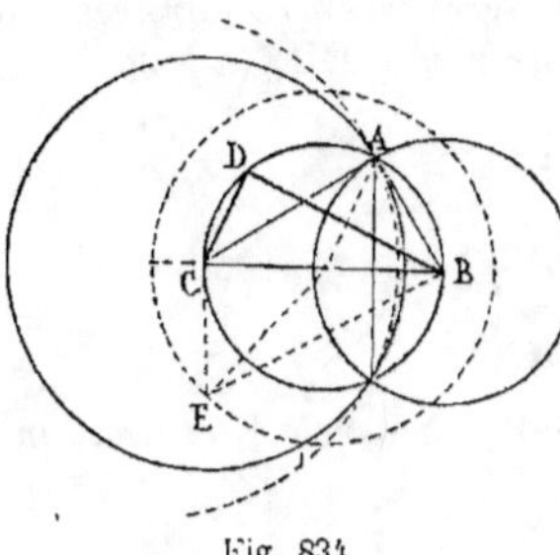

Fig. 834.

La puissance par rapport au cercle C égale $DC^2 - AC^2$.

Ajoutons $DB^2 + DC^2 - (AB^2 + AC^2)$

Or cette somme algébrique est nulle, car $DB^2 + DC^2 = CB^2 = AB^2 + CA^2$ donc...

Remarque. Ce théorème n'est qu'un cas particulier d'un théorème plus général (n° 1321).

1320. Théorème. *Pour tout point de la circonférence décrite du point O milieu de CB pris pour centre, la somme des puissances par rapport aux deux cercles qui se coupent orthogonalement est une quantité constante.*

Soit O le centre du cercle décrit sur BC comme diamètre (fig. 834). La somme des puissances est donnée par

$$s = EC^2 - AC^2 + EB^2 - AB^2$$

Or $EC^2 + EB^2 = 2OE^2 + 2CO^2$ et $AC^2 + AB^2 = 4CO^2$

donc $s = 2EO^2 + 6CO^2$ quantité constante.

Exercice 408. — II.

1321. Théorème. *On donne deux circonférences qui ont pour centres respectifs A et B et qui se coupent suivant une corde commune CD; du point O milieu de AB pris pour centre, on décrit un cercle qui passe par C et D; prouver que la somme des puissances de chaque point de ce cercle, par rapport aux cercles donnés, est nulle.*

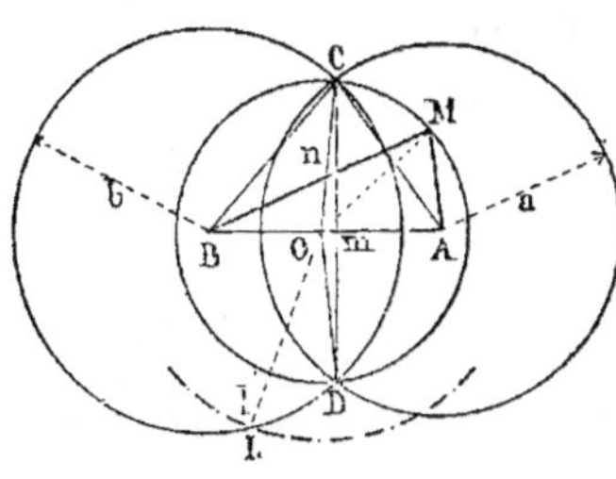

Fig. 835.

Soient $OA = OB = m$; $OC = n$; a et b les rayons donnés.

Pour le point C, la somme des puissances est nulle, car la puissance est nulle pour chaque cercle.

Or, pour le point M, on a pour somme des puissances

$$MA^2 - a^2 + MB^2 - b^2 \qquad (1)$$

Or $MA^2 + MB^2 = 2n^2 + 2m^2 = CA^2 + CB^2 = a^2 + b^2$

donc la somme algébrique (1) est nulle.   *C. Q. F. D.*

---

* La dénomination de *puissance d'un point*, par rapport à un cercle, est due à STEINER. (*Journal de Crelle*, tome I, p. 164, cit. BALTZER.)

1321 (a). Scolie. *Pour décrire une circonférence dont la somme des puissances de chaque point, par rapport à deux circonférences données, ait une valeur* k^2 *(fig. 835), il faut prendre pour rayon OL, la longueur* l *que donne la relation*

$$2m^2 + 2l^2 - a^2 - b^2 = k^2$$

d'où

$$l^2 = \frac{k^2 + a^2 + b^2}{2} - m^2$$

Exercice 408. — III.

1322. Théorème. *On donne un point fixe* P, *un cercle B et une tangente DT à ce cercle; par le point fixe* P, *on mène une droite quelconque* PM, *qui rencontre la tangente en* M: *sur la droite ainsi menée, on prend un point* N, *tel que le produit* $PM \cdot PN$ *soit égal à la puissance du point* P *par rapport à la circonférence donnée, le lieu du point* N *est un cercle qui passe par* P *et qui est tangent au premier cercle considéré.*

Menons PDC. Le carré de la tangente que l'on mènerait du point P au cercle B donne

$$PM \cdot PN = PC \cdot PD$$

Ainsi le quadrilatère DMNC est inscriptible, l'angle N égale D = C; donc le lieu du point N est la circonférence PNC qui est tangente à la première au point C.

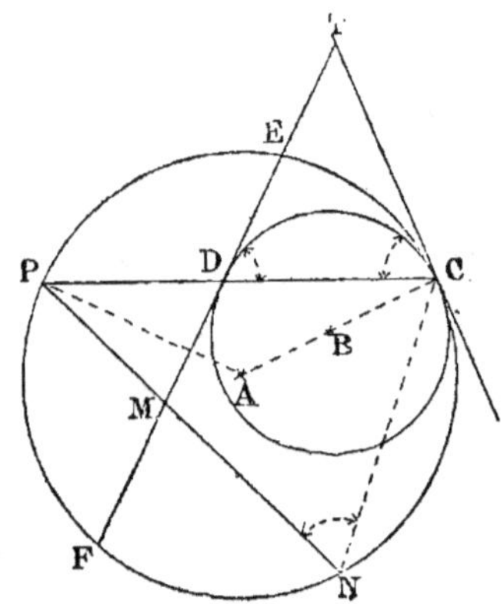

Fig. 836.

Remarque. Ce théorème élémentaire conduit à une belle démonstration du *théorème de Fuerbach* (voir ci-après, n° 1341).

1323. Théorème. *Par un point quelconque pris dans un cercle, on mène deux cordes rectangulaires; la somme des carrés des quatre segments de ces cordes est une quantité constante.*

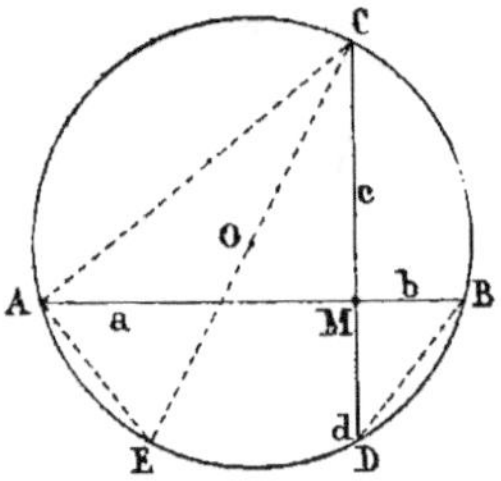

$$a^2 + c^2 = AC^2; \quad b^2 + d^2 = BD^2$$

d'où $\quad a^2 + b^2 + c^2 + d^2 = AC^2 + BD^2$

Menons le diamètre COE; on aura

$$AE = BD$$

En effet

angle droit M $= \frac{1}{2}$ (arc AC + arc BD)

angle droit A $= \frac{1}{2}$ (arc AC + arc AE)

donc la corde AE égale la corde BD;

or $\qquad AC^2 + AE^2 = CE^2 = 4r^2$

donc $\qquad a^2 + b^2 + c^2 + d^2 = 4r^2$

Fig. 837.

1324. Remarque. Le théorème est vrai, quelle que soit la position du point M; mais, quand ce point est extérieur, il faut prendre le carré de la sécante entière, moins le carré de sa partie extérieure.

Exercice 409.

1325. Théorème. *Si d'un point donné* P, *on mène à une circonférence donnée deux sécantes quelconques* AB *et* CD *perpendiculaires entre elles, la somme des carrés* AB² *et* CD² *des parties intérieures de ces sécantes est constante.* (ARCHIMÈDE).

Procédons ainsi qu'il a été indiqué précédemment (*Méthodes*, nº 30).

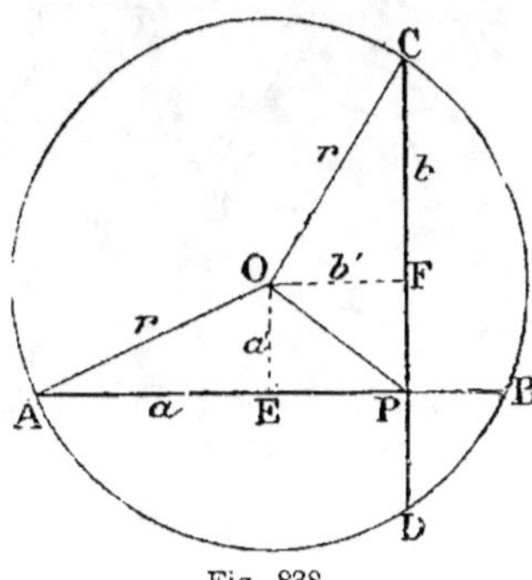

Fig. 838.

1er Cas. *Point intérieur.* Soient a et b les demi-longueurs des cordes rectangulaires données, r le rayon du cercle, a' et b' les distances du centre du cercle aux deux cordes.

Il faut prouver qu'on a :

$$4a^2 + 4b^2 = \text{constante}$$

Or $a^2 = r^2 - a'^2$ et $b^2 = r^2 - b'^2$

d'où $a^2 + b^2 = 2r^2 - (a'^2 + b'^2)$

Il suffit de prouver que la quantité à soustraire est constante.

Or a' et b' sont les côtés d'un rectangle ayant pour diagonale la longueur invariable OP; donc $a^2 + b^2 = 2r^2 - \text{OP}^2$, quantité constante, et le théorème est démontré.

Remarque. La somme des carrés des quatre segments PA, PB, PC, PD est aussi une quantité constante, on a :

$$\text{PA}^2 + \text{PB}^2 + \text{PC}^2 + \text{PD}^2 = 2(a^2 + b^2 + \text{OP}^2)$$

1326. 2^c Cas. *Le point donné* P *est hors du cercle* (fig. 839).

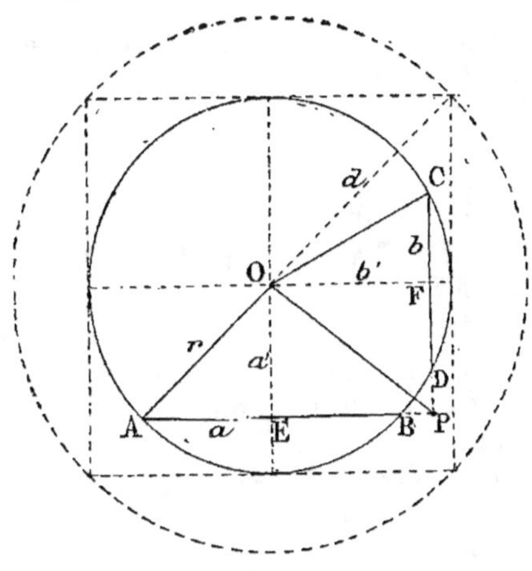

Fig. 839.

$$a^2 + b^2 = 2r^2 - (a'^2 + b'^2)$$
$$a^2 + b^2 = 2r^2 - \text{OP}^2 \quad \text{donc}$$

Remarque. OP^2 peut au plus égaler $2r^2$ ou d^2, donc le point P doit être à une distance OP au plus égale à la moitié d de la diagonale du carré circonscrit.

1327. Théorème. *Par le point de contact de deux circonférences tan- gentes extérieurement, on mène deux sécantes rectangulaires ; prouver que la somme des carrés des deux droites inter- ceptées égale le carré de la somme des diamètres des circonférences données.*

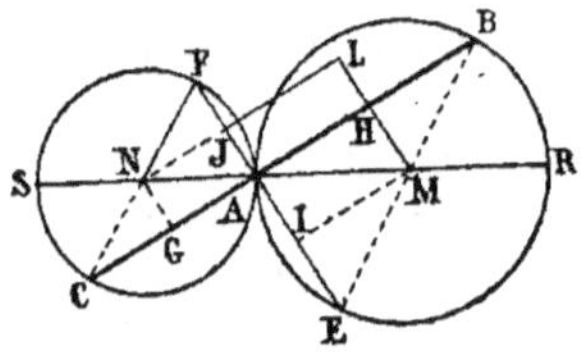

Menons NL parallèle à GH :

$$NL = \tfrac{1}{2}\,CAB ; \quad ML = \tfrac{1}{2}\,EF ;$$
$$MN = \tfrac{1}{2}\,RS$$

Or
$$MN^2 = LN^2 + ML^2$$
donc
$$RS^2 = BC^2 + EF^2$$

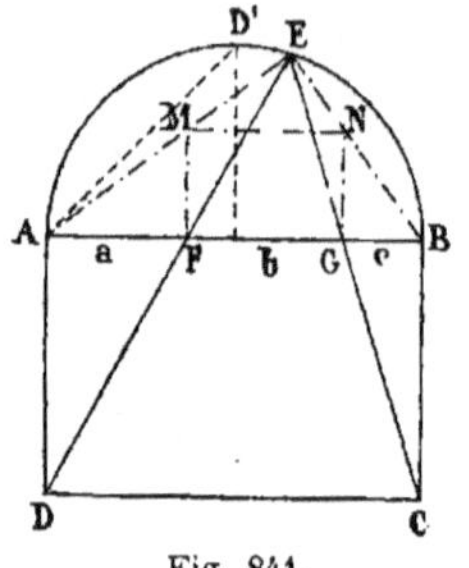

Fig. 840.

1328. Théorème. *Lorsqu'on mène deux sécantes rectangulaires, la somme des carrés des distances, comptées sur les sécantes, depuis le point A jusqu'aux circonférences, est constante.*

$$AH^2 + AI^2 = AM^2 ; \quad AJ^2 + AG^2 = AN^2$$
donc
$$AB^2 + AC^2 + AE^2 + AF^2 = AR^2 + AS^2 \quad C.\ Q.\ F.\ D.$$
on peut dire encore
$$AB^2 + AE^2 + AC^2 + AF^2 = BE^2 + CF^2 \quad \text{quantité constante.}$$

Remarque. Les relations précédentes (n°s 1327 et 1328) sont analogues à celle qu'on obtient pour un cercle et un point P (n° 1325).

Exercice 410.

1329. Théorème. *Soient ABCD un rectangle dans lequel* $AB = BC\sqrt{2}$, *E est un point quelconque de la demi-cir- conférence décrite sur AB comme diamètre ; F et G les points d'intersection des droites ED, EC avec le diamètre AB, on a la relation*

$$AG^2 + BF^2 = AB^2.$$

(Fermat. Question 957 N. A. 1869, p. 479 et 558 ; puis 1870, p. 189.)

Soit $\quad AF = a ; \quad FG = b ; \quad BG = c$

Pour vérifier la relation, remplaçons chaque ligne par sa valeur en fonction des segments a, b, c.

Fig. 841.

Il faut prouver qu'on a l'égalité suivante :

$$(a + b)^2 + (b + c)^2 = (a + b + c)^2 \qquad (1)$$

développons et réduisons

$$a^2 + 2ab + b^2 + b^2 + 2bc + c^2 = a^2 + 2ab + b^2 + 2ac + 2bc + c^2$$

tout se réduit à prouver qu'on a

$$b^2 = 2ac \qquad (2)$$

Élevons des perpendiculaires FM, GN; on obtient un rectangle semblable au rectangle donné.

En effet,

$$\frac{FM}{AD} = \frac{EF}{ED} = \frac{EG}{EC} = \frac{GN}{BC} = \text{aussi } \frac{FG}{DC}$$

donc
$$FM = NG$$

et
$$FG^2 \quad \text{ou} \quad b^2 = 2MF^2$$

Les triangles rectangles AMF, NBG sont semblables, car ils sont équiangles ;

donc
$$\frac{a}{MF} = \frac{NG}{c} \; ; \quad \text{d'où} \quad MF^2 = ac$$

donc
$$2MF^2 \quad \text{ou} \quad b^2 = 2ac$$

donc l'égalité hypothétique (1) est vérifiée, et le théorème est démontré.

1329 (a). Note. CATALAN dans ses *Théorèmes et problèmes de Géométrie*, 6ᵉ édit., 1879, donne deux démonstrations, page 168, 169. La solution donnée par les N. A., 1870, page 190, est de LIONNET, ancien professeur à Louis-le-Grand, auteur de nombreux articles des *Nouvelles Annales*, de 1868 à 1885.

FERMAT (1601-1665), conseiller au présidial de Toulouse; cultiva les mathématiques avec un grand succès. On lui doit la méthode *de maximis et minimis*. Il s'occupa surtout de la *théorie des nombres*. La proposition suivante n'a pas encore été démontrée dans toute sa généralité : *Au-dessus du carré, la somme de deux puissances de même nom n'est jamais une puissance de même nom,* c'est-à-dire que, sauf pour n égale 2, il n'est pas possible de résoudre, en nombre entier, l'équation $x^n + y^n = z^n$.

Figures inverses.

1330. Définition. Par rapport à une origine donnée O, deux points M et N sont *réciproques* ou *inverses*, lorsqu'ils sont situés sur une même droite OMN, et que le produit OM.ON égale une valeur constante k^2, nommée *puissance d'inversion*.

Deux figures réciproques ou inverses sont composées de points inverses, deux à deux, par rapport à une même origine donnée, prise pour centre d'inversion.

Exercice 411.

1330 (a). Théorème. *Deux couples de points inverses appartiennent à une même circonférence.*

(*Méthodes*, n° 218.)

Exercice 412.

1331. Théorème. *La droite qui joint deux points d'une figure, et la droite qui joint les deux points correspondants de la figure inverse, sont antiparallèles par rapport aux deux rayons vecteurs menés aux deux couples de points considérés.*

(*Méthodes*, n° 218.)

Exercice **413.**

1332. Théorème. *La longueur d'une corde s'obtient en multipliant la corde correspondante par la puissance d'inversion, et en divisant ce résultat par le produit des rayons vecteurs qui aboutissent aux extrémités de cette seconde corde.*

(*Méthodes*, n° 219.)

Exercice **414.**

1333. Théorème. *L'angle de deux lignes d'une figure donnée égale l'angle des lignes réciproques de la figure inverse.*

(*Méthodes*, n° 221.)

Exercice **415.**

1334. Théorème. *L'inverse d'une circonférence, lorsque le centre d'inversion est sur cette courbe, est une droite perpendiculaire au diamètre qui passe par l'origine donnée.*

(*Méthodes*, n° 223.)

Exercice **416.**

1335. Théorème. *L'inverse d'une droite donnée est une circonférence qui passe par l'origine ; le diamètre mené par ce point est perpendiculaire à la droite donnée.*

(*Méthodes*, n° 224.)

Exercice **417.**

1336. Théorème. *L'inverse d'une circonférence, lorsque le centre d'inversion n'est pas sur la courbe donnée, est une circonférence homothétique de la première par rapport à l'origine donnée.*

(*Méthodes*, n° 225.)

1337. Théorème. Quadrilatère hormonique. *Lorsque les rectangles formés par les côtés opposés d'un quadrilatère inscrit sont équivalents, toute droite qui coupe le faisceau formé en joignant les quatre sommets du quadrilatère à un point quelconque du cercle circonscrit est divisée harmoniquement par ce faisceau.*

(*Méthodes*, n° 227.)

Exercice **418.**

1338. Théorème. *Deux cercles qui ne se coupent point se transforment en cercles concentriques, lorsqu'on prend pour origine un des points limites.*

(*Méthodes*, n° 233.)

1339. Théorème. *Deux cercles qui se coupent se transforment en cercles égaux, lorsque l'on prend pour origine un point quelconque d'un des cercles bissecteurs des cercles donnés.*

(*Méthodes*, n° 235.)

1340. Théorème. *Entre deux cercles intérieurs non concentriques A et B, on inscrit un cercle C tangent aux deux premiers ; puis un cercle D tangent aux cercles A, B, C ; un cercle E tangent aux cercles A, B, D, etc.*

1° *Les points de contact communs aux cercles C, D, E... sont sur une même circonférence.*

2° *Si un cercle N, de rang n, ferme la série en se trouvant tangent au cercle C, une nouvelle série, commençant en un point quelconque, se terminera après n cercles consécutifs.*

(*Méthodes*, n° 237.)

Exercice 419. — I.

1341. Théorème de Fuerbach. *Le cercle des neuf points est tangent au cercle inscrit et aux trois cercles ex-inscrits.*

1re *Démonstration.* On peut recourir à l'*Inversion* (voir *Méthodes*, n° 238).

2e *Démonstration.* (M. Milne.)

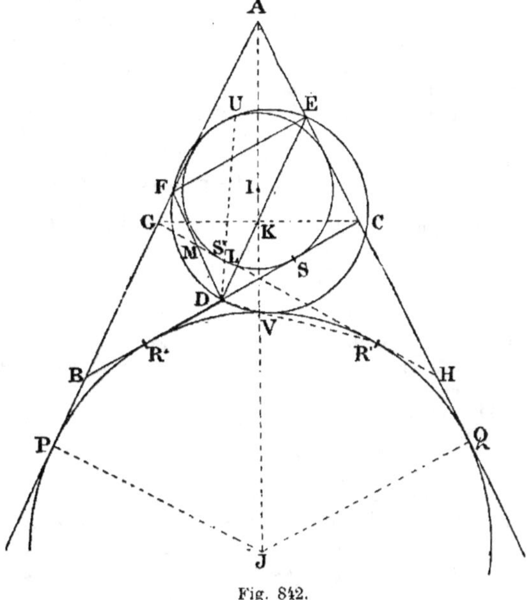

Fig. 842.

Soient I, J, le centre du cercle inscrit et d'un cercle ex-inscrit ; R, S, les points de contact, FDE le triangle médian, GH la quatrième tangente.

La droite CG, la bissectrice AI, la ligne DE des milieux se coupent en un même point K.

On sait que $\qquad BR = CS \quad$ et $\quad RS = AB - AC$

donc $\qquad DR = DS = \dfrac{AB - AC}{2} = \dfrac{BG}{2} = DK$

La droite DK parallèle à AB donne :

$$\frac{DL}{DK} = \frac{BG}{BA} = \frac{DK}{DE}$$

d'où $\qquad DL \cdot DE = DK^2 = DR^2 = DS^2$

De même $\qquad DM \cdot DF = DK^2 = DR^2 = DS^2$

Mais on sait que le lieu des points E, F tels que les produits DL . DE et DM . DF soient égaux à la puissance du point D par rapport aux cercles I et J est un cercle DEF tangent aux cercles I et J (n° 1322); donc le *cercle des neuf points* ou *cercle d'Euler* est tangent au cercle inscrit et aux cercles ex-inscrits.

Les points de contact U et V s'obtiennent en joignant le point D aux points de contact R' et S' de la tangente fixe GH.

1341 (a). Note. Le *théorème de Fuerbach* se démontre de plusieurs manières, mais il n'en est pas de plus élégante que celle qui procède de l'*inversion* (n° 238).

La démonstration donnée par BALTZER dans ses *Elemente der mathematik*, Planimétrie, § 12, n° 8, est simple, mais assez longue.

MM. ROUCHÉ et DE COMBEROUSSE, dans leur *Traité de Géométrie élémentaire*, donnent la démonstration que nous avons reproduite (n° 238).

Plusieurs articles des *Nouvelles Annales mathématiques* s'occupent du *théorème de Fuerbach*. On y trouve deux démonstrations dues à M. MENTION (1846), page 403, et 1850, page 401. Le savant rédacteur des *Annales*, M. GERONO, a donné le moyen de déterminer les points de contact du cercle des neuf points avec les cercles inscrits et ex-inscrits, en n'employant que la règle, sans avoir une seule circonférence à décrire. (Année 1865, page 220.)

Le *Journal de mathématiques élémentaires et spéciales* (1879), page 359, donne la solution de JAMES BOOTH, membre de la Société royale de Londres. Cette solution est analogue à la première de M. MENTION. Elle est fondée sur le calcul de la distance du centre du cercle des neuf points au centre du cercle inscrit.

La démonstration si simple qui précède est due à M. MILNE (J. M. E., 1890, page 3), on peut voir aussi les démonstrations données par ce même journal (1886, page 3; 1890, page 193);

Et encore la démonstration de M. L. Vautré, professeur à Autrey (Vosges). (J. M. E., 1895, p. 83.)

J. MILNE, membre de la société mathématique de Londres, auteur de *Weekly problem papers* et de *Companion to the Weekly problem papers*; nous aurons occasion de citer ce remarquable ouvrage.

J. MENTION a donné divers articles dans les N. A., de 1843 à 1853.

Exercice 419. — II.

1342. Théorème d'Hamilton [*]. *Soit* D *le point de concours des hauteurs d'un triangle* ABC; *les quatre triangles ayant pour sommet les points* A, B, C, D, *pris trois à trois, ont même cercle des neuf points, et ce cercle est tangent aux seize cercles inscrits ou ex-inscrits aux quatre triangles.*

(*Méthodes*, n° 292, k.)

---

[*] Sir WILLIAM HAMILTON a énoncé ce problème, en 1861, dans *The Quarterly Journal* (Clt. CATALAN, *Théorèmes et problèmes de géométrie élémentaire*, 6ᵉ édition, page 178).

Inversion symétrique.

Exercice 419. — III.

1342 (a). Théorème. *Par le sommet* A *d'un triangle, on mène une droite quelconque* AD *limitée à la base* BC ; *sur la droite symétrique de* AD, *par rapport à la bissectrice de l'angle* A, *on prend une longueur* AG *telle que le produit* AD . AG *égale le produit* bc : *prouver que le lieu du point* G *est la circonférence circonscrite au triangle* ABC.

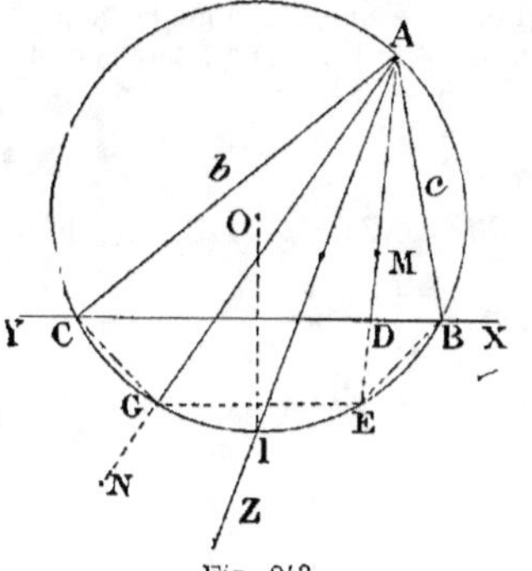

Fig. 843.

Par le point E où AD rencontre le cercle, menons la parallèle EG, prouvons que AG est symétrique de AD, et que AD . AG = bc.

1º La bissectrice de l'angle BAC, passant au point milieu de BIC, passe aussi au point milieu de EIG ; donc les droites AD, AG sont symétriques.

2º Les triangles ABD, AGC sont semblables, car les angles en A sont égaux entre eux, et il en est de même de G et de ABD ;

on a donc :
$$\frac{AD}{b} = \frac{c}{AG}, \quad AD . AG = bc$$

1342 (b). Remarque. Réciproquement, si le point G se meut sur le cercle, le lieu du point inverse D est la droite BC.

Le pied de la hauteur et l'extrémité du diamètre mené par le sommet A sont des points inverses.

1342 (c). Inversion symétrique. Le théorème précédent est la base de la méthode de transformation connue sous le nom d'*inversion symétrique :* à un point quelconque M on fait correspondre un point N, situé sur la droite symétrique de la première, et tel qu'on ait : AM . AN = bc.

1º La figure inverse d'une droite qui passe par le pôle d'inversion est une droite qui passe aussi par le pôle.

2º L'inverse d'une droite XY, qui ne passe point par A, est une circonférence qui passe par le pôle, ou centre d'inversion.

3º L'inverse d'un cercle qui passe par le pôle est une droite telle que XY.

4º L'inverse d'un cercle qui ne passe point par le centre d'inversion est un autre cercle qui n'y passe pas non plus. (Voir ci-après nº 1342 *f*.) Cette proposition est connue lorsque les points M et N sont sur un même rayon vecteur, or il suffit d'opérer une duplication autour de la bissectrice du lieu des points inverses N ; le cercle obtenu dans le premier cas est remplacé par son symétrique par rapport à la bissectrice AI.

1342 (d). Note. Nous avons donné le théorème fondamental en 1882 (*Exercices de Géométrie*, 2ᵉ édition, nº 1175), puis il a paru dans la 5ᵉ édition des *Éléments de Géométrie* (1885) ; mais il est très probable qu'il est connu depuis longtemps, car il est d'une grande simplicité. Quoi qu'il en soit, M. BERNÈS, ancien professeur de mathématiques, l'a pris pour base d'un mode de transformation qu'il a nommé *inversion symétrique*. La publication du remarquable travail du savant professeur a été faite en 1891, 1892 et 1893, dans le *Journal de Mathématiques élémentaires*..

Une note de l'auteur (J. M. E., 1891, page 175) nous fait connaître que M. Gob avait, de son côté, traité de la transformation par inversion symétrique, sous le nom d'*involution*, en 1890, au Congrès scientifique de Limoges; il ajoute : « Quant au théorème qui sert de principe à la méthode, la priorité paraît appartenir à M. Neuberg. » Mais nous ignorons à quelle époque le savant professeur de l'université de Liège aurait fait connaître le théorème fondamental (n° 1175).

Exercice 419. — IV.

1342 (e). Problème. *On donne le pôle* A, *l'axe* AZ *et la puissance* k² ; *trouver la figure inverse symétrique :* 1° *d'un cercle qui passe par le pôle* A; 2° *d'une droite* XY.

On sait que la figure inverse est une droite, et que le diamètre du cercle multiplié par la distance h du pôle à la droite cherchée égale k^2 (n° 1342 a) ; donc portons

$$AL = \frac{k^2}{2R}$$

sur la droite AE symétrique du diamètre (fig. 844) et menons la perpendiculaire XY.

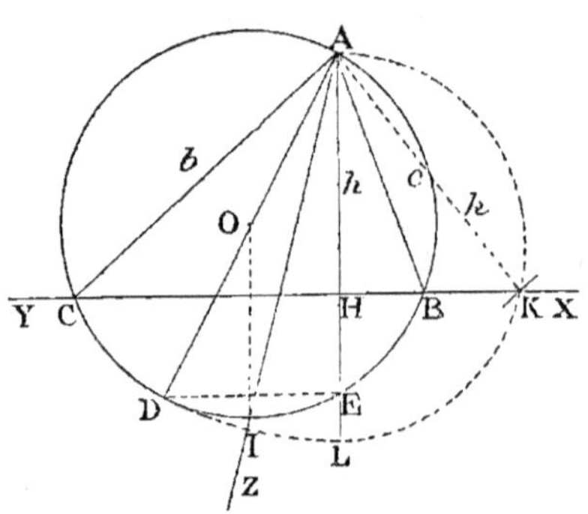

Fig. 844.

2° Déterminons AL (fig. 845) de manière qu'on ait :

$$AL = \frac{k^2}{h}$$

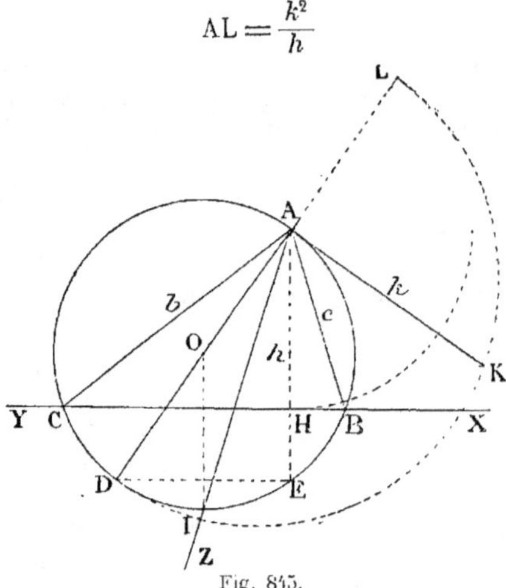

Fig. 845.

et portons AL en AD sur la droite symétrique de AH ; la circonférence décrite sur le diamètre AD est la figure inverse de XY, car $bc = k^2$.

Exercice 419. — V.

1342 (f). Problème. *On donne le pôle A, l'axe AZ et la puissance k^2; trouver la figure inverse symétrique d'un cercle qui ne passe point par le pôle.*

Le moyen le plus rapide est de déterminer la circonférence O′ telle que $AB \cdot AD' = k^2$; puis de prendre la symétrique O du cercle O′.

1342 (g). Remarque. M et N sont des points inverses; il en est de même des points E, F; mais on sait que les centres C et O′ ne sont pas

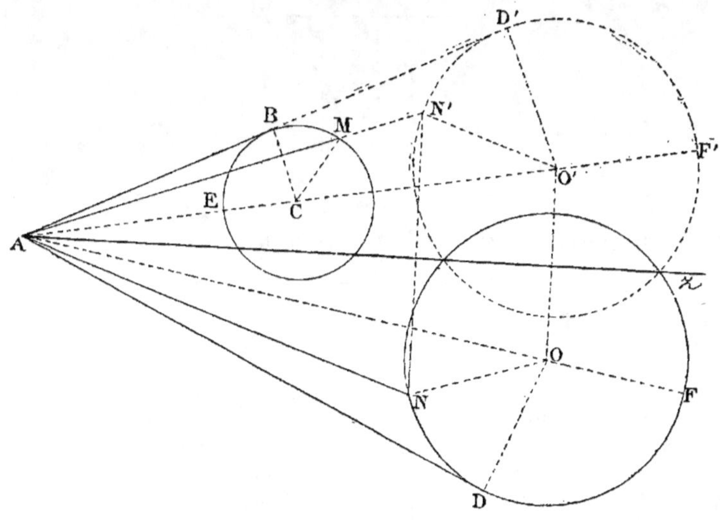

Fig. 846.

inverses; par suite, dans l'*inversion symétrique*, les centres C et O ne sont pas non plus des points inverses.

Exercice 419. — VI.

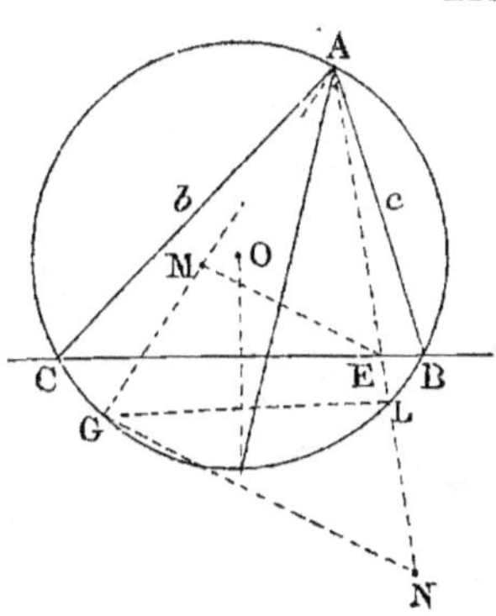

Fig. 847.

1342 (h). Problème. *En inversion symétrique, déterminer l'inverse d'un point donné M, par rapport au sommet A d'un triangle pris pour pôle, et à la puissance bc des deux côtés AB, AC.*

On mène AMG, la parallèle GL à la base détermine la droite symétrique de AG; on trace ME, et l'on mène une parallèle GN.

On a
$$\frac{AM}{AG} = \frac{AE}{AN}$$

d'où $\quad AM \cdot AN = AE \cdot AG = bc$

1342 (i). Remarque. *L'inverse* P *du centre du cercle circonscrit est symétrique du sommet* A *par rapport à la base* BC, *car on a :*

$$2AO \cdot AH = bc; \quad \text{d'où} \quad AO \cdot 2AH = bc$$

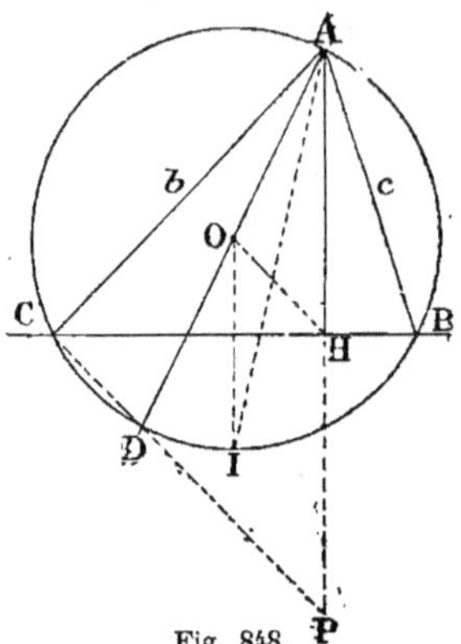

Fig. 848.

La construction conduit à la même conclusion.

Exercice 419. — VII.

1342 (j). Théorème. *Le point inverse symétrique et le point isogonal d'un point donné se trouvent sur une droite passant par le pôle* A *et sur une circonférence passant par* B *et* C.

Deux points M et M' sont isogonaux, lorsqu'ils sont obtenus par deux couples de droites isogonales AG, AL et BG', BL'. (Voir ci-après, n° 1344 *a*, 5°.)

Pour obtenir l'isogonal M' de M, on peut mener AMG, BMG', mener les parallèles GL, G'L' et les droites LA, L'B.

Pour avoir le point inverse N, on peut recourir à un problème connu (n° 2497), ou prendre $AP \cdot AM = bc$, puis prendre le symétrique N de P par rapport à la bissectrice.

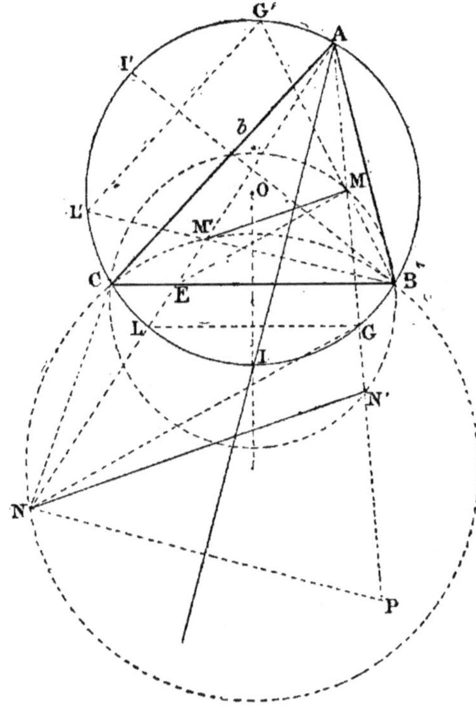

Fig. 849.

M.

24

1° Les points A, M', N sont sur la droite symétrique de AMP.

2° Les triangles ACN, AMB sont semblables comme ayant un angle égal, en A, compris entre côtés proportionnels, car de $AN.AM = bc$,

on déduit :
$$\frac{AN}{c} = \frac{b}{AM} ;$$

donc l'angle
$$CNA = MBA = CBM'$$

donc M' est sur le cercle BNC.

1342 (k). Remarques. 1° On nomme *points isocycliques*, par rapport à BC, les points N et M' situés sur une circonférence passant par B et C et sur une droite passant par le pôle A.

Si l'on décrit le cercle BM'C, on obtient en N l'inverse symétrique du point N ; de même, la circonférence BMC détermine l'inverse symétrique N' de l'isogonal M'.

2° Les droites MM', NN' sont parallèles : *les points N et N', inverses symétriques des points isogonaux M et M', sont eux-mêmes isogonaux.*

3° L'emploi de l'inversion symétrique permet de transformer les questions déjà connues et de formuler de nouveaux théorèmes ; mais il suffit d'en indiquer le principe ; voir d'ailleurs l'intéressante et longue étude déjà citée de M. Bernès (J. M. E. 1891, p. 121, 145, etc.).

4° L'étude des figures semblables, non homothétiques, a conduit à d'intéressantes questions dans la *Géométrie du triangle ;* il en serait de même si l'on recourait à l'*inversion angulaire,* c'est-à-dire à l'inversion lorsque les rayons vecteurs des points inverses forment entre eux un angle constant ; rien n'empêcherait d'ailleurs de prendre la figure symétrique de l'inverse obtenue directement.

LIEUX GÉOMÉTRIQUES

Relation de rapport et point de concours.

1343. Relations numériques. La détermination d'un point dépend de deux grandeurs données ; or les deux variables peuvent être liées ensemble par une relation numérique connue.

On peut avoir une des relations suivantes :

1° La somme des deux distances est constante ;

2° La différence est constante ;

3° Le rapport des distances est constant ;

4° Le produit est constant ;

5° La somme des carrés des deux distances est constante ;

6° La différence des carrés est constante.

En représentant par x et y les deux longueurs propres à déterminer le point, et les quantités connues par $a, b, \ldots k, l, m, n$, on peut écrire les relations comme il suit :

1°
$$x + y = l$$

2°
$$x - y = d$$

3°
$$\frac{x}{y} = \frac{m}{n}$$

4°
$$xy = k^2$$

5°
$$x^2 + y^2 = a^2$$

6°
$$x^2 - y^2 = b^2$$

Exercice 420. — I.

1344. Lieu. *Quel est le lieu des points dont le rapport des distances à deux droites égale un rapport donné* $\dfrac{m}{n}$?

La question a été indiquée dans les *Méthodes* (n° 60), mais il convient de la présenter d'une façon générale.

Soient les droites données OX, OY.

Le lieu complet se compose de quatre droites symétriques deux à deux, par rapport aux bissectrices OI, OI' des droites données.

1° Soient A et A' des points tels qu'on ait :

$$\frac{AM}{AN} = \frac{m}{n} ; \quad \frac{A'M'}{A'N'} = \frac{m}{n}$$

Les droites OA, OA' répondent à la question.

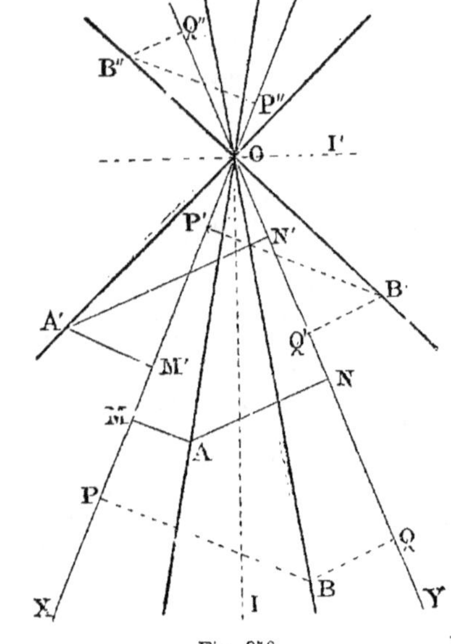

Fig. 850.

2° Lorsque l'ordonnée qui correspond à m tombe sur OY, on trouve encore OB, OB' comme appartenant au lieu.

1344 (a). Remarques. 1° OA est symétrique de OB, OA' de OB'.

2° Lorsque l'ordonnée qui se rapporte à m doit être abaissée sur OX, on n'a plus que OA et OA'.

3° Pour distinguer chaque partie, on a recours à la convention des signes ; *on peut considérer comme positives* les ordonnées AM, AN lorsque le point est dans l'angle aigu des droites données et avec cette convention, on écrirait :

$$\frac{AM}{AN} = \frac{m}{n} ; \quad \frac{A'M'}{A'N'} = -\frac{m}{n}$$

$$\frac{BP}{BQ} = \frac{n}{m} ; \quad \frac{B'P'}{B'Q'} = -\frac{n}{m}$$

4° Les droites OA, OB symétriques par rapport à la bissectrice OI sont appelées *droites isogonales ;* OA' et OB' sont isogonales entre elles. Pour deux droites isogonales OA, OB par exemple, les rapports des distances $\dfrac{m}{n}$, $\dfrac{n}{m}$ sont inverses l'un de l'autre.

5° Les *points isogonaux* M, M' d'un triangle ABC (fig. 849) sont les points d'intersection de deux couples de droites isogonales AG, AL et BG', BL'.

6° Les droites OA, OA' (fig. 850) qui ont même rapport en valeur absolue. mais de signes contraires, sont des *droites conjuguées* par rapport à OX et OY ; elles forment avec ces dernières un *faisceau harmonique*. On sait que toute transversale qui couperait le faisceau donnerait lieu à une *division harmonique*.

Toute transversale qui couperait le système des six droites OA', OX, OA, OB, OY, OB', donnerait *six points en involution*.

Exercice 420. — II.

1345. Lieu. *Quel est le complexe des droites dont les distances à deux points donnés sont dans un rapport donné ?*

Soient A, B et $\dfrac{m}{n}$ les points et le rapport donnés.

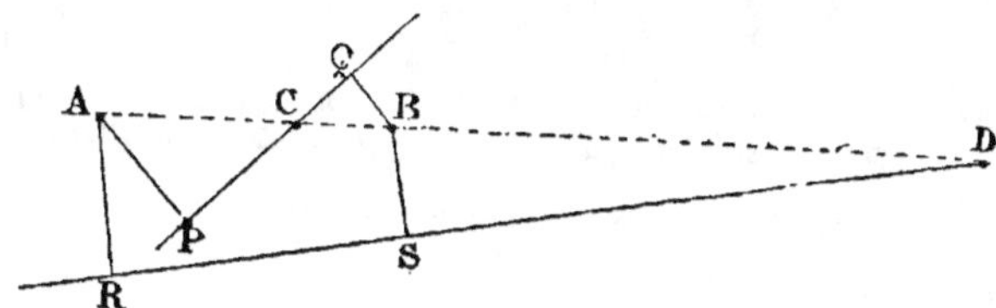

Fig. 851.

Il suffit de déterminer sur AB les points C et D qui donnent deux segments dans le rapport donné, car toutes les droites menées par C ou par D répondent à la question ; on a, en effet,

$$\frac{AP}{BQ} = \frac{AC}{BC} = \frac{m}{n} \quad \text{et} \quad \frac{AR}{BS} = \frac{AD}{BD} = \frac{m}{n}.$$

Remarques. 1° Si l'on tient compte du signe, un seul point C ou D répond à la question, puisque les rapports $\dfrac{AC}{BC}$ et $\dfrac{AD}{BD}$, égaux en valeur absolue, ont des signes contraires.

2° On sait qu'on nomme *complexe* de droites l'ensemble de ces lignes qui jouissent d'une même propriété, qui sont assujetties à une seule condition.

Lorsque $m = n$, le point C est au milieu de AB, le point D s'éloigne à l'infini, et les droites telles que RS sont alors parallèles à AB.

Exercice 420. — III.

1346. Lieu. *Sur deux droites OX, OY on prend des longueurs telles qu'on ait* $\dfrac{MO}{NO} = \dfrac{M'O}{N'O} = \dfrac{m}{n}$; *par les points M, M' on mène des parallèles à une droite donnée ; par N, N' on mène des parallèles à une autre droite aussi donnée ; quel est le lieu des points d'intersection A, A' des parallèles correspondantes ?*

La question peut être énoncée comme il suit :

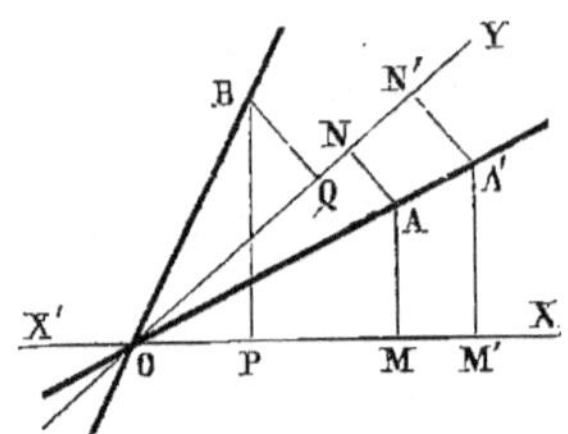

Fig. 852.

On coupe un angle XOY par des parallèles MN, M'N' ; par les points
M, M', etc.

Le lieu est une droite qui passe par le sommet de l'angle.

Exercice 421.

1347. Lieu. *On joint un point donné O aux divers points M d'une droite, et l'on prend sur chaque ligne ainsi menée une distance ON, telle que* $\dfrac{OM}{ON} = \dfrac{m}{n}$; *quel est le lieu des points N ?*

(Voir *Méthodes*, n° 63.)

Exercice 422.

1348. Lieu. *On joint un point donné O aux divers points M d'une circonférence, et l'on prend sur chaque ligne ainsi menée une distance ON, telle que* $\dfrac{OM}{ON} = \dfrac{m}{n}$; *quel est le lieu des points N ?*

(Voir *Méthodes*, n° 63.)

Exercice 423. — I.

1349. Lieu. *On donne une droite XX' et un point extérieur A ; par ce point on mène une droite quel-conque AB limitée à XX', on fait un angle donné BAC, et l'on prend une longueur AC telle que* $\dfrac{AB}{AC}$ *égale un rapport donné* $\dfrac{m}{n}$; *quel est le lieu du point C ?*

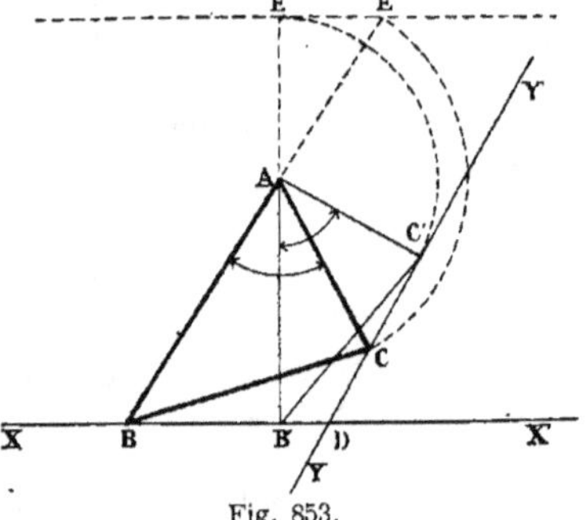

Fig. 853.

1re *Démonstration.* Afin de re-trouver une question connue, prolongeons BA d'une quantité AE égale à AC ; le lieu du point E est une parallèle à XX' (n° 1347).

On a, en effet, $$\frac{AB'}{AE'} = \frac{m}{n}$$

La connaissance de ce lieu conduit immédiatement à la construction suivante : *Abaissons la perpendiculaire AB', formons l'angle B'AC' = BAC et élevons une perpendiculaire C'Y à la droite AC'* ; les angles X'DC' et B'AC' sont égaux comme ayant les côtés respectivement perpendiculaires ; donc, *par un point C quelconque du lieu, il faut mener une droite CY qui fasse avec XX' un angle égal à l'angle donné.*

2e *Démonstration.* La question se traite facilement par synthèse, de la manière suivante : Par le point C, menons CD formant un angle CDX' égal à l'angle BAC ; pour prouver que CD est le lieu demandé, il suffit de mener une ligne quelconque AB', de faire l'angle B'AC' = BAC

et de prouver qu'on a
$$\frac{AB'}{AC'} = \frac{m}{n}$$

En effet, le quadrilatère ABDC est inscriptible, car les angles opposés BAC, BDC sont supplémentaires ; donc l'angle ABD est le supplément de ACD ; donc l'angle ABB' = ACC'.

Le quadrilatère AB'DC' est aussi inscriptible, car l'angle B'DC' est le supplément de B'AC' ; donc l'angle AB'B = AC'C ; donc les triangles ABB', ACC' sont équiangles, et par suite semblables ;

donc
$$\frac{AB'}{AC'} = \frac{AB}{AC} = \frac{m}{n} \qquad\qquad C.\ Q.\ F.\ D.$$

1350. Remarques. 1° La question est souvent énoncée comme il suit :

Un triangle ABC reste semblable à lui-même, tandis qu'il tourne dans son plan autour de son sommet fixe A et que le sommet B décrit une ligne droite ; quel est le lieu décrit par le sommet C ?

A l'exemple de PONCELET, on peut dire aussi :

Un triangle ABC reste semblable à lui-même, tandis qu'il pivote autour de son sommet fixe A, etc.

2° Le premier mode de démonstration conduit à dire immédiatement :

Le sommet C décrit constamment une figure semblable à la figure que décrit le sommet B.

Néanmoins, à cause de l'importance de la question, nous étudierons le cas où le point B décrit une circonférence donnée (n° 1355).

3° *Lorsqu'un triangle ABC reste semblable à lui-même, tandis qu'il tourne dans son plan autour du sommet fixe A, et que le sommet B décrit une droite donnée, la circonférence circonscrite au triangle passe par un second point fixe* (fig. 853).

En effet, pour tout triangle, la circonférence circonscrite doit passer par le point fixe D.

Exercice 423. — II.

1351. Théorème. *Lorsqu'une figure varie de grandeur et de position, en tournant autour de l'un de ses points, qu'elle reste semblable à elle-même et qu'un second point décrit une ligne droite, tout autre point de cette figure décrit aussi une ligne droite ; le point fixe est le centre* *permanent de similitude de la figure, qui reste semblable à elle-même tout en variant de grandeur et de position.* (Voir NOTE, n° 1284, le *théorème général* (n° 1357), et le paragraphe des n°ˢ 2476 et suivants.)

Exercice 423. — III

1352. Lieu. *Deux triangles semblables ont même sommet* A ; *l'un d'eux,* B'AC', *tourne dans son plan autour du sommet* A ; *quel est le lieu du point* D *d'intersection des lignes* BB', CC' ?

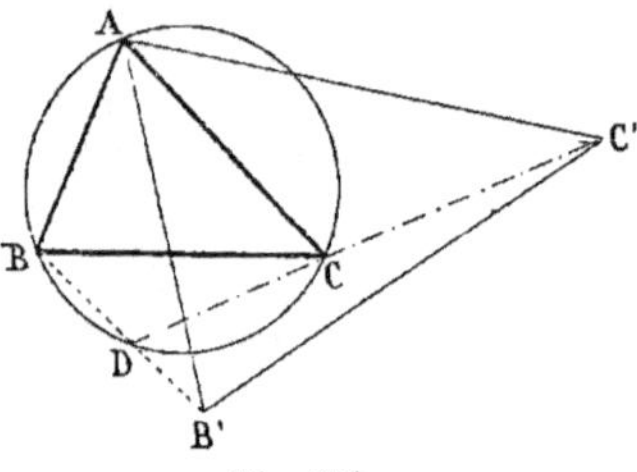

Fig. 854.

1° On reconnaît facilement que la question posée peut se rattacher à la précédente : car les triangles ABC, AB'C' sont deux positions du triangle qui reste semblable à lui-même ; donc, si B décrit la droite BB', on sait que C décrira une droite CC' coupant la première sous un angle BDC' supplémentaire de A ; ainsi le lieu est la circonférence circonscrite au triangle donné ABC.

Voici d'ailleurs une démonstration directe :

2° On a, par construction, $\dfrac{AB}{AB'} = \dfrac{AC}{AC'}$ et l'angle BAB' = CAC', car l'angle BAC = B'AC' ; donc les triangles ABB', ACC' sont semblables.

Ainsi l'angle ACC' = ABB' ; donc l'angle ACD, supplément de ACC', est aussi le supplément de ABD, et le quadrilatère ABDC est inscriptible.

Ainsi le lieu du point D est le cercle circonscrit au triangle fixe.

1353. Lieu. *Par un point* A *on mène une sécante* AMN *qui coupe deux parallèles aux points* M *et* N ; *sur* MN *on construit un triangle* MNO *semblable à un triangle donné ; quel est le lieu du sommet* O ?

Soient MNO, M'N'O' deux positions du triangle.

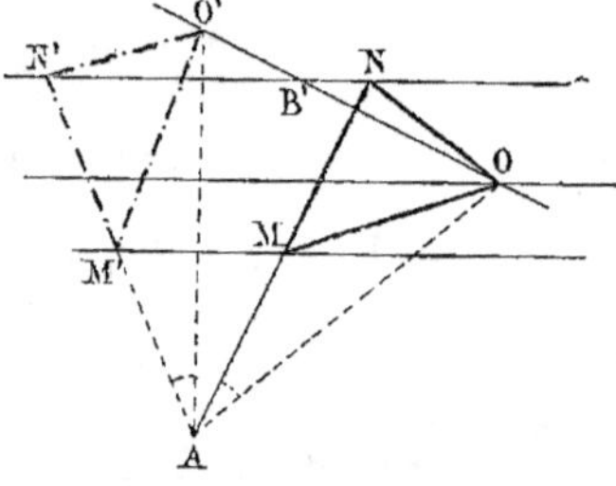

Fig. 855.

On a

$$\frac{AM}{AN} = \frac{AM'}{AN'} = \frac{MN}{M'N'} = \frac{NO}{N'O'} \text{ etc.}$$

Les triangles ANO, AN'O' sont semblables, et l'on retombe sur une question connue (n° 1350).

Le lieu du sommet O est une droite OB'O' qui coupe les parallèles sous un angle égal à l'angle NAO.

1354. Lieu. *Sur la diagonale* MN *on construit un carré ; quel est le lieu des deux autres sommets ?* Ou plus généralement : *On construit sur* MN *une figure semblable à une figure donnée.*

Chaque sommet a pour lieu une droite que l'on détermine comme OB'O'. Chaque point de la figure décrit aussi une droite.

Exercice 424. — I.

1355. Lieu. *Lorsqu'un triangle* ABC *reste semblable à lui-même, tandis qu'il tourne dans son plan autour de son sommet fixe* A *et que le sommet* B *décrit une circonférence, quel est le lieu décrit par le troisième sommet* C?

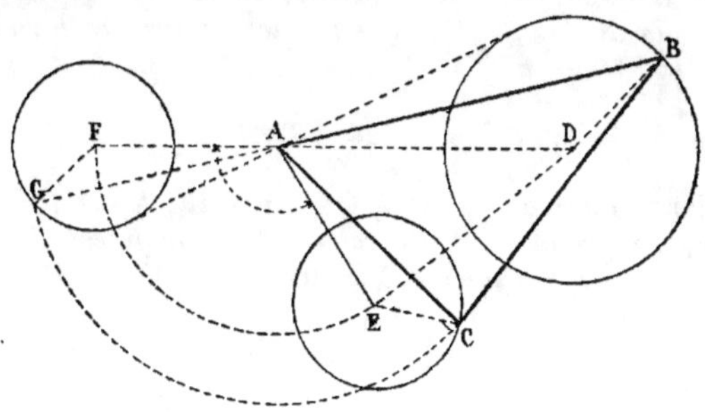

Fig. 856.

1re *Solution.* Le triangle ABC restant semblable à lui-même, le rapport $\dfrac{AB}{AC}$ est constant; il en est de même de l'angle BAC.

Joignons le point A au centre D, faisons l'angle DAE égal à BAC, et prenons AE de manière qu'on ait

$$\frac{AD}{AE} = \frac{AB}{AC}$$

Les deux triangles BAD, CAE seront semblables comme ayant un angle égal compris entre deux côtés homologues proportionnels; donc

$$\frac{BD}{CE} = \frac{AB}{AC}; \quad \text{d'où} \quad CE = BD \cdot \frac{AC}{AB}$$

La longueur CE est constante; par suite, le lieu du point C est une circonférence décrite du point E comme centre avec la valeur ci-dessus pour rayon.

2e *Solution.* En reportant AE de A en F et prenant A pour centre de similitude, on a constamment $\dfrac{AB}{AG} = \dfrac{BD}{FG}$; donc le lieu du point G est une circonférence, et il en est de même pour le point C; car les figures AEC, AFG sont égales entre elles.

1356. Remarque. Lorsque, dans l'énoncé, on donne l'angle B constant et $\dfrac{AB}{BC} = \dfrac{m}{n}$, on est ramené à la question ci-dessus; car les triangles successifs ABC, AB'C' sont semblables comme ayant un angle B = B' compris entre deux côtés homologues proportionnels, ou $\dfrac{AB}{BC} = \dfrac{AB'}{B'C'}$. (Voir n° 1351.)

Exercice 424. — II.

1357. Énoncé général. Théorème. *Lorsqu'une figure plane tourne dans son plan autour d'un de ses points A et reste semblable à elle-même, pendant qu'un autre de ses points, B par exemple, glisse le long d'une ligne donnée, chacun de ses autres points C décrit une ligne semblable à la proposée, et qu'on rendrait homothétique à celle que décrit B, en la faisant tourner de l'angle BAC que forment entre eux les rayons AB, AC. (Voir fig. 856.)*

Exercice 424. — III.

1358. *On donne deux droites OX, OY, un point A sur l'une d'elles et B sur l'autre, on prend à partir de ces deux origines, dans un sens déterminé, des segments égaux* AC = BD ; *puis* CE = DF, *etc., lieu du point milieu de AB, CD, EF.*

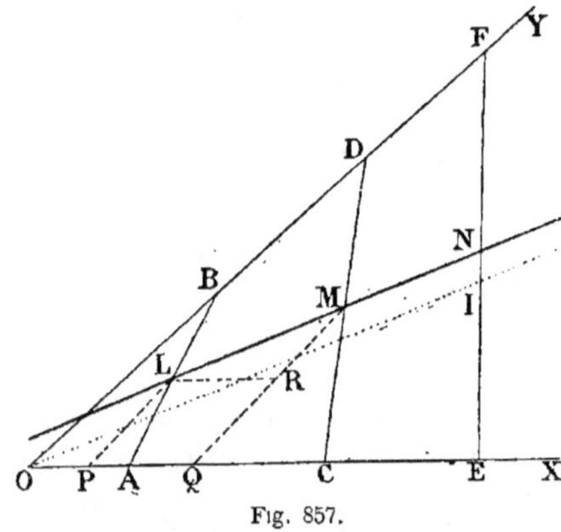

Fig. 857.

En menant les parallèles LP, MQ et LR aux droites OY, OX, on a :

$$LP = \frac{OB}{2}, \quad MQ = \frac{OD}{2}, \quad \text{donc} \quad MR = \frac{BD}{2}$$

de même
$$OP = \frac{OA}{2}, \quad OQ = \frac{OC}{2}, \quad \text{donc} \quad LR = \frac{AC}{2}$$

donc LR = MR, et le triangle LRM est isocèle ; par suite, LM est parallèle à la bissectrice OI ; il en serait de même de MN, donc la droite LMN est le lieu cherché.

Remarque. La droite LMN porte le nom de *droite des milieux* que lui a donné CHASLES, en 1860 (*Essai sur la Géométrie de la règle et de l'équerre,* par M. G. DE LONGCHAMPS, p. 149).

Exercice 425.

1359. Lieu. *Lieu des points tels que, de chacun d'eux, deux cercles donnés, A et B, soient vus sous un même angle.*

24*

Il est évident que les points de concours I et O des tangentes communes aux deux cercles font partie du lieu demandé.

Soit M un autre point, tel que l'on ait l'angle CMG = DMH; leurs moitiés sont aussi égales, et les triangles rectangles ACM et BDM sont semblables, et donnent $\frac{c}{f} = \frac{r}{r'}$, rapport constant.

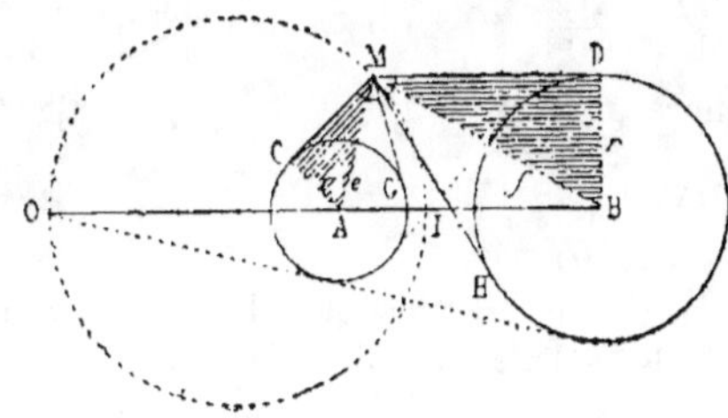

Fig. 858.

Le lieu demandé est donc le même que *celui des points dont les distances aux deux points A et B sont dans le rapport* $\frac{r}{r'}$. (G., n° 307.) Ce lieu est la circonférence décrite sur OI comme diamètre.

Remarque. Les points O et I divisent harmoniquement la droite AB; le cercle décrit sur OI comme diamètre a été nommé *cercle d'Apollonius* par M. Neuberg.

1360. Lieu. *Le sommet C de l'angle droit d'un triangle rectangle se meut sur la circonférence décrite sur l'hypoténuse AB, cette dernière ligne restant fixe; on prolonge l'un des côtés BC de l'angle droit de sa propre longueur au delà du sommet mobile, et l'on joint le centre à l'extrémité du prolongement. On demande le lieu de la rencontre de ED avec AC.*

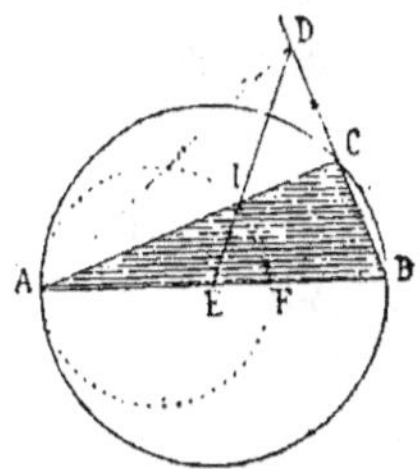

Fig. 859.

Menons AD, puis IF parallèle à CB.

Dans le triangle ABD, les droites AC et DE sont des médianes; ainsi le point I est aux $^2/_3$ de AC, et puisque IF est parallèle à CB, le point F est aux $^2/_3$ de AB.

Or l'angle AIF est droit; donc le lieu du point I est la circonférence décrite sur AF.

Exercice 426.

1361. Problème. *Sur une même droite, on donne quatre points A, B, C, D; quel est le lieu des points d'où l'on voit les segments AB et CD sous des angles égaux?*

Soit M un point du lieu. Les triangles qui ont un angle égal sont entre eux comme les produits des côtés qui comprennent les angles égaux;

d'ailleurs, les triangles qui ont même hauteur sont entre eux comme leurs bases.

Ainsi les triangles AMB, CMD donnent

$$\frac{AM \cdot BM}{CM \cdot DM} = \frac{AB}{CD} \qquad (1)$$

Les triangles AMC, BMD donnent

$$\frac{AM \cdot CM}{BM \cdot DM} = \frac{AC}{BD} \qquad (2)$$

Multipliant membre à membre les relations (1) et (2), on a

$$\frac{AM^2}{DM^2} = \frac{AB \cdot AC}{CD \cdot BD}$$

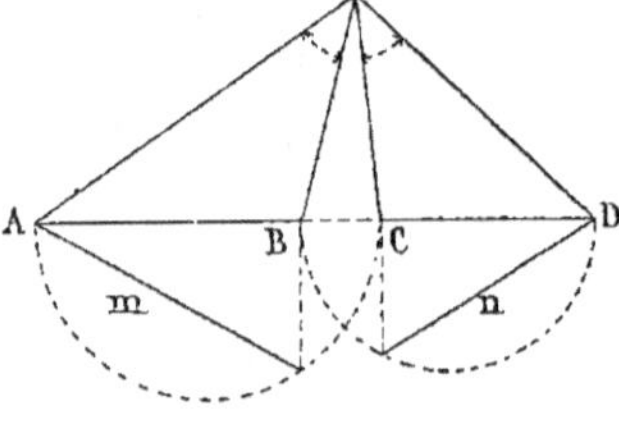

Fig. 860.

Déterminons les moyennes proportionnelles, ou cherchons les carrés équivalents $m^2 = AB \cdot AC$; $n^2 = CD \cdot BD$.

Nous aurons $\qquad \dfrac{AM^2}{DM^2} = \dfrac{m^2}{n^2}$; d'où $\dfrac{AM}{DM} = \dfrac{m}{n}$

Ainsi le lieu demandé est le lieu des points dont le rapport des distances à deux points A et D égale un rapport connu $\dfrac{m}{n}$. (G., n° 307.)

Note. La solution que nous venons de donner, est empruntée à la 3ᵉ édition des *Théorèmes et problèmes de Géométrie* de CATALAN, p. 196.

M. BURAT a donné une belle solution de ce même problème dans le *supplément du Manuel général* du 28 juin 1884, p. 206.

Voir aussi J. M. E., 1886, p. 16 : *Étude complète de la question.*

Exercice 427. — I.

1362. Lieu. *Quel est le lieu du point de concours des diagonales des parallélogrammes inscrits dans un quadrilatère donné?* (A. LONG-CHAMPT*, *Recueil de problèmes*, in-4°, p. 159.)

Pour inscrire un parallélogramme EFGH dans un quadrilatère donné ABCD, il suffit de mener EF parallèle à la diagonale BD, FG parallèle à la diagonale AC.

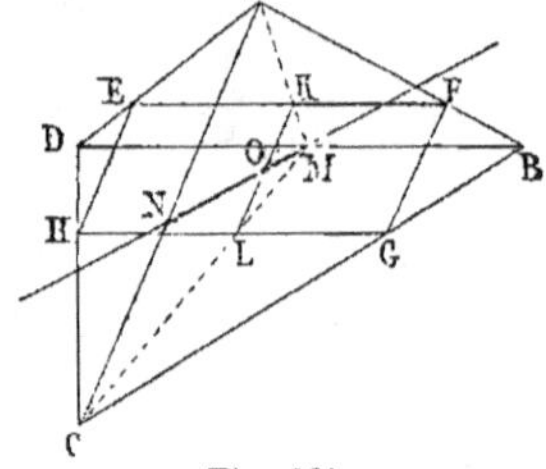

Fig. 861.

Les droites EH, GH, respectivement parallèles aux deux premières, se coupent sur CD.

Le point O de concours des diagonales est au milieu de la droite LK, qui joint les milieux de deux côtés opposés ; mais le lieu du point K est la médiane AM du triangle ABD. Le lieu du point L est la médiane CM du triangle BCD ; enfin le lieu du point O, milieu de LK, est la médiane MN du triangle AMC ; donc le lieu du point de concours des diagonales est la droite MN qui joint les points milieux des diagonales du quadrilatère.

---

* M. A. LONGCHAMPT, directeur des études à l'institution polytechnique ; son *Recueil de problèmes* est de 1865.

Remarques. 1° Les prolongements de MN correspondent au point de concours des parallélogrammes dont les sommets sont placés sur le prolongement des côtés de ABCD.

2° Le théorème est vrai pour le quadrilatère gauche (voir ci-après, *livre* VI).

Exercice 427. — II.

1363. Lieu. *Lieu du point de rencontre des diagonales des rectangles inscrits dans un triangle donné.*

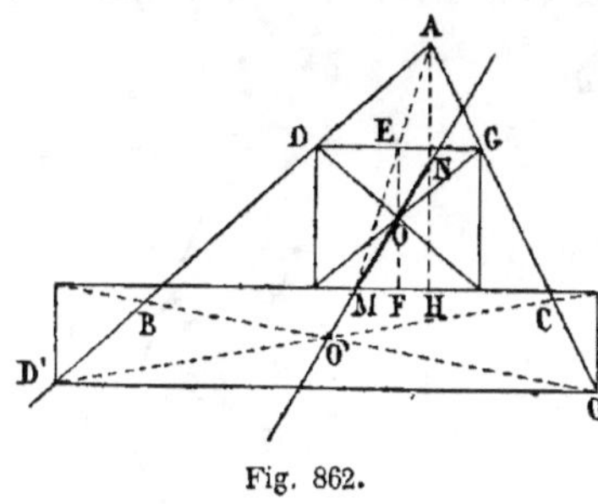

Fig. 862.

Pour inscrire un rectangle, il suffit de mener une parallèle DG à la base BC, et d'abaisser des perpendiculaires des points D et G.

Le point de concours O est au milieu de EF.

Le point E, milieu de DG, est sur la médiane AM du triangle ABC ; donc le lieu du point O est la médiane MN du triangle MAH.

Ainsi le lieu du point O est la droite MN qui joint le milieu de la base BC au milieu de la hauteur AH.

Remarque. Chaque côté pris pour base donne un lieu analogue. Les trois droites telles que MN, qui joignent le milieu de la hauteur, au milieu du côté correspondant, se coupent au *point de Lemoine* du triangle (n° 1242. *b*. Pour la démonstration, voir J. M. E., 1887, p. 113) ; il en résulte que le point d'intersection est le centre de trois rectangles inscrits. Ce même point jouit d'un grand nombre de propriétés (voir ci-après, n° 2375) : après le centre du cercle circonscrit et le centre de gravité, il semble le plus intéressant des points d'un triangle.

Exercice 427. — III.

1364. Lieu. *Par un point A, on mène une sécante ABD qui coupe une circonférence donnée C en deux points B et D ; quel est le lieu du point M d'intersection des circonférences menées par les points A et B et par les points A et D, lorsque ces circonférences sont tangentes au cercle donné?* (N. A., 1872, page 468.)

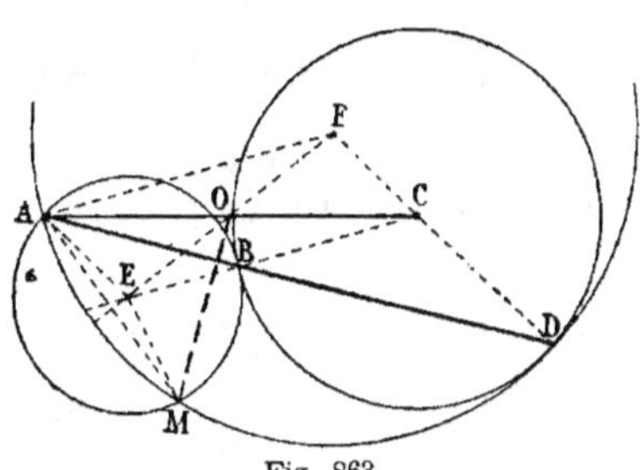

Fig. 863.

Les centres E, F sont sur les rayons BE, DC.

Les triangles AFD, BCD, ABE sont isocèles et semblables ; la figure AFCE est un parallélogramme ; ainsi les diagonales EF, AC se coupent en leurs milieux O ;

mais la ligne des centres EF est perpendiculaire au milieu de la corde
commune AM ; donc

$$OM = OA = OC$$

Le lieu du point M est la circonférence décrite du point O comme
centre avec $\frac{1}{2} AC$ pour rayon.

Exercice 428.

1365. Lieu géométrique. *Un des côtés non parallèles d'un trapèze est
donné de grandeur et de position, on con-
naît aussi les longueurs* a *et* b *des deux
bases ; quel est le lieu du point de concours
des diagonales et celui du point milieu du
côté inconnu ?*

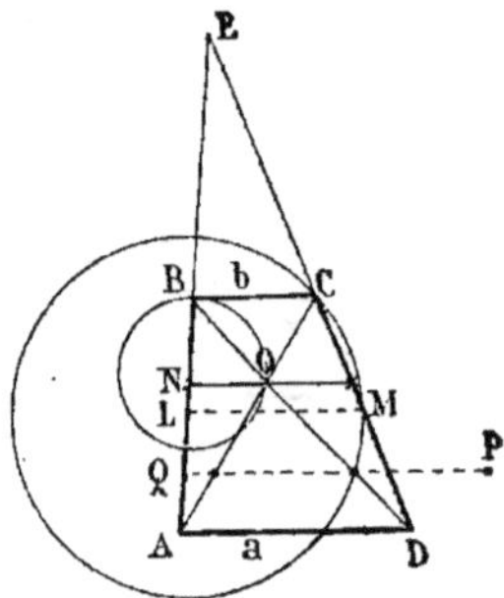

Fig. 864.

Soient AB le côté fixe, AD et BC ayant
pour longueur a et b.

On sait que les diagonales d'un trapèze
se divisent respectivement en parties proportionnelles aux bases.

On a $\qquad \dfrac{AO}{OC} = \dfrac{a}{b} \qquad$ (n° 1104)

De plus, lorsqu'on divise un côté AB dans
un rapport donné $\dfrac{m}{n}$, la parallèle menée
aux bases a une longueur constante, car elle ne dépend que des bases
a et b et du rapport $\dfrac{m}{n}$; donc

1° $\qquad NO = \dfrac{ab}{a+b} \quad$ (n° 1109) ; $\quad$ 2° $\quad LM = \dfrac{a+b}{2}$

donc le lieu du point O est la circonférence décrite du centre N avec
$\dfrac{ab}{a+b}$ pour rayon.

Le lieu du point M est la circonférence décrite du centre L avec
$\dfrac{a+b}{2}$ pour rayon.

Remarque. Tout point de DCE, de AC, ou de DB, décrit une circonférence ayant son centre sur ABE.

Il en est de même de tout point P, lié au trapèze par une parallèle PQ
de longueur constante, pourvu que la parallèle passe par un point donné
sur l'axe.

Exercice 429. — I.

1366. Lieu géométrique. *On donne les longueurs* a *et* b *des bases
d'un trapèze ; l'une d'elles, AD, est fixe de position ; on connaît aussi
la longueur* c *d'un des autres côtés. Quel est le lieu du point de concours des côtés non parallèles et le lieu du point de concours des diagonales ?*

1º Puisque AB a une grandeur constante, le point B décrit une circonférence ayant A pour centre et AB pour rayon.

Chaque point de ABE décrit aussi une circonférence ayant A pour centre.

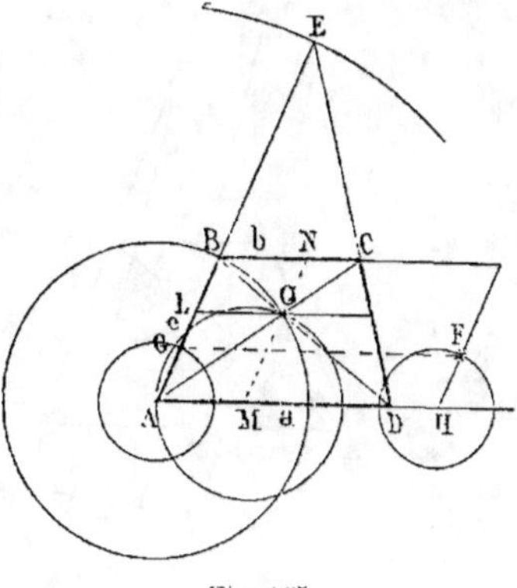

Fig. 865.

Or
$$\frac{AE}{AB} = \frac{a}{a-b} ;$$

d'où
$$AE = \frac{ac}{a-b}$$

quantité constante ; donc le point E décrit une circonférence, car sa distance au point A est constante.

2º Pour avoir le lieu du point O, menons les droites OL, OM parallèles à AD et à BA.

On sait que AM et MO ont des longueurs constantes.

En effet,
$$AM = LO = \frac{ab}{a+b} \quad (\text{n}^\text{o}\ 1109) \tag{1}$$

$$\frac{OM}{MN} = \frac{OD}{BD} = \frac{a}{a+b} ; \quad \frac{OM}{c} = \frac{a}{a+b} ; \quad \text{d'où} \quad OM = \frac{ac}{a+b} \tag{2}$$

donc le lieu du point O est une circonférence décrite du point M comme centre avec MO pour rayon.

1367. Lieu. *Quel est le lieu d'un point F, relié au trapèze par une parallèle FG de longueur donnée qui rencontre AB en un point fixe G de cette ligne ?*

Le point G décrit une circonférence ayant A pour centre et AG pour rayon ; donc le point F décrit une circonférence ayant le point H pour centre et FH pour rayon (nº 58).

Exercice 429. — II.

1368. Lieu. *Dans un trapèze ABCD (fig. 856), la base AD est donnée de grandeur et de position ; la base BC est donnée de longueur ; quel est le lieu du point de concours des côtés non parallèles et celui du point de concours des diagonales, lorsque le sommet B décrit une ligne droite ou une circonférence donnée ?*

On donne $AD = a$ et la longueur b de l'autre base ; en outre, le sommet B glisse sur la droite BB''.

Tout point de AB décrira une droite parallèle à BB'.

Ainsi
$$AL = AB . \frac{a}{a+b}$$

donc L se meut sur LL'' parallèle à BB''.

En effet, pour une position quelconque B′ du sommet, on a

$$AL' = AB' \cdot \frac{AL}{AB} = AB' \cdot \frac{a}{a+b}$$

donc L′ est bien la nouvelle position de L.

De même $AE = AB \cdot \dfrac{a}{a-b}$

donc les points B, E décrivent simultanément des droites parallèles.

La longueur LO ou $\dfrac{ab}{a+b}$ étant constante, le point O décrit une droite OO″ parallèle à LL″.

Si B décrit une circonférence, E décrira
aussi une circonférence; il en sera de même
de L. Le point A sera le centre extérieur de
similitude de toutes ces circonférences.

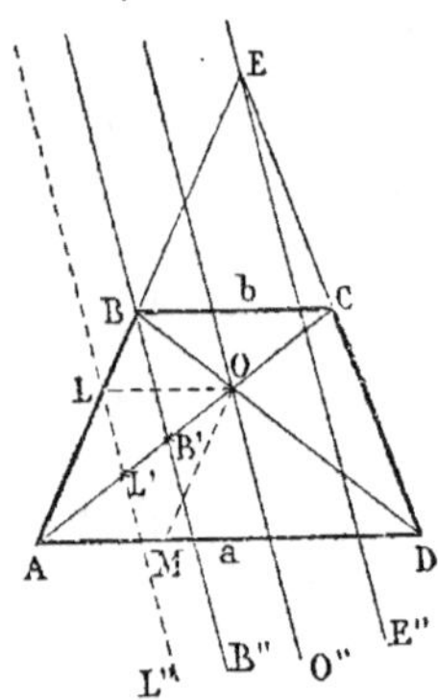

Fig. 866.

Le point O décrira une circonférence égale à celle que décrit le
point L.

1369. Lieu. *On donne la base AD d'un trapèze ABCD, ainsi que la
longueur b de l'autre base BC; quel est le lieu du point de concours des
côtés non parallèles et du point de concours des diagonales, lorsque les
côtés non parallèles sont entre eux dans un rapport donné* $\dfrac{m}{n}$?

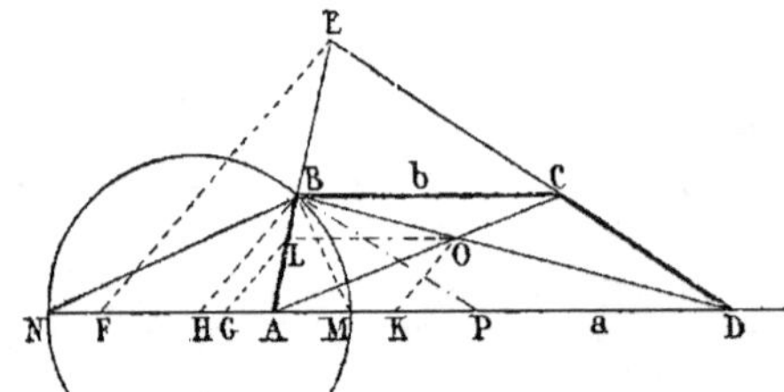

Fig. 867.

D'après les exemples précédents, il suffit de reconnaître le lieu décrit
par un point de AB; par exemple, par le point B.

Pour cela, il suffit de mener BP parallèle à CD.

Le point P est fixe, car $AP = a - b$

puis $\dfrac{AB}{BP} = \dfrac{m}{n}$

donc le lieu du point B est la circonférence MN, lieu des points dont le
rapport des distances aux points A et P égale $\dfrac{m}{n}$. (G., n° 307.)

Il suffit de mener les deux bissectrices des angles formés par AB
et BP.

Tous les points considérés décriront des lieux analogues, car on a

$$\frac{AE}{ED} = \frac{AB}{BP} = \frac{m}{n}$$

La parallèle EF est le rayon de la circonférence lieu des points E.

Les parallèles LG, OK donnent le centre et le rayon du lieu pour les points L, O.

1370. Lieu. *Mêmes données ; mais on a* $AB^2 \pm CD^2 = k^2$.

On détermine le lieu du point B.

Pour la somme des carrés égale k^2, le lieu du point P est une circonférence ayant pour centre le point milieu de AP (n° 69) ; le lieu relatif à la différence des carrés se compose de deux perpendiculaires à AP (n° 71).

Exercice 430.

1371. Lieu. *Deux côtés opposés AB, CD d'un quadrilatère sont donnés ; ils se coupent en un point O. Un des côtés AB est fixe, l'autre côté CD tourne autour du point O. Quel est le lieu du point de concours des deux autres côtés, et le lieu du point d'intersection des diagonales du quadrilatère ?*

(Voir *Méthodes*, n° 84.)

1372. Lieu. *Dans un triangle ABC, la base AB est donnée de longueur et de position ; l'angle opposé C est de grandeur constante ; sur BC on prend un point E qui divise ce côté dans un rapport donné* $\dfrac{m}{n}$ *; par ce point E, on mène une droite EM qui coupe le côté opposé sous un angle donné AME. Quel est le lieu des points M ?*

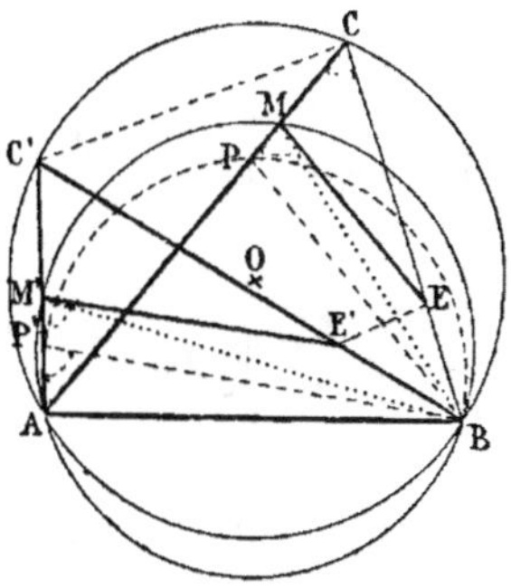

Considérons deux positions différentes C, C' du sommet.

On a $\dfrac{BE}{EC} = \dfrac{BE'}{E'C'} = \dfrac{m}{n}$

puis   angle $AM'E' = AME$

Fig. 868.

Par suite, les triangles EMC, E'M'C' sont semblables comme ayant deux angles égaux.

Puis les triangles BME, BM'E' sont semblables comme ayant un angle égal $E = E'$ compris entre deux côtés homologues proportionnels. Ainsi l'angle $AM'B = AMB$; donc le lieu du point M est un segment AMB capable de l'angle AMB déterminé par une position quelconque du point C.

Remarques. 1° La parallèle BP à EM donne un point P qui se trouve constamment sur l'arc AP'PB. De plus, on a

$$\frac{MP}{MC} = \frac{M'P'}{M'C'} = \frac{m}{n}$$

donc si par le point A où deux circonférences APB, ACB se coupent, on mène une corde quelconque APC, et qu'on divise le segment PC compris,

dans un rapport donné $\dfrac{m}{n}$, le lieu du point M est une autre circonférence qui passe par les deux points A et B communs aux deux premières.
Ce théorème a déjà été démontré directement (n° 1279).

2° L'*exercice* 186, n° 805, n'est qu'un cas particulier de celui-ci.

Relations de Produit ou de Carrés.

Exercice 431. — I.

1373. Lieu. *Par un point donné* O, *l'on mène une sécante quelconque
qui rencontre une droite donnée en un point* N ; *on prend sur la sécante
une longueur* OM, *telle que le produit ait une valeur constante* k^2. *Quel
est le lieu des points* M ?

(Voir *Méthodes*, n°ˢ 67 et 68, 2°, 3°.)

1374. Lieu: *Étant donnés un point* A
et une droite indéfinie CD, *on mène du
point à la droite une sécante mobile*
AM, *et en chaque position, on prend
un point* N *tel que l'on ait*

$$AM . AN = k^2 = 2AD^2.$$

Trouver le lieu des points N.

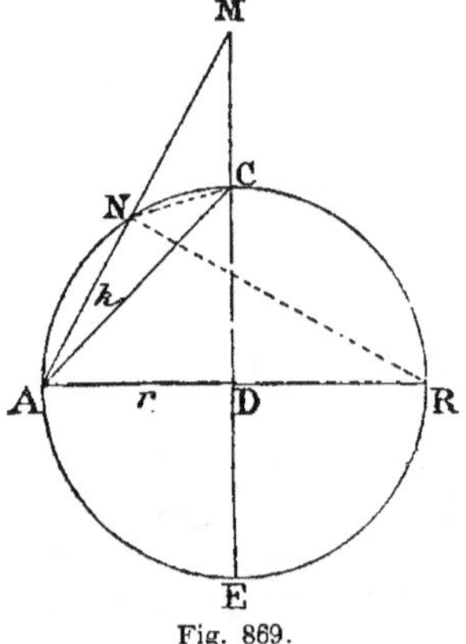

Fig. 869.

Ce problème n'est qu'un cas particulier de l'exercice précédent (n° 1373);
mais il offre quelque intérêt à cause de
la valeur $2AD^2$, attribuée à la constante k^2.

Prenons le point R symétrique de A.
Le lieu demandé est la circonférence décrite sur AR ; le centre est en D ; et si
l'on appelle r la distance AD , on a

$$k^2 = AD . AR = r . 2r = 2r^2 = DA^2 + DC^2 = AC^2 ; \quad \text{d'où} \quad k = AC$$

Si l'on joint le point N au point R, on considère les triangles rectangles ADM et ANR, qui sont semblables comme ayant l'angle A
commun ; et l'on a

$$\frac{AM}{AR} = \frac{AD}{AN} ; \quad \text{d'où} \quad AM . AN = AD . AR = k^2$$

On peut aussi démontrer directement que $AM . AN = AC^2$ ou k^2.
On considère les triangles ACM et ANC. L'angle A est commun ; l'angle
M a pour mesure $\dfrac{AE - NC}{2}$ ou $\dfrac{AN}{2}$, et l'angle NCA a aussi pour

mesure $\dfrac{AN}{2}$.

Ainsi les triangles considérés sont semblables, et l'on a

$$\frac{AM}{AC} = \frac{AC}{AN} ; \quad \text{d'où} \quad AM . AN = AC^2 \quad \text{ou} \quad k^2$$

Remarque. On reconnaît graphiquement que ce cas remarquable a lieu lorsqu'en coupant CD du point A comme centre avec k pour rayon, on trouve $DC = DA$.

Cette question ne diffère pas, au fond, de celle du n° 1294.

1375. Lieu. *Un angle A de grandeur constante se meut autour de son sommet ; ses côtés varient de longueur, mais en restant toujours dans le même rapport, ou bien en donnant toujours le même produit ; l'un de ses côtés a son extrémité mobile B sur une droite donnée CD ou sur une circonférence C. On demande le lieu décrit par l'extrémité M de l'autre côté.*

(Voir n°s 1349 et 1351.)

Exercice 431. — II.

1376. Lieu. *Par un point D pris dans un cercle, on mène une corde quelconque BDC ; sur cette corde prise pour hypoténuse, on construit un triangle rectangle BAC dont le sommet A se projette sur l'hypoténuse au point D. Quel est le lieu du sommet A ?*

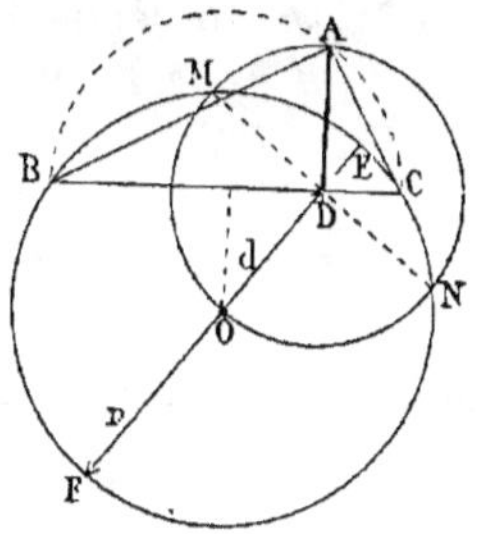

On a

$$AD^2 = BD \cdot DC$$

Or le produit $BD \cdot DC$ est constant pour un point D donné ; donc le lieu du point A est le cercle décrit du point D comme centre avec $\sqrt{BD \cdot DC}$ ou $\sqrt{r^2 - d^2}$ pour rayon.

Remarque. La droite MN, perpendiculaire à OD, est le diamètre du lieu, car

$$DM^2 = DE \cdot DF = DB \cdot DC$$

Fig. 870.

1377. Lieu. *Par le centre intérieur I de similitude de deux circonférences, on mène une droite BCIC'B' ; les points extrêmes B et B' sont homologues ; il en est de même des intermédiaires C et C', tandis que B et C', C et B' sont antihomologues. (G., n° 818.) Quel est le lieu du sommet A du triangle rectangle BAC', dont le sommet se projette au point I ?*

On retrouve la question précédente : le lieu demandé est le cercle AI ; car le produit IB . IC' est constant. (G., n° 818, 2°.)

Exercice 431. — III.

1378. Lieu. *Sur l'hypoténuse BC d'un triangle rectangle BAC, on élève une perpendiculaire DEF qui coupe BA au point E et CA au point F ; sur cette même perpendiculaire on prend une longueur DM, telle que $DM^2 = DE \cdot DF$. Quel est le lieu du point M ?*

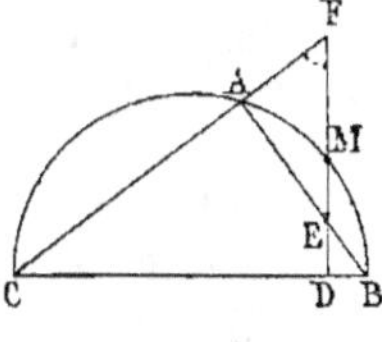

Les triangles rectangles CDF et DBE sont semblables ; car, outre les angles droits A et D, les deux angles B et F sont égaux comme ayant même complément C, et l'on a

Fig. 871.

$$\frac{CD}{DE} = \frac{DF}{BD} ; \quad \text{d'où}\quad DE \cdot DF = CD \cdot BD$$

donc

$$DM^2 = BD \cdot CD$$

Le lieu du point M est la circonférence décrite sur le diamètre BC.

1379. Lieu. *Sur une perpendiculaire DEF à une droite BDC, on prend deux points E, F tels que DE . DF = BD . CD ; quel est le lieu des points A où se coupent BEA, CAF ?*

On prouve que le triangle BAC est rectangle.

1380. Lieu. *Sur une droite CB on élève une perpendiculaire DF, on mène une droite CF et l'on prend CA, de manière que CA . CF = CD . CB ; quel est le lieu du point A ?*

C'est la circonférence BAC, inverse de la droite DF. (G., n° 826.)

On a aussi   BE . BA = BD . BC   et   BE . AE = DE . FE   (fig. 871).

Exercice 432.

1381. Lieu. *On donne un triangle isocèle, et l'on demande le lieu des points tels que la distance de chacun d'eux à la base du triangle soit moyenne proportionnelle entre les distances du même point aux deux autres côtés.*

(Voir *Méthodes*, n° 86.)

Exercice 433.

1382. Lieu. *On donne un triangle ABC ; sur la bissectrice extérieure de l'angle A on prend des distances AD, AF,*
telles que leur produit égale constamment
$AB \times AC$; *quel est le lieu géométrique des points M où les droites DB et FC se rencontrent ?*

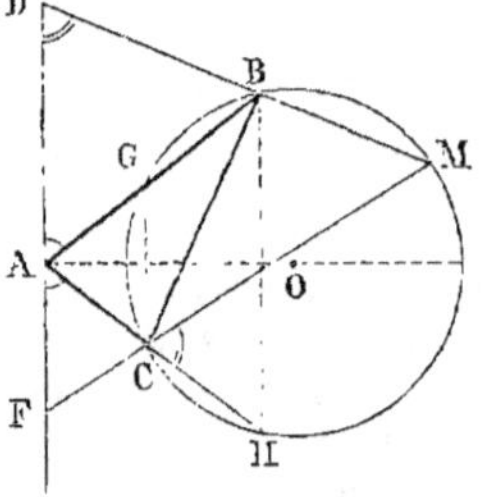

Fig. 872.

Soit   AF . AD = AC . AB

1re *Solution.* De l'*Exercice* 400 (n° 1298) on peut conclure que le lieu des points M est une circonférence qui passe par les points B et C, ainsi que par les symétriques G, H de ces points, par rapport à la bissectrice intérieure de l'angle A ; d'ailleurs la démonstration est très simple.

2e *Solution.* De l'égalité AF . AD = AC . AB on déduit $\dfrac{AD}{AB} = \dfrac{AC}{AF}$; donc les deux triangles ADB, ACF sont semblables comme ayant un angle égal compris entre deux côtés homologues proportionnels ; donc l'angle C = D ; F = ABD. Mais l'angle M est le supplément de D + F ; donc il égale l'angle BAD supplément de D + ABD ; par suite, le lieu des points M est le segment décrit sur BC, capable de l'angle DAB = M.

Remarque. Le point H, symétrique de B, donne l'angle H égal à CAF, etc. ; ainsi le lieu géométrique est la circonférence qui passe par BCGH.

Exercice 434.

1383. Lieu. *Une sécante AC, menée à un cercle donné O, se meut autour d'un point fixe A ; aux deux points d'intersection avec la circon-*

férence, on mène deux tangentes BM *et* CM. *On demande le lieu des points de concours de ces couples de tangentes.*

Menons MP perpendiculaire sur AO (fig. 873).

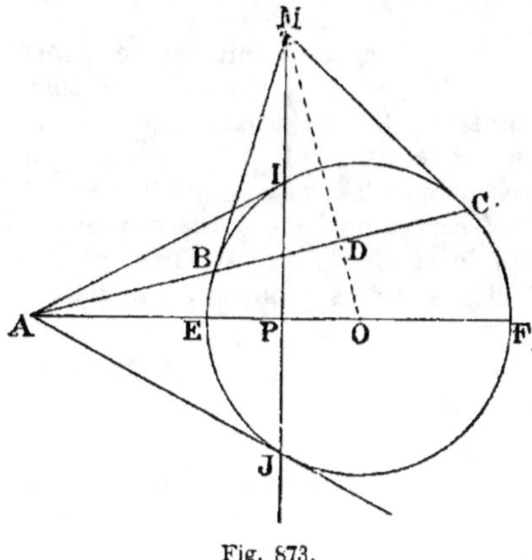

Fig. 873.

Les triangles rectangles ODA et OPM sont semblables, comme ayant en O un angle aigu commun ; on a donc

$$\frac{OA}{OD} = \frac{OM}{OP}$$

d'où $OA \cdot OP = OM \cdot OD \quad (1)$

Or la droite OM est perpendiculaire à la corde des contacts BC. Dans le triangle rectangle OCM, on a donc (G., n° 247)

$$OC^2 = OM \cdot OD$$

De ces deux égalités résulte

$OA \cdot OP = OC^2$; d'où $OP = \dfrac{OC}{OA}$

quantité constante.

Donc le lieu du point M est la droite indéfinie MP menée perpendiculairement à AO, à une distance OP donnée par la relation

$$OP = \frac{OC^2}{OA}$$

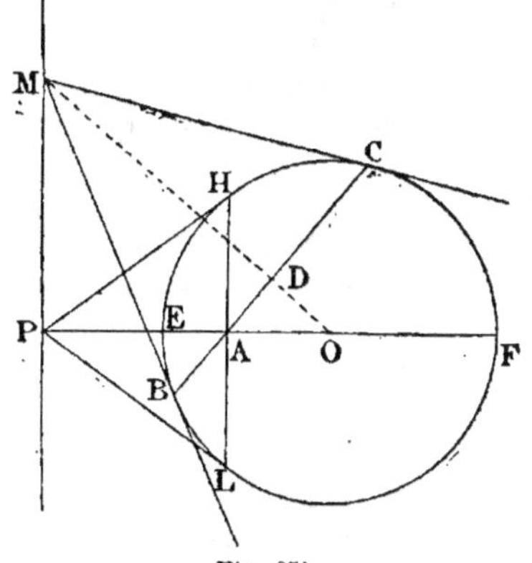

Fig. 874.

Remarques. 1° La partie intérieure de cette droite ne fait pas partie du lieu, ou du moins elle ne correspond pas à des tangentes réelles ; mais la question peut être énoncée d'une manière plus générale (G., n° 802) ; et, dans ce cas, toute la droite appartient au lieu demandé.

2° Lorsque le point A est intérieur (fig. 874), le lieu MP est extérieur.

1384. Théorème. *Réciproquement, étant donnés une droite indéfinie* MP *et un cercle* O, *si, d'un point* M *mobile sur* MP, *on mène des tangentes* MB *et* MC, *la corde* BC *des contacts passera constamment par le point* A. *Ce point est sur* OA *perpendiculaire à* MP, *à une distance* OA *donnée par la relation* $OA \cdot OP = OC^2$ *ou* $OA = \dfrac{OC^2}{OP}$.

Rappelons que, par rapport au cercle O, le point A est appelé le *pôle* de la droite MP, et cette droite est appelée la *polaire* du point A. A chaque *pôle* correspond une *polaire*, et réciproquement. (G., n° 801.)

Lorsque le pôle A est extérieur au cercle, le point P est intérieur, et réciproquement. Si le pôle est sur la circonférence, la polaire correspondante est la tangente menée par le pôle lui-même.

1385. Remarque. Du théorème ci-dessus (n° 1384), MONGE a donné une démonstration très simple, basée sur la considération des *solides auxiliaires* (n° 169).

Remplaçons le cercle par une sphère de même centre et de même rayon ; chaque point de la droite peut être pris pour sommet d'un cône circonscrit à la sphère ; la ligne de contact est une circonférence.

Or, si par la droite donnée on mène deux plans tangents à la sphère, chaque courbe de contact passera par les deux points de contact ainsi obtenus ; donc toutes les circonférences ont une corde commune, et le point où cette droite rencontre le cercle donné est un point par lequel passent les cordes des contacts de divers groupes de tangentes menées au cercle.

Exercice 435.

1386. Lieu. *Quel est le lieu du point milieu* M *de l'hypoténuse* BC, *d'un triangle rectangle* BAC *qui tourne autour de son sommet* A, *tandis que les sommets* B *et* C *décrivent une circonférence donnée?*

Il suffit de se reporter à un théorème du II° livre, n° 749, pour reconnaître que le lieu du point milieu M est le cercle décrit du point F, milieu de AO, avec le rayon FM.

Mais on peut rechercher directement ce lieu et donner ainsi une seconde démonstration du théorème précité.

Dans le triangle rectangle BAC, la médiane AM égale MC ; or

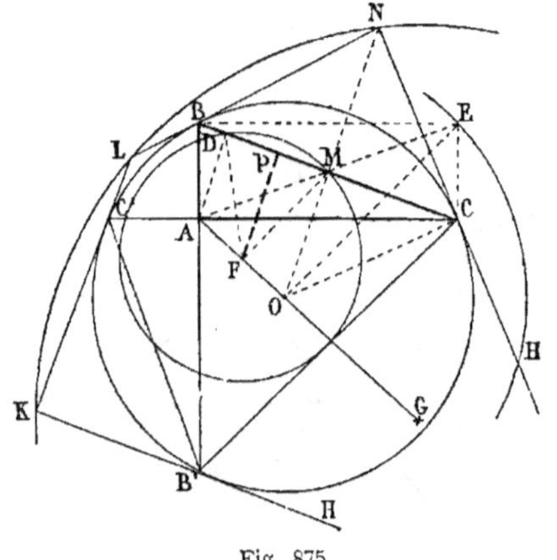

Fig. 875.

$$OM^2 + MC^2 = OC^2 = r^2 ; \quad donc \quad AM^2 + OM^2 = r^2$$

Ainsi le lieu du point M est le lieu des points dont la somme des carrés des distances à deux points fixes A, O, est constante ; donc le lieu est une circonférence décrite du point F milieu de AO, avec le rayon FM (n° 69 ; voir aussi n° 1394, ci-après.)

1387. Lieu. *Quel est le lieu de la projection* D *du point* A *sur l'hypoténuse?*

On sait que c'est la même circonférence FM (n° 749). D'ailleurs, on peut le prouver comme il suit :

Abaissons la perpendiculaire FP, elle tombe au milieu de DM, car F est le milieu de AO ; donc FD = FM ; donc...

1388. Lieu. *Quel est le lieu du sommet* E *du rectangle* BACE *construit sur* AC *et* AB?

$$AE = 2AM ; \quad AO = 2AF$$

donc c'est la circonférence décrite du centre O, avec OE pour rayon.

On peut en conclure les théorèmes suivants :

1389. Théorème. *Par les sommets d'un quadrilatère inscrit* BCB'C' *à diagonales rectangulaires, on mène des parallèles à ces diagonales ; les sommets du rectangle ainsi formé se trouvent sur une circonférence concentrique à la première.*

En effet, le point E (fig. 875) est un des sommets de ce rectangle ; donc... (n° 1388).

1390. Théorème. *Le rectangle circonscrit, formé par des parallèles aux diagonales rectangulaires du quadrilatère orthodiagonal* BCB'C', *a sa surface maxima lorsque les droites* BB', CC' *sont égales entre elles.*

Dans ce cas, elles rencontrent OA sous des angles de 45°.

1391. Lieu. *Quel est le lieu du point de concours des tangentes* BN, CN (fig. 875)?

Le triangle rectangle OCN donne

$$OM . ON = OC^2 = r^2$$

donc, par rapport à l'origine O, le point décrit la figure inverse du cercle FM. Le lieu est donc un cercle facile à déterminer. (G., n° 827.)

1392. Théorème. *Le quadrilatère* HKLN, *formé par les quatre tangentes, est inscriptible.*

Remarque. On peut voir aussi un bel article du *Journal de Mathématiques élémentaires et spéciales*, 1881, page 241.

Exercice 436.

1393. Lieu. *Lieu des points dont la somme des carrés des distances à deux droites rectangulaires égale un carré donné.*
(Voir *Méthodes*, n° 72.)

Exercice 437.

1394. Lieu. *Quel est le lieu des points dont la somme des carrés des distances à deux points fixes égale un carré donné* k^2?
(Voir *Méthodes*, n° 69.)

Pour la différence des carrés, voir n° 1397.

1395. Lieu. *On donne deux points* A *et* B ; *quel est le lieu des points* C *tels que* $2AC^2 + BC^2 = k^2$?

Prenons un point quelconque O sur AB ; abaissons la perpendiculaire CD, et l'on a :

$$2 . AC^2 = 2 . AO^2 + 2 . CO^2 + 2 . 2AO . OD$$
$$BC^2 = \quad BO^2 + \quad CO^2 - \quad 2BO . OD \quad \text{(G., n}^{os}\text{ 251 et 252.)}$$

La somme des deux membres de droite est connue ; elle égale k^2.

Pour que cette somme soit indépendante de la position du point C, il suffit d'éliminer la distance OD, qui particularise la position de C. Mais pour que $4AO.OD$ et $-2BO.OD$ donnent une somme algébrique nulle, il suffit que $BO = 2AO$, ou que $AO = {}^1/_3\,AB$.

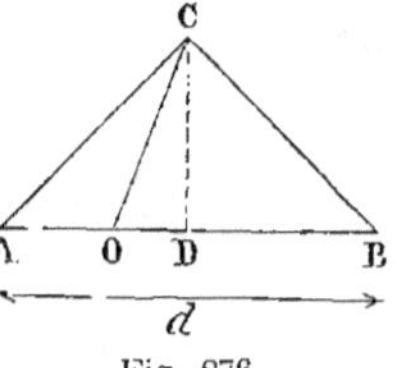
Fig. 876.

Prenons donc $\;AO = \dfrac{d}{3}\;$; $\quad BO = \dfrac{2d}{3}$

Dans ce cas, on a

$$2AC^2 = 2\,\frac{d^2}{9} + 2CO^2 + \frac{4}{3}\,d.OD$$

$$BC^2 = \frac{4}{9}\,d^2 + CO^2 - \frac{4}{3}\,d.OD$$

d'où $\qquad 2AC^2 + BC^2 \quad$ ou $\quad k^2 = \dfrac{6}{9}\,d^2 + 3CO^2$

donc $\qquad 3CO^2 = k^2 - \dfrac{2}{3}\,d^2 ; \quad CO^2 = \dfrac{3k^2 - 2d^2}{9}$

CO étant une quantité constante, le lieu est une circonférence décrite du point O, pris au tiers de AB, avec un rayon dont le carré

égale $\quad \dfrac{3k^2 - 2d^2}{9}$.

1396. Lieu. *On donne deux points* A *et* B ; *quel est le lieu des points* C, *tels que* m *fois* AC² *plus* n *fois* BC² *égale* k² ?

Par extension de la question précédente et par analogie, divisons d en parties inversement proportionnelles à m et n ; ainsi prenons

$$AO = \frac{nd}{m + n} ; \quad BO = \frac{md}{m + n}$$

$$m.AC^2 = m.AO^2 + m.CO^2 + 2mAO.OD$$

ou $\qquad m.AC^2 = \dfrac{mn^2d^2}{(m + n)^2} + mCO^2 + \dfrac{2mnd}{m + n}.OD$

$$nBC^2 = \frac{nm^2d^2}{(m + n)^2} + nCO^2 - \frac{2mnd}{m + n}\,OD$$

donc $\quad m.AC^2 + nBC^2 \quad$ ou $\quad k^2 = \dfrac{mn(m + n)d^2}{(m + n)^2} + (m + n)CO^2$

Ainsi le lieu est une circonférence, dont O est le centre ; le rayon est

donné par $\qquad CO^2 = \dfrac{k^2}{m + n} - \dfrac{mn}{(m + n)^2}\,d^2$

Remarque. Le lieu demandé (n° 1396) dépend du *théorème de Stewart* (n° 1173).

1397. Lieu. *Lieu des points dont la différence des carrés des distances à deux points donnés égale un carré donné.*

(Voir *Méthodes*, n° 71.)

Exercice 438.

1398. Lieu. *Lieu des points tels que, pour chacun d'eux, les tangentes menées à deux cercles donnés, A et B, soient égales.*

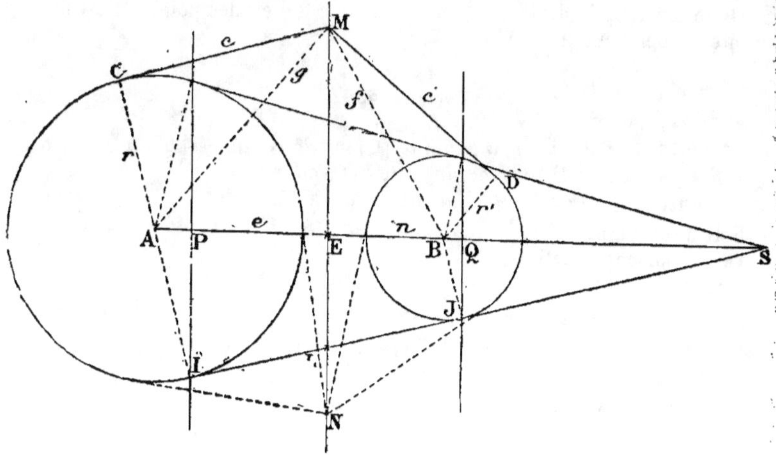

Fig. 877.

Soit M un point tel que les tangentes MC et MD soient égales. Menons aux points de contact les rayons AC et BD, puis les droites MA et MB.

Les triangles rectangles ACM et BDM donnent

$$g^2 = c^2 + r^2 \quad \text{et} \quad f^2 = c^2 + r'^2$$

d'où
$$g^2 - f^2 = r^2 - r'^2$$

quantité constante.

Ainsi le lieu demandé est le même que *le lieu des points tels que la différence des carrés de leurs distances aux deux centres* A *et* C *soit d'une valeur donnée* $r^2 - r'^2$.

Or (n°s 1397 et 71) ce lieu est une perpendiculaire indéfinie menée à la droite AB par un point E dont la position est déterminée par la relation

$$r^2 - r'^2 = e^2 - n^2 = (e + n)(e - n)$$

d'où
$$e - n = \frac{r^2 - r'^2}{e + n}$$

Remarques. 1º La droite MN est *l'axe radical* des deux cercles. (G., appendice n°s 829 à 839. — *Exercices de Géométrie*, n°s 1264 et suiv.)

2º Le lieu MN passe au milieu L de la tangente commune IJ; par suite, l'axe radical MEN est équidistant des polaires PI, QJ du centre extérieur S de similitude; il est de même équidistant des polaires du centre intérieur de similitude.

3º Pour tout point N de l'axe radical, les quatre tangentes sont égales.

1399. Lieu. *Lieu des points d'où la différence des carrés des tangentes menées à deux cercles donnés est constante* (fig. 877).

Soient M un point du lieu et $MC^2 - MD^2 = k^2$.

On a donc $$g^2 - r^2 - (f^2 - r'^2) = k^2$$

d'où $$g^2 - f^2 = k^2 + r^2 - r'^2$$

Or le membre de droite est constant ; donc le lieu des points M est une droite perpendiculaire à AB (n° 71).

Exercice 439.

1400. Lieu. *Pour un point donné D pris dans un cercle, quel est le lieu des points M tels que la tangente MT égale la distance MD ?* (*Porismes d'Euclide*, page 263.)

Soit M un point du lieu.

On a, par construction, $DM = TM$.

Projetons le point M sur le diamètre ADC ;

$$MD^2 = MT^2 = MO^2 - R^2$$

retranchons MC^2 de chaque membre de cette égalité, on trouve

$$MD^2 - MC^2 = MO^2 - MC^2 - R^2$$

ou $$DC^2 = OC^2 - R^2$$

mais $OC^2 - R^2 = (OC + R)(OC - R) = AC \times BC$

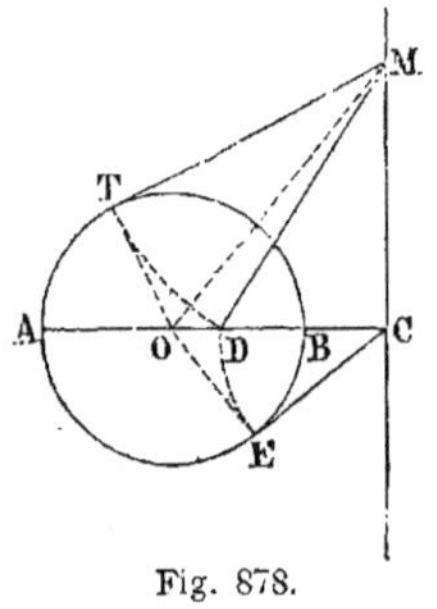

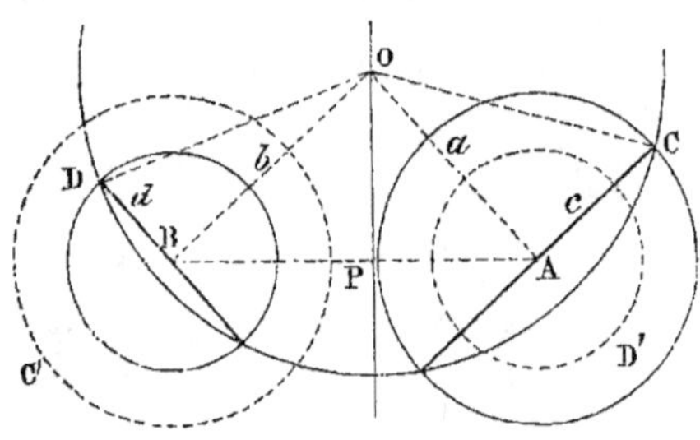

Fig. 878.

Donc le lieu des points M est la perpendiculaire MC, telle qu'on ait

$$AC \cdot BC = DC^2$$

Exercice 440. — I.

1401. Lieu. *Quel est le lieu des centres des cercles qui coupent deux cercles donnés suivant des diamètres ?* (N. A., 1846, page 352, et A. Amiot, *Problèmes*, page 285.)

Fig. 879.

Soient a, b les distances OA, OB des centres donnés à un point du lieu, et c, d, les rayons BD et AC ; donc

$$a^2 + c^2 = b^2 + d^2 ; \quad \text{d'où} \quad c^2 - d^2 = b^2 - a^2$$

Mais on sait que $b^2 - a^2 = BP^2 - AP^2$ (n° 1398).

M.   25

Il suffit donc de diviser AB en deux parties dont la différence des carrés BP^2 et $AP^2 = c^2 - d^2$.

Remarque. Au plus grand rayon c correspond la plus petite distance AP; donc le lieu OP est l'axe radical des cercles BC′, AD′ égaux aux cercles donnés.

Exercice 440. — II.

1402. Lieu. *Lieu des centres O des cercles qui coupent le cercle A suivant un diamètre, et qui coupent le cercle B orthogonalement.*

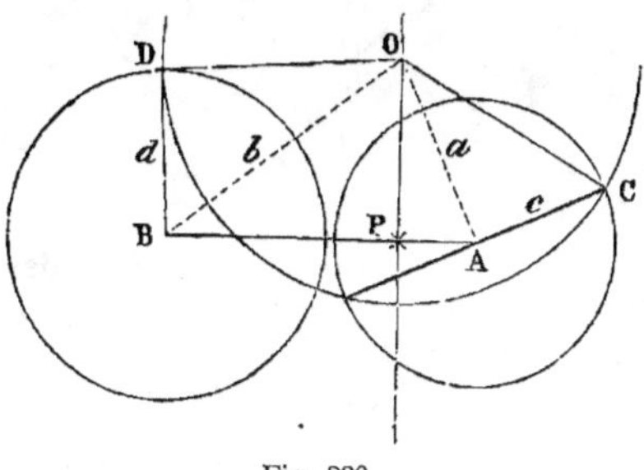

Fig. 880.

On a $OC = OD$

donc $b^2 - d^2 = a^2 + c^2$

d'où $b^2 - a^2 = d^2 + c^2$

La différence des carrés b^2 et a^2 est encore constante; le lieu demandé est donc une perpendiculaire OP à la ligne des centres, de manière que

$$BP^2 - AP^2 = c^2 + d^2$$

Mais il faut connaître le problème suivant :

Problème. *Diviser une droite AB en deux parties dont la différence des carrés égale une quantité donnée* (n° 1429, ci-après).

1403. Lieu. *Lieu des centres des cercles qui passent par un point B et qui coupent un cercle A suivant un diamètre.*

d est nul ; on n'a plus que

$$b^2 - a^2 = c^2$$

Le lieu est encore une droite perpendiculaire à la ligne des centres.

1404. Lieu. *Lieu des centres des cercles qui coupent orthogonalement un cercle B et qui passent par un point A.*

Le rayon c est nul, et l'on a

$$b^2 - a^2 = d^2$$

Exercice 441. — I.

1405. Lieu. *Quel est le lieu des points tels que la somme des carrés de leurs distances aux sommets d'un polygone régulier quelconque soit égale à un carré donné* k^2 ?

Le cas le plus difficile est celui où le polygone régulier a un nombre impair de côtés ; d'ailleurs la démonstration étant la même, quel que soit ce nombre impair, on peut donc se borner au triangle équilatéral.

Soit M un point du lieu, a le rayon du cercle circonscrit et m la distance OM.

Projetons les sommets sur une droite perpendiculaire à OM.

Les théorèmes relatifs au carré du côté opposé à un angle aigu, ou à un angle obtus, donnent les relations suivantes :

triangle AOM $AM^2 = a^2 + m^2 - 2m \cdot AD$

car AD est la projection du côté AO sur la direction du côté OM.

triangle BOM $BM^2 = a^2 + m^2 + 2m \cdot BE$

triangle COM $CM^2 = a^2 + m^2 + 2m \cdot CF$

d'où $AM^2 + BM^2 + CM^2$

ou $k^2 = 3a^2 + 3m^2 + 2m(BE + CF - AD)$

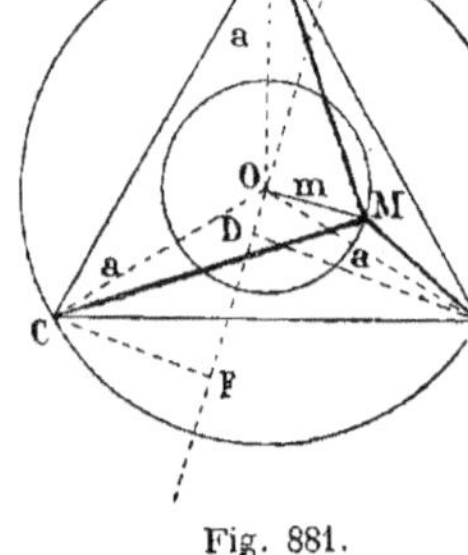

Fig. 881.

Or, pour un axe quelconque EDF (n° 750) mené par le centre des moyennes distances des sommets d'un polygone, la somme des perpendiculaires qui tombent d'un côté de l'axe égale celle des perpendiculaires qui tombent de l'autre côté; donc la parenthèse est nulle, et l'on a

$$k^2 = 3a^2 + 3m^2 ; \quad \text{d'où} \quad m^2 = \frac{k^2}{3} - a^2 \quad \text{quantité constante ;}$$

donc le lieu du point M est le cercle décrit du centre O avec m pour rayon.

1406. Lieu. *Quel est le lieu des points dont la somme des carrés des distances aux trois sommets d'un triangle égale un carré donné* k^2 ?

C'est une circonférence décrite du point de concours des médianes avec une longueur donnée par

$$m^2 = \frac{k^2 - (a'^2 + b'^2 + c'^2)}{3}$$

lorsqu'on représente par a', b', c' les $^2/_3$ de chaque médiane.

Remarque. *Le lieu des points dont la somme des carrés des distances à tous les sommets d'un polygone quelconque est aussi une circonférence ayant pour centre le centre des moyennes distances de tous les sommets* [*].

Exercice 441. — II.

1407. Lieu. *Quel est le lieu des points dont la somme des carrés des distances aux côtés d'un polygone régulier égale un carré donné* k^2 ?

On sait que si l'on projette un point sur des droites concourantes formant les angles au centre d'un polygone régulier, on forme un nouveau polygone régulier en joignant deux à deux les projections obtenues; la question proposée se ramène à la question déjà résolue (n° 1405). En

---

[*] On peut voir BOBILLIER, *Cours de géométrie*, IIe section, § 4, prop. 8.

effet, projetons le centre O sur les trois droites MD, ME, MF, le triangle JKL sera équilatéral.

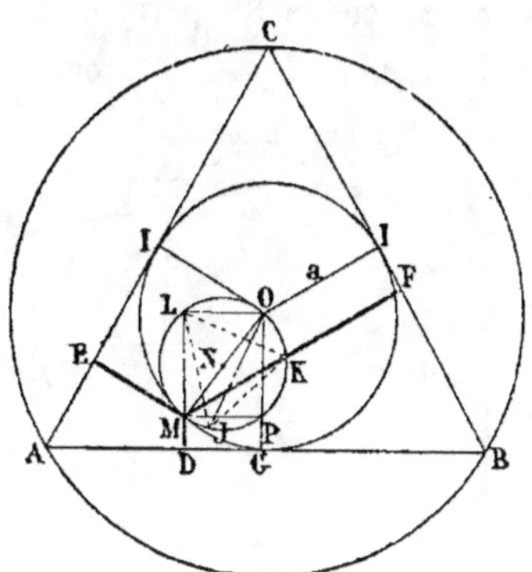

Fig. 882.

Soit $\qquad\qquad OI = OG = a\,;\quad OM = m$

on a $\qquad MD = a - ML\,;\quad$ d'où $\quad MD^2 = a^2 - 2aML + ML^2$

$\qquad\qquad ME = a - MJ\,;\quad$ » $\quad ME^2 = a^2 - 2aMJ + MJ^2$

$\qquad\qquad MF = a + MK\,;\quad$ » $\quad MF^2 = a^2 + 2aMK + MK^2$

d'où $\qquad\qquad\qquad MD^2 + ME^2 + MF^2$

ou $\qquad k^2 = 3a^2 + (ML^2 + MJ^2 + MK^2) + 2a(MK - ML - MJ)$

Le dernier terme est nul ; l'avant-dernier est la somme des carrés des distances d'un point M du cercle circonscrit aux sommets du triangle équilatéral ; ainsi

$$ML^2 + MJ^2 + MK^2 = 3MN^2 + 3MN^2 = 6MN^2 = {}^3/_2\,MO^2 = {}^3/_2\,m^2$$

Ainsi $\quad {}^3/_2\,m^2 + 3a^2 = k^2\,;\quad$ d'où $\quad m^2 = 2a^2 + {}^2/_3\,k^2\quad$ quantité constante.

Le lieu du point M est un cercle concentrique au cercle circonscrit ABC.

PROBLÈMES

Lignes proportionnelles.

Exercice 442.

1408. Problème. *Par un point donné* E, *mener une droite* EF *qui passe par le point de concours de deux droites qu'on ne peut pas prolonger.*

1re *Construction.* Les trois droites AB, CD et EF (fig. 883), devant concourir en un même point, divisent en parties proportionnelles deux parallèles quelconques AE et BF qui les traversent. (G., n° 232.)

On tracera donc, par le point donné E, une transversale quelconque EA, et une autre droite quelconque BF parallèle à EA ; on cherchera le quatrième terme de la proportion $\dfrac{AC}{CE} = \dfrac{BD}{DF}$ ou x, ce qui déterminera un second point F de la droite demandée.

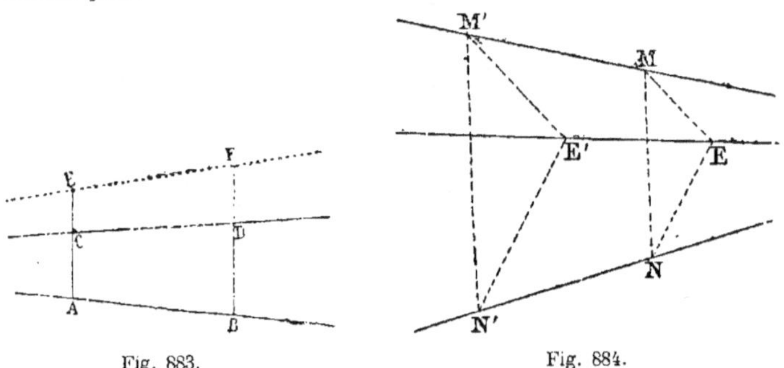

Fig. 883.　　　　　Fig. 884.

2e *Construction.* La considération des *solides auxiliaires* conduit à une construction très rapide (fig. 884) :

On mène deux parallèles MN, M'N' qui coupent les droites données ; on joint le point E aux points M et N ; puis, par M', on mène une parallèle à NE, par N' une parallèle à NE ; soit E' le point de rencontre des deux droites M'E', N'E', la ligne EE'' sera la droite demandée.

1409. Problème. *On donne trois droites concourantes et un point A. Par ce point, mener une transversale telle que les segments interceptés* BC, CD *soient entre eux dans un rapport donné* $\dfrac{m}{n}$.

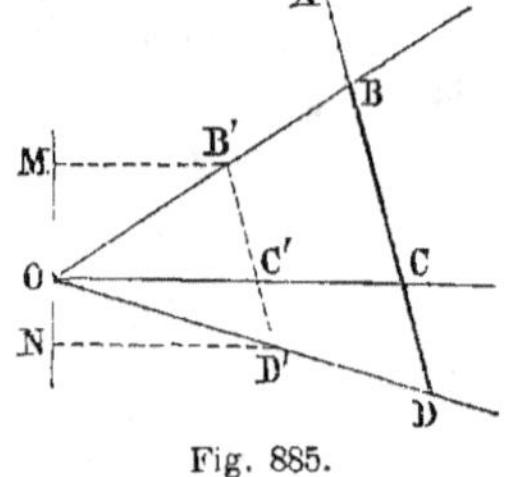

Fig. 885.

En supposant le problème résolu et $\dfrac{BC}{CD} = \dfrac{m}{n}$, on voit que le même rapport aura lieu pour une parallèle quelconque B'C'D'. Or, pour mener cette dernière ligne, on peut prendre sur une droite quelconque, menée par le sommet O, deux grandeurs telles qu'on ait $\dfrac{OM}{ON} = \dfrac{m}{n}$; puis mener des parallèles MB', ND' à OC, et joindre B' à D' ; enfin, par le point donné A, mener une parallèle AD à B'D'.

Exercice 443.

1410. Problème. *Trouver une ligne qui soit à une ligne connue dans le même rapport que deux carrés donnés.*

(*Méthodes*, n° 294, *h.*)

1410 (a). Problème. *Trouver deux lignes qui soient entre elles dans le rapport de deux cubes donnés.*

On peut recourir à un théorème déjà démontré (n° 1168); d'ailleurs l'intérêt que présente ce problème nous engage à le résoudre complètement, sans renvoyer au théorème rappelé.

Soient m et n les côtés des cubes donnés.

Construisons un triangle rectangle BAC, ayant pour côtés de l'angle droit les longueurs données m et n.

Abaissons la perpendiculaire AD sur l'hypoténuse et les perpendiculaires DE sur AB et DF sur AC.

On aura
$$\frac{BE}{CF} = \frac{m^3}{n^3}$$

En effet, dans les triangles rectangles ADB, ADC, on a

$$BE = \frac{BD^2}{AB} \quad \text{ou} \quad BE = \frac{BD^2}{m}$$

$$CF = \frac{DC^2}{AC} \quad \text{ou} \quad CF = \frac{CD^2}{n}$$

d'où
$$\frac{BE}{CF} = \frac{BD^2 \cdot n}{CD^2 \cdot m}$$

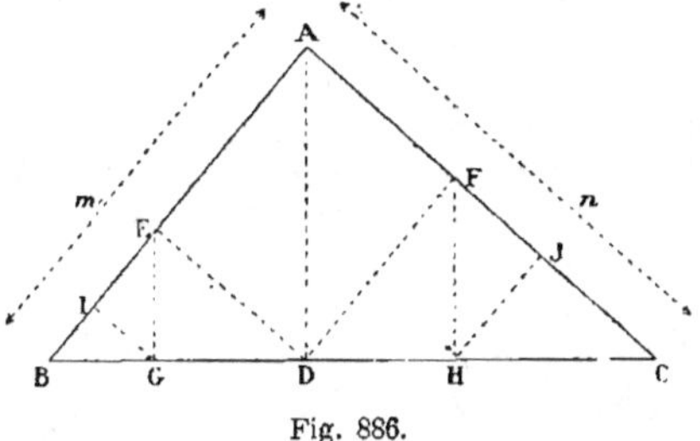

Fig. 886.

Remplaçons $\dfrac{BD^2}{CD^2}$ par sa valeur $\dfrac{AB^4}{AC^4}$ ou $\dfrac{m^4}{n^4}$, on aura

$$\frac{BE}{CF} = \frac{m^4 \cdot n}{n^4 \cdot m} = \frac{m^3}{n^3} \qquad \textit{C. Q. F. D.}$$

1410 (b). Remarque. En abaissant les perpendiculaires EG, FH, GI, HJ,

on a
$$\frac{BG}{CH} = \frac{m^4}{n^4}, \quad \frac{BI}{CJ} = \frac{m^5}{n^5}, \quad \text{etc.}$$

1410 (c). M. Boubals, professeur à l'École du génie, à Montpellier, a donné un procédé très simple pour diviser la base d'un triangle en segments proportionnels et inversement proportionnels aux puissances quelconques des côtés adjacents. (J. M. E., 1885, p. 31.)

On peut voir aussi un article de M. d'Ocagne. (N. A., 1883, p. 497.)

1411. Problème. *On donne un point et deux droites; par le point donné, mener une sécante limitée aux droites et qui soit divisée par ce point dans un rapport donné.*

(Voir *Méthodes*, n° 94.)

Exercice 444.

1412. Problème. *On donne un point O, une droite et une circonférence ; par le point donné, mener une sécante MON, limitée aux deux lignes et telle que les segments interceptés OM, ON soient entre eux dans un rapport donné.*

(Voir *Méthodes*, n° 95.)

1413. Problème. *Les droites sont remplacées par des circonférences.*

(Voir *Méthodes*, n° 96.)

Exercice 445.

1414. Problème. *Étant données deux circonférences sécantes, mener par un des points d'intersection une sécante qui soit divisée par ce point dans un rapport donné.*

Ce n'est qu'un cas particulier du problème précédent (n° 1413) ; néanmoins il est utile de connaître une solution directe très simple.

(*Méthodes*, n° 139.)

1415. Problème. *Par un point A donné dans le plan d'un cercle O, mener une sécante AC telle que les distances AB et AC du point donné aux deux intersections soient dans un rapport donné, $^2/_5$, par exemple.*

La question a été traitée d'une manière générale (n° 1413).

Voici une solution particulière :
Menons la tangente AD. On a

$$AB \cdot AC = AD^2$$

on doit avoir aussi

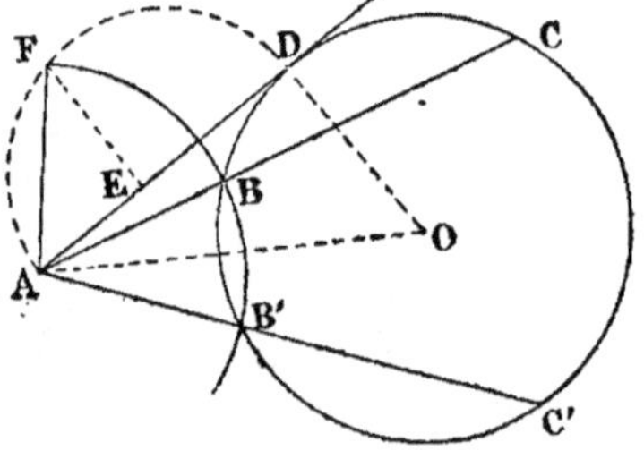

Fig. 887.

$$\frac{AB}{AC} = \frac{2}{5}$$

d'où, en multipliant membre à membre,

$$AB^2 = \frac{2}{5} AD^2$$

De là on conclut la construction suivante : prendre AE égal aux $^2/_5$ de AD ; sur AD, décrire une demi-circonférence ; mener EF perpendiculaire sur AD ; du point A, avec AF pour rayon, couper la circonférence donnée, et mener ABC, qui répond à la question.

En effet, $AB^2 = AF^2$; et le carré de la corde AF est au carré du diamètre AD, comme la projection AE de cette corde est au diamètre entier. (G., n° 258, 1°.) On a donc $\qquad AB^2 = \frac{2}{5} AD^2$

si l'on divise par la relation connue $\qquad AB \cdot AC = AD^2$

il vient $\qquad\qquad\qquad\qquad \frac{AB}{AC} = \frac{2}{5}$

Remarques. 1° La sécante qui serait menée par les points A et B' serait égale à la première, et satisferait également à la condition.

2° La solution par l'emploi des *lieux géométriques* (n° 1413) est beaucoup plus simple, soit comme construction, soit comme justification.

1416. Problème. *On donne un angle PyZ et une circonférence; mener une droite perpendiculaire à Py et telle que le segment compris entre la circonférence et Py soit la moitié du segment compris entre Py et Zy.*

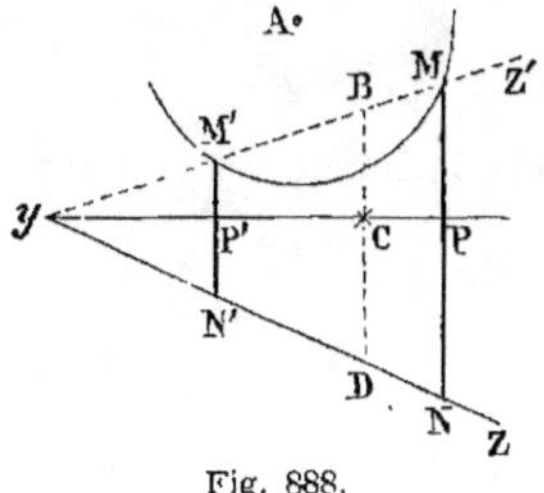

Fig. 888.

On mène une perpendiculaire quelconque, et l'on prend

$$BC = \frac{1}{2}\, CD$$

On a $MP = \frac{1}{2}\, PN$, $M'P' = \frac{1}{2}\, P'N'$

1417. Problème. Questions analogues. *Pour un rapport quelconque* $\dfrac{MP}{PN} = \dfrac{m}{n}$, *et lorsque* MN *doit être parallèle à une droite donnée.*

Exercice 446. — I.

1418. Problème. *On donne une circonférence et une corde AB; déterminer sur la circonférence un point C dont le rapport des distances CA,* CB *égale un rapport donné* $\dfrac{m}{n}$.

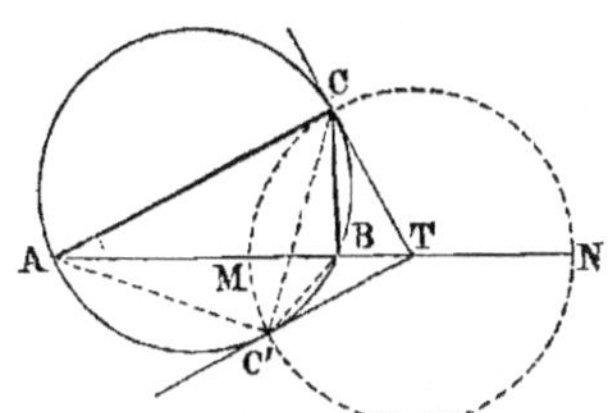

Fig. 889.

1re Solution. Voir *Méthodes*, n° 42.

2e Solution. *Emploi des lieux géométriques.* Déterminons les points conjugués M et N tels qu'on ait

$$\frac{MA}{MB} = \frac{NA}{NB} = \frac{m}{n} \quad (G., n° 304.)$$

La circonférence décrite sur MN comme diamètre fait connaître les points C et C'. (G., n° 307.)

3e Solution. (Poncelet, *Applications d'analyse et de géométrie*, tome II, p. 280.)

Soit $\dfrac{CA}{CB} = \dfrac{m}{n}$,   rapport donné.

Menons la tangente CT. Les triangles ACT, TCB sont semblables, car l'angle T est commun et l'angle BCT = BAC.

Donc $\dfrac{AC}{CB} = \dfrac{CT}{BT}$, $\dfrac{AC}{BC} = \dfrac{AT}{CT}$

Nous pouvons remplacer $\dfrac{AC}{BC}$ par $\dfrac{m}{n}$. En multipliant, terme à terme, les deux proportions et supprimant le facteur CT commun aux deux termes du second rapport, on trouve

$$\frac{AT}{BT} = \frac{m^2}{n^2}$$

d'où
$$\frac{AT - BT}{BT} = \frac{m^2 - n^2}{n^2}$$

mais
$$AT - BT = AB$$

donc
$$\frac{BT}{AB} = \frac{n^2}{m^2 - n^2}$$

Il faut trouver une ligne BT qui soit à AB dans le même rapport que deux carrés donnés. (G., n° 346, II.)

Exercice 446. — II.

1419. Problème. *On donne un point* A *sur un diamètre dont* B *est une des extrémités; déterminer sur la circonférence un point* C, *tel que le rapport de ses distances aux points* A *et* B *égale un rapport donné* $\frac{m}{n}$.

Discuter le problème.

Il faut recourir au lieu des points dont le rapport des distances aux points A, B égale $\frac{m}{n}$. (G., n° 307.)

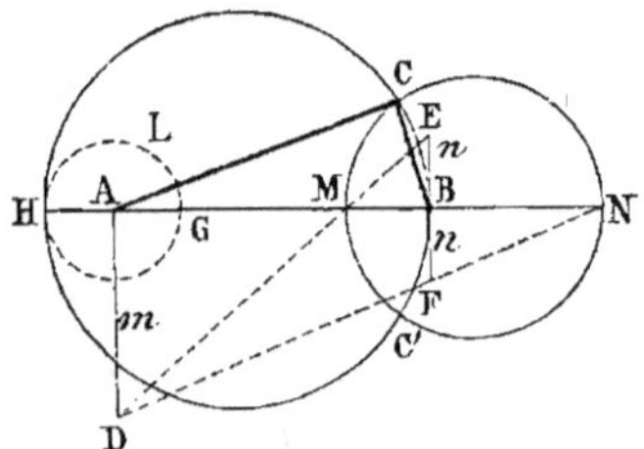

On détermine d'abord les points conjugués M, N (G., n° 304), et l'on décrit la circonférence dont MN est le diamètre.

Fig. 890.

On a
$$\frac{AC}{BC} = \frac{m}{n}$$

Discussion. (a) L'emploi du lieu donne une solution tout à fait générale; ainsi la circonférence peut être dans une position quelconque par rapport aux points A et B; elle peut même être remplacée par une courbe quelconque.

(b) En reprenant les données de la question, on reconnaît qu'il y a deux points symétriques C et C′.

(c) Quand m est $> n$, il y a toujours deux solutions, car le point M est entre A et B, tandis que N est hors de la circonférence; donc le cercle MN coupe le cercle BH.

(d) Quand m est $< n$, le rapport $\frac{m}{n}$ ne doit pas descendre au-dessous d'une certaine *valeur minima* qu'il faut déterminer, car il faut que le point N ne soit pas dans la circonférence HB.

Donc le minimum de $\frac{m}{n}$ est donné par $\frac{HA}{HB}$.

25*

En prenant $\dfrac{GA}{GB} = \dfrac{HA}{HB}$, le lieu HLG est tangent au cercle donné.

Les deux points C, C' se confondent en un seul H.

(e) Le problème qui consiste à diviser un arc en deux parties, dont les cordes aient un rapport donné (n° 1418), est un cas particulier du problème proposé (n° 1419).

(f) Les points A et B peuvent avoir une position quelconque, non seulement sur le diamètre HB, *mais même une position quelconque dans le plan du cercle donné.* Le problème aura deux solutions, une seule, ou aucune, suivant que le lieu géométrique MCNC' coupera en deux points la ligne donnée HCBC', lui sera tangente, ou ne la rencontrera pas.

1419 (a). Problème. *Construire deux circonférences tangentes entre elles, tangentes chacune à une droite donnée, en un point donné, et dont les rayons soient dans un rapport donné.*

Voir *Manuel du conducteur des ponts et chaussées*, par ENDRÈS [*], et *Mathésis*, 1884, p. 42; solutions diverses.

Exercice 447.

1420. Problème. *Dans le plan d'un triangle, mener une droite telle que les perpendiculaires abaissées des sommets du triangle sur cette droite soient proportionnelles à des grandeurs données* l, m, n.

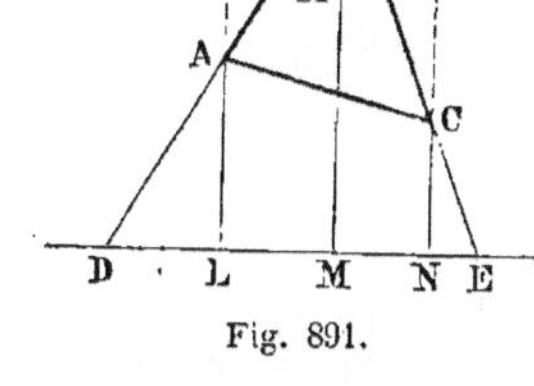

Fig. 891.

(GUILMIN [**], *Exercices de Géométrie,* livre III, n° 82.)

1re *Solution.* Admettons qu'on ait

$$\frac{AL}{l} = \frac{BM}{m} = \frac{CN}{n}$$

Les triangles semblables DAL, DBM donnent

$$\frac{DB}{DA} = \frac{BM}{AL} = \frac{m}{l}$$

d'où

$$\frac{DB - DA}{DA} = \frac{m - l}{l}$$

d'où

$$DA = AB \cdot \frac{l}{m - l} \tag{1}$$

De même
$$\frac{EB}{EC} = \frac{BM}{CN} = \frac{m}{n}$$

$$\frac{EB - EC}{EC} = \frac{m - n}{n}$$

d'où
$$EC = BC \frac{n}{m - n} \qquad (2)$$

On peut donc construire les longueurs AD, CE et joindre D au point E.

Remarque. 2º Lorsque la droite demandée doit couper le triangle,

on a
$$\frac{D'B}{D'A} = \frac{BM'}{AL'}, \qquad \frac{D'B + D'A}{D'A} = \frac{m + l}{l}$$

d'où
$$AD' = AB \cdot \frac{l}{l + m}$$

de même
$$CE' = BC \cdot \frac{n}{m + n}$$

On peut résoudre le problème d'une manière plus générale, en procédant comme il suit :

1420 (a). 2º *Solution.* Si l'on décrit deux circonférences des centres A et B avec des rayons respectivement proportionnels à l et m, et qu'on détermine leurs centres de similitude, soit L le centre extérieur et L' le centre intérieur, les distances des points A et B à toute droite menée par L ou L' seront dans le rapport de l à m ; car la détermination des points conjugués de A et B ne dépend que du rapport $\dfrac{l}{m}$. (G., nᵒˢ 304 et 305 ; Ex. de G., nº 1257.)

De même pour B et C, soient M et M' les points conjugués relatifs au rapport donné $\dfrac{m}{n}$, le point M étant le centre extérieur de similitude, et M' l'intérieur.

Enfin, pour CA, soient N et N' les points conjugués relatifs au rapport $\dfrac{n}{l}$.

D'après le *théorème de d'Alembert* (nº 1260), les six centres donnent lieu aux quatre droites LMN, LM'N', L'MN', L'M'N.

Or *chacune de ces lignes répond à la question proposée* (nº 1420).

Il y a donc quatre solutions ; la seule droite LMN est extérieure au triangle ABC.

Exercice 448.

1421. Problème. *On donne deux points A et B sur une circonférence, ainsi qu'une corde fixe EF ; déterminer sur la circonférence un point C tel que les cordes CA, CB interceptent sur la corde fixe EF, à partir du milieu O, des segments OM, ON qui soient entre eux dans un rapport donné.*

(Voir *Méthodes*, nº 275.)

Exercice 449.

1422. Problème. *On donne un triangle quelconque ABC ; on demande de mener, par un point de la base, des droites limitées aux deux côtés,* *de manière que la somme* OM + ON *ait une longueur donnée, et que pour tout autre point de la base, les parallèles menées aux droites* OM, ON *aient constamment pour somme la longueur donnée.*

(*Méthodes*, nº 44.)

Exercice 450.

1423. Problème. *Par un point* L *pris sur la base d'un triangle* ABC, *mener la droite* LMN *qui détermine deux segments égaux* AM *et* BN.

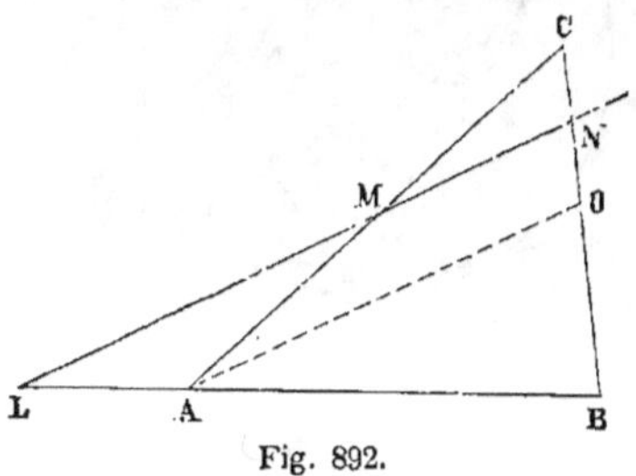

Fig. 892.

Le théorème des transversales donne la relation

$$\frac{AM}{CM} \cdot \frac{CN}{BN} \cdot \frac{BL}{AL} = 1$$

Supprimons les facteurs égaux AM et BN, puis divisons les deux membres de l'équation par $\frac{BL}{AL}$,

on trouve $\dfrac{CN}{CM} = \dfrac{AL}{BL}$.

Or le rapport $\dfrac{AL}{BL}$ est connu. Il suffit donc de prendre deux grandeurs CO, CA proportionnelles à AL, BL; puis, par L, mener une parallèle LMN à AO.

Exercice 451.

1424. Problème. *On donne une circonférence, un diamètre fixe* AB *et une droite* xy; *mener une corde parallèle à* xy *et telle que sa projection sur le diamètre fixe ait une longueur donnée* l.

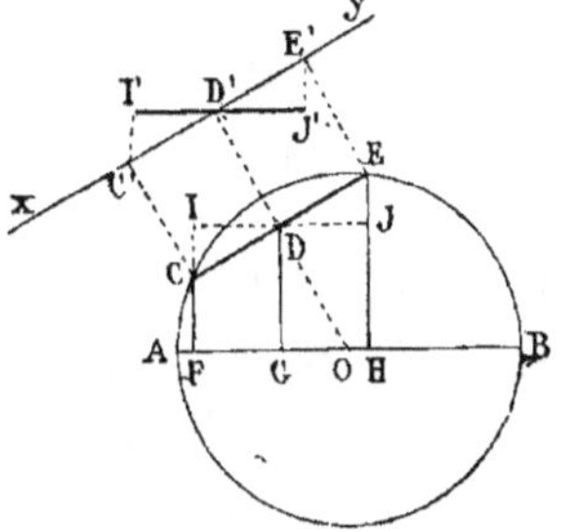

Fig. 893.

Supposons le problème résolu, FH = l.

Par le milieu D de la corde, menons une ligne IJ égale et parallèle à FH.

Une *translation parallèle* (nº 186) conduit immédiatement à la solution suivante.

Il faut mener ODD'; sur une parallèle à AB, prendre

$$D'I' = D'J' = \frac{l}{2}$$

Élever les perpendiculaires J'E', I'C', on aura D'C' = D'E', et reporter C'E' en CE à l'aide des projetantes E'E, C'C parallèles à D'D.

Exercice 452.

1425. Problème. *Étant donné un triangle* ABC, *on demande de mener par le sommet* C *une droite* CE *telle que la somme des projections des côtés* CA *et* CB *sur cette droite soit égale à une longueur donnée* l.

On discutera le problème. (Concours général, classe de philosophie. — N. A. 1864, p. 313.)

Soient CE la droite demandée; AM, BN des perpendiculaires abaissées des points A et B sur CE, afin d'obtenir les projections CM et CN des côtés CA et CB.

Soit enfin $CM + NC = l$

Les droites égales et parallèles ont des projections égales; nous sommes donc conduits à construire le parallélogramme ACBD; il faut que la projection de la diagonale $CD = l$; donc sur le diamètre CD décrivons une circonférence. Du centre C, coupons-la par un arc ayant l pour rayon.

Soit E un des points d'intersection.

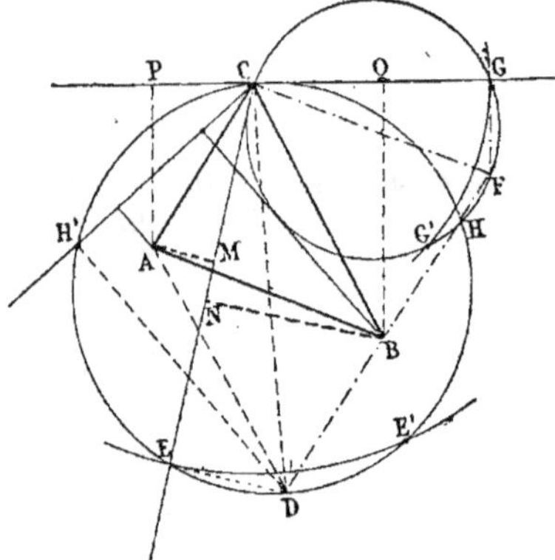

Fig. 804.

On aura $CM = NE$ comme projections de deux droites égales et parallèles; donc $CM + CN = CE = l$

E' donne une deuxième solution.

Les projections peuvent être de part et d'autre du point C; on peut demander que $PCQ = l$

Un raisonnement analogue au précédent conduit à construire le parallélogramme CABF, à décrire une circonférence sur le diamètre CF; du point C avec la longueur donnée, à couper cette circonférence en G et en G'. On a $PQ = CG$

Discussion. Soit $AB < CD$

1° Pour $l < AB$, il y a quatre solutions; elles sont données par les points G, H, G', H'.

2° $l = AB$. Trois solutions, car l'arc de centre C sera tangent à la circonférence CF.

3° $l > AB$ mais $< CD$, deux solutions.

4° $l = CD$, une solution.

5° $l > CD$, point de solution.

Exercice 453. — I.

1426. Problème. *Par un point O donné dans l'intérieur d'un angle BAC, mener une droite BC telle que le produit de ses deux segments soit égal au carré d'une ligne donnée.*

On peut recourir aux lieux géométriques. (*Méthodes*, n° 97.)

Voici une solution particulière, moins simple d'ailleurs que la solution générale.

On doit avoir $OB \cdot OC = k^2$; au triangle ABC, circonscrivons une cir-conférence, menons AOD et CD.

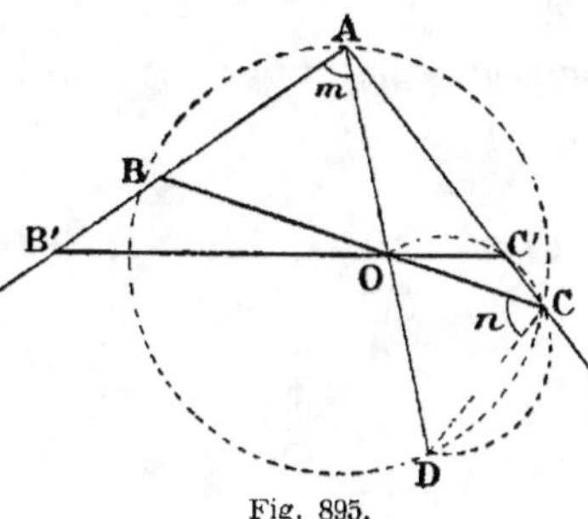

Fig. 895.

Les deux cordes AD et BC donnent $OA \cdot OD = OB \cdot OC = k^2$. Comme on connaît AO, on peut trouver OD, car on a

$$\frac{AO}{k} = \frac{k}{OD}.$$

Les deux angles inscrits m et n sont égaux; on peut donc décrire sur OD un arc OCD capable de l'angle m, qui est connu; la ren-contre de cet arc avec l'un des côtés donnés détermine le point C, et par suite, la droite COB.

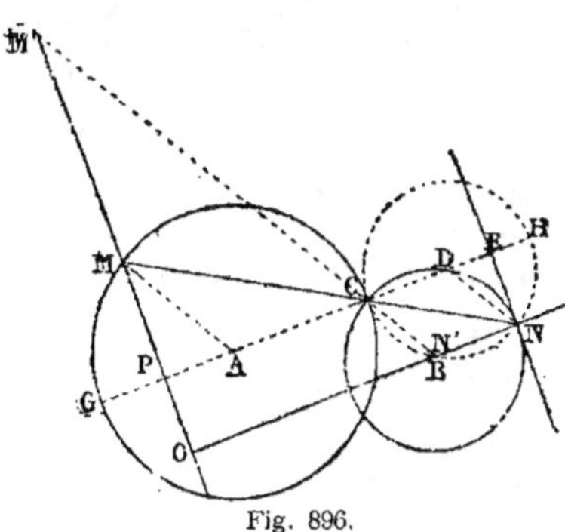

Fig. 896.

1427. Problème. *Par l'un des points d'intersection de deux circonférences, mener une sécante telle que le pro-duit des cordes interceptées égale un carré donné.*

On peut recourir aux lieux géométriques. (*Méthodes*, n° 97.)

Sur le diamètre GAC, pren-dre $CE \times CG = k^2$ et mener la droite EN perpendiculaire à CG.

Exercice 453. — II.

1427 a. Problème. *Étant donnés, sur une circonférence O, deux points A et B, mener une tangente telle que le produit de ses distances aux points A et B égale un carré donné k^2.* (MATHÉSIS, 1892, p. 238.)

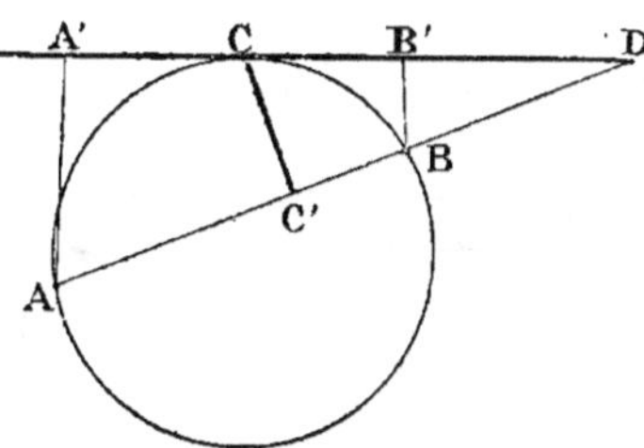

Fig. 897.

On mène des parallèles à AB qui soient éloignées de cette ligne de la distance k; les points d'inter-section sont les points de contact.

Soit C un de ces points; pro-jetons A, B sur la tangente et C sur la corde AB.

Les triangles DAA', DBB', DCC' sont semblables,

donc
$$\frac{DA}{AA'} = \frac{DC}{CC'} \quad \text{et} \quad \frac{DB}{BB'} = \frac{DC}{CC'}$$

d'où
$$AA' = CC' \cdot \frac{DA}{DC} \quad \text{et} \quad BB' = CC' \cdot \frac{DB}{DC}$$

donc
$$AA' \cdot BB' = \overline{CC'}^2 \cdot \frac{DA \cdot DB}{DC^2} = \overline{CC'}^2$$

Exercice 454.

1428. Problème. *Diviser une droite en deux segments dont la somme des carrés égale* a^2.

Soit $AF^2 + BF^2 = a^2$

Pour avoir la somme des carrés, nous pouvons porter FB sur une perpendiculaire FD, alors on a $AD = a$, et le triangle FDB est isocèle rectangle; donc on peut procéder comme il suit :

Construisons un triangle isocèle rectangle BAC en prenant sur une perpendiculaire $AC = AB$; du point A comme centre, avec a pour rayon, décrivons un arc DE et projetons les points D, E sur AB.

On a, en effet,

$$AG^2 + BG^2 = AG^2 + GE^2 = a^2$$

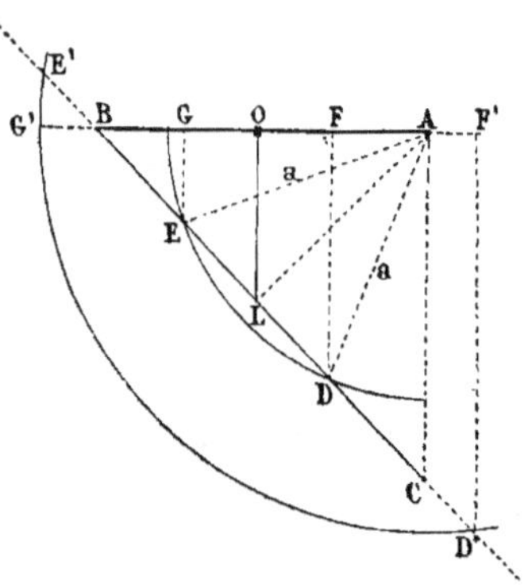

(JULIUS PETERSEN. *Méthodes et théories*, p. 10.)

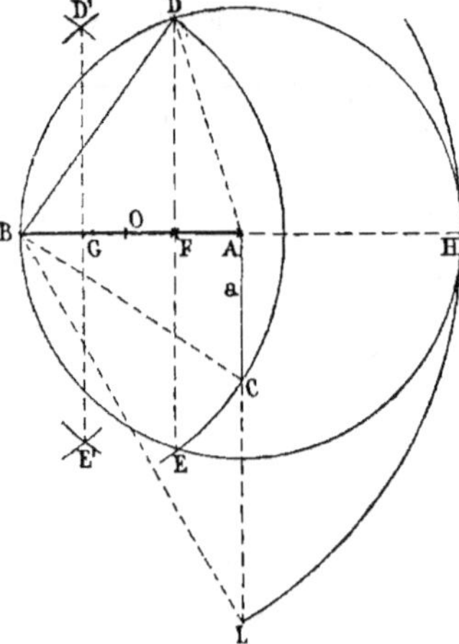

Le point G' est la projection de E' sur AB.
Fig. 898.

Discussion. Il y a généralement deux solutions.

Le minimum a^2 est donné par la perpendiculaire AL, car alors l'arc est tangent $$AL^2 = 2AO^2 = {}^1/_2\,AB^2$$

Lorsque a est $< \dfrac{AB}{\sqrt{2}}$ ou $AO\sqrt{2}$,   il n'y a pas de solution.

Enfin a peut avoir une valeur supérieure quelconque. Mais pour $a^2 = AC^2 = AB^2$, un des segments est nul, et pour les valeurs supérieures à AB^2, on a des segments soustractifs

$$F'A^2 + F'B^2 = G'B^2 + G'A^2 = AE^2 = a^2$$

Exercice 455.

1429. Problème. *Diviser une droite en deux segments, dont la différence des carrés égale un carré donné* a^2.

Soit $BF^2 - AF^2 = a^2$.

Si l'on prend un point quelconque de la perpendiculaire FD, on sait qu'on a

$$BD^2 - AD^2 = BF^2 - AF^2 = a^2$$

Donc on peut élever une perpendiculaire AC égale à la ligne a; du centre B avec BC pour rayon, décrire un arc; du centre A avec AB, couper le premier arc en D, E et mener la ligne DFE.

En permutant les rayons, on obtient D'E' et un point G symétrique de F, par rapport au milieu O.

Fig. 899.

Discussion. 1° La différence peut être nulle; on obtient alors le point O milieu de AB.

2° Généralement il y a deux solutions F, G.

3° Lorsque $a = AB$, les points A et B répondent à la question; un des segments est nul.

4° Des valeurs plus grandes que AB donnent des segments soustractifs.

5° Le maximum de a correspond à deux circonférences tangentes; dans ce cas, $$BH = 2AB, \quad BH^2 = 4AB^2$$

donc $$BH^2 - AH^2 = 3AB^2$$

Ainsi le maximum est $$a^2 = 3AB^2$$

1430. Problème. *Sur un des côtés d'un angle quelconque O, on porte une longueur OU, que l'on prend pour unité. On porte sur l'autre côté une longueur OA, représentant un nombre quelconque a. On trace UA, et l'on reproduit l'angle OUA en OAB, en OBC, en OCD, et ainsi de suite.*

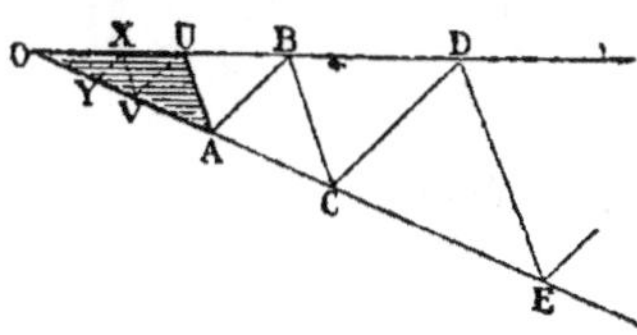

On demande d'exprimer les longueurs OB, OC, OD, OE... en fonction du nombre a.

Désignons par u, a, b, c, d, e... les distances OA, OB, OC, etc.

Il résulte de la construction que les droites UA, BC, DE... sont parallèles, aussi bien que AB, CD, etc.,

Fig. 900.

et que tous les triangles OUA, OAB, OBC, OCD... sont semblables. Si donc on considère successivement le premier triangle avec le second, le second avec le troisième, le troisième avec le quatrième, et ainsi de suite, on obtient une suite indéfinie de rapports égaux, savoir :

$$\frac{OU}{OA} = \frac{OA}{OB} = \frac{OB}{OC} = \frac{OC}{OD} = \frac{OD}{OE} \cdots$$

ou $$\frac{u}{a} = \frac{a}{b} = \frac{b}{c} = \frac{c}{d} = \frac{d}{e} \cdots$$

On prendra successivement le premier rapport avec le deuxième, le deuxième avec le troisième, etc., et on en tirera :

$ub = a^2$; et, comme $u = 1$, on a. . . . . $b = a^2$

$ac = b^2 = a^4$, d'où, en divisant par a. . . $c = a^3$

$bd = c^2 = a^6$, ou $a^2d = a^6$, d'où. . . . . $d = a^4$

$ce = d^2 = a^8$, ou $a^3e = a^8$, d'où. . . . . $e = a^5$

Et ainsi de suite.

Remarque. On peut voir divers articles du J. M. E. et notamment 1893, pp. 246 et 265.

Recherche des Relations numériques.

Exercice 456.

1431. Problème. *Par le sommet* A *d'un parallélogramme* ABCD, *on mène une sécante* AMN; *elle coupe les côtés* CB, CD *ou leurs prolongements en* M *et* N. *Quelle est la relation qui existe entre les distances* BM, DN *et les côtés du parallélogramme?*

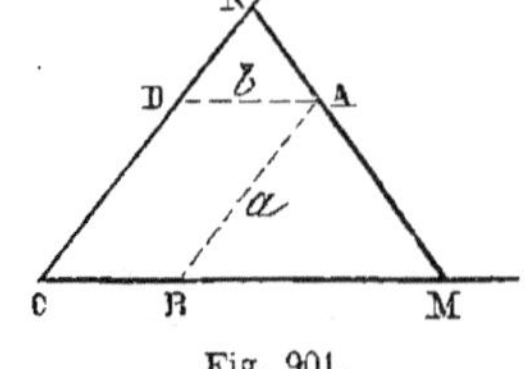
Fig. 901.

Soient $\quad AB = CD = a, \quad AD = BC = b.$

Les triangles semblables ABM, NDA donnent

$$\frac{BM}{a} = \frac{b}{DN}$$

d'où $\qquad\qquad BM \cdot DN = ab \qquad\qquad\qquad (1)$

Le produit des segments est constant.

1432. Remarque. Les points M et N décrivent sur les côtés de l'angle C *deux divisions homographiques* (n° 1298).

1433. Problème. *Relation entre* CM *et* CN.

$$BM = CM - b, \quad DN = CN - a$$

Dans (1) remplaçons BM et DN par les valeurs trouvées ci-dessus, on a

$$(CM - b)(CN - a) = ab, \quad CM \cdot CN - a \cdot CM - b \cdot CN + ab = ab$$

ou $\qquad\qquad CM \cdot CN = a \cdot CM + b \cdot CN \qquad\qquad (2)$

1434. Problème. *Relation entre* CM *et* CN, *lorsque le point* A *est sur la bissectrice.*

Dans ce cas, la figure ABCD est un losange, $b = a$. La formule (2) devient $\qquad\qquad CM \cdot CN = a(CM + CN)$

Le produit des segments égale la somme de ces mêmes segments multipliés par a.

Ou, en divisant chaque membre par $\quad a \cdot CM \cdot CN,$

$$\frac{1}{a} = \frac{1}{CM} + \frac{1}{CN}$$

1435. Remarque. MACLAURIN a appelé *moyenne harmonique* de plusieurs quantités, la quantité dont l'inverse est la moyenne arithmétique des inverses de toutes les autres. Ainsi a est la moyenne harmonique de CM et CN.

PONCELET, dans son *Traité des propriétés projectives des figures* (tome II), a étendu la notion de *moyenne harmonique* en l'appliquant à un nombre quelconque de points en ligne droite, et en l'utilisant pour étudier les courbes algébriques.

Exercice 457.

1436. Problème. *On divise le côté* AB *d'un trapèze quelconque en deux parties* AD, DB *proportionnelles à* m *et* n. *Par le point obtenu, on mène une parallèle aux bases* a *et* b. *Exprimer la longueur de cette parallèle en fonction des bases et de* m *et* n.

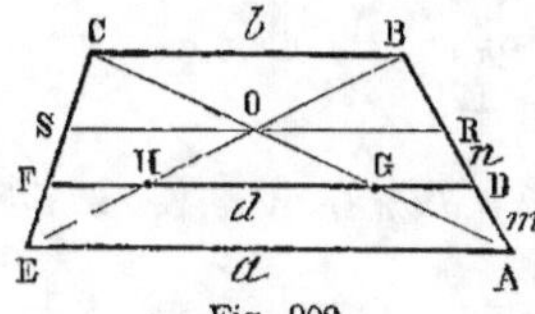

Fig. 902.

La question a déjà été traitée comme théorème (n° 1200), en vue des applications ultérieures ; mais il convient de la proposer comme problème à résoudre.

Soient $\quad$ AE $= a$, $\quad$ BC $= b$, $\quad$ DF $= d$ $\quad$ et $\quad \dfrac{\text{AD}}{\text{DB}} = \dfrac{m}{n}$

Menons la diagonale AC, nous aurons

$$\frac{\text{DG}}{\text{BC}} = \frac{\text{AD}}{\text{AB}} \quad \text{ou} \quad \frac{\text{DG}}{b} = \frac{m}{m+n}$$

d'où

$$\text{DG} = b \cdot \frac{m}{m+n}$$

$$\frac{\text{FG}}{\text{EA}} = \frac{\text{BD}}{\text{BA}} \quad \text{ou} \quad \frac{\text{FG}}{a} = \frac{n}{m+n}$$

d'où

$$\text{FG} = a \cdot \frac{n}{m+n}$$

donc

$$d = \frac{an + bm}{m+n} \tag{1}$$

Remarque. La partie GH comprise entre les diagonales égale

$$\text{DH} - \text{DG} = \text{FG} - \text{DG}$$

donc

$$\text{GH} = \frac{an - bm}{m+n} \tag{2}$$

1437. Corollaire. Pour avoir la valeur de la parallèle ROS, menée par le point de concours des diagonales, en recourant à la formule

$$d = \frac{an + bm}{m+n}$$

il faut remplacer n par b et m par a, car

$$\frac{\text{BR}}{\text{RA}} \quad \text{ou} \quad \frac{n}{m} = \frac{\text{BO}}{\text{OE}} = \frac{b}{a}; \quad \frac{n}{m} = \frac{b}{a} \tag{3}$$

ainsi, dans ce cas particulier,

$$an = ab, \quad bm = ab$$

donc

$$d = \frac{2ab}{a+b} \tag{4}$$

Valeur déjà connue (n° 1199).

Remarque. Pour justifier la substitution, on peut écrire

$$d = \frac{an + bm}{m+n} = \frac{an}{m+n} + \frac{bm}{m+n} \tag{5}$$

Or la relation (3) donne

$$\frac{n}{m+n} = \frac{b}{a+b} \quad \text{et} \quad \frac{m}{m+n} = \frac{a}{a+b}$$

donc la relation (5) devient

$$d = \frac{ab}{a+b} + \frac{ba}{a+b} = \frac{2ab}{a+b}$$

1438. Problème. *Sur le prolongement du côté* AB *d'un trapèze, on prend un point* D *tel que* $\frac{AD}{BD} = \frac{m}{n}$. *Par le point obtenu, on mène une parallèle aux bases* a *et* b. *Exprimer la longueur de la ligne* GH *comprise entre les diagonales prolongées*

$$GH = DH + DG$$

Les triangles semblables DBH, ABE donnent

$$\frac{DH}{a} = \frac{DB}{AB} = \frac{n}{m-n}$$

d'où

$$DH = \frac{an}{m-n}$$

Les triangles semblables ADG, ABC donnent

$$\frac{DG}{b} = \frac{DA}{AB} = \frac{m}{m-n}$$

d'où

$$DG = \frac{bm}{m-n}$$

donc

$$GH = \frac{an+bm}{m-n} \qquad (6)$$

Remarque.

$$DG = FH$$

donc

$$DF = DG - DH = \frac{bm-an}{m-n} \qquad (7)$$

1439. Corollaire. Pour avoir la longueur de IJ, il suffit de remplacer dans la formule (6) n par b et m par a, car $\frac{LB}{LA} = \frac{b}{a}$.

Donc

$$IJ = \frac{2ab}{a-b} \qquad (8)$$

Valeur déjà connue (n° 1199).

Exercice 458. — I.

1440. Problème. *En fonction des quatre côtés d'un trapèze, exprimer la droite qui joint les milieux des côtés parallèles.*

Soient a, c les bases du trapèze, b, d les deux autres côtés.

Par le point N, menons des parallèles à DA et CB.

On aura

$$LM = MO = \tfrac{1}{2}(a-c)$$

Le triangle ONL est déterminé, car ses trois côtés sont connus.

Pour avoir la longueur de MN, il suffit d'employer le théorème des médianes.

$$2MN^2 = b^2 + d^2 - 2MO^2 = b^2 + d^2 - {}^1/_2 (a - c)^2$$

d'où

$$MN^2 = \frac{b^2 + d^2}{2} - \frac{1}{4}(a - c)^2$$

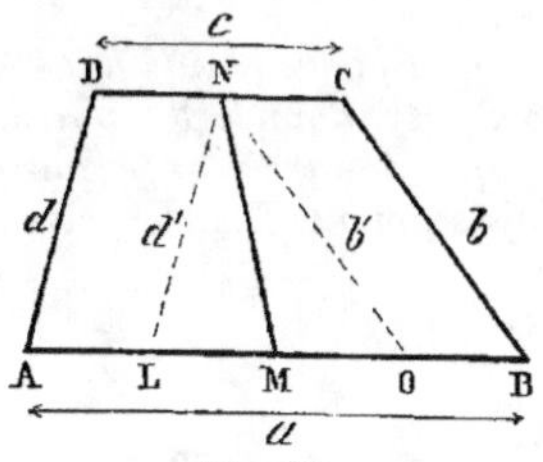

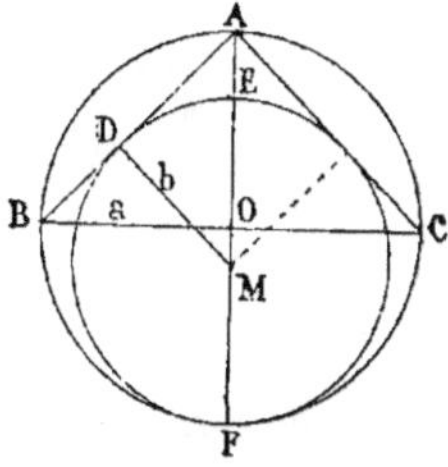

Fig. 904.

On peut écrire

$$MN^2 = \frac{2(b^2 + d^2 + ac) - (a^2 + c^2)}{4}$$

1441. Problème. *Exprimer* MN, *en fonction des bases a, c et des diagonales f, g.*

En menant par le point N des parallèles aux diagonales, on forme un triangle dont la moitié de la base $= {}^1/_2 (f + g)$; on a

$$MN^2 = \frac{f^2 + g^2}{2} - \frac{1}{4}(a + c)^2$$

ou

$$MN^2 = \frac{2(f^2 + g^2 - ac) - (a^2 + c^2)}{4}$$

Exercice 458. — II.

1442. Problème. *Un triangle isocèle rectangle est inscrit dans une circonférence, on décrit une circonférence tangente à la première et tangente aux deux côtés de l'angle droit du triangle donné; exprimer le rayon de cette circonférence en fonction de la première.*

Soient $\quad BO = AO = OF = a$

$$AD = DM = MF = b$$

$$AE \cdot AF = AD^2 \quad \text{ou} \quad (2a - 2b)\,2a = b^2$$

$$4a^2 - 4ab = b^2 \quad \text{ou} \quad b^2 + 4ab = 4a^2$$

Telle est la relation qui existe entre a et b.

Fig. 905.

1443. Problème. *Deux circonférences se coupent; par l'un des points d'intersection, on mène une sécante commune. Quelle est la relation qui existe entre les longueurs des deux cordes obtenues, la distance des centres et les rayons des circonférences?*

(*Méthodes*, n° 308.)

En désignant par d la distance des centres, par x et y les demi-cordes, par r et R les rayons, on a

$$d^2 = (x+y)^2 + (\sqrt{R^2 - y^2} - \sqrt{r^2 - x^2})^2$$

Exercice 459.

1444. Problème. *Lorsqu'on a deux points fixes A et B sur une circon-férence, ainsi qu'une corde EF donnée de position, et qu'on joint un troisième point C quelconque de la circonférence aux points A, B, on divise la corde EF en trois segments EM, EN, NF. Trouver une relation entre ces trois segments.*

(Voir *Méthodes*, n° 326.)

Exercice 460.

1445. Problème. *Exprimer la longueur de la corde de la somme et celle de la différence de deux arcs, en fonc-tion des cordes de ces arcs et du diamètre du cercle.*

Soient a, b deux cordes données, d le dia-mètre, m la corde de la somme et n celle de la différence.

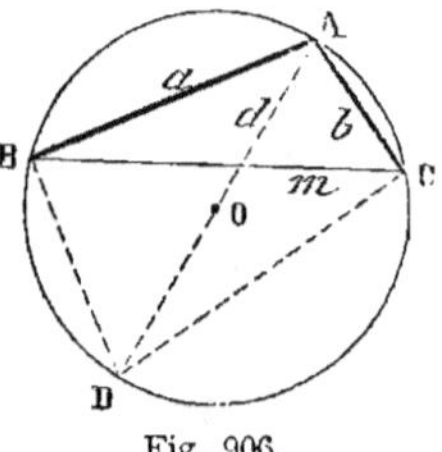

Fig. 906.

Dans tout quadrilatère inscrit, le produit des diagonales égale la somme des rectangles formés par les côtés opposés (n° 1209); donc

$$md = a \cdot DC + b \cdot BD$$

Mais à cause du diamètre AOD, le triangle ABD est rectangle; ainsi

$$BD = \sqrt{d^2 - a^2}\,,$$

de même

$$DC = \sqrt{d^2 - b^2}\,;$$

donc on a

$$m = \frac{a\sqrt{d^2 - b^2} + b\sqrt{d^2 - a^2}}{d}$$

$$n = \frac{a\sqrt{d^2 - b^2} - b\sqrt{d^2 - a^2}}{d}$$

Exercice 461.

1446. Problème. *Deux circonférences extérieures ont pour centres res-pectifs A et B, pour rayons r, s et d pour distance des centres. En fonc-tion de ces données, exprimer les distances AO, BO de chaque centre au point O de concours des tangentes extérieures, la longueur des cordes de contact et la distance de chaque corde au centre de la circonférence cor-respondante.*

Menons BL parallèle à CD.

$$AL = r - s, \quad l = \sqrt{d^2 - (r - s)^2}$$

1° Les triangles semblables AOC, ABL, BOD donnent :

$$\frac{AO}{AB} = \frac{AC}{AL}, \quad \frac{AO}{d} = \frac{r}{r-s}, \quad AO = \frac{rd}{r-s} \qquad (1)$$

$$\frac{BO}{AB} = \frac{BD}{AL}, \quad \frac{BO}{d} = \frac{s}{r-s}, \quad BO = \frac{sd}{r-s} \qquad (2)$$

On aurait de même

$$CO = \frac{rl}{r-s}, \quad DO = \frac{sl}{r-s}$$

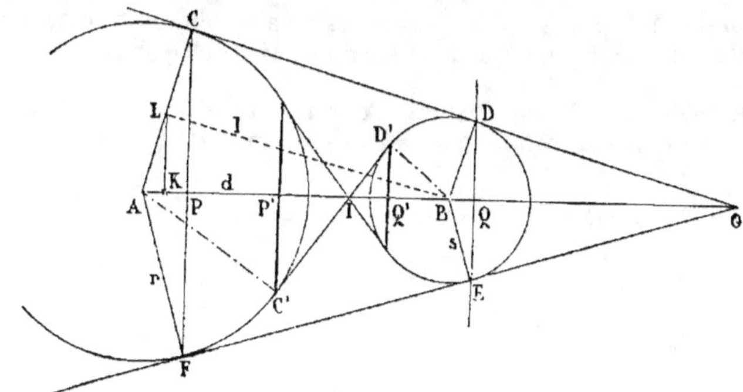

Fig. 907.

2° Le triangle rectangle ACO donne

$$AP = \frac{AC^2}{AO}$$

d'où

$$AP = r^2 : \frac{rd}{r-s} = \frac{r(r-s)}{d} \qquad (3)$$

de même

$$BQ = \frac{s(r-s)}{d} \qquad (4)$$

3°

$$CP^2 = AP \cdot PO$$

or

$$PO = AO - AP = \frac{rd}{r-s} - \frac{r(r-s)}{d}$$

$$PO = \frac{r\left[d^2 - (r-s)^2\right]}{d(r-s)} = \frac{rl^2}{d(r-s)}$$

$$CP^2 = \frac{r(r-s)}{d} \times \frac{rl^2}{d(r-s)} = \frac{r^2l^2}{d^2}, \quad CP = \frac{rl}{d} \qquad (5)$$

Les triangles semblables ACP, ABL conduisent rapidement à cette valeur ; en effet,

$$\frac{CP}{AC} = \frac{PL}{AB}$$

d'où

$$CP = \frac{rl}{d}$$

de même

$$DQ = \frac{sl}{d} \qquad (6)$$

4° Longueur de PQ ou de $AB - AP + BQ$.

$$PQ = d - \frac{r(r-s)}{d} + \frac{s(r-s)}{d} = \frac{d^2 - r^2 + 2rs - s^2}{d}$$

On peut écrire $$PQ = \frac{d^2 - (r-s)^2}{d} = \frac{l^2}{d} \qquad (7)$$

Le triangle rectangle ABL conduit au même résultat, car $BK = PQ$ comme projection des droites égales et parallèles BL, DC.

Or $$BK = \frac{BL^2}{AB} = \frac{l^2}{d}$$

Remarque. Les droites CP, DQ sont les polaires du centre extérieur O de similitude, et C'P', D'Q' les polaires du centre intérieur I.

1447. Problème. Même question. *Pour le centre intérieur de simili-tude, on sait que le point I est obtenu en menant les tangentes inté-rieures.*

Il suffit de remplacer $r - s$ par $r + s$, $l' = \sqrt{d^2 - (r+s)^2}$.

$$AI = \frac{rd}{r+s} \qquad (1') \qquad\qquad BI = \frac{sd}{r+s} \qquad (2')$$

$$C'I = \frac{rl'}{r+s} \qquad\qquad\qquad D'I = \frac{sl'}{r+s}$$

$$A'P = \frac{r(r+s)}{d} \qquad (3') \qquad\qquad BQ' = \frac{s(r+s)}{d} \qquad (4')$$

$$C'P' = \frac{rl'}{d} \qquad (5') \qquad\qquad D'Q' = \frac{sl'}{d} \qquad (6')$$

$$P'Q' = \frac{l'^2}{d} \qquad (7')$$

Exercice 462.

1448. Problème. *Quelle est la longueur du côté et de l'apothème du dodécagone régulier inscrit en fonction du rayon?*

Le côté C' d'un polygone inscrit d'un nombre double de côtés est donné par la formule

$$C' = \sqrt{2r^2 - r\sqrt{4r^2 - C^2}} \qquad (G., n° 286.)$$

Le côté C de l'hexagone régulier égale le rayon; donc

$$C' = \sqrt{2r^2 - r\sqrt{4r^2 - r^2}}$$

$$C' = \sqrt{2r^2 - r^2\sqrt{3}} = r\sqrt{2 - \sqrt{3}} \qquad \text{côté.}$$

L'apothème a' est donné par

$$a'^2 = r^2 - \frac{C'^2}{4}$$

$$a'^2 = r^2 - \frac{r^2}{4}(2 - \sqrt{3}) = \frac{r^2(2 + \sqrt{3})}{4}$$

$$a' = \frac{r}{2}\sqrt{2 + \sqrt{3}} \qquad \text{apothème.}$$

Exercice 463.

1449. Problème. *Trouver une relation entre deux cordes parallèles, la corde équidistante et la distance des deux premières.*

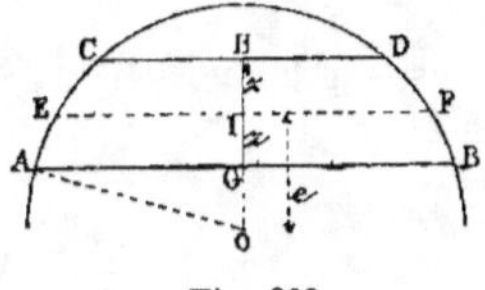

Fig. 908.

Si l'on appelle r le rayon, $2m$ la corde AB, $2n$ la corde CD, $2s$ la corde EF, $2z$ la distance des deux premières cordes, et e la distance du centre à la corde médiane, on a

$$OA^2 = AG^2 + OG^2$$

ou

$$r^2 = m^2 + (e - z)^2 = m^2 + e^2 + z^2 - 2ez \qquad (1)$$

De même

$$r^2 = n^2 + (e + z)^2 = n^2 + e^2 + z^2 + 2ez \qquad (2)$$

$$r^2 = s^2 + e^2 \quad \text{et} \quad 2r^2 = 2s^2 + 2e^2 \qquad (3)$$

La somme des deux premières relations, diminuée de la troisième, donne

$$0 = m^2 + n^2 - 2s^2 + 2z^2$$

d'où

$$2s^2 - 2z^2 = m^2 + n^2$$

Si l'on multiplie par 4, il vient :

$$8s^2 - 8z^2 = 4m^2 + 4n^2$$

ou

$$2(2s)^2 - 2(2z)^2 = (2m)^2 + (2n)^2$$

ou bien

$$2EF^2 - 2GH^2 = AB^2 + CD^2$$

Ainsi *la somme des carrés de deux cordes parallèles égale le double du carré de la corde équidistante, moins le double du carré de la distance des cordes données.*

Exercice 464.

1450. Problème. *Connaissant le rayon d'un cercle et une corde de ce même cercle, on demande d'exprimer :*

1° La distance du centre à la corde, ainsi que la flèche de cette même corde;

2° La corde qui sous-tend l'arc moitié;

3° La tangente parallèle à la corde, et limitée par les mêmes rayons prolongés.

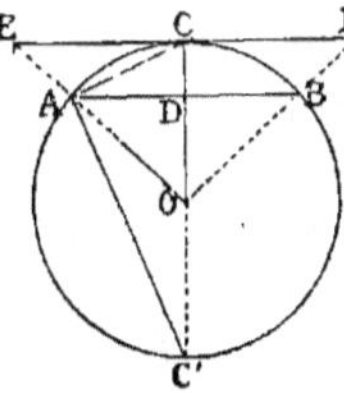

Fig. 909.

Soit AB ou a une corde donnée, ainsi que le rayon AO ou r du cercle.

Dans le triangle rectangle ADO, on connaît l'hypoténuse OA et le côté AD égal à $\dfrac{a}{2}$; on peut donc calculer OD distance du centre à la corde AB.

$$OD^2 = r^2 - \frac{a^2}{4} \quad \text{d'où} \quad OD = \sqrt{r^2 - \frac{a^2}{4}}$$

La flèche

$$DC = OC - OD$$

$$DC = r - \sqrt{r^2 - \frac{a^2}{4}}$$

2° La corde AC qui sous-tend l'arc AC, moitié de ACB, est l'hypoténuse d'un triangle rectangle ADC dont on connaît les côtés de l'angle droit; donc

$$AC^2 = \frac{a^2}{4} + \left(r - \sqrt{r^2 - \frac{a^2}{4}} \right)^2$$

3° Pour calculer EF, on a recours aux triangles semblables EOF, AOB.

Ces triangles donnent :

$$\frac{EF}{AB} = \frac{OC}{OD}$$

d'où

$$EF = \frac{AB \times OC}{OD}$$

$$EF = \frac{ar}{\sqrt{r^2 - \frac{a^2}{4}}}$$

Exercice 465.

1451. Problème. *Exprimer en fonction des carrés des côtés d'un triangle, la somme des carrés des distances aux trois sommets du point de concours des médianes.*

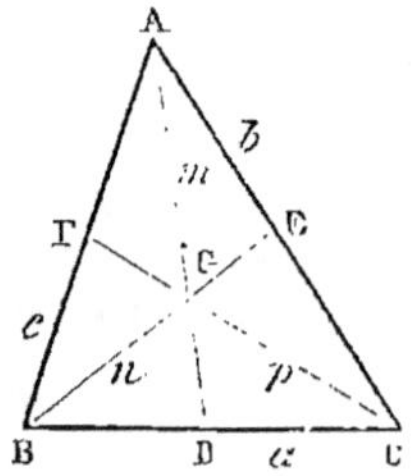

Désignons les trois côtés par a, b, c et les distances AG, BG, CG par m, n, p.

Le théorème des médianes donne

$$2AD^2 = b^2 + c^2 - \frac{a^2}{2}$$

mais $AG = \frac{2}{3} AD$ ou $AD = \frac{3}{2} AG$

Fig. 910.

donc $AD^2 = \frac{9}{4} AG^2 = \frac{9}{4} m^2$

$$2AD^2 = \frac{9}{2} m^2$$

On a donc

$$\frac{9}{2} m^2 = b^2 + c^2 - \frac{a^2}{2}$$

$$\frac{9}{2} n^2 = a^2 + c^2 - \frac{b^2}{2}$$

$$\frac{9}{2} p^2 = a^2 + b^2 - \frac{c^2}{2}$$

d'où $\frac{9}{2} (m^2 + n^2 + p^2) = \frac{3}{2} (a^2 + b^2 + c^2)$

$$m^2 + n^2 + p^2 = \frac{1}{3} (a^2 + b^2 + c^2)$$

Ainsi *la somme des carrés des distances du point de concours des médianes aux trois sommets égale le tiers de la somme des carrés des côtés du triangle.*

M.   26

1452. Problème. *On divise la base d'un triangle en trois parties égales, les deux points de division sont joints au sommet opposé. Exprimer la somme des carrés des deux lignes ainsi menées, en fonction des carrés des côtés du triangle.*

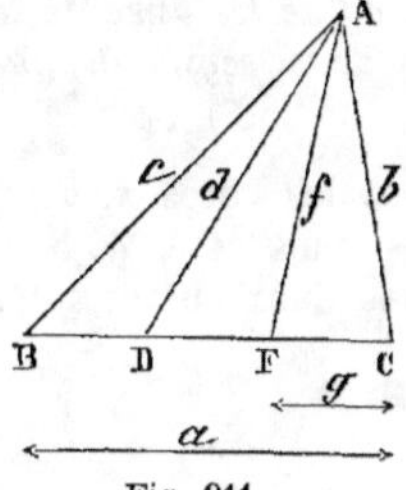

Fig. 911.

En appliquant le théorème relatif au carré de la médiane (G., n° 254), on a

$$2f^2 + 2g^2 = b^2 + d^2$$
$$2d^2 + 2g^2 = f^2 + c^2$$

Ajoutons les égalités, réduisons et transposons.

On a

$$d^2 + f^2 = b^2 + c^2 - 4g^2$$

Mais

$$g = \frac{a}{3}; \quad \text{d'où} \quad 4g^2 = \frac{4a^2}{9}$$

donc

$$d^2 + f^2 = b^2 + c^2 - \frac{4}{9}a^2$$

La somme des carrés des droites qui joignent un sommet aux points situés au tiers et aux deux tiers de la base d'un triangle, égale la somme des carrés des côtés qui aboutissent au sommet considéré, moins les $^4/_9$ *du carré de la base.*

Scolie. Lorsque $\quad BD = FC = \dfrac{a}{4}, \quad$ on trouve

$$d^2 + f^2 = b^2 + c^2 - \frac{3a^2}{8}$$

Exercice **466**. — **I**.

1453. *Exprimer, en fonction des côtés d'un triangle, les trois médianes, les trois bissectrices, les trois hauteurs et les distances des trois côtés au centre du cercle circonscrit.*

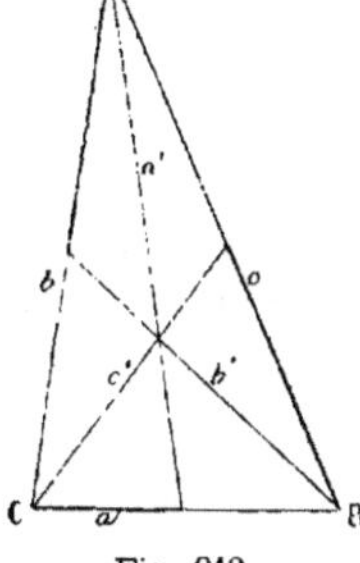

Fig. 912.

Médianes. Le calcul des *médianes* repose sur ce principe : *La somme des carrés de deux côtés quelconques égale deux fois le carré de la médiane du troisième côté, plus deux fois le carré de la moitié de ce même côté.* (G., n° 254.)

Appelons a', b', c', les médianes respectives des côtés a, b, c.

On a successivement :

$$2a'^2 + {}^1/_2 a^2 = b^2 + c^2$$

ou

$$2a'^2 = b^2 + c^2 - {}^1/_2 a^2$$
$$a'^2 = {}^1/_2 (b^2 + c^2 - {}^1/_2 a^2)$$
$$a' = \sqrt{{}^1/_2 (b^2 + c^2 - {}^1/_2 a^2)}$$

On trouverait de même :

$$b' = \sqrt{{}^1/_2 (c^2 + a^2 - {}^1/_2 b^2)}$$
$$c' = \sqrt{{}^1/_2 (a^2 + b^2 - {}^1/_2 c^2)}$$

1453 (a). Bissectrices. Le calcul des *bissectrices* repose sur ce principe :
Le produit de deux côtés quélconques d'un triangle égale le carré de la bissectrice de l'angle compris, plus le produit des deux segments que cette bissectrice détermine sur le troisième côté. (G., n° 268.)

Appelons a', b', c', les bissectrices qui tombent sur les côtés a, b, c; a_1 et a_2, b_1, et b_2, c_1 et c_2, les segments déterminés sur les côtés a, b, c.

Les segments du côté a sont entre eux comme les deux autres côtés b et c. (G., n° 215, fig. 913.)

Les formules générales de ces segments sont :

$$\text{Pour} \qquad a_1 \quad \text{et} \quad a_2 \qquad \frac{ab}{b+c} \quad \text{et} \quad \frac{ac}{b+c}$$

$$\text{Pour} \qquad b_1 \quad \text{et} \quad b_2 \qquad \frac{ba}{a+c} \quad \text{et} \quad \frac{bc}{a+c}$$

$$\text{Pour} \qquad c_1 \quad \text{et} \quad c_2 \qquad \frac{ca}{a+b} \quad \text{et} \quad \frac{cb}{a+b}$$

Pour calculer la bissectrice a', on posera :

$$a'^2 + a_1 a_2 = bc; \quad \text{d'où} \quad a'^2 = bc - a_1 a_2 \quad \text{et} \quad a' = \sqrt{bc - a_1 a_2}$$

On trouverait de même

$$b' = \sqrt{ac - b_1 b_2}$$

$$c' = \sqrt{ab - c_1 c_2}$$

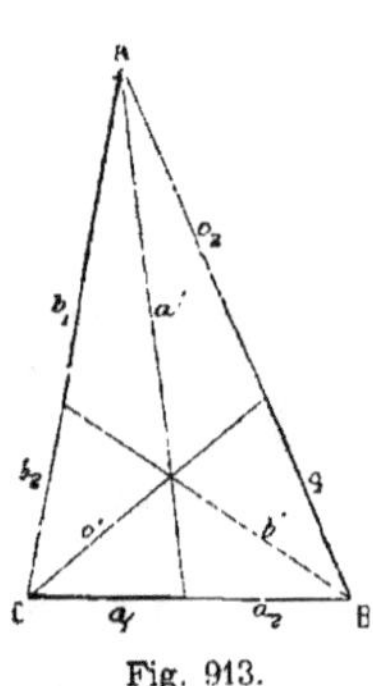

Fig. 913.

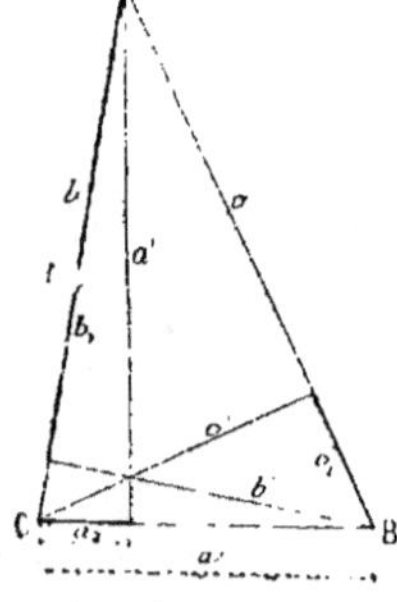

Fig. 914.

Et si l'on exprime les segments en fonction des côtés, on a

$$a' = \sqrt{bc - \frac{a(abc)}{(b+c)^2}}$$

$$b' = \sqrt{ac - \frac{b(abc)}{(a+c)^2}}$$

$$c' = \sqrt{ab - \frac{c(abc)}{(a+b)^2}}$$

Telles sont les expressions générales des *bissectrices* en fonction des côtés du triangle donné.

On peut donner à ces valeurs une forme qui facilite les applications numériques, car on a successivement :

$$a' \sqrt{bc - \frac{a(abc)}{(b+c)^2}} = \sqrt{\frac{bc(b+c)^2 + a^2 bc}{(b+c)^2}}$$

$$a' = \frac{1}{b+c} \sqrt{bc[(b+c)^2 - a^2]} = \frac{1}{b+c} \sqrt{bc(a+b+c)(b+c-a)}$$

$$a' = \frac{1}{b+c} \sqrt{4bc \cdot \frac{a+b+c}{2} \cdot \frac{b+c-a}{2}}$$

enfin
$$a' = \frac{2}{b+c} \sqrt{bcp(p-a)}$$

1453 (b). Hauteurs. Le calcul des *hauteurs* se déduit du théorème de Pythagore. (G., n° 249.)

Appelons a', b', c', les hauteurs correspondantes aux côtés a, b, c, et a_1, b_1 et c_1, l'un des segments déterminés sur chaque côté (fig. 914). On a (G., n° 251)

$$c^2 = a^2 + b^2 - 2aa_1, \quad \text{d'où} \quad 2aa_1 = a^2 + b^2 - c^2, \quad \text{et} \quad a_1 = \frac{a^2 + b^2 - c^2}{2a}$$

On trouverait de même :
$$b_1 = \frac{b^2 + c^2 - a^2}{2b}$$

$$c_1 = \frac{c^2 + a^2 - b^2}{2c}$$

Le triangle rectangle qui a pour côtés b, a' et a_1 donne
$$a'^2 = b^2 - a_1^2 = b^2 - \frac{(a^2 + b^2 - c^2)^2}{4a^2} = \frac{4a^2 b^2 - (a^2 + b^2 - c^2)^2}{4a^2}$$

Soit
$$a + b + c = 2p$$
retranchant $2c$,
$$a + b - c = 2(p - c)$$
de même
$$a - b + c = 2(p - b)$$
et
$$- a + b + c = 2(p - a)$$

L'expression trouvée plus haut pour la hauteur devient :
$$4a^2 a'^2 = (2ab)^2 - (a^2 + b^2 - c^2)^2$$
$$= (2ab + a^2 + b^2 - c^2)(2ab - a^2 - b^2 + c^2)$$
$$= [(a+b)^2 - c^2][c^2 - (a-b)^2]$$
$$= (a+b+c)(a+b-c)(c+a-b)(c-a+b)$$
$$= 2p \cdot 2(p-c) \cdot 2(p-b) \cdot 2(p-a) = 16p(p-a)(p-b)(p-c)$$

En divisant les deux membres par $4a^2$, il vient :
$$a' = \frac{4}{a^2} p(p-a)(p-b)(p-c) \quad \text{d'où} \quad a' = \frac{2}{a} \sqrt{p(p-a)(p-b)(p-c)}$$

On trouverait de même
$$b' = \frac{2}{b} \sqrt{p(p-a)(p-b)(p-c)}$$
et
$$c' = \frac{2}{c} \sqrt{p(p-a)(p-b)(p-c)}$$

Voir *Exercices de Trigométrie*, p. 131, problème 340.

1453 (c). Distances. Le calcul des distances des côtés au centre du cercle circonscrit exige la connaissance du rayon de ce cercle ; le principe suivant (G., n° 316, III) le donne immédiatement : *Le produit de deux côtés quelconques d'un triangle égale la hauteur relative au troisième côté, multipliée par le diamètre du cercle circonscrit.*

On a donc $\qquad 2Rh = bc, \quad$ d'où $\quad R = \dfrac{bc}{2h}$

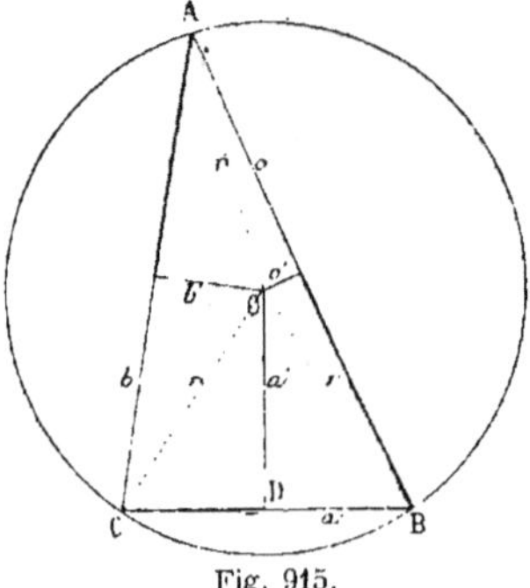

Fig. 915.

Désignons par a', b', c', les distances des côtés a, b, c, au centre du cercle circonscrit.

Le triangle rectangle OCD donne

$$a'^2 = R^2 - {}^1/_4 a^2 ; \quad \text{d'où} \quad a' = \sqrt{R^2 - {}^1/_4 a^2}$$

On a de même $\qquad\qquad\qquad\qquad b' = \sqrt{R^2 - {}^1/_4 b^2}$

$$c' = \sqrt{R^2 - {}^1/_4 c^2}$$

Si l'on veut exprimer directement ces trois distances en fonction des côtés et de leur demi-somme p, on reprend l'expression $2Rh = bc$, d'où l'on tire $4R^2h^2 = b^2c^2$; en remplaçant h^2 par sa valeur trouvée plus haut,

il vient $\qquad\qquad 4R^2\,\dfrac{4}{a^2}\,p(p-a)(p-b)(p-c) = b^2c^2$

de là on tire $\qquad\qquad R^2 = \dfrac{a^2b^2c^2}{16p(p-a)(p-b)(p-c)}$

d'où $\qquad\qquad\qquad R = \dfrac{abc}{4\sqrt{p(p-a)(p-b)(p-c)}}$

expression remarquable du rayon du cercle circonscrit.

En portant la valeur de R^2 dans les formules qui donnent les distances des côtés au centre du cercle circonscrit, on a

$$a' = \sqrt{\dfrac{(abc)^2}{16p(p-a)(p-b)(p-c)} - \dfrac{a^2}{4}}$$

$$b' = \sqrt{\dfrac{(abc)^2}{16p(p-a)(p-b)(p-c)} - \dfrac{b^2}{4}}$$

$$c' = \sqrt{\dfrac{(abc)^2}{16p(p-a)(p-b)(p-c)} - \dfrac{c^2}{4}}$$

Exercice 466. — II.

1454. Problème. *Dans un triangle ABC on joint chaque point de contact* D, E, F *du cercle inscrit au sommet opposé; la droite* AD *rencontre le cercle inscrit en un second point* D', *etc. On demande quelle est la valeur de la somme des produits*

$$AD \cdot AD' + BE \cdot BE' + CF \cdot CF'$$

en fonction des côtés a, b, c *du triangle.*

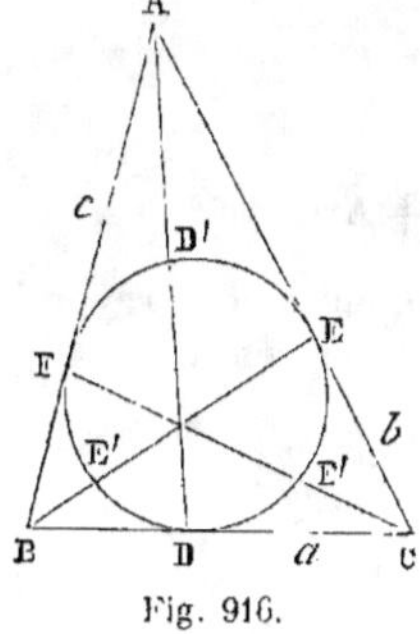

Fig. 916.

$$AD \cdot AD' = AF^2$$
$$BE \cdot BE' = BD^2$$
$$CF \cdot CF' = CD^2$$

mais

$$AF = \frac{b+c-a}{2}$$

$$BD = \frac{a+c-b}{2}$$

$$CD = \frac{a+b-c}{2} \quad \text{(G., 188, 2o.)}$$

donc la somme S des produits ou

$$AD \cdot AD' + BE \cdot BE' + CF \cdot CF' = \left(\frac{b+c-a}{2}\right)^2 + \left(\frac{a+c-b}{2}\right)^2 + \left(\frac{a+b-c}{2}\right)^2$$

ou, en opérant et réduisant, la somme a pour valeur

$$S = \frac{3}{4}(a^2 + b^2 + c^2) - \frac{1}{2}(ab + ac + bc)$$

Exercice 467.

1455. Problème. *Étant données deux circonférences concentriques, exprimer la différence de leurs longueurs, en fonction de la distance* l *qui les sépare.*

Appelons r le rayon de la circonférence intérieure; celui de la circonférence extérieure est $r + l$; les longueurs sont :
pour la circonférence intérieure $2\pi r$,
pour l'extérieure $2\pi(r + l)$ ou $2\pi r + 2\pi l$.

Ainsi *la différence de longueur entre deux circonférences concentriques égale la circonférence qui aurait pour rayon la distance des deux circonférences considérées.*

1455 (a). Scolie. L'arc de n degrés a pour expression :

dans la circonférence intérieure $\dfrac{\pi r n}{180}$

et dans l'extérieure $\dfrac{\pi(r + l)n}{180}$ ou $\dfrac{\pi r n}{180} + \dfrac{\pi l n}{180}$

Ainsi *la différence de longueur entre deux arcs semblables appartenant à des circonférences concentriques, égale l'arc semblable de la circonférence qui aurait pour rayon la distance des deux circonférences considérées.*

1456. Problème. *Étant données deux courbes* ABC *et* A'B'C' *formées de plusieurs cercles concentriques deux à deux, exprimer la différence de longueur de ces deux courbes entre des normales communes.*

1° Soient m et n les angles formés par les rayons des deux arcs AB et BC (fig. 917), et soit l la distance des arcs parallèles. On a (n° 1455, **a**) :

$$\text{Arc } A'B' = AB + \frac{\pi l m}{180}$$

$$\text{Arc } B'C' = BC + \frac{\pi l n}{180}$$

Donc $\text{Arc } A'B'C' = ABC + \dfrac{\pi l (m+n)}{180} = ABC + \text{Arc } abc$

Ainsi la différence des deux courbes égale l'arc abc, qui a pour rayon l, et pour angle au centre l'angle P formé par les rayons extrêmes.

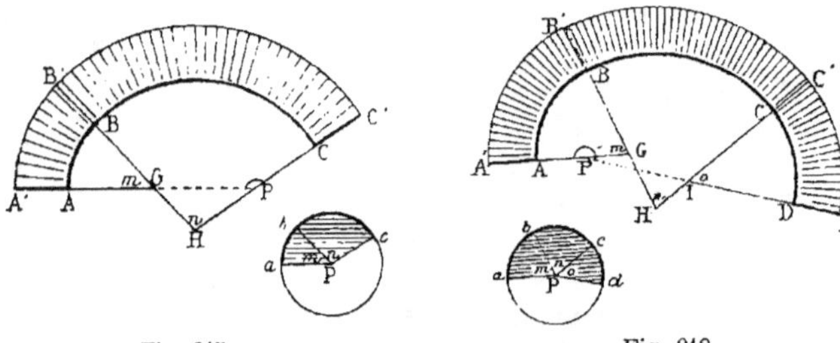

Fig. 917.   Fig. 918.

2° Considérons trois arcs, correspondant aux angles m, n, o (fig. 918).

On a : $\text{Arc } A'B' = AB + \dfrac{\pi l m}{180}$

$$\text{Arc } B'C' = BC + \frac{\pi l n}{180}$$

$$\text{Arc } C'D' = CD + \frac{\pi l o}{180}$$

Donc $\text{Arc } A'B'C'D' = ABCD + \dfrac{\pi l (m+n+o)}{180} = ABCD + abcd$

Ainsi la différence des deux courbes égale l'arc $abcd$ qui a pour rayon l, et pour angle au centre l'angle P formé par les rayons extrêmes.

3° Soit le cas où la courbure des arcs n'est pas de même sens (fig. 919);

on a : $\text{Arc } A'B' = AB + \dfrac{\pi l m}{180}$

$$\text{Arc } B'C' = BC + \frac{\pi l n}{180}$$

$$\text{Arc } C'D' = CD - \frac{\pi l o}{180}$$

Donc

$\text{Arc }\ A'B'C'D' = ABCD + \dfrac{\pi l (m+n-o)}{180} = ABCD + ab + bc - cd = ABCD + ad$

Ainsi la différence des deux courbes égale l'arc ad, qui a pour rayon l, et pour angle au centre l'angle P formé par les rayons extrêmes.

Donc si deux courbes sont formées de plusieurs arcs concentriques deux à deux, la différence de longueur de ces deux courbes égale un arc circulaire qui aurait pour rayon la distance des deux courbes, et pour angle au centre la valeur angulaire comprise entre les rayons extrêmes.

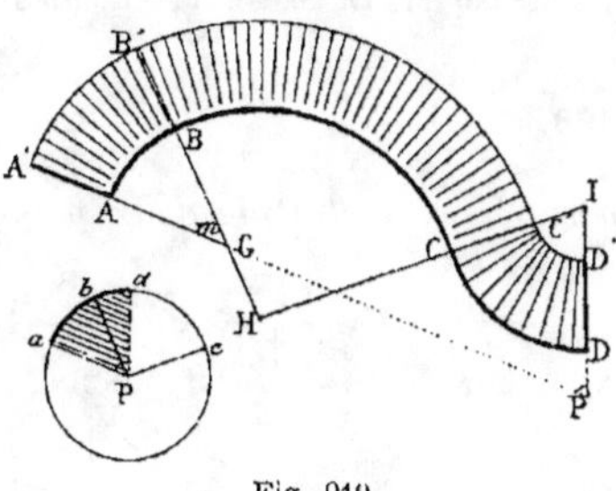

Fig. 919.

Pour trouver la valeur angulaire comprise entre les rayons extrêmes, il faut considérer *le mouvement angulaire* que ferait le premier rayon, dans le sens des arcs, pour prendre une position parallèle au dernier rayon.

1457. Scolies. 1° Cette propriété est vraie pour deux courbes parallèles quelconques, AEG, A'E'G', dans lesquelles il peut même y avoir de parties droites FG, F'G'.

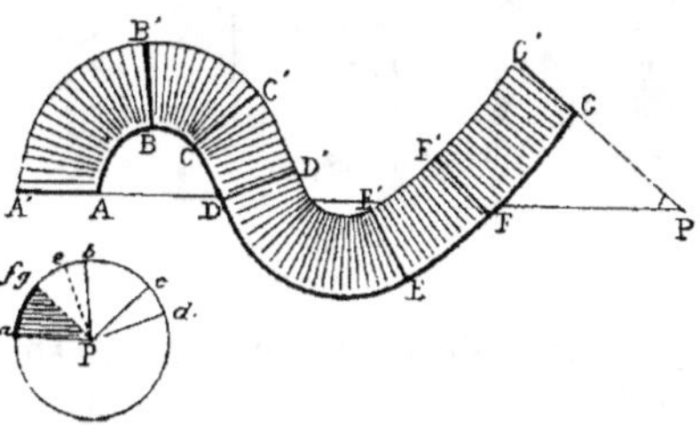

Fig. 920.

Les rayons sont remplacés par des droites AA', BB', CC'... *normales* aux deux courbes, et d'une longueur constante l. La différence de longueur des deux courbes égale $ab + bc + cd — de — ef = af$.

Car on peut tracer des normales assez rapprochées pour que les éléments courbes puissent être confondus avec des arcs de cercles, ce qui ramène au cas précédent.

2° Le rayon mobile Pa passe successivement par les positions Pb, Pc, Pd, Pe, Pf. Si ce rayon revient sur lui-même jusqu'à reprendre sa position primitive Pa, son mouvement angulaire est nul, et *les deux courbes sont égales;* alors les normales extrêmes sont parallèles.

3° Si le rayon mobile Pa qui suit le mouvement de la courbe décrit un demi-cercle, la différence des deux courbes égale πl, ou la demi-circonférence de rayon l.

4° Si le rayon mobile Pa décrit un cercle entier, la différence des deux courbes égale $2\pi l$, ou la circonférence qui a pour rayon l. Si le rayon mobile fait plusieurs tours dans un même sens, la différence des deux courbes est d'autant de circonférences de rayon l qu'il y a de tours.

1457 (a). Note. La surface comprise entre deux courbes parallèles quelconques se nomme *bandeau.* Nous venons d'indiquer la manière de calculer une des courbes en fonction de l'autre courbe et de la largeur l; puis, au livre IV (n°s 1584 à 1586), nous apprendrons à évaluer la surface. Les *bandeaux* se rencontrent fréquemment dans les constructions. Tout ce qui est relatif à la mesure des courbes et de la surface des bandeaux est indiqué, sans démonstration, dans le *Traité des mesurages et des métrages*, etc., par M. E. Sergent, ingénieur civil.

Exercice 468.

1458. Problème. *Étant donnés les périmètres* p *et* P *de deux poly-gones réguliers semblables, l'un ins-crit et l'autre circonscrit à un même cercle, exprimer les périmètres* p' *et* P' *des polygones réguliers inscrit et circonscrit d'un nombre double de côtés.*

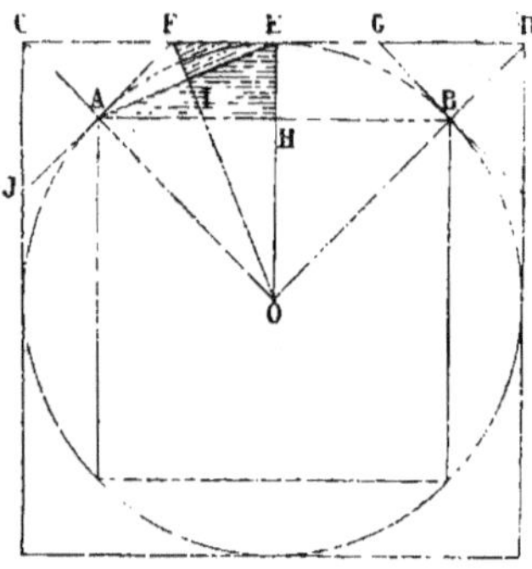

Fig. 921.

1° Les premiers polygones étant semblables, leurs périmètres p et P sont entre eux comme leurs rayons OA et OC, ou comme les droites OE et OC.

La droite OF est bissectrice de l'an-gle EOC; ainsi les droites OE et OC sont entre elles comme les segments EF et FC.

On a donc
$$\frac{p}{P} = \frac{EF}{FC}$$

Augmentons les dénominateurs de leurs numérateurs. et doublons ensuite les numérateurs, il vient :

$$\frac{2p}{p+P} = \frac{FG}{EC} = \frac{2mFG}{2mEC} \quad \text{ou} \quad \frac{P'}{P}$$

Des rapports extrêmes on tire

$$P' = \frac{2pP}{p+P} \qquad\qquad (a)$$

2° Les périmètres inscrits p et p' sont entre eux comme AH et AE; les triangles rectangles AHE et EIF sont semblables, car ils ont en A et E des angles égaux comme alternes-internes.

On a donc $\qquad \dfrac{p}{p'} = \dfrac{AH}{AE} = \dfrac{EI}{EF} = \dfrac{4mEI}{4mEF} \quad$ ou $\quad \dfrac{p'}{P'}$

Les rapports extrêmes donnent

$$p'^2 = pP' \quad \text{d'où} \quad p' = \sqrt{pP'} \qquad\qquad (b)$$

Remarque. Ce problème permet de calculer facilement le nombre π. Les formules (a) et (b) sont dues à Saurin (1659-1737), membre de l'Aca-démie des sciences, en 1723. (N. A., 1842, page 190.)

Circonférences tangentes.

Exercice 469.

1459. Problème. *Décrire une circonférence tangente à deux droites* OA, OB *et à une circonférence donnée* C.

Soit D le cercle demandé. Son centre doit se trouver sur la bissectrice OD de l'angle O.

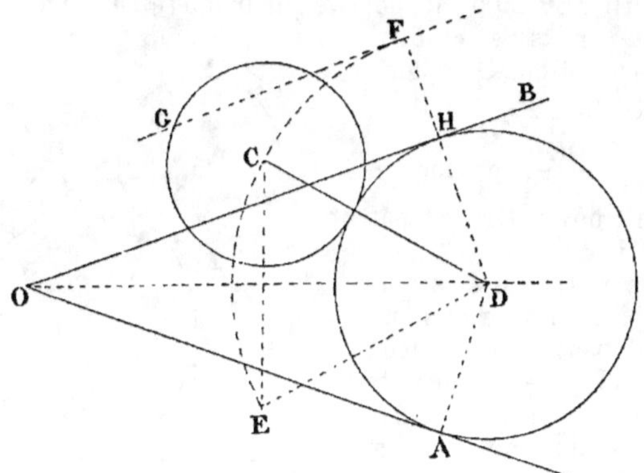

Fig. 922.

Menons CE perpendiculaire à OD, et DF perpendiculaire à OB: du point D avec DC pour rayon, décrivons l'arc ECF, et menons FG perpendiculaire à DF, et par suite, parallèle à OB. On a :

$$DF = DC$$

retranchons $$DH = DI$$

il vient $$HF = IC = r$$

Ainsi, il faut tracer la droite indéfinie GF parallèlement à OB, et à une distance égale à r; déterminer E symétrique de C par rapport à OD, et enfin décrire l'arc ECF par les deux points E et C, et tangentiellement à la droite GF. (G., n° 298.)

Le centre de cet arc est le centre de la circonférence demandée.

Remarque. Un second arc pouvant être tracé par les deux points E et C tangentiellement à GF, il y a une seconde solution. Deux autres solutions seront obtenues, si l'on prend le centre sur la bissectrice de l'angle obtus formé par les deux droites. — Si les deux droites données étaient parallèles, la bissectrice serait remplacée par la droite équidistante.

Exercice 470.

1460. Problème. *Décrire une circonférence tangente à une circonférence A et à une droite donnée CD, et qui passe par un point donné B.*

Soit I cette circonférence. La droite AI, qui joint les deux centres, passe par le point de contact E.

Par le centre A, menons OG perpendiculaire à CD, puis OED, OBH, ID et EF.

Les triangles isocèles OAE et EID ont leurs angles en E égaux; donc leurs angles O et D sont aussi égaux. Ainsi ID est parallèle à OG, et, par conséquent, perpendiculaire à CD; et le point D est le point de contact de la circonférence l avec le droite CD.

L'angle inscrit OEF est droit; donc le quadrilatère EFGD a deux angles opposés E et G droits, et ce quadrilatère est inscriptible. On a donc

$$OF . OG = OE . OD = OB . OH$$

D'où $\dfrac{OB}{OF} = \dfrac{OG}{OH}$, proportion qui permet de trouver OH, et par suite le point H.

Le problème se trouve ainsi ramené à celui-ci : Décrire une circonférence qui passe par les deux points B et H, et qui soit tangente à la droite CD. On sait que ce problème est susceptible de deux solutions. (G., n° 298.)

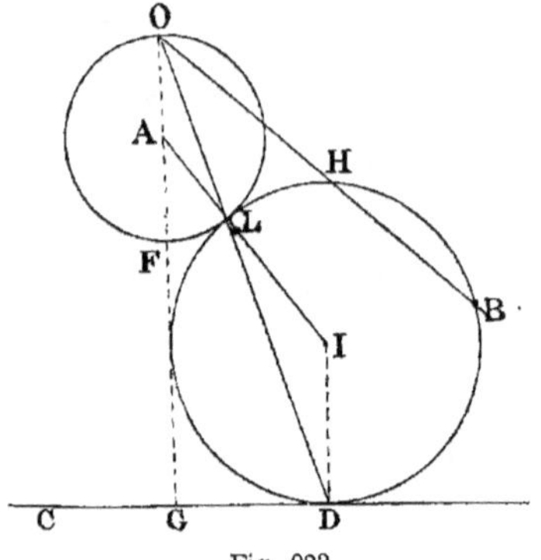

Fig. 923.

Remarque. La longueur OH pourrait être portée, en sens inverse sur le prolongement de BO; ce qui fournirait deux autres solutions.

Exercice 471.

1461. Problème. *Décrire une circonférence tangente à une droite* AB, *et à deux circonférences données* C *et* D.

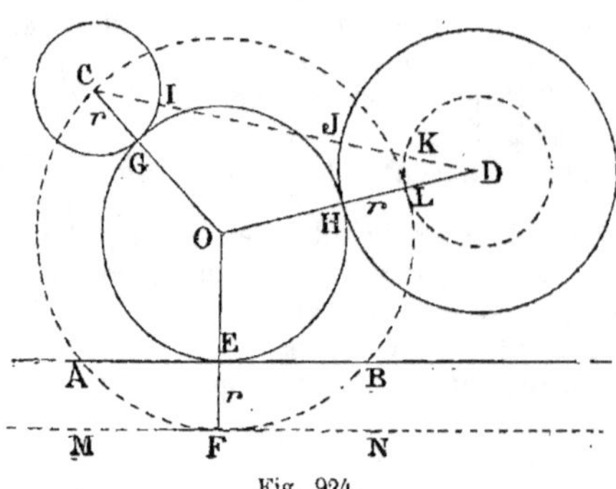

Fig. 924.

Soit EGH cette circonférence. Menons OC, OD et CD; puis OF perpendiculaire sur AB.

Du point O, avec un rayon égal à la plus petite des distances OC et OD, décrivons la circonférence CFL: avec DL pour rayon, décrivons une autre circonférence; et par le point F, menons MN perpendiculaire à OF, et par suite parallèle à AB.

Il faut donc tracer MN parallèle à AB, à la distance r; décrire du point D la circonférence auxiliaire qui a pour rayon la différence des rayons des circonférences données.

Puis décrire une circonférence qui passe par le point C, et qui soit tangente à la droite MN et à la circonférence auxiliaire. (G., n° 299.)

Le centre de celte circonférence est aussi le centre de la circonférence demandée.

Remarque. Comme on peut mener, par le point C, quatre circonférences tangentes à MN et à la circonférence auxiliaire DL, le problème actuel a aussi quatre solutions.

Exercice 472.

1462. Problème. *Décrire une circonférence tangente à deux circonférences données* A *et* B, *et qui passe par un point donné* C.

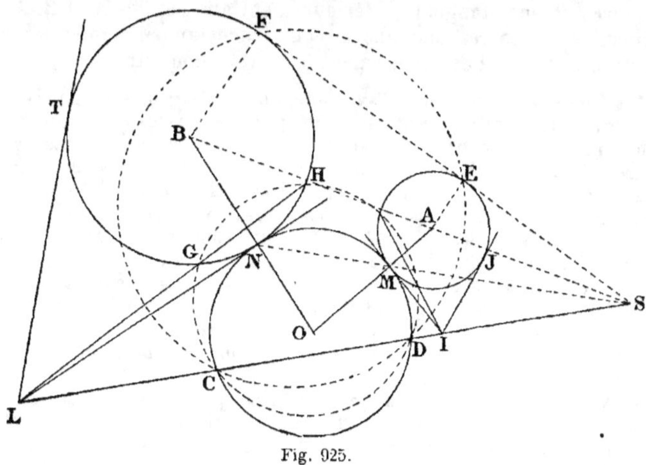

Fig. 925.

Ce problème et le suivant (n° 1463) ont déjà été résolus (n°s 46 et 47), néanmoins il est bon de les traiter de nouveau.

Soit CDMN la circonférence tangente.

La ligne MN des contacts passe par le centre de similitude S des cercles donnés A et B; il faut donc déterminer ce point S, par exemple, en menant la tangente commune FES.

Le cercle mené par C, E, F détermine sur SC un point D qui appartient à la circonférence demandée, car on a :

$$SC . SD = SM . SN = SE . SF$$

Le problème est donc ramené à la question connue : Par deux points C, D faire passer une circonférence qui soit tangente au cercle B, (G., n° 299.)

On sait qu'il faut faire passer un cercle par C et D qui coupe le cercle B, mener HGL; par L, mener une tangente LN au cercle B. Puis la circonférence qui passera par les trois points C, D, N répond à la question.

Remarque. On peut déterminer directement aussi le point de contact M.

Les tangentes LT, IJ, déterminent un cercle CDIT qui répond aussi à la question.

Le centre intérieur de similitude de A et B fournirait à son tour deux autres solutions; donc, en tout, le problème comporte quatre solutions.

Exercice 473.

1463. Problème. *Décrire une circonférence tangente à trois circonférences données* A, B, C.

Voir *Méthodes*, n° 46.

Remarque. Il y a huit solutions; lorsque les trois cercles sont extérieurs l'un à l'autre, les circonférences obtenues sont conjuguées deux à deux; ainsi, à la circonférence tangente extérieurement aux trois cercles donnés, correspond une circonférence tangente intérieurement aux trois mêmes cercles.

A la circonférence tangente extérieurement aux cercles A et B et intérieurement à C, correspond une circonférence tangente intérieurement aux deux premières et extérieurement à la troisième, etc.

1463 (a). Note. Ainsi que nous l'avons déjà dit (n° 46), la solution ci-dessus est de Viette; le problème avait été traité par Apollonius, dans un ouvrage dont le titre seul a été transmis par Pappus. Après Viette, les plus grands géomètres, Descartes, Newton, Euler, etc., s'en sont occupés; on connaît la belle solution de Gergonne et Bobiller. (Voir *Traité de Géométrie*, par MM. Rouché et de Comberousse.) De nos jours, le même problème a donné lieu à de nouvelles études; il a même été traité comme cas particulier de la question plus générale qui consiste à décrire une circonférence qui coupe trois circonférences données, sous des angles déterminés; voir à ce sujet N. A., 1883, pages 272 et 348; 1884, p. 316; 1886, page 539; 1891, p. 339; 1892, pp. 227 et 331. Comme extension, on arrive à décrire un cercle tangent à trois cercles d'une sphère et à décrire une sphère tangente à quatre sphères données, 1892, pages 406 et 410.

Enfin, M. Émile Lemoine (1892, page 453), comparant les diverses solutions du *problème d'Apollonius*, au point de vue de la simplicité et de l'exactitude des constructions, place en premier lieu la solution donnée par M. Mannheim (1885, page 108), puis en second lieu celle de Viette, ci-dessus, et celle de M. Fouché (1892, page 227) et comme la moins bonne, au point de vue du tracé graphique, la solution si élégante et si remarquable d'ailleurs de Gergonne et Bobiller.

Exercice 474.

1464. Problème. *On donne deux points* A, B *et une droite* xy; *sur cette ligne, déterminer un point* C *tel que la somme des carrés des distances* AC, BC *soit minima.*

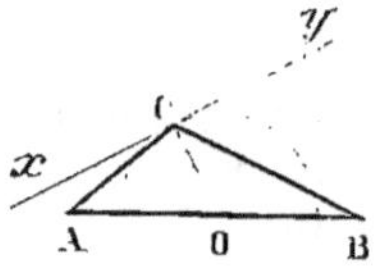

On sait que le lieu des points dont la somme des carrés des distances à deux points A et B est constante, est une circonférence décrite du point milieu O comme centre.

Le minimum de la somme des carrés a donc lieu pour la circonférence tangente.

Donc il suffit d'abaisser la perpendiculaire OC sur xy.

Fig. 926.

Remarque. Pour une somme de carrés égale à une valeur donnée k^2, on prendrait un rayon OM donné par

$$OM^2 = \frac{k^2}{2} - AO^2.$$

On obtient, comme dans tous les problèmes du second degré, deux solutions, une seule, ou aucune, suivant que la circonférence décrite

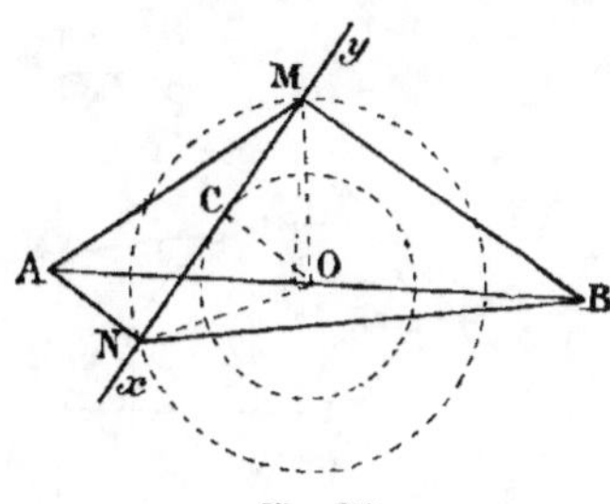

Fig. 927.

coupe xy en deux points, est tangente à cette ligne, ou ne la rencontre pas.

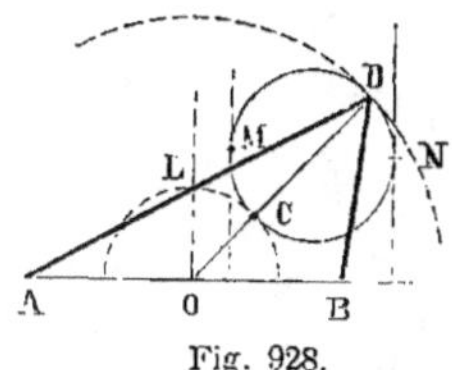

Fig. 928.

1465. Problème. *On donne deux points et une circonférence; déterminer sur la courbe un point C tel que $AC^2 + BC^2$ soit minimum ou maximum.*

Il faut joindre le milieu O au centre du cercle donné. C correspond au minimum et D au maximum.

1466. Problème. *Mêmes données; déterminer C de manière que la différence des carrés soit minima ou maxima.*

Il faut mener des tangentes perpendiculaires à AB.

1º Lorsque OL ne rencontre pas la circonférence donnée, M correspond au minimum et N au maximum.

2º Lorsque OL coupe la circonférence, chaque tangente donne un maximum, et la différence décroît lorsque le point s'approche de OL.

La différence est nulle pour les points où OL coupe la différence.

Exercice 475.

1467. Problème. *Trouver un point dans l'intérieur d'un triangle tel que la somme des carrés des distances de ce point aux trois sommets soit minima.*

(*Méthodes,* nº 358,)

1468. Problème. *Étant données deux circonférences A et B, trouver un point tel que les tangentes menées à l'une et à l'autre soient égales et se coupent sous un angle donné.*

Soit O ce point.

Par les points de contact, menons les rayons CA et DB, prolongés jusqu'à leur rencontre en E, et traçons OE.

Le quadrilatère OCED ayant deux angles droits C et D, les deux autres angles O et E sont supplémentaires.

Les triangles rectangles OEC et OED sont égaux comme ayant même
hypoténuse OE, et un
autre côté égal à OC,
OD; on a donc EC = ED
ou $a + r = b + R$,

$\quad a - b = R - r$,

quantité connue.

Ainsi, dans le triangle
ABE, on connaît la base
AB, l'angle opposé E
(supplément de l'angle
donné O), et la diffé-
rence $(a - b = R - r)$
des deux autres côtés.

On peut donc cons-
truire ce triangle ABE
(n° 989), prolonger AE
et EB, et mener en C
et D les tangentes qui
déterminent le point O.

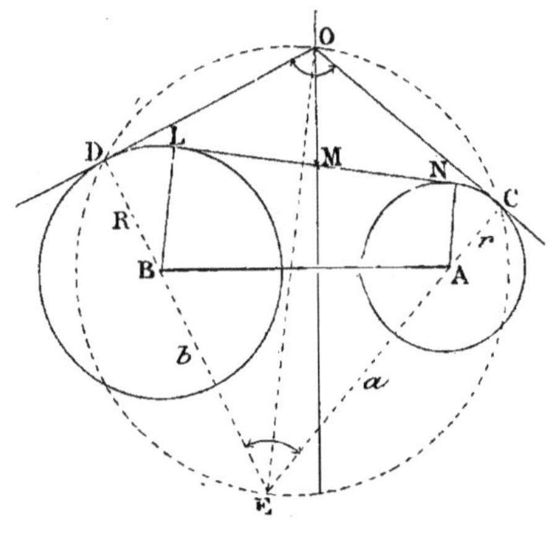

Fig. 929.

Remarque. On sait que le lieu des points d'où l'on peut mener des tangentes égales à deux circonférences est l'axe radical (G., n° 833; E. de G.,
n° 1398); ainsi le point E peut s'obtenir par l'intersection de l'axe radical OE des deux cercles, et par le segment AEB capable d'un angle supplémentaire de l'angle donné.

Exercice 476.

1469. Problème. *Sur une base donnée EF, on construit des triangles
EMF dont la somme des côtés EM, MF est constante. Sur chaque côté
EM, MF, pris pour diamètre, on décrit des circonférences. Quelle est
l'enveloppe de ces circonférences?*

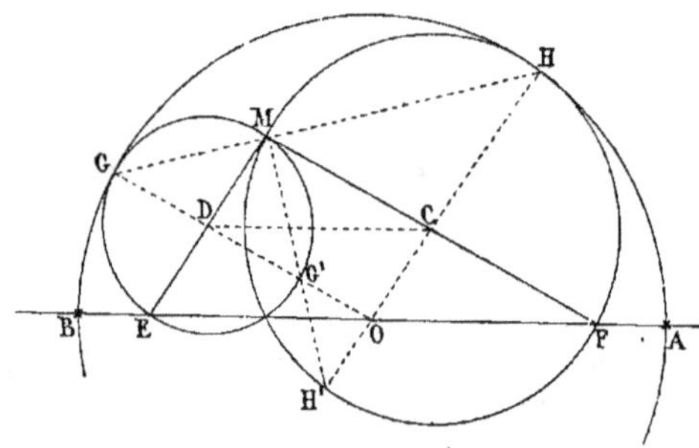

Fig. 930.

L'enveloppe est évidemment symétrique par rapport à EF, car le
triangle peut être construit au-dessous de cette ligne aussi bien qu'au-
dessus. Le point O, milieu de EF, doit être le centre de l'enveloppe, car

à tout triangle EMF correspond un triangle égal tel que la longueur EM aboutirait au point F et la longueur FM aboutirait au point E.

Nous sommes donc conduits à joindre le point O aux centres C et D, milieux respectifs de EM et MF; la figure DOCM est un parallélogramme.

Ainsi $$\mathrm{OH} = \mathrm{OC} + \mathrm{CM} = \mathrm{OD} + \mathrm{DM} = \mathrm{OG}$$

donc l'enveloppe est un cercle décrit du point O comme centre, avec un rayon OH égal à la demi-somme constante MC + MD.

1470. Théorème. *Avec les données précédentes (n° 1469). Les trois points G, M, H sont en ligne droite. Les trois points M, G', H' sont aussi en ligne droite.*

Exercice 477.

1471. Problème. *On donne deux cercles dont les centres A et B sont fixes et dont les rayons a et b doivent satisfaire à la relation*

$$an + bm = p^2$$

dans laquelle m, n, p représentent des lignes.

On demande l'enveloppe des tangentes communes à ces deux cercles. (N. A. 1851, p. 340.)

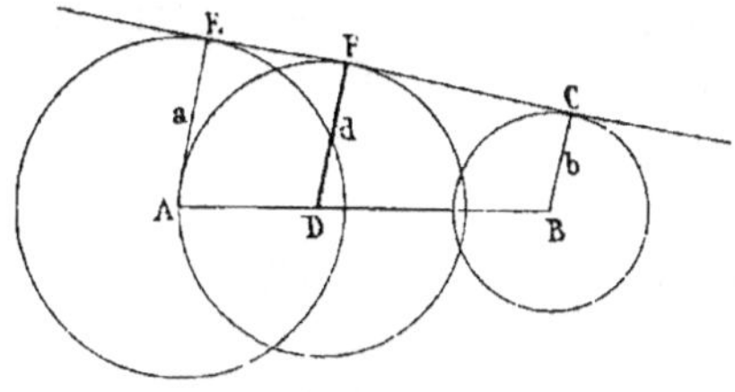

Fig. 931.

Divisons AB en parties inversement proportionnelles à m et à n, c'est-à-dire prenons

$$\frac{\mathrm{AD}}{\mathrm{BD}} = \frac{m}{n}$$

Pour le trapèze ABCE formé par les rayons des points de contact, on aura (n° 1200)

$$d = \frac{an + bm}{m + n} = \frac{p^2}{m + n}$$

Or $\dfrac{p^2}{m + n}$ est une quantité constante; donc l'enveloppe des tangentes est la circonférence décrite du point D comme centre avec d pour rayon.

Droites et Circonférences sécantes.

Exercice 478.

1472. Problème. *D'un point C donné comme centre, décrire une circonférence qui coupe les côtés d'un angle O de manière que la corde obtenue soit parallèle à une droite donnée xy.*

En supposant le problème résolu, on reconnaît que le point milieu D

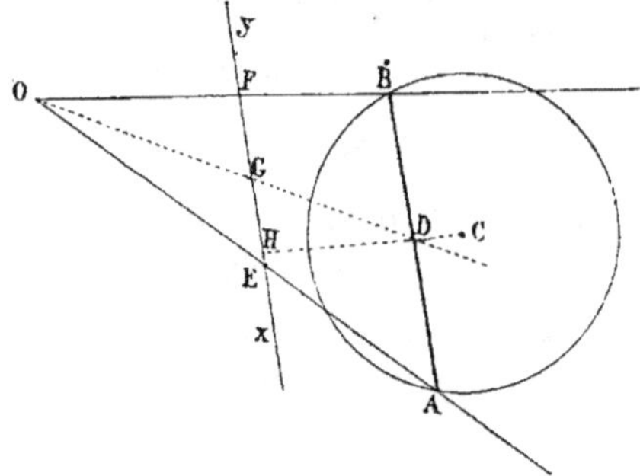

Fig. 932.

de la corde demandée doit se trouver sur la médiane OGD du triangle
OEF et sur la perpendiculaire CDH abaissée du centre C sur xy.

1473. Problème. *Avec un rayon donné, couper les côtés d'un angle
donné de manière à obtenir un trapèze isocèle dont les bases soient dans
un rapport donné.*

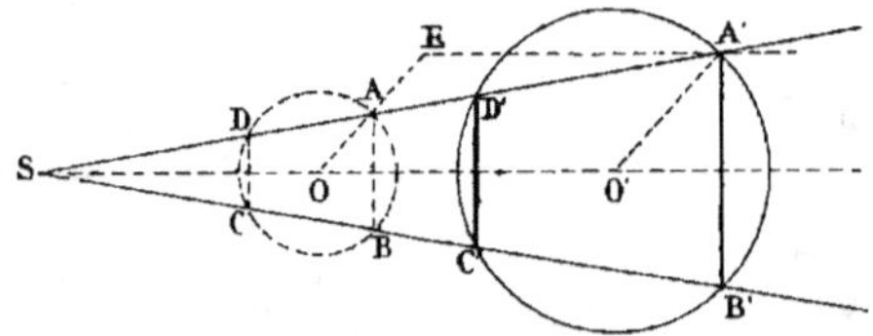

Fig. 933.

Le centre doit être sur la bissectrice; les bases sont perpendiculaires
à cette ligne.

On emploie les figures semblables. On mène deux perpendiculaires
AB, CD dont les longueurs soient dans le rapport donné; on circonscrit une circonférence au trapèze isocèle ABCD; soit O le centre,
$OA = OB = OC = OD$ le rayon. On détermine facilement la position du
centre O' tel que $O'A' = r$. Il suffit de prendre $OE = r$ et de mener EA'
parallèle à la bissectrice SO.

1474. Problème. *On donne une droite XY
et deux points A et B situés de part et
d'autre de cette droite; par les deux points,
faire passer une circonférence qui intercepte
sur XY la plus petite corde possible.*

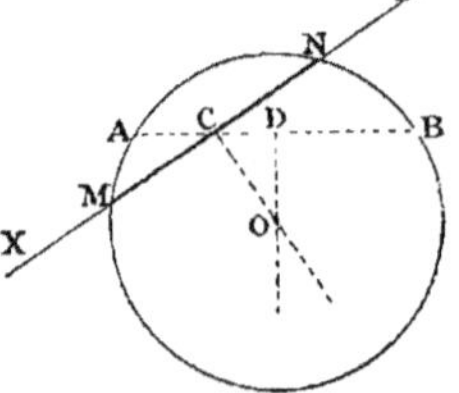

Fig. 934.

Supposons le problème résolu, et soit OB
le rayon du cercle qui détermine la corde
minima MN.

On sait que dans un cercle donné, la plus
petite corde qu'on puisse mener par un
point C est perpendiculaire au rayon qui passe par ce point.

Donc, pour déterminer le centre O du cercle demandé, il faut élever une perpendiculaire sur XY au point C, puis une perpendiculaire DO au milieu de AB.

Le point O sera le centre demandé.

Exercice 479.

1475. Problème. *Par deux points donnés* A *et* B, *faire passer une circonférence qui coupe en deux parties égales une circonférence donnée* C.

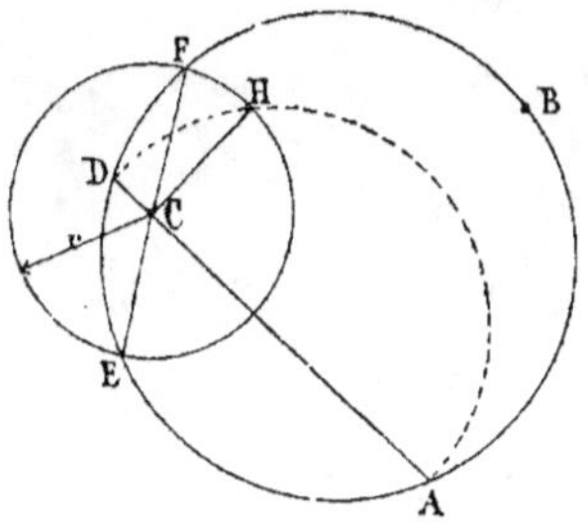

Fig. 935.

Soit le problème résolu et FE un diamètre du cercle donné C.

En menant ACD, on a (G., n° 259)

$$AC \cdot CD = CF \cdot CE = r^2$$

Donc DC est une troisième proportionnelle à CA et *r*, et le problème est ramené à faire passer une circonférence par les trois points A, B, D.

Pour trouver la longueur de CD, on peut décrire une demi-circonférence ayant son centre sur AC et passant par A, et par le point H extrémité du rayon CH perpendiculaire à AC, car on aura

$$DC = \frac{CH^2}{AC} \qquad \text{(G., n° 247, 2°.)}$$

Exercice 480.

1476. Problème. *Par deux points* A *et* B, *faire passer une circonférence qui coupe une circonférence* C *de manière que la corde commune ait une longueur donnée* l.

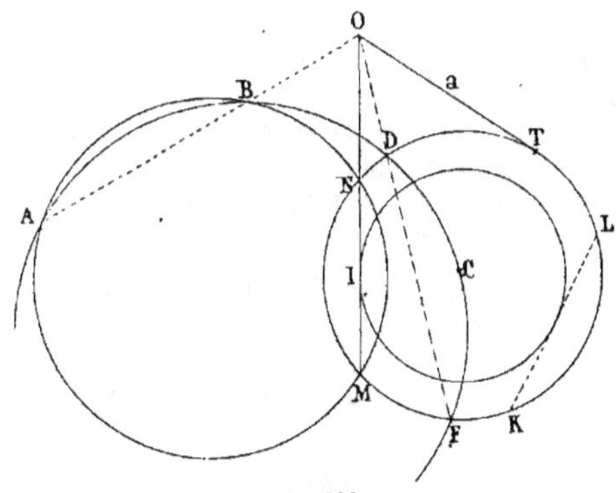

Fig. 936.

1° En supposant le problème résolu, et $MN = l$, on reconnaît qu'il faut déterminer le point O, où les cordes AB, MN doivent se couper.

Il suffit de décrire une circonférence ABDF qui coupe le cercle C et de mener ABO, FDO.

En désignant OM par x, $ON = x - l$.

La relation connue $OM . ON = a^2$ devient $x(x - l) = a^2$, et l'on est ramené à la question connue : *Déterminer les côtés d'un rectangle, connaissant leur différence* l *et leur produit* a^2. (G., n° 341.)

2° On peut aussi prendre une corde $KL = l$, décrire une circonférence de centre C tangente à cette corde, et par le point O mener une tangente ONM; enfin faire passer une circonférence par les quatre points A, B, M, N qui donnent lieu à la relation

$$OA . OB = OM . ON$$

Exercice 481. — I.

1477. Problème. *On donne trois points* A, B, C; *par deux de ces points* A *et* B, *faire passer une circonférence telle que la tangente menée du troisième point* C *ait une longueur donnée* l.

En supposant le problème résolu, et $CT = l$, on voit qu'en joignant le point C au point A on a

$$CD . CA = CT^2 = l^2$$

On peut donc déterminer CD.

Pour cela, décrivons une demi-circonférence sur le diamètre AC, prenons $CE = l$ et abaissons la perpendiculaire ED.

Il faudra faire passer une circonférence par les trois points A, B, D.

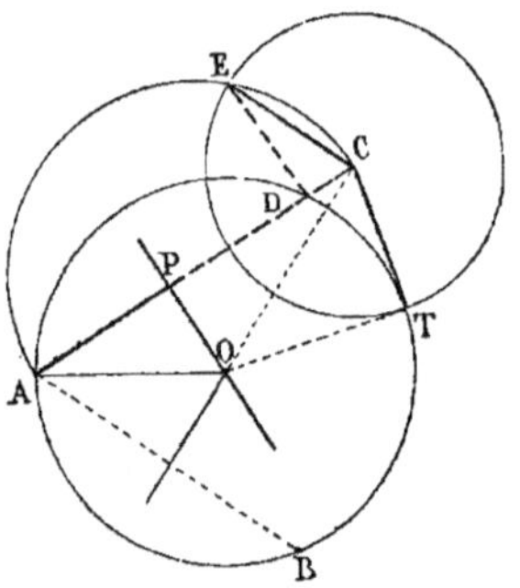

Fig. 937.

1478. Problème. *Par deux points donnés* A *et* B, *faire passer une circonférence qui coupe orthogonalement un cercle donné* C.

C'est la même question, car la longueur de la tangente CT est connue, elle égale le rayon du cercle C.

Mais on peut traiter la question en suivant une marche plus générale qui sera utilisée assez fréquemment.

Joignons le centre O, supposé connu, aux points A, C, T.

On a $\quad OC^2 - OT^2 = CT^2 = l^2$; donc $\quad OC^2 - OA^2 = l^2$

Ainsi le centre O est sur la perpendiculaire PO, telle que la différence des carrés des distances de chacun de ses points à deux points C et A égale un carré donné l^2.

D'ailleurs le centre se trouve aussi sur la perpendiculaire élevée au milieu de AB.

Exercice 481. — II.

1479. Problème. *Décrire une circonférence telle que les tangentes menées de trois points donnés* A, B, C *aient respectivement pour longueur des lignes données* a, b, c.

Le problème proposé revient à *décrire un cercle qui coupe orthogonalement trois cercles donnés.*

Le centre du cercle demandé est le point de concours des axes radicaux des cercles considérés deux à deux. (G., n° 837.)

1480. Problème. *Décrire une circonférence qui passe par un point et qui coupe orthogonalement deux cercles donnés.*

C'est un cas particulier du précédent.

Exercice 482.

1481. Problème. *Décrire une circonférence qui coupe orthogonalement trois circonférences données.*

Le centre du cercle demandé est le *centre radical* des trois cercles donnés, car les tangentes menées de ce point sont égales entre elles; il suffit de prendre la longueur de ces lignes pour rayon.
(G., n° 837, *Remarques* 1°.)

Exercice 483. — I.

1482. Problème. *Décrire une circonférence qui coupe trois cercles donnés suivant un diamètre.*

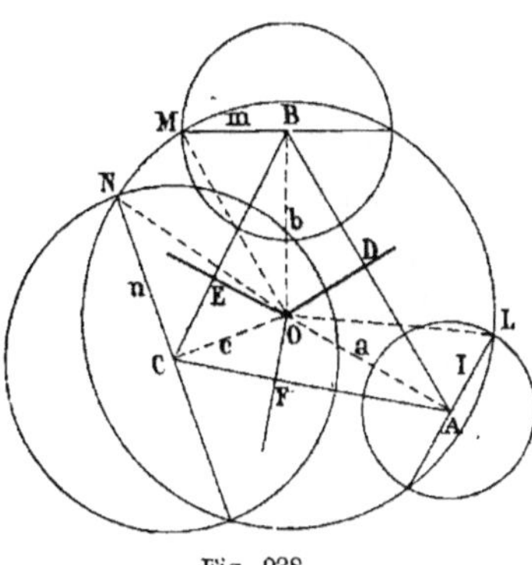

Fig. 938.

Lorsqu'un cercle en coupe deux autres A et B suivant des diamètres, le centre O se trouve sur une droite DO perpendiculaire à la ligne AB des centres et telle que, pour un point quelconque, on ait la relation

$$a^2 - b^2 = m^2 - l^2 \quad (\text{n}^\circ 1401) \quad (1)$$

De même, pour B et C, il faut qu'on ait

$$b^2 - c^2 = n^2 - m^2 \quad (2)$$

L'intersection des perpendiculaires DO, EO est le centre demandé.

1483. Théorème. *Les trois lieux DO, EO, FO se coupent au même point.*

C'est une simple conséquence de la question précédente, car le point O, où se coupent DO, EO, appartient au lieu des centres des cercles qui coupent A et C suivant un diamètre.

Les formules (1) et (2) conduisent au même résultat.

En effet, en les additionnant membre à membre, elles donnent

$$a^2 - c^2 = n^2 - l^2 \quad (3)$$

relation qui caractérise chaque point du lieu FO.

1484. Problème. *Par deux points donnés* B *et* C, *faire passer un cercle qui coupe un cercle* A *suivant un diamètre.*

Les lieux DO, FO sont déterminés par les relations (fig. 938)

$$a^2 - b^2 = -l^2 \quad (1\ bis) \quad \text{ou} \quad b^2 - a^2 = l^2$$
$$a^2 - c^2 = -l^2 \quad (3\ bis) \quad \text{ou} \quad c^2 - a^2 = l^2$$

D'ailleurs, il suffit de construire un seul des lieux DO, FO, car le centre est aussi sur la perpendiculaire élevée au milieu de BC.

1485. Problème. *Par un point C, faire passer une circonférence qui coupe deux cercles donnés A et B suivant des diamètres.*

Les lieux sont déterminés par les relations suivantes :

DO   (fig. 938) $a^2 - b^2 = m^2 - l^2$

EO $b^2 - c^2 = -m^2$

FO $c^2 - b^2 = -l^2$

On construit deux quelconques de ces lieux.

1486. Problème. *Décrire un cercle qui coupe orthogonalement les deux cercles A et B et qui coupe le cercle C suivant un diamètre.*

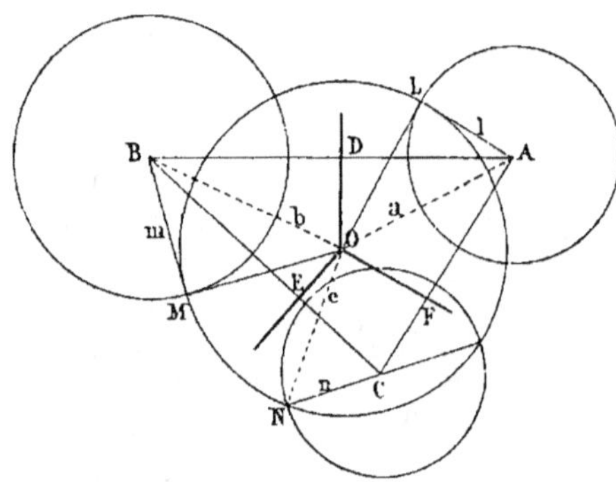

Fig. 939.

Pour A et B, le lieu DO est l'axe radical des deux cercles.
Pour A et C, B et C, la relation a été déterminée (nᵒˢ 1401 et 1482).

DO $b^2 - a^2 = m^2 - l^2$

EO $b^2 - c^2 = m^2 + n^2$

FO $a^2 - c^2 = n^2 + l^2$

On construit deux de ces lieux.
On peut se proposer les problèmes suivants :

1487. Problèmes. I. *Un cercle doit passer par un point A, couper orthogonalement B et couper C suivant un diamètre.*

II. *Un cercle doit couper orthogonalement un cercle A et couper B et C suivant des diamètres.*

Exercice 484.

1488. *Par deux points* A *et* B, *faire passer une circonférence qui coupe une autre circonférence donnée sous un angle donné.*
(Voir *Méthodes*, n° 228.)

Note. On lira avec intérêt dans les *Nouvelles annales mathématiques*, 1892, pp. 227 et 331 la belle étude *sur les cercles qui touchent trois cercles donnés, ou qui les coupent sous un angle donné,* par M. Fouché, agrégé de l'Université.

Voir aussi dans le *compte rendu du troisième congrès scientifique international des catholiques, tenu à Bruxelles du 3 au 8 septembre* 1894, la remarquable étude du R. P. Poulain, S. J., sur *Quelques propriétés angulaires des cercles.*

Figures inscrites ou circonscrites.

Exercice 485.

1489. Problème. *Par un point de l'hypoténuse d'un triangle rectangle, mener des parallèles aux côtés de l'angle droit, de manière que le rectangle réalise certaines conditions imposées.*

Le rapport des côtés doit égaler $\dfrac{m}{n}$. (Voir *Méthodes*, n° 99, c.)

La somme des carrés des côtés adjacents doit égaler k². (d.)
Le produit des côtés adjacents du rectangle doit égaler k². (Voir *Méthodes*, 99, e.)

1490. Problème. *Inscrire un carré dans un triangle équilatéral* ABC.

Menons à l'un des côtés une perpendiculaire quelconque E'F' (fig. 940), achevons le carré E'F'G'D', et menons B'D'C' parallèle à BC. La droite indéfinie ADD' fera connaître le point D sur BC ; les parallèles DE, DG et EF donneront le carré.

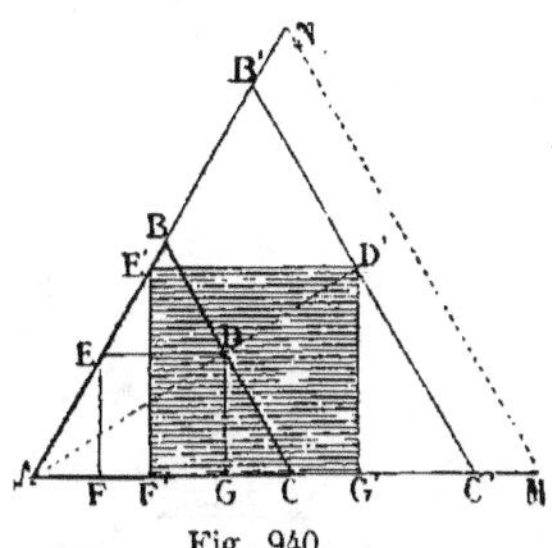

Fig. 940.

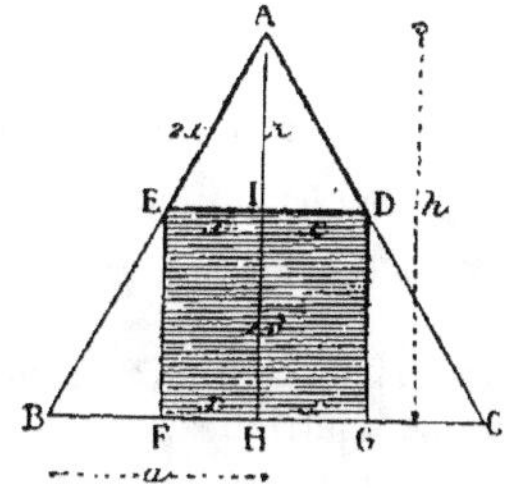

Fig. 941.

En effet, les deux figures ABC et AB'C' sont semblables ; les droites AD et AD' sont homologues, aussi bien que DG et D'G' ; et puisque D'G' est le côté du carré inscrit dans le triangle équilatéral A'B'C', D'G' est le côté du carré inscrit dans le triangle AB'C'.

Solution algébrique. Considérons un carré DEFG inscrit dans un triangle équilatéral ABC (fig. 941). Appelons 2a le côté du triangle équilatéral, h sa hauteur, 2x le côté du carré inscrit, et z la partie AI de la hauteur qui se trouve au-dessus du carré.

Le triangle ADE est équilatéral, ainsi son côté $AE = 2x$; et le triangle rectangle AEI donne :

$$z^2 = (2x)^2 - x^2 = 4x^2 - x^2 = 3x^2; \quad \text{d'où} \quad z = x\sqrt{3}$$

Ainsi la hauteur $\quad AH = 2x + x\sqrt{3} = x(2 + \sqrt{3})$

De là on tire $\qquad\qquad\qquad x = \dfrac{h}{2 + \sqrt{3}}$

D'autre part on a
$$AH^2 = AB^2 - BH^2 \quad \text{ou} \quad h^2 = (2a)^2 - a^2 = 3a^2$$

d'où $\qquad\qquad\qquad\qquad h = a\sqrt{3}.$

Donc $\qquad\qquad\qquad x = \dfrac{a\sqrt{3}}{2 + \sqrt{3}}$, valeur facile à calculer.

On obtient pour x une expression plus simple en multipliant numérateur et dénominateur par $2 - \sqrt{3}$. Il vient alors :

$$x = a\,\frac{(2 - \sqrt{3})\sqrt{3}}{(2 + \sqrt{3})(2 - \sqrt{3})} = a\,\frac{2\sqrt{3} - 3}{4 - 3} = a(2\sqrt{3} - 3)$$

1490 (a). Remarque. L'inscription d'un carré dans un triangle quelconque est aussi simple que l'inscription dans un triangle équilatéral.

Géométriquement, on construit un carré sur la base, hors du triangle, et l'on joint un des sommets du carré au sommet opposé du triangle; par le point de la base où la base est coupée par une ligne menée, on élève une perpendiculaire, etc., (voir n° 1495).

Algébriquement. En désignant par b, h, x la base et la hauteur du triangle, et le côté du carré, on a la relation :

$$\frac{x}{b} = \frac{h - x}{h}, \quad \text{d'où} \quad x = \frac{bh}{b + h}$$

Exercice 486.

1491. Problème. *Dans un cercle, inscrire un rectangle qui soit semblable à un rectangle donné.*

(Voir *Méthodes*, n° 100, c.)

1491 (a). Problème. *Même question, inscrire le rectangle dans un demi-cercle.*

Il faut recourir aux figures semblables, ou aux lieux géométriques.

1° Prenons $\dfrac{AC}{AB} = \dfrac{m}{n}$; menons CO, on aura

$$\frac{DF}{FG} = \frac{CA}{AB} = \frac{m}{n}$$

2° Si la petite base du rectangle doit être sur le diamètre, on peut prendre HC′ tel que

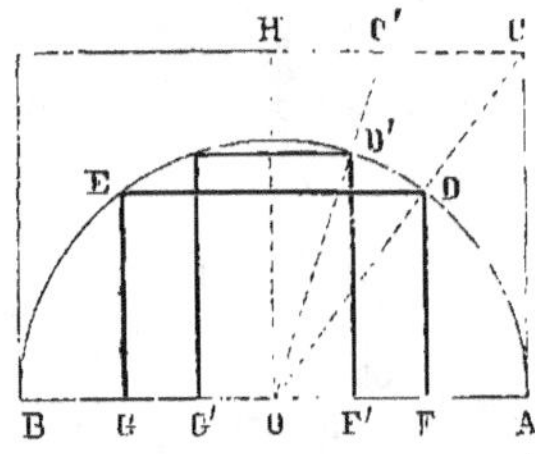

Fig. 942.

$$\frac{OH}{2HC'} = \frac{m}{n} \quad \text{d'où} \quad \frac{F'G'}{D'F'} = \frac{m}{n}$$

1492. Problème. *Dans un cercle, inscrire un rectangle dont la diffé-rence des carrés des côtés adjacents égale k².*

(Voir *Méthodes*, n° 100, **e.**)

Exercice 487.

1493. Problème. *Dans un triangle, inscrire un rectangle de périmètre donné 2p.*

Discuter le problème, en attribuant à p toutes les valeurs possibles et en prenant pour le triangle donné :

$$1° \ b < h, \quad 2° \ b = h, \quad 3° \ b > h.$$

(Voir *Méthodes*, n° 256.)

1494. Problème. *Dans un triangle, mener une parallèle MN à la base; par les points M, N, mener des droites parallèles à la ligne donnée, de manière que le périmètre du parallélogramme inscrit ait une longueur donnée.*

(Voir *Méthodes*, n° 192.)

Exercice 488.

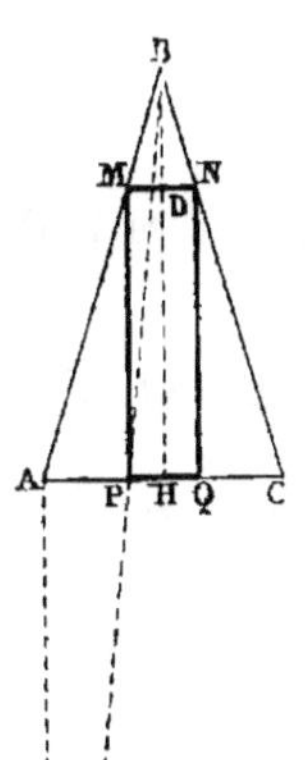

1495. Problème. *Dans un triangle donné, inscrire un rectangle ayant pour diagonale une longueur donnée.*

(Voir *Méthodes*, n° 193.)

1496. Problème. *Dans un triangle donné, inscrire le rectangle de diagonale minima.*

(Voir *Méthodes*, n° 195.)

1497. Problème. *Dans un triangle quelconque, inscrire un rectangle semblable à un rectangle donné.*

(Voir *Méthode géométrique*, n° 209.)
(Voir *Méthode algébrique*, n° 303, c.)

Exercice 489.

1498. Problème. *Dans un triangle isocèle, inscrire un rectangle dont le périmètre soit le double du pé-rimètre du triangle isocèle partiel qui surmonte le rectangle.*

Soit $\quad 2(MP + MN) = 2(MN + 2BM) \quad$ (fig. 943)

d'où $\qquad\qquad MP = 2BM$

Le problème est ramené à trouver un point M tel que la hauteur MP soit égale à deux fois MB.

Il suffit de recourir aux figures semblables et d'éle-ver une perpendiculaire AL égale à 2AB.

La droite LB détermine le point P.

Fig. 943.

1499. Problème. *Dans un triangle isocèle, inscrire un rectangle tel que le périmètre du triangle partiel soit les $^2/_3$ du périmètre du rectangle.*

Représentons la longueur de la base par $2b$, la hauteur par h et AB par l.

Prenons la distance BD pour inconnue.

Il suffit de considérer la moitié des périmètres.

On doit avoir

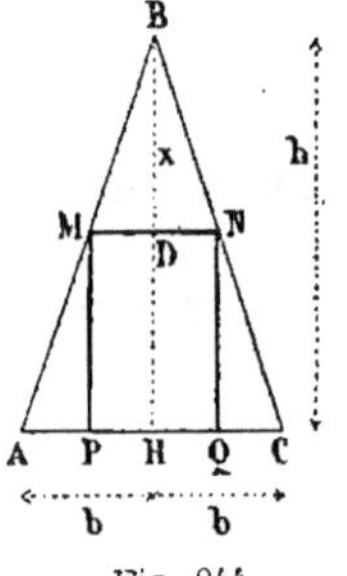

$$BM + MD = {}^2/_3 (MP + 2MD) \qquad (1)$$

Or $\qquad \dfrac{BM}{l} = \dfrac{x}{h} \quad$ d'où $\quad BM = \dfrac{lx}{h}$

$$\dfrac{MD}{b} = \dfrac{x}{h} \quad \text{d'où} \quad MD = \dfrac{bx}{h}$$

$$MP = h - x$$

d'où (1) devient $\qquad \dfrac{lx}{h} + \dfrac{bx}{h} = \dfrac{2}{3}\left(h - x + \dfrac{2bx}{h}\right)$

En réduisant au même dénominateur, et simplifiant, on obtient

$$3lx + 3bx = 2h^2 - 2hx + 4bx$$

$$x(3l + 2h - b) = 2h^2$$

$$x = \dfrac{2h^2}{3l + 2h - b}$$

Quatrième proportionnelle facile à construire.

Remarque. On procéderait d'une manière analogue pour un rapport quelconque.

1500. Même problème. *La somme des périmètres du triangle partiel et du rectangle doit avoir une valeur donnée s.*

En utilisant les valeurs trouvées précédemment, il suffit de poser

$$\dfrac{lx}{h} + \dfrac{bx}{h} + h - x + \dfrac{2bx}{h} = s$$

$$lx + bx + h^2 - hx + 2bx = hs$$

$$x(l + 3b - h) = hs - h^2$$

$$x = \dfrac{h(s - h)}{l + 3b - h}$$

1501. Même problème. *La différence des périmètres du rectangle et du triangle doit égaler d.*

Si le périmètre du triangle doit être retranché de celui du rectangle,

il suffit de poser $\qquad h - x + \dfrac{2bx}{h} - \dfrac{lx}{h} - \dfrac{bx}{h} = d$

$$h^2 - hx + 2bx - lx - bx = dh$$

$$x = \dfrac{h(d - h)}{b - l - h} \qquad \text{ou} \qquad x = \dfrac{h(h - d)}{h + l - b}$$

Exercice 490.

1502. Problème. *Inscrire dans un triangle un autre triangle dont les côtés soient parallèles à des directions données.* (Paul SERRET, *des Méthodes en Géométrie*, 14.)

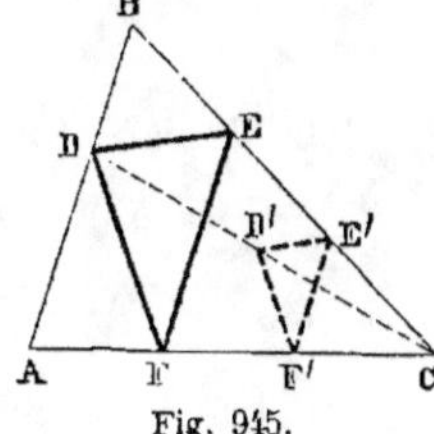

Fig. 945.

Il faut mener une droite E'F' parallèle à une des lignes données; par les points E', F', mener des parallèles E'D', F'D' aux deux autres droites données.

Le triangle D'E'F' répondrait à la question, si le sommet D' était sur AB; il suffit donc de mener CD'D, puis DE, DF parallèles à D'E', D'F', et le côté EF sera parallèle à E'F'.

1502 (a). Remarque. 1° Le problème comporte trois autres solutions : Ainsi en menant la droite E'F' parallèle à EF, puis E'D'₁ et F'D'₁ (fig. 946), enfin CD'₁D₁, on obtient le triangle D₁E₁F₁ qui répond à la question. On peut l'appeler *ex-inscrit* par rapport au triangle donné ABC.

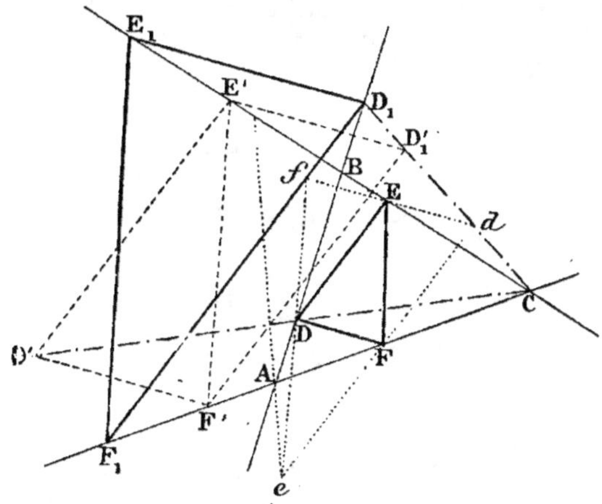

Fig. 946.

Dans l'exemple proposé, la première droite parallèle E'F', est inscrite dans l'angle C; or, si l'on inscrit dans l'angle A une parallèle à D'F', on retrouvera le triangle inscrit DEF et un ex-inscrit, relatif au côté BC; puis une parallèle à D'E' inscrite dans l'angle B donnera encore DEF et un ex-inscrit relatif au côté AC.

2° Lorsque le triangle inscrit DEF est connu, on obtient facilement les trois triangles ex-inscrits : il suffit de tracer le triangle anticomplémentaire *def* de DEF. Le sommet *d* détermine CdD₁. La ligne *e*A donnerait le sommet d'un ex-inscrit sur le côté CB et *f*B, celui de l'ex-inscrit relatif au côté AC.

3° Lorsque les droites données comme direction sont respectivement parallèles aux côtés du triangle donné, le triangle inscrit n'est autre chose que le *triangle médian* ou *triangle complémentaire* de ABC (n° 432, Rem.); mais au point de vue géométrique il n'y a pas lieu de chercher les ex-inscrits, car C et *d* coïncident.

Exercice **491**.

1503. Problème. *Dans un cercle donné, inscrire un triangle isocèle, connaissant la somme de la base et de la hauteur.*

Discuter le problème.

(**a**) *Construction.* On sait qu'on prend $BE = \dfrac{l}{2}$, $BL = l$, et qu'on joint EL (n° 211).

Il peut y avoir deux solutions BAC, BA'C'.

Pour discuter le problème, il suffit de mener des droites parallèles à une ligne EL telle que $BE = \frac{1}{2}BL$.

(**b**) *Maximum de l.* Le maximum de la somme l est donné par la tangente GH.

Les triangles POM, BGH sont semblables; ainsi $OP = \frac{1}{2}PM$.

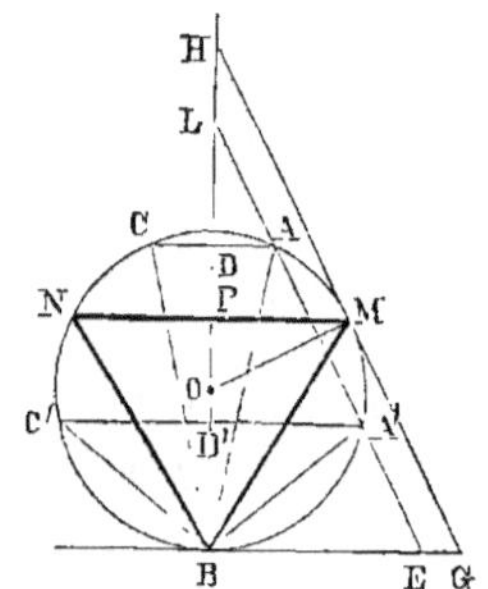

Fig. 947.

Donc
$$PM^2 + \frac{PM^2}{4} = OM^2 = r^2, \quad PM^2 = \frac{4r^2}{5}$$

d'où
$$PM = \frac{2r}{\sqrt{5}}, \quad OP = \frac{r}{\sqrt{5}}$$

Or
$$OH = \frac{OM^2}{OP} = r^2 : \frac{r}{\sqrt{5}} = r\sqrt{5}$$

donc
$$BH \text{ ou } l = OH + OB = r(\sqrt{5} + 1)$$

(**c**) (fig. 948) $l = 2r$

Une solution est déterminée par le point M; l'autre, donnée par le point H, se réduit à une droite.

(**d**) (fig. 948) $l < 2r$; soit $BL = l$

A' donne une solution telle que
$$A'C' + BD' = l$$

A donne en réalité   BD — DL

ou
$$BD — AC = l$$

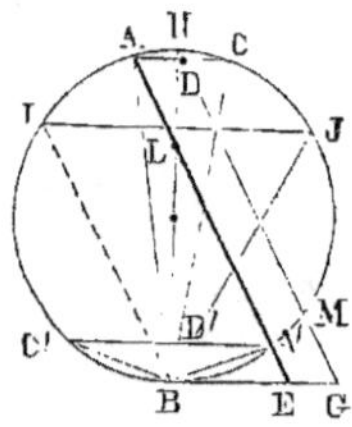

Fig. 948.

Ainsi lorsque la droite EL coupe le diamètre, et non son prolongement supérieur, c'est-à-dire quand on a $l < 2r$, mais $l >$ zéro, une des solutions correspond à l'énoncé direct, tandis que l'autre solution correspond au problème suivant.

Problème. *Inscrire un triangle isocèle tel que la hauteur diminuée de la base égale l.*

l peut décroître de $2r$ à zéro.

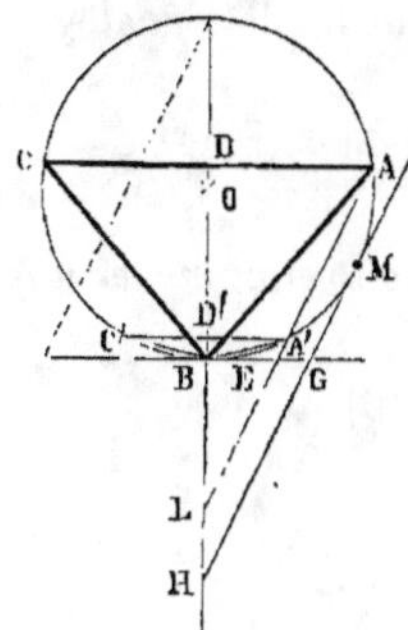

Fig. 949.

$$(e) \qquad l = 0$$

La solution de la somme se réduit à un point; celle de la différence, ou BIJ, donne un triangle tel que la hauteur égale la base (fig. 948).

(f) $l < 0$, c'est-à-dire l porté à l'opposé de BH (fig. 949).

On prend encore $\quad BE = \frac{1}{2}l, \quad BL = l$

Ainsi $\qquad A'C' = D'L$

d'où $\qquad A'C' - BD' = BL = l$

de même $\qquad AC - BD = BL = l$

Ainsi il y a généralement deux solutions.

Elles répondent à la question suivante.

1504. Problème. *Inscrire un triangle isocèle tel que la base diminuée de la hauteur égale l.*

(g) *Maximum de la différence* l.

Le maximum de BH correspond à la tangente MH.

Or $\qquad OB = r$ et $OH = r\sqrt{5}$

donc $\qquad BH = r(\sqrt{5} - 1)$

1505. Problème. *Dans un cercle, mener une corde parallèle à une tangente donnée, de manière que le rectangle inscrit qui aurait cette corde pour côté, et le côté opposé sur la tangente, ait un périmètre donné.*

Le périmètre du rectangle est double de la somme de la base et de la hauteur du triangle isocèle qui aurait la corde pour base et le point de contact pour sommet.

Exercice 492.

1506. Problème. *On donne une circonférence et une droite; mener une corde telle que le carré qui aurait cette ligne pour un de ses côtés, ait le côté opposé sur la droite donnée. Discuter le problème, en admettant que la droite varie de position par rapport au centre de la circonférence.*

(Voir *Méthodes*, n° 255; on peut consulter aussi : *Exercices d'Algèbre*, 4e édition, n° 1460, p. 743).

1507. Problème. Question analogue. *La corde doit être un des côtés d'un rectangle semblable à un rectangle donné.*

Même solution, sur XY, on construit un rectangle semblable à celui qui est donné, *mn* par exemple.

Discussion. Soit $\qquad m > n$

Il y a deux parties principales :

1° Lorsque la corde doit être l'homologue de m;

2° Lorsqu'elle doit être l'homologue de n.

Chacune de ces parties donne lieu à une discussion complète analogue à celle du carré.

Exercice 493.

1508. Problème. *On donne une circonférence et une droite; mener une corde telle que le rectangle qui aurait cette ligne pour un de ses côtés, ait le côté opposé sur la droite donnée et que le périmètre ait une longueur 2p.*

Discuter le problème :

1° Lorsque la droite est fixe de position et que 2p varie;

2° Lorsque 2p est constant et que la distance de la droite au centre est variable.

Le problème connu : *Dans un cercle, inscrire un triangle isocèle dont la somme de la base et de la hauteur ait une longueur donnée l*

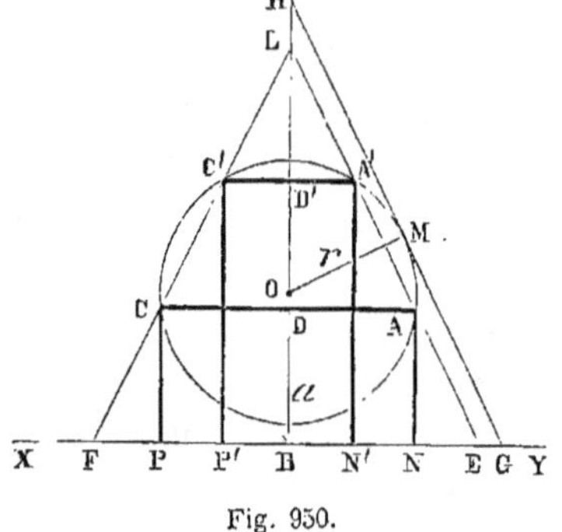

Fig. 950.

(n°s 211 et 1503), conduit immédiatement à la construction suivante :

Il faut prendre $BE = \dfrac{p}{2}$, $BL = p$, et mener EL.

En effet, $$AC = DL$$

donc $$AC + BD = BL = p$$

Ainsi $$2AC + 2AN = 2p$$

Discussion. 1° Pour une position donnée de XY, lorsque p varie, la discussion est analogue à celle du triangle isocèle; le maximum de p ou BH est donnée par la tangente GMH.

En désignant par a la distance OB,

on a $$OH = 2\sqrt{5}, \quad OB = a$$

donc $$BH \text{ ou } p = a + r\sqrt{5}$$

2° Soit p invariable et a variable.

La discussion n'offre aucune difficulté; il suffit d'indiquer un moyen très simple de reconnaître immédiatement les solutions au simple aspect de la figure, en déplaçant XY à partir du centre et d'un seul côté de la figure.

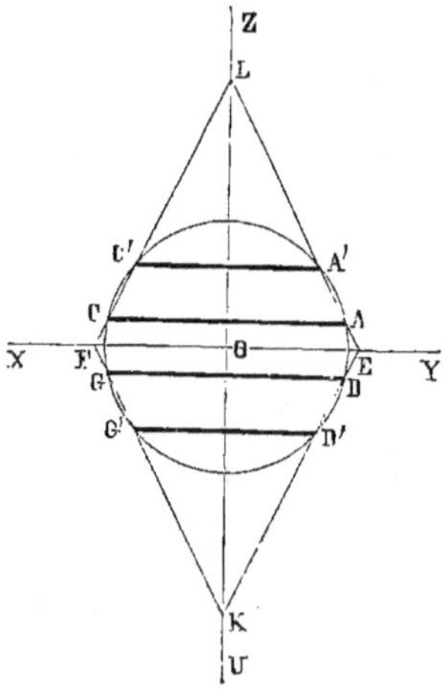

En prenant $$OE = OF = {}^1/_2 p$$
$$OL = OK = p$$

on a $$EF = p, \quad LK = 2p$$

Déplacer XY revient à faire glisser le losange le long de UZ.

Fig. 951.

1° *Il y a autant de solutions qu'il y a de cordes communes au cercle et au losange. Ainsi il peut y en avoir quatre.*

2° *Lorsque le côté même du losange rencontre le cercle, la base plus la hauteur égalent p. Ainsi* $b + h = p$

3° *Quand les prolongements des côtés aux points* L *et* K *coupent le cercle, on a* $h - b = p$

4° *Lorsque, par suite de la valeur donnée à* p, *les prolongements des côtés aux points* E, F *coupent le cercle, on a*
$$b - h = p$$

5° *Quand deux côtés tels que* EL, FL, *par exemple, deviennent tangents, deux solutions se réduisent à une seule, et pour la position donnée à* XY, *la longueur* P *est un maximum.*

6° *Suivant les valeurs relatives attribuées aux grandeurs* a, p, r, *on peut avoir quatre solutions, trois, deux, une ou aucune.*

Exercice 494.

1509. Problème. *On donne deux points et une circonférence; trouver un point sur la circonférence tel qu'en le joignant aux deux points donnés la corde soit parallèle à la ligne qui joint les deux points.*

1re *Solution.* Rappelons sommairement la solution développée aux *Méthodes* (n° 140).

En supposant le problème résolu, menant la tangente AE (fig. 952), tout revient à déterminer le point E; or les triangles ADE, FDC sont semblables, d'où $\dfrac{DE}{DC} = \dfrac{DA}{DF}$; $DE = \dfrac{DA \cdot DC}{DF} = \dfrac{DT^2}{DF}$

quantité que l'on sait construire.

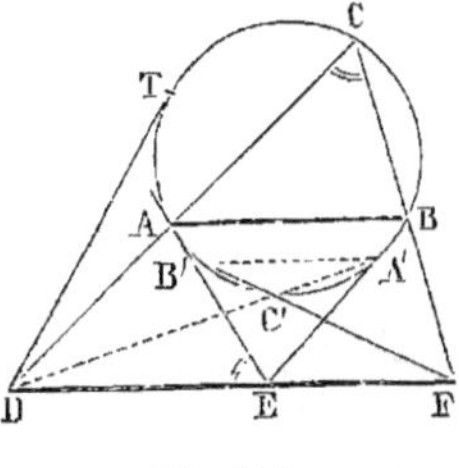

Fig. 952.

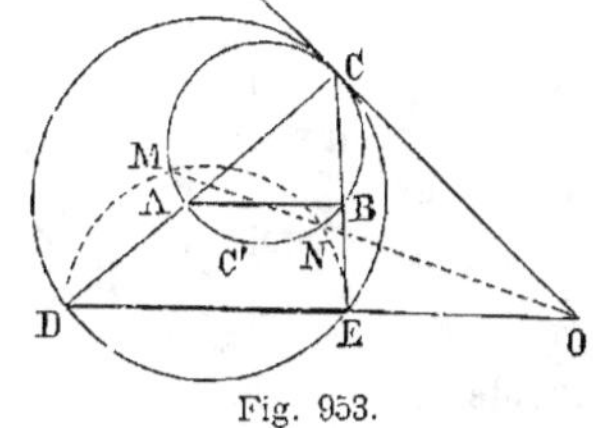

Fig. 953.

2e *Solution* (fig. 953). On sait que les circonférences tangentes interceptent des cordes parallèles AB, DE sur tout angle dont le sommet C est au point de contact; donc le problème revient à décrire une circonférence qui passe par deux points D, E et qui soit tangente à une circonférence donnée ABC. (G., n° 299.)

Construction. Par D, E faisons passer un arc qui donne lieu à la sécante MNO.

Menons la tangente OC; C est le point demandé. La tangente OC′ donne une seconde réponse.

Remarque. On peut être conduit à la solution précédente en remarquant que le point C, supposé connu, est le centre de similitude des triangles CAB, CDE et des circonférences circonscrites à ces mêmes triangles; donc, pour obtenir le point C, il faut faire passer par D, E une circonférence qui soit tangente à la circonférence donnée AMB.

Exercice 495.

1510. Problème. *On donne deux points, une circonférence et une droite; déterminer sur la courbe un point tel qu'en le joignant aux deux points la corde soit parallèle à la droite donnée.*

(Voir *Méthodes*, n° 52.)

Exercice 496. — I.

1511. Problème de Castillon. *On donne trois points et une circonférence; inscrire dans cette circonférence, un triangle tel que chaque côté passe par un des points donnés.*

(Voir *Méthodes*, n° 51.)

Note. Pappus résolut le problème lorsque les trois points donnés sont en ligne droite. Gabriel Cramer, l'auteur des formules de ce nom, généralisa la question en prenant trois points quelconques, et le proposa à Castillon; ce dernier en donna une solution synthétique en 1776, déduite de celle de Pappus.

La même année, Lagrange publia une solution analytique très simple; mais la construction la plus élégante est celle que nous avons donnée; elle est due à un jeune Napolitain, Annibale Giordano di Ottaiano. (Cit. N. A., 1844, p. 464.)

Lagrange, né à Turin en 1736, mort à Paris en 1812. On lui doit le *Calcul des variations*, un traité de *Mécanique analytique*, la *Théorie des fonctions analytiques*, la *Résolution des équations numériques*.

Exercice 496. — II.

1512. Problème. *A un quadrilatère ABCD circonscrire un quadrilatère semblable à un quadrilatère donné egfh.* (Lamé*.)

En procédant d'une manière analogue à celle qu'on a employée pour une question connue (n° 1020), on est conduit aux constructions suivantes :

Sur AD, décrire un segment capable de l'angle *h*; sur AB, un segment capable de l'angle *heg*, et sur DC, un segment capable de *gfh*. Actuellement, il faut trouver un point H, tel que le

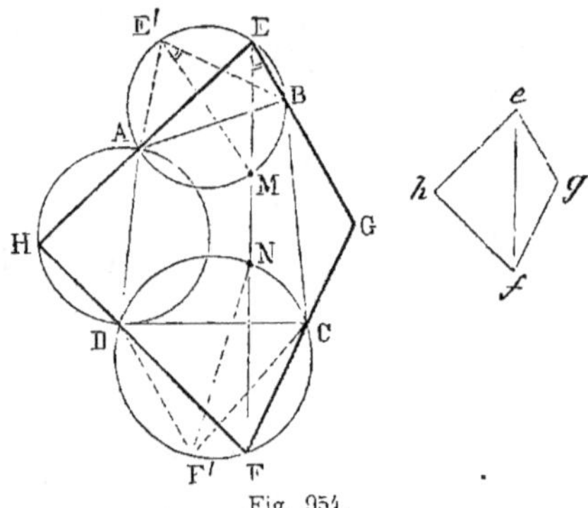

Fig. 954.

* Lamé (1795-1870), auteur de : *Examen des différentes méthodes employées pour résoudre les problèmes de Géométrie*.

Cet ouvrage est cité par MM. Ritt (*Problèmes de Géométrie*), Paul Serret (*Des Méthodes en Géométrie*), Ch. de Comberousse (*Cours de Mathématiques à l'usage des candidats à l'École centrale*, tome II).

triangle EHF soit semblable à *ehf*. Pour cela il faut diviser l'arc AMB en deux parties, telles que AEM = *hef*, et par suite MEB = *feg*.

Il suffit de faire l'angle AE'M égal à *hef*. De même, il faut faire DF'N = *hfe*, puis mener MN ; cette droite détermine les sommets E, F. Les quadrilatères EGFH, *egfh* sont semblables comme formés de triangles respectivement semblables.

Construction des Triangles.

Exercice 497.

1513. Problème. *Construire un triangle, connaissant la base, l'angle opposé et le rapport des deux autres côtés.*

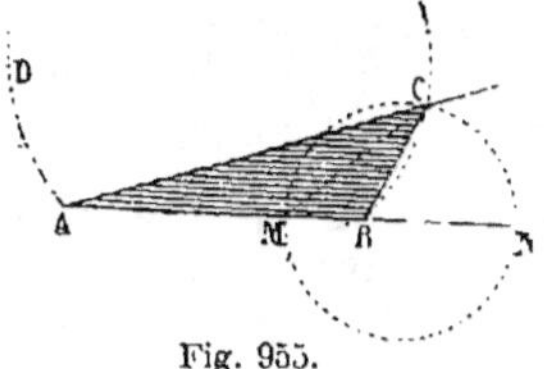

Fig. 955.

Soit ABC le triangle demandé.

Le sommet C se trouve sur le segment capable décrit sur AB ; les bissectrices intérieure et extérieure de l'angle C donnent deux points M et N constants. (G., nos 215 et 217.)

La circonférence décrite sur MN comme diamètre est le lieu du point C ; donc, après avoir déterminé les deux points M et N tels que

$$\frac{MA}{MB} \quad \text{et} \quad \frac{NA}{NB} = \frac{m}{n}$$

on décrit sur MN une $\frac{1}{2}$ circonférence et sur AB le segment capable de l'angle donné, et le point C sera déterminé par la rencontre des deux lieux qui doivent le contenir.

1514. Problème. *Construire un triangle, connaissant deux côtés et le pied de la bissectrice qui tombe sur l'un d'eux.*

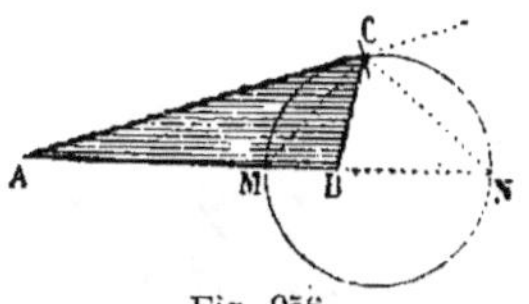

Fig. 956.

Soit ABC le triangle demandé.

Menons CN, bissectrice de l'angle extérieur en C. On a

$$\frac{MA}{MB} = \frac{NA}{NB} ; \quad \text{d'où} \quad \frac{MA - MB}{MB} = \frac{AB}{NB}$$

Ainsi une quatrième proportionnelle donnera le prolongement BN.

Le troisième sommet C a pour lieu la circonférence décrite sur MN. On le déterminera en coupant cette circonférence par un arc décrit du point A, avec la longueur AC comme rayon.

Exercice 498.

1515. Problème. *Construire un triangle, connaissant la base, l'angle opposé et les produits des deux côtés qui comprennent cet angle.*

(Voir *Méthodes*, n° 106.)

Exercice **499**.

1516. Problème. *Construire un triangle, connaissant un angle, le produit des côtés qui comprennent cet angle, et sachant que la longueur de la base doit être minima.*

Construisons un triangle isocèle ABC et un triangle quelconque DBF tels que

$$AB \cdot BC = DB \cdot BF$$

Soit $AB = BC = a$; prenons deux grandeurs égales AD et CE, soit x cette longueur.

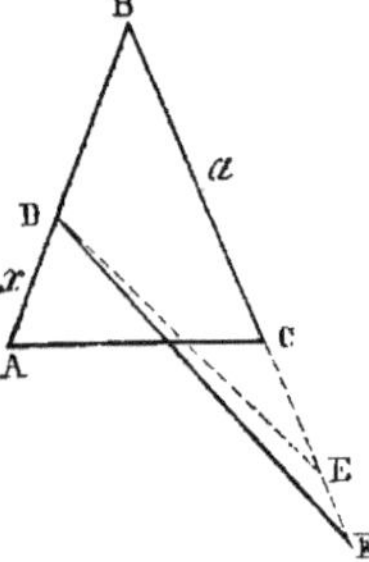

Fig. 957.

Le produit $AB \cdot BC = a^2$

$$DB \cdot BE = (a - x)(a + x) = a^2 - x^2$$

Quelque petit que soit x, ce produit est moindre que a^2. Or pour que $DB \cdot BF = a^2$, il faut donc que CF soit plus grand que CE; donc $DF > DE$; mais on a vu (n° 581) que AC est $< DE$; donc, *à fortiori*, on a $AC < DF$.

Par conséquent, *le triangle isocèle est celui dont la base est minima.*

Exercice **500**.

1517. Problème. *Construire un triangle, connaissant la base, la hauteur et la somme des carrés des deux autres côtés.*

(Voir *Méthodes*, n° 107.)

Exercice **501**.

1518. Problème. *Construire un triangle, connaissant deux côtés et la longueur de la bissectrice de l'angle compris entre ces côtés.*

(Voir *Méthodes*, n° 43.)

A cette solution on peut rattacher la suivante (*Journal des Mathématiques élémentaires et spéciales*, 1877, p. 303) :

On mène DE parallèle à AB.

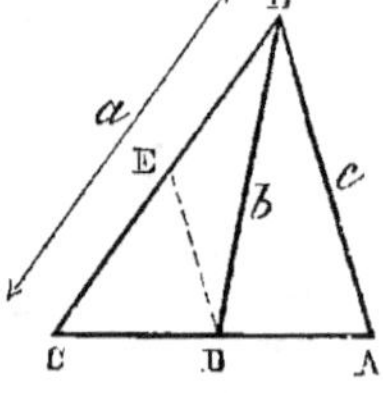

Fig. 958.

On a
$$\frac{CE}{CB} = \frac{CD}{CA} = \frac{a}{a + c},$$

car
$$\frac{CD}{DA} = \frac{a}{c}$$

$$\frac{CE}{a} = \frac{a}{a + c}, \quad CE = \frac{a^2}{a + c}$$

D'ailleurs $BE = a - \dfrac{a^2}{a + c} = \dfrac{a^2 + ac - a^2}{a + c} = \dfrac{ac}{a + c}$

On peut construire le triangle isocèle DEB, dont les trois côtés sont connus, puis prendre $BC = a$, etc.

Remarque. On peut encore donner la solution ci-après (ROUCHÉ ET DE

COMBEROUSSE, *Cours de Mathématiques, à l'usage des candidats à l'École centrale*, t. II, p. 224) :

Supposons le problème résolu.

Prenons $BE = BA$; la droite AE est perpendiculaire à la bissectrice BD; menons la parallèle MDN.

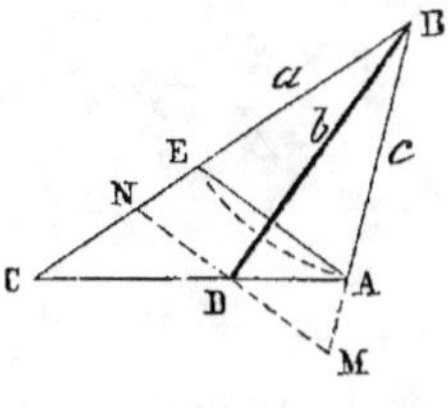

Fig. 959.

On a
$$\frac{a}{c} = \frac{CD}{DA}$$

mais
$$\frac{CN}{NE} = \frac{CB}{BA} = \text{donc} \quad \frac{a}{c}$$

Ainsi on peut connaître le point N, car il suffit de diviser CE, différence des côtés donnés, en segments proportionnels à ces mêmes côtés a et c.

Puis construire un triangle rectangle NBD, connaissant la hauteur BD et l'hypoténuse BN. Ce triangle fera connaître l'angle CBD et, par suite, l'angle ABC.

1519. Problème. *Construire un triangle rectangle, connaissant l'hypoténuse et la différence des carrés des côtés de l'angle droit.*

Soient a l'hypoténuse et m^2 la différence données.

1er *Moyen.* On a
$$b^2 + c^2 = a^2$$
$$b^2 - c^2 = m^2$$

d'où
$$b^2 = \frac{a^2 + m^2}{2} \quad \text{et} \quad c^2 = \frac{a^2 - c^2}{2}$$

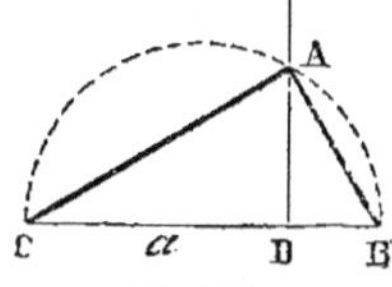

Fig. 960.

On peut donc connaître b et c et construire le triangle.

Comme construction graphique, le moyen suivant est plus rapide.

2e *Moyen.* Sur l'hypoténuse donnée BC, décrivons une demi-circonférence; puis construisons le lieu géométrique DA des points dont la différence des carrés des distances aux points B et C égale m^2 (nº 71).

Le point A où DA coupe la demi-circonférence est le sommet de l'angle droit.

Exercice 502.

1520. Problème. *Construire un triangle semblable à un triangle donné T, et dont les sommets se trouvent sur trois parallèles données M, N, P, ou sur trois circonférences concentriques données.*

1er **Cas.** Soit ABC un triangle semblable à T. Considérons trois parallèles quelconques M, N, P, menées par les sommets; traçons la circonférence circonscrite, et menons CD et AD.

L'angle inscrit $BDC = BAC = A'$, qui est donné; de même l'angle inscrit $BDA = BCA = C'$, qui est donné.

On peut donc prendre le point D à volonté sur la droite du milieu N, construire l'angle A' au-dessus et l'angle C' au-dessous, et décrire une circonférence par les trois points A, D, C. Le triangle ABC sera le triangle demandé.

On remarquera que les deux angles qu'il faut construire de part et d'autre de la droite du milieu, sont ceux dont les sommets doivent être sur les deux autres lignes.

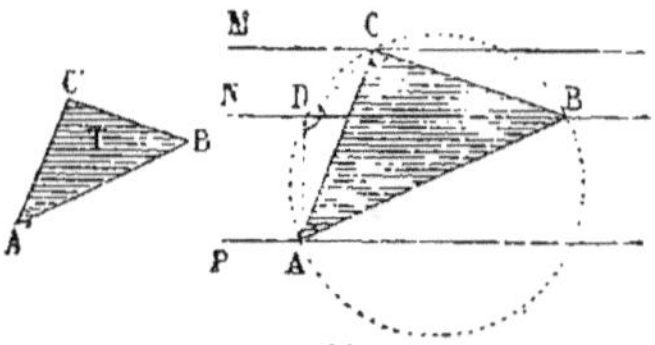

Remarque. Le triangle ABC pourrait glisser sur les parallèles, et y occuper une infinité de positions.

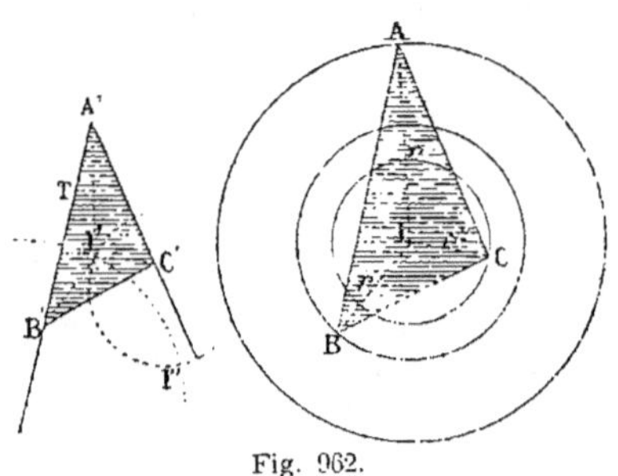
Fig. 961.

On peut d'ailleurs construire l'angle A′ au-dessous de la droite N, et l'angle C′ au-dessus; ce qui donnerait une seconde solution.

Enfin, on peut réserver pour la ligne du milieu l'un quelconque des trois sommets A, B, C; et ainsi l'on peut avoir six solutions différentes, quant à la grandeur des triangles obtenus.

2° Cas. Soit ABC un triangle semblable à T. D'un point quelconque I, avec les distances IA, IB, IC, décrivons trois circonférences concentriques.

Sur A′B′, construisons le triangle A′B′I′ semblable à ABI : le point I′ est homologue de I, les distances I′A′ et I′B′ sont dans le rapport $\frac{r}{r'}$, et le point I′ appartient à un lieu géométrique connu. (G., n° 307.) De même, les distances I′A′ et I′C′ sont dans le rapport $\frac{r}{r''}$,

Fig. 962.

et le point I′ appartient à un second lieu géométrique analogue au premier.

De ces considérations résulte la construction suivante, qui suppose donnés le triangle T et les trois circonférences ayant pour rayons r, r', r''.

Construire sur A′B′ le lieu des points dont les distances aux deux points A′ et B′ sont dans le rapport $\frac{r}{r'}$, et sur A′C′ le lieu des points dont les distances aux deux points A′ et C′ sont dans le rapport $\frac{r}{r''}$; joindre le point de rencontre des deux lieux aux trois sommets du triangle T; mener IA quelconque; construire les angles AIB et AIC égaux respectivement à A′I′B′ et A′I′C′, et achever le triangle ABC.

Remarque. Le triangle ABC pourrait tourner autour du centre I, et occuper, sur les circonférences données, une infinité de positions.

On peut d'ailleurs prendre pour homologue du centre I le second point de rencontre I″ des deux lieux; ce qui donnerait une seconde solution.

Enfin, on peut réserver pour la circonférence extérieure l'un quelconque des trois sommets A, B, C; et ainsi l'on peut avoir douze solutions différentes, quant à la grandeur des triangles obtenus.

Si les lieux ne se rencontraient pas, le problème serait impossible.

Note. On peut consulter sur ce problème une *Note de Géométrie,* par M. COMBIER, ingénieur en chef des ponts et chaussées. (*Journal de Mathématiques élémentaires* de MM. BOURGET et KŒHLER, 1879, p. 120.)

KŒHLER, décédé en 1889, directeur des études du cours préparatoire de Sainte-Barbe, bien connu par ses *Problèmes de géométrie analytique* (J. M. S., 1889, page 68).

Exercice 503. — I.

1521. Problème. *Construire un triangle, connaissant la base, l'angle opposé et le rapport de la somme à la différence des deux autres côtés.* (Diplôme de fin d'études, Clermont-Ferrand, 1871.)

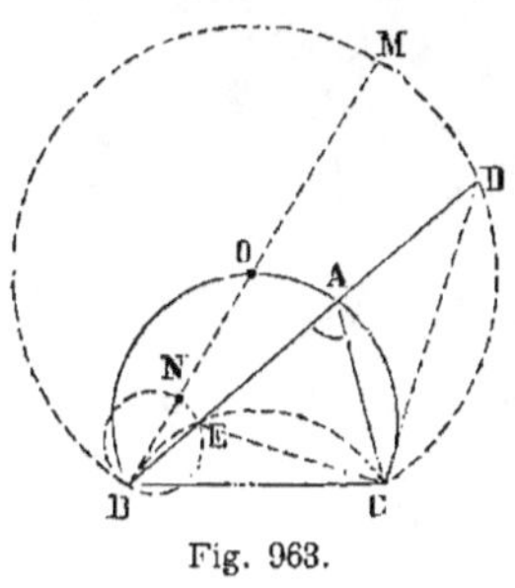
Fig. 963.

Supposons le problème résolu; BAC le triangle demandé.

Le lieu du point D tel que, pour tout triangle inscrit dans le segment BAC, on ait $BD = AB + AC$, est l'arc de segment capable de l'angle $\dfrac{A}{2}$ (n° 921).

Le lieu du point E, pour lequel
$$BE = AB - AC,$$
est l'arc de segment capable de $90° + \dfrac{A}{2}$ (n° 922).

On connaît le rapport $\dfrac{BD}{BE} = \dfrac{m}{n}$.

Donc, par rapport au point B et à l'arc BDC, il faut décrire le lieu des points qui divise les cordes telles que BD dans le rapport donné.

Ainsi, on peut mener le diamètre BM, prendre BN tel que $\dfrac{BM}{BN} = \dfrac{m}{n}$, et décrire une circonférence sur le diamètre BN.

L'intersection de ce lieu et de l'arc de segment capable de $90 + \dfrac{A}{2}$ fait connaître le point E.

Exercice 503. — II.

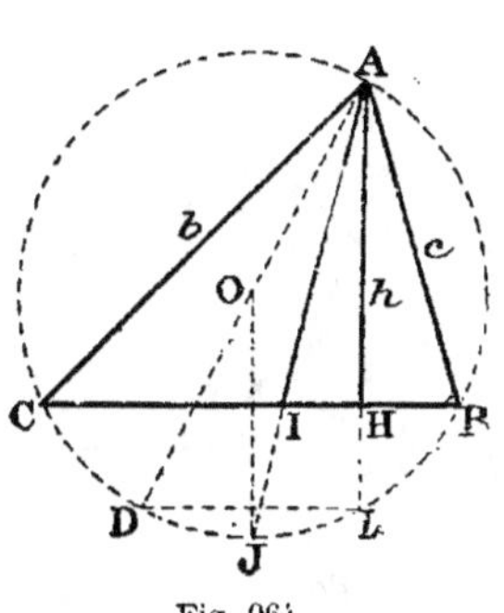
Fig. 964.

1522. Problème. *Construire un triangle ABC, connaissant la bissectrice, la hauteur qui partent du sommet A et le produit des côtés issus de ce même sommet.*

En supposant le problème résolu, on construit le triangle rectangle HAI ayant la bissectrice pour hypoténuse et h pour un de ses côtés; on sait que la bissectrice divise en deux parties égales l'angle formé par la hauteur et le diamètre du cercle circonscrit; donc, en prenant la droite symétrique de h par rapport à AI, on aura la direction du diamètre; d'ailleurs, on sait que le produit de la hauteur par le diamètre égale celui des deux côtés b et $c = k^2$, produit connu, donc

$$2R = \frac{bc}{h} = \frac{k^2}{h}$$

La circonférence décrite sur le diamètre AD détermine les sommets B et C.

Exercice 504. — I.

1523. Problème. *Construire un triangle, connaissant les rayons de deux des cercles tangents aux trois côtés et le rayon du cercle circonscrit.* (Van Aubel, *Nouvelle correspondance mathématique*, 1876, p. 315.)

Soit ABC le triangle demandé.

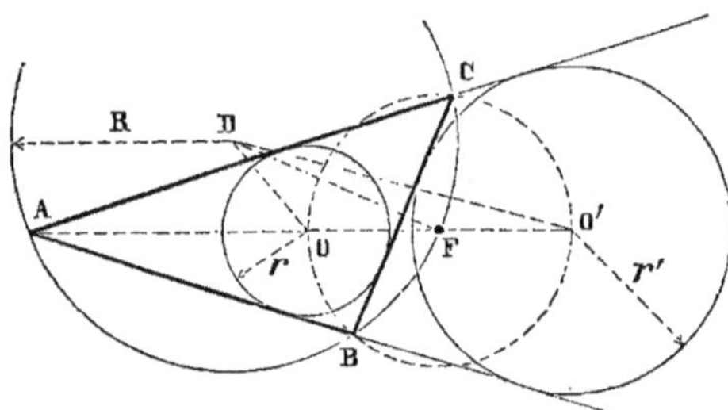

Fig. 965.

On sait que les quatre points B, O, C, O' appartiennent à une circonférence dont le centre est au point F ; par suite, DF = R (n° 1259).

D'ailleurs, le *théorème d'Euler* (n° 327) donne :

$$OD^2 = R(R - 2r)$$
$$O'D^2 = R(R + 2r')$$

Ainsi, dans le triangle ODO', on connaît deux côtés OD, O'D et la médiane DF du troisième côté, et l'on peut construire le triangle (n° 980, 2°).

Puis on décrit les cercles O et O', et l'on mène les tangentes communes AB, AC, BC.

Exercice 504. — II.

1524. Problème. *Construire un triangle rectangle, sachant que la différence des carrés des côtés de l'angle droit égale un carré donné k^2, et que les sommets du triangle doivent se trouver respectivement sur trois droites parallèles données.*

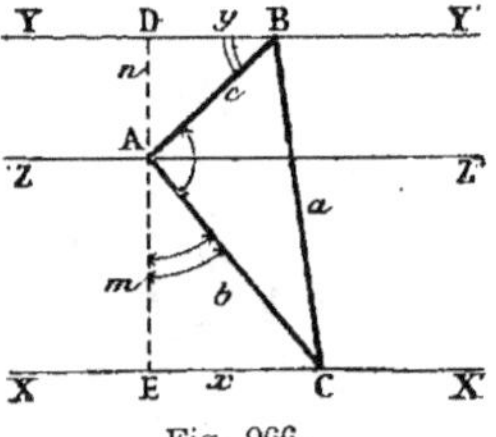

Fig. 966.

Soit ABC le triangle demandé, m, n les distances données parallèles, et k^2 la valeur de $b^2 - c^2$.

On peut prendre un sommet A à volonté sur l'une des droites. Le triangle sera déterminé, si l'on connaît BD.

Soit donc $EC = x$ et $BD = y$.

On a les relations suivantes :

$$b^2 = m^2 + x^2$$
$$c^2 = n^2 + y^2$$
$$b^2 - c^2 \quad \text{ou} \quad k^2 = m^2 + x^2 - n^2 - y^2$$

ou
$$x^2 - y^2 = k^2 + n^2 - m^2 \qquad (1)$$

Les triangles rectangles AEC, ABD sont semblables, car l'angle ACE égale BAD ; donc

$$\frac{x}{m} = \frac{n}{y} ; \quad \text{d'où} \quad xy = mn ; \quad y^2 = \frac{m^2 n^2}{x^2} \qquad (2)$$

En mettant cette valeur dans l'équation (1), on trouve :

$$x^2 - \frac{m^2 n^2}{x^2} = k^2 + n^2 - m^2$$
$$x^4 - m^2 n^2 = (k^2 + n^2 - m^2)x^2$$
$$x^4 - x^2(k^2 + n^2 - m^2) = m^2 n^2$$

Équation bi-carrée que l'on sait résoudre et dont on peut construire les racines (n°s 295 et 300.)

Le problème peut donc être regardé comme complément résolu.

Remarque. Ce problème donnerait lieu à une intéressante discussion.

Exercice 504. — III.

1524 (a). Problème. *Construire un rectangle avec les données suivantes :*

1° *Le périmètre et la somme des carrés des côtés adjacents;*

2° *Le périmètre et la différence des carrés des deux côtés adjacents;*

3° *Le périmètre et le rapport des côtés.*

(Voir *Méthodes*, n° 104.)

2° On construit le triangle isocèle ADE (fig. 60), et l'on mène le lieu PM de la différence des carrés de manière que $PE^2 - PA^2 = k^2$; car on trouve ainsi $PM^2 - PA^2 = k^2$.

3° On construit le triangle isocèle ADE ; par le point A, on mène la droite, lieu des points dont le rapport des distances à AX, AY égale $\dfrac{m}{n}$.

Exercice 505.

1525. Problème. *Construire un trapèze, connaissant les angles et les diagonales.*

(Voir *Méthodes*, n° 110.)

Exercice 506. — I.

1526. Problème de Sturm. *Construire un quadrilatère inscriptible, connaissant les quatre côtés.*

(Voir *Méthodes*, n° 151.)

Exercice 506. — II.

1527. Centre de similitude. 1° *Déterminer le centre de similitude, ou point double, de deux figures directement semblables.*

2° *Déterminer l'axe de symétrie, ou ligne double, et le centre de similitude de deux figures inversement semblables.*

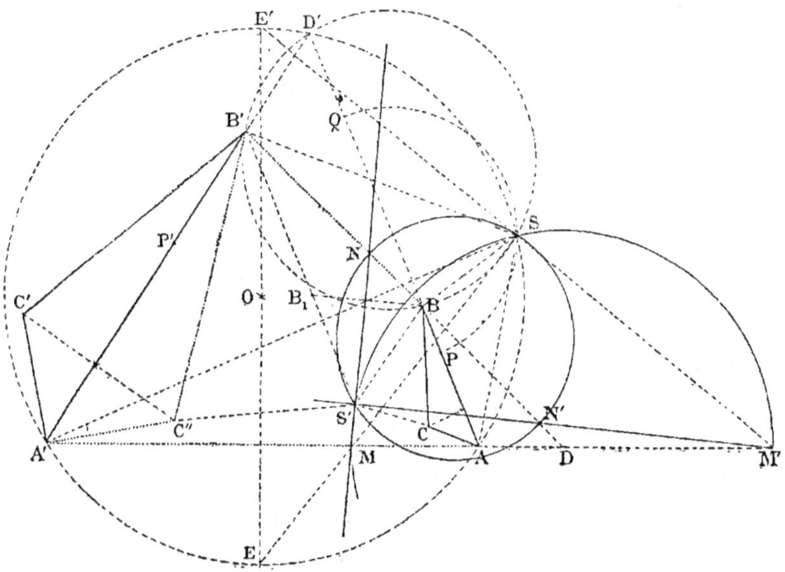

Fig. 966 bis.

1er Cas. *Figures directement semblables.* On sait qu'on nomme ainsi deux figures semblables ABC, A'B'C', qu'on peut amener à être homothétiques, par la rotation de l'une d'elles autour du centre de similitude S (n° 1146).

Considérons deux segments rectilignes homologues AB et A'B', ils se rencontrent en D'.

1er Moyen. Déterminons le *point de Miquel* du quadrilatère convexe ABB'A' (n° 21), par exemple, en décrivant les cercles circonscrits AA'D' et BB'D'. Le point de Miquel S est le point double demandé, car les triangles SAB, SA'B' sont directement semblables, parce que les angles SAB, SA'B' ont même mesure, et que les angles SBA, SB'A' sont aussi

égaux; donc $$\frac{SA}{SA'} = \frac{SB}{SB'} = \frac{AB}{A'B'}.$$

Les cercles DAB, DA'B' donneraient le même point S. Ces quatre cercles peuvent être nommés *cercles de Miquel* du quadrilatère AA'B'B.

2° Moyen. Déterminons les points conjugués M et M' tels qu'on ait :

$$\frac{MA}{MA'} = \frac{M'A}{M'A'} = \frac{AB}{A'B'}$$

Le cercle dont MM' est le diamètre est le lieu des points dont le rapport des distances aux points fixes A et A' égale le rapport des côtés homologues AB, A'B'; donc ce cercle passe par le point S. De même pour le cercle analogue ayant NN' pour diamètre; ainsi le *point double* S peut être obtenu par l'intersection des cercles MM' et NN'.

Ce moyen donne aussi le centre S' de similitude pour deux figures inverses ABC, A'B'C''.

Le *point de Miquel* S étant aussi le centre de similitude directe pour AA' et BB', il en résulte qu'en déterminant P et Q, puis P' et Q', de manière qu'on ait :

$$\frac{PA}{PB} = \frac{QA}{QB} = \frac{AA'}{BB'} \quad \text{et} \quad \frac{P'A}{P'B} = \frac{Q'A}{Q'B} = \frac{AA'}{BB'}$$

les cercles ayant pour diamètre respectif PQ et P'Q' passent par le point S.

Les quatre cercles dont on vient de parler peuvent être nommés *cercles d'Apollonius* du quadrilatère ABB'A'. On a donc huit cercles qui passent par le point double de deux figures directement semblables.

3° *Moyen.* On peut tracer la droite qui est le lieu des distances proportionnelles aux deux segments AB et A'B', ainsi que la droite, lieu des divisions proportionnelles (voir ci-après 2394 et 2396); chacun de ces lieux passe évidemment par le point S, puisque ce point réalise à la fois les deux conditions de ces lieux. Il en est de même des droites analogues pour les segments AA' et BB'; voilà donc quatre droites faciles à tracer qui passent par le point double S.

Enfin, on trouve aussi les huit droites suivantes :

4° *Moyen.* En supposant connu le point demandé S, on voit que l'angle ASA' égale l'angle connu D que font les deux segments considérés : il faut d'ailleurs qu'on ait les rapports égaux

$$\frac{SA}{SA'} = \frac{AB}{A'B'}$$

donc le point cherché est sur la bissectrice EMS; de là, la construction suivante : On décrit le segment AD'A' capable de l'angle D' des deux segments; on divise AA' en parties proportionnelles aux côtés AB, A'B', et l'on joint le point milieu E de l'arc AEA' au point M, afin d'obtenir S.

Ce moyen a été indiqué par M. G. TARRY. (*Mathésis,* 1895, pp. 79 et 83.)

On peut déterminer aussi le point M' tel que $\dfrac{M'A}{M'A'} = \dfrac{SA}{SA'}$; on obtient la bissectrice extérieure M'E', et cette droite passe encore par le point S. Avec le cercle BB'D', on pourrait utiliser les bissectrices NS et N'S.

Pour chacun des autres cercles de Miquel, on aurait aussi deux bissectrices; donc en tout huit bissectrices, et l'on peut énoncer le théorème suivant :

1527 (a). Théorème. *Huit cercles et douze droites, faciles à déterminer, passent par le point double de deux figures directement semblables.*

1527 (b). Remarque. *Nombre de constructions distinctes.* Deux lignes, droite ou cercle, suffisent pour déterminer le point S; mais le tracé de la bissectrice EMS, par exemple, comporte aussi le tracé du cercle AA'E'. Il n'y a donc pas lieu de tenir compte de l'intersection de EMS et de l'un quelconque des sept autres cercles, car en réalité on aurait construit deux cercles et une droite. Ainsi les bissectrices ne donnent lieu qu'à *huit constructions distinctes;* quant aux huit cercles et aux quatre autres droites, ils donnent lieu à $\dfrac{12 \cdot 11}{2} = 66$ constructions distinctes; donc, en tout, on peut obtenir le point S par $66 + 8 = 74$ tracés graphiques différents.

Pour deux triangles ABC, A'B'C' directement semblables, le point S peut être déterminé à l'aide de 453 constructions distinctes; du moins lorsque ABB'A' est un quadrilatère convexe, seul cas que nous ayons examiné. (Voir ci-après, n° 1548 (**h**), page 651.)

1527 (c). 2ᵉ Cas. *Figures inversement semblables.*

Soient ABC et A'B'C''.

Les cercles ayant pour diamètres MM' et NN' donnent immédiatement le centre S' de similitude inverse, car les triangles AS'B et A'S'B' sont inversement semblables; il en serait de même de AS'C et A'S'C''.

Le lieu des points des distances proportionnelles, et celui des divisions proportionnelles donneraient aussi par leur intersection le point double S'.

L'axe de symétrie est la bissectrice des angles tels que BS'B', AS'A', etc.; cet axe est donc facile à déterminer lorsqu'on connaît S'.

On peut aussi déterminer d'abord l'axe et l'utiliser pour arriver à trouver S'. En effet, pour obtenir l'axe de symétrie, il suffit de mener MN, puisque chacun des points M et N divise AA' ou BB' en parties proportionnelles aux côtés homologues AB, A' B'. Ayant tracé l'axe, on prend le symétrique B_1 du point B, et l'on mène $B'B_1S'$. Enfin, on peut obtenir S' par l'intersection de MN et de M'N'.

Par une rotation de 180° autour de MN, d'une des figures données, on obtiendrait deux figures homothétiques.

1527 (d). Remarque. *Figures égales.* Pour deux figures égales, on peut employer la construction de CHASLES (n°ˢ 770 et 920) ou celles que l'on vient d'indiquer pour deux figures semblables, mais avec les simplifications convenables; ainsi le tracé des bissectrices intérieures et celui des cercles ayant pour diamètres MM' et NN' reviennent à la construction de Chasles, car on obtient les perpendiculaires élevées au milieu de AA' et de BB'.

Applications des Relations numériques.

Exercice 507.

1528. Problème. *Par deux points donnés sur une circonférence, mener deux cordes parallèles dont le rectangle soit équivalent à un carré donné.*

Soient A et B les points donnés et m^2 le carré donné. Le trapèze inscrit ABCD est symétrique

$$AB = CD, \quad AC = BD \quad (\text{n}° 699).$$

Or, dans tout trapèze, la somme des carrés des diagonales égale la somme des carrés des côtés non parallèles, plus deux fois le produit des bases (n° 1207); donc, en désignant les bases par a et b, chaque diagonale par d et le côté connu $AB = CD$ par c, on a :

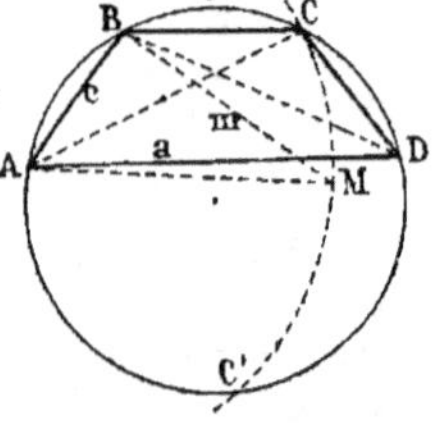

Fig. 967.

$$2d^2 = 2c^2 + 2ab, \quad \text{mais} \quad ab = m^2$$

donc
$$d^2 = c^2 + m^2$$

Il suffit de construire un triangle rectangle ABM, ayant m et c pour côtés de l'angle droit, puis porter AM de A en C.

Exercice 508. — I.

1529. Problème. *On donne deux tangentes à un cercle; mener une troisième tangente telle que le segment intercepté sur cette ligne par les deux premières ait une longueur donnée.*

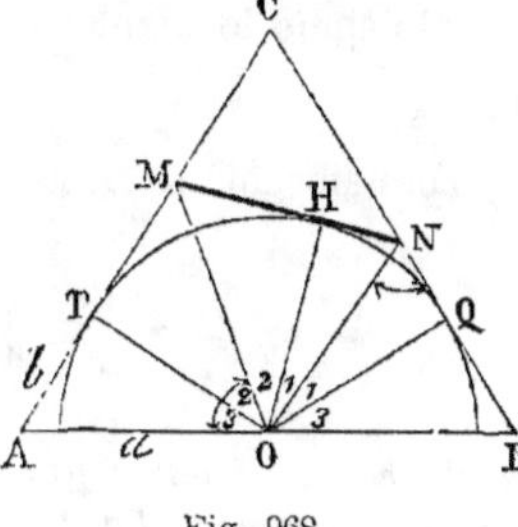

Fig. 968.

1° On peut employer une relation algébrique (n° 329).

2° On sait que l'angle MON est constant, car il est la moitié de POQ, supplément de l'angle connu C; donc, par le *problème contraire* (n° 213), on est ramené à construire un triangle MON, connaissant la longueur de la base MN, l'angle au sommet MON et la hauteur OH (n° 105).

3° On peut recourir aussi à une question déjà traitée (n° 262).

1530. Problème. *Diviser un arc de cercle en deux parties, de manière que les cordes des arcs ainsi déterminés soient entre elles dans un rapport donné* $\dfrac{m}{n}$.

Ce problème, déjà résolu (n° 1418), n'est rappelé qu'à cause du groupe naturel qu'il forme avec les questions suivantes (n°s 1531 à 1535).

1531. Problème. *La somme des cordes doit égaler une longueur donnée l.*

La question revient à construire un triangle, connaissant la base, l'angle opposé et la somme des deux autres côtés.

(Voir *Méthodes*, n° 115 et n°s 921, 989.)

1532. Problème. *La différence des cordes doit égaler une longueur donnée d.*

La question revient à la suivante :

Construire un triangle, connaissant la base, l'angle opposé et la différence des deux autres côtés.

(Voir n°s 922 et 989.)

Exercice 508. — II.

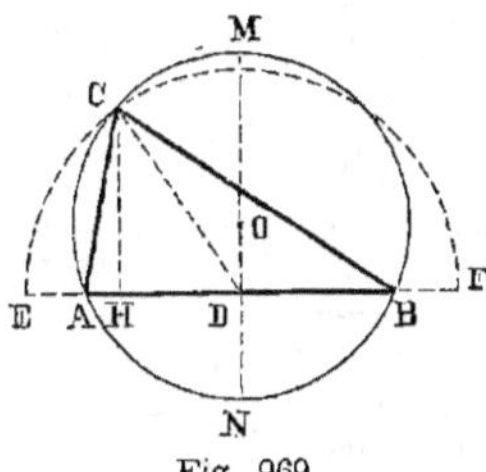

Fig. 969.

1533. Problème. *Diviser un arc de cercle en deux parties de manière que la somme des carrés des cordes ainsi déterminées égale* k^2.

On emploie le lieu géométrique des points dont la somme des carrés des distances aux extrémités de la corde donnée égale k^2 (n° 69).

Du point D, milieu de la corde donnée AB, on décrit une circonférence ECF, avec un rayon DC tel que $2CD^2 + 2AD^2 = k^2$.

1534. Problème. *La différence des carrés égale* k^2.

On a recours au lieu de la différence des carrés (nᵒ 71).

1535. Problème. *Le produit des deux cordes doit égaler* k^2.

On sait que le produit des deux côtés d'un triangle égale le diamètre multiplié par la hauteur (G., nᵒ 270); donc $CH = \dfrac{k^2}{MN}$.

Le problème revient à construire un triangle, connaissant la base, l'angle opposé et la hauteur (nᵒ 105).

Exercice 509.

1536. Problème. *Par le point milieu d'un arc de cercle, mener une droite telle que le segment compris entre la corde de l'arc et l'autre partie de la circonférence ait une longueur donnée (4 solutions).* (FRAN-CŒUR, *Cours de Mathématiques*, t. I.)

(Voir *Méthodes*, nᵒ 320.)

Exercice 510.

1537. Problème de Pappus. *Par un point pris sur la bissectrice d'un angle donné, mener une sécante limitée aux côtés de cet angle et telle que le segment intercepté ait une longueur donnée.*

La solution algébrique (nᵒ 309) se rapporte au cas où l'angle est droit.

A l'aide du *problème contraire* (nᵒ 213), la question se ramène aux problèmes connus (nᵒˢ 321 et 320).

1538. Note. Le *problème de Pappus,* dans le cas le plus général, celui où le point est inégalement éloigné des côtés de l'angle, ne peut point être résolu en n'employant que la règle et le compas. Il comporte quatre solutions diffé-rentes, et par suite on obtient une équation complète du quatrième degré dont on ne sait pas construire géométriquement les racines. On peut résoudre la question par l'intersection d'une hyperbole et d'un cercle convenablement choisis (*Mathésis,* 1889, page 96, par RUSSO, professeur à Cantanzaro, autre solution indiquée par M. NEUBERG).

Les points milieux des quatre segments égaux à l, *appartiennent à une même circonférence, et le centre est fixe quelque soit* l, *lorsque le point donné ne varie pas.* Ce théorème est dû à STEINER (*Mathésis,* 1889, page 183).

On peut voir aussi la note du nᵒ 321 (b) des *Exercices de Géométrie,* page 160.

Il est facile de résoudre mécaniquement le *problème de Pappus,* ainsi que ceux de la trisection de l'angle (nᵒ 911) et de la duplication du cube à l'aide d'un instrument qui décrirait une *conchoïde.*

La *conchoïde* est due à NICOMÈDE, géomètre d'Alexandrie, que l'on croit contemporain du célèbre géographe ÉRATOSTHÈNE (276-196 av. J.-C.). Ce dernier a indiqué un procédé connu sous le nom de *crible d'Ératosthène,* pour trouver les nombres premiers inférieurs à un nombre donné, 10.000 par exemple. (D'après l'*Histoire des Mathématiques,* par FERDINAND HOEFER, page 242.) M. MAXIMILIEN-MARIE, indique comme date probable de naissance pour NICO-MÈDE, l'an 100 av. J.-C. (*Histoire des sciences mathématiques et physiques,* tome I, page 219.)

Exercice 511.

1539. Problème. *On donne une demi-circonférence ADC et une perpendiculaire au diamètre AC; mener une tangente EDF limitée à ces deux
droites, de manière que les segments DE, DF soient égaux entre eux.*

(Voir *Méthodes*, n° 311.)

Exercice 512.

1540. Problème. *Le segment DE doit être double de DF.*

(Voir *Méthodes*, n° 315.)

1541. Problème. *On doit avoir* $\dfrac{DE}{DF} = \dfrac{m}{n}$.

(Voir *Méthodes*, n° 310.)

Exercice 513.

1542. Section de raison. *Sur deux droites concourantes OX, OY, on
donne deux points fixes D. F. Par un point A, mener une sécante MAN,
de manière que les segments DM, FN soient dans un rapport donné.*
(APOLLONIUS.)

(Voir *Méthodes*, n° 332, **a.**)

Exercice 514.

1543. Section de l'espace. *Le produit des distances DM, DF doit égaler
un carré donné* k². (APOLLONIUS.)

(Voir *Méthodes*, n° 332, **b.**)

(c)			$DM + FN = l,$	somme donnée.
(d)		(n° 333)	$DM - FN = l,$	différence donnée.
(e)			$\dfrac{OD \cdot OM}{OF \cdot ON} = \dfrac{m}{n},$	rapport donné.

Exercice 515.

1544. Section déterminée. *Étant donnés quatre points en ligne droite,
on demande de déterminer un cinquième point tel que le produit de ses
distances à deux des points donnés soit au produit des distances aux
deux autres dans un rapport donné* $\dfrac{m}{n}$. (APOLLONIUS.)

(Voir *Méthodes*, n° 334.)

1544 (a). Note. Les principes de la *Géométrie moderne* permettent de résoudre
les problèmes de la *section de raison*, de la *section de l'espace* et tous les problèmes du second degré par une méthode uniforme, aussi élégante que simple,
due à CHASLES. (*Géométrie supérieure*, n°ˢ 290 à 296 et 298.)

Le problème de la *section déterminée* revient à déterminer les *points doubles*
d'une involution. (G. S., n° 281. On peut voir aussi les *Éléments de Géométrie
projective* de CREMONA, n° 267.)

Exercice 516. — I.

1545. Problème d'Alhazen. *On donne un billard circulaire et une bille placée en un point donné* A ; *dans quelle direction faut-il lancer la bille pour qu'elle repasse par le point* A, *après deux réflexions successives?* (Concours général des collèges de Paris, 1842.)

Supposons le problème résolu et ABCA le chemin parcouru.

Le rayon BO est la normale menée à la courbe par le point de contact. (G., n° 129.)

D'après la loi de la réflexion, les droites AB et BC font des angles égaux avec la normale BO, donc l'angle ABO $=$ CBO. De même l'angle BCO $=$ OCA, mais BOC est un triangle isocèle; donc il en est de même du triangle BAC. La droite BC est perpendiculaire à OA.

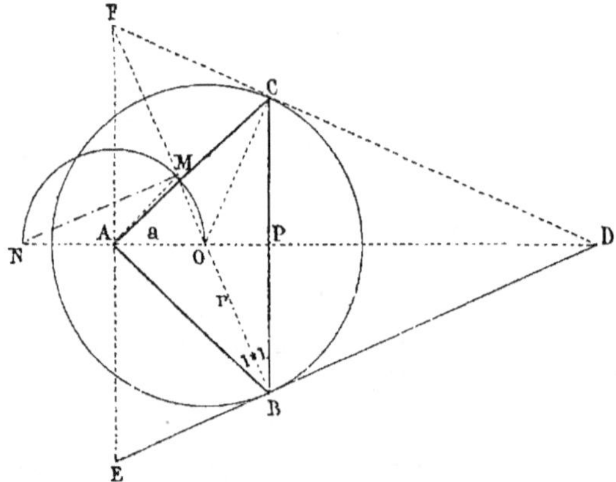

Fig. 970.

Si nous menons les tangentes aux points B, C, puis une perpendiculaire EF à la droite AO, nous formerons un triangle isocèle EDF circonscrit au triangle demandé, et chaque hauteur telle que FOB est bissectrice de l'angle ABC.

En d'autres termes, le triangle ABC peut être considéré comme obtenu en joignant deux à deux les pieds des hauteurs de DEF (n° 662), et le triangle inscrit sera déterminé dès qu'on connaîtra le triangle circonscrit.

Or, pour ce dernier, il suffit de trouver la longueur de AF ou de OF.

Soit $\qquad OA = a, \quad OB = r$

Les triangles rectangles FAO, FBE sont semblables, car ils ont un angle aigu commun; donc

$$\frac{OF}{AF} = \frac{FE}{FB} \quad \text{ou} \quad \frac{OF}{AF} = \frac{2AF}{OF + r}$$

d'où $\qquad 2AF^2 = OF(OF + r)$

Afin de n'avoir qu'une seule inconnue, remplaçons $2AF^2$ par sa valeur $2OF^2 - 2a^2$, nous obtiendrons :

$$2OF^2 - 2a^2 = OF^2 + OF \cdot r$$

ou
$$OF^2 - r \cdot OF - 2a^2 = a$$

$$OF = \frac{r \pm \sqrt{r^2 + 8a^2}}{2}$$

Quantité facile à construire.

1545 (a). Remarque. La solution précédente est facile à imaginer et à retenir. Il en est de même de celle qu'on obtient en prenant OP pour inconnue.

La solution ci-après, donnée par Léon Anne (N. A. 1842, p. 36), n'exige pas la considération des tangentes.

Seconde solution. Prolongeons les bissectrices BOF jusqu'à la rencontre de la perpendiculaire AF menée à la droite AO.

Comme précédemment, il suffit de déterminer le point F.

Or, si nous décrivons une demi-circonférence OMN avec a pour rayon, et si nous joignons N, A au point M, où cette demi-circonférence coupe OF, nous obtiendrons deux triangles rectangles semblables AOF, OMN, car l'angle O est commun; donc

$$\frac{OF}{AO} = \frac{ON}{OM} \quad \text{ou} \quad \frac{OF}{a} = \frac{2a}{OM}$$

d'où
$$OF \cdot OM = 2a^2$$

Or le triangle MAO est isocèle ; il en est de même de BAF, car l'angle F égale CBF égale donc ABF.

Par suite,
$$FM = OB = r$$

Ainsi les inconnues OF, OM *sont les côtés d'un rectangle dont on connaît la surface* $2a^2$ *et la différence* r *des deux côtés*, et l'on est ramené à une question connue. (G., n° 341.)

1546. Note. La question de concours posée en 1841 est connue sous le nom de *billard circulaire ;* elle a été résolue par l'Arabe Abhasen, ou mieux Alhazen (XIe siècle). On peut demander que la bille parte d'un point donné A et passe, après une réflexion, par un autre point donné B.

Le problème peut être énoncé comme il suit :

On donne un cercle et deux points A *et* B; *trouver le point brillant du cercle, dans le cas d'un point lumineux* A, *l'observateur étant placé en* B. Ou bien : *Inscrire dans le cercle un triangle isocèle dont les deux côtés égaux passent par les deux points donnés.* On peut dire aussi : *Déterminer un point* C *sur la circonférence, tel que la somme* AC + BC *soit maxima ou minima.*

Le problème général a été résolu successivement par Huygens, le marquis de L'Hopital, Riccati, Simson, Puissant, Quételet, etc. (*Aperçu historique,* page 478. *Nouvelles Annales,* 1842, page 36.)

Une étude élémentaire très complète a été faite par Léon Anne (N. A., 1842, page 36). L'étude analytique est de M. Gerono (N. A., 1844, page 242).

Les solutions sont obtenues par l'intersection d'une hyperbole et de la circonférence donnée. Il y a quatre solutions quand les deux points sont à l'intérieur de la circonférence, et deux seulement quand ils sont à l'extérieur.

On peut consulter aussi les articles suivants : N. A., 1850, page 340, par A. Transon; année 1870, pp. 133 et 423, année 1894, p. 215, note par M. Auric, ingénieur des ponts et chaussées. — J. M. E. de M. DE LONGCHAMPS, 1895, p. 36, article de M. G. TARRY. On peut voir aussi *Mathésis,* 1890, pp. 217 et 219.

ALHAZEN est le même que HASSAN-BEN-HAÏTHEM, né à Bassora, vers 980, mort au Caire en 1038. Il a laissé un *Traité des Connues géométriques,* ayant de l'analogie avec les *Données* ou *Porismes d'Euclide.* Il est surtout connu par un *Traité d'Optique,* où se trouve le problème du *miroir circulaire.* (D'après l'*Histoire des Mathématiques,* par M. Hoefer.)

HUYGENS, né à La Haye en 1629, mort en 1695; fit connaître diverses propriétés de la *cycloïde* (G., n° 890) et la *théorie des développées.*

L'HOPITAL, né à Paris en 1661, mort en 1704. On lui doit l'*Analyse des infiniment petits* et un *Traité analytique des sections coniques.*

RICCATI (1676-1754), géomètre italien, célèbre par l'intégration de l'équation qui porte son nom.

ROBERT SIMSON, géomètre écossais, déjà cité (n° 22).

PUISSANT (1769-1843), membre de l'académie des sciences, bien connu par son *Traité de Géodésie.*

QUÉTELET (1796-1873), membre de l'académie des sciences de Belgique, auquel on doit l'étude des *focales.* (Voir l'*Aperçu historique* de Chasles, et l'*Histoire des sciences mathématiques et physiques,* de M. Maximilien Marie.)

A. TRANSON, auteur de nombreux et remarquables articles dans les *Nouvelles Annales mathématiques,* vers 1850.

Questions diverses,

Exercice 516. — II.

1546 (a). Théorème. *Sans recourir à la mesure des aires, démontrer que les hauteurs abaissées du sommet A et B d'un triangle sur les côtés opposés, sont en rapport inverse avec ces mêmes côtés; en déduire qu'il en est de même des perpendiculaires abaissées d'un même point de la médiane C.*

1° Les triangles rectangles ACP, BCQ sont semblables, donc

$$\frac{h}{l} = \frac{b}{a} \quad C.\ Q.\ F.\ D.$$

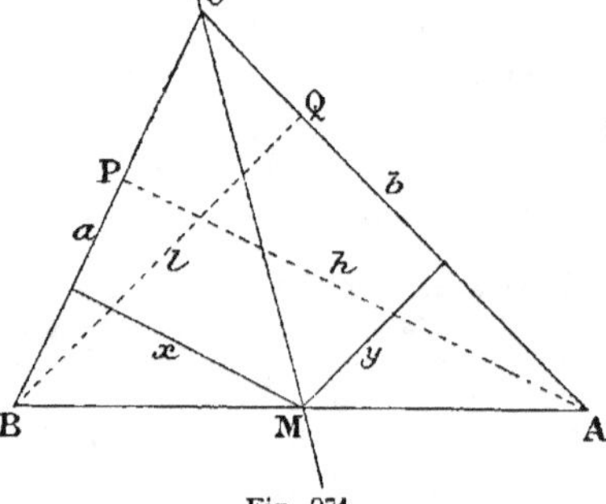

Fig. 971.

2° Il suffit de considérer le pied M de la médiane; or x est la moitié de h, y la moitié de l, donc

$$\frac{x}{y} = \frac{b}{a} \qquad C.\ Q.\ F.\ D.$$

Remarque. On sait que la proposition est une conséquence immédiate du théorème de l'aire d'un triangle, car les triangles ACM, BCM sont équivalents, donc $\qquad ax = by \quad$ ou $\quad \dfrac{x}{y} = \dfrac{b}{a}$

Exercice 516. — III.

1546 (b). Théorème. *A partir des sommets d'un triangle on prend des grandeurs égales sur les diamètres du cercle circonscrit; de chacun des* *trois points on abaisse des perpendiculaires sur les deux côtés correspondants, les droites qui joignent deux à deux les projections obtenues sont parallèles et proportionnelles aux côtés opposés du triangle; il en est de même des diagonales de l'hexagone formé par les six projections.*

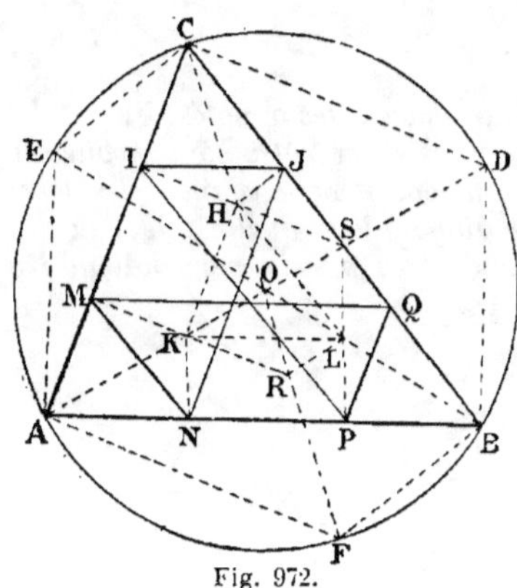

Fig. 972.

On a les quadrilatères semblables CIHJ, CAFB; donc IJ est parallèle à AB, de plus

$$\frac{IJ}{AB} = \frac{CH}{CF} = \frac{BL}{BE} = \frac{PQ}{AC}$$

C. Q. F. D.

Pour les diagonales, on a

$$\frac{BN}{BA} = \frac{BJ}{BC} = \text{donc} \quad \frac{NJ}{AC}$$

La droite NJ est parallèle à AC, et sa longueur dépend du rapport BN:BA égal à AP:AB, etc.; donc...

Remarque. Les triangles ABC, HKL ont le point O pour centre d'homothétie.

Les perpendiculaires MK, QL se coupent sur le diamètre correspondant et CR = AS.

Exercice. — IV.

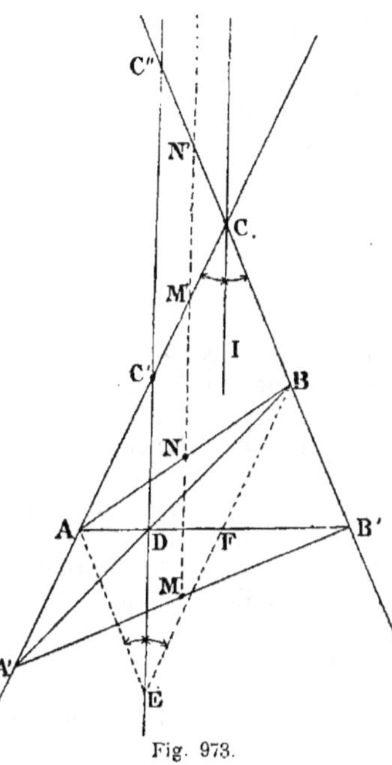

Fig. 973.

1546 (c). Lieu. *On donne un triangle ABC; sur les côtés CA, CB, on prend des grandeurs égales AA′ = BB′ = 1. On demande le lieu du point de concours D des diagonales AB′, BA′ lorsque 1 varie.*

Si l'on prend AC = BC, BC″ = AC, les points C′, C″ appartiennent au lieu demandé; mais le triangle CC′C″ est isocèle, donc C′C″ est parallèle à la bissectrice CI de l'angle C; c'est la bissectrice de l'angle E du parallélogramme ACBE, car AC′ = BC = AE.

Il suffit de démontrer que le point D appartient à cette bissectrice EC′; or soit F le point d'intersection de EB et de AB′, on a

$$\frac{EA}{EF} = \frac{BB′}{BF} = \frac{AA′}{BF} = \frac{AD}{FD}$$

donc ED est bissectrice de l'angle E.

Remarque. On sait que le lieu du point milieu M de A′B′ est une droite MNM'N' parallèle à la bissectrice de l'angle C et qui passe par le point M', milieu de CC'; CHASLES l'a nommée : *Droite des milieux* (n° 1358).

Exercice 516. — V.

1346 (d). Lieu. *On donne en grandeur deux côtés opposés d'un quadrilatère inscrit dans un cercle donné; ces deux côtés sont mobiles et glissent sur la circonférence; on joint le point où se coupent les deux autres côtés au point de concours des diagonales : quel est le lieu des points où la droite ainsi menée est rencontrée par la perpendiculaire élevée au milieu d'une des cordes données?*

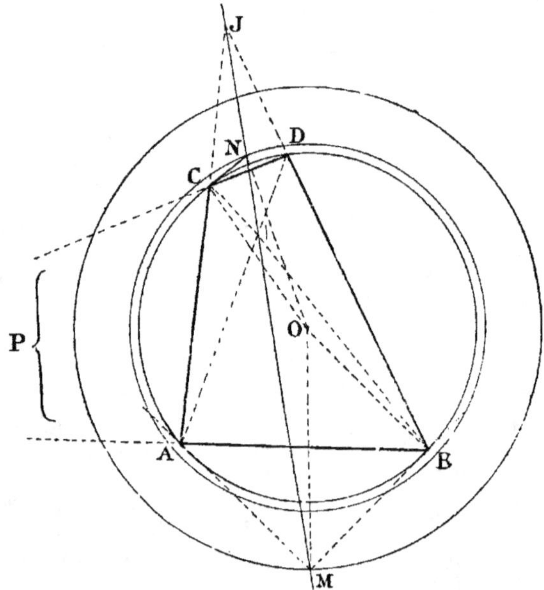

Fig. 974.

Soient AB, CD les côtés donnés en grandeur, M et N les points où IJ rencontre les perpendiculaires OM, ON, et P le point où CD rencontre AB.

Le point P est le pôle de IJ, et les pôles des cordes AB, CD se trouvent sur IJ, mais ils sont aussi sur les perpendiculaires OM, ON; donc M et N, pôles respectifs des cordes, situés sur les tangentes AM, CN, sont les points de concours demandés; or le triangle rectangle OBM est invariable de grandeur, car l'angle MOB ne varie point, donc il en est de même de OM; par suite, le lieu des points M et N se compose de deux circonférences concentriques au cercle donné. (J. M. E. 1891, p. 140.)

Exercice 516. — VI.

1346 (e). Théorème. *Les trois cercles d'Apollonius d'un triangle ont une corde commune.*

M.   28

On nomme cercle d'Apollonius *d'un triangle, par rapport au côté* AB, *le cercle qui a pour diamètre le segment déterminé sur le côté considéré par les bissectrices du sommet opposé* C.

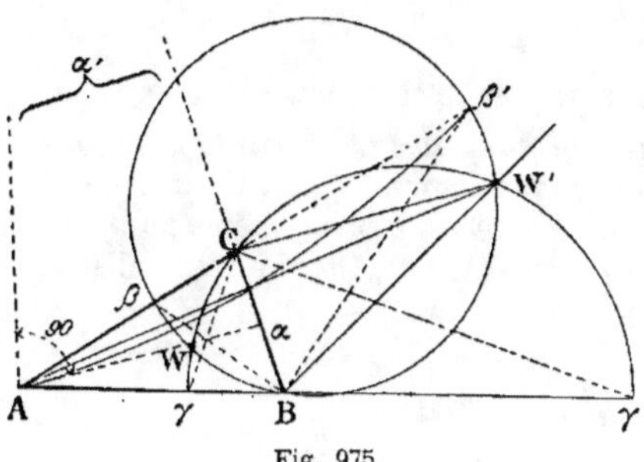

Fig. 975.

Soient α, α' les pieds des bissectrices de l'angle A, sur le côté opposé a; β, β' pour l'angle B; γ, γ' pour C.

Désignons par W, W' les points communs aux deux cercles décrits sur les diamètres γγ' et ββ'; on aura

$$\frac{AW}{BW} = \frac{b}{a}, \quad \frac{BW}{CW} = \frac{c}{b}, \quad \text{donc} \quad \frac{AW}{CW} = \frac{c}{a}$$

Ainsi le point W appartient aussi au cercle décrit sur le diamètre αα'. De même le point W' est commun aux trois cercles.

Scolie. Les points W, W' ont été nommés *centres isodynamiques* [*] du triangle, à cause des égalités :

$$AW \cdot a = BW \cdot b = CW \cdot c \quad \text{et} \quad AW' \cdot a = BW' \cdot b = CW' \cdot c$$

Les distances de chacun de ces points aux sommets sont entre elles comme les inverses des côtés opposés, car on a :

$$AW : BW : CW = \frac{1}{a} : \frac{1}{b} : \frac{1}{c}$$

Exercice 516. — VII.

1546 (f). Théorème de Sylvester. *La droite* OH *qui joint le centre du cercle circonscrit à l'orthocentre d'un triangle* ABC *est la résultante de trois forces égales* OA, OB, OC.

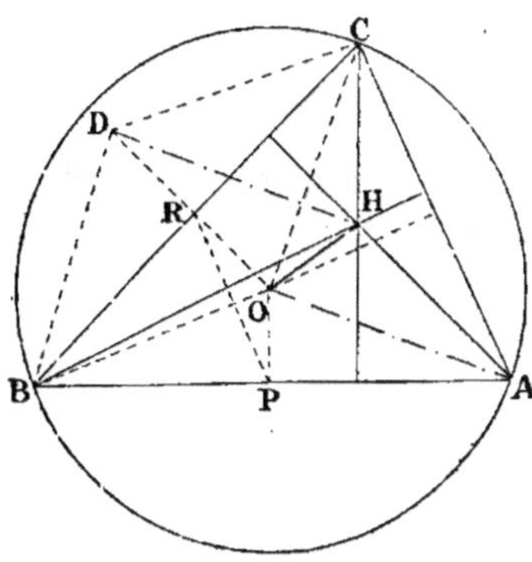

Fig. 976.

On sait que CH = 2 . OP (nᵒ 723); d'ailleurs les triangles CHA et POR sont semblables, or AC est le double de PR, donc

$$AH = 2 \cdot OR, \quad CH = 2 \cdot OP$$

Déterminons le point symétrique D du point O par rapport au côté BC, la figure BOCD est un parallélogramme, donc OD est la résultante des forces égales OB, OC; mais ODHA est aussi un pa-

---

rallélogramme, car $AH = 2 . OR = OD$, donc OH est la résultante de OD et de OA, et, par suite, la résultante de trois forces égales AO, BO, CO.

1546 (g). Remarque. On peut généraliser le théorème :

Soit un point quelconque O que l'on joint aux trois points milieux A', B', C' des côtés d'un triangle ; par chaque sommet A, B, C on mène des parallèles à OA', OB', OC' ; ces lignes se coupent en un même point H, et la droite OH est la résultante des forces OA, OB, OC. La généralisation est de GÉRONO. (N. A. M. 1883, p. 525.)

Exercice 516. — VIII.

1548 (h). Théorème. 1° *Tous les cercles d'Apollonius tels que MM', NN', décrits sur les droites AA', BB', CC' qui joignent les sommets homologues de deux figures directement semblables ABC, A'B'C', ainsi que les cercles d'Apollonius, tels que PQ, P'Q', relatifs à chaque côté des figures données, passent par un même point S'* (fig. 966 bis, page 639).

2° *Il en est de même des cercles de Miquel tels que AA'D', BB'D' lorsque le quadrilatère ABB'A' relatif à deux côtés homologues est convexe* (seul cas que nous ayons étudié).

C'est évident d'après une question précédente (n° 1527) : tous les cercles passent par le point double S des deux figures directement semblables.

Pour deux triangles donnés ABC, A'B'C' il y aurait à considérer neuf cercles d'Apollonius et neuf cercles de Miquel.

Les neuf cercles de Miquel et les deux bissectrices relatives à chaque cercle fournissent dix-huit constructions différentes ; d'autre part, pour les deux triangles ABC, A'B'C', en prenant les côtés deux à deux, par exemple BC, B'C' et les droites BB', CC', on obtient en tout douze lieux des points des *distances,* ou des *divisions proportionnelles ;* soit en tout *dix-huit cercles* et douze droites (non compris les bissectrices) qui passent par le point S, ces trente lignes donnent :

$$\frac{30 . 29}{2} = 435$$

donc en tout on a $435 + 18 = 453$ constructions distinctes pour déterminer le point double S.

LIVRE IV

THÉORÈMES

Aire des figures.

1547. Dans les *Éléments de Géométrie* (IVe livre), les aires sont déduites de celle du rectangle par la comparaison directe de la surface à évaluer à une surface déjà connue. Ainsi, on prouve qu'un parallélogramme est équivalent à un rectangle de même base et de même hauteur; donc on peut prendre pour mesure du parallélogramme le produit des nombres qui mesurent la base et la hauteur de la figure donnée.

On procède d'une manière analogue pour le triangle et le trapèze; mais, pour le cercle, il a fallu recourir aux considérations infinitésimales et considérer cette figure comme la limite des polygones réguliers dont le nombre de côtés augmente indéfiniment.

ARCHIMÈDE * est le principal auteur de la *Géométrie de la mesure*. On lui doit l'expression de l'aire du cercle et la quadrature du segment parabolique (G., n° 947). Jusqu'à lui, les géomètres n'étaient parvenus qu'à évaluer les polygones. On pouvait citer, il est vrai, les *lunules d'Hippocrate* (n°s 1577 et 1578); mais ce n'était que la constatation d'une *équivalence* heureuse entre une figure à périmètre curviligne et un triangle rectiligne, mais non une méthode qui pût conduire à l'évaluation des surfaces planes limitées par une courbe.

La *Méthode d'exhaustion*, due à ARCHIMÈDE, et appliquée à la parabole, ainsi qu'à la mesure des solides, est indiquée au livre VII (n° 1902); il en est de même de la *Méthode des indivisibles*, de CAVALIERI, et de la *Méthode de sommation*, que l'on peut rattacher aux deux premières.

Les formules de quadrature approximative que nous avons employées sont dues à THOMAS SIMPSON (G., n° 983) et à PONCELET. (G., n° 357.)

Cette dernière formule a été modifiée avantageusement par le capitaine PARMENTIER **. (G., n° 996.)

---

* ARCHIMÈDE de Syracuse (287 av. J.-C., à 212). Ce grand géomètre a traité *de la sphère et du cylindre; des conoïdes et des figures sphéroïdes; des spirales; de la mesure du cercle*, etc.; il a créé la *Méthode d'exhaustion* et a laissé un livre de *Lemmes*.

** THÉODORE PARMENTIER, capitaine du génie, aide de camp du maréchal NIEL en Crimée. (N. A., 1855, page 370.)

Exercice 517.

1548. Théorème. *L'aire d'un polygone circonscrit à un cercle égale la moitié du produit du périmètre par le rayon du cercle.*

Car un tel polygone est décomposable en triangles ayant tous pour hauteur le rayon r du cercle, et pour bases les divers côtés.

Exercice 518.

1549. Théorèmes. 1° *Les droites menées des sommets d'un triangle ABC au point de concours G des médianes, divisent ce triangle en trois triangles équivalents.*

2° *Les trois médianes divisent le triangle en six triangles équivalents.*

Exercice 519.

1550. Théorème. P, Q, R *étant des carrés construits sur les trois côtés d'un triangle rectangle :*

1° *Chacun des trois triangles* S, T, U, *que l'on obtient en joignant les sommets extérieurs des carrés, est équivalent au triangle rectangle primitif;*

2° *La somme des carrés des côtés de l'hexagone obtenu égale huit fois le carré de l'hypoténuse.*

Prolongeons LB, et menons sur cette droite la perpendiculaire GM.

1° Les triangles D et S sont égaux, comme ayant en A un angle égal compris entre des côtés respectivement égaux.

Les triangles rectangles D et E sont égaux, comme ayant les hypoténuses égales et un angle égal en B. (Ces angles en B sont égaux, comme ayant même complément r.) Il en résulte que BM $=$ BA $= c$.

Les triangles T et E sont équivalents, comme ayant même hauteur GM, et des bases égales LB et BM. Donc les triangles T et D sont équivalents.

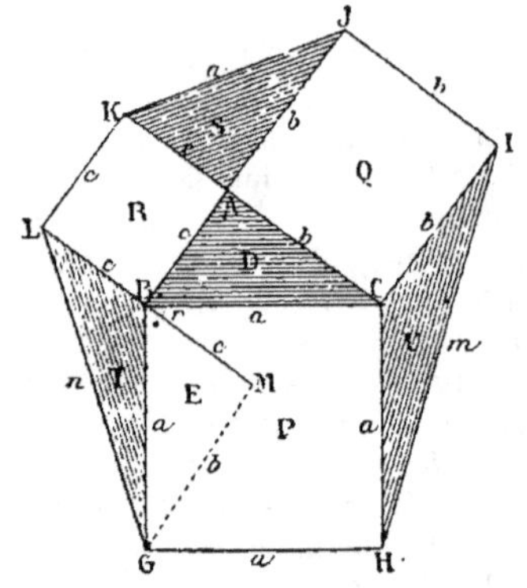

Fig. 977.

Et l'on prouverait de même l'équivalence des triangles U et D.

2° Le triangle BGL donne (G., n° 252)
$$n^2 = c^2 + a^2 + 2\,\mathrm{BL}\,.\,\mathrm{BM} = c^2 + a^2 + 2c^2 = a^2 + 3c^2$$
On aurait de même $\quad m^2 = a^2 + 3b^2$

Les carrés des quatre autres côtés de l'hexagone donnent
$$2a^2 + b^2 + c^2$$
On a donc pour la somme des carrés des six côtés
$$4a^2 + 4b^2 + 4c^2 \quad \text{ou} \quad 4a^2 + 4a^2 \quad \text{ou enfin} \quad 8a^2 \quad C.\ Q.\ F.\ D.$$

Exercice 520.

1551. Théorème. *Un triangle rectangle est équivalent au rectangle des deux segments faits sur l'hypoténuse par le point de contact du cercle inscrit.* (BURLET, de Dublin, N. A., 1856, p. 290.)

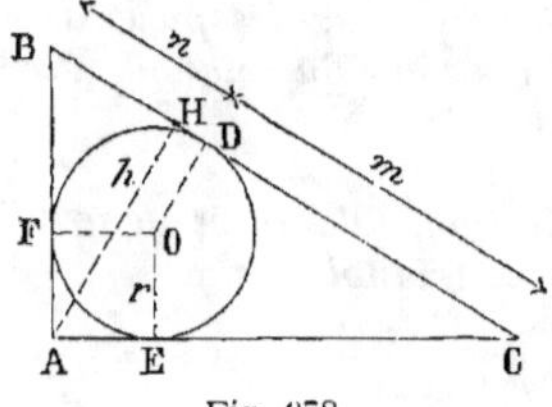

Fig. 978.

Soient m, n les segments faits sur l'hypoténuse, r le rayon du cercle inscrit. On sait que

$$AE = AF = r; \quad CE = m; \quad BF = n$$

Le double de l'aire du triangle est donné par AC . AB

ou

$$(AE + EC)(AF + FB)$$

$$2 . S = (r + m)(r + n) = r^2 + r(m + n) + mn$$

Or $r^2 + r(m + n)$ est l'aire du triangle, car mr est le double du triangle DOC ou bien l'aire du quadrilatère DOEC; de même rn exprime l'aire de DOFB, et r^2 complète le triangle rectangle.

Ainsi

$$2S = S + mn; \quad \text{d'où} \quad S = mn$$

Exercice 521.

1552. Théorème. *L'aire d'un triangle ABC peut s'obtenir en multipliant le rayon du cercle circonscrit par le demi-périmètre du triangle orthique.*

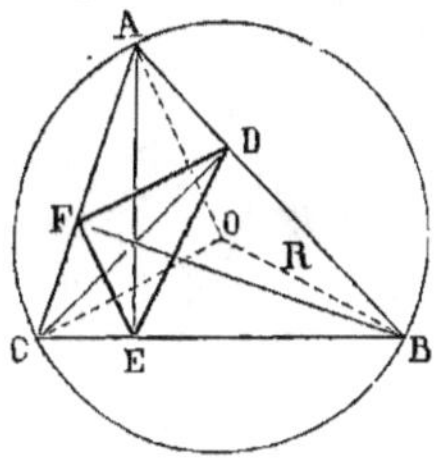

Fig. 979.

On sait qu'on nomme *triangle orthique* le triangle obtenu en joignant deux à deux les pieds des hauteurs du triangle donné.

Joignons le point O aux trois sommets A, B, C et aux points D, E, F.

Le rayon AO du cercle circonscrit est perpendiculaire à DF (n°s 292 et 663); donc l'aire du quadrilatère ADOF s'obtient en multipliant AO ou R par la moitié de DF.

On a donc

$$ADOF = R . \frac{DF}{2}$$

$$BDOE = R . \frac{DE}{2}$$

$$CEOF = R . \frac{FE}{2}$$

d'où

$$ABC = R . \frac{DF + DE + EF}{2} \quad C. \, Q. \, F. \, D.$$

1552 (a). Scolie. En désignant les trois côtés du triangle donné par a, b, c, et ceux du triangle DEF par d, e, f, on a

$$\text{surf. ABC} = \frac{a . b . c}{4R}$$

d'où $\quad \dfrac{abc}{4R} = R \cdot \dfrac{DF + DE + EF}{2}\quad$ ou $\quad DF + DE + EF = \dfrac{abc}{2R^2}$

ou $$d + e + f = \dfrac{abc}{2R^2}$$

Ainsi la somme des droites qui joignent deux à deux les pieds des hauteurs s'obtient en divisant le produit des trois côtés du triangle par le double du carré du rayon du cercle circonscrit.

1552 (b). Théorème. *Soient* P, Q, R *les projections du centre de gravité d'un triangle* ABC *sur les côtés* a, b, c *de ce triangle, on a*

$$PQR = \frac{4}{9} \left(\frac{a^2 + b^2 + c^2}{a^2 b^2 c^2} \right) T^3$$

(*Nouvelle correspondance mathématique*, 1874-1875, p. 107.)

1552 (c). Théorème. *Le triangle ayant pour sommets les pieds des hauteurs du triangle podaire du centre du cercle inscrit à un triangle donné* ABC *ou* T *a pour mesure soit :*

$$\frac{16T^5}{a^2 b^2 c^2 (a^2 + b^2 + c^2)^2} \quad \text{ou} \quad T \cdot \left(\frac{r}{2R} \right)^2$$

en représentant par R et r les rayons des cercles circonscrit et inscrit à ABC. (N. C. M., 1874-75, pp. 75, 187-6° et 224.)

Exercice 522.

1553. Théorème. *On donne un triangle et le cercle circonscrit; chaque rayon qui aboutit à un des sommets est prolongé jusqu'à la circonférence, et l'on joint deux à deux les extrémités des trois diamètres ainsi menés; prouver que l'hexagone obtenu est double du triangle.* (N. A., 1844, page 317.)

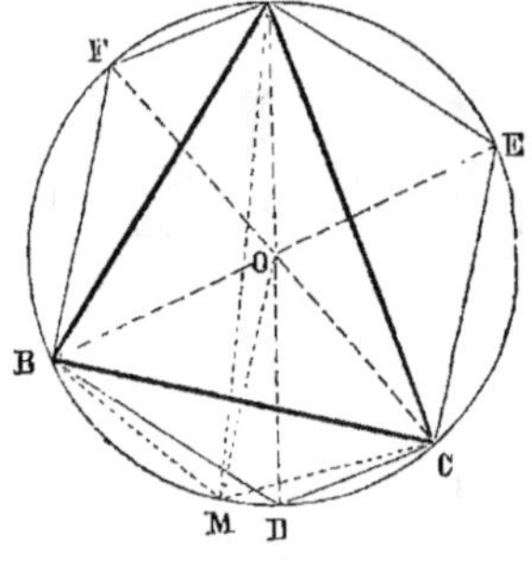
Fig. 980.

Les deux quadrilatères AFBD, DCEA sont égaux, car

$$DC = AF, \quad CE = FB \quad \text{et} \quad EA = BD$$

Il suffit donc de prouver que le triangle donné est équivalent à l'un de ces quadrilatères.

Or les triangles de même base et de même hauteur sont équivalents;

donc
$$AOB = AOE$$
$$BOC = COE$$
$$AOC = COD$$

En ajoutant, on trouve $\quad ABC = ADCE \qquad$ C. Q. F. D.

1554. Théorème. *L'hexagone qui correspond aux trois hauteurs prolongées est équivalent à l'hexagone obtenu en prolongeant les trois rayons du cercle circonscrit.*

En effet, l'hexagone des trois hauteurs prolongées est aussi le double du triangle primitif.

1555. Théorème. *L'hexagone de surface maxima est obtenu par le prolongement des bissectrices du triangle donné, ou par le prolongement des trois perpendiculaires élevées au milieu des côtés du triangle.*

La bissectrice de l'angle A passe au milieu de l'arc; il en est de même de la perpendiculaire OM élevée au milieu de BC; or le triangle BMC est $>$ BDC, etc.

Exercice 523.

1556. Théorème. *Les trois hauteurs d'un triangle se coupent au point H; sur AB on construit un triangle rectangle ayant le sommet de l'angle droit sur la perpendiculaire CD; prouver que la surface du triangle rectangle ALB est moyenne proportionnelle entre les surfaces ABC et ABH.*

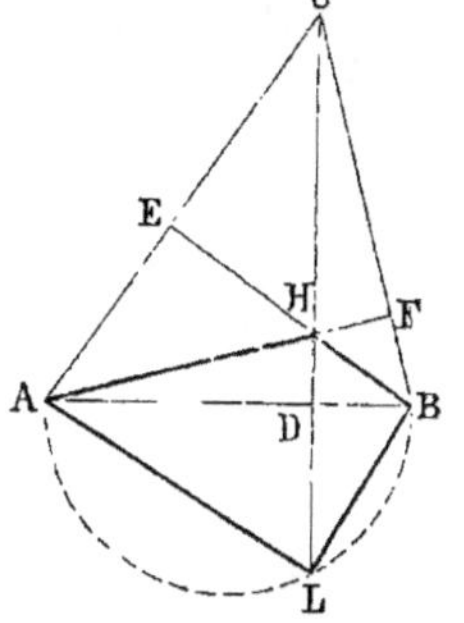

Fig. 981.

1re Démonstration. Les triangles ABC, ABL, ABH ayant même base, il suffit de prouver qu'on a

$$DL^2 = DC \cdot DH$$

Or $$DL^2 = DA \cdot DB$$

Il faut démontrer que

$$DA \cdot DB = DC \cdot DH$$

Les triangles ADH, CDB sont semblables, car les angles en A et en C sont égaux; donc

$$\frac{AD}{DC} = \frac{DH}{BD}; \quad \text{d'où} \quad DA \cdot DB \quad \text{ou} \quad DL^2 = DC \cdot DH$$

C. Q. F. D.

Autre démonstration. Si l'on considère la figure HABC comme la projection d'un tétraèdre, dont le trièdre H serait tri-rectangle, le triangle ALB peut être regardé comme le rabattement de la face projetée en AHB. Relevons ce triangle. Le triangle CDL de l'espace est rectangle en L; par suite, on a

$$DL^2 = DH \cdot DC$$

1557. Théorème. *Sur chaque côté d'un triangle ABC on construit un triangle rectangle ayant le sommet de l'angle droit sur la hauteur correspondante ou sur son prolongement; prouver que la somme des carrés des trois triangles rectangles égale le carré de la surface du triangle donné ABC.*

Représentons les trois triangles rectangles par L, M, N, et ABC par T;

on a $$L^2 = T \cdot ABH; \quad M^2 = T \cdot ACH; \quad N^2 = T \cdot BCH$$

donc $$L^2 + M^2 + N^2 = T(ABH + ACH + BCH) = T^2$$

C. Q. F. D.

Exercice 524.

1558. Théorème. *Quand deux triangles ont même hauteur, les rectangles inscrits qui ont même hauteur sont dans le même rapport que les triangles donnés.*

(Voir *Méthodes*, n° 200.)

Exercice 525.

1559. Théorème de Clairaut [*]. *Sur deux des côtés* AB, AC *d'un triangle quelconque on construit des parallélogrammes quelconques; on joint le sommet* A *au point de concours* H *des côtés* DE, FG; *on prolonge* HAM *d'une quantité* MN *égale à* AH, *et l'on construit un parallélogramme sur* BCN.

Prouver que ce parallélogramme BCN *est équivalent à la somme des parallélogrammes construits sur les autres côtés du triangle.*

Déduire de ce théorème que le carré de l'hypoténuse d'un triangle rectangle est équivalent à la somme des carrés des deux autres côtés.

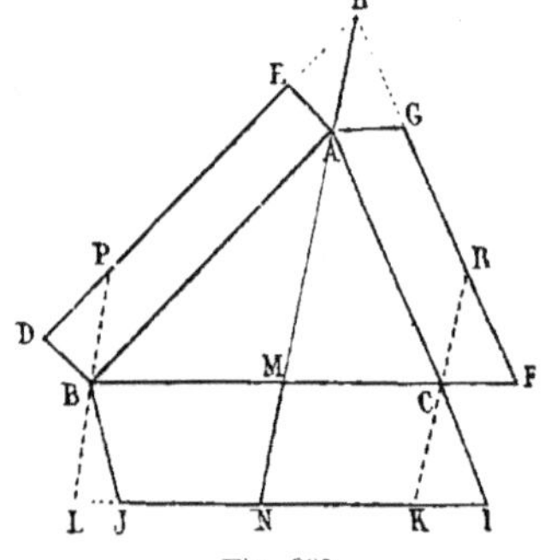

Fig. 982.

1° Par les sommets B et C menons des parallèles LBP et KCR à NH.

Les parallélogrammes de même base et de même hauteur sont équivalents ; donc

$$BCIJ = BCKL; \quad ABDE = ABPH; \quad ACFG = ACRH$$

Or, par suite de l'égalité des lignes AH et MN, on a

$$BMNL = ABPH \quad \text{et} \quad CMNK = ACRH$$

donc $\qquad ABDE + ACFG = BCIJ \qquad$ *C. Q. F. D.*

---

[*] Le théorème est souvent attribué au frère de CLAIRAUT (voir *Million de faits*, p. 131), et nous le laissons sous ce nom afin de rappeler un mathématicien distingué ; mais il est dû à PAPPUS. (D'après les *Récréations mathématiques* d'OZANAM, rééditées et augmentées par MONTUCLA, en 1778.)

CLAIRAUT, né à Paris en 1713, mort en 1765, publia de nombreux mémoires relatifs à l'astronomie. Ses *Éléments de géométrie* se distinguent par de grandes qualités. Son frère mourut fort jeune, après avoir fait paraître, à seize ans, en 1731, un petit ouvrage où se trouve un théorème ingénieux qu'on lui doit probablement (n° 1561).

OZANAM, né en 1640, dans les Dombes, mort à Paris en 1717, est surtout connu par son *Dictionnaire des mathématiques* et par ses *Récréations mathématiques et physiques*. Un de ses arrière-petits-neveux, FRÉDÉRIC OZANAM (1813-1853), a occupé la chaire de littérature étrangère à la Sorbonne, et a été l'un des fondateurs de l'admirable *Société de Saint-Vincent-de-Paul*.

MONTUCLA, né à Lyon en 1725, mort à Versailles en 1800, a publié divers ouvrages, et en outre une *Histoire des mathématiques*.

28*

2º Pour ramener le *théorème de Pythagore* (fig. 983) à celui de *Clairaut* (fig. 982), il suffit de prouver que la droite AH est égale et perpendiculaire à l'hypoténuse BC.

Or les triangles rectangles ABC, EAH sont égaux comme ayant un angle égal compris entre les deux côtés égaux; car

$$AB = AE; \quad AC = AG = EH$$

donc $\qquad AH = BC$

En outre l'angle EAH = ABC; d'ailleurs l'angle EAH = CAM comme opposé par le sommet; donc

$$\text{angle } CAM = ABC$$

donc AM est perpendiculaire sur BC.

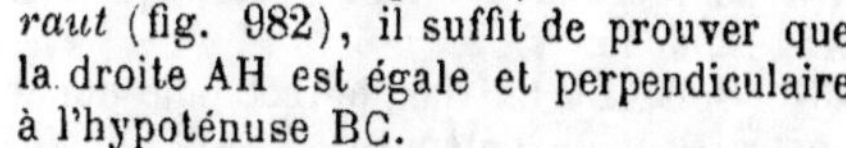

Fig. 983.

1560. Remarque. On peut démontrer le théorème de Pythagore de bien des manières; en voici encore quelques autres :

1º *Démonstration de Terquem.* Sur IJ (fig. 984) on construit un triangle rectangle ILJ égal au triangle donné; mais IL correspond à AB.

Les quatre quadrilatères DBCF, DEGF, ABJL, ACIL sont égaux, car ils sont superposables; donc l'hexagone DBCFGED est équivalent à l'hexagone ABJLICA.

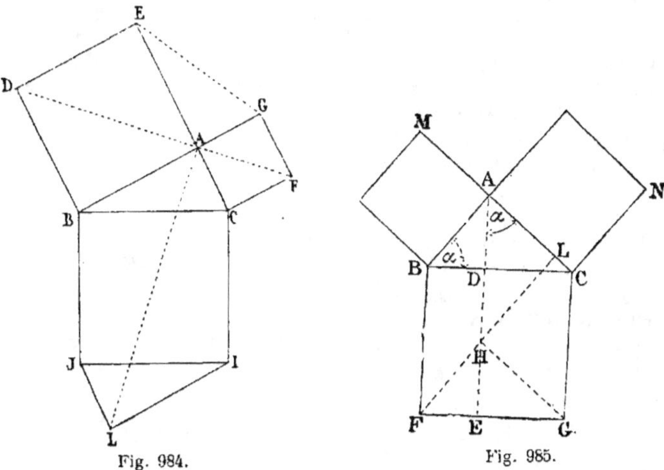

Fig. 984.

Fig. 985.

Mais ces deux figures ont une partie commune ABC, et

$$AEC = ILJ$$

donc les restes sont équivalents

$$BCIJ = ABLE + ACFG$$

2º Menons les perpendiculaires ADE, FL (fig. 985); les triangles BAC,

FHG sont égaux, or ABFH est équivalent au carré M et ACGH au carré N, donc.

3º * Soit ABC le triangle rectangle donné (fig. 986) et BCDE le carré construit sur l'hypoténuse.

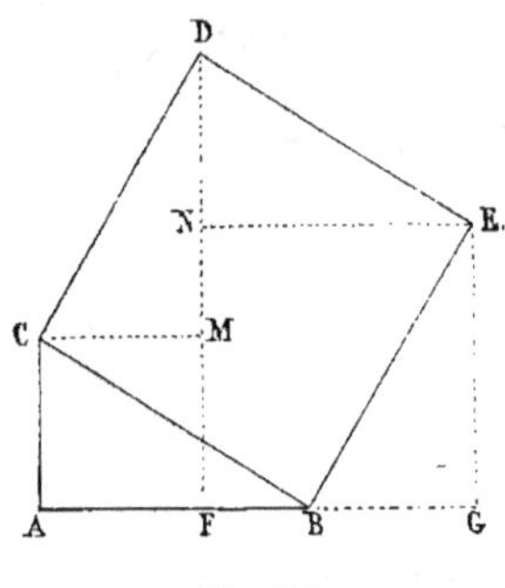

Fig. 986.

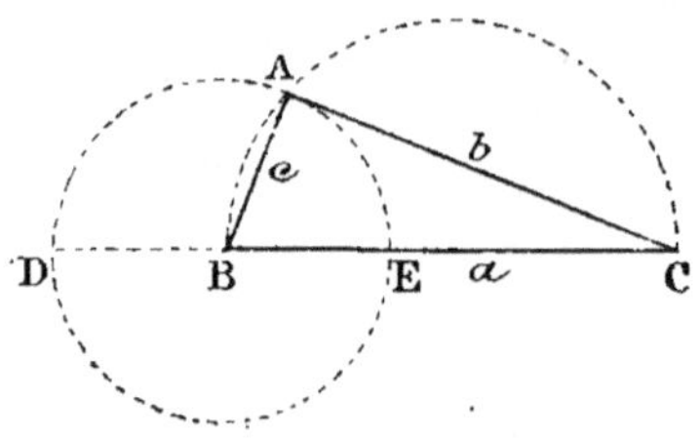

Fig. 987.

En menant les perpendiculaires DF, EG sur AB, puis CM, EN sur DF, on obtient quatre triangles rectangles égaux ABC, BGE, END, DMC.

Or, si du pentagone AGEDC, on retranche les triangles ABC et BGE, on obtient le carré de l'hypoténuse ; tandis que si l'on retranche du même pentagone les triangles CMD et DNE, on obtient pour reste les carrés des côtés de l'angle droit; donc

$$CBED = CAFM + FGEN$$

4º La solution précédente est une simplification de celle de Bhascara **.

BCDE est le carré construit sur l'hypoténuse (fig. 987), GN et NH les carrés construits sur les côtés de l'angle droit; or la somme de ces carrés, augmentée de quatre triangles rectangles égaux entre eux, donne le même carré AGFH, que le carré de l'hypoténuse augmenté de quatre triangles égaux aux premiers.

5º Soit le triangle rectangle ABC (fig. 988) d'une extrémité B de l'hypoténuse, avec le côté c pour rayon, décrivons une circonférence, on a :

$$AC^2 = CD \cdot CE; \quad b^2 = (a+c)(a-c); \quad b^2 = a^2 - c^2$$

1561. Théorème. *On construit des carrés sur les côtés d'un triangle quelconque* BAC *(fig. 989); si l'on fait l'angle* AMB *égal à* BAC, *et qu'on*

---

* On peut voir le traité suivant, page 80 : Lehrbuch der Geometrie von Dr Rudolf Sonndorfer, director der academischen handelsmittelschule in Wien (1873-1877). Cet ouvrage, remarquable à divers titres, est fait pour les écoles qui correspondent à notre Enseignement spécial.

** Bhascara, vers 1114, géomètre hindou (voir Aperçu historique, page 447).

mène une droite MN *parallèle à* BJ, *le carré* ABDE *sera équivalent au rectangle* BMNJ.

En effet, les triangles BAC, BMA sont équiangles.

1562. Théorème. *L'aire d'un quadrilatère quelconque* ABCD *égale le produit d'une diagonale* AC, *par la demi-somme des perpendiculaires abaissées des sommets opposés* B *et* D.

Exercice 526.

1563. Théorème. *Lorsque deux droites de longueurs données se coupent sous un angle constant, le quadrilatère formé en joignant deux à deux les extrémités de ces droites a une surface constante.*

(Voir *Méthodes*, n° 155.)

1564. Théorème. *Le parallélogramme* EG, *qui a pour sommets les milieux des côtés d'un quadrilatère quelconque* ABCD, *est la moitié de ce quadrilatère.*

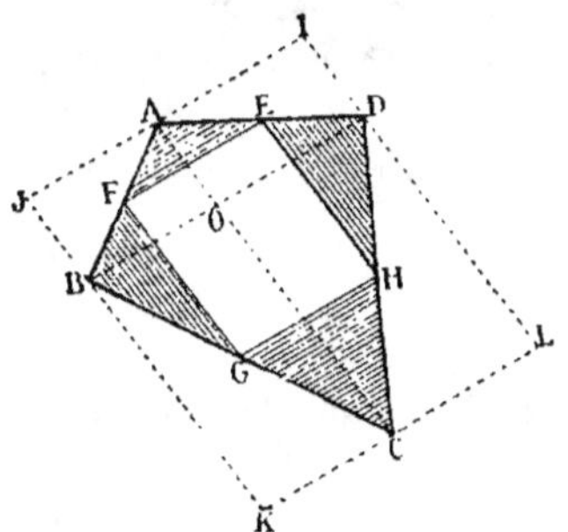

Fig. 989.

Menons les diagonales AC et BD, et, par les sommets, des parallèles à ces mêmes diagonales.

La figure IJKL est un parallélogramme dont les côtés sont respectivement égaux et parallèles aux diagonales AC et BD. Le parallélogramme EFGH a ses côtés parallèles aux diagonales AC et BD, et égaux aux moitiés de ces mêmes diagonales. (G., n° 222.)

Ainsi les deux parallélogrammes IJKL et EFGH sont semblables. Le rapport des dimensions homologues est $\frac{2}{1}$, et le rapport des surfaces est $\frac{4}{1}$.

Les droites AC et BD divisent le parallélogramme total en quatre parallélogrammes; et dans chacun d'eux, comme dans AOBJ, par exemple, une moitié fait partie du quadrilatère ABCD, et l'autre moitié est en dehors de ce quadrilatère.

Ainsi le quadrilatère ABCD est la moitié du parallélogramme IJKL, et le double du parallélogramme EFGH.   *C. Q. F. D.*

Remarque. Cette question est un cas particulier du *théorème de Prouhet* (n° 1575).

Exercice 527.

1565. Théorème. *Toute droite menée d'une base à l'autre d'un trapèze, par le milieu de la base moyenne, divise la figure en deux trapèzes équivalents.*

Soient G et H les milieux des bases AD et BC du trapèze ABCD. La droite GH détermine deux trapèzes GHBA et GHCD équivalents, comme ayant même hauteur et des bases respectivement égales. Donc ces trapèzes ont aussi même base moyenne, et le point O est le milieu de la droite EF.

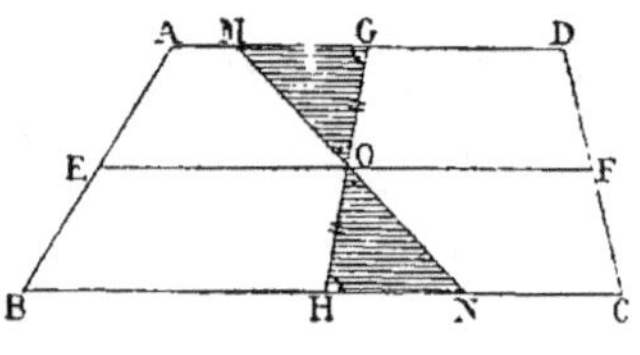

Fig. 990.

Les parallèles AD, EF et BC déterminent des parties égales sur AB, et aussi par conséquent sur GH. (G., n° 210.) Ainsi le point O est le milieu de GH comme de EF.

Soit MN une droite menée par le point O. Les triangles OGM et OHN sont égaux, comme ayant un côté égal adjacent à des angles respectivement égaux. Donc, dans chacun des trapèzes équivalents déterminés par GH, l'un de ces triangles peut être remplacé par l'autre. Donc les trapèzes déterminés par MN sont équivalents.   *C. Q. F. D.*

Autre démonstration. Soient m et h la moitié de la base moyenne et la hauteur du trapèze donné. Chaque trapèze partiel a pour aire mh, donc ils sont équivalents.

Remarque. On admet que le point M est sur la petite base et non sur le prolongement de cette ligne.

Exercice 528. — I.

1566. Théorème. *L'aire d'un trapèze égale le produit de l'un des côtés non parallèles, par sa distance au milieu du côté opposé.*

En effet, menons HG parallèle à AB par le milieu E de DC; les deux triangles DHE et ECG étant égaux, le trapèze est équivalent au parallélogramme. Or ce dernier a pour surface $AB \times EF$; donc le trapèze...

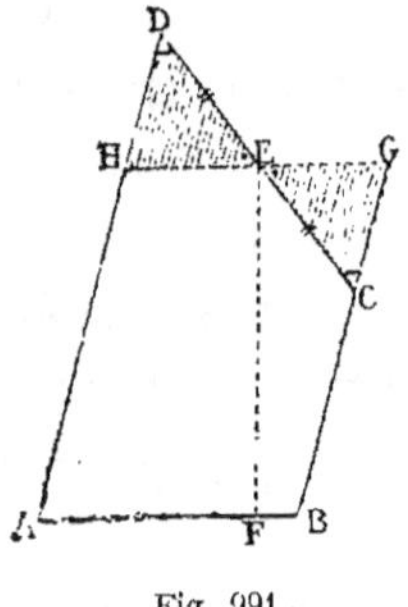

Fig. 991.

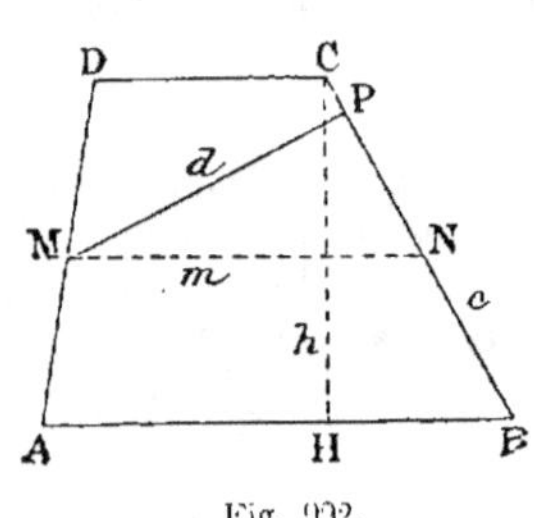

Fig. 992.

Autre démonstration. Les triangles rectangles semblables HBC, PMN donnent

$$\frac{h}{d} = \frac{c}{m}$$

d'où

$$dc = mh = S$$

Scolie. *Les distances de chaque point milieu des côtés non parallèles* *d'un trapèze, au côté opposé à celui dont on considère le milieu, sont inversement proportionnelles à ces mêmes côtés.*

En effet, soit f la perpendiculaire abaissée du point milieu N sur le côté opposé AD (fig. 992), on a $f \cdot AD = d \cdot BC$

d'où
$$\frac{d}{f} = \frac{BC}{AD}$$

C. Q. F. D.

Exercice 528. — II.

1567. Théorème. *Les triangles qui ont pour bases les côtés non parallèles d'un trapèze et qui ont pour sommet commun le point de concours des diagonales, sont équivalents.*

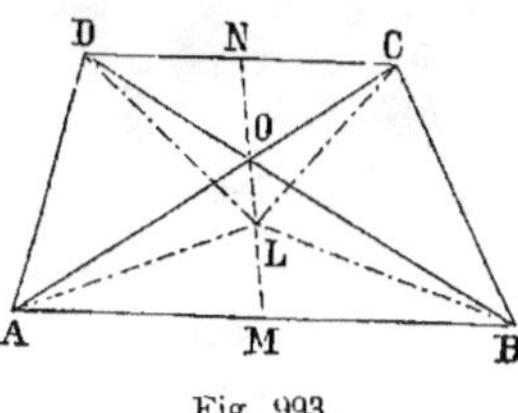
Fig. 993.

Il faut prouver qu'on a

$$AOD <> BOC$$

En effet, ADB et ACB sont équivalents; si l'on supprime la partie commune AOB, les restes sont équivalents; donc...

1568. Théorème. *Les triangles ALD, BLC qui ont pour bases les côtés non parallèles et dont le sommet commun est sur la droite qui joint les milieux des bases, sont équivalents.*

Exercice 529.

1569. Théorème. *Par un point pris sur la diagonale d'un parallélogramme, on mène des parallèles aux côtés de cette figure; prouver que les deux parallélogrammes obtenus sont équivalents.*

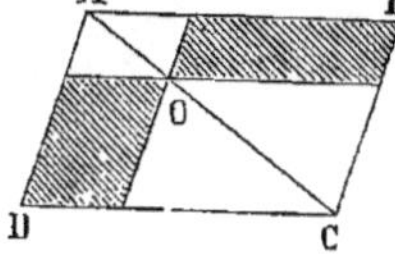
Fig. 994.

La diagonale divise la figure donnée en deux triangles égaux; il en est de même des parallélogrammes qui ont pour diagonales AO, OC; donc le parallélogramme OB est équivalent à OD.

Exercice 530. — I.

1570. Théorème. *On joint chaque sommet d'un parallélogramme à un point pris à l'intérieur de cette figure; prouver que la somme des triangles ayant pour bases deux côtés opposés est égale à la somme des deux autres triangles.*

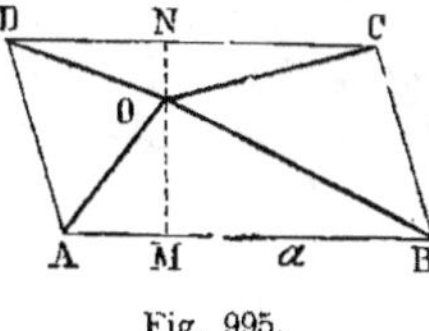
Fig. 995.

Soient $AB = DC = a$.

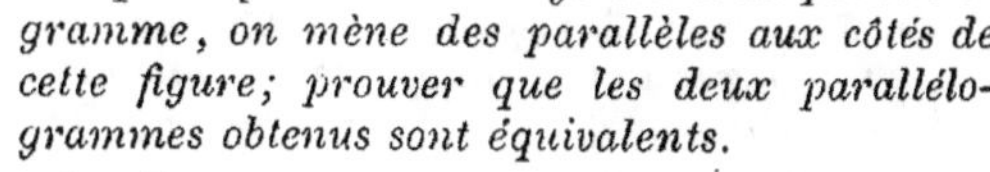

$$AOB = \frac{a \cdot OM}{2} \; ; \quad DOC = \frac{a \cdot ON}{2}$$

donc $AOB + DOC = \frac{a}{2} \cdot MN = \frac{1}{2} ABCD = AOD + BOC$

Autre démonstration.

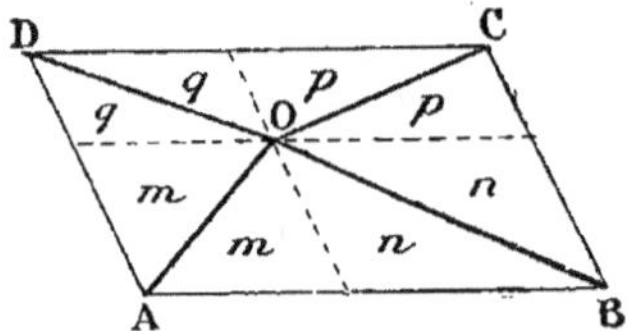

Fig. 996.

$$OAB + OCD = m + n + p + q = OAD + OCB$$

1571. Théorème. *Lorsqu'on joint un point pris sur une diagonale aux quatre sommets d'un parallélogramme, on décompose la figure en quatre triangles équivalents deux à deux.*

En effet, les triangles ADO, CDO sont équivalents, car ils ont même base DO et des hauteurs égales AM, CN.

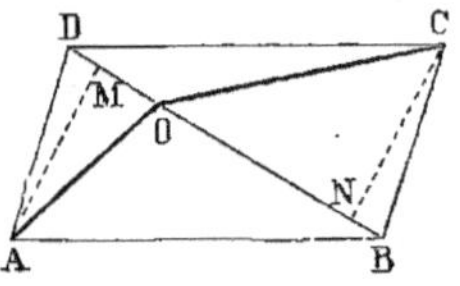

Fig. 997.

1572. Théorème. *La somme des deux triangles qui ont pour sommet commun un point du périmètre d'un parallélogramme, et pour base chaque diagonale, est constante.*

La somme AOC + BOD est constante.

En effet AOC, BOC sont équivalents; donc
$$AOC + BOD = BOD + BOC = BCD$$

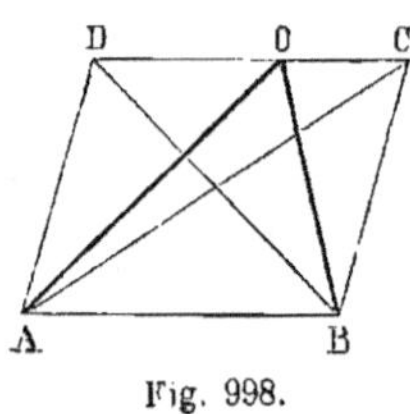

Fig. 998.

Exercice 530. — II.

1573. Théorème. *Lorsqu'on joint un point quelconque O aux quatre sommets d'un parallélogramme, le triangle qui a ce point pour sommet et une diagonale pour base, est la somme ou la différence des triangles qui ont même sommet, et pour bases respectives les deux côtés adjacents qui aboutissent à une des extrémités de la diagonale considérée.*

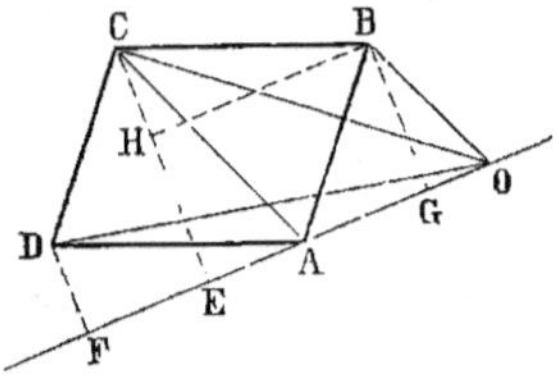

1º Considérons la diagonale AC et les côtés AB, AD; on doit avoir
$$OAC = OAB + OAD$$

Pour comparer les triangles qui ont AO pour base commune, il suffit de mener

Fig. 999.

les hauteurs CE, BG, DF et de prouver qu'on a $CE = BG + DF$

Or menons la parallèle BH. Les triangles rectangles AFD, BHC sont égaux, car les hypoténuses sont égales et parallèles; tous les angles sont égaux; donc $CH = DF.$

Ainsi $CE = BG + DF$ *C. Q. F. D.*

2º Lorsque le point est pris dans l'intérieur de l'angle BAD ou dans son opposé au sommet, le triangle OAC est la différence des deux autres.

3º Lorsque le point O est sur AC ou sur son prolongement, le triangle OAC est nul, les deux autres triangles sont équivalents.

Exercice 531.

1574. Théorème de Brune *. *Si, dans un quadrilatère quelconque ABCD, on mène, par les milieux M, N de chacune des diagonales, une*

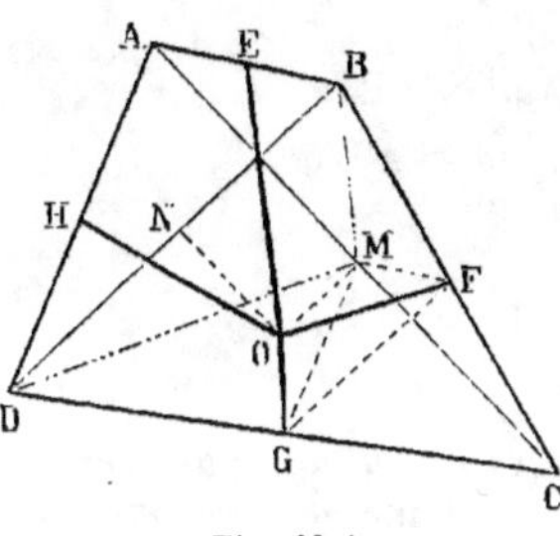

parallèle à l'autre, et qu'on joigne leur point de concours O aux milieux E, F, G, H des côtés du quadrilatère, cette figure sera partagée en quatre quadrilatères équivalents.

Soient MO parallèle à BD, NO parallèle à AC.

Il suffit de prouver qu'une des divisions, OFCG, par exemple, est le quart du quadrilatère total.

Joignons le point M aux points B, D, G.

Fig. 1000.

1° M étant le milieu de AC, la ligne brisée BMD divise le quadrilatère en deux parties équivalentes.

2° F et G étant les milieux de BC et de DC, la ligne brisée FMG divise le quadrilatère CBMD en deux parties équivalentes; donc CFMG est le quart de la figure totale.

Mais FG est parallèle à BD et, par suite, à MO; donc le quadrilatère CFOG est équivalent à CFMG.

Ainsi CFOG est le quart de ABCD.   C. Q. F. D.

Exercice 532.

1575. Théorèmes de Prouhet. 1° *Deux polygones quelconques de 2n côtés sont équivalents, quand leurs côtés ont les mêmes milieux.* (E. PROUHET **, N. A., 1851, p. 181.)

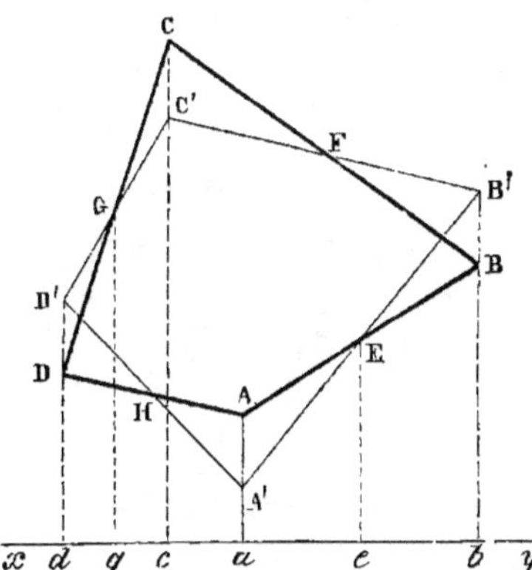

Soit un polygone ABCD de $2n$ de côtés; E, F, G, H les points milieux.

Joignons le sommet A au sommet correspondant A'.

On a par construction

$$AE = EB; \quad A'E = EB'$$

donc BB' est une droite égale et parallèle à AA'. (G., n° 80.)

Il en est de même de CC', de DD', etc.

Fig. 1001.

---

* BRUNE, ancien conseiller à la chambre des comptes de Berlin. Le théorème a été publié dans le *Journal de Crelle* en 1841; depuis cette époque, il a paru dans plusieurs publications périodiques et dans quelques recueils de problèmes.

** E. PROUHET, répétiteur à l'École polytechnique, collaborateur de M. GERONO de 1862 à 1868.

Projetons les sommets et les points milieux sur une droite xy perpendiculaire à AA'.

Les trapèzes sont équivalents deux à deux ; ainsi $\text{AB}ba = \text{A'B'}ba$, car ils ont même base moyenne Ee et même hauteur ab.

Or les deux polygones sont équivalents, parce qu'ils sont la somme algébrique de trapèzes équivalents ; ainsi :

$$\text{ABCD} = \text{BC}cb + \text{CD}dc - \text{DA}ad - \text{AB}ba$$
$$\text{A'B'C'D'} = \text{B'C'}cb + \text{C'D'}dc - \text{D'A'}ad - \text{A'B'}ba$$

donc $\qquad\qquad \text{ABCD} = \text{A'B'C'D'}$

Exercice 533.

1576. 2° *La surface d'un polygone de 2n côtés ne change pas lorsque tous les sommets de rang pair décrivent dans la même direction des lignes droites, égales et parallèles.* (PROUHET.)

Soit l la longueur des droites parcourues par les sommets B, D, etc. ; les sommets de rang impair A, C, etc., ne changent pas. Les points milieux E, F, etc., avancent d'une même quantité $\dfrac{l}{2}$, et l'on obtient un polygone tel que $\text{AB}'_1\text{CD}'_1\ldots$ avec E_1, $\text{F}_1\ldots$ pour points milieux. Conservons au polygone la forme AB_1CD_1 ; mais, par un mouvement contraire au premier, ramenons les points milieux à leur première position ; nous aurons un polygone A'B'C'D' équivalent à ABCD, d'après le théorème ci-dessus ; donc

$$\text{AB}_1\text{CD}_1 = \text{ABCD}$$

Exercice 534.

1577. Lunules d'Hippocrate *. *Si, sur les trois côtés d'un triangle rectangle ABC pris comme diamètres, on décrit des demi-circonférences, la somme des surfaces des deux croissants M et N, compris entre les demi-circonférences, est égale à la surface du triangle rectangle T.*

En effet, les trois demi-cercles sont semblables : ils sont donc entre eux comme les carrés des diamètres, c'est-à-dire comme les carrés des côtés du triangle T. Ainsi le demi-cercle construit sur l'hypoténuse égale la somme des demi-cercles décrits sur les côtés de l'angle droit.

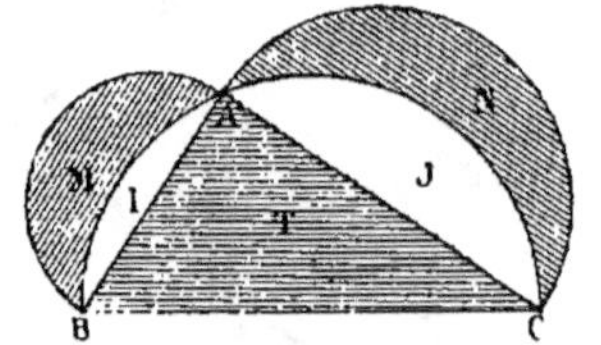
Fig. 1002.

On a donc $\qquad \text{M} + \text{I} + \text{N} + \text{J} = \text{T} + \text{I} + \text{J}$

D'où $\qquad\qquad \text{M} + \text{N} = \text{T} \qquad\qquad C. Q. F. D.$

---

* HIPPOCRATE de Chios, qu'il ne faut pas confondre avec le célèbre médecin de même nom, est né vers 450 avant l'ère chrétienne. Par l'étude de la *lunule* (n° 1578), il donna le premier exemple de quadrature d'une figure curviligne.

1578. Autre lunule d'Hippocrate. *Dans une demi-circonférence ACB, on inscrit un triangle rectangle isocèle MON dont la base MN est parallèle à AB ; sur MN comme diamètre on décrit une circonférence ; la lunule MCND est équivalente au triangle MON. La figure curviligne AOEM = BOFN = le triangle MON.*

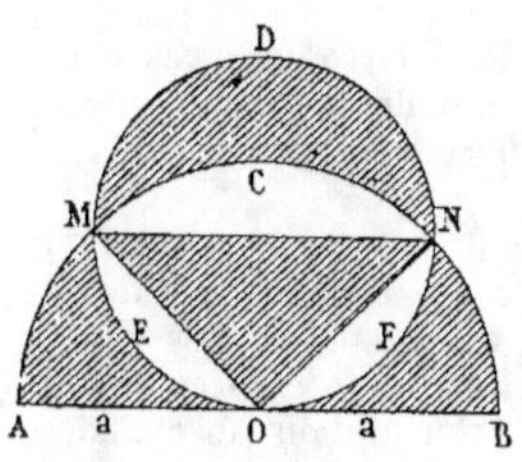

Fig. 1003.

On pourrait opérer une vérification de formule ; on peut aussi se borner à comparer entre elles les différentes parties de la figure.

MN étant le côté du carré inscrit dans le cercle dont AB serait le diamètre, on a

$$MN^2 = 2r^2 = \tfrac{1}{2}AB^2 \text{ et triangle } MON = \frac{r^2}{2}.$$

Ainsi le demi-cercle MDN est la moitié du demi-cercle ACB.

Le segment OEM est la moitié du segment MCN ; donc :

1° *Lunule* MCND ou demi-cercle MND — segment MCN = demi-cercle MON — segments (OEM + OFN).

Ainsi   *lunule* MCND = triangle MON

2° AOEM + BOFN = secteurs (AOM + BON) — segments (OEM + OFN),

par suite,   AOEM + BOFN = secteur MONC — segment MCN

donc   AOEM + BOFN = triangle MON   *C. Q. F. D.*

Exercice 535.

1579. Théorème. *On donne un demi-cercle ayant AB pour diamètre ; d'un point C pris sur ce diamètre, on élève une perpendiculaire CM jusqu'à la circonférence, et on décrit deux demi-circonférences ayant AC et CB pour diamètres.*

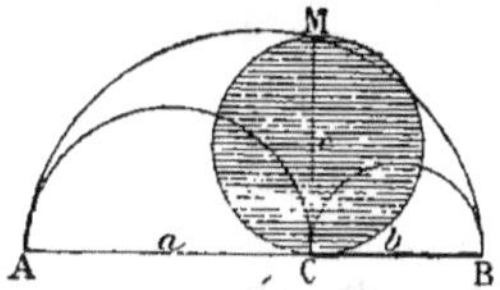

Fig. 1004.

Démontrer que le demi-cercle AB, diminué des demi-cercles AC et CB, égale la surface du cercle qui a CM pour diamètre. (ARCHIMÈDE *, Lemme 4.)

C'est une simple vérification de formule.

Soit $AC = a,$ $BC = b$ et $CM = c$

L'espace curviligne compris entre les trois demi-circonférences égale

$$\tfrac{1}{8}\pi(a + b)^2 - \tfrac{1}{8}\pi a^2 - \tfrac{1}{8}\pi b^2 \qquad \text{(G., n° 322.)}$$

Le cercle CM est donné par $\tfrac{1}{4}\pi c^2$ ou $\tfrac{2}{8}\pi c^2$.

En supprimant le facteur commun $\dfrac{\pi}{8}$, il suffit de vérifier l'égalité hypothétique suivante :

$$(a + b)^2 - a^2 - b^2 = 2c^2$$

ou $a^2 + 2ab + b^2 - a^2 - b^2 = 2c^2$

ou $2ab = 2c^2$

Or on sait què le produit ab des segments de l'hypoténuse égale c^2 ; donc...

Note. L'espace curviligne compris entre les trois demi-circonférences a été nommé *arbelo* (serpe, serpette) par Archimède, et celui du théorème suivant (n° 1580) a été nommé *salinon*. (Baltzer, *Planimétrie*, § XII, n° 3, page 84 de l'édition allemande et page 140 de l'édition italienne.)

Archimède (287-212 avant J.-C.) naquit en Sicile; il s'occupa surtout de la *géométrie des mesures;* il donna la *quadrature de la parabole*, étudia les *spirales*, détermina le rapport de la circonférence au diamètre. Les procédés qu'il employa constituent la *méthode d'exhaustion* ou *d'épuisement*. Il ordonna que l'on plaçât sur son tombeau une sphère inscrite dans un cylindre, comme pour rappeler un de ses plus beaux théorèmes. (G., n° 574.)

Archimède fut tué par un soldat romain lors de la prise de Syracuse. — Environ un siècle et demi plus tard, Cicéron retrouva le tombeau du grand géomètre. (Voir aussi n° 1547.)

1580. Théorème. *On décrit deux demi-circonférences concentriques* AB, CD *et deux demi-circonférences égales* AC, BD ; *prouver que la superficie comprise entre les quatre demi-circonférences égale le cercle* EF. (Archimède, *Lemme* 14.)

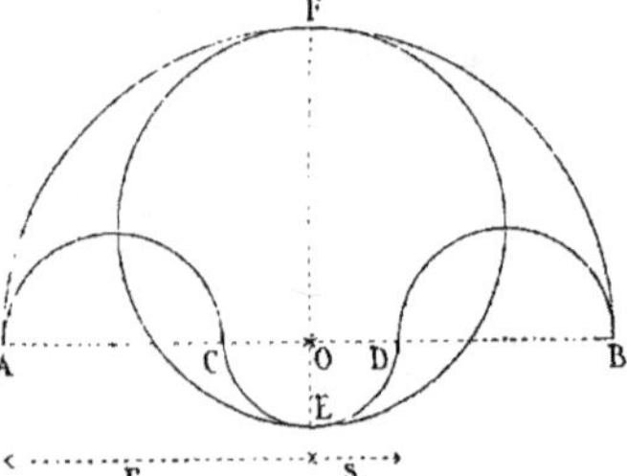

Fig. 1005.

$$AC = BD = r - s; \quad FE = r + s$$

On doit avoir

$$\frac{\pi r^2}{2} + \frac{\pi s^2}{2} - \frac{\pi (r - s)^2}{4} = \frac{\pi (r + s)^2}{4}$$

ou

$$2r^2 + 2s^2 - r^2 + 2rs - s^2 = (r + s)^2$$

Or cette égalité hypothétique se ramène à l'identité

$$(r + s)^2 = (r + s)^2 \qquad \text{donc...}$$

1581. Théorème. *On prend un point* C *au tiers du diamètre* AB *d'un cercle* (fig. 1006), *et l'on décrit sur* AC *et sur* CB *comme diamètres les demi-circonférences situées de côtés différents du diamètre* AB.

Démontrer que la courbe ACB *divise le cercle primitif en deux parties qui sont dans le rapport de 1 à 2. — Démontrer que si le point* C *divisait le diamètre en moyenne et extrême raison, le cercle primitif serait lui-même divisé en moyenne et extrême raison.*

1° Appelons n et $2n$ les parties AC et CB : le diamètre entier sera $3n$; et les trois demi-cercles qui ont pour diamètres $3n$, n et $2n$, ont pour expressions :

$$\tfrac{1}{8}\pi . 9n^2, \quad \tfrac{1}{8}\pi n^2 \quad \text{et} \quad \tfrac{1}{8}\pi . 4n^2.$$

On a donc :

$$ACEBF = \tfrac{9}{8}\pi n^2 + \tfrac{1}{8}\pi n^2 - \tfrac{4}{8}\pi n^2 = \tfrac{6}{8}\pi n^2$$

$$ACEBG = \tfrac{9}{8}\pi n^2 - \tfrac{1}{8}\pi n^2 + \tfrac{4}{8}\pi n^2 = \tfrac{12}{8}\pi n^2$$

Ainsi ces deux parties sont entre elles dans le rapport de 1 à 2.

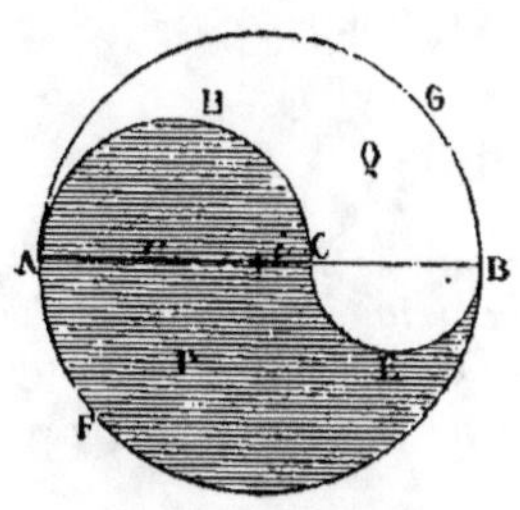
Fig. 1006.

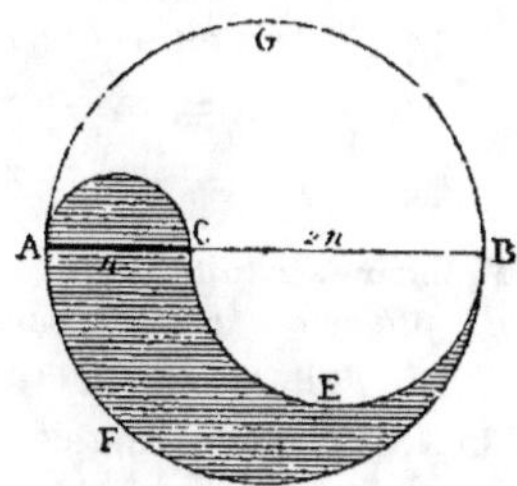
Fig. 1007.

2° Soit r le rayon du cercle primitif (fig. 1006), et i la distance du point C au centre. Les deux segments du diamètre sont $r+i$ et $r-i$. Les trois demi-cercles qui ont pour diamètres $2r$, $r+i$ et $r-i$, ont pour aires $\frac{1}{8}\pi(2r)^2$, $\frac{1}{8}\pi(r+i)^2$, $\frac{1}{8}\pi(r-i)^2$.

$$P = \tfrac{1}{8}\pi(4r^2 + r^2 + i^2 + 2ri - r^2 - i^2 + 2ri) = \tfrac{1}{8}\pi(r^2 + ri)$$

$$Q = \tfrac{1}{8}\pi(4r^2 - r^2 - i^2 - 2ri + r^2 + i^2 - 2ri) = \tfrac{4}{8}\pi(r^2 - ri)$$

Donc
$$\frac{P}{Q} = \frac{\tfrac{4}{8}\pi(r^2 + ri)}{\tfrac{4}{8}\pi(r^2 - ri)} = \frac{r^2 + ri}{r^2 - ri} = \frac{r+i}{r-i} = \frac{AC}{CB}$$

Scolie. P *et* Q *sont entre eux comme les segments* AC *et* CB *du diamètre* (fig. 1007).

De
$$\frac{P}{Q} = \frac{AC}{CB}$$

on déduit
$$\frac{P}{P+Q} = \frac{AC}{AC+CB} \quad \text{ou} \quad \frac{P}{\text{cercle AB}} = \frac{AC}{\text{diam. AB}}$$

Donc, si AC est la plus grande partie du diamètre divisé en moyenne et extrême raison, P sera aussi la plus grande partie du cercle divisé en moyenne et extrême raison. *C. Q. F. D.*

Exercice 536. — I.

1582. Théorème. *L'aire d'une couronne circulaire égale la circonférence intérieure multipliée par la largeur de la couronne, plus le cercle qui aurait pour rayon cette même largeur de la couronne.*

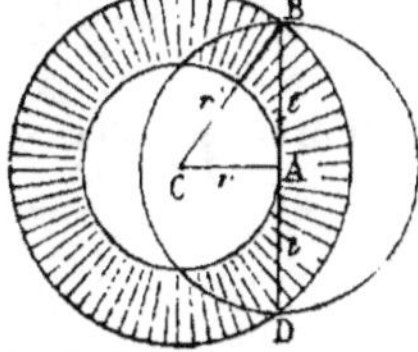
Fig. 1008.

En appelant r le rayon du cercle intérieur, l la largeur de la couronne, le rayon r' du cercle extérieur égale $r+l$.

Or l'aire de la couronne égale
$$\pi r'^2 - \pi r^2 \quad (G, \text{n}^\circ 355);$$

donc
$$A = \pi(r+l)^2 - \pi r^2 = \pi r^2 + 2\pi rl + \pi l^2 - \pi r^2$$
$$A = 2\pi rl + \pi l^2 \qquad C. Q. F. D.$$

1583. Théorème. *L'aire d'une couronne circulaire égale la circon-*

férence extérieure multipliée par la largeur de la couronne, moins le cercle qui aurait pour rayon cette même largeur de la couronne.

$$r = r' - l ; \quad r^2 = r'^2 - 2r'l + l^2$$

d'où
$$A = \pi r'^2 - \pi r'^2 + 2\pi r'l - \pi l^2$$

$$A = 2\pi r'l - \pi l^2$$

1584. Problème. *Étant données deux courbes ABCDE et A'B'C'D'E', formées de plusieurs arcs de cercle concentriques, exprimer l'aire du bandeau limité par ces deux courbes entre des normales communes* [*].

Soient m, n, t, s, les angles formés par les rayons des arcs consécutifs.

Le bandeau considéré est la somme de plusieurs secteurs de couronnes circulaires ayant même largeur l, et les diverses courbes moyennes forment ensemble une courbe moyenne continue.

On a donc pour *l'aire du bandeau*, selon la formule que l'on prend pour le secteur de couronne circulaire :

1° *L'arc moyen multiplié par la largeur du bandeau.*

On peut rattacher cette formule au *théorème de Guldin* [**], et dire : *L'aire égale la ligne génératrice ou l, multipliée par l'arc que décrit son point milieu.*

2° *Le petit arc ou le grand arc multiplié par la largeur du bandeau, plus ou moins le secteur qui aurait pour rayon la largeur du bandeau, et pour angle au centre la valeur angulaire comprise entre les rayons extrêmes.*

Pour trouver *la valeur angulaire comprise entre les rayons extrêmes,* il faut considérer le mouvement angulaire que ferait le premier rayon, dans le sens des arcs, pour prendre une position parallèle au dernier rayon.

Scolie. 1° Cette propriété est vraie pour *le bandeau compris entre deux courbes parallèles quelconques.*

On peut tracer des normales assez rapprochées pour que les éléments courbes puissent être confondus avec des arcs de cercles, ce qui ramène au cas précédent.

2° Si le rayon mobile revient sur lui-même jusqu'à reprendre sa position primitive, son mouvement angulaire est nul, les deux courbes sont égales, et *les normales extrêmes sont parallèles et de même sens ;* alors le bandeau équivaut au rectangle qui aurait pour dimensions l'une des courbes et la largeur du bandeau.

3° Si le rayon mobile qui suit les directions des normales succes-

---

* Les théorèmes relatifs à *l'aire du bandeau* se trouvent énoncés dans le *Traité de métrage et de mesurage* de M. SERGENT, ingénieur civil.

** Les *théorèmes de Guldin* (G., n°ˢ 903 et 904) se trouvent mentionnés dans PAPPUS, mais sans démonstration ; ils étaient complètement ignorés, lorsqu'au XVI° siècle le P. GULDIN parvint aux mêmes théorèmes : dès lors la connaissance s'en répandit promptement, et ce n'est que de nos jours qu'on a pu leur attribuer une origine plus ancienne. (*Histoire des sciences mathématiques et physiques*, par M. MAXIMILIEM MARIE, tome III, page 169.)

GULDIN, né à Saint-Gall en 1577, mort à Graetz en 1643, entra dans l'ordre des jésuites, et publia à Vienne les théorèmes célèbres auxquels on a donné son nom.

sives décrit un demi-cercle, les normales extrêmes sont parallèles et de sens opposés. Le bandeau égale le produit de la largeur l par la courbe intérieure ou par l'extérieure, plus ou moins le demi-cercle de rayon l.

4° Si le rayon mobile Pa décrit un cercle entier, le bandeau égale le produit de la largeur l par la courbe intérieure ou par l'extérieure, plus ou moins le cercle de rayon l. Si le rayon mobile fait plusieurs tours dans un même sens, il faut tenir compte d'autant de cercles de rayon l qu'il y a de tours.

1585. Bandeau. Le *bandeau* est la surface produite sur un plan par une droite de longueur constante, qui se meut, en restant toujours normale à la ligne que décrit l'un de ses points. Cette ligne est appelée *courbe directrice*, et la droite mobile est le rayon décrivant.

L'aire du bandeau égale le produit de sa largeur par la longueur de la courbe moyenne, soit *le produit de la droite génératrice par le chemin que décrit le milieu de cette même droite.*

Cette propriété est utilisée pour l'évaluation de la surface d'une route ou d'un chemin non rectiligne, que l'on considère alors comme une figure plane.

Remarque. Pour plus de développements, on peut recourir à la deuxième édition des *Exercices de Géométrie,* pages 689 et suivantes. — Nous procéderons de même pour plusieurs autres questions.

Exercice 536. — II.

1586. Théorème. *L'aire de la surface comprise entre deux lignes qui interceptent une longueur constante* l *sur une série de parallèles s'obtient en multipliant la distance* d *des parallèles extrêmes par la longueur* l.

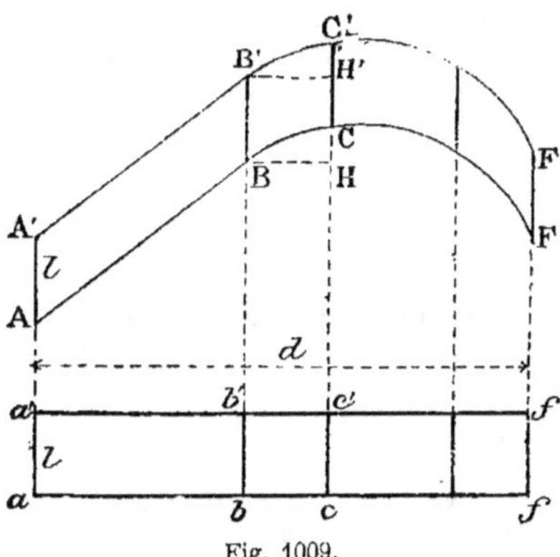

Fig. 1009.

Le parallélogramme ABB'A' est équivalent au rectangle $abb'a'$.

De même BCC'B' est équivalent à $bcc'b'$, car les triangles curvilignes BHC, B'H'C' sont égaux.

Donc surface

$$ACFF'C'A = dl$$

Remarque. Le *théorème de Clairaut* (n° 1559) peut être considéré comme un corollaire du précédent; par suite, il en est de même du *théorème de Pythagore,* que l'on déduit de celui de *Clairaut.*

Exercice 537.

1587. Théorème. *Toute figure non convexe ABCDE peut être transformée en une autre isopérimètre et de surface plus grande.*

Menons AC, et déterminons le point B' symétrique de B par rapport à AC. AC étant perpendiculaire au milieu de BB', on a :

$$AB = AB' ; \quad CB = CB'$$

Ainsi la figure convexe AB'CDE a le même périmètre que la figure donnée, mais elle est plus grande. Donc...

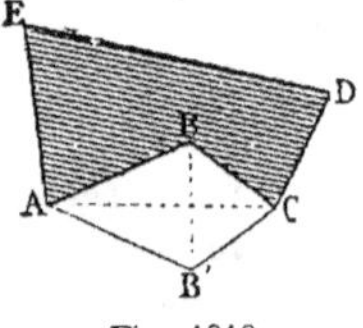

Fig. 1010.

Exercice 538.

1588. Théorème. *Dans un cercle donné et pour un nombre donné de côtés, le polygone régulier inscrit est celui dont la surface est maxima.*

(Voir *Méthodes*, n° 355.)

Exercice 539.

1589. Théorème. *De deux polygones réguliers inscrits dans le même cercle, celui qui a le plus grand nombre de côtés est maximum.*

(Voir *Méthodes*, n° 356.)

Relations déduites de la Considération des aires.

Exercice 540.

1590. Théorème. *Deux polygones quelconques P et P', circonscrits à un même cercle, sont entre eux comme leurs périmètres p et p'.*

En effet, si l'on appelle r le rayon du cercle, les aires des deux polygones sont respectivement $^1/_2 pr$ et $^1/_2 p'r$ (n° 1548). On a donc

$$\frac{P}{P'} = \frac{^1/_2 pr}{^1/_2 p'r} = \frac{p}{p'} \qquad\qquad C.\ Q.\ F.\ D.$$

Exercice 541.

1591. Théorème. *Lorsque trois droites AOD, BOE, COF, issues des sommets d'un triangle ABC, se coupent au même point O, on a la relation*

$$tion \qquad \frac{OD}{AD} + \frac{OE}{BE} + \frac{OF}{CF} = 1$$

(Voir *Méthodes*, n° 165.)

Remarque. Ce théorème est dû à Gergonne (*Annales Mathématiques*, t. IX, 1818 et 1819, p. 116; cit. de M. Longchamps (J. M. Bourget, 1885, p. 37).

Exercice 542.

1592. Théorème de Viviani *. *Si, d'un point pris dans l'intérieur*

---

d'un polygone régulier de n *côtés, on abaisse des perpendiculaires sur chaque côté, la somme de ces lignes égale* n *fois l'apothème du polygone.*

Soit le polygone de cinq côtés, a l'apothème, b le côté et h, k, l, m, n les perpendiculaires.

Le double de l'aire du polygone est donné par

$$5ab \quad \text{et par} \quad bh + bk + bl + \dots$$

d'où
$$5a = h + k + l + m + n$$

Exercice 543.

1593. Théorème. *Dans un triangle rectangle, la somme des inverses des carrés des côtés de l'angle droit égale l'inverse du carré de la hauteur* h, *abaissée du sommet de l'angle droit sur l'hypoténuse.*

Il faut prouver qu'on a
$$\frac{1}{b^2} + \frac{1}{c^2} = \frac{1}{h^2} \tag{1}$$

ou $\quad \dfrac{c^2}{b^2c^2} + \dfrac{b^2}{b^2c^2} = \dfrac{1}{h^2}$ ou $\dfrac{a^2}{b^2c^2} = \dfrac{1}{h^2}$ ou $\dfrac{a^2h^2}{b^2c^2} = 1$

Or $ah = bc$, car c'est le double de l'aire du triangle ; donc...

Exercice 543. — II.

1594. Théorème. *Les distances d'un point quelconque d'une médiane aux côtés qui partent du même sommet, sont inversement proportionnelles à ces côtés.*

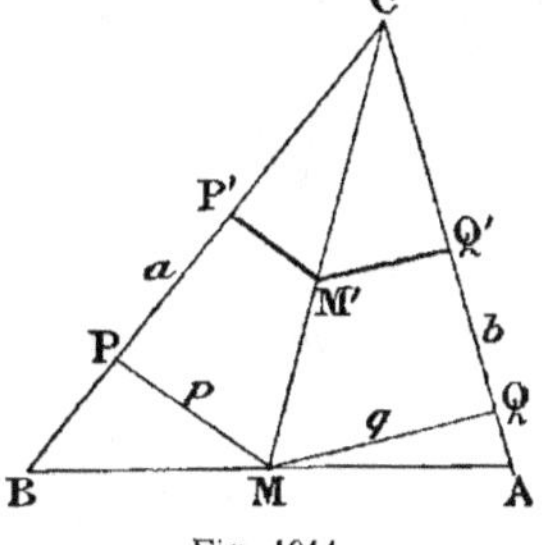

Fig. 1011.

La proposition a déjà été démontrée dans le livre III (n° 1546 — 2), mais c'est la considération des aires qui fournit la démonstration la plus naturelle.

D'ailleurs, il suffit de prouver la proposition pour le point M ; or les triangles CMB, CMA sont équivalents, donc :

$$ap = bq, \quad \text{d'où} \quad \frac{p}{q} = \frac{b}{a}.$$

Exercice 544.

1595 (a). Théorème. *Par un point fixe O pris sur la bissectrice d'un angle droit* A, *on mène une sécante quelconque* MON ; *prouver que la somme* $\dfrac{1}{AM} + \dfrac{1}{AN}$ *des inverses des côtés de l'angle droit est une quantité constante.*

(Voir *Méthodes*, n° 279.)

1595 (b). Théorème. *Même question, lorsque l'angle* A *est quelconque.*

(Voir *Méthodes*, n° 280.)

Exercice 545 — I.

1596. Théorème. *Par un point fixe O pris dans le plan d'un angle droit A, on mène une sécante quelconque BOB', la somme* $\frac{1}{S} + \frac{1}{S'}$ *des inverses des aires des triangles ABO, AB'O est constante, quelle que soit la sécante menée.* (Mannheim *, N. A. 1856, p. 383.)

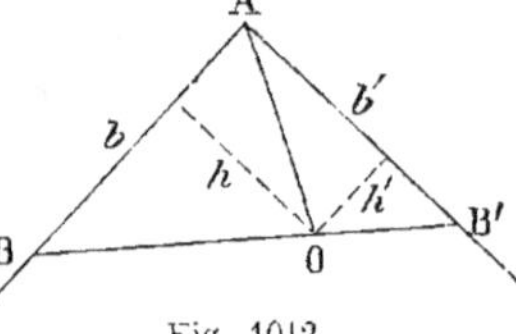

Fig. 1012.

Soit $AB = b$, $AB' = b'$.

Abaissons les perpendiculaires h et h'.

Le double de l'aire de chaque triangle est bh et $b'h'$; il faut donc prouver qu'on a

$$\frac{1}{S} + \frac{1}{S'} = \frac{2}{bh} + \frac{2}{b'h'} = \text{constante.}$$

Or $\dfrac{2}{bh} + \dfrac{2}{b'h'} = \dfrac{2(b'h' + bh)}{bh \cdot b'h'}$; mais le double de l'aire de BAB' est donné par bb';

donc $\dfrac{2(b'h' + bh)}{bb'hh'} = \dfrac{2bb'}{bb' \times hh'} = \dfrac{2}{hh'}$ quantité constante.

1597. Théorème. *Même énoncé pour un angle quelconque.*

Le double de l'aire du triangle BAB' est donné par bb' sinus A. On a donc $\dfrac{1}{S} + \dfrac{1}{S'} = \dfrac{2(b'h' + bh)}{bb' \times hh'} = \dfrac{2bb' \sin A}{bb' \times hh'} = \dfrac{2 \sin us A}{hh'}$ quantité constante.

Exercice 545. — II.

1598. Théorème. *Par un point O pris dans un triangle, on mène les transversales AOL, BOM, CON; on divise ainsi le triangle donné en six triangles. La somme des inverses de trois triangles non consécutifs égale la somme des inverses des trois autres triangles.* (Mannheim.)

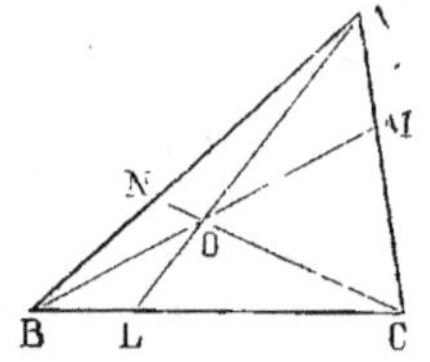

Fig. 1013.

Ce théorème n'est qu'un corollaire d'un autre théorème du même auteur (n° 1597). En effet :

Pour un point fixe O et un angle A, deux sécantes BOM, CON donnent :

$$\frac{1}{AOM} + \frac{1}{AOB} = \frac{1}{ANO} + \frac{1}{AOC}$$

---

* On doit à M. Mannheim un grand nombre de relations numériques. (Voir *Transformation des propriétés métriques des figures à l'aide de la théorie des polaires réciproques*, par A. Mannheim. Le théorème (n° 1593) est du même auteur, p. 19, n° 16 de l'ouvrage cité ci-dessus.)

On a de même :

$$\frac{1}{\overline{BON}} + \frac{1}{\overline{BOC}} = \frac{1}{\overline{BOL}} + \frac{1}{\overline{AOB}}$$

$$\frac{1}{\overline{COL}} + \frac{1}{\overline{AOC}} = \frac{1}{\overline{COM}} + \frac{1}{\overline{BOC}}$$

En additionnant membre à membre et en simplifiant, on a :

$$\frac{1}{\overline{AOM}} + \frac{1}{\overline{BON}} + \frac{1}{\overline{COL}} = \frac{1}{\overline{AON}} + \frac{1}{\overline{BOL}} + \frac{1}{\overline{BOC}}$$

C. Q. F. D.

Exercice 546.

1599. Théorème. *Le carré du rayon du cercle inscrit dans un triangle rectangle égale la somme des carrés des rayons des cercles inscrits dans les triangles rectangles obtenus en abaissant la hauteur qui part du sommet de l'angle droit.*

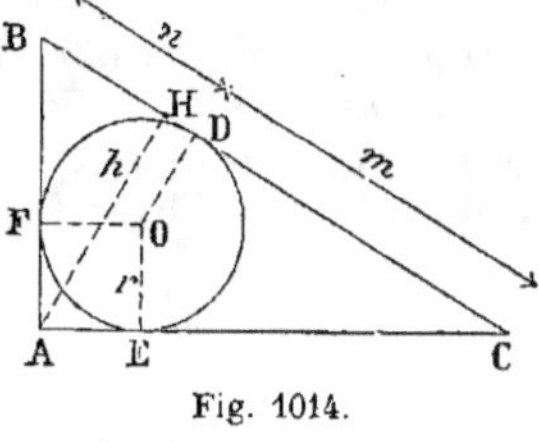

Fig. 1014.

1° Les trois triangles ABC, HAC, HBA sont semblables ; donc les carrés des lignes homologues sont proportionnels ; donc en représentant par r le rayon du cercle inscrit dans ABC, par s celui du triangle ACH, et par t celui de ABH, on aura :

$$\frac{r^2}{a^2} = \frac{s^2}{b^2} = \frac{t^2}{c^2} \quad \text{d'où} \quad \frac{r^2}{a^2} = \frac{s^2 + t^2}{b^2 + c^2}$$

Mais $\qquad a^2 = b^2 + c^2$; donc $r^2 = s^2 + t^2$

Autre démonstration. On peut dire plus simplement :

On a $\qquad$ triangle $ABC = ABH + ACH$

or cette relation est homogène ; d'autre part, les trois triangles semblables sont proportionnels aux carrés des lignes homologues.

Donc $\qquad r^2 = s^2 + t^2 \qquad$ C. Q. F. D.

On peut demander de vérifier ce résultat, et l'on obtient ainsi une troisième démonstration.

3° On sait que la différence de la somme des côtés de l'angle droit à l'hypoténuse égale le diamètre du cercle inscrit ;

donc
$$2r = b + c - a \qquad\qquad (1)$$
$$2s = m + h - b \qquad\qquad (2)$$
$$2t = n + h - c \qquad\qquad (3)$$

Il faut prouver que

$$r^2 = s^2 + t^2 \quad \text{ou} \quad 4r^2 = 4s^2 + 4t^2$$

ou $\qquad (b + c - a)^2 = (m + h - b)^2 + (n + h - c)^2$

Développons :

$$b^2 + c^2 + 2bc - 2ab - 2ac + a^2 = \begin{cases} m^2 + h^2 + 2mh - 2mb - 2hb + b^2 \\ n^2 + h^2 + 2nh - 2nc - 2hc + c^2 \end{cases}$$

Or dans le membre de droite

$$m^2 + h^2 = b^2, \quad n^2 + h^2 = c^2 \quad \text{et} \quad b^2 + c^2 = a^2$$

donc, en simplifiant et supprimant $a^2 = b^2 + c^2$, on trouve :

$$2bc - 2ab - 2ac = 2h(m + n) - 2mb - 2nc - 2h(b + c)$$

mais

$$2h(m + n) \quad \text{ou} \quad 2ah = 2bc$$

il ne reste plus qu'à comparer

$$-2ab - 2ac \quad \text{et} \quad -2mb - 2nc - 2hb - 2hc$$

ou $\quad -2mb - 2nb - 2mc - 2nc \quad$ et $\quad -2mb - 2nc - 2hb - 2hc$

Mais, à cause des triangles semblables AHC, AHB, on a

$$mc = bh, \quad nb = ch$$

donc tout se réduit à une identité

$$-2mc - 2nb = -2bh - 2ch$$

Remarque. *La moyenne proportionnelle de deux lignes inégales* m *et* n *est plus petite que la moyenne arithmétique de ces mêmes lignes. En effet*, AH est la moyenne proportionnelle (fig. 1014); or cette ligne est plus petite que l'oblique menée du sommet A, au milieu de l'hypoténuse.

Exercice 547.

1600. Théorème de du Faye [*]. *La différence des aires de deux polygones réguliers semblables circonscrit et inscrit au même cercle, égale l'aire du polygone régulier semblable inscrit dans le cercle qui aurait pour diamètre le côté du polygone circonscrit donné.* (N. A. 1845, p. 55.)

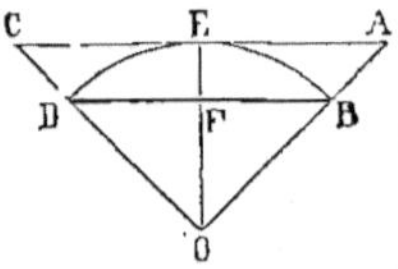

Représentons par a^2 la surface du polygone dont AC est le côté, et par b^2 celle du polygone BD.

Les surfaces sont proportionnelles aux carrés des rayons. (G., n° 334.)

Fig. 1015.

Donc
$$\frac{a^2}{b^2} = \frac{\text{AO}^2}{\text{OB}^2}$$

d'où
$$\frac{a^2 - b^2}{b^2} = \frac{\text{AO}^2 - \text{BO}^2}{\text{BO}^2} \qquad (1)$$

Soit c^2 la surface du polygone semblable inscrit dans le cercle qui aurait AE pour rayon, on aurait

$$\frac{c^2}{b^2} = \frac{\text{AE}^2}{\text{BO}^2} \qquad (2)$$

Mais $\qquad \text{AE}^2 = \text{AO}^2 - \text{OE}^2 = \text{donc AO}^2 - \text{BO}^2$

donc, en comparant (1) et (2), on trouve

$$\frac{a^2 - b^2}{b^2} = \frac{c^2}{b^2}$$

d'où $\qquad\qquad a^2 - b^2 = c^2 \qquad\qquad$ C. Q. F. D.

---

[*] Du Faye (1698-1739), membre de l'Académie des sciences.

1601. **Théorème.** *La différence des aires ou* $a^2 - b^2$ *est égale à l'aire du polygone semblable qui serait circonscrit à une circonférence qui aurait pour diamètre le côté* BD *du polygone inscrit donné.*

Exercice 548.

1602. **Théorème.** *La différence des aires des polygones réguliers de* 2n *côtés inscrit et circonscrit à un cercle, est moindre que le quart de la différence des polygones réguliers de* n *côtés inscrit et circonscrit à ce même cercle.* (N. A., 1844, p. 13.)

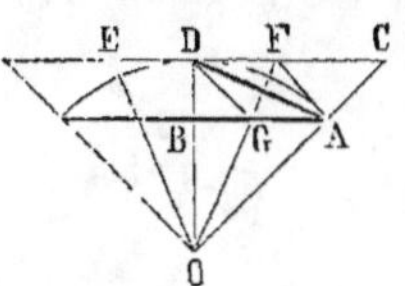

Fig. 1016.

Soient AB, DC les demi-côtés des polygones de n côtés.

La différence des aires égale 2n fois le trapèze ABCD.

Soient AD, EF les côtés des polygones de 2n côtés.

La différence des aires égale 2n fois le triangle ADF.

Il faut prouver qu'on a $\quad$ ADF $< \frac{1}{4}$ ABCD

Le triangle et le trapèze ayant même hauteur BD, il suffit de prouver que la base DF du triangle est plus petite que le quart de la somme AB + DC des bases du trapèze.

Or OF est bissectrice de l'angle AOD, la figure AFDG est un losange ;

donc $\qquad$ DF = AG $\quad$ et $\quad$ DF < FC

Les parallèles AB, CD donnent la relation

$$\frac{AG}{BG} = \frac{CF}{DF} \quad \text{d'où} \quad AG^2 = BG \cdot CF$$

Mais la moyenne proportionnelle AG est plus petite que la demi-somme des côtés BG et CF (n° 1599, *Remarque*).

Donc $\qquad$ AG $< \frac{1}{2}$(BG + FC)

d'ailleurs $\qquad$ AG $= \frac{1}{2}$(AG + DF)

En additionnant, on trouve 2AG $< \frac{1}{2}$(AB + DC)

ou $\qquad$ AG ou DF $< \frac{1}{4}$(AB + DC) $\qquad$ *C. Q. F. D.*

Exercice 549.

1603. **Théorème.** *Par chaque sommet d'un triangle, on mène une droite qui divise le côté opposé en segments proportionnels aux carrés des deux autres côtés ; prouver que ces trois droites se coupent au même point.* (P. Hossard, commandant d'état-major, 1848, N. A., pages 407 et 454.)

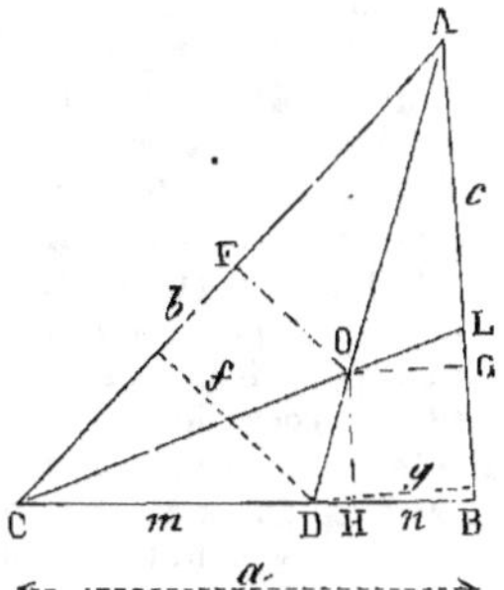

Fig. 1017.

Soit AD telle que $\dfrac{m}{n} = \dfrac{b^2}{c^2}$

1re *Démonstration.* Abaissons les perpendiculaires f et g sur les côtés correspondants b et c.

Les triangles ADC, ADB ont même hauteur, lorsqu'on prend A pour sommet ; ils sont entre eux comme les doubles produits de la base par la hauteur.

Donc
$$\frac{\mathrm{ADC}}{\mathrm{ADB}} = \frac{m}{n} = \frac{bf}{cg}$$

mais
$$\frac{m}{n} = \frac{b^2}{c^2}$$

donc
$$\frac{b^2}{c^2} = \frac{bf}{cg}, \quad \text{d'où} \quad \frac{b}{c} = \frac{f}{g}$$

Ainsi le rapport des perpendiculaires f et g ou OF et OG égale le rapport des côtés b et c.

Soit CL une seconde droite telle que $\dfrac{\mathrm{LA}}{\mathrm{LB}} = \dfrac{b^2}{a^2}$.

On aura 1°
$$\frac{\mathrm{OF}}{\mathrm{OG}} = \frac{b}{c}$$

2°
$$\frac{\mathrm{OF}}{\mathrm{OH}} = \frac{b}{a}$$

ou
$$\frac{\mathrm{OF}}{b} = \frac{\mathrm{OG}}{c}, \quad \frac{\mathrm{OF}}{b} = \frac{\mathrm{OH}}{a}$$

d'où
$$\frac{\mathrm{OG}}{c} = \frac{\mathrm{OH}}{a} \quad \text{ou} \quad \frac{\mathrm{OG}}{\mathrm{OH}} = \frac{c}{a}$$

Donc le point O appartient à la troisième droite.   *C. Q. F. D.*

2° *Démonstration.* On emploie avec avantage le *théorème de Céva* (n° 1240). Soit K le point où AC est rencontré par la droite issue du sommet B, on a :
$$\frac{\mathrm{AL}}{\mathrm{BL}} = \frac{b^2}{a^2}, \quad \frac{\mathrm{BD}}{\mathrm{CD}} = \frac{c^2}{b^2}, \quad \frac{\mathrm{CK}}{\mathrm{AK}} = \frac{a^2}{c^2}$$

d'où
$$\frac{\mathrm{AL} \cdot \mathrm{BD} \cdot \mathrm{CK}}{\mathrm{BL} \cdot \mathrm{CD} \cdot \mathrm{AK}} = \frac{b^2 c^2 a^2}{a^2 b^2 c^2} = 1 \qquad \textit{C. Q. F. D.}$$

Remarque. Le point O est le point dont la somme des carrés des distances aux trois côtés du triangle est minima. (N. A., p. 407.)

1603 (a). **Théorème**. Les droites AD, BK, CL se coupent au même point,

lorsqu'on a : $\dfrac{\mathrm{AL}}{\mathrm{BL}} = \dfrac{b^m}{a^m}, \quad \dfrac{\mathrm{BD}}{\mathrm{CD}} = \dfrac{c^m}{b^m}, \quad \dfrac{\mathrm{CK}}{\mathrm{AK}} = \dfrac{a^m}{c^m}$

1603 (b). **Note**. Les droites AD, CL... sont nommées actuellement *symédianes*, et l'on sait que les trois symédianes d'un triangle se coupent au même point (n° 2352).

Le point de concours des symédianes est nommé *point de Lemoine*, parce que M. Lemoine en a montré l'importance en 1873 (N. A., page 364) et que cette première étude a été le point de départ de la *Géométrie récente du triangle*; mais ce même point avait été trouvé antérieurement par plusieurs auteurs. à l'occasion de recherches diverses que rien ne rattachait les unes aux autres. On peut citer le commandant Mathieu, en 1865 (N. A., page 403); Catalan, en 1852, *Théorèmes et problèmes de Géométrie*, 2e édition, page 161; Hossard, en 1848 (N. A., page 454); en Allemagne, Grebe, en 1847, à l'occasion du problème des carrés construits sur chaque côté d'un triangle donné (n° 2369). On a pu l'attribuer à Gauss, comme cas particulier d'une question relative à la méthode des moindres carrés; on a même trouvé mention de ce point dès 1809 dans les *Éléments d'analyse* de Simon Lhuilier.

Les détails bibliographiques qui précèdent et beaucoup d'autres ont été donnés par M. Lemoine lui-même en 1885. (*Mathésis*, 1886, 3e supplément, page 23.)

Exercice 550.

1604. Théorème. *Le produit des rayons du cercle inscrit à un triangle et des trois cercles ex-inscrits, égale le carré de la surface de ce triangle.*

En effet, on a (G., n° 354) :

$$r = \frac{T}{p}, \quad r' = \frac{T}{p-a}, \quad \text{etc.}$$

donc
$$rr'r''r''' = \frac{T^4}{p(p-a)(p-b)(p-c)} = \frac{T^4}{T^2} = T^2 \star$$

$$C.\ Q.\ F.\ D.$$

Exercice 551.

1605. Théorème. *L'inverse du rayon du cercle inscrit égale la somme des inverses des rayons des cercles ex-inscrits.*

$$\frac{1}{r} = \frac{p}{T}, \quad \frac{1}{r'} = \frac{p-a}{T}, \quad \text{etc.}$$

donc
$$\frac{1}{r'} + \frac{1}{r''} + \frac{1}{r'''} = \frac{(p-a)+(p-b)+(p-c)}{T} = \frac{3p-(a+b+c)}{T} = \frac{p}{T} = \frac{1}{r}$$

Exercice 552.

1606. Théorème. *L'inverse du rayon du cercle inscrit égale la somme des inverses des trois hauteurs du triangle.*

Soient h, h', h'' les hauteurs qui correspondent aux côtés a, b, c.
Le double de l'aire du triangle est donné par $2pr$ ou ah, etc.

Donc
$$2pr = ah = bh' = ch''$$

Mais le produit ah peut s'écrire :

$$a \cdot \frac{h}{1}, \quad a : \frac{1}{h} \quad \text{ou} \quad \frac{a}{\frac{1}{h}}$$

donc
$$\frac{2p}{\frac{1}{r}} = \frac{a}{\frac{1}{h}} = \frac{b}{\frac{1}{h'}} = \frac{c}{\frac{1}{h''}}$$

Or $2p = a + b + c$, et, si l'on ajoute terme à terme les trois dernières fractions égales, on aura

$$\frac{2p}{\frac{1}{r}} = \frac{a+b+c}{\frac{1}{h} + \frac{1}{h'} + \frac{1}{h''}}$$

donc
$$\frac{1}{r} = \frac{1}{h} + \frac{1}{h'} + \frac{1}{h''}$$

---

* La démonstration géométrique de la formule
$$T = \sqrt{p(p-a)(p-b)(p-c)}$$
est attribuée à FIBONACCI, dit *Léonard de Pise*. Ce mathématicien, né en 1180, est mort dans le milieu du XIIIe siècle.

1607. Théorème. *La somme des inverses des rayons des cercles ex-inscrits égale la somme des inverses des hauteurs.*

Car chacune de ces sommes égale $\dfrac{1}{r}$; donc

$$\frac{1}{r'} + \frac{1}{r''} + \frac{1}{r'''} = \frac{1}{h} + \frac{1}{h'} + \frac{1}{h''}$$

Exercice 553. — I.

1608. Théorème. *Si, d'un point pris dans l'intérieur d'un triangle, on abaisse des perpendiculaires* l, l', l'' *sur les côtés* a, b, c, *on aura la relation*

$$\frac{l}{h} + \frac{l'}{h'} + \frac{l''}{h''} = 1$$

Représentons par T le triangle total ABC; par L, le triangle BOC, etc.

Les triangles OBC, ABC ont même base; ils sont donc entre eux comme leurs hauteurs l et h.

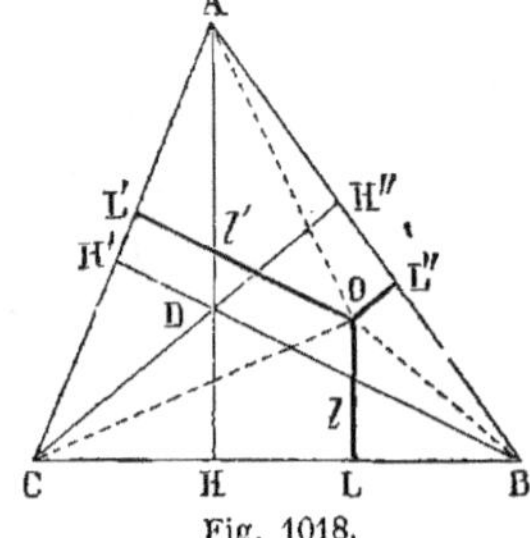

Fig. 1018.

$$\frac{L}{T} = \frac{l}{h}$$

de même
$$\frac{L'}{T} = \frac{l'}{h'}, \quad \frac{L''}{T} = \frac{l''}{h''}$$

d'où

$$\frac{L + L' + L''}{T} = \frac{l}{h} + \frac{l'}{h'} + \frac{l''}{h''} = 1$$

Car le numérateur de la première fraction égale son dénominateur.

Remarques. 1° Le théorème (n° 1606) n'est qu'un cas particulier du précédent, car on aurait

$$\frac{r}{h} + \frac{r}{h'} + \frac{r}{h''} = 1; \quad \text{d'où} \quad \frac{1}{h} + \frac{1}{h'} + \frac{1}{h''} = \frac{1}{r}$$

2° Le théorème subsiste pour trois droites l, l', l'' menées par un point O, parallèlement à trois droites qui partant des sommets, passent par un même point D.

Ainsi le théorème (n° 1605) peut être rapporté au précédent.

1609. Théorème. $\dfrac{AD}{h} + \dfrac{BD}{h'} + \dfrac{CD}{h''} = 2$ (fig. 1018.)

Car $\dfrac{DH}{h} + \dfrac{DH'}{h'} + \dfrac{DH''}{h''} = 1$

Or $\dfrac{AD}{h} + \dfrac{DH}{h} = 1$, etc. Par suite, la somme des six fractions égale 3; donc le premier groupe a 2 pour somme.

Remarque. Voir, pour les relations entre les *éléments d'un triangle*, l'ouvrage de M. VUIBERT déjà indiqué (n° 1185, **a**).

Exercice 553. — II.

1610. Théorème. *La moyenne géométrique des deux triangles semblables AGI et AMC est le triangle AGC.*

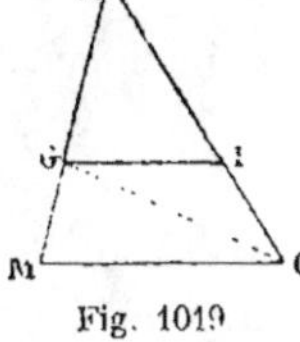

En effet, AGI, AGC ont même hauteur ; donc

$$\frac{AGI}{AGC} = \frac{AI}{AC}$$

De même

$$\frac{AGC}{AMC} = \frac{AG}{AM}$$

Fig. 1019

Les derniers rapports des deux suites étant égaux, les premiers le sont aussi, et l'on a :

$$\frac{AGI}{AGC} = \frac{AGC}{AMC} \quad \text{ou} \quad \frac{T}{T''} = \frac{T''}{T'}$$

On peut remarquer que $T''^2 = TT'$; d'où $T'' = \sqrt{TT'}$.

Le triangle AGC a un angle commun aux deux triangles donnés, avec un côté du premier et un côté du second.

Remarque. Le théorème ci-dessus n'est qu'un cas particulier du suivant.

Exercice 554.

1611. Théorème. *Si deux triangles sont semblables, intérieurs l'un à l'autre, et ont les côtés homologues parallèles, tout triangle circonscrit au triangle intérieur et inscrit à l'autre triangle, a une surface moyenne proportionnelle entre celles des triangles donnés.*

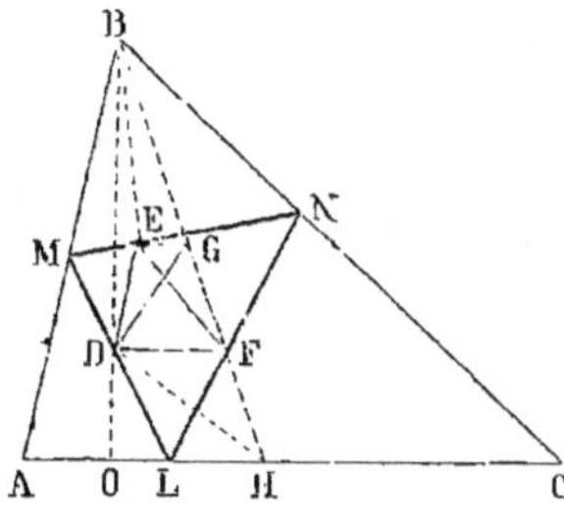

Joignons le sommet B aux trois sommets D, E, F du triangle semblable dont les côtés sont parallèles à ceux du premier. Pour comparer les triangles, menons EG parallèle à DF et joignons D au point G.

On sait que les triangles de même base et de même hauteur sont équivalents ; donc on a :

$$DGF = DEF$$
$$DME = DBE, \quad DLF = DHF,$$
$$ENF = EBF$$

Fig. 1020.

En additionnant membre à membre les quatre égalités, on reconnaît qu'on a

$$LMN = DBH$$

Ainsi les trois triangles à comparer peuvent être remplacés par

$$ABC, \quad DBH, \quad DGF$$

Les triangles GDF, BDH, ayant même hauteur, sont entre eux comme leurs bases FG et BH ; mais, à cause des parallèles EG et DF, le rapport $\dfrac{FG}{BH}$ est égal au rapport donné par ces mêmes parallèles et la perpendiculaire BO ; c'est-à-dire que les lignes FG et BH sont dans le même rapport que les hauteurs des triangles semblables DEF, ABC et, par suite, dans le rapport de deux côtés homologues.

Donc

$$\frac{DGF}{BDH} \quad \text{ou} \quad \frac{DEF}{LMN} = \frac{DF}{AC} \tag{1}$$

d'ailleurs $$\frac{BDH}{BOH} = \frac{BD}{BO} \quad \text{ou} \quad \frac{BDH}{BOH} = \frac{DF}{OH}$$

On a de même $$\frac{BOH}{ABC} = \frac{OH}{AC}$$

En multipliant membre à membre ces deux proportions et simplifiant,
on trouve $$\frac{BDH \text{ ou } LMN}{ABC} = \frac{DF}{AC} \tag{2}$$

En comparant (1) et (2), on a
$$\frac{DEF}{LMN} = \frac{LMN}{ABC} \qquad\qquad C.\ Q.\ F.\ D.$$

Autre démonstration. Posons $AC = b$, $BO = h$, $DF = b'$; σ ou LMN
équivaut à BFADB; car DEF est une partie commune, puis
$$BEF <> NEF, \quad ADF <> LDF$$
et $$BED <> MED$$

Ainsi $$\sigma = \frac{b'h}{2}$$

donc $$\frac{S}{\sigma} = \frac{b}{b'}$$

et $$\frac{\sigma}{S'} = \frac{h}{h'} = \frac{b}{b'}$$

Donc $$\frac{S}{\sigma} = \frac{\sigma}{S'} \qquad\qquad C.\ Q.\ F.\ D.$$

Note. M. CATALAN dans ses *Théorèmes et Problèmes*, 6e édit., p. 182, ne fait
remonter ce théorème qu'à 1862, tandis qu'il a été proposé par GERGONE, et
démontré par LÉON ANNE en 1844, p. 27 des *Nouvelles Annales mathématiques*.
Dans bien des cas, il est très difficile de remonter au premier auteur d'une
question donnée, ainsi que le montre une note antérieure (n° 1603, a).

1612. Théorème. *La surface d'un triangle est moyenne proportion-*
nelle entre celle du triangle ayant pour sommets les centres des cercles
ex-inscrits, et celle du triangle ayant pour sommets les points de con-
tact du cercle inscrit au premier avec ses côtés. (N. A., 1880, p. 59.)

Le triangle des trois centres des cercles ex-inscrits et le triangle
des trois points de contact du cercle inscrit sont homothétiques, et l'on
retombe sur le théorème précédent (n° 1611).

Exercice 555.

1613. Théorème. *Dans tout quadrilatère, le lieu géométrique des*
points tels que la somme des trian-
gles ayant ce point pour sommet
et deux côtés opposés pour base est
équivalente à celle des deux autres
triangles, est la droite qui joint
les milieux des diagonales. (Léon
ANNE.)

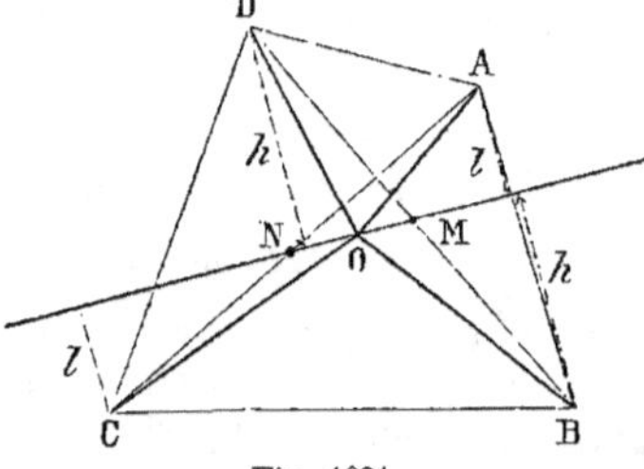

Fig. 1021.

Soit MN la droite qui joint les
points milieux des diagonales; les
perpendiculaires abaissées des sommets sur MN sont égales deux à
deux; donc les triangles de même base, situés sur MN, sont équivalents

29*

quand ils ont leur sommet en A et en C ; il en est de même pour ceux qui ont le sommet en B et en D.

Or on a
$$AOB = AMB + AOM + BOM$$
$$DOC = DMC - COM - DOM$$

Mais
$$AOM = COM, \quad BOM = DOM$$

donc
$$AOB + DOC = AMB + DMC \tag{1}$$

De même
$$AOD = AMD + DOM - AOM$$
$$COB = CMB - BOM + COM$$

Donc
$$AOD + COB = AMD + CMB \tag{2}$$

Or les triangles AMB et AMD des formules (1) et (2) ont même sommet A et des bases égales DM et BM ; donc ils sont équivalents ; il en est de même de DMC et de BMC.

Donc
$$AOB + DOC = AOD + COB \qquad C.\ Q.\ F.\ D.$$

Remarque. Le lieu qui répond directement à l'énoncé est compris dans le quadrilatère ; au dehors, il y a changement de signe. (J. M. E., BOURGET, 1879, p. 29.)

Exercice 556.

1614. Théorème de Newton. *La droite qui joint les milieux des diagonales d'un quadrilatère circonscriptible passe par le centre du cercle inscrit.*

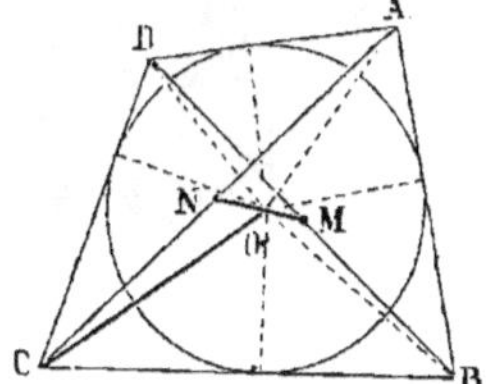

Fig. 1022.

Ce théorème peut être considéré comme un corollaire du *théorème de Léon Anne* (n° 1613).

En effet, la somme des côtés opposés AD et CB égale celle des deux autres ; donc
$$COB + AOD = AOB + COD$$

Car tous ces triangles ont pour hauteur le rayon du cercle inscrit, et la somme des bases CB, AD des premiers égale la somme $AB + CD$ de celles des seconds ; donc le point O se trouve sur MN.

Corollaire (dû à GERGONNE). *Dans tout triangle ex-inscrit, la droite qui joint le milieu d'un côté au milieu de la distance d'un point de contact de ce côté au sommet opposé de ce triangle, passe par le centre du cercle.*

La démonstration de Newton a été reproduite par CATALAN, dans ses *Théorèmes et Problèmes de Géométrie*, 6e édit., p. 127 ; elle repose sur deux *Lemmes* à établir préalablement p. 125, corollaire II du théorème LVI et théorème LVIII.

Exercice 557.

1615. Théorème. *La droite la plus courte BED qu'on puisse mener par un point donné E dans un angle donné A, est définie par cette condition que la perpendiculaire EC, menée à cette droite par le* *point E, et les perpendiculaires BC, DC menées aux côtés de l'angle par les extrémités de la droite BED, concourent en un même point C.* (Newton.)

(Voir *Méthodes*, n° 168.)

1615 (a). Note. On peut rattacher à cette question le *Théorème de Liouville,* démontré par Paul Serret (N. A., 1852, page 123).

Soit AOB un angle fixe circonscrit à une ellipse, et soit MN une tangente à cette courbe, telle que la portion interceptée MN entre les côtés de l'angle fixe AOB soit un minimum, les deux points M, N sont équidistants du centre de la courbe.

Pour la parabole, la tangente au sommet est celle qui laisse dans l'angle fixe un segment minimum.

Construction des figures.

Exercice 558.

1616. Problème. *Construire un triangle, connaissant ses angles et sa surface* m².

Avec les angles donnés, on construit un triangle quelconque ABC, semblable au triangle de-mandé.

Prolongeons la base AC d'une longueur CI égale à la moitié de la hauteur *h;* sur AI décrivons la demi-circon-férence AFI : la perpendicu-laire CF ou *u* est le côté du carré équivalent au triangle ABC; car on a :

$$u^2 = \text{AC . CI}$$

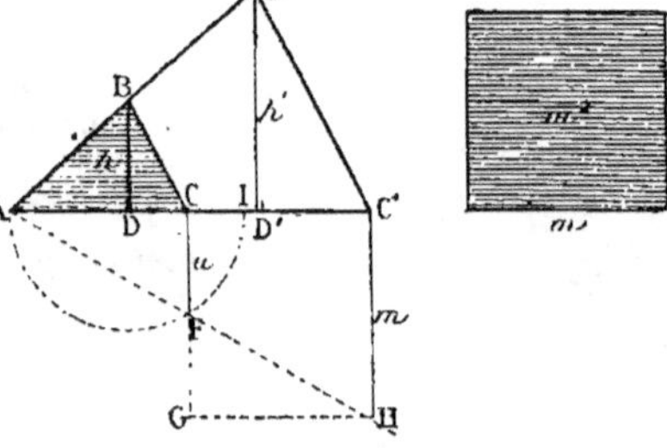

Fig. 1023.

Sur CF, portons la longueur CG égale à *m;* menons AFH, puis GH parallèle à AC, HC' perpendiculaire à AC, et enfin C'B' pa-rallèle à BC.

A'B'C' est le triangle demandé. En effet, les deux triangles ABC, AB'C' étant semblables, aussi bien que ACF et AC'H, on a :

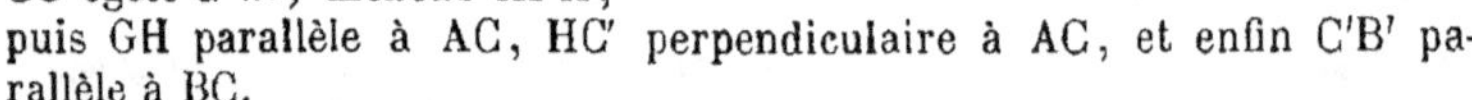
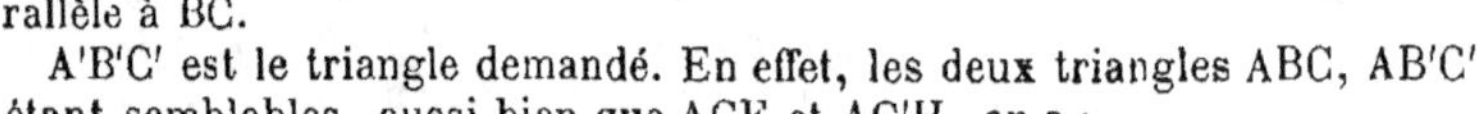

$$\frac{\text{ABC}}{\text{AB'C'}} = \frac{\text{AC}^2}{\text{AC'}^2} = \frac{\text{CF}^2 \text{ ou } u^2}{\text{C'H}^2 \text{ ou } m^2}$$

En considérant les rapports extrêmes, on voit que les numérateurs sont équivalents; donc les dénominateurs le sont aussi...

Exercice 559.

1617. Problème. *Construire un triangle, connaissant les trois hau-teurs.*

On fait un triangle avec les trois hauteurs données, et un deuxième triangle avec les trois hauteurs du précédent ; ce nouveau triangle est semblable à celui que l'on demande, car on a :

$$aa' = bb' = cc'$$

ou

$$\frac{a}{\dfrac{1}{a'}} = \frac{b}{\dfrac{1}{b'}} = \frac{c}{\dfrac{1}{c'}}$$

donc le triangle demandé est semblable à celui qui aurait pour côtés les inverses des trois hauteurs.

Exercice 560.

1618. Problème. *Par un point A pris dans un angle XOY, mener une sécante MAN telle que le triangle MON ait une aire donnée* k^2.

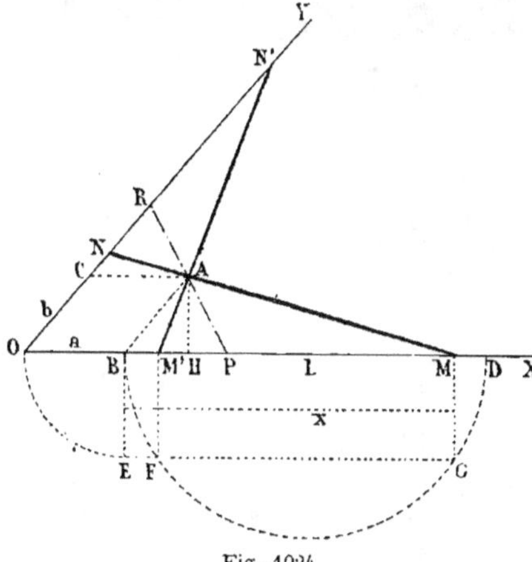

Fig. 1024.

Pour fixer la position du point donné A par rapport aux côtés de l'angle XOY, formons le parallélogramme ABOC.

Abaissons la perpendiculaire AH.

Les longueurs a, b, h sont connues.

Soit $\quad$ BM $= x$

Il suffit d'établir une relation, à l'aide de la surface k^2, entre l'inconnue x et les données.

Les triangles semblables MON, MBA sont entre eux comme les carrés des côtés homologues ; d'ailleurs le double de l'aire de MON $= 2k^2$, le double de MBA $= xh$;

donc $\qquad \dfrac{2k^2}{hx} = \dfrac{\text{OM}^2}{x^2}$; $\quad \dfrac{2k^2}{x} = \dfrac{(a+x)^2}{x}$ $\qquad$ (1)

$$\frac{2k^2 x}{h} = a^2 + 2ax + x^2 ; \quad 2\left(\frac{k^2}{h} - a\right)x - x^2 = a^2$$

ou $\qquad x\left[2\left(\frac{k^2}{h} - a\right) - x\right] = a^2 \qquad (2)$

Il faut *déterminer les côtés d'un rectangle, connaissant la somme* $2\left(\dfrac{k^2}{h} - a\right)$ *des deux côtés, et leur produit* a^2.

Construction. Soit l la quatrième proportionnelle $\dfrac{k^2}{h}$; portons cette grandeur du point O en L.

BL $= \dfrac{k^2}{h} - a$; prenons LD $=$ LB, afin d'avoir BD $= 2(l - a)$.

Décrivons la demi-circonférence BD, prenons $BE = a$, et menons la parallèle EFG.

On obtient généralement deux solutions.

Minimum. L'équation (2) montre que le problème n'est possible qu'autant qu'on a
$$\frac{k^2}{h} \geqq a$$

La limite inférieure est donnée par $\dfrac{k^2}{h} = a$;

d'où
$$k^2 = ah$$

Or ah exprime l'aire du parallélogramme ABOC.

Donc le triangle minimum POR est double du parallélogramme qui correspond au point Λ.

1619. Problème. *Même question, lorsque le point donné* A *ne doit pas être dans le même angle que le triangle demandé.*

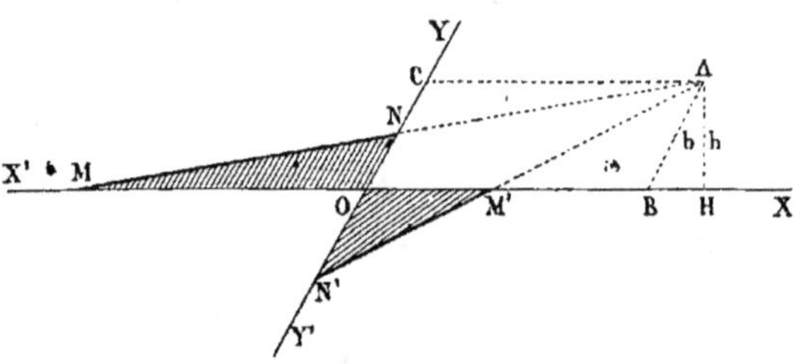

Fig. 1025.

Soit
$$MON = k^2, \quad BM = x$$
$$\frac{2MON}{2MBA} \quad \text{ou} \quad \frac{2k^2}{hx} = \frac{OM^2}{x^2} = \frac{(x-a)^2}{x^2}$$

d'où
$$\frac{2k^2x}{h} = x^2 - 2ax + a^2$$
$$x\left[2\left(\frac{k^2}{h} + a\right) - x\right] = a^2 \tag{3}$$

Deux solutions et k^2 peut varier de zéro à $+\infty$.

Remarque. Pour $k^2 > ah$, le problème complet admet quatre solutions.

1620. Problème. *A un rectangle donné, circonscrire un losange de surface donnée.*

En divisant le rectangle en quatre parties égales par deux droites rectangulaires, menées par le centre du rectangle et respectivement perpendiculaires aux côtés du rectangle, on retombe sur le problème précédent.

Exercice 561.

1621. Problème. *Par le point milieu* O *de la base* BC *d'un triangle* ABC, *mener une sécante MOD limitée aux côtés* AB *et* AC, *de manière* *que la différence des aires des triangles* OBM, OCD *ait une valeur donnée* k².

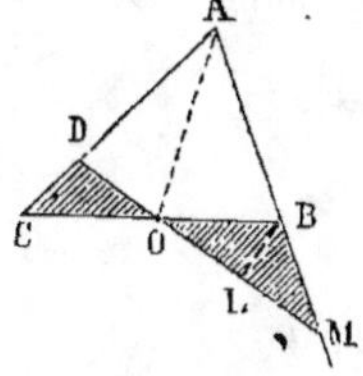

Fig. 1026.

Soit $OBM - OCD = k^2$

En menant par le point B une parallèle BL à AC, on a

triangle $OBL = OCD$

donc $BLM = k^2$

Le problème est ramené à la question connue :

Étant donnés un angle LBM *et un point* O, *mener par ce point une sécante telle que le triangle* LBM *égale* k² (nᵒ 1618).

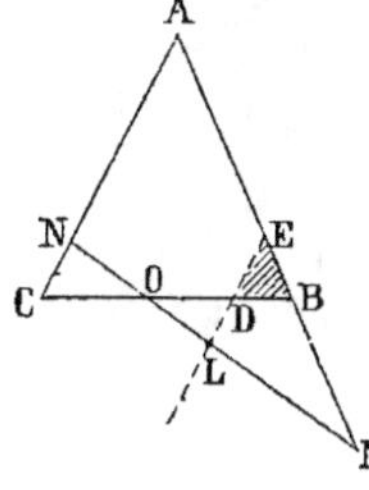

Fig. 1027.

Remarque. On peut résoudre le même problème, *quand le point* O *est un point quelconque de* BC.

En prenant $OD = OC$, et menant une parallèle DL', on a $LDBM = k^2$; mais l'aire du triangle BDE peut être calculée.

Soit a^2 sa valeur, le triangle total

$$LEM = k^2 + a^2$$

et l'on retombe sur une question connue (nᵒ 1618).

1622. Problème. *Par le point milieu* O *de la base d'un triangle, mener la sécante* DOM *telle que les triangles* OBM, OCD *aient un rapport donné* $\dfrac{m}{n}$.

Par le point O, il faut mener OLM telle que $\dfrac{OM}{OL} = \dfrac{m}{n}$.

1623. Problème. *Couper les côtés d'un angle droit par une droite d'une longueur donnée, de manière que le triangle rectangle ait une aire donnée.*

(Voir *Méthodes*, nᵒ 117.)

Remarque. On peut employer la méthode du problème contraire, mais nous allons l'utiliser pour la question plus générale ci-après.

Exercice 562.

1624. Problème. *Dans un angle donné* XOY, *inscrire une droite* MN *de longueur donnée* l, *de manière que le triangle* MON *ait une aire donnée* k².

L'emploi du *problème contraire* conduit à une solution peu élégante, mais très simple.

1ᵒ Sur $M'N' = l$, décrivons un segment capable de l'angle donné XOY (fig. 1028).

h est connu, car $lh = 2k^2$; d'où $h = \dfrac{2k^2}{l}$.

Portons la quatrième proportionnelle ainsi obtenue de M' en J', et la parallèle J'O' donne un triangle M'O'N' égal au triangle demandé.

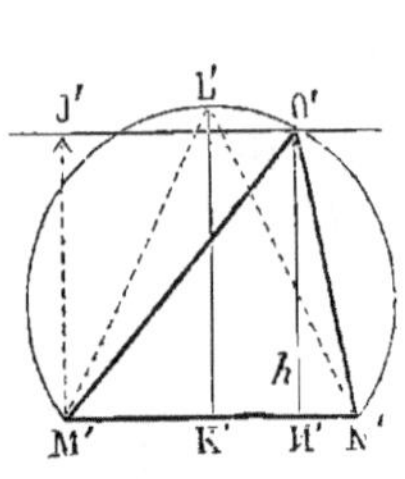

Fig. 1028.

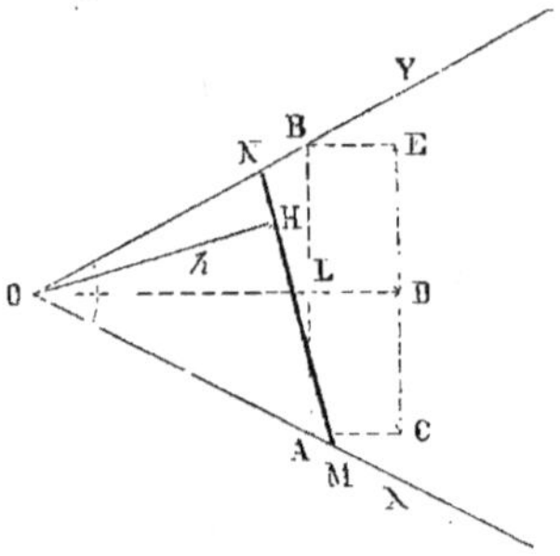

Fig. 1029.

2° Prenons $OM = O'M'$ et $ON = O'N'$ (fig. 1029).

3° *Maximum de* k^2 *pour une ligne donnée* l.

Pour une droite donnée, le plus grand triangle qu'on puisse obtenir M'L'N' est isocèle; donc, pour une base l, un angle au sommet XOY, il faut qu'on ait au plus
$$k^2 = \frac{M'N' \cdot L'K'}{2} = \frac{l \cdot L'K'}{2}.$$

Donc, pour une longueur l, le triangle isocèle AOB est maximum.

4° *Minimum de* l, *pour une valeur donnée* k^2.

C'est la base d'un triangle isocèle ayant l'aire k^2.

Remarque. Le problème peut être résolu par la méthode algébrique. Le cas le plus remarquable est traité dans l'ouvrage : *Arpentage, levé des plans, nivellement*, par F. J., 3° édition, n° 372, p. 168.

Exercice 563. — I.

1625. Problème. *Déterminer un point* O *sur la base* BC *d'un triangle, de manière que le produit* OM . ON *des perpendiculaires abaissées de ce point sur les côtés* AB, AC, *ait une valeur donnée* k^2.

Abaissons la perpendiculaire AH sur BC.

Menons AO.

Le double de l'aire du triangle ABC peut être exprimé de deux manières différentes.

On a donc l'égalité
$$bm + cn = ah \qquad (1)$$

d'ailleurs
$$mn = k^2 \qquad (2)$$

Ces deux équations permettent de déterminer m et n.

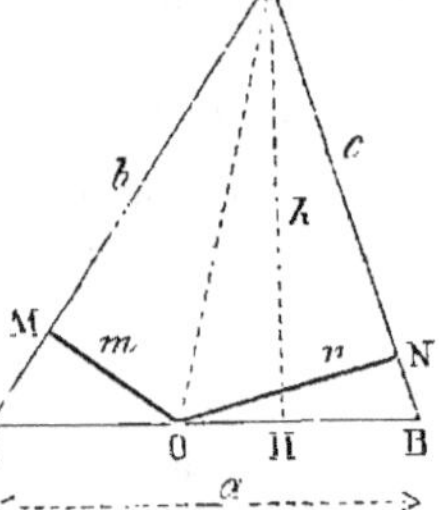

Fig. 1030.

$$n = \frac{ah - bm}{c} \; ; \quad mn = m\,\frac{ah - bm}{c} = k^2$$

Ainsi
$$mah - bm^2 = ck^2$$
$$m \cdot \frac{ah}{b} - m^2 = \frac{ck^2}{b}.$$

Quantité facile à construire.

En effet, $\dfrac{ah}{b}$ est une quatrième proportionnelle que nous pouvons représenter par d ; $\dfrac{ck^2}{b}$ est un carré l^2 tel que $\dfrac{l^2}{k^2} = \dfrac{c}{b}$. (G., n° 340.)

L'équation devient donc

$$dm - m^2 = l^2 \quad \text{ou} \quad (d - m)m = l^2$$

Il faut déterminer les côtés (d — m) *et* m *d'un rectangle qui a pour surface* l^2. (G., n° 340.)

Remarque. Le maximum du produit des perpendiculaires a lieu lorsque le point O est au milieu de BC (voir ci-après, n° 1680).

<h3 align="center">Exercice 563. — II.</h3>

1626. Problème. *Par un point donné* A, *dans l'intérieur d'un angle* XOY, *mener une sécante* MAN *telle que la projection* mAn *de cette droite sur une ligne perpendiculaire à la droite* AO *ait une longueur donnée* l.

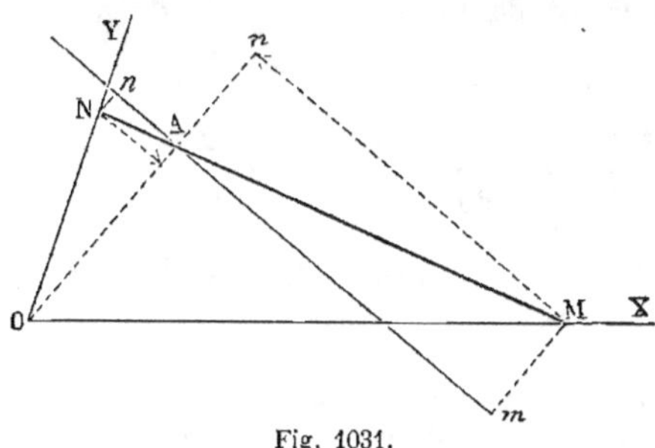
Fig. 1031.

Supposons le problème résolu, et $mAn = l$.

L'aire du triangle MON est connue.

En effet, le double de cette surface est donné par

$$AO \cdot Am + AO \cdot An = AO \cdot l$$

Donc $2k^2 = AO \cdot l$ et la surface MON étant connue, on retombe sur une question précédente (n° 1618).

<h3 align="center">Exercice 564. — I.</h3>

1627. Problème. *Par le sommet d'un parallélogramme, mener une sécante limitée aux côtés opposés du parallélogramme, de manière que le triangle obtenu soit minimum.*

(Voir *Méthodes*, n° 349.)

<h3 align="center">Exercice 564. — II.</h3>

1628. Problème. *D'un point O pris comme centre sur la bissectrice d'un angle, décrire une circonférence telle que la somme des triangles ayant pour sommet le point O, et pour bases les segments interceptés par le cercle sur les côtés de l'angle donné, ait une aire donnée* k².

Il suffit de considérer un des triangles ;

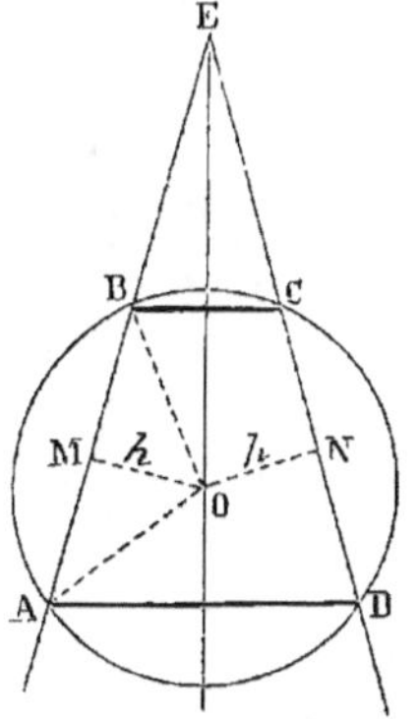
Fig. 1032.

soit   AOB   ou $AB \cdot h = \dfrac{k^2}{2}$

donc $AB = \dfrac{k^2}{2h}$

Il faut porter la moitié de cette troisième proportionnelle de M en A et en B, et prendre $AO = BO$ pour rayon.

Exercice 565.

1629. Problèmes. 1° *Construire un carré, connaissant la somme du côté et de la diagonale.*

(Construction directe, *Méthodes*, n° 41.)
(Emploi des figures semblables, *Méthodes*, n° 207.)

2° *Construire un carré, connaissant la différence de la diagonale et du côté.*

On peut recourir aux figures semblables. (*Méthodes*, n° 207.)

Une analyse analogue à celle qu'on a faite pour le problème de la somme (n° 41) donnerait une construction directe.

On peut aussi indiquer la solution suivante, très simple et très élégante.

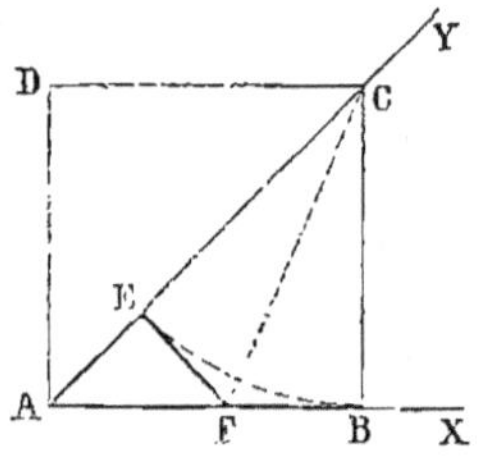

Sur une droite AY, formant avec AX un angle de 45 degrés, on prend $AE = d$; du point E comme centre, avec la différence d pour rayon, on coupe AX au point F, et l'on porte d de F en B.

Fig. 1033.

La longueur AB est le côté du carré; puis on élève la perpendiculaire BC, etc.

En effet, le triangle AEF est isocèle rectangle; donc EF est perpendiculaire sur AC. Le quadrilatère EFBC a deux angles droits en B et en E, de plus $FB = FE$; donc $BC = EC$.

Ainsi $$AC - BC = AE = d$$

1630. *Calcul du côté* a *et de la diagonale* b *en fonction de la somme* l *ou de la différence* d.

1° On sait que $b = a\sqrt{2}$; donc $a + a\sqrt{2} = l$; d'où $a = \dfrac{l}{1 + \sqrt{2}}$.

De même $a = \dfrac{b}{\sqrt{2}}$; d'où $\dfrac{b}{\sqrt{2}} + b = l$; d'où $b = \dfrac{l\sqrt{2}}{1 + \sqrt{2}}$.

2° $a\sqrt{2} - a = d$; d'où $a = \dfrac{d}{\sqrt{2} - 1}$.

$b - \dfrac{b}{\sqrt{2}} = d$; d'où $b = \dfrac{d\sqrt{2}}{\sqrt{2} - 1}$.

Exercice 566. — I.

1631. Problème. *Construire une figure qui donne les côtés des carrés équivalents à 2 fois, 3 fois, 4 fois, etc., un carré donné.*

1° Soit OA le côté du carré donné. La diagonale OB est le côté du carré double; on construit le triangle rectangle OBC, en prenant BC égal à OA; le carré qui serait construit sur OC serait égal à $OB^2 + BC^2$, et serait par conséquent triple du carré donné. La figure se continue indéfiniment.

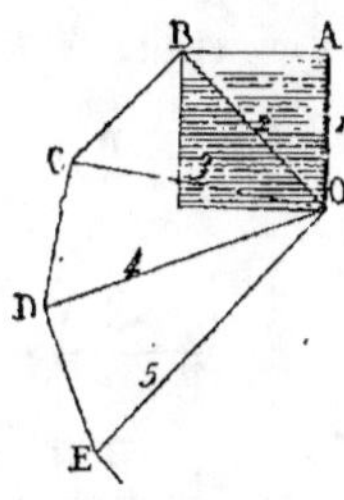

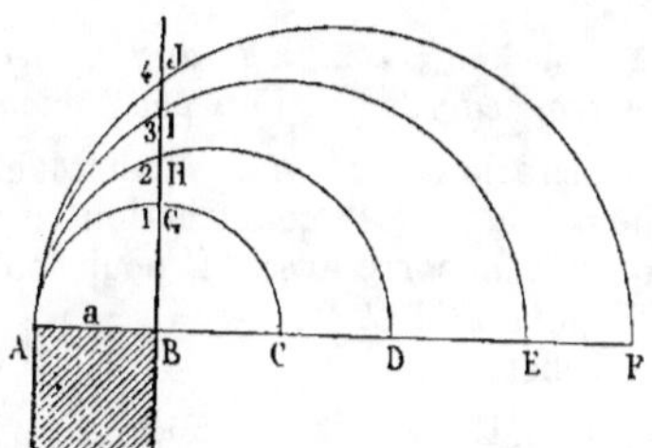

Fig. 1034.   Fig. 1035.

2° Portons le côté AB du carré donné de B en C, de C en D, etc. Décrivons des demi-circonférences sur les diamètres AC, AB, AE, etc.

On aura
$$BG^2 = a^2$$
$$BH^2 = 2a^2$$
$$BI^2 = 3a^2, \text{ etc.}$$

Exercice 566. — II.

1632. *Dans un triangle, inscrire un rectangle qui soit équivalent au triangle partiel qui surmonte ce rectangle.*

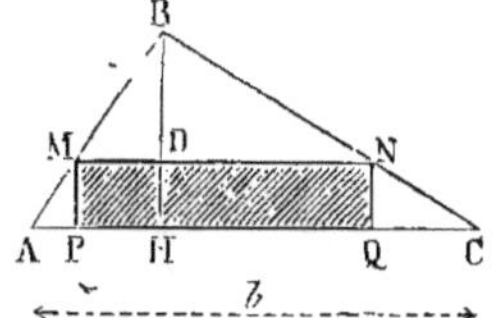

Soit la surface $\quad$ BMN $=$ PMNQ

ou
$$\frac{MN \cdot BD}{2} = MN \cdot MP$$

d'où
$$\frac{BD}{2} = MP$$

Fig. 1036.

Ainsi *la hauteur du triangle doit être double de celle du rectangle.*

Donc BD est les $^2/_3$ de la hauteur, et MP en est le $^1/_3$.

1633. Même problème. *Le triangle doit être les $^2/_3$ du rectangle.*

$$\frac{MN \cdot BD}{2} = \frac{2}{3} MN \cdot MP$$

$$BD = \frac{4}{3} MP$$

d'où
$$\frac{BD}{MP} = \frac{4}{3}$$

Ainsi BD est les $^4/_7$ de la hauteur, et MP en est les $^3/_7$.

1634. Même problème. *Le triangle doit être au rectangle dans le rapport* $\dfrac{m}{n}$.

$$\frac{BD}{2MP} = \frac{m}{n}, \quad \frac{BD}{MP} = \frac{2m}{n}$$

$$\frac{BD}{BD + MP} = \frac{2m}{2m + n}$$

d'où
$$BD = \frac{2mh}{2m + n}$$

Exercice 567.

1635. Problème. *Dans un triangle, inscrire un carré. Quel est le plus grand des trois carrés que l'on peut obtenir ?*

La considération des figures semblables conduit immédiatement à la construction suivante :

On construit un carré avec AC pour côté, et l'on mène BPE puis, BM et MN.

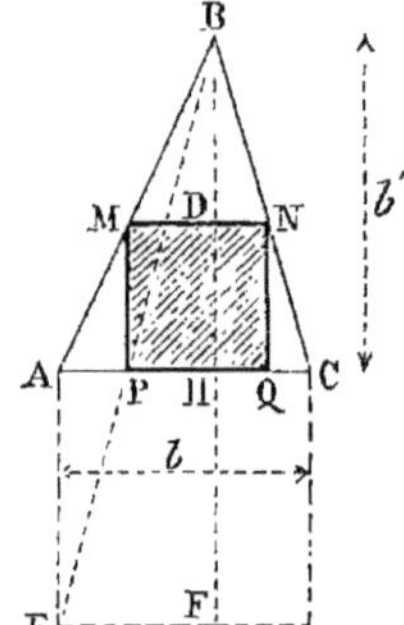

Fig. 1037.

On a, en effet,

$$\frac{MP}{AE} = \frac{BM}{BA} = \frac{MN}{AC}$$

ou

$$\frac{MP}{b} = \frac{MN}{b}$$

d'où

$$MP = MN \qquad C.\ Q.\ F.\ D.$$

Discussion. Chaque côté du triangle donne lieu à un carré inscrit. Exprimons le côté du carré en fonction de la base et de la hauteur correspondante ; soient a, b, c les côtés du triangle, a', b', c' les hauteurs correspondantes, x, y, z les côtés des carrés inscrits.

On a

$$\frac{MP}{AE} = \frac{BP}{BE} = \frac{BH}{BF}$$

ou

$$\frac{y}{b} = \frac{b'}{b + b'}; \quad \text{d'où} \quad y = \frac{bb'}{b + b'} \qquad (1)$$

de même

$$x = \frac{aa'}{a + a'} \quad \text{et} \quad z = \frac{cc'}{c + c'}$$

Or les numérateurs sont égaux, car ils expriment le double de l'aire du triangle ; ainsi $\qquad aa' = bb' = cc'$

Donc au plus petit dénominateur correspondra la plus grande fraction, c'est-à-dire le plus grand carré.

Soit $\qquad\qquad\qquad a > b$

De $\qquad aa' = bb'$, on déduit $\quad \dfrac{a}{b'} = \dfrac{b}{a'}$

d'où

$$\frac{a - b'}{a} = \frac{b - a'}{b}$$

Mais, puisque a est plus grand que b, il faut qu'on ait

$$a - b' > b - a'$$

d'où

$$a + a' > b + b'$$

Ainsi au plus petit côté b correspond la plus petite somme $b + b'$.

$$\frac{bb'}{b + b'} > \frac{aa'}{a + a'}; \quad \text{d'où} \quad y > x$$

Donc *le plus grand carré est celui qui correspond au plus petit côté du triangle.*

1636. Théorème. *La somme des inverses des côtés des trois carrés* *égale la somme des côtés et des hauteurs, divisée par le double de l'aire du triangle.*

$$\frac{1}{x} = \frac{a+a'}{aa'}, \quad \frac{1}{y} = \frac{b+b'}{bb'}, \quad \frac{1}{z} = \frac{c+c'}{cc'} \qquad (1635\ (1))$$

Mais
$$aa' = bb' = cc' = 2S$$

donc
$$\frac{1}{x} + \frac{1}{y} + \frac{1}{z} = \frac{a+b+c+a'+b'+c'}{2S} \qquad C.\ Q.\ F.\ D.$$

Remarque. En représentant le demi-périmètre du triangle par p et la demi-somme des hauteurs par p', on aurait

$$\frac{1}{x} + \frac{1}{y} + \frac{1}{z} = \frac{p+p'}{S}$$

Exercice 568.

1637. Problème. *Construire un rectangle, ayant un périmètre donné et équivalent à un autre rectangle donné.*

Soit $2p$ le périmètre et mn le rectangle donné; le problème revient à trouver graphiquement les racines de l'équation

$$x(p-x) = mn \qquad (\text{n}^\text{o}\ 297)$$

1638. Problème. Même question, *on donne la différence p des côtés adjacents et la surface mn.*

On détermine les racines de l'équation

$$x(x-p) = mn \qquad (\text{n}^\text{o}\ 299).$$

Exercice 569.

1639. Problème. *Dans un cercle, inscrire un rectangle de surface donnée.*

(Voir *Méthodes*, n° 100, *d.*)

Autre solution. Le rectangle se compose de deux triangles rectangles ayant un diamètre AB pour base commune; soit h la hauteur abaissée du point C ou du point D sur AB.

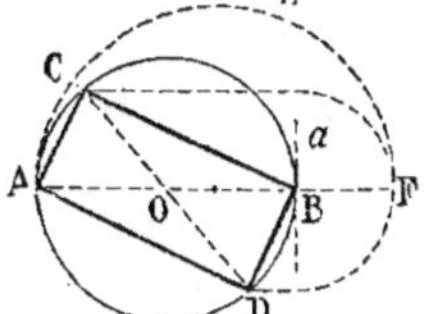

Donc, en prenant $4a^2$ pour surface totale, on a

$$2ABC \quad \text{ou} \quad AB \cdot h = 4a^2$$

d'où
$$h = \frac{4a^2}{AB}$$

Prenons
$$BE = 2a$$

Fig. 1038.

et décrivons sur ABF une demi-circonférence passant par A, E.

On aura
$$BF = \frac{BE^2}{AB} = \frac{4a^2}{AB}$$

Puis, portant BF sur la perpendiculaire élevée en B, à la droite AF, on mène par l'extrémité de cette perpendiculaire une parallèle à AB, et l'on obtient le point C, puis le point D.

1640. Problème. *Dans un demi-cercle, inscrire un rectangle d'une surface donnée* 2k².

On a recours à la première solution (n° 100, *d*).

Exercice 570.

1641. Problème. *Dans un triangle quelconque, inscrire un rectangle dont la surface soit équivalente à un carré donné* k².

(*Méthode géométrique*, n° 205. — *Méthode algébrique*, n° 303, *d*.)

Exercice 571. — I.

1642. Problème. *Dans un triangle, inscrire le rectangle de surface maxima.*

1° Le cas du triangle rectangle isocèle peut être étudié directement, afin de conduire à la solution générale. (*Méthodes*, n° 347.)

2° Le triangle est quelconque. (*Méthodes*, n° 351.)

3° On peut regarder le maximum comme la solution limite d'une question déjà traitée (n° 205). Le maximum a lieu lorsque la parallèle LI est tangente à la demi-circonférence.

La parallèle qu'on mènerait par le point de contact passerait par les milieux des côtés AB et BC (fig. 1039.)

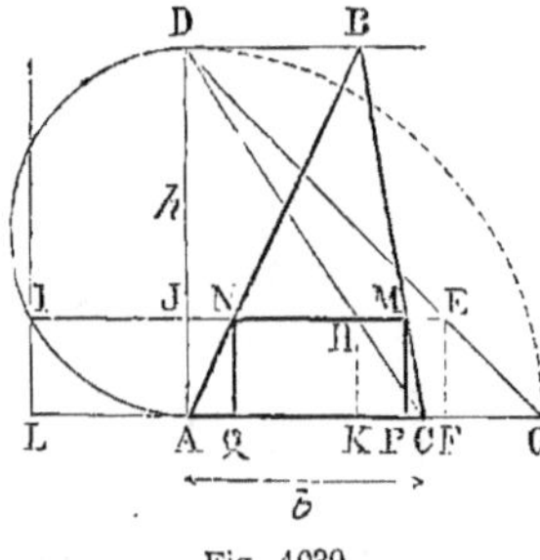

Fig. 1039.

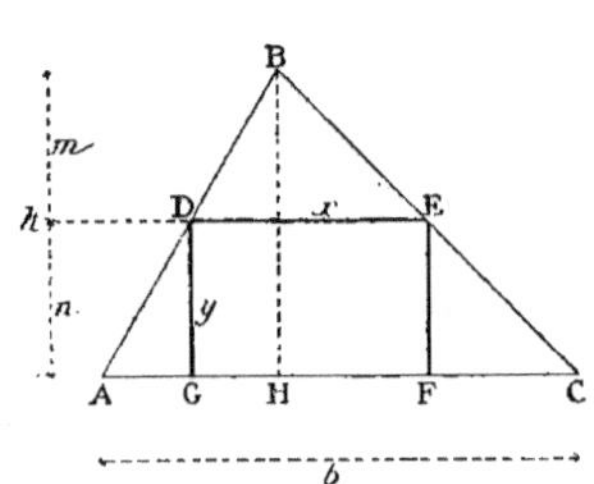

Fig. 1040.

4° Le rectangle maximum peut être obtenu d'une manière directe et très élégante, comme il suit (fig. 1040).

Soient x, y la base et la hauteur du rectangle, et m, n les deux segments que la parallèle DE détermine sur la hauteur h du triangle.

Exprimons x et y en fonction des données et de m, n.

$$\frac{DE}{AC} \quad \text{ou} \quad \frac{x}{b} = \frac{m}{m+n} \tag{1}$$

$$\frac{DG}{BH} \quad \text{ou} \quad \frac{y}{h} = \frac{n}{m+n} \tag{2}$$

En multipliant (1) par (2), on trouve

$$\frac{xy}{bh} = \frac{mn}{(m+n)^2}; \quad \text{d'où} \quad xy = bh \cdot \frac{mn}{h^2} = \frac{b}{h}\, mn$$

Or le produit mn est la seule quantité variable, car la somme des facteurs $m + n$ ou h est constante; donc le maximum a lieu lorsque $m = n$.

Ainsi la parallèle DE doit diviser les côtés AB, BC en deux parties égales.

Remarque. En considérant chaque côté du triangle donné, comme base de ce triangle, on obtient trois rectangles de surface maxima : ces rectangles sont équivalents entre eux, car chacun d'eux est équivalent à la moitié du triangle.

Exercice 571. — II.

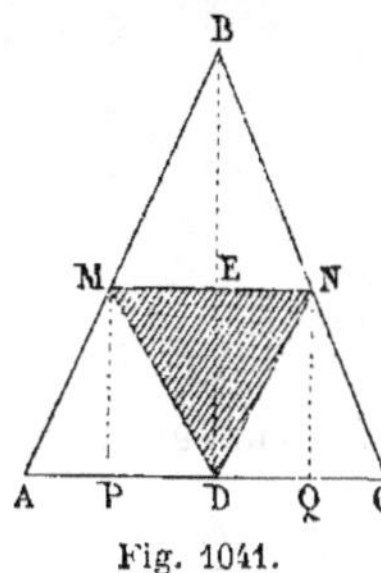

Fig. 1041.

1643. Problème. *Par le pied* D *de la hauteur* BD *d'un triangle isocèle* ABC, *mener deux droites* DM, DN *également inclinées sur la hauteur, de manière que le triangle* MDN *ait une surface donnée.*

Le triangle MDN est équivalent au rectangle DENQ; donc le problème proposé revient à une question connue (n° 1642).

Le *maximum* a lieu quand M et N sont les points milieux des côtés (n° 351).

1644. Problème. *Mener une droite* MN *parallèle à la base* AC *d'un triangle quelconque* ABC, *de manière que le triangle* DMN, *obtenu en joignant les points* M *et* N *à un point quelconque* D *donné sur la base, ait une surface donnée.*

MDN est équivalent à la moitié du rectangle inscrit dans le triangle donné.

1645. Problème. *Dans un losange, inscrire un rectangle ayant une surface donnée, les côtés étant parallèles aux diagonales du losange. Maximum de ce rectangle.*

En considérant le quart de la figure, on est ramené aux problèmes précédents (n°s 1641 et 1642).

Le rectangle maximum est formé par les droites qui joignent deux à deux les milieux des côtés du losange; la surface de ce rectangle est la moitié de celle du parallélogramme.

Exercice 571. — III.

1646. Problème. *Dans un carré, inscrire un carré ayant une surface donnée. Étudier les variations du carré inscrit.*

Soit a le côté du carré donné, b celui du carré demandé.

Du point de concours des diagonales, il suffit de décrire un cercle avec $\dfrac{b}{\sqrt{2}}$ pour rayon (n° 1015, 1°). On aura, en effet :

$$EF^2 = OE^2 + OF^2 = \frac{b^2}{2} + \frac{b^2}{2} = b^2$$

Le minimum est donné par la circonférence tangente aux côtés du carré donné ABCD.

On obtient IJ pour côté ;

$$OI = OJ = \frac{a}{2}$$

donc $\qquad IJ^2 = \frac{a^2}{2}$

Le carré minimum est obtenu en joignant deux à deux les milieux des côtés du carré donné.

On peut donner à b toutes les valeurs plus grandes que IJ ou $\dfrac{a}{\sqrt{2}}$.

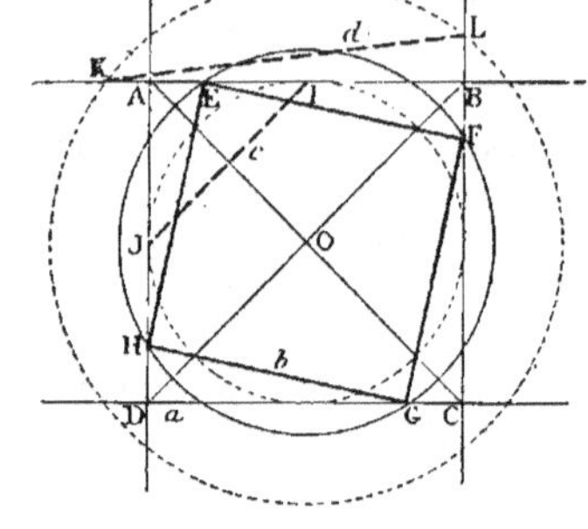

Fig. 1042.

En effet, la circonférence coupera les côtés ou leurs prolongements ; et pour $b > a$, on obtient un carré ayant KL pour côté.

Toute valeur plus grande que $\dfrac{a^2}{2}$ donne deux solutions.

Remarque. La construction de *W. Collins* (n° 1015, 2°) conduit aux mêmes résultats.

1646 (a). Théorème. *Le minimum du polygone inscrit dans un polygone régulier quelconque, correspond au cas où l'on joint deux à deux les points milieux des côtés consécutifs du polygone donné.*

En effet, quel que soit l'angle A du polygone régulier donné de n côtés, le polygone inscrit en prenant AE = BF = CG, etc. (fig. 1042), égale le polygone donné moins n triangles égaux à HAE ; mais les triangles tels que HAE, JAI ont un angle commun ; donc les aires sont entre elles comme les produits des côtés qui comprennent cet angle ; ainsi

$$\frac{HAE}{JAI} = \frac{AH \cdot AE}{AJ \cdot AI}$$

Mais $\qquad AH + AE = a = AJ + AI$

Donc le triangle AJI est maximum lorsque AJ = AI ; par suite le polygone régulier inscrit minimum correspond à IJ, etc.

Exercice 572.

1647. Problème. *Construire un rectangle dont la différence des carrés des côtés adjacents égale une quantité donnée.*

On peut recourir à la méthode algébrique (n° 304, f).

Il faut renoncer à l'emploi des lieux géométriques, car le lieu des points dont la différence des carrés des distances à deux droites rectangulaires est constante, est une hyperbole équilatère ayant ses axes sur les droites données.

Ou bien on aurait à résoudre le problème connu : *trouver les points d'intersection d'une droite et d'une hyperbole sans construire cette courbe.*

1648. Problème. *Établir la formule de l'aire du trapèze en le consi-dérant comme la différence de deux triangles.*

Soient b, b'; l, l' les bases respectives et les hauteurs des triangles obtenus en prolongeant les côtés non parallèles jusqu'à leur rencontre :

On a   trapèze $= \dfrac{bl - b'l'}{2}$;   or $\dfrac{l}{l'} = \dfrac{b}{b'}$ et $l - l' = h$

en éliminant l et l', on trouve :

$$\text{trapèze} = \frac{b + b'}{2} \cdot h$$

Exercice 573.

1649. Problème. *Par deux points* A *et* B *pris sur un des côtés d'un angle* O, *mener deux droites parallèles telles que le trapèze résultant ait une surface don-née* k².

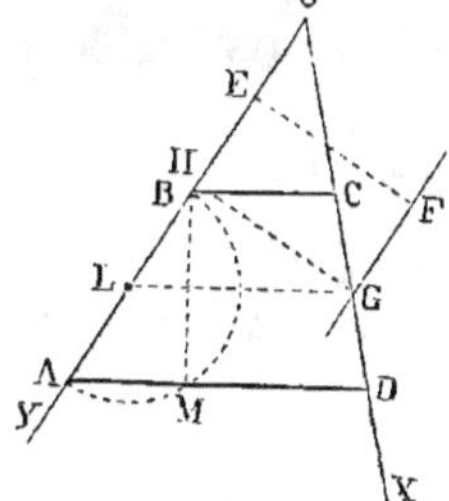

Fig. 1043.

Le théorème qui établit qu'on peut obtenir l'aire d'un trapèze ABCD, en multipliant AB par la hauteur GH abaissée du point milieu de CD sur le côté opposé (n° 1566), conduit à la solution suivante :

Il faut élever une perpendiculaire EF telle que

$$EF = \frac{k^2}{AB}$$

Mener la parallèle FG. On obtient ainsi le point milieu G du côté inconnu CD; joindre G au point L, milieu de AB, et mener AD, BC parallèles à LG.

1649 (a). Remarque. Le problème peut être proposé avec les données suivantes :

1° *On donne* A *et* B *sur les côtés de l'angle* O *et la longueur de la hauteur* BM *du trapèze.*

2° *On donne* A *et* B *sur les côtés de l'angle* O *et la longueur* l *du côté opposé* CD.

Il faut mener deux parallèles AD, BC qui interceptent sur OX un seg-ment CD égal à la longueur donnée.

Or $\dfrac{OC}{l} = \dfrac{OB}{AB}$

d'où $OC = l \cdot \dfrac{OB}{AB}$

Exercice 574.

1650. Problème. *Par deux points donnés* A *et* B *pris sur une circonfé-rence, mener deux cordes parallèles telles que le trapèze qui aurait ces cordes pour bases soit équivalent à un carré donné* k².

Soit ABCD le trapèze demandé.

L'aire s'obtient en multipliant un des côtés non parallèles AB par la hauteur NH abaissée du point milieu des côtés opposés (n° 1566).

Donc $\qquad AB \cdot NH = k^2$;

d'où $\qquad NH = \dfrac{k^2}{AB}.$

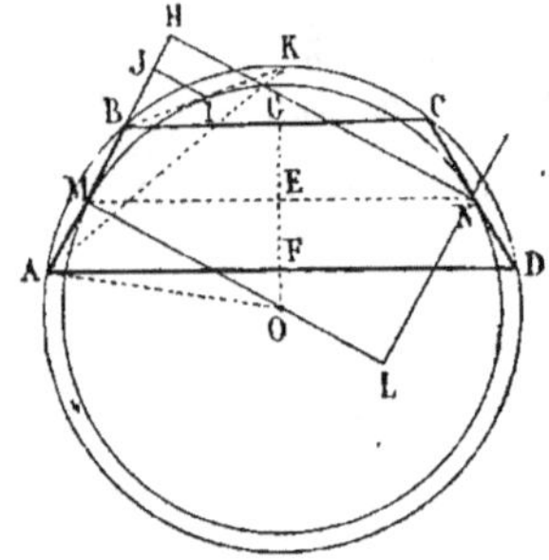
Fig. 1044.

Quatrième proportionnelle facile à construire.

Portons la longueur trouvée sur une perpendiculaire de M en L.

Menons une parallèle LN jusqu'à la rencontre de la circonférence décrite du centre O, avec OM pour rayon.

Discussion. 1° Il y a généralement deux solutions, parce que la droite LN coupe la circonférence OM en deux points.

2° Le maximum a lieu lorsque ML   ou $\dfrac{k^2}{AB} = 2MO$;

d'où $k^2 = 2 \cdot MO \cdot AB$ tel est le maximum de k^2.

3° Le trapèze se réduit à un triangle ABK, lorsque la quatrième proportionnelle devient égale à IJ.

Alors $\qquad k^2 = AB \cdot IJ$

4° Pour des valeurs $k^2 < AB \cdot IJ$,   la corde AB n'est plus un des côtés non parallèles, mais elle devient une des diagonales du trapèze, car le sommet C se trouve en A et B.

Avec AB pour diagonale, le trapèze peut décroître de plus en plus jusqu'à une aire nulle.

Exercice 575.

1651. Problèmes. 1° *D'un point O comme centre, décrire une circonférence qui coupe deux parallèles données, de manière que le trapèze ABCD ait une aire donnée* k².

En supposant le problème résolu, on a (fig. 1044)

$$MN \cdot FG = k^2 ; \quad \text{d'où} \quad MN = \frac{k^2}{GF}$$

Or GF est connu, il en est donc de même de $EM = \dfrac{k^2}{2GF}.$

On joindra le centre O au point M ; puis au point M on élèvera la perpendiculaire AB à la droite OM, et $AO = BO$ sera le rayon demandé.

2° *Avec un rayon donné* r, *couper deux parallèles de manière que le trapèze*   ABCD = k²   (fig. 1044).

En un point quelconque, on mène la perpendiculaire GF, une parallèle équidistante des deux lignes données ; on prend

$$ME = EN = \frac{k^2}{2GF}$$

et tout trapèze dont les côtés non parallèles passeront par M, N aura l'aire k^2.

Le problème est ramené *à construire un triangle rectangle AMO, connaissant la longueur r de l'hypoténuse, le sommet de l'angle droit devant être en M et les autres sommets devant se trouver sur des droites données AF, GF* (n° 975).

Exercice 576. — I.

1652. Problème. *D'un point O pris comme centre sur la bissectrice d'un angle, décrire une circonférence telle que le trapèze déterminé ait une aire donnée* k^2.

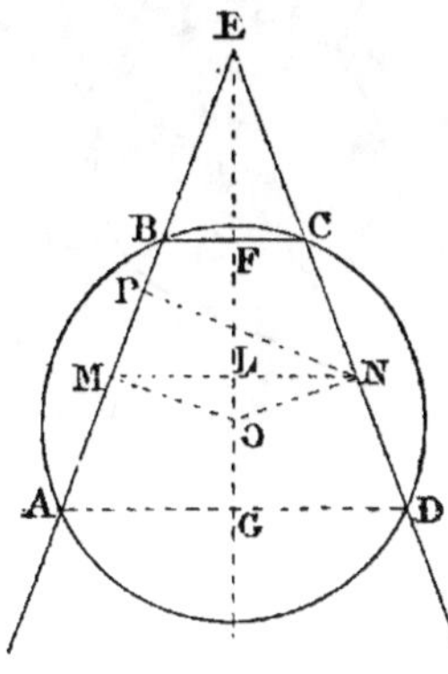

Fig. 1045.

Du centre, abaissons les perpendiculaires OM, ON, puis NP; MN est la base moyenne.

1° Il suffit de déterminer la hauteur FG du trapèze, et porter sa moitié de L en F et en G.

Or $$MN \cdot FG = k^2$$

d'où $$FG = \frac{k^2}{MN}$$

2° On peut aussi déterminer AB et porter sa moitié de M en A et en B; cette construction est même préférable à la précédente.

AB . NP $= k^2$ (n° 1566)

Or

d'où $$AB = \frac{k^2}{NP}$$

Exercice 576. — II.

1653. Problème. *Décrire une circonférence tangente aux côtés d'un angle donné, de manière que les tangentes perpendiculaires à la bissectrice de l'angle déterminent un trapèze d'une aire donnée.*

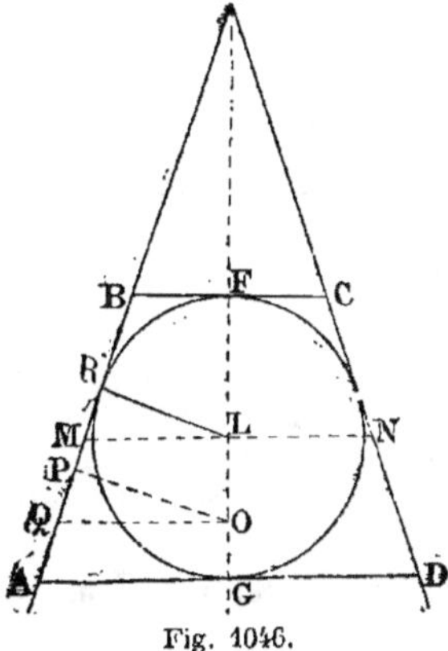

Fig. 1046.

Soit le problème résolu, on doit avoir :

$$MN \cdot FG \quad \text{ou} \quad 4LM \cdot LR = k^2$$

Or, si l'on mène par un point quelconque O de la bissectrice des droites OP, OQ respectivement perpendiculaires aux premières, on aura :

$$\frac{LR^2}{OP^2} = \frac{LM \cdot LR}{OP \cdot OQ}$$

donc $$\frac{LR^2}{OP^2} = \frac{k^2}{4OP \cdot OQ}$$

ce qui permet de déterminer le rayon LR du cercle.

Exercice 576. — III.

1653 (a). *Une circonférence est tangente aux côtés d'un angle donné, mener deux tangentes parallèles de manière que l'aire du trapèze obtenu ait une valeur donnée* k^2.

Soit le problème résolu, MN la base moyenne, r le rayon du cercle; on a :

$$2r \cdot MN = k^2$$

d'où
$$MN = \frac{k^2}{2r}$$

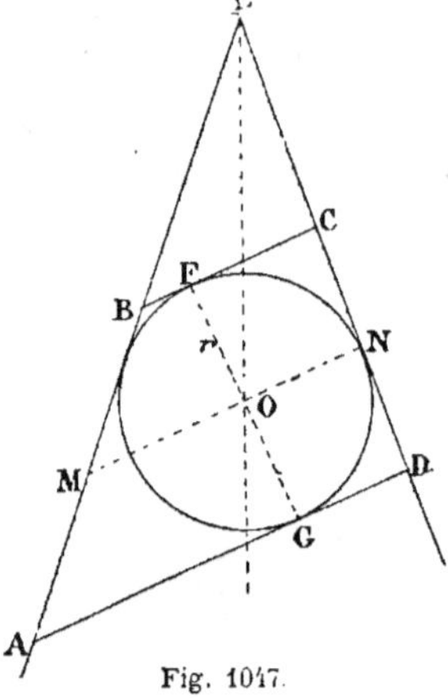

Fig. 1047.

On est donc ramené au *problème de Pappus :* par un point O pris sur la bissectrice d'un angle, mener une droite MON d'une longueur donnée (nos 309 et 321, *note*).

Exercice 577.

1654. Problème. *Construire une figure* C *semblable à une figure donnée* A, *et équivalente à une autre figure donnée* B.

Soient m et x deux lignes homologues quelconques des figures A et C.

Les figures données A et B peuvent être transformées en des carrés équivalents a^2 et b^2.

Ainsi les deux figures   A   et   C

ont pour aires respectives a^2 et b^2

et pour lignes homologues m et x

On a donc $\dfrac{a^2}{b^2} = \dfrac{A}{C} = \dfrac{m^2}{x^2}$; de là on conclut $\dfrac{a}{b} = \dfrac{m}{x}$.

On peut trouver la ligne x homologue de m; ce qui permet de construire la figure C.

Exercice 578.

1655. Problème. *Sur une droite quelconque, on marque deux points* A *et* B *distants de* d. *Décrire deux cercles tangents à la droite en* A *et* B, *et tangents entre eux, et tels que la somme des aires de ces cercles ait une valeur donnée* S.

Soient CB et DA, ou R et r, les rayons des deux cercles demandés. Menons DF parallèle à AB.

Le triangle CFD, rectangle en F, a pour hypoténuse $CD = R + r$; le côté $CF = R - r$, et $DF = AB = d$.

Entre les deux inconnues R et r, on a une première relation

$$\pi R^2 + \pi r^2 = S ; \quad \text{d'où} \quad R^2 + r^2 = \frac{S}{\pi} \tag{1}$$

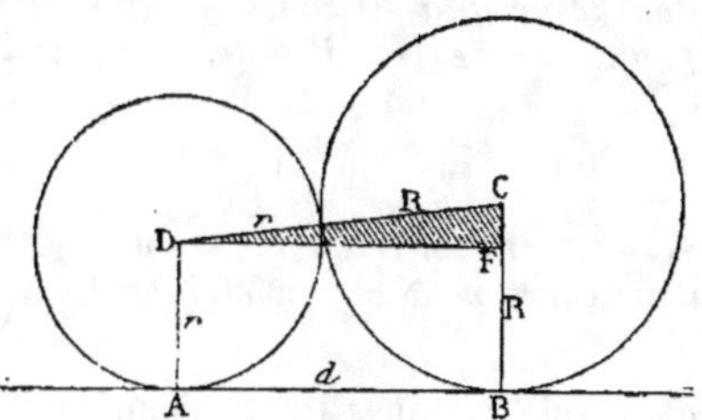

Fig. 1048.

Le triangle rectangle CFD fournit la seconde équation :

$$d^2 = (R + r)^2 - (R - r)^2 = 2R \cdot 2r = 4Rr$$

d'où
$$2Rr = {}^1/_2 d^2 \tag{2}$$

La somme des équations (1) et (2) donne :

$$R^2 + r^2 + 2Rr \quad \text{ou} \quad (R + r)^2 = \frac{S}{\pi} + \frac{d^2}{2} \tag{3}$$

La différence de ces mêmes équations donne :

$$R^2 + r^2 - 2Rr \quad \text{ou} \quad (R - r)^2 = \frac{R}{\pi} - \frac{d^2}{2} \tag{4}$$

Le calcul des relations (3) et (4) donnera la somme et la différence des rayons ; ce qui permettra de trouver l'un et l'autre.

Remarque. On peut simplifier en se reportant à une question précédente (n° 1305).

Exercice 579.

1656. Problème. *Par un point A donné dans un cercle, mener une corde MN telle que le secteur correspondant à l'arc sous-tendu soit les* ${}^5/_{12}$ *du cercle entier.*

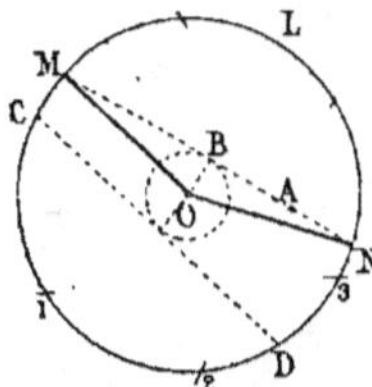

Fig. 1049.

Puisque le secteur MONL doit être les ${}^5/_{12}$ du cercle entier, l'arc MLN ou $2a$ doit être aussi les ${}^5/_{12}$ de la circonférence.

Divisons la circonférence en douze parties égales ; menons la corde CD qui correspond aux cinq douzièmes.

Il suffira de mener par le point A une corde égale à CD (n° 850).

Du centre O, décrivons une circonférence tangente à CD, et menons par le point A une tangente MAN.

Le secteur MONL est égal aux cinq douzièmes du cercle.

Remarque. Il peut y avoir deux solutions, une seule, ou aucune, suivant que le point A est hors du cercle décrit, ou sur la circonférence OB, ou dans l'intérieur de ce cercle.

Exercice 580.

1657. Problème. *Par un point fixe pris sur une circonférence, on mène deux cordes dont le produit est constant. Quelle est l'enveloppe du triangle formé en joignant les extrémités des deux cordes menées par le point fixe?*

(Voir *Méthodes*, n° 125.)

1658. Problème. *Construire un triangle, connaissant le produit* k^2 *de deux côtés, la hauteur correspondante* h *et la médiane* m *qui part du même sommet.*

Le diamètre d du cercle circonscrit est donné par $d = \dfrac{k^2}{h}$. (G., n° 270.)

On pourrait construire un triangle rectangle AMH, car on connaît l'hypoténuse $AM = m$, le côté $AH = h$.

Le centre du cercle circonscrit doit se trouver sur la perpendiculaire MY élevée à la base par son point milieu M; donc, du sommet A avec $\dfrac{d}{2}$ pour rayon, il faut couper la perpendiculaire en O, décrire la circonférence qui fait connaître les sommets B et C.

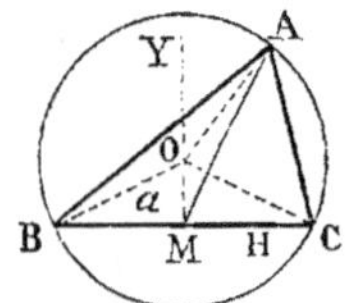

Mener la hauteur AH du triangle.

Fig. 1050.

Exercice 581.

1659. Problème. *A une circonférence donnée, circonscrire un triangle isocèle tel que la somme des deux côtés égaux soit minima.*

Le triangle isocèle demandé doit être tel que la distance CE égale la projection BD de la moitié de la base; en effet, admettons que les tangentes CEB, CE'B' réalisent la condition rappelée, toute droite FE'G menée par le point de contact E' sera plus grande que CE'B' (n° 168); donc

$$CE'B' < GE'F$$

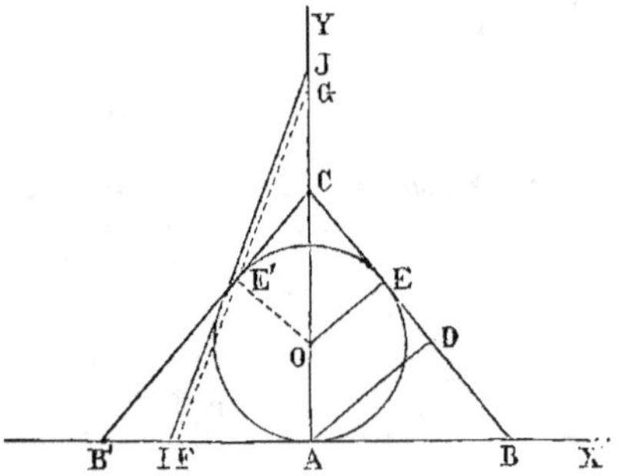

et par suite, à plus forte raison, on aura

$$CE'B' < \text{tangente IJ}$$

Fig. 1051.

Remarque. *Le point de contact E divise la tangente en moyenne et extrême raison.*

En effet, les triangles BAC, BDA sont semblables; donc

$$\frac{BC}{AB} = \frac{AB}{BD} \quad \text{d'où} \quad BC \cdot BD = AB^2$$

Mais $BD = CE$ par construction; la tangente $BA = BE$; donc

$$BC \cdot CE = BE^2 \qquad\qquad C.\ Q.\ F.\ D.$$

Construction. On ne sait pas mener géométriquement une tangente BEC qui soit divisée par le point de contact en moyenne et extrême raison, mais on peut construire une figure semblable à celle que l'on demande, et trouver celle-ci à l'aide de la méthode du problème contraire.

Ainsi, on prendrait une droite quelconque BC, par exemple, divisée au point E, on porterait CE de B en D. Au point D, on élèverait une perpendiculaire que l'on couperait en A par un arc de cercle décrit du centre B avec BE pour rayon. On obtiendrait ainsi un triangle rectangle BAC semblable à la moitié du triangle isocèle demandé. La perpendiculaire EO donnerait le rayon de la figure auxiliaire.

Division des figures.

Exercice 582.

1660. Problème. *Par un point D donné sur le périmètre d'un triangle ABC, mener une droite qui divise ce triangle en deux parties équivalentes.*

Note. Pour les exercices suivants : 582 à 592 compris, on peut voir la 2e édit. des *Exercices de Géométrie*, où ces questions sont développées.

Il sera surtout utile de consulter l'ouvrage suivant : *Arpentage, levé des plans, nivellement,* par F. J., 3e édition, pages 154 à 169; car il donne un grand nombre d'exemples de partage de polygones, et surtout il fait connaître les meilleures solutions pratiques.

1661. Problème. *Diviser un triangle ABC en trois parties équivalentes par des droites partant de deux points D et F donnés sur le périmètre.*

Exercice 583.

1662. Problème. *Par des parallèles à l'un des côtés d'un triangle, diviser ce triangle en trois parties qui soient entre elles comme les grandeurs* m, n, p.

Exercice 584.

1663. Problème. *Diviser un triangle ABC en deux parties équivalentes, par une droite EF perpendiculaire à la base.*

Exercice 585.

1664. Problème. *Par un point O pris sur la hauteur d'un triangle isocèle, mener une droite, autre que la hauteur, qui divise le triangle en deux parties équivalentes.*

Soit MON la sécante demandée.

On doit avoir triangle DOM équivalent à ONC, car les deux surfaces équivalentes CBD, CBMN, ont une partie commune COMB.

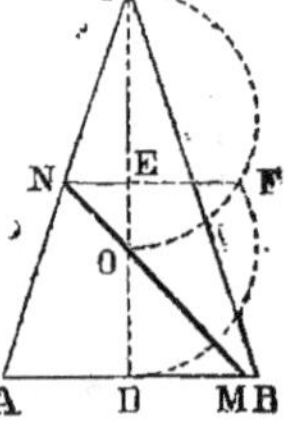

Fig. 1052.

d'où $\qquad$ OC . NE $=$ OD . DM $\qquad$ (1)

Mais $\qquad \dfrac{DM}{NE} = \dfrac{OD}{OE}$;

$$DM . OE = NE . OD \qquad (2)$$

En multipliant (1) par (2), on trouve :

$$OC . OE = OD^2$$

donc OE est une troisième proportionnelle facile à construire.

On peut prendre $\qquad$ OE $=$ OD et abaisser FEN.

1665. Problème. *Même question pour un point O pris sur la médiane d'un triangle quelconque.*

Exercice 586.

1666. Problème. *Diviser en parties équivalentes un trapèze, par des droites joignant les deux bases.*

Exercice 587.

1667. Problème. *Diviser un trapèze donné ABCD en trois parties équivalentes, par des droites parallèles à l'un des côtés non parallèles : à AD, par exemple.*

Exercice 588.

1668. Problème. *Aux bases d'un trapèze ABCD, mener une parallèle qui divise ce trapèze dans un rapport donné : $^2/_5$, par exemple.*

Exercice 589.

1669. Problème. *Diviser un trapèze en deux parties équivalentes, par une droite menée par un point donné.*

Dans quelle région du plan doit se trouver le point donné, pour qu'il y ait trois solutions, deux, une seule ; pour que la droite de division rencontre les deux bases, les deux côtés non parallèles, une base et un des côtés non parallèles ?

(Voir *Méthodes*, n° 254.)

Exercice 590.

1670. Problème. *Diviser un quadrilatère ABCD en deux parties équivalentes, par une droite partant d'un point E donné sur le périmètre.*

Exercice 591.

1671. Problème. *Diviser un polygone quelconque ABCDE en deux parties équivalentes, ou dans un rapport donné, par une droite partant d'un point K donné sur le périmètre.*

Exercice 592.

1672. Problème. *D'un point P donné dans une figure quelconque, mener des droites qui divisent cette figure en deux parties équivalentes, ou en deux parties qui soient dans un rapport donné.*

Exercice 593.

1673. Problème. *Partager un polygone donné en parties proportion- nelles à des grandeurs données, en menant des droites par un point intérieur* O. (Solution d'Euzet, garde du génie, N. A., 1854, p. 114.)

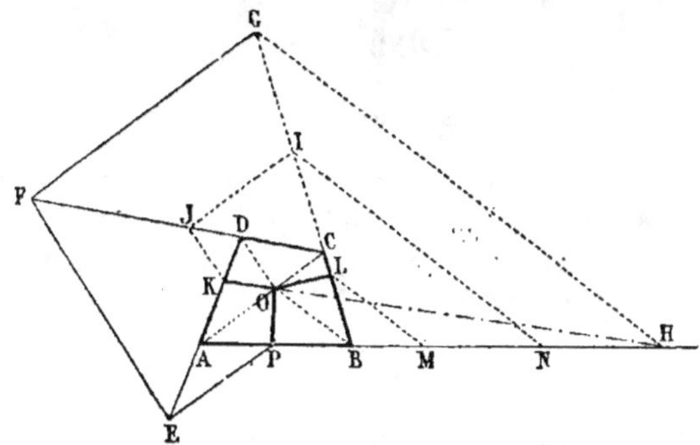

Fig. 1053.

Soit un quadrilatère ABCD, à partager en trois parties proportion- nelles à des longueurs l, m, n. On donne la droite OP.

1° Prolongeons chaque côté dans une même direction.

Par le point P, il faut mener une parallèle PE à la droite AO, puis EF parallèle à OD, FG parallèle à OC, et GH parallèle à OB.

Le triangle POH est équivalent au polygone donné.

En effet, le triangle OAE est équivalent à OAP; le triangle EOD peut être remplacé par son équivalent FOD; FOC est équivalent à GOC; GOB est équivalent à HOB; donc HOP est équivalent au polygone donné.

2° Divisons PH en trois parties PM, MN, NH respectivement propor- tionnelles aux grandeurs données l, m, n.

Par N, menons NI parallèle à HG, puis menons IJ et enfin JK.

Dans l'exemple donné, la parallèle ML rencontre le côté BC.

Il faut prouver que les trois parties du quadrilatère sont équivalentes aux triangles OPM, OMN et ONH.

Or le triangle OBL est équivalent à OBM;

donc $$OPBL = OPM$$

De même $OBN = OBI$; $OCI = OCJ$; $ODJ = ODK$

donc $$OPBCDKO = OPN$$

et ainsi de suite, quel que soit le nombre de parties.

1674. Note. La belle solution d'Euzet a été publiée en 1854, dans les *Nouvelles Annales Mathématiques*, page 114. Depuis, elle a été retrouvée par M. d'Ocagne, voir *Journal de mathématiques Bourget*, 1878, page 332 et 1880, p. 487; puis *Mathésis*, 1881, page 109.

M. d'Ocagne, aujourd'hui *ingenieur des ponts et chaussées*, a déjà justifié, par les ouvrages remarquables qui lui sont dus, les espérances que faisaient naître les articles qu'il publiait même avant son entrée à l'École polytechnique, soit dans le *Journal de Mathématiques de M. Bourget*, soit dans les *Nouvelles Annales mathématiques*.

MAXIMA ET MINIMA

Polygones.

Exercice 594.

1675. Problème. *Quel est le plus grand des triangles qui ont même base b, et même angle B opposé à cette base?*

Le triangle est maximum lorsque le sommet est au point milieu de l'arc capable de l'angle au sommet.

Exercice 595.

1676. Problème. *De tous les triangles qui ont même base et même périmètre, quel est celui dont la surface est maxima?*

Considérons deux triangles ABC et ABD, l'un quelconque et l'autre isocèle, et tels que

$$AD + DB = AC + CB$$

Par les sommets C et D, menons des parallèles CE, DF à la base du triangle.

Par rapport à CE, déterminons le symétrique M du point B; et par rapport à DF, le symétrique N du même point B.

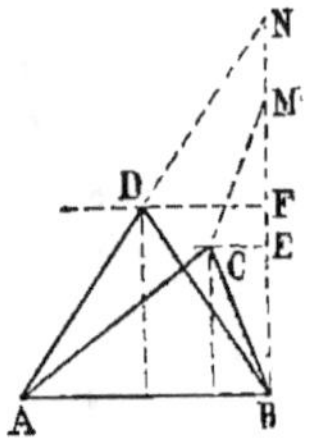

On a $\qquad AC + CM = AC + CB$

la droite $ADN = AD + DB$;

d'où $\qquad\qquad AN = AC + CM$

donc la ligne brisée $AC + CM$ qui égale la droite AN, doit aboutir à un point M situé entre B et N, sans quoi elle serait plus grande que AN; donc BN, double de la hauteur du triangle isocèle, est plus grande que BM, double de la hauteur de l'autre triangle; *ainsi le triangle isocèle a la surface maxima.*

Fig. 1054.

Exercice 596.

1677. Problème. *De tous les triangles ayant même surface, quel est celui qui a le plus petit périmètre?*

Soit A un triangle quelconque. Soient B et C deux triangles équila-

30*

téraux : l'un isopérimètre avec A, et l'autre équivalent à A. Appelons $3p$ le périmètre commun aux deux triangles A et B, et $3p'$ le périmètre du triangle C.

Les deux triangles A et B étant isopérimètres, c'est le triangle équilatéral B qui est le plus grand. On a donc $A < B$; et comme $A = C$, on a aussi $C < B$; d'où $3p' < 3p$.

Ainsi le triangle équilatéral C a un périmètre moindre que tout triangle irrégulier équivalent. Donc, *de tous les triangles ayant même surface, c'est le triangle équilatéral qui a le plus petit périmètre.*

Exercice 597. — I.

1678. Problème. *De tous les triangles isopérimètres, quel est le plus grand en surface ?*

1re *Démonstration.* Soient x, y, z les trois côtés variables, $2p$ le périmètre constant, et S la surface variable. On a $x + y + z = 2p$, somme constante.

La surface $S = \sqrt{p(p - x)\,(p - y)\,(p - z)}$.

Or $(p - x) + (p - y) + (p - z) = p$; donc le maximum du produit a lieu lorsque les facteurs sont égaux entre eux, donc

$$p - x = p - y = p - z$$

Le triangle est équilatéral et $x = y = z = \dfrac{2p}{3}$.

2e *Démonstration.* Admettons momentanément qu'un des côtés, x, par exemple, soit invariable. La somme des deux autres côtés $y + z$ serait constante; elle égalerait $2p - x$; donc le triangle devait être isocèle (n° 1676); d'où $y = z$. Mais lorsque x diffère de y, le triangle obtenu n'est pas le plus grand possible, puisque le triangle isocèle qui aurait z pour côté invariable et deux autres côtés égaux entre eux et égaux à $\dfrac{2p - z}{2}$ serait plus grand; donc il faut que les trois côtés soient égaux entre eux.

Exercice 597. — II.

1679. Problème. *Couper les côtés d'un angle XOY par une droite BC parallèle à une ligne donnée MN, de manière que le triangle ABC, formé en joignant B et C à un point A fixe donné pour sommet, ait une aire maxima.*

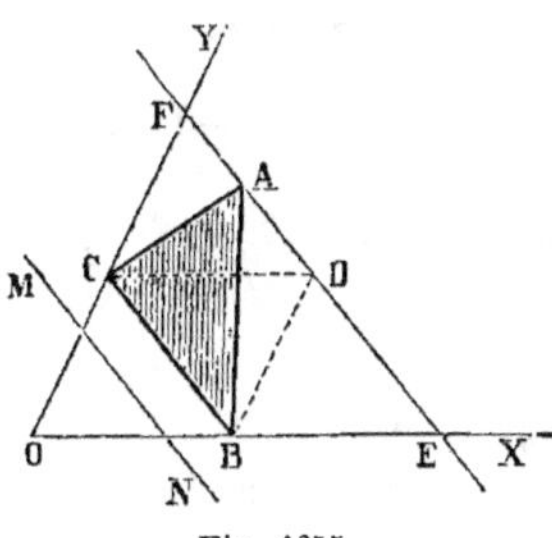

Fig. 1055.

Soit ABC le maximum demandé, en menant par le point A une parallèle EF à MN, les triangles qui auront BC pour base et le sommet sur EF seront équivalents. Or le parallélogramme maximum inscrit DBOC s'obtient en menant par le point D milieu de EF des parallèles OX, OY, et le triangle CDB ou son équivalent ABC est la moitié du parallélogramme OBDC ; donc, par le point A, il faut mener une parallèle à MN et joindre le sommet donné aux points B et C milieux de OE et de OF.

Exercice 597. — III.

1680. Problème. *D'un point O pris sur la base d'un triangle quelconque ABC, on abaisse des perpendiculaires OM, ON sur les côtés du triangle ; pour quelle position du point O le triangle MON est-il maximum ?*

1° Lorsque le point mobile est en A ou en B, le triangle est nul ; il y a donc un maximum pour une des positions intermédiaires.

2° L'angle MON est constant, car il est le supplément de l'angle B ; or les triangles qui ont un angle égal sont entre eux comme les produits des côtés qui comprennent cet angle (G., n° 329) ; il suffit donc d'étudier la variation du produit OM . ON.

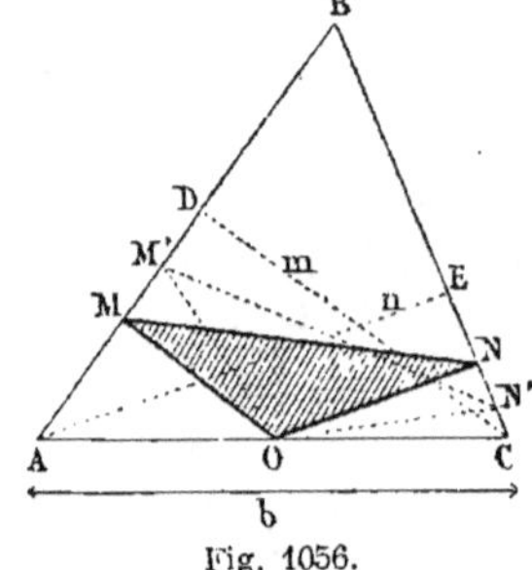

Fig. 1056.

3° Exprimons OM, ON en fonction de lignes connues, et des distances AO, CO. Pour cela, menons les perpendiculaires CD ou m et AE ou n.

On a
$$\frac{OM}{m} = \frac{AO}{b} ; \quad OM = \frac{m}{b} . AO$$

$$\frac{ON}{n} = \frac{CO}{b} ; \quad ON = \frac{n}{b} . CO$$

$$OM . ON = \frac{mn}{b^2} . AO . CO$$

La variation du produit OM . ON ne dépend que de AO . CO.
Le maximum a donc lieu lorsque AO = CO (n° 343).

Remarques. 1° Le problème ci-dessus (n° 1680) est le complément d'un problème déjà résolu (n° 1625).

2° On peut arriver rapidement au résultat précédent, en s'appuyant sur un principe connu. (*Méthodes*, n° 346, *cinquième principe*.)

1681. Problème. *Pour un point fixe O donné sur AC, quel est le triangle minimum, lorsque l'angle MON pivote autour de son sommet ?*

C'est le triangle MON formé par les perpendiculaires OM, ON (fig. 1056) ; car, pour toute autre position M'ON', l'oblique OM' est > OM, et de même ON' > ON.

1682. Problème. *D'un point O pris sur la base d'un triangle quelconque, on mène des lignes OM, ON parallèles à deux droites données ; pour quelle position du point O le triangle MON est-il maximum ?*

Pour le point O milieu de la base, on mène des droites m et n parallèles aux deux droites données.

Exercice 598.

1683. Problème. *De tous les rectangles dont le périmètre est constant, quel est celui dont la surface est maxima ?*

Ou bien : *Quel est le maximum du produit de deux facteurs dont la somme est constante ?*

(Voir *Méthodes*, nᵒ 343.)

Exercice 599.

1684. Problème. *De tous les rectangles dont la surface est constante, quel est celui dont le périmètre est minimum ?*

Ou bien : *Quel est le minimum de la somme de deux facteurs dont le produit est constant ?*

(Voir *Méthodes*, nᵒ 344.)

Exercice 600.

1685. Problème. *De tous les rectangles dont la somme des carrés de deux côtés adjacents est constante, quel est celui dont la surface est maxima ?*

Ou bien : *Quel est le maximum du produit de deux facteurs dont la somme des carrés est constante ?*

(Voir *Méthodes*, nᵒ 345.)

Exercice 601. — I.

1686. Problème. *De tous les rectangles dont la surface est constante, quel est celui dont la somme des carrés de deux côtés adjacents est minima ?*

Ou bien : *Quel est le minimum de la somme des carrés de deux facteurs dont le produit est constant ?*

(Voir *Méthodes*, nᵒ 346.)

Exercice 601. — II.

1687. Problème. *Une droite de longueur donnée a est divisée en deux parties sur chacune desquelles on construit un carré ; quelles sont les variations de la somme de ces carrés ?*

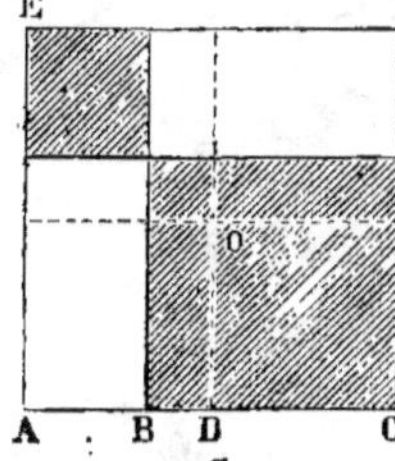

Fig. 1057.

Soient $AB = x$ et $BC = y$;

on a $x + y = a$

Sur AC construisons un carré : on a

$$a^2 = x^2 + y^2 + 2xy$$

d'où $x^2 + y^2 = a^2 - 2xy$

Donc la somme des carrés ou $a^2 - 2xy$ atteint son maximum lorsque $2xy$ est minimum, et réciproquement. Or le minimum de xy a lieu lorsqu'un des facteurs est nul ; dans ce cas $x = a$; $x^2 = a^2$.

Le maximum de xy a lieu lorsque

$$x = y = \frac{a}{2}; \quad \text{donc...}$$

$$x^2 + y^2 = a^2 - \frac{a^2}{2} = \frac{a^2}{2}$$

Ainsi, quand on divise la droite en deux parties égales, la somme des carrés est minima; elle égale $\frac{a^2}{2}$, puis elle augmente, et, quand une des divisions est nulle, le carré restant égale a^2.

Remarques. 1° Conformément à l'énoncé, on divise la droite AC en deux parties dont la somme égale a. Dans le cas où le point B serait pris sur le prolongement de la droite limitée AC, on aurait

$$a^2 = x^2 + y^2 - 2xy$$

d'où
$$x^2 + y^2 = a^2 + 2xy$$

La somme $x^2 + y^2$ croît indéfiniment, car chaque quantité x et y croît indéfiniment.

2° On arrive plus rapidement à déterminer le *minimum* de la somme des carrés en s'appuyant sur un principe connu. *Le minimum de la somme de deux carrés dont la somme des côtés est constante, a lieu lorsque les carrés sont égaux entre eux.*

D'ailleurs prenons pour côtés des carrés $\frac{a}{2} + z$ et $\frac{a}{2} - z$.

La somme égale $\qquad 2\left(\frac{a^2}{4} + z^2 \right)$

donc le minimum a lieu quand z est nul, c'est-à-dire quand

$$x = y = \frac{a}{2}$$

Exercice 602.

1688. Problème. *En menant des droites égales entre elles et parallèles aux diagonales d'un rectangle, on forme des parallélogrammes inscrits; quel est le parallélogramme maximum?*

Il suffit de considérer le quart ILJ du parallélogramme; le maximum a lieu pour le point F milieu de AB (n°ˢ 347 et 351). Le losange inscrit EFGH est donc maximum.

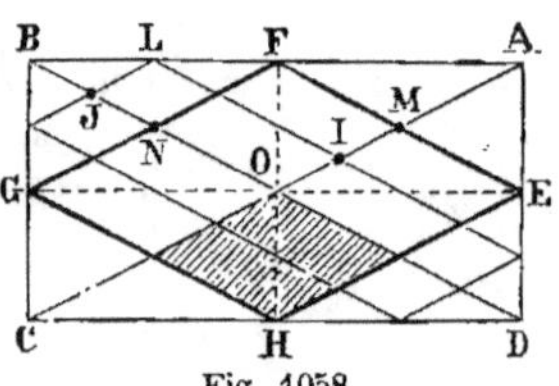
Fig. 1058.

Exercice 603.

1689. Problème. *Construire un rectangle maximum, connaissant la somme de trois côtés.*

Soit ABCD le rectangle demandé, tel que $\mathrm{AD + AB + BC = MN} = l$, longueur donnée.

En doublant le rectangle, on aura

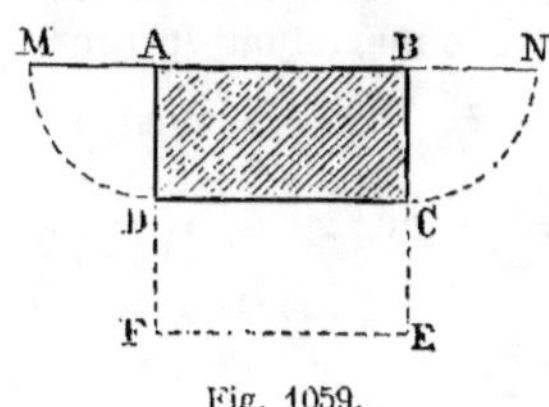

Fig. 1059.

$$2(AB + BE) = 2l$$
ou
$$AB + BE = l$$

On est ramené à construire le rectangle maximum ABEF, lorsqu'on connaît la somme de deux côtés adjacents; on sait que le *carré* répond à la question; donc

$$AB = BE = \frac{l}{2}$$

par suite,

$$BC = AD = \frac{1}{2} BE = \frac{l}{4}$$

Le maximum est la moitié d'un carré, et la somme $AD + BC$ des deux côtés opposés égale la base AB.

$$S = \frac{l}{2} \times \frac{l}{4} = \frac{l^2}{8}$$

Remarques. 1° En représentant BC par x, on a

$$AB = l - 2x$$

la surface égale

$$(l - 2x)x \qquad (1)$$

Or le maximum a lieu lorsque $x = \frac{l}{4}$

alors

$$S = \left(l - \frac{l}{2}\right)\frac{l}{4} = \frac{l^2}{8}$$

2° Nous n'indiquons pas l'emploi de la *méthode algébrique*, car elle n'offre aucune difficulté; mais d'une solution purement géométrique nous déduisons la valeur du maximum.

Le problème que l'on vient de résoudre (n° 1689) a été traité en vue de l'exercice suivant (n° 1690).

Exercice 604. — I.

1690. Problème. *On a un rectangle ABCD; on en parcourt le périmètre en prenant, à partir de chaque sommet et dans le même sens, une même longueur; ainsi on prend $AE = BF = CG = DH$; dans quel cas le parallélogramme obtenu EFGH est-il minimum?*

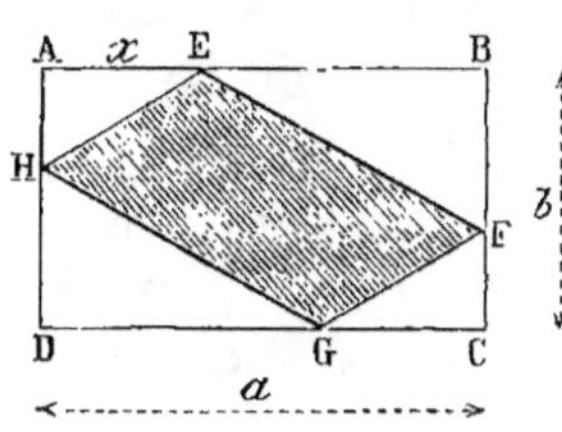

Fig. 1060.

Soient $AB = a$, $BC = b$ et $AE = BF$, etc. $= x$.

Le minimum du parallélogramme a lieu quand la somme des quatre triangles retranchés atteint son maximum.

Or les deux triangles égaux EBF, GDH ont pour somme $(a - x)x$; les deux autres ont pour somme $(b - x)x$.

Les deux groupes réunis ont pour somme $(a + b - 2x)x \qquad (2)$ et l'on obtient une équation analogue à l'équation connue (1).

Le double de (2) serait $(a + b - 2x) \times 2x$.

Or $a + b$ est encore une quantité constante ; donc les deux facteurs $(a + b - 2x)$ et $2x$ ont une somme constante, et le maximum du produit a lieu quand $a + b - 2x = 2x$; d'où $x = \dfrac{a + b}{4}$; ainsi le maximum de la somme des quatre triangles a lieu lorsque $x = \dfrac{a + b}{4}$.

$$(a + b - 2x)x = \left(a + b - \frac{a + b}{2}\right)\frac{a + b}{4} = \frac{(a + b)^2}{8}$$

Le parallélogramme égale

$$ab - \frac{(a + b)^2}{8} = \frac{8ab - a^2 - 2ab - b^2}{8}$$

$$P = \frac{6ab - a^2 - b^2}{8} \quad \text{ou} \quad \frac{4ab - (a - b)^2}{8}$$

1690 (a). Discussion. Il y a trois cas à examiner :

1° Soit $\dfrac{a + b}{4} < b$

On peut prendre sur les petits côtés du rectangle la longueur $\dfrac{a + b}{4}$ qui correspond au minimum.

2° Soit $\dfrac{a + b}{4} = b$

on en déduit $a = 3b$.

On peut encore prendre sur BC la longueur $\dfrac{a + b}{4}$.

Le parallélogramme minimum a deux côtés sur AB et DC (fig. 1061).

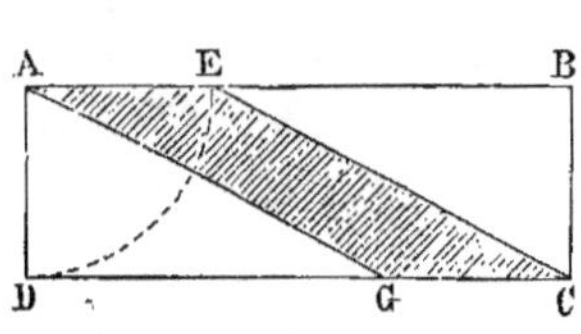

Fig. 1061.

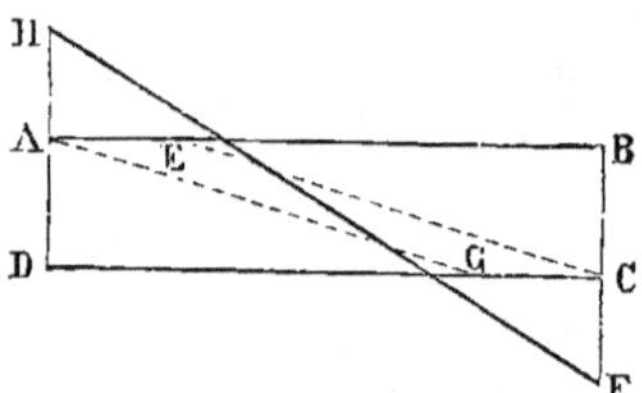

Fig. 1062.

3° Soit $\dfrac{a + b}{4} > b$

Au point de vue géométrique, le minimum s'obtient encore en prenant

$$AE = CG = b$$

mais la courbe qui représenterait la marche de la fonction n'aurait pas de minimum en ce point ; elle descendrait encore pour des valeurs de $x > b$, jusqu'à $x = \dfrac{a + b}{4} = BF$

On n'a plus alors qu'une droite FGEH (fig. 1062), le parallélogramme intérieur est nul ; en réalité, le triangle CFG est soustrait de BEF.

Exercice 604. — II.

1691. Problème. *On donne un point* B *et une droite* AC *déterminée de longueur et de position; par le point* B *on mène une sécante, et sur cette droite, des points* A *et* C, *on abaisse des perpendiculaires* AD, CE; *quel est le trapèze maximum qu'on peut former ainsi?*

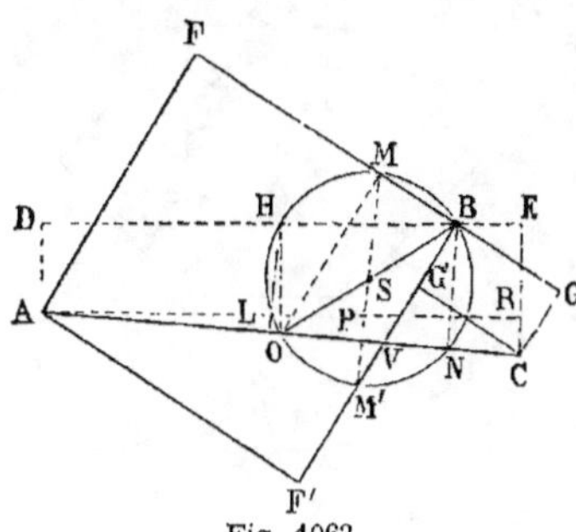

Fig. 1063.

Soit DE une sécante; du milieu de AC abaissons la perpendiculaire OH, ce sera la base moyenne; puis du point H abaissons HL perpendiculaire sur AC, et menons AR parallèle à DE.

L'aire est donnée par OH $\times$ DE ou par AC $\times$ LH (n° 1563); car les triangles semblables HOL, ACR donnent

$$\frac{OH}{HL} = \frac{AC}{DE}$$

d'où
$$AC \times HL = OH \times DE$$

Or AC est constant; le maximum ne dépend donc que de la perpendiculaire HL abaissée sur AC du point milieu de la hauteur du trapèze.

Or le milieu H appartient à la circonférence décrite sur le diamètre OB.

La perpendiculaire PSM, menée par le centre S de cette circonférence, donne donc le maximum.

Le point B étant donné de position, les distances BN et ON sont connues; soient BN $= b$ et le diamètre OB $= a$; on trouve

$$PM = \frac{a + b}{2}$$

Soit AC $= 2d$; donc l'aire du trapèze égale $d(a + b)$.

Remarque. A la perpendiculaire PM′, correspond un autre maximum; BM′ coupe le diamètre, et le trapèze est remplacé par la différence des deux triangles AVF′ et VCG′. La différence égale

$$AC \times PM' = 2d\left(\frac{a - b}{2}\right) = d(a - b)$$

La somme des deux maxima égale $2da$.

On peut énoncer le problème suivant :

Par le point B *on mène une corde qui coupe un diamètre fixe* AC; *des extrémités du diamètre on abaisse des perpendiculaires sur la corde. Pour quelle position de la corde la différence des triangles formés est-elle maxima?*

Exercice 605.

1692. Problème. *A un rectangle donné* ABCD, *circonscrire le rectangle maximum; exprimer ce maximum en fonction des côtés* a *et* b *du rectangle primitif.*

Le problème revient à la question précédente (n° 1691).

Sur OB décrivons une circonférence ;
par le centre L, menons la perpendiculaire MN sur AC ; joignons le point B
au point N ; des points A et C, abaissons
des perpendiculaires sur BN, et EBNF
est le côté cherché, car le trapèze AEFC
est maximum ; or le rectangle circonscrit
en est le double.

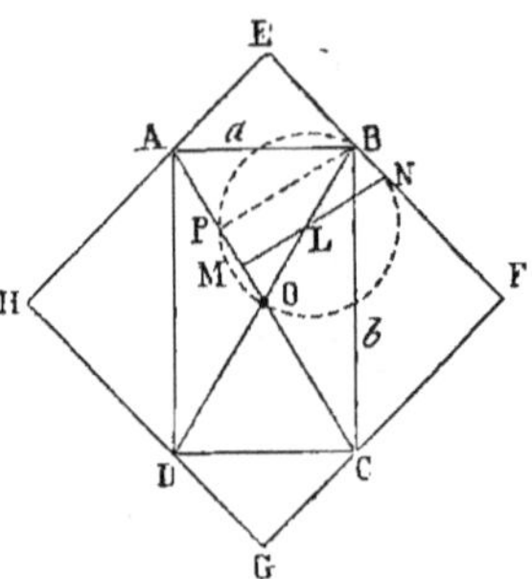

Fig. 1064.

En désignant par a et b les côtés du
rectangle primitif, on a

$$AC = \sqrt{a^2 + b^2}$$

Soit $AC = d$, $BL = \dfrac{d}{4}$

$$BP \cdot d = ab ; \quad \text{d'où} \quad BP = \frac{ab}{d}$$

d'ailleurs $MN = ML + LN = \dfrac{BP}{2} + LB = \dfrac{ab}{2d} + \dfrac{d}{4}$

L'aire du trapèze AEFC étant donnée par $AC \times MN$, celle du rectangle
circonscrit, étant le double, sera

$$2d\left(\frac{ab}{2d} + \frac{d}{4}\right) \quad \text{ou} \quad d\left(\frac{2ab + d^2}{2d}\right) \quad \text{ou} \quad \frac{2ab + d^2}{2}$$

En remplaçant d^2 par sa valeur $a^2 + b^2$, on trouve

$$S = \frac{(a + b)^2}{2}$$

Réciproquement. *Un angle droit BAD pivote autour d'un point donné
A (fig. 1064) ; ses côtés coupent deux parallèles EF, HG et donnent lieu
à un triangle rectangle inscrit BAD. Pour quelle position de l'angle le
triangle obtenu est-il minima ?*

En abaissant la perpendiculaire AEH sur les parallèles, il faut prendre
EB = EA ; alors aussi HD = HA.

Figures inscrites ou circonscrites au Cercle.

Exercice 606.

1693. Problème. *Inscrire dans un cercle le rectangle maximum.*

1° La question dépend du troisième principe (n° 345).

2° La tangente donne une solution très simple (n° 348).

3° L'étude directe n'offre aucune difficulté.

Exercice 607. — I.

1694. Problème. *Aux extrémités A et B d'un diamètre, on élève
deux perpendiculaires, et l'on mène une tangente DC limitée à ces*

deux lignes. Quel est le minimum du trapèze ABCD *circonscrit au demi-cercle ?*

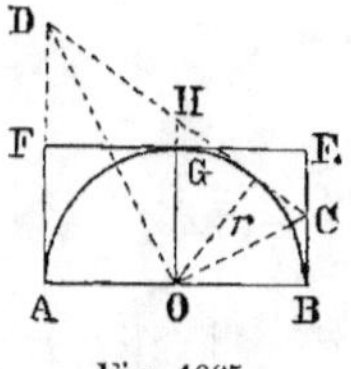

Fig. 1065.

Le rayon du point de contact et les droites OC, OD divisent le trapèze en quatre triangles égaux deux à deux ; donc COD est la moitié du trapèze, et l'aire de la figure totale $=$ DC . r.

Donc le minimum de la surface a lieu pour le minimum de la tangente CD. Il suffit que cette dernière EF soit parallèle au diamètre. Le demi-carré circonscrit AFEB est le minimum.

Remarques. 1º En vertu d'une question connue (nº 1566), il faut et il suffit que OH soit minimum, c'est-à-dire égal au rayon.

2º *De l'étude de la surface minima du trapèze circonscrit on déduit très facilement le périmètre minimum du trapèze circonscrit.*

En effet,   surface ADCB $= \dfrac{r}{2}$ (AD $+$ DC $+$ CB)

surface AFEB $= \dfrac{r}{2}$ (AF $+$ FE $+$ BE)

Or la surface AFEB est plus petite que ADCB ; donc le périmètre (AF $+$ FE $+$ BE) est plus petit que (AD $+$ DC $+$ CB).

Ainsi le polygone circonscrit de surface minima est en même temps le polygone circonscrit de périmètre minimum.

Il en est de même dans les questions suivantes (nºs 1695, 1699, 1707).

Exercice 607. — II.

1695. Problème. *Étudier les variations de la surface d'un trapèze isocèle circonscrit à un cercle donné.* (Bacc. Paris, 1878.)

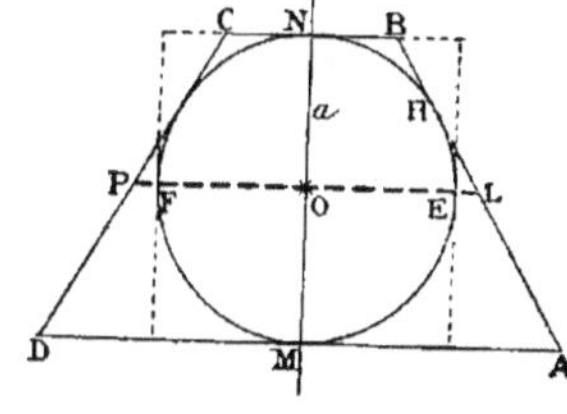

Fig. 1066.

Cette question revient à la précédente ; on peut la traiter très simplement, comme il suit :

La parallèle LP menée par le centre est la base moyenne ; donc

surface $=$ MN . LP

PL ou 2 . OL est la seule variable ; donc l'aire augmente avec l'inclinaison du côté AB.

Le minimum a lieu quand le trapèze devient un carré.

Alors   surface $= 4a^2$

1695 (a). Problème. *Construire un trapèze isocèle circonscriptible, connaissant le rayon du cercle inscrit et le périmètre.*

Soit 8p le périmètre.

On a   AH $=$ AM,   BH $=$ BN.

Donc   AM $+$ BN $=$ AB $= \dfrac{8p}{4} = 2p$

Donc la base moyenne · OL $= p$.

Ainsi, on prend OL égal au huitième du périmètre, et par le point L on mène une tangente.

Exercice 607. — III.

1696. Problème. *Par un point extérieur donné* A, *mener une sécante* ABC *telle que le triangle* BOC, *formé par la corde et ayant son sommet au centre, soit maximum.*

L'aire s'obtient en multipliant le rayon BO par la perpendiculaire CD ; donc le maximum a lieu quand l'angle BOC est droit, car alors

$$CD = CO$$

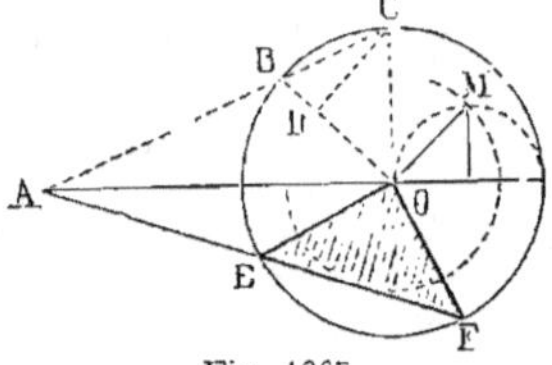

Fig. 1067.

Alors EF est le côté du carré inscrit ; il faut mener une tangente AEF

à la circonférence décrite du centre O avec $\dfrac{r}{\sqrt{2}}$ pour rayon.

1697. Problème. *Par un point donné* A, *mener une sécante* ABC *telle que le quadrilatère formé en joignant les extrémités de la corde aux extrémités du rayon* OD *qui lui est perpendiculaire, ait une aire maxima.*

Soient BC la corde interceptée par la sécante ABC, et OD le rayon qui lui est perpendiculaire.

La surface $= \dfrac{OD \times BC}{2}$ ou $\dfrac{r \times BC}{2}$;

donc elle sera maxima en même temps que la corde BC.

Il faut donc mener un diamètre, et le triangle obtenu $= \dfrac{r^2}{2}$.

Exercice 608. — I.

1698. Problème. *Sur les deux parties* AB, BC *du diamètre d'une demi-circonférence* ADC, *on décrit des demi-circonférences. Quel est le maximum de l'espace* DEF *compris entre les trois arcs ?*

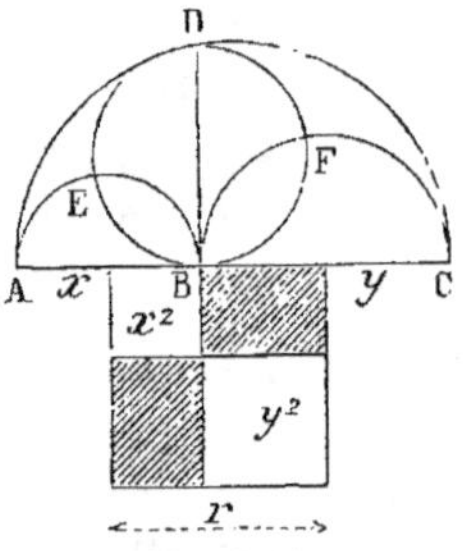

1er *Moyen.* Les demi-cercles étant proportionnels aux carrés de leurs rayons, il suffit de comparer les carrés x^2, y^2 et r^2.

Le maximum de $r^2 - (x^2 + y^2)$ a lieu quand la somme $x^2 + y^2$ est minima ; et comme $x + y = r$, il faut que $x = y$ (n° 1687).

Dans ce cas, $x^2 + y^2 = \dfrac{r^2}{2}$ et le reste égale

$r^2 - \dfrac{r^2}{2} = \dfrac{r^2}{2}$. L'espace DEF est équivalent

Fig. 1068.

à la somme des deux demi-cercles égaux décrits sur chaque moitié de AC.

2º *Moyen.* On sait que l'espace curviligne considéré, ou *arbelo d'Ar-chimède*, est équivalent au cercle qui aurait pour diamètre la perpendiculaire BD (nº 1579) ; donc le maximum a lieu quand le point B coïncide avec le point O milieu de AC.

Extension. *Sur trois droites AC, AB, BC, prises pour lignes homo-logues, on construit trois figures semblables ; le maximum de la surface AEBFCDA a lieu lorsque AB = BC.*

Exercice 608. — II.

1699. Problème. *Circonscrire à une circonférence un losange dont l'aire soit minima.*

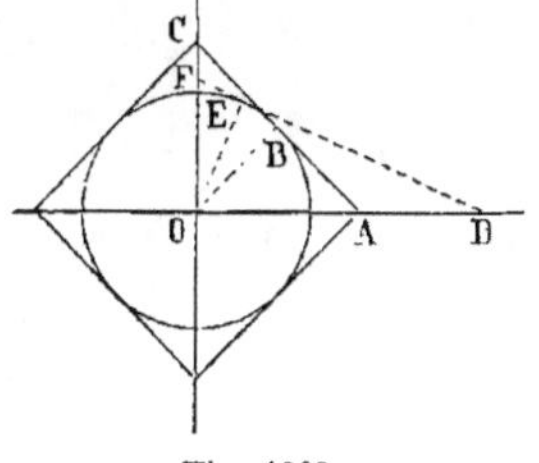

Fig. 1069.

1º Il suffit de s'occuper du quart du lo-sange.

Or le minimum a lieu pour la tangente ABC divisée en deux parties égales par le point de contact. (*Méthodes*, nº 367.)

Le carré circonscrit est le losange mini-mum demandé.

2º On peut encore dire : L'aire du quart du losange égale $DF \times \dfrac{r}{2}$; elle varie donc avec DF. Or $DE \times EF = r^2$; donc le minimum de la somme DF des deux segments a lieu lorsqu'ils sont égaux entre eux.

1699 (a). Problème. *A un cercle donné, circonscrire un losange de surface donnée.*

Représentons par k^2 la moitié de la surface donnée, et par r le rayon ; on aura
$$OE \cdot DF = k^2, \quad DF = \frac{k^2}{r}$$

Ainsi la longueur de la tangente DF est connue, et le problème est ramené au suivant :

1699 (b). Problème. *Construire un losange, connaissant le côté et le rayon du cercle inscrit ; ou bien : Construire un triangle rectangle, connaissant l'hypoténuse et la hauteur.*

Pour résoudre la question, on peut recourir au problème contraire ou à la méthode algébrique.

1º Le problème contraire consiste à construire un triangle rectangle, connaissant l'hypoténuse DF et la hauteur OE (nº 214).

2º Par la méthode algébrique, on peut déterminer les segments DE, EF, et par suite OD et OF. En effet, on connaît la somme $\dfrac{k^2}{r}$ et le pro-duit k^2 des deux segments.

3º Le *problème de Gerbert* (voir ci-après, nº 1722) fait connaître direc-tement OD et OF.

Exercice 609.

1700. Problème. *Une circonférence O et un point A étant donnés, mener par ce point deux droites rectangulaires telles que le quadrilatère inscrit qui aurait les deux cordes pour diagonales ait une aire maxima.*

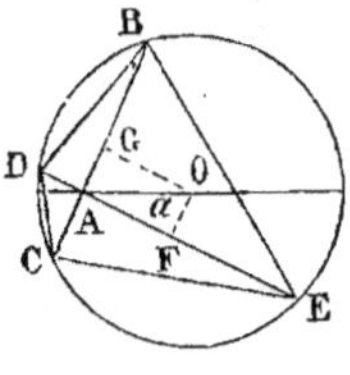

Soit le problème résolu ; l'aire du quadrilatère est donné par $\dfrac{BC \times DE}{2}$ ou par $2BG \times FE$.

Fig. 1070.

Le maximum de l'aire a lieu pour le maximum du produit des carrés des facteurs variables BG et EF.

Il suffit donc d'étudier $\quad GB^2 \times FE^2$

ou $\qquad\qquad (r^2 - OG^2)(r^2 - OF^2)$

Mais les deux facteurs ont une somme constante $2r^2 - a^2$, car $OG^2 + OF^2 = a^2$; donc le maximum a lieu lorsque ces facteurs sont égaux entre eux (n° 1685).

Ainsi OF^2 doit égaler $\qquad OG^2 = \dfrac{a^2}{2}$

Les cordes sont également inclinées sur le diamètre AO.

Pour avoir l'aire, on a :

$$BG^2 = FE^2 = r^2 - \frac{a^2}{2}$$

or l'aire $2BG \times FE$ revient, dans ce cas, à $2BG^2 = 2r^2 - a^2$.

Exercice 610.

1701. Problème. *Dans un demi-cercle, inscrire le quadrilatère d'aire maxima ; le diamètre du demi-cercle doit être un des côtés du quadrilatère.*

On peut obtenir le maximum en regardant d'abord comme constant un des trois côtés inconnus. (*Méthodes*, n° 354.)

1702. Problème. *On donne une droite xy, une circonférence et un diamètre fixe AB. On mène une corde CD parallèle à xy, et on élève des perpendiculaires CE, DF à la corde. Quel est le trapèze maximum déterminé par la corde et les deux perpendiculaires limitées au diamètre fixe ?*

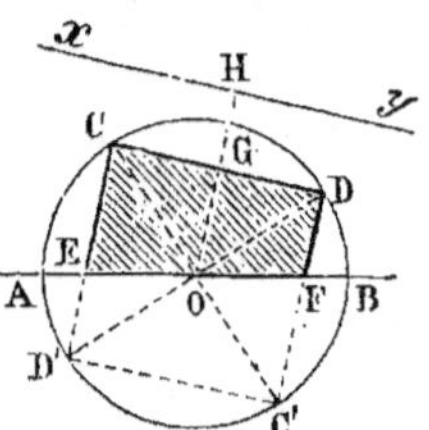

Fig. 1071.

Soit ECDF le trapèze maximum.

1ᵉʳ *Moyen.* En prolongeant CE, DF, on obtient un rectangle double de la surface considérée.

Le rectangle est maximum lorsqu'il est carré.

Alors $\qquad OG = \dfrac{r}{\sqrt{2}}, \quad CD = r\sqrt{2}$

2e *Moyen.* Le trapèze ECDF a pour aire

$$2 . CG \times OG ;$$

le maximum a donc lieu quand les facteurs variables CG et OG sont
égaux, car la somme de leurs carrés égale OC^2 (n° 1685).

Donc
$$OG = CG = \frac{r}{\sqrt{2}}$$

Construction. Sur la perpendiculaire OH, il faut prendre OG égal
à $\dfrac{r}{\sqrt{2}}$.

Exercice 611. — I.

1703. Problème. *On donne une circonférence, un diamètre fixe AB et
une direction* xy, *on mène une corde
CD parallèle à* xy, *on projette les
extrémités* C *et* D *sur le diamètre
fixe. Quel est le trapèze maximum
obtenu ?*

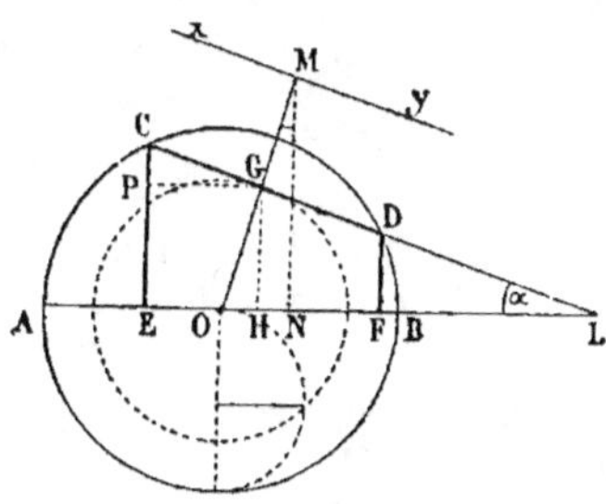

Fig. 1072.

Soit le problème résolu et CD la
parallèle demandée. Du centre O,
abaissons la perpendiculaire OM sur
xy; elle passe au point G milieu de
la corde CD; abaissons la perpendiculaire GH; on a

$$GH = \frac{CE + DF}{2}.$$

Puis menons GP, cette ligne $= EH = \dfrac{EF}{2}$.

La moitié de l'aire du trapèze est donnée par $GP \times GH$; mais les triangles OGH, CGP sont semblables; donc

$$\frac{GH}{GP} = \frac{GO}{CG}$$

Par suite, le maximum du produit $GP \times GH$ aura lieu en même
temps que celui de $GC \times GO$.

Or le triangle OGC a le rayon pour hypoténuse constante; le produit
des deux côtés est maximum lorsque ces côtés sont égaux entre eux;

donc
$$OG = CG = \frac{r}{\sqrt{2}}$$

Par suite, il suffit de prendre sur OM une grandeur OG égale
à $\dfrac{r}{\sqrt{2}}$.

1703 (a). Remarques : 1° L'aire du trapèze $= 2PG \times GH$

$$= 2CG \times OG \times \frac{MN^2}{MO^2} = 2 \frac{r}{\sqrt{2}} \cdot \frac{r}{\sqrt{2}} \cdot \frac{MN^2}{MO^2} = r^2 \times \frac{MN^2}{MO^2}$$

2º Le rapport de réduction $\dfrac{MN}{MO}$ dépend de l'inclinaison α et n'est autre que cosin α. On a donc pour surface $r^2 \cos^2 \alpha$.

En employant les formules trigonométriques, on arrive rapidement :

$$GH = OG \cos \alpha ; \quad GP = CG \cos \alpha ;$$

donc
$$2GH . GP = 2 . \frac{r}{\sqrt{2}} . \frac{r}{\sqrt{2}} \cos^2 \alpha = r^2 \cos^2 \alpha$$

3º Pour une direction donnée, la corde CD du maximum rencontre le diamètre en un point L qui ne dépend que de l'inclinaison de xy.

En effet,
$$\frac{OL}{OG} = \frac{1}{\sin \alpha} \quad \text{ou} \quad \frac{OL}{\dfrac{r}{\sqrt{2}}} = \frac{1}{\sin \alpha}$$

d'où
$$OL = \frac{r}{\sin \alpha \sqrt{2}}$$

Exercice 611. — II.

1704. Problème. *On donne deux cercles concentriques ; inscrire un rectangle dont l'un des côtés soit une corde d'un des cercles, et le côté opposé une corde de l'autre cercle ; la surface du rectangle doit égaler un carré donné* k².

Supposons le problème résolu, r, s les rayons des deux cercles.

Il suffit de considérer PABQ moitié du rectangle total, ou même le triangle AOB moitié de PABQ.

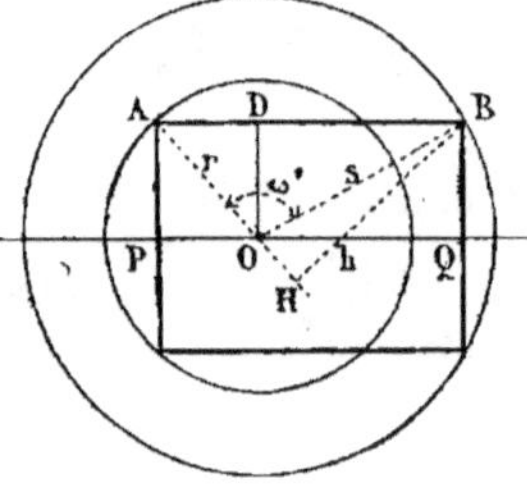
Fig. 1073.

Ainsi
$$AOB = \frac{k^2}{4}$$

Abaissons la hauteur BH ou h, on aura :
$$rh = \frac{k^2}{2} ; \quad \text{d'où} \quad h = \frac{k^2}{2r}$$

Ainsi, on peut déterminer la longueur h à l'aide d'une troisième proportionnelle, puis construire un triangle, connaissant la base r, la hauteur h et l'un des côtés s.

La construction du triangle auxiliaire fera connaître la longueur de OD, et il suffira de mener AB à une distance du centre indiquée par OD.

Discussion. La variation du rectangle inscrit dépend de celle du triangle AOB. Or la surface AOB est nulle quand r et s coïncident.

La surface augmente avec l'angle ω jusqu'à ce que cet angle égale un droit, car alors $h = s$; puis l'angle continuant à croître, la surface diminue et devient nulle lorsque les rayons r et s sont dans le prolongement l'un de l'autre.

Maximum. r et s étant perpendiculaires, le double de l'aire
$$AOB = rs = \frac{k^2}{2}$$

Donc pour le maximum $\qquad k^2 = 2rs$

Alors $\qquad AB = \sqrt{r^2 + s^2}$ $\quad$ et $\quad OD = \dfrac{k^2}{2\sqrt{r^2 + s^2}}$

Remarque. Il est plus expéditif d'employer la notation trigonométrique.

Le double de l'aire du triangle est donné par $rs \sin \omega$;

donc $\qquad rs . \sin \omega = \dfrac{k^2}{2}$; $\quad$ d'où $\quad \sin \omega = \dfrac{k^2}{2rs}$

Exercice 612. — I.

1705. Problème. *Inscrire dans un cercle un triangle dont l'aire soit maxima.*

1er *Moyen.* Il faut que le triangle soit équilatéral. En effet, soit un triangle quelconque ABC. Par le point A, menons une parallèle à BC ; si le triangle n'est pas isocèle, la droite AD sera une corde et non une tangente ; donc le triangle OBC est plus grand que ABC.

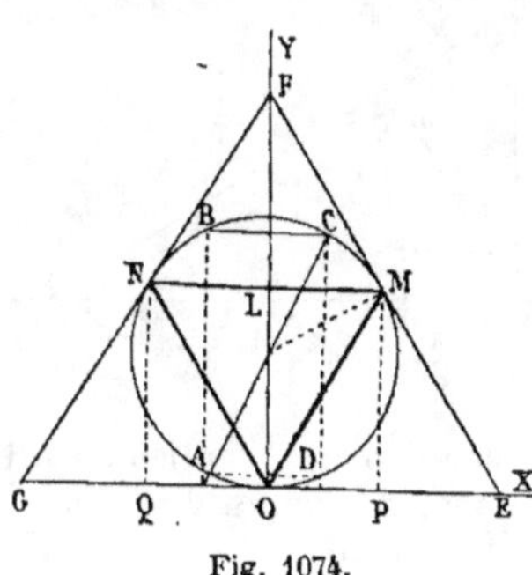

Fig. 1074.

Ainsi OB doit égaler OC.

Par un raisonnement analogue, on démontre que, par rapport à la base OB, il faut que OC = BC ; ainsi le triangle maximum est équilatéral.

2e *Moyen.* Soit MON le triangle maximum, il est équivalent au rectangle OPML.

Or, pour avoir le rectangle maximum ayant un sommet sur l'arc ODMC, un côté sur OX et l'autre sur OY, il faut mener une tangente EMF telle que EM = MF. (*Méthodes*, n° 360.)

Or OE = EM ; donc le triangle EFG est équilatéral ; il en est donc de même de OMN, qu'on obtient en joignant deux à deux les milieux des côtés du premier ; donc le triangle équilatéral inscrit est maximum.

Exercice 612. — II.

1706. Problème. *Deux points A et O sont à une distance constante a ; de l'un d'eux O, comme centre, décrire une circonférence telle que le triangle ABC, formé par les tangentes et la corde des contacts, soit maximum. Quel est le maximum du quadrilatère ABOC ?*

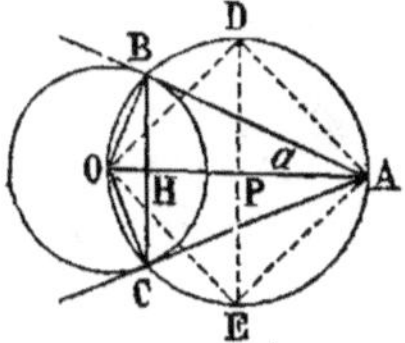

Fig. 1075.

1° Le triangle isocèle ABC est inscrit dans un cercle constant AO ; donc il est maximum quand il est équilatéral (n°s 1588 et 1705).

Dans ce cas, $OH = \dfrac{1}{2} OP = \dfrac{a}{4}$

2° Le quadrilatère ABOC est le double du triangle rectangle ABO inscrit dans une demi-circonférence. Le maximum a lieu quand il est rectangle isocèle, c'est-à-dire quand OD = AD. Le quadrilatère maximum est donc carré.

Exercice 613.

1707. Problème. *Circonscrire à un cercle le triangle d'aire minima.*

Le triangle équilatéral répond à la question.

1er Moyen. La surface d'un polygone circonscrit s'obtient en multipliant le périmètre par le rayon ; donc ses variations ne dépendent que du périmètre, lorsque le cercle inscrit est donné.

Or, pour une même base, le triangle isocèle a le périmètre minimum (n° 1080) ; ainsi les côtés doivent être égaux deux à deux, et le triangle minimum est équilatéral.

2e Moyen. Considérons la moitié BAG du triangle isocèle minimum.

Il faut mener la tangente ADB telle que D soit le milieu.

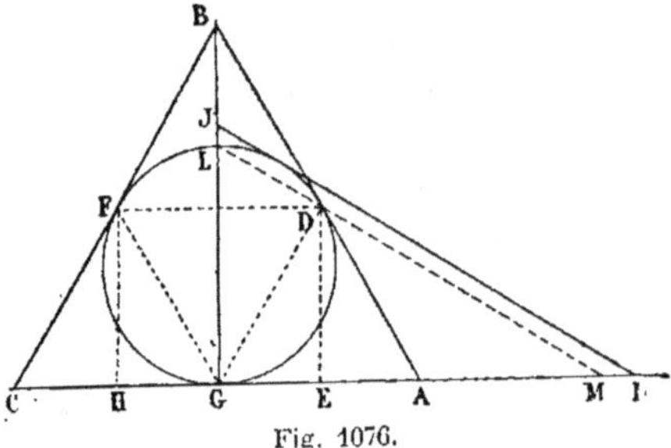
Fig. 1076.

En effet, toute autre sécante LDM, menée par le point D milieu de AB, donne le triangle GML > GAB (n° 367) ; donc, à plus forte raison, le triangle GIJ, déterminé par une tangente, est > GAB.

GA = AD = DB ; ainsi le triangle ABC minimum est équilatéral.

Remarque. Au triangle inscrit maximum DFG correspond le circonscrit minimum ABC (n° 1705).

Il en est de même dans plusieurs autres problèmes posés précédemment.

Exercice 614. — I.

1708. Problème. *Dans un demi-cercle ABC, inscrire le trapèze de surface maxima.*

La solution générale est donnée aux *Méthodes* (n° 365) ; néanmoins il peut être utile d'appliquer directement cette solution à la question proposée.

Supposons le problème résolu, ABDC le trapèze demandé (fig. 1077) ; élevons la perpendiculaire AY, prolongeons DB.

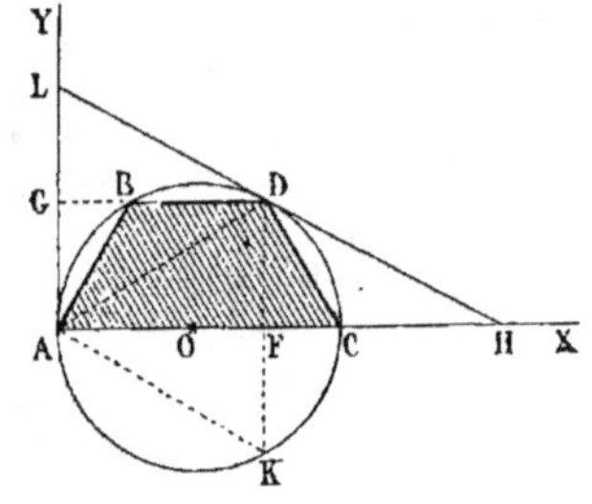
Fig. 1077.

Les triangles DCF, ABG sont égaux ; donc le trapèze est équivalent au rectangle AFDG ; or le maximum s'obtient en menant la tangente HDL de manière que DH = DL.

Le rectangle AFDG est d'ailleurs équivalent au triangle ADK ; leur maximum a lieu en même temps ; ainsi ADK est le triangle équilatéral inscrit ; donc $DC = AB = r$ et, par suite, le trapèze ABDC est la moitié de l'hexagone régulier inscrit.

1709. Problème. *On donne deux points* A, C *sur un même diamètre et à égale distance du centre ; mener une corde parallèle* BD, *de manière que le trapèze inscrit soit maximum* (fig. 1078).

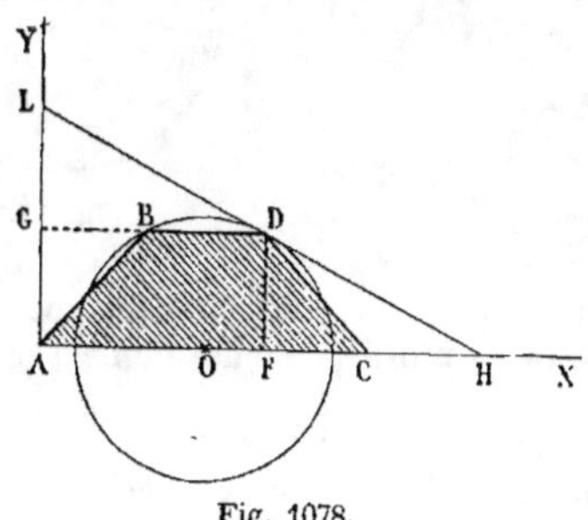

Fig. 1078.

On procède comme ci-dessus ; on mène la tangente HDL telle que D en soit le milieu. (Voir n° 1712, *note.*)

Exercice 614. — II.

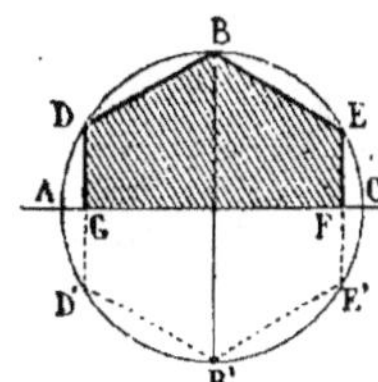

Fig. 1079.

1710. Problème. *On mène une corde* DE *parallèle au diamètre fixe* AC *d'une demi-circonférence* ABC, *on joint le point* B *milieu de l'arc aux extrémités de la corde ; de ces points* D, E *on abaisse des perpendiculaires* DG, EF *sur le diamètre. Pour quelle position de la corde le pentagone* GDBEF *est-il maximum ?*

Lorsque $BD = BE = R$.

En effet, dans ce cas, le pentagone est la moitié de l'hexagone régulier inscrit.

Remarque. On peut employer une démonstration analogue pour le trapèze inscrit dans une demi-circonférence, pourvu qu'on ait démontré préalablement que l'hexagone maximum est régulier. Réciproquement, du maximum du trapèze inscrit (n° 1708), on peut déduire que l'hexagone inscrit maximum doit être régulier.

Exercice 614. — III.

1711. Problème. *Dans un demi-cercle, on prend deux cordes* $BD = BE = R$; *des extrémités* D *et* E, *on abaisse des perpendiculaires* DG, EF *sur un diamètre fixe. Pour quelle position du point* B *le pentagone* GDBEF *est-il maximum* (fig. 1079) ?

Le maximum a lieu lorsque le point B est au milieu de la demi-circonférence (fig. 1079), car alors le pentagone GDBEF est la moitié de l'hexagone régulier inscrit.

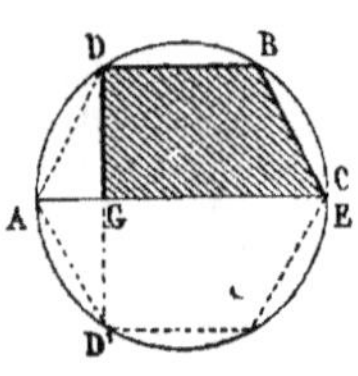

Fig. 1080.

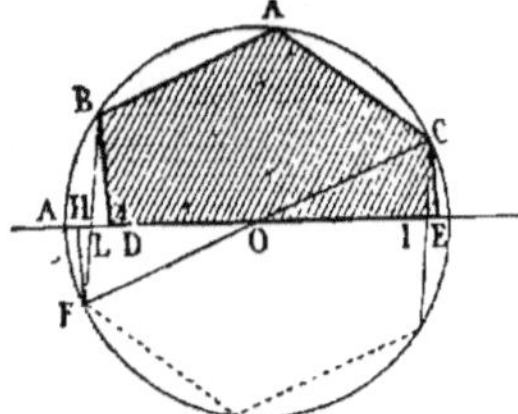

Fig. 1081.

Le minimum a lieu lorsque C (fig. 1080) appartient au diamètre : alors le pentagone égale la moitié de l'hexagone régulier, moins le triangle DAG.

La valeur est intermédiaire pour toute autre position (fig. 1081), puisque le pentagone égale le demi-hexagone diminué de la différence des triangles BDL et LFH.

Exercice 615.

1712. Problème. *Quel est le trapèze isocèle maximum dont une des bases est donnée, ainsi que les côtés égaux ?*

Supposons le problème résolu : CPOD le trapèze demandé.

Le trapèze est équivalent au rectangle IDHP.

D'ailleurs le sommet est sur la circonférence décrite du centre O avec b pour rayon ; donc il faut mener la tangente FDE telle que le point de contact en soit le milieu.

On sait (n° 311) que lorsque $a > r$, c'est la seconde racine qui donne PE.

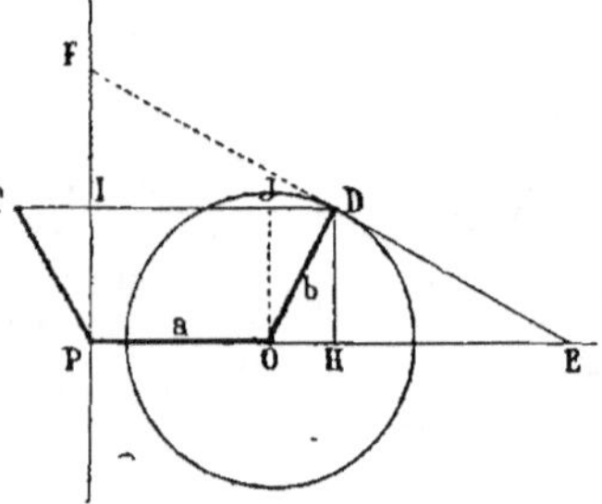

Fig. 1082.

On aurait donc, en prenant a et b avec leurs valeurs absolues,

$$\text{OE} \quad \text{ou} \quad x = +\frac{a}{2} + \sqrt{\frac{a^2}{4} + 2b^2}$$

1712 (a). Surface. Pour obtenir la surface, il faut calculer PH et DH.

$$\text{PH} = \frac{3a + \sqrt{a^2 + 8b^2}}{4} \quad \text{(n° 312, formule 3)}.$$

$$\text{DH}^2 = \frac{-2a^2 + 8b^2 + 2a\sqrt{a^2 + 8b^2}}{16}$$

$$\text{(n° 312, formule 4)}.$$

$$\text{PH} \cdot \text{DH} = \frac{3a + \sqrt{a^2 + 8b^2}}{4} \cdot \frac{\sqrt{-2a^2 + 8b^2 + 2a\sqrt{a^2 + 8b^2}}}{4}$$

Remarque. Quand $b = a$, on obtient le demi-hexagone régulier

$$x = \frac{a}{2} + \sqrt{\frac{a^2}{4} + \frac{8a^2}{4}} = \frac{a + 3a}{2} = 2a$$

Ainsi PEF est alors la moitié du triangle équilatéral circonscrit au cercle, car $\qquad$ OE $= 2 \cdot$ OP $= 2a$

$$\text{PH} \cdot \text{DH} = \frac{6a}{4} \cdot \frac{\sqrt{12a^2}}{4} = \frac{3a^2\sqrt{3}}{4}$$

1712 (b). Note. Pour traiter cette question (n° 1712) par l'algèbre élémentaire, il faut recourir à l'emploi des coefficients indéterminés. (Voir *Exercices d'Algèbre*, F. J., 1021 ; BURAT, *Traité d'Algèbre élémentaire*, n° 338, page 512.)

Une remarque analogue pourrait être faite pour le problème de géométrie du n° 1709 et pour quelques autres. Le problème n° 1713 exigerait l'emploi de la trigonométrie.

Ainsi que nous l'avons dit (n° 336), *la méthode la plus générale et la plus féconde pour déterminer le maximum ou le minimum d'une quantité consiste à traiter la question par l'algèbre, et à discuter le résultat d'après les règles connues.* Mais il faut avouer que la méthode géométrique offre de grands avantages dans un assez grand nombre de cas, et que rien n'approche de la merveilleuse simplicité et de l'élégance qui caractérisent plusieurs des solutions géométriques que nous avons données.

La méthode d'élimination, connue sous le nom de *méthode des coefficients indéterminés*, est due à BEZOUT.

BEZOUT, né à Nemours en 1730, mort en 1783 ; connu par son *Cours complet de Mathématiques*, ouvrage remarquable par la clarté de l'exposition des principes. On doit au même auteur la *Théorie générale des équations*.

Exercice 616.

1713. Problème. *On donne une circonférence, un point A et une droite xy ; mener une corde BC parallèle à xy et telle que l'aire du triangle ABC soit maxima. Examiner les divers cas qui peuvent se présenter suivant la position du point.*

Par le point A, menons une parallèle à XY.

Le triangle ABC est la moitié du rectangle BCDE.

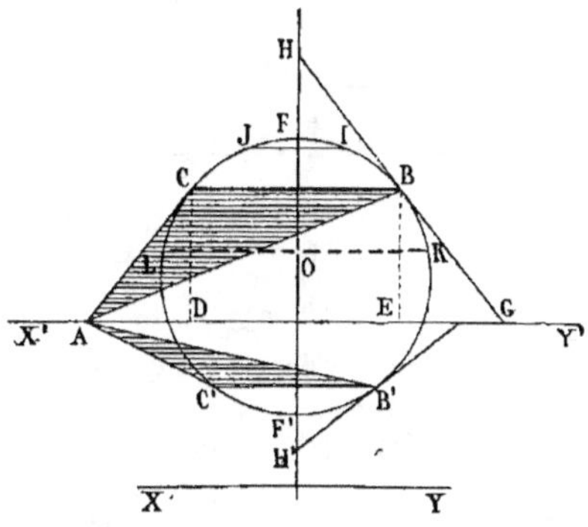

Le problème est donc ramené à trouver le rectangle maximum qui a deux sommets sur un arc donné et la base sur la droite X'Y'.

Menons la tangente GBH telle que B en soit le milieu.

ABC est le maximum demandé.

Discussion. Il suffit de déplacer X'Y' parallèlement à elle-même depuis le centre O jusqu'en XY au delà de la circonférence.

(a) Quand X'Y' passe par le centre, on a deux demi-circonférences ; à chacune d'elles correspond un maximum égal à la moitié du carré inscrit dans le cercle.

Fig. 1083.

(b) Lorsque X'Y' coupe le rayon OF', on a deux segments ; à chacun d'eux correspond un maximum. Voici les variations que subit le triangle suivant la position de la corde BC.

1° Au point F la base est nulle, l'aire du triangle est nulle.

2° En venant en IJ, le triangle croît jusqu'au maximum donné par BC.

3° Au delà, en KL, il décroît.

4° Il est nul quand la corde est sur X'Y'.

5° Au delà il augmente jusqu'à un nouveau maximum AB'C'.

6° Puis il décroît.

7° Il s'annule en F'.

(c) Lorsque X'Y' est tangente en F', il n'y a qu'un maximum équivalent au triangle équilatéral inscrit F'BC (n° 1705).

(d) Au delà de F' en XY, il n'y a plus qu'une seule solution.

En désignant OI par a et le rayon par r, on a

$$OH' = \frac{a + \sqrt{a^2 + 8r^2}}{2} \qquad \text{(n° 311).}$$

Exercice 617.

1714. Problème. *Trouver le plus grand des triangles inscrits dans un cercle donné pour lesquels la différence des deux angles est constante.* (Énoncé du *Journal de Mathématiques élémentaires et spéciales*, tome IV, p. 70.)

Supposons le problème résolu ; ABC le triangle demandé et $A - C =$ différence donnée d.

On sait que la bissectrice BE fait avec la base des angles dont la différence égale $A - C = d$ (n° 465) ; donc menons une tangente quelconque DT et une droite DB formant des angles tels que

$$BDV - BDT = d$$

La base du triangle doit être parallèle à DT et le sommet au point B.

La question est ainsi ramenée à un problème connu (n° 1713).

Menons BP perpendiculaire au diamètre DOD', et une tangente FAG, telle que le point A soit le milieu de FG.

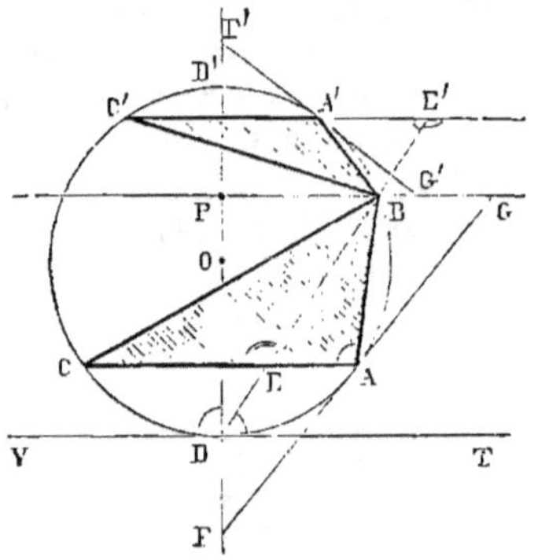

Discussion. La discussion est analogue à celle de la question rappelée

Fig. 1084.

(n° 1713) ; mais le sommet B, devant appartenir à la circonférence, la parallèle BP coupe le cercle, et il y a deux solutions.

Ainsi, pour une base très rapprochée du point D, le triangle est très petit ; il augmente quand la base s'éloigne du point D. Il atteint le maximum par la position AC, puis il diminue ; il est nul quand la base est sur BP, puis il augmente jusqu'en A'C', où il atteint un second maximum ; il décroît ensuite et devient nul quand la base passe par D'.

Exercice 618.

1715. Problème. *Dans un secteur circulaire donné, inscrire le rectangle maximum.*

(Voir *Méthodes*, n° 364.)

1716. Problème. *Étudier les variations du rectangle maximum inscrit dans un secteur AOB, lorsque l'angle au centre varie.*

A un secteur donné AOB, correspond un autre secteur AOBD plus grand qu'un demi-cercle et tel que les deux secteurs ont pour somme le cercle entier. Quelle relation existe-t-il entre les rectangles maxima inscrits dans chacun de ces secteurs?

1° Il suffit de considérer la moitié des secteurs et la moitié de chaque maximum.

Pour l'angle HOV, le point T est le milieu de l'arc et donne une tangente telle que TS. Pour un arc AE plus grand que le premier, le point U, milieu de l'arc, donne une tangente telle que UH; or le triangle UOH est équivalent au rectangle MUXY. En effet, le rectangle est la moitié du triangle HOZ (n° 352), et il en est de même du triangle UOH.

Or UOH est $>$ TOS; donc le maximum augmente quand l'angle au centre augmente. Généralement on s'arrête au demi-cercle, et on le considère comme donnant lieu au plus grand maximum; mais, si l'on admet des secteurs plus grands qu'un demi-cercle, le secteur ADB, par exemple, donne aussi un maximum, et l'angle au centre AOB doit varier de zéro à quatre droits.

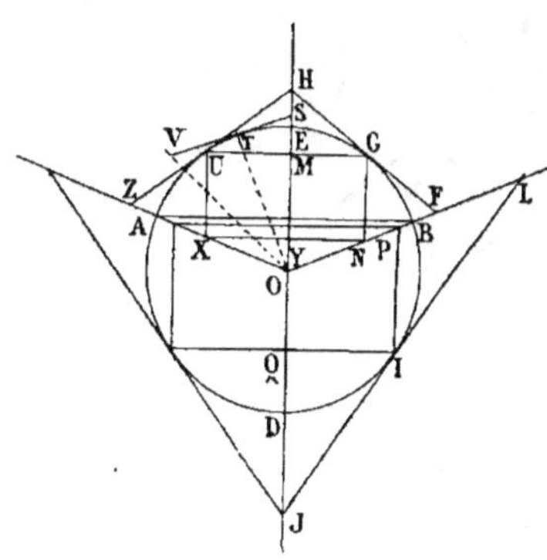

Fig. 1085.

Pour cette valeur limite, le quadrilatère OFHZ devient infini; il en est de même du maximum.

2° Le rectangle NGUX est équivalent au triangle FOH. De même le rectangle I est équivalent au triangle OLJ; il suffit donc d'étudier ces triangles. Le produit des deux triangles, ou celui des maxima, est constant, il égale R^4; en effet, $OG \times FG$ pour le premier, étant multiplié par $OI \times IL$ du second, donne $R^2 \times FG \times IL$; or les triangles semblables OGF et OIL donnent $GF \times IL = R^2$; donc le produit des deux maxima est constant, il égale R^4 quel que soit l'angle au centre considéré.

Exercice 619.

1717. Problème. *Dans un segment circulaire, inscrire le rectangle maximum.*

(Voir *Méthodes*, n° 364.)

Exercice 620.

1718. Problème. *Dans un demi-cercle, mener une corde parallèle à une ligne donnée, de manière que le quadrilatère qui aurait pour côtés opposés le diamètre et la corde menée, ait une aire maxima.*

(Voir *Méthodes*, n° 366.)

Exercice 621.

1719. Problème. *Du point de contact d'une tangente, pris pour centre, on décrit une demi-circonférence qui coupe un cercle donné. On joint un des points d'intersection aux extrémités du diamètre. Inscrire un trapèze maximum dans chacun des segments circulaires déterminés par les droites rectangulaires ainsi menées.*

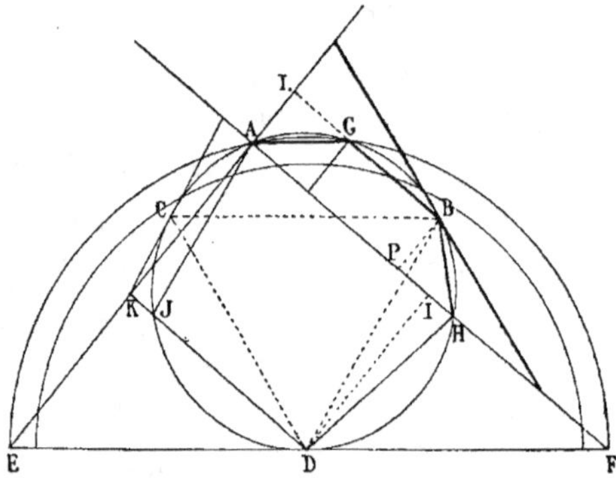

Fig. 1086.

Soient D le point de contact, A un des points d'intersection du cercle AD et de la demi-circonférence EAF.

EDF est une tangente divisée en deux parties égales; chacun des points inconnus B, C correspond à un rectangle maximum inscrit dans le segment correspondant; donc, d'après le *théorème de Pollock* (n° 668), les trois points B, C, D sont les sommets d'un triangle équilatéral inscrit; on détermine donc facilement B et C.

On sait d'ailleurs que le trapèze AGBH est équivalent au rectangle maximum BPAL (n°ˢ 365 et 1708).

Remarques. 1° *Quelle que soit la position du point A sur le cercle donné, la demi-circonférence, dont AD est le rayon, détermine un segment ABH tel que le point B est le sommet commun à chaque trapèze maximum inscrit dans les divers segments ABH; de même pour C; car B et C sont les sommets d'un triangle équilatéral inscrit dont le sommet D est fixe.*

2° Le rectangle DIAK est maximum; il en est de même du trapèze équivalent AHDJ.

3° Le problème général, d'inscrire le trapèze maximum dans un segment circulaire quelconque ABH, ne peut pas se résoudre en n'employant que la règle et le compas, car il y a trois segments : ABH, HAK, ACK, et, par suite, trois réponses données par les sommets B, C, D. Aussi la détermination de la tangente conduit à une équation du troisième degré.

Relations à déterminer.

Exercice 622.

1720. Problème. *Exprimer le côté et la surface du triangle équilatéral en fonction de la hauteur.*

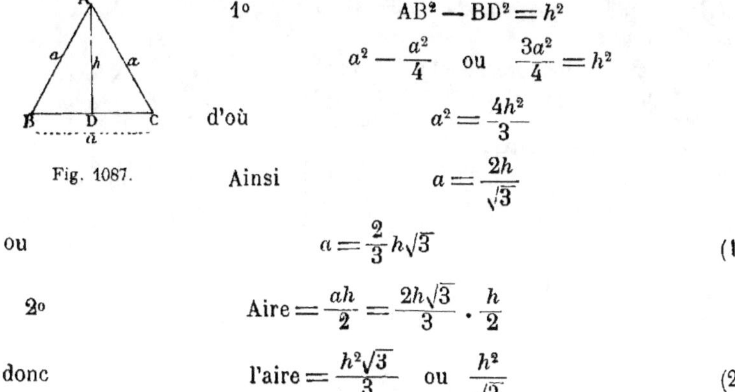

Fig. 1087.

$1°$

$$AB^2 - BD^2 = h^2$$

$$a^2 - \frac{a^2}{4} \quad \text{ou} \quad \frac{3a^2}{4} = h^2$$

d'où

$$a^2 = \frac{4h^2}{3}$$

Ainsi

$$a = \frac{2h}{\sqrt{3}}$$

ou

$$a = \frac{2}{3} h\sqrt{3} \tag{1}$$

$2°$

$$\text{Aire} = \frac{ah}{2} = \frac{2h\sqrt{3}}{3} \cdot \frac{h}{2}$$

donc

$$\text{l'aire} = \frac{h^2\sqrt{3}}{3} \quad \text{ou} \quad \frac{h^2}{\sqrt{3}} \tag{2}$$

1721. Remarques. $1°$ *L'aire de l'hexagone régulier en fonction de l'apothème* h *est donnée par* $S = 2h^2\sqrt{3}$.

$2°$ *L'aire du triangle équilatéral en fonction de la somme* s *du côté et de l'apothème est donnée par* $S = \dfrac{s^2\sqrt{3}}{7 + 4\sqrt{3}}$.

$3°$ *L'aire du triangle équilatéral en fonction de la différence* d *est donnée par* $S = \dfrac{d^2\sqrt{3}}{7 - 4\sqrt{3}}$.

Exercice 623.

1722. Problème de Gerbert. *Exprimer la longueur des côtés de l'angle droit d'un triangle rectangle, en fonction de l'hypoténuse et de l'aire de ce triangle.*

En représentant l'hypoténuse par a, l'aire par s^2, on sait que le produit bc donne le double de l'aire; on a donc les relations suivantes :

$$b^2 + c^2 = a^2 \tag{1}$$

$$bc = 2s^2; \quad \text{d'où} \quad 2bc = 4s^2 \tag{2}$$

En ajoutant et retranchant successivement l'équation (2) de (1), on
trouve :

$$b^2 + 2bc + c^2 = a^2 + 4s^2, \quad (b+c)^2 = a^2 + 4s^2$$
$$b^2 - 2bc + c^2 = a^2 - 4s^2, \quad (b-c)^2 = a^2 - 4s^2$$

d'où

$$b + c = \sqrt{a^2 + 4s^2} \quad \text{et} \quad b - c = \sqrt{a^2 - 4s^2}$$

donc

$$\begin{cases} b = \frac{1}{2}(\sqrt{a^2 + 4s^2} + \sqrt{a^2 - 4s^2}) \\ c = \frac{1}{2}(\sqrt{a^2 + 4s^2} - \sqrt{a^2 - 4s^2}) \; ^* \end{cases}$$

1723. Problème. *Le côté d'un triangle équilatéral est* a. *Exprimer, en
fonction de* a, *la surface du carré inscrit
dans ce triangle.*

Dans une question précédente (n° 1490),
on a indiqué le moyen d'inscrire le carré demandé et trouvé que le demi-côté du carré
égale le demi-côté du triangle multiplié par
$(2\sqrt{a} - 3)$; donc, si l'on double de part et
d'autre, et si l'on désigne maintenant par x
et a les côtés respectifs du carré et du triangle,
on aura

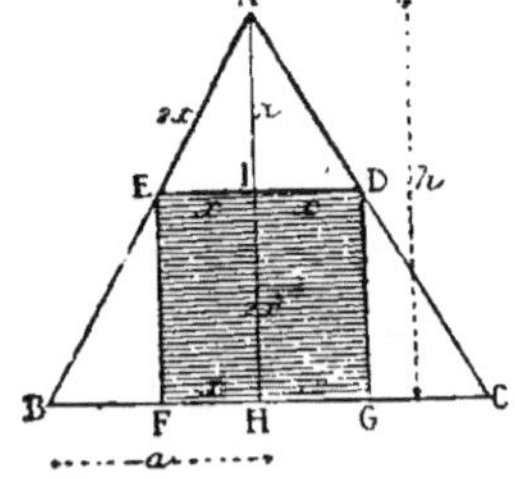

Fig. 1088.

$$x = a(2\sqrt{3} - 3)$$

D'où
$$x^2 = a^2(4.3 + 9 - 2.2.3\sqrt{3}) = a^2(21 - 12\sqrt{3})$$

Exercice 624.

1724. Problème. *Exprimer l'aire d'un triangle en fonction des trois
hauteurs.*

Soient a, b, c les trois côtés, et a', b', c' les trois hauteurs correspondantes. Si on appelle S la surface, on a :

$$S = \tfrac{1}{2}aa' = \tfrac{1}{2}bb' = \tfrac{1}{2}cc'$$

Ainsi
$$aa' = bb'; \quad \text{d'où} \quad \frac{a}{b} = \frac{b'}{a'} = \frac{b'c}{a'c}$$

$$bb' = cc'; \quad \text{d'où} \quad \frac{b}{c} = \frac{c'}{b'} = \frac{a'c'}{a'b'}$$

Donc les trois côtés. . . . . $a \qquad b \qquad c$

sont proportionnels aux produits . . . . $b'c' \quad a'c' \quad a'b'$

ou, en divisant par c'. . . . . $b' \qquad a' \qquad \dfrac{a'b'}{c'}$

Appelons c'' le quotient $\dfrac{a'b'}{c'}$. L'égalité $c'' = \dfrac{a'b'}{c'}$ donne $\dfrac{c''}{a'} = \dfrac{b'}{c'}$; ce

---

* La solution ci-dessus a été donnée par GERBERT; *le problème est remarquable pour
l'époque,* ainsi que le fait remarquer M. CHASLES, parce qu'il dépend d'une équation du
second degré. (*Aperçu historique,* 2ᵉ édition, page 505.)

GERBERT, né à Aurillac vers 940, mort en 1003, fut un des hommes les plus savants de
son temps. — Il fut pape de 999 à 1003, sous le nom de SILVESTRE II.

qui montre que c'' est une quatrième proportionnelle aux trois droites c', b', a'.

Les trois droites, b', a', c'', étant proportionnelles aux trois côtés inconnus a, b, c, il y a lieu de considérer deux triangles semblables.

Le triangle qui a pour côtés b', a', c'' a pour aire :

$$S' = \sqrt{p'(p' - a')(p' - b')(p' - c'')}$$

valeur que l'on peut calculer. (G., n° 352.)

La hauteur h', qui tombe sur le côté b', a pour expression :

$$h' = \frac{2}{b'}\sqrt{p'(p' - a')(p' - b')(p' - c'')}$$

Cette hauteur a pour homologue celle qui, dans le triangle inconnu, tombe sur le côté a, et est désignée par a'.

Les deux triangles, étant semblables, sont entre eux comme les carrés des dimensions homologues, et l'on a :

$$\frac{S}{S'} = \frac{a'^2}{h'^2}; \quad \text{d'où } S = \frac{a'^2 S'}{h'^2}$$

Ainsi
$$S = \frac{a'^2 \sqrt{p'(p' - a')(p' - b')(p' - c'')}}{\sqrt{b'^2 \left[\sqrt{p'(p' - a')(p' - b')(p' - c'')}\right]^2}}$$

ou
$$S = \frac{a'^2 b'^2}{4\sqrt{p'(p' - a')(p' - b')(p' - c'')}}$$

Et si l'on veut remplacer c'' par sa valeur $\dfrac{a'b'}{c'}$ on a :

$$S = \frac{(a'b')^2}{4\sqrt{p'(p' - a')(p' - b')\left(p' - \dfrac{a'b'}{c'}\right)}}$$

Pour appliquer cette formule, on se rappellera que :

$$p' = {}^{1}/_{2}(a' + b' + c'') = \frac{1}{2}\left(a' + b' + \frac{a'b'}{c'}\right)$$

Autre démonstration.

$$\frac{S}{S'} = \frac{a^2}{\dfrac{1}{a'^2}} = a^2 a'^2 = 4S^2$$

d'où
$$S = \frac{1}{4S'}; \quad S = \frac{1}{4\sqrt{p'(p' - a')(p' - b')(p' - c')}}$$

1724 (a). **Note.** L'expression de la surface du triangle en fonction des trois côtés a été donnée sans démonstration, par Héron le Jeune, et on doit la lui attribuer, dit M. Maximilien Marie (*Histoire des sciences mathématiques et physiques*, tome I, page 177), contrairement à l'opinion qui en faisait honneur à Héron l'Ancien (*Aperçu historique*, page 544. — *Nouvelles Annales*, 1861, page 432. Note de M. Vincent, membre de l'Institut. — *Histoire des Mathématiques*, par F. Hoeffer, page 241).

La démonstration géométrique (G., n° 352) est due à Léonard de Pise (voir n° 1604).

Héron l'Ancien, ou Héron d'Alexandrie, vivait dans le premier siècle avant l'ère chrétienne; il est connu par l'appareil pneumatique nommé *fontaine de*

Héron et par l'*éolipyle ;* on lui doit un *Traité de Géodésie* ou *Géométrie pratique.*

Héron le Jeune (610-641) vécut à Constantinople. Il a publié un *Traité de Géodésie,* où il cite fréquemment son homonyme et Archimède. C'est par son ouvrage que la formule du triangle s'est répandue en Grèce et en Occident.

Exercice 625.

1725. Problème. *On donne un triangle par ses trois côtés et l'on demande l'expression du rapport de sa surface à celle du triangle qui aurait pour sommets les pieds des bissectrices des angles du triangle. (Voir Revue de l'Enseignement secondaire spécial*, 1879, p. 123, et Exercices d'Algèbre, nº 1261.)*

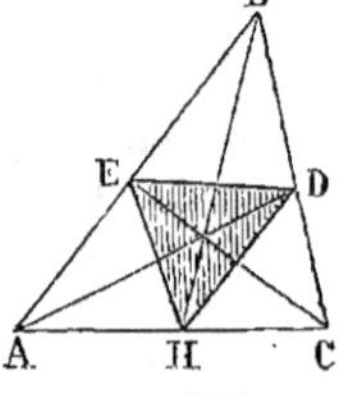

Fig. 1089.

Soient ABC le triangle proposé et les bissectrices AD, BH, CE.

Joignons HD, ED, HE.

Les triangles HCD et ABC, ayant un angle égal commun, donnent

$$\frac{HCD}{ACB} = \frac{HC \times CD}{ab} \tag{1}$$

Mais
$$\frac{HC}{a} = \frac{HA}{c} = \frac{b}{a+c}$$

$$HC = \frac{ab}{a+c}$$

On aurait de même
$$CD = \frac{ab}{b+c}$$

Par suite, la relation (1) devient

$$\frac{HCD}{ACB} = \frac{ab}{(a+c)(b+c)} \tag{2}$$

On trouverait de même

$$\frac{EBD}{ABC} = \frac{ac}{(a+b)(b+c)} \tag{3}$$

$$\frac{HAE}{BAC} = \frac{bc}{(a+b)(a+c)} \tag{4}$$

Ajoutons membre à membre les relations (2), (3), (4), nous aurons

$$\frac{ABC - HED}{ABC} = \frac{ab(a+b) + ac(a+c) + bc(b+c)}{(a+b)(a+c)(b+c)}$$

Retranchons chaque dénominateur de son numérateur, et changeons les signes :

$$\frac{HED}{ABC} = \frac{(a+b)(a+c)(b+c) - ab(a+b) - ac(a+c) - bc(b+c)}{(a+b)(a+c)(b+c)}$$

---

* Cette revue a cessé de paraître, *mais elle a rendu de réels services à l'enseignement spécial.* Dans un de ses articles, elle a reproduit ou retrouvé les démonstrations élémentaires que nous avions données dès 1873, dans nos *Éléments de géométrie,* pour obtenir le volume des hyperboloïdes.

Simplifiant et renversant les rapports, il vient :

$$\frac{\text{ABC}}{\text{HED}} = \frac{(a+b)(a+c)(b+c)}{2abc}$$

Telle est la relation cherchée.

Remarque. Si $a = b$, ce rapport devient

$$\frac{\text{ABC}}{\text{HED}} = \frac{(a+c)^2}{ac}$$

Si $a = b = c$,   on a $\dfrac{\text{ABC}}{\text{HED}} = 4$

Exercice 626.

1726. Problème. *Calculer l'aire d'un trapèze en fonction des quatre côtés* a, b, c, d.

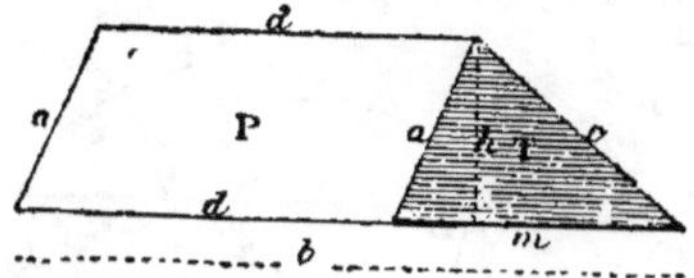

Fig. 1090.

Le trapèze est décomposable en un parallélogramme P, qui a d pour base et h pour hauteur, et un triangle T, qui a pour côtés a, c et m, cette dernière ligne étant égale à $b - d$.

On a $\frac{1}{2}mh = $ T, d'où $h = \dfrac{2}{m}$ T.

Ainsi l'aire du parallélogramme P est dh ou $\dfrac{2d}{m}$ T, et l'aire du trapèze est :

$$\text{P} + \text{T} = \frac{2d}{m}\text{T} + \text{T} = \frac{m+2d}{m}\text{T} = \frac{b+d}{b-d}\text{T}$$

Il reste à exprimer T en fonction des côtés du trapèze. Appelons $2p$ le périmètre du trapèze, et $2p'$ le périmètre du triangle T. L'aire de ce triangle est

$$\sqrt{p'(p'-a)(p'-m)(p'-c)}$$

Nous avons $2p' = a + m + c = a + b + c - d = 2p - 2d$

d'où $p' = \frac{1}{2}(a+b+c-d) = p - d$

Si l'on retranche a, il vient $p' - a = \frac{1}{2}(-a+b+c-d) = p - (d+a)$

Si l'on retranche m, ou $b - d$,... $p' - m = \frac{1}{2}(a-b+c+d) = p - b$

Et si l'on retranche c... $p' - c = \frac{1}{2}(a+b-c-d) = p - (d+c)$

L'aire du trapèze sera donc :

$$\frac{b+d}{b-d}\sqrt{(p-b)(p-d)(p-d-a)(p-d-c)}$$

Remarque. En appliquant cette formule aux données numériques suivantes :

$$a = 13, \quad b = 45, \quad c = 19, \quad d = 25 \text{ mètres.}$$

on trouve pour l'aire $417^{\text{m}^2}01$.

Autre démonstration. Soit S la surface ABCD.

$$S = \frac{b+d}{2} \cdot h$$

$$T = \frac{b-d}{2} \cdot h$$

donc
$$\frac{S}{T} = \frac{b+d}{b-d}; \quad S = \frac{b+d}{b-d} \cdot T$$

$$S = \frac{d+b}{b-d} \sqrt{(p-b)(p-d)(p-d-a)(p-d-c)}$$

Remarque. L'aire du quadrilatère inscriptible est donnée par la formule

$$S = \sqrt{(p-a)(p-b)(p-c)(p-d)}$$

(Voir *Exercices de Trigonométrie*, 2º édit., p. 34, nº 29, 2º)

Exercice 627.

1727. Problème. *Trouver l'aire du trapèze formé par deux cordes parallèles situées d'un même côté du centre; l'une d'elles égale le rayon, et l'autre égale le côté du triangle équilatéral inscrit.*

Soient $AD = r\sqrt{3}$ (G., nº 277) et $BC = r$.

L'apothème OF est la hauteur d'un triangle équilatéral BOC, dont le côté égale le rayon; donc

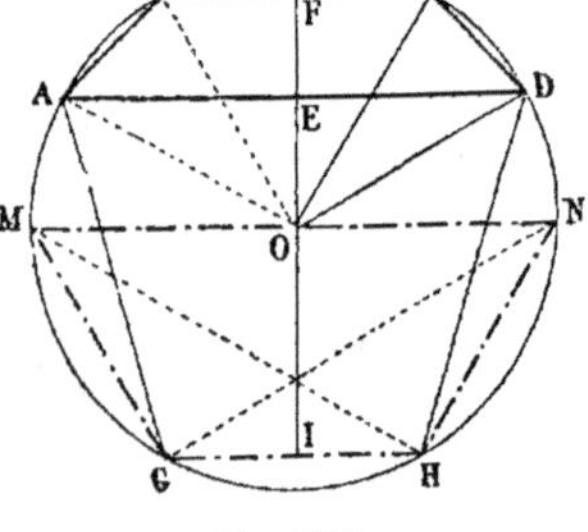

$$OF = \frac{r}{2}\sqrt{3} \quad \text{(G., nº 277.)}$$

d'ailleurs $OE = \dfrac{r}{2}$

donc
$$FE = \frac{r}{2}(\sqrt{3} - 1) \tag{1}$$

Fig. 1091.

La demi-somme des bases ou
$$AE + BF = \frac{r}{2}(\sqrt{3} + 1) \tag{2}$$

La surface $= (1) \times (2) = \dfrac{r^2}{4}(3 - 1) = \dfrac{r^2}{2}.$

La surface est la moitié du carré du rayon.

1728. Problème. *Les cordes* AD, GH *sont de part et d'autre du centre.* Soient AD et GH $= r$ (fig. 1091).
$$EI = \frac{r}{2}(\sqrt{3} + 1) \tag{3}$$

La surface $= (3) \times (2) = \dfrac{r^2}{4}(\sqrt{3} + 1)^2 = \dfrac{r^2}{4}(4 + 2\sqrt{3}) = \dfrac{r^2}{2}(2 + \sqrt{3})$

1729. Problème. GH *ou* r *est la petite base; les diagonales égalent* AD; *exprimer l'aire du trapèze* (fig. 1091).

On obtient la moitié de l'hexagone régulier.

$$\text{MO} + \text{GI} = \frac{3}{2}r, \quad \text{OI} = \frac{r}{2}\sqrt{3}$$

$$\text{Aire} = \frac{3r^2}{4}\sqrt{3}$$

Exercice 628. — I.

1730. Problème. *Deux circonférences sont tangentes extérieurement ; on mène les deux tangentes communes extérieures ; exprimer la surface du trapèze formé par ces deux tangentes et les cordes de contact, en fonction des rayons des cercles donnés.*

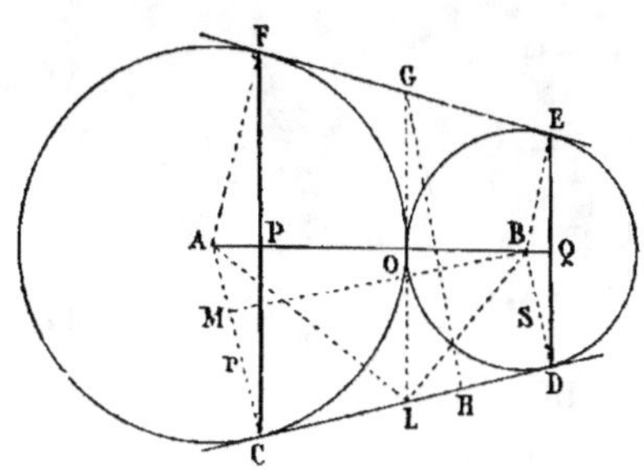

Fig. 1092.

Menons la tangente intérieure GOL et la perpendiculaire GH.

$$\text{GF} = \text{GO} = \text{GE}$$

Donc G est le point milieu de EF.

Or l'aire du trapèze peut s'obtenir en multipliant un des côtés CD par la perpendiculaire GH.

Il suffit d'exprimer GH et CD en fonction des rayons donnés r, s.

La tangente extérieure égale la parallèle BM.

Or, dans le triangle rectangle BMA,

$$\text{AB} = r + s, \quad \text{AM} = r - s$$

donc $\quad \text{BM}^2 \text{ ou } \text{CD}^2 = (r + s)^2 - (r - s)^2 = 4rs, \quad \text{CD} = 2\sqrt{rs}$

Les triangles rectangles BMA, GHL sont semblables, car ils ont les côtés respectivement perpendiculaires ; d'ailleurs

$$\text{GL} = \text{CD} = \text{BM}$$

donc $\quad \dfrac{\text{GH}^2}{\text{GL}^2} = \dfrac{\text{BM}^2}{\text{AB}^2} \quad \text{ou} \quad \dfrac{\text{GH}^2}{4rs} = \dfrac{4rs}{(r + s)^2}$

$$\text{GH} = \frac{4rs}{r + s}$$

$$\text{CD} \cdot \text{GH} = \frac{8rs\sqrt{rs}}{r + s}$$

Remarque. AL est bissectrice de l'angle CLO, BL de DLO ; donc l'angle ALB est droit ; donc

$$\text{LO} \quad \text{ou} \quad \tfrac{1}{2}\text{CD} = \sqrt{\text{AO} \cdot \text{OB}} \; ; \quad \text{CD} = 2\sqrt{rs}$$

ainsi qu'on l'a trouvé par un autre procédé.

1731. Problème. *Calculer les bases et la hauteur du trapèze proposé dans la question précédente.*

Les triangles APC, AMB sont semblables (fig. 1092); donc

$$\frac{CP}{r} = \frac{BM}{AB} \; ; \quad CP = \frac{r \cdot BM}{AB}$$

$$CP = \frac{2r\sqrt{rs}}{r + s} \tag{1}$$

de même $$DQ = \frac{2s\sqrt{rs}}{r + s} \tag{2}$$

$$\frac{AP}{r} = \frac{AM}{AB}, \quad \frac{AP}{r} = \frac{r - s}{r + s}, \quad AP = \frac{r(r - s)}{r + s} \tag{3}$$

et $$BQ = \frac{s(r - s)}{r + s} \tag{4}$$

$$PQ = AB - AP + BQ$$

or $$AB = \frac{(r + s)^2}{r + s}$$

donc $$PQ = \frac{r^2 + 2rs + s^2 - r^2 + rs + rs - s^2}{r + s} = \frac{4rs}{r + s} \tag{5}$$

La demi-somme des bases, ou $CP + DQ$, donne

$$\frac{2r\sqrt{rs} + 2s\sqrt{rs}}{r + s} = \frac{2(r + s)\sqrt{rs}}{r + s} = 2\sqrt{rs} \tag{6}$$

L'aire du trapèze ou $(CP + DQ)PQ$ égale donc $(5) \times (6)$.

$$\text{trapèze} = 2\sqrt{rs} \cdot \frac{4rs}{r + s} = \frac{8rs\sqrt{rs}}{r + s}$$

Et l'on obtient ainsi l'aire du trapèze par un second procédé.

1732. Problème. *Trouver l'aire du trapèze* CLGF, *et l'aire du trapèze* LDEG (fig. 1092).

$$PO = r - AP = \frac{r(r + s) - r(r - s)}{r + s} = \frac{2rs}{r + s}; \text{ d'ailleurs, on pourrait}$$

poser immédiatement ce résultat, car, à cause de $CL = LD$, on a aussi $PO = OQ$.

$$OL = \tfrac{1}{2}CD; \quad \text{or} \quad \tfrac{1}{2}CD = \sqrt{rs}$$

donc $$(CP + OL)PO = \left(\frac{2r\sqrt{rs}}{r + s} + \sqrt{rs} \right) \times \frac{2rs}{r + s}$$

trapèze $$CLGF = \frac{2rs\sqrt{rs}\,(3r + s)}{(r + s)^2}; \quad LDEG = \frac{2rs\sqrt{rs}\,(r + 3s)}{(r + s)^2}$$

Vérification. $$CLGF + LDEG = \frac{2rs\sqrt{rs}\,(4r + 4s)}{(r + s)^2}$$

donc $$CDEF = \frac{8rs\sqrt{rs}}{r + s}$$

Exercice 628. — II.

1733. Problème. *Deux circonférences se coupent orthogonalement; quelle est la surface du trapèze formé par les tangentes extérieures et* *leurs cordes de contact? Exprimer l'aire en fonction des rayons r, s des cercles donnés.*

L'angle ANB est droit; donc la distance des centres AB est connue, représentons-la par d, on aura

$$d = \sqrt{r^2 + s^2}$$

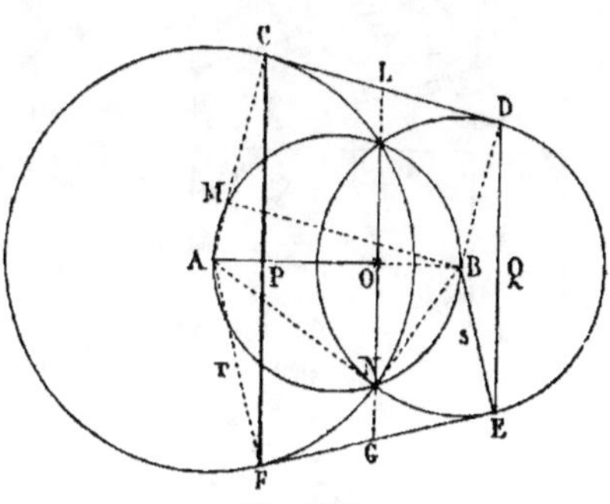

Fig. 1093.

Employons le second procédé (indiqué à la fin du n° 1731); calculons CP, DQ et PQ.

Dans les formules obtenues (1), (2), (3) et (4), il suffit de remplacer la distance des centres $r + s$ par d ou par sa valeur $\sqrt{r^2 + s^2}$.

$$(1') \qquad CP = \frac{2r\sqrt{rs}}{d} \qquad\qquad (2') \qquad DQ = \frac{2s\sqrt{rs}}{d}$$

$$(3') \qquad CP = \frac{r(r - s)}{d} \qquad\qquad (4') \qquad BQ = \frac{s(r - s)}{d}$$

$$PQ = AB - AP + BQ$$

or

$$AB = \frac{d^2}{d} \quad ou \quad \frac{r^2 + s^2}{d}$$

$$PQ = \frac{r^2 + s^2 - r^2 + rs + rs - s^2}{d} = \frac{2rs}{d} \tag{5'}$$

$$CP + DQ = \frac{2(r + s)\sqrt{rs}}{d} \tag{6'}$$

$$(5') \times (6') = \frac{4rs\sqrt{rs}\,(r + s)}{d^2} \quad ou \quad \frac{4rs\sqrt{rs}\,(r + s)}{r^2 + s^2} \quad \text{aire demandée}$$

Exercice 629.

1734. Problème. *On donne les rayons* r, s *de deux circonférences extérieures, ainsi que la distance* d *de leurs centres; en fonction de ces données, exprimer l'aire du trapèze formé par les deux tangentes extérieures et les cordes des points de contact.*

Menons BM parallèle à CD; $BM^2 = d^2 - (r - s)^2 = l^2$.
Ainsi les trois côtés du triangle rectangle ABM sont connus.

On a encore

$$\frac{CP}{r} = \frac{MB}{d}, \quad CP = \frac{r \cdot MB}{d} = \frac{rl}{d}, \quad DQ = \frac{sl}{d}$$

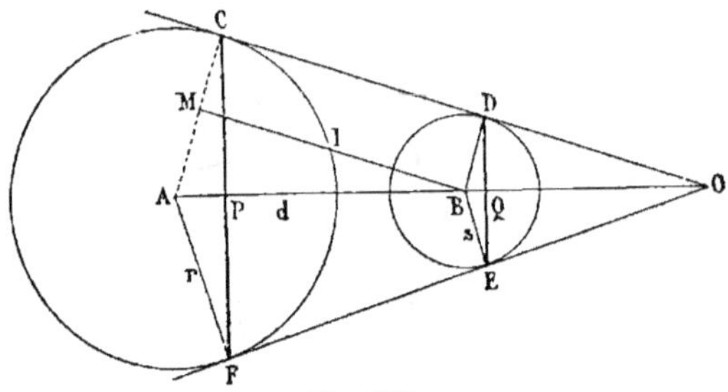

Fig. 1094.

donc
$$CP + DQ = \frac{(r+s)l}{d} \qquad (1)$$

$$\frac{AP}{r} = \frac{AM}{d}, \quad AP = \frac{r(r-s)}{d}, \quad BQ = \frac{s(r-s)}{d}$$

$$PQ = d - \frac{r^2 - rs}{d} + \frac{rs - s^2}{d} = \frac{d^2 - r^2 - s^2 + 2rs}{d} \qquad (2)$$

(1), (2) ou $CDEF = \dfrac{(r+s)\,l\,(d^2 - r^2 - s^2 + 2rs)}{d^2} = \dfrac{(r+s)\,l\left[d^2 - (r-s)^2\right]}{d^2}$

Ainsi $\quad CDEF = \dfrac{(r+s)l^3}{d^2}$ ou $\dfrac{(r+s)\,(\sqrt{d^2 - (r-s)^2}\,)^3}{d^2}$

Autre démonstration. Mêmes indications que ci-dessus et en outre, soit $CP = a, \quad DQ = b$.

La similitude donne : $\quad \dfrac{a}{r} = \dfrac{b}{s} = \dfrac{h}{l} = \dfrac{l}{d}$

d'où
$$\frac{(a+b)h}{(r+s)l} = \frac{l^2}{d^2}$$

$$S = (a+b)h = \frac{(r+s)l^3}{d^2}$$

enfin
$$S = \frac{r+s}{d^2}\,(\sqrt{d^2 - (r-s)^2}\,)^3$$

Remarque. Les problèmes précédents ne sont que des cas particuliers de celui-ci.

Pour retrouver le n° 1730, il suffit de poser $\quad d = r + s\quad$ et de simplifier.

Exercice 630. — I.

1735. Problème. *Trouver les diagonales d'un quadrilatère inscriptible, connaissant les quatre côtés.*

Les *théorèmes de Ptolémée* (nᵒˢ 1209 et 1212) donnent :

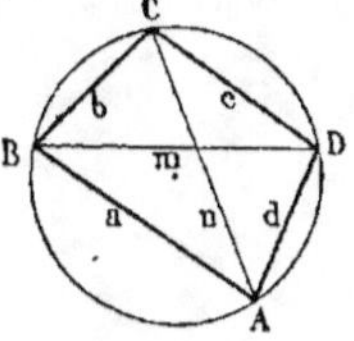

Fig. 1095.

$$mn = ac + bd \tag{1}$$

$$\frac{m}{n} = \frac{ab + cd}{ad + bc} \tag{2}$$

En multipliant (1) par (2), on trouve

$$m^2 = \frac{(ac + bd)(ab + cd)}{ad + bc}$$

En divisant (1) par (2), on trouve

$$n^2 = \frac{(ac + bd)(ad + bc)}{ab + cd}$$

Exercice 630. — II.

1736. Problème. *Étant donné un carré ayant a pour côté, que faut-il enlever aux quatre côtés pour avoir un octogone régulier?*

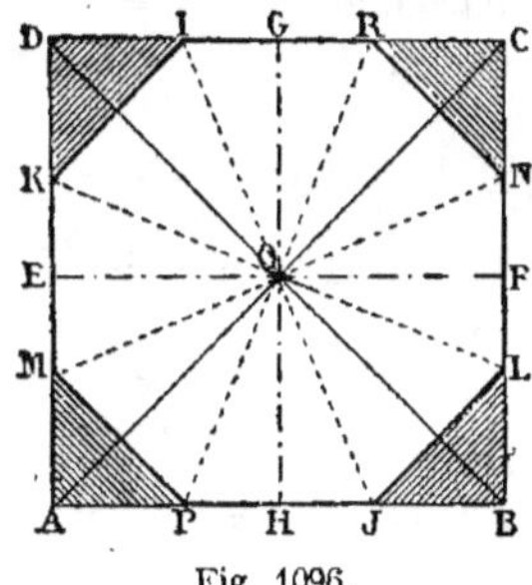

Fig. 1096.

On trace les diagonales AC et BD, puis les droites EF et GH, bissectrices des angles formés par les premières droites, enfin de nouvelles bissectrices IJ, KL, MN, PR.

Les points déterminés sur le périmètre par ces dernières droites sont les sommets de l'octogone demandé; et pour l'obtenir il suffit d'enlever du carré les triangles APM, BJL, CNR et DIK.

Solution algébrique. Soit a le côté du carré donné. Le carré DEOG a pour côté $\frac{1}{2}a$; sa diagonale $OD = \frac{1}{2}a\sqrt{2}$.

Dans le triangle OGD, la bissectrice OI donne :

$$\frac{GI}{ID} = \frac{OG}{OD}; \quad \text{d'où} \quad \frac{GI}{GI + ID} = \frac{OG}{OG + OD}$$

ou

$$\frac{GI}{\frac{1}{2}a} = \frac{\frac{1}{2}a}{\frac{1}{2}a + \frac{1}{2}a\sqrt{2}} = \frac{1}{1 + \sqrt{2}}$$

d'où

$$GI = \frac{a}{2}\left(\frac{1}{1 + \sqrt{2}}\right) = \frac{a}{2} \cdot \frac{\sqrt{2} - 1}{2 - 1} = \frac{a}{2}(\sqrt{2} - 1)$$

Ainsi

$$DI = DG - GI = \frac{a}{2} - \frac{a}{2}\left(\frac{1}{1 + \sqrt{2}}\right) = \frac{a}{2}\left(1 - \frac{1}{1 + \sqrt{2}}\right) =$$

$$= \frac{a}{2}\left(\frac{\sqrt{2}}{1 + \sqrt{2}}\right) = \frac{a}{2}\left(\frac{2}{\sqrt{2} + 2}\right) = a\left(\frac{2}{2 + \sqrt{2}}\right) = a\left(\frac{1}{3,414\,21}\right)$$

La longueur à porter sur chaque coin égale $a\,(0,292\,893)$.

Exercice 631.

1737. Problème. *Exprimer, en fonction du côté, les aires des polygones réguliers de 6, 12, 8, 10, 5 et 15 côtés.*

Nous nous bornons à indiquer les résultats, car les solutions ont été données dans les deux premières éditions des *Exercices de Géométrie.*

Hexagone régulier $= \dfrac{3a^2}{2}\sqrt{3}$, ou $a^2(2,598\,07)$.

1738. Dodécagone régulier $= 3a^2(2 + \sqrt{3})$.

1739. Octogone régulier $= a^2(2 + 2\sqrt{2})$; ou $a^2(4,828\,4)$.

1740. Décagone régulier $= \frac{5}{2}a^2\sqrt{5 + 2\sqrt{5}}$, ou $a^2(7,694\,2)$.

1741. Pentagone régulier $= a^2(1,720\,5)$.

1742. Pentédécagone régulier $= a^2(17,643)$.

1743. Scolie. Voici une formule applicable à un polygone régulier quelconque, et qui exprime la surface en fonction du côté :

$$S = \tfrac{1}{4}na^2 \cdot \cot i$$

C'est-à-dire que *l'aire d'un polygone régulier quelconque égale le carré du côté, multiplié par le* $\frac{1}{4}$ *du nombre des côtés et par la cotangente du demi-angle au centre.* (*Trigonométrie,* F. J.)

Appliquée aux polygones réguliers dont il a été question ci-dessus, cette formule conduira immédiatement aux résultats déjà trouvés. Nous allons l'employer pour quelques polygones réguliers que la Géométrie ne traite par aucune formule directe.

Heptagone régulier. . . . . $S = \frac{7}{4}a^2 \cot i$ $S = 3,634\,0a^2$

Ennéagone régulier. . . . . . . $S = \frac{9}{4}a^2 \cot i$ $S = 6,181\,7a$

Polygone régulier de 11 côtés. . . $S = \frac{11}{4}a^2 \cot i$ $S = 9,367\,0a^2$

et ainsi de suite.

Voici un tableau qui donne la surface d'un assez grand nombre de polygones réguliers en fonction du côté a.

Nombre des côtés.	Aire.	Nombre des côtés.	Aire.
3	$0,433\,0a^2$	12	$11,196a^2$
4	$1,000\,0a^2$	13	$13,188a^2$
5	$1,720\,5a^2$	14	$15,335a^2$
6	$2,598\,1a^2$	15	$17,643a^2$
7	$3,634\,0a^2$	16	$20,140a^2$
8	$4,828\,4a^2$	17	$23,18\,a^2$
9	$6,181\,7a^2$	18	$25,53\,a^2$
10	$7,694\,2a^2$	19	$28,54\,a^2$
11	$9,367\,0a^2$	20	$31,57\,a^2$

Exercice 632. — I.

1744. *Exprimer, en fonction du rayon, les aires des polygones réguliers de 6, 12, 8, 10, 5 et 15 côtés.*

On peut voir les deux premières éditions des *Exercices de Géométrie;* mais on peut simplifier, par exemple, pour le dodécagone,

on a : $S = 6(ABCO) = 6\,\dfrac{OB \cdot AC}{2} = 3r^2$

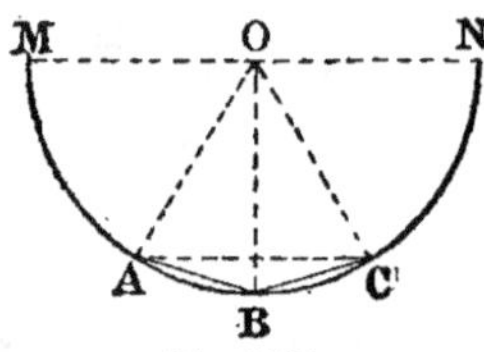

Fig. 1097.

Scolie. Voici une formule applicable à un polygone régulier quelconque, et qui exprime *la surface en fonction du rayon* :

$$S = \tfrac{1}{2} n r^2 . \sin i$$

C'est-à-dire que *l'aire d'un polygone régulier quelconque égale le carré du rayon multiplié par la moitié du nombre des côtés, puis par le sinus de l'angle au centre.*

Appliquée aux polygones réguliers dont il a été question ci-dessus, cette formule conduit immédiatement aux résultats déjà trouvés.

On peut l'employer pour d'autres polygones et former le tableau suivant :

Nombre des côtés.	Aire du polygone.	Nombre des côtés.	Aire du polygone.
3	$1{,}299\,04\,r^2$	12	$3{,}000\,0\,r^2$
4	$2{,}000\,0\;r^2$	13	$3{,}020\,6\,r^2$
5	$2{,}377\,6\;r^2$	14	$3{,}037\,2\,r^2$
6	$2{,}598\,1\;r^2$	15	$3{,}050\,4\,r^2$
7	$2{,}736\,4\;r^2$	16	$3{,}061\,5\,r^2$
8	$2{,}828\,4\;r^2$	17	$3{,}070\,6\,r^2$
9	$2{,}892\,5\;r^2$	18	$3{,}078\,1\,r^2$
10	$2{,}934\,9\;r^2$	19	$3{,}084\,6\,r^2$
11	$2{,}973\,5\;r^2$	20	$3{,}090\,1\,r^2$

Exercice 632. — II.

1745. Problème. *Calculer la surface de l'octogone étoilé* *.

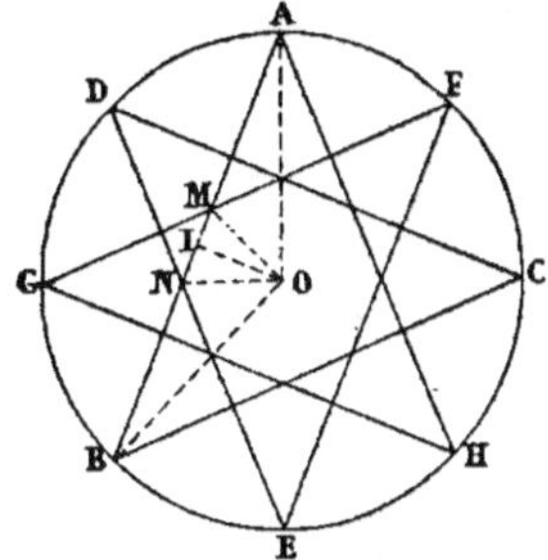

Fig. 1098.

Soit r le rayon du cercle, le côté de l'octogone étoilé où AB est donné par

$$AB = r\sqrt{2 + \sqrt{2}}$$

(G., n° 733).

La surface se compose de huit triangles égaux au triangle AOB; mais ces triangles ont des parties communes; par suite, l'octogone intérieur, dont MN est le côté, est pris trois fois; en effet le huitième, MON, se trouve dans les trois triangles DOE, AOB et FOG.

Donc la surface de l'octogone étoilé s'obtient en multipliant le demi-périmètre ou 4AB par l'apothème OI, et en retranchant du résultat deux fois l'octogone convexe dont OI est l'apothème et MN le côté.

$$OI^2 = r^2 - \frac{AB^2}{4}$$

$$OI^2 = \frac{4r^2 - r^2(2 + \sqrt{2})}{4} \quad \text{ou} \quad \frac{2r^2 - r^2\sqrt{2}}{4} = \frac{r^2}{4}(2 - \sqrt{2}) \qquad (1)$$

$$OI = \frac{r}{2}\sqrt{2 - \sqrt{2}}$$

Le demi-périmètre multiplié par OI donne

$$4r\sqrt{2+\overline{\sqrt{2}}} \times \frac{r}{2}\sqrt{2-\overline{\sqrt{2}}} = 2r^2\sqrt{4-2} = 2r^2\sqrt{2} \qquad (2)$$

Il faut calculer la surface de l'octogone convexe intérieur.

En admettant que OM soit connu, on a :

$$MN = OM\sqrt{2-\overline{\sqrt{2}}} \qquad \text{(G., n° 733.)}$$

$$OI^2 = MO^2 - \frac{MN^2}{4} = \frac{4MO^2 - MO^2(2-\sqrt{2})}{4} = \frac{MO^2(2+\sqrt{2})}{4}$$

d'où $\quad MO^2 = \dfrac{4 \cdot OI^2}{2+\sqrt{2}} = \dfrac{4}{2+\sqrt{2}} \cdot \dfrac{r^2(2-\sqrt{2})}{4} = \dfrac{r^2(2-\sqrt{2})}{2+\sqrt{2}}$

D'ailleurs $\quad MI^2 = OM^2 - OI^2 = \dfrac{r^2(2-\sqrt{2})}{2+\sqrt{2}} - \dfrac{r^2(2-\sqrt{2})}{4}$

En réduisant et simplifiant, on trouve :

$$MI^2 = \frac{r^2(3-2\sqrt{2})}{4+2\sqrt{2}} ; \quad MN^2 = \frac{4r^2(3-2\sqrt{2})}{4+2\sqrt{2}} \qquad (3)$$

On sait d'ailleurs que la surface de l'octogone régulier en fonction du côté MN est donnée par la formule

$$MN^2(2+2\sqrt{2}) \qquad \text{(n° 1739)}$$

Donc le double de l'octogone intérieur égale

$$\frac{4r^2(3-2\sqrt{2})(2+2\sqrt{2})}{2+\sqrt{2}} = \frac{4r^2(-2+2\sqrt{2})}{2+\sqrt{2}} = \frac{8r^2(-1+\sqrt{2})}{2+\sqrt{2}}$$

L'octogone étoilé égale $\quad 2r^2\sqrt{2} - \dfrac{8r^2(-1+\sqrt{2})}{2+\sqrt{2}} = \dfrac{4r^2(3-\sqrt{2})}{2+\sqrt{2}}$

Exercice 632. — III.

1746. Problème. *Étant donné le rayon* OA *ou* r *d'un cercle, et le côté* AC *ou* a *d'un polygone régulier de* n *côtés, exprimer l'aire de ce polygone, puis l'aire du polygone régulier inscrit de* 2n *côtés.*

1° On calcule l'apothème OI ou s par le triangle rectangle OAI :

$$s^2 = r^2 - {}^1/_4 a^2$$

d'où $\qquad s = \sqrt{r^2 - {}^1/_4 a^2}$

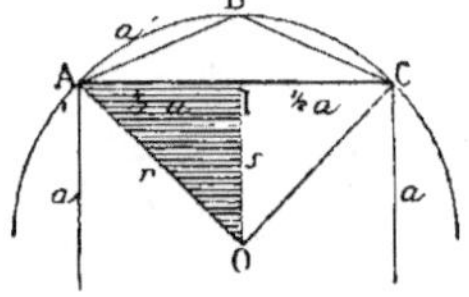

Fig. 1099.

L'aire du triangle AOC est ${}^1/_2 as$, et l'aire du polygone est

$${}^1/_2 na\sqrt{r^2 - {}^1/_4 a^2}$$

S'il s'agit d'un hexagone régulier, on a :

$$n = 6, \quad a = r, \quad \sqrt{r^2 - {}^1/_4 a^2} = \sqrt{{}^3/_4 r^2} = {}^1/_2 r\sqrt{3}$$

L'aire de l'hexagone régulier sera donc ${}^3/_2 r^2\sqrt{3}$ ou $r^2(2,5981)$ (n° 1744).

2º Pour calculer le côté a' du polygone régulier de $2n$ côtés, on posera la formule connue. (G., nº 286.)

$$a' = \sqrt{2r^2 - r\sqrt{4r^2 - a^2}}$$

Si le polygone primitif est un hexagone régulier, on a : $a = r$, et

$$a' = \sqrt{2r^2 - r\sqrt{3r^2}} = \sqrt{2r^2 - r^2\sqrt{3}} = r\sqrt{2 - \sqrt{3}}$$

L'apothème h se trouve par la relation

$$h^2 = r^2 - (\tfrac{1}{2}a')^2 = r^2 - \tfrac{1}{4}a'^2; \quad \text{d'où} \quad h = \sqrt{r^2 - \tfrac{1}{4}a'^2}$$

L'aire du polygone régulier de $2n$ côtés est donc :

$$\tfrac{1}{2} . 2na'\sqrt{r^2 - \tfrac{1}{4}a'^2} \quad \text{ou} \quad na'\sqrt{r^2 - \tfrac{1}{4}a'^2}$$

Si le polygone primitif est un hexagone régulier, on a pour le dodécagone régulier :

$$6r\sqrt{2 - \sqrt{3}} \ \sqrt{r^2 - \tfrac{1}{4}r^2(2 - \sqrt{3})} \ , \ \text{ou} \ 6r\sqrt{2 - \sqrt{3}} . r\sqrt{1 - \tfrac{1}{2} + \tfrac{1}{4}\sqrt{3}} \ ,$$

$$\text{ou} \ 6r^2\sqrt{(2 - \sqrt{3})(\tfrac{1}{2} + \tfrac{1}{4}\sqrt{3})} \ , \ \text{ou} \ 6r^2\sqrt{\tfrac{1}{4}} \ , \ \text{ou} \ 6r^2 . \tfrac{1}{2} \ , \ \text{ou enfin} \ 3r^2.$$

Exercice 632. — IV.

1747. Problème. *Exprimer le côté, le périmètre et la surface de l'hexagone régulier inscrit à un cercle dont le rayon est* r; *puis le côté, le périmètre et la surface de l'hexagone régulier circonscrit au même cercle.*

L'hexagone régulier inscrit a pour côté r, pour périmètre $6r$, et pour apothème $\sqrt{r^2 - \tfrac{1}{4}r^2}$ ou $\sqrt{\tfrac{3}{4}r^2}$, soit $\tfrac{1}{2}r\sqrt{3}$ ou r $(0,866\,02)$.

L'aire est $3r . \tfrac{1}{2}r\sqrt{3}$, soit $\tfrac{3}{2}r^2\sqrt{3}$ ou r^2 $(2,698\,08)$.

L'hexagone régulier circonscrit a pour apothème le rayon r du cercle. Les deux hexagones étant semblables (G., nº 237), le rapport des dimensions homologues est égal à celui des apothèmes, et le rapport des aires est égal au carré du rapport des apothèmes. On a donc :

Le rapport des apothèmes.	$\dfrac{r}{\tfrac{1}{2}r\sqrt{3}}$ ou	$\dfrac{2}{\sqrt{3}}$
Côté de l'hexagone circonscrit. . . .	$r . \dfrac{2}{\sqrt{3}}$ ou	$\dfrac{2r}{\sqrt{3}}$
Périmètre.	$6r . \dfrac{2}{\sqrt{3}}$ ou	$\dfrac{12r}{\sqrt{3}}$
Aire. . . .	$\dfrac{3r^2\sqrt{3}}{2}\left(\dfrac{2}{\sqrt{3}}\right)^2$ ou	$\dfrac{3r^2\sqrt{3}}{2} . \dfrac{4}{3}$ ou $2r^2\sqrt{3}$

Scolie. L'hexagone régulier circonscrit égale les $\tfrac{4}{3}$ de l'hexagone régulier inscrit, et par conséquent l'inscrit est les $\tfrac{3}{4}$ du circonscrit.

Exercice 633.

1748. Problème de Grégory. *Étant données les aires* a *et* A *de deux polygones réguliers semblables, l'un inscrit et l'autre circonscrit à un* *même cercle, exprimer les aires a′ et A′ des deux polygones réguliers inscrit et circonscrit d'un nombre double de côtés.*

1° Les polygones proposés sont entre eux comme les triangles OAH et OAE; ces triangles, ayant même hauteur AH, sont entre eux comme leurs bases OH et OE, et ces lignes sont entre elles comme OA et OC, à cause des parallèles AH et CE; or ces lignes OA et OC sont entre elles comme les triangles OAE et OCE, qui ont même hauteur à partir du sommet E; on a donc :

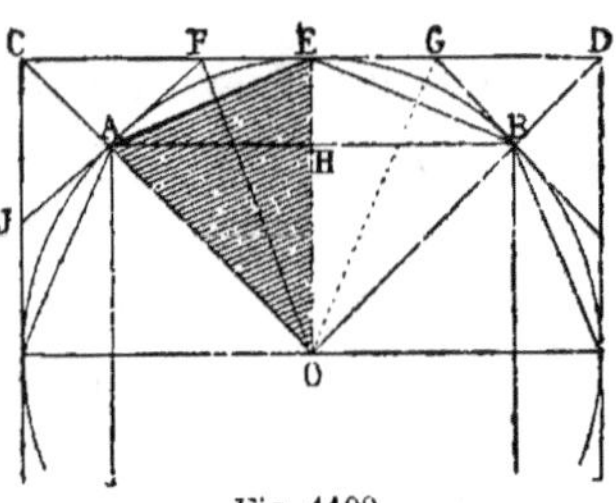

Fig. 1100.

$$\frac{a}{a'} = \frac{OAH}{OAE} = \frac{OH}{OE} = \frac{OA}{OC} = \frac{OAE}{OCE} = \frac{a'}{A}$$

De l'égalité des rapports extrêmes, on tire :

$$a'^2 = aA; \quad \text{d'où} \quad a' = \sqrt{aA}$$

Ainsi *l'aire a′ du nouveau polygone inscrit est une moyenne géométrique entre les deux polygones donnés.*

2° En reprenant le premier et le quatrième rapport de la suite précédente, on a :

$$\frac{a}{a'} = \frac{OA \text{ ou } OE}{OC}$$

Or dans l'octogone circonscrit, comme dans tout polygone régulier, les apothèmes et les rayons font, autour du centre, des angles égaux. Ainsi la droite OF est bissectrice de l'angle EOC, et l'on a : $\dfrac{OE}{OC} = \dfrac{EF}{FC}$. Ces dernières lignes sont entre elles comme les triangles EOF et FOC, qui ont même hauteur OE. En prenant les rapports extrêmes dont il vient d'être question, on a : $\dfrac{a}{a'} = \dfrac{EOF}{FOC}$.

Augmentons les dénominateurs de leurs numérateurs, et doublons ensuite les numérateurs, il vient : $\dfrac{2a}{a+a'} = \dfrac{FOG}{EOG}$.

Ces derniers triangles sont entre eux comme les polygones A′ et A, dont ils sont le $^1/_8$, et l'on a enfin :

$$\frac{2a}{a+a'} = \frac{A'}{A}; \quad \text{d'où} \quad A' = \frac{2aA}{a+a'}$$

Remarques. **1°** Pour l'application numérique des formules obtenues, on peut recourir à l'exercice 642. — VI (n° 1773, c.)

2° Ces formules peuvent servir à la détermination de π.

1749. Note. Les méthodes élémentaires pour calculer le nombre π sont au nombre de quatre : deux sont fondées sur la formule $C = 2\pi R$, qui donne la longueur de la circonférence; et deux sur la formule $S = \pi R^2$, qui donne l'aire du cercle.

La première méthode, due à ARCHIMÈDE, consiste à chercher la longueur de la circonférence ayant 1 pour diamètre, en la regardant comme limite commune des périmètres des polygones réguliers inscrits et circonscrits dont on double indéfiniment les côtés.

La seconde méthode, introduite par Jacques Grégory, consiste à chercher la surface du cercle ayant 1 pour rayon, en regardant ce cercle comme la limite commune des polygones réguliers inscrits et circonscrits dont on double indéfiniment le nombre des côtés.

La troisième méthode, dite des *isopérimètres*, attribuée à Schwab, mais due à Descartes, consiste à chercher le rayon d'une circonférence de longueur connue comme limite commune des rayons et des apothèmes d'un périmètre régulier de longueur constante, dont on double indéfiniment le nombre de côtés.

La quatrième méthode, due à Legendre (livre IV, prop. XVI), consiste à chercher le rayon d'un cercle de surface connue comme limite commune des rayons et des apothèmes d'un polygone régulier de surface constante dont on double indéfiniment le nombre de côtés. (N. A., 1844, page 582; note de M. Armand Farcy, ancien élève de l'École polytechnique.)

Grégory (1638-1675), géomètre anglais, auquel on doit le télescope qui porte son nom.

Exercice 634.

1750. Problème. *Étant donné l'apothème* a *et le rayon* r *d'un polygone régulier quelconque, exprimer l'apothème* a' *et le rayon* r' *du polygone régulier équivalent, qui a un nombre double de côtés.*

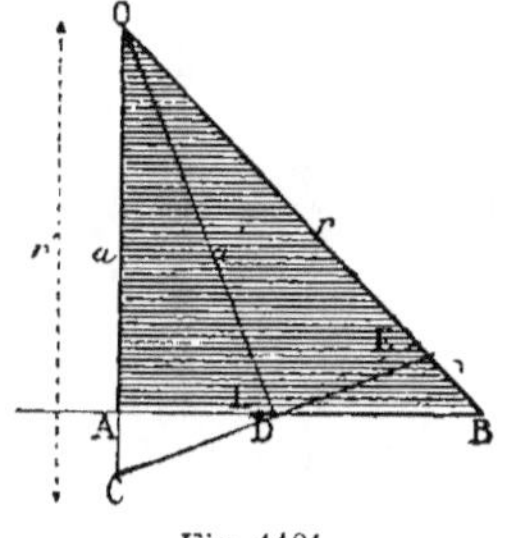

Fig. 1101.

Si a et r sont l'apothème et le rayon d'un polygone considéré, AB est le demi-côté de ce polygone, et OAB est le demi-triangle central.

Pour que ce polygone soit transformé en un polygone régulier équivalent, et d'un nombre double de côtés, il faut que le triangle AOB soit remplacé par un triangle isocèle équivalent COE, ayant même angle en O.

Ces deux triangles, ayant même angle O, sont entre eux comme les produits des côtés qui comprennent l'angle égal; et, puisque les triangles sont équivalents, les produits des côtés qui comprennent l'angle O sont égaux, et l'on a :

$$OC . OE = OA . OB$$

ou $$r'^2 = ar; \quad \text{d'où} \quad r' = \sqrt{ar}$$

Ainsi *le nouveau rayon est une moyenne géométrique entre l'apothème et le rayon du polygone précédent.*

1751. Pour trouver l'expression du nouvel apothème a', remarquons que les triangles rectangles semblables ODC et OAL donnent :

$$\frac{OD}{OC} = \frac{OA}{OL} \quad \text{ou} \quad \frac{a'}{r'} = \frac{a}{OL}; \quad \text{d'où} \quad a' = \frac{ar'}{OL} \qquad (1)$$

Il s'agit d'exprimer OL en fonction de a et de r. Le triangle rectangle OAL donne :

$$OL^2 = OA^2 + AL^2 = a^2 + AL^2; \quad \text{d'où} \quad OL = \sqrt{a^2 + AL^2} \qquad (2)$$

AL est une partie de AB ; la bissectrice OL donne :

$$\frac{AL}{LB} = \frac{a}{r}; \quad \text{d'où} \quad \frac{AL}{AB} = \frac{a}{a+r} \quad \text{et} \quad AL = AB , \frac{a}{a+r} \qquad (3)$$

Cherchons AB ; on a :

$$AB^2 = r^2 - a^2 = (r+a)(r-a); \quad \text{d'où} \quad AB = \sqrt{r+a}\,\sqrt{r-a}$$

Remontons aux relations précédentes (3), (2), (1), il vient :

$$AL = \sqrt{r+a}\,\sqrt{r-a}\cdot\frac{a}{r+a} = \frac{a\sqrt{r-a}}{\sqrt{r+a}} \quad \text{et} \quad AL^2 = \frac{a^2(r-a)}{r+a}$$

$$OL = \sqrt{a^2 + \frac{a^2(r-a)}{r+a}} = a\sqrt{1 + \frac{r-a}{r+a}} = a\sqrt{\frac{2r}{r+a}}$$

Et enfin
$$a' = ar' : a\sqrt{\frac{2r}{r+a}} = r'\sqrt{\frac{r+a}{2r}}$$

Ainsi
$$r' = \sqrt{ar} \quad \text{et} \quad a' = r'\sqrt{\frac{r+a}{2r}}$$

Remarque. L'application numérique des formules obtenues se trouve à l'exercice 642. — VII (n° 1773, **d.**)

Surfaces à périmètre curviligne.

Exercice 635.

1752. Problème. *Exprimer, en fonction du rayon, la surface du segment qui a pour corde le côté des polygones réguliers inscrits suivants :*

1° Hexagone ; 2° triangle ; 3° dodécagone.

Soit $\quad AB = BC = CD$

puis $\quad CE = ED$

AB est la corde de l'hexagone, AC celle du triangle, et DE celle du dodécagone.

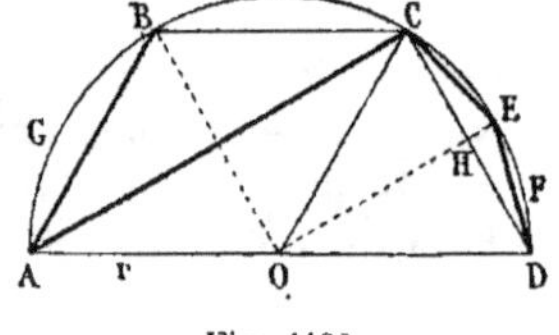

Fig. 1102.

1° $\quad$ Secteur $\quad AOB = \dfrac{\pi r^2}{6}$

$\quad$ triangle $\quad AOB = \dfrac{r^2}{4}\sqrt{3} \quad$ (G., n° 316, I)

donc $\quad$ segment $\quad AGB = \dfrac{\pi r^2}{6} - \dfrac{r^2}{4}\sqrt{3} = r^2 \cdot \dfrac{2\pi - 3\sqrt{3}}{12} \qquad (a)$

2° $\quad$ secteur $\quad AOCB = 2AOBG = \dfrac{\pi r^2}{3}$

Le triangle AOC est équivalent à $AOB = \dfrac{r^2\sqrt{3}}{4}$; donc

$$\text{segment} \quad ABC = \frac{\pi r^2}{3} - \frac{r^2\sqrt{3}}{4} = r^2\,\frac{4\pi - 3\sqrt{3}}{12} \qquad (b)$$

3°
$$\text{secteur} \quad ODFE = \frac{\pi r^2}{12}$$

Le triangle DOE a pour mesure $\frac{1}{2}OE.DH$

ou
$$\text{triangle} \quad DOE = \frac{r^2}{4}$$

donc
$$\text{segment} \quad DFE = \frac{\pi r^2}{12} - \frac{3r^2}{12} = r^2.\frac{\pi - 3}{12} \qquad (c)$$

1753. Problème. *Exprimer, en fonction du rayon, le segment dont la corde égale : 1° le côté du carré inscrit ; 2° celui de l'octogone régulier.*

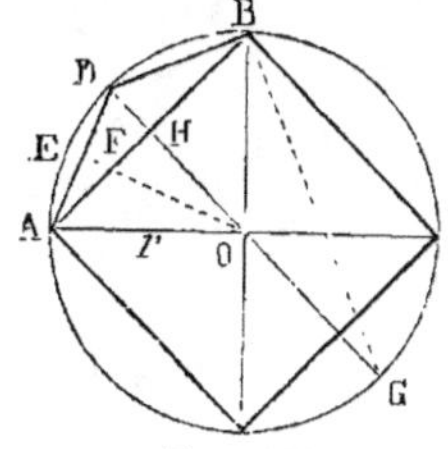

Fig. 1103.

1°
$$\text{secteur} \quad AOBD = \frac{\pi r^2}{4}$$
$$\text{triangle} \quad AOB = \frac{r^2}{2} \text{ ou } \frac{2r^2}{4}$$

donc

$$\text{segment} \quad ADB = \frac{\pi r^2}{4} - \frac{2r^2}{4} = \frac{r^2}{4}(\pi - 2) \qquad (d)$$

2° Soit
$$AD = DB$$

Sans recourir à la formule générale qui donne le côté BD du polygone inscrit d'un nombre double de côtés, connaissant AB et DO, on peut calculer BD à l'aide du triangle rectangle DBG.

$$OH = \frac{r\sqrt{2}}{2} \; ; \quad \text{donc} \quad DH = r - \frac{r}{2}\sqrt{2} = r\left(\frac{2 - \sqrt{2}}{2}\right)$$

$$BD^2 = DH.DG = 2r.r\left(\frac{2 - \sqrt{2}}{2}\right)$$

donc
$$BD = r\sqrt{2 - \sqrt{2}}$$

On pourrait ensuite calculer l'apothème OF ; mais il est plus simple de prendre pour aire du triangle AOD, le produit

$$\frac{DO.AH}{2} \quad \text{ou} \quad \frac{r}{2} \times \frac{r}{2}\sqrt{2} = \frac{r^2}{4}\sqrt{2}$$

$$\text{secteur} \quad AODE = \frac{\pi r^2}{8}$$

$$\text{segment} \quad AED = \frac{\pi r^2}{8} - \frac{2r^2}{8}\sqrt{2} = r^2.\frac{\pi - 2\sqrt{2}}{8} \qquad (e)$$

1754. Problème. *Exprimer, en fonction du rayon, le segment dont la corde est le côté : 1° du décagone régulier inscrit ; 2° du pentagone régulier inscrit.*

1° **Décagone.** Le secteur $ABCO = \dfrac{\pi r^2}{10}$.

Le triangle AOC à soustraire a pour base le rayon AO, et pour hauteur la moitié AH du côté du pentagone ; or ce côté égale

$$\frac{r}{2}\sqrt{10-2\sqrt{5}}\qquad\text{(G., n}^{\text{o}}\text{ 283.)}$$

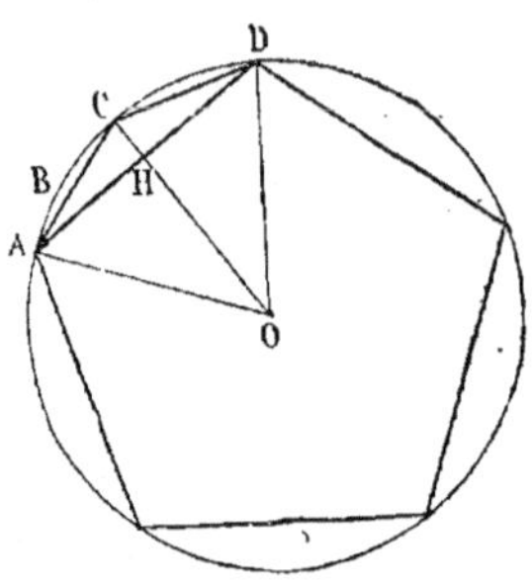

Fig. 1104.

donc
$$\frac{\text{AO}.\text{AH}}{2}=\frac{r}{2}\cdot\frac{r}{4}\sqrt{10-2\sqrt{5}}=\frac{r^2}{8}\sqrt{10-2\sqrt{5}}$$

$$\text{segment ABC}=\frac{\pi r^2}{10}-\frac{r^2}{8}\sqrt{10-2\sqrt{5}}=\frac{r^2}{40}\left(4\pi-5\sqrt{10-2\sqrt{5}}\right)\quad(f)$$

2° **Pentagone.**
$$\text{Secteur}\quad\text{AODC}=\frac{\pi r^2}{5}$$

$$\text{triangle}\quad\text{AOD}=\text{AH}.\text{HO}$$

Il faut donc calculer l'apothème.

$$\text{HO}^2=r^2-\frac{\text{AD}^2}{4}=r^2-\frac{r^2}{16}(10-2\sqrt{5})=\frac{r^2}{16}(16-10+2\sqrt{5})$$

$$\text{HO}=\frac{r}{4}\sqrt{6+2\sqrt{5}}$$

$$\text{AH}.\text{HO}=\frac{r}{4}\sqrt{10-2\sqrt{5}}\times\frac{r}{4}\sqrt{6+2\sqrt{5}}=\frac{r^2}{8}\sqrt{10+2\sqrt{5}}$$

$$\text{segment}\quad\text{ACD}=\frac{\pi r^2}{5}-\frac{r^2}{8}\sqrt{10+2\sqrt{5}}=\frac{r^2}{40}\left(8\pi-5\sqrt{10+2\sqrt{5}}\right)\quad(g)$$

1755. Problème. *Aire du segment circulaire à deux bases, limité par un côté de l'hexagone inscrit et par un côté du triangle équilatéral inscrit.*

Le segment a deux bases, ABDE est la différence de deux segments à une base.

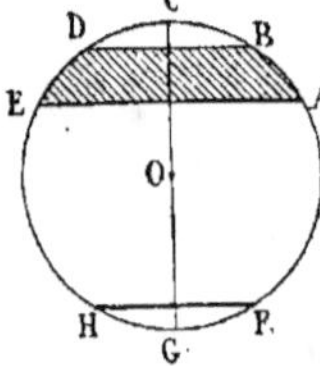

Fig. 1105.

$$\text{ABCE}=r^2\,\frac{4\pi-3\sqrt{3}}{12}\qquad\text{(n}^{\text{o}}\text{ 1752, }b).$$

$$\text{BCD}=r^2\,\frac{2\pi-3\sqrt{3}}{12}\qquad\text{(n}^{\text{o}}\text{ 1752, }a).$$

$$\text{ABDE}=r^2\cdot\frac{2\pi}{12}=\frac{\pi r^2}{6}$$

Pour avoir AFHE, du cercle entier, il faut retrancher ACE et FGH.

$$\text{AFHE} = \frac{12\pi r^2}{12} - r^2 \frac{4\pi - 3\sqrt{3}}{12} - r^2 \frac{2\pi - 3\sqrt{3}}{12} = r^2 \cdot \frac{\pi + \sqrt{3}}{2}$$

$$\text{AFHE} = r^2 \cdot \frac{\pi + \sqrt{3}}{2}$$

Remarque. Il est facile de proposer des questions analogues.

Exercice 636. — I.

1756. Problème. *Quelle est la surface du cercle inscrit dans un secteur circulaire dont l'angle au centre égale 60 degrés?*

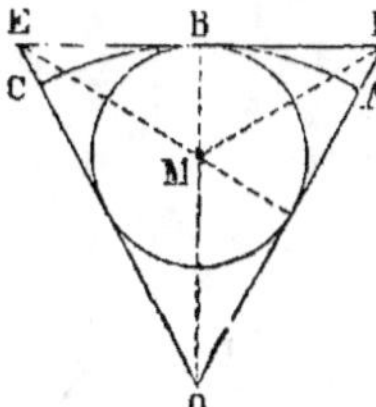

Fig. 1106.

Pour inscrire un cercle dans un secteur circulaire, on mène une tangente DBE par le point B, milieu de l'arc ABC, et l'on mène les bissectrices DM, EM, OM.

Pour le secteur de 60 degrés, le triangle est équilatéral, les bissectrices sont hauteurs et médianes.

Donc
$$\text{BM} = \frac{1}{3} \text{BO} = \frac{r}{3}$$

d'où
$$\text{cercle inscrit} = \frac{\pi r^2}{9}$$

1757. Problème. *Quelle est la surface du cercle inscrit dans un secteur de 90 degrés?*

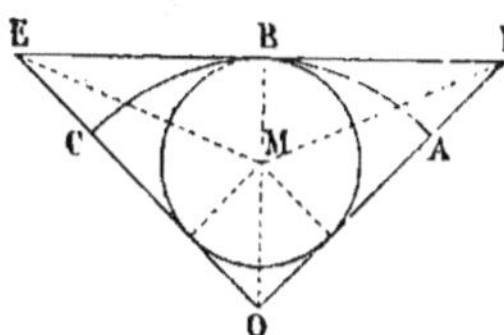

Fig. 1107.

$$\text{DE} = 2\text{OB} = 2r; \quad \text{OD} = \text{OE} = r\sqrt{2}$$

Or le cercle inscrit a pour diamètre la somme des côtés de l'angle droit, diminuée de l'hypoténuse,

ou
$$2r\sqrt{2} - 2r$$

d'où
$$\text{BM} = r(\sqrt{2} - 1)$$

$$\text{cercle} = r^2(\sqrt{2} - 1)^2 = r^2(3 - 2\sqrt{2})$$

Exercice 636. — II.

1758. Problème. *Quelle est la surface du cercle inscrit dans un secteur de 120 degrés?*

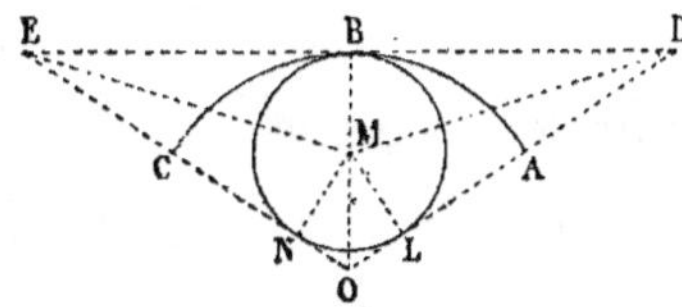

Fig. 1108.

L'angle LMN des rayons de contact égale 60 degrés; donc MO est le côté d'un triangle équilatéral dont MN est la hauteur.

Ainsi
$$MO = \frac{2MN}{\sqrt{3}} \quad (G., \text{n}^o\ 316,\ I.)$$

$$OB \quad \text{ou} \quad r = MN + \frac{2MN}{\sqrt{3}} = MN \cdot \frac{2 + \sqrt{3}}{\sqrt{3}}$$

d'où
$$MN = \frac{r\sqrt{3}}{2 + \sqrt{3}}$$

cercle $\quad M = \pi r^2 \cdot \dfrac{3}{7 + 4\sqrt{3}} = \pi r^2\ \dfrac{3(7 - 4\sqrt{3})}{(7 + 4\sqrt{3})(7 - 4\sqrt{3})}$

cercle $\quad M = 3\pi r^2(7 - 4\sqrt{3})$

Exercice 637.

1759. Problème. *Pour construire l'ovale au tiers point, on divise AA'
ou 2a en trois parties égales; C est le centre
de l'arc EF; D' est celui de EE'. Quelle est la
surface de l'ovale en fonction de a?*

La surface se compose de deux secteurs de
60° ayant DF pour rayon, et de deux secteurs
de 120° ayant CF pour rayon; le tout diminué
de deux triangles équilatéraux ayant CD = CF
pour côté.

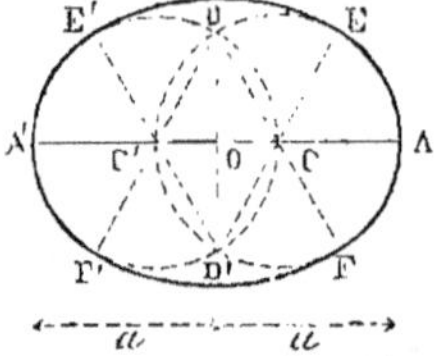

Fig. 1109.

$$S = \frac{1}{3}\pi DF^2 + \frac{2}{3}\pi CF^2 - CDC'D' \quad (1)$$

Or
$$DF = 2d = \frac{4}{3}a; \quad CF = d = \frac{2}{3}a$$

$$CDC'D' = \frac{2d^2}{4}\sqrt{3}$$

$$S = \frac{1}{3}\pi \cdot 4d^2 + \frac{2}{3}\pi d^2 - \frac{1}{2}d^2\sqrt{3}$$

$$S - 2\pi d^2 - \frac{1}{2}d^2\sqrt{3} = d^2\left(2\pi - \frac{\sqrt{3}}{2}\right) \quad (2)$$

Mais
$$d^2 = \frac{4}{9}a^2$$

donc
$$S = \frac{4}{9}a^2\left(2\pi - \frac{\sqrt{3}}{2}\right) \quad (3)$$

Remarque. Le périmètre de l'ovale est donné par

$$\frac{1}{3}\pi DF + \frac{2}{3}\pi CF = \frac{4}{3}\pi d = \frac{16}{9}\pi a$$

1760. Problème. *Question analogue; le triangle CDC' est encore équilatéral, mais c n'est point la moitié de d.*

La formule (1) est encore vraie, elle devient :

$$S = \tfrac{1}{3}\pi(2c + d)^2 + \tfrac{2}{3}\pi d^2 - 2c^2\sqrt{3} \tag{4}$$

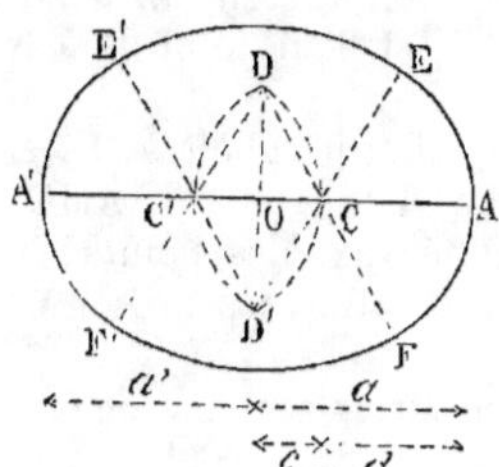

Fig. 1110.

rayon $\quad DF = 2c + d, \quad$ car le côté du triangle équilatéral $= 2c$.

Exercice 638. — I.

1761. Problème. *Quelle est la surface de l'ovale obtenue en divisant AA' ou 2a en quatre parties égales?*

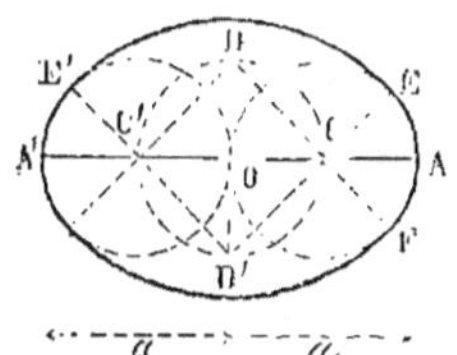

Fig. 1111.

La surface se compose de deux quarts de cercles ayant DF pour rayon, plus de deux quarts de cercle ayant AC pour rayon, moins le carré CDC'D';

Soit $\qquad CO = CA = d = \dfrac{a}{2}$

$CD = d\sqrt{2}; \quad DF = d + d\sqrt{2} = d(1 + \sqrt{2})$

$$S = \tfrac{1}{2}\pi DF^2 + \tfrac{1}{2}\pi CF^2 - DC^2 \tag{1}$$

$$S = \tfrac{1}{2}\pi d^2(1 + \sqrt{2})^2 + \tfrac{1}{2}\pi d^2 - 2d^2$$

$$S = \tfrac{1}{2}\pi(4d^2 + 2d\sqrt{2}) - 2d^2 = d^2\left[\pi(2 + \sqrt{2}) - 2\right] \tag{2}$$

ou

$$S = \frac{a^2}{4}\left[\pi(2 + \sqrt{2}) - 2\right] \tag{3}$$

Remarque. Le périmètre de l'ovale est donné par

$$\pi DF + \pi CF$$

$$p = \pi d(1 + \sqrt{2}) + \pi d = \pi d(2 + \sqrt{2})$$

1762. Problème. *Question analogue; la figure CDC'D' est encore un carré, mais c n'égale pas d.*

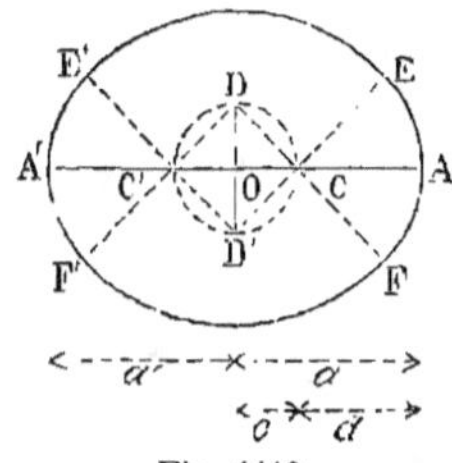

Fig. 1112.

La formule (1) devient :

$$S = \tfrac{1}{2}\pi(c\sqrt{2} + d)^2 + \tfrac{1}{2}\pi d^2 - 2c^2 \tag{4}$$

Exercice 638. — II.

1763. Problème. *Quelle est la surface de l'anse de panier formé par trois arcs de 60°?*

On connaît la corde $AA' = 2a$ et la flèche $OB = b$.

Rappelons la construction de la courbe. (G., n° 1004.) On décrit une demi-circonférence ADA'; on inscrit un demi-hexagone régulier $ANN'A'$, et l'on joint D à N et N'.

Par le point B, on mène BM parallèle à DN et MCE parallèle à NO, etc. Les triangles AMC, MEM', A'M'C' sont équilatéraux. Les points C, E, C' sont les centres respectifs des arcs AM, BM' et M'A'.

La surface se compose de trois secteurs de 60°, moins le triangle équilatéral CEC'. Tout revient donc à calculer les rayons AC et EM en fonction des données a et b.

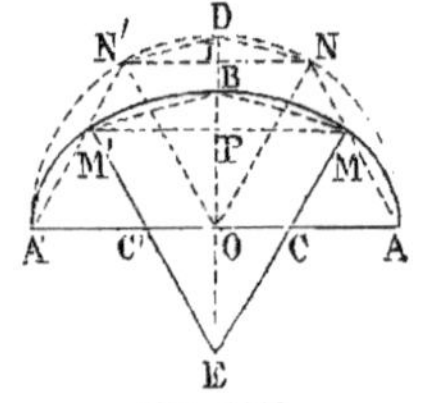
Fig. 1113.

Supposons que AN soit prolongé jusqu'à la rencontre de OBD, soit L le point de concours; on a

$$BN = \frac{OA}{2} = \frac{a}{2}$$

donc

$$IL = \frac{1}{2} OL$$

ou

$$IL = OI = \frac{a}{2}\sqrt{3} \qquad (G., n° 316.)$$

d'où

$$OL = a\sqrt{3}$$

DN est la corde d'un arc de 30°; donc DN est le côté du dodécagone inscrit.

Par suite

$$DN = a\sqrt{2 - \sqrt{3}} \qquad (G., n° 734, \textit{formule } 1.)$$

Les triangles semblables LBM, LDN donnent :

$$\frac{BM}{DN} = \frac{LB}{LD} \quad \text{ou} \quad \frac{BM}{DN} = \frac{2.OI - b}{2.OI - a}$$

Mais

$$OI = \frac{a}{2}\sqrt{3} \; ; \quad 2.OI = a\sqrt{3}$$

donc

$$\frac{BM}{DN} = \frac{a\sqrt{3} - b}{a\sqrt{3} - a} \tag{1}$$

On a aussi

$$\frac{BM}{DN} = \frac{ME}{NO} = \frac{ME}{a}$$

donc

$$\frac{ME}{a} = \frac{a\sqrt{3} - b}{a\sqrt{3} - a} \; ; \quad ME = \frac{a\sqrt{3} - b}{\sqrt{3} - 1} \tag{2}$$

Pour déterminer AC ou AM, on peut calculer OP.

$$\frac{LP}{LI} = \frac{MP}{NI} = \frac{BM}{DN} \; ; \quad \text{ainsi} \quad \frac{LP}{LI} = \frac{a\sqrt{3} - b}{a\sqrt{3} - a}$$

Mais

$$LI = OI = \frac{a\sqrt{3}}{2}$$

donc

$$LP = \frac{\sqrt{3}(a\sqrt{3} - b)}{2(\sqrt{3} - 1)} \tag{3}$$

Donc OP ou $OL - LP$ ou $a\sqrt{3} - LP$ peut être connu.

On en déduirait la longueur du côté MC du triangle équilatéral AMC, dont OP est la hauteur.

Le calcul est assez long, mais n'offre pas de difficulté.

Exercice 639.

1764. Problème. *On donne trois cercles égaux tangents deux à deux; exprimer l'aire de la surface curviligne comprise entre les trois cercles, en fonction du rayon r de ces cercles.*

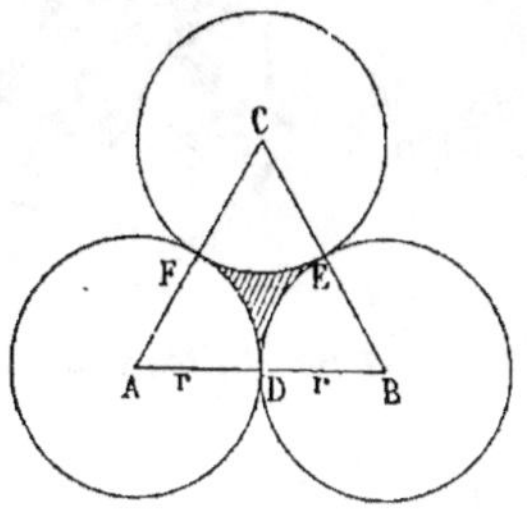
Fig. 1114.

La surface curviligne égale celle du triangle équilatéral ABC diminuée de trois secteurs, dont chacun d'eux est le sixième du cercle correspondant.

1° Le triangle équilatéral, dont a est la base, a pour surface

$$\frac{a^2}{4}\sqrt{3} \quad \text{(G., n° 316, I.)}$$

La base égale $2r$; donc

$$\text{ABC} = \frac{4r^2}{4}\sqrt{3} = r^2\sqrt{3}$$

2° Les trois secteurs égaux correspondent à un demi-cercle ou $\dfrac{\pi r^2}{2}$; donc

$$\text{DEF} = r^2\left(\sqrt{3} - \frac{\pi}{2}\right)$$

1765. Problème. *Quelle est la surface curviligne comprise entre quatre cercles égaux tangents deux à deux et dont les centres sont les sommets d'un carré?*

Soit r le rayon. Le carré $= 4r^2$.

Il faut en soustraire quatre secteurs de 90° ou πr^2; donc

$$\text{aire curviligne égale } r^2(4 - \pi)$$

1766. Problème. *Les centres de quatre cercles égaux, tangents deux à deux, sont les sommets d'un losange dont le côté égale une des diagonales; exprimer la surface curviligne comprise entre les quatre cercles, en fonction du rayon r.*

1° Le losange est formé par deux triangles équilatéraux dont le côté égale $2r$.

En fonction du côté a, le triangle équilatéral égale $\dfrac{a^2}{4}\sqrt{3}$; donc

$$\text{losange égale } 2r^2\sqrt{3}$$

2° Il faut en soustraire deux secteurs de 60° et deux de 120°, soit en tout un cercle complet ou πr^2; donc

$$\text{surface curviligne égale } r^2(2\sqrt{3} - \pi)$$

Exercice 640.

1767. Problème. *Du point milieu de chaque côté d'un carré, avec la moitié de ce côté pour rayon, on décrit quatre demi-cercles. Quelle est la surface des quatre feuilles ainsi obtenues?*

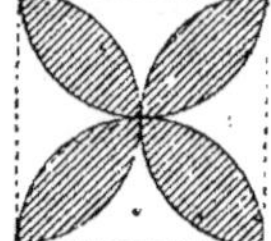

Soit r le rayon, le côté du carré sera $2r$.

La somme des quatre demi-circonférences égale le carré plus les quatre feuilles; donc l'espace curviligne demandé égale

$$2\pi r^2 - 4r^2 = 2r^2(\pi - 2)$$

Fig. 1115.

Remarque. L'espace curviligne, formant une *croix de Malte*, égale le carré diminué des quatre feuilles

Soit $\qquad 4r^2 - (2\pi r^2 - 4r^2) \quad$ ou $\quad 2r^2(4 - \pi)$

1768. Problème. *Un triangle rectangle isocèle MAN et un triangle équilatéral MBN ont même base, et le sommet A de l'angle droit est sur la hauteur OB du triangle équilatéral. Du point A, comme centre, avec AM pour rayon, et du point B avec BM, on décrit des circonférences. Exprimer les trois parties curvilignes obtenues 1° en fonction de BM, 2° en fonction de AM.*

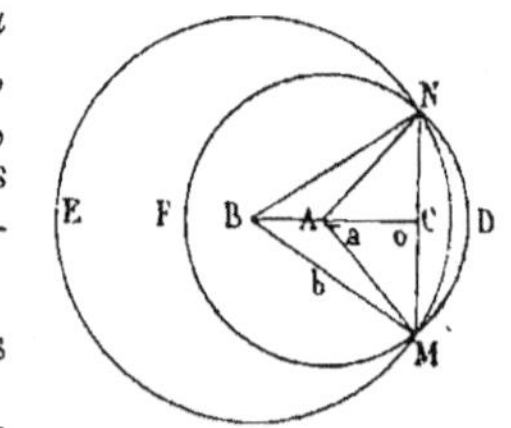

Il suffit d'évaluer directement les segments MCN, MDN.

Or, en fonction du rayon b, le segment MCN qui correspond à 60° est donné par

Fig. 1116.

$$\frac{b^2}{12}(2\pi - 3\sqrt{3}) \quad (1) \quad (\text{n}^\text{o}\ 1752,\ a).$$

Calculons a; $\qquad MO = \frac{b}{2}; \quad a^2 = \frac{b^2}{2}.$

$$a = \frac{b}{\sqrt{2}}$$

Or le segment MDN qui correspond à un angle droit est donné par

$$\frac{a^2}{4}(\pi - 2) \quad \text{ou} \quad \frac{b^2}{8}(\pi - 2) \qquad\qquad (2)$$

donc la *lunule* MCND $= (2) - (1)$.

$$MCND = \frac{3b^2}{24}(\pi - 2) - \frac{2b^2}{24}(2\pi - 3\sqrt{3})$$

$$MCND = \frac{b^2}{24}\left[-\pi + 6(-1 + \sqrt{3})\right] \qquad\qquad (3)$$

ou $\qquad\qquad MCND = \frac{b^2}{24}(6\sqrt{3} - 9{,}1416)$

23*

En fonction de a, le multiplicateur $\dfrac{b^2}{24}$ devient $\dfrac{a^2}{12}$.

2° La partie MCNF, commune aux deux cercles, égale $\pi a^2 - (3)$.

3° La lunule MENF égale la différence des cercles plus (3).

Exercice 641.

1769. Problème. *Chaque sommet d'un triangle équilatéral étant pris pour centre et le côté étant le rayon, si l'on décrit trois arcs, on obtient un triangle équilatéral curviligne dont on demande d'exprimer l'aire en fonction du côté r du triangle équilatéral.*

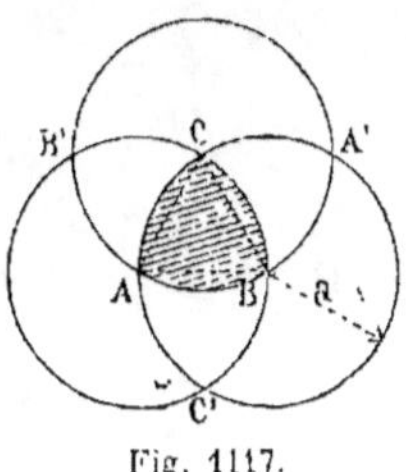

Fig. 1117.

1° La surface curviligne ABC est composée d'un triangle équilatéral $\dfrac{a^2}{4}\sqrt{3}$, augmentée de trois segments de 60° (n° 1752).

$$\text{Donc}\quad \text{ABC} = \frac{a^2}{4}\sqrt{3} + a^2 \cdot \frac{2\pi - 3\sqrt{3}}{4} = \frac{a^2}{4}(2\pi - 3\sqrt{3} + \sqrt{3})$$

$$\text{ABC} = \frac{a^2}{2}(\pi - \sqrt{3})$$

2° On peut considérer la surface curviligne comme composée de trois secteurs de 60° moins deux fois le triangle équilatéral, ou d'un demi-cercle moins deux fois le triangle,

$$\text{ABC} = \frac{\pi a^2}{2} - \frac{a^2}{2}\sqrt{3} = \frac{a^2}{2}(\pi - \sqrt{3}) \tag{1}$$

1770. Problème. *Surface de l'étoile curviligne triangulaire.*

AC'BA'CB'A   (fig. 1117)

Cette surface égale trois fois le bi-segment ABA'C, moins deux fois le triangle curviligne ABC.

Mais le bi-segment ABA'C égale deux fois le segment qui correspond au triangle équilatéral; donc les trois bi-segments égalent six segments de 120°; ainsi la surface demandée égale (n° 1752, *b*) :

$$\frac{a^2}{2}(4\pi - 3\sqrt{3}) - \frac{2a^2}{2}(\pi - \sqrt{3}) = \frac{a^2}{2}(2\pi - \sqrt{3}) \tag{2}$$

Exercice 642. — I.

1771. Problème. *De chaque sommet d'un carré comme centre, avec le côté r pour rayon, on décrit un quart de cercle. Quelle est la surface de l'espace quadrangulaire curviligne EFGH compris entre les quatre arcs se coupant deux à deux?*

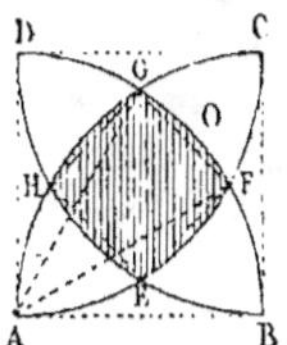

Fig. 1118.

On sait que, par la construction effectuée, l'arc DGFB est divisé en trois parties égales (n° 911).

Donc la figure curviligne se compose d'un carré ayant pour côté FG la corde du dodécagone inscrit, plus quatre segments circulaires tels que FOG ayant pour corde le côté du dodécagone.

Or le côté du dodécagone égale $r\sqrt{2-\sqrt{3}}$ (n° 1744).

$$\text{Carré} = r^2(2-\sqrt{3})$$

Un segment $\text{FOG} = r^2 \cdot \dfrac{\pi-3}{12}$; quatre segments égalent $r^2 \cdot \dfrac{\pi-3}{3}$;

donc   figure curviligne $\text{EFGH} = \dfrac{3r^2(2-\sqrt{3})+r^2(\pi-3)}{3}$

ou

$$\dfrac{r^2\left[\pi+3(1-\sqrt{3})\right]}{3} \tag{1}$$

Remarque. Pour calculer CGOF, on emploierait AFCH.

$$\text{bi-segment} = r^2\,\dfrac{\pi-2}{2} \tag{2}$$

(2) — (1) donnerait le double de l'aire de CGOF.

Exercice 642. — II.

1772. Problème. *Un triangle équilatéral a pour côté 2 mètres. De chacun des sommets comme centre, et avec 1 mètre de rayon, on décrit un cercle. On a ainsi trois cercles égaux et tangents deux à deux. Il s'agit : 1° de construire le cercle qui les enveloppe et celui qu'ils enveloppent tangentiellement ; 2° d'évaluer les rayons de ces nouveaux cercles et de prendre leur moyenne géométrique ; 3° de comparer ce rayon moyen avec le rayon du cercle inscrit au triangle. (Baccalauréat, 1857.)*

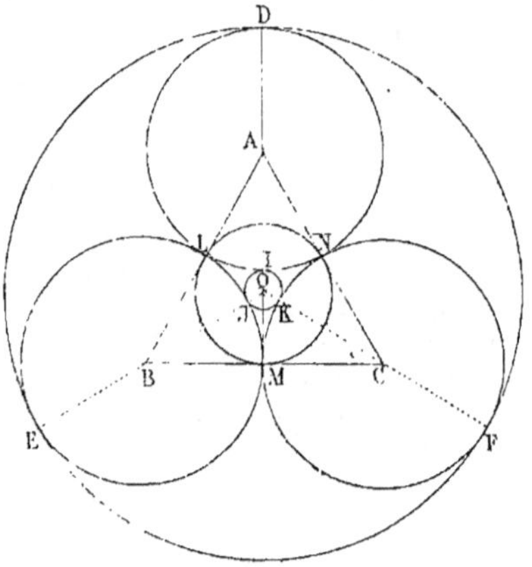

Afin que la solution soit générale, représentons le côté du triangle équilatéral par a.

1° Il faut déterminer le centre O du triangle équilatéral.

Fig. 1119.

OD et OI sont les rayons demandés ; OM est celui du cercle inscrit.

2° On sait que $\text{AM} = \dfrac{a}{2}\sqrt{3}$ (G., n° 316, I.)

Puis $\text{AO} = \dfrac{2}{3}\,\text{AM}$

donc $\text{AO} = \dfrac{a}{3}\sqrt{3}$

Or
$$OD = AO + \frac{a}{2} = \frac{a}{3}\sqrt{3} + \frac{a}{2} = \frac{a}{6}(2\sqrt{3}+3) \qquad (1)$$

$$OI = AO - \frac{a}{2} = \qquad\qquad \frac{a}{6}(2\sqrt{3}-3) \qquad (2)$$

Moyenne géométrique

$$\sqrt{\left[\frac{a}{6}(2\sqrt{3}+3)\cdot\frac{a}{6}(2\sqrt{3}-3)\right]} = \frac{a}{6}\sqrt{3}$$

3°
$$OM = \frac{AM}{3} = \frac{a}{6}\sqrt{3}$$

Ainsi
$$OM = \sqrt{OD\cdot OI}$$

Remarque. Lorsque $a = 2$, on a :

$$AO = \frac{1}{3}(2\sqrt{3}+3) \quad \text{et} \quad OI = \frac{1}{2}(2\sqrt{3}-3)$$

Exercice 642. — III.

1773. Lieu. *Par les deux extrémités d'une droite AB et d'un même côté de cette droite, on lui élève deux perpendiculaires AC et BD telles que l'aire du trapèze ABCD ait une valeur constante donnée. Du milieu E de la droite AB, on abaisse une perpendiculaire EM sur la droite CD. Trouver le lieu décrit par le point M de cette perpendiculaire, quand on fait varier les longueurs des perpendiculaires AC et BD.*

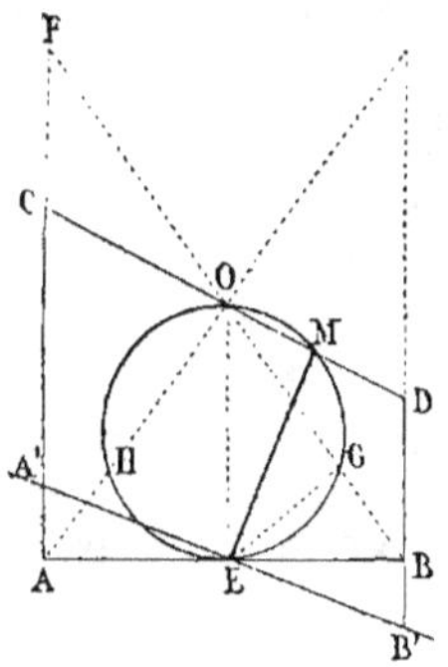

Même problème quand les lignes AC et BD, au lieu d'être perpendiculaires à AB, sont parallèles à une droite fixe donnée. (Concours général de 1880, classe de troisième.)

Fig. 1120.

Soit ABDC le trapèze ayant l'aire donnée k^2, et OE la base moyenne du trapèze.

L'aire égale $AB\cdot OE$; donc $OE = \dfrac{k^2}{AB}$.

Donc le côté CD passe par un point fixe O, facile à déterminer.

Soit EM la perpendiculaire abaissée du point milieu E de AB sur CD. Le lieu du point M est la circonférence décrite sur OE comme diamètre.

Remarques. 1° BAF est le trapèze limite, une des bases est nulle; ainsi, aux termes de l'énoncé, l'arc GMOH répond seul à la question.

Si on prenait les bases au-dessous de AB, il y aurait un second arc symétrique du premier par rapport à AB.

2° Soit A'B' le côté donné et les bases A'C, B'D menées dans la direction voulue. Abaissons la perpendiculaire AEB sur les bases, on aura

$$AB\cdot OE = k^2$$

d'où
$$OE = \frac{k^2}{AB}$$

et le lieu est encore la circonférence décrite sur OE comme diamètre.

Questions diverses.

Exercice 642. — IV.

1773 (a). Problème. *En prenant le rayon pour unité de longueur, calculer d'abord l'apothème de l'hexagone régulier inscrit, puis le rayon et l'apothème des polygones réguliers isopérimétriques de 12, 24, 48, 96... côtés, et déduire de ces calculs une valeur approchée de π.*

Soient a et r l'apothème et le rayon de l'hexagone, a' et r' l'apothème et le rayon inconnus, les *formules de Schwab* (G., n° 289) serviront de base aux calculs.

$$a' = \frac{a+r}{2}, \quad r' = \sqrt{a'r}$$

Voici les valeurs que le calcul fournit, en employant les tables de logarithmes à cinq décimales :

Côtés.	Apothème.	Rayon.
6	0,866 025	1,000 000
12	0,933 012	0,965 930
24	0,949 471	0,957 060
48	0,953 565	0,955 600
96	0,954 582	0,955 090
192	0,954 836	0,954 962
384	0,954 899	0,954 925
768	0,954 912	0,954 925

Le rayon du cercle isopérimètre est compris entre l'apothème et le rayon du dernier polygone; on peut prendre la moyenne des deux dernières valeurs, et dire que pour une circonférence de 6 mètres, le rayon est 0m954 918.

La circonférence égale $2\pi r$, et la demi-circonférence πr.

On a donc $\pi(0,954\,918) = 3$; d'où $\pi = \dfrac{3}{0,954\,918} = 3,141\,57$.

On peut compter sur cinq chiffres, et poser
$$\pi = 3,1416$$

Exercice 642. — V.

1773 (b). Problème. *Appliquer au calcul du nombre π les formules de* Saurin $P' = \dfrac{2pP}{p+P}$ *et* $p' = \sqrt{pP'}$, *en partant des carrés inscrit et circonscrit à un cercle de 1 mètre de rayon* (voir n° 1458).

La *méthode des périmètres*, due à Archimède, a conduit Saurin aux formules que nous allons employer.

Le rayon étant 1, le côté du carré inscrit est exprimé par $\sqrt{2}$ (G., n° 274, 3°), et le périmètre est $4\sqrt{2}$. Le côté du carré circonscrit est 2, et le périmètre est 8. Ainsi, dans le premier calcul, on a

$$p = 4\sqrt{2} \quad \text{et} \quad P = 8$$

En faisant les calculs par logarithmes à cinq décimales, on trouve les résultats suivants :

Côtés.	P.	p.
4	8,000 00	$4\sqrt{2}$
8	6,627 42	6,123 00
16	6,365 14	6,242 86
32	6,303 36	6,273 00
64	6,283 21	6,283 14
128	6,284 36	2,282 57
256	6,283 43	6,283 00
512	6,283 29	6,283 14
1024	6,283 21	6,283 14

La circonférence étant comprise entre les deux derniers périmètres calculés, on peut poser :

> Circonférence de 1 mètre de rayon. . . .   6ᵐ283 18
> En divisant par le diamètre 2ᵐ000 00
> On obtient le nombre π. 3,141 59

Exercice 642. — VI.

1773 (c). Problème. *Appliquer au calcul du nombre π les formules* de GRÉGORY, $\qquad a' = \sqrt{aA} \quad$ et $\quad A' = \dfrac{2aA}{a+a'}$

en partant des carrés inscrit et circonscrit à un cercle de 1 mètre de rayon.

Les *formules* que nous venons de rappeler, d'après l'exercice 633, nº 1748, permettent de calculer successivement les aires des polygones réguliers inscrits et circonscrits de 8, 16, 32... côtés. Or, à mesure que se multiplie le nombre des côtés, les polygones tendent vers le cercle; et par conséquent l'aire de ces polygones tend vers la valeur πr^2, qui exprime l'aire du cercle. Et comme ici on suppose $r = 1$, l'expression πr^2 se réduit à π.

Ainsi, en calculant les aires des polygones successifs, on pourra affirmer que π est une valeur intermédiaire entre les nombres qui expriment les aires des polygones inscrit et circonscrit d'un même nombre de côtés; et si ces nombres ont, sur la gauche, des chiffres communs, ces chiffres appartiendront nécessairement au nombre π.

Les formules trouvées ci-dessus sont analogues à celles que SAURIN a données pour le calcul des périmètres (nº 1458). Le calcul logarithmique y est analogue aussi, et il présente dans les deux cas l'inconvénient de trop nombreux passages des nombres aux logarithmes et des logarithmes aux nombres.

On obvie à cet inconvénient en considérant, non les quantités elles-mêmes, mais leurs *inverses* ou *réciproques*.

On appelle *nombres inverses* deux nombres dont le produit est 1.

Deux nombres inverses ont 1 pour moyenne géométrique; connaissant l'un des deux nombres, on trouve facilement l'autre.

Soient A, B, C, D, quatre nombres tels que l'on ait les deux relations

$$C = \sqrt{AB} \quad \text{et} \quad D = \frac{2AB}{A+C}$$

Appelons a, b, c, d les inverses des nombres considérés. On aura :

$$A = \frac{1}{a}, \quad B = \frac{1}{b}, \quad C = \frac{1}{c}, \quad D = \frac{1}{d}$$

La première relation devient :

$$\frac{1}{c} = \sqrt{\frac{1}{a} \cdot \frac{1}{b}} = \sqrt{\frac{1}{ab}} = \frac{1}{\sqrt{ab}}$$

Les deux expressions extrêmes ayant les numérateurs égaux, les dénominateurs le sont aussi; et l'on a : $c = \sqrt{ab}$. Ainsi, *lorsque trois nombres sont tels que l'un d'eux est une moyenne géométrique entre les deux autres, la même relation existe entre les inverses de ces trois nombres.*

La seconde relation devient :

$$\frac{1}{d} = \frac{2 \cdot {}^1/a \cdot {}^1/b}{{}^1/a + {}^1/c}; \quad \text{d'où, en renversant,} \quad d = \frac{{}^1/a + {}^1/c}{2 \cdot {}^1/ab}$$

Multiplions numérateur et dénominateur par ab, il vient :

$$d = \frac{b + ab/c}{2} = {}^1/_2 \left(b + \frac{ab}{c} \right)$$

Or, d'après la première relation, on a : $c^2 = ab$; donc $d = {}^1/_2 (b + c)$. Ainsi d est une moyenne arithmétique entre b et c.

Les relations que nous venons de supposer entre les quatre nombres A, B, C, D, sont précisément celles qui existent entre les quatre symboles donnés a, A, a', A' :

$$a' = \sqrt{aA} \quad A' = \frac{2aA}{a + a'}$$

Donc, *si nous convenons de désigner par ces quatre mêmes symboles les inverses des nombres primitifs*, nous poserons :

$$a' = \sqrt{aA} \quad \text{et} \quad A' = \frac{A + a'}{2}$$

Le calcul est ainsi ramené à des moyennes géométriques et arithmétiques, alternativement.

Il est évident que les valeurs que l'on trouvera pour p' et P' tendront vers le nombre inverse de π, ou $0,318\,31$.

RÉSULTATS OBTENUS

Nombres inverses des aires des polygones.

Côtés.	a.	A.
4	0,500 000	0,025 000
8	0,353 550	0,031 775
16	0,326 638	0,314 206
32	0,320 365	0.317 285
64	0,318 823	0,318 054
128	0,318 439	0,318 246
256	0,318 342	0,318 294
512	0,318 315	0,318 304
1024	0,318 308	0.318 306

Nous devons arrêter là ces calculs, car nous ne pouvons compter que sur les cinq premiers chiffres; on peut donc poser :

$$\frac{1}{\pi} = 0{,}318\,31\;; \quad \text{d'où} \quad \pi = 3{,}141\,57$$

La valeur de π, donnée avec cinq chiffres, sera donc : 3,1416.

Exercice 642. — VII.

1773 (d). **Problème**. *Appliquer au calcul du nombre π les formules de* LEGENDRE.

$$r' = \sqrt{ar} \quad \text{et} \quad a' = r'\sqrt{\frac{r+a}{2r}}$$

(*exercice 634*, n° 1750), *en partant du carré qui a 1 pour côté.*

A mesure que grandit le nombre de côtés du polygone régulier de surface constante, la forme de ce polygone tend vers le cercle; ainsi le rayon et l'apothème tendent à se confondre en une valeur unique, qui est celle du rayon du cercle équivalent au polygone.

Le carré de 1 mètre de côté a 1 mètre carré de surface; telle sera aussi la surface de tous les polygones successifs et du cercle lui-même.

Et comme l'aire du cercle a pour formule πr^2, on posera :

$$\pi r^2 = 1\;; \quad \text{d'où} \quad \pi = \frac{1}{r^2}$$

Il faut donc calculer le rayon et l'apothème des polygones successifs jusqu'à ce que les décimales que l'on conservera soient communes. On aura alors, au même degré d'approximation, le rayon du cercle qui a 1 mètre carré de surface, et on déduira la valeur de π.

L'emploi des *formules de Legendre* donne les résultats suivants :

Le rayon du carré est la moitié de la diagonale, et l'apothème est la moitié du côté :
$$r = {}^1\!/_2\sqrt{2}\,, \quad \text{et} \quad a = {}^1\!/_2$$

RÉSULTATS OBTENUS

Côtés.	r.	a.
4	0,707 108	0,500 000
8	0,594 612	0,549 344
16	0,571 529	0,560 543
32	0,566 014	0,563 294
64	0,564 650	0,563 962
128	0,564 312	0,564 150
256	0,564 225	0,564 186
512	0,564 206	0,564 193
1024	0,564 200	0,564 200

Dans le polygone régulier de 1024 côtés, le rayon et l'apothème ont la même expression numérique quant aux cinq premiers chiffres, les seuls sur lesquels nous puissions compter dans l'usage des tables logarithmiques à cinq décimales.

On peut donc poser aussi pour le cercle équivalent à ce polygone :

$$r = 0^{\mathrm{m}}564\,20$$

Or l'aire de ce cercle est de 1 mètre carré, comme pour chacun des polygones sur lesquels ont porté les calculs. On a donc :

$$\pi r^2 = 1; \quad \text{d'où} \quad \pi = \frac{1}{r^2} = 3,1415$$

1773 (e). Valeur de π. Archimède a donné $\dfrac{22}{7}$ pour valeur approchée de π; Adrien Métius a fait connaître le rapport $\dfrac{113}{355}$; les calculateurs modernes, Sharps, Lagny, etc., ont obtenu la valeur de π à l'aide de séries et ont poussé l'approximation à un point tel que ce n'est plus, ce semble, qu'une spéculation assez stérile.

On peut consulter les *Nouvelles Annales mathématiques* (1850, p. 12; 1851, p. 198; 1854, p. 418, et 1855, p. 209).

Comme curiosité, nous donnons π avec quarante chiffres :

3,14159 26535 89793 23846 26433 83279 50288 41971

Voici le nombre de chiffres obtenu par divers calculateurs, en réduisant en décimales les rapports fractionnaires donnés par les premiers géomètres :

Archimède (décimales exactes).	2
Les astronomes indiens.	3
Métius (né en 1571, mort en 1635).	8
Viète.	11
Adrien Romanus.	16
Ludolf van Ceulen (mort en 1610).	35
Sharps.	73
Lagny (en 1719).	127
Vega.	140
Dahse, de Hambourg (en 1840, à Vienne).	200
Richter (en 1853)	333
Rutherford (en 1855).	440
Sangks (en 1855).	530

Les 330 premières décimales sont vérifiées par la concordance des résultats obtenus par les trois derniers calculateurs.

Exercice 642. — VIII.

1773 (f). Théorème. *Le point de concours des médianes est le point tel que le produit des perpendiculaires abaissées de ce point sur les côtés du triangle est maximum.*

Admettons que l'une des perpendiculaires, r, par exemple, soit constante, le problème est ramené à la question connue : Trouver sur la base AB d'un triangle quelconque un point dont le produit des perpendiculaires abaissées sur les côtés a et b soit maximum (n° 1680).

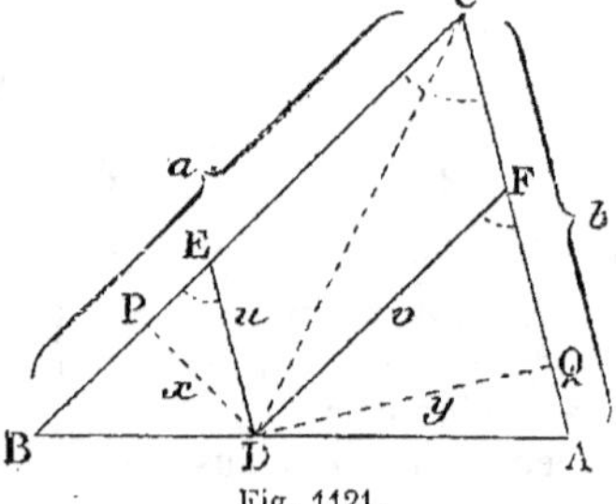
Fig. 1121.

D'ailleurs, soit D un point quelconque sur la parallèle menée à la distance donnée z'.

Les perpendiculaires x' et y' vérifient la relation

$$ax + by = 2S \quad (\text{n}^\circ 1160)$$

donc le maximum du produit $x'y'$ a lieu lorsqu'elles sont inversement

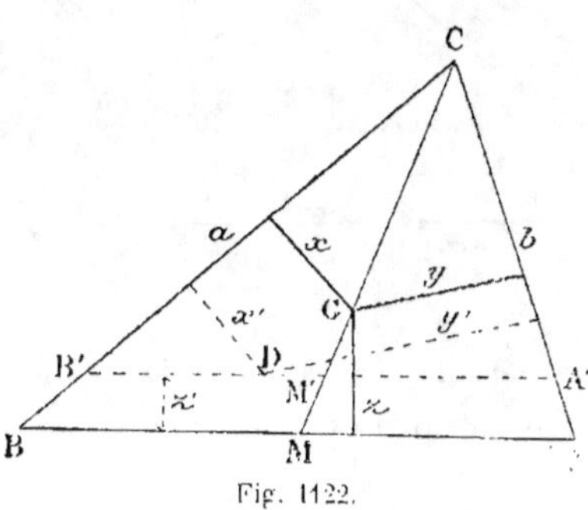

Fig. 1122.

proportionnelles à leurs coefficients (n° 347); donc le point mobile D doit coïncider avec M', pied de la médiane du triangle A'B'C puisque cette droite est le lieu des points dont les distances sont inversement proportionnelles aux côtés correspondants (n° 163). Ainsi D doit se trouver sur la médiane CM; pour une raison analogue, il doit se trouver sur les autres médianes; par suite, il coïncide avec G.

Maximum. Chaque triangle tel que CGB est le tiers de S, ainsi :

$$x = \frac{2S}{3a}, \quad y = \frac{2S}{3b}, \quad z = \frac{2S}{3c}$$

$$xyz = \frac{8S^3}{27abc}$$

1773 (g). Remarque. Le VIII° livre conduit rapidement et simplement au résultat ci-dessus.

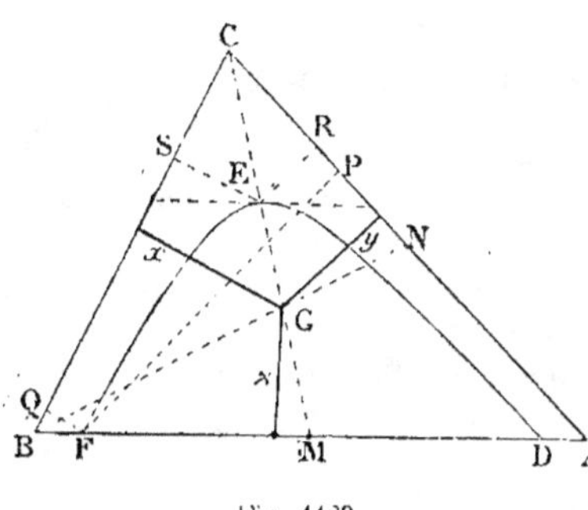

Fig. 1123.

On sait que le lieu des points tels que FP.FQ ait un produit constant est une hyperbole DEF ayant pour asymptotes CA, CB; par suite, en admettant que le produit xy soit constant, le maximum ne dépendra plus que de z; il correspond au point de contact E de la tangente parallèle à AB; mais cette tangente est divisée en deux parties égales par le point de contact, donc E se trouve sur la médiane CM, et pour une raison analogue, sur chacune des autres, donc G est le point qui donne lieu au maximum.

Exercice 642. — IX.

1773 (h). Théorème. *On divise respectivement les côtés d'un triangle ABC en parties proportionnelles à des rapports donnés $\dfrac{d}{d'}$, $\dfrac{f}{f'}$, $\dfrac{g}{g'}$, on obtient un triangle inscrit DFG. En changeant l'ordre des rapports,* *pour diviser les côtés* a, b, c, *on obtient six triangles inscrits distincts, prouver que ces six triangles sont équivalents entre eux.*

1re *Démonstration.* Le théorème est évident lorsque le triangle donné est équilatéral, or le rapport des surfaces projetées à leurs propres projections est une valeur constante; d'ailleurs le rapport des segments des côtés n'est point altéré par la projection orthogonale, *donc les six triangles obtenus sont*

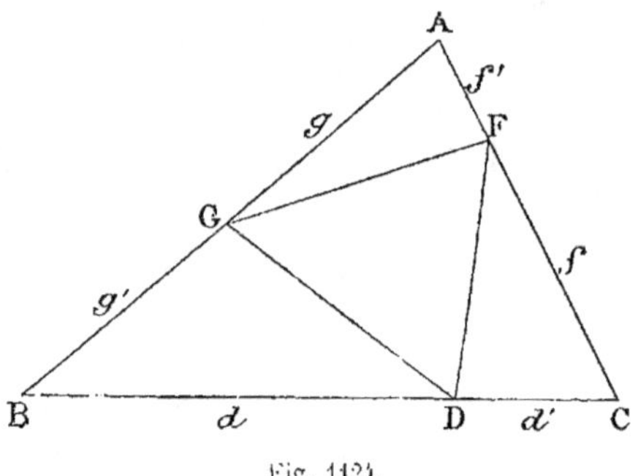

Fig. 1124.

équivalents entre eux, comme projections de six triangles égaux.

2e *Démonstration.* On peut recourir au calcul et exprimer DFG en fonction de ABC et des rapports donnés.

On a :
$$\frac{AGF}{ABC} = \frac{AG \cdot AF}{AB \cdot AC} = \frac{gf'}{(g+g')(f+f')}$$

car
$$\frac{AG}{AB} = \frac{g}{g+g'} \quad \text{et} \quad \frac{AF}{AC} = \frac{f'}{f+f'}$$

De même
$$\frac{BDG}{BAC} = \frac{dg'}{(d+d')(g+g')} \quad \text{et} \quad \frac{CDF}{CAB} = \frac{d'f}{(d+d')(f+f')}$$

donc
$$\frac{ABC - DFG}{ABC} = \frac{dg'(f+f') + fd'(g+g') + gf'(d+d')}{(d+d')(f+f')(g+g')}$$

valeur constante quand les trois rapports sont donnés, donc les six triangles sont équivalents.

1773 (i). Remarques. 1° *Les centres de gravité* des six triangles équivalents à DGF appartiennent à une même ellipse, ayant pour centre le centre de gravité de ABC : il suffit de considérer le triangle équilatéral, dont ABC serait la projection.

2° En effectuant les calculs et quelques réductions, on trouve :
$$\frac{DFG}{ABC} = \frac{dfg + d'f'g'}{(d+d') + (f+f') + (g+g')}$$

Pour cette formule, on peut voir la *Nouvelle correspondance mathématique*, 1880, p. 472.

LIVRE V

THÉORÈMES

Exercice 643.

1774. Théorème. *Si une droite* AB *et un plan* M *sont parallèles, tout plan* N *perpendiculaire à la droite est aussi perpendiculaire au plan donné.*

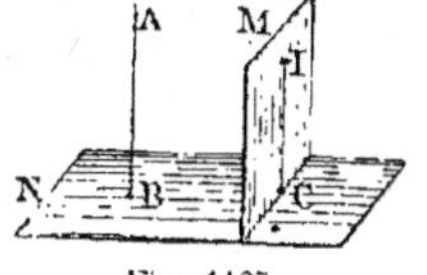

Fig. 1125.

1° Par un point quelconque I pris sur le plan M, menons une droite IC parallèle à AB ; cette droite est contenue dans le plan M (G., n° 380), et, comme sa parallèle AB, elle est perpendiculaire au plan N (G., n° 392) ; donc le plan M, qui contient cette droite IC, est aussi perpendiculaire au plan N (G., n° 400).

2° **Réciproquement.** *Une droite* AB *et un plan* M *perpendiculaires à un même plan* N *sont parallèles.*

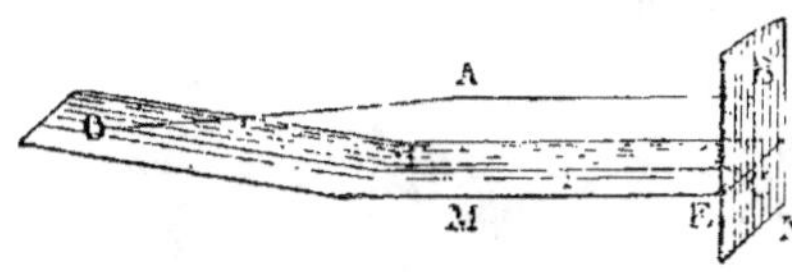

Fig. 1126.

En effet, si la droite AB et le plan M se rencontraient en un point quelconque, O, par exemple, on pourrait de ce point abaisser une droite OIC perpendiculaire à l'intersection EF ; cette droite serait perpendiculaire au plan N (G., n° 402), et ainsi il y aurait deux perpendiculaires abaissées d'un même point sur un même plan, ce qui est impossible.

Donc la droite AB et le plan M sont parallèles.

Exercice 644.

1775. Théorème. *Une droite* AB *et un plan* M *perpendiculaires à une même droite* CD *sont parallèles.*

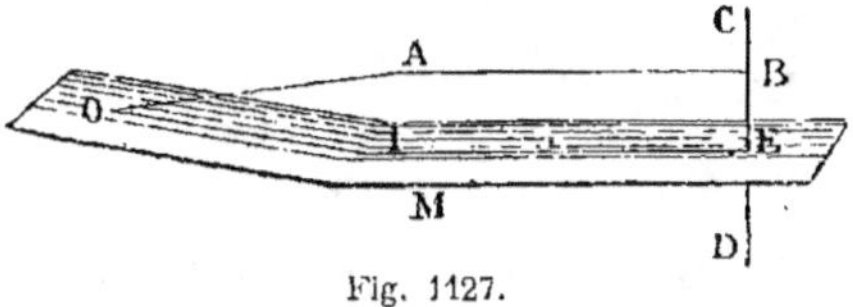

Fig. 1127.

En effet, si la droite AB et le plan M se rencontraient en un point quelconque, O, par exemple, on pourrait joindre ce point au point d'intersection E de la droite CD et du plan M.

La ligne CD, étant donnée perpendiculaire au plan M, serait aussi perpendiculaire à OIE ; et ainsi il y aurait d'un même point O deux perpendiculaires, OAB et OIE, abaissées sur une même droite, ce qui est impossible.

Donc la droite AB et le plan M sont parallèles.

<h3 style="text-align:center">Exercice 645.</h3>

1776. Théorème. *Si deux plans sont respectivement parallèles à deux autres plans qui se coupent, les intersections sont parallèles.*

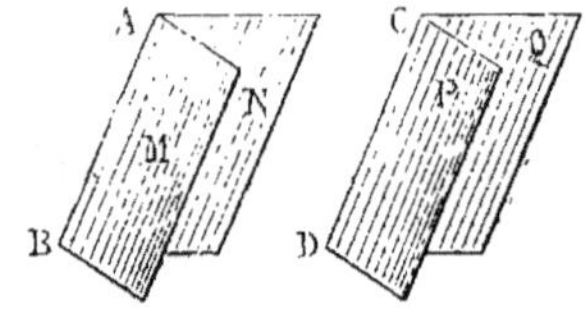

Soient les plans M et N, respectivement parallèles aux plans P et Q, qui se coupent suivant CD. Il faut prouver que l'intersection AB est parallèle à CD.

Les deux plans M et P étant parallèles, la droite AB, qui appartient au premier de ces plans, est parallèle au second (G., n° 376) ; de même, les plans N et Q étant parallèles, la droite AB, qui appartient au premier, est parallèle au second.

Fig. 1128.

Ainsi la droite AB, parallèle aux deux plans P et Q qui se coupent, est parallèle à leur intersection CD (G., n° 381). Donc...

<h3 style="text-align:center">Exercice 646.</h3>

1777. Théorème. *Étant donnés un dièdre MIJN et une droite intérieure AB perpendiculaire à l'arête et oblique aux deux plans ; si un plan se meut, en tournant autour de cette droite, et coupant les deux faces du dièdre, l'angle plan déterminé sur le plan mobile est minimum lorsque ce plan est perpendiculaire à l'arête.*

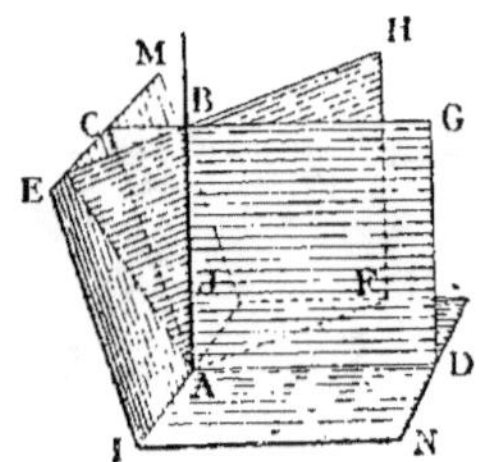

Fig. 1129.

Soit CD la position du plan mobile lorsqu'il est perpendiculaire à l'arête IJ, et soit EF une autre position quelconque de ce même plan mobile.

L'arête IJ est perpendiculaire au plan CD, et par suite aux droites AC et AD qui sont dans ce plan. Ces droites AC et AD sont les projections de la droite AB sur les deux faces du dièdre.

Or l'angle que fait une droite avec sa projection sur un plan est moindre que l'angle qu'elle fait avec toute autre droite menée par son pied dans ce plan (G., n° 409) ; on a donc :

$$\text{Angle } BAC < BAE$$
$$BAD < BAF$$

d'où $\qquad\qquad CAD < EAF \qquad\qquad$ C. Q. F. D.

<h3 style="text-align:center">Exercice 647.</h3>

1778. Théorème. *Deux trièdres S et S' qui ont deux faces b et c, b' et c', respectivement égales, et le dièdre compris inégal, ont aussi la troisième face inégale, et réciproquement.*

Sur l'arête commune aux deux faces égales, portons des longueurs égales SA et S'A' ; puis menons, perpendiculairement à ces mêmes arêtes,

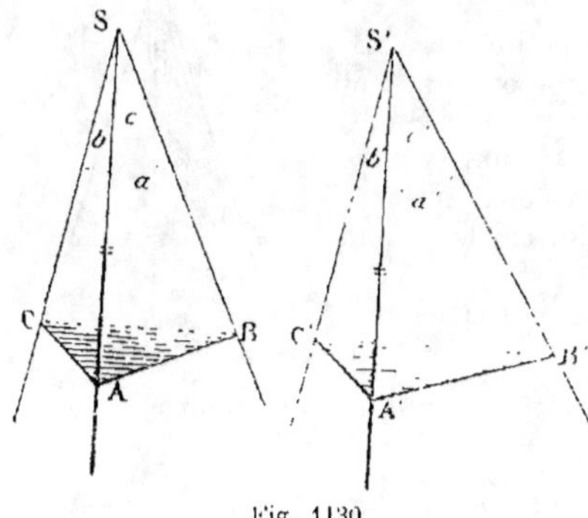

les plans ABC et A'B'C'. La droite SA sera perpendiculaire aux lignes AB et AC, et de même S'A' aux lignes A'B' et A'C'.

Les triangles SAC et S'A'C' sont égaux, comme ayant un côté égal (SA, S'A') adjacent à des angles respectivement égaux ; donc

$$AC = A'C' \quad \text{et} \quad SC = S'C'$$

De même les triangles SAB et S'A'B' sont égaux, et l'on a :

$$AB = A'B' \quad \text{et} \quad SB = S'B'$$

Fig. 1130.

1° Les dièdres SA et S'A' sont mesurés par les angles plans CAB et C'A'B' ; de sorte que si l'on a SA $<$ S'A', on a aussi

$$CAB < C'A'B'$$

Ainsi les triangles ABC et A'B'C' ont deux côtés respectivement égaux, et l'angle compris A $<$ A' ; donc CB $<$ C'B'. (G., n° 56.)

Dès lors les triangles CBS et C'B'S' ont deux côtés respectivement égaux, et le troisième côté CB $<$ C'B' ; donc l'angle a est plus petit que a'.   *C. Q. F. D.*

2° **Réciproquement.** Supposons que l'on donne la face $a < a'$. Les triangles CBS et C'B'S' ont deux côtés respectivement égaux, et l'angle $a < a'$; donc CB $<$ C'B'.

Dès lors les triangles ABC et A'B'C' ont deux côtés respectivement égaux, et le troisième côté CB $<$ C'B' ; donc l'angle CAB est plus petit que C'A'B', et le dièdre SA est plus petit que S'A'.   *C. Q. F. D.*

Exercice 648.

1779. Théorème. *Si deux faces ASB et ASC d'un trièdre sont égales, les dièdres opposés SC et SB sont aussi égaux, et réciproquement. (Ce trièdre est dit isocèle ou isoèdre.)*

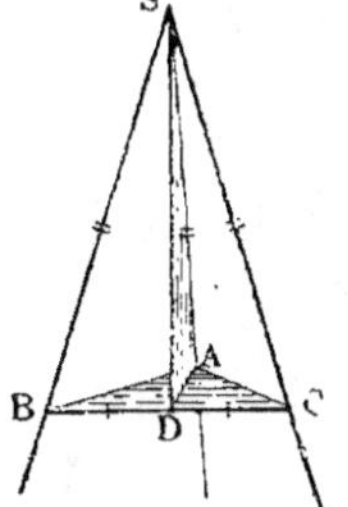

1° Portons sur les arêtes trois longueurs égales SA, SB, SC ; menons le plan ABC et un autre plan ASD par l'arête SA et par le milieu de BC.

Le triangle BSC est isocèle, et ce triangle est divisé en deux parties égales par la médiane SD.

Le plan ASD divise le trièdre donné en deux dièdres égaux, comme ayant les faces respectivement égales (G., n° 423) ; donc les dièdres homologues SB et SC sont égaux.   *C. Q. F. D.*

Fig. 1131.

2° **Réciproquement.** Si les dièdres SB et SC sont donnés égaux, il s'agit de prouver que les faces opposées ASC et ASB sont égales.

Si l'on supposait la face ASC plus petite que ASB, on porterait la valeur angulaire CSA en BSA', et l'on mènerait le plan CSA'. Les deux trièdres SABC et SA'BC auraient un dièdre égal compris entre des faces respectivement égales, et ces deux trièdres seraient égaux; ce qui est impossible, car le second n'est qu'une partie du premier.

Donc, on ne peut supposer inégales les faces ASB et ASC...

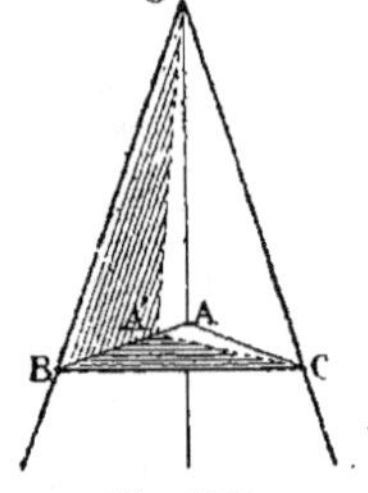

Fig. 1132.

Corollaire. *Un trièdre équilatéral est équiangle, et réciproquement.* (G., n° 60.)

1780. Scolie. Dans le trièdre isocèle SABC (fig. 1131), le plan ASB est mené par l'arête *sommet* SA et par la bissectrice SD de la face opposée, laquelle face pourra être nommée *base*. Ce plan partage le trièdre total en deux trièdres partiels, égaux dans toutes leurs parties; donc les dièdres partiels formés en SA sont égaux. Il en est de même des dièdres formés en SD; et ces derniers sont droits.

Ainsi le plan ASD remplit quatre conditions, dont deux suffisent pour le déterminer. De là découlent quatre propositions qui se trouvent toutes démontrées par l'une quelconque d'entre elles, et que l'on pourrait d'ailleurs établir séparément. (G., n° 61.)

Dans tout trièdre isocèle :

1° Le plan mené par l'arête sommet et par la bissectrice de la face opposée est perpendiculaire à cette face, et est bissectrice du dièdre du sommet;

2° Le plan mené par l'arête sommet perpendiculairement à la face opposée passe par la bissectrice de cette face, et est bissecteur du dièdre du sommet;

3° Le plan bissecteur du dièdre-sommet est perpendiculaire à la face opposée, et passe par la bissectrice de cette face;

4° Le plan mené perpendiculairement à la face de base par la bissectrice de cette même face divise le dièdre opposé en deux dièdres égaux.

Exercice 649.

1781. Théorème. *Dans tout trièdre S, à un plus grand dièdre se trouve opposée une plus grande face, et réciproquement.* (G., n°ˢ 62, 63.)

1° Soit donné le dièdre SB < SC. Menons un plan SCA' qui détermine en SC, avec la face SCB, un dièdre égal à SB. Le trièdre SA'BC sera isocèle, et la face A'SB sera égale à A'SC (n° 1779, 2°).

Entre les faces du trièdre SACA' on a la relation (G., n° 417) :

$$ASC < ASA' + A'SC$$

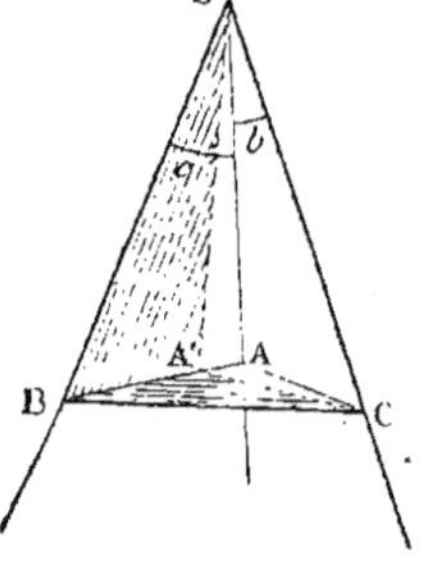

Fig. 1133.

Remplaçons la face A'SC par son égale A'SB, il vient, tout étant réduit,

$$ASC < ASB \qquad\qquad C.\ Q.\ F.\ D.$$

2° Réciproquement. *A une plus grande face est opposé un plus grand dièdre.*

Soit, dans le trièdre SABC, la face c plus grande que b. Il faut prouver que le dièdre SC est plus grand que SB.

Si l'on supposait égaux ces deux dièdres, les faces opposées seraient égales (n° 1779, 2°) ; ce qui est contre l'hypothèse.

Si l'on supposait le dièdre SC plus petit que SB, on aurait, en vertu du théorème direct, $c < b$; ce qui est encore contraire à l'hypothèse.

Ainsi le dièdre SC est plus grand que SB. $\qquad$ *C. Q. F. D.*

Exercice 650.

1782. Théorème. *Si un angle solide a toutes ses arêtes coupées par un plan quelconque, variable de position, la somme des angles plans déterminés sur les faces de l'angle solide d'un même côté du plan sécant est constante.*

Soit n le nombre des faces latérales de l'angle solide considéré. Tout plan M qui coupe toutes les arêtes d'un même côté du sommet, détermine sur les faces latérales n triangles, pour lesquels la somme totale des angles est un nombre d'angles droits exprimé par $2n$.

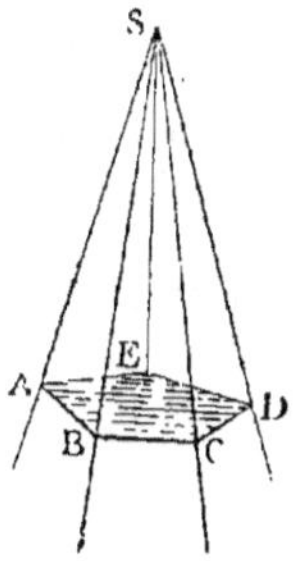

Cette somme se compose de deux parties : 1° la somme des valeurs angulaires qui forment les faces de l'angle solide, en S ; 2° la somme des angles déterminés sur ces mêmes faces au-dessus du plan sécant. Or, quelle que soit la position du plan sécant, la première partie est constante ; donc la deuxième l'est aussi.

Considérons, en second lieu, les angles qui sont déterminés sur les faces au-dessous du plan sécant.

Fig. 1134.

Chacun de ces angles est le supplément de l'angle adjacent qui se trouve au-dessus de ce même plan ; à chaque arête il y a ainsi une somme de quatre angles droits : et la valeur totale des angles, tant supérieurs qu'inférieurs, est un nombre de droits exprimé par $4n$. Mais la somme des angles supérieurs est constante ; donc la somme des angles inférieurs l'est aussi.

Exercice 651.

1783. Théorème. *Pour qu'on puisse former un trièdre avec trois faces données a, b, c, il faut et il suffit que la somme des trois faces soit moindre que quatre droits, et que la plus grande face soit moindre que la somme des deux autres.*

1° La première condition résulte de ce qu'un trièdre est nécessairement convexe, et que, dans un tel angle, la somme des faces est inférieure à quatre droits. (G., n° 419.)

2º Soient a la plus grande face et c la plus petite. Assemblons les deux faces b et c par l'arête commune SA, et ouvrons-les de manière à les mettre dans un même plan MM.

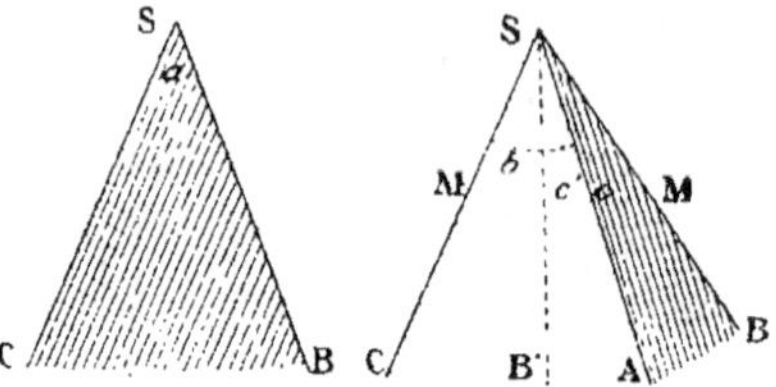

Fig. 1135.

Si l'on faisait tourner la face c autour de l'arête SA d'un demi-tour, l'arête SB se trouverait transportée en SB' dans l'ouverture b.

L'angle total CSB est la somme des faces b et c, et l'angle CSB' est la différence de ces mêmes faces.

La grande face a est donnée plus petite que la somme des deux autres; et comme elle est plus grande que chacune des deux autres, elle est, à plus forte raison, plus grande que leur différence.

Si donc on transportait la face a sur le plan CSB, cette face serait trop petite pour atteindre les deux arêtes SC et SB, et trop grande pour être contenue entre SC et SB'.

Or, dans le mouvement de rotation de SAB autour de SA, l'angle des deux arêtes SC et SB passe par toutes les valeurs intermédiaires de CSB à CSB'.

Il y a donc une position SB pour laquelle l'angle CSB est égal à la face a; ce qui montre que le trièdre est possible.

Exercice 652.

1784. Théorème. *Pour que l'on puisse former un trièdre avec trois angles dièdres donnés* A, B, C, *il faut et il suffit que leur somme soit comprise entre deux et six droits, et que le plus petit dièdre, augmenté de deux droits, surpasse la somme des deux autres.*

Soit A le plus petit dièdre. Appelons a', b', c' les angles plans supplémentaires de A, B, C. L'angle a' sera le plus grand de ces trois suppléments.

1º Les conditions énoncées sont nécessaires, car ce sont des propriétés de tout trièdre. (G., nº 427.)

2º Les conditions données peuvent se résumer ainsi :

$$6 \text{ droits} > A + B + C > 2 \text{ droits}, \quad A + 2 \text{ droits} > B + C$$

De là résultent les relations ci-après entre les valeurs supplémentaires (on retranche de six droits les trois membres de la première relation, et de quatre droits les deux membres de la seconde) :

$$0 < a' + b' + c' < 4 \text{ droits}, \quad a' < b' + c'$$

Ainsi la somme des trois angles plans a', b', c' est inférieure à quatre angles droits, et le plus grand, a', est moindre que la somme des deux autres.

M.   33

Donc un trièdre peut être construit avec trois faces égales respectivement à a', b', c'. Le trièdre supplémentaire de ce premier trièdre aura pour dièdres les suppléments de a', b', c', c'est-à-dire les dièdres donnés A, B, C. (G., n° 416.)

Donc, *pour que l'on puisse former...*

Exercice 653.

1785. Théorème. *Les trois plans perpendiculaires aux faces d'un trièdre S, menés par les arêtes opposées à ces faces, se rencontrent suivant une même droite* (plans hauteurs).

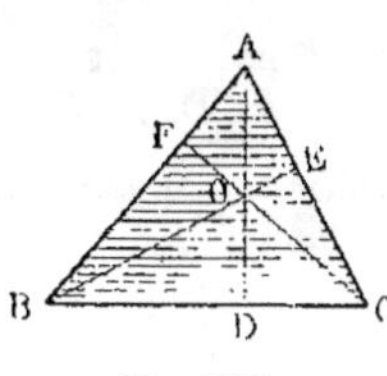

Fig. 1136.

Ces plans ne sont autre chose que les plans projetants des trois arêtes sur les faces opposées.

Considérons deux de ces plans, SBE et SCF (il faut supposer le sommet S en avant du plan ABC); soit SO l'intersection de ces deux plans. Coupons le trièdre S par un plan quelconque ABC perpendiculaire à SO ; cette droite SO, perpendiculaire au plan ABC, sera aussi perpendiculaire aux intersections ou traces BE et CF situées dans ce plan.

Or le plan SBE, perpendiculaire aux deux plans ABC et SAC, est perpendiculaire à leur intersection AC ; ainsi sa trace BE, perpendiculaire à AC, est l'une des hauteurs du triangle ABC.

Il en est de même de la trace CF, et aussi de la trace du troisième plan SAD. Or les trois hauteurs du triangle ABC se rencontrent en un même point O (n° 445); donc les trois *plans hauteurs* du trièdre S se rencontrent suivant une même droite SO.   C. Q. F. D.

Exercice 654.

1786. Théorème. *Dans un trièdre quelconque S, les trois plans bissecteurs des dièdres se rencontrent suivant une même droite dont chaque point est équidistant des faces.*

Fig. 1137.

(Supposez le sommet S en avant du plan ABC.)

Soit SO l'intersection de deux plans bissecteurs SBE et SCF.

La droite SO appartenant à chacun des plans bissecteurs SBE et SCF, chaque point de SO est équidistant des faces SBC, SCA et SBA. (G., n° 399, 4°.)

Donc chaque point de SO est équidistant des trois faces du trièdre, et en particulier des deux faces du dièdre SA ; d'où il suit que cette ligne SO appartient au plan bissecteur de ce même dièdre SA. Donc, *dans un trièdre quelconque...*

Exercice 655.

1787. Théorème. *Dans tout trièdre S, les trois plans qui passent par les arêtes et par les bissectrices des faces opposées se rencontrent suivant une même droite* (plans médians).

(Supposez le sommet S en avant du plan ABC.)

Portons sur les arêtes des longueurs égales SA, SB, SC, et coupons le trièdre par le plan ABC.

Soient SBE et SCF deux des plans médians. Les distances SA et SC étant égales, le triangle ASC est isocèle; donc la bissectrice SE tombe au milieu E de la base AC; alors la trace BE est une médiane du triangle ABC; il en sera de même de CF et de la troisième trace AD.

Or les trois médianes du triangle ABC se rencontrent en un même point O; ce point est donc commun aux trois plans médians. Et comme ces plans passent aussi par le sommet S, on voit qu'ils se rencontrent suivant une même droite SO.   *C. Q. F. D.*

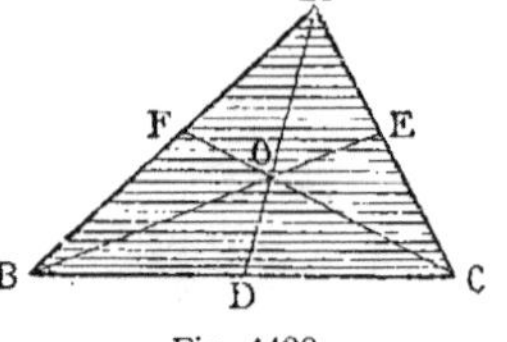

Fig. 1138.

1788. Théorème. *Le plan indéfini* P, *mené perpendiculairement au plan d'un angle* ASC, *par la bissectrice* SE *de ce même angle, est le lieu des points équidistants des côtés de l'angle* S.

Nous avons admis, dans ce qui précède, que le plan indéfini P, mené perpendiculairement au plan d'un angle ASC par la bissectrice SE de ce même angle, est le lieu des points équidistants des côtés de l'angle S. Cette propriété est une conséquence du *théorème des trois perpendiculaires.* (G., n° 372.)

En effet, soit M un point quelconque du plan P. Menons ME perpendiculaire à SE, puis les droites EA et EC perpendiculaires aux côtés de l'angle S, et enfin MA et MC. On a EA = EC; la droite ME

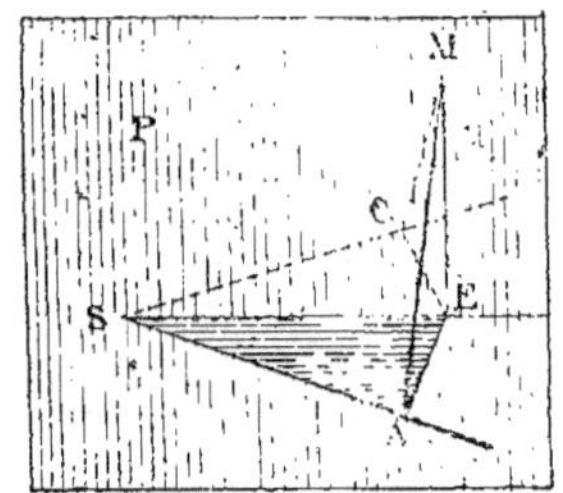

Fig. 1139.

est perpendiculaire au plan ASC; MA et MC sont deux obliques qui s'écartent également de la perpendiculaire; ainsi ces lignes sont égales, et le point M est équidistant des côtés SA et SC.

Exercice 656.

1789. Théorème. *Les trois plans menés perpendiculairement aux faces d'un trièdre* S, *par les bissectrices de ces mêmes faces, se rencontrent suivant une même droite dont chaque point est équidistant des trois arêtes.*

(Supposez le sommet S en avant du plan ABC.)

Portons sur les arêtes des longueurs égales SA, SB, SC, et coupons le trièdre par le plan ABC.

Considérons deux des plans en question; par exemple, SOE et SOF.

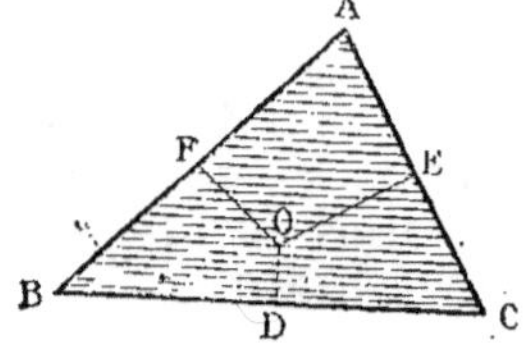

Fig. 1140.

Les distances SA et SC étant égales, la droite AC est perpendiculaire à la bissectrice SE, et a le point E pour milieu.

Le plan indéfini SOE est le lieu des points équidistants des deux côtés de l'angle ASC; ainsi le point O de ce plan est équidistant des arêtes SA et SC. De même le plan indéfini AOF est le lieu des points équidistants des côtés de l'angle ASB, et le point O de ce plan est équidistant des arêtes SA et SB.

Donc chaque point de SO est équidistant des trois arêtes du trièdre, et en particulier des deux arêtes de la face BSC; d'où il suit que cette ligne SO appartient au plan mené perpendiculairement à la face BSC par la bissectrice de cette même face. Donc, *les trois plans...*

Exercice 657.

1790. Théorème. *La projection d'une surface plane quelconque sur un plan égale le produit de cette surface par le cosinus de l'angle qu'elle fait avec le plan.*

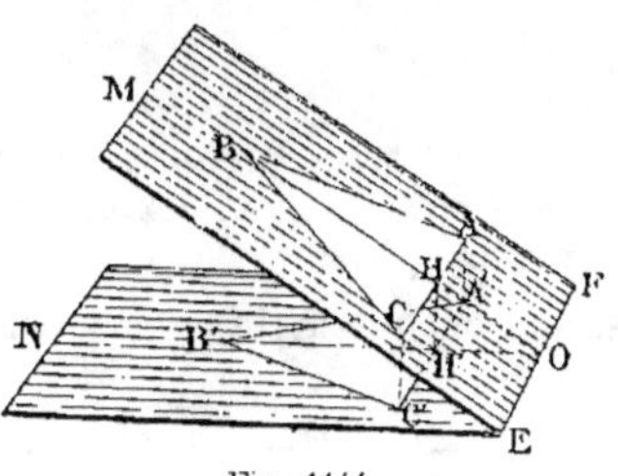

Fig. 1141.

1° Considérons d'abord un triangle ABC situé dans le plan M, et sa projection A'B'C' sur le plan N, et supposons que l'un des côtés, AC par exemple, soit parallèle à l'intersection EF des deux plans. La projection A'C' sera parallèle à EF et égale à AC.

Prenons ce côté AC pour base du triangle. La hauteur BH ou h, perpendiculaire sur AC, est aussi perpendiculaire sur EF, et sa projection B'H' ou h' sur le plan N sera également perpendiculaire à l'intersection EF; de sorte que l'angle BOB' est l'angle des deux plans.

Or dans le plan BOB' on a

$$h' = h . \cos O$$

car la projection d'une droite sur un plan quelconque égale la droite donnée multipliée par le cosinus de l'angle que cette ligne fait avec sa projection. (*Trig.*, n° 33.)

Multiplions le premier membre par $\frac{1}{2}$ A'C' et le second par $\frac{1}{2}$ AC, ce qui revient à multiplier les deux membres par $\frac{1}{2} b$, il vient

$$\tfrac{1}{2} bh' = \tfrac{1}{2} bh . \cos O$$

Or $\frac{1}{2} bh'$ est l'aire de la projection A'B'C', et $\frac{1}{2} bh$ est l'aire du triangle considéré ABC. Donc le théorème est vrai dans ce cas.

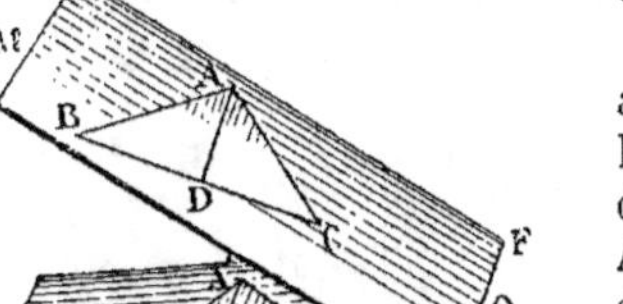

Fig. 1142.

2° Si le triangle considéré ABC n'a aucun côté parallèle à l'intersection EF des deux plans MN, on mène une droite AD parallèle à EF, et le triangle ABC se trouve ainsi décomposé en deux triangles ABD et ACD qui rentrent dans le premier cas considéré. On aura donc

$$A'B'D' = ABD . \cos O$$
$$A'C'D' = ACB . \cos O$$

d'où, en additionnant,

$$A'B'C' = ABC . \cos O$$

3° Un polygone quelconque étant décomposable en triangles, le théorème sera encore applicable. Il en sera de même pour les figures terminées en tout ou en partie par des lignes courbes ; car ces figures sont des limites de polygones rectilignes, ou, suivant l'expression reçue, des polygones d'une infinité de côtés.

Scolies. I. *Les projections, sur un même plan, de deux figures équivalentes situées dans un même plan donné, sont équivalentes entre elles.*

II. *Les projections, sur un même plan, de deux figures quelconques situées dans un même plan donné sont dans le même rapport que les figures planes données.*

Exercice **658**.

1791. Théorème. *Par le sommet d'un trièdre, on mène dans le plan de chaque face une droite perpendiculaire à l'arête opposée ; démontrer que ces trois perpendiculaires sont dans un même plan.*

Soient SAD, SBE, SCF les plans menés par chaque arête perpendiculairement à la face opposée ; on sait que ces trois plans se coupent suivant une droite SH (n° 1785).

Menons une section quelconque ABC perpendiculaire à la droite SH, et par S un plan P parallèle à ABC.

La droite BC, intersection des plans CAB, CSB perpendiculaires au troisième plan SAD, est elle-même perpendiculaire à ce plan SAD ; donc, si SL est l'intersection de la face CSB et du plan P, la droite SL sera perpendiculaire au plan SAD et par suite à l'arête SA contenue dans ce plan.

De même SM, parallèle à AC, est une droite contenue dans la face SAC et perpendiculaire à l'arête opposée SB.

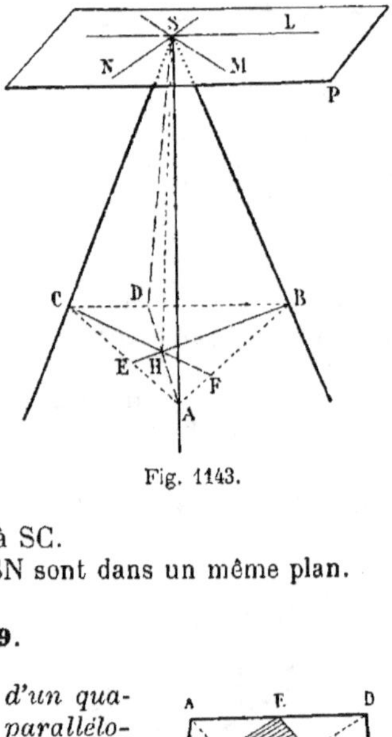

SN parallèle à AB est perpendiculaire à SC.

Or les trois perpendiculaires SL, SM, SN sont dans un même plan.

Fig. 1143.

Exercice **659**.

1792. Théorème. *Les milieux des côtés d'un quadrilatère gauche sont les sommets d'un parallélogramme.*

On sait qu'on nomme *quadrilatère gauche* la figure ABCD formée par quatre droites non situées dans un même plan. Les diagonales AC et BD ne se rencontrent pas.

La démonstration est identique à celle que l'on donne en géométrie plane (n° 542).

EF est parallèle à BD et en égale la moitié.

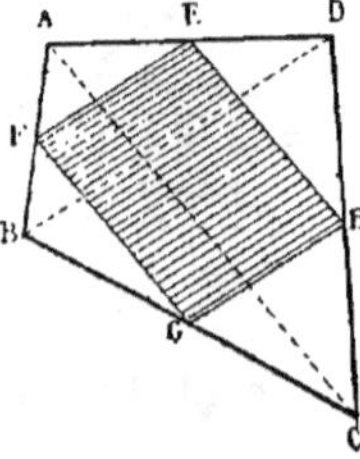

Fig. 1144.

GH est parallèle à BD et en égale la moitié.

Donc EF, GH sont des droites égales et parallèles; donc elles sont dans un même plan et forment les côtés opposés d'un parallélogramme.

1793. Théorème. *Les droites qui joignent les milieux des côtés opposés d'un quadrilatère gauche se coupent en leurs milieux.*

En effet EG, FH sont les diagonales d'un parallélogramme.

1794. Théorème. *Le point de concours des droites qui joignent deux à deux les milieux des côtés opposés d'un quadrilatère gauche, est le point milieu de la droite qui joint les points milieux des diagonales.*

Comme en géométrie plane (n° 548).

Mais les trois droites qui joignent deux à deux les milieux des côtés opposés et les milieux des diagonales ne sont pas dans un même plan, sans quoi les quatre côtés donnés et les deux diagonales seraient aussi dans un même plan.

Exercice 660.

1795. Théorème. *Dans tout quadrilatère gauche, la somme des carrés des côtés égale la somme des carrés des diagonales, plus quatre fois le carré de la droite qui joint les milieux des diagonales.*

Cette extension du *théorème d'Euler* est due à Carnot. Elle se démontre comme le théorème connu (n° 1205).

1796. Théorème. *Dans tout quadrilatère gauche, la somme des carrés des diagonales est double de la somme des carrés des deux droites qui joignent les milieux des côtés opposés.*

Comme en géométrie plane (n° 1204).

Exercice 661.

1797. Théorème. *A partir de deux sommets opposés A, C d'un quadrilatère gauche, on divise les quatre côtés dans un même rapport donné $\frac{m}{n}$; les quatre points obtenus sont les sommets d'un parallélogramme inscrit.*

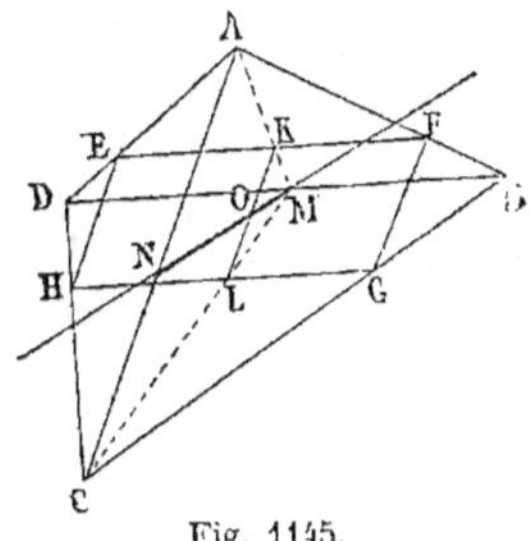

Fig. 1145.

Le théorème se démontre comme en géométrie plane.

Soit
$$\frac{AE}{AD} = \frac{AF}{AB} = \frac{m}{n}$$

La droite EF est parallèle à BD (G., n° 214); de plus $\frac{EF}{BD}$ égale aussi $\frac{m}{n}$;

donc $EF = BD \cdot \frac{m}{n}$.

De même GH est parallèle à BD et égale $BD \cdot \frac{m}{n}$.

Donc la figure EFGH est un parallélogramme, car elle a deux côtés opposés EF, GH égaux et parallèles.

Remarques. 1° On peut prendre les points E, F sur le prolongement des côtés AD, AB ; on obtient encore des parallélogrammes.

2° Si l'on donnait

$$\frac{AE}{ED} = \frac{m}{n}$$

on poserait $\dfrac{AE}{AD} = \dfrac{EF}{BD} = \dfrac{m}{m+n}$; d'où $EF = BD \cdot \dfrac{m}{m+n}$

3° Quatre points non situés dans un même plan donnent lieu à trois groupes de quatre droites qu'on peut prendre comme côtés d'un quadrilatère gauche : ABCDA, ABDCA, ADBCA.

Exercice 662.

1798. Théorème. *Tout plan parallèle à deux côtés opposés d'un quadrilatère gauche divise les deux autres côtés en parties directement proportionnelles.*

Soit ABCD un quadrilatère gauche.

Dans le plan BCD de deux côtés adjacents, menons Da parallèle à CB, et Ba parallèle à CD. Joignons Aa ; soit l la longueur de Aa.

La figure aBCD *est un parallélogramme,* car les côtés opposés sont parallèles.

Tout plan parallèle au plan ADa sera parallèle aux côtés opposés AD et BC ; car il sera parallèle à AD, à Da, et par suite à la parallèle BC.

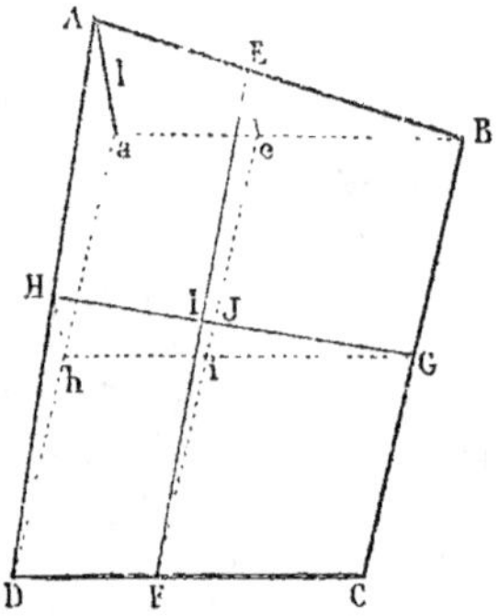

Réciproquement. *Tout plan parallèle aux côtés opposés* AD, BC, *sera parallèle au plan* ADa ; car il sera parallèle aux deux droites DA, Da.

Tout plan parallèle au plan ABa est parallèle aux côtés opposés AB, CD, et réciproquement.

Actuellement, soit EFe un plan parallèle aux côtés AD, BC ; ce plan sera parallèle à ADa ; donc Fe est parallèle à Da, Ee est parallèle à Aa ; donc

$$\frac{BE}{AE} = \frac{Be}{ae} = \frac{CF}{DF} \qquad\qquad C.\ Q.\ F.\ D.$$

Remarque. Soit

$$\frac{BE}{AE} = \frac{m}{n}$$

on aura $\dfrac{BE}{AB} = \dfrac{m}{m+n} = \dfrac{Ee}{l}$; d'où $Ee = \dfrac{lm}{m+n}$ $\qquad$ (1)

Fig. 1146.

Exercice 663.

1799. Théorème. *On mène un plan parallèle à deux côtés opposés d'un quadrilatère gauche, ce plan coupe les deux autres côtés en deux points E, F ; puis on mène un plan parallèle au second groupe de côtés opposés, il coupe les premiers en deux points G, H ; prouver que les droites EF, GH sont dans un même plan* (fig. 1146).

Soit le plan EF*e* parallèle à AD*a* et HG*h* parallèle à AB*a*.

On sait que AB et DC sont divisés dans un même rapport.

De même CB et DA sont divisés dans un même rapport.

Les quatre plans parallèles deux à deux donnent quatre droites parallèles entre elles A*a*, E*e*, H*h*, I*i*.

Soit I le point où l'intersection des deux plans EF*e* et HG*h* rencontre EF, et J le point où la *même intersection* rencontre GH.

Il suffit de prouver que I*i* = J*i*; car si cette égalité a lieu, le point I se confondra avec J et appartiendra aux deux diagonales EF et GH.

$$\text{Soit } \frac{BE}{AE} = \frac{m}{n}; \quad \frac{BE}{AB} = \frac{m}{m+n} = \frac{Ee}{l}; \quad \text{d'où } Ee = \frac{lm}{m+n} \quad (1)$$

$$\text{Soit } \frac{CG}{BG} = \frac{p}{q}; \quad \frac{CG}{BC} = \frac{p}{p+q} = \frac{Hh}{l}; \quad \text{d'où } Hh = \frac{lp}{p+q} \quad (2)$$

Or

$$\frac{Fi}{Fe} = \frac{CG}{CB}; \text{ donc } \frac{Ii}{Ee} = \frac{p}{p+q}; \text{ d'où } Ii = Ee \cdot \frac{p}{p+q} = \frac{lmp}{(m+n)(p+q)}$$

$$\frac{Gi}{Gh} = \frac{CF}{CD}; \text{ donc } \frac{Ji}{Hh} = \frac{m}{m+n}; \text{ d'où } Ji = Hh \cdot \frac{m}{m+n} = \frac{lmp}{(m+n)(p+q)}$$

Donc les points I, J se confondent; les droites EF, GH se coupent, et par suite sont dans un même plan.

1800. **Théorème réciproque.** *Tout plan EFGH mené par deux points E, F qui divisent dans un même rapport deux côtés opposés d'un quadrilatère gauche, divise les deux autres côtés en G, H dans un même rapport.*

Exercice 664.

1801. **Théorème.** *Tout plan EFGH mené par les points milieux E, F de deux côtés opposés d'un quadrilatère gauche, divise les deux autres côtés aux points G, H en parties proportionnelles.*

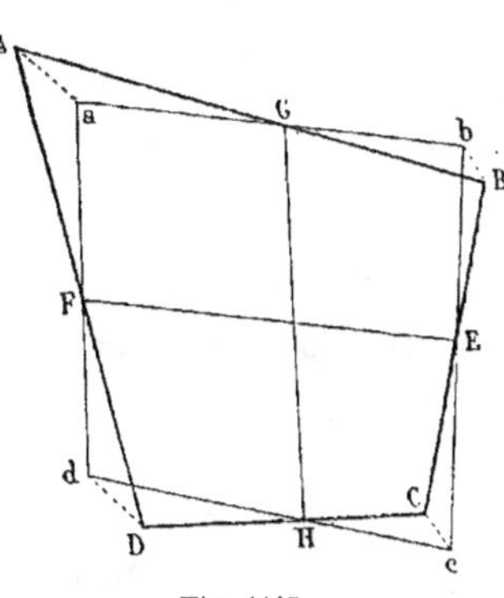
Fig. 1147.

Ce n'est qu'un corollaire du théorème réciproque ci-dessus (n° **1800**); mais, comme on le rappelle assez fréquemment, il convient d'en donner une démonstration directe.

Soit *abcd* le plan mené par les points E, F milieux de BC et AD, et *abcd* la figure obtenue en projetant sur ce plan le quadrilatère gauche.

Par construction,
$$BE = CE$$
donc $bE = cE$ et $Bb = Cc$
de même
$$aF = dF \quad \text{et} \quad Aa = Dd$$

Or les projetantes A*a*, B*b*, C*c*, D*d* sont parallèles; donc

$$\frac{AG}{BG} = \frac{aG}{bG} = \frac{Aa}{Bb} \quad \text{et} \quad \frac{DH}{CH} = \frac{dH}{cH} = \frac{Dd}{Cc}$$

Mais $\quad \frac{Aa}{Bb} = \frac{Dd}{Cc};$ donc $\frac{AG}{BG} = \frac{DH}{CH}$ *C. Q. F. D.*

Corollaire. Toute droite telle que GH est divisée en parties égales par EF.

Remarques. 1º En procédant d'une manière analogue, on démontrerait directement le théorème réciproque, dont celui-ci n'est qu'un cas particulier.

2º Le *quadrilatère gauche* se rencontre fréquemment dans les applications *.

Exercice 665.

1802. Théorème. *Lorsqu'un polygone gauche est coupé par un plan, chaque côté est divisé en deux segments ; le produit des segments qui n'ont pas d'extrémité commune égale le produit des autres segments.* (CARNOT, *Géométrie de position.*)

En projetant la figure sur un plan perpendiculaire au plan sécant, on retombe sur le théorème connu de la Géométrie plane (nᵒˢ 181 et 1229) ; car on trouve un polygone plan *abcd...* coupé par une droite en *l, m, n ...*

Or on a la relation $$\frac{al}{bl} \cdot \frac{bm}{cn} \cdot \frac{cn}{dn} \ldots = 1$$

Mais $$\frac{AL}{BL} = \frac{al}{bl} ; \quad \frac{BM}{CM} = \frac{bm}{cm} , \quad \text{etc.}$$

donc $$\frac{AL}{BL} \cdot \frac{DM}{CM} \cdot \frac{CN}{DN} \ldots = 1 \qquad C.\ Q.\ F.\ D.$$

LIEUX GÉOMÉTRIQUES

Exercice 666.

1803. Lieu. *Un plan M tourne autour d'une droite fixe XY (une girouette autour de son axe) ; d'un point fixe O, on abaisse des perpendiculaires sur le plan mobile en ses diverses positions. Quel est le lieu de ces perpendiculaires ?*

Soit OA la perpendiculaire au plan M. Menons la droite AB perpendiculaire à l'axe XY, et traçons OB.

En vertu du théorème des trois perpendiculaires (G., nº 372), la droite OB est perpendiculaire à XY.

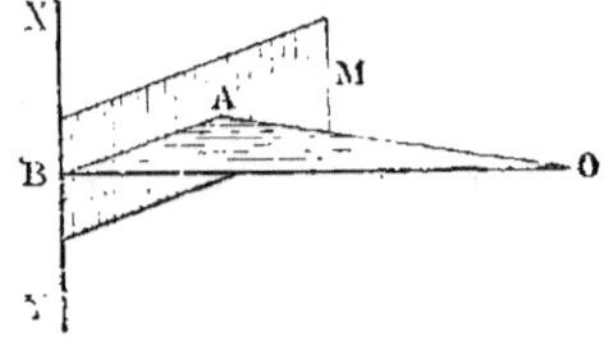

Fig. 1148.

Ainsi l'axe XY est perpendiculaire aux deux droites OB et AB, et par suite à leur plan OAB.

Le lieu de la perpendiculaire OA est donc *le plan mené par le point donné O, perpendiculairement à l'axe donné XY.*

---

* Voir *Éléments de géométrie* (nᵒˢ 923 à 943) ; *Arpentage, Levé des plans et nivellement* (4ᵉ édit., nᵒˢ 662 et suivants) ; *Exercices de géométrie descriptive* (nᵒˢ 712 et suivants). On peut voir aussi N. A., 1892, p. 41, une belle étude par M. F. FARGEON.

Scolie. Le triangle OAB est rectangle en A, et l'hypoténuse OB est immobile; donc le lieu du pied A de la perpendiculaire OA est la circonférence décrite sur OB comme diamètre, dans le plan mené par le point O perpendiculairement à l'axe XY.

Exercice 667.

1804. Lieu. *Étant données deux droites quelconques AB et CD, on fait mouvoir une troisième droite MN le long de la première et parallèlement à la seconde. Quel est le lieu décrit par la droite mobile ?*

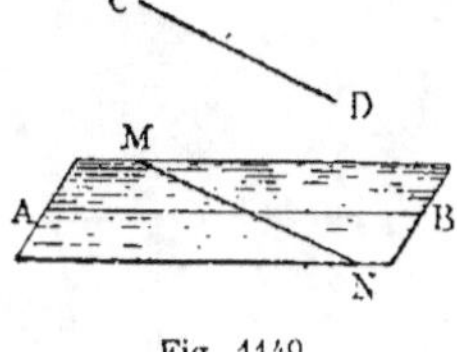

Fig. 1149.

Les deux droites MN et CD étant parallèles, tout plan mené par MN est parallèle à CD. (G., n° 376.) Or, en l'une quelconque de ses positions, la droite mobile MN détermine avec AB un plan parallèle à la droite CD. C'est donc ce plan qui est le lieu demandé.

Exercice 668.

1805. Lieu. *Lieu des points équidistants de deux plans parallèles.*

C'est un troisième plan mené parallèlement aux deux plans donnés par le milieu d'une perpendiculaire commune à ces deux plans.

Car toutes les perpendiculaires menées entre ces trois plans seront divisées en deux parties égales. (G., n° 385.)

Exercice 669.

1806. Lieu. *Lieu des points équidistants de deux plans quelconques.*

C'est l'ensemble des deux plans bissecteurs des dièdres formés par ces deux plans. Car le plan bissecteur d'un dièdre est le lieu des points équidistants des deux faces de ce dièdre. (G., n° 339, 4°.)

Exercice 670.

1807. Lieu. *Lieu des parallèles menées à un plan donné A par un point donné O.*

C'est le plan M mené par le point donné parallèlement au plan donné. Car toute droite OM menée dans ce plan est parallèle au plan donné A... (G., n° 376.)

Exercice 671.

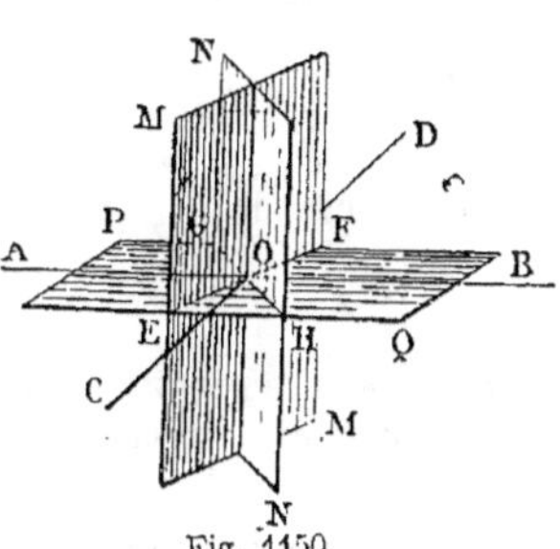

Fig. 1150.

1808. Lieu. *Lieu des points équidistants de deux droites AB et CD qui se coupent.*

Les droites données déterminent un plan PQ. Le lieu cherché comprend d'abord les bissectrices indéfinies EF et GH des angles que forment les droites données; mais le lieu complet se compose des plans indéfinis M et N menés par les bissectrices EF et GH perpendiculairement au plan PQ. (Voir n° 1788.)

Exercice 672.

1809. Lieu. *Quel est le lieu des projections d'un point donné* A *de l'espace sur les droites menées dans un plan, par un même point* B *de ce plan ?*

Abaissons la droite AC perpendiculaire sur le plan P.

Cette droite est perpendiculaire à BC ; ainsi C est un point du lieu ; il en est de même du point B ; car, si nous menons dans le plan P la droite BE perpendiculaire à BC, la ligne AB est perpendiculaire à BE en vertu du théorème des trois perpendiculaires.

Pour toute autre droite AD perpendiculaire à BD, nous aurons BD perpendiculaire à DC en vertu du théorème réciproque de celui des trois perpendiculaires ; ainsi l'angle BDC est droit ; donc le lieu demandé est la circonférence décrite sur BC comme diamètre.

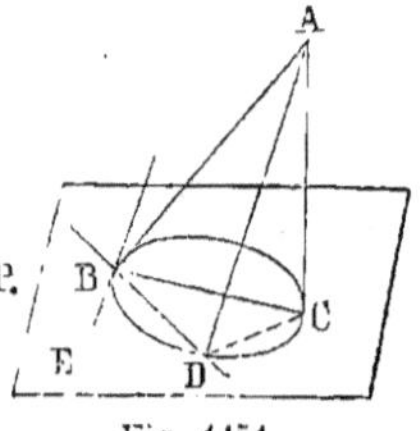

Fig. 1151.

Exercice 673.

1810. Lieu. *Lieu des milieux des droites menées entre deux droites données dans l'espace.*

Par la droite AB on peut mener un plan M parallèle à la droite CD, et par cette dernière un plan N parallèle à AB. (G., nᵒˢ 377 et 378.)

Le plan RR, mené à égale distance des plans M et N, est le lieu demandé. Car ce plan contient les milieux de toutes les droites menées de M à N.

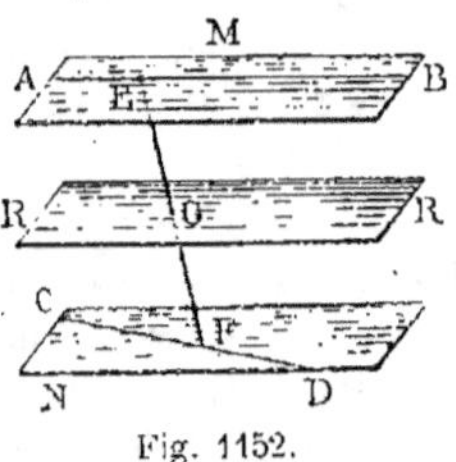

Fig. 1152.

Exercice 674.

1811. Lieu. *Lieu des points équidistants de trois points* A, B, C *donnés en ligne brisée.*

C'est la perpendiculaire élevée au centre du cercle qui passe par les trois points A, B, C.

1812. *Autre méthode.* Par les points milieux des droites AB, BC, CA on peut faire passer des plans respectivement perpendiculaires aux droites AB, etc., ces trois plans se coupent suivant la droite obtenue par la première méthode.

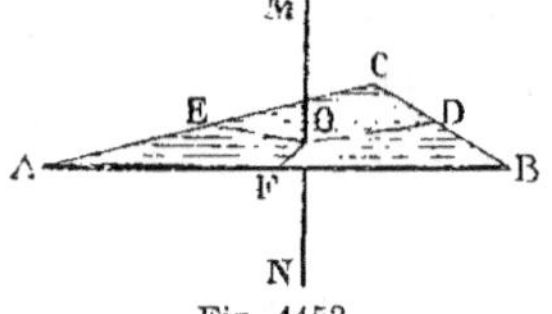

Fig. 1153.

Exercice 675.

1813. Lieu. *Quel est le lieu du point milieu d'une droite de longueur constante, dont les extrémités s'appuient sur deux droites rectangulaires non situées dans le même plan ?*

Par deux droites non situées dans un même plan, on peut faire passer deux plans parallèles entre eux; car il suffit de mener, par un point d'une des droites, une parallèle à la seconde; le plan ainsi déterminé est parallèle à cette seconde ligne; puis, par cette dernière droite, on mène un plan parallèle à celui qu'on a obtenu.

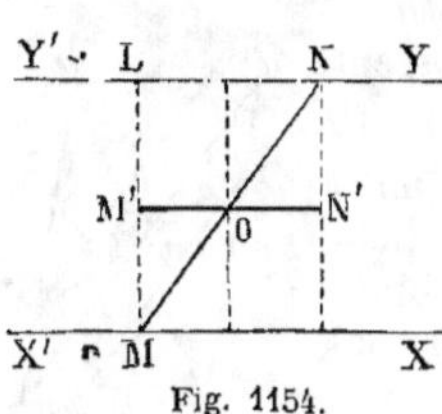

Fig. 1154.

Coupons les deux plans parallèles par un troisième plan qui leur soit perpendiculaire et qui passe par la droite MN, et soient sur ce troisième plan XX', YY'' les traces des deux plans parallèles. On peut considérer ces mêmes lignes XX' et YY'' comme étant les projections des deux droites données sur le troisième plan.

Soit ML la plus courte distance des deux droites rectangulaires, MN la droite de longueur constante; son point milieu O sera évidemment dans un plan parallèle aux deux droites données et équidistant de ces deux lignes.

La projection M'N' de MN sur le plan équidistant est une longueur constante LN, car MN et ML ont des longueurs données. Ainsi le triangle rectangle MLN est déterminé, et LM a une longueur invariable; donc le lieu du point O milieu de MN est le même que le lieu du point O milieu de M'N', lorsque cette dernière longueur a ses extrémités sur deux droites rectangulaires obtenues en projetant les droites données sur le plan équidistant. *Le lieu est donc une circonférence ayant OM' pour rayon*, et pour centre, le point milieu de la perpendiculaire commune aux deux droites données.

Exercice 676.

1814. Lieu. *Quel est le lieu du point de concours des diagonales des parallélogrammes inscrits dans un quadrilatère gauche?*

C'est la droite MN qui joint les points milieux des deux diagonales.

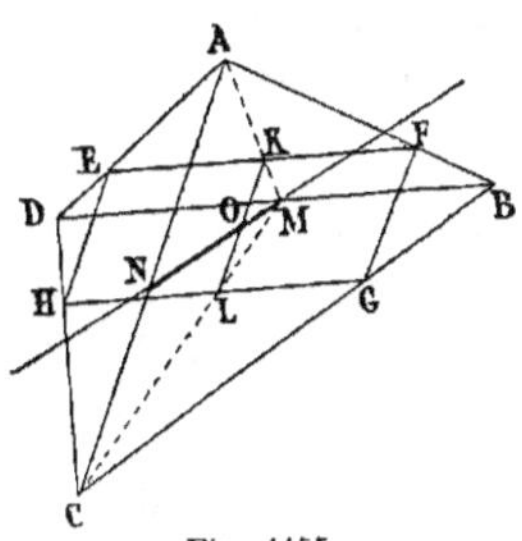

Fig. 1155.

La démonstration ne diffère point de celle qui a été donnée pour le théorème correspondant de Géométrie plane, car les droites AB, AM, AC, DB, EF sont dans un même plan. Ainsi la médiane AM passe au point K milieu de EF.

De même CM passe au point L milieu de GH. Puis, dans le triangle AMC, la médiane MN passe au point O milieu de LK; or le point milieu O est le point de concours des diagonales du parallélogramme EFGH.

1815. *Autre démonstration.* Projetons la figure sur un plan perpendiculaire à MON.

Les trois points M, O, N auront même projection O.

Les projections des segments d'une même droite sont proportionnelles à ces segments; donc on obtient un parallélogramme *abcd*, car BM = DM;

donc
$$bm = dn;$$

de même
$$am = cn$$

d'ailleurs les droites EF, GH égales et parallèles ont des projections *ef*, *gh* égales et parallèles ; mais les diagonales *eg*, *fh* se croisent au point commun *o* ; donc EG, FH se coupent sur la droite MON.

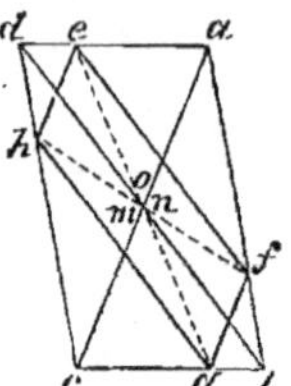
Fig. 1156.

1816. Remarque. La démonstration par les projections peut servir pour la question connue de Géométrie plane, où il s'agit de trouver le lieu des points de concours des diagonales des parallélogrammes inscrits dans un quadrilatère plan.

En effet, le lieu une fois connu pour le quadrilatère gauche, il suffit de projeter la figure sur un plan non perpendiculaire à MON.

PROBLÈMES

Exercice 677.

1817. Problème. *Trouver la distance d'un point donné* M *à un plan donné* ABC.

Du point M, avec un cordon d'une longueur suffisante, on marque sur le plan trois points quelconques A, B, C, équidistants de M ; on construit le triangle ABC, et on élève sur les milieux des côtés des perpendiculaires qui déterminent le point O équidistant des sommets.

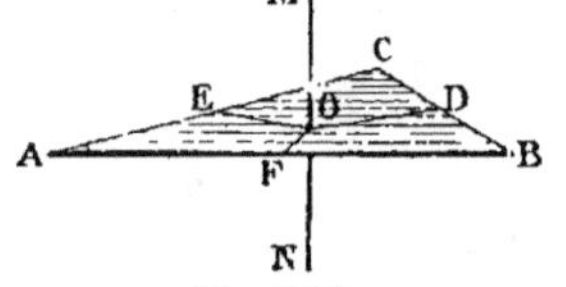
Fig. 1157.

La droite MO est la distance demandée. Car les obliques MA, MB et MC étant égales, leurs pieds s'écartent également du pied de la perpendiculaire. Or le point O est le seul point du plan pour lequel on ait $OA = OB = OC$. Ainsi MO est perpendiculaire au plan ABC, et représente la distance du point M à ce plan.

Exercice 678.

1818. Problème. *La flèche d'un clocher forme un angle solide régulier à 8 faces, dont la somme est de 90 degrés. On demande la valeur de chacun des angles des faces latérales vers la base de la flèche.*

Angles de 8 triangles, ensemble. . . 8 . 2	ou	16 droits
Somme des 8 angles du sommet. . . .		1 droit
Différence : les 16 angles vers la base. .		15 droits
Valeur de l'un de ces angles.		$^{15}/_{16}$ de droit

Soit $84°^3/_8$ ou $84°22'^1/_2$

Exercice 679.

1819. Problème. *La somme des 8 faces de l'angle solide de la flèche d'un clocher pouvant varier de 0 à 360 degrés, on demande entre* *quelles limites peut varier la somme des angles des faces latérales vers la base de la flèche.*

Somme totale des angles des 8 faces . . . . 8.2 ou 16 droits
»   des 8 angles du sommet . . . . . de 0 à 4 droits
»   des 16 angles vers la base . . . . de 16 à 12 droits

Ainsi la somme demandée est variable de 12 à 16 droits, soit de 1080 à 1440 degrés.

1820. Problème. *Que deviennent ces limites dans le cas général d'un angle solide de n faces ?*

Somme totale des angles . . . . . . $2n$ droits
Angles au sommet . . . . de 0 à 4 droits
Angles vers la base . . . . de $2n$ à $(2n - 4)$ droits

Exercice 680.

1821. Problème. *Une salle a une hauteur représentée par h ; on attache au plafond une corde de l mètres de longueur ; l étant plus grand que h, on trace un cercle sur le plancher en tenant la corde tendue. On demande la surface de ce cercle.*

Le cordon tendu forme l'hypoténuse d'un triangle rectangle qui a pour côtés de l'angle droit h et r ; donc $r^2 = l^2 - h^2$.

La surface du cercle, ou $\pi r^2 = \pi (l^2 - h)$.

1821 (a). Problème. *Une tige AP de hauteur h est perpendiculaire à un plan M ; du pied de cette tige on décrit sur le plan une circonférence ayant r pour rayon. En un point B de cette circonférence on mène une tangente BC de longueur t. On demande la distance AC de l'extrémité de cette tangente à l'extrémité de la tige.*

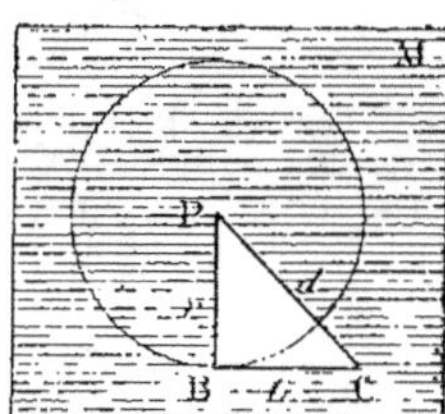

Fig. 1158.

(Supposez le point A en avant du plan M.)

La distance AC est l'hypoténuse d'un triangle APC, rectangle en P. Le côté PC ou d se trouvera par le triangle rectangle PBC.

On a
$$d^2 = r^2 + t^2$$
$$AC^2 = h^2 + d^2 = h^2 + r^2 + t^2$$

Exercice 681.

1822. Problème. *Mener un plan qui coupe un trièdre trirectangle S de manière que la section ABC soit égale à un triangle donné.*

Un trièdre trirectangle est un trièdre dont chaque face est un angle droit.

Recourons au *problème contraire* (n° 213).

Sur la face M (fig. 1160), menons SD perpendiculaire à BC, et dans le triangle ABC menons AD. En vertu du théorème des trois perpendiculaires, AD est perpendiculaire à BC. Ainsi AD est une hauteur du triangle ABC, et SD la hauteur du triangle rectangle BSC.

Donc le triangle rectangle BSC est complètement déterminé, car on

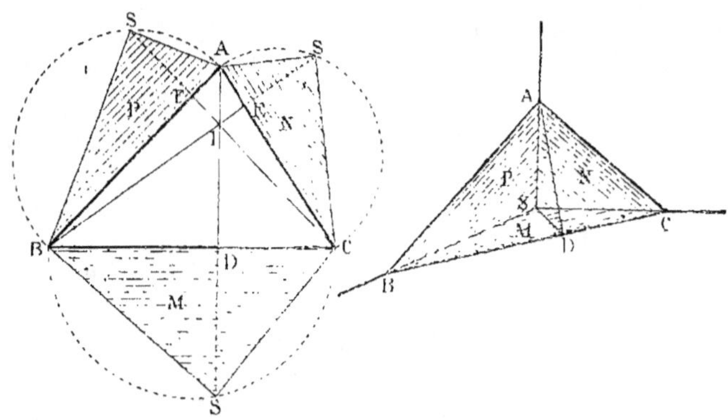

Fig. 1159.   Fig. 1160.

connaît son hypoténuse BC et le pied D de la hauteur correspondante (fig. 1159).

Ce triangle étant construit, on porte les distances SB et SC (fig. 1160) sur les arêtes correspondantes du trièdre; on détermine d'une manière analogue la longueur à porter sur l'arête SA, ce qui donne le troisième sommet du triangle demandé.

1823. Remarque. Le *problème contraire*, qu'on a dû résoudre préalablement, offre un grand intérêt, car il est fondamental dans la théorie de la *perspective axonométrique*. (Voir *Géométrie descriptive*, n°s 601 et suivants.) Il n'y a que deux solutions symétriques par rapport au plan du triangle donné ABC. En effet, le lieu du point S, tel que l'angle ASB soit droit, est la sphère décrite sur le diamètre AB. De même le point S doit appartenir à la sphère décrite sur le diamètre AC et à celle qui aurait BC pour diamètre; or les trois sphères se coupent deux à deux suivant des cercles dont les plans se rencontrent suivant une même droite, et cette droite détermine sur les surfaces des sphères les deux points communs aux trois surfaces.

Il n'y a donc que deux points qui puissent servir de sommet au trièdre trirectangle.

Exercice 682.

1824. Problème. *Étant données deux droites indéfinies quelconques* AB *et* CD, *mener un plan parallèle à chacune de ces droites, à égale distance de l'une et de l'autre.*

Par la droite AB, on peut mener un plan M parallèle à la droite CD, et par CD on peut mener un plan N parallèle à AB. (G., n°s 377 et 378.)

Les deux plans M et N sont parallèles. (G., n° 391.)

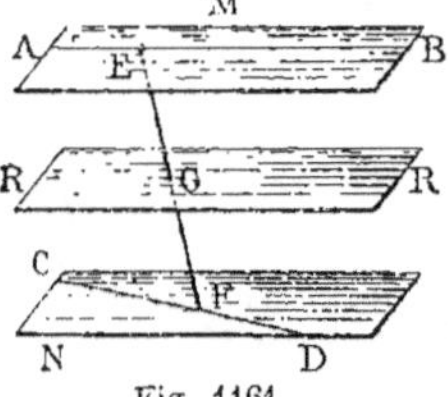

Fig. 1161.

Si donc on mène un plan RR équidistant des deux plans M et N, ce plan sera parallèle à chacune des deux droites AB et CD et se trouvera à égale distance de chacune d'elles.

Exercice 683.

1825. Problème. *Par une droite donnée AB, mener un plan qui passe à égale distance de deux points donnés C et D.*

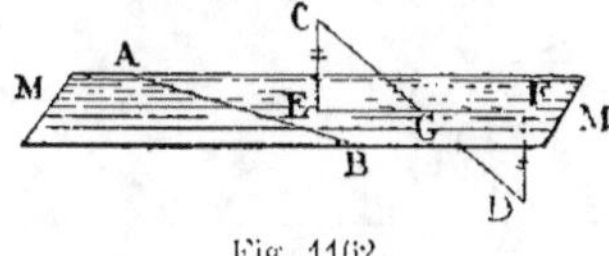
Fig. 1162.

Soit M ce plan ; les perpendiculaires CE et DF doivent être égales ; ces droites sont parallèles, comme étant perpendiculaires à un même plan ; donc les triangles CEG et DFG sont égaux, comme ayant un côté égal adjacent à des angles respectivement égaux. Ainsi CG = GD.

Le plan M est donc déterminé par la droite donnée AB et le point G, milieu de la droite CD, qui joint les points donnés.

Il y a une seconde réponse : le plan conduit par AB parallèlement à CD.

Exercice 684.

1826. Problème. *Par un point donné O, mener un plan qui passe à égale distance de trois autres points donnés A, B, C.*

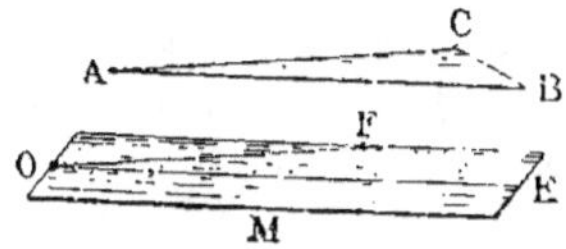
Fig. 1163.

Les trois points donnés A, B, C, déterminent un plan ABC.

Par le point O, on mènera un plan parallèle au plan ABC, et par suite équidistant des trois points donnés.

Discussion. 1° Si les quatre points donnés sont en ligne droite, tout plan passant par la droite répond à la question.

2° Si les trois points donnés sont en ligne droite, tout plan mené parallèlement à cette droite par le quatrième point répond à la question.

Dans ces deux premiers cas, le problème est indéterminé.

3° Si les quatre points forment un quadrilatère plan, ce plan même donne une solution.

4° Si les quatre points sont les sommets d'un tétraèdre, il y a quatre solutions : d'abord celle qu'on a indiquée précédemment (fig. 1163), puis trois autres, en menant par le point assigné un plan passant par l'une des parallèles à l'un des côtés du triangle des trois points, lorsque cette parallèle passe par les points milieux des deux autres côtés de ce triangle.

Exercice **685**. — **I.**

1827. Problème. *On donne une droite XY et deux points quelconques A et B de l'espace ; trouver sur la droite un point C tel que le chemin AC + BC soit minimum, et un point D tel que la différence AD — BD des chemins soit maxima.*

Soient les points A, B et la droite XY non situés dans un même plan.

Par le point B, menons un plan perpendiculaire à XY et décrivons une circonférence avec le rayon OB.

Soit EF le diamètre situé dans le plan AXY.

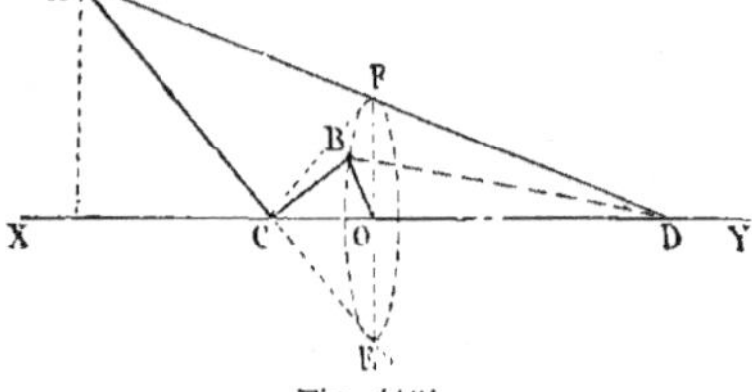

Fig. 1164.

En se reportant aux questions connues de Géométrie plane, on mènera ACE et AFD.

AC + CF ou   AC + CB   est le chemin minimum. (G., n° 176.)

AD — FD ou   AD — BD   donne la différence AF maxima, car cette différence = AF ; pour tout autre point T, on aurait un triangle ATF ; donc   AT — TF < AF.   (G., n° 42, 2°.)

Remarque. On procéderait d'une manière analogue pour déterminer sur XY un point dont la somme des carrés ou la différence des carrés des distances égale k^2.

En général, il vaut mieux se borner à indiquer la solution des problèmes de l'espace et recourir à la Géométrie descriptive, pour effectuer réellement les constructions.

Exercice **685**. — **II.**

1828. Problème. *Deux droites AB, A'B' sont perpendiculaires à un même plan M aux points donnés A et A'. On sait que la longueur de AB est double de celle de A'B'. Par le pied A de AB, on tire dans le plan M une droite AC, faisant avec AA' un angle donné. On demande de trouver sur la droite AC un point d'où l'on verrait les longueurs AB, A'B' sous des angles égaux. Discussion sommaire de la solution. (Concours d'admission à l'école spéciale militaire, 1876.)*

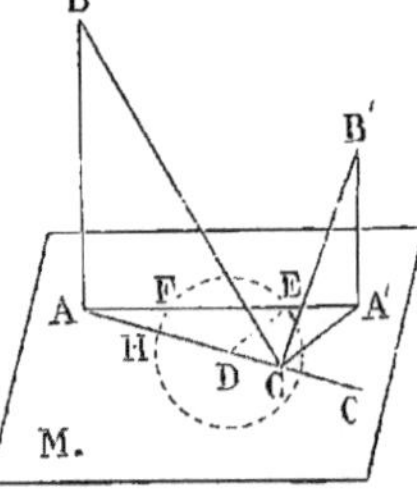

Fig. 1165.

D'un point quelconque D de AC avec un rayon égal à la moitié de AD, décrivons un arc dans le plan M. Il coupe AA' aux points E, F. Par A', menons A'G parallèle à ED, et G est le point demandé. En effet, puisque DE est la moitié de AD, de même A'G est la moitié de AG. Donc les deux triangles rectangles GA'B', GAB sont semblables, puisque l'angle droit est compris entre deux côtés homologues proportionnels, car A'B' = ¹/₂ AB ; donc les angles A'GB', AGB sont égaux entre eux.

Discussion. La circonférence est tangente à AA' lorsque l'angle CAA' égale 30°; donc il y a deux solutions lorsque $A < 30°$; une seule pour $A = 30°$, et aucune pour $A > 30°$.

Scolie. Si les hauteurs A'B' et AB étaient dans le rapport $\dfrac{m}{n}$, il faudrait prendre pour rayon $AD \times \dfrac{m}{n}$. Les deux triangles seraient encore semblables.

Exercice 685. — III.

1829. Problème. *Projeter deux figures planes semblables, placées d'une manière quelconque dans l'espace, suivant deux figures semblables.*

La question est traitée avec les développements convenables au *livre* VI, sous la forme de *Théorème*. (*Exercices* 699, II et III; n°⁸ 1846, **a**; 1846, **d**.)

On peut voir aussi le n° 2515, 2° et diverses notes que nous avons publiés en 1895 dans *le Journal de Mathématiques élémentaires et spéciales*, de M. G. DE LONGCHAMPS.

LIVRE VI

THÉORÈMES

Géométrie de position.

Exercice 686.

1830. Théorème. *Dans un tétraèdre* SABC, *les trois droites qui joignent les milieux des arêtes opposées se rencontrent en un même point, qui est le milieu de chacune d'elles.*

Considérons d'abord deux de ces droites ; par exemple, DF et EG. Menons les droites DE et FG

Dans le triangle ASC, la droite DE est parallèle à AC, et en est la moitié ; de même, dans le triangle ABC, la droite FG est parallèle à AC, et en est la moitié.

Ainsi la figure DEFG est un parallélogramme qui a pour diagonales les droites DF et EG ; donc ces droites se coupent en leurs milieux.

La troisième droite, qui joindrait les milieux de SB et de AC, couperait aussi DF en son milieu ; donc *les trois droites...*

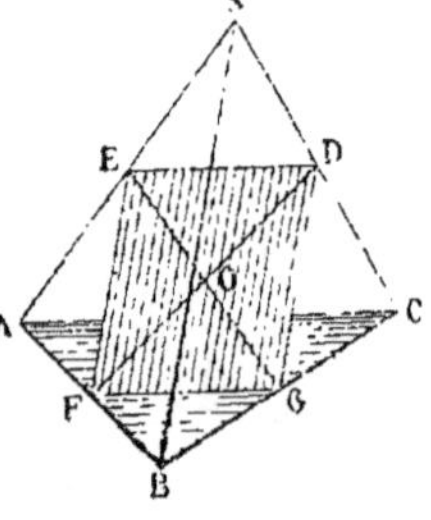

Fig. 1166.

Scolie. Les quatre droites AB, BC, CS et AS, qui ne sont pas dans un même plan, forment ensemble le périmètre d'un *quadrilatère gauche*. Nous avons déjà vu (n° 1792) *que les milieux des côtés sont les sommets d'un parallélogramme.*

Exercice 687.

1831. Théorème. *Les milieux des arêtes d'un tétraèdre régulier* ABCD *sont les sommets d'un octaèdre régulier.*

En effet, toutes les lignes qui joignent un point milieu quelconque, I par exemple, aux quatre points E, F, G, II sont égales comme moitié d'une arête. Donc tous les huit triangles formés sont équilatéraux entre eux.

Donc la figure EFGHIJ est un octaèdre régulier. *C. Q. F. D.*

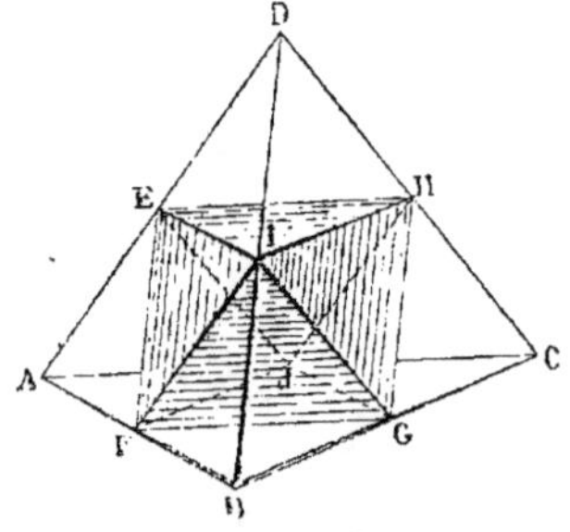

Fig. 1167.

1832. Théorème. 1° *Les milieux des arêtes d'un tétraèdre quelconque sont les sommets d'un octaèdre dont les arêtes opposées sont égales et parallèles.*

2° *Le volume de l'octaèdre est la moitié du volume du tétraèdre.*

En effet, la pyramide DEIH est le huitième de DABC, car ses arêtes sont respectivement la moitié des arêtes de DABC ; or les volumes sont entre eux comme les cubes des dimensions homologues. (G., n° 487.) De même CGIH $= \frac{1}{8}$ CBAD, etc. ; donc octaèdre $= \frac{4}{8}$ ABCD.

Note. Il n'y a que cinq polyèdres réguliers convexes (G., n° 429) ; mais il y a en outre *quatre polyèdres réguliers non convexes*. Ils ont été découverts par POINSOT, étudiés par CAUCHY et M. J. BERTRAND. (Voir *Traité de Géométrie élémentaire*, par MM. ROUCHÉ ET DE COMBEROUSSE, n° 913.)

POINSOT, né à Paris en 1777, mort en 1859, membre du bureau des Longitudes, auteur des *Éléments de statique*, où se trouve exposée pour la première fois la *théorie des couples*.

CAUCHY, né à Paris en 1789, mort en 1857, un des plus grands mathématiciens de notre siècle. Il a publié un grand nombre de mémoires sur toutes les parties des mathématiques.

M. J. BERTRAND, membre de l'Institut.

Exercice 688.

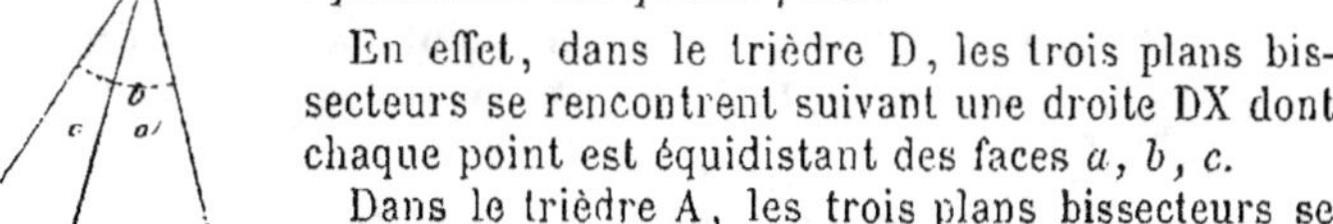

1833. Théorème. *Dans un tétraèdre quelconque, les six plans bissecteurs des dièdres se rencontrent en un même point équidistant des quatre faces.*

En effet, dans le trièdre D, les trois plans bissecteurs se rencontrent suivant une droite DX dont chaque point est équidistant des faces a, b, c.

Dans le trièdre A, les trois plans bissecteurs se rencontrent suivant une droite AY dont chaque point est équidistant des faces b, c, d.

Ainsi les deux droites DX et AY se trouvent l'une et l'autre sur le plan bissecteur du dièdre AD, commun aux deux trièdres considérés, et le point de rencontre de ces deux droites est équidistant des quatre faces a, b, c, d.

Fig. 1168.

C. Q. F. D.

Exercice 689.

1834. Théorème. *Les six plans menés perpendiculairement à chaque arête par le point milieu de la droite considérée, se coupent au même point.*

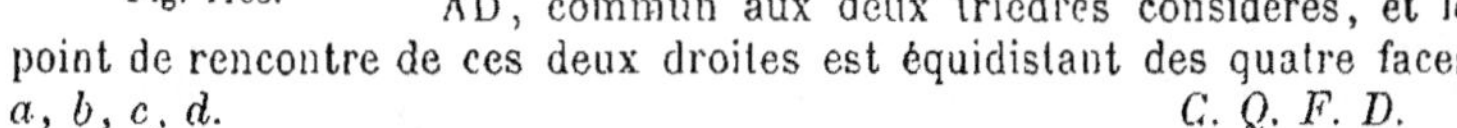

Tout point du plan perpendiculaire au milieu de AB est équidistant des points A et B ; donc le point commun aux plans perpendiculaires à AB, AC, BC est équidistant des quatre sommets du tétraèdre ; donc il appartient aux plans respectivement perpendiculaires au milieu de AD, de BD et de CD.

Remarque. Le point de concours des six plans est le centre de la sphère circonscrite au tétraèdre.

Exercice **690.**

1835. Théorème de Commandino*. *Les quatre droites qui joignent chaque sommet d'un tétraèdre au point de concours des médianes de la face opposée se coupent au même point, et ce point est aux* $^3/_4$ *de la droite à partir du sommet.*

1º Considérons d'abord deux de ces droites DG, CH.

Soit G le point de concours des médianes AF, CE du triangle ABC, et H le point de concours des médianes DE, AL de la face ABD.

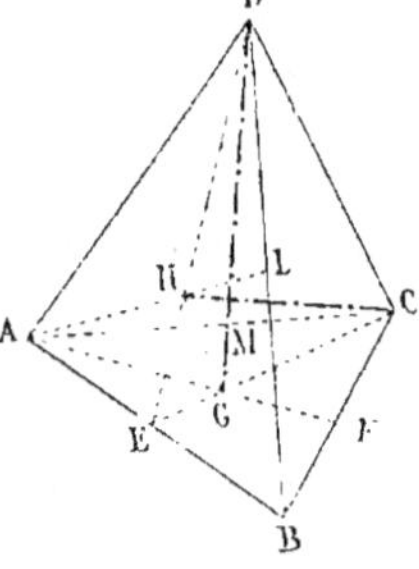

Fig. 1169.

Les deux droites DG, CH se coupent en un certain point M, car elles sont dans un même plan DEC.

2º Les parallèles CD et GH donnent

$$\frac{GM}{MD} = \frac{HM}{MC} = \frac{GH}{CD} = \frac{1}{3}$$

car

$$\frac{EG}{CE} = \frac{1}{3}$$

Ainsi GM est le tiers de MD, ou le quart de la ligne entière GD ; donc DM est les $^3/_4$ de DG. De même CM $= ^3/_4$ CH.

Les quatre droites se coupent au même point, puisque la droite issue du sommet A, par exemple, doit aussi couper DG au point situé aux $^3/_4$ de sa longueur à partir de D.

Remarque. Le point M est le centre de gravité du tétraèdre.

Exercice **691**.

1836. Théorème. *En prenant deux à deux les arêtes opposées d'un tétraèdre, on obtient trois groupes d'arêtes.*

1º *Un tétraèdre peut avoir un, deux ou trois groupes d'arêtes égales.*

2º *Un tétraèdre peut avoir un seul groupe d'arêtes orthogonales l'une à l'autre, ou trois groupes d'arêtes orthogonales.*

(Voir *Méthodes*, nº 160.)

Exercice **692.**

1837. Théorème. *Lorsque, dans un tétraèdre, deux hauteurs se rencontrent, il en est de même des deux autres.*

Soient les hauteurs AE, BF qui se coupent au point G.

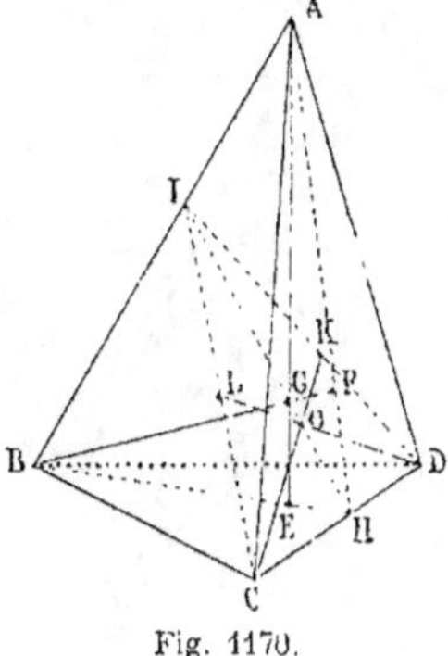

Le plan AHB, qu'elles déterminent, est perpendiculaire à l'arête CD, puisque cette ligne est l'intersection des faces auxquelles les hauteurs sont respectivement perpendiculaires. (G., n° 405.)

Par CD, menons un plan CID perpendiculaire à AB. Ce plan sera perpendiculaire aux faces ABC, ABD ; par conséquent il contiendra les hauteurs DL, CK ; donc ces deux lignes se coupent.

Remarque. La droite HI, intersection des plans menés par AB et CD, passe par les points G, O ; car elle est la troisième hauteur, soit du triangle AHB, soit du triangle CID.

Fig. 1170.

Exercice 693.

1838. Théorème. *Démontrer que les quatre perpendiculaires élevées aux faces d'un tétraèdre à arêtes orthogonales, par le point de concours des hauteurs de chaque face, se coupent en un même point.*

Soient L le point de concours des hauteurs du triangle BCD ; M, celui de ACD ; N, celui de ABC ; O, celui de ABD.

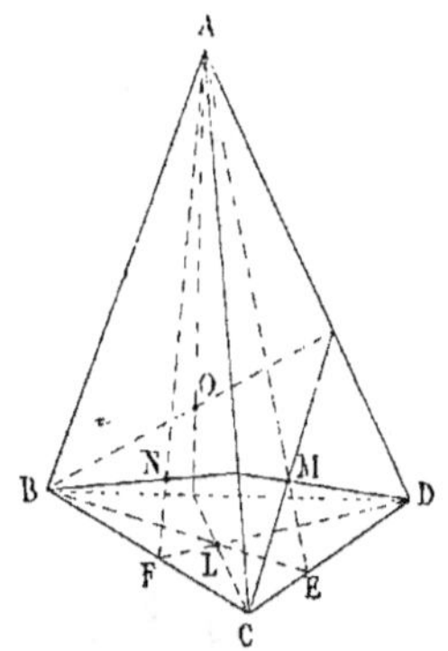

En outre les arêtes opposées, telles que AB et CD, sont perpendiculaires l'une à l'autre.

Les hauteurs BE, AE peuvent être déterminées par un plan mené par AB perpendiculairement à CD, puisque AB et CD sont perpendiculaires entre elles ; ce dernier plan est perpendiculaire aux faces qui ont CD pour arête commune.

La perpendiculaire au triangle ACD par le point M, et la perpendiculaire menée au triangle BCD par le point L, se coupent ; car elles sont dans un même plan AEB.

Ainsi les perpendiculaires élevées aux faces par L, M, N, O sont *deux à deux* dans un même plan ; donc elles se coupent deux à deux. D'ailleurs ces quatre droites ne sont

Fig. 1171.

pas dans un seul et même plan, car AEB ne contient pas les points N, O ; donc les quatre droites passent par un même point.

Remarque. Le *tétraèdre orthogonal* jouit de nombreuses propriétés et il a donné lieu à plusieurs études intéressantes ; voir notamment : *Journal de Mathématiques élémentaires et spéciales*, 1881, p. 337.

Exercice 694.

1839. Théorème. *Les diagonales d'un tronc de pyramide ayant pour base un parallélogramme se coupent au même point.*

Soit $\dfrac{m}{n}$ le rapport des côtés homologues et des diagonales homologues des deux bases du tronc.

1° Les arêtes latérales opposées sont dans un même plan, et ce plan coupe le tronc suivant un trapèze ACC'A', dont les diagonales AC', CA' se coupent sur la droite MS d'intersection des deux plans ASC, BSD.

D'ailleurs $\quad \dfrac{AO}{OC'} = \dfrac{AC}{A'C'} = \dfrac{m}{n}$

(G., n° 213, 3°)

donc $\quad \dfrac{MO}{OM'} = \dfrac{m}{n}$

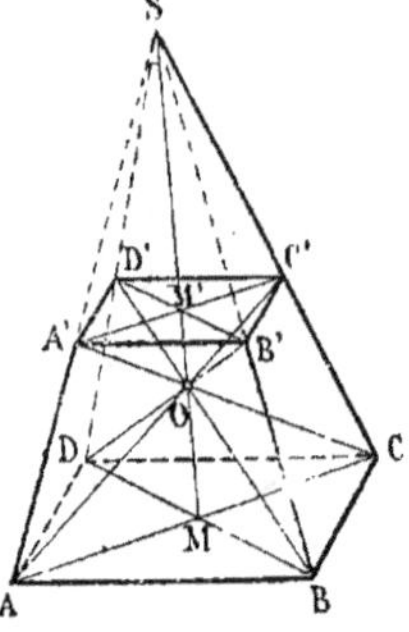

Fig. 1172.

Les diagonales BD', DB' diviseraient MM' dans le même rapport ; donc elles passent par le même point O.

Remarque. Le théorème est vrai pour tout tronc de pyramide ayant pour base un *polygone à centre*, et composé par suite de droites égales et parallèles deux à deux. (G., n° 159.)

1840. Théorème. *Lorsque les quatre diagonales d'un hexaèdre se coupent au même point, les trois droites qui joignent deux à deux les points de concours des diagonales des faces opposées se coupent au même point.*

En effet, les plans ACC'A' et BDD'B' donnent les trois points M, O, M' en ligne droite. De même les plans BCD'A', ADC'B' donneraient une autre droite passant par le point O, etc.

Exercice 695.

1841. Théorème. *Le plan qui passe par le point milieu de trois arêtes non parallèles et non concourantes d'un cube coupe le solide suivant un hexagone régulier.*

Considérons le plan mené par les points milieux I, J, K des trois arêtes non parallèles deux à deux et qui n'appartiennent pas à un même angle solide.

Menons les diagonales BE, BG, GE des trois faces de l'angle solide F, et la diagonale AC.

La droite IJ, qui joint les points milieux de BA, CB, est parallèle à AC et en égale la moitié ; donc elle est aussi

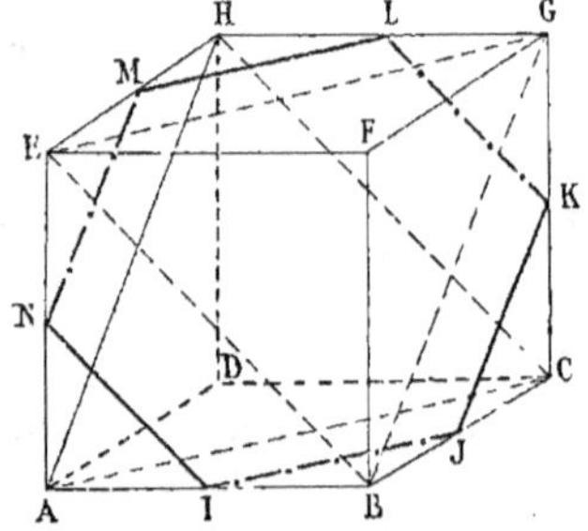

Fig. 1173.

parallèle à EG et en égale la moitié. De même JK est parallèle à BG et en égale la moitié.

Le plan IJK, mené par des droites parallèles à EG et à BG, est donc parallèle aux plans BEG et ACH.

Donc KL et CH sont parallèles comme intersections de deux plans parallèles IJKL et ACH, par un troisième plan CGH.

Mais K est le point milieu de CG ; donc L est le milieu de GH et KL $= \frac{1}{2}$ CH, etc. Ainsi le plan IJK passe par les points milieux L, M, N des côtés correspondants.

L'hexagone obtenu est régulier, car chaque côté est égal à la moitié du côté d'un triangle équilatéral, et les angles sont égaux comme étant les suppléments des angles d'un triangle équilatéral. En effet, IJ est parallèle à EG ; JK est parallèle à BG ; donc l'angle IJK est le supplément de BGE.

Remarque. On peut voir au sujet de cette question les *Exercices de Géométrie descriptive*, 1893, par F. J. (n° 527, p. 297).

Exercice 696.

1842. Théorème. *On peut couper par un plan une pyramide qua-drangulaire dont la base est un polygone convexe, de manière à obtenir pour section un parallélogramme.*

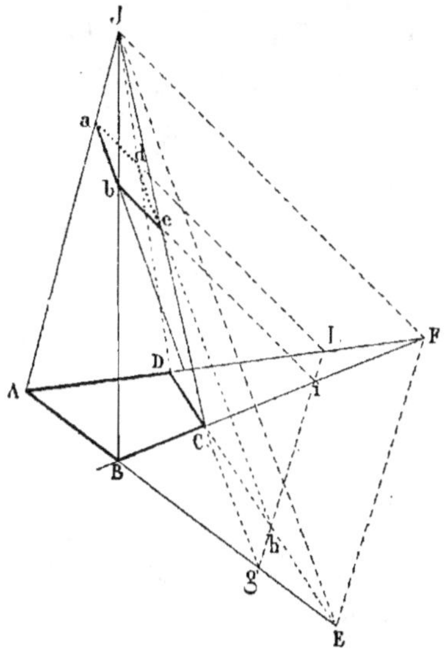

On sait que le plan sécant doit être parallèle aux lignes d'intersection des faces opposées de la pyramide, car il coupera deux faces opposées suivant des parallèles à l'intersection de ces faces (G., n° 383) ; par suite, les deux droites d'intersection seront parallèles entre elles.

Il faut donc prolonger les côtés opposés jusqu'en leur rencontre, mener JE, JF ; tout plan parallèle à JEF donnera un parallélogramme *abcd*.

Ainsi *gba* et ES sont parallèles comme intersections de deux plans parallèles par le plan SAB ; de même *cd* est parallèle à SE et par suite à *ab* ; de même *ab*, *cd* sont parallèles à SF. La figure *abcd* est donc un parallélogramme.

Fig. 1174.

Remarques. 1° Au point de vue des opérations graphiques à effectuer, la construction indiquée dans les *Exercices de Géométrie descriptive* est préférable à celle que l'on vient de donner.

2° Le théorème précédent (n° 1842) peut s'énoncer comme il suit : *Il est toujours possible de projeter coniquement un quadrilatère quelconque* ABCD *suivant un parallélogramme* abcd.

On peut d'ailleurs disposer du centre J de projection de manière à obtenir pour projection un losange ou un rectangle ; pour cette dernière figure, il suffit que J appartienne à la sphère décrite sur EF comme diamètre.

Exercice **697**.

1843. Théorème. *On peut couper un prisme triangulaire donné de manière que la section soit semblable à un triangle donné.*

Soit ADS, A'D'S' un prisme triangulaire quelconque.

Les sections parallèles étant égales, on peut supposer que la section demandée SBC est menée par un des sommets du prisme. En admettant que SBC soit semblable à un triangle donné, les angles BCS, CBS ont des grandeurs connues. Le théorème sera démontré si l'on peut résoudre le problème suivant.

1844. Problème. *Construire une pyramide quadrangulaire SABCD dont la base est un trapèze, connaissant la face ADS, l'inclinaison de cette face sur le plan de la base, la direction DD' AA' des côtés parallèles de cette base et les angles de la face SBC.*

Supposons la construction effectuée ; du sommet S, abaissons la perpendiculaire SP sur le plan de la base, et la perpendiculaire PQ sur le côté BC ; dans la direction de BC prenons QR = QS, et joignons R au point P. La droite RP est dans le plan de la base, et SQ est perpendiculaire à BC.

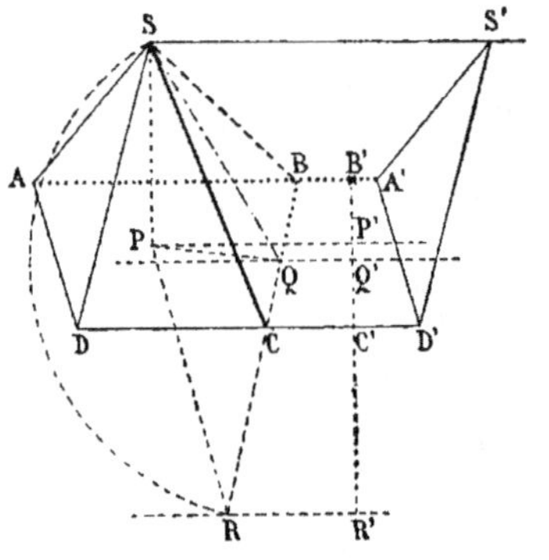

Fig. 1175.

A cause de l'angle droit SPQ, on a

$$QS^2 - QP^2 = SP^2$$

ou

$$QR^2 - QP^2 = SP^2$$

Or les rapports $\dfrac{BQ}{CQ}$ et $\dfrac{SQ}{CQ}$ ou $\dfrac{RQ}{CQ}$ sont connus, car le triangle BCS est semblable à un triangle donné ; on peut déterminer, par rapport à B'C' et à P', les points Q' et R', et mener des parallèles à AA', et le problème est ramené au problème connu :

Construire un triangle rectangle PQR, tel que les sommets se trouvent sur des parallèles données ; on sait, en outre, que la différence $RQ^2 - PQ^2$ *des côtés de l'angle droit a une valeur connue* SP² (n° 1523).

1844 (a). Note. La solution précédente a été donnée par LHUILIER, de Genève, dans les *Annales de Gergonne*, en 1811.

Voici les deux cas les plus intéressants du problème proposé (n° 1843).

1° *Couper le prisme triangulaire de manière que la section soit un triangle équilatéral.*

On peut l'énoncer comme il suit :

Projeter un triangle donné, de manière que sa projection soit un triangle équilatéral.

M.   34

Cette transformation permet de résoudre un assez grand nombre de questions relatives au triangle quelconque, mais il ne s'agit que des questions de position, d'intersection, et non des relations numériques autres que les rapports. Nous l'appliquons à la seconde démonstration du théorème (n° 1201).

2° *Couper le prisme triangulaire, de manière que la section soit un triangle rectangle isocèle.*

Ou bien, *projeter un parallélogramme de manière à obtenir un carré.*

GEORGES RITT, dans son *Recueil de problèmes de Géométrie*, a résolu le cas du triangle équilatéral à l'aide du calcul.

3° M. NEUBERG, professeur à l'université de Liège, a publié un mémoire très intéressant *Sur les projections et contre-projections d'un triangle fixe.* (Mémoires de l'Académie royale des sciences de Belgique, tome XLIV; Bruxelles, 1890).

Le savant auteur ne considère que des *projections orthogonales*, et il nomme *contre-projections* d'un triangle toute section du prisme droit construit sur ce triangle.

Le mémoire, de quatre-vingt-six pages, riche en théorèmes importants et en élégantes démonstrations, abonde en renseignements bibliographiques.

La publication de ce savant mémoire avait été précédée par divers articles du même auteur dans la *Nouvelle Correspondance mathématique* de CATALAN, 1874-1875, page 128.

Exercice 698.

1845. Théorème. *Deux droites AB et A'B', symétriques par rapport à un plan MN, font avec ce plan des angles égaux.*

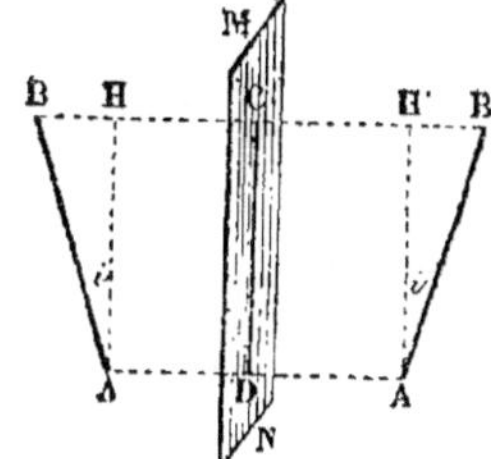

Fig. 1176.

La droite AA' est perpendiculaire au plan MN, et a son milieu en D; de même, BB' est perpendiculaire au plan MN, et a son milieu en C.

Donc CD est la projection commune des deux droites sur le plan MN; et si, dans le plan AB', on mène les droites AH et A'H' parallèles à CD, on a en i et i' les angles des deux droites avec le plan MN; et comme les deux trapèzes rectangles CDAB et CDA'B' pourraient coïncider, il en résulte que l'angle $i = i'$.

Exercice 699. — I.

1846. Théorème. *Si deux plans AB et A'B' sont symétriques par rapport à un troisième MN, ce dernier plan est bissecteur de l'angle des deux premiers.*

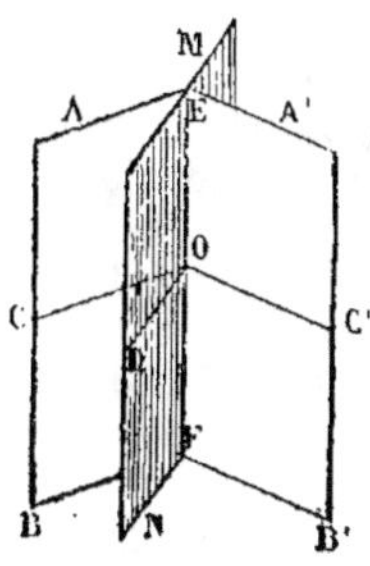

Fig. 1177.

Soit EF l'intersection des plans AB et MN. Tous les points de AB devant avoir leurs symétriques sur A'B', la droite EF doit appartenir aux deux plans AB et A'B'.

Si l'on mène les trois droites OC, OC' et OD perpendiculaires à l'intersection EF, ces droites sont dans un même plan perpendiculaire à EF.

Ainsi OC et OC′ sont symétriques par rapport au plan MN; ces lignes font des angles égaux avec ce plan (n° 1845). Et comme les angles DOC et DOC′ mesurent les dièdres formés de part et d'autre, le plan MN est bissecteur de l'angle des deux plans AB et A′B′.   *C. Q. F. D.*

Exercice 699. — II.

1846 (a). Théorème. *Deux triangles égaux, disposés d'une manière quelconque dans l'espace, peuvent être projetés orthogonalement sur un même plan, suivant deux triangles directement égaux.* (Voir, n° 1146, *figures directement* et *figures symétriquement semblables*.)

Soient ABC et $\alpha\beta\gamma$ les triangles égaux donnés.

Transportons l'un d'eux parallèlement à lui-même de manière que deux sommets correspondants, A et α par exemple, coïncident; en d'autres termes, dans l'espace, menons AB_1, égal et parallèle au côté $\alpha\beta$; puis AC_1 égal et parallèle au côté $\alpha\gamma$: il suffit de déterminer un plan sur lequel les projections orthogonales de ABC et de AB_1C_1 seront égales entre elles. Or tout plan parallèle aux droites de l'espace BB_1, CC_1 répond à la question, car les côtés AB, AB_1 également inclinés sur le plan considéré auront des projections égales ab et ab_1; de même $ac = ac_1$ et $bc = b_1c_1$,

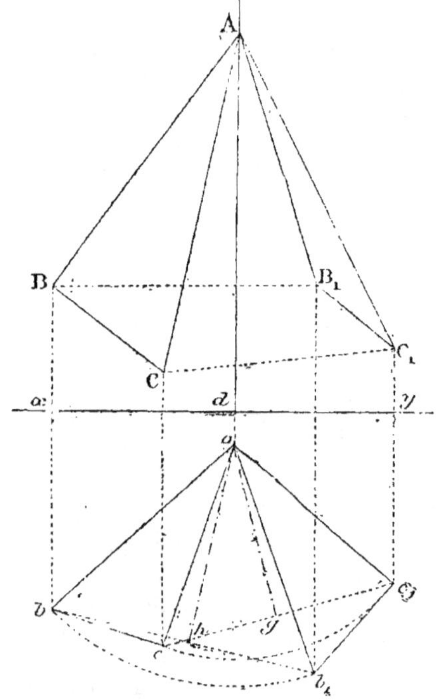

Fig. 1177 bis.

car les points B et B_1 ont même cote par rapport au plan de projection, et cela à lieu également pour C et C_1.

Ainsi les triangles égaux ABC, $\alpha\beta\gamma$ *se projettent suivant des triangles égaux sur tout plan parallèle aux droites de l'espace* BB_1 *et* CC_1.

Les projections égales abc, ab_1c_1 peuvent présenter deux dispositions différentes (fig. 1177 *bis* et 1177 *ter*).

1846 (b). 1ᵉʳ Cas. Dans le premier cas (fig. 1177 *bis*), les figures sont *directement égales*; le point a est leur centre de similitude, et par la rotation de l'une d'elles, *dans son plan*, autour du centre a, on les amène à coïncider.

En fait, les perpendiculaires ga, ha, élevées au milieu des bases bb_1, cc_1 de triangles isocèles représentent sur le plan de projection la trace des plans élevés perpendiculairement au milieu de BB_1 et de CC_1 ; ces plans se coupent suivant une droite Ad qui passe par le sommet commun des triangles isocèles ABB_1, ACC_1 ; l'intersection est perpendiculaire aux plans parallèles à BB_1 et CC_1, lorsque ces deux droites ne sont pas elles-mêmes dans un même plan.

1846 (c). 2ᵉ Cas. Lorsque les projections sont inversement ou symétriquement

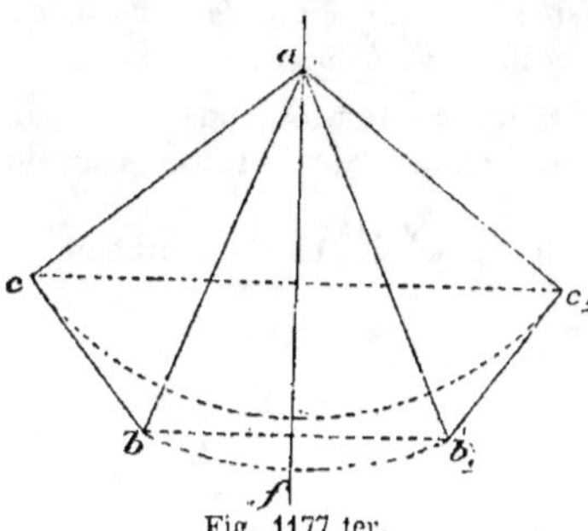

Fig. 1177 ter.

semblablement semblables (fig. 1177 *ter*), les droites bb_1, cc_1 sont parallèles, et il en était de même dans l'espace de BB_1 et de CC_1 ; il y a une infinité de directions de plans parallèles à ces deux lignes, et sur chacun de ces plans les triangles donnés se projettent suivant des triangles inversement égaux entre eux. Mais *les triangles donnés se projettent suivant deux triangles égaux superposés sur le plan de symétrie perpendiculaire au milieu des droites parallèles* BB_1, CC_1 ; af est la trace de ce plan, donc *les triangles donnés* ABC, $\alpha\beta\gamma$ *se projettent suivant des triangles directement égaux sur tout plan parallèle au plan de symétrie*.

Exercice 699. — III.

1846 (d). Théorème. *Deux triangles semblables, disposés d'une manière quelconque dans l'espace, peuvent être projetés orthogonalement, sur un même plan, suivant deux triangles directement semblables.*

C'est évident d'après la question précédente.

Pour déterminer la direction du plan de projection, on construit un triangle AB_1C_1 égal à ABC et homothétique du triangle $\alpha\beta\gamma$ semblable à ABC.

Volumes.

Exercice 700.

1847. Théorème. *Le volume d'un prisme triangulaire* $ABCDEF$ *égale le produit d'une face latérale quelconque* $ABCD$ *par la moitié de la distance* IJ *de cette face à l'arête opposée.*

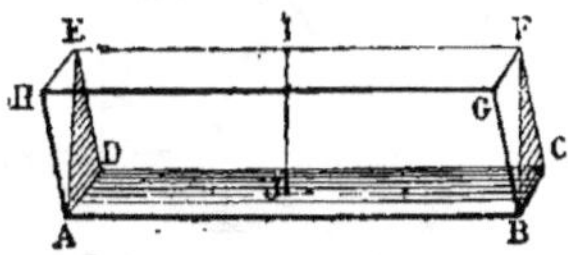

Fig. 1178.

En effet, si l'on mène les plans AG et EG respectivement parallèles aux faces EC et AC, et si l'on prolonge les faces triangulaires du prisme, on détermine un parallélépipède AF qui est double du prisme considéré.

Or, dans le parallélépipède total, on peut prendre pour base la face $ABCD$; la hauteur est la distance IJ des deux bases.

Le volume du parallélépipède égale le produit de la face ABCD par la distance IJ ; donc le volume du prisme triangulaire ABCDEF égale la moitié de ce même produit.   *C. Q. F. D.*

Exercice 701.

1848. Théorème. *Le volume d'un prisme régulier égale le produit de la surface latérale par la moitié de l'apothème de la base.*

En effet, dans un prisme régulier de n faces latérales, on peut, par des plans menés par l'axe et par les arêtes latérales, décomposer le solide en n prismes triangulaires égaux.

Appelons F l'aire de chaque face latérale du solide, et a l'apothème de la base.

Le volume d'un prisme partiel est . . . . . $F \cdot \frac{1}{2} a$

Et le volume total est . . . . $nF \cdot \frac{1}{2} a$

C. Q. F. D.

Exercice 702.

1849. Théorème. *Le volume d'une pyramide régulière égale la surface latérale multipliée par le $\frac{1}{3}$ de la distance du centre de la base à une face latérale.*

Soit n le nombre des faces latérales, F l'une de ces faces, et t la distance du centre de la base à chaque face latérale.

Par des plans menés par l'axe et par les arêtes latérales, on peut décomposer le solide en n pyramides triangulaires égales. Comme on peut prendre pour base d'une pyramide triangulaire telle face que l'on veut, on aura :

Volume d'une pyramide partielle. . . . . $F \cdot \frac{1}{3} t$

Volume total. . . . . $nF \cdot \frac{1}{3} t$

Exercice 703.

1850. Théorème. *Le volume d'un tétraèdre égale le $\frac{1}{3}$ d'une arête quelconque a, multipliée par la projection R du solide sur un plan M perpendiculaire à cette arête.*

En effet, le tétraèdre ABCD égale le tronc de prisme triangulaire droit EFG BAD, moins le tronc EFG CAD. Le volume est donc

$$\frac{1}{3} R (GB + FD + EA)$$

moins $\frac{1}{3} R (GC + FD + EA)$

soit $\frac{1}{3} R \cdot BC$, ou $\frac{1}{3} a \cdot R$ *C. Q. F. D.*

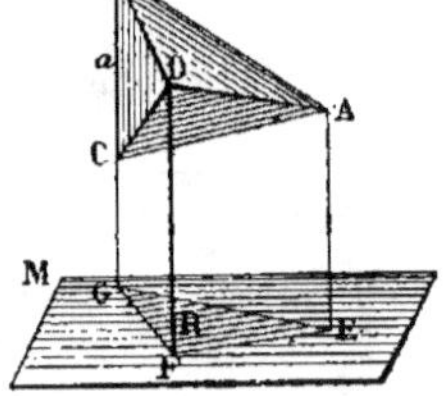

Fig. 1179.

Exercice 704.

1851. Théorème. *Si une pyramide a pour base un trapèze, le volume de cette pyramide égale le $\frac{1}{3}$ de la somme des bases a et b du trapèze* *multiplié par la projection* R *du solide sur un plan* M *perpendiculaire à ces mêmes bases.*

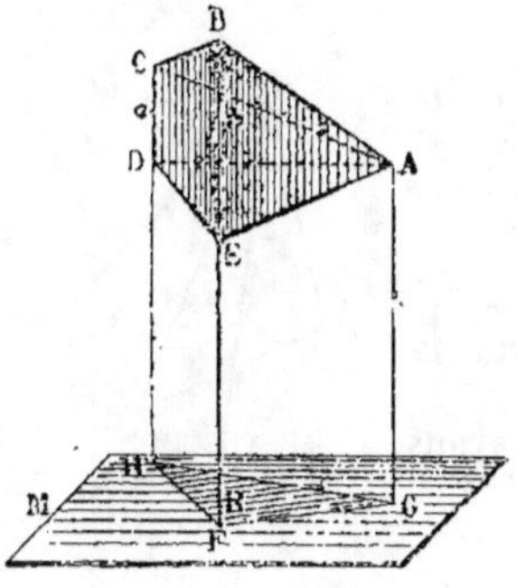

En effet, la pyramide ABCDE égale le tronc de prisme triangulaire droit FGH ABC, moins le tronc FGH ADE. Le volume est donc

$$\tfrac{1}{3}R(HC + FB + GA)$$

moins

$$\tfrac{1}{3}R(HD + FE + GA)$$

ou

$$\tfrac{1}{3}R(CD + BE)$$

ou

$$\tfrac{1}{3}(a + b)R$$

C. Q. F. D.

Fig. 1180.

Théorème. *Le volume d'un parallélépipède tronqué est égal au produit de la demi-somme de deux faces parallèles multipliée par leur distance.*

(FOURNIER[*], *Éléments de Géométrie et de Trigonométrie*, 1846.)

Ce théorème n'est qu'un cas particulier d'une question bien connue. (G., n° 942.)

Exercice 705.

1852. Théorème. *Si la hauteur d'un prisme triangulaire égale deux fois le diamètre du cercle circonscrit à la base, le prisme équivaut au parallélépipède qui aurait pour dimensions les trois côtés de cette même base.*

Soient a, b, c les trois côtés de la base; d le diamètre du cercle circonscrit à cette base : la hauteur du prisme sera $2d$.

On sait que le produit des trois côtés d'un triangle égale sa surface multipliée par le double du diamètre du cercle circonscrit. (G., n° 316, III.) Ainsi, en appelant S la surface du triangle, on a

$$abc = S \cdot 2d$$

Or le second membre de cette égalité exprime le volume du prisme, et le premier membre exprime le volume du parallélépipède qui aurait pour dimensions les trois côtés a, b, c. Donc, *si la hauteur...*

Exercice 706.

1853. Théorème. *Lorsque trois droites de longueurs données se coupent en un même point et sous des angles constants, l'octaèdre qui aurait pour sommet les extrémités des trois droites a un volume constant.*

(Voir *Méthodes*, n° 156.)

---

[*] C. F. FOURNIER, examinateur de la marine en 1846.

Exercice 707. — I.

1854. Théorème. *Tout plan mené par une arête d'un tétraèdre, et par le milieu de l'arête opposée, divise le tétraèdre en deux parties équivalentes.*

Soit $CE = DE$.

Abaissons les perpendiculaires CM, DN sur la face commune ABE.

Les deux parties sont équivalentes comme ayant une base commune ABE et des hauteurs égales CM, DN.

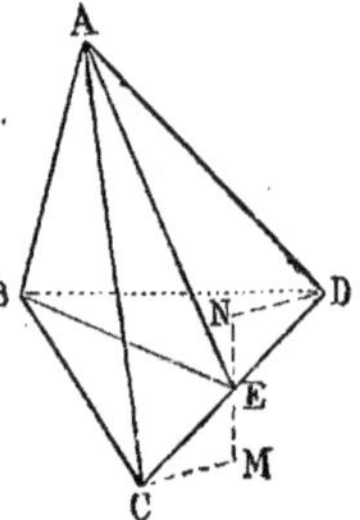

Fig. 1181.

1855. Théorème. *Tout plan mené par les milieux de deux arêtes opposées d'un tétraèdre divise ce solide en deux parties équivalentes.*

Soient E, F les points milieux par lesquels on mène la section FGEH.

Joignons le point A aux points F, H; menons aussi DF, DG.

Les deux solides à comparer se composent des pyramides quadrangulaires équivalentes A, FGEH; D, FGEH; car elles ont même base, et les hauteurs abaissées des points A et D sur la section sont égales; car $AE = DE$.

Il ne reste plus qu'à comparer les pyramides triangulaires ABFH et DCFG. Pour cela, comparons chacune d'elles au tétraèdre donné. On sait que deux tétraèdres qui ont un même angle solide sont entre eux comme les produits des trois arêtes de cet angle solide (G., n° 477);

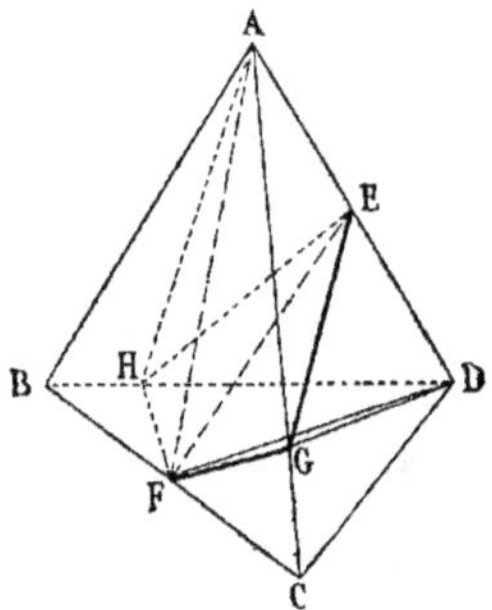

Fig. 1182.

donc
$$\frac{BAFH}{BACD} = \frac{BA.BF.BH}{BA.BC.BD} = \frac{BH}{2BD}$$

$$\frac{CDFG}{CDBA} = \frac{CD.CF.CG}{CD.CB.CA} = \frac{CG}{2CA}$$

Pour comparer les deux pyramides triangulaires partielles, il suffit donc de comparer les rapports $\frac{BH}{2BD}$ et $\frac{CG}{2CA}$, ou $\frac{BH}{BD}$ et $\frac{CG}{CA}$. Or tout plan FHEG mené par les points milieux E, F de deux arêtes opposées d'un quadrilatère gauche ADBC, divise les deux autres côtés BD et AC en parties proportionnelles (n° 1801); donc

$$\frac{BH}{BD} = \frac{CG}{CA}; \quad \text{donc} \quad BAFH = CDFG$$

donc le tétraèdre est divisé en deux parties équivalentes.

Exercice 707. — II.

1855 (a). Théorème. *Le plan qui divise deux arêtes opposées d'un tétraèdre dans un rapport donné divise le solide dans le même rapport.*

En effet (fig. 1182), si l'on a

$$\frac{AE}{ED} = \frac{BF}{FC} = \frac{m}{n}$$

On aura : 1° les pyramides quadrangulaires

$$\frac{A,FGEH}{D,FGEH} = \frac{AE}{ED} = \frac{m}{n}$$

2° Les pyramides triangulaires

$$\frac{BAFH}{CDFG} = \frac{BH}{BD} : \frac{CG}{CA}$$

Or $\qquad \dfrac{BH}{BD} = \dfrac{m}{m+n}$ (n° 1800) et $\dfrac{CG}{CA} = \dfrac{n}{m+n}$

donc $\qquad \dfrac{BAFH}{CDFG} = \dfrac{m}{n}$

ainsi les deux solides déterminés par le plan EHFG sont dans le rapport $\dfrac{m}{n}$.

Exercice 708.

1856. Théorème de Steiner. *Sur deux droites non situées dans un même plan, on prend deux longueurs données AB, CD ; prouver que le tétraèdre qui aurait pour sommets les quatre points A, B, C, D, a un volume constant, quelle que soit la position des lignes AB, CD sur les droites données.*

(Voir *Méthodes*, n° 158.)

Remarques. 1° *Autre démonstration* fondée sur une question précédente (n° 1850).

2° *Si l'on désigne par A, B les longueurs de deux arêtes opposées du tétraèdre, par* Δ *leur plus courte distance, par* α *leur angle et par V le volume du tétraèdre, on a la relation :*

$$V = \frac{AB\Delta}{6} \sin \alpha$$

Le théorème est dû à P. Lenthéric et Timmermans (*Annales de Gergonne*, t. XVIII, page 250 ; 1828 ; d'après le P. Le Cointe : *Théorie des fonctions circulaires.*

Le *théorème de Steiner* se déduit immédiatement du précédent ; mais nous ignorons la date de la publication de celui de *Steiner*.

Exercice 709.

1857. Théorème. *Lorsqu'une droite glisse sur deux arêtes opposées d'un tétraèdre, en restant dans un plan parallèle à deux autres arêtes opposées, cette droite engendre un quadrilatère gauche qui divise le tétraèdre en deux parties équivalentes.*

Soit MN s'appuyant sur AB, CD et restant dans un plan parallèle à BC et AD.

On sait que la surface engendrée est le quadrilatère gauche (n⁰ 1792),
et que les côtés AB, DC sont constamment
divisés en parties proportionnelles (n⁰ 1798).

Or le plan sécant parallèle à la fois aux
deux arêtes AD, BC, coupe les plans ABC,
DBC suivant des droites MO, NL parallèles
à BC, et les plans BAD, CAD suivant les
droites LM, NO parallèles à AD (G., n⁰ 379);
donc la section est un parallélogramme LMON;
la surface gauche, dont MN est la génératrice, divise donc ce parallélogramme en
deux parties égales. Il en est de même pour
toutes les sections analogues; donc le tétraèdre est divisé en deux parties équivalentes.

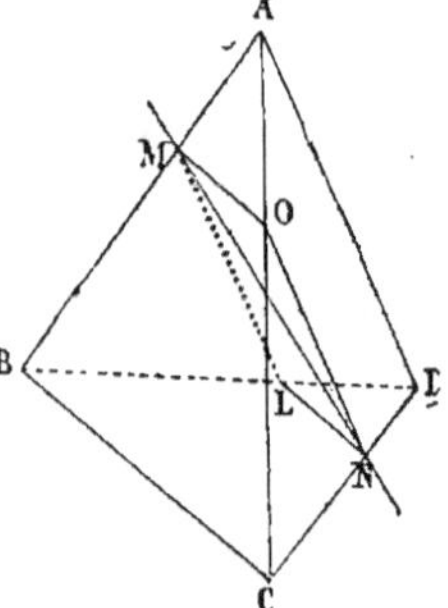

Fig. 1183.

1858. Théorème. *Un tronc de parallélépipède a pour volume le produit de la section droite par la moyenne de deux arêtes opposées.*

On le démontre en menant une section droite par le centre du parallélogramme qui termine le tronc.

Exercice 710.

1859. Théorème. *Le volume d'un tronc de parallélépipède droit, limité
par un quadrilatère gauche, s'obtient en multipliant la section droite
par la moyenne des quatre arêtes latérales.*

Les droites A'C', B'D' ne sont pas dans un
même plan; elles constituent les arêtes opposées
d'un tétraèdre A'B'C'D', que la surface gauche qui
termine le tronc divise en deux parties équivalentes (n⁰ 1857); donc le solide est la demi-
somme des quatre prismes triangulaires ABC,
A'B'C'; ADC, A'D'C' et BAD, B'A'D'; BCD, B'C'D'.

Les sections droites de ces quatre prismes sont
équivalentes entre elles; soit T la surface d'un
triangle tel que ABC.

Le volume d'un tronc triangulaire égale la section droite multipliée par la moyenne des trois arêtes; donc

$$\text{tronc ABC, A'B'C'} = \text{T} . \frac{a+b+c}{3}$$

$$\text{tronc ADC, A'D'C'} = \text{T} . \frac{a+d+c}{3}$$

$$\text{tronc BAD, B'A'D'} = \text{T} . \frac{b+a+d}{3}$$

$$\text{tronc BCD, B'C'D'} = \text{T} . \frac{b+c+d}{3}$$

$$\text{La demi-somme} = \text{T} . \frac{a+b+c+d}{2} = \text{ABCD} . \frac{a+b+c+d}{4}$$

C. Q. F. D.

34*

Exercice 711.

1860. Théorème. *Par chaque sommet d'un tétraèdre quelconque, on mène un plan parallèle à la face opposée; prouver que le tétraèdre obtenu est 27 fois plus grand que le tétraèdre donné.*

Considérons un tétraèdre quelconque A'B'C'D'. Traçons sur les faces

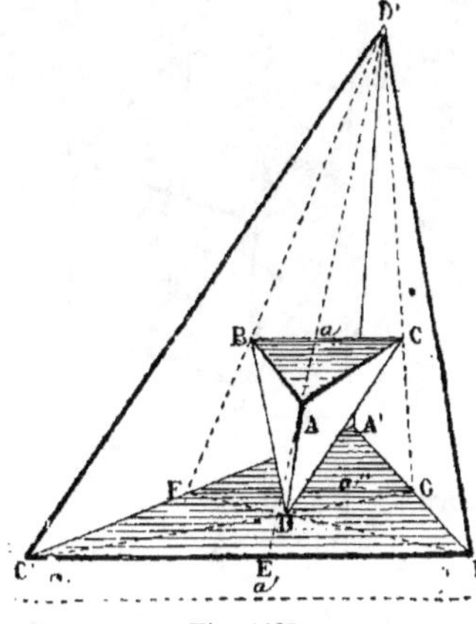

Fig. 1185.

latérales les médianes qui partent du point D', et sur la base, les médianes qui partent des points B' et C'.

Le point de rencontre D de ces dernières médianes est aux $^2/_3$ de leurs longueurs respectives; et de même, si l'on marque les points A, B, C aux $^2/_3$ des médianes qui partent du point D', on aura les points de rencontre des médianes des faces latérales.

Prenons les points A, B, C, D comme sommets d'un tétraèdre. Le plan ABC, coupant dans un même rapport les droites D'E, D'F, D'G, est parallèle à A'B'C' (G., n° 462); il en est de même des autres faces. Et ainsi les deux tétraèdres sont semblables, quoique les éléments soient disposés dans un *ordre inverse.*

Donc, si l'on se donnait d'abord le tétraèdre ABCD, et si l'on menait, par les sommets, des plans parallèles aux faces opposées, c'est le tétraèdre A'B'C'D' que l'on obtiendrait. Il reste à trouver le rapport des volumes.

Or, d'après les constructions, chacune des dimensions de DABC est le $^1/_3$ des dimensions homologues de D'A'B'C'; donc les volumes sont entre eux dans le rapport $\left(\dfrac{1}{3}\right)^3$ ou $\dfrac{1}{27}$. (G., n° 487.)

Donc le tétraèdre A'B'C'D' égale 27 fois le tétraèdre ABCD.

Autre démonstration. Chaque sommet du petit tétraèdre est le centre de gravité de l'une des faces du grand.

En effet, AB, parallèle à EF, l'est à A'B'.

Ainsi, E, F, G sont les milieux des côtés de A'B'C'.

Donc D est le centre de gravité de A'B'C'.

On a
$$A'B' = 2 . \overline{EF} = 2 . \frac{3}{2} . AB = 3AB$$

Le rapport de similitude des deux solides étant 3, le volume du grand égale 27 fois celui du petit.

Exercice 712.

1861. Théorème. *Sur les trois faces latérales d'une pyramide triangulaire, de sommet S, on construit des prismes triangulaires quelconques* *dont les bases supérieures, prolongées convenablement, se rencontrent en un point commun O.*

Sur la base de la pyramide primitive, on construit un prisme dont les arêtes latérales ont pour longueur et pour direction SO. Démontrer que ce dernier prisme égale la somme des trois autres.

Soit ABSLMN l'un des prismes latéraux. La base supérieure LMN peut être transportée parallèlement à elle-même, et dans son propre plan, en OGH; et le prisme obtenu est équivalent à ABSOGH.

De même, quelle que soit la position des deux autres prismes latéraux, ils sont équivalents : l'un à BCSOHK, et l'autre à ACSOGK.

Les deux tétraèdres SABC et OGHK sont équivalents; car tous leurs éléments, faces et dièdres, sont respectivement égaux.

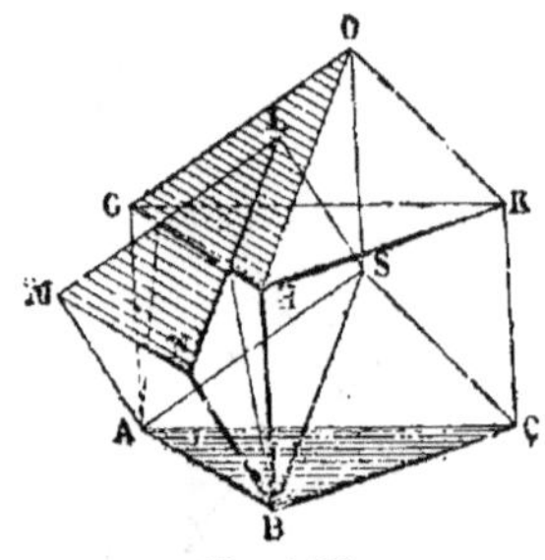

Fig. 1186.

Or, si du solide ABCKOGH on enlève la pyramide OGHK, il reste un prisme triangulaire ABCKGH construit sur la base ABC, avec des arêtes latérales égales et parallèles à SO.

Si du même solide ABCKOGH on enlève la pyramide SABC, il reste l'ensemble des trois prismes latéraux.

Donc le volume du prisme construit sur la base égale la somme des volumes des prismes latéraux.   *C. Q. F. D.*

Remarque. Le théorème est analogue à celui de *Clairault* (nº 1559).

Exercice 713.

1862. Théorème. *Le volume d'un tronc de pyramide triangulaire peut s'obtenir en multipliant le $1/6$ de la hauteur par la somme des bases, augmentée de quatre fois la section équidistante de ces bases.*

$$V = 1/6\, h\, (B + 4S + B')$$

Par EF, menons un plan ELMF parallèle à AD. On obtient un prisme triangulaire. Par FM, menons un plan FMN parallèle à ELB; on obtient ainsi un prisme triangulaire ayant pour bases ELB, FMN; il reste une pyramide FMNC.

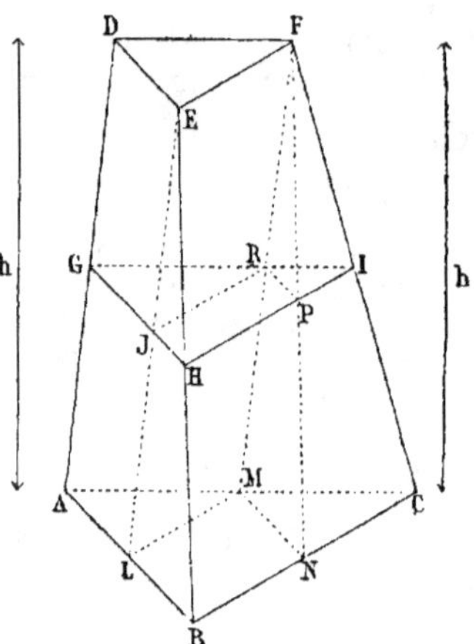

Fig. 1187.

En prenant pour bases respectives de ces solides les figures ALM, LBNM, MNC, la hauteur h est commune. On sait que le volume du prisme ELB, FMN peut s'obtenir en multipliant LBNM par $\dfrac{h}{2}$; donc

$$V = ALM \cdot h + LBNM \cdot \frac{h}{2} + MNC \cdot \frac{h}{3}$$

réduisons au même dénominateur et mettons $\frac{h}{6}$ en facteur commun :

$$V = \frac{h}{6}\,[6ALM + 3LBNM + 2MNC]$$

$$V = \frac{h}{6}\,[(ALM + LBNM + MNC) + (4ALM + 2LBNM + MNC) + ALM]$$

Mais la seconde parenthèse donne 4GHI, car $\quad$ 2LBNM $=$ 4JHPR $\quad$ et MNC $=$ 4RPI ; $\quad$ donc

$$V = \frac{h}{6}\,[ABC + 4GHI + DEF] \qquad\qquad C.\ Q.\ F.\ D.$$

Remarque. En représentant la base inférieure par B, la base supérieure par B′ et la section équidistante par S, on écrit

$$V = \frac{h}{6}\,(B + 4S + B') \qquad (\mathbf{a})$$

1863. Théorème. *Le volume limité par deux bases parallèles, et dont toutes les faces latérales sont planes, a pour expression*

$$V = \frac{h}{6}\,(B + 4S + B')$$

On peut décomposer ce corps en pyramides, prismes ou tronc de pyramide, etc.

1864. Note. 1° Le volume compris entre deux polygones parallèles quelconques et dont les faces latérales sont des triangles ou des trapèzes peut être nommé *prismatoïde* ou *prismoïde;* d'une manière plus générale, le solide compris entre deux polygones parallèles et dont les faces latérales sont engendrées par une droite qui s'appuie sur les périmètres des deux bases, en restant parallèle à un plan directeur, peut être nommée *parralléloïde* (G., n° 934).

2° Le théorème précédent est parfois attribué à STEINER (*Mathésis*, 1885, p. 9, renvoi **); d'ailleurs, le théorème (n° 1863) n'est qu'un cas particulier d'un théorème beaucoup plus général. (G., n° 985.)

La formule $\qquad V = \frac{h}{6}\,(B + 4S + B') \qquad (\mathbf{a})$

a été appliquée à bien d'autres corps qu'à ceux que l'on considère ordinairement. (G., n° 990.) A l'exercice 104, n° 877 de l'*Appendice aux Exercices de Géométrie*, nous avons prouvé que cette même formule s'applique à tout corps dont la section y^2 est donnée par une fonction du troisième degré :

$$y^2 = ax^3 + bx^2 + cx + d$$

Pour les mêmes corps, nous avons trouvé que le volume peut s'exprimer par

$$V = \frac{h}{8}\,[B + 3(C + D) + B'] \qquad (\mathbf{b}) \qquad (n° 879)$$

C et D étant les sections faites au premier tiers et au second tiers de la hauteur.

3° Nous avons été agréablement surpris de trouver dans MACLAURIN, *Traité des fluxions*, n° 848, une formule d'*interpolation* qui permet de vérifier les résultats que nous avons obtenus par une méthode directe. En représentant par A la somme des ordonnées extrêmes, par B la somme de toutes les ordonnées intermédiaires, par R la hauteur qu'on divise en n parties égales, et en se bornant au premier terme, on trouve pour formules réduites :

Pour trois ordonnées $\qquad S = (A + 4B)\,\dfrac{R}{6} \qquad (\mathbf{a'})$

Pour quatre ordonnées $\qquad S = (A + 3B)\,\dfrac{R}{8} \qquad (\mathbf{b'})$

La première formule a été recommandée par Newton, et n'est autre chose que la formule (**a**), connue aussi sous le nom de *formule réduite de Simpson*.

La seconde (**b'**) a été recommandée par Cotes, et c'est la formule (**b**). Mais ces illustres auteurs n'indiquent (**a'**) et (**b'**) que comme des formules approximatives ; néanmoins elles s'appliquent exactement lorsque la section est donnée par une fonction qui ne dépasse pas le troisième degré.

4° Le théorème (n° 1863) et son extension, au cas où le solide est terminé par une surface du second degré, ont été donnés dans les *Nouvelles Annales* (1848, page 241) ; mais le *théorème de Sarrus* (page 244), où il est dit que la formule (**a**) s'applique à tout corps dont la section est une fonction du second degré, n'est pas assez général, puisqu'il est vrai même qu'on a :

$$y^2 = ax^3 + bx^2 + cx + d$$

On trouve une seconde étude dans le même recueil (année 1857, pages 331 et 312), et une étude magistrale où la question est traitée dans toute sa généralité par M. Maleyx. (N. A., 1880, page 529.)

Cotes (1682-1716), professeur de physique expérimentale à Cambridge, ami et auxiliaire de Newton et de Maclaurin.

Sarrus (1793-1858), professeur à la faculté des sciences de Strasbourg.

1865. Théorème de Mascheroni. *L'excès du volume, limité par deux polygones équiangles et parallèles et dont les faces latérales sont des trapèzes, sur le volume prismatique de même hauteur qui aurait pour base la section équidistante, est le* $^1/_{12}$ *du prisme de même hauteur qui aurait pour base un polygone équiangle aux bases données, et pour côtés les différences des côtés de ces deux bases.*

Il suffit de démontrer le théorème pour un tronc de pyramide triangulaire, car le solide donné peut se décomposer en troncs de pyramide et en prismes ayant la hauteur donnée.

Le volume V du tronc de pyramide est donné par la relation suivante :

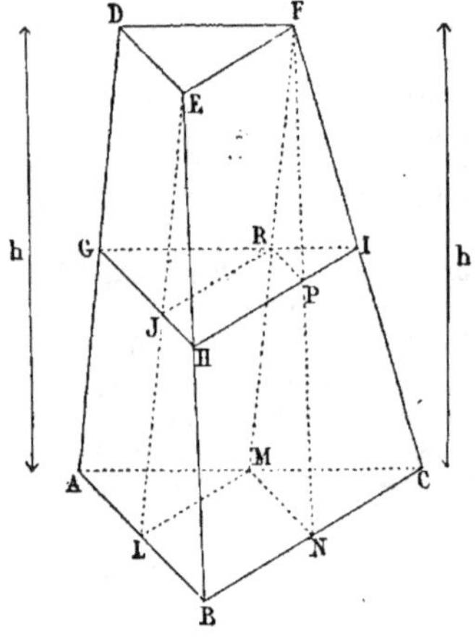

Fig. 1188.

$$V = ALM \cdot h + LBMN \cdot \frac{h}{2} + MNC \cdot \frac{h}{3}$$

Pour l'exprimer en fonction de la section GHI, on peut écrire, en ajoutant et retranchant RPI . h :

$$V = GJR \cdot h + JHPR \cdot h + MNC \cdot \frac{h}{3} + RPI \cdot h - RPI \cdot h$$

ou $\qquad V = GHI \cdot h + MNC \cdot \frac{h}{3} - RPI \cdot h$

Or, GHI . h exprime le volume V′ du prisme qui aurait la section médiane pour base ; donc l'excès

$$V - V' = MNC . \frac{h}{3} - RPI . h \quad \text{ou} \quad MNC . \frac{h}{3} - MNC . \frac{h}{4}$$

$$V - V' = MCN . \frac{h}{12} \qquad\qquad C.\ Q.\ F.\ D.$$

1866. Note. Nous nommons le théorème précédent *théorème de Mascheroni* d'après M. Haillecourt, professeur à la faculté de Dijon.

Le recueil intitulé : *Problèmes de Géométrie pratique à l'usage des arpenteurs,* par Mascheroni, contient un grand nombre d'énoncés relatifs à la mesure des aires et des volumes ; mais il n'y a pas de démonstration.

Dans les *Nouvelles Annales* (année 1848, page 245), le théorème est attribué à Carl Koppe, de Westphalie, qui ne l'a publié qu'en 1838, dans le *Journal de Crelle.* Une citation analogue se trouve dans un ouvrage déjà cité : *Lehrbruch der Geometrie,* von Rudolf Sonndorfer, seconde partie, page 77. La démonstration donnée dans ce dernier traité, à la page 79, est suivie de plusieurs autres questions offrant un réel intérêt.

Nous devons citer deux études fort complètes relatives au volume des corps, limités latéralement par des surfaces gauches, et ayant pour bases deux figures planes parallèles.

Revue des sociétés savantes (années 1868 et 1876), Mémoires de M. Haillecourt. On y trouve tout ce qui se rapporte à la formule (a) (n° 1864) ; le *théorème de Mascheroni* et les théorèmes suivants :

Th. *Si on tord d'un angle ω un cylindre, le volume qui en résulte a pour mesure :*

$$V = \frac{1}{3} HS \left(1 + 2\,\sigma \cos \frac{1}{2}\,\omega\right) = \frac{1}{3} HS (2 + \cos \omega)$$

H est la hauteur, S la base du cylindre et σ la section équidistante.

Th. *Si on tord un tronc de cône d'un angle ω, le rapport de similitude des bases étant* q, *on a :*

$$V = \frac{1}{\sigma} H (1 + 2q \cos \omega + q^2) S \qquad \text{(année 1868, page 40)}.$$

Mascheroni, mathématicien italien, né en 1750, vint à Paris comme membre italien de la commission du système métrique ; il y mourut en 1800. Cet auteur est surtout connu par sa *Géométrie du Compas.*

Le docteur Sonndorfer, *director der academischen handelsmittelschule,* à Vienne.

Relations numériques.

Exercice 714.

1867. Théorème. *Lorsqu'un tétraèdre a trois faces égales, la somme des distances d'un point quelconque de la quatrième face à chacune des trois autres est constante.*

(Voir *Méthodes,* n° 170.)

1868. Théorème. *Les perpendiculaires abaissées d'un point quelconque de la base d'une pyramide régulière sur les faces latérales de cette pyramide ont une somme constante.*

1869. Théorème. *La somme des perpendiculaires abaissées sur les faces d'un polyèdre régulier, d'un même point pris dans l'intérieur de ce polyèdre, est une quantité constante.*

(Voir *Méthodes*, n° 171.)

Exercice 715.

1870. Théorème. *Le plan bissecteur de l'angle dièdre d'un tétraèdre divise l'arête opposée en segments proportionnels aux faces de ce dièdre.*

Soit le plan ABE bissecteur du dièdre AB.

Il faut prouver qu'on a

$$\frac{CE}{DE} = \frac{ABC}{ABD}$$

Le point E, appartenant au plan bissecteur, est équidistant des deux faces du tétraèdre ; soit h cette distance.

Le triple du volume du solide

$$ABCE = ABC \cdot h$$

Le triple du volume

$$ABDE = ABD \cdot h$$

Les volumes sont donc entre eux comme les faces ABC, ABD.

Or, si des points C, D on abaisse des perpendiculaires sur la face commune ABE, les deux volumes seront entre eux comme les hauteurs CM, DN, ou comme les grandeurs proportionnelles CE, DE ;

donc $\qquad\qquad \dfrac{CE}{DE} = \dfrac{ABC}{ABD} \qquad\qquad$ *C. Q. F. D.*

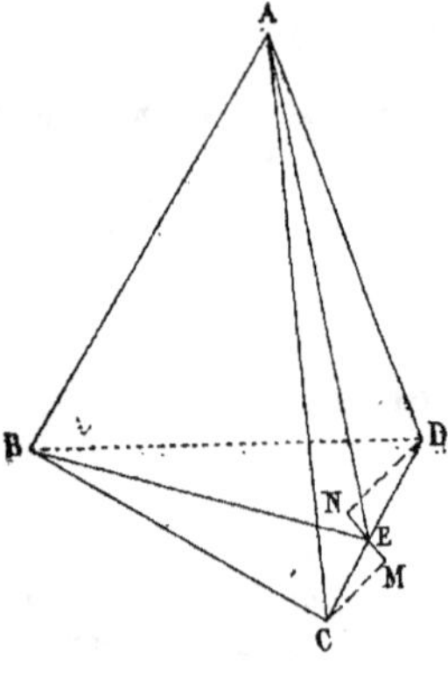

Fig. 1189.

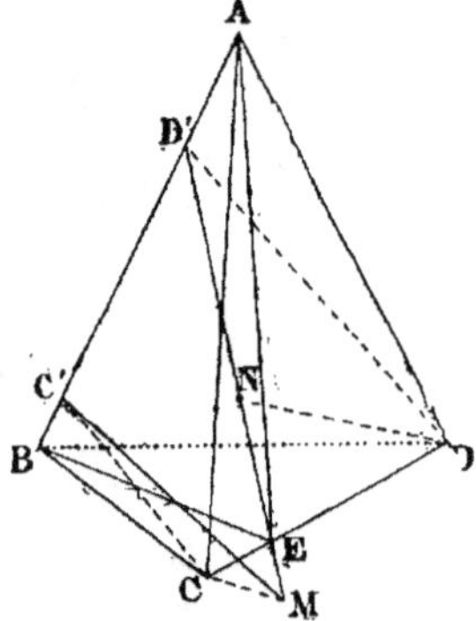

Fig. 1190.

Autre démonstration. Abaissons les hauteurs CC′ et DD′.

Les triangles rectangles DD′N, CC′M sont semblables et donnent

$$\frac{DD'}{CC'} = \frac{DN}{CM} = \frac{ED}{EC}$$

Ou en multipliant les deux premiers termes par $\dfrac{AB}{2}$

$$\frac{DAB}{CAB} = \frac{ED}{EC}$$

Exercice 716.

1871. Théorème. *La somme des carrés des projections d'une droite sur trois axes rectangulaires deux à deux égale le carré de cette droite.*

Soit OM la droite donnée, et trois axes rectangulaires OX, OY, OZ.

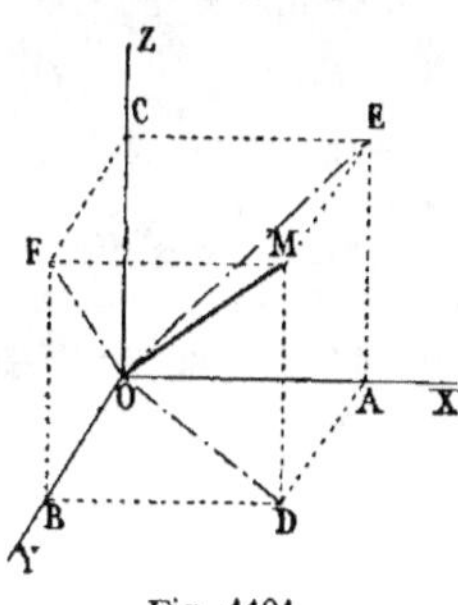

Fig. 1191.

On peut admettre que la droite passe par le point de concours des axes, car les projections d'une droite sur des droites parallèles sont égales entre elles.

Pour avoir les projections de OM, il suffit de mener par le point M trois plans respectivement parallèles à XOY, XOZ, YOZ. Nous formons ainsi un parallélipipède rectangle, dont les arêtes OA, OB, OC sont les projections de la droite donnée.

Or la droite MD, perpendiculaire au plan AOBD, est par suite perpendiculaire à OD; donc

$$OM^2 = OD^2 + MD^2 ; \quad \text{d'ailleurs} \quad OD^2 = OB^2 + OA^2$$

donc
$$OM^2 = OA^2 + OB^2 + OC^2 \qquad C.\ Q.\ F.\ D.$$

1872. Théorème. *La somme des carrés des projections d'une droite OM sur trois plans rectangulaires deux à deux égale le double du carré de cette droite.*

OD, OE, OF sont les projections de la droite sur les trois plans menés par le point O; car, par exemple, ME est perpendiculaire au plan XOZ, etc.

$$OD^2 = OA^2 + OB^2 ; \quad OE^2 = OA^2 + OC^2 ; \quad OF^2 = OB^2 + OC^2$$

donc
$$OD^2 + OE^2 + OF^2 = 2OA^2 + 2OB^2 + 2OC^2 = 2OM^2$$

Exercice 717.

1873. Théorème. *En coupant par un plan quelconque, en A, B, C, D, les quatre arêtes d'un angle solide S d'un octaèdre régulier,*

on a
$$\frac{1}{SA} + \frac{1}{SC} = \frac{1}{SB} + \frac{1}{SD}$$

(Levy *, N. A., 1842, page 375, n° 35.)

---

* Lévy, célèbre cristallographe, bon géomètre, mort en 1841, professeur au collège Charlemagne.

La solution donnée dans les *Nouvelles Annales mathématiques*, en 1850, page 60, est de M. Dewulf, alors élève au lycée de Saint-Omer; cette solution est simple, mais celle que nous donnons l'est encore davantage.

On doit à M. Dewulf, aujourd'hui chef de bataillon du génie, la traduction des *Éléments de géométrie projective de M. Cremona.*

On sait que, pour un point fixe O pris sur la bissectrice d'un angle, toute sécante AOC donne une somme constante $\dfrac{1}{SA} + \dfrac{1}{SC}$ (n° 280).

Or les angles ASC, BSD sont égaux ; et, pour un plan quelconque, le point O est le même pour les deux angles ; donc

$$\frac{1}{SA} + \frac{1}{SC} = \frac{1}{SB} + \frac{1}{SD}$$

Remarque. La démonstration ci-dessus s'applique à une pyramide quadrangulaire ayant pour base un rectangle, pourvu que la hauteur de la pyramide tombe au point de concours des diagonales du rectangle.

Exercice 718.

1874. Théorème. *Tout plan mené par le point de concours des diagonales d'un octaèdre régulier coupe les douze arêtes ou leur prolongement, et donne lieu à vingt-quatre segments dont la somme des inverses est constante.*

(Voir *Méthodes*, n° 284.)

Exercice 719.

1875. Théorème. *Par un point fixe O pris sur la droite équidistante des arêtes d'un angle polyédrique régulier, on mène un plan quelconque ; prouver que la somme des inverses des arêtes est constante.*

(Voir *Méthodes*, n° 286.)

Exercice 720.

1876. Théorème. *Lorsque, par les arêtes opposées d'un tétraèdre, on mène des plans parallèles, on forme un parallélépipède circonscrit dont le volume est triple de celui du tétraèdre.*

(Voir *Méthodes*, n° 157.)

1877. Théorème de Gua *. *Lorsque l'angle au sommet d'une pyramide est un trièdre tri-rectangle, le carré de la base de cette pyramide égale la somme des carrés des trois autres faces.*

Le théorème a déjà été démontré, mais avec un énoncé différent (n°s 1556 et 1557), car les triangles rectangles construits sur les côtés du triangle acutangle donné ne sont que les rabattements des faces du trièdre tri-rectangle. Avec une figure dans l'espace, la démonstration est très simple.

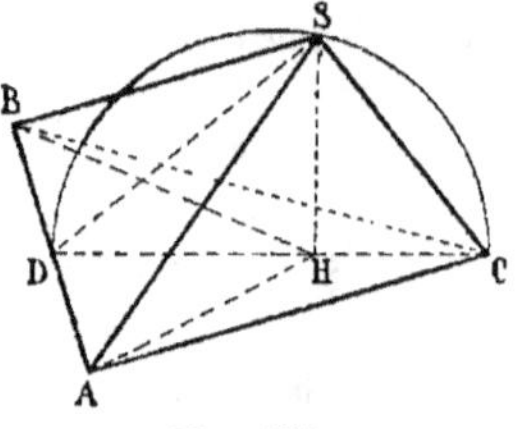

Fig. 1192.

Soit S le sommet du trièdre tri-rectangle, ABC la base de la pyramide.

L'arête CS est perpendiculaire à la face ASB ; donc, si par CS on mène un plan perpendiculaire à AB, la droite CD sera perpendiculaire à AB ; l'angle CSD sera droit, et la section, étant perpendiculaire au plan de base, contiendra la hauteur SH de la pyramide.

Or le triangle ASB et sa projection AHB, ayant même base, sont entre eux comme leurs hauteurs ; il en est de même de ACB.

Mais $DS^2 = DH \cdot DC$ à cause de l'angle droit DSC ; donc

$$ASB^2 = ACB \cdot AHB$$

de même

$$ASC^2 = ACB \cdot AHC$$

$$BSC^2 = ACB \cdot BHC$$

donc

$$ASB^2 + ASC^2 + BSC^2 = BHC^2 \qquad C. \, Q. \, F. \, D.$$

Autre démonstration :

$$AB^2 \cdot DC^2 = AB^2 (SC^2 + SD^2)$$
$$= AB^2 \cdot SD^2 + AB^2 \cdot SC^2$$
$$= AB^2 \cdot SD^2 + (SB^2 + SA^2)SC^2$$
$$= AB^2 \cdot SD^2 + SB^2 \cdot SC^2 + SA^2 SC^2$$
$$(ABC)^2 = (SAB)^2 + (SBC)^2 + (SAC)^2$$

On peut voir aussi : *Éducation chrétienne*, II, *supplément* 21, q. 36, page 332.

Remarque. On peut énoncer le théorème comme il suit : *Le carré du triangle ABC est la somme des carrés de ses projections sur trois plans rectangulaires menés par ses côtés.*

<h3 align="center">Exercice 721.</h3>

1878. Théorème de Tinseau. *Le carré d'une surface plane quelconque est égal à la somme des carrés des projections de cette surface sur trois plans rectangulaires deux à deux.*

Ce théorème est l'extension du théorème précédent.

1° Les projections d'une figure plane sur des plans parallèles sont égales entre elles.

2° Toute figure plane peut être considérée comme étant la somme algébrique de triangles, tel que le triangle acutangle ABS (n° 1877) ; donc, en général, *le carré d'une surface plane*, etc.

Note. Le *théorème de Tinseau* a été présenté à l'Académie des sciences en 1774, et imprimé, en 1780, dans le tome IX du *Recueil des Savants étrangers*.

Le *théorème de Gua* (n° 1877) n'est qu'un corollaire du *théorème de Tinseau ;* néanmoins il est étudié directement dans les mémoires de 1783, et peut servir à démontrer le théorème général : c'est ainsi, d'ailleurs, que nous avons procédé.

La publication faite en 1859 des *Œuvres inédites de Descartes* montre que ce grand géomètre connaissait les propriétés du tétraèdre tri-rectangle. (N. A., 1859, *Bibliographie*, page 59.)

TINSEAU, né à Besançon, sortit en 1771 de l'école de Mézières, et se retira de l'armée en 1791.

Exercice 722.

1879. Théorème. *Lorsqu'une pyramide triangulaire* SABC *est coupée par un plan qui rencontre le plan de la base, et qu'on fait tourner la section* A'B'C' *autour de la droite* MN *d'intersection des deux plans, les droites* AA', BB', CC' *concourent en un même point, et le lieu de ce point est une circonférence dont le plan est perpendiculaire à* MN.

(Voir *Méthodes*, n° 182.)

PROBLÈMES

Maxima et Minima.

Exercice 723.

1880. Problème. *Quel est le parallélépipède de volume maximum dont la somme des trois arêtes égale une longueur donnée?*

(Voir *Méthodes*, n° 372.)

Exercice 724.

1881. Problème. *De tous les parallélépipèdes droits qui ont pour base un carré et dont la somme du côté du carré et de la hauteur est constante, quel est celui dont le volume est maximum?*

(Voir *Méthodes*, n° 375.)

Exercice 725.

1882. Problème. *Pour une même surface totale, quel est le parallélépipède de volume maximum?*

(Voir *Méthodes*, n° 378.)

Exercice 726.

1883. Problème. *Quel est le volume maximum d'une boîte creuse dont la somme des cinq faces a une valeur donnée?*

(Voir *Méthodes*, n° 379.)

Exercice 727.

1884. Problème. *Quel est le parallélépipède rectangle, à base carrée, dont le volume est maximum, lorsque la somme d'une face latérale et du carré de base est constante?*

(*Méthodes*, n° 380.)

Exercice 728.

1885. Problème. *A un carré de côté* a, *on enlève quatre carrés et l'on forme un parallélépipède rectangle ; quel est le volume maximum ?*

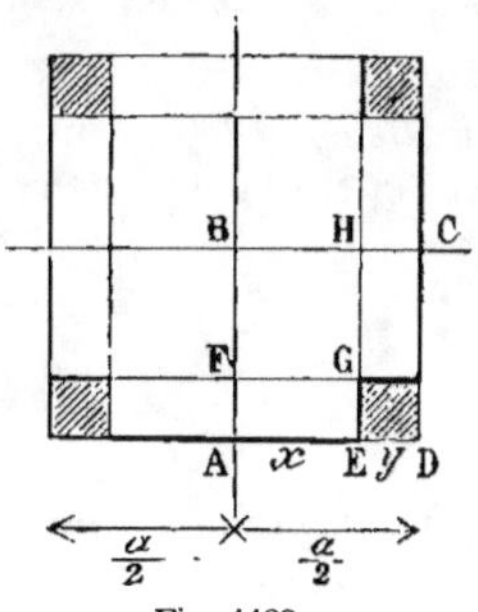

Fig. 1193.

Soit AE, la demi-base $= x$; et ED, la hauteur $= y$.

Le volume $= 4x^2y$, et $x + y = \dfrac{a}{2}$.

On peut poser immédiatement (n° 376)

$$x = \frac{2}{3} \cdot \frac{a}{2} = \frac{a}{3}$$

et

$$y = \frac{1}{3} \cdot \frac{a}{2} = \frac{a}{6}$$

D'ailleurs, en considérant le quart ABCD de la surface donnée, le problème revient à construire le parallélépipède droit à base carrée BFGH, lorsqu'on connaît la somme $\dfrac{a}{2}$ du côté x et de la hauteur y.

La hauteur ED doit être le tiers de la somme constante $\dfrac{a}{2}$.

$$V \quad \text{ou} \quad 4x^2y = 4 \cdot \frac{a^2}{9} \cdot \frac{a}{6} = \frac{2}{27} a^3$$

Remarque. Ce problème ne diffère que par l'énoncé d'un problème précédent (n° 1881). Cet exemple, ainsi que plusieurs autres que nous avons donnés, montre bien le parti avantageux que l'on peut tirer des *Manières diverses d'envisager un problème.*

1886. Problème. *Dans un octaèdre à huit faces égales, inscrire le parallélépipède maximum.*

Les plans diagonaux divisent l'octaèdre en huit tétraèdres équivalents, il suffit d'en considérer un quelconque ; le parallélépipède inscrit maximum doit avoir le sommet au centre de gravité de la face considérée, etc. ; donc les arêtes du parallélépipède maximum inscrit dans l'octaèdre donné doivent joindre deux à deux les centres de gravité des faces adjacentes de l'octaèdre.

Remarques. 1° L'octaèdre circonscrit est minimum par rapport au parallélépipède dont les sommets sont aux centres de gravité des faces de cet octaèdre.

2° L'octaèdre formé par les plans menés par les centres de gravité des trois faces de chaque angle solide d'un parallélépipède, est l'octaèdre minimum de tous ceux que l'on peut inscrire dans le même parallélépipède.

Exercice 729.

1887. Problème. *Par un point quelconque de la base d'un tétraèdre dont l'angle au sommet est un tétraèdre tri-rectangle à trois arêtes* *égales, on mène des plans parallèles aux faces du tétraèdre, et l'on forme un parallélépipède rectangle : pour quelle position du point pris sur la base ce parallélépipède est-il maximum ?*

(Voir *Méthodes*, n° 381.)

Exercice 730.

1888. Problème. *Même question pour le parallélépipède obtenu, lorsque le trièdre opposé à la base est quelconque et que les arêtes de ce trièdre ont des longueurs inégales.*

(Voir *Méthodes*, n° 382.)

Exercice 731.

1889. Problème. *Par le sommet d'un parallélépipède, mener un plan qui coupe les trois faces opposées, de manière que le tétraèdre obtenu soit minimum.*

(Voir *Méthodes*, n° 383.)

Exercice 732.

1890. Problème. *Couper une pyramide par un plan parallèle à la base, de manière que le prisme ayant la hauteur du tronc et la section pour base ait un volume maximum.*

(Voir *Méthodes*, n° 384.)

Exercice 733.

1891. Problème. *On coupe un tétraèdre régulier par un plan parallèle à deux arêtes opposées AB, CD ; étudier les variations de la section obtenue, lorsque le plan sécant se déplace, en restant parallèle aux mêmes arêtes.*

Soit EFGH une section parallèle à AB et à CD.

Les droites EF, GH sont parallèles à AB ; car FE, par exemple, est l'intersection du plan sécant par le plan ABC, conduit par une parallèle AB au plan sécant.

Pour une raison analogue, EH, FG sont parallèles à CD. Ainsi, pour un tétraèdre quelconque, la section est un parallélogramme.

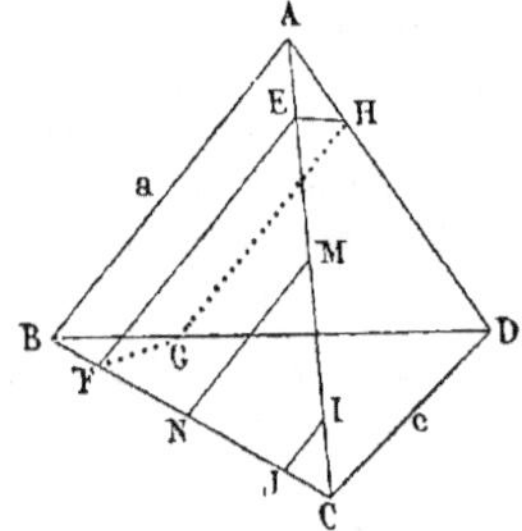

Fig. 1194.

Lorsque le tétraèdre est régulier, on obtient un rectangle, car les arêtes opposées AB et CD sont orthogonales (n° 161).

Le triangle ACD étant équilatéral, $AE = EH = AH = BF.$

Prenons $CI = CJ = AE$

nous aurons $IJ = EH.$

Le rectangle dont il faut étudier les variations a donc pour côté une parallèle EF à la base d'un triangle équilatéral ACB, et pour hauteur la parallèle IJ, située à la même distance du sommet C que EF l'est de la base.

Donc la *somme des côtés du rectangle est constante* : elle égale deux fois la ligne MN qui joint les milieux des côtés ; elle égale, en un mot, l'arête AB.

Le rectangle sera maximum lorsque les deux facteurs seront égaux entre eux. Ainsi le maximum est donné par la section équidistante des arêtes opposées. Cette section est un carré.

1892. Problème. *Même question pour un tétraèdre quelconque.*

La section est un parallélogramme dont les côtés se coupent sous un angle constant, quel que soit le plan sécant ; car EF, GH sont parallèles à AB, et EH, FG sont parallèles à CD. La variation de la surface du parallélogramme ne dépend donc que du produit des côtés adjacents.

Pour un point E, soit $$\frac{\text{AE}}{\text{CE}} = \frac{m}{n}$$

Calculons les droites EF, EH :

$$\frac{\text{EF}}{a} = \frac{n}{m+n} \; ; \quad \text{d'où} \quad \text{EF} = \frac{an}{m+n}$$

$$\frac{\text{EH}}{c} = \frac{m}{m+n} \; ; \quad \text{d'où} \quad \text{EH} = \frac{cm}{m+n}$$

$$\text{EF} \cdot \text{EH} = \frac{acmn}{(m+n)^2}$$

Or $m+n$ a une somme constante AC ; donc le maximum de mn, et par suite de EF.EH, aura lieu quand $m=n$. Ainsi la section équidistante des deux arêtes donne le maximum.

Le produit EF.EH égale alors $\dfrac{acm^2}{(2m)^2} = \dfrac{ac}{4}$.

Recherche des formules.

Exercice 734.

1893. Problème. *Les trois dimensions d'un parallélépipède rectangle étant a, b, c, exprimer le volume de ce parallélépipède, sa surface totale, la diagonale, la somme des arêtes, et enfin l'arête du cube équivalent.*

Volume	abc
Surface totale	$2(ab + ac + bc)$
Diagonale	$\sqrt{a^2 + b^2 + c^2}$
Somme des arêtes.	$4(a + b + c)$
Arête du cube équivalent	$\sqrt[3]{abc}$

Exercice 735.

1894. Problème. *L'arête d'un cube étant a, trouver l'expression de la diagonale de ce cube, et de la surface d'une section faite par deux arêtes opposées.*

La diagonale du cube est

$$\sqrt{a^2 + a^2 + a^2}, \quad \text{ou} \quad \sqrt{3a^2}, \quad \text{ou enfin} \quad a\sqrt{3}$$

La diagonale de l'une des faces est

$$\sqrt{a^2 + a^2}, \quad \text{ou} \quad \sqrt{2a^2}, \quad \text{ou enfin} \quad a\sqrt{2}$$

Le plan diagonal est un rectangle qui a pour dimensions $a\sqrt{2}$ et a ; sa surface est donc $a^2\sqrt{2}$.

Exercice 736.

1895. Problème. *Quel est le volume d'une pyramide triangulaire, ayant a pour arête de base et b pour arête latérale ?*

La base est un triangle équilatéral ayant a pour côté, et dont la hauteur est donnée par $\dfrac{a}{2}\sqrt{3}$. (G., n° 316, I.)

Or la hauteur du tétraèdre tombe au point de concours des trois hauteurs du triangle équilatéral de base, c'est-à-dire aux $^2/_3$ de leur longueur à partir du sommet.

Ainsi le rayon du cercle circonscrit à ce triangle égale

$$\frac{2}{3} \cdot \frac{a}{2}\sqrt{3} = \frac{a}{3}\sqrt{3}$$

Mais la hauteur de la pyramide est le côté de l'angle droit du triangle rectangle dont b est l'hypoténuse et $\dfrac{a}{3}\sqrt{3}$ l'autre côté ; donc

$$h = \sqrt{b^2 - \frac{a^2}{3}}; \quad \text{car} \quad \left(\frac{a}{3}\sqrt{3}\right)^2 = \frac{a^2}{3}$$

Le volume de la pyramide est le $^1/_3$ du produit de la base par la hauteur ; or la base est un triangle équilatéral ayant a pour côté, et par suite $\dfrac{a^2}{4}\sqrt{3}$ pour surface ; donc

$$V = \frac{a^2}{4}\sqrt{3} \times \frac{1}{3}\sqrt{b^2 - \frac{a^2}{3}} = \frac{a^2}{12}\sqrt{3b^2 - a^2}$$

Exercice 737.

1896. Problème. *A quelle distance du sommet faut-il couper une pyramide parallèlement à la base, pour que les deux parties soient équivalentes ?*

Soient P et P' les pyramides totale et partielle ; h et h' les hauteurs respectives. On a la relation

$$\frac{h'^3}{h^3} = \frac{P'}{P} = \frac{1}{2} \qquad \frac{h'}{h} = \frac{1}{\sqrt[3]{2}}$$

Ainsi $\qquad\qquad h' = h(0{,}793\,7)$

Remarque. On peut poser

$$\frac{h'}{h} = \frac{1}{\sqrt[3]{2}} = \frac{\sqrt[3]{2}\,\sqrt[3]{2}}{\sqrt[3]{2}\,\sqrt[3]{2}\,\sqrt[3]{2}} = \frac{\sqrt[3]{4}}{2} \quad \text{ou} \quad \tfrac{1}{2}\sqrt[3]{4}$$

Ainsi $$h' = \tfrac{1}{2}h\sqrt[3]{4}$$

Exercice 738.

1897. Problème. *Dans quel rapport faut-il couper la hauteur d'une pyramide parallèlement à la base, pour diviser cette pyramide en 3, 4 ... n parties équivalentes ?*

S'il s'agit de diviser en 3 parties équivalentes, on détermine une première section qui donne une pyramide partielle égale au $\frac{1}{3}$ de la pyramide totale ; puis, sans tenir compte de cette première opération, on détermine une nouvelle section qui donne une pyramide partielle égale aux $\frac{2}{3}$ de la pyramide totale.

De même, pour diviser en 4 parties équivalentes, on déterminera séparément, à partir du sommet, des pyramides égales respectivement à $\frac{1}{4}$, $\frac{2}{4}$, $\frac{3}{4}$ de la pyramide totale. Et ainsi des autres cas.

S'il s'agit de 3 parties équivalentes, on considère 3 pyramides P', P'', et P, et l'on pose les nombres . . . . . . $\frac{1}{3}$ $\frac{2}{3}$ 1

exprimant le rapport des pyramides . . . P' P'' P

ou des cubes des hauteurs . . . . . . h'^3 h''^3 h^3

Ainsi les hauteurs . . . . h' h'' h

sont comme les nombres . . . . $\sqrt[3]{1/3}$ $\sqrt[3]{2/3}$ $\sqrt[3]{1}$

dont les valeurs sont 0,693 0,894 1

S'il s'agit de 4 parties équivalentes, on trouvera pareillement pour les hauteurs . . . . h' h'' h''' h

les nombres . . . . $\sqrt[3]{1/4}$ $\sqrt[3]{2/4}$ $\sqrt[3]{3/4}$ $\sqrt[3]{1}$

ou 0,630 0,794 0,909 1

S'il s'agissait de n parties équivalentes, on trouverait de même pour les hauteurs . . . . h' h'' h''' . . . . h

les nombres . . . . $\sqrt[3]{1/n}$ $\sqrt[3]{2/n}$ $\sqrt[3]{3/n}$ 1

Exercice 739.

1898. Problème. *A quelle distance du sommet faut-il couper une pyramide parallèlement à la base, pour que les deux parties du solide soient entre elles comme 5 est à 3 ?*

La pyramide partielle P' sera les $\frac{5}{8}$ de la pyramide totale P ; on aura donc aussi

$$h'^3 = \tfrac{5}{8}h^3 ; \quad \text{d'où} \quad h' = h\sqrt[3]{5/8} = 0,855\,h$$

Exercice 740.

1899. Problème. *Un solide, dont la forme rappelle celle de certains tas de pierres concassées, repose sur le sol par sa base ABCD, qui est un rectangle, et les plans des quatre autres faces forment avec celui de la base des angles de 45°. On propose d'évaluer la surface latérale et le volume de ce solide, connaissant les dimensions de la base.* (Brevet facultatif de Lyon, juillet 1876.)

Le solide n'est autre chose qu'un tronc de prisme triangulaire. Pour obtenir son volume, il suffira donc de multiplier la section droite par la moyenne des arêtes.

Soit PMN la section droite, et AEFB la projection horizontale du solide.

Le triangle FHB est rectangle et isocèle ; donc

$$HB = FH = \frac{b}{2}$$

alors
$$c = a - \frac{2b}{2} = a - b$$

De même le triangle MPN est rectangle isocèle ; par suite,

$$PR = RN = \frac{b}{2}$$

d'où
$$\text{surf. MNP} = \frac{b}{2} \times \frac{b}{2} = \frac{b^2}{4}$$

Le volume cherché est donc

$$V = \frac{2a + a - b}{3} \times \frac{b^2}{4} = \frac{(3a - b)b^2}{12}$$

La surface latérale se compose de deux trapèzes égaux et de deux triangles égaux.

La hauteur des triangles égale celle des trapèzes : c'est l'hypoténuse d'un triangle rectangle ayant pour côtés $\frac{b}{2}$; donc

$$h^2 = \frac{2b^2}{4} ; \quad \text{d'où} \quad h = \frac{b\sqrt{2}}{2}.$$

Surf. des deux triangles $\qquad \frac{b^2}{2}\sqrt{2}$

Surf. des deux trapèzes $\quad 2\left(\frac{2a - b}{2}\right)\left(\frac{b\sqrt{2}}{2}\right) = (2a - b)\frac{b\sqrt{2}}{2}$

L'aire latérale du solide est donc

$$\frac{b^2}{2}\sqrt{2} + (2a - b)\frac{b\sqrt{2}}{2} = \frac{b^2}{2}\sqrt{2} + ab\sqrt{2} - \frac{b^2\sqrt{2}}{2} = ab\sqrt{2}$$

Exercice 741. — I.

1900. Problème. *Un tétraèdre a pour base un triangle à trois côtés inégaux* a, b, c ; *les trois autres arêtes sont égales entre elles, leur*

M.   35

longueur d *est connue ; exprimer le volume du tétraèdre en fonction des arêtes.*

D'après une formule connue, l'aire de la base est donnée par

$$S = \sqrt{p(p - a)(p - b)(p - c)} \qquad \text{(G., n}^\text{o}\text{ 352.)}$$

Le rayon du cercle circonscrit ou R est donné par

$$R = \frac{abc}{4\sqrt{p(p - a)(p - b)(p - c)}} \qquad \text{ou} \qquad \frac{abc}{4S} \qquad \text{(G., n}^\text{o}\text{ 354.)}$$

La hauteur est un des côtés d'un triangle rectangle dont *d* est l'hypoténuse et R l'autre côté de l'angle droit ; donc

$$h = \sqrt{d^2 - R^2} = \sqrt{d^2 - \frac{a^2 b^2 c^2}{16 S^2}}$$

$$V = \frac{S \cdot h}{3} = \frac{1}{3} S \sqrt{\frac{16 S^2 d^2 - a^2 b^2 c^2}{16 S^2}} = \frac{1}{12} \sqrt{16 S^2 d^2 - a^2 b^2 c^2}$$

$$V = \frac{1}{12} \sqrt{16 p(p - a)(p - b)(p - c) d^2 - a^2 b^2 c^2}$$

Exercice 741. — II.

1900 (a). Problème. *On a un prisme hexagonal régulier ayant AA', BB' ... FF' pour arêtes latérales. On mène les plans AB'C, CD'E, EF'A et les plans B'CD', D'EF', F'AB' qui détachent du prisme six pyramides triangulaires ; exprimer le volume du prisme ainsi tronqué : 1° en fonction du côté AB de l'hexagone ; 2° en fonction du côté AC du triangle équilatéral. On sait que h est la hauteur du prisme.*

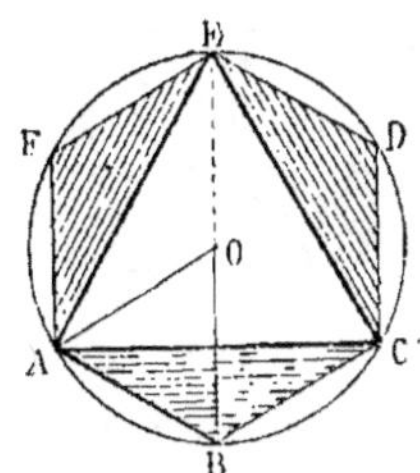

Fig. 1196.

Du prisme $\text{ABCDEF} \times h$, il faut retrancher six pyramides triangulaires ayant *h* pour hauteur et dont la base égale le triangle ABC.

Or six fois ABC = l'hexagone ; donc

$$V = \text{AB} \dots \text{F}\left(h - \frac{h}{3}\right) = \text{AB} \dots \text{F} \times \frac{2}{3} h$$

1° Soit   AB $= a$;   on sait que pour le triangle équilatéral on a :

$$\text{AOB} = \frac{a^2}{4}\sqrt{3}$$

donc

$$\text{hexagone} = \frac{3a^2\sqrt{3}}{2} \qquad \text{(G., n}^\text{o}\text{ 316.)}$$

$$V = \frac{3a^2\sqrt{3}}{2} \cdot \frac{2}{3} h = a^2 h\sqrt{3}$$

2° Soit   AE $= b$

on a : $\text{AE} = a\sqrt{3}$ (G., n$^\text{o}$ 277.)

ou $b = a\sqrt{3}$;   d'où $a = \dfrac{b}{\sqrt{3}}$

Ainsi   V   ou $a^2 h\sqrt{3} = \dfrac{b^2}{3} h\sqrt{3}$

1900 (b). Remarques. 1° La face supérieure du solide est le triangle équilatéral B'D'F'; la face inférieure est le triangle ACE. Toute section parallèle aux bases est un hexagone ayant trois côtés égaux entre eux et respectivement parallèles aux côtés de ACE; les trois autres côtés sont aussi égaux entre eux et parallèles à ceux de B'D'F'. La section de surface maxima est équidistante des bases, et c'est un hexagone régulier dont chaque côté égale la moitié de AC. La surface de cet hexagone est donc

$$6\left(\frac{b}{2}\right)^2 \cdot \frac{\sqrt{3}}{4} = \frac{3}{8}\,b^2\sqrt{3}$$

celle du triangle $\;\mathrm{ACE} = \dfrac{b^2}{4}\,\sqrt{3}\;$ ou $\;\dfrac{2b^2}{8}\,\sqrt{3}$.

Ainsi la section peut varier depuis $\dfrac{2b^2}{8}\,\sqrt{3}$ jusqu'à $\dfrac{3b^2}{8}\,\sqrt{3}$.

2° On peut poser diverses questions analogues au problème précédent : nous allons nous borner à parler du prisme carré et du prisme octogonal réguliers.

1900 (c). Prisme carré. Pour un prisme carré, ayant pour bases ABCD et A'B'C'D', on enlève les pyramides AB'C, CD'A, D'AB' et B'CD'.

Il ne reste qu'un tétraèdre ayant pour sommets A, C, B', D'.

Soit a le côté du carré, le prisme $= a^2h$.

Deux pyramides $= \mathrm{ABCD} \cdot \dfrac{h}{3}$; donc les quatre pyramides à soustraire $= a^2 \cdot \dfrac{2}{3}\,h$.

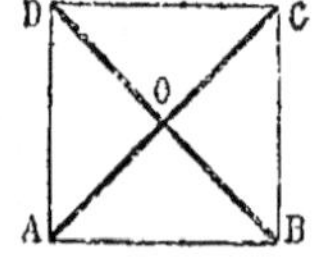

Fig. 1197.

Donc $\qquad\qquad$ tétraèdre $= \dfrac{a^2h}{3}$

Le tétraèdre est le tiers du prisme; or ce résultat est conforme à celui qu'on a déjà obtenu (n° 157).

1900 (d). Pour un prisme octogonal régulier, le solide a pour bases le carré ABCD et le carré E'F'G'H'. Du volume du prisme octogonal il faut retrancher huit pyramides ayant ABE pour base.

Évaluons le solide, en fonction du côté a du carré.

$$\mathrm{AO} \quad\text{ou}\quad r = \frac{a}{\sqrt{2}} = \frac{a}{2}\sqrt{2}$$

et la hauteur abaissée du sommet E sur AB égale

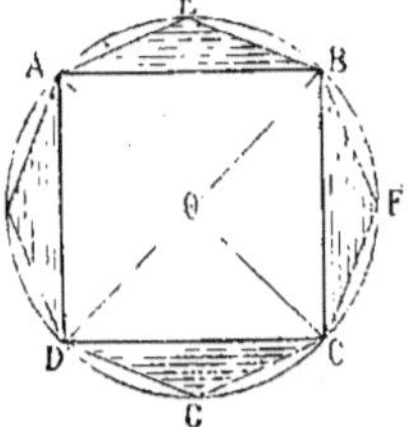

$$r - \frac{a}{2} = \frac{a}{2}\sqrt{2} - \frac{a}{2} = \frac{a}{2}(\sqrt{2}-1) \quad (1)$$

Fig. 1198.

L'octogone régulier $= 4\mathrm{AOBE} = 4 \cdot \mathrm{OE} \cdot \dfrac{\mathrm{AB}}{2} = 4\,\dfrac{a}{2}\sqrt{2} \cdot \dfrac{a}{2} = a^2\sqrt{2}$

$$\text{Prisme octogonal} = a^2h\sqrt{2} \qquad\qquad (2)$$

$$\text{Triangle ABE} = \frac{a}{2} \cdot \frac{a}{2}(\sqrt{2} - 1) = \frac{a^2}{4}(\sqrt{2} - 1) \tag{3}$$

$$\text{Les huit pyramides} = 8 \cdot \frac{a^2}{4}(\sqrt{2} - 1)\frac{h}{3} = \frac{2}{3}a^2h(\sqrt{2} - 1)$$

donc

$$\text{Volume demandé} = a^2h\sqrt{2} - \frac{2}{3}a^2h(\sqrt{2} - 1)$$

$$V = \frac{3}{3}a^2h\sqrt{2} - \frac{2}{3}a^2h\sqrt{2} + \frac{2}{3}a^2h$$

$$V = \frac{1}{3}a^2h(2 + \sqrt{2}) \tag{4}$$

Exercice 741. — III.

1900 (e). Problème. *Deux carrés égaux sont situés dans deux plans parallèles, leurs centres sont sur une même perpendiculaire à leur plan, et les diagonales de l'un sont perpendiculaires aux côtés de l'autre. Par le côté d'un carré et le sommet correspondant du carré opposé, on mène un plan, de manière à limiter latéralement le solide par huit triangles égaux. On demande d'évaluer le volume compris entre les deux carrés et les huit faces latérales : on sait que le côté des carrés et la hauteur du solide sont respectivement représentés par a et par h. (Diplôme de fin d'études. Besançon, 1878.)*

Cette question ne diffère point de celle que l'on vient de **traiter** (n° 1900, *d*). On a donc :

$$V = \frac{1}{3}a^2h(2 + \sqrt{2})$$

On peut arriver à ce résultat en procédant comme il suit :

Le prisme octogonal égale le prisme carré plus quatre prismes triangulaires ayant ABE pour base, et de cette somme il faut retrancher huit pyramides ayant pour base ABE : donc le volume demandé est exprimé par

$$V = a^2h + 4\text{ABE} \cdot h - 8\text{ABE} \cdot \frac{h}{3}$$

$$V = a^2h + \frac{4}{3}\text{ABE} \cdot h = \frac{h}{3}(3a^2 + 4\text{ABE})$$

Or

$$4\text{ABE} = a^2(\sqrt{2} - 1) \qquad (\text{Voir *formule* 3.})$$

donc

$$V = \frac{1}{3}a^2h(3 + \sqrt{2} - 1) \quad \text{ou} \quad V = \frac{1}{3}a^2h(2 + \sqrt{2}) \tag{5}$$

1900 (f). Problème. *Un parallélépipède a pour faces six losanges, dont une des diagonales égale le côté a des losanges. Quel est le volume du solide ?*

Soit A le sommet d'un des trièdres formés par trois angles aigus BAC, CAD, DAB. Il en résulte BC = CD = DB = AB = a. Le tétraèdre ABCD est régulier.

Pour avoir le volume du parallélépipède, il faut multiplier le losange dont le triangle équilatéral BAC est la moitié, par la hauteur h abaissée du sommet D sur BAC.

Or le losange a pour superficie $\dfrac{a^2}{2} \sqrt{3}$. (G., n° 316, I.)

$$h = a \frac{\sqrt{2}}{\sqrt{3}} \qquad \text{(G., n° 233.)}$$

Donc $$V = \frac{a^2}{2} \sqrt{3} \cdot a \frac{\sqrt{2}}{\sqrt{3}} = \frac{a^3}{2} \sqrt{2}$$

Exercice 741. — IV.

1900 (g). Problème. *Les faces d'un parallélépipède sont des losanges égaux dont le côté est* a *et une des diagonales* b. *On demande l'expression du volume en fonction de* a *et de* b.

Discuter cette expression. (Diplôme d'études. Besançon, 1878.)

Soit A le sommet d'un des trièdres formés par trois angles opposés à la diagonale b. Avec les mêmes indications que ci-dessus, on a un triangle équilatéral BCD ayant b pour côté, et trois triangles isocèles tels que BAC dont $AB = AC = a$, tandis que $BC = b$.

Le volume demandé s'obtient en multipliant 2BAC par la hauteur h abaissée du sommet D sur BAC.

Pour obtenir h, remarquons que le volume de la pyramide ABCD peut s'obtenir soit en multipliant BAC par $\dfrac{h}{3}$, soit en multipliant le triangle équilatéral BCD par le tiers de la perpendiculaire k, abaissée du sommet A sur BCD ; donc

$$\text{BAC} \cdot h = \text{BCD} \cdot k; \quad \text{d'où} \quad h = \frac{\text{BCD} \cdot k}{\text{BAC}} \qquad (1)$$

Or il est facile d'exprimer BCD et k en fonction des données.

Le triangle équilatéral BCD, ayant b pour côté, $= \dfrac{b^2}{4} \sqrt{3}$ $\qquad$ (2)

La hauteur k est un côté d'un triangle rectangle ayant a pour hypoténuse et les $^2/_3$ de la hauteur de BCD pour côté de l'angle droit.

Or les $^2/_3$ de la hauteur de BCD $= \dfrac{2}{3} \cdot \dfrac{b}{2} \sqrt{3}$. (G., n° 316, *formule* 1.)

Donc $$k^2 = a^2 - \frac{b^2}{3}, \quad k = \sqrt{\frac{3a^2 - b^2}{3}} \qquad (3)$$

(1) devient $$h = \frac{\dfrac{b^2}{4} \sqrt{3} \cdot \dfrac{\sqrt{3a^2 - b^2}}{\sqrt{3}}}{\text{BAC}} = \frac{b^2 \sqrt{3a^2 - b^2}}{4\text{BAC}} \qquad (4)$$

Or le volume du parallélépipède $= 2\text{BAC} \cdot h$; donc

$$V = \frac{b^2 \sqrt{3a^2 - b^2}}{2} \qquad (5)$$

Discussion. b ne peut varier que de 0 à $2a$.

Pour $b = a$, la formule (5) donne $\dfrac{a^3}{2} \sqrt{2}$, comme on l'a trouvé à la question précédente.

Lorsque le losange est un carré, $b = a\sqrt{2}$, et la formule (5) donne

$$V = \frac{2a^2}{2} \sqrt{3a^2 - 2a^2} = a^3$$

ainsi qu'il le fallait, car le parallélépipède est un cube ayant a pour côté.

Exercice 742. — I.

1901. Problème. *Tracer le développement de chacun des polyèdres réguliers convexes.*

Cette question est plutôt du ressort du dessin que de la géométrie proprement dite; on trouve ces développements dans les *Exercices de Géométrie descriptive,* par F. J., 3ᵉ édition (nᵒˢ 483 et suivants).

Exercice 742. — II.

1901 (a). Théorème. *Tout plan perpendiculaire à l'une quelconque des arêtes d'un trièdre rectangle coupe ce trièdre suivant un triangle rectangle.*

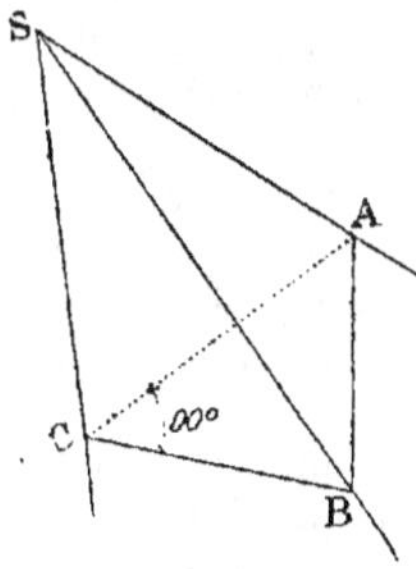

Fig. 1199.

Le théorème est évident lorsque le plan sécant est perpendiculaire à l'arête SC du dièdre droit; il en est de même lorsque le plan est perpendiculaire à une des autres arêtes, par exemple à SB; soit donc un plan ABC perpendiculaire à SB. Ce même plan est perpendiculaire à la face BSC, or la face ASC est donnée perpendiculaire à la même face BSC, donc l'intersection AC de ces deux plans perpendiculaires est perpendiculaire à la face BSC et par suite à la droite BC. (J. M. E. S., 1881, p. 447.)

Exercice 742. — III.

1901 (b). Lieu. *Sur les arêtes SA, SB, SC d'un trièdre, on prend des longueurs égales* $AA' = BB' = CC' = 1$; *on fait varier* 1, *trouver le lieu décrit par le point O commun aux trois plans BCA', CAB', ABC'.*

Le point d'intersection D de BC' et de CB' décrit une droite D dans le plan SBC (nᵒ 4); le point O reste dans le plan déterminé par le point A et par la droite D. Il appartient de même au plan passant par B et par le lieu D', intersection de AC' et de CA'; le lieu du point O est donc une droite. (*Mathésis*, 1893, p. 206.)

LIVRE VII

___

Méthodes pour évaluer les volumes.

1902. La *Géométrie de la mesure* est due à Archimède, de même que la *Géométrie de position* a été surtout cultivée par Euclide, Apollonius.

Pour étudier l'aire des surfaces à périmètre curviligne et déterminer le volume des corps limités par des surfaces courbes, le grand géomètre de Syracuse inventa la méthode d'*exhaustion,* c'est-à-dire d'*épuisement.* Nous appliquerons cette méthode à l'évaluation de l'*aire parabolique* (voir ci-après, nº 2145).

CAVALIERI * généralisa la méthode d'exhaustion tout en la simplifiant, et créa, sous le nom de *méthode des indivisibles,* une méthode féconde, mais non à l'abri des objections. Pour cet auteur, un triangle, par exemple, est la somme des lignes droites juxtaposées et croissant en progression arithmétique ayant zéro pour premier terme et la base du triangle pour dernier. De même, deux tétraèdres de bases équivalentes et de même hauteur sont équivalents parce qu'ils sont composés d'une infinité de sections planes équivalentes deux à deux.

Au lieu des *lignes de Cavalieri* ayant une épaisseur infiniment petite, mais réelle, puisqu'une infinité de lignes juxtaposées devait donner une surface, on considère actuellement des rectangles construits sur des lignes parallèles équidistantes. A la limite, quand la hauteur de chaque rectangle devient infiniment petite, la surface est la limite vers laquelle tend la somme de ces rectangles élémentaires.

De même un cône peut être considéré comme étant la limite des cylindres construits sur les sections équidistantes qu'on mènerait parallèlement à la base et dont le nombre augmenterait indéfiniment.

Pour comparer deux volumes, il suffit de comparer les sections correspondantes; c'est ainsi que du volume de la sphère on peut déduire celui de l'ellipsoïde (G., nº 912); mais, pour évaluer directement le volume d'un corps, il faut déterminer la limite vers laquelle tend la somme des cylindres élémentaires construits sur les diverses sections; tel est l'objet de la *méthode de sommation.* (G., nº 943.)

___

* CAVALIERI, né à Milan en 1598, mort à Bologne en 1647, doit sa célébrité à sa *méthode des indivisibles,* qu'il découvrit en 1629, mais qu'il ne publia qu'en 1635, ce qui permit à ROBERVAL de contester la priorité de la découverte; d'ailleurs l'exposition de sa méthode est obscure, difficile à lire. (*Histoire des sciences mathématiques et physiques,* par M. MAXIMILIEN MARIE, t. IV, p. 69.)

ROBERVAL, né près de Senlis en 1602, mort en 1675, appliqua la *composition des mouvements* au tracé des *tangentes* aux courbes. On connaît la balance qui porte son nom.

Pour l'exposition de la méthode de Roberval, voir PAUL SERRET : *Des Méthodes en Géométrie,* page 53.

L'algèbre élémentaire a suffi pour nous donner la sommation nécessaire pour évaluer le volume d'un assez grand nombre de corps et pour nous faire obtenir l'aire de plusieurs figures planes. Le problème général des sommations est l'objet principal de la partie du *calcul infinitésimal* connue sous le nom de *calcul intégral*. Mais, malgré les immenses ressources que fournissent les méthodes dues à Leibnitz et à Newton, on est obligé bien souvent de se borner à l'emploi d'intégrations approximatives.

THÉORÈMES

Volumes et Relations.

Exercice 743.

1903. Théorème. *Le volume d'un cylindre circulaire droit égale le produit de sa surface latérale par la moitié du rayon.*

Ce théorème n'est qu'une extension de la propriété analogue déjà établie pour un prisme régulier (n° 1848).

Le cylindre peut lui-même être considéré comme un prisme régulier d'une infinité de faces latérales.

Scolie. La surface latérale est exprimée par $2\pi rh$; le produit par la moitié du rayon sera $2\pi rh \cdot \frac{1}{2}r$ ou $\pi r^2 h$, expression conforme à celle que l'on connaît.

Exercice 744.

1904. Théorème. *Le volume d'un cylindre circulaire droit égale la surface du rectangle générateur multipliée par la circonférence que décrit le point de concours des diagonales de ce même rectangle.*

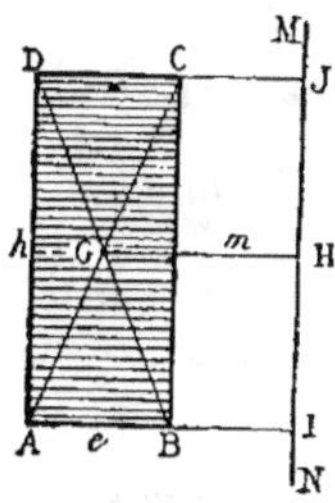

Le rectangle générateur a pour dimensions r et h, et pour surface rh ; la circonférence dont il est question a pour rayon $\frac{1}{2}r$, et pour longueur $2\pi \cdot \frac{1}{2}r$ ou πr.

Le produit du rectangle par la circonférence est encore $\pi r^2 h$.

1904 (a). Scolie. *Le volume du cylindre creux (couronne ou anneau cylindrique) égale la surface du rectangle générateur multipliée par la circonférence que décrit le centre de ce même rectangle.*

Fig. 1200.

En effet, ce solide est la différence de deux cylindres qui ont même hauteur h, de sorte qu'on a

$$V = \pi AI^2 \cdot h - \pi BI^2 \cdot h = \pi h(AI^2 - BI^2) = \pi h(AI - BI)(AI + BI)$$

$$V = \pi h \cdot AB \cdot 2GH = \pi he \cdot 2m = he \cdot 2\pi m$$

Exercice 745.

1905. Théorème. *Dans un cylindre circulaire droit, la surface latérale est à la somme des bases comme la hauteur est au rayon.*

On a, en effet, dans le cylindre :

$$\text{Volume} = \text{Base} \times \text{hauteur} = Bh$$
$$\text{Volume} = \text{Surface latérale} \times {}^1\!/_2 \text{ rayon} = {}^1\!/_2\,Sr$$

Donc
$$ {}^1\!/_2\,Sr = Bh \quad \text{et} \quad Sr = 2Bh $$

d'où
$$ \frac{S}{2B} = \frac{h}{r} \qquad\qquad C.\ Q.\ F.\ D. $$

Exercice 746.

1906. Théorème. *Dans un cylindre circulaire droit, la section faite suivant l'axe est à la base comme la hauteur est au* ${}^1\!/_4$ *de la circonférence du cylindre.*

La section faite suivant l'axe est double du rectangle générateur du cylindre, soit 2S. On a, pour le volume V, les deux expressions ci-après :

$$ V = Bh \quad \text{et} \quad V = S\,.\,2\pi\,.\,{}^1\!/_2\,r = \pi rS $$

On a donc
$$ \pi rS = Bh \quad \text{et} \quad 2\pi rS = 2Bh $$

d'où
$$ \frac{2S}{B} = \frac{2h}{\pi r} = \frac{h}{{}^1\!/_2\,\pi r} $$

ou
$$ \frac{S}{B} = \frac{h}{{}^1\!/_4\,\pi r} \qquad\qquad C.\ Q.\ F.\ D. $$

Exercice 747.

1907. Théorème. *Si la hauteur d'un cylindre égale le diamètre, le volume égale la surface totale multipliée par le* ${}^1\!/_3$ *du rayon.*

Considérons une sphère inscrite à ce cylindre.

Ce cylindre peut se décomposer en deux parties :

1° Deux cônes ayant pour sommet commun le centre de la sphère, et pour bases les bases du cylindre; la hauteur est le rayon de la sphère inscrite, lequel est aussi le rayon du cylindre;

2° Le volume engendré par un triangle ayant pour base la génératrice du cylindre, pour sommet le centre de la sphère, et tournant autour de l'axe du cylindre, il s'obtient en multipliant la surface latérale du cylindre par le tiers du rayon.

Donc le volume du cylindre égale la surface totale multipliée par le ${}^1\!/_3$ du rayon. $\qquad C.\ Q.\ F.\ D.$

Exercice 748.

1908. Théorème. *Le volume d'un cône circulaire droit égale la surface latérale, multipliée par le* ${}^1\!/_3$ *de la distance du centre de la base au côté du cône.*

C'est un cas particulier du volume engendré par un triangle en tournant autour d'un axe mené par un de ses sommets et situé dans son plan.

Ce théorème n'est qu'une extension de la propriété analogue déjà établie pour une pyramide régulière (n° 1849).

35*

Exercice 749.

1909. **Théorème.** *Le volume d'un cône circonscrit à une sphère égale le produit de sa surface totale par le $\frac{1}{3}$ du rayon de la sphère.*

Comme précédemment (n° 1907), on peut considérer ce cône comme formé :

1° D'un cône ayant son sommet au centre de la sphère inscrite et pour base la base du cône donné ;

2° Du volume engendré par un triangle qui aurait pour sommet le centre de la sphère, et pour côté opposé la génératrice même du cône.

Donc le volume proposé égale la surface totale, multipliée par le $\frac{1}{3}$ du rayon de la sphère inscrite.

Exercice 750.

1910. **Théorème.** *Le volume d'un cône circulaire droit égale le $\frac{1}{3}$ de la surface du triangle générateur multipliée par la circonférence du cône.*

Le triangle générateur a pour aire $\frac{1}{2}rh$; la circonférence est $2\pi r$; le $\frac{1}{3}$ du produit de ces deux quantités est $\frac{1}{3}.\frac{1}{2}rh.2\pi r$ ou $\frac{1}{3}\pi r^2 h$; donc...

Exercice 751.

1911. **Théorème.** *Le volume d'un tronc conique circonscrit à une sphère égale le produit de sa surface totale par le $\frac{1}{3}$ du rayon de la sphère.*

Solution identique à celle du n° 1907 ; donc le volume du tronc égale la surface totale multipliée par le $\frac{1}{3}$ du rayon de la sphère inscrite.

C. Q. F. D.

Exercice 752.

1912. **Théorème.** *Deux solides quelconques, A et A', circonscrits à des sphères égales, sont entre eux comme leurs surfaces totales S et S'.*

En effet, r étant le rayon des sphères inscrites, on a identiquement

$$\frac{A}{A'} = \frac{\frac{1}{3}Sr}{\frac{1}{3}S'r} \ldots = \frac{S}{S'} \qquad C.\ Q.\ F.\ D.$$

Exercice 753.

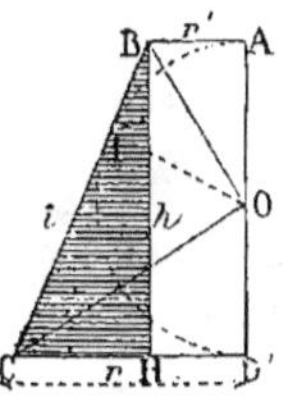

Fig. 1201.

1913. **Théorème.** *Si le côté l d'un tronc de cône égale la somme des rayons r et r' des bases, la hauteur h égale deux fois la moyenne géométrique de ces mêmes rayons, et le volume V égale la surface totale S multipliée par le $\frac{1}{6}$ de la hauteur.*

1° Le côté l est l'hypoténuse d'un triangle rectangle qui a pour côtés de l'angle droit la hauteur h et la différence $r - r'$ des rayons.

On a donc $h^2 = l^2 - (r - r')^2 = (r + r')^2 - (r - r')^2 =$
$$= (r^2 + r'^2 + 2rr') - (r^2 + r'^2 - 2rr') = 4rr'$$

Donc $h = 2\sqrt{rr'}$, c'est-à-dire deux fois la moyenne géométrique des rayons.

2° On a $V = \frac{1}{3}h(B + B' + \sqrt{BB'}) = \frac{1}{3}\pi h(r^2 + r'^2 + rr')$

D'autre part, les bases sont πr^2 et $\pi r'^2$; la surface latérale est $\frac{1}{2}l(2\pi r + 2\pi r')$, ou $\pi l(r + r')$, ou $\pi(r + r')(r + r')$, ou enfin $\pi(r^2 + r'^2 + 2rr')$.

La surface totale sera donc $\pi(2r^2 + 2r'^2 + 2rr')$ ou $2\pi(r^2 + r'^2 + rr')$.

Le produit de cette expression par $\frac{1}{6}h$ est $\frac{1}{3}\pi h(r^2 + r'^2 + rr')$. ce qui est le volume V du tronc.

1914. Scolie. 1° Dans tout tronc de cône circonscrit à une sphère, le côté, ou génératrice, est égal à la somme des rayons des bases. Réciproquement, à tout tronc de cône dans lequel le côté est égal à la somme des rayons, on peut inscrire une sphère ; et le volume égale le produit de la surface totale par le $\frac{1}{3}$ du rayon, ou le $\frac{1}{6}$ de la hauteur (n° 1913).

2° On peut démontrer la seconde partie du théorème proposé en considérant le tronc de cône comme composé de trois parties : 1° le cône engendré par OCD, lequel a pour volume $\frac{1}{3}\pi r^2 . OD$ ou $\frac{1}{6}\pi r^2 h$; 2° le cône engendré par OAB, lequel a pour volume $\frac{1}{3}\pi r'^2 . OA$ ou $\frac{1}{6}\pi r'^2 h$; 3° le volume engendré par le triangle OBC, lequel volume a pour expression $\frac{1}{3}OI . $ surface BC ou $\frac{1}{6}h .$ surface BC. En additionnant, on obtient pour le volume total : $\frac{1}{6}h(\pi r^2 + \pi r'^2 +$ surface latérale) ou $\frac{1}{6}h .$ surface totale.

Exercice 754.

1915. Théorème. *Si la hauteur d'un tronc de cône égale 4 fois la différence des rayons des bases, le volume de ce tronc égale la différence des deux sphères qui auraient ces mêmes rayons.*

Pour démontrer ce théorème et ceux du même genre, on constate généralement l'identité des formules algébriques qui expriment les grandeurs que l'on compare.

On suppose ici $h = 4(r - r')$

On a $V = \frac{1}{3}h(B + B' + \sqrt{BB'}) = \frac{1}{3}(r - r')(\pi r^2 + \pi r'^2 + \pi rr') =$
$$= \frac{4}{3}\pi r^3 - \frac{4}{3}\pi r'^3 \qquad C.\ Q.\ F.\ D.$$

Exercice 755.

1916. Théorème. *Dans un tétraèdre circonscriptible par les arêtes, la somme des deux arêtes opposées égale la somme de chaque autre groupe formé par deux arêtes opposées.*

En effet, les tangentes issues d'un même point sont égales, en désignant par a les tangentes issues du sommet A ; par b, celles qui sont issues de B, etc.

On reconnaît que la somme de deux arêtes opposées se compose de $a + b + c + d$; donc...

1917. Théorème. *Lorsqu'un hexaèdre est circonscrit à une sphère par les arêtes, les douze arêtes se divisent en trois groupes de quatre droites, joignant deux à deux les sommets de deux faces opposées. La somme des arêtes d'un de ces groupes égale la somme des arêtes de chaque autre groupe.*

La somme des quatre arêtes d'un même groupe est composée de huit segments a, b, c, d, e, f, g, h.

Exercice 756.

1918. Théorème. *On donne une sphère et un point fixe; par ce point on mène trois plans rectangulaires deux à deux et qui déterminent trois cercles; prouver que la somme de ces trois cercles est constante.*

(Voir *Méthodes*, n° 30.)

Exercice 757.

1919. Théorème. *Le volume compris entre deux sphères concentriques de rayons a et b, est équivalent à celui d'un tronc de cône qui a pour bases les grands cercles de ces sphères et pour hauteur le quadruple de la distance des deux surfaces sphériques.*

$$V = {}^4{}_3\pi(a^3 - b^3)$$

On peut diviser $a^3 - b^3$ par $a - b$; on trouve pour quotient $a^2 + ab + b^2$; donc

$$V = {}^4/_3\pi(a^2 + ab + b^2)(a - b) = \pi(a^2 + ab + b^2) \times {}^4/_3(a - b)$$

Or la première partie est la somme des bases πa^2, πb^2 et de la base moyenne géométrique πab. La seconde partie est le tiers de la hauteur; donc la hauteur du tronc de cône doit être $4(a - b)$.

Exercice 758.

1920. Théorème. *Les volumes engendrés par un rectangle qui tourne successivement autour de deux côtés adjacents sont en rapport inverse avec ces côtés.*

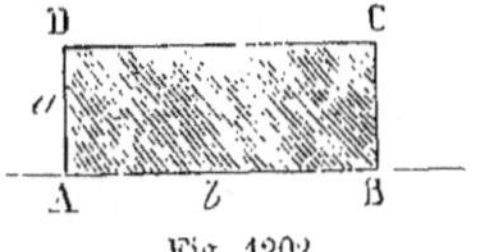
Fig. 1202.

Soient a et b les côtés adjacents.

Lorsque le rectangle tourne autour de AB, le côté a est le rayon de base, et b la hauteur; donc

$$V = \pi a^2 b$$

Lorsque le rectangle tourne autour de AD, b est le rayon, a la hauteur; donc

$$V' = \pi b^2 a$$

$$\frac{V}{V'} = \frac{a}{b}$$

C. Q. F. D.

1921. Théorème. *Les volumes engendrés par un parallélogramme qui tourne successivement autour de deux côtés adjacents, sont en rapport inverse de ces côtés.*

Le volume engendré par le parallélogramme tournant autour de AB est équivalent au volume engendré par le rectangle HDCH, tournant autour de HH ; d'ailleurs HH $= b$; donc

$$V = \pi h^2 b$$

De même

$$V' = \pi k^2 a$$

$$\frac{V}{V'} = \frac{h^2 b}{k^2 a} = \frac{a^2 b}{b^2 a} \, ;$$

car

$$\frac{h}{k} = \frac{a}{b}$$

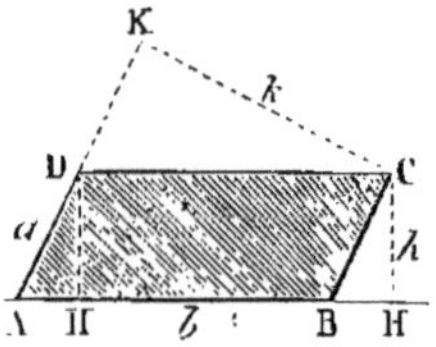

donc

$$\frac{V}{V'} = \frac{a}{b} \qquad\qquad C.\ Q.\ F.\ D.$$

Fig. 1203.

Exercice 759.

1922. Théorème. *En représentant par* v, x, y *les volumes engendrés par la rotation d'un triangle rectangle tournant successivement autour de l'hypoténuse et autour de chaque côté de l'angle droit, on a*

$$\frac{1}{v^2} = \frac{1}{x^2} + \frac{1}{y^2}$$

Soient a, b, c, h, l'hypoténuse, les côtés de l'angle droit et la hauteur.

On a, pour le volume obtenu par la rotation autour de l'hypoténuse,

$$v = \frac{\pi h^2 a}{3}$$

et, pour chacun des deux autres côtés,

$$x = \frac{\pi c^2 b}{3} \quad \text{et} \quad y = \frac{\pi b^2 c}{3}$$

L'égalité hypothétique

$$\frac{1}{v^2} = \frac{1}{x^2} + \frac{1}{y^2} \quad \text{ou} \quad \frac{x^2 y^2}{v^2 x^2 y^2} = \frac{v^2 y^2 + v^2 x^2}{v^2 x^2 y^2}$$

revient à prouver qu'on a

$$x^2 y^2 = v^2 (x^2 + y^2)$$

Nous pouvons supprimer le facteur commun $\dfrac{\pi}{3}$.

Il faut donc qu'on ait

$$b^4 c^2 \cdot c^4 b^2 = h^4 a^2 (b^4 c^2 + c^4 b^2)$$

Or, en remarquant que $ah = bc$ et que $b^2 + c^2 = a^2$, on obtient successivement :

$$a^6 h^6 = h^4 a^2 (b^2 h^2 a^2 + c^2 h^2 a^2) = h^4 a^2 \cdot h^2 a^4 \qquad C.\ Q.\ F.\ D.$$

Autre démonstration d'après le *théorème de Guldin* :

$$v = 2\pi S\, \frac{h}{3}, \quad x = 2\pi S\, \frac{b}{3}, \quad y = 2\pi S\, \frac{c}{3}$$

L'égalité

$$\frac{1}{v^2} = \frac{1}{x^2} + \frac{1}{y^2}$$

se réduit à

$$\frac{1}{h^2} = \frac{1}{b^2} + \frac{1}{c^2}$$

ou

$$b^2c^2 = h^2(b^2 + c^2)$$
$$= a^2h^2 \quad \text{ou} \quad bc = ah$$

égalité de deux expressions de S.

Exercice 760.

1923. Théorème. *Lorsqu'un cône est circonscrit à une sphère de rayon* a, *le rayon* r *et la hauteur* h *du cône sont liés au rayon de la sphère par la relation*

$$\frac{1}{a^2} - \frac{1}{r^2} = \frac{2}{ah}.$$

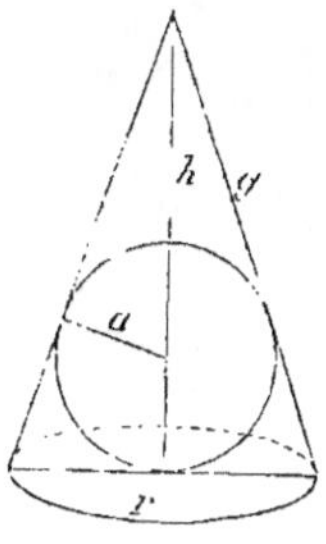

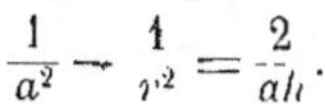

(Doston, *Archives de mathématiques et de physique,* 1877, p. 313.)

Lorsqu'un cône est circonscrit à une sphère, les surfaces totales des deux corps sont entre elles comme les volumes; or la surface totale du cône est donnée par

$$\pi(gr + r^2)$$

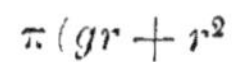

Fig. 1204.

on a donc, en prenant le triple des volumes,

$$\frac{\pi(gr + r^2)}{4\pi a^2} = \frac{\pi r^2 h}{4\pi a^3}$$

$$\frac{gr + r^2}{1} = \frac{r^2 h}{a}; \quad \frac{g + r}{r} = \frac{h}{a}$$

Il faut isoler g et élever au carré.

Or la différence des deux premiers termes est au second comme la différence des deux derniers est au quatrième; donc

$$\frac{g}{r} = \frac{h - a}{a}; \quad \frac{h^2 + r^2}{r^2} = \frac{h^2 - 2ah + a^2}{a^2}$$

$$a^2h^2 + a^2r^2 = r^2h^2 - 2ahr^2 + a^2r^2$$

Supprimons le terme commun a^2r^2, il reste

$$a^2h^2 = r^2h^2 - 2ahr^2$$

Divisons tout par $a^2h^2r^2$, on trouve

$$\frac{1}{r^2} = \frac{1}{a^2} - \frac{2}{ah} \quad \text{ou} \quad \frac{2}{ah} = \frac{1}{a^2} - \frac{1}{r^2} \quad \text{C. Q. F. D.}$$

Autre démonstration. On peut dire plus simplement, comme il suit :
Les triangles semblables donnent :

$$\frac{a}{r} = \frac{\sqrt{h(h - 2a)}}{h}$$

ou

$$\frac{a^2}{r^2} = 1 - \frac{2a}{h}$$

divisant par a^2, on trouve :

$$\frac{1}{r^2} = \frac{1}{a^2} - \frac{2}{ah} \quad\quad\quad \text{C. Q. F. D.}$$

Exercice 761.

1924. Théorème. *Dans le cylindre de révolution, en représentant le volume par* v, *la surface totale par* s, *et la surface latérale par* l, *on a la relation*
$$8\pi v^2 = l^2(s - l)$$

$$v = \pi r^2 h \; ; \qquad \text{d'où} \qquad 8\pi v^2 = 8\pi^3 r^4 h^2$$

$$l = 2\pi r h \; ; \qquad \text{d'où} \qquad l^2 = 4\pi^2 r^2 h^2$$

$$s = 2\pi r h + 2\pi r^2 \; ; \quad \text{d'où} \quad (s - l) = 2\pi r^2$$

donc $\qquad\qquad l^2(s - l) = 8\pi^3 r^4 h^2 = 8\pi v^2 \qquad\qquad C. \ Q. \ F. \ D.$

Exercice 762. — I.

1925. Théorème. *Les mêmes hypothèses étant faites pour un cône de révolution, on a la relation*

$$9\pi v^2 = s(s - l)(2l - s) \qquad\qquad \text{(Dostor.)}$$

$$v = \frac{\pi r^2 h}{3} \; ; \quad l = \pi r \sqrt{r^2 + h^2} \; ; \quad s = \pi r \sqrt{r^2 + h^2} + \pi r^2$$

$$9\pi v^2 = \pi^3 r^4 h^2 \; ; \quad (s - l) = \pi r^2$$

$$2l - s = \pi r \sqrt{r^2 + h^2} - \pi r^2$$

$$s(s - l)(2l - s) = \left[\pi r \sqrt{r^2 + h^2} + \pi r^2\right] \pi r^2 \left[\pi r \sqrt{r^2 + h^2} - \pi r^2\right] =$$

$$= \left[\pi^2 r^2 (r^2 + h^2) - \pi^2 r^4\right] \pi r^2 = \pi^3 r^4 h^2 \ \text{égale donc } 9\pi v^2$$

Exercice 762. — II.

1926. Théorème. *Par un point donné sur l'axe d'un cône de révolution, on mène un plan quelconque ; la somme des inverses des deux génératrices opposées est une quantité constante, quel que soit le couple de génératrices.*

(Voir *Méthodes*, n° 280.)

1927. Théorème. *Pour un couple donné de génératrices opposées d'un cône droit ayant une courbe à centre pour périmètre de base, la somme des inverses de ces génératrices est constante pour tout plan mené par un point fixe pris sur la hauteur ; mais la constante varie suivant le couple considéré.*

Dans tout cône droit ayant une courbe à centre pour périmètre de la base, la hauteur est bissectrice d'un couple quelconque de génératrices opposées. Donc, pour un même point O, on aura, quel que soit le plan

sécant : $\qquad\qquad \dfrac{1}{SA} + \dfrac{1}{SC} = \text{constante}$

mais la constante dépend de l'angle x que forment entre elles les deux génératrices considérées.

Exercice 763.

1928. Théorème. *La surface de la sphère est à la surface totale du cône équilatéral circonscrit dans le rapport de 4 à 9 ; les volumes sont dans le même rapport.* (ARCHIMÈDE.)

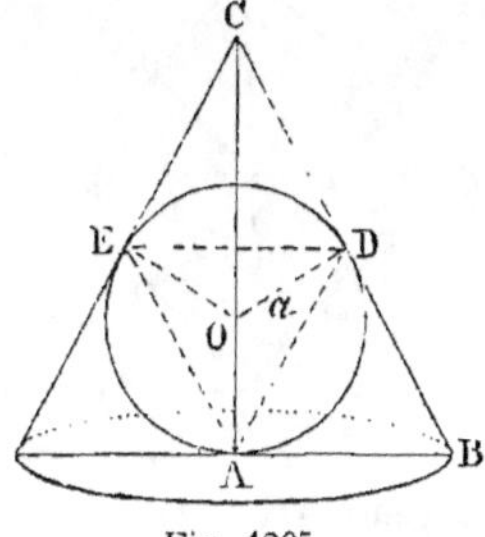

Fig. 1205.

Le cône équilatéral est le cône dont la section, par l'axe, est un triangle équilatéral.

Soit a le rayon de la sphère.

Le rayon AB est la moitié du côté ; il égale DE et correspond au côté du triangle équilatéral inscrit dans le cercle dont a est le rayon ; donc

$$AB = DE = a\sqrt{3} \qquad (\text{G., n}^o \text{ 277.})$$

car on sait d'ailleurs que CD^2 ou $DE^2 = 3a^2$;

d'où $CO^2 = 4a^2$; $CO = 2a$, et $CA = 3a$

On a tous les éléments pour calculer la surface du cône :

$$AB = a\sqrt{3} ; \quad AC = 3a ; \quad BC = 2a\sqrt{3}$$

Le cercle de base ou $\quad \pi r^2 = \pi \times 3a^2 = 3\pi a^2$

La surface convexe ou

$$\pi AB . BC = \pi a\sqrt{3} . 2a\sqrt{3} = 6\pi a^2$$

Surface totale égale $9\pi a^2$.

La surface de la sphère égale $4\pi a^2$; donc le rapport des surfaces de la sphère et du cône égale $\dfrac{4}{9}$.

Volume du cône égale

$$\pi AB^2 \times \frac{1}{3} AC = \pi(a\sqrt{3})^2 \times a = 3\pi a^3 = \frac{9}{3}\pi a^3.$$

La sphère égale $\dfrac{4}{3}\pi a^3$; donc le rapport des volumes égale $\dfrac{4}{9}$.

1928 (a). Remarques. 1° Lorsqu'un polyèdre, un cône ou un cylindre est circonscrit à une sphère, les volumes sont entre eux dans le même rapport que les surfaces correspondantes.

2° *La surface du cylindre circonscrit à une sphère est moyenne proportionnelle entre la surface de la sphère et la surface du cône équilatéral circonscrit à cette même sphère. Il en est de même des volumes.*

En effet, en représentant par 4 la surface de la sphère, celle du cylindre est représentée par 6 et celle du cône par 9.

Or $\qquad \dfrac{4}{6} = \dfrac{6}{9}$, donc...

3° *La surface du cylindre circonscrit à une sphère est moyenne arithmétique entre la surface de la sphère inscrite et la surface de la sphère circonscrite à ce même cylindre.*

Exercice 764.

1929. Théorème. *Dans le tétraèdre régulier, le rayon de la sphère tangente aux six arêtes est moyen proportionnel entre le rayon de la sphère inscrite et celui de la sphère circonscrite.* (DOSTOR, N. A., 1874, p. 568.)

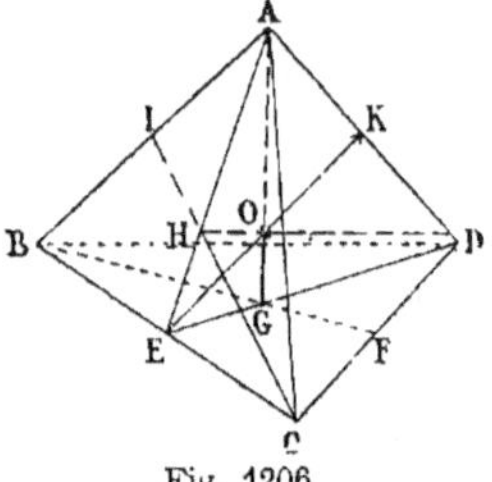

Fig. 1206.

Dans le tétraèdre régulier, chaque face est un triangle équilatéral ; les hauteurs DE, BF sont en même temps médianes. Ainsi OG est le rayon de la sphère inscrite, AO celui de la sphère circonscrite, et OE celui de la sphère tangente aux arêtes, car OE est perpendiculaire au milieu de BC et de AD.

En représentant par a l'arête du tétraèdre, la hauteur AG égale

$$a\sqrt{\frac{2}{3}} \qquad \text{(G., n}^\text{o}\text{ 478.)}$$

Or les droites AG, DH se coupent aux $^3/_4$ de leur longueur, à partir du sommet (n° 1835) ; ainsi

$$AO = a\frac{3}{4}\sqrt{\frac{2}{3}} \ ; \quad OG = \frac{a}{4}\sqrt{\frac{2}{3}}$$

AE, hauteur du triangle équilatéral BAC, $= \dfrac{a}{2}\sqrt{3}$.   (G., n° 316.)

$$AK = \frac{a}{2} \ ; \quad \text{d'ailleurs} \quad OE = \frac{EK}{2}$$

donc $\qquad 4 . OE^2 = AE^2 - AK^2 = \dfrac{3a^2}{4} - \dfrac{a^2}{4} = \dfrac{a^2}{2}$

Ainsi $\qquad\qquad\qquad\qquad OE^2 = \dfrac{a^2}{8} \qquad\qquad\qquad\qquad (1)$

Or $\qquad AO . OG = a\dfrac{3}{4}\sqrt{\dfrac{2}{3}} \cdot \dfrac{a}{4}\sqrt{\dfrac{2}{3}} = \dfrac{3a^2}{16} \cdot \dfrac{2}{3} = \dfrac{a^2}{8} \qquad (2)$

donc $\qquad\qquad\qquad\qquad OE^2 = OA . OG \qquad\qquad\qquad C. \ Q. \ F. \ D.$

Autre démonstration. On peut dire plus simplement comme il suit : Les triangles rectangles semblables OAK, OEG donnent immédiatement

$$\frac{OA}{OE} = \frac{OK}{OG} \quad \text{ou} \quad \frac{R}{f} = \frac{f}{r} \qquad C. \ Q. \ F. \ D.$$

Exercice 765.

1930. Théorème. *Soient une première sphère donnée ayant O pour centre, et une seconde sphère passant par le centre O de la première ; quel que soit le rayon r de cette seconde sphère, la zone de cette seconde sphère, interceptée par la première, a une aire constante.* (N. A., 1851.)

Soient a le rayon de la sphère donnée, C le centre de la seconde, et

$$OD = 2OC = 2r$$

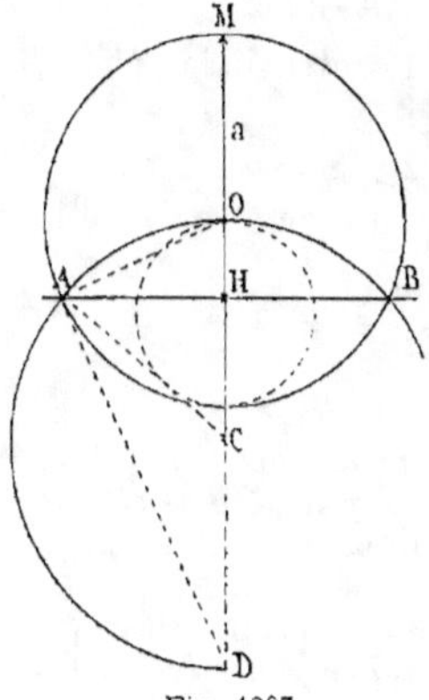

Fig. 1207.

Pour avoir la surface de la zone sphérique qui correspond à l'arc AOB, il faut calculer la hauteur OH de cette zone, car la surface cherchée est donnée par

$$\text{surf.} = 2\pi r \cdot OH \quad (\text{G., n}^\circ\ 558.)$$

Or le triangle rectangle OAD donne

$$OD \cdot OH = AO^2 \quad \text{ou} \quad 2r \cdot OH = a^2$$

donc
$$\text{surf.} = \pi a^2$$

La zone interceptée est équivalente à un grand cercle. Elle est équivalente à la surface de la sphère qui aurait a pour diamètre.

Remarque. On peut se borner à dire :

$$\text{zone} = \pi \cdot OA^2 = \text{constante}$$

$$(\text{G., n}^\circ\ 558.)$$

1931. **Théorème.** *On a deux sphères de même centre et de rayons donnés. Une troisième sphère qui passe par le centre des deux premières donne lieu à une zone à deux bases dont la surface est constante, quel que soit le rayon de cette troisième sphère.*

Soient a et b les rayons des sphères concentriques et $a > b$.
La zone $= \pi(a^2 - b^2)$.

Exercice 766.

1932. **Théorème de Maclaurin.** *Le volume d'un segment sphérique égale le cylindre de même hauteur qui aurait pour base la section équidistante des bases, moins la moitié de la sphère qui aurait la hauteur pour diamètre.*

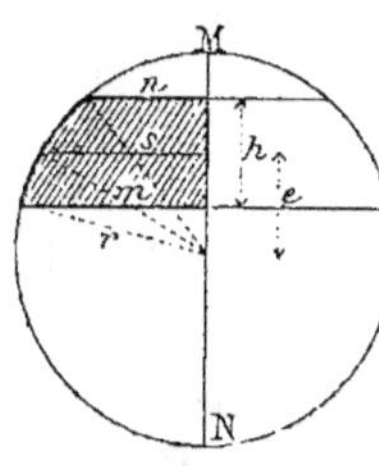

Fig. 1208.

Soient m et n les rayons des bases du segment considéré, s le rayon de la section équidistante des bases, et h la hauteur, r étant d'ailleurs le rayon de la sphère.

Entre les longueurs m, n, s et h, on a la relation (n° 1449)

$$m^2 + n^2 = 2s^2 - 2(\tfrac{1}{2}h)^2$$

La formule ordinaire du volume du segment (G., n° 580) donne

$$V = \tfrac{1}{6}\pi h^3 + \tfrac{1}{2}\pi h(m^2 + n^2)$$
$$= \tfrac{1}{6}\pi h^3 + \tfrac{1}{2}\pi h(2s^2 - 2 \cdot \tfrac{1}{4}h^2)$$
$$= \tfrac{1}{6}\pi h^3 + \pi h(s^2 - \tfrac{1}{4}h^2)$$
$$= \tfrac{1}{6}\pi h^3 + \pi s^2 h - \tfrac{1}{4}\pi h^3$$
$$= \pi s^2 h - \tfrac{1}{12}\pi h^3 \qquad\qquad C.\ Q.\ F.\ D.$$

1932 (a). Scolie. 1° *Dans des sphères quelconques, les segments de même hauteur et de même section médiane sont équivalents ;* car la formule donnée plus haut est indépendante du rayon de la sphère.

2° Si les bases d'un segment sont équidistantes du centre de la sphère, on a $s = r$, et alors

$$V = \pi r^2 h - {}^1/_{12}\pi h^3$$

Et si, en même temps, la hauteur devient égale au diamètre $2r$ de la sphère, on aura

$$V = \pi r^2 \cdot 2r - {}^1/_{12}\pi (2r)^3 = 2\pi r^3 - {}^2/_3\pi r^3 = {}^4/_3\pi r^3$$

formule ordinaire de la sphère.

1933. Note. Nous appelons la question ci-dessus *théorème de Maclaurin*, parce qu'elle n'est qu'un cas particulier d'un théorème plus général dû à ce célèbre géomètre. (Voir *Traité des fluxions* par Maclaurin ; traduit par le R. P. Pézenas, 2 vol. in-4°, en 1749. Introduction, page xxv.)

La priorité en faveur du géomètre anglais a été signalée par M. Desboves N. A., 1877, page 278) ; mais avant cette indication, en 1875 (Géométrie F. I. C., 2e édition), nous avons énoncé non seulement le théorème relatif aux segments engendrés par une conique tournant autour de l'axe focal, mais un théorème analogue pour les segments engendrés par une conique dans sa rotation autour de l'axe non focal (page 384, exercices 81, 82).

La démonstration de ces théorèmes et de plusieurs autres se trouve dans l'*Appendice aux Exercices de Géométrie*.

Pézenas, savant jésuite, né à Avignon (1692-1776), opéra le nivellement du canal de Craponne, en Provence, et traduisit plusieurs ouvrages anglais.

Exercice 767.

1934. Théorème. *Lorsqu'un triangle rectangle isocèle tourne autour d'une droite menée par le sommet de l'angle droit parallèlement à l'hypoténuse, il engendre un volume équivalent à la sphère qui aurait cette hypoténuse pour diamètre.*

1° C'est une simple conséquence du *théorème des trois corps ronds*. (G., n° 583, iii.)

2° On peut le démontrer à l'aide du *théorème de Guldin*. (Voir *Appendice aux Exercices de Géométrie*, n° 771, 2°.)

3° Le volume engendré par le triangle n'est qu'un cas particulier du volume engendré par un segment d'hyperbole. (G., n° 978.)

1935. Note. La *méthode des sections comparées*, inaugurée en 1873 dans la première édition des *Éléments de Géométrie*, n°s 595, 596, 597, appliquée actuellement aux n°s 582 et 583, *théorèmes des trois corps ronds*, et exposée au § V, n° 971, nous semble avoir une origine toute récente comme procédé d'investigation et comme mode d'exposition ; néanmoins, ainsi qu'il arrive souvent dans l'histoire de la plupart des méthodes, un des principaux théorèmes, celui qui est relatif à la sphère, se trouve avoir une origine assez ancienne.

Le docteur Sonndorfer, qui le donne dans son *Lehrbuch der Geometrie* (Wien, 1877, page 124), a bien voulu nous écrire qu'il a emprunté ce théorème au *Traité de Géométrie* du docteur Wittstein, 2e partie, page 121.

Ce dernier ouvrage a été publié à Hanovre, en 1862.

Plus tard, M. Vautré, de Saint-Dié, l'a signalé dans le *Cours complet de Mathématiques pures* de Francœur, tome 1, n° 313.

Enfin, tout récemment, nous l'avons trouvé dans les *Éléments d'Euclide, du R. P. Deschalles et de M. Ozanam*, par M. Audierne, 2e édition; Paris, 1753.

D'après la préface, on reconnaît que DESCHALLES et OZANAM ne sont cités que comme prête-nom. La division de l'ouvrage est conforme à celle d'Euclide; mais on lit (pages 514 et 515, livre XII) : « Comme Euclide ne parle ni de la solidité de la sphère ni de la surface, nous substituons à ces deux propositions notre démonstration de cette solidité...

Proposition XVI (page 541) : *La demi-sphère* ALB *est les deux tiers du cylindre dans lequel elle est inscrite.*

AUDIERNE démontre la proposition en prouvant que la sphère augmentée du cône est équivalente au cylindre.

Enfin MACLAURIN, dans son *Traité des fluxions*, dont la traduction est de 1749, considère dans l'*Introduction*, page xxvii, une portion de sphéroïde (c'est-à-dire d'ellipsoïde) et le solide engendré par un trapèze rectangle; mais il n'en déduit pas une expression simple qui puisse servir d'énoncé de théorème et conduire à une véritable méthode.

OZANAM (1640-1717), très connu par ses *Récréations mathématiques et physiques.*

AUDIERNE publia plusieurs ouvrages de Mathématiques de 1746 à 1782, et commenta divers traités D'OZANAM.

Le R. P. DESCHALLES, né à Chambéry (1621-1678), auteur d'un *Cours complet de mathématiques.*

Inscription et Position.

Exercice 768.

1936. Théorème. *Dans tout prisme triangulaire droit on peut inscrire un cylindre; à ce même solide on peut circonscrire un cylindre.*

En effet, aux deux bases peuvent être inscrits et circonscrits des cercles respectivement égaux et parallèles, et une droite peut se mouvoir perpendiculairement aux bases en s'appuyant sur les cercles inscrits ou les cercles circonscrits; cette droite décrira les cylindres dont il est question. Donc, *dans tout prisme triangulaire droit...*

1937. Théorème. *A trois plans indéfinis, parallèles à une même droite, et qui se coupent deux à deux, on peut mener quatre cylindres circulaires tangents.*

En effet, les trois plans dont il est question ne sont autre chose que les faces latérales d'un prisme triangulaire prolongées indéfiniment.

Si l'on coupe le système de ces trois plans par un quatrième plan perpendiculaire aux intersections des premiers, on obtient un triangle dont les côtés sont prolongés indéfiniment.

Or à trois droites indéfinies qui se rencontrent deux à deux on peut mener quatre cercles tangents. (G., no 189.) Si une droite indéfinie se meut en s'appuyant sur les circonférences de ces cercles et en restant parallèle aux intersections des plans donnés, cette droite mobile décrira quatre surfaces cylindriques tangentes aux trois plans donnés.

Exercice 769.

1938. Théorème. *A tout trièdre on peut inscrire et circonscrire un cône de révolution.*

Dans le premier cas, il faut inscrire un cercle dans le triangle obtenu, en coupant le trièdre par un plan perpendiculaire à la droite d'intersection des trois plans bissecteurs des dièdres du trièdre; dans le second cas, il suffit de prendre trois longueurs égales SA, SB, SC sur les arêtes, et de circonscrire une circonférence au triangle ABC.

Exercice 770.

1939. Théorème. *Par trois droites non situées dans un même plan, et qui se coupent au même point, on peut faire passer quatre cônes de révolution à deux nappes.*

Les plans menés par les trois droites donnent lieu à huit trièdres opposés deux à deux par le sommet; chaque groupe donne lieu à un cône à deux nappes circonscrit aux deux trièdres opposés.

1940. Remarque. La plupart des théorèmes relatifs aux triangles peuvent en fournir d'analogues pour le trièdre. Ainsi le *cercle des neuf points* (n°ˢ 719 et 720) conduit à un cône qui passerait par neuf droites déterminées du trièdre considéré.

Exercice 771.

1941. Théorème. *Par quatre points* A, B, C, D, *non situés dans un même plan, on peut faire passer une sphère, et une seule.*

1° Les points donnés déterminent deux triangles : ABC et ACD. Par les points E, F, G, milieux des côtés qui partent du point A, dans les plans des deux triangles, menons les perpendiculaires EI, EH, FI et GH; menons ensuite les droites IM et HN perpendiculaires aux plans ACD et ACB; les pieds I et H de ces perpendiculaires sont les centres des cercles circonscrits aux deux triangles; donc

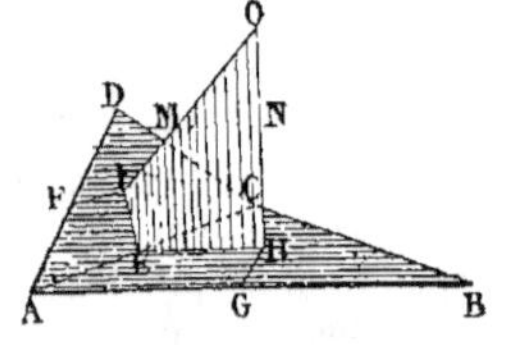

Fig. 1209.

ces perpendiculaires sont les lieux des centres de toutes les sphères que l'on peut faire passer par ADC et ACB.

Ces deux lieux se rencontrent au point O; en effet, si, par les perpendiculaires EI et EH à AC, on mène le plan IEH, ce plan sera perpendiculaire à l'intersection AC des deux plans DAC et BAC, il l'est donc aussi à chacun d'eux (G., n° 406); donc ce plan IEH contient les deux perpendiculaires IM et HN (G., n° 403), et ces droites IM et HN se coupent (G., n° 77); donc leur intersection O est le centre de la sphère demandée.

2° La droite IM étant le lieu des points équidistants des points A, C, D, et la droite HN le lieu des points équidistants des points A, B, C, l'unique rencontre O de ces deux droites est le seul point de l'espace qui soit équidistant des quatre points donnés. Donc...

1942. Scolies. I. Les quatre points donnés peuvent servir de sommets à un tétraèdre ABCD; donc *à un tétraèdre quelconque on peut circonscrire une sphère, et une seule.*

II. Les lignes analogues à IO et HO, que l'on pourrait élever sur les deux autres faces du tétraèdre, passeraient au point O; or les points I et H sont les centres des cercles circonscrits aux faces ACD et ABC. Donc, *dans un tétraèdre quelconque, il y a un point de rencontre unique pour les perpendiculaires élevées sur les quatre faces par les centres des cercles circonscrits à ces mêmes faces.*

Exercice 772.

1943. Théorème. *On peut inscrire une sphère à un tétraèdre quelconque.*

Car les six plans bissecteurs des dièdres se rencontrent en un même point, qui est équidistant des quatre faces (n° 1833). Ce point peut servir de centre à une sphère qui sera tangente à toutes les faces.

Exercice 773.

1944. Théorème. *Deux sphères quelconques peuvent avoir, l'une par rapport à l'autre, cinq positions différentes; et les conditions relatives aux rayons et à la distance des centres sont les mêmes que pour les circonférences.* (G., n° 138.)

En effet, étant données deux circonférences dans l'une quelconque des cinq positions connues, si l'on fait tourner la figure totale autour de la ligne des centres, on produit deux sphères qui sont absolument dans les mêmes conditions que les deux circonférences...

Exercice 774.

1945. Théorème. *Si trois sphères se coupent deux à deux, les plans d'intersection se coupent suivant une même droite perpendiculaire au plan des trois centres.*

En effet, le plan qui passe par les trois centres de ces sphères détermine trois cercles qui se coupent, et les trois cordes d'intersection se rencontrent en un même point (n° 1271).

Si, par ces cordes, on mène des plans perpendiculaires au plan des centres, on obtient les trois plans d'intersection des sphères; et leur intersection commune est la perpendiculaire menée au plan des centres par le point de concours des trois cordes.

Remarque. Le point de concours des trois cordes est le centre radical des trois cercles. Le théorème démontré (n° 1945) n'est qu'un cas particulier d'un théorème plus général. (G., n° 839, 4°.)

Exercice 775.

1946. Théorème. *Une sphère et un plan étant donnés, démontrer que toutes les sphères décrites des différents points du plan comme centre, avec des rayons égaux aux tangentes menées de ces points à la sphère donnée, passent par un point fixe.* (N. A., 1868, p. 42.)

Il suffit d'étudier la section méridienne obtenue en coupant la sphère par un plan perpendiculaire au plan donné; car, si le théorème est vrai, le point commun ne peut se trouver, par raison de symétrie, que sur la perpendiculaire CP abaissée du centre C sur le plan PQ.

Prenons donc $PM = PB$, et prouvons que, pour une tangente quelconque AD, on a

$$AM = AD$$

Soient $CP = a; \quad CB = r$

on aura $PM^2 = PB^2 = a^2 - r^2$

Ajoutons AP^2 à chaque membre, on obtiendra :

$$PM^2 + PA^2 = a^2 + AP^2 - r^2$$

ou $AM^2 = AC^2 - r^2 = AD^2$ $C.\ Q.\ F.\ D.$

Ainsi la distance AM égale la tangente AD; donc la sphère décrite du point A comme centre avec AD pour rayon passe par le point fixe M.

$C.\ Q.\ F.\ D.$

Remarques. 1° La droite AP est l'axe radical du point M et de la circonférence CDB. Le plan dont PQ est la section, par un plan mené par CP, est le plan radical de la sphère C et du point M.

2° Les sphères passent toutes par un second point fixe, le point N symétrique de M par rapport au plan donné.

Exercice 776.

1947. Théorème. *Un hexaèdre est inscriptible dans une sphère lorsque ses faces sont des quadrilatères inscriptibles.*

Circonscrivons une circonférence au quadrilatère ABCD et une autre à BEFC.

Soient M, N leurs centres respectifs.

Dans un plan mené par MN perpendiculairement à la corde commune BC, on peut mener des perpendiculaires par les points M, N aux quadrilatères ABCD, BEFC. Soit O le point de rencontre des perpendiculaires. Ce point est le centre de la sphère qui passe par les deux cercles déjà tracés (n° 1941).

Or la section de cette sphère par le plan déterminé par les trois points D, C, F, doit contenir le quatrième sommet G de tout quadrilatère inscriptible ayant déjà D, C, F pour sommets; donc la sphère passe par le sommet G, et, pour une raison analogue, elle passe aussi par le sommet H. Donc...

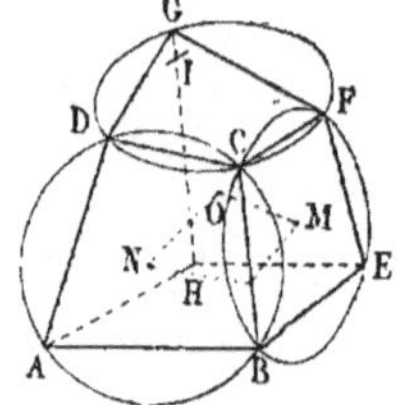

Fig. 1211.

Exercice 777.

1948. Théorème. *Lorsqu'un polygone plan est inscrit dans une sphère, les plans tangents menés à la sphère par les sommets du polygone inscrit se coupent au même point.*

Soit le polygone ABCF inscrit dans un cercle ABCD ayant L pour centre.

Menons par le centre de la sphère la droite OL jusqu'à la rencontre du plan tangent mené par le point A.

La tangente AT est la section du plan tangent par le plan méridien AOL.

Le triangle rectangle OAT donne :

$$OT \cdot OL = AO^2; \quad OT = \frac{AO^2}{OL}$$

Donc la distance OT est constante, quel que soit le plan tangent. Ainsi tous les plans tangents passent par le même point T.

1949. Théorème. *Lorsqu'un polygone est circonscrit à une sphère, les plans tangents menés par les côtés de ce polygone passent par un même point.*

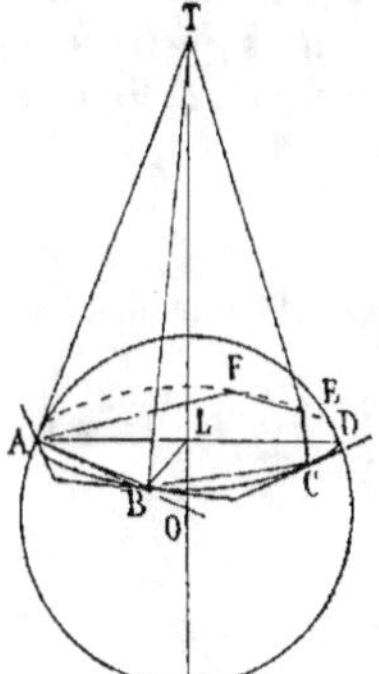

Fig. 1212.

Les plans tangents menés par les côtés sont les mêmes que ceux qui seraient menés par les sommets A, B, C d'un polygone inscrit.

<h3 align="center">Exercice 778.</h3>

1950. Théorème. *Lorsque les arêtes opposées d'un octaèdre inscrit dans une sphère sont dans un même plan, les trois diagonales de l'octaèdre se coupent au même point.*

En menant un plan tangent à la sphère par chaque sommet de l'octaèdre, on forme un hexaèdre circonscrit dont les faces prises quatre à quatre concourent en un même point.

(Voir *Méthodes*, n° 32.)

1951. Théorème réciproque. *Lorsque par un même point T on mène des plans tangents à une sphère, les points de contact sont les sommets d'un polygone plan inscrit.*

1952. Théorème. *La courbe de contact d'une sphère et d'un cône circonscrit est une circonférence.*

<h3 align="center">Exercice 779.</h3>

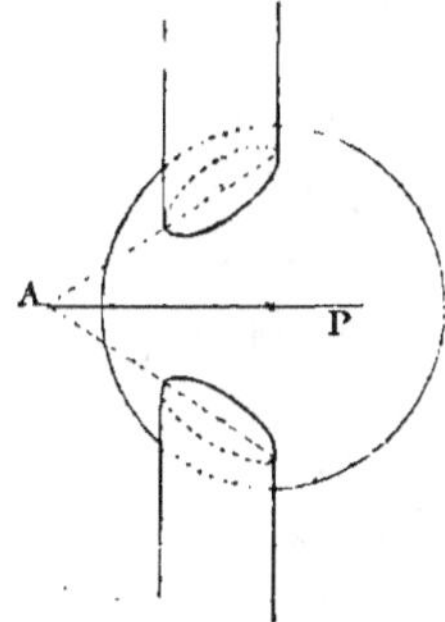

Fig. 1213.

1953. Théorème. *Un cylindre qui entre dans une sphère par un cercle en sort par un cercle égal au premier.*

Représentons la sphère et le cylindre sur un plan parallèle aux génératrices du cylindre, et mené par le centre de la sphère et le centre du cercle d'entrée.

Il est évident que la courbe d'entrée et celle de sortie sont symétriques par rapport au plan du grand cercle perpendiculaire au cylindre; donc les deux courbes sont égales.

Remarque. La démonstration si simple qui précède est plus générale que le théorème énoncé; on peut dire : *Lorsqu'un cylindre quelconque coupe une sphère, l'intersection est divisée en deux parties symétriques par le grand cercle qui est perpendiculaire aux génératrices du cylindre.*

Exercice 780.

1954. Théorème. *La section antiparallèle d'un cône oblique à base circulaire est un cercle.*

Soit SABC un cône à base circulaire ABC.

Soit DEF la section antiparallèle, l'angle ADF = ACF, SFD = A. En un mot, le quadrilatère ACFD est inscriptible, et l'on a

$$\frac{SA}{SC} = \frac{SF}{SD}$$

Sur la seconde nappe, prenons SF' = SF, SD' = SD.

On aura

$$\frac{SA}{SC} = \frac{SF'}{SD'}$$

Donc la section D'E'F' est parallèle à ABC; par suite, elle est circulaire ainsi que ABC.

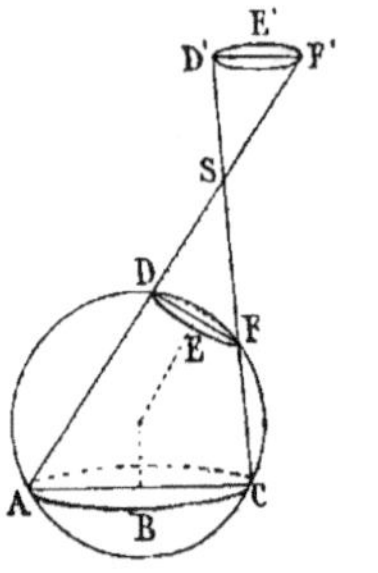

Fig. 1214.

Or, par rapport au sommet S du cône, les sections DEF, D'E'F' sont symétriques.

Donc la section antiparallèle DEF est circulaire.

Remarques. 1° La base ABC et toute section antiparallèle DEF appartiennent à une même sphère.

2° Le théorème ci-dessus se démontre de plusieurs manières différentes *; on peut aussi le déduire du théorème suivant (n° 1955, *Remarque*); mais aucune démonstration n'est aussi simple que celle qu'on vient d'indiquer.

Exercice 781.

1955. Théorème. *Lorsqu'un cône entre dans une sphère par un cercle, il en sort par un autre cercle.*

Soit le cône ABC ayant pour base le cercle AMB de la sphère donnée. Il faut prouver que la courbe de sortie DNE est un cercle.

Du sommet C, abaissons une perpendiculaire CP sur le plan de la base, menons le diamètre ABP qui passe par le pied P.

Dans le plan ACP, menons EG perpendiculaire à CE. Enfin, soit CM une génératrice quelconque et N le point où elle coupe la sphère.

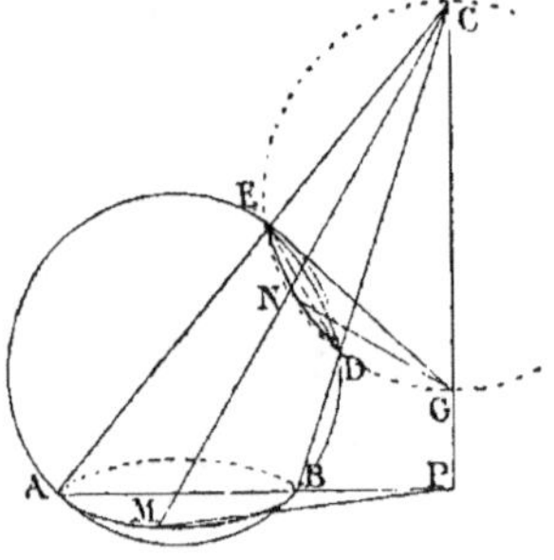

Fig. 1215.

---

* *Cosmographie*, par F. J. (n° 70).

M.   36

1° Le théorème des sécantes issues d'un même point étant appliqué à la sphère donne

$$CM \cdot CN = CA \cdot CE$$

Mais les triangles rectangles semblables CAP, CGE donnent :

$$CA \cdot CE = CP \cdot CG$$

donc
$$CM \cdot CN = CP \cdot CG$$

Donc les triangles CMP, CGN sont semblables comme ayant un angle égal compris entre côtés proportionnels; mais l'angle CPM est droit, car CP est perpendiculaire au plan de la base; donc l'angle CNG est aussi droit.

2° Les points E, N, D appartiennent donc à la sphère décrite sur CG comme diamètre. Ainsi la courbe de sortie est la courbe d'intersection de deux sphères; *or cette courbe est un cercle* (G., n° 548); donc...

Remarque. On a aussi CE . CA = CB . CD; ainsi le cercle END est la section antiparallèle du cône CAMB; *donc la section antiparallèle du cône oblique à base circulaire est un cercle.*

Exercice 782.

1956. Théorème. *Par deux cercles d'une même sphère, on peut faire passer deux cônes ayant ces cercles pour sections parallèles ou antiparallèles.*

Par les centres des deux cercles et par celui de la sphère on peut faire

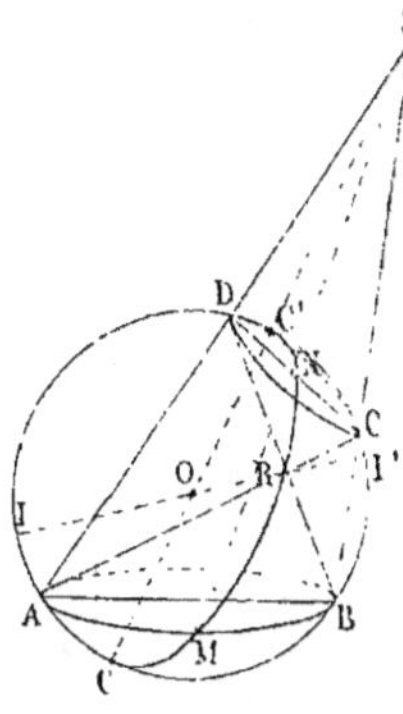

Fig. 1216.

passer un plan ABCD, et ce plan est perpendiculaire à chaque cercle; car, en vertu des constructions faites pour la démonstration d'un théorème connu (G., n° 543), la ligne qui joint le centre de la sphère au centre d'un petit cercle est perpendiculaire à ce petit cercle. Pour représenter plus facilement cette figure, prenons ABCD pour plan principal; AB et CD sont les diamètres des cercles donnés.

Menons ADS, BCS et ARC, BRD.

S et R sont les sommets des deux cônes.

En effet, pour S par exemple, le cône SAB doit sortir de la sphère par un cercle (1955) ayant pour diamètre DC, et dont le plan est perpendiculaire au plan SAB; donc la courbe de sortie ne diffère point du cercle donné CD.

1957. Remarque. Toute génératrice SNM donne des points correspondants, car les cordes AM, DN sont antiparallèles. On peut le démontrer directement, car on a : SM . SN = SA . SD à cause de la sphère.

On peut encore dire : le plan ASM coupe la sphère suivant un cercle dans lequel le quadrilatère AMND est inscrit; donc AM et DN sont antiparallèles.

Ainsi, pour avoir des points antihomologues M, N, il suffit de mener une génératrice quelconque SNM. Pour l'étude des cercles tracés sur la sphère, on a recours aux *centres de similitude* C, C', et I, I'. (Voir ci-après, n° 1962.)

Exercice 783.

1958. Théorème. *Lorsque la base d'une pyramide est inscriptible, toute sphère circonscrite à cette base coupe les arêtes de la pyramide en des points qui sont les sommets d'un polygone plan inscriptible.*

En effet, soit A, B, C, D... les sommets du polygone de base; A', B', C' D'... les points où les arêtes SA, SB... sont coupées par la sphère; ces points appartiennent à la circonférence de la courbe de sortie du cône qui aurait S pour sommet et le cercle circonscrit à ABCD... pour base; donc les points A', B', C'... sont les sommets d'un polygone plan inscriptible.

Exercice 784.

1959. Théorème. *Lorsque, par deux points A et B donnés sur une sphère, on fait passer une série de cercles qui coupent un cercle donné, tous les grands cercles qui passent par les deux points d'intersection de chaque cercle variable avec le cercle fixe se coupent suivant un même diamètre.*

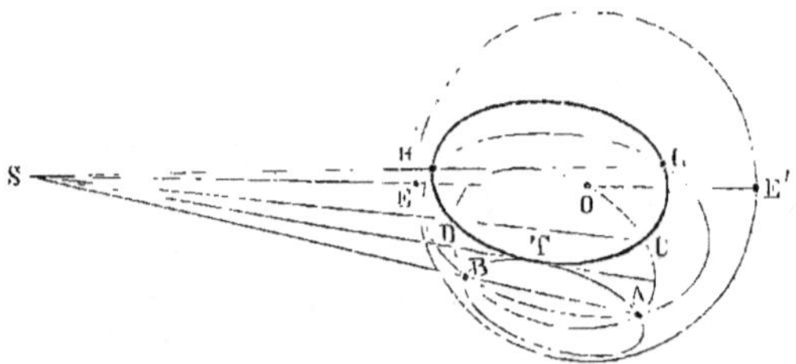

Fig. 1217.

Soit GDGH le cercle donné et CD la corde d'intersection d'un des cercles décrits.

Les deux droites AB, CD situées dans le plan du cercle ABCD se coupent en un certain point S.

1° Prouvons que toute autre corde commune GH passe par ce même point.

A cause de la sphère, ou du cercle ABCD, on a :

$$SA . SB = SC . SD$$

Joignons le point S au point G; soit H le point où SG rencontre le cercle BAG et H' celui où elle rencontre le cercle DCG, on aura :

$$SG . SH = SA . SB = \text{donc } SC . SD = SG . SH'$$

donc H et H' se confondent.

2° Joignons S au centre O de la sphère; les plans menés par SEE' et par chaque corde commune donne des grands cercles EBAE' EDCE', EHGE' qui passent par les points d'intersection et ont EE' pour diamètre commun.

1960. Corollaire. *Lorsqu'un cercle ATB est tangent au cercle HTG, la* tangente commune passe par le point S *d'intersection des cordes communes, et le grand cercle ETE' est tangent aux cercles* ATB *et* CTD.

1961. Théorème. *Même théorème* (n° 1959), *quand les deux points* A *et* B *n'appartiennent pas à la surface sphérique.*

Soit S le point où la droite AB coupe le plan du cercle donné; tout plan mené par ABS coupe la sphère suivant un cercle, et l'intersection de ce plan par le plan du cercle donné passe par le point S, commun aux deux plans, et n'est autre chose que la corde commune aux deux cercles. Donc...

Exercice 785.

1962. Théorème. *Deux cercles quelconques d'une même sphère admettent des centres de similitude, et tous les grands cercles menés par un des centres de similitude déterminent sur les cercles donnés des couples de points correspondants, tels que les droites qui les joignent deux à deux passent par un même point.*

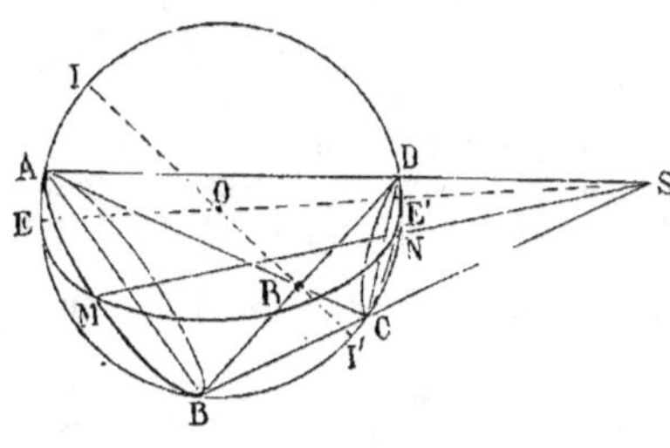

Fig. 1218.

Soit S le sommet extérieur du cône qui passe par les deux cercles. Joignons ce sommet S au centre O de la sphère. Par définition, les points E, E' sont les *centres externes* de similitude.

Tout grand cercle mené par EE' détermine des points correspondants.

En effet, si une génératrice quelconque SNM coupe les circonférences données en M et en N, on a, à cause de la sphère,

$$SM \cdot SN = SE \cdot SE'$$

donc les quatre points E, M, N, E' appartiennent à un même grand cercle.

Réciproquement. 1° Tout grand cercle EME' détermine deux points M, N tels que la droite MN passe par un point fixe S.

2° Les cordes AM, DN sont antiparallèles (n° 1957).

Si les génératrices SA, SM se rapprochent indéfiniment, les sécantes AM, DN, antiparallèles, auront pour limites les tangentes aux cercles donnés en M et N; donc ces tangentes aux deux cercles en M et N sont antiparallèles par rapport à SNM. On prouverait de même que les tangentes en M et N au grand cercle EMNE' sont antiparallèles; on sait d'ailleurs que cela a toujours lieu pour un même cercle par rapport à la corde MN des contacts.

3° L'angle des tangentes en M égale l'angle des tangentes en N (n° 241); *donc le grand cercle coupe les cercles donnés sous un même angle.*

Remarque. Le diamètre IORI' détermine les *centres internes* I et I' de similitude.

Triangles sphériques.

Exercice 786.

1963. Théorème. *Dans tout triangle sphérique, à un plus grand côté est opposé un plus grand angle, et réciproquement.*

Considérons le trièdre central OABC. Si l'on a $a > c$, on a aussi la face BOC $>$ BOA, et par suite (n° 1781), le dièdre OA $>$ OC ou l'angle A $>$ C.

Pareillement, donner l'angle A $>$ C, c'est donner le dièdre OA $>$ OC. On en conclut la face BOC $>$ BOA, d'où l'arc BC $>$ BA...

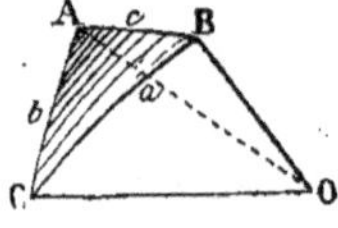

Fig. 1219.

Donc, *dans tout triangle sphérique...*

Note. Le théorème relatif à l'aire du triangle sphérique a été énoncé par Albert Girard, d'Amsterdam, en 1629; mais la démonstration n'est pas rigoureuse; le théorème devrait être attribué, d'après Lagrange, à Cavalieri, qui l'a donné et démontré en 1632.

La considération du *triangle polaire* ou *triangle supplémentaire* d'un triangle sphérique donné est due à Snellius en 1627.

Avant lui, en 1626, Girard, et même Viète, mort en 1603, avaient déjà considéré un triangle ayant certaines relations avec le triangle donné; mais le *triangle réciproque* de Viète n'offre pas tous les avantages qu'on retire du *triangle polaire*. (*Aperçu historique*, pages 54 et 546, et N. A., 1855, page 152.)

1964. Théorème. *Dans tout quadrilatère sphérique circonscrit à un cercle, la somme de deux côtés opposés égale la somme des deux autres côtés.*

Le quadrilatère est formé par quatre arcs de grand cercle, et il est circonscrit à un petit cercle.

La démonstration est analogue à celle du théorème connu du quadrilatère rectiligne (n° 744), car les arcs de grand cercle, issus d'un même point et tangents au même petit cercle, sont égaux.

Exercice 787.

1965. Théorème de Gergonne. *Un quadrilatère sphérique est circonscriptible lorsque la somme de deux côtés opposés égale celle des deux autres côtés.*

(*Annales de Mathématiques*, t. V, année 1814-1815, p. 384.)

Le théorème se démontre par la réduction à l'absurde, en procédant comme en géométrie plane (n° 745).

Remarque. Le *théorème de Gergonne* est le corrélatif du *théorème de Guéneau d'Aumont* (n° 1967). De l'un on passe à l'autre à l'aide du triangle polaire supplémentaire.

Ainsi, admettons qu'on ait un quadrilatère ayant pour côtés les arcs a, b, c, d tels que $a + c = b + d$. On en déduira pour le quadrilatère polaire supplémentaire $A' + C' = B' + D'$.

En effet,

$$A' = 180° - a; \quad C' = 180° - c; \quad B' = 180° - b \quad \text{et} \quad D' = 180° - d$$

Or

$$180° - a + 180° - c = 180° - b + 180° - d$$

car

$$a + c = b + d$$

donc

$$A' + C' = B' + D'$$

Exercice 788.

1966. Théorème de Fuss. *Quelle que soit la base AB d'un triangle sphérique ABC, le lieu du troisième sommet C est un grand cercle lorsque la somme des arcs latéraux est une demi-circonférence.*

On peut recourir à l'emploi des figures symétriques.
(Voir *Méthodes*, n° 148.)

Exercice 789.

1967. Théorème de Guéneau d'Aumont. *Dans tout quadrilatère sphérique inscrit au cercle, la somme de deux angles opposés est égale à la somme des deux autres angles.*

(Voir *Méthodes*, n° 162.)

Exercice 790.

1968. Théorème. *Lorsqu'un triangle sphérique ABC est inscrit dans un cercle, et que sa base AB est fixe, tandis que le troisième sommet C parcourt le petit cercle, la somme des angles à la base diminuée de l'angle du sommet est une quantité constante.*

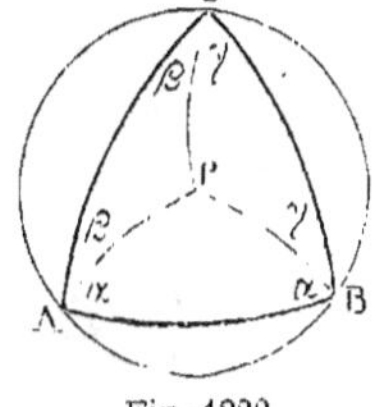
Fig. 1220.

Par le centre P du cercle circonscrit et par chaque sommet, faisons passer des arcs de grand cercle.

Le triangle donné se trouve divisé en trois triangles isocèles, car

$$AP = BP = CP$$

Or $A + B - C = \alpha + \beta + \alpha + \gamma - \beta - \gamma = 2\alpha$ quantité constante.

Réciproquement. *Lorsque $A + B - C$ est une quantité constante, et que la base AB est fixe, le lieu du sommet C est la circonférence circonscrite ABC.*

Exercice 791.

1969. Théorème de Lexell [*]. *Dans un triangle sphérique ABC, dont la base AB est fixe et l'aire constante, tandis que le sommet C est mobile,*

---

[*] LEXELL, savant astronome russe (1740-1784). Ses recherches sur les cercles de la sphère sont consignées dans le tome V (année 1787) des *Actes de Saint-Pétersbourg*. (*Aperçu historique*, page 236.)

le lieu du troisième sommet C est un petit cercle qui passe par les points A' et B' diamétralement opposés aux sommets fixes A et B.

Démonstration de Steiner. Soit $A + B + C - 2d = T$ quantité constante. (G., n° 606.)

Il suffit de démontrer que $A' + B' - C$ est une quantité constante, car on sait que dans ce cas le lieu du sommet est le petit cercle A'B'C (n° 1968).

Or les angles A et A' sont supplémentaires, de même $B + B' = 2d$; donc la formule donnée devient

$$2d - A' + 2d - B' + C - 2d = T$$

d'où $A' + B' - C = 2d - T$ quantité constante.

Donc le lieu du sommet est le petit cercle A'B'C.

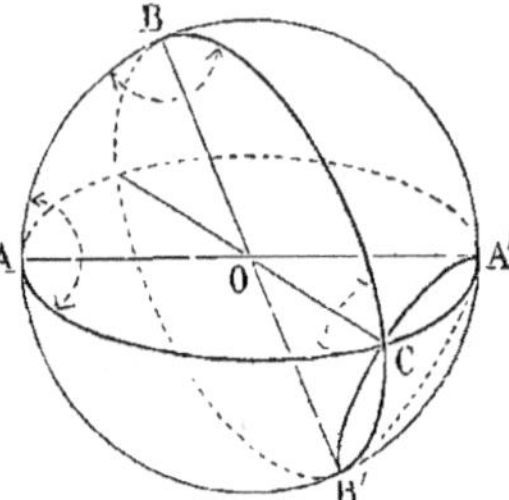

Fig. 1221.

Remarques. 1° Le grand cercle qu'on mènerait parallèlement au petit cercle A'B'C passerait à égale distance de AB et de A'B'.

2° *Lorsqu'on a deux petits cercles égaux et parallèles, et que deux points A et B sont donnés sur l'un d'eux, tandis que le troisième point C est mobile sur l'autre petit cercle, les arcs de grand cercle AC, BC déterminent un triangle ACB dont l'aire est constante.*

En effet, si l'on prend sur le second petit cercle un arc CD égal à AB, le parallélogramme ABCD est évidemment constant, quelle que soit la position du point mobile C; or le triangle est la moitié du parallélogramme.

De cette remarque on peut déduire une seconde démonstration du *théorème de Lexell.*

Exercice 792.

1970. Théorème. *Des sommets A, B, C, D d'un quadrilatère sphérique comme pôles, on décrit des arcs de grand cercle terminés aux côtés du quadrilatère, prolongés dans le même sens; l'aire de la figure ainsi obtenue correspond à la moitié de la surface de la sphère.* (N. A. 1864, page 454.)

Soient A', B', C', D' les angles extérieurs et supplémentaires des angles donnés A, B, C, D; représentons par S l'aire du quadrilatère et par S' celle des quatre triangles obtenus en décrivant des arcs de grand cercle des sommets A, B, C, D pris pour pôles.

En prenant pour unité de surface le triangle sphérique tri-rectangle, on sait que la mesure de la surface d'un quadrilatère sphérique égale la somme des angles moins quatre droits; donc

$$S = A + B + C + D - 4 \quad \text{(G., n° 607, 3°.)} \tag{1}$$

Mais le triangle formé par l'arc décrit du sommet A pris pour pôle, par un côté du quadrilatère et par le prolongement d'un autre côté adjacent au premier, est bi-rectangle, puisque A est le pôle du côté opposé. L'angle au sommet est représenté par A', et il est le supplément de A.

L'aire du triangle est simplement représentée par A'.

Donc $$S' = A' + B' + C' + D' \qquad (2)$$

En additionnant (1) et (2), on trouve :

$$S + S' = A + A' + B + B' + C + C' + D + D' = 4 \text{ droits}$$

Mais $$A' = 2d - A; \quad B' = 2d - B, \text{ etc.}$$

donc $$S + S' = 4 \text{ triangles tri-rectangles.}$$

c'est la moitié de la sphère.

1971. Problème. *Même question pour un polygone sphérique d'un nombre quelconque de côtés.*

L'aire est encore exprimée par 4; elle égale donc $2\pi R^2$.

Inversion dans l'espace.

Exercice 793.

1972. Théorème. *La figure inverse d'une sphère, par rapport à un point de cette surface pris pour origine, est un plan perpendiculaire au diamètre mené par l'origine.*

(Voir *Méthodes*, n° 240; il en est de même pour plusieurs des exercices suivants.)

Exercice 794.

1973. Théorème. *La figure inverse d'un plan, par rapport à un point extérieur à ce plan, est une sphère qui passe par l'origine, et dont le diamètre correspondant est perpendiculaire au plan donné.*

Exercice 795.

1974. Théorème. *La figure inverse d'une sphère, par rapport à un point non situé sur la surface, est une autre sphère, et l'origine est un centre de similitude pour les deux sphères.*

Exercice 796.

1975. Théorème. *Dans deux figures inverses, les angles correspondants sont égaux.*

(Voir *Méthodes*, n° 241.)

Exercice 797.

1976. Théorème. *L'inverse d'un cercle, par rapport à un point non situé dans son plan, est un cercle.*

(Voir *Méthodes*, n° 242.)

Exercice **798**.

1977. **Théorème de Chasles**. *Le centre de la circonférence obtenue par la projection stéréographique d'un cercle d'une sphère est la projection stéréographique du sommet du cône circonscrit à la sphère, suivant le cercle donné.*

(Voir *Méthodes*, n° 245.)

Exercice **799**.

1978. Théorème. *Tout cercle de la sphère qui passe par l'origine a une droite pour inverse; tout autre cercle a un cercle pour projection stéréographique.*

Exercice **800**.

1979. Théorème de Dupuis. *Lorsqu'une sphère de rayon variable est tangente à trois sphères fixes, le lieu des points de contact sur chaque sphère fixe est un cercle. (Correspondance de l'École polytechnique, t. I, p. 19.)*

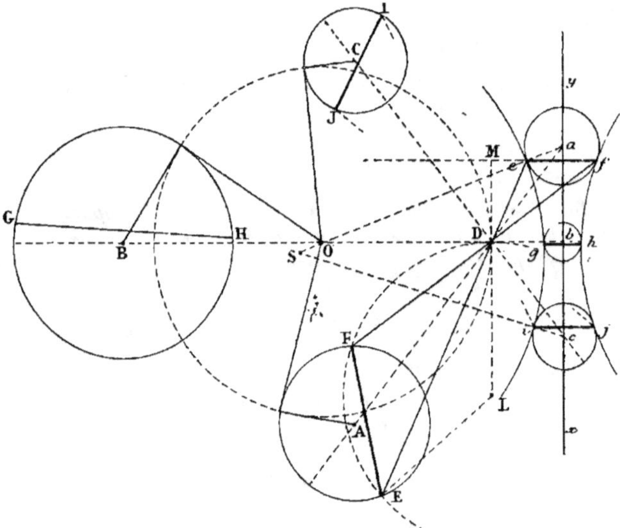

Fig. 1222.

Soient trois sphères et A, B, C les centres des grands cercles que déterminerait le plan mené par les centres de ces trois sphères.

Afin de rendre intuitive la détermination du lieu, transformons, par inversion, les trois sphères données en trois sphères ayant leurs centres respectifs en ligne droite. Pour cela, déterminons le centre radical O des trois grands cercles A, B, C (G., n° 837, *Exercice* n° 1481), et décrivons le cercle O qui coupe orthogonalement les trois cercles donnés.

En prenant un point quelconque D sur le cercle auxiliaire et une puissance d'inversion quelconque k^2, la figure inverse du cercle O sera une droite xy perpendiculaire au rayon OD et telle que

$$Db \cdot 2DO = k^2$$

Les cercles A, B, C ont pour inverses des cercles a, b, c dont les centres sont sur xy, car la transformée du cercle orthogonal OD doit couper orthogonalement les trois cercles a, b, c, ce qui ne peut avoir lieu qu'autant que la droite xy passe par les centres respectifs de ces cercles.

En résumé, les sphères ayant pour centres respectifs A, B, C ont pour inverses trois sphères a, b, c ayant les centres en ligne droite.

Toute sphère tangente aux trois premières a pour inverse une sphère tangente aux trois dernières, et réciproquement; or toutes les sphères tangentes extérieurement aux sphères a, b, c sont évidemment égales entre elles.

Pour chacune d'elles, les trois points de contact et la ligne des centres xy sont dans un même plan. — Dans le plan des centres, S est le centre du grand cercle cgi d'une de ces sphères; l'enveloppe des sphères égales tangentes aux sphères a, b, c est un tore ayant xy pour axe.

La courbe de contact de ce tore et de la sphère a, ou bien le lieu géométrique sur la sphère a des points de contact des sphères tangentes aux sphères a, b, c, est un cercle dont ef est le diamètre et dont le plan est perpendiculaire à la ligne xy des centres.

Il en est de même pour b et c.

La figure inverse du cercle ef est un cercle EF de la sphère A. En effet, la figure inverse du plan mené par ef perpendiculairement au plan des centres A, B, C est une sphère passant par l'origine D et dont le rayon DL est donné par la relation $2DL \cdot DM = k^2$, et l'intersection des sphères A, L est un cercle EF dont le plan est perpendiculaire au plan des centres A, B, C, L. La courbe inverse du cercle, dont ef est le diamètre, doit se trouver à la fois sur la sphère A, inverse de a, et sur la sphère L, inverse du plan mené par fcM; donc le cercle projeté suivant le diamètre EF est l'inverse du cercle projeté suivant ef.

Il en est de même pour les sphères B et C.

1979 (a). Remarque. *Le lieu, sur chaque sphère, dans le cas le plus général, se compose de quatre cercles.* En effet, aux trois cercles a, b, c extérieurs l'un à l'autre, on peut mener quatre groupes de deux cercles égaux tangents aux cercles donnés, ce qui donne lieu à quatre tores comme surface enveloppe des sphères tangentes à a, b, c. Ainsi cgi et fhj constituent le groupe de deux cercles égaux tangents extérieurement; deux autres cercles égaux peuvent être tangents extérieurement à a, c et intérieurement à b, etc.

Chaque groupe donne lieu à un cercle tel que ef, et par suite, au cercle EF.

Ainsi quand les trois sphères A, B, C sont extérieures deux à deux, *le lieu des points de contact sur chaque sphère se compose de quatre cercles dont les plans sont perpendiculaires au plan* ABC. Ces quatre plans se coupent suivant une même droite, car les quatre cercles tels que ef, dont les quatre cercles de la sphère A sont les inverses, sont perpendiculaires à xy.

1979 (b). Note. La démonstration du *théorème de Dupuis* par l'inversion est due à M. A. Mannheim. (N. A., 1860, page 67.)

Pour se rendre compte de la puissance de la méthode d'inversion comme moyen d'investigation, il suffit de lire quelques articles des *Nouvelles Annales mathématiques,* et, entre autres, celui que nous venons de citer. L'auteur de la *Géométrie cinématique* y traite de la *cyclide* ou surface enveloppe des sphères tangentes à trois sphères données. Chaque propriété du tore dont la première surface est la transformée par inversion fait connaître une propriété correspondante de la cyclide. Cette remarquable étude se lit avec facilité et se retient de même, non seulement à cause du mode heureux de l'exposition, mais aussi par suite des avantages inhérents à la méthode d'inversion.

La cyclide a d'abord été nommée et étudiée par DUPIN. Les sections du tore ont été étudiées par M. VILLARCEAU et par M. DARBOUX.

DUPUIS, ancien élève de l'École polytechnique, mort au commencement de ce siècle. (D'après M. CATALAN.)

CH. DUPIN (1784-1873), membre de l'Académie des sciences, auteur des *Développements de Géométrie,* ouvrage où se trouvent d'intéressants théorèmes relatifs au rayon de courbure de l'ellipse et l'étude de la cyclide (page 200).

YVON VILLARCEAU, astronome; on lui doit le théorème suivant : *Le plan bitangent au tore coupe cette surface suivant deux cercles.* (Voir E. de D., par F. J., 3ᵉ édition, n° 942.)

LIEUX GÉOMÉTRIQUES

Exercice 801.

1980. Lieu. *Quel est le lieu des points également éclairés par deux lumières A et B, dont les intensités sont i et i'? On sait que la quantité de lumière reçue par un point donné est en raison inverse du carré de la distance du point considéré au foyer lumineux.*

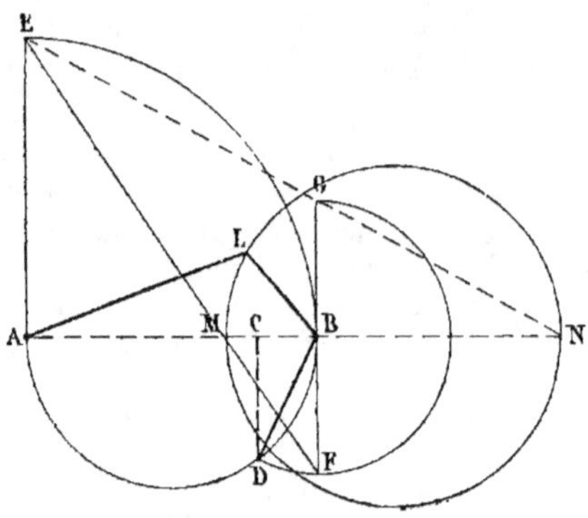

Fig. 1223.

Soient A et B les points lumineux donnés.

Les intensités lumineuses i, i' sont représentées par des nombres, et on peut prendre des droites AB et BC directement proportionnelles à ces grandeurs; soit donc $\dfrac{AB}{BC} = \dfrac{i}{i'}$.

Pour un point quelconque L du lieu, on doit avoir

$$\frac{i}{\overline{AL}^2} = \frac{i'}{\overline{BL}^2} \quad \text{ou} \quad \frac{\overline{AL}^2}{\overline{BL}^2} = \frac{i}{i'}\,; \quad \text{d'où} \quad \frac{AL}{BL} = \frac{\sqrt{i}}{\sqrt{i'}}$$

donc, dans le plan, le lieu des points également éclairés est la circonférence MLN, lieu des points dont le rapport des distances à deux points fixes A et B égale le rapport connu $\dfrac{\sqrt{i}}{\sqrt{i'}}$.

Dans l'espace, le lieu demandé est la sphère engendrée par la rotation de la demi-circonférence MLN tournant autour de AB.

Construction. Il faut déterminer les points conjugués M, N, tels que

$$\frac{MA}{MB} = \frac{NA}{NB} = \frac{\sqrt{i}}{\sqrt{i'}} = \frac{\sqrt{AB}}{\sqrt{BC}}$$

Il faut chercher deux carrés qui soient entre eux dans le rapport $\dfrac{AB}{BC}$.

Décrivons la demi-circonférence ADB; élevons la perpendiculaire CD;

on aura $\qquad \dfrac{AB}{BC} = \dfrac{AB^2}{BD^2}\,; \quad$ d'où $\quad \dfrac{\sqrt{AB}}{\sqrt{BC}} = \dfrac{AB}{BD}$

puis portons AB de A en E, BD de B en F et en G, et menons EMF, EGN; on a (G., n° 304) les points demandés M et N.

Exercice 802.

1981. Lieu. *Une pyramide a pour base un quadrilatère convexe dont les diagonales se coupent au point O. On joint le sommet S au point O. Quel est le lieu des sommets S, tel que toute section perpendiculaire à SO donne un parallélogramme?*

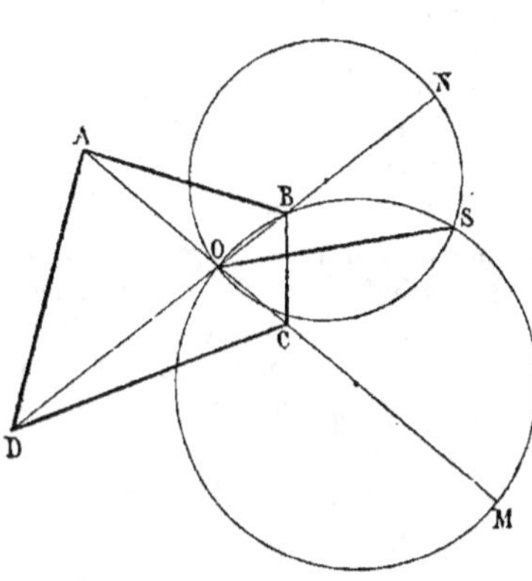

Fig. 1224.

Si le problème est résolu, les diagonales de la section perpendiculaire à SO * se coupent respectivement en parties égales; c'est-à-dire que les segments AO, CO d'une diagonale doivent être vus sous des angles égaux. Il faut donc déterminer le lieu des points dont le rapport des distances aux points A et C est constant. Ce lieu est la circonférence OM, M étant le point conjugué de O par rapport aux points A et C. (G., n° 304.)

Dans l'espace, le lieu est la sphère dont OM est le diamètre.

---

* Nous désignons par S un point quelconque du lieu dans l'espace, et la même lettre est affectée au point du lieu qui se trouve dans le plan même de la base ABCD.

De même, N étant le conjugué harmonique de O par rapport aux points B et D, le lieu est la sphère de diamètre ON.

Les deux sphères se coupent suivant un cercle ayant OS pour diamètre; donc *le lieu des sommets S est la circonférence décrite sur OS comme diamètre et située dans un plan perpendiculaire à celui du quadrilatère donné.*

Remarque. Toute pyramide quadrangulaire dont la base est un polygone convexe a une direction pour laquelle les sections sont des parallélogrammes (n° 1842); mais, dans le cas actuel, on demande que le parallélogramme ait son plan perpendiculaire à SO.

1982. *Autre solution.* On sait que tout plan parallèle au plan SEF, déterminé par les droites qui joignent le sommet aux points de concours E, F des côtés opposés, donne pour section un parallélogramme (n° 1842); donc, pour qu'un plan perpendiculaire à SO donne un parallélogramme, il suffit que SO soit perpendiculaire au plan SEF.

Lorsque cette condition est remplie, la droite OS est perpendiculaire à SE et à SF; donc le point S se trouve à la fois sur la sphère qui a OE pour diamètre et sur la sphère qui a OF pour diamètre.

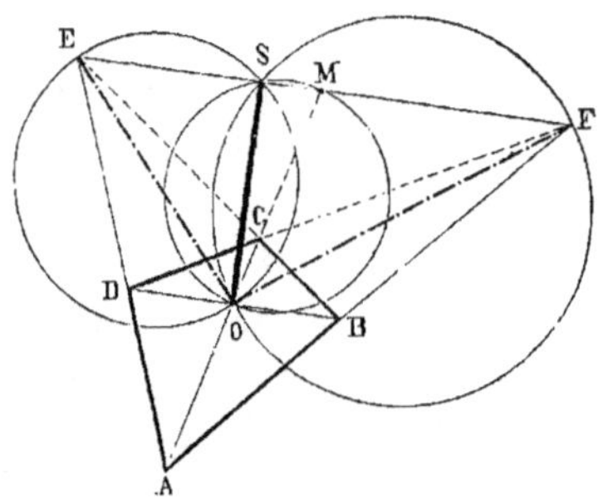

Fig. 1225.

Le lieu est donc la circonférence qui a OS pour diamètre et dont le plan est perpendiculaire au plan de la base de la pyramide.

1983. Remarques. 1° Les cercles décrits sur les diamètres OE, OF, se coupent au pied de la hauteur abaissée du point O sur la troisième diagonale EF du quadrilatère; donc, *pour avoir le diamètre OS du lieu demandé, il suffit d'abaisser une perpendiculaire du point O sur EF.*

2° Le lieu pouvant être obtenu de deux manières différentes, il en résulte le théorème suivant : *Dans tout quadrilatère ABCD, les circonférences décrites sur les diamètres OE, OF et les circonférences décrites sur OM, ON, lieux des points des distances à rapport constant, se coupent en un même point de la troisième diagonale du quadrilatère complet.*

Exercice 803.

1984. Lieu. *Quel est le lieu des sommets des pyramides quadrangulaires qu'on peut couper suivant un rectangle?*

C'est la sphère décrite sur la troisième diagonale EF prise pour diamètre, car alors les droites SE, SF, auxquelles les côtés de la section seront parallèles, sont perpendiculaires l'une à l'autre.

Remarque. *Le point commun aux trois sphères décrites sur les côtés*

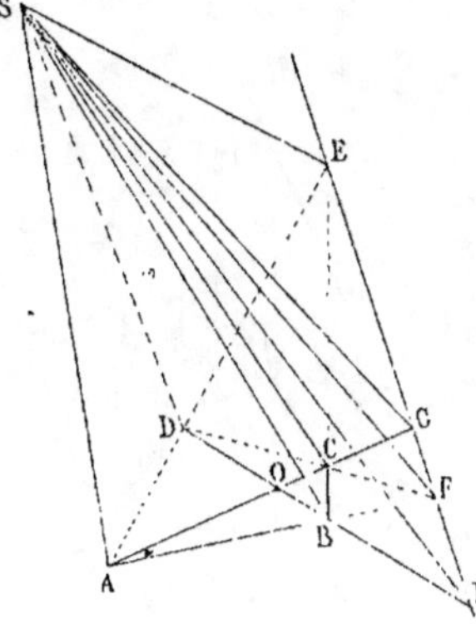

du triangle diagonal OEF (fig. 1225 et 1226), pris pour diamètres, est le sommet d'une pyramide qui peut donner des sections carrées.

1985. Lieu. *Pour que la section soit un losange, un carré?*

1º Prolongeons les diagonales AC, BD jusqu'à la troisième diagonale EF (fig. 1226). Pour que le figure soit un losange, il faut que les diagonales du parallélogramme se coupent à angle droit; donc les droites SH, SG doivent être rectangulaires entre elles. Tout point de la sphère décrite sur le diamètre GH pourra servir de sommet, et tout plan parallèle à SEF donnera un losange; car les diagonales seront rectangulaires, et la figure est d'ailleurs un parallélogramme, puisque les côtés seront deux à deux parallèles à SE, SF.

Fig. 1226.

2º Pour avoir un carré, il faut que le sommet appartienne à la circonférence commune aux sphères décrites sur les diamètres EF et GH.

<h3 align="center">Exercice 804. — I.</h3>

1986. Lieu. *Étant donnée une sphère de rayon r, trouver le lieu du sommet d'un trièdre dont les trois arêtes sont tangentes à cette sphère et dont les trois faces sont égales chacune à 60º (Concours général de 1878, 1re partie de la question proposée en philosophie. N. A. 1868, page 215.)*

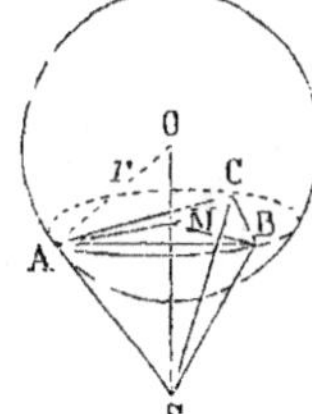

Soient SA, SB, SC les trois arêtes tangentes; le tétraèdre SABC est régulier; donc

$$AB = AS, \text{ etc.}$$

La droite SO est perpendiculaire au plan de la section et passe par le centre M du triangle équilatéral ABC.

Fig. 1227.

Le rayon $\quad AM = \dfrac{AB}{\sqrt{3}} = \dfrac{AS}{\sqrt{3}}.$

Le triangle rectangle OAS donne

$$AO \cdot AS = AM \cdot OS$$

$$r \cdot AS = \frac{AS}{\sqrt{3}} \cdot OS; \quad \text{d'où} \quad OS = r\sqrt{3}$$

Le lieu du point S est une sphère concentrique à la première, et ayant $r\sqrt{3}$ pour rayon.

<h3 align="center">Exercice 804. — II.</h3>

1987. Lieu. *Lieu du sommet du même trièdre, lorsque les trois faces sont tangentes à la sphère (nº 1986).*

Le triangle formé par les trois points de contact est équilatéral.

Soit S le trièdre. Prenons à volonté

$$SD = SE = SF$$

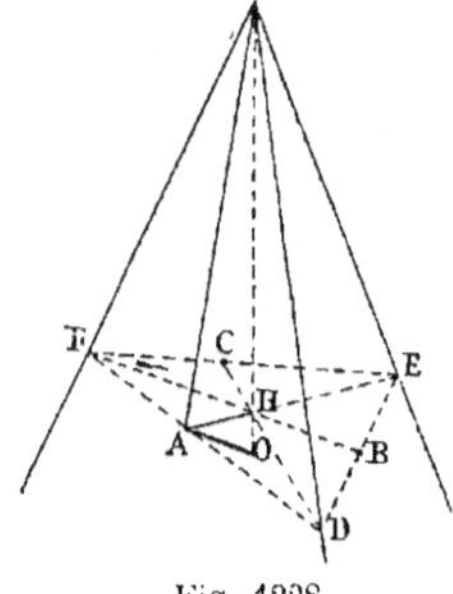

Fig. 1228.

et les points milieux A, B, C du triangle équilatéral DEF peuvent représenter les points de contact. Soit SH la hauteur du tétraèdre régulier SDEF, tombant au centre des triangles équilatéraux ABC et DEF.

Dans le plan SAH, élevons la perpendiculaire AO. Cette droite représente le rayon de la sphère inscrite.

Il suffit d'exprimer SO, distance du centre O au sommet S du trièdre, en fonction du rayon AO de la sphère.

Les triangles rectangles SAO, SHA sont semblables; donc

$$\frac{SO}{AO} = \frac{SA}{AH} = \frac{AE}{AH} = \frac{3}{1}$$

car le triangle DEF est équilatéral; donc la distance SO est le triple du rayon, et le lieu du point S est une sphère concentrique à la sphère donnée et ayant un rayon trois fois plus grand.

1988. Lieu. *On peut poser des questions analogues aux précédentes, (nos 1196 et 1197) en prenant un trièdre tri-rectangle.*

Exercice 805.

1989. Lieu. *Quel est le lieu géométrique des centres des sphères qui coupent orthogonalement trois sphères données?*

C'est une perpendiculaire au plan des trois centres des sphères données, et menée par le centre radical des trois grands cercles que ce plan détermine.

Exercice 806.

1990. Lieu. *Quel est le lieu des centres des sphères qui coupent trois sphères suivant des grands cercles?*

C'est encore une perpendiculaire menée au plan des trois centres par le point de ce plan d'où l'on peut décrire un cercle qui coupe les trois grands cercles suivant un diamètre (nº 1482).

Exercice 807.

1991. Lieu. *On a deux cercles fixes de position, un point M de l'espace est pris pour sommet de deux cônes qui ont respectivement pour base chacun des cercles donnés; quel est le lieu des points M, lorsque la somme des volumes des cônes égale une quantité donnée* $\dfrac{\pi k^3}{3}$?

Soient a, b les rayons des cônes, et c, h les hauteurs; on doit avoir

$$\frac{\pi a^2 c}{3} + \frac{\pi b^2 d}{3} = \frac{\pi k^3}{3}$$

ou simplement $\qquad\qquad a^2 c + b^2 d = k^3$

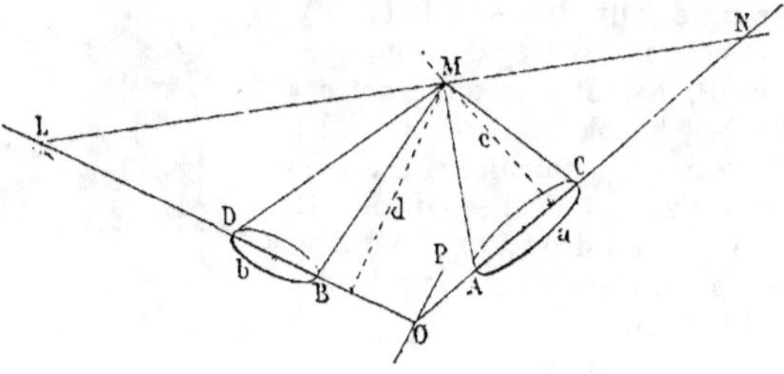

Fig. 1229.

Le problème revient à la question connue : *Trouver le lieu des points M, tels que les perpendiculaires c et d, abaissées de ces points sur les côtés d'un angle, étant respectivement multipliées par des quantités connues a² et b², aient une somme constante k³.*

On sait que ce lieu est une droite LN facile à déterminer (nº 271). Le lieu dans l'espace est donc le plan mené par LMN, parallèlement à l'intersection OP des bases données.

PROBLÈMES

Constructions graphiques.

Exercice 808.

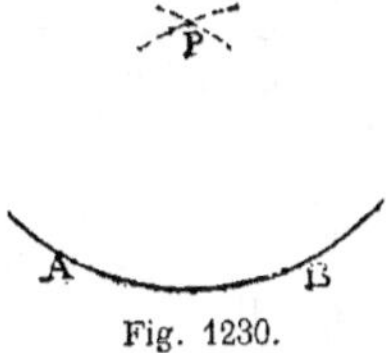

Fig. 1230.

1992. Problème. *Tracer sur une sphère un arc de grand cercle passant par deux points donnés A et B.*

A l'aide du compas sphérique, et avec une ouverture égale à la corde d'un quadrant, ou à $r\sqrt{2}$, ou 1,414r, on décrit, des points A et B, des arcs qui déterminent en P le pôle de l'arc demandé AB.

Exercice 809.

1993. Problème. *Par un point donné A sur la sphère, mener un arc de grand cercle perpendiculaire à un autre arc donné BC.*

Du point A, avec une ouverture égale à $r\sqrt{2}$, on coupe l'arc donné BC;

et du point obtenu C, avec la même ouverture, on décrit l'arc demandé
BAP.

Car, si O est le centre de la sphère, le
point C étant d'ailleurs le pôle de l'arc BP,
la droite CO est perpendiculaire au plan
OBP, et par suite, aux droites OB et OP;
et si l'on prend l'arc BP égal à un quadrant, le point P, distant d'un quadrant des
points B et C, est le pôle de l'arc BC : ainsi
la droite OP est perpendiculaire au plan
OBC, et par suite, aux droites OB et OC.

Donc l'angle POC est droit, les plans OBC
et OBP sont perpendiculaires, aussi bien
que les arcs BC et BP.

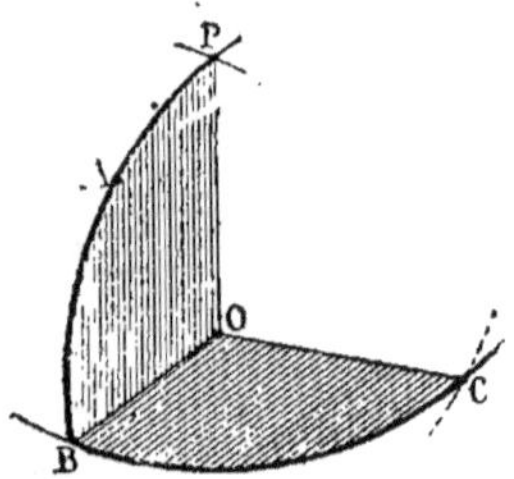

Fig. 1231.

Exercice 810.

1994. Problème. *Par une droite AB, mener un plan tangent à une
sphère de centre C.*

Par le centre C, il faut mener un plan perpendiculaire à AB. Ce plan
coupe la droite en un certain point D, et la sphère suivant un grand
cercle EFG.

Dans le plan auxiliaire et par le point D, il faut mener une tangente
DE au grand cercle; le plan conduit par ADB et DE répond à la question.

En effet, il est perpendiculaire au rayon OE du point de contact, car
OE est perpendiculaire à la tangente ED et à la droite que l'on mènerait
par le point E parallèlement à AB.

Remarque. Quand la droite AB ne rencontre pas la sphère, il y a deux
solutions; il n'y en a qu'une seule lorsque la droite est tangente, et aucune
quand la droite coupe la sphère.

Exercice 811.

1995. Problème. *Par un point A, mener un plan qui soit tangent à
deux sphères données B et C.*

La ligne des contacts est une tangente commune aux deux sphères;
par suite, elle passe par un des centres de similitude; il en est donc de
même du plan tangent.

Déterminons donc les centres E, de similitude.

Le problème est ramené au précédent :

Par la droite AE, mener un plan tangent à une sphère B.

Il y a généralement quatre solutions, parce que chaque centre de similitude donne lieu à deux plans tangents.

Exercice 812.

1996. Problème. *Mener un plan tangent à trois sphères A, B, C.*

En diminuant le rayon de chacune d'elles d'une longueur égale au rayon de la plus petite, on retomberait sur le problème précédent; mais il est plus simple de procéder comme il suit :

D'après le *théorème de d'Alembert* (n° 176), les six centres de similitude sont trois à trois en ligne droite et donnent lieu à quatre droites. Par chacune de ces droites il faudra mener un plan tangent à une sphère, et ce plan sera tangent aux trois sphères données.

Généralement on a huit solutions.

Exercice 813.

1997. Problème. *Par un point donné A sur une sphère, faire passer un arc de grand cercle qui soit tangent à un petit cercle B donné sur cette même sphère.*

La solution est analogue à celle que nous avons donnée en géométrie plane (n° 623, *Remarque*).

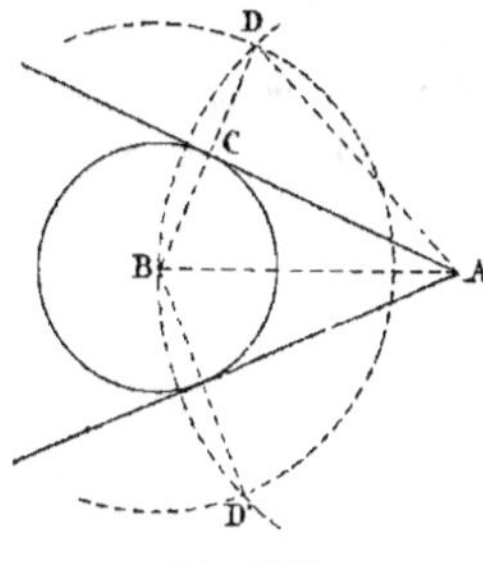

Fig. 1232.

Soient B le centre du cercle donné, r la corde du grand cercle qui sert de rayon rectiligne au petit cercle; on détermine la corde s qui, dans un grand cercle, sous-tend un arc double de l'arc sous-tendu par r; puis, du centre B avec le rayon S, on décrit un cercle et on le coupe par le cercle décrit du centre A avec AB pour rayon; soit D le point d'intersection. Enfin on mène un grand cercle perpendiculaire au milieu de BD.

Ce grand cercle partage en deux parties égales l'arc de grand cercle qu'on aurait mené par B et D; par suite des rapports de r à s, il est tangent au cercle donné.

Remarque. Le point de contact C serait déterminé par l'intersection du cercle donné et du grand cercle qui passerait par B et D.

Exercice 814.

1998. Problème. *Décrire un arc de grand cercle qui soit tangent à deux petits cercles donnés.*

Il faut déterminer le centre de similitude des deux cercles (n° 1962). Par ce point, mener un grand cercle tangent à l'un des cercles donnés.

Remarque. Puisqu'il y a deux groupes de centres de similitude et que chacun d'eux détermine deux cercles tangents, on a quatre solutions lorsque les deux cercles donnés sont extérieurs l'un à l'autre.

Exercice 815.

1999. Problème. *Par deux points donnés A et B sur une sphère, faire passer une circonférence qui soit tangente à un cercle C de cette sphère.*

On procède d'une manière analogue à celle qu'on emploie en géométrie plane.

Par A et B on fait passer un cercle D qui coupe le cercle C; soient E, F les points d'intersection des cercles C et D.

On détermine le point G où se coupent les deux grands cercles AB et EF. Par le point G on mène un grand cercle tangent au cercle C; soit H le point de contact. Enfin on fait passer un cercle par les trois points A, B, H.

Exercice 816.

2000. Problème. *Par un point donné* A, *faire passer un cercle qui soit tangent à deux cercles donnés* B *et* C.

On procède comme en géométrie plane.

On détermine le centre de similitude S des cercles B et C.

Par S, on mène un grand cercle qui coupe les cercles B et C; soient E, F deux points antihomologues. Par E, F et le point A on fait passer un petit cercle; soit D le point où il coupe le grand cercle SA. Puis, par A et D, on fait passer un cercle qui soit tangent à un des cercles donnés.

Exercice 817.

2001. Problème. *Décrire un cercle qui soit tangent à trois cercles donnés.*

Comme en géométrie plane, on ramène ce problème au précédent.

Problèmes littéraux. — Relations.

Exercice 818.

2002. Problème. *A quelle distance du sommet faut-il faire une section* S *parallèle à la base* B *d'un cône, pour que cette section soit la moitié de la base?*

Soit h la hauteur, et x la distance demandée. Il faut qu'on ait :

$$\frac{x^2}{h^2} = \frac{S}{B} = \frac{1}{2}$$

d'où $\qquad \dfrac{x}{h} = \sqrt{\dfrac{1}{2}} \quad$ et $\quad x = h\sqrt{^1/_2} = 0,707h$

Exercice 819.

2003. Problème. *Dans un cône on fait deux sections* S *et* T *parallèles à la base* B, *de telle sorte que ces deux sections et la base soient dans le rapport des nombres* 1, 2, 3. *Comment la hauteur a-t-elle été divisée?*

Appelons x, y et h les distances des trois plans au sommet du cône. On a :

$$\frac{x^2}{h^2} = \frac{S}{B} = \frac{1}{3}; \quad \text{d'où} \quad \frac{x}{h} = \sqrt{^1/_3} \quad \text{et} \quad x = h\sqrt{^1/_3} = 0,577\,h$$

$$\frac{y^2}{h^2} = \frac{T}{B} = \frac{2}{3}; \quad \text{d'où} \quad \frac{y}{h} = \sqrt{^2/_3} \quad \text{et} \quad y = h\sqrt{^2/_3} = 0,816\,h$$

Ainsi les sections S et T sont faites respectivement aux 577 millièmes et aux 816 millièmes de la hauteur.

Exercice 820.

2004. Problème. *A quelle distance du sommet faut-il faire une section S parallèle à la base B d'un cône, pour que le rapport de cette section à la base soit égal à un nombre donné* k?

Il faut qu'on ait
$$\frac{x^2}{h^2} = \frac{S}{B} = k$$

d'où
$$\frac{x}{h} = \sqrt{k} \quad \text{et} \quad x = h\sqrt{k}$$

Exercice 821. — I.

2005. Problème. *Couper un cône par un plan, de manière que le cercle de section soit équivalent à la surface latérale du tronc de cône.*

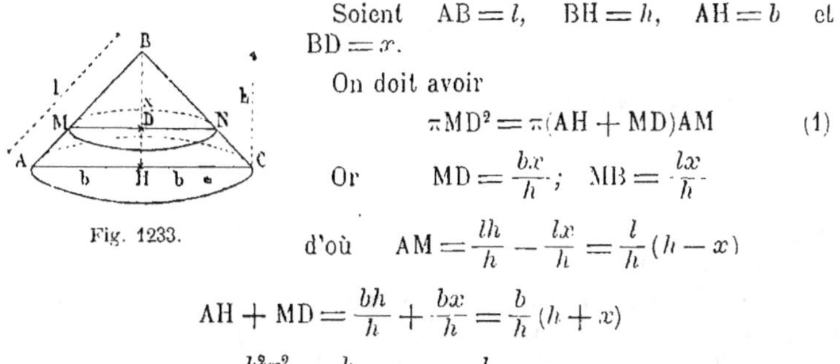

Fig. 1233.

Soient $\quad AB = l, \quad BH = h, \quad AH = b \quad$ et $BD = x$.

On doit avoir
$$\pi MD^2 = \pi(AH + MD)AM \qquad (1)$$

Or $\quad MD = \dfrac{bx}{h}; \quad MB = \dfrac{lx}{h}.$

d'où $\quad AM = \dfrac{lh}{h} - \dfrac{lx}{h} = \dfrac{l}{h}(h - x)$

$$AH + MD = \frac{bh}{h} + \frac{bx}{h} = \frac{b}{h}(h + x)$$

(1) devient $\quad \dfrac{b^2 x^2}{h^2} = \dfrac{b}{h}(h + x) \cdot \dfrac{l}{h}(h - x)$

Effectuant, et supprimant le facteur commun $\dfrac{b}{h^2}$, on trouve :
$$bx^2 = lh^2 - lx^2$$

d'où $\quad x^2 = \dfrac{lh^2}{b+l} \quad$ ou $\quad \dfrac{x^2}{h^2} = \dfrac{l}{b+l} \quad$ question connue (G., n° 345).

Exercice 821. — II.

2006. Problème. *Dans un cône, on inscrit un cylindre de manière que la hauteur de ce cylindre égale la génératrice du cône partiel qui sur-*

monte ce cylindre. Quelle est la surface totale et le volume de ce cylindre en fonction du rayon r *et de la hauteur* h *du cône donné?*

Soit ABC et PMNQ la section du cône et du cylindre par un plan mené par l'axe commun aux deux corps.

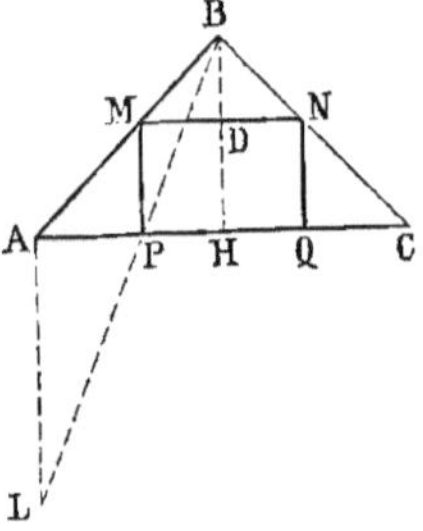

Fig. 1234.

On doit avoir   MP = BM

Pour déterminer le point P, on peut recourir aux figures semblables; il suffit de prendre une perpendiculaire AL égale à AB et de mener BL; on aura   MP = BM.

Il faut évaluer le rayon PH et la hauteur MP; soit l la longueur connue de AB, car

$$l = \sqrt{r^2 + h^2}$$

On a : $\dfrac{PH}{PA} = \dfrac{BH}{AL}$ ou $\dfrac{PH}{r - PH} = \dfrac{h}{l}$

d'où $PH \cdot l = hr - PH \cdot h;$ $PH = \dfrac{hr}{l + h}$ (1)

$$\dfrac{MP}{BH} = \dfrac{AP}{AH} \quad \text{ou} \quad \dfrac{MP}{h} = \dfrac{r - PH}{r}; \quad MP = \dfrac{h}{r}(r - PH)$$

Remplaçons PH par sa valeur (1)

$$MP = \dfrac{h}{r} \cdot r - \dfrac{h}{r} \cdot \dfrac{hr}{l + h} = h - \dfrac{h^2}{l + h} = \dfrac{lh}{l + h}$$ (2)

Surface totale égale $2\pi PH \cdot MP + 2\pi PH^2$

»   » $= 2\pi \dfrac{lrh^2}{(l + h)^2} + 2\pi \dfrac{r^2h^2}{(l + h)^2} = 2\pi \dfrac{rh^2}{(l + h)^2}(l + r)$

$$V = \pi PH^2 \cdot MP = \pi \dfrac{h^2r^2}{(l + h)^2} \cdot \dfrac{lh}{l + h} = \pi \dfrac{lr^2h^3}{(l + h)^3}$$

Exercice 822.

2007. Problème. *Quelle est la surface et quel est le volume d'une sphère circonscrite à un tétraèdre régulier dont l'arête égale* a?

Soit ABC la face que nous prenons comme base. Traçons sur cette base la droite AD, qui est à la fois, pour le triangle équilatéral ABC, bissectrice, médiane, hauteur et perpendiculaire au milieu de BC.

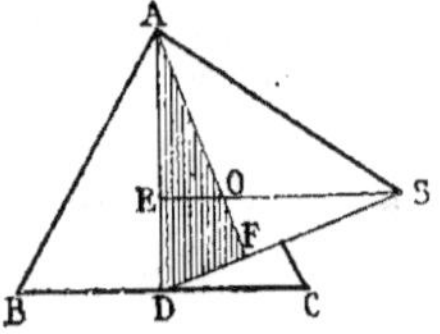

Fig. 1235.

Le plan mené par cette droite AD et par le quatrième sommet S du tétraèdre est aussi, dans ce solide, plan bissecteur, plan médian, plan hauteur, plan perpendiculaire à la face ABC suivant la médiane AD. Ainsi les six plans analogues qui pourraient être menés dans ce tétraèdre se rencontrent en un même point (n° 1833).

Or, parmi ces six plans, les trois qui tombent sur la face ABC sont perpendiculaires à cette face; donc leur intersection commune est la hauteur SE du tétraèdre. (Supposons la section ASD rabattue sur le plan de la base.)

Cette hauteur SE tombe au $^2/_3$ de la médiane AD; et de même, la hauteur qui partirait du sommet A tomberait aux $^2/_3$ de la médiane opposée SD. (Cette droite SD est la médiane de la face BSC.)

Il s'agit de calculer la position du point O sur la hauteur SE ou sur AF; car OS ou OA est le rayon de la sphère circonscrite.

L'arête $AB = a$, $BD = ^1/_2a$.

$$AD^2 = a^2 - \frac{a^2}{4} = \frac{3}{4}a^2; \quad AD = \frac{a}{2}\sqrt{3}$$

$$SF \quad ou \quad AE = \frac{2}{3}AD = \frac{2}{3} \cdot \frac{a}{2}\sqrt{3} = \frac{a}{3}\sqrt{3}$$

$$SE^2 = AS^2 - AE^2 = a^2 - \frac{a^2}{3} = \frac{2}{3}a^2$$

d'où $$SE = a\sqrt{\frac{2}{3}} \quad \text{de même} \quad AF = a\sqrt{\frac{2}{3}}$$

Les triangles semblables AEO et AFD donnent :

$$\frac{AO}{AE} = \frac{AD}{AF}; \quad \text{d'où} \quad AO = \frac{AE \cdot AD}{AF}$$

Ainsi

$$OA \quad ou \quad OS = \frac{\frac{a}{3}\sqrt{3} \cdot \frac{a}{2}\sqrt{3}}{a\sqrt{\frac{2}{3}}} = \frac{\frac{a}{2}}{\sqrt{2} : \sqrt{3}} = \frac{\frac{1}{2}a\sqrt{3}}{\sqrt{2}} = \frac{a\sqrt{3}}{2\sqrt{2}} = \frac{a}{2}\sqrt{\frac{3}{2}}$$

donc $$R = \frac{a}{2}\sqrt{\frac{3}{2}} \quad \text{ou} \quad \frac{a}{4}\sqrt{6}$$

Tel est le rayon R de la sphère circonscrite.

La surface de cette sphère sera :

$$S = 4\pi R^2 = 4\pi \frac{a^2}{4} \cdot \frac{3}{2} = \frac{3}{2}\pi a^2$$

$$V = \frac{4}{3}\pi R^3; \quad \text{or} \quad R = \frac{a}{2}\sqrt{\frac{3}{2}}$$

donc $$V = \frac{4}{3}\pi \cdot \frac{a^3}{8} \cdot \frac{3}{2}\sqrt{\frac{3}{2}} = \frac{1}{4}\pi a^3\sqrt{\frac{3}{2}}$$

Exercice 823.

2008. Problème. *Exprimez, en fonction du côté a d'un tétraèdre régulier, la surface et le volume de la sphère inscrite et de la sphère tangente aux arêtes du tétraèdre.*

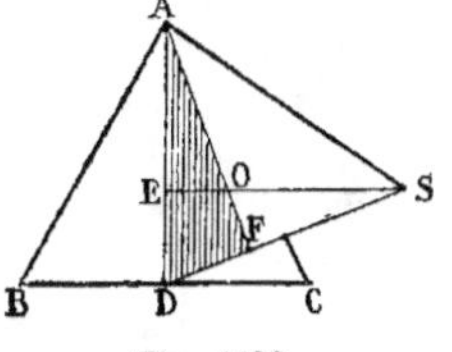

Fig. 1236.

Soit ABC l'une des faces que nous prenons comme base. Par la droite AD, médiane de cette base, et par le quatrième sommet S, menons le plan ASD, rabattu ici sur le plan de la base.

La hauteur SE du tétraèdre tombe sur la médiane AD; et comme elle doit aussi bien tomber sur une autre médiane quelconque, le point E ne peut être que le point de concours des médianes. Ainsi AE est les $^2/_3$ de AD.

La droite SD est une médiane de la face de devant BSC ; la hauteur qui part du point A doit de même arriver en F, aux $^2/_3$ de SD.

Le point de rencontre O de ces hauteurs est équidistant des faces et équidistant des sommets. La distance aux faces est OE, OF ou r ; c'est le *rayon de la sphère inscrite*. La distance au sommets est OA, OS ou R ; c'est le *rayon de la sphère circonscrite*.

$$R + r = SE = AF = h, \text{ hauteur du tétraèdre.}$$

Appelons m la médiane AD ou SD. Le triangle ADB donne :

$$AD^2 \text{ ou } m^2 = a^2 - {}^1/_4 a^2 = {}^3/_4 a^2 ; \quad \text{d'où} \quad m = {}^1/_2 a\sqrt{3}$$

$$AE = {}^2/_3 m = {}^2/_3 \cdot {}^1/_2 a\sqrt{3} = {}^1/_3 a\sqrt{3}$$

$$DE = {}^1/_3 m = {}^1/_3 \cdot {}^1/_2 a\sqrt{3} = {}^1/_6 a\sqrt{3}$$

Le triangle SED donne :

$$h^2 = m^2 - {}^1/_9 m^2 = {}^8/_9 m^2 = {}^8/_9 \cdot {}^3/_4 a^2 = {}^2/_3 a^2 \text{ et } h = a\sqrt{{}^2/_3} = {}^1/_3 a\sqrt{6}$$

Les triangles semblables AEO et AFD donnent :

$$\frac{AO}{AE} = \frac{AD}{AF} ; \quad \text{d'où} \quad AO = \frac{AE \cdot AD}{AF}$$

$$\text{ou} \quad R = \frac{{}^2/_3 m \cdot m}{h} = \frac{{}^2/_3 m^2}{{}^1/_3 a\sqrt{6}} = \frac{{}^2/_3 \cdot {}^3/_4 a^2}{{}^1/_3 a\sqrt{6}} = \frac{{}^1/_2 a}{{}^1/_3 \sqrt{6}} = {}^1/_4 a\sqrt{6}$$

ainsi qu'on l'avait déjà trouvé (n° 2007).

Les mêmes triangles donnent :

$$\frac{OE}{AE} = \frac{DF}{AF} ; \quad \text{d'où} \quad OE = \frac{AE \cdot DF}{AF}$$

$$\text{ou} \quad r = \frac{{}^2/_3 m \cdot {}^1/_3 m}{h} = \frac{{}^2/_9 m^2}{{}^1/_3 a\sqrt{6}} = \frac{{}^2/_9 \cdot {}^3/_4 a^2}{{}^1/_3 a\sqrt{6}} = \frac{{}^1/_6 a^2}{{}^1/_3 a\sqrt{6}} = {}^1/_{12} a\sqrt{6}$$

Désignons par ϱ le rayon de la sphère tangente aux arêtes du tétraèdre ; ce rayon est la perpendiculaire abaissée du point O sur AS, elle tombe au milieu de cette arête, car le triangle AOS est isocèle ; donc

$$\varrho^2 = AO^2 - BD^2$$

$$\varrho^2 = \frac{6a^2}{16} - \frac{4a^2}{16} = \frac{2a^2}{16} \quad \text{et} \quad \varrho = \frac{a}{4}\sqrt{2}$$

On a donc
$$r = \frac{a}{12}\sqrt{6} \quad \text{et} \quad \varrho = \frac{a}{4}\sqrt{2}$$

$$\text{Surfaces } 4\pi r^2 = \frac{\pi a^2}{6} \quad \text{et} \quad 4\pi\varrho^2 = \frac{\pi a^2}{2}$$

$$\text{Volumes } \frac{4}{3}\pi r^3 = \frac{\pi a^3 \sqrt{6}}{216} \quad \text{et} \quad \frac{4}{3}\pi\varrho^3 = \frac{\pi a^3 \sqrt{2}}{24}$$

2008 (a). Remarques. 1° *La surface de la sphère tangente aux arêtes du tétraèdre est moyenne proportionnelle entre les surfaces des sphères inscrite et circonscrite. Il en est de même des volumes*

1°   Surface $\dfrac{\pi a^2}{6}$; $\dfrac{\pi a^2}{2}$ (n° 2008) et $\dfrac{3}{2}\pi a^2$ (n° 2007)

Or $$\frac{\pi a^2}{6} \cdot \frac{3}{2}\pi a^2 = \left(\frac{\pi a^2}{2}\right)^2 \cdot \frac{3}{3} = \left(\frac{\pi a^2}{2}\right)^2 \quad C.\,Q.\,F.\,D.$$

2° Volumes $\dfrac{\pi a^3\sqrt{6}}{216}$, $\dfrac{\pi a^3\sqrt{2}}{24}$ (n° 2008) et $\dfrac{\pi a^3}{4}\sqrt{\dfrac{3}{2}}$ (n° 2007)

Or $\dfrac{\pi a^3\sqrt{6}}{216} \cdot \dfrac{\pi a^3}{4}\sqrt{\dfrac{3}{2}} = \dfrac{(\pi a^3)^2\sqrt{6}}{216\cdot 4}\sqrt{\dfrac{3}{2}} = \dfrac{(\pi a^3)^2 \cdot 2}{24\cdot 24\cdot 3}\sqrt{\dfrac{6\cdot 3}{2}}$

Le produit simplifié $= \left(\dfrac{\pi a^3\sqrt{2}}{24}\right)^2$ $\qquad$ *C. Q. F. D.*

2° *La relation des surfaces et celle des volumes ne dépendent que des rayons des trois sphères ; il suffit donc de démontrer qu'on a :*

$$\rho^2 = \mathrm{R}r$$

Or $\qquad r = \dfrac{a\sqrt{6}}{12}$, $\quad \rho = \dfrac{a\sqrt{2}}{4}$ et $\quad \mathrm{R} = \dfrac{a\sqrt{6}}{4}$

$\mathrm{R}r = \dfrac{a\sqrt{6}}{12} \cdot \dfrac{a\sqrt{6}}{4} = \dfrac{6a^2}{4\cdot3\cdot4} = \dfrac{2a^2}{4\cdot4} = \left(\dfrac{a\sqrt{2}}{4}\right)^2 = \rho^2$ $\quad$ *C. Q. F. D.*

3° On peut dire plus simplement : le volume du tétraèdre égale sa surface $a^2\sqrt{3}$ par le tiers du rayon cherché; donc..., etc.

Exercice 824.

2009. Problème. *Un triangle équilatéral* ABC, *dont le côté est* a, *tourne autour de l'un de ses côtés* AC. *Quel est le volume engendré ?*

Ce volume est la somme de deux cônes égaux engendrés par les deux moitiés BDC et BDA du triangle tournant.

Le côté est a, la hauteur est $^1/_2a$, et le rayon est h. On a :

$$h^2 = a^2 - {}^1/_4a^2 = {}^3/_4a^2$$

Volume total. . . $\mathrm{V} = {}^2/_3\pi h^2 \cdot {}^1/_2a = {}^2/_3\pi \cdot {}^3/_4a^2 \cdot {}^1/_2a = {}^1/_4\pi a^3$

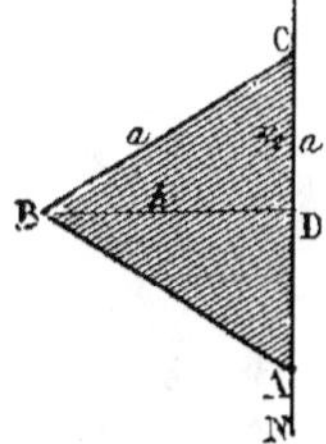

Fig. 1237.

Remarques. 1° On peut comparer le volume obtenu à la sphère $^1/_6\pi a^3$ qui aurait a pour diamètre :

$$\frac{\mathrm{V}}{\text{Sphère}} = \frac{{}^1/_4\pi a^3}{{}^1/_6\pi a^3} = \frac{3}{2}$$

Ainsi le volume engendré égale 1 fois $^1/_2$ le volume de la sphère qui aurait pour diamètre le côté du triangle tournant.

2° Le triangle quelconque dont b est la base, et h la hauteur, et qui tourne autour de sa base, engendre un volume qui a pour expression

$$\frac{1}{3}\pi h^2 b$$

2010. Application des théorèmes de Guldin. Dans cette question et dans les problèmes analogues, nous appliquerons les théorèmes de Guldin (G., n°s 903 et 904), afin d'indiquer une seconde manière d'arriver au résultat et d'obtenir une vérification.

Nous désignerons par g le centre de gravité du périmètre, par G celui de la surface considérée et par d la distance du centre de gravité à l'axe.

Le centre de gravité du triangle est au $^1/_3$ de la médiane à partir de la base (G., n° 897); donc

$$DG = \frac{h}{3}$$

Mais

$$h = \frac{a}{2}\sqrt{3} \qquad (G., n° 316.)$$

donc

$$DG = \frac{a}{6}\sqrt{3}$$

d'ailleurs la surface du triangle équilatéral égale $\dfrac{a^2}{4}\sqrt{3}$ (G., n° 316.)

Donc

$$V = S \cdot 2\pi d = \frac{a^2}{4}\sqrt{3} \cdot 2\pi \frac{a}{6}\sqrt{3} = \frac{\pi a^3}{4}$$

Exercice 825.

2011. Problème. *Exprimer le volume engendré par un triangle équilatéral qui tourne autour d'un axe mené par l'un des sommets parallèlement au côté opposé.*

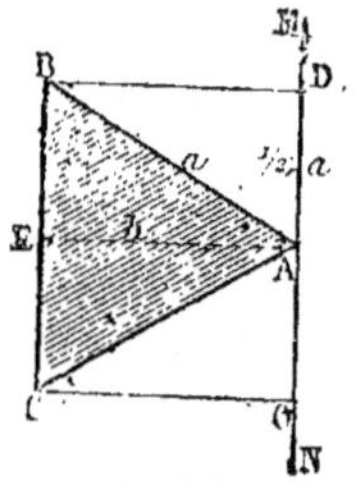

Le volume considéré est le cylindre engendré par le rectangle BCGD, moins les deux cônes égaux engendrés par les triangles ADB et AGC.

La hauteur du cylindre est a, et celle de chaque cône est $^1/_2a$; le rayon est la hauteur h du triangle tournant, et l'on a

$$h^2 = {^3/_4}a^2$$

Volume

$$V = \pi h^2 a - {^2/_3}\pi h^2 \cdot {^1/_2}a = {^2/_3}\pi h^2 a = {^2/_3}\pi \cdot {^3/_4}a^2 \cdot a = {^1/_2}\pi a^3$$

Fig. 1238.

Vérification (n° 2010).

$$d = \frac{2}{3}h = \frac{2}{3} \cdot \frac{a\sqrt{3}}{2} = \frac{a\sqrt{3}}{3}$$

$$S = \frac{a^2}{4}\sqrt{3} \qquad (G., n° 316.)$$

donc la forme de Guldin, ou $V = S \cdot 2\pi d$, devient

$$\frac{a^2}{4}\sqrt{3} \cdot \frac{2a\sqrt{3}}{3} = \frac{\pi a^3}{2}$$

Remarque. *Le triangle équilatéral* ABC (fig. 1237 et 1238) *tournant autour d'un axe* MN, *mené dans son plan par le sommet* A, *engendre un volume qui peut varier de* $\dfrac{\pi a^3}{4}$ *à* $\dfrac{\pi a^3}{2}$.

Le minimum a lieu lorsqu'un côté AC est sur l'axe (fig. 1237), et le maximum, quand un côté BC (fig. 1238) est parallèle à l'axe.

Exercice 826.

2012. Problème. *Exprimer, en fonction du côté* a, *le volume engendré par un hexagone régulier tournant autour de l'un de ses côtés.*

M.   37

Le volume égale le cylindre engendré par ACDF, plus deux troncs de cône égaux, engendrés par AHBC et FIED, moins deux cônes égaux, engendrés par AHB et FIE.

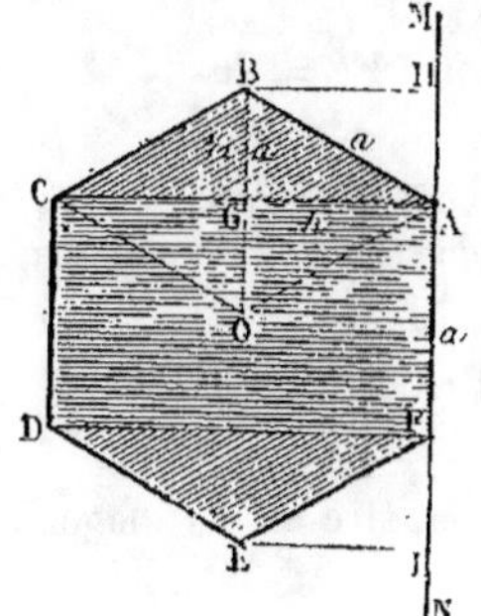

Fig. 1239.

La hauteur AF du cylindre est a; celle des troncs de cône et des cônes est AH, qui égale BG ou $\frac{1}{2}a$; BH ou AG, ou h, est le rayon des cônes, et le petit rayon des troncs de cône; AC ou $2h$ est le rayon du cylindre, et le grand rayon des troncs de cône.

$$h^2 = a^2 - \tfrac{1}{4}a^2 = \tfrac{3}{4}a^2 \qquad h = \tfrac{1}{2}a\sqrt{3}$$

$$(2h)^2 = 4h^2 = 3a^2 \qquad 2h = a\sqrt{3}$$

Le produit des deux rayons sera

$$2h \cdot h \quad \text{ou} \quad \tfrac{3}{2}a^2$$

V . du cylindre. . . . $\qquad \pi(2h)^2 a = \pi \cdot 3a^2 \cdot a = 3\pi a^3$

V . des troncs . . . . $\qquad \tfrac{2}{3}\pi \cdot \tfrac{1}{2}a(3a^2 + \tfrac{3}{4}a^2 + \tfrac{3}{2}a^2) = \tfrac{7}{4}\pi a^3$

V . total des cônes. . $\qquad \tfrac{2}{3}\pi \cdot \tfrac{3}{4}a^2 \cdot \tfrac{1}{2}a = \tfrac{1}{4}\pi a^3$

V . demandé . . . . . $\qquad 3\pi a^3 + \tfrac{7}{4}\pi a^3 - \tfrac{1}{4}\pi a^3 = \tfrac{9}{2}\pi a^3$

Vérification. L'hexagone a pour surface $6AOB = \dfrac{6a^2\sqrt{3}}{4}$ (G., n° 316.)

Or d est la distance du point O à $\quad MN = h = \dfrac{a}{2}\sqrt{3}$;   donc

$$V = s \cdot 2\pi d \qquad (\text{n}° 2010.)$$

$$V = \frac{6a^2\sqrt{3}}{4} \cdot \frac{2\pi a\sqrt{3}}{2} = \frac{9}{2}\pi a^3$$

Remarques. 1° Lorsque l'hexagone n'a qu'un sommet A sur l'axe, et que la diagonale AOD est perpendiculaire à MN, la distance d du centre de gravité à l'axe $= a$; donc

$$V = \frac{6a^2\sqrt{3}}{4} \cdot 2\pi a = 3\pi a^3\sqrt{3} \qquad (\text{Voir ci-après, n}° 2025.)$$

2° Quand l'hexagone pivote autour de son sommet A, mais en restant complètement d'un même côté de l'axe, le volume part du minimum $\dfrac{9\pi a^3}{2}$, puis croît, et atteint le maximum $3\pi a^3\sqrt{3}$.

Exercice 827.

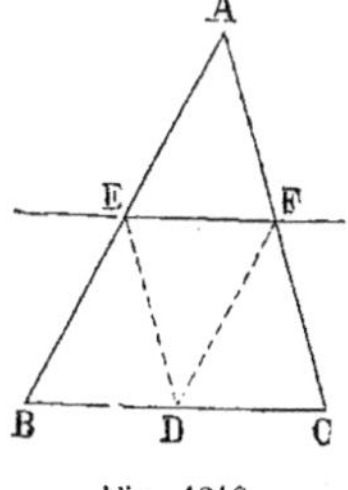

Fig. 1240.

2013. Problème. *Un triangle tourne autour de la droite qui joint les milieux de deux de ses côtés; quel est le rapport des volumes engendrés par chaque partie du triangle?*

En joignant deux à deux les trois milieux, on décompose le triangle donné en quatre triangles égaux.

On sait que le volume engendré par un triangle tel que BED est double du volume engendré par

EDF (G., n° 566, 3°); donc, en désignant par v le volume engendré par AEF, on aura :

$$\text{vol. EDF} = v, \quad \text{vol. EBD} = 2v, \quad \text{vol. DFC} = 2v$$

donc
$$\text{vol. EBCF} = 5v$$

2013 (a). Problème. *Exprimer, en fonction du côté a d'un cube, la surface et le volume de la sphère inscrite, de la sphère tangente aux arêtes et de la sphère circonscrite.*

1° Pour la sphère inscrite, le diamètre est a,

La surface est πa^2,

Et le volume $\frac{1}{6}\pi a^3$.

2° Pour la sphère tangente aux arêtes, le diamètre est la diagonale d'une face, on a donc $d = a\sqrt{2}$

La surface est πd^2 ou $2\pi a^2$

Le volume est $\dfrac{1}{6}\pi d^3$ ou $\dfrac{1}{3}\pi a^3 \sqrt{2}$.

3° Pour la sphère circonscrite, le diamètre est la diagonale d du cube; on a : $d^2 = 3a^2$ et $d = a\sqrt{3}$.

La surface est πd^2 ou $3\pi a^2$,

Et le volume $\frac{1}{6}\pi d^3$, ou $\frac{1}{6}\pi \cdot 3a^2 \cdot a\sqrt{3}$, ou $\frac{1}{2}\pi a^3\sqrt{3}$.

Exercice 828.

2014. Problème. *On donne deux points A et O; du point O, comme centre, décrire une circonférence OB telle qu'en menant la tangente AB et faisant tourner la figure autour de AO, la surface engendrée par AB soit égale à la surface de la sphère.*

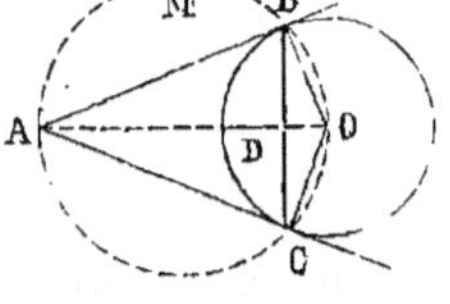

Fig. 1241.

Soit $\quad$ AO $= a$, $\quad$ OB $= r$

et $\quad\quad$ AB $= g$

La surface du cône est donnée par πBD . AB.

Or $\quad$ DO $= \dfrac{BO^2}{AO} = \dfrac{r^2}{a}$; $\quad$ AD $= a - \dfrac{r^2}{a} = \dfrac{a^2 - r^2}{a}$

$$BD^2 = AD \cdot DO = \frac{a^2 - r^2}{a} \cdot \frac{r^2}{a} = \frac{r^2(a^2 - r^2)}{a^2}$$

$$AB^2 = AO^2 - OB^2 = a^2 - r^2$$

donc $\quad \pi BD \cdot AB = \pi \dfrac{r\sqrt{a^2 - r^2}}{a} \cdot \sqrt{a^2 - r^2} = \pi \dfrac{r(a^2 - r^2)}{a}$ $\quad$ (1)

La surface de la sphère égale $\quad 4\pi r^2$ $\quad\quad\quad$ (2)

donc $\quad\quad \dfrac{\pi r(a^2 - r^2)}{a} = 4\pi r^2$

En simplifiant, on trouve :

$$a^2 - r^2 - 4ar = 0 \quad \text{ou} \quad r^2 + 4ar - a^2 = 0$$

d'où $\quad\quad\quad r = -2a \pm \sqrt{4a^2 + a^2}$

$$r = a(-2 \pm \sqrt{5})$$

Exercice 829.

2015. Problème. *Un triangle équilatéral T tourne autour d'un axe MN situé dans son plan perpendiculairement à la base a; la distance de*

l'axe au triangle est égale au côté a. *On demande le volume et la sur-*
face du solide engendré.

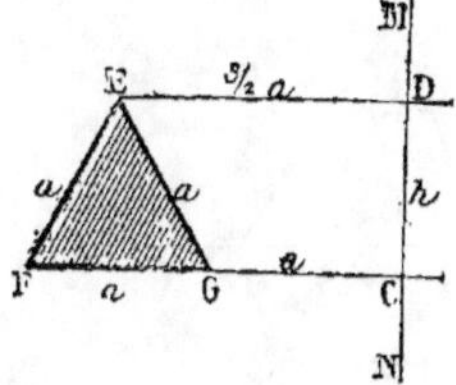

Fig. 1242.

Le volume demandé est la différence des troncs de cône engendrés par CDEF et CDEG ; les rayons sont $2a$, $\frac{3}{2}a$ et a ; la hauteur h est la hauteur d'un triangle équilatéral dont le côté est a

ou $\qquad h = \frac{1}{2}a\sqrt{3}$ (G., n° 316.)

Les deux troncs de cône sont :

$$\frac{1}{3} \cdot \frac{1}{2}a\sqrt{3} \cdot \pi\left(4a^2 + \frac{9}{4}a^2 + 3a^2\right),$$

ou $\qquad \dfrac{\pi a^3}{6} \cdot \dfrac{37}{4}\sqrt{3} \qquad$ ou $\qquad \frac{37}{24}\pi a^3\sqrt{3}$

et $\qquad \frac{1}{3} \cdot \frac{1}{2}a\sqrt{3} \cdot \pi\left(\frac{9}{4}a^2 + a^2 + \frac{3}{2}a^2\right),$

ou $\qquad \frac{1}{6}\pi a^3 \cdot \frac{19}{4}\sqrt{3}$

ou $\qquad \frac{19}{24}\pi a^3\sqrt{3}$

La différence ou le volume demandé est :

$$\frac{18}{24}\pi a^3\sqrt{3} \qquad \text{ou} \qquad \frac{3}{4}\pi a^3\sqrt{3}$$

Les surfaces latérales de ces troncs de cône sont :

$$\pi a\left(2a + \tfrac{3}{2}a\right) \quad \text{ou} \quad \tfrac{7}{2}\pi a^2, \quad \text{et} \quad \pi a\left(\tfrac{3}{2}a + a\right) \quad \text{ou} \quad \tfrac{5}{2}\pi a^2$$

La somme des deux surfaces latérales est $6\pi a^2$.

Il faut y ajouter l'aire de la couronne engendrée par la base FG du triangle tournant, savoir :

$$\pi(2a)^2 - \pi a^2, \quad \text{ou} \quad 4\pi a^2 - \pi a^2, \quad \text{ou} \quad 3\pi a^2$$

Et l'aire totale du solide est $9\pi a^2$, ou 9 fois l'aire du cercle qui aurait a pour rayon.

Vérification (n° 2010). Le centre de gravité du périmètre du triangle équilatéral est en même temps celui de la surface ; ce point est sur la hauteur abaissée du point E ; donc sa distance d à l'axe égale $\dfrac{3a}{2}$.

Or l'aire est donnée par : périmètre $\times 2\pi d$.   (G., n° 903.)

Donc $\qquad A = 3a \cdot 2\pi\,\dfrac{3a}{2} = 9\pi a^2$

Le volume est donné par $\qquad S \cdot 2\pi d \qquad$ (G., n° 904.)

Or la surface S du triangle équilatéral égale $\dfrac{a^2\sqrt{3}}{4}$;   donc

$$V = \frac{a^2\sqrt{3}}{4} \cdot 2\pi\,\frac{3a}{2} = \frac{3\pi a^3\sqrt{3}}{4}$$

Exercice 830.

2016. Problème. *Un triangle a pour base une longueur* a *et pour hauteur* h *; on fait tourner ce triangle autour d'un axe mené parallèlement* *à la base par le point de concours des médianes. Quel est le volume engendré par chaque partie du triangle?*

Soit l'axe DE passant par les points D, E situés aux $^2/_3$ des côtés.

$$AL = \frac{2h}{3}; \quad LH = \frac{h}{3} \quad \text{et} \quad DE = \frac{2a}{3}$$

Menons les parallèles EF, CG.

Le triangle DAE engendre des cônes ayant AL pour rayon de la base commune et DE pour somme des hauteurs; donc :

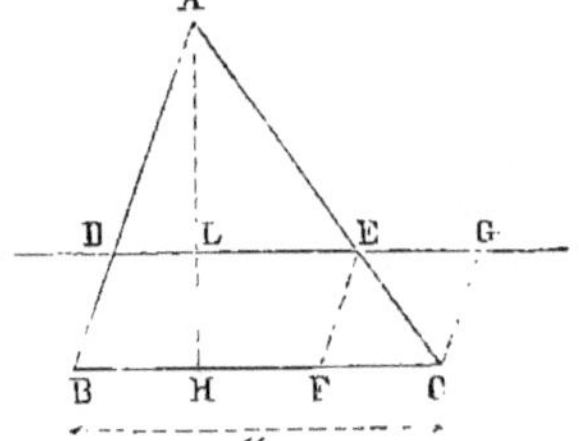

Fig. 1243.

$$1° \qquad V.ADE = \frac{\pi . AL^2 . DE}{3} = \frac{\pi}{3} \cdot \frac{4h^2}{9} \cdot \frac{2a}{3} = \frac{8\pi ah^2}{81} \qquad (1)$$

2° Le volume engendré par le parallélogramme DBFE est équivalent au volume engendré par le rectangle qui aurait DE pour base et LH pour hauteur.

$$V.DBEF = \pi LH^2 . DE = \pi . \frac{h^2}{9} \cdot \frac{2a}{3} = \frac{2\pi ah^2}{27} \qquad (2)$$

Le volume engendré par le triangle FEC, dont le côté $FC = EG = \frac{a}{3}$, est parallèle à l'axe, et double du volume engendré par ECG (G., n° 566, 3°); donc

$$V.EFC = \frac{2\pi}{3} LH^2 . FC = \frac{2\pi}{3} \cdot \frac{h^2}{9} \cdot \frac{a}{3} = \frac{2\pi ah^2}{81} \qquad (3)$$

$$V.DBCE = (2) + (3) = \frac{6\pi ah^2 + 2\pi ah^2}{81} = \frac{8\pi ah^2}{81} \qquad (4)$$

Ainsi les volumes (1) *et* (4) *sont équivalents*, bien que les surfaces ADE ou $\frac{4}{18} ah$ et DBCE ou $\frac{5}{18} ah$ soient inégales.

Remarque. Lorsque l'axe mené par le point de concours des médianes coïncide avec une des médianes, le triangle est divisé en deux parties équivalentes; pour toute autre position de l'axe, les deux parties sont inégales, le maximum de la différence a lieu lorsque l'axe est parallèle à l'un des côtés; cette différence égale alors le neuvième de l'aire du triangle; mais, *quelle que soit la position de l'axe, les volumes engendrés par chaque partie du triangle sont équivalents.*

Exercice 831.

2017. Problème. *Inscrire un cylindre dans un cône, de manière que la surface latérale du cylindre soit égale à la surface latérale du cône partiel qui surmonte le cylindre.*

On doit avoir $\qquad \pi MD . MB = 2\pi MD . MP \qquad (1)$

d'où $\qquad MB = 2MP \qquad (2)$

Il faut déterminer un point M tel que la distance MB soit double de l'ordonnée MP.

Pour résoudre ce problème graphiquement, on peut recourir aux figures semblables.

Sur une perpendiculaire à AC, il faut prendre

$$AL = \frac{1}{2} AB \quad \text{et mener} \quad LPB$$

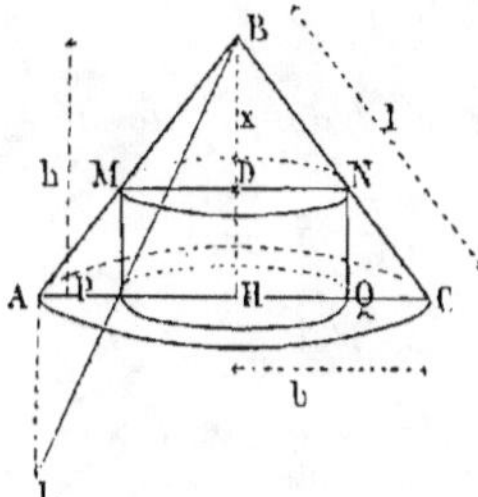

Fig. 1244.

Par le calcul :

Soient $BH = h$, $AH = b$, $AB = l$ et $BD = x$.

$$\frac{MB}{x} = \frac{l}{h} \; ; \quad MB = \frac{lx}{h}$$

d'ailleurs

$$MP = h - x$$

donc (2) devient

$$\frac{lx}{h} = 2h - 2x$$

$$lx = 2h^2 - 2hx$$

$$x = \frac{2h^2}{l + 2h}$$

2018. Problème. *La surface latérale du cône partiel doit être à celle du cylindre dans le rapport de m à n* (fig. 1244).

On doit avoir :

$$\frac{\pi . MD . MB}{2\pi . MD . MP} = \frac{m}{n}$$

$$\frac{MB}{2MP} = \frac{m}{n}$$

d'où

$$MB . n = 2MP . m$$

Mais

$$MB = \frac{lx}{h} \; ; \quad MP = h - x$$

donc

$$\frac{lnx}{h} = 2mh - 2mx \quad \text{ou} \quad lnx + 2hmx = 2mh^2$$

$$x = \frac{2mh^2}{ln + 2hm}$$

Exercice 832. — I.

2019. Problème. *Le volume du cône partiel doit égaler celui du cylindre* (fig. 1244).

Or

$$\frac{\pi MD^2 . BD}{3} = \pi MD^2 . MP$$

d'où

$$\frac{BD}{3} = MP \quad \text{ou} \quad \frac{lx}{3h} = h - x$$

$$lx = 3h^2 - 3hx ; \quad \text{d'où} \quad x = \frac{3h^2}{l + 3h}$$

Remarque. Il est facile d'imaginer des problèmes analogues; en voici encore deux autres (n⁰ˢ 2020 et 2021); puis à un cylindre donné on pourrait circonscrire un cône, réalisant certaines conditions.

Exercice 832. — II.

2020. Problème. *Inscrire un cylindre dans un cône donné, de manière que la surface latérale du cône partiel qui surmonte le cylindre égale la surface de la couronne comprise entre les circonférences de base du cylindre et du cône donné.*

$$\pi \mathrm{MD} . \mathrm{MB} = \pi(b^2 - \mathrm{MD}^2)$$

On sait que $\quad \mathrm{MD} = \dfrac{bx}{h} \; ;$

$$\mathrm{MB} = \dfrac{lx}{h} \qquad (\text{n}^\text{o}\ 2017)$$

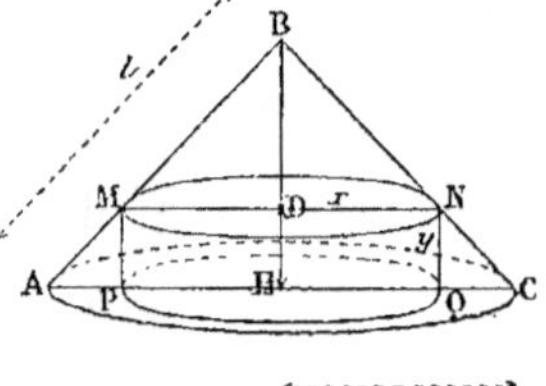

Fig. 1245.

donc

$$\frac{blx^2}{h^2} = b^2 - \frac{b^2x^2}{h^2}$$

$$blx^2 + b^2x^2 = b^2h^2$$

$$x^2 = \frac{bh^2}{l+b} \qquad \text{ou} \qquad \frac{x^2}{h^2} = \frac{b}{b+l}$$

Le problème revient à trouver le côté d'un carré x^2 qui soit à un carré donné h^2 dans le rapport de b à $b+l$. (G., n° 345.)

2021. Problème. *La surface totale du cône partiel doit être à celle du cylindre dans le rapport de* m *à* n.

$$\frac{\pi \mathrm{MD} . \mathrm{MB} + \pi \mathrm{MD}^2}{2\pi \mathrm{MD} . \mathrm{MP} + 2\pi \mathrm{MD}^2} = \frac{m}{n}$$

On sait que $\quad \mathrm{MB} = \dfrac{lx}{h} \; ;$

$$\mathrm{MD} = \frac{bx}{h} \; ; \quad \mathrm{MP} = \frac{h^2 - hx}{h}$$

mais on peut supprimer les facteurs communs, et l'on a :

$$\frac{bx . lx + b^2x^2}{bx(h^2 - hx) + b^2x^2} = \frac{2m}{n} \qquad \frac{lx + bx}{h^2 - hx + bx} = \frac{2m}{n}$$

$$nlx + nbx = 2mh^2 - 2mhx + 2mbx$$

$$x(2mh - 2mb + nl + nb) = 2mh^2$$

$$x = \frac{2mh^2}{2mh + nl + (n - 2m)b}$$

Quatrième proportionnelle à construire.

Exercice 833.

2022. Problème. *Sur un côté d'un carré, on construit à l'extérieur un triangle équilatéral, et l'on fait tourner le pentagone ainsi obtenu* *autour de l'un des côtés extérieurs du triangle. On demande le volume engendré, en fonction du côté a.*

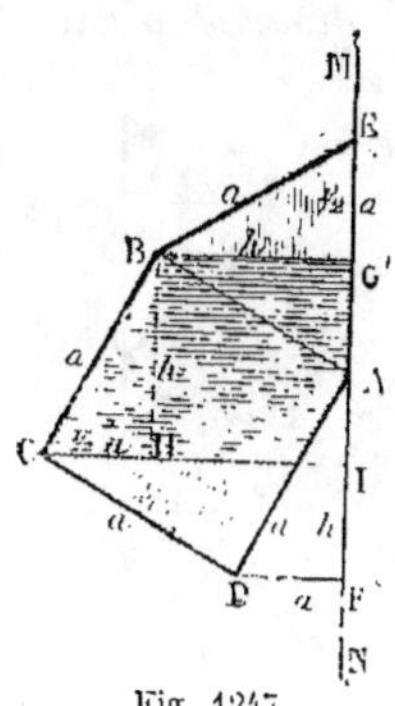

Fig. 1247.

Ce volume égale :

Le cône engendré par EGB,

Plus les troncs de cône engendrés par BCIG et CDFI,

Moins le cône engendré par ADF.

Le premier cône a pour hauteur $\frac{1}{2}a$, et pour rayon h, dont le carré $h^2 = \frac{3}{4}a^2$.

Volume. $\frac{1}{3}\pi h^2 \cdot \frac{1}{2}a = \frac{1}{3}\pi \cdot \frac{3}{4}a^2 \cdot \frac{1}{2}a = \frac{1}{8}\pi a^3$

En enlevant la partie commune AI, il vient

$$IF = AG = \frac{1}{2}a.$$

Le grand tronc de cône a pour hauteur h, et pour rayons h et $h + \frac{1}{2}a$; soit $\frac{1}{2}a\sqrt{3}$ et $\frac{1}{2}a(1 + \sqrt{3})$. Les carrés des rayons sont $\frac{3}{4}a^2$ et $\frac{1}{2}a^2(2 + \sqrt{3})$.

Volume . . . . . $\frac{1}{3} \cdot \frac{1}{2}a\sqrt{3} \cdot \pi\left[\frac{1}{2}a^2(2 + \sqrt{3}) + \frac{3}{4}a^2 + \frac{1}{4}a^2(3 + \sqrt{3})\right]$

$$= \frac{1}{6}\pi a^3\sqrt{3} \times \left(\frac{10}{4} + \frac{3}{4}\sqrt{3}\right) = \frac{1}{24}\pi a^3(9 + 10\sqrt{3})$$

Le petit tronc de cône a pour hauteur IF ou $\frac{1}{2}a$, et pour rayons $\frac{1}{2}a$ et $(h + \frac{1}{2}a)$; soit $\frac{1}{2}a$ et $\frac{1}{2}a(1 + \sqrt{3})$. Les carrés des rayons sont $\frac{1}{4}a^2$ et $\frac{1}{2}a^2(2 + \sqrt{3})$.

Volume . . . . . $\frac{1}{3} \cdot \frac{1}{2}a \cdot \pi\left[\frac{1}{4}a^2 + \frac{1}{2}a^2(2 + \sqrt{3}) + \frac{1}{4}a^2(1 + \sqrt{3})\right]$

$$= \frac{1}{6}\pi a^3 \cdot \frac{1}{4}(1 + 4 + 2\sqrt{3} + 1 + \sqrt{3}) = \frac{1}{8}\pi a^3(2 + \sqrt{3})$$

Enfin le cône à retrancher a pour hauteur h ou $\frac{1}{2}a\sqrt{3}$, et pour rayon $\frac{1}{2}a$.

Son volume est $\frac{1}{3}\pi \cdot \frac{1}{4}a^2 \cdot \frac{1}{2}a\sqrt{3}$ ou $\frac{1}{24}\pi a^3\sqrt{3}$.

Volume demandé . . . . . $\frac{1}{24}\pi a^3(3 + 9 + 10\sqrt{3} + 6 + 3\sqrt{3} - \sqrt{3})$

$$= \frac{1}{24}\pi a^3(18 + 12\sqrt{3}) = \frac{1}{4}\pi a^3(3 + 2\sqrt{3}).$$

Soit environ $5,08a^3$

Vérification (n° 2010). Le volume engendré par le triangle équilatéral

ABE est donné par $\dfrac{a^2\sqrt{3}}{4} \cdot 2\pi\,\dfrac{a\sqrt{3}}{6} = \dfrac{\pi a^3}{4}$ (1)

Pour le carré $d = \dfrac{1}{2}\left(h + \dfrac{a}{2}\right) = \dfrac{1}{2}\left(\dfrac{a\sqrt{3}}{2} + \dfrac{a}{2}\right) = \dfrac{a}{4}(\sqrt{3} + 1)$

$$V = a^2 \cdot 2\pi d = a^2 \cdot 2\pi\,\dfrac{a}{4}(\sqrt{3} + 1) = \dfrac{\pi a^3}{2}(\sqrt{3} + 1) \qquad (2)$$

V. ou   (1) + (2) $= \dfrac{\pi a^3}{4} + \dfrac{\pi a^3\sqrt{3}}{2} + \dfrac{\pi a^3}{2} = \dfrac{\pi a^3}{4}(3 + 2\sqrt{3})$

Résultat conforme à celui qu'on a obtenu précédemment d'une manière laborieuse : il est donc utile de recourir aux *théorèmes de Guldin.*

Exercice 834.

2023. Problème. *Un carré dont le côté est a tourne autour d'un axe*
MN mené dans son plan par l'un des sommets,
perpendiculairement à la diagonale qui part de
ce sommet. On demande le volume et la surface
du solide engendré.

Le volume égale :
Deux troncs de cône égaux engendrés par AIBC
et AJDC,
Moins deux cônes égaux engendrés par AIB et
AJD.

Le côté est a ; la hauteur égale la moitié de la
diagonale, soit $\frac{1}{2}d$; les rayons sont d et $\frac{1}{2}d$. On
sait que $d^2 = 2a^2$, et $d = a\sqrt{2}$; ainsi $d^3 = 2a^3\sqrt{2}$.

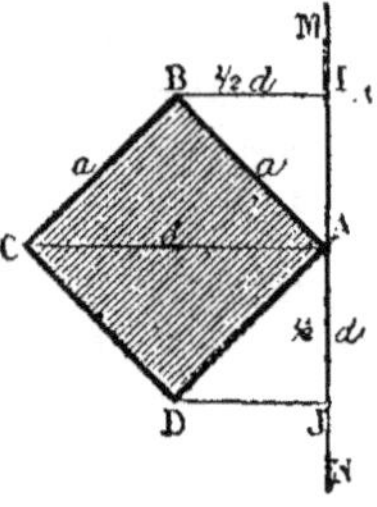

Fig. 1248.

On a donc pour le volume :

$$V = \tfrac{2}{3} \cdot \tfrac{1}{2}d\pi(d^2 + \tfrac{1}{4}d^2 + \tfrac{1}{2}d^2) - \tfrac{2}{3}\pi \cdot \tfrac{1}{4}d^2 \cdot \tfrac{1}{2}d$$

$$= \tfrac{1}{3}\pi d^3(1 + \tfrac{1}{4} + \tfrac{1}{2}) - \tfrac{1}{12}\pi d^3 = \tfrac{1}{2}\pi d^3 \quad \text{ou} \quad \pi a^3\sqrt{2}$$

La surface totale du solide égale la somme des surfaces latérales des
deux troncs de cône et des deux cônes :

$$S = 2\pi a(d + \tfrac{1}{2}d) + 2\pi \cdot \tfrac{1}{2}da = 2\pi a(\tfrac{3}{2}d + \tfrac{1}{2}d)$$

$$= 4\pi ad = 4\pi \cdot a\sqrt{2} = 4\pi a^2\sqrt{2}$$

Vérification. Avec les conventions faites précédemment (n° 2010), la
distance du centre de gravité à l'axe est donnée par

$$\frac{d}{2} \quad \text{ou} \quad \frac{a\sqrt{2}}{2}$$

$$V = a^2 \cdot 2\pi BI = \frac{a^2 \cdot 2\pi a\sqrt{2}}{2} = \pi a^3\sqrt{2}$$

$$A = 4a \cdot 2\pi BI = \frac{4a \cdot 2\pi a\sqrt{2}}{2} = 4\pi a^2\sqrt{2}$$

Exercice 835.

2024. Problème. *Un hexagone régulier a pour côté a ; on prolonge*
l'un des côtés BA d'une longueur AG égale
à a, et par l'extrémité du prolongement
on mène au côté une perpendiculaire MN
qui sert d'axe de rotation à l'hexagone.
On demande le volume et la surface du
solide engendré.

Le triangle AFG est équilatéral, ainsi
que FGF'.

GA $= a$, GB $= 2a$, HF $= \frac{1}{2}a$, HC $= \frac{5}{2}a$

$\qquad$ GH $\quad$ ou $\quad h = \frac{1}{2}a\sqrt{3}$

Le volume demandé égale :

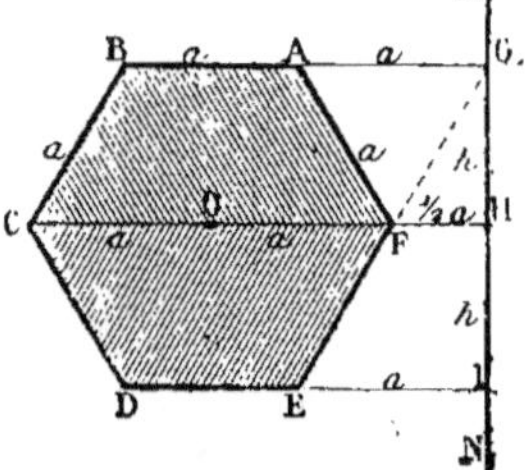

Fig. 1249.

Deux troncs de cône égaux, engendrés par GHCB et IHCD,
Moins deux autres troncs égaux, engendrés par GHFA et IHFE.

$$V = {}^2/_3 \cdot {}^1/_2 a\sqrt{3} \cdot \pi(4a^2 + {}^{23}/_4 a^2 + 5a^2) - {}^2/_3 \cdot {}^1/_2 a\sqrt{3} \cdot \pi(a^2 + {}^1/_4 a^2 + {}^1/_2 a^2)$$
$$= {}^1/_3 \pi a_3 \sqrt{3}\,({}^{61}/_4 - {}^7/_4) = {}^{18}/_4 \pi a^3 \sqrt{3}$$

Soit environ $24,50a^3$

La surface du solide égale la somme des surfaces latérales des quatre troncs de cône, plus les deux couronnes engendrées par AB et DE.

$$A = 2\pi a(2a + {}^3/_2 a) + 2\pi a(a + {}^1/_2 a) + 2\pi(4a^2 - a^2)$$
$$= \pi a^2(9 + 3 + 6) = 18\pi a^2$$

Vérification. $OH = \dfrac{3a}{2}$

d'ailleurs $S = \dfrac{3}{2}\, a^2 \sqrt{3}$ (n° 2012)

donc $V = \dfrac{3}{2}\, a\sqrt{3} \cdot 2\pi OH = \dfrac{3a^2\sqrt{3}}{2} \cdot \dfrac{2\pi \cdot 3a}{2} = \dfrac{9\pi a^3 \sqrt{3}}{2}$

$$A = 6a \cdot 2\pi \cdot OH = 6a \cdot 2\pi \cdot \dfrac{3a}{2} = 18\pi a^2$$

Exercice 836.

2025. Problème. *Un hexagone régulier dont le côté est a tourne autour d'un axe MN mené dans son plan par l'un des sommets F, perpendiculairement au rayon OF qui aboutit à ce sommet. On demande le volume et la surface du solide engendré.*

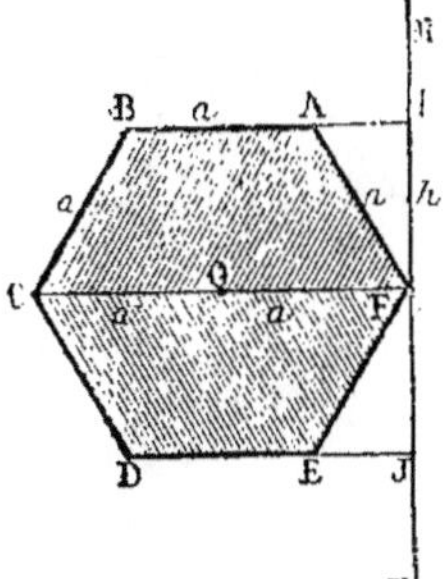

Fig. 1250.

Dans le triangle IAF, $IF = h = {}^1/_2 a\sqrt{3}$, $IA = {}^1/_2 a.$

On a aussi $IB = {}^3/_2 a$, $FC = 2a$

Le volume engendré égale :
Deux troncs de cône égaux, engendrés par IFCB et JFCD,
Moins deux cônes égaux, engendrés par AFI et EFJ.

$$V = {}^2/_3 \cdot {}^1/_2 a\sqrt{3} \cdot \pi(4a^2 + {}^9/_4 a^2 + 3a^2) - {}^2/_3 \pi \cdot {}^1/_4 a^2 \cdot {}^1/_2 a\sqrt{3}$$
$$= {}^1/_3 \pi a^3 \sqrt{3}\,({}^{37}/_4 - {}^1/_4) = 3\pi a^3 \sqrt{3}$$

Soit environ $16,33a^3$

La surface engendrée égale :
La surface latérale des deux troncs de cône,
Plus la surface latérale des deux cônes,
Plus les deux couronnes engendrées par AB et DE.

$$A = 2\pi a(2a + {}^3/_2 a) + 2\pi \cdot {}^1/_2 a \cdot a + 2\pi({}^9/_4 a^2 - {}^1/_4 a^2)$$
$$= 2\pi a^2({}^7/_2 + {}^1/_2 + 2) = 12\pi a^2$$

Vérification.
$$V = \frac{3}{2}\, a^2\sqrt{3} \cdot 2\pi a = 3\pi a^3\sqrt{3}$$
$$A = 6a \cdot 2\pi a = 12\pi a^2$$

Exercice 837.

2026. Problème. *Trouver le volume engendré par un demi-décagone régulier dont le côté est* a, *tournant autour du diamètre.*

Le volume en question comprend :

Un cylindre engendré par HCDI ;

Deux troncs de cône égaux, engendrés par GBCH et IDEJ ;

Deux cônes égaux, engendrés par ABG et JEF.

Le cylindre a pour volume $\pi m^2 a$.

Les deux troncs de cône,

$$\tfrac{2}{3}\pi c(m^2 + b^2 + mb).$$

Et les deux cônes, $\tfrac{2}{3}\pi b^2 c$.

Il s'agit d'exprimer, en fonction du côté a, les longueurs b, c, e, m. Menons le rayon DO ; cherchons d'abord toutes les valeurs en fonction du rayon r ; nous remplacerons ensuite r par sa valeur en fonction de a, tirée de la relation

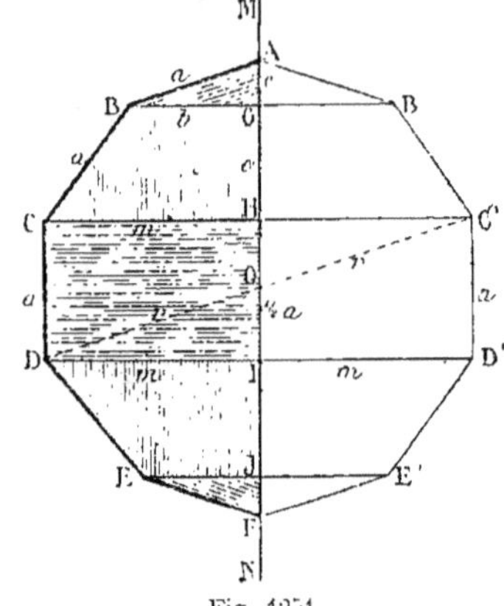

Fig. 1251.

$$a = \tfrac{1}{2}r(\sqrt{5} - 1) \qquad (\text{G., n}^\circ\ 279,\ \text{III.})$$

d'où
$$r = \frac{2a}{\sqrt{5} - 1} \qquad r^2 = \frac{2a^2}{3 - \sqrt{5}} \qquad r^3 = \frac{a^2}{\sqrt{5} - 2}$$

Nous utiliserons aussi la relation $a^2 = \tfrac{1}{2}r^2(3 - \sqrt{5})$.

Si l'on décrivait la circonférence circonscrite au décagone, l'angle B du triangle ABG comprendrait un arc égal au $\tfrac{1}{10}$ de la circonférence ; et il en serait de même de l'angle D du triangle DD'C' : ainsi ces deux triangles rectangles sont semblables.

Le triangle rectangle DD'C' donne :
$$(2m)^2 = (2r)^2 - a^2 \quad \text{ou} \quad 4m^2 = 4r^2 - \frac{1}{2}\,r^2(3 - \sqrt{5})$$

$$m^2 = \tfrac{1}{8}r^2(5 + \sqrt{5}) \quad \text{et} \quad m = \tfrac{1}{2}r\sqrt{\tfrac{1}{2}(5 + \sqrt{5})}$$

Les triangles semblables ABG et DD'C' donnent :
$$\frac{\text{AG}}{\text{AB}} = \frac{\text{C'D'}}{\text{DC'}} \quad \text{ou} \quad \frac{c}{a} = \frac{a}{2r}$$

Ainsi $\ c = \dfrac{a^2}{2r} = \dfrac{\tfrac{1}{2}r^2(3 - \sqrt{5})}{2r} = \tfrac{1}{4}r(3 - \sqrt{5}) \quad c^2 = \tfrac{1}{8}r^2(7 - 3\sqrt{5})$

Le triangle rectangle ABG donne :
$$b^2 = a^2 - c^2 = \tfrac{1}{2}r^2(3 - \sqrt{5}) - \tfrac{1}{8}r^2(7 - 3\sqrt{5}) = \tfrac{1}{8}r^2(5 - \sqrt{5})$$

d'où
$$b = \tfrac{1}{2}r\sqrt{\tfrac{1}{2}(5 - \sqrt{5})}$$

La figure montre $GH = OA - OH - AG$

ou $c = r - {}^1\!/_2 a - e = r - {}^1\!/_4 r(\sqrt{5} - 1) - {}^1\!/_4 r(3 - \sqrt{5}) = {}^1\!/_2 r$

Voici maintenant l'expression des volumes :

Un cylindre engendré par CDIH . . . . $\pi m^2 a$

Deux troncs de cône BCHG . . . . . . ${}^2\!/_3 \pi c(m^2 + b^2 + bm)$

Deux cônes ABG . . . . ${}^2\!/_3 \pi b^2 c$

Volume total. . $V = {}^2\!/_3 \pi({}^3\!/_2 am^2 + cm^2 + b^2 c + bcm + b^2 e$

$${}^3\!/_2 am^2 = {}^3\!/_4 r(\sqrt{5} - 1) \cdot {}^1\!/_8 r^2(5 + \sqrt{5}) \ldots \ldots \ldots = {}^3\!/_8 r^3 \sqrt{5}$$

$$cm^2 \;\; = {}^1\!/_2 r \cdot {}^1\!/_2 r^2(5 + \sqrt{5}) \ldots \ldots \ldots = {}^1\!/_{16} r^3(5 + \sqrt{5})$$

$$b^2 c \;\; = {}^1\!/_8 r^2(5 - \sqrt{5}) \cdot {}^1\!/_2 r \ldots \ldots \ldots = {}^1\!/_{16} r^3(5 - \sqrt{5})$$

$$bcm \;\; = {}^1\!/_2 r\sqrt{{}^1\!/_2(5 - \sqrt{5})} \cdot {}^1\!/_2 r \cdot {}^1\!/_2 r\sqrt{{}^1\!/_2(5 + \sqrt{5})} = {}^1\!/_8 r^3 \sqrt{5}$$

Volume total. . . $V = {}^1\!/_{12} \pi r^3(5 + 4\sqrt{5})$

Telle est l'expression du volume en fonction du rayon. Pour l'obtenir en fonction du côté a, il suffit de remplacer r^3 par sa valeur $\dfrac{a^3}{\sqrt{5} - 2}$.

$$V = {}^1\!/_{12} \pi a^3 \, \frac{5 + 4\sqrt{5}}{\sqrt{5} - 2}$$

Si l'on exécute les calculs des coefficients, on obtient pour ces deux formules :

$$V = 3{,}652\, r^3 \qquad V = 15{,}475\, a^3$$

Exercice 838.

2027. Problème. *Inscrire dans une sphère de rayon donné un cylindre circulaire droit dont le volume soit égal à celui des deux segments sphériques de mêmes bases que le cylindre, et indiquer les constructions géométriques qui donnent la solution du problème.* (Ens. sp. Douai, 1878.)

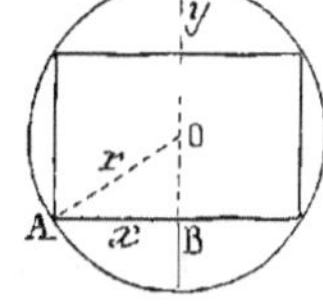

Fig. 1252.

Désignons par x le rayon de la base du cylindre, par y la hauteur, et r le rayon de la sphère.

Le volume des deux segments est :

$$V = 2({}^1\!/_6 \pi y^3 + {}^1\!/_2 \pi x^2 y)$$

et le volume du cylindre inscrit

$$2\pi x^2(r - y)$$

d'où ${}^1\!/_6 y^3 + {}^1\!/_2 x^2 y = x^2(r - y)$

et $\displaystyle {}^1\!/_6 y^2 = x^2\left(r - \frac{3y}{2}\right)$ (1)

Le triangle rectangle ABO donne :

$$x^2 = r^2 - (r - y)^2 = 2ry - y^2$$

Portons cette valeur dans l'équation (1), il vient après simplification :

$$y^2 - \frac{3}{2}\,ry + \frac{3}{2}\,r^2 = 0$$

d'où
$$\begin{cases} y' = \frac{3}{2}\,r + \frac{r\sqrt{3}}{2} \\[2mm] y'' = \frac{3}{2}\,r - \frac{r\sqrt{3}}{2} \end{cases}$$

Remarque. La valeur y' est inadmissible, car on doit avoir

$$y < r \quad \text{et} \quad \frac{3}{2}\,r + \frac{r\sqrt{3}}{2} > r$$

Construction. La valeur $\dfrac{r\sqrt{3}}{2}$ est l'apothème de l'hexagone régulier, et $\dfrac{3r}{2}$ la hauteur du triangle équilatéral inscrit dans un grand cercle de la sphère. La construction est facile.

Exercice 839.

2028. Problème. *De chaque sommet d'un cube pris pour centre, on décrit une sphère ayant pour rayon la moitié du côté du cube. Quelle est la valeur du solide compris entre les sphères, et quel serait le rayon de la sphère équivalente?*

$$\text{Cube} = a^3$$

Les huit parties de la sphère correspondent à une sphère de rayon $\dfrac{a}{2}$;

donc
$$\text{sphère} = \frac{4}{3}\,\pi\left(\frac{a}{2}\right)^3 \quad \text{ou} \quad \frac{1}{6}\,\pi a^3$$

$$\text{Différence} = a^3\left(1 - \frac{\pi}{6}\right)$$

Pour la sphère équivalente, on poserait :

$$\frac{4}{3}\,\pi x^3 = a^3\left(1 - \frac{\pi}{6}\right)$$

$$x^3 = a^3 \cdot \frac{6 - \pi}{8\pi} \; ; \quad x = \frac{a}{2}\sqrt[3]{\frac{6 - \pi}{\pi}}$$

2029. Problème. *Deux sphères égales extérieures ont une longueur a pour plus courte distance. Quel est le volume compris entre les deux sphères et la surface cylindrique circonscrite?*

Soit r le rayon ; la hauteur du cylindre $= a + 2r$.
Du cylindre, il faudra soustraire deux hémisphères ; donc

$$V = \pi r^2(2r + a) - \frac{4}{3}\,\pi r^3$$

Exercice 840.

2030. Problème. *Une sphère est posée sur un plan horizontal ; sur le même plan repose par sa base un cône droit, dont la hauteur est* *égale au diamètre de la sphère ; on demande de couper ces deux corps par un plan horizontal de telle sorte que les sections soient entre elles comme deux nombres donnés.* (Concours général, 1875. Rhétorique. N. A. p. 88.)

Soient a le rayon de la sphère, b celui de la base du cône dont la hauteur égale $2a$; représentons par x la distance du sommet du cône au plan sécant.

Le rayon b' de la section du cône est donné par

$$\frac{b'}{b} = \frac{x}{2a} ; \quad b' = \frac{bx}{2a}$$

d'où
$$\pi b'^2 = \frac{\pi b^2 x^2}{4a^2} \cdot \tag{1}$$

Le rayon a' de la section de la sphère est moyen proportionnel entre les deux segments x et $(2a - x)$ du diamètre ; donc la section

$$\pi a'^2 = \pi x(2a - x) \tag{2}$$

Si la section conique doit être à la section sphérique dans le rapport $\frac{m}{n}$, on aura :

$$\frac{\pi b^2 x^2}{4a^2} : \pi x(2a - x) = \frac{m}{n}$$

ou
$$\frac{b^2 x}{4a^2(2a - x)} = \frac{m}{n} ; \quad \text{d'où} \quad x = \frac{8a^3 m}{bn^2 + 4a^2 m}$$

Remarque. Lorsque $m = n$, on a : $\quad x = \frac{8a^3}{b^2 + 4a^2} \cdot$

Dans le cas particulier où la base du cône égale un grand cercle, $b = a$; on trouve $\qquad x = \frac{8a}{5} \cdot$

Exercice 841. — I.

2031. **Problème.** *Un cône équilatéral est inscrit dans une sphère ; couper les deux solides par un plan parallèle à la base du cône, de manière que la différence des sections obtenues ait une valeur donnée πa^2.*

Dans quel cas la différence est-elle maxima ?

BC est le côté du triangle équilatéral inscrit ; donc sa moitié

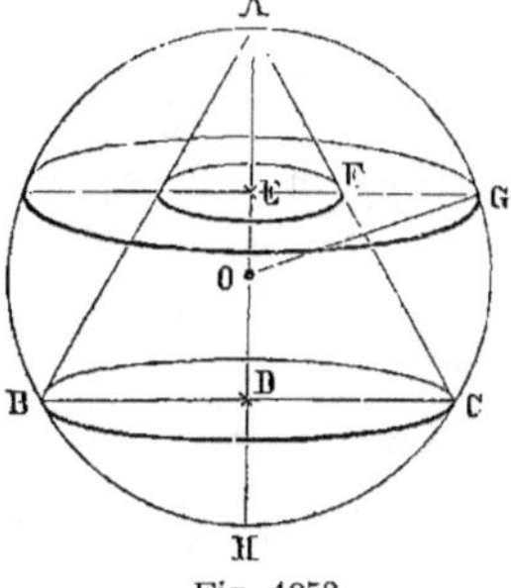

Fig. 1253.

$$DC = \frac{r}{2} \sqrt{3}, \quad \text{et} \quad DO = \frac{r}{2}$$

Soit $AE = x$.

La surface annulaire étudiée égale

$$\pi(EG^2 - EF^2)$$

Dans le triangle équilatéral,

$$EF = \frac{AF}{2}$$

donc

$$EF^2 = \frac{x^2}{3}$$

$$EG^2 = AE \cdot EH = x(2r - x)$$

ou

$$2rx - x^2$$

donc

$$2rx - x^2 - \frac{x^2}{3} = a^2 ;$$

$$2rx - \frac{4x^2}{3} = a^2$$

Divisons tous les termes par $\frac{4}{3}$.

$$\frac{3}{2} rx - x^2 = \frac{3}{4} a^2 ; \quad \left(\frac{3}{2} r - r\right) x = \frac{3}{4} a^2$$

et le problème revient à construire un rectangle, connaissant la surface $\frac{3}{4} a^2$ et la somme $\frac{3}{2} r$ des côtés, x et $\left(\frac{3}{2} r - x\right)$.

Maximum. Le maximum de la surface a lieu quand les deux côtés du rectangle sont égaux à la moitié de la somme constante de ces côtés.

Dans ce cas, $$x = \frac{3}{4} r$$

2032. Problème. *Même question pour le cône inscrit dans un hémisphère.*

$$EG^2 = 2rx - x^2 ; \quad EF^2 = x^2$$

$$EG^2 - EF^2 = 2rx - 2x^2 = a^2$$

$$(r - x)x = \frac{a^2}{2}$$

Maximum. Le produit $(r - x)x$ est maximum pour

$$r - x = x ;$$

d'où $$x = \frac{r}{2}$$

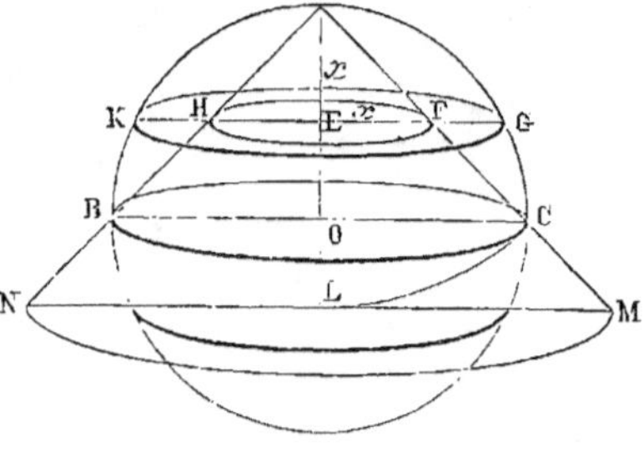

Fig. 1254.

Remarque. Lorsqu'on demande que les sections soient dans un rapport donné $\frac{m}{n}$, on a :

$$\frac{EG^2}{EF^2} = \frac{m}{n} = \frac{2rx - x^2}{x^2}$$

Équation du second degré facile à résoudre et à construire.

2033. Problème. *La zone sphérique* GAK *et la surface latérale du cône* FAH *doivent être dans le rapport* $\frac{m}{n}$ (fig. 1254).

$$\text{Zone} = 2r\pi \cdot x \qquad (G., n° 559.)$$

$$\text{Surface latérale du cône} = \pi EF \cdot AF = \pi x \cdot x\sqrt{2}$$

d'où
$$\frac{2r\pi x}{\pi x^2 \sqrt{2}} = \frac{m}{n} = \frac{2r}{x\sqrt{2}}$$

$$x = \frac{2r}{\sqrt{2}} \cdot \frac{n}{m}$$

Remarque. En prolongeant le cône, on peut demander que les surfaces soient égales.

Dans ce cas, $\dfrac{n}{m} = 1$; $x = \dfrac{2r}{\sqrt{2}} = \dfrac{2r\sqrt{2}}{2} = r\sqrt{2}$

Il faut porter AC de A en L et mener NLM.

Exercice 841. — II.

2034. Problème. *Couper une sphère par un plan de manière que la différence des zones obtenues soit équivalente à la section déterminée par le plan. (Diplôme de fin d'études. Clermont-Ferrand, août 1881.)*

Soit x la distance du centre de la sphère au plan mené.

Le rayon de la section est donné par $\sqrt{r^2 - x^2}$.

Les zones ont respectivement pour hauteur $r + x$ et $r - x$.

Les zones ont pour différence
$$2\pi r(r + x) - 2\pi r(r - x) \quad \text{ou} \quad 2\pi r \cdot 2x = 4\pi rx$$

La section est donnée par $\pi(r^2 - x^2)$

Donc
$$4\pi rx = \pi(r^2 - x^2)$$

$$x^2 + 4rx = r^2$$

$$x = -2r \pm \sqrt{4r^2 + r^2} = r(-2 \pm \sqrt{5})$$

La solution positive, plus petite que 1, convient seule à la question, car x doit être moindre que r.

Exercice 842.

2035. Problème. *Étant donné un demi-cercle O, on mène une parallèle AB au diamètre CD. Cette parallèle partage le demi-cercle en deux parties, un segment AMB et la figure CABD. On fait tourner le demi-cercle autour du diamètre CD, et on demande : 1° de trouver le volume du solide engendré par la figure CABD ; 2° d'en déduire le volume du solide engendré par le segment, en retranchant le premier du volume de la sphère, et de faire la vérification en calculant directement ce dernier ; 3° quelle est la relation qui doit exister entre AB et le diamètre CD, pour que le volume engendré par le segment soit la moitié du volume de la sphère.* (Brevet supérieur. Digne, 2ᵉ session 1876 ; Manuel général 1877, p. 294.)

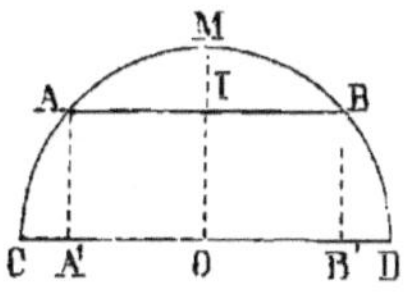

Fig. 1255.

$$OC = R \quad AB = 2l \quad AA' = m$$

$$A'C = h = R - l$$

Le volume engendré par CABD se compose d'un cylindre et de deux segments sphériques à une base.

$$\text{Volume du cylindre} = \pi m^2 \times 2l$$

$$\text{V. des deux segments} = 2\left[\frac{1}{6}\pi h^3 + \frac{1}{2}\pi m^2 h\right] = \pi\left[\frac{(R-l)^3}{3} + m^2(R-l)\right]$$

En additionnant, on obtient pour l'expression du volume engendré par CABD,

$$2\pi m^2 l + \pi\left[\frac{(R-l)^3}{3} + m^2(R-l)\right] = \pi\left[2m^2 l + \frac{(R-l)^3}{3} + Rm^2 - m^2 l\right] =$$

$$= \pi\left[Rm^2 + lm^2 + \frac{(R-l)^3}{3}\right]$$

comme
$$(R-l)^3 = R^3 - 3R^2 l + 3Rl^2 - l^3$$

et
$$\frac{(R-l)^3}{3} = \frac{R^3 - l^3}{3} - R^2 l + Rl^2$$

On peut écrire en substituant :

$$\text{Vol. ABCD} = \pi\left[\frac{R^3 - l^3}{3} + R(m^2 + l^2) - l(R^2 - m^2)\right]$$

mais
$$m^2 + l^2 = R^2, \quad R^2 - m^2 = l^2$$

donc 1° $$\text{Vol. ABCD} = \pi\left[\frac{R^3 - l^3}{3} + R^3 - l^3\right] = \frac{4}{3}\pi(R^3 - l^3)$$

Le volume de la sphère égale $\frac{4}{3}\pi R^3$; par suite le volume engendré par le segment AMB est égal à

$$\frac{4}{3}\pi R^3 - \frac{4}{3}\pi(R^3 - l^3) = \frac{4}{3}\pi(R^3 - R^3 + l^3) = \frac{4}{3}\pi l^3$$

Pour le calcul direct du segment. (G., n° 578.)

2° $$\text{Vol. AMB} = \frac{1}{6}\pi(2l)^2 \times 2l = \frac{4}{3}\pi l^3$$

Pour que le volume engendré par le segment soit la moitié du volume de la sphère, il faut que l'on ait :

$$\frac{4}{3}\pi l^3 = {}^4/_3\pi(R^3 - l^3)$$

ou
$$l^3 = R^3 - l^3$$
$$2l^3 = R^3$$

d'où on tire : 3° $$l = \sqrt[3]{\frac{R^3}{2}} = \sqrt[3]{\frac{4R^3}{8}} = \frac{R}{2}\sqrt[3]{4}$$

ou bien encore

$$AB \quad \text{ou} \quad 2l = R\sqrt[3]{4} = R \cdot 1{,}587$$

Exercice 843.

2036. Problème. *Trouver l'angle dièdre de chacun des cinq polyèdres réguliers convexes.*

Tétraèdre régulier. (a)

Soit ABC la base d'un tétraèdre, et ADS le rabattement d'une section faite par le milieu de l'arête BC perpendiculairement à cette arête. Cette section passe par les sommets A et S, puisque ces points sont équidistants des points B et C.

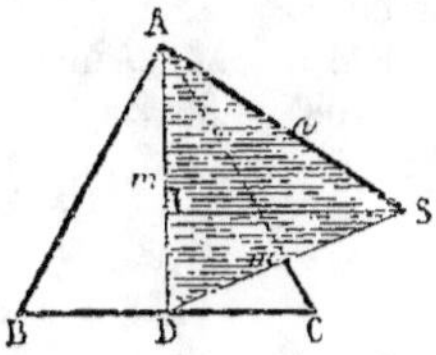

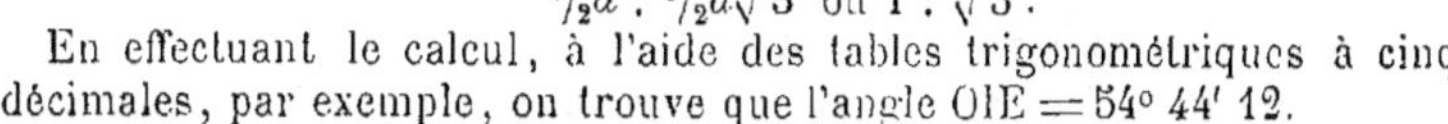

La perpendiculaire SI est la hauteur du tétraèdre; le point I se trouve sur la droite AD, médiane de la base. Ce même point doit se trouver sur chaque médiane de la base; et ainsi il est au point de concours des médianes, et par conséquent aux $^2/_3$ de la longueur AD. Donc

$$DI = {}^1/_3 m$$

Fig. 1256.

La droite SD est une médiane de la face BSC; on a donc :

$$SD = AD = m$$

L'angle dièdre que l'on cherche n'est autre chose que l'angle D du triangle rectangle DIS, et cet angle a pour cosinus DI : DS, ou $^1/_3 m$: m, ou simplement $^1/_3$: soit 0,333.

L'angle qui a $^1/_3$ pour cosinus est de 70° 31′ 72 *.

Hexaèdre régulier (b)

Dans l'hexaèdre régulier ou cube, les faces sont perpendiculaires entre elles, et le dièdre est de 90°.

Octaèdre régulier. (c)

2037. L'octaèdre régulier est décomposable en deux pyramides quadrangulaires régulières, ayant pour base commune un carré ABCD dont le côté est l'arête a du polyèdre.

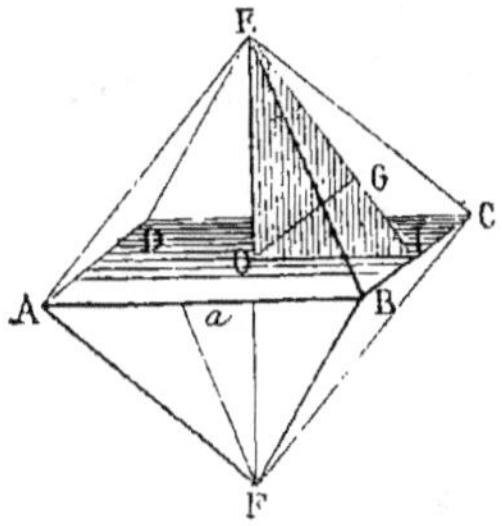

La droite EF, qui joint les sommets de ces pyramides, est perpendiculaire au carré ABCD en son milieu O.

Par le point I, milieu de l'arête BC, menons un plan perpendiculaire à cette arête. Ce plan passe par les points E et F, qui sont équidistants de B et de C.

L'angle OIE est la moitié du dièdre cherché; et cet angle a pour cosinus IO : IE, soit $^1/_2 a$: $^1/_2 a \sqrt{3}$ ou 1 : $\sqrt{3}$.

Fig. 1257.

En effectuant le calcul, à l'aide des tables trigonométriques à cinq décimales, par exemple, on trouve que l'angle OIE = 54° 44′ 12.

Donc l'angle dièdre de l'octaèdre = 109° 28′ 24.

Dodécaèdre régulier. (d)

2038. Soit H le milieu de l'arête BM. A cause des pentagones réguliers qui servent de faces au polyèdre, la droite KH est perpendiculaire à BM; et il en est de même de XH : ainsi l'angle plan KHX est le dièdre

---

* L'angle est indiqué en degrés, minutes et centièmes de minutes.

demandé; et KHZ, moitié de ce même angle, a pour sinus KZ : KH, valeur à trouver.

Dans le pentagone régulier ABMLK, l'angle L est de 108°; donc, dans le triangle isocèle KLM, chacun des angles K et M est de 36°.

Soit G le milieu de KM; la droite $GH = \frac{1}{2}KB = \frac{1}{2}KM = GM$. Ainsi le triangle MGH est isocèle, et son angle $H = M = 108° - 36° = 72°$ et $G = 36°$.

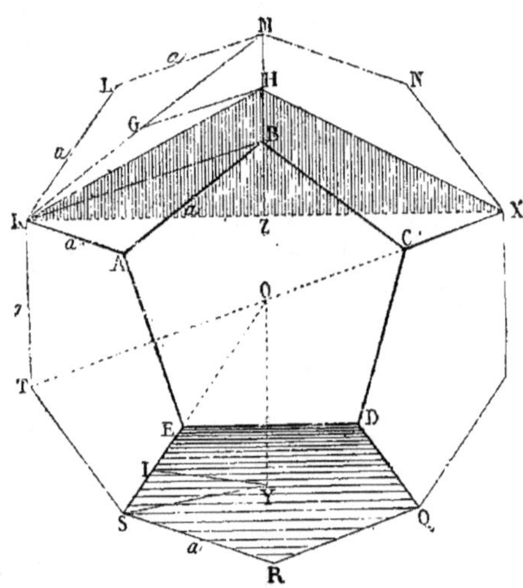

Fig. 1258.

Il suit de là que le triangle MGH est semblable au triangle central d'un décagone régulier; donc :

$$MH \quad \text{ou} \quad \tfrac{1}{2}a = \tfrac{1}{2}GM(\sqrt{5} - 1) = \tfrac{1}{4}KM\sqrt{5} - 1)$$

De là on tire $KM = \dfrac{2a}{\sqrt{5} - 1}$. En multipliant numérateur et dénominateur par $\sqrt{5} + 1$, on obtient :

$$KM = \tfrac{1}{2}a(\sqrt{5} + 1) \quad \text{et} \quad KM^2 = \tfrac{1}{2}a^2(3 + \sqrt{5})$$

On voit que *la diagonale d'un pentagone régulier égale la moitié du côté multiplié par* $\sqrt{5} + 1$.

En appliquant cette formule au pentagone régulier qui aurait pour sommets les points K, M, X, Q, S, on posera :

$$KX = \tfrac{1}{2}KM(\sqrt{5} + 1) = \tfrac{1}{4}a(\sqrt{5} + 1)^2 = \tfrac{1}{2}a(3 + \sqrt{5})$$
$$KX^2 = \tfrac{1}{2}a^2(7 + 3\sqrt{5})$$
$$KZ = \tfrac{1}{2}KX = \tfrac{1}{4}a(3 + \sqrt{5}) \qquad KZ^2 = \tfrac{1}{8}a^2(7 + 3\sqrt{5})$$

Le triangle rectangle KHM donne :

$$KH^2 = KM^2 - MH^2 = a^2\left(\frac{3 + \sqrt{5}}{2} - \frac{1}{4}\right) = \tfrac{1}{4}a^2(5 + 2\sqrt{5})$$

Enfin $\qquad \sin \text{KHZ} = \dfrac{\text{KZ}}{\text{KH}}$ et $\sin^2 \text{KHZ} = \dfrac{\text{KZ}^2}{\text{KH}^2}$ *

ou $\sin^2 \text{KHZ} = \dfrac{\frac{1}{8}a^2(7+3\sqrt{5})}{\frac{1}{4}a^2(5+2\sqrt{5})} = \dfrac{\frac{1}{2}(7+3\sqrt{5})(5-2\sqrt{5})}{(5+2\sqrt{5})(5-2\sqrt{5})} = \dfrac{5+\sqrt{5}}{10}$

$$\text{Sin KHZ} = \sqrt{\tfrac{1}{10}(5+\sqrt{5})} \; **$$

$$\text{L'angle KHZ} = 58° \, 16' \, 90$$

Donc l'angle dièdre du dodécaèdre régulier égale 116° 33′ 80.

Icosaèdre régulier. (e)

2039. Les faces étant des triangles équilatéraux, les médianes BL et EL sont perpendiculaires à l'arête IA, et l'angle ELB est l'angle plan correspondant au dièdre cherché.

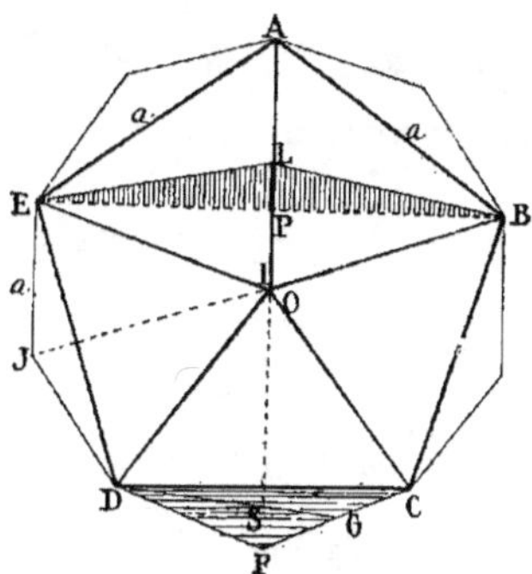

Fig. 1259.

Dans le pentagone régulier ABCDE, la diagonale $\text{BE} = \frac{1}{2}a(\sqrt{5}+1)$ et $\text{BP} = \frac{1}{2}\text{BE} = \frac{1}{4}a(\sqrt{5}+1)$.

Dans le triangle équilatéral ABI, la hauteur $\text{BL} = \frac{1}{2}a\sqrt{3}$.

On a donc $\quad \sin \text{BLP} = \dfrac{\text{BP}}{\text{BL}} = \dfrac{\frac{1}{4}a(\sqrt{5}+1)}{\frac{1}{2}a\sqrt{3}} = \dfrac{\sqrt{5}+1}{2\sqrt{3}}$

$$\text{L'angle BLP} = 69° \, 05' \, 80$$

Donc l'angle dièdre de l'icosaèdre régulier égale 138° 11′ 60.

Exercice 844.

2040. Problème. *Pour chacun des cinq polyèdres réguliers convexes, exprimer, en fonction de l'arête* a :

1° *Les rayons des sphères inscrite et circonscrite ;*

2° *La surface et le volume de chacun de ces polyèdres.*

---

* C'est pour éviter quelques radicaux que nous prenons le carré du sinus ; toutes réductions faites, on indiquera une racine à extraire.

** Dans chaque polyèdre, on remarque que l'angle est une valeur indépendante de l'arête : cela doit être, puisqu'il y a similitude entre tous les tétraèdres réguliers ; entre tous les cubes, entre tous les octaèdres réguliers, etc.

Tétraèdre régulier. (a)

Les rayons des sphères inscrite et circonscrite au tétraèdre régulier ont été calculés précédemment (nos 2007 et 2008); on a trouvé :

$$r = \tfrac{1}{12}a\sqrt{6} \quad \text{et} \quad R = \tfrac{1}{3}a\sqrt{6}$$

ou $\qquad\qquad r = 0,204\,08a \quad \text{et} \quad R = 0,816\,31a$

L'aire du triangle équilatéral est $\tfrac{1}{4}a^2\sqrt{3}$.

Donc la *surface* du tétraèdre régulier est $a^2\sqrt{3}$ ou $1,732\,05a^2$.

Le *volume* égale la surface totale multipliée par le $\tfrac{1}{3}$ du rayon de la sphère inscrite; on a donc :

$$V = \tfrac{1}{3}a\sqrt{3} \cdot \tfrac{1}{12}a\sqrt{6} = \tfrac{1}{36}a^3\sqrt{18} = \tfrac{1}{36}a^3 \cdot 3\sqrt{2} = \tfrac{1}{12}a^3\sqrt{2}$$

ou $\qquad\qquad\qquad 0,117\,85a^3$

Héxaèdre régulier. (b)

Rayon de la sphère inscrite. . . . . $\tfrac{1}{2}a$	ou $0,500\,00a$
» » » circonscrite . . $\tfrac{1}{2}a\sqrt{3}$	ou $0,866\,02a$
Surface totale . . . . $6a^2$	
Volume. . . . . a^3	

Octaèdre régulier. (c)

(Voir, à l'Exercice précédent, la figure et les préliminaires relatifs à l'octaèdre n° 2037.)

Le point O est le centre du polyèdre. La droite OG est le rayon de la sphère inscrite, et OE est le rayon de la sphère circonscrite : ces deux lignes appartiennent au triangle rectangle EOI.

$$OI = \tfrac{1}{2}AB = \tfrac{1}{2}a \qquad OI^2 = \tfrac{1}{4}a^2$$

Dans le triangle équilatéral BCE, on a :

$$EI = \tfrac{1}{2}a\sqrt{3} \quad \text{et} \quad EI^2 = \tfrac{3}{4}a^2$$

Le triangle rectangle EOI donne :

$$OE^2 = EI^2 - OI^2 = \tfrac{3}{4}a^2 - \tfrac{1}{4}a^2 = \tfrac{2}{4}a^2; \quad \text{d'où} \quad OE = \tfrac{1}{2}a\sqrt{2}$$

Rayon de la *sphère circonscrite*. . . . . $\tfrac{1}{2}a\sqrt{2}$ ou $0,707\,10a$

Les triangles rectangles EGO et EOI sont semblables, à cause de l'angle commun en E; et l'on a :

$$\frac{OG}{OI} = \frac{OE}{EI}; \quad \text{d'où} \quad OG = \frac{OI \cdot OE}{EI}$$

ou $\qquad OG = \dfrac{\tfrac{1}{2}a \cdot \tfrac{1}{2}a\sqrt{2}}{\tfrac{1}{2}a\sqrt{3}} = \tfrac{1}{2}a\sqrt{\tfrac{2}{3}} \quad \text{ou} \quad 0,408\,24a$

Tel est le rayon de la *sphère inscrite*.

La *surface* totale égale huit fois l'aire du triangle équilatéral dont le côté est a, soit $8 \cdot \tfrac{1}{4}a^2\sqrt{3}$, ou $2a^2\sqrt{3}$, ou $3,464\,10a^2$.

Le *volume* égale la surface totale multipliée par le $\tfrac{1}{3}$ du rayon de la sphère inscrite, soit $\tfrac{1}{3} \cdot 2a^2\sqrt{3} \cdot \tfrac{1}{2}a\sqrt{\tfrac{2}{3}}$, ou $\tfrac{1}{3}a^3\sqrt{2}$, ou $0,471\,40a^3$.

Dodécaèdre régulier (d)

(Voir, à l'Exercice précédent, la figure et les préliminaires relatifs au dodécaèdre n° 2038.)

La sphère circonscrite passe par les points T, K, X ; donc le triangle TKX est rectangle, et il donne :

$$TX^2 = TK^2 + KX^2 = a^2 + \tfrac{1}{2}a^2(7 + 3\sqrt{5}) = \tfrac{1}{2}a^2(9 + 3\sqrt{5})$$

De là
$$TX = a\sqrt{\tfrac{1}{2}(9 + 3\sqrt{5})}$$

et
$$OT = \tfrac{1}{2}a\sqrt{\tfrac{1}{2}(9 + 3\sqrt{5})} \quad\text{ou}\quad 2{,}8025a$$

Tel est le rayon de la *sphère circonscrite*.

Le rayon de la sphère inscrite est la perpendiculaire OY abaissée du centre sur l'une des faces. Cette perpendiculaire tombe au centre du pentagone SQ ; on la calculera par le triangle rectangle OYS.

L'hypoténuse OS = OT, rayon de la sphère circonscrite ; et l'on a :

$$OS^2 = \tfrac{1}{4}a^2 \cdot \tfrac{1}{2}(9 + 3\sqrt{5}) = \tfrac{1}{8}a^2(9 + 3\sqrt{5})$$

Le côté SY de l'angle droit est le rayon du pentagone. Désignons ce rayon par r, et appelons a' le côté du décagone qui aurait le même rayon r. On a (G., n° 286) :

$$a' = \sqrt{2r^2 - r\sqrt{4r^2 - a^2}}$$

Si l'on remplace a' par sa valeur (G., n° 279, III), il vient :

$$\tfrac{1}{2}r(\sqrt{5} - 1) = \sqrt{2r^2 - r\sqrt{4r^2 - a^2}}$$

En isolant a^2, on obtient $a^2 = \tfrac{1}{2}r^2(5 - \sqrt{5})$; d'où, en isolant r^2 :

$$r^2 \quad\text{ou}\quad SY^2 = \frac{2a^2}{5 - \sqrt{5}} = \tfrac{1}{10}a^2(5 + \sqrt{5})$$

On obtient cette dernière forme en multipliant numérateur et dénominateur par $5 + \sqrt{5}$.

On a donc
$$OY^2 = OS^2 - SY^2$$

ou
$$OY^2 = a^2 \cdot \frac{9 + 3\sqrt{5}}{8} - a^2 \cdot \frac{5 + \sqrt{5}}{10} = \tfrac{1}{4}a^2 \frac{25 + 11\sqrt{5}}{10}$$

Enfin
$$OY = \frac{a}{2}\sqrt{\frac{25 + 11\sqrt{5}}{10}} \quad\text{ou}\quad 1{,}1135a$$

Tel est le rayon de la *sphère inscrite*.

La surface du dodécaèdre égale douze fois celle du pentagone dont le côté est a. Nous avons déjà trouvé $SY^2 = \tfrac{1}{10}a^2(5 + \sqrt{5})$.

Le triangle rectangle SYI donne :

$$YI^2 = SY^2 - SI^2 \quad\text{ou}\quad YI^2 = a^2\frac{5 + \sqrt{5}}{10} - \frac{a^2}{4} = a^2\frac{5 + 2\sqrt{5}}{20}$$

d'où
$$YI = \tfrac{1}{2}a\sqrt{\tfrac{1}{5}(5 + 2\sqrt{5})}$$

L'aire du pentagone est donc :

$$\tfrac{1}{2} \cdot 5a \cdot \tfrac{1}{2}a\sqrt{\tfrac{1}{5}(5 + 2\sqrt{5})} \quad\text{ou}\quad \tfrac{5}{4}a^2\sqrt{\tfrac{1}{5}(5 + 2\sqrt{5})}$$

Et l'aire du dodécaèdre est :

$$15a^2 \sqrt{\frac{5 + 2\sqrt{5}}{5}} \quad \text{ou} \quad 20{,}646a^2$$

Le *volume* égale le $\frac{1}{3}$ du produit de la surface par le rayon de la sphère inscrite, soit :

$$\tfrac{1}{3} . 15a^2 \sqrt{\frac{5 + 2\sqrt{5}}{5}} . \tfrac{1}{2}a \sqrt{\frac{25 + 11\sqrt{5}}{10}} \quad \text{ou} \quad \tfrac{5}{2}a^3 \sqrt{\frac{47 + 21\sqrt{5}}{10}}$$

ou
$$7{,}663\,0a^3$$

Icosaèdre régulier. (e)

(Voir, à l'Exercice précédent, la figure et les préliminaires relatifs à l'icosaèdre n° 2039.)

Les sommets B, E, J appartiennent à la surface de la sphère circonscrite; donc le triangle BEJ est rectangle en E, et l'on a :

$$BJ^2 = JE^2 + BE^2$$

ou, en appelant O le centre du polyèdre :

$$4OJ^2 = a^2 + \tfrac{1}{4}a^2(\sqrt{5} + 1)^2 = \tfrac{1}{2}a^2(5 + \sqrt{5})$$

De là $\quad OJ^2 = \tfrac{1}{8}a^2(5 + \sqrt{5}) \quad$ et $\quad OJ = \dfrac{a}{2}\sqrt{\dfrac{5 + \sqrt{5}}{2}} \quad$ ou $\quad 0{,}951\,0a$

Tel est le rayon de la *sphère circonscrite.*

Le rayon de la *sphère inscrite* est la perpendiculaire OS abaissée du centre sur une face quelconque : CDF, par exemple. Le point O étant équidistant des points C, D, F, le pied de la perpendiculaire OS est de même équidistant de ces points; et ainsi le point S est au centre du triangle équilatéral CDF, et par suite aux $\frac{2}{3}$ de la médiane ou hauteur DG.

Cette ligne $\quad DG = \tfrac{1}{2}a\sqrt{3}$; $\quad$ donc $\quad DS = \tfrac{2}{3} . \tfrac{1}{2}a\sqrt{3} = \tfrac{1}{3}a\sqrt{3}$.

Le triangle rectangle OSD donne $\quad OS^2 = OD^2 - DS^2$.

ou
$$OS^2 = a^2\frac{5 + \sqrt{5}}{8} - a^2\frac{1}{3} = a^2\frac{7 + 3\sqrt{5}}{24}$$

d'où
$$OS = \frac{a}{2}\sqrt{\frac{7 + 3\sqrt{5}}{6}} \quad \text{ou} \quad 0{,}755\,76a$$

Tel est le rayon de la *sphère inscrite.*

La *surface* du polyèdre égale vingt fois celle du triangle équilatéral, soit $\quad 20 . \tfrac{1}{4}a^2\sqrt{3}$, $\quad$ ou $\quad 5a^2\sqrt{3}$, $\quad$ ou $\quad 8{,}660\,25a^2$

Enfin, le *volume* égale la surface multipliée par le $\frac{1}{3}$ du rayon de la sphère inscrite, soit :

$$\tfrac{1}{3} . 5a^2\sqrt{3} . \tfrac{1}{2}a \sqrt{\frac{7 + 3\sqrt{5}}{6}} \quad \text{ou} \quad \frac{5a^3}{6}\sqrt{\frac{7 + 3\sqrt{5}}{12}}$$

2041. Note. Aux recherches précédentes pourrait s'ajouter celle du rayon ρ de la *sphère tangente à toutes les arêtes* du polyèdre. Dans les *Archives de Mathématiques et de Physique* (tome LIX, 1876), M. Georges Dostor, ingénieur, professeur à l'Institut catholique de Paris, a donné une étude très intéressante sur les trois sphères que l'on peut considérer dans chaque polyèdre régulier, et sur les relations qui existent entre leurs rayons respectifs R, r et ρ. On trouve, pour les cinq polyèdres, les valeurs suivantes de ρ :

$$\tfrac{1}{4}\,a\sqrt{2} \qquad \tfrac{1}{2}\,a\sqrt{2} \qquad \tfrac{1}{2}\,a \qquad \tfrac{1}{8}\,a(\sqrt{5}+1)^2 \qquad \tfrac{1}{4}\,a(\sqrt{5}+1)$$

Et l'on obtient, entre les trois rayons de chaque polyèdre, les relations suivantes :

$$\mathrm{R}r=\rho^2 \qquad \mathrm{R}r=\rho^2\,\tfrac{1}{2}\sqrt{3} \qquad \mathrm{R}r=\rho^2\cdot\tfrac{2}{3}\sqrt{3}$$

$$\mathrm{R}r=\rho^2\frac{6}{\sqrt{6(5+\sqrt{5})}} \qquad\qquad \mathrm{R}r=\rho^2\frac{\sqrt{6(5+\sqrt{5})}}{6}.$$

RÉSUMÉ DES ÉLÉMENTS DES 5 POLYÈDRES RÉGULIERS CONVEXES

	Faces	Angle	Rayon R	Apoth. r	Rayon ρ	Surface	Volume
(a)	4 triang.	70°32′	$0,612a$	$0,204a$	$0,354a$	$1,732a^2$	$1,118a^3$
(b)	6 carrés	90°00′	$0,866a$	$0,500a$	$0,707a$	$6,000a^2$	$1,000a^3$
(c)	8 triang.	109°25′	$0,707a$	$0,408a$	$0,500a$	$3,464a^2$	$0,471a^3$
(d)	12 pentag.	116°34′	$1,401a$	$1,114a$	$1,309a$	$20,646a^2$	$7,663a^3$
(e)	20 triang.	138°11′	$0,951a$	$0,756a$	$0,809a$	$8,660a^2$	$2,182a^3$

Maxima et Minima.

Exercice 845.

2042. Problème. *Inscrire dans une sphère le parallélépipède de volume maximum.*

(Voir *Méthodes*, n° 388 ★.)

Exercice 846.

2043. Problème. *Dans un hémisphère, inscrire le parallélépipède rectangle maximum. Le solide doit avoir une de ses faces sur la base du segment.*

(Voir *Méthodes*, nᵒˢ 390, 391.)

Le double du solide demandé est inscrit dans la sphère entière. Dans ce cas, le cube est le solide maximum ; donc, pour l'hémisphère, c'est la moitié du cube : la hauteur est la moitié du côté du carré de base.

Exercice 847.

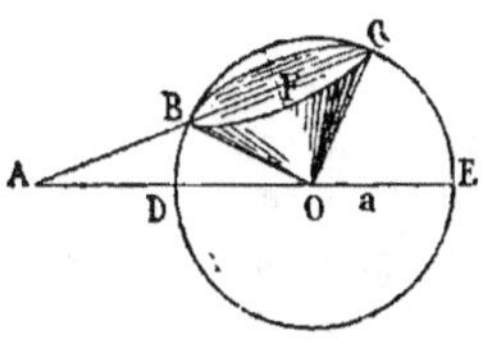

Fig. 1260.

2044. Problème. *Par un point donné* A, *mener un plan qui coupe une sphère suivant un cercle, de manière que le cône qui aurait ce cercle pour base et le sommet au centre* O *de la sphère soit maximum.*

Soit DBCE le grand cercle mené par le point A perpendiculairement à la section dont BC est le diamètre.

---

* Pour tous ces problèmes, il est utile de consulter les *Éléments d'algèbre* et les *Exercices d'algèbre*, par F. J.

En représentant $FC = BF$ par x et OF par y, le volume du cône **sera** exprimé par $\dfrac{\pi}{3}\,x^2 y$.

D'ailleurs, $$x^2 + y^2 = a^2$$

donc le maximum du volume aura lieu (n° 392), pour les valeurs suivantes :

$$x^2 = \frac{2}{3}\,a^2 \quad \text{et} \quad y = \frac{a}{\sqrt{3}}$$

$$V = \frac{\pi}{3}\cdot\frac{2}{3}\,a^2\cdot\frac{a}{\sqrt{3}} = \frac{2\pi}{9\sqrt{3}}\,a^3$$

Exercice **848**.

2045. Problème. *Quel est le cône de volume maximum dont la génératrice a une longueur donnée* l?

On a encore $$x^2 + y^2 = l^2 \quad \text{et} \quad V = \frac{\pi x^2 y}{3}$$

Exercice **849**.

2046. Problème. *Couper un cône par un plan parallèle à la base, de manière que le cylindre qui aura cette section pour base et qui sera limité à la base du cône ait un volume maximum.*

(Voir *Méthodes*, n° 384.)

D'après l'exercice rappelé, on peut poser les conclusions suivantes :

1° Le cylindre maximum est donné par la section DE faite au premier $^1/_3$ de la hauteur ou de la génératrice, à partir de la base.

En appelant x le rayon de la section, y la hauteur du cylindre, on a

$$x = \frac{2}{3}\,r; \quad y = \frac{h}{3}$$

$$V = \pi x^2 y = \frac{\pi 4}{9}\,r^2 \times \frac{h}{3} = \frac{4}{27}\,\pi r^2 h$$

$$\text{Le cône} = \frac{\pi r^2 h}{3} = \frac{9\pi}{27}\,r^2 h ;$$

donc le cylindre est les $\dfrac{4}{9}$ du cône.

2° Le cône minimum circonscrit à un cylindre $\pi x^2 y$ est celui dont la hauteur $h = 3y$. Son volume est les $^9/_4$ de celui du cylindre.

3° La section ED, faite au premier $^1/_3$ de h à partir de la base, donne le cône inscrit maximum HED.

2047. Problème. 1° *Deux points* A *et* O *sont à une distance constante* a; *de l'un d'eux comme centre, décrire une circonférence telle que le cône qui aura pour sommet le point* A *et pour base le cercle dont* BC *est le diamètre soit maximum;*

M.   38

2° Quel est le maximum du double cône dont le cercle BC serait la base commune, et les points O et A seraient les sommets ?

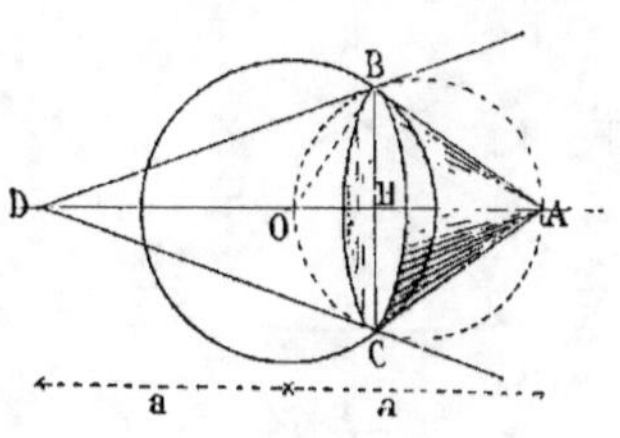

Fig. 1262.

1° La distance AO étant constante, le cône ABC est inscrit dans une sphère qui a pour rayon $\dfrac{a}{2}$.

Pour mener la tangente DBE qui donne le maximum, il suffit de prendre $DO = a = AO$; car alors $AH = \frac{1}{3}AD$ (n° 2046 ; voir aussi, ci-après, n° 2052, *Remarque.*)

Puis, du centre O avec OB pour rayon, on décrit la circonférence demandée.

2047 (a). Remarque. Soit $a = 2r$.

$$AH = \frac{4r}{3} ; \quad OH = \frac{2r}{3} ; \quad OH^2 = \frac{4r^2}{9}$$

mais $\qquad BH^2 = \dfrac{8r^2}{9} ; \quad$ donc $\quad OB^2 = \dfrac{12r^2}{9} = \dfrac{4r^2}{3}$

$$OB = \frac{2r}{\sqrt{3}} = \frac{a}{\sqrt{3}}$$

$$V = \frac{32\pi r^3}{81} \quad \text{ou} \quad \frac{4\pi a^3}{81} \tag{1}$$

2° Le double cône a pour volume $\quad \pi BH^2 \times \dfrac{a}{3}$.

BH est la seule variable ; son maximum a lieu lorsqu'elle égale $\dfrac{a}{2}$; donc le volume maximum du double cône égale

$$\pi \frac{a^2}{4} \times \frac{a}{3} = \frac{\pi a^3}{12} \tag{2}$$

Le volume (1) est les $^{16}/_{27}$ du volume (2).

Exercice 850. — I.

2048. Problème. *Dans une sphère donnée, inscrire le cylindre de volume maximum.*

Soit x le rayon de base, y la moitié de la hauteur, a le rayon de la sphère :

$$V = \pi x^2 . 2y \quad \text{ou} \quad 2\pi x^2 y$$

d'ailleurs $\qquad\qquad x^2 + y^2 = a^2$

donc (n° 392) $\qquad x^2 = \dfrac{2}{3} a^2 \quad$ et $\quad y = \dfrac{a}{\sqrt{3}}$

d'où $\qquad\qquad V = 2\pi . \dfrac{2}{3} a^2 . \dfrac{a}{\sqrt{3}} = \dfrac{4}{3\sqrt{3}} \pi a^3$

Remarque. On peut proposer ce problème sous un énoncé bien différent, et en faire, en quelque sorte, une nouvelle question (n° 2049).

2049. Problème. *Une droite AB, de longueur constante, tourne autour d'un axe MN mené par le point A; elle engendre la surface latérale d'un cône de révolution; pour quelle position de AB le volume du cône engendré est-il maximum?*

1° $\quad V = \dfrac{\pi x^2 y}{3}\quad$ et $\quad x^2 + y^2 = a^2$

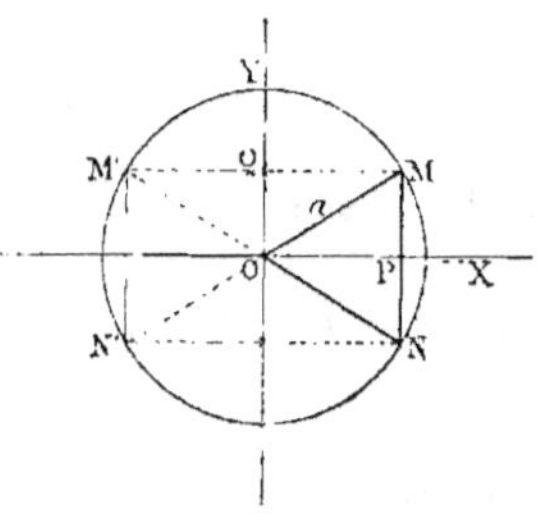
Fig. 1263.

donc la question est analogue à la précédente (n° 2048).

Le maximum a lieu lorsque

$$x^2 = \frac{2}{3}\, a^2 \quad \text{et} \quad y = \frac{a}{\sqrt{3}}$$

Dans ce cas,

$$V = \frac{\pi}{3} \cdot \frac{2}{3}\, a^2 \cdot \frac{a}{\sqrt{3}} = \frac{2}{9\sqrt{3}}\,\pi a^3$$

2° Le maximum peut se déduire de la question précédente (n° 2048).

Le cône maximum correspond au cylindre maximum inscrit dans un hémisphère dont a serait le rayon, car le cône est le $^1/_3$ du cylindre correspondant. Or le cylindre maximum inscrit dans l'hémisphère a pour

volume $\qquad\qquad\qquad\qquad \dfrac{2}{3\sqrt{3}}\,\pi a^3$

donc le cône égale $\qquad\qquad\quad \dfrac{2}{9\sqrt{3}}\,\pi a^3$

Exercice 850. — II.

2050. Problème. *Un triangle isocèle MON, dans lequel OM = ON, a ses côtés égaux de longueur constante; étudier les variations du volume engendré par la révolution de ce triangle:*

1° Le triangle tourne autour de la hauteur;

2° Le triangle tourne autour d'une droite OY, menée par le sommet O parallèlement à la base MN.

1° Pour obtenir un cône de révolution en faisant tourner MON autour de OX, il ne faut opérer qu'une rotation de 180°; ou bien il faut se borner à considérer le corps engendré par une révolution complète de OMP autour de OP.

Le cône est nul lorsque OM est sur OX.

Il augmente jusqu'à un maximum donné par la question précédente, la

hauteur OP doit égaler $\dfrac{a}{\sqrt{3}}$.

Puis le volume décroît et s'annule quand OM vient s'appliquer sur OX.

2° Le volume engendré par le triangle MON, tournant autour de OY, est les $^2/_3$ du cylindre inscrit qui a MN pour génératrice ; car la somme des volumes des cônes qui correspondent aux triangles MOM', NON' égale $\pi OP^2 . \dfrac{MN}{3}$; donc le maximum du volume engendré par OMN a lieu lorsque le cylindre inscrit est maximum.

On sait que, dans ce cas, $OP^2 = {}^2/_3 a^2$ (n° 2048).

Ainsi le volume est nul lorsque $OP = a$ et que MP est nul, puis il augmente lorsque OM s'éloigne de OX. Il atteint son maximum lorsque

$$OP^2 = x^2 = \frac{2}{3} a^2 \quad \text{et} \quad MP = y = \frac{a}{\sqrt{3}}$$

$$V = \frac{2}{3} \pi OP^2 . 2MP$$

$$V = \frac{2}{3} \pi . \frac{2}{3} a^3 . \frac{2a}{\sqrt{3}} = \frac{8}{9\sqrt{3}} a^3$$

Puis le volume décroît lorsque OM s'éloigne de plus en plus de OX. Il s'annule lorsque OM vient s'appliquer sur l'axe OY.

Exercice 851.

2051. Problème. *On donne une sphère et un plan tangent ; mener un plan sécant parallèle au plan donné, et tel que le cylindre qui aurait pour base le cercle obtenu et pour hauteur la distance des deux plans, soit maximum.*

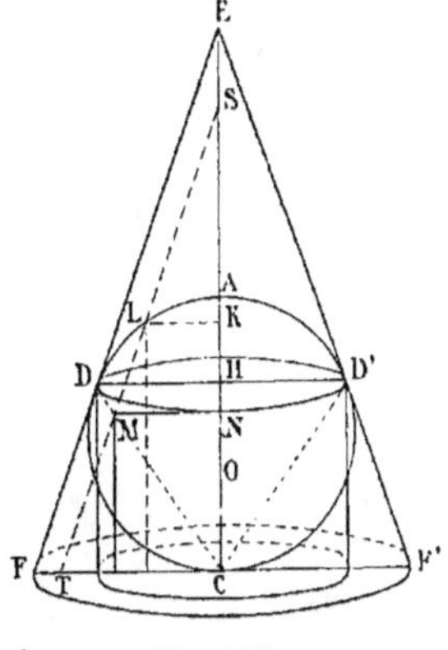

Fig. 1265.

On sait que le problème analogue, relatif à la pyramide (n°ˢ 384 et 386), est résolu par la section faite au $^1/_3$ de la hauteur, à partir de la base ; donc, par extension, on en conclut que le cylindre maximum inscrit dans un cône donné a pour hauteur le $^1/_3$ de la hauteur du cône.

On a déjà vu ce résultat (n° 2046, 3°).

Ainsi l'on doit mener une tangente EDF, telle que DE soit double de FD (n° 315).

2051 (a). Remarque. Le problème étant fondamental, il est utile de justifier directement la solution donnée.

Soit FEF' un cône circonscrit tel que $DF = \dfrac{FE}{3}$; il faut prouver que le cylindre qui aurait DH pour rayon et CH pour hauteur, est le plus grand de tous ceux dont la base inférieure est sur le plan de la base du cône et dont la base supérieure serait une section de la sphère.

En effet, pour une autre section quelconque ayant, par exemple, LK pour rayon, considérons le cône qu'engendrerait la droite SLT parallèle à la tangente. Menons CMD, afin d'obtenir le point M situé au $^1/_3$ de TS ; le cylindre de rayon LK est plus petit que le cylindre de rayon MN (n° 384, 386) ; donc, à plus forte raison, il est plus petit que le cylindre de rayon DH ; donc le cylindre de rayon DH est maximum.

2051 (b). *Volume maximum.*

$$CE = 4r; \quad FC = r\sqrt{2} \qquad (n^o\ 316,\ g)$$

donc
$$HC = \frac{4r}{3}; \quad DH = \frac{2}{3} r\sqrt{2}$$

$$V = \pi DH^2 . CH = \pi . \frac{8}{9} r^2 . \frac{4r}{3}$$

$$V = \frac{32}{27} \pi r^3 \qquad\qquad (1)$$

2051 (c). *Vérification.* On sait qu'en représentant la base du cône par B, la hauteur par h, le cylindre maximum a pour expression

$$V = \frac{4}{27} Bh \qquad (n^o\ 385)$$

Le cylindre est donc les $4/9$ du cône circonscrit; or le cône a pour volume V' : $V' = \frac{1}{3} \pi FC^2 . CE = \frac{1}{3} \pi . 2r^2 . 4r; \quad V' = \frac{8}{3} \pi r^3$

Or V égale bien les $4/9$ de V'.

Exercice 852.

2052. Problème. *Inscrire dans une sphère le cône de volume maximum.*

Le cône CDD' sera maximum, en même temps que le cylindre qui en est le triple. Il faut donc prendre $CH = \frac{4}{3} r$.

D'après (1), (n° 2051, b.) $V = \frac{32}{81} \pi r^2$ \qquad\qquad (b)

Remarque. $HC = \frac{4r}{3}$;   donc $CE = 4r$;   ainsi $AE = 2r$.

Exercice 853. — I.

2053. Problème. *A une sphère donnée, circonscrire le cône de volume minimum.*

D'après le n° 337, on est conduit à mener une tangente ABC telle que

$$AB = \frac{BC}{2}$$

Le cône ACD est minimum (fig. 1266).

En effet, pour une génératrice tangente IJ d'un autre cône circonscrit, menons une parallèle MBN.

Soit L le point au premier tiers. Il suffit de prendre SC = SH

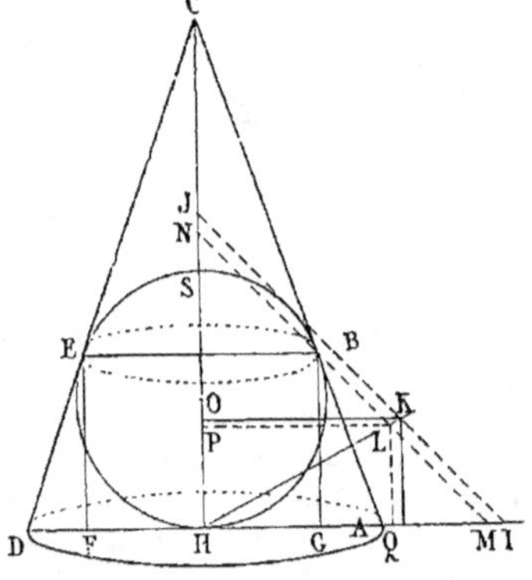

Fig. 1266.

(n° 2052, *Remarque*). Le cylindre LPHQ est plus grand que le cylindre dont BG est la hauteur et GH le rayon ; donc ce dernier, à plus forte raison, est plus petit que le cylindre K qui correspondrait au maximum du cône IJ ; donc le cône ACD, qui est les $^9/_4$ du cylindre B (n° 2051, c. *Vérification*), est moindre que le cône IJ, qui est les $^9/_4$ du cylindre K.

Remarques. 1° $CS = SH = 2r$; $CH = 4r$; $AH^2 = 2r^2$ (n° 2051, b. *Volume maximum*).

$$\text{donc} \qquad V = \frac{\pi AH^2 \times CH}{3} = \frac{\pi \times 2r^2 \times 4r}{3} = \frac{8\pi}{3} r^3$$

Le volume du cône minimum est double de celui de la sphère inscrite, et la surface totale de ce cône $= 8\pi r^2$.

2° Le cône de volume minimum est aussi le cône dont la surface totale est minima ; car, pour tout corps circonscrit à une sphère, le volume peut s'obtenir en multipliant la surface totale par le $^1/_3$ du rayon ; par conséquent, le cône de volume minimum a une surface totale minima par rapport à celle des autres cônes circonscrits.

Exercice 853. — II.

2054. Problème. *A une sphère donnée, circonscrire une pyramide triangulaire régulière dont le volume soit minimum ; quel est le volume de cette pyramide (fig. 1266) ?*

Comme pour le cône circonscrit, il faut que la hauteur $= 4r$ (n° 2051).

Pour obtenir le volume de la pyramide, déterminons la surface de la section triangulaire qui correspond aux points de contact des faces latérales ; or cette section est quatre fois plus grande que le triangle équilatéral qui a pour sommets les trois points de contact. Le rayon r' du cercle circonscrit à ce triangle égale $\dfrac{AB}{2}$; il égale donc $\dfrac{2}{3} r\sqrt{2}$ (n° 2051, b. V. m.).

Or le côté du triangle équilatéral inscrit $= r'\sqrt{3}$ (G., n° 277) ; donc ce côté $= \dfrac{2}{3} r\sqrt{2} \cdot \sqrt{3} = 2r\dfrac{\sqrt{2}}{\sqrt{3}}$.

La surface du triangle équilatéral en fonction du côté a est donné par $\dfrac{a^2}{4}\sqrt{3}$. (G., n° 316.)

Donc triangle $= 4r^2 \cdot \dfrac{2}{3} \cdot \dfrac{\sqrt{3}}{4} = \dfrac{2}{3} r^2\sqrt{3}$.

La section étant 4 fois plus grande $= \dfrac{8}{3} r^2\sqrt{3}$.

La distance du sommet à la section est les $^2/_3$ de la hauteur ; donc la base de la pyramide est à la section dans le rapport de 1 à $\dfrac{4}{9}$; ainsi cette base $= \dfrac{9}{4} \times \dfrac{8}{3} r^2\sqrt{3}$.

$$\text{base} = 6r^2\sqrt{3}$$

La hauteur de la pyramide $= 4r$; le volume est donc

$$6r^2\sqrt{3} \cdot \frac{4r}{3} = 8r^3\sqrt{3}$$

Remarque. Quel que soit le nombre de côtés de la pyramide minima à circonscrire, la hauteur doit égaler $4r$.

Exercice 854.

2055. Problème. *Dans un secteur sphérique, inscrire le cylindre maximum.*

(Voir *Méthodes*, n° 398.)

Remarque. Pour calculer le volume du cylindre, il faut recourir à la trigonométrie.

On donne l'angle $AOB = \alpha$; par suite, on connaît $OB = r\cos\alpha$ et $AB = r\sin\alpha$.

Il faut diviser l'angle α en deux parties AOD, DOE, telles que tang. $DOE = 2$ tang. AOD.

Soit AOD et $DOE = \beta = \gamma$, on aura pour condition :

$$\text{Tang } \gamma = 2\,\text{tang}\,\beta\,;$$

puis $$\alpha = \beta + \gamma$$

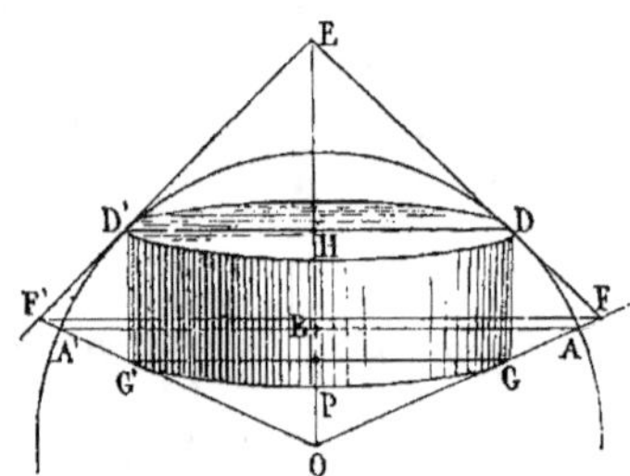
Fig. 1267.

On sait exprimer la tangente de la somme des deux arcs en fonction des tangentes de ces arcs. (*Trigonométrie*, F. J.)

$$\text{Tang } \alpha = \frac{\text{tang}\,\beta + \text{tang}\,\gamma}{1 - \text{tang}\,\beta\,\text{tang}\,\gamma} = \frac{3\,\text{tang}\,\beta}{1 - 2\,\text{tang}^2\,\beta}$$

Or tang α est connue, puisque l'angle α est donné ; représentons cette tangente par a et la tangente inconnue β par b, on obtient une équation du second degré en b :

$$a = \frac{3b}{1 - 2b^2}\,;\quad 2b^2a + 3b - a = 0$$

$$b = \frac{-3 \pm \sqrt{9 + 8a^2}}{4a}$$

On détermine ainsi l'angle β par sa tangente ; par suite, γ est aussi déterminé.

Puis $DH = r\sin\gamma$; $DG = HO - OP = r\cos\gamma - OP$.

La distance OP de la corde GG' est facile à déterminer, car on connaît GP ou DH et l'angle α. Ainsi $OP = GP$ cotang α.

Exercice 855. — I.

2056. Problème. *Dans un segment sphérique à une base, inscrire le cylindre maximum.*

(Voir *Méthodes*, n° 393.)

Soit PF la trace de la base du segment sphérique.

Il faut mener une tangente DEF, telle que $DE = 2DF$.

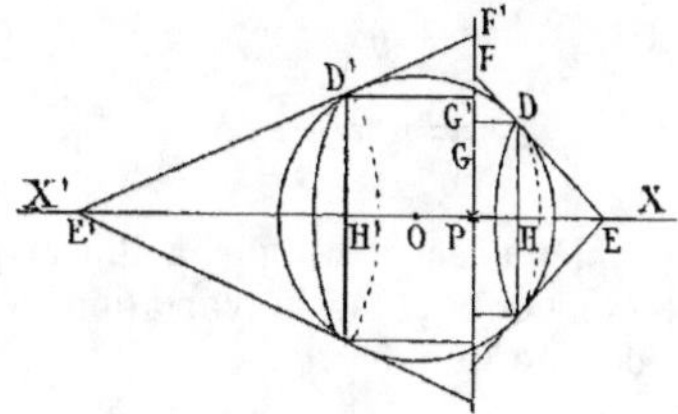

Fig. 1268.

Volume $\pi DH^2 . PH$ $(n^o 317; h, i)$,

$$V = \pi \cdot \frac{-2a^2 + 6r^2 - 2a\sqrt{a^2 + 3r^2}}{9} \cdot \frac{-2a + \sqrt{a^2 + 3r^2}}{3}$$

$$V = \frac{2}{27} \pi [a^3 - 9ar^2 + (a^2 + 3r^2)\sqrt{a^2 + 3r^2}]$$

Pour le segment inférieur,

$$V' = \pi \cdot \frac{-2a^2 + 6r^2 + 2a\sqrt{a^2 + 3r^2}}{9} \cdot \frac{2a + \sqrt{a^2 + 3r^2}}{3}$$

$$V'' = \frac{2}{27} \pi [- a^3 + 9ar^2 + (a^2 + 3r^2)\sqrt{a^2 + 3r^2}]$$

Exercice 855. — II.

2057. Problème. *A un segment sphérique donné circonscrire le cône minimum.*

(Voir *Méthodes*, n° 394.)

Comme cas particulier, on peut considérer l'hémisphère.

Alors $\qquad\qquad PE = OE = r\sqrt{3}$ $\qquad\qquad$ (n° 316, a)

Ainsi la hauteur du cône minimum circonscrit à un hémisphère égale le côté du triangle équilatéral inscrit dans un grand cercle de la sphère.

Exercice 856.

2058. Problème. *Inscrire dans une sphère un prisme triangulaire régulier maximum.*

(Voir *Méthodes*, n° 397.)

2059. Problème. *Inscrire dans une sphère un prisme régulier maximum dont la base a un nombre quelconque de côtés.*

(Voir *Méthodes*, n° 399.)

Exercice 857. — I.

2060. Problème. *Inscrire dans une sphère un cylindre dont la surface latérale soit maxima.*

Soit x le rayon du cylindre et $2y$ la hauteur.

La surface latérale $= 2\pi x \times 2y = 4\pi xy$.

Puis on a
$$x^2 + y^2 = r^2$$

Donc (n° 345)
$$x = y = \frac{r}{\sqrt{2}}$$

Remarques. 1° Le problème est analogue à l'inscription du rectangle maximum dans un cercle donné, car la variation de la surface latérale ne dépend que de xy.

2° On résout de la même manière toutes les questions relatives à l'inscription d'un prisme régulier dont la surface latérale doit être maxima.

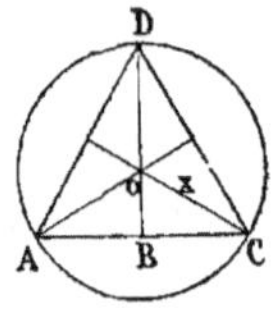

Ainsi, pour le prisme triangulaire, désignons la hauteur par $2y$, et le rayon du cercle circonscrit à la base par x.

Fig. 1269.

Exprimons le périmètre de la base en fonction de x :

$$OB = \frac{x}{2}; \quad AB^2 = \frac{3}{4} x^2;$$

$$AB = \frac{x}{2}\sqrt{3}; \quad 6 \cdot AB = 3x\sqrt{3}$$

donc la surface latérale $= 3x\sqrt{3} \times 2y = 6\sqrt{3} \times xy$.

Il faut encore poser
$$x = y = \frac{r}{\sqrt{2}}$$

Dans ce cas, la surface latérale $= 6\sqrt{3} \times \frac{r^2}{2} = 3r^2\sqrt{3}$.

3° Lorsqu'on demande un cylindre à surface latérale *maxima* et dont une des bases repose sur un plan donné, tandis que l'autre est déterminé par une section sphérique parallèle au plan considéré, le problème revient à inscrire dans un segment circulaire donné le rectangle de surface maxima (n° 364, 2°). On mène une tangente qui soit divisée en deux parties égales par le point de contact.

Exercice 857. — II.

2061. Problème. *Dans un secteur sphérique, inscrire un cylindre dont la surface latérale soit maxima.*

1° Comme à l'exercice précédent (n° 2060, 3°). On mène une tangente MDN qui soit divisée en deux parties égales par le point de contact D.

2° Le produit des rectangles de surface maxima, inscrits dans deux secteurs dont la somme égale le cercle entier, est une quantité constante R^4. Or, comme on passe de chaque rectangle maximum à la surface latérale correspondante en multipliant la surface par la constante 2π, on voit que le produit des deux surfaces égale $4\pi^2 R^4$ ou $(2\pi R^2)^2$.

En d'autres termes : la surface de l'hémisphère est moyenne géométrique entre les surfaces latérales des deux cylindres.

38*

Remarque. Pour inscrire dans un segment sphérique un cylindre dont
la surface latérale soit maxima, on mène encore MDN, telle que

$$MD = DN$$

$$ON = \frac{a - \sqrt{a^2 + 8r^2}}{2}$$

Exercice 858.

2062. Problème. *Quel est le maximum du cylindre engendré par la rotation d'un rectangle autour d'un de ses côtés? Le périmètre du rectangle est constant.*

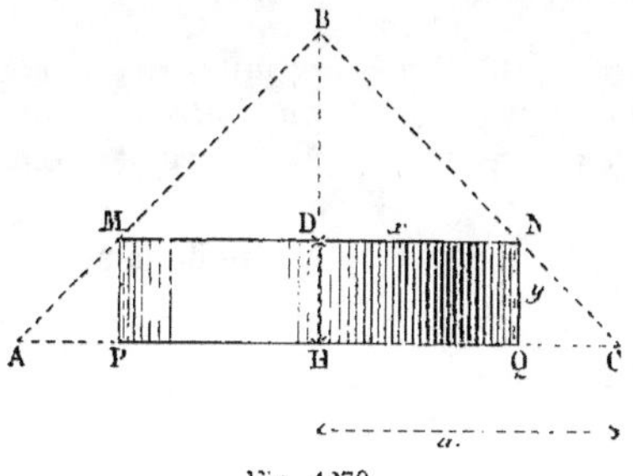

Fig. 1270.

Soient x le rayon de la base, y la hauteur, et $x + y = a$.

Le volume égale $\pi x^2 y$; donc (n° 376)

$$x = \frac{2a}{3} \quad \text{et} \quad y = \frac{a}{3}$$

$$V = \pi \, \frac{4a^2}{9} \cdot \frac{a}{3} = \frac{4}{27} \, \pi a^3$$

Il suffit de prendre

$$DH = \frac{a}{3} \quad \text{et} \quad DN = \frac{2}{3} \, a$$

Remarque. Le problème n'est qu'un cas particulier de l'inscription
d'un cylindre dans un cône. En effet, admettons qu'on ait un cône ayant
a pour rayon et a pour hauteur. La demi-section BHC serait un triangle
rectangle isocèle pour lequel on aurait $x + y = a$, quelle que fût la
position du point N.

Or le cylindre maximum inscriptible dans le cône doit avoir pour hauteur le $\frac{1}{3}$ de la hauteur du cône (n°s 384 et 386); donc

$$y = \frac{BH}{3} = \frac{a}{3}$$

2063. Problème. *Quel est le cône maximum dont la somme de la hauteur et du rayon de base est constante?*

Le problème est identique à celui du cylindre engendré par un rectangle de périmètre constant; mais le volume est trois fois moindre que
celui du cylindre qui aurait la même constante pour somme de la hauteur et du rayon.

Exercice 859. — I.

2064. Problème. *Quel est le cylindre de volume maximum qui a pour
surface totale $2\pi a^2$?*

Soient x le rayon de la base et y la hauteur.

La surface totale ou $\quad 2\pi a^2 = 2\pi x^2 + 2\pi xy$

d'où $\quad\quad\quad\quad\quad x^2 + xy = a^2$

$$V = \pi x^2 y$$

Donc, d'après un principe connu (n° 380),

$$x^2 = \frac{a^2}{3} \quad \text{et} \quad y = \frac{2a}{\sqrt{3}}$$

$$V = \pi \, \frac{a^2}{3} \times \frac{2a}{\sqrt{3}} = \frac{2\pi a^3}{3 \times \sqrt{3}} \quad \text{ou} \quad \frac{2\pi a^3 \sqrt{3}}{9}$$

Exercice 859. — II.

2065. Problème. *On donne un plan* P, *une sphère et un grand cercle fixe ; mener une section parallèle au plan* P *et telle que le tronc cylindrique droit, qui aura cette section pour base et que le grand cercle limitera, ait un volume maximum.*

1° Soit x le rayon de la section et y la distance du centre de la sphère au centre de la section.

Le volume égale $\pi x^2 y$.

D'ailleurs $\qquad\qquad x^2 + y^2 = r^2$

donc il faut prendre (n°s 376 et 392)

$$x^2 = \frac{2}{3}\, r^2 ; \quad y = \frac{r}{\sqrt{3}}$$

Avec cette valeur pour rayon, il faudra décrire une sphère concentrique à la première et mener un plan tangent parallèle au plan donné P.

2° En prolongeant le tronc cylindrique obtenu, on obtient le cylindre inscrit dans la sphère ; donc il faut qu'il ait pour base une section égale à $^2/_3 \pi r^2$.

Exercice 860. — I.

2066. Problème. *Quel est le cylindre de volume maximum inscrit dans un cône dont les génératrices sont inclinées à* 45° *et dont la surface totale est donnée ?*

Soient x le rayon du cylindre, y la hauteur de ce même cylindre et πa^2 la surface totale du cône.

La génératrice AC est l'hypoténuse d'un triangle isocèle rectangle ; donc la somme $x + y$ est constante ; elle égale AH = HC.

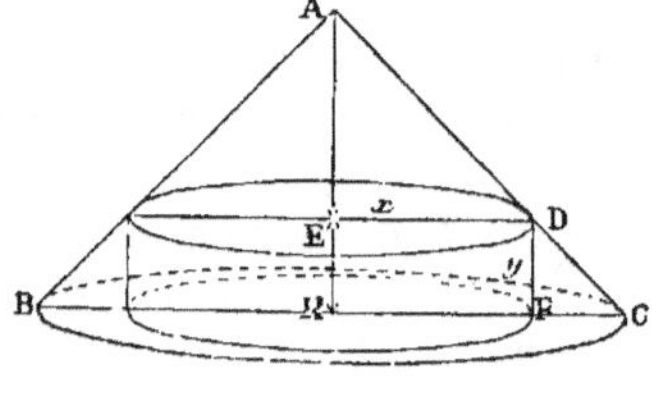
Fig. 1271.

Il suffit d'exprimer AH en fonction de la surface totale donnée πa^2.

Or $\qquad S = \pi \cdot HC^2 + \pi HC \times AH\sqrt{2} = \pi \cdot AH^2(1 + \sqrt{2}) = \pi a^2$

d'où $\qquad AH = \dfrac{a}{\sqrt{1 + \sqrt{2}}}$; donc $x + y = \dfrac{a}{\sqrt{1 + \sqrt{2}}}$

D'ailleurs le volume $\dfrac{\pi x^2 y}{3}$ est maximum lorsque

$$x = {}^2/_3 AH \quad \text{et} \quad y = {}^1/_3 AH \qquad (\text{n}° \ 376)$$

Donc
$$x^2 = \frac{4a^2}{9(1 + \sqrt{2})} \quad \text{et} \quad y = \frac{a}{3\sqrt{1 + \sqrt{2}}}$$

$$V = \frac{\pi}{3} \cdot \frac{4a^2}{9(1 + \sqrt{2})} \cdot \frac{a}{3\sqrt{1 + \sqrt{2}}} = \frac{\pi}{3} \cdot \frac{4a^3}{27(\sqrt{1 + \sqrt{2}})^3}$$

On peut écrire
$$V = \frac{\pi}{6}\left(\frac{2a}{3\sqrt{1 + \sqrt{2}}}\right)^3$$

Exercice 860. — II.

2067. Problème. *Dans une sphère, on inscrit un cône équilatéral ; mener un plan parallèle à la base, de telle sorte que la différence des sections faites dans la sphère et le cône soit maxima ou minima.*

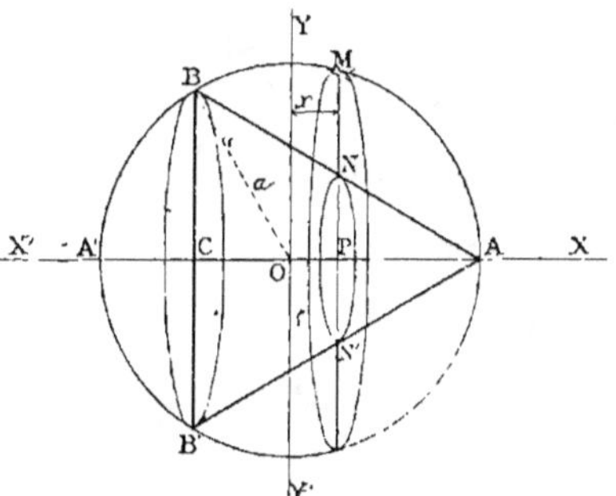

Fig. 1272.

Soit a le rayon de la sphère, A le sommet du cône, BB′ le diamètre de la base.

On sait que $BB' = AB$ et $OC = \dfrac{a}{2}$, car le triangle ABB′ est équilatéral.

La section menée par le point A ou par la base BB′ donne une différence nulle, tandis que toute section intermédiaire donne une certaine valeur pour la couronne

$$\pi(MP^2 - NP^2)$$

donc il y a un *maximum* entre A et C.

Au *point de vue géométrique*, dans le problème proposé il n'y a pas lieu d'étudier les sections faites de A vers X ou de C vers X′, puisque le cône inscrit ne dépasse pas les points A et C.

Pour avoir l'aire de la couronne qui correspond à MN, il suffit d'exprimer MP^2 et NP^2 en fonction de a et de x, ou OP.

1° $$MP^2 = a^2 - x^2$$

2° Le triangle ANN′ est équilatéral ; donc

$$AP = \frac{AN}{2}\sqrt{3} = PN\sqrt{3}$$

d'où
$$PN = \frac{AP}{\sqrt{3}} = \frac{a - x}{\sqrt{3}}$$

ainsi
$$PN^2 = \frac{a^2 - 2ax + x^2}{3} \qquad (1)$$

$$MP^2 - PN^2 = \frac{3a^2 - 3x^2}{3} - \frac{a^2 - 2ax + x^2}{3} = \frac{2a^2 + 2ax - 4x^2}{3}$$

$$\pi(MP^2 - NP^2) = \frac{2}{3}\pi(a^2 + ax - 2x^2) \quad \text{ou} \quad \frac{4}{3}\pi\left(\frac{a^2}{2} + \frac{ax}{2} - x^2\right) \qquad (2)$$

La variation ne peut dépendre que des termes $\dfrac{a}{2}\,x - x^2$, c'est-à-dire de

$$x\left(\dfrac{a}{2} - x\right)$$

Mais la somme des facteurs x et $\left(\dfrac{a}{2} - x\right)$ est constante; elle égale $\dfrac{a}{2}$; donc le produit est maximum lorsque les facteurs sont égaux (n° 343); donc

$$x = \dfrac{a}{2} - x; \quad \text{d'où} \quad x = \dfrac{a}{4}$$

Le maximum de $\qquad \dfrac{2}{3}\,\pi(a^2 + ax - 2x^2)$

est donc $\qquad \dfrac{2}{3}\,\pi\left(a^2 + \dfrac{a^2}{4} - \dfrac{a^2}{8}\right)$

$$\text{Maximum} = \dfrac{3}{4}\,\pi a^2$$

2067 (a). Remarques. 1° Pour avoir le maximum, on peut aussi procéder comme il suit, même sans résoudre l'équation :

$$\dfrac{a^2}{2} + \dfrac{ax}{2} - x^2 = 0$$

que l'on obtiendrait en égalant à 0 le trinôme du second degré (2).

En effet, on peut écrire

$$x^2 - \dfrac{ax}{2} - \dfrac{a^2}{2} = 0 \tag{3}$$

Or les racines de cette équation sont réelles, puisque la couronne est nulle pour les sections menées par le point A ou par le point C. On sait, d'ailleurs, que la demi-somme des racines réelles d'un trinôme du second degré correspond à un maximum ou à un minimum; donc *le maximum est donné par la section équidistante de* A *et de* C.

Mais, en valeur absolue,

$$OC = \dfrac{a}{2}; \quad AC = \dfrac{3a}{2}$$

$$\dfrac{AC}{2} \quad \text{ou} \quad AP \text{ doit égaler } \dfrac{3a}{4}$$

Ainsi le point P doit être au $^3/_4$ du rayon, à partir du sommet A, ou bien au $^1/_4$, à partir du centre.

2° **Conséquence.** *Quelle que soit la position du sommet* A *sur l'axe* XX' *et l'inclinaison de la génératrice, le maximum sera donné par la section équidistante des points-racines* A *et* C, *qui correspondent aux intersections de la circonférence et de la génératrice.*

3° On sait que la somme algébrique des racines de l'équation $x^2 + px + q$ égale le coefficient du second terme, mais changé de signe (Alg., n° 226); donc la demi-somme des racines de l'équation $x^2 - \dfrac{ax}{2} - \dfrac{a^2}{2} = 0$ donne $\dfrac{a}{4}$ pour la valeur de OP. Ce résultat est conforme à celui qu'on a trouvé précédemment, mais il permet de généraliser la remarque 2°; car la somme des racines, *même imaginaires*, d'une équation à coefficients réels est une quantité réelle; donc...

4° *Lorsque la génératrice du cône ne rencontre pas la circonférence, la couronne minima est donnée par la section menée par un point tel que OP est la moitié du coefficient changé de signe de l'équation qu'on obtient en retranchant la section sphérique de la section conique.*

2068. Considérations géométriques. Les considérations géométriques sont très utiles pour arriver à l'interprétation de certains résultats fournis par l'analyse algébrique.

Ainsi la couronne a pour expression

$$\frac{2}{3}\,\pi(a^2 + ax - 2x^2)$$

ou

$$-\frac{4}{3}\,\pi\left(x^2 - \frac{a}{2}\,x - \frac{a^2}{2}\right)$$

Lorsque x varie de $-\infty$ à $+\infty$, ce trinôme est positif pour toute

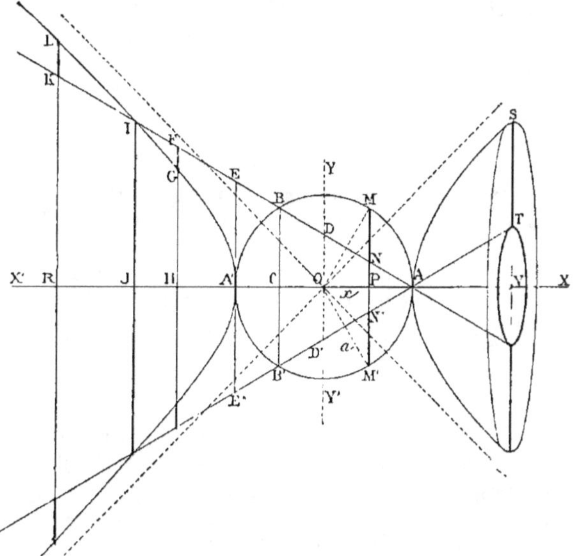

Fig. 1273.

valeur de x comprise entre les racines; il s'annule pour les valeurs des racines, et reste négatif, en tendant vers l'infini, pour toute valeur de x non comprise entre les racines; mais, dans tous les cas, le trinôme a une valeur réelle. Or au delà du sommet A, vers AX, par exemple, que deviennent les sections du cône et de la sphère? — Voici la réponse :

Le cône doit être considéré comme formé par deux nappes illimitées dans le sens de AX et dans celui de AX'.

La sphère a pour analogue un hyperboloïde équilatère à deux nappes. En effet, la circonférence a pour équation :

$$x^2 + y^2 = a^2 \qquad \text{(G., n° 646.)}$$

L'hyperbole équilatère de mêmes sommets A et A' a pour équation :

$$x^2 - y^2 = a^2$$

Ainsi l'ordonnée MP du cercle est donnée par :

$$y^2 = a^2 - x^2$$

tandis que l'ordonnée SV de l'hyperbole est donnée par :

$$y^2 = x^2 - a^2$$

C'est une simple permutation de signes.

Par suite, la sphère complétée par l'hyperboloïde équilatère et le cône à deux nappes donnent lieu à des sections circulaires correspondantes, quelle que soit la valeur attribuée à la variable x.

La somme ou la différence des sections correspondantes donne lieu à une question identique ou analogue au problème proposé.

Ainsi, en étudiant directement la couronne comprise entre l'hyperboloïde et le cône, on reconnaît que la surface annulaire change de signe, en passant par zéro, au point I, où la génératrice du cône coupe l'hyperbole.

L'étude complète conduirait à des questions déjà publiées (*Appendice aux Exercices de Géométrie*, n° 819, page 92), il suffit d'indiquer le résultat.

2068 (a). Résumé. 1° En prenant en un point quelconque P de AC une ordonnée y telle que

$$y^2 = \mathrm{MP}^2 - \mathrm{NP}^2$$

on obtiendrait une ellipse, dont la rotation autour de AC engendrerait un ellipsoïde ayant A et C pour sommets, et dont le volume serait équivalent au volume engendré par le segment circulaire AMB tournant autour de XX'.

Le maximum de la couronne est donné par le plan mené à égale distance de A et C, parce que le plan passe par le centre de l'ellipsoïde.

Ce maximum égale $\dfrac{3}{4}\,\pi a^2$, donc b^2 de l'ellipsoïde est donné par :

$$b^2 = \frac{3}{4}\,a^2$$

L'ellipsoïde serait continué par un hyperboloïde de révolution à deux nappes ayant mêmes sommets A et C et mêmes axes que l'ellipsoïde.

2° Il en est de même pour tout cône dont la génératrice coupe la circonférence en deux points.

Les projections sur l'axe des deux points d'intersection sont les sommets communs à l'ellipsoïde et à l'hyperboloïde à deux nappes.

3° Lorsque la génératrice du cône est tangente à la circonférence, la projection du point de contact représente l'ellipsoïde; l'hyperboloïde à deux nappes devient un cône à deux nappes ayant pour sommet la projection du point de contact.

4° Lorsque la génératrice du cône ne rencontre pas la circonférence, on obtient un hyperboloïde à une seule nappe, ayant XX' pour axe non transverse de l'hyperbole génératrice.

Le plan mené par le centre de l'hyperboloïde correspond à la couronne minima.

Nous rappelons l'énoncé d'un théorème beaucoup plus général que celui qui donne lieu au résumé précédent.

2068 (b'). Théorème général. *On a des courbes du second degré ayant un de leurs axes sur une droite OX qui sert d'axe de rotation, les sommets des courbes sont d'ailleurs en des points quelconques de OX ; on a pareillement des droites dans une situation quelconque par rapport à OX ; toutes les lignes tournent autour de OX et engendrent des surfaces connues : cylindre, cône, hyperboloïde, paraboloïde ; la somme algébrique des volumes compris par ces surfaces exprime le volume d'un corps de révolution dont la méridienne est une courbe du second degré ayant OX pour axe. (Appendice aux Exercices de Géométrie, n° 819.)*

Il en résulte que la variation de la somme algébrique des sections faites dans ces corps par un plan perpendiculaire à l'axe, dépend du *corps de révolution* qui est la somme algébrique de tous les volumes engendrés par la rotation des lignes données.

1° Si le *corps de révolution* se compose d'un ellipsoïde et de l'hyperboloïde à deux nappes complémentaire, il y aura une section maxima à égale distance des sommets de l'ellipsoïde.

2ᶜ Si le *corps de révolution* est un hyperboloïde à une nappe, il y aura une section minima.

3° La section minima égalera zéro si le *corps de révolution* est un cône à deux nappes, ou si ce corps est formé par deux paraboloïdes de même sommet et dirigés respectivement vers OX et vers OX'.

Exercice 860. — III.

2068 (c). Théorème. *On donne une sphère, un point fixe A, on coupe la sphère par un plan (P), et l'on prend le cercle d'intersection ainsi obtenu pour directrice d'un cône ayant A' pour sommet ; ce cône coupe de nouveau la sphère suivant un cercle dont le plan est (Q). Démontrer que si l'on fait varier le plan (P) de manière qu'il passe par un point fixe B, le plan (Q) passe aussi par un point fixe B'.* (Proposé par M. Mannheim, résolu par M. Sollentersky, à *Gatchina*. J. M. E., 1890, page 206.)

On considère le plan déterminé par le centre de la sphère et les points fixes A et B, et l'on retombe sur une question connue (n°ˢ 1236 et 1237).

Exercice 860. — IV.

2068 (d). Lieu. *Quel est le lieu géométrique du centre des sections circulaires d'un cône oblique à base circulaire ?*

Soit ABC la section du cône par le plan mené par le sommet C et le centre M du cercle de base, perpendiculairement au plan de cette base.

AB est le diamètre, le lieu du centre des sections parallèles à la base
est la médiane CM.

Pour avoir la direction des sections
circulaires antiparallèles, on peut
mener la tangente CT au cercle circonscrit ABC, ou bien prendre

$$CA' = CA \quad \text{et} \quad CB' = CB ;$$

et l'on obtient A'B' parallèle à CT.
(Voir aussi n° 659.)

Le lieu du centre des sections perpendiculaires au plan principal A'CB'
et parallèle à CT est la médiane CM'
du triangle A'B'C, c'est-à-dire la *symédiane* du triangle ABC, ou ligne
symétrique de CM par rapport à la
bissectrice CDE.

On peut aussi mener la tangente AF,
BF et mener CF ; cette dernière construction est due à CHASLES.

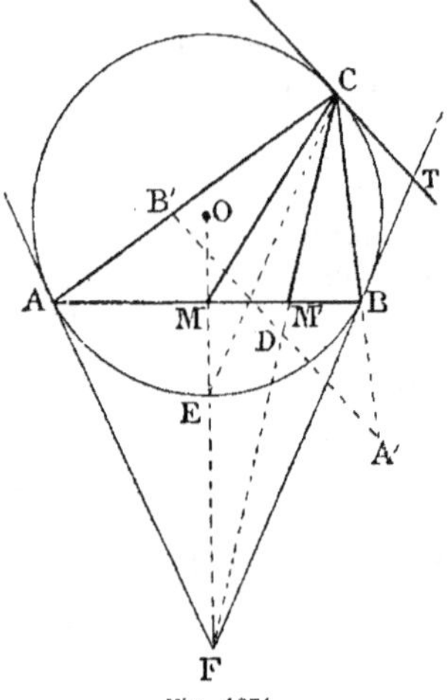

Fig. 1274.

Exercice 860. — V.

2068 (e). Lieu. *Étant donné deux droites SA, SB qui se coupent, par
SA, on mène un plan et par SB un plan perpendiculaire au précédent :
trouver le lieu des droites d'intersection.* (J. M. E. S., 1881, p. 447.)

Si l'on mène un plan perpendiculaire à SA, ce plan coupera le trièdre
formé par ASB et les deux plans mobiles suivant un triangle rectangle
dont le sommet de l'angle droit sera sur l'arête SC ; donc le point C
d'intersection de cette arête mobile, avec le plan mené perpendiculairement à SA, sera sur un cercle ayant pour diamètre l'intersection de ce
plan et du plan ASB. Il en résulte que la surface engendrée par l'intersection des plans mobiles est un cône oblique à base circulaire ; les deux
directions de sections circulaires sont les deux plans perpendiculaires
aux arêtes SA et SB.

LIVRE VIII

THEORÈMES

Ellipse.

Exercice 861.

2069. Théorème. *Les diamètres de l'ellipse sont des droites qui passent par le centre de la courbe.*

On appelle *diamètre rectiligne* une droite qui divise en deux parties égales une série de cordes parallèles. Deux diamètres sont dits *conjugués* lorsque chacun d'eux divise en deux parties égales les cordes parallèles à l'autre.

Dans le cercle, dont la projection donne l'ellipse, considérons une série de cordes parallèles : les milieux de ces cordes sont sur un même diamètre du cercle, et ce diamètre se projette suivant une droite qui passe par le centre de l'ellipse.

Toutes les cordes parallèles du cercle donnent, par leurs projections, des cordes parallèles de l'ellipse; car tous les plans projetants sont parallèles.

Le milieu de chaque corde du cercle se projette au milieu de la corde correspondante de l'ellipse; car chaque partie de cette dernière corde égale la moitié de la corde du cercle multipliée par le cosinus de l'angle formé par la corde et par sa projection.

Ainsi la projection d'un diamètre quelconque du cercle donne un diamètre de l'ellipse, et toute droite menée par le centre d'une ellipse est un diamètre. Donc *les diamètres de l'ellipse...*

Exercice 862.

2070. Théorème. *Deux diamètres rectangulaires du cercle principal ont pour projections deux diamètres conjugués de l'ellipse.*

Soient deux diamètres rectangulaires MM' et NN', et les cordes EE' et FF' parallèles à l'un d'eux. Les lignes nn', ee', ff' sont parallèles (n° 2069); les projections g et l des points G et L, où les cordes sont coupées par MM', sont au point de rencontre des cordes de l'ellipse et de mm' : ces

points d'ailleurs sont au milieu de leurs cordes respectives (n° 2069).
Donc mm' divise en deux parties égales les cordes ee' et ff' parallèles à

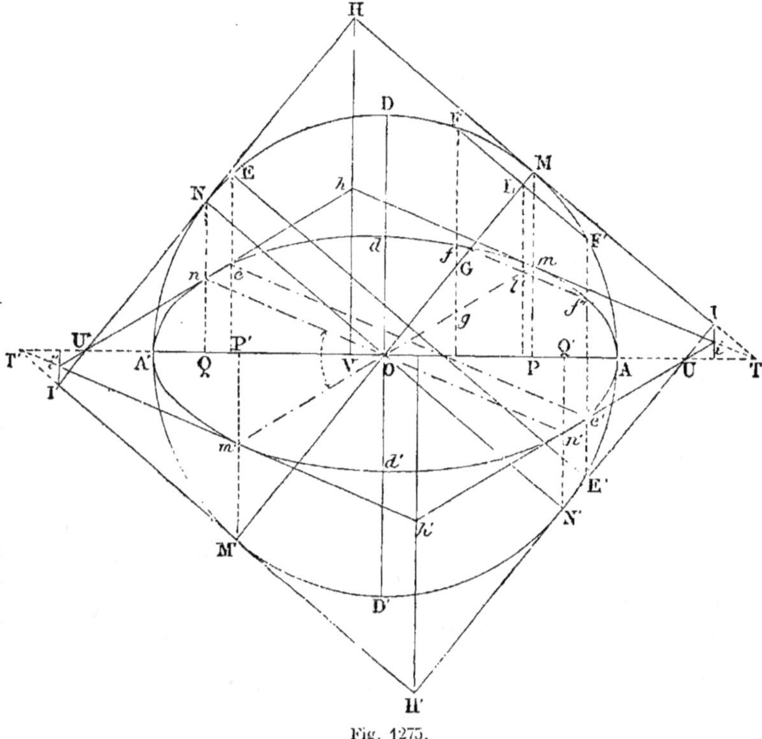

Fig. 1275.

nn'; donc mm', qui passe au centre, est un *diamètre*. De même nn'
divise en deux parties les cordes parallèles à mm'; donc mm' et nn',
projections de deux diamètres rectangulaires du cercle principal, sont
deux *diamètres conjugués* de l'ellipse.

Exercice 863.

2071. Théorème. *Les parallèles* hi' *et* $h'i$, *menées à un diamètre* mm'
*par les extrémités de son conjugué, sont tangentes à l'ellipse; et réci-
proquement, la corde des contacts de deux tangentes parallèles à un
diamètre donné* mm' *est le conjugué de ce diamètre.*

1° Les parallèles HI' et $H'I$, au diamètre MM', sont perpendiculaires à
NN', et par suite sont tangentes au cercle; les projections hi' et $h'i$ n'ont
qu'un point commun avec l'ellipse, et elles sont tangentes à cette courbe,
puisqu'elle est convexe. (G., n° 622.)

2° Réciproquement, la ligne des contacts NN', dans le cercle, est perpendiculaire aux tangentes; donc sa projection nn' est le diamètre conjugué de mm', projection de MM'.

Exercice 864.

2072. **1er Théorème d'Apollonius.** *Les parallélogrammes circonscrits à l'ellipse, et dont les côtés sont parallèles à deux diamètres conjugués, sont équivalents au rectangle construit sur les axes.*

Le cosinus d'inclinaison égale $\dfrac{b}{a}$ (n°s 1790 et 2069); donc le parallélogramme $hih'i' = \text{HIH'I'} \cdot \dfrac{b}{a}$.

Or le carré circonscrit au cercle égale $2a \cdot 2a = 4a^2$; donc le parallélogramme égale $4a^2 \cdot \dfrac{b}{a} = 4ab$, et ainsi il est équivalent au rectangle des axes.   *C. Q. F. D.*

On peut encore dire : le rectangle construit sur les axes et le parallélogramme construit sur deux diamètres conjugués, sont les projections sur un même plan de deux carrés égaux situés dans un même plan; donc ces projections sont équivalentes (n° 1790, *scolie* 1).

Exercice 865.

2073. *En désignant par* a' *et* b' *deux demi-diamètres conjugués, et par* V *l'angle qu'ils forment, on a la relation*

$$4a'b' \cdot \sin V = 4ab$$

L'aire du parallélogramme s'obtient en multipliant le produit des diagonales par le sinus de l'angle qu'elles forment; car on sait que l'aire du triangle qui a mêmes côtés a', b' et même angle V, égale $\dfrac{a'b' \sin V}{2}$. (*Trig.*, n° 74.)

Donc $4a'b' \cdot \sin V = 4ab$;   d'où $a'b' \sin V = ab$ *C. Q. F. D.*

Exercice 866.

2074. *La somme des carrés des projections de deux diamètres conjugués sur un axe quelconque égale le carré de cet axe.*

$$\text{OP}^2 + \text{OQ}^2 = a^2 \quad et \quad \text{P}m^2 + \text{Q}n^2 = b^2$$

En effet, les triangles rectangles OMP et ONQ sont égaux; car l'angle MOP = ONQ et ON = OM = a.

Donc MP = OQ; et, puisqu'on a $\text{OP}^2 + \text{MP}^2 = \text{NO}^2 = a^2$, on peut écrire $\text{OP}^2 + \text{OQ}^2 = a^2$ (1)

Les projections de a' et de b' sur le petit axe égalent Pm et Qn.

Or $\dfrac{\text{P}m}{\text{PM}} = \dfrac{b}{a}$;   d'où $\text{P}m^2 = \text{PM}^2 \cdot \dfrac{b^2}{a^2}$

de même $\dfrac{\text{Q}n}{\text{QN}} = \dfrac{b}{a}$;   d'où $\text{Q}n^2 = \text{QN}^2 \cdot \dfrac{b^2}{a^2}$

ainsi $\text{P}m^2 + \text{Q}n^2 = (\text{PM}^2 + \text{QN}^2)\dfrac{b^2}{a^2} = b^2$ (2)

Exercice 867.

2075. 2° Théorème d'Apollonius. *La somme des carrés de deux diamètres conjugués égale la somme des carrés des axes.*

$$a'^2 + b'^2 = a^2 + b^2$$

En ajoutant les relations (1) et (2), on trouve

$$OP^2 + OQ^2 + Pm^2 + Qn^2 = a^2 + b^2$$

Or
$$OP^2 + Pm^2 = a'^2 \quad \text{et} \quad OQ^2 + Qn^2 = b'^2$$

donc
$$a'^2 + b'^2 = a^2 + b^2 \qquad C.\ Q.\ F.\ D.$$

Remarque. Les deux relations d'Apollonius

$$a'b' \cdot \sin V = ab$$
$$a'^2 + b'^2 = a^2 + b^2$$

permettent de calculer les axes $2a$, $2b$, lorsqu'on connaît deux diamètres conjugués $2a'$, $2b'$, et l'angle V (n° 2188).

Exercice 868.

2076. Théorème. *L'ellipse a deux diamètres conjugués égaux ; ils correspondent aux diagonales du rectangle construit sur les axes.*

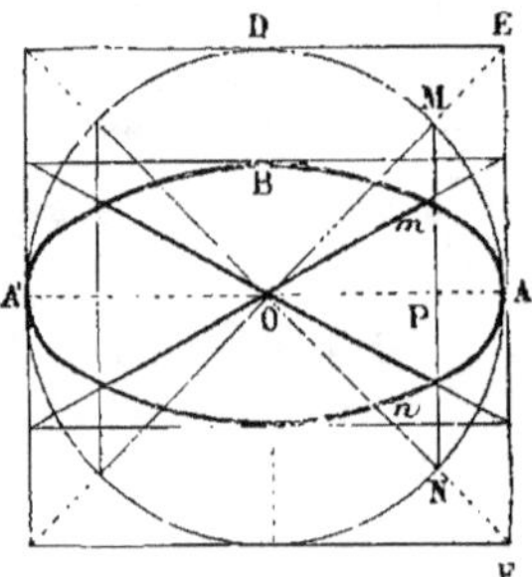

Fig. 1276.

En nous bornant aux demi-diamètres, on reconnaît que les diagonales OE et OF du carré, dont les côtés sont parallèles aux axes, sont également inclinées sur AA' ; et, puisque $PM = PN$, on a

$$Pm = Pn ;$$

d'où
$$Om = On$$

Exercice 869.

2077. Théorème. *Pour une tangente quelconque à l'ellipse, le produit de l'abscisse du point de contact par l'abscisse du point où cette tangente coupe le grand axe, égale le carré du demi-grand axe.*

(Il y a un théorème analogue pour le petit axe.)

Soit la tangente mT, et soit MT la tangente correspondante du cercle principal (G., n° 626) ; le triangle rectangle OTM donne

$$OT \cdot OP = OM^2 = a^2$$

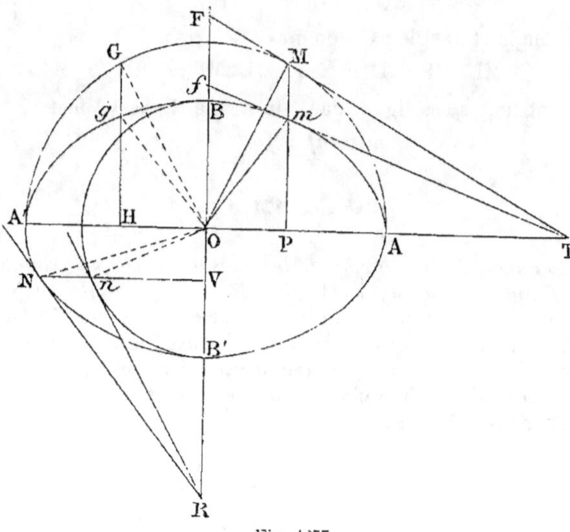

Fig. 1277.

De même $$OR \cdot OV = On^2 = b^2$$

Exercice 870.

2078. Théorème. *Les axes d'une ellipse interceptent sur une tangente quelconque des segments dont le produit égale le carré du demi-diamètre conjugué au diamètre du point de contact.*

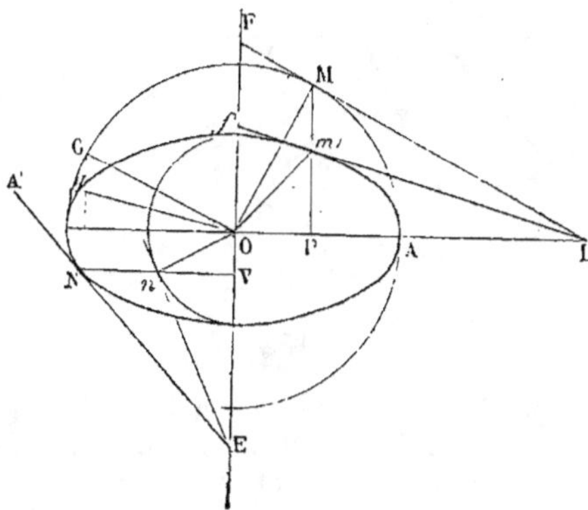

Fig. 1278.

Soient les tangentes Lmf et LMF à l'ellipse et au cercle principal. MO est perpendiculaire à la tangente au cercle et à sa parallèle GO ; MO et

GO donnent deux demi-diamètres conjugués mO et gO ; gO est parallèle
à Lf, puisque GO et LF sont parallèles (n° 2069).

On a donc
$$\frac{gO}{GO} = \frac{Lm}{LM} = \frac{mf}{MF}$$

Mais le triangle rectangle FOL donne
$$ML \cdot MF = OM^2 \quad ou \quad ML \cdot MF = OG^2$$

En réduisant toutes ces lignes dans un même rapport, on a
$$mL \cdot mf = Og^2 \qquad C.\ Q.\ F.\ D.$$

Exercice 871.

2079. Théorème. *Pour déterminer les axes d'une ellipse, connaissant
deux demi-diamètres conjugués OM et ON, et leur angle MON ou V,
il faut mener par M une parallèle à NO, élever la perpendiculaire MC
égale à NO, faire passer par CO une circonférence qui ait son centre sur
DE. Les points D et E font connaître la direction des axes (n° 2078);
puis on décrit une demi-circonférence sur le diamètre OE. La perpendiculaire MPA'' donne OA'' = a (n° 2077).*

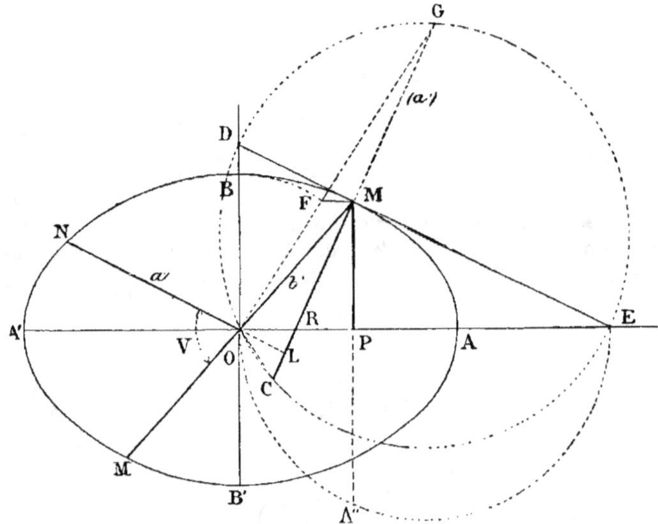

Fig. 1279.

La droite DME, parallèle à NO, est tangente à l'ellipse (n° 2071); la
perpendiculaire élevée au milieu de OC détermine le centre de la circonférence auxiliaire. Si l'on joint le point O aux extrémités du diamètre,
on a
$$DM \cdot ME = MC^2 = NO^2$$

Donc (n° 2078) les droites OD et OE font connaître la direction des
axes.

Sur le diamètre OE décrivons une circonférence, abaissons la perpendiculaire MPA″; nous aurons

$$OA''^2 = OP \cdot OE$$

Donc (n° 2077) OA″ est la valeur du demi-grand axe.
On déterminerait d'une manière analogue le petit axe.

2080. Remarque. Comme construction, ce procédé est médiocre; car O et C étant souvent très rapprochés, la circonférence est mal déterminée.

Le procédé suivant, dû à CHASLES, est bien préférable; mais la démonstration directe de la seconde partie est longue et assez difficile.

Du point M, abaissons une perpendiculaire sur NO ou a', prenons MG = MC = a', et menons OG et OC.

OG = $a + b$, OC = $a - b$, et le grand axe est la bissectrice de l'angle COG.

Le triangle OMG donne (G., n° 252)

$$OG^2 = a'^2 + b'^2 + 2a' \cdot ML$$

Mais   ML = $b' \cdot \sin MOL = b' \cdot \sin V$.   (*Trig.*, n° 62.)

Donc   OG^2 = $a'^2 + b'^2 + 2a'b' \cdot \sin V = (a + b)^2$ (n° 2075).

De même, dans le triangle OMC, OC^2 = MC^2 + b'^2 − 2MC $\cdot$ ML; mais MC = a'. Donc OC^2 = $a'^2 + b'^2 - 2a'b' \cdot \sin V$; donc OC^2 = $(a - b)^2$.

En utilisant notre première construction, la deuxième partie se démontre plus facilement. Il suffit de remarquer que la circonférence qui a la tangente pour diamètre passe au point G, puisque MG = MC. Donc OE est bissectrice, car les angles COE et GOE ont pour mesure les arcs égaux GE et CE.

Enfin la droite MF, parallèle à la bissectrice, donne OF = b, FG = a; car RG = a' + MR, RC = a' − MR, OG = $a + b$, OC = $a - b$.

Et puisqu'on a, à cause de la bissectrice, $\dfrac{a' + MR}{a' - MR} = \dfrac{a + b}{a - b}$, et que, dans une proportion, la somme des deux premiers termes est à leur différence dans le rapport de la somme des deux derniers à leur différence, on a $\dfrac{2a'}{2MR} = \dfrac{2a}{2b}$ ou $\dfrac{a'}{MR} = \dfrac{a}{b}$. D'ailleurs, $\dfrac{a'}{MR} = \dfrac{GF}{FO}$; donc GF = a et FO = b.

2080 (a). Note. 1° Le calcul des axes, indiqué ci-après (n° 2188), est parfois nécessaire. Par exemple, lorsque le mur de tête d'un pont biais est en talus, l'arc de tête est une demi-ellipse rapportée à deux diamètres conjugués; et il faut calculer les axes pour trouver, au moyen des tables connues, le développement de l'*arc de tête*. La détermination *géométrique* des axes est une question très intéressante, mais en réalité moins utile dans les applications: car, l'ellipse ne se déterminant que par points, il n'est guère plus difficile de déterminer les points lorsqu'on connaît en grandeur et en position deux diamètres conjugués, que lorsqu'on connaît les axes.

2° La détermination des axes, connaissant deux diamètres conjugués et leur angle, a exercé la sagacité d'un grand nombre de chercheurs : dans nos *Exercices de Géométrie descriptive* (3° édition, n° 553), nous avons reproduit la belle solution donnée par M. A. JULLIEN, professeur à Sainte-Barbe. (N. A., 1875, pages 324 et 359.) Nous pouvons signaler aussi une autre construction bien remarquable. (N. A., 1889, page 329.)

Exercice 872.

2081. Théorème. *La droite qui joint le point de concours de deux tangentes au milieu de la corde des contacts passe au centre de l'ellipse.*

Soient PM et PN deux tangentes à l'ellipse, et soient P′M′ et P′N′ les tangentes correspondantes au cercle principal. P′O passe au milieu de la corde M′N′; donc sa projection PO passe au milieu de MN, et la droite PD passe au centre.

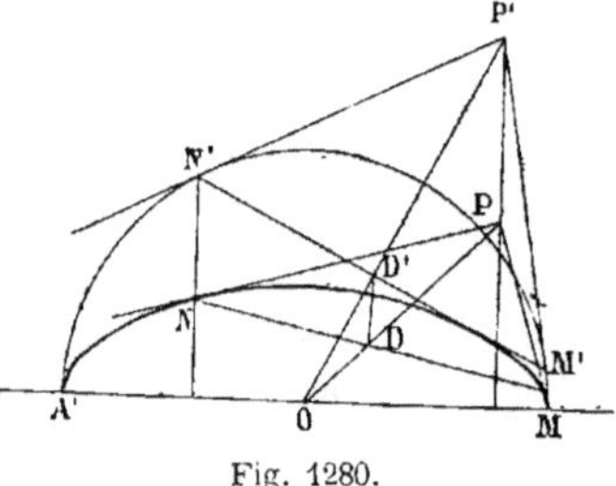

Fig. 1280.

Scolie. *La droite qui joint le point de concours de deux tangentes au point milieu de la corde des contacts et cette corde elle-même donnent lieu à un système de diamètres conjugués.*

Exercice 873.

2082. Théorème. *On peut construire une ellipse par points lorsqu'on connaît deux diamètres conjugués et leur angle.*

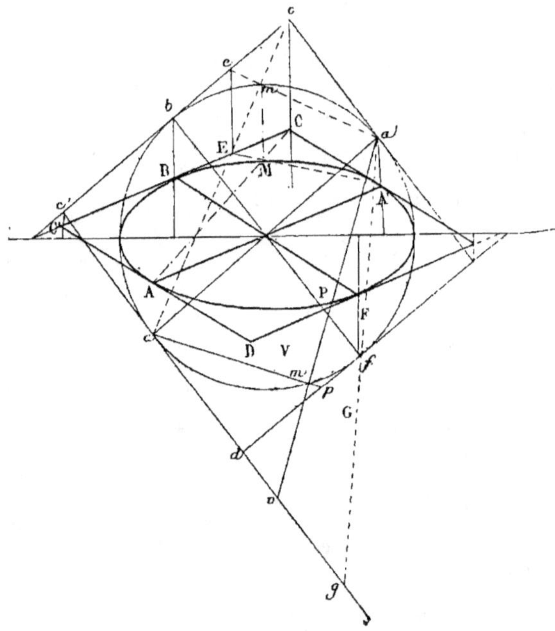

Fig. 1281.

Lorsqu'on connaît deux diamètres conjugués et leur angle, le parallélogramme circonscrit fait connaître quatre tangentes et leurs points

M.   39

de contact ; on obtient quatre autres points en joignant A' au point E, milieu de CB, et C au point A, etc. En prenant DG = AD, il faut qu'on ait

$$\frac{DP}{DF} = \frac{AV}{AG}$$

Une droite divisée en parties égales a pour projection une droite divisée en un même nombre de parties égales ; et généralement, puisque les projections de deux parallèles sont proportionnelles à ces lignes, si une droite est divisée dans un rapport donné, il en sera de même de sa projection. Il suffit donc d'établir pour la circonférence les propriétés énoncées ci-dessus, pour qu'on puisse les appliquer à l'ellipse : deux diamètres conjugués de cette dernière courbe remplacent deux diamètres rectangulaires du cercle, et réciproquement.

1° Prenons $cc = \frac{1}{2}bc$. Les triangles rectangles $a'ec$ et $ac'c$ sont semblables, car $cc = \frac{1}{2}ca'$ et $ac' = \frac{1}{2}aa'$. Donc l'angle $ca'c = a'ac$; donc l'angle $a'ac + aa'm = 1$ droit, et l'angle m est droit. Par suite, les droites $a'e$ et ac se coupent sur la circonférence ; leurs projections A'E et AC se coupent sur l'ellipse. D'ailleurs, le point E est le milieu de CB...

Pour la seconde partie, bornons-nous à considérer le cercle. Prenons $dg = ad$ ou $ag = 2ad = aa'$. Si l'on a $\dfrac{dp}{df} = \dfrac{av}{ag}$, les triangles rectangles adp et $aa'v$ sont encore semblables ; l'angle m est droit. Donc ce point appartient à la circonférence...

Remarque. Voir à ce sujet : *Exercice de Géométrie descriptive*, 3e édition, n° 92.

Exercice 874.

2083. Théorème. *La projection d'une ellipse sur un plan quelconque est une ellipse.*

Toute propriété descriptive qui se conserve en projection conduit à ce résultat. Ainsi, dans la figure précédente (fig. 1281), les points tels que M appartiennent à la courbe ; mais en projetant cette ellipse et les lignes de construction, telles que AC et A'E, et le parallélogramme circonscrit, on obtient une figure analogue. Les projections des divers points de la courbe donnent donc une ellipse...

Exercice 875.

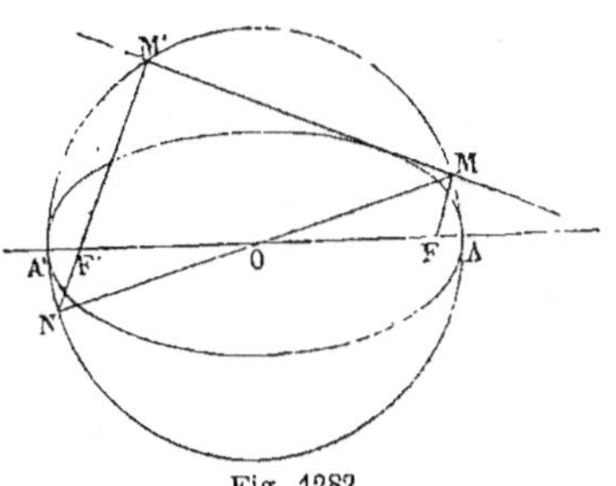

Fig. 1282.

2084. Théorème. *Le produit des distances des foyers à une tangente quelconque est constant.*

Les points M et M', projections des foyers, sont sur le cercle principal (G., n° 626) ; prolongeons M'F'. Puisque OF = OF', et que les lignes FM et F'M' sont parallèles, on a

$$MF = NF'$$

Or   NF' . F'M' = A'F' . F'A

Donc $\quad$ FM . F'M' = A'F' . F'A = (a - c)(a + c) = a^2 - c^2$

ou $\qquad\qquad$ FM . F'M' = b^2$

Remarque. *La somme des distances de chaque foyer d'une ellipse à une tangente quelconque peut varier de 2a à 2b. Elle égale 2b lorsque la tangente est parallèle au grand axe; elle égale 2a lorsque la tangente est parallèle au petit axe.*

Exercice 876.

2085. Théorème. *Dans l'ellipse, le cercle décrit sur un rayon vecteur quelconque pris pour diamètre est tangent au cercle principal.* (N. A., 1845, page 354.)

Ce théorème a déjà été démontré (n° 1469).

Soit MF un rayon vecteur quelconque; menons la tangente PMP'. Projetons les foyers et prolongeons les projetantes et les rayons vecteurs jusqu'au cercle directeur relatif au foyer F.

On sait que le point E est le symétrique de F, et que la projection P est sur le cercle principal. (G., n°ˢ 624 et 626.) D'ailleurs OP est parallèle à F'E et en égale la moitié; donc G est le point milieu de FM; d'ailleurs CP = CF, car le triangle MPF est rectangle; donc le cercle décrit sur le diamètre MF est tangent au cercle principal, au point P.

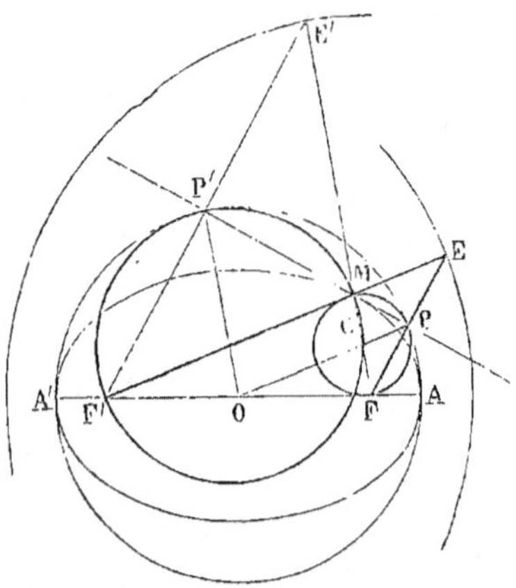

Fig. 1283.

2086. Théorème. *Dans l'hyperbole, le cercle décrit sur un rayon vecteur quelconque pris pour diamètre est tangent au cercle principal.*

2087. Théorème. *Dans la parabole, le cercle décrit sur un rayon vecteur quelconque est tangent à la tangente au sommet.*

2088. Théorème. *Dans l'ellipse, la somme des circonférences décrites sur les rayons vecteurs d'un même point M égale la circonférence du cercle principal.*

Exercice 877.

2089. Théorème. *Soient MT, MT' deux tangentes menées à une ellipse par un point M. Si l'on prend sur ces tangentes des longueurs MO, MO' respectivement égales aux distances MF, MF', la droite OO'* *sera égale au grand axe 2a de l'ellipse.* (W. Roberts*. N. A., 1848, page 68.)

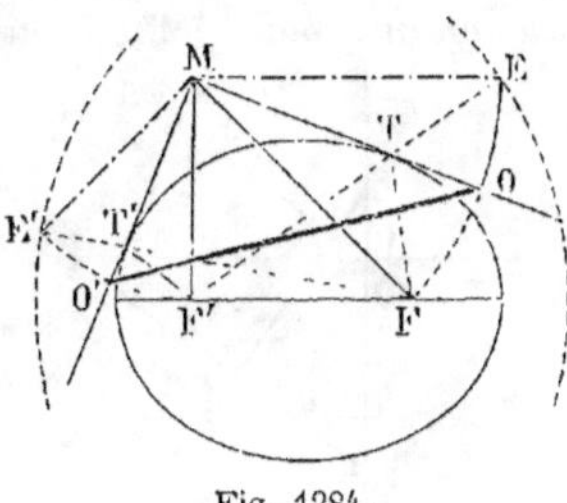

Fig. 1284.

Soient $MO = MF$, $MO' = MF'$; il faut prouver que $OO' = 2a$.

Joignons le foyer F au point de contact T'. Prolongeons ce rayon vecteur jusqu'au cercle directeur, c'est-à-dire prenons $FE' = 2a$.

Les triangles MT'E', MT'F sont égaux comme ayant un angle égal compris entre deux côtés égaux; car $T'E' = TF'$ (G., n° 625) l'angle $E'T'O' = MT'F$; donc l'angle $E'MO' = O'MF'$ et $ME' = MF'$.

De même l'angle $EMO = OMF$ et $ME = MF$.

Les deux triangles E'MF et F'ME sont égaux comme ayant les trois côtés égaux; d'où l'on conclut le *théorème de Poncelet*. (G., n° 633.)

La droite MF' est bissectrice de l'angle TF'T', et les quatre angles sont égaux entre eux; donc l'angle $O'MO = E'MF$.

Les triangles E'MF, O'MO sont égaux comme ayant un angle égal compris entre deux côtés égaux; donc $O'O = E'F = 2a$.

Exercice 878.

2090. Théorème. *Par un foyer d'une ellipse on mène une corde AFB; par le point de rencontre C des deux normales en A et B on mène une parallèle au grand axe; cette parallèle passe par le point milieu de AB.*

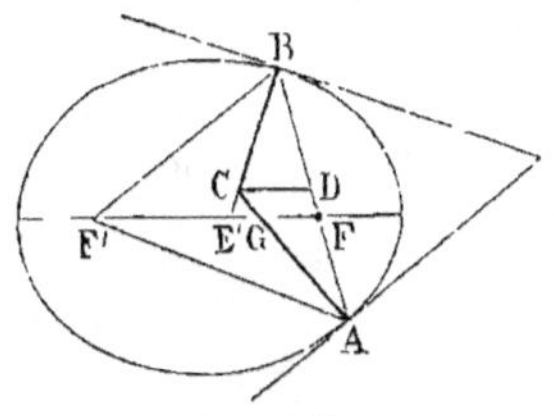

Fig. 1285.

Soient BC, AC les normales; il faut prouver que $DA = DB$.

Les triangles semblables ADC, AFG, puis BDC, BFE donnent les rapports suivants :

$$\frac{AD}{DC} = \frac{AF}{FG}; \quad \text{d'où} \quad AD = DC \cdot \frac{AF}{FG}$$

$$\frac{BD}{DC} = \frac{BF}{FE}; \quad \text{d'où} \quad BD = DC \cdot \frac{BF}{FE}$$

Il suffit de prouver que les rapports $\dfrac{AF}{FG}$ et $\dfrac{BF}{FE}$ sont égaux.

Or les normales sont bissectrices des angles A et B du triangle ABF', et les bissectrices divisent la base en segments proportionnels aux côtés m et n du triangle; donc

$$\frac{AF}{FG} = \frac{AF + AF'}{FF'} = \frac{2a}{2c} = \frac{a}{c}$$

de même
$$\frac{BF}{FE} = \frac{BF + BF'}{FF'} = \frac{a}{c} \qquad \text{donc...}$$

* William Roberts, célèbre géomètre irlandais, auteur de nombreux articles des *Nouvelles Annales*.

Exercice 879.

2091. Théorème. *Dans l'ellipse, la normale en un point* M *de la courbe est divisée par les axes en deux segments* MN, ML, *dont le produit égale le carré du demi-diamètre conjugué à celui qui passe par le point donné* M. (N. A., 1847, page 231.)

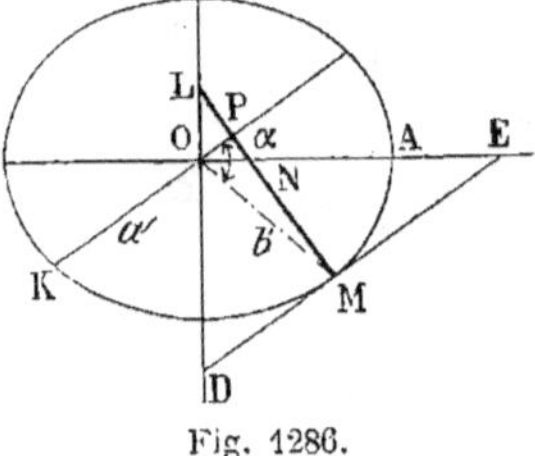

Fig. 1286.

Soit la normale MNL ; menons la tangente DME ; la parallèle OK à la tangente est le demi-diamètre conjugué à OM. Il faut prouver qu'on a

$$MN \cdot ML = OK^2$$

Les triangles rectangles semblables DML, MNE donnent

$$\frac{DM}{ML} = \frac{MN}{ME} \; ; \quad \text{d'où} \quad MN \cdot ML = MD \cdot ME = OK^2 \quad (n^o\ 2078)$$

2092. Théorème. *Le produit des segments déterminés sur la normale par un axe et par le diamètre conjugué égale le carré de l'autre demi-axe.*

Il faut prouver qu'on a

$$MP \cdot ML = a^2 \quad \text{et} \quad MP \cdot MN = b^2$$

Or on vient de prouver que

$$MN \cdot ML = OK^2$$

On peut donc écrire

$$MN \cdot ML \times MP^2 = OK^2 \times MP^2$$

Mais OK $\times$ MP représente le $^1/_4$ de la surface du parallélogramme circonscrit à l'ellipse ; ce produit égale ab (n° 2072). D'ailleurs, on pourrait remplacer la perpendiculaire MP par $b'\sin\alpha$; ainsi

$$OK \cdot MP = a'b' \sin\alpha = ab$$

donc
$$MN \cdot MP \times ML \cdot MP = a^2 b^2 \qquad (1)$$

D'ailleurs

$$a'^2 + MP^2 \quad \text{ou} \quad MN \cdot ML + MP^2 = (MP - NP)ML + (MN + NP)MP =$$
$$= MP \cdot ML - NP \cdot ML + MP \cdot MN + MP \cdot NP$$

d'où $\quad a'^2 + MP^2 = MP \cdot ML + MP \cdot MN - NP \cdot MP - NP \cdot PL + NP \cdot MP$

En simplifiant, remplaçant NP $\cdot$ PL par ON^2, on trouve

$$MP \cdot ML + MP \cdot MN = a'^2 + MP^2 + ON^2 = a'^2 + b'^2 \quad \text{ou} \quad = a^2 + b^2 \qquad (2)$$

De la comparaison de (1) et (2) il résulte que

$$MP \cdot ML = a^2 \quad \text{et} \quad MP \cdot MN = b^2 \qquad C.\ Q.\ F.\ D.$$

Exercice 880.

2093. Théorème. *Le carré de la distance du centre d'une ellipse à une tangente quelconque, diminué du carré de la distance du centre à la* *droite menée par un foyer parallèlement à cette tangente, égale le carré du demi-petit axe.*

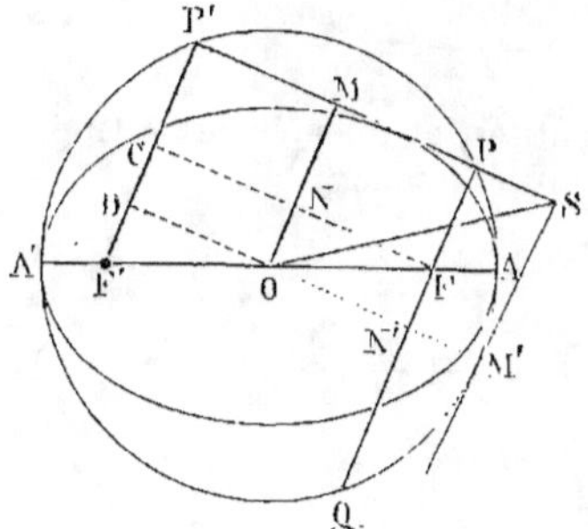

Fig. 1287.

Il faut prouver que

$$OM^2 - ON^2 = b^2$$

Décrivons le cercle principal; projetons les foyers sur la tangente. Les points P et P' appartiennent au cercle principal.

On sait d'ailleurs que

$$F'P' = FQ$$

et que $\quad FP \cdot FQ$ ou $AF \cdot FA' = b^2$;

donc $\quad\quad FP \cdot F'P' = b^2 \quad$ (n° 2084)

Ceci étant rappelé, il suffit de remplacer F'P' et FP par leurs valeurs en fonction de OM et de ON.

Or $\quad\quad\quad F'P' = OM + ON \quad$ et $\quad FP = OM - ON$

donc $\quad\quad F'P' \cdot FP = (OM + ON)(OM - ON) = OM^2 - ON^2$

ou $\quad\quad\quad\quad OM^2 - ON^2 = b^2 \quad\quad\quad\quad$ C. Q. F. D.

2094. Théorème. *Le lieu des sommets des rectangles circonscrits à une ellipse donnée est un cercle concentrique à cette ellipse.*

Soit M'S une tangente perpendiculaire à MS.

D'après le théorème précédent, on a

$$OM^2 - ON^2 = b^2; \quad OM'^2 - ON'^2 = b^2$$

d'où $\quad\quad\quad OM^2 + OM'^2 = 2b^2 + (ON^2 + ON'^2)$

Mais $\quad\quad OM^2 + OM'^2 = OS^2; \quad ON^2 + ON'^2 = OF^2 = c^2$

donc $\quad\quad\quad OS^2 = 2b^2 + c^2 \quad$ ou $\quad = a^2 + b^2 \quad$ quantité constante.

Ainsi le lieu du sommet S est une circonférence décrite du centre O avec $\sqrt{a^2 + b^2}$ pour rayon.

Exercice 881.

2095. Théorème. *Pour un point quelconque M d'une ellipse, en désignant par x la distance OP du centre de la courbe au pied P de la perpendiculaire MP abaissée sur le grand axe, les rayons vecteurs MF' et MF ont pour expression*

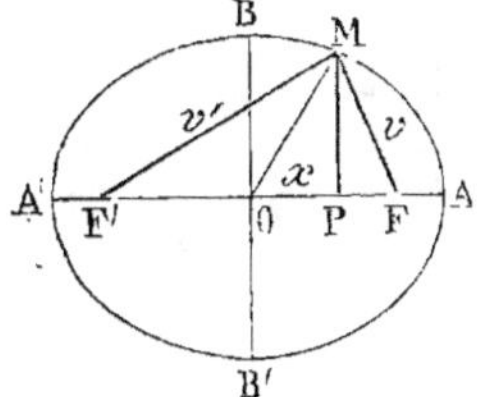

Fig. 1288.

$$a + \frac{cx}{a} \quad et \quad a - \frac{cx}{a}$$

Soient v et v' les rayons vecteurs; on sait que

$$OF = OF' = c$$

$$v'^2 - v^2 = PF'^2 - PF^2$$

$$v'^2 - v^2 = (PF' + PF)(PF' - PF) = 2c \times 2x$$

Or
$$v'^2 - v^2 = (v' + v)(v' - v) = 2a(v' - v)$$

d'où
$$v' - v = \frac{2c \times 2x}{2a} \;\; ; \;\; \text{d'où} \;\; \frac{v' - v}{2} = \frac{cx}{a}$$

On sait que la demi-somme de deux quantités, augmentée de la demi-différence, égale la plus grande de ces quantités ; donc

$$\frac{v' + v}{2} + \frac{v' - v}{2} \;\; \text{ou} \;\; v' = a + \frac{cx}{a} \qquad (1)$$

$$\frac{v' + v}{2} - \frac{v' - v}{2} \;\; \text{ou} \;\; v = a - \frac{cx}{a} \qquad (2)$$

Exercice 882.

2096. Théorème. *Les tangentes menées par les extrémités d'une corde focale d'une ellipse se coupent sur la directrice correspondante.*

Considérons le cercle principal.

A la corde focale MFN correspond, dans le cercle principal, la corde M'FN'.

Or le lieu des points L' de concours des tangentes est une droite L'D perpendiculaire à OF. (G., n° 802, 2°.) Cette droite est la polaire du point F.

Il en est donc de même pour l'ellipse.

On a $\dfrac{DL}{DL'} = \dfrac{b}{a}$ (G., n° 640.)

La droite DL est la directrice relative au foyer F.

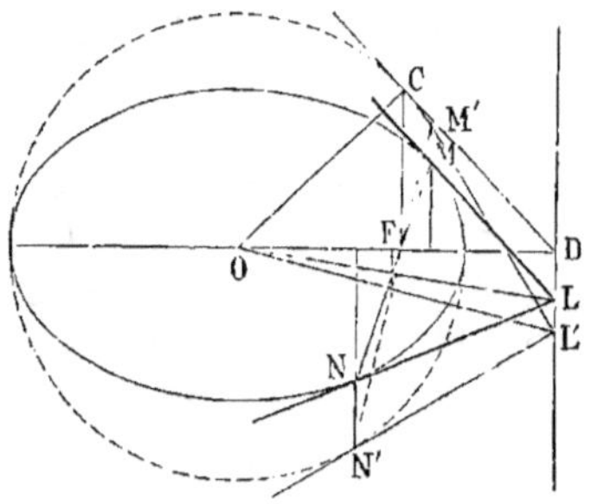

En effet, menons la perpendiculaire FC et la tangente CD ; le triangle rectangle OCD donne

Fig. 1289.

$$OD = \frac{OC^2}{OF} = \frac{a^2}{c} \qquad \text{(G., n° 846.)}$$

2096 (a). Théorème. *La somme des inverses des segments d'une corde focale est une quantité constante.*

(Voir *Méthodes,* n° 287, *Remarque.*)

2096 (b). Théorème. *Soit F l'un des foyers d'une ellipse inscrite à un parallélogramme ABCD :*

1° *Les circonférences circonscrites aux triangles* FAB, FBC, FCD, FDA *sont égales.* (STEINER.)

2° *Leurs centres se trouvent sur une circonférence égale aux premières et dont le centre est le foyer F.* (N. C. M., 1878, p. 123, MEUTZNER.)

Exercice 883. — I.

2097. Théorème de Chasles. *Le lieu des sommets d'un angle droit dont les côtés sont respectivement tangents à deux ellipses homo-*

focales est une circonférence concentrique à ces ellipses. (N. A., 1849, page 214.)

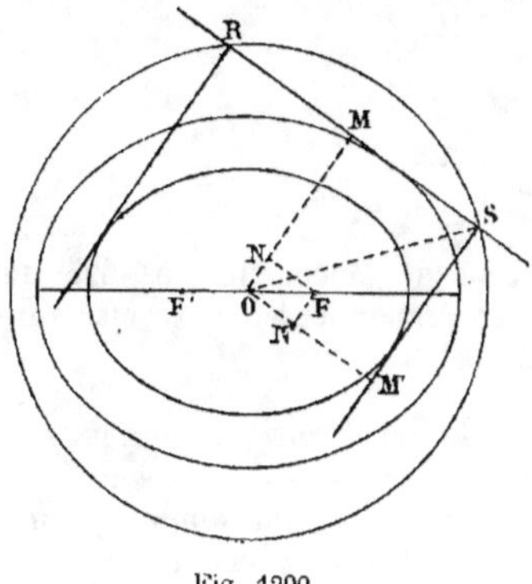

Fig. 1290.

Puisque les ellipses sont homofocales, elles ont les mêmes foyers; c^2 ne varie pas. Soit b^2 le carré du demi-petit axe de l'une d'elles et b'^2 celui de l'autre courbe.

La tangente à la première donne

$$OM^2 - ON^2 = b^2 \quad (1) \quad (n^o \, 2093)$$

La tangente à la seconde donne

$$OM'^2 - ON'^2 = b'^2 \qquad (2)$$

d'où $\qquad OM^2 + OM'^2$

ou $\quad OS^2 = b^2 + b'^2 + (ON^2 + ON'^2)$

Mais $ON^2 + ON'^2$ égale la constante c^2; donc

$$OS^2 = b^2 + b'^2 + c^2 \quad \text{quantité constante.}$$

$$C. \, Q. \, F. \, D.$$

Remarque. On peut écrire $\quad OS^2 = a^2 + b'^2 \quad$ ou $\quad OS^2 = b^2 + a'^2$.

Exercice 883. — II.

2098. Théorème de Maclaurin. *Étant données deux ellipses homothétiques concentriques, par un des sommets A de la plus petite on mène sa tangente MAN, qui rencontre l'autre ellipse en deux points M et N.*

Par l'un de ces points, on mène dans cette seconde ellipse deux cordes quelconques MP, MQ, mais également inclinées sur la tangente.

Par le point de contact de l'ellipse intérieure, on mène deux cordes AB, AC parallèles aux cordes de l'autre ellipse.

Fig. 1291.

Prouver que la somme de ces deux cordes est égale à la somme des deux autres cordes. (MACLAURIN, *Traité des fluxions*, n° 648, p. 119.)

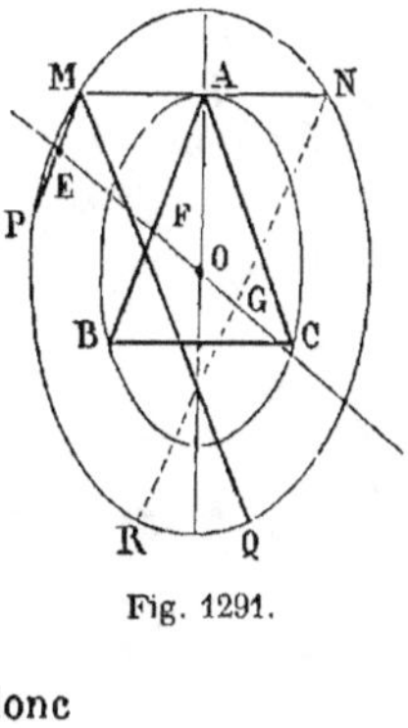

Par le point N, menons NR parallèle à AB.

On aura $\qquad NR = MQ$

Les ellipses étant concentriques et homothétiques, les points milieux des cordes parallèles MP, AB, NR appartiennent à un même diamètre (n° 2070).

Dans le trapèze EMNG, AF est la base moyenne; car $AM = AN$;

donc $\qquad\qquad ME + NG = 2AF$

d'où $\qquad\qquad MP + NR = 2AB$

ou $\qquad\qquad MP + MQ = AB + AC \qquad C. \, Q. \, F. \, D.$

Pour un autre système A'B', A'C', A'D' parallèle au premier, on

aurait
$$\frac{A'C' + A'D'}{EG + EH} = \frac{A'B'}{EF}$$

donc on a, d'une manière générale,

$$\frac{AC + AD}{A'C' + A'D'} = \frac{AB}{A'B'}$$

Remarque. L'énoncé et la démonstration de Maclaurin, n° 625 du *Traité des fluxions* (tome II, page 103), correspondent à l'exercice suivant, que l'on peut proposer directement.

2099. Théorème. *Un triangle isocèle est inscrit dans un cercle; par un point de la circonférence on mène des parallèles aux côtés égaux du triangle isocèle et au diamètre bissecteur de l'angle du sommet; puis on projette les côtés des angles inscrits sur leurs bissectrices respectives. Prouver que la somme des projections des deux côtés égaux est au diamètre dans le même rapport que la somme des projections des côtés parallèles du second angle est à la corde qui sert de bissectrice à ce dernier.*

2100. Note. En considérant l'ellipse comme projection d'un cercle sur un plan parallèle au diamètre bissecteur du triangle isocèle, Maclaurin prouve que le théorème est vrai pour l'ellipse; puis il établit le théorème fondamental du n° 2098, que nous avons pu démontrer directement d'une manière très simple.

Le théorème du n° 2098 a suffi à Maclaurin pour démontrer l'importante proposition suivante : *Une masse fluide homogène tournant autour d'elle-même doit prendre la figure d'un ellipsoïde de révolution dans l'hypothèse de l'attraction en raison inverse du carré des distances.* Deux théorèmes relatifs aux ellipses décrites des mêmes foyers lui suffirent pour établir le calcul de l'attraction sur les points extérieurs à l'ellipsoïde. (*Aperçu historique*, pages 163, 167 et 394.)

Exercice 884.

2101. Théorème de Carnot. *On donne une ellipse et un triangle ABC dont chaque côté coupe la courbe en deux points : AB la coupe en D, D'; BC en E, E' et CA en F, F'; démontrer que l'on a la relation*

$$\frac{AD \cdot AD'}{BD \cdot BD'} \cdot \frac{BE \cdot BE'}{CE \cdot CE'} \cdot \frac{CF \cdot CF'}{AF \cdot AF'} = 1$$

La propriété est évidente dans le cercle, car chaque produit placé au numérateur est directement égal à un des produits du dénominateur; ainsi

$$AD \cdot AD' = AF \cdot AF' \qquad \text{etc.}$$

Le théorème est vrai pour l'ellipse obtenue en projetant le cercle et le triangle, car la fraction $\dfrac{AD \cdot AD'}{BD \cdot BD'}$ ne varie point, chaque

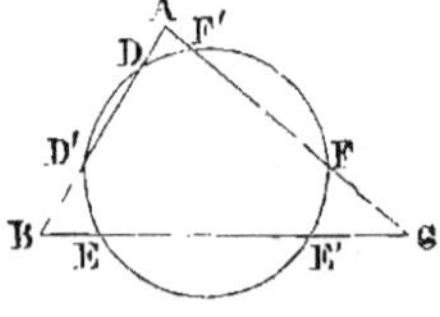

Fig. 1292.

segment étant réduit dans un même rapport; il en est de même des deux autres fractions; donc la relation subsiste.

39*

2102. Remarque. Le *théorème de Carnot* est vrai pour les deux autres coniques, et se démontre très simplement par la Géométrie analytique.

Comme le théorème de Newton (n° 2103) et l'hexagramme de Pascal (n° 2120), le théorème de Carnot permet de déterminer un sixième point d'une conique lorsqu'on en connaît cinq.

Soit D, D', E, E', F. On mène DD', EE' et une *ligne quelconque* par le point F. La relation fait connaître F'; puis on peut mener une seconde ligne par F et déterminer un nouveau point, etc.

Deux points peuvent être remplacés par une tangente et son point de contact.

Exercice 885.

2103. Théorème de Newton. *Par un point M, pris dans le plan d'une ellipse, on mène deux cordes quelconques; le rapport du produit des segments déterminés par la courbe sur une de ces cordes au produit des segments de l'autre corde est constant, quel que soit le point M, pourvu que la direction des cordes soit invariable.*

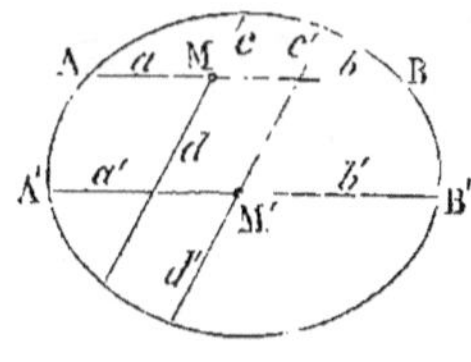

Fig. 1203.

Soient a, b les segments d'une corde; c, d ceux de la seconde.

Pour un autre point M', il faut qu'on ait

$$\frac{ab}{cd} = \frac{a'b'}{c'd'} \quad \text{ou} \quad \frac{ab}{a'b'} = \frac{cd}{c'd'}$$

Or le théorème est évident pour le cercle, car

$$\frac{ab}{cd} = 1 = \frac{a'b'}{c'd'} \qquad \text{(G., n° 259.)}$$

Donc, pour le cercle, on a

$$\frac{ab}{a'b'} = \frac{cd}{c'd'} \tag{1}$$

Mais, en projetant le cercle sur un plan oblique, les droites AB, A'B' seront réduites dans un même rapport; les produits cd, $c'd'$ seront aussi réduits dans un rapport constant; donc, pour l'ellipse, on a la proportion (1), d'où l'on déduit

$$\frac{ab}{cd} = \frac{a'b'}{c'd'} = \text{constante.} \qquad C.\ Q.\ F.\ D.$$

Pour avoir la constante, on peut mener deux diamètres dans les directions données. Soient m et n la longueur des demi-diamètres; on aura

$$\frac{ab}{cd} = \frac{a'b'}{c'd'} = \frac{m^2}{n^2}$$

Remarque. Le *théorème de Newton* est vrai pour une courbe algébrique quelconque. Le cas particulier relatif aux coniques est d'Apollonius. (N. A., 1844, page 510.)

Exercice **886**.

2104. Théorème. *Lorsqu'un cercle coupe une ellipse en quatre points, les bissectrices des angles formés par les cordes communes sont parallèles aux axes de la courbe.*

Par le centre O, menons des parallèles aux cordes ABC, AB'C'.
A cause du théorème de Newton, on a

$$\frac{AB \cdot AC}{AB' \cdot AC'} = \frac{OD^2}{OE^2}$$

Or

$$\frac{AB \cdot AC}{AB' \cdot AC'} = 1$$

donc

$$\frac{OD^2}{OE^2} = 1 ; \quad \text{d'où} \quad OD = OE$$

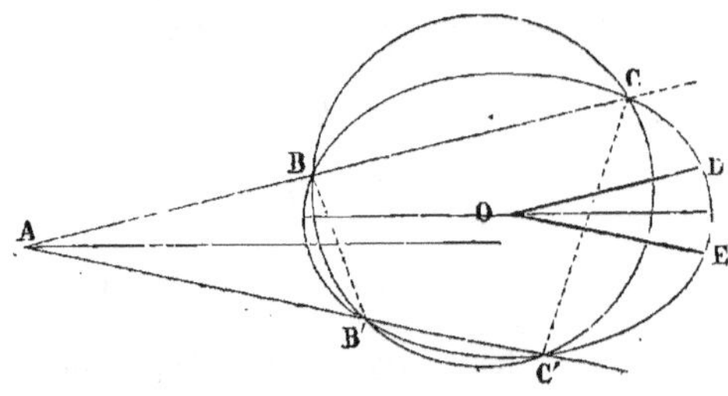

Fig. 1294.

Les deux demi-diamètres OD, OE étant égaux, sont également inclinés sur les axes de l'ellipse ; donc la bissectrice de l'angle A est parallèle à l'un des axes.

La bissectrice de l'angle formé par BB' et CC' est parallèle à l'autre axe.

Exercice **887**.

2105. Théorème. *Si d'un point quelconque d'une ellipse on abaisse des perpendiculaires sur les quatre côtés d'un quadrilatère inscrit, le produit des perpendiculaires abaissées sur deux côtés opposés est au produit des deux autres perpendiculaires dans un rapport constant, quel que soit le point considéré.*

(Problème *ad quatuor lineas* de Pappus.)

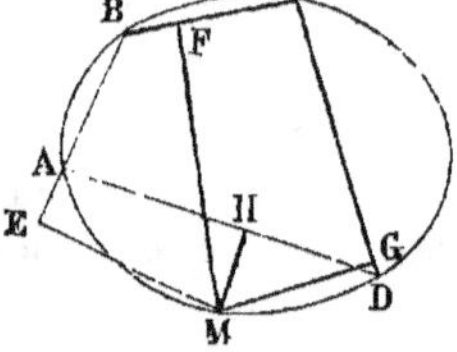

Fig. 1295.

Il faut prouver que le rapport $\dfrac{ME \cdot MG}{MF \cdot MH}$ est constant.

Considérons un cercle qui aurait l'ellipse donnée pour projection, et menons le plan de ce cercle par le point M donné. Soient ME', MG', etc., les perpendiculaires abaissées du point M sur les côtés du quadrilatère A'B'C'D' qui se projette suivant ABCD.

On sait qu'on a

$$ME'.MG' = MF'.MH' \quad (n^o\ 1214) \qquad (1)$$

Or la perpendiculaire ME n'est pas la projection de la perpendiculaire ME'; mais, en joignant le point E' au point E, *on obtient un triangle MEE' qui reste semblable à lui-même, quel que soit le point M de l'ellipse; donc le rapport $\dfrac{ME'}{MF'}$ est constant.*

Représentons ce rapport par e, par exemple; nous aurons

$$\frac{ME'}{ME} = e\,; \quad \text{d'où} \quad ME' = ME\,.\,e$$

De même, le triangle MFF' reste semblable à lui-même; le rapport $\dfrac{MF'}{MF}$ est ordinairement différent du rapport e, mais il est constant, quel que soit le point M. Soit donc f la valeur de ce rapport, on aura

$$\frac{MF'}{MF} = f\,; \quad \text{d'où} \quad MF' = MF\,.\,f$$

On aurait de même

$$MG' = MG\,.\,g \quad \text{et} \quad MH' = MH\,.\,h$$

Dans l'égalité (1), remplaçons ME'.... MH' par leurs valeurs ci-dessus.

On a

$$ME\,.\,e \times MG\,.\,g = MF\,.\,f \times MH\,.\,h$$

d'où

$$\frac{ME\,.\,MG}{MF\,.\,MH} = \frac{f\,.\,h}{e\,.\,g} \qquad (2)$$

Or le membre de droite est constant; donc il en est de même du rapport des produits ME.MG et MF.MH. *C. Q. F. D.*

2106. Théorème. *Par un point M d'une ellipse, on mène une droite ME qui rencontre le côté AB d'un quadrilatère inscrit sous un angle donné α ; une droite MF qui coupe BC sous un angle aussi donné β ; une droite MG qui coupe CD sous l'angle γ, et une droite MH qui coupe DA sous l'angle δ.*

Le rapport des produits ME.MG, MF.MH est constant.

La démonstration est identique à la précédente.

2107. Note. C'est sous la forme générale que nous venons d'indiquer (n° 2106) que le problème *ad quatuor lineas*, que PAPPUS nous a transmis, avait été étudié par EUCLIDE et APOLLONIUS. La question est connue sous le nom de *problème de Pappus*, depuis qu'elle a été ainsi désignée par DESCARTES.

Les anciens se proposaient le problème plus général de trouver le lieu des points M tels qu'en menant de ce point des droites rencontrant n droites données sous des angles donnés, le rapport du produit de $\dfrac{n}{2}$ distances au produit des $\dfrac{n}{2}$ autres distances eût une valeur donnée ; ils reconnurent que pour quatre droites le lieu est une conique ; le triangle n'est qu'un cas particulier où l'on prend le rapport du carré d'une distance au produit des deux autres. *Descartes* résolut le problème par la méthode des coordonnées, qu'il venait d'établir. *Newton* donna une démonstration purement géométrique pour le cas du quadrilatère. (*Aperçu historique*, page 37.)

Exercice **888**.

2108. Théorème de Desargues. *Lorsqu'une transversale coupe une ellipse et un quadrilatère inscrit, elle détermine deux points sur la courbe, tels que le rapport des produits des distances de l'un d'eux aux couples des points d'intersection de la transversale et des côtés opposés du quadrilatère égale le rapport des produits des distances du second point aux mêmes couples de points d'intersection de la transversale et des côtés opposés.*

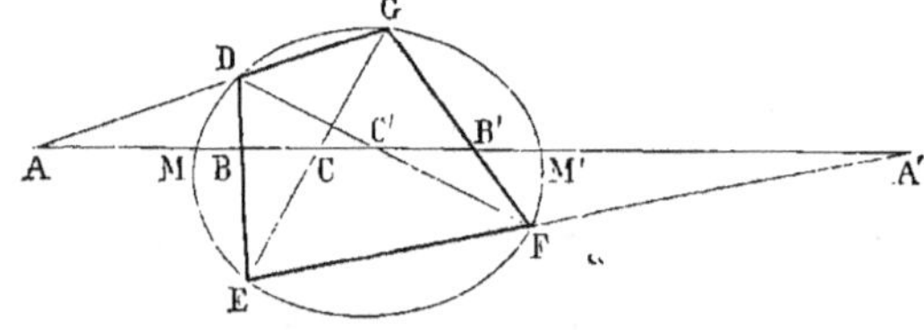

Fig. 1296.

En effet, d'après le théorème précédent (n° 2106), le rapport $\dfrac{MA \cdot MA'}{MB \cdot MB'}$ est constant, quelle que soit la position du point M sur la courbe ; donc, pour un second point M' d'intersection, on aura

$$\frac{MA \cdot MA'}{MB \cdot MB'} = \frac{M'A \cdot M'A'}{M'B \cdot M'B'}$$

2109. Remarque. Le *théorème de Desargues* est fondamental dans la théorie de l'*involution*. L'énoncé sous lequel il est présenté est de PASCAL*. Il peut servir à déterminer un sixième point d'une conique, connaissant cinq points de cette courbe. Avec quatre des points donnés, D, E, F, G par exemple, on forme un quadrilatère ; par le cinquième point M, on mène une transversale quelconque, et sur cette ligne on détermine M' à l'aide de la relation ci-dessus.

Exercice **889**. — I.

2110. 1ᵉʳ Théorème de Poncelet. *L'angle sous lequel on voit de l'un des foyers d'une section conique la partie d'une tangente mobile, interceptée entre deux tangentes fixes, est constant pour toutes les positions de cette première tangente.* (*Traité des propriétés projectives des figures*, tome I, n° 464.)

1ʳᵉ *Démonstration.* Soient LC, LD les tangentes fixes ; MN la tangente mobile. Il faut prouver que l'angle MFN est constant.

Joignons le foyer F aux trois points de contact et aux extrémités de la tangente mobile MN. On sait que la droite qui joint le point de

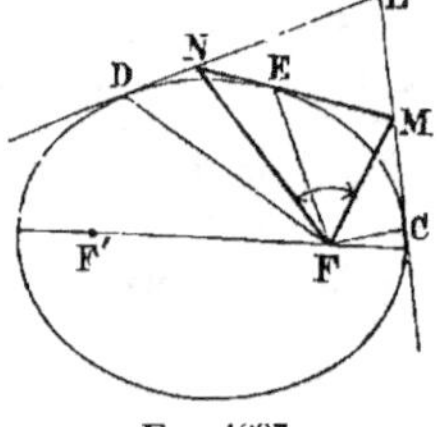

Fig. 1297.

concours de deux tangentes à l'un des foyers est bissectrice de l'angle formé par les rayons vecteurs qui vont de ce foyer aux deux points de contact (G., n° 633); donc

$$\text{angle } MFC = MFE\,; \quad \text{angle } NFE = NFD$$

d'où
$$\text{angle } MFN = \tfrac{1}{2}\,\text{angle } CFD$$

Ainsi, quelle que soit la position de MN, l'angle MFN est constant, car il est la moitié de l'angle invariable CFD.

Remarque. Le théorème ci-dessus peut être démontré directement, et l'on peut en déduire, comme simple corollaire, que la droite FL est bissectrice de l'angle CFD.

2111. 2ᵉ *Démonstration*. Décrivons le cercle principal et projetons le foyer sur chaque tangente. D'après le théorème de La Hire (G., n° 626), on sait que le sommet des angles droits FBC, FGN, FDE se trouve sur le cercle.

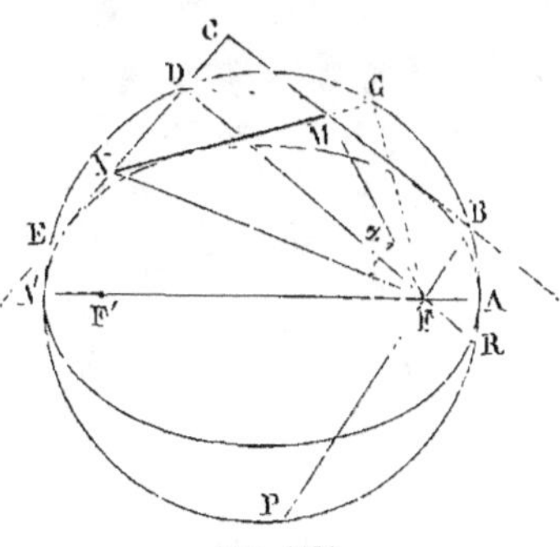

Fig. 1298.

Le quadrilatère FGDN est inscriptible dans le cercle qui aurait FN pour diamètre, car les angles FGN, FDN sont droits; donc

$$\text{angle } FNG = FDG = \tfrac{1}{2}\,\text{arc } GBR$$

Le quadrilatère FBGM est aussi inscriptible; donc l'angle NMF égale FBM comme ayant le même supplément FMG; donc

$$\text{angle } FMN = FBG = \tfrac{1}{2}\,\text{arc } GDP$$

Le troisième angle MFN du triangle MFN a pour mesure la moitié de ce qui reste de la circonférence, c'est-à-dire $\tfrac{1}{2}$ arc PR; donc l'angle MFN est constant. *C. Q. F. D.*

2112. Théorème. *Si, sur le plan d'un angle fixe donné BCE, on fait tourner autour d'un point fixe F choisi un angle α de grandeur constante, la corde MN, commune à l'angle fixe et à l'angle mobile, enveloppera une conique ayant le point F pour foyer.* (PONCELET, T. des P. P. des F., n° 472.)

Ce théorème est le réciproque du précédent.

Exercice 889. — II.

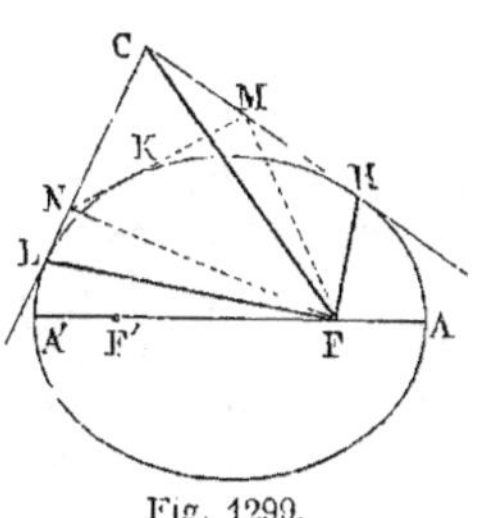

Fig. 1299.

2113. Théorème. *La droite qui joint un foyer au point de concours de deux tangentes est bissectrice de l'angle formé par les rayons vecteurs qui joignent ce foyer aux deux points de contact.* (PONCELET, n°ˢ 461, 469.)

La démonstration directe de ce théorème est connue (G., n° 633); mais on peut montrer qu'il n'est qu'un corollaire du théorème de Poncelet (n° 2110).

En effet, pour une tangente mobile MN,

l'angle LFN est constant; or quand MN tend vers la position limite HC, le point M vient au point de contact H, et le point N vient en C; donc l'angle MFN = HFC.

De même   MFN = CFL;   donc FC est bissectrice de l'angle HFL.

2114. Définition. *L'angle vecteur qui correspond à une tangente mobile, limitée à deux tangentes fixes, est l'angle formé par les droites qui joignent le foyer considéré aux extrémités de la tangente mobile.*

A une tangente mobile MN correspondent deux angles vecteurs MFN, MF'N. Ces angles ne sont égaux entre eux que lorsque les tangentes fixes sont également inclinées sur les axes de la conique.

Exercice 890.

2115. 2° Théorème de Poncelet. *Dans l'ellipse, la somme des angles vecteurs relatifs à une tangente mobile est constante; cette somme a pour supplément l'angle formé par les deux tangentes fixes.* (*Traité des P. P. des figures*, tome I, n° 477. — *Applications d'Algèbre et de Géométrie*, tome II, page 460.)

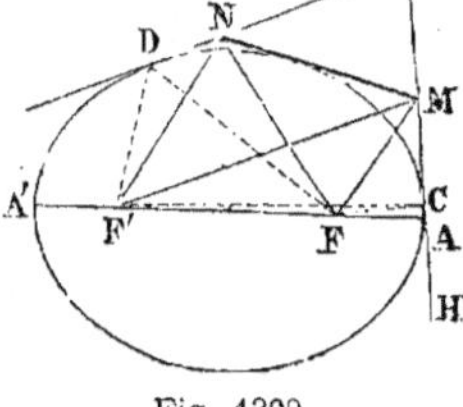

Fig. 1300.

Il faut prouver qu'on a

   angle MFN + MF'N + L = 2 droits

Or   angle $MFN = \frac{1}{2} CFD$

   angle $MF'N = \frac{1}{2} CF'D$

Dans chaque quadrilatère FCLD, F'CLD, les angles valent quatre droits; la somme totale vaut donc huit droits. Cette somme peut se décomposer en deux groupes :

$$CFD + L + CF'D + L \quad \text{ou} \quad 2(MFN + MF'N + L) \qquad (1)$$

$$FCL + FDL + F'CL + F'DL \qquad (2)$$

Mais   FCL + F'CL = 2 droits;   car   F'CL = FCH

De même   FDL + F'DL = 2 droits

Ainsi le groupe (2) égale 4 droits; il en est donc de même du groupe (1); donc   MFN + MF'N + L = 2 droits   *C. Q. F. D.*

2116. Théorème. *Dans l'hyperbole, la différence des angles vecteurs est constante.*

Exercice 891. — I.

2117. Théorème. *Lorsqu'un quadrilatère circonscrit à une conique a pour points de contact les sommets d'un quadrilatère inscrit, les diagonales des deux quadrilatères passent par le même point.* (NEWTON.)

On peut placer une conique quelconque sur un cône de révolution (n° 2212). Par le sommet du cône et par chaque côté des deux quadrilatères, ainsi que par les diagonales, on mène des plans. Le quadrilatère circonscrit donne une pyramide quadrangulaire circonscrite. En coupant le cône par un plan perpendiculaire à l'axe, on obtient un cercle inscrit et circonscrit à deux quadrilatères ; or les diagonales de ces deux quadrilatères passent par un même point ; il en est donc de même dans la section conique (n° 1274).

Exercice 891. — II.

2118. Problème. *Connaissant cinq tangentes à une conique, déterminer les points de contact.*

C'est une application directe du *théorème de Newton* (n° 2117). Quatre

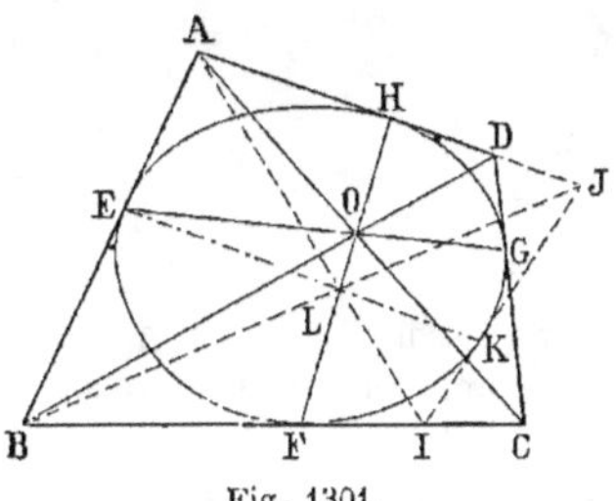

Fig. 1301.

tangentes donnent lieu à un quadrilatère ABCD circonscrit à la courbe ; les diagonales se coupent au point O, et les cordes de contact doivent aussi passer par ce point.

Soit IJ la cinquième tangente ; cette ligne et trois des premières tangentes donnent lieu à un quadrilatère circonscrit ABIJ, dont les diagonales se coupent au point L.

Or les tangentes AD et BC appartiennent aux deux quadrilatères ; donc la ligne menée par les points L, O est la corde FH des contacts.

On détermine d'une manière analogue la corde EG ; il suffirait de considérer le quadrilatère formé par AB, BC, CD et IJ.

2119. Polaires dans les coniques. On peut placer une conique quelconque sur un cône de révolution (n° 2212) ; dès lors toutes les propriétés descriptives des polaires dans le cercle (G., n° 799 à 809) donnent lieu à des propriétés correspondantes dans les coniques. Nous devons nous borner à en énoncer quelques-unes.

Lorsqu'on mène des sécantes par un même point du plan d'une conique, et qu'on mène des tangentes à la courbe par les divers points d'intersection, les tangentes correspondantes se coupent sur une même droite, et cette droite est la polaire du point fixe.

Les droites qui joignent deux à deux les points d'intersection des sécantes menées par un point fixe se coupent sur la polaire de ce point.

Le point de concours de deux tangentes est le pôle de la corde des contacts.

Pour se rendre compte de la fécondité de la théorie des polaires appliquée aux coniques, et de la *Méthode des polaires réciproques* de Poncelet, il suffit de lire le *Traité des propriétés projectives des figures* de cet illustre géomètre.

Exercice 891. — III.

2120. Hexagramme de Pascal. *Dans tout hexagone inscrit à une conique, les trois points de concours des côtés opposés se trouvent en ligne droite.*

1° La démonstration se déduit immédiatement du théorème connu pour le cercle. (G., n° 747.) Il suffit de projeter le cercle et l'hexagone inscrit pour obtenir l'ellipse ; donc...

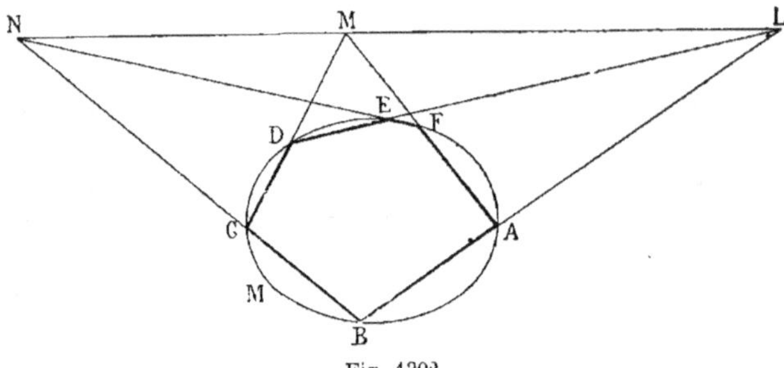

Fig. 1302.

On peut aussi placer la conique sur un cône de révolution ; la propriété établie pour l'hexagone inscrit dans le cercle s'étend à l'hexagone inscrit dans une conique quelconque.

2° En raisonnant sur la conique elle-même et l'hexagone inscrit, on peut appliquer la théorie des transversales en procédant comme il a été indiqué. (G., n° 747.)

3° On pourrait recourir aux faisceaux anharmoniques, en procédant pour une conique quelconque, comme on le fait pour le cercle. (Voir *Traité de Géométrie*, par MM. Rouché et de Comberousse, n° 332.)

2121. Théorème de Brianchon. *Les trois diagonales qui joignent les sommets opposés d'un hexagone circonscrit à une conique quelconque se coupent au même point.*

Tout ce qu'on a dit pour la démonstration de l'hexagone inscrit, 1° et 3°, est applicable à la démonstration de *l'hexagone de Brianchon*. Les polaires réciproques permettent de le déduire du théorème précédent (n° 2120).

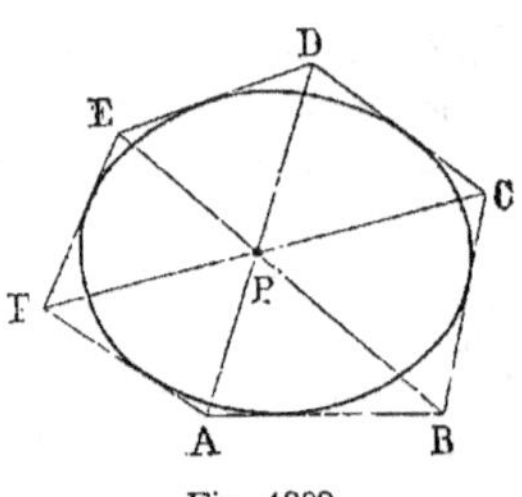

Fig. 1303.

2122. Applications des théorèmes de Pascal et de Brianchon. *L'hexagone inscrit* permet de déterminer une conique par points lorsqu'on connaît cinq de ces points ; car, en joignant ces cinq points deux à deux de toutes les manières possibles et les considérant comme étant cinq sommets d'un hexagone, on détermine dans chaque cas le sixième sommet. Ces nouveaux points, combinés cinq à cinq, entre eux ou avec les premiers, donnent lieu à de nouveaux hexagones, et par suite à de nouveaux points.

L'hexagone circonscrit permet de déterminer une conique par les tangentes lorsqu'on en connaît cinq, d'une manière analogue à ce qui vient d'être dit pour les points.

Les *théorèmes de Pascal et de Brianchon* permettent de déterminer une conique dans tous les cas où l'on connaît cinq données ; par exemple : cinq points, quatre points et une tangente, trois points et deux tangentes, etc., cinq tangentes. (Voir *Mémoire sur les lignes de second ordre*, par Brianchon, 1817.)

Exercice 892.

2123. Théorème de Mobius[*]. *Une surface de révolution étant engen-*

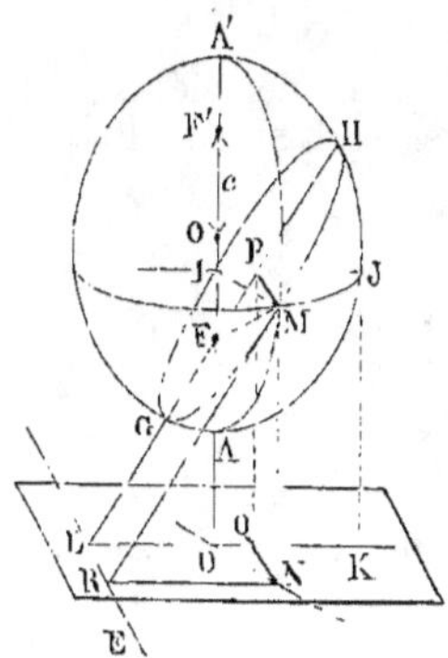

Fig. 1301.

drée par la rotation d'une conique autour de l'axe focal, tout plan mené par un foyer F de la conique coupe la surface suivant une conique qui a le même point F pour foyer. (N. A., 1857, p. 176.)

Soit une ellipse AHA' ayant F, F' pour foyers, a, b pour demi-axes, c pour distance focale, et DL pour directrice. (G., n° 845.)

On sait que cette droite est perpendiculaire à l'axe, et que le rapport des distances d'un point de la courbe au foyer et à la directrice est constant.

Ainsi
$$\frac{\mathrm{AF}}{\mathrm{AD}} = \frac{\mathrm{HF}}{\mathrm{HK}} = \frac{c}{a}$$

Dans la rotation autour de AA', la courbe AHA' engendre un ellipsoïde de révolution, et la directrice engendre un plan P perpendiculaire à l'axe AA'.

Coupons la surface de révolution par un plan perpendiculaire au méridien principal AHA' ; soient GMH la courbe obtenue et LE l'intersection du plan directeur par le plan sécant.

Pour démontrer le théorème, il suffit de prouver que, pour un point quelconque M de la courbe, le rapport des distances MF et MR est constant ; car si cela est prouvé, F sera le foyer et LE la directrice, et, par suite, la section sera une conique.

Par le point M menons un plan méridien et un plan perpendiculaire à l'axe.

Le premier donne pour section un cercle IM = IJ.

PM, perpendiculaire au méridien principal AHA', est parallèle à LE.

Le plan conduit par l'axe donne le méridien AMA' et la directrice DN parallèle à IM comme intersections de deux plans parallèles par le plan méridien. En projetant le point M en N, on a

$$\mathrm{MN} = \mathrm{PQ} = \mathrm{ID} = \mathrm{JK} ; \quad \mathrm{MR} = \mathrm{PL}$$

Le point M appartenant à l'ellipse AMA', dont DN est la directrice et $\dfrac{c}{a}$ le rapport constant, donne

$$\frac{\mathrm{MF}}{\mathrm{ID}} = \frac{c}{a} \tag{1}$$

---

[*] Mobius, géomètre allemand ; dans son traité *Der baricentrische Calcul* (1827), il a proposé la notation symbolique (ABCD) pour désigner le rapport anharmonique des quatre points A, B, C, D. On lui doit aussi l'expression des *six rapports* en fonction de l'un d'eux. (G., n° 758.) — (Cit. Cremona, pages 46 et 53.)

Il suffit d'exprimer ID en fonction de PL, qu'il faut faire entrer dans le rapport, et en fonction de lignes connues.

Or les triangles LFD, IFP sont semblables ; donc

$$\frac{ID}{PL} = \frac{FD}{FL} \qquad (2)$$

Multiplions (1) par (2) afin d'éliminer ID ; on obtient

$$\frac{MF}{PL} \quad \text{ou} \quad \frac{MF}{MR} = \frac{c}{a} \cdot \frac{FD}{FL}$$

Or le membre de droite est constant pour une section donnée ; donc la courbe GMH est une conique ayant F pour foyer et LE pour directrice.

Hyperbole. — Théorèmes.

Exercice 893. — I.

2124. Théorème. *Une droite ne peut rencontrer une hyperbole en plus de deux points.*

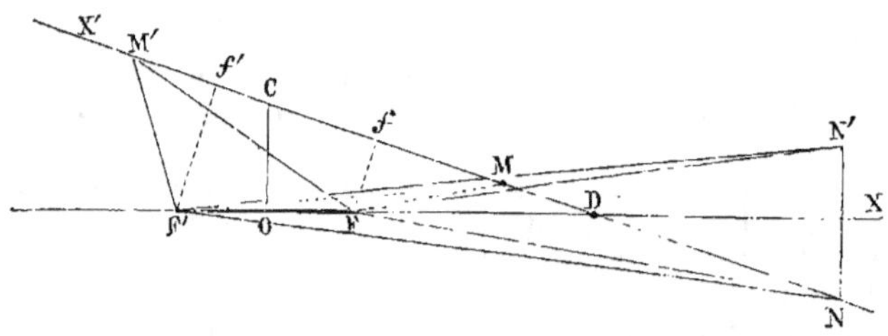

Fig. 1305.

La démonstration la plus rigoureuse et la plus complète résulte de l'étude de la variation de la différence des distances de deux points fixes à un point quelconque d'une droite donnée (nᵒˢ 258 à 261) ; mais cette démonstration ne saurait trouver place dans les *Éléments de Géométrie.*

2124 (a). Remarque. Une difficulté analogue se présente quand XX' passe entre F et F' pour les points situés au delà du point d'intersection de XX' et de FF'₁, — F₁ étant le point symétrique de F' par rapport à XX'.

La question omise (G., nᵒ 651) est celle qui se rapporte à un point tel que N, situé au delà du point D, où la droite coupe XX'. — Lorsque le symétrique N' est tel que M se trouve dans l'angle FN'F', la démonstration donnée ne prouve pas que F'N' — FN' est essentiellement différent de F'M — FM, dès qu'on a déjà F'M' — M'F = 2a.

Il faut donc recourir à l'étude de la variation de la différence des distances (nᵒ 258) ; mais la connaissance de cette variation suffit. En effet, de C à X', la différence varie de zéro à *ff'*, projection de FF' sur XX'. Or toutes les valeurs données par les points de D à X sont plus grandes que ff' ; donc le point N ne saurait donner une différence égale à celle des points donnés M et M'.

De même, si l'on prenait pour points donnés M et N, on en conclurait que la différence est plus grande que ff', et par suite, que CX' ne peut avoir aucun point donnant la différence voulue.

Exercice 893. — II.

2124 (b). Théorème. *L'hyperbole a pour asymptotes les droites menées par son centre, parallèlement aux génératrices qui déterminent dans le cône un plan mené par le sommet, parallèlement à la section qui donne la courbe.*

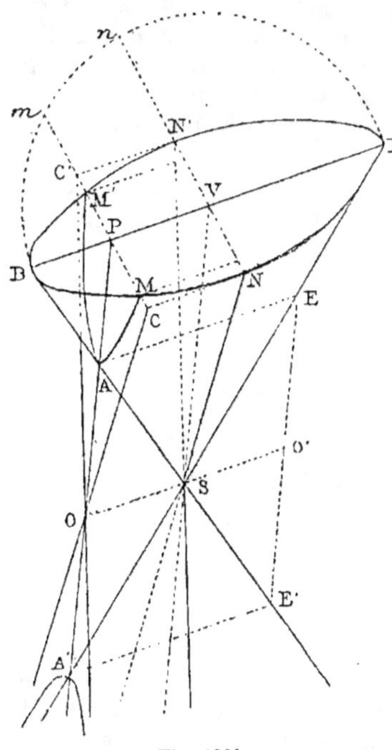

Fig. 1306.

Soient le plan sécant MAM' et son parallèle NSN' perpendiculaires au méridien principal ; par le milieu O de AA' menons des parallèles aux génératrices SN et SN'. Il faut prouver que OC et OC' sont les asymptotes de l'hyperbole.

Coupons le cône par un plan BNB'N' parallèle à OS, et en même temps perpendiculaire au méridien principal, et mené par une droite PM perpendiculaire au plan BSB' et à OP. La droite MM' est perpendiculaire à BB', à PO, et au plan BSB'. De même, NN' est perpendiculaire à BB', à SV et au plan BSB'.

Le point O étant le milieu de AA', la ligne SV, parallèle à AA', divise en parties égales les lignes AE et BB', parallèles à SO. Donc NN est le petit axe de l'ellipse BNB', et MM' est une corde parallèle à cet axe ; on a donc : $\text{PM} < \text{VN}$, ou $\text{PM} < \text{PC}$.

Si le plan BNB' s'éloigne du sommet, la différence MC diminue, car PV est une quantité constante, et en considérant le cercle décrit sur le grand axe, on a :

$$\frac{\text{P}m}{\text{V}n} = \frac{\text{PM}}{\text{VN}}$$

Or

$$\text{P}m = \sqrt{\text{V}n^2 - \text{VP}^2} = \text{VN}\sqrt{1 - \frac{\text{VP}^2}{\text{V}n^2}}$$

Ainsi, quand $\text{V}n$ augmente, le radical tend vers l'unité ; et par suite la différence de $\text{V}n$ à $\text{P}m$ diminue ; il en est donc de même de

$$\text{VN} - \text{PM}$$

Donc les droites OC et OC' parallèles aux génératrices SN et SN' sont les asymptotes de l'hyperbole. (G., n° 680.)

2124 (c). Remarque. L'angle des asymptotes égale l'angle des génératrices SN, SN', déterminées par le plan mené par le sommet du cône parallèlement au plan de l'hyperbole.

Pour un cône donné, l'angle des asymptotes est maximum lorsque le plan sécant est parallèle à l'axe, car cet angle égale celui que forment entre elles deux génératrices diamétralement opposées.

Exercices 894 et 895.

2125. Théorème. *Deux hyperboles sont dites conjuguées lorsqu'elles ont les mêmes asymptotes et les mêmes axes ; mais l'axe transverse de l'une est l'axe non transverse de l'autre, et réciproquement.*

Dans l'hyperbole équilatère, tous les diamètres conjugués sont égaux ; les parallélogrammes construits sur deux diamètres conjugués ont leurs sommets sur les asymptotes.

En admettant que le lieu géométrique du point milieu P des cordes parallèles MM' soit une droite OP qui passe au centre, on voit, à cause de la symétrie de la figure par rapport à chaque asymptote, qu'en prenant OH = OL, la droite HG est tangente ; le point de contact B est au milieu de HG, puisque A est au milieu de LG. Donc ces diamètres AO et OB sont parallèles aux côtés du losange GLG'H, et par suite aux

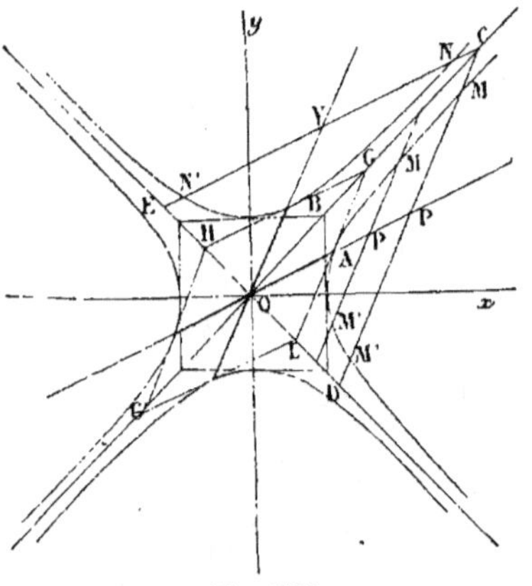

Fig. 1307.

cordes MM' ou NN' qu'ils divisent. D'ailleurs ils sont égaux entre eux, et les sommets du losange GLG'H sont sur les asymptotes. Par rapport à une hyperbole donnée, un diamètre est transverse et son conjugué est non transverse.

Exercice 896.

2126. Théorème. *Le produit des distances des foyers à une tangente quelconque à l'hyperbole est constant.*

Joignons M au centre ; soit N le point où cette ligne coupe F'M' : les triangles FMO et F'NO sont égaux, car F'O = FO ; les angles en O sont égaux, ainsi que les angles en F et F', puisque les lignes MF et F'M' sont perpendiculaires à la tangente. Donc F'N = MF et NO = OM. Ainsi N est le point où le cercle principal coupe F'M'.

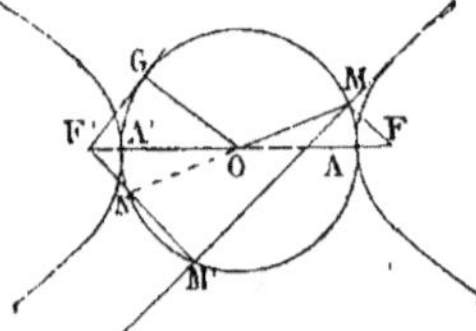

Fig. 1308.

Or $$F'M'.MF$$
ou $$F'M'.F'N = F'G^2 = c^2 - a^2 = b^2$$
donc $$FM.F'M' = b^2$$

Remarque. La plupart des théorèmes relatifs à l'ellipse ont leurs analogues par rapport à l'hyperbole : c'est ce qui a lieu notamment pour les théorèmes 2093 et 2094 ; mais, pour ce dernier, le cercle n'est réel qu'autant qu'on a : $b < a$. Le cercle se réduit au point O lorsque l'hyperbole est équilatère, et lorsque b est $> a$, on ne peut pas mener à l'hyperbole deux tangentes qui soient perpendiculaires l'une à l'autre.

Exercice 897.

2127. Théorème. *Sur une sécante quelconque, l'hyperbole et ses asymptotes interceptent des segments égaux.*
(Voir *Méthodes*, n° 174.)

Exercice 898.

2128. Théorème. *Toute tangente limitée aux asymptotes est divisée en deux parties égales par le point de contact.*
(Voir *Méthodes*, n° 175.)

Exercice 899.

2129. Théorème. *Lorsqu'on projette en C un point M de l'hyperbole équilatère sur l'axe non transverse, la distance AC du sommet au point obtenu C égale l'abscisse MC du point considéré M.*

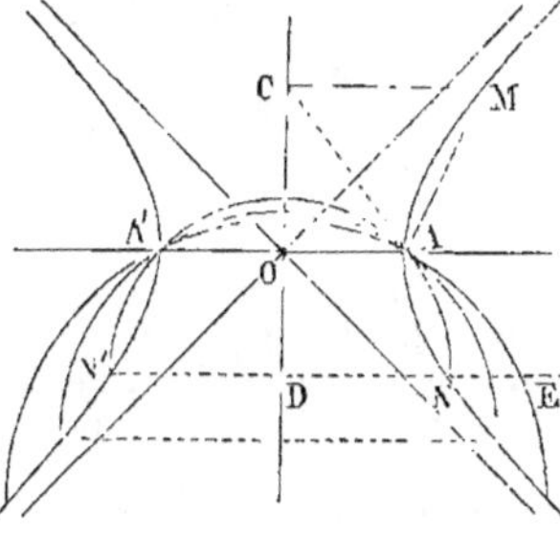

Fig. 1309.

En effet,
$$MC^2 \text{ ou } x^2 = y^2 + a^2$$
$$MC^2 = OC^2 + OA^2$$
donc $$MC^2 = AC^2 \quad C.\ Q.\ F.\ D.$$

Remarque. On peut construire facilement l'hyperbole équilatère par points, en utilisant la propriété précédente. Ainsi, on mène une parallèle quelconque DE à l'axe transverse. Du point D comme centre, avec le rayon DA, on décrit une demi-circonférence ; elle fait connaître les points N et N'.

Exercice 900.

2130. Théorème. *Dans l'hyperbole équilatère, la droite qui joint le centre à un point quelconque de la courbe est moyenne proportionnelle entre les deux rayons vecteurs de ce point.* (N. A. 1842, p. 429.)

Dans le triangle FMF', la droite MO est médiane ; donc
$$2MO^2 + 2OF^2 = MF'^2 + MF^2$$
ou $$MF'^2 + MF^2 = 2MO^2 + 2c^2 \qquad (1)$$

Mais on a : $MF' - MF = 2a$

ou $MF'^2 - 2MF \cdot MF' + MF^2 = 4a^2$

$MF^2 + MF'^2 = 4a^2 + 2MF \cdot MF'$ (2)

En comparant (1) et (2), on trouve :

$2MO^2 + 2c^2 = 4a^2 + 2MF \cdot MF'$

Mais dans l'hyperbole équilatère $c^2 = 2a^2$;
donc, en simplifiant et divisant par 2, on
trouve :

$MO^2 = MF \cdot MF'$ $C.\ Q.\ F.\ D.$

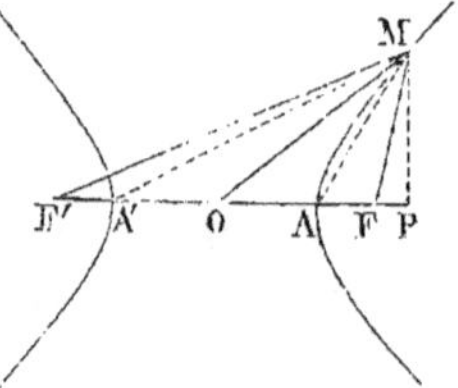

Fig. 1310.

Exercice 901.

2131. Problème. *Dans l'hyperbole équilatère, les angles à la base du triangle AMA' obtenu en joignant un point quelconque M de la courbe aux deux sommets A et A' ont un angle droit pour différence.*

L'équation de la courbe $x^2 - y^2 = a^2$,   revient à

$MF^2 = OF^2 - OA^2 = (OF - OA)(OF + OA')$

donc $MF^2 = AF \cdot A'F$;   d'où $\dfrac{AF}{MF} = \dfrac{MF}{A'F}$

Ainsi les triangles AFM, MFA' sont semblables ; par suite,

l'angle $MA'F = AMF$

donc $MA'F + MAF =$ un droit

d'où $MAA' - MA'A =$ un droit $C.\ Q.\ F.\ D.$

2132. Note. Les auteurs anglais, dans l'étude élémentaire des *sections coniques*, définissent ces courbes par la propriété de la directrice et du foyer.

Une conique est le lieu des points dont les distances à un point donné et à une droite fixe sont entre elles dans un rapport constant.

La courbe est une *ellipse*, quand le rapport est moindre que l'unité ; une *parabole*, quand il est l'unité ; une *hyperbole*, quand il est plus grand.

La différence du point de départ, conduit à une exposition bien différente de celle que nous suivons ; comme comparaison, il y aurait utilité réelle à étudier les auteurs anglais.

Dans le *Journal de Mathématiques élémentaires* (1890), on a une suite d'articles de M. MOREL d'après le dernier mode indiqué ; on peut voir d'ailleurs quelques ouvrages anglais, par exemple : *A treatise on Geometrical conics by Cockshott and Walter,* publié en 1891 ; et le travail si remarquable de MM. MILNE et DAVIS : *Geometrical conics.*

M. MOREL, professeur à Sainte-Barbe, a publié de nombreux articles dans le *Journal de Mathématiques élémentaires et spéciales.*

Parabole. — Théorèmes.

Exercice 902.

2133. Théorème. *Les tangentes menées à la parabole par un point extérieur font des angles égaux avec la ligne qui joint ce point au foyer, et avec la parallèle à l'axe menée par ce même point extérieur ;*

Et la droite qui joint ce point au foyer est bissectrice de l'angle des rayons vecteurs des points de contact.

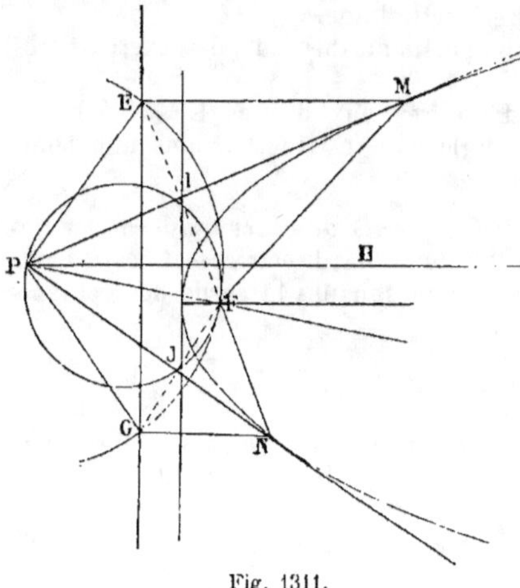

Fig. 1311.

Soient les tangentes PM et PN, et soit PH la parallèle à l'axe.

1° Il faut prouver que l'angle FPN = HPM.

Cherchons les symétriques E et G du foyer, par rapport aux tangentes. Ces points appartiennent à la directrice (G., n° 695); les projections I et J du foyer sont sur la tangente, au sommet. (G., n° 697.)

La circonférence décrite sur PF, comme diamètre, passe aux points I et J, puisque les angles FIP et FJP sont droits.

Les angles inscrits FIJ et FPJ sont égaux; mais FIJ et HPI sont égaux comme ayant les côtés respectivement perpendiculaires. Donc l'angle HPM = FPN.

2° Il faut prouver que la droite PF est bissectrice de l'angle MFN, ou que l'angle PFM = PFN.

Or PFM = PEM, PFN = PGN et PEM = PGN, puisque ces derniers égalent 1 droit plus PGE ou son égal PEG. Donc l'angle PFM = PFN.

C. Q. F. D.

Exercice 903.

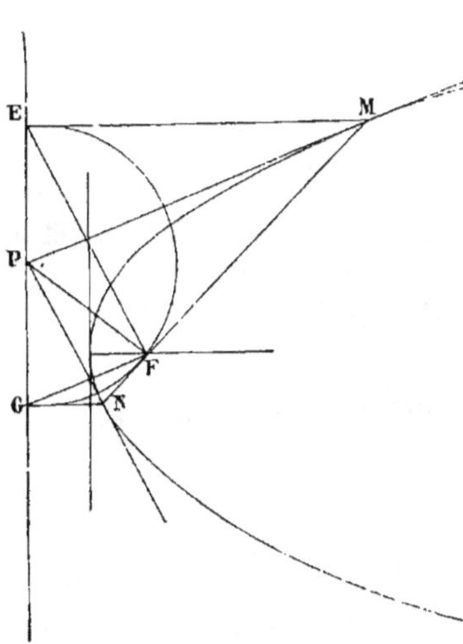

Fig. 1312.

2134. Théorème. *Les tangentes à la parabole, menées d'un même point de la directrice, sont perpendiculaires l'une à l'autre; la corde des contacts passe au foyer, et la droite qui joint le point de concours des tangentes au foyer est perpendiculaire à la corde des contacts.*

Pour mener les tangentes à la parabole, du point P, comme centre, avec le rayon PF, il faut décrire une circonférence. (G., n° 703.) Les perpendiculaires EM et GN déterminent les points de contact. Joignons le foyer aux points M et N.

L'angle PFM = PEM = 1 droit;

de même, l'angle PFN est droit. Donc les droites FM et FN sont dans le prolongement l'une de l'autre. Ainsi la corde des contacts MN passe au foyer, et PF est perpendiculaire à cette ligne.

Cela résulte aussi de la deuxième partie du théorème de l'exercice précédent (n° 2133).

Les tangentes, étant perpendiculaires aux droites EF et GF, se coupent à angle droit, puisque l'angle EFG est inscrit dans une demi-circonférence.

Scolie. *La directrice est le lieu des points de concours des tangentes qui se coupent à angle droit;* autrement, la directrice est le lieu des points de concours des tangentes pour lesquelles la corde des contacts passe par le foyer.

Exercice 904.

2135. Théorème. *La somme des inverses des segments d'une corde menée par le foyer d'une parabole est une quantité constante.*

Soit une corde focale MFN ; il faut prouver que $\dfrac{1}{FM} + \dfrac{1}{FN}$ est une quantité constante.

Or
$$\frac{1}{FM} + \frac{1}{FN} = \frac{FN + FM}{FM \cdot FN} = \frac{MN}{FM \cdot FN}$$

Menons les tangentes MG, NG ; ces droites se coupent à angle droit; le point G se trouve sur la directrice (2134, *Scolie*); GF est perpendiculaire à MN, car les points F et C étant symétriques par rapport à GN et l'angle GCN étant droit, l'angle NFG l'est aussi.

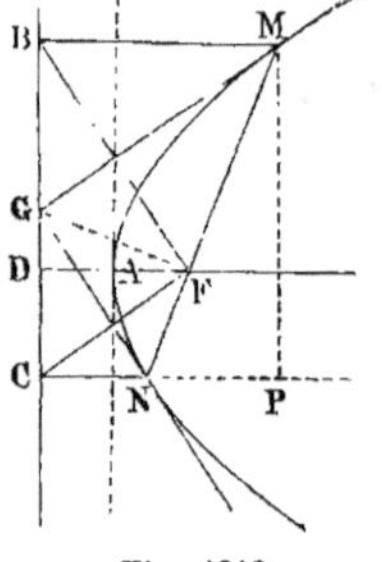

Fig. 1313.

Donc $\qquad$ FM . FN $=$ GF² $\quad$ (G., n° 247, 2°.)

Il suffit de prouver que $\dfrac{MN}{FG^2}$ est une quantité constante.

On sait que $\quad$ BG $=$ GF $=$ GC ;

donc $\qquad\qquad$ BC $=$ 2GF

Abaissons la perpendiculaire MP sur CN ; MP $=$ BC.

Les triangles rectangles DFG, MNP sont semblables comme ayant les côtés perpendiculaires ; donc

$$\frac{MN}{GF} = \frac{MP}{FD} ; \qquad \frac{MN}{GF} = \frac{2GF}{FD}$$

d'où $\qquad \dfrac{MN}{GF^2} = \dfrac{2}{FD}$ $\quad$ quantité constante. $\qquad$ *C. Q. F. D.*

2136. Remarque. $\qquad\qquad \dfrac{2}{FD} = \dfrac{2}{p}$

Ainsi $\qquad\qquad \dfrac{1}{FM} + \dfrac{1}{FN} = \dfrac{2}{p}$

La somme des inverses des segments de la corde focale est le double de l'inverse du paramètre de la parabole.

M. $\hfill$ 40

Exercice 905.

2137. Théorème. *Si par le foyer d'une parabole on élève une perpendiculaire à l'axe, et que sur cette droite on prenne des grandeurs égales FM, FN de part et d'autre de cet axe, le trapèze obtenu en projetant les points M et N sur une tangente est constant, quelle que soit la tangente menée.* (N. A. 1845, p. 363.)

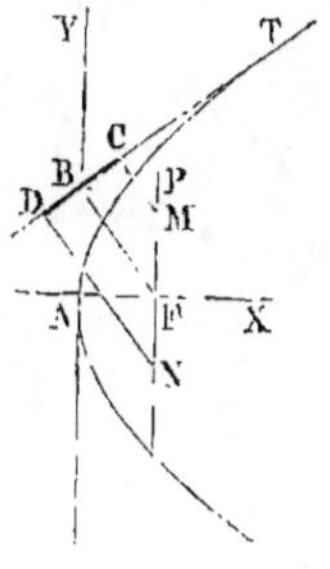

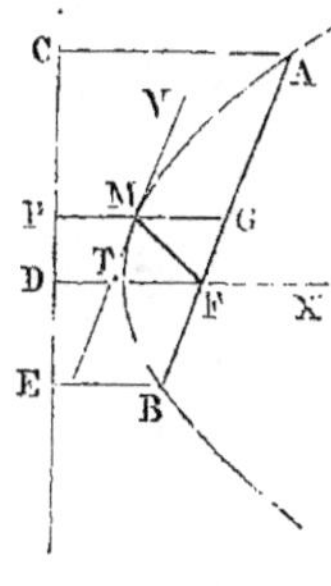

Fig. 1314.

Soit $FM = FN$.

Il faut prouver que le trapèze MCDN a une aire constante.

Or la surface peut s'obtenir en multipliant un des côtés non parallèles par la perpendiculaire abaissée du point milieu de l'autre côté, mais la projection B du foyer F sur une tangente quelconque DT se trouve sur la tangente au sommet.

Ainsi le point milieu de CD se trouve sur AY; BP est la hauteur, et l'on a

$$MCDN = MN . BP \quad \text{quantité constante.}$$

2138. Problème. *Par le foyer F d'une ellipse, on élève une perpendiculaire sur le grand axe, on prend de part et d'autre de l'axe des grandeurs égales FM, FN; mener une tangente à l'ellipse de manière que le trapèze obtenu en projetant M et N sur la tangente ait une aire donnée* k^2.

La projection du foyer sur la tangente, c'est-à-dire le milieu du côté opposé à MN, est sur le cercle principal (G., n° 626); le problème revient donc à déterminer sur le cercle principal un point B dont la distance BP au grand axe soit telle qu'on ait

$$MN . BP = k^2$$

Il faut donc mener une parallèle au grand axe, à une distance donnée

par
$$BP = \frac{k^2}{MN}$$

Exercice 906.

2139. Théorème. *Toute corde menée par le foyer d'une parabole est égale au quadruple du rayon vecteur du point de contact de la tangente parallèle à cette corde.* (N. A. 1877, p. 335.)

Menons les perpendiculaires AC, MP, BE sur la directrice; PM prolongé passe par le point G milieu de la corde. (G., n° 706, 2°.)

Donc $\quad 2 . GP = AC + BE = AB$

Mais le triangle FMT est isocèle, car l'angle

$$FMT = GMV = FTM.$$

Donc $\quad FM = FT = GM = MP$

d'où $\quad PG = 2FM$

Fig. 1315.

d'où $\quad\quad 2GP$ ou $4FM = AB \quad\quad C. Q. F. D.$

Exercice 907.

2140. Théorèmes. *Dans une parabole, une tangente mobile limitée à deux tangentes fixes est vue du foyer sous un angle constant.* (*Traité des Propriétés projectives des figures*, t. I, nᵒˢ 466, 467.) D'après PONCELET, le théorème est de LAMBERT[*] ; il en est de même de celui qu'on en a déduit facilement (nᵒ 2141).

La démonstration est analogue à celle qu'on a donnée pour l'ellipse (nᵒ 2110).

Projetons le foyer sur les trois tangentes.

Les points M, G, N se trouvent sur la tangente au sommet. (G., nᵒ 697.)

Le quadrilatère FGDN est inscriptible dans le cercle qui aurait FD pour diamètre ; donc

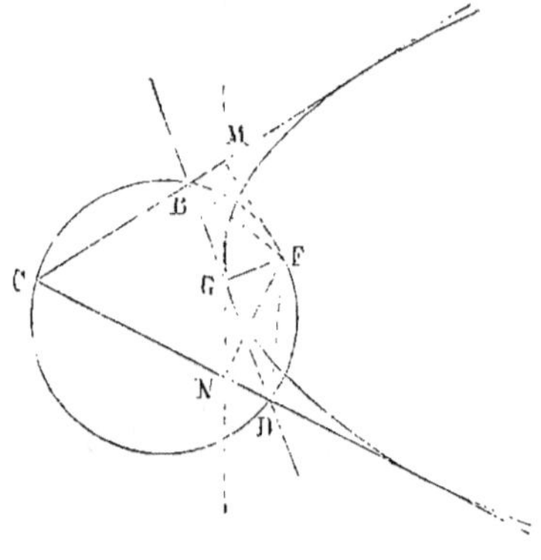

Fig. 1316.

$$\text{angle } FNG = FDG = FNG$$

De même $$\qquad \text{angle } FBG = FMG$$

d'où $$\qquad \text{angle } BFD = MFN$$

Ainsi l'angle BFD est constant, il est le supplément de l'angle C, car l'angle MFN est le supplément de l'angle formé par les tangentes fixes.

2141. Théorème de Lambert. *Le cercle circonscrit au triangle BCD formé par trois tangentes à la parabole passe par le foyer.*

Les angles F et C sont supplémentaires. (Voir aussi nᵒ 2166.)

2142. Remarque. De ces théorèmes on peut déduire un grand nombre de corollaires. (Voir PONCELET, *Traité des propriétés projectives des figures*, t. I, nᵒ 465 et suivants.)

Application d'Analyse et de Géométrie, t. II, p. 461 et suivantes.

Exercice 908.

2143. Théorème. *Pour tracer le balancier des machines à vapeur, connaissant la demi-longueur AP et la demi-largeur PM = PN, on divise MP et AP en un même nombre de parties égales ; par les points de division de MP on mène des parallèles à l'axe, et l'on joint N à chaque point de division de l'axe.*

Prouver que l'on obtient un arc de parabole.

---

[*] LAMBERT, né en 1728 à Mulhouse, mort en 1777 à Berlin ; publia un *Traité de perspective* et un *Traité des comètes*, où l'auteur développe diverses propriétés des coniques.

Pour le point B, par exemple, on a : $BC = \dfrac{3}{5} MP$; et les triangles semblables BCD et DPN donnent :

$$\frac{CD}{DP} = \frac{BC}{MP} = \frac{3}{5}$$

$$CD = {}^{3}/_{5}\,DP = {}^{3}/_{5} \cdot {}^{2}/_{5}\,AP = {}^{6}/_{25}\,AP$$

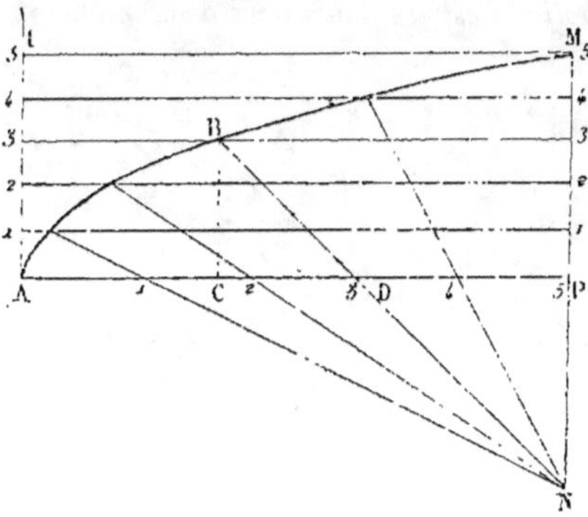

Fig. 1317.

Or $AC = \dfrac{3}{5}\,AP - CD = \dfrac{15}{25}\,AP - \dfrac{6}{25}\,AP = \dfrac{9}{25}\,AP$

et puisque $\dfrac{BC}{MP} = \dfrac{3}{5}$ ou $\dfrac{BC^2}{MP^2} = \dfrac{9}{25} = \dfrac{AC}{AP}$

le point B appartient à une parabole qui a la ligne AP pour axe, A pour sommet, et MP pour ordonnée extrême considérée. (G., n° 700.)

2144. On emploie aussi le tracé suivant* :

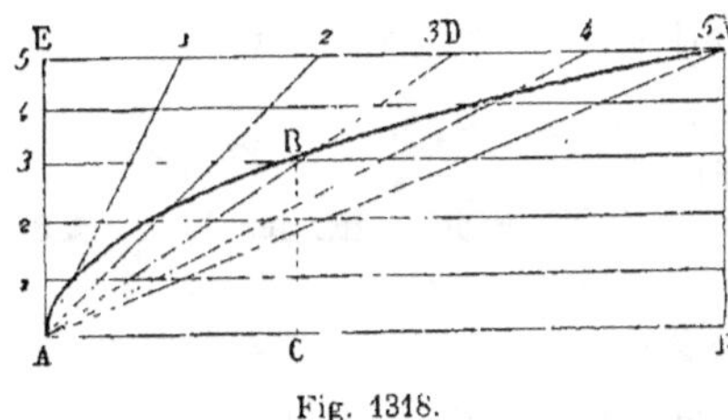

Fig. 1318.

Le sommet A est joint aux points 1, 2, etc.; les points où ces lignes coupent les parallèles de même cote appartiennent à une parabole. (G., n° 700.)

La démonstration est analogue à la précédente :

$$\frac{BC}{MP} = \frac{3}{5}, \quad \frac{BC^2}{MP^2} = \frac{9}{25}$$

Or les triangles semblables ABC et ADE donnent :

$$\frac{AC}{ED} = \frac{BC}{AE} = \frac{3}{5} ; \quad \text{mais} \quad ED = \frac{3}{5}\,AP$$

Donc $\dfrac{AC}{{}^{3}/_{5}AP} = \dfrac{3}{5}$ ou $\dfrac{AC}{AP} = \dfrac{9}{25} = \dfrac{BC^2}{MP^2}$

Les carrés des ordonnées sont dans le même rapport que les abscisses; on a donc une parabole.

---

* Communiqué par M. HUMEAU, professeur à l'école d'arts et métiers d'Aix.

Exercice 909.

2145. Théorème. *Démontrer directement que le triangle curviligne formé par un arc de parabole et les deux tangentes menées aux extrémités de cet arc est le tiers du parallélogramme construit sur la corde des contacts et le diamètre conjugué à cette corde. En déduire que l'aire du segment parabolique est les deux tiers de ce même parallélogramme.*

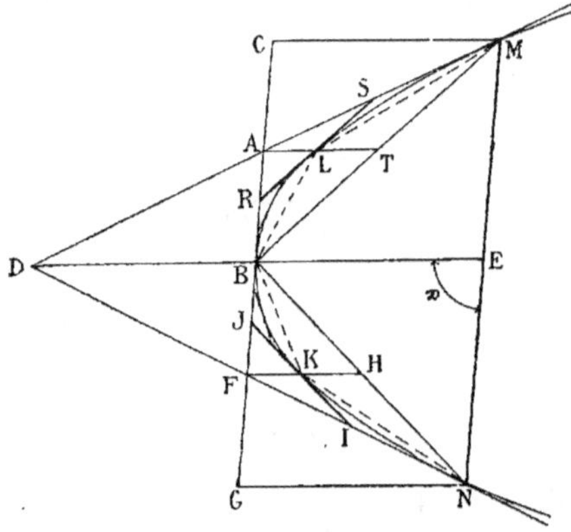

Fig. 1319.

Le triangle MDN est équivalent au parallélogramme CMNG.

Pour avoir la surface MBN, il suffit de retrancher du triangle total la surface comprise entre la courbe MBN et les tangentes DM, DN.

Menons la tangente AF parallèle à la corde MN, on aura $AF = \dfrac{MN}{2}$, car $DB = BE$.

Donc le triangle ADF est le quart du triangle MDN ou le quart du parallélogramme.

Menons les tangentes parallèles aux cordes BM, BN.

Le triangle IFJ est le quart de BFN.

Mais le triangle BFN est équivalent à DBF; donc IFJ est le quart de DBF.

Donc $$IFJ + ARS = \frac{ADF}{4}$$

Des tangentes parallèles aux cordes BF, BN donnent lieu à deux triangles dont la somme est le quart de IFJ.

Les tangentes parallèles aux cordes BL, LM donneraient lieu à deux autres triangles analogues; la somme des quatre nouveaux triangles est donc le quart de la somme $IFJ + APQ$ ou le quart de $\dfrac{ADF}{4}$, etc.

Donc, en résumé, en représentant par P le parallélogramme, le triangle $ADF = \dfrac{P}{4}$.

La somme des deux suivants ou $$IFJ + ARS = \frac{ADF}{4} = \frac{P}{16}.$$

La somme des quatre suivants est le quart du résultat, précédent, etc.

Donc la somme des triangles formés entre la courbe et les tangentes DM, DN est donnée par la somme des termes d'une progression décroissante, dont $\dfrac{1}{4}$ est la raison et $\dfrac{P}{4}$ le premier terme.

Or la limite de la somme des termes d'une progression, dont a est le premier terme et q la raison, est donnée par

$$S = \frac{a}{1 - q} \qquad (Alg., \text{n}^\text{o} \ 339.)$$

$$S = \frac{P}{4} : \left(1 - \frac{1}{4}\right) = \frac{P}{3}$$

Donc l'aire parabolique $MBN = \dfrac{2}{3} \cdot P$.

Remarque. Cette démonstration est l'application de la *Méthode d'exhaustion* (nº 1902). Pour évaluer l'aire de la parabole, Archimède a considéré les triangles *intérieurs*, au lieu de faire la somme des triangles *extérieurs*. Le nom de *Méthode d'épuisement* vient de ce qu'on épuise, en quelque sorte, l'espace compris entre la courbe et les droites DM, DN.

LIEUX GÉOMÉTRIQUES ET ENVELOPPES

Exercice 910.

2146. Lieu. *De tous les points d'une circonférence on abaisse des perpendiculaires sur une droite quelconque située dans le plan du cercle. Quel est le lieu du milieu de ces perpendiculaires?*

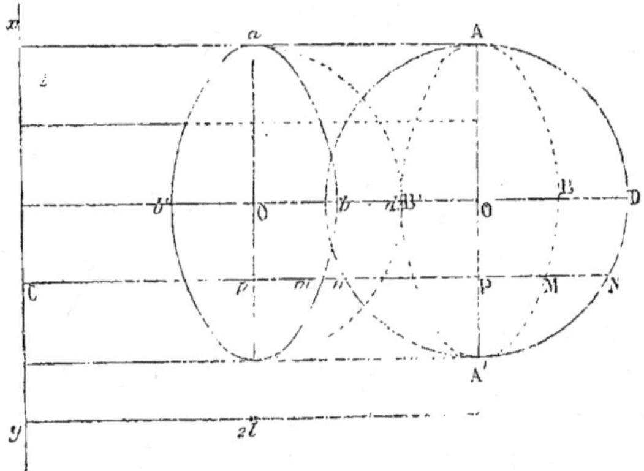

Fig. 1320.

Soient AA' et xy la droite et la circonférence données; et $2l$ la distance du centre à la droite.

Pour un point N quelconque on a : $mC = \frac{1}{2}NC$. Or $NC = 2l + NP$; donc

$$Cm = l + \tfrac{1}{2}PN\ldots$$

Or si nous divisons les ordonnées, telles que PN, en deux parties égales, nous obtenons l'ellipse ABA'B', dans laquelle BB' = $\frac{1}{2}$AA'; et, puisque la courbe $aba'b$ est obtenue en prenant sur chaque parallèle une longueur constante Mm égale à l, nous obtenons une courbe égale à la première, car on a : $\dfrac{pm}{pn} = \dfrac{ob}{od}$, puisque $\dfrac{PM}{PN} = \dfrac{OB}{OD}$. Donc $aba'b$ est une ellipse.

Exercice 911.

2147. Lieu. *Lieu du centre des ellipses tangentes à deux droites en des points donnés, et lieu du centre et du foyer F des ellipses tangentes à deux droites et dont l'autre foyer F' est fixe.*

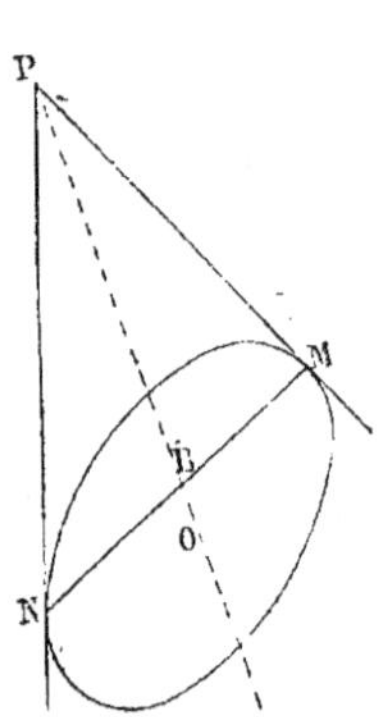

Fig. 1321.

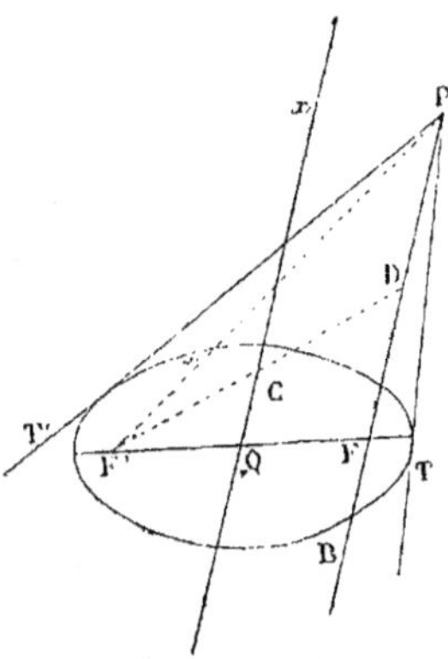

Fig. 1322.

1° D'après l'exercice 872 (n° 2081), le lieu du centre O des ellipses est sur la droite BP, qui joint E milieu de la corde MN des contacts au point P;

2° Le lieu du foyer F est une droite BP qui fait, avec la tangente TP, un angle égal à F'PT' (G., n° 633); le lieu du centre est une parallèle Ox menée à égale distance de F' et de BP, car on a constamment F'C = CD.

2147 (a). Remarque. La droite F'P est la position extrême de l'axe focal des ellipses tangentes aux deux lignes données. Pour F'P, l'ellipse est réduite au grand axe F'P; jusqu'à cette limite extrême, les points de contact sur chaque droite se rapprochent de plus en plus du point P.

Au delà, pour F'B, on a donc une hyperbole dont les foyers sont F' et B; de même, pour F'F", la droite F'DC donne le centre D sur la tangente T'. Cette ligne

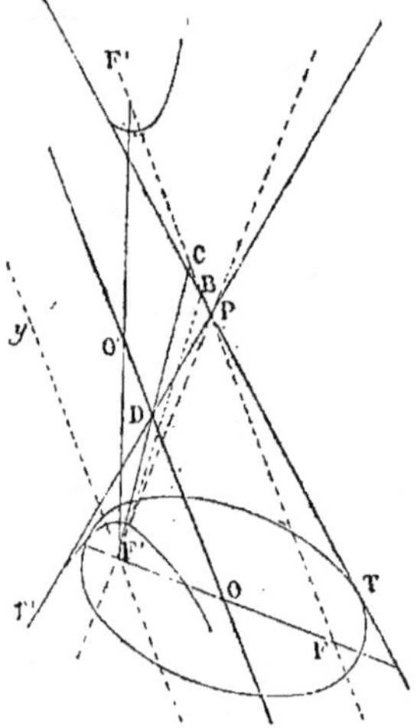

Fig. 1323.

est donc une asymptote; et le point où OO' rencontrerait la tangente T serait le centre de l'hyperbole qui aurait TP pour asymptote. La droite F'y, parallèle à EP et à OO' correspond à une parabole. (G., n° 690.)

Exercice 912.

2148. Lieu. *Lieu des points également distants de deux circonférences, ou d'une circonférence et d'une droite.*

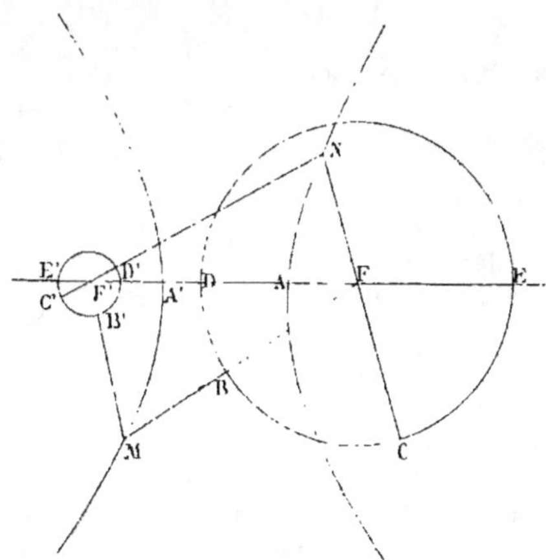

Fig. 1324.

1° *Cas de deux circonférences.* Soit le point M tel que l'on ait : $MB = MB'$; d'où $MF - MF' = BF - B'F' = (R - r)$, quantité constante.

Le point M appartient à une hyperbole dans laquelle $2a = R - r$, et dont F et F' sont les foyers. Le point A', milieu de DD', est un des sommets, car $A'F - A'F'' = R - r$; il en est de même du point A, milieu de EE', car

$$AF' - AE = (AE' - E'F') - (AE - EF) = AE' - E'F' - AE + EF =$$
$$EF - E'F' = R - r$$

Lorsqu'on a $NC = N'C'$, le point N appartient à cette même branche.

Les points de l'hyperbole obtenue sont les centres des circonférences tangentes aux deux circonférences données extérieurement à l'une, et intérieurement à l'autre.

En procédant d'une manière analogue, on voit que le lieu complet comprend une seconde hyperbole : A' est le milieu de DD', et A, celui de EE'. On a : $MB = MB'$, et par suite la valeur 2a ou

$$MF - MF' = (BM + R) - (MB' - r), \quad 2a = (R + r);$$

la circonférence décrite de M, avec le rayon $MB = MB'$, est tangente intérieurement à la circonférence F', et extérieurement à la circonférence F;

le contraire a lieu pour les points de la branche de droite. Lorsque les circonférences sont intérieures, le lieu se compose de deux ellipses.

2° Pour une circonférence et une droite xy, le lieu se compose de deux paraboles : le milieu de OB est le sommet de l'une d'elles. On prend AD = AF; puisque ML = MF, on a MI = MJ, car A est le milieu de OB et celui de FD.

Donc LJ = IF...

A′, milieu de OC, est le sommet de la seconde parabole.

NF = NP;   donc   NH = NG

La discussion des divers cas que peuvent présenter deux circonférences, et une circonférence et une droite, est intéressante, mais n'offre aucune difficulté.

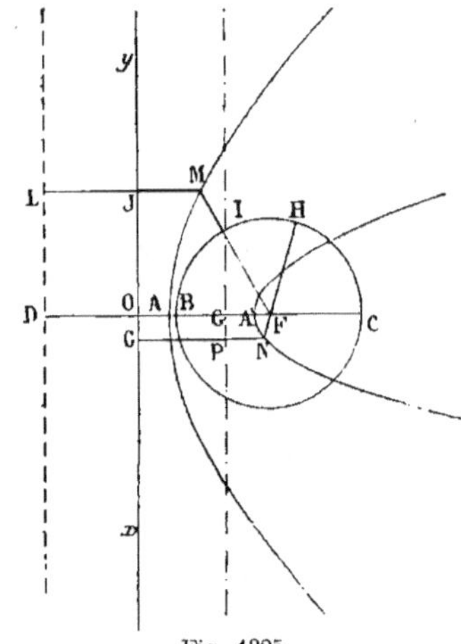

Fig. 1325.

Exercice 913.

2149. Lieu. *Lieu du centre des cercles qui passent par un point fixe, et qui sont tangents à une droite donnée ou à une circonférence donnée.*

Ce n'est qu'un cas particulier du lieu précédent : un cercle est réduit à son centre. D'ailleurs, suivant que le point donné est intérieur ou extérieur au cercle donné, on a une ellipse ou une hyperbole. (G., nᵒˢ 615 et 649.)

Exercice 914.

2150. Lieu. *Par les points où une tangente mobile coupe deux droites fixes tangentes à une parabole, on mène des parallèles aux tangentes fixes : lieu du point de concours de ces parallèles.*

Pour une troisième tangente quelconque DE, on a (G., nᵒ 710) : $\dfrac{EC}{EB} = \dfrac{DB}{AD}$. Or si nous menons la parallèle DH jusqu'à la corde des contacts, puis, par le point H, une parallèle à AB jusqu'à la rencontre de la tangente BC, nous aurons les égalités :

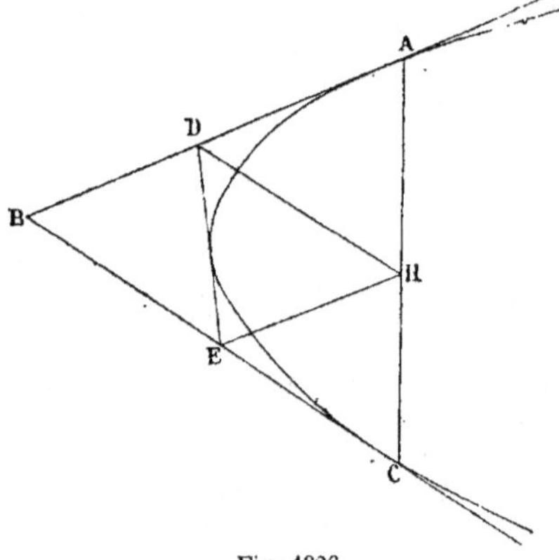

Fig. 1326.

$$\frac{EC}{EB} = \frac{CH}{AH} = \frac{EH \text{ ou } DB}{DA}$$

Donc la ligne DE ainsi déterminée divise les tangentes fixes en segments

40*

inversement proportionnels ; et cette ligne DE n'est autre chose que la tangente mobile. (G., n° 712.) Donc, si l'on construit le parallélogramme DBEH, le sommet H sera sur la corde des contacts.

Exercice 915.

2151. Lieu. *Lieu du foyer des paraboles qui ont une directrice donnée et qui passent par un point donné, ou qui sont tangentes à une droite donnée ;*
Lieu des sommets des mêmes paraboles.

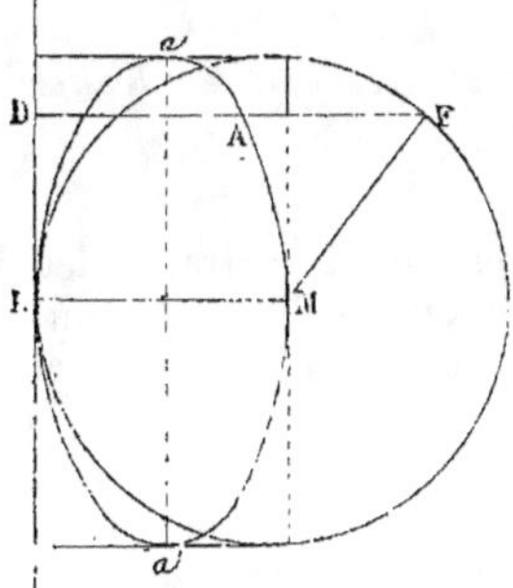

Fig. 1327.

1° Puisque le point M est à égale distance du foyer et de la directrice, le lieu du foyer est le cercle décrit de M comme centre tangentiellement à la directrice ; car, pour un foyer quelconque F, on a : MF = ML.

Le sommet A est au milieu de la perpendiculaire FD ; donc (Exercice 910) le lieu du sommet est une ellipse : le grand axe $aa' = 2$LM, et LM est le petit axe.

2° Soient TP la tangente et LD la directrice données. Pour une parabole quelconque, remplissant les conditions imposées, N est le symétrique du foyer, et la tangente est perpendiculaire au milieu de FN. (G., n° 693.) Donc l'angle FPM = NPM ; et la ligne PR, qui fait, avec la tangente, un angle égal à celui que cette tangente fait avec la directrice, est le lieu des foyers.

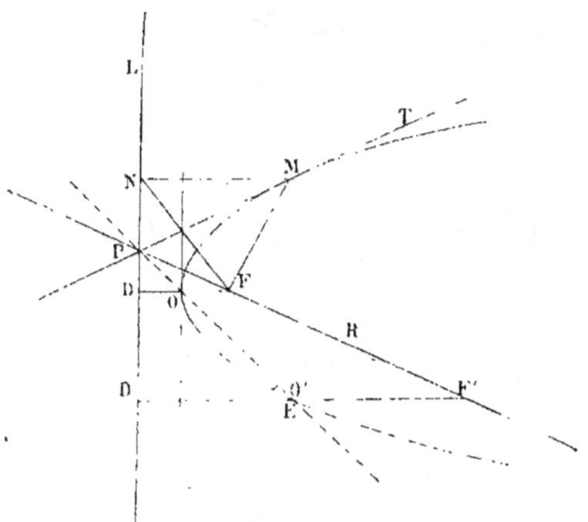

Fig. 1328.

3° Si d'un foyer quelconque F nous abaissons la perpendiculaire ED sur la directrice, le sommet correspondant est au milieu de DF ; donc le lieu des sommets est la droite POE ainsi menée, car on aura constamment D'O' = O'F'.

Exercice 916.

2152. Lieu. *Lieu des points dont la somme ou la différence des distances à un point et à une droite donnés égale une ligne donnée.*

(Voir *Méthodes*, n° 76.)

Exercice 917.

2153. *Lieu des points dont le produit des distances à deux droites rectangulaires égale un carré donné.*

(Voir *Méthodes*, n° 78.)

Lorsque les droites ne sont pas perpendiculaires l'une à l'autre, le lieu est une hyperbole ayant ces droites pour asymptotes; mais la détermination est analytique, car elle dépend de l'équation de l'hyperbole, et elle utilise diverses transformations de formules.

Exercice 918. — I.

2154. Lieu. *Dans un trapèze, la grande base est fixe, la petite base est donnée de longueur, et la somme des deux autres côtés est constante. Quel est le lieu du point de concours des diagonales?*

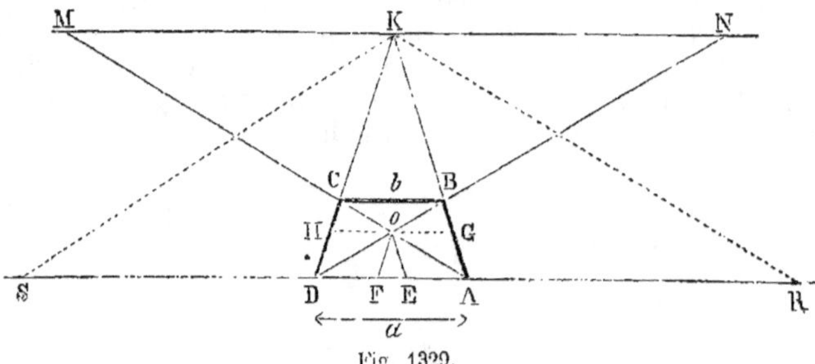

Fig. 1329.

Soient $\qquad AD = a, \quad BC = b \quad$ et $\quad AD + DC = l$

Par le point O, menons des parallèles aux côtés.

On a : $\qquad AE = OG = OH = DF$

puis $\qquad OE = AG, \quad OF = DH$

1° La droite $HG = \dfrac{2ab}{a+b} \quad$ (n° 1199.)

Donc $\qquad AE = DF = \dfrac{ab}{a+b}$

Ainsi les points E, F sont fixes, quelle que soit la position du point O.

Mais on sait que $\quad \dfrac{AG}{BG} = \dfrac{a}{b} \quad$ ou $\quad \dfrac{AG}{AB} = \dfrac{a}{a+b}$

d'où $\qquad AG = AB \cdot \dfrac{a}{a+b}$

De même
$$DH = DC \cdot \frac{a}{a+b}$$

donc
$$OF + OE = (AB + DC) \cdot \frac{a}{a+b} = \frac{al}{a+b}$$

La somme des distances du point O aux points fixes E, F étant constante, le lieu du point O est une ellipse ayant E, F pour foyers et la longueur $\dfrac{al}{a+b}$ pour grand axe.

2155. Lieu. *Lieu du point K où se coupent les côtés non parallèles lorsque la somme l des diagonales est constante.*

$$AR = KM = KN = DS = \frac{ab}{a-b} \quad (\text{n}^\circ 1199, 2^\circ);$$
donc les points R et S sont fixes.

$$\frac{AM}{AC} = \frac{AK}{AB} = \frac{a}{a-b}$$

d'où
$$AM = AC \cdot \frac{a}{a-b}$$

de même
$$DN \text{ ou } SK = BD \cdot \frac{a}{a-b}$$

donc
$$RK + SK = (AC + BD) \cdot \frac{a}{a-b} = \frac{al}{a-b} \quad \text{quantité constante; donc...}$$

Remarque. On peut présenter les questions précédentes d'une manière très simple et très générale.

Exercice 918. — II.

2156 (a). Théorème. *On donne deux droites parallèles AD, BC de longueurs connues a et b; l'une AD est fixe de position, et elles sont réunies par deux droites AB, AC dont la somme l est constante. Un point quelconque M du plan est relié au système donné par une droite MEG de longueur constante, et dont le rapport $\dfrac{m}{n}$ distance aux bases est constant; or, quel que soit le déplacement de BC, le lieu du point M est une ellipse dont le centre O et les foyers F, F' se déterminent en menant par ce point M des parallèles à la médiane NP et aux côtés NA, ND.*

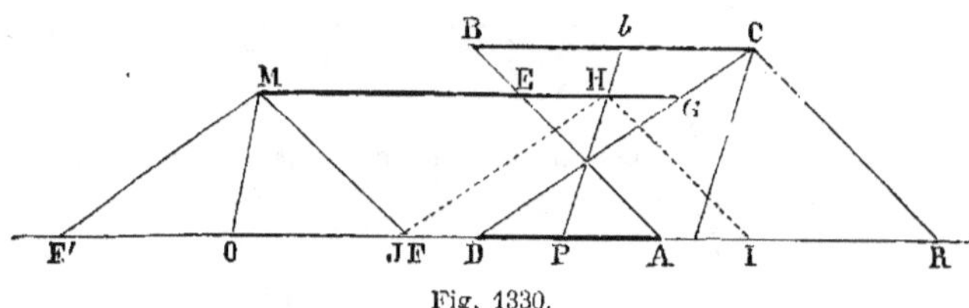

Fig. 1330.

En effet, chaque point du système mobile décrit une ellipse, et toutes les ellipses sont semblables.

Pour C, par exemple, on a :

$$DR = a + b \quad \text{et} \quad DC + CR = l$$

donc D et R sont les foyers et le grand axe $= l$.

Pour N, on a :
$$\frac{AN}{NB} = \frac{DN}{NC} = \frac{a}{b}$$

donc la somme $AN + DN$ est constante; elle égale d'ailleurs $\dfrac{al}{b-a}$.
A et D sont les foyers.

Par le point H, il faudrait mener des parallèles aux diagonales.

Il en est de même pour M, car $OP = MII$ ligne de longueur donnée,

$$OF = OF' = PI = PJ$$

D'ailleurs le calcul de ces longueurs OF, OF' et de la somme
$MF + MF'$ est connu, car on a :

$$\frac{FF'}{DR} = \frac{OM}{AC} \quad \text{ou} \quad \frac{FF'}{a+b} = \frac{m}{m+n}$$

d'où
$$FF' = \frac{m(a+b)}{m+n}$$

De même
$$\frac{MF + MF'}{CR + CD} = \frac{m}{m+n}$$

d'où
$$MF + MF' = \frac{ml}{m+n} \quad \text{donc...}$$

Exercice 918. — III.

2156 (b). Lieu. *Un trapèze circonscrit à une demi-circonférence a le diamètre pour hauteur; le côté opposé est mobile; quel est le lieu du point de concours des diagonales?*

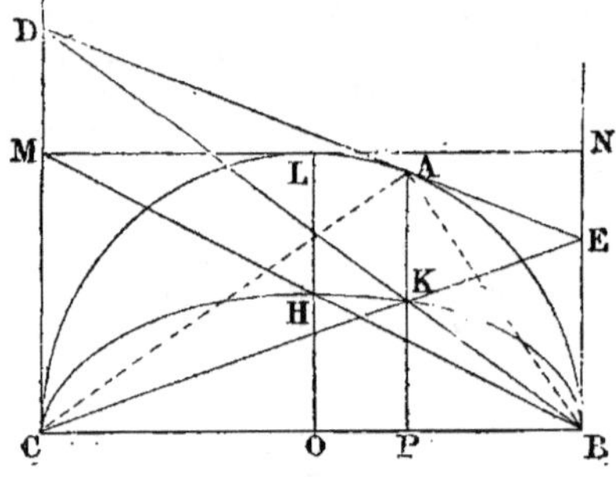

Fig. 1331.

1° Soit K le point d'intersection des deux diagonales, on a :

$$\frac{AK}{BE} = \frac{DK}{DB} = \frac{CP}{CB}, \quad \text{d'où} \quad AK = \frac{BE \cdot CP}{CB}$$

de même :
$$\frac{PK}{BE} = \frac{CP}{CB}, \quad \text{d'où} \quad PK = \frac{BE \cdot CP}{CB}$$

donc
$$AK = PK$$

Le point de concours est le point milieu de AP, proposition connue (n° 1246 **a**).

Le lieu du point K est une ellipse ayant BC pour grand axe et OH = demi OL, pour demi-petit axe.

2° Les diagonales et la perpendiculaire AP sont les symédianes du triangle rectangle ABC, or ces lignes se coupent au point milieu de la hauteur AP, donc..., etc.

Exercice 919.

2157. Lieu. *Par un point* M *pris sur une ellipse, on mène une tangente* MT *qui coupe le petit axe au point* T. *Quel est le lieu de la projection du point* T *sur le rayon vecteur* FM *du point de contact?* (MANN-HEIM, N. A., 1868, p. 316.)

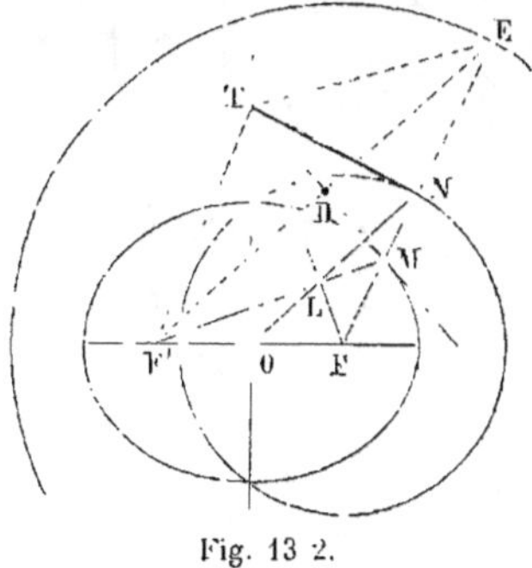

Fig. 13-2.

Du foyer F' abaissons une perpendiculaire F'D sur la tangente; prolongeons-la jusqu'au cercle directeur du foyer F ; on sait que DE = F'D et que FE = 2a passe par le point de contact M.

Mais FT = TF' égale donc TE ; donc le triangle FTE est isocèle, et la perpendiculaire TN tombe au milieu de la base ; donc FN = ½FE = a. Ainsi le lieu est le cercle décrit du foyer F comme centre avec le demi-grand axe pour rayon.

Remarque. *Si l'on projette le même point* T *sur l'autre rayon* F'M, *la droite* NL *passera par le centre de la courbe.*

2158. Théorème. *On mène une tangente* MT *à une parabole, cette droite coupe la tangente au sommet* A *en un point* T ; *le lieu de la projection du point* T *sur le rayon vecteur* FM *du point de contact est une circonférence décrite du foyer comme centre, avec un rayon* FA *égal à la distance du foyer* F *au sommet* A *de la courbe.*

Exercice 920. — I.

2159. Lieu. *Les sommets* A *et* B *d'un triangle donné glissent respectivement sur deux droites fixes. Quel est le lieu décrit par le troisième sommet?*

(Voir *Méthodes,* n° 144.)

On peut énoncer le théorème comme il suit :

2160. Théorème de Schooten *. *Lorsqu'un segment rectiligne* AB, *de*

---

* SCHOOTEN, géomètre hollandais, né vers 1620, mort en 1661, fit de nombreuses applications de la méthode analytique de DESCARTES. On lui doit aussi le *théorème de la bissectrice.* (G., n° 268.)

longueur et de position donnée sur un plan M, *se déplace de manière que ses extrémités* A *et* B *glissent respectivement sur deux droites concourantes tracées dans un plan* P *qui coïncide avec le premier, tout point du plan* M *décrit une ellipse sur le plan* P.

Corollaire. *Un point quelconque d'une droite, dont les extrémités glissent respectivement sur deux droites concourantes fixes, décrit une ellipse ayant pour centre le point de concours des deux droites fixes.*

L'importance de ce corollaire, que l'on énonce fréquemment comme théorème, nous conduit à le démontrer directement.

Soient OX, OY les droites fixes, ABM la droite mobile, les longueurs AB, BM ne varient pas, le point A glisse sur OX, tandis que B glisse sur OY; il faut prouver que le point M décrit une ellipse, ayant le point O pour centre.

Circonscrivons une circonférence au triangle AOB.

Joignons le point M au centre L, afin d'obtenir un diamètre CD; joignons aussi les points C et D aux points O, A et B.

La circonférence ne varie pas de grandeur : en effet

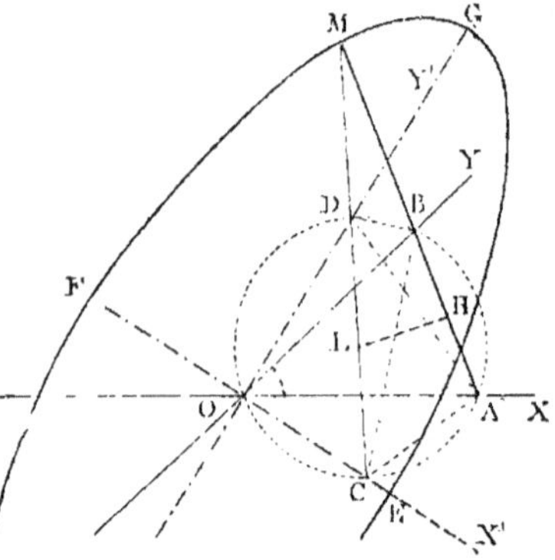

Fig. 1333.

ACOB est un arc de segment décrit sur une ligne donnée AB et capable d'un angle donné XOY.

Les triangles ACM *et* BDM *ne varient pas de grandeur,* car la droite MDC est déterminée par le centre L du cercle; or ce centre se trouve sur la perpendiculaire élevée au milieu de AB et à une distance LH qui ne varie point, car le rayon AL ne varie point, quelle que soit la position de la corde AB du segment décrit ACODB.

Dans le déplacement de AB, *chaque point* C *et* D *décrit une droite qui passe par l'origine* O.

En effet, l'angle AOC égale l'angle ABC, qui ne varie point; donc le point C est constamment sur une droite OX' qui forme avec OX un angle XOX' égal à CBA.

De même le point D se meut sur une droite OY' qui forme avec OY un angle YOY' égal à l'angle invariable BAD.

Le point M *décrit une ellipse ayant* O *pour centre, et dont les demi-axes égalent* MC *et* MD, car le mouvement de AB entraîne celui de la figure invariable ACDM; or CD est une droite de longueur constante, dont les extrémités C et D glissent respectivement sur deux droites rectangulaires fixes OX', OY'; donc le point M décrit une ellipse, etc. (G., n° 643.)

Exercice 920. — II.

2161. **Théorème de Steiner.** *L'aire de l'ellipse engendrée par un point donné* M *d'une droite* AB *de longueur invariable, dont les extrémités* *glissent respectivement sur deux droites concourantes* OX, OY, *est indépendante de l'angle* XOY *formé par ces deux droites.*

Le *théorème de Steiner* est une simple scolie du *théorème de Schooten* (n° 2160), en effet :

L'aire de l'ellipse ayant a et b pour demi-axes est donnée par πab. G., n° 637.)

Ainsi l'aire de l'ellipse engendrée par le point M (fig. 1333) égale πMC . MD.

Or quel que soit l'angle XOY, on a :

$$\text{MC . MD} = \text{MA . MB} ; \quad \text{aire} = \pi \text{MA . MB}$$

donc l'aire est indépendante de l'angle O.

Exercice 920. — III.

2161 (a). **Lieu.** *Quel est le lieu du centre du cercle des neuf points du triangle* AOB *formé par un segment rectiligne* AB *invariable de longueur, dont les extrémités glissent sur deux droites fixes* OX, OY? (WEILL.)

C'est une ellipse; la question se rattache à celle de SCHOOTEN, car le centre L du cercle des neuf points circonscrit au triangle complémentaire A'O'B' peut être considéré comme le sommet d'un triangle invariable A'LB' dont deux sommets A' et B' glissent sur OY et OX.

(Voir d'ailleurs J. M. E., 1887, p. 163.)

Exercice 921.

2162. Lieu. *Une circonférence roule intérieurement dans une circonférence de rayon double. Quel est le lieu décrit par un point quelconque du plan de la première circonférence sur le plan de la seconde?*

D'après le *théorème de Cardan ou de La Hire* (n° 1285)*, un point quelconque A de la circonférence M décrit un diamètre de la seconde P.

Soient donc deux points A et B situés aux extrémités d'un même diamètre de la petite circonférence; ils décriront deux diamètres rectangulaires de la grande circonférence; on est donc ramené à la question précédente, car les extrémités d'un segment rectiligne AB du plan M glissent respectivement sur deux droites concourantes du plan P; donc tout point du plan M décrit une ellipse sur le plan P.

Remarque. Les points A et B eux-mêmes et tous les autres points de la circonférence intérieure décrivent des segments rectilignes qu'on peut considérer comme des ellipses infiniment aplaties.

Exercice 922.

2163. Lieu. *Quel est le lieu du centre des ellipses inscrites dans un quadrilatère convexe?* (NEWTON.)

---

* D'après LA HIRE lui-même, c'est à DESARGUES que l'on doit la considération des *Epicycloïdes*. (Pour ces courbes, voir G., n° 892.)

C'est la droite qui joint les points milieux des diagonales du quadrilatère.

En effet, pour une ellipse donnée, on peut projeter la figure de manière que cette courbe soit un cercle.

Le quadrilatère ABCD, dont MN est la droite qui joint les milieux, se projette suivant un quadrilatère *abcd*, dont *mn*, ligne des milieux des diagonales, est la projection de MN. Or *mn* contient le centre *o* du cercle inscrit (n° 1614), et ce centre est la projection du centre O de l'ellipse ; donc O est sur la droite MN.   *C. Q. F. D.*

2164. Remarque. Ce *théorème de Newton* permet de déterminer le centre d'une ellipse dont on connaît cinq tangentes, car les lignes prises quatre à quatre donnent des quadrilatères circonscrits et des droites telles que MN, M'N', dont le point de concours est le centre cherché.

Exercice 923.

2165. *Lieu du foyer des paraboles circonscrites à trois droites données.*

Soit ABC le triangle formé par les trois tangentes.

La projection du foyer F d'une parabole circonscrite sur chaque tangente à la courbe se trouve sur la tangente au sommet (G., n° 697) ; donc les projections obtenues D, E, G sont en ligne droite. Or la réciproque du théorème de *R. Simson* (n° 22) prouve que le point F appartient à la circonférence circonscrite au triangle ABC ; donc cette circonférence est le lieu des foyers F.

2166. Remarques. 1° Théorèmes de Lambert. *La circonférence circonscrite à trois tangentes à une parabole, passe par le foyer de cette courbe.* C'est une manière différente d'énoncer la question ci-dessus. (Voir n° 2141).

2° Le lieu que l'on vient d'étudier a de nombreuses conséquences : *Pour déterminer le foyer d'une parabole dont on connaît quatre tangentes, on circonscrit des circonférences à deux des triangles formés par ces lignes.*

Les circonférences circonscrites aux quatre triangles formés par des droites qui se coupent deux à deux passent par un même point F. (Théorème de MIQUEL, n° 21.)

Exercice 924.

2167. Problème. *Quelle est l'enveloppe d'un côté d'un angle droit dont l'autre côté passe par un point fixe, lorsque le sommet glisse :*

1° *Sur une droite fixe ;*

2° *Sur une circonférence.*

(Voir *Méthodes*, n°ˢ 126 *et* 127.)

Exercice 925.

2168. Problème. *On coupe les côtés de l'angle droit par une droite qui détermine un triangle d'une aire donnée. Quelle est l'enveloppe de l'hypoténuse de ce triangle ?*

(Voir *Méthodes*, n° 129.)

Exercice 926.

2169. Problème. *Quelle est l'enveloppe d'une droite AC qui divise deux droites concourantes DM, DN données de longueur et de position en parties inversement proportionnelles ?*

(Voir *Méthodes*, n° 128.)

2170. Problème. *Une droite AB est partagée par un point variable M, en segments additifs, ou soustractifs ; sur chacun des segments on décrit un carré, du même côté de AB si les segments sont additifs, de part et d'autre, s'ils sont soustractifs. Démontrer que la droite qui joint les centres des carrés enveloppe une parabole.* (A. Boutin*.)

La parabole a pour foyer le point milieu de AB ; la directrice est la parallèle à AB, menée par le sommet D de l'angle droit du triangle isocèle rectangle ADB construit sur la ligne donnée.

(J. M. E., 1887, page 215.)

Exercice 927.

2171. Problème. *Quelle est l'enveloppe de la base d'un triangle dont l'angle au sommet est donné de grandeur et de position, et dont la somme des côtés qui le comprennent est constante ?*

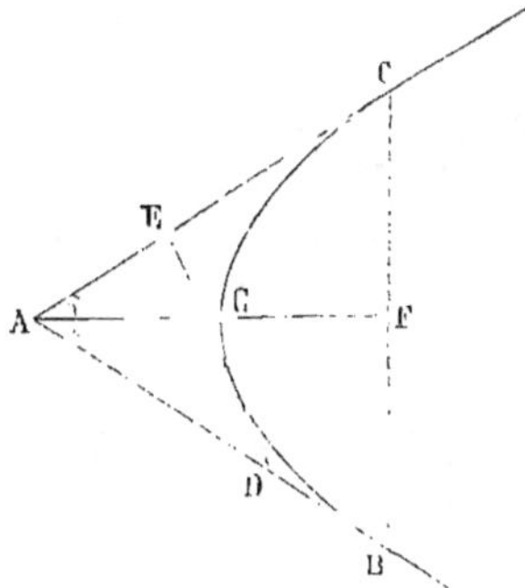

Fig. 1334.

Pour revenir à la question précédente, il suffit de prendre AB = AC, égale à la somme constante.

Puisque AE + AD doit égaler AB, on a

$$EC = AD$$

Donc les droites AB, AC sont divisées en segments inversement proportionnels et l'enveloppe est une parabole tangente aux côtés de l'angle aux points B et C.

Le sommet G est au point milieu de AF.

2171 (a). Remarques. 1° L'enveloppe de la base DE du triangle à périmètre constant est un arc du cercle tangent aux droites AB, AC, aux points B et C.

2° L'enveloppe de la base, lorsque la somme des côtés AD, AE est constante, est une parabole tangente en B et C.

3° L'enveloppe de DE, quand l'aire DAE est constante, est une hyperbole ayant AB, AC pour asymptotes.

---

* M. A. Boutin a inséré de nombreux et intéressants articles dans le *Journal de mathématiques élémentaires et spéciales* ; il a traité des *centres isodynamiques* en 1889.

Lorsque le triangle a l'aire constante, le produit $AD \cdot AE$ est constant.

On sait d'ailleurs que l'aire est donnée par $\dfrac{AD \cdot AE \cdot \sin A}{2}$.

Exercice 928.

2172. Problème. *Quelle est l'enveloppe des cercles dont le centre est sur une parabole, et qui sont tangents à une corde perpendiculaire à l'axe de cette courbe?*

(Voir *Méthodes*, n° 132.)

2173. Problème. *Enveloppe des cercles dont le centre est sur une ellipse et qui sont tangents à une circonférence décrite d'un foyer comme centre.*

(Voir *Méthodes*, n° 133.)

Exercice 929.

2174. Problème. *Les hauteurs d'un triangle ABC inscrit dans un cercle donné se coupent en un point H. Ce point peut servir de point de concours des hauteurs de triangles inscrits dans le même cercle. Quelle est l'enveloppe des côtés de tous ces triangles?* (Paul SERRET.)

(Voir *Méthodes*, n° 130.)

Note. Le théorème est de PAUL SERRET (N. A., 1865, page 428, questions 737, 738). On peut regarder ces questions comme se rapportant aux *figures inverses* que M. MATHIEU, alors capitaine d'artillerie, sous-directeur de la fonderie de Toulouse, publiait dans le même numéro des N. A., page 393. — La solution fut donnée en 1866, pages 170 et 172; on y rencontre des noms bien connus depuis : DELAUNAY, TANNERY, LAISANT, NIEVENGLOWSKI, etc.

Exercice 930. — I.

2175. Lieu. *Quel est le lieu du sommet M d'un angle constant α, dont un côté passe par le foyer F d'une ellipse tandis que l'autre côté est tangent à la courbe?*

Soient M et M' deux des positions du sommet de l'angle constant α.

On sait que la projection P du foyer F sur une tangente quelconque se trouve sur le cercle principal dont AA' est le diamètre. (G., n° 626.) D'ailleurs les triangles rectangles FPM, FP'M' sont semblables; donc, d'après une question connue (n° 1355), le lieu du point M est une circonférence dont le rayon est au rayon OA dans le rapport de FM à FP.

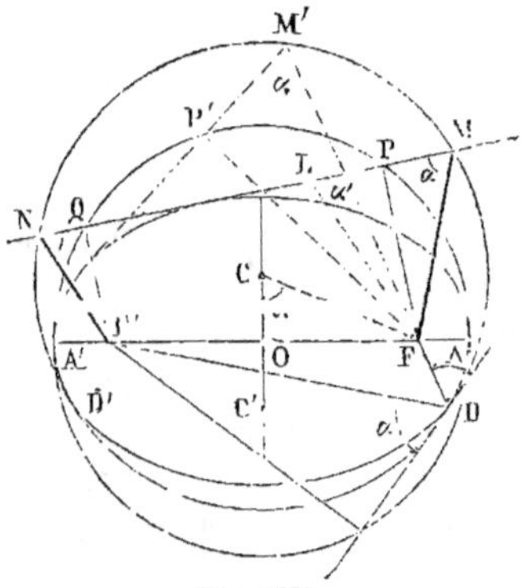

Pour déterminer la position du lieu, procédons comme à l'Exercice rappelé (n° 1355).

Au point F, menons FC formant l'angle OFC = PFM.

Fig. 1335.

Les triangles OFC, PFM sont semblables ; les distances FO, FC sont dans le rapport de FP à FM ; donc C est le centre du lieu.

Soit r le rayon inconnu CM, on doit avoir :

$$\frac{r}{OA} = \frac{FM}{FP} \quad \text{ou} \quad \frac{r}{a} = \frac{FC}{FO}$$

2176. Remarques. 1° L'ellipse est bi-tangente au lieu demandé. Les deux points de contact D, D' correspondent aux positions pour lesquelles la tangente fait l'angle α avec le rayon vecteur du point de contact (voir ci-après, n° 2186).

2° Le point N du foyer F' donne le même lieu ; FL donne une circonférence égale au lieu des points M, mais le centre est en C'.

Exercice 930. — II.

2177. Problème. *Un angle α, de grandeur donnée, a un de ses côtés qui passe par un point fixe F, tandis que le sommet M glisse sur une circonférence donnée. Quelle est l'enveloppe de l'autre côté?* (N. A., 1865, p. 546. Question traitée par *Poncelet*, dès 1817. *Appl. d'A. et de G.,* t. II, p. 462.)

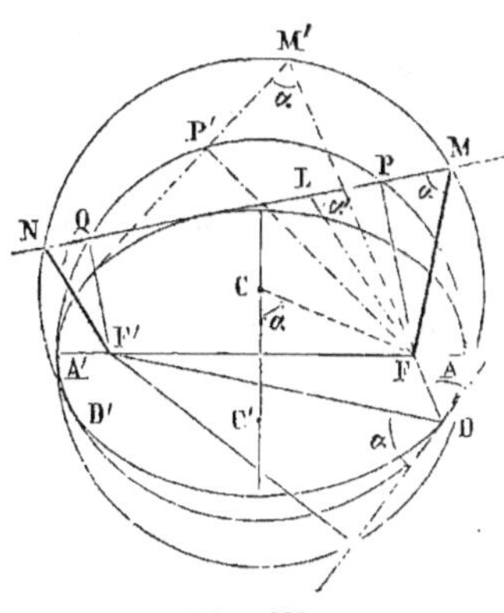

Fig. 1336.

En se reportant au problème précédent (n° 2175), on peut dire que l'enveloppe est une ellipse lorsque le point F est dans le cercle, mais il est préférable de l'établir directement.

Du point F, abaissons une perpendiculaire FP. Le triangle FMP reste semblable à lui-même ; donc le point P décrit une circonférence (n° 1355), et l'enveloppe du second côté PM de l'angle droit FPM est une ellipse (n° 127).

On peut déterminer facilement le lieu des points P.

La plus courte distance FN est sur la ligne CFN, qui passe par le centre C ; en faisant l'angle NFA = MFP et abaissant la perpendiculaire FA, on obtient la plus courte distance FA du sommet de l'angle droit au point fixe F.

Prolongeons AF jusqu'à la rencontre d'une droite CO parallèle à NA.

O est le centre, AO le rayon du cercle principal de l'ellipse.

Remarques. 1° L'ellipse est bi-tangente au cercle donné MNM' (n° 2176).

2° *Quand le point est extérieur au cercle, on obtient une hyperbole.*

2178. Théorème. *Pour un même cercle MNM' et un même point F, on obtient des ellipses semblables lorsqu'on fait varier l'angle α.*

En effet, quel que soit l'angle donné, $FO = c$, $AO = a$; or

$$\frac{c}{a} \quad \text{ou} \quad \frac{OF}{OA} = \frac{CF}{CN} \quad \text{quantité constante}$$

donc le rapport $\frac{b}{a}$ ou $\frac{\sqrt{a^2 - c^2}}{a}$ est aussi constant.

2179. Théorème. *Le lieu du second foyer F' des enveloppes, lorsque α varie, est un cercle concentrique au premier.*

$CF' = CF$ quantité invariable.

2180. Théorèmes. 1° *L'enveloppe de toutes les ellipses semblables obtenues est le cercle donné.*

En effet, ce cercle est doublement tangent à chaque ellipse.

2° *Lorsque le cercle donné NMM' est remplacé par une droite, on obtient pour enveloppe une parabole, quel que soit l'angle α, dont un côté passe par le point fixe F, tandis que le sommet M glisse sur la droite donnée.*

Exercice 930. — III.

2181. Théorème. *Lorsqu'un triangle isocèle OFMNF'O (fig. 1336) reste semblable à lui-même, que la base MN, de longueur variable, est une corde d'un cercle donné et qu'un des côtés égaux MFO passe par un point fixe F :*

1° *Le troisième côté du triangle NO passe aussi par un point fixe F' ;*

2° *L'enveloppe de la base est une ellipse doublement tangente au cercle donné.*

Porisme 176 d'Euclide, d'où l'on peut déduire les *points de Brocard* (J. M. E., 1890, pages 83 et 151).

Exercice 930. — IV.

2181 (a). Lieu. *Deux sommets d'un triangle ABC sont fixes, et le pied D de la bissectrice de l'angle A parcourt une droite donnée MN ; le lieu du sommet C.*

Menons les droites BE, CH perpendiculaires sur MN. On a :

$$\frac{CH}{BE} = \frac{DC}{DB}, \quad \frac{CA}{BA} = \frac{DC}{DB};$$

d'où

$$\frac{CA}{CH} = \frac{BA}{BE}$$

Par conséquent, *le lieu du point C est une conique ayant pour foyer le point A, pour directrice la droite MN, et passant par B.* (J. NEUBERG, N. C. M., 1874-75, page 185.)

Exercice 931.

2182. Théorème. *Si une figure reste constamment semblable à elle-même et se meut dans son plan, de manière qu'une de ses droites MF* *tourne autour d'un point fixe* F, *tandis que le point* M *se meut sur une circonférence, tout autre point de la figure décrira une circonférence, et toute droite qui ne passe pas par* F *de cette figure enveloppera une conique.*

1° Soit un point quelconque N. Le triangle FMN reste semblable à lui-même; donc N se meut sur une circonférence (n° 1355).

2° La droite MN faisant un angle constant avec MF, et le point M restant sur une circonférence, l'enveloppe de MN est une conique à centre (n° 2177).

3° Une droite quelconque AB coupe MF en un certain point B, par exemple; B décrit une circonférence, mais l'angle ABF est constant; donc l'enveloppe de AB est une conique à centre.

Exercice 932.

2183. Problème. *On donne deux droites rectangulaires* OX, OY. O *est le centre commun à des ellipses d'aire constante ayant les axes sur les droites données. Quelle est l'enveloppe de ces ellipses?*

L'aire de l'ellipse est donnée par πab.

Ainsi, on a : $OA \cdot OB = $ constante $=$ par exemple $2k^2$.

En se reportant à la figure 1338, on reconnaît immédiatement qu'en réduisant les ordonnées du cercle dans un rapport donné, on obtient la figure 1337 et les résultats suivants :

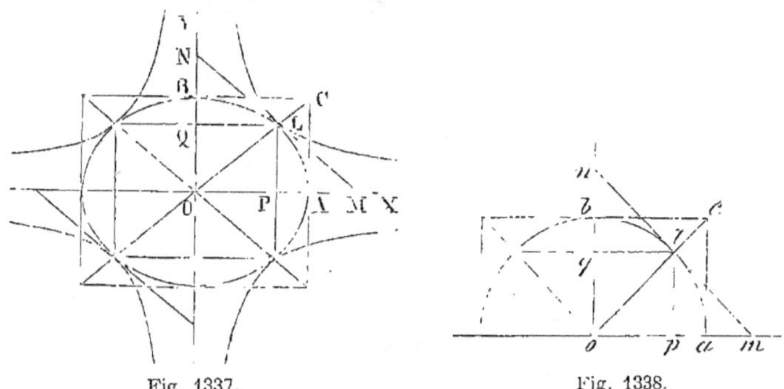

Fig. 1337.   Fig. 1338.

Le rectangle OPLQ est la moitié de OACB; il égale donc k^2. La tangente MLN est divisée en deux parties égales par le point de contact, et le triangle MON a une aire constante, car il est double du rectangle OPLQ. Nous retombons donc sur une question connue (n°s 78 et 118).

L'hyperbole équilatère, ayant k^2 pour puissance, est tangente en L à la droite MLN, et par suite elle est tangente à l'ellipse considérée; donc *l'enveloppe des ellipses d'aire constante se compose de deux hyperboles équilatères ayant* OX, OY *pour asymptotes et* k^2 *pour puissance.*

2183 (a). Note. On cite fréquemment le théorème suivant dont les applications sont nombreuses :

Dans tout triangle inscrit à une hyperbole équilatère, le point de concours des trois hauteurs est situé sur la courbe. (BRIANCHON et PONCELET.)

On trouve la démonstration au second volume des *Applications d'analyse et de Géométrie* de PONCELET, page 504.

Actuellement même, il y aurait grand profit à lire, étudier et résumer le *Traité des propriétés projectives des figures*, et les *Applications d'analyse et de Géométrie.*

PROBLÈMES

Ellipse et Hyperbole.

Exercice 933.

2184. Problème. *Dans une ellipse, quelle est la distance du centre à une corde parallèle au grand axe, et dont la longueur est la moitié de ce grand axe?*

Cette distance $= \dfrac{b}{2}\sqrt{3}$ (n° 50).

Exercice 934.

2185. Problème. *Une ellipse est donnée par ses foyers et la longueur 2a du grand axe; sans construire la courbe, déterminer les points où cette ellipse est coupée par une circonférence dont le centre est sur le petit axe.*

(Voir *Méthodes*, n° 116.)

Exercice 935.

2186. Problème. *Mener à une ellipse une tangente qui fasse un angle donné α avec le rayon vecteur du point de contact.*

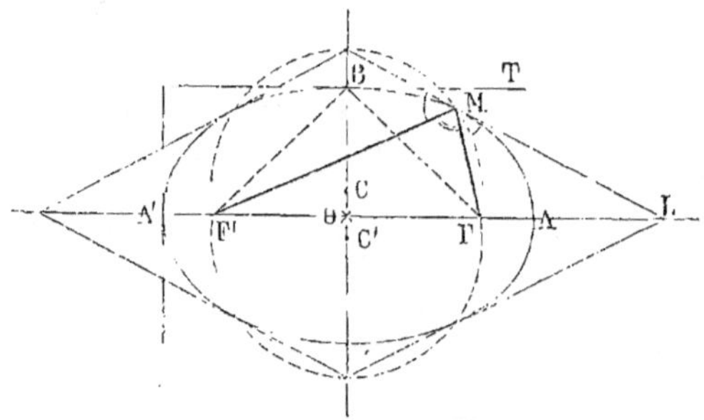

Fig. 1339.

Soit l'angle $FML = \alpha$.

La tangente est également inclinée sur les deux rayons vecteurs; donc l'angle FMF' égale deux droits moins 2α. Ainsi, sur FF', il faut décrire un segment $FMM'F'$ capable de l'angle $2d - 2\alpha$.

Il y a quatre tangentes formant un losange circonscrit.

Grandeurs limites. Le segment décrit sur FF' est capable d'un angle d'autant plus grand que le rayon de ce segment est plus petit. Ainsi, au point B, l'angle est le plus grand possible ; par suite FBT est la plus petite valeur qu'on puisse attribuer à l'angle α.

La plus grande est 90° ; elle correspond aux sommets A et A'.

Dans ce cas, en effet, l'angle FAF' est nul.

Exercice 936.

2187. Problème. *Trouver l'aire de l'ellipse en considérant cette courbe comme la projection d'un cercle sur un plan.* (G., n° 634.)

Soit a le rayon du cercle.

Le diamètre mené parallèlement à l'intersection du plan donné avec le plan du cercle, se projette en vraie grandeur parallèlement à l'intersection, et donne le grand axe $2a$ de l'ellipse.

Le diamètre $2a$, mené dans le cercle perpendiculairement à l'intersection des deux plans, se projette en une ligne $2b$, qui est le petit axe de l'ellipse. (G., n° 634.) Ces deux lignes donnent l'angle I des deux plans, et cet angle a pour cosinus $\dfrac{b}{a}$.

Or la projection d'une surface plane quelconque sur un plan égale le produit de cette surface par le cosinus de l'angle qu'elle fait avec le plan, on a donc :

$$\text{Ellipse} = \text{cercle} \cdot \cos I = \pi a^2 \cdot \frac{b}{a} = \pi ab \qquad C.\ Q.\ F.\ D.$$

Exercice 937.

2188. Problème. *Calculer les longueurs* a *et* b *des demi-axes, connaissant deux diamètres conjugués et leur angle.*

On a les deux relations : $a'^2 + b'^2 = a^2 + b^2$ et $a'b' \cdot \sin V = ab$ (n°s 2073 et 2075).

Écrivons : $a^2 + b^2 = a'^2 + b'^2$ et $2ab = 2a'b' \sin V$

Successivement, ajoutons et retranchons membre à membre ces deux égalités ; on trouve :

$$a^2 + 2ab + b^2 = a'^2 + b'^2 + 2a'b' \cdot \sin V$$
ou
$$(a + b)^2 = a'^2 + b'^2 + 2a'b' \cdot \sin V$$
$$a^2 - 2ab + b^2 = a'^2 + b'^2 - 2a'b' \cdot \sin V$$
ou
$$(a - b)^2 = a'^2 + b'^2 - 2a'b' \cdot \sin V$$

Donc
$$a + b = \pm \sqrt{a'^2 + b'^2 + 2a'b' \cdot \sin V}$$
et
$$a - b = \pm \sqrt{a'^2 + b'^2 - 2a'b' \cdot \sin V}$$

Connaissant la somme et la différence des demi-axes, on obtient facilement a et b :

$$a = \frac{1}{2}\sqrt{a'^2 + b'^2 + 2a'b' \cdot \sin V} + \frac{1}{2}\sqrt{a'^2 + b'^2 - 2a'b' \cdot \sin V}$$

$$b = \frac{1}{2}\sqrt{a'^2 + b'^2 + 2a'b' \cdot \sin V} - \frac{1}{2}\sqrt{a'^2 + b'^2 - 2a'b' \cdot \sin V}$$

Exercice 938.

2189. Problème. *Sans recourir au procédé général, déterminer les axes lorsqu'on connaît les deux diamètres conjugués égaux et leur angle.*

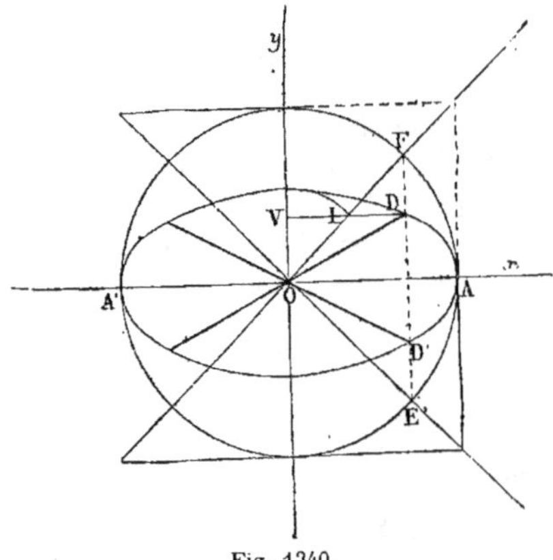

Fig. 1340.

Soit $OD = OD'$. Le grand axe est sur la bissectrice de l'angle DOD'; Oy est perpendiculaire à Ox. Menons la bissectrice de l'angle xOy : l'ordonnée DP fait connaître OE, rayon du cercle principal. D'ailleurs l'abscisse DV donne $OL = b$. (G., n° 635.)

Remarque. Le cas où l'on connaît les deux diamètres conjugués égaux et leur angle se présente souvent; par exemple, dans les *voûtes en décharge*, dans les avant-becs des points biais à plusieurs arches, etc. Dans ce cas, l'aire de l'ellipse égale $\pi DO^2 . \sin DOD'$ ou $\pi a'^2 . \sin V$; $OP = OD . \cos DOP = a' . \cos \frac{1}{2}V$. Or OE ou $a = OV\sqrt{2}$; donc $a = a'\sqrt{2} . \cos \frac{1}{2}V$.

De même $OV = a' \sin \frac{1}{2}V$; d'où $b = a'\sqrt{2} . \sin \frac{1}{2}V$.

Exercice 939.

2190. Problème. *En considérant l'ellipse comme la projection du cercle principal, et sans construire la courbe,*

Mener une tangente : 1° par un point donné sur la courbe; 2° par un point donné hors de la courbe; 3° parallèlement à une ligne donnée ;

Et mener une normale : 1° par un point pris sur la courbe; 2° parallèlement à une ligne donnée.

Tangente.

1° Soit N le point donné; l'ordonnée PN fait connaître le point M du cercle. On mène MT tangente au cercle, et puis TN. (G., n° 640.)

Si le point T est trop éloigné, on mène DE et BF (G., n° 642), et puis FN. Une remarque analogue s'applique aux autres cas.

2° Soit G le point donné. On mène BGR ; G' est le point correspondant par rapport au cercle principal. On mène les tangentes G'H' et G'L'; puis GL et GH, tangentes demandées.

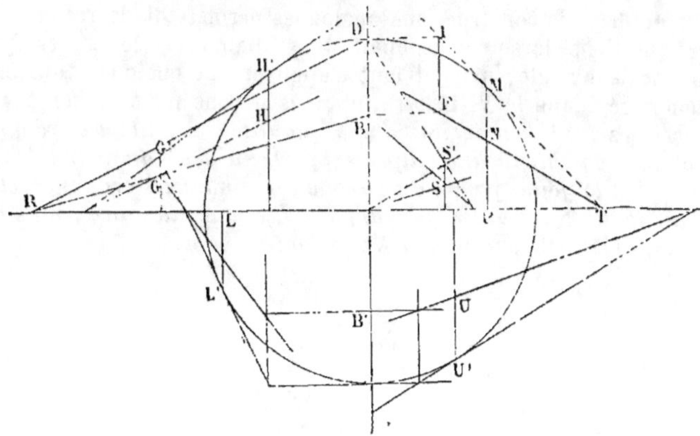

Fig. 1341.

3° Soit OS la direction donnée. On cherche la ligne correspondante OS', et l'on mène la tangente U' parallèle à OS', puis U parallèle à OS.

Normale.

2191. 1° Soit M le point donné. On mène la tangente MI et la perpendiculaire MN, qui est la normale demandée.

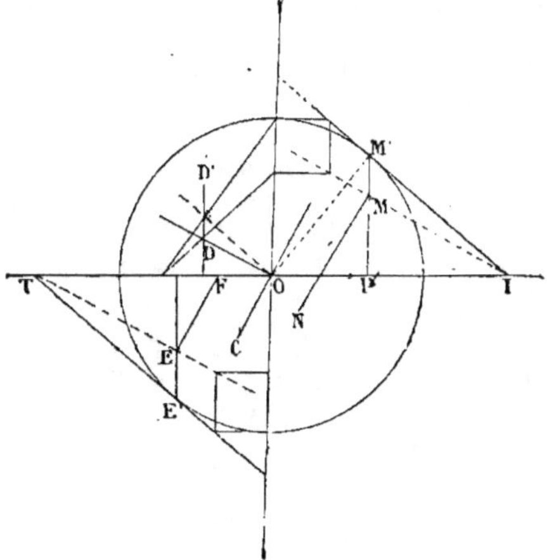

Fig. 1342.

Remarque. La normale MN n'est pas la projection de la normale OM' du point correspondant ; aussi faut-il préalablement déterminer la tangente MI.

2° Soit OC la direction donnée, et OD une perpendiculaire à OC.

On détermine OD' et la tangente TE', qui lui est parallèle : la tangente ET sera parallèle à DO, et par suite la normale EF le sera à CO.

2192. Scolie. Des constructions analogues permettent de résoudre les mêmes questions lorsqu'on connaît deux diamètres conjugués quelconques de leur angle ; mais il faut s'appuyer sur quelques théorèmes non démontrés dans le VIII° livre, et nous devons nous borner à citer ces théorèmes : *Si l'on incline d'une quantité constante les ordonnées d'une ellipse, on obtient une ellipse rapportée à deux diamètres conjugués. On peut toujours partir du cercle en inclinant les ordonnées et les réduisant toutes dans un même rapport. Les tangentes aux points correspondants* M *et* M' *rencontrent* AA' *au même point.*

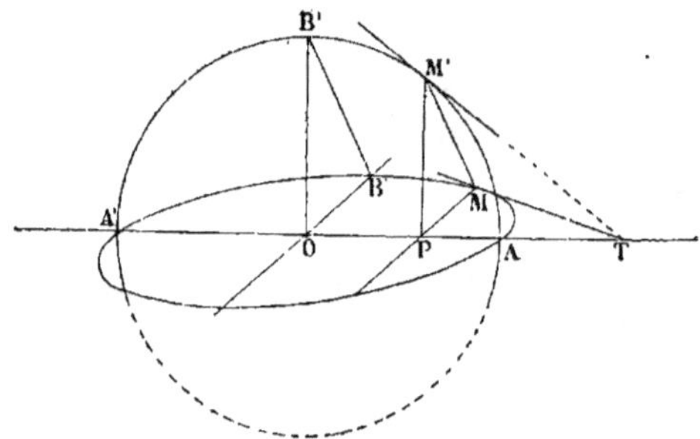

Fig. 1343.

Pour ces théorèmes et les constructions qu'on peut en déduire, il faut recourir à l'*Appendice aux Exercices de Géométrie*, ouvrage où toutes ces questions se trouvent traitées.

Les constructions sont aussi indiquées dans la 3° édition des *Exercices de Géométrie descriptive* (n°⁵ 91 et suivants).

Exercice 940.

2193. Problème. *Déterminer les points où une droite donnée coupe une hyperbole dont on connaît les foyers et la différence constante.*
(Voir *Méthodes*, n° 113, b.)

Remarque. On peut déterminer les points où une droite rencontre une hyperbole dont on connaît un point et les asymptotes, sans construire la courbe et même sans déterminer les foyers. (Voir *Exercices de Géométrie descriptive*, 3° édition. *Note ;* n°⁵ 1311 et suivants.)

Exercice 941.

2194. Problème. *Une hyperbole équilatère étant donnée par ses asymptotes et sa puissance* k^2, *mener une tangente sans construire la courbe et de manière que la partie interceptée entre les asymptotes ait une longueur donnée.*

(Voir *Méthodes*, n° 118.)

Exercice 942.

2195. Problème. *Construire une ellipse ou une hyperbole avec les données suivantes :*

1° *Le centre, la longueur du grand axe et deux tangentes.*

Du centre donné O, avec a pour rayon, on décrit le cercle principal ; aux points C et C′, D et D′, où les tangentes sont coupées par le cercle, on élève aux tangentes des perpendiculaires qui se coupent deux à deux aux foyers. (G., nᵒˢ 626 et 667.) Si les foyers sont dans le cercle (fig. 1344), on a une ellipse, et, dans le cas contraire (fig. 1345), une hyperbole.

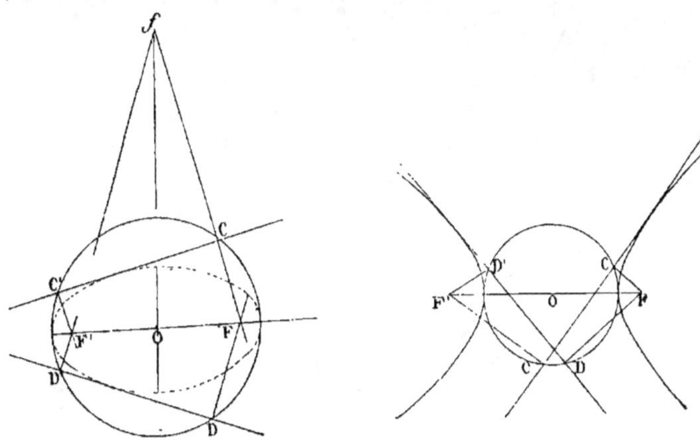

Fig. 1344.   Fig. 1345.

Généralement il y a deux solutions ; car on peut chercher le point f où se coupent les perpendiculaires C et D′…: ff' est la distance focale d'une hyperbole…

2196. 2° *Le grand axe (position et longueur) et une tangente.*

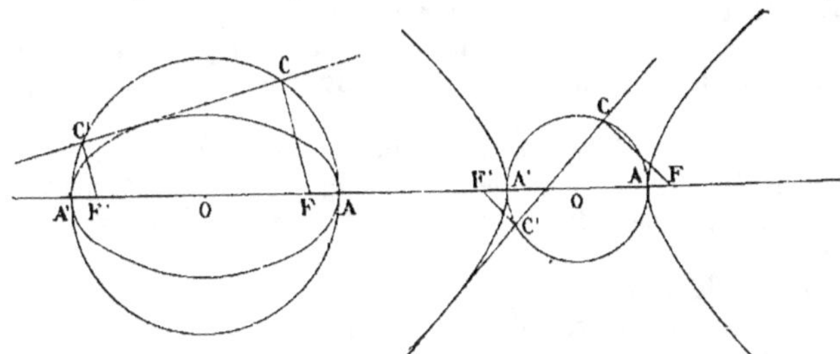

Fig. 1346.   Fig. 1347.

On décrit le cercle principal sur le grand axe donné AA′ ; les perpendiculaires élevées à la tangente en C et C′ donnent les foyers. On obtient, suivant le cas, une ellipse ou une hyperbole : une ellipse, lorsque la tangente ne rencontre pas le grand axe entre les sommets A et A' (fig. 1346); une hyperbole, dans le cas contraire (fig. 1347).

2197. 3º *Un des foyers, une tangente, la direction du grand axe et sa longueur* 2a.

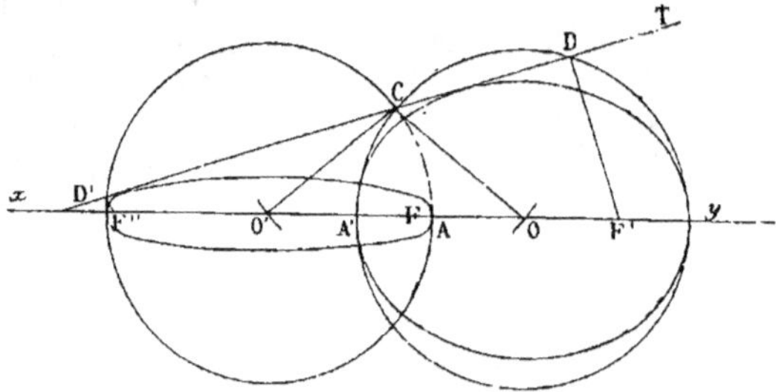

Du point F, abaisser la perpendiculaire FC.

Fig. 1348.

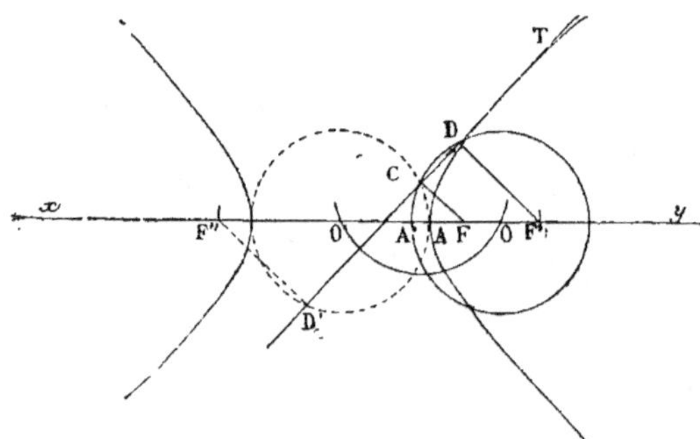

Fig. 1349.

Du foyer F on abaisse, sur la tangente T, la perpendiculaire FC; du point C, avec a pour rayon, on coupe xy en O et O'; du point O comme centre, avec a pour rayon, on décrit le cercle principal; au point D, on élève une seconde perpendiculaire à la tangente, et le second foyer est en F'.

Le cercle décrit de O' comme centre donne une seconde solution.

Quand les foyers sont dans le cercle (fig. 1348), la courbe est une ellipse, c'est une hyperbole quand ces points F et F" sont hors du cercle (fig. 1349).

La première figure donne deux ellipses; et la seconde, une hyperbole et une ellipse. On peut avoir deux hyperboles : il suffit que la tangente coupe xy entre A et A'.

2198. 4º *Les deux foyers et le rapport des axes* $\dfrac{b}{a}$.

1º Pour l'ellipse, le rapport est toujours < 1.

On prend OM et ON tel que l'on ait $\dfrac{NM}{NO} = \dfrac{a}{b}$ (fig. 1350), et par le point F on mène une parallèle à NM.

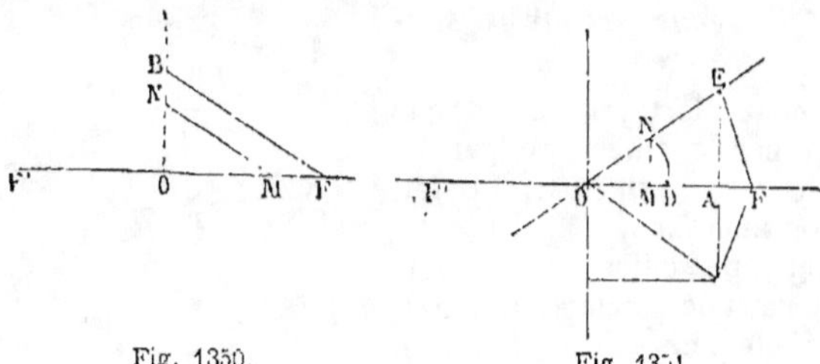

Fig. 1350.　　　　　　Fig. 1351.

On a (G., n° 620) $\dfrac{BF}{OB} = \dfrac{a}{b}$; donc $BF = a$, $BO = b$.

2° Pour l'hyperbole (fig. 1351), on élève une perpendiculaire MN telle que l'on ait $\dfrac{OM}{MN} = \dfrac{a}{b}$. Du centre O on décrit l'arc ND, et par le foyer F on mène FE parallèle à ND ; on a $\dfrac{OA}{AE} = \dfrac{a}{b}$.

Donc $OA = a$, $AE = b$; car $AO^2 + AE^2 = OE^2 = c^2$. (G., n° 655.) OE est une asymptote. (G., n° 663.)

2199. 5° *Un foyer, une tangente, le point de contact et la longueur 2a ou la longueur 2c.*

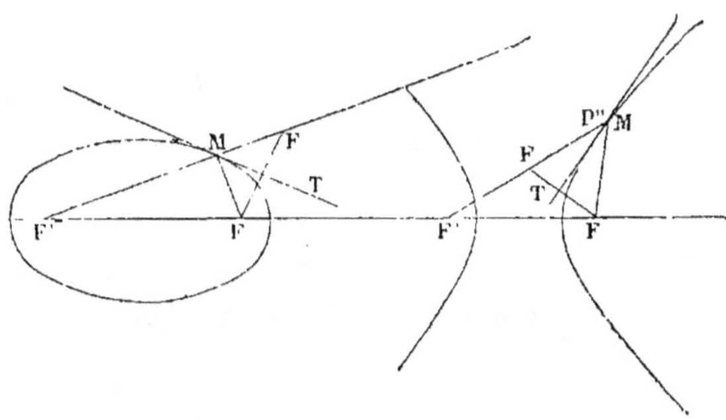

Fig. 1352.　　　　　　Fig. 1353.

On détermine F_1 symétrique du foyer par rapport à la tangente donnée T ; on joint F_1 au point de contact M, et on prend $F_1F'' = 2a$. Le second foyer est F' (fig. 1352).

Quand FF' est moindre que 2a, et que les deux points sont du même côté de la tangente, on a une ellipse ; quand FF' est $> 2a$, et que les points F et F' sont de part et d'autre de la tangente, la courbe est une hyperbole (fig. 1353). Dans le premier cas (fig. 1352), en prenant $F_1F'' = 2a$, comme FF'' ou 2c est $> F_1F''$ ou 2a, on obtient aussi une hyperbole ; dans le deuxième cas (fig. 1353), si $F_1F'' = 2a$, comme on a $FF'' = 2a$, on obtient une deuxième hyperbole.

En résumé, on obtient une ellipse ou une hyperbole, ou bien deux hyperboles.

2200. 6° *Un foyer et trois tangentes.*

Il faut projeter le foyer sur chaque tangente. Le cercle qui passe par D, D', D″ est le cercle principal; FC fait connaître le grand axe...

On obtient une ellipse lorsque le point F est dans le cercle (fig. 1354), et une hyperbole dans le cas contraire.

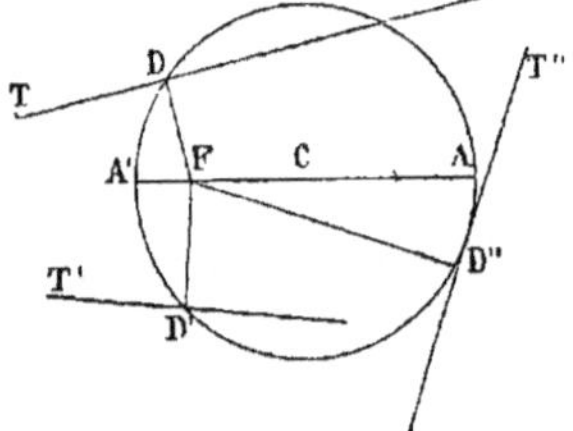

Fig. 1354.

2201. 7° *Un foyer, deux tangentes et l'un des points de contact.*

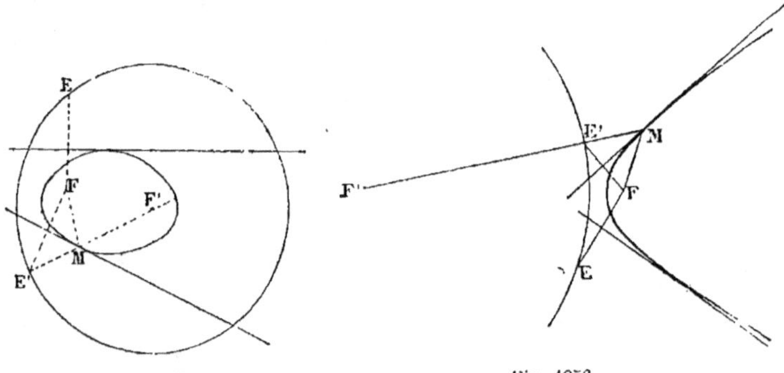

Fig. 1355.   Fig. 1356.

Cherchons les symétriques E et E' du foyer F; joignons E' au point de contact M. Le cercle directeur doit passer par les points E et E', et avoir son centre sur E'M. Ainsi le point où la perpendiculaire élevée au milieu de EE' coupe E'M est le second foyer.

La courbe est une ellipse lorsque le cercle décrit comprend le foyer F (fig. 1355), et une hyperbole si le point F est hors du cercle directeur (fig. 1356).

Exercice 943.

2202. 8° *Construire une ellipse, connaissant deux tangentes, les points de contact et la droite sur laquelle doit se trouver le grand axe.*

Soient les tangentes RM et RM', les points de contact M et M', et xy la droite du grand axe (fig. 1357).

La ligne RCO, qui joint R au milieu de la corde des contacts, passe au centre (n° 2081); puis $a^2 = OT.OP$ (n° 2077). Il faut donc décrire une circonférence sur le diamètre OT. L'ordonnée MP donne

$OE^2 = OP.OT$; donc $OE = a$. On peut décrire le cercle principal et achever l'ellipse.

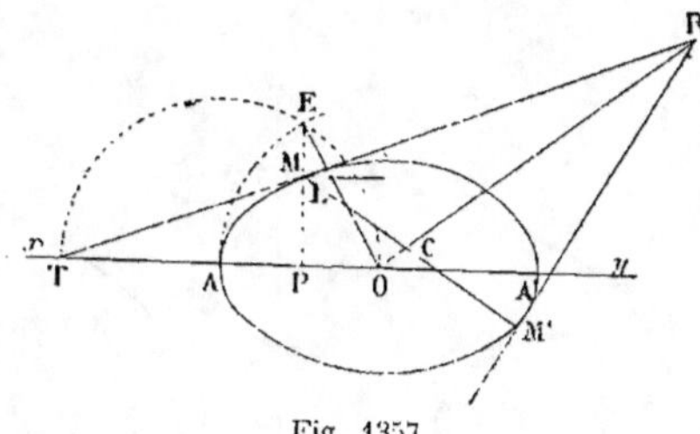

Fig. 1357.

La ligne ML, parallèle à xy, donne OL pour le demi-petit axe. (G., n° 635.)

Problèmes relatifs à la Parabole.

Exercice 944.

2203. Problème. *Construire une parabole avec les données suivantes :*

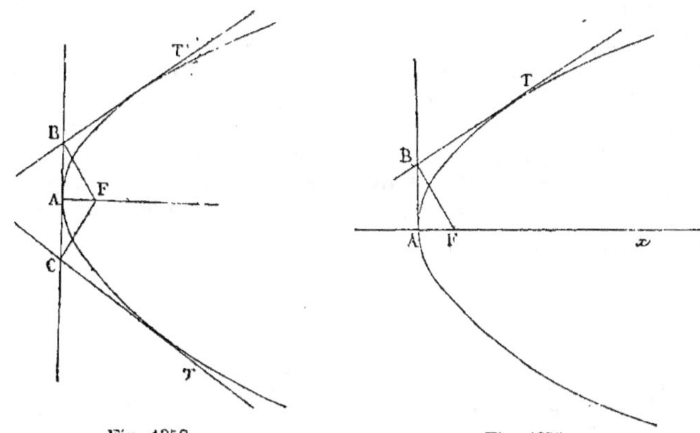

Fig. 1358.   Fig. 1359.

1° *Le foyer et deux tangentes.*

On projette le foyer sur les deux tangentes (fig. 1358). La droite BC est la tangente au sommet (G., n° 697), et la perpendiculaire FA est l'axe.

2204. 2° *Le foyer, l'axe et une tangente.*

On projette le foyer sur la tangente (fig. 1359), et du point B on abaisse la perpendiculaire BA sur l'axe Fx : le sommet A est ainsi déterminé.

2205. 3° *La directrice, une tangente et le point de contact.*

Projetons le point de contact M sur la directrice (fig. 1360), et le point

B sur la tangente. Puisque B est le symétrique du foyer, il suffit de prendre

$$CF = BC$$

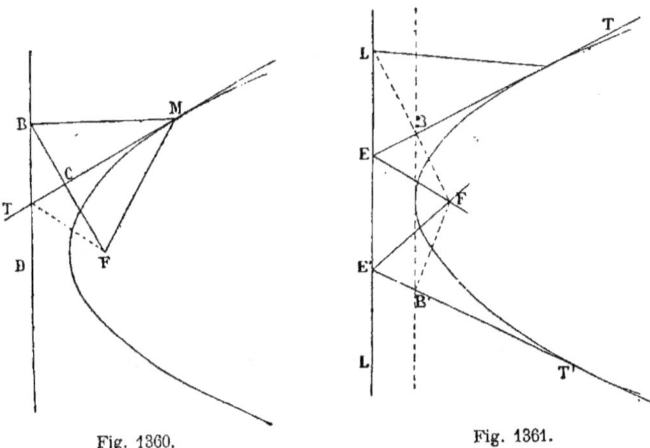

Fig. 1360.   Fig. 1361.

2206. 4° *La directrice et deux tangentes, ou la tangente au sommet et deux autres tangentes.*

Dans le premier cas (fig. 1361), soient E et E′ les points où les tangentes données coupent la directrice. Faisons l'angle TEF = TEL, et T′E′F′ = T′E′L′. Le foyer est déterminé; car la tangente étant perpendiculaire au milieu de la droite qui joint le foyer à un point L de la directrice (G., n° 693), les angles TEF et TEL sont égaux.

Dans le deuxième cas (fig. 1361), les perpendiculaires élevées aux tangentes aux points B et B′, où elles coupent la tangente au sommet, donnent le foyer. (G., n° 697.)

2207. 5° *Le foyer ou la directrice, et deux points.*

Si le foyer F est donné (fig. 1362), ainsi que les points M et M′, il faut mener une tangente aux circonférences décrites des centres M et M′ avec les rayons MF et M′F. D est la directrice. Il y a deux solutions.

Si la directrice D est donnée, il faut décrire des circonférences tangentes à cette ligne. On a deux solutions, ou une seule, ou il n'y en a aucune, suivant que les circonférences se coupent en deux points, ou sont tangentes, ou ne se rencontrent pas.

Remarque. On peut prendre aussi les données suivantes :

5a. *Le foyer, un point et une tangente.*

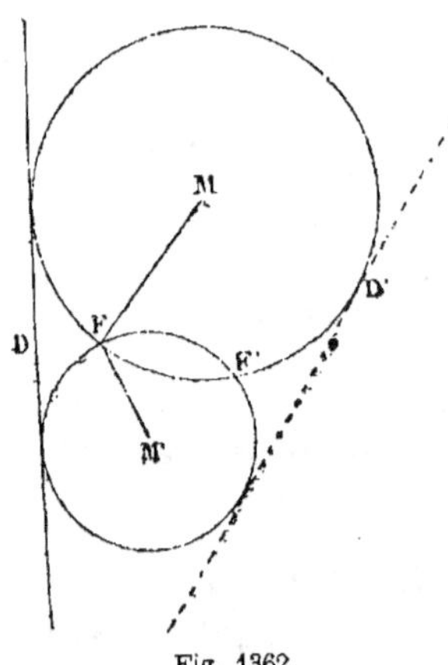

Fig. 1362.

5b. *La directrice, un point et une tangente.*

5c. *Le foyer, un point, et la normale en ce point.*

2208. 6° *L'axe, une tangente et le point de contact* (fig. 1363).

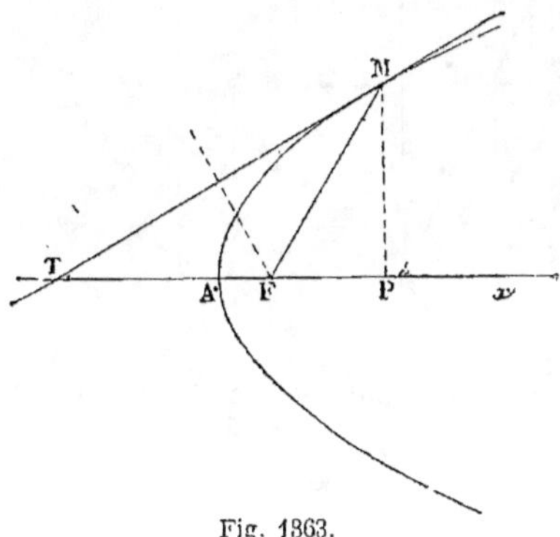

Fig. 1363.

On peut prendre aussi les données suivantes :

6a. *L'axe, une normale et le paramètre.*

6b. *L'axe, un point et la longueur de la sous-tangente en ce point.*

6c. *Une tangente, le point de contact, la longueur de la sous-tangente correspondante et le paramètre.*

Pour la question proposée en premier lieu, il faut remarquer que la perpendiculaire élevée au milieu de MT passe au foyer, car on doit avoir FT = FM. (G., n° 699.)

Le point A, milieu de la sous-tangente TP, est le sommet de la parabole. (G., n° 699.)

2209. 7° *L'axe et deux points* (fig. 1364).

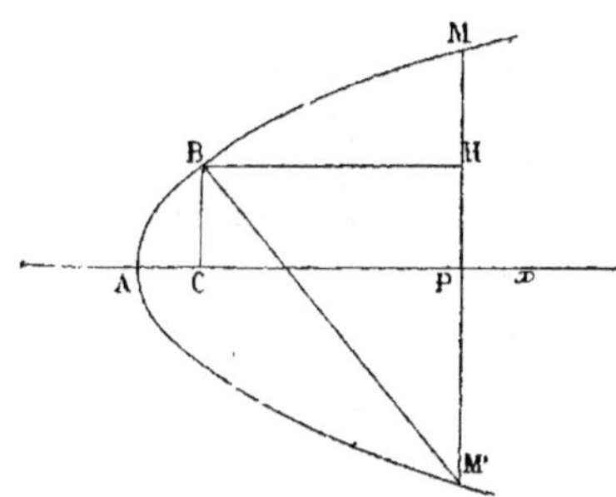

Fig. 1364.

Soient Ax, M et B, l'axe et les points donnés.

Si A est le sommet, on aura :

$$\frac{MP^2}{BC^2} = \frac{AP}{AC} \qquad \text{(G., n° 701.)}$$

d'où
$$\frac{MP^2 - BC^2}{BC^2} = \frac{AP - AC \text{ ou } CP}{AC}$$

et
$$AC = \frac{CP.BC^2}{MP^2 - BC^2} = \frac{CP.BC^2}{(MP + BC)(MP - BC)}$$

ou
$$AC = \frac{CP.BC^2}{HM'.HM}, \quad \text{quantité facile à construire,}$$

Le point M' est le symétrique de M.

Remarque. On peut arriver à la solution plus rapidement en utilisant

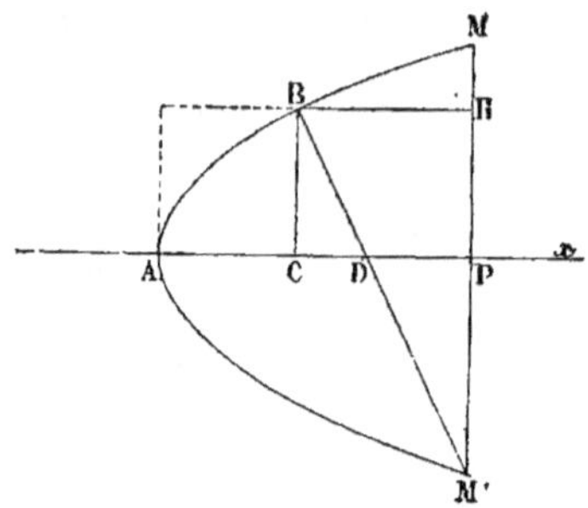

Fig. 1365.

une question comme n° 2143; car, en cherchant M′, point symétrique

de M, on a : $\dfrac{AD}{DP} = \dfrac{PH}{HM}$;   d'où $AD = \dfrac{DP \cdot HP}{HM}$

quatrième proportionnelle à construire.

2210. 8° *Deux tangentes et les points de contact* (fig. 1366).

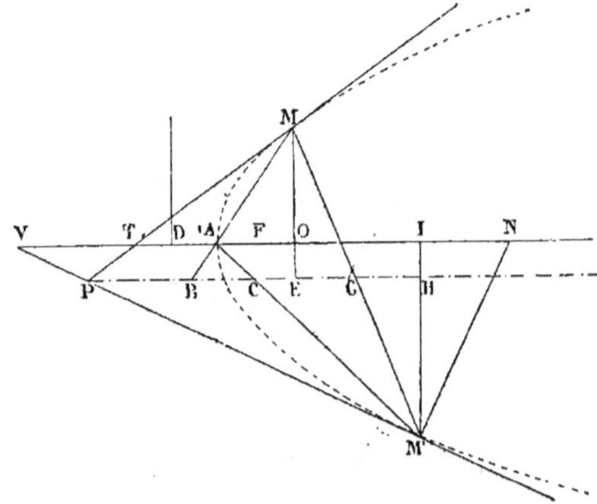

Fig. 1366.

Soient M et M′ les points de contact donnés sur les tangentes PM et PM′.

La droite PG, qui joint P au milieu de la corde des contacts, est parallèle à l'axe. (G., n° 705.) Projetons M et M′ sur PG; joignons M au point B, milieu de PE, et le point M′ au point C, milieu de PH. L'intersection des deux droites MB et M′C est le sommet A de la parabole; car on a : AT = AO, AV = AI, et les sous-tangentes sont divisées en deux parties égales par le sommet. (G., n° 699.)

Menons la normale M′N, et portons la moitié de la *sous-normale* IN de A en F et en D : on a ainsi le foyer et la directrice, ce qui permet de tracer la parabole.

Exercice 945.

2211. Problème. *Un segment parabolique est limité par une corde per-*
pendiculaire à l'axe; par une des extrémités de cette corde, on mène
une parallèle à l'axe. Mener une tangente limitée aux côtés de l'angle
droit et telle que le point de contact soit le milieu du segment intercepté.

(Voir *Méthodes*, n° 318.)

Exercice 946.

2212. Problème. *Couper un cône de révolution de manière que la sec-*
tion soit une ellipse, une parabole ou une hyperbole données.

D'après le *théorème de Dandelin* [*] (G., n° 843) relatif aux sections d'un
cône de révolution, on sait que toute section plane de ce cône est une
ellipse, une *parabole* ou une *hyperbole;* il s'agit de déterminer la section
qui donne une courbe donnée.

Suivant le cas, on donne les axes $2a$, $2b$, ou le paramètre p. Soit 2α
l'angle au sommet du cône considéré; α représente l'angle que forme
l'axe du cône avec les génératrices. Nous considérerons trois cas, selon
la nature de la courbe que l'on veut obtenir.

1° *Ellipse* (fig. 1367). Le problème revient à construire le triangle AVA′
dans lequel on connaît $AA' = 2a$, $AV = 2c$ (G., n° 846, 2°), et l'angle V
égal, en degrés, à $90 - \alpha$.

Il y a toujours une solution, et une seule, car AV est $< AA'$ et l'angle
V est aigu. (G., n° 185.)

Le triangle construit, on fait l'angle VA′S égal à V; et sur deux génératrices opposées du cône donné, on porte des grandeurs égales à SA
et SA′.

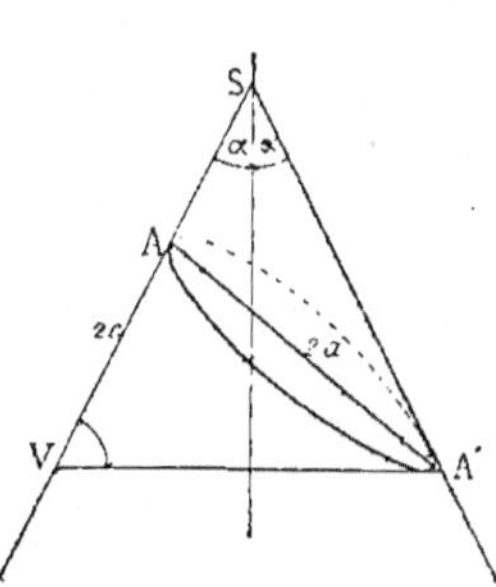

Fig. 1367.

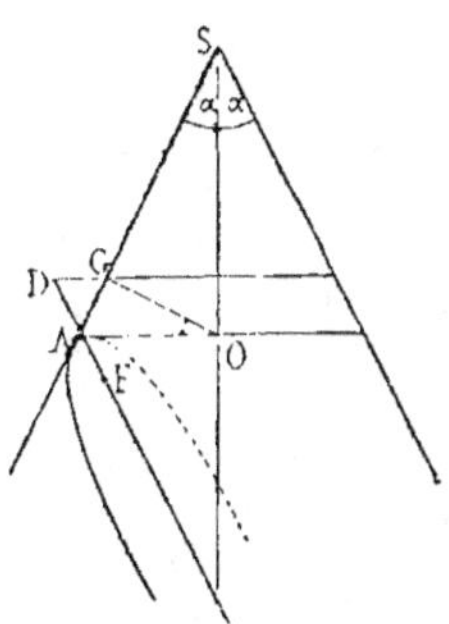

Fig. 1368.

2° *Parabole* (fig. 1368). Il faut construire un triangle rectangle AGO,
connaissant l'angle aigu $O = \alpha$, et le côté $AG = \frac{1}{2}p$ (G., n° 848, 2°), problème toujours possible, et qui n'a qu'une seule solution.

2213. 3° *Hyperbole* (fig. 1369). Le problème revient à construire le

---

[*] DANDELIN, né au Bourget en 1794, mort à Bruxelles en 1847. Le théorème qui porte
son nom a été publié en 1831, dans un recueil périodique de QUÉTELET, il serait même dû
à ce dernier; mais DANDELIN l'a étendu au cône oblique (*Histoire des sciences mathéma-*
tiques et physiques, par MAXIMILIEN MARIE, t. XII, p. 201).

triangle AVA', dans lequel on connaît $AA' = 2a$, $AV = 2c$, $V = 90 - \alpha$ (G., n° 851, 2°); mais comme le côté opposé à l'angle V est plus petit que AV, il peut y avoir deux solutions, une seule ou aucune. (G., n° 186).

Il faut au moins que l'angle 2α égale celui des asymptotes (n° 2123); car lorsqu'il y a égalité, AA' est parallèle à l'axe, $VA' = 2b$. Il y a deux solutions, lorsque l'angle 2α est plus petit que l'angle des asymptotes.

2214. Remarques. 1° Sur un cylindre dont le diamètre est $2b$, on peut facilement déterminer une section elliptique dont les axes soient $2a$ et $2b$.

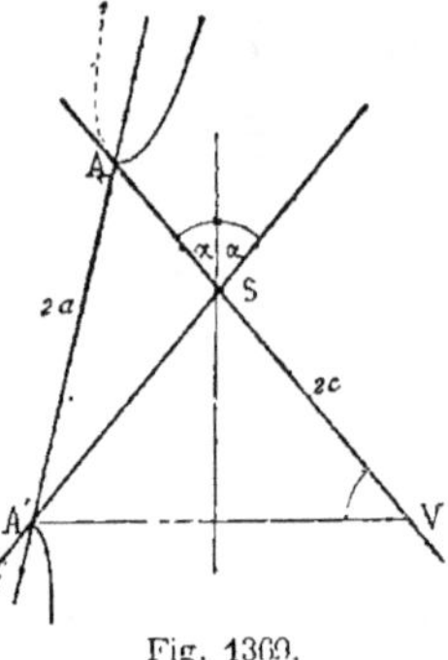

Fig. 1369.

Sur un cône donné on peut toujours placer une ellipse donnée, ainsi qu'une parabole donnée. On peut y placer aussi toute hyperbole dans laquelle l'angle des asymptotes ne surpasse pas l'angle au sommet du cône; une hyperbole quelconque peut être placée sur tout cône dans lequel l'angle au sommet n'est pas inférieur à l'angle des asymptotes de la courbe.

Un cône quelconque contient toutes les ellipses et toutes les paraboles possibles.

2° Pour étudier les courbes du second degré, on peut toujours supposer que l'ellipse appartient à un cylindre ou à un cône de révolution, et que la parabole, ou l'hyperbole, appartiennent à un cône de révolution.

Hélice.

Exercice 947.

2215. Problème. *Exprimer la longueur d'un arc d'hélice en fonction de sa projection horizontale et de l'une des quantités suivantes :*

1° *La différence des ordonnées de ses extrémités;*
2° *Le pas de l'hélice;*
3° *L'angle constant que forment les tangentes avec les génératrices.*

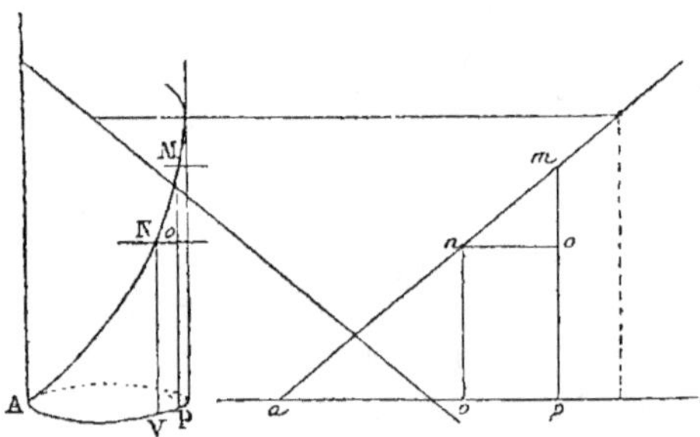

Fig. 1370.

On résout facilement le problème et le suivant en considérant l'angle plan dont l'enroulement sur le cylindre produit l'hélice.

1° D'après la définition de la courbe, l'arc $VP = vp$, $NM = nm$, etc.

Or
$$nm = \sqrt{nc^2 + (mp - nv)^2}$$

donc
$$MN = \sqrt{(\text{arc } VP)^2 + (MP - NV)^2}$$

2° Le pas, AB ou $a'b$, est ordinairement représenté par h.

On a :
$$\frac{mc}{h} = \frac{vp}{aa'}$$

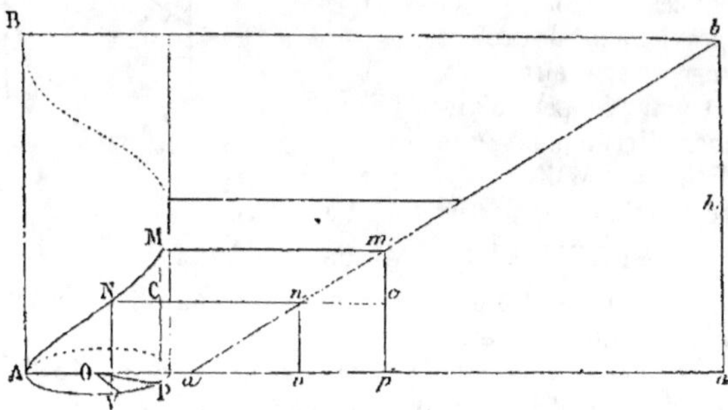

Fig. 1371.

Or mc est la différence des ordonnées, $aa' = 2\pi R$.

$$\frac{mc}{h} = \frac{vp}{2\pi R}$$

$$mc^2 = \frac{h^2 . vp^2}{(2\pi R)^2}$$

Donc
$$NM = \sqrt{(\text{arc } VP)^2 + \frac{h^2 . (\text{arc } VP)^2}{(2\pi R)^2}}$$

ou
$$NM = \text{arc } VP \sqrt{1 + \frac{h^2}{4\pi^2 R^2}}$$

3° Soit α l'angle constant baa' :

$$\frac{nc}{nm} = \cos mnc = \cos \alpha \quad \text{ou} \quad nm = \frac{nc}{\cos \alpha}$$

donc
$$NM = \frac{\text{arc } VP}{\text{cosinus } \alpha}$$

Exercice 948.

2216. Problème. *Évaluer l'aire de la surface cylindrique comprise :*

1° *Entre un arc d'hélice, les ordonnées extrêmes et la projection hori-zontale de l'hélice;*

2° *Entre deux arcs d'hélice de même pas, et les génératrices qui limitent ces arcs;*

3° *Entre deux arcs d'hélice de même pas, et les arcs de deux nou-velles hélices normales aux premières.*

1°
$$mpnv = \frac{(mp + nv)}{2} . vp$$

donc
$$MPNV = \frac{MP + NV}{2} . \text{arc } VP$$

2° Les hélices de même pas sont parallèles, et proviennent de droites nm et $n'm'$ parallèles.

Or le parallélogramme

$$nn'mm' = vp \cdot mm'$$

donc l'aire de

$$NN'MM' = \text{arc}\,VP \cdot MM'$$

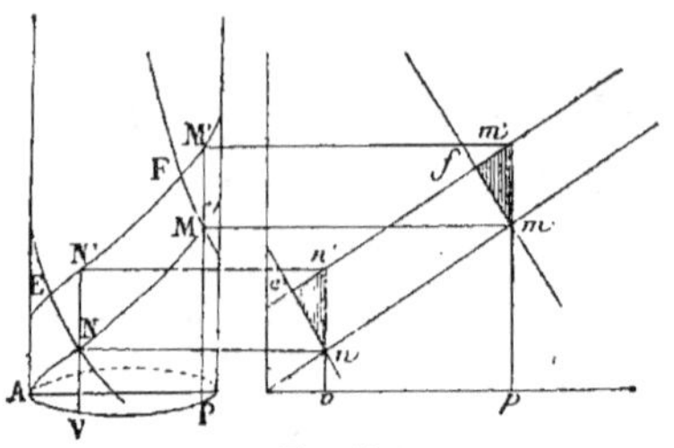

Fig. 1372.

3° Les hélices normales aux premières proviennent de droites en et fm perpendiculaires aux lignes nm et $n'm'$. On peut d'ailleurs prouver directement que la surface $ENN' = FMM'$.

Mais le rectangle $enmf = nm \cdot fm$ ou $vp \cdot mm'$

donc l'aire $ENFM = NM \cdot FM$ ou $\text{arc}\,VP \cdot MM'$

Ordinairement on multiplie l'arc projection, ou VP, par la distance MM' mesurée sur une génératrice.

L'*Appendice aux Exercices de Géométrie* (publié en 1877) contient quelques exercices relatifs à l'hélice (n°s 868 et 876).

Maximum et Minimum.

Exercice 949.

2217. Problème. *Quel est le rectangle maximum qu'on puisse inscrire dans une ellipse donnée?*

La considération du cercle principal montre que le rectangle maximum a pour diagonales les deux diamètres conjugués égaux.

Rappelons qu'il suffit de mener une tangente FDL, telle que

$$DF = DL$$

Pour la mener, on peut aussi utiliser le cercle principal (G., n° 626); d'ailleurs

$$OL = a\sqrt{2}\,;$$

car $CL = CE = OC = a$

donc aussi $OF = b\sqrt{2}$

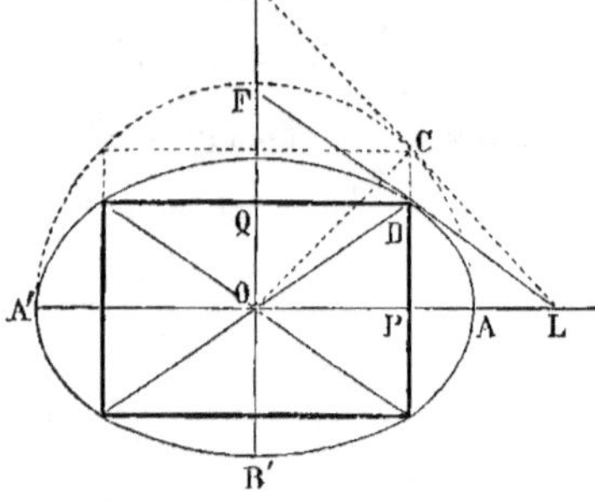

Fig. 1373.

Exercice 950.

2218. Problème. *Dans une ellipse, mener deux parallèles équidistantes d'un diamètre donné, de manière que le parallélogramme inscrit, qui aurait ces parallèles pour côtés opposés, ait le périmètre maximum.*

(Voir *Méthodes*, n° 339.)

Exercice 951.

2219. Problème. *Quel est le minimum et le maximum du rectangle circonscrit à une ellipse?*

Le lieu du sommet d'un angle droit circonscrit à l'ellipse est une circonférence ayant même centre que l'ellipse et décrite avec $\sqrt{a^2+b^2}$ pour rayon (n° 2094).

1° Or le rectangle maximum inscrit dans le cercle a les côtés égaux; donc le carré circonscrit à l'ellipse répond au maximum.

Les sommets de ce carré sont sur les prolongements des axes.

2° Le rectangle inscrit dans le cercle principal est d'autant plus petit que ses côtés diffèrent davantage l'un de l'autre, car la somme des carrés des côtés est constante; donc le rectangle minimum est celui qui est construit sur les axes de la courbe.

Maximum. La demi-diagonale du carré est égale au rayon $\sqrt{a^2+b^2}$ indiqué ci-dessus. La surface de ce carré $= 2(a^2+b^2)$.

Minimum. Le rectangle des axes $= 2a \cdot 2b = 4ab$.

Exercice 952.

2220. Problème. *Dans un parallélogramme donné, inscrire l'ellipse de surface maxima.*

Soit le parallélogramme ABCD; menons les droites EF, GH qui joignent

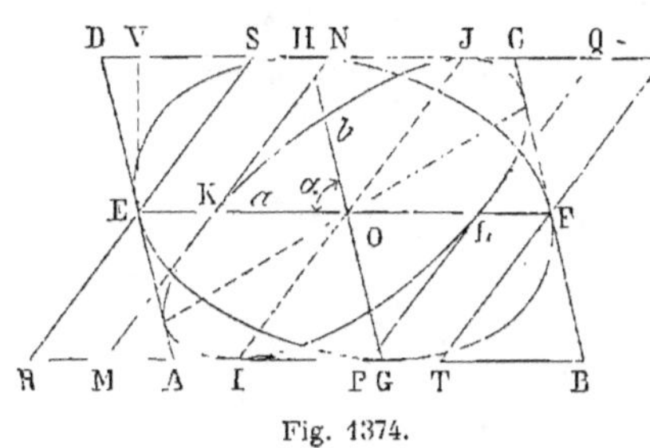

Fig. 1374.

deux à deux les milieux des côtés opposés. Soit une ellipse inscrite IJKL; les points de contact I, J, et le centre sont en ligne droite, car les tangentes AB et DC sont parallèles comme côtés opposés d'un parallélogramme. La ligne KOL est le diamètre conjugué de IJ, car les tangentes MN, PQ, menées parallèlement à IJ, doivent être divisées en deux parties égales par les points de contact (n° 681); donc EF, qui passe par le milieu de toutes les sécantes limitées aux parallèles AB, CD, passe par les points de contact et donne le diamètre KL conjugué de IJ.

Or l'ellipse rapportée aux diamètres conjugués a pour aire $OK \times OJ\pi \times \sin\alpha$ (n° 2073), tandis que le parallélogramme circonscrit égale $4OK \times OJ \times \sin\alpha$. Le rapport de la surface elliptique au parallélogramme construit sur deux diamètres conjugués est constant, il égale $\dfrac{\pi}{4}$; donc l'ellipse maxima est celle qui aura EF et GH pour diamètres

conjugués. En effet, elle sera à la surface ABCD dans le rapport $\dfrac{\pi}{4}$, tandis que, pour toute autre courbe, on a $\frac{\pi}{4}$ du parallélogramme MNPQ, moindre que RSTU, c'est-à-dire moindre que ABCD.

Remarque. L'ellipse maxima est tangente au point milieu de chaque côté du parallélogramme donné. En représentant les côtés de ce parallélogramme par $2a$ et $2b$, l'aire de l'ellipse $= \pi ab \sin \alpha$ (n° 2073). Si l'on abaisse une perpendiculaire EV, on a $S = \pi a \times EV$.

Exercice 953.

2221. Problème. *Par un point A, donné sur un des axes d'une ellipse ou sur leur prolongement, mener une sécante ABC, telle que le triangle BOC formé en joignant les extrémités de la corde de l'ellipse au centre de la courbe soit maximum.*

Il suffit de se reporter à un *Exercice* déjà traité (n° 1696).

Décrire, du centre O, une circonférence avec $\dfrac{a}{\sqrt{2}}$ pour rayon; mener une tangente AB'C'; elle coupe le cercle principal en deux points B'C'; le triangle B'OC' est maximum pour le cercle principal; puis on détermine ABC, projection de AB'C'.

Remarque. Le triangle B'OC' étant rectangle en O, les côtés OB et OC du triangle correspondant BOC sont deux demi-diamètres conjugués, et tout triangle formé par deux demi-diamètres conjugués est équivalent à BOC, car on sait que $a'b' \sin V = ab$.

Exercice 954.

2222. Problème. 1° *Inscrire dans une ellipse le triangle maximum; le sommet A' est donné sur la courbe.* 2° *Quel est le lieu du milieu de la base des triangles inscrits équivalents au maximum demandé?*

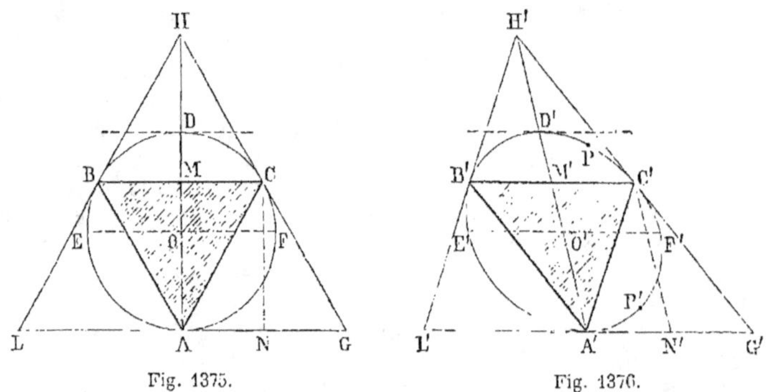

Fig. 1375.   Fig. 1376.

1° Lorsqu'on projette un cercle et un triangle équilatéral inscrit au cercle (fig. 1375), les deux surfaces sont réduites dans le même rapport $\dfrac{b}{a}$ (fig. 1376).

Or le triangle équilatéral inscrit dans le cercle de rayon a a pour superficie $\dfrac{3a^2\sqrt{3}}{4}$. La projection dans l'ellipse du triangle maximum aura pour aire $\dfrac{3ab\sqrt{3}}{4}$.

Le diamètre EF parallèle à BC et le diamètre perpendiculaire AD donneront deux diamètres conjugués A'D', E'F'. La corde B'C' et la tangente L'A'G' seront parallèles à E'F' (fig. 1376).

D'ailleurs, O'M' = M'D'; car OM = MD (fig. 1375).

La tangente G'C'H' est aussi divisée en deux parties égales par le point de contact; donc il faut mener la tangente au point A' choisi pour sommet, mener le diamètre A'O'D', et tracer une tangente E'C'H' telle que le point de contact la divise en deux parties égales; on sait que le parallélogramme A'M'C'N' est maximum, car il égale $\dfrac{A'H'G'}{2}$ (n°s 367 et 369), et tout autre point P' de la courbe donnerait un parallélogramme plus petit (n°s 359 et 360); d'ailleurs A'B'C' est équivalent à A'M'C'N', etc.

Remarque. Dans le cas actuel, on peut se dispenser de mener la tangente G'C'H'. En effet, par le point M', milieu de O'D', il suffit de mener B'C' parallèle à la tangente L'C'.

2° Le lieu du point milieu de chaque côté des triangles maxima inscrits à l'ellipse est une ellipse de même centre et homothétique de l'ellipse proposée.

En effet (fig. 1376), le point M' milieu de B'C' est sur le diamètre A'D' et au milieu du rayon O'D'. Il en serait de même pour le point milieu de chacun des côtés de tous les triangles équivalents maxima, obtenus en projetant des triangles équilatéraux égaux inscrits au cercle (fig. 1375); donc le point milieu de chaque côté divisant le rayon correspondant, O'D' par exemple, en deux parties égales, le lieu des points tels que M' est une ellipse ayant O' pour centre et homothétique à l'ellipse proposée.

2223. Remarques. 1° Le triangle équilatéral G'H'L' est le triangle circonscrit minimum (n° 369); or

$$AO = {}^1/_3 AH; \quad \text{donc} \quad DH = OD \quad \text{(fig. 1375)}$$

de même
$$D'H' = O'D' \quad \text{(fig. 1376)}$$

donc le lieu des sommets H' des triangles minima circonscrits est une ellipse de même centre homothétique à l'ellipse proposée.

2° En considérant l'ellipse comme la projection du cercle, on résout facilement les problèmes de maximum et de minimum relatifs aux surfaces des figures inscrites ou circonscrites. On remplace deux diamètres rectangulaires du cercle par deux diamètres conjugués de l'ellipse, un diamètre et une perpendiculaire à ce diamètre (n° 2222) par un diamètre de l'ellipse, et une parallèle au diamètre conjugué de ce dernier.

Ainsi les divers triangles équilatéraux égaux entre eux, circonscrits à un cercle, deviennent, par projection, des triangles équivalents entre eux, circonscrits à une ellipse. Chaque côté est divisé en deux parties égales par le point de contact. La médiane qui aboutit à un côté donné est sur le diamètre conjugué au diamètre parallèle à la tangente considérée et à la corde des contacts des deux autres côtés.

3° Le secteur circulaire devient un secteur elliptique formé par deux demi-diamètres quelconques. Le rectangle inscrit dans le secteur circulaire se transforme en parallélogramme dont deux côtés sont parallèles à la corde du secteur elliptique, tandis que les autres sont parallèles au diamètre conjugué de cette corde, c'est-à-dire à la droite qui joint le centre au milieu de la corde.

Exercice 955.

2224. Problème. *Dans un triangle quelconque, inscrire l'ellipse de surface maxima.*

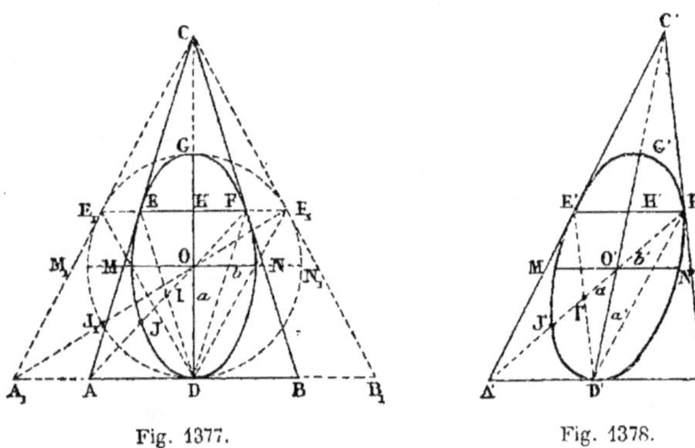

Fig. 1377.   Fig. 1378.

Le problème inverse, *circonscrire le triangle minimum à une ellipse donnée,* fera connaître les relations de l'ellipse et du triangle qui répondent à la question.

1° Au cercle DE_1F_1 (fig. 1377) correspond un triangle équilatéral CA_1B_1.

2° À l'ellipse DEF (fig. 1377) correspond un triangle isocèle ABC, lorsqu'on veut que l'un des côtés du triangle soit perpendiculaire à l'un des axes.

Le rapport de l'ellipse au triangle ABC est le même que celui du cercle au triangle $A_1B_1C_1$ (n° 200). D'ailleurs, le triangle minimum circonscrit correspond au triangle maximum inscrit EDF. On sait que $OH = HG$ (n° 2222), $DH = HC$; par suite, en fonction de OD, on a $DH = \dfrac{3a}{2}$; et le double, $DC = 3a$; donc $CG = GO$. On sait, de plus, que les médianes AF, DC se coupent aux $^2/_3$ de leur longueur; on pourrait donc en conclure immédiatement que $CO = 2a$; d'où $CG = a$.

3° Les mêmes relations existent quand on transforme la figure en inclinant CD sur la base AB. On peut donc en conclure les résultats suivants (fig. 1378) : Dans le triangle quelconque A'B'C', l'ellipse de surface maxima a pour un de ses diamètres les $^2/_3$ D'G' de la médiane C'D'. La droite E'F', qui joint les milieux des côtés A'C' et B'C', est une corde conjuguée au diamètre D'G'. Le centre O' est au $^1/_3$ de D'C'.

De même, les $^2/_3$ F'J' de la médiane A'F' donnent un autre diamètre. Or, de même que dans le triangle équilatéral A_1CB_1 inscrit au cercle (fig. 1377), on a

$$E_1F_1 = OM_1\sqrt{3} \qquad \text{(G., n}^\text{o}\text{ 277)};$$

de même

$$EF = OM\sqrt{3} \quad \text{ou} \quad EF = b\sqrt{3}$$

d'où

$$b = \frac{EF}{\sqrt{3}}$$

Ainsi on détermine facilement la longueur du diamètre MN conjugué de DG.

Il en est de même pour M'O' ou b' (fig. 1378).

On a

$$b' = \frac{E'F'}{\sqrt{3}}$$

L'angle α des diamètres conjugués est l'angle que forme la médiane C'D' avec la base A'B'.

2224 (a). **Remarque.** Comme vérification, on peut déterminer l'aire de l'ellipse et celle du triangle circonscrit; il faut que le rapport soit le même que celui du cercle au triangle équilatéral.

1° (Fig. 1377.) Le cercle égale πa^2; le triangle équilatéral a pour hauteur $3a$; or la surface du triangle équilatéral en fonction de la hauteur est donnée par $\dfrac{h^2}{\sqrt{3}}$ (n$^\text{o}$ 1720); donc

$$T = \frac{h^2}{\sqrt{3}} = \frac{9a^2}{\sqrt{3}}$$

d'où

$$\frac{C}{T} = \frac{\pi a^2\sqrt{3}}{9a^2} = \frac{\pi\sqrt{3}}{9}$$

2° (Fig. 1378.) L'ellipse égale $\pi ab \sin \alpha$.

Or le triangle en fonction de la médiane D'C' et de la base A'B' égale $\dfrac{A'B'.\,D'C'.\sin \alpha}{2}$, car la hauteur du triangle égale D'C' sin α.

Ainsi

$$T' = A'D'.\,D'C' \sin \alpha$$

ou

$$E'F'.\,D'C'\sin\alpha = E'F'.\,3a' \sin \alpha$$

mais

$$b = \frac{E'F'}{\sqrt{3}}$$

donc

$$\frac{E}{T'} = \frac{\pi a'.\,E'F'.\sin \alpha}{3a'.\,E'F'.\sin \alpha\sqrt{3}} = \frac{\pi\sqrt{3}}{9}$$

Ainsi

$$\frac{C}{T} = \frac{E}{T'} \qquad\qquad C.\,Q.\,F.\,D.$$

Exercice 956.

2225. Problème. *Dans un segment parabolique, inscrire le rectangle maximum. Le rectangle doit avoir deux sommets sur la courbe et les deux autres sur la corde.*

Soit donné le segment ABC.

La tangente menée parallèlement à la corde fait connaître l'extrémité A du diamètre AD mené par le milieu de la corde; d'ailleurs, il suffit de mener une parallèle quelconque EF à BC, et de joindre les milieux D et G.

Pour avoir le parallélogramme maximum EFIJ, et par suite le rectangle maximum EFMN, il faut mener une tangente HEL, telle que EH = EL (n° 360).

Pour cela, on sait que AH = AG (n° 318); d'ailleurs GH = GD, car EH = EL; donc AG est le $\frac{1}{3}$ de AD; donc, pour avoir le rectangle maximum, il suffit de mener une corde EF parallèle à BC, en prenant le point G au premier $\frac{1}{3}$ de AD.

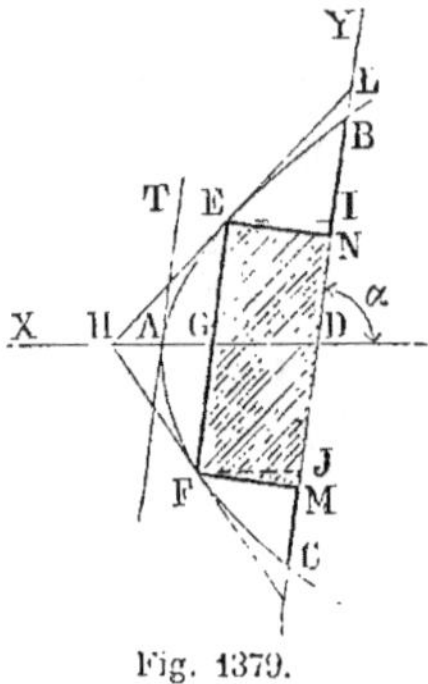

Fig. 1379.

Remarque. $\quad BAC = \frac{2}{3} AD \cdot BC \sin \alpha;\quad AG = \frac{AD}{3}$

donc $\quad EG^2 \text{ ou } JN^2 = \frac{DB^2}{3};\quad$ d'où $\quad IJ = \frac{BC}{\sqrt{3}}$

Le rectangle ou le parallélogramme maximum égale donc

$$\frac{2}{3} AD \times \frac{BC}{\sqrt{3}} \sin \alpha = \frac{2}{3\sqrt{3}} AD \cdot BC \sin \alpha$$

ainsi $\qquad EFIJ = \frac{ABC}{\sqrt{3}}$

Exercice 957.

2226. Problème. *On donne une parabole et deux tangentes à cette courbe; mener une troisième tangente telle que le triangle formé par les trois droites soit maximum.*

1° Le triangle maximum est donné par la tangente DE, que le point de contact H divise en deux parties égales. Pour mener cette tangente, il suffit de joindre les points milieux D, E des côtés AB, AC.

Toute tangente FG est divisée en parties égales au point O par la tangente DE parallèle à la corde des contacts; or le triangle ADE, dont la base DE est menée par le milieu de FG, est plus grand que AFG; donc ADE est le triangle maximum.

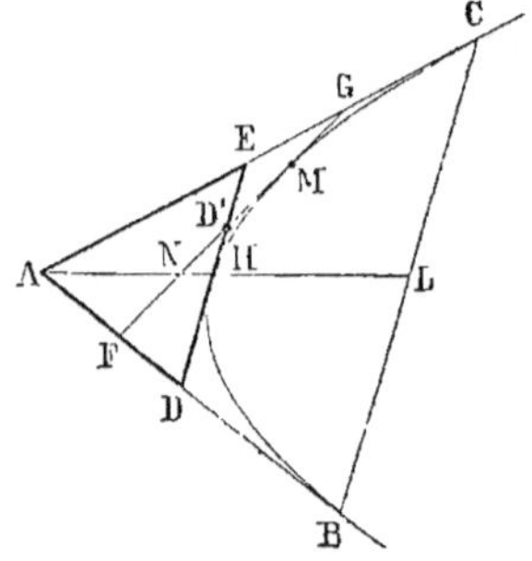

Fig. 1380.

2° D'un exercice connu (n° 369), on peut conclure immédiatement que le triangle maximum est donné par la tangente DHE, que le point de contact divise en deux parties égales.

Exercice 958.

2227. Problème. *Dans un segment parabolique ABC, limité par la corde BC, inscrire un trapèze BCDE qui ait BC pour grande base et dont la surface soit maxima.*

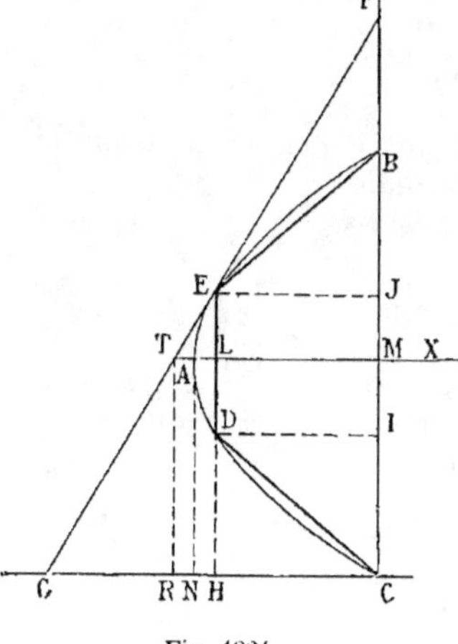

Fig. 1381.

Le trapèze BEDC est équivalent au rectangle JEHC; donc il faut mener une tangente FEG, telle que E en soit le milieu (n° 318).

En désignant AM par a, MB par b, on trouve que

$$LE = \frac{b}{3}; \quad AL = \frac{a}{9};$$

d'où $$LM = \frac{8}{9}a; \quad JC = \frac{4}{3}b$$

donc   surface BDEC

ou $$JEHC = \frac{8a}{9} \cdot \frac{4b}{3} = \frac{32}{27}ab$$

Or le segment parabolique
$$= {}^2/_3 BC . AM = {}^4/_3 b . a = {}^4/_3 ab.$$

Ainsi, le trapèze maximum est les $^8/_9$ du segment parabolique.

Remarque. Quelle que soit la valeur de l'angle α, que la corde BC peut former avec AM, la solution est la même; l'aire seule change : elle est exprimée par $^{32}/_{27} ab \sin \alpha$.

Exercice 959.

2228. Problème. *Couper un cône droit par un plan, tel que le segment parabolique résultant soit maximum.*

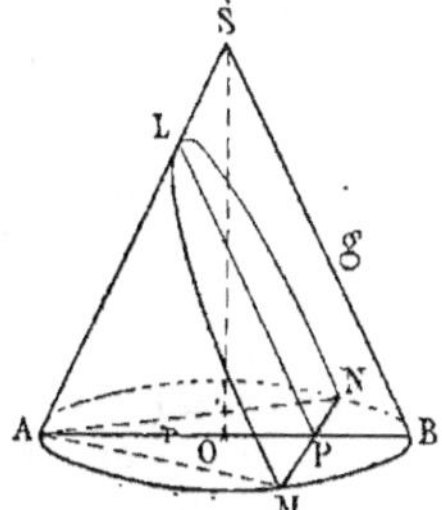

Fig. 1382.

$$S = {}^4/_3 LP . MP = {}^2/_3 LP . MN$$

Exprimons LP en fonction des lignes du cercle de base; on a

$$\frac{LP}{AP} = \frac{g}{2r}; \quad \text{d'où} \quad LP = AP . \frac{g}{2r} \quad (1)$$

donc $$S = \frac{2}{3} AP . \frac{g}{2r} . MN$$

On peut écrire
$$S = \frac{2g}{3r} . \frac{AP . MN}{2}$$

Or $\dfrac{AP . MN}{2}$ est l'aire du triangle inscrit AMN; les variations du segment parabolique ne dépendent que de cette variable; par suite, le maximum a lieu lorsque le triangle est maximum. On sait qu'il faut que le triangle AMN soit équilatéral; donc le maximum a lieu lorsque

$$AP = \frac{3r}{2}$$

2229. *Valeur du maximum.* Le triangle équilatéral a pour aire, en

fonction du rayon, $$A = \frac{3r^2}{2}\sqrt{3}$$ (G., n° 316, I)

donc $$S = \frac{2g}{3r} \cdot \frac{3r^2}{2}\sqrt{3} = gr\sqrt{3}$$

Exercice 960.

2230. Problème. *Un solide est composé de deux cônes égaux ayant une base commune; couper ce solide par un plan parallèle aux génératrices SB et AT, de manière que la section soit maxima.*

La section se compose de deux segments paraboliques.

Si GH et MN sont les lignes principales de la section, on reconnaîtra comme précédemment que le segment parabolique MGN varie comme le triangle MAN, et que le segment MHN varie comme le triangle MBN; donc la section varie comme le quadrilatère AMBN; donc le maximum a lieu quand la section passe par le centre O, car le carré ACBD est le quadrilatère maximum.

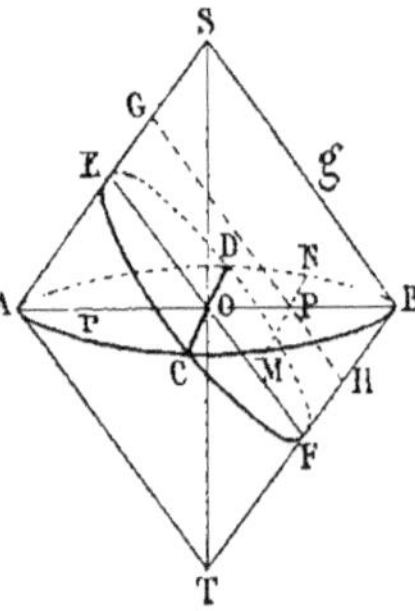

Fig. 1383.

2231. *Valeur du maximum.*
$$\text{ECFD} = \tfrac{2}{3}\text{CD} \cdot \text{EF} \qquad \text{ECFD} = \tfrac{2}{3} \cdot 2r \cdot g = \tfrac{4}{3}gr$$

2232. Remarques. 1° On peut arriver très rapidement à la détermination du maximum en procédant comme il suit :

La somme des aires paraboliques est donnée par $\tfrac{2}{3}$GH . MN.

Or GH est une quantité constante, car GH $=$ BS $= g$; donc la variation ne dépend que de MN. Ainsi le maximum a lieu, lorsque la section est menée par le centre O, car alors la corde MN devient le diamètre COD.

2° On pourrait étudier la variation de diverses sections qu'on pourrait produire dans un octaèdre régulier, ou même dans tout octaèdre, dont les trois diagonales AB, CD et ST se couperaient respectivement en parties égales.

Exercice 961.

2233. Problème. *On donne une sphère, un grand cercle et un plan; mener un plan parallèle au plan donné, tel que le cylindre qu'on obtient en projetant la section sur le grand cercle fixe ait un volume maximum.*

(Voir *Méthodes*, n° 400.)

Exercice 962.

2234. Problème. *Dans un segment à une base de paraboloïde de révolution, inscrire le cylindre de volume maximum.*

(Voir *Méthodes*, n° 395.)

Le cylindre est la moitié du paraboloïde.

Exercice 963.

2235. Problème. *Circonscrire, au segment de paraboloïde, le cône minimum.*

(Voir *Méthodes*, n° 396, II.)

Le cône est les $^9/_8$ du paraboloïde.

Questions diverses.

Exercice 964.

2236. Théorème de Mannheim. *Soit ABCD un parallélogramme articulé : le sommet A est fixe, et les côtés AB, AD tournent autour de A d'angles égaux en sens contraires. Démontrer que le point C décrit une ellipse.* (Mathésis, 1892, p. 235.)

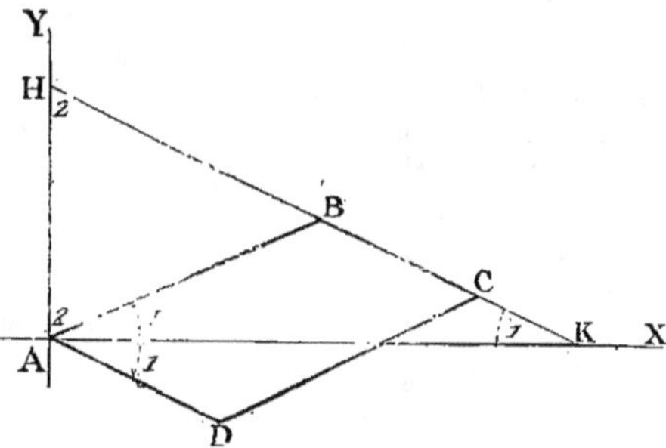

Fig. 1384.

Soient K et H les points où BC rencontre Ax, bissectrice de BAD, et Ay, bissectrice extérieure du même angle : les triangles ABK et ABH sont isocèles; donc $AB = BK = BH$.

Ainsi la droite HK a une longueur constante et se meut entre deux axes rectangulaires, donc le point fixe C de cette droite décrit une ellipse.

Exercice 965.

2237. Problème. *Construire un triangle ABC, connaissant la hauteur AH, la médiane AM et le rapport*

$$\frac{AB - AC}{BC} = \frac{m}{n}$$

Construisons le triangle AHM.
Des égalités

$$\frac{c - b}{a} = \frac{m}{n}, \quad c^2 - b^2 = 2a \cdot HM$$

on conclut $c + b = \dfrac{n}{m} \, HM$.

Si l'on prolonge AM de $MA' = AM$, la question est ramenée au problème connu :

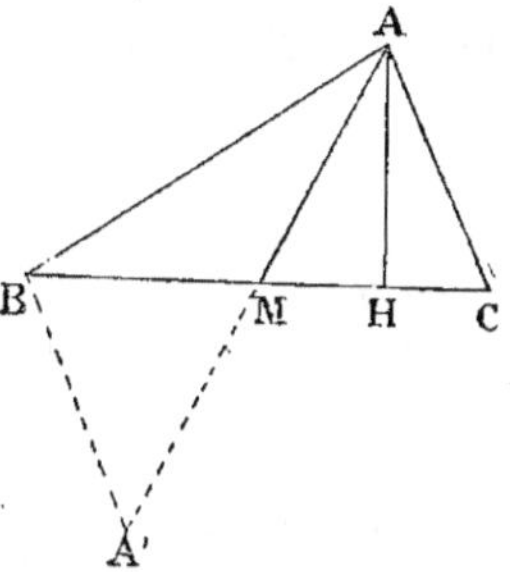

Fig. 1385.

Trouver sur une droite donnée MH un point B dont la somme des distances aux points donnés A, A' soit égale à $\frac{n}{m}$ MH.

Note. La solution est de VAN DEN BROECK (*Mathésis*, 1885, p. 19). Le recueil précité en indique plusieurs autres.

VAN DEN BROECK (1829-1887), professeur au pensionnat de Malonne, auteur de divers ouvrages estimés de mathématiques élémentaires. (*Mathésis*, p. 195, renvoi.)

Exercice 966.

2238. Théorème. *On mène deux tangentes à la parabole, les longueurs de ces lignes, depuis leur point commun jusqu'aux points de contact, sont dans le même rapport que les segments que l'axe détermine sur ces tangentes.*

On a
$$\frac{TB}{TC} = \frac{TM}{TN}$$

car l'axe AX est parallèle au diamètre TP; or toute parallèle ABC à la médiane TP d'un triangle MTN détermine sur les côtés correspondants des segments proportionnels à ces côtés (n° 1135, **b**). (J. M. E., 1892, p. 22.)

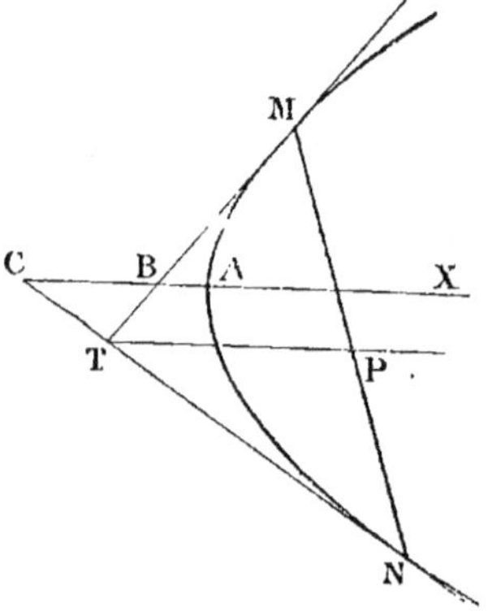

Fig. 1386.

Exercice 967.

2239. Théorème. *Les parallèles menées par un point de l'ellipse de Steiner aux médianes d'un triangle, rencontrent les côtés opposés sur une droite.* (*Mathésis*, 1893, p. 70.)

L'*ellipse de Steiner*, d'un triangle quelconque, correspond au cercle circonscrit d'un triangle équilatéral; en considérant cette dernière figure, le théorème est démontré, car les parallèles aux médianes du triangle équilatéral sont respectivement perpendiculaires aux côtés du triangle; donc les trois points sont sur la *droite de Simson* relative au point considéré.

La projection du triangle équilatéral et du cercle circonscrit, de manière à reproduire le triangle donné et l'ellipse de Steiner, montre que les trois points de rencontre sont sur la projection de la droite de Simson du triangle équilatéral.

Exercice 968.

2240. Théorème. *Lorsque deux triangles homothétiques ont même centre de gravité, les six points d'intersection des côtés de l'un d'eux avec les côtés de l'autre appartiennent à une ellipse semblable à l'ellipse de Steiner de chacun de ces triangles.*

La figure donnée peut être considérée comme étant la projection orthogonale de deux triangles équilatéraux homothétiques ayant même centre;

M.   42

les six points d'intersection du côté opposé appartiennent à une circonférence de même centre que les cercles circonscrits; donc, en projection, on obtiendra une ellipse homothétique à celles de Steiner et de même centre G que ces dernières.

Exercice 969.

2241. Théorème. *L'aire de l'ellipse de Steiner est à celle du triangle inscrit qui lui correspond, dans le rapport de 4π à $3\sqrt{3}$.*

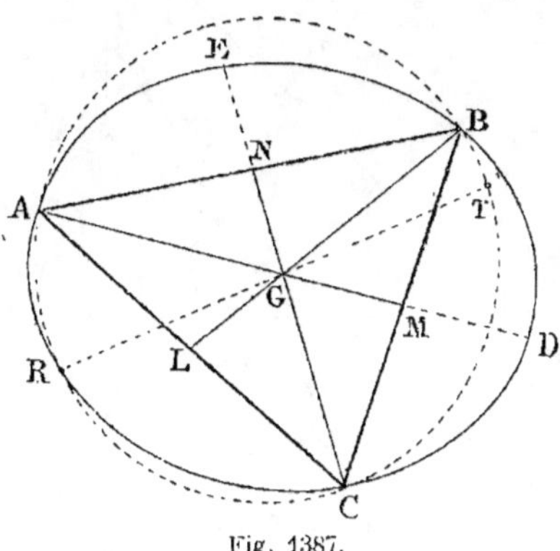

Fig. 1387.

L'ellipse et le triangle peuvent être considérés comme étant la projection orthogonale d'un cercle et d'un triangle équilatéral inscrit; or les figures obtenues par projection sont entre elles dans le même rapport que les figures situées dans un même plan, et que l'on a projetées : ainsi $GM = MD$, comme dans le triangle équilatéral et le cercle circonscrit; puis pour les aires, on a de même :

$$\frac{\text{ellipse}}{ABC} = \frac{\text{cercle circonscrit}}{\text{triangle équilatéral}}$$

Or la surface du triangle équilatéral, en fonction de la hauteur, est donnée par

$$T = \frac{h^2\sqrt{3}}{3}$$

d'ailleurs

$$h = \frac{3}{2} R, \quad \text{donc} \quad T = \frac{3R^2\sqrt{3}}{4}$$

par suite,

$$\frac{\text{ellipse}}{ABC} = \frac{4\pi}{3\sqrt{3}}.$$

2242. Note. L'ellipse circonscrite au triangle rencontre le cercle circonscrit en un quatrième point R. Ce point a été nommé *point de Steiner*, parce que ce savant en a fait connaître diverses propriétés; puis il a été étudié par M. TARRY, qui a fait aussi connaître les propriétés du point T, appelé maintenant *point de Tarry*, et qui se trouve diamétralement opposé à celui de STEINER.

Pour ce dernier point, on peut consulter la belle étude analytique que M. NEUBERG en a faite (*Journal de Mathématiques spéciales*, 1886, page 6 et suivantes; puis la construction indiquée par M. DE LONGCHAMPS, 1886, page 129); enfin, 1888, page 242, n° 69.)

Exercice 970.

2243. Théorème de Steiner. *Le lieu des points de vue tels que la perspective d'une circonférence C, sur un plan perpendiculaire à celui de C,* *soit une autre circonférence, est l'hyperboloïde équilatère de révolution à une nappe, dont C est la circonférence de gorge.*

Soit V un des points de vue, situé dans un plan perpendiculaire au plan du cercle C et mené par son centre, AB étant le diamètre du cercle donné.

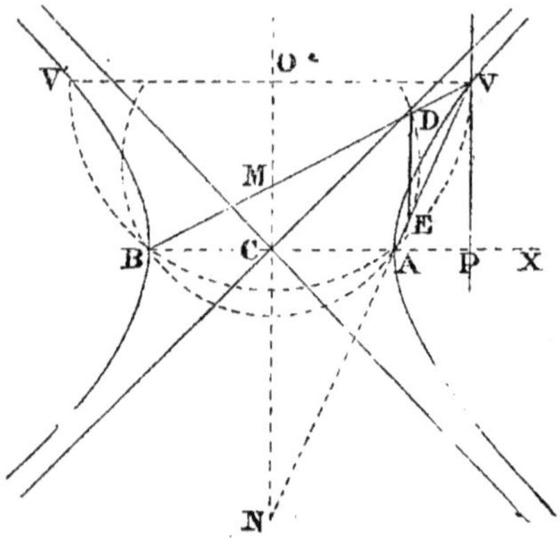

Il suffit de démontrer que sur le plan principal le lieu des points V est l'hyperbole équilatère dont AB est l'axe transverse.

Or sur le diamètre VOV' décrivons une circonférence, elle passe par les sommets A et A', car l'équation de la

courbe $\quad x^2 - y^2 = a^2$

donne $\quad x^2 = a^2 + y^2$

donc $\quad OA = OV$.

Pour avoir la direction des sections circulaires antipa-

Fig. 1388.

rallèles du cône, dont V est le sommet et AB le diamètre de la circonférence de base, il suffit de mener des plans perpendiculaires au plan principal ABV et parallèles à la tangente VP; or cette ligne est perpendiculaire à OV, à CX, donc toute section DE perpendiculaire à AB donne un cercle pour perspective du cercle C. — Sur le plan de profil mené par le centre du cercle donné, on aurait pour perspective un cercle ayant MN pour diamètre.

PROBLÈMES NUMÉRIQUES

Indications générales.

2244. Les *problèmes numériques*, en Géométrie, ne sont le plus souvent que de simples applications du calcul à des formules connues.

Dans un problème numérique, on distingue : 1° la *solution* ou l'ensemble des considérations par lesquelles on trouve les opérations à effectuer; 2° le *calcul* des opérations.

Degré d'exactitude. 1° *Si les données sont des nombres exacts*, le résultat peut être obtenu avec tel degré d'approximation que l'on voudra.

2° *Si les données contiennent un nombre approximatif* qui n'ait que 3, 4... chiffres exacts, le résultat ne peut être donné qu'avec ce même nombre de chiffres.

D'après ces considérations, on fait choix du mode de calcul : calcul complet, calcul approché, calcul par logarithmes, soit avec les *petites tables*, soit avec les *grandes tables*, selon les cas.

Observations principales. Il convient de tenir compte des observations suivantes :

1° Disposer les calculs avec beaucoup d'ordre *.

2° Employer les logarithmes dès que les multiplications et les divisions deviennent nombreuses, et surtout lorsqu'il y a des racines à extraire.

3° Transformer les formules, afin d'obtenir l'expression de la valeur de l'inconnue en fonction des données, au lieu de faire dépendre une suite d'opérations d'un calcul approximatif qu'on aurait fait au début.

Voici quelques exemples :

1er Exemple.

2245. Problème. *Pour un diamètre de 1 mètre, quelles seraient les valeurs de la circonférence, de l'aire du cercle, de l'aire et du volume de la sphère?* On demande huit décimales.

1° Circonférence	$\pi d =$	$\pi =$	$3^m\ 1415\ 9265$
2° Cercle	$\tfrac{1}{4}\pi d^2 = \tfrac{1}{4}\pi =$		$0^{mq}\ 7853\ 9816$
3° Surface de la sphère	$4 . \tfrac{1}{4}\pi d^2 =$	$\pi =$	$3^{mq}\ 1415\ 9265$
4° Volume de la sphère	$\tfrac{1}{6}\pi d^3 = \tfrac{1}{6}\pi =$		$0^{mc}\ 5235\ 9878$

---

* On peut tirer un bon parti de la *Table des nombres usuels*. (G., p. 354.)

2° Exemple.

2246. Problème. *La rotonde du panorama des Champs-Élysées, à Paris, a 55 mètres de diamètre. Quelle est la surface occupée par cet édifice?*

On a recours à la formule πr^2, ou mieux à la formule $\frac{1}{4}\pi d^2$.

$$
\begin{array}{ll}
\text{Log. } \frac{1}{4} \text{ ou } 0{,}25. & \overline{1}{,}39794 \\
\text{Log. } \pi. & 0{,}49715 \\
\text{Log. } 55. & 1{,}74036 \\
\text{\textdquote{}} & \underline{1{,}74036} \\
\end{array}
$$

Soit 23 ares 7580.   3,37581   correspond à 2375^{mq}80.

3e Exemple.

2247. Problème. *Calculer le diamètre d'un boulet de fonte de 12 hectogrammes, la densité de la fonte étant 7,207.*

Prenons pour unités correspondantes le décimètre et le kilogramme. Soient x le diamètre demandé, d la densité, p le poids. Le volume est donné par la formule $\quad\quad v = \frac{1}{6}\pi x^3 \quad\quad$ (G., n° 574.)

On sait que le poids égale le volume multiplié par la densité; donc

$$\tfrac{1}{6}\pi x^3 . d = p$$

d'où

$$x^3 = \frac{p}{\frac{1}{6}\pi d}$$

$$
\begin{array}{lll}
\text{Log. } p. & 0{,}07918 & \text{Numérateur.} \\
\text{Log. } \frac{1}{6}\pi. \quad \overline{1}{,}71900 & \\
\text{Log. } d. \quad\quad 0{,}85775 \Big\} & 0{,}57675 & \text{Dénominateur.} \\
\end{array}
$$

Différence. . . . . $\overline{1}{,}50243$

$\frac{1}{3}$ de la différence. . . . . $\overline{1}{,}83414$ correspond à 0,6825.

Soit 0^{dm}6825.

4e Exemple.

2248. Problème. *Quelle est la surface d'une zone sphérique de 3 décimètres de hauteur, lorsque cette zone appartient à une sphère dont le volume égale 500^{dmc}? On demande la surface à 1 centimètre carré près.*

Soient r le rayon et v le volume de la sphère.
La zone est donnée par la formule

$$\text{zone} = 2\pi r h \quad\quad \text{(G., n° 559.)}$$

Le rayon dépend de la relation

$$\text{volume} = \tfrac{4}{3}\pi r^3$$

d'où

$$r^3 = \frac{3v}{4\pi}; \quad r = \sqrt[3]{\frac{3v}{4\pi}}$$

$$\text{zone} = 2\pi r h = 2\pi h \sqrt[3]{\frac{3v}{4\pi}} \quad\quad\quad (1)$$

Calcul. 3 fois 500 = 1,500 ; 4 fois 3,1416 = 12,5664.

Log. 1,500. 3,17609
Log. 12,5664. 1,09921
Différence 2,07688
$\frac{1}{3}$ de la différence . . . . 0,69229 Ainsi log. r = 0,69229

Log. h ou 3 0,47712
Log. 2π 0,79823
                   1,96764

Soit 92^{dmq}82.

Remarques. 1° La formule (1) donne un calcul facile ; on pourrait néanmoins modifier cette formule avec quelque avantage (n° 2238).

En multipliant les deux termes de la fraction sous le radical par $2\pi^2$, le dénominateur devient un cube parfait, et l'on a successivement :

$$2\pi h \sqrt[3]{\frac{6v\pi^2}{8\pi^3}} = \frac{2\pi h}{2\pi} \sqrt[3]{6v\pi^2}$$

$$\text{zone} = h\sqrt[3]{6v\pi^2} \tag{2}$$

Log. 6×500 ou 3,000. . . 3,47712
Log. π 0,49715
  » 0,49715
             4,47142
$\frac{1}{3}$ . . . . 1,49047. . . 1,49047
Log. 3 0,47712

92^{dmq}81.   1,96759

La première valeur obtenue est approchée par excès et la seconde par défaut.

2° Le calcul direct du rayon, si l'on se bornait au centimètre, conduirait à une réponse beaucoup trop faible. Ainsi on trouverait :

$$r = 4^{\mathrm{dm}}9 ; \quad 2\pi r h = 92^{\mathrm{dmq}}36$$

En prenant même quatre chiffres pour le rayon, ou $r = 4^{\mathrm{dm}}923$, on ne trouve que 92^{dmq}7965.

Subdivision d'un problème.

Dans les applications, les problèmes numériques se rapportent parfois à plusieurs figures géométriques ; chaque problème donné se subdivise alors en plusieurs autres, auxquels on applique directement les formules connues.

5ᵉ Exemple.

2249. Problème. *La section droite d'une chaudière a 3ᵐ142 de circonférence extérieure ; la partie cylindrique a 3ᵐ de longueur ; l'épaisseur de la tôle est de 0ᵐ0015 ; la chaudière se termine par deux hémisphères de même rayon que la partie cylindrique. On demande la capacité de la chaudière et son poids, la densité du fer étant 7,79. (Aix, brevet 1ʳᵉ série, 1877.)*

La circonférence extérieure étant exprimée par la valeur approximative de π ou 3,142, le diamètre total est de 1 mètre ; le diamètre intérieur égale 1 mètre moins deux fois 0ᵐ0015 ; soit 1ᵐ — 0,003 ou 0ᵐ997.

Le volume intérieur se compose d'un cylindre ayant 0^m997 de diamètre et 3^m de longueur, et d'une sphère ayant 0^m998 de diamètre. Le volume extérieur se compose aussi d'un *cylindre* et d'une *sphère*.

Volume total.

Cylindre $^1/_4\pi 1^2 . 3$ ou $^3/_4\pi$ ou $^9/_{12}\pi$
Sphère $^1/_6\pi 1^3$ ou $^1/_6\pi$ ou $^2/_{12}\pi$
Volume total $^{11}/_{12}\pi$

Calcul.

π. 3,1416
Le 12e 0,261 8

Différence . . . 2,879 8   Volume total 2^mc 879 8

Volume intérieur ou capacité.

Cylindre $^1/_4\pi d^2 h$ ou $^3/_{12}\pi d^2 h$ ou $^1/_{16}\pi d^2 . 3h$ ou $^1/_{12}\pi d^2 . 9$
Sphère $^1/_6\pi d^3$ ou $^2/_{12}\pi d^2 d$ ou $^{1\prime}/_{12}\pi d^2 . 2d$ ou $^1/_{12}\pi d^2 . 1,994$
Capacité totale . . . . $^{1\prime}/_{12}\pi d^2 . 10,994$

Calcul.

Log. $^1/_{12}\pi$ ou 0,261 8 . . $\overline{1},417\,97$
Log. d ou 0,997. . . . $\overline{1},998\,70$
» . . . . $\overline{1},998\,70$
Log. 10,944 . . . . . . 1,041 16

Somme. . . . . 0,456 53   Soit 2^mc 861 1   capacité.

Volume de la tôle.

Volume total. 2,879 8
Volume intérieur 2,861 1

Volume de la tôl. 0,018 7

Soit 18^dmc 700.

6e Exemple.

2250. Problème. *Un corps se compose d'un cylindre terminé à chaque extrémité par un cône dont la base a le même diamètre que le cylindre. Ces deux cônes sont égaux entre eux, et le côté de chacun d'eux est égal au diamètre de sa base, enfin la hauteur du cylindre est double de son diamètre.*

On suppose que la surface latérale de ce corps soit égale à 28 mètres carrés, et on demande de calculer le diamètre du cylindre.

Le résultat s'obtenant par l'extraction d'une racine carrée, on extraira cette racine à un centième près, et l'on justifiera la règle que l'on aura employée.

On calculera aussi le volume du corps donné.
(Brevet supérieur, 1881.)

Soit d le diamètre inconnu. La moitié du corps se

Fig. 1389.

compose d'un cylindre ayant d pour diamètre, AD ou d pour hauteur, et d'un cône dont la génératrice $AE = AB = d$.

$$\text{Surf. du cylindre} = 2\pi AF \cdot AD = \pi d^2$$

$$\left.\text{Surf. du cône} \quad = \pi AF \cdot AE = \frac{\pi d^2}{2}\right\} \quad {}^3/_2 \pi d^2$$

$$\text{Double de la somme} \quad 3\pi d^2 = 28^{mq} \tag{1}$$

$$d^2 = \frac{28}{3\pi}; \quad d = 1,72$$

En nous bornant à la question géométrique, il reste à calculer le volume du corps.

La hauteur EF du triangle équilatéral est donnée par

$$EF = \frac{AB}{2}\sqrt{3}; \quad \text{ou} \quad EF = \frac{d}{2}\sqrt{3} = 0,86\sqrt{3}$$

$$\text{Volume du cylindre ABCD} = \pi AF^2 \cdot d = {}^1/_4 \pi d^3$$

$$\text{Volume du cône AEB} = \pi AF^2 \cdot \frac{EF}{3} = \frac{1}{4}\pi d^2 \cdot \frac{d}{6}\sqrt{3}$$

Le double de la somme, c'est-à-dire le volume total

$$V = \frac{1}{2}\pi d^3\left(1 + \frac{\sqrt{3}}{6}\right)$$

$$V = \pi d^3\left(\frac{6 + \sqrt{3}}{12}\right) \tag{2}$$

Or $\qquad \dfrac{6 + \sqrt{3}}{12} \quad$ ou $\quad \dfrac{7.732}{12} = 0,644$

à un millième près par défaut.

$$\text{Log. } \pi \ldots = 0,49715$$
$$3 \text{ fois log. } 1,72 = 0,70659$$
$$\text{Log. } 0,644 \ldots = \overline{1},80889$$
$$\overline{1,01263} \quad \text{correspond à } 10,29$$
$$V = 10^{mc}29$$

Remarque. D'après l'énoncé, il fallait d'abord calculer le diamètre à un centième près. On était donc conduit à se servir de la valeur obtenue d, pour calculer le volume du corps; mais, afin d'avoir le volume avec une certaine approximation, il eût fallu calculer d avec un plus grand nombre de décimales, ou, ce qui eût encore été plus exact, exprimer le volume en fonction de la surface donnée (n° 2238, 3°).

Segment circulaire.

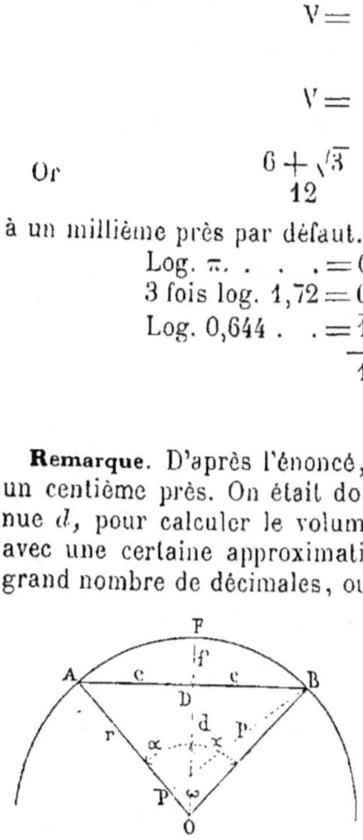

2251. Aire du segment. Pour obtenir l'aire d'un segment circulaire AFB, il faut calculer l'aire du secteur AOBF et en retrancher l'aire du triangle AOB.

Fig. 1390.

Remarques. 1° Les éléments de géométrie permettent de calculer l'aire des segments circulaires ayant pour corde le côté d'un polygone régulier que l'on sait inscrire, en n'employant que la règle et le compas, car pour ces polygones on peut exprimer la corde AB, l'apothème OD en fonction du rayon, et l'on connaît l'angle au centre AOB (n°s 1752 à 1755).

Dans tous les autres cas, il faut recourir à la trigonométrie, afin de déterminer certains éléments.

2° Nous conviendrons de représenter la corde AB par $2c$, la distance OD par d, la flèche DF par f, le rayon par r, la perpendiculaire

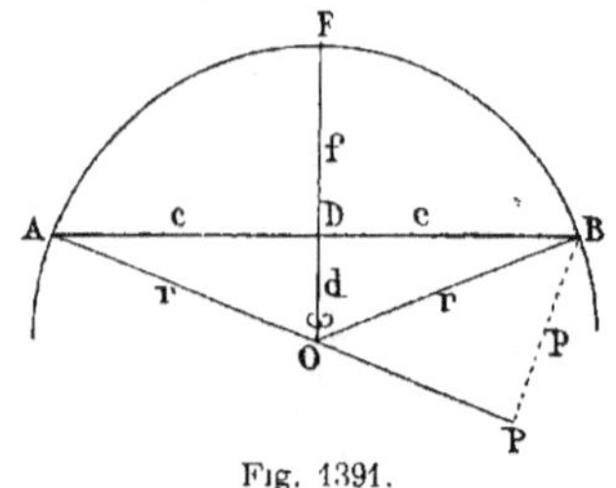

Fig. 1391.

BP, abaissée sur AO, par p, et la longueur de l'arc AFB par l; puis le demi-angle au centre par α, et l'angle entier par ω.

2252. Données. Pour obtenir l'aire du segment, il faut connaître le rayon r et l'angle au centre ω, ou 2α; mais le segment est déterminé de grandeur, lorsqu'on donne deux quelconques des six quantités suivantes :

$$r,\ \omega,\ 2c,\ d,\ f,\ l$$

Formules principales. On sait que dans le triangle rectangle AOD, dont l'angle AOD $= \alpha$, on a :

$$c = r \sin \alpha \qquad (1) \qquad\qquad d = r \cos \alpha \qquad (2)$$

$$r = \frac{c}{\sin \alpha} \qquad (3) \qquad\qquad r = \sqrt{c^2 + d^2} \qquad (4)$$

$$\sin \alpha = \frac{c}{r} \qquad (5) \qquad\qquad \text{tang. } \alpha = \frac{c}{d} \qquad (6)$$

Quel que soit l'angle ω, aigu ou obtus, le triangle rectangle BOP donne la relation $\qquad p = r \sin \omega \qquad\qquad\qquad (7)$

On sait aussi que la longueur l d'un arc AFB, ayant ω pour angle au centre, est donnée par $\qquad l = \pi r \cdot \dfrac{\omega}{180} \qquad\qquad\qquad (8)$

d'où $\qquad\qquad r = \dfrac{l}{\pi} \cdot \dfrac{180}{\omega} \qquad\qquad\qquad (9)$

et $\qquad\qquad \omega = 180\,\dfrac{l}{\pi r} \qquad\qquad\qquad (10)$

Aire du secteur. L'aire du secteur s'obtient en multipliant la surface du cercle par le rapport $\dfrac{\omega}{360}$, ou en multipliant la longueur de l'arc par la moitié du rayon.

$$\text{Secteur} = \pi r^2 \cdot \frac{\omega}{360} \quad \text{ou} \quad \frac{lr}{2}$$

Aire du triangle. On peut abaisser la perpendiculaire OD ou la perpendiculaire CE.

$$\text{Triangle AOC} = cd \quad \text{ou} \quad \frac{rp}{2}$$

42*

2253. Formules du segment. On peut écrire :

$$\text{segment} = \pi r^2 \cdot \frac{\omega}{360} - cd \qquad (11)$$

ou

$$\frac{lr}{2} - \frac{rp}{2} = \frac{(l-p)r}{2} \qquad (12)$$

En remplaçant l et p par leur valeur en fonction de ω, la formule (12) devient :

$$\text{segment} = \frac{r}{2}\left(\pi r \cdot \frac{\omega}{180} - r \sin \omega\right) = \frac{r^2}{2}\left(\pi \cdot \frac{\omega}{180} - \sin \omega\right) \qquad (13)$$

D'ailleurs

$$\frac{\pi}{180} = 0,017\,45$$

donc

$$\text{segment} = \frac{r^2}{2} \cdot (0,017\,45 \cdot \omega - \sin \omega)$$

Cette formule permet de calculer rapidement l'aire du segment circulaire. On doit se rappeler que ω est exprimé en degrés, et qu'on doit prendre le *sinus naturel* de ω, et non le logarithme de ce sinus. On peut recourir à la petite table placée à la fin des *Éléments de Géométrie*.

Remarque. On peut voir l'étude suivante : *Calcul d'un segment circulaire dont on connaît la corde et la flèche*, par M. A. AUBRY. (J. M. S., 1893, p. 184.)

Application.

2254. Problème. *Dans le cercle qui a* 12^m50 *de rayon, quelle est la surface du segment qui correspond à un angle au centre de* 35°?

$$0,017\,45 \times 35 = 0,610\,75$$
$$\sin 35 = 0,574$$
$$\text{différence} = 0,036\,75$$
$$\frac{r^2}{2} = \frac{12,5 \times 12,5}{2} = 78,125$$
$$\text{segment} = 78,125 \times 0,036\,75 = 2^{mq}871$$

Métrés.

2255. Les métrés des ouvrages d'art, tels que ponts, aqueducs, etc., exigent de nombreux calculs, et présentent des cas fort variés ; d'après les données, on calcule les lignes nécessaires pour évaluer les surfaces et les volumes.

Voici un exemple pris dans les cas que l'on rencontre le plus fréquemment :

Exemple. *Évaluer la surface de maçonnerie de la section droite d'un ponceau à plein cintre, d'après les cotes données au croquis ci-contre.*

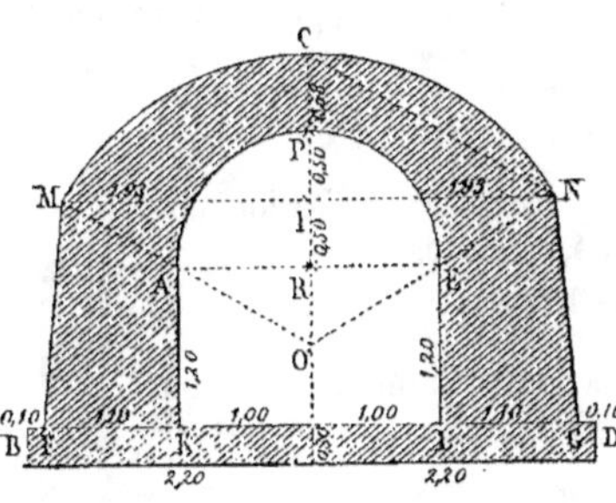

Fig. 1302.

L'*intrados* a pour section une demi-circonférence de 1 mètre de rayon, et la hauteur des pieds droits est de 1^m20; l'*extrados* n'est point parallèle à l'intrados (G., n° 1006); sa section est un arc dont on calculera le rayon et la longueur. En appelant x la partie du diamètre qui est au-dessous de la corde MN, on a :

$$x \cdot IC = IN^2$$

d'où

$$x = \frac{IN^2}{IC} = \frac{3,72}{1,08} = 3^m44$$

$$\text{diamètre} = 3,44 + 1,08 \quad \text{ou} \quad 4^m52 \quad \text{rayon } OC = 2^m26$$

$$OI = OC - IC = 2,26 - 1,08 = 1^m18$$

$$\text{tg } N = \frac{IC}{IN} = \frac{1,08}{1,93} \ldots = \text{tg } \tfrac{1}{2}CM$$

Log. 1,08. . . . . 0,033 42
Log. 1,93. . . . . 0,285 56
Différence. . . . . $\bar{1}$,747 86. . . . 29°13′49″$\tfrac{1}{2}$. . . . . $\tfrac{1}{2}$CM

$$\text{Arc MCN} = 4 \text{ fois autant} = 116°55'18'' \quad \text{ou} \quad 116°922$$

$$\text{Longueur absolue} = \frac{\pi \cdot 4,52 \cdot 116,922}{360} = 4^m61$$

Secteur MONC . . . . $\tfrac{1}{2} \cdot 4,61 \cdot 2,26$ ou $5^{mq}209$
Triangle MON. . . . . $\tfrac{1}{2} \cdot 3,86 \cdot 1,18$ ou $2 \quad 277$
Différence (segment MNC). . . . . $2 \quad 932$

Relevé de la surface totale.

Rectangle BD . . . . . $4^m40 \cdot 0^m30$. . . . . ou $1^{mq}320$
Trapèze MNGF. . . . . $\tfrac{1}{2} \cdot 1^m70 (4^m20 + 3^m86)$ ou $6 \quad 851$
Segment MNC. . . . . $2 \quad 932$

Total. . . . . $11^{mq}103$

A déduire.

Rectangle AELK . . . $2^m00 \cdot 1^m20$ ou $2^{mq}400$ ⎫
Demi-cercle AEP . . . $\tfrac{1}{2}\pi \cdot 1^2$ ou $1 \quad 571$ ⎬ $3^{mq}971$

Surface demandée. . . . . $7^{mq}132$

Remarque. La question si importante, au point de vue de la pratique des travaux des *métrés des travaux d'art*, exige des développements dans lesquels nous ne pouvons entrer ici; mais il suffit de se reporter à l'ouvrage : *Arpentage, levé des plans, nivellement*, par F. J., 4° édition, 1895, ch. VI, p. 131 et suivantes.

Notes.

2256. Aire du segment hyperbolique. (G., n° 995.) La formule qui a permis de contrôler les résultats donnés par les diverses méthodes approximatives n'est pas du ressort de la géométrie élémentaire.

Pour le demi-segment de l'hyperbole équilatère, lorsque $MP = y$, $OP = x$, $OA = a$, on a :

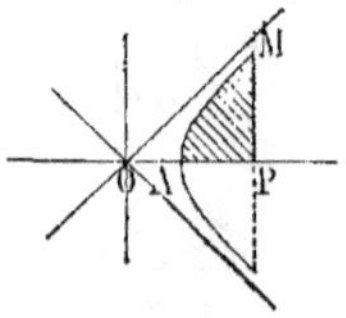

$$\text{Aire} = \frac{xy}{2} - \frac{a^2}{2} l_n \left(\frac{x+y}{a} \right)$$

Fig. 1393.

l_n indique le logarithme népérien; pour l'obtenir on peut prendre le logarithme vulgaire de $\left(\dfrac{x+y}{a}\right)$, et multiplier le résultat par la constante $\dfrac{1}{\log. e} = 2{,}302\,59$.

On a donc :

$$\text{Aire AMP} = \frac{1}{2}\left[xy - a^2\log\left(\frac{x+y}{a}\right)2{,}302\,59\right]$$

$$y = \sqrt{x^2 - a^2}; \quad y = 17{,}320; \quad \frac{xy}{2} = 173{,}20$$

$$x + y = 37{,}32; \quad \frac{x+y}{a} = 3{,}732; \quad \log. 3{,}732 = 0{,}571\,94$$

$$0{,}571\,94 \times 2{,}302\,59 = 1{,}316\,943; \quad \text{et, puisque } \frac{a^2}{2} = 50, \quad \text{on a :}$$

$$\frac{a^2}{2} \times \log.\left(\frac{x+y}{a}\right) \times 2{,}302\,59 = 50 \times 1{,}316\,943 = 65{,}847\,150$$

$$\text{Aire} = 173{,}20 - 65{,}847\,15 = 107{,}352\,85$$

2257. Longueur de l'ellipse. La longueur de l'ellipse n'est donnée que par une *série* (n° 2258); des tables ont été calculées pour abréger les opérations. Dans celle que nous donnons, le petit axe est toujours égal à 1, et le grand axe varie par dixième.

Pour connaître le nombre de la table qui correspond à un cas donné, on divise le grand axe par le petit axe. On prend alors dans la première colonne le nombre qui égale le quotient; on lit à droite la longueur correspondante, et on multiplie cette valeur par le petit axe.

$\frac{a}{b}$	Longueur	Différences
1,00	3,1416	
		159
1,01	3,1575	
		159
1,02	3,1734	
		158
1,03	3,1892	
		159
1,04	3,2051	
		159
1,05	3,2210	
		159
1,06	3,2369	
		159
1,07	3,2528	
		159
1,08	3,2687	
		159
1,09	3,2846	
		159
1,10	3,3005	
		......
1,20	3,4627	
		1622
		1652

$\frac{a}{b}$	Longueur	Différences
1,3	3,6279	
		1677
1,4	3,7956	
		1701
1,5	3,9657	
		1721
1,6	4,1378	
		1739
1,7	4,3117	
		1756
1,8	4,4873	
		1772
1,9	4,6645	
		1782
2,0	4,8427	
		1785
2,1	5,0222	
		1807
2,2	5,2029	
		1817
2,3	5,3846	
		1826
2,4	5,5672	
		1834

$\frac{a}{b}$	Longueur	Différences
2,5	5,7506	
		1842
2,6	5,9348	
		1851
2,7	6,1199	
		1855
2,8	6,3054	
		1862
2,9	6,4916	
		1868
3,0	6,6784	
		1874
3,1	6,8658	
		1880
3,2	7,0538	
		1884
3,3	7,2422	
		1888
3,4	7,4310	
		1892
3,5	7,6202	
		1896
3,6	7,8098	

Exemple. *Quelle est la longueur de l'ellipse qui a pour axes 3 mètres et* 1ᵐ20?

$\dfrac{3}{1{,}20} = 2{,}50;$ or à 2,50 correspond 5,7506, et cette valeur multipliée par 1,2 donne 6ᵐ900\,72.

Exemple. *L'ellipse a pour axes* 4^m,62 *et* 3 *mètres.*

$\dfrac{4.62}{3} = 1,54$; or 1,54 est compris entre 1,5 qui donne 3,9567, et 1,6 qui donne 4,1378. La différence de longueur égale 0,1721; il faut prendre les quatre dixièmes de cette longueur : 1721 $\times$ 0,4 = 0,06884 et 3,9657 + 0,06884 = 4,03454. Il faut ensuite multiplier ce résultat par le petit axe 3; on trouve 12^{m}10362.

2258. Séries. On nomme *série* une suite illimitée de termes, telle que chacun de ces termes se déduit de ceux qui le précèdent d'après une loi connue.

En représentant par e l'excentricité de l'ellipse, c'est-à-dire le rapport de la demi-distance focale c, au demi-grand axe a, la longueur l de la moitié de l'ellipse est donnée par la série

$$l = \pi a\left[1 - \frac{1}{1}\left(\frac{1}{2}e\right)^2 - \frac{1}{3}\left(\frac{1}{2}\cdot\frac{3}{4}e^2\right)^2 - \frac{1}{5}\left(\frac{1}{2}\cdot\frac{3}{4}\cdot\frac{5}{6}e^3\right)^2 \ldots\right]$$

ou
$$l = \pi a\left[1 - \frac{1}{4}e^2 - \frac{3}{64}e^4 - \frac{5}{256}e^6 \ldots\right]$$

ou bien
$$l = \pi a(1 - 0,25e^2 - 0,046875e^4 - 0,019531e^6 \ldots)$$

Cette série converge très lentement lorsque l'*excentricité* est petite; il est donc utile de recourir aux *tables* fournies par divers ouvrages pratiques, tels que ceux des Sergent, Vasselon, Claudel, etc

GÉOMÉTRIE DU TRIANGLE

2259. « La *Géométrie du triangle* est le progrès le plus remarquable qu'aient fait les mathématiques élémentaires en ces derniers temps *. »

On a toujours considéré dans le plan du triangle des points et des droites remarquables ; néanmoins c'est surtout depuis 1873 que l'étude du triangle a été l'objet de recherches nombreuses et fécondes ; l'ensemble des résultats obtenus et coordonnés a reçu le nom de *Géométrie du triangle* ou de *Géométrie récente*.

2260. L'*Association française pour l'avancement des sciences* a été l'occasion des premiers travaux de la période actuelle, et les *comptes rendus* ** de ses congrès annuels ont fait connaître périodiquement les découvertes accomplies par plusieurs de ses membres les plus éminents.

1º Les *Nouvelles annales mathématiques* ont eu la primeur des premiers articles de MM. LEMOINE et BROCARD (1873 et 1875), relatifs aux points et aux cercles qui portent aujourd'hui leur nom, comme elles avaient eu antérieurement ceux du capitaine MATHIEU (1866), trop peu remarqué, ce semble, à cette époque, malgré l'importance de l'*inversion isogonale;* comme elles eurent plus tard (1883, etc.) les études de M. D'OCAGNE sur la symédiane.

2º Le *Journal des mathématiques élémentaires et spéciales* de MM. BOURGET et G. DE LONGCHAMPS a été le principal organe, en France, de la *Géométrie du triangle;* on peut dire que les investigateurs d'une part, et le public de l'autre, doivent beaucoup à cette importante publication scientifique.

3º En Belgique, *Mathésis*, de MM. MANSION et NEUBERG, a continué, dès 1881, la *Nouvelle correspondance* de M. M. CATALAN. Pour faire comprendre ce qu'est la revue belge, pour la *Géométrie récente,* il suffit de dire que lorsqu'on veut citer les principaux auteurs de la *Géométrie du triangle;* on nomme universellement MM. LEMOINE, BROCARD et NEUBERG.

Diverses publications anglaises et allemandes, de leur côté, font connaître les études, les résultats relatifs à la nouvelle branche de Géométrie.

On lira avec plaisir l'*Étude historique de la marche du développement*

---

* Citation empruntée à l'*Esquisse historique*, par M. VIGARIE, 1889.

** Nous n'avons pas à notre disposition ces *comptes rendus* à publication restreinte.

de la géométrie du triangle, par M. Vigarie, 1889 (supplément à *Mathésis*, 1890) et les articles du même auteur, publiés sur le même sujet, chaque année, depuis cette époque, dans le *Journal des mathématiques* de M. de Longchamps.

2261. 4° Après les publications périodiques citées ci-dessus, nous pouvons indiquer divers ouvrages que l'on consulterait avec profit : *Géométrie récente du triangle*, par M. Neuberg, note 3, de soixante-dix pages, de la première partie du *Traité de Géométrie*, par MM. Rouché et de Comberousse, 6° édition, 1891.

5° Mémoires sur le *tétraèdre*, 1884, sur les *Projections et contre-projections d'un triangle fixe* et *sur le système des trois figures directement semblables*, par M. Neuberg (Bruxelles, 1890).

6° *Trigonométrie rectiligne et Géométrie du triangle*, par Lalbalettrier (Paris, 1889).

7° *Troisième livre de Géométrie*, etc. *Théorème de Stewart*, par Thiry (Gand, 1887, 1891).

8° *Principes de la nouvelle Géométrie du triangle*, par A. Poulain, S. J. (Paris, 1892).

9° *A sequel to the first six books of the Elements of Euclid*, par John Casey (6° édit., Dublin, 1892). La moitié du volume est consacrée à la Géométrie du triangle.

10° *Companion to the Weekly Problem Papers*, par J. Milne, section V, par T. C. Simmons (Londres, 1888).

11° *A treatise on the Geometry of the Circle*, par J. M'Clelland (Londres, 1891).

12° *Supplement to Euclid revised*, par Nixon (Oxford, 1891).

13° *An Elementary Treatise on modern pure Geometry*, par Lachlan (Londres, 1893).

14° *Die Brochardschen Gebilde*, par Dr A. Emmerich (Berlin, 1891).

Coordonnées trilinéaires.

2262. Définition. On nomme coordonnées trilinéaires, des grandeurs propres à déterminer la position d'un point par rapport à trois droites concourantes situées dans un même plan.

Triangle de référence. Le triangle formé par les trois droites est nommé triangle de référence.

Signes des coordonnées. Chaque droite partage le plan en deux régions, laissant le triangle dans l'une d'elles; pour chaque axe, la région où se trouve le triangle est regardée comme positive et l'autre comme négative. D'après cette idée générale, il est facile de déterminer le signe de chacune des coordonnées d'un point d'après la nature du système de ces coordonnées.

Système des coordonnées. Les principaux systèmes sont les *coordon-*

nées normales et les *coordonnées barycentriques;* on leur réserve généralement le nom collectif des *coordonnées trilinéaires.*

On peut y adjoindre actuellement, bien que moins employées, les *coordonnées angulaires* et les *coordonnées tripolaires.*

2263. Coordonnées normales. On nomme coordonnées normales d'un
point M, les perpendiculaires x, y, z abaissées de ce point sur les côtés
a, b, c du triangle de référence.

On a les *coordonnées normales absolues,* lorsqu'on donne les longueurs
mêmes des perpendiculaires x, y, z, et *coordonnées normales relatives,*
des longueurs x', y', z' proportionnelles aux premières; dans la pratique
on supprime les accents dès qu'il n'y a pas équivoque.

2264. Signes. Pour M, les trois coordonnées sont positives.

Pour N, on reconnaît, d'après la convention indiquée précédemment,
que x a une valeur négative.

Pour le point O, x a une valeur positive; mais y et z sont négatives.

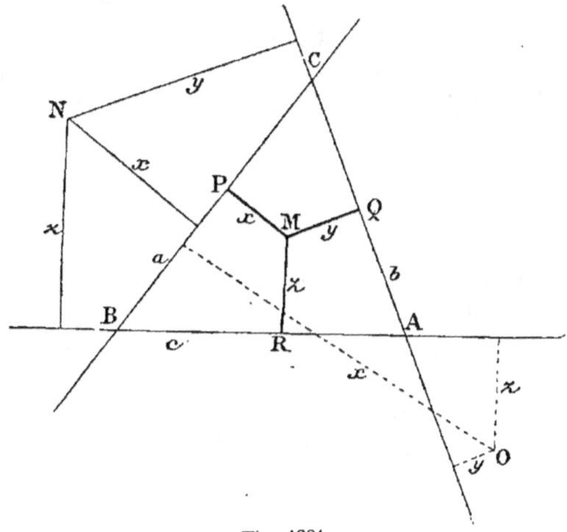

Fig. 1394.

Résumé. Pour les points situés dans le triangle, les trois coordonnées
sont positives.

Lorsqu'un point est situé hors du triangle, mais dans un angle même
de ce triangle, une seule des coordonnées est négative, N, par exemple.

Le point a deux coordonnées négatives et une positive, lorsqu'il est
dans un angle opposé par le sommet, O, par exemple.

Exercice 971.

2265. Problème. *Déterminer un point, connaissant trois grandeurs* x,
y, z, *proportionnelles aux distances de ce point aux côtés* a, b, c *d'un
triangle donné.*

1° Sur CB et sur CA on élève des perpendiculaires BQ, AP respectivement égales ou proportionnelles à x et y; les parallèles QD, PD déter-

minent le lieu CO des points dont les distances aux côtés a et b sont dans le rapport de x à y.

On détermine de la même manière le lieu des points dont la distance aux côtés a et c est dans le rapport de x à z, le point commun M aux deux lieux est le point demandé.

2° Pour trouver un point de CO, on peut procéder comme il suit : Sur CA ou b prendre $CG = x$, sur CB ou a : prendre $CH = y$ le sommet L du parallélogramme appartient au lieu CO, car

$$\frac{LJ}{LI} = \frac{LH}{LG} = \frac{x}{y}$$

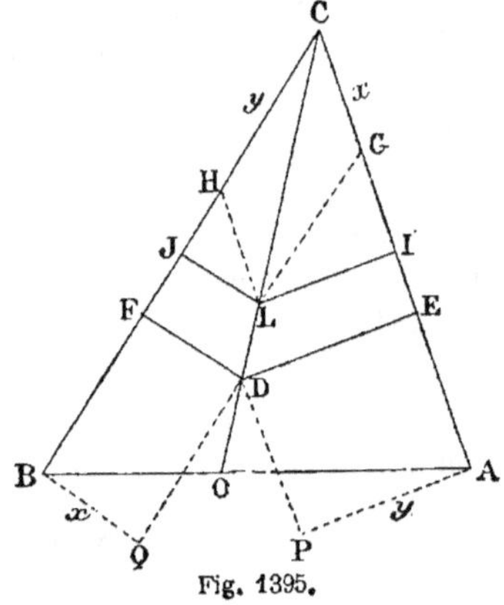

Fig. 1395.

Exercice 972.

2266. Problème. *Établir une relation entre les trois distances d'un point aux côtés d'un triangle donné, et les côtés de ce même triangle, de manière à pouvoir calculer une de ces distances, connaissant les deux autres et les longueurs du côté.*

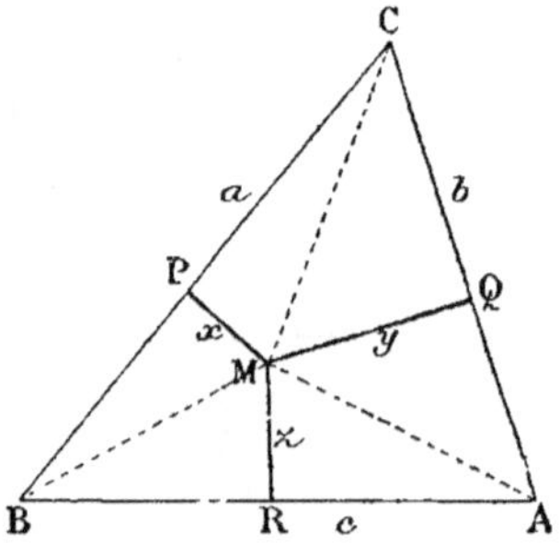

Soient x, y, z la distance d'un point M aux côtés a, b, c; soit S la surface du triangle donné, on a :

$$ax + by + cz = 2S \qquad (1)$$

Ainsi on ne peut se donner arbitrairement que deux distances, par exemple, x et y; alors on a :

$$z = \frac{2S - ax - by}{c}$$

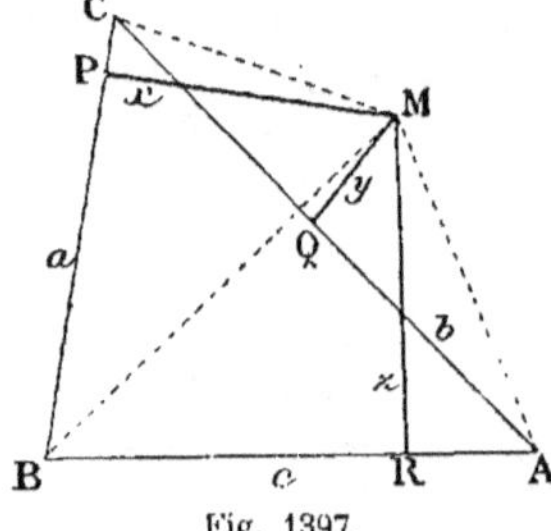

Fig. 1396.

2267. Scolies. 1° Certaines coordonnées peuvent être négatives, y, par exemple (fig. 1397). Dans ce cas, si l'on mettait le signe en évidence, on aurait

$$ax - by + cz = 2S.$$

2° Lorsque les distances sont respectivement proportionnelles aux côtés correspondants, on a :

$$\frac{x}{a} = \frac{y}{b} = \frac{z}{c} \qquad (2)$$

d'où $\dfrac{ax}{a^2} = \dfrac{by}{b^2} = \dfrac{cz}{c^2} = \dfrac{2S}{a^2 + b^2 + c^2}$ (3)

Cette formule est souvent employée; elle caractérise la distance du *point K de Lemoine* aux trois côtés.

Fig. 1397.

Exercice 973.

2268. Problème. *Déterminer un point, connaissant trois grandeurs α, β, γ proportionnelles aux aires des trois triangles qui auraient ce point pour sommet et pour bases respectives un des côtés du triangle donné.*

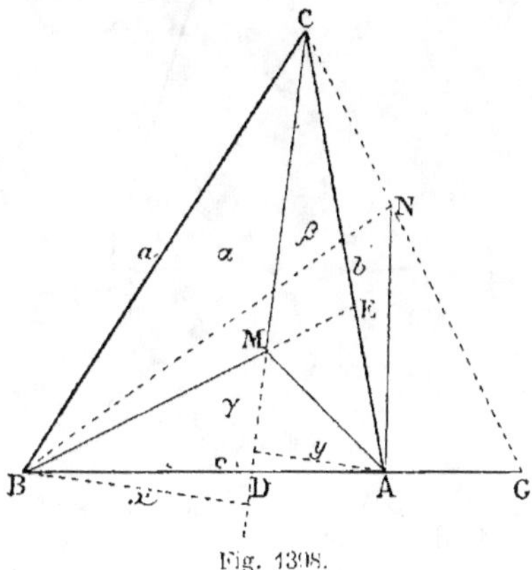

Fig. 1398.

Soit M le point demandé, on a :

$$\frac{BMC}{CMA} = \frac{\alpha}{\beta}$$

Les triangles ci-dessus ayant un côté commun MC sont entre eux comme les perpendiculaires x et y abaissées sur cette ligne, ainsi

$$\frac{x}{y} = \frac{\alpha}{\beta}$$

il suffit donc de diviser BA en segments proportionnels aux quantités α et β, et le point M se trouve sur CD.

En procédant d'une manière analogue sur le côté b pour les grandeurs α et γ, on détermine une nouvelle ligne BE sur laquelle se trouve le point M.

Remarque. Si une des grandeurs, β par exemple, était négative, on déterminerait un point G sur le prolongement de BA tel qu'on eût

$$\frac{BG}{AG} = \frac{\alpha}{\beta}$$

en ne considérant que les valeurs absolues de α et β, le point cherché N serait sur CG, etc.

2269. Coordonnées barycentriques. Les grandeurs α, β, γ sont nommées *coordonnées barycentriques* du point M ; lorsque α, β, γ sont les aires mêmes des triangles BMC, CMA, AMB, on a les *coordonnées barycentriques absolues* ; quand ce sont des grandeurs proportionnelles à ces aires, on a les *coordonnées barycentriques relatives*.

L'expression de *coordonnées barycentriques* vient de *barycentre*, nom du *centre de gravité*. Si l'on a trois masses α, β, γ, appliquées respectivement aux points A, B, C, le point M est le centre de gravité du système.

Exercice 974.

2270. Théorème. *En représentant par α, β, γ l'aire des triangles qui ont même sommet M et dont les bases respectives sont un des côtés d'un triangle donné ABC ayant S pour aire, on a, quelle que soit la position de M, la relation suivante :*

$$\alpha + \beta + \gamma = S$$

L'aire est regardée comme négative lorsque pour le triangle AMB, par exemple, les points M et C sont de part et d'autre du côté AB.

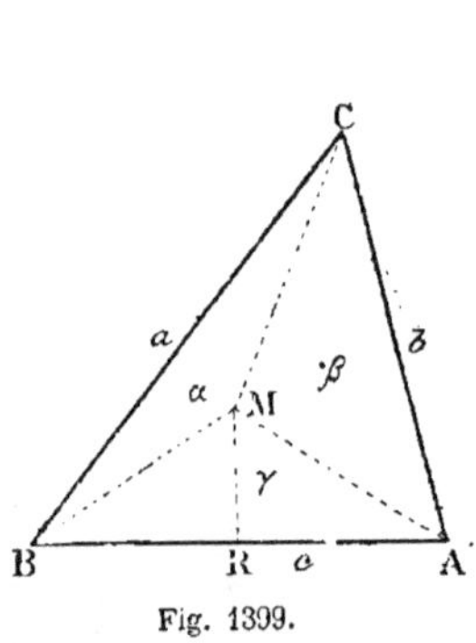

Fig. 1399.

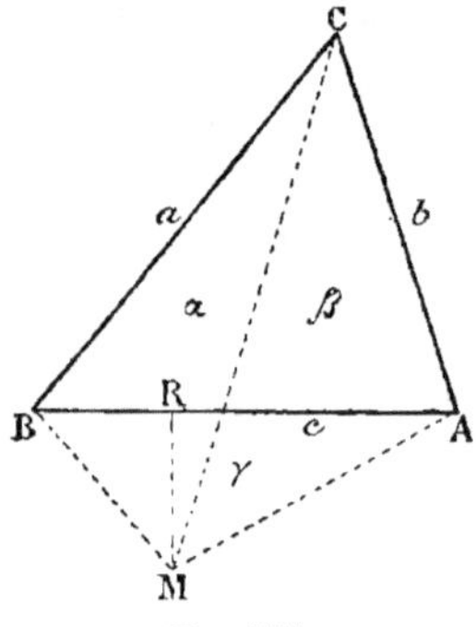

Fig. 1400.

Soient α, β, γ l'aire des triangles BMC, CMA, AMB (fig. 1399).

En désignant par S l'aire du triangle donné, on a :

$$\alpha + \beta + \gamma = S \tag{4}$$

Cette formule est générale, pourvu qu'on tienne compte des signes; ainsi (fig. 1400) la hauteur MR du triangle AMB tombant dans une direction opposée à celle qui est regardée comme positive, le triangle AMB doit être regardé comme négatif, or on a

$$BCM + CMA - AMB = ABC$$

donc la relation (1) est encore vérifiée, car γ a une valeur négative.

2271. Scolies. 1° En désignant suivant l'usage (n° 2267) par x, y, z les hauteurs respectives des trois triangles, on a :

$$\alpha = \frac{ax}{2}, \quad \beta = \frac{by}{2}, \quad \gamma = \frac{cz}{2}$$

Ce qui permet facilement d'exprimer α, β, γ en fonctions de x, y, z, et réciproquement

2° Dans le cas particulier où les trois triangles sont équivalents, on a :

$$\alpha = \beta = \gamma = \frac{S}{3}$$

Ces valeurs caractérisent le point de concours des médianes du triangle ABC. Ce point se désigne par G, il est le *centre de gravité* de la surface du triangle donné.

Exercice 975.

2272. Théorème. *La médiane est le lieu des points dont le rapport des distances aux deux côtés correspondants du triangle, égale le rapport inverse de ces mêmes côtés. Il en est de même, au signe près, de la droite menée parallèlement au troisième côté, par le sommet opposé.*

Le rapport des distances d'un point quelconque de la médiane est le même que celui du point M milieu de la base; or les triangles ACM, BCM sont équivalents comme ayant des bases égales et même hauteur, on a donc aussi :

$$ax = by, \quad \text{d'où} \quad x : y = \frac{1}{a} : \frac{1}{b}$$

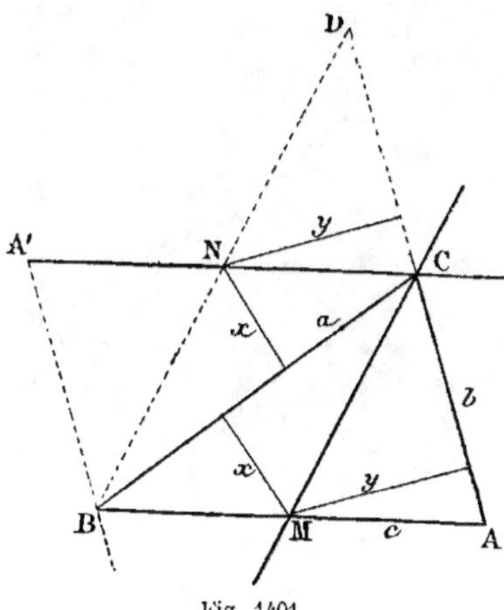

Fig. 1401.

2° En prolongeant AC, menant BD parallèle à la médiane, la droite CN parallèle à AB est la médiane du triangle ACD et CD = CA = b, donc

$$ax = by; \quad \text{d'où} \quad x : y = \frac{1}{a} : \frac{1}{b}$$

Par rapport au triangle donné la distance x est négative; par suite, en tenant compte des signes, il faut écrire :

$$x : y = -\frac{1}{a} : \frac{1}{b}$$

2273. Scolies. 1° Le point de concours des médianes donne :

$$x : y : z = \frac{1}{a} : \frac{1}{b} : \frac{1}{c}$$

2° En menant par les sommets du triangle ABC des parallèles aux côtés, on obtient un triangle A′ B′ C′; donc le premier ABC est le triangle médian; les sommets A′, B′, C′ sont les *points associés* du point de concours G des trois médianes du triangle donné; au signe près, ils jouissent de la même propriété que G; pour le rapport des distances aux trois côtés de ABC, on a :

$$\text{Pour A′} \quad \ldots \ldots \quad x : y : z = -\frac{1}{a} : \frac{1}{b} : \frac{1}{c}$$

$$\text{Pour B′} \quad \ldots \ldots \quad x : y : z = \frac{1}{a} : -\frac{1}{b} : \frac{1}{c}$$

$$\text{Pour C′} \quad \ldots \ldots \quad x : y : z = \frac{1}{a} : \frac{1}{b} : -\frac{1}{c}$$

Exercice 976.

2274. Problème. *Déterminer les coordonnées normales et les coordonnées barycentriques absolues du centre de gravité G d'un triangle ABC, et celle du point K qu'on obtient en menant des droites symétriques à chaque médiane, par rapport à la bissectrice qui part du même sommet. Le point K est le point de Lemoine (n° 2352).*

1° Pour le centre de gravité G, les triangles BGC, CGA, AGB sont équivalents, puisque le point G est au tiers de la médiane AN, à partir du pied N de cette ligne, donc

$$\alpha = \beta = \gamma = \frac{S}{3} \tag{1}$$

mais $\qquad \dfrac{ax}{2} = \text{CGB} = \alpha = \dfrac{S}{3}$

donc $\qquad x = \dfrac{2S}{3a}$; de même $y = \dfrac{2S}{3b}$, $z = \dfrac{2S}{3c}$ $\qquad$ (2)

Telles sont les valeurs des *coordonnées normales absolues* du centre de gravité; quant aux coordonnées relatives, on écrit simplement

$$x : y : z = \dfrac{1}{a} : \dfrac{1}{b} : \dfrac{1}{c} \quad (3)$$

ou $\quad ax = by = cz \quad$ (4)

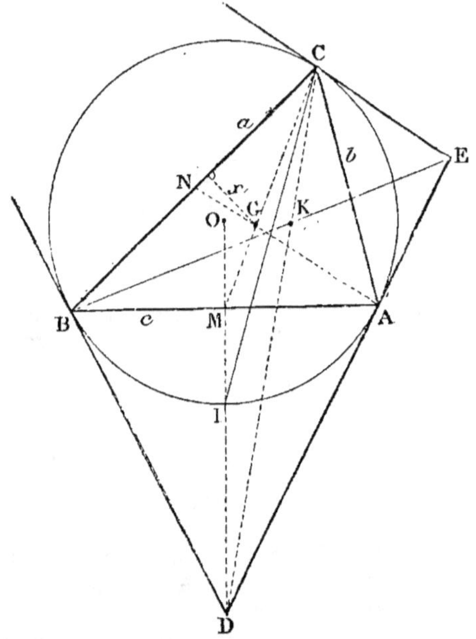

Fig. 1402.

2° *Centre K des symédianes.* La symédiane est le lieu des points dont les distances aux côtés correspondants a et b, par exemple, sont dans le rapport de ces mêmes côtés ; cette ligne CD est la symétrique de la médiane CM, par rapport à la bissectrice CI. On a donc

$$x : y : z = a : b : c \quad (5)$$

ou $\quad \dfrac{x}{a} = \dfrac{y}{b} = \dfrac{z}{c} \quad$ (6)

pour coordonnées normales relatives; pour les coordonnées normales absolues, il suffit de prendre les inverses de celles de G, on a :

$$x = \dfrac{3a}{2S}, \quad y = \dfrac{3b}{2S}, \quad z = \dfrac{3c}{2S} \qquad (7)$$

Les *coordonnées barycentriques absolues* se déduisent des précédentes,

car $\qquad \alpha = \dfrac{ax}{2}$ etc.

donc $\qquad \alpha = \dfrac{3}{4} \cdot \dfrac{a^2}{S}, \quad \beta = \dfrac{3}{4} \cdot \dfrac{b^2}{S}, \quad \gamma = \dfrac{3}{4} \cdot \dfrac{c^2}{S}$

Pour les coordonnées relatives, on écrit :

$$\alpha : \beta : \gamma = a^2 : b^2 : c^2$$

ou $\qquad \dfrac{\alpha}{a^2} = \dfrac{\beta}{b^2} = \dfrac{\gamma}{c^2}$

les coordonnées barycentriques sont donc a^2, b^2, c^2.

2275. Remarque. Le *point réciproque* d'un point donné (n° 1242, **d**) a pour coordonnées barycentriques les inverses des coordonnées du premier point, donc le point réciproque du *point K de Lemoine* a pour

coordonnées $\dfrac{1}{a_2}$, $\dfrac{1}{b_2}$, $\dfrac{1}{c_2}$

Les coordonnées des *points de Brocard* (n° 1097) ont beaucoup d'analogie avec les précédentes, car elles sont :

$$\text{Pour } \Omega_1 \quad \ldots \ldots \quad \frac{1}{b^2}, \quad \frac{1}{c^2}, \quad \frac{1}{a^2}$$

$$\text{Pour } \Omega_2 \quad \ldots \ldots \quad \frac{1}{c^2}, \quad \frac{1}{a^2}, \quad \frac{1}{b^2}$$

(J. M. E. 1889, p. 18. — POULAIN, *Principes de la nouvelle géométrie du triangle*, p. 18, n° 15).

Exercice 977.

2276. Problème. Coordonnées angulaires. *Déterminer un point M, connaissant les angles* X, Y, Z *des droites qui joignent ces points aux sommets du triangle de référence* (fig. 1403).

1° Deux des angles suffisent, car on doit avoir pour le point M

$$X + Y + Z = 2\pi$$

Il suffit de décrire sur a, vers l'intérieur du triangle, un segment capable de X; sur b, un segment capable de Y. Le segment décrit sur c, et capable de Z, passe par le point d'intersection M des deux premiers.

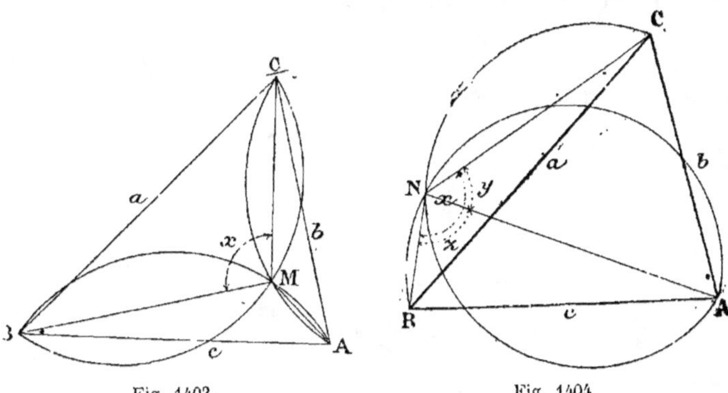

Fig. 1403.   Fig. 1404.

2° Pour N (fig. 1404), un des angles, en valeur absolue, égale la somme des deux autres.

Les segments décrits sur b et c et capables de Y ou de Z sont décrits du côté même du triangle, tandis que le segment capable de X, décrit sur a, est à l'opposé du triangle, par rapport au côté a; il doit donc être regardé comme négatif.

2277. Remarque. En tenant compte de la valeur relative pour un même point, on a une des deux relations suivantes :

$$X + Y + Z = 2\pi \qquad (1) \qquad \text{ou} \qquad X + Y + Z = 0 \qquad (2)$$

L'exemple bien connu des cercles circonscrits à chacun des triangles équilatéraux construits sur chaque côté d'un triangle donné (n° 754) revient à ce qui suit :

Lorsque les triangles équilatéraux sont extérieurs, le point O peut être obtenu par trois segments positifs capables de 120°.

Lorsque les triangles équilatéraux sont intérieurs, deux segments sont positifs et correspondent à 60°, un segment est négatif et correspond à 120.

2278. Note. Les *coordonnées angulaires* proposées par M. Schoute, de Groningue, ont été utilisées par divers auteurs et notamment par MM. Artz, Neuberg, Gob, Poulain, Lemoine, Furhman (J. M. E., 1891, p. 101). M. l'abbé Poulain en a traité tout spécialement dans sa *Géométrie du triangle* et dans le J. M. E., 1891.

Gob, professeur à Hasselt (Belgique).

Exercice 978.

2279. Théorème. *En remplaçant les coordonnées angulaires d'un point M situé dans un triangle, par les suppléments de deux d'entre elles, et la troisième par sa valeur même, prise négativement, on obtient un nouveau point.*

En effet, soit pour nouvelles valeurs des coordonnées angulaires :

$$-X, \quad \pi - Y, \quad \pi - Z$$

ces valeurs vérifient la relation (2), car

$$-X + \pi - Y + \pi - Z = 0$$

2280. Remarque. Les points qui ont pour coordonnées angulaires

1° $-X, \quad \pi - Y, \quad \pi - Z$

2° $\pi - X, \quad -Y, \quad \pi - Z$

3° $\pi - X, \quad \pi - Y, \quad -Z$

sont les points associés du point X, Y, Z.

Exercice 979.

2281. Théorème. *Si les coordonnées angulaires X, Y, Z vérifient la relation $X + Y + Z = 2\pi$, c'est-à-dire correspondent à un point M situé dans un triangle, les coordonnées $-X, -Y, -Z$ donnent un point N situé à l'extérieur du triangle.*

En d'autres termes : *Lorsque trois circonférences passent par deux sommets d'un triangle et se coupent au même point, les trois circonférences symétriques des premières par rapport aux côtés du triangle se coupent aussi en un même point.*

En effet, soit N le point où se coupent les circonférences ADB, BEC. Le segment ADB, en valeur absolue, égale AMB et correspond à l'angle Z; donc l'arc BD'NA est capable de $\pi - Z$; de même BE'NC $= \pi - X$, et puis le segment ANC égale AMC, correspond à Y, il passe par le point d'inter-section N des deux premiers, car on a bien :

$$\pi - X + Y + \pi - Z = 0$$

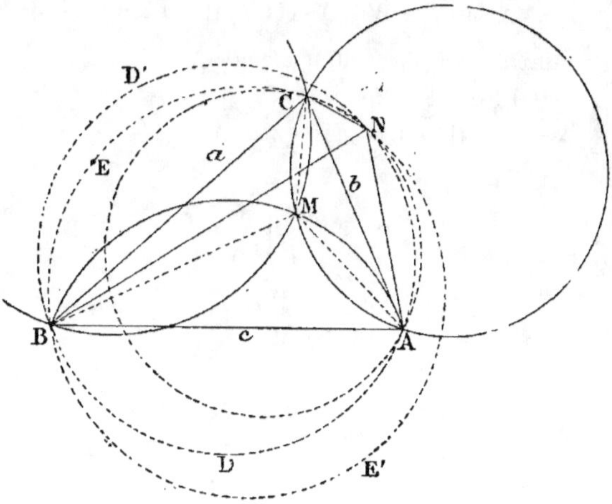

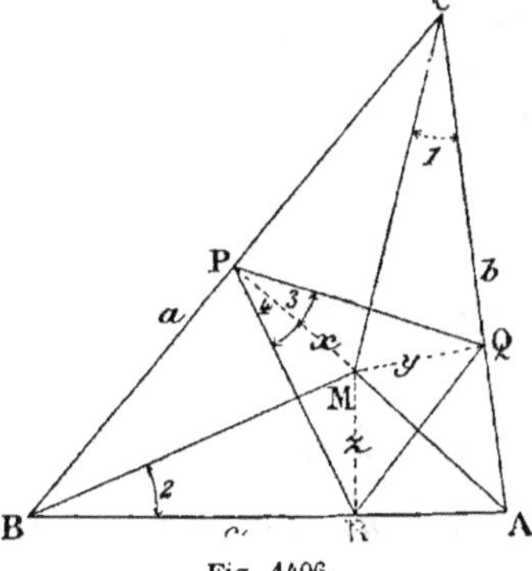

Fig. 1405.

Réciproquement. Les cercles symétriques des trois cercles qui passent par le point extérieur N donneraient le point intérieur M.

2282. Triangles podaire et antipodaire. Le *triangle podaire* d'un point M par rapport au triangle de référence ABC est le triangle PQR qui joint deux à deux les pieds des perpendiculaires abaissées du point M sur les côtés a, b, c du triangle donné (fig. 1406 et 1407, n° 2283).

Le *triangle antipodaire* d'un point M par rapport au triangle ABC est le triangle qu'on obtient en menant par les sommets A, B, C des perpendiculaires aux droites MA, MB, MC.

Cas particulier. Le triangle de référence se réduit à un point lorsque les trois droites données sont concourantes; mais le triangle podaire n'en subsiste pas moins, et il y a lieu de le considérer (fig. 1408 et 1409, n° 2287); mais il n'en est pas de même de l'antipodaire, puisqu'on n'obtient qu'une droite perpendiculaire à MA au point A.

Exercice 980.

2283. Théorème. *Les coordonnées angulaires d'un point* M, *par rapport aux angles du triangle de référence* ABC *et à ceux du triangle podaire* PQR *du point donné, sont respectivement égales à la somme ou à la différence des angles* A *et* P; B *et* Q, C *et* R, *suivant que le point* M *est à l'intérieur ou à l'extérieur du triangle.*

Fig. 1406.

1° *Point intérieur* (fig. 1406). L'angle BMC ou $X = A + 1 + 2$; mais le quadrilatère CPMQ est inscriptible, de même pour BPMR; donc l'angle $1 = 3$, l'angle $2 = 4$; ainsi

$$\text{angle CMA ou } Y = B + Q \quad \text{et} \quad AMB \text{ ou } Z = C + R$$

2284. 2° *Point extérieur* (fig. 1407). L'angle

$$\text{BMC ou } X = \pi - \left[(B - 2) + (C + 1) \right]$$
$$X = \pi - (B + C) - (1 - 2) = A - (1 - 2)$$

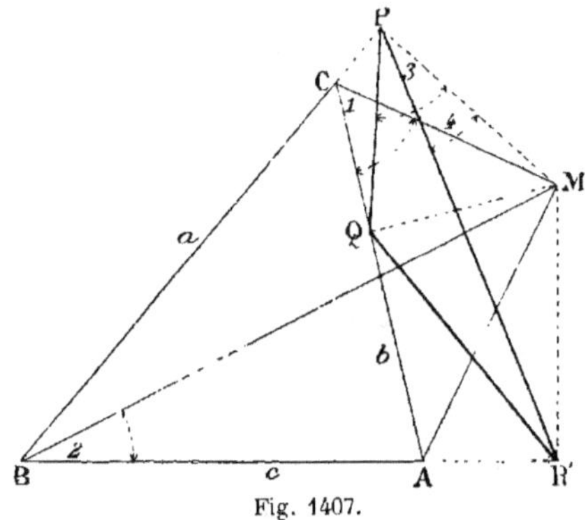

Fig. 1407.

mais à cause des quadrilatères inscriptibles MPCQ et MRBP, on a l'angle $1 = 3$ et l'angle $2 = 4$, d'ailleurs l'angle $3 - 4$ égale l'angle $QPR = P$;

donc $\qquad X = A - P; \quad$ de même $Z = C - R$

Reste à étudier l'angle AMC ou Y

$$Q - B = BPQ + BRQ$$

or angle $BPQ = CMQ$; angle $BRQ = AMQ$ et $CMQ + AMQ = X$

donc $\qquad Y = Q - B$

Avec la convention des signes, regardant comme positif le segment auxiliaire, BMC capable de l'angle X, lorsqu'il est décrit du côté même du triangle et comme négatif, le segment AMC, capable de l'angle Y, parce que ce segment décrit sur b est à l'opposé du triangle, on écrira sans ambiguïté et d'une manière générale, pour les coordonnées d'un point extérieur,

$$X = A - P; \quad Y = B - Q; \quad Z = C - R$$

2285. **Note.** Le problème précédent est traité avec de longs développements dans un ouvrage de mérite : *A treatise on the Geometry of the Circle*, par W. J. M. CLELLAND (principal de la Société des écoles, à Dublin). Section III : *The Point O Theorem*.

La convention des signes permet de simplifier et de généraliser toutes choses.

Exercice 981.

2286. **Problème.** 1° *Déterminer les angles du triangle podaire d'un point M en fonction des coordonnées angulaires de ce point.*

2° *Étudier le triangle podaire qu'on obtient lorsque le triangle de référence se réduit à un point.*

1° **Triangle de référence ABC**. *Point* M *intérieur* (fig. 1406, n° 2283).
On présuppose toujours les équations de condition :

$$A + B + C = \pi \quad \text{et} \quad X + Y + Z = 2\pi$$

D'après la question précédente 1°, on a :

$$P = X - A; \quad Q = Y - B; \quad R = Z - C$$

Point M *extérieur* (fig. 1407). On a, en tenant compte des signes :

$$A + B + C = \pi \quad \text{et} \quad X + Y + Z = 0$$

car l'une des coordonnées angulaires, Y, par exemple, est de signe contraire et égale, en valeur absolue, la somme des deux autres.

D'après la question précédente 2°, on a :

$$P = A - X; \quad Q = B - Y; \quad R = C - Z$$

Dans l'exemple donné (fig. 1407), la normale MQ est négative; il en est de même de l'angle AMC ou Y; donc en réalité, en valeur absolue, $Q = B + Y$, ainsi qu'on le sait.

2287. 2° **Trois droites concourantes.** Il faut considérer trois angles consécutifs, afin d'avoir une somme égale à deux droits, comme c'est nécessaire pour tout triangle.

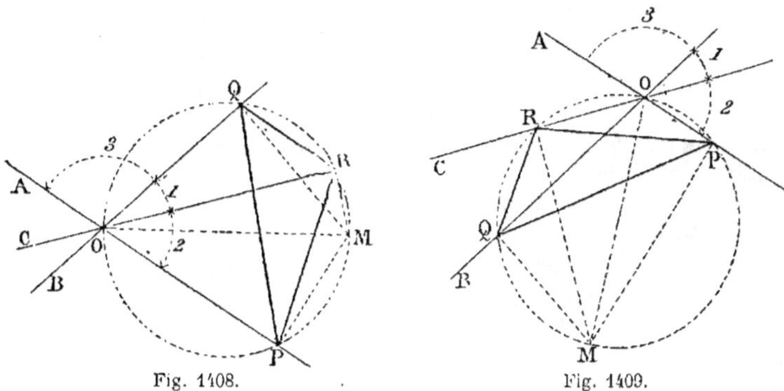

Fig. 1408.   Fig. 1409.

Pour obtenir facilement les projections de M sur les droites concourantes, on peut décrire une circonférence sur MO comme diamètre (fig. 1408 et 1409).

On trouverait immédiatement :

$$\text{angle} \quad P = 2; \quad Q = 1; \quad R = 3$$

d'où l'on peut conclure :

Le triangle podaire PQR d'un point M, *par rapport à trois droites concourantes, est semblable au triangle, réduit à un point, que forment ces trois droites.*

Exercice 982.

2288. Problème. Coordonnées tripolaires. *Déterminer un point, connaissant les distances* l, m, n, *de ce point aux trois sommets d'un triangle, ou connaissant des grandeurs proportionnelles à ces distances.*

1° De A et B avec l et m pour rayons, on décrit des cercles qui se coupent généralement en deux points D, D'; le cercle décrit du sommet C, avec n pour rayon, doit passer par l'un des points trouvés, D, par exemple : ce point répond à la question.

2° Si l'on ne connaît que des grandeurs proportionnelles l, m, n aux vraies distances du point cherché aux trois sommets, on a recours au lieu des points dont les distances aux sommets A et B sont dans le rapport de l à m; on sait que ce lieu est une circonférence facile à déterminer (G., n° 307) et dont le centre est sur le côté C. De même, on décrit le lieu des points dont les distances à B et C sont dans le rapport de m à n; les deux circonférences se coupent en deux points D et D'; chacun de ces points répond à la question, car on a :

$$\frac{DA}{DB} = \frac{l}{m} \quad \text{et} \quad \frac{DB}{DC} = \frac{m}{n}; \quad \text{d'où} \quad \frac{DA}{DC} = \frac{l}{n}$$

2289. Scolies. 1° Les trois circonférences, lieu des distances proportionnelles aux trois sommets, ont deux points communs D et D'.

2° Les distances l, m, n, ou des grandeurs proportionnelles à ces distances, constituent les éléments des coordonnées tripolaires. (*Géométrie du triangle*, par A. POULAIN.)

Antiparallèles.

2290. Définition. Deux droites AB, CD, sont antiparallèles par rapport aux côtés d'un angle XOY, lorsque l'angle OAB que la première fait avec OX égale l'angle OCD que la seconde fait avec OY.

Conséquences. 1° Les droites AD, BC sont antiparallèles par rapport aux côtés de l'angle N.

2° *Le quadrilatère* ABCD *est inscriptible,* car les angles opposés A et C sont supplémentaires.

3° *Les diagonales* AC, BD *sont antiparallèles par rapport aux côtés de l'angle* O *et par rapport à ceux de l'angle* M; car les angles ADB, ACB sont égaux, etc.

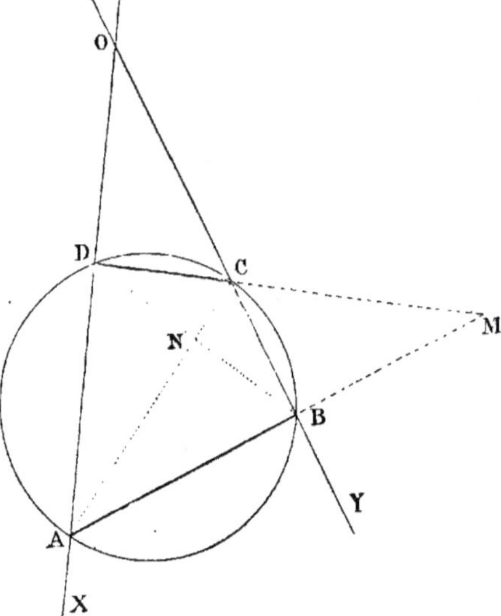

Fig. 1416.

4° *Les côtés opposés du quadrilatère inscriptible sont antiparallèles par rapport aux diagonales de ce même quadrilatère.*

5° *Lorsque deux droites* AB, DC *sont antiparallèles par rapport aux côtés d'un angle* O, *on a* :

$$OA \cdot OD = OB \cdot OC \quad \text{ou} \quad \frac{OA}{OB} = \frac{OC}{OD}$$

2291. Réciproquement. 1° *Tout cercle qui coupe les côtés d'un angle* O *détermine des droites antiparallèles.* On a trois couples d'antiparallèles.

2° *Lorsqu'on a* $OA \cdot OD = OB \cdot OC$ ou $\dfrac{OA}{OB} = \dfrac{OC}{OD}$, *les droites* AB, BC *sont antiparallèles.*

Plus généralement, *le quadrilatère* ABCD *est inscriptible, et l'on obtient trois groupes d'antiparallèles.*

Note. La dénomination de *droites antiparallèles* se trouve, dès 1667, avec le sens actuel, dans les *Nouveaux Éléments de Géométrie* d'A. Arnaud. (N. A., 1850, p. 408.) C'est le cas de dire :

On ne s'attendait guère
A voir *Arnaud* en cette affaire.

Celui que ses contemporains avaient surnommé le *grand Arnaud*, né à Paris en 1612, mort à Bruxelles en 1694, est beaucoup plus connu par son séjour à Port-Royal et par ses œuvres de polémique que par ses œuvres mathématiques; néanmoins dans ses *N. E. de Géométrie*, publiés sans nom d'auteur, il a devancé Bertrand de Genève, dans l'emploi de *bandes infinies* pour démontrer certains théorèmes.

Exercice 983.

2292. Théorème. 1° *Tout cercle qui passe par les extrémités d'un côté d'un triangle coupe les deux autres côtés suivant une droite antiparallèle au premier côté considéré.*

C'est une simple conséquence du quadrilatère inscrit : ainsi DE, FG sont antiparallèles au côté AB.

2° *La droite* DE *qui joint les pieds des hauteurs issues des sommets* A *et* B *est antiparallèle à* AB.

Car le demi-cercle décrit sur ce diamètre AB passe par les pieds des hauteurs.

3° *Les tangentes menées au cercle circonscrit par chaque sommet d'un triangle donné, sont respectivement antiparallèles du côté opposé.*

En effet, l'angle ACN = B.

4° *Les antiparallèles à l'un des côtés d'un triangle sont perpendiculaires au rayon du cercle circonscrit relatif au sommet opposé.*

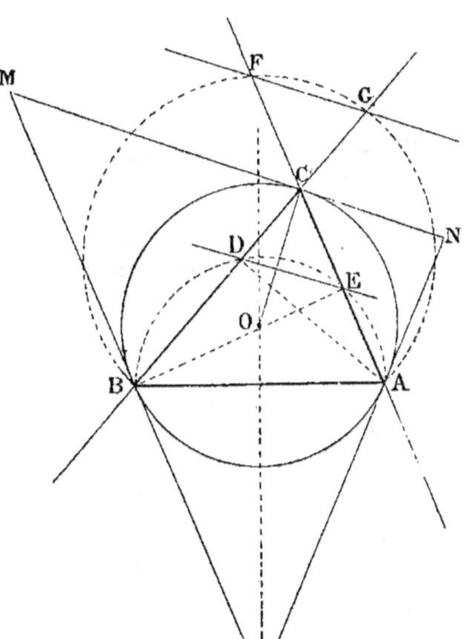

Fig. 1411.

· Car le rayon OC est perpendiculaire à la tangente CN, et par suite à ses parallèles DE, FG.

2293. **Triangle tangentiel.** Par rapport au triangle donné, ou *triangle de référence* ABC, le triangle LMN est nommé *triangle tangentiel*.

On sait d'ailleurs que les deux triangles sont réciproquement polaires par rapport au cercle circonscrit ABC.

Exercice 984.

2294. Théorèmes. 1° *Le lieu du point milieu des parallèles à la base d'un triangle est la médiane correspondante.* 2° *Le lieu du point milieu des antiparallèles est la symédiane, c'est-à-dire la droite symétrique de la médiane par rapport à la bissectrice qui part du même sommet.*

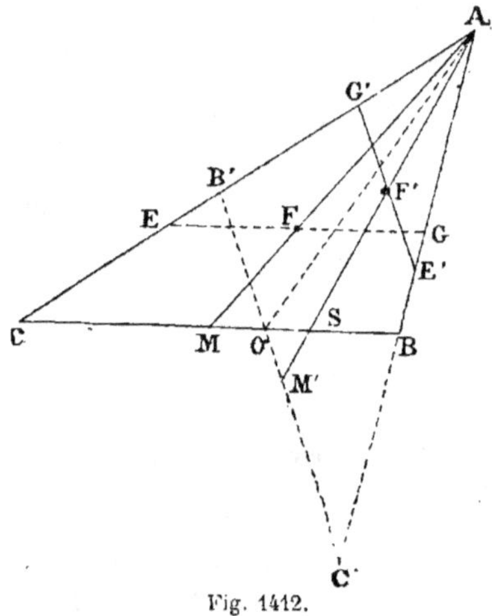
Fig. 1412.

1° Le point F, milieu de EG, est sur la médiane AM.

2° Par retournement ou duplication, autour de la bissectrice AO, c'est-à-dire en prenant AC′ = AC et AB′ = AB, on obtient les antiparallèles B′C′, E′G′, etc. Le lieu du point milieu est sur la médiane AM′ relative à B′C′; donc le lieu du point milieu des antiparallèles est la droite AS, symétrique de la médiane par rapport à la bissectrice AO.

Exercice 985.

2295. Théorèmes. 1° *Les antiparallèles égales relatives aux côtés des angles A et C d'un triangle ABC déterminent un trapèze isocèle.*

2° *Trois antiparallèles égales, inscrites dans les angles d'un triangle, déterminent sur les côtés du triangle six points concycliques, c'est-à-dire six points qui appartiennent à une même circonférence.*

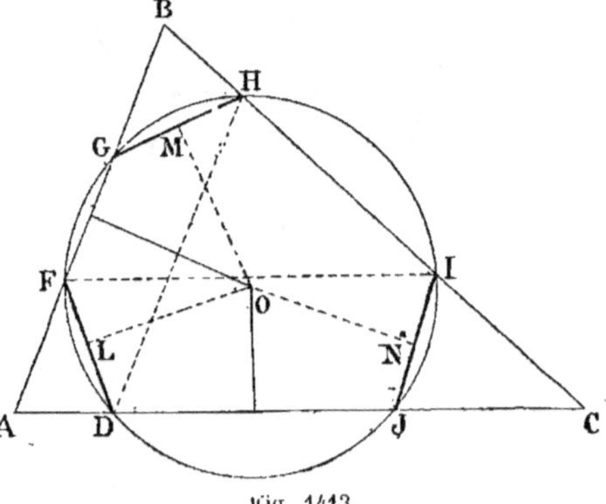
Fig. 1443.

1° Les angles aigus D et J sont égaux à l'angle B, donc le trapèze DFIJ est symétrique lorsque DF = IJ.

La base FI est parallèle à AC; de même DH est parallèle à AB.

2° Tout trapèze isocèle, DFGH par exemple, est inscriptible; il en est de même de DFIJ; pour démontrer que les six points déterminés par les trois antiparallèles égales sont concycliques, il suffit de prouver que le cercle circonscrit DFGH passe par le point I; or le quadrilatère FGHI est inscriptible, car les côtés opposés FI, GH sont antiparallèles, donc...

Remarque. Le cercle circonscrit est un *cercle de Tucker*, que nous étudierons ultérieurement (n° 2383).

Exercice 986.

2296. Théorème. *La symédiane qui part du sommet* A *d'un triangle* ABC, *est le lieu des points d'où les antiparallèles aux côtés des angles* B *et* C *sont égales entre elles.*

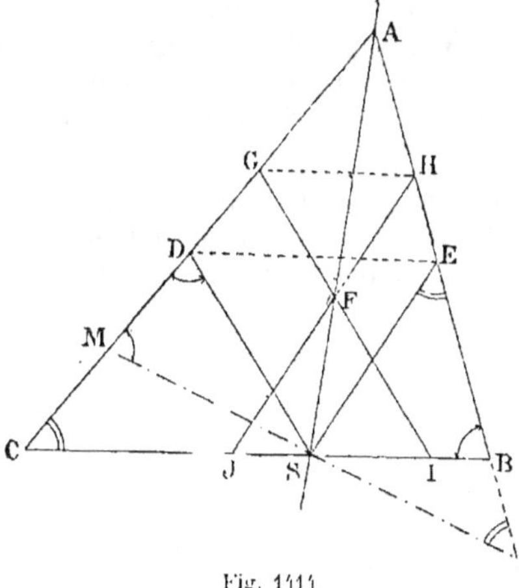

Fig. 1411.

Soit AS la symédiane : il suffit de prouver que SD, antiparallèle de AB, égale SE, antiparallèle de AC.

Par le point S, menons l'antiparallèle MN de la base BC. On sait que SM = SN (n° 2291). Les triangles DSM, ESN sont isocèles, car les angles D et M égalent B, etc.; donc

$$SD = SM \quad et \quad SE = SN$$

Ainsi les antiparallèles SD, SE sont égales entre elles.

Il en est de même pour tout point de la symédiane, car le triangle GFH semblable à DSE est isocèle comme ce dernier; or le triangle IFJ est aussi isocèle, car les angles I et J sont égaux à l'angle A, donc IG = JH.

2297. Remarque. La propriété de la symédiane d'être le lieu des points d'où l'on mène des antiparallèles égales dans les angles B et C, aussi bien que d'être le lieu du point milieu des antiparallèles relatives à l'angle A, simplifiera bien des démonstrations. Cette propriété doit être connue depuis longtemps; elle se déduit comme conséquence de ce que la *symédiane d'un sommet passe par le point de concours des tangentes menées par les autres sommets;* mais nous ignorons si elle a été signalée directement et employée à démontrer la proposition ci-dessus.

Exercice 987.

2298. Théorèmes. 1° *Par le point de concours de deux symédianes d'un triangle, on mène trois antiparallèles; prouver que ces lignes sont égales entre elles.* 2° *En conclure que les trois symédianes se coupent au même point.*

Soient BM, CN les symédianes, DE l'antiparallèle relative aux côtés de l'angle B et que BM divise en deux parties égales, FG l'antiparallèle relative à C et que CN divise en parties égales, enfin IJ l'antiparallèle relative aux côtés de l'angle A.

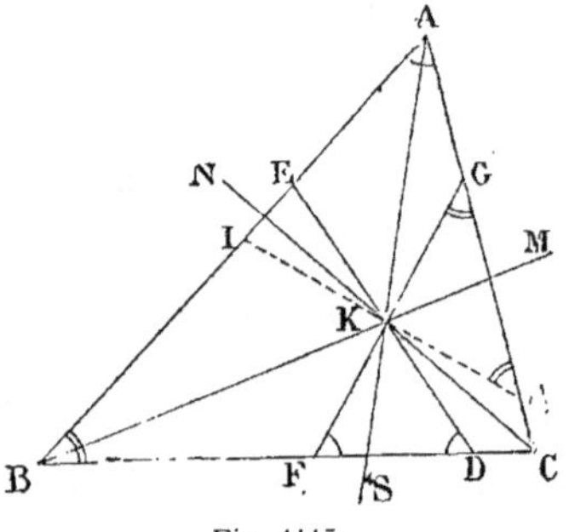
Fig. 1415.

1° Les angles D, F sont égaux entre eux, comme étant respectivement égaux à l'angle A; donc

DK = FK   et par suite   DE = FG

Les triangles EKI, GKJ sont isocèles, ainsi IK = EK et JK = GK; donc le point K est aussi le milieu de IJ, et cette ligne égale les deux autres.

2° Le point K étant le milieu de l'antiparallèle IJ, relative à l'angle A, appartient à la symédiane de A; donc les *trois symédianes concourent au même point.*

2299. Remarques. 1° Sans considérer l'antiparallèle IJ, on peut conclure que les trois symédianes sont concourantes, car le point K où se coupent les antiparallèles égales DE, FG relatives aux sommets B et C appartient par cela même à la symédiane de A.

2° Le point de concours des symédianes se désigne par K et se nomme *point de Lemoine;* on dit aussi *point symédian.*

Les six points D, E, F, etc., appartiennent à un même cercle décrit du point K comme centre; ce cercle se nomme *second cercle de Lemoine :* il sera étudié ultérieurement (n° 2385).

Exercice 988.

2300. Théorèmes. 1° *Lorsqu'on divise, dans un même rapport, les droites AK, BK, CK qui joignent les sommets d'un triangle au point de concours des symédianes, les antiparallèles qu'on mène par les points de division sont égales entre elles, et réciproquement.*

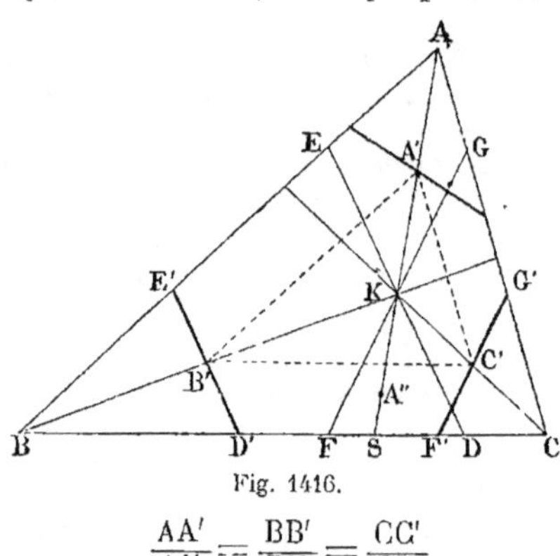
Fig. 1416.

Soit

$$\frac{AA'}{AK} = \frac{BB'}{BK} = \frac{CC'}{CK}$$

On a :
$$\frac{D'E'}{DE} = \frac{BB'}{BK} \; ; \quad \text{d'où} \quad D'E' = DE \cdot \frac{BB'}{BK}$$

de même
$$F'G' = FG \cdot \frac{CC'}{CK}$$

mais
$$DE = FG, \quad \text{donc} \quad D'E' = F'G', \text{ etc.}$$

2° Les antiparallèles égales divisent les distances AK, BK, CK *dans le même rapport.*

2301. Remarque. Les triangles ABC, A'B'C' sont directement homothétiques, et K est le centre d'homothétie. Si les points de division, par rapport aux sommets, dépassaient le point K, venaient par exemple en A", les triangles ABC, A"B"C" seraient inversement homothétiques; mais les théorèmes précédents subsisteraient encore. Il en serait de même si A', A" étaient sur le prolongement de KA et de KS.

Exercice 989.

2302. Lieu. *Dans un triangle, on mène des parallèles, puis des antiparallèles à la base : par les extrémités de chacune de ces lignes on élève des perpendiculaires aux deux côtés de l'angle du sommet, on demande le lieu du point de concours des deux perpendiculaires menées par les extrémités, 1° des parallèles, 2° des antiparallèles.*

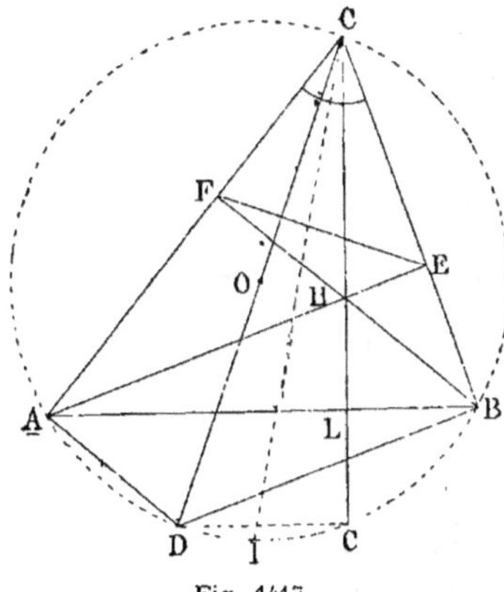

Fig. 1417.

Dans chaque cas, le lieu est une ligne droite qui passe par le sommet A.

Il suffit de déterminer un second point.

1° Pour les parallèles, on peut considérer les perpendiculaires AD, BD élevées aux extrémités de la base; donc le lieu est le diamètre CD du cercle circonscrit.

2° Pour les antiparallèles, on peut mener les hauteurs AE, BF : le point H appartient au lieu demandé, car EF est antiparallèle à AB; donc le lieu est la hauteur CHG.

Remarque. Les droites CD, CL sont isogonales, car elles sont également inclinées sur la bissectrice CI (n° 2292, 2°); d'ailleurs DG est parallèle à AB, donc les angles en C sont égaux entre eux.

Exercice 990.

2303. Théorème. *On divise les hauteurs d'un triangle en parties proportionnelles (par exemple, à partir des sommets); des points de division* D, D', D" *on abaisse des perpendiculaires sur les deux côtés qui corres-*

pondent à la hauteur considérée, prouver que les trois droites antipa rallèles qu'on obtient en joignant les projections d'un même point sont égales entre elles.

Menons le diamètre COM, prolongeons la hauteur CD jusqu'au cercle circonscrit.

A cause de l'angle droit CNM, la base AB est parallèle à NM.

Les quadrilatères inscriptibles CEDF et CAMB sont semblables comme composés de deux triangles rectangles respectivement semblables CED, CAM et CFD, CBM, dans lesquels les angles aigus en C sont respectivement égaux ; donc

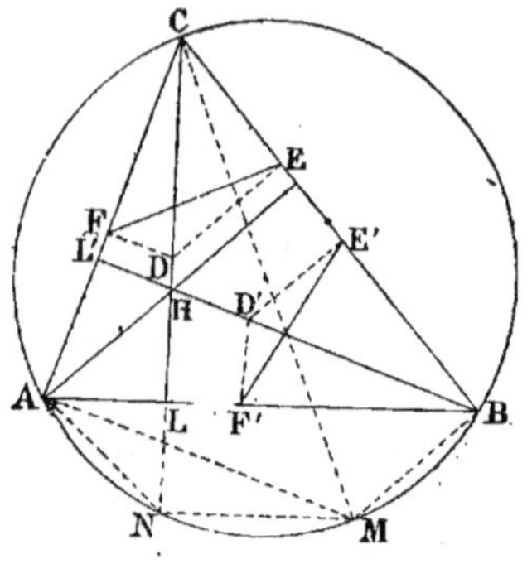

Fig. 1418.

$$\frac{FE}{CD} = \frac{AB}{CM} ; \quad \text{d'où} \quad FE = \frac{CD \cdot AB}{2R}$$

de même
$$F'E' = \frac{BD' \cdot CA}{2R}$$

Or les numérateurs sont égaux lorsque D et D' divisent les hauteurs en parties proportionnelles, car $CL \cdot AB = BL' \cdot CA$

donc
$$EF = E'F', \text{ etc.}$$

Exercice 991.

2304. Théorèmes. 1° *La longueur de l'antiparallèle qui joint les projections sur les côtés adjacents, du pied de chaque hauteur d'un triangle, s'obtient en divisant l'aire de ce triangle par le rayon du cercle circonscrit. 2° Les projections des pieds des trois hauteurs d'un triangle sont six points concycliques.*

On sait qu'on a :
$$EF = \frac{CD \cdot AB}{2R}$$

dans le cas particulier où D est le pied même de la hauteur, on peut écrire :
$$EF = \frac{S}{R} \qquad (1)$$

en représentant par S l'aire du triangle.

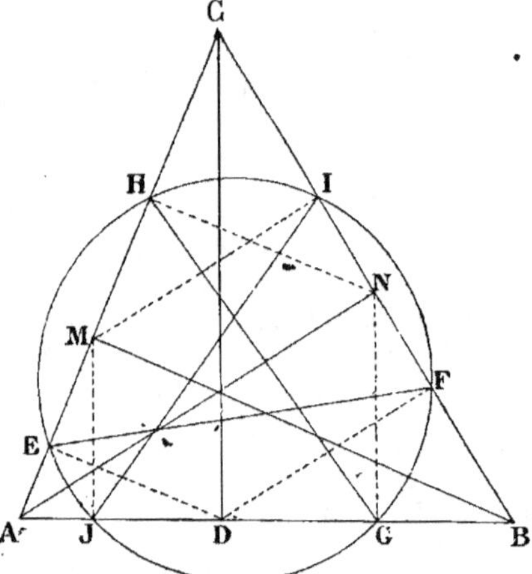

Fig. 1419.

2° D'après la formule ci-dessus, les trois antiparallèles EF, IJ, GH sont égales entre elles ; donc les six projections sont concycliques (n° 2295, 2°).

43*

Remarque. Le cercle des six projections est nommé *cercle de Taylor;* nous y reviendrons ultérieurement (n° 2391).

Exercice 992.

2305. Théorème. *Par le pied S d'une symédiane CS, on mène les antiparallèles SD, SE relatives aux côtés des deux autres sommets A et B; la circonférence circonscrite au triangle DSE, 1° est tangente à AB au pied S de la symédiane; 2° elle coupe les deux autres côtés en donnant une antiparallèle égale aux deux premières.*

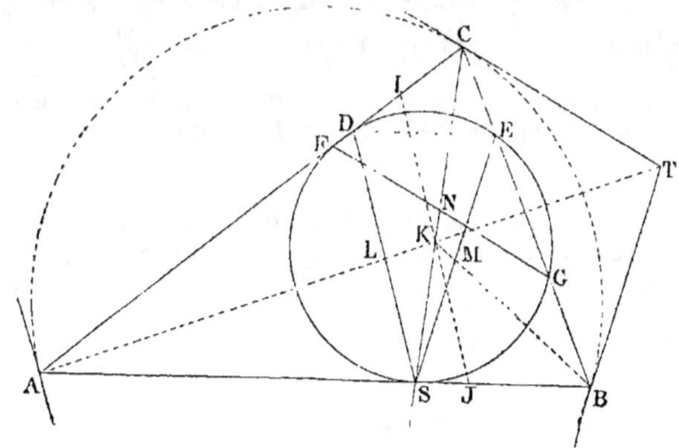

Fig. 1120.

1° Les antiparallèles SD, SE sont égales entre elles et également inclinées sur AB (n° 2296), donc le cercle circonscrit au triangle isocèle DSE est tangent à la base du triangle, au pied de la symédiane.

2° Les six points déterminés par trois antiparallèles égales sont concycliques, donc le cercle déterminé par trois d'entre eux donne une antiparallèle FG égale aux deux premières.

Inversion isogonale.

2306. Historique. L'*inversion isogonale* est due au commandant MATHIEU. En 1865, l'auteur, alors capitaine d'artillerie, sous-directeur de la fonderie de Toulouse, publia dans les *Nouvelles Annales mathématiques* divers articles remarquables de *géométrie comparée* (N. A., 1865, p. 393, 481, 592), en indiquant un nouveau mode de transformation des figures à l'aide de *points*, de *droites inverses.*

Or depuis quelques années le mode de transformation par *rayons vecteurs réciproques* est généralement connu sous le nom d'*inversion*, donné par BRAVAIS dans le cas particulier où la *puissance d'inversion* est représentée par l'unité; afin d'éviter toute équivoque, M. NEUBERG a proposé d'appeler *points isogonaux, droites isogonales,* les points et les droites inverses de M. MATHIEU; néanmoins les auteurs emploient encore assez souvent les termes mêmes du commandant d'artillerie, lorsqu'il n'y a pas de confusion possible à redouter.

2307. Définition. On nomme *droites isogonales* deux droites qui, partant d'un même sommet d'un triangle, font des angles égaux avec la bissectrice de ce même angle.

Les *points isogonaux* sont donnés par deux groupes de trois droites isogonales deux à deux et partant des sommets du *triangle de référence.*

Les *points inverses* ont pour coordonnées normales des valeurs inverses, et c'est ce qui justifie le premier nom qui leur avait été donné : si l'un d'eux a pour coordonnées a, b, c, l'autre a pour coordonnées $\dfrac{1}{a}$, $\dfrac{1}{b}$, $\dfrac{1}{c}$.

Le second nom, *points isogonaux*, provient du mode graphique de détermination, qui permet de déduire l'un de l'autre à l'aide de *droites isogonales.*

2308. Bibliographie. Pour l'étude de l'*inversion* isogonale, on a d'abord les articles rappelés ci-dessus dans les *Nouvelles Annales* de 1865; ceux de M. VIGARIE dans le *Journal de mathématiques élémentaires*, 1885; le chap. I du livre V par M. SIMMONS, dans le *Companion to the weekly Problem papers* de M. J. MILNE, etc.

Exercice 993.

2309. Théorèmes. 1° *Les distances aux côtés de l'angle de deux points pris sur deux droites isogonales sont inversement proportionnelles entre elles.*

2° *Le produit des distances de ces deux mêmes points à l'un des côtés de l'angle, égale le produit des distances à l'autre côté.* (MATHIEU, N. A., 1865, p. 398.)

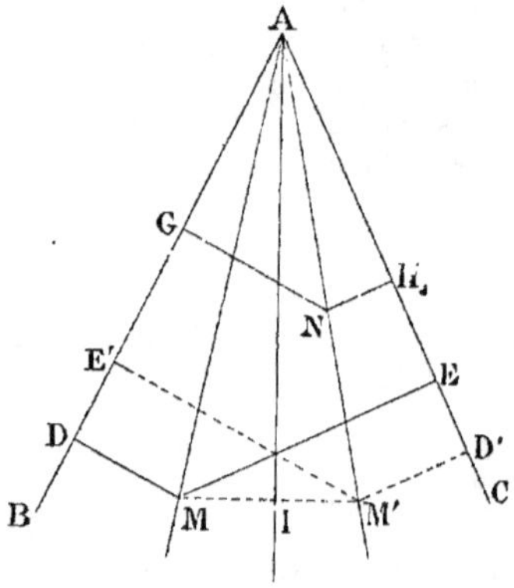

1° Par duplication ou retournement (n° 145) on a évidemment :

$$\frac{M'D'}{M'E'} = \frac{NH}{NG} \quad \text{ou} \quad \frac{MD}{ME} = \frac{NH}{NG}$$

C. Q. F. D.

2° De $\quad \dfrac{MD}{ME} = \dfrac{NH}{NG}$

Fig. 1421.

on déduit $\qquad MD . NG = ME . NH$

2310. Remarque. Sans recourir à la duplication, on pourrait dire : Les quadrilatères ADME, AHNG sont semblables; donc

$$\frac{MD}{ME} = \frac{NH}{NG} , \quad MD . NG = ME . NH$$

Exercice 994.

2311. Théorèmes. 1° *Les pieds des quatre perpendiculaires abaissées des deux points M et N, sur les côtés de l'angle, sont concycliques.*

2° *La droite qui joint les deux projections d'un des points donnés est perpendiculaire à l'isogonale qui passe par l'autre point.*

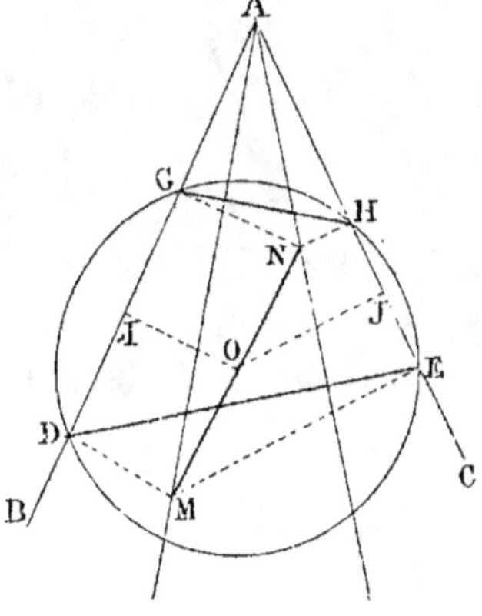

Fig. 1422.

1° $\dfrac{AD'}{AH} = \dfrac{AE'}{AG}$ ou $\dfrac{AD}{AH} = \dfrac{AE}{AG}$

Les droites DE, GH sont antiparallèles; par suite, le quadrilatère DEHG est inscriptible.

Le centre O est au milieu de MN.

2° Le quadrilatère AGNH étant inscriptible, l'angle NGH = NAH = GAM; or AG est perpendiculaire à GN, donc AM est aussi perpendiculaire à GH.

De même, DE est perpendiculaire à AN.

Exercice 995.

2312. Théorème. *Lorsqu'une circonférence coupe les côtés d'un angle A, et que par les points d'intersection on élève des perpendiculaires aux côtés, ces perpendiculaires forment un parallélogramme dont les sommets opposés déterminent des lignes isogonales.*

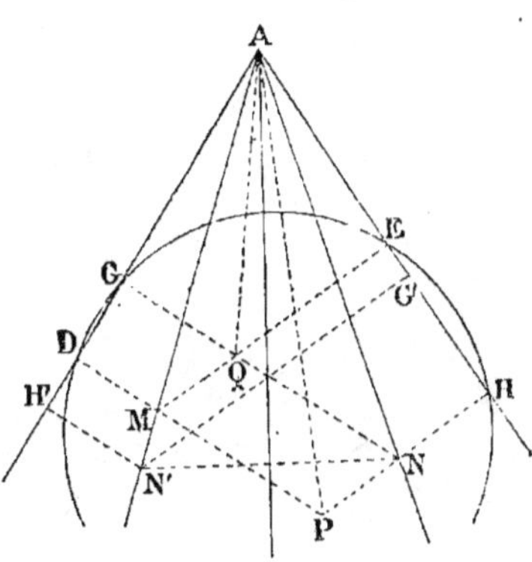

Fig. 1423.

Soit N' le symétrique de N par rapport à la bissectrice, on a successivement :

$$AD \cdot AG = AE \cdot AH;$$

d'où

$$\frac{AD}{AH} = \frac{AE}{AG} \quad \text{ou} \quad \frac{AD}{AH'} = \frac{AE}{AG'}$$

les trois points A, M, N' sont donc en ligne droite (n° 1117, I); par conséquent, les angles MAD, NAH sont égaux.

2313. Remarques. 1° Les sommets P et Q donnent un autre couple de droites isogonales.

2° Lorsque la circonférence est tangente à l'un des côtés de l'angle, on n'obtient qu'un seul couple de droites isogonales.

Exercice 996.

2314. Théorème. *Deux droites isogonales* AM, AN *déterminent sur le* côté opposé *des segments tels que les produits* CM.CN *et* BM.BN *sont dans le rapport des carrés* b^2 *et* c^2 *des côtés adjacents.*

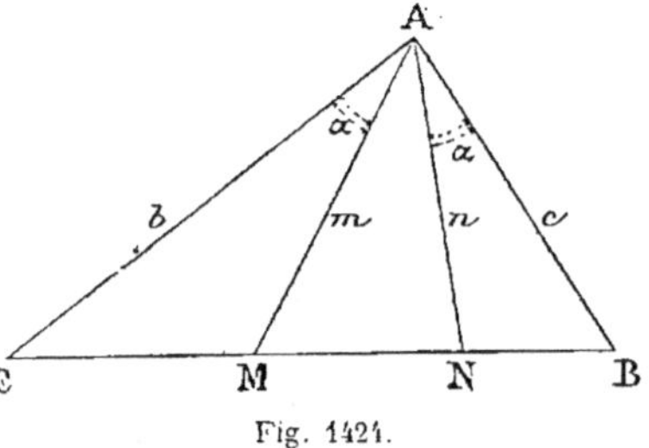

Fig. 1424.

Les triangles CAM, BAN d'une part et CAN, BAM de l'autre ont respectivement un angle égal en A; d'ailleurs ils ont même hauteur, donc leurs bases respectives sont entre elles comme les produits des côtés qui comprennent les angles égaux; on a donc :

$$\frac{CM}{BN} = \frac{bm}{cn} \quad \text{et} \quad \frac{CN}{BM} = \frac{bn}{cm}$$

d'où

$$\frac{CM.CN}{BM.BN} = \frac{b^2}{c^2} \qquad C.\ Q.\ F.\ D.$$

2315. Corollaire. Dans le cas où AM est la médiane et AN la symédiane, CM = BN; on a donc simplement

$$\frac{CN}{BN} = \frac{b^2}{a^2}$$

Ainsi *la symédiane divise le côté opposé en segments proportionnels aux carrés des côtés adjacents.* D'ailleurs nous démontrerons directement cette propriété (n° 2239, 2°).

Exercice 997.

2316. Théorème. *Les droites isogonales des trois droites qui joignent au sommet opposé d'un triangle, les points où une transversale coupe les côtés de ce triangle, rencontrent ces mêmes côtés en trois points situés sur une même droite.*

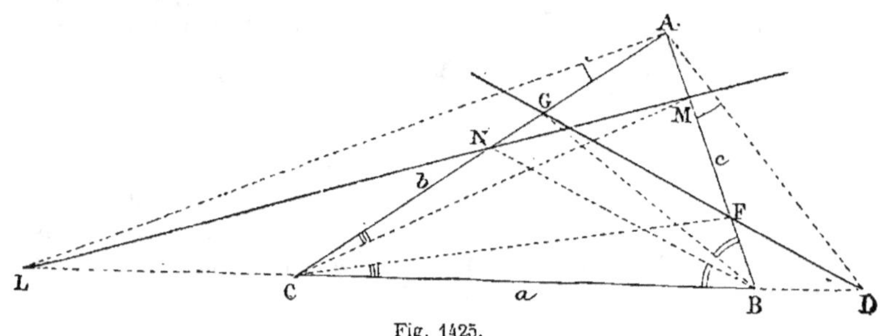

Fig. 1425.

Les isogonales AD, AL donnent

$$\frac{CD.CL}{BD.BL} = \frac{b^2}{c^2}$$

On a de même $\quad \dfrac{BF \cdot BM}{AF \cdot AM} = \dfrac{a^2}{b^2}\quad$ et $\quad \dfrac{AG \cdot AN}{CG \cdot CN} = \dfrac{c^2}{a^2}$

En multipliant ces trois égalités membre à membre, en réduisant puisque la transversale DFG donne

$$\frac{CD}{BD} \cdot \frac{BF}{AF} \cdot \frac{AG}{CG} = 1$$

on a aussi

$$\frac{CL}{BL} \cdot \frac{BM}{AM} \cdot \frac{AN}{CN} = 1$$

donc les trois points L, M, N sont en ligne droite.

Exercice 998.

2317. Théorèmes. 1° *Lorsqu'on joint un point M aux trois sommets d'un triangle ABC, les droites isogonales de MA, MB, MC se coupent en un même point M'. Ce point est le point isogonal ou inverse du premier.*

2° *Les projections de deux points isogonaux M et M', sur les côtés du triangle donné, sont six points concycliques.*

1° Soient AM', BM' les isogonales de AM, BM.

On a : $\qquad \dfrac{MD}{MG} = \dfrac{M'G'}{M'D'}\quad$ et $\quad \dfrac{MD}{ME} = \dfrac{M'E'}{M'D'}\qquad$ (n° 2309)

d'où $\quad \dfrac{MD}{MG} : \dfrac{MD}{ME} = \dfrac{M'G'}{M'D'} : \dfrac{M'E'}{M'D'}; \quad \dfrac{ME}{MG} = \dfrac{M'G}{M'E'}$

donc les droites CM, CM' sont isogonales par rapport à la bissectrice de l'angle C.

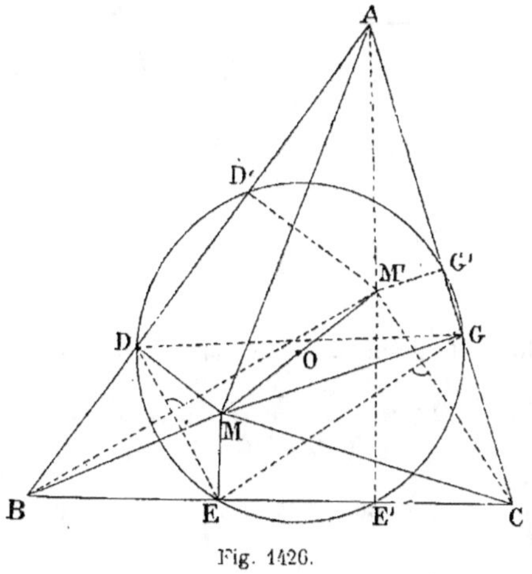

2° En considérant M et M' par rapport à l'angle A, on sait que les quatre points D, D', G, G' sont sur une circonférence dont le centre est au point milieu de MM' (n° 2311).

Or, en considérant M et M' par rapport à l'angle B, les quatre points D, D', E, E' sont sur une circonférence ayant O pour centre; donc les six projections sont concycliques.

Fig. 1426.

2318. Remarques. 1° On sait que le triangle DEG, formé en joignant deux à deux les projections d'un point M sur les côtés de ABC, est nommé *triangle podaire de ce point* (n° 2282).

3° On sait aussi que la droite DE est perpendiculaire à BM' (n° 1118, 3°); donc les côtés du triangle podaire d'un point sont respectivement perpendiculaires aux droites isogonales du *point inverse* du point considéré.

2° La hauteur et le diamètre circonscrit qui partent du même sommet d'un triangle sont des droites isogonales (n° 646, 4°).

3° Le triangle qui joint deux à deux les pieds des hauteurs d'un triangle est nommé *triangle orthique;* d'après la remarque précédente 4°, on reconnaît que les côtés du *triangle orthique* sont respectivement perpendiculaires aux rayons du cercle circonscrit qui aboutissent aux sommets du triangle donné, et l'on retrouve ainsi le *théorème de Nagel* (n° 663).

4° Le point de concours des hauteurs d'un triangle (ou *orthocentre*[*]) et le centre du cercle circonscrit, sont des *points isogonaux.*

Le *point de Lemoine,* ou point de concours des symédianes, est l'isogonal du centre de gravité.

Le centre du cercle inscrit se correspond à lui-même dans l'inversion isogonale. Il en est de même de chacun des centres des cercles ex-inscrits.

Exercice 999.

2319. **Théorème.** *Trois droites parallèles, issues des trois sommets d'un triangle, ont pour isogonales trois droites qui se coupent sur le cercle circonscrit, et réciproquement.*

Soient les parallèles AD, BE, CE.

Pour obtenir l'isogonale de AD, on peut mener DM parallèle à BC, et l'on obtient l'isogonale AM. Pour démontrer le théorème, il suffit de prouver que l'isogonale d'une des deux autres parallèles, celle de BE par exemple, passe par le point M du cercle circonscrit. En d'autres termes, il faut prouver que la parallèle menée par E au côté AC, afin de déterminer l'isogonale de BE, passe

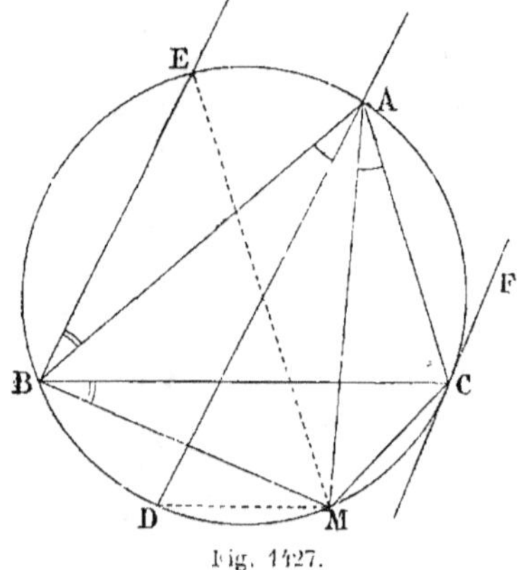

Fig. 1427.

par le point M; or l'arc AE = BD, à cause des parallèles, égale MC; donc la parallèle menée au côté AC par le point E passe par M.

De même CM est l'isogonale de CF.

2320. **Réciproquement.** Si l'on donne le point M sur le cercle circonscrit, ce qui donne MA, MB dont il faut mener les isogonales, on peut tracer pour cela les droites MD, ME respectivement parallèles à CB et à CA; or, à cause des arcs égaux BD, MC, AE, les droites AD et BE sont parallèles, il en est de même de CF.

Le point isogonal d'un point M du cercle circonscrit est à l'infini, dans la direction des parallèles AD, BE, CF.

2321. **Positions relatives de deux points isogonaux.** Il suffit de faire mouvoir le premier point dans un des angles donnés, A par exemple, et dans son opposé par le sommet; le point isogonal sera constamment dans l'un ou l'autre de ces angles, car si le premier point parcourt la droite MAR, son isogonal devra parcourir la droite AR′, isogonale de AR.

---

[*] L'appellation *orthocentre* est due à M. H. BESANT, du collège Saint-Jean, à Cambridge, auteur de nombreuses questions dans les N. A., en 1871 et 1872.

1º *Si le point donné* M *est à l'infini,* M' *est sur l'arc* BM'C *du cercle circonscrit,* ainsi qu'on l'a démontré (nº 2320).

2º *Lorsque le point donné* N *est dans l'opposé par le sommet de l'angle* A *du triangle,* N' *est dans le segment circulaire compris entre le côté et l'arc* BC; car l'isogonale CN' de CN, est comprise dans l'angle M'CB égal à l'angle ACM.

3º Si le point donné coïncide avec le sommet A, la position de l'isogonal est indéterminée sur le côté opposé BC.

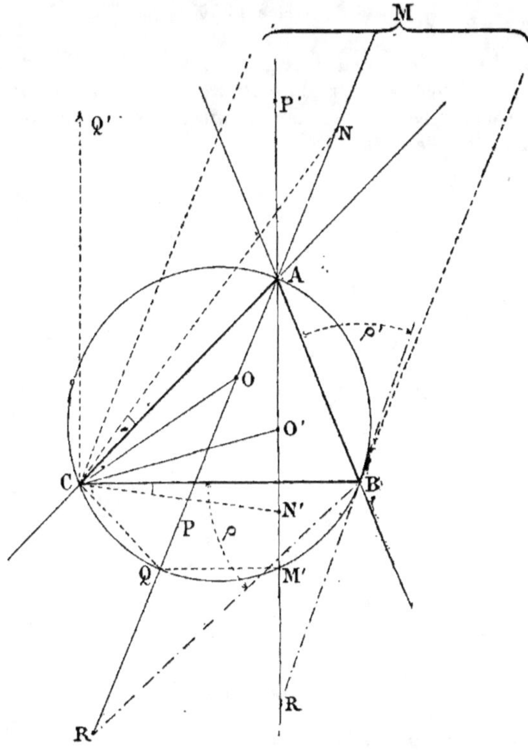

Fig. 1428.

4º *Lorsque le point donné* O *est dans le triangle, il en est de même de son isogonal* O'; car on l'obtient en faisant, vers l'intérieur du triangle, l'angle BCO', égal à l'angle ACO.

5º *Si le point donné est sur le côté* BC, *son isogonal est au sommet* A.

6º *Lorsque le point donné* P *est entre le côté et l'arc* BC, *l'isogonal* P' *est dans l'angle opposé par le sommet.*
C'est le cas réciproque de N, N'.

7º *Si le point donné* Q *est sur le cercle circonscrit, l'isogonal est à l'infini dans la direction de la droite isogonale de* AQ.
C'est le cas réciproque de M, M'.

8º *Lorsque le point donné* R *est hors du cercle circonscrit, dans l'angle* A *proprement dit, l'isogonal* R' *est aussi hors de ce même cercle et du même côté que* R.

Pour déterminer R', on a fait l'angle $\rho' = \rho$.

2322. Résumé. *Les deux points isogonaux sont tous les deux à l'intérieur du triangle, ou tous les deux à l'extérieur; si l'un d'eux est sur le cercle circonscrit, l'autre est à l'infini.*

Exercice 1000.

2323. Théorème. *Deux points isogonaux sont les foyers d'une conique tangente aux trois côtés du triangle de référence; on obtient une ellipse ou une hyperbole suivant que les deux points sont à l'intérieur du triangle, ou tous les deux à l'extérieur.*

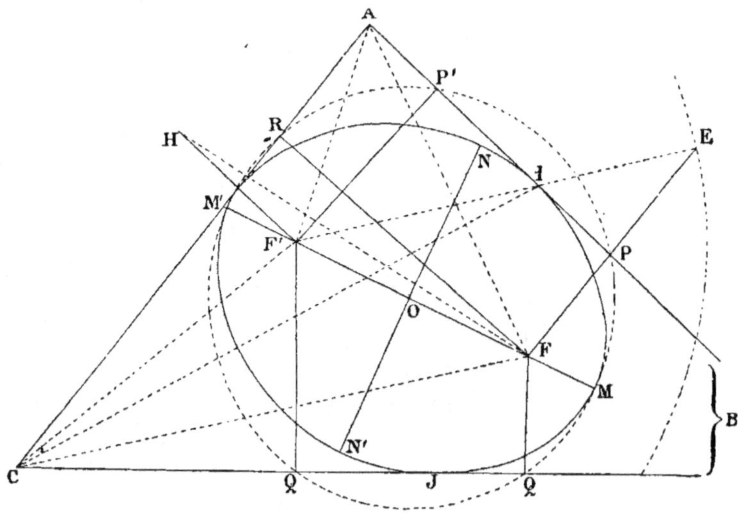

Fig. 1429.

Soient F, F' deux points isogonaux.

Les projections de ces points sur les trois côtés sont six points concycliques (nº 2317, 2º); le centre O est le point milieu de FF'. Le cercle ainsi décrit est le cercle principal d'une ellipse, dont F, F' sont les foyers et dont les côtés du triangle de référence sont des tangentes, car on sait que les projections P, Q, R des foyers sur les tangentes sont sur le cercle principal.

On pourrait dire aussi : Les produits des distances des deux points isogonaux à chacun des côtés du triangle sont égaux entre eux, car on a

$$FP . F'P' = FQ . F'Q' = FR . F'R' \qquad (\text{nº } 2309, 2º)$$

propriété bien connue de l'ellipse (nº 2084); d'ailleurs ce produit constant égale le carré du demi-petit axe, l'ellipse est donc bien déterminée; enfin, pour avoir les points de contact, il suffit de prendre le symétrique E du foyer F par rapport à la tangente et de mener F'IE.

On sait aussi que les tangentes AP, AR, issues d'un même point A, font des angles égaux avec les droites AF, AF', qui joignent ce point A aux foyers, propriété bien connue des coniques.

2324. Remarques. 1° Suivant la position des points isogonaux pris pour foyers, on obtient une ellipse jouissant de quelque propriété particulière : tangente, par exemple, aux côtés, aux pieds mêmes des symédianes, etc.

2° Lorsque les points isogonaux sont extérieurs au triangle, on obtient une hyperbole tangente aux trois côtés du triangle ; le cercle principal se détermine comme pour l'ellipse.

Exercice 1001.

2325. Théorème. *Deux points isogonaux, dont l'un est sur le cercle circonscrit et l'autre à l'infini, correspondent à une parabole tangente aux trois côtés du triangle ; le point donné est le foyer, l'axe de la courbe est dans la direction des trois droites isogonales parallèles menées par les sommets.*

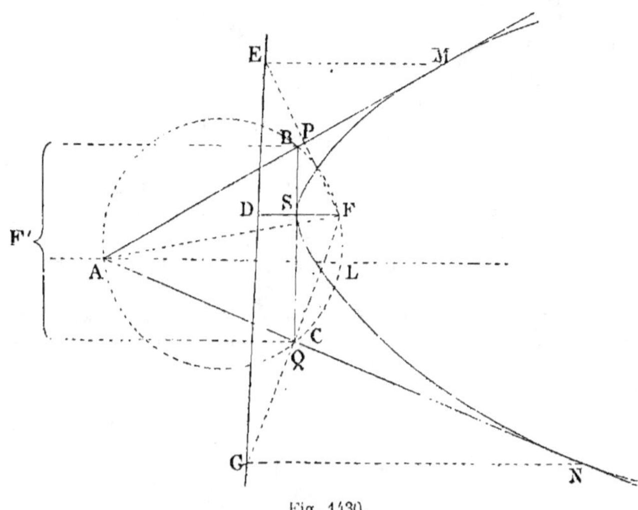

Fig. 1430.

Soit F' à l'infini dans la direction LA, et F son isogonal.

Les projections du point F du cercle circonscrit déterminèrent une *droite de Simson* du triangle donné ; les symétriques, par rapport aux côtés du foyer F, déterminent la tangente au sommet ; puis des parallèles EM, GN à la direction AL de l'axe de la parabole, déterminent les points de contact.

Exercice 1002.

2326. Théorème. *La transformée isogonale d'une circonférence qui passe par deux des sommets du triangle de référence est une autre circonférence passant par les deux mêmes sommets.*

Soient M et N deux points isogonaux à l'intérieur du triangle; entre
les angles M et N des
triangles BMC, BNC, on a
la relation constante

$$M + N = \pi + A$$

En effet,

$$M = A + \beta + \gamma$$

et $\quad N = \pi - \beta - \gamma$

donc $\quad M + N = \pi + A$

Par suite, lorsque le point
M décrit la circonférence
MBC, le point N décrit une
circonférence BNC.

2327. Remarques. 1° Pour
déterminer facilement la
circonférence qui est la
transformée de BMC, il
suffit de mener la bissectrice AI, de faire un angle
BCE = ACD, et de faire passer une circonférence par BEC.

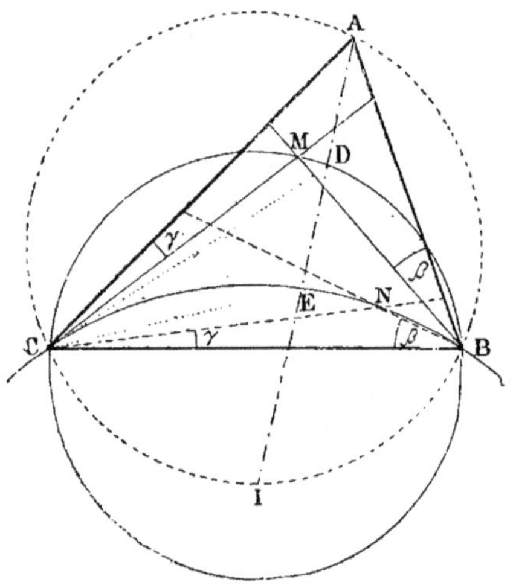

Fig. 1431.

2° On démontre facilement que la somme des angles M et N est supplémentaire de A ou bien égale à A, suivant que les points M et N, placés en dehors du cercle circonscrit, sont situés dans l'angle A ou bien
dans l'angle adjacent supplémentaire; tandis que la différence des angles
M et N est supplémentaire de A ou bien égale à l'angle A, suivant que
le segment du cercle circonscrit à l'intérieur duquel se trouve l'un des
points M et N est opposé ou adjacent à l'angle A; le second des points
se trouve alors dans l'angle opposé par le sommet à celui qui s'appuie
sur le segment considéré. (J. M. E., 1891, p. 114. Solutions et développements par M. SOLLERTINSKY, professeur à *Gatchina*, de questions posées
par M. BERNÈS, professeur honoraire à Paris.) Cette question avait déjà
été traitée par M. LEMOINE dans la *Nouvelle Correspondance*, 1878,
p. 60.

La relation générale entre les angles M et N est la suivante :

$$\text{Tang. } (M \pm N) \pm \text{tang. } A = 0$$

(Voir N. A., 1865, p. 398 de l'article fondamental de M. MATHIEU.)

3° Le cercle qui passe par B et C, puis par le centre du cercle inscrit
et par celui de l'ex-inscrit tangent à BC est à lui-même son propre inverse.
Pour obtenir des points isogonaux, il suffit de mener par le sommet A des
couples de lignes isogonales.

4° La transformée isogonale d'une droite est généralement une hyperbole; celle du cercle, sauf les cas particuliers ci-dessus, est une quar-
tique dont l'étude échappe aux *Éléments de Géométrie*. (On peut voir la
question d'agrégation des sciences mathématiques, en 1890, dans la
Revue des Mathématiques spéciales, par M. B. NIEWENGLOWSKI, professeur de mathématiques spéciales au lycée Louis-le-Grand, 1890, p. 8.)

Exercice 1003.

2328. Théorème. *Le triangle podaire d'un point* M *est semblable au triangle antipodaire du point isogonal* M'.

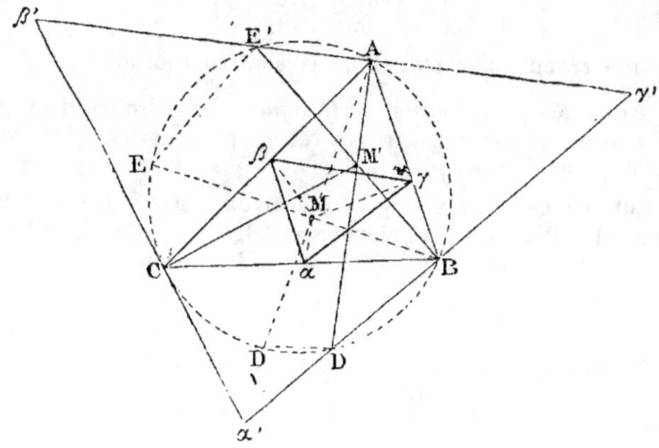

Fig. 1432.

Soit M un point quelconque; en menant des parallèles DD', EE', on détermine son isogonal M'. Il faut prouver que αβγ, podaire de M, est semblable à l'antipodaire α'β'γ' de M'.

Or la droite βγ, qui joint les projections de M, est perpendiculaire à NM' (n° 2311); donc βγ est parallèle à β'γ', etc.

Scolie. D'après un théorème connu des *Annales de Gergonne*, l'aire du triangle inscrit et circonscrit ABC est la moyenne géométrique des aires de αβγ et α'β'γ'. (Voir E. de G., n° 1611).

Exercice 1004.

2329. Théorème. *Les droites isotomiques de trois cévéniennes concourantes d'un triangle sont elles-mêmes concourantes.*

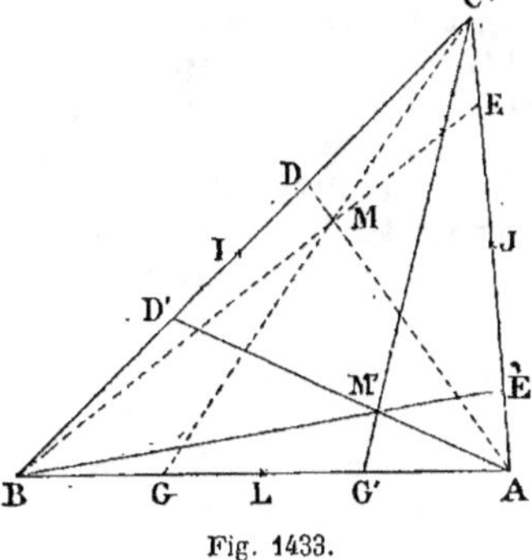

Fig. 1433.

Définition. On nomme droites isotomiques deux droites qui, partant d'un même sommet d'un triangle, déterminent sur le côté opposé, à partir de son point milieu, des segments égaux entre eux. Les points équidistants du point milieu du côté considéré sont isotomiques entre eux.

Soient

ID = ID', JE = JE', LG = LG'

les droites AD', BE', CG' sont concourantes.

En effet, la relation de Ceva, applicable aux trois premiers, est

$$\frac{CD}{DB} \cdot \frac{BG}{GA} \cdot \frac{AE}{EC} = 1$$

Or, si l'on remplace CD par son égale BD', BD par D'C, etc.,

on obtient $$\frac{BD'}{D'C} \cdot \frac{CE'}{E'A} \cdot \frac{AG'}{G'B} = 1$$

donc les trois cévéniennes AD', BE', CG' sont concourantes.

2330. Remarques. 1° *Points réciproques.* Les droites isotomiques CG, CG' sont aussi nommées droites réciproques, et les points M et M' sont appelés *points réciproques.*

2° On sait que les *coordonnées barycentriques* α et β du point M sont proportionnelles aux aires des triangles CMB, CMA; elles sont donc proportionnelles aux segments BG, GA, c'est-à-dire qu'on a

$$\frac{\alpha}{\beta} = \frac{BG}{GA}$$

donc les coordonnées α', β' de M' *sont inverses des premières,* car on a

$$\frac{\alpha'}{\beta'} = \frac{BG'}{G'A} ; \quad \text{d'où} \quad \frac{\alpha'}{\beta'} = \frac{GA}{BG}$$

ainsi $$\frac{\alpha}{\beta} = \frac{\beta'}{\alpha'}$$

3° Pour les points *inverses* ou *isogonaux* (n° 2316), ce sont les *coordonnées normales* qui sont inverses; si x et y sont les coordonnées d'un premier point, et x', y' celles du point isogonal, on a

$$\frac{x}{y} = \frac{y'}{x'}$$

Remarque. La considération des *points réciproques* est due à M. G. DE LONGCHAMPS (voir *Note,* n°s 1231 et 1242, c).

Symédianes.

2331. Définitions. La symédiane est la symétrique de la médiane par rapport à la bissectrice qui part du même sommet.

On a déjà vu que la symédiane du sommet A d'un triangle ABC est le lieu du point milieu des antiparallèles à BC, et quel est aussi le lieu des points des antiparallèles égales relativement aux côtés des angles B et C (n°s 2294, 2° et 2296).

La symédiane jouit de diverses propriétés, que l'on peut prendre successivement comme définition de cette ligne, afin d'en déduire, comme conséquences, les autres propriétés : nous en donnerons divers exemples.

Exercice 1005.

2332. Théorème. *La symédiane issue d'un sommet d'un triangle passe par le point de concours des tangentes menées au cercle circonscrit par les autres sommets.*

On sait que la symédiane est le lieu des points des antiparallèles égales ID, JE et des droites égales LD, LE (fig. 1434); d'ailleurs les tangentes CP, BP sont égales et antiparallèles par rapport aux côtés des angles B et C, donc la symédiane ASL passe par le point P.

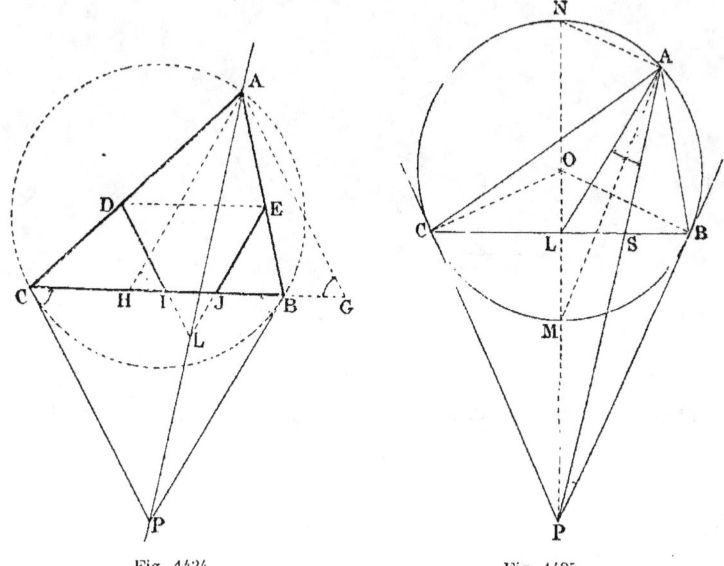

Fig. 1434.   Fig. 1435.

Autre démonstration. Menons la médiane AL (fig. 1435), la bissectrice AM, et prouvons que AP est symétrique de AL par rapport à la bissectrice AM.

Le triangle rectangle OBP donne $OL.OP = r^2$,   d'où on déduit successivement :

$$\frac{r}{OL} = \frac{OP}{r}\ ; \quad \frac{r-OL}{r+OL} = \frac{OP-r}{OP+r}\ ; \quad \frac{LM}{LN} = \frac{PM}{PN}$$

donc CM est la bissectrice intérieure de l'angle LCP, et CN la bissectrice extérieure. (G., n° 307.)

Ainsi AP est la symédiane; en d'autres termes, la symédiane relative au sommet A passe par le pôle P de la base BC.

Exercice 1006.

2333. Théorème. *Les distances d'un point de la symédiane aux côtés adjacents sont proportionnelles aux longueurs de ces côtés.*

Soient CM la médiane, CS la symédiane; ces deux droites étant symétriques par rapport à la bissectrice, les angles BCM, ASM sont égaux; il en est de même de BCS et ACM.

Les triangles rectangles CSX, CMQ sont semblables; il en est de même de CSY et CMB.

Les triangles donnent :

$$\frac{x}{q} = \frac{CS}{CM} \quad \text{et} \quad \frac{y}{p} = \frac{CS}{CM}$$

d'où

$$\frac{x}{y} = \frac{q}{p}$$

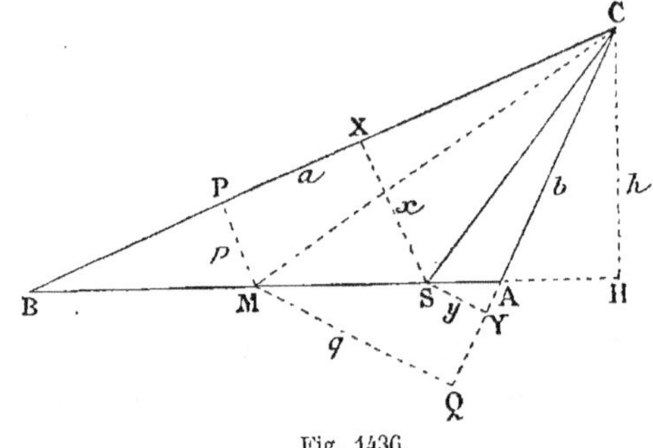

Fig. 1436.

or les triangles ACM, BCM ont des bases égales et même hauteur; donc

$$ap = bq; \quad \text{d'où} \quad \frac{q}{p} = \frac{a}{b}$$

Ainsi

$$\frac{x}{y} = \frac{a}{b} \qquad\qquad C. \ Q. \ F. \ D.$$

2334. Remarque. En s'appuyant sur la théorie des droites isogonales, on peut se borner à dire :

$$\frac{x}{y} = \frac{q}{p}$$

et comme les distances d'un point quelconque de la médiane aux deux côtés sont inversement proportionnelles à ces côtés, on a :

$$\frac{q}{p} = \frac{a}{b}; \quad \text{d'où} \quad \frac{x}{y} = \frac{a}{b}$$

Exercice 1007.

2335. Théorème. *Les segments déterminés par chaque symédiane sur le côté opposé sont proportionnels aux carrés des côtés adjacents.*

1re *Démonstration.* (Voir n° 2315.)

2e *Démonstration.* D'après le théorème précédent, on a :

$$\frac{BS}{x} = \frac{a}{h}; \quad \frac{AS}{y} = \frac{b}{h}$$

d'où

$$\frac{BS}{AS} = \frac{ax}{by} = \frac{a^2}{b^2} \qquad\qquad C. \ Q. \ F. \ D.$$

3e *Démonstration.* Afin d'avoir un point G de la symédiane, construisons des carrés sur a et b, la droite GCSH est la symédiane, puisque les distances du point G aux côtés a et b sont dans le rapport de a à b.

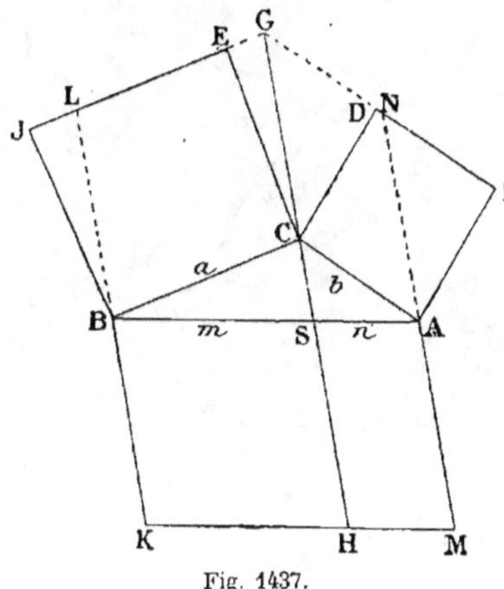

Fig. 1437.

En prenant $SH = CG$, etc., on obtient des parallélogrammes AH, BH respectivement équivalents aux carrés a^2, b^2.

Donc
$$\frac{m}{n} = \frac{a^2}{b^2}.$$
       C. Q. F. D.

4e *Démonstration*, par M. Thiry. (Voir ci-après, n° 2339.)

2336. **Théorème réciproque**. *Si les segments sont proportionnels aux carrés des côtés adjacents, la droite CS est la symédiane.*

En effet, les triangles CSB, CSA ont des angles supplémentaires en S; ils sont donc entre eux comme les produits des côtés qui comprennent cet angle; d'ailleurs CS est un facteur commun, il suffit donc d'écrire :

$$\frac{BS}{AS} = \frac{ax}{by}$$

Mais on a donné
$$\frac{BS}{AS} = \frac{a^2}{b^2}$$

donc $\dfrac{x}{y} = \dfrac{a}{b}$ et la droite AS est la symédiane.

Exercice 1008.

2337. **Théorème**. *La tangente menée au cercle circonscrit par le sommet C d'un triangle donné est le lieu des points dont les distances sont proportionnelles aux côtés a et b de cet angle (abstraction faite du signe négatif d'une de ces distances).*

Soit CT la tangente; on doit avoir, au signe près, $\dfrac{x}{y} = \dfrac{a}{b}$, de même qu'on a ce rapport pour les points de la symédiane CS.

Par le sommet C menons CL parallèle à la base, les droites CT, CL sont symétriques par rapport aux bissectrices CI, CJ; or les triangles

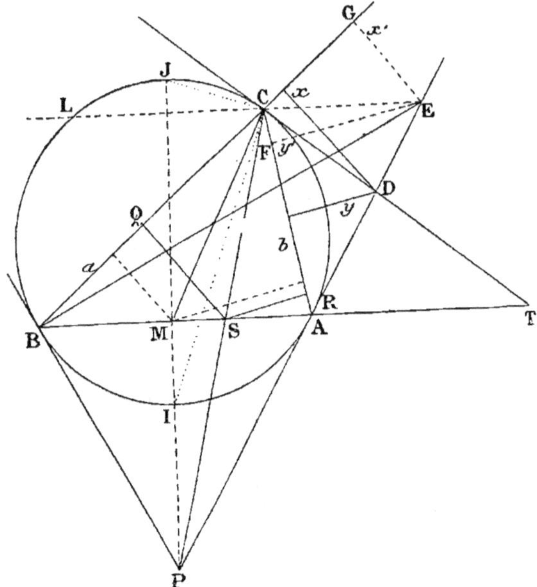

Fig. 1438.

EBC, EAC sont équivalents comme ayant même base CE et même hauteur; on a donc :

$$a \cdot EG = b \cdot EF \quad \text{ou} \quad \frac{x'}{y'} = \frac{b}{a}$$

donc pour la ligne symétrique CT on a le rapport inverse

$$\frac{x}{y} = \frac{a}{b} \qquad\qquad C.\ Q.\ F.\ D.$$

2338. Remarques. 1° La tangente CT, c'est-à-dire l'antiparallèle de AB, a reçu le nom de *symédiane extérieure*, à cause de la propriété énoncée ci-dessus.

2° La distance x est *positive* parce qu'elle a même direction que SQ; y est *négative*, car elle est de sens contraire à SR. Pour mettre le signe en évidence, on écrirait pour la symédiane CT : $\dfrac{x}{y} = -\dfrac{a}{b}$.

Exercice 1009.

2339. Théorème. *Les carrés de deux côtés d'un triangle quelconque sont entre eux : 1° comme les segments soustractifs, déterminés sur la base, par la tangente menée par le sommet au cercle circonscrit;*

2° comme les segments additifs déterminés sur le troisième côté par la symédiane relative à ce côté.

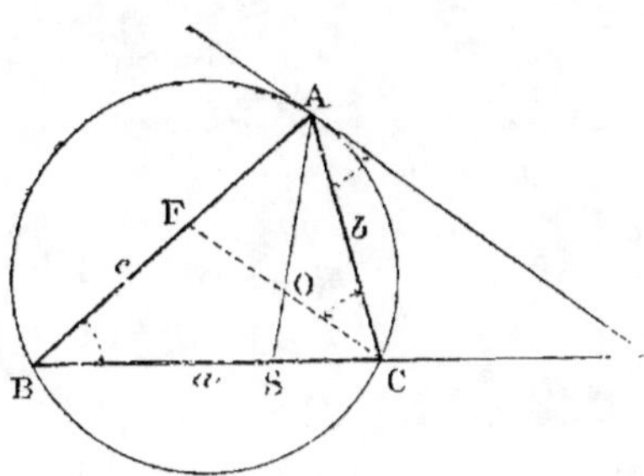

Fig. 1439.

1° Soient AD la tangente et AS la symédiane.

Les triangles ABD, CAD sont semblables, donc

$$\frac{c^2}{b^2} = \frac{BD^2}{AD^2} = \frac{BD^2}{BD \cdot CD} = \frac{BD}{CD}$$

C. Q. F. D.

2° Par C menons une parallèle à la tangente AD, c'est-à-dire une droite antiparallèle à CB, par rapport aux côtés de l'angle BAC, le point milieu de CF appartient à la symédiane AOS du triangle, car cette ligne est le lieu du point milieu des antiparallèles.

Puisque CF parallèle à la tangente est divisée en deux parties égales, le faisceau (A, BSCD) est harmonique (G., n° 793); donc :

$$\frac{BD}{CD} = \frac{BS}{CS} ; \quad \text{d'où} \quad \frac{c^2}{b^2} = \frac{BS}{CS} \qquad \text{C. Q. F. D.}$$

2340. Remarque. La droite AD est la *symédiane extérieure;* on peut donc résumer le théorème précédent, en disant : *Les symédianes issues d'un même sommet partagent harmoniquement le côté opposé dans le rapport des carrés des deux autres côtés.* (THIRY, *Troisième livre de Géométrie,* th. XLIV.)

Exercice 1010.

2341. Théorème. *La symédiane et la médiane issues d'un même sommet sont entre elles dans le même rapport que le double produit des côtés correspondants à la somme des carrés de ces mêmes côtés.* (THIRY.)

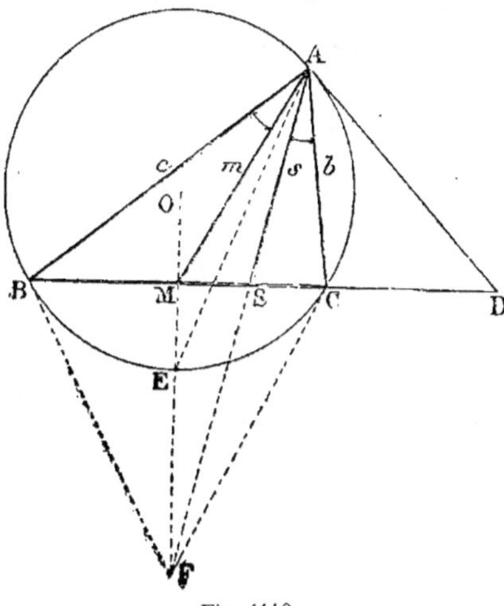

Fig. 1440.

Les triangles CAS et BAM ont un angle égal, ils sont donc entre eux comme le produit des côtés qui comprennent cet angle; d'ailleurs ces triangles ayant même sommet A sont entre eux comme leurs bases,

donc

$$\frac{bs}{cm} = \frac{CS}{BM}$$

d'où

$$\frac{s}{m} = \frac{c}{b} \cdot \frac{CS}{BM} \qquad (1)$$

Il faut remplacer CS et BM par leur valeur en fonction des côtés; or

$BM = \dfrac{a}{2}$; puis on a successivement, d'après la propriété connue de la symédiane (n° 2239) :

$$\frac{CS}{BS} = \frac{b^2}{c^2} ; \quad \text{d'où} \quad \frac{CS}{a} = \frac{b^2}{b^2 + c^2} ; \quad CS = \frac{a \cdot b^2}{b^2 + c^2}$$

Avec les valeurs trouvées pour CS et BM, (1) devient :

$$\frac{s}{m} = \frac{c}{b} \cdot \frac{ab^2}{b^2 + c^2} : \frac{a}{2} ; \quad \text{d'où} \quad \frac{s}{m} = \frac{2bc}{b^2 + c^2} \tag{2}$$

Exercice 1011.

2342. Problème. *Par le sommet d'un triangle inscrit, on mène une tangente au cercle jusqu'à la base prolongée : exprimer en fonction des côtés du triangle les segments soustractifs déterminés sur la base, ainsi que la longueur de la tangente.*

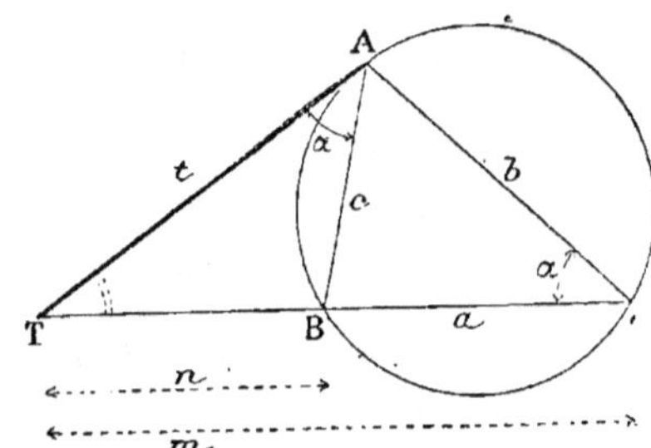

Fig. 1441.

Les triangles ACT, ABT sont semblables, on a : $\dfrac{b}{c} = \dfrac{m}{t} = \dfrac{t}{n}$; d'ailleurs $m - n = a$, il faut exprimer m, n et t en fonction de a, b, c. Des deux premiers rapports on déduit successivement :

$$\frac{b^2}{c^2} = \frac{m^2}{t^2} = \frac{m^2}{mn} = \frac{m}{n}$$

résultat connu (n° 2239) :

$$\frac{m}{n} = \frac{b^2}{c^2} ; \quad \text{d'où} \quad \frac{m-n}{n} = \frac{b^2 - c^2}{c^2} ; \quad n = \frac{ac^2}{b^2 - c^2} \tag{1}$$

$$\frac{m}{n} = \frac{b^2}{c^2} ; \quad \text{d'où} \quad \frac{m}{m-n} = \frac{b^2}{b^2 - c^2} ; \quad m = \frac{ab^2}{b^2 - c^2} \tag{2}$$

$$t^2 = mn ; \quad \text{d'où} \quad t^2 = \frac{a^2b^2c^2}{(b^2 - c^2)^2} ; \quad t = \frac{abc}{b^2 - c^2} \tag{3}$$

Exercice 1012.

2343. Théorème. *Par chaque sommet d'un triangle inscrit, on mène une tangente jusqu'au côté opposé prolongé ; prouver que la somme algébrique des inverses des trois tangentes est nulle.*

On sait que la tangente a pour valeur, en fonction des côtés :

$$t = \frac{abc}{b^2 - c^2}\,; \quad \text{l'inverse est donc} \quad \frac{1}{t} = \frac{b^2 - c^2}{abc}$$

puis
$$\frac{1}{t'} = \frac{c^2 - a^2}{abc}\,; \quad \frac{1}{t''} = \frac{a^2 - b^2}{abc}$$

d'où
$$\frac{1}{t} + \frac{1}{t'} + \frac{1}{t''} = \frac{0}{abc} = 0$$

2344. Remarques. 1° Ce résultat, qui surprend d'abord, s'explique facilement : une des tangentes doit être considérée comme négative par rapport aux deux autres, et son inverse, en valeur absolue, égale la somme des autres inverses. Au point de vue du calcul, et au point de vue graphique, on reconnaît la légitimité de cette interprétation.

Soient a, b, c les côtés par ordre de grandeur décroissante : $a^2 - b^2$ et $b^2 - c^2$ auront le signe $+$, tandis que $c^2 - a^2$ sera affecté du signe $-$. Au point de vue graphique, en suivant le cercle dans le sens déterminé par deux des tangentes, on reconnaît que l'autre tangente est de sens contraire. Ainsi, dans le triangle isocèle, la tangente au sommet est infinie, son inverse est zéro; les deux autres tangentes sont évidemment égales, mais de sens contraire, puisqu'elles sont symétriques par rapport à la hauteur, donc les inverses vérifient la relation.

2° Du théorème géométrique on peut déduire la belle petite question de statique suivante, que nous avons proposée dans *Mathésis* (1895; *question* 1001.)

2345. Théorème. *Un disque circulaire mobile autour d'un axe qui passe par son centre, reste en équilibre sous l'action de trois forces tangentielles proportionnelles aux inverses des longueurs des tangentes, chacune de ces lignes étant mesurée depuis son propre point de contact jusqu'à la corde du contact des deux autres forces.*

Il faut, bien entendu, que chaque inverse soit dans la direction même de la tangente, considérée de son point de contact à la corde des deux autres contacts.

Ainsi les forces tangentielles, agissant dans les directions AL, BM, CN (fig. 1447, n° 2354) et inversement proportionnelles à ces mêmes longueurs AL, BM, CN, ont une somme algébrique nulle.

Exercice 1013.

2346. Problème. *Indiquer la longueur de la symédiane en fonction des côtés du triangle.*

Soient m, s, la médiane et la symédiane; puis f et g les segments déterminés sur a par la symédiane.

1° Le *théorème de Stewart* (n° 1173) donne

$$s^2 a = b^2 f + c^2 g - afg \qquad (1)$$

il faut remplacer les segments f et g par leur valeur.

Or les segments déterminés par la symédiane sont proportionnels aux carrés des côtés adjacents

$$\frac{f}{g} = \frac{c^2}{b^2}\,; \quad \text{d'où} \quad f = \frac{ac^2}{b^2 + c^2}\,; \quad g = \frac{ab^2}{b^2 + c^2}$$

L'égalité (1) devient après réduction :

$$s = \frac{bc}{b^2 + c^2}\, \sqrt{2(b^2 + c^2) - a^2}$$

2° On peut utiliser la propriété connue que la symédiane et la médiane sont entre elles dans le même rapport que le double produit des côtés correspondants, à la somme des carrés de ces mêmes côtés (n° 2341) ; ou

$$\frac{s}{m} = \frac{2bc}{b^2 + c^2}$$

or la *médiane* $= \frac{1}{2}\sqrt{2(b^2 + c^2) - a^2}$ (G., n° 255.)

Donc
$$s = \frac{bc}{b^2 + c^2}\sqrt{2(b^2 + c^2) - a^2}$$

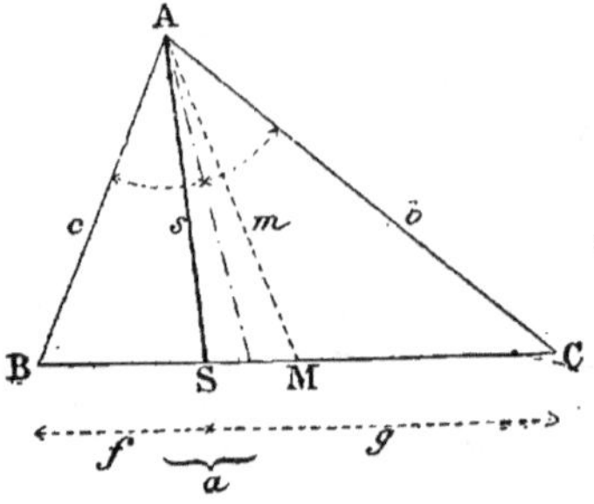

Fig. 1442.

Exercice 1014.

2347. Théorème. *Aux extrémités* B *et* C *des côtés d'un triangle et sur ces mêmes côtés, on élève des perpendiculaires* m, n, *jusqu'à la rencontre de la perpendiculaire élevée au troisième côté par le pied de la symédiane* AS, *les perpendiculaires* m *et* n *sont proportionnelles aux cubes des côtés adjacents.*

Menons la hauteur AH, on a :

$$\frac{m}{c} = \frac{BS}{h} \quad \text{et} \quad \frac{n}{b} = \frac{CS}{h}$$

donc
$$\frac{m}{n} \cdot \frac{b}{c} = \frac{BS}{CS}$$

d'où
$$\frac{m}{n} = \frac{BS}{CS} \cdot \frac{c}{b}$$

Mais les segments déterminés par la symédiane sont proportionnels aux carrés des côtés adjacents, donc

$$\frac{m}{n} = \frac{c^3}{b^3} \quad C.\,Q.\,F.\,D.$$

Remarque. La même propriété a lieu pour la *symédiane extérieure* AD. (M. D'OCAGNE, N. A. M., 1883, p. 454, n° 10.)

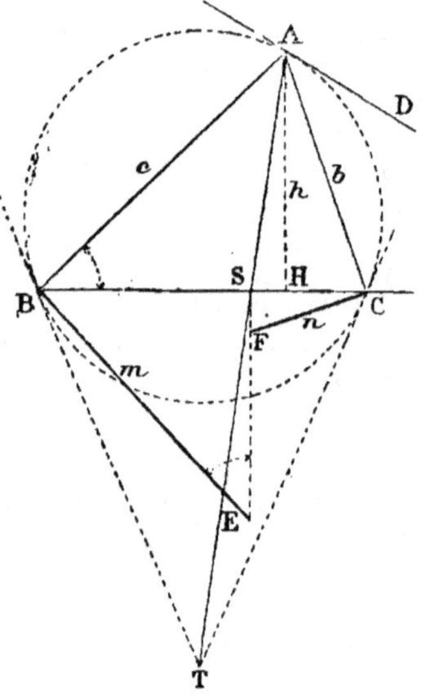

Fig. 1443.

Exercice 1015.

2348. Théorème. *D'un point quelconque pris sur la base d'un triangle, on abaisse des perpendiculaires* x, y *sur les deux autres côtés ; le* *minimum de la somme des carrés des perpendiculaires a lieu lorsque le point mobile sur la base coïncide avec le pied de la symédiane qui part du sommet opposé.*

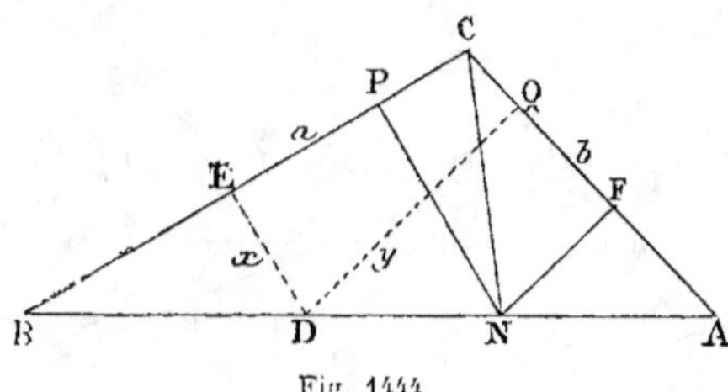

Fig. 1444.

Soient le triangle ABC, CN la symédiane, D un point quelconque, u et v des parallèles aux côtés.

On sait que dans tout triangle

$$ax + by = \text{constante}$$

car on obtient ainsi le double de l'aire du triangle.

Donc le minimum de la somme des carrés des variables ou $x^2 + y^2$, a lieu lorsque ces variables sont proportionnelles à leurs coefficients respectifs (n° 348), c'est-à-dire quand on a :

$$\frac{x}{a} = \frac{y}{b}$$

donc le minimum a lieu lorsque D coïncide avec le pied N de la symédiane CN.

Exercice 1016.

2349. Théorème. *La droite qui joint le point de concours de deux tangentes à une parabole au foyer de cette courbe est symédiane du triangle formé par les deux tangentes et la corde des contacts.*

On sait que la droite qui joint au foyer le point de concours de deux tangentes et celle qui est menée parallèlement à l'axe par le même point de concours font des angles égaux avec les tangentes (n° 2133) ; donc la droite qui joint le point de concours au foyer est la symédiane, de même que la parallèle à l'axe en est la médiane.

2350. Remarque. Le théorème ci-dessus n'est en réalité qu'une manière nouvelle d'énoncer une question connue (n° 2133), mais elle a une réelle importance, parce qu'elle conduit à appliquer à la parabole diverses propriétés étudiées pour la symédiane.

Le théorème ci-dessus et les conséquences indiquées (n° 2351) sont de M. D'OCAGNE (N. A. M., 1883, p. 456).

Exercice 1017.

2351. Théorèmes. 1° *Les distances du foyer d'une parabole à deux tangentes sont proportionnelles aux longueurs de ces tangentes ; 2° les* *distances du foyer aux points de contact sont proportionnelles aux carrés des longueurs des tangentes.*

1° CN étant symédiane (n° 2349),

on a
$$\frac{FP}{a} = \frac{FQ}{b}$$

2° La droite qui joint le foyer aux points de contact est bissectrice de l'angle formé par les rayons vecteurs de ces mêmes points (n° 2133).

Donc
$$\frac{FB}{FA} = \frac{NB}{NA} = \frac{a^2}{b^2}$$

car les segments déterminés par la symédiane sont proportionnels aux carrés des côtés adjacents (n° 2339).

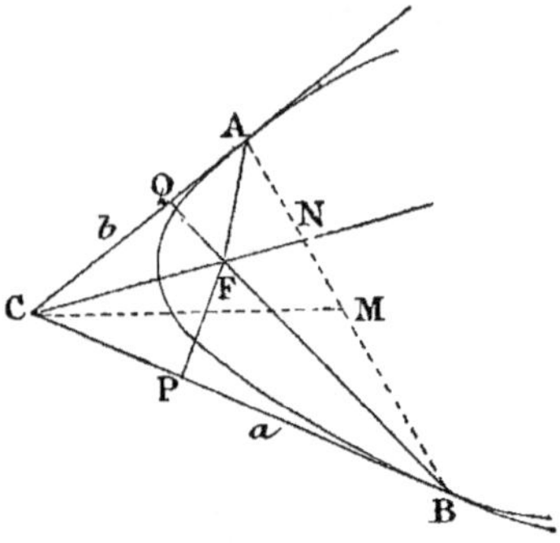

Fig. 1445.

Note. Le sujet est loin d'être épuisé, et rien ne sera plus facile que de compléter, si l'on veut, ce court paragraphe; voir notamment divers articles de M. D'OCAGNE que nous n'avons pas utilisés. (N. A. 1884, p. 25; 1885, p. 360.)

Point de Lemoine.

2352. Définition. On nomme *point de Lemoine*, ou *point symédian*, le point de concours des trois symédianes d'un triangle.

Exercice 1618.

2353. Théorème. *Les trois symédianes d'un triangle se coupent au même point.*

1ʳᵉ *Démonstration.* Les symédianes sont les isogonales des médianes; or ces dernières lignes se rencontrent en un même point, donc il en est de même des symédianes, et leur *point de Lemoine* K est l'isogonal du centre de gravité G.

2ᵉ *Démonstration.* La symédiane est le lieu du point milieu des antiparallèles correspondantes et le lieu des antiparallèles égales par rapport aux deux autres sommets, d'où il est facile de conclure que les trois symédianes se rencontrent, car par le point de concours de deux d'entre elles on peut mener trois antiparallèles divisées par ce point en deux parties égales, et d'ailleurs égales entre elles; donc le point de concours appartient aussi à la troisième symédiane.

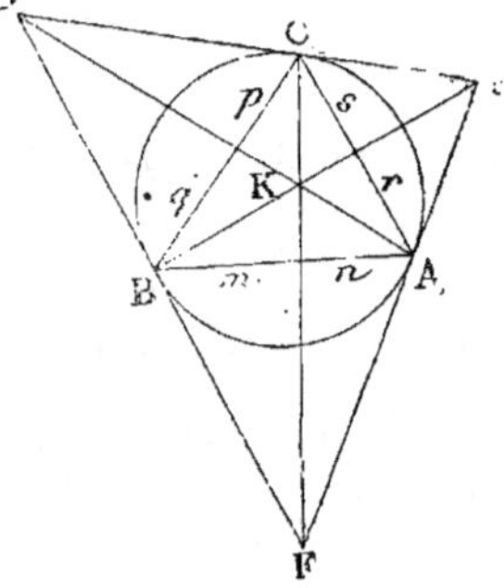

Fig. 1446.

3ᵉ *Démonstration.* Chaque symédiane passe par le point de concours des tangentes relatives aux deux autres sommets (fig. 1446); donc les trois symédianes sont les droites qui joignent les sommets d'un triangle DEF aux points de contact A, B, C du cercle inscrit, or ces trois droites se coupent au *point de Gergonne* du triangle ABC (n° 1242).

4° *Démonstration.* La symédiane est le lieu des points dont les distances aux côtés adjacents sont proportionnelles à ces mêmes côtés; soit donc K le point de concours des symédianes qui partent des sommets A et B, on aura :

$$\frac{y}{z} = \frac{b}{c} \quad \text{et} \quad \frac{z}{x} = \frac{c}{a}$$

d'où, en multipliant, on a : $\quad \dfrac{y}{x} = \dfrac{b}{a}$

par suite, le point K appartient aussi à la symédiane de l'angle C; donc...

5° *Démonstration.* Chaque symédiane divise le côté opposé en segments proportionnels aux carrés des côtés adjacents; soient m, n les segments formés sur le côté c et adjacents aux côtés a et b; puis p, q les segments formés sur a et adjacents à b et c, etc.

On a : $\qquad \dfrac{m}{n} = \dfrac{a^2}{b^2}, \quad \dfrac{p}{q} = \dfrac{b^2}{c^2}, \quad \dfrac{r}{s} = \dfrac{c^2}{a^2}$

d'où $\qquad \dfrac{mpr}{nqs} = \dfrac{a^2 b^2 c^2}{b^2 c^2 a^2} = 1$

donc, d'après le théorème réciproque de Ceva, les trois droites concourent en un même point.

2354. Droite de Lemoine. On nomme *droite de Lemoine* la polaire LMN par rapport au cercle circonscrit, du point K où se coupent les trois symédianes.

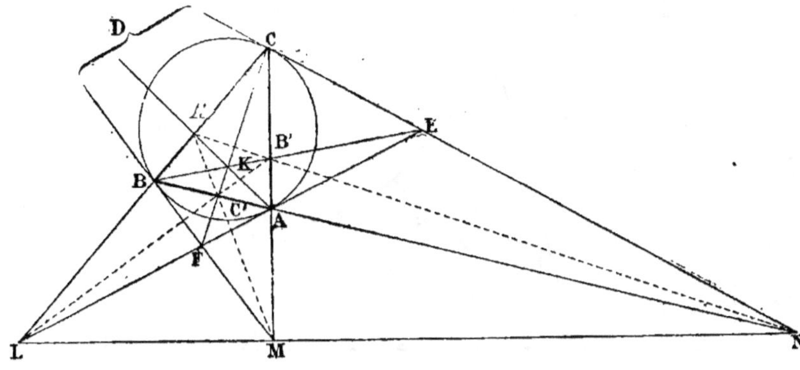

Fig. 1447.

On sait que les côtés du triangle pédal A'B'C' rencontrent les côtés opposés du triangle de **référence** ABC en trois points L, M, N en ligne droite (n° 1242, **d**).

On a aussi L, F, A, E en ligne droite, etc.

Les *symédianes extérieures* sont AL, BM, CN. On sait que la somme algébrique de leurs inverses est nulle (n° 2344).

Exercice 1019.

2355. Théorème. *Les symédianes d'un triangle rectangle se coupent au point milieu de la hauteur relative à l'hypoténuse.*

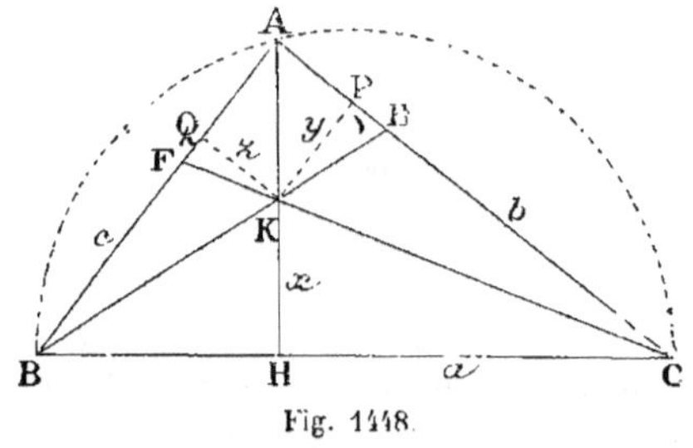
Fig. 1448.

Soit $AK = KH$.

Il suffit de prouver que

$$\frac{x}{y} = \frac{a}{b} \; ; \quad \text{or} \quad AK = x$$

et les triangles rectangles semblables AKP, BAC donnent la proportion ci-dessus : ainsi BE est la symédiane relative à b, etc.

Scolie. *La droite qui joint le sommet d'un angle aigu d'un triangle rectangle, au milieu de la hauteur relative à l'hypoténuse, divise le côté qui lui correspond en segments proportionnels aux carrés des côtés adjacents.*

On a :
$$\frac{AE}{CE} = \frac{c^2}{a^2} \qquad (\text{n° 2335}).$$

Exercice 1020.

2356. Théorème. *Le rapport d'un côté quelconque d'un triangle, à la distance de ce côté au point de Lemoine, égale le rapport de la somme des carrés des trois côtés, au double de l'aire de ce triangle.*

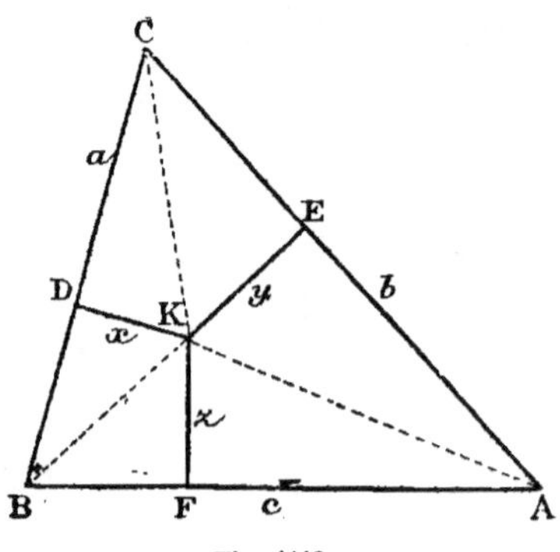
Fig. 1449.

Il faut prouver qu'on a :
$$\frac{a}{x} = \frac{a^2 + b^2 + c^2}{2S} \quad \text{ou} \quad \frac{x}{a} = \frac{2S}{a^2 + b^2 + c^2}$$

44*

Or les distances du *point de Lemoine* aux côtés sont dans le même rapport que ces côtés, on a donc :

$$\frac{x}{a} = \frac{y}{b} = \frac{z}{c} = \text{aussi } \frac{ax}{a^2} = \frac{by}{b^2} = \frac{cz}{c^2}$$

d'où

$$\frac{x}{a} = \frac{ax + by + cz}{a^2 + b^2 + c^2} = \frac{2S}{a^2 + b^2 + c^2} \qquad (1)$$

ou

$$\frac{a}{x} = \frac{b}{y} = \frac{c}{z} = \frac{a^2 + b^2 + c^2}{2S} \qquad (2)$$

2357. Remarque. Suivant le cas, on prend (1) ou (2); dans la formule, on désigne assez souvent la somme des carrés par m^2, et l'on écrit :

$$\frac{x}{a} = \frac{2S}{m^2}$$

Exercice 1021.

2358. Théorème. *Le point de concours des symédianes d'un triangle, ou* point de Lemoine, *est le centre de gravité du triangle podaire de ce même point.*

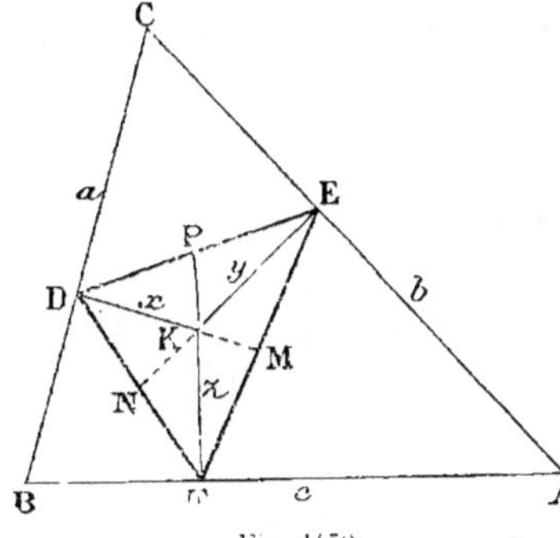

Les triangles ABC, EKF ont des angles supplémentaires A et K; ils sont donc dans le même rapport que les produits des côtés qui comprennent ces angles. (G., n° 330.)

On a donc : $\dfrac{\text{KEF}}{\text{ABC}} = \dfrac{yz}{bc}$,

d'où $\text{KEF} = S \cdot \dfrac{y}{b} \cdot \dfrac{z}{c}$

$(n° 2356)$.

Remplaçons $\dfrac{y}{b}$ et $\dfrac{z}{c}$ par leur valeur $\dfrac{2S}{a^2 + b^2 + c^2}$, on aura :

$$\text{KEF} = \frac{2S^3}{a^2 + b^2 + c^2}$$

Cette valeur, étant symétrique en fonction des trois côtés, prouve qu'elle représente aussi l'aire des deux autres triangles DKE, DKF; les trois triangles partiels sont donc équivalents, et le point K est le *centre de gravité* du triangle podaire DEF.

2359. Scolies. 1° Les droites telles que DM sont les médianes de DEF.

2° Par rapport à DEF, le triangle ABC s'obtient en menant par les sommets du premier des perpendiculaires aux médianes, et le triangle ainsi formé a pour *point de Lemoine* le centre de gravité du premier DEF.

3° *La proposition réciproque est vraie*, car

$$EKF = S \cdot \frac{yz}{bc}, \quad DKF = S \cdot \frac{xz}{ac}, \quad DKE = S \cdot \frac{xy}{ab}$$

mais les trois triangles sont équivalents, donc :

$$\frac{yz}{bc} = \frac{xz}{ac} = \frac{xy}{ab}$$

En divisant chaque rapport par $\frac{xyz}{abc}$, on trouve :

$$\frac{x}{a} = \frac{y}{b} = \frac{z}{c}$$

donc K est le point de concours des symédianes.

2360. Note. Le théorème est de M. LEMOINE; il a été proposé au *concours d'agrégation* en 1874. — M. CHADU, professeur au lycée de Mont-de-Marsan, résolut la question (N. A., 1875, p. 175), de même qu'il résolut peu après, 1875, p. 286, la question proposée par M. BROCARD. Les années 1875 et 1876 des N. A. ont de nombreux et intéressants articles de M. CHADU sur la *Géométrie du triangle*, alors à son origine.

Pour le théorème proposé (n° 2358) on peut voir aussi : THIRY, *Troisième livre de Géométrie*, 1887, p. 43; N. A. M., 1883, p. 463, VI; D'OCAGNE. Enfin voir *autre démonstration*, J. M. E., 1885, p. 76, E. VIGARIE.

Exercice 1022.

2361. Théorème. *Le* point de Lemoine *d'un triangle est le point dont la somme des carrés des distances aux trois côtés de ce triangle est minima.*

Soient x', y', z' les perpendiculaires abaissées d'un point quelconque D sur a, b, c.

Admettons qu'une des variables, z' par exemple, soit constante, le point D sera sur une droite A'B' parallèle à c et menée à la distance z'; or le minimum de $x'^2 + y'^2$ aura lieu lorsque la perpendiculaire x' et y' seront directement proportionnelles aux côtés CB' et CA' sur lesquelles elles tombent, ou bien aux côtés a et b, c'est-à-dire lorsque D coïncidera avec le pied N' de la symédiane CN' (n° 2348); or cette ligne coïncide avec CN, donc le point D est situé sur la symédiane CN qui part du point C.

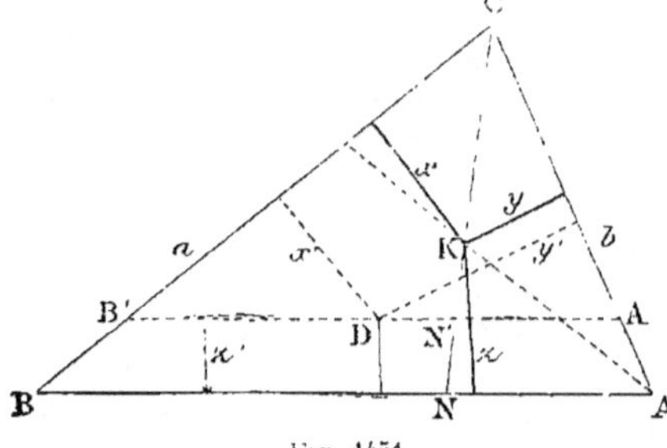

Fig. 1451.

Pour une raison analogue, ce point doit être situé sur chacune des autres symédianes; donc D coïncide avec le point K.

C. Q. F. D.

2362. *Valeur du minimum.* On sait qu'on a :

$$\frac{x}{a} = \frac{y}{b} = \frac{z}{c} = \frac{2S}{a^2 + b^2 + c^2} \quad \text{ou} \quad \frac{2S}{m^2} \quad (\text{n}^\text{o}\ 2356)$$

et
$$x = \frac{2aS}{m^2}, \quad y = \frac{2bS}{m^2}, \quad z = \frac{2cS}{m^2}$$

donc
$$x^2 + y^2 + z^2 = \frac{4(a^2 + b^2 + c^2)S^2}{m^4} = \frac{4S^2}{m^2}$$

2363. Note. La démonstration précédente s'est présentée d'elle-même, elle nous paraît simple et naturelle et elle a dû être rencontrée par bien des auteurs ; quoi qu'il en soit, voici l'indication de diverses démonstrations :

Hossard, N. A. M. 1848, p. 407, 454 ; 1850, p. 241.

Catalan, *Théorèmes et problèmes de Géométrie élémentaire,* 6ᵉ édition, 1879.

M. d'Ocagne, N. A. M., 1883, p. 455, nᵒ 13.

C. Thiry, *Troisième livre de Géométrie,* 1887. p. 43, nᵒ IX.

Vigarie, J. M. E., 1885, p. 77, nᵒ 13.

Exercice 1023.

2364. Problème. *Calculer la surface du triangle podaire du* point de Lemoine.

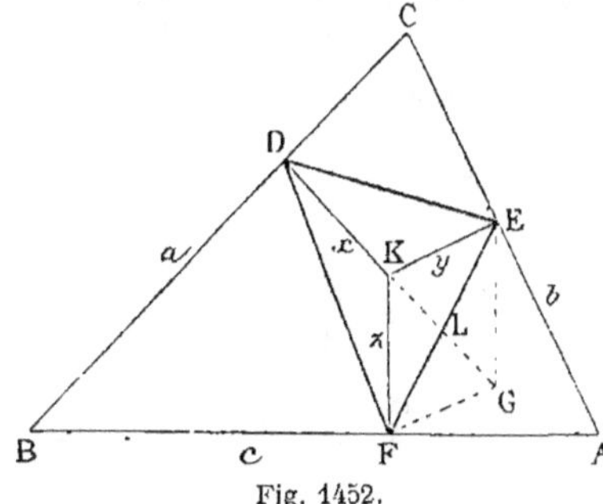

Fig. 1452.

On sait que le *point de Lemoine* K est le centre de gravité de son triangle podaire (nᵒ 2358), donc DKL est une médiane ; en prenant LG = LK, on obtient un parallélogramme ; ainsi les triangles KFG, ABC sont semblables comme ayant les côtés respectivement perpendiculaires ; d'ailleurs GK = x, GF = y ;

donc
$$\frac{\text{FGK}}{S} = \frac{x^2 + y^2 + z^2}{a^2 + b^2 + c^2}$$

Or FGK ou FEK n'est que le tiers de DEF ; ainsi :

$$\text{DEF} = \frac{3S(x^2 + y^2 + z^2)}{a^2 + b^2 + c^2}$$

En remplaçant $a^2 + b^2 + c^2$ par m^2 et se rappelant qu'on a :

$$x = \frac{2aS}{m^2}, \quad y = \frac{2bS}{m^2}, \quad z = \frac{2cS}{m^2} \quad (\text{n}^\text{o}\ 2357)$$

Donc
$$\text{DEF} = \frac{12S^3}{m^4}$$

(On peut voir aussi J. M. E., 1885, p. 79.)

Exercice 1024.

2365. Lemme. *Le minimum de la somme des carrés des distances d'un point d'une droite XY, à deux points donnés A et B, correspond au pied P de la perpendiculaire abaissée sur XY du point milieu M du segment rectiligne AB.*

Le lieu des points dont la somme des carrés est constante est une circonférence décrite du point milieu M pris pour centre ; or la plus petite de ces circonférences est celle qui est tangente à la droite XY ; or la perpendiculaire MP détermine le point de contact ; donc $AP^2 + BP^2$ est la somme minima.

2366. Remarque. Lorsque la droite est remplacée par un cercle, on joint son centre C au point milieu M, et cette ligne détermine sur la circonférence le point P qui donne le minimum et celui Q qui donne le maximum.

Exercice 1025.

2367. Théorème. *Le triangle podaire du point de Lemoine* K *est le triangle inscrit dont la somme des carrés des côtés est minima.*

En effet, si on se donne momentanément deux des sommets B', C' du triangle qui donne le minimum, le troisième sommet A' étant à déterminer sur BC ou a du triangle primitif, on abaissera du point M milieu de A'B' une perpendiculaire MA' sur BC (n° 2365), donc MA' est médiane du triangle demandé A'B'C' ; remarque analogue pour les autres sommets ; or c'est le triangle podaire de K qui admet ce point pour centre de gravité (n° 2358), donc ce triangle est celui dont la somme des carrés est minima.

2368. Remarque. Le théorème est de M. LEMOINE.
La somme des carrés des trois côtés est donnée par

$$\frac{12S^2}{a^2 + b^2 + c^2}$$

(J. M. E., 1884, p. 53, et 1885, p. 79.)

Exercice 1026.

2369. Théorème de Grèbe. *Sur chaque côté d'un triangle* ABC, *avec*

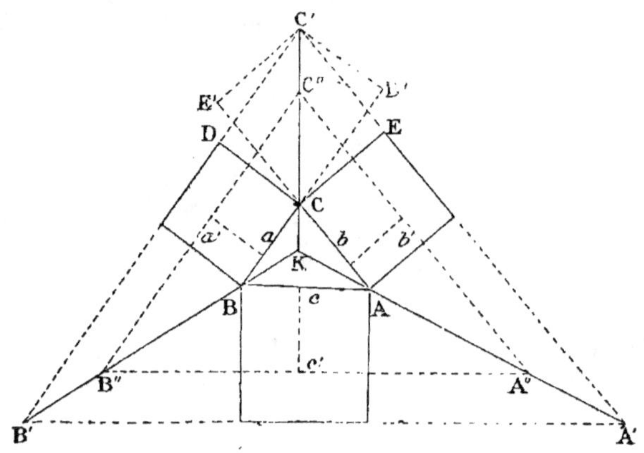

Fig. 1453.

cette ligne pour dimension, on construit un carré, de manière que les trois carrés soient extérieurs au triangle, ou tous trois sur ce triangle même; les droites qui joignent chaque sommet du triangle au point de rencontre des côtés opposés des carrés correspondants, se coupent en un même point.

Les triangles ABC, A'B'C' sont homothétiques; donc les trois droites A'A, B'B, C'C concourent au centre d'homothétie.

D'ailleurs, les distances de C' aux côtés a et b égalent respectivement C'D' ou CD et CE, elles égalent a et b donc C'C est la symédiane relative au sommet C; de même pour les autres droites : ainsi K est le *point symédian* ou le *point de Lemoine*.

2370. Remarque. Le théorème est beaucoup plus général que l'énoncé ci-dessus : il suffit de mener des parallèles à des distances a', b', c' proportionnelles aux côtés a, b, c.

2371. Note. Le théorème est d'un auteur allemand GREBE, il a été donné en 1847; le point K a donc ainsi été rencontré accidentellement, de même qu'il l'avait été antérieurement par divers auteurs, et notamment par Lhuillier, en 1846, mais sans donner lieu à aucune étude générale, tandis que M. LEMOINE en a fait connaître les principales propriétés; aussi M. NEUBERG a-t-il donné le nom de *point de Lemoine* au point symédian, et cette désignation est adoptée par la plupart des auteurs français, belges, anglais; néanmoins les Allemands le nomment *point de Grebe* (voir notamment *Die Brocardschen Gebilde*, von Dr A. EMMERICH); on pourrait dire aussi : *point de Lhuillier*, etc.; mais on finirait par avoir besoin d'un dictionnaire de synonymie.

Exercice 1027.

2372. Théorème. *Sur chaque côté d'un triangle pris pour diamètre, on décrit un cercle; à chaque cercle on mène deux tangentes parallèles au diamètre : ces tangentes se coupent en douze points, on joint chacun d'eux au sommet déterminé par les côtés parallèles aux tangentes qui donnent le point d'intersection, on obtient six droites qui se coupent trois à trois en quatre points : au point de Lemoine et à ses trois points associés.*

Les douze points d'intersection des tangentes sont groupés quatre à quatre autour des sommets A, B, C; dans chaque groupe, ils ne donnent lieu qu'à deux droites, parce qu'ils sont les sommets d'un parallélogramme dont A est le centre, etc.

Les parallèles sont éloignées des côtés a, b, c de grandeurs proportionnelles à ces côtés; donc...

Les trois tangentes extérieures au triangle et les trois intérieures donnent les *symédianes* proprement dites et déterminent le point K : deux tangentes extérieures et une intérieure, ou réciproquement, donnent une symédiane intérieure et deux symédianes extérieures; ces trois droites passent par un des sommets du triangle tangentiel, et comme il y a trois groupes différents, on obtient les trois points associés au *point de Lemoine*.

Exercice 1028.

2373. Théorème. *Le lieu du point de Lemoine d'un triangle rectangle dont l'hypoténuse est donnée est une ellipse ayant pour grand axe cette*

*hypoténuse, et dont le petit axe a pour longueur la moitié de cette
hypoténuse.*

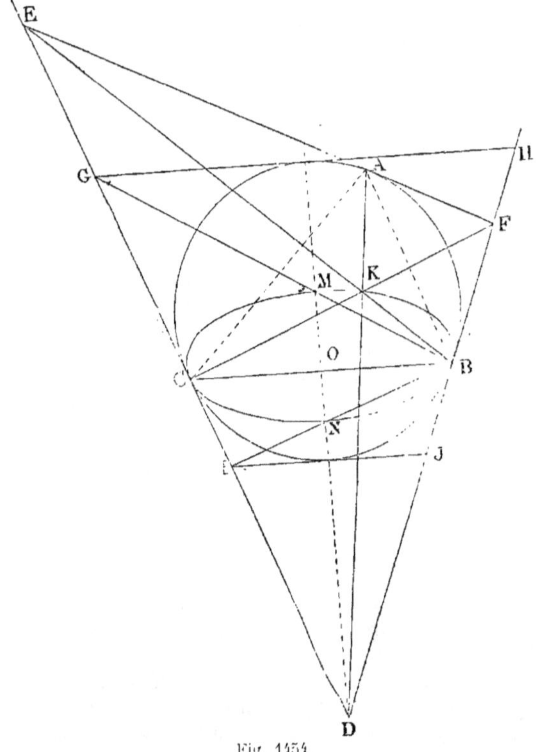

Fig. 1454.

En effet, le point K est le point milieu de la hauteur abaissée du sommet de l'angle droit sur l'hypoténuse; donc le lieu est l'ellipse indiquée
ci-dessus. (Voir d'ailleurs n° 2156, 2.)

2374. Remarque. Le lieu du point K pour un triangle CAB, dont la
base CB est fixe et l'angle A constant, est aussi une ellipse bitangente en
B et C au triangle tangentiel. Les extrémités du petit axe correspondent
au cas où GH, IJ sont parallèles à la base; on obtient M et N.

Cercles de Lemoine.

2375. Historique. Les deux cercles connus maintenant sous le nom de
cercles de Lemoine, le groupe appelé *cercles de Tucker,* et dont les deux
premiers sont des cas particuliers, ont été découverts par M. LEMOINE et
communiqués au congrès de Lyon, en 1873.

Les mêmes cercles ont donné lieu successivement à diverses études;
ainsi M. NEUBERG, en Belgique, en a traité dans *Mathésis,* en 1881, puis

en Angleterre, M' CAY en 1883, et M. TUCKER en 1885. (CASEY, 6ᵉ édition, page 191.) M. H. TAYLOR, en 1884, fit connaître diverses propriétés du cercle qui porte son nom, et qu'on rattache aux précédents.

Ayant déjà le *point*, l'*hexagone*, les *cercles de Lemoine*, M. NEUBERG proposa d'appeler *cercles de Tucker* le système de cercles dont ceux de Lemoine et de Taylor ne sont que des cas particuliers ; de là cette conséquence inattendue que plusieurs écrivains arrivent à perdre de vue l'auteur même de la découverte, ou du moins à passer son nom sous silence, ainsi qu'on peut s'en rendre compte en lisant l'ouvrage si remarquable d'ailleurs de W.-J. M' CLELLAND : *A treatise on the Geometry of the Circle* : aucun point, aucun cercle ne rappelle le nom de Lemoine ; cependant l'initiateur de la *Géométrie du triangle* est cité honorablement dans la *Préface*. — M. CASEY, dans son intéressant volume : *A Sequel to the first six Books of the Elements of Euclid* (6ᵉ édition, 1892), rend pleinement justice au principal instigateur de la *Géométrie récente*. Il en est de même d'ailleurs de la plupart des auteurs anglais : MM. MILNE, SIMMONS, NIXON.

2376. Démonstration. Nous allons traiter directement chaque question, afin de pouvoir les proposer isolément comme *Exercices* ; mais on pourrait se borner à quelques lignes pour chaque *cercle de Lemoine*, pour les *cercles de Tucker*, pour le *cercle de Taylor* ; car il suffit d'établir qu'on obtient dans chaque cas trois antiparallèles égales ; dès lors les six points sont concycliques.

Exercice 1029.

2377. Théorème. Premier cercle de Lemoine. *Par le point de con-*

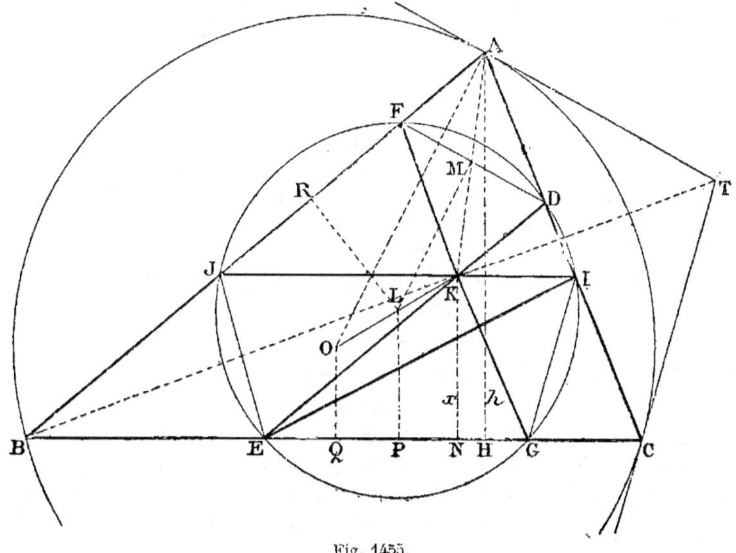

Fig. 1455.

cours K *des symédianes d'un triangle, on mène des parallèles aux trois côtés, les six points d'intersection des côtés et des parallèles sont concycliques.*

Soient DE, FG, IJ les parallèles : il faut prouver que l'hexagone DFJEGI est inscriptible.

Les parallèles et les côtés déterminent trois parallélogrammes tels que ADKF, or le point M de concours des diagonales est le milieu de DF, or AK est une symédiane, donc la droite DF qu'elle divise en deux parties égales est antiparallèle à BC par rapport aux côtés de l'angle A. De même IG est antiparallèle de AB et JE de AC.

Les angles AFD, AJE sont égaux entre eux, comme étant respectivement égaux à l'angle C, à cause des antiparallèles, et par suite DFJE est un trapèze isocèle ; il en est de même de FDIG et de JEGI. Chacun d'eux est inscriptible, or le cercle qui passe par les points E, J, F, D passe également par le point I, car le quadrilatère JFDI est inscriptible, puisque DF et IJ sont antiparallèles par rapport aux deux autres côtés ; de même le cercle passe par G.

2378. Remarque. Le centre L est au point milieu de la droite OK, qui joint le centre du cercle circonscrit au point de concours des symédianes, ou *point de Lemoine,* car le rayon AO est perpendiculaire à l'antiparallèle DF, et la perpendiculaire ML menée par le milieu de AK passe donc par le milieu L de OK.

2379. Note. Le cercle DFEG est nommé *premier cercle de Lemoine;* le polygone DFJEGI est *l'hexagone de Lemoine.*

En Angleterre, ce cercle est nommé fréquemment *the triplicate ratio circle ,* à cause de la propriété fort remarquable des trois segments déterminés par ce cercle (voir ci-après n° 2381). Cette propriété, mise en lumière par MM. CAY et TUCKER, en 1883 et 1885, avait été d'ailleurs signalée par M. LEMOINE (*Nouvelles annales mathématiques,* 1873, 2ᵉ série, t. XII, p. 365, n° 4).

Exercice 1030.

2380. Théorème. *Les côtés d'un triangle sont divisés par le premier cercle de Lemoine en segments proportionnels aux carrés des côtés. Chaque segment extrême correspond au carré du côté qui lui est adjacent ; le segment intermédiaire compris dans le cercle correspond au carré du côté sur lequel il se trouve.*

Il faut prouver qu'on a pour les segments de BC (fig. 1455) :

$$\frac{BE}{c^2} = \frac{EG}{a^2} = \frac{CG}{b^2}$$

or les triangles BJE, EKG, GIC ont même hauteur KN; donc

$$\frac{BJE}{BE} = \frac{EKG}{EG} = \frac{CIG}{CG}$$

Considérons le premier rapport, les triangles BJE et BAC sont semblables, puisque EJ et AC sont antiparallèles ; ils sont entre eux comme les carrés des côtés homologues BE et AB ; donc, en représentant ABC par S, on a :

$$\frac{BJE}{S} = \frac{BE^2}{c^2} ; \quad \text{d'où} \quad BJE = \frac{S \cdot BE^2}{c^2}$$

Ainsi
$$\frac{BJE}{BE} = \frac{S \cdot BE^2}{BE \cdot c^2} = \frac{S \cdot BE}{c^2}$$

De même, pour les deux autres rapports, on trouve :
$$\frac{EKG}{EG} = \frac{S \cdot EG}{a^2} \quad \text{et} \quad \frac{CIG}{CG} = \frac{S \cdot CG}{b^2}$$

d'où, supprimant le facteur commun S, on a :
$$\frac{BE}{c^2} = \frac{EG}{a^2} = \frac{CG}{b^2}$$

On aurait de même :
$$\frac{CI}{a^2} = \frac{ID}{b^2} = \frac{DA}{c^2}$$
$$\frac{AF}{b^2} = \frac{FJ}{c^2} = \frac{JB}{a^2}$$

Exercice 1031.

2381. Théorème. *Les segments interceptés sur les côtés d'un triangle par le premier cercle de Lemoine sont proportionnels aux cubes des côtés correspondants.*

Il faut prouver qu'on a (fig. 1455) :
$$\frac{EG}{a^3} = \frac{DI}{b^3} = \frac{FJ}{c^3}$$

En désignant par S la surface du triangle BAC, on a :
$$\frac{EG}{x} = \frac{a}{h} = \frac{a^2}{2S} \; ; \quad \text{d'où} \quad EG = \frac{a^2 \cdot x}{2S}$$

mais en désignant par y, z la distance du point K aux côtés b et c, on sait que ces trois distances sont directement proportionnelles à ces mêmes côtés et qu'on a :
$$\frac{x}{a} = \frac{y}{b} = \frac{z}{c}$$

d'où
$$\frac{ax}{a^2} = \frac{by}{b^2} = \frac{cz}{c^2} = \frac{2S}{a^2 + b^2 + c^2}$$

ainsi
$$\frac{x}{a} = \frac{2S}{a^2 + b^2 + c^2} \; ; \quad \text{d'où} \quad x = \frac{2S \cdot a}{a^2 + b^2 + c^2}$$

et
$$EG = \frac{a^3}{a^2 + b^2 + c^2} \; ; \quad \text{de même} \quad DI = \frac{b^3}{a^2 + b^2 + c^2}, \quad \text{etc.}$$

donc
$$\frac{EG}{a^3} = \frac{DI}{b^3} = \frac{FJ}{c^3}$$

2382. Remarque. Dans sa *Note sur un point remarquable du plan d'un triangle* (N. A., 1873, page 364), M. LEMOINE indique plusieurs autres propriétés et notamment les suivantes :

Le rayon ρ du premier cercle qui porte aujourd'hui son nom est donné par la formule :
$$\rho^2 = R^2 \cdot \frac{a^2 b^2 + a^2 c^2 + b^2 c^2}{(a^2 + b^2 + c^2)^2}$$

Les trois antiparallèles égales ont pour longueur commune l :

$$l = \frac{abc}{a^2 + b^2 + c^2}$$

La distance d du point K au centre O du cercle circonscrit est :

$$d^2 = R^2 - 3l^2$$

Exercice 1032.

2383. Théorème. Cercles de Tucker. *Lorsque deux triangles directement semblables ont le point* K *pour centre d'homothétie, les prolongements des côtés du triangle intérieur rencontrent les côtés de l'autre triangle en six points concycliques.*

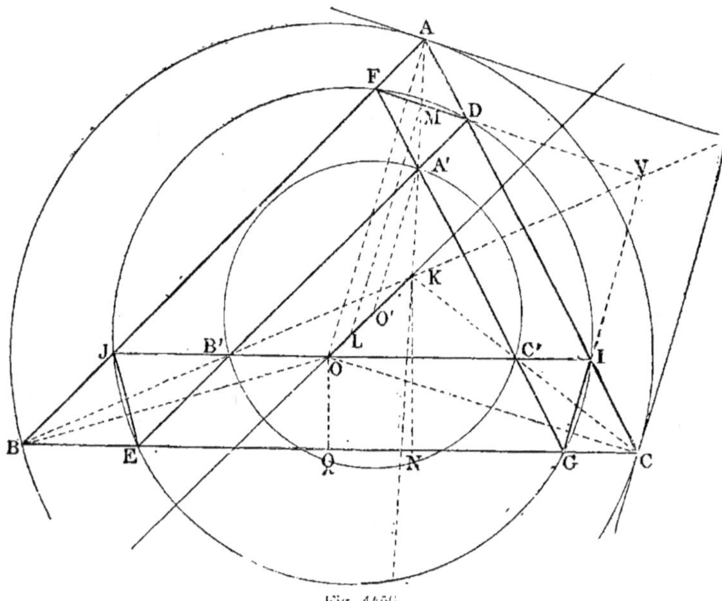

Fig. 1456.

En effet, ADA'F est un parallélogramme; donc DF, divisée en deux parties égales par la symédiane AK, est antiparallèle à BC; de même EJ est antiparallèle à CA, et GI l'est à AB; ces trois antiparallèles sont égales, et les six points qu'elles déterminent sont concycliques. Le point L, milieu de OO', est le centre de ce cercle.

2384. Remarques. 1º Les antiparallèles se rencontrent deux à deux sur les symédianes, en V par exemple, car ces lignes divisent AK, CK en parties proportionnelles, et elles sont parallèles à AT, CT; d'ailleurs la symédiane BKT est le lieu des points d'où l'on peut mener des antiparallèles égales DF, IG par rapport aux côtés des angles A et C.

2º Si l'on remarque que le triangle, dont V est l'un des sommets, formé par les trois antiparallèles égales, et le triangle tangentiel dont T est l'un des sommets, ont le *point de Lemoine* K pour centre d'homothétie directe, on peut énoncer le théorème comme il suit : *Tout triangle directement homothétique par rapport au triangle tangentiel, et dont K est le centre d'homothétie, coupe les côtés du triangle inscrit ABC en six points concycliques.*

3º La droite OK est le lieu des centres des *cercles de Tucker.*

Exercice 1033.

2385. Théorème. Second cercle de Lemoine. *Si par le point K d'un triangle on mène les antiparallèles aux côtés, on obtient six points concycliques.*

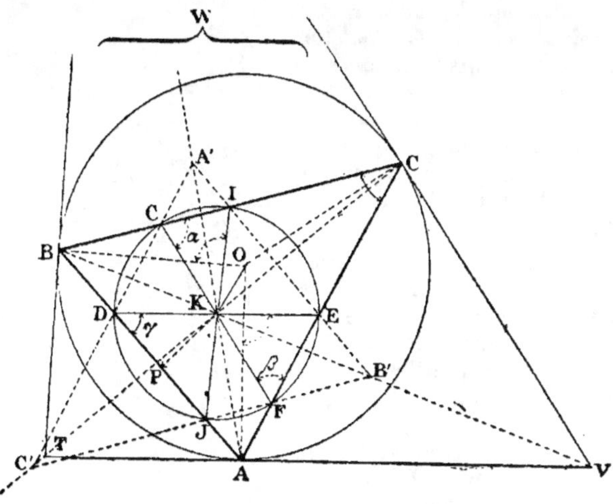

Fig. 1457.

Car les trois antiparallèles sont égales entre elles et sont divisées en parties égales par le point K, donc...

2386. Remarques. 1º JF est parallèle à BC, etc.; donc les triangles A'C'B' et ACB sont égaux.

2º *Les segments interceptés par le cercle sur les côtés du triangle donné sont respectivement proportionnels aux cosinus des angles opposés.*

En effet, le triangle isocèle DKJ a ses côtés égaux perpendiculaires aux côtés égaux du triangle AOB; donc l'angle DKJ est le supplément de AOB, ou supplément de deux fois C, donc $\gamma = C$; de même $\alpha = A$, $\beta = B$.

Soit r le rayon du *cercle de Lemoine,* on a :

$$\frac{IG}{r} = 2\cos\alpha \quad \text{ou} \quad \frac{IG}{r} = 2\cos A, \quad \text{etc.}$$

donc
$$\frac{IG}{\cos A} = \frac{EF}{\cos B} = \frac{DJ}{\cos C}$$

A cause de cette propriété, le *second cercle de Lemoine* est appelé **en** Angleterre *cosine circle ;* ses trois associés méritent le même **nom** (n° 2387).

3° Dans la *Note* déjà citée (N. A., 1873, p. 365), M. LEMOINE indique que les trois antiparallèles menées par K sont égales entre elles ; ce qui conduit au *second cercle* dont nous venons de parler.

Exercice 1034.

2387. Théorème. Cercles associés au second cercle de Lemoine. *Par chacun des points associés au point K où se coupent les symédianes d'un triangle, on mène des antiparallèles aux côtés du triangle ; dans chaque cas, les points d'intersection sont concycliques. Les segments interceptés sur les côtés par chacun de ces trois cercles sont proportionnels aux cosinus des angles du triangle donné.*

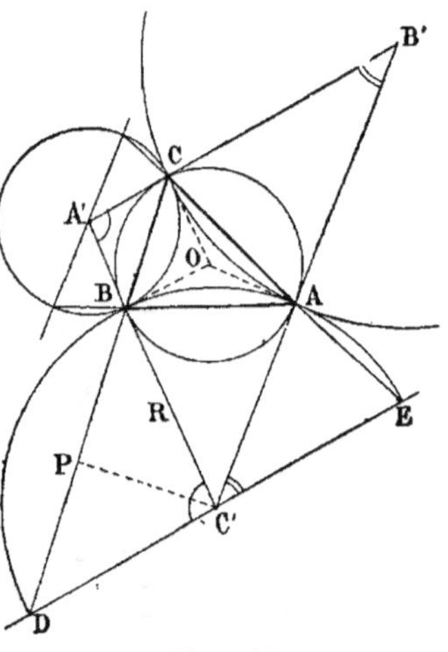

Fig. 1458.

On sait que les points associés au point K sont les sommets du *triangle tangentiel.*

1° Soit C' un des points associés, menons DC'E antiparallèle à AB ; les tangentes C'A, C'B sont respectivement les antiparallèles de BC et de AC. Les trois antiparallèles ne donnent que quatre points : D, B, A, E ; en réalité, A et B sont des points doubles. Le quadrilatère est inscriptible, car les triangles BC'D, AC'E sont respectivement semblables aux triangles isocèles BA'C, AB'C ; donc C'D = C'B = C'A = C'E.

De même pour les autres points associés A' et B'.

2° Les segments interceptés DB, BA, AE sont dans le même **rapport** que les cosinus des angles A, C et B, car l'angle BC'D = A' est le supplément de BOC ; sa moitié est donc le complément de l'angle de A, de même l'angle AC'B est le complément de C ; donc

$$\frac{BD}{2R} = \cos A, \text{ etc.}$$

2388. Remarques. 1° Les cercles adjoints, aussi bien que le *second cercle de Lemoine,* méritent donc le nom de *cosine circle.*

2° La figure DBAE, avec les segments doubles AC' et BC', correspond, en réalité, à deux demi-circonférences superposées.

Exercice 1035.

2389. Théorème. *Si l'on détermine trois points A', B', C' qui divisent en parties proportionnelles, dans le même sens, les distances du point K* *de Lemoine aux sommets A, B, C du triangle, on obtient trois groupes de six points concycliques : pour cela l'on mène par A', B', C' des antiparallèles jusqu'à la rencontre des côtés de ABC, puis des antiparallèles par A, B, C, jusqu'à la rencontre des côtés de A'B'C', enfin en considérant les points d'intersection des triangles ABC et A'B'C'.*

Cette question doit être considérée comme le résumé de plusieurs questions précédentes.

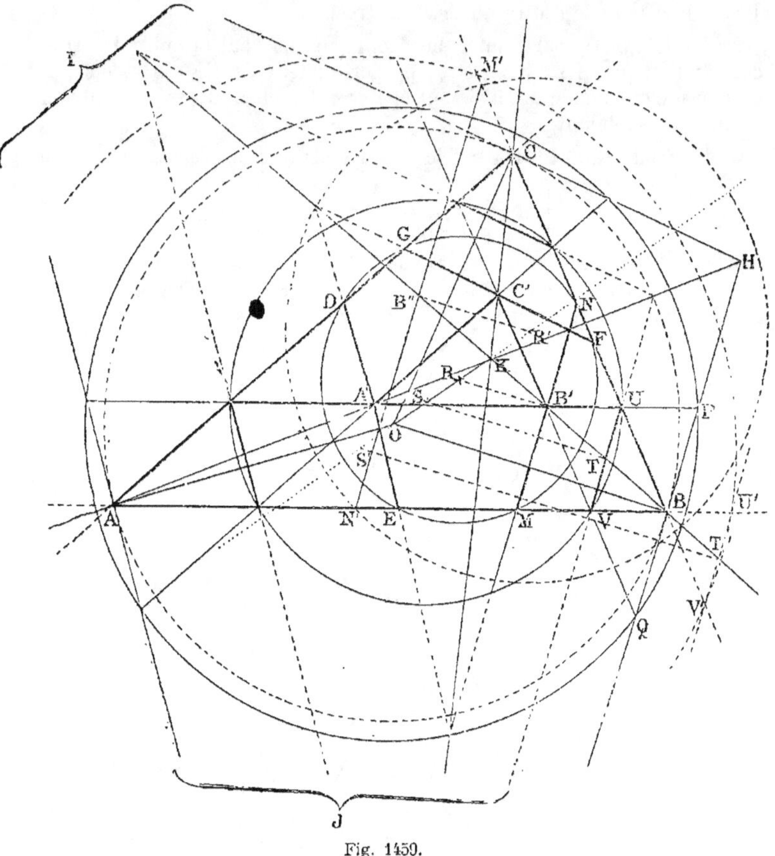

Fig. 1450.

1° Les antiparallèles DE, MN, FG sont égales parce que les antiparallèles menées par K sont égales entre elles, et que les points A', B', C' divisent AK, BK, CK dans le même rapport; on retombe donc sur une question connue; l'on détermine le centre R du *cercle de Tucker,* en menant B'R parallèle au rayon BO du cercle circonscrit.

2° Les segments tels que PQ interceptés sur les côtés du triangle circonscrit HIJ sont égaux entre eux, pour une raison analogue à celle ci-dessus; donc les six points tels que P, Q sont concycliques, et le cercle a même centre O que le cercle circonscrit.

3º Enfin les intersections des côtés des triangles ABC, A′B′C′ donnent trois antiparallèles telles que UV égales entre elles, et par suite six points tels que U et V concycliques. Le centre s'obtient en menant TS parallèle à BO.

2390. Remarques. 1º Le cercle circonscrit correspond à des segments antiparallèles nuls en A, B, C ; c'est donc un des *cercles de Tucker*.

2º Pour des antiparallèles telles que U′V′, on mènerait la parallèle T′S′, afin d'avoir le centre du cercle correspondant.

3º Au delà de K, par rapport aux sommets, on peut prendre des grandeurs telles que KB″, KA″, etc., proportionnelles à BK, AK, etc.; les antiparallèles telles que M′N′ sont égales entre elles, R′ est le centre du cercle correspondant.

4º La droite illimitée OK est le lieu des centres des *cercles de Tucker*.

Exercice 1036.

2391. Théorème. Cercle de Taylor. *Si des pieds des hauteurs d'un triangle on abaisse des perpendiculaires sur les côtés, les six pieds de ces perpendiculaires sont sur un même circonférence.*

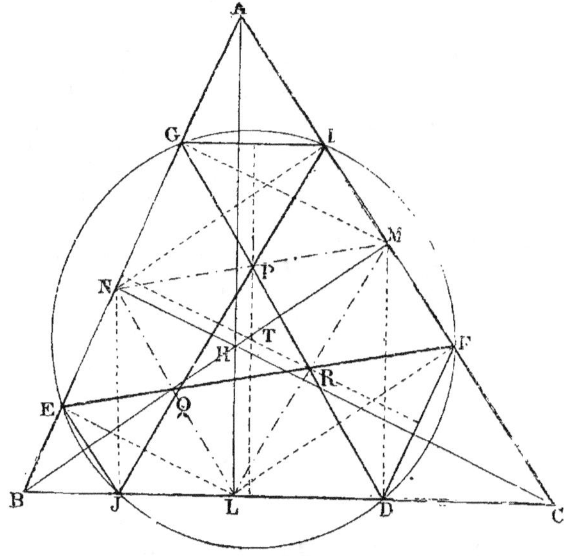

Fig. 1460.

1ʳᵉ *Démonstration.* Les trois antiparallèles DG, EF, IJ sont égales entre elles (nº 2304), donc les six points sont concycliques. — Voici d'ailleurs une démonstration fort simple qui ne présuppose pas la connaissance des théorèmes antérieurs.

2º *Démonstration.* En joignant deux à deux les pieds G, I des perpendiculaires issues de deux points différents M et N et les pieds E, F des perpendiculaires issues d'un même point, on obtient les côtés et les diagonales d'un hexagone EGIFDJ.

Démontrons d'abord que les côtés opposés GI, BC sont parallèles, tandis que la diagonale EF est antiparallèle à ces mêmes côtés.

La droite MN qui joint les pieds de deux hauteurs est antiparallèle au côté BC; or pour le triangle ANM, GI est antiparallèle au côté NM, donc GI et BC sont parallèles. La diagonale EF est parallèle à NM, à cause des triangles semblables ELF, NHM; donc EF est antiparallèle à BC.

De même FD est parallèle à AB, et IJ est antiparallèle aux mêmes droites AB et FD; puis EJ est parallèle à AC, tandis que GD est antiparallèle à ces deux droites.

Ceci démontré, il est facile d'établir que l'hexagone est inscriptible : ainsi le quadrilatère EGIF est inscriptible puisque les côtés opposés EF, GI du quadrilatère EGIF sont antiparallèles; le quadrilatère JEGI est inscriptible, puisque AB, IJ sont antiparallèles par rapport aux côtés CA, CB, ou par rapport aux parallèles à ces mêmes côtés EJ, GI.

Les deux cercles ayant trois points communs E, G, I se confondent; de même le sixième point D appartient à ce cercle.

2392. Remarques. 1° Les trois diagonales sont égales entre elles, car le trapèze GIDJ est inscrit, et par suite symétrique; PQR est le *triangle médian* du *triangle orthique* LMN de ABC.

Le cercle inscrit au triangle PQR des trois diagonales égales est concentrique au cercle circonscrit EGIF; le centre se désigne par T.

2° Le *cercle de Taylor* appartient au groupe général des cercles de LEMOINE ou de TUCKER, car les six points concycliques sont déterminés, en réalité, par trois antiparallèles égales EF, DG, IJ.

3° Chaque triangle formé par un côté du triangle de référence et ayant l'*orthocentre* H pour sommet opposé, admet un cercle ayant avec le premier d'intéressantes relations géométriques; on peut voir à ce sujet : CASEY, p. 193.

2393. Note. Le *cercle de Taylor* a été étudié, en 1884, par l'auteur dont il porte le nom; mais il avait été signalé en 1879 par M. CATALAN, *Théorèmes et problèmes de Géométrie*, 6ᵉ édit., p. 132, et antérieurement, dès 1877, il a été donné par le *Journal de mathématiques* de M. VUIBERT, 1877, pages 30 et 43, n° 60.

A ce sujet on peut voir *Mathésis*, 1889, p. 250, et les *Elements of Euclid* by JOHN CASEY, 1892, p. 193. — N'oublions pas cependant une remarque déjà faite à l'occasion du *point de Lemoine* : Être devancé dans la découverte d'un théorème particulier, que les premiers auteurs ont rencontré et présenté comme question isolée, n'ôte point le mérite de ceux qui rencontrent ultérieurement la même question, qui la creusent, la développent, la complètent et en font le simple point de départ d'une étude importante et bien originale : c'est ce qui a eu lieu pour le cercle qui nous occupe et qui porte avec justice le nom du savant anglais H. M. TAYLOR.

Lieux géométriques.

Exercice 1037.

2394. Théorème. *Le lieu des points dont les distances à deux segments rectilignes donnés de grandeur et de position sont directement propor-*

tionnelles à ces mêmes segments est une droite qui passe par le point de concours des droites de ces segments. — Construire ce lieu.

1° *Lieu* (fig. 1457). Le point O appartient évidemment au lieu ; soit L un autre point tel que l'on ait :

$$\frac{x}{a} = \frac{y}{b}$$

Tous les points de OL donnent le même rapport.

2° *Construction.* 1er *Moyen* (fig. 1457). Prenons des perpendiculaires a', b' proportionnelles aux segments a et b ; menons des parallèles EL, FL, le point L appartient au lieu.

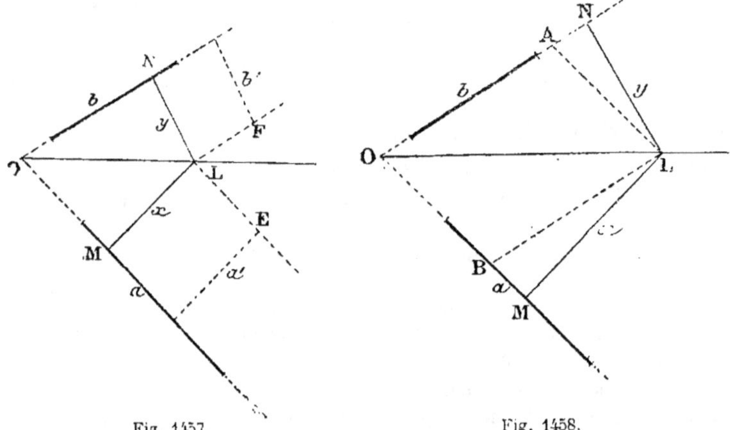

Fig. 1457.   Fig. 1458.

2° *Moyen* (fig. 1458). Prenons OA $= a$, OB $= b$ et terminons le parallélogramme OALB, la diagonale OL est le lieu demandé, car

$$\frac{x}{LB} = \frac{y}{LA} \quad \text{ou} \quad \frac{x}{a} = \frac{y}{b}$$

Exercice 1038.

2396. Théorème. *Le lieu des points dont les projections P et Q sur deux segments rectilignes AB, CD donnés de grandeur et de position, divisent ces deux segments dans un même rapport est la droite MN qui joint le point M d'intersection des perpendiculaires AM, CM, au point N où se coupent les perpendiculaires élevées sur les segments, aux points correspondants B et D.*

On admet que es extrémités

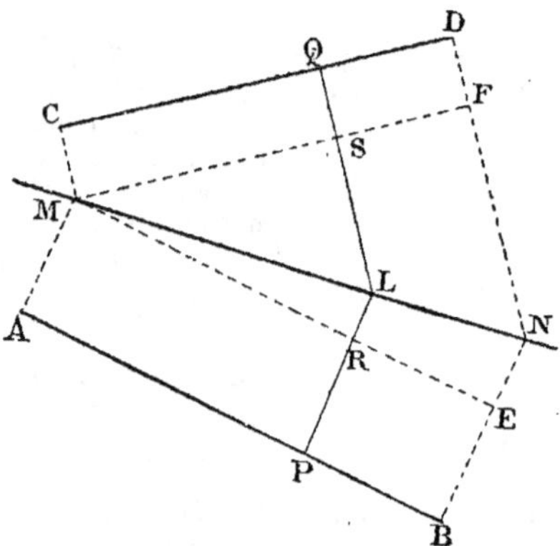

Fig. 1459.

M   45

A et C se correspondent et qu'il en soit de même de B et D (fig. 1459 et 1460).

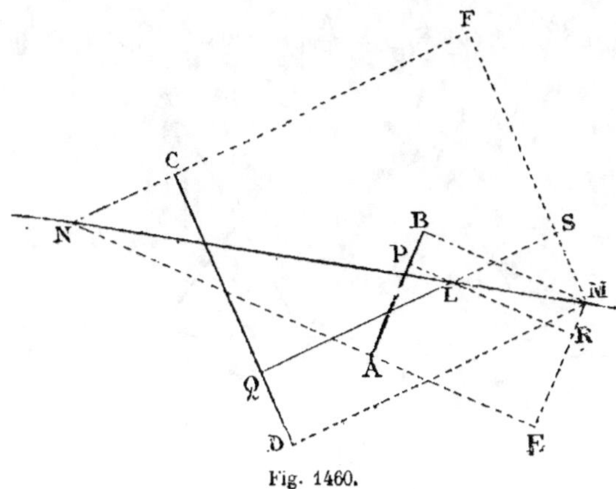

Fig. 1460.

En menant par M ou N des parallèles aux segments donnés, on reconnaît que pour un point L quelconque de MN on a :

$$\frac{MR}{RE} = \frac{MS}{SF} \quad \text{ou} \quad \frac{AP}{PB} = \frac{CQ}{QD}.$$

2397. Remarques. 1° Si l'on ne désigne point les extrémités qui se correspondent, par exemple, si le point A peut aussi correspondre à D, le lieu complet se compose en outre d'une seconde droite; les deux droites ainsi obtenues se rencontrent au point de concours des perpendiculaires élevées au point milieu des segments.

2° Le théorème est vrai lorsqu'on projette obliquement, mais dans des directions données, chaque point du lieu demandé : par A et B on mène des parallèles à la direction donnée relativement à AB et par C et D des parallèles à l'autre direction.

3° *Lorsqu'on donne trois segments rectilignes, et qu'on les considère deux à deux, les trois droites analogues à* MN *passent par un même point.*

Nous allons démontrer directement cette proposition, parce que nous l'utiliserons assez fréquemment.

Exercice 1039.

2398. Théorème. *On donne trois segments rectilignes AB, A'B', A"B" de longueurs et de positions données; pour ces segments considérés deux à deux, on détermine le lieu des points dont les projections divisent en parties proportionnelles les segments considérés. Prouver que les trois droites* MN, M'N', M"N" *concourent au même point.*

Soient MN le lieu pour les segments AB, A′B′; puis M′N′ pour A′B′ et
A″B″. Les deux lieux se coupent en un point L qui donne :

$$\frac{AP}{PB} = \frac{A'P'}{P'B'} \quad \text{et} \quad \frac{A'P'}{P'B'} = \frac{A''P''}{P''B''}, \quad \text{d'où} \quad \frac{AP}{PB} = \frac{A''P''}{P''B''}$$

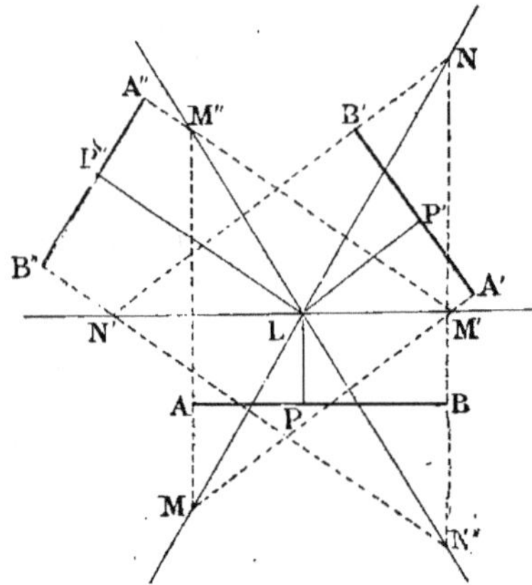

Fig. 1461.

donc le point L appartient au lieu M″N″ des segments AB et A″B″.

C. Q. F. D.

2399. Remarques. 1º Le théorème est vrai pour des projections
obliques et se démontre de même.

2º A défaut de nom expressif plus concis, nous nommerons le point L
point des divisions proportionnelles, pour trois segments rectilignes
donnés.

3º Pour les trois côtés d'un triangle, pour les cordes d'un même
cercle, le point des divisions proportionnelles coïncide avec le centre du
cercle circonscrit; les côtés du triangle sont divisés en deux parties
égales.

4º *Soient trois segments* AA′, BB′, CC′, si l'on peut mettre en correspondance directe une quelconque des extrémités de chaque segment, par
exemple, A, B et C′, on obtient *quatre points* tels que L; car en se bornant à une seule des extrémités des segments, on a les groupes suivants :

A, B, C.   A, B, C′.   A, B′, C.   A′, B, C.

Chaque groupe fournit un point.

L'ensemble des droites qui constituent les lieux géométriques comprend six lignes différentes qui se rencontrent trois à trois en quatre
points.

Exercice 1040.

2400. Lieu. *On donne un triangle quelconque* ABC. *Quel est le lieu
des points des divisions proportionnelles des côtés, pour ces mêmes côtés*

considérés deux à deux. — L'ensemble comprend six droites qui passent par un même point.

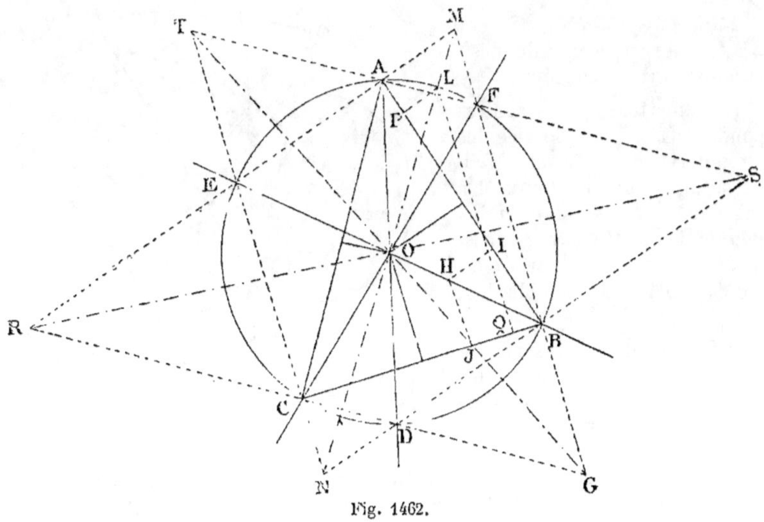

Fig. 1462.

C'est une simple conséquence du n° précédent 2399, 3° et 4°.

Constructions. 1° Les diamètres du cercle circonscrit qui partent des sommets, les perpendiculaires BD, CD se coupent à l'extrémité du diamètre mené par A et O; l'on a :

$$\frac{\text{BI}}{\text{BA}} = \frac{\text{BJ}}{\text{BC}}$$

Les distances peuvent être comptées à partir des sommets successifs A, B, etc., de manière qu'on ait :

$$\frac{\text{AP}}{\text{AB}} = \frac{\text{BQ}}{\text{BC}}$$

2° On a recours à la construction générale (n° 2396), les perpendiculaires élevées aux extrémités de AB et celles de BC se coupent en M et N, donc MN appartient au lieu demandé; on obtient deux autres droites analogues; les six droites obtenues passent par le centre du cercle circonscrit parce que ce point donne les milieux des côtés et que ces lignes se trouvent ainsi divisées en parties proportionnelles dans les deux systèmes.

Exercice 1041.

2401. Problème. *On donne deux segments rectilignes en longueur et en position. Trouver un point qui soit le sommet commun de deux triangles semblables ayant respectivement pour bases les segments donnés.*

1re *solution.* On trace le lieu des points dont les distances aux segments sont directement proportionnelles aux longueurs données, et le lieu des points des divisions proportionnelles (n° 2396). Le point commun aux deux lieux est le sommet demandé.

Chaque lieu se composant de deux droites, on obtient *quatre points communs*.

2402. 2e *solution.* Soient AB, CD les segments donnés ; O leur point de concours.

1° Admettons que A corresponde à C. Il faut décrire les circonférences ACO et BDO. Le second point commun M à ces deux cercles est le *point double* demandé (voir ci-après, n° 2405). En effet, les triangles ABM, CDM sont semblables, car l'angle B = D, etc.

2° Si le point A correspond au point D, il faut décrire les circonférences ADO et BCO ; le point N répond à la question.

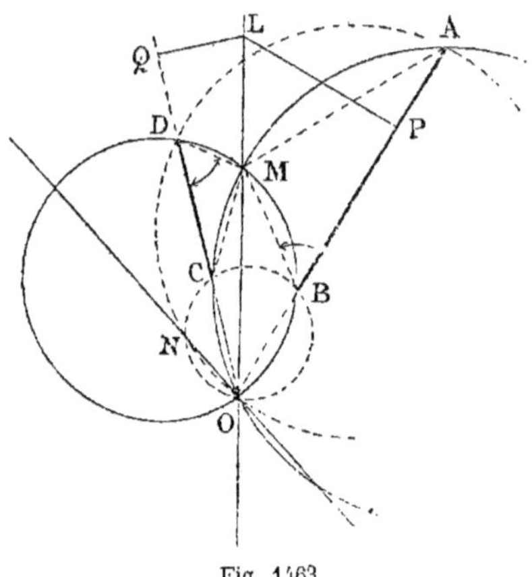

Fig. 1463.

2403. 3e *solution. Circonférences adjointes.* On nomme *circonférences adjointes* d'un triangle ABC, des circonférences telles que AMB, AMC

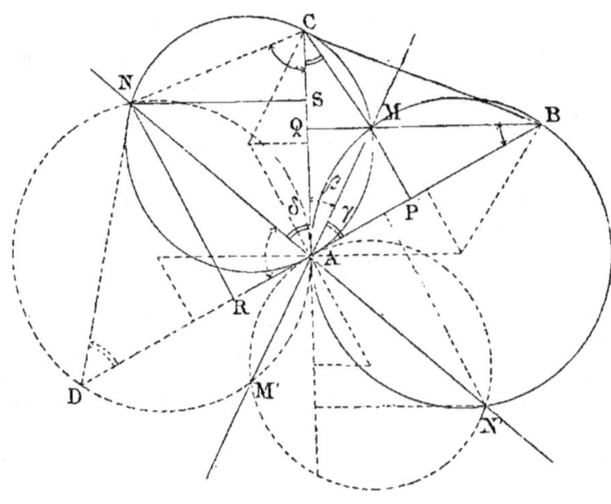

Fig. 1464.

qui passent par les extrémités des côtés AB, AC et qui sont respectivement tangentes à AC et à AB.

Les circonférences adjointes AMB, AMC donnent le point M qui répond à la question.

En effet, les triangles AMB, CMA sont semblables, car l'angle B = β et γ = C.

Donc

$$\frac{MP}{MQ} = \frac{AB}{AC} \quad \text{et} \quad \frac{AP}{PB} = \frac{CQ}{QA}$$

2404. Remarques. 1º La droite AM est le lieu des points dont les distances aux segments est dans le même rapport que ces segments.

La droite AN, abstraction faite des signes, appartient aussi à ce lieu.

2º Le problème considéré dans toute sa généralité comporte quatre solutions M, N, M′, N′ symétriques deux à deux par rapport au point commun A.

$$\text{Ainsi on a :}\qquad \frac{NR}{NS}=\frac{AB}{AC}\;;\quad\text{puis}\quad \frac{AR}{CS}=\frac{RD}{AS}$$

3º Dans un triangle, pour les côtés considérés deux à deux, les trois droites telles que AM concourent en un même point ; c'est le *point de Lemoine* K (nº 2353). Deux droites telles que NN′ par exemple, celle des sommets B et C, puis la droite intérieure AM concourent en un même point : on obtient donc un point intérieur K et trois points extérieurs qu'on nomme *points associés* du *point de Lemoine*.

Le seul point, à distance finie, dont les projections divisent les trois côtés d'un triangle dans un même rapport est le centre du cercle circonscrit ; ce point, sauf pour le triangle équilatéral, ne coïncide pas avec le point K.

2405. Point double. On nomme *point double* de deux figures directement semblables, un point de la première qui est son propre homologue pour la seconde.

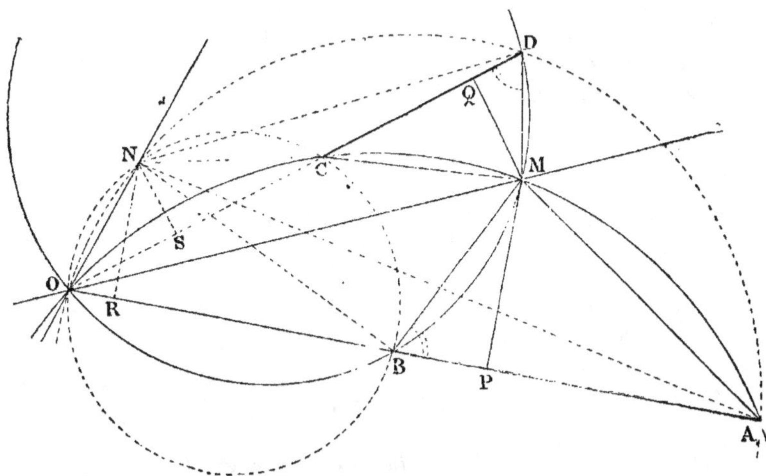

Fig. 1465.

La construction indiquée précédemment (nº 2402) donne le point double M, pour les segments AB, CD, lorsque A correspond à C et B à D. Les triangles AMB, CMD sont directement semblables ; par la rotation de l'un d'eux autour de M, le côté MC viendrait sur MA, le côté MD, sur MB et CD serait parallèle à AB.

Si l'on fait correspondre D au point A et C au point B, on trouve N pour point double, et les triangles ANB, DNC sont aussi directement semblables.

Exercice 1042.

2406. Lieu. *Déterminer le lieu des points des moments égaux pour deux segments rectilignes, donnés de longueur et de position.*

Le moment est le produit du segment par sa distance au point considéré.

Soit N un point du lieu demandé puisqu'on a :

$$AB \cdot NP = CD \cdot NQ$$

On trouve

$$\frac{AB}{CD} = \frac{NQ}{NP}$$

donc les distances du point sont inversement proportionnelles aux segments ; or dans un triangle c'est la médiane dont les points jouissent de cette propriété (n° 1594) ; pour avoir le lieu, prenons OB'=AB, OD'=CD et menons la médiane OM.

Le lieu comprend aussi l'anti-médiane OM' ; elle donne

$$AB \cdot N'P' = CD \cdot N'Q'$$

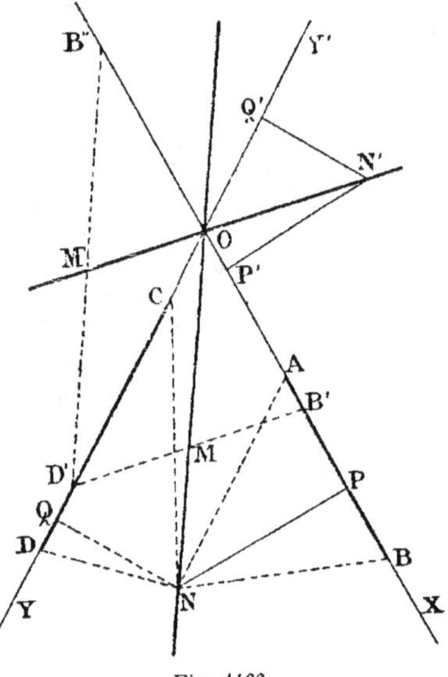

Fig. 1466.

2407. Remarques. 1° Les droites OX, OY, OM, OM' forment un faisceau harmonique, car ON' est parallèle à la droite B'D' que les trois autres rayons divisent en deux parties égales.

2° L'ensemble des droites OM, OM' est le lieu des sommets des triangles équivalents NAB, NCD.

Exercice 1043.

2408. Problème. *Déterminer le lieu des moments égaux pour trois segments rectilignes considérés deux à deux. L'ensemble se compose de six droites qui se rencontrent trois à trois en quatre points.*

En procédant comme dans la question précédente (n° 2406), on détermine AM et AM_c pour lieu relatif aux segments αβ' et γα', etc. Les trois droites intérieures se coupent en un même point et il en est de même de chaque groupe d'une ligne intérieure et de deux extérieures ; en effet, soit BM le lieu des moments égaux pour αβ' et βγ'. On a d'abord :

$$\alpha\beta' \cdot MR = \gamma\alpha' \cdot MQ, \quad \text{puis} \quad \alpha\beta' \cdot MR = \beta\gamma' \cdot MP$$

donc $\gamma\alpha' \cdot MQ = \beta\gamma' \cdot MP$ et par suite le point M appartient au lieu relatif à $\beta\gamma'$ et $\gamma\alpha'$.   *C. Q. F. D.*

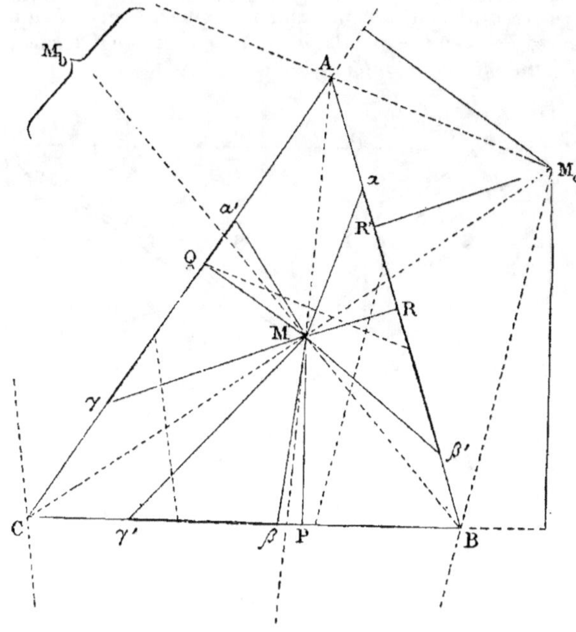

Fig. 1467.

De même M_c appartient aux lieux des trois segments; on trouverait deux autres points analogues.

2409. Remarques. 1° Les triangles $M\alpha\beta'$, $M\beta\gamma'$, $M\gamma\alpha'$ sont équivalents.

2° M_a, M_b, M_c sont les *points associés* de M. D'après les conventions établies, la distance $M R'$ est négative, et il en est de même, par suite, du moment $\alpha\beta' \cdot M_c R'$, et les triangles équivalents $M_c \alpha\beta'$ et $M_c \beta\gamma'$, sont de signes contraires.

3° Le centre de gravité G d'un triangle est le point intérieur des moments égaux pour les côtés de ce triangle; on connaît aussi les trois points qui lui sont associés.

2410. Généralisation. Les propositions relatives au triangle, sont des cas particuliers de celles qu'on peut établir pour trois segments rectilignes donnés de longueur et de position : c'est ce qu'on a déjà signalé pour le point des distances directement proportionnelles, ou *point de Lemoine* dans le triangle; pour le point des divisions proportionnelles, ou centre du cercle inscrit pour le triangle, etc.

Exercice 1044.

2411. Théorème. Cercle des moments égaux. *Sur chaque côté d'un triangle, vers l'intérieur de ce triangle, on construit un triangle isocèle* *équivalent au tiers de la surface du triangle donné. Prouver que les sommets des triangles isocèles équivalents, le centre du cercle circonscrit et le centre de gravité du triangle donné appartiennent à une même circonférence. Trois autres points faciles à déterminer d'avance, appartiennent à cette même circonférence.*

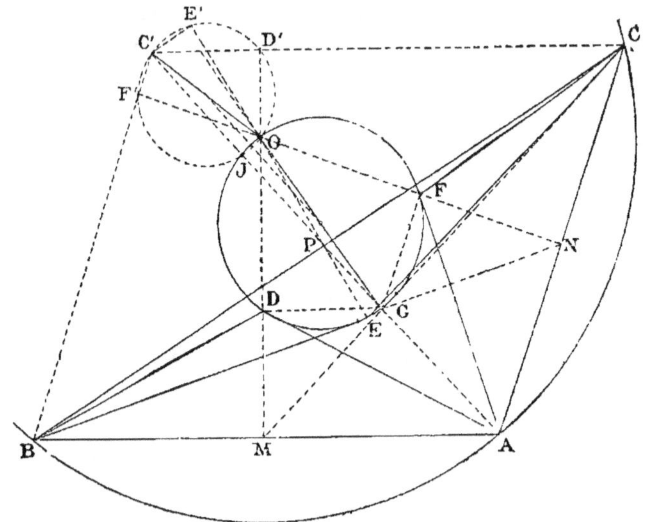

Fig. 1468.

Soit G le point de concours des médianes, MO la médiatrice de AB; la parallèle GD détermine le sommet d'un triangle isocèle équivalent au tiers du triangle total; or le sommet D de l'angle droit ODG appartient à la circonférence décrite sur OG comme diamètre, donc...

2412. Remarque. On sait que les points associés à G au nombre de trois, tels que G′, sont les sommets du triangle circonscrit à côtés parallèles à ceux du premier. La propriété précédente subsiste, sauf la modification de signe que comportent les points associés : ainsi D′, E′, F′ sont les sommets de trois triangles isocèles équivalents entre eux, et tels qu'on ait :

$$AD'B + AF'C - BE'C = ABC$$

2413. *Cercle des huit points.* Le cercle ayant OG pour diamètre et les trois cercles associés passent par le point O; chacun de ces trois derniers a un autre point commun avec le cercle OG, ce point se trouve sur la médiane correspondante; ainsi J où la médiane AGG′ coupe le cercle OG′ appartient aussi au cercle OG, car la ligne des centres est bimédiane du triangle GOG′.

On peut donc déterminer trois points analogues à J, sans tracer le cercle OG, et ce dernier passe ainsi par *huit points* déterminés d'avance.

45*

Exercice 1045.

2414. Lieu. *On donne un triangle ABC, d'un même point L on abaisse des perpendiculaires LM, LN sur les côtés a et b :*

1° Quel est le lieu des points qui donne des produits égaux a . CM et b . CN, l'origine des segments étant le sommet commun C.

2° Lieu des points tels que a . CP = b . AR ; le sommet C étant l'origine des segments déterminés sur le côté a et le sommet A, de ceux qui correspondent à b.

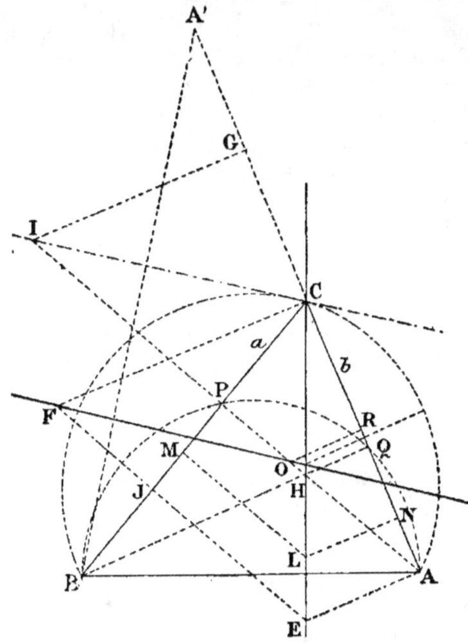

Fig. 1469.

1° Tout cercle qui passe par A et B donne :

$$a . CM = b . CN$$

Or les perpendiculaires LM, LN étant parallèles aux hauteurs AP, BQ se coupent sur la hauteur abaissée du point C, et comme ce sommet C appartient au lieu, la hauteur CHL est le lieu demandé.

2° Il suffit de déterminer deux points du lieu; prendre AR = CQ; le point O appartient au lieu puisqu'on a :

$$a . CP = b . CQ = b . AR$$

F est le point qui correspond au segment AC = b, ou aux valeurs $a . CJ = b . AC = b^2$; donc FO répond à la question.

2415. Remarques. 1° Si l'on porte CQ de C en G, la droite OF est parallèle à CI, c'est-à-dire est parallèle à la hauteur du triangle BCA′, dans lequel CA′ = CA.

2º Sans s'appuyer sur la propriété connue de la hauteur, on peut démontrer facilement que le lieu des points L est une droite, car de

$$a \cdot CM = b \cdot CN \quad \text{et} \quad a \cdot CP = b \cdot CQ$$

on déduit : $\dfrac{CM}{CN} = \dfrac{b}{a}$ et $\dfrac{CP}{CQ} = \dfrac{b}{a}$; d'où $\dfrac{CM}{CN} = \dfrac{CP}{CQ}$

et le lieu du point L est la droite CL des points dont les projections sur deux droites déterminent des grandeurs directement proportionnelles.

2416. Énoncé général. *On donne deux droites AB, A′B′, un point C sur la première et C′ sur la seconde, ainsi que deux longueurs a et a′. Trouver le lieu des points L tels qu'en les projetant en P et P′ sur les droites, on ait les produits égaux a . CP = a′ . C′P′.*

Il y a deux cas à considérer, suivant que les segments CP, C′P′ sont tous deux déterminés dans la direction qui va de C et C′ vers le point de concours S des deux droites données, ou sont tous deux comptés dans la direction contraire; dans le second cas, un des segments CP, par exemple, est dans la direction CS, tandis que C′P′ est dans la direction opposée.

Le lieu peut être désigné brièvement par le nom de *lieu des points des segments inverses,* parce que les segments déterminés sont inversement proportionnels aux longueurs données *a* et *b* qui leur correspondent.

Exercice 1046.

2417. Problème. *Déterminer un point tel que ses projections sur les côtés d'un triangle donné donnent des segments qui, étant multipliés respectivement par le côté correspondant, donnent trois produits égaux. — Les segments considérés n'ont point d'extrémité commune.*

Suivons le périmètre du triangle dans le sens ABC.

Menons le lieu EF *des points des segments inverses,* tel qu'on ait pour chacun d'eux :

$$AB . AP = BC . BQ$$

puis le lieu analogue relatif au sommet B, de manière qu'on ait :

$$BC . BQ = CA . CR$$

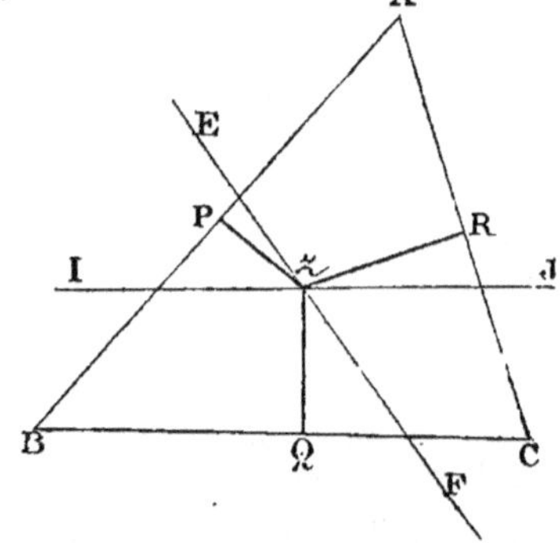

Fig. 1470.

Le point Z commun aux deux lieux répond à la question.

2418. Remarque. 1º Les trois lieux analogues se coupent en un même point, car de

$$AB . AP = CA . CR$$

on conclut que le point Z appartient au lieu relatif au troisième sommet C.

2° En suivant le périmètre du triangle dans le sens ACB, contraire au premier, on détermine un second point Z' analogue au point Z. Ces points peuvent être nommés, par rapport aux côtés du triangle, *points des segments inverses.*

Exercice 1047.

2419. Théorème. *Par le point symétrique du pied de la hauteur d'un triangle, par rapport au milieu de la base, on mène une parallèle à cette hauteur:*

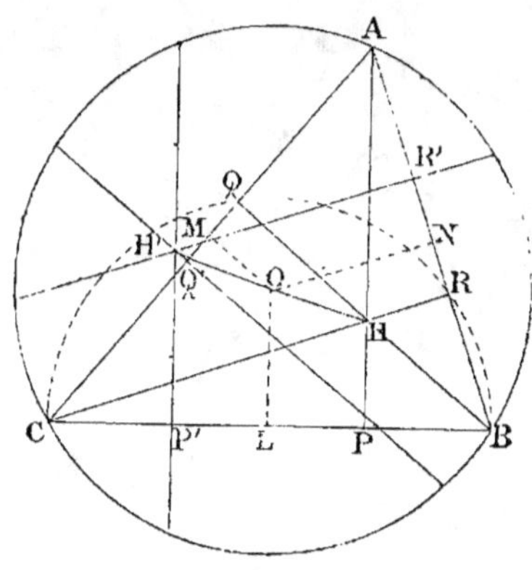

Fig. 1471.

1° Les trois droites analogues du triangle se coupent en un même point ;

2° Chaque droite ainsi menée est le lieu des points dont les projections sur les côtés adjacents à la base considérée déterminent des segments, à partir de cette base, inversement proportionnels aux longueurs des côtés sur lesquels ils sont situés.

1° Chaque droite telle que P'H', passe par le point H' symétrique de l'orthocentre H, par rapport au centre du cercle circonscrit.

2° La hauteur AP est le lieu du point H dont les projections Q, R sur les côtés donnent les produits égaux AC . AQ = AB . AR ; donc P'H' est le lieu des points tels qu'on a : CA . CQ' = BA . BR'.

Exercice 1048.

2420. Théorème. *Pour un triangle donné, le lieu complet du point dont les projections sur les côtés considérés deux à deux, déterminent des segments qui, multipliés respectivement par le côté correspondant, donnent des produits égaux, se compose de douze droites parallèles deux à deux, et qui, se coupant trois à trois en quatre points, donnent lieu à un parallélogramme dont le centre du cercle circonscrit au triangle est e point de concours des diagonales.*

Considérons AB et CD.

1° Lorsque l'origine des segments est en A et D, la hauteur AH est le lieu demandé, car   AB . AF = DC . DE.

2° Quand on prend B et C pour origines des segments, le lieu est la droite PQ parallèle à AT et symétrique par rapport au point milieu G du côté. Il suffit en effet de prendre les points E', F' symétriques de E, F par rapport à M, N, car alors :

$$BA . BF' = CD . CE'$$

3° Quand on prend A et C pour origines, on a RS.

4° Avec D et B pour origines, on a R'S'.

A cause de la construction, on voit que les quatre droites forment un parallélogramme dont O est le centre.

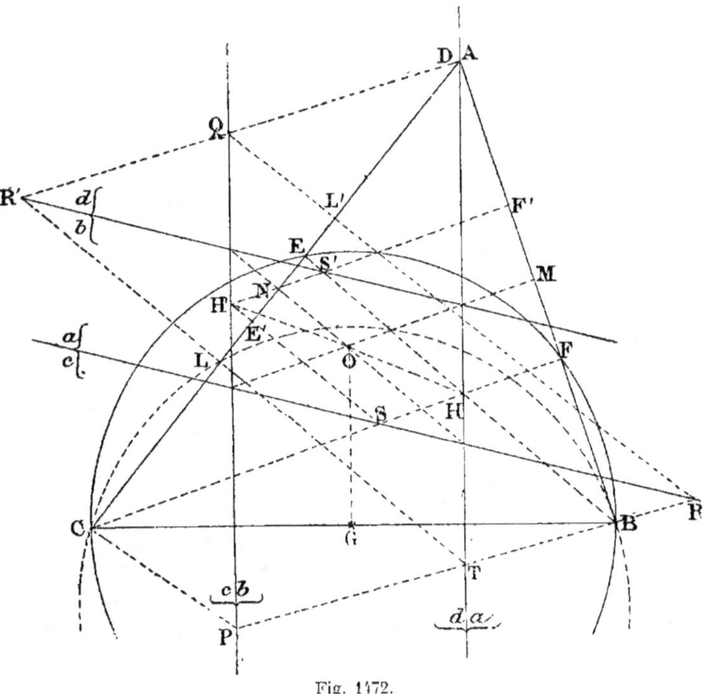

Fig. 1472.

Considérons les trois côtés pris deux à deux ; chaque groupe donne quatre droites, donc, en tout, le lieu en a douze. Les trois hauteurs se coupent en H ; leurs symétriques en H', point symétrique de l'orthocentre par rapport au centre O.

De même les trois droites analogues à R'S' se coupent en un même point symétrique par rapport à O, du point où se coupent les droites telles que RS. Donc...

Exercice 1049.

2421. *Lieu des points tels que les parallèles menées par chacun d'eux à deux côtés a et b d'un triangle soient égales entre elles. — La parallèle au côté a est limitée aux deux autres côtés, etc.*

Le lieu est une droite : il suffit d'en déterminer deux points ; or si l'on trace le triangle anticomplémentaire de ABC, le sommet C' appartient au lieu des droites égales parallèles aux côtés a et b, car les segments

interceptés entre les deux autres côtés en A et B sont nuls. Le point I
sur la base est le pied de la bissectrice intérieure de l'angle C, car alors
ID = IE · donc C'I est le lieu demandé.

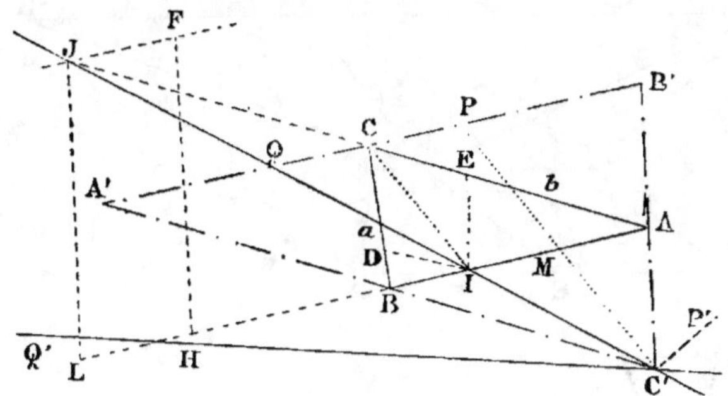

Fig. 1473.

2422. Remarques. 1º Il est facile de déterminer d'autres points du
lieu, par exemple celui qui est sur le côté AC : il faut prendre la parallèle HF égale à AC, etc., le point J donne   JL = CA.

2º Le point I étant le pied de la bissectrice, on voit que *le lieu demandé*
C'IJ, *divise la base AB en segments* BI, IA *directement proportionnels
aux côtés adjacents* a *et* b.

3º *Le lieu* C'IQ, *est l'antibissectrice de l'angle* C' *du triangle anticomplémentaire* A'B'C'; c'est-à-dire la droite isotomique de la bissectrice
C'P (nº 1242, **d**), car   CP = CQ;   car on a :

$$\frac{QA'}{QB'} = \frac{IB}{IA} = \frac{a}{b} = \frac{C'B'}{C'A'} = \frac{PB'}{PA'}$$

4º Il y a lieu de considérer aussi, comme appartenant au lieu, l'antibissectrice C'Q' de la bissectrice extérieure C'P'.

5º L'*antibissectrice* jouit d'intéressantes propriétés; cette droite a été
étudiée par M. D'OCAGNE. (J. M. E., 1880, p. 158.)

Exercice 1050.

2423. *Dans un triangle, déterminer un point* X *tel que les parallèles
menées par ce point aux côtés du triangle et limitées à ces mêmes côtés,
soient égales entre elles.*

On mène les lieux C'Q, A'N relatifs à deux sommets du triangle anticomplémentaire (fig. 1474) : le point X répond à la question.

2424. Remarques. 1º *Les trois lieux se coupent au même point* X, car
les parallèles FF', DD' sont égales entre elles parce que le point X appartient au lieu de A', et DD', EE' sont égales parce que X appartient à C'Q;
puisque   EE' = FF',   le point X appartient au lieu de B'.

2º On démontre facilement que les trois lieux se coupent en un même
point, en les considérant comme les antibissectrices du triangle A'B'C',
car ces droites sont isotomiques des bissectrices de ce même triangle.

3º La considération des trois droites du lieu qui sont les antibissectrices des bissectrices extérieures de A'B'C' donne les trois points asso-

ciés de X; car deux antibissectrices extérieures et une intérieure se coupent en un même point.

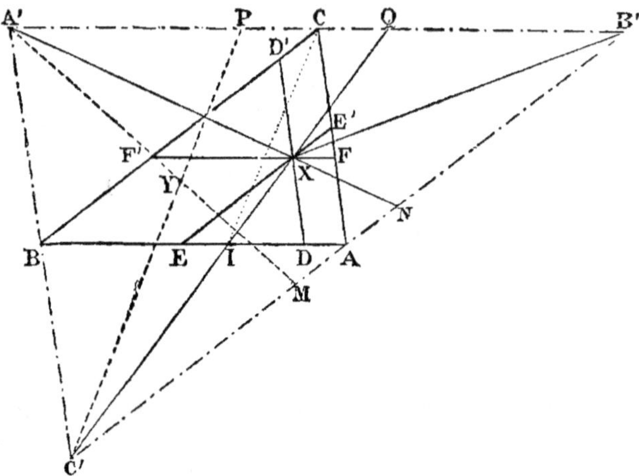

Fig. 1474.

4° La question précédente a été résolue par M. BROCARD, avec *note* par M. NEUBERG, l'auteur même de la question. (*Mathésis*, 1881, p. 148.)

Exercice 1051.

2425. *Dans un triangle déterminer un point* X, *tel que les pa-*

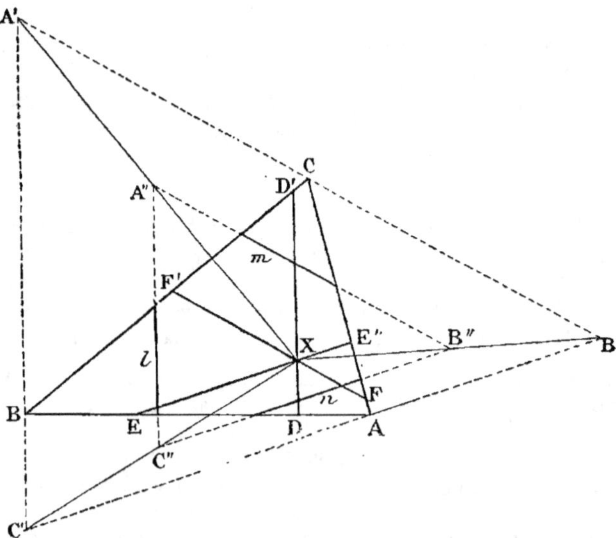

Fig. 1475.

rallèles menées à trois droites données, soient égales entre elles.

Par les sommets A, B, C on mène des droites parallèles aux lignes données : soit A'B'C' le triangle obtenu.

On inscrit trois segments parallèles *l*, *m*, *n*, égaux entre eux, et l'on détermine ainsi un triangle homothétique de A'B'C', et l'on mène A'A″, B'B″, C'C″ : le centre X d'homothétie répond à la question.

2426. Remarques. 1° Il y aurait lieu de considérer aussi les droites analogues aux lieux A'A″, B'B″ des parallèles égales, mais extérieures au triangle, ainsi qu'il a été indiqué précédemment pour l'antibissectrice extérieure.

2° On pourrait demander que les parallèles demandées DD', EE', FF' fussent dans un rapport donné : il suffirait de prendre *l*, *m*, *n*, dans ce même rapport.

3° Les trois antiparallèles égales du *point de Lemoine* (n° 2385), de même que les trois parallèles aux côtés du triangle (n° 2424), ne constituent qu'un cas particulier du problème général ci-dessus ; on peut même y rattacher la question suivante.

Exercice 1052.

2427. *Dans un triangle ABC, déterminer un point X tel qu'en menant par ce point des droites parallèles à trois lignes données, les segments* XD, XE, XF *limités respectivement aux côtés* a, b, c *soient égaux entre eux.*

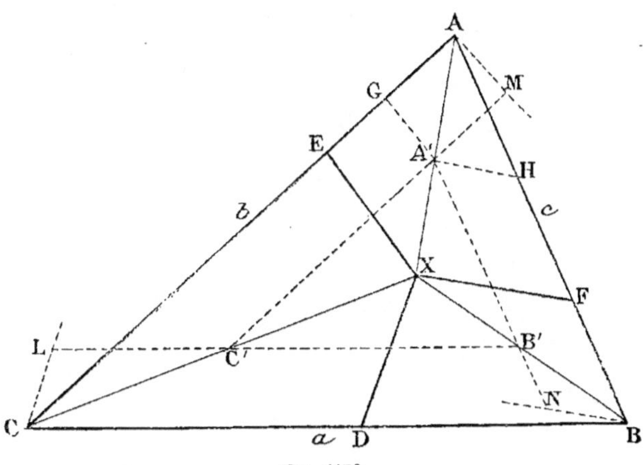

Fig. 1476.

Par les sommets A, B, C, on mène des droites respectivement parallèles aux lignes données, et l'on prend des grandeurs égales AM, BN, CL ; puis on mène par L une parallèle au côté *a*, etc. AA' est le lieu des points tels que A'G=A'H, etc. ; donc le centre d'homothétie X des deux triangles ABC, A'B'C' répond à la question.

2428. Remarques. 1° Il y aurait trois autres solutions, en considérant les points associés à X.

2º On procéderait d'une manière analogue si XD, XE, XF devaient être dans un rapport donné.

3º Dans le cas particulier où XF, XD, XE doivent être respectivement parallèles aux côtés *a*, *b*, *c*, le point X est un *point de Jerabek* * ; en considérant le prolongement de EX, de X jusqu'au côté *a*, etc., on obtient le second *point de Jerabek*. (*Mathésis*, 1881, p. 191.)

Points et Cercle de Brocard.

Exercice 1053.

2429. Théorème. *Sur chacun des côtés d'un triangle, comme corde, on décrit un segment capable du supplément d'un angle adjacent, en prenant ces angles dans le même sens, lorsqu'on parcourt le périmètre du triangle; ces trois segments se coupent en un point* M, *tel qu'on a :*

$$\text{angle} \quad \text{MAB} = \text{MBC} = \text{MCA}.$$

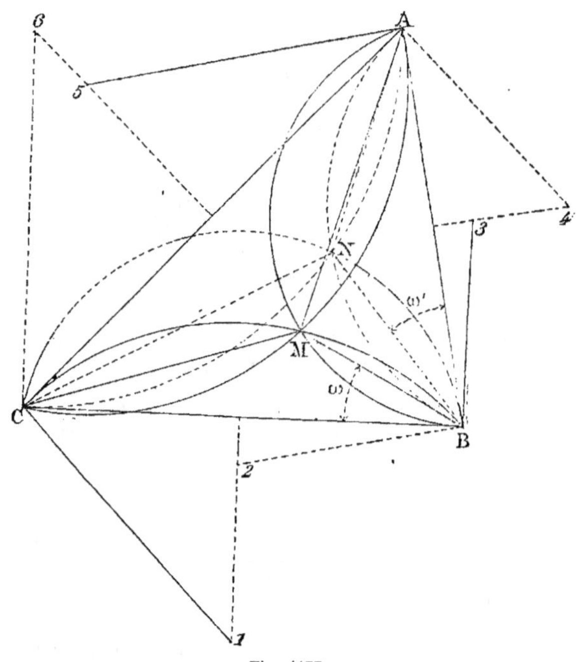

Fig. 1477.

1º Les segments se coupent au même point, car

$$\pi - A + \pi - B + \pi - C = 2\pi$$

2° Chaque segment est tangent à un côté du triangle; ils ont été nommés *circonférences adjointes;* en employant les centres 1, 3, 5, on obtient le point M.

3° Les angles MAB, MCA sont égaux comme ayant pour mesure, demi-arc AM du segment AMC, etc.

4° En employant les centres 2, 4, 6, on obtient un second point N qui donne   angle   NBA $=$ NAC $=$ NCB

5° L'angle $\omega = \omega'$, car pour chacun de ces angles on trouve la relation (n° 2435)   cotg $\omega =$ cotg A $+$ cotg B $+$ cotg C

2430. Remarque. Les points M et N ont été nommés *points de Brocard,* du nom du mathématicien qui les a fait connaître. (N. A. 1875, p. 192, *question* 1166, *solution* p. 286).

Le point M est fréquemment désigné par Ω' et N par Ω. (Cependant SIMMONS, dans *Companion to the weekly Problems Papers, by* MILNE, fait le contraire.) On a proposé récemment de désigner M par Ω_1 *premier point de Brocard* et N par Ω_2 *second point de Brocard.* Suivant l'ordre et le mode adoptés pour les obtenir, M avait reçu les noms de *point positif* ou *point rétrograde* et N ceux de *point négatif* et de *point direct.*

M ou *premier point* a pour coordonnées $\dfrac{1}{b^2} : \dfrac{1}{c^2} : \dfrac{1}{a^2}$

N ou *second point* a $\dfrac{1}{c^2} : \dfrac{1}{a^2} : \dfrac{1}{b^2}$

(voir n° 2480 et J. M. E. 1888, p. 54).

Exercice 1054.

2431. Théorème. *Pour obtenir le point M qui donne :*

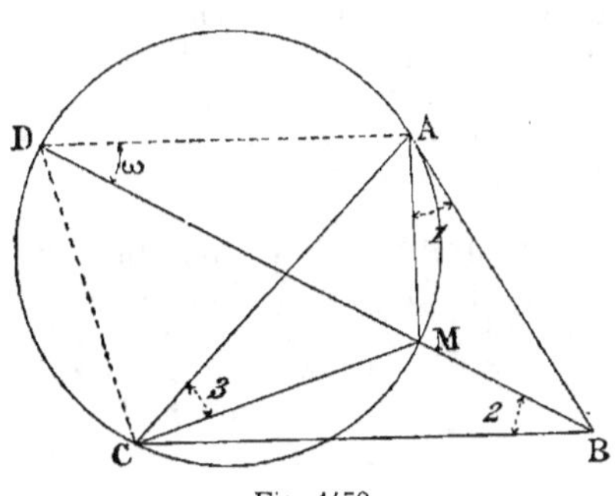

angle MAB $=$ MBC $=$ MCA,

il suffit de décrire un seul segment capable de $\pi - A$; puis, par le sommet A, on mène une parallèle AD jusqu'à la rencontre du cercle décrit sur la corde AC; la diagonale DB rencontre le segment au point de Brocard M.

Soit AMC le segment capable de $\pi - A$.

L'angle $2 = \omega$ à cause des parallèles AD, BC; or les

Fig. 1478.

angles 1, ω et 3 sont égaux comme ayant même mesure, demi-arc AM, donc...

2432. Note. Nous avons pris cette belle et simple construction dans le livre de M. EMMERICH[*] : *Die Brocardschen Gebilde,* 1891, p. 25. Elle se trouve aussi

---

[*] VON Dr EMMERICH, professeur au gymnase de *Mülheim-sur-Ruhr.*

dans Nixon : *Supplement to Euclid revised*, 1891, p. 394; ce dernier l'attribue
à M. R. F. Davis *.

Exercice 1055.

2433. Théorème. 1° *A un point* M *donnant* angle $MAB = MBC = MCA$
correspond un point N *jouissant d'une propriété analogue.*

2° *Les six points obtenus en projetant les points de Brocard sur les
côtés du triangle donné sont concycliques.*

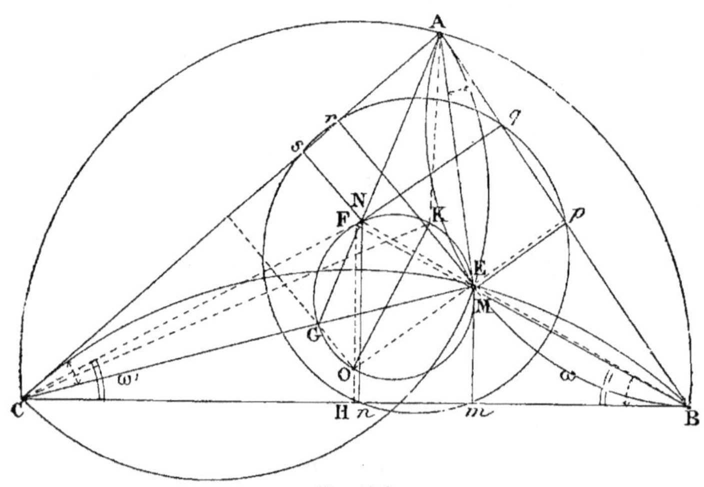

Fig. 1479.

1re *Démonstration.* Faisons $\omega' = \omega$. On sait que le sommet G du
triangle isocèle AGC, dont un côté passe par un point fixe M, décrit la
circonférence OMG telle que O soit le centre du cercle circonscrit au
triangle ABC et que le segment MGO soit capable d'un angle égal à
$(180° - 2\omega)$; or dans ce cas le côté CG passe par un autre point fixe N
(n° 1086).

Par rapport au cercle circonscrit, CB est une position nouvelle de la
base AC, car l'angle $MBC = \omega$, et si l'on fait l'angle BCF de même valeur, le sommet F du triangle isocèle sera sur la circonférence déjà décrite,
et le côté CF passera par le second point fixe N; de même pour le triangle
isocèle AEB, on a donc

$$\text{angle} \quad NBA = NAC = NCB = \omega$$

En second lieu, les projections de M et N sur la base mobile BC qui
devient successivement BA, AC, appartiennent à une même circonférence
ayant pour centre le point milieu de MN (n° 1086).

2e *Démonstration.* Tout point M a un point isogonal N tel que l'angle
$NCB = MBC$, etc.; or les angles MAB, MBC, MCA sont égaux entre

---

* R. C. J. Nixon et R. F. Davis, M. A., professeurs à l'université de Cambridge.

eux, donc il en est de même des trois qui correspondent au point' N ; d'ailleurs $\omega' = \omega$.

En second lieu, les projections de deux points isogonaux M et N sur les trois côtés d'un triangle sont concycliques, donc, etc.

2434. Remarques. 1° L'identification du point N avec le second *point de Brocard* ressort suffisamment du lemme rappelé (n° 1086); cependant elle n'est établie rigoureusement que par le calcul.

2° Les *points de Brocard* M et N sont des *points isogonaux;* ils sont les foyers d'une ellipse tangente aux trois côtés du triangle (n° 2323); la circonférence qui passe par les projections de M, N sur les côtés, en est le cercle principal.

L'ellipse est nommée *ellipse de Brocard* et son cercle principal *lnm* est le plus petit des *cercles de Tucker* du triangle ABC.

2435. Note. *Calcul de l'angle de Brocard.*

Soient x, y, z les coordonnées normales du *point de Lemoine* K, par rapport aux côtés correspondants a, b, c; soit S la surface du triangle donné.

Les trois triangles isocèles semblables qui correspondent à l'angle ω donnent

$$\frac{x}{a} = \frac{y}{b} = \frac{z}{c}, \quad \text{et} \quad \text{tang}\,\frac{\omega}{2} = \frac{x}{a}, \quad \text{etc.}$$

or on a successivement :

$$\frac{ax}{a^2} = \frac{by}{b^2} = \frac{cz}{c^2} = \frac{2S}{a^2 + b^2 + c^2} \tag{1}$$

donc tang ω, ou $\dfrac{2x}{a} = \dfrac{4S}{a^2 + b^2 + c^2}$; d'où cotg $\omega = \dfrac{a^2 + b^2 + c^2}{4S}$

Mais pour un côté quelconque d'un triangle, on a :

$$a^2 = b^2 + c^2 - 2bc \cos A, \quad b^2 = a^2 + c^2 - 2ac \cos B, \text{ etc.}$$

d'où en remplaçant a^2, b^2, c^2, par leurs valeurs respectives et simplifiant, on

trouve : $\qquad$ cotg $\omega = \dfrac{2bc \cos A + 2ac \cos B + 2ab \cos C}{4S}$

d'autre part $\qquad \dfrac{2bc \cos A}{4S} = \dfrac{2bc \cos A}{2bc \sin A} = $ cotg A, etc.

donc $\qquad\qquad$ cotg $\omega = $ cotg A + cotg B + cotg C $\qquad\qquad$ (2)

Remarques. 1° En posant $\quad a^2 + b^2 + c^2 = m^2$,

on déduit de (1) $\qquad x = \dfrac{2aS}{m^2}, \quad y = \dfrac{2bS}{m^2}, \quad z = \dfrac{2cS}{m^2}$ $\qquad$ (3)

2° On donne diverses démonstrations de l'équation (2). On peut voir *Journal de mathématiques élémentaires* de M. BOURGET, 1879, p. 57.

Exercice 1056.

2436. Théorème. *Le point commun aux deux circonférences adjointes des côtés d'un même angle d'un triangle donné appartient à la symédiane qui part du sommet de cet angle; et cette ligne, considérée depuis le sommet jusqu'au cercle circonscrit, est divisée en deux parties égales par le point de concours des circonférences adjointes.*

1° Les circonférences adjointes pour les côtés du sommet A, passent par A et B, par A et C, et sont respectivement tangentes aux côtés AC et AB; donc les segments AOC, AOB sont des figures semblables et le point O est leur centre de similitude, donc les distances y et z sont directement proportionnelles à b et c, donc le point O appartient à la symédiane de A.

2° Menons BOE et DE.

Les triangles AOC, BOA sont semblables; donc l'angle OAC = ABO égale donc ODE. De même angle ACO = DEO.

Ainsi   arc CD = AE;

   arc DE = AC;

   corde DE = AC;

donc   DO = AO   C. Q. F. D.

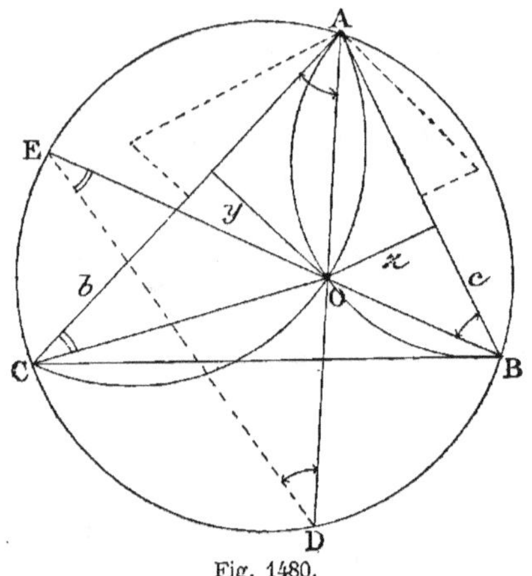
Fig. 1480.

(CASEY, 6ᵉ édit., p. 180 : *Special Case* et *Cor*. 1.) Le théorème est de M. LEMOINE.

Exercice 1057.

2437. Théorème. *Cercle de Brocard*. On nomme ainsi le cercle qui

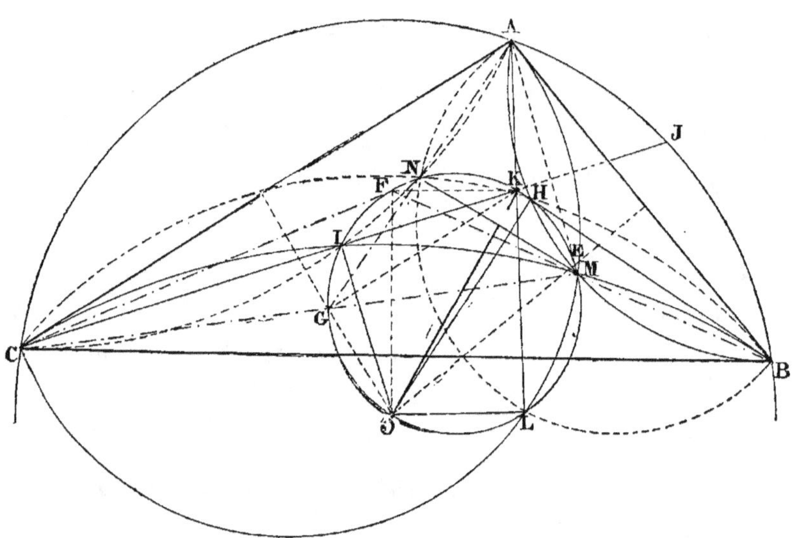
Fig. 1481.

passe par le centre O du cercle circonscrit et par les deux *points de Brocard* d'un triangle donné.

1º En joignant chaque sommet du triangle à chaque point de Brocard, on forme trois triangles isocèles semblables ayant pour base un des côtés du triangle donné, et les sommets sont sur le cercle de Brocard.

2º Si par le sommet des trois triangles isocèles, on mène une parallèle à la base du triangle considéré, les trois droites ainsi menées se coupent en un même point K sur le cercle de Brocard et ce point est diamétralement opposé au point O.

3º Le point K où les parallèles se rencontrent est le point de Lemoine *du triangle donné ; la droite OK qui joint le centre du cercle circonscrit au point de Lemoine est le diamètre du cercle de Brocard.*

1º Les sommets E, F, G des triangles isocèles tels que BFC, se trouvent sur le cercle MNO (nº 2433. 1re *Démonstration*).

2º Le sommet F se trouve aussi sur la perpendiculaire OF élevée au milieu de BC, donc si l'on mène une parallèle FK à la base BC, cette parallèle passera à l'extrémité du diamètre OK, car l'angle en F est droit, de même pour EK et GK, donc ces trois parallèles se coupent en un même point K du cercle de Brocard.

3º Le point K ainsi obtenu est le point de Lemoine du triangle donné ; en effet, à cause des parallèles telles que FK, la distance du point K au côté BC égale la hauteur FH du triangle isocèle BFC.

De même la distance de K au côté CA égale la hauteur GI, etc., mais les trois triangles isocèles sont semblables, les hauteurs sont proportionnelles aux bases, donc les distances de K aux côtés BC et CA sont directement proportionnelles à ces côtés, et par suite, le point K appartient à la symédiane issue de l'angle C, de même pour les autres côtés : ainsi K est le *point symédian* ou le *point de Lemoine*.

D'ailleurs OK est le diamètre du *cercle de Brocard*.

2438. Remarque. On peut procéder autrement et définir, par exemple, le cercle de Brocard comme le cercle qui passe par les sommets des trois triangles isocèles, puis démontrer que les points de Brocard appartiennent au cercle, ensuite qu'il en est de même du centre O et du point K (J. M. E. 1883, *Étude par M. Morel*, pp. 10, 33, 62, 97, 169).

2439. Problème. *Construire l'angle ω de Brocard d'un triangle donné.*

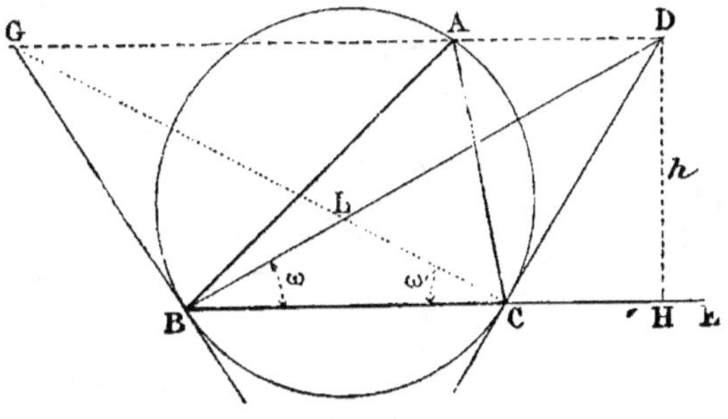

Fig. 1482.

Il suffit de mener la tangente CD, par le sommet A, une parallèle AD au côté opposé et mener BD.

En effet, l'angle ACD est égal à l'angle B du triangle, l'angle DCE
égale l'angle A.

On a donc
$$BH = h \cotg \omega$$
$$CH = h \cotg DCH = h \cotg A$$

puis
$$BC = h (\cotg B + \cotg C)$$

Comme on a
$$BH = BC + CH$$

il vient $\cotg \omega = \cotg A + \cotg B + \cotg C,$ donc ω est l'*angle de
Brocard* (n° 2435 et J. M. E. 1883, p. 169, M. Morel.)

Remarques. 1° CG passe par l'autre point de Brocard et L est le sommet d'un des triangles isocèles semblables.

2° La parallèle AD est un côté du triangle anticomplémentaire de ABC,
tandis que CD est un des côtés du triangle tangentiel, donc : *Si l'on
trace le triangle tangentiel et le triangle anticomplémentaire, les points
d'intersection d'un côté du premier et d'un du second donnent lieu à six
droites qui donnent les deux points de Brocard et les trois sommets des
isocèles semblables ;* d'ailleurs en joignant chaque sommet du triangle tangentiel au sommet opposé de ABC, on obtient le *point de Lemoine;* par
suite, les deux triangles auxiliaires déterminent très simplement six
points du *cercle de Brocard.*

Exercice 1058.

2440. Théorème. *Triangles semblables au triangle donné.* 1° *Le triangle
qui a pour sommets les sommets des trois triangles isocèles semblables,*

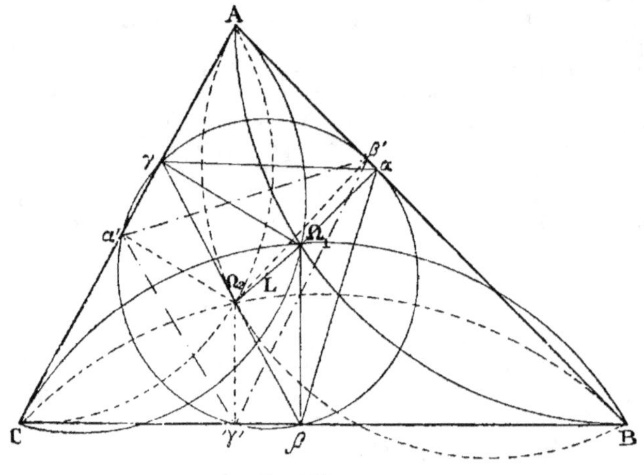

Fig. 1483.

*dont les angles à la base égalent l'angle ω de Brocard est semblable au
triangle de référence;* 2° *Les triangles podaires de chaque point de Brocard sont semblables à ABC et ils sont égaux entre eux;* 3° *Les triangles
antipodaires des mêmes points de Brocard sont aussi semblables au
triangle donné.*

1° Les trois médianes qui déterminent le centre O du cercle circonscrit au triangle donné sont respectivement perpendiculaires aux côtés AB, BC, CA ; elles se coupent donc sous des angles égaux à ceux de ABC ; donc le triangle podaire du point K, par rapport aux médiatrices est lui-même semblable à ABC. (n° 2287.)

Le triangle des sommets des trois isocèles est nommé *premier triangle de Brocard.*

2° Soit $\alpha\beta\gamma$ le triangle podaire du premier point de Brocard ; le segment $A\Omega_1B$, tangent à BC correspond à l'angle $\pi - B$, or l'angle α du triangle podaire égale l'angle $A\Omega_1B - C$ (n° 2286) ; donc

$$\alpha = \pi - B - C ; \quad \text{d'où} \quad \alpha = A$$

de même $\beta = B$, $\gamma = C$; ainsi $\alpha\beta\gamma$ est semblable à ABC.

Il en est de même de $\alpha'\beta'\gamma'$; mais les deux triangles podaires sont inscriptibles dans un même cercle (n° 2423), et puisqu'ils sont semblables. ils sont égaux.

3° *Le podaire d'un point et l'antipodaire du point isogonal sont semblables entre eux* (n° 2328) ; donc l'antipodaire de Ω_2 semblable au podaire de Ω_1, et vice versa, est semblable à ABC.

On prouve d'ailleurs avec facilité que l'antipodaire de chaque point de Brocard est semblable au triangle de référence.

Exercice 1059.

2441. Théorème. *Le cercle de Brocard passe par les dix points ci-après :*

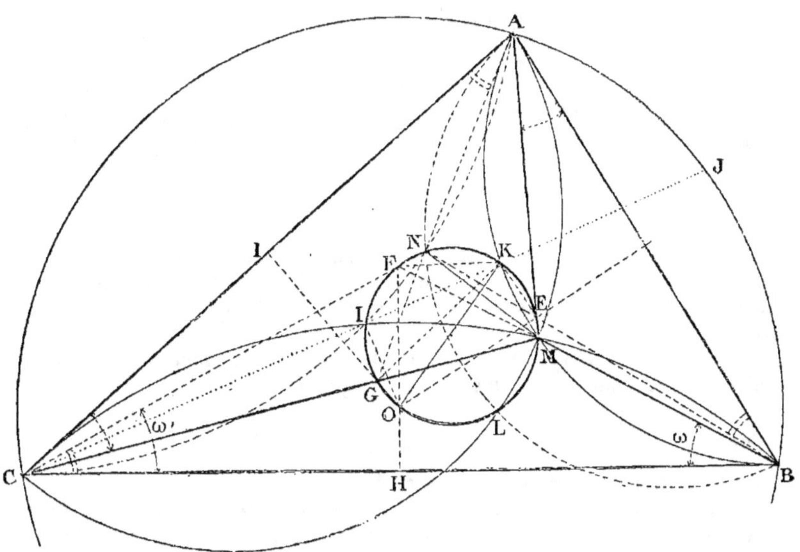

Fig. 1484.

centre O du cercle circonscrit, les deux points de Brocard, les trois sommets des triangles isocèles semblables, le point K de Lemoine et les

*trois points où les circonférences adjointes relatives à un même angle se
coupent deux à deux.*

La proposition est démontrée pour les sept premiers points, il suffit
de l'établir pour les trois derniers.

Soient CIMB et CINA les cercles adjoints relatifs aux côtés de l'angle
C; ils ont respectivement pour centre, les points 1 et 6. Soit I le point
de rencontre des deux arcs de segments capables, l'un et l'autre, du supplément de l'angle C; on sait que le point I est le *point double* ou le
centre de similitude des deux segments semblables et que par suite ses
distances aux côtés BC, CA sont directement proportionnelles à ces
côtés; d'où il résulte que ce point I appartient à la symédiane issue de C,
donc CI passe par le point K, centre des symédianes; or la corde CIJ du
cercle circonscrit est divisée en parties égales par le point I (n° 2427);
donc OI est perpendiculaire à CJ et le point I sommet de l'angle droit
OIK appartient à la circonférence OK; de même pour L, etc.

2442. Remarque. Ainsi qu'on l'a déjà indiqué, le triangle EFG, dont
les sommets peuvent être considérés comme les projections du point de
Lemoine sur les médiatrices de ABC, ou comme les sommets de trois
triangles isocèles semblables, est nommé *premier triangle de Brocard.*
Les trois points tels que I, H, L où se coupent les cercles adjoints aux
côtés d'un même angle de ABC, peuvent aussi être considérés comme les
projections du centre O sur les symédianes; ils donnent lieu à un triangle
IHL, nommé *second triangle de Brocard.*

Exercice 1060.

2443. Théorème. *On donne trois cordes consécutives AB, BC, CD,
d'un même cercle : 1° Prouver que cette figure jouit de la plupart des
propriétés établies par le triangle, relativement au cercle de Brocard.
2° Quelle condition devraient réaliser une quatrième corde DP, une cinquième PQ pour avoir mêmes points et même cercle de Brocard que les
précédents?*

1° La figure suffit. Il peut être utile de faire les remarques suivantes :
Les constructions analogues à celles qu'on a faites pour le triangle
donnent directement *neuf points* (au lieu de dix) du *cercle de Brocard.*

La distance du point K aux trois cordes sont directement proportionnelles aux longueurs de ces mêmes cordes, on a :

$$\frac{x}{a} = \frac{y}{b} = \frac{z}{c}$$

x étant la distance de K ou de F au côté a, etc.

Si l'on formait un triangle avec les mêmes longueurs a, b, c, les trois
distances x', y', z' seraient simplement proportionnelles aux précédentes,
sans avoir leurs longueurs respectives.

La position de O, de K, etc. serait changée.

Enfin le théorème ci-dessus s'applique même au cas où les trois lignes
a, b, c ne permettraient pas de construire un triangle.

M   46

2° Il faut déterminer DP, puis PQ, etc. de manière que les distances v, w de ces cordes au point K soient telles qu'on ait :

$$\frac{v}{DP} = \frac{w}{PQ} = \frac{x}{a} = \frac{y}{b} = \frac{z}{c}$$

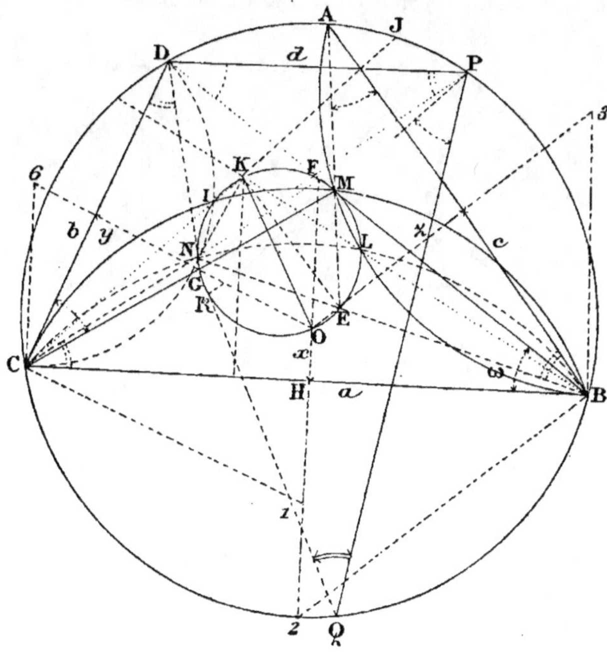

Fig. 1485.

On peut aussi procéder comme il suit, et c'est plus facile comme construction : mener DM, faire l'angle MDP égal à ω.

Comme vérification, il faut que DM et PN se coupent sur le cercle de Brocard et qu'on ait :

$$\frac{v}{d} = \frac{y}{b}$$

De même pour une cinquième corde PQ ; le sommet du triangle isocèle est au point R.

2444. Remarque. On peut conclure comme il suit : *Tout polygone inscriptible,* ou toute série de cordes consécutives d'une même circonférence *a les points et le cercle de Brocard, lorsque ce polygone,* ou la série des cordes, *admet un point K dont les distances à chaque côté sont respectivement proportionnelles à ces mêmes côtés.*

Les polygones qui admettent le *point de Lemoine* K ont reçu le nom de *polygones harmoniques;* ils ont été étudiés par MM. Tucker, Casey, Neuberg, Tarry *. (Voir dans Casey, section VI et VII, p. 220.)

---

* M. Tarry, receveur des Contributions directes, à Alger, auteur de remarquables recherches sur la *Géométrie du triangle.*

Exercice 1061.

2445. Théorème. *Trois cordes d'un même cercle, dans une situation quelconque, admettent les points de Brocard et de Lemoine et le cercle de Brocard.*

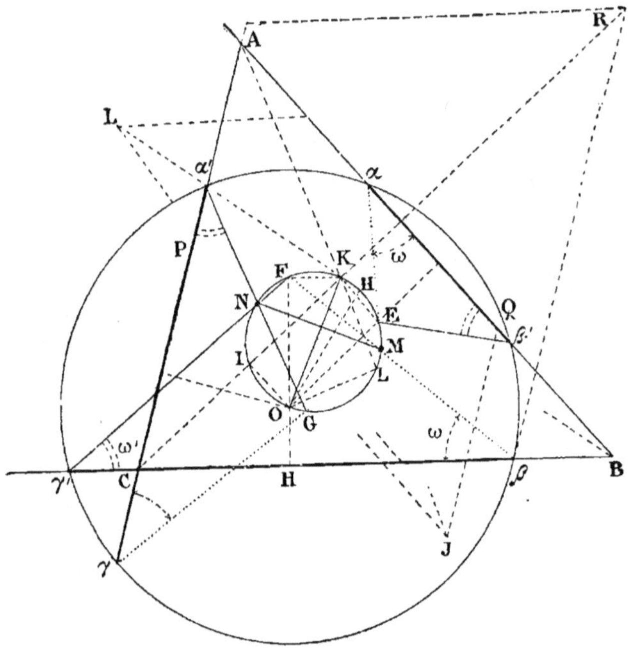

Fig. 1486.

La figure suffit.

Pour déterminer les symédianes, ou plus exactement les lieux AKL, CKR, etc. des points dont les distances sont proportionnelles aux cordes considérées deux à deux, on a recours à la méthode du parallélogramme, prenant $\qquad AP = \alpha\beta'$ et $AQ = \gamma\alpha'$, etc.

Exercice 1062.

2446. Problème. *Par un point donné dans un cercle, mener une corde telle que le rapport de la longueur de cette ligne à sa distance au point donné égale un rapport donné. Tracer la plus grande et la plus petite de ces cordes.*

Soit K le point et $\dfrac{c}{d}$ le rapport donnés; formons un triangle isocèle ayant K pour sommet, la hauteur sur le diamètre KO et tel qu'on ait :

$$\frac{EF}{KO} = \frac{c}{d}$$

On obtient ainsi la plus longue corde AB et la plus courte CD.

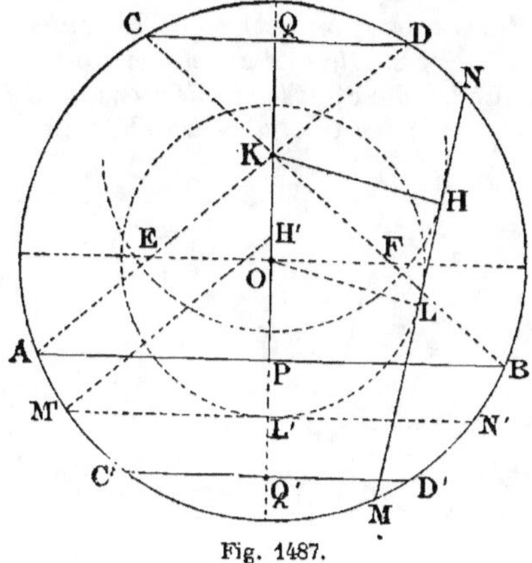

Fig. 1487.

Si nous prenons C'D' égale et parallèle à CD, les cordes comme longueur devront être comprises entre les limites AB et C'D'.

Soit à mener une corde égale à M'N'.

Par M' menons M'H' parallèle à AK, H'L' est la distance au point K de la corde demandée, donc cette corde est la tangente commune aux deux circonférences dont l'une a K pour centre, H'L' pour rayon, et l'autre a le point O pour centre, et OL' pour rayon; on trouve MN et une seconde solution symétrique de cette première, par rapport à KO.

lution symétrique de cette première, par rapport à KO.

2447. Remarque. 1° Lorsque le point donné K' est hors du cercle, les tangentes menées au cercle par ce point K' répondent à la question : la corde est nulle et la distance aussi; le problème n'offre d'intérêt qu'autant que le rapport donné égale celui de la *corde des contacts* à sa distance à K'; dans ce cas K' est l'associé d'un *point de Lemoine*, placé à l'intérieur du cercle.

2° *L'enveloppe des cordes telles que le rapport de la longueur de chacune d'elles, à sa distance à un point fixe, ait une valeur donnée, est une conique;* car, en prenant pour axes deux diamètres rectangulaires, dont celui des x passe par le point fixe, on trouve pour équation :

$$R^2 x^2 (1 + m^2) + y^2 [R^2 + m^2 (R^2 - d^2)] - 2dm^2 R^2 x - R^2 (R^2 - d^2 m^2) = 0$$

dans laquelle m représente le rapport donné, et d, la distance du point fixe au centre du cercle du rayon R.

En transportant les axes des coordonnées au centre de la courbe

$$\left(x = d \, \frac{m^2}{1 + m^2}, \quad y = 0 \right)$$

on obtient pour équation de l'enveloppe :

$$\frac{x^2}{\dfrac{R^2 + m^2 (R^2 - d^2)}{(1 + m^2)^2}} + \frac{y^2}{R^2} - 1 = 0$$

Exercice 1063.

2448. Théorème. Cas particulier. *On décrit un cercle tangent à l'un des côtés d'un triangle, à c, par exemple, et qui donne sur a et b des*

cordes quelconques βγ′ et γα′; après avoir déterminé le lieu CL des dis-
tances proportionnelles aux cordes interceptées, on décrit une circonfé-
rence sur ce diamètre OL, le point L étant sur le côté c; cette circonfé-
rence passe par le point de contact, sur le côté c, et les projections de L
sur les médiatrices sont les sommets des deux triangles isocèles sem-
blables.

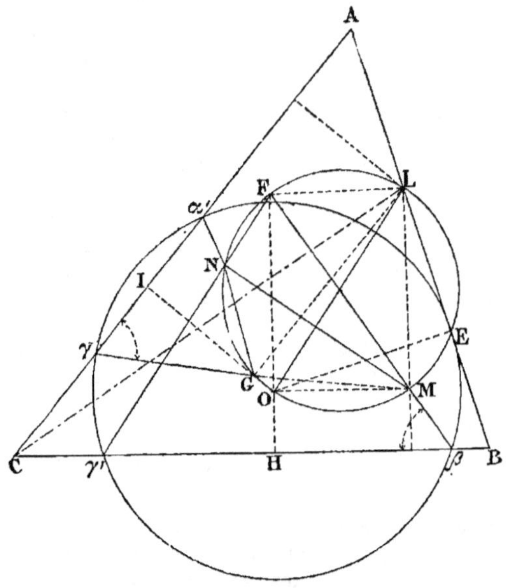

Fig. 1488.

Les triangles βFγ′ et γGα′ sont semblables; M et N sont les points de
Brocard du système; la projection E du centre O sur *c* appartient au
cercle OML.

Exercice **1064**.

2449. **Théorème**. *On donne trois segments rectilignes de longueurs et*
de position quelconques; on détermine le point K des distances propor-
tionnelles aux trois segments, et le point L, point des divisions propor-
tionnelles pour les trois segments (point tel que ses projections sur les
segments divisent ces droites dans un même rapport) *et l'on décrit une*
circonférence sur le diamètre KL.

1° *Les perpendiculaires qui projettent le point L sur les trois droites*
données rencontrent le cercle en trois points tels qu'en joignant chacun
d'eux aux extrémités du segment rectiligne correspondant, on obtient
trois triangles semblables.

2° *Les côtés homologues passent trois à trois par deux points détermi-*
nés du cercle LK.

1° Soit L tel qu'on ait : $\dfrac{\alpha R}{R\beta'} = \dfrac{\beta H}{H\gamma'} = \dfrac{\gamma D}{D\alpha'}$

L'angle HLFK est droit, donc FK est parallèle à CB ; de même GK est parallèle à CA , etc.

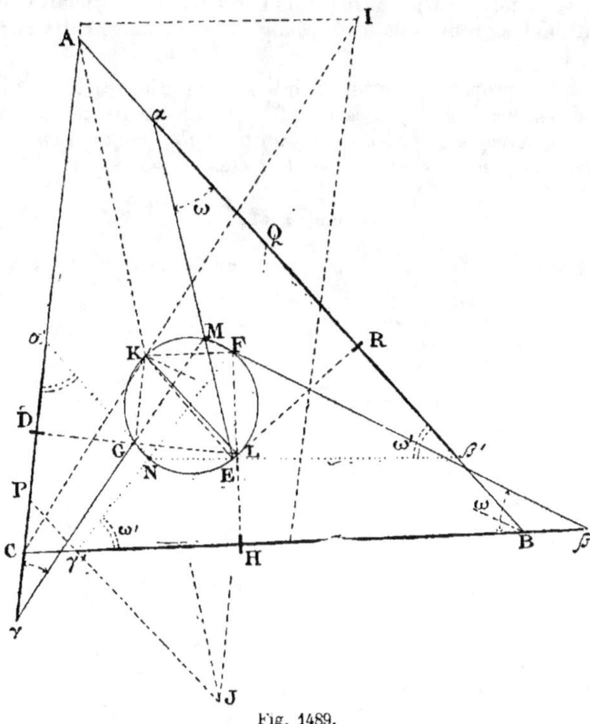

Fig. 1489.

Les triangle $\alpha E\beta'$, $\beta F\gamma'$, $\gamma G\alpha'$ sont semblables parce que les hauteurs sont égales aux distances du point K aux trois côtés et, par suite, proportionnelles aux segments donnés ; d'ailleurs ces hauteurs divisent les bases des trois triangles en parties proportionnelles ; donc

$$\text{angle } \alpha \text{ ou } \omega = \beta = \gamma \quad \text{et} \quad \text{angle } \omega' \text{ ou } \alpha' = \beta' = \gamma'$$

2° αE détermine un point M tel que l'arc MFL est capable du complément de l'angle ω, donc γG qui fait avec GL un angle égal au même complément passe par le point M, de même pour BF.

Enfin $\alpha'G$, $\gamma'F$, $\beta'E$ passent par un autre même point N.

2450. Remarques. 1° Les *points* et *les cercles de Brocard* d'un triangle, ainsi que le théorème relatif aux trois cordes d'un même cercle, ne sont que des cas particuliers, mais très intéressants de la proposition ci-dessus.

2° L'angle ω des trois triangles semblables peut varier de 0° à 180° ; tandis que dans le triangle il ne peut dépasser 30°.

3° Le théorème relatif à trois segments est applicable à tous les segments rectilignes qui admettent un même point de Lemoine K et un même point L des divisions proportionnelles.

4° En tenant compte des quatre points L des divisions proportionnelles, on obtient quatre groupes de trois triangles, semblables entre eux dans chaque série.

5° On peut se proposer un grand nombre de questions telles que la suivante : *Déterminer l'angle, le cercle et les points de Brocard, pour les trois cordes interceptées sur les côtés d'un triangle, par le premier cercle de Lemoine, ou pour le cercle de Taylor, etc.*

Exercice 1065.

2451. Théorème. *Par un même point, on mène à un cercle une sécante et des tangentes, l'on joint les deux points d'intersection de la sécante aux points de contact des deux tangentes. Prouver que les cordes obtenues sont proportionnelles entre elles.*

La réciproque est vraie.

Les triangles semblables MAD, MBA, etc. donnent :

$$\frac{a}{d} = \frac{MB}{MA} \; ; \quad \frac{b}{c} = \frac{MB}{MC}$$

donc $\quad \dfrac{a}{d} = \dfrac{b}{c} \quad$ C. Q. F. D.

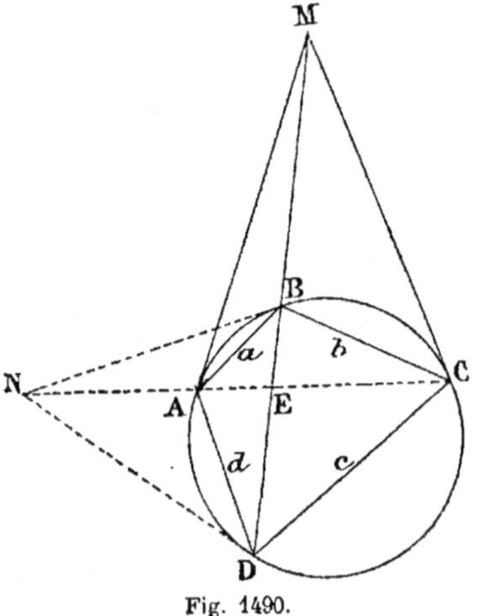

Fig. 1490.

2452. Réciproquement. *Si les cordes sont proportionnelles, la sécante* BD *passe par le point de concours des tangentes;* car si l'on désigne par M le point de concours de la tangente A et de la sécante, puis par M' celui de la sécante et de la tangente C, on aurait :

$$\frac{a}{d} = \frac{MB}{MD} \quad \text{et} \quad \frac{b}{c} = \frac{M'B}{M'D} \; ; \quad \text{puis} \quad \frac{MB}{MD} = \frac{M'B}{M'D}$$

donc M et M' ne sont qu'un seul et même point.

2453. Scolies. 1° De $\dfrac{a}{d} = \dfrac{b}{c}$, on déduit : $\dfrac{a}{b} = \dfrac{d}{c}$, donc la sécante CA et les tangentes en B et en D se coupent au même point N.

2° De la proportion ci-dessus, on déduit : $ac = bd$; donc, d'après le *théorème de Ptolémée* (n° 1209), chacun de ces produits est la moitié de celui des diagonales AC . BD.

Exercice 1066.

2454. Théorème. Quadrilatère harmonique. *Lorsque dans un quadrilatère, les produits des côtés opposés sont égaux entre eux et égaux à la moitié du produit des diagonales : 1° le quadrilatère est inscriptible;*

2° les tangentes menées par les extrémités d'une diagonale se coupent sur l'autre diagonale ; 3° le point de concours des diagonales est le point de Lemoine du quadrilatère, car ses distances aux côtés sont proportionnelles à ces mêmes côtés.

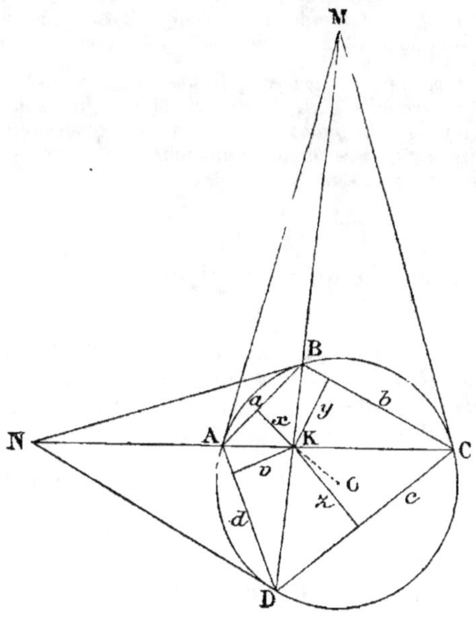

Fig. 1491.

1° Le quadrilatère est inscriptible, d'après le *théorème de Ptolémée* (n⁰ˢ 1209, 1210).

2° De $ac = bd$ on déduit

$$\frac{a}{d} = \frac{b}{c} \quad \text{et} \quad \frac{a}{b} = \frac{d}{c}$$

donc les tangentes en A et C se coupent sur DB, de même pour les tangentes en B et D (n° 2452).

3° BD passant par le point de concours des tangentes est la symédiane des triangles ABC et ADC (n° 2332), donc

$$\frac{x}{a} = \frac{y}{b} \quad \text{et} \quad \frac{z}{c} = \frac{v}{d}$$

D'ailleurs AC est de même symédiane des triangles BAD, BCD ; par

suite, $\dfrac{x}{a} = \dfrac{v}{d}$,   donc $\dfrac{x}{a} = \dfrac{y}{b} = \dfrac{z}{c} = \dfrac{v}{d}$

2455. Remarque. Le quadrilatère qui admet un point de Lemoine est nommé *quadrilatère harmonique ;* il a le *cercle de Brocard* décrit sur le diamètre OK, il admet aussi les *cercles de Lemoine et de Tucker.*

2456. Note. Voir la belle étude que M. Neuberg a consacrée au quadrilatère harmonique dans *Mathésis,* 1835, p. 202, 217, 241, 265 ; le savant professeur

de l'Université de Liège y donne ses propres découvertes, tout en résumant et
indiquant celles de MM. TUCKER, M'CAY, CASEY.

On peut voir aussi CASEY. section VI, *Polygones harmoniques*, p. 220, et
section VII, p. 239 pour la *Ligne de Tarry*.

Le quadrilatère inscriptible dont il vient d'être question, a dû être nommé
quadrilatère harmonique à cause de la propriété, bien connue sans doute, que
nous avons signalée accidentellement, dès 1882, à l'occasion de l'*inversion* :

Th. *Lorsque les rectangles formés par les côtés opposés d'un quadrilatère inscrit sont équivalents, toute droite qui coupe le faisceau formé en joignant les quatre sommets du quadrilatère à un point quelconque de la circonférence circonscrite, est divisée harmoniquement par ce faisceau.* (E. de G.,
2ᵉ édit., p. 109; 3ᵉ edit., p. 99, n° 227.)

Droites isoclines.

2457. Définitions. On sait qu'on donne le nom de *normales* aux perpendiculaires abaissées d'un point donné S sur les côtés d'un polygone,
et celui de polygone podaire au polygone obtenu en joignant deux à deux
les pieds des normales.

2458. *Droites isoclines.* On peut nommer *isoclines*, les obliques menées
d'un point S aux divers côtés d'un polygone, et les rencontrant sous un
angle donné et dans le même sens lorsqu'on suit le périmètre de ce polygone d'un mouvement continu.

Le mot *isoclines*, pour lignes de même inclinaison, déjà usité en physique, permettra en géométrie d'éviter une assez longue périphrase, ou
l'emploi d'appellations moins claires, telles que les suivantes : *podaires
obliques* ou même *normales obliques*.

Les obliques égales qui partent d'un même point ont des inclinaisons
de même valeur absolue, mais de signes contraires : ces lignes ne sont
pas *isoclines*, dans le sens adopté ci-dessus, mais bien *anticlines*.

2459. *Figures isoclines.* Les droites isoclines peuvent être menées par
les divers sommets d'un polygone; dans ce cas, ces droites sont toutes
menées à l'extérieur du polygone, ou toutes à l'intérieur, elles font des
angles égaux avec les côtés successifs et dans le même sens : les deux
polygones sont mutuellement des *figures isoclines*, l'un par rapport à
l'autre.

2460. *Polygone copodaire.* On peut nommer *polygone copodaire*, le
polygone obtenu en joignant deux à deux les pieds des isoclines menées
d'un point S, en donnant à *polygone copodaire* le sens de polygone analogue et corrélatif au polygone podaire du même point S.

2461. *Polygone anticopodaire.* De même qu'on nomme *antipodaire* le
polygone obtenu en menant par les sommets A, B, C,... des perpendiculaires aux droites SA, SB, SC... qui joignent un point S aux sommets
d'un polygone donné ABC..., de même, nommons *anticopodaire* le polygone obtenu en menant, par les sommets A, B, C,..., des droites isoclines
aux lignes SA, SB, SC...

46*

Exercice 1067.

2462. Théorème. *Tout polygone copodaire d'un point S, par rapport à un polygone donné est semblable au polygone podaire de ce même point.*

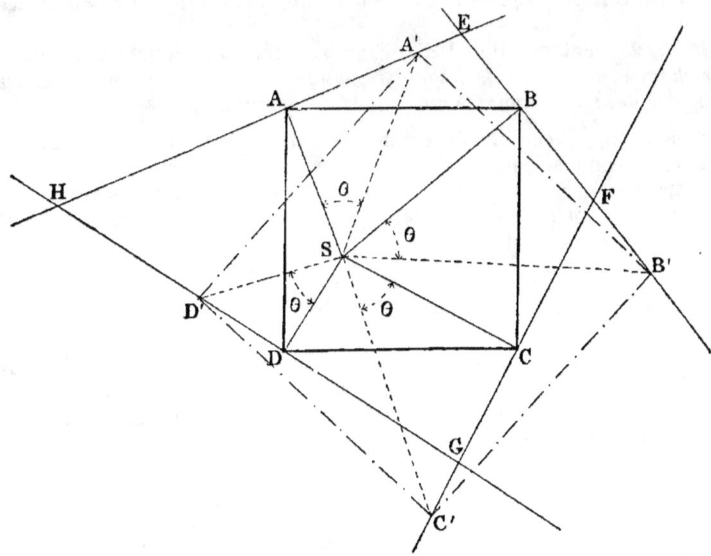

Fig. 1492.

Soient SA, SB, SC... des normales; SA′, SB′, SC′... des isoclines, il faut prouver que ABCD, A′B′C′D′ sont des polygones semblables.

Or les triangles ASA′, BSB′... sont semblables comme étant équiangles.

Les triangles ASB, A′SB′ sont semblables comme ayant un angle égal compris entre côtés proportionnels; donc les polygones podaire et copodaire sont semblables comme étant composés de triangles semblables deux à deux et disposés dans le même ordre.

2463. Scolies. 1° Si l'on joint un point S aux sommets A, B, C... d'un polygone donné et qu'on élève des perpendiculaires HAE, EBF, etc., tout polygone copodaire A′B′C′D′, est semblable au polygone donné ABCD.

2° Le polygone podaire ABCD est le polygone inscrit minimum, par rapport au point S.

3° Il n'y a point de maximum, car les sommets tels que A′, B′... peuvent s'éloigner indéfiniment sur les droites HE, EF...

4° Le point S est le centre permanent de similitude des polygones inscrits semblables entre eux.

Exercice 1068.

2464. Théorème. Cas particulier : 1° *D'un point quelconque du cercle circonscrit à un triangle donné ABC, on mène des isoclines sur chaque côté; les pieds D, E, F des trois obliques sont en ligne droite, et les segments DE, EF sont entre eux dans un rapport constant pour un point donné du cercle circonscrit, quelle que soit d'ailleurs l'inclinaison des isoclines.*

2° Par le point de Miquel *d'un quadrilatère, on mène des isoclines sur chaque côté; les pieds des quatre obliques sont en ligne droite, et les rapports des trois segments rectilignes sont constants.*

Simple conséquence des théorèmes *de Simson* et *de Miquel* (n°ˢ 21, 22, 762, 767), complétés par le théorème précédent (n° 2462).

On peut comparer cette démonstration avec la démonstration classique (n° 1231), et même cette dernière ne fait pas connaître que le rapport des segments est constant.

Exercice 1069.

2465. Théorème. *Du centre du cercle inscrit à un triangle LMN on décrit un cercle qui coupe les trois côtés, en joignant les points obtenus on a deux triangles égaux entre eux et semblables au triangle podaire du centre du cercle inscrit.*

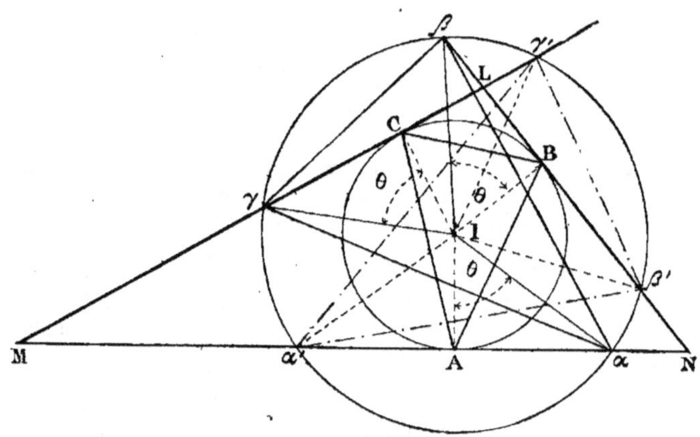

Fig. 1493.

On joint les points alternatifs en suivant le périmètre du triangle à partir d'un sommet N, par exemple, et l'on obtient les triangles αβγ et α'β'γ' égaux entre eux et semblables au triangle podaire ABC.

La démonstration directe n'offre aucune difficulté; mais il est encore plus simple de dire que les deux triangles obtenus sont copodaires par rapport au point I; par suite, ils sont semblables au triangle ABC, et égaux entre eux parce qu'ils sont inscrits dans le même cercle.

Exercice 1070.

2466. Théorème. *Autour d'un point de Brocard* Ω, *on mène des droites isoclines* ΩD, ΩE, ΩF, *par rapport à* ΩA, ΩB, ΩC; *prouver que le triangle DEF est semblable au triangle donné ABC.*

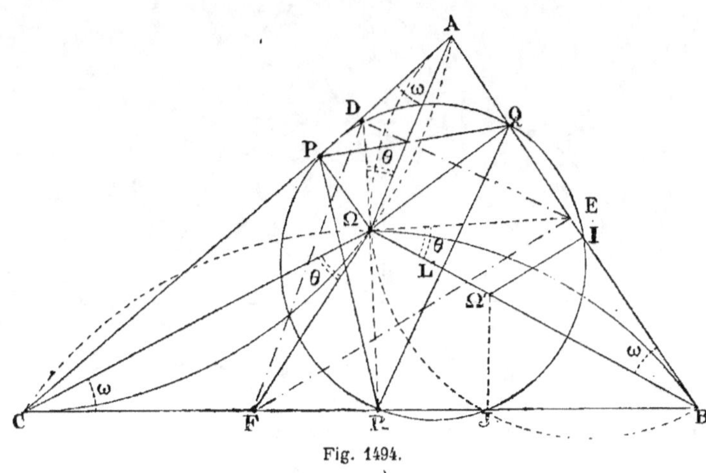

Fig. 1494.

C'est une conséquence des questions précédentes, d'ailleurs voici :
Les triangles $A\Omega D$, $B\Omega E$, $C\Omega F$ sont équiangles et, par suite semblables ; donc :

$$\frac{A\Omega}{\Omega D} = \frac{B\Omega}{\Omega E} = \frac{C\Omega}{\Omega F}$$

d'où l'on conclut :

$$\frac{DE}{AB} = \frac{EF}{BC} = \frac{FD}{CA} \qquad\qquad C.\ Q.\ F.\ D.$$

2467. Remarques. 1° Si on abaisse les perpendiculaires ΩP, etc. Le triangle podaire PQR est le minimum, car il correspond à la valeur maxima de θ.

2° Les triangles podaires des points Ω et Ω' sont égaux, car ils sont semblables à ABC et inscrits dans le même cercle.

Exercice 1071.

2468. Théorème. *Lorsque trois circonférences passent par un même point S, puis se coupent deux à deux en trois points D, E, F, si l'on mène les cordes communes ADB, AEC à deux d'entre elles, la droite BC passe par le troisième point F d'intersection.*

En effet, joignons B et C au point F, il suffit de prouver que les segments BF et CF sont en ligne droite; or les angles A, B, C respectivement supplémentaires des angles en S, appartiennent à un même triangle, donc BFC est une ligne droite (fig. 1495).

2469. Scolies. 1° Les triangles ABC, A'B'C' sont semblables.

2° Lorsque trois circonférences passent par un même point, le rapport de AB à AC est constant et l'on a :

$$\frac{AB}{AC} = \frac{A'B'}{A'C'}$$

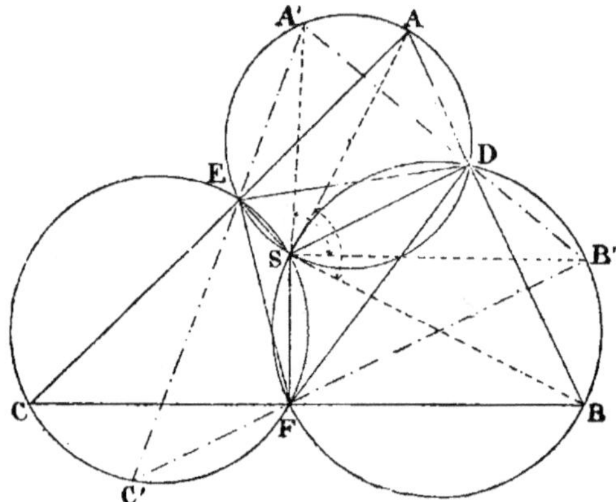

Fig. 1495.

3° Les triangles ASB, A'SB' sont semblables.

Exercice 1072.

2470. Théorème. *On donne un point S et un polygone ABCD; tout polygone circonscrit, formé par des isoclines à SA, SB..., est semblable au polygone antipodaire de ce même point.*

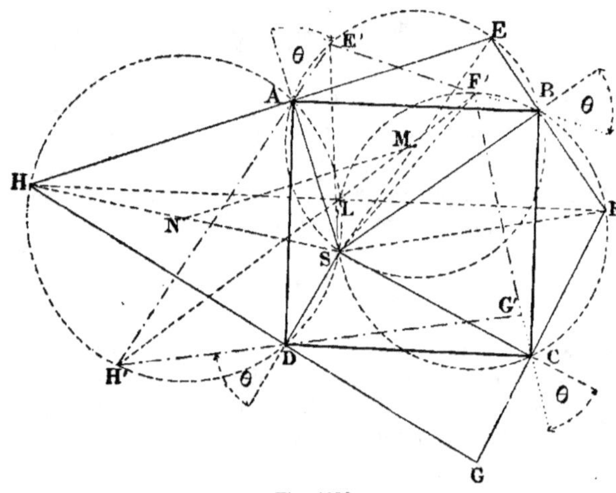

Fig. 1496.

Soient HAE, EBF, etc. respectivement perpendiculaires à SA, SB...;

puis les isoclines H'AE', E'BF', il faut prouver que HEFG et H'E'F'G' sont des polygones semblables.

Comme précédemment, on démontre que les polygones sont composés de triangles semblables, semblablement placés ; car on a :

$$\frac{EF}{EH} = \frac{E'F'}{E'H'} \quad (\text{n}^{os}\ 1279\ \text{et}\ 2458)$$

2471. Scolies. 1° Le polygone antipodaire est le polygone circonscrit maximum, par rapport au point S, car on a : HE > H'E' ; la droite HE est la plus grande corde commune, car elle est parallèle à la ligne des centres MN.

2° Le polygone anticopodaire circonscrit se réduit au point S, lorsque les droites telles que E'AH' sont dirigées suivant AS, BS, etc.

3° Le point S est le centre permanent de similitude du polygone circonscrit, qui reste constamment semblable à lui-même, tout en changeant de position et de grandeur.

Exercice 1073.

2472. Théorème. *Les droites isoclines menées par chaque sommet d'un triangle, relativement à l'un des côtés adjacents, déterminent un triangle semblable au triangle donné.*

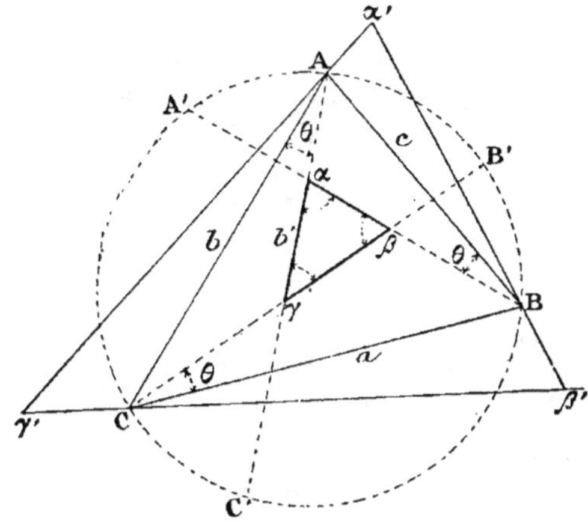

Fig. 1497.

L'angle α du triangle $\alpha\beta\gamma = \alpha BA + \alpha AB = A$; de même $\beta = B$, $\gamma = C$; donc $\alpha\beta\gamma$ est semblable à ABC.

De même si l'on fait des angles égaux à l'extérieur $\alpha'\beta'\gamma$ est semblable à ABC.

Les triangles $\alpha\beta\gamma$, $\alpha'\beta'\gamma'$ sont circonscrits à ABC.

2473. Scolies. 1° Le triangle intérieur peut se réduire à un point, et c'est un des *points de Brocard.*

Le triangle extérieur est maximum lorsque chaque côté, $\beta'\gamma'$ par exemple, est parallèle à la ligne des centres des segments extérieurs décrits respectivement sur BC et capable de l'angle B et sur CA capable de l'angle C.

2° Le second point de Brocard s'obtiendrait en menant les isoclines, par rapport à AB, BC, CA; à partir de A, B, C.

2474. Note. *Calcul du côté* $\alpha\gamma$ *ou* b' *en fonction de* b *et de* θ.

La figure donne $$\alpha\gamma = A\gamma - A\alpha \qquad (1)$$

Dans le triangle $A\gamma C$, on a

$$\frac{A\gamma}{b} = \frac{\sin(C-\theta)}{\sin C} \; ; \; \text{d'où} \; A\gamma = \frac{b\,\sin(C-\theta)}{\sin C} \qquad (2)$$

Dans le triangle $A\alpha B$, on a

$$\frac{A\alpha}{c} = \frac{\sin\theta}{\sin A} \; ; \; \text{d'où} \; A\alpha = \frac{c\,\sin\theta}{\sin A} = \frac{b\,\sin C}{\sin B}\cdot\frac{\sin\theta}{\sin A} \qquad (3)$$

En tenant compte de (2) et (3) la formule (1) devient

$$\alpha\gamma = b\left\{ \frac{\sin(C-\theta)}{\sin C} - \frac{\sin C \sin\theta}{\sin A \sin C} \right\}$$

Condition pour que le triangle $\alpha\beta\gamma$ *se réduise à un point.*

Il faut que l'on ait $$\alpha\gamma = 0$$

c'est-à-dire $$\frac{\sin(C-\theta)}{\sin C} = \frac{\sin C \sin\theta}{\sin A \sin B}$$

ou, en divisant tout par $\sin\theta$ et substituant $\sin C = \sin(A+B)$

$$\frac{\sin(C-\theta)}{\sin C \sin\theta} = \frac{\sin(A+B)}{\sin A \sin B}$$

ou, en développant les numérateurs et effectuant les divisions

$$\cot g\,\theta - \cot g\,C = \cot g\,A + \cot g\,B$$

ou enfin $$\cot g\,\theta = \cot g\,A + \cot g\,B + \cot g\,C$$

expression connue de la cotangente de l'angle de Brocard (n° 2435).

M. Brocard a traité cette même question dans la *Nouvelle correspondance*, 1877, pp. 65, 106, 187; puis 1879, p. 323, etc.; en y ajoutant, bien entendu, de nombreux et intéressants développements.

Exercice 1074.

2475. Théorème. *Les droites isoclines menées par chaque sommet d'un triangle, relativement au côté opposé, déterminent un triangle semblable au triangle donné.*

L'angle obtus D est le supplément de E, donc le quadrilatère DβEB est inscriptible; par suite, $\beta = B$. De même $\alpha = A$ et $\gamma = C$, donc...

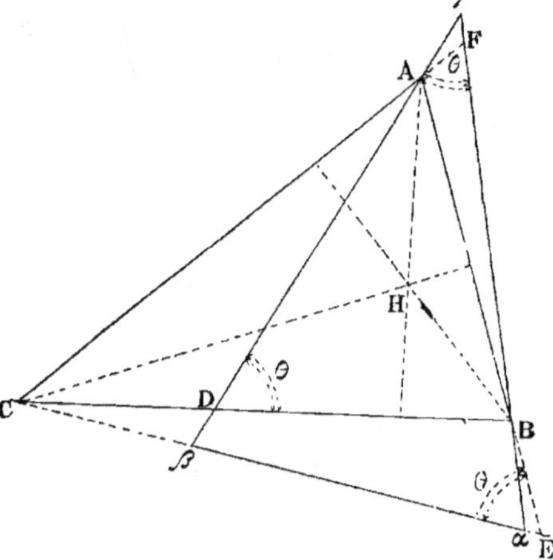

Fig. 1498.

Scolies. 1º Les isoclines sur les côtés opposés font des angles égaux avec les hauteurs correspondantes; par suite, lorsque l'angle θ augmente, les isoclines se rapprochent des hauteurs et pour $\theta = 90º$, elles se confondent avec ces lignes; le triangle se réduit à un point, à l'orthocentre H.

2º On peut voir les développements de la question ci-dessus dans les *théorèmes et problèmes*, par M. Catalan, 6e édit., 1878, p. 90: ou dans le *Journal de mathématiques* de M. Vuibert, 1879, p. 147, nº 147.

Centre permanent de similitude.

2476. Le centre *permanent de similitude* d'un polygone qui varie de position et de grandeur, mais en restant semblable à lui-même est le point homologue commun que les polygones ainsi formés admettent dans certains cas.

Un point donné S est le centre permanent de similitude des polygones podaire et copodaire de ce point, par rapport à un autre polygone donné.

Le polygone podaire inscrit est le plus petit de tous les polygones inscrits semblables.

2477. Un point donné S est le centre permanent de similitude des polygones antipodaires et anticopodaires de ce point circonscrit à un autre polygone donné.

Le polygone antipodaire est le plus grand des polygones circonscrits semblables; ces derniers diminuent de grandeur d'après l'inclinaison des isoclines; et le polygone circonscrit peut se réduire à un seul point, au centre même de similitude.

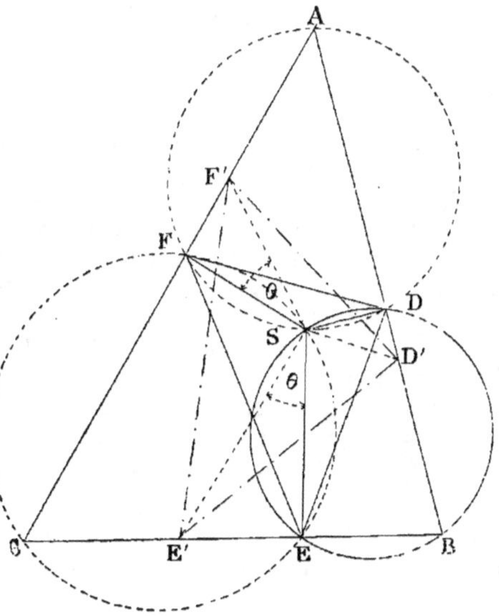

Exercice 1075.

2478. Théorème. *Lorsqu'un triangle DEF inscrit à un triangle donné ABC, reste semblable à lui-même, mais en variant de position et de grandeur, il admet un point fixe de son plan, comme centre permanent de similitude.*

Fig. 1499.

Le théorème est la conséquence de l'invariabilité de position du point commun aux trois cercles qui passent respectivement par un sommet du triangle donné et par un point marqué sur chacun des côtés adjacents (n°s 706 et 2283).

La démonstration directe n'offre aucune difficulté.

Exercice 1076.

2479. Théorème. *Dans un triangle* ABC, *on inscrit un triangle* $A_1B_1C_1$ *semblable au triangle donné; le cercle circonscrit au triangle* $A_1B_1C_1$ *donne lieu à un second triangle inscrit* $A_2B_2C_2$ *semblable aux deux premiers; les centres permanents de similitude des deux groupes sont les points de Brocard du triangle* ABC.

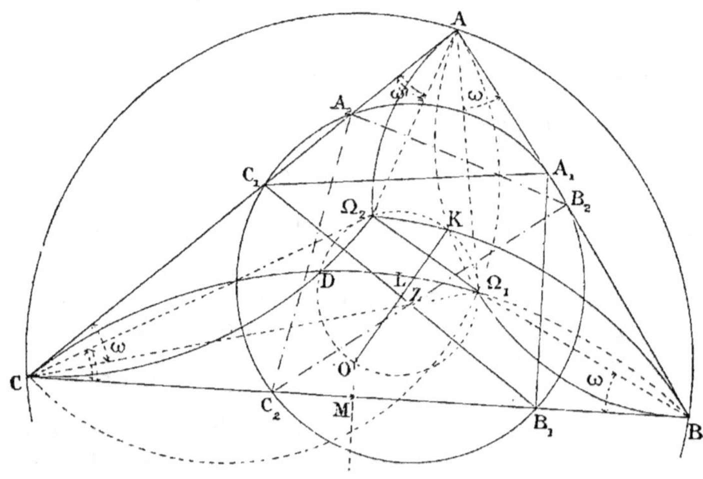

Fig. 1500.

1° Soit $A_1B_1C_1$ le triangle semblable à ABC et Ω_1 le centre permanent de similitude pour le groupe de triangles analogues à $A_1B_1C_1$.

L'angle $A\Omega_1B = C + A_1$ (n°s 706 et 2283) ou égale $A + C = \pi - B$, donc le point Ω_1 est sur l'arc de segments $A\Omega_1B$, tangent en B au côté BC; de même l'angle $C\Omega_1A = B + C_1 = B + C = \pi - A$; donc il est sur l'arc de segment $C\Omega A$, tangent en A au côté AB, etc. Ainsi le centre permanent de similitude Ω_1 est un des points de Brocard.

2° Le point isogonal Ω_2 de Ω_1 obtenu en faisant $\omega' = \omega$, etc., est le centre permanent de similitude des triangles tels que $A_2B_2C_2$; c'est le second point de Brocard; d'ailleurs l'angle $A\Omega_2C = B + A_2$, il égale aussi $B + A$ comme point de Brocard, donc $A_2 = A$; de même $B_2 = B$, $C_2 = D$ et le triangle $A_2B_2C_2$ est semblable aux deux premiers.

2480. Note. On sait que le point Ω_1 qui donne pour les angles :

$$\Omega_1AB = \Omega_1BC = \Omega_1CA$$

est nommé actuellement *premier point de Brocard* (n° 2430). Rappelons qu'au début il a été désigné, en France, par O', ω' ou Ω' et nommé *point rétrograde,* par opposition à l'autre point.

SIMMONS (*Compagnon to the Weekly Problem Papers*) le désigne par Ω et le nomme *point positif.*

Le point Ω_2 qui donne : $\Omega_2 AC = \Omega_2 CB = \Omega_2 BA$

est nommé *second point de Brocard;* au début, on le désignait par O, ω ou Ω,
on l'appelait *point direct;* divers auteurs anglais le désignent par Ω' et le
nomment *point négatif.*

Les coordonnées barycentriques du premier point Ω_1 sont

$$\alpha : \beta : \gamma = \frac{1}{b^2} : \frac{1}{c^2} : \frac{1}{a^2}$$

tandis que celles du second point Ω_2 sont

$$\alpha : \beta : \gamma = \frac{1}{c^2} : \frac{1}{a^2} : \frac{1}{b^2}$$

(J. M. E., 1888, p. 54 et 258).

Lorsqu'il n'y a pas lieu de distinguer, on se borne à mettre Ω.

Exercice 1077.

2481. Théorème. *Lorsqu'un triangle* DEF, *ayant* S *pour centre permanent de similitude, est inscrit dans un triangle donné* ABC, *les côtés
de ce dernier sont coupés par le cercle circonscrit à* DEF *en trois nouveaux points donnant lieu à un second triangle inscrit* D'E'F'; *ce dernier triangle variant de grandeur et de position, en restant semblable
à lui-même, admet un centre permanent* S' *de similitude. Les points*
S, S' *sont des points isogonaux.*

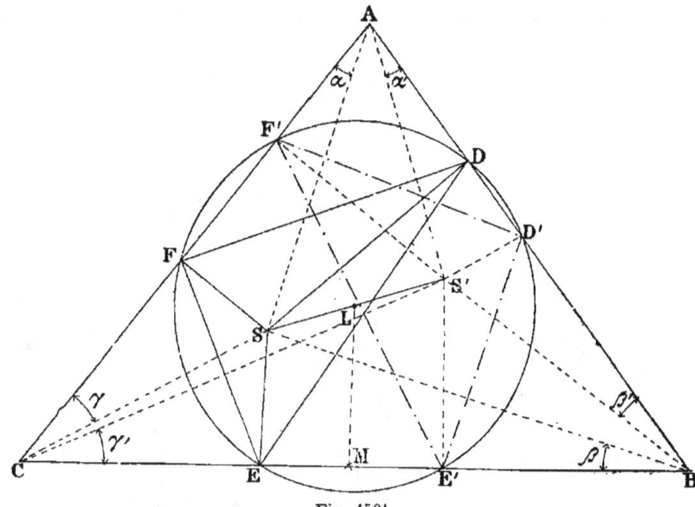

Fig. 1501.

Considérons le triangle DEF dans la position particulière où les droites
SD, SE, SF sont perpendiculaires aux côtés de ABC; déterminons le
symétrique S' de S par rapport au centre L; les points S et S' sont isogonaux (nᵒ 2311), les projections de ces points donnent six points concycliques et D', E', F' sont les projections de S'. Ainsi S' est le centre
permanent de similitude du groupe de triangles semblables à D'E'F'.

Il est d'ailleurs facile de le prouver directement, car l'angle

$$AS'B = \pi - (\alpha' + \beta') \quad \text{ou} \quad \pi - (\alpha + \beta)$$

quantité qui ne dépend que de S; donc S' est déterminé par trois arcs de segments connus. Le théorème est donc démontré quelle que soit la position du premier triangle inscrit.

2482. Scolies. 1° Les points S, S' sont les foyers d'une ellipse tangente aux trois côtés du triangle ABC, le cercle DD'EE'FF' en est le cercle principal.

2° *Si les triangles DEF, D'E'F' tournent respectivement autour de S et S', avec des vitesses angulaires égales, mais en sens contraire, leurs sommets sont toujours sur une circonférence.*

3° *Le lieu du centre du cercle L circonscrit à DEF est une droite,* car le triangle DLS reste semblable à lui-même pendant qu'il pivote autour du centre S et que le sommet D décrit une droite (n° 1125).

(TAYLOR, NEUBERG, J. M. E., 1886, pp. 106, 151; voir surtout une note placée à la fin de *Mathésis,* 1885 : *Sur les figures semblablement variables,* par M. J. NEUBERG, extraite des *Proceedings of the London Mathematical Society,* vol. XVI; ces quelques pages constituent un vrai petit chef-d'œuvre de Géométrie élémentaire.)

Exercice 1078.

2483. Théorème. *Trois droites illimitées donnent un triangle* ABC; *on donne trois angles* α, β, γ *dont la somme égale deux droits :*

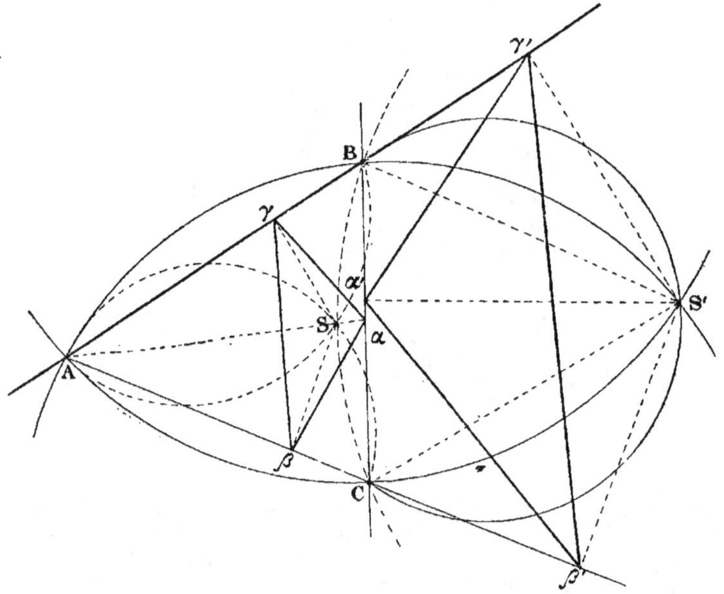

Fig. 1502.

1° *Sur le côté a, on décrit, vers l'intérieur du triangle,* **un segment capable de** A+α; *sur b,* **un segment capable de** B+β; *sur c, de* C+γ;

les trois segments déterminent un point S dont le triangle podaire est inscrit à ABC et a pour angles α, β, γ.

2° *Sur a, on décrit un segment capable de A — α; sur b, de B — β; sur c, C — γ; les trois segments déterminent un point S' dont le triangle podaire est ex-inscrit à ABC, et qui a pour angles α, β, γ.*

On peut regarder le théorème comme démontré (n° 2283); néanmoins à cause de l'intérêt de la question, elle va être traitée directement.

1° Les trois segments $A + α$, $B + β$, $C + γ$ se coupent en un même point intérieur S, parce que la somme des angles égale quatre droits; on sait en outre que lorsque l'angle $BSC = A + α$, etc., le triangle podaire inscrit a précisément α pour angle dont le sommet est sur le côté a (n°s 706 et 2283); de même pour les angles des deux autres sommets.

2° Les différences $A — α$, $B — β$, $C — γ$ ne sont jamais de même signe : une ou deux sont positives et deux ou une sont négatives, tout segment positif doit être décrit vers l'intérieur du triangle ABC, tout segment négatif doit être décrit vers l'extérieur.

Avec les données de la figure, $A — α$ est négatif, le segment correspondant BS'C est à l'extérieur.

L'angle BS'C égale $AS'B + AS'C$. On a en effet :
$$α — A = B — β + C — γ$$
et les trois segments se coupent en un même point S' (fig. 1502).

2484. Remarques. 1° Les points S et S' sont les centres permanents de similitude des triangles inscrits on ex-inscrits semblables à un triangle donné, ayant pour angle α, β, γ.

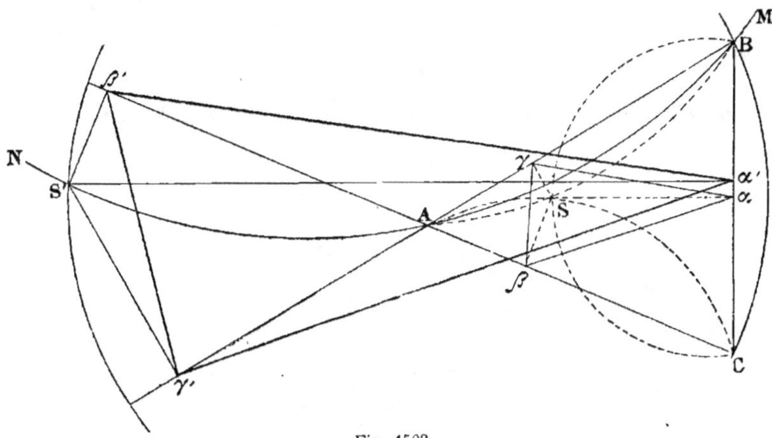

Fig. 1503.

2° Avec les nouvelles données (fig. 1503) la différence $A — α$ est positive et les deux autres sont négatives; le triangle podaire ex-inscrit, par rapport au sommet α' est du côté même du triangle donné; en réalité, on a :
$$A — α = β — B + γ — C$$

3° Dans les deux figures 1502 et 1503, on a pris le même triangle de référence ABC afin de bien manifester que tout dépend des angles donnés α, β, γ.

4° Dans le théorème précédent on admet implicitement que le sommet α doit être sur la droite opposée au sommet A ; que β doit être sur *b* ou AC et γ sur *c* ou AB, et *l'on obtient deux triangles podaires semblables; l'un est inscrit et l'autre ex-inscrit.*

Le problème général admet en tout douze solutions, ainsi qu'on va le reconnaître (voir ci-après, n° 2487).

Exercice 1079.

2485. Problème. Cas particulier. *Déterminer un point dont les projections sur trois droites données soient les sommets d'un triangle équilatéral.*

Deux points répondent à la question.

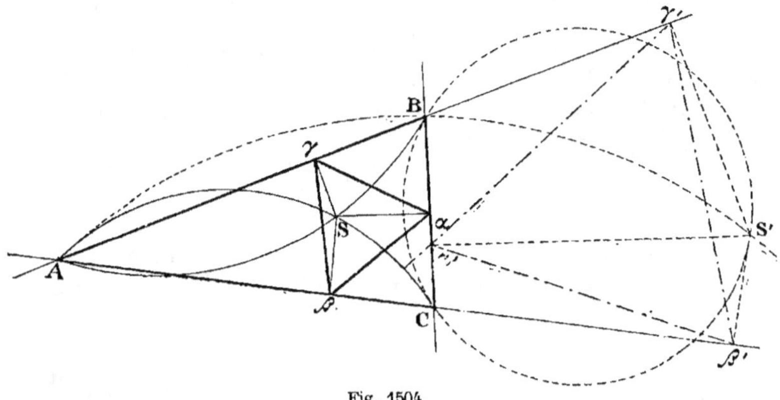

Fig. 1504.

Soit ABC (fig. 1504) le triangle formé par les trois droites et αβγ un

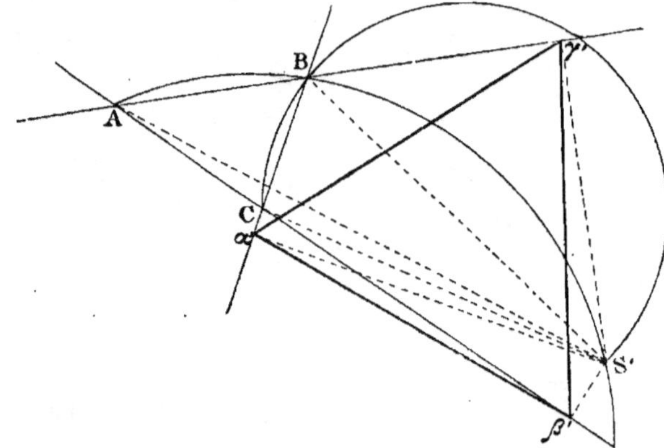

Fig. 1505.

triangle équilatéral. Sur le côté *a* vers l'intérieur du triangle ABC, il faut décrire un segment capable de A + α, c'est-à-dire de A + 60° ;

sur b, de B $+$ 60°, sur c, de C $+$ 60°; les trois arcs se coupent au centre permanent de similitude S de tout triangle équilatéral inscrit (n° 2286).

En décrivant des segments de A $-$ 60°, B $-$ 60°, C $-$ 60° (fig. 1504), on obtient S′ pour les triangles équilatéraux ex-inscrits.

2486. Scolie. Suivant la valeur des angles de ABC, le triangle équilatéral ex-inscrit peut avoir une des dispositions ci-contre (fig. 1504 ou 1505).

Exercice 1080.

2487. Théorème. *Dans un triangle donné* ABC, *on peut déterminer :* 1° *Six centres permanents de similitude, tels que le triangle podaire inscrit, relatif à chacun d'eux, soit semblable à un autre triangle donné* αβγ, 2° *Six centres pour des triangles ex-inscrit.*

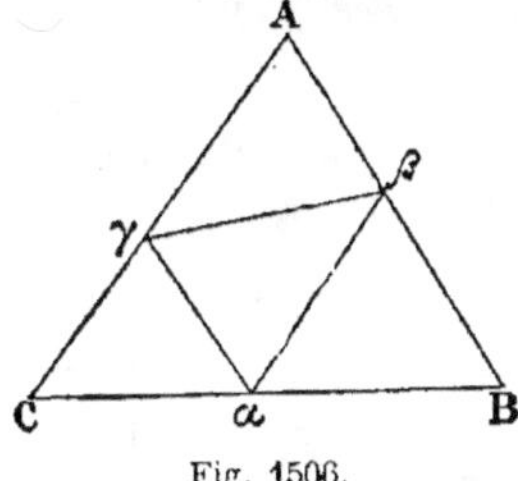

Fig. 1506.

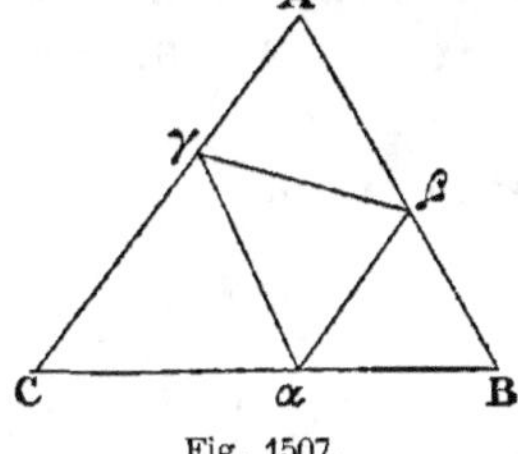

Fig. 1507.

1° Admettons que le sommet α se trouve d'abord sur le côté a, on peut avoir deux dispositions différentes (fig. 1506 et 1507); puis le sommet β étant placé sur a donne aussi lieu à deux positions; γ placé sur a en donne deux autres, soit en tout *six* positions différentes résumées dans le tableau ci-après :

I.	1	2	3	4	5	6
a	A $+$ α	A $+$ α	A $+$ β	A $+$ β	A $+$ γ	A $+$ γ
b	B $+$ β	B $+$ γ	B $+$ γ	B $+$ α	B $+$ α	B $+$ β
c	C $+$ γ	C $+$ β	C $+$ α	C $+$ γ	C $+$ β	C $+$ α

En décrivant sur chaque côté trois segments capables respectivement

Sur a, de A $+$ α,   A $+$ β,   A $+$ γ
Sur b, de B $+$ α,   B $+$ β,   B $+$ γ
Sur c, de C $+$ α,   C $+$ β,   C $+$ γ

on obtient des arcs qui se coupent trois à trois en six points, et ces points correspondent aux six positions indiquées par le tableau I.

2° On obtient aussi six centres permanents de similitude pour des triangles ex-inscrits; en décrivant neuf segments d'après les données du tableau suivant :

II.	1	2	3	4	5	6
a	A $-$ α	A $-$ α	A $-$ β	A $-$ β	A $-$ γ	A $-$ γ
b	B $-$ β	B $-$ γ	B $-$ γ	B $-$ α	B $-$ α	B $-$ β
c	C $-$ γ	C $-$ β	C $-$ α	C $-$ γ	C $-$ β	C $-$ α

2488. Scolies. 1° *En tout, on peut donc obtenir douze centres permanents de similitude, tels que les triangles correspondants soient semblables à un triangle donné αβγ et qu'ils aient respectivement leurs sommets sur trois droites données* AB, BC, CA.

2° Dans le tableau I, pour chaque groupe, la somme des trois valeurs correspond à 2π. Ainsi pour 2, par exemple,

$$A + \alpha + B + \gamma + C + \beta = 4d.$$

Dans le tableau II, un des angles est la somme des deux autres.

Exercice 1081.

2489. Théorème. *Les six centres permanents de similitude des triangles inscrits sont concycliques lorsque le triangle inscrit* αβγ *est semblable au triangle de référence* ABC.

Lorsque $A = \alpha$, $B = \beta$, $C = \gamma$, on a :

$$A + \alpha = 2A, \quad A + \beta = \pi - C, \quad A + \gamma = \pi - B, \quad \text{etc.}$$

Le tableau I devient :

III.	1	2	3	4	5	6
a	2A	2A	$\pi - C$	$\pi - C$	$\pi - B$	$\pi - B$
b	2B	$\pi - A$	$\pi - A$	$\pi - C$	$\pi - C$	2B
c	2C	$\pi - A$	$\pi - B$	2C	$\pi - A$	$\pi - B$

Or le point du premier groupe est le centre du cercle circonscrit au triangle donné ABC; tout segment capable d'un angle 2A, 2B ou 2C passe par le point O.

Les segments $\pi - A$, $\pi - B$ et $\pi - C$ sont les *circonférences adjointes* (n° 2419). Ainsi le groupe 3 donne le *point de Brocard* Ω; le groupe 5 donne l'autre point Ω'.

Chacun des points des groupes 2, 4 et 6 est donné par les deux circonférences adjointes tangentes aux côtés d'un même angle (n° 2441).

Les six points obtenus appartiennent donc au *cercle de Brocard*.

Exercice 1082.

2490. Théorème. *Lorsque le triangle ex-inscrit* αβγ *doit être semblable au triangle donné* ABC, *on n'obtient que deux centres permanents de similitude, à distance finie.*

Il suffit d'examiner ce que devient le tableau II des six centres des triangles ex-inscrits (n° 2487) dans le cas où $A = \alpha$, $B = \beta$, $C = \gamma$, on obtient le résultat ci-après :

IV.	1	2	3	4	5	6
a	0	0	A — B	A — B	A — C	A — C
b	0	B — C	B — C	B — A	B — A	0
c	0	C — B	C — A	0	C — B	C — A

Seuls les groupes 3 et 5 donnent trois segments qui se coupent en des points déterminés S et S', à distance finie; ils correspondent, pour les

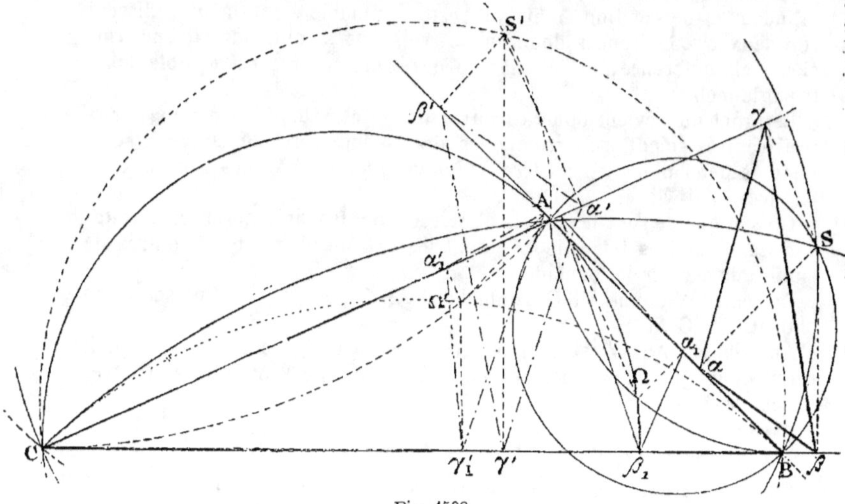

Fig. 1508.

triangles ex-inscrits, aux deux points de Brocard Ω et Ω', que donnent
pour les inscrits les groupes 3 et 5 du tableau III (n° 2489).

Exercice 1083.

2491. Problème. *Déterminer le centre permanent de similitude des*

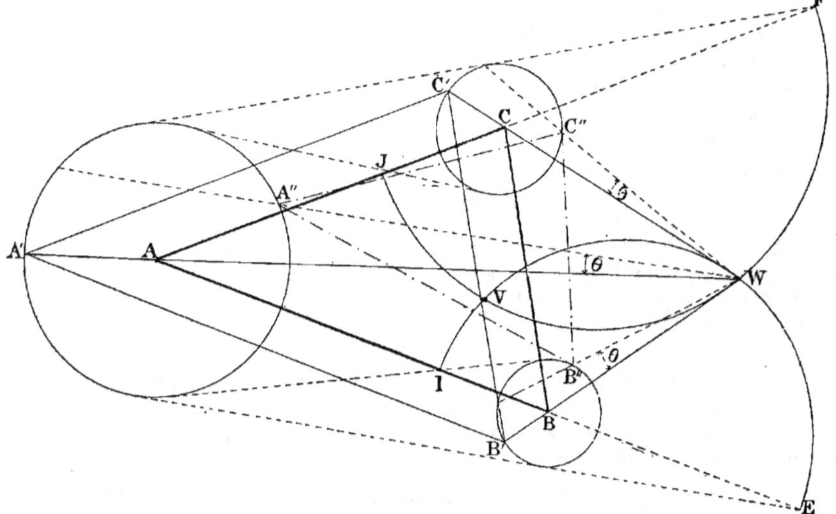

Fig. 1509.

*triangles inscrits à trois cercles donnés et semblables au triangle ayant
les trois centres pour sommets.*

Les triangles semblables ABC sont les seuls qui admettent un centre
permanent de similitude; car si deux sommets d'un triangle variable de
grandeur et de position, mais qui reste semblable à lui-même, glissent
sur deux circonférences données, le troisième sommet décrit une troisième circonférence, et le triangle des trois centres est semblable au
triangle mobile.

Le problème revient donc à trouver un point V dont les distances aux
trois centres soient proportionnelles aux rayons correspondants : il suffit
donc de déterminer les *centres isodynamiques* V et W des trois circonférences (n° 1546, **e**).

On sait que ce sont les points d'intersection des circonférences décrites
sur les diamètres tels que EI, dont les extrémités sont les centres de
similitude des cercles considérés.

Le centre W donne A′B′C′ semblable à ABC; pour une inclinaison θ, on
obtient A″B″C″, etc.

Le triangle A′B′C′ est le plus grand du groupe de W; le plus petit
serait donné par le premier point d'intersection de WA′, WB′, WC′ avec
les cercles.

Exercice 1084.

2492. Théorème. *On donne un triangle ABC et trois angles* α, β, γ,
dont la somme égale deux droits :

1° *Sur a on décrit, vers l'intérieur du triangle, un segment capable*
de π — α; *sur b, de* π — β; *sur*
c, de π — γ; *les trois segments*
déterminent un point S dont le
triangle antipodaire circonscrit
à ABC a pour angles α, β, γ.

2° *Lorsqu'on décrit les mêmes*
segments vers l'extérieur du tri-
angle, on obtient un point S′
dont le triangle antipodaire, sem-
blable à αβγ. *est ex-inscrit par*
rapport à ABC.

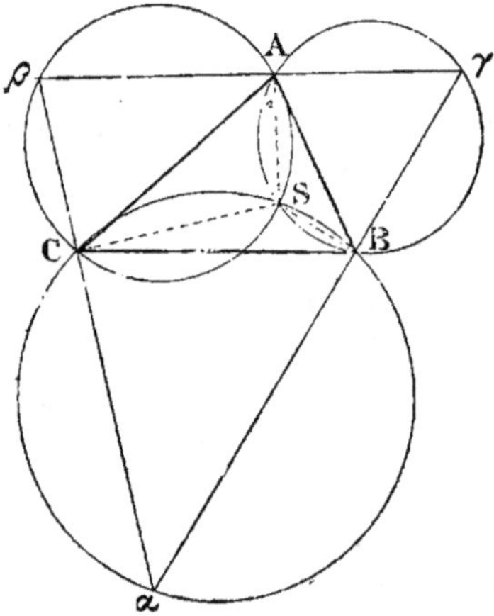
Fig. 1510.

1° Les trois segments correspondent à des angles dont la
somme égale quatre droits, on
obtient donc un point S; le triangle antipodaire αβγ a pour
angles les suppléments de BSC,
CSA, ASB; il a donc pour angles
α, β, γ.

2° Résultat analogue au précédent; mais en S′ un des angles est la
somme des deux autres (voir d'ailleurs la figure 1514 du n° 2498, qui
donne la construction pour le cas où les triangles circonscrit et ex-circonscrit sont équilatéraux).

2493. Remarque. Dans le premier cas, on peut dire que l'on décrit à
l'extérieur du triangle des segments capables de α, β, γ, et dans le second,
de tracer les mêmes segments α, β, γ du côté même du triangle de référence.

M.   47

Exercice 1085.

2494. Théorème. *On peut déterminer 1° six centres permanents de similitude, tels que le triangle antipodaire de chacun d'eux soit semblable à un triangle donné αβγ et circonscrit à un autre triangle ABC; 2° six autres centres pour un triangle antipodaire ex-circonscrit.*

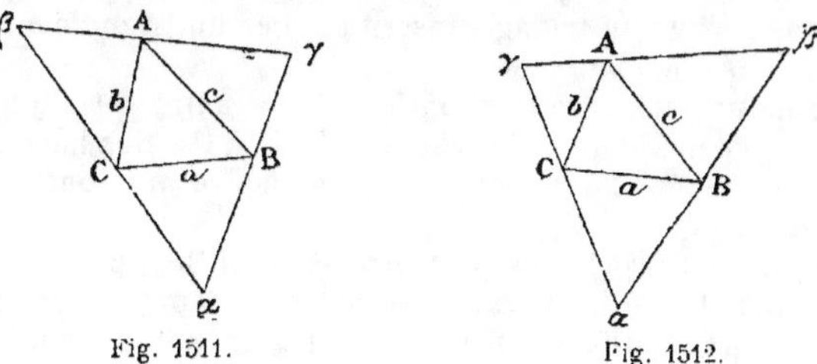

Fig. 1511.   Fig. 1512.

En admettant que le sommet α corresponde au côté a, on a deux positions différentes (fig. 1511 et 1512); donc, en tout, six positions pour $\alpha\beta\gamma$ relativement à ABC.

Le tableau suivant indique les segments qu'il faut décrire sur chaque côté a, b, c, vers l'intérieur du triangle donné ABC.

V.	1	2	3	4	5	6
a	$\pi - \alpha$	$\pi - \alpha$	$\pi - \gamma$	$\pi - \gamma$	$\pi - \beta$	$\pi - \beta$
b	$\pi - \beta$	$\pi - \gamma$	$\pi - \alpha$	$\pi - \beta$	$\pi - \gamma$	$\pi - \alpha$
c	$\pi - \gamma$	$\pi - \beta$	$\pi - \beta$	$\pi - \alpha$	$\pi - \alpha$	$\pi - \gamma$

Le même tableau sert pour les triangles ex-circonscrits : il suffit de décrire ces mêmes segments vers l'extérieur.

Exercice 1086.

2495. Théorème. *L'orthocentre et les points de Brocard du triangle ABC sont des centres permanents de similitude pour les triangles antipodaires circonscrits, lorsque $\alpha\beta\gamma$ doit être semblable au triangle de référence ABC; on a de plus trois autres centres.*

Le tableau V de la question précédente peut suffire; on peut d'ailleurs y remplacer α par A, β par B, γ par C, puisque $\alpha\beta\gamma$ doit être semblable à ABC. On obtient ainsi :

VI.	1	2	3	4	5	6
a	$\pi - A$	$\pi - A$	$\pi - C$	$\pi - C$	$\pi - B$	$\pi - B$
b	$\pi - B$	$\pi - C$	$\pi - A$	$\pi - B$	$\pi - C$	$\pi - A$
c	$\pi - C$	$\pi - B$	$\pi - B$	$\pi - A$	$\pi - A$	$\pi - C$

Pour les triangles antipodaires circonscrits, les segments doivent être décrits vers l'intérieur du triangle ABC; or le groupe 1 donne *l'orthocentre*, ou point de concours des hauteurs, et les groupes 3 et 5 donnent les *points de Brocard* Ω et Ω', puisque les valeurs qui donnent ces points correspondent aux cercles adjoints déjà indiqués dans une question précédente (nᵒ 2489).

L'*orthocentre* du groupe 1 ci-dessus est le point isogonal du centre O du cercle circonscrit (nᵒ 2317).

Les trois points des groupes 2, 4, 6 sont les isogonaux des trois points trouvés pour les triangles inscrits.

2496. Scolies. 1° Chaque point de Brocard d'un triangle est à la fois centre permanent pour un triangle inscrit et pour un triangle circonscrit semblable au triangle donné ABC.

On peut conclure aussi cette propriété d'une autre question connue que le triangle podaire d'un point est semblable à l'antipodaire du point isogonal du premier (nᵒ 2328); or les points de Brocard sont isogonaux l'un de l'autre.

2° Chaque point de Brocard est le centre de similitude pour le podaire, le triangle donné et l'antipodaire, ainsi que pour tous les triangles inscrits et circonscrits relatifs au même centre permanent de similitude.

Exercice 1087.

2497. Problème. *Examiner ce que deviennent les centres des antipodaires ex-circonscrits lorsque αβγ est semblable à* ABC.

Il faut recourir au tableau VI (nᵒ 2485), en se rappelant que les segments doivent être décrits à l'extérieur du triangle de référence.

1° Chacun des groupes 3 et 5 donne un point bien déterminé S et S'; deux triangles antipodaires ex-circonscrits correspondent au deux triangles podaires ex-inscrits déjà étudiés (nᵒ 2484).

2° Le premier groupe donne trois fois le cercle circonscrit, car le segment π — A décrit sur a vers l'extérieur du triangle n'est autre chose que le cercle circonscrit; de même pour π — B décrit à l'extérieur sur le côté b et pour π — C décrit sur c; donc *chaque point du cercle circonscrit est un centre permanent de similitude d'un triangle antipodaire ex-circonscrit semblable à* ABC,

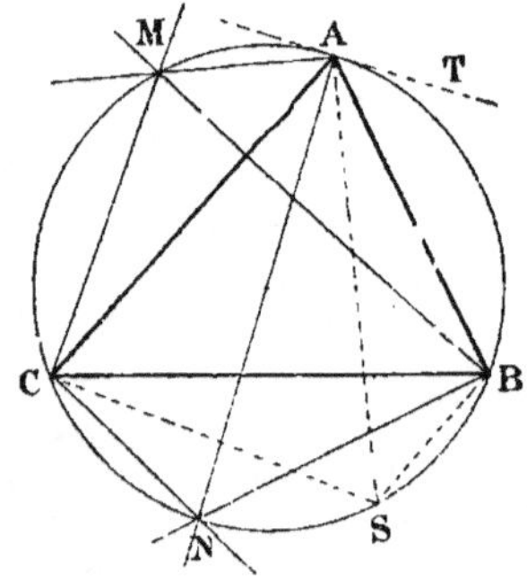

Fig. 1513.

et ce triangle ex-circonscrit se réduit à un point.

Il est facile de vérifier à posteriori cette conséquence, car les perpendiculaires menées par les sommets aux droites SA, SB, SC se coupent en un même point M du cercle circonscrit, sous des angles égaux à ceux de ABC.

Il en serait d'ailleurs de même pour les droites isoclines que l'on mènerait par les sommets aux droites SA, SB, SC.

3° Reste à étudier les groupes analogues 2, 4 et 6; pour 2, par exemple, où l'on doit décrire le segment π — A sur a, π — C sur b, π — B sur c, à l'extérieur du triangle; le premier de ces segments se confond avec le cercle circonscrit, les deux autres se coupent au sommet A, donc le point A commun aux trois segments est un centre permanent de similitude pour un triangle antipodaire ex-circonscrit, semblable à ABC.

Les perpendiculaires menées par B et C sur les côtés se coupent en N; de même les segments décrits sur b et c se coupent en un point infiniment rapproché de A; par suite, la tangente AT est la droite qui joint le point de concours des segments au sommet A, la perpendiculaire à la tangente est un diamètre et passe par N, donc ce point N est bien un triangle ex-circonscrit; de même pour les autres sommets.

Scolies. 1° Les points tels que N, diamétralement opposé à un sommet, représente un triangle infiniment petit, ex-circonscrit semblable à ABC, et il correspond à deux groupes : d'abord au groupe 1, puis, dans le cas actuel, au 2° groupe.

2° Les divers cas particuliers ci-dessus correspondent aux cas particuliers des triangles ex-inscrits.

Exercice 1088.

2498. Problème. Cas particulier. *Déterminer le centre permanent de*

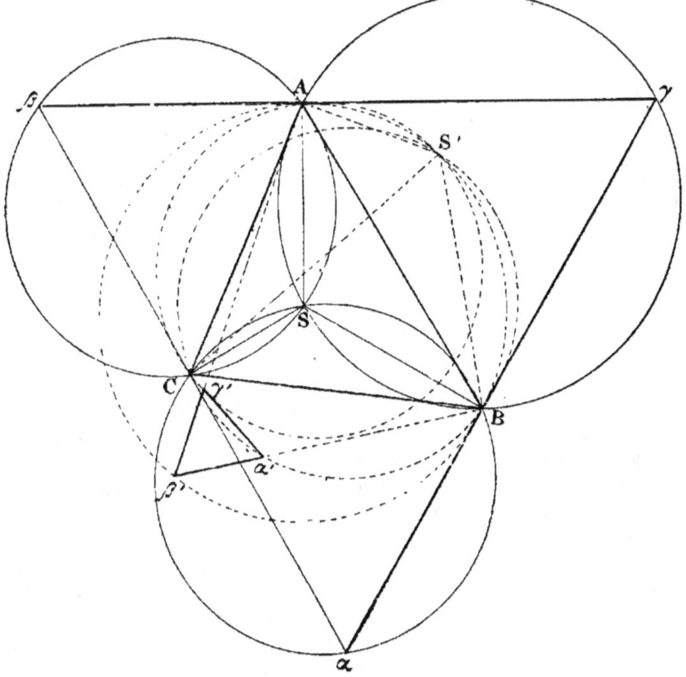

Fig. 1511.

similitude des triangles équilatéraux circonscrits à un triangle donné. Deux points répondent à la question.

Sur chaque côté a, b, c on décrit un segment capable de $\pi - 60°$; car

$\alpha = \beta = \gamma = 60°$; on obtient le point S, et le triangle antipodaire équilatéral $\alpha\beta\gamma$ (n° 2484).

Les mêmes segments décrits vers l'extérieur donnent S' pour centre de similitude des triangles équilatéraux ex-circonscrits.

2499. Théorème. *Lorsque les diagonales d'un quadrilatère sont égales et orthogonales, leur point de concours est le centre permanent de similitude d'un carré circonscrit.*

Les perpendiculaires menées à SA, SB, etc., donnent un carré, les droites isoclines E'AF', F'BG', etc., donnent donc aussi un carré, et le système des carrés circonscrits a le point S pour centre de similitude.

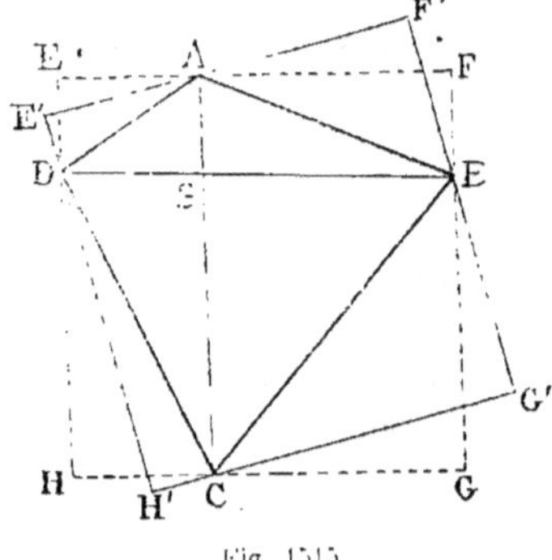

Fig. 1515.

Deux figures semblables.

2500. Définition. Deux figures semblables admettent un *centre de similitude* ou *point double*, obtenu par la superposition de deux points homologues.

On sait que deux figures sont *directement semblables*, lorsqu'on peut les rendre homothétiques, en faisant glisser l'une d'elles dans le plan même qui les contient; il suffit d'opérer une rotation autour du point double jusqu'à ce que les droites homologues des deux figures soient parallèles (n°s 1146 et suivants).

Deux figures sont *symétriquement semblables*, lorsqu'on ne peut les rendre homothétiques que par le retournement de l'une d'elles hors du plan qui les contient.

2501. Propriétés de deux figures semblables. Les distances du point double à deux côtés homologues quelconques sont proportionnelles aux longueurs des côtés homologues (n° 2394).

Le point double est le centre des divisions proportionnelles pour deux droites homologues quelconques (n° 2396).

Lorsque deux figures sont directement semblables, les côtés homologues se rencontrent sous un angle constant; cet angle est supplémentaire de celui que forment les rayons qui joignent le point double à deux points homologues quelconques : *il en résulte que deux points homologues, le point de concours de deux droites homologues menées par ces points et le point double du système appartiennent à une même circonférence* (n° 1527, 1er moyen).

2502. Lorsque deux figures sont inversement ou symétriquement semblables, les angles formés par chaque couple des rayons qui joignent le point double à deux points homologues admettent une bissectrice commune, et deux côtés homologues quelconques rencontrent cette droite sous des angles égaux (n° 1527 *c*).

La bissectrice commune est l'*axe de symétrie* du système : en repliant la figure autour de cette ligne de manière à faire coïncider les deux parties du plan, les figures symétriquement semblables deviennent homothétiques.

Exercice 1089.

2503. Problème. *Déterminer le point double de deux figures semblables.*

1er *Moyen.* En considérant deux côtés homologues quelconques, on détermine le lieu des points des *distances proportionnelles* (n° 2394) et le lieu des *divisions proportionnelles;* le point commun aux deux droites répond à la question (n° 2401 et 2403).

2e *Moyen.* On prolonge deux côtés homologues quelconques AB, A'B'; soit C le point de concours et l'on décrit les circonférences ACA', BCB'; le second point commun C' aux deux circonférences est le *point double* (n° 2402 et 2405).

2504. Remarques. 1° Le premier moyen s'applique indifféremment aux figures *directement* ou *symétriquement* semblables; le deuxième moyen ne s'applique qu'aux figures directement semblables.

2° Les constructions se simplifient lorsque les segments ont une extrémité commune : le lieu des points des distances proportionnelles est la symédiane; les circonférences du second moyen deviennent les *circonférences adjointes* des côtés de l'angle formé par les deux droites homologues.

3° La question a été traitée avec tous les développements qu'elle comporte (voir n°s 1527 et suivants).

Exercice 1090.

2505. Théorème. *Deux figures semblables, situées dans un même plan, peuvent être considérées comme étant deux positions d'une même figure invariable de forme, mais variable de grandeur et de position.*

Il y a lieu d'étudier séparément les figures directement semblables et les figures symétriquement semblables.

2506. Figures directement semblables. Le point double S est le centre permanent de similitude d'une figure donnée ABC dont les sommets décrivent des lignes semblables (n° 1125, 1282, 1284), afin de devenir A'B'C'.

Pour l'étude du mouvement, il suffit de considérer le déplacement d'un des sommets de A, par exemple, et l'inclinaison d'une droite de AB, par rapport au rayon vecteur SA.

2507. Trajectoires (a). *Ligne droite.* Le sommet A peut décrire la droite AA'; on retombe sur une question connue (n°s 2476 et suivants), car le triangle, relié au centre S par SA, SB, SC, tourne autour du point double pendant que chaque sommet glisse sur une droite.

L'inclinaison de AB sur le rayon SA varie d'une position à la suivante, car le rayon SA peut être perpendiculaire à AA', et tendre aussi à lui devenir parallèle si A'B'C' s'éloignait indéfiniment.

2508 (b). *Spirale d'Archimède.* En prenant pour trajectoire un arc de spirale d'Archimède ayant S pour pôle et A, A' pour positions déterminées, les côtés de la figure ABC varient de grandeur proportionnellement à l'angle de rotation : ainsi pour $ASA' = \omega$ et une position particulière A"B"C" correspondant à l'angle $\dfrac{m}{n}$. ω décrit par le rayon vecteur SA devenu SA", on aurait :

$$SA'' = SA + \frac{m}{n} (SA' - SA)$$

et de même
$$A''B'' = AB + \frac{m}{n} (A'B' - AB)$$

L'accroissement de la figure semblable serait donc en rapport avec la rotation effectuée; mais l'inclinaison de A"B" sur SA" n'est pas égale à celle de AB sur SA, car la spirale d'Archimède coupe ses rayons vecteurs successifs sous des angles variables.

2509 (c). *Spirale logarithmique.* La propriété caractéristique de cette courbe étant que la tangente forme un angle constant avec le rayon vecteur du point de contact (voir *Exercices de Géométrie descriptive*, 1893, nᵒˢ 1217-1219).

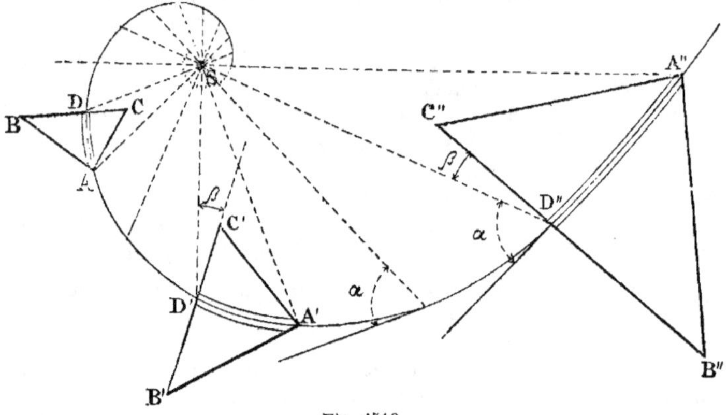

Fig. 1516.

Il en résulte que la figure mobile est constamment dans une même situation donnée par rapport à sa trajectoire. En d'autres termes, en considérant la trajectoire comme faisant corps avec la figure donnée elle-même, on peut dire que l'ensemble de la figure plane se dilate dans sa rotation autour du centre S, mais en restant semblable à elle-même dans toutes ses positions.

2510. Remarque. De même que la droite et la circonférence sont les seules lignes planes qu'on puisse faire glisser sur elles-mêmes, la *spirale logarithmique* est la seule courbe plane qui reste semblable à elle-même en chacune de ses parties, et qui puisse glisser sur elle-même dans la dilatation indiquée ci-dessus. En un mot, cette courbe est pour les figures variables de position et de grandeur, mais invariables de forme, ce qu'est la circonférence pour les figures invariables de grandeur, mais variables de position.

Exercice 1091.

2511. Problème. *Lorsque deux figures d'un même plan sont symétriquement semblables, on peut les faire coïncider en faisant décrire à l'une d'elles une spirale logarithmique conique, et en dilatant les lignes de la figure mobile dans le même rapport que les rayons correspondants de la spirale.*

La spirale logarithmique conique est la ligne, autre que le cercle, qui rencontre les génératrices d'un cône de révolution sous un angle constant. La projection de la courbe conique sur un plan perpendiculaire à l'axe du cône est une *spirale logarithmique* proprement dite; il en est de même de la transformée obtenue en développant le cône. (Voir *Exercices de Géométrie descriptive*, 3ᵉ édition, nᵒˢ 1217 à 1219.)

On prend pour axe du cône l'axe de symétrie des figures semblables (nᵒ 2502).

Le *point double* est le sommet du cône; chaque rayon tel que SA est la génératrice du cône sur lequel le point A décrira la courbe pour passer de A en A′; en même temps le point B décrit une courbe analogue sur le cône engendré par SB, etc., et la *figure mobile* reste constamment semblable à elle-même.

2512. Scolies. 1ᵒ *On peut faire coïncider deux figures symétriquement égales, placées d'une manière quelconque dans le plan qui les contient, en imprimant à l'une d'elles un mouvement hélicoïdal* (hélice cylindrique).

2ᵒ La projection sur un plan perpendiculaire à l'axe du cône, du système des figures mobiles et de la spirale logarithmique conique, ramène à la question déjà étudiée (nᵒ 2509) lorsque les deux figures sont directement semblables.

2513. Note. C'est le théorème précédent (nᵒ 2511), lorsque les figures sont symétriquement semblables, qui s'est présenté le premier et qui nous a conduit à faire choix de la spirale logarithmique pour trajectoire de la figure mobile; enfin il a conduit aussi au théorème général ci-après.

Une première communication de ces questions a été faite au *Journal de mathématiques spéciales* de M. DE LONGCHAMPS, 1895, p. 12; avec rectification ultérieure pour le lemme énoncé dans ce même article, p. 159.

Exercice 1092.

2514. *Deux figures semblables à trois dimensions, correspondant à des figures égales par superposition* (à l'exclusion des solides égaux par symétrie), *peuvent être considérées comme étant deux positions différentes d'une même figure, restant semblable à elle-même, pendant que chacun de ces points décrit une spirale logarithmique conique.*

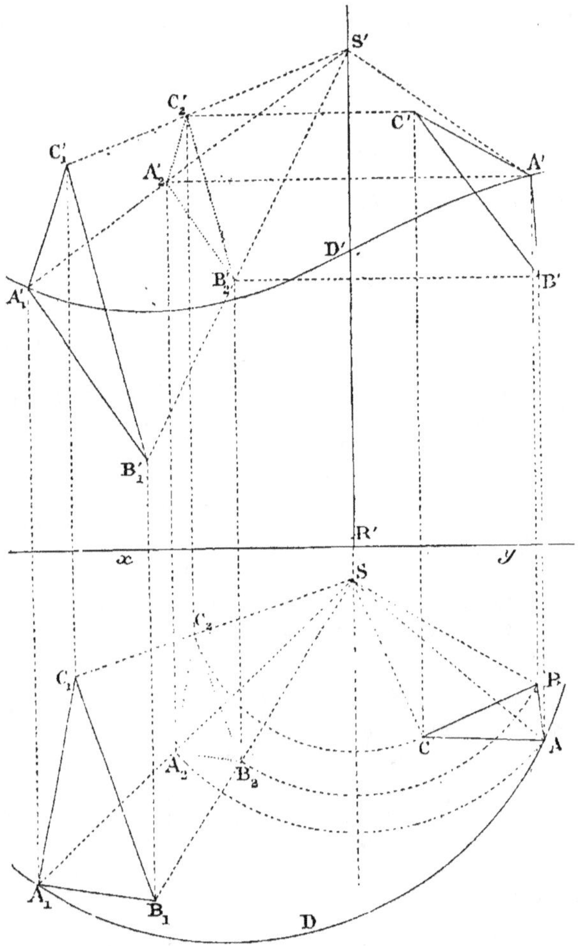

Fig. 1517.

Considérons deux faces planes homologues $\alpha\beta\gamma$, $\alpha_1\beta_1\gamma_1$, placées d'une manière quelconque dans l'espace. On sait qu'on peut toujours déterminer un plan sur lequel les projections orthogonales des figures planes semblables $\alpha\beta\gamma$ et $\alpha_1\,\beta_1\,\gamma_1$ soient elles-mêmes des *figures directement semblables* (n° 1846 *a* à 1846 *d*), néanmoins il est utile d'examiner successivement les deux cas principaux qui peuvent se présenter.

1er Cas (fig. 1517). Les projections ABC, $A_1B_1C_1$ sont des figures directement semblables (1846 *a*).

47*

Prenons ce plan de projection pour plan horizontal, déterminons le point double S (nº 1527); par une rotation convenable, amenons ABC en $A_2B_2C_2$ sur tout plan vertical, les projections verticales $A'_1B'_1C'_1$ et $A'_2B'_2C'_2$ seront homothétiques et S, S' sont les projections du point double de l'espace (fig. 1517).

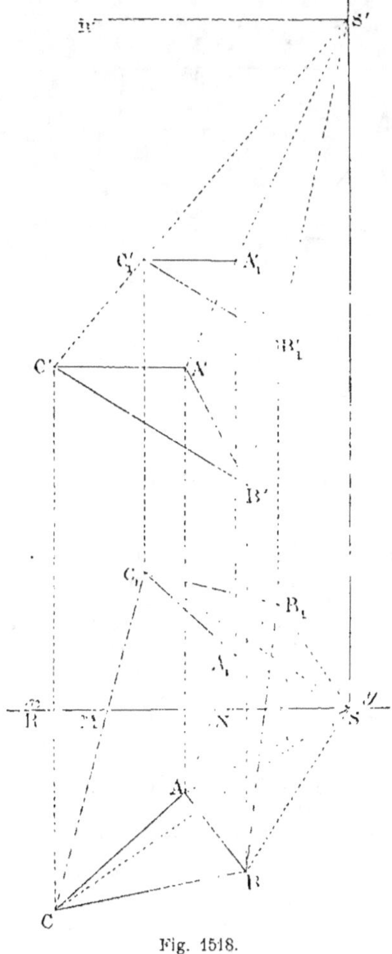

La spirale logarithmique plane ADA_1 est la projection horizontale de la spirale logarithmique conique que le point (A, A') décrit pour arriver en (A_1, A'_1), et $A'D'A'_1$ est la projection verticale de la même courbe. La droite (SR, R'S') est l'axe du cône.

2515. 2º Cas (fig. 1518). Les premières projections obtenues ABC, $A_1B_1C_1$ sont inversement semblables; mais sur un plan convenable, perpendiculaire au premier considéré, on a deux figures directement semblables (nº 1846 c).

L'axe de symétrie des projections horizontales étant pris pour ligne de terre, les projections verticales donnent S' et, par suite, S; d'ailleurs pour obtenir xy, connaissant ABC, $A_1B_1C_1$, il suffit de diviser AA_1, CC_1 en parties proportionnelles aux côtés homologues AC, A_1C_1; enfin, le point S peut être déterminé directement (nº 1527 c).

L'axe du cône est la droite SR, S'R' parallèle à la ligne de terre; chaque point tel que (A_1, A'_1) décrit une spirale logarithmique conique autour de l'axe (SM, S'R') pour venir en (A, A').

Fig. 1518.

2516. Remarques. 1º Ainsi que l'indique l'énoncé, on ne doit considérer que des figures à trois dimensions, telles que ABCD, $A_1B_1C_1D_1$ (fig. 1519), qui correspondent à des solides égaux par superposition; alors, dans le mouvement hélicoïdal de $A_1B_1C_1D_1$ autour de l'axe (SR, S'R', fig. 1518), le point D_1, qui est en saillie (fig. 1519), vient coïncider avec son homologue D, qui est en creux, lorsque $A_1B_1C_1$ dilaté coïncide avec ABC.

2º Les question précédentes et notamment le *théorème de Chasles* relativement au mouvement hélicoïdal, d'une figure qui se déplace dans l'es-

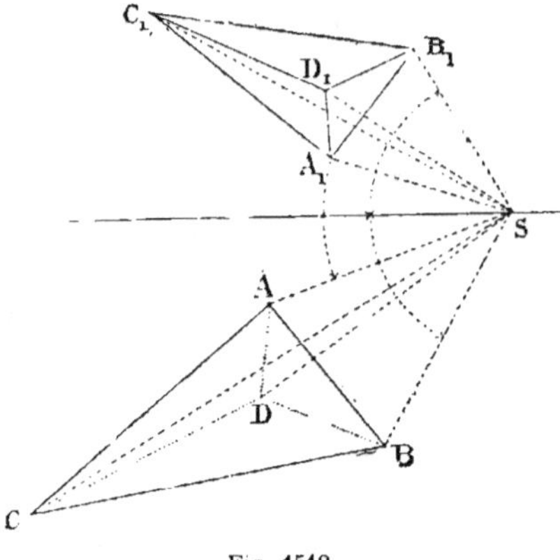

Fig. 1519.

pace, pour arriver à coïncider avec son égale, ne sont que des cas particuliers du théorème précédent (n° 2514).

Trois figures directement semblables.

2517. Note. L'étude du système formé par trois figures directement semblables
est une des parties les plus intéressantes de la *Géométrie récente du triangle*.
Nous avons rencontré, à notre insu, quelques-uns des cas les plus élémentaires,
en généralisant les questions relatives aux points et aux cercles de Brocard
(n°ˢ 2445, 2449); tandis que ces dernières propriétés peuvent être déduites,
comme cas particuliers, de la théorie de trois figures directement semblables.

Conduits à ne pas développer davantage un recueil d'*Exercices géométriques*,
déjà fort volumineux, nous nous bornerons à indiquer les principales sources
auxquelles on pourrait recourir pour étudier le système de trois figures directement semblables.

Mathésis, 1881, p. 73. Très bel article de M. TARY, suivi d'une importante
note, par M. NEUBERG.

Cette étude semble avoir été le point de départ des travaux contemporains
sur la question; bien qu'elle ait été précédée, comme il arrive souvent, par des
recherches qui avaient passé inaperçues : tel est le cas du remarquable *Mémoire*,
publié en 1872, par M. GROUARD, capitaine d'artillerie (*Nouvelle correspondance
mathématique*, 1880, p. 321; voir aussi, même volume, une lettre de M. NEU-
BERG, p. 219).

M. TARY a généralisé les premiers résultats obtenus (*Mathésis*, 1886, pp. 97, 148,
196). L'auteur de ces articles indique qu'il a mis à profit les travaux de MM. TUC-
KER, CASEY, M'CAY, NEUBERG, sur les *polygones harmoniques*.

Les figures semblables ont donné lieu à un beau travail de M. CASEY dans
son ouvrage : *A Sequel to the first six books of Euclid* (6ᵉ édit., 1892,
p. 199 et suivantes). Le savant auteur y expose les travaux antérieurs et les
complète par ses propres découvertes.

Un bon résumé se trouve dans le traité tout récent de M. LACHLAN, professeur au collège de la Trinité, à Cambridge : *An Elementary Treatise on modern pure Geometry*, 1893. (Voir chap. ix, p. 128.)

Le travail le plus complet sur le système de trois figures directement semblables est celui de M. NEUBERG : *Mémoire sur les projections et contre-projections d'un triangle fixe, et sur le système de trois figures directement semblables* (1890, §§. VI et VII, p. 49).

Nous terminons avec le regret de n'avoir pas pu utiliser, autant que nous l'aurions voulu, les découvertes si nombreuses et si intéressantes qui constituent la *Géométrie récente du triangle*.

LEXIQUE GÉOMÉTRIQUE

Droites. — Points. — Cercles. — Polygones.

Ligne droite.

Axe d'homologie (Poncelet). Lieu des points d'intersection des droites correspondantes de deux figures homologiques. 1249[*].

Axe radical (Gaultier de Tours). Lieu des points d'égale puissance par rapport à deux cercles. 1265, **a.**

Cévienne (A. Poulain). Droite qui joint un sommet d'un triangle à un point du côté opposé : ce mot vient de *Céva* et d'un théorème bien connu. 1240, **b.**

Complexe de droites. Ensemble des droites qui jouissent d'une même propriété. 1345.

Droite antibissectrice. Droite isotomique de la bissectrice d'un angle ; elle divise la base en segments inversement proportionnels aux côtés adjacents. 2422, 3°.

Droite de l'infini. Corde commune à deux cercles, mais rejetée à l'infini, tandis que l'autre corde commune, l'axe radical est à distance finie. 1265, **a.**

Droite de Lemoine. Polaire du point de Lemoine. 2354.

Droite de Simson. Droite qui passe par les pieds des perpendiculaires abaissées sur les côtés d'un triangle d'un point quelconque du cercle circonscrit. 762 et 765, **b.**

Droite des distances proportionnelles. Lieu des points dont les distances à deux segments rectilignes sont proportionnelles à ces segments. 2394.

Droite des divisions proportionnelles. Lieu des points tels que les perpendiculaires abaissées de chacun d'eux sur deux segments rectilignes, divisent ces longueurs en parties proportionnelles. 2396.

Droite des moments égaux (F. J.). Lieu des points tels que le produit d'un segment rectiligne par sa distance au point considéré, égale le produit de l'autre segment par sa distance au même point. 2406.

Droite des points des segments inverses. Voir. 2416.

Droite des milieux (Chasles). Lieu du point milieu des droites qui joignent deux à deux les points équidistants, pris sur les côtés d'un angle, à partir des origines données sur ces mêmes côtés. 1091 et 1358.

Droite d'Euler. Ligne qui joint l'orthocentre, ou point de concours des hauteurs d'un triangle, au centre du cercle circonscrit. 28.

Droites antiparallèles (Arnaud). Terme connu. 28, IV et 2291.

Droites inverses (Matthieu). Voir droites isogonales. 2307.

Droites isoclines (F. J.). Droites partant d'un même point et également inclinées sur les côtés d'un polygone. 2458.

Droites isogonales (Neuberg). Céviennes partant d'un même sommet d'un triangle et également inclinées sur la bissectrice issue du même sommet. 1118 et 2307.

Droites isotomiques (De Longchamps). Céviennes menées d'un même sommet d'un triangle à des points isotomiques situés sur le côté opposé ; on les nomme aussi *droites réciproques*. 1242, **d** et 2329.

Médianes antiparallèles (Lemoine). Voir *Symédianes*. 899, **b.**

Médiatrices (Neuberg). Perpendiculaires élevées au milieu des côtés d'un triangle. 443.

---

[*] Les *référence* se rapportent aux *numéros* de l'ouvrage et non point à la pagination.

Podaires obliques. Voir *Droites isoclines.*   2458.

Symédianes (D'OCAGNE). Droite symétrique de la médiane par rapport à la bissectrice issue du même sommet.   899, **b** et   2231.

Symédiane extérieure (THIRY). Droite extérieure au triangle, ayant plusieurs des propriétés de la symédiane de même sommet.   2338.

Transversales réciproques (DE LONGCHAMPS). Droite menée par les points isotomiques des points que détermine une première transversale.   1231.

Points.

Centre d'homologie (PONCELET). Point de concours des droites qui passent par deux points correspondants de deux figures homologiques.   1249.

Centre de similitude. Terme commun.   Sa détermination.   1527.

Centres isodynamiques (NEUBERG). Points de concours des trois cercles d'Apollonius d'un triangle.   1546, e.

Centres isogones. Points de concours des cercles de Torricelli d'un triangle, c'est-à-dire des cercles circonscrits aux triangles équilatéraux construits sur chaque côté de ce triangle; tous à l'extérieur, ou tous sur le triangle donné.   766.

Centre permanent de similitude. Centre commun de similitude de deux figures inscrite et circonscrite, lorsque la figure inscrite varie de position et de grandeur, mais en restant semblable à elle-même.   2476.

Orthocentre (BESANT). Point de concours des hauteurs d'un triangle. 28, 292 et   664, b.

Point de Gergonne. Point de concours des céviennes qui aboutissent aux points de contact du cercle inscrit à un triangle.   1242. a.

Point de Grèbe. Nom donné par les auteurs allemands au *point de Lemoine;* mais on pourrait dire aussi, avec plus de raison, *point de Lhuilier.*   1603, b.

Point de Jérabeck. Point d'où l'on peut mener trois demi-droites égales, parallèles aux côtés d'un triangle.   2428, 3°.

Point de Lemoine (NEUBERG). Point de concours des symédianes.   103 et   2352.

Point de Miquel (KANTOR). Point commun aux quatre cercles de Miquel d'un quadrilatère.   21.

Point de Nagel. Point de concours des céviennes qui aboutissent aux points de contact des côtés mêmes d'un triangle avec les trois cercles ex-inscrits.   1242, a.

Point des divisions proportionnelles (F. J.). Point commun à trois droites de divisions proportionnelles.   2399, 2°.

Point des segments inverses. Point commun à trois droites de segments inverses.   2418, 2°.

Point de Steiner. Quatrième point commun au cercle circonscrit à un triangle et à l'ellipse de Steiner de ce même triangle.   2242.

Point de Tarry. Point diamétralement opposé au point de Steiner, sur le cercle circonscrit.   2242.

Points associés de G. Sommets du triangle anticomplémentaire d'un triangle donné.   2273.

Points associés de Lemoine. Sommets du triangle tangentiel d'un triangle donné; ces points ont quelques-unes des propriétés du *point de Lemoine.*   2404, 3°.

Points circulaires à l'infini. Points communs à un cercle et à la droite de l'infini.   1265 a.

Points concycliques. Points appartenant à une même circonférence; on dit aussi *homocycliques.*   292, **g** et   700

Points de Brocard. Points déterminés par trois circonférences adjointes.   1097 et   2429.

Points d'Euler, ou *points eulériens* (F. J.) Points situés sur les hauteurs d'un triangle à égale distance de l'orthocentre et de chaque sommet.   721.

Points inverses (MATHIEU). Voir *Points isogonaux.*   2307.

Points isocycliques (BERNÈS). Voir *Inversion symétrique.*   1342, h.

Points isogonaux (NEUBERG). Points donnés par deux couples de céviennes isogonales; chaque couple étant formé par trois droites concourantes. 1344, **a** et   2307.

Points isotomiques (DE LONGCHAMPS). Points situés sur un des côtés d'un triangle à égale distance du point milieu de ce même côté.   1231.

Points jumeaux (SCHOUTE). Points donnés par deux couples de trois cercles qui se coupent en un même point, passent par deux des sommets d'un triangle et lorsque chaque cercle d'un groupe est symétrique d'un cercle de l'autre groupe.   1099.

   Points limites de Poncelet. Points communs aux cercles qui coupent orthogonalement deux cercles donnés.   231 et 1268.

   Points réciproques (DE LONGCHAMPS). Points donnés par deux couples de céviennes isotomiques ou réciproques, chaque couple étant formé par trois droites concourantes.   1242, d

   Point symédian. Nom donné par quelques auteurs anglais au point de Lemoine, ou point de concours des symédianes.   2299.

   Pôle d'inversion. Point commun des rayons vecteurs de deux figures inverses.   1203, a.

Cercles et autres courbes.

   Cercle de Brocard. Cercle qui passe par les points de Brocard d'un triangle et par le centre du cercle circonscrit.   2429 et 2437.

   Cercle des huit points ou *Cercle des moments égaux.* Cercle qui passe par le sommet de trois triangles isocèles construits sur les côtés d'un triangle, équivalents au tiers de la surface de ce triangle, et qui passe en outre par le centre de gravité et par le centre du cercle circonscrit.   2411 et 2413.

   Cercle des neuf points. Cercle qui passe par les pieds des hauteurs et des médianes, ainsi que par les trois points eulériens des hauteurs d'un triangle.   27, 137 et 720.

   Cercle de Taylor. Cercle qui passe par les projections, sur les côtés d'un triangle, du pied de chaque hauteur.   2391.

   Cercle d'Euler. Voir *Cercle des neuf points.*   720.

   Cercles d'Apollonius d'un triangle (NEUBERG). Cercle décrit sur le segment déterminé par les bissectrices intérieure et extérieure d'un même angle sur le côté opposé, ce segment étant pris pour diamètre. Le triangle admet trois cercles d'Apollonius.   1100, b et 1546. e.

   Cercles d'Apollonius d'un quadrilatère (F. J.). Analogues à ceux du triangle.   1527

   Cercles de Lemoine. Voir *Premier et second cercle de Lemoine.*   2375.

   Cercles de Chasles. Cercles décrits du centre d'une ellipse, avec $a + b$ et $a - b$ pour rayons. Ces cercles jouissent de nombreuses propriétés. Voir *Mathésis*, 1895, articles de M. E.-N. BARISIEN.   129 et 158.

   Cercles de Miquel d'un quadrilatère. Cercles circonscrits à chacun des quatre triangles qu'on obtient en prolongeant les côtés opposés d'un quadrilatère donné. Les quatre cercles ont un point commun : le *point de Miquel.*   21 et 1527.

   Cercles de Neuberg. Cercles qui passent par les sommets des six triangles semblables que l'on peut construire sur chaque côté d'un triangle donné et vers l'extérieur de ce triangle.   1100.

   Cercles de Torricelli. Cercles circonscrits aux triangles équilatéraux construits sur chaque côté d'un triangle.   756.

   Cercles de Tucker. Cercles qui passent par les six points que déterminent sur les côtés d'un triangle trois segments antiparallèles égaux entre eux. Les cercles de Lemoine et de Taylor appartiennent à ce même groupe.   2383.

   Cercles divers : DE LONGCHAMPS, SCHOUTE. M'CAY.   1100, b.

   Cercles orthogonaux. Cercles qui se coupent à angle droit.   620.

   Circonférences adjointes. Circonférences qui passent par deux sommets d'un triangle et qui sont tangentes à l'un des côtés. Les circonférences adjointes déterminent les *points de Brocard.*   2403.

   Cosine circle. Nom donné par les auteurs anglais au *second cercle de Lemoine.*   2386, 2'.

   Premier cercle de Lemoine. Cercle qui passe par les six points que déterminent sur les côtés d'un triangle les parallèles à ces mêmes côtés, menées par le *point de Lemoine.*   2377.

   Second cercle de Lemoine. Cercle qui passe par les six points que déterminent les antiparallèles menées par le *point de Lemoine.*   2385.

   Triplicate ratio Circle. Nom donné par les auteurs anglais au *premier cercle de Lemoine.*   2379.

Ellipse de Brocard. Ellipse inscrite ayant pour foyers les *points de Brocard* du triangle.   2431.

Ellipse de Steiner. Ellipse circonscrite ayant pour centre le centre de gravité du triangle.   2239 et 2240.

Paraboles de Artzt. Enveloppe des droites qui divisent les côtés d'un triangle en parties inversement proportionnelles, à partir d'un même sommet.   1201, b.

Triangles et autres polygones.

Triangle complémentaire. Triangle obtenu en joignant deux à deux les points milieux des côtés d'un triangle donné; le triangle complémentaire est aussi nommé *triangle médian.*   434, b.

Triangle anticomplémentaire. Triangle obtenu en menant par chaque sommet d'un triangle donné une parallèle au côté opposé.   434, b.

Triangle de référence. Triangle donné, triangle dont les côtés sont pris pour axes dans les systèmes de coordonnées trilinéaires, angulaires, etc.   2262.

Triangle des contacts. Triangle obtenu en joignant deux à deux les points de contact du cercle inscrit à un triangle donné.   1117, a.

Triangle médian, nommé fréquemment *triangle complémentaire.*   432.

Triangle orthique. Triangle obtenu en joignant deux à deux les pieds des hauteurs d'un triangle.   292, j et 1136.

Triangle orthocentrique, nommé maintenant : *triangle orthique.*   664, b.

Triangle pédal. Triangle obtenu en joignant deux à deux les pieds de trois céviennes concourantes. Le triangle orthique est le triangle pédal des hauteurs, et le *triangle complémentaire* est celui des médianes.   1242, f.

Triangle podaire. Triangle qui joint deux à deux les projections d'un point sur les côtés du triangle de référence; le *triangle orthique* est le triangle podaire de l'*orthocentre.*   2282.

Triangle copodaire. Analogue au triangle podaire, mais obtenu en joignant deux à deux les pieds de trois droites isoclines issues d'un même point.   2460.

Triangle antipodaire. Triangle obtenu en menant par chaque sommet du triangle de référence une perpendiculaire à la droite qui joint ce sommet à un point donné.   2282.

Triangle anticopodaire. Analogue au précédent, mais par chaque sommet on mène des isoclines, au lieu de perpendiculaires.   2460.

Triangle tangentiel. Triangle obtenu en menant des tangentes au cercle circonscrit par chaque sommet du triangle inscrit.   1117, a et 2293.

Triangles de Brocard. Triangles inscrits dans le *cercle de Brocard;* l'un a pour côtés les *médiatrices,* et l'autre les *symédianes* du triangle de référence.   2440 et 2412.

Triangles orthologiques. Triangles tels que les perpendiculaires abaissées des sommets de chacun d'eux sur les côtés de l'autre sont concourantes.   757.

Contre-parallélogramme. Système articulé de quatre tiges égales deux à deux, et correspondant aux diagonales et aux côtés non parallèles d'un trapèze isocèle.   537 et 1202.

Quadrilatère harmonique. Quadrilatère inscriptible tel que le produit de deux côtés opposés égale celui des deux autres côtés, c'est-à-dire que le produit de deux côtés opposés quelconques égale le demi-produit des diagonales.   227 et 2454

Quadrilatère orthodiagonal. Quadrilatère dont les diagonales sont à angle droit; on le nomme *pseudo-carré* lorsque les diagonales sont égales.   1198, a.

Hexagone de Brianchon. Hexagone circonscrit à une conique; les trois diagonales sont concourantes.   248 et 2121.

Hexagone de Catalan. Hexagone inscriptible ayant pour sommets les projections des pieds des hauteurs d'un triangle sur les côtés de ce même triangle; il est incontestable que CATALAN a précédé TAYLOR.   2391.

Hexagone de Lemoine. Nom donné par CASEY à l'hexagone inscriptible qui correspond au *premier cercle de Lemoine.*   2379.

Hexagramme mystique, ou *hexagramme de Pascal.* Hexagone inscrit dans une conique; les trois points d'intersection des côtés opposés sont en ligne droite. 248 et 2120.

Ligne de Tarry. Ligne polygonale admettant le *point de Lemoine* et les *points de Brocard.*   2456.

Figures isoclines. Figures telles que les côtés de chacune d'elles sont des lignes isoclines par rapport aux côtés de l'autre.   2459.

Tétraèdre orthogonal. Tétraèdre dont les arêtes opposées sont à angle droit l'une de l'autre.   1838.

Coordonnées. — Formules. — Inverseurs.

Coordonnées angulaires. Les trois angles sous lesquels, d'un point donné, on voit les côtés du triangle de référence.   2276.

Coordonnées barycentriques. Grandeurs proportionnelles aux aires des trois triangles que l'on obtient en joignant un point donné aux sommets du triangle de référence.   2269.

Coordonnées normales. Grandeurs proportionnelles aux distances d'un point donné, aux trois côtés du triangle de référence.   2263.

Coordonnées trilinéaires. Nom générique donné aux coordonnées normales et aux coordonnées barycentriques.   2262.

Coordonnées tripolaires. Grandeurs proportionnelles aux distances d'un point donné aux trois sommets d'un triangle.   2288.

Formules de Grégory. Recherche de la valeur de π par le calcul des aires des polygones réguliers inscrits et circonscrits.   1748 et 1773, c.

Formules de Legendre. Recherche de π par le calcul de l'apothème et du rayon d'un polygone régulier à surface constante, mais dont le nombre de côtés croît indéfiniment.   1750 et 1773, d.

Formules de Saurin. Calcul de π par la méthode d'Archimède, à l'aide des périmètres de polygones réguliers inscrits et circonscrits.   1458 et 1773, b.

Formules de Schwab, ou de *Descartes.* Méthode des isopérimètres.   1773, a.

Formule réduite de Simson, pour l'évaluation des surfaces planes et des volumes.   1864, 3°.

Inverseurs ou *Compas composés, Réciproquateurs,* etc., appareils formés de tiges articulées, employés pour le tracé des lignes et la transformation des mouvements.   537 et 1203.

Inverseurs de Hart, J. de Kempe, à cinq tiges.   1203.

Inverseur Peaucelier pour transformer un mouvement circulaire en mouvement rectiligne, et vice versa.   1195.

Pantographe. Appareil à tiges articulées, employé pour amplifier ou pour réduire un dessin.   1194.

Questions diverses.

Angle de Brocard. Donné par la relation :
$$\cot \omega = \cot A + \cot B + \cot C.$$ 2435 et 2439.

Arbelo et Salinon d'Archimède. Surfaces curvilignes évaluées par le grand géomètre.   1579.

Bandeau. Surface plane comprise entre deux courbes équidistantes l'une de l'autre.   1557 et 1584.

Cyclide. Surface enveloppe des sphères tangentes à trois sphères données.   1979, b.

Figures homologiques. Figures dont les points correspondants se trouvent deux à deux sur une droite passant par un point fixe, nommé *centre d'homologie,* et dont les droites correspondantes se coupent en un point d'une même droite, nommée *axe d'homologie.*   1249.

Figures inverses. Figures dont les points correspondants se trouvent sur une droite passant par un point fixe, nommé *pôle d'inversion,* et dont le produit des distances à deux points correspondants quelconques, a une valeur constante.   217 et 1330.

Géométrie non euclidienne. On distingue celle de LOBATCHEFSKY et celle de RIEMANN; elles ne s'appuient point sur le *postulatum d'Euclide.*   428.

Géométrie récente du triangle. Ensemble des découvertes contemporaines relatives au triangle.   2259.

Homographie. Mode de transformation des figures, dû à CHASLES.   1298, a.

Inversion. Mode de transformation, nommé jadis *transformation par rayons vecteurs réciproques.* Voir, ci-dessus, *Figures inverses.*   217.

Inversion isogonale. Mode de transformation par l'emploi des *céviennes isogonales* de NEUBERG, nommées aussi *droites inverses* de MATHIEU.   2306.

Inversion symétrique de BERNÈS. Mode de transformation jouissant de plusieurs des propriétés de l'*inversion* par rayons vecteurs réciproques, à produit constant.   1342, a.

Lunules d'Hippocrate. Surfaces planes, à périmètre curviligne, évaluées par HIPPOCRATE.   1577 et 1578.

Méthodes des sections comparées. Méthode pour évaluer les volumes, bien connue maintenant par suite des *Éléments de Géométrie,* F. J.   1935.

Porismes d'Euclide. Énoncés de théorèmes, sous forme plus ou moins incomplète.   1258.

Prismoïde, Paralléloïde. Volumes limités par des faces planes parallèles, et latéralement par la surface engendrée par une droite qui s'appuie sur les périmètres des deux bases, en restant parallèle à un plan donné.   1864.

Valeur de π, d'après divers calculateurs.   1773, e.

PROBLÈMES ET THÉORÈMES HISTORIQUES

Problèmes.

Théorèmes.

' Les *références* se rapportent aux numéros de l'ouvrage.

TABLE DES NOTES PRINCIPALES

INDEX BIBLIOGRAPHIQUE

An elementary Treatise on modern pure Geometry, by Lachlan, 999*, 1114.

Annales mathématiques de Gergonne, **68**, 69, 70, 80, 110, 207, 299, 442, 500, 671, 793 800, 845, 1028.

Aperçu historique sur l'origine et le développement des méthodes en Géométrie, par Chasles, 23, 53, **64**, 70, 88, 106, 108, 167, 461, 481, 647, 659, 729, 730, 845, 846, 921, 924.

Appendice aux Exercices de Géométrie, par F. I. C., 76, **88**, 835, 903, 904, 963, 975.

Applications d'Analyse et de Géométrie, par Poncelet, 80, 102, 465, 495, 516, 582, 927, 939, 956, 959.

Applications de Blanchet, par Neel, **33**, 446.

Applications de l'Algèbre à la Géométrie, par Bourdon, 56.

Applications remarquables du *Théorème de Stewart*, par Thiry, 461.

Archives de Mathématiques et de Physique, 830, 887.

Arpentage, Levé des Plans, Nivellement et Tracé des routes, par F. J., 4e édition, 384, 702.

A Sequel to the first six Books of the Elements of Euclid, by John Casey, 290, 466, 511, 999, 1048, 1056, 1077, 1082, 1089, 1114.

A Treatise on geometrical Conics, by Cockshott and Walters, 935.

A Treatise on the Geometry of the Circle, by J. M'Clelland, 999, 1009, 1048.

Bulletin des sciences mathématiques et astronomiques, par MM. Darboux, Houel et Tannery, 290, 313, 478.

Compagnon to the Weekly Problem Papers, by J. Milne, 549, 999, 1019, 1074, 1097.

Conférences sur quelques systèmes de tiges articulées, par M. Neuberg, 478.

Cours complet de Mathématiques pures, par Francœur, 149, 399, 643, 835.

Cours de Géométrie, par Bobiller, 110, 219, 520, 579.

Cours de Mathématiques à l'usage des candidats à l'École centrale, par Th. de Comberousse, 631, 634.

De la Corrélation dans les figures de Géométrie, par Carnot, 81, 134, 282.

Des Méthodes dans les sciences de raisonnement, par Duhamel, 4, 15.

Des Méthodes en Géométrie, par Paul Serret, 62, 75, 108, 180, 631, 823.

Die Brochardschen Gebilde, von Dr A. Emmerich, 466, 999, 1046, 1074.

Die Elemente der Matematick, von Baltzer, 290, 299, 313, 320, 324, 411, 438, 448, 494, 549, 667.

Elementi di Matematica, del Dr Riccardo Baltzer, tradotti dal Luigi Cremona, 290. Voir *Die Elemente*, ci-dessus.

Éléments d'Algèbre, par F. J., 7e édition, 32, etc.

Éléments de Cosmographie, par F. J., 4e édition, 841, etc.

Éléments de Géométrie *de Legendre*, revus par Blanchet, **33**, 47, 494.

Éléments de Géométrie descriptive, par F. J., 5e édition.

Éléments de Géométrie, par A. Legendre, **14**, 206, 219, 744.

Éléments de Géométrie, par Euclide, éditions anglaises, 13 et 14.

Éléments de Géométrie, par F. J., 8e édition, **1**, et tous les renvois indiqués par (G., n° ...).

Éléments de Géométrie projective, par Cremona, 488, 534, 644, 808.

Éléments de Mécanique, par F. J., 3e édition, 234, etc.

---

* Les *références* se rapportent à la *pagination* et non pas aux *numéros* mêmes de l'ouvrage ; les caractères gras indiquent la page où se trouve une courte notice sur le livre cité.

INDEX BIOGRAPHIQUE

A

Abhasen, 268, 616.
Aguillon, 106.
Alhazen, 645, 616, **647**, 1123.
Amiot, 82, 577, 1130, 1131.
Ampère, 215.
Anaxagore, VII.
André, 235. 1130.
Anne (Léon), 519, 520, 616, 681, 682.
Apollonius, VIII, XI, XVI, 7, **55**, 165, 166. 167, 199, 431, 613, 644, 789, 823, 908, 909. 924, 1118, 1119, 1123, 1128.
Appel, 321.
Archimède, VIII, IX, 199, 214, 544, 652, **666**, 667, 716, 743, 757, 761, 789, 823, 852, 942, 1111, 1121.
Archytas, VIII.
Aristote, VII.
Arnaud, 208, **1012**, 1117.
Artzt, 803, 474, 1007, 1120.
Aubert, 323, 324, 1123.
Aubry, 994.
Audierne, 836. 1130.

B

Baltzer, 108, 219, 272, 290, 299. 313, 321, 411, 438, 448, 494, 542, 549, 667, 1129, 1131.
Barisien, 1119.
Barrow, IX.
Bellavitis, XIII, 369, 370, 477, 1127, 1130.
Bernès, 463, 550, 554, 1025, 1118. 1122.
Bernouilli, XI, 31, **326**.
Bertrand (Joseph), 788.
Bertrand (Louis), 56, 207, 1010.
Besant, 281, **1023**, 1118.
Bezout, XI, 724.
Bhascara, 659.
Biandsutter, 403.
Blanchet, 33, 47, 446, 494, 1129.
Bobiller, **112**, 219, 494, 520, 579, 613, 1129.
Booth, 281, 438, 460, 549.
Bordoni, 522.

Boubals, 582.
Bouquet, 321, 1130.
Bourdon, 59, 1129.
Bourget, 4, **22**, 636, 671, 682, 705, 998, 1076, 113.0
Boutin, **510**, 954.
Brahmagupta, 481.
Brava's, **108**, 1018.
Breton de Champ, 511.
Brianchon, XII, **108**, 534, 929, 930, 959, 1120, 1123, 1130.
Bricard, 478.
Briot, 31, **150**, 321, 1130, 1131.
Brisse, 22.
Brocard, XIII, XIX, 303, 368, 369, 429, 474, **475**, 511, 957, 998, 999, 1043, 1071, 1074, 1076, 1077, 1079, 1080, 1081, 1082, 1083, 1086, 1087, 1088, 1092, 1094, 1095, 1097, 1098, 1103, 1104, 1107, 1114, 1118, 1119, 1120, 1121, 1123, 1127, 1128.
Brune, 664, 1123.
Burat, 141, 142, 563, 724, 1131.
Burlet, 654.

C

Cardan, 526, **527**, 952.
Carnot, XII, **81**, 134, 137, 199, 219, 282, 304, 308, 425, 481, 488, 491, 495, 506, 520, 774, 777, 921, 922, 1123, 1129, 1130.
Casey, 14, 137, 290, 466, 511, 999, 1048, 1056, 1077, 1082, 1089, 1114, 1120, 1129, 1130.
Cassini, 31.
Castillon, 20, 631, 1123, 1128.
Catalan, **35**, 137, 215, 275, 290, 299, 315, 323, 407, 411, 424, 425, 139, 477, 520, 526, 528, 511, 519, 563, 677, 661, 682, 794, 851, 998, 1041, 1056, 1096, 1120, 1127, 1130, 1131.
Cauchy, XII, 788.
Cavalieri, IX, 652, **823**, 845.
Cesaro, **459**, 502.
Céva, 73, 490, 493, 498, 499, 500, 502, 503, 507, 677, 1126.
Chadu, 308, **369**, 1043.